De Gruyter Studium

Jackson · Klassische Elektrodynamik

John David Jackson

Klassische Elektrodynamik

5., überarbeitete Auflage

Deutsche Übersetzung Kurt Müller
Bearbeitung Christopher Witte, Martin Diestelhorst

DE GRUYTER

Titel der Originalausgabe

John David Jackson
Classical Electrodynamics
Third Edition
John Wiley & Sons, Inc., New York, Chichester, Weinheim, Brisbane, Singapore, Toronto.
Authorized translation from the English language edition published by John Wiley & Sons, Inc.

Autor

John David Jackson
Professor Emeritus of Physics
University of California, Berkeley

Übersetzer

Prof. Dr. Kurt Müller
Technische Fachhochschule Berlin

Bearbeiter

Christopher Witte
Technische Universität Berlin

Martin Diestelhorst
Martin-Luther-Universität Halle

Mit 204 Abbildungen und 7 Tabellen.

ISBN 978-3-11-033446-3
e-ISBN 978-3-11-033447-0

Library of Congress Cataloging-in-Publication Data
A CIP catalog record for this book has been applied for at the Library of Congress.

Bibliographic information published by the Deutsche Nationalbibliothek
The Deutsche Nationalbibliothek lists this publication in the Deutsche Nationalbibliografie; detailed bibliographic data are available in the Internet at http://dnb.dnb.de.

Typesetting: Tutte Druckerei & Verlagsservice GmbH, Salzweg
Printing and binding: Hubert & Co. GmbH & Co. KG, Göttingen
∞ Printed on acid-free paper
Printed in Germany

www.degruyter.com

Vorwort zur 4. Auflage

Wenige Lehrbücher der Theoretischen Physik haben einen ähnlichen Status als *„das“* Standardwerk eines gesamten Teilgebiets erlangt, wie ihn *„der Jackson“* für die Elektrodynamik darstellt. Seit mehr als 40 Jahren ist dieses Werk nun unverzichtbarer Begleiter für Studenten und Wissenschaftler auf allen Kontinenten.

Um seinem Rang eines großen Klassikers gerecht zu werden und seinen Erfolg auch für die Zukunft zu gewährleisten, ist es unumgänglich, das Buch – und folglich ebenso seine Übersetzung ins Deutsche – dadurch auf einem modernen Niveau zu halten, dass es neuen Anforderungen angepasst wird.

Die vor fünf Jahren erschienene dritte Auflage, die aus einer vollständig neu bearbeiteten englischsprachigen Auflage hervorgegangen war, tat sich insbesondere durch den Wechsel vom CGS-System ins Internationale Einheitensystem SI und inhaltliche Komplettierung hervor.

Die vollständige Revision, die zur vorliegenden vierten deutschprachigen Auflage führte, galt nun vor allem der genauen fachlichen Durchsicht und Richtigstellung von Ungenauigkeiten, die sich in jedes Werk dieses Umfangs einschleichen. Wenn auch dies wohl leider niemals zu garantieren sein wird, so hoffe ich doch, dass diese Überarbeitung dem Anspruch auf komplette Fehlerfreiheit möglichst nahe kommt. Als Bearbeiter bin ich daher sowohl dem Übersetzer des Werkes, Prof. Kurt Müller, Berlin, für seine konstruktiven Hinweise, als auch all jenen Lesern zu großem Dank verpflichtet, die durch ihre zahlreichen und fachlich kompetenten Einsendungen beim Auffinden von Flüchtigkeiten, die sich im Zuge Neusatz der dritten Auflage ergeben hatten, behilflich waren.

Die Neubearbeitung wurde zugleich als geeigneter Anlass gewählt, die neue deutsche Rechtschreibung in dieses Buch einzuführen.

Berlin, im Juni 2006 *Christopher Witte*

Vorwort zur deutschsprachigen Ausgabe der 3. Auflage

Die äußerst positive Resonanz, die schon die deutschsprachige Ausgabe der zweiten Auflage des „Jackson“ gefunden hatte, war Anlass genug, auch die dritte Auflage des amerikanischen Originals in deutscher Sprache erscheinen zu lassen. Doch im Gegensatz zur Übersetzung der zweiten Auflage wurde das Buch jetzt vollkommen neu gesetzt.

Der große Wert des „Jackson“ liegt zweifellos darin, dass es eines der umfassendsten Werke zur klassischen Elektrodynamik darstellt. Manche Lücken, die noch die zweite Auflage enthielt, sind jetzt erfreulicherweise von David Jackson geschlossen worden. Dazu gehört – neben den klassischen Themen „Quasistationäre Felder“ und Hertz'sche Vektoren“ – auch die Behandlung numerischer Methoden in der Elektrostatik (und auch Magnetostatik), optischer Fasern (auch „Lichtwellenleiter“ genannt) und neuerer Entwicklungen auf dem Gebiet „Klassische Modelle geladener Teilchen“. Manch anderes dagegen, insbesondere die Plasmaphysik, wird nur noch sehr kurz behandelt oder gar nicht mehr erwähnt. Besonders hervorzuheben ist die Tatsache, dass die ersten zehn Kapitel des Buches, die der herkömmlichen klassischen Elektrodynamik gewidmet sind, jetzt im SI-System geschrieben sind, während in den restlichen Kapiteln, in denen die relativistische Elektrodynamik behandelt wird, sinnvollerweise am Gauß'schen CGS-System festgehalten wurde. Mit diesem Kompromiss kam Jackson – wenn auch schweren Herzens – den Wünschen vieler Physiker entgegen, und auch der Übersetzer kann nur hoffen, dass die vielen und teilweise sehr schrillen Stimmen, die sich gegen den Gebrauch des CGS-Systems wandten, nun verstummen werden. (An das jeweils benutzte Einheitensystem wird in den Kopfzeilen des Buches durch die Anhängsel „SI“ (für SI-System) bzw. „G“ (für Gauß'sches System) erinnert.)

Was die Übersetzung selbst angeht, so gilt im Wesentlichen dasselbe wie für die deutschsprachige Ausgabe der zweiten Auflage: Der Text wurde so frei wie möglich übersetzt, ohne jedoch das Original zu verfälschen. Geringfügig geändert wurden nur die Abschnitte über die Delta-Funktion (in Kap. 1.2) und die magnetische Hysterese (in Kap. 5.8). Zusätze bzw. Änderungen wurden in den Literaturhinweisen bzw. in der Bibliographie vorgenommen. Wo immer von einem im Original angegebenen Titel eine deutsche Übersetzung existiert, wurde diese angegeben. Ferner wurden einige zusätzliche deutsche Titel in die Literaturhinweise bzw. in die Bibliographie aufgenommen (und jeweils durch einen Stern * gekennzeichnet), um dem deutschsprachigen Leser die Vertiefung des Stoffes zu erleichtern. Entsprechend der Tatsache, dass in der nun vorliegenden dritten Auflage neue Themen behandelt werden, die in der zweiten Auflage nicht zur Sprache kamen, haben wir den Literaturhinweisen bzw. der Bibliographie weitere deutschsprachige Titel hinzugefügt. Das Buch enthält jetzt eine nahezu vollständige Liste von deutschsprachigen Werken zur klassischen Elektrodynamik. Nachträglich möchten wir den Leser an den grundlegenden Handbuch-Artikel von Siegfried Flügge erinnern, den wir in die Bibliographie aufgenommen haben. Ein weiteres Werk, das ebenfalls in der Bibliographie, aber nicht im Text selbst genannt wird, ist das von Meetz und Engl. Es unterscheidet sich von allen anderen in der Bibliographie aufgeführten Büchern dadurch, dass es die Feldgrößen als Differentialformen betrachtet. Da aber vielen Physikern das Kalkül der alternierenden Differentialformen kaum geläufig ist, haben wir dieses Buch aus den Literaturhinweisen herausgenommen, möchten aber den Leser auf dieses bemerkenswerte Buch wenigstens aufmerksam machen. Da ferner die Übungen einen wesentlichen Bestandteil des „Jackson" ausmachen und diese häufig sehr kompliziert sind, haben wir im Anschluß an die Bibliographie zusätzlich auf drei Bücher hingewiesen, die sich allein mit konkreten Problemen der Elektrodynamik beschäftigen. Zwar sind diese Bücher nicht mehr im Buchhandel erhältlich, aber in den meisten Bibliotheken dürften sie vorhanden sein.

Schließlich noch einige Bemerkungen zum Satz des Buches: Die Fußnoten wurden – kapitelweise – durchnumeriert, wobei die vom Übersetzer hinzugefügten Fußnoten mit dem Zusatz „Anm. des Übersetzers" versehen wurden. Viele Gleichungen wurden, wie schon in der zweiten Auflage, zu einem Gleichungs*block* zusammengefasst, wobei aber auf geschweifte Klammern verzichtet wurde; die neben der letzten Gleichung stehende Nummer, z. B. (3.139) oder (11.153), gilt auch den unmittelbar darüberstehenden Gleichungen. Was schließlich die Literaturzitate angeht, so weisen wir den Leser auf die Fußnote auf Seite 1 hin.

Abschließend noch eine Bemerkung zur Rechtschreibung: Wir sind *nicht* der Rechtschreibreform gefolgt, da eine Anpassung an diese Reform unnötig viele Änderungen nach sich gezogen hätte.

Berlin, im November 2001 *Kurt Müller*

Vorwort zur 3. Auflage

Vor 36 Jahren erschien die erste Auflage dieses Buches und vor 23 Jahren die zweite. Solche Zeitabstände mögen einem Gegenstand angemessen sein, dessen Grundlage vor 134 Jahren theoretisch von Maxwell und vor 110 Jahren experimentell von Hertz gelegt wurden. Immer jedoch verschieben sich die Schwerpunkte und verändern sich die Anwendungen. Diesem Sachverhalt versucht die vorliegende dritte Auflage ohne größere Änderungen des Umfangs gerecht zu werden. Dabei war nicht zu vermeiden, dass manche Themen der zweiten Auflage neuen Sachgebieten Platz machen mussten. In der Hauptsache wurde das Kapitel zur Plasmaphysik geopfert, wobei jedoch der eine oder andere Abschnitt an anderer Stelle eingefügt werden konnte. Im Übrigen glaube ich, dass die Leser, die an den hier weggefallenen Themen interessiert sind, leicht Zugang zur zweiten Auflage haben.

Die augenfälligste Veränderung ist die Umstellung auf SI-Einheiten (Systéme International d'Unités) in den ersten zehn Kapiteln. In den späteren Kapiteln wurden die Gauß'schen CGS-Einheiten beibehalten, da diese zur Relativitätstheorie und zur relativistischen Elektrodynamik besser zu passen scheinen als die SI-Einheiten. Das jeweils benutzte Einheitensystem wurde in der Kopfzeile jeder linken Seite durch den Zusatz „SI" bzw. „G" vermerkt.

Mein – wenn auch spätes – Einlenken auf das allgemein eingeführte SI-System entspricht der Tatsache, dass alle Einführungen in die Physik und sämtliche Lehrbücher für Ingenieure inzwischen SI-Einheiten verwenden. Über Jahre hinweg hatten Ed Purcell und ich ein Abkommen, uns gegenseitig im Gebrauch Gauß'scher Einheiten zu unterstützen. Nun aber bin ich ihm untreu geworden! Zwar gilt dieses Buch formell dem Andenken meines Vaters, aber – weniger formell – widme ich diese dritte Auflage auch Edward Mills Purcell (1912–1997). Er war ein hervorragender Physiker, voll tiefer Einsicht, ein großer Lehrer und ein wunderbarer Mensch.

Wegen der zunehmenden Bedeutung von Rechnern – sei es zur Ergänzung analytischer Problemlösungen oder auch dort, wo diese nicht möglich sind – habe ich einige Abschnitte zu den *Grundlagen* numerischer Methoden in der Elektrostatik und Magnetostatik hinzugefügt und auch ein paar einfache Aufgaben. Ich überlasse es dem Einfallsreichtum der Hochschullehrer, anspruchsvollere Aufgaben zu entwickeln. Mein Ziel war es, das Verständnis numerischer Methoden zu fördern, bevor man blindlings zu speziellen Programmpaketen oder gar zu *Mathematica* oder *Maple* greift.

Manche Abschnitte wurden umgestellt – insbesondere wurden das Faraday'sche Gesetz und quasistationäre Felder jetzt zusammen mit der Magnetostatik in Kapitel 5 behandelt, weil sich so Energie und Induktivitäten folgerichtiger diskutieren lassen. Eine größere Änderung bedeutet auch die in Kapitel 9 zu einer Einheit zusammengefasste Thematik der Strahlung von Ladungs- und Stromquellen, und zwar sowohl in elementarer Form als auch in der genauen Multipoldarstellung. Alle Anwendungen auf Streuung, Beugung und Brechung findet man jetzt in Kapitel 10.

In zwei neuen Abschnitten in Kapitel 8 werden die Prinzipien optischer Fasern und dielektrischer Wellenleiter behandelt. In Kapitel 13 wurde die Diskussion der Energieverluste gekürzt und konzentriert. Wegen der wachsenden Bedeutung von Synchrotronstrahlung als experimentelles Hilfsmittel wurde in Kapitel 14 ein Abschnitt hinzugefügt, der die Physik der sogenannten Undulatoren und Wiggler für Synchrotronlichtquellen gesondert behandelt. Kapitel 16 enthält neues Material zur Strahlungsreaktion und zu Modellen klassischer geladener Teilchen, die Akzente wurden verschoben.

Der gesamte Text ist durchzogen von vielen kleinen Änderungen, die der Leser hoffentlich nur als größere Klarheit wahrnimmt. Von den kleineren Zusätzen seien hier einige genannt: die Abschätzung von Selbstinduktivitäten, der Poyting'sche Satz für verlustbehaftete Medien, Polarisationspotentiale (Hertz'sche Vektoren), der Goos-Hänchen-Effekt, die Dämpfung in optischen Fasern sowie die London'sche Eindringtiefe in Supraleitern. Und natürlich mehr Übungen! Über 110 neue Aufgaben – eine Zunahme um 40 % –, doch nicht zur Abschreckung, sondern zur Vertiefung.

Bei der Vorbereitung dieser neuen Auflage haben mir die Fragen und Vorschläge, der Rat und die kritischen Bemerkungen vieler Studenten, Kollegen und neuer Freunde geholfen. Ihnen allen danke ich sehr herzlich. Besonderen Dank für ihre Hilfe schulde ich Myron Bander, David F. Bartlett, Norbert N. Cahn, John Cooper, John L. Gammel, David J. Griffiths, Leroy T. Kerth, Kwang J. Kim, Norman M. Kroll, Michael A. Lee, Harry J. Lipkin, William Mendoza, Gerald A. Miller, William A. Newcomb, Ivan Otero, Alan M. Portis, Fritz Rohrlich, Wayne M. Saslow, Chris Schmid, Kevin E. Schmidt sowie George H. Trilling.

Berkeley, Kalifornien, 1998 *J. David Jackson*

Inhalt

Einführung und Überblick

Bernstein und Magnetit kannte man bereits in der Antike, doch der Elektromagnetismus entwickelte sich erst sehr viel später zu einem Gegenstand quantitativer Forschung – und dies in weniger als hundert Jahren. Cavendish führte seine bemerkenswerten Experimente zur Elektrostatik in den Jahren zwischen 1771 und 1773 aus, und die denkwürdigen Untersuchungen Coulombs wurden das erste Mal 1785 veröffentlicht. Mit ihnen begann die weltweite quantitative Forschung auf dem Gebiet der Elektrizität und des Magnetismus. Fünfzig Jahre später untersuchte Faraday die bei zeitveränderlichen Strömen und Magnetfeldern auftretenden Phänomene. Um 1864 schließlich publizierte Maxwell seine berühmte Arbeit über eine dynamische Theorie des elektromagnetischen Feldes. Vierundzwanzig Jahre später (1888) veröffentlichte Hertz seine Entdeckung der transversalen elektromagnetischen Wellen, die sich mit gleicher Geschwindigkeit wie das Licht ausbreiten. Er stellte damit die Maxwell'sche Theorie auf den festen Boden des Experiments.

Die Geschichte der Entwicklung unseres Verständnisses von Elektrizität und Magnetismus sowie des Lichts ist natürlich sehr viel länger und verwickelter, als es bei Nennung von Namen eines einzigen Jahrhunderts erscheinen mag. Für ein eingehendes Studium dieser faszinierenden Geschichte empfehlen wir dem Leser das zweibändige Standardwerk von *Whittaker*.[1] Eine kürzere Darstellung, mit der Betonung optischer Phänomene, enthält die Einleitung des Buches von *Born* (bzw. dessen englischsprachige Erweiterung von *Born und Wolf*).

Seit den 1960er Jahren hat sich unser Verständnis von den elementaren Kräften und Bausteinen der Materie gründlich gewandelt. Heute (am Anfang des 21. Jahrhunderts) fällt die klassische Elektrodynamik in einen Sektor der vereinigten, als *Standardmodell* bekannten Theorie von Teilchen und Wechselwirkungen. Das Standardmodell beschreibt in quantenmechanisch widerspruchsfreier Weise elektromagnetische, schwache und starke Wechselwirkungen durch elementare Bausteine – Quarks und Leptonen –, die über Kraftträger – Photonen, W- und Z-Bosonen, Gluonen – miteinander in Wechselwirkung treten. Den theoretischen Rahmen liefern die Prinzipien der Eichinvarianz der Kräfte und die diskreten Symmetrien der Teilcheneigenschaften.

Unter dem Gesichtswinkel des Standardmodells ist die klassische Elektrodynamik ein Grenzfall der Quantenelektrodynamik (für kleinen Impuls- und Energieübertrag und eine große Zahl virtueller oder realer Photonen). Die Quantenelektrodynamik ist ihrerseits eine Folge aus spontan gebrochener Symmetrie in einer Theorie, in der ursprünglich die schwache und die elektromagnetische Wechselwirkung vereint sind und beide Kraftträger masselos sind. Die gebrochene Symmetrie belässt den

[1] Im Text oder in den Fußnoten kursiv gedruckte Zunamen verweisen auf die Autoren von Büchern, deren vollständige Titel in der Bibliographie angegeben sind.

elektromagnetischen Kraftträger (das Photon) masselos und – entsprechend dem Coulomb'schen Gesetz – versehen mit unendlicher Reichweite. Dagegen erhält der schwache Kraftträger eine Masse von ca. 80–90 GeV/c^2, und die schwache Wechselwirkung weist bei niedrigen Energien eine extrem kurze Reichweite auf (2×10^{-18} Meter). Da die Theorie ursprünglich eine vereinheitlichte war, stehen Reichweite und Stärke der schwachen Wechselwirkung in Beziehung zur elektromagnetischen Kopplung (beschrieben durch die Feinstrukturkonstante $\alpha \approx 1/137$).

Obwohl das Standardmodell eine beträchtliche Anzahl seiner Parameter der experimentellen Bestimmung überlassen muss, liefert es (am oberen Ende der Entfernungsskala zusammen mit der allgemeinen Relativitätstheorie) in jeder Hinsicht eine sehr genaue Beschreibung der Natur, von den Tiefen des Kerns über die Mikroelektronik bis hin zu Tisch und Stuhl und zu den entferntesten Milchstraßensystemen. Natürlich sind viele Erscheinungen klassischer Art oder mit nichtrelativistischer Quantenmechanik zu beschreiben. Doch im Bereich der relativistischen Quantenmechanik stimmt das Modell mit experimentellen Ergebnissen der Atom- oder Teilchenphysik erstaunlich gut überein. Die klassische Mechanik und klassische Elektrodynamik dienten als Vorläufer unseres heutigen Verständnisses und spielen immer noch eine wichtige Rolle – im praktischen Leben wie in der Forschung.

Das vorliegende Buch ist insofern in sich geschlossen, als es – abgesehen von einem gewissen mathematischen Hintergrund (Vektoranalysis und Differentialgleichungen) – die Elektrodynamik aus ihren Anfangsgründen, der Elektrostatik, entwickelt. Die meisten Leser werden jedoch nicht das erste Mal mit dem Gegenstand dieses Buches in Berührung gekommen sein. Daher wollen wir in dieser Einführung nicht etwa das Coulomb'sche Gesetz und anderweitige Grundlagen besprechen, sondern versuchen, einen Rück- und Überblick über den klassischen Elektromagnetismus zu geben. Wir beschäftigen uns hier mit Fragen wie der augenblicklichen Genauigkeitsgrenze des Gesetzes vom reziproken quadratischen Abstand (bzw. der Masse des Photons), dem Gültigkeitsbereich des linearen Superpositionsprinzips und den Konsequenzen der Diskretheit von Ladung und Energiedifferenzen. Auch das Problem der Grenzbedingungen makroskopischer Felder an der Trennfläche verschiedener Medien und Leiter wird hier diskutiert. Unser Ziel ist es, den klassischen Elektromagnetismus im Zusammenhang darzustellen, seinen Gültigkeitsbereich klar werden zu lassen und einige Idealisierungen zu verdeutlichen, die der Theorie des klassischen Elektromagnetismus anhaften. Im Verlauf der Diskussion bedienen wir uns einiger Ergebnisse aus späteren Kapiteln dieses Buches und auch einiger nichtklassischer Überlegungen. Natürlich werden Leser, die sich das erste Mal mit dem Elektromagnetismus beschäftigen, nicht allen Argumenten folgen oder ihre Bedeutung erkennen können. Den anderen Lesern aber soll diese Einführung als Sprungbrett in die späteren Teile des Buches dienen, die dem Kapitel 5 folgen, und sie gleichzeitig an den Status der Elektrodynamik als experimentelle Wissenschaft erinnern.

I.1 Die Maxwell'schen Gleichungen im Vakuum; Felder und Quellen

Die Grundgleichungen, die elektromagnetische Phänomene beschreiben, sind die Maxwell'schen Gleichungen:

$$\begin{aligned}\nabla\cdot\mathbf{D} &= \rho\\ \nabla\times\mathbf{H}-\frac{\partial\mathbf{D}}{\partial t} &= \mathbf{J}\\ \nabla\times\mathbf{E}+\frac{\partial\mathbf{B}}{\partial t} &= 0\\ \nabla\cdot\mathbf{B} &= 0\end{aligned} \tag{I.1a}$$

wobei für äußere Quellen im Vakuum die Beziehungen $\mathbf{D}=\epsilon_0\mathbf{E}$ und $\mathbf{B}=\mu_0\mathbf{H}$ gelten. Die beiden ersten Maxwell'schen Gleichungen gehen dann über in

$$\begin{aligned}\nabla\cdot\mathbf{E} &= \rho/\epsilon_0\\ \nabla\times\mathbf{B}-\frac{\partial\mathbf{E}}{c^2\partial t} &= \mu_0\mathbf{J}\end{aligned} \tag{I.1b}$$

Implizit ist in den Maxwell'schen Gleichungen die Kontinuitätsgleichung für die Ladungs- und Stromdichte enthalten, nämlich

$$\frac{\partial\rho}{\partial t}+\nabla\cdot\mathbf{J}=0 \tag{I.2}$$

Dies erkennt man unmittelbar, wenn man die erste der Gln. (I.1a) mit der Divergenz der zweiten dieser Gleichungen kombiniert. Wesentlich für das Verhalten eines Teilchens ist auch die Gleichung für die Lorentz-Kraft:

$$\mathbf{F}=q(\mathbf{E}+\mathbf{v}\times\mathbf{B}) \tag{I.3}$$

die die auf eine Punktladung q im elektromagnetischen Feld ausgeübte Kraft beschreibt.

Wir haben diese Gleichungen im SI-Einheitensystem geschrieben, also jenem System elektromagnetischer Einheiten, das wir in den ersten zehn Kapiteln dieses Buches benutzen. (Das Problem der Einheiten und Dimensionen wird ausführlich im Anhang besprochen.) In Tabelle 2 des Anhangs ist angegeben, wie sich die Maxwell'schen Gleichungen in den gebräuchlichen Einheitensystemen schreiben.

Von grundlegender Bedeutung für die Elektrodynamik ist die Geschwindigkeit des Lichts im Vakuum. In SI-Einheiten ist sie gegeben durch

$$c=\frac{1}{\sqrt{\mu_0\epsilon_0}}$$

Der genaue Wert ist

$$c = 299\,792\,458\ \mathrm{m/s}$$

Dieser Wert ist *exakt*, da das Meter heute durch die Sekunde (basierend auf der Frequenz eines Hyperfein-Übergangs im Cs-133) und durch die Lichtgeschwindigkeit definiert ist. Diese Definition beruht auf der Annahme, dass die Lichtgeschwindigkeit eine universelle Konstante ist – in Übereinstimmung mit der Beobachtung (s. Kap. 11.2.C). Sie besagt, dass die Vakuum-Lichtgeschwindigkeit mit großer Genauigkeit unabhängig von der Frequenz ist, und zwar von sehr niedrigen Frequenzen an bis zu Frequenzen von mindestens $\nu \simeq 10^{24}$ Hz (4 GeV-Photonen). Für die meisten praktischen Zwecke kann man die Näherung $c \simeq 3 \times 10^8$ m/s verwenden oder (wenn man genauer sein will) $c = 2.998 \times 10^8$ m/s.

Die elektrischen und magnetischen Felder **E** und **B** in (I.1) wurden ursprünglich über die Kraftgleichung (I.3) eingeführt. In den Coulomb'schen Experimenten wurden Kräfte zwischen lokalisierten, endlich ausgedehnten Ladungsverteilungen gemessen. In diesem Zusammenhang (vgl. Kap. 1.2) ist es nützlich, das elektrische Feld **E** als Kraft pro Ladungseinheit einzuführen. In ähnlicher Weise untersuchte Ampère in seinen Experimenten diejenigen Kräfte, die stromdurchflossene Leiter aufeinander ausüben (vgl. Kap. 5.2). Bedenkt man, dass $NAq\mathbf{v}$ gerade denjenigen Strom darstellt, der in einem Leiter vom Querschnitt A mit N Ladungsträgern pro Volumeneinheit fließt, die sich mit der Geschwindigkeit **v** bewegen, so erkennt man, dass das in (I.3) auftretende Feld **B** gleichbedeutend ist mit der auf den Einheitsstrom bezogenen Kraft. Obwohl also **E** und **B** zunächst nur als Ersatz für die von Ladungs- und Stromverteilungen ausgeübten Kräfte erscheinen, kommen ihnen weitere wichtige Aspekte zu. Zunächst ist festzustellen, dass die Einführung dieser Felder den Begriff der Quellen von dem des Testkörpers entkoppelt, auf den die elektromagnetischen Kräfte wirken. Sind die Felder **E** und **B** zweier verschiedener Quellverteilungen an einem bestimmten Raumpunkt die gleichen, dann sind die an diesem Punkt auf eine Testladung oder einen Teststrom ausgeübten Kräfte ebenfalls die gleichen, und zwar unabhängig von der Verschiedenheit der Quellverteilungen. Dies gibt den Feldern **E** und **B** in (I.3) eine eigene, von den Quellen losgelöste Bedeutung. Ferner können elektromagnetische Felder in Raumgebieten existieren, in denen sich keine Quellen befinden. Sie können Energie, Impuls und Drehimpuls tragen und haben somit eine von den Ladungen und Strömen vollkommen unabhängige Existenz. Obwohl es neuerdings wieder Versuche gibt, den expliziten Bezug auf die Felder zu eliminieren und stattdessen die Wechselwirkung geladener Teilchen durch eine *Fernwirkungstheorie* zu beschreiben, stellt doch der Begriff des elektromagnetischen Feldes eine der fruchtbarsten Ideen in der Geschichte der Physik dar, und zwar im klassischen wie im quantenmechanischen Bereich.

Die Interpretation von **E** und **B** als gewöhnliche Felder ist klassischer Natur. Man kann sie als klassischen Limes (Limes großer Quantenzahlen) einer quantenmechanischen Beschreibungsweise durch reelle oder virtuelle Photonen betrachten. Bei makroskopischen und sogar manchen atomaren Phänomenen kann man die Diskretheit des Photons i. A. ignorieren. So hat z. B. das mittlere elektrische Feld (d. h. die Wurzel aus dem zeitlichen Mittelwert seines Betragsquadrates) einer 100 Watt-Glühbirne in 1 Meter Entfernung von ihr die Größenordnung von 50 V/m, und es befinden sich dort ungefähr 10^{15} Photonen/cm^2 × s. In ähnlicher Weise erzeugt eine isotrope, frequenzmodulierte Antenne mit einer Leistung von 100 Watt bei 10^8 Hz in einer Entfernung von 100 Kilometern ein mittleres elektrisches Feld von nur 0,5 mV/m. Dies entspricht aber immer noch einem Fluss von 10^{12} Photonen/

$cm^2 \times s$ oder ungefähr 10^9 Photonen in einem Volumen von der dritten Potenz der Wellenlänge (27 m^3) in derselben Entfernung. Normalerweise spricht ein Gerät nicht auf die individuellen Photonen an; es ist der kumulative Effekt vieler emittierter oder absorbierter Photonen, der als kontinuierliche, makroskopisch beobachtbare Wirkung erscheint. In diesem Fall ist eine rein klassische Beschreibungsweise durch die Maxwell'schen Gleichungen erlaubt und angemessen.

Wie kann man nun a priori entscheiden, wann die klassische Beschreibungsweise des elektromagnetischen Feldes adäquat ist? Dazu sind manchmal subtile Überlegungen notwendig, doch i. Allg. ist folgendes Kriterium ausreichend: Kann die Zahl der Photonen als groß betrachtet werden, ist aber der Impuls eines einzelnen Photons im Vergleich zu dem des Materiesystems klein, so lässt sich die Reaktion des Materiesystems in adäquater Weise aus einer klassischen Beschreibung des elektromagnetischen Feldes gewinnen. Die oben erwähnte frequenzmodulierte Antenne erhält z. B. bei einer Emission eines einzelnen Photons der Frequenz 10^8 Hz einen Impuls von nur $2{,}2 \times 10^{-34}$ N · s. In diesem Fall ist eine klassische Behandlung bestimmt gerechtfertigt. Ebenso wird die Streuung von Licht an einem freien Elektron bei niedrigen Frequenzen durch die klassische Thomson-Formel (vgl. Kap. 14.8) beschrieben, jedoch durch die Gesetze des Compton-Effektes, sobald der Impuls $h\nu/c$ eines einzelnen Photons gegenüber mc groß wird. Der photoelektrische Effekt ist für das Materiesystem nichtklassicher Natur, da die quasifreien Elektronen im Metall ihre Einzelenergien um Beträge ändern, die denen der absorbierten Photonen entsprechen; doch der photoelektrische Strom der Elektronen kann quantenmechanisch berechnet werden unter Zugrundelegung einer klassischen Beschreibung des elektromagnetischen Feldes.

Die Quantennatur des elektromagnetischen Feldes muss dagegen berücksichtigt werden bei der spontanen Emission von Strahlung durch Atome oder andere Systeme, wenn nämlich zu Beginn überhaupt keine Photonen vorhanden sind und auch nach Abschluss des Prozesses nur sehr wenige. Im zeitlichen Mittel aber kann das elektromagnetische Feld im Wesentlichen immer noch klassisch beschrieben werden, und zwar letzten Endes aufgrund der Erhaltung von Energie und Impuls. Ein Beispiel hierfür stellt die klassische Behandlung (in Kap. 16.2) eines geladenen Teilchens dar, das sich in einem anziehenden Potential (etwa eines Atomkerns) bewegt und von einer äußeren Bahn (einem hochangeregten Zustand) auf eine innere Bahn (etwa den Grundzustand) herabfällt. Bei hohen Quantenzahlen ist eine klassische Beschreibung der Teilchenbahn angemessen, und die Änderung von Energie und Drehimpuls pro Umlauf kann klassisch aus der Strahlungsrückwirkung berechnet werden, da die Energie der nachfolgend emittierten Photonen gegenüber der kinetischen und potentiellen Energie des umlaufenden Teilchens klein ist.

Die Quellen im Gleichungssystem (I.1) sind die elektrische Ladungsdichte $\rho(\mathbf{x}, t)$ und die elektrische Stromdichte $\mathbf{J}(\mathbf{x}, t)$. In der klassischen Elektrodynamik werden sie als kontinuierliche Raumverteilungen angenommen, obwohl wir manchmal auch Verteilungen betrachten, die durch Punkte approximiert werden können. Die Beträge dieser Punktladungen werden als vollkommen beliebig angenommen, doch weiß man, dass sie in Wirklichkeit auf diskrete Werte beschränkt sind. Die Grundeinheit der Ladung ist der Betrag der Ladung eines Elektrons, nämlich

$$\begin{aligned} |q_e| &= 4{,}8032068(15) \times 10^{-10}\ \text{esE} \\ &= 1{,}602176565(35) \times 10^{-19}\ \text{C} \end{aligned}$$

wobei die in Klammern stehenden Dezimalstellen die Ungenauigkeiten angeben. Die Ladung des Protons und aller gegenwärtig bekannten Teilchen oder Teilchensysteme sind ganzzahlige Vielfache dieser Ladungseinheit[2]. Die experimentelle Genauigkeit, mit der man weiß, dass es sich um exakt ganzzahlige Vielfache handelt, ist außerordentlich hoch (besser als Eins zu 10^{-20}). Die Experimente hierzu diskutieren wir in Abschnitt 11.9, in dem wir auch die Frage der Lorentz-Invarianz der Ladung untersuchen.

Die Diskretheit der elektrischen Ladung braucht in den meisten makroskopischen Anwendungen nicht berücksichtigt zu werden. Ein Kondensator von 1 Mikrofarad hat z.B. bei einer Spannung von 150 Volt ca. 10^{15} Elementarladungen auf jeder Elektrode. Einige Tausend mehr oder weniger Elektronen fallen dabei nicht ins Gewicht. Ein Strom von 1 Mikroampere entspricht $6{,}2 \times 10^{12}$ Elementarladungen/Sekunde. Natürlich gibt es einige makroskopische bzw. quasimakroskopische Experimente, bei denen die Diskretheit der Ladung ins Spiel kommt. Der berühmte Millikan'sche Öltröpfchenversuch ist ein Beispiel hierfür. Die bei diesem Versuch benutzten Tröpfchen haben einen typischen Radius von 10^{-4} cm und tragen nur einige oder mehrere zehn Elementarladungen.

Hinsichtlich der Quellterme besteht in den Maxwell'schen Gleichung (I.1a) eine Asymmetrie. Die beiden ersten Gleichungen enthalten Quellen, die beiden anderen aber nicht. Dieser Umstand spiegelt den experimentellen Befund des *Nichtvorhandenseins magnetischer Ladungen und Ströme* wider. Tatsächlich könnten Teilchen, wie wir in Kap. 6.11 zeigen werden, sowohl magnetisch wie elektrisch geladen sein. Wäre das Verhältnis von magnetischer zu elektrischer Ladung für alle in der Natur vorkommenden Teilchen gleich, ließen sich die Felder und Quellen so umdefinieren, dass man die üblichen Maxwell'schen Gleichungen (I.1) zurückerhielte. Insofern ist es eine Konvention zu sagen, es gebe keine magnetischen Ladungen und Ströme. In diesem Buch nehmen wir fast durchweg an, dass in den Maxwell'schen Gleichungen nur elektrische Ladungen und Ströme auftreten. Doch einige Konsequenzen der möglichen Existenz eines Teilchens verschiedener magnetischer und elektrischer Ladung, wie z.B. die eines magnetischen Monopols, werden wir in Kap. 6 besprechen.

I.2 Das Gesetz vom reziproken quadratischen Abstand oder die Masse des Photons

Die Abstandsabhängigkeit der elektrostatischen Kraft entspricht, wie Coulomb und Cavendish zeigten, einem Gesetz vom reziproken quadratischen Abstand. Über das Gauß'sche Gesetz und den Gauß'schen Integralsatz (vgl. Kap. 1.3 und 1.4) führt dies zu der ersten der Maxwell'schen Gleichungen (I.1b). Die ursprünglichen Experimente hatten nur eine Genauigkeit von einigen Prozent und wurden zudem in Bereichen von der Ausdehnung eines Labors ausgeführt. Experimente größerer Genauigkeit und in verschiedenen Längenbereichen wurden seitdem in mannigfacher

[2] Quarks haben, in dieser Einheit, Ladungen von 2/3 und −1/3, wurden jedoch (bisher) nie als freie Teilchen beobachtet.

Weise ausgeführt. Es ist heute üblich, die Tests des Gesetzes vom reziproken quadratischen Abstand in einer der beiden folgenden Versionen zu formulieren:

(a) Man nimmt an, dass die Kraft wie $1/r^{2+\epsilon}$ variiert, und gibt für ϵ einen bestimmten Wert oder eine obere Schranke an.
(b) Man nimmt für das elektrostatische Potential die Yukawa-Form $r^{-1}e^{-\mu r}$ an (vgl. Kap. 12.8) und gibt jetzt für μ oder μ^{-1} einen bestimmten Wert oder eine obere Schranke an. Da $\mu = m_\gamma c/\hbar$ ist, wenn m_γ die angenommene Masse des Photons ist, wird der Test des Gesetzes vom reziproken quadratischen Abstand auch als Test der oberen Schranke von m_γ bezeichnet. Laborexperimente liefern i. Allg. einen Wert für ϵ und u. U. auch für μ oder m_γ, während geomagnetische Experimente μ oder m_γ liefern.

Die ursprünglichen Experimente mit zwei konzentrischen Kugelschalen, die Cavendish[3] im Jahre 1772 ausführte, ergaben für ϵ die obere Schranke $|\epsilon| \leq 0{,}02$. Die von Cavendish benutzte Apparatur zeigt Abb. I.1. Ungefähr hundert Jahre später führte Maxwell ein ähnliches Experiment in Cambridge durch[4] und erhielt als obere Schranke $|\epsilon| \leq 5\times 10^{-5}$. Zwei andere bemerkenswerte Laborexperimente, die auf dem Gauß'schen Gesetz beruhen, gehen auf Plimpton und Lawton[5] zurück (sie erhielten $|\epsilon| < 2\times 10^{-9}$) und in neuerer Zeit auf William, Faller und Hill.[6] Die Versuchsanordnung des zuletzt genannten Experiments ist schematisch in Abb. I.2 dargestellt. Obwohl es sich um ein nichtstatisches Experiment handelt ($\nu = 4\times 10^6$ Hz), ist die ihm zugrundeliegende Idee fast die gleiche wie beim Experiment von Cavendish. Letzterer suchte – vergeblich – nach einer Ladung auf der inneren Kugelschale, nachdem sie in elektrischen Kontakt mit der äußeren, geladenen Kugelschale gebracht und diese dann wieder entfernt worden war. Williams, Faller und Hill dagegen suchten nach einer Spannungsdifferenz zwischen zwei konzentrischen Metallschalen (in Form von Zwanzigflächnern), von denen die äußere einer Wechselspannung von ± 10 kV gegen Erde unterworfen war. Die Empfindlichkeit ihrer Versuchsanordnung war so groß, dass sie eine Spannungsdifferenz von 10^{-12} V hätten nachweisen können. Ihr Nullergebnis, interpretiert auf der Basis der Proca-Gleichung (vgl. Kap. 12.8), liefert als obere Schranke für ϵ den Wert $\epsilon = (2{,}7 \pm 3{,}1)\times 10^{-16}$.

Ausmessungen des Magnetfeldes der Erde, und zwar sowohl an ihrer Oberfläche als auch – über Satellitenbeobachtungen – außerhalb von ihr, geben für ϵ bzw. die Photonmasse m_γ den genauesten Wert. Die geophysikalischen und die im Labor gemachten Beobachtungen werden in den Übersichtsartikeln von Kobzarev und Okun sowie Goldhaber und Nieto diskutiert, die wir am Schluss dieser Einführung zitieren. Zu den besten Werten gehören diejenigen, die man durch Ausmessung des an der Erdoberfläche herrschenden Magnetfeldes gewann (vgl. hierzu auch Übg. 12.15), nämlich

$$m_\gamma < 4\times 10^{-51}\ \text{kg}$$

[3] Cavendish, H., *Electrical Researches*, Hrsg. J. C. Maxwell, Cambridge University Press 1879, S. 104–113.
[4] *Ebd.*, Anmerkung 19.
[5] Plimpton, S. J. und W. E. Lawton, *Phys. Rev.* **50**, 1066 (1936).
[6] Williams, E. R., J. E. Faller und H. A. Hill, *Phys. Rev. Letters* **26**, 721 (1971).

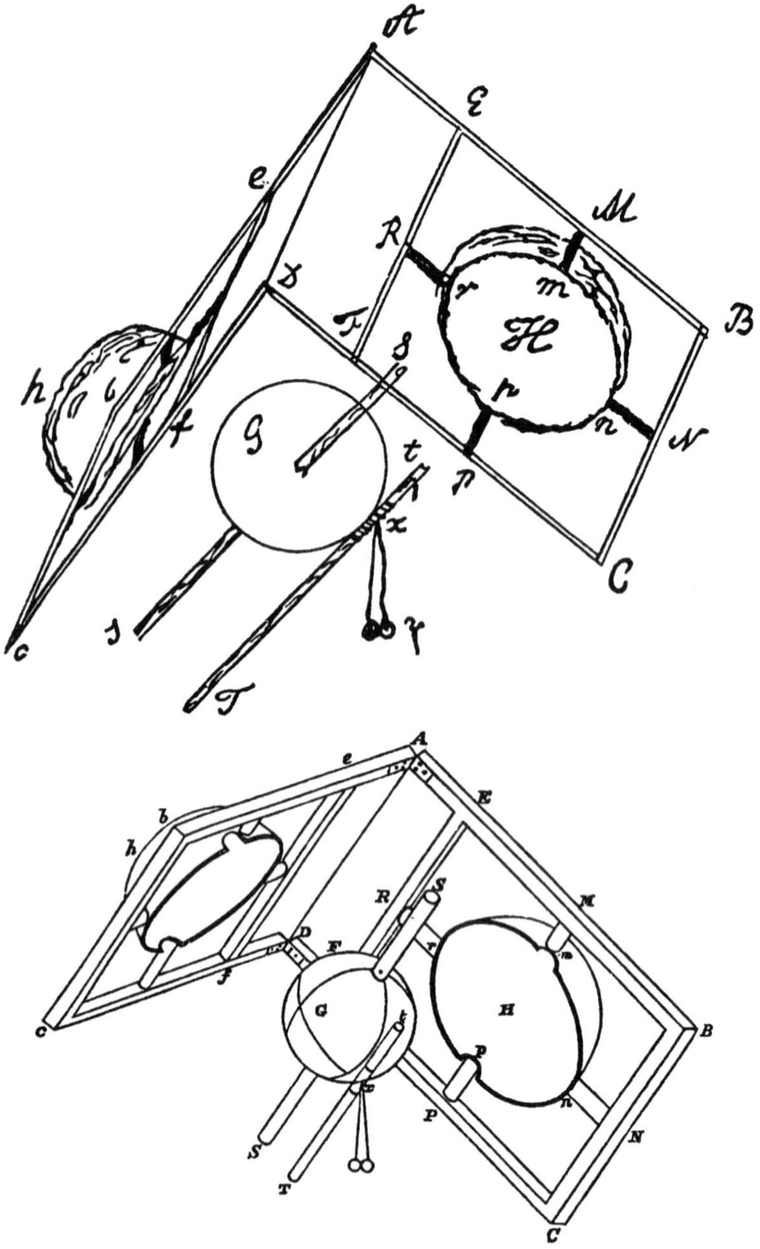

Abb. I.1 Cavendishs Versuchsanordnung zum Nachweis des Gesetzes vom reziproken quadratischen Abstand der Elektrostatik. Der obere Teil der Abbildung zeigt das Faksimile Cavendishs eigener Zeichnung, der untere dagegen eine technische Zeichnung. Die innere Kugelschale hat einen Durchmesser von 30,6 cm, die hohlen Halbkugeln (bestehend aus Pappe) sind etwas größer. Sowohl die innere Kugelschale als auch die äußeren Halbkugeln waren mit Stanniol beklebt, „um aus ihnen möglichst ideale Leiter zu machen". (Wiedergabe der Abbildung mit freundlicher Genehmigung von Cambridge University Press.)

oder

$$\mu^{-1} > 10^8 \text{ m}$$

Im Vergleich dazu ist die Masse des Elektrons, $m_e = 9{,}1 \times 10^{-31}$ kg, außerordentlich groß. Das Laborexperiment von Williams, Faller und Hill liefert als obere Schranke $m_\gamma < 1{,}6 \times 10^{-50}$ kg, die nur um den Faktor 4 schlechter ist als die geomagnetische Schranke.

Zu einer *groben* Abschätzung für die obere Schranke der Photonmasse gelangt man auf relativ einfache Art und Weise. Hierzu braucht man nur die Tatsache auszunutzen, dass in dem von der Erde und der Ionosphäre gebildeten Hohlraumresonator Schwingungstypen sehr niedriger Frequenz existieren (die sog. Schumann-Resonanzen, die wir in Kap. 8.9 diskutieren). Die Einstein-Relation $h\nu = m_\gamma c^2$ lässt vermuten, dass die Photonmasse einer Ungleichung der Art $m_\gamma < h\nu_0/c^2$ genügt, wobei ν_0 eine elektromagnetische Resonanzfrequenz darstellt. Die niedrigste Schumann-Resonanz liegt bei $\nu_0 \simeq 8$ Hz. Hieraus folgt $m_\gamma < 6 \times 10^{-50}$ kg, d. h. eine sehr kleine obere Schranke, die nur um eine Größenordnung über der besten Abschätzung liegt. Während diese Argumentation nur näherungsweise Gültigkeit besitzt, zeigen genauere Betrachtungen (vgl. Kap. 12.8 und die dort angegebenen Literaturhinweise), dass die auf diese Weise gewonnene Schranke um ungefähr ein Zehnfaches höher liegt, da sie mit $(R/H)^{1/2} \simeq 10$ zu multiplizieren ist, wobei $R \simeq 6400$ km der Erdradius und $H \simeq 60$ km die Höhe der Ionosphäre über der Erde ist.[7] Trotz dieses Abschwächungsfaktors ist die allein durch die Schumann-Resonanzen bedingte obere Schranke von 10^{-48} kg recht beachtlich.

Die im Labor ausgeführten und die geophysikalischen Tests zeigen, dass das Gesetz vom reziproken quadratischen Abstand über Entfernungsbereiche in der Größenordnung von 10^{-2} bis 10^7 m mit extrem hoher Genauigkeit gilt. Für kleinere Entfernungsbereiche muss man zu Nachweismethoden übergehen, die weniger direkt sind und oft noch zusätzliche Annahmen enthalten. So stellt z. B. Rutherfords historische Analyse der Streuung von Alphateilchen einen Beweis für den Gültigkeitsbereich des Coulomb'schen Kraftgesetzes bis zu Entfernungen von 10^{-13} m dar – vorausgesetzt, dass die Alphateilchen und der Kern als klassische Punktladungen betrachtet werden können, die statisch miteinander wechselwirken, und dass die Elektronenwolke um den Kern vernachlässigt werden kann. All diese Annahmen können natürlich nur im Rahmen des Gültigkeitsbereichs der Quantenmechanik, des linearen Superpositionsprinzips (s. unten) und anderer (wenn auch sehr vernünftiger) Annahmen getestet werden. In noch kleineren Entfernungsbereichen muß man die relativistische Quantenmechanik heranziehen, wobei allerdings Effekte der starken Wechselwirkung die Fragen und die Antworten auf sie zu verdunkeln beginnen. Dennoch haben elastische Streuexperimente mit positiven und negativen Elektronen bei einer Schwerpunktsenergie bis hin zu 100 GeV gezeigt, dass die Quantenelektrodynamik (die relativistische Theorie eines punktartigen Elektrons, das mit dem

---

[7] Der entscheidende Punkt ist folgender: Soweit H/R vernachlässigt werden kann, breitet sich die extrem niederfrequente Welle genauso aus wie die transversal-elektromagnetische Grundwelle (die TEM-Grundwelle) in einem normalen Hohlleiter. Eine endliche Photonmasse hat auf diese Ausbreitung keinen Einfluss, es sei denn durch Änderungen der statischen Kapazität und Induktivität pro Längeneinheit. Die Effekte einer Photonmasse liegen in der Größenordnung von $(H/R)\,\mu^2$.

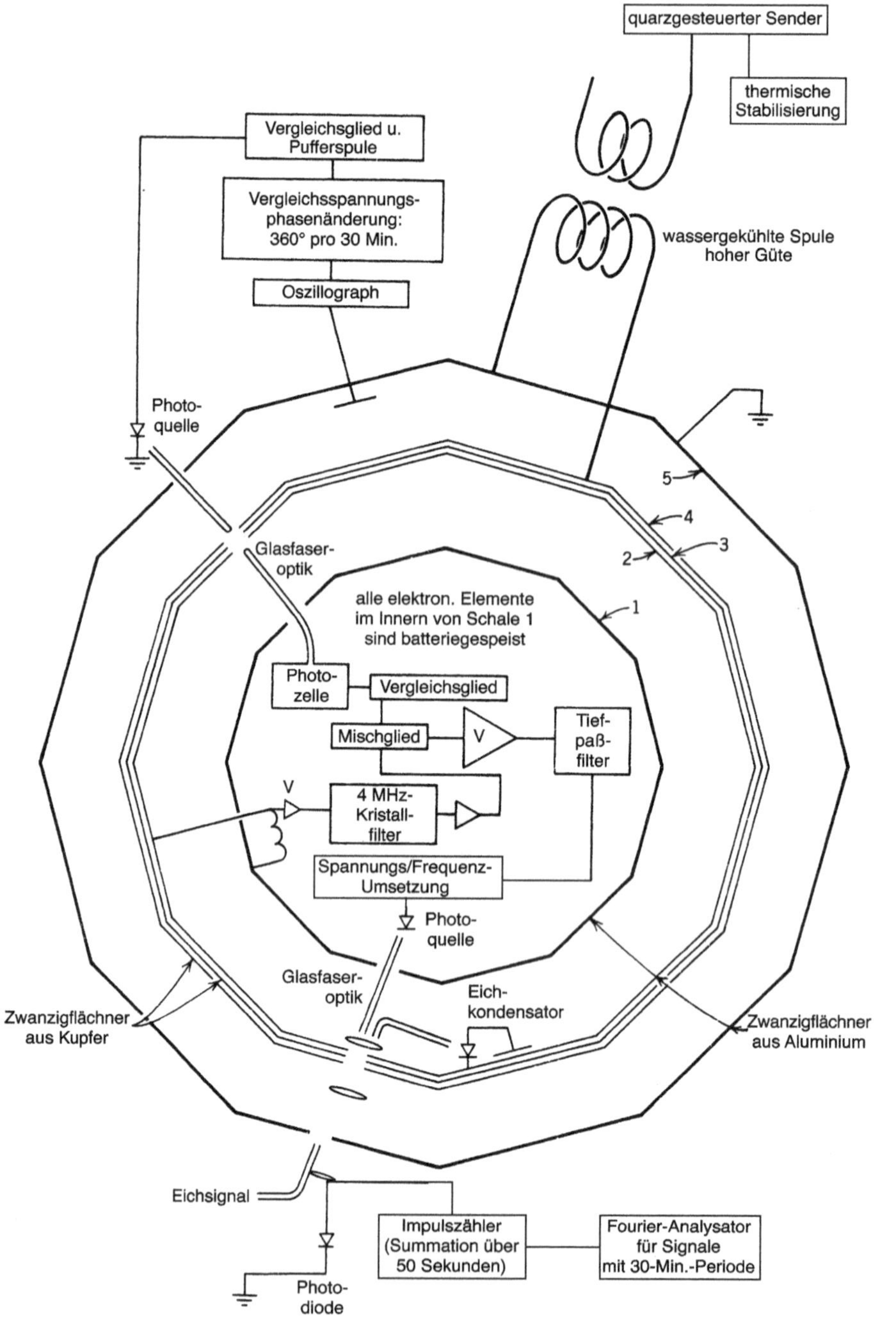
quarzgesteuerter Sender
thermische Stabilisierung
Vergleichsglied u. Pufferspule
Vergleichsspannungs-phasenänderung: 360° pro 30 Min.
Oszillograph
wassergekühlte Spule hoher Güte
Photo-quelle
5
4
3
2
1
Glasfaser-optik
alle elektron. Elemente im Innern von Schale 1 sind batteriegespeist
Photo-zelle
Vergleichsglied
Mischglied
V
Tief-paß-filter
V
4 MHz-Kristall-filter
Spannungs/Frequenz-Umsetzung
Photo-quelle
Glasfaser-optik
Eich-kondensator
Zwanzigflächner aus Kupfer
Zwanzigflächner aus Aluminium
Eichsignal
Impulszähler (Summation über 50 Sekunden)
Fourier-Analysator für Signale mit 30-Min.-Periode
Photo-diode

Feld des masselosen Photons wechselwirkt) bis zu Abständen in der Größenordnung von 10^{-18} m gültig ist. Wir schließen daraus, dass die Photonmasse über den gesamten klassischen Bereich bis tief in den quantenmechanischen Entfernungsbereich Null gesetzt werden kann. D. h. der Gültigkeitsbereich des Gesetzes vom reziproken quadratischen Abstand erstreckt sich über eine Entfernungsskala von 25 Größenordnungen.

I.3 Lineare Superposition

Die Maxwell'schen Gleichungen für das Vakuum sind in den Feldern **E** und **B** *linear*. Diese Linearität macht man sich dermaßen häufig zunutze – z. B. bei der Übertragung verschiedener Telefongespräche über ein einziges Mikrowellenkabel –, dass man sie als selbstverständlich hinnimmt. Natürlich können auch nichtlineare Effekte auftreten – z. B. in magnetischen Materialien oder in Kristallen, die auf Laserstrahlen hoher Intensität reagieren, und sogar in den Geräten, mit denen man die erwähnten Telefongespräche in den Mikrowellenstrahl einführt und wieder aus ihm heraus. Doch an dieser Stelle beschäftigen uns allein mit Feldern im Vakuum bzw. mit mikroskopischen Feldern in Atomen und Kernen.

Mit welcher Evidenz nun wird das Prinzip der linearen Superposition von der Natur untermauert? Im makroskopischen Bereich wird es von Experimenten jeglicher Art mit einer Genauigkeit von 0,1 % bestätigt – Systeme von Ladungen und Ströme erzeugen elektrische und magnetische Kräfte, die sich durch lineare Superposition berechnen lassen: Transformatoren funktionieren wie erwartet, auf Lecher-Leitungen beobachtet man stehende Wellen usw. In der Optik schließlich erzeugt ein Spalt ein Beugungsbild, und die Beugung von Röntgen-Strahlen an Kristallen gibt Aufschluss über deren Struktur; weißes Licht schließlich wird beim Durchgang durch ein Prisma in Regenbogenfarben zerlegt und wieder zu weißem Licht vereinigt. Mit anderen Worten: Im makroskopischen und sogar atomaren Bereich ist das Prinzip der linearen Superposition in erstaunlich weitem Umfang gültig.

Es ist der subatomare Bereich, in dem man Abweichungen vom Prinzip der linearen Superposition legitimerweise erwarten darf. Wird die Entfernung zwischen geladenen Teilchen sehr klein, dann werden die Feldstärken sehr groß. Stellt man sich

◀ **Abb. I.2** Schematische Darstellung des „Cavendish-Experiments" von Williams, Faller und Hill. Die konzentrischen Zwanzigflächner bestehen aus leitendem Material. Zwischen den Schalen 4 und 5 ist eine 4 MHz-Spannung mit einer 10 kV-Amplitude angelegt. Die Schale 4 und die angrenzenden Schalen 2 und 3 haben einen Durchmesser von ca. 1,5 m und umschließen die Schale 1. Die Spannungsdifferenz zwischen den Schalen 1 und 2 tritt (wenn überhaupt) am Induktor innerhalb der Schale 1 auf. Das Verstärkersystem und das optische System sind notwendig, um die Information über die Spannung dem Experimentator zugänglich zu machen. Sie entsprechen den von Cavendish benutzten Fäden, die die über ein Scharniersystem miteinander verbundenen Halbkugeln automatisch öffneten, um die Ladung auf der inneren Kugel mithilfe von Holunderkugeln zu testen. (Wiedergabe der Abbildung mit freundlicher Genehmigung der Autoren.)

ein geladenes Teilchen als eine lokalisierte, d. h. auf ein kleines Raumgebiet begrenzte Ladungsverteilung vor, dann wird seine Energie mit zunehmender Lokalisierung immer größer. Natürlich wird man vermuten, dass eine Art Sättigung eintritt, so dass die Feldstärken eine bestimmte obere Grenze nicht überschreiten und unendliche Selbstenergien nicht auftreten. Entsprechende klassische, nichtlineare Theorien sind in der Vergangenheit verschiedentlich untersucht worden. Ein bekanntes Beispiel ist die Theorie von Born und Infeld.[8] In ihr besitzt das Vakuum eine von Eins verschiedene Dielektrizitätskonstante und Permeabilität. Sie sind gegeben durch

$$\frac{\epsilon}{\epsilon_0} = \frac{\mu_0}{\mu} = \left[1 + \frac{1}{b^2}(c^2B^2 - E^2)\right]^{-1/2} \tag{I.4}$$

wobei b eine maximale Feldstärke bedeutet. Tatsächlich ist Gl. (I.4) die vereinfachte Form einer Gleichung, die vorher bereits von Born allein vorgeschlagen wurde. Die zugrundeliegende Idee ist die, dass zwar die Felder auf kurzen Abständen offensichtlich modifiziert werden, aber alle elektromagnetischen Energien endlich bleiben. Doch solche Theorien haben den Nachteil, willkürlich über die Wahl der Nichtlinearitäten zu verfügen und beim Übergang zur Quantentheorie große Probleme mit sich zu bringen. Abgesehen davon gibt es auch keinen Hinweis auf eine derartige klassische Nichtlinearität. Ein Mehr-Elektronen-Atom wird mit großer Genauigkeit durch die normale Quantentheorie mit Wechselwirkungen zwischen dem Kern und den Elektronen einerseits und den Elektronen untereinander andererseits beschrieben, und diese Wechselwirkungen werden durch *lineare Superposition* von Zwei-Teilchen-Potentialen (oder retardierten relativistischen Potentialen zur Beschreibung der Feinstruktur) erzeugt. Am Ort der Elektronenbahnen herrschen Feldstärken in der Größenordnung von $10^{11} - 10^{17}$ V/m, während das elektrische Feld am Rand eines schweren Kerns 10^{21} V/m beträgt. Energieniveaudifferenzen in leichten Atomen wie dem Helium, die auf der Grundlage der linearen Superposition elektromagnetischer Wechselwirkungen berechnet werden, stimmen mit dem Experiment mit einer Genauigkeit von 10^{-6} überein, und auch die Coulomb-Energien von schweren Kernen sind mit dem Prinzip der linearen Superposition verträglich. Es ist natürlich möglich, dass bei Feldstärken über 10^{21} V/m nichtlineare Effekte auftreten. Nach solchen Effekten kann man z. B. bei superschweren Kernen ($Z > 110$) suchen, und zwar sowohl unter den atomaren Energieniveaus als auch unter den Coulomb-Energien des Kerns.[9] Bis zum heutigen Tag existiert jedoch keinerlei Hinweis darauf, dass sich die Vakuumfelder auf kurzen Abständen im klassischen Sinn nichtlinear verhalten.

Tatsächlich *gibt* es einen *nichtlinearen* Effekt elektromagnetischer Felder. Doch dieser ist *quantenmechanischer* Natur und kann deswegen auftreten, weil das Unschärfeprinzip die momentane Erzeugung eines Elektron-Positron-Paares durch zwei Photonen und das anschließende Verschwinden dieses Paares unter Emission zweier voneinander verschiedener Photonen gestattet. Der entsprechende Prozess ist sche-

---

[8] Born, M. und L. Infeld, *Proc. Roy. Soc.* **A144**, 425 (1934). Elementar wird dieses Problem auch behandelt bei Born, M., *Atomic Physics*. London: Blackie 1949; Anhang VI.

[9] Der Effekt einer Nichtlinearität vom Born-Infeld-Typ auf atomare Energieniveaus superschwerer Elemente wurde von Rafelski, J., Greiner, W. und L.P. Fulcher, *Nuovo Cimento* **13B**, 135 (1973) untersucht.

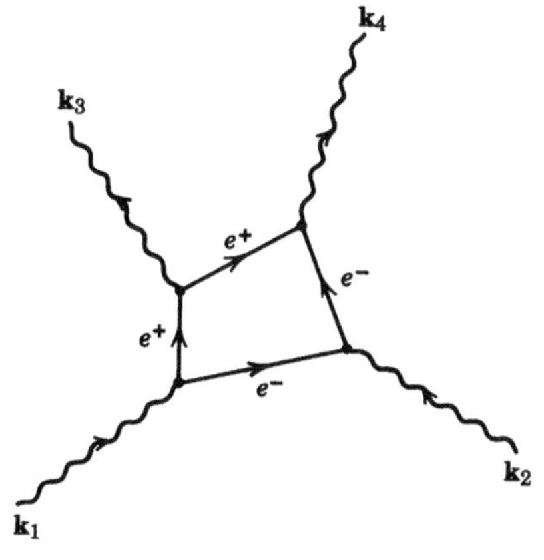

Abb. I.3 Streuung von Licht an Licht. Schematisches Diagramm der Photon-Photon-Streuung.

matisch in Abb. I.3 dargestellt und wird *Photon-Photon-Streuung* oder *Streuung von Licht an Licht* genannt.[10] Die beiden einfallenden ebenen Wellen $e^{i\mathbf{k}_1\cdot\mathbf{x}-i\omega_1 t}$ und $e^{i\mathbf{k}_2\cdot\mathbf{x}-i\omega_2 t}$ addieren sich nicht einfach kohärent, wie man es bei linearer Superposition erwarten würde, sondern wechselwirken miteinander und gehen (mit geringer Wahrscheinlichkeit) in zwei andere, voneinander verschiedene ebene Wellen mit den Wellenvektoren $\mathbf{k}_3$ bzw. $\mathbf{k}_4$ über. Dieser nichtlineare Aspekt der *Quanten*elektrodynamik kann – zumindest für schwach veränderliche Felder – durch elektrische und magnetische Permeabilitätstensoren des Vakuums beschrieben werden, nämlich

$$D_i = \epsilon_0 \sum_k \epsilon_{ik} E_k, \quad B_i = \mu_0 \sum_k \mu_{ik} H_k$$

mit

$$\epsilon_{ik} = \delta_{ik} + \frac{e_G^4 \hbar}{45\pi m^4 c^7} [2(E^2 - c^2 B^2)\,\delta_{ik} + 7\,c^2 B_i B_k] + \cdots$$

$$\mu_{ik} = \delta_{ik} + \frac{e_G^4 \hbar}{45\pi m^4 c^7} [2(c^2 B^2 - E^2)\,\delta_{ik} + 7 E_i E_k] + \cdots \tag{I.5}$$

Hierin bedeutet e_G die Ladung des Elektrons in Gauß'schen Einheiten und m seine Masse. Diese Resultate wurden das erste Mal von Euler und Kockel im Jahre 1935 hergeleitet.[11] Im klassischen Limes ($\hbar \to 0$) verschwinden die nichtlinearen Effekte. Ein Vergleich mit dem klassischen Born-Infeld-Ausdruck (I.4) zeigt ferner, dass für schwache Nichtlinearitäten die quantenmechanische Feldstärke

$$b_q = \frac{\sqrt{45\pi}}{2} \sqrt{\frac{e_G^2}{\hbar c}} \frac{e_G}{r_0^2} \simeq 0{,}51 \frac{e_G}{r_0^2}$$

[10] Sind die beiden in Abb. I.3 angedeuteten Photonen virtuell, d. h. stellen sie eine Wechselwirkung zweiter Ordnung im statischen Coulomb-Feld des Kerns dar, dann spricht man von *Delbrück-Streuung*. Vgl. hierzu Jauch, J. M. und F. Rohrlich, *The Theory of Photons and Electrons*. Reading, Mass.: Addison-Wesley 1955; Abschn. 15.8.

[11] Euler, H. und B. Kockel, *Naturwiss.* **23**, 246 (1935).

eine zum Born-Infeld-Paramater b analoge Rolle spielt. Hierbei ist $r_0 = e_G^2/mc^2 \simeq 2{,}8 \times 10^{-15}$ m der klassische Elektronenradius und $e_G/r_0^2 = 1{,}8 \times 10^{20}$ V/m ist das elektrische Feld an der Oberfläche eines solchen klassischen Elektrons. Zwei Bemerkungen seien noch angefügt: (a) die in Gl. (I.5) angegebenen Ausdrücke für ϵ_{ik} und μ_{ik} sind Näherungen, die ungültig werden, sobald sich die Feldstärken dem Wert von b_q nähern oder die Felder zu schnell in Raum und Zeit variieren (wobei $\hbar/mc$ die kritische Längenskala und $\hbar/mc^2$ die kritische Zeitskala darstellen); (b) die zufällige numerische Koinzidenz von b_q und $e_G/2r_0^2$ ist zwar suggestiv, aber ohne physikalische Bedeutung, da b_q das Planck'sche Wirkungsquantum $\hbar$ enthält.

In Analogie zur Polarisation $\mathbf{P} = \mathbf{D} - \epsilon_0 \mathbf{E}$ bezeichnet man die durch (I.5) beschriebene Feldabhängigkeit von ϵ_{ik} und μ_{ik} als *Vakuumpolarisationseffekte*. Über die Photon-Photon- oder Delbrück-Streuung hinaus verursacht die Vakuumpolarisation sehr kleine Verschiebungen atomarer Energieniveaus. Der Hauptbeitrag enthält ein virtuelles Elektron-Positron-Paar – ähnlich wie in Abb. I.3, aber nur mit zwei anstatt mit vier Photonen. Sind die Photonen reell, dann trägt der Prozess zur Photonmasse bei und muss folglich verschwinden. Für virtuelle Photonen dagegen, wie sie bei elektromagnetischen Wechselwirkungen zwischen einem Kern und einem Elektron der Atomhülle oder tatsächlich bei jeder Wechselwirkung in einem äußeren Feld auftreten, verursacht die Erzeugung und Vernichtung eines virtuellen Elektron-Positron-Paares mitunter beobachtbare Effekte.

Die Vakuumpolarisation bewirkt eine Änderung der elektrostatischen Wechselwirkung zweier Ladungen bei kleinen Abständen, die sich als Abschirmung der „nackten" Ladung mit wachsender Distanz oder – in moderner Diktion – als „gleitende" Kopplungskonstante beschreiben lässt. Da die Ladung eines Teilchens durch die Stärke seiner elektromagnetischen Kopplung bei großem Abstand (d. h. bei zu vernachlässigendem Impulsübertrag) definiert ist, bedeutet eine Abschirmung durch Elektron-Positron-Paare in Ladungsnähe, dass die bei geringeren Abständen zu beobachtende „nackte" Ladung größer ist als die bei großen Abständen definierte Ladung. Quantitativ liefert die Quantenelektrodynamik in niedrigster Ordnung für die um die Vakuumpolarisation korrigierte Coulombenergie zweier Ladungen $Z_1 e$ und $Z_2 e$ folgendes Ergebnis:

$$V(r) = \hbar c \frac{Z_1 Z_2 \alpha}{r} \left[1 + \frac{2\alpha}{3\pi} \int_{2m}^{\infty} d\kappa \frac{\sqrt{\kappa^2 - 4m^2}}{\kappa^2} \left(1 + \frac{2m^2}{\kappa^2} \right) e^{-\kappa r} \right] \tag{I.6}$$

wobei α die Feinstrukturkonstante ist ($\approx 1/137$) und m die reziproke Compton-Wellenlänge des Elektrons (Elektronmasse, multipliziert mit $c/\hbar$). Das Integral, eine Überlagerung von Yukawa-Potentialen ($e^{-\kappa r}/r$), ist der sog. Ein-Loop-Beitrag aller virtuellen Elektron-Positron-Paare. Er vergrößert die potentielle Energie bei Abständen, die innerhalb der Compton-Wellenlänge des Elektrons ($\hbar/mc = \alpha a_0 \approx 3{,}86 \times 10^{-13}$ m) liegen.

Wegen der geringen Reichweite ist der Energieübertrag der Vakuumpolarisation in leichten Atomen – außer bei sehr genauen Messungen – kaum von Bedeutung. Wichtig wird er jedoch bei Atomen mit hohem Z und bei müonischen Atomen, wo der Bohr'sche Radius infolge der höheren Masse des Müons ($m_\mu \approx 207\, m_e$) deutlich innerhalb der Reichweite des modifizierten Potentials liegt. Die Röntgen-Spektren von müonischen Atomen mittlerer Masse liefern eine äußerst genaue Bestätigung des Vakuumpolarisationseffektes, wie er durch Formel (I.6) beschrieben wird.

Der Begriff einer „gleitenden" Kopplungskonstanten, d. h. einer effektiven Wechselwirkung, die sich mit dem Impulsübertrag ändert, wird innerhalb des Elektromagnetismus deutlich, wenn man von der Wechselwirkungsenergie (I.6) die räumliche Fourier-Transformierte bildet. Sie lautet:

$$\tilde{V}(Q^2) = \frac{4\pi Z_1 Z_2 \alpha(Q^2)}{Q^2} \tag{I.7}$$

Die $1/Q^2$-Abhängigkeit ist typisch für das Coulomb-Potential (vertraut aus der Rutherford-Streuung), aber der Betrag wird jetzt bestimmt von der gleitenden Kopplungskonstanten $\alpha(Q^2)$ mit dem reziproken Wert

$$[\alpha(Q^2)]^{-1} \approx \frac{1}{\alpha(0)} - \frac{1}{3\pi} \ln\left(\frac{Q^2}{m^2 e^{5/3}}\right) \tag{I.8}$$

Hierbei ist $\alpha(0) = 1/137{,}036\ldots$ die *Feinstrukturkonstante*, e die Euler'sche Zahl und Q^2 das Quadrat des Wellenzahl(Impuls)-Übertrags. Der Ausdruck (I.8) ist eine Näherung für große Q^2/m^2. Die gleitende Kopplungskonstante $\alpha(Q^2)$ nimmt mit wachsendem Q^2 (geringerer Entfernung) langsam zu, die Teilchen dringen in die abschirmende Wolke der Elektron-Positron-Paare ein und erfahren ein größeres effektives Ladungsprodukt.

Da die Vakuumspolarisationsenergie in erster Näherung zum α-fachen der äußeren Ladung proportional ist, spricht man von einem linearen Effekt, obwohl (über α) das Quadrat der inneren Ladung von Elektron und Positron zur Wirkung kommt. Nichtlineare Wechselwirkungen sind dann die kleinen Beiträge höherer Ordnung. Ähnlich wie in Abb. I.3 entsprechen z. B. drei Photonen der dritten Potenz des äußeren Feldes bzw. der Ladung.

Abschließend können wir feststellen: Die lineare Superposition der Vakuumfelder ist bei klassischen Längen und für klassisch erreichbare Feldstärken ausgezeichnet bestätigt, nichts spricht gegen sie. Im atomaren und subatomaren Bereich treten quantenmechanisch bedingte, nichtlineare Effekte auf, deren Ursprung in der Kopplung geladener Teilchen an das elektromagnetische Feld liegt. Sie modifizieren die Wechselwirkung geladener Teilchen und verursachen gleichzeitig Wechselwirkungen zwischen elektromagnetischen Feldern, und zwar selbst bei Abwesenheit physikalischer Teilchen.

I.4 Die Maxwell'schen Gleichungen in makroskopischer Materie

Bisher betrachteten wir elektromagnetische Felder und Quellen im Vakuum. Die Maxwell'schen Gleichungen (I.1b) können als Gleichungen betrachtet werden, die die elektrischen und magnetischen Felder $\mathbf{E}$ und $\mathbf{B}$ in jedem Raumpunkt liefern, sobald die Quellen ρ und $\mathbf{J}$ spezifiziert sind. Für eine kleine Anzahl definierter Quellen stellt die Bestimmung der Felder ein lösbares Problem dar, doch für makroskopische

Materie ist die Lösung dieser Gleichung fast unmöglich. In diesem Zusammenhang spielen zwei Aspekte eine wichtige Rolle. Der eine ist die immens große Zahl einzelner Quellen, nämlich die der geladenen Teilchen in der Hülle und im Kern eines jeden Atoms. Der andere ist die Tatsache, dass das detaillierte Verhalten der Felder, mit ihren drastischen Änderungen über Raumgebiete atomarer Ausdehnung, für makroskopische Beobachtungen nicht von Bedeutung ist. Entscheidend ist allein der Mittelwert eines Feldes bzw. einer Quelle über ein Volumen, das im Vergleich zu dem eines einzelnen Atoms oder Moleküls groß ist. Solche gemittelten Größen nennen wir *makroskopische* Felder bzw. Quellen. In Kap. 6.6 werden wir zeigen, dass die *makroskopischen Maxwell'schen Gleichungen* die Gestalt (I.1a) haben, wobei **E** und **B** die Mittelwerte der Felder der mikroskopischen, d.h. für das Vakuum geltenden Maxwell'schen Gleichungen sind, während **D** und **H** nicht mehr einfache Vielfache von **E** bzw. **B** sind. Die Komponenten der beiden *makroskopischen* Feldgrößen **D** und **H**, die man *dielektrische Verschiebung* bzw. *magnetisches Feld* nennt (**B** ist die sog. *magnetische Induktion*), sind gegeben durch

$$
\begin{aligned}
D_\alpha &= \epsilon_0 E_\alpha + \left(P_\alpha - \sum_\beta \frac{\partial Q'_{\alpha\beta}}{\partial x_\beta} + \cdots \right) \\
H_\alpha &= \frac{1}{\mu_0} B_\alpha - (M_\alpha + \cdots)
\end{aligned}
\tag{I.9}
$$

Die Größen **P**, **M**, $Q'_{\alpha\beta}$ stellen die makroskopisch gemittelten elektrischen Dipol-, magnetischen Dipol- und elektrischen Quadrupoldichten des Materiesystems bei Anwesenheit äußerer Felder dar, während die Momentdichten höherer Ordnung durch Punkte angedeutet sind. In ähnlicher Weise sind die Ladungs- und Stromdichten ρ und **J** die makroskopischen Mittel der „freien" Ladungs- bzw. Stromdichten innerhalb des Mediums. Die gebundenen Ladungen und Ströme erscheinen in den Gleichungen über **P**, **M** und $Q'_{\alpha\beta}$.

Die makroskopischen Maxwell'schen Gleichungen (I.1a) sind ein Satz von acht Gleichungen für die Komponenten der vier Felder **E**, **B**, **D** und **H**. Die vier homogenen Gleichungen können formal gelöst werden, indem man **E** und **B** durch das skalare Potential Φ und das Vektorpotential **A** ausdrückt. Dagegen lassen sich die inhomogenen Gleichungen erst dann lösen, wenn **D** und **H** als Funktion von **E** und **B** bekannt sind. Diese Zusammenhänge, die implizit in (I.9) enthalten sind, werden formal ausgedrückt durch die *Verknüpfungsgleichungen*

$$
\begin{aligned}
\mathbf{D} &= \mathbf{D}[\mathbf{E}, \mathbf{B}] \\
\mathbf{H} &= \mathbf{H}[\mathbf{E}, \mathbf{B}]
\end{aligned}
$$

die auch *Materialgleichungen* genannt werden. Für leitende Medien tritt noch das *verallgemeinerte Ohm'sche Gesetz*

$$
\mathbf{J} = \mathbf{J}[\mathbf{E}, \mathbf{B}]
$$

hinzu. Die eckigen Klammern sollen dabei andeuten, dass die Zusammenhänge nicht unbedingt einfach zu sein brauchen und von der Vorgeschichte des Materials abhängen können (wie z.B. im Fall der Hysterese); sie können auch nichtlinear sein.

In den meisten Materialien kann man das elektrische Quadrupolmoment und höhere Terme in (I.9) vollkommen vernachlässigen. Nur die *elektrische Polarisation*

P und die *Magnetisierung* **M** sind von Bedeutung. Das heißt jedoch nicht, dass die Verknüpfungsgleichungen dann einfach werden. Es existiert eine ungeheuere Vielfalt in den elektrischen und magnetischen Eigenschaften der Materie, und zwar besonders in kristallinen Festkörpern. Zu ihnen gehören einerseits die dielektrischen, diamagnetischen und paramagnetischen Stoffe, andererseits die Ferroelektrika und Ferromagnetika, deren Polarisationen, **P** bzw. **M**, selbst bei Abwesenheit äußerer Felder von Null verschieden sind. Das Studium der Eigenschaften dieser Materialien macht einen Teil der Festkörperphysik aus. In diesem Buch streifen wir nur kurz einige Aspekte. Eine systematische und ausführliche Behandlung der elektromagnetischen Eigenschaften makroskopischer Materie findet man in Büchern über Festkörperphysik wie etwa in dem von *Kittel.*

In anderen Substanzen als Ferroelektrika oder Ferromagnetika induzieren nicht zu starke äußere elektrische oder magnetische Felder eine elektrische bzw. magnetische Polarisation, die proportional zum Betrag des angelegten Feldes ist. Man sagt dann, das Medium reagiere linear, und schreibt die kartesischen Komponenten von **D** und **H** in der Form[12]

$$\begin{aligned} D_\alpha &= \sum_\beta \epsilon_{\alpha\beta} E_\beta \\ H_\alpha &= \sum_\beta \mu'_{\alpha\beta} B_\beta \end{aligned} \tag{I.10}$$

Die Tensoren $\epsilon_{\alpha\beta}$ und $\mu'_{\alpha\beta}$ heißen Dielektrizitätstensor bzw. Tensor der reziproken Permeabilität. Sie drücken die lineare Reaktion des Materials aus und hängen nicht nur von seiner molekularen und u. U. auch kristallinen Struktur ab, sondern auch von makroskopischen Eigenschaften wie Dichte und Temperatur. Linear reagierende Materialien verhalten sich räumlich oft isotrop. In diesem Fall sind $\epsilon_{\alpha\beta}$ und $\mu'_{\alpha\beta}$ diagonal und ihre drei von Null verschiedenen Elemente gleich, so dass man $\mathbf{D} = \epsilon\mathbf{E}$ und $\mathbf{H} = \mu'\mathbf{B} = \mathbf{B}/\mu$ schreiben kann.

Um korrekt zu sein, sollte erwähnt werden, dass die Gln. (I.10) allgemein nur für die raumzeitlichen Fourier-Komponenten der jeweiligen Feldgrößen gelten, da der lineare Zusammenhang zwischen **D** und **E** (bzw. **H** und **B**) nichtlokal sein kann. Allgemein gilt z. B.:

$$D_\alpha(\mathbf{x}, t) = \sum_\beta \int d^3x' \int dt' \, \epsilon_{\alpha\beta}(\mathbf{x}', t') \, E_\beta(\mathbf{x} - \mathbf{x}', t - t')$$

wobei $\epsilon_{\alpha\beta}(\mathbf{x}', t')$ um $\mathbf{x}' = 0$, $t' = 0$ lokalisiert sein kann, aber auch noch weit weg vom Ursprung nichtverschwindende Werte haben kann. Führt man die Fourier-Transformierten $D_\alpha(\mathbf{k}, \omega)$, $E_\beta(\mathbf{k}, \omega)$ und $\epsilon_{\alpha\beta}(\mathbf{k}, \omega)$ gemäß

$$f(\mathbf{k}, \omega) = \int d^3x \int dt \, f(\mathbf{x}, t) \, e^{-i\,\mathbf{k}\cdot\mathbf{x} + i\omega t}$$

[12] Folgt man dem vorigen Abschnitt, so sollte man $B_\alpha = \sum_\beta \mu_{\alpha\beta} H_\beta$ schreiben mit dem Permeabilitätstensor $\mu_{\alpha\beta}$. Doch diese Schreibweise kehrt die natürlichen Rollen von **B** als magnetischem Grundfeld und von **H** als abgeleitete Größe um. In Kapitel 5 kehren wir jedoch zu dieser traditionellen Schreibweise wieder zurück.

ein, so lässt sich Gl. (I.10) in folgender Weise durch die genannten Fourier-Transformierten ausdrücken:

$$D_\alpha(\mathbf{k},\omega) = \sum_\beta \epsilon_{\alpha\beta}(\mathbf{k},\omega)\, E_\beta(\mathbf{k},\omega) \tag{I.11}$$

In ähnlicher Weise lässt sich auch $H_\alpha(\mathbf{k},\omega)$ durch $B_\beta(\mathbf{k},\omega)$ ausdrücken. Die Permeabilitätstensoren sind daher Funktionen der Frequenz und i. Allg. auch des Wellenvektors. Für sichtbares Licht oder langwellige elektromagnetische Strahlung ist es oft erlaubt, die räumliche Nichtlokalität zu vernachlässigen. $\epsilon_{\alpha\beta}$ und $\mu'_{\alpha\beta}$ sind dann Funktionen allein der Frequenz. Diesen Fall diskutieren wir in Kapitel 7, in dem wir in vereinfachter Weise die Hochfrequenzeigenschaften der Materie behandeln und die Konsequenzen für die Kausalität untersuchen. Für Leiter und Supraleiter können langreichweitige Effekte von Bedeutung werden. Wird z. B. die freie Weglänge des Elektrons in einem Leiter gegenüber der Eindringtiefe groß, dann ist die räumlich lokale Form des Ohm'schen Gesetzes nicht mehr angemessen, weil auch die Abhängigkeit vom Wellenvektor ins Spiel kommt. Für das Verständnis einer Reihe von Eigenschaften der Festkörper ist das Konzept einer vom Wellenvektor und von der Frequenz abhängenden Dielektrizitätskonstanten äußerst fruchtbar. Literatur zu diesem Gebiet findet der Leser unter den Literaturhinweisen am Ende dieser Einführung.

Orientierungshalber sei erwähnt, dass die Dielektrizitätskonstante $\epsilon_{\alpha\alpha}/\epsilon_0$ bei kleinen Frequenzen ($\nu \lesssim 10^6$ Hz), bei denen alle Ladungen – unabhängig von ihrer Trägheit – auf äußere Felder reagieren, im Bereich zwischen 2 und 20 liegen; höhere Werte sind jedoch nicht außergewöhnlich. Substanzen mit permanenten molekularen Dipolmomenten können weitaus größere und temperaturabhängige Dielektrizitätskonstanten besitzen. Destilliertes Wasser z. B. hat bei 0 °C die statische Dielektrizitätskonstante $\epsilon/\epsilon_0 = 88$, bei 100 °C dagegen $\epsilon/\epsilon_0 = 56$. Für optische Frequenzen, bei denen nur die Elektronen merklich reagieren, sind die Dielektrizitätskonstanten $\epsilon_{\alpha\alpha}/\epsilon_0$ wesentlich kleiner; sie liegen dann zwischen 1,7 und 10, wobei für die meisten Festkörper $\epsilon_{\alpha\alpha}/\epsilon_0 \simeq 2-3$ ist. Wasser hat im sichtbaren Bereich die Dielektrizitätskonstante $\epsilon/\epsilon_0 = 1{,}77-1{,}80$, und diese ist zwischen 0 °C und 100 °C im Wesentlichen unabhängig von der Temperatur.

Die Art und Weise, wie ein Material auf ein angelegtes Magnetfeld reagiert, hängt nicht nur von den Eigenschaften der individuellen Atome und Moleküle ab, sondern auch von deren gegenseitiger Wechselwirkung. *Diamagnetische* Substanzen bestehen aus Atomen bzw. Molekülen mit dem Gesamtdrehimpuls Null. Die Wirkung eines angelegten Magnetfeldes besteht bei ihnen darin, dass in den Atomen Ringströme erzeugt werden, die ihrerseits eine dem Feld entgegengerichtete schwache Magnetisierung der Materie bewirken. Nach der Definition (I.10) bzw. (I.9) bedeutet dies, dass $\mu_0\mu'_{\alpha\alpha} > 1$ ist. Für Wismuth z. B. – der stärksten diamagnetischen Substanz, die wir kennen – ist $(\mu_0\mu'_{\alpha\alpha} - 1) \simeq 1{,}8 \times 10^{-4}$. D. h. der Diamagnetismus ist ein sehr kleiner physikalischer Effekt. Besitzt das einzelne Atom einer Substanz einen aus ungepaarten Elektronen resultierenden Drehimpuls, dann ist die Substanz *paramagnetisch*. Das magnetische Moment des ungepaarten Elektrons hat die Richtung des angelegten Feldes. Daher ist $\mu_0\mu'_{\alpha\alpha} < 1$. Typische Werte von $(1 - \mu_0\mu'_{\alpha\alpha})$ bei Zimmertemperatur sind 10^{-2}–10^{-5}. Bei hohen Temperaturen fallen sie jedoch aufgrund statistischer Schwankungen der thermischen Anregungen stark ab.

Ferromagnetische Materialien sind paramagnetisch, zeigen aber wegen zwischenatomarer Wechselwirkungen ein völlig anderes Verhalten. Unterhalb der Curie-Temperatur (1040 K für Fe, 630 K für Ni) tritt bei ferromagnetischen Substanzen spontane Magnetisierung auf, d. h. alle magnetischen Momente in einem mikroskopisch großen Gebiet, das man *Weiss'schen Bezirk* nennt, sind parallel zueinander ausgerichtet. Ein angelegtes Feld versucht, die Lage der Bezirke zu verändern und die Momente verschiedener Bezirke in ein und dieselbe Richtung zu bringen, bis in der Magnetisierung schließlich eine Sättigung eintritt. Wird das äußere Feld wieder abgeschaltet, so bleibt eine beträchtliche Anzahl ausgerichteter Momente zurück, und dies führt zu einer remanenten Permanentmagnetisierung, die Werte bis zu $B_r = \mu_0 M_r \gtrsim 1$ Tesla annehmen kann.

Für Daten über dielektrische und magnetische Materialeigenschaften empfehlen wir dem Leser die unten zitierten, grundlegenden Handbücher, in denen speziellere und detailliertere Werte kompiliert sind.[13]

Materialien, die auf schwache Felder linear reagieren, zeigen bei hinreichend hohen Feldstärken, die den oszillierenden Elektronen und Ionen große Amplituden geben, u. U. ein nichtlineares Verhalten. Die linearen Beziehungen (I.10) gehen dann z. B. über in

$$D_\alpha = \sum_\beta \epsilon^{(1)}_{\alpha\beta} E_\beta + \sum_{\beta,\gamma} \epsilon^{(2)}_{\alpha\beta\gamma} E_\beta E_\gamma + \cdots \tag{I.12}$$

Für stationäre Felder sind die Konsequenzen nicht besonders dramatisch, wohl aber für zeitabhängige Felder. Eine Welle großer Amplitude, die die Frequenzen ω_1 und ω_2 enthält, erzeugt im Medium nicht nur Wellen der ursprünglichen Frequenzen ω_1 ud ω_2, sondern auch solche der Frequenzen 0, $2\omega_1$, $2\omega_2$, $\omega_1 + \omega_2$ und $\omega_1 - \omega_2$. Aus kubischen und höheren nichtlinearen Termen kann ein noch reicheres Spektrum erzeugt werden. Mit der Entwicklung von Lasern wurde dieses nichtlineare Verhalten zu einem eigenen Forschungsgebiet, der *nichtlinearen Optik*, und auch zu einem Hilfsmittel im Labor. Gegenwärtig lassen sich mit Lasern Lichtimpulse erzeugen, deren maximale elektrische Feldstärken bis zu 10^{12} oder 10^{13} V/m erreichen. Das statische elektrische Feld, dem ein Bahnelektron im Wasserstoffatom ausgesetzt ist, beträgt dagegen $e_G/a_0^2 \simeq 5 \times 10^{11}$ V/m. D. h. Laserfelder können atomare Oszillatoren in ihren nichtlinearen Bereich bringen und ein Probestück sogar zerstören. Literaturhinweise zu diesem Gebiet bringen wir am Ende dieser Einführung. Der Leser des vorliegenden Buches wird sich im Wesentlichen mit der Untersuchung linearer Phänomene zufrieden geben müssen.

[13] *CRC Handbook of Chemistry and Physics*, Hrsg. D.R. Lide, 78. Aufl., Boca Raton, FL: CRC Press 1997–98. *American Institute of Physics Handbook*, Hrsg. D.E. Gray, McGraw Hill, New York, 1972 (3. Aufl.), Abschnitte 5.d und 5.f.
Springer Handbook of Condensed Matter and Materials Data, Martienssen, Werner, Warlimont, Hans (Eds.) 2005.

I.5 Grenzbedingungen an der Trennfläche verschiedener Medien

Die Maxwell'schen Gleichungen (I.1) sind Differentialgleichungen, die lokal auf jeden Raum-Zeit-Punkt $(\mathbf{x}, t)$ anzuwenden sind. Mithilfe des Gauß'schen und Stokes'schen Satzes lassen sie sich auf Integralform bringen. Sei V ein endliches Raumgebiet, das von der Fläche S (die aus mehreren Stücken bestehen kann) begrenzt wird, und $\mathbf{n}$ die vom Flächenelement da nach außen zeigende Flächennormale. Dann führt der Gauß'sche Satz, angewandt auf die erste und letzte der Gln. (I.1a), auf die Integralbeziehungen

$$\oint_S \mathbf{D} \cdot \mathbf{n}\, da = \int_V \rho\, d^3x \tag{I.13}$$

$$\oint_S \mathbf{B} \cdot \mathbf{n}\, da = 0 \tag{I.14}$$

Die erste dieser beiden Gleichungen ist nichts anderes als das *Gauß'sche Gesetz*, nach dem der durch die Oberfläche eines Volumens hindurchtretende Gesamtfluss von $\mathbf{D}$ proportional zur Ladung innerhalb des Volumens ist. Die zweite Gleichung stellt das magnetische Analogon dar – jedoch mit dem Unterschied, dass der Fluss von $\mathbf{B}$ durch die geschlossene Oberfläche insgesamt gleich Null ist, da es keine magnetischen Ladungen gibt.

In ähnlicher Weise liefert die Anwendung des Stokes'schen Satzes auf die zweite und dritte der Gln. (I.1a) die beiden Integralbeziehungen

$$\oint_C \mathbf{H} \cdot d\mathbf{l} = \int_{S'} \left[\mathbf{J} + \frac{\partial \mathbf{D}}{\partial t} \right] \cdot \mathbf{n}'\, da \tag{I.15}$$

$$\oint_C \mathbf{E} \cdot d\mathbf{l} = -\int_{S'} \frac{\partial \mathbf{B}}{\partial t} \cdot \mathbf{n}'\, da \tag{I.16}$$

Dabei ist C die geschlossene Berandungskurve der offenen Fläche S', $d\mathbf{l}$ ein Linienelement dieser Kurve, da ein Flächenelement von S' und $\mathbf{n}'$ die von da ausgehende Flächennormale mit der durch die Orientierung von C bestimmten Richtung. Gleichung (I.15) ist das *Ampère'sche Durchflutungsgesetz* für magnetische Felder, während Gl. (I.16) das *Faraday'sche Induktionsgesetz* darstellt.

Aus dieser bekannten Integralschreibweise der Maxwell'schen Gleichungen lassen sich Relationen für die Normal- und Tangentialkomponenten der Felder zu beiden Seiten der Trennfläche verschiedener Medien herleiten, wenn die Trennfläche mit Flächenladungen und Flächenströmen belegt ist. Die Geometrie einer entsprechenden Anordnung zeigt Abb. I.4. Die Deckflächen des infinitesimal flachen Zylinders, auf den das Gauß'sche Gesetz angewandt werden soll, liegen jeweils in einem der beiden Medien mit verschiedenen elektromagnetischen Eigenschaften. Entsprechend liegen die Längsseiten des infinitesimal kleinen Rechtecks C auf je einer der beiden Seiten der Trennfläche, und die von C aufgespannte Fläche ist so orientiert, dass ihre Normale Tangentenvektor der Trennfläche ist. Wir wenden zunächst die Integralbeziehungen (I.13) und (I.14) auf das Volumen des flachen Zylinders an. Im

Grenzfall infinitesimal kleiner Höhe liefert die Mantelfläche zu den Integralen auf der linken Seite von (I.13) und (I.14) keinen Beitrag, und nur die obere und untere Deckfläche tragen zu den Integralen bei. Liegen sie tangential zur Trennfläche und ist ihre Fläche jeweils gleich Δa, dann hat das Integral auf der linken Seite von (I.13) den Wert

$$\oint_S \mathbf{D} \cdot \mathbf{n}\, da = (\mathbf{D}_2 - \mathbf{D}_1) \cdot \mathbf{n}\, \Delta a$$

Entsprechendes gilt für (I.14). Ist die Ladungsdichte ρ auf der Trennfläche singulär und bildet sie dort eine idealisierte Flächenladungsdichte σ, dann ergibt sich für das Integral auf der rechten Seite von (I.13):

$$\int_V \rho\, d^3x = \sigma\, \Delta a$$

D.h. die *Normalkomponenten von* **D** *und* **B** zu beiden Seiten der Trennfläche sind miteinander verknüpft durch

$$(\mathbf{D}_2 - \mathbf{D}_1) \cdot \mathbf{n} = \sigma \tag{I.17}$$

$$(\mathbf{B}_2 - \mathbf{B}_1) \cdot \mathbf{n} = 0 \tag{I.18}$$

Anders ausgedrückt: die Normalkomponente von **B** ist stetig, während die von **D** einen Sprung vom Betrag der Flächenladungsdichte am betrachteten Punkt macht.

In analoger Weise lässt sich auf die rechteckige Schleife C auch der Stokes'sche Satz anwenden, um die Unstetigkeiten der Tangentialkomponenten von **E** und **H**

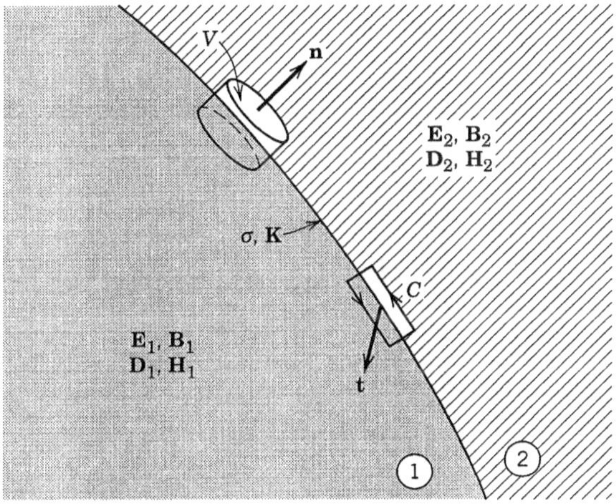

Abb. I.4 Schematische Darstellung einer mit idealisierten Flächenladungen und Flächenströmen der Dichte σ bzw. **K** belegten Trennfläche verschiedener Medien. Das Volumen V wird von einem flachen Zylinder begrenzt, dessen Deckflächen in jeweils einem der beiden Medien liegen. Die Normale **n** zeigt vom Medium 1 ins Medium 2. Die rechteckige Kurve C liegt teilweise in dem einen, teilweise in dem anderen Medium. Die von C aufgespannte Fläche ist senkrecht zur Trennfläche gerichtet, sodass ihre Normale **t** Tangentenvektor der Trennfläche ist.

zu ermitteln. Sind die Querseiten von C vernachlässigbar klein und liegen die Längsseiten parallel zur Trennfläche, dann liefert, wenn Δl die Länge einer der beiden Längsseiten ist, das Integral auf der linken Seite von (I.16):

$$\oint_C \mathbf{E} \cdot d\mathbf{l} = (\mathbf{t} \times \mathbf{n}) \cdot (\mathbf{E}_2 - \mathbf{E}_1)\, \Delta l$$

Analog lautet das Resultat für das Integral auf der linken Seite von (I.15). Die rechte Seite von (I.16) verschwindet, weil $\partial \mathbf{B}/\partial t$ an der Trennfläche endlich ist und die von C aufgespannte Fläche für infinitesimal klein werdende Querseiten verschwindet. Die rechte Seite von (I.15) dagegen verschwindet nicht, wenn auf der Trennfläche ein idealisierter Flächenstrom der Dichte $\mathbf{K}$ fließt. In diesem Fall ergibt sich für das Integral auf der rechten Seite von (I.15):

$$\int_{S'} \left[\mathbf{J} + \frac{\partial \mathbf{D}}{\partial t} \right] \cdot t\, da = \mathbf{K} \cdot \mathbf{t}\, \Delta l$$

Der zweite Term unter dem Integral verschwindet aus dem gleichen Grund wie die rechte Seite von (I.16). Die *Tangentialkomponenten* von $\mathbf{E}$ und $\mathbf{H}$ zu beiden Seiten der Trennfläche sind also miteinander verknüpft durch

$$\mathbf{n} \times (\mathbf{E}_2 - \mathbf{E}_1) = 0 \qquad \text{(I.19)}$$

$$\mathbf{n} \times (\mathbf{H}_2 - \mathbf{H}_1) = \mathbf{K} \qquad \text{(I.20)}$$

In Gl. (I.20) wird vorausgesetzt, dass der Flächenstrom $\mathbf{K}$ an jedem Punkt nur Komponenten parallel zur Trennfläche besitzt. Die Tangentialkomponente von $\mathbf{E}$ ist über die Trennfläche hinweg stetig. Dagegen macht die Tangentialkomponente von $\mathbf{H}$ einen Sprung, der dem Betrag nach gleich dem von $\mathbf{K}$ ist und die Richtung von $\mathbf{K} \times \mathbf{n}$ hat.

Die Sprungbeziehungen (I.17)–(I.20) benutzt man, um die Maxwell'schen Gleichungen für Raumgebiete mit verschiedenen Medien zu lösen und die gefundenen Lösungen aneinander anzupassen, um so die Felder im ganzen Raum zu gewinnen.

I.6 Anmerkungen zu Idealisierungen in der Theorie des Elektromagnetismus

In den vorangegangenen Abschnitten machten wir von der Vorstellung flächenhaft verteilter Ladungen oder Ströme Gebrauch. Dies sind natürlich mathematische Idealisierungen, die in der physikalischen Realität nicht existieren. Darüber hinaus gibt es weitere Abstraktionen, denen wir in der Theorie des Elektromagnetismus ständig begegnen. So sagt man z. B. in der Elektrostatik, man halte bestimmte Objekte auf festem Potential bezüglich eines Nullpotentials, das man i. Allg. „Erde" nennt. Die Beziehung solcher Idealisierungen zur physikalischen Realität wollen wir hier kurz diskutieren, wenngleich dem erfahrenen Physiker vieles als offenkundig erscheinen mag.

Zunächst wollen wir die Frage untersuchen, was es bedeutet, einen Leiter auf festem Potential bezüglich eines bestimmten Bezugspotentials zu halten. Impliziert ist dabei die Vorstellung, dass die dazu notwendigen Hilfsmittel die angestrebte Ladungs- und Feldkonfiguration nur unmerklich stören. Um einen Leiter auf festem Potential zu halten, benötigt man jedoch – zumindest zeitweilig – eine Zu- oder Ableitung zwischen dem betrachteten Leiter und einer weit entfernten (im „Unendlichen" liegenden) Ladungsquelle. Sie sorgt dafür, dass in dem Moment, in dem andere geladene oder ungeladene Objekte in die Nähe des Leiters gebracht werden, die Ladungen zu ihm hin- oder von ihm zurückfließen können und er selbst auf dem gewünschten festen Potential bleibt. Obwohl es bessere Methoden gibt, benutzt man für die Zu- bzw. Ableitung i. Allg. Metalldrähte. Intuitiv würde man erwarten, dass sich dünne Drähte weniger störend auswirken als dicke. Der Grund hierfür ist nach Maxwell folgender:

> „Da die Elektrizitätsmenge auf einem gegebenen Stück Draht bei festgehaltenem Potential und immer kleiner werdenden Drahtdurchmesser vernachlässigbar gering wird, wird die Elektrizitätsverteilung auf Körpern großer räumlicher Ausdehnung nur unwesentlich beeinflusst, wenn man in deren Feld einen sehr dünnen Metalldraht bringt, wie z. B. bei der Herstellung elektrischer Verbindungen zwischen diesen Körpern und der Erde – seien es elektrische Maschinen oder Elektrometer."[14]

Das elektrische Feld in unmittelbarer Umgebung eines dünnen Drahtes ist natürlich sehr stark. In Entfernungen jedoch, die von der Größenordnung der Abmessungen der „Körper großer räumlicher Ausdehnung" sind, können die Nebeneffekte nahezu ausgeschaltet werden. Eine historisch wichtige Illustrierung der Worte Maxwells stellen die Untersuchungen dar, die 200 Jahre zuvor Henry Cavendish unternahm. Bei seinen Experimenten, die er in einer laborartig verwandelten Scheune des Hauses seines Vaters durchführte, benutzte Cavendish Leyden'sche Flaschen als Ladungsquellen und dünne Drähte als Leiter. Seine Messungen galten der Ladungsmenge, die sich bei festgehaltenem Potential auf an der Decke aufgehängten Zylindern, Scheiben etc. befand, und er verglich diese mit der Ladung einer Kugel (derselben, wie sie in Abb. I.1 dargestellt ist) auf gleichem Potential. Die von ihm gemessenen Kapazitätswerte haben eine Genauigkeit von nur wenigen Prozent. So fand er z. B. für das Verhältnis der Kapazitäten einer Kugel und einer dünnen Kreisscheibe von gleichem Radius den Wert 1,57, der zu vergleichen ist mit dem theoretischen Wert $\pi/2$.

Für den Gebrauch immer dünner werdender Drähte gibt es eine praktische Grenze, da die Ladung pro Längeneinheit nur logarithmisch abnimmt [nämlich wie das Reziproke von $\ln(d/a)$, wenn a der mittlere Radius des Drahtes ist und d ein typischer Abstand des Drahtes von einer leitenden Fläche]. Um die Störung des Systems unterhalb eines bestimmten Niveaus auf ein Minimum zu bringen, muss man zur Aufrechterhaltung des Potentials zu anderen Mitteln greifen, z. B. zu Vergleichsverfahren unter Verwendung von Strahlen geladener Teilchen.

Wenn man einen Leiter als *geerdet* bezeichnet, so nimmt man dabei an, dass er über einen dünnen, leitenden Draht mit einem weit entfernten Ladungsreservoir verbunden ist, das als Nullpotential dient. Körper, die auf festem Potential gehalten werden, sind in ähnlicher Weise auf der einen Seite mit einer Spannungsquelle, z. B.

[14] Maxwell, J. C., *A Treatise on Electricity and Magnetism*, New York: Dover 1954 (Nachdruck der 3. Aufl. aus dem Jahr 1891), Bd. 1, S. 96.

einer Batterie, verbunden, auf der anderen Seite dagegen mit der gemeinsamen „Erde“. Werden Körper mit bestimmter Anfangsladung gegeneinander bewegt, so dass sich ihre Ladungsverteilung ändert, aber ihr Potential konstant bleibt, dann fließen entsprechende Ladungsmengen von dem entfernten Reservoir ab oder zu ihm hin – wobei vorausgesetzt wird, dass dessen Ladungsvorrat unerschöpflich ist. Der Begriff der Erdung eines Körpers ist in der Elektrostatik wohldefiniert, wird aber für zeitabhängige Felder wegen ihrer endlichen Ausbreitungsgeschwindigkeit verschwommen. Anders ausgedrückt: es können beachtliche induktive und kapazitive Störeffekte auftreten. In solchen Fällen ist große Mühe darauf zu verwenden, um eine „gute Erdung“ sicherzustellen.

Eine andere Idealisierung in der Theorie des makroskopischen Elektromagnetismus ist die Vorstellung einer flächenhaft verteilten Ladungs- oder Stromdichte. In der physikalischen Realität sind die Ladungen oder Ströme auf die unmittelbare Umgebung der Oberfläche des Leiters beschränkt. Ist die Dicke dieser Schicht im Vergleich zur Ausdehnung des betrachteten Körpers klein, so kann man sie als infinitesimal dünn betrachten und von einer Flächenverteilung sprechen. Dabei müssen zwei verschiedene Grenzfälle unterschieden werden. In dem einen ist die „Flächen“-Verteilung auf einen Bereich nahe der Oberfläche begrenzt, der *makroskopisch zwar klein* ist, *mikroskopisch aber groß*. Ein Beispiel hierfür ist das Eindringen zeitveränderlicher Felder in einen sehr guten, aber nicht idealen Leiter, das wir in Kap. 8.1 untersuchen. Dort wird gezeigt, dass die Felder auf einen Bereich der Dicke δ, der sog. Eindringtiefe, begrenzt sind, und diese Dicke wird für hinreichend hohe Frequenzen und genügend gute Leitfähigkeit makroskopisch sehr klein. Es ist dann angemessen, die Stromdichte $\mathbf{J}$ über die Richtung senkrecht zur Oberfläche zu integrieren, um so zu einer effektiven Flächenstromdichte $\mathbf{K}_{\text{eff}}$ zu gelangen.

Der andere Grenzfall ist *rein mikroskopischer Art*. Sein Ursprung sind quantenmechanische Effekte im atomaren Aufbau des Materials. Als Beispiel aus der Elektrostatik betrachten wir einen Ladungsüberschuss auf einem Leiter, der sich bekanntlich vollständig auf dessen Oberfläche verteilt. Wir sprechen dann von einer *Flächenladungsdichte* σ. Innerhalb des Leiters herrscht kein elektrisches Feld, doch in unmittelbarer Umgebung der Oberfläche ist die Normalkomponente des elektrischen Feldes, in Übereinstimmung mit (I.17), von Null verschieden. Mikroskopisch gesehen, befindet sich die Ladung nicht genau an der Oberfläche, und das Feld ändert sich nicht sprunghaft. Die meisten elementaren Überlegungen zeigen, dass der Übergangsbereich eine Ausdehnung von einigen Atomdurchmessern hat. Die Ionen in einem Metall kann man sich als relativ unbeweglich und auf einen Bereich von 1 Ångström lokalisiert vorstellen. Die Ergebnisse von Modellrechnungen[15] sind in Abb. I.6 dargestellt. Sie wurden aus der Lösung eines quantenmechanischen Viel-Elektronen-Problems gewonnen, in dem die Leiterionen durch eine stetige, konstante Ladungsdichte innerhalb des Festkörpers (d.h. im Bereich $x < 0$) approximiert wurden. Die Elektronendichte (zum Wigner-Seitz-Radius $r_s = 5$)[16] entspricht in etwa der des Kupfers oder der schweren Alkalimetalle. Der Ladungsüberschuss an Elekt-

[15] Lang, N.D. und W. Kohn, *Phys. Rev.* **B1**, 4555 (1970); **B3**, 1215 (1971); Kenner, V.E., Allen, R.E. und W.M. Saslow, *Phys. Letters* **38A**, 255 (1972).

[16] Der (dimensionslose) Wigner-Seitz-Radius r_s hängt mit der Dichte n über die Beziehung $(4\pi/3)\,[r_s(n)]^3 = 1/n$ zusammen (Anm. des Übersetzers).

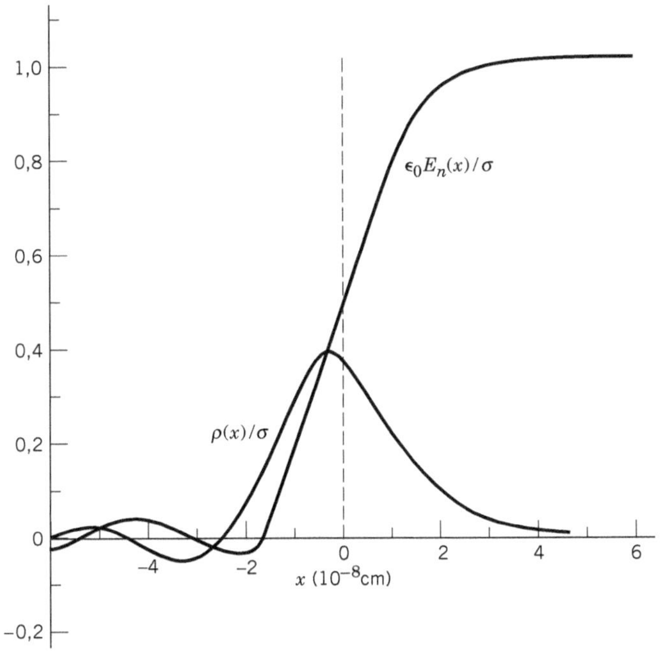

Abb. I.5 Verteilung eines Ladungsüberschusses und der Normalkomponente des elektrischen Feldes an der Oberfläche eines Leiters. Die Ionen im Festkörper sind auf den Bereich $x < 0$ beschränkt. Sie werden durch eine konstante, kontinuierliche Ladungsverteilung approximiert, durch die sich die Elektronen hindurchbewegen. Der Hauptanteil des Ladungsüberschusses ist auf einen Bereich von ± 2 Å um die „Oberfläche" verteilt.

ronen ist, wie aus der Abbildung hervorgeht, auf einen Bereich von ± 2 Å um die „Oberfläche" der Ionenverteilung begrenzt. Das elektrische Feld steigt über diesen Bereich stetig auf seinen Wert σ „außerhalb" des Leiters an. Im Makroskopischen, wo 10^{-9} m eine vernachlässigbar kleine Strecke darstellen, kann das Verhalten der Ladungsdichte und des elektrischen Feldes durch $\rho(x) = \sigma\delta(x)$ bzw. $E_n(x) = \sigma\theta(x)/\epsilon_0$ idealisiert werden. Dies entspricht einer wirklichen Flächenverteilung bzw. einem Sprung des elektrischen Feldes, beschrieben durch eine Stufenfunktion.

Die theoretische Behandlung des klassischen Elektromagnetismus enthält also, wie wir gesehen haben, eine Reihe von Idealisierungen, die teils technischer, teils physikalischer Art sind. Das Gebiet der Elektrostatik, das wir in den ersten Kapiteln dieses Buches behandeln, entwickelte sich als experimentelle Wissenschaft der makroskopischen elektrischen Phänomene, wie es letzten Endes auch alle anderen Zweige des Elektromgnetismus taten. Die Ausdehnung der entsprechenden makroskopischen Gesetze auf den *mikroskopischen* Bereich stellte selbst für Ladungen und Ströme im Vakuum eine nicht gerechtfertigte Extrapolation dar. Einige Grenzen dieser Extrapolation diskutierten wir zu Beginn dieser Einführung. An dieser Stelle sollte folgender Punkt hervorgehoben werden: Aufgrund späterer Erkenntnisse wissen wir, dass sich sehr viele Aspekte der Gesetze des klassischen Elektromagnetismus auch auf den atomaren Bereich anwenden lassen. Voraussetzung hierfür ist, dass die Quellen quantenmechanisch behandelt werden und dass die Mittelung elektromagnetischer Größen über Volumina mit einer großen Anzahl von Molekülen die schnellen Fluktuationen dermaßen glättet, dass die Materie auf statische äußere Felder im Mittel statisch reagiert. Eine weitere Voraussetzung ist schließlich, dass sich ein Ladungsüberschuss auf der Oberfläche eines Leiters verteilt. Insofern haben die makroskopischen Beobachtungen Coulombs und Ampères sowie unsere mathematischen Abstraktionen einen größeren Anwendungsbereich, als ein übervorsichtiger Physiker meinen könnte. Daß die Luft eine kaum merkliche elektrische und magnetische Suszeptibilität besitzt, vereinfachte natürlich die Dinge.

Literaturhinweise

Die Geschichte der Elektrizität und des Magnetismus deckt sich weitgehend mit der Geschichte der Wissenschaft überhaupt. Wir haben in diesem Zusammenhang bereits die beiden Bände von
- Whittaker

zitiert, deren erster über die Zeit bis 1900 berichtet, sowie die kürzere Darstellung von
- Born (bzw. Born und Wolf),

die den Hauptakzent auf die Optik legt. Eine andere gute Darstellung mit einer sehr klaren Besprechung der Originalexperimente findet man bei
- Feather, N.: *Electricity and Matter*. Edinburgh: University Press 1968.

Die experimentellen Tests des Coulomb'schen Gesetzes vom reziproken quadratischen Abstand oder, moderner gesprochen, der Masse des Photons werden in den folgenden Übersichtsartikeln diskutiert:
- Kobzarev, I. Yu. und L. B. Okun, *Uspekhi Fiz. Nauk* **95**, 131 (1968) (engl. Übers. *Sov. Phys. Uspekhi* **11**, 338 (1968)).
- Goldhaber, A. S. und M. M. Nieto: *Rev. Mod. Phys.* **43**, 277 (1971).

Das Prinzip der Eichinvarianz bei der Konstruktion von Feldtheorien wird – aufbauend auf der klassischen Elektrodynamik und der Quantenmechanik – in zugänglicher Weise behandelt bei
- Aitchison, J. R. und A. J. G. Hey: *Gauge Theories in Particle Physics*. 2. Aufl. Bristol: Adam Hilger 1998.

Literaturhinweise zum Thema der makroskopischen Maxwell'schen Gleichungen und ihrer Herleitung aus den entsprechenden mikroskopischen Gleichungen geben wir am Ende von Kapitel 6. Die grundlegenden physikalischen Eigenschaften von Dielektrika, Ferroelektrika und magnetischen Materialien werden in verschiedenen Büchern über Festkörperphysik besprochen, so z. B. bei
- Ashcroft und Mermin
- Beam
- *Becker und Sauter, Bd. III
- Kittel
- Wert und Thomson
- Wooten.

Das zweite der hier genannten Bücher richtet sich besonders an Elektrotechniker und behandelt Themen, die von praktischer Bedeutung sind, wie z. B. Halbleiter. Das zuletzt genannte Buch befasst sich hauptsächlich mit optischen Eigenschaften.

Die Notwendigkeit, bei der Behandlung der Oberflächenimpedanz von Metallen zu räumlicher Nichtlokalität überzugehen (anomaler Skin-Effekt), wird an verschiedenen Stellen diskutiert von

- Pippard, A. B.: *Advances in Electronics and Electron Physics.* Bd. VI, Hrsg. L. Marton. New York: Academic Press 1954, S. 1–45; *Reports on Progress in Physics.* Bd. XXIII, S. 176–266 (1960); *The Dynamics of Conduction Electrons.* New York: Gordon and Breach 1965.

Der Begriff des Wellenvektors und einer frequenzabhängigen Dielektrizitätskonstanten $\epsilon(\mathbf{k}, \omega)$ wird in folgenden Büchern entwickelt:

- Kittel, Kap. 12
- Pines, D.: *Elementary Excitations in Solids.* New York: W. A. Benjamin 1963.
- Stern, F.: *Solid State Physics.* Bd. 15, Hrsg. F. Seitz und D. Turnbull. New York: Academic Press, S. 299–408.

Das Arbeitsgebiet der nichtlinearen Optik ist inzwischen fast 40 Jahre alt. Eine Einführung geben

- Giordmaine, J. A.: *Phys. Today* **22** (1), 38 (1969)
- Bloembergen, N.: *Am. J. Phys.* **35**, 989 (1967)
- Unger, H. G.: *Quantenelektronik*, Vieweg, Braunschweig (1967).

Nichtlineare optische Phänomene und ihre Anwendungen sind Gegenstand des Buches von

- Sutherland, R. I.: *The Principles of Nonlinear Optics.* New York: Marcel Dekker 1966.

Eine Auswahl von Lehrbüchern und Monographien bilden

- Boyd, R. W.: *Nonlinear Optics.* New York: Academic Press 1990.
- Schubert, M. und B. Wilhelmini: *Einführung in die nichtlineare Optik.* Teil I und II. Leipzig: Teubner 1978.
- Shen, Y. R.: *Handbook of Nonlinear Optics.* New York: Wiley 1984.

1 Einführung in die Elektrostatik

Wir beginnen unsere Diskussion der Elektrodynamik mit der *Elektrostatik*, d.h. der Untersuchung ruhender Ladungsverteilungen und ihrer Felder. Für die meisten Leser wird die Lektüre dieses Kapitels eine Art Wiederholung sein. Wir gehen hier nicht sehr ins Detail, sondern führen nur Begriffe und Definitionen ein, die für das Folgende wichtig sind, und stellen einige grundlegende mathematische Hilfsmittel bereit. In den sich anschließenden Kapiteln entwickeln wir dann spezielle mathematische Techniken, um sie auf verschiedenste Probleme anzuwenden.

Ein wichtiger physikalischer Gesichtspunkt sollte vorweg unterstrichen werden. Historisch gesehen beschäftigte sich die Elektrostatik zunächst nur mit *makroskopischen* Vorgängen. Idealisierungen wie die Begriffe „Punktladung" oder „elektrische Felder an einem Punkt" müssen daher, wie bereits am Ende der Einführung erwähnt, als mathematische Konstruktionen betrachtet werden, die zwar die Beschreibung makroskopischer Phänomene gestatten, aber im mikroskopischen Bereich bedeutungslos werden können.

1.1 Das Coulomb'sche Gesetz

Die gesamte Elektrostatik beruht auf dem Coulomb'schen Gesetz. Es beschreibt in quantitativer Weise die Kraft zwischen zwei geladenen Körpern, die sich relativ zueinander in Ruhe befinden. In einer beeindruckenden Reihe von Experimenten zeigte Coulomb, dass die Kraft zwischen zwei geladenen Körpern, deren gegenseitiger Abstand im Vergleich zu ihrer räumlichen Ausdehnung groß ist, in der Luft folgende Merkmale aufweist:

- Sie ist direkt proportional zum Betrag jeder Ladung.
- Sie ist umgekehrt proportional zum Quadrat des relativen Abstands der Ladungen.
- Sie wirkt in Richtung der Verbindungslinie zwischen den Ladungen.
- Sie ist anziehend für Körper mit entgegengesetzter Ladung und abstoßend für Körper mit gleichnamiger Ladung.

Ferner zeigte das Experiment, dass die Gesamtkraft, die ein kleiner geladener Körper von einem System anderer Ladungen erfährt, die sich in seiner Umgebung befinden, gleich der *Vektor*summe der einzelnen Coulomb'schen Zweikörperkräfte ist. Genau genommen bezieht sich das Coulomb'sche Gesetz auf Ladungen im Vakuum oder Medien vernachlässigbar geringer Suszeptibilität. Die Untersuchung von Ladungen in Dielektrika verschieben wir auf das Kapitel 4.

1.2 Das elektrische Feld

Obwohl letzten Endes immer Kräfte gemessen werden, empfiehlt es sich, ein anderes, wenn auch von den Kräften nur wenig losgelöstes Konzept einzuführen – nämlich das des elektrischen Feldes, das von einer bestimmten Ladungsanordnung herrührt. Wir definieren es vorläufig als diejenige Kraft, die pro Ladungseinheit an einem gegebenen Punkt wirksam wird. Diese auf die Ladungseinheit bezogene Kraft ist eine vektorielle Funktion des Ortes und wird mit **E** bezeichnet. Bei dieser Definition ist jedoch Vorsicht am Platz. Denn es muss sich nicht unbedingt um diejenige Kraft handeln, die man z. B. beobachtet, wenn man die auf einer Holunderkugel sitzende Ladungseinheit ins elektrische Feld bringt. Der Grund hierfür ist darin zu suchen, dass eine einzelne Ladungseinheit so groß sein kann, dass ihre Anwesenheit die Feldkonfiguration merklich ändert. Man muss daher einen Grenzprozess vornehmen, bei dem das Verhältnis der auf den Probekörper ausgeübten Kraft zu der auf ihm sitzenden Ladung für immer kleiner werdenden Betrag der Testladung gemessen wird.[1] Das Experiment zeigt dann, dass dieses Verhältnis und die Richtung der Kraft bei kleiner werdender Ladung konstant werden. Diese Grenzwerte definieren den Betrag und die Richtung des elektrischen Feldes **E** an dem betreffenden Punkt. Formelmäßig ausgedrückt ist also

$$\mathbf{F} = q\mathbf{E} \tag{1.1}$$

wenn **F** die Kraft, **E** das elektrische Feld und q die Ladung bedeuten. Hierbei wird angenommen, dass sich die Ladung q an dem Punkt befindet, an dem auch die Kraft und das elektrische Feld gemessen werden.

In ähnlicher Weise lässt sich jetzt auch das Coulomb'sche Gesetz formelmäßig erfassen. Ist **F** die Kraft, die eine Punktladung q_2 am Ort $\mathbf{x}_2$ von einer anderen Punktladung q_1 am Ort $\mathbf{x}_1$ erfährt, so besagt das Coulomb'sche Gesetz:

$$\mathbf{F} = kq_2q_1 \frac{\mathbf{x}_2 - \mathbf{x}_1}{|\mathbf{x}_2 - \mathbf{x}_1|^3} \tag{1.2}$$

Zu beachten ist hierbei, dass q_1 und q_2 positiv oder negativ sein können. Die Proportionalitätskonstante k hängt vom benutzten Einheitensystem ab.

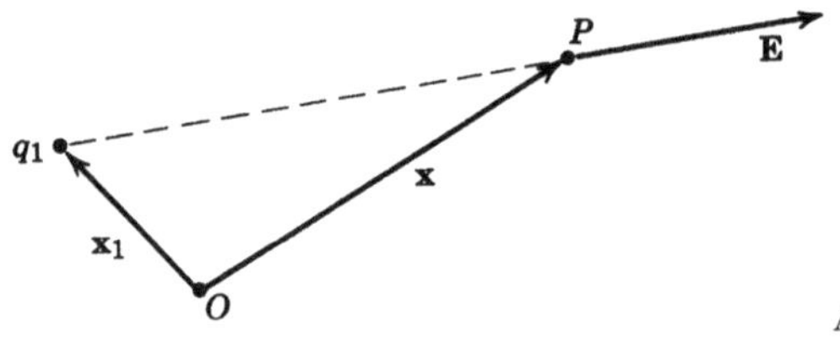

Abb. 1.1

[1] Die Diskretheit der elektrischen Ladung (vgl. Abschn. I.1) bedeutet, dass sich dieser mathematische Grenzprozess physikalisch nicht realisieren lässt. Dies ist eines der Beispiele für die mathematischen Idealisierungen der makroskopischen Elektrostatik.

Für das elektrische Feld am Punkt $\mathbf{x}$, das von einer Punktladung q_1 am Ort $\mathbf{x}_1$ herrührt (vgl. Abb. 1.1), ergibt sich aus (1.2) unmittelbar:

$$\mathbf{E}(\mathbf{x}) = kq_1 \frac{\mathbf{x} - \mathbf{x}_1}{|\mathbf{x} - \mathbf{x}_1|^3} \tag{1.3}$$

Die Konstante k nimmt je nach Einheitensystem verschiedene Werte an[2]. In elektrostatischen Einheiten (esE) wird $k = 1$ gewählt, und die Ladungseinheit ist als diejenige Ladung definiert, die auf eine gleiche Ladung in 1 cm Entfernung die Kraft von 1 dyn ausübt. Die esE-Einheit der Ladung wird 1 *esE* (oder 1 *stat-Coulomb*) genannt, und das elektrische Feld wird in *stat-Volt pro cm* gemessen. Im Internationalen Einheitensystem (SI), das wir hier verwenden, ist $k = (4\pi\epsilon_0)^{-1}$, wobei die Konstante $\epsilon_0 \approx 8{,}854 \times 10^{-12}$ Farad pro Meter (F/m) die Dielektrizitätskonstante des Vakuums ist (die in der älteren deutschen Literatur auch „Influenzkonstante" genannt wird). Der *numerische* Wert von k ist per Definition exakt gleich $10^{-7} c^2$. Die SI-Einheit für die Ladung ist das *Coulomb* (C), und das elektrische Feld wird in *Volt pro Meter* (V/m) gemessen. Ein Coulomb (1 C) erzeugt in 1 m Entfernung ein Feld von angenähert $8{,}9874 \times 10^9$ V/m (bzw. 8,9874 GV/m). Ein Elektron ($q \approx 1{,}602 \times 10^{-19}$ C) erzeugt in 1 m Entfernung ein Feld von ca. $1{,}44 \times 10^{-9}$ V/m (bzw. 1,44 nV/m).

Die experimentell beobachtete lineare Superposition der von mehreren Ladungen ausgeübten Kräfte bedeutet, dass sich das elektrische Feld $\mathbf{E}$ am Ort $\mathbf{x}$ eines Systems von n Punktladungen q_i an den Orten $\mathbf{x}_i$ ($i = 1, 2, \ldots, n$) als Vektorsumme schreiben lässt:

$$\mathbf{E}(\mathbf{x}) = \frac{1}{4\pi\epsilon_0} \sum_{i=1}^{n} q_i \frac{\mathbf{x} - \mathbf{x}_i}{|\mathbf{x} - \mathbf{x}_i|^3} \tag{1.4}$$

Sind die Ladungen so klein und zahlreich, dass sie durch eine Ladungsdichte $\rho(\mathbf{x}')$ beschrieben werden können (so dass die Ladung Δq in einem kleinen Volumen $\Delta x\,\Delta y\,\Delta z$ um den Punkt $\mathbf{x}'$ durch $\Delta q = \rho(\mathbf{x}')\,\Delta x\,\Delta y\,\Delta z$ gegeben ist), dann lässt sich die Summe durch ein Integral ersetzen:

$$\mathbf{E}(\mathbf{x}) = \frac{1}{4\pi\epsilon_0} \int \rho(\mathbf{x}') \frac{\mathbf{x} - \mathbf{x}'}{|\mathbf{x} - \mathbf{x}'|^3} d^3x' \tag{1.5}$$

wobei $d^3x' = dx'\,dy'\,dz'$ das dreidimensionale Volumenelement am Ort $\mathbf{x}'$ darstellt.

An dieser Stelle ist es zweckmäßig, die *Dirac'sche Delta-Funktion* einzuführen.[3] Es handelt sich dabei um eine sog. verallgemeinerte Funktion oder *Distribution*, also keine Funktion im üblichen mathematischen Sinn. Sie ist, in einer Dimension, definiert durch die beiden Eigenschaften

(1) $\delta(x - a) = 0 \quad \text{für} \quad x \neq a,$

und

(2) $\int \delta(x - a)\, dx = \begin{cases} 1 & \text{wenn } x = a \text{ im Integrationsgebiet liegt} \\ 0 & \text{sonst} \end{cases}$

Die Delta-Funktion gewinnt eine anschauliche, wenn auch nicht strenge Bedeutung, wenn man sie als Grenzfall einer Kurve mit stark ausgeprägtem Maximum, etwa einer Gauß-Kurve,

---

[2] Das Problem der Einheiten diskutieren wir ausführlich im Anhang.

[3] Die folgenden Ausführungen zur Delta-Funktion enthalten gegenüber dem amerikanischen Original einige Ergänzungen (Anm. des Übersetzers).

interpretiert, die immer schmaler und gleichzeitig immer höher wird, und zwar so, dass die Fläche unter der Kurve stets gleich 1 bleibt. Tatsächlich lässt sich die Delta-Funktion streng als Limes von Folgen gewöhnlicher Funktionen $\delta_n(x)$ definieren, die auf Eins normiert sind und für die

$$\lim_{n\to\infty} \int \mathrm{d}x\, \delta_n(x-a) f(x) = f(a)$$

gilt. Beispiele für solche Funktionenfolgen sind

$$\delta_n(x) = n\,\mathrm{e}^{-\pi n^2 x^2}$$

und

$$\delta_n(x) = \frac{n}{\pi}\left(\frac{\sin n x}{n x}\right)^2$$

Einen umfassenden und strengen mathematischen Zugang zur Delta-Funktion und ihrer Handhabung gibt die von Laurent Schwartz entwickelte Theorie der Distributionen. Literaturhinweise zu diesem Teilgebiet der Mathematik findet der Leser am Ende dieses Kapitels.

Aus den oben angegebenen, definierenden Eigenschaften der Delta-Funktion folgt für eine beliebige Funktion $f(x)$:

$$\int f(x)\,\delta(x-a)\,dx = f(a)\,. \tag{3}$$

Das Integral über eine mit der Ableitung der Delta-Funktion multiplizierte Funktion $f(x)$ ist einfach zu verstehen, wenn man die Delta-Funktion in dem oben erläuterten Sinn als Grenzwert gewöhnlicher Funktionen mit stark ausgeprägtem Maximum definiert. Partielle Integration führt dann auf

$$\int f(x)\,\delta'(x-a)\,dx = -f'(a) \tag{4}$$

wobei der Strich die Differentiation bezüglich des Arguments bezeichnet.

Ist das Argument der Delta-Funktion wieder eine Funktion der unabhängigen Variablen x, so lässt sich folgende Formel verwenden:

$$\delta[f(x)] = \sum_i \frac{1}{\left|\dfrac{df}{dx}(x_i)\right|}\,\delta(x-x_i) \tag{5}$$

sofern $f(x)$ an den Stellen $x = x_i$ nur einfache Nullstellen besitzt. Aus dieser Formel ergibt sich die häufig benutzte Beziehung

$$\delta(x^2-a^2) = \frac{1}{2|a|}[\delta(x-a)+\delta(x+a)]\,.$$

Die Definition der Delta-Funktion lässt sich auf eine beliebige Anzahl von Dimensionen erweitern. So gilt z.B. in drei Dimensionen bei Verwendung kartesischer Koordinaten:

$$\delta(\mathbf{x}-\mathbf{x}') = \delta(x_1-x_1')\,\delta(x_2-x_2')\,\delta(x_3-x_3') \tag{6}$$

$\delta(\mathbf{x}-\mathbf{x}')$ stellt also eine „Funktion" dar, die nur im Punkt $\mathbf{x} = \mathbf{x}'$ nicht verschwindet, und zwar derart, dass

$$\int_{\Delta V} \delta(\mathbf{x}-\mathbf{x}')\,d^3x' = \begin{cases} 1 & \text{wenn } \Delta V \text{ den Punkt } \mathbf{x}' = \mathbf{x} \text{ enthält} \\ 0 & \text{sonst} \end{cases} \tag{7}$$

Beim Übergang von kartesischen Koordinaten (x_1, x_2, x_3) zu krummlinigen Koordinaten (ξ_1, ξ_2, ξ_3) gilt für das Volumenelement bekanntlich $d^3x = J(x_i, \xi_i)\,d^3\xi$ wenn J die Jakobi-

Determinante dieser Transformation ist. Aus der Definitionsgleichung (2) folgt daher unmittelbar

(8) $$\delta(\mathbf{x}-\mathbf{x}') = \frac{1}{|J(x_i, \xi_i)|}\delta(\xi_1-\xi_1')\,\delta(\xi_2-\xi_2')\,\delta(\xi_3-\xi_3')$$

Hiernach lautet z. B. die Darstellung der Delta-Funktion in Zylinderkoordinaten (ρ, ϕ, z):

$$\delta(\mathbf{x}-\mathbf{x}') = \frac{1}{\rho}\delta(\rho-\rho')\,\delta(\phi-\phi')\,\delta(z-z')$$

Man beachte, dass die Delta-Fuktion stets die Dimension eines reziproken „Volumens" hat, im Dreidimensionalen speziell die des reziproken räumlichen Volumens.

Eine diskrete Anordnung von Punktladungen lässt sich mithilfe einer Ladungsdichte beschreiben, die aus einer Summe von Delta-Funktionen besteht. So stellt z. B.

$$\rho(\mathbf{x}) = \sum_{i=1}^{n} q_i\,\delta(\mathbf{x}-\mathbf{x}_i) \tag{1.6}$$

eine Verteilung von n Punktladungen q_i an den Orten $\mathbf{x}_i$ dar. Setzt man diese Ladungsdichte in Gl. (1.5) ein, so erhält man bei Integration und Beachtung der Eigenschaften der Delta-Funktion die diskrete Summe (1.4).

1.3 Das Gauß'sche Gesetz

Das Integral (1.5) ist nicht immer dazu geeignet, um elektrische Felder zu berechnen. Es gibt jedoch eine andere Integralbeziehung, das sog. *Gauß'sche Gesetz*, das oft nützlicher ist und darüberhinaus zu einer Differentialgleichung für $\mathbf{E}(\mathbf{x})$ führt. Um dieses Gesetz herzuleiten, betrachten wir eine Punktladung q und eine *geschlossene* Fläche S (vgl. Abb. 1.2). Der Abstand, den die Ladung von einem Punkt auf der Fläche hat, sei r, während $\mathbf{n}$ die nach außen gerichtete Flächennormale und da das zugehörige Flächenelement bezeichne. Bildet das von der Punktladung q herrührende elektrische Feld $\mathbf{E}$ mit der Flächennormale am betrachteten Punkt den Winkel θ, dann gilt für die mit dem Flächenelement da multiplizierte Komponente von $\mathbf{E}$ in Richtung der Normalen:

$$\mathbf{E}\cdot\mathbf{n}\,da = \frac{q}{4\pi\epsilon_0}\,\frac{\cos\theta}{r^2}\,da \tag{1.7}$$

Da $\mathbf{E}$ in Richtung der Verbindungslinie vom Flächenelement zur Ladung q liegt, ist $\cos\theta\,da = r^2\,d\Omega$, wenn $d\Omega$ der räumliche Winkel ist, unter dem das Flächenelement da vom Ort der Ladung q aus erscheint. Wir können also schreiben:

$$\mathbf{E}\cdot\mathbf{n}\,da = \frac{q}{4\pi\epsilon_0}\,d\Omega \tag{1.8}$$

Integriert man jetzt die Normalkomponente von $\mathbf{E}$ über die gesamte Fläche, so ist leicht zu sehen, dass

$$\oint_S \mathbf{E}\cdot\mathbf{n}\,da = \begin{cases} q/\epsilon_0 & \text{wenn } q \textit{ innerhalb} \text{ von } S \text{ liegt} \\ 0 & \text{wenn } q \textit{ außerhalb} \text{ von } S \text{ liegt} \end{cases} \tag{1.9}$$

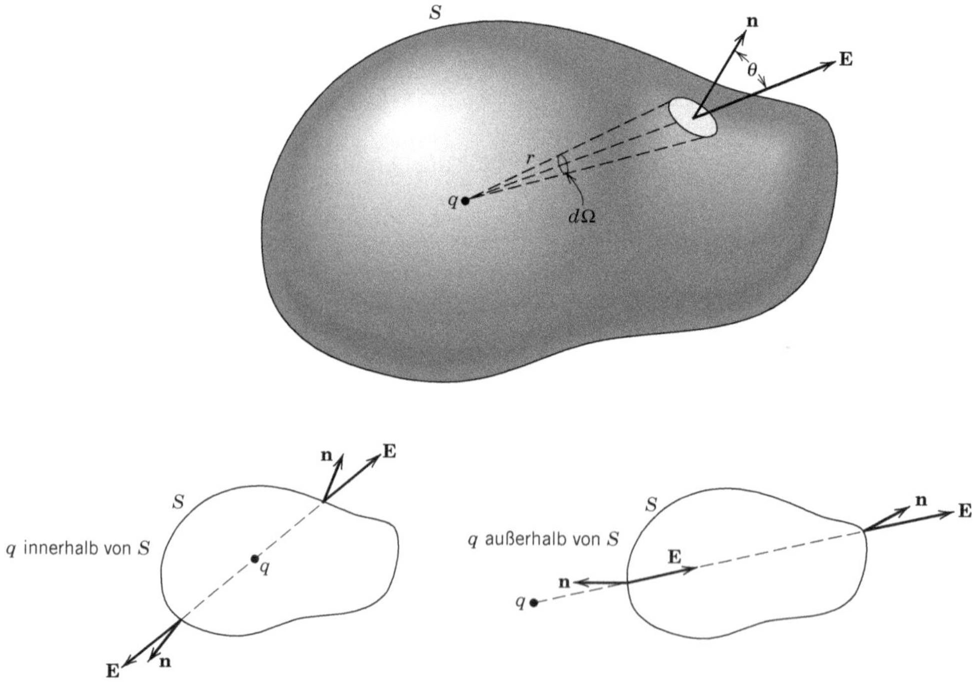

Abb. 1.2 Zum Gauß'schen Gesetz. Die Normalkomponente des elektrischen Feldes wird über die geschlossene Fläche S integriert. Liegt die Ladung innerhalb (außerhalb) von S, dann liefert der über q errichtete und auf das Innere (Äußere) von S zeigende Raumwinkel nach Integration 4π (0).

Dieses Ergebnis ist das *Gauß'sche Gesetz* für eine einzelne Punktladung. Für einen diskreten Satz mehrerer Ladungen lautet es:

$$\oint_S \mathbf{E} \cdot \mathbf{n}\, da = \frac{1}{\epsilon_0} \sum_i q_i \tag{1.10}$$

wobei die Summe über sämtliche Ladungen *innerhalb* von S zu nehmen ist. Im Falle einer kontinuierlichen Ladungsdichte $\rho(\mathbf{x})$ nimmt das Gauß'sche Gesetz die Gestalt

$$\oint_S \mathbf{E} \cdot \mathbf{n}\, da = \frac{1}{\epsilon_0} \int_V \rho(\mathbf{x})\, d^3x \tag{1.11}$$

an, wenn V das von der Fläche S umschlossene Volumen bedeutet.

Gleichung (1.11) ist eine der Grundgleichungen der Elektrostatik. Sie ist unmittelbare Folge

- des Gesetzes vom reziproken quadratischen Abstand für die Kraft zwischen zwei Ladungen,
- des zentralen Charakters der Coulomb-Kraft sowie
- der linearen Superposition der Wirkungen verschiedener Ladungen.

Natürlich gilt das Gauß'sche Gesetz auch für die Newton'sche Gravitationskraft; an die Stelle der Ladungsdichte tritt dann die Massendichte.

Interessant ist folgende historische Feststellung: Schon vor den Experimenten von Cavendish und Coulomb ging Priestley der von Franklin gemachten Beobachtung nach, dass die an die Innenwand eines metallischen Bechers gebrachte Ladung stets zur äußeren Oberfläche abwandert (so dass das Innere feldfrei bleibt). In Analogie zum Newton'schen Gesetz der universellen Gravitation schloss er daraus, dass sich auch die elektrostatische Kraft umgekehrt proportional zum Quadrat der Entfernung ändern müsse. Die gegenwärtige Gültigkeitsgrenze dieses Gesetzes diskutierten wir bereits in Abschnitt 2 des einleitenden Kapitels.

1.4 Differentielle Form des Gauß'schen Gesetzes

Das Gauß'sche Gesetz kann als Integralform eines der beiden Grundgesetze der Elektrostatik betrachtet werden. Seine differentielle Form (d.h. die äquivalente Differentialgleichung) gewinnt man aus dem *Gauß'schen Integralsatz*.[4] Er besagt folgendes: Ist $\mathbf{A}(\mathbf{x})$ ein stetig differenzierbares Vektorfeld, das in dem von einer geschlossenen Fläche S begrenzten Volumen V definiert ist, dann gilt:

$$\oint_S \mathbf{A}\cdot\mathbf{n}\,da = \int_V \boldsymbol{\nabla}\cdot\mathbf{A}\,d^3x$$

Hiernach ist also das Volumenintegral der Divergenz von $\mathbf{A}$ gleich dem Oberflächenintegral der nach außen gerichteten Normalkomponente von $\mathbf{A}$. Tatsächlich kann diese Gleichung auch als Definition der Divergenz benutzt werden (vgl. *Stratton*, S. 4).

Der Gauß'sche Integralsatz gestattet es nun, das Gauß'sche Gesetz

$$\oint_S \mathbf{E}\cdot\mathbf{n}\,da = \frac{1}{\epsilon_0}\int_V \rho(\mathbf{x})\,d^3x$$

auf die Form

$$\int_V (\boldsymbol{\nabla}\cdot\mathbf{E} - \rho/\epsilon_0)\,d^3x = 0 \tag{1.12}$$

zu bringen, wobei V ein beliebiges Volumen ist. Hieraus folgt aber, dass der Integrand Null sein muss, d.h. es muss die Beziehung

$$\boldsymbol{\nabla}\cdot\mathbf{E} = \rho/\epsilon_0 \tag{1.13}$$

gelten, die die gesuchte differentielle Form des Gauß'schen Gesetzes darstellt. Sie kann zur Lösung elektrostatischer Probleme herangezogen werden, doch ist es oft einfacher, mit einer skalaren anstatt mit einer vektoriellen, ortsabhängigen Funktion zu arbeiten und anschließend, falls erforderlich, die vektoriellen Größen daraus abzuleiten (s. unten).

---

[4] Den Gauß'schen Integralsatz zitieren wir im folgenden, wenn keine Verwechslung mit dem Gauß'schen Gesetz möglich ist, auch kurz als „Gauß'schen Satz" (Anm. des Übersetzers).

1.5 Die Wirbelfreiheit des elektrostatischen Feldes und das skalare Potential

Die eine Gleichung (1.13) genügt noch nicht, um die drei Komponenten des elektrischen Feldes $\mathbf{E}(\mathbf{x})$ vollständig festzulegen. Der Leser wird wahrscheinlich wissen, dass ein Vektorfeld nahezu[5] vollständig festgelegt ist, wenn seine Divergenz *und* seine Rotation im ganzen Raum bekannt sind. Wir suchen daher nach einer Gleichung, die auch die Rotation von $\mathbf{E}$ als Ortsfunktion festlegt. Eine solche Gleichung, nämlich

$$\nabla \times \mathbf{E} = 0 \tag{1.14}$$

folgt unmittelbar aus dem Coulomb'schen Gesetz (1.5), d.h. aus

$$\mathbf{E}(\mathbf{x}) = \frac{1}{4\pi\epsilon_0} \int \rho(\mathbf{x}') \frac{\mathbf{x} - \mathbf{x}'}{|\mathbf{x} - \mathbf{x}'|^3} d^3x'$$

Der Faktor des Integranden, mit dem $\rho(\mathbf{x}')$ multipliziert wird, ist – als Funktion von $\mathbf{x}$ betrachtet – der negative Gradient des Skalars $1/|\mathbf{x} - \mathbf{x}'|$:

$$\frac{\mathbf{x} - \mathbf{x}'}{|\mathbf{x} - \mathbf{x}'|^3} = -\nabla \left(\frac{1}{|\mathbf{x} - \mathbf{x}'|} \right)$$

Da sich der Gradient auf $\mathbf{x}$ bezieht, nicht aber auf die Integrationsvariable $\mathbf{x}'$, kann er vor das Integralzeichen gezogen werden. D.h. das Feld $\mathbf{E}(\mathbf{x})$ lässt sich in der Form

$$\mathbf{E}(\mathbf{x}) = \frac{-1}{4\pi\epsilon_0} \nabla \int \frac{\rho(\mathbf{x}')}{|\mathbf{x} - \mathbf{x}'|} d^3x' \tag{1.15}$$

schreiben. Da die Rotation des Gradienten einer Ortsfunktion verschwindet ($\nabla \times \nabla\psi = 0$ für alle ψ), folgt Gl. (1.14) in der Tat unmittelbar aus (1.15).

Es sei darauf hingewiesen, dass es für die Gültigkeit der Gleichung $\nabla \times \mathbf{E} = 0$ nur auf den zentralen Charakter der zwischen den Ladungen wirkenden Kraft und deren Abhängigkeit vom relativen Abstand ankommt. Die Abhängigkeit vom reziproken quadratischen Abstand geht dabei überhaupt nicht ein.

In Gl. (1.15) wird das elektrische Feld (ein Vektor) aus einem Skalar durch Gradientenbildung gewonnen. Da es sich mit *einer* skalaren Funktion leichter rechnen lässt als mit den drei skalaren Komponenten einer Vektorfunktion, ist es sinnvoll, sich auf die skalare Funktion zu konzentrieren und ihr auch einen Namen zu geben. Wir definieren daher das *Skalarpotential* $\Phi(\mathbf{x})$ durch die Gleichung

$$\mathbf{E} = -\nabla\Phi \tag{1.16}$$

Nach (1.15) lässt sich dann Φ folgendermaßen durch die Ladungsdichte ausdrücken:

$$\Phi(\mathbf{x}) = \frac{1}{4\pi\epsilon_0} \int \frac{\rho(\mathbf{x}')}{|\mathbf{x} - \mathbf{x}'|} d^3x' \tag{1.17}$$

---

[5] D.h. bis auf den Gradienten einer der Laplace'schen Gleichung genügenden skalaren Funktion. Vgl. hierzu Abschnitt 1.9 über Eindeutigkeit.

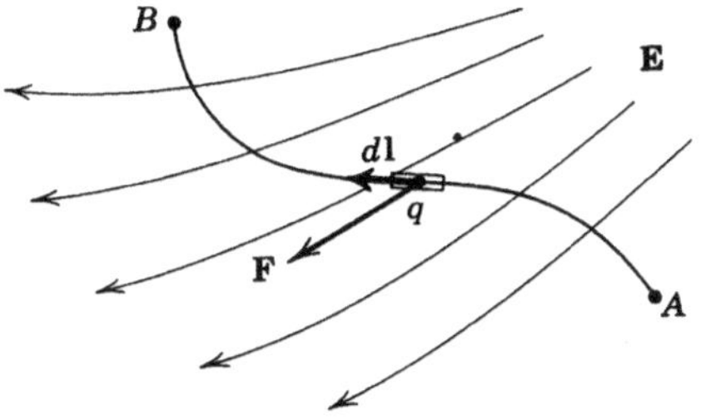

Abb. 1.3

wobei über sämtliche im Raum verteilten Ladungen zu integrieren ist und Φ nur bis auf eine Konstante festgelegt ist, die man zur rechten Seite von (1.17) hinzuaddieren darf.

Die physikalische Bedeutung des Skalarpotentials wird klar, wenn man die Arbeit berechnet, die beim Transport einer Probeladung q von einem Punkt (A) zu einem anderen Punkt (B) im elektrischen Feld $\mathbf{E}(\mathbf{x})$ zu verrichten ist (vgl. Abb. 1.3). Die auf die Ladung wirkende Kraft ist an jedem Raumpunkt durch

$$\mathbf{F} = q\mathbf{E}$$

gegeben. Die beim Transport der Ladung von A nach B aufzubringende Arbeit ist daher

$$W = -\int_A^B \mathbf{F}\cdot d\mathbf{l} = -q\int_A^B \mathbf{E}\cdot d\mathbf{l} \tag{1.18}$$

Das Minuszeichen tritt deswegen auf, weil wir die *an* der Ladung gegen das elektrische Feld zu verrichtende Arbeit berechnen. Mit der Definition (1.16) lässt sich für W auch folgendes schreiben:

$$W = q\int_A^B \boldsymbol{\nabla}\Phi\cdot d\mathbf{l} = q\int_A^B d\Phi = q(\Phi_B - \Phi_A) \tag{1.19}$$

D.h. das Produkt $q\Phi$ kann als die potentielle Energie der Probeladung im elektrostatischen Feld interpretiert werden.

Aus (1.18) und (1.19) folgt, dass das zwischen zwei Punkten genommene Linienintegral des elektrischen Feldes unabhängig vom Weg und gleich dem Negativen der Potentialdifferenz zwischen den betrachteten Punkten ist:

$$\int_A^B \mathbf{E}\cdot d\mathbf{l} = -(\Phi_B - \Phi_A) \tag{1.20}$$

Dies folgt natürlich auch unmittelbar aus der Definition (1.16). Ist der Weg geschlossen, so verschwindet das Linienintegral:

$$\oint \mathbf{E}\cdot d\mathbf{l} = 0 \tag{1.21}$$

Dieses Ergebnis lässt sich auch direkt aus dem Coulomb'schen Gesetz herleiten, und die Gleichung

$$\boldsymbol{\nabla}\times\mathbf{E} = 0$$

folgt dann aus dem *Stokes'schen Satz*. Denn nach ihm gilt ja für ein stetig differenzierbares Vektorfeld $\mathbf{A}(\mathbf{x})$ auf einer beliebigen offenen Fläche S und längs deren geschlossener Berandung C die Integralbeziehung

$$\oint_C \mathbf{A} \cdot d\mathbf{l} = \int_S (\nabla \times \mathbf{A}) \cdot \mathbf{n}\, da$$

wenn $d\mathbf{l}$ ein Linienelement von C und da ein Flächenelement von S ist. Die Berandung von S ist dabei bezüglich der Flächennormalen $\mathbf{n}$ im Sinne der Rechtsschraubenregel zu durchlaufen.

1.6 Flächenhaft verteilte Ladungen und Dipole, Unstetigkeiten des elektrischen Feldes und seines Potentials

Eines der allgemeinen Probleme der Elektrostatik ist die Bestimmung des elektrischen Feldes oder Potentials einer gegebenen Flächenladungsverteilung. Das Gauß'sche Gesetz (1.11) gestattet es, einen Teil der Lösung dieses Problems direkt hinzuschreiben. Trägt die Fläche S mit der von der Seite 1 zur Seite 2 zeigenden Normalen $\mathbf{n}$ eine Flächenladung der Dichte $\sigma(\mathbf{x})$ (gemessen in Coulomb pro m^2) und sind $\mathbf{E}_1$ und $\mathbf{E}_2$ die elektrischen Felder zu beiden Seiten der Fläche (vgl. Abb. 1.4), dann folgt aus dem Gauß'schen Gesetz unmittelbar:

$$(\mathbf{E}_2 - \mathbf{E}_1) \cdot \mathbf{n} = \sigma/\epsilon_0 \tag{1.22}$$

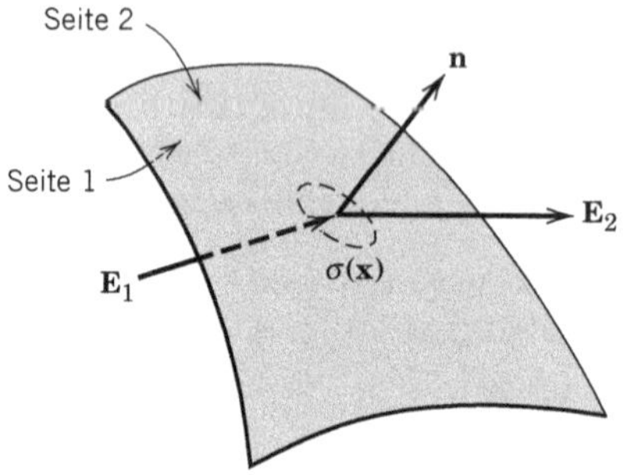

Abb. 1.4 Unstetigkeit der Normalkomponente des elektrischen Feldes beim Durchgang durch eine Flächenladung.

Diese Gleichung allein bestimmt jedoch nur dann die Felder $\mathbf{E}_1$ und $\mathbf{E}_2$, wenn keine anderen Feldquellen vorhanden sind und die Geometrie und Form von σ besonders einfach sind. Gleichung (1.22) besagt nichts anderes, als dass die Normalkomponente des elektrischen Feldes beim Durchgang durch die Fläche mit der Flächenladungsdichte einen Sprung um σ/ϵ_0 macht, wenn die Fläche in Richtung der Normalen durchquert wird.

Dagegen ist die Tangentialkomponente des elektrischen Feldes beim Durchqueren einer Grenzfläche stetig. Um dies zu zeigen, braucht man nur Gl. (1.21) auf das

Linienintegral von **E** längs eines Rechtecks anzuwenden, dessen beide Schmalseiten vernachlässigbar klein sind, während seine Längsseiten auf je einer der beiden Seiten der Fläche liegen.

Einen Ausdruck für das Potential (und somit, durch Differenzieren, auch für das Feld) an einem beliebigen Raumpunkt (der nicht unbedingt auf der Fläche zu liegen braucht) erhält man aus (1.17) durch Substitution von $\rho\, d^3x$ durch $\sigma\, da$:

$$\Phi(\mathbf{x}) = \frac{1}{4\pi\epsilon_0} \int_S \frac{\sigma(\mathbf{x}')}{|\mathbf{x}-\mathbf{x}'|}\, da' \tag{1.23}$$

Für räumlich oder flächenhaft verteilte Ladungen ist das Potential überall stetig, und zwar selbst innerhalb der Ladungsverteilung. Dies lässt sich entweder anhand von (1.23) nachweisen oder unter Verwendung der Tatsache, dass **E** beschränkt ist, obwohl es beim Durchgang durch eine Flächenladungsverteilung unstetig ist. Für Punkt- oder Linienladungen oder auch Doppelschichten ist das Potential nicht mehr stetig.

Die Verhältnisse bei der Doppelschicht wollen wir hier näher untersuchen. Man versteht unter ihr eine Fläche, die mit Dipolen belegt ist, deren Achsen die Richtung der Flächennormalen haben. D.h. eine Dipolschicht kann man sich vorstellen als zwei dicht übereinanderliegende Flächen S und S', von denen die obere eine Flächenladung der Dichte $\sigma(\mathbf{x})$ trägt, während die Ladungsdichte der unteren Fläche gleich $-\sigma(\mathbf{x})$ ist (vgl. Abb. 1.5). Eine Doppelschicht mit einem *Dipolmoment* der

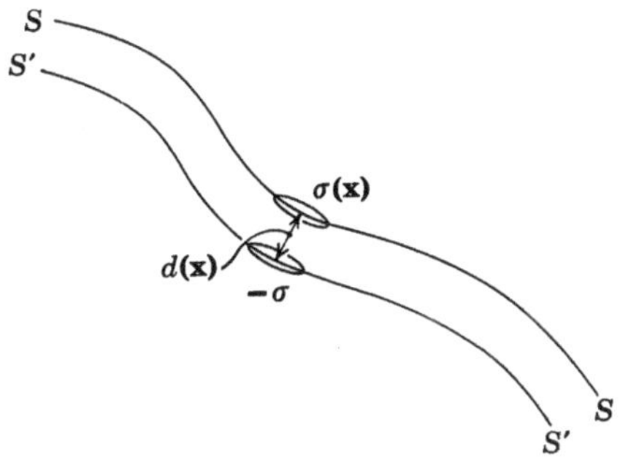

Abb. 1.5 Grenzprozess zur Erzeugung einer Doppelschicht.

Stärke $D(\mathbf{x})$ erhält man, indem man die lokale Entfernung $d(\mathbf{x})$ zwischen den beiden Flächen infinitesimal klein werden lässt, und zwar so, dass das Produkt aus $\sigma(\mathbf{x})$ und $d(\mathbf{x})$ in der Grenze $d(\mathbf{x}) \to 0$ den Wert $D(\mathbf{x})$ annimmt:

$$\lim_{d(\mathbf{x})\to 0} \sigma(\mathbf{x})\, d(\mathbf{x}) = D(\mathbf{x})$$

Das Dipolmoment ist parallel zur Flächennormalen von S gerichtet und weist von der negativen zur positiven Ladung.

Um das Potential der Doppelschicht zu bestimmen, kann man entweder einen einzelnen Dipol betrachten und dann aus einer Vielzahl solcher Dipole eine Flächendichte bilden oder aber für die Potentiale der beiden Flächen S und S' den mathematischen Grenzprozess vornehmen, den wir oben bei der Definition von $D(\mathbf{x})$ in Worten beschrieben haben. Der erste Weg mag zwar einfacher erscheinen, aber

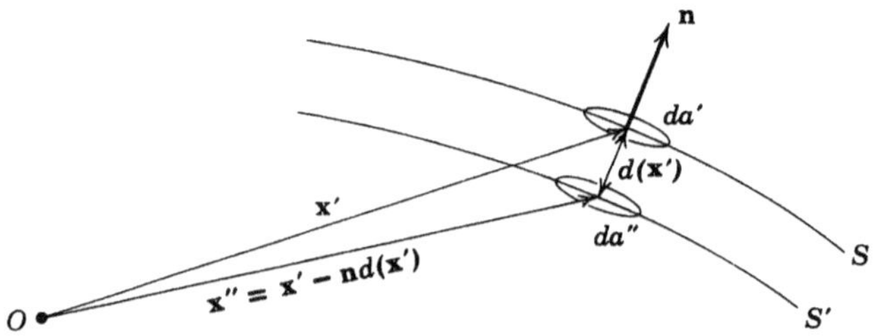

Abb. 1.6 Geometrie einer Doppelschicht.

der zweite stellt eine nützliche Übung im Umgang mit Vektorgrößen dar, und daher wählen wir diesen. Ist $\mathbf{n}$ die von S' wegzeigende Flächennormale von S (vgl. Abb. 1.6), so schreibt sich das Potential der beiden benachbarten Flächen in der Form

$$\begin{aligned}\Phi(\mathbf{x}) &= \frac{1}{4\pi\epsilon_0}\int_S \frac{\sigma(\mathbf{x}')}{|\mathbf{x}-\mathbf{x}'|}da' + \frac{1}{4\pi\epsilon_0}\int_{S'} \frac{\sigma(\mathbf{x}'')}{|\mathbf{x}-\mathbf{x}''|}da'' \\ &= \frac{1}{4\pi\epsilon_0}\int_S \left[\frac{\sigma(\mathbf{x}')}{|\mathbf{x}-\mathbf{x}'|} - \frac{\sigma(\mathbf{x}')}{|\mathbf{x}-\mathbf{x}'+\mathbf{n}d|}\right]da'\end{aligned}$$

Für kleine d kann man den reziproken Abstand $|\mathbf{x}-\mathbf{x}'+\mathbf{n}d|^{-1}$ entwickeln. Wir betrachten dazu zunächst den allgemeineren Ausdruck $|\mathbf{x}+\mathbf{a}|^{-1}$ für $|\mathbf{a}| \ll |\mathbf{x}|$. Seine Taylor-Reihenentwicklung in drei Dimensionen lautet:

$$\frac{1}{|\mathbf{x}+\mathbf{a}|} = \frac{1}{x} + \mathbf{a}\cdot\boldsymbol{\nabla}\left(\frac{1}{x}\right) + \ldots$$

Damit erhalten wir für das Potential in der Grenze $d \to 0$:

$$\Phi(\mathbf{x}) = \frac{1}{4\pi\epsilon_0}\int_S D(\mathbf{x}')\,\mathbf{n}\cdot\boldsymbol{\nabla}'\left(\frac{1}{|\mathbf{x}-\mathbf{x}'|}\right)da' \tag{1.24}$$

Der Integrand in dieser Gleichung ist nichts anderes als das Potential eines punktartigen Dipols mit dem Dipolmoment $\mathbf{p} = \mathbf{n}\,D\,da'$. Das Potential, das ein an der Stelle $\mathbf{x}'$ lokalisierter Dipol $\mathbf{p}$ am Ort $\mathbf{x}$ erzeugt, ist gegeben durch

$$\Phi(\mathbf{x}) = \frac{1}{4\pi\epsilon_0}\frac{\mathbf{p}\cdot(\mathbf{x}-\mathbf{x}')}{|\mathbf{x}-\mathbf{x}'|^3} \tag{1.25}$$

Gleichung (1.24) lässt eine einfache geometrische Interpretation zu. Zunächst stellen wir fest, dass

$$\mathbf{n}\cdot\boldsymbol{\nabla}'\left(\frac{1}{|\mathbf{x}-\mathbf{x}'|}\right)da' = -\frac{\cos\theta\,da'}{|\mathbf{x}-\mathbf{x}'|^2} = -d\Omega$$

ist, wobei $d\Omega$ den räumlichen Winkel darstellt, unter dem ein Flächenelement da' vom Aufpunkt aus erscheint (vgl. Abb. 1.7). Man beachte, dass $d\Omega$ positiv ist, wenn θ ein spitzer Winkel ist, d.h. wenn der Beobachter die „innere" Seite der Doppelschicht sieht. Für das Potential lässt sich nun schreiben:

$$\Phi(\mathbf{x}) = -\frac{1}{4\pi\epsilon_0}\int_S D(\mathbf{x}')\,d\Omega \tag{1.26}$$

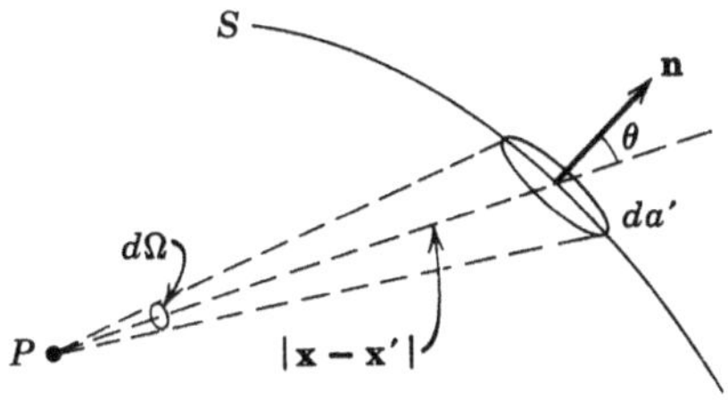

Abb. 1.7 Das am Punkt P herrschende Potential einer Doppelschicht, die über ein Flächenelement da' ausgebreitet ist und die Stärke D hat, ist gleich dem Negativen des Produktes aus D und dem über P von da' aufgespannten räumlichen Winkel $d\Omega$.

Bei konstantem D ist somit das Potential nichts anderes als das Produkt aus dem durch $4\pi\epsilon_0$ dividierten Moment und dem räumlichen Winkel, unter dem ein Beobachter die Fläche sieht, unabhängig von deren Gestalt.

Das Potential macht beim Durchqueren der Doppelschicht einen Sprung. Dies erkennt man, wenn man mit dem Aufpunkt infinitesimal nahe an die Doppelschicht heranrückt. Es ist dann zweckmäßig, sich die Schicht in zwei Anteile zerlegt zu denken – eine kleine Scheibe unmittelbar vor dem Aufpunkt und den Rest. Die Scheibe sei dabei so klein, dass sie als eben und das Dipolmoment als konstant betrachtet werden können. Das Gesamtpotential der Schicht erhält man dann offensichtlich aus der linearen Superposition der Potentiale der kleinen Scheibe und des Restes. Aus (1.26) ist ersichtlich, dass das Potential der Scheibe beim Durchgang von der Innenseite zur Außenseite einen Sprung um D/ϵ_0 macht, resultierend aus dem Wert von $-D/2\,\epsilon_0$ auf der inneren und $+D/2\,\epsilon_0$ auf der äußeren Seite. Das Potential des Restes, d.h. der Doppelschicht mit der ausgesparten Scheibe, ist beim Durchgang durch diese Öffnung stetig. Insgesamt ergibt sich daher für den Sprung des Potentials:

$$\Phi_2 - \Phi_1 = D/\epsilon_0 \tag{1.27}$$

Dieses Ergebnis befindet sich in Analogie zu Gl. (1.22) für die Unstetigkeit des elektrischen Feldes beim Durchgang durch eine Flächenladungsdichte. Der Ausdruck (1.27) kann „physikalisch“ als Potentialabfall „innerhalb“ der Doppelschicht gedeutet werden und berechnet sich als das Produkt aus dem elektrischen Feld zwischen den beiden Flächenladungsdichten und deren Abstand vor dem Grenzübergang.

1.7 Die Poisson'sche und Laplace'sche Gleichung

In den Abschnitten 4 und 5 dieses Kapitels zeigten wir, dass sich das elektrostatische Feld durch die beiden Differentialgleichungen

$$\nabla \cdot \mathbf{E} = \rho/\epsilon_0 \tag{1.13}$$

und

$$\nabla \times \mathbf{E} = 0 \tag{1.14}$$

beschreiben lässt, wobei die letzte Gleichung äquivalent zu der Feststellung ist, dass $\mathbf{E}$ der Gradient einer skalaren Funktion, nämlich des Skalarpotentials Φ ist:

$$\mathbf{E} = -\nabla\Phi \tag{1.16}$$

Die Gln. (1.13) und (1.16) können zu einer einzigen partiellen Differentialgleichung für die Funktion $\Phi(\mathbf{x})$ allein kombiniert werden:

$$\nabla^2\Phi = -\rho/\epsilon_0 \tag{1.28}$$

Diese Gleichung ist die sog. *Poisson'sche Gleichung*. In Raumgebieten ohne Ladungen reduziert sie sich auf die *Laplace'sche Gleichung*

$$\nabla^2\Phi = 0 \tag{1.29}$$

Eine Lösung für das Skalarpotential hatten wir bereits in dem Ausdruck (1.17) gefunden:

$$\Phi(\mathbf{x}) = \frac{1}{4\pi\epsilon_0}\int\frac{\rho(\mathbf{x}')}{|\mathbf{x}-\mathbf{x}'|}d^3x' \tag{1.17}$$

Um zu zeigen, dass dieser Ausdruck tatsächlich der Poisson'schen Gleichung genügt, haben wir auf beiden Seiten von Gl. (1.17) den Laplace'schen Operator anzuwenden. Der dabei resultierende Integrand auf der rechten Seite erweist sich jedoch als singulär. Wir nehmen daher einen Grenzprozess vor und führen ein sog. a-Potential, $\Phi_a(\mathbf{x})$, ein, definiert durch

$$\Phi_a(\mathbf{x}) = \frac{1}{4\pi\epsilon_0}\int\frac{\rho(\mathbf{x}')}{\sqrt{(\mathbf{x}-\mathbf{x}')^2+a^2}}d^3x'$$

Das tatsächliche Potential (1.17) ergibt sich hieraus im Limes $a \to 0$. Die Anwendung des Laplace'schen Operators auf das a-Potential führt zunächst auf

$$\begin{aligned}\nabla^2\Phi_a(\mathbf{x}) &= \frac{1}{4\pi\epsilon_0}\int\rho(\mathbf{x}')\nabla^2\left(\frac{1}{\sqrt{r^2+a^2}}\right)d^3x' \\ &= -\frac{1}{4\pi\epsilon_0}\int\rho(\mathbf{x}')\left[\frac{3a^2}{(r^2+a^2)^{5/2}}\right]d^3x' \end{aligned}\tag{1.30}$$

mit $r = |\mathbf{x}-\mathbf{x}'|$. Der Ausdruck in eckigen Klammern ist der negative Laplace'sche Operator, angewandt auf $(r^2+a^2)^{-1/2}$. Er ist für nicht-verschwindendes a wohldefiniert, während er im Limes $a \to 0$ an der Stelle $r = 0$ unendlich wird und für $r \neq 0$ verschwindet. Sein Volumenintegral hat für beliebige a den Wert 4π. Zur Ausführung der Integration ist es zweckmäßig, den Raum in zwei Gebiete zu unterteilen, indem man um $\mathbf{x}$ eine Kugel mit festem Radius R legt. Dabei ist R so zu wählen, dass sich $\rho(\mathbf{x}')$ im Innern der Kugel nur wenig ändert. Gleichzeitig soll a sehr viel kleiner als R sein und schließlich gegen Null streben. Ist dann die Ladungsdichte $\rho(\mathbf{x}')$ so beschaffen, dass das Potential (1.17) existiert, so verschwindet der Integralbeitrag vom Außenraum der Kugel im Limes $a \to 0$ wie a^2 und es braucht nur der Innenraum betrachtet zu werden. Eine Taylor-Entwicklung von $\rho(\mathbf{x}')$ um $\mathbf{x}' = \mathbf{x}$ führt dann auf

$$\nabla^2\Phi_a(\mathbf{x}) = -\frac{1}{\epsilon_0}\int_0^R\frac{3a^2}{(r^2+a^2)^{5/2}}\left[\rho(\mathbf{x})+\frac{r^2}{6}\nabla^2\rho+\ldots\right]r^2dr + O(a^2)$$

und die Integration liefert

$$\nabla^2 \Phi_a(\mathbf{x}) = -\frac{1}{\epsilon_0}\rho(\mathbf{x})\,[1 + O(a^2/R^2)] + O(a^2, a^2 \log a)\,\nabla^2 \rho + \ldots$$

Im Limes $a \to 0$ gewinnt man daraus die Poisson'sche Gleichung (1.28).

Den singulären Charakter von $\nabla^2(1/r)$ kann man formal mit Hilfe der Dirac'schen Delta-Funktion verdeutlichen. Da $\nabla^2(1/r) = 0$ ist für $r \neq 0$ und das Volumenintegral von $\nabla^2(1/r)$ den Wert -4π hat, kann man formal $\nabla^2(1/r) = -4\pi\,\delta(\mathbf{x})$ schreiben oder allgemeiner:

$$\nabla^2\left(\frac{1}{|\mathbf{x} - \mathbf{x}'|}\right) = -4\pi\,\delta(\mathbf{x} - \mathbf{x}') \tag{1.31}$$

1.8 Der Green'sche Satz

Hätte man es bei elektrostatischen Problemen stets nur mit lokalisierten diskreten oder kontinuierlichen Ladungsverteilungen ohne Randflächen zu tun, dann stellte die allgemeine Lösung (1.17) den geeignetsten und direktesten Weg zur Lösung eines jeden elektrostatischen Problemen dar. Die Poisson'sche oder Laplace'sche Gleichung brauchte man dann nicht mehr. In Wirklichkeit aber hat man es bei vielen, wenn nicht den meisten elektrostatischen Problemen mit endlichen Raumgebieten zu tun, in denen sich Ladungen befinden (oder auch nicht), wobei an den Randflächen vorgegebene Bedingungen zu erfüllen sind. Diese Randbedingungen können durch geeignete Ladungsverteilungen außerhalb des interessierenden Raumgebiets (u. U. im Unendlichen) simuliert werden. Aber dann wird der Ausdruck (1.17) – abgesehen von besonders einfachen Fällen (in denen sich z. B. die Methode der Spiegelladungen anwenden lässt) – zur Berechnung des Potentials ungeeignet.

Um Randbedingungen in den Griff zu bekommen, müssen wir einige zusätzliche mathematische Hilfsmittel entwickeln, nämlich die nach George Green (1824) benannten Green'schen Identitäten. Sie folgen aus einer einfachen Anwendung des Gauß'schen Integralsatzes

$$\int_V \nabla \cdot \mathbf{A}\, d^3x = \oint_S \mathbf{A} \cdot \mathbf{n}\, da$$

der bekanntlich für ein Vektorfeld **A** gilt, das in dem von einer geschlossenen Fläche S begrenzten Volumen V definiert ist. Ist nun $\mathbf{A} = \phi \nabla \psi$ mit beliebigen skalaren Feldern ϕ und ψ, dann gilt zunächst

$$\nabla \cdot (\phi \nabla \psi) = \phi \nabla^2 \psi + \nabla \phi \cdot \nabla \psi \tag{1.32}$$

und

$$\phi \nabla \psi \cdot \mathbf{n} = \phi \frac{\partial \psi}{\partial n} \tag{1.33}$$

wobei $\partial/\partial n$ die Ableitung in Richtung der (äußeren) Normalen von S bedeutet. Setzt man (1.32) und (1.33) in den Gauß'schen Integralsatz ein, so erhält man die *erste Green'sche Identität*

$$\int_V (\phi \nabla^2 \psi + \nabla\phi \cdot \nabla\psi)\, d^3x = \oint_S \phi \frac{\partial \psi}{\partial n}\, da \tag{1.34}$$

Vertauscht man in dieser Gleichung ϕ mit ψ und subtrahiert die resultierende Gleichung von der ursprünglichen, so fallen die Terme mit $\nabla\phi \cdot \nabla\psi$ heraus, und als Ergebnis erhält man die *zweite Green'sche Identität*

$$\int_V (\phi \nabla^2 \psi - \psi \nabla^2 \phi)\, d^3x = \oint_S \left[\phi \frac{\partial \psi}{\partial n} - \psi \frac{\partial \phi}{\partial n} \right] da \tag{1.35}$$

die auch *Green'scher Satz* genannt wird.

Die Poissonsche Differentialgleichung für das Potential kann in eine Integralgleichung verwandelt werden, indem man für ψ eine spezielle Funktion wählt, nämlich $1/R \equiv 1/|\mathbf{x} - \mathbf{x}'|$, wobei $\mathbf{x}$ der Aufpunkt und $\mathbf{x}'$ die Integrationsvariable ist. Ferner setzen wir $\phi = \Phi$ mit dem skalaren Potential Φ und benutzen $\nabla^2 \Phi = -\rho/\epsilon_0$. Aus (1.31) wissen wir nun, dass $\nabla^2(1/R) = -4\pi\delta(\mathbf{x} - \mathbf{x}')$ ist. Daher führt (1.35) zu der Gleichung

$$\int_V \left[-4\pi\Phi(\mathbf{x}')\,\delta(\mathbf{x} - \mathbf{x}') + \frac{1}{\epsilon_0 R}\rho(\mathbf{x}') \right] d^3x' = \oint_S \left[\Phi \frac{\partial}{\partial n'}\left(\frac{1}{R}\right) - \frac{1}{R}\frac{\partial \Phi}{\partial n'} \right] da'$$

Liegt $\mathbf{x}$ innerhalb von V, so ergibt sich hieraus:

$$\Phi(\mathbf{x}) = \frac{1}{4\pi\epsilon_0} \int_V \frac{\rho(\mathbf{x}')}{R}\, d^3x' + \frac{1}{4\pi} \oint_S \left[\frac{1}{R}\frac{\partial \Phi}{\partial n'} - \Phi \frac{\partial}{\partial n'}\left(\frac{1}{R}\right) \right] da' \tag{1.36}$$

Für außerhalb von V liegende Punkte $\mathbf{x}$ verschwindet die linke Seite von (1.36)[6]. (Man beachte, dass dies konsistent ist mit der Interpretation des Oberflächenintegrals als Potential einer Flächenladungsdichte $\sigma = \epsilon_0 \partial\Phi/\partial n'$ und einer Doppelschicht vom Moment $D = -\epsilon_0\Phi$. Die durch (1.22) und (1.27) beschriebenen Unstetigkeiten des elektrischen Feldes bzw. Potentials beim Durchgang durch eine Flächenladung führen dann zu einem verschwindenden Potential außerhalb des Volumens V.)

Zwei Bemerkungen zu dem Ergebnis (1.36) seien hier noch angefügt. Zunächst: rückt die Fläche S ins Unendliche und fällt das elektrische Feld auf S schneller ab als R^{-1}, dann verschwindet das Oberflächenintegral, und (1.36) reduziert sich auf das bereits bekannte Ergebnis (1.17). Ferner: in (1.36) wird das Potential für ein ladungsfreies Volumen (in dem Φ also Lösung der Laplace'schen Gleichung sein muss) an jedem Punkt innerhalb des Volumens durch seine eigenen Werte und die seiner Ableitung in Normalenrichtung allein auf der Randfläche S bestimmt. Diese überraschende Feststellung besagt, dass (1.36) keine Lösung eines Randwertproblems sein kann, sondern nur eine Integralbeziehung für Φ, da die willkürliche Fest-

---

[6] Der Leser mag sich daran stoßen, dass die Art und Weise, wie wir (1.36) hergeleitet haben, nicht ganz legal war, da ja $1/|\mathbf{x} - \mathbf{x}'|$ im Innern von V singulär werden kann. Um streng zu sein, hätte man einen Grenzprozess vornehmen müssen und – wie schon im vorigen Abschnitt – den Punkt $\mathbf{x} = \mathbf{x}'$ durch eine kleine Kugel vom Integrationsgebiet ausschließen müssen. Auch in diesem Fall aber würde man zu Gl. (1.36) gelangen.

legung sowohl von Φ als auch von $\partial\Phi/\partial n$ (*Cauchy'sche Randbedingungen*) eine Überbestimmung des Problems darstellt. Diesen Punkt werden wir in den nächsten Abschnitten ausführlich besprechen. Dort werden wir Techniken entwickeln, die bei Verwendung des Green'schen Satzes (1.35) zu Lösungen von Problemen mit geeigneten Randbedingungen führen.

1.9 Eindeutigkeit der Lösung mit Dirichlet'scher oder Neumann'scher Randbedingung

Es erhebt sich die Frage, inwieweit Randbedingungen für die Poisson'sche (oder Laplace'sche) Gleichung geeignet sind, um zu eindeutigen und physikalisch vernünftigen Lösungen innerhalb eines begrenzten Raumgebietes zu führen. Die physikalische Erfahrung lässt vermuten, dass die Festlegung des Potentials auf einer geschlossenen Fläche (z. B. eines Systems von Leitern, die auf verschiedenen Potentialen gehalten werden) ein eindeutiges Potentialproblem definiert. Dieses Problem wird *Dirichlet'sches Problem* oder auch *Dirichlet'sches Randwertproblem* genannt. In ähnlicher Weise darf man vermuten, dass die Festlegung des (aus einer gegebenen Flächenladungsdichte resultierenden) elektrischen Feldes (d. h. der Ableitung des Potentials in Normalenrichtung) auf jedem Punkt der Fläche ebenfalls ein eindeutiges Problem definiert. Die Vorgabe der Ableitung des Potentials in Normalenrichtung bezeichnet man als *Neumann'sche Randbedingung*. Die Richtigkeit unserer Vermutungen wollen wir jetzt mithilfe der ersten Green'schen Identität beweisen.

Zunächst wollen wir die Eindeutigkeit der Lösung der Poisson'schen Gleichung $\nabla^2\Phi = -\rho/\epsilon_0$ innerhalb eines Volumens V zeigen, dessen geschlossene Begrenzungsfläche S der Dirichlet'schen oder Neumann'schen Randbedingung unterliegt. Wir nehmen dazu an, es gebe – im Gegenteil – *zwei* Lösungen Φ_1 und Φ_2, die beide dieselben Randbedingungen erfüllen. Es sei dann

$$U = \Phi_2 - \Phi_1 \tag{1.37}$$

Innerhalb von V gilt dann $\nabla^2 U = 0$, und auf S ist $U = 0$ oder $\partial U/\partial n = 0$, je nachdem, ob die Dirichlet'sche oder Neumann'sche Randbedingung vorliegt. Aus der ersten Green'schen Identität (1.34) mit $\phi = \psi = U$ folgt dann:

$$\int_V (U\nabla^2 U + \nabla U \cdot \nabla U)\, d^3x = \oint_S U \frac{\partial U}{\partial n}\, da \tag{1.38}$$

Aufgrund der speziellen Eigenschaften von U reduziert sich dies (für beide Arten von Randbedingungen) auf

$$\int_V |\nabla U|^2\, d^3x = 0$$

Dies bedeutet $\nabla U = 0$, und damit ist U im Innern von V konstant. Bei Dirichlet'scher Randbedingung ist $U = 0$ auf S und somit $\Phi_1 = \Phi_2$ innerhalb von V. D. h. die Lösung ist eindeutig. Ähnlich findet man auch im Fall der Neumann'schen Randbedingung, dass die Lösung – abgesehen von einer unwichtigen, willkürlichen additiven Konstanten – eindeutig ist.

Aus der rechten Seite von (1.38) geht hervor, dass das gemischte Randwertproblem (von Dirichlet'schem Typ auf einem Teil von S und von Neumann'schem Typ auf dem Rest) ebenfalls eine eindeutige Lösung besitzt.

Es ist aber klar, dass die Poisson'sche Gleichung bei willkürlich vorgegebenen Werten von Φ und $\partial\Phi/\partial n$ auf einer geschlossenen Berandungsfläche (*Cauchy'sche Randbedingungen*) keine Lösung besitzt, da die Lösungen mit Dirichlet'scher und Neumann'scher Randbedingung separat eindeutig und im Allgemeinen nicht miteinander verträglich sind. Dies lässt sich mithilfe von Gl. (1.36) unmittelbar nachweisen. Setzt man dort auf der rechten Seite für Φ und $\partial\Phi/\partial n$ willkürliche Werte ein, so kann man zeigen, dass die Werte von $\Phi(\mathbf{x})$ und $\nabla\Phi(\mathbf{x})$ im allgemeinen unverträglich mit den vorausgesetzten Randbedingungen werden, sobald sich $\mathbf{x}$ der Randfläche nähert. Die Frage, ob die Cauchy'schen Randbedingungen auf einer *offenen* Fläche ein eindeutiges elektrostatisches Randwertproblem definieren, erfordert eine gründlichere Diskussion, als wir sie hier geben können. Für ein eingehendes Studium dieses Problems empfehlen wir dem Leser die Bücher von *Morse und Feshbach*, Abschn. 6.2, S. 692–706 oder *Sommerfeld, Partielle Differentialgleichungen der Physik*, Kap. II. Abschließend stellen wir fest, dass die elektrostatischen Probleme dadurch ausgezeichnet sind, dass in ihnen jeweils Dirichlet'sche oder Neumann'sche Randbedingungen auf einer geschlossenen Fläche (die natürlich teilweise oder auch vollständig im Unendlichen liegen kann) zu erfüllen sind.

1.10 Formale Lösung des elektrostatischen Randwertproblems mithilfe der Green'schen Funktion

Die Lösungen der Poisson'schen oder Laplace'schen Gleichung in einem endlichen Volumen V mit Dirichlet'scher oder Neumann'scher Randbedingung auf der V begrenzenden Fläche S lassen sich mithilfe des Green'schen Satzes (1.35) und der sog. Green'schen Funktion ermitteln.

Um zu dem Ausdruck (1.36) zu gelangen (der nicht Lösung eines Randwertproblems ist), wählten wir für ψ das Potential einer Punktladung, nämlich $1/|\mathbf{x}-\mathbf{x}'|$, das der Gleichung

$$\nabla'^2\left(\frac{1}{|\mathbf{x}-\mathbf{x}'|}\right) = -4\pi\delta(\mathbf{x}-\mathbf{x}') \tag{1.31}$$

genügt. Die Funktion $1/|\mathbf{x}-\mathbf{x}'|$ hängt von zwei Argumenten ab, den Variablen $\mathbf{x}$ und $\mathbf{x}'$. Sie ist ein Beispiel für die soeben erwähnten *Gree'nschen Funktionen*, die allgemein der Gleichung

$$\nabla'^2 G(\mathbf{x},\mathbf{x}') = -4\pi\delta(\mathbf{x}-\mathbf{x}') \tag{1.39}$$

gehorchen, wobei

$$G(\mathbf{x},\mathbf{x}') = \frac{1}{|\mathbf{x}-\mathbf{x}'|} + F(\mathbf{x},\mathbf{x}') \tag{1.40}$$

ist. Die Funktion F genügt dabei innerhalb des Volumens V der Laplace'schen Gleichung:

$$\nabla'^2 F(\mathbf{x}, \mathbf{x}') = 0 \tag{1.41}$$

Um die an Φ oder $\partial\Phi/\partial n$ gestellten Randbedingungen zu erfüllen, greifen wir auf (1.36) zurück. Wie oben bereits ausgeführt, stellt (1.36) keine Lösung dar, die dem richtigen Typ von Randbedingung genügt, da sowohl Φ wie $\partial\Phi/\partial n$ im Oberflächenintegral auftreten. Bestenfalls handelt es sich um eine Integralbeziehung für Φ. Mit dem allgemeinen Konzept einer Green'schen Funktion und ihrer zusätzlichen Freiheit [über die Funktion $F(\mathbf{x}, \mathbf{x}')$] taucht die Möglichkeit auf, den Green'schen Satz mit $\psi = G(\mathbf{x}, \mathbf{x}')$ zu benutzen und durch geeignete Wahl von $F(\mathbf{x}, \mathbf{x}')$ eines der beiden Oberflächenintegrale zu eliminieren, um zu einem Ergebnis zu gelangen, das der Dirichlet'schen oder Neumann'schen Randbedingung genügt. Hinge $G(\mathbf{x}, \mathbf{x}')$ von der genauen Form der Randbedingungen ab, so wäre diese Methode natürlich von wenig allgemeinem Wert. Wie wir aber sogleich sehen werden, ist dies nicht der Fall, da $G(\mathbf{x}, \mathbf{x}')$ auf S relativ einfachen Randbedingungen genügt.

Wendet man den Green'schen Satz (1.35) für $\phi = \Phi$ und $\psi = G(\mathbf{x}, \mathbf{x}')$ an, so erhält man bei Beachtung der für G geltenden Gl. (1.39) folgende Verallgemeinerung von (1.36):

$$\begin{aligned}\Phi(\mathbf{x}) = &\frac{1}{4\pi\epsilon_0}\int_V \rho(\mathbf{x}')G(\mathbf{x}, \mathbf{x}')\, d^3x' \\ &+ \frac{1}{4\pi}\oint_S \left[G(\mathbf{x}, \mathbf{x}')\frac{\partial\Phi}{\partial n'} - \Phi(\mathbf{x}')\frac{\partial G(\mathbf{x}, \mathbf{x}')}{\partial n'} \right] da'\end{aligned} \tag{1.42}$$

Die Freiheit in der durch (1.40) definierten Green'schen Funktion bedeutet, dass wir das Oberflächenintegral allein von der gewählten Art von Randbedingung abhängig machen können. Dementsprechend fordern wir für *Dirichlet'sche Randbedingungen*

$$G_D(\mathbf{x}, \mathbf{x}') = 0 \quad \text{für Punkte } \mathbf{x}' \text{ auf } S \tag{1.43}$$

Der erste Term im Oberflächenintegral in (1.42) verschwindet dann, und die Lösung lautet:

$$\Phi(\mathbf{x}) = \frac{1}{4\pi\epsilon_0}\int_V \rho(\mathbf{x}')\, G_D(\mathbf{x}, \mathbf{x}')\, d^3x' - \frac{1}{4\pi}\oint_S \Phi(\mathbf{x}')\frac{\partial G_D}{\partial n'}\, da' \tag{1.44}$$

Bei *Neumann'schen Randbedingungen* muss man sorgfältiger vorgehen. Die nächstliegende Randbedingung an $G(\mathbf{x}, \mathbf{x}')$ scheint

$$\frac{\partial G_N}{\partial n'}(\mathbf{x}, \mathbf{x}') = 0 \quad \text{für Punkte } \mathbf{x}' \text{ auf } S$$

zu sein, da dann – wie gefordert – der zweite Term im Oberflächenintegral in (1.42) verschwindet. Doch wendet man den Gauß'schen Satz auf (1.39) an, so sieht man, dass

$$\oint_S \frac{\partial G}{\partial n'}\, da' = -4\pi$$

ist. Die einfachste, erlaubte Randbedingung an G_N lautet daher:

$$\frac{\partial G_N}{\partial n'}(\mathbf{x}, \mathbf{x}') = -\frac{4\pi}{S} \quad \text{für Punkte } \mathbf{x}' \text{ auf } S \tag{1.45}$$

wenn S den gesamten Flächeninhalt der Randfläche bedeutet. Die Lösung lautet dann:

$$\Phi(\mathbf{x}) = \langle\Phi\rangle_S + \frac{1}{4\pi\epsilon_0}\int_V \rho(\mathbf{x}')\, G_N(\mathbf{x}, \mathbf{x}')\, d^3x' + \frac{1}{4\pi}\oint_S \frac{\partial\Phi}{\partial n'} G_N\, da' \tag{1.46}$$

wobei $\langle\Phi\rangle_S$ das über die gesamte Oberfläche gemittelte Potential darstellt. Das übliche Neumannsche Problem ist das sog. äußere Problem, in dem das Volumen V von zwei Flächen begrenzt wird, einer geschlossenen, endlichen Fläche und einer anderen, die im Unendlichen liegt. In diesem Fall ist S unendlich; die Randbedingung (1.45) wird homogen, und der Mittelwert $\langle\Phi\rangle_S$ verschwindet.

Wie man sieht, sind die Randbedingungen (1.43) und (1.45), denen die Green'schen Funktionen genügen, tatsächlich einfacher Art und hängen nicht von der detaillierten Form der Dirichlet'schen bzw. Neumann'schen Randwerte ab. Dennoch ist es oft kompliziert (wenn nicht unmöglich), die Funktion $G(\mathbf{x}, \mathbf{x}')$ zu bestimmen, da sie von der Gestalt von S abhängt. Derartigen Problemen werden wir in Kap. 2 und 3 begegnen.

Für Green'sche Funktionen, die der Dirichlet'schen Randbedingung (1.43) genügen, lässt sich die Symmetriebeziehung $G(\mathbf{x}, \mathbf{x}') = G(\mathbf{x}', \mathbf{x})$ nachweisen, und zwar mithilfe des Green'schen Satzes mit $\phi = G(\mathbf{x}, \mathbf{y})$ und $\psi = G(\mathbf{x}', \mathbf{y})$, wo $\mathbf{y}$ die Integrationsvariable ist. Da die Green'sche Funktion, aufgefasst als Funktion einer ihrer Variablen, das Potential einer Punktladung darstellt, bedeutet die Symmetrie nichts anderes als die physikalisch unmittelbar einsichtige Austauschbarkeit von Quell- und Aufpunkt. Für Neumann'sche Randbedingungen folgt die Symmetrie nicht automatisch, kann aber als separate Forderung hinzugefügt werden.[7]

Abschließend sei noch eine wichtige Bemerkung zur physikalischen Bedeutung von $F(\mathbf{x}, \mathbf{x}')/4\pi\epsilon_0$ gemacht. Diese Funktion ist Lösung der Laplace'schen Gleichung innerhalb von V und stellt somit das Potential eines Ladungssystems *außerhalb* von V dar. Man kann $F(\mathbf{x}, \mathbf{x}')/4\pi\epsilon_0$ als das Potential einer äußeren Ladungsverteilung interpretieren, die so gewählt ist, dass die homogenen Randbedingungen verschwindenden Potentials (oder verschwindender Ableitung des Potentials in Normalenrichtung) auf der Fläche S erfüllt sind, wenn das Potential einer Punktladung am Quellpunkt $\mathbf{x}'$ hinzutritt. Da das von der Punktladung herrührende Potential an einem auf der Randfläche gelegenen Punkt $\mathbf{x}$ von der Lage des Quellpunkts abhängt, muss die durch $F(\mathbf{x}, \mathbf{x}')$ beschriebene äußere Ladungsverteilung ebenfalls vom „Parameter" $\mathbf{x}'$ abhängen. So gesehen, ist die Methode der Spiegelladungen (die wir in Kapitel 2 beschreiben) ein physikalisches Äquivalent zur Bestimmung einer geeigneten Funktion $F(\mathbf{x}, \mathbf{x}')$, um den Randbedingungen (1.43) oder (1.45) zu genügen. Für das Dirichlet'sche Problem mit Leitern kann $F(\mathbf{x}, \mathbf{x}')$ als das Potential einer Flächenladungsdichte interpretiert werden, die auf den Leitern durch Anwesenheit einer Punktladung am Quellpunkt $\mathbf{x}'$ induziert wird.

---

[7] Siehe Kim, K.-J. und Jackson, J. D., *Am. J. Phys.* **61**, (12) 1144–1146 (1993).

1.11 Elektrostatische potentielle Energie und Energiedichte; Kapazität

In Abschnitt 5 dieses Kapitels zeigten wir, dass das mit der Ladung multiplizierte Skalarpotential als potentielle Energie interpretiert werden kann. Genauer gesagt: wird eine Punktladung q_i aus dem Unendlichen an den Ort $\mathbf{x}_i$ eines räumlich begrenzten Gebietes gebracht, in dem ein durch das skalare (im Unendlichen verschwindende) Potential Φ beschriebenes elektrisches Feld herrscht, dann ist die an der Ladung geleistete Arbeit (und damit deren potentielle Energie) gegeben durch

$$W_i = q_i \Phi(\mathbf{x}_i) \tag{1.47}$$

Das Potential Φ kann man sich erzeugt denken aus einem System von $(n-1)$ Ladungen q_j $(j = 1, 2, \ldots, n-1)$ an den Orten $\mathbf{x}_j$. Dann ist

$$\Phi(\mathbf{x}_i) = \frac{1}{4\pi\epsilon_0} \sum_{j=1}^{n-1} \frac{q_j}{|\mathbf{x}_i - \mathbf{x}_j|} \tag{1.48}$$

und somit die potentielle Energie der Ladung q_i:

$$W_i = \frac{q_i}{4\pi\epsilon_0} \sum_{j=1}^{n-1} \frac{q_j}{|\mathbf{x}_i - \mathbf{x}_j|} \tag{1.49}$$

Die *gesamte* potentielle Energie aller miteinander wechselwirkender Ladungen berechnet sich zu

$$W = \frac{1}{4\pi\epsilon_0} \sum_{i=1}^{n} \sum_{j<i} \frac{q_i q_j}{|\mathbf{x}_i - \mathbf{x}_j|} \tag{1.50}$$

Dies erkennt man unmittelbar, wenn man die einzelnen Ladungen sukzessiv in das betrachtete Raumgebiet bringt. Einen symmetrischeren Ausdruck erhält man, indem man über alle i und j uneingeschränkt summiert und anschließend durch 2 dividiert:

$$W = \frac{1}{8\pi\epsilon_0} \sum_{i} \sum_{j \neq i} \frac{q_i q_j}{|\mathbf{x}_i - \mathbf{x}_j|} \tag{1.51}$$

Natürlich sind hierbei die Terme mit $i = j$ (unendliche „Selbstenergie“-Terme) aus der Doppelsumme auszuschließen.

Für kontinuierliche Ladungsverteilungen [oder Delta-funktionsartige Ladungsverteilungen wie (1.6)] nimmt die potentielle Energie die Form

$$W = \frac{1}{8\pi\epsilon_0} \int \int \frac{\rho(\mathbf{x})\,\rho(\mathbf{x}')}{|\mathbf{x} - \mathbf{x}'|}\, d^3x\, d^3x' \tag{1.52}$$

an. Einen anderen, hierzu äquivalenten Ausdruck findet man, wenn man berücksichtigt, dass eines der beiden Integrale in (1.52) gerade das Skalarpotential (1.17) ist. Man kann daher auch schreiben:

$$W = \frac{1}{2} \int \rho(\mathbf{x})\Phi(\mathbf{x})\, d^3x \tag{1.53}$$

Die Gln. (1.51), (1.52) und (1.53) stellen die elektrostatische potentielle Energie in Abhängigkeit vom Relativabstand der Ladungen dar, und die Betonung liegt bei ihnen auf der Coulomb'schen Wechselwirkung der Teilchen. Eine andere, sehr fruchtbare Alternative hierzu besteht darin, das Hauptgewicht auf das elektrische Feld zu legen und die Energie als im elektrischen Feld der Ladungen gespeichert zu betrachten. Um einen entsprechenden Ausdruck zu erhalten, machen wir von der Poisson'schen Gleichung Gebrauch, um so die Ladungsdichte aus (1.53) zu eliminieren:

$$W = \frac{-\epsilon_0}{2} \int \Phi \, \nabla^2 \Phi \, d^3x$$

Partielle Integration führt dann auf

$$W = \frac{\epsilon_0}{2} \int |\nabla \Phi|^2 \, d^3x = \frac{\epsilon_0}{2} \int |\mathbf{E}|^2 \, d^3x \tag{1.54}$$

wobei die Integration über den gesamten Raum zu erstrecken ist. In der letzten Gleichung besteht kein expliziter Bezug mehr zu Ladungen: Die Energie wird ausgedrückt durch ein über den gesamten Raum erstrecktes Integral des Betragsquadrats des elektrischen Feldes. Dies führt in natürlicher Weise zur Identifikation des Integranden

$$w = \frac{\epsilon_0}{2} |\mathbf{E}|^2 \tag{1.55}$$

als Energiedichte.

Der Ausdruck (1.55) zeichnet sich dadurch aus, dass er für die Energiedichte stets einen positiv-definiten Wert liefert. Mithin kann sein Volumenintegral nie negativ werden. Dies scheint in Widerspruch zu stehen zu dem Eindruck, den (1.51) erweckt, dass nämlich die potentielle Energie von zwei Ladungen entgegengesetzten Vorzeichens negativ ist. Die Ursache dieses scheinbaren Widerspruchs ist darin zu suchen, dass (1.54) und (1.55) „Selbstenergie"-Beiträge zur Energiedichte enthalten, während diese in der Doppelsumme (1.51) nicht auftreten. Zur Illustration betrachte man zwei Punktladungen q_1 und q_2 an den Orten $\mathbf{x}_1$ bzw. $\mathbf{x}_2$ (vgl. Abb. 1.8). Das elektrische Feld am Punkt P mit der Koordinate $\mathbf{x}$ ist

$$\mathbf{E} = \frac{1}{4\pi\epsilon_0} \frac{q_1(\mathbf{x}-\mathbf{x}_1)}{|\mathbf{x}-\mathbf{x}_1|^3} + \frac{1}{4\pi\epsilon_0} \frac{q_2(\mathbf{x}-\mathbf{x}_2)}{|\mathbf{x}-\mathbf{x}_2|^3}$$

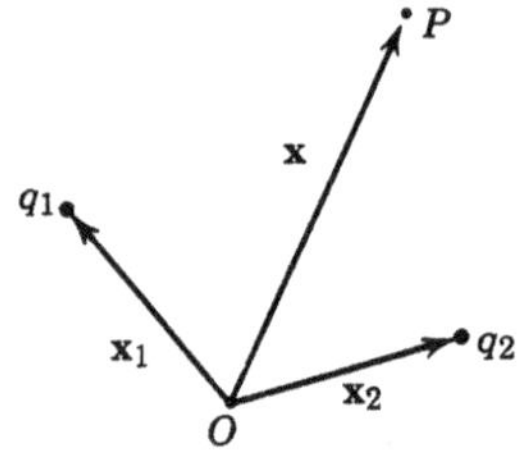

Abb. 1.8

und die Energiedichte (1.55) wird damit

$$32\pi^2 \epsilon_0 w = \frac{q_1^2}{|\mathbf{x}-\mathbf{x}_1|^4} + \frac{q_2^2}{|\mathbf{x}-\mathbf{x}_2|^4} + 2\frac{q_1 q_2 (\mathbf{x}-\mathbf{x}_1)\cdot(\mathbf{x}-\mathbf{x}_2)}{|\mathbf{x}-\mathbf{x}_1|^3\,|\mathbf{x}-\mathbf{x}_2|^3} \tag{1.56}$$

Die ersten beiden Terme sind natürlich „Selbstenergie"-Beiträge. Um zu zeigen, dass der dritte Term für die potentielle Energie der Wechselwirkung das richtige Ergebnis liefert, integrieren wir über den gesamten Raum:

$$W_{int} = \frac{q_1 q_2}{16\pi^2 \epsilon_0} \int \frac{(\mathbf{x}-\mathbf{x}_1)\cdot(\mathbf{x}-\mathbf{x}_2)}{|\mathbf{x}-\mathbf{x}_1|^3\,|\mathbf{x}-\mathbf{x}_2|^3}\, d^3x \tag{1.57}$$

Der Übergang zur Integrationsvariablen $\boldsymbol{\rho} = (\mathbf{x}-\mathbf{x}_1)/|\mathbf{x}_1-\mathbf{x}_2|$ führt auf

$$W_{int} = \frac{1}{4\pi\epsilon_0} \frac{q_1 q_2}{|\mathbf{x}_1 - \mathbf{x}_2|} \times \frac{1}{4\pi} \int \frac{\boldsymbol{\rho}\cdot(\boldsymbol{\rho}+\mathbf{n})}{\rho^3\,|\boldsymbol{\rho}+\mathbf{n}|^3}\, d^3\rho \tag{1.58}$$

wobei $\mathbf{n}$ ein Einheitsvektor in Richtung von $(\mathbf{x}_1 - \mathbf{x}_2)$ ist. Berücksichtigt man, dass $(\boldsymbol{\rho}+\mathbf{n})/\,|\boldsymbol{\rho}+\mathbf{n}|^3 = -\boldsymbol{\nabla}_\rho(1/|\boldsymbol{\rho}+\mathbf{n}|)$ ist, so ist leicht nachzuweisen, dass das Volumenintegral den Wert 4π besitzt und sich somit die Wechselwirkungsenergie auf den erwarteten Wert reduziert.

Die zwischen geladenen Körpern wirkende Kraft lässt sich berechnen, indem man die Änderung der elektrostatischen Energie berechnet, die sich bei virtuellen Verrückungen der Ladungen einstellt. Beispiele hierzu bringen wir in den Übungen. Es ist dabei stets darauf zu achten, dass man die Energie in einer Form darstellt, die klar erkennen lässt, welche Faktoren bei einer Konfigurationsänderung variieren und welche konstant bleiben.

Ein Beispiel möge dies illustrieren. Wir berechnen die Kraft, die pro Flächeneinheit auf die mit einer Flächenladungsdichte $\sigma(\mathbf{x})$ belegte Oberfläche eines Leiters wirksam wird. In der unmittelbaren Umgebung der Leiteroberfläche ist die Energiedichte:

$$w = \frac{\epsilon_0}{2}|\mathbf{E}|^2 = \sigma^2/2\epsilon_0 \tag{1.59}$$

Wird nun ein Element Δa der Leiteroberfläche um eine kleine Strecke Δx nach außen verrückt, so nimmt die elektrostatische Energie um einen Betrag ab, der gegeben ist durch das Produkt aus der Energiedichte und dem überstrichenen Volumen $\Delta x\, \Delta a$:

$$\Delta W = -\sigma^2\, \Delta a\, \Delta x/2\epsilon_0 \tag{1.60}$$

Dies bedeutet, dass die nach außen gerichtete Kraft pro Flächeneinheit an der Leiteroberfläche gleich $\sigma^2/2\epsilon_0 = w$ ist. Normalerweise leitet man dieses Ergebnis her, indem man das Produkt aus der Flächenladungsdichte und dem elektrischen Feld bildet und letzteres über das von einem Flächenladungselement hervorgerufene elektrische Feld eliminiert.

Für ein System aus n Leitern (im sonst leeren Raum) mit den Potentialen V_i und den Gesamtladungen Q_i $(i = 1, 2, \ldots, n)$ lässt sich die elektrostatische potentielle Energie allein durch die Potentiale und gewisse geometrische Größen ausdrücken, die man *Kapazitätskoeffizienten* nennt. Für eine gegebene Konfiguration von Leitern bedeutet die lineare Abhängigkeit des Potentials von der Ladungsdichte, dass das Potential des i-ten Leiters in der Form

$$V_i = \sum_{j=1}^{n} p_{ij} Q_j \quad (i = 1, 2, \ldots, n)$$

geschrieben werden kann, wobei die p_{ij} von der Geometrie der Leiter abhängen. Diese n Gleichungen lassen sich nach der Ladung des i-ten Leiters auflösen:

$$Q_i = \sum_{j=1}^{n} C_{ij} V_j \quad (i = 1, 2, \ldots, n) \tag{1.61}$$

Jede der n Ladungen Q_i ist also eine lineare Funktion aller auf den Leitern herrschenden Potentiale. Die Koeffizienten C_{ii} heißen *Kapazitäten*, während die C_{ij} mit $i \neq j$ *Kapazitätskoeffizienten* genannt werden. *Die Kapazität eines Leiters ist somit gleich der Gesamtladung, die sich auf ihm befindet, wenn er auf dem Einheitspotential gehalten wird und alle anderen Leiter sich auf dem Potential Null befinden.* Manchmal wird die Kapazität eines Leitersystems auch anders definiert. So definiert man z. B. die Kapazität zweier Leiter, die – bei Abwesenheit anderer geerdeter Leiter – entgegengesetzt gleiche Ladungen tragen, als das Verhältnis der Ladung auf dem einen Leiter zur Potentialdifferenz zwischen den Leitern. Die Gleichungen (1.61) können dann dazu benutzt werden, um diese Kapazität durch die Koeffizienten C_{ij} auszudrücken.

Für die potentielle Energie (1.53) eines Leitersystems ergibt sich nach (1.61):

$$W = \frac{1}{2} \sum_{j=1}^{n} Q_i V_i = \frac{1}{2} \sum_{i=1}^{n} \sum_{j=1}^{n} C_{ij} V_i V_j \tag{1.62}$$

Diese Formel, die die Energie durch die Potentiale V_i und die Kapazitätskoeffizienten C_{ij} bzw. durch die Ladungen Q_i und die Koeffizienten p_{ij} ausdrückt, gestattet die Anwendung von Variationsverfahren zur näherungsweisen Bestimmung von Kapazitäten. Mithilfe solcher Verfahren lassen sich obere und untere Schranken für die C_{ij} berechnen (vgl. Übg. 1.17 und 1.18), und sogar für relativ komplizierte Leitersysteme ermöglichen sie Kapazitätsabschätzungen mit Angabe der Fehlergrenzen. Die elektronische Rechentechnik macht es schließlich möglich, subtile Versuchsfunktionen mit mehreren Parametern zu verwenden. Es sei jedoch bemerkt, dass die Erfordernis einer Green'schen Funktion, die an der unteren Grenze einer Dirichlet'schen Randbedingung genügt, die Fehlerabschätzung nichttrivial macht. Weiteres zu diesem Verfahren der Kapazitätsberechnung bringen wir in den Übungen am Ende dieses und des nächsten Kapitels.

1.12 Näherungslösung der Laplace'schen und Poisson'schen Gleichung mithilfe von Variationsverfahren

In vielen Bereichen der klassischen Physik und der Quantenmechanik spielen Variationsverfahren eine hervorragende Rolle. Sie liefern einen formalen Weg, um „Bewegungsgleichungen" herzuleiten, und mit ihrer Hilfe gewinnt man Näherungslösungen und nicht selten sogar die genauen Lösungen bestimmter Probleme, die auf keinem anderen Weg zu erhalten sind. Man denke zum Beispiel an die Resonanzfrequenzen akustischer Resonatoren oder an die Energieeigenwerte atomarer Systeme.

Der Gleichgewichtszustand physikalischer Systeme ist der Zustand minimaler Energie. Dieses grundlegende Prinzip lässt sich erweitern auf energieähnliche Funktionale. Gegeben sei etwa das Funktional

$$I[\psi] = \frac{1}{2}\int_V \nabla\psi \cdot \nabla\psi \, d^3x - \int_V g\psi \, d^3x \tag{1.63}$$

wobei $\psi(\mathbf{x})$ innerhalb eines gegebenen Volumens V und auf seiner Oberfläche S (die aus mehreren getrennten Flächen bestehen kann) eine physikalisch sinnvolle Funktion ist und $g(\mathbf{x})$ eine „Quellen"-Funktion darstellt, die in V keine Singularitäten besitzt. Wir untersuchen nun, wie sich das Funktional in erster Näherung bei dem Übergang $\psi \to \psi + \delta\psi$ ändert, wenn $\delta\psi(\mathbf{x})$ eine infinitesimale Änderung innerhalb von V ist. Die Differenz $\delta I = I[\psi + \delta\psi] - I[\psi]$ ist dann gegeben durch

$$\delta I = \int_V \nabla\psi \cdot \nabla(\delta\psi) \, d^3x - \int_V g\delta\psi \, d^3x + \cdots \tag{1.64}$$

Der vernachlässigte Anteil ist positiv-semidefinit und von zweiter Ordnung in $\delta\psi$. Aus der ersten Greenschen Identität (1.34) mit $\psi = \psi$ und $\phi = \delta\psi$ erhalten wir:

$$\delta I = \int_V [-\nabla^2\psi - g] \, \delta\psi \, d^3x + \oint_S \delta\psi \frac{\partial\psi}{\partial n} \, da \tag{1.65}$$

Unter der Voraussetzung, dass auf der begrenzenden Oberfläche S $\delta\psi = 0$ ist (so dass das Oberflächenintegral verschwindet), ist die Änderung von $I[\psi]$ in erster Näherung gleich Null, sofern $\psi(\mathbf{x})$ der Bedingung

$$\nabla^2\psi = -g \tag{1.66}$$

genügt. Da der in (1.64) vernachlässigte Anteil positiv-semidefinit ist, folgt, dass $I[\psi]$ ein stationäres Minimum darstellt, wenn ψ im Volumen V einer Differentialgleichung vom Poisson'schen Typ genügt und die Änderungen $\delta\psi$ auf der Randfläche verschwinden. Für $\psi \to \Phi$ und $g \to \rho/\epsilon_0$ liefert die Minimierung des Funktionals die „Bewegungsgleichung" für das elektrostatische Potential bei Anwesenheit einer Ladungsdichte und Dirichlet'schen Randbedingungen (Φ auf S gegeben, so dass dort $\delta\Phi = 0$ ist).

Die Herleitung der Poisson'schen Differentialgleichung aus den Variationsfunktional stellt die mathematisch-formale Seite dar. Nicht weniger wichtig ist der praktische Gesichtspunkt, dass durch die stationäre Eigenschaft des Extremums von $I[\psi]$ eine Näherungslösung für $\psi(\mathbf{x})$ ermöglicht wird. Wir wählen eine flexible „Versuchs“-Funktion $\psi(\mathbf{x}) = A\Psi(\mathbf{x}, \alpha, \beta, \ldots)$, die von einer Normierungskonstanten A und einer Anzahl von Parametern $\alpha, \beta, \ldots$ abhängt und so konstruiert werden muss, dass sie den gegebenen Randbedingungen auf der Oberfläche S genügt. Die Funktion Ψ kann sich aus einer Summe von Ausdrücken mit den Parametern als Koeffizienten zusammensetzen oder eine einzige Funktion mehrerer Parameter sein. Sie sollte im Hinblick auf die zu erwartende Form der Lösung gewählt werden. (Hier kommt es auf Intuition an!) Die Berechnung von $I[\psi]$ ergibt die Funktion $I(A, \alpha, \beta, \ldots)$. Anschließend variiert man die Parameter, um das Extremum von $I(A, \alpha, \beta, \ldots)$ (hier ein Minimum) zu finden. Mit den optimierten Parametern ergibt sich aus der Versuchsfunktion – für die einmal gewählte Funktionsform – die bestmögliche Näherung für die tatsächliche Lösung. Im Falle der Laplace'schen Gleichung wird die Normierungskonstante durch die Dirichlet'schen Randwerte von ψ bestimmt. Für die Poisson'sche Gleichung ergibt sie sich, ebenso wie die Randwerte auf S, aus der Quellstärke $g(\mathbf{x})$.

Bei Neumann'schen Randbedingungen braucht man ein anderes Funktional. Die Randbedingungen für ψ seien gegeben durch $\partial\psi/\partial n|_S = f(\mathbf{s})$, wobei $\mathbf{s}$ auf einen Punkt der Randfläche S zeigt. Das geeignete Funktional ist dann

$$I[\psi] = \frac{1}{2}\int_V \nabla\psi \cdot \nabla\psi \, d^3x - \int_V g\psi \, d^3x - \oint_S f\psi \, da \tag{1.67}$$

Die gleichen Schritte wie oben führen für $\psi \to \psi + \delta\psi$ zu der folgenden Differenz erster Ordnung:

$$\delta I = \int_V [-\nabla^2\psi - g]\,\delta\psi \, d^3x + \oint_S \left(\frac{\partial\psi}{\partial n} - f(\mathbf{s})\right)\delta\psi \, da \tag{1.68}$$

Die Forderung, dass δI unabhängig von $\delta\psi$ verschwinden soll, bedeutet:

$$\nabla^2\psi = -g \text{ innerhalb von } V \quad \text{und} \quad \frac{\partial\psi}{\partial n} = f(\mathbf{s}) \text{ auf } S \tag{1.69}$$

Wiederum stellt das Funktional ein stationäres Minimum dar, wenn ψ die Bedingung (1.69) erfüllt. Näherungslösungen können – genauso, wie oben für Dirichlet'sche Randbedingungen beschrieben – mithilfe von Versuchsfunktionen gefunden werden.

Als einfache Anwendung zur Poisson'schen Gleichung betrachte man das zweidimensionale Problem eines um die z-Achse zentrierten hohlen Kreiszylinders vom Radius Eins mit einer inneren, azimutalsymmetrischen und von z unabhängigen Quelldichte $g(\mathbf{x}) = g(\rho)$. Das Potential verschwindet für $\rho = 1$. Für ψ (eine nur von ρ abhängige Funktion) ergibt sich als „Bewegungsgleichung“ in Polarkoordinaten:

$$\frac{1}{\rho}\frac{\partial}{\partial\rho}\left(\rho\frac{\partial\psi}{\partial\rho}\right) = -g(\rho) \tag{1.70}$$

Als Versuchsfunktionen betrachten wir Polynome nicht zu hohen Grades in $(1-\rho)$ und in ρ. Eine dreiparametrige Funktion des ersten Typs ist

$$\Psi_1 = \alpha_1(1-\rho) + \beta_1(1-\rho)^2 + \gamma_1(1-\rho)^3 \tag{1.71}$$

Diese Wahl mag zwar naheliegend erscheinen, weil sie automatisch die Randbedingung bei $\rho = 1$ erfüllt. Sie hat aber den Nachteil, dass sie eine weniger genaue Darstellung von ψ liefert als Polynome in ρ. Der Grund dafür ist darin zu suchen, dass nach dem Gauß'schen Satz, wenn die Quelldichte g im Ursprung einen endlichen Wert hat, ψ dort ein Maximum oder Minimum, also die Steigung Null haben muss. Die beiden Forderungen an ψ, sowohl im Ursprung als auch bei $\rho = 1$, werden von dem dreiparametrigen Versuchspolynom

$$\Psi_2 = \alpha\rho^2 + \beta\rho^3 + \gamma\rho^4 - (\alpha + \beta + \gamma) \tag{1.72}$$

erfüllt. Man darf erwarten, dass diese Versuchsfunktion im allgemeinen eine bessere Näherung für g darstellt als die Funktion Ψ_1 mit derselben Anzahl von Variationsparametern. [Natürlich könnten wir an (1.71) zusätzlich die Forderung $\alpha_1 + 2\beta_1 + 3\gamma_1 = 0$ stellen, um das richtige Verhalten im Ursprung zu erzwingen; aber damit würde die Anzahl der Parameter von 3 auf 2 reduziert werden.]

Das Funktionalintegral für Ψ_2 ergibt sich zu

$$\frac{1}{2\pi} I[\Psi_2] = \left[\frac{1}{2}\alpha^2 + \frac{6}{5}\alpha\beta + \frac{4}{3}\alpha\gamma + \frac{3}{4}\beta^2 + \frac{12}{7}\beta\gamma + \gamma^2\right] - [e_2\alpha + e_3\beta + e_4\gamma] \tag{1.73}$$

wobei $e_n = \int_0^1 g(\rho)(\rho^n - 1)\,\rho\,d\rho$ ist.

Für Ψ_1 hat das Funktionalintegral die gleiche Form wie (1.73), aber andere Koeffizienten. Wie oben beschrieben, suchen wir von (1.73) ein Extremum auf, indem wir die partiellen Ableitungen nach den Parametern α, β und γ gleich Null setzen. Aus dem resultierenden linearen Gleichungssystem ergeben sich die „Optimalwerte"

$$\begin{aligned} \alpha &= 225e_2 - 420e_3 + 210e_4 \\ \beta &= -420e_2 + \frac{2450}{3}e_3 - 420e_4 \\ \gamma &= 210e_2 - 420e_3 + \frac{441}{2}e_4 \end{aligned} \tag{1.74}$$

Diese Werte kann man in (1.73) einsetzen, um $I[\Psi_2]_{min}$ als Funktion der e_n zu erhalten. Aber diese Funktion ist nicht sehr aussagekräftig. Man würde nur erkennen, dass der „kinetische" (erste) Klammerausdruck den halben Wert des zweiten, „potentiellen" Klammerausdrucks hat und das umgekehrte Vorzeichen aufweist – ein Charakteristikum des Extremums.

Um konkret zu werden, müssen wir jetzt noch $g(\rho)$ spezifizieren. Als Beispiel wählen wir die Quelldichte

$$g(\rho) = -5(1-\rho) + 10^4\rho^5(1-\rho)^5 \tag{1.75}$$

Die entsprechenden Ergebnisse für die optimalen Versuchsfunktionen Ψ_1 und Ψ_2 zeigt Abb. 1.9. Die im Prinzip beliebige Quelldichte wurde so gewählt, dass sie ein nicht völlig strukturloses Potential ergibt. Die „optimalen" Parameter für Ψ_2 sind $\alpha = 2{,}915$, $\beta = -7{,}031$ und $\gamma = 3{,}642$. Das Variationsintegral hat den Wert $I[\Psi_2]_{min} = -1{,}5817$, was zu vergleichen ist mit dem exakten Wert $I[\psi]_{exakt} = -1{,}6017$. Der relative Fehler beträgt 1,3 %.

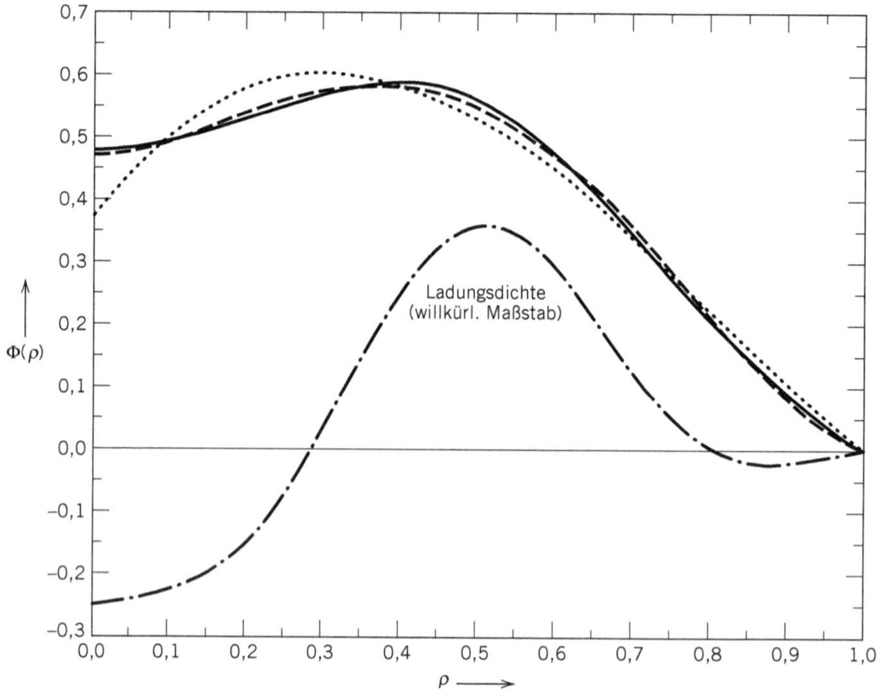

Abb. 1.9 Vergleich der exakten Lösung $\psi(\varrho)$ (durchgezogene Kurve) mit zwei Variationsnäherungen für das Potential, ψ_1 (punktierte Kurve) und ψ_2 (gestrichelte Kurve). Die Ladungsdichte (1.75) ist in willkürlichem Maßstab wiedergegeben (strichpunktierte Kurve).

Man beachte, dass die Versuchsfunktion Ψ_1 für $\rho < 0{,}3$ eine ziemlich schlechte Näherung darstellt, weil bei ihr nicht berücksichtigt wurde, dass die Steigung bei $\rho = 0$ verschwinden muss. Dennoch liefert sie mit $I[\Psi_1]_{min} = -1{,}5136$ ein Resultat, das kaum schlechter (mit einem relativen Fehler von 5,5 %) ausfällt als das Ergebnis für Ψ_2. In der Unempfindlichkeit von $I[\psi]$ gegenüber der Wahl der Versuchsfunktion liegt eine Stärke, aber auch eine Schwäche der Variationsmethode. Sie bewährt sich prinzipiell bei der Bestimmung von Eigenwerten, die mit dem Wert von $I[\Psi]$ verknüpft sind. Wenn es dagegen um eine Näherungslösung für $\psi \approx \Psi$ geht, kann sie – zumindest in Teilbereichen des Konfigurationsraumes – grob versagen.

Aus Gl. (1.70) erkennt man, dass eine Quelldichte in Form eines Polynoms zu einem exakten Lösungspolynom für ψ führt; uns ging es aber in erster Linie um die Variationsmethode selbst und nicht darum, eine ganze Klasse expliziter Lösungen aufzuzeigen. Weitere Beispiele bringen wir in den Aufgaben am Ende dieses Kapitels und späterer Kapitel.

1.13 Relaxationsmethode zur Lösung zweidimensionaler Probleme der Elektrostatik

Die Relaxationsmethode (gelegentlich auch „iterative Methode finiter Differenzen“ genannt) ist ein iteratives Verfahren zur Lösung der Laplace'schen oder Poisson'schen Gleichung in zwei Dimensionen. Wir stellen hier nur das Prinzip dieses Verfahrens und seinen Zusammenhang mit der Variationsmethode dar. Zunächst betrachten wir die Laplace'sche Gleichung bei Dirichlet'schen Randbedingungen in einem zweidimensionalen Bereich S mit der Berandungskurve C. Wir denken uns den Bereich S von einem quadratischen Gitter mit dem Gitterabstand h überzogen (und die Randkurve C angenähert durch eine Treppenkurve, die die Gitterstellen entlang C miteinander verbindet). Die Gitterstellen bezeichnen wir mit Paaren ganzer Zahlen (i, j), die hier die Rolle der unabhängigen Variablen spielen. Die abhängigen Variablen sind die Versuchswerte $\psi(i, j)$ für das Potential an jeder Gitterstelle. Die Potentialwerte an den Randstellen seien vorgegeben.

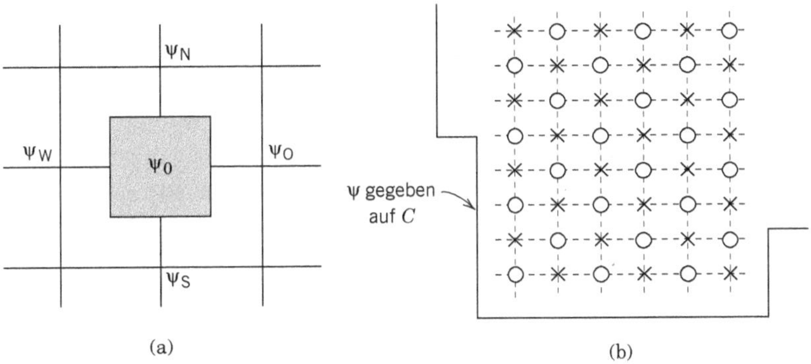

Abb. 1.10 Vergrößerung eines Teilbereichs der Fläche S, über die das Funktionalintegral zu erstrecken ist (schattierte Fläche). Die Versuchswerte für das Potential an den Nachbarstellen sind mit ψ_N, ψ_S, ψ_O und ψ_W bezeichnet, während ψ_0 der Wert des Potentials im Mittelpunkt des Teilbereichs ist. (b) Eines der möglichen Iterationsverfahren besteht darin, die Versuchswerte an den Gitterstellen (○) durch das Mittel der Werte an den benachbarten Stellen (×) zu ersetzen.

Um den Zusammenhang mit dem Variationsverfahren herzustellen und ein Iterationsschema zu konstruieren, denken wir uns das Funktionalintegral $I[\psi]$ über S, wie in Abb. 1.10(a) angedeutet, als Summe über kleine Bereiche der Fläche h^2. Wir betrachten die Versuchswerte für das Potential an benachbarten Punkten als feste Größen, während der Wert im Mittelpunkt eines jeden Teilbereichs die Variationsgröße darstellt, die es zu optimieren gilt. Der Gitterabstand soll so klein sein, dass wir die Ableitungen zum Beispiel im ersten Quadranten, dem „Nord-Ost“-Quadranten, approximieren können durch

$$\left(\frac{\partial \psi}{\partial x}\right)_{NO} = \frac{1}{h}(\psi_O - \psi_0); \quad \left(\frac{\partial \psi}{\partial y}\right)_{NO} = \frac{1}{h}(\psi_N - \psi_0)$$

und entsprechend in den anderen drei Quadranten. Das Funktionalintegral für den „Nord-Ost"-Quadranten ergibt sich dann zu

$$I_{NO} = \frac{1}{2}\int_0^{h/2} dx \int_0^{h/2} dy \left[\left(\frac{\partial\psi}{\partial x}\right)^2 + \left(\frac{\partial\psi}{\partial y}\right)^2\right]$$
$$\approx \frac{1}{8}[(\psi_0 - \psi_N)^2 + (\psi_0 - \psi_O)^2] \tag{1.76}$$

Für das Integral über den gesamten (schattierten) Teilbereich erhalten wir:

$$I \approx \frac{1}{4}[(\psi_0 - \psi_N)^2 + (\psi_0 - \psi_O)^2 + (\psi_0 - \psi_S)^2 + (\psi_0 - \psi_W)^2] \tag{1.77}$$

Durch Minimieren des Integrals bezüglich ψ_0 ergibt sich der Optimalwert

$$(\psi_0)_{\text{optimal}} = \frac{1}{4}(\psi_N + \psi_O + \psi_S + \psi_W) \tag{1.78}$$

Das Integral erreicht also sein Minimum, wenn ψ_0 gleich dem Mittelwert der Werte an den „Kreuz"-Punkten ist.[8]

Betrachten wir nun das gesamte Funktionalintegral, also die Summe der Integrale sämtlicher Teilbereiche. Wir beginnen mit geschätzten Näherungswerten für die $\psi(i,j)$ und bestimmen das Integral $I[\psi]$ in erster Näherung durch die Summe von Ausdrücken der Form (1.77). Dann ersetzen wir, über das ganze Gitter hinweg, die Hälfte der Werte, die zu den in Abb. 1.10(b) durch einen Kreis markierten Stellen gehören, durch das Mittel der Werte an den benachbarten „Kreuz"-Punkten. Der neue Satz von Versuchswerten $\psi(i,j)$ bringt $I[\psi]$ dem gesuchten Minimum und damit der exakten Lösung näher als die ursprünglichen Werte. Tatsächlich braucht man die Mittelwertbildung nicht auf die Hälfte der Gitterpunkte einzuschränken; dies geschah hier nur, um die in Abb. 1.10(a) angedeutete Prozedur einfach zu wiederholen.

Es lassen sich viele Verbesserungen vornehmen. Entscheidend ist dabei die Art der Mittelwertbildung. Anstelle der „Kreuz"-Werte hätten wir auch die „Eck"-Werte des großen Quadrats in Abb. 1.10(a) mitteln können oder auch eine gewichtete Linearkombination aus beiden Mittelwerten bilden können. Ein spezielles gewichtetes Mittel für eine Funktion $F(x,y)$ ist das Folgende (vgl. Übg. 1.22):

$$\langle\langle F(x,y)\rangle\rangle = \frac{4}{5}\langle F\rangle_K + \frac{1}{5}\langle F\rangle_Q \tag{1.79}$$

mit dem „Kreuz"- bzw. „Quadrat"-Mittel

$$\langle F(x,y)\rangle_K = \frac{1}{4}[F(x+h,y) + F(x,y+h)$$
$$+ F(x-h,y) + F(x,y-h)] \tag{1.80a}$$

[8] Die Formel (1.78) heißt auch *Fünf-Punkte-Formel*, weil sie die Potentiale an den fünf Punkten der Abb. 1.10(a) miteinander verknüpft. Den mathematischen Hintergrund der Formel (1.78) und auch der Formel (1.79) bilden die Mittelwertsätze der Potentialtheorie. Vgl. hierzu das Buch von *Lehner* (Kap. 8) (Anm. des Übersetzers).

und

$$\langle F(x,y)\rangle_Q = \frac{1}{4}[F(x+h,y+h) + F(x+h,y-h) + F(x-h,y+h) + F(x-h,y-h)] \tag{1.80b}$$

Falls $F(x,y)$ hinreichend oft differenzierbar ist, lässt sich durch Taylor-Entwicklung zeigen, dass das gewichtete Mittel (1.79) zu

$$\langle\langle F(x,y)\rangle\rangle = F(x,y) + \frac{3}{10}h^2\nabla^2 F + \frac{1}{40}h^4\nabla^2(\nabla^2 F) + O(h^6) \tag{1.81}$$

führt. Hierbei sind die Laplace-Operatoren, angewandt auf F, auszuwerten an der Stelle (x,y). Wenn die Funktion $F(x,y)$ eine Lösung der Laplace'schen Gleichung ist, liefert das gewichtete Mittel der Werte an den acht benachbarten Gitterstellen nach (1.79) den Wert von F im Mittelpunkt, und zwar bis auf Korrekturen der Größenordnung h^6. Ein besseres Iterationsverfahren verwendet anstelle von (1.78), was zu (1.80a) äquivalent ist, $\psi_{neu}(i,j) = \langle\langle\psi(i,j)\rangle\rangle + O(h^6)$. Für das „Kreuz"- oder das „Quadrat"-Mittel beläuft sich der Fehler jeweils auf $O(h^4)$. Dem Gewinn an Genauigkeit bei Verwendung von $\langle\langle\psi\rangle\rangle$ steht ein verdoppelter Rechenaufwand an jeder Gitterstelle gegenüber; für gleiche Genauigkeit benötigt man jedoch wesentlich weniger Gitterpunkte: $\langle\langle N\rangle\rangle = O(\langle N\rangle^{2/3})$, wobei $\langle\langle N\rangle\rangle$ die Zahl der Gitterstellen ist, die für $\langle\langle\psi\rangle\rangle$ gebraucht werden, während $\langle N\rangle$ die Anzahl der Gitterstellen bei „Kreuz"- oder „Quadrat"-Mittelung bezeichnet.

Bei Rechnungen mit der Poisson'schen Gleichung $\nabla^2\psi = -g$ hat (1.81) einen weiteren Vorteil. Die Terme der Ordnung h^2 und h^4 lassen sich unmittelbar durch die gegebene Ladungsdichte bzw. durch die einfachste Näherung für den auf sie angewandten Laplace-Operator ausdrücken. Der neue Wert der Versuchsfunktion am Gitterpunkt (i,j) ergibt sich zu

$$\psi_{neu}(i,j) = \langle\langle\psi(i,j)\rangle\rangle + \frac{h^2}{5}g(i,j) + \frac{h^2}{10}\langle g(i,j)\rangle_K + O(h^6) \tag{1.82}$$

wobei $\langle g\rangle_K$ das „Kreuz"-Mittel von g gemäß (1.80a) bedeutet.

Die iterative numerische Lösung der zweidimensionalen Laplace'schen oder Poisson'schen Gleichung bei Dirichlet'schen Randbedingungen erfordert grundsätzlich folgende Schritte:

1. Man wählt einen Gitterabstand h und bezeichnet die Gitterstellen – einschließlich derjenigen auf der Randkurve – nach Belieben [hier (i,j)].
2. Die Werte des Potentials an den Randstellen werden in eine Tabelle eingetragen, die auch die anderen Potentialwerte enthält (vgl. Schritt 3).
3. Die Werte des Potentials an den inneren Gitterpunkten – wir bezeichnen sie mit $\Phi_{alt}(i,j)$ – werden geschätzt. Am einfachsten ist es, für alle Punkte denselben Wert zu wählen. Diese Werte werden ebenfalls in die Tabelle eingetragen, und zwar in einer Spalte „Startwerte".
4. Im ersten Iterationsschritt werden die Gitterpunkte systematisch, eine nach der anderen, durchlaufen und nach (1.79) oder nach einer der Formeln (1.80) die $\langle\langle\Phi(i,j)\rangle\rangle$ berechnet. Diese Werte [oder, im Fall der Poisson'schen Gleichung, die nach (1.82) berechneten Werte] werden als $\Phi_{neu}(i,j)$ in eine Tabelle „neuer"

Potentialwerte an jedem Gitterpunkt eingetragen. Man beachte, dass die Gitterpunkte in der Nähe der Randkurve von den gegebenen Randwerten profitieren, sodass ihre $\langle\langle\Phi\rangle\rangle$-Werte tendenziell sofort näher an den endgültigen Werten liegen, als es bei den inneren Punkten der Fall ist. Mit jedem Iterationsschritt breitet sich die Genauigkeit vom Rand her ins Innere weiter aus.

5. Wenn alle Gitterstellen bearbeitet sind, werden die Werte $\Phi_{alt}(i, j)$ durch einen Satz neuer Werte $\Phi_{neu}(i, j)$ ersetzt und der nächste Iterationsschritt kann beginnen.
6. Die Iteration wird fortgesetzt, bis der gewünschte Genauigkeitsgrad erreicht ist – also bis zum Beispiel die Differenz zwischen alten und neuen Werten an jeder Stelle im Innern dem Betrag nach kleiner als eine vorgegebene kleine Zahl ist.

Die hier beschriebene Verfahrensweise trägt den Namen *Jacobi-Iteration*. Man braucht für die Werte an den Gitterstellen pro Iterationsschritt zwei Potentialtabellen. Eine einfache Änderung führt zu einem verbesserten Schema, der *Gauß-Seidel-Iteration*: man ersetzt $\Phi_{alt}(i, j)$ durch $\Phi_{neu}(i, j)$, sobald dieser neue Wert berechnet ist. Damit profitiert man noch während des Iterationsschrittes von den verbesserten Werten. $\langle\langle\Phi\rangle\rangle$ wird sich an jedem Gitterpunkt, je nach dem gewählten Weg über das Gitter, typischerweise je zur Hälfte aus alten und aus neuen Werten zusammensetzen. Es gibt viele andere Verbesserungsmöglichkeiten. Sie werden z. B. beschrieben in dem Buch von *Press et al.* („*Numerical Recipes*") oder in der am Ende dieses Kapitels angegebenen Literatur. Die Relaxationsmethode lässt sich auch, wie in Abschnitt 5.14 kurz skizziert, zur Berechnung magnetischer Felder verwenden.

Literaturhinweise

Eine mathematisch einfache, aber strenge Behandlung der Delta-Funktion enthalten die Bücher von
- Lighthill
- Dennery und Krzywicki.

Die funktionalanalytischen Aspekte der Delta-Funktion behandeln z. B.
- *Schwartz
- *Constantinescu.

Für das Studium partieller Differentialgleichungen mit verschiedenen Randbedingungen empfehlen wir
- Courant und Hilbert, Bd. II, Kap. III–VI
- Morse und Feshbach, Kap. 6
- *Smirnow, Teil II
- Sommerfeld, *Partielle Differentialgleichungen der Physik*
- *Tychonov und Samarski.

Die allgemeine Theorie Green'scher Funktionen wird eingehend behandelt bei
- Friedman, Kap. 3
- Morse und Feshbach, Kap. 7.

Ausführlichere Darstellungen der allgemeinen Theorie der Elektrostatik enthalten die meisten älteren Lehrbücher. Erwähnenswert unter ihnen sind
- Maxwell, Bd. 1, Kap. II und IV
- Jeans, Kap. II, VI und VII

– Kellogg.
Von den neueren Lehrbüchern, die die allgemeine Theorie der Elektrostatik behandeln, seien erwähnt
– *Simonyi, Kap. 1 und 2
– Stratton, Kap. III und Teile von Kap. II.

Leser, die sich für Variationsverfahren zur Lösung elektromagnetischer Probleme interessieren, verweisen wir auf
– Cairo und Kahan
– Collin, Kap. 4
– *Lehner, Kap. 8
– Sadiku, Kap. 4
und insbesondere auf
– Polya und Szegö
für elegante und leistungsfähige mathematische Verfahren.

Klassische Literaturangaben zu Relaxationsmethoden sind die beiden Bücher von R. V. Southwell:
– *Relaxation Methods in Engineering Science*. Oxford: Oxford University Press 1940.
– *Relaxation Methods in Theoretical Physics*. Oxford: Oxford University Press 1946.
Physiker werden eher zu dem zweiten Buch tendieren, aber auch das erste enthält sehr viel Grundlegendes. Moderne Abhandlungen zu Relaxations- und anderen numerischen Methoden sind die von
– Sadiku
– Zhou.

Übungen

1.1 Mithilfe des Gauß'schen Gesetzes [und eventuell der Gl. (1.21)] beweise man:

(a) Jeder auf einen Leiter gebrachte Ladungsüberschuss verteilt sich vollständig auf dessen Oberfläche. (Ein Leiter enthält definitionsgemäß Ladungen, die sich unter Wirkung eines angelegten elektrischen Feldes frei bewegen können.)

(b) Ein geschlossener, hohler Leiter schirmt sein Inneres gegen Felder ab, die von Ladungen außerhalb des Leiters herrühren, nicht aber sein Äußeres gegen Felder von Ladungen in seinem Innern.

(c) Das elektrische Feld an der Oberfläche eines Leiters steht senkrecht auf ihr und hat den Betrag σ/ϵ_0, wenn σ die Ladungsdichte pro Flächeneinheit ist.

1.2 Die Dirac'sche Delta-Funktion in drei Dimensionen kann, nach Abschnitt 2 dieses Kapitels, durch die Folge der Gauß-Funktionen

$$D(n; x, y, z) = n^3 \exp[-\pi n^2 (x^2 + y^2 + z^2)] \quad \text{für} \quad n \to \infty$$

realisiert werden. Man betrachte ein allgemeines orthogonales Koordinatensystem, das durch die Flächen $u = \text{const.}$, $v = \text{const.}$ und $w = \text{const.}$ und durch die zueinander orthogonalen Linienelemente du/U, dv/V und dw/W gekennzeichnet ist. Unter Verwendung des an obigen Gauß-Funktionen vorzunehmenden Grenzprozesses zeige man, dass

$$\delta(\mathbf{x} - \mathbf{x}') = \delta(u - u')\,\delta(v - v')\,\delta(w - w') \cdot UVW$$

Man beachte, dass man in der Grenze $n \to \infty$ im Exponenten nur infinitesimal kleine Abstände zwischen zwei Punkten zu betrachten braucht.

1.3 Mithilfe der Dirac'schen Delta-Funktion in geeigneten Koordinaten drücke man die folgenden Ladungsverteilungen als räumliche Ladungsdichten $\rho(\mathbf{x})$ aus.

(a) Eine über eine Kugelschale vom Radius R gleichmäßig verteilte Ladung Q in Kugelkoordinaten.

(b) Eine über die Oberfläche eines Zylinders vom Radius b verteilte Ladung λ (pro Längeneinheit) in Zylinderkoordinaten.

(c) Die über eine flache, infinitesimal dünne Kreisscheibe vom Radius R gleichmäßig verteilte Ladung Q in Zylinderkoordinaten.

(d) Das gleiche wie in (c), jedoch unter Verwendung von Kugelkoordinaten.

1.4 Gegeben seien drei geladene Kugeln vom Radius a mit der jeweiligen Gesamtladung Q. Die erste von ihnen sei leitend, die zweite enthalte eine über ihr Volumen homogen verteilte Ladungsdichte und die dritte eine kugelsymmetrische Ladungsdichte, die in radialer Richtung wie r^n ($n > -3$) variiert. Mithilfe des Gauß'schen Gesetzes bestimme man die elektrischen Felder innerhalb und außerhalb dieser Kugeln. Ferner skizziere man die Radialabhängigkeit der Felder für die ersten beiden Kugeln und für die dritte im Falle von $n = -2, +2$.

1.5 Das Potential eines neutralen Wasserstoffatoms ist im zeitlichen Mittel durch

$$\Phi = \frac{q}{4\pi\epsilon_0} \frac{e^{-\alpha r}}{r} \left(1 + \frac{\alpha r}{2}\right)$$

gegeben, wobei q der Betrag der Elektronenladung und $\alpha^{-1} = a_0/2$ der durch 2 dividierte Bohr'sche Radius ist. Man bestimme die (kontinuierliche wie auch diskrete) Ladungsverteilung, die dieses Potential erzeugt, und interpretiere das Ergebnis physikalisch.

1.6 Ein einfacher Kondensator besteht aus zwei zueinander parallelen Leitern, die durch einen Isolator voneinander getrennt sind. Bringt man auf die Leiter entgegengesetzt gleiche Ladungen, so stellt sich zwischen den Leitern eine bestimmte Potentialdifferenz ein. Der Quotient aus dem Betrag der Ladung auf dem einen Leiter und dem Betrag der Potentialdifferenz wird Kapazität genannt (und bei Verwendung von SI-Einheiten in Farad gemessen). Mithilfe des Gauß'schen Gesetzes berechne man die Kapazität

(a) von zwei großen leitenden Platten der Fläche A, die durch einen kleinen Abstand d voneinander getrennt sind;

(b) von zwei konzentrischen leitenden Kugeln mit den Radien a, b ($b > a$);

(c) von zwei konzentrischen leitenden Zylindern der Länge L, die im Vergleich zu den Zylinderradien a bzw. b ($b > a$) groß sei.

(d) Welchen inneren Durchmesser hat der äußere Leiter eines lufterfüllten Koaxialkabels, dessen Innenleiter ein kreiszylindrischer Draht von 1 mm Durchmesser mit der Kapazität 3×10^{-11} F/m bzw. 3×10^{-12} F/m ist?

1.7 Zwei lange, kreiszylindrische Leiter mit den Radien a_1 bzw. a_2 seien parallel im Abstand d zueinander angeordnet. Der genannte Abstand zwischen den Drähten sei im Vergleich zu ihren beiden Radien groß. Man zeige, dass die Kapazität dieses Systems näherungsweise durch

$$C \simeq \pi\epsilon_0 \left(\ln \frac{d}{a}\right)^{-1}$$

gegeben ist, wenn a das geometrische Mittel der beiden Radien ist.

Welchen Durchmesser (in mm) müssen zwei Drähte haben, um aus ihnen eine Doppelleitung der Kapazität $1{,}2 \times 10^{-11}$ F/m herstellen zu können, wenn der Abstand der Drähte 0,5 cm (1,5 cm, 5,0 cm) betragen soll?

1.8 **(a)** Für die drei in Übg. 1.6 beschriebenen Kondensatoren berechne man die gesamte elektrostatische Energie und drücke sie alternativ durch die auf den Leitern sitzenden Ladungen Q bzw. $-Q$ aus *und* durch die zwischen ihnen herrschende Potentialdifferenz.

(b) Man skizziere die Energiedichte des elektrostatischen Feldes als Funktion einer jeweils geeigneten Abstandskoordinate.

1.9 Man berechne die anziehende Kraft zwischen den Leitern eines Plattenkondensators (Übg. 1.6a) und eines Zylinderkondensators (Übg. 1.7), wenn

(a) die Ladungen auf den Leitern festgehalten werden;

(b) die Potentialdifferenz zwischen den Leitern festgehalten wird.

1.10 Man beweise den folgenden *Mittelwertsatz der Potentialtheorie*:
Im ladungsfreien Raum ist der Wert des elektrostatischen Potentials an jedem Punkt gleich dem Mittelwert des Potentials auf der Oberfläche einer *beliebigen* Kugel um diesen Punkt.

1.11 Unter Verwendung des Gauß'schen Gesetzes zeige man, dass auf der Oberfläche eines gekrümmten, geladenen Leiters die Ableitung des elektrischen Feldes in Normalenrichtung durch

$$\frac{1}{E}\frac{\partial E}{\partial n} = -\left(\frac{1}{R_1} + \frac{1}{R_2}\right)$$

gegeben ist, wenn R_1 und R_2 die Hauptkrümmungsradien der Leiteroberfläche sind.

1.12 Man beweise den *Green'schen Reziprozitätssatz*: Ist Φ das Potential, das von einer Raumladungsdichte ρ innerhalb eines Volumens V und von einer Flächenladungsdichte σ auf der das Volumen V begrenzenden Fläche S herrührt, und bedeutet Φ' ein anderes, aus den Ladungsverteilungen ρ' und σ' resultierendes Potential, dann gilt:

$$\int_V \rho\Phi' d^3x + \int_S \sigma\Phi' da = \int_V \rho'\Phi d^3x + \int_S \sigma'\Phi da$$

1.13 Zwei unendlich ausgedehnte und zueinander parallele, leitende Ebenen seien durch den Abstand d voneinander getrennt. Zwischen ihnen befinde sich eine Punktladung q. Mithilfe des Green'schen Reziprozitätssatzes zeige man, dass die Ladung, die auf einer der beiden Ebenen insgesamt induziert wird, gleich $-q$ ist, multipliziert mit dem Bruchteil von d, um den die Punktladung von der anderen Ebene entfernt ist.

Hinweis: Zum Vergleich wähle man ein elektrostatisches Problem mit denselben Flächen, wobei aber die Ladungsdichte und das Potential auf einer der beiden Flächen bekannt und einfach sind.

1.14 Man betrachte die in Abschnitt 1.10 eingeführten Green'schen Funktionen der Elektrostatik für Dirichlets'che oder Neumann'sche Randbedingungen auf der Begrenzungsfläche S des Volumens V. Auf diese Funktionen wende man den Green'schen Satz (1.35) an, und zwar mit $\mathbf{y}$ als Integrationsvariable und den Funktionen $\phi = G(\mathbf{x}, \mathbf{y})$ und $\psi = G(\mathbf{x}', \mathbf{y})$, wobei die Gleichung

$$\nabla_{\mathbf{y}}^2 G(\mathbf{z}, \mathbf{y}) = -4\pi\delta(\mathbf{y} - \mathbf{z})$$

zu beachten ist. Die Differenz $G(\mathbf{x}, \mathbf{y}) - G(\mathbf{x}', \mathbf{y})$ drücke man durch ein Integral über die Begrenzungsfläche S aus.

(a) Für Dirichlet'sche Randbedingungen des Potentials, zusammen mit der zugehörigen Randbedingung der Green'schen Funktion, zeige man, dass $G_D(\mathbf{x}, \mathbf{x}')$ symmetrisch in $\mathbf{x}$ und $\mathbf{x}'$ sein muss.

(b) Für Neumann'sche Randbedingungen benutze man die Randbedingung (1.45) für $G_N(\mathbf{x}, \mathbf{x}')$, um zu zeigen, dass $G_N(\mathbf{x}, \mathbf{x}')$ selbst im Allgemeinen *nicht* symmetrisch in $\mathbf{x}$ und $\mathbf{x}'$ ist, während die Differenz $G_N(\mathbf{x}, \mathbf{x}') - F(\mathbf{x})$ tatsächlich symmetrisch *ist*, wenn $F(\mathbf{x})$ definiert ist durch

$$F(\mathbf{x}) = \frac{1}{S} \oint_S G_N(\mathbf{x}, \mathbf{y})\, da_y$$

(c) Ferner zeige man, dass die Addition von $-F(\mathbf{x})$ zur Green'schen Funktion das Potential $\Phi(\mathbf{x})$ nicht ändert. Vgl. hierzu die Übg. 3.26, in der ein Beispiel für eine Neumann'sche Green'sche Funktion behandelt wird.

1.15 Man beweise den folgenden *Thomson'schen Satz*:
Hält man mehrere Flächen mit jeweils vorgegebener Gesamtladung im Raum fest, so nimmt die elektrostatische Energie in dem von den Flächen begrenzten Gebiet ein absolutes Minimum an, wenn die Ladungen so verteilt sind, dass jede der Flächen – wie im Falle von Leitern – eine Äquipotentialfläche bildet.

1.16 Man beweise folgenden Satz:
Hält man mehrere leitende Flächen mit jeweils vorgegebener Gesamtladung im Raum fest, so erniedrigt sich bei Einbringen eines ungeladenen, isolierten Leiters in das von den Flächen begrenzte Gebiet die elektrostatische Energie.

1.17 Ein Volumen V im Vakuum werde von einer Fläche S begrenzt, die aus mehreren, getrennten leitenden Teilflächen S_i bestehe. Einer der Leiter werde auf dem *Einheits*potential gehalten, während alle anderen Leiter auf dem Potential Null liegen.
(a) Man zeige, dass die Kapazität des *einen* Leiters gegeben ist durch

$$C = \epsilon_0 \int_V |\nabla\Phi|^2\, d^3x$$

wobei $\Phi(\mathbf{x})$ die Lösung für das Potential ist.
(b) Man zeige, dass die tatsächliche Kapazität C stets durch die Größe

$$C[\Psi] = \epsilon_0 \int_V |\nabla\Psi|^2\, d^3x$$

nach oben beschränkt ist, wenn Ψ eine beliebige Versuchsfunktion darstellt, die den Randbedingungen auf den Leitern genügt. Dieses Variationsverfahren liefert also eine *obere Schranke* für die Kapazität.

1.18 Man betrachte die Leiteranordnung aus Übg. 1.17, wenn alle Leiter, mit Ausnahme der Fläche S_1, auf dem Potential Null gehalten werden.
(a) Man zeige, dass das Potential $\Phi(\mathbf{x})$ an einem beliebigen Punkt innerhalb des Volumens V und auf *jeder* der Flächen S_i in der Form

$$\Phi(\mathbf{x}) = \frac{1}{4\pi\epsilon_0} \oint_{S_1} \sigma_1(\mathbf{x}')\, G(\mathbf{x}, \mathbf{x}')\, da'$$

geschrieben werden kann, wenn $\sigma_1(\mathbf{x}')$ die Flächenladungsdichte auf S_1 bedeutet und $G(\mathbf{x}, \mathbf{x}')$ die Green'sche Funktion für das Potential einer Punktladung bei Anwesenheit sämtlicher, auf dem Potential Null gehaltener Flächen (aber bei Abwesenheit von S_1) ist. Ferner zeige man, dass die elektrostatische Energie gegeben ist durch

$$W = \frac{1}{8\pi\epsilon_0} \oint_{S_1} da \oint_{S_1} da'\, \sigma_1(\mathbf{x})\, G(\mathbf{x}, \mathbf{x}')\, \sigma_1(\mathbf{x}')$$

wobei die Integrale nur über die Fläche S_1 zu erstrecken sind.

(b) Man zeige, dass das *Funktional*

$$C^{-1}[\sigma] = \frac{\oint_{S_1} da \oint_{S_1} da' \, \sigma(\mathbf{x}) \, G(\mathbf{x}, \mathbf{x}') \, \sigma(\mathbf{x}')}{4\pi\epsilon_0 \left[\oint_{S_1} \sigma(\mathbf{x}) \, da \right]^2}$$

mit einer beliebigen, auf S_1 definierten, integrablen Funktion $\sigma(\mathbf{x})$ stationär gegen kleine Änderungen von σ ist, die den Betrag der Differenz zwischen σ und σ_1 vergrößern. Mithilfe des Thomson'schen Satzes weise man schließlich nach, dass das Reziproke von $C^{-1}[\sigma]$ eine *untere Schranke* für die tatsächliche Kapazität des Leiters S_1 liefert.

1.19 Für den in Übg. 1.6(c) beschriebenen Zylinderkondensator bestimme man, entsprechend Übg. 1.17(b), durch Variation die obere Schranke für die Kapazität, und zwar unter Zugrundelegung der Versuchsfunktion $\Psi_1(\rho) = (b - \rho)/(b - a)$. Das Variationsergebnis vergleiche man mit dem exakten Ergebnis für $b/a = 1{,}5$; 2; 3 und erkläre den Trend der erhaltenen Ergebnisse aus der funktionalen Abhängigkeit von Ψ_1. Eine verbesserte Versuchsfunktion wird bei *Collin*, S. 275–277 diskutiert.

1.20 Für die Abschätzung der Kapazität einer gegebenen Leiteranordnung ist es oft nützlich, sie mit bekannten Kapazitäten zu vergleichen. Man betrachte z.B. zwei Anordnungen von n Leitern, von denen $n-1$ Leiter, die alle auf dem Potential Null gehalten werden, gleich sind, während sich der eine Leiter, dessen Kapazität bestimmt werden soll, von den anderen unterscheidet. Speziell habe der Leiter in der einen Anordnung eine geschlossene Oberfläche S_1 und in der anderen eine Oberfläche S_1', die vollkommen im Innern von S_1 liege.

(a) Unter Verwendung des Extremalprinzips aus Abschnitt 1.12 und des Variationsverfahrens aus Übg. 1.17 zeige man, dass die Kapazität C' des Leiters mit der Oberfläche S_1' nicht größer ist als die Kapazität C des Leiters mit der S_1' umschließenden Oberfläche S_1.

(b) Man bestimme obere und untere Schranken für die Kapazität eines leitenden Würfels mit der Kantenlänge a und vergleiche die erhaltenen Ergebnisse und ihren Mittelwert mit dem numerischen Wert $C \simeq 0{,}655(4\pi\epsilon_0 a)$.

(c) Um wieviel wird sich die Kapazität pro Längeneinheit in dem Zwei-Drähte-System aus Übg. 1.7 schätzungsweise ändern (wird sie größer oder kleiner?), wenn man *einen* der Drähte durch einen anderen mit quadratischem Querschnitt ersetzt, wobei die Kantenlänge des Quadrats gleich dem Durchmesser des anderen Drahtes sei?

1.21 Man betrachte das folgende zweidimensionale Potentialproblem: Gegeben sei eine quadratische Einheitsfläche ($0 \leq x \leq 1$, $0 \leq y \leq 1$), die begrenzt wird von „Flächen" (in z-Richtung), die auf dem Potential Null gehalten werden. Das Quadrat sei gleichmäßig mit der Ladungsdichte Eins (pro Längeneinheit in z-Richtung) belegt. Zu untersuchen ist das Potential an einem beliebigen Punkt innerhalb des Quadrats.

(a) Man wende das Variationsprinzip (1.63) für die Poisson'sche Gleichung an und gehe von der „Variations"-Versuchsfunktion $\Psi(x, y) = A \cdot x(1 - x) \cdot y(1 - y)$, um den besten Wert für die Konstante A zu bestimmen. (In dem Begriff „Variations"-Versuchsfunktion wurden hier Anführungszeichen gesetzt, weil außer dem Gesamtfaktor A kein veränderlicher Parameter auftritt.)

(b) Die exakte Lösung des Problems (wenn auch nur in Form einer Reihe) lautet:

$$4\pi\epsilon_0 \Phi(x, y) = \frac{16}{\pi^2} \sum_{m=0}^{\infty} \frac{\sin[(2m+1)\pi x]}{(2m+1)^3} \left\{ 1 - \frac{\cosh[2m+1)\pi(y - \frac{1}{2})]}{\cosh[(2m+1)\pi/2]} \right\}$$

(vgl. Übg. 2.15 und 2.16). Für $y = 0{,}25$ und $y = 0{,}5$ stelle man das Ergebnis als Funktion von x dar und vergleiche die einfache Variationslösung aus Teil (a) mit der exakten Lösung.

1.22 Bei zweidimensionalen Relaxationsrechnungen benutzt man im Allgemeinen ein aus Quadraten bestehendes Gitter mit dem Gitterabstand bzw. der Seitenlänge $\Delta x = \Delta y = h$ und bezeichnet die Schnittpunkte der Längs- und Querseiten mit (i, j), wobei i und j ganze Zahlen sind; die Koordinaten sind dann $x_i = ih + x_0$, $y_j = jh + y_0$. Der Potentialwert im Schnitt- oder Kreuzungspunkt (i, j) kann durch den Mittelwert der Potentialwerte an den benachbarten Seiten angenähert werden (unter Ausnutzung des diesbezüglichen Satzes für harmonische Funktionen). Doch welcher Mittelwert ist der geeignetste?

(a) Wenn $F(x, y)$ eine im Ursprung hinreichend oft differenzierbare, aber nicht notwendigerweise harmonische Funktion ist, so zeige man durch explizite Taylor-Entwicklung, dass die „Kreuz"-Summe

$$S_K = F(h, 0) + F(0, h) + F(-h, 0) + F(0, -h)$$

sich ausdrücken lässt als

$$S_K = 4F(0,0) + h^2\nabla^2 F + \frac{h^4}{12}(F_{xxxx} + F_{yyyy}) + O(h^6)$$

(b) In ähnlicher Weise zeige man, dass die „Quadrat"-Summe

$$S_Q = F(h, h) + F(-h, h) + F(-h, -h) + F(h, -h)$$

sich ausdrücken lässt in der Form

$$S_Q = 4F(0,0) + 2h^2\nabla^2 F - \frac{h^4}{3}(F_{xxxx} + F_{yyyy}) + \frac{h^4}{2}\nabla^2(\nabla^2 F) + O(h^6)$$

Dabei ist F_{xxxx} die vierte partielle Ableitung von F nach x an der Stelle $x = 0$, $y = 0$, usw. Falls $\nabla^2 F = 0$ ist, liefern die Mittelwerte $S_K/4$ und $S_Q/4$ jeweils den Wert von $F(0, 0)$, und zwar korrekt bis hin zur Ordnung h^3. Ein „verbessertes" Mittel erhält man mit

$$\langle\langle F(0,0)\rangle\rangle = \frac{1}{5}\left[S_K + \frac{1}{4}S_Q\right]$$

wobei

$$\langle\langle F(0,0)\rangle\rangle = F(0,0) + \frac{3}{10}h^2\nabla^2 F + \frac{h^4}{40}\nabla^2(\nabla^2 F) + O(h^6)$$

ist. Falls wiederum $\nabla^2 F = 0$ gilt, ergibt $\langle\langle F(0,0)\rangle\rangle$ ebenfalls den Wert von $F(0, 0)$, jetzt aber bis hin zur Ordnung h^5. Im Falle der Poisson'schen Gleichung erreicht man dieselbe Genauigkeit, wenn man die Ladungsdichte und den auf sie angewandten Laplace'schen Operator niedrigster Ordnung einsetzt.

1.23 Gegeben sei folgende Doppelleitung: Ihr äußerer Leiter bestehe aus einem langen, geraden Hohlzylinder quadratischer Querschnittsfläche und in ihm befinde sich ein weiterer Leiter mit ebenfalls quadratischer Querschnittsfläche, die ein Viertel des Hohlraumquerschnitts ausmacht. Der innere Leiter sei symmetrisch zum Mittelpunkt der Querschnittsfläche des äußeren Leiters angeordnet – und zwar so, dass seine Begrenzungsflächen parallel zu den Wänden des Hohlraums verlaufen. Wenn die beiden Leiter auf verschiedenen Potentialen liegen, weisen Potential und elektrisches Feld im Zwischenraum eine achtfache Symmetrie auf. Einen Teil der Querschnittsfläche zeigt die untere Abbildung. Die hohe Effizienz der Relaxationsmethode bei der Bestimmung der Eigenschaften der beschriebenen Doppelleitung zeigen die folgenden sehr einfach durchzuführenden Rechnungen.

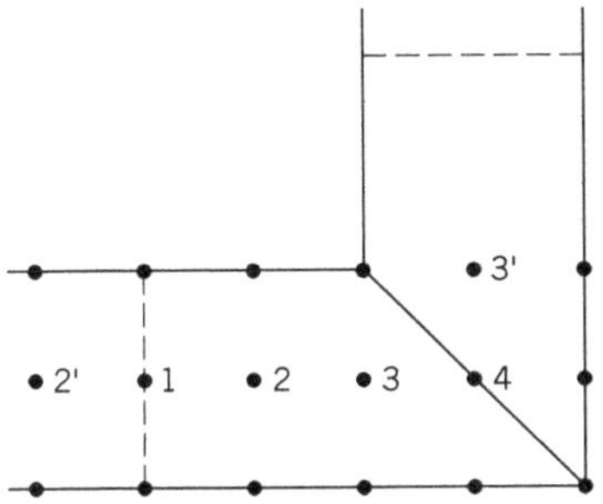

(a) Man benutze allein die in der Abbildung gezeigten vier inneren Punkte und schreibe für jeden Punkt die Relaxationsgleichung für das „Kreuz“- und das „verbesserte“ Mittel nieder (vgl. Übg. 1.22), wobei der innere Leiter auf dem Potential $\Phi = 100\,\text{V}$ liege und für den äußeren $\Phi = 0$ gelte. Man bestimme aus beiden Mittelungsverfahren Näherungswerte des Potentials in allen vier Punkten, und zwar entweder durch Iteration oder durch Lösen der zugehörigen linearen Gleichungssysteme.

(b) Mithilfe der Ergebnisse aus Teil (a) gebe man eine möglichst gute Abschätzung (oder Abschätzungen) für die auf die Längeneinheit bezogene Kapazität der Doppelleitung an.

(c) man wiederhole die Relaxationsberechnungen mit halbiertem Gitterabstand (21 innere Punkte) und vergleiche die Ergebnisse mit den vorhergehenden.

Lösung: $\Phi_1 = 48{,}87\,\text{V}$, $\Phi_2 = 47{,}18\,\text{V}$, $\Phi_3 = 38{,}34\,\text{V}$, $\Phi_4 = 19{,}81\,\text{V}$ und $C = 10{,}23\,\epsilon_0\,\text{F/m}$ (Ergebnis einer genauen numerischen Berechnung).

1.24 Man löse die zweidimensionale Poisson'sche Gleichung für das Problem aus Übg. 1.21 – Einheitsquadrat mit auf dem Rand verschwindendem Potential und der Ladungsdichte Eins im Inneren – unter Verwendung der Relaxationsmethode. Für h wähle man $h = 0{,}25$, sodass neun innere Gitterstellen existieren. Unter Ausnutzung der Symmetrie reduziere man die Anzahl der benötigten Stellen auf nur drei, nämlich (0,25; 0,25), (0,5; 0,25) und (0,5; 0,5). Mit so wenigen Gitterstellen lassen sich die Iterationen mit Schreibblock und Taschenrechner durchführen.

(a) Man verwende den „verbesserten“ Mittelwert aus Übg. 1.22 und das einfache (Jakobische) Iterationsverfahren. Man beginne mit $4\pi\epsilon_0\Phi = 1{,}0$ an allen inneren Gitterstellen. Es sind mindestens sechs, besser jedoch acht oder zehn Iterationen durchzuführen.

(b) Man wiederhole die Iteration mit den gleichen Anfangswerten, aber unter Verwendung des Gauß-Seidel-Verfahrens.

(c) Die beiden Ergebnisreihen jeder Iteration trage man als Funktion der durchgeführten Iterationsschritte auf und vergleiche sie mit den genauen Werten, nämlich $4\pi\epsilon_0\Phi(0{,}25; 0{,}25) = 0{,}5691$, $4\pi\epsilon_0\Phi(0{,}5; 0{,}25) = 0{,}7205$, $4\pi\epsilon_0\Phi(0{,}5; 0{,}5) = 0{,}9258$. Die Konvergenzgeschwindigkeit und die Endgenauigkeit sind zu kommentieren.

2 Randwertprobleme in der Elektrostatik: I

In vielen Problemen der Elektrostatik treten Randflächen auf, auf denen entweder das Potential oder die Flächenladungsdichte vorgegeben ist. Die formale Lösung solcher Probleme hatten wir, unter Verwendung der Methode der Green'schen Funktion, bereits in Kap. 1.10 angegeben. In der Praxis (und zwar selbst dann, wenn man sie stark idealisiert) ist das Auffinden der richtigen Green'schen Funktion nicht immer einfach. Man hat daher für elektrostatische Randwertprobleme eine Reihe von Lösungsmethoden entwickelt, von denen einige nur entfernt mit der Methode der Green'schen Funktion zusammenhängen. Drei dieser Verfahren sollen Gegenstand dieses Kapitels sein: (1) die Methode der Spiegelladungen, (2) die Entwicklung nach orthogonalen Funktionen, die direkt über die Differentialgleichung des betreffenden Problems verläuft und nur wenig mit der Green'schen Funktion zu tun hat, und (3) die Methode finiter Elemente (kurz „FEM" genannt), eine äußerst wichtige Methode der numerischen Mathematik. Ein nicht ganz unbedeutendes Gebiet lassen wir hier aus, nämlich die funktionentheoretischen Verfahren zur Behandlung zweidimensionaler Probleme, einschließlich der konformen Abbildung. Diese Verfahren sind zwar von großer Bedeutung, doch übergehen wir sie hier aus Platzgründen und auch deswegen, weil dieses Gebiet in vielen anderen Büchern ausführlich behandelt wird. Dem interessierten Leser empfehlen wir die am Ende dieses Kapitels zitierten Bücher.

2.1 Methode der Spiegelladungen

Die Methode der Spiegelladungen benutzt man zur Lösung von Problemen, bei denen sich eine oder mehrere Punktladungen in der Nähe von Randflächen befinden, z. B. gegenüber Leitern, die geerdet sind oder auf festem Potential gehalten werden. Unter günstigen Bedingungen lässt sich aus der gegebenen Geometrie darauf schließen, dass eine kleine Anzahl von Ladungen, die außerhalb des interessierenden Gebiets geeignet plaziert werden und die geeignete Stärke haben, die geforderten Randbedingungen simulieren können. Diese Ladungen nennt man *Spiegelladungen* (oder auch *Bildladungen*), und die Ersetzung des tatsächlichen Randwertproblems durch ein äquivalentes Problem mit einem erweiterten Gebiet mit Spiegelladungen, aber ohne Randflächen heißt *Methode der Spiegelladungen*. Diese Spiegelladungen müssen außerhalb des interessierenden Gebietes liegen, da ihre Potentiale innerhalb von ihm der Laplace'schen Gleichung genügen müssen; das „partikuläre Integral" (d. h. die Lösung der Poisson'schen Gleichung) erhält man durch Addition der Potentiale sowohl der ursprünglichen Ladungen wie der Spiegelladungen.

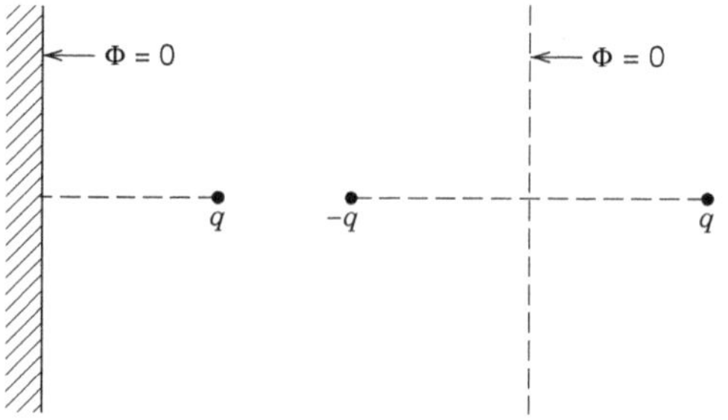

Abb. 2.1 Lösung nach der Methode der Spiegelladungen. Links das ursprüngliche Potentialproblem, rechts das äquivalente Problem mit der Spiegelladung.

Ein einfaches Beispiel hierfür ist eine Punktladung gegenüber einer unendlich ausgedehnten, leitenden Ebene, die sich auf dem Potential Null befindet (vgl. Abb. 2.1). Es ist klar, dass dieses Problem äquivalent ist zu dem der ursprünglichen Ladung mit einer zusätzlichen, entgegengesetzt gleichen Ladung am Spiegelpunkt hinter der leitenden Ebene.

2.2 Punktladung gegenüber einer geerdeten, leitenden Kugel

Zur Illustration der Methode der Spiegelladungen betrachten wir das in Abb. 2.2 skizzierte Problem einer Punktladung q mit dem Abstand $|\mathbf{y}|$ vom Koordinatenursprung, der Mittelpunkt einer geerdeten, leitenden Kugel vom Radius a sei. Wir suchen das Potential $\Phi(\mathbf{x})$, das der Bedingung $\Phi(|\mathbf{x}| = a) = 0$ genügt. Aus Symmetriegründen ist klar, dass die Spiegelladung q' (sofern tatsächlich nur eine einzige Spiegelladung erforderlich ist) auf der Verbindungslinie zwischen dem Ursprung und der Ladung q liegen muss. Befindet sich die Ladung *außerhalb* der Kugel, dann liegt der Ortsvektor $\mathbf{y}'$ der Spiegelladung innerhalb der Kugel. Das von den Ladungen q und q' erzeugte Potential ist

$$\Phi(\mathbf{x}) = \frac{q/4\pi\epsilon_0}{|\mathbf{x}-\mathbf{y}|} + \frac{q'/4\pi\epsilon_0}{|\mathbf{x}-\mathbf{y}'|} \tag{2.1}$$

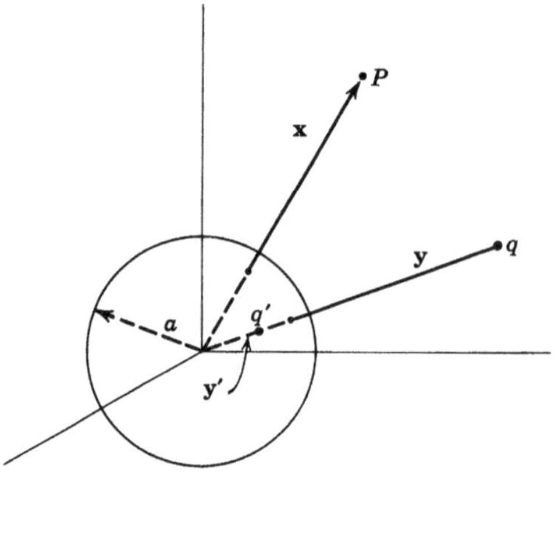

Abb. 2.2 Leitende Kugel vom Radius a mit der Ladung q und der Spiegelladung q'.

Wir müssen jetzt q' und $|\mathbf{y}'|$ so wählen, dass dieses Potential bei $|\mathbf{x}| = a$ verschwindet. Sind $\mathbf{n}$ und $\mathbf{n}'$ Einheitsvektoren in Richtung von $\mathbf{x}$ bzw. $\mathbf{y}$, so ist

$$\Phi(\mathbf{x}) = \frac{q/4\pi\epsilon_0}{|x\mathbf{n} - y\mathbf{n}'|} + \frac{q'/4\pi\epsilon_0}{|x\mathbf{n} - y'\mathbf{n}'|} \tag{2.2}$$

Klammert man im ersten Term x und im zweiten Term y' aus, so nimmt das Potential bei $x = a$ die Gestalt

$$\Phi(x = a) = \frac{q/4\pi\epsilon_0}{a\left|\mathbf{n} - \frac{y}{a}\mathbf{n}'\right|} + \frac{q'/4\pi\epsilon_0}{y'\left|\mathbf{n}' - \frac{a}{y'}\mathbf{n}\right|} \tag{2.3}$$

an. Die Forderung $\Phi(x = a) = 0$ ist also für alle Werte von $\mathbf{n} \cdot \mathbf{n}'$ erfüllt, wenn

$$\frac{q}{a} = -\frac{q'}{y'}, \quad \frac{y}{a} = \frac{a}{y'}$$

ist. Für den Betrag und die Lage der Spiegelladung ergibt sich daraus:

$$q' = -\frac{a}{y}q, \quad y' = \frac{a^2}{y} \tag{2.4}$$

Rückt also die Ladung q näher an die Kugel heran, so wird die Spiegelladung dem Betrag nach größer und entfernt sich vom Mittelpunkt. Befindet sich q unmittelbar über der Oberfläche der Kugel, so nimmt die Spiegelladung den Wert $-q$ an und liegt direkt unterhalb der Kugeloberfläche.

Nachdem wir die Stärke und den geometrischen Ort der Spiegelladung bestimmt haben, kehren wir nun zum ursprünglichen Problem einer Punktladung q außerhalb einer geerdeten, leitenden Kugel wieder zurück und untersuchen die verschiedenen Effekte, die hierbei auftreten. Die auf der Kugeloberfläche induzierte Ladungsdichte berechnet sich aus dem Wert der Normalenableitung von Φ an der Oberfläche:

$$\sigma = -\epsilon_0 \left.\frac{\partial \Phi}{\partial x}\right|_{x=a} = -\frac{q}{4\pi a^2}\left(\frac{a}{y}\right)\frac{1 - \frac{a^2}{y^2}}{\left(1 + \frac{a^2}{y^2} - 2\frac{a}{y}\cos\gamma\right)^{3/2}} \tag{2.5}$$

Dabei ist γ der Winkel zwischen $\mathbf{x}$ und $\mathbf{y}$. Diese Ladungsdichte, gemessen in Einheiten von $-q/4\pi a^2$, ist in Abb. 2.3 als Funktion von γ aufgetragen, und zwar für zwei Werte von y/a. Die Konzentration der Ladung in Richtung der Punktladung q ist offensichtlich, insbesondere für $y/a = 2$. Durch Integration erkennt man, dass die gesamte, auf der Kugeloberfläche induzierte Ladung gleich dem Betrag der Spiegelladung ist, wie es nach dem Gauß'schen Gesetz auch sein muss.[1]

[1] Die Erscheinung, dass ein elektrisch geladener Körper auf der Oberfläche eines benachbarten, ursprünglich ungeladenen Leiters Ladungen entgegengesetzten Vorzeichens hervorruft, nennt man in der deutschen Literatur meist *Influenz* (zuweilen auch *elektrostatische Induktion*) (Anm. des Übersetzers).

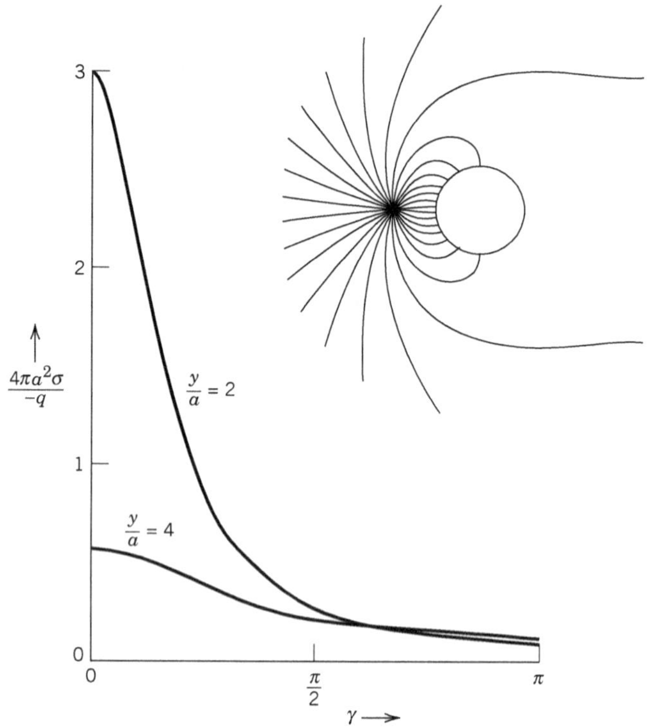

Abb. 2.3 Die Flächenladungsdichte σ, die auf einer geerdeten Kugel vom Radius a durch eine Punktladung q im Abstand y vom Kugelmittelpunkt induziert wird. σ ist, in Einheiten von $-q/4\pi a^2$, als Funktion des Winkels γ zwischen den Ortsvektoren des Aufpunktes und der Ladung aufgetragen, und zwar für die Werte $y = 2a$, $4a$. Oben rechts die Kraftlinien für $y = 2a$.

Die auf die Ladung q wirkende Kraft kann auf verschiedene Art und Weise berechnet werden. Am einfachsten ist es, auf die anziehende Kraft zwischen der Ladung q und der Spiegelladung q' das Coulomb'sche Gesetz anzuwenden. Mit $y - y' = y(1 - a^2/y^2)$ als dem Abstand zwischen den beiden Ladungen ergibt sich dann:

$$|\mathbf{F}| = \frac{1}{4\pi\epsilon_0}\frac{q^2}{a^2}\left(\frac{a}{y}\right)^3\left(1 - \frac{a^2}{y^2}\right)^{-2} \tag{2.6}$$

Für große Entfernungen erhält man also ein Gesetz des reziproken kubischen Abstands, während die Kraft in unmittelbarer Umgebung der Kugel umgekehrt proportional zum Quadrat des Abstands zwischen Kugel und Ladung ist.

Eine andere Methode zur Bestimmung der Kraft besteht darin, die auf die Kugeloberfläche insgesamt wirkende Kraft zu berechnen. Die Kraft auf ein Flächenelement da ist $(\sigma^2/2\,\epsilon_0)\,da$ mit der durch (2.5) gegebenen Flächendichte σ (vgl. hierzu Abb. 2.4). Aus Symmetriegründen ist jedoch klar, dass nur die Komponente parallel zu dem vom Kugelmittelpunkt zur Ladung q zeigenden Radiusvektor beiträgt. Folg-

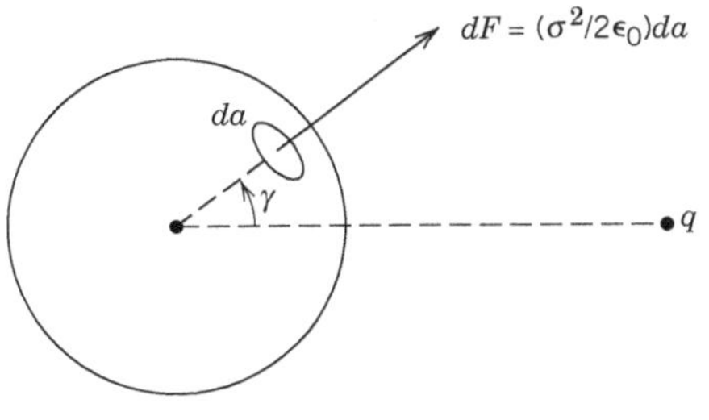

Abb. 2.4

lich ist die Gesamtkraft, die auf die *Kugel* wirkt (und der Kraft auf q entgegengesetzt gleich ist), durch das Integral

$$|\mathbf{F}| = \frac{q^2}{32\pi^2\epsilon_0 a^2}\left(\frac{a}{y}\right)^2\left(1-\frac{a^2}{y^2}\right)^2\int\frac{\cos\gamma}{\left(1+\frac{a^2}{y^2}-\frac{2a}{y}\cos\gamma\right)^3}\,d\Omega \tag{2.7}$$

gegeben. Die Berechnung dieses Integrals führt ebenfalls auf (2.6).

Wir haben bisher stets vorausgesetzt, dass sich die Punktladung q *außerhalb* der Kugel befindet. Tatsächlich aber können die gewonnenen Resultate auch auf eine Ladung q *innerhalb* der Kugel angewandt werden. Die einzige Änderung ist in dem Ausdruck (2.5) für die Flächenladungsdichte vorzunehmen. Es ist jetzt nicht die Ableitung in Richtung der nach außen, sondern nach innen gerichteten Normalen zu bilden, und dies ist gleichbedeutend mit einem Vorzeichenwechsel. Wir überlassen es dem Leser, sämtliche Formeln umzuschreiben. Zu beachten ist, dass jetzt $y \leq a$ ist. Die Winkelverteilung der induzierten Flächenladungsdichte verhält sich bei verschiedenen Abständen der Ladung q vom Kugelmittelpunkt ähnlich, wie in Abb. 2.3 gezeigt, doch die insgesamt induzierte Flächenladung ist natürlich wieder gleich $-q$, unabhängig von y.

2.3 Punktladung gegenüber einer geladenen, isolierten, leitenden Kugel

Im vorigen Abschnitt untersuchten wir das Problem einer Punktladung q in der Nähe einer geerdeten, leitenden Kugel und stellten fest, dass auf der Kugel eine Flächenladungsdichte induziert wird. Diese Ladung hat den Gesamtbetrag $q' = -aq/y$ und verteilt sich so auf der Oberfläche, dass sie sich unter allen wirkenden Kräften im Gleichgewicht befindet.

Für das Problem einer Punktladung q gegenüber einer isolierten, leitenden Kugel mit der Gesamtladung Q erhält man die Lösung für das Potential durch lineare Superposition. Wir stellen uns hierzu die leitende Kugel (mit der auf ihrer Oberfläche verteilten Ladung q') zunächst als geerdet vor. Sodann unterbrechen wir die Erdung und bringen auf die Kugel eine zusätzliche Ladung vom Betrag $Q - q'$. Die Ladung der Kugel hat dann insgesamt den Betrag Q. Um das Potential zu finden, genügt die Feststellung, dass sich die hinzugefügte Ladung $Q - q'$ auf der Oberfläche *gleich-*

mäßig verteilt, da die von der Punktladung q herrührenden elektrostatischen Kräfte durch die Ladung q' bereits ausgeglichen sind. Daher ist – zumindest für Punkte außerhalb der Kugel – das Potential der hinzugefügten Ladung $Q - q'$ gleich dem Potential einer sich im Ursprung befindenden Punktladung gleichen Betrages.

Das gesuchte Potential ergibt sich also aus der linearen Superposition von (2.1) und dem Potential der sich im Ursprung befindenden Ladung $Q - q'$:

$$\Phi(\mathbf{x}) = \frac{1}{4\pi\epsilon_0}\left[\frac{q}{|\mathbf{x}-\mathbf{y}|} - \frac{aq}{y\left|\mathbf{x} - \frac{a^2}{y^2}\mathbf{y}\right|} + \frac{Q + \frac{a}{y}q}{|\mathbf{x}|}\right] \tag{2.8}$$

Die auf q wirkende Kraft lässt sich mithilfe des Coulomb'schen Gesetzes wieder sofort angeben. Sie hat die Richtung des Ortsvektors von q und den Betrag

$$\mathbf{F} = \frac{1}{4\pi\epsilon_0}\frac{q}{y^2}\left[Q - \frac{qa^3(2y^2 - a^2)}{y(y^2 - a^2)^2}\right]\frac{\mathbf{y}}{y} \tag{2.9}$$

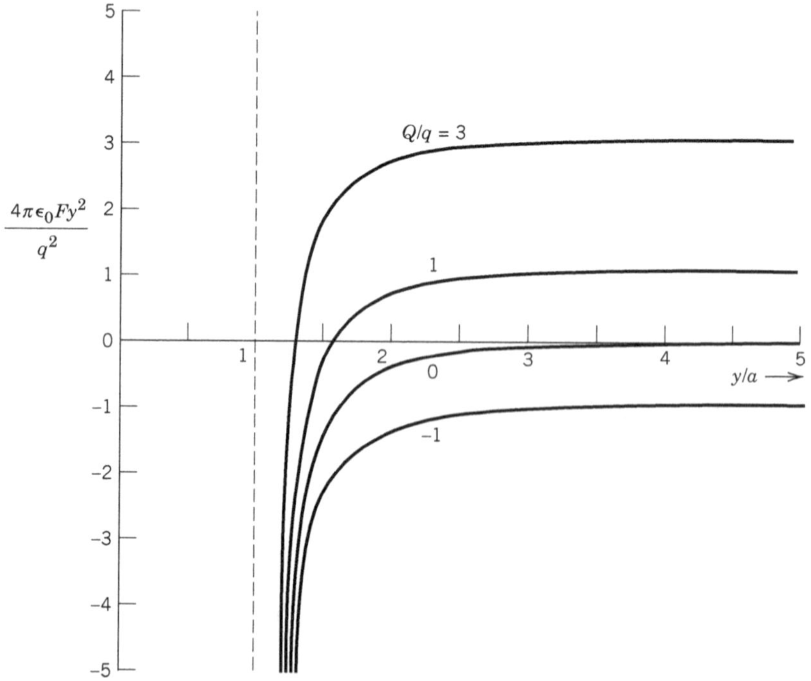

Abb. 2.5 Die Kraft, die eine isolierte, leitende Kugel vom Radius a und der Gesamtladung Q auf eine benachbarte Punktladung q ausübt. Positive (negative) Werte entsprechen einer abstoßenden (anziehenden) Kraft. Die asymptotische Abhängigkeit der Kraft wurde durch Multiplikaltion mit y^2/q^2 eliminiert. $4\pi\epsilon_0 F y^2/q^2$ ist als Funktion von y/a für die Werte $Q/q = -1, 0, 1$ und 3 aufgetragen. In unmittelbarer Nähe der Kugel ist die Kraft wegen der induzierten Flächenladung stets anziehend – unabhängig davon, welchen Wert Q hat.

In der Grenze $y \gg a$ reduziert sich diese Kraft auf die Coulomb-Kraft zwischen zwei geladenen Körpern. In der Nähe der Kugel dagegen wird die Kraft durch die auf der Kugeloberfläche induzierte Ladung modifiziert. In Abb. 2.5 ist sie als Funktion des Abstandes zwischen Kugel und Punktladung für verschiedene Werte von Q/q dargestellt. Wir haben sie in Einheiten von $q^2/4\pi\epsilon_0 y^2$ ausgedrückt; positive (negative) Werte entsprechen dabei einer abstoßenden (anziehenden) Kraft. Ist das Vorzeichen der Ladung der Kugel dem von q entgegengesetzt, dann wirkt die Kraft, unabhängig vom Abstand, stets anziehend. Eine solche Anziehung, wenn auch nur bei kleinen Abständen, ist auch dann vorhanden, wenn Q das gleiche Vorzeichen wie q hat. In der Grenze $Q \gg q$ liegt der Punkt verschwindender Kraft (der Punkt instabilen Gleichgewichts) sehr nahe an der Kugeloberfläche, nämlich bei $y \simeq a(1 + \frac{1}{2}\sqrt{q/Q})$. Man beachte, dass der asymptotische Wert der Kraft erreicht wird, sobald die Ladung q um einige Radien von der Kugel entfernt ist.

Dieses Beispiel macht deutlich, warum der auf die Oberfläche eines Leiters gebrachte Ladungsüberschuss diese trotz der gegenseitigen Abstoßung der Einzelladungen nicht sofort verlässt. Sobald sich die Ladung von der Oberfläche entfernt, beginnt auf sie die anziehende Kraft der Spiegelladung zu wirken. Die *Austrittsarbeit* bei einem Metall ist zum großen Teil gerade diejenige Arbeit, die gegen die anziehende Spiegelkraft zu leisten ist, um ein Elektron von der Oberfläche zu entfernen.

2.4 Punktladung gegenüber einer leitenden Kugel auf konstantem Potential

Ein anderes, leicht zu behandelndes Problem ist das einer Punktladung in der Nähe einer leitenden Kugel, die auf konstantem Potential V gehalten wird. Das Potential ist das gleiche wie im Fall einer geladenen Kugel, nur ist die sich im Ursprung befindende Ladung $Q - q'$ durch $4\pi\epsilon_0 Va$ zu ersetzen. Dies erkennt man unmittelbar anhand von Gl. (2.8); denn für $|\mathbf{x}| = a$ heben sich die ersten beiden Terme heraus, und der letzte ergibt gerade, wie gefordert, V. Somit ist das Potential:

$$\Phi(\mathbf{x}) = \frac{1}{4\pi\epsilon_0}\left[\frac{q}{|\mathbf{x} - \mathbf{y}|} - \frac{aq}{y\left|\mathbf{x} - \dfrac{a^2}{y^2}\mathbf{y}\right|}\right] + \frac{Va}{|\mathbf{x}|} \tag{2.10}$$

Die Kraft, die die auf konstantem Potential gehaltene Kugel auf die Ladung q ausübt, ist

$$\mathbf{F} = \frac{q}{y^2}\left[Va - \frac{1}{4\pi\epsilon_0}\frac{qay^3}{(y^2 - a^2)^2}\right]\frac{\mathbf{y}}{y} \tag{2.11}$$

Für entsprechende Werte von $4\pi\epsilon_0 Va/q$ und Q/q verhält sich diese Kraft ähnlich wie die der geladenen Kugel (vgl. Abb. 2.5). Die Annäherung an den asymptotischen Wert Vaq/y^2 erfolgt jedoch langsamer. Für $Va \gg q$ liegt der Punkt instabilen Gleichgewichts an der äquivalenten Stelle $y \simeq a(1 + \frac{1}{2}\sqrt{q/4\pi\epsilon_0 Va})$.

2.5 Leitende Kugel im homogenen elektrischen Feld nach der Methode der Spiegelladungen

Als letztes Beispiel für die Methode der Spiegelladungen betrachten wir eine leitende Kugel vom Radius a in einem ursprünglich homogenen elektrischen Feld E_0. Ein solches Feld kann man sich erzeugt denken durch eine geeignete positive und negative Ladung im Unendlichen. Befinden sich z. B. zwei Ladungen $\pm Q$ an den Stellen $z = \mp R$ (vgl. Abb. 2.6 a), dann herrscht in der Nähe des Ursprungs in einem Gebiet, dessen Ausdehnung gegenüber R sehr klein ist, ein nahezu konstantes elektrisches Feld $E_0 \simeq 2Q/4\pi\epsilon_0 R^2$ parallel zur z-Achse. In der Grenze $R, Q \to \infty$ wird diese Näherung, bei konstant gehaltenem Q/R^2, exakt.

Wird nun eine leitende Kugel vom Radius a mit ihrem Mittelpunkt an den Ursprung gebracht, dann setzt sich das zugehörige Potential aus dem der beiden Ladungen $\pm Q$ an den Stellen $\mp R$ und dem der Spiegelladungen $\mp Qa/R$ an den Stellen $z = \mp a^2/R$ zusammen:

$$\Phi = \frac{Q/4\pi\epsilon_0}{(r^2 + R^2 + 2rR\cos\theta)^{1/2}} - \frac{Q/4\pi\epsilon_0}{(r^2 + R^2 - 2rR\cos\theta)^{1/2}} - \frac{aQ/4\pi\epsilon_0}{R\left(r^2 + \dfrac{a^4}{R^2} + \dfrac{2a^2 r}{R}\cos\theta\right)^{1/2}} + \frac{aQ/4\pi\epsilon_0}{R\left(r^2 + \dfrac{a^4}{R^2} - \dfrac{2a^2 r}{R}\cos\theta\right)^{1/2}} \tag{2.12}$$

Dabei wurde Φ durch die Kugelkoordinaten des Aufpunktes ausgedrückt. In den ersten beiden Termen ist R, nach Annahme, sehr viel größer als r, so dass die Ra-

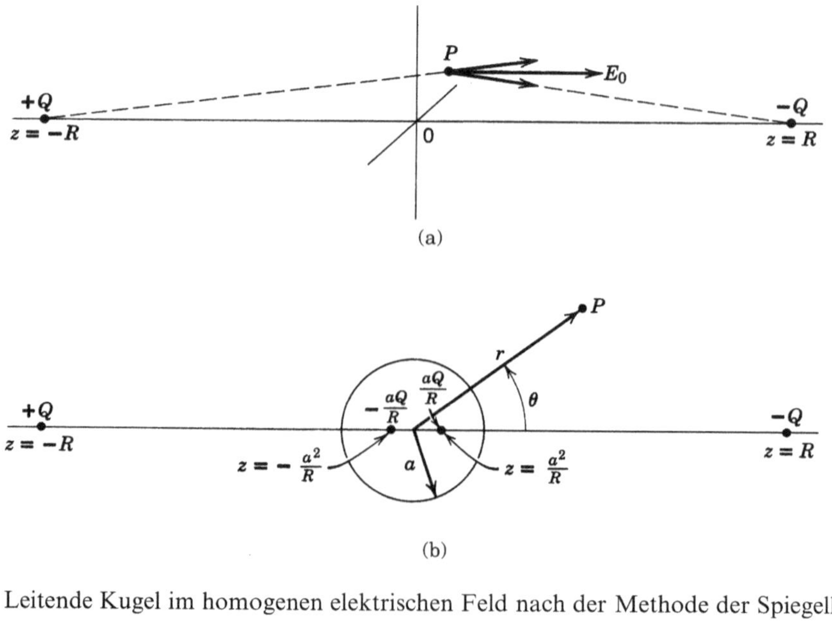

Abb. 2.6 Leitende Kugel im homogenen elektrischen Feld nach der Methode der Spiegelladungen.

dikanden, nach Ausklammern von R^2, entwickelt werden können. In ähnlicher Weise lassen sich auch die letzten beiden Terme entwickeln, hier jedoch nach Ausklammern von r^2. Als Ergebnis erhalten wir:

$$\Phi = \frac{1}{4\pi\epsilon_0}\left[-\frac{2Q}{R^2}r\cos\theta + \frac{2Q}{R^2}\frac{a^3}{r^2}\cos\theta\right] + \ldots \tag{2.13}$$

Die für $R \to \infty$ verschwindenden Terme haben wir dabei durch Punkte angedeutet. Bei dem oben beschriebenen Grenzprozess geht $2Q/4\pi\epsilon_0 R^2$ in das angelegte homogene Feld E_0 über, und für das Potential folgt:

$$\Phi = -E_0\left(r - \frac{a^3}{r^2}\right)\cos\theta \tag{2.14}$$

Der erste Term, $-E_0 z$, ist natürlich gerade das Potential des homogenen Feldes E_0, das man anstelle der ersten beiden Terme in (2.12) sofort hätte hinschreiben können. Der zweite Term ist das Potential, das von der induzierten Flächenladungsdichte bzw. den Spiegelladungen herrührt. Man beachte, dass die Spiegelladungen ein Dipolmoment der Stärke $D = Qa/R \times 2a^2/R = 4\pi\epsilon_0 E_0 a^3$ bilden. Die induzierte Flächenladungsdichte ist

$$\sigma = -\epsilon_0 \left.\frac{\partial\Phi}{\partial r}\right|_{r=a} = 3\epsilon_0 E_0 \cos\theta \tag{2.15}$$

Das Oberflächenintegral dieser Ladungsdichte verschwindet, sodass ein Unterschied zwischen einer geerdeten und isolierten Kugel nicht besteht.

2.6 Green'sche Funktion der Kugel, allgemeine Lösung für das Potential

In den voranstehenden Abschnitten behandelten wir verschiedene Versionen des Problems einer Punktladung gegenüber einer leitenden Kugel unter Verwendung der Methode der Spiegelladungen. Wie in Kap. 1.10 erwähnt, stellt das Potential einer Einheitsladung und ihrer die Randbedingungen erfüllenden Spiegelladung(en) gerade die Green'sche Funktion (1.43) bzw. (1.45) für Dirichlet'sche bzw. Neumann'sche Randbedingungen dar. In $G(\mathbf{x}, \mathbf{x}')$ bezieht sich $\mathbf{x}'$ auf den Ort P' der Einheitsladung, während die Variable $\mathbf{x}$ die Ortskoordinate des Aufpunktes P bezeichnet. Diese Koordinaten, zusammen mit der Kugel, sind in Abb. 2.7 dargestellt. Für Dirichlet'sche Randbedingungen auf der Kugel (mit dem Radius a) ist die durch (1.39) für eine Einheitskugel und ihre Spiegelladung definierte Green'sche Funktion gegeben durch (2.1), wobei q durch $4\pi\epsilon_0$ zu ersetzen ist und die Beziehungen (2.4) zu beachten sind. Bei entsprechender Variablentransformation ergibt sich daher für die Green'sche Funktion:

$$G(\mathbf{x}, \mathbf{x}') = \frac{1}{|\mathbf{x} - \mathbf{x}'|} - \frac{a}{x'\left|\mathbf{x} - \frac{a^2}{x'^2}\mathbf{x}'\right|} \tag{2.16}$$

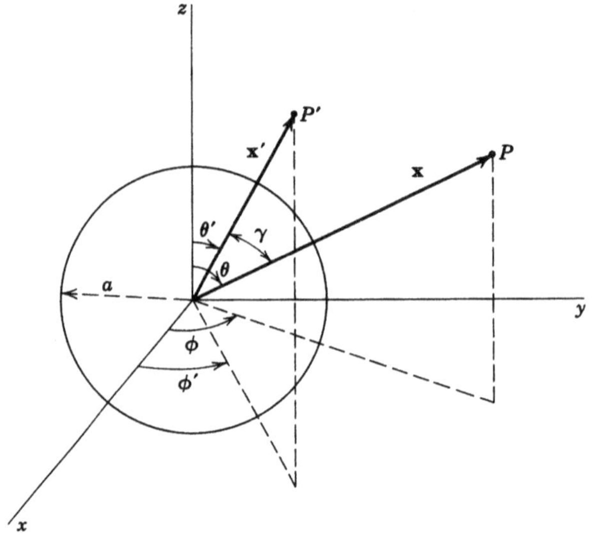

Abb. 2.7

In Kugelkoordinaten lässt sich hierfür

$$G(\mathbf{x}, \mathbf{x}') = \frac{1}{(x^2 + x'^2 - 2xx' \cos\gamma)^{1/2}} - \frac{1}{\left(\dfrac{x^2 x'^2}{a^2} + a^2 - 2xx' \cos\gamma\right)^{1/2}} \tag{2.17}$$

schreiben, wenn γ der Winkel zwischen $\mathbf{x}$ und $\mathbf{x}'$ ist. Aus der letzten Gleichung liest man unmittelbar ab, dass nicht nur die Forderung nach Symmetrie in den Variablen $\mathbf{x}$ und $\mathbf{x}'$ erfüllt ist, sondern auch die Bedingung $G = 0$, wenn entweder $\mathbf{x}$ oder $\mathbf{x}'$ auf der Oberfläche der Kugel liegt.

Für die durch (1.44) gegebene Lösung der Poisson'schen Gleichung benötigen wir nicht nur G, sondern auch $\partial G/\partial n'$. Da $\mathbf{n}'$ die vom interessierenden Volumen nach außen gerichtete Normale ist, also entlang von $\mathbf{x}'$ in Richtung des Ursprungs zeigt, ist

$$\left.\frac{\partial G}{\partial n'}\right|_{x'=a} = -\frac{(x^2 - a^2)}{a(x^2 + a^2 - 2ax\cos\gamma)^{3/2}} \tag{2.18}$$

(Man beachte, dass dies im Wesentlichen die induzierte Flächenladungsdichte (2.5) ist.) Daher lautet, nach (1.44), die Lösung der Laplace'schen Gleichung *außerhalb* einer Kugel mit auf ihrer Oberfläche vorgegebenem Potential:

$$\Phi(\mathbf{x}) = \frac{1}{4\pi} \int \Phi(a, \theta', \phi') \frac{a(x^2 - a^2)}{(x^2 + a^2 - 2ax\cos\gamma)^{3/2}} \, d\Omega' \tag{2.19}$$

Dabei ist $d\Omega'$ das Raumwinkelelement an einem Punkt mit den Koordinaten (a, θ', ϕ') und $\cos\gamma = \cos\theta\cos\theta' + \sin\theta\sin\theta'\cos(\phi - \phi')$. Für das *innere* Problem ist die Normalenableitung radial nach außen gerichtet, sodass sich das Vorzeichen von $\partial G/\partial n'$ gegenüber (2.18) umkehrt. Dies bedeutet, dass in (2.19) der Faktor $(x^2 - a^2)$ durch $(a^2 - x^2)$ zu ersetzen ist. Für ein Problem mit zusätzlicher räumlicher Ladungsverteilung ist zu (2.19) das entsprechende Integral aus (1.44) zu addieren, und zwar mit der Green'schen Funktion (2.17).

2.7 Leitende Kugelschale mit verschiedenen Potentialen auf ihren beiden Hälften

Zur Illustration der durch (2.19) gegebenen Lösung für das Potential außerhalb einer Kugel mit vorgegebenem Potential auf ihrer Oberfläche betrachten wir eine leitende Kugelschale vom Radius a, deren beide Hälften durch einen schmalen Ring aus isolierendem Material voneinander getrennt sind. Die beiden Halbkugeln werden auf jeweils verschiedenen Potentialen gehalten. Es genügt, das Potential $\pm V$ zu betrachten, denn das Problem beliebiger Potentiale lässt sich lösen, indem man die Lösung für eine Kugel mit festem Potential auf ihrer gesamten Oberfläche hinzuaddiert. Der isolierende Ring liege in der Ebene $z = 0$; die obere Halbkugel befinde sich auf dem Potential $+V$, die untere dagegen auf dem Potential $-V$ (vgl. Abb. 2.8).

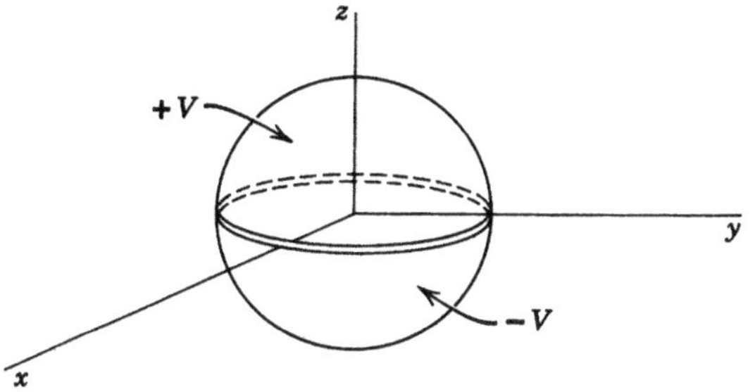

Abb. 2.8

Nach Gl. (2.19) lautet die Lösung für $\Phi(x, \theta, \phi)$:

$$\Phi(x, \theta, \phi) = \frac{V}{4\pi}\int_0^{2\pi} d\phi' \left\{\int_0^1 d(\cos\theta') - \int_{-1}^0 d(\cos\theta')\right\} \frac{a(x^2 - a^2)}{(a^2 + x^2 - 2ax\cos\gamma)^{3/2}} \tag{2.20}$$

Nimmt man im zweiten Integral die Variablentransformation $\theta' \to \pi - \theta'$ und $\phi' \to \phi' + \pi$ vor, so lässt sich für die letzte Gleichung auch folgendes schreiben:

$$\Phi(x, \theta, \phi) = \frac{Va(x^2 - a^2)}{4\pi}\int_0^{2\pi} d\phi' \int_0^1 d(\cos\theta')[(a^2 + x^2 - 2ax\cos\gamma)^{-3/2} - (a^2 + x^2 + 2ax\cos\gamma)^{-3/2}] \tag{2.21}$$

Da $\cos\gamma$ in komplizierter Weise von den Winkeln (θ, ϕ) und (θ', ϕ') abhängt, ist eine Integration dieser Gleichung in geschlossener Form durch elementare Funktionen im Allgemeinen nicht möglich.

Als Spezialfall betrachten wir das Potential auf der positiven z-Achse. Da dort $\theta = 0$ ist, gilt dann $\cos\gamma = \cos\theta'$. Das resultierende Integral ist elementar zu lösen und liefert:

$$\Phi(z) = V\left[1 - \frac{(z^2 - a^2)}{z\sqrt{z^2 + a^2}}\right] \tag{2.22}$$

Bei $z = a$ reduziert sich dies, wie gefordert, auf $\Phi = V$, während Φ in großem Abstand von der Kugel den asymptotischen Wert $\Phi \simeq 3\,Va^2/2z^2$ annimmt.

Lassen sich die Integrale in (2.21) nicht in geschlossener Form berechnen, so entwickelt man die Wurzelfunktionen in eine Reihe und integriert gliedweise. Nach Ausklammern von $(a^2 + x^2)$ aus beiden Nennern erhält man zunächst:

$$\Phi(x, \theta, \phi) = \frac{Va(x^2 - a^2)}{4\pi(x^2 + a^2)^{3/2}} \int_0^{2\pi} d\phi' \int_0^1 d(\cos\theta')[(1 - 2\alpha\cos\gamma)^{-3/2} - (1 + 2\alpha\cos\gamma)^{-3/2}] \quad (2.23)$$

wobei $\alpha = ax/(a^2 + x^2)$ ist. In der Entwicklung treten nur ungerade Potenzen von $\alpha\cos\gamma$ auf:

$$[(1 - 2\alpha\cos\gamma)^{-3/2} - (1 + 2\alpha\cos\gamma)^{-3/2}] = 6\alpha\cos\gamma + 35\alpha^3\cos^3\gamma + \ldots \quad (2.24)$$

Diese Potenzen sind jetzt über ϕ' und $\cos\theta'$ zu integrieren:

$$\int_0^{2\pi} d\phi' \int_0^1 d(\cos\theta')\cos\gamma = \pi\cos\theta$$

$$\int_0^{2\pi} d\phi' \int_0^1 d(\cos\theta')\cos^3\gamma = \frac{\pi}{4}\cos\theta(3 - \cos^2\theta) \quad (2.25)$$

Setzt man (2.24) und (2.25) in (2.23) ein, so erhält man für das Potential:

$$\Phi(x, \theta, \phi) = \frac{3\,Va^2}{2x^2}\left(\frac{x^3(x^2 - a^2)}{(x^2 + a^2)^{5/2}}\right)\cos\theta\left[1 + \frac{35}{24}\frac{a^2x^2}{(a^2 + x^2)^2}(3 - \cos^2\theta) + \ldots\right] \quad (2.26)$$

Die Tatsache, dass das Potential nur ungerade Potenzen von $\cos\theta$ enthält, entspricht der Symmetrie des Problems. Benutzt man als Entwicklungsparameter nicht α^2, sondern a^2/x^2, so nimmt die Reihe folgende Gestalt an:

$$\Phi(x, \theta, \phi) = \frac{3\,Va^2}{2x^2}\left[\cos\theta - \frac{7a^2}{12x^2}\left(\frac{5}{2}\cos^3\theta - \frac{3}{2}\cos\theta\right) + \ldots\right] \quad (2.27)$$

Für große Werte von x/a konvergiert diese Entwicklung schnell und stellt somit eine brauchbare Näherung für das Potential dar. Selbst für $x/a = 5$ macht der zweite Term nur ungefähr 2 Prozent des ersten aus. Es ist leicht nachzuweisen, dass der Ausdruck (2.27) für $\cos\theta = 1$ mit der Entwicklung von (2.22) für das Potential auf der z-Achse übereinstimmt. (Die spezielle Wahl der Winkelfaktoren in (2.27) wird durch die Definition der Legendre-Polynome nahegelegt. Die beiden von $\cos\theta$ abhängenden Ausdrücke in (2.27) sind tatsächlich identisch mit $P_1(\cos\theta)$ und $P_3(\cos\theta)$, und die Entwicklung des Potentials stellt eine Reihenentwicklung nach Legendre-Polynomen ungerader Ordnung dar. In systematischer Weise werden wir dies in Kap. 3.3 zeigen.) Weitere Überlegungen sowohl zum inneren als auch zum äußeren Problem der beiden Halbkugeln findet der Leser in Übung 2.22.

2.8 Entwicklung nach orthogonalen Funktionen

Die Darstellung der Lösung eines mathematisch-physikalischen Problems und speziell eines Potentialproblems durch eine Entwicklung nach orthogonalen Funktionen ist ein leistungsfähiges Verfahren, das sich auf eine große Klasse von Problemen anwenden lässt. Die Wahl der jeweiligen orthogonalen Funktionen hängt von der Symmetrie des betreffenden Problems ab.

Um die allgemeinen Eigenschaften orthogonaler Funktionen und der Entwicklung nach ihnen ins Gedächtnis zurückzurufen, betrachten wir ein abgeschlossenes Intervall (a, b) einer Variablen ξ mit einem Satz reeller oder komplexer Funktionen $U_n(\xi)$, $n = 1, 2, \ldots$, die im angegebenen Intervall quadratintegrabel und zueinander orthogonal seien. Die an die Funktionen $U_n(\xi)$ gestellte Orthogonalitätsbedingung wird ausgedrückt durch

$$\int_a^b U_n^*(\xi) U_m(\xi) d\xi = 0, \quad m \neq n \tag{2.28}$$

Für $n = m$ ist das Integral von Null verschieden. Wir nehmen an, die Funktionen $U_n(\xi)$ seien so normiert, dass das Integral (2.28) für $n = m$ gleich Eins ist. In diesem Fall heißen die $U_n(\xi)$ *orthonormal* und genügen der Beziehung

$$\int_a^b U_n^*(\xi) U_m(\xi) d\xi = \delta_{nm} \tag{2.29}$$

Eine beliebige, auf dem Intervall (a, b) quadratintegrable Funktion $f(\xi)$ lässt sich in eine Reihe nach orthonormalen Funktionen $U_n(\xi)$ entwickeln. Ist die Zahl der Glieder dieser Reihe endlich (etwa gleich N), sodass die Zuordnung

$$f(\xi) \leftrightarrow \sum_{n=1}^{N} a_n U_n(\xi) \tag{2.30}$$

besteht, dann kann man nach der „besten“ Wahl der Koeffizienten fragen, die zur „besten“ Darstellung der Funktion $f(\xi)$ führt. Ist mit der „besten“ Darstellung diejenige gemeint, die den mittleren quadratischen Fehler

$$M_N = \int_a^b \left| f(\xi) - \sum_{n=1}^{N} a_n U_n(\xi) \right|^2 d\xi \tag{2.31}$$

zu einem Minimum macht, dann lässt sich mithilfe der Orthonormalitätsbedingung (2.29) unmittelbar zeigen, dass die Koeffizienten in diesem Fall durch

$$a_n = \int_a^b U_n^*(\xi) f(\xi) d\xi \tag{2.32}$$

gegeben sind. Dies ist das bekannte Ergebnis für die Koeffizienten einer Entwicklung nach orthonormalen Funktionen.

Wird die Zahl N der in (2.30) auftretenden Summanden immer größer, so erwartet man intuitiv, dass die Reihendarstellung für $f(\xi)$ immer „besser“ wird. Die Intuition trifft zu, wenn der Satz orthonormaler Funktionen *vollständig* ist. Der Begriff der Vollständigkeit wird durch die Forderung definiert, dass es für jede beliebig kleine

Zahl $\delta > 0$ eine natürliche Zahl N_0 gibt, sodass der mittlere quadratische Fehler M_N für $N > N_0$ kleiner als δ gemacht werden kann. Man sagt dann, die Reihendarstellung

$$\sum_{n=1}^{\infty} a_n U_n(\xi) = f(\xi) \tag{2.33}$$

mit den durch (2.32) gegebenen Koeffizienten a_n *konvergiert im Mittel* gegen $f(\xi)$. Die mitunter recht schwierige Aufgabe, die Vollständigkeit eines gegebenen Funktionensystems nachzuweisen, überlassen Physiker i. Allg. den Mathematikern. Von allen orthonormalen Funktionensystemen, die normalerweise in der mathematischen Physik auftreten, hat man ihre Vollständigkeit in der Tat nachgewiesen.

Die Reihe (2.33) lässt sich bei Verwendung der expliziten Darstellung (2.32) der Koeffizienten a_n in der Gestalt

$$f(\xi) = \int_a^b \left\{ \sum_{n=1}^{\infty} U_n^*(\xi') U_n(\xi) \right\} f(\xi')\, d\xi' \tag{2.34}$$

schreiben. Da $f(\xi)$ eine beliebige quadratintegrable Funktion im Intervall (a, b) darstellt, ist klar, dass die Summe der Bilinearterme $U_n^*(\xi') U_n(\xi)$ nur in der Umgebung von $\xi' = \xi$ zu existieren braucht. Tatsächlich muss die Gleichung

$$\sum_{n=1}^{\infty} U_n^*(\xi') U_n(\xi) = \delta(\xi' - \xi) \tag{2.35}$$

erfüllt sein. Dies ist die sog. *Vollständigkeits- oder Abgeschlossenheitsrelation*. Sie entspricht der Orthonormalitätsrelation – jedoch mit dem Unterschied, dass die Rollen der kontinuierlichen Variablen ξ und des diskreten Index n vertauscht sind.

Die bekanntesten orthogonalen Funktionen sind die trigonometrischen Funktionen. Sie bilden die Entwicklungsfunktionen von *Fourier-Reihen*. Ist $(-a/2, a/2)$ das x-Intervall, so sind die entsprechenden orthonormalen Funktionen

$$\sqrt{\frac{2}{a}} \sin\left(\frac{2\pi m x}{a}\right) \quad \text{und} \quad \sqrt{\frac{2}{a}} \cos\left(\frac{2\pi m x}{a}\right)$$

wobei m eine natürliche Zahl ist; für $m = 0$ lautet die „cos-Funktion“ $1/\sqrt{a}$. Die (2.33) entsprechende Reihe schreibt man im Allgemeinen in der Form

$$f(x) = \tfrac{1}{2} A_0 + \sum_{m=1}^{\infty} \left[A_m \cos\left(\frac{2\pi m x}{a}\right) + B_m \sin\left(\frac{2\pi m x}{a}\right) \right] \tag{2.36}$$

mit

$$\begin{aligned} A_m &= \frac{2}{a} \int_{-a/2}^{a/2} f(x) \cos\left(\frac{2\pi m x}{a}\right) dx \\ B_m &= \frac{2}{a} \int_{-a/2}^{a/2} f(x) \sin\left(\frac{2\pi m x}{a}\right) dx \end{aligned} \tag{2.37}$$

Hängt eine Funktion von mehreren Variablen ab, so treten an die Stelle der Formeln (2.28)–(2.33) unmittelbar einsichtige Verallgemeinerungen. Ist z.B. der Raum, in dem eine Funktion definiert ist, zweidimensional und bewegen sich die entsprechenden Variablen ξ und η im Intervall (a, b) bzw. (c, d), so lautet die Entwicklung einer beliebigen Funktion $f(\xi, \eta)$ nach den orthogonalen Funktionen $U_n(\xi)$ und $V_m(\eta)$:

$$f(\xi, \eta) = \sum_n \sum_m a_{nm} U_n(\xi) V_m(\eta) \tag{2.38}$$

mit

$$a_{nm} = \int_a^b d\xi \int_c^d d\eta \, U_n^*(\xi) V_m^*(\eta) f(\xi, \eta) \tag{2.39}$$

Ist das Intervall (a, b) unendlich groß, so ist es oft günstig, den abzählbaren Satz orthogonaler Funktionen $U_n(\xi)$ durch ein Kontinuum von Funktionen zu ersetzen. Aus dem Kronecker-Symbol in (2.29) wird dann die Dirac'sche Delta-Funktion. Ein wichtiges Beispiel hierfür ist das *Fourier-Integral.* Ausgangspunkt sind die auf dem Intervall $(-a/2, a/2)$ definierten orthonormalen, komplexen Exponentialfunktionen

$$U_m(x) = \frac{1}{\sqrt{a}} e^{i(2\pi m x/a)} \tag{2.40}$$

für $m = 0, \pm 1, \pm 2, \ldots$ und die Entwicklung

$$f(x) = \frac{1}{\sqrt{a}} \sum_{m=-\infty}^{\infty} A_m e^{i(2\pi m x/a)} \tag{2.41}$$

mit den Koeffizienten

$$A_m = \frac{1}{\sqrt{a}} \int_{-a/2}^{a/2} e^{i(2\pi m x'/a)} f(x') \, dx' \tag{2.42}$$

Lässt man das Intervall unendlich groß werden $(a \to \infty)$ und nimmt gleichzeitig die Substitutionen

$$\begin{aligned} &\frac{2\pi m}{a} \to k \\ &\sum_m \to \int_{-\infty}^{\infty} dm = \frac{a}{2\pi} \int_{-\infty}^{\infty} dk \\ &A_m \to \sqrt{\frac{2\pi}{a}} A(k) \end{aligned} \tag{2.43}$$

vor, so erhält man als zu (2.41) äquivalente Entwicklung das *Fourier-Integral*

$$f(x) = \frac{1}{\sqrt{2\pi}} \int_{-\infty}^{\infty} A(k) e^{ikx} \, dk \tag{2.44}$$

mit

$$A(k) = \frac{1}{\sqrt{2\pi}} \int_{-\infty}^{\infty} e^{-ikx} f(x)\, dx \tag{2.45}$$

Die Orthogonalitätsbedingung lautet jetzt:

$$\frac{1}{2\pi} \int_{-\infty}^{\infty} e^{i(k-k')x}\, dx = \delta(k-k') \tag{2.46}$$

während die Vollständigkeitsrelation die Gestalt

$$\frac{1}{2\pi} \int_{-\infty}^{\infty} e^{ik(x-x')}\, dk = \delta(x-x') \tag{2.47}$$

hat. Die letzten beiden Integrale werden häufig als Darstellung der Delta-Funktion benutzt. In (2.44)–(2.47) stellen x und k offenbar zwei zueinander vollständig äquivalente kontinuierliche Variable dar.

2.9 Trennung der Variablen, Laplace'sche Gleichung in kartesischen Koordinaten

Die partiellen Differentialgleichungen der mathematischen Physik lassen sich oft in bequemer Weise durch die Methode der *Trennung der Variablen* lösen. Im Verlauf dieses Verfahrens stößt man oft auf fundamentale Sätze orthogonaler Funktionen, die für sich allein von großer Bedeutung sind. Differentialgleichungen mit dem dreidimensionalen Laplace'schen Operator lassen sich, wie man weiß, in elf verschiedenen Koordinatensätzen separieren (s. *Morse und Feshbach*, S. 509 und 665). Von ihnen werden wir hier nur drei ausführlich besprechen, nämlich kartesische Koordinaten sowie Kugel- und Zylinderkoordinaten.

Die Laplace'sche Gleichung in kartesischen Koordinaten lautet:

$$\frac{\partial^2 \Phi}{\partial x^2} + \frac{\partial^2 \Phi}{\partial y^2} + \frac{\partial^2 \Phi}{\partial z^2} = 0 \tag{2.48}$$

Eine Lösung dieser *partiellen* Differentialgleichung findet man, indem man sie in drei gewöhnliche Differentialgleichungen aufspaltet, die jeweils die gleiche Struktur besitzen. Mit dem Ansatz, dass sich das Potential als Produkt dreier Funktionen schreiben lässt, die jeweils nur von einer der Koordinaten abhängen, erhält man:

$$\Phi(x, y, z) = X(x)\, Y(y)\, Z(z) \tag{2.49}$$

Setzt man dies in (2.48) ein und dividiert die resultierende Gleichung durch die Produktfunktion (2.49), so erhält man:

$$\frac{1}{X(x)} \frac{d^2 X}{dx^2} + \frac{1}{Y(y)} \frac{d^2 Y}{dy^2} + \frac{1}{Z(z)} \frac{d^2 Z}{dz^2} = 0 \tag{2.50}$$

An die Stelle der partiellen Ableitungen sind nunmehr totale Ableitungen getreten, da jeder Term nur von einer Variablen abhängt. Soll Gl. (2.50) für beliebige Werte der unabhängigen Variablen gelten, dann muss jeder Term, für sich genommen, gleich einer Konstanten sein:

$$\frac{1}{X}\frac{d^2X}{dx^2} = -\alpha^2$$

$$\frac{1}{Y}\frac{d^2Y}{dy^2} = -\beta^2$$

$$\frac{1}{Z}\frac{d^2Z}{dz^2} = +\gamma^2 \tag{2.51}$$

mit

$$\alpha^2 + \beta^2 = \gamma^2$$

Nimmt man α^2 und β^2 als positiv an, so lauten die Lösungen der drei gewöhnlichen Differentialgleichungen (2.51): $\exp(\pm i\alpha x)$, $\exp(\pm i\beta y)$ und $\exp(\pm \sqrt{\alpha^2+\beta^2}\,z)$. Das Potential setzt sich dann aus dem Produkt dieser Lösungen zusammen:

$$\Phi = e^{\pm i\alpha x} e^{\pm i\beta y} e^{\pm\sqrt{\alpha^2+\beta^2}\,z} \tag{2.52}$$

Abgesehen davon, dass wir α^2 und β^2 als positiv voraussetzten, sind α und β bis jetzt vollkommen beliebig. Wegen der Möglichkeit einer linearen Superposition stellt daher (2.52) eine sehr große Klasse von Lösungen der Laplace'schen Gleichung dar.

Um α und β zu bestimmen, muss man das Potential speziellen Randbedingungen unterwerfen. Als Beispiel betrachten wir einen Quader mit den Kantenlängen (a, b, c) in (x, y, z)-Richtung (vgl. Abb. 2.9). Alle Seitenflächen des Quaders mögen sich auf dem Potential Null befinden – mit Ausnahme der in der Ebene $z = c$ liegenden Fläche, die auf dem Potential $V(x, y)$ gehalten werde. Gesucht ist das Potential

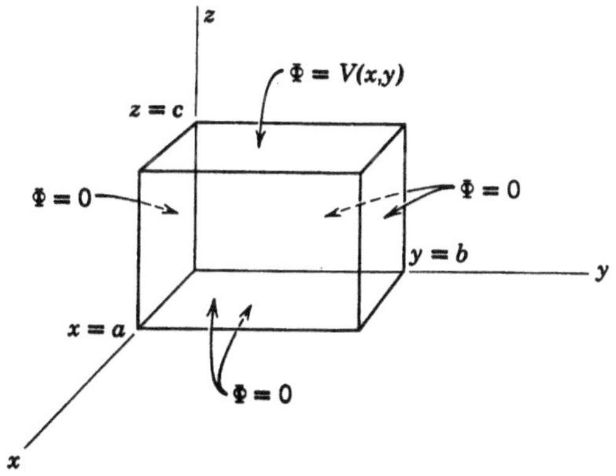

Abb. 2.9 Hohlquader, von dessen sechs Seitenflächen fünf auf dem Potential Null und eine (die in der Ebene $z = c$) auf dem Potential $\Phi = V(x, y)$ gehalten werden.

innerhalb des Quaders. Aus der Forderung, dass $\Phi = 0$ für $x = 0$, $y = 0$, $z = 0$ sein muss, ergibt sich unmittelbar, dass X, Y und Z folgende Gestalt haben müssen:

$$\begin{aligned} X &= \sin \alpha x \\ Y &= \sin \beta y \\ Z &= \sinh \left(\sqrt{\alpha^2 + \beta^2}\, z\right) \end{aligned} \tag{2.53}$$

Damit bei $x = a$ und $y = b$ die Bedingung $\Phi = 0$ erfüllt ist, muss $\alpha a = n\pi$ und $\beta b = m\pi$ sein. Mit den Definitionen

$$\begin{aligned} \alpha_n &= \frac{n\pi}{a} \\ \beta_m &= \frac{m\pi}{b} \\ \gamma_{nm} &= \pi \sqrt{\frac{n^2}{a^2} + \frac{m^2}{b^2}} \end{aligned} \tag{2.54}$$

können wir für das Teilpotential, das mit einer Ausnahme alle Randbedingungen erfüllt, schreiben:

$$\Phi_{nm} = \sin(\alpha_n x) \sin(\beta_m y) \sinh(\gamma_{nm} z) \tag{2.55}$$

Das letzten Endes gesuchte Potential kann nach den Φ_{nm} entwickelt werden, wobei die zunächst willkürlichen Koeffizienten so gewählt werden müssen, dass auch die letzte Randbedingung erfüllt ist:

$$\Phi(x, y, z) = \sum_{n,m=1}^{\infty} A_{nm} \sin(\alpha_n x) \sin(\beta_m y) \sinh(\gamma_{nm} z) \tag{2.56}$$

Die Randbedingung $\Phi = V(x, y)$ für $z = c$ besagt nun:

$$V(x, y) = \sum_{n,m=1}^{\infty} A_{nm} \sin(\alpha_n x) \sin(\beta_m y) \sinh(\gamma_{nm} c) \tag{2.57}$$

Dies ist nichts anderes als eine doppelte Fourier-Reihe für die Funktion $V(x, \mathrm{y})$. Es ergibt sich daher für die Koeffizienten A_{nm}:

$$A_{nm} = \frac{4}{ab \sinh(\gamma_{nm} c)} \int_0^a dx \int_0^b dy\, V(x, y) \sin(\alpha_n x) \sin(\beta_m y) \tag{2.58}$$

Sind die Potentiale auf sämtlichen Seitenflächen des Quaders von Null verschieden, so erhält man die Lösung für das Potential im Innenraum durch lineare Superposition von sechs Lösungen, die jeweils äquivalent zu (2.56) mit (2.58) sind. Das Problem, die Poisson'sche Gleichung zu lösen, d.h. das Potential innerhalb des Quaders für den Fall zu bestimmen, dass sich in ihm eine Ladungsverteilung befindet, erfordert – nach (1.43) und (1.44) – die Konstruktion einer geeigneten Green'schen Funktion. Dieses Problem werden wir erst dann untersuchen, wenn wir die Laplace'sche Gleichung in Kugel- und Zylinderkoordinaten behandelt haben. Vorerst sei nur darauf hingewiesen, dass die Lösung (2.56) mit (2.58) dem Oberflächenintegral in der Green'schen Funktion (1.44) entspricht.

2.10 Ein zweidimensionales Potentialproblem, Summation einer Fourier-Reihe

Wir beschäftigen uns jetzt kurz mit der Lösung der zweidimensionalen Laplace'schen Gleichung in kartesischen Koordinaten. Unter zweidimensionalen Problemen versteht man allgemein solche Probleme, bei denen das Potential von einer der Koordinaten, etwa der z-Koordinate, als unabhängig betrachtet werden kann. Dies ist meist nur eine Näherung, trifft aber oft mit hoher Genauigkeit zu, wie z. B. im Fall einer langen Doppelleitung. Ist das Potential unabhängig von z, so reduzieren sich die im vorigen Abschnitt gefundenen Grundlösungen auf die Produkte

$$e^{\pm i\alpha x} e^{\pm \alpha y}$$

wobei α eine beliebige reelle oder komplexe Konstante ist. Die an das Potential zu stellenden Randbedingungen bestimmen die möglichen Werte von α und die Art und Weise, wie die verschiedenen Lösungen zu superponieren sind.

Ein einfaches Beispiel, an dem sich das Verfahren der Separation der Variablen demonstrieren lässt und das auch eine Verbindung zum Gebrauch komplexer Variabler herstellt, zeigt Abb. 2.10. Gesucht ist das Potential im Bereich $0 \leq x \leq a$, $y \geq 0$ mit folgenden Randbedingungen: $\Phi = 0$ bei $x = 0$ und $x = a$, $\Phi = V$ bei $y = 0$

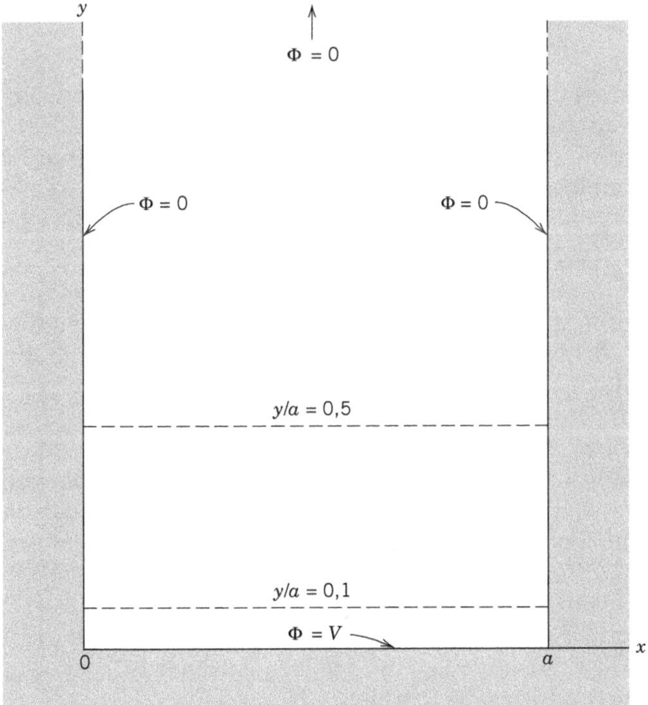

Abb. 2.10 Zweidimensionales Potentialproblem.

für $0 \leq x \leq a$ und $\Phi \to 0$ für große y. Ein Blick auf die oben angegebenen Grundlösungen zeigt, dass α reell sein muss und dass die richtige Linearkombination, die das Potential bei $x = 0$ und $x = a$ sowohl für endliche Werte von y wie für $y \to \infty$ zum Verschwinden bringt, zu bilden ist aus $e^{-\alpha y} \sin(\alpha x)$ mit $\alpha = n\pi/a$. Die Linearkombination von Lösungen, die von den vier Randbedingungen drei erfüllt, lautet dementsprechend:

$$\Phi(x, y) = \sum_{n=1}^{\infty} A_n \exp(-n\pi y/a) \sin(n\pi x/a) \tag{2.59}$$

Die Koeffizienten A_n werden durch die Forderung bestimmt, dass $\Phi = V$ sein muss für $y = 0$, $0 \leq x \leq a$. Wie wir in Abschnitt 8 dieses Kapitels zeigten, gilt für die Fourier-Koeffizienten:

$$A_n = \frac{2}{a} \int_0^a \Phi(x, 0) \sin(n\pi x/a)\, dx \tag{2.60}$$

Mit $\Phi(x, 0) = V$ findet man:

$$A_n = \frac{4V}{\pi n} \begin{cases} 1 & \text{für ungerades } n \\ 0 & \text{für gerades } n \end{cases}$$

Das Potential hat daher die Gestalt

$$\Phi(x, y) = \frac{4V}{\pi} \sum_{\substack{n \\ \text{unger.}}} \frac{1}{n} \exp(-n\pi y/a) \sin(n\pi x/a) \tag{2.61}$$

Für kleine y-Werte muss man sehr viele Summanden berücksichtigen, um eine hinreichend genaue Näherung zu erhalten. Für $y \gtrsim a/\pi$ dagegen sind allein die ersten paar Summanden wesentlich. Das Potential erreicht schnell seine durch den ersten Term bestimmte asymptotische Form:

$$\Phi(x, y) \to \frac{4V}{\pi} \exp(-\pi y/a) \sin(\pi x/a) \tag{2.62}$$

Am Rande sei bemerkt, dass dieses Verhalten des Potentials für sämtliche Randwertprobleme dieser Art charakteristisch ist – unabhängig davon, ob $\Phi(x, 0)$ eine Konstante ist oder nicht. Voraussetzung dafür ist nur, dass der erste Summand der Reihe nicht verschwindet. Der durch (2.60) bestimmte Koeffizient A_1 hat natürlich für ein anderes Problem einen anderen Wert, aber das in der Variablen x sanfte Verhalten der asymptotischen Lösung setzt stets für $y \gtrsim a$ ein, unabhängig von der Komplexheit von $\Phi(x, 0)$. Für das vorliegende Beispiel wird dieser Sachverhalt durch Abb. 2.11 verdeutlicht. Sie zeigt den Verlauf des Potentials in Höhe der gestrichelten Linien aus Abb. 2.10 (also für die Werte $y/a = 0{,}1;\ 0{,}5$) in Abhängigkeit von x/a. Die ausgezogenen Kurven entsprechen dem exakten Potential, die gestrichelten dagegen dem ersten Term der Entwicklung (2.61). Für $y/a = 0{,}1$ unterscheiden sich die Kurven beträchtlich voneinander, für $y/a = 0{,}5$ jedoch ist die asymptotische Form bereits eine ausgezeichnete Näherung.

Es gibt viele Fourier-Reihen, die sich aufsummieren lassen und so die Lösung eines Problems in geschlossener Form liefern. Zu ihnen gehört auch die Reihe (2.61).

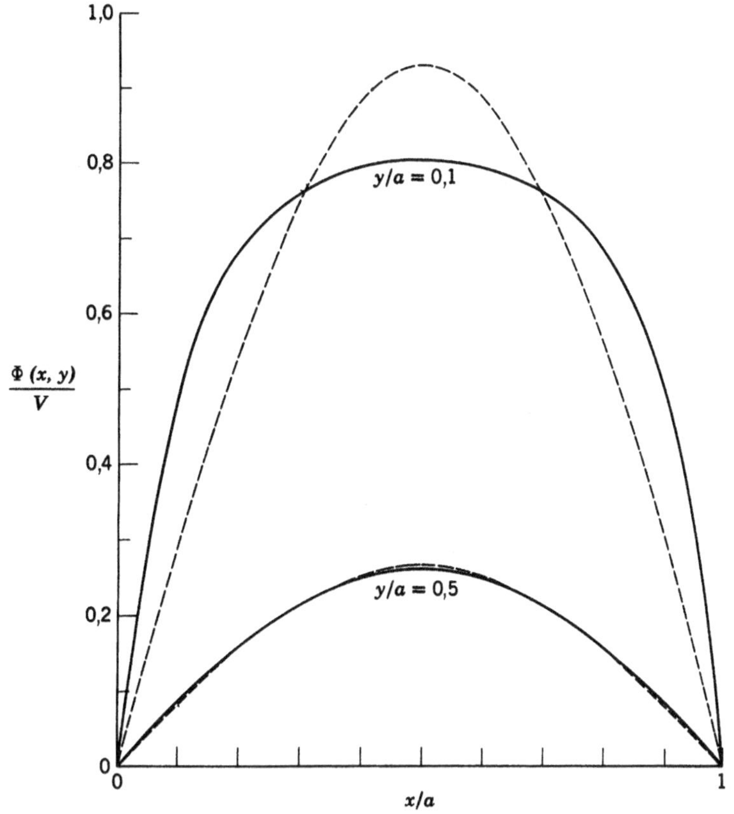

Abb. 2.11 Die Potentiale bei $y/a = 0{,}1;\ 0{,}5$ (entlang der gestrichelten Linien der Abb. 2.10) als Funktion von x/a. Die ausgezogenen Kurven entsprechen den exakten Lösungen, die gestrichelten dem ersten Term der Entwicklung (2.61).

Dies lässt sich folgendermaßen zeigen: Unter Verwendung von $\sin\theta = \operatorname{Im}(e^{i\theta})$ schreiben wir anstelle von (2.61) zunächst:

$$\Phi(x, y) = \frac{4V}{\pi} \operatorname{Im} \sum_{\substack{n \\ \text{unger.}}} \frac{1}{n} e^{(in\pi/a)(x+iy)}$$

Mit der Definition

$$Z = \mathrm{e}^{(i\pi/a)(x+iy)} \tag{2.63}$$

lässt sich dies auf die suggestive Form

$$\Phi(x, y) = \frac{4V}{\pi} \operatorname{Im} \sum_{\substack{n \\ \text{unger.}}} \frac{Z^n}{n}$$

bringen. Erinnert man sich jetzt an die Entwicklung[2]

$$\ln(1+Z) = Z - \tfrac{1}{2}Z^2 + \tfrac{1}{3}Z^3 - \tfrac{1}{4}Z^4 + \ldots$$

so ist klar, dass

$$\sum_{\substack{n\\ \text{unger.}}} \frac{Z^n}{n} = \frac{1}{2}\ln\left(\frac{1+Z}{1-Z}\right)$$

gilt und damit

$$\Phi(x, y) = \frac{2V}{\pi}\,\mathrm{Im}\left[\ln\left(\frac{1+Z}{1-Z}\right)\right] \tag{2.64}$$

Da der Imaginärteil eines Logarithmus gleich der Phase seines Arguments ist, betrachten wir

$$\frac{1+Z}{1-Z} = \frac{(1+Z)(1-Z^*)}{|1-Z|^2} = \frac{1-|Z|^2+2i\,\mathrm{Im}\;Z}{|1-Z|^2}$$

Hiernach ist die Phase des Arguments des in (2.64) auftretenden Logarithmus gleich $\arctan[2\,\mathrm{Im}\,Z/(1-|Z|^2)]$. Setzt man hier für Z den Ausdruck (2.63) ein, so erhält man schließlich für das Potential:

$$\Phi(x, y) = \frac{2V}{\pi}\arctan\left(\frac{\sin\dfrac{\pi x}{a}}{\sinh\dfrac{\pi y}{a}}\right) \tag{2.65}$$

wobei für die Tangensfunktion der Zweig zwischen 0 und $\pi/2$ zu nehmen ist. Die unendliche Reihe (2.61) haben wir damit auf den geschlossenen Ausdruck (2.65) gebracht. Wir überlassen es dem Leser nachzuweisen, dass er die Randbedingungen erfüllt und auf den asymptotischen Ausdruck (2.62) führt.

Das Potential (2.64) mit dem durch (2.63) gegebenen Z steht offenbar in Zusammenhang mit Funktionen einer komplexen Variablen. Dieser Zusammenhang ist unmittelbare Konsequenz der Tatsache, dass der Real- und Imaginärteil einer analytischen Funktion wegen der Cauchy-Riemann'schen Differentialgleichungen der zweidimensionalen Laplace'schen Gleichung genügen. Wie jedoch zu Beginn dieses Kapitels erwähnt, werden wir in diesem Buch auf Rechenverfahren im Komplexen nicht eingehen, und zwar nicht etwa deswegen, weil sie unwichtig sind, sondern aus Platzgründen und wegen der Vielzahl anderer Bücher, die dieses Thema ausführlich behandeln. Einige von ihnen zitieren wir am Ende des Kapitels. Die Methoden zur Summation von Fourier-Reihen werden, anhand vieler Beispiele, bei *Collin*, Anhang A.6 beschrieben.

---

[2] Die Gültigkeit dieser Entwicklung ergibt sich auch aus der Feststellung, dass $(d/dZ)\left(\sum_{n=1}^{\infty}(Z^n/n)\right) = \sum_{n=0}^{\infty} Z^n = 1/(1-Z)$ ist. Durch Integration gewinnt man hieraus $\sum_{n=1}^{\infty}(Z^n/n) = -\ln(1-Z)$.

2.11 Felder und Ladungsdichten in Umgebung von Ecken und Kanten

In der Praxis sind leitende Flächen oft so angeordnet, dass man sie – zumindest über kurze Strecken – als zwei aufeinanderstoßende Halbebenen betrachten kann. Beispiele hierfür sind die Kanten des in Abb. 2.9 gezeigten Quaders und die bei $x = 0$, $y = 0$ und $x = a$, $y = 0$ liegenden Ecken in Abb. 2.10. Es ist daher nützlich zu wissen, wie sich das Potential, die Felder und die Flächenladungsdichten in der Nähe solcher Ecken oder scharfer Kanten verhalten. Wir wollen sie im folgenden als „unendlich scharf" annehmen, sodass die Feldfunktion in ihrer näheren Umgebung allein von den Eigenschaften der Ecken und Kanten abhängt, nicht aber von den Details der Gesamtkonfiguration.

Der allgemeine zweidimensionale Fall ist in Abb. 2.12 dargestellt. Die leitenden Ebenen treffen unter einem Winkel β aufeinander und werden auf dem Potential V gehalten. Fern vom Ursprung mögen sich – in der Abbildung nicht gezeigte – andere Leiter oder Ladungsverteilungen befinden, die das Potential eindeutig festlegen. Da wir uns für das Verhalten der Felder in der Nähe des Ursprungs interessieren und nicht für ihre absoluten Werte, lassen wir das Fernverhalten so weit wie möglich unspezifiziert.

Die Geometrie von Abb. 2.12 legt es nahe, anstelle kartesischer Koordinaten ebene Polarkoordinaten (ρ, ϕ) zu verwenden. In ihnen schreibt sich die zweidimensionale Laplace'sche Gleichung wie folgt:

$$\frac{1}{\rho}\frac{\partial}{\partial\rho}\left(\rho\frac{\partial\Phi}{\partial\rho}\right) + \frac{1}{\rho^2}\frac{\partial^2\Phi}{\partial\phi^2} = 0 \tag{2.66}$$

Der Separationsansatz

$$\Phi(\rho, \phi) = R(\rho)\Psi(\phi)$$

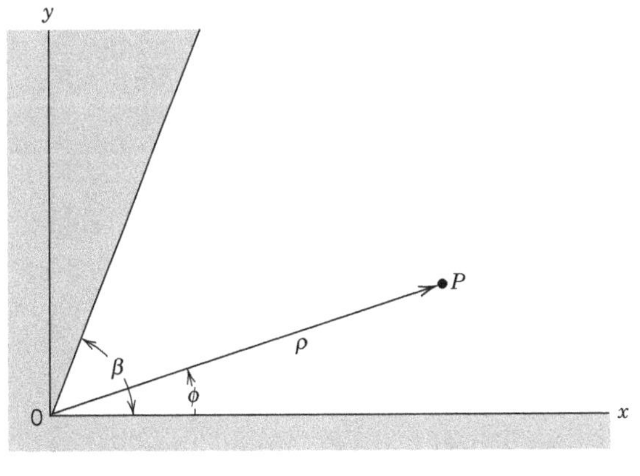

Abb. 2.12 Schnitt zweier leitender Ebenen, die in zwei Dimensionen eine Ecke mit dem Öffnungswinkel β definieren.

führt, nach Multiplikation mit ρ^2/Φ, auf

$$\frac{\rho}{R}\frac{d}{d\rho}\left(\rho\frac{dR}{d\rho}\right)+\frac{1}{\Psi}\frac{d^2\Psi}{d\phi^2}=0 \tag{2.67}$$

Da der erste Term nur von ρ und der zweite nur von ϕ abhängt, müssen beide jeweils gleich einer Konstanten entgegengesetzten Vorzeichens sein:

$$\frac{\rho}{R}\frac{d}{d\rho}\left(\rho\frac{dR}{d\rho}\right)=\nu^2, \quad \frac{1}{\Psi}\frac{d^2\Psi}{d\phi^2}=-\nu^2 \tag{2.68}$$

Die Lösungen dieser beiden Gleichungen lauten:

$$\begin{aligned} R(\rho) &= a\rho^{\nu}+b\rho^{-\nu} \\ \Psi(\phi) &= A\cos(\nu\phi)+B\sin(\nu\phi) \end{aligned} \tag{2.69}$$

Für den Spezialfall $\nu = 0$ haben sie die Gestalt

$$\begin{aligned} R(\rho) &= a_0+b_0\ln\rho \\ \Psi(\phi) &= A_0+B_0\phi \end{aligned} \tag{2.70}$$

Dies sind die Bausteine, aus denen wir das Potential konstruieren werden.

Wenn es auch nicht unmittelbar mit dem vorliegenden Problem zusammenhängt, so geben wir doch die allgemeine Lösung der zweidimensionalen Laplace'schen Gleichung für den Fall an, dass der gesamte azimutale Winkelbereich erlaubt ist. Ein Beispiel hierfür ist das Potential zwischen zwei Zylindern mit den Radien $\rho = a$ und $\rho = b$, auf denen das Potential als Funktion von ϕ vorgegeben ist. Unterliegt ϕ keiner Beschränkung, so muss ν eine positive oder negative ganze Zahl oder Null sein, damit das Potential eindeutig wird. Aus demselben Grund muss die Konstante B_0 in (2.70) für $\nu = 0$ verschwinden. Die allgemeine Lösung hat daher die Form

$$\Phi(\rho,\phi)=a_0+b_0\ln\rho+\sum_{n=1}^{\infty}a_n\rho^n\sin(n\phi+\alpha_n)+\sum_{n=1}^{\infty}b_n\rho^{-n}\sin(n\phi+\beta_n) \tag{2.71}$$

Gehört der Ursprung zu dem Gebiet, in dem sich keine Ladungen befinden, so müssen alle b_n Null sein. Neben einer Konstanten treten dann nur positive Potenzen von ρ auf. Ist der Ursprung aus dem genannten Gebiet ausgeschlossen, dann können die b_n von Null verschieden sein. Dabei entspricht der logarithmische Term bekanntlich einer Linienladung längs der Achse, und deren Ladungsdichte pro Längeneinheit ist $\lambda = -2\pi\epsilon_0 b_0$.

In dem in Abb. 2.12 dargestellten Fall ist der azimutale Winkelbereich auf $0 \leq \phi \leq \beta$ beschränkt. Die Randbedingungen besagen, dass $\Phi = V$ für alle $\rho \geq 0$ ist, wenn $\phi = 0$ oder $\phi = \beta$ ist. Darum muss in (2.70) $b_0 = B_0 = 0$ sein und in (2.69) $b = 0$ sowie $A = 0$. Ferner muss ν so gewählt werden, dass $\sin(\nu\beta) = 0$ ist, d. h. es muss

$$\nu = \frac{m\pi}{\beta}, \quad m = 1, 2, \ldots$$

sein. Die allgemeine Lösung lautet daher:

$$\Phi(\rho,\phi)=V+\sum_{m=1}^{\infty}a_m\rho^{m\pi/\beta}\sin(m\pi\phi/\beta) \tag{2.72}$$

Die noch unbestimmten Koeffizienten a_m hängen von dem Potential ab, das weit außerhalb der Ecke bei $\rho = 0$ herrscht. Da die Reihe positive Potenzen von $\rho^{\pi/\beta}$ enthält, ist für hinreichend kleines ρ nur der erste Term von Bedeutung.[3] *In der Nähe von $\rho = 0$ hat daher das Potential näherungsweise die Form*

$$\Phi(\rho, \phi) \simeq V + a_1 \rho^{\pi/\beta} \sin(\pi\phi/\beta) \tag{2.73}$$

Die zugehörigen Komponenten des elektrischen Feldes sind

$$\begin{aligned} E_\rho(\rho, \phi) &= -\frac{\partial \Phi}{\partial \rho} \simeq -\frac{\pi a_1}{\beta} \rho^{(\pi/\beta)-1} \sin(\pi\phi/\beta) \\ E_\phi(\rho, \phi) &= -\frac{1}{\rho}\frac{\partial \Phi}{\partial \phi} \simeq -\frac{\pi a_1}{\beta} \rho^{(\pi/\beta)-1} \cos(\pi\phi/\beta) \end{aligned} \tag{2.74}$$

Die Flächenladungsdichten bei $\phi = 0$ und $\phi = \beta$ sind gleich und ergeben sich näherungsweise zu

$$\sigma(\rho) = \epsilon_0 E_\phi(\rho, 0) \simeq -\frac{\epsilon_0 \pi a_1}{\beta} \rho^{(\pi/\beta)-1} \tag{2.75}$$

Die Feldkomponenten und die Flächenladungsdichte variieren also bei $\rho \approx 0$ wie $\rho^{(\pi/\beta)-1}$. Die resultierende ρ-Abhängigkeit ist in Abb. 2.13 für einige Spezialfälle angegeben. Für eine Ecke mit kleinem Öffnungswinkel wird der Exponent von ρ sehr groß und damit die Flächenladungsdichte in der Nähe von $\rho = 0$ sehr klein. Für $\rho = \pi$ (eine ebene Fläche) werden die Feldgrößen erwartungsgemäß unabhängig von ρ. Wird $\beta > \pi$, dann geht die Ecke in eine Kante über, und das Feld und die Flächenladungsdichte werden für $\rho \to 0$ singulär. Für $\beta = 2\pi$ (die Kante eines gefalteten Blattes) wird das singuläre Verhalten durch $\rho^{-1/2}$ bestimmt. Dieser Ausdruck ist noch integrabel, sodass die Ladung in endlichem Abstand von der Kante endlich

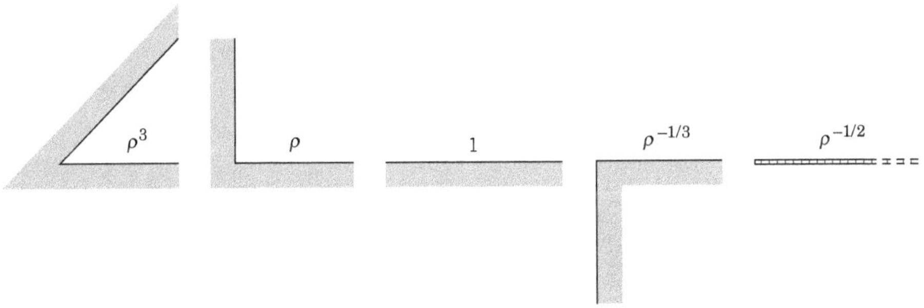

Abb. 2.13 Änderung der Flächenladungsdichte (und des elektrischen Feldes) mit dem Abstand ρ von der Ecke bzw. Kante für die Öffnungswinkel $\beta = \pi/4$, $\pi/2$, π, $3\pi/2$ und 2π.

[3] Wir machen hier eine notwendige Annahme über die Randbedingung in großer Entfernung von der Ecke – nämlich die, dass der Koeffizient a_1 nicht verschwindet. Im Allgemeinen ist dies nicht von Bedeutung, doch bei speziellen Symmetrien können a_1 und sogar a_2 Null werden. Diese außergewöhnlichen Fälle müssen gesondert behandelt werden.

ist, jedoch werden die Feldstärken an der Kante eines leitenden Blattes (wie für jede Konfiguration mit $\beta > \pi$) sehr groß.

Die obigen Überlegungen zu zweidimensionalen elektrostatischen Problemen lassen sich auf viele dreidimensionale Fälle anwenden, und zwar selbst für zeitveränderliche Felder. Handelt es sich um eine scharfe Kante endlicher Länge wie etwa beim Würfel weit außerhalb einer Ecke, so können die Änderungen des Potentials entlang der Kante in nicht zu großem Abstand von ihr vernachlässigt werden. Die obigen Betrachtungen lassen sich dann anwenden, obwohl der Koeffizient a_1 in (2.75) über die Länge der Kante variieren kann. In ähnlicher Weise sind die hier für elektrostatische Felder angestellten Überlegungen auch für zeitveränderliche gültig. Entscheidend ist dabei, dass mit der Zeitabhängigkeit eine weitere Länge ins Spiel kommt, nämlich die Wellenlänge. Unter der Voraussetzung, dass man sich in Entfernungen von der Kante befindet, die gegenüber der Wellenlänge und anderen relevanten Abständen klein sind, reduziert sich das Verhalten zeitveränderlicher Felder auf das von elektrostatischen bzw. magnetostatischen Feldern. So sind z. B. die Felder von Mikrowellen, die an der Öffnung eines dünnen leitenden Schirms gebeugt werden, für $\rho \to 0$ singulär wie $\rho^{-1/2}$, wenn ρ der Abstand vom Rand der Öffnung ist. Diese Tatsache muss bei jeder exakten Lösung eines Beugungsproblems berücksichtigt werden.

Auf dem singulären Verhalten von Feldern in der Nähe von scharfen Kanten beruht die Wirkungsweise von Blitzableitern. In dem hier diskutierten, idealisierten Fall wächst die Feldstärke für $\rho \to 0$ unbegrenzt an, doch für ein dünnes Blatt der Dicke d mit sanft abgerundeter Kante kann man zeigen, dass die Feldstärke an der Oberfläche proportional zu $d^{-1/2}$ ist. Für genügend kleines d kann dieser Ausdruck sehr groß werden. Im absoluten Vakuum sind entsprechende Feldstärken möglich, doch in der Luft kommt es zu einem elektrischen Durchschlag und einer Entladung, wenn die Feldstärke einen bestimmten Wert überschreitet. (Dieser Wert hängt von der genauen Form der Elektrode und ihrer Nähe zu anderen Elektroden etc. ab; für Luft bei Normalbedingungen ist er größer als ungefähr $2{,}5 \times 10^6$ V/m und liegt manchmal über dem Vierfachen davon.) Bei einem Gewitter, bei dem es zu hohen Potentialdifferenzen zwischen Erde und Gewitterwolken kommt, verursacht eine scharfe Kante oder, besser, eine Spitze (vgl. hierzu Kap. 3.4) einen Durchschlag und bildet dann das eine Ende des zickzackförmigen Leitungsweges, über den sich die Funkenentladungen durch die Luft bewegen.

2.12 Einführung in die Methode finiter Elemente in der Elektrostatik

Die Methode finiter Elemente (auch *Finite-Element-Methode* genannt und daher mit *FEM* abgekürzt) ist anwendbar auf eine Vielzahl numerischer Verfahren zur Lösung von Randwertproblemen der Physik und Ingenieurwissenschaften. Wir beschränken uns hier auf einen Abriss der grundlegenden Ideen und betrachten die *Methode von Galerkin*, angewandt auf zweidimensionale Probleme der Elektrostatik, als Beispiel. Zum Schluss streifen wir kurz die Verallgemeinerung auf drei Dimensionen. Lesern, die die hier skizzierte Thematik vertiefen wollen, empfehlen wir die in der Bibliographie genannten Bücher von *Binns*, *Lawrenson* und *Trowbridge* sowie *Ida und Bastos* und ferner *Sadiku*, *Schwarz*[4], *Strang* oder *Zhou*.

Zu lösen sei die Poisson'sche Gleichung $\nabla^2\psi = -g$ bzw. $\nabla^2\psi + g = 0$ in einem zweidimensionalen Gebiet R bei Dirichlet'schen Randbedingungen auf der Randkurve C. Ausgangspunkt der folgenden Lösungsmethode ist die Forderung, dass der integrale Mittelwert der Größe $\nabla^2\psi + g$, wo ψ eine *Näherungs*lösung der gegebenen Differentialgleichung darstellt, verschwindet:

$$\int_R [\nabla^2\psi + g]\phi \, dx \, dy = 0 \tag{2.76}$$

Dabei soll $\phi(x, y)$ eine geeignete Gewichtsfunktion sein, von der wir zunächst nur voraussetzen wollen, dass sie stückweise stetig in R ist und auf dem Rand verschwindet. Wendet man jetzt auf den ersten Term des Integrals die erste Green'sche Identität (1.34) an, so folgt:

$$\int_R [\nabla\phi \cdot \nabla\psi - g\phi] \, dx \, dy = 0 \tag{2.77}$$

wobei berücksichtigt wurde, dass das in der Green'schen Identität auftretende Flächenintegral Null ist, weil ϕ nach Voraussetzung auf C Null sein soll. Galerkins Methode besteht nun darin, die gesuchte Lösung $\psi(x, y)$ durch eine Entwicklung nach einem Satz von endlich vielen, linear unabhängigen Funktionen $\phi_{ij}(x, y)$ zu approximieren, die nur in einer endlichen Umgebung von $x = x_i$, $y = y_j$ von Null verschieden sind. Das Gebiet R denken wir uns von einem quadratischen Gitter mit dem Gitterabstand h überzogen. Eine mögliche Wahl für die Funktionen $\phi_{ij}(x, y)$ ist dann

$$\phi_{ij}(x, y) = (1 - |x - x_i|/h)(1 - |y - y_j|/h) \tag{2.78}$$

für $|x - x_i| \leq h$, $|y - y_j| \leq h$ und $\phi_{ij}(x, y) = 0$ sonst. Die Summe aller ϕ_{ij} über das gesamte Gitter ist gleich Eins. Natürlich könnte man auch andere lokalisierte Funktionen wählen. Aber unabhängig von der getroffenen Wahl lautet die Entwicklung von $\psi(x, y)$, wenn N_0 die Anzahl der Gitterstellen einschließlich der Randstellen ist, folgendermaßen:

$$\psi(x, y) \approx \sum_{k,l}^{(N_0)} \Psi_{kl}\phi_{kl}(x, y) \tag{2.79}$$

Abgesehen von den gegebenen Werten an den Randstellen, kann man sich die konstanten Koeffizienten Ψ_{kl} als Näherungswerte für $\psi(x_k, y_l)$ vorstellen. Falls der Gitterabstand klein genug ist, wird die Entwicklung (2.79) eine vernünftige Näherung für das tatsächliche ψ sein, sofern die Koeffizienten geeignet gewählt werden.

Der zweite Schritt bei der Methode von Galerkin besteht darin, für die Gewichtsfunktion in (2.77) die zur Gitterstelle (x_i, y_j) gehörende Funktion $\phi_{ij}(x, y)$ in die

4 Das in der deutschen Übersetzung hinzugefügte Buch von Schwarz zählt in der deutschsprachigen Fachliteratur zu den Standardwerken über die Methode der finiten Elemente. Weitere deutschsprachige Bücher werden in den Literaturhinweisen genannt (Anm. des Übersetzers).

Entwicklung einzusetzen, wobei die i und j nacheinander alle N *inneren* Gitterstellen durchlaufen. Damit entsteht aus (2.77) die charakteristische Gleichung

$$\sum_{k,l}^{(N_0)} \Psi_{kl} \int_R \nabla\phi_{ij}(x, y) \cdot \nabla\phi_{kl}(x, y)\, dx\, dy = g(x_i, y_j) \int_R \phi_{ij}(x, y)\, dx\, dy \tag{2.80}$$

Während sich die Integrale, wie angegeben, über das gesamte Gebiet R erstrecken, ist ϕ_{ij} nur in einer kleinen Umgebung der Stelle (x_i, y_j) von Null verschieden. In Gl. (2.80) geht die Annahme ein, dass sich die Quellfunktion $g(x, y)$ im Maßstab einer Gitterzelle so langsam ändert, dass ihr Wert im Integral auf der rechten Seite durch die jeweiligen Werte an den Gitterstellen ersetzt werden kann. Wenn die Integrale ausgeführt sind, wird aus Gl. (2.80) ein System von N linearen, inhomogenen Gleichungen für die N Unbekannten Ψ_{kl}. Die Kopplung zwischen den Ψ_{kl} beschränkt sich auf eine kleine Anzahl von Gitterstellen um (x_i, y_j) herum, wie in Abb. 2.14 für die „lokalisierte", d.h. nur in einer kleinen Umgebung von (x_i, y_j) von Null verschiedene Funktion (2.78) angedeutet. In Übg. 2.29 soll gezeigt werden, dass für die Funktion (2.78) folgende Integrale benötigt werden:

$$\int_R \phi_{ij}(x, y)\, dx\, dy = h^2$$

$$\int_R \nabla\phi_{ij}(x, y) \cdot \nabla\phi_{kl}(x, y)\, dx\, dy = \left\{\begin{matrix} 8/3 \\ -1/3 \\ -1/3 \\ -1/3 \end{matrix}\right\} \text{ für } \left\{\begin{matrix} k = i, & l = j \\ k = i \pm 1, & l = j \\ k = i, & l = j \pm 1 \\ k = i \pm 1, & l = j \pm 1 \end{matrix}\right\} \tag{2.81}$$

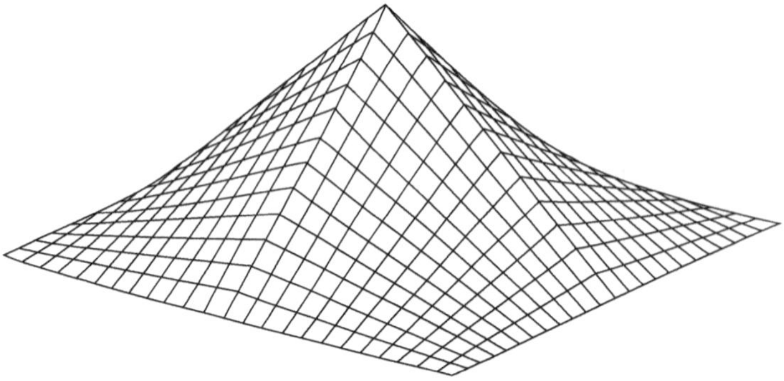

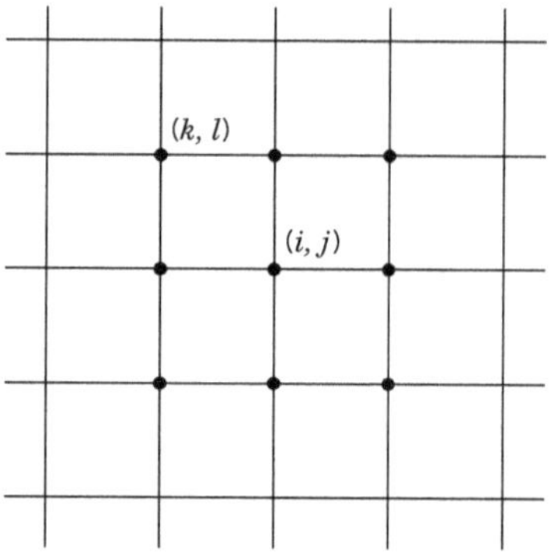

Abb. 2.14 Skizze der durch (2.78) gegebenen Funktionen $\phi_{ij}(x, y)$. Die Punkte in dem unteren Gitter markieren die in der lokalisierten Funktion (2.78) über die Integrale auf der linken Seite von (2.80) miteinander gekoppelten Gitterstellen.

Wenn die Stelle (x_i, y_j) in der Nähe des Randes liegt, sind die Werte von drei oder mehr Termen auf der linken Seite von (2.80) gleich den mit $-1/3$ multiplizierten, vorgegebenen Randwerten von ψ. Diese lassen sich der Inhomogenität auf der rechten Seite zuschlagen. Gl. (2.80) kann man in Matrixform, $\mathbf{K\Psi} = \mathbf{G}$, schreiben, wobei $\mathbf{\Psi}$ und $\mathbf{G}$ N-komponentige Vektoren sind und $\mathbf{K}$ eine „schwach besetzte" $N \times N$-Matrix ist, die nur wenige nichtverschwindende Elemente besitzt. Solche Matrizen erlauben eine schnelle Lösung der Operatorgleichung, wenn man spezielle numerische Verfahren zur Matrizeninversion verwendet (s. zum Beispiel *Press et al.*). Konkrete Beispiele bleiben den Übungen am Ende des Kapitels vorbehalten.

Das quadratische Gitter ist für viele Probleme nicht optimal, weil die Lösung in manchen Bereichen des interessierenden Gebiets schneller variiert als in anderen. In diesen Bereichen ist dann ein feineres Netz erforderlich. Häufig verwendet man eine FEM-Version, die unterschiedliche Gitterformen zulässt und daher wesentlich flexibler und geeigneter ist. Als zweidimensionale Grundeinheit bietet sich das besonders häufig benutzte Dreieck an, das wir im Folgenden behandeln wollen.

Wir wollen annehmen, dass das dreieckige Grundelement so klein sei, dass sich die Feldvariable über die Fläche des Elements kaum ändert und in allen Richtungen durch einen Ausdruck approximiert werden kann, der linear in x und y ist. Das Grunddreieck $e(1, 2, 3)$ ist in Abb. 2.15 dargestellt. Innerhalb dieses Gebietes machen wir für die Feldvariable die Näherung $\psi(x, y) \approx \psi_e(x, y) = A + Bx + Cy$. Die Koeffizienten (A, B, C) werden durch die drei Werte (ψ_1, ψ_2, ψ_3) an den Knotenpunkten oder Vertizes bestimmt. Zur systematischen numerischen Berechnung empfiehlt es sich, drei sogenannte Formfunktionen $N_j^{(e)}(x, y)$, eine für jeden Vertex, einzuführen, sodass $N_i^{(e)} = 1$ ist für $x = x_i$, $y = y_i$ und $N_j^{(e)} = 0$ an den anderen Vertizes. Die Formfunktionen für das dreieckige Element e sollen außerhalb dieses Dreiecks verschwinden.

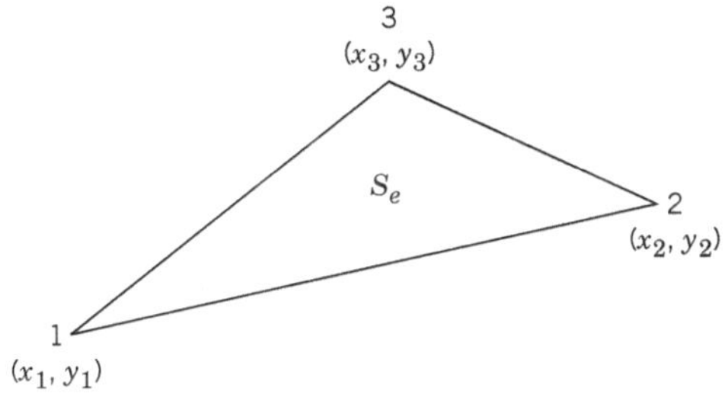

Abb. 2.15 Das dreieckige Grundelement $e(1,2,3)$ mit der Fläche S_e für die FEM in zwei Dimensionen.

Man betrachte zum Beispiel die Formfunktion $N_1^{(e)} = a_1 + b_1 x + c_1 y$ und bestimme die Größen a_1, b_1 und c_1 aus der Forderung

$$\begin{aligned} a_1 + b_1 x_1 + c_1 y_1 &= 1 \\ a_1 + b_1 x_2 + c_1 y_2 &= 0 \\ a_1 + b_1 x_3 + c_1 y_3 &= 0 \end{aligned}$$

Die Koeffizientendeterminante D dieses Gleichungssystems ist

$$D = \begin{vmatrix} 1 & x_1 & y_1 \\ 1 & x_2 & y_2 \\ 1 & x_3 & y_3 \end{vmatrix} = (x_2 - x_1)(y_3 - y_1) - (x_3 - x_1)(y_2 - y_1)$$

D ist invariant gegenüber einer Drehung des Dreiecks; denn es gilt $D = 2S_e$, wobei S_e die Fläche des Dreiecks ist. Für die gesuchten Größen (a_1, b_1, c_1) ergibt sich:

$$a_1 = \frac{1}{2S_e}(x_2 y_3 - x_3 y_2)$$
$$b_1 = \frac{1}{2S_e}(y_2 - y_3)$$
$$c_1 = \frac{-1}{2S_e}(x_2 - x_3)$$

Die anderen $N_j^{(e)}$ ergeben sich durch zyklische Vertauschung der Indizes. Die N_j und ihre Koeffizienten gehorchen den folgenden Beziehungen:

$$\sum_{i=1}^{3} N_i^{(e)}(x, y) = 1; \quad \sum_{i=1}^{3} a_i = 1; \quad \sum_{i=1}^{3} b_i = 0; \quad \sum_{i=1}^{3} c_i = 0;$$

$$a_j + b_j \overline{x_e} + c_j \overline{y_e} = \frac{1}{3} \quad (j = 1, 2, 3)$$

Hierbei sind $\overline{x_e} = (x_1 + x_2 + x_3)/3$ und $\overline{y_e} = (y_1 + y_2 + y_3)/3$ die Schwerpunktskoordinaten des Dreiecks e.

Die Formfunktionen der dreieckigen Elemente im Gebiet R lassen sich im Galerkin-Verfahren als Satz linear unabhängiger Basisfunktionen verwenden. Die Feldvariable $\psi(x, y)$ hat daher die Entwicklung

$$\psi(x, y) \approx \sum_{f, j} \Psi_j^{(f)} N_j^{(f)}(x, y) \tag{2.82}$$

wobei sich die Summe über alle Dreiecke f und über die Knoten eines jeden Dreiecks erstreckt. Die Konstanten $\Psi_j^{(f)}$ sind die gesuchten Feldwerte an den Knoten. (Die Indizierung ist hier redundant; denn benachbarte Dreiecke haben gemeinsame Knoten.) Es sei darauf hingewiesen, dass sich zwar der Satz der Formfunktionen ändert, wenn der Punkt (x, y) von einem Dreieck zu einem angrenzenden wechselt, dass aber die rechte Seite von Gl. (2.82) dennoch eine stetige Funktion darstellt. Aufgrund der Linarität der Formfunktionen beläuft sich der Wert der Summe (2.82) entlang der gemeinsamen Seite zweier Dreiecke in beiden Darstellungen auf das gewichtete Mittel der Werte in den Endpunkten, ohne Beiträge der Formfunktionen an den nicht-gemeinsamen Knoten.

Wir wenden uns jetzt wieder der Poisson'schen Gleichung mit Dirichlet'schen Randbedingungen und dem verschwindenden Integral (2.77) zu. Für $\psi(x, y)$ verwenden wir die Entwicklung (2.82) und wählen als Gewichtsfunktion $\phi(x, y) = N_i^{(e)}(x, y)$ für ein bestimmtes Element e und einen Knoten i (der nicht auf dem Rand C liegt, weil dort ja die Bedingung $\phi = 0$ gelten soll.) Das Integral [und die Summe (2.82)] beschränkt sich dann auf das gewählte Element, ähnlich wie es die lokalisierte Funktion $\phi_{ij}(x, y)$ in Gl. (2.80) tat. Wenn man die Inhomogenität der rechten Seite zuschlägt, ergibt sich für das Integral:

$$\sum_{j=1}^{3} \Psi_j^{(e)} \int_e \nabla N_i^{(e)} \cdot \nabla N_j^{(e)} \, dx \, dy = \int_e g N_i^{(e)} \, dx \, dy \tag{2.83}$$

Falls sich $g(x, y)$ über das Element e hin nur wenig ändert, lässt sich als Näherung der Wert im Schwerpunkt des Dreiecks, $g_e \equiv g(\overline{x}_e, \overline{y}_e)$, verwenden und aus dem Integral auf der rechten Seite herausziehen. Für das verbleibende Integral ergibt sich:

$$\int_e N_i^{(e)}\,dx\,dy = S_e(a_i + b_j\overline{x_e} + c_i\overline{y_e}) = \tfrac{1}{3}\,S_e \tag{2.84}$$

Wegen der Linearität der Formfunktionen ist der Integrand auf der linken Seite von Gl. (2.83) eine Konstante. Das innere Produkt der Gradienten lässt sich einfacher schreiben, wenn wir beachten, dass $\partial N_i^{(e)}/\partial x = b_i$ und $\partial N_i^{(e)}/\partial y = c_i$ gilt. Wir definieren daher die Größen

$$k_{ij}^{(e)} = S_e(b_i b_j + c_i c_j) \tag{2.85}$$

Diese Größen bilden einen Satz dimensionsloser Kopplungskoeffizienten für das Dreieck e. Es lässt sich zeigen, dass sie von der Form des Dreiecks abhängen, nicht aber von seiner Größe oder Orientierung. In Abb. 2.16 sind zwei Beispiele angegeben. Die Diagonalelemente $k_{ii}^{(e)}$ sind den entsprechenden Knoten (i) zugeordnet und die außerdiagonalen Elemente $k_{ij}^{(e)}$ den Verbindungslinien der Knoten i und j.

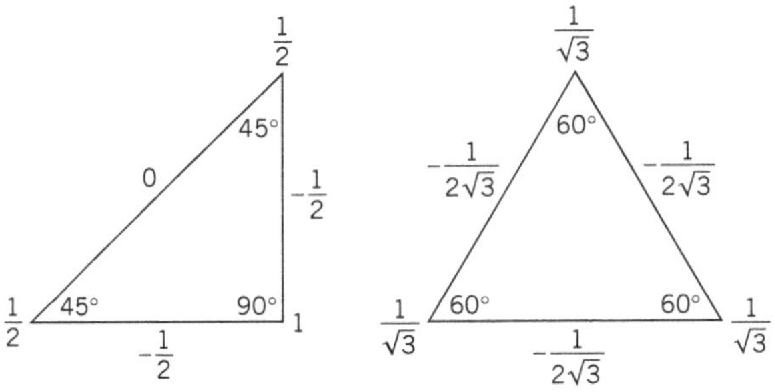

Abb. 2.16 Beispiele zu den Dreiecks-Kopplungskoeffizienten. Die „diagonalen“ Koeffizienten stehen an den Ecken (Knoten) und die „außerdiagonalen“ an den Seiten zwischen den Knoten.

Mit den nach (2.85) definierten Kopplungskoeffizienten wird aus (2.83):

$$\sum_{j=1}^{3} k_{ij}^{(e)}\Psi_j^{(e)} = \frac{S_e}{3}g_e \quad (i = 1, 2, 3) \tag{2.86}$$

Für jedes Element e ergeben sich drei lineare Gleichungen – es sei denn, die Seite(n) falle(n) mit dem Rand zusammen. Die drei gekoppelten Gleichungen lassen sich wieder in Matrixform, $\mathbf{k}^{(e)}\mathbf{\Psi}^{(e)} = \mathbf{G}^e$, schreiben.

Es geht nun darum, das Ergebnis für das eine Element so zu verallgemeinern, dass die Gesamtheit aller Dreiecke, die das Gebiet R aufspannen, in übersichtlicher Form beschrieben werden kann. Es sei nun N die Anzahl der inneren Knoten und N_0 die Gesamtzahl aller Knoten, einschließlich derer auf dem Rand. Die inneren Knoten seien mit $j = 1, 2, 3, \ldots, N$ indiziert, die Randknoten mit $j = N + 1$, $N + 2$, $\ldots$, N_0. Für die Matrix $\mathbf{k}^{(e)}$ nehme man die Erweiterung $\mathbf{k}^{(e)} \to \mathbf{K}$ vor, wobei $\mathbf{K}$ eine

$N \times N$-Matrix ist, deren Zeilen und Spalten durch die Knotenindizes gekennzeichnet sind. Entsprechend definiere man die N-komponentigen Vektoren $\mathbf{\Psi}$ und $\mathbf{G}$ und addiere, für jedes Dreieckselement, die Elemente $k_{ij}^{(e)}$ und $S_e g_e/3$ zu der entsprechenden Zeile bzw. Spalte von $\mathbf{K}$ und $\mathbf{G}$. Als Endergebnis erhält man die Matrixgleichung

$$\mathbf{K}\mathbf{\Psi} = \mathbf{G} \tag{2.87}$$

wobei

$$\mathbf{K} = (k_{ij}) \quad \text{mit } k_{ii} = \sum_T k_{ij}^{(e)} \quad \text{und} \quad k_{ij} = \sum_E k_{ij}^{(e)}, \quad i \neq j$$

$$G_i = \frac{1}{2}\sum_T S_e g_e - \sum_{j=N+1}^{N_0} k_{ij}^{(e)} \Psi_j^{(e)} \tag{2.88}$$

Die Summation über T erstreckt sich über alle, mit dem inneren Knoten i verbundenen Dreiecke, während die Summation über E alle Dreiecke betrifft, deren eine Seite die Knoten i und j miteinander verbindet. Die zweite in G_i auftretende Summe enthält – für Knoten, die unmittelbar mit den Randknoten verbunden sind – die gegebenen Randwerte von ψ an diesen Stellen und die entsprechenden $k_{ij}^{(e)}$-Werte (die in der Matrix $\mathbf{K}$ nicht erscheinen). Anhand von Abb. 2.17 kann sich der Leser von der Richtigkeit von (2.88) überzeugen. Ähnlich wie beim quadratischen Gitter ist $\mathbf{K}$ eine schwach besetzte $N \times N$-Matrix mit positiven Elementen in der Diagonalen. Wie bereits erwähnt, existieren für solche Matrizen, selbst wenn sie sehr groß sind, besondere Verfahren zur Inversion.

Die Verallgemeinerung des dreieckigen Grundelements zu einer dreidimensionalen FEM-Version besteht darin, dass man einen weiteren, außerhalb der Ebene gelegenen Knoten hinzufügt und damit das Dreieck zu einem Tetraeder erweitert. In diesem Tetraeder werden für die Näherungslösung der Feldwerte vier Formfunktionen $N_j^{(e)}(x, y, z)$ benötigt. Die Algebra wird aufwendiger, aber das Konzept bleibt erhalten.

Wir haben uns hier auf eine bloße Einführung in die Methode der finiten Elemente (FEM) beschränkt. Es existieren von ihr zahlreiche Varianten, und zwar für alle Zweige der Physik und Ingenieurwissenschaften. Staatliche Institute und Wirtschaftsunternehmen arbeiten mit fertigen FEM-Paketen: POISSON ist eine solche Software, die vom Lawrence National Laboratory, Berkeley, zusammen mit dem

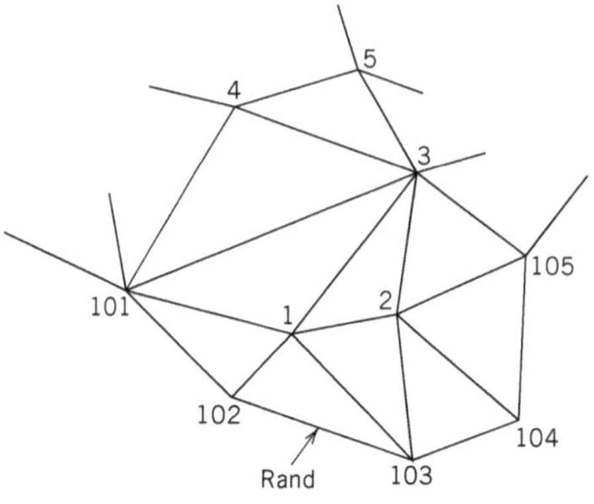

Abb. 2.17 Dreiecke, die einen Teil des Gebiets R aufspannen (mit der Annahme, dass 100 innere Knoten existieren).

Livermore National Laboratory entwickelt wurde; TOSCA und CARMEN entstammen dem Rutherford-Appleton Laboratory in England.

Literaturhinweise

Die Methode der Spiegelladungen und das damit zusammenhängende mathematische Verfahren der Spiegelung werden in vielen Büchern behandelt; besonders gute und ausführliche Darstellungen enthalten die Bücher von
- Jeans, Kap. VIII
- Maxwell, Bd. 1, Kap. XI
- Smythe, Kap. IV und V.

Das klassische Anwendungsbeispiel für die Spiegelung, die Lord Kelvin 1847 zur Bestimmung der Ladungsverteilung auf der inneren und äußeren Oberfläche einer dünnen, geladenen Kugelschale aus leitendem Material benutzte, wird besprochen bei
- Kelvin, S. 186
- Jeans, S. 250–251.

Eine wahrhaft enzyklopädische Fundstelle für Beispiele aller Art, zusammen mit vielen Abbildungen, stellt das Buch von
- Durand (besonders die Kapitel III und IV)

dar; die Spiegelung behandelt Durand auf den Seiten 107–114.

Rechenmethoden im Komplexen und die konforme Abbildung zur Lösung zweidimensionaler Potentialprobleme werden behandelt bei
- Durand, Kap. X
- Jeans, Kap. VIII, Abschn. 306–337
- Maxwell, Bd. I, Kap. XII
- Morse und Feshbach, S. 443–453 und 1215–1252
- Smythe, Kap. IV, Abschn. 4.09–4.31
- Thomson, Kap. 3.

Ein nützliches, kurzgefasstes Mathematikbuch über konforme Abbildung ist das von
- Bieberbach.

Darüberhinaus gibt es viele Lehrbücher der Elektrotechnik, die diesem Thema gewidmet sind, so z. B.
- Gibbs
- Rothe, Ollendorf und Pohlhausen.

Eine elementare, aber sehr klare Darstellung der mathematischen Theorie der Fourier-Reihen und Fourier-Integrale sowie der Entwicklung nach orthogonalen Funktionen findet man bei
- Churchill
- Hildebrand, Kap. 5
- *Smirnow, Teil II.

In etwas veralteter Weise, jedoch anhand vieler Beispiele und Übungen, wird die Theorie der Fourier-Reihen und Fourier-Integrale bei
- Byerly

diskutiert.

Die Literatur zu numerischen Methoden in der Physik ist äußerst umfangreich und wächst unentwegt. Anhaltspunkte für in Frage kommende Lektüre bietet
- De Vries, Paul L., Resource Letter CP-1: Computational Physics, *Am. J. Phys.* **64**, 364–368 (1996).

Zur Methode der finiten Elemente (FEM) seien neben den bereits am Anfang von Abschnitt 2.12 genannten Büchern noch folgende angegeben:
- Hammond, P. und J. K. Sykulski: *Engineering Electromagnetism, Physical Processes and Computation*. New York: Oxford University Press 1994.
- Steele, G. W.: *Numerical Computation of Electric and Magnetic Fields*. New York: Van Nostrand, 1987.

Das erste Buch bietet in Kap. 7 eine kurze, aber klare Darstellung der FEM, während das zweite die FEM und verwandte Themen sehr viel ausführlicher und gründlicher behandelt. Genannt seien schließlich auch die beiden Bücher von
- *Lehner
- *Schwab.

Während das erste Buch ein genauso ausführliches wie gelungenes Kapitel über numerische Methoden (speziell auch die FEM) in der elektromagnetischen Feldtheorie enthält, bringt das zweite eine eher kursorische Einführung in diese Methoden.

Übungen

2.1 Eine Punktladung q werde in den Abstand d von einer unendlich ausgedehnten, leitenden Ebene gebracht, die auf dem Potential Null gehalten wird. Unter Verwendung der Methode der Spiegelladungen bestimme man

(a) die auf der Ebene induzierte Flächenladungsdichte und stelle sie graphisch dar;

(b) die zwischen der Ebene und der Ladung herrschende Kraft, indem man das Coulomb'sche Gesetz auf die Kraft zwischen der Ladung und ihrem Spiegelbild anwende;

(c) die auf die Ebene insgesamt wirkende Kraft durch Integration von $\sigma^2/2\epsilon_0$ über die gesamte Ebene;

(d) die Arbeit, die notwendig ist, um die Ladung q aus ihrem Abstand d von der leitenden Ebene ins Unendliche zu bringen;

(e) die potentielle Energie zwischen der Ladung und ihrem Spiegelbild (und vergleiche das Resultat mit (d) und diskutiere es).

(f) Man gebe das in (d) gefundene Resultat in Elektronenvolt an, und zwar für ein Elektron, das von der Ebene ursprünglich den Abstand 1 Ångström hatte.

2.2 Mithilfe der Methode der Spiegelladungen diskutiere man das Problem einer Punktladung q *innerhalb* einer geerdeten, leitenden Hohlkugel mit dem inneren Radius a. Man bestimme

(a) das Potential innerhalb der Kugel;

(b) die induzierte Flächenladungsdichte;

(c) den Betrag und die Richtung der auf q ausgeübten Kraft.

(d) Wird die Lösung modifiziert, wenn die Kugel auf festem Potential V gehalten wird oder auf der Innen- und Außenfläche die Gesamtladung Q trägt?

2.3 Eine zur z-Achse parallele Linienladung mit der konstanten Ladungsdichte λ durchstoße die (x, y)-Ebene im ersten Quadranten bei (x_0, y_0). Die Schnittebenen $x = 0$, $y \geq 0$ und $y = 0$, $x \geq 0$ seien leitende Randflächen auf dem Potential Null. Zu untersuchen sind das Potential, die Felder und die Flächenladungen im ersten Quadranten.

(a) Das wohlbekannte Potential für eine isolierte Linienladung bei (x_0, y_0) lautet: $\Phi(x, y) = (\lambda/4\pi\epsilon_0)\ln(R^2/r^2)$, wobei $r^2 = (x - x_0)^2 + (y - y_0)^2$ ist und R eine Konstante. Man leite eine Formel für das Potential der Linienladung bei Anwesenheit der genannten Schnittebenen her und zeige explizit, dass das Potential und das tangentiale elektrische Feld an den Randflächen verschwinden.

(b) Man bestimme die Flächenladung σ auf der Ebene $y = 0$, $x \geq 0$ und trage σ/λ für ($x^0 = 2$, $y_0 = 1$), ($x^0 = 1$, $y_0 = 1$) und ($x_0 = 1$, $y_0 = 2$) über x auf.

(c) Man zeige, dass sich die Gesamtladung (pro Längeneinheit in z-Richtung) auf der Ebene $y = 0$, $x \geq 0$ zu

$$Q_x = -\frac{2}{\pi}\lambda \arctan\left(\frac{x_0}{y_0}\right)$$

ergibt. Wie groß ist die Gesamtladung auf der Ebene $x = 0$?

(d) Man zeige, dass in großer Entfernung vom Ursprung ($\rho \gg \rho_0$, wobei $\rho = \sqrt{(x^2 + y^2)}$ und $\rho_0 = \sqrt{(x_0^2 + y_0^2)}$ ist) der Hauptbeitrag zum Potential gegeben ist durch

$$\Phi \to \Phi_{\text{asym}} = \frac{4\lambda}{\pi\epsilon_0} \frac{(x_0 y_0)(xy)}{\rho^4}$$

Man interpretiere dieses Ergebnis!

2.4 Gegeben sei eine isolierte, leitende Kugel vom Radius R, die eine bestimmte Ladung trage, und ihr gegenüber befinde sich im Abstand $d > R$ vom Kugelmittelpunkt eine Punktladung gleicher Stärke.

(a) Innerhalb welcher Distanz von der Kugeloberfläche erfährt die Punktladung eher eine Anziehung als eine Abstoßung?

(b) Wie groß ist der Grenzwert der Anziehungskraft, wenn sich die Punktladung in einer Entfernung $a(= d - R)$ von der Kugeloberfläche befindet und $a \ll R$ ist?

(c) Wie ändern sich die Ergebnisse in (a) und (b), wenn die Ladung der Kugel bei gleichbleibendem Vorzeichen gegenüber der Punktladung verdoppelt (halbiert) wird?

Lösungen: **(a)** $d/R - 1 = 0{,}6180$; **(b)** $F = -q^2/(16\pi\epsilon_0 a^2)$, d. h. die Spiegelkraft; **(c)** sowohl für Teil (a) als auch für Teil (b) lautet das Ergebnis folgendermaßen: wenn $Q = 2q$ ist, folgt $d/R - 1 = 0{,}4276$, und für $Q = q/2$ erhält man $d/R - 1 = 0{,}8823$.

2.5 **(a)** Gegeben sei eine geerdete leitende Kugel vom Radius a um den Ursprung, und ihr gegenüber befinde sich – im Abstand $r > a$ vom Ursprung – eine Ladung q. Dann wird auf q die Kraft (2.6) ausgeübt. Man zeige, dass zur Verschiebung der Ladung ins Unendliche die Arbeit

$$W = \frac{q^2 a}{8\pi\epsilon_0 (r^2 - a^2)}$$

zu leisten ist, und stelle den Bezug zum elektrostatischen Potential (2.3) und zur Energiediskussion in Abschnitt 1.11 her.

(b) Wird die in Teil (a) beschriebene Kugel durch eine isolierte, geladene, leitende Kugel vom Radius a ersetzt, so wird auf dieselbe Ladung q die Kraft (2.9) ausgeübt. Man zeige, dass in diesem Fall die zur Entfernung der Ladung erforderliche Arbeit gegeben ist durch

$$W = \frac{1}{4\pi\epsilon_0}\left[\frac{q^2 a}{2(r^2 - a^2)} - \frac{q^2 a}{2r^2} - \frac{qQ}{r}\right]$$

und stelle – analog zu Teil (a) – den Bezug zum elektrostatischen Potential (2.8) und zur Energiediskussion in Abschnitt 1.11 her.

2.6 Das elektrostatische Problem einer Punktladung q gegenüber einer isolierten, geladenen leitenden Kugel ist äquivalent zu dem dreier Ladungen – der ursprünglichen Ladung und zwei weiterer Ladungen, davon einer im Zentrum der Kugel und einer (der Spiegelladung) innerhalb der nun gedachten Kugel auf der Verbindungslinie der beiden anderen.

Wir ersetzen nun die Punktladung und die Kugel durch zwei leitende Kugeln mit den Radien r_a und r_b, die die Ladungen Q_a bzw. Q_b tragen und deren Zentren den Abstand $d > r_a + r_b$ voneinander haben. Dann besteht eine Äquivalenz zu einer unendlichen Folge von Ladungen innerhalb jeder Kugel, eine im Zentrum und einem Satz von Spiegelladungen auf der Verbindungslinie der Zentren. Die Ladungen und ihre Koordinaten lassen sich iterativ bestimmen. Man beginnt mit einer Ladung $q_a(1)$ im Zentrum der ersten Kugel und mit einer entsprechenden Ladung $q_b(1)$ für die zweite Kugel. Die Ladung $q_b(1)$ hat ihre Spiegelladung $q_a(2)$ innerhalb der ersten Kugel und umgekehrt. Die Spiegelladung in der ersten Kugel erzeugt ein weiteres Spiegelbild in der zweiten Kugel und so fort. Die Summe aller Ladungen in jeder Kugel muss auf Q_a bzw. Q_b normiert werden.

Das elektrostatische Potential außerhalb der Kugeln und die Kraft zwischen ihnen ergeben sich aus der Summe der Beiträge aller Ladungen.

(a) Man zeige, dass die Ladungen und ihre Positionen iterativ durch folgende Beziehungen bestimmt sind:

$$\begin{aligned} q_a(j) &= -r_a q_b(j-1)/d_b(j-1), \quad x_a(j) = r_a^2/d_b(j-1), \quad d_a(j) = d - x_a(j) \\ q_b(j) &= -r_b q_a(j-1)/d_a(j-1), \quad x_b(j) = r_b^2/d_a(j-1), \quad d_b(j) = d - x_b(j) \end{aligned}$$

für $j = 2, 3, 4, \ldots$ mit $d_a(1) = d_b(1) = d$ und $x_a(1) = x_b(1) = 0$.

(b) Man bestimme die Spiegelladungen und ihre Positionen auf den Kugeln und die Kraft zwischen ihnen unter Verwendung eines geeigneten Computerprogramms. (Um das Potential auf jeder Kugel zu berechnen, bestimme man es zunächst an verschiedenen Punkten, z. B. in der Äquatorebene und an dem Pol, der der anderen Kugel gegenüberliegt. Man kann sich auf diese Weise davon überzeugen, dass der Leiter eine Äquipotentialfläche bildet, und im Übrigen die Genauigkeit der Rechnung überprüfen.)

(c) Als Beispiel berechne man die Kraft zwischen zwei gleich geladenen Kugeln vom gleichen Radius R, die sich beinahe berühren, und zeige, dass sich diese Kraft um den Faktor 0,6189 von derjenigen unterscheidet, die man erhielte, wenn die gesamte Ladung jeder Kugel im Mittelpunkt konzentriert wäre. Ferner zeige man numerisch und durch explizite Aufsummation der Reihe, dass die Kapazität zweier identischer leitender Kugeln, die sich berühren, den Wert $C/4\pi\epsilon_0 R = 1{,}3863\cdots$ [$= \ln 4$] hat.

Literatur: Soules, J. A., *Am. J. Phys.* **58**, 1195 (1990).

2.7 Man untersuche das Potentialproblem in dem durch $z \geq 0$ definierten Halbraum mit Dirichlet'scher Randbedingung auf der Ebene $z = 0$ (und im Unendlichen).

(a) Man gebe die zugehörige Green'sche Funktion $G(\mathbf{x}, \mathbf{x}')$ an.

(b) Für den Fall, dass das Potential auf der Ebene $z = 0$ innerhalb eines Kreises um den Ursprung vom Radius a den festen Wert $\Phi = V$ hat und außerhalb dieses Kreises $\Phi = 0$ ist, leite man einen Integralausdruck für das Potential an einem Punkt P mit den Zylinderkoordinaten (ρ, ϕ, z) her.

(c) Man zeige, dass das Potential entlang der Achse, die senkrecht durch den Mittelpunkt der Kreisebene geht ($\rho = 0$), gegeben ist durch

$$\Phi = V\left(1 - \frac{z}{\sqrt{a^2 + z^2}}\right)$$

(d) Ferner zeige man, dass sich das Potential für große Abstände ($\rho^2 + z^2 \gg a^2$) in eine Reihe nach Potenzen von $(\rho^2 + z^2)^{-1}$ entwickeln lässt und dass die führenden Terme bestimmt werden durch

$$\Phi = \frac{Va^2}{2} \frac{z}{(\rho^2 + z^2)^{3/2}} \left[1 - \frac{3a^2}{4(\rho^2 + z^2)} + \frac{5(3\rho^2 a^2 + a^4)}{8(\rho^2 + z^2)^2} + \ldots \right]$$

Man verifiziere, dass die Ergebnisse von (c) und (d) in ihrem gemeinsamen Gültigkeitsbereich miteinander konsistent sind.

2.8 Ein zweidimensionales Potentialproblem wird z. B. definiert durch zwei zueinander parallele, unendlich lange, gerade Linienladungen, die den Abstand R voneinander haben und die Ladungsdichte λ bzw. $-\lambda$ tragen.

(a) Man zeige durch direkte Konstruktion, dass die Flächen konstanten Potentials V kreisförmige Zylinder um die Linienladungen (mit zu ihnen parallelen Achsen) sind, und drücke die Koordinaten der Zylinderachsen und Zylinderradien durch R, λ und V aus.

(b) Unter Verwendung der in (a) erhaltenen Ergebnisse zeige man, dass die auf die Längeneinheit bezogene Kapazität C von zwei zueinander parallelen, zylindrischen Leitern mit den Radien a bzw. b, die durch den Abstand $d > a + b$ voneinander getrennt sind, gegeben ist durch

$$C = \frac{2\pi\epsilon_0}{\operatorname{arcosh}\left(\dfrac{d^2 - a^2 - b^2}{2ab}\right)}$$

(c) Man weise nach, dass das Ergebnis für C mit dem in Übg. 1.7 angegebenen Ausdruck bei geeignetem Grenzübergang übereinstimmt, und drücke die nächste, nichtverschwindende Korrektur durch a/d und b/d aus.

(d) Man berechne die auf die Längeneinheit bezogene Kapazität von zwei ineinander liegenden geraden Zylindern ($d < |b - a|$) und überprüfe das Ergebnis für zwei konzentrische Zylinder ($d = 0$).

2.9 Eine isolierte, leitende Kugelschale vom Radius a befinde sich in einem ursprünglichen homogenen elektrischen Feld E_0. Für den Fall, dass die Kugelschale durch einen Schnitt senkrecht zum Feld in zwei Hälften zerlegt ist, berechne man die abstoßende Kraft zwischen den Halbkugeln, wenn

(a) die Kugelschale ungeladen ist;

(b) die Gesamtladung der Kugelschale Q ist.

2.10 Ein großer Plattenkondensator bestehe aus zwei zueinander parallelen leitenden Platten, von denen die eine auf der innere Seite eine kleine Erhöhung in Form einer Halbkugel vom Radius a habe. Die leitende Platte mit der Erhöhung werde auf dem Potential Null gehalten, die andere dagegen auf einem solchen Potential, dass das Feld zwischen den Platten in großem Abstand von der Erhöhung den Wert E_0 habe.

(a) Man berechne die Flächenladungsdichte an einem beliebigen Punkt der Platte mit der halbkugelförmigen Erhöhung und insbesondere an einem Punkt auf dieser Erhöhung. Das Verhalten der berechneten Flächenladungsdichte skizziere man als Funktion des Abstandes vom Mittelpunkt der Erhöhung bzw. – für Punkte auf der Erhöhung – als Funktion eines geeigneten Winkels.

(b) Man zeige, dass die Gesamtladung auf der Erhöhung den Betrag $3\pi\epsilon_0 E_0 a^2$ hat.

(c) Anstelle der leitenden Platte mit von Null verschiedenem Potential werde eine Punktladung q direkt über der halbkugelförmigen Erhöhung im Abstand d von ihrem Mittelpunkt angebracht. Man zeige dann, dass auf der Erhöhung die Ladung

$$q' = -q\left[1 - \frac{d^2-a^2}{d\sqrt{d^2+a^2}}\right]$$

induziert wird.

2.11 Eine Linienladung der Dichte λ werde im Abstand R parallel zur Achse eines leitenden Zylinders vom Radius b angebracht. Der Zylinder selbst werde auf einer solchen Spannung gehalten, dass das Potential im Unendlichen verschwindet. Man bestimme

(a) den Betrag und die Lage der Spiegelladung(en);

(b) das Potential an einem beliebigen Punkt (ausgedrückt in Polarkoordinaten mit dem Ursprung in der Zylinderachse und der Verbindungslinie zwischen ihr und der Linienladung als x-Achse) einschließlich seiner asymptotischen Form in großer Entfernung vom Zylinder;

(c) die induzierte Flächenladungsdichte und stelle sie graphisch als Funktion eines geeigneten Winkels dar, und zwar für $R/b = 2; 4$ und in Einheiten von $\lambda/2\pi b$;

(d) die auf die Linienladung wirkende Kraft pro Längeneinheit.

2.12 Man betrachte das zweidimensionale Potentialproblem eines an der Oberfläche eines Zylinders vom Radius b vorgegebenen Potentials. Die allgemeine Lösung dieses Problems wird durch die Reihe (2.71) dargestellt. Man werte die Koeffizienten formal aus, setze sie in die Reihe ein und summiere diese, um das Potential *innerhalb* des Zylinders in der folgenden Weise durch das Poisson'sche Integral auszudrücken:

$$\Phi(\rho, \phi) = \frac{1}{2\pi}\int_0^{2\pi} \Phi(b, \phi')\frac{b^2-\rho^2}{b^2+\rho^2-2b\rho\cos(\phi'-\phi)}\,d\phi'$$

Welche Änderung ist vorzunehmen, wenn das Potential in dem Raumgebiet gesucht wird, das von der Zylinderfläche und dem Unendlichen begrenzt wird?

2.13 **(a)** Ein langer leitender Hohlzylinder mit dem inneren Radius b sei durch einen Schnitt längs seiner Achse in zwei Hälften unterteilt. Man zeige, dass, wenn die beiden Zylinderhälften durch einen schmalen Spalt voneinander getrennt sind und auf den Potentialen V_1 bzw. V_2 gehalten werden, das Potential innerhalb der beiden Zylinderhälften durch

$$\Phi(\rho, \phi) = \frac{V_1+V_2}{2} + \frac{V_1-V_2}{\pi}\arctan\left(\frac{2b\rho}{b^2-\rho^2}\cos\phi\right)$$

gegeben ist. Dabei ist ϕ ein Winkel, der von einer senkrecht zur Spaltebene verlaufenden Ebene aus gemessen wird.

(b) Man berechne die Flächenladungsdichte auf den beiden Zylinderhälften.

2.14 Als Variante des voranstehenden zweidimensionalen Problems betrachte man einen langen, leitenden Hohlzylinder vom Radius b, dessen vier Quadranten auf alternierenden Potentialen $\pm V$ gehalten werden.

(a) Man löse das Problem unter Verwendung der Reihe (2.71) und zeige, dass das Potential innerhalb des Zylinders durch

$$\Phi(\rho, \phi) = \frac{4V}{\pi}\sum_{n=0}^{\infty}\left(\frac{\rho}{b}\right)^{4n+2}\frac{\sin[(4n+2)\phi]}{2n+1}$$

gegeben ist.

(b) Man zeige, dass sich die in (a) angegebene Reihe aufsummieren lässt zu

$$\Phi(\rho, \phi) = \frac{2V}{\pi} \arctan\left(\frac{2\rho^2 b^2 \sin 2\phi}{b^4 - \rho^4}\right)$$

(c) Man skizziere die Feldlinien und die Äquipotentiallinien.

2.15 **(a)** Man zeige, dass die Green'sche Funktion $G(x, y; x', y')$ bei Dirichlet'schen Randbedingungen für ein zweidimensionales quadratisches Gebiet, $0 \leq x \leq 1$, $0 \leq y \leq 1$, gegeben ist durch folgende Entwicklung:

$$G(x, y; x', y') = 2 \sum_{n=1}^{\infty} g_n(y, y') \sin(n\pi x') \sin(n\pi x)$$

wobei $g_n(y, y')$ den Gleichungen

$$\left(\frac{\partial^2}{\partial y'^2} - n^2\pi^2\right) g_n(y, y') = -4\pi\delta(y' - y) \quad \text{und} \quad g_n(y, 0) = g_n(y, 1) = 0$$

genügt.

(b) Man stelle $g_n(y, y')$ in den beiden Gebieten $y' < y$ und $y' > y$ als geeignete Linearkombination von $\sinh(n\pi y')$ und $\cosh(n\pi y')$ dar, die den Randbedingungen genügt und deren Ableitung die von der Delta-Funktion (im Quell-Term) geforderte Unstetigkeit hat. Mit dieser Linearkombination zeige man, dass G die folgende explizite Form besitzt:

$$G(x, y; x', y') = 8 \sum_{n=1}^{\infty} \frac{1}{n \sinh(n\pi)} \sin(n\pi x) \sin(n\pi x') \sinh(n\pi y_<) \sinh[n\pi(1 - y_>)]$$

wobei $y_<(y_>)$ von y und y' jeweils den kleineren (größeren) Wert bezeichnet.

2.16 Zu bestimmen ist das Potential auf dem Einheitsquadrat ($0 \leq x \leq 1$, $0 \leq y \leq 1$), das von „Flächen" begrenzt wird, die auf dem Potential Null gehalten werden, und gleichmäßig mit der Ladungsdichte Eins (pro Einheitslänge in z-Richtung) belegt ist. Unter Verwendung der Green'schen Funktion aus Übg. 2.15 zeige man, dass sich die Lösung für das Potential schreiben lässt in der Form

$$\Phi(x, y) = \frac{4}{\pi^3 \epsilon_0} \sum_{m=0}^{\infty} \frac{\sin[(2m+1)\pi x]}{(2m+1)^3} \left\{1 - \frac{\cosh[(2m+1)\pi(y - \frac{1}{2})]}{\cosh[(2m+1)\pi/2]}\right\}$$

2.17 **(a)** Man konstruiere für den freien Raum (das Vakuum) die Green'sche Funktion $G(x, y; x', y')$ der zweidimensionalen Elektrostatik, indem man $1/R$ bezüglich der Größe $(z' - z)$ in den Grenzen $\pm Z$ integriere, wobei Z sehr groß sei, und zeige, dass sich die gesuchte Green'sche Funktion bis auf eine unwesentliche Konstante schreiben lässt als

$$\begin{aligned} G(x, y; x', y') &= -\ln[(x - x')^2 + (y - y')^2] \\ &= -\ln[\rho^2 + \rho'^2 - 2\rho\rho' \cos(\phi - \phi')] \end{aligned}$$

(b) Man zeige durch Trennung der Variablen, dass sich die obige Green'sche Funktion als Fourier-Reihe in den azimutalen Variablen darstellen lässt:

$$G = \frac{1}{2\pi} \sum_{-\infty}^{\infty} e^{im(\phi - \phi')} g_m(\rho, \rho')$$

wobei die radiale Green'sche Funktion der Gleichung

$$\frac{1}{\rho'} \frac{\partial}{\partial \rho'}\left(\rho' \frac{\partial g_m}{\partial \rho'}\right) - \frac{m^2}{\rho'^2} g_m = -4\pi \frac{\delta(\rho - \rho')}{\rho}$$

genügt. Man beachte, dass $g_m(\rho, \rho')$ bei festem ρ für $\rho' < \rho$ und $\rho' > \rho$ verschiedene Linearkombinationen der Lösungen der homogenen radialen Gl. (2.68) ergibt, und zwar mit einer Unstetigkeit in der Ableitung bei $\rho' = \rho$, die durch die Delta-Funktion im Quellterm bestimmt ist.

(c) Man vervollständige die Lösung und zeige, dass die Green'sche Funktion die Entwicklung

$$G(\rho, \phi; \rho', \phi) = -\ln(\rho_>^2) + 2\sum_{m=1}^{\infty} \frac{1}{m}\left(\frac{\rho_<}{\rho_>}\right)^m \cdot \cos[m(\phi - \phi')]$$

hat, wobei $\rho_<(\rho_>)$ der kleinere (größere) Wert von ρ und ρ' ist.

2.18 **(a)** Man bestimme die Green'sche Funktion für das innere Dirichletsche Problem eines Zylinders vom Radius b [$g_m(\rho, \rho' = b) = 0$. Siehe Gl. (1.40)], indem man geeignete Lösungen der radialen Gl. aus Übg. 2.17 (b) aufsuche. Dazu bestimme man zunächst die der Green'schen Funktion aus Übg. 2.17 ähnliche Reihenentwicklung und zeige anschließend, dass sich diese in geschlossener Form schreiben lässt als

$$G = \ln\left[\frac{\rho^2\rho'^2 + b^4 - 2\rho\rho' b^2 \cos(\phi - \phi')}{b^2(\rho^2 + \rho'^2 - 2\rho\rho' \cos(\phi - \phi'))}\right]$$

oder

$$G = \ln\left[\frac{(b^2 - \rho^2)(b^2 - \rho'^2) + b^2|\boldsymbol{\rho} - \boldsymbol{\rho}'|^2}{b^2|\boldsymbol{\rho} - \boldsymbol{\rho}'|^2}\right]$$

(b) Man zeige, dass sich die Lösung der Laplace'schen Gleichung für das Potential $\Phi(b, \phi)$ auf dem Zylinder als das Poisson'sche Integral aus Übg. 2.12 ausdrücken lässt.

(c) Durch welche Änderung erhält man die Green'sche Funktion für den Außenraum ($b < \rho < \infty$), und zwar sowohl in der Fourier-Entwicklung als auch in der geschlossenen Form? (Die Green'sche Funktion für den Außenraum ist – strenggenommen – nicht korrekt, weil sie für ρ oder $\rho' \to \infty$ nicht verschwindet. Aber in allen Fällen, in denen das Potential für $\rho \to \infty$ hinreichend schnell abfällt, lässt sie sich verwenden, ohne dass man einen Fehler begeht.)

2.19 Man zeige, dass die zweidimensionale Green'sche Funktion für Dirichlet'sche Randbedingungen in dem ringförmigen Gebiet $b \le \rho \le c$ (konzentrische Zylinder) die folgende Entwicklung hat:

$$G = \frac{\ln(\rho_<^2/b^2)\ln(c^2/\rho_>^2)}{\ln(c^2/b^2)} + 2\sum_{m=1}^{\infty} \frac{\cos[m(\phi - \phi')]}{m[1 - (b/c)^{2m}]}(\rho_<^m - b^{2m}/\rho_<^m)(1/\rho_>^m - \rho_>^m/c^{2m})$$

2.20 Zweidimensionale Quadrupolfelder für Teilchenbeschleuniger lassen sich durch vier symmetrisch angeordnete Linienladungen mit den Ladungsdichten $\pm\lambda$ modellieren (siehe linker Teil der unteren Abb., in der rechts die Feldlinien dargestellt sind).

Die Ladungsdichte in zwei Dimensionen lässt sich ausdrücken als

$$\sigma(\rho, \phi) = \frac{\lambda}{a}\sum_{n=0}^{3} (-1)^n \delta(\rho - a)\,\delta(\phi - n\pi/2)$$

(a) Man zeige unter Verwendung der in Übg. 2.17 (c) angegebenen Entwicklung für die Green'sche Funktion, dass das elektrostatische Potential gegeben ist durch

$$\Phi(\rho, \phi) = \frac{\lambda}{\pi\epsilon_0}\sum_{k=0}^{\infty} \frac{1}{2k+1}\left(\frac{\rho_<}{\rho_>}\right)^{4k+2} \cos[(4k+2)\phi]$$

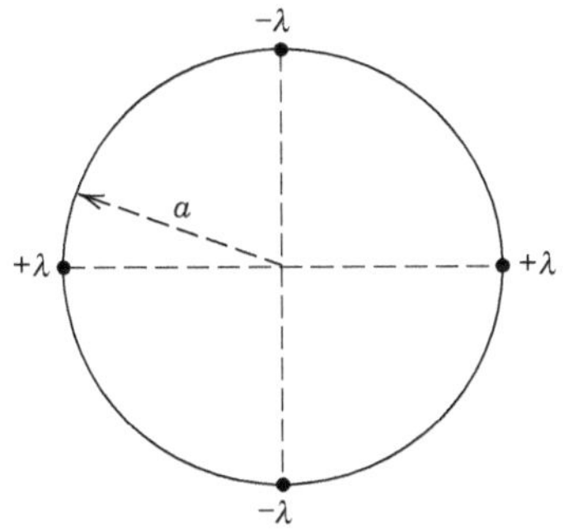

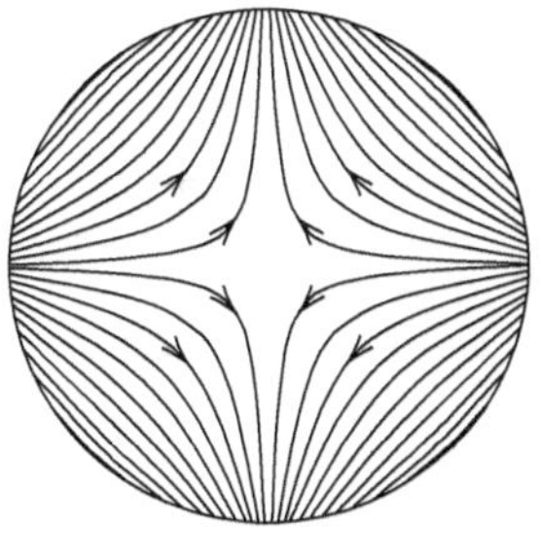

(b) Man setze die in Teil (a) angegebene Lösung in Beziehung zum Realteil der komplexen Funktion

$$w(z) = \frac{2\lambda}{4\pi\epsilon_0} \ln\left[\frac{(z - ia)(z + ia)}{(z - a)(z + a)}\right]$$

wobei $z = x + iy = \rho e^{i\phi}$ ist, und erläutere den Zusammenhang mit Übg. 2.3.

(c) Wie lauten die kartesischen Komponenten des elektrischen Feldes in der Nähe des Ursprungs, ausgedrückt durch x und y? Man betrachte in der zugehörigen Reihenentwicklung die Terme zu $k = 0$ und $k = 1$. Um welchen Faktor unterscheidet sich für $y = 0$ der $k = 1$ (2^6-Pol)-Beitrag zu E_x von dem zu $k = 0$ (2^2-Pol oder Quadrupol)?

2.21 Unter Verwendung des Cauchy'schen Satzes leite man das Poisson'sche Integral her. Nach Cauchy gilt für eine Funktion $F(z)$, die in einem durch eine geschlossene Kurve C begrenzten Gebiet R analytisch ist, folgende Aussage:

$$\frac{1}{2\pi i}\oint_C \frac{F(z')\,dz'}{z' - z} = \begin{cases} F(z) \\ 0 \end{cases} \text{wenn } z \begin{array}{c} \text{innerhalb} \\ \text{außerhalb} \end{array} \text{von } R \text{ liegt}$$

Hinweis: Zum Integral für den Punkt im Innern des Kreises addiere man ein verschwindendes (dem Spiegelpunkt zugeordnetes) anderes Integral.

2.22 **(a)** Für das in Abb. 2.8 dargestellte Beispiel entgegengesetzt geladener, leitender Halbkugeln in geringem Abstand zeige man, dass das innere Potential ($r < a$) auf der z-Achse durch

$$\Phi_{\text{in}}(z) = V\frac{a}{z}\left[1 - \frac{(a^2 - z^2)}{a\sqrt{a^2 + z^2}}\right]$$

gegeben ist. Ferner bestimme man die ersten Glieder der Reihenentwicklung nach Potenzen von z und zeige, dass diese – bei geeigneten Substitutionen – mit (2.27) übereinstimmen.

(b) Mit dem Ergebnis aus (a) und unter Verwendung von Gl. (2.22) zeige man, dass das Radialfeld auf der positiven z-Achse für $z > a$ gegeben ist durch

$$E_r(z) = \frac{Va^2}{(z^2 + a^2)^{3/2}}\left(3 + \frac{a^2}{z^2}\right)$$

und für $|z| < a$ durch

$$E_r(z) = -\frac{V}{a}\left[\frac{3 + (a/z)^2}{(1 + (z/a^2)^{3/2}} - \frac{a^2}{z^2}\right]$$

Man weise nach, dass der zweite Ausdruck im Ursprung nicht divergiert, sondern den Wert $E_r(0) = -3\,V/2a$ hat. Ferner überzeuge man sich davon, dass das radiale Feld bei $z = a$ („innerer" Nordpol) den Wert $-(\sqrt{2}-1)\,V/a$ hat, während es am „äußeren" Nordpol den Wert $\sqrt{2}\,V/a$ annimmt.

(c) Man skizziere die elektrischen Feldlinien innerhalb und außerhalb der Halbkugeln unter Angabe der Feldrichtung und stelle das radiale elektrische Feld entlang der z-Achse von $z = -2a$ bis $z = +2a$ in Abhängigkeit von z dar.

2.23 Die leitenden Wände eines hohlen Würfels seien definiert durch $x = 0$, $y = 0$, $z = 0$ und $x = a$, $y = a$, $z = a$. Die Wände $z = 0$ und $z = a$ mögen auf dem Potential V gehalten werden, die vier anderen dagegen auf dem Potential Null.

(a) Man bestimme das Potential $\Phi(x, y, z)$ für einen beliebigen Punkt innerhalb des Würfels.

(b) Man berechne das Potential im Mittelpunkt des Würfels numerisch, und zwar auf drei Stellen genau. Wieviele Terme der Reihe muss man berücksichtigen, um diese Genauigkeit zu erreichen? Man vergleiche das numerische Ergebnis mit dem Mittelwert des auf den Wänden herrschenden Potentials. Vgl. hierzu auch Übg. 2.28.

(c) Man berechne die Flächenladungsdichte auf der Fläche $z = a$.

2.24 Für das in Abb. 2.12 gezeigte, zweidimensionale Gebiet erweisen sich die Funktionen $\Phi(\phi) = A_m \sin(m\pi\phi/\beta)$ als die geeigneten Winkelfunktionen für Dirichlet'sche Randbedingungen bei $\phi = 0$ und $\phi = \beta$. Man zeige, dass diese Funktionen für $0 < \phi$, $\phi' < \beta$ die Vollständigkeitsrelation

$$\delta(\phi - \phi') = \frac{2}{\beta} \sum_{m=1}^{\infty} \sin(m\pi\phi/\beta) \sin(m\pi\phi'/\beta)$$

erfüllen.

2.25 Gegeben seien zwei auf dem Potential Null liegende, leitende Halbebenen, die längs der z-Achse aufeinanderstoßen und den Winkel β miteinander bilden (vgl. Abb. 2.12). Zwischen den beiden Ebenen, an der Stelle (ρ', ϕ'), befinde sich eine zur z-Achse parallele, linienförmige Einheitsladung.

(a) Man zeige, dass das Potential im Raum zwischen den Ebenen, multipliziert mit $4\pi\epsilon_0$, und damit die Green'sche Funktion $G(\rho, \phi; \rho', \phi')$ für Dirichlet'sche Randbedingungen gegeben ist durch die unendliche Reihe

$$G(\rho, \phi; \rho', \phi') = 4 \sum_{m=1}^{\infty} \frac{1}{m} \rho_<^{m\pi/\beta} \rho_>^{-m\pi/\beta} \sin(m\pi\phi/\beta) \sin(m\pi\phi'/\beta)$$

(b) Durch Übergang zu komplexen Variablen oder mit anderen Mitteln zeige man, dass sich die Reihe zu einem geschlossenen Ausdruck aufsummieren lässt:

$$G(\rho, \phi; \rho', \phi') = \ln \left\{ \frac{(\rho)^{2\pi/\beta} + (\rho')^{2\pi/\beta} - 2(\rho\rho')^{\pi/\beta} \cos[\pi(\phi + \phi')/\beta]}{(\rho)^{2\pi/\beta} + (\rho')^{2\pi/\beta} - 2(\rho\rho')^{\pi/\beta} \cos[\pi(\phi - \phi')/\beta]} \right\}$$

(c) Man weise nach, dass sich für $\beta = \pi$ und $\beta = \pi/2$ die bekannten Resultate ergeben.

2.26 Das zweidimensionale Gebiet $\rho \geq a$, $0 \leq \phi \leq \beta$ werde begrenzt von den Flächen $\phi = 0$, $\rho = a$ und $\phi = \beta$, die sich auf dem festen Potential Null befinden mögen, wie in der Abbildung

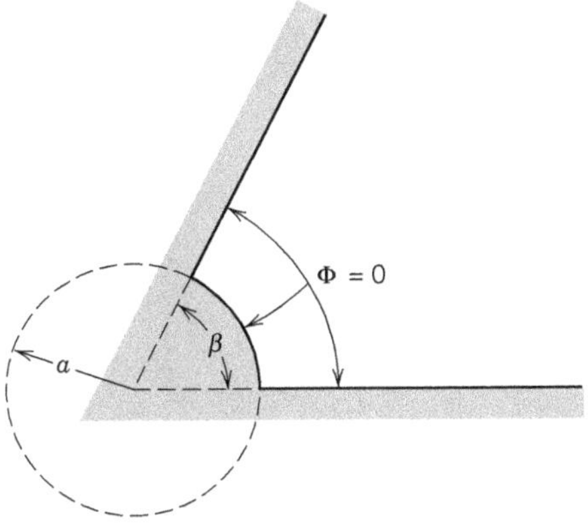

angedeutet. Für große ρ werde das Potential durch eine Anordnung von Ladungen und/oder Leitern auf festem Potential bestimmt.

(a) Man gebe eine Lösung für das Potential $\Phi(\rho, \phi)$ an, die die Randbedingungen für endliches ρ erfüllt.

(b) Unter Berücksichtigung allein der niedrigsten, nichtverschwindenden Terme berechne man die elektrischen Feldkomponenten E_ρ und E_ϕ und die Flächenladungsdichten $\sigma(\rho, 0)$, $\sigma(\rho, \beta)$ und $\sigma(a, \phi)$ auf den drei Randflächen.

(c) Man betrachte den Fall $\beta = \pi$ (eine leitende Ebene mit einem Halbzylinder vom Radius a). Man zeige, dass die niedrigsten Terme aus (b) in großer Entfernung vom Halbzylinder ein homogenes elektrisches Feld senkrecht zur Ebene ergeben. Man skizziere die Ladungsdichte auf dem Halbzylinder und in dessen Umgebung. Für eine konstante elektrische Feldstärke weit weg von der Ebene zeige man, dass die gesamte Ladung auf dem Halbzylinder (d.h. die Ladung pro Längeneinheit in z-Richtung) doppelt so groß ist, wie sie bei dessen Abwesenheit auf einem in der Ebene gelegenen Streifen der Breite $2a$ wäre. Man zeige, dass der Überschuss von Gebieten nahe des Halbzylinders herrührt, sodass die Gesamtladung auf einem Streifen, dessen Breite im Vergleich zu a groß ist, unabhängig von der Anwesenheit des Halbzylinders ist.

2.27 Man betrachte das zweidimensionale Gebiet aus Übg. 2.26 mit $\beta = 2\pi$. Dies entspricht einem dünnen, leitenden Blatt, das entlang der positiven x-Achse von $x = a$ bis $x = \infty$ reicht und an dessen Ende bei $x = a$ ein leitender Zylinder vom Radius a angebracht ist.

(a) Man berechne die Gesamtladung auf dem Zylinder und vergleiche sie mit dem gesamten Ladungsverlust auf dem Blatt in der Nähe des Zylinders, d.h. mit der gesamten Ladungsdifferenz für ein – im Vergleich zu $a = 0$ – endliches a, und zwar unter der Annahme, dass die Ladungsdichte in großer Entfernung vom Zylinder die gleiche ist.

2.28 Ein geschlossenes Volumen werde von den n leitenden Randflächen eines regulären Polyeders ($n = 4, 6, 8, 12, 20$) begrenzt. Auf jeder der n Teilflächen herrsche jeweils ein anderes Potential V_i, $i = 1, 2, \ldots, n$. Man zeige auf möglichst einfache Art und Weise, dass das Potential im Mittelpunkt des Polyeders gleich dem mittleren Potential der n Teilflächen ist. Dieses Problem steht in engem Zusammenhang mit dem aus Übg. 2.23 (b), und das Resultat befindet sich in interessanter Analogie zu dem in Übg. 1.10 zitierten Mittelwertsatz.

2.29 Für die Galerkin-Methode, angewandt auf ein zweidimensionales, quadratisches Gitter mit dem Gitterabstand h, beweise man die Beziehung (2.81) für die lokalisierten „Pyramiden“-

Basisfunktionen $\phi_{ij}(x, y) = (1 - |x|/h)(1 - |y|/h)$, $|x| < h$, $|y| < h$, wobei x und y von der Gitterstelle (i, j) aus gemessen werden. Insbesondere zeige man:

$$\int dx \int dy\, \phi_{i,j}(x, y) = h^2; \quad \int dx \int dy\, \nabla\phi_{i,j} \cdot \nabla\phi_{i,j} = \frac{8}{3};$$

$$\int dx \int dy\, \nabla\phi_{i+1,j} \cdot \nabla\phi_{i,j} = -\frac{1}{3}; \quad \int dx \int dy\, \nabla\phi_{i,j+1} \cdot \nabla\phi_{i,j} = -\frac{1}{3};$$

$$\int dx \int dy\, \nabla\phi_{i+1,j+1} \cdot \nabla\phi_{i,j} = -\frac{1}{3}$$

2.30 Unter Ausnutzung der Ergebnisse von Übg. 2.29 wende man die Galerkin-Methode auf das Integraläquivalent zur Poisson'schen Gleichung an, wobei der Rand auf dem Potential Null liege. Man zeige, dass sich für das Gitter aus Übg. 1.24 mit seinen drei unabhängigen Gitterstellen folgendes ergibt:

$$\int_V dx\, dy\, [\nabla\phi_{i,j} \cdot \nabla\psi - 4\pi\rho\phi_{i,j}] = 0 \quad \text{mit} \quad \psi(x, y) = \sum_{i',j'=1}^{N} \psi_{i',j'}\phi_{i',j'}(x, y).$$

Ferner weise man nach, dass sich drei gekoppelte Gleichungen für die $\psi_{i,j}$-Werte (ψ_1, ψ_2, ψ_3) ergeben, und löse diese Gleichungen, um die Galerkin-Näherung für das Potential an den Gitterstellen zu gewinnen. Man ziehe einen Vergleich mit den exakten Werten und den Ergebnissen der verschiedenen Iterationen aus Übg. 1.24 (c) (wobei man $\psi(x,y) = 4\pi\epsilon_0\Phi\,(x,y)$ beachte) und kommentiere.

3 Randwertprobleme in der Elektrostatik: II

Im vorliegenden Kapitel setzen wir die Diskussion von Randwertproblemen fort. Zunächst untersuchen wir kugel- und zylindersymmetrische Probleme und stellen die Lösung der Laplace'schen Gleichung jeweils in Form einer Reihenentwicklung nach geeigneten Orthonormalfunktionen dar. Die Lösungen der verschiedenen Differentialgleichungen, die man aus der Laplace'schen Gleichung durch Separation der Variablen gewinnt, werden wir nur skizzieren, geben aber einen zusammenfassenden Überblick über die Eigenschaften der verschiedenen Funktionen.

Bei dem Versuch, die Poisson'sche Gleichung unter verschiedenen geometrischen Bedingungen zu lösen, stellt sich automatisch das Problem, Green'sche Funktionen nach Orthonormalfunktionen zu entwickeln. Beispiele für solche Entwicklungen werden wir explizit angeben und auf spezielle Potentialprobleme anwenden. Auch die Äquivalenz der verschiedenen Lösungsmethoden werden wir dabei diskutieren.

3.1 Laplace'sche Gleichung in Kugelkoordinaten

In Kugelkoordinaten (r, θ, ϕ) (vgl. Abb. 3.1) lautet die Laplace'sche Gleichung:

$$\frac{1}{r}\frac{\partial^2}{\partial r^2}(r\Phi) + \frac{1}{r^2 \sin\theta}\frac{\partial}{\partial\theta}\left(\sin\theta\frac{\partial\Phi}{\partial\theta}\right) + \frac{1}{r^2\sin^2\theta}\frac{\partial^2\Phi}{\partial\phi^2} = 0 \tag{3.1}$$

Mit dem Produktansatz

$$\Phi = \frac{U(r)}{r} P(\theta) Q(\phi) \tag{3.2}$$

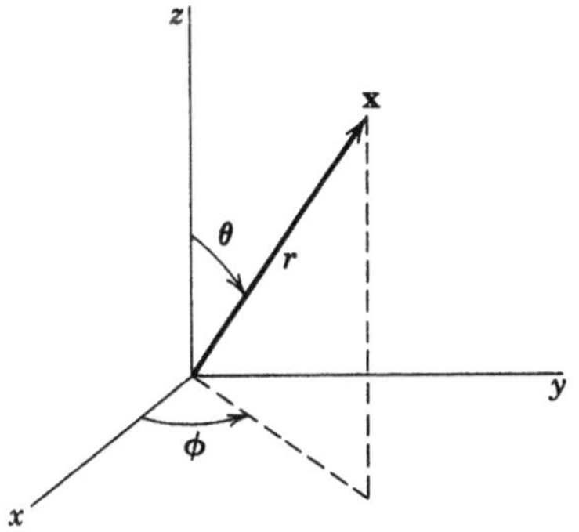

Abb. 3.1

geht sie über in

$$PQ\frac{d^2U}{dr^2}+\frac{UQ}{r^2\sin\theta}\frac{d}{d\theta}\left(\sin\theta\frac{dP}{d\theta}\right)+\frac{UP}{r^2\sin^2\theta}\frac{d^2Q}{d\phi^2}=0$$

Durch Multiplikation mit $r^2\sin^2\theta/UPQ$ erhält man hieraus:

$$r^2\sin^2\theta\left[\frac{1}{U}\frac{d^2U}{dr^2}+\frac{1}{Pr^2\sin\theta}\frac{d}{d\theta}\left(\sin\theta\frac{dP}{d\theta}\right)\right]+\frac{1}{Q}\frac{d^2Q}{d\phi^2}=0 \tag{3.3}$$

Von ϕ hängt jetzt nur noch der letzte Term auf der linken Seite ab. Er muss daher gleich einer Konstanten sein, die wir mit $(-m^2)$ bezeichnen:

$$\frac{1}{Q}\frac{d^2Q}{d\phi^2}=-m^2 \tag{3.4}$$

Die Lösungen dieser Gleichung lauten:

$$Q=e^{\pm im\phi} \tag{3.5}$$

Damit Q eindeutig wird, muss m eine ganze Zahl sein, wenn der gesamte azimutale Winkelbereich erlaubt ist. Durch ähnliche Überlegungen gelangt man zu zwei separaten Gleichungen für $P(\theta)$ und $U(r)$:

$$\frac{1}{\sin\theta}\frac{d}{d\theta}\left(\sin\theta\frac{dP}{d\theta}\right)+\left[l(l+1)-\frac{m^2}{\sin^2\theta}\right]P=0 \tag{3.6}$$

$$\frac{d^2U}{dr^2}-\frac{l(l+1)}{r^2}U=0 \tag{3.7}$$

wobei $l(l+1)$ eine weitere reelle Konstante ist. Gleichung (3.6) ist die allgemeine Differentialgleichung der *zonalen Kugelfächenfunktionen*.

Aus der Form der radialen Gleichung (3.7) ist ersichtlich, dass sie durch einen einfachen Potenzausdruck (und nicht durch eine Potenzreihe) in r gelöst wird. Die entsprechende Lösung lautet:

$$U=Ar^{l+1}+Br^{-l} \tag{3.8}$$

wobei l zunächst noch unbestimmt ist.

3.2 Legendre'sche Differentialgleichung und Legendre-Polynome

In der Differentialgleichung für $P(\theta)$ wird anstelle von θ i.a. die Variable $x=\cos\theta$ eingeführt. Sie nimmt dann die Form

$$\frac{d}{dx}\left[(1-x^2)\frac{dP}{dx}\right]+\left[l(l+1)-\frac{m^2}{1-x^2}\right]P=0 \tag{3.9}$$

an. Diese Gleichung heißt *zugeordnete Legendre'sche Differentialgleichung*. Wir untersuchen sie zunächst für den Spezialfall $m^2=0$, für den sich (3.9) auf die *gewöhnliche Legendre'sche Differentialgleichung*

$$\frac{d}{dx}\left[(1-x^2)\frac{dP}{dx}\right]+l(l+1)P=0 \tag{3.10}$$

reduziert. Das interessierende Gebiet überstreiche den gesamten $\cos\theta$-Bereich, einschließlich des Nord- und Südpols. Um ein physikalisches Potential darzustellen, muss die Lösung im Intervall $-1 \leq x \leq 1$ eindeutig, endlich und stetig sein. Wir wollen annehmen, dass sie sich in eine Potenzreihe der Form

$$P(x)=x^{\alpha}\sum_{j=0}^{\infty}a_j x^j \tag{3.11}$$

entwickeln lässt, wobei α ein noch zu bestimmender Parameter ist. Die Substitution von (3.11) in (3.10) führt dann auf

$$\sum_{j=0}^{\infty}\{(\alpha+j)(\alpha+j-1)a_j x^{\alpha+j-2}-[(\alpha+j)(\alpha+j+1)-l(l+1)]a_j x^{\alpha+j}\}=0 \tag{3.12}$$

In dieser Entwicklung muss jede Potenz von x für sich allein verschwinden. Für $j=0,1$ kommt man zu folgendem Schluss:

$$\begin{aligned}&\text{ist } a_0 \neq 0, \quad \text{dann ist} \quad \alpha(\alpha-1)=0\\ &\text{ist } a_1 \neq 0, \quad \text{dann ist} \quad \alpha(\alpha+1)=0\end{aligned} \tag{3.13}$$

während sich für alle anderen j-Werte die Rekursionsformel

$$a_{j+2}=\left[\frac{(\alpha+j)(\alpha+j+1)-l(l+1)}{(\alpha+j+1)(\alpha+j+2)}\right]a_j \tag{3.14}$$

ergibt. Tatsächlich sind die beiden Relationen (3.13) zueinander äquivalent, und es genügt, *entweder* für a_0 *oder* für a_1 einen von Null verschiedenen Wert zu wählen, nicht aber für beide Koeffizienten gleichzeitig. Für $a_0 \neq 0$ ist also $\alpha=0$ oder $\alpha=1$. Aufgrund von (3.14) enthält dann die Potenzreihe (3.11) für $\alpha=0$ nur gerade Potenzen von x, für $\alpha=1$ dagegen nur ungerade.

Für beide Reihen, d.h. für die mit $\alpha=0$ oder $\alpha=1$, lassen sich folgende Eigenschaften nachweisen:

(a) die Reihe konvergiert für $x^2<1$, unabhängig von l;

(b) die Reihe divergiert bei $x=\pm 1$ – es sei denn, sie bricht ab.

Da wir eine Lösung suchen, die auch bei $x=\pm 1$ endlich ist, fordern wir, dass die Reihe abbricht. Da α und j positive ganze Zahlen oder gleich Null sind, bricht die Rekursionsformel nur dann ab, wenn *l gleich Null oder eine positive ganze Zahl* ist. Aber auch dann konvergiert bei $x=\pm 1$ nur eine der beiden Reihen. Ist l gerade (ungerade), dann bricht die Reihe nur für $\alpha=0$ $(\alpha=1)$ ab.[1] Die resultierenden Poly-

[1] Für $l=0$ z.B. hat die $\alpha=1$ entsprechende Reihe den allgemeinen Koeffizienten $a_1=a_0/j+1$ $(j=0,2,4,\ldots)$. Sie lautet also $a_0(x+\frac{1}{3}x^3+\frac{1}{5}x^5+\cdots)$. Dies ist nichts anderes als die Potenzreihenentwicklung der Funktion $Q_0(x)=\frac{1}{2}\ln\left(\frac{1+x}{1-x}\right)$, die natürlich bei $x=\pm 1$ divergiert. Für jeden Wert von l existiert eine ähnliche Funktion $Q_1(x)$, die neben der überall endlichen Polynomlösung jeweils einen Logarithmus enthält. Man nennt sie *Legendrefunktion zweiter Art*. Vgl. hierzu das Buch von *Magnus* et al. (S. 151ff.). Bei *Whittaker* und *Watson* (Kap. XV) werden die genannten Funktionen unter Verwendung analytischer Funktionen behandelt.

nome haben dann in beiden Fällen x^l als höchste Potenz und die nächst niedrigen sind x^{l-2} usw. bis $x^0\,(x)$ für gerades (ungerades). Nach Konvention normiert man diese Polynome bei $x=+1$ auf Eins. Sie heißen *Legendre-Polynome* (oder auch *zonale Kugelfunktionen erster Art*) vom Grade l und werden mit $P_l(x)$ bezeichnet. Die Legendre-Polynome der fünf niedrigsten Grade lauten explizit:

$$\begin{aligned} P_0(x) &= 1 \\ P_1(x) &= x \\ P_2(x) &= \tfrac{1}{2}(3x^2-1) \\ P_3(x) &= \tfrac{1}{2}(5x^3-3x) \\ P_4(x) &= \tfrac{1}{8}(35x^4-30x^2+3) \end{aligned} \tag{3.15}$$

Durch Umschreiben der Potenzreihe (3.11) mit den durch (3.14) gegebenen Koeffizienten gewinnt man eine kompakte Darstellung der Legendre-Polynome, die sog. *Formel von Rodrigues*:

$$P_l(x) = \frac{1}{2^l(l!)}\frac{d^l}{dx^l}(x^2-1)^l \tag{3.16}$$

(Vgl. hierzu z. B. das Buch von *Arfken*.)

Die Legendre-Polynome bilden einen vollständigen Satz orthogonaler Funktionen im Intervall $-1 \le x \le 1$. Um die Orthogonalität nachzuweisen, gehen wir auf die Differentialgleichung (3.10) zurück, schreiben sie für $P_l(x)$ auf, multiplizieren sie mit $P_{l'}(x)$ und integrieren sie anschließend von -1 bis $+1$:

$$\int_{-1}^{1} P_{l'}(x)\left\{\frac{d}{dx}\left[(1-x^2)\frac{dP_l}{dx}\right] + l(l+1)\,P_l(x)\right\} dx = 0 \tag{3.17}$$

Partielle Integration des ersten Terms führt auf

$$\int_{-1}^{1}\left[(x^2-1)\frac{dP_l}{dx}\frac{dP_{l'}}{dx} + l(l+1)\,P_{l'}(x)\,P_l(x)\right] dx = 0 \tag{3.18}$$

Vertauscht man in dieser Gleichung l mit l' und subtrahiert die resultierende Gleichung von der ursprünglichen, so gelangt man zu der Orthogonalitätsbedingung

$$[l(l+1) - l'(l'+1)]\int_{-1}^{1} P_{l'}(x)\,P_l(x)\,dx = 0 \tag{3.19}$$

Für $l \neq l'$ muss das Integral verschwinden, während es für $l = l'$ endlich ist. Um seinen Wert zu bestimmen, muss man die explizite Darstellung der Legendre-Polynome heranziehen, z. B. die Formel von Rodrigues. Das Integral lautet dann explizit:

$$N_l \equiv \int_{-1}^{1} [P_l(x)]^2\,dx = \frac{1}{2^{2l}(l!)^2}\int_{-1}^{1}\frac{d^l}{dx^l}(x^2-1)^l\,\frac{d^l}{dx^l}(x^2-1)^l\,dx$$

und l-fache partielle Integration führt auf

$$N_l = \frac{(-1)^l}{2^{2l}(l!)^2}\int_{-1}^{1}(x^2-1)^l\,\frac{d^{2l}}{dx^{2l}}(x^2-1)^l\,dx$$

Die $2l$-fache Differentiation von $(x^2-1)^l$ liefert die Konstante $(2l)!$, sodass

$$N_l = \frac{(2l)!}{2^{2l}(l!)^2}\int_{-1}^{1}(1-x^2)^l\,dx$$

Das verbleibende Integral lässt sich direkt oder durch Induktion berechnen. Wir schreiben dazu den Integranden in Form

$$(1-x^2)^l = (1-x^2)(1-x^2)^{l-1} = (1-x^2)^{l-1} + \frac{x}{2l}\frac{d}{dx}(1-x^2)^l$$

und erhalten so:

$$N_l = \left(\frac{2l-1}{2l}\right)N_{l-1} + \frac{(2l-1)!}{2^{2l}(l!)^2}\int_{-1}^{1} x\,d[(1-x^2)^l]$$

Partielle Integration des letzten Integrals führt schließlich auf

$$N_l = \left(\frac{2l-1}{2l}\right)N_{l-1} - \frac{1}{2l}N_l$$

oder

$$(2l+1)N_l = (2l-1)N_{l-1} \tag{3.20}$$

Dies zeigt, dass der Ausdruck $(2l+1)N_l$ unabhängig von l ist. Mit $N_0 = 2$ (aufgrund von $P_0(x) = 1$) folgt hieraus $N_l = 2/(2l+1)$, und die Orthogonalitätsbeziehung lässt sich damit in der Form

$$\int_{-1}^{1} P_{l'}(x)P_l(x)\,dx = \frac{2}{2l+1}\delta_{l'l} \tag{3.21}$$

schreiben. Die zugehörigen, im Sinne von Kap. 2.8 orthonormierten Funktionen sind demnach:

$$U_l(x) = \sqrt{\frac{2l+1}{2}}\,P_l(x) \tag{3.22}$$

Da die Legendre-Polynome einen vollständigen Satz orthogonaler Funktionen bilden, kann jede Funktion $f(x)$ im Intervall $-1 \le x \le 1$ nach ihnen entwickelt werden. Die entsprechende Reihenentwicklung lautet

$$f(x) = \sum_{l=0}^{\infty} A_l P_l(x) \tag{3.23}$$

mit den Koeffizienten

$$A_l = \frac{2l+1}{2}\int_{-1}^{1} f(x)P_l(x)\,dx \tag{3.24}$$

Als Beispiel betrachten wir die in Abb. 3.2 dargestellte Stufenfunktion

$$f(x) = \begin{cases} +1 & \text{für} \quad x \geqslant 0 \\ -1 & \text{für} \quad x < 0 \end{cases}$$

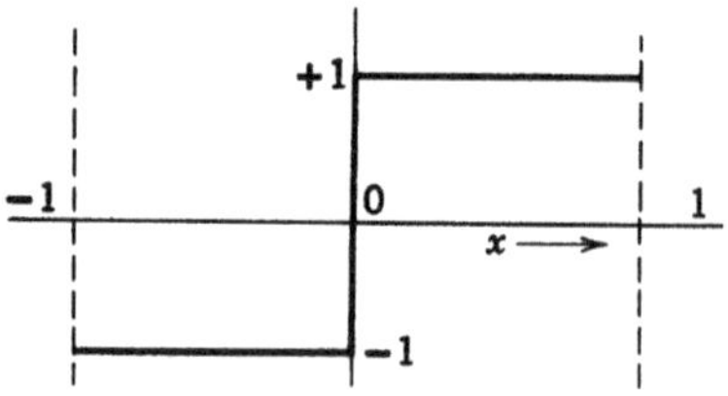

Abb. 3.2

In diesem Fall ist

$$A_l = \frac{2l+1}{2}\left[\int_0^1 P_l(x)\,dx - \int_{-1}^0 P_l(x)\,dx\right]$$

Da $P_l(x)$ für ungerades (gerades) l eine ungerade (gerade) Funktion ist, sind nur die Koeffizienten mit ungeradem l von Null verschieden. Für diese l-Werte ergibt sich:

$$A_l = (2l+1)\int_0^1 P_l(x)\,dx \tag{3.25}$$

Das Integral lässt sich mithilfe der Formel von Rodrigues auswerten und liefert

$$A_l = \left(-\tfrac{1}{2}\right)^{(l-1)/2} \frac{(2l+1)(l-2)!!}{2\left(\frac{l+1}{2}\right)!} \tag{3.26}$$

wobei $(2n+1)!! \equiv (2n+1)(2n-1)(2n-3)\cdots\times 5\times 3\times 1$ die *Doppelfakultät* bezeichnet. Die Reihenentwicklung von $f(x)$ lautet somit:

$$f(x) = \tfrac{3}{2}P_1(x) - \tfrac{7}{8}P_3(x) + \tfrac{11}{16}P_5(x) - \cdots \tag{3.27}$$

Zwischen Legendre-Polynomen verschiedenen Grades bestehen gewisse Rekursionsformeln, mit denen sich Integrale auswerten und Polynome höheren Grades auf solche niedrigeren Grades zurückführen lassen. Mithilfe der Formel von Rodrigues zeigt man z. B., dass

$$\frac{dP_{l+1}}{dx} - \frac{dP_{l-1}}{dx} - (2l+1)P_l = 0 \tag{3.28}$$

ist. Zusammen mit der Differentialgleichung (3.10) kann man hieraus verschiedene Rekursionsformeln herleiten. Zu ihnen gehören:

$$\begin{aligned}(l+1)P_{l+1} - (2l+1)xP_l + lP_{l-1} &= 0\\ \frac{dP_{l+1}}{dx} - x\frac{dP_l}{dx} - (l+1)P_l &= 0\\ (x^2-1)\frac{dP_l}{dx} - lxP_l + lP_{l-1} &= 0\end{aligned} \tag{3.29}$$

Um die Nützlichkeit dieser Formeln zu illustrieren, werten wir das Integral

$$I_1 = \int_{-1}^1 xP_l(x)P_{l'}(x)\,dx \tag{3.30}$$

aus. Aus der ersten der Rekursionsformeln (3.29) erhält man einen Ausdruck für $xP_l(x)$. Setzt man diesen in Gl. (3.30) ein, so folgt:

$$I_1 = \frac{1}{2l+1}\int_{-1}^{1} P_{l'}(x)\,[(l+1)\,P_{l+1}(x) + lP_{l-1}(x)]\,dx$$

Mithilfe der Orthogonalitätsrelation (3.21) kann man jetzt zeigen, dass das Integral nur für $l' = l \pm 1$ nicht verschwindet und dass sich für diese Werte

$$\int_{-1}^{1} xP_l(x)\,P_{l'}(x)\,dx = \begin{cases} \dfrac{2(l+1)}{(2l+1)(2l+3)}, & l' = l+1 \\ \dfrac{2l}{(2l-1)(2l+1)}, & l' = l-1 \end{cases} \tag{3.31}$$

ergibt. Die beiden Ergebnisse (3.31) sind tatsächlich zueinander äquivalent, da sie durch Vertauschen der Rollen von l und l' auseinander hervorgehen. In ähnlicher Weise lässt sich zeigen, dass

$$\int_{-1}^{1} x^2 P_l(x)\,P_{l'}(x)\,dx = \begin{cases} \dfrac{2(l+1)(l+2)}{(2l+1)(2l+3)(2l+5)}, & l' = l+2 \\ \dfrac{2(2l^2+2l-1)}{(2l-1)(2l+1)(2l+3)}, & l' = l \end{cases} \tag{3.32}$$

ist, wenn man $l' \geq l$ voraussetzt.

3.3 Randwertprobleme mit azimutaler Symmetrie

Für Probleme mit azimutaler Symmetrie darf die Lösung (3.2) der Laplace'sche Gleichung in Kugelkoordinaten nicht von ϕ abhängen, d.h. es muss in (3.5) $m = 0$ sein. Die allgemeine Lösung solcher Probleme lautet also:

$$\Phi(r, \theta) = \sum_{l=0}^{\infty} [A_l r^l + B_l r^{-(l+1)}]\,P_l(\cos\theta) \tag{3.33}$$

Die Koeffizienten A_l und B_l können aus den Randbedingungen bestimmt werden. Nehmen wir etwa an, das Potential auf der Oberfläche einer Kugel vom Radius a sei gleich $V(\theta)$ und gesucht werde das Potential innerhalb der Kugel. Befinden sich im Ursprung keine Ladungen, dann muss das Potential dort endlich sein. Folglich ist $B_l = 0$ für alle l. Die Koeffizienten A_l findet man durch Auswerten des Ausdrucks (3.33) auf der Oberfläche der Kugel:

$$V(\theta) = \sum_{l=0}^{\infty} A_l a^l P_l(\cos\theta) \tag{3.34}$$

Dies ist eine Entwicklung nach Legendre-Polynomen von der Art (3.23), und somit ergibt sich für die Koeffizienten A_l:

$$A_l = \frac{2l+1}{2a^l}\int_0^{\pi} V(\theta)\,P_l(\cos\theta)\sin\theta\,d\theta \tag{3.35}$$

Stellt $V(\theta)$ z. B. das Potential einer Kugel dar, deren beide Hälften sich auf entgegengesetzt gleichem Potential befinden (vgl. Kap. 2.7), sodass

$$V(\theta) = \begin{cases} +V, & (0 \leq \theta < \pi/2) \\ -V, & (\pi/2 < \theta \leq \pi) \end{cases}$$

dann sind die Koeffizienten proportional zu denen der Entwicklung (3.27). Das Potential innerhalb der Kugel ist daher

$$\Phi(r,\theta) = V\left[\frac{3}{2}\left(\frac{r}{a}\right)^1 P_1(\cos\theta) - \frac{7}{8}\left(\frac{r}{a}\right)^3 P_3(\cos\theta) + \frac{11}{16}\left(\frac{r}{a}\right)^5 P_5(\cos\theta)\cdots\right] \quad (3.36)$$

Um das Potential außerhalb der Kugel zu bestimmen, braucht man nur $(r/a)^l$ durch $(a/r)^{l+1}$ zu ersetzen. Das resultierende Potential stimmt mit dem auf andere Art und Weise gewonnenen Ausdruck (2.27) überein.

Die Reihe (3.33) mit ihren durch die Randbedingungen bestimmten Koeffizienten stellt eine eindeutige Entwicklung des Potentials dar. Diese Eindeutigkeit gestattet es, die Lösung von Potentialproblemen aus der Kenntnis des Potentials in einem begrenzten Gebiet herzuleiten, nämlich aus dem Potential auf der Symmetrieachse. Auf ihr nimmt (3.33) (mit $z = r$) die Form

$$\Phi(z = r) = \sum_{l=0}^{\infty} \left[A_l r^l + B_l r^{-(l+1)}\right] \quad (3.37)$$

an, die für positive Werte von z gilt. Für negative z muss jeder Term mit $(-1)^l$ multipliziert werden. Angenommen, $\Phi(z)$ ließe sich für einen beliebigen Punkt z auf der Symmetrieachse auf irgendeine Art und Weise zu bestimmen. Ist es dann möglich, diese Potentialfunktion entsprechend (3.37) in eine Reihe nach Potenzen von $z = r$ zu entwickeln und die Koeffizienten zu berechnen, so erhält man die Lösung für das Potential an einem beliebigen Punkt außerhalb der Symmetrieachse durch Multiplikation jedes r^l- und $r^{-(l+1)}$-Terms mit $P_l(\cos\theta)$.

Wir kehren noch einmal zu dem Problem der beiden Halbkugeln mit entgegengesetzt gleichen Potentialen zurück. Die Lösung in Form einer Reihe haben wir bereits auf verschiedenen Wegen in (2.27) und (3.36) gefunden. Die soeben beschriebene Methode stellt einen dritten Lösungsweg dar. Für einen Punkt auf der Achse hatten wir den geschlossenen Ausdruck (2.22) hergeleitet:

$$\Phi(z = r) = V\left[1 - \frac{r^2 - a^2}{r\sqrt{r^2 + a^2}}\right]$$

Er lässt sich in eine Reihe nach Potenzen von a^2/r^2 entwickeln:

$$\Phi(z = r) = \frac{V}{\sqrt{\pi}} \sum_{j=1}^{\infty} (-1)^{j-1} \frac{(2j - \frac{1}{2})\Gamma(j - \frac{1}{2})}{j!} \left(\frac{a}{r}\right)^{2j}$$

Ein Vergleich mit der Entwicklung (3.37) zeigt, dass nur ungerade l-Werte $(l = 2j - 1)$ auftreten. Die Lösung, gültig für alle Punkte außerhalb der Kugel, lautet also:

$$\Phi(r,\theta) = \frac{V}{\sqrt{\pi}} \sum_{j=1}^{\infty} (-1)^{j-1} \frac{(2j - \frac{1}{2})\Gamma(j - \frac{1}{2})}{j!} \left(\frac{a}{r}\right)^{2j} P_{2j-1}(\cos\theta)$$

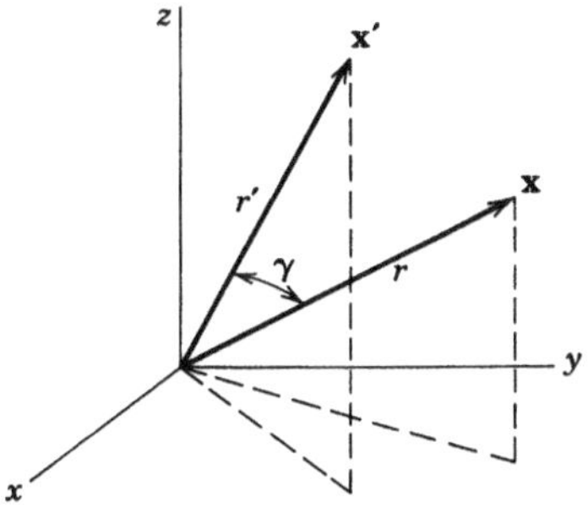

Abb. 3.3

Diese Lösung stimmt mit (2.27) und (3.36) überein.

Von besonderer Wichtigkeit ist die Entwicklung des an einem Punkt **x** herrschenden Potentials, das von einer Einheitspunktladung an der Stelle **x**′ herrührt:

$$\frac{1}{|\mathbf{x}-\mathbf{x}'|}=\sum_{l=0}^{\infty}\frac{r_<^l}{r_>^{l+1}}P_l(\cos\gamma) \tag{3.38}$$

Dabei bedeutet $r_<$ ($r_>$) die kleinere (größere) der beiden Größen $|\mathbf{x}|$ und $|\mathbf{x}'|$, während γ der Winkel zwischen **x** und **x**′ ist (vgl. Abb. 3.3). Die Gültigkeit von (3.38) lässt sich zeigen, indem man die Achsen so dreht, dass **x**′ auf der z-Achse liegt. Dann genügt das Potential nicht nur der Laplace'schen Gleichung, sondern besitzt auch azimutale Symmetrie und kann – außer am Punkt $\mathbf{x}=\mathbf{x}'$ – entsprechend (3.33) folgendermaßen entwickelt werden:

$$\frac{1}{|\mathbf{x}-\mathbf{x}'|}=\sum_{l=0}^{\infty}(A_l r^l+B_l r^{-(l+1)})P_l(\cos\gamma)$$

Liegt der Punkt **x** auf der z-Achse, so reduziert sich der Ausdruck auf der rechten Seite dieser Gleichung auf den entsprechenden Ausdruck in (3.37), während die linke Seite in $1/|r-r'|$ übergeht:

$$\frac{1}{|\mathbf{x}-\mathbf{x}'|}\equiv\frac{1}{(r^2+r'^2-2rr'\cos\gamma)^{1/2}}\to\frac{1}{|r-r'|}$$

Die Entwicklung für Punkte **x** auf der Achse lautet daher:

$$\frac{1}{|\mathbf{x}-\mathbf{x}'|}=\frac{1}{r_>}\sum_{l=0}^{\infty}\left(\frac{r_<}{r_>}\right)^l$$

Für Punkte außerhalb der Achse braucht man, nach (3.33) und (3.37), nur jeden Term mit $P_l(\cos\gamma)$ zu multiplizieren und erhält auf diese Weise das Ergebnis (3.38).

Ein weiteres Beispiel ist das Potential einer Ladung q, die gleichmäßig über einen kreisförmigen Ring vom Radius a verteilt ist. Die Achse dieses Ringes werde von der z-Achse gebildet und sein Mittelpunkt liege bei $z=b$ (vgl. Abb. 3.4). Das Potential an einem auf der Symmetrieachse liegenden Punkt P mit $z=r$ ist nichts anderes als das Reziproke des Abstandes AP, multipliziert mit der Ladung q:

$$\Phi(z=r)=\frac{q}{4\pi\epsilon_0}\cdot\frac{1}{(r^2+c^2-2cr\cos\alpha)^{1/2}}$$

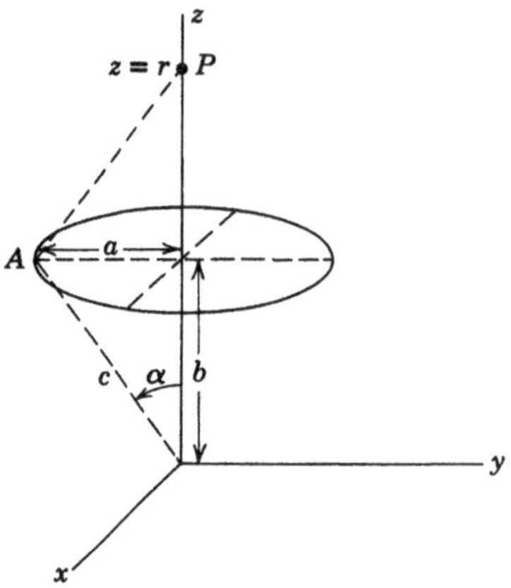

Abb. 3.4 Ein mit der Gesamtladung q belegter kreisförmiger Ring vom Radius a mit der z-Achse als Symmetrieachse und dem Mittelpunkt bei $z = b$.

mit $c^2 = a^2 + b^2$ und $\alpha = \arctan(a/b)$. Der reziproke Abstand AP lässt sich mithilfe von (3.38) in eine Reihe entwickeln. So ist für $r > c$:

$$\Phi(z = r) = \frac{q}{4\pi\epsilon_0} \sum_{l=0}^{\infty} \frac{c^l}{r^{l+1}} P_l(\cos\alpha)$$

während die entsprechende Reihe für $r < c$ folgendermaßen lautet:

$$\Phi(z = r) = \frac{q}{4\pi\epsilon_0} \sum_{l=0}^{\infty} \frac{r^l}{c^{l+1}} P_l(\cos\alpha)$$

Das Potential an einem *beliebigen* Punkt erhält man, indem man jeden Term der Reihe mit $P_l(\cos\theta)$ multipliziert:

$$\Phi(r, \theta) = \frac{q}{4\pi\epsilon_0} \sum_{l=0}^{\infty} \frac{r_<^l}{r_>^{l+1}} P_l(\cos\alpha) P_l(\cos\theta)$$

wobei $r_<$ $(r_>)$ die kleinere (größere) der beiden Größen r und c bezeichnet.

3.4 Verhalten der Felder in einer kegelförmigen Vertiefung oder in der Nähe einer Spitze

Bevor wir uns komplizierteren Randwertproblemen zuwenden, betrachten wir noch ein Problem mit azimutaler Symmetrie, jedoch beschränktem θ-Bereich. Es handelt sich dabei um das dreidimensionale Analogon des in Kap. 2.11 diskutierten Problems. Der Winkelbereich $0 \leq \theta \leq \beta$, $0 \leq \phi \leq 2\pi$ werde begrenzt von einer kegelförmigen, leitenden Fläche, wie in Abb. 3.5 angedeutet. Für $\beta < \pi/2$ kann man sich den Bereich als kegelförmige Vertiefung vorstellen, die in einen Leiter gebohrt ist, während er für $\beta > \pi/2$ den Außenraum eines kegelförmigen, spitzen Leiters darstellt.

Die Behandlung der Legendre'schen Differentialgleichung in Abschnitt 3.2 muss jetzt modifiziert werden. Bei azimutaler Symmetrie ist (3.10) zwar noch gültig, aber

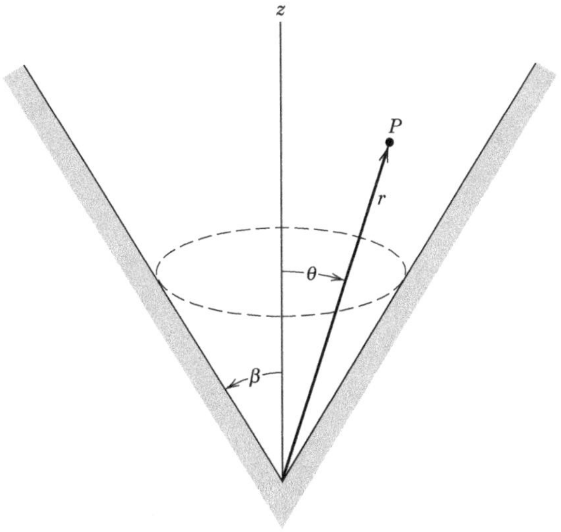

Abb. 3.5

wir suchen jetzt endliche und eindeutige Lösungen in dem durch $\cos\beta \leq x \leq 1$ bestimmten Bereich von $x = \cos\theta$. Da ferner die leitende Fläche $\theta = \beta$ auf festem Potential gehalten wird, das wir als Nullpotential annehmen dürfen, muss die Lösung in $\cos\theta$ bei $\theta = \beta$ verschwinden. Wegen der zu fordernden Regularität bei $x = 1$ ist es sinnvoll, eine Reihenentwicklung um $x = 1$ vorzunehmen und nicht um $x = 0$, wie wir es in (3.11) getan haben. Bei Einführung der Variablen

$$\xi = \tfrac{1}{2}(1 - x)$$

geht die Legendre'sche Differentialgleichung (3.10) über in

$$\frac{d}{d\xi}\left[\xi(1-\xi)\frac{dP}{d\xi}\right] + \nu(\nu+1)P = 0 \tag{3.39}$$

Dabei wurde, um Verwechselungen zu vermeiden, l durch ν ersetzt. Die Radiallösungen für $U(r)/r$ in (3.2) lauten dementsprechend r^{ν} und $r^{-\nu-1}$. Setzt man die Lösung von Gl. (3.39) in Form der Reihe

$$P(\xi) = \xi^{\alpha} \sum_{j=0}^{\infty} a_j \xi^j$$

an, so muss – da der Koeffizient der niedrigsten Potenz von ξ verschwindet – $\alpha = 0$ sein. Die Rekursionsformel für aufeinanderfolgende Koeffizienten lautet dann:

$$\frac{a_{j+1}}{a_j} = \frac{(j-\nu)(j+\nu+1)}{(j+1)^2} \tag{3.40}$$

Wählt man $a_0 = 1$, um die Lösung bei $\xi = 0\,(\cos\theta = 1)$ auf Eins zu normieren, so erhält man die Reihendarstellung

$$P_\nu(\xi) = 1 + \frac{(-\nu)(\nu+1)}{1!\,1!}\xi + \frac{(-\nu)(-\nu+1)(\nu+1)(\nu+2)}{2!\,2!}\xi^2 + \cdots \tag{3.41}$$

Diese Reihe bricht offenbar ab, wenn ν Null oder gleich einer positiven ganzen Zahl ist. Ferner ist sie, wie der Leser verifizieren mag, für $\nu = l = 0, 1, 2, \ldots$ identisch mit den Legendre-Polynomen (3.15). Falls ν keine ganze Zahl ist, stellt die Reihe (3.41) eine Verallgemeinerung von (3.15) dar und wird *Legendrefunktion erster Art vom Grade* ν bezeichnet. Sie ist ein Beispiel für eine *hypergeometrische Funktion*, speziell für ${}_2F_1(a, b; c; z)$ mit der Reihenentwicklung

$$ {}_2F_1(a, b; c; z) = 1 + \frac{ab}{c}\frac{z}{1!} + \frac{a(a+1)\,b(b+1)}{c(c+1)}\frac{z^2}{2!} + \cdots $$

Ein Vergleich mit (3.41) zeigt, dass der Zusammenhang

$$ P_\nu(x) = {}_2F_1\left(-\nu, \nu+1; 1; \frac{1-x}{2}\right) \tag{3.42} $$

besteht. Wir sind hier zur üblichen Variablen $x = \cos\theta$ zurückgekehrt. Die Eigenschaften der hypergeometrischen Funktionen sind wohlbekannt (s. *Morse* und *Feshbach*, Kap. 5, *Dennery* und *Krzywicki*, Abschn. IV. 16–18 sowie *Whittaker* und *Watson*, Kap. XIV). Die Legendre-Funktion $P_\nu(x)$ ist bei $x = 1$ und für $|x| < 1$ regulär, aber singulär bei $x = -1$ – es sei denn, ν ist eine ganze Zahl. Je nach dem Wert von ν hat sie im Gebiet $|x| < 1$ eine bestimmte Anzahl von Nullstellen. Da das Polynom $P_l(x)$ für $|x| < 1$ l Nullstellen hat, darf man vermuten, dass für reelles ν umso mehr Nullstellen auftreten, je größer ν wird. Ferner sind die Nullstellen mehr oder weniger gleichmäßig über das Intervall verteilt. Insbesondere rückt die erste Nullstelle umso dichter an $x = 1$ heran, je größer ν wird.

Die Grundlösung des Laplace'schen Randwertproblems mit der in Abb. 3.5 skizzierten Geometrie ist

$$ Ar^\nu P_\nu(\cos\theta) $$

wobei für am Ursprung endliches Potential $\nu > 0$ zu fordern ist. Da das Potential bei $\theta = \beta$ für alle r verschwinden muss, ist außerdem

$$ P_\nu(\cos\beta) = 0 \tag{3.43} $$

zu fordern. Diese Gleichung stellt eine Eigenwertgleichung für ν dar. Aufgrund der soeben gemachten Feststellungen über die Nullstellen von P_ν ist klar, dass (3.43) unendlich viele Lösungen besitzt, nämlich $\nu = \nu_k$ $(k = 1, 2, \ldots)$ Lösungen, die wir nach zunehmendem Betrag anordnen. Für $\nu = \nu_1$ z. B. ist $x + \cos\beta$ die erste Nullstelle von $P_{\nu_1}(x)$. Für $\nu = \nu_2$ ist $x = \cos\beta$ die zweite Nullstelle von $P_{\nu_2}(x)$ etc. Die vollständige Lösung für das Potential im Bereich $0 \le \theta \le \beta$ lautet:[2]

$$ \Phi(r, 0) = \sum_{k=1}^{\infty} A_k r^{\nu_k} P_{\nu_k}(\cos\theta) \tag{3.44} $$

Im Sinne von Kap. 2.11 interessieren wir uns für das Verhalten des Potentials und der Felder in der Umgebung von $r = 0$ und nicht für die vollständige Lösung

---

[2] Die Orthogonalität der Funktionen $P_{\nu_k}(\cos\theta)$ auf dem Intervall $\cos\beta \le x \le 1$ lässt sich genauso nachweisen wie für die $P_l(\cos\theta)$ [vgl. (3.17)–(3.19)]. Auch die Vollständigkeit lässt sich zeigen.

bei Berücksichtigung der Randbedingungen für große r. Wir approximieren daher das Potential in der Nähe von $r = 0$ durch den ersten Term von (3.44) und schreiben:

$$\Phi(r, \theta) \simeq A r^{\nu} P_{\nu}(\cos\theta) \tag{3.45}$$

wobei ν jetzt die *kleinste Wurzel* von (3.43) bezeichnet. Die Komponenten des elektrischen Feldes und die Flächenladungsdichte auf dem kegelförmigen Leiter sind:

$$\begin{aligned} E_r &= -\frac{\partial\Phi}{\partial r} \simeq -\nu A r^{\nu-1} P_{\nu}(\cos\theta) \\ E_{\theta} &= -\frac{1}{r}\frac{\partial\Phi}{\partial\theta} \simeq A r^{\nu-1} \sin\theta \, P'_{\nu}(\cos\theta) \\ \sigma(r) &= -\epsilon_0 E_{\theta}|_{\theta=\beta} \simeq -\epsilon_0 A r^{\nu-1} \sin\beta \, P'_{\nu}(\cos\beta) \end{aligned} \tag{3.46}$$

Der Strich an P_{ν} bezeichnet dabei die Differentiation bezüglich des Arguments. Die Felder und die Ladungsdichte variieren für $r \to 0$ wie $r^{\nu-1}$.

Der Ordnungsparameter ν für die erste Nullstelle von $P_{\nu}(\cos\beta)$ ist in Abb. 3.6 als Funktion von β aufgetragen. Für $\beta \ll 1$ ist offensichtlich $\nu \gg 1$. Einen Näherungsausdruck für ν in diesem Bereich gewinnt man aus der Approximation von P_{ν} durch die Bessel-Funktion J_0:[3]

$$P_{\nu}(\cos\theta) \simeq J_0\left((2\nu + 1)\sin\frac{\theta}{2}\right) \tag{3.47}$$

die für große ν und $\theta < 1$ gilt. Die erste Nullstelle von $J_0(x)$ liegt bei $x = 2{,}405$, sodass

$$\nu \simeq \frac{2.405}{\beta} - \frac{1}{2} \tag{3.48a}$$

ist. Da $|\mathbf{E}|$ und σ wie $r^{\nu-1}$ variieren, treten in einer kegelförmigen Vertiefung mit kleinem Öffnungswinkel ($\beta \to 0$) in der Nähe ihres Fußpunktes nur sehr schwache Felder und sehr kleine Ladungsdichten auf. Für $\beta = \pi/2$ wird aus der kegelförmigen Vertiefung mit leitender Wandung eine leitende Ebene. Dort ist, wie zu erwarten, $\nu = 1$ und $\sigma \sim 1$. Für $\beta > \pi/2$ liegen die geometrischen Verhältnisse einer kegelförmigen Spitze vor. Es ist dann $\nu < 1$, und das Feld ist bei $r = 0$ singulär. Für $\beta \to \pi$ strebt ν gegen Null, jedoch sehr langsam. Eine Näherung für kleine Werte von $(180^{\circ} - \beta)$ ist

$$\nu \simeq \left[2\ln\left(\frac{2}{\pi - \beta}\right)\right]^{-1} \tag{3.48b}$$

Dies zeigt, dass $\nu \simeq 0{,}2$ ist für $(180^{\circ} - \beta) \simeq 10^{\circ}$ und dass ν selbst für $(180^{\circ} - \beta) \simeq 1^{\circ}$ noch den Wert $\nu \simeq 0{,}1$ hat. Auf jeden Fall variieren die Felder in der Nähe einer schmalen, kegelförmigen Spitze wie $r^{-1+\epsilon}$, wobei $\epsilon \ll 1$ ist. In unmittelbarer Umgebung der Spitze herrschen also sehr starke Felder. Die Wirkungsweise solcher Spitzen bei Blitzableitern diskutierten wir in Kap. 2.11.

[3] Bessel-Funktionen besprechen wir in Abschnitt 7 dieses Kapitels.

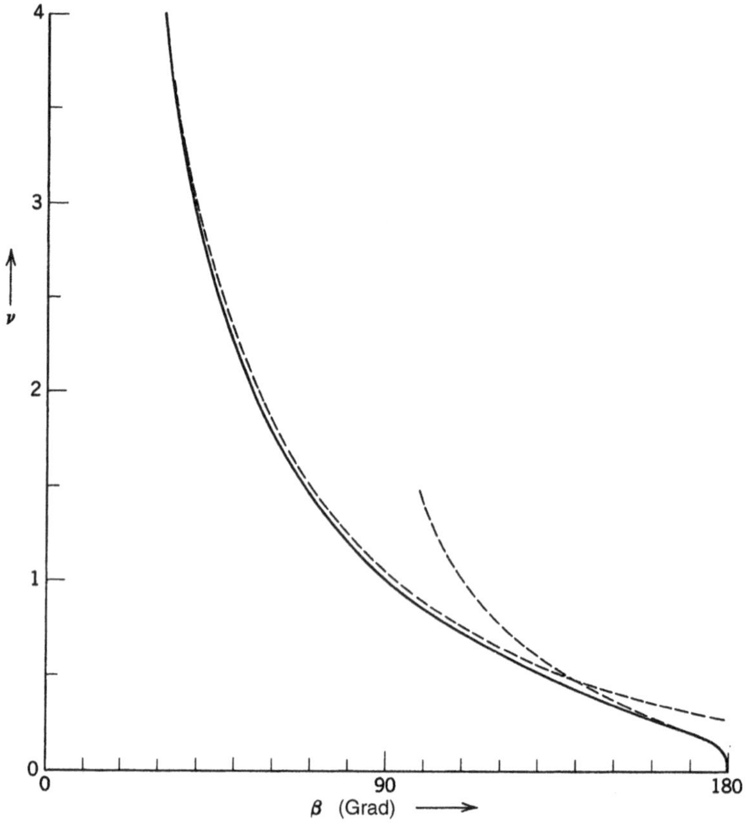

Abb. 3.6 Der Ordnungsparameter ν für die erste Nullstelle von $P_\nu(\cos\beta)$ als Funktion des Winkels β. Der Bereich $0 < \beta < 90°$ entspricht einer kegelförmigen Vertiefung, während der Bereich $90° < \beta < 180°$ einer kegelförmigen Spitze entspricht. In der Nähe von $r = 0$ sind die Felder und die Flächenladungsdichte proportional zu $r^{\nu-1}$. Die gestrichelten Kurven entsprechen den Näherungsausdrücken (3.48a) und (3.48b).

Potentialprobleme dieser Art werden eingehend in einem Artikel von R. N. Hall, *J. Appl. Phys.* **20**, 925 (1949) behandelt. Er enthält auch graphische Darstellungen zur β-Abhängigkeit einer Reihe von Wurzeln der Gl. (3.43).

3.5 Zugeordnete Legendre-Funktionen und Kugelflächenfunktionen $Y_{lm}(\theta, \phi)$

Bisher haben wir nur Potentialprobleme mit azimutaler Symmetrie behandelt. Die allgemeine Gestalt ihrer Lösungen wurde durch (3.33) bestimmt. Mit Ausnahme des im vorigen Abschnitt behandelten Falles, in dem der θ-Bereich beschränkt war, enthielten die Lösungen nur Legendre-Polynome. Im Allgemeinen kann das Potential jedoch auch in azimutaler Richtung variieren, sodass in Gl. (3.5) und (3.9) $m \neq 0$ ist. Wir benötigen dann die Verallgemeinerung von $P_l(\cos\theta)$, d. h. die Lösung von Gl. (3.5) mit beliebigem l und m. Im Wesentlichen lässt sich auf dieselbe Art und Weise wie im Fall der gewöhnlichen Legendre-Funktionen zeigen, dass für auf dem Intervall $-1 \leq x \leq 1$ endliche Lösungen der Parameter l entweder Null oder eine positive ganze Zahl sein muss und dass das ganzzahlige m nur die Werte $-l$, $-(l-1)$, $\ldots, 0, \ldots, (l-1)$, l annehmen kann. Die Lösungen mit diesen Eigenschaften werden *zugeordnete Legendrefunktionen* genannt und mit $P_l^m(x)$ bezeichnet. Für positive m sind sie definiert durch die Formel[4]

$$P_l^m(x) = (-1)^m (1-x^2)^{m/2} \frac{d^m}{dx^m} P_l(x) \tag{3.49}$$

Unter Verwendung der Formel von Rodrigues [(3.16)] für die $P_l(x)$ gelangt man zu einer Definition, die sowohl für positive wie für negative Werte von m gültig ist:

$$P_l^m(x) = \frac{(-1)^m}{2^l l!} (1-x^2)^{m/2} \frac{d^{l+m}}{dx^{l+m}} (x^2-1)^l \tag{3.50}$$

$P_l^{-m}(x)$ und $P_l^m(x)$ sind zueinander proportional, da die Differentialgleichung (3.9) nur von m^2 abhängt und m eine ganze Zahl ist. Man kann zeigen, dass

$$P_l^{-m}(x) = (-1)^m \frac{(l-m)!}{(l+m)!} P_l^m(x) \tag{3.51}$$

ist.

Für festes m bilden die $P_l^m(x)$ auf dem Intervall $-1 \leq x \leq 1$ einen Satz orthogonaler Funktionen bzgl. des Index l. Ebenso wie im Fall der Legendre-Polynome erhält man die Orthogonalitätsrelation

$$\int_{-1}^{1} P_{l'}^m(x) P_l^m(x)\, dx = \frac{2}{2l+1} \frac{(l+m)!}{(l-m)!} \delta_{l'l} \tag{3.52}$$

Die Lösung der Laplace'schen Gleichung hatten wir zerlegt in ein Produkt von Funktionen, die jeweils nur von einer der drei Variablen r, θ und ϕ abhingen. Es ist zweckmäßig, die Winkelfunktionen zu orthonormalen Funktionen auf der Einheitskugel miteinander zu kombinieren. Man nennt diese Funktionen *Kugelflächenfunktionen*, obwohl diese Bezeichnung häufig für die Lösungen der zugeordneten Legendre'schen Differentialgleichung (3.9) reserviert wird. In älteren Büchern bezeichnet man sie manchmal auch als „tesserale Kugelflächenfunktionen". Die Funktionen $Q_m(\phi) = e^{im\phi}$ bilden im Intervall $0 \leq \phi \leq 2\pi$ einen vollständigen Satz orthogonaler Funktionen bzgl. des Index m, während die $P_l^m(\cos\theta)$ im Intervall $-1 \leq \cos\theta \leq 1$ für jedes m einen entsprechenden Satz bzgl. des Index l bilden. Daher bilden die Produktfunktionen $P_l^m Q_m$ einen vollständigen Satz orthogonaler Funk-

[4] Die Wahl der Phase von $P_l^m(x)$ stimmt überein mit der von Magnus und Oberhettinger sowie von Condon E. U. und Shortley G. H., *Theory of Atomic Spectra*, Cambridge University Press (1953). Explizite Ausdrücke und Rekursionsformeln findet man bei Magnus und Oberhettinger, S. 54.

tionen bzgl. der Indizes l und m auf der Oberfläche der Einheitskugel. Versieht man diese Funktionen, entsprechend (3.52), mit einem geeigneten Normierungsfaktor, so gelangt man zu den mit $Y_{lm}(\theta, \phi)$ bezeichneten *Kugelflächenfunktionen*

$$Y_{lm}(\theta, \phi) = \sqrt{\frac{2l+1}{4\pi} \frac{(l-m)!}{(l+m)!}}\, P_l^m(\cos\theta)\, e^{im\phi} \tag{3.53}$$

Aus (3.51) liest man ab, dass die Beziehung

$$Y_{l,-m}(\theta, \phi) = (-1)^m\, Y_{lm}^*(\theta, \phi) \tag{3.54}$$

gilt. Die Normierungs- und Orthogonalitätsbedingung lautet

$$\int_0^{2\pi} d\phi \int_0^{\pi} \sin\theta\, d\theta\, Y_{l'm'}^*(\theta, \phi)\, Y_{lm}(\theta, \phi) = \delta_{l'l}\,\delta_{m'm} \tag{3.55}$$

Die zu (2.35) äquivalente Vollständigkeitsrelation hat die Gestalt

$$\sum_{l=0}^{\infty} \sum_{m=-l}^{l} Y_{lm}^*(\theta', \phi')\, Y_{lm}(\theta, \phi) = \delta(\phi - \phi')\, \delta(\cos\theta - \cos\theta') \tag{3.56}$$

Für einige Werte von l und $m \geq 0$ geben wir in der folgenden Tabelle die $Y_{lm}(\theta, \phi)$ explizit an. Für negative m-Werte kann man auf (3.54) zurückgreifen. Man beachte, dass für $m = 0$:

$$Y_{l0}(\theta, \phi) = \sqrt{\frac{2l+1}{4\pi}}\, P_l(\cos\theta) \tag{3.57}$$

Kugelflächenfunktionen $Y_{lm}(\theta, \phi)$

$$l = 0 \qquad Y_{00} = \frac{1}{\sqrt{4\pi}}$$

$$l = 1 \quad \begin{cases} Y_{11} = -\sqrt{\dfrac{3}{8\pi}} \sin\theta\, e^{i\phi} \\ Y_{10} = \sqrt{\dfrac{3}{4\pi}} \cos\theta \end{cases}$$

$$l = 2 \quad \begin{cases} Y_{22} = \dfrac{1}{4}\sqrt{\dfrac{15}{2\pi}} \sin^2\theta\, e^{2i\phi} \\ Y_{21} = -\sqrt{\dfrac{15}{8\pi}} \sin\theta \cos\theta\, e^{i\phi} \\ Y_{20} = \sqrt{\dfrac{5}{4\pi}} \left(\tfrac{3}{2}\cos^2\theta - \tfrac{1}{2}\right) \end{cases}$$

$$l = 3 \quad \begin{cases} Y_{33} = -\dfrac{1}{4}\sqrt{\dfrac{35}{4\pi}} \sin^3\theta\, e^{3i\phi} \\ Y_{32} = \dfrac{1}{4}\sqrt{\dfrac{105}{2\pi}} \sin^2\theta \cos\theta\, e^{2i\phi} \\ Y_{31} = -\sqrt{\dfrac{21}{4\pi}} \sin\theta\,(5\cos^2\theta - 1)\, e^{i\phi} \\ Y_{30} = \sqrt{\dfrac{7}{4\pi}} \left(\tfrac{5}{2}\cos^3\theta - \tfrac{3}{2}\cos\theta\right) \end{cases}$$

Eine beliebige (quadratintegrable) Funktion $g(\theta, \phi)$ lässt sich nach Kugelflächenfunktionen entwickeln, d. h. man kann schreiben:

$$g(\theta, \phi) = \sum_{l=0}^{\infty} \sum_{m=-l}^{l} A_{lm}\, Y_{lm}(\theta, \phi) \tag{3.58}$$

wobei die Koeffizienten durch

$$A_{lm} = \int d\Omega\, Y^*_{lm}(\theta,\phi)\, g(\theta,\phi)$$

bestimmt sind. Von Interesse wird für uns im nächsten Abschnitt die Entwicklung (3.58) für $\theta = 0$ sein. Bei Beachtung der Definition (3.57) erhält man für sie

$$[g(\theta,\phi)]_{\theta=0} = \sum_{l=0}^{\infty} \sqrt{\frac{2l+1}{4\pi}}\, A_{l0} \tag{3.59}$$

mit

$$A_{l0} = \sqrt{\frac{2l+1}{4\pi}} \int d\Omega\, P_l(\cos\theta)\, g(\theta,\phi) \tag{3.60}$$

Alle Terme mit $m \neq 0$ verschwinden für $\theta = 0$.

Die allgemeine Lösung eines Randwertproblems in Kugelkoordinaten kann in Verallgemeinerung von (3.33) in eine Reihe nach Kugelflächenfunktionen und Potenzen von r entwickelt werden:

$$\Phi(r,\theta,\phi) = \sum_{l=0}^{\infty} \sum_{m=-l}^{l} [A_{lm} r^l + B_{lm} r^{-(l+1)}]\, Y_{lm}(\theta,\phi) \tag{3.61}$$

Ist das Potential auf der Kugeloberfläche vorgegeben, so lassen sich die Koeffizienten dadurch bestimmen, dass man (3.61) unter Verwendung von (3.58) auf der Kugeloberfläche auswertet.

3.6 Additionstheorem der Kugelflächenfunktionen

Ein interessantes mathematisches Ergebnis mit großem Anwendungsbereich ist das sog. *Additionstheorem* der Kugelflächenfunktionen. Die Radiusvektoren $\mathbf{x}$ und $\mathbf{x}'$ mit den Kugelkoordinaten (r,θ,ϕ) und (r',θ',ϕ') mögen miteinander den Winkel γ bilden (vgl. Abb. 3.7). Das Additionstheorem drückt ein Legendre-Polynom der Ordnung l in $\cos\gamma$ durch Produkte von Kugelflächenfunktionen in den Winkeln θ,ϕ und θ',ϕ' aus:

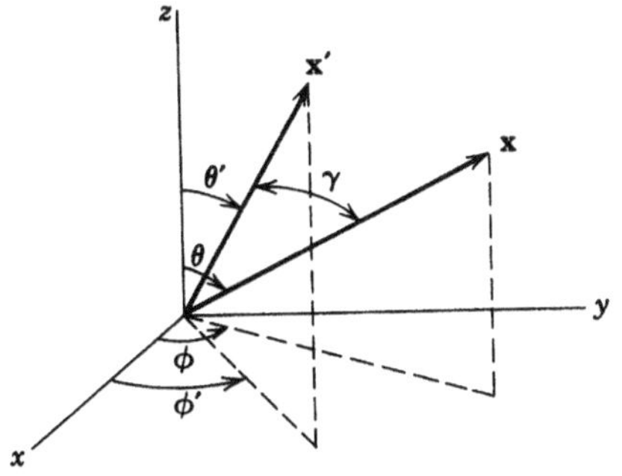

Abb. 3.7

$$P_l(\cos\gamma) = \frac{4\pi}{2l+1} \sum_{m=-l}^{l} Y_{lm}^*(\theta', \phi')\, Y_{lm}(\theta, \phi) \tag{3.62}$$

wobei $\cos\gamma = \cos\theta\cos\theta' + \sin\theta\sin\theta'\cos(\phi - \phi')$ ist. Um dieses Theorem zu beweisen, betrachten wir $\mathbf{x}'$ als im Raum festen Vektor. Das Polynom $P_l(\cos\gamma)$ ist dann eine Funktion von θ und ϕ mit den Winkeln θ', ϕ' als Parameter. Nach (3.58) lässt es sich folgendermaßen entwickeln:

$$P_l(\cos\gamma) = \sum_{l'=0}^{\infty} \sum_{m=-l'}^{l'} A_{l'm}(\theta', \phi')\, Y_{l'm}(\theta, \phi) \tag{3.63}$$

Ein Vergleich mit (3.62) zeigt, dass nur Terme mit $l' = l$ auftreten. Um den Grund hierfür einzusehen, beachte man, dass für auf der z-Achse gewähltes $\mathbf{x}'$ der Winkel γ zum üblichen Polarwinkel wird und $P_l(\cos\gamma)$ der Gleichung

$$\nabla'^2 P_l(\cos\gamma) + \frac{l(l+1)}{r^2} P_l(\cos\gamma) = 0 \tag{3.64}$$

genügt, wobei ∇'^2 der auf die neuen Koordinatenachsen bezogene Laplace'sche Operator ist. Dreht man jetzt die Achsen in die in Abb. 3.7 gezeigte Lage, dann wird $\nabla'^2 = \nabla^2$ und r bleibt ungeändert.[5] Folglich genügt $P_l(\cos\gamma)$ immer noch einer Gleichung der Form (3.64) und ist somit eine Kugelflächenfunktion vom Grade l, die sich aber als Linearkombination der Y_{lm} allein dieses Grades darstellen lässt:

$$P_l(\cos\gamma) = \sum_{m=-l}^{l} A_m(\theta', \phi')\, Y_{lm}(\theta, \phi) \tag{3.65}$$

mit den Koeffizienten

$$A_m(\theta', \phi') = \int Y_{lm}^*(\theta, \phi)\, P_l(\cos\gamma)\, d\Omega \tag{3.66}$$

Um letztere zu berechnen, bemerken wir, dass $A_m(\theta', \phi')$ nach Gl. (3.60) als der Koeffizient zu $m' = 0$ interpretiert werden kann, der in einer auf die gestrichenen Koordinaten der Gl. (3.64) bezogenen Reihenentwicklung der Funktion $\sqrt{4\pi/(2l+1)}\, Y_{lm}^*(\theta, \phi)$ nach Kugelflächenfunktionen $Y_{lm}(\gamma, \beta)$ auftritt. Aus (3.59) folgt dann, dass der Koeffizient (3.66) – da nur ein l-Wert auftritt – gegeben ist durch

$$A_m(\theta', \phi') = \frac{4\pi}{2l+1} \{Y_{lm}^*[\theta(\gamma, \beta), \phi(\gamma, \beta)]\}_{\gamma=0} \tag{3.67}$$

Im Grenzfall $\gamma \to 0$ gehen die Winkel (θ, ϕ), als Funktion von (γ, β), über in (θ', ϕ'), womit das Additionstheorem (3.62) bewiesen ist. Es wird manchmal anstelle der Y_{lm} durch die $P_l^m(\cos\theta)$ ausgedrückt und hat dann die Form

$$\begin{aligned} P_l(\cos\gamma) &= P_l(\cos\theta)\, P_l(\cos\theta') \\ &\quad + 2 \sum_{m=1}^{l} \frac{(l-m)!}{(l+m)!} P_l^m(\cos\theta)\, P_l^m(\cos\theta') \cos[m(\phi - \phi')] \end{aligned} \tag{3.68}$$

Strebt der Winkel γ gegen Null, so resultiert aus (3.62) eine „Summenregel“ für das Betragsquadrat der Y_{lm}:

---

[5] Dass unter Drehungen $\nabla'^2 = \nabla^2$ gilt, folgt aus der Tatsache, dass $\nabla^2\psi = \mathbf{\nabla} \cdot \mathbf{\nabla}\psi$ eine skalare Gleichung und das Skalarprodukt unter Drehungen invariant ist.

$$\sum_{m=-l}^{l} |Y_{lm}(\theta, \phi)|^2 = \frac{2l+1}{4\pi} \tag{3.69}$$

Das Additionstheorem (3.62) kann dazu benutzt werden, um die Entwicklung (3.38) für das Potential am Ort **x**, das von einer Ladung an der Stelle **x**′ herrührt, auf ihre allgemeinste Form zu bringen. Substituiert man in (3.38) $P_l(\cos\gamma)$ durch (3.62), so erhält man

$$\frac{1}{|\mathbf{x}-\mathbf{x}'|} = 4\pi \sum_{l=0}^{\infty} \sum_{m=-l}^{l} \frac{1}{2l+1} \frac{r_<^l}{r_>^{l+1}} Y_{lm}^*(\theta', \phi')\, Y_{lm}(\theta, \phi) \tag{3.70}$$

Diese Gleichung stellt das Potential in einer vollkommen faktorisierten Form hinsichtlich der Koordinaten **x** und **x**′ dar. Sie ist nützlich bei Integrationen über Ladungsdichten etc., wenn die eine Variable Integrationsvariable ist und die andere die Koordinate des Aufpunktes. Der dafür zu zahlende Preis ist das Auftreten einer Doppelsumme anstelle einer einfachen Summe.

3.7 Laplace'sche Gleichung in Zylinderkoordinaten, Bessel-Funktionen

In Zylinderkoordinaten (ρ, ϕ, z) (vgl. Abb. 3.8) nimmt die Laplace'sche Gleichung die Form

$$\frac{\partial^2\Phi}{\partial\rho^2} + \frac{1}{\rho}\frac{\partial\Phi}{\partial\rho} + \frac{1}{\rho^2}\frac{\partial^2\Phi}{\partial\phi^2} + \frac{\partial^2\Phi}{\partial z^2} = 0 \tag{3.71}$$

an. Der entsprechende Separationsansatz lautet jetzt:

$$\Phi(\rho, \phi, z) = R(\rho)\, Q(\phi)\, Z(z) \tag{3.72}$$

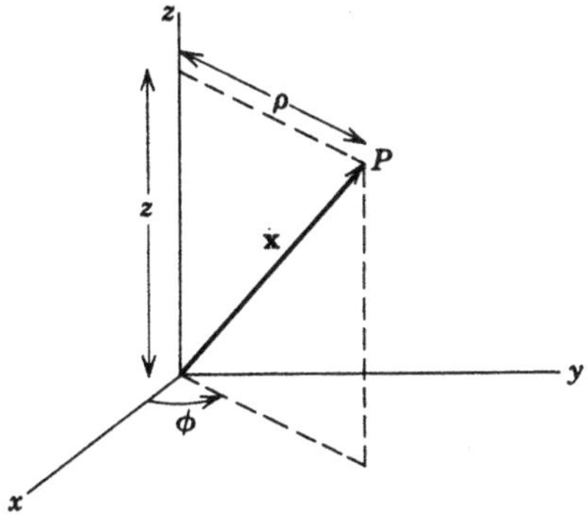

Abb. 3.8

Wie üblich, führt dieser Separationsansatz auf drei gewöhnliche Differentialgleichungen:

$$\frac{d^2 Z}{dz^2} - k^2 Z = 0 \tag{3.73}$$

$$\frac{d^2 Q}{d\phi^2} + \nu^2 Q = 0 \tag{3.74}$$

$$\frac{d^2 R}{d\rho^2} + \frac{1}{\rho}\frac{dR}{d\rho} + \left(k^2 - \frac{\nu^2}{\rho^2}\right) R = 0 \tag{3.75}$$

Die Lösungen der ersten beiden Gleichungen sind elementar und lauten:

$$\begin{aligned} Z(z) &= e^{\pm kz} \\ Q(\phi) &= e^{\pm i\nu\phi} \end{aligned} \tag{3.76}$$

Damit das Potential eindeutig wird, muss ν ganzzahlig sein. Dagegen ist der Parameter k, abgesehen von in z-Richtung zu erfüllenden Randbedingungen, beliebig. Vorläufig nehmen wir an, k sei reell und positiv.

Die Radialgleichung lässt sich bei Übergang zu der Variablen $x = k\rho$ auf die Standardform

$$\frac{d^2 R}{dx^2} + \frac{1}{x}\frac{dR}{dx} + \left(1 - \frac{\nu^2}{x^2}\right) R = 0 \tag{3.77}$$

bringen. Dies ist die sog. *Bessel'sche Differentialgleichung*, deren Lösungen *Bessel-Funktionen* (der Ordnung ν) genannt werden. Macht man den Potenzreihenansatz

$$R(x) = x^\alpha \sum_{j=0}^{\infty} a_j x^j \tag{3.78}$$

so findet man

$$\alpha = \pm \nu \tag{3.79}$$

und

$$a_{2j} = -\frac{1}{4j(j+\alpha)} a_{2j-2} \tag{3.80}$$

für $j = 0, 1, 2, 3, \ldots$ Die Koeffizienten aller ungeraden Potenzen von x verschwinden. Die Rekursionsformel kann iteriert werden und führt auf

$$a_{2j} = \frac{(-1)^j \Gamma(\alpha+1)}{2^{2j} j!\, \Gamma(j+\alpha+1)} a_0 \tag{3.81}$$

Nach Konvention wählt man $a_0 = [2^\alpha \Gamma(\alpha+1)]^{-1}$. Die beiden möglichen Lösungen lauten dann:

$$J_\nu(x) = \left(\frac{x}{2}\right)^\nu \sum_{j=0}^{\infty} \frac{(-1)^j}{j!\,\Gamma(j+\nu+1)} \left(\frac{x}{2}\right)^{2j} \tag{3.82}$$

$$J_{-\nu}(x) = \left(\frac{x}{2}\right)^{-\nu} \sum_{j=0}^{\infty} \frac{(-1)^j}{j!\,\Gamma(j-\nu+1)} \left(\frac{x}{2}\right)^{2j} \tag{3.83}$$

Diese Lösungen werden *Bessel-Funktionen erster Art* der Ordnung $\pm\nu$ genannt. Die Reihen konvergieren für alle endlichen Werte von x. Ist ν keine ganze Zahl, dann stellen die $J_{\pm\nu}(x)$ zwei linear unabhängige Lösungen der Bessel'schen Differentialgleichung dar. Für ganzzahliges ν sind die beiden Lösungen jedoch linear abhängig. Tatsächlich ergibt sich aus der angegebenen Reihendarstellung für $\nu = m$ (ganzzahlig):

$$J_{-m}(x) = (-1)^m J_m(x) \tag{3.84}$$

Für ganzzahliges ν muss man daher eine weitere linear unabhängige Lösung aufsuchen. Selbst für nicht ganzzahliges ν ist es üblich, das Paar $J_{\pm\nu}(x)$ durch $J_\nu(x)$ und die *Bessel-Funktion zweiter Art*

$$N_\nu(x) = \frac{J_\nu(x)\cos\nu\pi - J_{-\nu}(x)}{\sin\nu\pi} \tag{3.85}$$

zu ersetzen, die auch *Neumann'sche Funktion* genannt wird. Ist ν keine ganze Zahl, so ist natürlich $N_\nu(x)$ linear unabhängig. Auch in der Grenze, dass ν gegen eine ganze Zahl strebt, kann man zeigen, dass $N_\nu(x)$ linear unabhängig von $J_\nu(x)$ bleibt. Für $x \to 0$ ist $N_\nu(x)$ logarithmisch divergent. Die Reihendarstellung von $N_\nu(x)$ findet man in den unter den Literaturhinweisen genannte Nachschlagewerken.

Die *Bessel-Funktionen dritter Art*, die sog. *Hankel'schen Funktionen*, sind als Linearkombinationen von $J_\nu(x)$ und $N_\nu(x)$ definiert:

$$\begin{aligned} H_\nu^{(1)}(x) &= J_\nu(x) + iN_\nu(x) \\ H_\nu^{(2)}(x) &= J_\nu(x) - iN_\nu(x) \end{aligned} \tag{3.86}$$

Die Hankel'schen Funktionen bilden – ebenso wie $J_\nu(x)$ und $N_\nu(x)$ – einen Satz von Fundamentallösungen der Bessel'schen Differentialgleichung.

Die Funktionen $J_\nu, N_\nu, H_\nu^{(1)}$ und $H_\nu^{(2)}$ genügen alle den Rekursionsformeln

$$\Omega_{\nu-1}(x) + \Omega_{\nu+1}(x) = \frac{2\nu}{x}\Omega_\nu(x) \tag{3.87}$$

$$\Omega_{\nu-1}(x) - \Omega_{\nu+1}(x) = 2\frac{d\Omega_\nu(x)}{dx} \tag{3.88}$$

wobei $\Omega_\nu(x)$ stellvertretend für jeweils eine der genannten Zylinderfunktionen der Ordnung ν steht. Sie ergeben sich unmittelbar aus der Reihendarstellung (3.82).

Für spätere Zwecke geben wir hier die asymptotischen Darstellungen der verschiedenen Bessel-Funktionen für kleine und große Werte ihres Arguments, wobei wir uns der Einfachheit halber auf die führenden Terme beschränken:

$$x \ll 1\ (\nu \geq 0) \quad J_\nu(x) \to \frac{1}{\Gamma(\nu+1)}\left(\frac{x}{2}\right)^\nu \tag{3.89}$$

$$N_\nu(x) \to \begin{cases} \dfrac{2}{\pi}\left[\ln\left(\dfrac{x}{2}\right) + C\right] & \nu = 0 \\ -\dfrac{\Gamma(\nu)}{\pi}\left(\dfrac{2}{x}\right)^\nu & \nu \neq 0 \end{cases} \tag{3.90}$$

mit der Euler-Mascheroni-Konstanten $C = 0{,}5772\cdots$. Man beachte, dass in diesen Formeln ν als reell und nicht-negativ angenommen wird. Für große Argumente ergibt sich:

$$x \gg 1 \quad (\nu \text{ fest}) \quad J_\nu(x) \to \sqrt{\frac{2}{\pi x}} \cos\left(x - \frac{\nu\pi}{2} - \frac{\pi}{4}\right)$$
$$N_\nu(x) \to \sqrt{\frac{2}{\pi x}} \sin\left(x - \frac{\nu\pi}{2} - \frac{\pi}{4}\right) \tag{3.91}$$

Der Übergang vom asymptotischen Verhalten bei kleinen x-Werten zu dem bei großen x-Werten vollzieht sich bei $x \sim \nu$.

Aus der asymptotischen Darstellung (3.91) ist ersichtlich, dass jede Bessel-Funktion $J_\nu(x)$ unendlich viele Nullstellen hat. Mit diesen Nullstellen werden wir es hauptsächlich zu tun haben. Sie sind definiert als die Wurzeln der Gleichung

$$J_\nu(x_{\nu n}) = 0 \quad (n = 1, 2, 3, \ldots) \tag{3.92}$$

wobei $x_{\nu n}$ die n-te Nullstelle von $J_\nu(x)$ bedeutet. Für die niedrigsten ganzzahligen Werte von ν geben wir hier die ersten drei Nullstellen an:

$$\nu = 0: \quad x_{0n} = 2{,}405;\ 5{,}520;\ \ 8{,}654;\ldots$$
$$\nu = 1: \quad x_{1n} = 3{,}832;\ 7{,}016;\ 10{,}173;\ldots$$
$$\nu = 2: \quad x_{2n} = 5{,}136;\ 8{,}417;\ 11{,}620;\ldots$$

Für höhere Wurzeln liefert die asymptotische Formel

$$x_{\nu n} \simeq n\pi + \left(\nu - \tfrac{1}{2}\right)\frac{\pi}{2}$$

hinreichend (d.h. bis auf mindestens drei Dezimalstellen nach dem Komma) genaue Werte. Die Wurzeln sind tabelliert bei *Jahnke*, *Emde* und *Lösch*, S. 194 sowie bei *Abramowitz* und *Stegun*, S. 409.

Nachdem wir die Lösung des radialen Anteils der Laplace'schen Gleichung durch Bessel-Funktionen ausgedrückt haben, wollen wir jetzt untersuchen, inwieweit die Bessel-Funktionen einen vollständigen Satz orthogonaler Funktionen bilden. Wir werden hier nur Bessel-Funktionen erster Art betrachten und zeigen, dass die Funktionen $\sqrt{\rho}\, J_\nu(x_{\nu n}\rho/a)$ zu festem $\nu \geq 0$, $n = 1, 2, \ldots$ auf dem Intervall $0 \leq \rho \leq a$ einen Satz orthogonaler Funktionen bilden. Zum Beweis gehen wir von der Differentialgleichung aus, der die $J_\nu(x_{\nu n}\rho/a)$ genügen, nämlich

$$\frac{1}{\rho}\frac{d}{d\rho}\left(\rho \frac{dJ_\nu(x_{\nu n}\rho/a)}{d\rho}\right) + \left(\frac{x_{\nu n}^2}{a^2} - \frac{\nu^2}{\rho^2}\right) J_\nu\left(x_{\nu n}\frac{\rho}{a}\right) = 0 \tag{3.93}$$

Durch Multiplikation dieser Gleichung mit $\rho J_\nu(x_{\nu n'}\rho/a)$ und Integration von 0 bis a erhalten wir:

$$\int_0^a J_\nu\left(x_{\nu n'}\frac{\rho}{a}\right) \frac{d}{d\rho}\left(\rho \frac{dJ_\nu(x_{\nu n}\rho/a)}{d\rho}\right) d\rho + \int_0^a \left(\frac{x_{\nu n}^2}{a^2} - \frac{\nu^2}{\rho^2}\right) \rho J_\nu\left(x_{\nu n'}\frac{\rho}{a}\right) J_\nu\left(x_{\nu n}\frac{\rho}{a}\right) d\rho = 0$$

Partielle Integration führt bei Verwendung von $(\rho J_\nu J_\nu') = 0$ bei $\rho = 0$ (für $\nu \geq 0$) und $\rho = a$ schließlich auf

$$-\int_0^a \rho \frac{dJ_\nu\left(x_{\nu n'}\frac{\rho}{a}\right)}{d\rho}\frac{dJ_\nu\left(x_{\nu n}\frac{\rho}{a}\right)}{d\rho}\,d\rho + \int_0^a \left(\frac{x_{\nu n}^2}{a^2} - \frac{\nu^2}{\rho^2}\right)\rho J_\nu\left(x_{\nu n'}\frac{\rho}{a}\right) J_\nu\left(x_{\nu n}\frac{\rho}{a}\right) d\rho = 0$$

Vertauscht man in dieser Gleichung n mit n' und subtrahiert die resultierende Gleichung von der ursprünglichen, so ergibt sich die Orthogonalitätsrelation

$$(x_{\nu n}^2 - x_{\nu n'}^2)\int_0^a \rho J_\nu\left(x_{\nu n'}\frac{\rho}{a}\right) J_\nu\left(x_{\nu n}\frac{\rho}{a}\right) d\rho = 0 \tag{3.94}$$

Mithilfe der Rekursionsformeln (3.87) und (3.88) sowie der Differentialgleichung (3.93) findet man für das Normierungsintegral:

$$\int_0^a \rho J_\nu\left(x_{\nu n'}\frac{\rho}{a}\right) J_\nu\left(x_{\nu n}\frac{\rho}{a}\right) d\rho = \frac{a^2}{2}[J_{\nu+1}(x_{\nu n})]^2\,\delta_{n'n} \tag{3.95}$$

Unter der Annahme, dass die Bessel-Funktionen auch einen *vollständigen* Funktionensatz bilden, kann man eine beliebige Funktion von ρ im Intervall $0 \leq \rho \leq a$ nach Bessel-Funktionen entwickeln:

$$f(\rho) = \sum_{n=1}^{\infty} A_{\nu n} J_\nu\left(x_{\nu n}\frac{\rho}{a}\right) \tag{3.96}$$

wobei

$$A_{\nu n} = \frac{2}{a^2 J_{\nu+1}^2(x_{\nu n})}\int_0^a \rho f(\rho) J_\nu\left(\frac{x_{\nu n}\rho}{a}\right) d\rho \tag{3.97}$$

ist. Unsere Herleitung von (3.96) enthielt die Einschränkung $\nu \geq 0$. Tatsächlich aber kann man zeigen, dass (3.96) für alle $\nu \geq -1$ gültig ist.

Die Entwicklung (3.96) mit den Koeffizienten (3.97) stellt die übliche Reihenentwicklung nach Bessel-Funktionen dar und eignet sich besonders für solche Funktionen, die bei $\rho = a$ verschwinden (wie z. B. beim homogenen Dirichlet'schen Randwertproblems eines Zylinders; s. folgender Abschnitt). Es sei jedoch bemerkt, dass eine hierzu alternative Entwicklung möglich ist, nämlich nach den Funktionen $\sqrt{\rho}\, J_\nu(y_{\nu n}\rho/a)$, wo $y_{\nu n}$ die n-te Wurzel der Gleichung $dJ_\nu(x)/dx = 0$ ist. Der Grund hierfür ist, dass beim Beweis der Orthogonalität allein das Verschwinden der Größe

$$\rho J_\nu(k\rho)\frac{dJ_\nu(k'\rho)}{d\rho} - \rho J_\nu(k'\rho)\frac{dJ_\nu(k\rho)}{d\rho}$$

an den Endpunkten $\rho = 0$ und $\rho = a$ benötigt wird. Diese Forderung ist erfüllt *entweder* für $k, k' = x_{\nu n}/a,\ x_{\nu n'}/a$ *oder* $k, k' = y_{\nu n}/a,\ y_{\nu n'}/a$, wobei $x_{\nu n}$ und $y_{\nu n}$ jeweils die n-te Wurzel von $J_\nu(x_{\nu n}) = 0$ bzw. $J_\nu'(y_{\nu n}) = 0$ bedeuten, oder – allgemeiner – für den Fall, dass an den Endpunkten die Gleichung

$$\rho\frac{dJ_\nu(k\rho)}{d\rho} + \lambda J_\nu(k\rho) = 0$$

gilt, wobei λ eine von k unabhängige Konstante ist. Die Entwicklung nach dem Funktionensatz $\sqrt{\rho}\,J_\nu(y_{\nu n}\rho/a)$ eignet sich besonders für Funktionen, deren Steigung bei $\rho = a$ verschwindet (vgl. Übg. 3.11).

Die Fourier-Bessel-Reihe (3.96) ist nur eine der möglichen Entwicklungen nach Bessel-Funktionen. Andere Beispiele hierfür sind

die Neumann-Reihe $\sum_{n=0}^{\infty} a_n J_{\nu+n}(z)$,

die Kapteyn-Reihe $\sum_{n=0}^{\infty} a_n J_{\nu+n}((\nu+n)z)$,

und

die Schlömilch-Reihe $\sum_{n=1}^{\infty} a_n J_\nu(nx)$.

Für ein eingehendes Studium dieser Reihen empfehlen wir dem Leser das Buch von *Watson* (Kap. XVI–XIX). Die Kapteyn-Reihe tritt bei der Untersuchung der Kepler'schen Planetenbewegung und der Strahlung schnell bewegter Ladungen auf (vgl. Übg. 14.14 und 14.15).

Bevor wir das Thema der Bessel-Funktionen verlassen, sei noch auf folgendes hingewiesen: Hätten wir bei der Separation der Laplace'schen Gleichung als Separationskonstante nicht k^2, sondern $-k^2$ gewählt, dann hätte die Lösung für $Z(z)$ $\sin kz$ oder $\cos kz$ gelautet, und die Gleichung für $R(\rho)$ hätte die Form

$$\frac{d^2 R}{d\rho^2} + \frac{1}{\rho}\frac{dR}{d\rho} - \left(k^2 + \frac{\nu^2}{\rho^2}\right) R = 0 \tag{3.98}$$

gehabt. Mit der Substitution $k\rho = x$ geht diese Gleichung über in

$$\frac{d^2 R}{dx^2} + \frac{1}{x}\frac{dR}{dx} - \left(1 + \frac{\nu^2}{x^2}\right) R = 0 \tag{3.99}$$

Die Lösungen sind die sog. *modifizierten Bessel-Funktionen*, die natürlich nichts anderes sind als die Bessel-Funktionen mit rein imaginärem Argument. Als linear unabhängige Lösungen wählt man i.A. die mit $I_\nu(x)$ und $K_\nu(x)$ bezeichneten Funktionen

$$I_\nu(x) = i^{-\nu} J_\nu(ix) \tag{3.100}$$

$$K_\nu(x) = \frac{\pi}{2} i^{\nu+1} H_\nu^{(1)}(ix) \tag{3.101}$$

die für reelle x und ν reelle Funktionen sind. Ihre asymptotischen Darstellungen für große und kleine x-Werte haben für reelles $\nu \geq 0$ folgende Gestalt:

$$x \ll 1 \qquad I_\nu(x) \to \frac{1}{\Gamma(\nu+1)}\left(\frac{x}{2}\right)^\nu \tag{3.102}$$

$$K_\nu(x) \to \begin{cases} -\left[\ln\left(\frac{x}{2}\right) + C\right], & \nu = 0 \\ \frac{\Gamma(\nu)}{2}\left(\frac{2}{x}\right)^\nu, & \nu \neq 0 \end{cases} \tag{3.103}$$

mit der Euler-Mascheroni-Konstanten $C = 0{,}5772\ \ldots$

und

$$x \gg 1 \quad I_\nu(x) \;\to \frac{1}{\sqrt{2\pi x}} e^x \left[1 + O\left(\frac{1}{x}\right)\right]$$

$$K_\nu(x) \;\to \sqrt{\frac{\pi}{2x}} e^{-x} \left[1 + O\left(\frac{1}{x}\right)\right] \tag{3.104}$$

3.8 Randwertprobleme in Zylinderkoordinaten

Die Lösung der Laplace'schen Gleichung in Zylinderkoordinaten ist die Produktfunktion $\Phi = R(\rho)Q(\phi)Z(z)$, deren einzelne Faktoren wir im vorigen Abschnitt angegeben haben. Betrachten wir nun das spezielle Randwertproblem, dessen Geometrie in Abb. 3.9 dargestellt ist. Der Zylinder hat den Radius a und die Höhe L, und seine beiden Deckflächen liegen bei $z = L$ bzw. $z = 0$. Das Potential auf der Mantelfläche und der unteren Deckfläche ist Null, während sich die obere Deckfläche auf dem Potential $\Phi = V(\rho, \phi)$ befindet. Gesucht ist das Potential an jedem Punkt innerhalb des Zylinders. Damit Φ eindeutig wird und bei $z = 0$ verschwindet, muss

$$Q(\phi) = A \sin m\phi + B \cos m\phi$$
$$Z(z) = \sinh kz$$

sein, wobei $\nu = m$ eine ganze Zahl und k eine zu bestimmende Konstante ist. Der Radialfaktor hat die Gestalt

$$R(\rho) = CJ_m(k\rho) + DN_m(k\rho)$$

Soll das Potential bei $\rho = 0$ endlich sein, so muss $D = 0$ sein, und die Forderung, dass das Potential bei $\rho = a$ verschwindet, bedeutet, dass k nur die Werte

$$k_{mn} = \frac{x_{mn}}{a} \quad (n = 1, 2, 3, \ldots)$$

annehmen kann, wobei die x_{mn} die Wurzeln der Gleichung $J_m(x_{mn}) = 0$ sind.

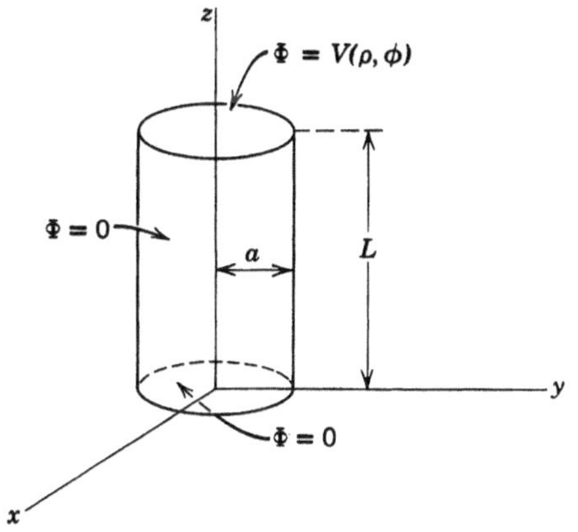

Abb. 3.9

Kombiniert man all diese Bedingungen, so findet man als Lösung für das Potential:

$$\Phi(\rho, \phi, z) = \sum_{m=0}^{\infty} \sum_{n=1}^{\infty} J_m(k_{mn}\rho) \sinh(k_{mn}z)(A_{mn} \sin m\phi + B_{mn} \cos m\phi) \tag{3.105a}$$

Bei $z = L$ ist das Potential durch $V(\phi, z)$ vorgegeben. Es gilt daher

$$V(\rho, \phi) = \sum_{m,n} \sinh(k_{mn}L) J_m(k_{mn}\rho)(A_{mn} \sin m\phi + B_{mn} \cos m\phi)$$

Dies ist eine Fourier-Reihe in ϕ und eine Bessel-Reihe in ρ. Die Koeffizienten ergeben sich aufgrund von (2.37) und (3.97) zu

$$A_{mn} = \frac{2 \operatorname{cosech}(k_{mn}L)}{\pi a^2 J_{m+1}^2(k_{mn}a)} \int_0^{2\pi} d\phi \int_0^a d\rho\, \rho V(\rho, \phi) J_m(k_{mn}\rho) \sin m\phi$$

und

$$B_{mn} = \frac{2 \operatorname{cosech}(k_{mn}L)}{\pi a^2 J_{m+1}^2(k_{mn}a)} \int_0^{2\pi} d\phi \int_0^a d\rho\, \rho V(\rho, \phi) J_m(k_{mn}\rho) \cos m\phi \tag{3.105b}$$

wobei für $m = 0$ in der Reihe $\frac{1}{2}B_{0n}$ zu benutzen ist.

Die spezielle Form der Entwicklung (3.105a) wird durch die Forderung bestimmt, dass das Potential bei $z = 0$ für beliebige ρ und bei $\rho = a$ für beliebige z verschwindet. Für andere Randbedingungen hätte die Entwicklung natürlich eine andere Gestalt. Das Beispiel, in dem das Potential auf den Deckflächen Null ist und gleich $V(\rho, \phi)$ auf der Mantelfläche, überlassen wir dem Leser als Übung 3.9.

Die Fourier-Bessel-Reihe (3.105a) eignet sich für ein endliches ρ-Intervall $0 \leq \rho \leq a$. In der Grenze $a \to \infty$ geht die Reihe in ein Integral über, und zwar in einer Weise, die dem Übergang einer Fourier-Reihe in ein Fourier-Integral entspricht. Ist z.B. das Potential im ladungsfreien Raum für $z \geq 0$ endlich und verschwindet es für $z \to \infty$, so muss die Lösung für $z \geq 0$ die allgemeine Form

$$\Phi(\rho, \phi, z) = \sum_{m=0}^{\infty} \int_0^{\infty} dk\, e^{-kz} J_m(k\rho)[A_m(k) \sin m\phi + B_m(k) \cos m\phi] \tag{3.106}$$

haben. Ist das Potential auf der gesamten Ebene $z = 0$ durch $V(\rho, \phi)$ vorgegeben, so werden die Koeffizienten bestimmt durch

$$V(\rho, \phi) = \sum_{m=0}^{\infty} \int_0^{\infty} dk\, J_m(k\rho)[A_m(k) \sin m\phi + B_m(k) \cos m\phi]$$

Die Änderung in ϕ ist wieder vom Fourier'schen Typ, und somit werden die Koeffizienten $A_m(k)$ und $B_m(k)$ getrennt durch die Integralbeziehungen

$$\frac{1}{2} \int_0^{2\pi} V(\rho, \phi) \begin{Bmatrix} \sin m\phi \\ \cos m\phi \end{Bmatrix} d\phi = \int_0^{\infty} J_m(k'\rho) \begin{Bmatrix} A_m(k') \\ B_m(k') \end{Bmatrix} dk' \tag{3.107}$$

festgelegt. Diese radialen Integralgleichungen erster Art lassen sich auf einfache Art und Weise lösen, da die Ausdrücke auf der rechten Seite von (3.107) die *Hankel-*

Transformierten von A_m bzw. B_m sind. Um die Gleichungen (3.107) nach ihnen aufzulösen, benutzen wir die Integralbeziehung

$$\int_0^\infty x J_m(kx) J_m(k'x)\, dx = \frac{1}{k}\,\delta(k'-k) \tag{3.108}$$

Multipliziert man (3.107) mit $\rho J_m(k\rho)$ und integriert die entstehende Gleichung über ρ, so sieht man, dass die Koeffizienten durch Integrale über die gesamte Ebene $z = 0$ bestimmt sind:

$$\left.\begin{matrix} A_m(k) \\ B_m(k) \end{matrix}\right\} = \frac{k}{\pi} \int_0^\infty d\rho\, \rho \int_0^{2\pi} d\phi\, V(\rho, \phi) J_m(k\rho) \begin{cases} \sin m\phi \\ \cos m\phi \end{cases} \tag{3.109}$$

Für $m = 0$ hat man in der Reihe (3.106), wie üblich, $\frac{1}{2} B_0(k)$ zu benutzen.

Im Zusammenhang mit der Entwicklung nach Bessel-Funktionen sei darauf hingewiesen, dass die Funktionen $J_\nu(kx)$ für festes ν mit $\mathrm{Re}(\nu) > -1$ einen vollständigen, (bezüglich k) orthogonalen Satz von Funktionen auf dem Intervall $0 < x < \infty$ bilden. Für jeden Wert von m (bei festem ϕ und z) ist die Entwicklung nach k, wie sie uns in Gl. (3.106) begegnete, nur ein Spezialfall der allgemeineren Entwicklung

$$A(x) = \int_0^\infty \tilde{A}(k) L_\nu(kx)\, dk \quad \text{mit} \quad \tilde{A}(x) = k \int_0^\infty x A(x) J_\nu(kx)\, dx \tag{3.110}$$

Ein besonders wichtiges Beispiel für eine solche Darstellung ergibt sich in Kugelkoordinaten, nämlich die Entwicklung nach sphärischen Bessel-Funktionen $j_l(kr)$, $l = 0, 1, 2, \ldots$, die definiert sind durch

$$j_l(z) = \sqrt{\frac{\pi}{2z}}\, J_{l+1/2}(z) \tag{3.111}$$

(Details zu den sphärischen Bessel-Funktionen bringen wir in Kap. 9). Die Orthogonalitätsrelation (3.108) nimmt hier die Form

$$\int_0^\infty r^2 j_l(kr) j_l(k'r)\, dr = \frac{\pi}{2k^2}\,\delta(k-k') \tag{3.112}$$

an. Die Vollständigkeitsrelation hat formal dieselbe Gestalt; man braucht nur die Substitution $r \to k$, $k \to r$, $k' \to r'$ vorzunehmen. Entsprechend der Fourier-Entwicklung lautet daher die *Entwicklung nach sphärischen Bessel-Funktionen* (zu gegebenem l):

$$A(r) = \int_0^\infty \tilde{A}(k) j_l(kr)\, dk \quad \text{mit} \quad \tilde{A}(k) = \frac{2k^2}{\pi} \int_0^\infty r^2 A(r) j_l(kr)\, dr \tag{3.113}$$

Solche Entwicklungen sind besonders dann nützlich, wenn aufgrund der Winkelsymmetrie nur ein oder wenige l-Werte in Frage kommen, z. B. beim Stromabfall in Leitern oder bei zeitabhängiger magnetischer Diffusion. Vgl. hierzu die Übgn. 5.36 und 5.37.

3.9 Entwicklung Green'scher Funktionen in Kugelkoordinaten

Um Probleme mit Ladungsverteilungen zu behandeln, bei denen das Potential Randbedingungen unterworfen ist (d. h. um die Lösung der Poisson'schen Gleichung zu finden), muss man die Green'sche Funktion $G(\mathbf{x}, \mathbf{x}')$ bestimmen, die den entsprechenden Randbedingungen genügt. Diese Randbedingungen sind oft auf Flächen separabler Koordinaten vorgegeben, z. B. auf Flächen, die durch Kugel- oder Zylinderkoordinaten charakterisiert sind. Es ist dann zweckmäßig, die Green'sche Funktion in eine Reihe nach Produkten von Funktionen zu entwickeln, die für die betreffenden Koordinaten geeignet sind. Wir illustrieren dies zunächst am Fall der Kugelkoordinaten.

Für den Fall, dass im Endlichen keine Randflächen auftreten, kennen wir bereits die Entwicklung der Green'schen Funktion; nach (3.70) gilt nämlich

$$\frac{1}{|\mathbf{x}-\mathbf{x}'|} = 4\pi \sum_{l=0}^{\infty} \sum_{m=-l}^{l} \frac{1}{2l+1} \frac{r_<^l}{r_>^{l+1}} Y_{lm}^*(\theta', \phi')\, Y_{lm}(\theta, \phi)$$

Eine ähnliche Entwicklung wollen wir jetzt für die Green'sche Funktion des „äußeren" Problems mit einer kugelförmigen Randfläche bei $r = a$ herleiten. Das Ergebnis kann man leicht aus der durch Spiegelung gewonnenen Green'schen Funktion (2.16) ablesen. Wendet man auf die beiden Summanden in (2.16) die Entwicklung (3.70) an, so folgt:

$$G(\mathbf{x}, \mathbf{x}') = 4\pi \sum_{l,m} \frac{1}{2l+1} \left[\frac{r_<^l}{r_>^{l+1}} - \frac{1}{a}\left(\frac{a^2}{rr'}\right)^{l+1} \right] Y_{lm}^*(\theta', \phi')\, Y_{lm}(\theta, \phi) \tag{3.114}$$

Um die Struktur dieses Ausdrucks zu verdeutlichen und zu sehen, dass er die Randbedingungen erfüllt, betrachten wir die radialen Faktoren getrennt für $r < r'$ und $r > r'$:

$$\left[\frac{r_<^l}{r_>^{l+1}} - \frac{1}{a}\left(\frac{a^2}{rr'}\right)^{l+1} \right] = \begin{cases} \dfrac{1}{r'^{l+1}} \left[r^l - \dfrac{a^{2l+1}}{r^{l+1}} \right], & r < r' \\[2ex] \left[r'^l - \dfrac{a^{2l+1}}{r'^{l+1}} \right] \dfrac{1}{r^{l+1}}, & r > r' \end{cases} \tag{3.115}$$

Zunächst stellen wir fest, dass – wie gefordert – der erste Ausdruck für $r = a$ und der zweite für $r' = a$ verschwinden. Analoges gilt für r bzw. $r' \to \infty$. Beide Ausdrücke sind symmetrisch in r und r', d. h. sie gehen durch Vertauschen der Rollen von r und r' auseinander hervor. Als Funktion von r betrachtet, ist der Radialfaktor für festes r' nichts anderes als eine Linearkombination der Lösungen r^l und $r^{-(l+1)}$ des Radialanteils (3.7) der Laplace'schen Gleichung. Für $r < r'$ und $r > r'$ handelt es sich um verschiedene Linearkombinationen. Der Grund hierfür wird weiter unten klar; er hängt mit der Tatsache zusammen, dass die Green'sche Funktion Lösung der Poisson'schen Gleichung mit einer Delta-Funktion als Inhomogenität ist.

Nachdem wir die allgemeine Struktur der Entwicklung einer Green'schen Funktion in separablen Koordinaten erläutert haben, kommen wir jetzt zur systematischen

Konstruktion einer solchen Entwicklung. Die Green'sche Funktion eines beliebigen Potentialproblems genügt der Gleichung

$$\nabla_x^2 G(\mathbf{x}, \mathbf{x}') = -4\pi\delta(\mathbf{x} - \mathbf{x}') \tag{3.116}$$

und unterliegt für Punkte $\mathbf{x}$ bzw. $\mathbf{x}'$, die auf der Randfläche S liegen, der Randbedingung $G(\mathbf{x}, \mathbf{x}') = 0$. Für eine kugelförmige Randfläche suchen wir eine Entwicklung der allgemeinen Form (3.114). Wir benutzen daher die Tatsache, dass sich die Delta-Funktion nach Gl. (8) auf S. 33 in der Form

$$\delta(\mathbf{x} - \mathbf{x}') = \frac{1}{r^2}\delta(r - r')\delta(\phi - \phi')\delta(\cos\theta - \cos\theta')$$

schreiben lässt und dass man auf den Winkelanteil die Vollständigkeitsrelation (3.56) anwenden kann:

$$\delta(\mathbf{x} - \mathbf{x}') = \frac{1}{r^2}\delta(r - r')\sum_{l=0}^{\infty}\sum_{m=-l}^{l} Y_{lm}^*(\theta', \phi')\, Y_{lm}(\theta, \phi) \tag{3.117}$$

Demnach kann die Green'sche Funktion, betrachtet als Funktion von $\mathbf{x}$, folgendermaßen entwickelt werden:

$$G(\mathbf{x}, \mathbf{x}') = \sum_{l=0}^{\infty}\sum_{m=-l}^{l} A_{lm}(r|r', \theta', \phi')\, Y_{lm}(\theta, \phi) \tag{3.118}$$

Die Substitution von (3.117) und (3.118) in (3.116) führt auf

$$A_{lm}(r'|r', \theta', \phi') = g_l(r, r')\, Y_{lm}^*(\theta', \phi) \tag{3.119}$$

wobei $g_l(r, r')$ der Differentialgleichung

$$\frac{1}{r}\frac{d^2}{dr^2}[r g_l(r, r')] - \frac{l(l+1)}{r^2} g_l(r, r') = -\frac{4\pi}{r^2}\delta(r - r') \tag{3.120}$$

genügt. Die radiale Green'sche Funktion $g_l(r, r')$ gehorcht also für $r \neq r'$ der homogenen Radialgleichung (3.7) und hat daher die Gestalt

$$g_l(r, r') = \begin{cases} A r^l + B r^{-(l+1)} & \text{für} \quad r < r' \\ A' r^l + B' r^{-(l+1)} & \text{für} \quad r > r' \end{cases}$$

Die Koeffizienten A, B, A' und B' sind Funktionen von r', die aus den Randbedingungen bestimmt werden müssen, und zwar unter Beachtung der in (3.120) auftretenden Delta-Funktion $\delta(r - r')$ und der Symmetrie von $g_l(r, r')$ in r und r'. Wir wollen annehmen, die Randflächen seien zwei konzentrische Kugelflächen mit den Radien $r = a$ und $r = b$. Da $G(\mathbf{x}, \mathbf{x}')$ für auf der Randfläche liegende $\mathbf{x}$ verschwindet, muss auch $g_l(r, r')$ für $r = a$ und $r = b$ verschwinden. Dies bedeutet, dass $g_l(r, r')$ folgende Form haben muss:

$$g_l(r, r') = \begin{cases} A\left(r^l - \dfrac{a^{2l+1}}{r^{l+1}}\right), & r < r' \\[2ex] B'\left(\dfrac{1}{r^{l+1}} - \dfrac{r^l}{b^{2l+1}}\right), & r > r' \end{cases} \tag{3.121}$$

Die Symmetrie in r und r' erfordert, dass die Koeffizienten $A(r')$ und $B'(r')$ dergestalt sind, dass sich $g_l(r,r')$ in der Form

$$g_l(r,r') = C\left(r_<^l - \frac{a^{2l+1}}{r_<^{l+1}}\right)\left(\frac{1}{r_>^{l+1}} - \frac{r_>^l}{b^{2l+1}}\right) \tag{3.122}$$

schreiben lässt, wenn $r_<$ ($r_>$) die kleinere (größere) der beiden Größen r und r' bedeutet. Um die Konstante C zu bestimmen, müssen wir den Effekt der Delta-Funktion in (3.120) untersuchen. Multipliziert man beide Seiten von (3.120) mit r und integriert über das Intervall zwischen $r = r' - \epsilon$ und $r = r' + \epsilon$, wobei ϵ sehr klein ist, dann erhält man

$$\left\{\frac{d}{dr}[rg_l(r,r')]\right\}_{r'+\epsilon} - \left\{\frac{d}{dr}[rg_l(r,r')]\right\}_{r'-\epsilon} = -\frac{4\pi}{r'} \tag{3.123}$$

Die Ableitung von $g_l(r,r')$ macht also bei $r = r'$ einen Sprung (vgl. Abb. 3.10).

Für $r = r' + \epsilon$ ist $r_> = r$ und $r_< = r'$. Daraus folgt:

$$\begin{aligned}\left\{\frac{d}{dr}[rg_l(r,r')]\right\}_{r'+\epsilon} &= C\left(r'^l - \frac{a^{2l+1}}{r'^{l+1}}\right)\left[\frac{d}{dr}\left(\frac{1}{r^l} - \frac{r^{l+1}}{b^{2l+1}}\right)\right]_{r=r'} \\ &= -\frac{C}{r'}\left[1-\left(\frac{a}{r'}\right)^{2l+1}\right]\left[l+(l+1)\left(\frac{r'}{b}\right)^{2l+1}\right]\end{aligned}$$

und analog:

$$\left\{\frac{d}{dr}[rg_l(r,r')]\right\}_{r'-\epsilon} = \frac{C}{r'}\left[l+1+l\left(\frac{a}{r'}\right)^{2l+1}\right]\left[1-\left(\frac{r'}{b}\right)^{2l+1}\right]$$

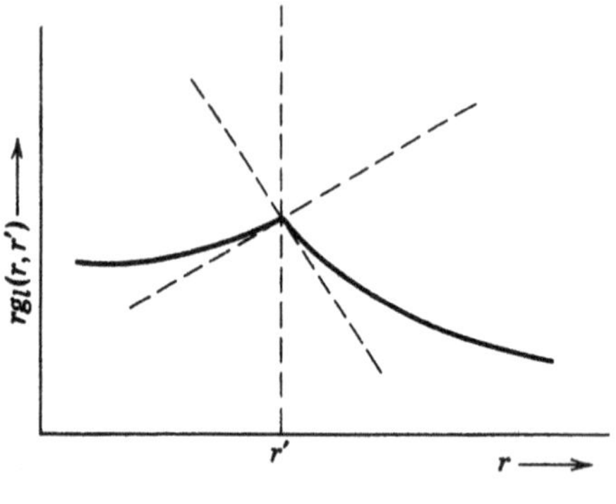

Abb. 3.10 Sprung in der Ableitung der radialen Green'schen Funktion.

Setzt man diese Ableitungen in (3.123) ein, so findet man schließlich:

$$C = \frac{4\pi}{(2l+1)\left[1-\left(\frac{a}{b}\right)^{2l+1}\right]} \tag{3.124}$$

Die Kombination von (3.124), (3.122), (3.119) und (3.118) liefert als Endresultat für die Entwicklung der Green'schen Funktion einer Kugelschale mit den Radien $r = a$ und $r = b$:

$$G(\mathbf{x}, \mathbf{x}') = 4\pi \sum_{l=0}^{\infty} \sum_{m=-l}^{l} \frac{Y_{lm}^*(\theta', \phi')\, Y_{lm}(\theta, \phi)}{(2l+1)\left[1 - \left(\frac{a}{b}\right)^{2l+1}\right]} \left(r_<^l - \frac{a^{2l+1}}{r_<^{l+1}}\right)\left(\frac{1}{r_>^{l+1}} - \frac{r_>^l}{b^{2l+1}}\right) \tag{3.125}$$

In den Spezialfällen $a \to 0$, $b \to \infty$ und $b \to \infty$ gelangt man zu den früheren Entwicklungen (3.70) und (3.114) wieder zurück. Für das „innere" Problem mit einer Kugel vom Radius b braucht man nur den Grenzübergang $a \to 0$ vorzunehmen. Während die Entwicklung für eine einzelne Kugel in einfacher Weise aus der gespiegelten Lösung folgt, ist das Resultat (3.125) für eine Kugelschale mithilfe der Spiegelladungsmethode recht schwierig herzuleiten, da man in diesem Fall unendlich viele Spiegelladungen benötigt.

3.10 Lösung von Potentialproblemen unter Verwendung der sphärischen Entwicklung der Green'schen Funktion

Die allgemeine Lösung der Poisson'schen Gleichung mit auf der Randfläche vorgegebenen Werten des Potentials lautet nach Kap. 1.10:

$$\Phi(\mathbf{x}) = \frac{1}{4\pi\epsilon_0} \int_V \rho(\mathbf{x}')\, G(\mathbf{x}, \mathbf{x}')\, d^3x' - \frac{1}{4\pi} \oint_S \Phi(\mathbf{x}') \frac{\partial G}{\partial n'}\, da' \tag{3.126}$$

Zur Illustration betrachten wir das Potential *innerhalb* einer Kugel vom Radius b. Zunächst wollen wir die Äquivalenz zwischen dem Oberflächenintegral (3.126) und dem in Abschnitt 5 hergeleiteten Resultat [Gl. (3.61) mit (3.58)] zeigen. Setzt man in (3.125) $a = 0$, so erhält man für die an der Stelle $r' = b$ ausgewertete Normalenableitung von G:

$$\frac{\partial G}{\partial n'} = \left.\frac{\partial G}{\partial r'}\right|_{r'=b} = -\frac{4\pi}{b^2} \sum_{l,m} \left(\frac{r}{b}\right)^l Y_{lm}^*(\theta', \phi')\, Y_{lm}(\theta, \phi) \tag{3.127}$$

Nach Gl. (3.126) lautet daher die Lösung der Laplace'schen Gleichung innerhalb der Kugel mit dem auf ihrer Oberfläche vorgegebenen Potential $\Phi = V(\theta', \phi)$:

$$\Phi(\mathbf{x}) = \sum_{l,m} \left[\int V(\theta', \phi')\, Y_{lm}^*(\theta', \phi')\, d\Omega'\right] \left(\frac{r}{b}\right)^l Y_{lm}(\theta, \phi) \tag{3.128}$$

Für den betrachteten Fall stimmt dieses Ergebnis mit der Lösung (3.61) bei Berücksichtigung von (3.58) überein. Doch für die Kugel existiert noch eine *dritte* Lösungsform, das sog. *Poisson'sche Integral* (2.19). Die Äquivalenz zwischen dieser Lösung und der Entwicklung der Green'schen Funktion folgt aus der Tatsache, dass beide Lösungen aus dem allgemeinen Ausdruck (3.126) und der durch Spie-

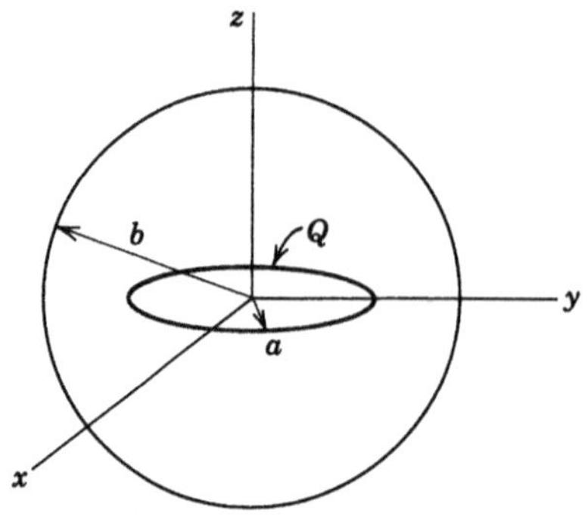

Abb. 3.11 Ringförmige Ladungsverteilung vom Radius a und der Gesamtladung Q innerhalb einer geerdeten, leitenden Kugel vom Radius b.

gelung gewonnenen Green'schen Funktion hergeleitet wurden. Der explizite Beweis für die Äquivalenz zwischen dem Integral (2.19) und der Reihe (3.61) soll in den Übungen erbracht werden.

Wir wenden uns jetzt der Lösung von Problemen zu, bei denen in (3.126) das Volumenintegral mit einbezogen werden muss. Es genügt, sich auf Probleme zu beschränken, bei denen das Potential auf den Randflächen verschwindet. Den allgemeinen Fall kann man durch lineare Superposition der Lösungen der Laplace'schen Gleichung beschreiben. Als erstes Beispiel betrachten wir eine geerdete Hohlkugel vom Radius b, in der sich ein konzentrischer Ring vom Radius a mit der Gesamtladung Q befindet. Der die Ladung tragende Ring liege in der (x, y)-Ebene, wie in Abb. 3.11 dargestellt. Die Ladungsdichte des Ringes lässt sich unter Verwendung von Delta-Funktionen in der Form

$$\rho(\mathbf{x}') = \frac{Q}{2\pi a^2}\,\delta(r'-a)\,\delta(\cos\theta') \tag{3.129}$$

schreiben. Im Volumenintegral über die Green'sche Funktion tragen wegen der azimutalen Symmetrie in (3.125) nur die Terme mit $m = 0$ bei. Mit (3.57) und $a \to 0$ in (3.125) findet man:

$$\begin{aligned}\Phi(\mathbf{x}) &= \frac{1}{4\pi\epsilon_0}\int \rho(\mathbf{x}')\,G(\mathbf{x},\mathbf{x}')\,d^3x' \\ &= \frac{Q}{4\pi\epsilon_0}\sum_{l=0}^{\infty} P_l(0)\,r_<^l\left(\frac{1}{r_>^{l+1}} - \frac{r_>^l}{b^{2l+1}}\right)P_l(\cos\theta)\end{aligned} \tag{3.130}$$

wobei $r_<$ $(r_>)$ jetzt den kleineren (größeren) der beiden Radien r und a bedeutet. Unter Verwendung von $P_{2n+1}(0) = 0$ und $P_{2n}(0) = \dfrac{(-1)^n(2n-1)!!}{2^n n!}$ lässt sich für (3.130) auch

$$\Phi(\mathbf{x}) = \frac{Q}{4\pi\epsilon_0}\sum_{n=0}^{\infty}\frac{(-1)^n(2n-1)!!}{2^n n!}\,r_<^{2n}\left(\frac{1}{r_>^{2n+1}} - \frac{r_>^{2n}}{b^{4n+1}}\right)P_{2n}(\cos\theta) \tag{3.131}$$

schreiben. In der Grenze $b \to \infty$ reduzieren sich (3.130) bzw. (3.131) auf den Ausdruck, den wir am Ende von Abschnitt 3 dieses Kapitels für eine ringförmige La-

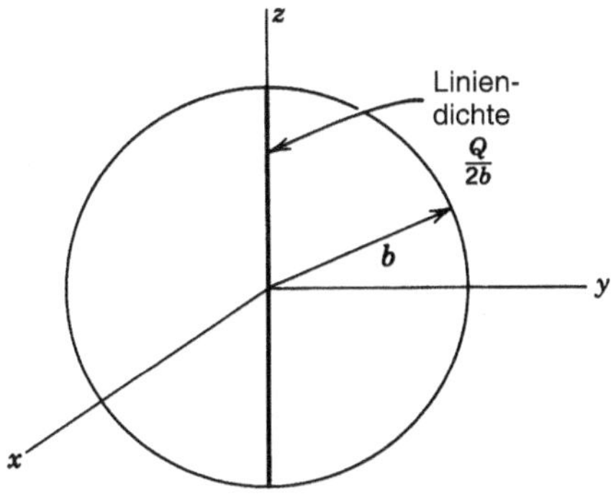

Abb. 3.12 Gleichmäßig verteilte Linienladung der Länge $2b$ und der Gesamtladung Q innerhalb einer geerdeten, leitenden Kugel vom Radius b.

dungsverteilung im freien, unbegrenzten Raum gefunden hatten. Das vorliegende Ergebnis lässt sich auch aus dem von Abschnitt 3 herleiten, indem man die Methode der Spiegelladung an einer Kugel anwendet.

Als zweites Beispiel betrachten wir eine geerdete Hohlkugel vom Radius b, in der sich auf der z-Achse eine vom Nord- bis zum Südpol gleichmäßig verteilte Linienladungsdichte der Gesamtladung Q befindet (vgl. Abb. 3.12). Diese Ladungsdichte lässt sich wieder mithilfe von Delta-Funktionen darstellen, nämlich in der Form

$$\rho(\mathbf{x}') = \frac{Q}{2b}\,\frac{1}{2\pi r'^2}\,[\delta(\cos\theta' - 1) + \delta(\cos\theta' + 1)] \tag{3.132}$$

Die beiden Delta-Funktionen in $\cos\theta'$ entsprechen den beiden Hälften der Linienladung oberhalb und unterhalb der (x, y)-Ebene. Der Faktor $2\pi r'^2$ im Nenner sorgt dafür, dass die Ladungsdichte die konstante *Linien*dichte $Q/2b$ hat. Mit dieser Dichte folgt aus (3.126):

$$\Phi(\mathbf{x}) = \frac{Q}{8\pi\epsilon_0 b}\sum_{l=0}^{\infty}[P_l(1) + P_l(-1)]\,P_l(\cos\theta)\int_0^b r_<^l\left(\frac{1}{r_>^{l+1}} - \frac{r_>^l}{b^{2l+1}}\right)dr' \tag{3.133}$$

Das Integrationsgebiet muss aufgespalten werden in die Intervalle $0 \le r' < r$ und $r \le r' \le b$. Es ergibt sich dann:

$$\begin{aligned}\int_0^b &= \left(\frac{1}{r^{l+1}} - \frac{r^l}{b^{2l+1}}\right)\int_0^r r'^l\,dr' + r^l\int_r^b\left(\frac{1}{r'^{l+1}} - \frac{r'^l}{b^{2l+1}}\right)dr'\\ &= \frac{(2l+1)}{l(l+1)}\left[1 - \left(\frac{r}{b}\right)^l\right]\end{aligned} \tag{3.134}$$

Für $l = 0$ stellt dieses Ergebnis einen unbestimmten Ausdruck dar. Mithilfe der Regel von L'Hospital findet man jedoch für $l = 0$:

$$\int_0^b = \lim_{l\to 0}\frac{\dfrac{d}{dl}\left[1 - \left(\dfrac{r}{b}\right)^l\right]}{\dfrac{d}{dl}(l)} = \lim_{l\to 0}\left[-\frac{d}{dl}e^{l\ln(r/b)}\right] = \ln\left(\frac{b}{r}\right) \tag{3.135}$$

Die lässt sich durch direkte Integration von (3.133) für $l = 0$ nachweisen. Da $P_l(-1) = (-1)^l$ ist, kann man für (3.133) auch

$$\Phi(\mathbf{x}) = \frac{Q}{4\pi\epsilon_0 b}\left\{\ln\left(\frac{b}{r}\right) + \sum_{j=1}^{\infty} \frac{(4j+1)}{2j(2j+1)}\left[1 - \left(\frac{r}{b}\right)^{2j}\right] P_{2j}(\cos\theta)\right\} \tag{3.136}$$

schreiben. Das Auftreten des Logarithmus für $l = 0$ erinnert daran, dass das Potential längs der z-Achse divergiert. Dies ist eine unmittelbare Konsequenz der in (3.136) enthaltenen Reihe, die für $\cos\theta = \pm 1$, außer für $r = b$, divergiert.

Die Flächenladungsdichte auf der geerdeten Kugel erhält man direkt aus (3.136) durch Differentiation:

$$\sigma(\theta) = \epsilon_0 \left.\frac{\partial\Phi}{\partial r}\right|_{r=b} = -\frac{Q}{4\pi b^2}\left[1 + \sum_{j=1}^{\infty} \frac{(4j+1)}{(2j+1)} P_{2j}(\cos\theta)\right] \tag{3.137}$$

Der führende Term zeigt, dass die auf der Kugel insgesamt induzierte Ladung gleich $-Q$ ist, da die übrigen Terme bei Integration über die Kugel keinen Beitrag liefern.

3.11 Entwicklung Green'scher Funktionen in Zylinderkoordinaten

Die Entwicklung des Potentials einer punktförmigen Einheitsladung in Zylinderkoordinaten stellt ein weiteres nützliches Beispiel für Entwicklung einer Green'schen Funktion dar. Wir werden die hierzu notwendigen Anfangsschritte in recht allgemeiner Form darstellen, sodass die Methode unmittelbar übertragen werden kann auf die Konstruktion Green'scher Funktionen für Potentialprobleme mit zylindrischen Randflächen. Der Ausgangspunkt ist die Gleichung der Green'schen Funktion

$$\nabla_x^2 G(\mathbf{x},\mathbf{x}') = -\frac{4\pi}{\rho}\,\delta(\rho-\rho')\,\delta(\phi-\phi')\,\delta(z-z') \tag{3.138}$$

wobei die Delta-Funktion in Zylinderkoordinaten ausgedrückt wurde. Die Delta-Funktionen in ϕ und z lassen sich folgendermaßen darstellen

$$\begin{aligned}\delta(z-z') &= \frac{1}{2\pi}\int_{-\infty}^{\infty} dk\, e^{ik(z-z')} = \frac{1}{\pi}\int_0^{\infty} dk \cos[k(z-z')]\\ \delta(\phi-\phi') &= \frac{1}{2\pi}\sum_{m=-\infty}^{\infty} e^{im(\phi-\phi')}\end{aligned} \tag{3.139}$$

Die Green'sche Funktion entwickeln wir in ähnlicher Weise:

$$G(\mathbf{x},\mathbf{x}') = \frac{1}{2\pi^2}\sum_{m=-\infty}^{\infty}\int_0^{\infty} dk\, e^{im(\phi-\phi')}\cos[k(z-z')]\, g_m(k,\rho,\rho') \tag{3.140}$$

Die Substitution dieser Entwicklung in Gl. (3.138) führt dann auf eine Gleichung für die radiale Green'sche Funktion $g_m(\rho,\rho')$:

$$\frac{1}{\rho}\frac{d}{d\rho}\left(\rho\frac{dg_m}{d\rho}\right) - \left(k^2 + \frac{m^2}{\rho^2}\right) g_m = -\frac{4\pi}{\rho}\,\delta(\rho-\rho') \tag{3.141}$$

Für $\rho \neq \rho'$ ist dies identisch mit der Gleichung (3.98) für die modifizierten Bessel-Funktionen $I_m(k\rho)$ und $K_m(k\rho)$. Sind $\psi_1(k\rho)$ und $\psi_2(k\rho)$ zwei linear unabhängige Kombinationen von I_m und K_m, die für $\rho < \rho'$ bzw. $\rho > \rho'$ die richtigen Randbedingungen erfüllen, dann erfordert die Symmetrie der Green'schen Funktion in ρ und ρ', dass

$$g_m(k, \rho, \rho') = \psi_1(k\rho_<)\psi_2(k\rho_>) \tag{3.142}$$

ist. Die Normierung des Produktes $\psi_1\psi_2$ wird bestimmt durch den von der Delta-Funktion in (3.141) verursachten Sprung in der Ableitung von $g_m(\rho, \rho')$

$$\left.\frac{dg_m}{d\rho}\right|_+ - \left.\frac{dg_m}{d\rho}\right|_- = -\frac{4\pi}{\rho'} \tag{3.143}$$

Das Zeichen $|_\pm$ weist darauf hin, dass die Ableitungen an den Stellen $\rho = \rho' \pm \epsilon$ zu bilden sind. Aufgrund von (3.142) ist klar, dass

$$\left[\left.\frac{dg_m}{d\rho}\right|_+ - \left.\frac{dg_m}{d\rho}\right|_-\right] = k(\psi_1\psi_2' - \psi_2\psi_1') = kW[\psi_1, \psi_2] \tag{3.144}$$

wobei die Striche die Differentiation bzgl. des Arguments bezeichnen und $W[\psi_1, \psi_2]$ die Wronski-Determinante von ψ_1 und ψ_2 ist. Die Differentialgleichung (3.141) ist vom Sturm-Liouville'schen Typ

$$\frac{d}{dx}\left[p(x)\frac{dy}{dx}\right] + g(x)y = 0 \tag{3.145}$$

Die Wronski-Determinante zweier linear unabhängiger Lösungen einer solchen Gleichung ist bekanntlich proportional zu $1/p(x)$. Damit ist die Erfüllbarkeit der Bedingung (3.143) für alle Werte von ρ' gesichert. Natürlich muss das Produkt $\psi_1\psi_2$ so normiert sein, dass die Wronski-Determinante den Wert

$$W[\psi_1(x), \psi_2(x)] = -\frac{4\pi}{x} \tag{3.146}$$

besitzt.

Sind Randflächen nicht vorhanden, dann muss $g_m(\rho, \rho')$ bei $\rho = 0$ endlich sein und für $\rho \to \infty$ verschwinden. Daher ist $\psi_1(k\rho) = AI_m(k\rho)$ und $\psi_2(k\rho) = K_m(k\rho)$. Die Konstante A ist aus der Bedingung (3.146) für die Wronski-Determinante zu bestimmen. Da letztere für alle x-Werte proportional zu $1/x$ ist, spielt es keine Rolle, an welcher Stelle man sie auswertet. Bei Verwendung der asymptotischen Darstellungen (3.102) und (3.103) für kleine x (oder (3.104) für große x) findet man:

$$W[I_m(x), K_m(x)] = -\frac{1}{x} \tag{3.147}$$

Folglich ist $A = 4\pi$. Die Entwicklung von $1/|\mathbf{x} - \mathbf{x}'|$ lautet somit:

$$\frac{1}{|\mathbf{x} - \mathbf{x}'|} = \frac{2}{\pi}\sum_{m=-\infty}^{\infty}\int_0^\infty dk\, e^{im(\phi-\phi')}\cos[k(z-z')]\, I_m(k\rho_<)K_m(k\rho_>) \tag{3.148}$$

Unter Verwendung ausschließlich reeller Funktionen lässt sich hierfür auch schreiben:

$$\frac{1}{|\mathbf{x}-\mathbf{x}'|} = \frac{4}{\pi}\int_0^\infty dk \cos[k(z-z')] \times \left\{\tfrac{1}{2} I_0(k\rho_<) K_0(k\rho_>) + \sum_{m=1}^\infty \cos[m(\phi-\phi')] I_m(k\rho_<) K_m(k\rho_>)\right\} \quad (3.149)$$

Aus dieser Entwicklung ergeben sich eine Reihe nützlicher mathematischer Beziehungen. Für $\mathbf{x}' \to 0$ liefert nur der erste Term mit $m = 0$ einen Beitrag, und man erhält die Integraldarstellung

$$\frac{1}{\sqrt{\rho^2+z^2}} = \frac{2}{\pi}\int_0^\infty \cos kz\, K_0(k\rho)\, dk \quad (3.150)$$

Ersetzt man hier ρ^2 durch $R^2 = \rho^2 + \rho'^2 - 2\rho\rho' \cos(\phi - \phi')$, dann steht auf der linken Seite der Gleichung der reziproke Abstand $|\mathbf{x}-\mathbf{x}'|^{-1}$ mit $z' = 0$, d.h. gerade (3.149) mit $z' = 0$. Der Vergleich der rechten Seiten von (3.149) und (3.150) (der für *alle* Werte von z erlaubt ist) führt auf die Beziehung

$$K_0\left[k\sqrt{\rho^2+\rho'^2-2\rho\rho'\cos(\phi-\phi')}\right] = I_0(k\rho_<) K_0(k\rho_>) + 2\sum_{m=1}^\infty \cos[m(\phi-\phi')] I_m(k\rho_<) K_m(k\rho_>) \quad (3.151)$$

Führt man hier den Grenzübergang $k \to 0$ aus, so erhält man eine Entwicklung der Green'schen Funktion in ebenen Polarkoordinaten:

$$\ln\left(\frac{1}{\sqrt{\rho^2+\rho'^2-2\rho\rho'\cos(\phi-\phi')}}\right) = \ln\left(\frac{1}{\rho_>}\right) + \sum_{m=1}^\infty \frac{1}{m}\left(\frac{\rho_<}{\rho_>}\right)^m \cos[m(\phi-\phi')] \quad (3.152)$$

Diese Darstellung gewinnt man auch, wenn man analog zu der Methode, die uns zu (3.148) führte, die Green'sche Funktion für die zweidimensionale Poisson'sche Gleichung systematisch konstruiert. Vgl. Übg. 2.17.

3.12 Entwicklung Green'scher Funktionen nach Eigenfunktionen

Ein anderes Verfahren zur Entwicklung Green'scher Funktionen macht von den Eigenfunktionen Gebrauch, die dem jeweiligen Problem entsprechen. Es hängt eng mit den Methoden zusammen, die wir in Abschnitt 9 und 11 beschrieben haben.

Um klarzustellen, was wir mit Eigenfunktionen meinen, betrachten wir eine elliptische Differentialgleichung der Form

$$\nabla^2 \psi(\mathbf{x}) + [f(\mathbf{x}) + \lambda]\,\psi(\mathbf{x}) = 0 \quad (3.153)$$

Sollen die Lösungen dieser Gleichung, $\psi(\mathbf{x})$, bestimmten Randbedingungen auf der Oberfläche S des interessierenden Volumens V genügen, so wird (3.153) i. Allg. nur für bestimmte Werte von λ Lösungen besitzen, die z.B. endlich und stetig sind. Diese Werte von λ, die man mit λ_n bezeichnet, heißen *Eigenwerte* und die zugehörigen Lösungen $\psi_n(\mathbf{x})$ sind die sog. *Eigenfunktionen.*[6] Die den Eigenwerten entsprechende Differentialgleichung lautet:

$$\nabla^2 \psi_n(\mathbf{x}) + [f(\mathbf{x}) + \lambda_n]\psi_n(\mathbf{x}) = 0 \tag{3.154}$$

Ähnlich wie wir die Orthogonalität der Legendre- oder Bessel-Funktionen nachgewiesen haben, lässt sich zeigen, dass die Eigenfunktionen zueinander orthogonal sind, d.h. dass

$$\int_V \psi_m^*(\mathbf{x})\psi_n(\mathbf{x})\,d^3x = \delta_{mn} \tag{3.155}$$

Die Eigenfunktionen werden dabei als normiert vorausgesetzt. Das Spektrum der Eigenwerte λ_n kann diskret, kontinuierlich oder gemischt sein. Wir wollen hier annehmen, dass die Eigenfunktionen einen vollständigen Funktionensatz bilden.

Gesucht sei jetzt die der Gleichung

$$\nabla_x^2 G(\mathbf{x},\mathbf{x}') + [f(\mathbf{x}) + \lambda]G(\mathbf{x},\mathbf{x}') = -4\pi\delta(\mathbf{x}-\mathbf{x}') \tag{3.156}$$

genügende Green'sche Funktion $G(\mathbf{x},\mathbf{x}')$, wobei λ im Allgemeinen *nicht* zu den Eigenwerten λ_n aus (3.154) gehört, wir aber annehmen wollen, dass die Green'sche Funktion dieselben Randbedingungen erfüllt wie die Eigenfunktionen aus (3.154). Unter dieser Voraussetzung lässt sich $G(\mathbf{x},\mathbf{x}')$ in eine Reihe nach den Eigenfunktionen entwickeln:

$$G(\mathbf{x},\mathbf{x}') = \sum_n a_n(\mathbf{x}')\psi_n(\mathbf{x}) \tag{3.157}$$

Die Substitution dieser Reihe in die Differentialgleichung der Green'schen Funktion führt auf

$$\sum_m a_m(\mathbf{x}')(\lambda - \lambda_m)\psi_m(\mathbf{x}) = -4\pi\delta(\mathbf{x}-\mathbf{x}') \tag{3.158}$$

Multipliziert man beide Seiten dieser Gleichung mit $\psi_n^*(\mathbf{x})$ und integriert über das Volumen V, so reduziert sich die linke Seite wegen der Orthogonalitätsbedingung (3.155) auf einen einzigen Term, und man erhält

$$a_n(\mathbf{x}') = 4\pi \frac{\psi_n^*(\mathbf{x}')}{\lambda_n - \lambda} \tag{3.159}$$

Daher lässt sich die Entwicklung der Green'schen Funktion nach Eigenfunktionen auch in der Form

$$G(\mathbf{x},\mathbf{x}') = 4\pi \sum_n \frac{\psi_n^*(\mathbf{x}')\psi_n(\mathbf{x})}{\lambda_n - \lambda} \tag{3.160}$$

schreiben. Im Fall eines kontinuierlichen Spektrums tritt an die Stelle der Summe ein Integral.

---

[6] Der mit der Quantenmechanik vertraute Leser wird erkennen, dass (3.153) der zeitunabhängigen Schrödinger-Gleichung für ein Teilchen in einem Potential entspricht.

Bei Spezialisierung auf die Poisson'sche Gleichung hat man in (3.156) $f(\mathbf{x}) = 0$ und $\lambda = 0$ zu setzen. Als erstes, besonders einfaches Beispiel wählen wir für (3.154) die über den freien, unbegrenzten Raum gültige Wellengleichung

$$(\nabla^2 + k^2)\,\psi_{\mathbf{k}}(\mathbf{x}) = 0 \tag{3.161}$$

mit kontinuierlichen Eigenwerten k^2 und den Eigenfunktionen

$$\psi_{\mathbf{k}}(\mathbf{x}) = \frac{1}{(2\pi)^{3/2}}\, e^{i\mathbf{k}\cdot\mathbf{x}} \tag{3.162}$$

Diese Eigenfunktionen sind auf eine Delta-Funktion normiert:

$$\int \psi^*_{\mathbf{k}'}(\mathbf{x})\,\psi_{\mathbf{k}}(\mathbf{x})\, d^3x = \delta(\mathbf{k} - \mathbf{k}') \tag{3.163}$$

Die zugehörige Green'sche Funktion lautet daher nach (3.160)

$$\frac{1}{|\mathbf{x} - \mathbf{x}'|} = \frac{1}{2\pi^2} \int d^3k\, \frac{e^{i\mathbf{k}\cdot(\mathbf{x}-\mathbf{x}')}}{k^2} \tag{3.164}$$

Dies ist nichts anderes als die Darstellung von $1/|\mathbf{x} - \mathbf{x}'|$ durch ein dreidimensionales Fourier-Integral.

Als zweites Beispiel betrachten wir die Green'sche Funktion für das Dirichlet'sche Problem innerhalb eines Quaders, dessen Randflächen durch die Ebenen $x = 0$, $y = 0$, $z = 0$, $x = a$, $y = b$, $z = c$ definiert sind. Die Entwicklung muss nach Eigenfunktionen der Wellengleichung

$$(\nabla^2 + k^2_{lmn})\,\psi_{lmn}(x, y, z) = 0 \tag{3.165}$$

vorgenommen werden. Die an den Randflächen verschwindenden Eigenfunktionen und die zugehörigen Eigenwerte sind:

$$\psi_{lmn}(x, y, z) = \sqrt{\frac{8}{abc}}\, \sin\left(\frac{l\pi x}{a}\right) \sin\left(\frac{m\pi y}{b}\right) \sin\left(\frac{n\pi z}{c}\right)$$

und

$$k^2_{lmn} = \pi^2 \left(\frac{l^2}{a^2} + \frac{m^2}{b^2} + \frac{n^2}{c^2}\right) \tag{3.166}$$

Die Entwicklung der Green'schen Funktion lautet also:

$$G(\mathbf{x}, \mathbf{x}') = \frac{32}{\pi abc} \times \sum_{l,m,n=1}^{\infty} \frac{\sin\left(\frac{l\pi x}{a}\right) \sin\left(\frac{l\pi x'}{a}\right) \sin\left(\frac{m\pi y}{b}\right) \sin\left(\frac{m\pi y'}{b}\right) \sin\left(\frac{n\pi z}{c}\right) \sin\left(\frac{n\pi z'}{c}\right)}{\frac{l^2}{a^2} + \frac{m^2}{b^2} + \frac{n^2}{c^2}} \tag{3.167}$$

Um diese Entwicklung mit den in Abschnitt 9 und 11 erhaltenen Entwicklungen zu vergleichen, d.h. mit (3.125) für Kugelkoordinaten und mit (3.148) für Zylinderkoordinaten, geben wir die analoge Entwicklung für einen Quader an. Behandelt man die x- und y-Koordinate genauso wie (θ, ϕ) und (ϕ, z) in Abschnitt 9 bzw. 11, die z-Koordinaten jedoch gesondert, so ergibt sich für die Green'sche Funktion:

$$G(\mathbf{x}, \mathbf{x}') = \frac{16\pi}{ab} \sum_{l,m=1}^{\infty} \sin\left(\frac{l\pi x}{a}\right) \sin\left(\frac{l\pi x'}{a}\right) \sin\left(\frac{m\pi y}{b}\right) \sin\left(\frac{m\pi y'}{b}\right) \times \frac{\sinh(K_{lm} z_<) \sinh[K_{lm}(c - z_>)]}{K_{lm} \sinh(K_{lm} c)} \tag{3.168}$$

mit $K_{lm} = \pi\left(\frac{l^2}{a^2} + \frac{m^2}{b^2}\right)^{1/2}$. Soll (3.167) mit (3.168) übereinstimmen, so muss in (3.167) die Summe über n identisch sein mit der im Intervall $(0, c)$ gültigen Fourier-Darstellung der in (3.168) auftretenden Green'schen Funktion in z:

$$\frac{\sinh(K_{lm} z_<) \sinh[K_{lm}(c - z_>)]}{K_{lm} \sinh(K_{lm} c)} = \frac{2}{c} \sum_{n=1}^{\infty} \frac{\sin\left(\frac{n\pi z'}{c}\right)}{K_{lm}^2 + \left(\frac{n\pi}{c}\right)^2} \sin\left(\frac{n\pi z}{c}\right) \tag{3.169}$$

Den Beweis dafür, dass (3.169) die korrekte Fourier-Darstellung ist, überlassen wir dem Leser als Übung.

Weitere Anwendungsbeispiele für diese Methode bringen wir in den Übungen am Ende des Kapitels.

3.13 Gemischte Randbedingungen, leitende Ebene mit kreisförmiger Öffnung

Die Potentialprobleme, die wir bisher in diesem Kapitel behandelt haben, waren insofern herkömmlicher Art, als die Randbedingungen über die gesamte Randfläche stets von einem einzigen (meist Dirichlet'schem) Typ waren. Beim Beweis der Eindeutigkeit der Lösungen der Laplace'schen und Poisson'schen Gleichung (Kap. 1.9) betonten wir jedoch, dass auch gemischte Randbedingungen, bei denen das Potential über *einen* Teil der Randfläche und seine Ableitung über den *anderen* vorgegeben sind, zu wohldefinierten, eindeutigen Randwertproblemen führen. In den meisten Lehrbüchern wird beim Beweis der Eindeutigkeit die Möglichkeit gemischter Randbedingungen zwar erwähnt, aber entsprechende Probleme werden aus der Diskussion ausgespart. Der Grund hierfür ist, wie sich zeigen wird, die Tatsache, dass gemischte Randbedingungen wesentlich schwieriger zu behandeln sind als normale.

Um die Schwierigkeiten zu illustrieren, auf die man bei gemischten Randbedingungen stößt, betrachten wir das Problem eines unendlich dünnen, geerdeten, leitenden Blattes mit einer kreisförmigen Öffnung vom Radius a, wie es in Abb. 3.13 dargestellt ist. Das elektrische Feld in großer Entfernung von der Öffnung sei homogen und senkrecht zum Blatt gerichtet, habe jedoch unterhalb und oberhalb von ihm verschiedene Werte. Das Blatt selbst liege in der Ebene $z = 0$ und die kreisförmige Öffnung sei symmetrisch um den Koordinatenursprung; die Komponenten des nichtverschwindenden, asymptotischen elektrischen Feldes sind $E_z = -E_0$ für

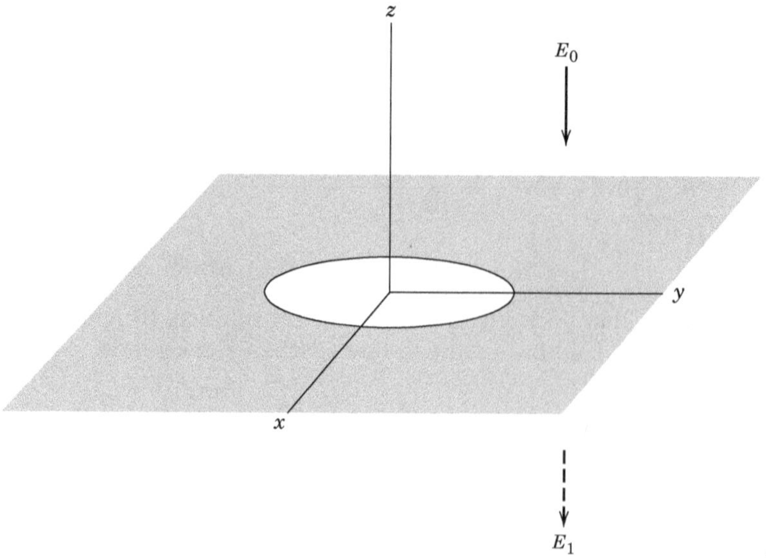

Abb. 3.13

$z > 0$ und $E_z = -E_1$ für $z < 0$. Das Problem mag gesucht erscheinen, doch mit $E_0 = 0$ oder $E_1 = 0$ kann die Lösung auf die Strahlung angewandt werden, die von kleinen kreisförmigen Öffnungen in den Wänden von Wellenleitern ausgeht. Mit „klein" ist dabei gemeint, dass die Ausdehnung der Öffnung klein gegenüber der Wellenlänge der auftretenden Strahlung sein soll, sodass praktisch elektrostatische Verhältnisse vorliegen (vgl. Kap. 9.5).

Da das elektrische Feld in großer Entfernung von der Öffnung vorgegeben ist, schreiben wir für das Potential:

$$\Phi = \begin{cases} E_0 z + \Phi^{(1)} & (z > 0) \\ E_1 z + \Phi^{(1)} & (z < 0) \end{cases} \tag{3.170}$$

Bei nicht vorhandener Öffnung wäre $\Phi^{(1)}$ Null. Die obere Seite des Blattes wäre mit einer Flächenladungsdichte $-\epsilon_0 E_0$ belegt und die untere mit einer entsprechenden Dichte $\epsilon_0 E_1$. Das Potential $\Phi^{(1)}$ kann man sich also vorstellen als das Resultat einer Umordnung der Flächenladung in Nähe der Öffnung. Da sich diese Ladungsdichte in der Ebene $z = 0$ befindet, kann das Potential $\Phi^{(1)}$ dargestellt werden als

$$\Phi^{(1)}(x, y, z) = \frac{1}{4\pi\epsilon_0} \int \frac{\sigma^{(1)}(x', y')\, dx'\, dy'}{\sqrt{(x - x')^2 + (y - y')^2 + z^2}}$$

Dies zeigt, dass $\Phi^{(1)}$ *gerade* in z ist, sodass auch $E_x^{(1)}$ und $E_y^{(1)}$ in z gerade sind, während $E_z^{(1)}$ *ungerade* ist. Es sei bemerkt, dass $E_x^{(1)}$ und $E_y^{(1)}$ die x- und y-Komponenten des elektrischen Gesamtfeldes sind, während Entsprechendes für $E_z^{(1)}$, aufgrund von (3.170), nicht zutrifft. Daher ist auch $E_z^{(1)}$ bei $z = 0$ von Null verschieden, obwohl es ungerade in z ist. Es macht vielmehr bei $z = 0$ einen Sprung. Da die *z-Komponente* des elektrischen Gesamtfeldes über die Öffnung bei $z = 0$ stetig sein muss, gilt also:

$$-E_0 + E_z^{(1)}|_{z=0^+} = -E_1 + E_z^{(1)}|_{z=0^-}$$

Da $E_z^{(1)}$ in z ungerade ist, fixiert diese Beziehung die Normalkomponente des elektrischen Feldes auf

$$E_z^{(1)}|_{z=0^+} = -E_z^{(1)}|_{z=0^-} = \tfrac{1}{2}(E_0 - E_1)$$

sofern der Punkt (x, y) innerhalb der Öffnung $(0 \le \rho < a)$ liegt. Für Punkte auf der leitenden Fläche $(a \le \rho < \infty)$ ist das elektrische Feld nicht bekannt, doch das Potential soll nach Annahme Null sein. Wegen (3.170) bedeutet dies, dass dort $\Phi^{(1)} = 0$ ist. In der Öffnung dagegen ist das Potential unbekannt. Wir haben es daher mit einem elektrostatischen Randwertproblem mit folgenden *gemischten Randbedingungen* zu tun:

$$\left.\frac{\partial\Phi^{(1)}}{\partial z}\right|_{z=0^+} = -\tfrac{1}{2}(E_0 - E_1) \quad \text{für} \quad 0 \le \rho < a$$

und

$$\Phi^{(1)}|_{z=0} = 0 \qquad \text{für} \quad a \le \rho < \infty \tag{3.171}$$

Wegen der azimutalen Symmetrie kann [nach (3.106)] das Potential $\Phi^{(1)}$ durch Zylinderkoordinaten ausgedrückt werden:

$$\Phi^{(1)}(\rho, z) = \int_0^\infty dk\, A(k)\, e^{-k|z|} J_0(k\rho) \tag{3.172}$$

Bevor wir dazu übergehen, $A(k)$ aus den Randbedingungen zu bestimmen, verknüpfen wir $A(k)$ und seine Ableitung bei $k = 0$ zunächst mit dem asymptotischen Verhalten des Potentials. Für große ρ oder $|z|$ impliziert das schnelle Oszillieren von $J_0(k\rho)$ bzw. das schnelle Abfallen von $e^{-k|z|}$, dass der Hauptbeitrag zu dem Integral in (3.172) aus der Umgebung um $k = 0$ herrührt. Das asymptotische Verhalten von $\Phi^{(1)}$ ist daher verknüpft mit dem Verhalten von $A(k)$ für kleine Werte von k. Wir nehmen an, $A(k)$ lasse sich um $k = 0$ in eine Taylor-Reihe entwickeln:

$$A(k) = \sum_{l=0}^{\infty} \frac{k^l}{l!} \frac{d^l A}{dk^l}(0)$$

Setzt man diese Reihe in (3.172) ein, so erhält man für das Potential $\Phi^{(1)}$:

$$\Phi^{(1)}(\rho, z) = \sum_{l=0}^{\infty} \frac{d^l A}{dk^l}(0)\, B_l(\rho, z) \tag{3.173}$$

mit

$$B_l \rho, z) = \frac{1}{l!} \int_0^\infty dk\, k^l e^{-k|z|} J_0(k\rho) \tag{3.174}$$

Das Integral (3.174) lässt sich offensichtlich in der Form

$$B_l = \frac{1}{l!}\left(-\frac{d}{d|z|}\right)^l \int_0^\infty dk\, e^{-k|z|} J_0(k\rho)$$

schreiben. Bei Verwendung eines in Übg. 3.16(c) zitierten Ergebnisses findet man dann für B_l:

$$B_l = \frac{1}{l!}\left(-\frac{d}{d|z|}\right)^l \left(\frac{1}{\sqrt{\rho^2+z^2}}\right) \tag{3.175}$$

Es wird den Leser kaum verwundern, dass die explizite Berechnung dieses Ausdrucks auf

$$B_l = \frac{P_l(|\cos\theta|)}{r^{l+1}} \tag{3.176}$$

führt, wobei $\cos\theta = z/r$ und $r = \sqrt{\rho^2+z^2}$ ist. Die asymptotische Entwicklung (3.173) ist also eine Entwicklung nach Kugelfunktionen von der Art (3.33):

$$\Phi^{(1)} = \sum_{l=0}^{\infty} \frac{d^l A}{dk^l}(0) \cdot \frac{P_l(|\cos\theta|)}{r^{l+1}} \tag{3.177}$$

Diese Entwicklung nach Potenzen von r^{-1} wird *Multipolentwicklung* genannt (vgl. hierzu das nächste Kapitel). Der Koeffizient mit $l = 0$, $A(0)$, gibt die *Gesamtladung* (dividiert durch $4\pi\epsilon_0$) an, während der Koeffizient zu $l = 1$, $dA(0)/dk$, das *Dipolmoment* in z-Richtung darstellt usw. Sobald die Funktion $A(k)$ bekannt ist, können diese Größen, die das asymptotische Verhalten des Potentials beschreiben, berechnet werden, ohne dass das Potential selbst explizit zu bestimmen ist.

Wir können jetzt dazu übergehen, das gemischte Randwertproblem zu diskutieren. Mit dem durch (3.172) gegebenen Ausdruck für $\Phi^{(1)}$ gehen die Randbedingungen (3.171) über in ein Paar von Integralgleichungen erster Art für $A(k)$:

$$\begin{aligned} &\int_0^\infty dk\,k A(k) J_0(k\rho) = \tfrac{1}{2}(E_0 - E_1) \quad \text{für} \quad 0 \le \rho < a \\ &\int_0^\infty dk\,A(k) J_0(k\rho) = 0 \qquad\qquad\quad \text{für} \quad a \le \rho < \infty \end{aligned} \tag{3.178}$$

Solche Paare von Integralgleichungen, von denen die eine für *einen* Teil und die andere für den *restlichen* Teil des Bereichs der unabhängigen Variablen gilt, nennt man *duale Integralgleichungen*. Die allgemeine Theorie solcher Integralgleichungen ist kompliziert und befindet sich noch in der Entwicklung.[7] Vor über hundert Jahren löste H. Weber das eng verwandte Potentialproblem einer geladenen Kreisscheibe mithilfe unstetiger Integrale, die Bessel-Funktionen enthalten. Wir berufen uns hier auf eine Verallgemeinerung der Weber'schen Formeln und betrachten die Integralgleichungen

$$\begin{aligned} &\int_0^\infty dy\,y g(y) J_n(yx) = x^n \quad \text{für} \quad 0 \le x < 1 \\ &\int_0^\infty dy\,g(y) J_n(yx) = 0 \qquad \text{für} \quad 1 \le x < \infty \end{aligned} \tag{3.179}$$

[7] Eine Monographie, die diesem Gebiet gewidmet ist, stammt von Sneddon, I. N., *Mixed Boundary Value Problems in Potential Theory*, Amsterdam, North-Holland und New York, Wiley-Interscience 1966. S. auch *Tranter*, S. 50 und Kap. VIII.

Die Lösung dieser Integralgleichungen gewinnt man aus den Formeln von Sonine und Schafheitlin für das Integral von $J_\mu(at)J_\nu(bt)t^{-\lambda}$ [s. *Watson*, S. 398ff. oder *Magnus* et al., S. 99). Sie lautet:

$$g(y) = \frac{\Gamma(n+1)}{\sqrt{\pi}\,\Gamma(n+\frac{3}{2})} j_{n+1}(y) = \frac{\Gamma(n+1)}{\Gamma(n+\frac{3}{2})} \frac{J_{n+\frac{3}{2}}(y)}{(2y)^{1/2}} \tag{3.180}$$

Dabei bedeutet $j_n(y)$ die sphärische Bessel-Funktion n-ter Ordnung (s. Kap. 9.6).

In dem uns interessierenden Gleichungspaar (3.178) ist $n = 0$, $x = \rho/a$ und $y = ka$. Dementsprechend ergibt sich für $A(k)$:

$$A(k) = \frac{(E_0 - E_1)a^2}{\pi} j_1(ka) = \frac{(E_0 - E_1)}{\pi}\left[\frac{\sin ka}{k^2} - \frac{a\cos ka}{k}\right] \tag{3.181}$$

Die Entwicklung von $A(k)$ für kleine k lautet:

$$A(k) \simeq \frac{(E_0 - E_1)a^2}{3\pi}\left[ka - \frac{(ka)^3}{10} + \cdots\right]$$

Dies bedeutet, dass die mit $\Phi^{(1)}$ verknüpfte Gesamtladung Null ist und dass der führende Term in der asymptotischen Entwicklung (3.177) der mit $l = 1$ ist:

$$\Phi^{(1)} \to \frac{(E_0 - E_1)a^3}{3\pi} \cdot \frac{|z|}{r^3} \tag{3.182}$$

Er fällt wie r^{-2} ab und entspricht dem *effektiven elektrischen Dipolmoment*

$$\mathbf{p} = \mp \frac{4\epsilon_0}{3}(\mathbf{E}_0 - \mathbf{E}_1)a^3 \quad (z \gtrless 0) \tag{3.183}$$

Das Vorzeichen dieses Dipolmoments hängt davon ab, ob sich der Aufpunkt oberhalb oder unterhalb der Ebene befindet. Sein Wechsel ist darauf zurückzuführen, dass das Potential eines wirklichen Dipols ungerade in z ist, während der durch (3.182) gegebene Ausdruck gerade ist. Die Vorstellung, dass eine kleine Öffnung in einer leitenden Ebene in großer Entfernung von ihr einem Dipol mit dem Moment senkrecht zur Ebene entspricht, spielt eine wichtige Rolle bei der Untersuchung solcher Öffnungen in den Wänden von Wellen- oder Hohlleitern. Abb. 9.4 veranschaulicht den Ursprung des dipolartigen Feldes als Konsequenz der Tatsache, dass die Feldlinien durch die Öffnung hindurchtreten und auf der anderen Seite mit kleinerem, konstanten Feld enden. Dieses Bild beschreiben die Gln. (3.182) und (3.183) quantitativ.

Das Zusatzpotential $\Phi^{(1)}$ in Umgebung der Öffnung muss aus dem exakten Ausdruck

$$\Phi^{(1)}(\rho, z) = \frac{(E_0 - E_1)}{\pi} a^2 \int_0^\infty dk\, j_1(ka)\, e^{-k|z|} J_0(k\rho) \tag{3.184}$$

berechnet werden. Die Auswertung des hier auftretenden Integrals ist nicht ganz einfach. Wir verweisen dazu auf die unten zitierte Literatur[8] und geben das Ergebnis nur an. Es lautet:

$$\Phi^{(1)}(\rho, z) = \frac{(E_0 - E_1)a}{\pi}\left[\sqrt{\frac{R-\lambda}{2}} - \frac{|z|}{a}\arctan\left(\sqrt{\frac{2}{R+\lambda}}\right)\right] \tag{3.185}$$

[8] Wegen der benötigten Teilintegrale s. *Watson*, Kap. 13, *Gradshteyn* und *Ryzhik* sowie *Magnus*, *Oberhettinger* und *Soni* oder *Bateman Manuscript Project*.

wobei

$$\lambda = \frac{1}{a^2}(z^2 + \rho^2 - a^2) \quad \text{und} \quad R = \sqrt{\lambda^2 + 4z^2/a^2}$$

Einige Spezialfälle sind von besonderem Interesse. Für Punkte auf der z-Achse ($\rho = 0$) folgt:

$$\Phi^{(1)}(0, z) = \frac{(E_0 - E_1)\,a}{\pi}\left[1 - \frac{|z|}{a}\arctan\left(\frac{a}{|z|}\right)\right]$$

Für $|z| \gg a$ reduziert sich dieser Ausdruck auf (3.182) mit $r = |z|$, während für $|z| \to 0$ bereits der erste Term eine gute Näherung liefert. In der Ebene der Öffnung ($z = 0$) hat das Potential für $0 \leq \rho < a$ den Wert

$$\Phi^{(1)}(\rho, 0) = \frac{(E_0 - E_1)}{\pi}\sqrt{a^2 - \rho^2}$$

(und ist natürlich gleich Null für $\rho \geq a$). Das *tangentiale elektrische Feld in der Öffnung* ist ein Radialfeld:

$$\mathbf{E}_{\text{tan}}(\rho, 0) = \frac{(E_0 - E_1)}{\pi}\frac{\rho}{\sqrt{a^2 - \rho^2}} \tag{3.186}$$

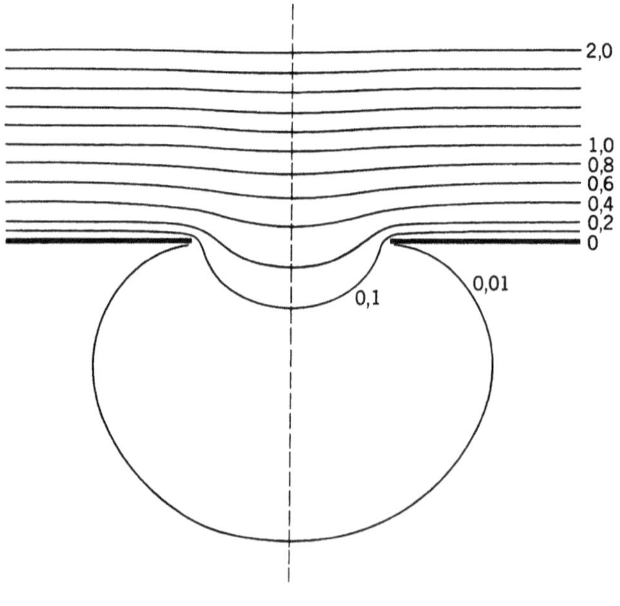

Abb. 3.14 Äquipotentiallinien in Umgebung der kreisförmigen Öffnung einer leitenden Ebene, die auf der einen Seite in großer Entfernung von der Öffnung ein zu ihr senkrechtes elektrisches Feld E_0 begrenzt, während das elektrische Feld auf der anderen Seite asymptotisch verschwindet ($E_1 = 0$). Die Zahlen geben die Werte des Potentials Φ in Einheiten von aE_0 an. Die Verteilung des Potentials ist rotationssymmetrisch um die gestrichelt gezeichnete, vertikale Linie durch den Mittelpunkt der Öffnung.

Die zugehörige *Normalkomponente* ist aufgrund der ersten der beiden Gln. (3.171) gleich dem Mittel aus den homogenen Feldern oberhalb und unterhalb der leitenden Ebene, d.h.

$$E_z(\rho, 0) = -\tfrac{1}{2}(E_0 + E_1) \tag{3.187}$$

Der Betrag des elektrischen Feldes besitzt, in Übereinstimmung mit den Ausführungen von Kap. 2.11, am Rand der Öffnung eine wurzelartige Singularität. Die Flächenladungsdichte auf der oberen und unteren Seite der leitenden Ebene in Nähe der Öffnung lässt sich leicht berechnen. Explizit soll diese Berechnung in den Übungen vorgenommen werden.

Die Äquipotentiallinien in der Nähe der Öffnung, die dem Gesamtpotential (3.170) entsprechen, sind in Abb. 3.14 dargestellt, und zwar für den Fall $E_1 = 0$. In Entfernungen von der Öffnung, die größer als das Zwei- bis Dreifache ihres Radius sind, macht sich deren Anwesenheit kaum bemerkbar.

Das klassische Problem einer geladenen, leitenden Scheibe wird ausführlich bei Sneddon (*op. cit*) diskutiert. Die gemischten Randbedingungen für eine Scheibe bzw. kreisförmige Öffnung können durch Separation der Laplace'schen Gleichung in elliptischen Koordinaten umgangen werden. Die Scheibe (bzw. die Öffnung) wird dann als Grenzfall eines flachen Ellipsoids behandelt. Vgl. hierzu z. B. *Smythe*, S. 124 und 171 oder *Jeans*, S. 244.

Literaturhinweise

Gebiete wie die speziellen Funktionen der mathematischen Physik, die Lösung gewöhnlicher Differentialgleichungen, die hypergeometrischen Funktionen und die Sturm-Liouville-Theorie werden in verschiedenen Büchern behandelt. Dem Leser, der bisher noch kein bestimmtes Buch bevorzugt, nennen wir u. a. die Bücher von
- Arfken
- Dennery und Krzywicki
- Morse und Feshbach
- *Sneddon
- Whittaker und Watson.

Eine elementarere Behandlung, mit gut ausgewählten Beispielen und Aufgaben, enthält das Buch von
- Hildebrand, Kapitel 4, 5 und 6.

Ein etwas veraltetes, aber ins Detail gehendes Buch, das u. a. auch die Theorie und Anwendung der Legendre-Polynome und Kugelflächenfunktionen diskutiert und sie anhand von vielen Beispielen und Aufgaben erläutert, ist das von
- Byerly.

Für rein mathematische Eigenschaften dieser Funktionen ist das einbändige Nachschlagewerk von
- Magnus, Oberhettinger und Soni

am nützlichsten.

Detailliertere mathematische Eigenschaften findet man bei
- Watson (für Bessel-Funktionen),
- Bateman Manuscript Project (für alle Arten spezieller Funktionen).

Elektrostatische Probleme in Zylinder-, Kugel- und anderen Koordinaten werden ausführlich behandelt bei
- Durand, Kapitel XI
- Jeans, Kapitel VIII
- Smythe, Kapitel V
- Stratton, Kapitel III.

Übungen

3.1 Zwei konzentrische Kugeln mit den Radien a bzw. b ($b > a$) seien durch einen horizontalen Schnitt in jeweils zwei Halbkugeln zerlegt. Die obere Hälfte der inneren Kugel und die untere der äußeren werden auf dem Potential V gehalten, die beiden anderen Halbkugeln dagegen auf dem Potential Null.
Man bestimme das Potential im Gebiet $a \leq r \leq b$ in Form einer Entwicklung nach Legendre-Polynomen, und zwar mindestens bis zur Ordnung $l = 4$. Ferner vergleiche man die Lösung mit bekannten Ergebnissen in den Grenzfällen $b \to \infty$ und $a \to 0$.

3.2 Auf der Oberfläche einer Hohlkugel vom Radius R, aus der am Nordpol eine durch den Öffnungswinkel $\theta = \alpha$ definierte Kugelkappe herausgeschnitten ist, befinde sich eine homogen verteilte Ladung der Dichte $Q/4\pi R^2$.

(a) Man zeige, dass sich das Potential innerhalb des Kugelvolumens in der Form

$$\Phi = \frac{Q}{8\pi\epsilon_0} \sum_{l=0}^{\infty} \frac{1}{2l+1} [P_{l+1}(\cos\alpha) - P_l(\cos\alpha)] \frac{r^l}{R^{l+1}} P_l(\cos\theta)$$

schreiben lässt, wobei – für $l = 0$ – $P_{l-1}(\cos\alpha) = -1$ zu setzen ist. Wie lautet das Potential außerhalb des Kugelvolumens?

(b) Man bestimme den Betrag und die Richtung des elektrischen Feldes im Ursprung.

(c) Man diskutiere die asymptotischen Formen des in (a) bzw. (b) erhaltenen Potentials und elektrischen Feldes, wenn die Kugelkappe (1) sehr klein und (2) so groß wird, dass die ladungsbelegte Fläche zu einer kleinen Kugelkappe am Südpol wird.

3.3 Eine dünne, ebene, leitende Kreisscheibe vom Radius R liege in der (x, y)-Ebene mit ihrem Mittelpunkt im Ursprung und werde auf festem Potential V gehalten. Unter Verwendung der Tatsache, dass die Ladungsdichte auf einer Scheibe mit festem Potential proportional zu $(R^2 - \rho^2)^{-1/2}$ ist, wenn ρ den Abstand vom Mittelpunkt der Scheibe bedeutet,

(a) zeige man, dass das Potential für $r > R$ gegeben ist durch

$$\Phi(r, \theta, \phi) = \frac{2V}{\pi} \frac{R}{r} \sum_{l=0}^{\infty} \frac{(-1)^l}{2l+1} \left(\frac{R}{r}\right)^{2l} P_{2l}(\cos\theta)$$

(b) bestimme man das Potential für $r < R$.

(c) Wie groß ist die Kapazität der Scheibe?

3.4 Die Oberfläche einer leitenden Hohlkugel mit dem inneren Radius a werde durch Ebenen, deren gemeinsame Schnittlinie die z-Achse ist, in eine *gerade* Anzahl gleich großer Segmente zerlegt. (Diese Segmente haben also die Gestalt der Erdoberfläche zwischen aufeinanderfolgenden Längenkreisen.) Die Segmente werden in abwechselnder Reihenfolge auf dem Potential $\pm V$ gehalten.

(a) Man stelle das Potential innerhalb der Kugel in Form einer Reihenentwicklung dar, und zwar für den allgemeinen Fall von $2n$ Segmenten. Die Berechnung der Koeffizienten führe man so weit, dass man exakt angeben kann, welche der Koeffizienten von Null verschieden sind. Die nichtverschwindenden Koeffizienten drücke man durch ein Integral über $\cos\theta$ aus.

b) Für den speziellen Fall $n = 1$ (zwei Halbkugeln) berechne man das Potential explizit bis zur Ordnung $l = 3$ einschließlich. Durch eine Koordinatentransformation weise man nach, dass sich der erhaltene Ausdruck auf das Resultat (3.36) aus Kap. 3.3 reduziert.

3.5 Das Potential auf der Oberfläche einer Hohlkugel mit dem inneren Radius a sei vorgegeben durch $\Phi = V(\theta, \phi)$. Man zeige, dass die beiden folgenden Lösungsformen für das Potential innerhalb der Kugel, nämlich

(a)
$$\Phi(\mathbf{x}) = \frac{a(a^2 - r^2)}{4\pi} \int \frac{V(\theta', \phi')}{(r^2 + a^2 - 2ar\cos\gamma)^{3/2}} d\Omega'$$

mit $\cos\gamma = \cos\theta\cos\theta' + \sin\theta\sin\theta\cos(\phi - \phi')$ und

(b)
$$\Phi(\mathbf{x}) = \sum_{l=0}^{\infty} \sum_{m=-l}^{l} A_{lm} \left(\frac{r}{a}\right)^l Y_{lm}(\theta, \phi)$$

mit $A_{lm} = \int d\Omega' \, Y_{lm}^*(\theta', \phi') \, V(\theta', \phi')$.

zueinander äquivalent sind.

3.6 Zwei Punktladungen q und $-q$ befinden sich auf der z-Achse bei $z = +a$ bzw. $z = -a$.

(a) Man bestimme das elektrostatische Potential in Form einer Entwicklung nach Kugelflächenfunktionen und Potenzen von r, und zwar sowohl für $r > a$ wie für $r < a$.

(b) Bei festgehaltenem Produkt $qa \equiv p/2$ führe man den Grenzübergang $a \to 0$ aus und bestimme das Potential für $r \neq 0$. Definitionsgemäß liefert dieser Grenzübergang das Potential eines Dipols auf der z-Achse.

(c) Der Dipolanteil von (b) werde mit einer *geerdeten* Kugel vom Radius b um den Koordinatensprung umgeben. Durch lineare Superposition bestimme man das Potential überall innerhalb der Kugelschale.

3.7 Drei Punktladungen $(q, -2q, q)$ mit dem gegenseitigen Abstand a befinden sich auf der z-Achse. Der geometrische Ort der Ladung $(-2q)$ bilde sowohl den Ursprung des Ko-

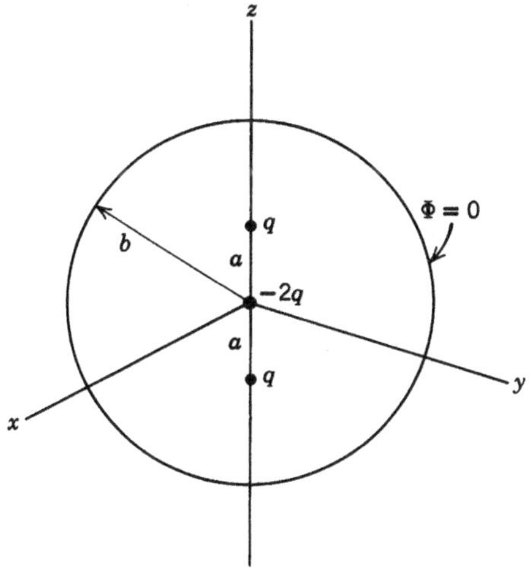

ordinatensystems wie auch den Mittelpunkt einer die drei Ladungen umgebenden, geerdeten, leitenden Kugel vom Radius b (vgl. hierzu die Abb.).

(a) Man gebe das Potential der drei Ladungen bei Abwesenheit der geerdeten Kugel an und bestimme das Potential in der Grenze $a \to 0$ bei endlich bleibendem Produkt $qa^2 = Q$. Das Resultat dieses Grenzprozesses gebe man in Kugelkoordinaten an.

(b) Die Anwesenheit der geerdeten Kugel vom Radius b ändert das Potential im Gebiet $r < b$. Das hinzugefügte Potential kann man sich entstanden denken durch eine auf der inneren Oberfläche bei $r = b$ induzierte Flächenladungsdichte oder durch Spiegelladungen im Gebiet $r > b$. Man erfülle die Randbedingungen durch lineare Superposition und bestimme das Potential innerhalb der Kugel für $r < a$ und $r > a$. Ferner zeige man, dass in der Grenze $a \to 0$:

$$\Phi(r, \theta, \phi) \to \frac{Q}{2\pi\epsilon_0 r^3}\left(1 - \frac{r^5}{b^5}\right) P_2(\cos\theta)$$

3.8 Die Lösung (3.136) für das Potential innerhalb einer geerdeten Kugel, in der sich längs eines Durchmessers ein gleichmäßig geladener Draht befindet, wirft ein Problem auf. Sehr nahe am Draht (d. h. für $\rho = r\sin\theta \ll b$) sollte das Potential das eines gleichmäßig geladenen Drahtes sein, nämlich $\Phi = (Q/4\pi\epsilon_0 b)\ln(b/\rho) + \Phi_0$. Dieses Verhalten aber zeigt die Lösung (3.136) nicht explizit.

(a) Man zeige unter Verwendung der Legendre'schen Differentialgleichung (3.10) und mittels partieller Integration, dass $\ln(\operatorname{cosec}\theta)$ die passende Entwicklung nach Kugelfunktionen besitzt, mit der sich die Lösung (3.136) alternativ auch in der Form

$$\Phi(\mathbf{x}) = \frac{Q}{4\pi\epsilon_0 b}\left\{\ln\left(\frac{2b}{r\sin\theta}\right) - 1 - \sum_{j=1}^{\infty} \frac{4j+1}{2j(2j+1)}\left(\frac{r}{b}\right)^{2j} P_{2j}(\cos\theta)\right\}$$

schreiben lässt. Das erwartete Verhalten wird jetzt offensichtlich. Man interpretiere den konstanten Term $\Phi_0 = -Q/4\pi\epsilon_0 b$ und beachte, dass diese Entwicklung nach Legendre-Polynomen bei jedem Winkel für alle $r/b < 1$ rasch konvergiert.

(b) Man zeige unter Verwendung der Entwicklung (3.38), dass

$$\frac{1}{2}\left(\frac{1}{\sin\theta/2} + \frac{1}{\cos\theta/2}\right) = 2\sum_{j=0}^{\infty} P_{2j}(\cos\theta)$$

und dass daher die Ladungsdichte auf der Innenfläche der Kugel, wie sie in Gl. (3.137) zum Ausdruck kommt, auch dargestellt werden kann in der Form

$$\sigma(\theta) = -\frac{Q}{4\pi b^2}\left\{\frac{1}{2}\left(\frac{1}{\sin\theta/2} + \frac{1}{\cos\theta/2}\right) - \sum_{j=0}^{\infty} \frac{1}{2j+1} P_{2j}(\cos\theta)\right\}$$

Die (integrierbare) Singularität bei $\theta = 0$ und $\theta = \pi$ ist jetzt explizit zu erkennen. Die Reihenentwicklung liefert Korrekturen in $\ln(1/\theta)$ für $\theta \to 0$.

3.9 Die Achse eines geraden Hohlzylinders mit kreisförmigem Querschnitt vom Radius b falle mit der z-Achse zusammen, und seine Deckflächen mögen bei $z = 0$ und $z = L$ liegen. Das Potential auf den Deckflächen sei Null, während es auf der Mantelfläche durch $V(\phi, z)$ vorgegeben sei. Durch Separation der Variablen in Zylinderkoordinaten bestimme man die Lösung für das Potential innerhalb des Zylinders in Form einer Reihenentwicklung.

3.10 Die Mantelfläche des in Übg. 3.9 beschriebenen Zylinders sei in zwei Hälften unterteilt, von denen sich die eine auf dem Potential V, die andere auf dem Potential $-V$ befinde, sodass

$$V(\phi, z) = \begin{cases} V & \text{für} \quad -\pi/2 < \phi < \pi/2 \\ -V & \text{für} \quad \pi/2 < \phi < 3\pi/2 \end{cases}$$

(a) Man bestimme das Potential innerhalb des Zylinders.

(b) Für den Fall, dass $L \gg b$ ist, betrachte man das Potential bei $z = L/2$ allein als Funktion von ρ und ϕ und vergleiche es mit dem zweidimensionalen Problem aus Übg. 2.13.

3.11 Eine modifizierte Fourier-Bessel-Reihe auf dem Intervall $0 \leq \rho \leq a$ für eine beliebige Funktion $f(\rho)$ lässt sich begründen, wenn man von den „homogenen" Randbedingungen

$$\rho J_\nu(k\rho) \frac{dJ_\nu(k'\rho)}{d\rho} = 0 \qquad \text{bei} \quad \rho = 0$$

und

$$\frac{d}{d\rho} \ln[J_\nu(k\rho)] = -\frac{\lambda}{a} \quad (\lambda \text{ reell}) \quad \text{bei} \quad \rho = a$$

ausgeht. Die erste Bedingung schränkt ν ein. Die zweite dagegen ergibt die Eigenwerte $l = y_{\nu n}/a$, wobei $y_{\nu n}$ die n-te positive Wurzel von $x\,dJ_\nu(x)/dx + \lambda J_\nu(x) = 0$ ist.

(a) Man zeige, dass die Bessel-Funktionen zu verschiedenen Eigenwerten orthogonal zueinander sind.

(b) Man bestimme das Normierungsintegral und zeige, dass sich eine beliebige Funktion $f(\rho)$ in die folgende modifizierte Fourier-Bessel-Reihe entwickeln lässt:

$$f(\rho) = \sum_{n=1}^{\infty} A_n J_\nu\left(\frac{y_{\nu n}\rho}{a}\right)$$

wobei die Koeffizienten A_n gegeben sind durch

$$A_n = \frac{2}{a^2}\left[\left(1 - \frac{\nu^2}{y_{\nu n}^2}\right) J_\nu^2(y_{\nu n}) + \left(\frac{dJ_\nu(y_{\nu n})}{dy_{\nu n}}\right)^2\right]^{-1} \int_0^a f(\rho)\,\rho J_\nu\left(\frac{y_{\nu n}\rho}{a}\right) d\rho$$

Die Abhängigkeit von λ liegt in dieser Darstellung implizit vor, aber der Ausdruck in eckigen Klammern lässt sich alternativ auch schreiben als

$$\begin{aligned}
\left[\left(1 - \frac{\nu^2}{y_{\nu n}^2}\right) J_\nu^2(y_{\nu n}) + \left(\frac{dJ_\nu(y_{\nu n})}{dy_{\nu n}}\right)^2\right] &= \left(1 + \frac{\lambda^2 - \nu^2}{y_{\nu n}^2}\right) J_\nu^2(y_{\nu n}) \\
&= \left(1 + \frac{y_{\nu n}^2 - \nu^2}{\lambda^2}\right)\left[\frac{dJ_\nu(y_{\nu n})}{dy_{\nu n}}\right] \\
&= [J_\nu^2(y_{\nu n}) - J_{\nu-1}(y_{\nu n}) J_{\nu+1}(y_{\nu n})]
\end{aligned}$$

Für $\lambda \to \infty$ erhält man wieder das Ergebnis (3.96) und (3.97). Die Wahl $\lambda = 0$ führt zu einer anderen einfachen Alternative.

3.12 In einer unendlich ausgedehnten, dünnen, ebenen Platte aus leitendem Material befinde sich eine kreisförmige Öffnung vom Radius a. In dieser Öffnung liege eine dünne, ebene Scheibe aus gleichem Material und von etwas kleinerem Radius. Sie sei von der Platte durch einen schmalen isolierenden Ring getrennt und werde auf festem Potential V gehalten, während sich die unendlich ausgedehnte Platte ständig auf dem Potential Null befinde.

(a) Unter Verwendung geeigneter Zylinderkoordinaten gebe man für das Potential außerhalb der Ebene einen Integralausdruck an, der Bessel-Funktionen enthält.

(b) Man zeige, dass das Potential in senkrechtem Abstand z über dem *Mittelpunkt* der Scheibe durch

$$\Phi_0(z) = V\left(1 - \frac{z}{\sqrt{a^2 + z^2}}\right)$$

gegeben ist.

(c) Ferner zeige man, dass das Potential in senkrechtem Abstand z über dem *Rand* der Scheibe den Wert

$$\Phi_a(z) = \frac{V}{2}\left[1 - \frac{kz}{\pi a}K(k)\right]$$

hat, wobei $k = 2a/(z^2 + 4a^2)^{1/2}$ ist und $K(k)$ das vollständige elliptische Integral erster Art bedeutet.

3.13 Man gebe die Lösung für das Potential aus Übg. 3.1 unter Benutzung der im Text hergeleiteten, zugehörigen Green'schen Funktion an und zeige, dass das so erhaltene Resultat mit dem übereinstimmt, das man durch direkte Lösung der Differentialgleichung gewinnt.

3.14 Die Dichte einer Linienladung der Länge $2d$ und der Gesamtladung Q variiere wie $(d^2 - z^2)$, wobei z der Abstand vom Mittelpunkt ist. Diese Linienladung werde umgeben von einer geerdeten, leitenden Kugelschale mit dem inneren Radius $b > d$ und dem Mittelpunkt in dem der Linienladung.

(a) Man gebe für das Potential an jedem Punkt innerhalb der Kugelschale eine Reihenentwicklung nach Legendre-Polynomen an.

(b) Man berechne die auf der Kugelschale induzierte Flächenladungsdichte.

(c) Man diskutiere die Resultate aus (a) und (b) für den Grenzfall $d \ll b$.

3.15 Man betrachte das folgende Kugel-Modell einer Batterie, die an einen äußeren Stromkreis angeschlossenen ist: Eine Kugel vom Radius a, mit der Leitfähigkeit σ, sei in ein homogenes Medium mit der Leitfähigkeit σ' eingebettet. Innerhalb und außerhalb der Kugel wirkt eine gleichförmige (chemische) Kraft in z-Richtung auf die Ladungsträger. Ihre Stärke, ausgedrückt durch ein effektives elektrisches Feld, wie es in das Ohm'sche Gesetz eingeht, sei F. Im stationären Zustand existieren innerhalb und außerhalb der Kugel elektrische Felder, und Flächenladungen belegen ihre Oberfläche.

(a) Man bestimme das elektrische Feld (zusätzlich zu F) und die Stromdichte überall im Raum sowie die Flächenladungsdichte. Man zeige, dass sich das elektrische Dipolmoment der Kugel zu $p = 4\pi\epsilon_0 \sigma a^3 F/(\sigma + 2\sigma')$ ergibt.

(b) Man zeige, dass der gesamte Strom, der durch die obere Halbkugel fließt, gegeben ist durch

$$I = \frac{2\sigma\sigma'}{\sigma + 2\sigma'} \cdot \pi a^2 F$$

und berechne den gesamten Leitungsverlust außerhalb der Kugel. Unter Verwendung der für Stromkreise gültigen Beziehung $P = I^2 R_e = IV_e$ bestimme man den effektiven äußeren Widerstand R_e und die Spannung V_e.

(c) Man berechne den Leistungsverlust im Inneren der Kugel sowie den effektiven Innenwiderstand R_i und die Spannung V_i.

(d) Man zeige, dass für die durch $V_t = (R_e + R_i)I$ definierte Gesamtspannung die Beziehung $V_t = 4aF/3$ gilt und dass $V_e + V_i = V_t$ ist. Ferner zeige man, dass IV_t die Leistung der „chemischen" Kraft darstellt.

Literatur: Saslow, W. M., *Am. J. Phys.* **62**, 495–501 (1994).

3.16 **(a)** Ausgehend von der Bessel'schen Differentialgleichung und mithilfe geeigneter Grenzprozesse beweise man die folgende Verallgemeinerung von Gl. (3.108):

$$\frac{1}{\rho}\delta(\rho - \rho') = \int_0^\infty k J_\nu(k\rho) J_\nu(k\rho')\, dk$$

bzw.

$$\frac{1}{k}\delta(k-k') = \int_0^\infty \rho J_\nu(k\rho) J_\nu(k'\rho)\, d\rho$$

(b) Man leite folgende Entwicklung her:

$$\frac{1}{|\mathbf{x}-\mathbf{x}'|} = \sum_{m=-\infty}^{\infty} \int_0^\infty dk\, e^{im(\phi-\phi')} J_m(k\rho) J_m(k\rho') e^{-k(z_> - z_<)}$$

(c) Mithilfe eines geeigneten Grenzprozesses beweise man die Gültigkeit folgender Entwicklungen:

$$\frac{1}{\sqrt{\rho^2+z^2}} = \int_0^\infty e^{-k|z|} J_0(k\rho)\, dk$$

$$J_0\left(k\sqrt{\rho^2+\rho'^2-2\rho\rho'\cos\phi}\right) = \sum_{m=-\infty}^{\infty} e^{im\phi} J_m(k\rho) J_m(k\rho')$$

$$e^{ik\varrho\cos\phi} = \sum_{m=-\infty}^{\infty} i^m e^{im\phi} J_m(k\rho)$$

(d) Aus der zuletzt angegebenen Entwicklung leite man die folgende Integraldarstellung der Bessel-Funktion her:

$$J_m(x) = \frac{1}{2\pi i^m} \int_0^{2\pi} e^{ix\cos\phi - im\phi}\, d\phi$$

Man vergleiche dies mit den Standardintegraldarstellungen.

3.17 Das Problem einer Punktladung oder Ladungsverteilung zwischen zwei parallelen, leitenden Platten auf dem Potential Null lässt sich mithilfe der Green'schen Funktion für das Dirichlet'sche Problem im freien, unbegrenzten Raum zwischen den Ebenen $z=0$ und $z=L$ lösen.

(a) Unter Verwendung von Zylinderkoordinaten zeige man, dass *eine* Form der genannten Green'schen Funktion durch

$$G(\mathbf{x},\mathbf{x}') = \frac{4}{L} \sum_{n=1}^{\infty} \sum_{m=-\infty}^{\infty} e^{im(\phi-\phi')} \sin\left(\frac{n\pi z}{L}\right) \sin\left(\frac{n\pi z'}{L}\right) I_m\left(\frac{n\pi}{L}\rho_<\right) K_m\left(\frac{n\pi}{L}\rho_>\right)$$

gegeben ist.

(b) Man zeige, dass

$$G(\mathbf{x},\mathbf{x}') = 2 \sum_{m=-\infty}^{\infty} \int_0^\infty dk\, e^{im(\phi-\phi')} J_m(k\rho) J_m(k\rho') \frac{\sinh(kz_<)\sinh[k(L-z_>)]}{\sinh(kL)}$$

eine zu (a) alternative Form ist.

3.18 Die in Übg. 3.12 beschriebene Anordnung werde dadurch modifiziert, dass im Abstand L von der Ebene mit der eingesetzten Scheibe eine zu ihr parallele leitende Ebene angebracht wird, die auf dem Potential Null gehalten wird. Diese befinde sich bei $z=0$, während die andere – mit dem Mittelpunkt der Scheibe auf der z-Achse – in der Ebene $z=L$ liege.

(a) Man zeige, dass sich das Potential zwischen den Ebenen bei Verwendung der Zylinderkoordinaten (z,ρ,ϕ) in der Form

$$\Phi(z,\rho) = V \int_0^\infty d\lambda\, J_1(\lambda) J_0(\lambda\rho/a) \frac{\sinh(\lambda z/a)}{\sinh(\lambda L/a)}$$

schreiben lässt.

(b) Man zeige, dass sich die Lösung aus (a) in der Grenze $a \to \infty$ bei festgehaltenem z, ρ und L auf das erwartete Ergebnis reduziert. Indem man das Ergebnis als niedrigste Ordnung einer Entwicklung nach Potenzen von a^{-1} ansieht, untersuche man die Frage der Korrekturen zu dem Ausdruck niedrigster Ordnung, wenn a im Vergleich zu ρ und L zwar endlich, aber *groß* ist. Treten dabei Schwierigkeiten auf und kann man eine explizite *Abschätzung* der Korrekturen angeben?

(c) Man betrachte den Grenzfall $L \to \infty$ bei festem $(L - z)$, a und ρ und zeige, dass man das Ergebnis aus Übg. 3.12 zurückgewinnt. Was lässt sich über die Korrekturen für endliches $L \gg a$ sagen?

3.19 Man betrachte eine Punktladung q zwischen zwei unendlich ausgedehnten, parallelen leitenden Ebenen auf dem Potential Null. Diese Ebenen mögen mit den Ebenen $z = 0$ bzw. $z = L$ eines zylindrischen Koordinatensystems zusammenfallen, und die Ladung befinde sich auf der z-Achse bei $z = z_0$ mit $0 < z_0 < L$. Auf dieses Problem wende man den in Übg. 1.12 angegebenen Green'schen Reziprozitätssatz an, und zwar mit dem in Übg. 3.18 behandelten Problem als Vergleichsproblem.

(a) Man zeige, dass die auf der Ebene $z = L$ innerhalb eines Kreises vom Radius a um die z-Achse induzierte Ladung den Betrag

$$Q_L(a) = -\frac{q}{V}\Phi(z_0, 0)$$

hat, wobei $\Phi(z_0, 0)$ das bei $z = z_0, \rho = 0$ ausgewertete Potential aus Übg. 3.18 ist. Man bestimme die auf der oberen Ebene *insgesamt* induzierte Ladung und vergleiche die Lösung (der Methode und dem Resultat nach) mit Übg. 1.13.

(b) Man zeige, dass sich die auf der oberen Ebene induzierte Ladungsdichte in der Form

$$\sigma(\rho) = -\frac{q}{2\pi}\int_0^\infty dk \frac{\sinh(kz_0)}{\sinh(kL)} kJ_0(k\rho)$$

schreiben lässt. Drückt man das Integral durch eine unendliche Reihe aus, die die modifizierte Bessel-Funktion K_0 mit dem Argument $n\pi\rho/L$ enthält (siehe z. B. *Gradshteyn* und *Ryzhik*, S. 728, Formel 6.666), so sieht man, dass die obige Ladungsdichte für große radiale Abstände wie $(\rho)^{-1/2}e^{-\pi\rho/L}$ abfällt.

(c) Man zeige, dass die Ladungsdichte bei $\rho = 0$ als folgende Reihe geschrieben werden kann:

$$\sigma(0) = -\frac{q}{2\pi L^2}\sum_{l=0}^{\infty}\left\{\frac{1}{(2l+1-z_0/L)^2} - \frac{1}{(2l+1+z_0/L)^2}\right\}$$

3.20 **(a)** Unter Verwendung der in Übg. 3.17 angegebenen Entwicklung oder ausgehend von Grundprinzipien zeige man, dass sich das Potential einer Punktladung q zwischen zwei unendlich ausgedehnten leitenden Ebenen, die auf dem Potential Null gehalten werden, in der Form

$$\Phi(z, \rho) = \frac{q}{\pi\epsilon_0 L}\sum_{n=1}^{\infty}\sin\left(\frac{n\pi z_0}{L}\right)\sin\left(\frac{n\pi z}{L}\right)K_0\left(\frac{n\pi\rho}{L}\right)$$

schreiben lässt, wobei sich die Ebenen bei $z = 0$ bzw. $z = L$ befinden und die Ladung auf der z-Achse an der Stelle $z = z_0$.

(b) Man berechne die auf der unteren und oberen Ebene induzierte Flächenladungsdichte $\sigma_0(\rho)$ bzw. $\sigma_L(\rho)$. Das Ergebnis für $\sigma_L(\rho)$ lautet:

$$\sigma_L(\rho) = \frac{q}{L^2}\sum_{n=1}^{\infty}(-1)^n n\sin\left(\frac{n\pi z_0}{L}\right)K_0\left(\frac{n\pi\rho}{L}\right)$$

Man diskutiere den Zusammenhang zwischen diesem Ausdruck und dem in Übg. 3.19(b) und 3.19 (c) angegeben.

(c) Aus dem in (b) angegebenen Resultat berechne man die auf der Ebene $z = L$ induzierte Gesamtladung Q_L. Durch Aufsummieren der Fourier-Reihe oder unter Verwendung anderer Methoden vergleiche man das Resultat mit dem in Übg. 1.13 berechneten Ausdruck [vgl. hierzu C. Y. Fong und C. Kittel, *Am. J. Phys.* **35**, 1091 (1967).]

3.21 **(a)** Unter Verwendung der in Übg. 3.17(b) angegebenen Green'schen Funktion für $L \to \infty$ zeige man, dass die Kapazität einer dünnen, flachen, leitenden Kreisscheibe vom Radius R, die sich im Abstand d gegenüber einer zu ihr parallelen, geerdeten leitenden Ebene befindet, gegeben ist durch

$$\frac{4\pi\epsilon_0}{C} = \int_0^\infty dk(1 - e^{-2kd}) \frac{\left[\int_0^R \rho J_0(k\rho)\sigma(\rho)\,d\rho\right]^2}{\left[\int_0^R \rho\sigma(\rho)\,d\rho\right]^2}$$

wobei $\sigma(\rho)$ die Ladungsdichte auf der Scheibe ist.

(b) Man benutze den in (a) angegebenen Ausdruck für ein Variationsverfahren zur Berechnung von C^{-1} mit der Näherung, dass $\sigma(\rho)$ konstant ist. Ferner zeige man explizit, dass man für $d \ll R$ den korrekten Grenzwert von C^{-1} erhält. Man bestimme einen Näherungswert von C^{-1} für eine isolierte Scheibe ($d \gg R$) und berechne das Verhältnis zwischen diesem Näherungswert und dem exakten Ergebnis $4\pi\epsilon_0/C = (\pi/2)R^{-1}$.

(c) Als bessere Versuchsfunktion für $\sigma(\rho)$ betrachte man eine Linearkombination zwischen einer Konstanten und der Größe $(R^2 - \rho^2)^{-1/2}$, die das exakte Ergebnis für eine isolierte Scheibe darstellt.

Für Teil (b) sind folgende Integrale von Nutzen:

$$\int_0^\infty dt\left[\frac{J_1(t)}{t}\right]^2 = \frac{4}{3\pi}, \quad \int_0^\infty \frac{dt\,J_1^2(t)}{t} = \frac{1}{2}$$

3.22 Die Geometrie eines zweidimensionalen Potentialproblems sei – in Polarkoordinaten – definiert durch $\phi = 0$, $\phi = \beta$ und $\rho = a$, wie in der Abb. gezeigt.

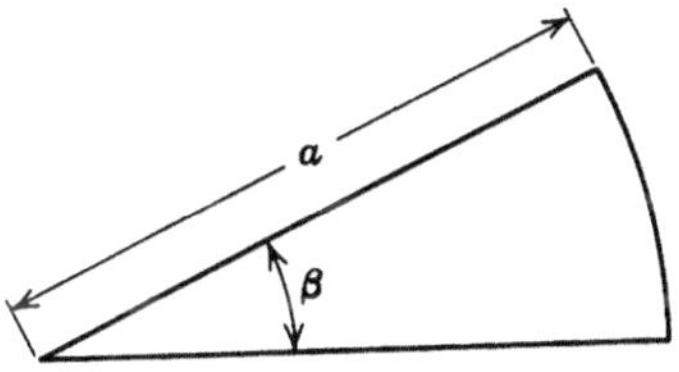

Durch Separation der Variablen in Polarkoordinaten zeige man, dass sich die zugehörige Green'sche Funktion in der Form

$$G(\rho, \phi; \rho', \phi') = \sum_{m=1}^\infty \frac{4}{m} \rho_<^{m\pi/\beta} \left(\frac{1}{\rho_>^{m\pi/\beta}} - \frac{\rho_>^{m\pi/\beta}}{a^{2m\pi/\beta}}\right) \sin\left(\frac{m\pi\phi}{\beta}\right) \sin\left(\frac{m\pi\phi'}{\beta}\right)$$

schreiben lässt. (Nützlich in diesem Zusammenhang ist die Übg. 2.25!)

3.23 Eine Einheitspunktladung befinde sich an der Stelle (ρ', ϕ', z') innerhalb eines geerdeten Zylinders mit den durch die Flächen $z = 0$, $z = L$, $\rho = a$ definierten Begrenzungen. Man zeige, dass sich das Potential innerhalb des Zylinders in folgenden alternativen Formen ausdrücken lässt:

$$\Phi(\mathbf{x}, \mathbf{x}') = \frac{q}{\pi \epsilon_0 a} \sum_{m=-\infty}^{\infty} \sum_{n=1}^{\infty} \frac{e^{im(\phi-\phi')} J_m\left(\frac{x_{mn}\rho}{a}\right) J_m\left(\frac{x_{mn}\rho'}{a}\right)}{x_{mn} J_{m+1}^2(x_{mn}) \sinh\left(\frac{x_{mn}L}{a}\right)}$$
$$\times \sinh\left[\frac{x_{mn}}{a} z_<\right] \sinh\left[\frac{x_{mn}}{a}(L - z_>)\right]$$

$$\Phi(\mathbf{x}, \mathbf{x}') = \frac{q}{\pi \epsilon_0 L} \sum_{m=-\infty}^{\infty} \sum_{n=1}^{\infty} e^{im(\phi-\phi')} \sin\left(\frac{n\pi z}{L}\right) \sin\left(\frac{n\pi z'}{L}\right) \frac{I_m\left(\frac{n\pi\rho_<}{L}\right)}{I_m\left(\frac{n\pi a}{L}\right)}$$
$$\times \left[I_m\left(\frac{n\pi a}{L}\right) K_m\left(\frac{n\pi\rho_>}{L}\right) - K_m\left(\frac{n\pi a}{L}\right) I_m\left(\frac{n\pi\rho_>}{L}\right)\right]$$

$$\Phi(\mathbf{x}, \mathbf{x}') = \frac{2q}{\pi \epsilon_0 L a^2} \sum_{m=-\infty}^{\infty} \sum_{k=1}^{\infty} \sum_{n=1}^{\infty} \frac{e^{im(\phi-\phi')} \sin\left(\frac{k\pi z}{L}\right) \sin\left(\frac{k\pi z'}{L}\right) J_m\left(\frac{x_{mn}\rho}{a}\right) J_m\left(\frac{x_{mn}\rho'}{a}\right)}{\left[\left(\frac{x_{mn}}{a}\right)^2 + \left(\frac{k\pi}{L}\right)^2\right] J_{m+1}^2(x_{mn})}$$

Man diskutiere den Zusammenhang zwischen der letzten Entwicklung (mit der zusätzlichen Summation) und den beiden anderen.

3.24 Die Wände des in Übg. 3.23 beschriebenen Zylinders mögen sich, mit einer Ausnahme, sämtlich auf dem Potential Null befinden, während sich die durch $\rho = b < a$ definierte obere Deckfläche auf dem Potential V befinde.

(a) Aus den verschiedenen Formen der Green'schen Funktion aus Übg. 3.23 leite man drei Entwicklungen für das Potential innerhalb des Zylinders her.

(b) Für jede der in (a) gefundenen Reihen berechne man numerisch das Verhältnis des Potentials bei $\rho = 0, z = L/2$ zu dem auf der oberen Deckfläche, und zwar für $b = L/4 = a/2$. Man versuche, eine Genauigkeit von mindestens zwei Stellen hinter dem Komma zu erreichen. Ist eine der Reihen weniger stark konvergent als die anderen? Wenn ja, warum?
(Die auftretenden Funktionen sind tabelliert bei *Abramowitz* und *Stegun*; Bessel-Funktionen führen sowohl *Mathematica* als auch die Software von *Press* et al.)

3.25 Man betrachte die Flächenladungsdichten der in Abschnitt 13 dieses Kapitels behandelten leitenden Fläche mit einer kreisförmigen Öffnung vom Radius a.

(a) Man zeige, dass die Flächenladungsdichten oberhalb und unterhalb der Ebene für $\rho \geq a$ gegeben sind durch

$$\sigma_+(\rho) = -\epsilon_0 E_0 + \Delta\sigma(\rho)$$
$$\sigma_-(\rho) = \epsilon_0 E_1 + \Delta\sigma(\rho)$$

mit

$$\Delta\sigma(\rho) = -\epsilon_0 \frac{(E_0 - E_1)}{\pi}\left[\frac{a}{\sqrt{\rho^2 - a^2}} - \arcsin\left(\frac{a}{\rho}\right)\right]$$

Wie verhält sich $\Delta\sigma(\rho)$ für große ρ? Ist $\Delta\sigma(\rho)$, ausgedrückt durch $\Phi^{(1)}$, für $\rho < a$ gleich Null? Man gebe eine Erklärung.

(b) Man zeige durch direkte Integration, dass

$$\lim_{R\to\infty}\left[2\pi\int_a^R d\rho\,\rho(\sigma_+ + \sigma_-) + 2\pi\epsilon_0\int_0^R d\rho\,\rho(E_0 - E_1)\right] = 0$$

ist und interpretiere dieses Ergebnis.

3.26 Man betrachte die Green'sche Funktion für Neumann'sche Randbedingungen, bezogen auf das Volumen V zwischen zwei konzentrischen Kugeln mit den Radien $r = a$ bzw. $r = b$ $(a < b)$. Um das Potential mithilfe von (1.46) berechnen zu können, benutze man die einfache Randbedingung (1.45) und verwende im Folgenden für G eine Entwicklung nach Kugelflächenfunktionen bzw. Legendre-Polynomen in der Form

$$G(\mathbf{x},\mathbf{x}') = \sum_{l=0}^{\infty} g_l(r,r')\,P_l(\cos\gamma)$$

mit der radialen Green'schen Funktion $g_l(r,r') = r_<^l/r_>^{l+1} + f_l(r,r')$.

(a) Man zeige, dass die radiale Green'sche Funktion für $l > 0$ die symmetrische Form

$$g_l(r,r') = \frac{r_<^l}{r_>^{l+1}} + \frac{1}{(b^{2l+1} - a^{2l+1})}\left[\frac{l+1}{l}(rr')^l + \frac{l}{l+1}\frac{(ab)^{2l+1}}{(rr')^{l+1}} + a^{2l+1}\left(\frac{r^l}{r'^{l+1}} + \frac{r'^l}{r^{l+1}}\right)\right]$$

besitzt.

(b) Man zeige ferner, dass für $l = 0$

$$g_0(r,r') = \frac{1}{r_>} - \left(\frac{a^2}{a^2+b^2}\right)\frac{1}{r'} + f(r)$$

gilt, wobei $f(r)$ eine beliebige Funktion von r ist, und weise explizit nach, dass die Lösungen für das Potential $\Phi(\mathbf{x})$ in (1.46) unabhängig von $f(r)$ sind.

(Die Freiheit im Symmetrieverhalten der Green'schen Funktion für Neumann'sche Randbedingungen wird aufgehoben, wenn man g_0 bezüglich r und r' symmetrisiert und $f(r)$ geeignet wählt.)

3.27 Man wende die Green'sche Funktion aus Übg. 3.26 auf den Fall an, dass das radiale elektrische Feld an der äußeren Kugeloberfläche $(r = b)$ durch $E_r = -E_0\cos\theta$ gegeben ist, während an der inneren Kugeloberfläche $(r = a)$ $E_r = 0$ ist.

(a) Man zeige, dass sich das elektrostatische Potential innerhalb des Volumens V zu

$$\Phi(\mathbf{x}) = E_0\frac{r\cos\theta}{1-p^3}\left(1 + \frac{a^3}{2r^3}\right)$$

ergibt, wobei $p = a/b$ ist, und dass die Komponenten des elektrischen Feldes durch

$$E_r(r,\theta) = -E_0\frac{\cos\theta}{1-p^3}\left(1 - \frac{a^3}{r^3}\right),\quad E_\theta(r,\theta) = E_0\frac{\sin\theta}{1-p^3}\left(1 + \frac{a^3}{2r^3}\right)$$

gegeben sind.

(b) Man berechne die kartesischen bzw. zylindrischen Komponenten des Feldes, E_z und E_ρ, und skizziere – mit oder ohne Rechnerunterstützung – die elektrischen Feldlinien für den typischen Fall $p = 0{,}5$.

4 Multipole, Elektrostatik makroskopischer Medien, Dielektrika

In diesem Kapitel beschäftigen wir uns zunächst mit den Potentialen lokalisierter Ladungsverteilungen und deren Entwicklung nach Multipolen. Wir werden dabei zwar Kugelflächenfunktionen benutzen, doch stellen wir für die Multipole niedrigster Ordnung auch die Verbindung zu kartesischen Koordinaten her. Anschließend diskutieren wir die Energie eines Multipols im äußeren Feld. Der darauffolgende Abschnitt ist der elementaren Herleitung der makroskopischen Gleichungen der Elektrostatik gewidmet, während wir die sorgfältige Behandlung dieses Problems auf das Kapitel 6 verschieben. Dielektrika und die zugehörigen Randbedingungen werden danach besprochen und auch einige typische Randwertprobleme bei Anwesenheit von Dielektrika gelöst. Die wichtigsten Eigenschaften der molekularen Polarisierbarkeit und Suszeptibilität illustrieren wir anhand von klassischen Modellen. Schließlich behandeln wir auch das Problem der elektrostatischen Energie sowie der elektrostatischen Kräfte bei Anwesenheit von Dielektrika.

4.1 Multipolentwicklung

Eine lokalisierte Ladungsverteilung wird durch eine Ladungsdichte $\rho(\mathbf{x}')$ beschrieben, die nur innerhalb einer Kugel vom Radius R um einen bestimmten Ursprung nicht verschwindet.[1] Das Potential außerhalb der Kugel kann als Entwicklung nach Kugelflächenfunktionen dargestellt werden:

$$\Phi(\mathbf{x}) = \frac{1}{4\pi\epsilon_0} \sum_{l=0}^{\infty} \sum_{m=-l}^{l} \frac{4\pi}{2l+1} q_{lm} \frac{Y_{lm}(\theta, \phi)}{r^{l+1}} \tag{4.1}$$

wobei sich die hier getroffene Wahl konstanter Koeffizienten später als zweckmäßig erweisen wird. Gleichung (4.1) nennt man *Multipolentwicklung*; der Term mit $l = 0$ entspricht einem Monopol, der mit $l = 1$ einem Dipol etc. Der Grund für diese Bezeichnung wird weiter unten klar werden. Das Problem, das jetzt zu lösen ist, besteht in der Bestimmung der Konstanten q_{lm} aus den Eigenschaften der Ladungsdichte $\rho(\mathbf{x}')$. Die Lösung gewinnt man sehr einfach aus dem Integral (1.17) für das Potential:

$$\Phi(\mathbf{x}) = \frac{1}{4\pi\epsilon_0} \int \frac{\rho(\mathbf{x}')}{|\mathbf{x} - \mathbf{x}'|} d^3x'$$

[1] Die Einführung einer Kugel vom Radius R hat allein den Zweck, den Raum in Gebiete mit und ohne Ladungen zu unterteilen. Fällt die Ladungsdichte schneller als jede Potenz dieses Radius ab, dann gilt die Multipolentwicklung für hinreichend große Abstände.

wenn man für $1/|\mathbf{x}-\mathbf{x}'|$ die Entwicklung (3.70) benutzt. Da wir uns an dieser Stelle für das Potential außerhalb der Ladungsverteilung interessieren, ist $r_< = r'$ und $r_> = r$. Daraus folgt:

$$\Phi(\mathbf{x}) = \frac{1}{\epsilon_0} \sum_{l,m} \frac{1}{2l+1} \left[\int Y^*_{lm}(\theta', \phi') r'^l \rho(\mathbf{x}') \, d^3x' \right] \frac{Y_{lm}(\theta, \phi)}{r^{l+1}} \tag{4.2}$$

Demnach sind die Koeffizienten in (4.1) gegeben durch

$$q_{lm} = \int Y^*_{lm}(\theta', \phi') r'^l \rho(\mathbf{x}') \, d^3x' \tag{4.3}$$

Man nennt diese Koeffizienten *Multipolmomente*. Um ihre physikalische Bedeutung zu erkennen, drücken wir die Koeffizienten niedrigster Ordnung durch kartesische Koordinaten aus:

$$q_{00} = \frac{1}{\sqrt{4\pi}} \int \rho(\mathbf{x}') \, d^3x' = \frac{1}{\sqrt{4\pi}} q \tag{4.4}$$

$$\begin{aligned} q_{11} &= -\sqrt{\frac{3}{8\pi}} \int (x' - iy') \rho(\mathbf{x}') \, d^3x' = -\sqrt{\frac{3}{8\pi}} (p_x - ip_y) \\ q_{10} &= \sqrt{\frac{3}{4\pi}} \int z' \rho(\mathbf{x}') \, d^3x' = \sqrt{\frac{3}{4\pi}} p_z \end{aligned} \tag{4.5}$$

$$\begin{aligned} q_{22} &= \frac{1}{4} \sqrt{\frac{15}{2\pi}} \int (x' - iy')^2 \rho(\mathbf{x}') \, d^3x' = \frac{1}{12} \sqrt{\frac{15}{2\pi}} (Q_{11} - 2iQ_{12} - Q_{22}) \\ q_{21} &= -\sqrt{\frac{15}{8\pi}} \int z'(x' - iy') \rho(\mathbf{x}') \, d^3x' = -\frac{1}{3} \sqrt{\frac{15}{8\pi}} (Q_{13} - iQ_{23}) \\ q_{20} &= \frac{1}{2} \sqrt{\frac{5}{4\pi}} \int (3z'^2 - r'^2) \rho(\mathbf{x}') \, d^3x' = \frac{1}{2} \sqrt{\frac{5}{4\pi}} Q_{33} \end{aligned} \tag{4.6}$$

Wir haben hier nur die Momente mit $m \geq 0$ angegeben, da für reelle Ladungsdichten die Momente mit $m < 0$ aufgrund von (3.54) der Relation

$$q_{l,-m} = (-1)^m q^*_{lm} \tag{4.7}$$

genügen. In den Gleichungen (4.4)–(4.6) stellt q die Gesamtladung bzw. das Monopolmoment dar, während $\mathbf{p}$ das elektrische Dipolmoment

$$\mathbf{p} = \int \mathbf{x}' \rho(\mathbf{x}') \, d^3x' \tag{4.8}$$

ist und Q_{ij} der spurlose, symmetrische Tensor des Quadrupolmoments:

$$Q_{ij} = \int (3x'_i x'_j - r'^2 \delta_{ij}) \rho(\mathbf{x}') \, d^3x' \tag{4.9}$$

Wie man sieht, sind die l-ten Multipolkoeffizienten (von denen es jeweils $(2l+1)$ gibt) Linearkombinationen der entsprechenden Multipole, ausgedrückt in kartesischen Koordinaten. Die Entwicklung von $\Phi(\mathbf{x})$ in kartesischen Koordinaten lautet:

$$\Phi(\mathbf{x}) = \frac{1}{4\pi\epsilon_0}\left[\frac{q}{r} + \frac{\mathbf{p}\cdot\mathbf{x}}{r^3} + \frac{1}{2}\sum_{ij} Q_{ij}\frac{x_i x_j}{r^5} + \cdots\right] \tag{4.10}$$

Dies durch Taylor-Entwicklung von $1/|\mathbf{x}-\mathbf{x}'|$ zu zeigen, überlassen wir dem Leser. Die Reihe (4.10) über die Quadrupolterme hinaus fortzusetzen, ist äußerst mühsam.

Die Komponenten des elektrischen Feldes eines gegebenen Multipols lassen sich am einfachsten durch Kugelflächenfunktionen ausdrücken. Der negative Gradient eines einzelnen Terms aus (4.1) zu gegebenem l, m hat die sphärischen Komponenten

$$\begin{aligned} E_r &= \frac{(l+1)}{(2l+1)\,\epsilon_0}\, q_{lm}\frac{Y_{lm}(\theta,\phi)}{r^{l+2}} \\ E_\theta &= -\frac{1}{(2l+1)\,\epsilon_0}\, q_{lm}\frac{1}{r^{l+2}}\frac{\partial}{\partial\theta}Y_{lm}(\theta,\phi) \\ E_\phi &= -\frac{1}{(2l+1)\,\epsilon_0}\, q_{lm}\frac{1}{r^{l+2}}\frac{im}{\sin\theta}Y_{lm}(\theta,\phi) \end{aligned} \tag{4.11}$$

$\partial Y_{lm}/\partial\theta$ und $Y_{lm}/\sin\theta$ lassen sich durch Linearkombinationen anderer Kugelflächenfunktionen Y_{lm} ausdrücken. Da aber die entsprechenden Ausdrücke nicht besonders aufschlussreich sind, verzichten wir darauf, sie hier anzugeben. Vektormultipolfelder beschreibt man am Besten durch *Vektor*kugelfunktionen, die wir in Kap. 9 behandeln.

Für einen Dipol längs der z-Achse reduzieren sich die Felder (4.11) auf die bekannte Form

$$\begin{aligned} E_r &= \frac{2p\cos\theta}{4\pi\epsilon_0 r^3} \\ E_\theta &= \frac{p\sin\theta}{4\pi\epsilon_0 r^3} \\ E_\phi &= 0 \end{aligned} \tag{4.12}$$

Diese Dipolfelder lassen sich in Vektorform schreiben, indem man sie linear kombiniert oder auf den Dipolterm in (4.10) direkt den Gradienten anwendet. Das Ergebnis für das Feld am Punkt $\mathbf{x}$, das von einem Dipol $\mathbf{p}$ am Ort $\mathbf{x}_0$ herrührt, lautet:

$$\mathbf{E}(\mathbf{x}) = \frac{3\mathbf{n}(\mathbf{p}\cdot\mathbf{n}) - \mathbf{p}}{4\pi\epsilon_0|\mathbf{x}-\mathbf{x}_0|^3} \tag{4.13}$$

wobei $\mathbf{n}$ ein Einheitsvektor in Richtung von $\mathbf{x}_0$ nach $\mathbf{x}$ ist.

Zwei wichtige Bemerkungen sind hier zu machen. Die erste betrifft den Zusammenhang zwischen den kartesischen Multipolmomenten wie (4.8) und den sphärischen Multipolmomenten (4.3). Die Anzahl der ersten beträgt $(l+1)(l+2)/2$ für ein gegebenes l und ist für $l>1$ größer als die Anzahl der $(2l+1)$ sphärischen Komponenten. Dies stellt jedoch keinen Widerspruch dar. Der Grund für den zahlenmäßigen Unterschied liegt in den verschiedenen Transformationseigenschaften der beiden Multipolmomentarten unter Drehungen (vgl. hierzu Übg. 4.3). Für $l = 2$ wurde der Unterschied dadurch ausgeglichen, dass wir einen *spurlosen* kartesischen Tensor des Quadrupolmoments definierten.

Zweitens weisen wir darauf hin, dass die Koeffizienten der Multipolmomente in (4.1) im Allgemeinen von der Wahl des Koordinatenursprungs abhängen. Als augenfälliges Beispiel betrachten wir eine *Punktladung* e an der Stelle $\mathbf{x}_0 = (r_0, \theta_0, \phi_0)$. Die zugehörige Multipolentwicklung ist von der Form (4.1) mit den Multipolmomenten

$$q_{lm} = e r_0^l Y_{lm}^*(\theta_0, \phi_0)$$

Diese sind i.A. für sämtliche Werte von l, m von Null verschieden. Nur für $l = 0$ ist das Moment $q_{00} = e/\sqrt{4\pi}$ vom Ort der Punktladung unabhängig. Für zwei Punktladungen $+e$ und $-e$ an den Stellen $\mathbf{x}_0$ bzw. $\mathbf{x}_1$ sind die Multipolmomente

$$q_{lm} = e[r_0^l Y_{lm}^*(\theta_0, \phi_0) - r_1^l Y_{lm}^*(\theta_1, \phi_1)]$$

Für $l = 0$ verschwindet jetzt das Multipolmoment, und die Momente zu $l = 1$ sind:

$$q_{10} = \sqrt{\frac{3}{4\pi}}\, e(z_0 - z_1)$$

$$q_{11} = -\sqrt{\frac{3}{8\pi}}\, e[(x_0 - x_1) - i(y_0 - y_1)]$$

Diese Momente sind von der Wahl des Koordinatenursprungs unabhängig, da sie nur vom relativen Abstand der Ladungen abhängen. Alle höheren Momente hängen von der Wahl des Koordinatenursprungs ab. Diese einfachen Beispiele sind Sonderfälle eines allgemeinen Satzes (vgl. Übg. 4.4). Nach ihm sind *die Werte der ersten nichtverschwindenden Multipolmomente unabhängig von der Wahl des Koordinatenursprungs*, während alle höheren Momente i.A. von dessen Wahl abhängen.

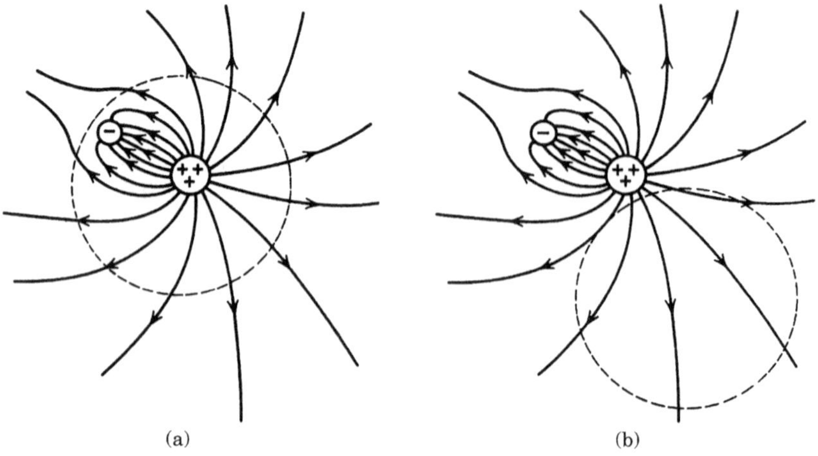

Abb. 4.1 Zwei Konfigurationen einer Ladungsdichte und die Kugeln, über deren Volumen das elektrische Feld zu integrieren ist.

Bevor wir die allgemeine Thematik der Multipolmomente verlassen, besprechen wir noch ein Ergebnis, das zur Erhellung des grundlegenden Unterschiedes zwischen einem elektrischen und magnetischen Dipol (vgl. Kap. 5.6) beiträgt und auch in anderem Zusammenhang sehr nützlich ist. Wir betrachten hierzu eine lokalisierte Ladungsverteilung $\rho(\mathbf{x})$, die Anlass zu einem über den ganzen Raum verteilten elektrischen Feld $\mathbf{E}(\mathbf{x})$ gibt. Wir wollen das Integral von $\mathbf{E}$ über das Volumen einer Kugel vom Radius R berechnen. Zunächst untersuchen wir das allgemeine Problem, spezialisieren uns dann aber auf die beiden in Abb. 4.1 gezeigten Extremfälle. In dem einen Fall befindet sich die gesamte Ladungsverteilung innerhalb der Kugel, in dem anderen Fall dagegen außerhalb. Wählt man als Koordinatenursprung den Mittelpunkt der Kugel, so lautet das zu berechnende Volumenintegral des elektrischen Feldes:

$$\int_{r<R} \mathbf{E}(\mathbf{x})\, d^3x = -\int_{r<R} \nabla\Phi\, d^3x \tag{4.14}$$

Dieses Integral kann in ein Integral über die Oberfläche der Kugel verwandelt werden:

$$\int_{r<R} \mathbf{E}(\mathbf{x})\, d^3x = -\int_{r=R} R^2\, d\Omega\, \Phi(\mathbf{x})\, \mathbf{n} \tag{4.15}$$

wobei $\mathbf{n}$ die nach außen gerichtete Normale ist ($\mathbf{n} = \mathbf{x}/R$). Bei Verwendung von (1.17) für das Potential geht (4.15) über in

$$\int_{r<R} \mathbf{E}(\mathbf{x})\, d^3x = \frac{R^2}{4\pi\epsilon_0} \int d^3x' \rho(\mathbf{x}') \int_{r=R} d\Omega \frac{\mathbf{n}}{|\mathbf{x}-\mathbf{x}'|} \tag{4.16}$$

Um die Winkelintegration auszuführen, bemerken wir zunächst, dass sich $\mathbf{n}$ in folgender Weise durch die sphärischen Winkel (θ, ϕ) ausdrücken lässt:

$$\mathbf{n} = \mathbf{i} \sin\theta\cos\phi + \mathbf{j}\sin\theta\sin\phi + \mathbf{k}\cos\theta$$

Die verschiedenen Komponenten von $\mathbf{n}$ sind offensichtlich Linearkombinationen der Y_{lm} zu $l = 1$. Setzt man in Gl. (4.16) die Entwicklung (3.38) bzw. (3.70) ein, so bleibt wegen der Orthogonalität der Y_{lm} nur der Term mit $l = 1$ übrig, und man erhält

$$\int_{r<R} d\Omega \frac{\mathbf{n}}{|\mathbf{x}-\mathbf{x}'|} = \frac{r_<}{r_>^2} \int d\Omega\, \mathbf{n} \cos\gamma \tag{4.16'}$$

mit $\cos\gamma = \cos\theta\cos\theta' + \sin\theta\sin\theta'\cos(\phi - \phi')$. Das Integral auf der rechten Seite liefert $4\pi\mathbf{n}'/3$, wobei $\mathbf{n}' = \mathbf{r}'/r'$ ist. Gleichung (4.16) geht damit über in

$$\int_{r<R} \mathbf{E}(\mathbf{x})\, d^3x = -\frac{R^2}{3\epsilon_0} \int d^3x' \frac{r_<}{r_>^2} \mathbf{n}' \rho(\mathbf{x}') \tag{4.17}$$

wenn $r_>$ ($r_<$) den größeren (kleineren) der beiden Abstände r' und R bezeichnet.

Umschließt die Kugel mit dem Radius R die gesamte Ladungsverteilung, wie in Abb. 4.1(a) dargestellt, dann ist in (4.17) $r_< = r'$ und $r_> = R$. Aus dem Integral des elektrischen Feldes über das Volumen der Kugel wird dann:

$$\int_{r<R} \mathbf{E}(\mathbf{x})\, d^3x = -\frac{\mathbf{p}}{3\epsilon_0} \tag{4.18}$$

wobei **p** das auf den Mittelpunkt der Kugel bezogene elektrische Dipolmoment der Ladungsverteilung ist [vgl. (4.8)]. Man beachte, dass der Wert des Volumenintegrals auf der linken Seite der letzten Gleichung unabhängig von der Größe des *kugelförmigen* Integrationsgebietes ist, wenn sich in ihm die gesamte Ladung befindet.

Liegt dagegen der in Abb. 4.1 (b) skizzierte Fall vor und befindet sich die Ladung außerhalb der Kugel, so ist in (4.17) $r_< = R$ und $r_> = r'$ und damit

$$\int_{r<R} \mathbf{E}(\mathbf{x})\, d^3x = -\frac{R^3}{3\epsilon_0}\int d^3x'\, \frac{\mathbf{n}'}{r'^2}\rho(\mathbf{x}')$$

Das Integral auf der rechten Seite ist nach dem Coulomb'schen Gesetz (1.5) gleich dem Negativen des am Mittelpunkt der Kugel herrschenden elektrischen Feldes. In diesem Fall ergibt sich also für das Volumenintegral von **E**:

$$\int_{r<R} \mathbf{E}(\mathbf{x})\, d^3x = \frac{4\pi}{3} R^3 \mathbf{E}(0) \tag{4.19}$$

Demnach ist also der Mittelwert des elektrischen Feldes über ein kugelförmiges Volumen, das keine Ladungen enthält, gleich dem Wert des am Mittelpunkt der Kugel herrschenden Feldes.

Nach (4.18) muss das elektrische Feld (4.13) eines Dipols modifiziert werden. Um mit (4.18) konsistent zu sein, haben wir für das Dipolfeld

$$\mathbf{E}(\mathbf{x}) = \frac{1}{4\pi\epsilon_0}\left[\frac{3\mathbf{n}(\mathbf{p}\cdot\mathbf{n}) - \mathbf{p}}{|\mathbf{x}-\mathbf{x}_0|^3} - \frac{4\pi}{3}\mathbf{p}\,\delta(\mathbf{x}-\mathbf{x}_0)\right] \tag{4.20}$$

zu schreiben. Die hinzugefügte Delta-Funktion liefert nur am Sitz des Dipols einen Feldbeitrag. Sie hat den Zweck, das geforderte Volumenintegral (4.18) zu liefern – mit der Übereinkunft, das Volumenintegral des ersten Terms Null zu setzen, da sonst die Singularität bei $\mathbf{x} = \mathbf{x}_0$ ein mehrdeutiges Resultat liefern würde. Gl. (4.20) und das Gegenstück (5.64) für einen magnetischen Dipol können, bei sorgfältiger Handhabung, so angewandt werden, als wären Dipole idealisierte, punktförmige Gebilde; der Term mit der Delta-Funktion liefert die wesentliche Information über die tatsächliche endliche Ausdehnung der Ladungs- bzw. Stromverteilung.

4.2 Multipolentwicklung der Energie einer Ladungsverteilung im äußeren Feld

Bringt man eine endlich ausgedehnte, durch $\rho(\mathbf{x})$ beschriebene Ladungsverteilung in ein *äußeres* Feld mit dem Potential $\Phi(\mathbf{x})$, so ist die elektrostatische Energie dieses Systems

$$W = \int \rho(\mathbf{x})\Phi(\mathbf{x})\, d^3x \tag{4.21}$$

(Man beachte, dass diese Energie nicht mit der in Gl. (1.53) zu verwechseln ist, da es sich dort um die Energie im *eigenen* Feld handelt!)

Wenn sich das Potential in dem Gebiet, in dem $\rho(\mathbf{x})$ sehr groß ist, nur wenig ändert, kann es in eine Taylor-Reihe um einen geeignet gewählten Ursprung entwickelt werden:

$$\Phi(\mathbf{x}) = \Phi(0) + \mathbf{x}\cdot\nabla\Phi(0) + \frac{1}{2}\sum_i\sum_j x_i x_j \frac{\partial^2\Phi}{\partial x_i \partial x_j}(0) + \cdots \tag{4.22}$$

Die letzten beiden Terme lassen sich bei Verwendung der Definition des elektrischen Feldes, $\mathbf{E} = -\nabla\Phi$, umschreiben. Aus (4.22) wird dann:

$$\Phi(\mathbf{x}) = \Phi(0) - \mathbf{x}\cdot\mathbf{E}(0) - \frac{1}{2}\sum_i\sum_j x_i x_j \frac{\partial E_j}{\partial x_i}(0) + \cdots$$

Da für das äußere Feld $\nabla\cdot\mathbf{E} = 0$ ist, kann man vom letzten Term

$$\tfrac{1}{6}r^2\nabla\cdot\mathbf{E}(0)$$

subtrahieren, um schließlich zu folgender Entwicklung zu gelangen:

$$\Phi(\mathbf{x}) = \Phi(0) - \mathbf{x}\cdot\mathbf{E}(0) - \frac{1}{6}\sum_i\sum_j (3x_i x_j - r^2\delta_{ij})\frac{\partial E_j}{\partial x_i}(0) + \cdots \tag{4.23}$$

Setzt man diese Entwicklung in (4.21) ein und benutzt die Definitionen der Gesamtladung, des Dipolmoments (4.8) und des Quadrupolmoments (4.9), so nimmt der Ausdruck für die Energie folgende Form an:

$$W = q\Phi(0) - \mathbf{p}\cdot\mathbf{E}(0) - \frac{1}{6}\sum_i\sum_j Q_{ij}\frac{\partial E_j}{\partial x_i}(0) + \cdots \tag{4.24}$$

Dies zeigt in charakteristischer Weise, wie die verschiedenen Multipole mit dem äußeren Feld wechselwirken – die Ladung mit dem Potential, der Dipol mit dem elektrischen Feld, der Quadrupol mit dem Gradienten des Feldes usw.

In der Kernphysik ist die Quadrupolwechselwirkung von besonderem Interesse. Atomkerne können elektrische Quadrupolmomente besitzen, und deren Betrag und Vorzeichen spiegelt die Natur der zwischen Protonen und Neutronen wirkenden Kraft wider und gibt Auskunft über die Gestalt der Kerne. Die Energieniveaus oder Energiezustände eines Kerns werden beschrieben durch die Quantenzahlen des Gesamtdrehimpulses J und seiner Projektion M auf die z-Achse sowie durch andere Quantenzahlen, die wir zusammenfassend mit dem Index α bezeichnen. Einem gegebenen Kernzustand entspricht eine quantenmechanische Ladungsdichte[2] $\rho_{JM\alpha}(\mathbf{x})$, die von den Quantenzahlen (J, M, α) abhängt, aber zylindersymmetrisch um die z-Achse ist. Das einzige nichtverschwindende Quadrupolmoment ist dann q_{20} in (4.6) bzw. Q_{33} in (4.9).[3] Das Quadrupolmoment eines Kerns ist definiert als der Wert von $(1/e)Q_{33}$ mit der Ladungsdichte $\rho_{JM\alpha}(\mathbf{x})$:

$$Q_{JM\alpha} = \frac{1}{e}\int (3z^2 - r^2)\rho_{JM\alpha}(\mathbf{x})\,d^3x \tag{4.25}$$

---

[2] Die Quantenaspekte dieses Problems werden in elementarer Weise bei *Blatt* und *Weisskopf*, S. 20ff. diskutiert.

[3] Tatsächlich sind Q_{11} und Q_{22} von Null verschieden, aber nicht unabhängig von Q_{33}, denn es ist $Q_{11} = Q_{22} = -\frac{1}{2}Q_{33}$.

wobei e die Protonenladung ist. Demnach haben die $Q_{JM\alpha}$ die Dimension eines Längenquadrats. Außer in besonderen Fällen (z. B. bei Kernen in Atomen mit vollständig abgeschlossenen Elektronenhüllen), sind Atomkerne elektrischen Feldern ausgesetzt, deren Gradient in Nähe der Kerne nicht verschwindet. Nach (4.24) erhält dann die Energie des Kerns einen Beitrag von der Quadrupolwechselwirkung. Die Zustände mit verschiedenem M, aber gleichem J haben verschiedene Quadrupolmomente $Q_{JM\alpha}$, sodass eine vorher u. U. vorhanden gewesene M-Entartung durch Quadrupolkopplung an das „äußere" (im Kristallgitter oder im Molekül herrschende) elektrische Feld aufgehoben wird. Die Messung dieser kleinen Energiedifferenzen mithilfe von Radiofrequenztechniken ermöglicht die Bestimmung des Quadrupolmoments eines Kerns.[4]

Die Wechselwirkungsenergie zwischen zwei Dipolen $\mathbf{p}_1$ und $\mathbf{p}_2$ folgt unmittelbar aus (4.24), wenn man dort für $\mathbf{E}$ das Dipolfeld (4.20) einsetzt. Man erhält dann:

$$W_{12} = \frac{\mathbf{p}_1 \cdot \mathbf{p}_2 - 3(\mathbf{n} \cdot \mathbf{p}_1)(\mathbf{n} \cdot \mathbf{p}_2)}{4\pi\epsilon_0 |\mathbf{x}_1 - \mathbf{x}_2|^3} \tag{4.26}$$

wobei $\mathbf{n}$ ein Einheitsvektor in Richtung von $(\mathbf{x}_1 - \mathbf{x}_2)$ ist und wir annehmen, dass $\mathbf{x}_1 \neq \mathbf{x}_2$ ist. Je nach Orientierung der Dipole ist ihre gegenseitige Wechselwirkung anziehend oder abstoßend. Bei fester Orientierung und festem Abstand der Dipole ist der Betrag der Wechselwirkung, gemittelt über die relative Lage der Dipole, gleich Null. Sind die Momente in der Mehrzahl parallel zueinander ausgerichtet, dann kommt es zu einer Anziehung (Abstoßung) – je nachdem, ob die Momente mehr oder weniger parallel (senkrecht) zur Verbindungslinie ihrer Mittelpunkte liegen. Die entsprechenden Extremwerte der potentiellen Energien sind dem Betrag nach gleich.

4.3 Elementare Behandlung der Elektrostatik in dichten Medien

In den ersten drei Kapiteln dieses Buches beschäftigten wir uns mit elektrostatischen Potentialen und Feldern bei Anwesenheit von Ladungen und Leitern, aber Abwesenheit anderer dichter Medien. Wir machten deswegen keinen Unterschied zwischen mikroskopischen und makroskopischen Feldern, wenngleich unsere Behandlung von Leitern mit Flächenladungsdichten eine makroskopische Beschreibungsweise implizierte. Die Vernachlässigung der dielektrischen Eigenschaften der Luft bedeutet keinen großen Fehler, da Luft hinreichend dünn ist. In diesem Dichtebereich sind die bisher gewonnenen Ergebnisse anwendbar. Doch die Elektrostatik beschäftigt sich zu einem großen Teil mit Ladungen und Feldern in dichten Medien, deren Reaktion auf elektrische Felder durchaus berücksichtigt werden müssen. In der Einführung wurde bereits darauf hingewiesen, dass man über makroskopisch kleine, mikroskopisch aber große Bereiche mitteln muss, um zu den Maxwell'schen Gleichungen zu

[4] „Das Quadrupolmoment eines Kerns", bezeichnet mit Q, wird als der Wert von $Q_{JM\alpha}$ im Zustand $M = J$ definiert. Siehe *Blatt* und *Weisskopf*, *loc. cit.*

gelangen, die makroskopische Phänomene beschreiben. Diese Mittelung werden wir in sehr sorgfältiger Weise in Kapitel 6 vornehmen, nachdem wir die zeitabhängigen Maxwell'schen Gleichungen besprochen haben. Zunächst wollen wir den Leser nur an die Hauptzüge der elementaren Behandlung der Polarisation erinnern, die über Schwierigkeiten und manchmal subtile Aspekte des Mittelungsprozesses und der Einführung makroskopischer Größen hinweggeht.

Die erste Feststellung ist die, dass die homogene Gleichung $\nabla \times \mathbf{E}_{\text{mikro}} = 0$ nach der Mittelung ihre Form beibehält, also übergeht in

$$\nabla \times \mathbf{E} = 0 \tag{4.27}$$

wenn **E** das gemittelte, makroskopische elektrische Feld darstellt. Dies bedeutet, dass das elektrische Feld in der makroskopischen Elektrostatik weiterhin aus einem Potential $\Phi(\mathbf{x})$ ableitbar ist.

Wird an ein Medium, das aus einer Vielzahl von Atomen bzw. Molekülen besteht, ein elektrisches Feld angelegt, so werden die gebundenen Ladungen in jedem Molekül auf das angelegte Feld reagieren und unter dem Einfluss dieser Störung zusätzliche Bewegungen ausführen. Die molekulare Ladungsdichte wird eine Verzerrung erfahren, und die Multipolmomente eines jeden Moleküls werden andere Werte annehmen, als sie bei Abwesenheit des Feldes besaßen. In einfachen Substanzen sind die Multipolmomente – zumindest bei Mittelung über eine Vielzahl von Molekülen – bei Abwesenheit eines äußeren Feldes alle gleich Null. Der dominierende molekulare Multipol bei angelegtem Feld ist der Dipol. Es kommt daher im Medium zu einer *elektrischen Polarisation* **P** (Dipolmoment pro Volumeneinheit), die gegeben ist durch

$$\mathbf{P}(\mathbf{x}) = \sum_i N_i \langle \mathbf{p}_i \rangle \tag{4.28}$$

Dabei bedeutet $\mathbf{p}_i$ das Dipolmoment der i-ten Molekülart im betrachteten Medium, und die Mittelung wird über ein kleines Volumen um den Punkt **x** vorgenommen; N_i stellt die mittlere Anzahl der Moleküle des i-ten Typs pro Volumeneinheit um den Punkt **x** dar. Haben die Moleküle die Gesamtladung e_i und ist außerdem ein Überschuss an freien Ladungen vorhanden, so bestimmt sich die makroskopische Ladungsdichte aus

$$\rho(\mathbf{x}) = \sum_i N_i \langle e_i \rangle + \rho_{\text{frei}} \tag{4.29}$$

Im Allgemeinen ist die mittlere molekulare Ladung gleich Null, sodass die Ladungsdichte allein durch den (geeignet gemittelten) Überschuss an freien Ladungen bestimmt wird.

Betrachten wir jetzt das Medium vom makroskopischen Standpunkt aus, so können wir das Potential bzw. das Feld durch lineare Superposition der Beiträge eines jeden makroskopisch kleinen Volumenelementes ΔV am variablen Punkt $\mathbf{x}'$ aufbauen. Die Ladung in ΔV ist daher $\rho(\mathbf{x}')\Delta V$ und das zugehörige Dipolmoment: $\mathbf{P}(\mathbf{x}')\Delta V$. Sind höhere makroskopische Multipolmomentdichten nicht vorhanden, so ist das Potential, das von den Momenten in ΔV herrührt, nach (4.10) exakt gegeben durch

$$\Delta\Phi(\mathbf{x}, \mathbf{x})) = \frac{1}{4\pi\epsilon_0}\left[\frac{\rho(\mathbf{x}')}{|\mathbf{x} - \mathbf{x}'|}\Delta V + \frac{\mathbf{P}(\mathbf{x}') \cdot (\mathbf{x} - \mathbf{x}')}{|\mathbf{x} - \mathbf{x}'|^3}\Delta V\right] \tag{4.30}$$

wenn **x** außerhalb von ΔV liegt. Betrachten wir jetzt ΔV als (makroskopisch) infinitesimal, d.h. setzen wir es gleich d^3x' und integrieren über den gesamten Raum, so erhalten wir das Potential

$$\Phi(\mathbf{x}) = \frac{1}{4\pi\epsilon_0}\int d^3x' \left[\frac{\rho(\mathbf{x}')}{|\mathbf{x}-\mathbf{x}'|} + \mathbf{P}(\mathbf{x}')\cdot\nabla'\left(\frac{1}{|\mathbf{x}-\mathbf{x}'|}\right)\right] \tag{4.31}$$

Der zweite Term entspricht dem Potential (1.25) einer Doppelschicht, bezieht sich aber auf eine räumliche Verteilung von Dipolen. Partielle Integration führt schließlich auf

$$\Phi(\mathbf{x}) = \frac{1}{4\pi\epsilon_0}\int d^3x' \frac{1}{|\mathbf{x}-\mathbf{x}'|}[\rho(\mathbf{x}') - \nabla'\cdot\mathbf{P}(\mathbf{x}')] \tag{4.32}$$

Dies ist nichts anderes als das Potential einer Ladungsverteilung $(\rho - \nabla\cdot\mathbf{P})$. Mit $\mathbf{E} = -\nabla\Phi$ lautet daher die erste Maxwell'sche Gleichung:

$$\nabla\cdot\mathbf{E} = \frac{1}{\epsilon_0}[\rho - \nabla\cdot\mathbf{P}] \tag{4.33}$$

Das Auftreten der Divergenz von **P** in der effektiven Ladungsdichte ist qualitativ verständlich. Ist die Polarisation nicht homogen, so kann es insgesamt zu einer Zu- bzw. Abnahme der Ladung innerhalb eines kleinen Volumens kommen, wie es schematisch in Abb. 4.2 angedeutet ist.

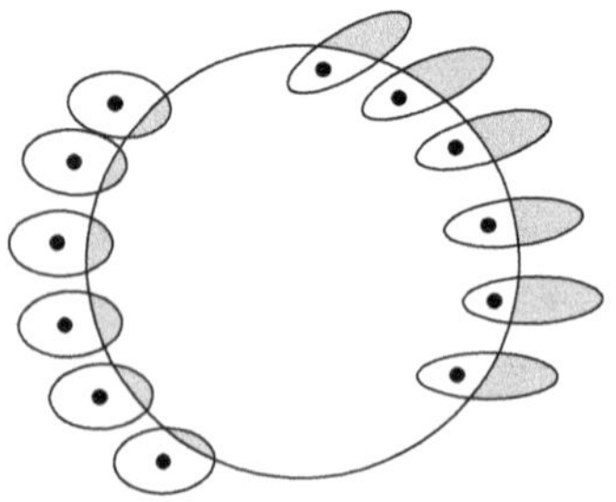

Abb. 4.2 Zur Entstehung der Polarisationsladung. Wegen der räumlichen Änderung der Polarisation kann die molekulare Ladung, die ein gegebenes, kleines Volumen verlässt, größer sein als diejenige, die in dieses Volumen eintritt. Angedeutet sind nur die Moleküle am Rand des betrachteten Volumens.

Definiert man jetzt die *dielektrische Verschiebung*

$$\mathbf{D} = \epsilon_0\mathbf{E} + \mathbf{P} \tag{4.34}$$

so geht (4.33) in die bekannte Gleichung

$$\nabla\cdot\mathbf{D} = \rho \tag{4.35}$$

über. Die Gln. (4.27) und (4.35) sind die makroskopischen Gegenstücke zu (1.13) und (1.14) aus Kapitel 1.

Bereits in der Einführung wiesen wir darauf hin, dass man eine *Verknüpfungsgleichung* zwischen **D** und **E** benötigt, bevor man über das elektrostatische Potential bzw. die Felder eine Aussage machen kann. In den folgenden Abschnitten nehmen wir an, dass das jeweils betrachtete System auf ein äußeres Feld linear reagiert. Dies schließt zwar Ferroelektrizität aus der Diskussion aus, bedeutet aber – sofern die Feldstärken nicht extrem groß sind – keine Einschränkung. Als weitere Vereinfachung nehmen wir an, dass das *Medium isotrop* sei. Die induzierte Polarisation **P** ist dann parallel zu **E** und der Proportionalitätsfaktor unabhängig von der Richtung:

$$\mathbf{P} = \epsilon_0 \chi_e \mathbf{E} \tag{4.36}$$

Die Konstante χ_e nennt man *elektrische Suszeptibilität*. Die dielektrische Verschiebung **D** ist in diesem Fall proportional zu **E**:

$$\mathbf{D} = \epsilon \mathbf{E} \tag{4.37}$$

wobei

$$\epsilon = \epsilon_0 (1 + \chi_e) \tag{4.38}$$

die *Dielektrizitätskonstante* bezeichnet.

Ist das Dielektrikum nicht nur isotrop, sondern auch homogen, so ist ϵ unabhängig vom Ort. Die Divergenzgleichung (4.35) lässt sich dann in der Form

$$\nabla \cdot \mathbf{E} = \rho/\epsilon \tag{4.39}$$

schreiben. Alle Probleme in einem solchen Medium reduzieren sich im Wesentlichen auf diejenigen der vorangegangenen Kapitel; der einzige Unterschied ist der, dass das von einer Ladung erzeugte elektrische Feld um den Faktor ϵ_0/ϵ reduziert wird. Diese Reduzierung lässt sich auf die Polarisation der Atome zurückführen; denn durch sie werden zusätzliche Felder erzeugt, die dem Feld der gegebenen Ladung entgegengerichtet sind. Eine unmittelbare Konsequenz hiervon ist die, dass die Kapazität eines Kondensators um den Faktor ϵ/ϵ_0 erhöht wird, wenn in den leeren Raum zwischen den Elektroden ein Dielektrikum der Dielektrizitätskonstanten ϵ/ϵ_0 gebracht wird (exakt trifft dies jedoch nur dann zu, wenn Randeffekte vernachlässigt werden können).

Erfüllt das homogene Medium nur einen Teil des von elektrischen Feldern durchsetzten Raumes oder – allgemeiner gesprochen – grenzen verschiedene Medien aneinander, die nicht unbedingt linear reagieren müssen, so erhebt sich die Frage, welchen Randbedingungen **D** und **E** an den Trennflächen der verschiedenen Medien genügen. Diese Randbedingungen leiten sich aus dem vollständigen Satz der Maxwell'schen Gleichungen ab, die wir bereits in Abschnitt 5 der Einführung zitierten. Wir stellten dort fest, dass die Normalkomponenten von **D** und die Tangentialkomponenten von **E** folgenden *Grenzbedingungen* genügen, die sowohl für stationäre wie für zeitveränderliche Felder gelten:

$$\begin{aligned} (\mathbf{D}_2 - \mathbf{D}_1) \cdot \mathbf{n}_{21} &= \sigma \\ (\mathbf{E}_2 - \mathbf{E}_1) \times \mathbf{n}_{21} &= 0 \end{aligned} \tag{4.40}$$

Dabei ist $\mathbf{n}_{21}$ die vom Gebiet 1 ins Gebiet 2 zeigende Flächennormale und σ die makroskopische Flächenladungsdichte auf der Trennfläche (*ausschließlich* der Polarisationsladung).

4.4 Randwertprobleme bei Anwesenheit von Dielektrika

Die Methoden der vorangegangenen Kapitel zur Lösung elektrostatischer Randwertprobleme können ohne Schwierigkeit auf die Anwesenheit von Dielektrika ausgedehnt werden. In diesem Abschnitt behandeln wir einige Beispiele für die verschiedenen Methoden, die man bei Anwesenheit von Dielektrika verwendet.

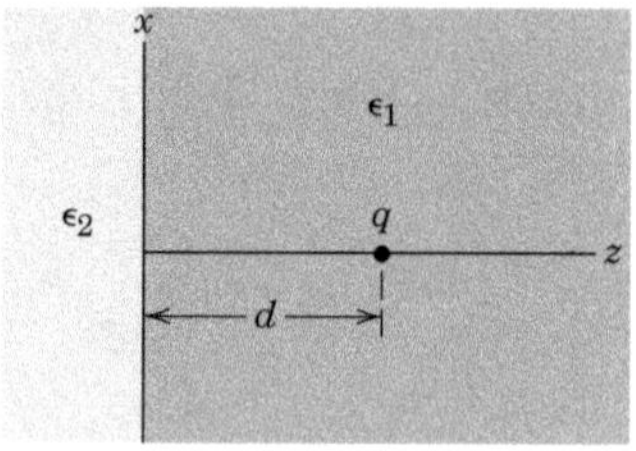

Abb. 4.3

Um die Methode der Spiegelladungen für Dielektrika zu illustrieren, betrachten wir eine Punktladung q, die sich in einem Halbraum der Dielektrizitätskonstanten ϵ_1 befindet. Ihr Abstand von der Grenzfläche, die diesen Halbraum von einem anderen mit der Dielektrizitätskonstanten ϵ_2 trennt, sei d. Die Grenzfläche liege, wie in Abb. 4.3 angedeutet, in der Ebene $z = 0$. Gesucht ist jeweils die Lösung der Gleichungen

$$\begin{aligned} \epsilon_1 \boldsymbol{\nabla} \cdot \mathbf{E} &= \rho, \quad z > 0 \\ \epsilon_2 \boldsymbol{\nabla} \cdot \mathbf{E} &= 0, \quad z < 0 \\ \boldsymbol{\nabla} \times \mathbf{E} &= 0 \quad \text{im ganzen Raum} \end{aligned} \tag{4.41}$$

die bei $z = 0$ den Randbedingungen

$$\lim_{z \to 0^+} \begin{Bmatrix} \epsilon_1 E_z \\ E_x \\ E_y \end{Bmatrix} = \lim_{z \to 0^-} \begin{Bmatrix} \epsilon_2 E_z \\ E_x \\ E_y \end{Bmatrix} \tag{4.42}$$

genügt. Da überall $\boldsymbol{\nabla} \times \mathbf{E} = 0$ ist, leitet sich $\mathbf{E}$ in der üblichen Weise aus einem Potential Φ her. Bei dem Versuch, die Methode der Spiegelladungen anzuwenden, ist es naheliegend, die Spiegelladung q' an den spiegelsymmetrisch gelegenen Punkt A'

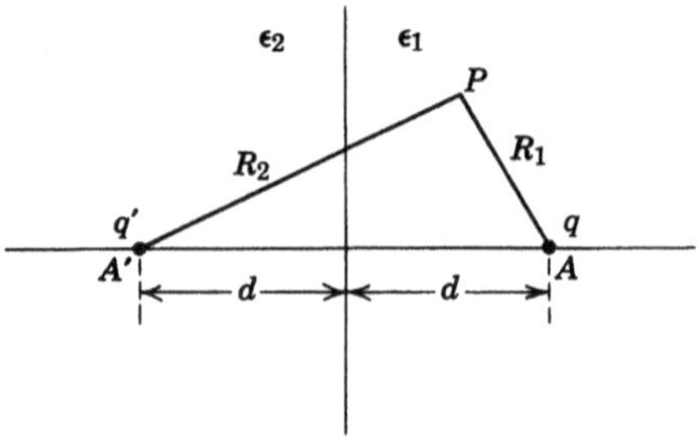

Abb. 4.4

zu legen, wie in Abb. 4.4 gezeigt. Das Potential für $z > 0$ ist dann am Punkt P mit den Zylinderkoordinaten (ρ, ϕ, z) gegeben durch

$$\Phi = \frac{1}{4\pi\epsilon_1}\left(\frac{q}{R_1} + \frac{q'}{R_2}\right), \quad z > 0 \tag{4.43}$$

wobei $R_1 = \sqrt{\rho^2 + (d-z)^2}$ und $R_2 = \sqrt{\rho^2 + (d+z)^2}$ ist. Bisher befindet sich unser Verfahren in vollkommener Analogie zu dem, das wir zur Lösung des Problems einer Punktladung gegenüber einer leitenden Ebene (anstelle des den Halbraum $z < 0$ erfüllenden Dielektrikums der Dielektrizitätskonstanten ϵ_2) anwandten. Wir müssen jetzt jedoch das Potential für $z < 0$ spezifizieren. Da sich dort keine Ladungen befinden, muss das Potential eine in diesem Gebiet überall endliche Lösung der Laplace'schen Gleichung sein. Die einfachste Annahme ist natürlich die, dass das Potential für $z < 0$ äquivalent ist zu dem einer Ladung q'' an der Stelle A der tatsächlichen Ladung q:

$$\Phi = \frac{1}{4\pi\epsilon_2}\frac{q''}{R_1}, \quad z < 0 \tag{4.44}$$

Da einerseits

$$\frac{\partial}{\partial z}\left(\frac{1}{R_1}\right)\bigg|_{z=0} = -\frac{\partial}{\partial z}\left(\frac{1}{R_2}\right)\bigg|_{z=0} = \frac{d}{(\rho^2 + d^2)^{3/2}}$$

und andererseits

$$\frac{\partial}{\partial \rho}\left(\frac{1}{R_1}\right)\bigg|_{z=0} = \frac{\partial}{\partial \rho}\left(\frac{1}{R_2}\right)\bigg|_{z=0} = \frac{-\rho}{(\rho^2 + d^2)^{3/2}}$$

ist, führen die Randbedingungen (4.42) auf die Forderungen

$$\begin{aligned} q - q' &= q'' \\ \frac{1}{\epsilon_1}(q + q') &= \frac{1}{\epsilon_2} q'' \end{aligned}$$

Die Auflösung dieser Gleichungen nach den Spiegelladungen q' und q'' liefert:

$$\begin{aligned} q' &= -\left(\frac{\epsilon_2 - \epsilon_1}{\epsilon_2 + \epsilon_1}\right) q \\ q'' &= \left(\frac{2\epsilon_2}{\epsilon_2 + \epsilon_1}\right) q \end{aligned} \tag{4.45}$$

Für die beiden Fälle $\epsilon_2 > \epsilon_1$ und $\epsilon_2 < \epsilon_1$ zeigt Abb. 4.5 den qualitativen Verlauf der Feldlinien von $\mathbf{D}$.

Die Dichte der Polarisationsladung wird durch $-\nabla \cdot \mathbf{P}$ bestimmt. Da in beiden Dielektrika $\mathbf{P}$ proportional zu $\mathbf{E}$ ist ($\mathbf{P} = \epsilon_0 \chi_e \mathbf{E}$), gilt außer am Ort der Ladung q: $-\nabla \cdot \mathbf{P} = -\epsilon_0 \chi_e \nabla \cdot \mathbf{E} = 0$. An der Trennfläche jedoch macht χ_e beim Durchgang durch $z = 0$ einen Sprung um $\Delta\chi_e = (\epsilon_1 - \epsilon_2)/\epsilon_0$. Dies bedeutet, dass auf der Ebene $z = 0$ eine Polarisationsflächenladung der Dichte

$$\sigma_{\text{pol}} = -(\mathbf{P}_2 - \mathbf{P}_1) \cdot \mathbf{n}_{21} \tag{4.46}$$

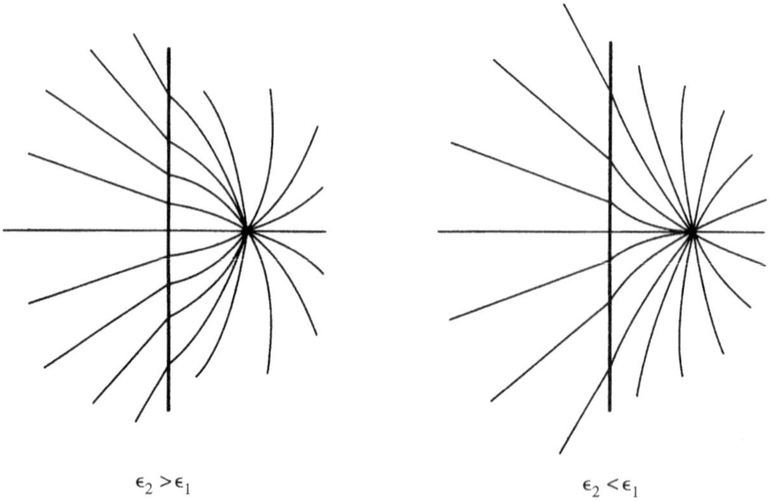

Abb. 4.5 Feldlinien der dielektrischen Verschiebung für eine Punktladung, die in ein Dielektrikum der Dielektrizitätskonstanten ϵ_1 eingebettet ist, und zwar in der Nähe eines angrenzenden Dielektrikums der Dielektrizitätskonstanten ϵ_2.

induziert wird, wobei $\mathbf{n}_{21}$ die vom Dielektrikum 1 zum Dielektrikum 2 zeigende Flächennormale ist und $\mathbf{P}_i$ die Polarisation im Dielektrikum i ($i = 1, 2$) bei $z = 0$ bedeutet. Unter Verwendung von

$$\mathbf{P}_i = (\epsilon_i - \epsilon_0)\mathbf{E}_i = -(\epsilon_i - \epsilon_0)\nabla\Phi(0^{\pm})$$

ist leicht nachzuweisen, dass sich die Flächenladungsdichte zu

$$\sigma_{\text{pol}} = -\frac{q}{2\pi}\frac{\epsilon_0(\epsilon_2 - \epsilon_1)}{\epsilon_1(\epsilon_2 + \epsilon_1)}\frac{d}{(\rho^2 + d^2)^{3/2}} \tag{4.47}$$

ergibt. Im Grenzfall $\epsilon_2 \gg \epsilon_1$ verhält sich das Dielektrikum 2 im Wesentlichen wie ein Leiter, da das in ihm herrschende elektrische Feld sehr schwach wird und sich die Flächenladungsdichte (4.47) – abgesehen von einem Faktor ϵ_0/ϵ_1 – dem Wert auf einer leitenden Kugel nähert.

Als zweites Beispiel für ein elektrostatisches Problem bei Anwesenheit von Dielektrika betrachten wir eine dielektrische Kugel vom Radius a mit der Dielektrizitätskonstanten ϵ/ϵ_0, die sich in einem ursprünglichen homogenen elektrischen Feld befindet. In großer Entfernung von der Kugel zeige dieses Feld in die Richtung der

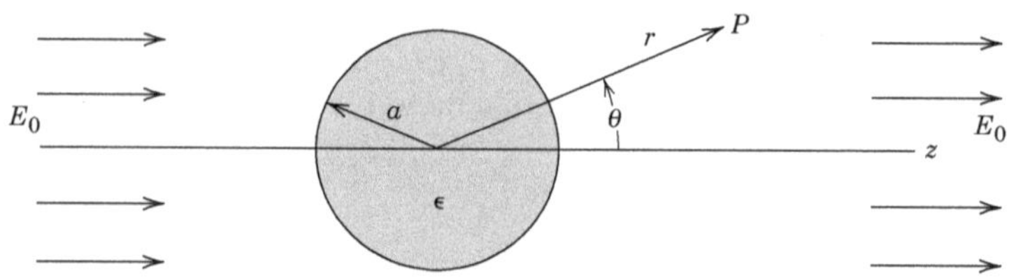

Abb. 4.6

z-Achse und habe dort den Betrag E_0 (vgl. Abb. 4.6). Weder innerhalb noch außerhalb der Kugel befinden sich freie Ladungen. Es handelt sich daher um das Problem, die Laplace'sche Gleichung mit bestimmten Randbedingungen bei $r = a$ zu lösen. Aufgrund der Axialsymmetrie können wir für die Lösung in den beiden Bereichen folgenden Ansatz machen:

$$\text{Innenraum:} \quad \Phi_i := \sum_{l=0}^{\infty} A_l r^l P_l(\cos\theta) \tag{4.48}$$

$$\text{Außenraum:} \quad \Phi_a := \sum_{l=0}^{\infty} [B_l r^l + C_l r^{-(l+1)}] P_l(\cos\theta) \tag{4.49}$$

Aus den Randbedingungen im Unendlichen ($\Phi \to -E_0 z = -E_0 r\cos\theta$) ergibt sich, dass der einzige nichtverschwindende Koeffizient B_l der mit $l = 1$ ist: $B_1 = -E_0$. Die übrigen Koeffizienten werden durch die Randbedingungen bei $r = a$ bestimmt:

$$\text{Tangentialkomponente von } \mathbf{E}: \quad -\frac{1}{a}\frac{\partial\Phi_\mathrm{i}}{\partial\theta}\bigg|_{r=a} = -\frac{1}{a}\frac{\partial\Phi_\mathrm{a}}{\partial\theta}\bigg|_{r=a}$$

$$\text{Normalkomponente von } \mathbf{D}: \quad -\epsilon\frac{\partial\Phi_\mathrm{i}}{\partial r}\bigg|_{r=a} = -\epsilon_0\frac{\partial\Phi_\mathrm{a}}{\partial r}\bigg|_{r=a} \tag{4.50}$$

Setzt man hier die Reihen (4.48) und (4.49) ein, so reduzieren sich diese beiden Randbedingungen auf zwei verschwindende Reihenentwicklungen nach zugeordneten Legendre-Funktionen. Da die entsprechenden Reihenentwicklungen für alle Werte von θ verschwinden, müssen die Koeffizienten einer jeden zugeordneten Legendre-Funktion jeweils einzeln verschwinden. Die erste Randbedingung führt dann [wegen der Orthogonalität der $P_l^1 = \partial P_l/\partial\theta$ – vgl. Gl. (3.49)] auf

$$\begin{aligned} A_1 &= -E_0 + \frac{C_1}{a^3} \\ A_l &= \frac{C_1}{a^{2l+1}} \quad \text{für} \quad l \neq 1 \end{aligned} \tag{4.51}$$

während die zweite

$$\begin{aligned} (\epsilon/\epsilon_0) A_1 &= -E_0 - 2\frac{C_1}{a^3} \\ (\epsilon/\epsilon_0) l A_l &= -(l+1)\frac{C_l}{a^{2l+1}} \quad \text{für} \quad l \neq 1 \end{aligned} \tag{4.52}$$

liefert. Die jeweils zweiten Gleichungen in (4.51) bzw. (4.52) können simultan nur mit $A_l = C_l = 0$ für alle $l \neq 1$ erfüllt werden. Die restlichen Koeffizienten werden durch das elektrische Feld E_0 bestimmt:

$$\begin{aligned} A_1 &= -\left(\frac{3}{2 + \epsilon/\epsilon_0}\right) E_0 \\ C_1 &= \left(\frac{\epsilon/\epsilon_0 - 1}{\epsilon/\epsilon_0 + 2}\right) a^3 E_0 \end{aligned} \tag{4.53}$$

Die Potentiale haben daher die Gestalt

$$\begin{aligned}\Phi_{\mathrm{i}} &= -\left(\frac{3}{\epsilon/\epsilon_0+2}\right)E_0 r\cos\theta \\ \Phi_a &= -E_0 r\cos\theta + \left(\frac{\epsilon/\epsilon_0-1}{\epsilon/\epsilon_0+2}\right)E_0\frac{a^3}{r^2}\cos\theta\end{aligned} \tag{4.54}$$

Das Potential innerhalb der Kugel beschreibt ein konstantes elektrisches Feld parallel zum äußeren Feld mit dem Betrag

$$E_{\mathrm{i}} = \frac{3}{\epsilon/\epsilon_0+2}E_0 < E_0\,, \quad \text{wenn} \quad \epsilon > \epsilon_0 \tag{4.55}$$

Im Außenraum der Kugel entspricht das Potential dem des äußeren Feldes E_0, vermehrt um das Feld eines elektrischen Dipols im Ursprung mit dem Dipolmoment

$$p = 4\pi\epsilon_0\left(\frac{\epsilon/\epsilon_0-1}{\epsilon/\epsilon_0+2}\right)a^3 E_0 \tag{4.56}$$

das die Richtung des äußeren Feldes hat. Das Dipolmoment kann als das Volumenintegral der Polarisation

$$\mathbf{P} = (\epsilon-\epsilon_0)\,\mathbf{E} = 3\epsilon_0\left(\frac{\epsilon/\epsilon_0-1}{\epsilon/\epsilon_0+2}\right)\mathbf{E}_0 \tag{4.57}$$

interpretiert werden. Letztere ist über das ganze Volumen der Kugel konstant, und ihr Volumenintegral hat den durch (4.56) gegebenen Betrag. Die Dichte der Polarisationsflächenladung hat nach (4.46) den Wert $\sigma_{\mathrm{pol}} = (\mathbf{P}\cdot\mathbf{r})/r$, d.h. explizit:

$$\sigma_{\mathrm{pol}} = 3\epsilon_0\left(\frac{\epsilon/\epsilon_0-1}{\epsilon/\epsilon_0+2}\right)E_0\cos\theta \tag{4.58}$$

Dieses Ergebnis kann man so interpretieren, als erzeuge die Polarisationsflächenladung ein inneres Feld, das dem äußeren entgegengerichtet ist und daher das Feld innerhalb der Kugel auf den Wert (4.55) reduziert (vgl. Abb. 4.7).

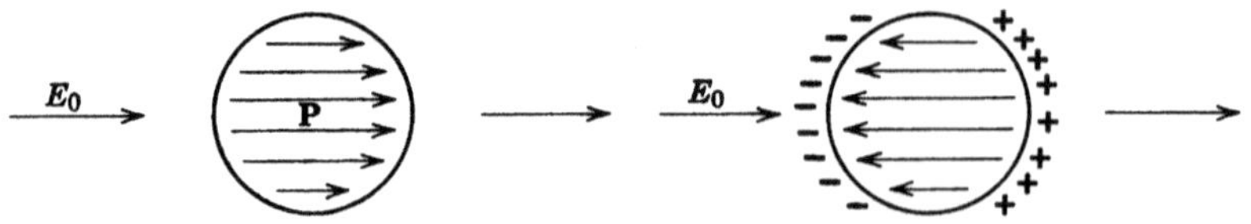

Abb. 4.7 Dielektrische Kugel im ursprünglich homogenen elektrischen Feld E_0. Links die Polarisation, rechts die Polarisationsladung mit dem von ihr erzeugten elektrischen Feld, das E_0 entgegengerichtet ist.

Das Problem eines kugelförmigen Hohlraums vom Radius a in einem dielektrischen Medium der Dielektrizitätskonstanten ϵ/ϵ_0 bei angelegtem elektrischen Feld E_0 in Richtung der z-Achse (vgl. Abb. 4.8) lässt sich genauso behandeln wie die dielektrische Kugel. In der Tat: ein Blick auf die Randbedingungen (4.50) zeigt,

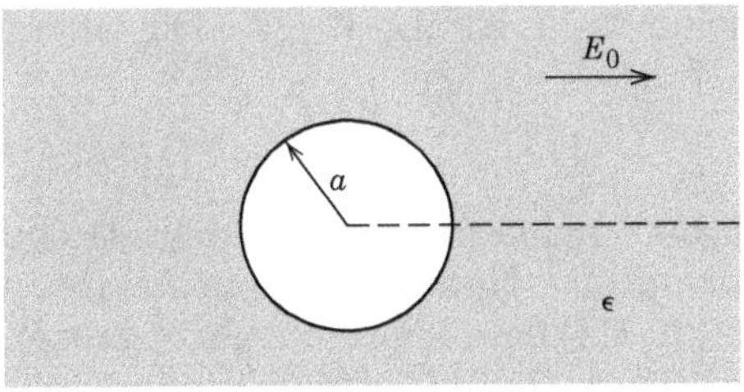

Abb. 4.8 Kugelförmiger Hohlraum in einem Dielektrikum, das sich unter der Wirkung eines äußeren, homogenen elektrischen Feldes befindet.

dass die Resultate für den Hohlraum aus denen für die Kugel hergeleitet werden können, indem man ϵ/ϵ_0 durch ϵ_0/ϵ ersetzt. So ist z. B. das Feld innerhalb des Hohlraums homogen und parallel zu $\mathbf{E}_0$ und hat den Betrag

$$E_\mathrm{i} = \frac{3\epsilon}{2\epsilon + \epsilon_0} E_0 > E_0, \quad \text{wenn} \quad \epsilon > \epsilon_0 \tag{4.59}$$

In ähnlicher Weise setzt sich das Feld außerhalb des Hohlraums aus dem äußeren Feld und dem eines Dipols im Ursprung zusammen, das dem äußeren Feld *entgegengerichtet* ist und das Dipolmoment

$$p = 4\pi\epsilon_0 \left(\frac{\epsilon/\epsilon_0 - 1}{2\epsilon/\epsilon_0 + 1}\right) a^3 E_0 \tag{4.60}$$

hat.

4.5 Molekulare Polarisierbarkeit und elektrische Suszeptibilität

In diesem und im nächsten Abschnitt beschäftigen wir uns mit dem Zusammenhang zwischen molekularen Eigenschaften und dem makroskopisch definierten Parameter χ_e der elektrischen Suszeptibilität. Grundlage unserer Diskussion werden einfache, klassische Modelle zur Beschreibung molekularer Eigenschaften sein, obwohl eine strenge Behandlung quantenmechanische Überlegungen einschließen muss. Glücklicherweise aber sind die einfacheren Eigenschaften von Dielektrika einer klassischen Analyse zugänglich.

Bevor wir untersuchen, wie die detaillierten Eigenschaften der Moleküle mit der Suszeptibilität zusammenhängen, müssen wir zwischen den Feldern, die innerhalb des Mediums auf die Moleküle wirken, und dem angelegten Feld unterscheiden. Die Suszeptibilität ist definiert durch die Beziehung $\mathbf{P} = \epsilon_0 \chi_e \mathbf{E}$, wobei $\mathbf{E}$ das makroskopische elektrische Feld ist. In verdünnten Medien, in denen der Abstand zwischen den einzelnen Molekülen groß ist, besteht nur ein geringer Unterschied zwischen dem makroskopischen Feld und dem, das auf ein einzelnes Molekül oder eine Molekülgruppe wirkt. In dichten Medien jedoch, in denen die Moleküle eng gepackt sind, gibt die Polarisation der Nachbarn eines jeweils betrachteten Moleküls Anlass zu einem inneren Feld $\mathbf{E}$, das zum mittleren makroskopischen Feld $\mathbf{E}$ hinzutritt. Das Feld, das insgesamt auf ein Molekül wirkt, ist also $\mathbf{E} + \mathbf{E}_i$. Das innere Feld $\mathbf{E}_i$ kann als Differenz zweier Felder geschrieben werden:

$$\mathbf{E}_i = \mathbf{E}_{\text{nahe}} - \mathbf{E}_P \tag{4.61}$$

wobei $\mathbf{E}_{\text{nahe}}$ der tatsächliche Beitrag der nächsten Nachbarn eines Moleküls ist und $\mathbf{E}_P$ der Beitrag jener Moleküle, die durch eine mittlere Kontinuumsapproximation beschrieben werden, d.h. durch die Polarisation $\mathbf{P}$. Diese Unterscheidung besagt, dass in unmittelbarer Umgebung des jeweils betrachteten Moleküls die spezifische atomare Konfiguration und die Lage der Nachbarmoleküle zu berücksichtigen sind. Innerhalb eines makroskopisch kleinen, mikroskopisch aber großen Volumens V subtrahieren wir daher das makroskopische Äquivalent $\mathbf{E}_P$ der Nachbarmoleküle von dem korrekt berechneten Beitrag $\mathbf{E}_{\text{nahe}}$. Diese Differenz liefert das zusätzliche innere Feld $\mathbf{E}_i$.

Das Ergebnis (4.18) für das Integral des elektrischen Feldes innerhalb einer Kugel vom Radius R, die eine Ladungsverteilung umschließt, können wir zur Bestimmung von $\mathbf{E}_P$ heranziehen. Wählt man für das Volumen V eine Kugel vom Radius R, die viele Moleküle enthält, so ist das Gesamtdipolmoment innerhalb dieser Kugel:

$$\mathbf{p} = \frac{4\pi R^3}{3}\mathbf{P}$$

sofern nur V klein genug ist, damit $\mathbf{P}$ über das gesamte Volumen als im Wesentlichen konstant betrachtet werden kann. Aufgrund von Gl. (4.18) ergibt sich dann für das mittlere elektrische Feld innerhalb der Kugel (wodurch ja gerade $\mathbf{E}_P$ bestimmt wird):

$$\mathbf{E}_P = \frac{3}{4\pi R^3}\int_{r<R} \mathbf{E}\, d^3\mathbf{x} = -\frac{\mathbf{P}}{3\epsilon_0} \tag{4.62}$$

Das innere Feld lässt sich daher in der Form

$$\mathbf{E}_i = \frac{1}{3\epsilon_0}\mathbf{P} + \mathbf{E}_{\text{nahe}} \tag{4.63}$$

schreiben.

Das von den benachbarten Molekülen herrührende innere Feld ist schwieriger zu bestimmen. *Lorentz* (S. 138) zeigte, dass $\mathbf{E}_{\text{nahe}}$ für Atome in einem einfachen kubischen Gitter an jedem Gitterpunkt verschwindet. In den Beweis für diese Fest-

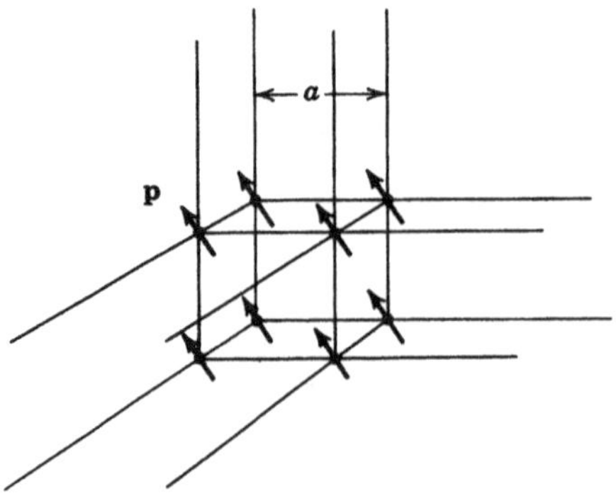

Abb. 4.9 Zur Berechnung des inneren Feldes, das in einem kubischen Gitter von benachbarten Molekülen erzeugt wird.

stellung geht die Symmetrie des Problems ein, wie man sich folgendermaßen klarmacht: Angenommen, innerhalb einer Kugel befinde sich eine kubische Anordnung von Dipolen (vgl. Abb. 4.9), deren Momente alle denselben Betrag haben und in die gleiche Richtung zeigen (man beachte, dass die Kugel – makroskopisch gesehen – klein ist, obwohl sich in ihr viele Moleküle befinden). Die Lage der Dipole wird durch die Koordinaten $\mathbf{x}_{ijk}$ bestimmt, deren Komponenten parallel zu den Koordinatenachsen (ia, ja, ka) liegen, wobei a der Gitterabstand ist und i, j, k jeweils positive oder negative ganzzahlige Werte annehmen. Das im Ursprung herrschende elektrische Feld, das von der Gesamtheit der Dipole herrührt, ist nach Gl. (4.13):

$$\mathbf{E} = \sum_{i,j,k} \frac{3(\mathbf{p} \cdot \mathbf{x}_{ijk})\mathbf{x}_{ijk} - x_{ijk}^2 \mathbf{p}}{4\pi\epsilon_0 x_{ijk}^5} \tag{4.64}$$

Die x-Komponente dieses Feldes lässt sich in der Form

$$E_1 = \sum_{i,j,k} \frac{3(i^2 p_1 + ijp_2 + ikp_3) - (i^2 + j^2 + k^2)p_1}{4\pi\epsilon_0 a^3 (i^2 + j^2 + k^2)^{5/2}} \tag{4.65}$$

schreiben. Da die Indizes die gleichen positiven und negativen Werte durchlaufen, verschwinden die gemischten Terme mit $(ijp_2 + ikp_3)$. Aus Symmetriegründen besteht die Gleichungskette

$$\sum_{i,j,k} \frac{i^2}{(i^2 + j^2 + k^2)^{5/2}} = \sum_{i,j,k} \frac{j^2}{(i^2 + j^2 + k^2)^{5/2}} = \sum_{i,j,k} \frac{k^2}{(i^2 + j^2 + k^2)^{5/2}}$$

und daher ist

$$E_1 = \sum_{i,j,k} \frac{[3i^2 - (i^2 + j^2 + k^2)]p_1}{4\pi\epsilon_0 a^3 (i^2 + j^2 + k^2)^{5/2}} = 0 \tag{4.66}$$

In ähnlicher Weise kann man zeigen, dass auch die y- und z-Komponente verschwindet. Für ein kubisches Gitter ist somit $\mathbf{E}_{\text{nahe}} = 0$.

Wenn die Feststellung $\mathbf{E}_{\text{nahe}} = 0$ für einen hochgradig symmetrischen Fall zutrifft, dann ist es plausibel anzunehmen, dass dies auch für regellose Molekülanordnungen gilt. Man darf daher erwarten, dass in amorphen Substanzen benachbarte Moleküle ebenfalls nicht zu $\mathbf{E}_i$ beitragen. Für andere als einfache kubische Gitter sind die Komponenten von $\mathbf{E}_{\text{nahe}}$ mit denen von $\mathbf{P}$ über einen spurlosen Tensor $s_{\alpha\beta}$ verknüpft, der die Symmetrieeigenschaften des Gitters widerspiegelt. Dennoch ist es eine gute Arbeitshypothese anzunehmen, dass für die meisten Materialien $\mathbf{E}_{\text{nahe}} \simeq 0$ gilt.

Der Polarisationsvektor $\mathbf{P}$ wurde in (4.28) durch

$$\mathbf{P} = N\langle \mathbf{p}_{\text{mol}} \rangle$$

definiert, wobei $\langle \mathbf{p}_{\text{mol}} \rangle$ das mittlere Dipolmoment eines einzelnen Moleküls darstellt. Dieses Dipolmoment ist näherungsweise proportional zu dem auf das Molekül wirkenden elektrischen Feld. Um diese Abhängigkeit vom elektrischen Feld zu verdeutlichen, definieren wir die *molekulare Polarisierbarkeit* γ_{mol} als das Verhältnis des mittleren molekularen Dipolmoments zu dem auf das Molekül insgesamt wirkenden elektrischen Feld. Bei Berücksichtigung des inneren Feldes (4.63) führt dies auf

$$\langle \mathbf{p}_{\text{mol}} \rangle = \epsilon_0 \gamma_{\text{mol}} (\mathbf{E} + \mathbf{E}_i) \tag{4.67}$$

γ_{mol} ist im Prinzip eine Funktion des elektrischen Feldes, jedoch für einen großen Feldstärkebereich eine Konstante, die die Reaktion der Moleküle auf ein angelegtes Feld charakterisiert. Gleichung (4.67) kann dann mit (4.28) und (4.63) kombiniert werden zu

$$\mathbf{P} = N\gamma_{\text{mol}}\left(\epsilon_0 \mathbf{E} + \frac{1}{3}\mathbf{P}\right) \tag{4.68}$$

wobei wir $\mathbf{E}_{\text{nahe}} = 0$ angenommen haben. Bei Verwendung von $\mathbf{P} = \epsilon_0 \chi_e \mathbf{E}$ ergibt sich hieraus für die elektrische Suszeptibilität einer Substanz:

$$\chi_e = \frac{N\gamma_{\text{mol}}}{1 - \frac{1}{3}N\gamma_{\text{mol}}} \tag{4.69}$$

Diese Beziehung verknüpft die Suszeptibilität (einen makroskopischen Parameter) mit der molekularen Polarisierbarkeit (einem mikroskopischen Parameter). Da die Dielektrizitätskonstante durch $\epsilon/\epsilon_0 = 1 + \chi_e$ gegeben ist, kann sie durch γ_{mol} ausgedrückt werden oder – umgekehrt – die molekulare Polarisierbarkeit durch die Dielektrizitätskonstante. Man erhält dann die sog. *Clausius-Mossotti-Beziehung*

$$\gamma_{\text{mol}} = \frac{3}{N}\left(\frac{\epsilon/\epsilon_0 - 1}{\epsilon/\epsilon_0 + 2}\right) \tag{4.70}$$

Der Name, den man dieser Beziehung gegeben hat, rührt daher, dass Mossotti (im Jahre 1850) und – unabhängig von ihm – Clausius (im Jahre 1879) feststellten, dass die Größe $(\epsilon/\epsilon_0 - 1)/(\epsilon/\epsilon_0 + 2)$ für jede Substanz proportional zu deren Dichte sein sollte.[5] Am besten wird die Beziehung von Substanzen geringer Dichte wie z. B. Gasen erfüllt. Dagegen ist sie für Flüssigkeiten und Festkörper nur näherungsweise gültig, und zwar besonders dann, wenn die Dielektrizitätskonstante groß ist. Für weitere Einzelheiten empfehlen wir dem Leser die Bücher von *Böttcher*, *Debye* und *Fröhlich.*

4.6 Modelle für die molekulare Polarisierbarkeit

Die Polarisation einer Gruppe von Atomen oder Molekülen kann auf zweierlei Art und Weise zustandekommen:

- das angelegte Feld verzerrt die Ladungsverteilung und induziert dadurch in jedem Molekül ein Dipolmoment (sog. *Deformationspolarisation*);
- das angelegte Feld versucht, die ursprünglich regellos orientierten permanenten Dipolmomente der Moleküle auszurichten (sog. *Orientierungspolarisation*).

[5] Für optische Frequenzen ist $\epsilon/\epsilon_0 = n^2$, wenn n der Brechungsindex ist. Ersetzt man in (4.70) ϵ/ϵ_0 durch n^2, so gelangt man zu einer Beziehung, die manchmal *Lorenz-Lorentz-Beziehung* (1869, 1880) genannt wird.

Um die induzierten Momente abzuschätzen, betrachten wir ein einfaches Modell harmonisch gebundener Ladungen (Elektronen und Ionen). Jede Ladung e unterliegt einer Rückstellkraft

$$\mathbf{F} = -m\omega_0^2\mathbf{x} \tag{4.71}$$

Dabei ist m die Masse der Ladung und ω_0 diejenige Frequenz, mit der die Ladung um ihre Gleichgewichtslage schwingt. Unter Wirkung eines elektrischen Feldes $\mathbf{E}$ wird die Ladung aus ihrer Gleichgewichtslage um eine Strecke $\mathbf{x}$ verschoben, die bestimmt wird durch

$$m\omega_0^2\mathbf{x} = e\mathbf{E}$$

Folglich ist das induzierte Dipolmoment:

$$\mathbf{p}_{\text{mol}} = e\mathbf{x} = \frac{e^2}{m\omega_0^2}\mathbf{E} \tag{4.72}$$

Für die Polarisierbarkeit bedeutet dies: $\gamma = e^2/m\omega_0^2\epsilon_0$. Enthält jedes Molekül einen Satz von Ladungen e_j mit den Massen m_j und den Schwingungsfrequenzen ω_j, so ist die molekulare Polarisierbarkeit:

$$\gamma_{\text{mol}} = \frac{1}{\epsilon_0}\sum_j \frac{e_j^2}{m_j\omega_j^2} \tag{4.73}$$

Um ein Gefühl für die Größenordnung von γ zu gewinnen, nehmen wir zwei verschiedene Abschätzungen vor. Da γ die Dimension eines Volumens hat, muss sein Betrag von der Größenordnung der räumlichen Ausdehnung eines Moleküls sein oder darunter liegen, d.h. $\gamma_{\text{cl}} \lesssim 10^{-29}\,\text{m}^3$. Andererseits hat die Bindungsfrequenz eines Elektrons im Atom die Größenordnung der Lichtfrequenz. Mit einer typischen Lichtwellenlänge von 3000 Å ergibt sich daher: $\omega \simeq 6\times 10^{15}\,\text{s}^{-1}$. Der elektronische Beitrag zu γ ist dementsprechend: $\gamma_{\text{cl}} \sim (e^2/m\omega^2\epsilon_0) \sim 0{,}88\times 10^{-29}\,\text{m}^3$, was mit der Abschätzung über das Molekülvolumen konsistent ist. Für Gase bei Normalbedingungen beträgt die Zahl der Moleküle pro m^3 : $N = 2{,}7\times 10^{25}$; ihre Suszeptibilitäten sollten daher, nach Gl. (4.69), die Größenordnung von $\chi_e \lesssim 10^{-3}$ besitzen. Dies bedeutet, dass die Dielektrizitätskonstanten nur um wenige Tausendstel oder noch weniger von 1 abweichen. Typische experimentelle Werte für die Dielektrizitätskonstante sind: 1,00054 für Luft, 1,0072 für Ammoniakgas, 1,0057 für Methylalkohol und 1,000068 für Helium. Für feste und flüssige Dielektrika hat N den Wert $N \sim 10^{28} - 10^{29}$ Moleküle/m^3. Folglich muss die Suszeptibilität, in Übereinstimmung mit der Beobachtung[6], im Bereich zwischen 0,1 und 10 liegen.

Wir wollen jetzt untersuchen, wie das Ergebnis (4.73) für die induzierte molekulare Polarisierbarkeit durch thermische Anregung der Moleküle modifiziert wird. In der statistischen Mechanik wird die Wahrscheinlichkeitsverteilung von Teilchen im Phasenraum (dem $(\mathbf{p}, \mathbf{q})$-Raum) durch eine von der Hamiltonschen Funktion H abhän-

[6] Tabellen zu den Dielektrizitätskonstanten verschiedener Substanzen findet man z.B. im *CRC Handbook of Chemistry and Physics*, 78. Aufl., Hrsg. D.R. Lipe, CRS Press, Boca Raton, FL (1997–98).

gende Größe $f(H)$ beschrieben. Für klassische Systeme im thermodynamischen Gleichgewicht ist diese identisch mit dem Boltzmann-Faktor:

$$f(H) = e^{-H/kT} \tag{4.74}$$

Für eine harmonisch gebundene Ladung in einem äußeren elektrischen Feld in z-Richtung lautet die Hamilton'sche Funktion:

$$H = \frac{1}{2\mathrm{m}}\mathbf{p}^2 + \frac{m}{2}\omega_0^2\mathbf{x}^2 - eEz \tag{4.75}$$

wobei $\mathbf{p}$ der Impuls des geladenen Teilchens ist. Das mittlere Dipolmoment in z-Richtung wird bestimmt durch

$$\langle p_{\mathrm{mol}}\rangle = \frac{\int d^3p \int d^3x\,(ez) f(H)}{\int d^3p \int d^3x\, f(H)} \tag{4.76}$$

Bei Einführung der translatierten Koordinate $\mathbf{x}' = \mathbf{x} - eE\mathbf{k}/m\omega_0^2$ wird

$$H = \frac{1}{2m}\mathbf{p}^2 + \frac{m\omega_0^2}{2}(\mathbf{x}')^2 - \frac{e^2E^2}{2m\omega_0^2} \tag{4.77}$$

und

$$\langle p_{\mathrm{mol}}\rangle = \frac{\int d^3p \int d^3x' \left(ez' + \frac{e^2E}{m\omega_0^2}\right) f(H)}{\int d^3p \int d^3x' f(H)} \tag{4.78}$$

Da H in z' gerade ist, verschwindet das erste Integral; unabhängig von der Form von $f(H)$ ergibt sich daher:

$$\langle p_{\mathrm{mol}}\rangle = \frac{e^2}{m\omega_0^2}E$$

d.h. genau dasselbe Ergebnis (4.72), das wir *ohne* Berücksichtigung der thermischen Bewegung erhielten.

Die zweite Art von Polarisation wird durch eine partielle Ausrichtung der bei Abwesenheit eines äußeren Feldes regellos orientierten permanenten Dipolmomente verursacht. Diese Orientierungspolarisation ist bei sog. polaren Substanzen wie HCl und H_2O von Bedeutung und wurde das erste Mal von Debye (1912) untersucht. Ausgangspunkt ist dabei die Annahme, dass alle Moleküle ein permanentes Dipolmoment $\mathbf{p}_0$ besitzen, das beliebig im Raum orientiert sein kann. Bei Abwesenheit eines äußeren Feldes sind die Moleküle infolge thermischer Anregung regellos orientiert, sodass das Dipolmoment insgesamt Null ist. Ein angelegtes Feld versucht jedoch, die einzelnen Dipole parallel zu sich auszurichten, um die Energie zu verringern. Auf diese Weise kommt es zu einem mittleren Dipolmoment. Um dieses zu berechnen, bemerken wir, dass die Hamilton'sche Funktion des Moleküls die Gestalt

$$H = H_0 - \mathbf{p}_0 \cdot \mathbf{E} \tag{4.79}$$

hat, wobei H_0 eine Funktion allein der „inneren“ Koordinaten des Moleküls ist. Bei Verwendung des Boltzmann-Faktors (4.74) lässt sich dann für das mittlere Dipolmoment

$$\langle p_{\mathrm{mol}} \rangle = \frac{\int d\Omega\, p_0 \cos\theta \exp\left(\frac{p_0 E \cos\theta}{kT}\right)}{\int d\Omega \exp\left(\frac{p_0 E \cos\theta}{kT}\right)} \tag{4.80}$$

schreiben. Wir haben hierbei **E** entlang der z-Achse gewählt, ferner alle irrelevanten Variablen ausintegriert und davon Gebrauch gemacht, dass nur die Komponente von $\mathbf{p}_0$ parallel zum Feld einen nichtverschwindenden Beitrag liefert. Im Allgemeinen, d.h. außer bei tiefen Temperaturen, ist $(p_0 E/kT)$ sehr viel kleiner als Eins. Wir können daher die Exponentialfunktion entwickeln und erhalten als Näherungsresultat:

$$\langle p_{\mathrm{mol}} \rangle \simeq \frac{1}{3} \frac{p_0^2}{kT} E \tag{4.81}$$

Die Orientierungspolarisation ist also umgekehrt proportional zur Temperatur – wie auch zu erwarten ist, da ja das angelegte äußere Feld den von der thermischen Anregung geleisteten Widerstand überwinden muss.

Im Allgemeinen treten beide Arten von Polarisation auf – sowohl die durch Verzerrung der (elektronischen und ionischen) Ladungsverteilung erzeugte Deformationspolarisation wie auch die Orientierungspolarisation. Die allgemeine Formel für die molekulare Polarisierbarkeit lautet daher:

$$\gamma_{\mathrm{mol}} \simeq \gamma_i + \frac{1}{3\epsilon_0} \frac{p_0^2}{kT} \tag{4.82}$$

Die Temperaturabhängigkeit dieses Ausdrucks ist von der Form $(a + b/T)$, sodass die beiden Polarisationsarten experimentell getrennt werden können, wie auch Abb. 4.10 erkennen lässt. Für polare Moleküle wie HCl und H_2O sind die beobachteten permanenten Dipolmomente, entsprechend den molekularen Abmessungen, von der Größenordnung der mit 10^{-8} cm multiplizierten Elektronenladung.

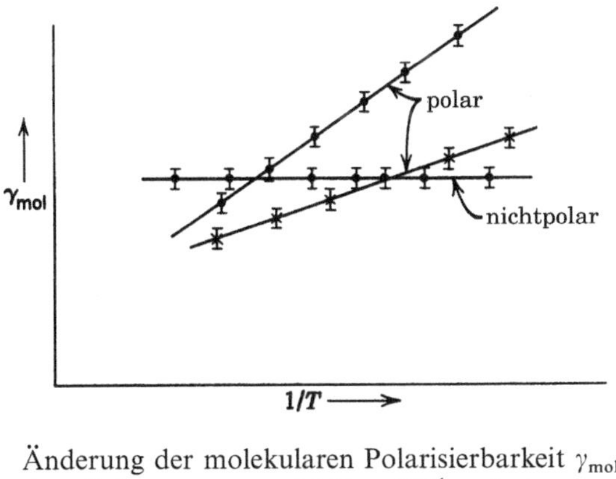

Abb. 4.10 Änderung der molekularen Polarisierbarkeit γ_{mol} mit der Temperatur für polare und nichtpolare Substanzen. γ_{mol} ist über T^{-1} aufgetragen.

4.7 Elektrostatische Energie in dielektrischen Medien

In Kap. 1.11 diskutierten wir die Energie eines Systems von Ladungen im freien Raum. Das Ergebnis, das wir dort für die Energie einer Ladungsdichte $\rho(\mathbf{x})$ im Potential $\Phi(\mathbf{x})$ erhielten, nämlich

$$W = \frac{1}{2}\int \rho(\mathbf{x})\Phi(\mathbf{x})\,d^3x \tag{4.83}$$

kann in dieser Form für die makroskopischen Beschreibung dielektrischer Medien im Allgemeinen nicht übernommen werden. Der Grund hierfür wird klar, wenn man sich daran erinnert, wie wir zu dem Ergebnis (4.83) gelangten. Die endgültige Ladungsanordnung hatten wir uns dadurch entstanden gedacht, dass die einzelnen Ladungselemente nacheinander aus dem Unendlichen in das betrachtete Raumgebiet gebracht werden, wobei gegen das Feld der bereits anwesenden Ladungselemente eine bestimmte Arbeit zu verrichten ist. Die insgesamt aufzubringende Arbeit war durch (4.83) gegeben. Bei Anwesenheit von Dielektrika muss nicht nur Arbeit verrichtet werden, um die makroskopische Ladung an Ort und Stelle zu bringen, sondern auch um im Medium einen bestimmten Polarisationsgrad zu erzeugen. Stellen ρ und Φ in (4.83) makroskopische Variable dar, dann ist keineswegs offensichtlich, dass (4.83) die gesamte Arbeit beschreibt, d. h. auch diejenige, die am Dielektrikum geleistet wird.

Um die Beschreibung von Dielektrika möglichst allgemein zu halten, vermeiden wir es, von Anfang an Annahmen über die Art und Weise (Linearität, Homogenität usw.) der Reaktion des jeweiligen Dielektrikums auf ein angelegtes Feld zu machen. Vielmehr betrachten wir eine kleine Änderung der Energie, δW, die durch eine Änderung $\delta\rho$ der Ladungsdichte ρ hervorgerufen wird. Die bei dieser Änderung aufzubringende Arbeit ist

$$\delta W = \int \delta\rho(\mathbf{x})\Phi(\mathbf{x})\,d^3x \tag{4.84}$$

wenn $\Phi(\mathbf{x})$ das Potential der bereits vorhandenen Ladungsdichte $\rho(\mathbf{x})$ bedeutet. Da $\nabla \cdot \mathbf{D} = \rho$ ist, können wir die Änderung $\delta\rho$ mit der Änderung $\delta\mathbf{D}$ der dielektrischen Verschiebung verknüpfen:

$$\delta\rho = \nabla \cdot (\delta\mathbf{D}) \tag{4.85}$$

Die Energieänderung lässt sich daher in der Form

$$\delta W = \int \mathbf{E} \cdot \delta\mathbf{D}\,d^3x \tag{4.86}$$

schreiben, wenn man $\mathbf{E} = -\nabla\Phi$ benutzt und die Annahme macht, dass $\rho(\mathbf{x})$ auf ein endliches Gebiet beschränkt ist. Die gesamte elektrostatische Energie kann man jetzt – zumindest formal – angeben, wenn man $\mathbf{D}$ von einem Anfangswert $\mathbf{D} = 0$ auf einen Endwert $\mathbf{D}$ anwachsen lässt:

$$W = \int d^3x \int \mathbf{E} \cdot \delta\mathbf{D} \tag{4.87}$$

Reagiert das Medium *linear*, so ist

$$\mathbf{E} \cdot \delta\mathbf{D} = \tfrac{1}{2}\delta(\mathbf{E} \cdot \mathbf{D}) \tag{4.88}$$

und die gesamte elektrostatische Energie wird

$$W = \frac{1}{2}\int \mathbf{E} \cdot \mathbf{D}\, d^3x \tag{4.89}$$

Dieses Ergebnis lässt sich wieder auf die Form (4.83) zurückführen, wenn man $\mathbf{E} = -\nabla\Phi$ und $\nabla \cdot \mathbf{D} = \rho$ benutzt oder zu Gl. (4.84) zurückgeht und annimmt, dass der Zusammenhang zwischen ρ und Φ linear ist. *Die Beziehung* (4.83) *gilt also makroskopisch nur dann, wenn das Medium linear reagiert.* Andernfalls muss die Energie der Endkonfiguration aus (4.87) berechnet werden, und unter Umständen kann sie von der Vorgeschichte des Systems abhängen (Hysterese-Effekte).

Von besonderem Interesse ist die Änderung der Energie, wenn ein linear reagierendes Dielektrikum in ein elektrisches Feld gebracht wird, dessen Quellen ruhen. Wir nehmen an, dass das ursprüngliche, von einer bestimmten Ladungsverteilung $\rho_0(\mathbf{x})$ herrührende elektrische Feld $\mathbf{E}_0$ in einem Medium der Dielektrizitätskonstanten ϵ_0 herrscht, die eine Funktion des Ortes sein kann. Zu Beginn ist die elektrostatische Energie

$$W_0 = \frac{1}{2}\int \mathbf{E}_0 \cdot \mathbf{D}_0\, d^3x$$

wobei $\mathbf{D}_0 = \epsilon_0 \mathbf{E}_0$ ist. Anschließend werde bei festgehaltenen Quellen ein Dielektrikum vom Volumen V_1 in das Feld gebracht; dabei geht das Feld $\mathbf{E}_0$ in $\mathbf{E}$ über. Die Anwesenheit des Dielektrikums lässt sich durch eine Dielektrizitätskonstante $\epsilon(\mathbf{x})$ beschreiben, die innerhalb von V_1 den Wert ϵ_1 besitzt und außerhalb von V_1 den Wert ϵ_0. Um mathematische Schwierigkeiten zu vermeiden, nehmen wir an, $\epsilon(\mathbf{x})$ sei eine wenig veränderliche Funktion des Ortes, die nur am Rand von V_1 schnell, aber stetig von ϵ_1 in ϵ_0 übergeht. Die Energie hat dann den Wert

$$W_1 = \frac{1}{2}\int \mathbf{E} \cdot \mathbf{D}\, d^3x$$

mit $\mathbf{D} = \epsilon\mathbf{E}$. Die Energiedifferenz lässt sich in der Form

$$\begin{aligned} W &= \frac{1}{2}\int (\mathbf{E} \cdot \mathbf{D} - \mathbf{E}_0 \cdot \mathbf{D}_0)\, d^3x \\ &= \frac{1}{2}\int (\mathbf{E} \cdot \mathbf{D}_0 - \mathbf{D} \cdot \mathbf{E}_0)\, d^3x + \frac{1}{2}\int (\mathbf{E} + \mathbf{E}_0) \cdot (\mathbf{D} - \mathbf{D}_0)\, d^3x \end{aligned} \tag{4.90}$$

schreiben. Folgende Argumente zeigen, dass das zweite Integral auf der rechten Seite verschwindet: Da $\nabla \times (\mathbf{E} + \mathbf{E}_0) = 0$ ist, können wir zunächst

$$\mathbf{E} + \mathbf{E}_0 = -\nabla\Phi$$

schreiben. Damit geht das zweite Integral in

$$I = -\frac{1}{2}\int \nabla\Phi \cdot (\mathbf{D} - \mathbf{D}_0)\, d^3x$$

über. Partielle Integration liefert dann unmittelbar:

$$I = \frac{1}{2}\int \Phi \nabla \cdot (\mathbf{D} - \mathbf{D}_0)\, d^3x = 0$$

denn aufgrund der Annahme, dass sich die Ladungsdichte $\rho_0(\mathbf{x})$ bei Einbringen des Dielektrikums nicht ändert, ist $\nabla \cdot (\mathbf{D} - \mathbf{D}_0) = 0$. Somit ist die Energieänderung:

$$W = \frac{1}{2}\int (\mathbf{E} \cdot \mathbf{D}_0 - \mathbf{D} \cdot \mathbf{E}_0)\, d^3x \tag{4.91}$$

Die Integration erstreckt sich zwar formal über den ganzen Raum, doch ist sie tatsächlich auf das Volumen V_1 beschränkt, da außerhalb von V_1 $\mathbf{D} = \epsilon_0 \mathbf{E}$ ist. Wir können daher schreiben:

$$W = -\frac{1}{2}\int_{V_1} (\epsilon_1 - \epsilon_0)\mathbf{E} \cdot \mathbf{E}_0\, d^3x \tag{4.92}$$

Ist das den dielektrischen Körper umgebende Medium der leere Raum, so lässt sich der Ausdruck (4.92) bei Verwendung der Definition der Polarisation $\mathbf{P}$ auf die Form

$$W = -\frac{1}{2}\int_{V_1} \mathbf{P} \cdot \mathbf{E}_0\, d^3x \tag{4.93}$$

bringen, wenn $\mathbf{P}$ die Polarisation des Dielektrikums bedeutet. Folglich ist die Energiedichte eines Dielektrikums, das sich in einem Feld $\mathbf{E}_0$ mit festen Quellen befindet, gegeben durch

$$w = -\tfrac{1}{2}\mathbf{P} \cdot \mathbf{E}_0 \tag{4.94}$$

Dieses Ergebnis entspricht dem Dipolterm in dem durch (4.24) gegebenen Ausdruck für die Energie einer Ladungsverteilung im äußeren Feld. Der Faktor $\frac{1}{2}$ ist darauf zurückzuführen, dass (4.94) die Energiedichte eines polarisierbaren Dielektrikums im äußeren Feld darstellt und nicht die eines permanenten Dipols. Es handelt sich um den gleichen Faktor $\frac{1}{2}$, der auch in (4.88) auftritt.

Die Gleichungen (4.92) und (4.93) zeigen, dass ein dielektrischer Körper bestrebt ist, sich in Richtung der Raumgebiete mit wachsendem $\mathbf{E}_0$ zu bewegen, wenn $\epsilon_1 > \epsilon_0$ ist. Um die wirksam werdende Kraft zu berechnen, stellen wir uns eine kleine Verrückung des Körpers um $\delta\xi$ vor, mit der eine Änderung der Energie um δW verbunden ist. Da die Ladungen festgehalten werden, ist eine äußere Energiequelle nicht vorhanden, und die Änderung in der Feldenergie kann als Änderung der potentiellen Energie des Körpers interpretiert werden. Dies bedeutet, dass auf den Körper die Kraft

$$F_\xi = -\left(\frac{\partial W}{\partial \xi}\right)_Q \tag{4.95}$$

wirkt, wobei der Index Q anzeigt, dass *die Quellen des Feldes festgehalten* werden.

Bei der Bewegung von Dielektrika werden die elektrischen Felder in der Praxis oft von einer Anordnung von Elektroden erzeugt, die durch Verbindung mit einer äußeren Quelle, etwa einer Batterie, *auf festem Potential* gehalten werden. Verändert sich die Verteilung der Dielektrika, so kommt es zwischen der Batterie und den Elektroden in die eine oder andere Richtung zu einem Ladungsstrom, sodass die Potentiale konstant bleiben. Dies bedeutet, dass von einer äußeren Quelle Energie aufgebracht wird, und es ist interessant, die so aufgebrachte Energie mit derjenigen Energieänderung zu vergleichen, die wir *für feste Quellen* des Feldes gefunden hatten. Wir wollen hierbei nur linear reagierende Medien berücksichtigen, für die die Gleichung (4.83) gilt. Es genügt, kleine Änderung in einer bereits existierenden Feldkonfiguration zu betrachten. Nach (4.83) ist die mit den Änderungen $\delta\rho(\mathbf{x})$ und $\delta\Phi(\mathbf{x})$ in der Ladungsdichte bzw. dem Potential verbundene Energieänderung gegeben durch

$$\delta W = \frac{1}{2}\int (\rho\,\delta\Phi + \Phi\,\delta\rho)\,d^3x \tag{4.96}$$

Der Vergleich mit (4.84) zeigt, dass die beiden Integranden einander gleich sind, wenn sich die dielektrischen Eigenschaften nicht ändern. Tritt in ihnen jedoch eine Änderung ein, sodass

$$\epsilon(\mathbf{x}) \to \epsilon(\mathbf{x}) + \delta\epsilon(\mathbf{x}) \tag{4.97}$$

dann sind die beiden Beiträge zu dem Integral in (4.96) nicht unbedingt gleich. In der Tat: soeben haben wir die Energieänderung berechnet, die bei Einbringen eines Dielektrikums in ein elektrisches Feld auftritt, dessen Quellen festgehalten werden ($\delta\rho = 0$). Die Gleichheit der beiden Beiträge zur rechten Seite von (4.96) würde $\delta W = 0$ bedeuten, während die Ausdrücke auf der rechten Seite von (4.91) bzw. (4.92) im Allgemeinen nicht verschwinden. Der Grund für diesen Unterschied ist im Auftreten der Polarisationsladung zu suchen. Die durch (4.97) beschriebene Änderung der dielektrischen Eigenschaften kann man sich vorstellen als Änderung in der Dichte der Polarisationsladung. Interpretiert man dann (4.96) als Integral über sowohl freie Ladungsdichten wie Polarisationsladungsdichten (d.h. als mikroskopische Gleichung), so sind die beiden Beiträge stets gleich. Es ist jedoch oft zweckmäßig, mit makroskopischen Größen zu rechnen. In diesem Fall besteht die Gleichheit nur dann, wenn sich die dielektrischen Eigenschaften nicht ändern.

Den Prozess, bei dem die dielektrischen Eigenschaften (z.B. durch Bewegen der dielektrischen Körper oder durch Änderung ihrer Suszeptibilitäten etc.) geändert werden und gleichzeitig die Elektroden auf festem Potential gehalten werden, kann man sich in zwei Schritten ausgeführt denken. Beim ersten Schritt wird die Verbindung der Elektroden zur Batterie unterbrochen, während die Ladungen auf ihnen festgehalten werden ($\delta\rho = 0$). Mit der durch (4.97) beschriebenen Änderung der dielektrischen Eigenschaften ergibt sich für die Energieänderung:

$$\delta W_1 = \frac{1}{2}\int \rho\,\delta\Phi_1\,d^3x \tag{4.98}$$

wobei $\delta\Phi_1$ die Potentialänderung dargestellt. Dies führt, wie sich zeigen lässt, auf das Ergebnis (4.92). Im zweiten Schritt wird die Verbindung der Elektroden zur Batterie wiederhergestellt, sodass deren Potentiale wieder ihre ursprünglichen Werte annehmen. Verbunden damit ist ein Ladungsstrom $\delta\rho_2$ von der Batterie (bzw. zu ihr hin) und eine Änderung im Potential, nämlich $\delta\Phi_2 = -\delta\Phi_1$.[7] Die Energieänderung im zweiten Schritt ist somit:

$$\delta W_2 = \frac{1}{2}\int (\rho\,\delta\Phi_2 + \Phi\,\delta\rho_2)\,d^3x = -2\delta W_1 \tag{4.99}$$

denn die beiden Beiträge sind gleich. Im zweiten Schritt erfährt also die Energie durch die äußeren Quellen eine Änderung in entgegengesetzter Richtung, und zwar um das Doppelte der beim ersten Schritt eingetretenen Änderung. Insgesamt beträgt also die Änderung:

$$\delta W = -\frac{1}{2}\int \rho\,\delta\Phi_1\,d^3x \tag{4.100}$$

In Symbolen ausgedrückt ist also

$$\delta W_V = -\delta W_Q \tag{4.101}$$

wobei die Indizes die jeweils festgehaltenen Größen bezeichnen. Bewegt sich ein Körper der Dielektrizitätskonstanten $\epsilon/\epsilon_0 > 1$ in Richtung größer werdender Feldstärken, so nimmt die Energie nicht ab, sondern zu. Für eine beliebige Verrückung $d\xi$ beträgt jetzt die auf den Körper wirkende mechanische Kraft:

$$F_\xi = +\left(\frac{\partial W}{\partial \xi}\right)_V \tag{4.102}$$

Literaturhinweise

Die Herleitung der makroskopischen Gleichungen der Elektrostatik aus der Mittelung über eine Vielzahl von Atomen behandeln wir in Kap. 6; vgl. hierzu auch die Bücher von
- Rosenfeld, Kap. II
- Mason und Weaver, Kap. I, Teil III
- Van Vleck, Kap. 1.

Rosenfeld diskutiert auch die klassische Elektronentheorie von Dielektrika. In dem Buch von Van Vleck werden sowohl die elektrische wie magnetische Suszeptibilität behandelt. Detaillierte Darstellungen dielektrischer Polarisationsphänomene findet man bei
- Böttcher
- Debye
- Fröhlich.

Randwertprobleme bei Anwesenheit von Dielektrika werden in sämtlichen Büchern zur Elektrostatik behandelt, die wir in Kapitel 2 und 3 zitierten.

Die Kräfte und die Energie bei Anwesenheit von Dielektrika haben wir nur kurz behandelt. Ausführlichere Darstellungen, und zwar auch über die in flüssigen und festen Dielektrika auftretenden Kräfte sowie über den elektrischen Spannungstensor, die Elektrostriktion und thermodynamische Effekte, enthalten die Bücher von
- *Becker und Sauter, Bd. I, Kap. III

---

[7] Es reicht aus zu wissen, dass auf den Elektroden $\delta\Phi_2 = -\delta\Phi_1$ gilt, da sich allein auf ihnen freie Ladungen befinden.

– Durand, Kap. VI und VII
– Landau und Lifschitz, *Elektrodynamik der Kontinua*
– Maxwell, Bd. 1, Kap. V
– Panofsky und Phillips, Kap. 6
– Stratton, Kap. II.

Übungen

4.1 **(a, b)** Man berechne die Multipolmomente q_{lm} der unten abgebildeten Ladungsverteilungen und versuche, für die nichtverschwindenden Momente Ausdrücke herzuleiten, die für alle Werte von l gelten, gebe aber für jede der beiden Ladungsverteilungen mindestens die ersten *beiden* Sätze nichtverschwindender Momente an.

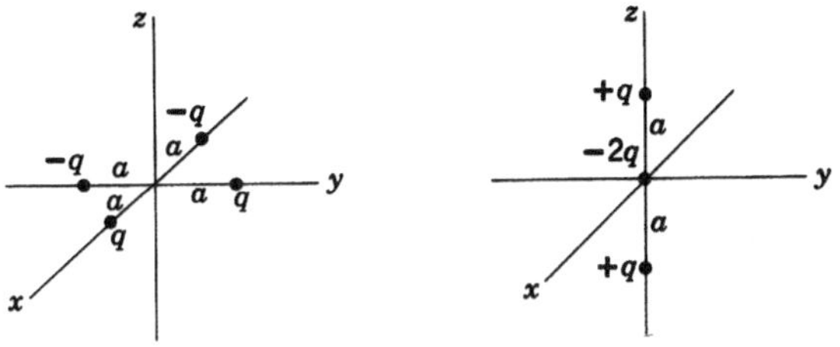

(a) (b)

(c) Für die Ladungsverteilung (b) gebe man die Multipolentwicklung für das Potential an. Unter Berücksichtigung allein des Terms niedrigster Ordnung dieser Entwicklung stelle man das Potential in der (x, y)-Ebene als Funktion des Abstandes vom Ursprung graphisch dar, und zwar für Abstände größer als a.

(d) Für (b) berechne man direkt aus dem Coulomb'schen Gesetz das exakte Potential in der (x, y)-Ebene, stelle es graphisch als Funktion des Abstandes vom Ursprung dar und vergleiche das Ergebnis mit dem aus Teil (c).
Von den Ergebnissen aus Teil (c) und (d) spalte man diejenigen Anteile ab, die das asymptotische Verhalten bestimmen, um so das Verhalten bei großen Abständen klarer zu erkennen.

4.2 Ein punktartiger Dipol mit dem Dipolmoment $\mathbf{p}$ befinde sich an der Stelle $\mathbf{x}_0$. Unter Verwendung der Ableitungseigenschaften der Delta-Funktion zeige man, dass der Dipol zur Berechnung seines Potentials Φ bzw. seiner Energie in einem äußeren Feld durch eine effektive Ladungsdichte

$$\rho_{\text{eff}}(\mathbf{x}) = -\mathbf{p} \cdot \boldsymbol{\nabla} \delta(\mathbf{x} - \mathbf{x}_0)$$

beschrieben werden kann.

4.3 Der l-te Term der Multipolentwicklung (4.1) des Potentials wird durch die $2l + 1$ Multipolmonente q_{lm} bestimmt. Andererseits ist die Anzahl der kartesischen Multipolmomente

$$Q^{(l)}_{\alpha\beta\gamma} \int \rho(x)\, x^\alpha y^\beta z^\gamma \, d^3x$$

mit α, β, γ als nichtnegativen, ganzen Zahlen, die der Bedingung $\alpha + \beta + \gamma = l$ unterworfen sind, gleich $(l + 1)(l + 2)/2$. Für $l > 1$ gibt es also mehr kartesische Multipolmomente, als es zur Beschreibung des r^{-l-1}-Terms in der Potentialentwicklung notwendig erscheint.

Man zeige, dass sich die q_{lm} unter Drehungen wie sphärische Tensoren vom Rang l transformieren, die kartesischen Multipolmomente dagegen wie Tensoren vom Rang l, $l-2$, $l-4$, …, l_{min}, wobei $l_{\text{min}} = 0$ oder 1 ist für gerade bzw. ungerade l. Ferner zeige man, dass sich die Zahl der verschiedenen Tensorkomponenten zur Gesamtzahl der kartesischen Tensoren aufaddiert. Warum werden in der Entwicklung (4.1) nur die q_{lm} benötigt?

4.4 **(a)** Man beweise folgenden Satz:
Für eine beliebige Ladungsverteilung $\rho(\mathbf{x})$ sind die $2l+1$ Werte des ersten nichtverschwindenden Multipolmoments unabhängig vom Ursprung des Koordinatensystems, während diejenigen aller höheren Multipolmomente im Allgemeinen von der Wahl des Koordinatenursprungs abhängen. (Die verschiedenen Momente q_{lm} zu festem l hängen natürlich von der Orientierung der Achsen ab.)

(b) Eine Ladungsverteilung habe in *einem* Koordinatensystem die Multipolmomente $q, \mathbf{p}, Q_{ij}, \ldots$, während die entsprechenden Momente in einem anderen System, dessen Achsen zu denen des ersten parallel verschoben sind und dessen Ursprung sich relativ zum ersten am Punkt $\mathbf{R} = (X, Y, Z)$ befindet, den Wert $q', \mathbf{p}', Q'_{ij}, \ldots$ haben. Man bestimme explizit die Zusammenhänge zwischen den Monopol-, Dipol- und Quadrupolmomenten in beiden Koordinatensystemen.

(c) Kann man den Abstandsvektor $\mathbf{R}$ für $q \neq 0$ so bestimmen, dass $\mathbf{p}' = 0$ wird? Wenn von den beiden Größen q und $\mathbf{p}$ mindestens $\mathbf{p}$ von Null verschieden ist, kann man dann ein solches $\mathbf{R}$ finden, dass $Q'_{ij} = 0$ wird?

4.5 Eine endlich ausgedehnte Ladungsverteilung der Dichte $\rho(x, y, z)$ werde in ein äußeres elektrostatisches Feld gebracht, das durch das Potential $\Phi^{(0)}(x, y, z)$ beschrieben wird. Das Potential ändere sich in dem Gebiet, in dem die Ladungsdichte von Null verschieden ist, nur wenig.

(a) Allein unter Verwendung allgemeiner Prinzipien berechne man die gesamte, auf die Ladungsverteilung wirkende *Kraft* in Form einer Multipolentwicklung, multipliziert mit der Ableitung des elektromagnetischen Feldes, und zwar bis hin zu den Quadrupolmomenten. Man zeige, dass diese Kraft gegeben ist durch

$$\mathbf{F} = q\mathbf{E}^{(0)}(0) + \{\boldsymbol{\nabla}[\mathbf{p}\cdot\mathbf{E}^{(0)}(\mathbf{x})]\}_0 + \left\{\boldsymbol{\nabla}\left[\frac{1}{6}\sum_{j,k} Q_{jk}\frac{\partial E_j^{(0)}}{\partial x_k}(\mathbf{x})\right]\right\}_0 + \cdots$$

Man vergleiche dies mit der Entwicklung (4.24) für die *Energie* und beachte dabei, dass W eine Zahl und keine nach $\mathbf{x}$ differenzierbare Funktion ist. Wie lautet der Zusammenhang mit $\mathbf{F}$?

(b) Man führe die Teil (a) entsprechenden Berechnungen für das gesamte *Drehmoment* aus. Der Einfachheit halber beschränke man sich dabei auf die Berechnung einer einzelnen kartesischen Komponente des Drehmoments, etwa N_1, und zeige, dass diese Komponente gegeben ist durch

$$N_1 = [\mathbf{p}\times\mathbf{E}^{(0)}(0)]_1 + \frac{1}{3}\left[\frac{\partial}{\partial x_3}\left(\sum_j Q_{2j}E_j^{(0)}\right) - \frac{\partial}{\partial x_2}\left(\sum_j Q_{3j}E_j^{(0)}\right)\right]_0 + \cdots$$

4.6 Ein Atomkern mit dem Quadrupolmoment Q befinde sich in einem zylindersymmetrischen Feld, dessen Gradient in z-Richtung am Ort des Kerns den Wert $(\partial E_z/\partial z)_0$ habe.

(a) Man zeige, dass die Energie der Quadrupolwechselwirkung durch

$$W = -\frac{e}{4}Q\left(\frac{\partial E_z}{\partial z}\right)_0$$

gegeben ist.

(b) Unter Verwendung von $Q = 2 \times 10^{-28}\,\mathrm{Cm}^2$ und $W/h = 10\,\mathrm{MHz}$ (mit h als Planck'schem Wirkungsquantum) berechne man $(\partial E_z/\partial z)_0$ in Einheiten von $e/4\pi\epsilon_0 a_0^3$, wobei $a_0 = 4\pi\epsilon_0\hbar^2/me^2 = 0{,}529 \times 10^{-10}\,\mathrm{m}$ der Bohr'sche Radius des Wasserstoffatoms ist.

(c) Die Ladungsverteilung in einem Kern kann durch eine konstante Ladungsdichte über ein ellipsoidförmiges Volumen mit der Hauptachse a und der Nebenachse b approximiert werden. Man berechne das Quadrupolmoment eines solchen Kerns unter der Annahme, dass die Gesamtladung gleich Ze ist. Für Eu^{153} ($Z = 63$) berechne man aus dem gemessenen Quadrupolmoment $Q = 2{,}5 \times 10^{-28}\,\mathrm{Cm}^2$ und dem mittleren Radius

$$R = (a + b)/2 = 7 \times 10^{-15}\,\mathrm{m}$$

das Verhältnis $(a - b)/R$.

4.7 Eine endlich ausgedehnte Ladungsverteilung habe die Dichte

$$\rho(\mathbf{r}) = \frac{1}{64\pi} r^2 e^{-r} \sin^2\theta$$

(a) Man gebe eine Multipolentwicklung für das Potential an, das dieser Ladungsdichte entspricht, und bestimme alle nichtverschwindenden Multipolmomente. Ferner drücke man das Potential in großen Abständen vom Ursprung durch eine endliche Entwicklung nach Legendre-Polynomen aus.

(b) Man bestimme das Potential explizit an jedem Raumpunkt und zeige, dass es in der Nähe des Ursprungs bis einschließlich zur Ordnung r^2 durch

$$\Phi(\mathbf{r}) \simeq \frac{1}{4\pi\epsilon_0}\left[\frac{1}{4} - \frac{r^2}{120} P_2(\cos\theta)\right]$$

gegeben ist.

(c) Für den Fall, dass sich am Ursprung ein Kern mit dem Quadrupolmoment $Q = 10^{-28}\,\mathrm{Cm}^2$ befindet, bestimme man den Betrag der Wechselwirkungsenergie, wenn obiges $\rho(\mathbf{r})$ in Einheiten der Elektronenladung gemessen wird und man als Längeneinheit den Bohr'schen Radius $a_0 = 4\pi\epsilon_0\hbar^2/me^2 = 0{,}529 \times 10^{-10}\,\mathrm{m}$ benutzt. Man drücke das Ergebnis durch eine Frequenz aus, indem man es durch das Planck'sche Wirkungsquantum h dividiert.
Die oben angegebene Ladungsdichte entspricht den $m = \pm 1$-Zuständen des $2p$-Niveaus des Wasserstoffatoms, während die Quadrupolwechselwirkung die gleiche Größenordnung hat, wie man sie in Molekülen findet.

4.8 Ein sehr langer, kreisförmiger Hohlzylinder mit dem inneren und äußeren Radius a bzw. b und der Dielektrizitätskonstanten ϵ/ϵ_0 werde in ein homogenes elektrisches Feld E_0 gebracht, und zwar mit seiner Achse senkrecht zu ihm. Das Medium innerhalb und außerhalb des Hohlzylinders habe die Dielektrizitätskonstante 1.

(a) Man bestimme das Potential und das elektrische Feld in den drei verschiedenen Gebieten unter Vernachlässigung von Randeffekten.

(b) Man skizziere die Kraftlinien für den Fall $b \simeq 2a$.

(c) Man diskutiere diejenigen Grenzfälle der erhaltenen Lösung, die einem massiven dielektrischen Zylinder im ursprünglich homogenen elektrischen Feld und einem zylindrischen Hohlraum in einem homogenen Dielektrikum entsprechen.

4.9 Eine Punktladung q befinde sich im leeren Raum im Abstand d vom Mittelpunkt einer dielektrischen Kugel vom Radius $a (a < d)$ und der Dielektrizitätskonstanten ϵ/ϵ_0.

(a) Man bestimme das Potential an allen Raumpunkten in Form einer Entwicklung nach Kugelflächenfunktionen.

(b) Man berechne die kartesischen Komponenten des elektrischen Feldes in der Nähe des Kugelmittelpunktes.

(c) Man verifiziere, dass das Ergebnis im Grenzfall $\epsilon/\epsilon_0 \to \infty$ in das für eine leitende Kugel übergeht.

4.10 Zwei konzentrische leitende Kugeln vom inneren und äußeren Radius a bzw. b mögen die Ladungen $\pm Q$ tragen. Der Raum zwischen den Kugeln sei zur Hälfte mit einem Dielektrikum (der Dielektrizitätskonstanten ϵ/ϵ_0) gefüllt (vgl. Abb.).

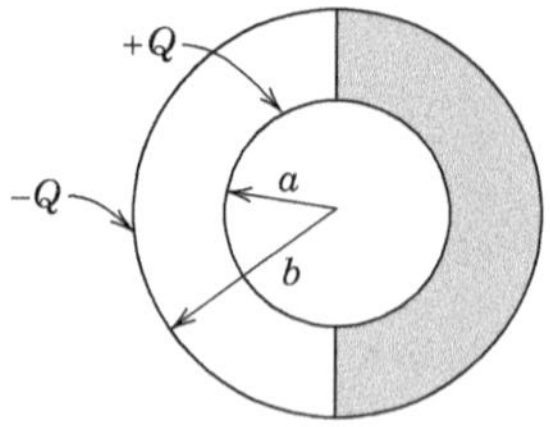

(a) Man bestimme das elektrische Feld an allen Punkten zwischen den Kugeln.

(b) Man berechne die Verteilung der Flächenladung auf der inneren Kugel.

(c) Man berechne die Dichte der auf der Oberfläche des Dielektrikums bei $r = a$ induzierten Polarisationsladung.

4.11 Die folgenden Daten zur Abhängigkeit der Dielektrizitätskonstanten vom Druck sind den *Smithsonian Physical Tables*, 9. Aufl., S. 424 entnommen.

Luft bei 292 K

Druck (atm)	ϵ/ϵ_0	
20	1,0108	Daten zur Dichte der Luft als Funktion des Drucks findet man im *AIP Handbook*, 3. Aufl., 1972, S. 4–165.
40	1,0218	
60	1,0333	
80	1,0439	
100	1,0548	

Pentan (C_5H_{12}) bei 303 K

Druck (atm)	Dichte (g/cm^3)	ϵ/ϵ_0
1	0,613	1,82
10^3	0,701	1,96
4×10^3	0,796	2,12
8×10^3	0,865	2,24
12×10^3	0,907	2,33

Man teste die Clausius-Mossotti-Beziehung zwischen der Dielektrizitätskonstanten und der Dichte für Luft und Pentan in den tabellierten Bereichen. Gilt sie exakt oder nur näherungsweise? Falls letzteres zutrifft, diskutiere man die Änderung des Quotienten Dichte/$(\epsilon/\epsilon_0 - 1)$. Für Pentan vergleiche man die Clausius-Mossotti-Beziehung mit der gröberen Beziehung $(\epsilon/\epsilon_0 - 1) \sim$ Dichte.

4.12 Wasserdampf ist ein polares Gas, dessen Dielektrizitätskonstante stark temperaturabhängig ist. Die folgende Tabelle enthält experimentelle Daten hierzu. Unter der Annahme, dass Wasserdampf den Gesetzen eines idealen Gases gehorcht, berechne man die molekulare Polarisierbarkeit als Funktion der reziproken Temperatur und stelle sie graphisch dar. Aus der Steigung der Kurve leite man den Wert für das permanente Dipolmoment des H_2O-Moleküls ab (und drücke es in Coulomb-Meter aus).

T(K)	Druck (cm HG)	$(\epsilon/\epsilon_0 - 1) \times 10^5$
393	56,49	400,2
423	60,93	371,7
453	65,34	348,8
483	69,75	328,7

4.13 Zwei lange, leitende, koaxiale Zylinder mit den Radien a bzw. b werden senkrecht in ein flüssiges Dielektrikum getaucht. Herrscht zwischen den Elektroden ein Potential V, so steigt die Flüssigkeit zwischen ihnen bis zur Höhe h. Man zeige, dass dann die Suszeptibilität der Flüssigkeit durch

$$\chi_e = \frac{(b^2 - a^2)\rho g h \ln(b/a)}{\epsilon_0 V^2}$$

gegeben ist, wenn ρ die Dichte der Flüssigkeit und g die Erdbeschleunigung bedeutet und man die Suszeptibilität der Luft vernachlässigt.

5 Magnetostatik, Faraday'sches Induktionsgesetz, quasistationäre Felder

5.1 Einführung und Definitionen

In den voranstehenden Kapiteln untersuchten wir verschiedene Aspekte der Elektrostatik (die Felder und Wechselwirkungen ruhender Ladungen sowie Randwertprobleme). Wir wenden uns nun den entsprechenden magnetischen Erscheinungen sowie dem Faraday'schen Induktionsgesetz und quasistationären Feldern[1] zu. Historisch gesehen, sind magnetische Erscheinungen seit mindest genauso langer Zeit bekannt und untersucht worden wie elektrische. Magnetit kannte man bereits im Altertum, und auch der Schiffskompass ist eine sehr alte Erfindung; Gilberts Untersuchungen über die Erde als gigantischen Magneten datieren aus der Zeit vor 1600. Im Gegensatz zur Elektrostatik gelang es jedoch erst lange Zeit nach der Entdeckung magnetischer Substanzen, die Grundgesetze magnetischer Felder aufzustellen. Die Gründe hierfür sind zahlreich, rühren aber alle von dem fundamentalen Unterschied zwischen Magnetostatik und Elektrostatik her: *es gibt keine freien magnetischen Ladungen* (gleichwohl aber stellt der Begriff einer magnetischen Ladungsdichte in manchen Fällen ein sinnvolles mathematisches Konstrukt dar). Die Nichtexistenz freier magnetischer Ladungen bedeutet, dass sich magnetische und elektrische Eigenschaften grundlegend voneinander unterscheiden, sodass man lange Zeit keine Verbindung zwischen ihnen herstellen konnte. Die fundamentale Größe beim Studium magnetischer Erscheinungen war das, was wir heute als magnetischen Dipol kennen. Bei Anwesenheit magnetischer Materialien sucht der Dipol eine bestimmte Richtung einzunehmen. Diese ist definitionsgemäß die Richtung der mit $\mathbf{B}$ bezeichneten *magnetischen Flussdichte* (auch *magnetische Induktion* genannt)[2], sofern der Dipol genügend klein und nicht zu stark ist, sodass er das existierende Feld nur unwesentlich beeinflusst. Der Betrag der Flussdichte kann durch das auf den magnetischen Dipol wirkende mechanische Drehmoment

$$\mathbf{N} = \boldsymbol{\mu} \times \mathbf{B} \tag{5.1}$$

definiert werden, wobei $\boldsymbol{\mu}$ das in geeigneten Einheiten gemessene magnetische Moment des Dipols ist.

Bereits bei der Definition der magnetische Flussdichte $\mathbf{B}$ stehen wir einer komplizierteren Situation gegenüber als im Fall des elektrischen Feldes. Zu einer weiteren

[1] Der Begriff des *quasistationären* Feldes wird in Abschnitt 5.18 erläutert (Anm. des Übersetzers).

[2] Wir benutzen im Folgenden für $\mathbf{B}$ manchmal auch die Bezeichnung „Magnetfeld" oder „magnetisches Feld", wenn eine Verwechselung mit dem makroskopischen magnetischen Feld $\mathbf{H}$ nicht möglich ist (Anm. des Übersetzers).

quantitativen Aufklärung magnetischer Erscheinungen kam es erst, nachdem man den Zusammenhang zwischen Strömen und magnetischen Feldern gefunden hatte. Ein Strom entspricht bewegten Ladungen und wird beschrieben durch eine Stromdichte **J**, gemessen in Einheiten positiver Ladung, die in der Zeiteinheit durch eine Flächeneinheit hindurchtritt. Die Richtung von **J** wird also durch die Bewegungsrichtung der Ladungen definiert. In SI-Einheiten wird die Stromdichte in Coulomb pro Quadratmeter und Sekunde bzw. in Ampere pro Quadratmeter ($\mathrm{C\,m^{-2}\,s^{-1}}$ bzw. $\mathrm{A\,m^{-2}}$) gemessen. Ist die Stromdichte auf Drähte kleinen Durchmessers beschränkt, so integriert man i. A. über die Querschnittsfläche und spricht dann z. B. von soundso vielen Ampere, die durch den Draht fließen.

Die Ladungserhaltung erfordert, dass die Ladungsdichte an jedem Raumpunkt mit der Stromdichte in Umgebung dieses Punktes durch die Kontinuitätsgleichung

$$\frac{\partial \rho}{\partial t} + \nabla \cdot \mathbf{J} = 0 \tag{5.2}$$

verknüpft ist. Diese Gleichung drückt den physikalischen Sachverhalt aus, dass eine zeitliche Abnahme der Ladung innerhalb eines kleinen Volumens einem durch die Oberfläche dieses Volumens austretenden Ladungsstrom entsprechen muss, da der Gesamtbetrag der Ladung erhalten bleibt. Stationäre magnetische Erscheinungen sind dadurch charakterisiert, dass sich die Ladungsdichte insgesamt an keinem Raumpunkt ändert. Daher gilt in der Magnetostatik:

$$\nabla \cdot \mathbf{J} = 0 \tag{5.3}$$

Wir gehen jetzt dazu über, den experimentell festgestellten Zusammenhang zwischen dem Strom und der magnetischen Flussdichte zu diskutieren und die Grundgesetze der Magnetostatik aufzustellen.

5.2 Das Biot-Savart'sche Gesetz

Im Jahre 1819 machte Ørsted die Beboachtung, dass permanente magnetische Dipole in der Nähe stromdurchflossener Drähte abgelenkt werden und somit Ströme Quellen einer magnetischen Flussdichte sind. Biot und Savart (1820) und später auch Ampère (1820–1825), und zwar nach wesentlich genaueren und gründlicheren Experimenten, stellten die Grundgesetze auf, die die magnetische Induktion mit den Strömen verknüpfen, und gaben das Gesetz für die Kraft zwischen zwei stromdurchflossenen Leitern an. Die grundlegende Beziehung – wenn auch von Ampère in anderer Form hergeleitet – ist folgende: Bedeutet $d\mathbf{l}$ ein (in die Stromrichtung zeigendes) Linienelement eines dünnen Drahtes, der vom Strom I durchflossen wird, und $\mathbf{x}$ den Radiusvektor vom betrachteten Linienelement zum Aufpunkt P (vgl. Abb. 5.1), so ist das Flussdichteelement $d\mathbf{B}$ am Punkt P dem Betrag und der Richtung nach durch

$$d\mathbf{B} = kI\,\frac{(d\mathbf{l} \times \mathbf{x})}{|\mathbf{x}|^3} \tag{5.4}$$

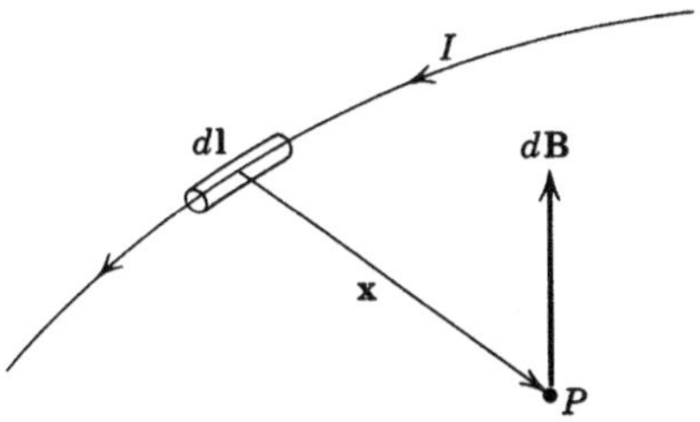

Abb. 5.1 Das vom Stromelement $I\,d\mathbf{l}$ induzierte Element $d\mathbf{B}$ der magnetischen Induktion.

gegeben. Dieses Gesetz ist ebenso wie das Coulomb'sche Gesetz der Elektrostatik ein Gesetz des reziproken quadratischen Abstands, doch sein Vektorcharakter ist gänzlich verschieden.

Ein warnendes Wort zur Interpretation von (5.4) sei hier angefügt. Man könnte versucht sein, (5.4) als magnetisches Äquivalent des elektrischen Feldes (1.3) einer Punktladung anzusehen und $I\,d\mathbf{l}$ als Analogon zu q zu interpretieren. In Strenge ist dies aber nicht korrekt; denn Gl. (5.4) hat nur Bedeutung als Element einer Summe über ein Kontinuum, wobei die Summe die magnetische Induktion einer Stromschleife oder eines Stromkreises darstellt. Die Kontinuitätsgleichung (5.3) ist für das Strom*element* $I\,d\mathbf{l}$ offensichtlich nicht erfüllt; denn der Strom käme dann nirgendwo her und verschwände nach Passieren der Strecke $d\mathbf{l}$. Zu einem scheinbaren Ausweg aus dieser Schwierigkeit gelangt man durch die Feststellung, dass der Strom in der Bewegung von Ladung besteht. Ersetzt man dementsprechend $I\,d\mathbf{l}$ durch $q\mathbf{v}$, wobei q die Ladung und $\mathbf{v}$ ihre Geschwindigkeit ist, so wäre die Flussdichte für eine derart bewegte Ladung nach Gl. (5.4):

$$\mathbf{B} = kq\frac{\mathbf{v}\times\mathbf{x}}{|\mathbf{x}|^3} \tag{5.5}$$

Doch dieser Ausdruck ist zeitabhängig und auch nur für solche Ladungen richtig, deren Geschwindigkeit gegenüber der Lichtgeschwindigkeit klein ist und deren Beschleunigungen vernachlässigt werden können. Da wir in diesem Kapitel stationäre Magnetfelder betrachten, bleiben wir bei (5.4) und integrieren über die Stromkreise, um zu physikalisch sinnvollen Ergebnissen zu gelangen.[3]

In den Gln. (5.4) und (5.5) hängen Betrag und Dimension der Konstanten k, wie im Anhang ausführlich dargestellt, vom benutzten Einheitensystem ab. In Gauß'schen Einheiten, in denen der Strom in esE und die magnetische Induktion in emE gemessen werden, findet man empirisch, dass $k = 1/c$ ist, wobei c die Vakuum-Lichtgeschwindigkeit bezeichnet. Das Auftreten der Lichtgeschwindigkeit in den

[3] Es scheint hier eine Inkonsistenz zu bestehen, da doch Ströme letzten Endes bewegte Ladungen sind. Wie kann dann (5.4) nach Integration exakte Ergebnisse liefern, während (5.5) nur näherungsweise richtig ist? Die Antwort auf diese Frage liefert die Feststellung, dass sich (5.5) nur auf eine einzelne Ladung bezieht. Bewegt sich ein aus vielen Ladungen bestehendes System in der Weise, dass im Grenzfall verschwindender Ladungseinheit und unendlich groß werdender Ladungszahl ein stationärer Stromfluss erzeugt wird, dann liefert die Summe der exakten relativistischen Felder, *einschließlich der Beschleunigungsfelder*, ein magnetostatisches Feld, das mit dem durch Integration von (5.4) über den Stromkreis gewonnenen Feld übereinstimmt. Dieses recht subtile Ergebnis wird für einige Spezialfälle in den Übungen 14.23 und 14.24 diskutiert.

Gleichungen der Magnetostatik mag zunächst verwundern, findet aber seine Erklärung in der speziellen Relativitätstheorie, in der der Quotient v/c in natürlicher Weise erscheint. In Gauß'schen Einheiten haben **E** und **B** die gleiche Dimension, nämlich Ladung pro Längenquadrat bzw. Kraft pro Ladungseinheit.

In SI-Einheiten gilt $k = \mu_0/4\pi = 10^{-7}$ Newton pro Amperequadrat $(\mathrm{N/A^2})$ bzw. Henry pro Meter (H/m). Hier hat **B** die Dimension Newton pro Ampere und Meter $[\mathrm{N/(A \cdot m)}]$, während **E** die Dimension Newton pro Coulomb (N/C) hat. Da die Lichtgeschwindigkeit c in der Elektrodynamik die natürliche Geschwindigkeit darstellt, kann es nicht überraschen, dass bei der relativistischen Beschreibung in SI-Einheiten **E** und $c\mathbf{B}$ den Feldstärketensor $F^{\mu\nu}$ bilden (vgl. Kap. 11).

Um die magnetische Flussdichte verschiedener Konfigurationen stromführender Drähte zu bestimmen, kann man die fundamentalen Flussdichteelemente (5.4) durch Integration linear superponieren. So ist z. B. die magnetische Induktion **B** eines langen, geraden Drahtes, der vom Strom I durchflossen wird (vgl. Abb. 5.2), senkrecht

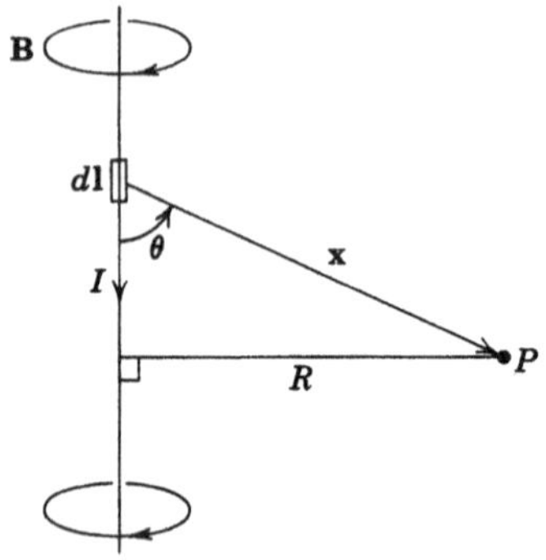

Abb. 5.2

zur Ebene gerichtet, in der sich der Draht und der Aufpunkt befinden. D.h. die Feldlinien bilden konzentrische Kreise um den Draht und der Betrag von **B** ist:

$$|\mathbf{B}| = \frac{\mu_0}{4\pi} IR \int_{-\infty}^{\infty} \frac{dl}{(R^2 + l^2)^{3/2}} = \frac{\mu_0}{2\pi} \frac{I}{R} \tag{5.6}$$

wenn R den Abstand zwischen dem Aufpunkt und dem Draht bezeichnet. Dies ist das experimentelle Ergebnis, das das erste Mal von Biot und Savart gefunden wurde und *Biot-Savart'sches Gesetz* heißt. Man beachte, dass sich der Betrag der magnetischen Induktion **B** in der gleichen Weise mit R ändert wie das elektrische Feld einer langen Linienladung homogener Dichte. Diese Analogie zeigt, dass in manchen Fällen eine Übereinstimmung zwischen elektrostatischen und magnetostatischen Problemen bestehen kann, obwohl der Vektorcharakter der Felder verschieden ist. Weiteres hierzu werden die folgenden Abschnitte ergeben.

Bei den Ampère'schen Experimenten ging es nicht unmittelbar um die Bestimmung des Zusammenhangs zwischen Strömen und der magnetischen Induktion, sondern um die Kraft zwischen zwei stromdurchflossenen Leitern. Da wir bereits den Begriff der von einem Stromelement erzeugten magnetischen Induktion eingeführt haben, wollen wir hier das entsprechende Kraftgesetz als Gesetz für die auf ein Stromelement

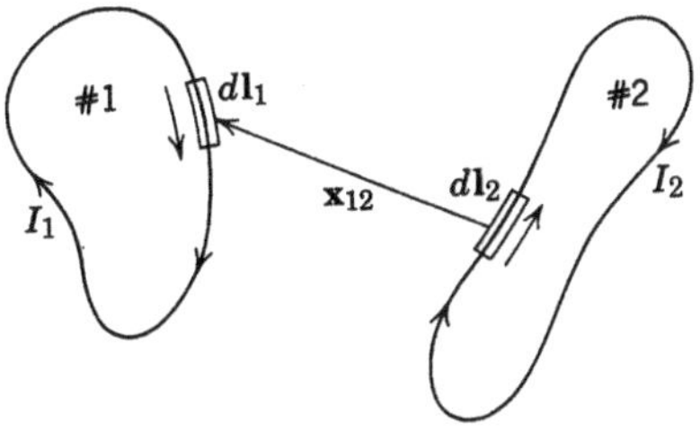

Abb. 5.3 Zwei Ampère'sche Stromschleifen

$I_1\, d\mathbf{l}_1$ wirkende Kraft bei Anwesenheit einer magnetischen Induktion **B** formulieren. Das Element dieser Kraft wird bestimmt durch

$$d\mathbf{F} = I_1 (d\mathbf{l}_1 \times \mathbf{B}) \tag{5.7}$$

Rührt das äußere Feld **B** von einer geschlossenen Stromschleife # 2 mit dem Strom I_2 her, dann wirkt nach (5.4) [mit $k = \mu_0/4\pi$] und (5.7) auf eine geschlossene Stromschleife # 1 mit dem Strom I_1 insgesamt die Kraft

$$\mathbf{F}_{12} = \frac{\mu_0}{4\pi} I_1 I_2 \oint\oint \frac{d\mathbf{l}_1 \times (d\mathbf{l}_2 \times \mathbf{x}_{12})}{|\mathbf{x}_{12}|^3} \tag{5.8}$$

Dabei sind die Linienintegrale längs der beiden Schleifen zu erstrecken, und $\mathbf{x}_{12}$ ist der Abstandsvektor vom Linienelement $d\mathbf{l}_2$ zum Linienelement $d\mathbf{l}_1$ (vgl. Abb. 5.3). Dies ist die mathematische Formulierung der von Ampère gemachten Beobachtungen über die Kräfte zwischen stromdurchflossenen Schleifen. Der Integrand lässt sich auf eine in $d\mathbf{l}_1$ und $d\mathbf{l}_2$ symmetrische Form bringen, die explizit dem dritten Newton'schen Axiom genügt:

$$\frac{d\mathbf{l}_1 \times (d\mathbf{l}_2 \times \mathbf{x}_{12})}{|\mathbf{x}_{12}|^3} = -(d\mathbf{l}_1 \cdot d\mathbf{l}_2)\frac{\mathbf{x}_{12}}{|\mathbf{x}_{12}|^3} + d\mathbf{l}_2 \left(\frac{d\mathbf{l}_1 \cdot \mathbf{x}_{12}}{|\mathbf{x}_{12}|^3}\right) \tag{5.9}$$

Der zweite Term auf der rechten Seite enthält bezüglich $d\mathbf{l}_1$ ein totales Differential und liefert daher zum Integral in (5.8) keinen Beitrag, wenn die Wege geschlossen sind oder sich ins Unendliche erstrecken. *Das Ampère'sche Gesetz für die Kraft zwischen zwei stromdurchflossenen Schleifen* schreibt sich daher in der Fom

$$\mathbf{F}_{12} = -\frac{\mu_0}{4\pi} I_1 I_2 \oint\oint \frac{(d\mathbf{l}_1 \cdot d\mathbf{l}_2)\,\mathbf{x}_{12}}{|\mathbf{x}_{12}|^3} \tag{5.10}$$

Dieser Ausdruck ist, abgesehen von der vektoriellen Abhängigkeit von $\mathbf{x}_{12}$, symmetrisch in den Integrationen.

Von zwei langen, parallelen, geraden Drähten, die den Abstand d voneinander haben und von den Strömen I_1 bzw. I_2 durchflossen werden, wirkt auf jeden pro Längeneinheit eine Kraft, die jeweils senkrecht zum anderen Draht gerichtet ist und den Betrag

$$\frac{dF}{dl} = \frac{\mu_0}{2\pi}\frac{I_1 I_2}{d} \tag{5.11}$$

hat. Diese Kraft ist anziehend (abstoßend), wenn die Ströme gleiche (entgegengesetzte) Richtungen haben. Sie kann dazu benutzt werden, um die magnetische Flussdichte unabhängig von magnetischen Permanentdipolen zu definieren.[4] Wir werden später sehen, dass der Ausdruck (5.1) für das Drehmoment und das Ergebnis (5.7) für die Kraft eng miteinander zusammenhängen.

Steht die Stromdichte $\mathbf{J}(\mathbf{x})$ unter der Wirkung eines äußeren Magnetfeldes $\mathbf{B}(\mathbf{x})$, so wird auf diese Stromdichte nach dem Gesetz (5.7) insgesamt die Kraft

$$\mathbf{F} = \int \mathbf{J}(\mathbf{x}) \times \mathbf{B}(\mathbf{x})\, d^3x \tag{5.12}$$

ausgeübt. In ähnlicher Weise ergibt sich für das Gesamtdrehmoment:

$$\mathbf{N} = \int \mathbf{x} \times (\mathbf{J} \times \mathbf{B})\, d^3x \tag{5.13}$$

Diese Ergebnisse werden wir in Abschnitt 7 dieses Kapitels auf lokalisierte Stromverteilungen anwenden.

5.3 Die Differentialgleichungen der Magnetostatik und das Ampère'sche Durchflutungsgesetz

Das Grundgesetz (5.4) für die magnetische Induktion lässt sich in allgemeiner Form für eine Stromdichte $\mathbf{J}(\mathbf{x})$ formulieren:

$$\mathbf{B}(\mathbf{x}) = \frac{\mu_0}{4\pi} \int \mathbf{J}(\mathbf{x}') \times \frac{\mathbf{x} - \mathbf{x}'}{|\mathbf{x} - \mathbf{x}'|^3}\, d^3x' \tag{5.14}$$

Diese Gleichung ist das magnetische Analogon zum Coulomb'schen Gesetz (1.5), das das elektrische Feld durch die Ladungsdichte ausdrückt:

$$\mathbf{E}(\mathbf{x}) = \frac{1}{4\pi\epsilon_0} \int \rho(\mathbf{x}') \frac{\mathbf{x} - \mathbf{x}'}{|\mathbf{x} - \mathbf{x}'|^3}\, d^3x' \tag{5.15}$$

Genauso wie diese Beziehung für die Lösung mancher elektrostatischer Probleme weniger geeignet ist als die hieraus folgenden Differentialgleichungen, so stellt auch (5.14) nicht die geeignetste Beziehung für die Lösung magnetostatischer Probleme dar, obwohl sie im Prinzip alle magnetostatischen Phänomene beschreibt.

Um die zu (5.14) äquivalenten Differentialgleichungen herzuleiten, benutzen wir die unmittelbar vor (1.15) angegebene Beziehung, um (5.14) auf folgende Gestalt zu bringen:

$$\mathbf{B}(\mathbf{x}) = \frac{\mu_0}{4\pi} \nabla \times \int \frac{\mathbf{J}(\mathbf{x}')}{|\mathbf{x} - \mathbf{x}'|}\, d^3x' \tag{5.16}$$

[4] Tatsächlich stellt (5.11) die Grundlage der internationalen Standardeinheit für den Strom dar. Vgl. hierzu den Anhang.

Hieraus folgt sofort, dass die Divergenz von **B** verschwindet:

$$\nabla \cdot \mathbf{B} = 0 \tag{5.17}$$

Dies ist die erste grundlegende Differentialgleichung, die nicht nur die Magnetostatik, sondern tatsächlich alle magnetischen Erscheinungen charakterisiert; sie entspricht der Gleichung $\nabla \times \mathbf{E} = 0$ in der Elektrostatik. In Analogie zu ihr berechnen wir jetzt die Rotation von **B**:

$$\nabla \times \mathbf{B} = \frac{\mu_0}{4\pi} \nabla \times \left(\nabla \times \int \frac{\mathbf{J}(\mathbf{x}')}{|\mathbf{x} - \mathbf{x}'|} d^3x' \right) \tag{5.18}$$

Mithilfe der für ein beliebiges Vektorfeld **A** geltenden Beziehung $\nabla \times (\nabla \times \mathbf{A}) = \nabla(\nabla \cdot \mathbf{A}) - \nabla^2 \mathbf{A}$ lässt sich (5.18) in

$$\nabla \times \mathbf{B} = \frac{\mu_0}{4\pi} \nabla \int \mathbf{J}(\mathbf{x}') \cdot \nabla \left(\frac{1}{|\mathbf{x} - \mathbf{x}'|} \right) d^3x' - \frac{\mu_0}{4\pi} \int \mathbf{J}(\mathbf{x}') \nabla^2 \left(\frac{1}{|\mathbf{x} - \mathbf{x}'|} \right) d^3x' \tag{5.19}$$

umformen. Unter Verwendung von

$$\nabla \left(\frac{1}{|\mathbf{x} - \mathbf{x}'|} \right) = -\nabla' \left(\frac{1}{|\mathbf{x} - \mathbf{x}'|} \right)$$

und

$$\nabla^2 \left(\frac{1}{|\mathbf{x} - \mathbf{x}'|} \right) = -4\pi \delta(\mathbf{x} - \mathbf{x}')$$

kann man für (5.19) auch

$$\nabla \times \mathbf{B} = -\frac{\mu_0}{4\pi} \nabla \int \mathbf{J}(\mathbf{x}') \cdot \nabla' \left(\frac{1}{|\mathbf{x} - \mathbf{x}'|} \right) d^3x' + \mu_0 \mathbf{J}(\mathbf{x}) \tag{5.20}$$

schreiben. Partielle Integration liefert

$$\nabla \times \mathbf{B} = \mu_0 \mathbf{J} + \frac{\mu_0}{4\pi} \nabla \int \frac{\nabla' \cdot \mathbf{J}(\mathbf{x}')}{|\mathbf{x} - \mathbf{x}'|} d^3x' \tag{5.21}$$

Für stationäre Magnetfelder ist nun aber $\nabla \cdot \mathbf{J} = 0$, sodass man schließlich

$$\nabla \times \mathbf{B} = \mu_0 \mathbf{J} \tag{5.22}$$

erhält. Dies ist die zweite Differentialgleichung der Magnetostatik; sie entspricht der Divergenzgleichung $\nabla \cdot \mathbf{E} = \rho/\epsilon_0$ der Elektrostatik.[5]

In der Elektrostatik stellt das Gauß'sche Gesetz (1.11) die Integralform der Gleichung $\nabla \cdot \mathbf{E} = \rho/\epsilon_0$ dar. Die zu (5.22) äquivalente Integralform ist das *Ampère'sche Durchflutungs- oder Verkettungsgesetz* (das in der älteren deutschen Literatur auch *Ørsted'sches Gesetz* genannt wird). Man erhält es aus Gl. (5.22), indem man die Normalkomponente dieser Gleichung über eine offene Fläche S mit der geschlossenen Berandung C integriert (vgl. Abb. 5.4) und anschließend den Stokes'schen Satz anwendet. Die Gleichung

$$\int_S \nabla \times \mathbf{B} \cdot \mathbf{n} \, da = \mu_0 \int_S \mathbf{J} \cdot \mathbf{n} \, da \tag{5.23}$$

[5] Für zeitabhängige Felder ist die rechte Seite von Gl. (5.22) noch um den sog. *Verschiebungsstrom* zu ergänzen. Vgl. hierzu Kap. 6.1. (Anm. des Übersetzers).

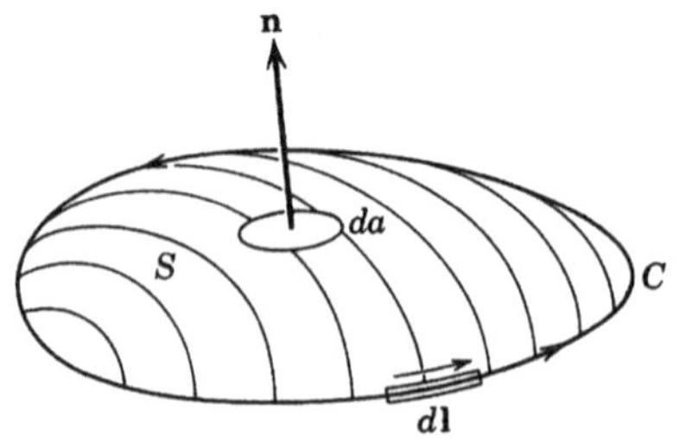

Abb. 5.4

geht dann über in

$$\oint_C \mathbf{B} \cdot d\mathbf{l} = \mu_0 \int_S \mathbf{J} \cdot \mathbf{n} \, da \tag{5.24}$$

Da das Oberflächenintegral über die Stromdichte gleich dem Gesamtstrom I durch die geschlossene Kurve C ist, lässt sich das Ampère'sche Durchflutungsgesetz auch in der Form

$$\oint_C \mathbf{B} \cdot d\mathbf{l} = \mu_0 I \tag{5.25}$$

schreiben. Ebenso wie sich das Gauß'sche Gesetz dazu eignet, elektrische Felder hoher Symmetrie zu berechnen, lässt sich das Ampère'sche Durchflutungsgesetz in analogen Fällen anwenden.

5.4 Vektorpotential

Die grundlegenden Differentialgleichungen der Magnetostatik sind:

$$\begin{aligned} \nabla \times \mathbf{B} &= \mu_0 \mathbf{J} \\ \nabla \cdot \mathbf{B} &= 0 \end{aligned} \tag{5.26}$$

Es stellt sich die Frage, wie man sie löst. Für den Fall, dass die Stromdichte im betrachteten Raumgebiet verschwindet, ist es aufgrund der Gleichung $\nabla \times \mathbf{B} = 0$ möglich, die magnetische Induktion $\mathbf{B}$ *lokal* als Gradienten eines magnetischen Potentials darzustellen, d.h. in der Form $\mathbf{B} = -\nabla\Phi_M$. Gleichung (5.26) reduziert sich dann auf eine Laplace'sche Gleichung für Φ_M, auf die man die bisher entwickelten Verfahren zur Lösung elektrostatischer Probleme anwenden kann. Eine große Anzahl von Problemen fällt zwar in diese Klasse, doch wollen wir deren Diskussion auf spätere Abschnitte dieses Kapitels verschieben. Der Grund hierfür ist der, dass sich die Randbedingungen von denen in der Elektrostatik unterscheiden. Außerdem hat man es bei magnetostatischen Problemen i. Allg. mit makroskopischen Medien zu tun, deren magnetische Eigenschaften sich von denen des freien Raums mit Ladungen und Strömen ebenfalls unterscheiden.

Bei der allgemeinen Lösungsmethode macht man von der zweiten Gleichung aus (5.26) Gebrauch. Gilt für den gesamten Raum $\nabla \cdot \mathbf{B} = 0$, so muss $\mathbf{B}$ die Rotation eines Vektorfeldes sein, des sog. *Vektorpotentials* $\mathbf{A}(\mathbf{x})$:

$$\mathbf{B}(\mathbf{x}) = \nabla \times \mathbf{A}(\mathbf{x}) \tag{5.27}$$

In dieser Gestalt haben wir $\mathbf{B}$ tatsächlich schon in (5.16) dargestellt. Die allgemeine Form von $\mathbf{A}$ lautet daher:

$$\mathbf{A}(\mathbf{x}) = \frac{\mu_0}{4\pi} \int \frac{\mathbf{J}(\mathbf{x}')}{|\mathbf{x} - \mathbf{x}'|} d^3x' + \nabla\Psi(\mathbf{x}) \tag{5.28}$$

Der zusätzlich auftretende Gradient einer beliebigen Skalarfunktion Ψ macht deutlich, dass man das Vektorpotential bei gegebener magnetischer Induktion $\mathbf{B}$ der frei wählbaren Transformation

$$\mathbf{A} \to \mathbf{A} + \nabla\Psi \tag{5.29}$$

unterwerfen kann. Eine solche Transformation nennt man *Eichtransformation*. Sie ist möglich, weil (5.27) nur die Rotation von $\mathbf{A}$ festlegt. Aufgrund der Eichfreiheit kann man der Größe $\nabla \cdot \mathbf{A}$ jede nur gewünschte funktionale Form geben.

Setzt man (5.27) in die erste der Gln. (5.26) ein, so erhält man:

$$\nabla \times (\nabla \times \mathbf{A}) = \mu_0 \mathbf{J}$$

oder

$$\nabla(\nabla \cdot \mathbf{A}) - \nabla^2 \mathbf{A} = \mu_0 \mathbf{J} \tag{5.30}$$

Wegen der durch (5.29) beschriebenen Eichfreiheit kann man jetzt $\nabla \cdot \mathbf{A} = 0$ setzen.[6] Jede kartesische Komponente des Vektorpotentials genügt der Poisson'schen Gleichung:

$$\nabla^2 \mathbf{A} = -\mu_0 \mathbf{J} \tag{5.31}$$

Erinnert man sich jetzt an die Elektrostatik, so ist klar, dass die Lösung für $\mathbf{A}$ im unbegrenzten freien Raum durch (5.28) mit $\Psi = \text{const.}$ gegeben ist:

$$\mathbf{A}(\mathbf{x}) = \frac{\mu_0}{4\pi} \int \frac{\mathbf{J}(\mathbf{x}')}{|\mathbf{x} - \mathbf{x}'|} d^3x' \tag{5.32}$$

Die Bedingung $\Psi = \text{const.}$ kann man wie folgt verstehen: Die von uns gewählte Eichung $\nabla \cdot \mathbf{A} = 0$ reduziert sich auf $\nabla^2\Psi = 0$, da die Divergenz des ersten Terms auf der rechten Seite von (5.28) wegen $\nabla' \cdot \mathbf{J} = 0$ verschwindet. Gilt aber im gesamten Raum $\nabla^2\Psi = 0$, so kann Ψ, wenn es im Unendlichen keine Quellen gibt, höchstens gleich einer Konstanten sein.

5.5 Vektorpotential und magnetische Induktion einer kreisförmigen Stromschleife

Als Beispiel für die Berechnung magnetischer Felder aus einer gegebenen Stromverteilung betrachten wir das Problem einer in der (x, y)-Ebene liegenden, kreisför-

---

[6] Die entsprechende Eichung heißt *Coulomb-Eichung*. Der Grund für diese Bezeichnung wird erst in Kap. 6.3 klar werden.

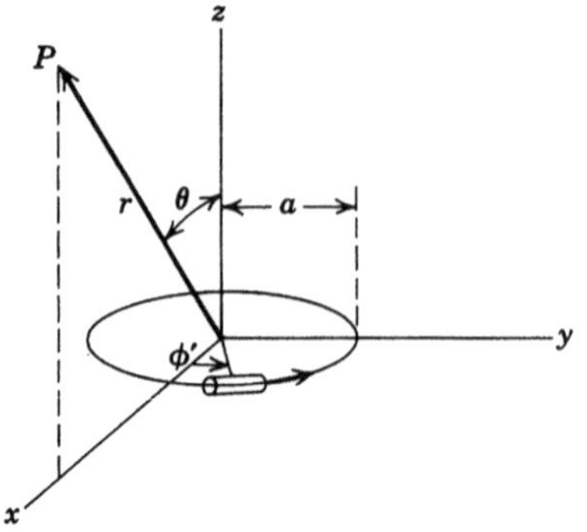

Abb. 5.5

migen Schleife vom Radius a um den Ursprung, durch die der Strom I fließt (vgl. Abb. 5.5). Die Stromdichte $\mathbf{J}$ hat nur eine Komponente in ϕ-Richtung:

$$J_\phi = I \sin\theta' \, \delta(\cos\theta') \frac{\delta(r' - a)}{a} \tag{5.33}$$

Die Delta-Funktion begrenzt den Stromfluss auf einen Ring vom Radius a. Der Vektor der Stromdichte, $\mathbf{J}$, lässt sich in der Form

$$\mathbf{J} = -J_\phi \sin\phi' \mathbf{e}_x + J_\phi \cos\phi' \mathbf{e}_y \tag{5.34}$$

darstellen. Da es sich um ein zylindersymmetrisches Problem handelt, darf man den Aufpunkt zur Berechnung des Magnetfeldes in die (x, z)-Ebene (mit $\phi = 0$) legen. Die Integration über den Azimutwinkel in (5.32) ist symmetrisch um $\phi' = 0$, sodass die x-Komponente des Stromes keinen Beitrag liefert. Übrig bleibt nur die y-Komponente, die identisch ist mit A_ϕ. Es ergibt sich daher:

$$A_\phi(r, \theta) = \frac{\mu_0 I}{4\pi a} \int r'^2 \, dr' \, d\Omega' \frac{\sin\theta' \cos\phi' \, \delta(\cos\theta') \, \delta(r' - a)}{|\mathbf{x} - \mathbf{x}'|} \tag{5.35}$$

mit $|\mathbf{x} - \mathbf{x}'| = [r^2 + r'^2 - 2rr'(\cos\theta \cos\theta' + \sin\theta \sin\theta' \cos\phi')]^{1/2}$.

Zunächst werten wir (5.35) direkt aus: Die Integration über die Delta-Funktion liefert:

$$A_\phi(r, \theta) = \frac{\mu_0 I a}{4\pi} \int_0^{2\pi} \frac{\cos\phi' \, d\phi'}{(a^2 + r^2 - 2ar \sin\theta \cos\phi')^{1/2}} \tag{5.36}$$

Dieses Integral lässt sich durch die vollständigen elliptischen Integrale K und E ausdrücken:

$$A_\phi(r, \theta) = \frac{\mu_0}{4\pi} \frac{4Ia}{\sqrt{a^2 + r^2 + 2ar \sin\theta}} \left[\frac{(2 - k^2) K(k) - 2E(k)}{k^2} \right] \tag{5.37}$$

wobei das Argument k der elliptischen Integrale durch

$$k^2 = \frac{4ar \sin\theta}{a^2 + r^2 + 2ar \sin\theta}$$

definiert ist. Die Komponenten der magnetischen Induktion, nämlich

$$B_r = \frac{1}{r \sin\theta} \frac{\partial}{\partial\theta} (\sin\theta A_\phi)$$

$$B_\theta = -\frac{1}{r} \frac{\partial}{\partial r} (r A_\phi)$$

$$B_\phi = 0 \tag{5.38}$$

können ebenfalls durch elliptische Integrale ausgedrückt werden, doch sind die Ergebnisse nicht besonders aufschlussreich (wenn auch für quantitative Berechnungen nützlich).

Für Bereiche in großer Entfernung von der Schleife ($r \gg a$), nahe ihrem Mittelpunkt ($r \ll a$) oder nahe ihrer Achse ($\theta \ll 1$) führt eine alternative Entwicklung von (5.36) nach Potenzen von $a^2 r^2 \sin^2\theta/(a^2 + r^2)^2$ zu folgender Näherung für das Vektorpotential:

$$A_\phi(r, \theta) = \frac{\mu_0 I a^2 r \sin\theta}{4(a^2 + r^2)^{3/2}} \left[1 + \frac{15 a^2 r^2 \sin^2\theta}{8(a^2 + r^2)^2} + \cdots \right] \tag{5.39}$$

Die entsprechenden Feldkomponenten (in derselben Ordnung) sind:

$$B_r = \frac{\mu_0 I a^2 \cos\theta}{2(a^2 + r^2)^{3/2}} \left[1 + \frac{15 a^2 r^2 \sin^2\theta}{4(a^2 + r^2)^2} + \cdots \right]$$

$$B_\theta = -\frac{\mu_0 I a^2 \sin\theta}{4(a^2 + r^2)^{5/2}} \left[2a^2 - r^2 + \frac{15 a^2 r^2 \sin^2\theta (4a^2 - 3r^2)}{8(a^2 + r^2)^2} + \cdots \right] \tag{5.40}$$

Diese Felder lassen sich ohne Schwierigkeiten auf die oben genannten drei Bereiche spezialisieren.

Von besonderem Interesse sind die Felder in großer Entfernung von der Schleife:

$$B_r = \frac{\mu_0}{2\pi} (I\pi a^2) \frac{\cos\theta}{r^3}$$

$$B_\theta = \frac{\mu_0}{4\pi} (I\pi a^2) \frac{\sin\theta}{r^3} \tag{5.41}$$

Ein Vergleich mit den elektrostatischen Dipolfeldern (4.12) zeigt, dass die entsprechenden magnetischen Felder Dipolcharakter haben. In Analogie zur Elektrostatik definieren wir daher das magnetische Dipolmoment der Schleife durch

$$m = \pi I a^2 \tag{5.42}$$

Im nächsten Abschnitt werden wir sehen, dass dies ein Spezialfall einer allgemein gültigen Feststellung ist – dass nämlich die Felder einer Stromverteilung in großer Entfernung von ihr dipolartig sind; das magnetische Moment einer ebenen Stromschleife ist das Produkt aus der von ihr aufgespannten Fläche und dem Strom.

Obwohl wir für unser Problem eine vollständige Lösung in Form elliptischer Integrale gefunden haben, wollen wir an ihm noch die Verwendung einer Entwicklung nach Kugelflächenfunktionen illustrieren, um Ähnlichkeiten und Unterschiede zwischen magnetostatischen und elektrostatischen Problemen aufzuzeigen. Wir kehren deshalb noch einmal zu (5.35) zurück und setzen für $|\mathbf{x}-\mathbf{x}'|^{-1}$ die Entwicklung (3.70) nach Kugelflächenfunktionen ein:

$$A_\phi = \frac{\mu_0 I}{a} \operatorname{Re} \sum_{l,m} \frac{Y_{lm}(\theta,0)}{2l+1} \int r'^2\, dr'\, d\Omega'\, \delta(\cos\theta')\, \delta(r'-a)\, e^{i\phi'} \frac{r_<^l}{r_>^{l+1}} Y_{lm}^*(\theta',\phi') \tag{5.43}$$

Das Auftreten von $e^{i\phi'}$ bedeutet, dass zu der Summe nur die Terme mit $m=+1$ beitragen. Es ist daher

$$A_\phi = 2\pi\mu_0 I a \sum_{l=1}^{\infty} \frac{Y_{l,1}(\theta,0)}{2l+1} \frac{r_<^l}{r_>^{l+1}} \left[Y_{l,1}\left(\frac{\pi}{2},0\right)\right] \tag{5.44}$$

wobei jetzt $r_<$ ($r_>$) den kleineren (größeren) der beiden Radien r und a bedeutet. Der Ausdruck in eckigen Klammern stellt eine von l abhängige Zahl dar:

$$\begin{aligned}\left[\cdots\right] &= \sqrt{\frac{2l+1}{4\pi l(l+1)}}\, P_l^1(0) \\ &= \begin{cases} 0 & \text{für gerades } l \\ \sqrt{\dfrac{2l+1}{4\pi l(l+1)}} \left[\dfrac{(-1)^{n+1}\Gamma(n+\frac{3}{2})}{\Gamma(n+1)\,\Gamma(\frac{3}{2})}\right] & \text{für ungerades } l \end{cases}\end{aligned} \tag{5.45}$$

Daher lässt sich A_ϕ in der Form

$$A_\phi = \frac{\mu_0 I a}{4} \sum_{n=0}^{\infty} \frac{(-1)^n (2n-1)!!}{2^n (n+1)!} \frac{r_<^{2n+1}}{r_>^{2n+2}} P_{2n+1}^1(\cos\theta) \tag{5.46}$$

schreiben, wobei $(2n-1)!! = (2n-1)(2n-3)(\cdots)\times 5\times 3\times 1$ bedeutet und der Koeffizient zu $n=0$ definitionsgemäß gleich Eins ist. Um die in (5.38) angegebene radiale Komponente von $\mathbf{B}$ auszuwerten, müssen wir von der Beziehung

$$\frac{d}{dx}\left[\sqrt{1-x^2}\, P_l^1(x)\right] = l(l+1)\, P_l(x) \tag{5.47}$$

Gebrauch machen. Wir finden dann:

$$B_r = \frac{\mu_0 I a}{2r} \sum_{n=0}^{\infty} \frac{(-1)^n (2n+1)!!}{2^n n!} \frac{r_<^{2n+1}}{r_>^{2n+2}} P_{2n+1}(\cos\theta) \tag{5.48}$$

In ähnlicher Weise ergibt sich für die θ-Komponente von $\mathbf{B}$:

$$B_\theta = -\frac{\mu_0 I a^2}{4} \sum_{n=0}^{\infty} \frac{(-1)^n (2n+1)!!}{2^n (n+1)!} \left\{ \begin{matrix} -\left(\dfrac{2n+2}{2n+1}\right) \dfrac{1}{a^3} \left(\dfrac{r}{a}\right)^{2n} \\ \dfrac{1}{r^3}\left(\dfrac{a}{r}\right)^{2n} \end{matrix} \right\} P_{2n+1}^1(\cos\theta) \tag{5.49}$$

Die obere Zeile gilt dabei für $r<a$, die untere dagegen für $r>a$. Für $r \gg a$ ist in den beiden Reihen jeweils nur der Term mit $n=0$ von Bedeutung. Wegen $P_1^1(\cos\theta) = -\sin\theta$ reduzieren sich (5.48) und (5.49) dann auf (5.41). Auch für $r \ll a$ ist der Term mit $n=0$ der führende Term. Die Felder entsprechen dann einer magnetischen Induktion $\mu_0 I/2a$ in z-Richtung – ein Ergebnis, das man auch auf elementarem Weg herleiten kann.

Es sei hier auf einen charakteristischen Unterschied zwischen dem vorliegenden magnetostatischen Problem und dem entsprechenden, zylindersymmetrischen Problem aus der Elektrostatik hingewiesen. Im magnetostatischen Fall treten neben normalen Legendre-Polynomen auch zugeordnete Legendre-Funktionen auf. Dieser Umstand lässt sich zurückführen auf den Vektorcharakter des Stromes und des Potentials – im Gegensatz zum skalaren Charakter der Ladung und des elektrostatischen Potentials.

Ein anderer Weg zur Lösung des Problems einer ebenen Stromschleife besteht darin, dass man eine Entwicklung nach Zylinderfunktionen vornimmt. Anstelle der durch (3.70) gegebenen Darstellung von $|\mathbf{x}-\mathbf{x}'|^{-1}$ kann man die Entwicklung (3.148) bzw. (3.149) oder auch die aus Übg. 3.16 (b) benutzen. Die Anwendung dieses Verfahrens auf die kreisförmige Stromschleife soll in den Übungen durchgeführt werden.

5.6 Magnetische Felder einer lokalisierten Stromverteilung, magnetisches Moment

Wir untersuchen jetzt die Eigenschaften einer allgemeinen Stromverteilung, die auf ein Gebiet beschränkt ist, dessen Ausdehnung gegenüber der Entfernung des Aufpunktes von der Stromverteilung klein ist. Eine vollständige Behandlung dieses Problems, in Analogie zur Multipolentwicklung der Elektrostatik, ist unter Verwendung von *Vektor*kugelflächenfunktionen möglich.[7] Diese werden wir jedoch erst in Kapitel 9 im Zusammenhang mit der Multipolstrahlung einführen. Wir begnügen uns hier mit der niedrigsten Näherung. Unter der Annahme, dass $|\mathbf{x}| \gg |\mathbf{x}'|$ ist, entwickeln wir dazu den Nenner in (5.32) nach Potenzen von $\mathbf{x}'$, wobei sich der Ursprung des Koordinatensystems an einem Punkt innerhalb der Stromverteilung befinde (vgl. Abb. 5.6):

$$\frac{1}{|\mathbf{x}-\mathbf{x}'|} = \frac{1}{|\mathbf{x}|} + \frac{\mathbf{x}\cdot\mathbf{x}'}{|\mathbf{x}|^3} + \cdots \tag{5.50}$$

Für jede der drei kartesischen Komponenten des Vektorpotentials ergibt sich damit eine Entwicklung der Form

$$A_i(\mathbf{x}) = \frac{\mu_0}{4\pi}\left[\frac{1}{|\mathbf{x}|}\int J_i(\mathbf{x}')\,d^3x' + \frac{\mathbf{x}}{|\mathbf{x}|^3}\cdot\int J_i(\mathbf{x}')\,\mathbf{x}'\,d^3x' + \cdots\right] \tag{5.51}$$

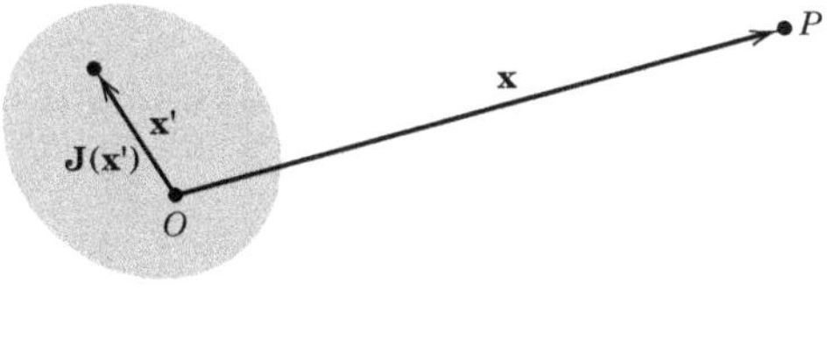

Abb. 5.6 Eine auf ein kleines Raumgebiet beschränkte Stromdichte $\mathbf{J}(\mathbf{x}')$, die am Aufpunkt P mit der Koordinate $\mathbf{x}$ eine magnetische Induktion hervorruft.

[7] Dies ist nicht die einzige Möglichkeit. Man kann auch skalare Potentiale verwenden; vgl. hierzu Bronzan, J.B., *Am. J. Phys.* **39**, 1357 (1971).

Die Tatsache, dass **J** eine lokalisierte, quellenfreie Stromverteilung darstellt, macht es möglich, (5.51) umzuformen und zu vereinfachen. Es seien zunächst $f(\mathbf{x}')$ und $g(\mathbf{x}')$ nichtsinguläre, später festzulegende Funktionen von $\mathbf{x}'$. Dann gilt für ein endlich ausgedehntes und quellenfreies $\mathbf{J}(\mathbf{x}')$:

$$\int (f\mathbf{J}\cdot\nabla' g + g\mathbf{J}\cdot\nabla' f + fg\nabla'\cdot\mathbf{J})\, d^3x' = 0 \tag{5.52}$$

Die Richtigkeit dieser Identität lässt sich durch partielle Integration und anschließende Ausführung der in $f\nabla'\cdot(g\mathbf{J})$ enthaltenen Operationen nachweisen. Für $f = 1$ und $g = x_i'$ besagt (5.52) speziell:

$$\int J_i(\mathbf{x}')\, d^3x' = 0$$

Der erste Term auf der rechten Seite von (5.51), der dem Monopolterm in der Elektrostatik entspricht, verschwindet also. Mit $f = x_i'$ und $g = x_j'$ liefert (5.52):

$$\int (x_i'J_j + x_j'J_i)\, d^3x' = 0$$

und hieraus folgt für den zweiten Term auf der rechten Seite von (5.51):

$$\begin{aligned}
\mathbf{x}\cdot\int \mathbf{x}'J_i\, d^3x' &\equiv \sum_j x_j \int x_j'J_i\, d^3x' \\
&= -\frac{1}{2}\sum_j x_j \int (x_i'J_j - x_j'J_i)\, d^3x' \\
&= -\frac{1}{2}\sum_{j,k} \epsilon_{ijk}x_j \int (\mathbf{x}'\times\mathbf{J})_k\, d^3x' \\
&= -\frac{1}{2}\left[\mathbf{x}\times\int (\mathbf{x}'\times\mathbf{J})\, d^3x'\right]_i
\end{aligned}$$

Es ist üblich, die *Dichte des magnetischen Moments* bzw. die *Magnetisierung* durch

$$\mathcal{M}(\mathbf{x}) = \frac{1}{2}[\mathbf{x}\times\mathbf{J}(\mathbf{x})] \tag{5.53}$$

zu definieren und deren Integral als das *magnetische Moment*:

$$\mathbf{m} = \frac{1}{2}\int \mathbf{x}'\times\mathbf{J}(\mathbf{x}')\, d^3x' \tag{5.54}$$

Das sich aus dem zweiten Integral in (5.51) ergebende Vektorpotential ist also das eines magnetischen Dipols:

$$\mathbf{A}(\mathbf{x}) = \frac{\mu_0}{4\pi}\frac{\mathbf{m}\times\mathbf{x}}{|\mathbf{x}|^3} \tag{5.55}$$

Dies ist der niedrigste, nichtverschwindende Term in der Entwicklung des Vektorpotentials einer lokalisierten, stationären Stromverteilung. Die magnetische Induktion **B** außerhalb dieser Stromverteilung gewinnt man hieraus unmittelbar durch Anwenden der Rotation. Das Ergebnis lautet:

$$\mathbf{B}(\mathbf{x}) = \frac{\mu_0}{4\pi}\left[\frac{3\mathbf{n}(\mathbf{n}\cdot\mathbf{m}) - \mathbf{m}}{|\mathbf{x}|^3}\right] \tag{5.56}$$

Dabei ist **n** ein Einheitsvektor in Richtung von **x**. Die magnetische Induktion (5.56) hat genau dieselbe Form wie das Feld (4.13) eines elektrischen Dipols. Gleichung (5.56) stellt die Verallgemeinerung des im vorigen Abschnitt gefundenen Resultats für eine kreisförmige Stromschleife dar. In großer Entfernung von einer *beliebigen* lokalisierten Stromverteilung ist die magnetische Induktion die eines magnetischen Dipols mit dem Moment (5.54).

Ist der Strom auf eine ebene, sonst aber beliebige Stromschleife begrenzt, so lässt sich das magnetische Moment in einfacher Weise darstellen. Fließt in einer solchen geschlossenen Schleife mit dem Linienelement $d\mathbf{l}$ der Strom I (vgl. Abb. 5.7), so geht (5.54) über in

$$\mathbf{m} = \frac{I}{2}\oint \mathbf{x}\times d\mathbf{l}$$

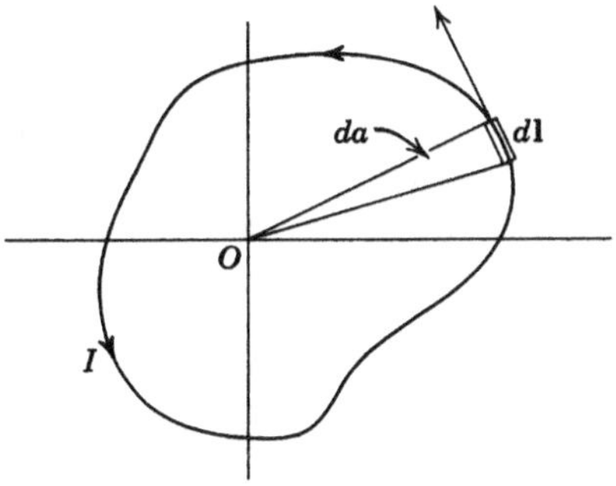

Abb. 5.7

Dieses magnetische Moment ist senkrecht zu der von der Schleife aufgespannten Ebene gerichtet. Da $\frac{1}{2}|\mathbf{x}\times d\mathbf{l}| = da$ ist, wenn da das durch die beiden Endpunkte von $d\mathbf{l}$ und den Ursprung definierte Flächenelement bedeutet, liefert das Umlaufintegral die gesamte von der Schleife umschlossene Fläche. Das magnetische Moment hat daher, unabhängig von der Gestalt der Stromschleife, den Betrag

$$|\mathbf{m}| = I\cdot A \tag{5.57}$$

wenn A die von der Stromschleife umschlossene Fläche bezeichnet.

Setzt sich die Stromverteilung aus geladenen Teilchen zusammen, die sich mit der Geschindigkeit $\mathbf{v}_i$ bewegen und die Ladungen und Massen q_i bzw. M_i haben, dann lässt sich das magnetische Moment durch den Bahndrehimpuls der einzelnen Teilchen ausdrücken. Die Stromdichte ist

$$\mathbf{J} = \sum_i q_i\mathbf{v}_i\delta(\mathbf{x}-\mathbf{x}_i)$$

wobei $\mathbf{x}_i$ die Lage des i-ten Teilchens angibt. Das magnetische Moment nimmt daher die Gestalt

$$\mathbf{m} = \frac{1}{2} \sum_i q_i (\mathbf{x}_i \times \mathbf{v}_i)$$

an. Da das Vektorprodukt $\mathbf{x}_i \times \mathbf{v}_i$ proportional zum Drehimpuls des i-ten Teilchens ist ($\mathbf{L}_i = M_i(\mathbf{x}_i \times \mathbf{v}_i)$), lässt sich auch schreiben:

$$\mathbf{m} = \sum_i \frac{q_i}{2M_i} \mathbf{L}_i \tag{5.58}$$

Ist das Verhältnis von Ladung zu Masse für alle Teilchen gleich ($q_i/M_i = e/M$), dann lässt sich das magnetische Moment durch den *Gesamt*drehimpuls $\mathbf{L}$ ausdrücken:

$$\mathbf{m} = \frac{e}{2M} \sum_i \mathbf{L}_i = \frac{e}{2M} \mathbf{L} \tag{5.59}$$

Dies ist der wohlbekannte klassische Zusammenhang zwischen dem Drehimpuls und dem magnetischen Moment, der auch für die Bahnbewegung der Elektronen in Atomen gilt. Er versagt jedoch für das innere magnetische Moment der Elektronen und anderer Elementarteilchen. Für Elektronen ist das innere Moment etwas größer als Doppelte des durch (5.59) gegebenen Wertes, wenn der innere Drehimpuls, d. h. der Spin $\mathbf{S}$ an die Stelle von $\mathbf{L}$ tritt. Man sagt: „Das Elektron hat den g-Faktor 2 ($\times$ 1,00116)." Die Abweichung des magnetischen Moments von seinem klassischen Wert hat ihren Ursprung in relativistischen und quantenmechanischen Effekten, die wir hier aber nicht untersuchen können.

Bevor wir das Thema der Felder einer lokalisierten Stromverteilung verlassen, betrachten wir noch das Integral der magnetischen Induktion $\mathbf{B}$ über ein kugelförmiges Volumen. Ähnlich wie in der Elektrostatik (vgl. Kap. 4.1) gibt es auch hier zwei interessante Grenzfälle – nämlich den einen, in dem die Kugel vom Radius R die gesamte Stromverteilung umschließt, und den anderen, in dem die Stromverteilung vollständig außerhalb des kugelförmigen Volumens liegt. Das zu betrachtende Integral ist

$$\int_{r<R} \mathbf{B}(\mathbf{x})\, d^3x = \int_{r<R} \nabla \times \mathbf{A}\, d^3x \tag{5.60}$$

Das Integral über die Rotation von $\mathbf{A}$ kann in ein Oberflächenintegral verwandelt werden, sodass

$$\int_{r<R} \mathbf{B}\, d^3x = R^2 \int d\Omega\, \mathbf{n} \times \mathbf{A}$$

wenn $\mathbf{n}$ die nach außen gerichtete Flächennormale bezeichnet. Setzt man hier für $\mathbf{A}$ den Ausdruck (5.32) ein und vertauscht die Reihenfolge der Integrationen, so folgt:

$$\int_{r<R} \mathbf{B}\, d^3x = -\frac{\mu_0}{4\pi} R^2 \int d^3x'\, \mathbf{J}(\mathbf{x}') \times \int d\Omega \frac{\mathbf{n}}{|\mathbf{n} - \mathbf{x}'|}$$

Die Winkelintegration ist von der gleichen Art wie im Fall der Elektrostatik. Bei Verwendung von (4.16′) finden wir daher für das Integral von **B** über ein kugelförmiges Volumen:

$$\int_{r<R} \mathbf{B}\, d^3x = \frac{\mu_0}{3} \int \left(\frac{R^2 r_<}{r' r_>^2} \right) \mathbf{x}' \times \mathbf{J}(\mathbf{x}')\, d^3x' \tag{5.61}$$

wobei $r_<$ ($r_>$) der kleinere (größere) der beiden Radien r' und R ist. Liegt die gesamte Stromdichte innerhalb der Kugel, so ist $r_< = r'$ und $r_> = R$. Es ergibt sich dann:

$$\int_{r<R} \mathbf{B}\, d^3x = \frac{2\mu_0}{3} \mathbf{m} \tag{5.62}$$

wobei **m** das magnetische Gesamtmoment (5.54) ist. Befindet sich dagegen die Stromverteilung im Außenraum der Kugel, so ist aufgrund von (5.14)

$$\int_{r<R} \mathbf{B}\, d^3x = \frac{4\pi R^3}{3} \mathbf{B}(0) \tag{5.63}$$

Die Ergebnisse (5.62) und (5.63) kann man mit ihren Analoga (4.18) bzw. (4.19) aus der Elektrostatik vergleichen. Der Unterschied zwischen (5.62) und (4.18) liegt in der Herkunft der Felder: in dem einen Fall rühren sie von Ladungen her, in dem anderen von einem Kreisstrom. Will man die durch (5.62) gegebene Information in das magnetische Dipolfeld (5.56) einbeziehen, so hat man einen δ-funktionsartigen Beitrag hinzuzufügen:

$$\mathbf{B}(\mathbf{x}) = \frac{\mu_0}{4\pi} \left[\frac{3\mathbf{n}(\mathbf{n} \cdot \mathbf{m}) - \mathbf{m}}{|\mathbf{x}|^3} + \frac{8\pi}{3} \mathbf{m}\delta(\mathbf{x}) \right] \tag{5.64}$$

Der Term mit der Delta-Funktion geht in den Ausdruck für die Hyperfeinstruktur der atomaren s-Zustände ein (vgl. nächster Abschnitt).

5.7 Kraft und Drehmoment auf eine lokalisierte Stromverteilung im äußeren Magnetfeld, Energie dieser Stromverteilung

Bringt man eine lokalisierte Stromverteilung in ein äußeres Magnetfeld $\mathbf{B}(\mathbf{x})$, so werden auf diese, nach dem Ampère'schen Gesetz, Kräfte und Drehmomente ausgeübt. Die Ausdrücke für die Gesamtkraft und das Gesamtdrehmoment werden ihrer allgemeinen Form nach durch Gl. (5.12) bzw. (5.13) bestimmt. Ändert sich das äußere Magnetfeld über den Bereich der Stromverteilung nur wenig, so lassen sich die führenden Anteile von Kraft und Drehmoment aus einer Taylor-Entwicklung ermitteln. Wir entwickeln daher die kartesischen Komponenten von **B** um einen geeignet gewählten Ursprung und schreiben:

$$B_k(\mathbf{x}) = B_k(0) + \mathbf{x} \cdot \nabla B_k(0) + \cdots \tag{5.65}$$

Die i-te Komponente der Kraft geht damit über in

$$F_i = \sum_{jk} \epsilon_{ijk} \left[B_k(0) \int J_j(\mathbf{x}')\, d^3x' + \int J_j(\mathbf{x}')\mathbf{x}' \cdot \boldsymbol{\nabla} B_k(0)\, d^3x' + \cdots \right] \tag{5.66}$$

Dabei bezeichnet ϵ_{ijk} den vollständig antisymmetrischen Einheitstensor ($\epsilon_{ijk} = 1$ für $i = 1$, $j = 2$, $k = 3$ und zyklische Vertauschungen, $\epsilon_{ijk} = -1$ für alle anderen Permutationen, $\epsilon_{ijk} = 0$ für zwei oder drei gleiche Indizes). Das Volumenintegral von $\mathbf{J}$ verschwindet für stationäre Ströme; den Beitrag niedrigster Ordnung zur Kraft liefert daher der zweite Term in (5.66). Bei Verwendung der unmittelbar vor (5.53) angegebenen Formel [mit $\mathbf{x} \to \boldsymbol{\nabla} B_k(0)$] ergibt sich:

$$F_i = \sum_{jk} \epsilon_{ijk} (\mathbf{m} \times \boldsymbol{\nabla})_j B_k(\mathbf{x}) \tag{5.67}$$

wobei $\mathbf{x}$ nach der Differentiation von $B_k(\mathbf{x})$ gleich Null zu setzen ist. Vektoriell lässt sich für (5.67) auch

$$\mathbf{F} = (\mathbf{m} \times \boldsymbol{\nabla}) \times \mathbf{B} = \boldsymbol{\nabla}(\mathbf{m} \cdot \mathbf{B}) - \mathbf{m}(\boldsymbol{\nabla} \cdot \mathbf{B}) \tag{5.68}$$

schreiben. Da allgemein $\boldsymbol{\nabla} \cdot \mathbf{B} = 0$ gilt, ist somit die Kraft, die eine wenig ausgedehnte Stromverteilung in einem äußeren Magnetfeld $\mathbf{B}$ erfährt, in niedrigster Ordnung:

$$\mathbf{F} = \boldsymbol{\nabla}(\mathbf{m} \cdot \mathbf{B}) \tag{5.69}$$

Diese Kraft stellt die zeitliche Änderung des mechanischen Gesamtimpulses dar, einschließlich des „verborgenen mechanischen Impulses", der mit dem elektromagnetischen Impuls verknüpft ist (vgl. hierzu die Übgn. 6.5 und 12.8 sowie die Literaturhinweise am Ende von Kap. 12). Die effektive Kraft in der Newton'schen Bewegungsgleichung, d. h. das Produkt aus Masse und Beschleunigung, ist durch (5.69) gegeben, vermehrt um $(1/c^2)(d/dt)(\mathbf{E} \times \mathbf{m})$, wobei $\mathbf{E}$ das äußere elektrische Feld an der Stelle des Dipols ist. Abgesehen von winkelabhängigen Faktoren stehen die beiden Beträge im Verhältnis $(cB/L) : (E/\lambda\!\!\!^{-})$, wobei L das Maß eines Längenintervalls ist, das einer signifikanten Änderung in $\mathbf{B}$ entspricht, während $\lambda\!\!\!^{-}$ die Vakuum-Wellenlänge ist, die zur charakteristischen Strahlungsfrequenz in einer Fourier-Entwicklung des zeitabhängigen elektrischen Feldes gehört.

In einem inhomogenen Magnetfeld ist die auf eine lokalisierte Ladungsverteilung wirkende Kraft proportional zu deren magnetischem Moment $\mathbf{m}$ und wird durch (5.69) bestimmt. Als einfaches Anwendungsbeispiel erwähnen wir die Kraft, die ein geladenes Teilchen im zeitlichen Mittel auf seiner spiralförmigen Bahn durch ein inhomogenes Magnetfeld erfährt. Im *homogenen* Magnetfeld bewegt sich ein geladenes Teilchen bekanntlich auf einem Kreis senkrecht zum Feld und mit konstanter Geschwindigkeit parallel zum Feld, d. h. es beschreibt eine Schraubenlinie. Die Kreisbewegung ist im zeitlichen Mittel äquivalent zu einer kreisförmigen Stromschleife mit dem magnetischen Moment (5.57). Ist das Feld jedoch inhomogen, sein Gradient aber klein (sodass das Teilchen nach einer Schraubenumdrehung im Wesentlichen das gleiche Feld wahrnimmt), dann kann die Teilchenbewegung durch die Kraft auf ein äquivalentes magnetisches Moment beschrieben werden. Untersucht man das Vorzeichen dieses Momentes und der entsprechenden Kraft, so zeigt sich, dass geladene Teilchen von Gebieten hoher Flussdichte tendenziell abgestoßen werden, und zwar unabhängig vom Vorzeichen ihrer Ladung. Hierauf beruhen die sog. magnetischen Spiegel, die wir in Kap. 12.5 unter einem anderen Gesichtswinkel diskutieren.

Das auf eine lokalisierte Stromverteilung wirkende Gesamtdrehmoment findet man auf ähnlichem Wege wie die Kraft, indem man die Entwicklung (5.65) in (5.13) einsetzt. In diesem Fall liefert der Term niedrigster Ordnung aus (5.65) einen Beitrag. Bei Beschränkung auf diesen führenden Term erhält man zunächst:

$$\mathbf{N} = \int \mathbf{x}' \times [\mathbf{J} \times \mathbf{B}(0)] \, d^3x' \tag{5.70}$$

Entwickelt man das zweifache Vektorprodukt, so folgt:

$$\mathbf{N} = \int [(\mathbf{x}' \cdot \mathbf{B}) \, \mathbf{J} - (\mathbf{x}' \cdot \mathbf{J}) \, \mathbf{B}] \, d^3x'$$

Das erste Integral hat die gleiche Struktur wie das zweite in (5.66), sodass wir seinen Wert unmittelbar angeben können. Das zweite Integral hingegen verschwindet für stationäre, lokalisierte Stromverteilungen, wie man aus (5.52) mit $f = g = r'$ ablesen kann. Der führende Term für das Drehmoment lautet daher:

$$\mathbf{N} = \mathbf{m} \times \mathbf{B}(0) \tag{5.71}$$

Dies ist der bekannte Ausdruck für das auf einen Dipol wirkende Drehmoment, das wir in Abschnitt 1 dieses Kapitels als eine der Möglichkeiten zur Definition von Betrag und Richtung der magnetischen Induktion erwähnten.

Die potentielle Energie eines magnetischen Permanentdipols in einem äußeren Magnetfeld lässt sich entweder aus der Kraft (5.69) oder aus dem Drehmoment (5.71) herleiten. Interpretiert man die Kräfte als negativen Gradienten der potentiellen Energie U, so ergibt sich:

$$U = -\mathbf{m} \cdot \mathbf{B} \tag{5.72}$$

Für ein magnetisches Moment in einem äußeren homogenen Feld kann man das Drehmoment (5.71) als negative Ableitung von U bezüglich des Winkels zwischen $\mathbf{B}$ und $\mathbf{m}$ interpretieren. Dieses bekannte Ergebnis für die potentielle Energie eines Dipols zeigt, dass der Dipol sich parallel zum Feld auszurichten versucht, d.h. die Lage niedrigster Energie einzunehmen versucht.

Am Rande sei bemerkt, dass (5.72) *nicht* die gesamte Energie des magnetischen Moments in einem äußeren Feld darstellt. Um den Dipol $\mathbf{m}$ in seine endgültige Lage zu bringen, muss zur Aufrechterhaltung des Stromes $\mathbf{J}$, der $\mathbf{m}$ konstant erhält, Arbeit geleistet werden. Obwohl schließlich ein stationärer Zustand erreicht wird, gibt es zu Beginn eine Übergangsphase mit zeitabhängigen Feldern. Dies liegt jedoch außerhalb unserer gegenwärtigen Betrachtungen. Wir verschieben daher die Diskussion der Energie magnetischer Felder bis zum Kap. 5.16, nachdem wir das Faraday'sche Induktionsgesetz besprochen haben.

Den Energieausdruck (5.72) kann man zur Berechnung magnetischer Effekte auf atomare Energieniveaus benutzen. Beispiele hierfür sind der Zeeman-Effekt sowie die Fein- und Hyperfeinstruktur. Die Feinstruktur lässt sich auf Energiedifferenzen des inneren magnetischen Moments $\boldsymbol{\mu}_e$ eines Elektrons in dem von seinem Ruhsystem aus gesehenen Magnetfeld zurückführen. Wir besprechen die Feinstruktur, zusammen mit den subtilen Komplikationen durch die Thomas-Präzession, kurz in Kapitel 11. Die Hyperfein-Wechselwirkung besteht in der Wechselwirkung des magnetischen Moments $\boldsymbol{\mu}_N$ eines Kerns mit dem vom Elektron erzeugten Magnetfeld. Die Hamilton'sche Funktion der Wechselwirkung hat die Gestalt von (5.72) mit $\mathbf{m} = \boldsymbol{\mu}_N$ und $\mathbf{B}$ als dem vom Elektron erzeugten Magnetfeld, genommen am Ort des Kerns ($\mathbf{x} = 0$). Dieses Feld besteht aus zwei Anteilen: dem Dipolfeld (5.64) und dem magnetischen Feld, das durch die Bahnbewegung der Elektronenladung erzeugt wird. Letzteres wird in nichtrelativistischer Näherung durch (5.5) beschrieben und lässt sich in der Form $\mathbf{B}_{\text{orbital}}(0) = \mu_0 e\mathbf{L}/4\pi m r^3$ schreiben, wobei $\mathbf{L} = \mathbf{x} \times m\mathbf{v}$ der Bahndrehimpuls des um den Kern kreisenden Elektrons ist. Die Hamilton'sche Funktion der Hyperfein-Wechselwirkung lautet also:

$$\mathscr{H}_{\text{HFS}} = \frac{\mu_0}{4\pi}\left\{-\frac{8\pi}{3}\boldsymbol{\mu}_e \cdot \boldsymbol{\mu}_N \delta(\mathbf{x}) + \frac{1}{r^3}\left[\boldsymbol{\mu}_e \cdot \boldsymbol{\mu}_N - 3\frac{(\mathbf{x}\cdot\boldsymbol{\mu}_e)(\mathbf{x}\cdot\boldsymbol{\mu}_N)}{r^2} - \frac{e}{m}\mathbf{L}\cdot\boldsymbol{\mu}_N\right]\right\} \tag{5.73}$$

Die Erwartungswerte dieser Hamilton'schen Funktion bezüglich der verschiedenen Elektronen (und Kernspin)-Zustände ergeben die Energieverschiebungen der Hyperfein-Wechselwirkung. Für kugelsymmetrische s-Zustände ist der Erwartungswert des zweiten Terms auf der rechten Seite von (5.73) gleich Null. Die Hyperfein-Wechselwirkung rührt in diesem Fall nur vom ersten Term her:

$$\Delta E = -\frac{\mu_0}{4\pi}\frac{8\pi}{3}|\psi_e(0)|^2\langle\boldsymbol{\mu}_e \cdot \boldsymbol{\mu}_N\rangle \tag{5.74}$$

Für $l \neq 0$ dagegen liefert nur der zweite Term einen Beitrag zur Hyperfein-Verschiebung, da die Wellenfunktionen mit $l \neq 0$ am Ursprung verschwinden. Die angegebenen Ausdrücke gehen auf Fermi zurück, der sie 1930 aus der Dirac-Gleichung herleitete. Bei der Anwendung von (5.73) bzw. (5.74) ist darauf zu achten, dass die Ladung e negativ und $\boldsymbol{\mu}_e$ dem Elektronenspin entgegengerichtet ist. Die sich aus (5.74) ergebende Energiedifferenz zwischen den Singlett- und Triplettzuständen des $1s$-Niveaus des Wasserstoffatoms ist die Ursache der berühmten astrophysikalischen 21 cm-Linie.

Die Verschiedenheit zwischen dem „Kontakt"-Term in (5.73) und dem *elektrischen* Dipolfeld (4.20) gibt Aufschluss über das Zustandekommen *innerer* magnetischer Momente. Während magnetische Bahnmomente offensichtlich von zirkulierenden Strömen herrühren, wäre es a priori denkbar, dass die inneren magnetischen Momente von Elementarteilchen wie dem Elektron, Positron, Müon, Proton und Neutron von magnetischen *Ladungen* in magnetisch neutraler Anordnung (mit der resultierenden Gesamtladung Null) verursacht werden. Wenn das aber der Fall wäre und die magnetischen Momente von Elektron und Proton auf derart gruppierte magnetische Ladungen zurückzuführen wären, müsste der Koeffizient $8\pi/3$ in (5.74) durch $-4\pi/3$ ersetzt werden! Die astrophysikalische Hyperfeinstruktur-Linie des Wasserstoffatoms läge bei der 42 cm-Wellenlänge und Singulett- und Triplettzustände wären vertauscht. Weitere überzeugende Hinweise, dass die inneren magnetischen

Momente von Elementarteilchen von elektrischen Strömen und nicht von magnetischen Ladungen herrühren, liefern Experimente am Positronium und Müonium sowie die magnetische Streuung von Neutronen.[8]

5.8 Makroskopische Gleichungen, Grenzbedingungen für B und H

Bisher haben wir die Grundgesetze (5.26) stationärer magnetischer Felder als mikroskopische Gleichungen im Sinne der Einführung und des Kapitels 4 behandelt. Wir nahmen dabei an, dass die Stromdichte eine vollständig bekannte Funktion des Ortes ist. Bei makroskopischen Problemen ist jedoch diese Annahme oft falsch. Die Elektronen, die sich in den Atomen der Materie bewegen, geben Anlass zu effektiven atomaren Strömen, deren Dichte stark fluktuiert. Bekannt bzw. von Bedeutung ist nur deren Mittelwert über ein makroskopisches Volumen. Darüber hinaus besitzen die Elektronen der Atome innere magnetische Momente, die sich durch eine klassische Stromdichte nicht ausdrücken lassen. Diese Momente können Dipolfelder erzeugen, die über den atomaren Ausdehnungsbereich beträchtlich variieren.

Die Mittelung der makroskopischen Gleichungen, die notwendig ist, um zu einer makroskopischen Beschreibungsweise magnetischer Felder in dichten Medien zu gelangen, besprechen wir ausführlich in Kapitel 6. An dieser Stelle skizzieren wir – ähnlich wie in Kapitel 4 – nur die elementare Herleitung der makroskopischen Gleichungen. Zunächst ist festzustellen, dass die Mittelung der Gleichung $\nabla \cdot \mathbf{B}_{\text{mikro}} = 0$ auf eine Gleichung derselben Form für die makroskopische Induktion führt, nämlich auf

$$\nabla \cdot \mathbf{B} = 0 \tag{5.75}$$

Wir können also weiterhin das Konzept eines Vektorpotentials $\mathbf{A}(\mathbf{x})$ benutzen, dessen Rotation $\mathbf{B}$ liefert. Die große Anzahl von Molekülen bzw. Atomen in der Volumeneinheit, von denen jedes des magnetische Moment $\mathbf{m}_i$ besitzt, gibt Anlass zu einer mittleren makroskopischen *Magnetisierung* bzw. magnetischen Momentdichte

$$\mathbf{M}(\mathbf{x}) = \sum_i N_i \langle \mathbf{m}_i \rangle \tag{5.76}$$

Darin bedeutet N_i die mittlere Anzahl der Moleküle vom Typ i, die in einer Volumeneinheit enthalten sind, und $\langle \mathbf{m}_i \rangle$ ist das mittlere molekulare Moment eines kleinen Volumens um den Punkt $\mathbf{x}$. Wir nehmen an, dass neben der makroskopischen Magnetisierung auch eine makroskopische Stromdichte $\mathbf{J}(\mathbf{x})$ vorhanden ist, die von

[8] Jedoch ist bei der Annahme, die inneren Momente aller Elementarteilchen hätten jeweils die gleiche Ursache, Vorsicht geboten. In allgemein verständlicher Form werden die einschlägigen Experimente vom Autor dieses Buches in dem Artikel „The nature of instrinsic magnetic dipole moments", CERN-Report No. 77-17, CERN, Genf (1977); wiederabgedruckt in *The International Community of Physicists: Essays on Physics and Society in Honor of Victor Frederick Weisskopf*, Hrsg. V. Stefan, New York: AIP Press/Springer-Verlag 1977.

der Bewegung freier Ladungen innerhalb des Mediums herrührt. Das Vektorpotential, das zu einem kleinen Volumen ΔV um den Punkt $\mathbf{x}'$ gehört, ist dann:

$$\Delta\mathbf{A}(\mathbf{x}) = \frac{\mu_0}{4\pi}\left[\frac{\mathbf{J}(\mathbf{x}')\,\Delta V}{|\mathbf{x}-\mathbf{x}'|} + \frac{\mathbf{M}(\mathbf{x}')\times(\mathbf{x}-\mathbf{x}')}{|\mathbf{x}-\mathbf{x}'|^3}\Delta V\right]$$

Dieser Ausdruck, dessen zweiter Summand das Vektorpotential (5.55) eines Dipols ist, stellt das magnetische Analogon zu (4.30) dar. Geht ΔV in das makroskopisch infinitesimale Volumenelement d^3x' über, dann kann das gesamte Vektorpotential am Ort $\mathbf{x}$ als Integral über den gesamten Raum geschrieben werden:

$$\mathbf{A}(\mathbf{x}) = \frac{\mu_0}{4\pi}\int\left[\frac{\mathbf{J}(\mathbf{x})'}{|\mathbf{x}-\mathbf{x}'|} + \frac{\mathbf{M}(\mathbf{x}')\times(\mathbf{x}-\mathbf{x}')}{|\mathbf{x}-\mathbf{x}'|^3}\right]d^3x' \tag{5.77}$$

Der Magnetisierungsanteil lässt sich folgendermaßen umformen:

$$\int\frac{\mathbf{M}(\mathbf{x}')\times(\mathbf{x}-\mathbf{x}')}{|\mathbf{x}-\mathbf{x}'|^3}d^3x' = \int\mathbf{M}(\mathbf{x}')\times\nabla'\left(\frac{1}{|\mathbf{x}-\mathbf{x}'|}\right)d^3x'$$

Eine anschließende partielle Integration wälzt den Gradienten auf die Magnetisierung ab und liefert außerdem ein Oberflächenintegral. Dieses aber verschwindet, wenn $\mathbf{M}(\mathbf{x}')$ stetig und auf ein endliches Gebiet beschränkt ist. In diesem Fall lässt sich für das Vektorpotential auch

$$\mathbf{A}(\mathbf{x}) = \frac{\mu_0}{4\pi}\int\frac{[\mathbf{J}(\mathbf{x}')+\nabla'\times\mathbf{M}(\mathbf{x}')]}{|\mathbf{x}-\mathbf{x}'|}d^3x' \tag{5.78}$$

schreiben. D.h. die Magnetisierung liefert als Beitrag die *effektive Stromdichte*

$$\mathbf{J}_M = \nabla\times\mathbf{M} \tag{5.79}$$

Aus (5.78) ergibt sich unmittelbar das makroskopische Äquivalent zu der mikroskopischen Gleichung $\nabla\times\mathbf{B}_{\text{mikro}} = \mu_0\mathbf{J}_{\text{mikro}}$. Sind die Lösungen der Gln. (5.26) durch (5.32) gegeben, dann besagt Gl. (5.78), dass $\mathbf{J}+\mathbf{J}_M$ die Rolle des makroskopischen Stromäquivalents spielt, d.h. dass

$$\nabla\times\mathbf{B} = \mu_0[\mathbf{J}+\nabla\times\mathbf{M}] \tag{5.80}$$

ist. **M** kann mit **B** zu einem neuen makroskopischen Feld **H** kombiniert werden, dem *magnetischen Feld*

$$\mathbf{H} = \frac{1}{\mu_0}\mathbf{B}-\mathbf{M} \tag{5.81}$$

Die makroskopischen Gleichungen, die an die Stelle von (5.26) treten, lauten dann:

$$\begin{aligned}\nabla\times\mathbf{H} &= \mathbf{J}\\ \nabla\cdot\mathbf{B} &= 0\end{aligned} \tag{5.82}$$

Die Einführung von **H** als makroskopisches Feld befindet sich in Analogie zu der von **D** als makroskopisches elektrostatisches Feld. Die elektrostatischen Analoga zu den makroskopischen Gleichungen (5.82) lauten:

$$\begin{aligned}\nabla\cdot\mathbf{D} &= \rho\\ \nabla\times\mathbf{E} &= 0\end{aligned} \tag{5.83}$$

Es sei betont, dass die Grundfelder durch **E** und **B** gegeben sind. Sie genügen den homogenen Gleichungen aus (5.82) bzw. (5.83). Die abgeleiteten Felder **D** und **H** werden aus praktischen Gründen eingeführt, um die Beiträge der atomaren Ladungen und Ströme ρ bzw. **J** im Mittel zu berücksichtigen.

Für eine vollständige Beschreibung der makroskopischen Magnetostatik benötigt man eine *Verknüpfungsgleichung* zwischen **H** und **B**. Wie in der Einführung dargelegt, gilt für isotrope *diamagnetische* und *paramagnetische* Substanzen die einfache lineare Beziehung

$$\mathbf{B} = \mu \mathbf{H} \tag{5.84}$$

Dabei ist μ eine für die Substanz charakteristische Konstante, die sog. *magnetische Permeabilität* oder *Permeabilitätskonstante*. Der Quotient μ/μ_0 unterscheidet sich von Eins i. A. nur um Werte in der Größenordnung von 10^{-6} ($\mu > \mu_0$ für paramagnetische Substanzen, $\mu < \mu_0$ für diamagnetische Substanzen). Für Ferromagnetika muss Gl. (5.84) durch einen nichtlinearen funktionalen Zusammenhang ersetzt werden:

$$\mathbf{B} = \mathbf{F}(\mathbf{H}) \tag{5.85}$$

Das Phänomen der *Hysterese*, das in Abb. 5.8 schematisch dargestellt ist, bedeutet, dass **B** nicht mehr in eindeutiger Weise von **H** abhängt.[9] Tatsächlich geht in das Verhalten von **F**(**H**) die Vorbehandlung des Materials ein. Legt man an eine unmagnetische gemachte Probe aus ferromagnetischem Material ein Magnetfeld mit stetig wachsender Feldstärke **H** an, so durchläuft die Magnetisierung **M** bzw. die magnetische Induktion **B** die in Abb. 5.8 mit (1) bezeichnete *Neukurve* und erreicht bei der *Sättigungsfeldstärke* H_s, ihren Sättigungswert M_s bzw. B_s. Nimmt die Feldstärke entlang der Kurve (2) wieder ab, so bleibt bei $\mathbf{H} = 0$ eine *Remanenz* M_r bzw. B_r bestehen, und diese kann erst durch ein magnetisches Gegenfeld H_c, die sog. *Koerzitivkraft*, wieder aufgehoben werden. Wächst die Feldstärke wieder in positive Richtung an, so wird die Sättigung auf einem Weg (3) erreicht, der von der Neukurve

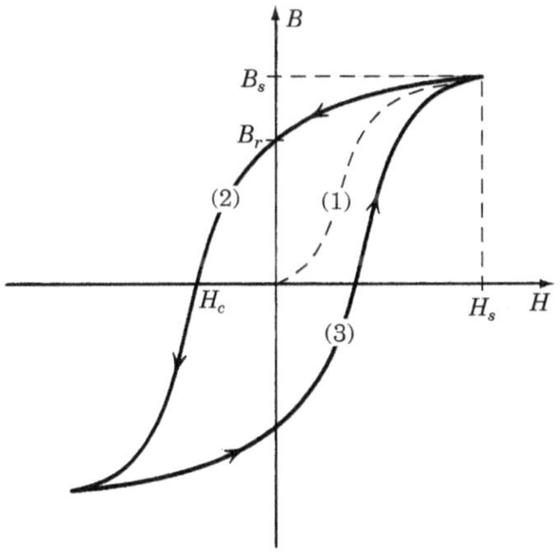

Abb. 5.8 Hystereseschleife: der Betrag von **B** in einem ferromagnetischen Material als Funktion des Betrages von **H** (H_s und B_s: Sättigungswerte von **H** bzw. **B**; B_r: Remanenzwert von **B**; H_c: Koerzitivkraft).

[9] Die folgenden Ausführungen zur Hysterese-Schleife enthalten gegenüber dem amerikanischen Original einige Ergänzungen (Anm. des Übersetzers).

abweicht. Die Steilheit der Neukurve bzw. Hystereseschleife wird durch die *differentielle Permeabilität* $\mu(\mathbf{H})$ beschrieben, d. h. durch die Ableitung von **B** nach **H** (wenn beide zueinander parallel sind). Für hochpermeable Substanzen kann $\mu(\mathbf{H})/\mu_0$ Werte bis zu 10^6 erreichen. Für die meisten unbearbeiteten Ferromagnetika besteht bei sehr kleinen Feldern zwischen **B** und **H** ein linearer Zusammenhang der Art (5.84), der sich graphisch in der Neukurve ausdrückt. Die Anfangswerte der Permeabilität liegen i. Allg. zwischen 10 und 10^4.

Der komplizierte Zusammenhang zwischen **B** und **H** in ferromagnetischen Stoffen macht die Untersuchung magnetischer Randwertprobleme in einer für sie typischen Art und Weise schwieriger als in analogen elektrostatischen Problemen. Doch die sehr hohen Werte der Permeabilität gestatten manchmal vereinfachende Annahmen bezüglich der Randbedingungen.

Die Grenzbedingungen für **B** und **H** an der Trennfläche zweier Medien haben wir in Abschn. I.5 hergeleitet. Dort wurde gezeigt, dass die Normalkomponenten von **B** und die Tangentialkomponenten von **H** zu beiden Seiten der Trennfläche durch die Beziehungen

$$(\mathbf{B}_2 - \mathbf{B}_1) \cdot \mathbf{n} = 0 \tag{5.86}$$

$$\mathbf{n} \times (\mathbf{H}_2 - \mathbf{H}_1) = \mathbf{K} \tag{5.87}$$

miteinander verknüpft sind, wobei **n** die vom Gebiet 1 ins Gebiet 2 zeigende Flächennormale und **K** die Dichte des idealisierten Flächenstromes ist. Für Materialien, die einer linearen Beziehung der Art (5.84) genügen, lassen sich die Grenzbedingungen alternativ in der Form

$$\mathbf{B}_2 \cdot \mathbf{n} = \mathbf{B}_1 \cdot \mathbf{n}, \quad \mathbf{B}_2 \times \mathbf{n} = \frac{\mu_2}{\mu_1} \mathbf{B}_1 \times \mathbf{n} \tag{5.88}$$

oder

$$\mathbf{H}_2 \cdot \mathbf{n} = \frac{\mu_1}{\mu_2} \mathbf{H}_1 \cdot \mathbf{n}, \quad \mathbf{H}_2 \times \mathbf{n} = \mathbf{H}_1 \times \mathbf{n} \tag{5.89}$$

ausdrücken. Für $\mu_1 \gg \mu_2$ ist die Normalkomponente von $\mathbf{H}_2$ sehr viel größer als die von $\mathbf{H}_1$ (vgl. Abb. 5.9). Im Grenzfall $(\mu_1/\mu_2) \to \infty$ steht $\mathbf{H}_2$ senkrecht auf der Trennfläche, unabhängig von der Richtung von $\mathbf{H}_1$ (mit Ausnahme des Sonderfalls, dass $\mathbf{H}_1$ exakt parallel zur Trennfläche gerichtet ist). Die Grenzbedingung für **H** an der Oberfläche eines Materials sehr hoher Permeabilität entspricht also der für das elektrische Feld an der Oberfläche eines Leiters. Für das magnetische Feld lassen sich dann die gleichen Methoden wie in der elektrostatischen Potentialtheorie anwenden. Die Oberflächen von Materialien hoher Permeabilität sind näherungsweise

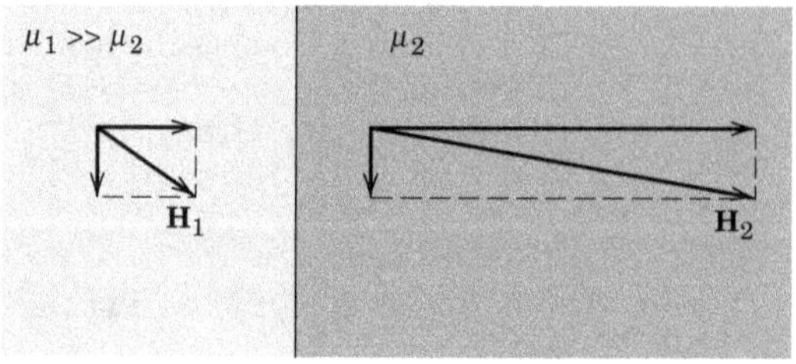

Abb. 5.9

„Äquipotentialflächen", und die Feldlinien von **H** stehen senkrecht auf ihnen. Diese Analogie macht man sich oft bei der Konstruktion von Magneten zunutze. Die Art des Feldes wird durch die Oberfläche bestimmt, und die Polflächen der Magnete werden als Äquipotentialflächen ausgebildet. Weiteres hierzu findet der Leser in Abschn. 14 dieses Kapitels.

5.9 Lösungsmethoden für Randwertprobleme der Magnetostatik

Die Grundgleichungen der Magnetostatik lauten:

$$\nabla \cdot \mathbf{B} = 0, \quad \nabla \times \mathbf{H} = \mathbf{J} \tag{5.90}$$

Hinzu kommt eine Verknüpfungsgleichung zwischen **B** und **H**. Die Verschiedenartigkeit der in der Praxis auftretenden Probleme ist so groß, dass es angebracht erscheint, einen Überblick über die verschiedenen Methoden zur Lösung magnetostatischer Randwertprobleme zu geben.

A. Allgemein anwendbare Methoden unter Zugrundelegung des Vektorpotentials

Nach der ersten der beiden Gleichungen (5.90) kann man stets ein Vektorpotential $\mathbf{A}(\mathbf{x})$ einführen, sodass

$$\mathbf{B} = \nabla \times \mathbf{A}$$

Ist die Verknüpfungsgleichung $\mathbf{H} = \mathbf{H}[\mathbf{B}]$ explizit gegeben, dann lässt sich die zweite der beiden Gleichungen (5.90) in der Form

$$\nabla \times \mathbf{H}[\nabla \times \mathbf{A}] = \mathbf{J}$$

schreiben. Diese Differentialgleichung ist im Allgemeinen – auch dann, wenn die Stromverteilung von einfacher Form ist – sehr kompliziert, es sei denn, zwischen **H** und **B** besteht ein einfacher Zusammenhang. Für linear reagierende Materialien mit $\mathbf{B} = \mu \mathbf{H}$ geht sie über in

$$\nabla \times \left(\frac{1}{\mu} \nabla \times \mathbf{A} \right) = \mathbf{J} \tag{5.91}$$

Ist μ über ein endliches Raumgebiet konstant, so lässt sich für (5.91) innerhalb dieses Gebiets auch

$$\nabla(\nabla \cdot \mathbf{A}) - \nabla^2 \mathbf{A} = \mu \mathbf{J} \tag{5.92}$$

schreiben. Mit der Coulomb-Eichung ($\nabla \cdot \mathbf{A} = 0$) geht diese Gleichung in (5.31) mit der modifizierten Stromdichte $(\mu/\mu_0)\mathbf{J}$ über. Der vorliegende Fall entspricht weitgehendst einem homogenen, isotropen Dielektrikum, für das die effektive Ladungsdichte in der Poisson'schen Gleichung durch $\epsilon_0 \rho / \epsilon$ gegeben ist. Die Lösungen von (5.92) in verschiedenen linear reagierenden Medien müssen mithilfe der Grenzbedingungen (5.88) bzw. (5.89) über die Trennfläche hinweg aneinander angepasst werden.

B. Magnetisches Skalarpotential ($\mathbf{J} = 0$)

Verschwindet die Stromdichte in einem endlichen Raumgebiet, dann geht dort die zweite der beiden Gleichungen (5.90) in $\boldsymbol{\nabla} \times \mathbf{H} = 0$ über. Dies bedeutet, dass man *lokal* ein *magnetisches Skalarpotential* Φ_M[10] einführen kann, sodass

$$\mathbf{H} = -\boldsymbol{\nabla}\Phi_M \tag{5.93}$$

wird. Diese Gleichung entspricht der Beziehung $\mathbf{E} = -\boldsymbol{\nabla}\Phi$ aus der Elektrostatik. Die Gleichung $\boldsymbol{\nabla} \cdot \mathbf{B} = 0$ lässt sich bei Verwendung der Verknüpfungsgleichung $\mathbf{B} = \mathbf{B}[\mathbf{H}]$ jetzt auch in der Gestalt

$$\boldsymbol{\nabla} \cdot \mathbf{B}[-\boldsymbol{\nabla}\Phi_M] = 0$$

schreiben. Auch diese Differentialgleichung ist wieder sehr kompliziert – es sei denn, das Medium reagiert linear. In diesem Fall vereinfacht sie sich zu

$$\boldsymbol{\nabla} \cdot (\mu \boldsymbol{\nabla}\Phi_M) = 0 \tag{5.94}$$

Ist μ mindestens *stückweise konstant*, so gehorcht das skalare Potential in jedem der Teilbereiche der Laplace'schen Gleichung:

$$\nabla^2 \Phi_M = 0$$

Die Lösungen in den verschiedenen Bereichen sind über die Grenzbedingungen (5.89) miteinander verknüpft. Es sei bemerkt, dass man im Fall eines stückweise konstanten μ auch $\mathbf{B} = -\boldsymbol{\nabla}\Psi_M$ mit $\nabla^2\Psi_M = 0$ schreiben kann. Dieses alternative skalare Potential unterliegt natürlich den Grenzbedingungen (5.88).

Das Konzept des magnetischen Skalarpotentials lässt sich auf eine geschlossene Stromschleife anwenden. Das Potential Φ_M ist, wie sich zeigen lässt, proportional zum Raumwinkel, der über dem Aufpunkt von der Berechnung der Schleife aufgespannt wird (vgl. Übg. 5.1). Ein solches Potential ist natürlich nicht mehr eindeutig und nicht *global* stetig.

C. Harte Ferromagnetika (mit gegebenem M und $\mathbf{J} = 0$)

In vielen praktischen Fällen hat man es mit sog. harten Ferromagnetika zu tun, deren Magnetisierung für nicht zu starke Felder im wesentlichen unabhängig vom angelegten Feld ist. Bei der Behandlung entsprechender Probleme darf man annehmen, das Material habe eine feste, vorgegebene Magnetisierung $\mathbf{M}(\mathbf{x})$.

a) Skalarpotential

Da $\mathbf{J} = 0$ ist, kann man das Skalarpotential Φ_M benutzen. Für die erste der beiden Gleichungen (5.90) schreiben wir:

$$\boldsymbol{\nabla} \cdot \mathbf{B} = \mu_0 \boldsymbol{\nabla} \cdot (\mathbf{H} + \mathbf{M}) = 0$$

Mit (5.93) geht diese Gleichung über in die Poisson'sche Gleichung

$$\nabla^2 \Phi_M = -\rho_M \tag{5.95}$$

[10] Dieses Potential Φ_M ist nicht zu verwechseln mit dem in Abschn. 5.15 definierten magnetischen Fluss Φ_m! (Anm. des Übersetzers).

mit der *effektiven magnetischen Ladungsdichte*

$$\rho_M = -\boldsymbol{\nabla} \cdot \mathbf{M} \tag{5.96}$$

Bei Abwesenheit von Randflächen lautet die Lösung für Φ_M:

$$\Phi_M(\mathbf{x}) = -\frac{1}{4\pi} \int \frac{\boldsymbol{\nabla}' \cdot \mathbf{M}(\mathbf{x}')}{|\mathbf{x}-\mathbf{x}'|} d^3x' \tag{5.97}$$

Ist $\mathbf{M}$ stetig und auf ein endliches Gebiet beschränkt, dann führt eine partielle Integration auf

$$\Phi_M(\mathbf{x}) = \frac{1}{4\pi} \int \mathbf{M}(\mathbf{x}') \cdot \boldsymbol{\nabla}' \left(\frac{1}{|\mathbf{x}-\mathbf{x}'|}\right) d^3x'$$

und bei Beachtung von

$$\boldsymbol{\nabla}' \left(\frac{1}{|\mathbf{x}-\mathbf{x}'|}\right) = -\boldsymbol{\nabla} \left(\frac{1}{|\mathbf{x}-\mathbf{x}'|}\right)$$

erhält man:

$$\Phi_M(\mathbf{x}) = -\frac{1}{4\pi} \boldsymbol{\nabla} \cdot \int \frac{\mathbf{M}(\mathbf{x}')}{|\mathbf{x}-\mathbf{x}'|} d^3x' \tag{5.98}$$

Am Rande sei bemerkt, dass das Potential in großen Entfernungen vom Gebiet nichtverschwindender Magnetisierung durch

$$\begin{aligned}\Phi_M(\mathbf{x}) &\simeq -\frac{1}{4\pi} \boldsymbol{\nabla} \left(\frac{1}{r}\right) \cdot \int \mathbf{M}(\mathbf{x}')\, d^3x' \\ &= \frac{\mathbf{m} \cdot \mathbf{x}}{4\pi r^3}\end{aligned}$$

approximiert werden kann, wobei $\mathbf{m} = \int \mathbf{M}\, d^3x$ das gesamte magnetische Moment ist. Der letzte Ausdruck stellt das skalare Potential eines Dipols dar, wie man aus der Entwicklung (4.10) für das elektrostatische Potential ablesen kann. Eine beliebige, auf ein kleines Raumgebiet beschränkte Materieverteilung gegebener Magnetisierung hat also asymptotisch den Charakter eines Dipolfeldes, dessen Stärke durch das gesamte magnetische Moment der Verteilung bestimmt wird.

Obwohl physikalische Verteilungen magnetischer Materie mathematisch wohldefinierte Größen ohne Singularitäten und Unstetigkeiten darstellen, ist es manchmal zweckmäßig, die Realität zu idealisieren und $\mathbf{M}(\mathbf{x})$ als unstetige Größe zu behandeln. Füllt ein hartes Ferromagnetikum ein Volumen V aus, das von der Fläche S begrenzt wird, so gibt man die Magnetisierung $\mathbf{M}(\mathbf{x})$ innerhalb von V vor und nimmt an, dass sie an der Oberfläche sprunghaft auf Null abfällt. Befindet sich die magnetische Ladungsdichte (5.96) in einem flachen Zylinder um die Oberfläche des Ferromagnetikums und wendet man auf dessen Volumen den Gauß'schen Integralsatz an, so findet man als *effektive magnetische Flächenladungsdichte*:

$$\sigma_M = \mathbf{n} \cdot \mathbf{M} \tag{5.99}$$

wobei $\mathbf{n}$ die nach außen gerichtete Flächennormale ist. Für das Potential ergibt sich dann anstelle von (5.97):

$$\Phi_M(\mathbf{x}) = -\frac{1}{4\pi}\int_V \frac{\nabla' \cdot \mathbf{M}(\mathbf{x}')}{|\mathbf{x}-\mathbf{x}'|}\, d^3x' + \frac{1}{4\pi}\oint_S \frac{\mathbf{n}' \cdot \mathbf{M}(\mathbf{x}')\, da'}{|\mathbf{x}-\mathbf{x}'|} \tag{5.100}$$

Ein wichtiger Sonderfall liegt vor, wenn die Magnetisierung über das gesamte Volumen V homogen verteilt ist. Der erste Term verschwindet dann, und nur das Oberflächenintegral über σ_M liefert einen Beitrag.

Es ist wichtig, festzustellen, dass (5.98) allgemein anwendbar ist. Dies trifft auch für den Grenzfall einer unstetigen Verteilung von $\mathbf{M}$ zu, da man zu deren Behandlung auch *nach* der Umformung von (5.97) auf (5.98) einen Grenzprozesss vornehmen kann. *Das Oberflächenintegral über σ_M darf in keinem Fall mit dem Ausdruck auf der rechten Seite von Gl. (5.98) kombiniert werden*!

b) Vektorpotential

Setzt man $\mathbf{B} = \nabla \times \mathbf{A}$, um damit der Gleichung $\nabla \cdot \mathbf{B} = 0$ zu genügen, dann geht die zweite der beiden Gln. (5.90) über in

$$\nabla \times \mathbf{H} = \nabla \times (\mathbf{B}/\mu_0 - \mathbf{M}) = 0$$

Dies führt bei Verwendung der Coulomb-Eichung auf eine Poisson'sche Gleichung für $\mathbf{A}$:

$$\nabla^2 \mathbf{A} = -\mu_0 \mathbf{J}_M \tag{5.101}$$

wobei $\mathbf{J}_M$ die durch (5.79) gegebene effektive magnetische Stromdichte ist. Wie bereits in (5.78) gezeigt, lautet die Lösung für das Vektorpotential bei Abwesenheit von Randflächen:

$$\mathbf{A}(\mathbf{x}) = \frac{\mu_0}{4\pi}\int \frac{\nabla' \times \mathbf{M}(\mathbf{x}')}{|\mathbf{x}-\mathbf{x}'|}\, d^3x' \tag{5.102}$$

Eine hierzu alternative Form stellt der Magnetisierungsterm in (5.77) dar.

Verläuft die Magnetisierung unstetig, dann ist zu dem Ausdruck auf der rechten Seite von (5.102) ein Oberflächenintegral hinzuzufügen. Ausgehend von (5.77) lässt sich zeigen, dass die Verallgemeinerung von (5.102) für eine Magnetisierung $\mathbf{M}$, die an der das Volumen V begrenzenden Fläche S sprunghaft auf Null abfällt, folgendermaßen lautet:

$$\mathbf{A}(\mathbf{x}) = \frac{\mu_0}{4\pi}\int_V \frac{\nabla' \times \mathbf{M}(\mathbf{x}')}{|\mathbf{x}-\mathbf{x}'|}\, d^3x' + \frac{\mu_0}{4\pi}\oint_S \frac{\mathbf{M}(\mathbf{x}') \times \mathbf{n}'}{|\mathbf{x}-\mathbf{x}'|}\, da' \tag{5.103}$$

Der effektive Flächenstrom $c\,(\mathbf{M} \times \mathbf{n})$ lässt sich auch verstehen, wenn man die Grenzbedingung (5.87) für die Tangentialkomponente von $\mathbf{H}$ durch $\mathbf{B}$ und $\mathbf{M}$ ausdrückt. Ist $\mathbf{M}$ über das gesamte Volumen konstant, dann liefert auch hier nur das Oberflächenintegral einen Beitrag.

5.10 Homogen magnetisierte Kugel

Um die verschiedenen Methoden zur Lösung eines magnetostatischen Randwertproblems zu illustrieren, betrachten das einfache Problem einer in ein nichtmagnetisches Medium eingebetteten Kugel vom Radius a mit einer homogenen Permanentmagnetisierung **M**, die den Betrag M_0 hat und in die Richtung der z-Achse zeigt (vgl. Abb. 5.10).

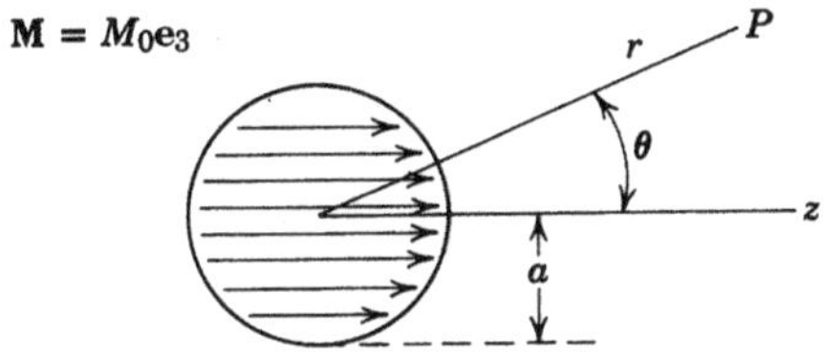

Abb. 5.10

Die einfachste Lösungsmethode ist die, die wir in Teil C (a) des vorigen Abschnitts skizzierten, nämlich die Methode über das magnetische Skalarpotential bei Anwesenheit einer magnetischen Flächenladungsdichte $\sigma_M(\theta)$. Mit $\mathbf{M} = M_0\mathbf{e}_3$ und $\sigma_M = \mathbf{n} \cdot \mathbf{M} = M_0 \cos\theta$ nimmt die Lösung (5.100) für das Potential die Form

$$\Phi_M(r, \theta) = \frac{M_0 a^2}{4\pi} \int d\Omega' \frac{\cos\theta'}{|\mathbf{x} - \mathbf{x}'|}$$

an. Setzt man hier die Entwicklung (3.38) bzw. (3.70) für den reziproken Abstand ein, so liefert nur der Term mit $l = 1$ einen Beitrag, und man erhält:

$$\Phi_M(r, \theta) = \frac{1}{3} M_0 a^2 \frac{r_<}{r_>^2} \cos\theta \tag{5.104}$$

wobei $r_<$ ($r_>$) den kleineren (größeren) der beiden Radien r und a bedeutet. Innerhalb der Kugel ist $r_< = r$ und $r_> = a$ und somit

$$\Phi_M = (1/3) M_0 r \cos\theta = (1/3) M_0 z.$$

Das magnetische Feld und die magnetische Induktion innerhalb der Kugel sind daher:

$$\mathbf{H}_{\text{in}} = -\frac{1}{3}\mathbf{M}, \quad \mathbf{B}_{\text{in}} = \frac{2\mu_0}{3}\mathbf{M} \tag{5.105}$$

$\mathbf{B}_{\text{in}}$ ist also parallel zu **M** gerichtet, $\mathbf{H}_{\text{in}}$ dagegen antiparallel. Außerhalb der Kugel ist $r_< = a$ und $r_> = r$. Damit ergibt sich für das Potential:

$$\Phi_M = \frac{1}{3} M_0 a^3 \frac{\cos\theta}{r^2} \tag{5.106}$$

Dies ist das Potential eines Dipols mit dem Moment

$$\mathbf{m} = \frac{4\pi a^3}{3}\mathbf{M} \tag{5.107}$$

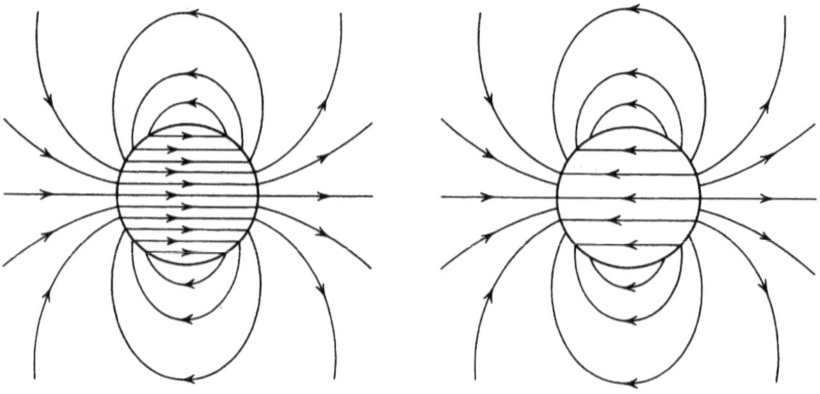

Abb. 5.11 Verlauf der Feldlinien von **B** und **H** für eine homogen magnetisierte Kugel. Die Linien von **B** sind geschlossen, während die von **H** auf der Kugeloberfläche, auf der sich die effektive magnetische Flächenladungsdichte σ_M befindet, beginnen und enden.

Für eine homogen magnetisierte Kugel haben also die Felder nicht nur in großer Entfernung von ihr, sondern auch in ihrer Nähe Dipolcharakter. Für diese spezielle Geometrie (und nur für sie) treten höhere Multipole nicht auf.

Den Verlauf der Feldlinien von **B** und **H** zeigt Abb. 5.11. Die Linien von **B** sind geschlossen, während die von **H** auf der Oberfläche enden, weil sich dort eine effektive Flächenladungsdichte σ_M befindet.

Kurz erläutert sei noch die Verwendung von (5.98) anstelle von (5.100). Setzt man innerhalb der Kugel $\mathbf{M} = M_0 \mathbf{e}_3$, so liefert (5.98):

$$\Phi_M(r, \theta) = \frac{1}{4\pi} M_0 \frac{\partial}{\partial z} \int_0^a r'^2 \, dr' \int d\Omega' \frac{1}{|\mathbf{x} - \mathbf{x}'|} \tag{5.108}$$

In diesem Fall trägt in der Entwicklung des reziproken Abstands nur der Term mit $l = 0$ zur Winkelintegration bei, und das verbleibende Integral ist eine Funktion allein von r. Mit $\partial r/\partial z = \cos\theta$ erhält man:

$$\Phi_M(r, \theta) = -M_0 \cos\theta \frac{\partial}{\partial r} \int_0^a \frac{r'^2 \, dr'}{r_>}$$

Die Integration über r' führt unmittelbar auf den Ausdruck (5.104) zurück.

Eine alternative Lösungsmethode besteht darin, dass man das Vektorpotential, d.h. Gleichung (5.103) benutzt. Da **M** innerhalb der Kugel homogen ist, verschwindet die räumliche Stromdichte $\mathbf{J}_M$ und übrig bleibt allein der Oberflächenbeitrag. Mit $\mathbf{M} = M_0 \mathbf{e}_3$ ergibt sich:

$$\begin{aligned} \mathbf{M} \times \mathbf{n}' &= M_0 \sin\theta' \mathbf{e}_\phi \\ &= M_0 \sin\theta' (-\sin\phi' \mathbf{e}_1 + \cos\phi' \mathbf{e}_2) \end{aligned}$$

Wegen der azimutalen Symmetrie des Problems kann man den Aufpunkt – ebenso wie in Abschnitt 5 dieses Kapitels – in die (x, z)-Ebene legen ($\phi = 0$). Zum Integral über den Azimutwinkel trägt dann allein die y-Komponente von $\mathbf{M} \times \mathbf{n}$ bei. Sie liefert für die azimutale Komponente des Vektorpotentials:

$$A_\phi(\mathbf{x}) = \frac{\mu_0}{4\pi} M_0 a^2 \int d\Omega' \frac{\sin\theta' \cos\phi'}{|\mathbf{x} - \mathbf{x}'|} \tag{5.109}$$

wobei $\mathbf{x}'$ die Koordinaten (a, θ', ϕ') hat. Der Winkelfaktor unter dem Integral lässt sich in der Form

$$\sin\theta' \cos\phi' = -\sqrt{\frac{8\pi}{3}} \operatorname{Re}[Y_{1,1}(\theta', \phi')] \tag{5.110}$$

schreiben. Daher liefert in der Entwicklung von $1/|\mathbf{x} - \mathbf{x}'|$ nur der Term mit $l = 1$, $m = 1$ einen Beitrag, und man erhält:

$$A_\phi(\mathbf{x}) = \frac{\mu_0}{3} M_0 a^2 \left(\frac{r_<}{r_>^2}\right) \sin\theta \tag{5.111}$$

wobei $r_<$ $(r_>)$ wieder den kleineren (größeren) der beiden Radien r und a bedeutet. Da $\mathbf{A}$ nur eine ϕ-Komponente besitzt, sind die Komponenten der magnetischen Induktion durch (5.38) gegeben. Das aus (5.111) resultierende $\mathbf{B}$ ist natürlich innerhalb der Kugel homogen und stellt im Außenraum der Kugel ein Dipolfeld dar, wie wir es oben bereits gefunden hatten.

5.11 Magnetisierte Kugel im äußeren Feld, Permanentmagnete

Im vorigen Abschnitt untersuchten wir die Felder einer homogen magnetisierten Kugel. Wegen der Linearität der Feldgleichungen darf man zu ihnen eine im ganzen Raum herrschende, homogene magnetische Induktion $\mathbf{B}_0 = \mu_0 \mathbf{H}_0$ hinzuaddieren. Es liegt dann der Fall einer homogen magnetisierten Kugel im äußeren Feld vor. Aus (5.105) liest man ab, dass die magnetische Induktion und das magnetische Feld innerhalb der Kugel jetzt durch

$$\begin{aligned} \mathbf{B}_i &= \mathbf{B}_0 + \frac{2\mu_0}{3}\mathbf{M} \\ \mathbf{H}_i &= \frac{1}{\mu_0}\mathbf{B}_0 - \frac{1}{3}\mathbf{M} \end{aligned} \tag{5.112}$$

gegeben sind.

Wir wollen nun annehmen, die Kugel sei nicht permanent magnetisiert, sondern bestehe aus para- oder diamagnetischem Material der Permeabilität μ. Die Magnetisierung $\mathbf{M}$ ist dann das Ergebnis der Wirkung des äußeren Feldes. Um den Betrag von $\mathbf{M}$ zu bestimmen, benutzen wir die Beziehung (5.84), d.h.

$$\mathbf{B}_i = \mu \mathbf{H}_i \tag{5.113}$$

Nach Gl. (5.112) bedeutet dies:

$$\mathbf{B}_0 + \frac{2\mu_0}{3}\mathbf{M} = \mu\left(\frac{1}{\mu_0}\mathbf{B}_0 - \frac{1}{3}\mathbf{M}\right) \tag{5.114}$$

und für die Magnetisierung folgt hieraus:

$$\mathbf{M} = \frac{3}{\mu_0}\left(\frac{\mu - \mu_0}{\mu + 2\mu_0}\right)\mathbf{B}_0 \tag{5.115}$$

Dieser Ausdruck entspricht offenbar dem für die Polarisation **P** einer dielektrischen Kugel im ursprünglich homogenen elektrischen Feld $\mathbf{E}_0$ (vgl. (4.57)).

Bei ferromagnetischen Substanzen versagt die soeben beschriebene Methode; denn nach Gl. (5.115) verschwindet die Magnetisierung bei verschwindendem äußeren Feld ebenfalls. Dem widerspricht aber die Existenz von Permanentmagneten. Die nichtlineare Beziehung (5.85) und das Phänomen der Hysterese machen die Erzeugung von Permanentmagneten möglich. Aus den Gln. (5.112) lässt sich durch Eliminieren von **M** eine Beziehung zwischen $\mathbf{H}_i$ und $\mathbf{B}_i$ herstellen:

$$\mathbf{B}_i + 2\mu_0\mathbf{H}_i = 3\mathbf{B}_0 \tag{5.116}$$

Die Hystereseschleife liefert die andere Beziehung zwischen $\mathbf{H}_i$ und $\mathbf{B}_i$, die es ermöglicht, für jedes äußere Feld die zugehörige Magnetisierung zu finden. Gleichung (5.116) entspricht im Hysteresediagramm einer Geraden mit der Steigung -2 und dem Ordinatenabschnitt $3B_0$ (vgl. Abb. 5.12). Wächst z. B. das äußere Feld so lange an, bis die ferromagnetische Kugel ihren Sättigungswert erreicht hat, um danach wieder auf Null abzufallen, dann werden die Werte der inneren Felder B und H durch den Schnittpunkt P in Abb. 5.12 bestimmt. Die Magnetisierung kann man anschließend aus (5.112) ermitteln, indem man dort $\mathbf{B}_0 = 0$ setzt.

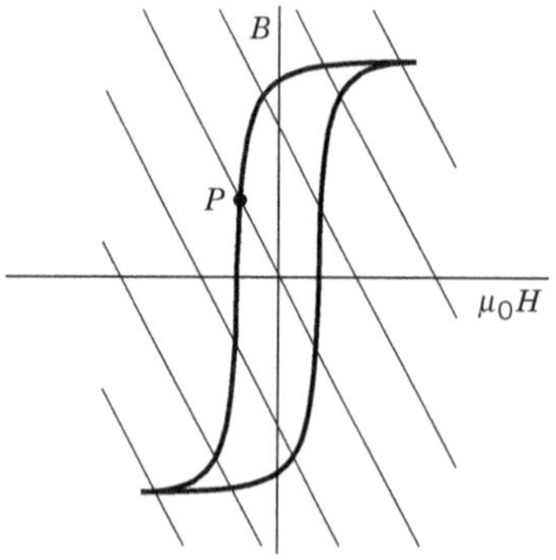

Abb. 5.12

Die Beziehung (5.116) zwischen $\mathbf{B}_i$ und $\mathbf{H}_i$ gilt speziell für eine Kugel. Für anders dimensionierte Körper weichen die Ergebnisse von (5.116) ab. Das Problem eines Ellipsoids kann man exakt lösen, und es zeigt sich, dass sich die Steigung der Geraden (5.116) zwischen 0 (für eine flache Scheibe) und $-\infty$ (für ein nadelförmiges Objekt) bewegt. Bei stabförmiger Geometrie erhält man also eine größere innere magnetische Induktion als im Fall einer Kugel oder eines abgeplatteten Ellipsoids.

5.12 Magnetische Abschirmung, Kugelschale aus hochpermeablem Material im homogenen Feld

Herrscht in einem Gebiet des ursprünglich leeren Raums eine bestimmte magnetische Induktion $\mathbf{B}_0 = \mu_0 \mathbf{H}_0$ und bringt man in dieses Gebiet einen hochpermeablen Körper, so verändern sich dabei die Feldlinien der magnetischen Induktion. Nach den Bemerkungen am Ende von Abschnitt 8 dieses Kapitels über hochpermeable, ferromagnetische Materialien ist zu erwarten, dass sich die Feldlinien senkrecht zur Oberfläche des Körpers auszurichten versuchen. Handelt es sich um einen Hohlkörper, so liegt in Weiterverfolgung der Analogie zu Leitern die Vermutung nahe, dass das Feld im Innern kleiner ist als im Außenraum und in der Grenze $\mu \to \infty$ verschwindet. Diese tatsächlich beobachtete Reduzierung des Feldes geht, wie man sagt, auf die *magnetische Abschirmung* durch das hochpermeable Material zurück. Sie ist von großer praktischer Bedeutung, da nahezu feldfreie Räume oft notwendig oder wünschenswert sind – sei es aus experimentellen Gründen oder um mit elektronischen Geräten zuverlässig arbeiten zu können.

Als Beispiel für das Phänomen der magnetischen Abschirmung betrachten wir eine Kugelschale mit inneren (äußerem) Radius $a(b)$, die aus ferromagnetischem Material der Permeabilität μ besteht und sich in einem ursprünglich homogenen, konstanten magnetischen Induktionsfeld $\mathbf{B}_0$ befindet (vgl. Abb. 5.13). Wir wollen

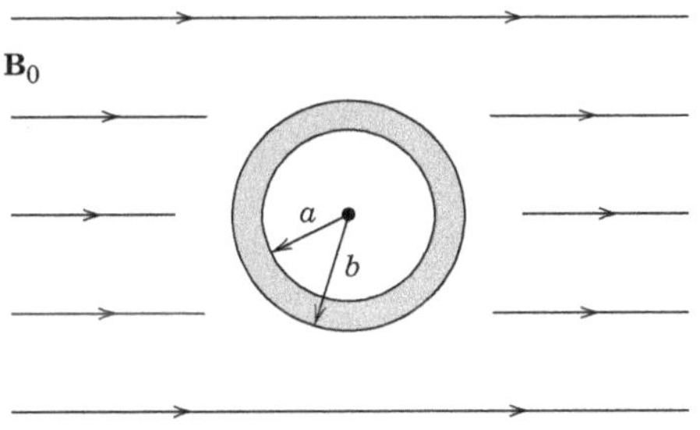

Abb. 5.13

die Felder **B** und **H** im gesamten Raum bestimmen, besonders aber im Hohlraum $r < a$, und zwar in Abhängigkeit von μ. Da Ströme nicht vorhanden sind, ist das magnetische Feld **H** aus einem Skalarpotential ableitbar, d. h. $\mathbf{H} = -\nabla\Phi_M$. Da ferner $\mathbf{B} = \mu\mathbf{H}$ ist, geht die Divergenzgleichung $\nabla \cdot \mathbf{B} = 0$ in den verschiedenen Bereichen in $\nabla \cdot \mathbf{H} = 0$ über, und daher erfüllt das magnetische Potential Φ_M überall die Laplace'sche Gleichung. Das vorliegende Problem reduziert sich damit auf die Aufgabe, geeignete Lösungen in den verschiedenen Bereichen zu finden, die den Grenzbedingungen bei $r = a$ und $r = b$ genügen.

Für $r > b$ muss das Potential die Form

$$\Phi_M = -H_0 r \cos\theta + \sum_{l=0}^{\infty} \frac{\alpha_l}{r^{l+1}} P_l(\cos\theta) \tag{5.117}$$

haben, um in großen Abständen das homogene Feld $\mathbf{H} = \mathbf{H}_0$ zu liefern. Für die inneren Bereiche muss es die Gestalt

$$
\begin{aligned}
a < r < b \quad & \Phi_M = \sum_{l=0}^{\infty} \left(\beta_l r^l + \gamma_l \frac{1}{r^{l+1}} \right) P_l(\cos\theta) \\
r < a \quad & \Phi_M = \sum_{i=0}^{\infty} \delta_l r^l P_l(\cos\theta)
\end{aligned}
\tag{5.118}
$$

besitzen. Die Grenzbedingungen bei $r = a$ und $r = b$ besagen, dass H_θ und B_r stetig sein müssen. Ausgedrückt durch das Potential Φ_M lauten diese Bedingungen explizit:

$$
\begin{aligned}
& \frac{\partial \Phi_M}{\partial \theta}(b_+) = \frac{\partial \Phi_M}{\partial \theta}(b_-) \qquad && \frac{\partial \Phi_M}{\partial \theta}(a_+) = \frac{\partial \Phi_M}{\partial \theta}(a_-) \\
& \mu_0 \frac{\partial \Phi_M}{\partial r}(b_+) = \mu \frac{\partial \Phi_M}{\partial r}(b_-) \qquad && \mu \frac{\partial \Phi_M}{\partial r}(a_+) = \mu_0 \frac{\partial \Phi_M}{\partial r}(a_-)
\end{aligned}
\tag{5.119}
$$

Mit der Notation $b_\pm$ $(a_\pm)$ ist gemeint, dass der Grenzübergang $r \to b(a)$ von $r \gtrless b(a)$ her zu erfolgen hat. Diese vier Bedingungen, die für alle Winkel θ gelten, reichen aus, um die unbekannten Konstanten in (5.117) und (5.118) zu bestimmen. Alle Koeffizienten mit $l \neq 1$ verschwinden. Die Koeffizienten zu $l = 1$ genügen den simultanen Gleichungen

$$
\begin{aligned}
\alpha_1 - b^3\beta_1 - \gamma_1 \qquad\qquad &= b^3 H_0 \\
2\alpha_1 + \mu' b^3 \beta_1 - 2\mu'\gamma_1 \qquad\qquad &= -b^3 H_0 \\
a^3\beta_1 + \gamma_1 - a^3\delta_1 &= 0 \\
\mu' a^3 \beta_1 - 2\mu'\gamma_1 - a^3\delta_1 &= 0
\end{aligned}
\tag{5.120}
$$

wobei wir die Notation $\mu' = \mu/\mu_0$ benutzt haben, um die Gleichungen zu vereinfachen. Die Lösungen für α_1 und δ_1 lauten:

$$
\begin{aligned}
\alpha_1 &= \left[\frac{(2\mu'+1)(\mu'-1)}{(2\mu'+1)(\mu'+2) - 2\dfrac{a^3}{b^3}(\mu'-1)^2} \right] (b^3 - a^3)\, H_0 \\
\delta_1 &= -\left[\frac{9\mu'}{(2\mu'+1)(\mu'+2) - 2\dfrac{a^3}{b^3}(\mu'-1)^2} \right] H_0
\end{aligned}
\tag{5.121}
$$

Das Potential außerhalb der Kugelschale entspricht dem homogenen Feld $\mathbf{H}_0$, vermehrt um das Dipolfeld (5.41) mit einem zu $\mathbf{H}_0$ parallelen Dipolmoment α_1. Innerhalb des Hohlraums herrscht ein homogenes Feld, das parallel zu $\mathbf{H}_0$ gerichtet ist und den Betrag $-\delta_1$ hat. Ist $\mu \gg \mu_0$, so ergibt sich für das Dipolmoment α_1 und das innere Feld $-\delta_1$:

$$
\begin{aligned}
\alpha_1 &\to b^3 H_0 \\
-\delta_1 &\to \frac{9\mu_0}{2\mu\left(1 - \dfrac{a^3}{b^3}\right)} H_0
\end{aligned}
\tag{5.122}
$$

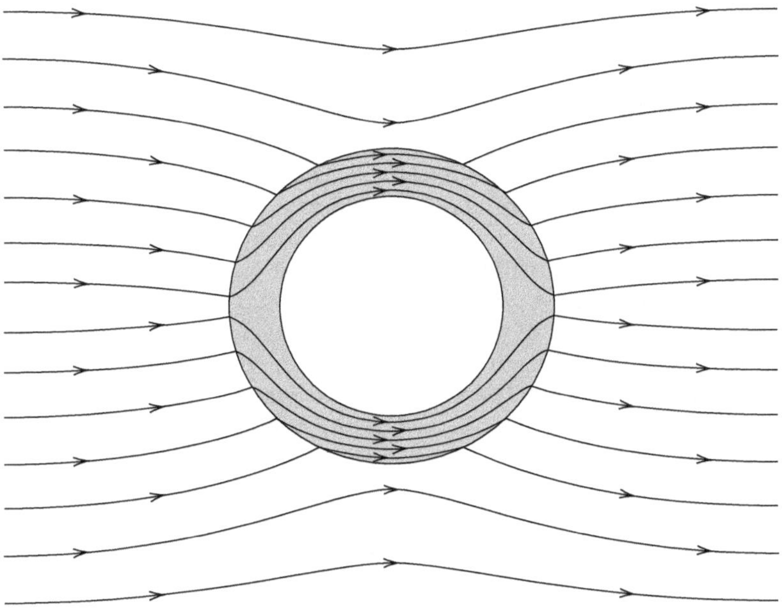

Abb. 5.14 Abschirmung durch eine Kugelschale aus hochpermeablem Material.

Das innere Feld ist also proportional zu μ^{-1}. Daher bewirkt ein Schirm aus hochpermeablem Material mit $\mu/\mu_0 \sim 10^3$ bis 10^6 eine starke Reduzierung des Feldes, und zwar selbst bei relativ dünnen Schirmwänden. Abb. 5.14 zeigt den Verlauf der Feldlinien von **B**. Sie sind bestrebt, das permeable Material möglichst zu durchqueren.

5.13 Wirkung einer kreisförmigen Öffnung in ideal leitender Ebene, die auf der einen Seite ein asymptotisch tangentiales, homogenes Magnetfeld begrenzt

In Kap. 3.13 diskutierten wir das elektrostatische Problem einer kreisförmigen Öffnung in einer leitenden Ebene, die sich in einem asymptotisch homogenen, zu ihr senkrechten elektrischen Feld befindet. In dem hierzu analogen magnetostatischen Problem tritt an die Stelle des elektrischen Feldes ein asymptotisch homogenes, tangentiales Magnetfeld. Die beiden Beispiele lassen sich auf das Problem kleiner Öffnungen in Wellenleitern und Hohlraumresonatoren anwenden (vgl. Kap. 9.5).

Bevor wir die Lösung des magnetostatischen Randwertproblems skizzieren, müssen wir klarstellen, was unter einem idealen Leiter zu verstehen ist. Stationäre Magnetfelder dringen nicht nur in normale, sondern auch in sehr gute Leiter ein. Ein Leiter, in dem kein Strom fließt, modifiziert die Felder nur aufgrund seiner magnetischen Eigenschaften, nicht aber aufgrund seiner Leitfähigkeit. Bei zeitveränderlichen Feldern sehen die Verhältnisse oft anders aus. In Kap. 5.18 werden wir zeigen, dass Felder mit harmonischer Zeitabhängigkeit an der Trennfläche zwischen einem Leiter und Nichtleiter nur bis auf eine Tiefe der Größenordnung von $\delta = (2/\mu\omega\sigma)^{1/2}$ in den Leiter eindringen, wobei ω die Frequenz und σ die Leitfähigkeit ist. Für jedes nichtverschwindende ω strebt also im Grenzfall $\sigma \to \infty$ die Eindringtiefe $\delta \to 0$. Dies bedeutet, dass oszillierende Felder in einen idealen Leiter überhaupt nicht eindringen. Wir *definieren* nun magnetostatische Probleme mit idealen Leitern als denjenigen Grenzfall entsprechender Probleme mit oszillierenden Feldern, bei dem $\omega \to 0$, aber gleichzeitig $\omega\sigma \to \infty$ strebt. Das magnetische Feld kann dann nur außerhalb des Leiters und auf seiner Oberfläche existieren, nicht aber innerhalb des Leiters. Die Grenzbedingungen (5.86) und (5.87) zeigen, dass an der Oberfläche $\mathbf{B} \cdot \mathbf{n} = 0$ und $\mathbf{n} \times \mathbf{H} = \mathbf{K}$ gilt. Diese Grenzbedingungen sind die magnetostatischen Analoga der elektrostatischen Grenzbedingungen $\mathbf{E}_{\tan} = 0$ und $\mathbf{D} \cdot \mathbf{n} = \sigma$, die an der Oberfläche eines Leiters gelten; dabei ist natürlich σ nicht die Leitfähigkeit, sondern die Flächenladungsdichte.

Wir betrachten jetzt eine ideale leitende Ebene, beschrieben durch $z = 0$, die um den Ursprung eine kreisförmige Öffnung vom Radius a habe (vgl. Abb. 5.15). Der Einfachheit halber nehmen wir an, dass das Medium, welches die Ebene umgibt, homogen und isotrop sei und linear reagiere; ferner möge im Bereich $z > 0$ in großer Entfernung von der Öffnung in y-Richtung ein homogenes Magnetfeld $\mathbf{H}_0$ herrschen, während das Feld im Bereich $z < 0$ asymptotisch verschwinde. Andere Konfigurationen lassen sich durch lineare Superposition beschreiben. Da nur in der Ebene $z = 0$ Ströme fließen, können wir den Ansatz $\mathbf{H} = -\nabla\Phi_M$ machen, wobei das magnetische Skalarpotential $\Phi_M(\mathbf{x})$ der Laplace'schen Gleichung mit geeigneten gemischten Randbedingungen genügt. Beim Aufsuchen der Lösung können wir daher analog zu Kap. 3.13 vorangehen.

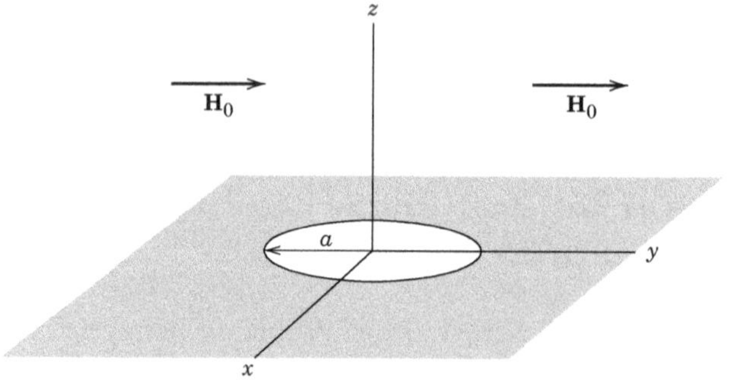

Abb. 5.15

Das Potential schreiben wir in der Form

$$\Phi_M(x) = \begin{cases} -H_0 y + \Phi^{(1)} & \text{für } z > 0 \\ -\Phi^{(1)} & \text{für } z < 0 \end{cases} \tag{5.123}$$

Der Vorzeichenwechsel im Zusatzpotential $\Phi^{(1)}$ ist auf die Symmetrieeigenschaften der entsprechenden Zusatzfelder zurückzuführen: $H_x^{(1)}$ und $H_y^{(1)}$ sind ungerade in

z, während $H_z^{(1)}$ und $\Phi^{(1)}$ in z gerade sind. Dieses Symmetrieverhalten entnimmt man Gl. (5.14); denn der effektive Strom befindet sich ja nur auf der Fläche $z = 0$ – ebenso wie die effektive magnetische Ladungsdichte, die das Skalarpotential $\Phi^{(1)}$ bestimmt.

Nach Gl. (3.106) schreibt sich das Zusatzpotential in Zylinderkoordinaten folgendermaßen:

$$\Phi^{(1)}(\mathbf{x}) = \int_0^\infty dk\, A(k) e^{-k|z|} J_1(k\rho) \sin\phi \tag{5.124}$$

Es tritt hier nur $m = 1$ auf, da die Öffnung zylindersymmetrisch ist und das asymptotische Feld wie $y = \rho \sin\phi$ variiert. Aus den Grenzbedingungen für die Normalkomponente von **B** und die Tangentialkomponente von **H** ergibt sich als Grenzbedingungen für das Potential Φ_M:

(a) Φ_M stetig über $z = 0$ für $0 \leq \rho < a$

(b) $\dfrac{\partial \Phi_M}{\partial z} = 0$ bei $z = 0$ für $a < \rho < \infty$

Diese Forderungen sind gleichbedeutend mit den dualen Integralgleichungen

$$\begin{aligned} &\int_0^\infty dk\, A(k)\, J_1(k\rho) = H_0 \rho/2 \quad &&\text{für } 0 \leq \rho < a \\ &\int_0^\infty dk\, k A(k)\, J_1(k\rho) = 0 &&\text{für } a < \rho < \infty \end{aligned} \tag{5.125}$$

Sie hängen zwar eng mit ihren elektrostatischen Analoga (3.178) bzw. (3.179) zusammen, sind aber von ihnen verschieden. Das (3.179) entsprechende Gleichungspaar lautet jetzt:

$$\begin{aligned} &\int_0^\infty dy\, g(y)\, J_n(yx) = x^n \quad &&\text{für } 0 \leq x < 1 \\ &\int_0^\infty dy\, y g(y) J_n(yx) = 0 &&\text{für } 1 < x < \infty \end{aligned} \tag{5.126}$$

Es hat die Lösung

$$g(y) = \frac{2\Gamma(n+1)}{\sqrt{\pi}\,\Gamma(n+\frac{1}{2})} j_n(y) = \frac{\Gamma(n+1)}{\Gamma(n+\frac{1}{2})} \left(\frac{2}{y}\right)^{1/2} J_{n+1/2}(y) \tag{5.127}$$

In Gl. (5.126) ist $g = 2A(k)/H_0 a^2$, $n = 1$, $x = \rho/a$ und $y = ka$. Daraus ergibt sich

$$A(k) = \frac{2H_0 a^2}{\pi} j_1(ka) \tag{5.128}$$

und mithin

$$\Phi^{(1)}(\mathbf{x}) = \frac{2H_0 a^2}{\pi} \int_0^\infty dk\, j_1(ka) e^{-k|z|} J_1(k\rho) \sin\phi \tag{5.129}$$

Ähnlich wie in Kap. 3.13 kann man zeigen, dass dieses Zusatzpotential in großer Entfernung von der Öffnung folgenden asymptotischen Wert annimmt:

$$\Phi^{(1)}(\mathbf{x}) \to \frac{2H_0 a^3}{3\pi} \cdot \frac{y}{r^3} \tag{5.130}$$

Dies ist das Potential eines Dipols in y-Richtung, d.h. in Richtung von $\mathbf{H}_0$. Entsprechend dem Vorzeichenwechsel in (5.123) ist die kreisförmige Öffnung in großen Entfernungen äquivalent zu einem Dipol mit dem Moment

$$\mathbf{m} = \pm \frac{8a^3}{3} \mathbf{H}_0 \quad \text{für } z \gtrless 0 \tag{5.131}$$

wobei $\mathbf{H}_0$ das tangentiale Magnetfeld auf der oberen Seite der Ebene (d.h. bei $z = 0^+$) bei nichtvorhandener Öffnung ist. Wie die magnetischen Feldlinien verzerrt werden und ein Dipolfeld erzeugen, ist weiter unten qualitativ in Abb. 9.4 dargestellt. Innerhalb der Öffnung ($z = 0,\ 0 \le \rho < a$) ist die Tangential- bzw. Normalkomponente des Magnetfeldes durch

$$\begin{aligned} \mathbf{H}_{\tan} &= \frac{1}{2} \mathbf{H}_0 \\ H_z(\rho, 0) &= \frac{2H_0}{\pi} \frac{\rho}{\sqrt{a^2 - \rho^2}} \sin\phi \end{aligned} \tag{5.132}$$

gegeben.

Ein Vergleich mit dem entsprechenden elektrostatischen Problem aus Kap. 3.13 zeigt Ähnlichkeiten und Unterschiede. Grob gesprochen, sind die Rollen der Tangential- und Normalkomponenten der Felder miteinander vertauscht. Die effektiven Dipole zeigen in die Richtung der asymptotischen Felder, während das magnetische Moment (5.131) um einen Faktor 2 größer ist als das elektrische Dipolmoment (3.183) für die entsprechende elektrische Feldstärke. Für *beliebige Öffnungen* ist das asymptotische Feld im elektrostatischen Fall weiterhin das eines senkrecht zur Ebene gerichteten Dipols, während der effektive Dipol im magnetostatischen Fall zwar noch in der Ebene der Öffnung liegt, aber seine Richtung von der Orientierung sowohl des Feldes wie der Öffnung abhängt (die Öffnung hat eine anisotrope Suszeptibilität).

5.14 Numerische Methoden zur Berechnung zweidimensionaler Magnetfelder

Bei Anwesenheit von Eisen oder anderen Stoffen hoher Permeabilität lassen sich zweidimensionale Magnetfelder nach der in Kap. 1.13 beschriebenen Relaxationsmethode bestimmen oder – noch allgemeiner – mithilfe der Methode finiter Elemente aus Kap. 2.12. Zu unterscheiden ist dabei zwischen „innerem“ und „äußerem“ Problem – je nachdem, ob das Feld innerhalb oder außerhalb des Gebietes zu berechnen ist, in dem ein Strom fließt und/oder magnetisches Material vorliegt.

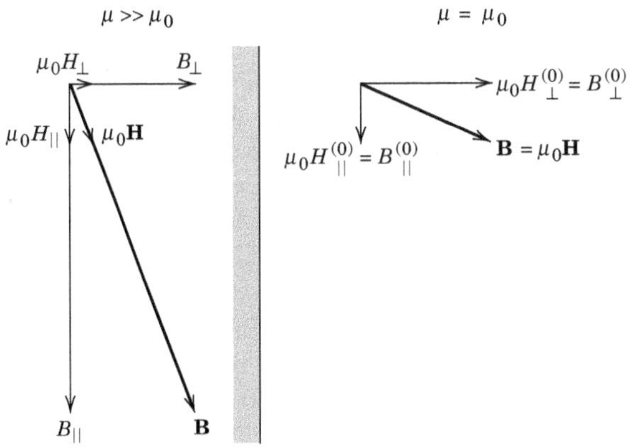

Abb. 5.16 Wirkung hoher Permeabilität auf die Komponenten der magnetischen Induktion **B** und des Magnetfeldes **H** zu beiden Seiten einer Trennfläche. In der Skizze wurde $\mu \approx 5\mu_0$ angenommen, also kein wirklich hoher μ-Wert.

Betrachten wir zunächst die Grenzbedingungen für die Feldkomponenten an einer glatt verlaufenden Trennfläche zwischen einem hochpermeablen und einem nichtpermeablen Medium. Die Grenzbedingungen bestehen darin, dass die Tangentialkomponente von **H** und die Normalkomponente von **B** beim Übergang stetig verlaufen müssen, sofern keine Flächenströme auftreten. In Abb. 5.16 ist das Verhalten der Feldkomponenten, ähnlich wie in Abb. 5.9, skizziert – mit dem Unterschied, dass hier sowohl die **B**- wie auch die **H**-Komponenten dargestellt sind.

Bei einem gegebenen „äußeren" Feld $\mathbf{B}^{(0)}$ im nichtpermeablen Gebiet zeigen die Feldvektoren **B** und **H** im hochpermeablen Gebiet – im Vergleich zu $\mathbf{B}^{(0)}$ – mehr in die Richtung parallel zur Trennfläche. Für das Betragsquadrat der magnetischen Induktion im hochpermeablen Gebiet, unmittelbar nach dem Übergang, gilt:

$$|\mathbf{B}|^2 = B_\perp^{(0)2} + \frac{\mu^2}{\mu_0^2} B_\|^{(0)2}$$

Hieraus ergibt sich für die Energie pro Volumeneinheit (vgl. Abschn. 5.16) der Wert

$$\frac{1}{2\mu}|\mathbf{B}|^2 = \frac{1}{2\mu} B_\perp^{(0)2} + \frac{\mu}{2\mu_0^2} B_\|^{(0)2}$$

Aus diesen beiden Beziehungen lassen sich sofort Aussagen über die Grenzbedingungen für das „äußere" und „innere" Problem gewinnen, wenn $\mu/\mu_0 \to \infty$ strebt.

Die bekanntesten statischen Magnetfelder sind die eines Permanentmagneten hoher Permeabilität oder des Eisenkerns einer stromdurchflossenen Spule. Von Interesse ist das nichtpermeable Gebiet, das von der bzw. den hochpermeablen Polflächen begrenzt wird. Diese Fragestellung ist offensichtlich der Prototyp des oben genannten „äußeren" Problems. Wenn wir voraussetzen, dass die im hochpermeablen Medium gespeicherte Energie endlich ist, dann besagt die Energiebeziehung, dass für $\mu/\mu_0 \to \infty$ die Parallelkomponente des Magnetfeldes im äußeren Bereich verschwinden muss: das „äußere" Magnetfeld tritt senkrecht zur Oberfläche des Magneten aus. Dies entspricht genau den Rand- bzw. Grenzbedingungen für das elektrische Feld an der Oberfläche eines Leiters, wie wir am Ende von Abschn. 5.8 feststellten. Wenn es im interessierenden nichtpermeablen Gebiet keine Ströme gibt, ist $\boldsymbol{\nabla}\times\mathbf{H}=0$, d.h. man kann schreiben: $\mathbf{H}=-\boldsymbol{\nabla}\Phi_M$. Das skalare magnetische Potential erfüllt die Laplace'sche Gleichung $\nabla^2\Phi_M=0$, wobei die Polflächen Äquipotentialflächen darstellen, und damit ist die Analogie zur Elektrostatik perfekt.

Der Einfachheit halber beschränken wir uns bei der Diskussion der „inneren“ Problemstellung auf zwei Dimensionen. Das homogene, hochpermeable, leitende Medium werde ausschließlich in Richtung der dritten Dimension von einem stationären Strom durchflossen. Wir interessieren uns für die magnetische Induktion im Medium, z.B. in einer langen, dritten Schiene einer U-Bahnlinie. Der Strom verursacht eine Induktion, sowohl innerhalb wie außerhalb des Mediums. Wie groß auch die parallelen und vertikalen Komponenten außen an der Oberfläche sein mögen, die Grenzbedingungen garantieren, dass das Induktionsfeld $\mathbf{B}$ an der inneren Oberfläche parallel zu dieser gerichtet ist, wenn $\mu/\mu_0\to\infty$ strebt.

Wenn die Stromdichte nur die z-Komponente $J_z(x,y)$ hat, besitzt auch das Vektorpotential $\mathbf{A}$ nur eine z-Komponente, $A_z(x,y)$. Diese genügt der Poisson'schen Gleichung $\nabla^2A_z=-\mu J_z$. Die Feldkomponenten sind $B_x=\partial A_z/\partial y$, $B_y=-\partial A_z/\partial x$, $B_z=0$. Wenn das innere Feld $\mathbf{B}$ tangential zu der in Abb. 5.17 gezeigten Berandung C des Gebiets R gerichtet ist, gilt auf C: $\mathbf{n}\cdot(\boldsymbol{\nabla}_\perp\times\mathbf{A})=(\mathbf{n}\times\boldsymbol{\nabla}_\perp)\cdot\mathbf{A}=0$. Nun kann aber der Gradientenoperator $\boldsymbol{\nabla}_\perp$ in der (x,y)-Ebene in seine Komponenten parallel

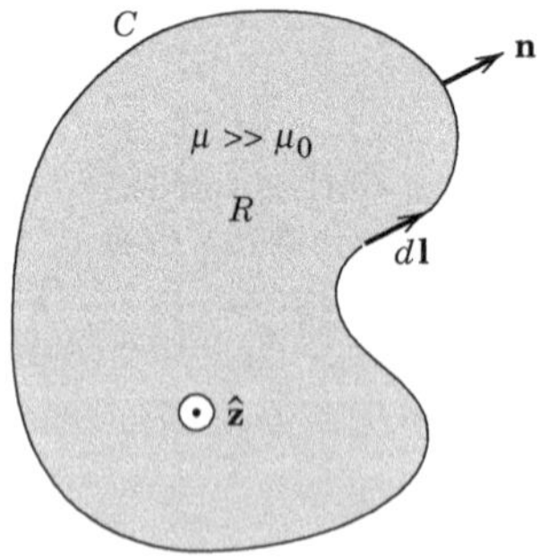

Abb. 5.17 Querschnitt eines langen, hochpermeablen zylindrischen Leiters, der in Längsrichtung von einem Strom durchflossen wird.

und senkrecht zu $\mathbf{n}$ zerlegt werden, und damit geht die Grenz- bzw. Randbedingung über in

$$\frac{\partial A_z}{\partial l}=0$$

wobei dl ein Bogenelement entlang von C ist. Das Vektorpotential ist auf der Berandung C konstant. Darüberhinaus können wir schließen, dass die magnetischen Feldlinien im Innern von R parallel zu den Linien mit konstantem Potential A_z verlaufen. Die Dichte der Kraftlinien ergibt sich – wegen $\mathbf{B}=\boldsymbol{\nabla}\times\mathbf{A}$ – als die Ableitung von A_z senkrecht zu den Äquipotentialflächen. Der Abstand der Linien konstanten Potentials A_z bei gleichem Zuwachs in A_z liefert ein Maß für die Stärke und Richtung des Feldes.

Wenn die Poisson'sche Gleichung $\nabla^2A_z=-\mu J_z$ mit numerischen Methoden gelöst werden soll, müssen die Randbedingungen spezifiziert werden. Es sieht zunächst so aus, als gehöre der konstante Wert von A_z auf C auch zu den notwendigen Festlegungen. Doch das Vektorpotential ist nur bis auf den Gradienten einer skalaren Funktion χ bestimmt. Mit $\chi = -A_0 \cdot z$, wobei A_0 der noch unbekannte Wert von A_z auf C ist, definieren wir $A'_z = A_z(x, y) - A_0$. Aus der zu lösenden Poisson'schen Gleichung wird damit $\nabla^2 A'_z = \mu J_z$ innerhalb von R mit der homogenen Randbedingung, dass $A'_z = 0$ auf C. Der Wert von A_z auf C ist physikalisch ohne Bedeutung und wird nicht gebraucht. Bei gegebenem $J_z(x, y)$ lässt sich die Relaxationsmethode anwenden, wie in Kap. 1.13 beschrieben.

Zur Lösung von realistischeren Problemen, wenn z. B. die verschiedenen Materialien hohe, aber endliche Werte von μ_i/μ_0 aufweisen, gibt es leistungsfähige Numerikprogramme (vgl. hierzu die Literaturhinweise am Ende des Kapitels).

5.15 Das Faraday'sche Induktionsgesetz

Die ersten quantitativen Beobachtungen über den Zusammenhang zwischen zeitabhängigen elektrischen und magnetischen Feldern machte Faraday im Jahre 1831. Er untersuchte das Verhalten von Strömen in zeitveränderlichen Magnetfeldern und machte dabei folgende Feststellung: In einer Leiterschleife wird ein kurzzeitiger Strom induziert, wenn (a) der stationäre Stromfluss in einer benachbarten Schleife an- oder ausgeschaltet wird, (b) die benachbare Schleife, in der ein stationärer Strom fließt, gegenüber der ersten bewegt wird, (c) ein Permanentmagnet ruckartig in die Leiterschleife gebracht oder aus ihr herausgezogen wird. Es fließt also nur dann ein Strom, wenn sich der Strom in der benachbarten Schleife ändert oder eine Relativbewegung stattfindet. Faraday führte den kurzzeitigen Stromfluss auf die Änderung des durch die Leiterschleife hindurchtretenden magnetischen Flusses zurück. Diese Änderung induziert längs der Leiterschleife ein elektrisches Feld, dessen Linienintegral $\mathcal{E}$ *elektromotorische Kraft* (EMK) genannt wird. Sie erzeugt nach dem Ohm'schen Gesetz einen Stromfluss.

Die Faraday'schen Beobachtungen wollen wir jetzt mathematisch formulieren. Es sei C die Leiterschleife, die eine offene Fläche S mit der Flächennormale $\mathbf{n}$ umrandet (vgl. Abb. 5.18), und $\mathbf{B}$ die magnetische Induktion in Umgebung dieser Leiterschleife. Der von der Leiterschleife umschlossene magnetische Fluss ist dann durch

$$\Phi_{\text{m}} = \int_S \mathbf{B} \cdot \mathbf{n}\, da \tag{5.133}$$

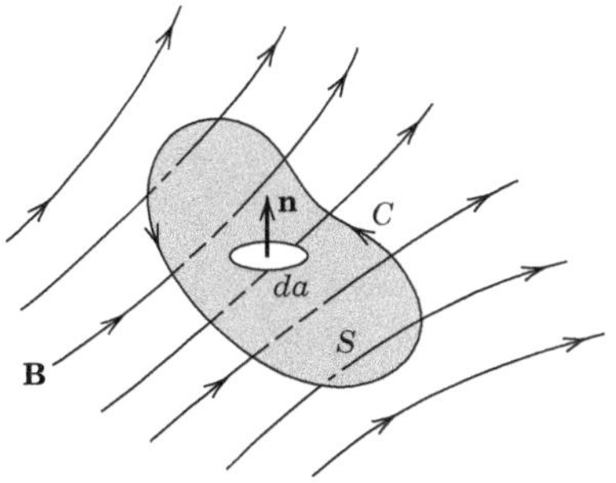

Abb. 5.18

definiert, und die elektromotorische Kraft längs der Schleife ist

$$\mathscr{E} = \oint_C \mathbf{E}' \cdot d\mathbf{l} \tag{5.134}$$

wenn $\mathbf{E}'$ das elektrische Feld bedeutet, das an der Stelle des Linienelements $d\mathbf{l}$ von C herrscht. Die Faraday'schen Beobachtungen lassen sich dann zusammenfassen in der mathematischen Beziehung

$$\mathscr{E} = -k \frac{d\Phi_{\mathrm{m}}}{dt} \tag{5.135}$$

Die in der Leiterschleife induzierte elektromotorische Kraft ist proportional zur zeitlichen Änderung des durch die Schleife hindurchtretenden Flusses. Das Vorzeichen ist negativ und entspricht der sog. *Lenz'schen Regel*, nach der der induzierte Strom (und das ihn begleitende Magnetfeld) so gerichtet ist, dass er die ihn verursachende Flussänderung zu hemmen versucht.

Die Proportionalitätskonstante k hängt von der Wahl der Einheiten für die elektrischen und magnetischen Feldgrößen ab. Entgegen der Vermutung, die man zunächst haben könnte, stellt sie keine unabhängige empirische Konstante dar, die aus dem Experiment zu bestimmen ist. Hat man für die im Ampère'schen Kraftgesetz auftretenden Größen bestimmte Einheiten und Dimensionen gewählt, so ergeben sich, wie wir gleich sehen werden, Betrag und Dimension von k aus der Annahme, dass das Faraday'sche Gesetz invariant unter Galilei-Transformationen ist. In SI-Einheiten ist $k = 1$, während in Gauß'schen Einheiten $k = c^{-1}$ gilt, wobei c die Vakuum-Lichtgeschwindigkeit ist.

Vor der Entwicklung der speziellen Relativitätstheorie (und auch danach – nämlich immer dann, wenn die auftretenden Relativgeschwindigkeiten klein gegenüber der Lichtgeschwindigkeit sind) ging man – ohne es stets explizit auszusprechen – von der Annahme aus, dass die physikalischen Gesetze invariant unter Galilei-Transformationen seien. Dies bedeutet, dass sich physikalische Erscheinungen für zwei Beobachter, die sich mit konstanter Geschwindigkeit $\mathbf{v}$ relativ zueinander bewegen, nicht voneinander unterscheiden, wenn ihre Raum- und Zeitkoordinaten durch die Galilei-Transformation $\mathbf{x}' = \mathbf{x} + \mathbf{v}t$, $t' = t$ miteinander verknüpft sind. Man erwartet hiernach und konnte experimentell auch nachweisen, dass in einer zweiten Schleife jeweils der gleiche Strom induziert wird, wenn entweder *letztere* bewegt wird und die erste, die von einem stationären Strom durchflossen wird, in Ruhe bleibt oder aber die zweite Schleife festgehalten wird und man die erste in die gleiche relative Richtung bewegt.

Betrachten wir nun das Faraday'sche Gesetz für eine bewegte Schleife und untersuchen wir die Konsequenzen der Galilei-Invarianz! Ausgedrückt durch Linienintegrale über $\mathbf{E}'$ und $\mathbf{B}$ lautet (5.135):

$$\oint_C \mathbf{E}' \cdot d\mathbf{l} = -k \frac{d}{dt} \int_S \mathbf{B} \cdot \mathbf{n} \, da \tag{5.136}$$

Die induzierte elektromotorische Kraft ist proportional zur *totalen* zeitlichen Ableitung des Flusses; denn die Flussänderung kann entweder durch eine Änderung der magnetischen Induktion oder durch Änderung der Gestalt, Orientierung oder

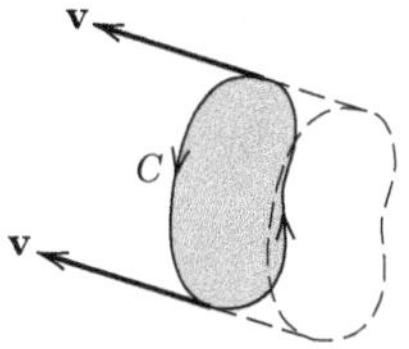

Abb. 5.19

Lage der Leiterschleife bewirkt werden. Gleichung (5.136) stellt eine weitreichende Verallgemeinerung des Faraday'schen Induktionsgesetzes dar. Die Schleife C kann ein beliebiger geschlossener Weg sein, der nicht unbedingt mit der Leiterschleife zusammenfallen muss. Ist dies jedoch der Fall, dann wird Gl. (5.136) zu einer Beziehung zwischen den Feldern selbst. Es ist jedoch wichtig, zu bemerken, dass das elektrische Feld $\mathbf{E}'$ dasjenige ist, das an der Stelle des Linienelements $d\mathbf{l}$ des ruhenden Koordinatensystems oder ruhenden Mediums herrscht; denn genau dieses Feld verursacht ja einen Stromfluss, wenn eine Leiterschleife tatsächlich vorhanden ist.

Bewegt sich die Schleife C mit der Geschwindigkeit $\mathbf{v}$ in eine bestimmte Richtung (vgl. Abb. 5.19), so muss diese Bewegung in Gl. (5.136) durch die totale Zeitableitung berücksichtigt werden. Eine Änderung des von der Schleife umschlossenen Flusses kann dadurch bewirkt werden, dass sich (a) der Fluss an einem bestimmten Raumpunkt zeitlich ändert oder dass (b) die Lage der Schleife durch eine Translation geändert wird. Die totale Zeitableitung des durch die bewegte Schleife hindurchtretenden Flusses ist[11]

$$\frac{d}{dt}\int_S \mathbf{B}\cdot\mathbf{n}\,da = \int_S \frac{\partial \mathbf{B}}{\partial t}\cdot\mathbf{n}\,da + \oint_C (\mathbf{B}\times\mathbf{v})\cdot d\mathbf{l} \tag{5.137}$$

Gleichung (5.136) lässt sich jetzt in der Gestalt

$$\oint_C [\mathbf{E}' - k(\mathbf{v}\times\mathbf{B})]\cdot d\mathbf{l} = -k\int_S \frac{\partial \mathbf{B}}{\partial t}\cdot\mathbf{n}\,da \tag{5.138}$$

schreiben. Diese Beziehung stellt das Faraday'sche Gesetz für eine bewegte Schleife C dar. Doch lässt sie sich auch anders interpretieren. Denn die Schleife C und die von ihr umrandete Fläche S kann man sich auch in Ruhe vorstellen. Wendet man dann auf diese ruhende Schleife das Faraday'sche Gesetz (5.136) an, so folgt:

$$\oint_C \mathbf{E}\cdot d\mathbf{l} = -k\int_S \frac{\partial \mathbf{B}}{\partial t}\cdot\mathbf{n}\,da \tag{5.139}$$

[11] Das obige Resultat erhält man am einfachsten durch Anwenden der konvektiven Ableitung $\frac{d}{dt} = \frac{\partial}{\partial t} + \mathbf{v}\cdot\nabla$ auf $\mathbf{B}$:

$$\frac{d\mathbf{B}}{dt} = \frac{\partial \mathbf{B}}{\partial t} + (\mathbf{v}\cdot\nabla)\,\mathbf{B} = \frac{\partial \mathbf{B}}{\partial t} + \nabla\times(\mathbf{B}\times\mathbf{v}) + \mathbf{v}(\nabla\cdot\mathbf{B})$$

Dabei wird $\mathbf{v}$ als fester Vektor betrachtet, und der letzte Term verschwindet wegen der Divergenzfreiheit von $\mathbf{B}$. Der Stokes'sche Satz führt dann auf das Linienintegral in (5.137). Im Fall eines allgemeinen Vektorfeldes stünde auf der rechten Seite von (5.137) noch der Term $\int_S (\nabla\cdot\mathbf{B})\mathbf{v}\cdot\mathbf{n}\,da$. Er beschreibt den Beitrag der von der bewegten Schleife überstrichenen Quellen des Vektorfeldes.

Dabei ist jetzt $\mathbf{E}$ das elektrische Feld im Laborsystem. Die Annahme der Galilei-Invarianz bedeutet, dass die Ausdrücke auf der linken Seite von (5.138) und (5.139) einander gleich sein müssen. Daraus ergibt sich für das elektrische Feld im bewegten Koordinatensystem der Schleife:

$$\mathbf{E}' = \mathbf{E} + k(\mathbf{v} \times \mathbf{B}) \tag{5.140}$$

Um die Konstante k zu bestimmen, brauchen wir uns nur die Bedeutung von $\mathbf{E}'$ klarzumachen. Ein geladenes Teilchen (z. B. ein Leitungselektron), das sich in einer bewegten Schleife im Wesentlichen in Ruhe befindet, erfährt die Kraft $q\mathbf{E}'$. Vom Laborsystem aus gesehen, stellt die bewegte Ladung einen Strom $\mathbf{J} = q\mathbf{v}\delta(\mathbf{x} - \mathbf{x}_0)$ dar. Aus dem magnetischen Kraftgesetz (5.7) bzw. (5.12) ist nun zu ersehen, dass dieser Strom eine Kraft erfährt, die genau dann mit (5.140) übereinstimmt, wenn die Konstante k gleich 1 (in SI-Einheiten) bzw. $1/c$ (in Gauß'schen Einheiten) ist.

Die Galilei-Invarianz macht es also erforderlich, dass die Konstante k in dem von uns gewählten Einheitensystem gleich der Konstanten ist, die in der Definition (5.4) des magnetischen Feldes auftritt. Das Faraday'sche Gesetz (5.136) lautet daher:

$$\oint_C \mathbf{E}' \cdot d\mathbf{l} = -\frac{d}{dt} \int_S \mathbf{B} \cdot \mathbf{n}\, da \tag{5.141}$$

wobei $\mathbf{E}'$ das elektrische Feld an der Stelle $d\mathbf{l}$ des Ruhesystems der Schleife ist. Die Zeitableitung auf der rechten Seite ist die durch (5.137) bestimmte *totale* Zeitableitung. Als zusätzliches Ergebnis haben wir gefunden, dass das elektrische Feld $\mathbf{E}'$ in einem gegenüber dem Laborsystem mit der Geschwindigkeit $\mathbf{v}$ bewegten Koordinatensystem durch

$$\mathbf{E}' = \mathbf{E} + \mathbf{v} \times \mathbf{B} \tag{5.142}$$

gegeben ist. Da wir jedoch eine Galilei-Transformation betrachteten, gilt dieses Ergebnis nur für Geschwindigkeiten, die gegenüber der Lichtgeschwindigkeit klein sind. (Die relativistischen Ausdrücke leiten wir in Kap. 11.10 her.) Das Faraday'sche Gesetz dagegen ist keine Näherung; denn die Galilei-Transformation benutzten wir nur zur Bestimmung der in (5.135) auftretenden Konstanten k, und dafür war sie vollkommen adäquat.

Das Faraday'sche Gesetz (5.141) lässt sich mithilfe des Stokes'schen Satzes in differentieller Form ausdrücken, wenn die Schleife im gewählten Bezugssystem festgehalten wird (sodass $\mathbf{E}$ und $\mathbf{B}$ im *gleichen* System definiert sind). Die Umwandlung des Volumenintegrals in ein Oberflächenintegral führt auf

$$\int_S \left(\nabla \times \mathbf{E} + \frac{\partial \mathbf{B}}{\partial t} \right) \cdot \mathbf{n}\, da = 0$$

Da die Schleife C und die umschlossene Fläche S beliebig sind, muss der Integrand an allen Punkten des Raumes verschwinden. Daher lautet das Faraday'sche Induktionsgesetz in seiner differentiellen Form:

$$\nabla \times \mathbf{E} + \frac{\partial \mathbf{B}}{\partial t} = 0 \tag{5.143}$$

Dies ist die zeitabhängige Verallgemeinerung der in der Elektrostatik geltenden Gleichung $\nabla \times \mathbf{E} = 0$.

5.16 Energie des magnetischen Feldes

Bei der Diskussion stationärer Magnetfelder in den ersten vierzehn Abschnitten dieses Kapitels umgingen wir die Frage der Feldenergie und der Energiedichte. Der Grund hierfür war der, dass es während der Entstehung einer stationären Konfiguration von Strömen und der zugehörigen Magnetfelder eine Übergangsperiode gibt, in der die anfänglich nicht vorhandenen Ströme und Felder auf ihre endgültigen, von Null verschiedenen Werte gebracht werden. Solche zeitveränderlichen Felder induzieren elektromotorische Kräfte, die die Stromquellen zur Verrichtung von Arbeit veranlassen. Da die Feldenergie definitionsgemäß die zum Aufbau des Feldes notwendige Gesamtarbeit ist, müssen diese Beiträge ebenfalls berücksichtigt werden.

Wir nehmen an, es sei zunächst nur eine einzige, von einem konstanten Strom I durchflossene Schleife vorhanden. Ändert sich dann der von der Schleife umschlossene magnetische Fluss, so wird in ihr eine elektromotorische Kraft $\mathscr{E}$ induziert. Um den Strom konstant zu halten, muss von den Stromquellen Arbeit geleistet werden. Der Betrag dieser Arbeit ergibt sich aus der Feststellung, dass die zeitliche Änderung der Energie eines Teilchens mit der Geschwindigkeit $\mathbf{v}$, auf das eine Kraft $\mathbf{F}$ wirkt, durch $dE/dt = \mathbf{v} \cdot \mathbf{F}$ bestimmt wird. Bei einem sich ändernden magnetischen Fluss bewirkt das Zusatzfeld $\mathbf{E}'$, das auf jedes mit der Driftgeschwindigkeit $\mathbf{v}$ bewegte Leitungselektron der Ladung q wirkt, eine Energieänderung $q\mathbf{v} \cdot \mathbf{E}'$ pro Zeiteinheit und Elektron. Summiert man über sämtliche Elektronen der Stromschleife, so ergibt sich für die von den Quellen zur Aufrechterhaltung des Stromes geleistete Arbeit:

$$\frac{dW}{dt} = -I\mathscr{E} = I\frac{d\Phi_{\mathrm{m}}}{dt}$$

Das negative Vorzeichen trägt dabei der Lenz'schen Regel Rechnung. Diese Arbeit tritt zu den ohmschen Verlusten hinzu, die jedoch zum magnetischen Energieinhalt nicht beitragen. Ist also die Änderung des magnetischen Flusses durch die vom Strom I durchflossene Schleife gleich $\delta\Phi_{\mathrm{m}}$, so ist die von den Quellen geleistete Arbeit:

$$\delta W = I\,\delta\Phi_{\mathrm{m}}$$

Betrachten wir nun die Arbeit, die notwendig ist, um eine beliebige homogene Strom- und Feldverteilung aufzubauen! Den entsprechenden Aufbauprozess kann man sich in infinitesimalen Schritten vorgenommen denken, sodass die Gleichung $\boldsymbol{\nabla} \cdot \mathbf{J} = 0$ mit jeder nur gewünschten Genauigkeit erfüllt ist. Die Stromverteilung kann dann in ein Netz elementarer Stromschleifen unterteilt werden. Eine einzelne

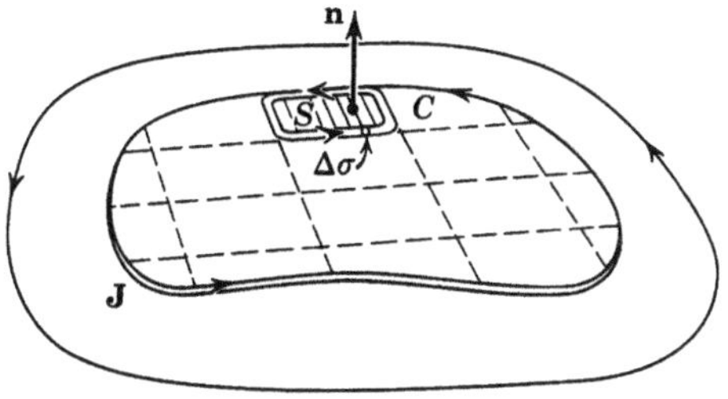

Abb. 5.20 Eine Stromverteilung, die in ein Netz elementarer Stromschleifen zerlegt ist.

elementare Stromschleife hat die Gestalt einer sehr kleinen, in sich geschlossenen Röhre mit der Querschnittsfläche $\Delta\sigma$; sie umspannt längs eines Weges C eine Fläche S mit der Normalen $\mathbf{n}$ (vgl. Abb. 5.20).

Die Mehrarbeit, die gegen die induzierte EMK zu verrichten ist, lässt sich durch die Änderung der die Schleife durchdringenden magnetischen Induktion ausdrücken; der Beitrag einer einzelnen Elementarschleife ist

$$\Delta(\delta W) = J\,\Delta\sigma \int_S \mathbf{n}\cdot\delta\mathbf{B}\,da$$

Bei Verwendung des Vektorpotentials $\mathbf{A}$ lässt sich hierfür auch

$$\Delta(\delta W) = J\,\Delta\sigma \int_S (\boldsymbol{\nabla}\times\delta\mathbf{A})\cdot\mathbf{n}\,da$$

schreiben, und der Stokes'sche Satz liefert:

$$\Delta(\delta W) = J\,\Delta\sigma \oint_C \delta\mathbf{A}\cdot d\mathbf{l}$$

Nun ist aber $J\,\Delta\sigma\,d\mathbf{l}$ definitionsgemäß gleich $\mathbf{J}\,d^3x$, da $d\mathbf{l}$ in Richtung von $\mathbf{J}$ liegt. Bei der Summation über sämtliche Elementarschleifen geht der Ausdruck auf der rechten Seite der letzten Gleichung in ein Volumenintegral über. Die Mehrarbeit, die von den äußeren Quellen aufgrund der Änderung $\delta\mathbf{A}(\mathbf{x})$ des Vektorpotentials geleistet wird, ist also insgesamt:

$$\delta W = \int \delta\mathbf{A}\cdot\mathbf{J}\,d^3x \tag{5.144}$$

Mithilfe des Ampère'schen Durchflutungsgesetzes

$$\boldsymbol{\nabla}\times\mathbf{H} = \mathbf{J}$$

lassen sich hieraus $\mathbf{J}$ und $\delta\mathbf{A}$ zugunsten der magnetischen Felder eliminieren. Zunächst schreiben wir

$$\delta W = \int \delta\mathbf{A}\cdot(\boldsymbol{\nabla}\times\mathbf{H})\,d^3x \tag{5.145}$$

Die Produktregel

$$\boldsymbol{\nabla}\cdot(\mathbf{P}\times\mathbf{Q}) = \mathbf{Q}\cdot(\boldsymbol{\nabla}\times\mathbf{P}) - \mathbf{P}\cdot(\boldsymbol{\nabla}\times\mathbf{Q})$$

führt dann auf

$$\delta W = \int [\mathbf{H}\cdot(\boldsymbol{\nabla}\times\delta\mathbf{A}) + \boldsymbol{\nabla}\cdot(\mathbf{H}\times\delta\mathbf{A})]\,d^3x \tag{5.146}$$

Sind die Felder auf ein endliches Gebiet beschränkt, so verschwindet das zweite Integral. Mit der Definition von $\mathbf{B}$ durch $\mathbf{A}$ ergibt sich dann für den Energiezuwachs:

$$\delta W = \int \mathbf{H}\cdot\delta\mathbf{B}\,d^3x \tag{5.147}$$

Diese Beziehung ist das magnetische Analogon zu der in der Elektrostatik geltenden Gleichung (4.86). In der vorliegenden Form lässt sie sich auf alle magnetischen Materialien einschließlich Ferromagnetika anwenden. Ist das Material para- oder diamagnetisch, sodass **H** und **B** linear miteinander verknüpft sind, dann ist

$$\mathbf{H} \cdot \delta\mathbf{B} = \tfrac{1}{2}\,\delta(\mathbf{H} \cdot \mathbf{B})$$

Daraus ergibt sich für die nach Aufbau der Felder insgesamt vorhandene magnetische Feldenergie:

$$W = \frac{1}{2}\int \mathbf{H} \cdot \mathbf{B}\, d^3x \tag{5.148}$$

Dies ist das magnetische Analogon zu (4.89).

Das magnetische Äquivalent zu Gl. (4.83), in der die elektrostatische Energie durch die Ladungsdichte und das Potential ausgedrückt wird, folgt aus (5.144) bei Annahme eines linearen Zusammenhangs zwischen **J** und **A**. Unter dieser Voraussetzung findet man für die magnetische Energie:

$$W = \frac{1}{2}\int \mathbf{J} \cdot \mathbf{A}\, d^3x \tag{5.149}$$

Die Frage, wie sich die magnetische Energie ändert, wenn man einen Körper der Permeabilität μ_1 in ein Magnetfeld bringt, dessen Stromquellen festgehalten werden, lässt sich in enger Analogie zu dem in Kap. 4.7 behandelten elektrostatischen Fall beantworten. Die Rolle von **E** übernimmt **B** und an die Stelle von **D** tritt **H**. Im ursprünglichen Medium mit der Permeabilität μ_0 herrsche die magnetische Induktion $\mathbf{B}_0$. Die Werte der magnetischen Felder nach Einbringen des genannten Körpers seien **B** bzw. **H**. Wir überlassen es dem Leser als Übung nachzuweisen, dass die Energieänderung bei festgehaltenen Quellen durch

$$W = \frac{1}{2}\int_{V_1} (\mathbf{B} \cdot \mathbf{H}_0 - \mathbf{H} \cdot \mathbf{B}_0)\, d^3x$$

gegeben ist, wobei die Integration über das Volumen des eingebrachten Körpers zu erstrecken ist. Alternativ lässt sich hierfür auch

$$W = \frac{1}{2}\int_{V_1} (\mu_1 - \mu_0)\, \mathbf{H} \cdot \mathbf{H}_0\, d^3x = \frac{1}{2}\int_{V_1} \left(\frac{1}{\mu_0} - \frac{1}{\mu_1}\right) \mathbf{B} \cdot \mathbf{B}_0\, d^3x$$

schreiben. Sowohl μ_1 wie auch μ_0 können Funktionen des Ortes sein, doch wird vorausgesetzt, dass sie nicht von den Feldstärken abhängen.

Befindet sich der besagte Körper im sonst leeren Raum, so kann die Energieänderung durch die Magnetisierung ausgedrückt werden:

$$W = \frac{1}{2}\int_{V_1} \mathbf{M} \cdot \mathbf{B}_0\, d^3x \tag{5.150}$$

Es sei bemerkt, dass die letzte Gleichung – abgesehen vom Vorzeichen – der in der Elektrostatik geltenden Beziehung (4.93) entspricht. Der Vorzeichenwechsel ist darauf zurückzuführen, dass die Energie W neben der Energieänderung, zu der es beim Einbringen des magnetischen Körpers in das Feld kommt, auch diejenige Arbeit enthält, die die Quellen gegen die induzierte elektromotorische Kraft leisten. In dieser Hinsicht entspricht das magnetische Problem mit festgehaltenen Stromquellen dem elektrostatischen Problem mit auf den Randflächen vorgegebenen Potentialen, die die Felder bestimmen. Eine Untersuchung, analog zu der am Ende von Kap. 4.7, zeigt, dass die Arbeit, die bei einer kleinen Verrückung gegen die induzierten elektromotorischen Kräfte zu verrichten ist, gleich der doppelten, negativen Änderung der potentiellen Energie des Körpers ist. Um die auf den Körper ausgeübte Kraft zu berechnen, hat man eine Verrückung ξ zu betrachten und die *positive* Ableitung von W bezüglich dieser Verrückung zu bilden:

$$F_\xi = \left(\frac{\partial W}{\partial \xi}\right)_J \tag{5.151}$$

Der Index J zeigt dabei an, dass die Stromquellen festgehalten werden.

Der Unterschied zwischen (5.150) und dem Ausdruck (5.72) für die potentielle Energie eines Permanentmagneten in einem äußeren Feld (abgesehen von dem Faktor $\frac{1}{2}$, der auf den angenommenen linearen Zusammenhang zwischen $\mathbf{M}$ und $\mathbf{B}$ zurückzuführen ist) rührt daher, dass (5.150) die gesamte Energie darstellt, die für den Aufbau einer bestimmten Konfiguration notwendig ist; dagegen berücksichtigt (5.72) nur diejenige Arbeit, die beim Einbringen des Permanentmagneten in das Feld zu verrichten ist – die Arbeit, die erforderlich ist, um das magnetische Moment zu erzeugen und es auf konstantem Wert zu halten, bleibt in (5.72) unberücksichtigt.

5.17 Energie des magnetischen Feldes und Induktionskoeffizienten

A. Induktivitätskoeffizienten

Genauso nützlich wie der Begriff der *Kapazitätskoeffizienten* ist, die man zur Behandlung einer Anordnung von Leitern einführt, die sich auf verschiedenen Potentialen befinden (vgl. Kap. 1.11), ist auch die Einführung von so genannten *Induktivitätskoeffizienten*, wenn es um ein System stromführender Leiterschleifen geht. Gegeben sei also – im sonst leeren Raum – ein System von N unabhängigen Leiterschleifen, wobei in der i-ten Schleife der Gesamtstrom I_i fließe. Es muss sich nicht notwendigerweise um dünne Drähte handeln (zum Beispiel können auch Stromschienen oder Ähnliches auftreten), aber zunächst einmal nehmen wir an, dass die Materialien nichtpermeabel seien. Dann lässt sich die Gesamtenergie des magnetischen Feldes nach Gl. (5.149) als ein Integral von $\mathbf{J} \cdot \mathbf{A}/2$ ausdrücken und auf folgende Form bringen:

$$W = \frac{1}{2}\sum_{i=1}^{N} L_i I_i^2 + \sum_{i=1}^{N}\sum_{j>i}^{N} M_{ij} I_i I_j \tag{5.152}$$

wobei der Induktivitätskoeffizient L_i *Selbstinduktivität* oder kurz *Induktivität* der i-ten Schleife genannt wird, während der Induktivitätskoeffizient M_{ij} die so genannte *Gegen- oder Wechselinduktivität* zwischen i-ter und j-ter Schleife ist. Zu diesem Resultat gelangt man, indem man zunächst Gl. (5.32) für das Vektorpotential heranzieht, um Gl. (5.149) umzuwandeln in

$$W = \frac{\mu_0}{8\pi} \int d^3x \int d^3x' \frac{\mathbf{J}(\mathbf{x}) \cdot \mathbf{J}(\mathbf{x}')}{|\mathbf{x} - \mathbf{x}'|} \tag{5.153}$$

Die Integrale lassen sich jetzt in Summen getrennter Integrale für jede Stromschleife zerlegen:

$$W = \frac{\mu_0}{8\pi} \sum_{i=1}^{N} \int d^3x_i \sum_{j=1}^{N} \int d^3x'_j \frac{\mathbf{J}(\mathbf{x}_i) \cdot \mathbf{J}(\mathbf{x}'_j)}{|\mathbf{x}_i - \mathbf{x}'_j|}$$

In diesen Summen treten Glieder mit $i = j$ und $i \neq j$ auf. Aus der ersten entsteht die erste Summe in Gl. (5.152), aus der letzten die zweite. Offensichtlich sind die Koeffizienten L_i und M_{ij} gegeben durch

$$L_i = \frac{\mu_0}{4\pi I_i^2} \int_{C_i} d^3x_i \int_{C_i} d^3x'_i \frac{\mathbf{J}(\mathbf{x}_i) \cdot \mathbf{J}(\mathbf{x}'_i)}{|\mathbf{x}_i - \mathbf{x}'_i|} \tag{5.154}$$

und

$$M_{ij} = \frac{\mu_0}{4\pi I_i I_j} \int_{C_i} d^3x_i \int_{C_j} d^3x'_j \frac{\mathbf{J}(\mathbf{x}_i) \cdot \mathbf{J}(\mathbf{x}'_j)}{|\mathbf{x}_i - \mathbf{x}'_j|} \tag{5.155}$$

Man beachte, dass die Gegeninduktivitäten M_{ij} symmetrisch in i und j sind.

Die allgemeinen Ausdrücke für die Selbst- und Gegeninduktivitäten stellen im Gegensatz zu einfacheren Definitionen, die den umschlossenen Induktionsfluss zugrundelegen, streng gültige Formulierungen dar. Wir wollen die elementare und strenge Definition zueinander in Beziehung setzen, beschränken uns dabei aber auf die Gegeninduktivität (weil sich für sie der Induktionsfluss ohne Mehrdeutigkeit definieren lässt). In Gl. (5.155) ergibt das Integral über d^3x', multipliziert mit $\mu_0/4\pi$, gerade den Ausdruck (5.32) für das Vektorpotential $\mathbf{A}(\mathbf{x}_i)$ an der Stelle $\mathbf{x}_i$ in der i-ten Schleife, das von dem in der j-ten Schleife fließenden Strom I_j verursacht wird. Ist der Querschnitt der i-ten Schleife im Maßstab der Ausdehnung beider Schleifen vernachlässigbar klein, so kann man den Integranden $\mathbf{J}(\mathbf{x}_i)\, d^3x$ für die Integration über das Volumen des i-ten Stromkreises umschreiben in $\mathbf{J}\, d^3x = J_{\parallel}\, da\, d\mathbf{l}$, wobei da ein lokal definiertes Element der Querschnittsfläche und $d\mathbf{l}$ ein longitudinales Differential in Richtung des Stromflusses ist. Falls das Vektorpotential an einer Stelle entlang der Stromschleife im Querschnittsintegral nahezu konstant ist, ergibt sich für die Gegeninduktivität:

$$M_{ij} = \frac{1}{I_i I_j} \cdot I_i \oint_{C_i} \mathbf{A}_{ij} \cdot d\mathbf{l} = \frac{1}{I_j} \int_{S_i} (\boldsymbol{\nabla} \times \mathbf{A}_{ij}) \cdot \mathbf{n}\, da$$

wobei $\mathbf{A}_{ij}$ das vom j-ten Stromkreis an der Integrationsstelle im i-ten Stromkreis verursachte Vektorpotential ist und der Faktor I_i aus der Integration über den Querschnitt resultiert. Der zweite Ausdruck wurde mithilfe des Stokes'schen Satzes gewonnen. Da die Rotation von $\mathbf{A}$ die magnetische Induktion $\mathbf{B}$ ergibt, ist das Flächenintegral gleich dem umschlossenen magnetischen Fluss (5.133). Als Endresultat erhält man also für die Gegeninduktivität:

$$M_{ij} = \frac{1}{I_j} \Phi_{ij} \tag{5.156}$$

wobei Φ_{ij} der von der j-ten Schleife herrührende magnetische Fluss ist, den die i-te Schleife umschließt. Für die Selbstinduktivität ist die physikalische Argumentation zwar die gleiche, aber der von einer Schleife selbst umschlossene Fluss Φ_{ij} ist nicht eindeutig zu definieren, d. h. man ist gezwungen, auf die strenge Formulierung (5.154) zurückzugreifen, die auf der magnetischen Energie basiert.

Die Definition der Gegen- und Selbstinduktivität, bei der man von der magnetischen Energie ausgeht, ist von grundlegender Bedeutung. Falls die stromführenden Leiter permeabel sind oder im Raum zwischen ihnen $\mu \neq \mu_0$ ist, gilt weiterhin (5.152), nicht aber (5.153). Dann ist es am besten, Gl. (5.148) zur Berechnung der magnetischen Energie auf der linken Seite von Gl. (5.152) heranzuziehen, um daraus die Induktivitätskoeffizienten zu gewinnen.

Bei elektrischen Netzwerken treten in der Spannungsbilanz Terme wie $L\,dI/dt$ oder $M_{12}\,dI_2/dt$ auf. Dies ergibt sich automatisch, wenn man über Gl. (5.135) die Zeitableitung des magnetischen Flusses $(d\Phi_m/dt)$ mit der induzierten EMK $\mathscr{E}$ verknüpft.

B. Abschätzung der Selbstinduktivität einfacher Stromschleifen

Die Selbstinduktivität einfacher stromführender Elemente lässt sich durch energetische Betrachtungen abschätzen. Angenommen, ein Draht kreisförmigen Querschnitts mit dem Radius a führe einen Gleichstrom I in einer Schleife vom Umfang C mit der „Fläche" A (wobei die Anführungszeichen daran erinnern sollen, dass die tatsächliche Fläche nicht eben sein muss und dass A im Allgemeinen die Projektion dieser Fläche auf eine Ebene bezeichnet). Die Form der Schleife soll zwar beliebig sein, aber keine Krümmungsradien haben, die mit dem Drahtdurchmesser vergleichbar wären. Ein Beispiel dafür ist in Abb. 5.21 skizziert. Es existieren drei Längenmaßstäbe: der Durchmesser des Drahtes und die Ausdehnung der Schleife, repräsentiert durch $C/2\pi$ oder $A^{1/2}$, sowie der Außenbereich $r \gg C/2\pi$. Aus Gl. (5.152), dem Zusammenhang zwischen Selbstinduktivität und magnetischer Energie, ergibt sich:

$$L = \frac{1}{I^2}\int \frac{\mathbf{B}\cdot\mathbf{B}}{\mu}\,d^3x \tag{5.157}$$

Eine Abschätzung der magnetischen Induktion führt also zu einem Näherungswert für die Induktivität. Im Maßstab des Drahtdurchmessers können wir – nach Vo-

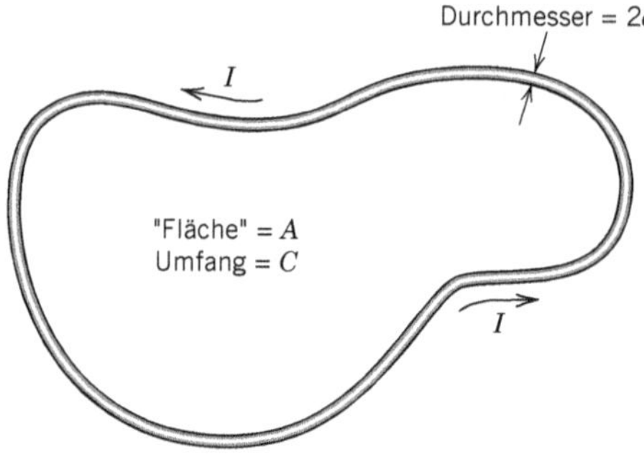

Abb. 5.21 Geschlossene Stromschleife aus einem Draht mit dem Radius a und der Länge C, die die (projizierte) Fläche A umschließt.

raussetzung – von Krümmungen in C absehen und das Feld innerhalb und außerhalb des Drahtes so betrachten, als wäre der Draht unendlich lang und gerade. Falls die Stromdichte im gesamten Inneren homogen ist, folgt aus der Symmetrie und aus dem Ampère'schen Gesetz (5.25), dass die magnetische Induktion azimutal gerichtet ist und den Betrag

$$B_\phi = \frac{\mu_0 I}{2\pi a}\frac{\rho_<}{\rho_>}$$

hat, wobei $\rho_<$ ($\rho_>$) der kleinere (größere) Wert von a und ρ ist. Wir haben auch vorausgesetzt, dass der Draht und das umgebende Medium nichtpermeabel sind. Die Beiträge zur Induktivität pro Längeneinheit, innerhalb des Drahtes und außerhalb bis zu einem Radius ρ_{max}, ergeben sich damit zu

$$\frac{dL_\text{i}}{dl} = \frac{\mu_0}{8\pi}; \quad \frac{dL_\text{a}(\rho_{\text{max}})}{dl} = \frac{\mu_0}{4\pi}\ln\left(\frac{\rho_{\text{max}}^2}{a^2}\right)$$

Das Radialintegral außerhalb des Drahtes ist einzuschränken auf $\rho < \rho_{\text{max}}$, weil der für B_ϕ angegebene Ausdruck im mittleren Längenbereich die Induktion nicht mehr korrekt beschreibt. Ein Blick auf das Innere der Schleife genügt, um festzustellen, dass für $\rho = O(C/2\pi) = O(A^{1/2})$ die Annahme eines geraden Drahtes eine sehr schlechte Näherung für die Stromverteilung ist. Zu erwarten ist also, dass $\rho_{\text{max}} = O(A^{1/2})$.[12] Natürlich liefert der Bereich jenseits von ρ_{max} ebenfalls seinen Beitrag zur Induktivität. Dort, d.h. bei Abständen, die im Vergleich zu $A^{1/2}$ groß sind, weicht das langsame, zu $1/\rho$ proportionale Abklingen der magnetischen Induktion einer Dipolstruktur mit $|\mathbf{B}| = O(\mu_0 m/4\pi r^3)$, wobei $m = O(IA)$ das magnetische Moment der Stromschleife ist. Da das Feld jenseits von ρ_{max} schnell abfällt, lässt sich der Beitrag großer Entfernungen (mit $\rho \gtrsim A^{1/2}$) zur Induktivität pro Längeneinheit abschätzen zu

$$\frac{dL_{\text{Dipol}}}{dl} = O\left(\frac{4\pi}{\mu_0 I^2 C}\int_{\rho_{\text{max}}}^{\infty} r^2(\mu_0 IA/4\pi r^3)^2\,dr\right) = O(\mu_0 A^2/4\pi\rho_{\text{max}}^3 C)$$

Wir setzen nun $\rho_{\text{max}} = (\xi A)^{1/2}$, wobei ξ eine Zahl in der Größenordnung von 1 ist (die unsere Unkenntnis widerspiegelt). Damit erhalten wir:

$$\frac{dL_{\text{Dipol}}}{dl} = O(\mu_0 A^{1/2}/4\pi C)$$

also einen Ausdruck, der im Vergleich zu dem obigen Logarithmus ebenfalls in der Größenordnung von 1 liegt. Addiert man nun die verschiedenen Beiträge, so ergibt sich als Abschätzung für die Induktivität der Schleife:

$$L \approx \frac{\mu_0}{4\pi} C\left[\ln\left(\frac{\xi A}{a^2}\right) + \frac{1}{2}\right] \tag{5.158}$$

Der vom Inneren herrührende Beitrag erscheint hier explizit, während die Unkenntnis des korrekten Wertes von ρ_{max} und damit des äußeren Beitrags durch die Zahl ξ von der Größenordnung 1 berücksichtigt wird (vgl. hierzu Übg. 5.26).

[12] Falls für eine Schleifenform $A \ll C^2$ gilt, wie für eine langgestreckte Schleife, können andere Abschätzungen für ρ_{max} geeigneter sein [z. B. $\rho_{\text{max}} = O(A/C)$].

Vier Bemerkungen seien abschließend noch hinzugefügt: (1) Wenn der Draht eine Permeabilität $\mu \neq \mu_0$ besitzt, ist im inneren Beitrag die Substitution $\frac{1}{2} \to \mu/2\mu_0$ vorzunehmen. (2) Wenn ein dünner Draht zu einem, verglichen mit dem Drahtdurchmesser, großen Kreis gebogen wurde, ergibt die genaue Rechnung (vgl. Übg. 5.33) den Wert $\xi = 64/\pi e^4 \approx 0{,}373$, wobei e die Euler'sche Zahl ist. (3) Bei Frequenzen, die so hoch sind, dass die Skin-Tiefe klein ist im Vergleich zum Radius, entfällt der innere Beitrag, da der Strom nur an der Oberfläche fließt (s. nächster Abschnitt). (4) Wenn man eine einzelne Drahtschleife durch eine dicht gewickelte Spule mit N Windungen ersetzt, wobei a jetzt der effektive Querschnittsradius der Wicklung ist, so hat man den obigen Ausdruck für die Induktivität mit dem Faktor N^2 zu versehen.

5.18 Quasistationäre Magnetfelder in Leitern; magnetische Diffusion

Die Magnetostatik, die wir in den ersten 14 Abschnitten dieses Kapitels behandelten, basierte auf dem Ampère'schen Gesetz und der Abwesenheit magnetischer Ladungen. In Kap. 5.15 sahen wir, dass bei zeitlicher Änderung der magnetischen Induktion ein elektrisches Feld entsteht, beschrieben durch das Faraday'sche Gesetz. Die physikalischen Bedingungen sind dann nicht mehr rein magnetischer Natur. Doch wenn die zeitliche Änderung des Magnetfeldes nicht zu schnell erfolgt, bleibt das Magnetfeld vorherrschend, und man kann von *quasistationärem* Verhalten sprechen. Der Begriff „quasistationär" bezieht sich darauf, dass die endliche Lichtgeschwindigkeit unberücksichtigt bleiben kann und die Felder so behandelt werden können, als breiteten sie sich augenblicklich aus. Mit anderen Worten: das betrachtete System ist dann klein im Vergleich zu der elektromagnetischen Wellenlänge, die der dominierenden Zeitskala des Problems entspricht. In den folgenden Kapiteln (insbesondere in Kap. 6) werden wir sehen, dass unter dieser Voraussetzung der Maxwell'sche Verschiebungsstrom im verallgemeinerten Ampère'schen Gesetz (s. Gl. (6.5)) vernachlässigt werden kann. Wir betrachten solche Felder in leitenden Medien, in denen das elektrische Feld, über das Ohm'sche Gesetz, mit der Stromdichte verknüpft wird und dann, über das Ampère'sche Gesetz, mit dem Magnetfeld. Die relevanten Gleichungen sind:

$$\nabla\times\mathbf{H} = \mathbf{J}, \quad \nabla\cdot\mathbf{B} = 0, \quad \nabla\times\mathbf{E} + \frac{\partial\mathbf{B}}{\partial t} = 0, \quad \mathbf{J} = \sigma\mathbf{E} \tag{5.159}$$

Dabei stellt die erste Gleichung das Ampère'sche Gesetz dar, während die zweite Gleichung der Nichtexistenz magnetischer Ladungen entspricht; die dritte und vierte Gleichung schließlich bilden das Faraday'sche und das Ohm'sche Gesetz. Bei Beachtung von $\mathbf{B} = \nabla\times\mathbf{A}$ folgt aus dem Faraday'schen Gesetz zunächst, dass die Rotation von $\mathbf{E} + \partial\mathbf{A}/\partial t$ verschwindet. Wir können daher schreiben: $\mathbf{E} = -\partial\mathbf{A}/\partial t - \nabla\Phi$. Unter der Annahme, dass keine freien Ladungen existieren und dass die zeitabhängige magnetische Induktion $\mathbf{B}$ die einzige Quelle des elektrischen Feldes $\mathbf{E}$ bildet, lässt sich für das skalare Potential $\Phi = 0$ setzen, und damit erhalten wir $\mathbf{E} = -\partial\mathbf{A}/\partial t$. Zu beachten sind noch die Nebenbedingungen $\nabla\cdot\mathbf{E} = 0$ und $\nabla\cdot\mathbf{A} = 0$. In homogenen Medien mit frequenzunabhängiger Permeabilität μ lässt sich das Ampère'sche Gesetz in der

Form $\nabla \times \mathbf{B} = \mu \mathbf{J} = \mu\sigma\mathbf{E}$ schreiben. Nun kann man **B** und **E** zugunsten von **A** eliminieren und erhält bei Verwendung der Vektoridentität $\nabla \times (\nabla \times \mathbf{A}) = \nabla(\nabla \cdot \mathbf{A}) - \nabla^2\mathbf{A}$ die folgende *Diffusionsgleichung* für das Vektorpotential **A**:

$$\nabla^2\mathbf{A} = \mu\sigma\frac{\partial\mathbf{A}}{\partial t} \tag{5.160}$$

Diese Gleichung ist auch gültig für das elektrische Feld **E**, wenn eine räumlich variable, aber frequenzunabhängige Leitfähigkeit σ vorliegt. Ist darüber hinaus die Leitfähigkeit auch räumlich konstant, so genügen auch die Induktion **B** und die Stromdichte **J** dieser Diffusionsgleichung.

Die Struktur der Diffusionsgleichung (5.160) erlaubt eine Abschätzung der Abklingzeit τ einer anfänglichen Feldkonfiguration mit räumlicher Variation, die durch eine charakteristische Länge L gekennzeichnet ist. Unter Verwendung von $\nabla^2\mathbf{A} = O(\mathbf{A}/L^2)$ und $\partial\mathbf{A}/\partial t = O(\mathbf{A}/\tau)$ ergibt sich:

$$\tau = O(\mu\sigma L^2) \tag{5.161}$$

Umgekehrt lässt sich (5.161) auch zur Abschätzung der Länge L verwenden, die die Ausdehnung der Felder in einem Leiter unter der Einwirkung äußerer Felder der Frequenz $\nu = 1/\tau$ kennzeichnet:

$$L = O\left(\frac{1}{\sqrt{\mu\sigma\nu}}\right) \tag{5.162}$$

In einer Kupferkugel vom Radius 1 cm zum Beispiel klingt ein anfänglich vorhandenes Feld **B** größenordnungsmäßig in 5 bis 10 Millisekunden ab; im geschmolzenen Eisenkern der Erde dauert der Vorgang ca. 10^5 Jahre. Diese Zahl steht im Einklang mit paleomagnetischen Messwerten – der letzte Polaritätswechsel des Erdfeldes ereignete sich vor ungefähr 10^6 Jahren; es liegen Daten vor, nach denen das Feld vor etwa 5×10^4 Jahren auf Null absank, bevor wieder ein Anstieg auf den heutigen Wert einsetzte.

A. Skin-Tiefe; induktive Erwärmung

Ein einfaches quantitatives Beispiel für die durch (5.160) beschriebenen Felder zeigt Abb. 5.22. Ein halb-unendlich ausgedehnter Leiter, der die Leitfähigkeit σ und die

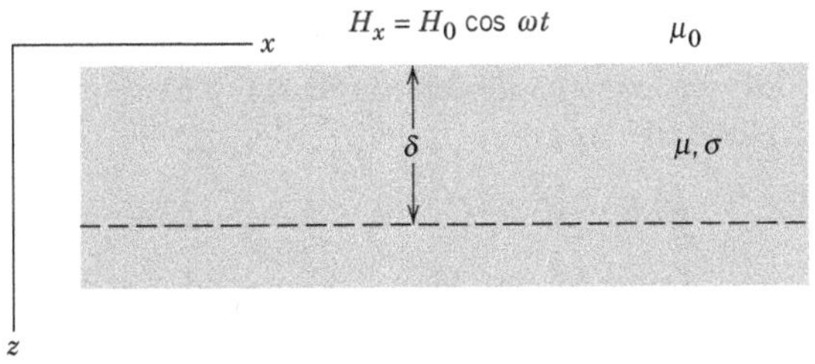

Abb. 5.22 Ein halb-unendlich ausgedehntes, leitendes Medium der Permeabilität μ ist – parallel zu seiner Oberfläche $z = 0^-$ – einem räumlich konstanten Magnetfeld $H_x(t) = H_0 \cos \omega t$ ausgesetzt. In dem Medium fließen im Bereich $z < O(\delta)$ ein Magnetfeld und ein Strom.

Permeabilität μ besitzt, füllt den Raum für $z > 0$. Für $z < 0$ ist der Raum leer. Die Oberfläche des Leiters, bei $z = 0^-$, ist einem räumlich konstanten, aber zeitlich variierenden Magnetfeld in x-Richtung, $H_x(t) = H_0 \cos \omega t$, ausgesetzt. Gesucht ist eine Lösung von Gl. (5.160) für den stationären Zustand im Raum $z > 0$, die den entsprechenden Randbedingungen bei $z = 0$ genügt und für $z \to +\infty$ endlich bleibt. Die Forderung nach Stetigkeit der Tangentialkomponente von **H** und der Normalkomponente von **B** beim Durchgang durch $z = 0$ beinhaltet, dass das Magnetfeld bei $z = 0^+$ nur eine x-Komponente, $H_x(t) = H_0 \cos \omega t$, haben kann. Ferner folgt aus der Linearität von Gl. (5.160), dass im Halbraum $z > 0$ ebenfalls nur eine x-Komponente von **H** existieren kann und dass diese eine Funktion von z und t sein muss, $H_x(z, t)$.

Da die Diffusionsgleichung in den räumlichen Ableitungen von zweiter, in der zeitlichen Ableitung aber von erster Ordnung ist, empfiehlt sich der Übergang zu komplexer Schreibweise, mit der Maßgabe, dass die physikalischen Felder jeweils dem Realteil der Lösung entsprechen. Der Randwert von H_x ist in dieser Schreibweise $H_x = H_0 e^{-i\omega t}$, wovon letzten Endes der Realteil zu bilden ist. Die stationäre Lösung für $H_x(z, t)$ lässt sich schreiben in der Form

$$H_x(z, t) = h(z)\, e^{-i\omega t}$$

wobei $h(z)$, nach Gl. (5.160), der Differentialgleichung

$$\left(\frac{d^2}{dz^2} + i\mu\sigma\omega\right) h(z) = 0 \tag{5.163}$$

genügt. Ein Ansatz der Form $h(z) = e^{ikz}$ führt auf die Bedingung

$$k^2 = i\mu\sigma\omega \quad \text{oder} \quad k = \pm(1+i)\sqrt{\frac{\mu\sigma\omega}{2}} \tag{5.164}$$

Der Wurzelausdruck hat die Dimension einer reziproken Länge. Sie charakterisiert das Medium und die Frequenz (s. auch Gl. (5.162)). Man bezeichnet diese Länge oft mit δ und nennt sie *Skin- oder Eindringtiefe*. Es gilt:

$$\delta = \sqrt{\frac{2}{\mu\sigma\omega}} \tag{5.165}$$

Für Kupfer bei Raumtemperatur ($\sigma^{-1} = 1{,}68 \times 10^{-8}\,\Omega \cdot \mathrm{m}$) ergibt sich: $\delta = 6{,}52 \times 10^{-2}/\sqrt{\nu(\mathrm{Hz})}\,\mathrm{m}$ mit der Frequenz $\nu = \omega/2\pi$. Für Meerwasser gilt $\delta \approx 240/\sqrt{\nu(\mathrm{Hz})}\,\mathrm{m}$ (vgl. hierzu Abb. 7.9 mit dem begleitenden Text).

Die Lösung für H_x ist der Realteil von

$$H_x(z, t) = A e^{-z/\delta} e^{i(z/\delta - \omega t)} + B e^{z/\delta} e^{-i(z/\delta + \omega t)}$$

wobei die Integrationskonstanten A und B komplexe Zahlen sind. Um zu vermeiden, dass die Felder für $z \to \infty$ exponentiell anwachsen, ist $B = 0$ zu wählen. Durch Vergleich der Lösung mit dem Randwert $H_x(0^+, t) = H_0 e^{-i\omega t}$ ergibt sich ferner: $A = H_0$. Damit lautet die Lösung für $z > 0$:

$$H_x(z, t) = H_0 e^{-z/\delta} \cos(z/\delta - \omega t) \tag{5.166}$$

Das Magnetfeld fällt exponentiell mit z ab und dringt, mit räumlichen Schwingungen, nicht wesentlich tiefer in den Leiter ein, als die Skin-Tiefe δ angibt.

Da das Magnetfeld zeitlich variiert, wird es von einem schwachen elektrischen Feld begleitet. Aus dem Ampère'schen und Ohm'schen Gesetz und aus der Tatsache, dass das Magnetfeld nur eine x-Komponente, $H_x(z, t)$, besitzt, folgt, dass $\mathbf{E}$ nur eine y-Komponente hat, und zwar

$$E_y = \frac{1}{\sigma}\frac{\partial H_x}{\partial z} = \frac{-1+i}{\sigma\delta} H_0 e^{-z/\delta} e^{iz/\delta - i\omega t}$$

Hiervon ist wiederum der Realteil zu bilden. Bei Verwendung von $1/\sigma\delta = \mu\delta\omega/2$ ergibt sich:

$$E_y = \frac{\mu\omega\delta}{\sqrt{2}} H_0 e^{-z/\delta} \cos(z/\delta - \omega t + 3\pi/4) \tag{5.167}$$

Um die Beträge von elektrischem Feld und magnetischer Induktion miteinander zu vergleichen, bilden wir das dimensionslose Verhältnis $E_y/c\mu H_x$. Aus dem Ampère'schen und Ohm'schen Gesetz folgt:

$$E_y/c\,\mu H_x = O(\omega\delta/c) \ll 1$$

Die Felder sind also vorwiegend magnetischer Natur, bis auf ein schwaches elektrisches Tangentialfeld. In Verbindung mit dem elektrischen Feld tritt eine auf ein kleines Raumgebiet begrenzte Stromdichte (für $z > 0$) auf, nämlich

$$J_y = \sigma E_y = \frac{\sqrt{2}}{\delta} H_0 e^{-z/\delta} \cos(z/\delta - \omega t + 3\pi/4) \tag{5.168}$$

Die Integration über z ergibt einen effektiven Flächenstrom

$$K_y(t) \equiv \int_0^\infty J_y(z, t)\, dz = -H_0 \cos\omega t$$

Für kleine Skin-Tiefen wirkt der Strom innerhalb eines Bereichs $O(\delta)$ unterhalb der Oberfläche des Leiters wie ein Flächenstrom, der in seiner Stärke und Richtung das Magnetfeld für $z \gg \delta$ auf nahezu Null reduziert. Von Bedeutung ist der hier beschriebene *Skin-Effekt* auch im Zusammenhang mit Hohl- und Wellenleitern (vgl. Kap. 8.1).

Der ohmsche Widerstand des Leiters erzeugt Wärme. Im zeitlichen Mittel beträgt die abgegebene Leistung pro Volumeneinheit $P_R = \langle \mathbf{J} \cdot \mathbf{E} \rangle$. (Man erinnere sich, dass für eine einfache Widerstandsschaltung $P = IV = V^2/R$ gilt.) Mit (5.167) und (5.168) erhalten wir:

$$P_R = \frac{1}{2}\mu\omega H_0^2 e^{-2z/\delta} \tag{5.169}$$

Auf dieser *induktiven Erwärmung* des leitenden Mediums bis zu einer Tiefe von der Größenordnung der Skin-Tiefe beruht die Funktionsweise von Induktionsöfen in Stahlwerken und auch von Mikrowellengeräten im Haushalt (dort verursacht die Leitfähigkeit von Wasser oder, genauer gesagt, der dissipative Anteil seiner dielektrischen Suszeptibilität die Aufwärmung; vgl. hierzu auch Abb. 7.9). Weiteres zur induktiven Erwärmung (und den damit zusammenhängenden *Wirbelströmen*) findet der Leser in der am Ende des Kapitels angegebenen Literatur.

B. Diffusion von Magnetfeldern in Leitern[13]

Die Diffusion von Magnetfeldern in Leitern lässt sich an einem einfachen Beispiel illustrieren. Zwei unendlich ausgedehnte, zueinander parallele Stromblätter, die in entgegengesetzter Richtung von einem konstanten Strom durchflossen werden, liegen im Abstand $2a$ voneinander, bei $z = -a$ und $z = +a$, in einem ebenfalls unendlich ausgedehnten Medium der Permeabilität μ und der Leitfähigkeit σ. Die Ströme sollen so fließen, dass im Gebiet $0 < |z| < a$ ein konstantes Magnetfeld H_0 in x-Richtung herrscht und außerhalb des Gebietes kein Feld vorhanden ist. Das bedeutet, dass die Stromdichte $\mathbf{J}$ in y-Richtung weist, und zwar mit

$$J_y = H_0[\delta(z+a) - \delta(z-a)]$$

Zum Zeitpunkt $t = 0$ werde nun der Strom plötzlich abgestellt. Dann klingen das Vektorpotential und das Magnetfeld gemäß der Diffusionsgleichung (5.160) langsam ab. Zur Bestimmung des Magnetfeldes, also der Lösung der Diffusionsgleichung, ist es sinnvoll, die Technik der *Laplace-Transformation* zu verwenden (die die Lösung von partiellen Differentialgleichungen häufig sehr vereinfacht). Um die Raum- und Zeitabhängigkeit voneinander zu trennen, nehmen wir eine Laplace-Transformation bezüglich t vor und schreiben:

$$H_x(z,t) = \int_0^\infty e^{-pt}\bar{h}(z,p)\,dp$$

wobei $\bar{h}(z,p)$ die Laplace-Transformierte von $H_x(z,t)$ bezüglich t ist. Setzt man das angegebene Integral in die Diffusionsgleichung (5.160) ein, so erhält man für $\bar{h}(z,p)$ eine einfache Wellengleichung in der Variablen z:

$$(d^2/dz^2 + k^2)\,\bar{h}(z,p) = 0 \quad \text{mit} \quad k^2 = \mu\sigma p$$

Da die Anordnung um $z = 0$ symmetrisch ist, ergibt sich als geeignete Lösung: $\bar{h} \sim \cos(kz)$. Mit einer Änderung der Variablenbezeichnung von p nach k im Transformationsintegral wird dann aus $H_x(z,t)$:

$$H_x(z,t) = \int_0^\infty e^{-k^2t/\mu\sigma}h(k)\cos(kz)\,dk \tag{5.170}$$

Die Koeffizientenfunktion $h(k)$ bestimmt sich aus den Anfangsbedingungen. Zur Zeit $t = 0^+$ ist das Magnetfeld gegeben durch

$$H_x(z,0^+) = \int_0^\infty h(k)\cos(kz)\,dk = H_0[\Theta(z+a) - \Theta(z-a)] \tag{5.171}$$

[13] Die Diffusion elektromagnetischer Felder, zusammen mit den Lösungsmethoden der Diffusionsgleichung (einschließlich der Laplace-Transformation), wird ausführlich behandelt in dem Buch von *Lehner*, Kap. 6 (Anm. des Übersetzers).

wobei $\Theta(x)$ die *Heaviside*- oder Sprungfunktion bezeichnet: $\Theta(x) = 0$ für $x \leq 0$ und $\Theta(x) = 1$ für $x > 0$. Die Kosinus-Funktion können wir durch Exponentialfunktionen ausdrücken und erhalten dann:

$$\frac{1}{2}\int_{-\infty}^{\infty} h(k)e^{ikz}\,dk = H_0[\Theta(z+a) - \Theta(z-a)] \tag{5.172}$$

wobei $h(-k) = h(k)$ ist. Das vorliegende Integral ist jetzt ein Fourier-Integral, und seine Umkehrung liefert $h(k)$:

$$h(k) = \frac{H_0}{\pi}\int_{-a}^{a} e^{-ikz}\,dz = \frac{2H_0}{\pi k}\sin(ka) \tag{5.173}$$

Damit erhalten wir als Lösung für das Magnetfeld zu einer beliebigen Zeit $t > 0$:

$$H_x(z,t) = \frac{2H_0}{\pi}\int_0^{\infty} e^{-\nu t\kappa^2}\frac{\sin\kappa}{\kappa}\cos\left[\left(\frac{z}{a}\right)\kappa\right]d\kappa \tag{5.174}$$

wobei $\nu = (\mu\sigma a^2)^{-1}$ die für das Abklingen des Feldes charakteristische Zeitkonstante ist (s. auch Gl. (5.161)). Das Integral in der letzten Gleichung lässt sich als Summe von zwei Ausdrücken schreiben, von denen jeder mit einer Darstellung der *Fehlerfunktion* identifiziert werden kann:

$$\Phi(\xi) \equiv \frac{2}{\sqrt{\pi}}\int_0^{\xi} e^{-x^2}\,dx = \frac{2}{\pi}\int_0^{\infty} e^{-x^2/4\xi^2}\frac{\sin x}{x}\,dx \tag{5.175}$$

Das Endresultat lautet schließlich:

$$H_x(z,t) = \frac{H_0}{2}\left[\Phi\left(\frac{1+|z|/a}{2\sqrt{\nu t}}\right) + \Phi\left(\frac{1-|z|/a}{2\sqrt{\nu t}}\right)\right] \tag{5.176}$$

Zum qualitativen Verständnis der Lösung sei zunächst an drei Eigenschaften der Fehlerfunktion erinnert:

(1) $\Phi(-\xi) = -\Phi(\xi)$

(2) $\Phi(\xi) \to 1 - (1/\sqrt{\pi})[1 - 1/2\xi^2 + \cdots]\exp(-\xi^2)$ für $\xi \to \infty$

(3) $\Phi(\xi) \approx (2\xi/\sqrt{\pi})(1 - \xi^2/3 + \cdots)$ für $|\xi| \ll 1$

Für $\nu t \to 0$ sind die Argumente in (5.176) groß, und die Lösung reduziert sich, wie gefordert, auf die rechte Seite von (5.172). Für große Zeiten ($|\xi| \ll 1$) gilt, unabhängig von $|z|/a$: $H_x(z,t) \to H_0/\sqrt{\pi\nu t}$, wenn man sich auf den führenden Term in einer Entwicklung nach Potenzen von $1/\sqrt{\nu t}$ beschränkt. Doch dieses Ergebnis ist irreführend, weil die Koeffizienten der höheren Terme in der Entwicklung nach Potenzen von $1/\sqrt{\nu t}$ z-abhängig sind. Sinnvoller ist es, die Fehlerfunktion nach Potenzen von $1/\sqrt{\nu t}$ zu entwickeln und bis zur dritten Ordnung zu gehen. Man erhält dann:

$$H_x(z,t) \approx \frac{H_0}{\sqrt{\pi\nu t}}e^{-|z|^2/4\nu t a^2}\left[1 + \frac{1}{12\nu t}(|z|^2/2\nu t a^2 - 1) + \cdots\right] \tag{5.177}$$

Zu beachten ist, dass die Näherung in der Grenze $\nu t \to 0$ für alle $|z| > a$ verschwindet, wie es sein sollte, und dass $H_x \approx H_0/\sqrt{\pi\nu t}$ für $\nu t \gg |z|/2a$. Wenn $|z|/a < 5$ ist, sind

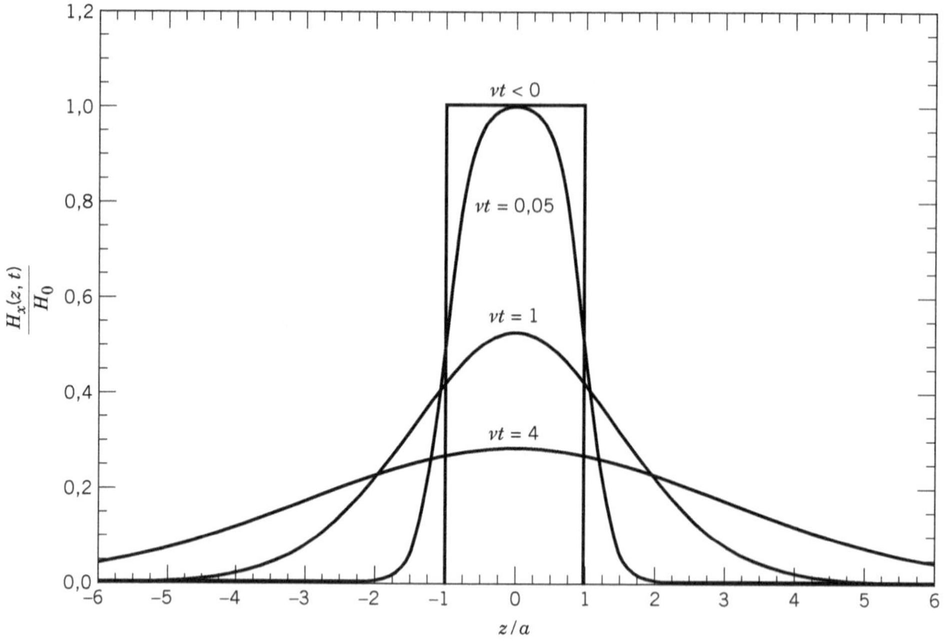

Abb. 5.23 Die Magnetfeldverteilungen (5.172) für $\nu t < 0$, bzw. (5.176) für $\nu t = 0{,}05$; 1;4 als Funktion von z/a. Die Diffusion nach außen für $t > 0$ ist deutlich zu erkennen. Das zeitliche Ansteigen und Abklingen des Feldes im Bereich $1 < |z|/a < 2$ ist ebenfalls offenkundig.

die Werte für alle $\nu t > 1$ nicht größer als ein paar Prozent. Bei gegebenem Ort hat das Feld als Funktion der Zeit ein Maximum bei $\nu t \approx |z|^2/2a^2$ (exakt im Rahmen der Näherung (5.177)) und klingt dann sehr langsam mit $t^{-1/2}$ ab. In Abb. 5.23 sind die räumlichen Verteilungen des Magnetfeldes zu verschiedenen Zeiten dargestellt.

Literaturhinweise

Das Problem stationärer Ströme in einem Medium endlich guter Leitfähigkeit ähnelt elektrostatischen Potentialproblemen, wenn man die dielektrische Verschiebung durch die Stromdichte und die Dielektrizitätskonstante durch die Leitfähigkeit ersetzt. Jedoch sind die Randbedingungen i. Allg. verschieden. Stationäre Ströme behandeln z. B.
- Jeans, Kap. IX und X
- *Simonyi, Kap. 2. J
- Smythe, Kap. VI.

Die von vorgegebenen Stromverteilungen erzeugten magnetischen Felder und magnetische Randwertprobleme werden anhand vieler Beispiele bei
- Durand, Kap. XIV und XV
- *Simonyi, Kap. 2. J
- Smythe, Kap. VII und XII

diskutiert.

Die Atomtheorie magnetischer Eigenschaften fällt eigentlich in das Gebiet der Quantenmechanik. Halbklassische Diskussionen enthalten die Bücher von
- *Becker und Sauter, Bd. I
- Durand, S. 551–573 und Kap. XVII
- *Eder, Kap. 8
- Landau und Lifschitz, *Elektrodynamik der Kontinua*
- Rosenfeld, Kap. IV.

Detaillierte Abhandlungen hierüber, einschließlich kristallographischer Aspekte und der ferromagnetischen Bezirke, findet man bei
- Becker und Sauter, Bd. III
- Chakravarty
- Craik
- Kittel
- Ziman, Kap. 10.

Ein enzyklopädisches Nachschlagewerk über magnetische Eigenschaften von Legierungen, das auch andere praktische und theoretische Informationen enthält, ist das Buch von
- Bozorth, R. M.: *Ferromagnetism*. New York: Van Nostrand 1978.

Numerische Methoden zur Lösung von Problemen des Magnetismus werden behandelt bei
- Ida und Bastos
- Zhou

und in einem Teil der Literatur, die zu Kapitel 2 angegeben wurde.

Das Faraday'sche Induktionsgesetz lässt sich – mit ein wenig Geschick – anwenden auf bewegte Leiter wie die Faraday'sche Scheibe oder die sog. Unipolarmaschine (mit gleichgepolten Generatoren). Zu diesem Themenkreis existieren zahlreiche Abhandlungen. Hier nur eine Auswahl aus einer einzigen Zeitschrift:
- Corson, D. R., *Am. J. Phys.* **24**, 126 (1956)
- Webster, D. L., *Am. J. Phys.* **31**, 590 (1963)
- Pugh, E. M., *Am. J. Phys.* **32**, 879 (1964)
- Scanlon, P. J., R. N. Hendriksen und J. R. Allen, *Am. J. Phys.* **37**, 698 (1969)
- Eagleton, R. D., *Am. J. Phys.* **55**, 621 (1987)

Genannt sei in diesem Zusammenhang auch
- *Becker und Sauter, Bd. I, § 88.

Eine gute Darstellung zu Fragen der Energie quasistationärer Ströme und der Kraft auf stromführende Leiter, die hier nicht betrachtet wurden, geben
- Panofsky und Phillips, Kap. 10,
- Stratton, Kap. 11.

Die Berechnung von Induktivitäten und Induktionskräften wird sehr klar durchgeführt bei
- Becker und Sauter, Bd. I, § 49
- *Lehner, Kap. 5.12
- *Simonyi, Kap. 2J

und in vielen Lehrbüchern der Elektrotechnik.

Die induktive Erwärmung, die wir hier nur kurz gestreift haben, und das vollkommen ausgesparte Thema der Wirbelströme werden – anhand vieler Beispiele – behandelt bei
- Smythe, Kap. XX
- *Simonyi, Kap. 3B.

Magnetische Felder in leitenden Flüssigkeiten oder im Plasma spielen eine zentrale Rolle in der Astrophysik – angefangen vom Dynamo im Innern von Planeten bis hin zu den Galaxien. Dazu zwei Literaturangaben:
- Parker, E. N.: *Cosmical Magnetic Fields*. Oxford: Oxford University Press 1979.
- Zel'dovich, Ya. B., Ruzmaikin, A. A. und Sokoloff, D. D.: *Magnetic Fields in Astrophysics*. New York: Gordon & Breach 1983.

Übungen

5.1 Ausgehend von dem Differentialausdruck

$$d\mathbf{B} = \frac{\mu_0 I}{4\pi} d\mathbf{l}' \times \frac{\mathbf{x} - \mathbf{x}'}{|\mathbf{x} - \mathbf{x}'|^3}$$

für die magnetische Induktion, die von einem Stromelement $I\,d\mathbf{l}'$ bei $\mathbf{x}'$ am Punkt P mit der Koordinaten $\mathbf{x}$ erzeugt wird, zeige man explizit, dass das Induktionsfeld einer vom Strom I durchflossenen Schleife am Punkt P gegeben ist durch

$$\mathbf{B} = \frac{\mu_0 I}{4\pi} \boldsymbol{\nabla}\Omega$$

wobei Ω der von der Schleife über dem Punkt P aufgespannte räumliche Winkel ist. Dieses Feld entspricht dem magnetischen Skalarpotential $\Phi_M = -\mu_0 I\Omega/4\pi$. Das Vorzeichen des räumlichen Winkels ist dabei konventionsgemäß so festgelegt, dass Ω positiv ist, wenn der Beobachter am Punkt P die „innere" Seite der von der Schleife aufgespannten Fläche sieht, d.h. wenn die Flächennormale $\mathbf{n}$ durch die Richtung des Stromes über die „Rechte-Hand-Regel" definiert ist. Demnach ist Ω positiv, wenn $\mathbf{n}$ vom Punkt P *weg*zeigt, und negativ sonst. Diese Konvention entspricht der, die wir in Kap. 1.6 bereits für die Dipolschicht benutzten.

5.2 Ein langes Solenoid in Form eines idealen geraden Zylinders beliebigen Querschnitts bestehe aus einer großen Anzahl identischer, stromführender Windungen, und zwar mit N Windungen pro Längeneinheit und dem Strom I. [In der Praxis würde eine solche Spule auf einen Dorn des vorgesehenen Querschnitts gewickelt, dann (zum Beispiel mit Kunstharz) gefestigt und schließlich vom Dorn abgezogen werden.]

(a) In der Näherung, dass man die Spule als unendlich lang betrachtet und sie ein ideales Stromblatt darstellt, verwende man Übg. 5.1, um zu zeigen, dass das Magnetfeld an jedem Punkt im Innern der Spule axial gerichtet ist, den Betrag

$$H = NI$$

hat und dass an jeder Stelle außerhalb des Solenoids $H = 0$ ist.

(b) Man zeige, dass bei einem realistischen Solenoid kreisförmigen Querschnitts mit dem Radius $a (Na \gg 1)$, das jedoch weiterhin als unendlich lang gelte, das „geglättete" Magnetfeld, unmittelbar außerhalb der Spule, (axial über mehrere Windungen gemittelt) nicht Null ist, sondern in Betrag und Richtung gleich dem Magnetfeld eines einzelnen, in der Achse verlaufenden Drahtes mit dem Strom I ist, und zwar selbst für $Na \to \infty$. Man vergleiche die Innen- und Außenfelder miteinander.

5.3 Eine gerade Spule kreisförmigen Querschnitts vom Radius a habe die endliche Länge L und trage N Windungen pro Längeneinheit, die von dem Strom I durchflossen werden. Man zeige, dass die magnetische Induktion auf der Zylinderachse im Grenzfall $NL \to \infty$ durch

$$B_z = \frac{\mu_0 NI}{2}(\cos\theta_1 + \cos\theta_2)$$

gegeben ist, wobei die Definition der Winkel aus der folgenden Abbildung hervorgeht.

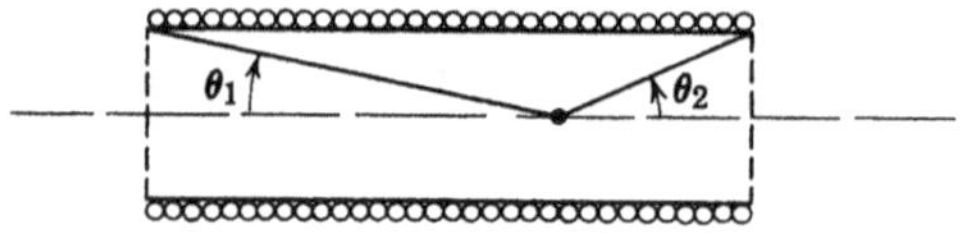

5.4 Die magnetische Induktion **B** eines stromfreien Gebiets in einem homogenen Medium sei zylindersymmetrisch mit den Komponenten $B_z(\rho, z)$ und $B_\rho(\rho, z)$ und gegebenem $B_z(0, z)$ auf der Symmetrieachse. Der Betrag des Feldes ändere sich mit z nur langsam.

(a) Man zeige, dass die Axial- und Radialkomponente der magnetischen Induktion näherungsweise gegeben sind durch

$$B_z(\rho, z) \approx B_z(0, z) - \left(\frac{\rho^2}{4}\right)\left[\frac{\partial^2 B_z(0, z)}{\partial z^2}\right] + \cdots$$

$$B_\rho(\rho, z) \approx -\left(\frac{\rho}{2}\right)\left[\frac{\partial B_z(0, z)}{\partial z}\right] + \left(\frac{\rho^3}{16}\right)\left[\frac{\partial^3 B_z(0, z)}{\partial z^3}\right] + \cdots$$

(b) Von welcher Größenordnung sind die vernachlässigten Terme oder – anders gefragt – wie lautet das Kriterium, das die „Nähe der Achse" definiert?

5.5 **(a)** Unter Verwendung der Ergebnisse aus den Übungen 5.4 und 5.3 berechne man die Radial- und Axialkomponente der magnetischen Induktion im *Zentralbereich* ($|z| \ll L/2$) eines langen, gleichmäßigen Solenoids vom Radius a, das bei $z = \pm L/2$ endet. Man bestimme auch das Innenfeld B_z in unmittelbarer Nähe der Windungen ($\rho = a^-$).

(b) Mithilfe des Ampère'schen Gesetzes zeige man, dass die longitudinale magnetische Induktion unmittelbar außerhalb der Spule näherungsweise gegeben ist durch

$$B_z(\rho = a^+, z) \approx -\left(\frac{2\mu_0 NIa^2}{L^2}\right)\left(1 + \frac{12z^2}{L^2} - \frac{9a^2}{L^2} + \cdots\right)$$

Für $L \gg a$ ist das Feld im Außenraum gegenüber dem Innenfeld zu vernachlässigen. Wie verhält sich der Betrag der angegebenen Axialkomponente zu dem der Azimutalkomponente aus Übg. 5.2 (b)?

(c) Man zeige, dass die magnetische Induktion in Achsnähe an den Enden des Solenoids die folgenden Komponenten aufweist:

$$B_z \simeq \frac{\mu_0 NI}{2}, \quad B_\rho \simeq \pm\frac{\mu_0 NI}{4}\left(\frac{\rho}{a}\right)$$

5.6 In einem leitenden Vollzylinder vom Radius a befinde sich parallel zur Zylinderachse und im Abstand d von ihr ein Hohlraum vom Radius $b\,(d + b < a)$. Die Stromdichte in diesem durchbohrten Metallzylinder sei homogen und parallel zur Achse gerichtet. Unter Verwendung des Ampère'schen Durchflutungsgesetzes und des Prinzips der linearen Superposition bestimme man Betrag und Richtung der magnetischen Flussdichte innerhalb des Hohlraums.

5.7 Eine kompakte, kreisförmige Spule vom Radius a, die den Gesamtstrom I führt (und zum Beispiel N Windungen hat, durch die jeweils der Strom I/N fließt), liege in der (x, y)-Ebene, symmetrisch zum Ursprung.

(a) Man bestimme mit elementaren Mitteln (Gl. (5.4)) die magnetische Induktion an jedem Punkt auf der z-Achse.

(b) Eine identische Spule, mit einem Strom gleichen Betrages und gleicher Richtung, liege parallel zur ersten Spule im Abstand b über dieser und ebenfalls zentriert um die z-Achse. Den Ursprung verschiebe man in die Mitte zwischen den beiden Spulenzentren und zeige, dass die magnetische Induktion für Punkte auf der z-Achse, die in der Nähe des neuen Ursprungs liegen, folgende Entwicklung nach Potenzen von z hat:

$$B_z = \left(\frac{\mu_0 Ia^2}{d^3}\right)\left[1 + \frac{3(b^2 - a^2)z^2}{2d^4} + \frac{15(b^4 - 6b^2a^2 + 2a^4)\,z^4}{16d^8} + \cdots\right]$$

wobei $d^2 = a^2 + b^2/4$ ist.

(c) Man zeige, dass die Axial- und Radialkomponente außerhalb der Achse, in der Nähe des Ursprungs, bis zur zweiten Ordnung in den Koordinaten die Form

$$B_z = \sigma_0 + \sigma_2\left(z^2 - \frac{\rho^2}{2}\right); \quad B_\rho = -\sigma_2 z\rho$$

annehmen.

(d) Für die beiden Spulen aus Teil (b) zeige man, dass die magnetische Induktion auf der z-Achse, für große Werte von $|z|$, durch die Entwicklung nach ungeraden Potenzen von $1/|z|$ gegeben ist, die man aus der Entwicklung für kleine z durch die formale Substitution $d \to |z|$ gewinnt.

(e) Falls $b = a$ ist, nennt man die beiden Spulen auch *Helmholtz-Spulen*. In dieser Geometrie fehlen die zweiten Glieder in den Entwicklungen aus Teil (b) und (d), während in Teil (c) $\sigma_2 = 0$ ist. Das Feld in der Nähe des Ursprungs ist dann sehr homogen. Welcher Maximalwert von $|z|/a$ ist erlaubt, damit die Abweichung von einem homogenen Feld nur den 10^{-4}-ten (oder 10^{-2}-ten) Teil ausmacht?

5.8 Eine lokalisierte, zylindersymmetrische Stromverteilung weise einen rein azimutalen Stromfluss auf. Die Stromdichte hänge allein von r und θ (bzw. ρ und z) ab: $\mathbf{J} = \mathbf{e}_\phi J(r, \theta)$. Die Verteilung ist „hohl" in dem Sinne, dass in der Nähe des Ursprungs, ebenso wie im Außenbereich, kein Strom fließt.

(a) Man zeige, dass sich das Magnetfeld aus der azimutalen Komponente des Vektorpotentials ableiten lässt, das im Innern die Multipolentwicklung

$$A_\phi(r, \theta) = -\frac{\mu_0}{4\pi}\sum_L m_L r^L P_L^1(\cos\theta)$$

hat, während außerhalb der Stromverteilung die Entwicklung

$$A_\phi(r, \theta) = -\frac{\mu_0}{4\pi}\sum_L \mu_L r^{-L-1} P_L^1(\cos\theta)$$

gilt.

(b) Man zeige, dass die inneren und äußeren Multipolmomente gegeben sind durch

$$m_L = -\frac{1}{L(L+1)}\int d^3x\, r^{-L-1} P_L^1(\cos\theta)\, J(r, \theta)$$

und

$$\mu_L = -\frac{1}{L(L+1)}\int d^3x\, r^L P_L^1(\cos\theta)\, J(r, \theta)$$

5.9 In Zylinderkoordinaten lassen sich die beiden kreisförmigen Spulen aus Übg. 5.7, die den Radius a und den Abstand b voneinander haben, durch die Stromdichte

$$\mathbf{J} = \mathbf{e}_\phi I\delta(\rho - a)[\delta(z - b/2) + \delta(z + b/2)]$$

beschreiben.

(a) Man berechne mit den Formeln aus Übg. 5.8 die inneren und äußeren Multipolmomente für $L = 1, \ldots, 5$.

(b) Unter Verwendung der Multipolentwicklung aus Übg. 5.8 gebe man einen expliziten Ausdruck für B_z auf der z-Achse an und vergleiche das Ergebnis mit der Lösung aus Übg. 5.7 (b).

5.10 Eine kreisförmige Stromschleife vom Radius a, durch die ein Strom I fließt, liege in der (x, y)-Ebene mit ihrem Mittelpunkt im Koordinatenursprung.

(a) Man zeige, dass die einzige, nichtverschwindende Komponente des Vektorpotentials

$$A_\phi(\rho, z) = \frac{\mu_0 Ia}{\pi} \int_0^\infty dk \cos kz I_1(k\rho_<) K_1(k\rho_>)$$

ist, wobei $\rho_<$ ($\rho_>$) der kleinere (größere) der beiden Radien a und ρ ist.

(b) Man zeige, dass sich für A_ϕ alternativ auch

$$A_\phi(\rho, z) = \frac{\mu_0 Ia}{2} \int_0^\infty dk\, e^{-k|z|} J_1(k\rho)$$

schreiben lässt.

(c) Unter Verwendung von (a) und (b) gebe man Integralausdrücke für die Komponenten der magnetischen Induktion an. Für Punkte auf der z-Achse führe man die notwendigen Integrationen aus und gebe die Komponenten von **B** explizit an.

5.11 Eine vom Strom I durchflossene, kreisförmige Schleife befinde sich mit ihrem Mittelpunkt im Koordinatenursprung, und die Normale der von ihr umschlossenen Fläche habe die sphärischen Winkel θ_0, ϕ_0. Auf diese Schleife wirke ein äußeres Magnetfeld mit den Komponenten $B_x = B_0(1 + \beta y)$ und $B_y = B_0(1 + \beta x)$.

(a) Man berechne – ohne Näherungen – die auf die Schleife wirkende Kraft, vergleiche das Ergebnis mit der Näherungslösung (5.69) und erläutere die Unterschiede.

(b) Man berechne in niedrigster Ordnung das Drehmoment. Lassen sich Aussagen über die Beiträge höherer Ordnung machen? Verschwinden diese Beiträge für eine kreisförmige Schleife und was lässt sich über Stromschleifen anderer Gestalt aussagen?

5.12 Zwei konzentrische kreisförmige Schleifen mit den Radien a bzw. b ($b < a$), die von den Strömen I bzw. I' durchflossen werden, umschließen zwei ebene Flächen, die miteinander den Winkel α bilden. Man zeige, dass eine der beiden Schleifen ein Drehmoment um die Schnittlinie der beiden Flächen erfährt und dieses den Betrag

$$N = \frac{\mu_0 \pi I I' b^2}{2a} \sum_{n=0}^{\infty} \frac{(n+1)}{(2n+1)} \left[\frac{\Gamma(n+\frac{3}{2})}{\Gamma(n+2)\Gamma(\frac{3}{2})}\right]^2 \left(\frac{b}{a}\right)^{2n} P_{2n+1}^1(\cos\alpha)$$

hat, wobei $P_l^1(\cos\alpha)$ ein zugeordnetes Legendre-Polynom ist. Man bestimme die Drehrichtung des Moments, wenn α ein spitzer Winkel ist und die Ströme gleiche (entgegengesetzte) Richtungen haben.

5.13 Eine Kugel vom Radius a trage eine homogene Flächenladungsdichte σ und rotiere mit konstanter Winkelgeschwindigkeit ω um ihre Achse. Man bestimme das Vektorpotential und die magnetische Flussdichte sowohl innerhalb wie außerhalb der Kugel.

5.14 Ein langer, gerader Hohlzylinder kreisförmigen Querschnitts mit dem inneren (äußeren) Radius $a(b)$ und der relativen Permeabilitätskonstanten μ_r werde in ein homogenes Magnetfeld $\mathbf{B}_0$ senkrecht zu dessen Richtung gebracht. Man berechne das resultierende Magnetfeld an allen Raumpunkten und stelle den Logarithmus des Verhältnisses zwischen den Beträgen des auf der Zylinderachse herrschenden Feldes **B** und des Feldes $\mathbf{B}_0$ als Funktion von $\log_{10}\mu$ graphisch dar, und zwar für $a^2/b^2 = 0{,}5;\ 0{,}1$. Randeffekte vernachlässige man dabei.

5.15 Gegeben seien zwei lange, gerade, zur z-Achse parallele Drähte, mit dem Abstand d voneinander und dem Strom I, der in dem einen Draht hin- und in dem anderen zurückfließt. Das entsprechende Magnetfeld **H** kann durch ein skalares magnetisches Potential Φ_M beschrieben werden, nämlich durch $\mathbf{H} = -\nabla\Phi_M$.

(a) Die Drähte mögen – parallel zur z-Achse – bei $x = \pm d/2$, $y = 0$ liegen. Man zeige, dass – im Grenzfall kleinen Drahtabstands – das Potential näherungsweise das eines zweidimensionalen Dipols ist:

$$\Phi_M \approx -\frac{Id \sin\phi}{2\pi\rho} + O(d^2/\rho^2)$$

wobei ρ und ϕ die üblichen Polarkoordinaten bezeichnen.

(b) Die beiden, nahe aneinander vorbeilaufenden Drähte sollen jetzt zentriert in einem geraden Hohlzylinder kreisförmigen Querschnitts liegen. Der stählerne Zylinder habe den inneren (äußeren) Radius $a(b)$ und besitze die Permeabilität $\mu = \mu_r\mu_0$. Man bestimme das skalare magnetische Potential in den drei Gebieten $0 < \rho < a$, $a < \rho < b$ und $\rho < b$ und zeige, dass das Feld außerhalb des Stahlzylinders ein zweidimensionales Dipolfeld ist – ebenso wie in Teil (a), jedoch in seiner Stärke um den Faktor

$$F = \frac{4\mu_r b^2}{(\mu_r + 1)^2 b^2 - (\mu_r - 1)^2 a^2}$$

reduziert. Man vergleiche dieses Ergebnis mit dem aus Übg. 5.14.

(c) Angenommen, es sei $\mu_r \gg 1$, und ferner sei $b = a + t$, wobei $t \ll b$ die Dicke des Zylinders bezeichnet. Man gebe eine Näherungsformel für F an und berechne den numerischen Wert für $\mu_r = 200$ (einem typischen Wert für Stahl bei 20 G) und $b = 1{,}25$ cm, $t = 3$ mm. Der Abschirmungseffekt ist von Bedeutung für die Reduktion von Streufeldern bei 60 Hz-, 110/220 V-Starkstromkabeln in Industrie und Haushalten. Die folgende Abbildung verdeutlicht den Abschirmungseffekt für $a/b = 0{,}9$ und $\mu_r = 100$.

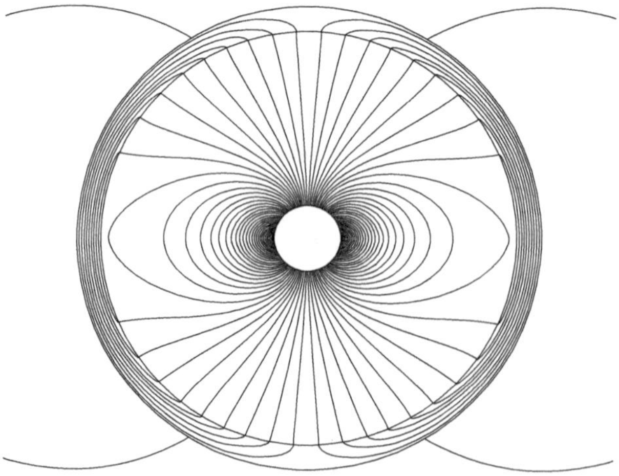

5.16 In einer kreisförmigen Drahtschleife vom Radius a, mit vernachlässigbarem Drahtdurchmesser, fließe der Strom I. Die Schleife befinde sich zentriert in einem kugelförmigen Hohlraum vom Radius $b > a$ innerhalb eines großen Weicheisenblocks. Die Permeabilität des Eisens sei praktisch unendlich groß und diejenige im Hohlraum gleich 1.

(a) Man zeige, dass sich für $b \gg a$ das Magnetfeld im Mittelpunkt der Schleife durch die Anwesenheit des Eisens um den Faktor $(1 + a^3/2b^3)$ verstärkt.

(b) Welchen Radius muss eine „Ersatz"- oder „Bild"-Schleife (mit gleichem Strom) haben, damit sie die Wirkung des Eisens für $r < b$ simuliert?

5.17 In einem Medium der Permeabilitätskonstanten Eins, das an den Halbraum $z < 0$ mit der Permeabilitätskonstanten μ_r angrenzt, existiere eine Stromverteilung $\mathbf{J}(\mathbf{x})$.

(a) Man zeige, dass sich die magnetische Induktion für $z > 0$ bestimmen lässt, indem man das Medium mit der Permeabilitätskonstanten μ_r durch eine gespiegelte Stromverteilung $\mathbf{J}^*$ mit den Komponenten

$$\left(\frac{\mu_r - 1}{\mu_r + 1}\right) J_x(x, y, -z), \quad \left(\frac{\mu_r - 1}{\mu_r + 1}\right) J_y(x, y, -z), \quad -\left(\frac{\mu_r - 1}{\mu_r + 1}\right) J_z(x, y, -z)$$

ersetzt.

(b) Man zeige, dass die magnetische Induktion im Bereich $z < 0$ von einer Stromverteilung $(2\mu_r/(\mu_r + 1))\mathbf{J}$ im Medium mit der relativen Permeabilitätskonstanten Eins herzurühren scheint.

5.18 Eine vom Strom I durchflossene, kreisförmige Schleife vom Radius a befinde sich im Vakuum, und ihr Mittelpunkt habe von einem Halbraum der Permeabilitätskonstanten μ den Abstand d. Man berechne die auf die Schleife wirkende Kraft, wenn

(a) die von ihr umschlossenen Fläche parallel zur Grenzfläche des Halbraums liegt;

(b) die von der Schleife umschlossene Fläche senkrecht zur Grenzfläche des Halbraums liegt.

(c) Man bestimme die Grenzwerte der in (a) und (b) erhaltenen Resultate für $d \gg a$. Kann man diese Grenzwerte auch auf einfachem, direktem Wege finden?

5.19 Ein magnetisch „hartes" Material fülle einen geraden, kreisförmigen Zylinder vom Radius a und der Länge L aus. Der Zylinder habe eine permanente Magnetisierung vom Betrag M_0, die über das gesamte Volumen homogen und parallel zur Zylinderachse gerichtet sei.

(a) Man bestimme das magnetische Feld $\mathbf{H}$ und die magnetische Induktion $\mathbf{B}$ an allen Punkten auf der Zylinderachse, und zwar sowohl innerhalb wie außerhalb des Zylinders.

(b) Man stelle die Quotienten $\mathbf{B}/\mu_0 M_0$ und $\mathbf{H}/M_0$ für die auf der Achse herrschenden Felder als Funktion von z graphisch dar, und zwar für $L/a = 5$.

5.20 **(a)** Ausgehend von der Gleichung (5.12) und unter Verwendung der Tatsache, dass eine Magnetisierung $\mathbf{M}$ innerhalb eines von der Fläche S begrenzten Volumens V äquivalent zu einer räumlichen Stromdichte $\mathbf{J}_M = (\nabla \times \mathbf{M})$ und einer Flächenstromdichte $(\mathbf{M} \times \mathbf{n})$ ist, zeige man, dass die magnetische Kraft, die insgesamt auf einen Körper des Volumens V wirkt, bei Abwesenheit makroskopischer Leitungsströme in der Form

$$\mathbf{F} = -\int_V (\nabla \cdot \mathbf{M})\, \mathbf{B}_e\, d^3x + \int_S (\mathbf{M} \cdot \mathbf{n})\, \mathbf{B}_e\, da$$

geschrieben werden kann, wenn $\mathbf{B}_e$ die *äußere* magnetische Induktion bedeutet. Die Kraft wird jetzt durch die effektiven magnetischen Ladungsdichten ρ_M und σ_M ausgedrückt. Bei einer stetigen Magnetisierungsverteilung kann die Fläche S ins Unendliche verlegt werden, sodass die Kraft allein durch das Volumenintegral bestimmt wird.

(b) Eine homogen magnetisierte Kugel vom Radius R liege mit ihrem Mittelpunkt im Koordinatenursprung, und die Richtung ihrer Magnetisierung sei durch die sphärischen Winkel θ_0, ϕ_0 definiert. Für ein äußeres magnetisches Induktionsfeld, das das gleiche sein möge wie in Übg. 5.11, benutze man den in Teil (a) angegebenen Ausdruck, um die Komponenten der auf die Kugel wirkenden Kraft zu berechnen.

5.21 Ein magnetostatisches Feld rühre gänzlich von einer lokalisierten Verteilung permanenter Magnetisierung her.

(a) Man zeige, dass dann

$$\int \mathbf{B} \cdot \mathbf{H}\, d^3x = 0$$

ist, wenn die Integration über den gesamten Raum erstreckt wird.

(b) Ausgehend von dem Ausdruck (5.72) für die potentielle Energie eines Dipols im äußeren Feld, zeige man, dass sich die Energie einer stetigen Verteilung permanenter Magnetisierung in der Form

$$W = \frac{\mu_0}{2} \int \mathbf{H} \cdot \mathbf{H}\, d^3x = \frac{\mu_0}{2} \int \mathbf{M} \cdot \mathbf{H}\, d^3x$$

schreiben lässt, wenn man von einer möglichen additiven Konstanten, die von der Richtung oder Lage der verschiedenen magnetisierten Körper unabhängig ist, absieht.

5.22 Man zeige, dass ein langer, gerader Stab gleichförmigen Querschnitts der Fläche A, der in Längsrichtung homogen magnetisiert ist (die Magnetisierung sei M) und mit einer seiner flachen Stirnseite gegen eine ebene Fläche unendlich hoher Permeabilität gebracht wird, eine anziehende Kraft erfährt, die näherungsweise durch

$$F \simeq \frac{\mu_0}{2} A M^2$$

gegeben ist. Man vergleiche dieses Problem mit den Überlegungen zur elektrostatischen Energie in Kap. 1.11.

5.23 Ein gerader kreisförmiger Zylinder vom Radius a und der Länge L sei in Längsrichtung homogen magnetisiert; der Betrag der Magnetisierung sei M.

(a) Man zeige, dass dieser Zylinder, wenn er mit einem seiner flachen Enden gegen eine ebene Fläche unendlich hoher Permeabilität gebracht wird, die anziehende Kraft

$$F = 2\mu_0 a L M^2 \left[\frac{K(k) - E(k)}{k} - \frac{K(k_1) - E(k_1)}{k_1} \right]$$

erfährt, wobei

$$k = \frac{2a}{\sqrt{4a^2 + L^2}} \quad \text{und} \quad k_1 = \frac{a}{\sqrt{a^2 + L^2}}$$

ist.

(b) Man bestimme den Grenzwert der Kraft für $L \gg a$.

5.24 **(a)** Für die ideal leitende Ebene aus Kap. 5.13 mit einer kreisförmigen Öffnung und einem asymptotisch homogenen magnetischen Tangentialfeld $\mathbf{H}_0$ auf der einen Seite berechne man das Zusatzfeld $\mathbf{H}^{(1)}$ auf derjenigen Seite der Ebene, auf der bereits das Feld $\mathbf{H}_0$ herrscht. Man zeige, dass seine Komponenten für $\rho > a$ durch

$$H_x^{(1)} = \frac{2H_0 a^3}{\pi} \frac{xy}{\rho^4 \sqrt{\rho^2 - a^2}}$$

$$H_y^{(1)} = \frac{2H_0 a^3}{\pi} \frac{y^2}{\rho^4 \sqrt{\rho^2 - a^2}} + \frac{H_0}{\pi} \left[\frac{a}{\rho} \sqrt{1 - \frac{a^2}{\rho^2}} - \arcsin\left(\frac{a}{\rho}\right) \right]$$

gegeben sind.

(b) Man skizziere die Linien des Flächenstroms in der Nähe der Öffnung, und zwar zu beiden Seiten der Ebene.

5.25 Eine ebene, rechteckige Schleife, die den konstanten Strom I_1 führt, befinde sich in der Nähe eines langen, geraden Drahtes, in dem der Strom I_2 fließt. Die Schleife sei so angeordnet, dass sich ihr Mittelpunkt im senkrechten Abstand d vom Draht befindet, ihre Seiten der Länge a parallel zum Draht verlaufen, und die Seiten der Länge b mit der Ebene, in der der Draht und der Mittelpunkt der Schleife liegen, einen Winkel α bilden. Die Richtung von I_1 sei die gleiche wie die von I_2 in der Rechteckseite, die dem Draht am nächsten liegt.

(a) Man zeige, dass sich die magnetische Wechselwirkungsenergie,

$$W_{12} = \int \mathbf{J}_1 \cdot \mathbf{A}_2 \, d^3x = I_1 F_2$$

(wobei F_2 der von I_2 herrührende magnetische Fluss ist, den die Rechteckschleife mit dem Strom I_1 umschließt) zu

$$W_{12} = \frac{\mu_0 I_1 I_2 a}{4\pi} \ln \left[\frac{4d^2 + b^2 + 4db \cos\alpha}{4d^2 + b^2 - 4db \cos\alpha} \right]$$

ergibt.

(b) Man berechne die Kraft, die Schleife und Draht bei gegebenen Strömen aufeinander ausüben.

(c) Die Rechnung ist zu wiederholen für eine *kreisförmige* Schleife vom Radius a, deren Ebene parallel zum Draht verläuft und mit der vom Draht und Mittelpunkt der Schleife aufgespannten Ebene einen Winkel α bildet. Man zeige, dass die Wechselwirkungsenergie dann durch

$$W_{12} = \mu_0 I_1 I_2 d \, \mathrm{Re} \left\{ e^{i\alpha} - \sqrt{e^{2i\alpha} - a^2/d^2} \right\}$$

gegeben ist. Auch in diesem Fall bestimme man die Kraft zwischen Schleife und Draht.

(d) Für beide Schleifen zeige man, dass sich die Wechselwirkungsenergie für $d \gg a, b$ auf $W_{12} \approx \mathbf{m} \cdot \mathbf{B}$ reduziert, wenn $\mathbf{m}$ das magnetische Moment der Schleife ist. Man untersuche das Vorzeichen.

5.26 Man betrachte einen Stromkreis, bestehend aus zwei im Abstand d parallel zueinander verlaufenden, langen, nichtpermeablen runden Drähten mit den Radien a_1 bzw. a_2. Der Abstand d sei groß im Vergleich zum größeren der beiden Radien. In dem einen Draht fließe ein Strom hin und in dem anderen wieder zurück. Die Enden ignoriere man. Unter Bezugnahme auf die Überlegungen am Ende von Kap. 5.17 zeige man, dass die Abschätzung der Selbstinduktivität pro Längeneinheit den Ausdruck

$$\frac{dL}{dl} \approx \frac{\mu_0}{\pi} \left[\ln \left(\frac{\xi d}{\sqrt{a_1 a_2}} \right) + \frac{1}{4} \right]$$

liefert, wobei ξ von der Größenordnung 1 ist. Lässt sich in der hier verwendeten Näherung ein verlässlicher Wert für ξ angeben?

5.27 Eine Doppelleitung bestehe aus einem Paar nichtmagnetischer, zueinander paralleler Drähte, die den Abstand $d > a + b$ haben, wenn a und b ihre Radien bedeuten. Durch den einen Draht fließe ein Strom hin und durch den anderen wieder zurück. Ist dieser Strom jeweils gleichmäßig über die Querschnittsfläche der beiden Drähte verteilt, so zeige man, dass sich die Selbstinduktivität pro Längeneinheit zu

$$L = \frac{\mu_0}{4\pi} \left[1 + 2 \ln \left(\frac{d^2}{ab} \right) \right]$$

berechnet.

5.28 Ein Stromkreis bestehe aus einem langen, dünnwandigen, leitenden Zylindermantel vom Radius a und einem als Rückleitung dienenden Draht vom Radius b längs der Zylinderachse. Unter der Annahme, dass der Strom gleichmäßig über die Querschnittsfläche des Drahtes verteilt ist, berechne man die Selbstinduktivität pro Längeneinheit. Was ergibt sich für die Selbstinduktivität, wenn der innere Leiter aus einem dünnen Hohlzylinder besteht?

5.29 Man zeige, dass die Gegeninduktivität zweier kreisförmiger, konzentrischer Stromschleifen in einem homogenen Medium der Permeabilität μ durch

$$M_{12} = \mu\sqrt{ab}\left[\left(\frac{2}{k} - k\right)K(k) - \frac{2}{k}E(k)\right]$$

gegeben ist, wobei

$$k^2 = \frac{4ab}{(a+b)^2 + d^2}$$

ist, a und b die Radien der beiden Schleifen bedeuten, d der Abstand zwischen ihren Mittelpunkten ist und K und E die vollständigen elliptischen Integrale darstellen.
Man bestimme den Grenzwert für den Fall, dass $d \ll a, b$ und $a \simeq b$ ist.

5.30 Eine Doppelleitung bestehe aus zwei zueinander parallelen *idealen* Leitern mit beliebigem, aber konstantem Querschnitt. Durch den einen Leiter fließe ein Strom hin und durch den anderen wieder zurück.

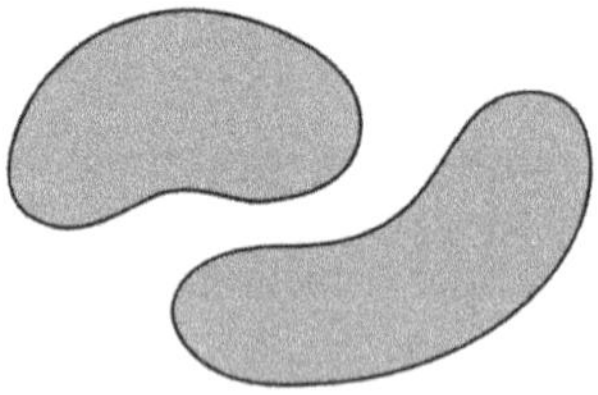

Man zeige, dass das Produkt aus der Induktivität L und der Kapazität C pro Längeneinheit durch

$$LC = \mu\epsilon$$

gegeben ist. Dabei bedeutet μ die Permeabilität und ϵ die Dielektrizitätskonstante des die Leiter umgebenden Mediums.
(Vgl. hierzu die Diskussion magnetischer Felder in der Nähe idealer Leiter am Anfang von Kap. 5.13.)

5.31 **(a)** Man zeige, dass die Flächenstromdichte $K(\phi) = I\cos\phi/2R$, die in der Fläche eines geraden Kreiszylinders vom Radius R in Achsrichtung fließt, innerhalb des Zylinders eine homogene, senkrecht zur Zylinderachse gerichtete magnetische Induktion $B_0 = \mu_0 I/4R$ erzeugt. Ferner weise man nach, dass das Feld im Außenraum das eines zweidimensionalen Dipols ist.

(b) Man berechne die Gesamtenergie des magnetostatischen Feldes pro Längeneinheit. Wie verteilt sich diese Energie auf den Innen- und Außenbereich des Zylinders?

(c) Wie groß ist die Induktivität pro Längeneinheit des Systems, wenn man es als langen Stromkreis betrachtet, in dem der Strom auf der einen Zylinderseite hin- und auf der anderen zurückfließt?

Lösung: $L = \pi\mu_0/8$.

5.32 Der Ablenkmagnet eines Beschleunigers besteht aus N Windungen eines supraleitenden Kabels, dessen Stromverteilung näherungsweise durch die axiale Stromdichte

$$J_z(\rho, \phi) = \left(\frac{NI}{2R}\right) \cos\phi \; \delta(\rho - R)$$

beschrieben wird. Der gerade, runde Stromzylinder liegt zentriert auf der Achse eines hohlen Eisenzylinders vom inneren Radius $R'(R' > R)$. Die relativen Abmessungen (R und R' nur wenige cm, die Magnetlänge aber mehrere m) erlauben eine zweidimensionale Näherung, zumindest in einigem Abstand von den Enden des Magneten. Die Permeabilität des Eisens sei unendlich groß. (Dann spielt der äußere Radius der Eisenhülle keine Rolle.)

(a) Man zeige, dass das Magnetfeld im Innern des Stromblatts die durch $\phi = \pm\,\pi/2$ definierte Richtung, senkrecht zur Zylinderachse aufweist und den Betrag

$$B_0 = \left(\frac{\mu_0 NI}{4R}\right)\left[1 + \frac{R^2}{R'^2}\right]$$

hat.

(b) Man zeige, dass die magnetische Energie für den Bereich $r < R$ durch die Anwesenheit des Eisens erhöht wird (während sie außerhalb dieses Bereichs verringert wird). Man vergleiche dieses Ergebnis mit dem von Übg. 5.31 (b).

(c) Man zeige, dass die Induktivität pro Längeneinheit gegeben ist durch

$$\frac{dL}{dz} = \left(\frac{\pi\mu_0 N^2}{8}\right)\left[1 + \frac{R^2}{R'^2}\right]$$

5.33 Eine kreisförmige Schleife vom mittleren Radius a bestehe aus einem Draht kreisförmigen Querschnitts vom Radius b, wobei $b \ll a$ sei. Die relativen Abmessungen und Koordinaten dieser Konfiguration zeigt die folgende Abbildung.

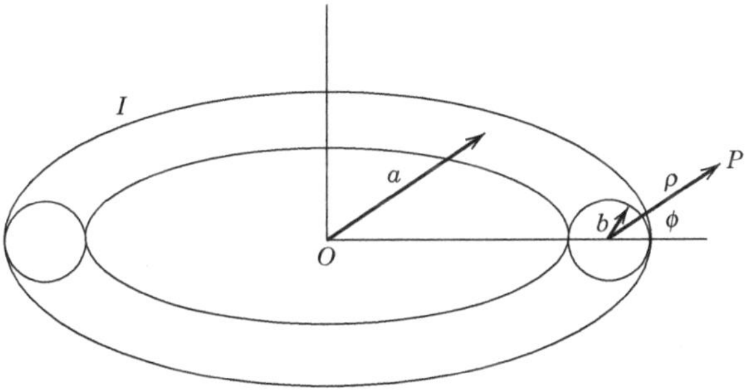

(a) Unter Verwendung des Ausdrucks (5.37) für das Vektorpotential einer kreisförmigen Drahtschleife und mit geeigneten Näherungen für die elliptischen Integrale zeige man, dass das Vektorpotential an einem Punkt P in der Nähe des Drahtes näherungsweise gegeben ist durch

$$A_\phi = (\mu_0 I/2\pi)[\ln(8a/\rho) - 2]$$

wobei ρ, wie aus der obigen Abbildung ersichtlich, die transversale Koordinate bezeichnet. Korrekturen bewegen sich in der Größenordnung von $(\rho/a)\cos\phi$ und $(\rho/a)^2$.

(b) Das Vektorpotential aus Teil (a) ist, abgesehen von einer Konstanten, exakt gleich dem Vektorpotential außerhalb eines geraden Drahtes kreisförmigen Querschnitts, in dem der Strom I fließt. Man kann daher das Vektorpotential innerhalb des hier gegebenen Drahtes ($\rho < b$) in gleicher Näherung bestimmen, indem man fordert, dass A_ϕ und seine radiale Ableitung bei $\rho = b$ stetig sei. Man zeige, dass – wenn der Strom im Draht homogene Dichte aufweist – das Ergebnis folgendermaßen lautet:

$$A_\phi = (\mu_0 I/4\pi)(1 - \rho^2/b^2) + (\mu_0 I/2\pi)[\ln(8a/b) - 2], \quad \rho < b$$

(c) Unter Verwendung von (5.149) berechne man die magnetische Energie und zeige, dass sich damit die Selbstinduktivität zu

$$L = \mu_0 a[\ln(8a/b) - 7/4]$$

ergibt. Sind die Korrekturbeiträge von der Größenordnung b/a oder $(b/a)^2$? Wie ändert sich L, wenn man annimmt, dass der Strom nur an der Oberfläche des Drahtes fließt (wie das bei hohen Frequenzen der Fall ist, wenn die Skin-Tiefe im Verhältnis zu b klein ist)?

5.34 Man betrachte zwei Stromschleifen (wie in Abb. 5.3 auf S. 207) mit fester räumlicher Orientierung, aber veränderlichem relativem Abstand. O_1 und O_2 seien zwei in den Schleifen liegende Koordinatenursprünge, deren Lage bezüglich der Schleifen jeweils fest sei. Die auf diese Koordinatenursprünge bezogenen Radiusvektoren der Leiterelemente $d\mathbf{l}_1$ und $d\mathbf{l}_2$ seien $\mathbf{x}_1$ und $\mathbf{x}_2$. Der Betrag des von der Schleife #2 zur Schleife #1 zeigenden Abstandsvektors zwischen den Koordinatenursprüngen sei $\mathbf{R}$.

(a) Ausgehend von dem Ausdruck (5.10) für die Kraft zwischen den beiden Schleifen zeige man, dass diese Kraft auch in der Form

$$\mathbf{F}_{12} = I_1 I_2 \nabla_R M_{12}(\mathbf{R})$$

dargestellt werden kann, wenn M_{12} die Gegeninduktivität der Schleifen bedeutet, d.h. wenn

$$M_{12}(\mathbf{R}) = \frac{\mu_0}{4\pi} \oint\oint \frac{d\mathbf{l}_1 \cdot d\mathbf{l}_2}{|\mathbf{x}_1 - \mathbf{x}_2 + \mathbf{R}|}$$

ist. Hierbei wird angenommen, dass sich die Orientierung der beiden Schleifen zueinander mit $\mathbf{R}$ nicht ändert.

(b) Man zeige, dass die Gegeninduktivität, betrachtet als Funktion von $\mathbf{R}$, eine Lösung der Laplace'schen Gleichung

$$\nabla_R^2 M_{12}(\mathbf{R}) = 0$$

ist.

Die Bedeutung dieser Tatsache liegt darin, dass man sich aufgrund der Eindeutigkeit der Lösungen der Laplace'schen Gleichung die Eigenschaften einer für ein bestimmtes $\mathbf{R}$ gefundenen Lösung anderweitig zunutze machen kann.

5.35 Zwei identische kreisförmige Schleifen vom Radius a seien bezüglich der von ihnen aufgespannten Ebenen anfänglich durch den Abstand R voneinander getrennt.

(a) Ausgehend von dem Ausdruck $W_{12} = \int d^3x\, \mathbf{J}_1 \cdot \mathbf{A}_2$ für die Wechselwirkungsenergie und dem in Übg. 5.10(b) angegebenen Resultat für A_ϕ zeige man, dass die Gegeninduktivität der beiden Schleifen durch

$$M_{12} = \mu_0 \pi a^2 \int_0^\infty dk\, e^{-kR} J_1^2(ka)$$

gegeben ist.

(b) Man zeige, dass sich M_{12} für $R > 2a$ durch folgende Entwicklung darstellen lässt:

$$M_{12} = \frac{\mu_0 \pi a}{2}\left[\left(\frac{a}{R}\right)^3 - 3\left(\frac{a}{R}\right)^5 + \frac{75}{8}\left(\frac{a}{R}\right)^7 + \cdots\right]$$

(c) Unter Verwendung der in Kap. 3.3 beschriebenen Verfahren zur Lösung der Laplace'schen Gleichung zeige man, dass die Gegeninduktivität zweier identischer kreisförmiger Stromschleifen vom Radius a, die in ein und derselben Ebene liegen und deren Mittelpunkte den Abstand $R > 2a$ voneinander haben, durch

$$M_{12} = -\frac{\mu_0 \pi a}{4}\left[\left(\frac{a}{R}\right)^3 + \frac{9}{4}\left(\frac{a}{R}\right)^5 + \frac{375}{64}\left(\frac{a}{R}\right)^7 + \cdots\right]$$

bestimmt ist.

(d) Man berechne die Kraft zwischen den zueinander parallelen, koaxialen Schleifen und den in derselben Ebene liegenden Schleifen. Das Resultat vergleiche man mit dem aus Übg. 5.18.

5.36 Eine isolierte Stromschleife sei so um eine Kugel vom Radius a gewunden, dass sie im Innern der Kugel eine homogene magnetische Induktion B_0 in z-Richtung erzeugt und im Außenraum ein Dipolfeld. Das Medium innerhalb und außerhalb der Kugel habe die homogene Leitfähigkeit σ und die Permeabilität μ.

(a) Man bestimme die resultierende Flächenstromdichte **K** und zeige, dass das Vektorpotential, durch das sich das Feld beschreiben lässt, nur eine azimutale Komponente besitzt, nämlich

$$A_\phi = \frac{B_0 a^2}{2}\frac{r_<}{r_>^2}\sin\theta$$

wobei $r_<$ ($r_>$) den kleineren (größeren) Wert von r und a bezeichnet.

(b) Zum Zeitpunkt $t = 0$ werde der Strom in der Schleife abgeschaltet (sodass man von diesem Moment an von der Schleife ganz absehen kann). Bei Vernachlässigung des Maxwell'schen Verschiebungsstroms wird das Abklingen des Magnetfeldes durch die Diffusionsgleichung (5.160) beschrieben. Mithilfe einer Laplace-Transformation und durch Entwicklung nach sphärischen Bessel-Funktionen (s. Gl. (3.113)) zeige man, dass das Vektorpotential zu Zeiten $t > 0$ durch

$$A_\phi = \frac{3B_0 a}{\pi}\sin\theta\int_0^\infty e^{-\nu t k^2} j_1(k)\, j_1\left(\frac{kr}{a}\right)dk$$

gegeben ist, wobei $\nu = 1/\mu\sigma a^2$ eine für das Abklingen charakteristische Zeitkonstante ist und $j_1(x)$ die sphärische Bessel-Funktion erster Ordnung bedeutet. Man zeige, dass sich das Magnetfeld im Mittelpunkt der Kugel explizit durch die Gauß'sche Fehlerfunktion $\Phi(x)$ ausdrücken lässt:

$$B_z(0, t) = B_0\left[\Phi\left(\frac{1}{\sqrt{4\nu t}}\right) - \frac{1}{\sqrt{\pi\nu t}}\exp\left(-\frac{1}{4\nu t}\right)\right]$$

(c) Man zeige, dass sich die gesamte magnetische Energie zu einer Zeit $t > 0$ in der Form

$$W_m = \frac{6B_0^2 a^3}{\mu}\int_0^\infty e^{-2\nu t k^2}[j_1(k)]^2\, dk$$

schreiben lässt. Ferner weise man nach, dass das asymptotische Abklingen der magnetischen Energie für große Zeiten ($\nu t \gg 1$) durch

$$W_m \to \frac{\sqrt{2\pi}B_0^2 a^3}{24\mu(\nu t)^{3/2}}$$

beschrieben wird.

(d) Man leite eine entsprechende Formel für das asymptotische Vektorpotential (bei gegebenem r und θ und für $\nu t \to \infty$) her und beweise, dass das Potential ebenfalls mit $(\nu t)^{-3/2}$ abfällt.

Da die Energie quadratisch in der Feldstärke ist, scheint hier eine Ungereimtheit aufzutreten. Mit numerischen oder analytischen Mitteln zeige man, dass sich das Magnetfeld zu einer gegebenen Zeit t so verhält, dass es für Entfernungen, die klein im Vergleich zu $R = a(\nu t)^{1/2} \gg a$ sind, homogen ist und die Stärke $(B_0/6\pi^{1/2})(\nu t)^{-3/2}$ aufweist, während sich für Abstände, die im Vergleich zu R groß sind, im Wesentlichen das ursprüngliche Dipolfeld ergibt. Man erkläre dies physikalisch.

5.37 Das für $t > 0$ zeitlich veränderliche Magnetfeld aus Übg. 5.36 induziert ein elektrisches Feld und verursacht einen Strom.

(a) Welche Komponenten des elektrischen Feldes treten auf? Man bestimme seine Komponenten in Integralform und gebe einen einfachen expliziten Ausdruck für die Stromdichte $\mathbf{J} = \sigma\mathbf{E}$ für $t = 0^+$ an. Das Ergebnis vergleiche man mit der Stromdichte aus Übg. 5.36(a), und ferner bestimme man das asymptotische Verhalten des elektrischen Feldes bezüglich der Zeit.

(b) Unter Verwendung des Ohm'schen Gesetzes und der in Teil (a) gefundenen elektrischen Felder zeige man, dass sich die gesamte Verlustleistung im dissipativen Medium schreiben lässt als

$$P = \frac{12B_0^2 a^3 \nu}{\mu} \int_0^\infty e^{-2\nu t k^2} [k j_1(k)]^2 \, dk$$

Man beachte, dass die Leistung gleich der negativen Zeitableitung der *magnetischen* Energie W_m ist.

(c) Das Ohm'sche Gesetz ergibt für die *elektrische* Energie $W_e = \epsilon_0 P/2\sigma$. Die Gesamtenergie ist die Summe von W_e und W_m; ihre Zeitableitung sollte die negative Leistungsabgabe an das Medium ergeben. Man zeige, dass die Vernachlässigung der Energie des elektrischen Feldes in etwa die gleiche Näherung darstellt wie die Vernachlässigung des Verschiebungsstromes in den Gleichungen für das Magnetfeld.

6 Maxwell'sche Gleichungen, makroskopischer Elektromagnetismus, Erhaltungssätze

In den voranstehenden Kapiteln untersuchten wir fast ausschließlich stationäre Probleme der Elektrizität und des Magnetismus. Die dabei benutzten mathematischen Methoden waren in beiden Fällen die gleichen, doch behandelten wir elektrische und magnetische Probleme getrennt voneinander. Das einzige Bindeglied zwischen ihnen war die Tatsache, dass die Ströme, die die Magnetfelder erzeugen, im Grunde elektrischer Natur sind, da sie in der Bewegung von Ladungen bestehen. Der tatsächlich sehr enge Zusammenhang zwischen elektrischen und magnetischen Erscheinungen wird erst deutlich, wenn man zeitabhängige Probleme betrachtet. Die Faraday'sche Entdeckung der Induktion (vgl. Kap. 5.15) hob die scheinbare Unabhängigkeit zwischen beiden Phänomenen auf; denn zeitveränderliche Magnetfelder geben Anlass zu elektrischen Feldern und umgekehrt. Anstatt von elektrischen und magnetischen Feldern sollte man daher von *elektromagnetischen Feldern* sprechen. Die volle Bedeutung der Verflechtung von elektrischen mit magnetischen Feldern und ihres im wesentlichen identischen Charakters wird erst im Rahmen der speziellen Relativitätstheorie deutlich (vgl. Kap. 11). Vorerst begnügen wir uns damit, die Grunderscheinungen zu untersuchen und den Satz von Gleichungen herzuleiten, die man *Maxwell'sche Gleichungen* nennt und die das Verhalten elektromagnetischer Felder beschreiben. Anschließend diskutieren wir die elektromagnetischen Potentiale, Eichtransformationen und die Green'schen Funktionen der Wellengleichung. Der darauf folgende Abschnitt ist einer strengen Herleitung der Gleichungen des makroskopischen Elektromagnetismus gewidmet. Danach beschäftigen wir uns mit den Erhaltungssätzen für Energie und Impuls, den Transformationseigenschaften elektromagnetischer Größen sowie dem Problem magnetischer Monopole.

6.1 Maxwell'scher Verschiebungsstrom, Maxwell'sche Gleichungen

Die Grundgesetze der Elektrizität und des Magnetismus, die wir bisher behandelt haben, lassen sich in folgenden vier Differentialgleichungen zusammenfassen (die aber noch nicht mit den Maxwell'schen Gleichungen identisch sind):

Coulomb'sches Gesetz: $\nabla \cdot \mathbf{D} = \rho$

Ampère'sches Durchflutungsgesetz ($\nabla \cdot \mathbf{J} = 0$): $\nabla \times \mathbf{H} = \mathbf{J}$

Faraday'sches Induktionsgesetz: $\nabla \times \mathbf{E} + \frac{\partial \mathbf{B}}{\partial t} = 0$

Nichtvorhandensein freier magnetischer Ladungen: $\nabla \cdot \mathbf{B} = 0$ (6.1)

Es sei daran erinnert, dass all diese Gleichungen – mit Ausnahme des Faraday'schen Induktionsgesetzes – aus Beobachtungen an stationären Vorgängen hergeleitet wurden. Es besteht daher *a priori* kein Grund zu der Vermutung, dass diese Gleichungen für zeitabhängige Felder *nicht* geändert werden müssen. Tatsächlich ist auch das Gleichungssystem (6.1) in der angegebenen Form in sich nicht konsistent.

Es bedurfte eines so genialen Mannes wie James Clerk Maxwell, um – angespornt durch die Faraday'schen Beobachtungen – die Inkonsistenz der Gleichungen (6.1) zu bemerken und sie zu einem konsistenten System abzuändern. Diese Modifikation sagte neue physikalische Erscheinungen voraus, die bis zur damaligen Zeit unbekannt waren, aber später vom Experiment bis ins Detail bestätigt wurden. Dieser brillianten Leistung wegen, die auf das Jahr 1865 zurückgeht, wird das modifizierte Gleichungssystem *Maxwell'sche Gleichungen* genannt.

Die fehlerhafte Gleichung ist das Ampère'sche Durchflutungsgesetz. Es wurde aus Beobachtungen an stationären Strömen mit $\nabla \cdot \mathbf{J} = 0$ hergeleitet. Diese an die Divergenz von $\mathbf{J}$ gestellte Forderung wird vom Ampère'schen Gesetz erfüllt, wie man sofort sieht, wenn man von beiden Seiten der entsprechenden Gleichung die Divergenz bildet:

$$\nabla \cdot \mathbf{J} = \nabla \cdot (\nabla \times \mathbf{H}) \equiv 0 \tag{6.2}$$

Während die Beziehung $\nabla \cdot \mathbf{J} = 0$ für stationäre Probleme richtig ist, ist sie für zeitabhängige Felder durch die Kontinuitätsgleichung für Ladung und Strom zu ersetzen:

$$\nabla \cdot \mathbf{J} + \frac{\partial \rho}{\partial t} = 0 \tag{6.3}$$

Was Maxwell sah, war die Tatsache, dass die Kontinuitätsgleichung mithilfe des Coulomb'schen Gesetzes aus (6.1) in eine Gleichung für einen Ausdruck mit verschwindender Divergenz verwandelt werden kann:

$$\nabla \cdot \mathbf{J} + \frac{\partial \rho}{\partial t} = \nabla \cdot \left(\mathbf{J} + \frac{\partial \mathbf{D}}{\partial t} \right) = 0 \tag{6.4}$$

Maxwell nahm daher im Ampère'schen Durchflutungsgesetz für zeitabhängige Felder die Substitution

$$\mathbf{J} \to \mathbf{J} + \frac{\partial \mathbf{D}}{\partial t}$$

vor. Die korrekte Form des Ampère'schen Durchflutungsgesetzes ergibt sich damit zu

$$\nabla \times \mathbf{H} = \mathbf{J} + \frac{\partial \mathbf{D}}{\partial t} \tag{6.5}$$

Sie reduziert sich für stationäre Vorgänge auf das ursprüngliche, vom Experiment bestätigte Gesetz, ist aber mit der für zeitabhängige Felder geltenden Kontinuitätsgleichung (6.3) konsistent. Maxwell nannte den hinzugefügten Strom *Verschiebungsstrom*. Es bedeutet, dass ein sich änderndes *elektrisches* Feld selbst dann, wenn kein Strom fließt, ein *magnetisches* Feld erzeugt – also die Umkehrung des Faraday'schen Gesetzes. Dieser notwendige Zusatz zum Ampère'schen Durchflutungsgesetz ist von entscheidender Bedeutung für stark fluktuierende Felder. Ohne ihn gäbe es keine Erklärung für elektromagnetische Strahlung, und der größte Teil des Restes dieses Buches wäre gegenstandslos. Maxwells Voraussage, dass das Licht ein elektromagnetisches Wellenphänomen sei und man elektromagnetische Wellen jeglicher Frequenz erzeugen könne, lenkte die Aufmerksamkeit aller Physiker auf sich, und sie war es, die die theoretische und experimentelle Forschung auf dem Gebiet des Elektromagnetismus Ende des 19. Jahrhunderts so sehr vorantrieb.

Die *Maxwell'schen Gleichungen*

$$\nabla \cdot \mathbf{D} = \rho \quad \nabla \times \mathbf{H} = \mathbf{J} + \frac{\partial \mathbf{D}}{\partial t}$$

$$\nabla \cdot \mathbf{B} = 0 \quad \nabla \times \mathbf{E} + \frac{\partial \mathbf{B}}{\partial t} = 0 \tag{6.6}$$

bilden die Grundlage für die Beschreibung aller klassischen elektromagnetischen Phänomene. In Verbindung mit der Gleichung für die Lorentz-Kraft und der Newton'schen Bewegungsgleichung gestatten sie auch, die klassische Dynamik wechselwirkender geladener Teilchen und elektromagnetischer Felder vollständig zu beschreiben (vgl. Abschn. 7 dieses Kapitels sowie die Kapitel 12 und 16). Den Geltungsbereich der Maxwell'schen Gleichungen haben wir in der Einführung ebenso besprochen wie das Problem der Grenzbedingungen, denen die Normal- und Tangentialkomponenten der Felder an der Trennfläche verschiedener Medien genügen. Auch die Frage der Verknüpfungsgleichungen zwischen **E** und **D** einerseits und **B** und **H** andererseits haben wir in der Einführung gestreift und sie in den Kapiteln 4 und 5 für den stationären Fall ausführlich behandelt. Weiteres hierzu bringen wir in diesem Kapitel sowie in Kapitel 7.

Die in den Maxwell'schen Gleichungen (6.6) benutzten Einheiten sind, wie bereits in den vorangegangenen Kapiteln, die SI-Einheiten. Für den Leser, dem andere Einheiten, wie etwa die Gauß'schen Einheiten, vertrauter sind, haben wir in Tabelle 2 des Anhangs die wichtigsten Gleichungen in den häufiger benutzten Einheiten zusammengestellt. Tabelle 3 gestattet die Umrechnung einer Gleichung vom Gauß'schen Einheitensystem ins SI-System und umgekehrt, während Tabelle 4 die Umrechnung des gegebenen Betrages einer physikalischen Größe von einem System ins andere ermöglicht.

6.2 Vektorpotential und skalares Potential

Die Maxwell'schen Gleichungen bilden ein gekoppeltes System partieller Differentialgleichungen erster Ordnung für die Komponenten der elektrischen und magnetischen Felder. In einfachen Fällen lassen sie sich zuweilen direkt lösen. Doch oft ist es zweckmäßig, Potentiale einzuführen, die die vier Differentialgleichungen auf nur zwei solcher Gleichungen, wenn auch zweiter Ordnung, zurückführen und die homogenen Maxwell'schen Gleichungen identisch erfüllen. Dieses Verfahren ist uns bereits aus der Elektrostatik und Magnetostatik vertraut. Die dort benutzten Potentiale waren das skalare Potential Φ und das Vektorportential $\mathbf{A}$.

Da weiterhin $\nabla \cdot \mathbf{B} = 0$ gilt, können wir $\mathbf{B}$ wieder durch ein Vektorpotential definieren:

$$\mathbf{B} = \nabla \times \mathbf{A} \tag{6.7}$$

Die andere homogene Gleichung aus (6.6), das Faraday'sche Induktionsgesetz, lässt sich dann in der Form

$$\nabla \times \left(\mathbf{E} + \frac{\partial \mathbf{A}}{\partial t} \right) = 0 \tag{6.8}$$

schreiben. Dies bedeutet, dass der in Klammern stehende Ausdruck, dessen Rotation verschwindet, als Gradient eines skalaren Potentials dargestellt werden kann:

$$\mathbf{E} + \frac{\partial \mathbf{A}}{\partial t} = -\nabla\Phi$$

$$\mathbf{E} = -\nabla\Phi - \frac{\partial \mathbf{A}}{\partial t} \tag{6.9}$$

Die nach (6.7) und (6.9) über die Potentiale $\mathbf{A}$ und Φ definierten Felder $\mathbf{B}$ und $\mathbf{E}$ erfüllen die beiden homogenen Maxwell'schen Gleichungen identisch. Das dynamische Verhalten von $\mathbf{A}$ und Φ wird durch die beiden inhomogenen Gleichungen aus (6.6) bestimmt.

Es ist zweckmäßig, unsere Überlegungen zunächst auf die Maxwell'schen Gleichungen im Vakuum (mit $\mathbf{D} = \epsilon_0 \mathbf{E}$ und $\mathbf{B} = \mu_0 \mathbf{H}$) zu beschränken. Die beiden inhomogenen Gleichungen aus (6.6) lassen sich dann in folgender Weise durch die Potentiale ausdrücken:

$$\nabla^2 \Phi + \frac{\partial}{\partial t}(\nabla \cdot \mathbf{A}) = -\rho/\epsilon_0 \tag{6.10}$$

$$\nabla^2 \mathbf{A} - \frac{1}{c^2}\frac{\partial^2 \mathbf{A}}{\partial t^2} - \nabla\left(\nabla \cdot \mathbf{A} + \frac{1}{c^2}\frac{\partial \Phi}{\partial t}\right) = -\mu_0 \mathbf{J} \tag{6.11}$$

Die vier Maxwell'schen Gleichungen haben wir jetzt auf zwei, wenn auch weiterhin noch gekoppelte Gleichungen reduziert. Um sie zu entkoppeln, bedienen wir uns der Tatsache, dass wir in der Definition der Potentiale noch über eine gewisse Freiheit verfügen. Da $\mathbf{B}$ durch (6.7) über $\mathbf{A}$ definiert ist, ist das Vektorpotential insofern willkürlich, als man zu $\mathbf{A}$ den Gradienten einer skalaren Funktion Λ hinzufügen kann. D. h. $\mathbf{B}$ bleibt bei der Transformation

$$\mathbf{A} \to \mathbf{A}' = \mathbf{A} + \nabla\Lambda \tag{6.12}$$

ungeändert. Damit auch das elektrische Feld (6.9) ungeändert bleibt, muss das skalare Potential gleichzeitig der Transformation

$$\Phi \to \Phi' = \Phi - \frac{\partial \Lambda}{\partial t} \tag{6.13}$$

unterworfen werden. Die in den Gln. (6.12) und (6.13) zum Ausdruck kommende Freiheit bedeutet, dass man Potentiale $(\mathbf{A}, \Phi)$ wählen darf, die der nach L. V. Lorenz[1] benannten *Lorenz-Bedingung*

$$\nabla \cdot \mathbf{A} + \frac{1}{c^2}\frac{\partial \Phi}{\partial t} = 0 \tag{6.14}$$

genügen. Ist diese erfüllt, so werden die beiden Gleichungen (6.10) und (6.11) entkoppelt, und übrig bleiben zwei inhomogene Wellengleichungen für Φ bzw. $\mathbf{A}$:

$$\nabla^2 \Phi - \frac{1}{c^2}\frac{\partial^2 \Phi}{\partial t^2} = -\rho/\epsilon_0 \tag{6.15}$$

$$\nabla^2 \mathbf{A} - \frac{1}{c^2}\frac{\partial^2 \mathbf{A}}{\partial t^2} = -\mu_0 \mathbf{J} \tag{6.16}$$

Diese beiden Gleichungen, zusammen mit (6.14), bilden – wie Lorenz u. a. feststellten – einen Satz von Gleichungen, die den Maxwell'schen Gleichungen im Vakuum vollkommen äquivalent sind.

6.3 Eichtransformationen, Lorenz-Eichung, Coulomb-Eichung

Die Transformationen (6.12) und (6.13) heißen *Eichtransformationen*, und die Invarianz der Felder unter solchen Transformationen nennt man *Eichinvarianz*. Um zu erkennen, dass man stets Potentiale finden kann, die der Lorenz-Bedingung (6.14) genügen, nehmen wir an, die durch (6.10) und (6.11) beschriebenen Potentiale $\mathbf{A}$ und Φ genügten dieser Bedingung *nicht*. Sodann nehmen wir eine Eichtransformation vor, die auf die Potentiale $\mathbf{A}'$ und Φ' führt, und fordern, dass diese neuen Potentiale der Lorenz-Bedingung genügen:

$$\nabla \cdot \mathbf{A}' + \frac{1}{c^2}\frac{\partial \Phi'}{\partial t} = 0 = \nabla \cdot \mathbf{A} + \frac{1}{c^2}\frac{\partial \Phi}{\partial t} + \nabla^2 \Lambda - \frac{1}{c^2}\frac{\partial^2 \Lambda}{\partial t^2} \tag{6.17}$$

[1] Lorenz, L. V., *On the identity of the vibrations of light with electric currents, Phil. Mag.*, Ser. 3, **34**, 287 (1867).

Historische Anmerkung:
Der Leser wird wahrscheinlich erstaunt sein, wenn er erfährt, dass die wichtige Beziehung (6.14), die das skalare mit dem vektoriellen Potential verknüpft, nicht auf den bekannten holländischen Physiker Hendrik A. *Lorentz* zurückgeht, sondern auf den dänischen Physiker Ludvig V. *Lorenz*. Tatsache aber ist, dass Lorenz es war, der in der zitierten Arbeit aus dem Jahre 1867 die retardierten Lösungen für die Potentiale untersuchte, und dabei nicht nur auf die Gl. (6.14) stieß, sondern auch auf andere, zur Wellengleichung für das elektrische Feld äquivalente Gleichungen. Im Übrigen diskutierte er – zur gleichen Zeit wie Maxwell – die charakteristischen Eigenschaften der Ausbreitung des Lichts in Leitern und transparenten Medien. Zweifellos hat der Holländer H. A. Lorentz große Verdienste um die Physik und die Entwicklung ihrer Terminologie. Aber die Gl. (6.14) darf ihm *nicht* zugeschrieben werden (wie es viele Physiker Anfang des 20. Jahrhunderts taten). Van Bladel stellt in einem Artikel (in IEEE Antennas and Propagation Magazine **33**, Nr. 2, 69 (April 1991)) ausdrücklich fest, dass Lehrbuchautoren dem dänischen Physiker Lorenz *seine* Verdienste nicht nehmen sollten.

Gelingt es also, eine Eichfunktion Λ zu finden, die die Gleichung

$$\nabla^2\Lambda - \frac{1}{c^2}\frac{\partial^2\Lambda}{\partial t^2} = -\left(\mathbf{\nabla}\cdot\mathbf{A} + \frac{1}{c^2}\frac{\partial\Phi}{\partial t}\right) \tag{6.18}$$

erfüllt, so gehorchen die Potentiale $\mathbf{A}'$, Φ' der Lorenz-Bedingung und damit den Wellengleichungen (6.15) und (6.16).

Selbst für die Potentiale, die der Lorenz-Bedingung (6.14) genügen, besteht noch eine gewisse Freiheit. Denn bei der *eingeschränkten Eichtransformation*

$$\begin{aligned}\mathbf{A} &\to \mathbf{A} + \mathbf{\nabla}\Lambda\\ \Phi &\to \Phi - \frac{\partial\Lambda}{\partial t}\end{aligned} \tag{6.19}$$

mit

$$\nabla^2\Lambda - \frac{1}{c^2}\frac{\partial^2\Lambda}{\partial t^2} = 0 \tag{6.20}$$

bleibt die Gültigkeit der Lorenz-Bedingung zu allen Zeiten bestehen, sofern $\mathbf{A}$ und Φ sie anfänglich erfüllten. Solche Potentiale gehören, wie man sagt, zur *Lorenz-Eichung*. Diese Eichung benutzt man am häufigsten, weil sie zum einen auf die Wellengleichungen (6.15) und (6.16) führen, sodass $\mathbf{A}$ und Φ in gleicher Weise beschrieben werden, und weil sie zum anderen koordinatenunabhängig ist und sich deswegen in natürlicher Weise in das Konzept der speziellen Relativitätstheorie einfügt (vgl. Kap. 11.9).

Eine andere nützliche Eichung ist die sog. *Coulomb-Eichung*, die auch *Strahlungseichung* oder *transversale Eichung* genannt wird. In dieser Eichung setzt man

$$\mathbf{\nabla}\cdot\mathbf{A} = 0 \tag{6.21}$$

Nach (6.10) genügt dann das skalare Potential der Poisson'schen Gleichung

$$\nabla^2\Phi = -\rho/\epsilon_0 \tag{6.22}$$

die die Lösung

$$\Phi(\mathbf{x}, t) = \frac{1}{4\pi\epsilon_0}\int\frac{\rho(\mathbf{x}', t)}{|\mathbf{x}-\mathbf{x}'|}\,d^3x' \tag{6.23}$$

hat. Das skalare Potential ist dann das *momentane* Coulomb-Potential der Ladungsdichte $\rho(\mathbf{x}, t)$. Dies ist der Grund für die Bezeichnung „Coulomb-Eichung".

Das Vektorpotential genügt in dieser Eichung der inhomogenen Wellengleichung

$$\nabla^2\mathbf{A} - \frac{1}{c^2}\frac{\partial^2\mathbf{A}}{\partial t^2} = -\mu_0\mathbf{J} + \frac{1}{c^2}\mathbf{\nabla}\frac{\partial\Phi}{\partial t} \tag{6.24}$$

Der Term, der das skalare Potential enthält, kann prinzipiell aus (6.23) berechnet werden. Seine Rotation verschwindet, weil in ihm der Gradient auftritt. Man darf daher vermuten, dass er sich mit dem rotationsfreien Anteil des Vektors der Stromdichte verknüpfen lässt und diesen möglicherweise sogar kompensiert. Der Vektor der Stromdichte kann (wie jedes Vektorfeld, das im Unendlichen abklingt) in zwei Anteile zerlegt werden, d.h. man kann schreiben:

$$\mathbf{J} = \mathbf{J}_l + \mathbf{J}_t \tag{6.25}$$

Dabei ist $\mathbf{J}_l$ der sog. *longitudinale* oder *wirbelfreie* Stromvektor mit $\nabla \times \mathbf{J}_l = 0$, während $\mathbf{J}_t$ den *transversalen* oder *quellenfreien* (manchmal auch *solenoidal* genannten) Stromvektor mit $\nabla \cdot \mathbf{J}_t = 0$ darstellt. Ausgehend von der Vektoridentität

$$\nabla \times (\nabla \times \mathbf{J}) = \nabla(\nabla \cdot \mathbf{J}) - \nabla^2 \mathbf{J} \tag{6.26}$$

lässt sich bei Verwendung von $\nabla^2(1/|\mathbf{x}-\mathbf{x}'|) = -4\pi\delta(\mathbf{x}-\mathbf{x}')$ zeigen, dass $\mathbf{J}_l$ und $\mathbf{J}_t$ folgende explizite Gestalt haben (zu fester Zeit t):

$$\mathbf{J}_l(\mathbf{x}, t) = -\frac{1}{4\pi}\nabla \int \frac{\nabla' \cdot \mathbf{J}(\mathbf{x}', t)}{|\mathbf{x}-\mathbf{x}'|}\, d^3x' \tag{6.27}$$

$$\mathbf{J}_t(\mathbf{x}, t) = \frac{1}{4\pi}\nabla \times \left[\nabla \times \int \frac{\mathbf{J}(\mathbf{x}', t)}{|\mathbf{x}-\mathbf{x}'|}\, d^3x'\right] \tag{6.28}$$

Die Kontinuitätsgleichung führt nun bei Beachtung von (6.23) und (6.27) auf

$$\frac{1}{c^2}\nabla \frac{\partial \Phi}{\partial t} = \mu_0 \mathbf{J}_l \tag{6.29}$$

Daher lässt sich der Quellterm in der Wellengleichung für $\mathbf{A}$ allein durch den transversalen Stromvektor (6.28) ausdrücken:

$$\nabla^2 \mathbf{A} - \frac{1}{c^2}\frac{\partial^2 \mathbf{A}}{\partial t^2} = \mu_0 \mathbf{J}_t \tag{6.30}$$

Auf diese Tatsache geht die Bezeichnung „transversale Eichung" zurück. Die andere Bezeichnung, nämlich „Strahlungseichung", rührt daher, dass transversale Strahlungsfelder allein durch das Vektorpotential bestimmt werden, während das momentane Coulomb-Potential nur zu den Feldern der Nahzone beiträgt. Diese Eichung ist besonders in der Quantenelektrodynamik sinnvoll, da bei einer quantenmechanischen Beschreibung von Photonen nur das Vektorpotential quantisiert zu werden braucht.

Die Coulomb-Eichung wird oft benutzt, wenn keine Quellen vorhanden sind. Es ist dann $\Phi = 0$, und $\mathbf{A}$ genügt der homogenen Wellengleichung. Die Felder selbst werden dann bestimmt durch

$$\begin{aligned} \mathbf{E} &= -\frac{\partial \mathbf{A}}{\partial t} \\ \mathbf{B} &= \nabla \times \mathbf{A} \end{aligned} \tag{6.31}$$

Am Rande sei auf eine Besonderheit der Coulomb-Eichung hingewiesen. Elektromagnetische Wellen breiten sich bekanntlich mit endlicher Geschwindigkeit aus. Gleichung (6.23) besagt jedoch, dass sich das skalare Potential momentan im ganzen Raum „ausbreitet". Das Vektorpotential dagegen genügt der Wellengleichung (6.30), die die endliche Ausbreitungsgeschwindigkeit c enthält. Auf den ersten Blick erscheint es schwierig, dieses offensichtlich unphysikalische Verhalten zu umgehen. Vorläufig sei hierzu nur bemerkt, dass nicht die Potentiale, sondern die Felder die messbaren Größen sind. Ferner ist festzustellen, dass der *transversale* Strom (6.28) eine Integration über den gesamten Raum enthält, und zwar selbst dann, wenn **J** auf ein endliches Raumgebiet begrenzt ist.[2]

6.4 Green'sche Funktionen der Wellengleichung

Die Wellengleichungen (6.15), (6.16) und (6.30) besitzen alle die Grundstruktur

$$\nabla^2\Psi - \frac{1}{c^2}\frac{\partial^2\Psi}{\partial t^2} = -4\pi f(\mathbf{x}, t) \tag{6.32}$$

wobei $f(\mathbf{x}, t)$ eine bekannte Quellverteilung beschreibt. c stellt die Ausbreitungsgeschwindigkeit in dem als dispersionsfrei angenommenen Medium dar.

Zur Lösung von Gl. (6.32) verwendet man – ebenso wie in der Elektrostatik – zweckmäßigerweise eine Green'sche Funktion. Wir betrachten hier den einfachen Fall, dass keine Randflächen vorhanden sind, und beseitigen die explizite Zeitabhängigkeit durch Fourier-Transformation bezüglich der Frequenz. Die Darstellungen von $\Psi(\mathbf{x}, t)$ und $f(\mathbf{x}, t)$ durch Fourier-Integrale seien

$$\begin{aligned} \Psi(\mathbf{x}, t) &= \frac{1}{2\pi}\int_{-\infty}^{\infty} \Psi(\mathbf{x}, \omega)e^{-i\omega t}\, d\omega \\ f(\mathbf{x}, t) &= \frac{1}{2\pi}\int_{-\infty}^{\infty} f(\mathbf{x}, \omega)e^{-i\omega t}\, d\omega \end{aligned} \tag{6.33}$$

mit den Fourier-Transformierten

$$\begin{aligned} \Psi(\mathbf{x}, \omega) &= \int_{-\infty}^{\infty} \Psi(\mathbf{x}, t)e^{i\omega t}\, dt \\ f(\mathbf{x}, \omega) &= \int_{-\infty}^{\infty} f(\mathbf{x}, t)e^{i\omega t}\, dt \end{aligned} \tag{6.34}$$

Setzt man die Darstellungen (6.33) in (6.32) ein, so erhält man für die Fourier-Transformierte $\Psi(x, \omega)$ die inhomogene *Helmholtz'sche Wellengleichung*

$$(\nabla^2 + k^2)\Psi(x, \omega) = -4\pi f(\mathbf{x}, \omega) \tag{6.35}$$

wobei $k = \omega/c$ die der Frequenz ω entsprechende Wellenzahl ist. In dieser Form der Wellengleichung ist die Beschränkung auf ein dispersionsfreies Medium nicht notwendig. A priori ist jeder Zusammenhang zwischen k und ω erlaubt, wenngleich die Forderung nach Kausalität bestimmte Einschränkungen mit sich bringt (vgl. Kap. 7.10).

---

[2] Das Problem der Kausalität im Zusammenhang mit der Coulomb-Eichung wird eingehend in einem Artikel von Brill, O. L. und B. Goodman *Am. J. Phys.* **35**, 832 (1967) behandelt. Vgl. hierzu auch Übg. 6.20.

Gleichung (6.35) ist eine partielle Differentialgleichung elliptischen Typs – ähnlich der Poisson'schen Gleichung, auf die sie sich für $k = 0$ reduziert. Die Green'sche Funktion zu (6.35) genügt der inhomogenen Gleichung

$$(\nabla^2 + k^2) G_k(\mathbf{x}, \mathbf{x}') = -4\pi\delta(\mathbf{x} - \mathbf{x}') \tag{6.36}$$

Sind Randflächen nicht vorhanden, dann kann die Green'sche Funktion nur von $\mathbf{R} = \mathbf{x} - \mathbf{x}'$ abhängen und muss darüber hinaus kugelsymmetrisch sein, sodass sie tatsächlich nur von $R = |\mathbf{R}|$ abhängen kann. Der in Gl. (3.1) angegebenen Form des Laplace'schen Operators in Kugelkoordinaten ist zu entnehmen, dass $G_k(R)$ der Gleichung

$$\frac{1}{R}\frac{d^2}{dR^2}(RG_k) + k^2 G_k = -4\pi\delta(\mathbf{R}) \tag{6.37}$$

genügt. Außer an der Stelle $R = 0$ erfüllt also $RG_k(R)$ die Differentialgleichung eines harmonischen Oszillators:

$$\frac{d^2}{dR^2}(RG_k) + k^2(RG_k) = 0$$

mit der Lösung

$$RG_k(R) = Ae^{ikR} + Be^{-ikR}$$

Die Delta-Funktion in Gleichung (6.37) wirkt sich nur im Grenzfall $R \to 0$ aus, für den sie sich wegen $kR \ll 1$ auf die Poisson'schen Gleichung reduziert. Die korrekte Normierung der Green'schen Funktion wird daher, wie wir aus der Elektrostatik wissen, durch

$$\lim_{kR \to 0} G_k(R) = \frac{1}{R} \tag{6.38}$$

bestimmt. Die allgemeine Lösung für $G_k(R)$ lautet also

$$G_k(R) = AG_k^{(+)}(R) + BG_k^{(-)}(R) \tag{6.39}$$

wobei

$$G_k^{(\pm)}(R) = \frac{e^{\pm ikR}}{R} \tag{6.40}$$

und $A + B = 1$ ist. Entsprechend der durch (6.33) beschriebenen Zeitabhängigkeit stellt der erste Term in (6.39) eine Kugelwelle dar, die sich vom Ursprung aus in den Raum ausbreitet, während der zweite eine Kugelwelle beschreibt, die sich konzentrisch auf den Ursprung zubewegt.

Wie in (6.39) die Koeffizienten A und B zu wählen sind, hängt von den *zeitlichen Randbedingungen* des physikalischen Problems ab. Anschaulich ist klar, dass für eine Quelle, die erst nach einer bestimmten Zeit $t = 0$ in Funktion tritt, der erste Term in (6.39) die zugehörige Green'sche Funktion darstellt. Sie entspricht den Wellen, die von der Quelle nach Einsetzen ihrer Wirkung abgestrahlt werden. Eine solche Beschreibungsweise ist bestimmt richtig und auch angemessen, aber nicht die einzig mögliche und notwendige. Legt man die zeitlichen Randbedingungen für die Amplitude der Welle in geeigneter Weise fest, so kann man zur Beschreibung der Wirkung der Quelle anstelle des ersten Terms in (6.39) auch den zweiten benutzen.

Um das verschiedene zeitliche Verhalten von $G_k^{(+)}$ und $G_k^{(-)}$ zu verstehen, müssen wir die entsprechenden zeitabhängigen Green'schen Funktionen konstruieren, die der Gleichung

$$\left(\nabla_x^2 - \frac{1}{c^2}\frac{\partial^2}{\partial t^2}\right) G^{(\pm)}(\mathbf{x}, t; \mathbf{x}', t') = -4\pi\delta(\mathbf{x} - \mathbf{x}')\delta(t - t') \tag{6.41}$$

gehorchen. Unter Verwendung von (6.34) erkennt man, dass der Quellterm in (6.35) durch

$$-4\pi\delta(\mathbf{x} - \mathbf{x}')e^{i\omega t'}$$

gegeben ist. Die Lösungen von (6.41) sind daher $G_k^{(\pm)}(R)e^{i\omega t'}$. Aus (6.33) ergibt sich dann für die zeitabhängigen Green'schen Funktionen:

$$G^{(\pm)}(R, \tau) = \frac{1}{2\pi}\int_{-\infty}^{\infty} \frac{e^{\pm ikR}}{R} \cdot e^{-i\omega\tau}\, d\omega \tag{6.42}$$

wobei $\tau = t - t'$ die in (6.41) erscheinende Zeitdifferenz ist. Die Green'sche Funktion hängt also, wenn keine Randflächen vorhanden sind, nur vom Relativabstand R und von der Zeitdifferenz τ zwischen Quelle und Aufpunkt ab. Im Fall eines dispersionsfreien Mediums mit $k = \omega/c$ ist das Integral in (6.42) eine Delta-Funktion. Für die Green'schen Funktionen ergibt sich dann:

$$G^{(\pm)}(R, \tau) = \frac{1}{R}\delta\left(\tau \mp \frac{R}{c}\right) \tag{6.43}$$

oder expliziter:

$$G^{(\pm)}(\mathbf{x}, t; \mathbf{x}', t') = \frac{\delta\left(t' - \left[t \mp \frac{|\mathbf{x} - \mathbf{x}'|}{c}\right]\right)}{|\mathbf{x} - \mathbf{x}'|} \tag{6.44}$$

Die Green'sche Funktion $G^{(+)}$ heißt *retardierte Green'sche Funktion*, weil sie das kausale Verhalten einer Welle aufweist. Das Argument der Delta-Funktion zeigt, dass ein an einem Punkt $\mathbf{x}$ zur Zeit t beobachteter Effekt von der Wirkung einer Quelle verursacht wird, die zu einer früheren, der retardierten Zeit $t' = t - R/c$ von $\mathbf{x}$ den Abstand R hatte. Die Zeitdifferenz R/c ist gerade die Zeit, in der sich die Welle von einem Punkt zu einem anderen bewegt. Analog hierzu nennt man $G^{(-)}$ *avancierte Green'sche Funktion*.

Partikuläre Lösungen der inhomogenen Wellengleichung (6.32) sind

$$\Psi^{(\pm)}(\mathbf{x}, t) = \iint G^{(\pm)}(\mathbf{x}, t; \mathbf{x}', t') f(\mathbf{x}', t')\, d^3x'\, dt'$$

Zu diesen Lösungen sind jeweils die der homogenen Gleichung zu addieren, um ein definiertes physikalisches Problem festzulegen. Als Beispiel betrachten wir eine Quellverteilung $f(\mathbf{x}', t')$, die zeitlich und räumlich lokalisiert ist. Sie sei nur in einem endlichen Zeitintervall um $t' = 0$ von Null verschieden. Zwei Grenzfälle sollen hier ins Auge gefasst werden. Im ersten Fall existiere zur Zeit $t \to -\infty$ eine Welle $\Psi_{\text{in}}(\mathbf{x}, t)$, die der homogenen Wellengleichung genügt. Diese Welle breitet sich mit fortschreitender Zeit räumlich aus, und zu einer bestimmten Zeit werde die Quelle eingeschaltet und emittiere Wellen. In diesem Fall lautet die vollständige Lösung der Wellengleichung:

$$\Psi(\mathbf{x}, t) = \Psi_{\text{in}}(\mathbf{x}, t) + \int\int G^{(+)}(\mathbf{x}, t; \mathbf{x}', t') f(\mathbf{x}', t')\, d^3x'\, dt' \tag{6.45}$$

Das Auftreten von $G^{(+)}$ garantiert, dass das Integral zu weit zurückliegenden Zeiten t, d.h. *vor* dem Einschalten der Quelle, keinen Beitrag liefert und nur die vorgegebene Welle Ψ_{in} existiert. Der zweite Grenzfall ist dadurch gekennzeichnet, dass zu sehr viel späterer Zeit ($t \to +\infty$) eine Welle $\Psi_{\text{out}}(\mathbf{x}, t)$ existiert, die eine bekannte Lösung der homogenen Wellengleichung ist. Die vollständige, zu allen Zeiten gültige Lösung lautet dann:

$$\Psi(\mathbf{x}, t) = \Psi_{\text{out}}(\mathbf{x}, t) + \int\int G^{(-)}(\mathbf{x}, t; \mathbf{x}', t') f(\mathbf{x}', t')\, d^3x'\, dt' \tag{6.46}$$

Die avancierte Green'sche Funktion sorgt jetzt dafür, dass nach Ausschalten der Quelle keine Signale mehr von ihr beobachtet werden (d.h. dass die einzigen Signale von Ψ_{out} herrühren).

Der am häufigsten auftretende physikalische Fall wird durch (6.45) mit $\Psi_{\text{in}} = 0$ beschrieben. Bei Verwendung der Green'schen Funktion (6.44) lautet die Lösung für diesen Fall explizit:

$$\Psi(\mathbf{x}, t) = \int \frac{[f(\mathbf{x}', t')]_{\text{ret}}}{|\mathbf{x} - \mathbf{x}'|}\, d^3x' \tag{6.47}$$

wobei der Index an der eckigen Klammer besagt, dass sie zur retardierten Zeit $t' = t - |\mathbf{x} - \mathbf{x}'|/c$ auszuwerten ist.

Das Anfangswertproblem für *endliche* (positive bzw. negative) Zeiten ist von vielen Autoren untersucht worden, und zwar sowohl für *eine* Dimension wie für zwei oder drei Dimensionen. Dem Leser empfehlen wir hierfür das Buch von *Morse und Feshbach*, S. 843–847 und auch die mathematischere Abhandlung von *Hadamard.*

6.5 Retardierte Lösungen der Feldgleichungen: Jefimenkos Verallgemeinerung des Coulomb'schen und Biot-Savart'schen Gesetzes; die Heaviside-Feynman-Formeln für die Felder einer Punktladung

Aus der retardierten Lösung (6.47) für die Wellengleichungen (6.15) und (6.16) ergeben sich die Potentiale

$$\begin{aligned} \Phi(\mathbf{x}, t) &= \frac{1}{4\pi\epsilon_0}\int d^3x' \frac{1}{R}[\rho(\mathbf{x}', t')]_{\text{ret}} \\ \mathbf{A}(\mathbf{x}, t) &= \frac{\mu_0}{4\pi}\int d^3x' \frac{1}{R}[\mathbf{J}(\mathbf{x}', t')]_{\text{ret}} \end{aligned} \tag{6.48}$$

wobei wir den Vektor $\mathbf{R} = \mathbf{x} - \mathbf{x}'$ mit dem Betrag $R = |\mathbf{x} - \mathbf{x}'|$ eingeführt haben. Weiter unten benötigen wir auch den Einheitsvektor in Richtung von $\mathbf{R}$, nämlich $\hat{\mathbf{R}} = \mathbf{R}/R$. Im Prinzip kann man aus den Gleichungen (6.48), die das erste Mal von Lorenz (*op. cit.*) angegeben wurden, die elektrischen und magnetischen Felder berechnen. Doch häufig ist es wünschenswert, die retardierten Integrallösungen nicht für die Potentiale, sondern für die Felder selbst zur Verfügung zu haben.

Wellengleichungen für die Felder im Vakuum – bei gegebenen Ladungs- und Stromdichten – gewinnt man entweder unmittelbar aus den Maxwell'schen Gleichungen oder mithilfe der Wellengleichungen für Φ und $\mathbf{A}$ (Gl. (6.15) und (6.16)), und der Definition der Felder durch die Potentiale (Gl. (6.7) und (6.9)). In beiden Fällen ergibt sich:

$$\nabla^2 \mathbf{E} - \frac{1}{c^2}\frac{\partial^2 \mathbf{E}}{\partial t^2} = -\frac{1}{\epsilon_0}\left(-\nabla\rho - \frac{1}{c^2}\frac{\partial \mathbf{J}}{\partial t}\right) \tag{6.49}$$

und

$$\nabla^2 \mathbf{B} - \frac{1}{c^2}\frac{\partial^2 \mathbf{B}}{\partial t^2} = -\mu_0 \nabla\times\mathbf{J} \tag{6.50}$$

Die Wellengleichung für die kartesischen Komponenten der Felder hat die Form (6.32). Die retardierten Lösungen (6.47) lassen sich auf die folgende vorläufige Form bringen:

$$\mathbf{E}(\mathbf{x}, t) = \frac{1}{4\pi\epsilon_0}\int d^3x' \, \frac{1}{R}\left[-\nabla'\rho - \frac{1}{c^2}\frac{\partial \mathbf{J}}{\partial t'}\right]_{\text{ret}} \tag{6.51}$$

und

$$\mathbf{B}(\mathbf{x}, t) = \frac{\mu_0}{4\pi}\int d^3x' \, \frac{1}{R}[\nabla'\times\mathbf{J}]_{\text{ret}} \tag{6.52}$$

Diese Ausdrücke lassen sich so umformen, dass man den statischen Grenzfall und die Korrekturen sofort erkennt, wenn man aus den retardierten Integranden die räumlichen partiellen Ableitungen herauszieht. Dabei ist allerdings Vorsicht geboten, weil $\nabla'[f]_{\text{ret}} \neq [\nabla' f]_{\text{ret}}$ ist. Der Gradient ∇' innerhalb der Retardierungsklammern ist ein räumlicher Gradient nach x' bei festem t'; ein Gradient vor den Klammern würde die Ableitung nach $\mathbf{x}'$ bei festem $\mathbf{x}$ und t bedeuten. Da $[f(\mathbf{x}', t')]_{\text{ret}} = f(\mathbf{x}', t - R/c)$ ist, muss eine Korrektur vorgenommen werden, wenn man den Gradientenoperator herauszieht, weil durch R eine $\mathbf{x}'$-Abhängigkeit ins Spiel kommt. Die Ergebnisse sind dann folgende:

$$[\nabla'\rho]_{\text{ret}} = \nabla'[\rho]_{\text{ret}} - \left[\frac{\partial\rho}{\partial t'}\right]_{\text{ret}} \nabla'(t - R/c) = \nabla'[\rho]_{\text{ret}} - \frac{\hat{\mathbf{R}}}{c}\left[\frac{\partial\rho}{\partial t'}\right]_{\text{ret}} \tag{6.53}$$

und

$$\begin{aligned}[\nabla'\times\mathbf{J}]_{\text{ret}} &= \nabla'\times[\mathbf{J}]_{\text{ret}} + \left[\frac{\partial \mathbf{J}}{\partial t'}\right]_{\text{ret}} \times \nabla'(t - R/c) \\ &= \nabla'\times[\mathbf{J}]_{\text{ret}} + \frac{1}{c}\left[\frac{\partial \mathbf{J}}{\partial t'}\right]_{\text{ret}} \times \hat{\mathbf{R}}\end{aligned} \tag{6.54}$$

Setzt man diese Ausdrücke in die obigen, vorläufigen Formeln ein und integriert den jeweils ersten (Gradienten- bzw. Rotations-)Term partiell, so gelangt man zu

$$\mathbf{E}(\mathbf{x},t) = \frac{1}{4\pi\epsilon_0}\int d^3x' \left\{ \frac{\hat{\mathbf{R}}}{R^2}[\rho(\mathbf{x}',t')]_{\text{ret}} + \frac{\hat{\mathbf{R}}}{cR}\left[\frac{\partial\rho(\mathbf{x}',t')}{\partial t'}\right]_{\text{ret}} - \frac{1}{c^2R}\left[\frac{\partial\mathbf{J}(\mathbf{x}',t')}{\partial t'}\right]_{\text{ret}} \right\} \tag{6.55}$$

und

$$\mathbf{B}(\mathbf{x},t) = \frac{\mu_0}{4\pi}\int d^3x' \left\{ [\mathbf{J}(\mathbf{x}',t')]_{\text{ret}} \times \frac{\hat{\mathbf{R}}}{R^2} + \frac{1}{c}\left[\frac{\partial\mathbf{J}(\mathbf{x}',t')}{\partial t'}\right]_{\text{ret}} \times \frac{\hat{\mathbf{R}}}{R} \right\} \tag{6.56}$$

Für zeitunabhängige Ladungs- und Stromdichten reduzieren sich diese Formeln auf die bekannten statischen Ausdrücke (1.5) bzw. (5.14). Die Terme mit den Zeitableitungen *und* der Retardierung liefern die Verallgemeinerung für zeitabhängige Quellen. Die beiden Ergebnisse werden manchmal auch als *Jefimenko'sche Verallgemeinerungen des Coulomb'schen und Biot-Savart'schen Gesetzes* bezeichnet. Sie verdanken ihre Bekanntheit einem Buch von *Jefimenko*.

Am Rande sei bemerkt, dass die Integranden als Funktionen von $\mathbf{x}$, $\mathbf{x}'$ und t aufgefasst werden können, wobei $t' = t - |\mathbf{x}-\mathbf{x}'|/c$ ist, und dass die Zeitableitungen in den Integranden folgende Eigenschaft besitzen:

$$\left[\frac{\partial f(\mathbf{x}',t')}{\partial t'}\right]_{\text{ret}} = \frac{\partial}{\partial t}[f(\mathbf{x}',t')]_{\text{ret}} \tag{6.57}$$

Diese Beziehung erleichtert die Einschränkung der Jefimenko'schen auf die Feynman-Heaviside'schen Formeln für die Felder einer Punktladung. Mit $\rho(\mathbf{x}',t') = q\delta[\mathbf{x}'-\mathbf{r}_0(t')]$ und $\mathbf{J}(\mathbf{x}',t') = \rho\mathbf{v}(t')$ gehen die Gleichungen (6.55) und (6.56) über in

$$\mathbf{E} = \frac{q}{4\pi\epsilon_0}\left\{\left[\frac{\hat{\mathbf{R}}}{\kappa R^2}\right]_{\text{ret}} + \frac{\partial}{c\partial t}\left[\frac{\hat{\mathbf{R}}}{\kappa R}\right]_{\text{ret}} - \frac{\partial}{c^2\partial t}\left[\frac{\mathbf{v}}{\kappa R}\right]_{\text{ret}}\right\} \tag{6.58}$$

und

$$\mathbf{B} = \frac{\mu_0 q}{4\pi}\left\{\left[\frac{\mathbf{v}\times\hat{\mathbf{R}}}{\kappa R^2}\right]_{\text{ret}} + \frac{\partial}{c\partial t}\left[\frac{\mathbf{v}\times\hat{\mathbf{R}}}{\kappa R}\right]_{\text{ret}}\right\} \tag{6.59}$$

Hierbei ist R der Abstand zwischen dem Aufpunkt (dem Beobachtungsort) und der Ladung, während $\hat{\mathbf{R}}$ der oben definierte Einheitsvektor von der Ladung zum Aufpunkt ist. Ferner bezeichnet $\mathbf{v}$ die Geschwindigkeit der Ladung und $\kappa = 1 - \mathbf{v}\cdot\hat{\mathbf{R}}/c$ ist ein Retardierungsfaktor (vgl. Übg. 6.2). Wichtig ist die Feststellung, dass zwischen $\partial[\cdots]_{\text{ret}}/\partial t$ und $[\partial\cdots/\partial t]_{\text{ret}}$ ein Unterschied besteht, weil $\mathbf{x}'$ die Änderung $\mathbf{x}'-\mathbf{r}_0(t')$ erfährt, wobei $\mathbf{r}_0$ der Ort der Ladung ist. Die Felder sind Funktionen von $\mathbf{x}$ und t' mit $t' = t - |\mathbf{x}-\mathbf{r}_0(t')|/c$.[3] Die Feynman'sche Formel für das elektrische Feld lautet:

[3] Man beachte, dass diese Gleichung t' auf beiden Seiten enthält und daher die retardierte Zeit nur *implizit* bestimmt. Man kann jedoch zeigen, dass die Gleichnung genau eine Lösung für $t' \leqq t$ besitzt, wenn die Geschwindigkeit der Ladung unterhalb der Lichtgeschwindigkeit beschränkt ist. d. h. $|\mathbf{v}| \leqq v_{\max} < c$ – vgl. auch S. 764 und Abb. 14.1 (Anm. der Red.).

$$\mathbf{E} = \frac{q}{4\pi\epsilon_0}\left\{\left[\frac{\hat{\mathbf{R}}}{R^2}\right]_{\text{ret}} + \frac{[R]_{\text{ret}}}{c}\frac{\partial}{\partial t}\left[\frac{\hat{\mathbf{R}}}{R^2}\right]_{\text{ret}} + \frac{\partial^2}{c^2\partial t^2}[\hat{\mathbf{R}}]_{\text{ret}}\right\} \tag{6.60}$$

während die Heaviside'sche Formel für das magnetische Feld gegeben ist durch

$$\mathbf{B} = \frac{\mu_0 q}{4\pi}\left\{\left[\frac{\mathbf{v}\times\hat{\mathbf{R}}}{\kappa^2 R^2}\right]_{\text{ret}} + \frac{1}{c[R]_{\text{ret}}}\frac{\partial}{\partial t}\left[\frac{\mathbf{v}\times\hat{\mathbf{R}}}{\kappa}\right]_{\text{ret}}\right\} \tag{6.61}$$

Eine sorgfältige Analyse, mit einigen algebraischen Umformungen, zeigt, dass die beiden Ausducksweisen tatsächlich äquivalent zueinander sind.

6.6 Herleitung der Gleichungen des makroskopischen Elektromagnetismus

Die Behandlung des Elektromagnetismus in den voranstehenden Kapiteln basierte auf den *makroskopischen* Maxwell'schen Gleichungen

$$\nabla\cdot\mathbf{B} = 0 \quad \nabla\times\mathbf{E} + \frac{\partial\mathbf{B}}{\partial t} = 0$$

$$\nabla\cdot\mathbf{D} = \rho \quad \nabla\times\mathbf{H} - \frac{\partial\mathbf{D}}{\partial t} = \mathbf{J} \tag{6.62}$$

Darin bedeuten **E** und **B** die makroskopischen elektrischen bzw. magnetischen Felder, **D** und **H** dagegen die zugehörigen abgeleiteten Feldgrößen. Letztere sind mit **E** und **B** durch die Polarisation **P** und die Magnetisierung **M** des betreffenden Materials verknüpft:

$$\mathbf{D} = \epsilon_0\mathbf{E} + \mathbf{P}, \quad \mathbf{H} = \frac{1}{\mu_0}\mathbf{B} - \mathbf{M} \tag{6.63}$$

In ähnlicher Weise bezeichnen ρ und **J** die makroskopischen (freien) Ladungs- bzw. Stromdichten. Obwohl obige Gleichungen wohlbekannt und auch vollkommen akzeptabel sind, bleibt uns noch die Aufgabe, sie in strenger Weise aus den mikroskopischen Gleichungen herzuleiten. Dieser Aufgabe ist der vorliegende Abschnitt gewidmet. Wir werden dabei den Rahmen der klassischen Physik nicht verlassen, obwohl Atome quantenmechanisch zu beschreiben sind. Diese Unzulänglichkeit wird dadurch ausgeglichen, dass sich die quantenmechanische Behandlung eng an die klassische anlehnt und die im folgenden auftretenden klassischen Größen lediglich durch ihre quantenmechanischen Erwartungswerte zu ersetzen sind. Zum Studium der quantenmechanischen Behandlung empfehlen wir dem Leser die am Ende des Kapitels zitierte Literatur.

Wir betrachten eine mikroskopische Welt aus Elektronen und Atomkernen. In Dimensionsbereichen, die gegenüber 10^{-14} m groß sind, können diese als punktartige Systeme behandelt werden. Unser Ausgangspunkt ist die Annahme, dass die Elektrodynamik solcher Punktladungen durch die *mikroskopischen* Maxwell'schen Gleichungen

$$\nabla \cdot \mathbf{b} = 0, \qquad \nabla \times \mathbf{e} + \frac{\partial \mathbf{b}}{\partial t} = 0$$

$$\nabla \cdot \mathbf{e} = \eta/\epsilon_0, \quad \nabla \times \mathbf{b} - \frac{1}{c^2}\frac{\partial \mathbf{e}}{\partial t} = \mu_0 \mathbf{j} \tag{6.64}$$

beschrieben wird, wobei **e** und **b** die mikroskopischen elektrischen und magnetischen Felder bezeichnen, während η und **j** die mikroskopische Ladungs- und Stromdichte darstellen. Entsprechende Felder **d** und **h** treten nicht auf, da alle Ladungen in η und **j** enthalten sind. Ein makroskopisches Volumen ruhender Materie enthält ungefähr $10^{23 \pm 5}$ Elektronen und Atomkerne, die sich wegen der thermischen Bewegung, der Nullpunktsbewegung sowie der Bahnbewegung nie in Ruhe befinden. Die von diesen Ladungen erzeugten, mikroskopischen elektromagnetischen Felder unterliegen extrem großen zeitlichen und räumlichen Schwankungen. Die räumlichen Schwankungen vollziehen sich über Strecken in der Größenordnung von 10^{-10} m oder weniger, während sich die Perioden der zeitlichen Schwankungen zwischen 10^{-13} s (Kernvibrationen) und 10^{-17} s (Bahnbewegung der Elektronen) bewegen. Makroskopische Messinstrumente mitteln i. Allg. über zeitliche und räumliche Intervalle, die sehr viel größer als die eben genannten Intervalle sind. Dabei werden alle mikroskopischen Fluktuationen herausgemittelt, sodass man relativ glatt verlaufende und langsam veränderliche makroskopische Größen erhält, wie sie in den makroskopischen Maxwell'schen Gleichungen auftreten.

Die Frage, wie die Mittelung am geeignetsten durchzuführen ist, muss sorgfältig untersucht werden. Auf den ersten Blick könnte man meinen, es wäre sowohl über den Raum wie über die Zeit zu mitteln. Doch dies trifft nicht zu. Es ist allein eine räumliche Mittelung vorzunehmen. (Am Rande sei bemerkt, dass eine Zeitmittelung allein bestimmt nicht ausreichen würde; dies wird deutlich, wenn man etwa an einen Kristall denkt, dessen Ionen kleine Nullpunktsschwingungen um wohldefinierte, voneinander getrennte Gitterpunkte ausführen.) Um den Bereich abzugrenzen, in dem man eine makroskopische Beschreibungsweise elektromagnetischer Vorgänge als zutreffend erwarten kann, bemerken wir, dass sich die Reflexion und Brechung sichtbaren Lichts durch die Maxwell'schen Gleichungen mit stetiger Dielektrizitätskonstanten beschreiben lassen, während die Beugung von Röntgenstrahlen den atomaren Charakter der Materie deutlich werden lässt. Es ist daher angemessen, als absolute untere Schranke für den makroskopischen Bereich die Länge $L_0 = 10^{-8}$ m $= 100$ Å anzunehmen. Die Schwingungsdauer von Licht dieser Wellenlänge beträgt $L_0/c \simeq 3 \times 10^{-17}$ s. In dem Volumen $L_0^3 = 10^{-24}$ m^3 befinden sich, zumindest bei normaler Materie, immer noch ca. 10^6 Atomkerne und Elektronen. Jedes makroskopische Volumen mit $L \gg L_0$ enthält daher so viele Atomkerne und Elektronen, dass die Fluktuationen bei einer räumlichen Mittelung vollkommen geglättet werden. Eine zeitliche Mittelung wäre dafür ungeeignet, da die der Länge L entsprechende Zeitskala tatsächlich im Bereich atomarer und molekularer Bewegungen liegt. Dennoch gibt es keinen Hinweis darauf, dass nach einer räumlichen Mittelung noch mikroskopische Zeitfluktuationen im Medium auftreten. Der Grund hierfür ist darin zu suchen, dass die zeitlichen Änderungen der mikroskopischen Felder über Abstände der Größenordnung von L unkorreliert sind, sofern das Medium nicht besonders präpariert und über makroskopische Abstände keine bestimmte Ordnung hergestellt wurde. Nur diejenigen Frequenzkomponenten überleben die

Mittelung, die Oszillationen unter der Einwirkung äußerer Felder entsprechen.

Die räumliche Mittelung einer Funktion $F(\mathbf{x}, t)$ bezüglich einer Testfunktion $f(\mathbf{x})$ ist durch die *Faltung* beider Funktionen definiert

$$\langle F(\mathbf{x}, t)\rangle = \int d^3x' f(\mathbf{x}') F(\mathbf{x} - \mathbf{x}', t) \tag{6.65}$$

wenn $f(\mathbf{x})$ eine reelle, in einer gewissen Umgebung von $\mathbf{x} = 0$ nichtverschwindende Funktion darstellt, deren Integral über den gesamten Raum auf Eins normiert ist. Es ist am einfachsten, wenn auch nicht notwendig, $f(\mathbf{x})$ als nichtnegativ anzunehmen. Um die Richtung der physikalischen Größen bei der Mittelung nicht zu ändern, wählen wir für $f(\mathbf{x})$ eine räumlich isotrope Funktion. Zwei Beispiele für eine solche Funktion sind:

$$f(\mathbf{x}) = \begin{cases} \dfrac{3}{4\pi R^3}, & r < R \\ 0, & r < R \end{cases}$$

$$f(\mathbf{x}) = (\pi R^2)^{-3/2} e^{-r^2/R^2} \tag{6.66}$$

Die erste Funktion, die einer Mittelung über ein Kugelvolumen vom Radius R entspricht, wird in der Literatur häufig benutzt. Sie hat den Vorteil, begrifflich einfach zu sein, aber den Nachteil einer plötzlichen Unstetigkeit bei $r = R$. Diese führt dazu, dass die gemittelten Größen über kurze Abstände Zitterbewegungen ausführen, wenn ein einzelnes Molekül oder eine Gruppe von Molekülen in das Mittelungsvolumen eintritt oder es verlässt. Bei einer glatten Funktion dagegen, wie der angegebenen Gauß-Verteilung, treten solche Schwierigkeiten nicht auf, wenn das Gebiet, auf das sie konzentriert ist, gegenüber den atomaren Ausdehnungen groß ist. Glücklicherweise braucht die Testfunktion $f(\mathbf{x})$ nicht bis ins Einzelne festgelegt zu werden. Erforderlich sind lediglich allgemeine Stetigkeits- und Glattheitseigenschaften, die eine über atomare Abstände schnell konvergierende Taylor-Entwicklung von $f(\mathbf{x})$ gestatten.[4] Eine entsprechende Funktion ist schematisch in Abb. 6.1 dargestellt.

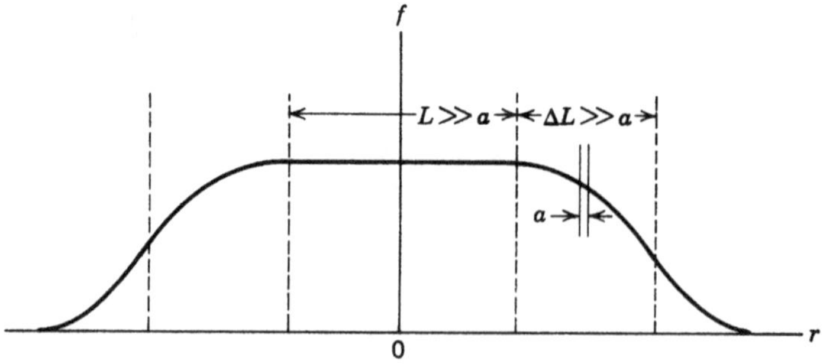

Abb. 6.1 Schematische Darstellung der für die räumliche Mittelung benutzten Testfunktion $f(\mathbf{x})$. Die Ausdehnung L des Plateaubereichs und die Breite ΔL des Gebiets, in dem f auf Null abfällt, sind groß gegenüber der molekularen Ausdehnung a.

---

[4] Wir folgen hier einer Darstellung von G. Russakoff, *Am. J. Physics* **38**, 1188 (1970).

Die in den Maxwell'schen Gleichungen auftretenden Raum- und Zeitableitungen müssen in der durch (6.65) beschriebenen Mittelung betrachtet werden. Offensichtlich ist

$$\frac{\partial}{\partial x_i}\langle F(\mathbf{x}, t)\rangle = \int d^3x' f(x') \frac{\partial F(\mathbf{x}-\mathbf{x}', t)}{\partial x_i} = \left\langle \frac{\partial F}{\partial x_i} \right\rangle$$

und

$$\frac{\partial}{\partial t}\langle F(\mathbf{x}, t)\rangle = \left\langle \frac{\partial F}{\partial t} \right\rangle \tag{6.67}$$

D.h. die Operationen der Raum- und Zeitableitung kommutieren mit der der Mittelung.

Wir können nunmehr zur Mittelung der mikroskopischen Maxwell'schen Gleichungen (6.64) übergehen. Die *makroskopischen* elektrischen und magnetischen Felder **E** und **B** sind als Mittel der mikroskopischen Felder **e** und **b** definiert:

$$\begin{aligned} \mathbf{E}(\mathbf{x}, t) &= \langle \mathbf{e}(\mathbf{x}, t)\rangle \\ \mathbf{B}(\mathbf{x}, t) &= \langle \mathbf{b}(\mathbf{x}, t)\rangle \end{aligned} \tag{6.68}$$

Die beiden homogenen Gleichungen aus (6.64) gehen bei der Mittelung in die entsprechenden makroskopischen Gleichungen über:

$$\begin{aligned} &\langle \nabla \cdot \mathbf{b}\rangle = 0 \rightarrow \nabla \cdot \mathbf{B} = 0 \\ &\left\langle \nabla \times \mathbf{e} + \frac{\partial \mathbf{b}}{\partial t}\right\rangle = 0 \rightarrow \nabla \times \mathbf{E} + \frac{\partial \mathbf{B}}{\partial t} = 0 \end{aligned} \tag{6.69}$$

Die gemittelten *in*homogenen Gleichungen lauten dagegen:

$$\begin{aligned} \epsilon_0 \nabla \cdot \mathbf{E} &= \langle \eta(\mathbf{x}, t)\rangle \\ \frac{1}{\mu_0}\nabla \times \mathbf{B} - \epsilon_0 \frac{\partial \mathbf{E}}{\partial t} &= \langle \mathbf{j}(\mathbf{x}, t)\rangle \end{aligned} \tag{6.70}$$

Der Vergleich mit den beiden inhomogenen makroskopischen Gleichungen aus (6.62) deutet auf die bereits bekannte Tatsache hin, dass man die abgeleiteten Felder **D** und **H** erhält, indem man aus $\langle \eta \rangle$ und $\langle \mathbf{j} \rangle$ diejenigen Beiträge extrahiert, die das makroskopische Verhalten des Mediums beschreiben. Die Untersuchung von $\langle \eta \rangle$ und $\langle \mathbf{j} \rangle$ ist daher unsere nächste Aufgabe.

Zu diesem Zweck betrachten wir ein Medium, das neben den aus Atomkernen und Elektronen aufgebauten Molekülen auch „freie" Ladungen enthält, die nicht an ein bestimmtes Molekül gebunden sind. Die mikroskopische Ladungsdichte lässt sich dann in der Form

$$\eta(\mathbf{x}, t) = \sum_j q_j \delta[\mathbf{x} - \mathbf{x}_j(t)] \tag{6.71}$$

schreiben, wobei $\mathbf{x}_j(t)$ die Lagekoordinate der Punktladung q_j angibt. Um die gebundenen Ladungen von den freien zu unterscheiden, zerlegen wir η folgendermaßen:

$$\eta = \eta_{\text{frei}} + \eta_{\text{gebunden}} \tag{6.72}$$

und schreiben:

$$\eta_{\text{frei}} = \sum_{j(\text{frei})} q_j \delta(\mathbf{x} - \mathbf{x}_j)$$

$$\eta_{\text{gebunden}} = \sum_{\substack{n \\ (\text{Moleküle})}} \eta_n(\mathbf{x}, t)$$

wobei η_n die Ladungsdichte des n-ten Moleküls bedeutet:

$$\eta_n(\mathbf{x}, t) = \sum_{j(n)} q_j \delta(\mathbf{x} - \mathbf{x}_j) \tag{6.73}$$

In diesen und den folgenden Gleichungen unterdrücken wir die explizite Zeitabhängigkeit, da die Mittelung zu einer festen Zeit vorgenommen wird. Zunächst mitteln wir die Ladungsdichte des n-ten Moleküls und summieren dann über die Beiträge sämtlicher Moleküle. Es empfiehlt sich, die Koordinaten der Ladungen im n-ten Molekül relativ zu einem im Molekül ruhenden Ursprung O' auszudrücken. Im Laborsystem habe dieser Ursprung O' (der meist in den Schwerpunkt des Moleküls gelegt wird) die Koordinate $\mathbf{x}_n(t)$, während $\mathbf{x}_{jn}(t)$ die Koordinate der j-ten Ladung im Molekül relativ zu O' sei (vgl. Abb. 6.2). Die mittlere Ladungsdichte des n-ten Moleküls ist dann:

$$\begin{aligned}\langle \eta_n(\mathbf{x}, t) \rangle &= \int d^3x' f(\mathbf{x}') \, \eta_n(\mathbf{x} - \mathbf{x}', t) \\ &= \sum_{j(n)} q_j \int d^3x' f(\mathbf{x}') \, \delta(\mathbf{x} - \mathbf{x}' - \mathbf{x}_{jn} - \mathbf{x}_n) \\ &= \sum_{j(n)} q_j \, f(\mathbf{x} - \mathbf{x}_n - \mathbf{x}_{jn})\end{aligned} \tag{6.74}$$

Da $\mathbf{x}_{jn}$ die Größenordnung der atomaren Ausdehnung besitzt, unterscheiden sich Argumente der einzelnen Summanden im Bereich, in dem sich $f(\mathbf{x})$ stark ändert, nur wenig von $(\mathbf{x} - \mathbf{x}_n)$. Es ist daher sinnvoll, jeden Summanden in eine Taylor-Reihe um $(\mathbf{x} - \mathbf{x}_n)$ zu entwickeln. Dies führt dann auf

$$\begin{aligned}\langle \eta_n(\mathbf{x}, t) \rangle = \sum_{j(n)} q_j \Bigg[& f(\mathbf{x} - \mathbf{x}_n) - \mathbf{x}_{jn} \cdot \nabla f(\mathbf{x} - \mathbf{x}_n) \\ & + \frac{1}{2} \sum_{\alpha\beta} (\mathbf{x}_{jn})_\alpha (\mathbf{x}_{jn})_\beta \frac{\partial^2}{\partial x_\alpha \partial x_\beta} f(\mathbf{x} - \mathbf{x}_n) + \ldots \Bigg]\end{aligned}$$

Die verschiedenen Summen über die Ladungen eines Moleküls sind nichts anderes als die *molekularen Multipolmomente*:

Molekülladung: $$q_n = \sum_{j(n)} q_j \tag{6.75}$$

Molekulares Dipolmoment: $$\mathbf{p}_n = \sum_{j(n)} q_j \, \mathbf{x}_{jn} \tag{6.76}$$

Molekulares Quadrupolmoment: $$(Q'_n)_{\alpha\beta} = 3 \sum_{j(n)} q_j (\mathbf{x}_{jn})_\alpha (\mathbf{x}_{jn})_\beta \tag{6.77}$$

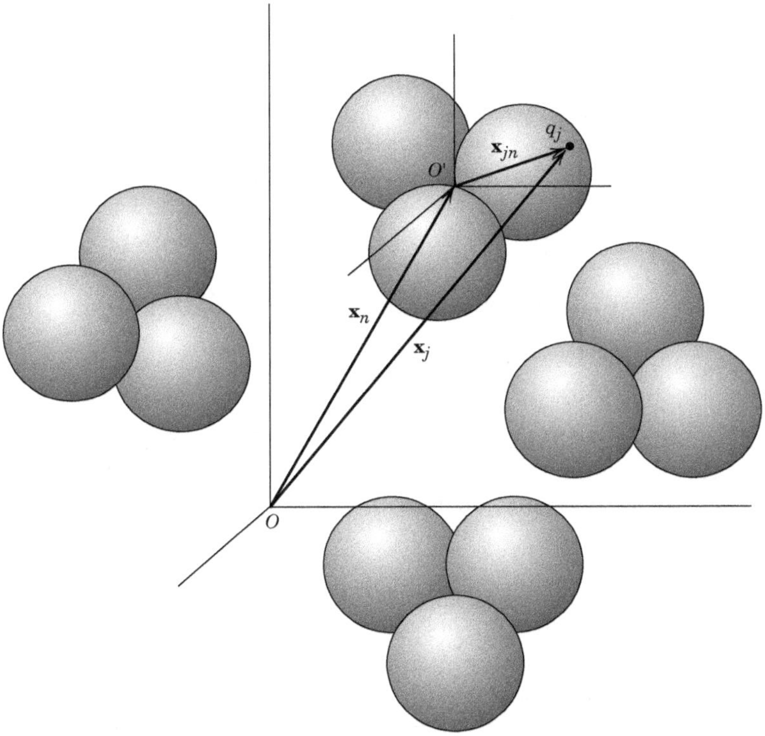

Abb. 6.2 Die Koordinaten des n-ten Moleküls. Der Ursprung O' ruht im Molekül (und wird im Allgemeinen in den Schwerpunkt gelegt). Die j-te Ladung hat relativ zu O' die Koordinate $\mathbf{x}_{jn}$, während O' relativ zum Ursprung O des im Laborsystem ruhenden Achsenkreuzes die Koordinate $\mathbf{x}_n$ hat.

Ausgedrückt durch diese Multipolmomente ergibt sich für die gemittelte Ladungsdichte des n-ten Moleküls:

$$\langle \eta_n(\mathbf{x}, t) \rangle = q_n f(\mathbf{x} - \mathbf{x}_n) - \mathbf{p}_n \cdot \nabla f(\mathbf{x} - \mathbf{x}_n) + \frac{1}{6} \sum_{\alpha\beta} (Q'_n)_{\alpha\beta} \frac{\partial^2 f(\mathbf{x} - \mathbf{x}_n)}{\partial x_\alpha \partial x_\beta} + \ldots \tag{6.78}$$

Betrachtet man diese Gleichung als direktes Resultat der durch (6.65) definierten räumlichen Mittelung, so kann man den ersten Term als mittlere Punktladungsdichte bei $\mathbf{x} = \mathbf{x}_n$ interpretieren, den zweiten als Divergenz einer mittleren punktartigen Dipoldichte bei $\mathbf{x} = \mathbf{x}_n$ usw. Explizit bedeutet dies

$$\langle \eta_n(\mathbf{x}, t) \rangle = \langle q_n \delta(\mathbf{x} - \mathbf{x}_n) \rangle - \nabla \cdot \langle \mathbf{p}_n \delta(\mathbf{x} - \mathbf{x}_n) \rangle + \frac{1}{6} \sum_{\alpha\beta} \frac{\partial^2}{\partial x_\alpha \partial x_\beta} \langle (Q'_n)_{\alpha\beta} \, \delta(\mathbf{x} - \mathbf{x}_n) \rangle + \ldots \tag{6.79}$$

Hinsichtlich des Mittelungsprozesses können wir also *das Molekül als Summe punktförmiger Multipole* betrachten, die sich an einem festen Punkt innerhalb des Moleküls befinden. Die genaue Ausdehnung der molekularen Ladungsverteilung ist natürlich, mikroskopisch gesehen, von Bedeutung, doch für makroskopische Phänomene hat sie den Effekt einer Summe von Multipolen.

Ein alternativer Weg zur Ausführung der Mittelung (6.65) verläuft über die Fourier-Transformation. Da er wertvolle zusätzliche Aspekte aufzeigt, soll er hier kurz skizziert werden. Wir gehen aus von den Fourier-Transformierten

$$g(\mathbf{x}, t) = \frac{1}{(2\pi)^3} \int d^3k\, \tilde{g}(\mathbf{k}, t) e^{i\mathbf{k}\cdot\mathbf{x}} \quad \text{und} \quad \tilde{g}(\mathbf{k}, t) = \int d^3x\, g(\mathbf{x}, t) e^{-i\mathbf{k}\cdot\mathbf{x}} \tag{6.80}$$

Dies angewandt auf (6.65) liefert für den Mittelwert von $F(\mathbf{x}, t)$ die Gleichung

$$\langle F(\mathbf{x}, t)\rangle = \frac{1}{(2\pi)^3} \int d^3k\, \tilde{f}(\mathbf{k}, t)\, \tilde{F}(\mathbf{k}, t) e^{i\mathbf{k}\cdot\mathbf{x}} \tag{6.81}$$

die ein Beispiel für den *Faltungssatz* der Fourier-Transformierten ist. Die Fourier-Transformierte des Faltungsprodukts in (6.65) ist das Produkt der Fourier-Transformierten der einzelnen Funktionen, d. h.

$$\mathrm{FT}\langle F(\mathbf{x}, t)\rangle = \tilde{f}(\mathbf{k})\, \tilde{F}(\mathbf{k}, t) \tag{6.82}$$

Wir haben hier die Bezeichnung „FT" für den Kern vor der Exponentialfunktion im ersten Integral eingeführt [$\mathrm{FT}\, g(\mathbf{x}, t) \equiv \tilde{g}(\mathbf{k}, t)$], um die schwerfällige und verwirrende Verwendung der Tilde zu vermeiden.

Aus der Definition und daraus, dass $f(\mathbf{x})$ auf 1 normiert ist, folgt die wichtige Beziehung $\tilde{f}(0) = 1$. Die Fourier-Transformierte der Gauß-Funktion ist

$$\mathrm{FT} f(\mathbf{x}) = \tilde{f}(\mathbf{k}) = e^{-k^2R^2/4} \tag{6.83}$$

Offensichtlich enthält die Fourier-Transformierte (6.82) der gemittelten Größe nur niedrige Wellenzahlen, bis hin zu ungefähr $k_{\max} = O(1/R)$, aber nicht wesentlich darüber – d. h. bis zu einer Ausdehnung des Volumens, über das gemittelt wird. Wegen $\tilde{f}(\mathbf{k}) \to 1$, bei im Verhältnis zur Obergrenze kleinen Wellenzahlen, liefert $\mathrm{FT}\langle F(\mathbf{x}, t)\rangle$ eine realistische Darstellung der Anteile von $F(\mathbf{x}, t)$ für große Wellenlängen. Nicht zum Ausdruck kommen nur die Charakteristika im kleinen Maßstab (bei großen Wellenzahlen), wie es die Mittelwertbildung auch erwarten lässt.

Betrachten wir nun den Mittelpunkt für die Ladungsdichte des n-ten Moleküls in Abb. 6.2. Die Fourier-Transformierte der gemittelten Größe ist

$$\mathrm{FT}\,\langle \eta_n(\mathbf{x}, t)\rangle = \tilde{f}(\mathbf{k})\, \tilde{\eta}_n(\mathbf{k}, t) \tag{6.84}$$

wobei

$$\tilde{\eta}_n(\mathbf{k}, t) = \int d^3x'\, \eta_n(\mathbf{x}', t)\, e^{-i\mathbf{k}\cdot(\mathbf{x}'-\mathbf{x}_n)}$$

Wir sind von der räumlichen Fourier-Transformierten bezüglich $\mathbf{x}_n$ ausgegangen. Abbildung 6.3 zeigt das qualitative Verhalten der beiden Faktoren in (6.84). Da das Produkt nur für kleine Wellenzahlen wesentlich von Null verschieden ist, lässt sich die Fourier-Transformierte $\tilde{\eta}_n(\mathbf{k}, t)$ für kleine $|\mathbf{k}|$ in eine Taylor-Reihe entwickeln:

$$\tilde{\eta}_n(\mathbf{k}, t) \approx \tilde{\eta}_n(0, t) + \mathbf{k}\cdot\nabla_k \tilde{\eta}_n(0, t) + \cdots$$

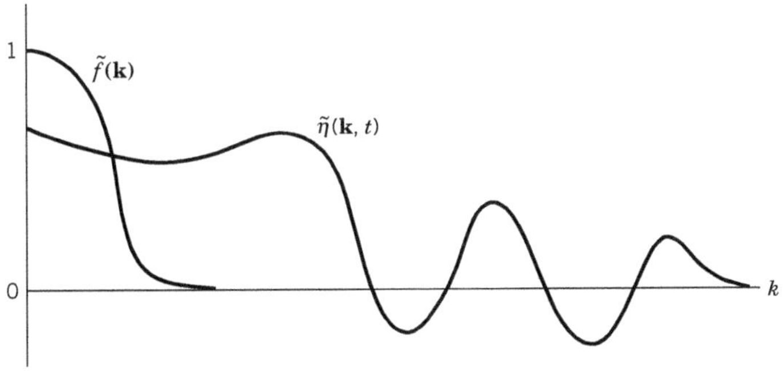

Abb. 6.3 Qualitatives Verhalten der Fourier-Transformierten (6.84) einer gemittelten molekularen Ladungsdichte $\langle \eta_n(\mathbf{x}, t) \rangle$.

Explizit erhalten wir

$$\tilde{\eta}_n(\mathbf{k}, t) = \int d^3x' \, \eta_n(\mathbf{x}', t)[1 - i\mathbf{k} \cdot (\mathbf{x} - \mathbf{x}_n) + \cdots]$$

oder

$$\tilde{\eta}_n(\mathbf{k}, t) \approx q_n - i\mathbf{k} \cdot \mathbf{p}_n + \text{Quadrupole und höhere Momente} \tag{6.85}$$

also einen Ausdruck in Multipolmomenten des Moleküls. Die gemittelte Ladungsdichte des Moleküls ergibt sich damit zu

$$\begin{aligned} \langle \eta_n(\mathbf{x}, t) \rangle &= \frac{1}{(2\pi)^3} \int d^3k \, e^{i\mathbf{k} \cdot (\mathbf{x} - \mathbf{x}_n)} \tilde{f}(\mathbf{k}) [q_n - i\mathbf{k} \cdot \mathbf{p}_n + \cdots] \\ &= q_n f(\mathbf{x} - \mathbf{x}_n) - \mathbf{p}_n \cdot \nabla f(\mathbf{x} - \mathbf{x}_n) + \cdots \end{aligned} \tag{6.86}$$

Wir erhalten also auf diese Weise ebenfalls Gl. (6.78). Vielleicht war der Weg etwas länger, aber er hat den Vorteil, dass er die Mittelwertbildung als ein Abschneiden im Raum der Wellenzahlen erkennen lässt. Dies ist ein Aspekt, der von *Robinson* besonders hervorgehoben wurde.

Die gesamte mikroskopische Ladungsdichte (6.72) besteht aus freien und gebundenen Ladungen. Summiert man über sämtliche Moleküle (die verschiedener Art sein können) und kombiniert sie mit den freien Ladungen, so ergibt sich für die *gemittelte* mikroskopische Ladungsdichte

$$\langle \eta(\mathbf{x}, t) \rangle = \rho(\mathbf{x}, t) - \nabla \cdot \mathbf{P}(\mathbf{x}, t) + \sum_{\alpha\beta} \frac{\partial^2}{\partial x_\alpha \, \partial x_\beta} Q'_{\alpha\beta}(\mathbf{x}, t) + \cdots \tag{6.87}$$

Hierin bedeuten ρ die *makroskopische Ladungsdichte*

$$\rho(\mathbf{x}, t) = \left\langle \sum_{j(\text{frei})} q_j \delta(\mathbf{x} - \mathbf{x}_j) + \sum_{\substack{n \\ (\text{Moleküle})}} q_n \delta(\mathbf{x} - \mathbf{x}_n) \right\rangle \tag{6.88}$$

P die *makroskopische Polarisation*

$$\mathbf{P}(\mathbf{x}, t) = \left\langle \sum_{\substack{n \\ (\text{Moleküle})}} \mathbf{p}_n \delta(\mathbf{x} - \mathbf{x}_n) \right\rangle \tag{6.89}$$

und $Q'_{\alpha\beta}$ die *makroskopische Quadrupoldichte*

$$Q'_{\alpha\beta}(\mathbf{x}, t) = \frac{1}{6}\left\langle \sum_{\substack{n \\ \text{(Moleküle)}}} (Q'_n)_{\alpha\beta}\,\delta(\mathbf{x} - \mathbf{x}_n)\right\rangle \tag{6.90}$$

Setzt man den Ausdruck (6.87) in die erste der Gln. (6.70) ein, so findet man:

$$\sum_\alpha \frac{\partial}{\partial x_\alpha}\left[\epsilon_0 E_\alpha + P_\alpha - \sum_\beta \frac{\partial}{\partial x_\beta} Q'_{\alpha\beta} + \cdots\right] = \rho \tag{6.91}$$

Dies bedeutet nach Gl. (6.62), dass der Vektor der *makroskopischen Verschiebungsdichte* **D** die Komponenten

$$D_\alpha = \epsilon_0 E_\alpha + P_\alpha - \sum_\beta \frac{\partial Q'_{\alpha\beta}}{\partial x_\beta} + \cdots \tag{6.92}$$

hat. Die ersten beiden Terme entsprechen der bekannten Beziehung (6.63). Der dritte und alle höheren Terme treten im Prinzip auf, sind aber fast stets zu vernachlässigen.

Der Vollständigkeit halber müssen wir jetzt noch $\langle \mathbf{j} \rangle$ untersuchen. Wegen seines Vektorcharakters und des Auftretens von Geschwindigkeiten sind die entsprechenden Überlegungen sehr viel komplizierter als im Fall von $\langle \eta \rangle$, obwohl neue prinzipielle Gesichtspunkte nicht hinzutreten. Wir bringen hier nur die Ergebnisse und überlassen die Ausarbeitung der Details dem Leser. Ausgangspunkt ist die mikroskopische Stromdichte

$$\mathbf{j}(\mathbf{x}, t) = \sum_j q_j \mathbf{v}_j \delta(\mathbf{x} - \mathbf{x}_j(t)) \tag{6.93}$$

in der $\mathbf{v}_j = d\mathbf{x}_j/dt$ die Geschwindigkeit der j-ten Ladung bedeutet. Die Summe wird wieder zerlegt in die Beiträge der freien Ladungen und der Moleküle. Die Stromdichte des n-ten Moleküls kann ebenso wie in (6.74) gemittelt werden und führt auf

$$\langle \mathbf{j}_n(\mathbf{x}, t)\rangle = \sum_{j(n)} q_j(\mathbf{v}_{jn} + \mathbf{v}_n) f(\mathbf{x} - \mathbf{x}_n - \mathbf{x}_{jn}) \tag{6.94}$$

Wir haben dabei nichtrelativistische Bewegungen vorausgesetzt, indem wir die Geschwindigkeit der j-ten Ladung als Summe der inneren Relativgeschwindigkeit $\mathbf{v}_{jn}$ und der Geschwindigkeit $\mathbf{v}_n = d\mathbf{x}_n/dt$ des im Molekül ruhenden Ursprungs O' geschrieben haben. Von hier an besteht die Rechnung nur noch in Taylor-Entwicklungen und Vektormanipulationen. Das Endresultat für eine einzelne Komponente der *gemittelten* mikroskopischen Stromdichte lautet:

$$\begin{aligned}\langle j_\alpha(\mathbf{x}, t)\rangle = {} & J_\alpha(\mathbf{x}, t) + \frac{\partial}{\partial t}[D_\alpha(\mathbf{x}, t) - \epsilon_0 E_\alpha(\mathbf{x}, t)] + \sum_{\beta\gamma} \epsilon_{\alpha\beta\gamma}\frac{\partial}{\partial x_\beta} M_\gamma(\mathbf{x}, t) \\ & + \sum_\beta \frac{\partial}{\partial x_\beta}\left\langle \sum_{\substack{n \\ \text{(Moleküle)}}} [(\mathbf{p}_n)_\alpha(\mathbf{v}_n)_\beta - (\mathbf{p}_n)_\beta(\mathbf{v}_n)_\alpha]\,\delta(\mathbf{x} - \mathbf{x}_n)\right\rangle \\ & - \frac{1}{6}\sum_{\beta\gamma}\frac{\partial^2}{\partial x_\beta \partial x_\gamma}\left\langle \sum_{\substack{n \\ \text{(Moleküle)}}} [(Q'_n)_{\alpha\beta}(\mathbf{v}_n)_\gamma - (Q'_n)_{\gamma\beta}(\mathbf{v}_n)_\alpha]\,\delta(\mathbf{x} - \mathbf{x}_n)\right\rangle + \cdots\end{aligned} \tag{6.95}$$

Die bisher noch nicht definierten Größen in dieser komplizierten Gleichung sind die *makroskopische Stromdichte*

$$\mathbf{J}(\mathbf{x},t) = \left\langle \sum_{\substack{j \\ (\text{frei})}} q_j \mathbf{v}_j \delta(\mathbf{x}-\mathbf{x}_j) + \sum_{\substack{n \\ (\text{Moleküle})}} q_n \mathbf{v}_n \delta(\mathbf{x}-\mathbf{x}_n) \right\rangle \tag{6.96}$$

und die *makroskopische Magnetisierung*

$$\mathbf{M}(\mathbf{x},t) = \left\langle \sum_{\substack{n \\ (\text{Moleküle})}} \mathbf{m}_n \delta(\mathbf{x}-\mathbf{x}_n) \right\rangle \tag{6.97}$$

mit dem *molekularen magnetischen Moment*

$$\mathbf{m}_n = \sum_{j(n)} \frac{q_j}{2} (\mathbf{x}_{jn} \times \mathbf{v}_{jn}) \tag{6.98}$$

Besitzen die freien Ladungen auch innere magnetische Momente, so können diese in die Definition von $\mathbf{M}$ einbezogen werden. Die letzten beiden Summen in (6.95) enthalten neben den elektrischen Multipolmomenten der Moleküle auch deren Geschwindigkeit. Eine einfache Interpretation lassen diese Terme nur in Sonderfällen zu (s. u.).

Setzt man $\langle \mathbf{j} \rangle$ in die zweite der Gln. (6.70) ein, so erhält man die Ampère-Maxwell'sche Gleichung aus (6.62), wobei die abgeleitete magnetische Feldgröße $\mathbf{H}$ durch $\mathbf{B}$ und die Materialeigenschaften beschrieben wird:

$$\begin{aligned} \left(\frac{1}{\mu_0}\mathbf{B} - \mathbf{H}\right)_\alpha = M_\alpha &+ \left\langle \sum_{\substack{n \\ (\text{Moleküle})}} (\mathbf{p}_n \times \mathbf{v}_n)_\alpha \, \delta(\mathbf{x}-\mathbf{x}_n) \right\rangle \\ &- \frac{1}{6} \sum_{\beta\gamma\delta} \epsilon_{\alpha\beta\gamma} \frac{\partial}{\partial x_\delta} \left\langle \sum_{\substack{n \\ (\text{Moleküle})}} (Q'_n)_{\delta\beta} (\mathbf{v}_n)_\gamma \, \delta(\mathbf{x}-\mathbf{x}_n) \right\rangle + \cdots \end{aligned} \tag{6.99}$$

Der erste Term auf der rechten Seite entspricht der bekannten Gleichung (6.63). Die anderen Terme sind i. Allg. äußerst klein, da zum einen die Molekülgeschwindigkeiten $\mathbf{v}_n$ klein sind (es handelt sich um thermische Geschwindigkeiten in einem Gas oder um Vibrationsgeschwindigkeiten eines Festkörpergitters) und zum anderen die Geschwindigkeiten fluktuieren und die Tendenz haben, sich im makroskopischen Mittel auszulöschen. Eine Ausnahme tritt dann ein, wenn sich das Medium makroskopisch bewegt. Der Einfachheit halber nehmen wir an, dass sich das Medium bei einer solchen Bewegung nur als Ganzes mit einer Translationsgeschwindigkeit $\mathbf{v}$ bewegt, und setzen unter Vernachlässigung der Geschwindigkeitsunterschiede der Moleküle $\mathbf{v}_n = \mathbf{v}$ für alle n. Gleichung (6.99) geht dann, nach einigen Umformungen, in

$$\frac{1}{\mu_0}\mathbf{B} - \mathbf{H} = \mathbf{M} + (\mathbf{D} - \epsilon_0 \mathbf{E}) \times \mathbf{v} \tag{6.100}$$

über, wobei **D** durch (6.92) gegeben ist. Dies zeigt, dass in die effektive Magnetisierung eines bewegten Mediums auch die Polarisation **P** eingeht (und die Quadrupoldichte $Q_{\alpha\beta}$). Gleichung (6.100) ist der nichtrelativistische Grenzfall für eine der Gleichungen der Minkowski'schen Elektrodynamik bewegter Medien (s. *Pauli*, S. 105).

Für eine Diskussion relativistischer Korrekturen und die statistische Behandlung des Mittelungsprozesses empfehlen wir dem Leser das Buch von *de Groot*. Vom Standpunkt der Logik und Konsistenz aus gesehen, bleibt noch ein Punkt zu klären. Bei der Definition des molekularen Quadrupolmoments $(Q'_n)_{\alpha\beta}$ durch (6.77) gingen wir zwar von Gl. (4.9) aus, doch besitzt $(Q'_n)_{\alpha\beta}$ eine nichtverschwindende Spur. Im Gegensatz dazu war der in Kapitel 4 definierte Quadrupolmomententensor spurlos, und seine *fünf* unabhängigen Komponenten konnten mit den $(2l+1)$ Kugelflächenfunktionen $Y_{lm}(\theta,\phi)$ zu $l=2$ verknüpft werden. Es stellt sich daher die Frage, warum in die makroskopischen Gleichungen *sechs* Komponenten eingehen. Definiert man entsprechend Gl. (4.9) einen *spurlosen* molekularen Quadrupolmomententensor $(Q_n)_{\alpha\beta}$, dann gilt offenbar

$$(Q'_n)_{\alpha\beta} = (Q_n)_{\alpha\beta} + \sum_{j(n)} q_j (\mathbf{x}_{jn})^2 \delta_{\alpha\beta} \tag{6.101}$$

Führt man jetzt über

$$er_n^2 = \sum_{j(n)} q_j (\mathbf{x}_{jn})^2$$

einen mittleren quadratischen Radius r_n^2 der Ladungsverteilung des n-ten Moleküls ein, wobei e eine geeignete Ladungseinheit ist (z. B. die Ladung des Protons), so lässt sich Gl. (6.101) auch in der Form

$$(Q'_n)_{\alpha\beta} = (Q_n)_{\alpha\beta} + er_n^2 \delta_{\alpha\beta}$$

schreiben. Die makroskopische Quadrupoldichte (6.90) geht damit über in

$$Q'_{\alpha\beta} = Q_{\alpha\beta} + \frac{1}{6}\left\langle \sum_{\substack{n \\ \text{(Moleküle)}}} er_n^2 \delta_{\alpha\beta} \delta(\mathbf{x}-\mathbf{x}_n) \right\rangle$$

wobei $Q_{\alpha\beta}$ entsprechend Gl. (6.90) durch $(Q_n)_{\alpha\beta}$ definiert ist. Im Endeffekt wird in der gemittelten mikroskopischen Ladungsdichte (6.87) die Dichte $Q'_{\alpha\beta}$ durch den spurlosen Quadrupolmomententensor $Q_{\alpha\beta}$ ersetzt, während zur Ladungsdichte ρ ein weiterer Term hinzutritt:

$$\rho \to \rho_{\text{frei}} + \left\langle \sum_{\substack{n \\ \text{(Moleküle)}}} q_n \delta(\mathbf{x}-\mathbf{x}_n) \right\rangle + \tfrac{1}{6}\nabla^2 \left\langle \sum_{\substack{n \\ \text{(Moleküle)}}} er_n^2 \delta(\mathbf{x}-\mathbf{x}_n) \right\rangle \tag{6.102}$$

Die Spur des Tensors $Q'_{\alpha\beta}$ enthält die Ladungsdichte, da letztere in einer Multipolentwicklung einen $l=0$-Beitrag liefert. Die beiden Terme in (6.102), die die Molekülladung und den mittleren quadratischen Radius enthalten, sind tatsächlich die ersten beiden Terme einer Entwicklung des molekularen Multipols zu $l=0$, wenn man den statischen Grenzfall verlässt. Sie entsprechen den ersten beiden Termen einer Entwicklung der Fourier-Transformierten der Ladung, d. h. des Ladungsformfaktors, nach Potenzen von k^2. Dies ergibt sich unmittelbar aus der Definition des Formfaktors $F(k^2)$ für eine Ladungsdichte $\rho(\mathbf{x})$:[5]

$$\begin{aligned} F(k^2) &= \int d^3x\, \rho(\mathbf{x}) \langle e^{i\mathbf{k}\cdot\mathbf{x}} \rangle_{l=0\text{-Anteil}} \\ &= \int d^3x\, \rho(\mathbf{x}) \frac{\sin kr}{kr} \\ &= \int \rho d^3x - \tfrac{1}{6}k^2 \int r^2 \rho\, d^3x + \cdots \end{aligned}$$

Die Äquivalenz zwischen dieser Formfaktorentwicklung und (6.102) wird durch die Korrespondenz $k \leftrightarrow -i\boldsymbol{\nabla}$ hergestellt.

Der Zusammenhang zwischen den mikroskopischen und makroskopischen Gleichungen wird in einer interessanten Monographie von *Robinson* behandelt. Der Autor dieser Monographie macht jedoch einen Unterschied zwischen der räumlichen Mittelung (6.65) mit der Testfunktion $f(\mathbf{x})$, die er „Abschneidung" (des Wellenzahlspektrums) nennt, und der statistischen Mittelung über mehrere Ensemblearten. Nach Robinson gibt es zu jedem makroskopischen Problem eine individuelle untere Schranke relevanter Längen, und diese legt die zu benutzende Testfunktion fest, bevor man irgendwelche Überlegungen zur statistischen Mittelung anstellt.

6.7 Der Poynting'sche Satz und die Erhaltung von Energie und Impuls eines aus geladenen Teilchen und elektromagnetischen Feldern bestehenden Systems

Äußerst wichtig für die Beschreibung elektromagnetischer Felder ist der zugehörige Energie- und Impulssatz. Wir betrachten zunächst die Energieerhaltung, die durch den sog. *Poynting'schen Satz* (1884) beschrieben wird. Die von einem äußeren elektrischen Feld $\mathbf{E}$ an einer einzelnen Ladung q geleistete Arbeit pro Zeiteinheit ist $q\mathbf{v} \cdot \mathbf{E}$, wenn $\mathbf{v}$ die Geschwindigkeit der Ladung bedeutet. Ein äußeres Magnetfeld $\mathbf{B}$ dagegen leistet an einer Ladung keine Arbeit, da die magnetische Kraft senkrecht zur Geschwindigkeit der Ladung gerichtet ist. Existiert eine kontinuierliche Ladungs- und Stromverteilung, dann ergibt sich für die von den Feldern in einem endlichen Volumen V geleistete Arbeit pro Zeiteinheit:

$$\int_V \mathbf{J} \cdot \mathbf{E}\, d^3x \tag{6.103}$$

Dieser Ausdruck stellt die bei der Umwandlung der elektromagnetischen Energie in Wärmeenergie geleistete Arbeit dar, die sog. *Joule'sche Wärme*. Sie muss durch eine entsprechende Zunahme der elektromagnetischen Feldenergie im Volumen V

[5] Vgl. hierzu die Entwicklung (10.45) (Anm. des Übersetzers).

ausgeglichen werden. Um den zugehörigen Energieerhaltungssatz aufzustellen, formen wir den Ausdruck (6.103) mithilfe der Maxwell'schen Gleichungen um. Zunächst eliminieren wir unter Verwendung des Ampère-Maxwell'schen Gesetzes die Stromdichte $\mathbf{J}$:

$$\int_V \mathbf{J}\cdot\mathbf{E}\,d^3x = \int_V \left[\mathbf{E}\cdot(\nabla\times\mathbf{H}) - \mathbf{E}\cdot\frac{\partial\mathbf{D}}{\partial t}\right] d^3x \tag{6.104}$$

Wendet man jetzt die Vektoridentität

$$\nabla\cdot(\mathbf{E}\times\mathbf{H}) = \mathbf{H}\cdot(\nabla\times\mathbf{E}) - \mathbf{E}\cdot(\nabla\times\mathbf{H})$$

und das Faraday'sche Induktionsgesetz an, so geht Gl. (6.104) in

$$\int_V \mathbf{J}\cdot\mathbf{E}\,d^3x = -\int_V \left[\nabla\cdot(\mathbf{E}\times\mathbf{H}) + \mathbf{E}\cdot\frac{\partial\mathbf{D}}{\partial t} + \mathbf{H}\cdot\frac{\partial\mathbf{B}}{\partial t}\right] d^3x \tag{6.105}$$

über. Um weitere Umformungen vornehmen zu können, müssen wir zwei Annahmen machen. Die erste ist die, dass sich das makroskopische Medium in seinen elektrischen und magnetischen Eigenschaften linear verhält und weder Dispersion noch Verluste aufweist. Zweitens wollen wir voraussetzen, dass die Summe von (4.89) und (5.148) die gesamte elektromagnetische Energie darstellt, und zwar auch für zeitveränderliche Felder. Mit diesen beiden Annahmen und der Gesamtenergiedichte

$$u = \frac{1}{2}(\mathbf{E}\cdot\mathbf{D} + \mathbf{B}\cdot\mathbf{H}) \tag{6.106}$$

lässt sich Gl. (6.105) in der Form

$$-\int_V \mathbf{J}\cdot\mathbf{E}\,d^3x = \int_V \left[\frac{\partial u}{\partial t} + \nabla\cdot(\mathbf{E}\times\mathbf{H})\right] d^3x \tag{6.107}$$

schreiben. Da das Volumen V beliebig ist, lässt sich diese Gleichung auf die differentielle Form einer Bilanzgleichung bzw. eines Erhaltungssatzes bringen:

$$\frac{\partial u}{\partial t} + \nabla\cdot\mathbf{S} = -\mathbf{J}\cdot\mathbf{E} \tag{6.108}$$

Der Vektor $\mathbf{S}$, der die Energiestromdichte darstellt, heißt *Poynting'scher Vektor*. Er ist gegeben durch

$$\mathbf{S} = \mathbf{E}\times\mathbf{H} \tag{6.109}$$

und hat die Dimensionen von (Energie/Fläche × Zeit). Da im Erhaltungssatz (6.108) nur dessen Divergenz auftritt, ist die Definition des Poynting'schen Vektors insofern willkürlich, als man zu ihm die Rotation eines beliebigen Vektorfeldes hinzuaddieren kann. Ein solcher Zusatzterm hat jedoch keine physikalischen Konsequenzen. Tatsächlich zeigen relativistische Überlegungen (vgl. Kap. 12.10), dass die Definition (6.109) eindeutig ist.

Die physikalische Aussage der Integralbeziehung (6.107) bzw. des differentiellen Erhaltungssatzes (6.108) ist die, dass die Summe aus der zeitlichen Änderung der in einem Volumen enthaltenen elektromagnetischen Energie und dem Energiestrom, der pro Zeiteinheit durch die Begrenzungsflächen des Volumens hindurchtritt, gleich dem Negativen der Leistung ist, die die Felder an den Quellen innerhalb des Volumens verrichten. Dies ist der Inhalt des Energieerhaltungssatzes. Die im Anschluss an Gl. (6.105) gemachten Annahmen schränken die einfache Version des Poynting'schen Satzes auf makroskopische oder mikroskopische Felder im *Vakuum* ein. Denn selbst bei linearen Medien tritt stets (von Verlusten begleitete) Dispersion auf. Die rechte Seite von Gl. (6.105) hat dann nicht mehr die einfache Bedeutung, wie sie sich in Gl. (6.107) ausdrückt. Den realistischeren Fall eines linearen, aber dispersiven Mediums behandeln wir im nächsten Abschnitt.

Unser Hauptaugenmerk galt bisher der Energie der elektromagnetischen Felder. Die von ihnen pro Zeit- und Volumeneinheit geleistete Arbeit, $\mathbf{J} \cdot \mathbf{E}$, beschreibt die Umwandlung elektromagnetischer Energie in Wärmeenergie oder mechanische Energie. Da die Materie letzten Endes aus geladenen Teilchen (Elektronen und Atomkernen) besteht, kann man diese Umwandlung als Zuwachsrate der in einer Volumeneinheit enthaltenen geladenen Teilchen interpretieren. Der Poynting'sche Satz für die mikroskopischen Felder $\mathbf{E}$ und $\mathbf{B}$ lässt sich dann als eine Aussage über die Erhaltung der Energie eines aus Teilchen und Feldern bestehenden Systems interpretieren. Bezeichnet man die Gesamtenergie der Teilchen innerhalb des Volumens V mit E_{mech} und bleiben sämtliche Teilchen in diesem Volumen, so gilt offenbar:

$$\frac{dE_{\text{mech}}}{dt} = \int_V \mathbf{J} \cdot \mathbf{E}\, d^3x \tag{6.110}$$

Mithilfe des Poynting'schen Satzes ergibt sich hieraus als Energieerhaltungssatz für ein aus Teilchen und Feldern bestehendes System:

$$\frac{dE}{dt} = \frac{d}{dt}(E_{\text{mech}} + E_{\text{Feld}}) = -\oint_S \mathbf{n} \cdot \mathbf{S}\, da \tag{6.111}$$

wobei

$$E_{\text{Feld}} = \int_V u\, d^3x = \frac{\epsilon_0}{2} \int_V (\mathbf{E}^2 + c^2\mathbf{B}^2)\, d^3x \tag{6.112}$$

die in V enthaltene Feldenergie beschreibt.

Für die Erhaltung des linearen Impulses lässt sich ein ähnlicher Satz aufstellen. Die elektromagnetische Kraft, die auf ein geladenes Teilchen insgesamt wirkt, ist

$$\mathbf{F} = q(\mathbf{E} + \mathbf{v} \times \mathbf{B}) \tag{6.113}$$

Bezeichnet man die Summe sämtlicher Impulse der Teilchen innerhalb von V mit $\mathbf{P}_{\text{mech}}$, so lässt sich nach dem 2. Newton'schen Axiom hierfür auch

$$\frac{d\mathbf{P}_{\text{mech}}}{dt} = \int_V (\rho\mathbf{E} + \mathbf{J} \times \mathbf{B})\, d^3x \tag{6.114}$$

schreiben, wobei wir die Summe über die einzelnen Teilchen der Einfachheit halber in ein Integral über die Ladungs- und Stromdichte verwandelt haben. Wie bereits zuvor benutzen wir wieder die Maxwell'schen Gleichungen (diesmal jedoch die *mikroskopischen*), um ρ und $\mathbf{J}$ aus (6.114) zu eliminieren, und schreiben:

$$\rho = \epsilon_0 \nabla \cdot \mathbf{E}, \quad \mathbf{J} = \frac{1}{\mu_0} \nabla \times \mathbf{B} - \epsilon_0 \frac{\partial \mathbf{E}}{\partial t} \tag{6.115}$$

Setzt man dies in Gl. (6.114) ein, so geht der Integrand auf der rechten Seite über in

$$\rho\mathbf{E} + \mathbf{J}\times\mathbf{B} = \epsilon_0\left[\mathbf{E}(\nabla\cdot\mathbf{E}) + \mathbf{B}\times\frac{\partial\mathbf{E}}{\partial t} - c^2\mathbf{B}\times(\nabla\times\mathbf{B})\right]$$

Bei Verwendung von

$$\mathbf{B}\times\frac{\partial\mathbf{E}}{\partial t} = -\frac{\partial}{\partial t}(\mathbf{E}\times\mathbf{B}) + \mathbf{E}\times\frac{\partial\mathbf{B}}{\partial t}$$

und durch Addition von $c^2\mathbf{B}(\nabla\cdot\mathbf{B}) = 0$ zu dem in eckigen Klammern stehenden Ausdruck erhält man schließlich

$$\rho\mathbf{E} + \mathbf{J}\times\mathbf{B} = \epsilon_0[\mathbf{E}(\nabla\cdot\mathbf{E}) + c^2\mathbf{B}(\nabla\cdot\mathbf{B}) - \mathbf{E}\times(\nabla\times\mathbf{E}) - c^2\mathbf{B}\times(\nabla\times\mathbf{B})] - \epsilon_0\frac{\partial}{\partial t}(\mathbf{E}\times\mathbf{B})$$

Für die zeitliche Änderung des mechanischen Impulses (6.114) folgt hieraus:

$$\begin{aligned}&\frac{d\mathbf{P}_{\text{mech}}}{dt} + \frac{d}{dt}\int_V \epsilon_0(\mathbf{E}\times\mathbf{B})\,d^3x\\ &= \epsilon_0\int_V [\mathbf{E}(\nabla\cdot\mathbf{E}) - \mathbf{E}\times(\nabla\times\mathbf{E}) + c^2\mathbf{B}(\nabla\cdot\mathbf{B}) - c^2\mathbf{B}\times(\nabla\times\mathbf{B})]\,d^3x \end{aligned} \tag{6.116}$$

Das Volumenintegral auf der linken Seite dieser Gleichung können wir versuchsweise mit dem Gesamtimpuls $\mathbf{P}_{\text{Feld}}$ der in V herrschenden elektromagnetischen Felder identifizieren:

$$\mathbf{P}_{\text{Feld}} = \epsilon_0\int_V \mathbf{E}\times\mathbf{B}\,d^3x = \mu_0\epsilon_0\int_V \mathbf{E}\times\mathbf{H}\,d^3x \tag{6.117}$$

Der Integrand lässt sich als elektromagnetische Impulsdichte interpretieren. Sie ist gleich der mit c^{-2} multiplizierten Energiestromdichte $\mathbf{S}$.

Um das Volumenintegral von

$$\mathbf{g} = \frac{1}{c^2}(\mathbf{E}\times\mathbf{H}) \tag{6.118}$$

tatsächlich mit dem elektromagnetischen Feldimpuls identifizieren zu können und Gl. (6.116) die Form eines Impulserhaltungssatzes zu geben, müssen wir das Volumenintegral auf der rechten Seite von (6.116) in ein Oberflächenintegral über die Normalkomponente einer Größe verwandeln, die als Impulsstrom interpretiert werden kann. Wir führen dazu kartesische Koordinaten x_α mit $\alpha = 1, 2, 3$ ein. Die 1-Komponente des elektrischen Anteils des Integranden in (6.116) lautet dann explizit:

$$\begin{aligned}&[\mathbf{E}(\nabla\cdot\mathbf{E}) - \mathbf{E}\times(\nabla\times\mathbf{E})]_1\\ &= E_1\left(\frac{\partial E_1}{\partial x_1} + \frac{\partial E_2}{\partial x_2} + \frac{\partial E_3}{\partial x_3}\right) - E_2\left(\frac{\partial E_2}{\partial x_1} - \frac{\partial E_1}{\partial x_2}\right) + E_3\left(\frac{\partial E_1}{\partial x_3} - \frac{\partial E_3}{\partial x_1}\right)\\ &= \frac{\partial}{\partial x_1}(E_1^2) + \frac{\partial}{\partial x_2}(E_1E_2) + \frac{\partial}{\partial x_3}(E_1E_3) - \frac{1}{2}\frac{\partial}{\partial x_1}(E_1^2 + E_2^2 + E_3^2)\end{aligned}$$

Dies bedeutet, dass sich die α-te Komponente in der Form

$$[\mathbf{E}(\nabla \cdot \mathbf{E}) - \mathbf{E} \times (\nabla \times \mathbf{E})]_\alpha = \sum_\beta \frac{\partial}{\partial x_\beta}(E_\alpha E_\beta - \tfrac{1}{2}\mathbf{E} \cdot \mathbf{E}\delta_{\alpha\beta}) \tag{6.119}$$

ausdrücken lässt, d.h. durch die Divergenz eines Tensors zweiter Stufe. Definiert man dementsprechend den *Maxwell'schen Spannungstensor* $T_{\alpha\beta}$ durch

$$T_{\alpha\beta} = \epsilon_0[E_\alpha E_\beta + c^2 B_\alpha B_\beta - \tfrac{1}{2}(\mathbf{E} \cdot \mathbf{E} + c^2 \mathbf{B} \cdot \mathbf{B})\delta_{\alpha\beta}] \tag{6.120}$$

so lässt sich für Gl. (6.116) auch

$$\frac{d}{dt}(\mathbf{P}_{\text{mech}} + \mathbf{P}_{\text{Feld}})_\alpha = \sum_\beta \int_V \frac{\partial}{\partial x_\beta} T_{\alpha\beta}\, d^3x \tag{6.121}$$

schreiben, und die Anwendung des Gauß'schen Satzes führt schließlich auf

$$\frac{d}{dt}(\mathbf{P}_{\text{mech}} + \mathbf{P}_{\text{Feld}})_\alpha = \oint_S \sum_\beta T_{\alpha\beta} n_\beta\, da \tag{6.122}$$

wobei **n** die nach außen gerichtete Flächennormale von S ist. Wenn (6.122) eine Aussage über die Impulserhaltung darstellt, dann ist $\Sigma_\beta T_{\alpha\beta} n_\beta$ offensichtlich als die zum Index α gehörende Komponente des auf die Flächeneinheit bezogenen Impulsstromes zu interpretieren, der durch die Fläche S in das Volumen V eintritt und auf die Felder und Teilchen in V wirkt. D.h. man kann Gl. (6.122) dazu verwenden, um die auf materielle Körper in elektromagnetischen Feldern ausgeübten Kräfte zu berechnen, indem man diese Körper mit einer einhüllenden Fläche S umgibt und entsprechend (6.122) die Summe der elektromagnetischen Kräfte bildet.

Die Erhaltung des Drehimpulses eines aus Teilchen und Feldern bestehenden Systems kann auf vollkommen analoge Weise behandelt werden. Wir überlassen dies dem Leser als Übung (vgl. Übg. 6.10).

Zur Diskussion des elektromagnetischen Impuls- und Spannungstensors in Flüssigkeiten und Festkörpers muss man das Wechselspiel zwischen mechanischen, thermodynamischen und elektromagnetischen Eigenschaften untersuchen (wie es sich z.B. in den Größen $\partial\epsilon/\partial T$ und $\partial\epsilon/\partial\rho$ ausdrückt). Dazu verweisen wir den Leser auf die Bücher von *Landau und Lifschitz* (*Elektrodynamik der Kontinua*, Abschnitte 10, 15, 16, 31 und 33) und *Stratton* (Kapitel 2) und, was die statistische Mechanik angeht, auf das Buch von *de Groot* (Abschnitt 13). Wir begnügen uns hier mit der Feststellung, dass die mikroskopische Formulierung der Maxwell'schen Gleichungen zwar zu einem effektiven magnetischen Impuls $\mathbf{g} = \mathbf{D} \times \mathbf{B}$ (Minkowski, 1908) führt, dass man aber im Allgemeinen für ein Medium in Ruhe die Größe

$$\mathbf{g} = \frac{1}{c^2}\mathbf{E} \times \mathbf{H} = \mu_0\epsilon_0 \mathbf{E} \times \mathbf{H} = \frac{1}{c^2}\mathbf{S} \tag{6.123}$$

verwendet, wobei **g** den elektromagnetischen Impuls der Felder darstellt. Hinzu kommt im Medium noch ein begleitender Impuls, der von dem mechanischen Impuls der Elektronen in den molekularen Dipolen als Reaktion auf die einfallende Welle herrührt.[6] Der Minkowski'sche Impuls einer ebenen Welle ist der zum Wellenvektor gehörende „Pseudoimpuls“ (für ein Photon $k = n\omega/c$ bzw. $\hbar k = n(\hbar\omega)/c$, wobei n der *Brechungsindex* ist – vgl. Gl. (7.5)).

---

[6] Vgl. hierzu die gut verständliche Abhandlung von Peierls, R.E. *Proc. R. Soc. London* **347**, 475 (1976). Sie wurde hier – in vereinfachter Form – in Übg. 6.25 aufgenommen. Siehe auch Loudon, R., Allen, L. und Nelson, D.F. *Phys. Rev. E* **55**, 1071 (1997).

6.8 Der Poynting'sche Satz für linear-dispersive Medien mit Verlusten

Im vorigen Abschnitt haben wir den Poynting'schen Satz (6.108) unter Einschränkung auf linear reagierende Medien ohne Dispersion und ohne Verluste hergeleitet – es galt $\mathbf{D} = \epsilon\mathbf{E}$ und $\mathbf{B} = \mu\mathbf{H}$ und ϵ und μ waren reell und frequenzunabhängig. In realer Materie jedoch treten Dispersion und Verluste auf. Wir tragen diesem Umstand Rechnung, indem wir für $\mathbf{E}$ und $\mathbf{D}$ (und ebenso für $\mathbf{B}$ und $\mathbf{H}$) eine Fourier-Zerlegung vornehmen:

$$\mathbf{E}(\mathbf{x}, t) = \int_{-\infty}^{\infty} d\omega\, \mathbf{E}(\mathbf{x}, \omega)\, e^{-i\omega t}$$

$$\mathbf{D}(\mathbf{x}, t) = \int_{-\infty}^{\infty} d\omega\, \mathbf{D}(\mathbf{x}, \omega)\, e^{-i\omega t}$$

Hieraus folgt bei Annahme eines linearen (und, einfachheitshalber, auch isotropen) Verhaltens: $\mathbf{D}(\mathbf{x}, \omega) = \epsilon(\omega)\,\mathbf{E}(\mathbf{x}, \omega)$, wobei $\epsilon(\omega)$ die komplexe und frequenzabhängige Suszeptibilität ist. Entsprechend gilt auch $\mathbf{B}(\mathbf{x}, \omega) = \mu(\omega)\,\mathbf{H}(\mathbf{x}, \omega)$. Da die Felder reell sind, folgt: $\mathbf{E}(\mathbf{x}, -\omega) = \mathbf{E}^*(\mathbf{x}, \omega)$, $\mathbf{D}(\mathbf{x}, -\omega) = \mathbf{D}^*(\mathbf{x}, \omega)$ und $\epsilon(-\omega) = \epsilon^*(\omega)$. Durch die Dispersion entsteht eine zeitlich nichtlokale Verknüpfung zwischen $\mathbf{D}(\mathbf{x}, t)$ und $\mathbf{E}(\mathbf{x}, t)$, die wir im Einzelnen in Kap. 7.10 behandeln. Daraus ergibt sich, dass $\mathbf{E}\cdot(\partial\mathbf{D}/\partial t)$ in (6.105) nicht einfach die Zeitableitung von $(\mathbf{E}\cdot\mathbf{D}/2)$ darstellt.

Um dies zu verdeutlichen, schreiben wir $\mathbf{E}\cdot(\partial\mathbf{D}/\partial t)$ unter Verwendung der obigen Fourier-Integrale (mit impliziter Ortsabhängigkeit) in der Form

$$\mathbf{E}\cdot\frac{\partial\mathbf{D}}{\partial t} = \int d\omega \int d\omega'\, \mathbf{E}^*(\omega')[-i\omega\epsilon(\omega)]\cdot\mathbf{E}(\omega)\, e^{-i(\omega-\omega')t}$$

Den Integranden zerlegen wir in zwei gleiche Teile, substituieren in dem einen Teil $\omega \to -\omega'$, $\omega' \to -\omega$ und erhalten bei Verwendung der oben genannten Konsequenzen aus der Realität der Felder:

$$\mathbf{E}\cdot\frac{\partial\mathbf{D}}{\partial t} = \frac{1}{2}\int d\omega \int d\omega'\, \mathbf{E}^*(\omega')[-i\omega\epsilon(\omega) + i\omega'\epsilon^*(\omega')]\cdot\mathbf{E}(\omega)\, e^{-i(\omega-\omega')t} \tag{6.124}$$

Entscheidend ist jetzt die folgende Annahme: Das elektrische Feld werde vornehmlich durch Frequenzkomponenten in einem Bereich bestimmt, der klein gegenüber dem charakteristischen Intervall sei, in dem sich $\epsilon(\omega)$ merklich ändert. Dann können wir den Faktor $i\omega'\epsilon^*(\omega')$ in der eckigen Klammer um $\omega' = \omega$ entwickeln und erhalten:

$$[\cdots] = 2\omega\,\mathrm{Im}\,\epsilon(\omega) - i(\omega-\omega')\frac{d}{d\omega}[\omega\epsilon^*(\omega)] + \cdots$$

Einsetzen dieser Näherung in (6.124) liefert

$$\begin{aligned}\mathbf{E}\cdot\frac{\partial\mathbf{D}}{\partial t} &= \int d\omega \int d\omega'\, \mathbf{E}^*(\omega')\cdot\mathbf{E}(\omega)\,\omega\,\mathrm{Im}\,\epsilon(\omega)\, e^{-i(\omega-\omega')t} \\ &+ \frac{\partial}{\partial t}\frac{1}{2}\int d\omega \int d\omega'\, \mathbf{E}^*(\omega')\cdot\mathbf{E}(\omega)\frac{d}{d\omega}[\omega\epsilon^*(\omega)]\, e^{-i(\omega-\omega')t}\end{aligned} \tag{6.125}$$

Einen entsprechenden Ausdruck erhält man für $\mathbf{H} \cdot \partial \mathbf{B}/\partial t$, wenn man auf der rechten Seite die Substitution $\mathbf{E} \rightarrow \mathbf{H}$ und $\epsilon \rightarrow \mu$ vornimmt.

Zu Gl. (6.125) und ihrem magnetischen Pendant (das wir nicht ausgeführt haben) nun einige Anmerkungen: Zunächst stellen wir fest, dass man bei frequenzunabhängigem ϵ bzw. μ den einfachen Zusammenhang zwischen den Zeitableitungen in (6.105) und $\partial u/\partial t$ zurückgewinnt, wenn u durch (6.106) gegeben ist. Ferner beschreibt der erste Term in (6.125) offensichtlich die Umwandlung elektrischer Energie in Wärme (oder, allgemeiner, in andere Arten von Strahlung[7]), während der zweite Term offenbar eine effektive Energiedichte darstellt. Eine durchsichtigere Formel, die auch verträglich ist mit unserer Voraussetzung, dass **E** und **H** von einem relativ schmalen Frequenzbereich dominiert werden, erhält man mit dem Ansatz $\mathbf{E} = \tilde{\mathbf{E}}(t)\cos(\omega_0 t + \alpha)$ bzw. $\mathbf{H} = \tilde{\mathbf{H}}(t)\cos(\omega_0 t + \beta)$, wobei sich $\tilde{\mathbf{E}}(t)$ und $\tilde{\mathbf{H}}(t)$ nur langsam ändern im Vergleich zu $1/\omega_0$ und zum reziproken Frequenzintervall merklicher Veränderung von $\epsilon(\omega)$. Wenn wir nun die Fourier-Transformierten $\mathbf{E}(\omega)$ und $\mathbf{H}(\omega)$ einsetzen und beide Seiten der Summe von Gl. (6.125) und dem magnetischen Analogon über eine Periode der „Träger"-Frequenz ω_0 mitteln, so erhalten wir (nach einigen Umformungen) folgende Gleichung:

$$\left\langle \mathbf{E} \cdot \frac{\partial \mathbf{D}}{\partial t} + \mathbf{H} \cdot \frac{\partial \mathbf{B}}{\partial t} \right\rangle = \omega_0 \operatorname{Im} \epsilon(\omega_0) \langle \mathbf{E}(\mathbf{x}, t) \cdot \mathbf{E}(\mathbf{x}, t) \rangle + \omega_0 \operatorname{Im} \mu(\omega_0) \langle \mathbf{H}(\mathbf{x}, t) \cdot \mathbf{H}(\mathbf{x}, t) \rangle + \frac{\partial u_{\text{eff}}}{\partial t} \tag{6.126a}$$

wobei die effektive elektromagnetische Energiedichte gegeben ist durch

$$u_{\text{eff}} = \frac{1}{2} \operatorname{Re}\left[\frac{d(\omega\epsilon)}{d\omega}(\omega_0)\right] \langle \mathbf{E}(\mathbf{x}, t) \cdot \mathbf{E}(\mathbf{x}, t) \rangle + \frac{1}{2} \operatorname{Re}\left[\frac{d(\omega\mu)}{d\omega}(\omega_0)\right] \langle \mathbf{H}(\mathbf{x}, t) \cdot \mathbf{H}(\mathbf{x}, t) \rangle \tag{6.126b}$$

Auf die beiden Faktoren $d(\omega\epsilon)/d\omega$ und $d(\omega\mu)/d\omega$ machte als erster Brillouin aufmerksam. Wir folgten hier im Wesentlichen der Darstellung von *Landau und Lifschitz* (*Elektrodynamik der Kontinua*, Abschn. 80).

Der Poynting'sche Satz nimmt unter diesen Voraussetzungen folgende Form an:

$$\frac{\partial u_{\text{eff}}}{\partial t} + \nabla \cdot \mathbf{S} = -\mathbf{J} \cdot \mathbf{E} - \omega_0 \operatorname{Im} \epsilon(\omega_0) \langle \mathbf{E}(\mathbf{x}, t) \cdot \mathbf{E}(\mathbf{x}, t) \rangle - \omega_0 \operatorname{Im} \mu(\omega_0) \langle \mathbf{H}(\mathbf{x}, t) \cdot \mathbf{H}(\mathbf{x}, t) \rangle \tag{6.127}$$

Der erste Term auf der rechten Seite beschreibt, falls überhaupt vorhanden, explizit die ohmschen Verluste, der zweite die Absorptionsverluste im Medium – ausgenommen die Leitungsverluste. Wenn man den Leitungsstrom als zum dielektrischen Verhalten gehörig betrachtet (vgl. Kap. 7.5), tritt der Term $-\mathbf{J} \cdot \mathbf{E}$ nicht auf. Gl. (6.127)

[7] Wenn z. B. die vorherrschenden Frequenzen nahe bei einer atomaren Resonanzfrequenz des Mediums liegen, wo Absorption eine wichtige Rolle spielt ($\operatorname{Im} \epsilon \neq 0$), kann die bei der Frequenz ω emittierte Strahlung bei einer anderen Frequenz ω' mit $\omega' \leq \omega$ wieder emittiert werden.

beschreibt die lokale Erhaltung elektromagnetischer Energie unter realistischen Bedingungen, unter denen am gegebenen Ort sowohl ein Energiefluss auftreten kann ($\nabla \cdot \mathbf{S} \neq 0$) als auch Verluste durch Erwärmung des Mediums möglich sind ($\operatorname{Im} \epsilon \neq 0$, $\operatorname{Im} \mu \neq 0$), die zu einem als langsam vorausgesetzten Zerfall der Feldenergie führen.

6.9 Der Poynting'sche Satz für Felder mit harmonischer Zeitabhängigkeit, Definition von Impedanz und Admittanz über die Felder

Begriffe aus der Theorie der Wechselstromkreise wie der Wirk- und Blindwiderstand eines Stromkreises (auch „Resistanz“ bzw. „Reaktanz“ genannt) treten in vielen praktischen Fällen auf, und zwar selbst dann, wenn die räumliche Ausdehnung des Systems, wie etwa im Fall einer Antenne, mit der freien Wellenlänge vergleichbar ist. Es ist daher nützlich, eine allgemein geltende, d. h. von den Feldern ausgehende Definition dieser Begriffe parat zu haben.[8] Wir wollen dazu annehmen, dass sämtliche Felder und Quellen eine durch $e^{-i\omega t}$ beschriebene Zeitabhängigkeit aufweisen, und schreiben dementsprechend:

$$\mathbf{E}(\mathbf{x}, t) = \operatorname{Re}[\mathbf{E}(\mathbf{x})\, e^{-i\omega t}] \equiv \tfrac{1}{2}[\mathbf{E}(\mathbf{x})\, e^{-i\omega t} + \mathbf{E}^*(\mathbf{x})\, e^{i\omega t}] \tag{6.128}$$

Das Feld $\mathbf{E}(\mathbf{x})$ ist im Allgemeinen komplex und sein Betrag ebenso wie seine Phase ortsabhängig. Für Produkte wie $\mathbf{J}(\mathbf{x}, t) \cdot \mathbf{E}(\mathbf{x}, t)$ gilt:

$$\begin{aligned}\mathbf{J}(\mathbf{x}, t) \cdot \mathbf{E}(\mathbf{x}, t) &= \tfrac{1}{4}[\mathbf{J}(\mathbf{x})\, e^{-i\omega t} + \mathbf{J}^*(\mathbf{x})\, e^{i\omega t}] \cdot [\mathbf{E}(\mathbf{x})\, e^{-i\omega t} + \mathbf{E}^*(\mathbf{x})\, e^{i\omega t}] \\ &= \tfrac{1}{2} \operatorname{Re}[\mathbf{J}^*(\mathbf{x}) \cdot \mathbf{E}(\mathbf{x}) + \mathbf{J}(\mathbf{x}) \cdot \mathbf{E}(\mathbf{x})\, e^{-2i\omega t}]\end{aligned} \tag{6.129}$$

Das zeitliche Mittel von Produkten komplexer Variabler erhält man also, indem man die Hälfte des Realteils des Produktes der einen Größe mit dem Konjugiertkomplexen der anderen bildet.

Für Felder mit harmonischer Zeitabhängigkeit gehen die Maxwell'schen Gleichungen über in

$$\begin{aligned}\nabla \cdot \mathbf{B} &= 0, \quad \nabla \times \mathbf{E} - i\omega \mathbf{B} = 0 \\ \nabla \cdot \mathbf{D} &= \rho, \quad \nabla \times \mathbf{H} + i\omega \mathbf{D} = \mathbf{J}\end{aligned} \tag{6.130}$$

Dabei sind sämtliche Größen komplexe Funktionen von $\mathbf{x}$, die entsprechend der rechten Seite von (6.128) definiert sind. Anstelle von (6.103) betrachten wir jetzt das Volumenintegral

$$\frac{1}{2} \int_V \mathbf{J}^* \cdot \mathbf{E}\, d^3x$$

[8] Der vorliegende Abschnitt lehnt sich eng an das Buch von *Fano, Chu und Adler* (Abschn. 8.2 und 8.3) an. In diesem Buch wird eingehend der Zusammenhang zwischen den Begriffen aus der Theorie der Wechselstromkreise und denen der Feldtheorie diskutiert. Vgl. hierzu auch die beiden ersten Kapitel des Buches von *Adler, Chu und Fano*.

dessen Realteil das zeitliche Mittel der von den Feldern im Volumen V geleisteten Arbeit darstellt. In Analogie zu den Schritten, die von (6.103) auf (6.107) führten, ergibt sich jetzt:

$$\begin{aligned}\frac{1}{2}\int_V \mathbf{J}^* \cdot \mathbf{E}\, d^3x &= \frac{1}{2}\int_V \mathbf{E} \cdot [\boldsymbol{\nabla} \times \mathbf{H}^* - i\omega \mathbf{D}^*]\, d^3x \\ &= \frac{1}{2}\int_V [-\boldsymbol{\nabla} \cdot (\mathbf{E} \times \mathbf{H}^*) - i\omega(\mathbf{E} \cdot \mathbf{D}^* - \mathbf{B} \cdot \mathbf{H}^*)]\, d^3x \end{aligned} \tag{6.131}$$

Definiert man nun den *komplexen* Poynting'schen Vektor

$$\mathbf{S} = \tfrac{1}{2}(\mathbf{E} \times \mathbf{H}^*) \tag{6.132}$$

und die elektrischen und magnetischen Energiedichten für Felder mit harmonischer Zeitabhängigkeit:

$$w_e = \tfrac{1}{4}(\mathbf{E} \cdot \mathbf{D}^*), \quad w_m = \tfrac{1}{4}(\mathbf{B} \cdot \mathbf{H}^*) \tag{6.133}$$

so lässt sich Gl. (6.131) in der Form

$$\frac{1}{2}\int_V \mathbf{J}^* \cdot \mathbf{E}\, d^3x + 2i\omega \int_V (w_e - w_m)\, d^3x + \oint_S \mathbf{S} \cdot \mathbf{n}\, da = 0 \tag{6.134}$$

schreiben. Diese Beziehung ist das Analogon zu (6.107) für Felder mit harmonischer Zeitabhängigkeit. Sie stellt eine komplexe Gleichung dar, deren Realteil die Energieerhaltung für die zeitgemittelten Felder beschreibt, während ihr Imaginärteil die Blindleistung mit ihrem sich ändernden Fluss verknüpft. Sind die Volumenintegrale der Energiedichten w_e und w_m reell, wie es bei verlustfreien Dielektrika und idealen Leitern der Fall ist, dann liefert der Realteil von (6.134):

$$\int_V \tfrac{1}{2}\mathrm{Re}(\mathbf{J}^* \cdot \mathbf{E})\, d^3x + \oint_S \mathrm{Re}(\mathbf{S} \cdot \mathbf{n})\, da = 0$$

Hiernach ist also das stationäre zeitliche Mittel der von den Feldern an den Quellen in V geleisteten Arbeit gleich dem Leistungsstrom, der durch die Begrenzungsfläche S in das Volumen *eintritt* und sich aus der Normalkomponente von $\mathrm{Re}\,\mathbf{S}$ berechnet. Dies stimmt überein mit dem Ergebnis, auf das die ursprüngliche Version (6.107) des Poynting'schen Satzes führt, wenn man annimmt, dass die Energiedichte u neben einem stationären Anteil noch einen harmonisch oszillierenden Anteil enthält. Treten im betrachteten System Verluste auf, so hat der zweite Term auf der linken Seite von (6.134) einen nichtverschwindenden Realteil, der diesen Verlusten Rechnung trägt.

Die komplexe Version (6.134) des Poynting'schen Satzes kann man dazu benutzen, um die Eingangsimpedanz eines beliebigen linearen, passiven elektromagnetischen Zweipols zu definieren. Wir stellen uns dazu das System in einem Volumen V mit der Begrenzungsfläche S vor; nur seine beiden Anschlüsse mögen aus dieser Fläche herausragen (vgl. Abb. 6.4). Ist I_i der harmonisch schwingende, komplexe Eingangsstrom und V_i die entsprechende Spannung, so ist die komplexe Eingangsleistung

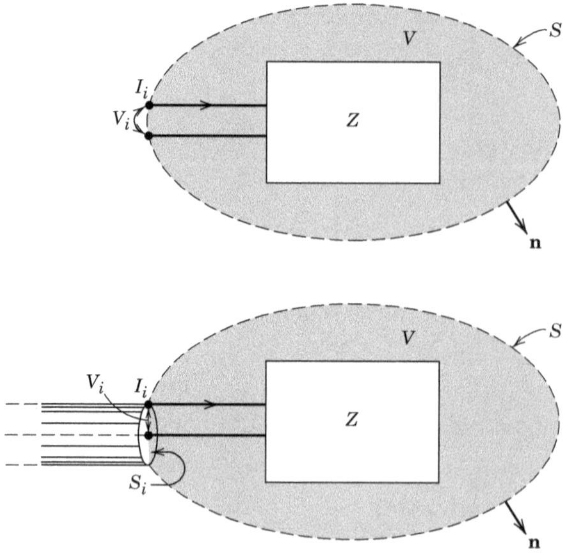

Abb. 6.4 Schematische Darstellung eines beliebigen linearen, passiven elektromagnetischen Zweipols, der von einer einhüllenden Fläche S umgeben ist; nur die beiden Anschlüsse ragen aus dieser Fläche heraus. Der harmonisch schwingende Eingangsstrom und die zugehörige Spannung sind I_i bzw. V_i mit der durch $V_i = ZI_i$ definierten Eingangsimpedanz Z. Das obere Diagramm entspricht kleinen Frequenzen, für die Strahlungsverluste vernachlässigbar sind; das untere dagegen mit der koaxialen Eingangsleitung entspricht einem System mit nichtverschwindendem Strahlungsverlust.

durch $\frac{1}{2}I_i^* V_i$ gegeben. Wendet man jetzt (6.134) auf den Außenraum von V an, dann lässt sich diese Leistung auch durch den Poynting'schen Vektor ausdrücken:

$$\tfrac{1}{2}I_i^* V_i = -\oint_{S_i} \mathbf{S} \cdot \mathbf{n} \, da \tag{6.135}$$

Die Flächennormale **n** ist dabei nach außen gerichtet (vgl. Abb. 6.4) und es wurde vorausgesetzt, dass die Eingangsleistung auf die Fläche S_i (die im unteren Diagramm von Abb. 6.4 gezeigte Querschnittsfläche des Koaxialkabels) begrenzt ist. Wendet man jetzt (6.134) auf das von der Fläche S begrenzte Volumen V an, so lässt sich die rechte Seite von (6.135) durch Integrale über die Felder innerhalb von V ausdrücken:

$$\tfrac{1}{2}I_i^* V_i = \frac{1}{2}\int_V \mathbf{J}^* \cdot \mathbf{E} \, d^3x + 2i\omega \int_V (\omega_e - \omega_m) \, d^3x + \oint_{S-S_i} \mathbf{S} \cdot \mathbf{n} \, da \tag{6.136}$$

Das Oberflächenintegral stellt dabei den Leistungsstrom dar, der aus dem Volumen V durch die Fläche $S - S_i$ tritt. Wird $S - S_i$ unendlich groß, dann wird dieses Integral reell und beschreibt die Streustrahlung (s. Kap. 9). Bei kleinen Frequenzen ist diese i. Allg. zu vernachlässigen. Ein Unterschied zwischen S und S_i braucht dann nicht gemacht zu werden; diesem Fall entspricht das obere Diagramm von Abb. 6.4.

Die durch $V_i = ZI_i$ definierte Eingangsimpedanz $Z = R - iX$[9] berechnet sich unmittelbar aus (6.136). Ihr Real- und Imaginärteil, d.h. der Wirk- und Blindwiderstand sind

$$R = \frac{1}{|I_i|^2}\left\{\mathrm{Re}\int_V \mathbf{J}^* \cdot \mathbf{E}\, d^3x + 2\oint_{S-S_i} \mathbf{S} \cdot \mathbf{n}\, da + 4\omega\, \mathrm{Im}\int_V (w_m - w_e)\, d^3x\right\} \tag{6.137}$$

$$X = \frac{1}{|I_i|^2}\left\{4\omega\, \mathrm{Re}\int_V (w_m - w_e)\, d^3x - \mathrm{Im}\int_V \mathbf{J}^* \cdot \mathbf{E}\, d^3x\right\} \tag{6.138}$$

Dabei wurde angenommen, dass der durch die Fläche S nach außen fließende Leistungsstrom reell ist. Dementsprechend beschreibt der zweite Term auf der rechten Seite von (6.137) den für hohe Frequenzen wichtigen „Strahlungswiderstand". Treten in dem betrachteten System im Wesentlichen nur ohmsche Verluste auf, dann vereinfachen sich die Ausdrücke (6.137) und (6.138) bei niedrigen Frequenzen zu

$$R \simeq \frac{1}{|I_i|^2}\int_V \sigma |\mathbf{E}|^2\, d^3x \tag{6.139}$$

$$X \simeq \frac{4\omega}{|I_i|^2}\int_V (w_m - w_e)\, d^3x \tag{6.140}$$

Dabei bedeutet σ die reelle Leitfähigkeit, und die durch (6.133) gegebenen Energiedichten w_m und w_e sind nahezu über das ganze Volumen reell. Der Wirkwiderstand hat natürlich den Wert, den man aufgrund ohmscher Verluste auch erwartet. Auch der Ausdruck für den Scheinwiderstand ist plausibel: Überwiegt die gespeicherte magnetische Energie die elektrische, wie im Fall einer Induktivität, so ist der Blindwiderstand positiv. Die verschiedenen Frequenzabhängigkeiten der niederfrequenten induktiven und kapazitiven Blindwiderstände ($X = \omega L$ bzw. $X = -1/\omega C$) gehen darauf zurück, dass L durch die zeitliche Ableitung des Stromes und die Spannung definiert ist ($V = L\, dI/dt$), C hingegen durch die Ladung und Spannung ($V = Q/C$). Die Herleitung der zu (6.139) bzw. (6.140) äquivalenten Formeln für den Wirkleitwert (auch „Konduktanz" genannt) und den Blindleitwert (auch „Suszeptanz" genannt), d.h. für den Real- und Imaginärteil des komplexen Scheinleitwerts Y (der sog. Admittanz) soll in den Übungen vorgenommen werden.

[9] In der Elektrotechnik wird als Zeitabhängigkeitsfaktor meist $e^{j\omega t}$ benutzt (und die imaginäre Einheit nicht mit i, sondern mit j bezeichnet). Dementsprechend definiert man dort die Impedanz durch $Z = R + jX$. Oft wird auch der Betrag von Z, d.h. der Scheinwiderstand als Impedanz bezeichnet.

6.10 Transformationseigenschaften der elektromagnetischen Felder und Quellen unter Drehungen, räumlichen Spiegelungen und Zeitumkehr

Die Tatsache, dass miteinander verknüpfte physikalische Größen unter bestimmten Koordinatentransformationen auch miteinander verträgliche Transformationseigenschaften haben, wird meist als so selbstverständlich hingenommen, dass die Bedeutung dieser Forderung und die Einschränkungen, die sie für die Gestalt einer physikalischen Gleichung mit sich bringen kann, oft übersehen wird. Es ist daher nützlich, die mehr oder weniger offensichtlichen Transformationseigenschaften elektromagnetischer Größen unter Drehungen, räumlichen Spiegelungen und Zeitumkehr explizit zu untersuchen. Die in diesem Zusammenhang eingeführten Begriffe finden unmittelbar Anwendung bei der Eingrenzung phänomenologischer Verknüpfungsgleichungen (d.h. der Materialgleichungen) und werden auch im nächsten Abschnitt benutzt, in dem wir die Frage magnetischer Monopole diskutieren.

Wir setzen voraus, dass dem Leser der Begriff räumlicher und zeitlicher Koordinatentransformationen und ihr Zusammenhang mit den allgemeinen Erhaltungssätzen aus der klassischen Mechanik bekannt sind (siehe z.B. *Goldstein*). An dieser Stelle bringen wir nur eine Zusammenfassung der wichtigsten Resultate.

A. Drehungen

Unter einer räumlichen Drehung versteht man eine lineare Koordinatentransformation, die die Summe der Koordinatenquadrate invariant lässt. Eine solche Transformation heißt *orthogonale* Transformation. Die transformierten Koordinaten x'_α drücken sich durch die ursprünglichen Koordinaten x_β folgendermaßen aus:

$$x'_\alpha = \sum_\beta a_{\alpha\beta} x_\beta \tag{6.141}$$

Die Bedingung $(\mathbf{x}')^2 = (\mathbf{x})^2$ schränkt die von den reellen Transformationskoeffizienten $a_{\alpha\beta}$ gebildete Matrix auf eine orthogonale Matrix ein, d.h. es muss die Beziehung

$$\sum_\alpha a_{\alpha\beta} a_{\alpha\gamma} = \delta_{\beta\gamma} \tag{6.142}$$

gelten. Die inverse Transformation hat die Koeffizienten $(a^{-1})_{\alpha\beta} = a_{\beta\alpha}$, und das Quadrat der Determinante von a ist gleich Eins. Der Wert $\det(a) = +1$ entspricht einer eigentlichen Drehung, die sich aus infinitesimalen Drehungen zusammensetzen lässt. Dagegen wird durch $\det(a) = -1$ eine uneigentliche Drehung charakterisiert; sie besteht aus einer Spiegelung mit einer anschließenden eigentlichen Drehung.

Physikalische Größen lassen sich gewöhnlicherweise als Tensoren verschiedener Stufe klassifizieren[10], die durch ihr Verhalten unter Drehungen charakterisiert werden. Die Komponenten von Ortsvektoren $\mathbf{x}_i$, Geschwindigkeiten $\mathbf{v}_i$ und Impulsen

[10] Eine wichtige Ausnahme von dieser Regel bildet der *halbzahlige quantenmechanische Spin*, der kein Tensor, sondern ein sog. *Spinor* ist (Anm. der Red.).

$\mathbf{p}_i$ transformieren sich nach dem grundlegenden Transformationsgesetz (6.141); d.h. sie sind die Komponenten von Tensoren erster Stufe, so genannter *Vektoren*. Skalarprodukte von Vektoren, wie etwa $\mathbf{x}_1 \cdot \mathbf{x}_2$ oder $\mathbf{v}_1 \cdot \mathbf{p}_2$, sind unter Drehungen invariant und somit Tensoren nullter Stufe, die man *Skalare* nennt. Größen, deren Komponenten sich nach

$$B'_{\alpha\beta} = \sum_{\gamma,\delta} a_{\alpha\gamma} a_{\beta\delta} B_{\gamma\delta} \tag{6.143}$$

transformieren, heißen Tensoren zweiter Stufe oder, kurz, *Tensoren*. Zu ihnen gehört z.B. der Maxwell'sche Spannungstensor. Das Transformationsgesetz für Tensoren noch höherer Stufe bedarf keiner weiteren Erläuterung, da es vollständig analog zu bilden ist.

Bei elektromagnetischen Feldern oder anderen physikalischen Größen hat man es mit einer oder mehreren Koordinatenfunktionen zu tun, die u.U. von weiteren kinematischen Variablen abhängen können. Im Zusammenhang mit Drehungen erhebt sich dann die Frage, ob man diese vom „aktiven" oder „passiven" Standpunkt aus betrachten soll. Wir nehmen hier den aktiven Standpunkt ein, d.h. wir sehen die Koordinaten als fest an, während das physikalische System einer Drehung unterworfen wird. Z.B. bilden zwei geladene Teilchen mit den ursprünglichen Koordinaten $\mathbf{x}_1$ und $\mathbf{x}_2$ ein System, das bei einer Drehung so transformiert wird, dass die Teilchen danach die Koordinaten $\mathbf{x}'_1$ und $\mathbf{x}'_2$ haben (vgl. Abb. 6.5). Die Komponenten jedes Koordinatenvektors transformieren sich nach (6.141), doch das elektromagnetische Potential bleibt ungeändert, da es nur vom Abstand $R = |\mathbf{x}_1 - \mathbf{x}_2|$ der beiden Ladungen abhängt und R^2 eine Summe von Skalarprodukten zwischen Vektoren ist, sich also bei Drehungen nicht ändert. Das elektrostatische Potential ist ein Beispiel für einen Skalar unter Drehungen. Allgemein kann man sagen: eine physika-

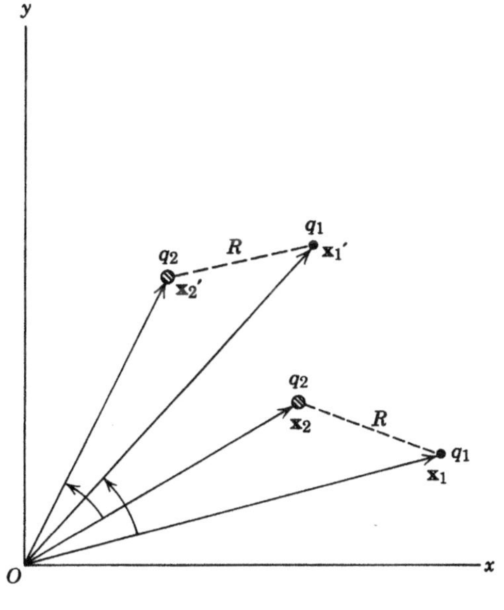

Abb. 6.5 Aktive Drehung eines aus zwei Ladungen bestehenden Systems.

lische Größe ϕ, die von verschiedenen, in $\mathbf{x}_i$ zusammengefassten Koordinaten (zu denen auch Geschwindigkeiten und Impulse gehören können) abhängt, ist ein Skalar unter Drehungen, wenn sie sich bei einer durch $\mathbf{x}_1 \to \mathbf{x}'_i$ beschriebenen Drehung des physikalischen Systems nicht ändert, so dass

$$\phi'(\mathbf{x}'_i) = \phi(\mathbf{x}_i) \tag{6.144}$$

ist. Die drei physikalischen Größen $V_\alpha(\mathbf{x}_i)(\alpha = 1, 2, 3)$ bilden dagegen die Komponenten eines Vektors, wenn sie sich bei einer Drehung des Systems gemäß

$$V'_\alpha(\mathbf{x}'_i) = \sum_\beta a_{\alpha\beta} V_\beta(\mathbf{x}_i) \tag{6.145}$$

transformieren. Analoges gilt für Tensoren höherer Stufe.

Vektorielle Differentialoperatoren besitzen unter Drehungen definierte Transformationseigenschaften. So transformiert sich z. B. der Gradient eines Skalars, $\nabla\phi$, wie ein Vektor und die Divergenz eines Vektors, $\nabla \cdot \mathbf{V}$, wie ein Skalar. Der Laplace'sche Operator ∇^2 ist insofern ein skalarer Operator, als er bei Anwendung auf eine Funktion oder einen Funktionensatz deren Transformationsverhalten unter Drehungen nicht ändert.

Besonders zu erwähnen ist das Kreuz- oder Vektorprodukt zweier Vektoren:

$$\mathbf{A} = \mathbf{B} \times \mathbf{C} \tag{6.146}$$

Diese Kurzschreibweise geht in Komponentenschreibweise über in

$$A_\alpha = \sum_{\beta\gamma} \epsilon_{\alpha\beta\gamma} B_\beta C_\gamma$$

wobei $\epsilon_{\alpha\beta\gamma} = +1$ ist für $\alpha = 1$, $\beta = 2$, $\gamma = 3$ und zyklische Vertauschungen, während $\epsilon_{\alpha\beta\gamma} = -1$ ist für andere Permutationen und gleich Null, wenn zwei oder mehr Indizes übereinstimmen. Da auf der rechten Seite der letzten Gleichung zwei Vektoren auftreten, hat das Kreuzprodukt bestimmte Attribute eines spurlosen, antisymmetrischen Tensors zweiter Stufe. Da ein solcher Tensor nur drei unabhängige Komponenten besitzt, behandelt man ihn als Vektor. Natürlich ist diese Vorgehensweise nur insofern berechtigt, als sich diese Komponenten unter Drehungen nach (6.141) transformieren. Tatsächlich lautet das Transformationsgesetz für das Kreuzprodukt (6.146):

$$A'_\alpha = \det(a) \sum_\beta a_{\alpha\beta} A_\beta \tag{6.147}$$

Für die durch $\det(a) = +1$ ausgezeichneten eigentlichen Drehungen, die wir bisher allein betrachtet haben, stimmt (6.147) mit dem grundlegenden Transformationsgesetz (6.141) überein. D. h. unter *eigentlichen* Drehungen verhält sich das Kreuzprodukt wie ein Vektor.

B. Räumliche Spiegelung oder Inversion

Die räumliche Spiegelung an einer Ebene entspricht dem Vorzeichenwechsel der Normalkomponenten der Ortsvektoren sämtlicher Punkte, während die zu dieser Ebene parallelen Komponenten ungeändert bleiben. Eine Spiegelung an der (x, y)-Ebene wird also durch den Übergang $\mathbf{x}_i = (x_i, y_i, z_i) \to \mathbf{x}'_i = (x_i, y_i, -z_i)$ beschrieben. Die Spiegelung der drei Komponenten eines Ortsvektors an einem Punkt bezeichnet man als *Inversion*. In der Physik wird eine solche Inversion gewöhnlich am Koordinatenursprung vorgenommen und durch den Übergang $\mathbf{x}_i \to \mathbf{x}'_i = -\mathbf{x}_i$ beschrieben. Sie ist eine diskrete Transformation, die, wenn die Raumdimension ungerade ist, nicht durch eigentliche Drehungen erzeugt werden kann. Ihr entspricht $\det(a) = -1$, und die zugehörigen Transformationskoeffizienten in (6.141) sind $a_{\alpha\beta} = -\delta_{\alpha\beta}$. Bei einer Inversion ändern also Vektoren ihr Vorzeichen, während Kreuzprodukte, die sich nach (6.147) transformieren, ungeändert bleiben. Hinsichtlich allgemeiner Drehungen müssen wir daher zwischen zwei Arten von Vektoren unterscheiden:

Polare Vektoren (meist einfach *Vektoren* genannt), die sich nach (6.145) transformieren und sich bei der Inversion $\mathbf{x}_i \to \mathbf{x}'_i = -\mathbf{x}_i$ entsprechend

$$\mathbf{V} \to \mathbf{V}' = -\mathbf{V}$$

verhalten.

Axial- oder Pseudovektoren, die sich nach (6.147) transformieren und bei der Inversion $\mathbf{x}_i \to \mathbf{x}'_i = -\mathbf{x}_i$ in sich übergehen:

$$\mathbf{A} \to \mathbf{A}' = \mathbf{A}$$

Analoge Unterscheidungen sind bei Skalaren zu treffen. Man spricht von *Skalaren* oder *Pseudoskalaren*, je nachdem ob die entsprechenden Größen bei einer Inversion ihr Vorzeichen beibehalten oder nicht. Das Spatprodukt $\mathbf{a} \cdot (\mathbf{b} \times \mathbf{c})$ ist ein Beispiel für eine pseudosklare Größe, sofern sämtliche der drei Vektoren **a**, **b**, **c** polare Vektoren sind. (An dieser Stelle erkennt man übrigens einen Nachteil der üblichen Notation. Bezeichnet man einen Vektor mit **a**, so ist dabei nicht zu ersehen, ob es sich um einen polaren oder axialen Vektor handelt.) Die Transformationseigenschaften von Tensoren höherer Stufe bezüglich der Inversion lassen sich unmittelbar ablesen, wenn sie aus Produkten der Komponenten polarer oder axialer Vektoren gebildet werden. Transformiert sich ein Tensor N-ter Stufe unter der Inversion mit einem Faktor $(-1)^N$, so heißt er wahrer Tensor oder *Tensor* schlechthin; ist der Faktor dagegen $(-1)^{N+1}$, so nennt man ihn *Pseudotensor* N-ter Stufe.

C. Zeitumkehr

Die Grundgesetze der Physik sind, zumindest im klassischen Bereich, unabhängig von der Zeitrichtung. Dies bedeutet nicht etwa, dass die entsprechenden Gleichungen gerade in t sind, sondern lediglich, dass sich die miteinander verknüpften Größen bei einer Zeitumkehrtransformation $t \to t' = -t$ so verhalten, dass die *Form* der Gleichung erhalten bleibt. Betrachten wir etwa die Newton'sche Bewegungsgleichung für ein Teilchen, das sich in einem äußeren Potential $U(\mathbf{x})$ bewegt. Ist **p** der Impuls dieses Teilchens und **x** seine Ortskoordinate, so lautet diese Gleichung:

$$\frac{d\mathbf{p}}{dt} = -\nabla U(\mathbf{x})$$

Sie ist invariant unter Zeitumkehr, wenn $\mathbf{x} \to \mathbf{x}' = \mathbf{x}$ und $\mathbf{p} \to \mathbf{p}' = -\mathbf{p}$. Der Vorzeichenwechsel des Impulses ist aufgrund seiner Beziehung zur Geschwindigkeit

$\mathbf{v} = d\mathbf{x}/dt$ intuitiv sofort klar. Die Invarianz der Newton'schen Gesetze unter Zeitumkehr besagt, dass ein Teilchensystem, das von einer gegebenen Anfangskonfiguration unter Wirkung verschiedener Kräfte in eine bestimmte Endkonfiguration übergeht, von der zeitumgekehrten Endkonfiguration (in der die Richtung der Geschwindigkeiten umgekehrt ist, die Koordinaten jedoch die gleichen sind) wieder in die zeitumgekehrte Anfangskonfiguration zurückkehrt.

Die Transformationseigenschaften verschiedener mechanischer Größen unter Drehungen, räumlichen Spiegelungen (Inversionen) und Zeitumkehr sind im ersten Teil von Tabelle 6.1 zusammengestellt.

Tabelle 6.1 Transformationseigenschaften physikalischer Größen unter Drehungen, räumlichen Spiegelungen und Zeitumkehr[11]

Physikalische Größe		Verhalten unter Drehungen (Stufe des jeweil. Tensors)	Verhalten unter räuml. Spiegelungen (Bezeichnung des jeweil. Tensors)	Verhalten unter Zeitumkehr
I. *Mechanische Größen*				
Koordinate	$\mathbf{x}$	1	Ungerade (Vektor)	Gerade
Geschwindigkeit	$\mathbf{v}$	1	Ungerade (Vektor)	Ungerade
Impuls	$\mathbf{p}$	1	Ungerade (Vektor)	Ungerade
Drehimpuls	$\mathbf{L} = \mathbf{x} \times \mathbf{p}$	1	Gerade (Pseudovektor)	Ungerade
Kraft	$\mathbf{F}$	1	Ungerade (Vektor)	Gerade
Drehmoment	$\mathbf{N} = \mathbf{x} \times \mathbf{F}$	1	Gerade (Pseudovektor)	Gerade
Kinet. Energie	$p^2/2m$	0	Gerade (Skalar)	Gerade
Potentielle Energie	$U(\mathbf{x})$	0	Gerade (Skalar)	Gerade
II. *Elektromagnetische Größen*				
Ladungsdichte	ρ	0	Gerade (Skalar)	Gerade
Stromdichte	$\mathbf{J}$	1	Ungerade (Vektor)	Ungerade
Elektrisches Feld Polarisation Dielektr. Verschiebung	$\mathbf{E}$ $\mathbf{P}$ $\mathbf{D}$	1	Ungerade (Vektor)	Gerade
Magnetische Induktion Magnetisierung Magnetisches Feld	$\mathbf{B}$ $\mathbf{M}$ $\mathbf{H}$	1	Gerade (Pseudovektor)	Ungerade
Poynting'scher Vektor	$\mathbf{S} = \mathbf{E} \times \mathbf{H}$	1	Ungerade (Vektor)	Ungerade
Maxwell'scher Spannungstensor	$T_{\alpha\beta}$	2	Gerade (Tensor)	Gerade

[11] Hängt eine Größe sowohl von $\mathbf{x}$ wie auch von t ab, so ist die Feststellung, daß diese Größe bezüglich der räumlichen Spiegelung oder der Zeitumkehr gerade bzw. ungerade ist, genau zu präzisieren. So wird z. B. das Verhalten der magnetischen Induktion unter der räumlichen Spiegelung (Inversion) durch $\mathbf{B}(\mathbf{x}, t) \to \mathbf{B}_\mathrm{I}(\mathbf{x}, t) = +\mathbf{B}(-\mathbf{x}, t)$ beschrieben, während die Zeitumkehr mit der Substitution $\mathbf{B}(\mathbf{x}, t) \to \mathbf{B}_\mathrm{T}(\mathbf{x}, t) = -\mathbf{B}(\mathbf{x}, -t)$ gleichbedeutend ist.

D. Elektromagnetische Größen

Ebenso wie die Gesetze der Mechanik sind auch die Gleichungen, die die elektromagnetischen Vorgänge beschreiben, invariant unter räumlichen Drehungen und Spiegelungen sowie unter Zeitumkehr (d.h. keine der bisher bekannten experimentellen Tatsachen widerspricht dieser Feststellung). Dies bedeutet, dass sich die verschiedenen elektromagnetischen Größen unter den genannten Operationen in wohldefinierter Weise verhalten. Es ist eine experimentelle Feststellung, dass die elektrische Ladung unter Galilei- und Lorentz-Transformationen eine Invariante ist und somit unter Drehungen ein Skalar (eine genauere Diskussion dieses Sachverhalts in Bezug auf Lorentz-Transformation findet sich in Kap. 11.9). Es ist genauso zweckmäßig und natürlich wie erlaubt, von der Annahme auszugehen, dass die Ladung auch unter räumlichen Spiegelungen und sogar unter Zeitumkehr invariant ist. Diese Annahme ist von entscheidender Bedeutung, da physikalisch messbare Größen wie etwa die Kraft Produkte aus der Ladung und dem Feld enthalten. Die Transformationseigenschaften, die man Feldern wie **E** und **B** zuordnet, hängen daher von denen der Ladung ab.

Verhält sich die Ladung unter allen drei Transformationen wie ein Skalar, dann ist auch die *Ladungsdichte* ρ *ein Skalar*. Aus der Tatsache, dass das *elektrische Feld* **E** als Kraft pro Einheitsladung definiert ist, folgt, dass es *sogar unter Zeitumkehr ein polarer Vektor* ist. Dies ergibt sich auch aus der Maxwell'schen Gleichung $\boldsymbol{\nabla} \cdot \mathbf{E} = \rho/\epsilon_0$, da sich beide Seiten der Gleichung auf dieselbe Art und Weise transformieren müssen. Im Faraday'schen Induktionsgesetz

$$\boldsymbol{\nabla} \times \mathbf{E} + \frac{\partial \mathbf{B}}{\partial t} = 0$$

transformiert sich der erste Term auf der linken Seite unter Drehungen und räumlichen Spiegelungen wie ein Pseudovektor und ist bezüglich der Zeitumkehr gerade. Um bei den genannten Transformationen die Forminvarianz der Gleichung zu erhalten, muss sich daher *die magnetische Induktion* **B** *wie ein Pseudovektor* transformieren *und unter Zeitumkehr ungerade* sein. Die linke Seite des Ampère-Maxwell'schen Durchflutungsgesetzes

$$\frac{1}{\mu_0} \boldsymbol{\nabla} \times \mathbf{B} - \epsilon_0 \frac{\partial \mathbf{E}}{\partial t} = \mathbf{J}$$

transformiert sich, wie man leicht sieht, wie ein polarer Vektor und ist bezüglich der Zeitumkehr ungerade. Dementsprechend muss die *Stromdichte* **J** *ein polarer Vektor und ungerade bezüglich Zeitumkehr* sein – in Übereinstimmung mit der Definition von **J** als Produkt aus Ladung und Geschwindigkeit.

Wir haben soeben gesehen, dass sich die mikroskopischen Felder und Quellen unter Drehungen, räumlichen Spiegelungen und Zeitumkehr in wohldefinierter Weise transformieren. Aus der Herleitung der makroskopischen Maxwell'schen Gleichungen in Abschnitt 7 dieses Kapitels und den Definitionen von **P**, **M** usw. ist zu ersehen, dass sich **E**, **P** und **D** einerseits sowie **B**, **M** und **H** andererseits jeweils in der gleichen Weise transformieren. Die verschiedenen Transformationseigenschaften elektromagnetischer Größen sind im zweiten Teil der Tabelle 6.1 zusammengestellt.

Um zu zeigen, wie nützlich es ist, über die in Tabelle 6.1 aufgelisteten Symmetrieeigenschaften zu argumentieren, betrachten wir die phänomenologische Struktur einer räumlichen lokalen Verknüpfungsgleichung für die Polarisation $\mathbf{P}$ eines isotropen, linear reagierenden und verlustfreien Mediums in einem homogenen, konstanten äußeren Magnetfeld $\mathbf{B}_0$. Die Verknüpfungsgleichung muss nach Voraussetzung linear im elektrischen Feld $\mathbf{E}$ sein, doch suchen wir eine Entwicklung nach Potenzen von $\mathbf{B}_0$ bis hin zur zweiten Ordnung. Das Transformationsverhalten der verschiedenen, mit skalaren Koeffizienten zu versehenden Terme ist dadurch festgelegt, dass $\mathbf{P}$ ein polarer Vektor ist, der bezüglich der Zeitumkehr ungerade ist. In nullter Ordnung von $\mathbf{B}_0$ trägt nur $\mathbf{E}$ bei. Als Terme, die sowohl in $\mathbf{E}$ wie in $\mathbf{B}_0$ linear sind, kommen in Frage:

$$\mathbf{E}\times\mathbf{B}_0,\quad \frac{\partial\mathbf{E}}{\partial t}\times\mathbf{B}_0,\quad \frac{\partial^2\mathbf{E}}{\partial t^2}\times\mathbf{B}_0,\cdots$$

Im Hinblick auf ihre Transformationseigenschaften unter Drehungen und räumlichen Spiegelungen sind diese Terme alle erlaubt. Doch nur diejenigen, die ungerade Zeitableitungen enthalten, transformieren sich bei Zeitumkehr in der richtigen Weise. Als in $\mathbf{B}_0$ quadratische Terme stehen folgende Ausdrücke zur Verfügung:

$$(\mathbf{B}_0\cdot\mathbf{B}_0)\mathbf{E},\quad (\mathbf{E}\cdot\mathbf{B}_0)\mathbf{B}_0,\quad (\mathbf{B}_0\cdot\mathbf{B}_0)\frac{\partial\mathbf{E}}{\partial t},\cdots$$

Unter ihnen erfüllen nur diejenigen Terme sämtliche Forderungen, die gerade Zeitableitungen (nullter und höherer Ordnung) von $\mathbf{E}$ enthalten. Der allgemeinste, räumlich lokale Ausdruck für die Polarisation, der das konstante Magnetfeld $\mathbf{B}_0$ bis hin zur zweiten Potenz enthält, lautet also:

$$\frac{1}{\epsilon_0}\mathbf{P} = \chi_0\mathbf{E} + \chi_1\frac{\partial\mathbf{E}}{\partial t}\times\mathbf{B}_0 + \chi_2(\mathbf{B}_0\cdot\mathbf{B}_0)\mathbf{E} + \chi_3(\mathbf{E}\cdot\mathbf{B}_0)\mathbf{B}_0 + \cdots \tag{6.148}$$

Die χ_i sind hierbei reelle Koeffizienten, und es können noch höhere Zeitableitungen von $\mathbf{E}$ auftreten; diese müssen für die in $\mathbf{B}_0$ linearen Terme von gerader Ordnung sein, für die anderen Terme dagegen von ungerader Ordnung. Da die meisten Materialien bei niedrigen Frequenzen nur auf elektrische Kräfte reagieren, darf die Polarisation bei konstantem $\mathbf{E}$-Feld nicht von $\mathbf{B}_0$ abhängen. Ein realistischerer Ausdruck ist demnach:

$$\frac{1}{\epsilon_0}\mathbf{P} = \chi_0\mathbf{E} + \chi_1\frac{\partial\mathbf{E}}{\partial t}\times\mathbf{B}_0 + \chi_2'(\mathbf{B}_0\cdot\mathbf{B}_0)\frac{\partial^2\mathbf{E}}{\partial t^2} + \chi_3'\left(\frac{\partial^2\mathbf{E}}{\partial t^2}\cdot\mathbf{B}_0\right)\mathbf{B}_0 \tag{6.149}$$

wobei wir für jede Potenz von $\mathbf{B}_0$ nur die niedrigste Zeitableitung von $\mathbf{E}$ berücksichtigt haben. Bei optischen Frequenzen gestattet diese Gleichung, das Verhalten von Wellen in gyrotropen Medien zu beschreiben, die einem konstanten Magnetfeld ausgesetzt sind.[12]

Ein anderes Beispiel, der sog. Hall-Effekt, soll in den Übungen behandelt werden. Er wird – ebenso wie andere galvanomagnetische Effekte und die Existenz magnetischer Strukturen in Festkörpern bei *Landau und Lifschitz (op. cit.)* diskutiert.

---

[12] Siehe Landau und Lifschitz, *Elektrodynamik der Kontinua*, Abschn. 101, insbesondere Übg. 3.

Unter bestimmten Voraussetzungen lässt sich die Raum-Zeit-Symmetrie der Materialgleichungen nicht aufrechterhalten. So wird z. B. das optische Drehvermögen von links- oder rechtsdrehenden Molekülen phänomenologisch durch die Gleichungen

$$\mathbf{P} = \epsilon_0 \chi_0 \mathbf{E} + \xi \partial \mathbf{B}/\partial t \quad \text{und} \quad \mu_0 \mathbf{M} = \chi_0' \mathbf{B} + \xi' \partial \mathbf{E}/\partial t$$

beschrieben. Die Zusatzterme, die die pseudoskalaren Größen ξ und ξ' enthalten, tragen der fehlenden Spiegelsymmetrie bei optisch aktiven Substanzen Rechnung. (Quantenmechanisch bedeuten nichtverschwindende ξ und ξ', dass magnetische und elektrische Dipoloperatoren von Null verschiedene Matrixelemente für die gleichen Zustandspaare aufweisen, was bei Zuständen definierter Parität nicht der Fall sein kann.)

6.11 Zur Frage magnetischer Monopole

Bis zum heutigen Zeitpunkt (2006) gibt es keinen experimentellen Hinweis auf die Existenz magnetischer Ladungen oder Monopole. Hauptsächlich aufgrund eines frühen brillianten theoretischen Arguments von Dirac[13] setzt die Suche nach solchen Monopolen immer dann wieder ein, wenn in der Hochenergiephysik ein neuer Energiebereich erschlossen wurde oder den Wissenschaftlern neue Materiequellen wie etwa Mondgesteine zugänglich gemacht wurden. Das Dirac'sche Argument, das wir weiter unten skizzieren, gipfelt in der Feststellung, dass die bloße Existenz von im Universum vorhandenen magnetischen Monopolen den diskreten Charakter elektrischer Ladung erklären könnte. Da die Quantisierung der Ladung zu den größten Geheimnissen der Physik gehört, ist die Dirac'sche Idee außerordentlich attraktiv. Die historische Entwicklung der damit zusammenhängenden theoretischen Vorstellungen und experimentellen Forschungsarbeit bis hin zum Jahre 1990 wird in einem Resource Letter von Goldhaber und Trower[14] beschrieben. Einige andere Referenzen zu diesem Thema geben wir am Ende dieses Kapitels an.

Bevor wir das Dirac'sche Argument erläutern, müssen wir einige Vorbemerkungen machen. Die erste Frage, die sich erhebt, ist die, ob die Feststellung, Teilchen hätten sowohl eine magnetische als auch eine elektrische Ladung, überhaupt sinnvoll ist. Um eine Antwort hierauf zu finden, nehmen wir an, dass neben der elektrischen Ladungs- und Stromdichte ρ_e bzw. $\mathbf{J}_e$ noch magnetische Dichten ρ_m bzw. $\mathbf{J}_m$ existieren. Die Maxwell'schen Gleichungen würden dann folgendermaßen lauten:

$$\begin{aligned} \nabla \cdot \mathbf{D} &= \rho_e, & \nabla \times \mathbf{H} &= \frac{\partial \mathbf{D}}{\partial t} + \mathbf{J}_e \\ \nabla \cdot \mathbf{B} &= \rho_m, & -\nabla \times \mathbf{E} &= \frac{\partial \mathbf{B}}{\partial t} + \mathbf{J}_m \end{aligned} \tag{6.150}$$

[13] Dirac, P. A. M., *Proc. R. Soc. London* **A133**, 60 (1931); *Phys. Rev.* **74**, 817 (1948).

[14] Goldhaber, A. S. und W. P. Trower, Resource Letter MM-1: Magnetic Monopoles, *Am. J. Phys.* **58**, 429–439 (1990).

Dabei wurde angenommen, dass die Kontinuitätsgleichung für die magnetischen Dichten dieselbe Form besitzt wie für die elektrischen Dichten. Die modifizierten Maxwell'schen Gleichungen erwecken den Eindruck, als hätte die Existenz einer magnetischen Ladungs- und Stromdichte beobachtbare elektromagnetische Effekte zur Folge. Doch betrachten wir die folgende *duale Transformation*:

$$\begin{aligned} \mathbf{E} &= \mathbf{E}' \cos\xi + Z_0\mathbf{H}' \sin\xi, & Z_0\mathbf{D} &= Z_0\mathbf{D}' \cos\xi + \mathbf{B}' \sin\xi \\ Z_0\mathbf{H} &= -\mathbf{E}' \sin\xi + Z_0\mathbf{H}' \cos\xi, & \mathbf{B} &= -Z_0\mathbf{D}' \sin\xi + \mathbf{B}' \cos\xi \end{aligned} \tag{6.151}$$

Für reelle (pseudoskalare) Winkel ξ lässt eine solche Transformation quadratische Formen wie $\mathbf{E}\times\mathbf{H}$, $(\mathbf{E}\cdot\mathbf{D}+\mathbf{B}\cdot\mathbf{H})$ und die Komponenten des Maxwell'schen Spannungstensors $T_{\alpha\beta}$ invariant. Werden die Quellen in der gleichen Weise transformiert, nämlich gemäß

$$\begin{aligned} Z_0\rho_e &= Z_0\rho_e' \cos\xi + \rho_m' \sin\xi, & Z_0\mathbf{J}_e &= Z_0\mathbf{J}_e' \cos\xi + \mathbf{J}_m' \sin\xi \\ \rho_m &= -Z_0\rho_e' \sin\xi + \rho_m' \cos\xi, & \mathbf{J}_m &= -Z_0\mathbf{J}_e' \sin\xi + \mathbf{J}_m' \cos\xi \end{aligned} \tag{6.152}$$

so ist leicht zu zeigen, dass die verallgemeinerten Maxwell'schen Gleichungen (6.150) unter den Transformationen (6.151) und (6.152) invariant sind, d.h. dass die Gleichungen für die gestrichenen Felder und Quellen dieselbe Gestalt besitzen wie für die ungestrichenen.

Die Invarianz der Gleichungen (6.150) unter dualen Transformationen zeigt, dass es eine Frage der Konvention ist zu sagen, ein Teilchen besitze zwar eine elektrische, aber keine magnetische Ladung. Die einzig entscheidende Frage ist die, ob das Verhältnis von magnetischer zu elektrischer Ladung für *alle* Teilchen gleich ist oder nicht. Ist dies der Fall, dann kann man eine duale Transformation mit einem so gewählten Winkel ξ vornehmen, dass $\rho_m = 0$ und $\mathbf{J}_m = 0$ wird und man die ursprünglichen Maxwell'schen Gleichungen zurückerhält.

Wählt man, der Konvention entsprechend, für die elektrische Ladung des Elektrons $q_e = -e$ und für seine magnetische Ladung $q_m = 0$, dann ist bekanntlich $q_e(\text{Proton}) = +e$ [mit dem gegenwärtigen relativen Fehler $|q_e(\text{Elektron}) + q_e(\text{Proton})|/e \sim 10^{-20}$] und $|q_m(\text{Nukleon})| < 2\times 10^{-24}\, Z_0 e$.

Die äußerst kleine obere Schranke für die magnetische Ladung eines Protons oder Neutrons ergibt sich unmittelbar aus der Tatsache, dass das Magnetfeld an der Erdoberfläche im Mittel nicht stärker als 10^{-4} T ist. Die Schlussfolgerung, die man hieraus mit hoher Genauigkeit ziehen kann, ist die, dass Teilchen normaler Materie nur elektrisch geladen sein können oder, anders ausgedrückt, dass sie alle dasselbe Verhältnis von magnetischer zu elektrischer Ladung besitzen. Für andere, instabile Teilchen lässt sich die Frage magnetischer Ladungen nicht so schlüssig beantworten; doch gibt es bisher keinen Hinweis auf die Existenz solcher Ladungen.

Die Transformationseigenschaften von ρ_m und $\mathbf{J}_m$ unter Drehungen, räumlichen Spiegelungen und Zeitumkehr spielen in diesem Zusammenhang eine wichtige Rolle. Aus dem Verhalten von $\mathbf{E}$ und $\mathbf{B}$, das aus der normalen Maxwell'schen Theorie bekannt ist, lässt sich in Verbindung mit den letzten beiden Gleichungen aus (6.150) schließen, dass

ρ_m *eine unter Zeitumkehr ungerade, pseudoskalare Dichte*

und

$\mathbf{J}_m$ *eine unter Zeitumkehr gerade, pseudovektorielle Dichte* ist. Da sich ρ_m und ρ_e sowohl unter räumlichen Spiegelungen wie unter Zeitumkehr entgegengesetzt transformieren, bedeutet die Existenz eines Teilchens mit elektrischer und magnetischer Ladung, dass die physikalischen Gesetze ihre Symmetrie unter räumlichen Spiegelungen und Zeitumkehr verlieren. Doch wie man weiß, sind diese Symmetrien im Bereich der Elementarteilchenphysik nicht mehr streng erfüllt, wenn auch die bisher bekannte Stärke ihrer Verletzung, die man in der schwachen Wechselwirkung beobachtet hat, äußerst gering ist. Spätere Entwicklungen werden vielleicht einmal die elektromagnetischen, schwachen und möglicherweise auch starken Wechselwirkungen miteinander vereinen und magnetisch geladene Teilchen für die Verletzung der genannten Symmetrien verantwortlich machen. Doch ohne einen experimentellen Hinweis auf die Existenz von Monopolen bleibt dies natürlich Spekulation.

Trotz des bisherigen Ausbleibens eines solchen Hinweises wollen wir uns jetzt dem genialen Vorschlag Diracs zuwenden. Er untersuchte das quantenmechanische Problem eines Elektrons bei Anwesenheit eines magnetischen Monopols und zeigte, dass aus Konsistenzgründen die Quantisierungsbedingung

$$\frac{eg}{4\pi\hbar} = \frac{\alpha g}{Z_0 e} = \frac{n}{2} \quad (n = 0, \pm 1, \pm 2, \ldots) \tag{6.153}$$

erfüllt sein muss, wenn e die Ladung des Elektrons, $\alpha = e^2/4\pi\epsilon_0\hbar c$ die Feinstrukturkonstante ($\alpha \approx 1/137$) und g die magnetische Ladung des Monopols bedeuten. Die diskrete Natur der elektrischen Ladung folgt somit aus der Existenz eines Monopols. Der Betrag von e ist – abgesehen von der Tatsache, dass er durch die magnetische Ladung g ausgedrückt wird – unbestimmt. Natürlich kann diese Schlussfolgerung umgekehrt werden. Mit dem bekannten Wert der Feinstrukturkonstanten ergibt sich für magnetische Monopole der Ladung g die *magnetische „Feinstrukturkonstante"*

$$\frac{g^2}{4\pi\mu_0\hbar c} = \frac{n^2}{4}\left(\frac{4\pi\epsilon_0\hbar c}{e^2}\right) \simeq \frac{137}{4} n^2$$

Solche Monopole heißen *Dirac'sche Monopole*. Ihre Kopplungsstärke ist äußerst groß, sodass es im Prinzip leicht ist, sie mithilfe von Gleichstrommagnetfeldern aus der Materie zu extrahieren und anschließend nachzuweisen. So ist z. B. der Energieverlust eines relativistischen Dirac'schen Monopols in der Materie ungefähr ebenso groß wie der eines schweren Kerns der Ordnungszahl $Z = 137n/2$. Von einem derart schweren Kern dürfte er sich unterscheiden lassen, wenn man ihn zur Ruhe bringt, da sein Ionisationsvermögen gegen Ende seiner Reichweite nicht zunimmt (vgl. Übg. 13.11).

6.12 Diskussion der Dirac'schen Quantisierungsbedingung

Die Bedeutung der Dirac'schen Quantisierungsbedingung (6.153) geht bereits aus halbklassischen Überlegungen hervor. Wir betrachten zunächst die Ablenkung eines Teilchens der Ladung e und der Masse m, das mit großem Stoßparameter das Feld

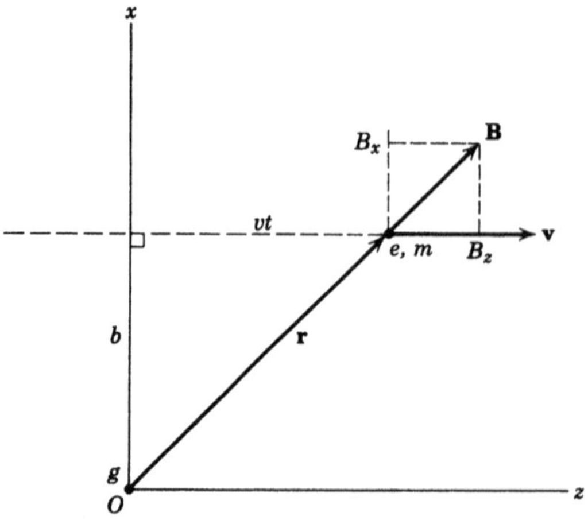

Abb. 6.6 Ein elektrisch geladenes Teilchen, das das Feld eines magnetischen Monopols in großer Entfernung von dessen Kraftzentrum passiert.

eines ruhenden magnetischen Monopols der Ladung g passiert. Ist der Stoßparameter groß genug, so lässt sich die Änderung im Bewegungszustand des geladenen Teilchens aus dem von ihm wahrgenommenen Kraftstoß berechnen, wenn man seine Ablenkung unberücksichtigt lässt. Die Geometrie dieses Problems zeigt Abb. 6.6. Das Teilchen fällt parallel zur z-Achse mit dem Stoßparameter b und der Geschwindigkeit v ein und steht unter Wirkung des radial gerichteten Monopolmagnetfeldes $\mathbf{B} = g\mathbf{r}/4\pi r^3$. Vernachlässigt man die Ablenkung des Teilchens, so wirkt auf dieses während des gesamten Streuprozesses nur eine Kraft in Richtung der y-Achse, und diese ist nach dem Lorentz'schen Kraftgesetz (6.113) gegeben durch:

$$F_y = evB_x = \frac{eg}{4\pi} \frac{vb}{(b^2 + v^2 t^2)^{3/2}} \tag{6.154}$$

Der von dieser Kraft übertragene Impuls ist

$$\Delta p_y = \frac{egvb}{4\pi} \int_{-\infty}^{\infty} \frac{dt}{(b^2 + v^2 t^2)^{3/2}} = \frac{eg}{2\pi b} \tag{6.155}$$

Da der Impulsübertrag in y-Richtung erfolgt, wird das Teilchen aus der Zeichenebene von Abb. 6.6 heraus abgelenkt, d.h. in azimutaler Richtung. Natürlich wird bei dem Streuprozess auch der Drehimpuls des Teilchens geändert, wie man aufgrund des nichtzentralen Charakters der Kraft auch erwartet. Verwunderlich ist jedoch der Betrag dieser Änderung; denn obwohl der Drehimpuls $\mathbf{L}$ anfänglich keine z-Komponente besaß, besitzt er sie nach der Streuung. Die Änderung in L_z beträgt

$$\Delta L_z = b\,\Delta p_y = \frac{eg}{2\pi} \tag{6.156}$$

Sie ist unabhängig vom Stoßparameter b und der Geschwindigkeit v des geladenen Teilchens und hängt allein von dem Produkt eg ab. D.h. für ein Teilchen, das das

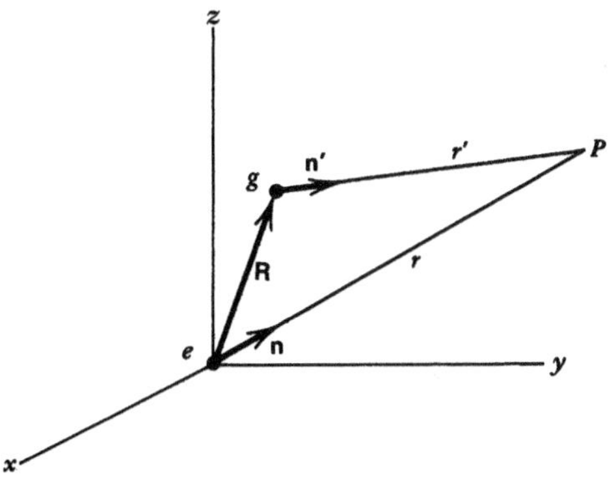

Abb. 6.7

Feld eines ruhenden Monopols in beliebigem Abstand passiert, besitzt sie einen universellen Wert. Nimmt man an, dass jede Drehimpulsänderung in ganzzahligen Vielfachen von $\hbar$ auftritt, so gelangt man unmittelbar zu der Dirac'schen Quantisierungsbedingung (6.153).[15]

Der eigenartige universelle Charakter der Drehimpulsänderung (6.156), die ein Teilchen beim Vorbeiflug an einem Monopol erfährt, lässt sich über den Drehimpulsgehalt der Felder einer elektrischen Punktladung bei Anwesenheit eines punktartigen magnetischen Monopols verstehen. Befinden sich der Monopol g bei $\mathbf{x} = \mathbf{R}$ und die Ladung e bei $\mathbf{x} = 0$, wie in Abb. 6.7 gezeigt, dann sind die über den gesamten Raum verteilten, elektrischen und magnetischen Felder durch

$$\mathbf{H} = -\frac{g}{4\pi\mu_0}\boldsymbol{\nabla}\left(\frac{1}{r'}\right) = \frac{g}{4\pi\mu_0}\frac{\mathbf{n}'}{r'^2}, \quad \mathbf{E} = -\frac{e}{4\pi\epsilon_0}\boldsymbol{\nabla}\left(\frac{1}{r}\right) = \frac{e}{4\pi\epsilon_0}\frac{\mathbf{n}}{r^2} \tag{6.157}$$

gegeben, wobei $r' = |\mathbf{x} - \mathbf{R}|$ und $r = |\mathbf{x}|$ ist, während $\mathbf{n}'$ und $\mathbf{n}$ Einheitsvektoren in Richtung von $(\mathbf{x} - \mathbf{R})$ bzw. $\mathbf{x}$ darstellen. Der Drehimpuls $\mathbf{L}_{em}$ wird durch das Volumenintegral von $\mathbf{x} \times \mathbf{g}$ bestimmt, wobei $\mathbf{g} = (\mathbf{E} \times \mathbf{B})/4\pi c$ die elektromagnetische Impulsdichte ist. Der Gesamt*impuls* der Felder $\mathbf{P}_{em}$ (das Volumenintegral von $\mathbf{g}$) verschwindet. Dies folgt aus der Tatsache, dass $\mathbf{P}_{em}$ ein Vektor ist und nur $\mathbf{R}$ als Vektor zur Verfügung steht. Somit ist $\mathbf{P}_{em} = (\mathbf{R}/R)P$, wobei P das Volumenintegral von $\mathbf{g} \cdot (\mathbf{R}/R)$ ist. Da aber $\mathbf{g} \cdot \mathbf{R} \sim (\mathbf{n} \times \mathbf{n}') \cdot \mathbf{R}$ ist und $\mathbf{R}$ in der von $\mathbf{n}$ und $\mathbf{n}'$ aufgespannten Ebene liegt, verschwindet das Spatprodukt und damit auch $\mathbf{P}_{em}$. Dies wiederum bedeutet, dass der *Drehimpuls*

$$\mathbf{L}_{em} = \frac{1}{c^2}\int \mathbf{x} \times (\mathbf{E} \times \mathbf{H})\, d^3x \tag{6.158}$$

unabhängig von der Wahl des Koordinatenursprungs ist. Um das Integral (6.158) auszuwerten, ist es zweckmäßig, zunächst für das elektrische Feld Gl. (6.157) zu benutzen:

$$\frac{4\pi}{\mu_0}\mathbf{L}_{em} = e\int \frac{1}{r}\mathbf{n} \times (\mathbf{n} \times \mathbf{H})\, d^3x = -e\int \frac{1}{r}[\mathbf{H} - \mathbf{n}(\mathbf{n} \cdot \mathbf{H})]\, d^3x$$

[15] Dieses Argument geht im Wesentlichen zurück auf Goldhaber, A. S., *Phys. Rev.* **140**, B1407 (1965).

Mithilfe der Vektoridentität, die auf der ersten Vorsatzseite des Buches an vorletzter Stelle steht, kann man hierfür auch schreiben:

$$4\pi \mathbf{L}_{em} = -e \int (\mathbf{B} \cdot \nabla)\mathbf{n} \, d^3x$$

mit der magnetischen Induktion $\mathbf{B} = \mu_0 \mathbf{H}$. Eine partielle Integration liefert schließlich:

$$4\pi \mathbf{L}_{em} = e \int \mathbf{n}(\nabla \cdot \mathbf{B}) \, d^3x - e \int_S \mathbf{n}(\mathbf{B} \cdot \mathbf{n}_S) \, da$$

wobei das zweite Integral über eine im Unendlichen liegende Fläche S mit der äußeren Flächennormalen $\mathbf{n}_S$ zu erstrecken ist. Mit dem in Gl. (6.157) angegebenen Ausdruck für $\mathbf{B}$ reduziert sich dieses Oberflächenintegral auf $(g/4\pi) \int \mathbf{n} \, d\Omega = 0$, da $\mathbf{n}$ radial gerichtet ist und im Mittel die Raumwinkel Null hat. Da $\mathbf{B}$ von einem punktartigen Monopol bei $\mathbf{x} = \mathbf{R}$ verursacht wird, ergibt sich für seine Divergenz: $\nabla \cdot \mathbf{B} = g \, \delta(\mathbf{x} - \mathbf{R})$. Der Drehimpuls ist daher:[16]

$$\mathbf{L}_{em} = \frac{eg}{4\pi} \frac{\mathbf{R}}{R} \tag{6.159}$$

Er zeigt von der elektrischen zur magnetischen Ladung, und sein Betrag ist gleich dem Produkt der Ladungen (in SI-Einheiten), dividiert durch 4π. Denkt man jetzt an den in Abb. 6.6 dargestellten Streuprozess und den Gesamtdrehimpuls des Systems, d. h. die Summe aus Teilchen- und Felddrehimpuls, so erkennt man, dass dieser Gesamtdrehimpuls erhalten bleibt. Die durch (6.156) beschriebene Änderung des Teilchendrehimpulses wird durch die elektromagnetische Drehimpulsänderung (6.159), bedingt durch die Richtungsumkehr von $\mathbf{R}$, gerade ausgeglichen. Das klassische und quantenmechanische Streuproblem, einschließlich der Frage des elektromagnetischen Drehimpulses, ist von Goldhaber (*loc. cit.*) systematisch analysiert worden.

Das Thomson'sche Ergebnis (6.159) haben Saha[17] und Wilson[18] unabhängig voneinander dazu benutzt, um die Dirac'sche Quantisierungsbedingung (6.153) auf halbklassischem Wege herzuleiten. Um für den Fall, dass nur der Felddrehimpuls berücksichtigt wird, anstelle von n den Ausdruck $n/2$ zu erhalten, muss man allerdings für $\mathbf{L}_{em}$ halbzahlige Quantisierung postulieren – eine Hypothese, die für das elektromagnetische Feld kaum wünschenswert ist.

Abschließend wollen wir noch, in vereinfachender Weise, das ursprüngliche Dirac'sche Argument (1931) diskutieren, das auf die Bedingung (6.153) führt. Bei der Behandlung des quantenmechanischen Problems eines Elektrons im Feld eines magnetischen Monopols ist es erstrebenswert, so wenig wie möglich an der Form

---

[16] Dieses Ergebnis wurde das erste Mal von J. J. Thomson hergeleitet; vgl. hierzu Thomson, J. J., *Elements of the Mathematical Theory of Electricity and Magnetism*, Cambridge University Press, Abschn. 284 der dritten Auflage (1904) und der folgenden. Die Argumentation von Thomson verläuft jedoch gegenüber der unsrigen genau umgekehrt; denn Thomson leitet aus der Erhaltung des Drehimpulses den magnetischen Anteil $e(\mathbf{v} \times \mathbf{B})$ der Lorentz-Kraft her.

[17] Saha, M. N., *Ind. J. Phys.* **10**, 141 (1936); *Phys. Rev.* **75**, 1968 (1949).

[18] Wilson, H. A., *Phys. Rev.* **75**, 309 (1949).

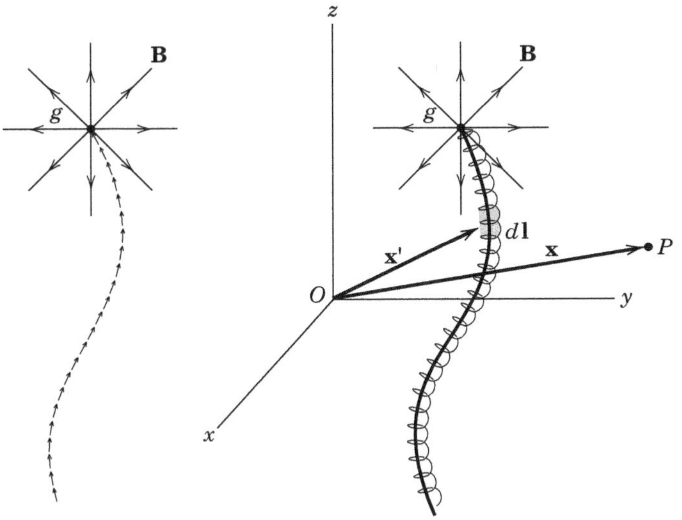

Abb. 6.8 Zwei Darstellungen eines magnetischen Monopols der Ladung g – einmal als das Ende einer Kette von Dipolen, das andere Mal als das Ende einer schmalen, eng gewickelten Spule, die sich beide jeweils ins Unendliche erstrecken.

der elektromagnetischen Wechselwirkung zu ändern. So wird man z. B. die Hamilton'sche Funktion der Wechselwirkung in ihrer Standardform

$$H_{\text{int}} = e\Phi - \frac{e}{m}\mathbf{p}\cdot\mathbf{A} + \frac{e^2}{2m}\mathbf{A}\cdot\mathbf{A}$$

mit Φ und $\mathbf{A}$ als Skalar- bzw. Vektorpotential der äußeren Quellen beizubehalten versuchen. Um dies auch im Fall einer magnetischen Ladung tun zu können, muss man sich eines Kunstgriffs bedienen. Die magnetische Ladung g stellt man sich als das Ende einer Kette von Dipolen oder einer schmalen, eng gewickelten Spule vor, die sich jeweils ins Unendliche erstrecken (vgl. Abb. 6.8). Den Monopol mit der angehefteten „Saite" („string" im Englischen), d. h. der Dipolkette oder Spule, kann man dann näherungsweise im Rahmen üblicher elektromagnetischer Wechselwirkungen mit $\mathbf{B} = \nabla \times \mathbf{A}$ usw. beschreiben. Nach (5.55) ist das Element $d\mathbf{A}$ des Vektorpotentials eines magnetischen Dipolmoments $d\mathbf{m}$ an der Stelle $\mathbf{x}'$ durch

$$d\mathbf{A}(\mathbf{x}) = -\frac{\mu_0}{4\pi}\, d\mathbf{m} \times \nabla\left(\frac{1}{|\mathbf{x}-\mathbf{x}'|}\right) \tag{6.160}$$

gegeben. Für eine Dipolkette L oder eine Spule, die sich an der Stelle von L befindet, ist somit das Vektorpotential:

$$\mathbf{A}_L(\mathbf{x}) = -\frac{g}{4\pi}\int_L d\mathbf{l} \times \nabla\left(\frac{1}{|\mathbf{x}-\mathbf{x}'|}\right) \tag{6.161}$$

An allen Punkten außerhalb von L hat die Rotation dieses Vektorpotentials die Richtung der vom Ende der Kette bzw. Spule ausgehenden Radien; sie ist umgekehrt proportional zum Abstand von diesem Ende und ihr Flussintegral (mit nach außen gerichteter Flächennormale) ist gleich g, wie man es für das Magnetfeld **B** eines Monopols g auch erwartet. Auf L selbst ist das Vektorpotential singulär. Dieses singuläre Verhalten entspricht einem starken Feld $\mathbf{B}'$ *innerhalb* der Spule und einem Rückbeitrag $(-g)$ zum Fluss entlang von L, der den nach außen gerichteten, vom Monopol herrührenden Fluss aufhebt. Bisher haben wir lediglich eine lange stromführende Spule kleinen Durchmessers beschrieben. Für das Feld des Monopols allein schreiben wir

$$\mathbf{B}_{\text{Monopol}} = \nabla \times \mathbf{A} - \mathbf{B}'$$

wobei $\mathbf{B}'$ nur längs L (innerhalb der Spule) existiert. Dirac argumentierte nun folgendermaßen: Um ein Elektron zu beschreiben, das mit dem Feld eines magnetischen *Monopols* wechselwirkt und nicht mit dem Magnetfeld einer langen, dünnen Spule, darf das Elektron das singuläre Feld $\mathbf{B}'$ nicht „sehen“. Er forderte deswegen, dass die Wellenfunktion des Elektrons entlang von L verschwindet. Dieses willkürliche Postulat wurde zwar kritisiert, aber die Behandlung der damit zusammenhängenden Probleme würde zu weit führen und den begrenzten Rahmen des von uns verfolgten Zieles sprengen. In einer späteren Arbeit (1948) geht Dirac auf die Frage der Unbeobachtbarkeit der Dipolkette bzw. Spule ausführlich ein.

Akzeptiert man das durch (6.161) gegebene $\mathbf{A}_L(\mathbf{x})$ als das Vektorpotential eines Monopols mit der „Saite“ L, so bleibt das Problem, dass die Lage von L willkürlich gewählt werden kann. Die physikalischen Observablen sollten natürlich von dieser Lage nicht abhängen. Wir werden jetzt zeigen, dass die Wahl verschiedener Lagen von L der Wahl verschiedener Eichungen des Vektorpotentials entspricht. Tatsächlich führt die Forderung der Eichinvarianz der Schrödinger-Gleichung sowie der Eindeutigkeit der Wellenfunktion auf die Dirac'sche Quantisierungsbedingung

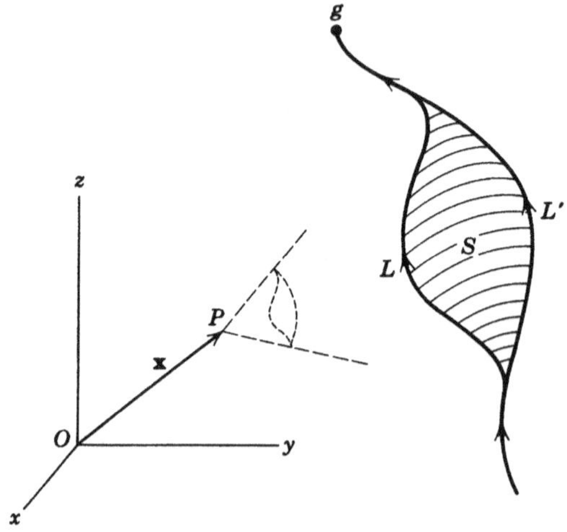

Abb. 6.9 Zwei verschiedene Saiten L und L', die zu verschiedenen Monopol-Vektorpotentialen führen. Die beiden Potentiale unterscheiden sich durch eine Eichtransformation, deren Eichfunktion proportional zum räumlichen Winkel $\Omega_C(\mathbf{x})$ ist, der am Aufpunkt P von der Fläche S mit der Berandung $C = L' - L$ aufgespannt wird.

(6.153). Betrachten wir etwa zwei verschiedene „Saiten“ L und L', wie sie in Abb. 6.9 dargestellt sind. Der Unterschied in den Vektorpotentialen wird durch (6.161) bestimmt, wenn man das Integral längs des geschlossenen Weges $C = L' - L$ bildet, der die Berandung der Fläche S darstellt. Nach Übg. 5.1 ist das zu L' gehörende Vektorpotential:

$$\mathbf{A}_{L'}(\mathbf{x}) = \mathbf{A}_L(\mathbf{x}) + \frac{g}{4\pi}\boldsymbol{\nabla}\Omega_C(\mathbf{x}) \tag{6.162}$$

wenn Ω_C den von der Kontur C aufgespannten räumlichen Winkel bezüglich des Aufpunktes $\mathbf{x}$ bedeutet. Ein Vergleich mit den Eichtransformationsgleichungen $\mathbf{A} \to \mathbf{A}' = \mathbf{A} + \boldsymbol{\nabla}\chi$, $\Phi \to \Phi' = \Phi - (1/c)(\partial\chi/\partial t)$ zeigt, dass der Übergang von L zu L' einer Eichtransformation mit $\chi = g\Omega_C/4\pi$ entspricht.

Aus der Quantenmechanik ist bekannt[19], dass die Schrödinger-Gleichung gegenüber einer Eichtransformation der Potentiale forminvariant ist, sofern die Wellenfunktion der Transformation

$$\psi \to \psi' = \psi e^{ie\chi/\hbar}$$

unterworfen wird, wobei e die Ladung des Teilchens und χ die Eichfunktion ist. Der Übergang von L zu L' muss also von einer Änderung der Phase der Wellenfunktion des Elektrons begleitet sein:

$$\psi \to \psi' = \psi e^{ieg\Omega_C/4\pi\hbar} \tag{6.163}$$

Da Ω_C beim Durchgang des Elektrons durch die Fläche S einen Sprung um 4π macht, ist die Wellenfunktion nur dann eindeutig, wenn die Bedingung

$$\frac{eg}{\hbar} = 2\pi n \quad (n = 0, \pm 1, \pm 2, \ldots)$$

erfüllt ist. Sie ist identisch mit der Dirac'schen Quantisierungsbedingung und folgt, unabhängig von der räumlichen Lage der Monopolsaite, aus der allgemeinen Forderung der Eichinvarianz und Eindeutigkeit der Wellenfunktion.

Unsere Diskussion magnetischer Monopole betraf nur die grundlegendsten Begriffe. Die Literatur, die sich mit Modifikationen der Quantisierungsbedingung und anderen Aspekten beschäftigt, ist sehr umfangreich, und es existieren auch Versuche, eine Quantenelektrodynamik mit magnetischen Monopolen und elektrischen Ladungen zu entwickeln. Der interessierte Leser kann dieses Gebiet in dem bereits zitierten Artikel von Goldhaber und Trower verfolgen und auch in anderen Arbeiten, die wir in den Literaturhinweisen nennen.

[19] Der Beweis ist sehr einfach. Siehe z. B. Kramers, H. A., *Quantum Mechanics*, Amsterdam: North-Holland 1957; Dover-Nachdruck 1964, Abschn. 62.

6.13 Polarisationspotentiale (Hertz'sche Vektoren)

Manchmal ist es zweckmäßig, zur Bestimmung der elektromagnetischen Felder andere Hilfspotentiale einzuführen als die üblichen Skalar- und Vektorpotentiale. Am wichtigsten in diesem Zusammenhang sind die *Polarisationspotentiale* oder *Hertz'schen Vektoren*, die auf Hertz (1889) und Righi (1901) zurückgehen. Wie bereits der Begriff „Polarisationspotentiale" andeutet, stellen diese Potentiale die elektrischen und magnetischen Polarisationsdichten in den Vordergrund. Wir betrachten hier lineare, isotrope Medien mit äußeren Quellen der Polarisationsdichten $\mathbf{P}_{\text{ext}}$ und $\mathbf{M}_{\text{ext}}$, aber ohne separate makroskopische Ladungen oder Ströme. Die Medien seien durch ihre elektrischen und magnetischen Suszeptibilitäten ϵ bzw. μ charakterisiert. (Einer realen Situation kann man Rechnung tragen, indem man eine sinusartige Zeitabhängigkeit zu gegebener Frequenz annimmt und dann eine Fourier-Überlagerung vornimmt.)

Die makroskopischen Felder lassen sich schreiben in der Form

$$\mathbf{D} = \epsilon\mathbf{E} + \mathbf{P}_{\text{ext}}; \quad \mathbf{B} = \mu\mathbf{H} + \mu_0\mathbf{M}_{\text{ext}} \tag{6.164}$$

Bei Verwendung der Standarddefinition der Felder durch Skalar- und Vektorpotentiale (Gl. (6.7) und (6.9)) folgen aus den Maxwell'schen Gleichungen die Wellengleichungen

$$\mu\epsilon\frac{\partial^2\mathbf{A}}{\partial t^2} - \nabla^2\mathbf{A} = \mu\frac{\partial\mathbf{P}_{\text{ext}}}{\partial t} + \mu_0\nabla\times\mathbf{M}_{\text{ext}} \tag{6.165a}$$

$$\mu\epsilon\frac{\partial^2\Phi}{\partial t^2} - \nabla^2\Phi = -\frac{1}{\epsilon}\nabla\cdot\mathbf{P}_{\text{ext}} \tag{6.165b}$$

mit der Lorenz-Bedingung

$$\nabla\cdot\mathbf{A} + \mu\epsilon\frac{\partial\Phi}{\partial t} = 0$$

Man kann jetzt zwei Polarisationspotentiale, die Hertz'schen Vektoren $\mathbf{\Pi}_{\text{e}}$ und $\mathbf{\Pi}_{\text{m}}$ einführen, indem man den Potentialen $\mathbf{A}$ und Φ dieselbe Struktur aufprägt, wie sie die rechten Seiten der Wellengleichungen (6.165) besitzen, d. h. man kann den Ansatz

$$\mathbf{A} = \mu\frac{\partial\mathbf{\Pi}_{\text{e}}}{\partial t} + \mu_0\nabla\times\mathbf{\Pi}_{\text{m}}; \quad \Phi = -\frac{1}{\epsilon}\nabla\cdot\mathbf{\Pi}_{\text{e}} \tag{6.166}$$

machen. Setzt man dies in die Gln. (6.165) ein, so zeigt sich, dass die Lorenz-Bedingung automatisch erfüllt ist. Aus den Wellengleichungen ergeben sich folgende Gleichungen für $\mathbf{\Pi}_{\text{e}}$ und $\mathbf{\Pi}_{\text{m}}$:

$$\nabla\cdot\left[\nabla^2\mathbf{\Pi}_{\text{e}} - \mu\epsilon\frac{\partial^2\mathbf{\Pi}_{\text{e}}}{\partial t^2} + \mathbf{P}_{\text{ext}}\right] = 0 \tag{6.167a}$$

$$\mu\frac{\partial}{\partial t}\left[\nabla^2\mathbf{\Pi}_{\text{e}} - \mu\epsilon\frac{\partial^2\mathbf{\Pi}_{\text{e}}}{\partial t^2} + \mathbf{P}_{\text{ext}}\right] + \mu_0\nabla\times\left[\nabla^2\mathbf{\Pi}_{\text{m}} - \mu\epsilon\frac{\partial^2\mathbf{\Pi}_{\text{m}}}{\partial t^2} + \mathbf{M}_{\text{ext}}\right] = 0 \tag{6.167b}$$

Aus Gl. (6.167a) erkennt man, dass die Größe in eckigen Klammern höchstens gleich der Rotation eines Vektorfeldes, etwa $(\mu_0/\mu)\,\mathbf{V}$, sein kann. Setzt man diese Rotation in Gl. (6.167b) ein, so bleibt die verschwindende Rotation einer Vektorgröße übrig, die daher höchstens gleich dem Gradienten eines skalaren Feldes sein kann, etwa $\partial\xi/\partial t$. Damit kommen wir zu dem Ergebnis, dass die Hertz'schen Vektoren die Wellengleichungen

$$\mu\epsilon\frac{\partial^2 \boldsymbol{\Pi}_\mathrm{e}}{\partial t^2} - \nabla^2\boldsymbol{\Pi}_\mathrm{e} = \mathbf{P}_\mathrm{ext} - \frac{\mu_0}{\mu}\boldsymbol{\nabla}\times\mathbf{V} \tag{6.168a}$$

$$\mu\epsilon\frac{\partial^2 \boldsymbol{\Pi}_\mathrm{m}}{\partial t^2} - \nabla^2\boldsymbol{\Pi}_\mathrm{m} = \mathbf{M}_\mathrm{ext} + \frac{\partial \mathbf{V}}{\partial t} + \boldsymbol{\nabla}\frac{\partial\xi}{\partial t} \tag{6.168b}$$

erfüllen. Wir überlassen es dem Leser als Übung (vgl. Übg. 6.23) zu zeigen, dass die beliebigen Funktionen $\mathbf{V}$ und ξ durch eine Eichtransformation der Polarisationspotentiale zum Verschwinden gebracht werden können. D. h. man darf $\mathbf{V}$ und ξ ohne Beschränkung der Allgemeinheit gleich Null setzen.

Die elektrischen und magnetischen Felder lassen sich nun wie folgt durch die Hertz'schen Vektoren ausdrücken:

$$\mathbf{E} = \frac{1}{\epsilon}\boldsymbol{\nabla}(\boldsymbol{\nabla}\cdot\boldsymbol{\Pi}_\mathrm{e}) - \mu\frac{\partial^2\boldsymbol{\Pi}_\mathrm{e}}{\partial t^2} - \mu_0\boldsymbol{\nabla}\times\frac{\partial\boldsymbol{\Pi}_\mathrm{m}}{\partial t} \tag{6.169a}$$

$$\mathbf{B} = \mu\boldsymbol{\nabla}\times\frac{\partial\boldsymbol{\Pi}_\mathrm{e}}{\partial t} + \mu_0\boldsymbol{\nabla}\times(\boldsymbol{\nabla}\times\boldsymbol{\Pi}_\mathrm{m}) \tag{6.169b}$$

Außerhalb der äußeren Quelle $\mathbf{P}_\mathrm{ext}$ lässt sich die Wellengleichung (6.168a) benutzen, um $\mathbf{E}$ in einer zu $\mathbf{B}$ (Gl. (6.169b)) analogen Form auszudrücken, wobei die Rollen von elektrischem und magnetischem Hertz'schen Vektor vertauscht sind.

Die Wellengleichungen für $\boldsymbol{\Pi}_\mathrm{e}$ und $\boldsymbol{\Pi}_\mathrm{m}$ haben besonders einfache Lösungen, wenn die äußeren Polarisationsdichten selbst sehr einfach sind. So hat z. B. ein zeitabhängiger magnetischer Dipol im Punkt $\mathbf{x}_0$ die Magnetisierungsdichte

$$\mathbf{M}_\mathrm{ext} = \mathbf{m}(t)\,\delta(\mathbf{x}-\mathbf{x}_0)$$

Aus der Form der Wellengleichung (6.41) und ihrer Lösung (6.47) ergibt sich daher für den magnetischen Hertz'schen Vektor dieses Dipols:

$$\boldsymbol{\Pi}_\mathrm{m}(\mathbf{x},t) = \frac{\mathbf{m}(t-\sqrt{\mu\epsilon}R)}{4\pi R}$$

wobei $R = |\mathbf{x}-\mathbf{x}_0|$ ist.

Anwendungsbeispiele für die Polarisationsvektoren findet man in den Büchern von *Born und Wolf* und *Stratton* sowie von *Panofsky und Phillips*, die Hertz'sche Vektoren zur Darstellung der elementaren Multipolstrahlung verwenden. Wir hielten es für angemessener, mit den üblichen Potentialen $\mathbf{A}$ und Φ oder mit den Feldern selbst zu arbeiten.[20]

---

[20] Besonders häufig werden die Hertz'schen Vektoren in der Antennentheorie benutzt. Vgl. hierzu z. B. das Buch von *Simonyi* (Anm. des Übersetzers).

Literaturhinweise

Die Erhaltungssätze für Energie und Impuls des elektromagnetischen Feldes werden in fast sämtlichen Lehrbüchern der Elektrodynamik behandelt, z. B. in den Büchern von
- *Becker und Sauter, Bd. I, § 54–56
- Panofsky und Phillips, Kap. 10
- *Simonyi, Kap. 2, Abschn. J
- Stratton, Kap. II
- Landau und Lifschitz, *Elektrodynamik der Kontinua*, die Abschnitte 16, 17 und 32–35.

Landau und Lifschitz diskutieren eingehend den Maxwell'schen Spannungstensor bei Berücksichtigung von Kräften in Flüssigkeiten und Festkörpern.

Eine zum Nachdenken anregende Abhandlung über die Herleitung der makroskopischen Gleichungen des Elektromagnetismus sowie der Thermodynamik elektrischer und magnetischer Systeme stellt das Buch von
- Robinson

dar.

Der Zusammenhang zwischen den Begriffen der Theorie der Wechselstromkreise und deren Beschreibung durch die Felder wird, wie bereits erwähnt, von
- Adler, Chu und Fano
- Fano, Chu und Adler

behandelt. Eine Beschreibung von Hohlraumresonatoren als Netzwerkelemente findet man in einer klassischen Arbeit von
- Hansen, W. W., *J. Appl. Phys.* **9**, 654 (1938).

Die Herleitung der makroskopischen Maxwell'schen Gleichungen aus der Sicht der statistischen Mechanik ist lange Zeit Forschungsgebiet einer holländischen Physikerschule gewesen. Ihre Schlussfolgerungen sind in zwei umfassenden Büchern von
- de Groot
- de Groot und Suttorp

enthalten.

In einem gewissen Gegensatz zu diesen Autoren steht die Behandlung des Problems von Energie und Impuls elektromagnetischer Felder, einschließlich des Maxwell'schen Spannungstensors, durch
- Penfield und Haus
- Haus und Melcher.

Dem Leser, der die detaillierte quantenmechanische Behandlung der Dielektrizitätskonstanten und der makroskopischen Feldgleichungen in Materie kennenlernen will, empfehlen wir das Buch von
- *Becker und Sauter, Bd. III, Abschn. B

und die Artikel von
- Adler, S. L., *Phys. Rev.* **126**, 413 (1962)
- Josephson, B. D., *Phys. Rev.* **152**, 211 (1966)
- Mahan, G. D., *Phys. Rev.* **153**, 983 (1967).

Das Symmetrieverhalten elektromagnetischer Felder bei Drehungen und Spiegelungen wird bei
- Argence und Kahan

diskutiert.

Übungen

6.1 Im dreidimensionalen Raum ist die Lösung der Wellengleichung (6.32) für eine Punktquelle in Raum und Zeit (d.h. für einen Lichtblitz bei $\mathbf{x}' = 0$ zur Zeit $t' = 0$) eine sich kugelförmig mit dem Radius $R = ct$ ausbreitende Störung, wie sie durch die in Gl. (6.44) angegebene Green'sche Funktion $G^{(+)}$ beschrieben wird. Es mag zunächst überraschen, dass die entsprechende Störung in ein oder zwei Raumdimensionen eine Art Spur hinterlässt (ähnlich einem Kielwasser), obwohl die Quelle räumlich und zeitlich punktartig ist. Lösungen für weniger als drei Dimensionen lassen sich ermitteln, indem man die Lösungen in den übrigen, nicht auftretenden Dimensionen so überlagert, dass sich die Abhängigkeit von den Variablen der entfallenden Dimensionen aufhebt. So ist zum Beispiel ein „Linienblitz" mit ortsunabhängiger Amplitude das Äquivalent einer Punktquelle in zwei Dimensionen.

(a) Ausgehend von der retardierten Lösung der dreidimensionalen Wellengleichung (6.47) zeige man, dass die Quelle $f(\mathbf{x}', t') = \delta(x')\,\delta(y')\,\delta(t')$, die – in zwei Raumdimensionen – äquivalent ist zu einer Punktquelle im Ursprung zur Zeit $t = 0$, die zweidimensionale Welle

$$\Psi(x, y, t) = \frac{2c\Theta(ct - \rho)}{\sqrt{c^2t^2 - \rho^2}}$$

erzeugt, wobei $\rho^2 = x^2 + y^2$ ist und $\Theta(\xi)$ die Stufenfunktion bezeichnet (mit $\Theta(\xi) = 0$ für $\xi < 0$ und $\Theta(\xi) = 1$ für $\xi > 0$).

(b) Man zeige, dass eine „Blatt"-Quelle, die – in einer Raumdimension – äquivalent ist zu einer gepulsten Punktquelle im Ursprung, bis auf einen Proportionalitätsfaktor zu der eindimensionalen Welle

$$\Psi(x, t) = 2\pi c\Theta(ct - |x|)$$

führt.

6.2 Die Ladungs- und Stromdichte für eine einzelne Punktladung q lassen sich formal als

$$\rho(\mathbf{x}', t') = q\delta[\mathbf{x}' - \mathbf{r}(t')]; \quad \mathbf{J}(\mathbf{x}', t') = q\mathbf{v}(t')\,\delta[\mathbf{x}' - \mathbf{r}(t')]$$

schreiben, wobei $\mathbf{r}(t')$ den Ort der Ladung zur Zeit t' und $\mathbf{v}(t')$ ihre Geschwindigkeit bezeichnen. Bei der Auswertung von Ausdrücken, die die retardierte Zeit enthalten, ist $t' = t_{\text{ret}} = t - R(t')/c$ zu setzen, wobei $\mathbf{R} = \mathbf{x} - \mathbf{r}(t')$ ist (jedoch $\mathbf{R} = \mathbf{x} - \mathbf{x}'$ innerhalb der Delta-Funktion).

(a) Als Vorbereitung auf die Herleitung der Heaviside-Feynman-Formeln für die elektrischen und magnetischen Felder einer Punktladung zeige man, dass

$$\oint d^3x'\; \delta[\mathbf{x}' - \mathbf{r}(t_{\text{ret}})] = \frac{1}{\kappa}$$

wobei $\kappa = 1 - \mathbf{v} \cdot \hat{\mathbf{R}}/c$ ist. Man beachte, dass κ zur retardierten Zeit zu berechnen ist.

(b) Ausgehend von der Jefimenko'schen Verallgemeinerung des Coulomb'schen und Biot-Savart'schen Gesetzes, verwende man die Ausdrücke für die Ladungs- und Stromdichten einer Punktladung und das Ergebnis aus Teil (a), um die nachstehend angegebenen Heaviside-Feynman-Formeln für die elektrischen und magnetischen Felder einer Punktladung zu beweisen:

$$\mathbf{E} = \frac{q}{4\pi\epsilon_0}\left\{\left[\frac{\hat{\mathbf{R}}}{\kappa R^2}\right]_{\text{ret}} + \frac{\partial}{c\partial t}\left[\frac{\hat{\mathbf{R}}}{\kappa R}\right]_{\text{ret}} - \frac{\partial}{c^2\partial t}\left[\frac{\mathbf{v}}{\kappa R}\right]_{\text{ret}}\right\}$$

und

$$\mathbf{B} = \frac{\mu_0 q}{4\pi}\left\{\left[\frac{\mathbf{v}\times\hat{\mathbf{R}}}{\kappa R^2}\right]_{\text{ret}} + \frac{\partial}{c\partial t}\left[\frac{\mathbf{v}\times\hat{\mathbf{R}}}{\kappa R}\right]_{\text{ret}}\right\}$$

(c) In unserer Notation lautet der Feynman'sche Ausdruck für das elektrische Feld:

$$\mathbf{E} = \frac{q}{4\pi\epsilon_0}\left\{\left[\frac{\hat{\mathbf{R}}}{R^2}\right]_{\text{ret}} + \frac{[R]_{\text{ret}}}{c}\frac{\partial}{\partial t}\left[\frac{\hat{\mathbf{R}}}{R^2}\right]_{\text{ret}} + \frac{\partial^2}{c^2\partial t^2}[\hat{\mathbf{R}}]_{\text{ret}}\right\}$$

während der Heaviside'sche Ausdruck für das magnetische Feld gegeben ist durch

$$\mathbf{B} = \frac{\mu_0 q}{4\pi}\left\{\left[\frac{\mathbf{v}\times\hat{\mathbf{R}}}{\kappa^2 R^2}\right]_{\text{ret}} + \frac{1}{c[R]_{\text{ret}}}\frac{\partial}{\partial t}\left[\frac{\mathbf{v}\times\hat{\mathbf{R}}}{\kappa}\right]_{\text{ret}}\right\}$$

Man zeige, dass die beiden Formulierungen zueinander äquivalent sind.

Literatur: Heaviside, O., *Electromagnetic Theory*, Bd. 3 (1912), S. 464; Feynman, R.P., *The Feynman Lectures in Physics*, Bd. 1 (1963), Kap. 28.

6.3 Die homogene Diffusionsgleichung (5.160) für das Vektorpotential eines quasistationären Feldes in einem unbegrenzten Medium besitzt – als Anfangswertproblem betrachtet – eine Lösung der Form

$$\mathbf{A}(\mathbf{x}, t) = \int d^3x'\, G(\mathbf{x}-\mathbf{x}', t)\mathbf{A}(\mathbf{x}', 0)$$

wobei $\mathbf{A}(\mathbf{x}', 0)$ den anfänglichen Feldzustand beschreibt und G ein geeigneter Kern ist.

(a) Man löse das Anfangswertproblem unter Verwendung einer dreidimensionalen, räumlichen Fourier-Transformierten von $\mathbf{A}(\mathbf{x}, t)$ und zeige mit den üblichen Annahmen zur Vertauschung der Integrationsreihenfolge, dass die Green'sche Funktion die Fourier-Darstellung

$$G(\mathbf{x}-\mathbf{x}', t) = \frac{1}{(2\pi)^3}\int d^3k\, e^{-k^2 t/\mu\sigma} e^{i\mathbf{k}\cdot(\mathbf{x}-\mathbf{x}')}$$

hat, wobei $t > 0$ angenommen wird.

(b) Unter Verwendung einer Fourier-Zerlegung in Raum und in Zeit integriere man über die Frequenzen in der komplexen ω-Ebene, um wieder zum Ergebnis von Teil (a) zu gelangen, und zeige, dass $G(\mathbf{x}-\mathbf{x}', t)$ die Green'sche Funktion der Diffusion darstellt, die der inhomogenen Gleichung

$$\frac{\partial G}{\partial t} - \frac{1}{\mu\sigma}\nabla^2 G = \delta^{(3)}(\mathbf{x}-\mathbf{x}')\,\delta(t)$$

genügt und für $t < 0$ verschwindet.

(c) Man zeige, dass, wenn σ räumlich konstant ist, die Green'sche Funktion durch

$$G(\mathbf{x}, t; \mathbf{x}', 0) = \Theta(t)\left(\frac{\mu\sigma}{4\pi t}\right)^{3/2}\exp\left(\frac{-\mu\sigma|\mathbf{x}-\mathbf{x}'|^2}{4t}\right)$$

gegeben ist.

(d) Angenommen, das Vektorpotential $\mathbf{A}(\mathbf{x}', 0)$ zur Zeit $t' = 0$ sei nur in einer begrenzten Umgebung des Ursprungs, die die lineare Ausdehnung d habe, von Null verschieden. Die Zeitabhängigkeit der Felder werde in einem weit vom Ursprung entfernten Punkt P beobachtet, sodass $|\mathbf{x}| = r \gg d$ ist. Man zeige, dass drei verschiedene Zeitbereiche zu unterscheiden sind, nämlich $0 < t \leqq T_1$, $T_1 \leqq t \leqq T_2$ und $t \gg T_2$, gebe eine sinnvolle Definition von T_1 und T_2 an und beschreibe die Zeitabhängigkeit im Punkt P qualitativ. Insbesondere zeige man, dass im letzten Zeitbereich das Vektorpotential proportional zum Volumenintegral von $\mathbf{A}(\mathbf{x}', 0)$ ist, multipliziert mit $t^{-3/2}$ – vorausgesetzt, dass dieses Integral existiert. Welcher Zusammenhang besteht mit den Überlegungen aus Kap. 5.18 B und den Übgn. 5.36 und 5.37?

6.4 Eine homogen magnetisierte, leitende Kugel vom Radius R, mit dem magnetischen Gesamtmoment $m = 4\pi M R^3/3$, rotiere um ihre Magnetisierungsachse mit der Winkelgeschwindigkeit ω. Im stationären Zustand fließt im Leiter kein Strom. Die Bewegung sei nichtrelativistisch, und die Kugel trage keine weitere Ladung.

(a) Auf den bewegten Leiter wende man das Ohm'sche Gesetz an, um zu zeigen, dass die Bewegung ein elektrisches Feld und eine homogene Ladungsdichte im Leitervolumen hervorruft, nämlich $\rho = -m\omega/\pi c^2 R^3$.

(b) Da die Kugel elektrisch neutral ist, existiert in ihrem Außenraum kein elektrisches Monopolfeld. Unter Ausnutzung der Symmetrie zeige man, dass das elektrische Multipolfeld niedrigster Ordnung ein Quadrupolfeld ist und dass außerhalb der Kugel allein dieses Quadrupolfeld existiert, und zwar mit einem Quadrupoltensor, der die nichtverschwindenden Komponenten $Q_{33} = -4m\omega R^2/3c^2$, $Q_{11} = Q_{22} = -Q_{33}/2$ besitzt.

(c) Man betrachte die radialen elektrischen Felder innerhalb und außerhalb der Kugel und zeige, dass die Flächenladungsdichte $\sigma(\theta)$ durch

$$\sigma(\theta) = \frac{1}{4\pi R^2} \cdot \frac{4m\omega}{3c^2} \cdot \left[1 - \frac{5}{2} P_2(\cos\theta)\right]$$

gegeben ist.

(d) Wenn man die Achse am Pol mit einem Gleitring versieht und am Äquator eine Kontaktbürste anbringt, kann die rotierende Kugel als Unipolarinduktor dienen. Man zeige, dass das Linienintegral des elektrischen Feldes, genommen vom Äquator- zum Polkontakt (über einen beliebigen Weg), die elektromotorische Kraft $\mathscr{E} = \mu_0 m\omega/4\pi R$ ergibt.
(In etwas anderer Weise wird diese elektromotorische Kraft bei Landau und Lifschitz, *Elektrodynamik der Kontinua*, behandelt.)

6.5 Eine lokalisierte elektrische Ladungsverteilung erzeugt ein elektrostatisches Feld $\mathbf{E} = -\nabla\Phi$. In dieses Feld werde eine kleine, lokalisierte, zeitunabhängige Stromdichte $\mathbf{J}(\mathbf{x})$ gebracht, die ein magnetisches Feld $\mathbf{H}$ bewirkt.

(a) Man zeige, dass sich der Impuls (6.117) dieser elektromagnetischen Felder in den Ausdruck

$$\mathbf{P}_{\text{Feld}} = \frac{1}{c^2} \int \Phi \mathbf{J} \, d^3x$$

verwandeln lässt, sofern das Produkt $\Phi\mathbf{H}$ in großer Entfernung hinreichend schnell abfällt. Was bedeutet in diesem Zusammenhang „hinreichend schnell"?

(b) Unter der Annahme, dass sich die Stromverteilung auf einen Bereich konzentriert, der gegenüber dem Änderungsbereich des elektrischen Feldes klein ist, entwickle man das elektrostatische Potential in eine Taylor-Reihe und zeige, dass sich

$$\mathbf{P}_{\text{Feld}} = \frac{1}{c^2} \mathbf{E}(0) \times \mathbf{m}$$

ergibt, wobei $\mathbf{E}(0)$ das elektrische Feld am Ort der Stromverteilung ist und $\mathbf{m}$ das vom Strom erzeugte magnetische Moment (5.54) bedeutet.

(c) Die Stromverteilung werde nun in ein *homogenes* elektrisches Feld $\mathbf{E}_0$ gebracht (das den ganzen Raum erfülle). Dann zeige man, dass sich das Ergebnis aus Teil (a) – wie auch immer die lokalisierte Stromverteilung $\mathbf{J}$ geartet sei – um ein Oberflächenintegral vermehrt, das sich vom Unendlichen bis zum $(-1/3)$-fachen des Resultats aus Teil (b) erstreckt, sodass

$$\mathbf{P}_{\text{Feld}} = \frac{2}{3c^2} \mathbf{E}_0 \times \mathbf{m}$$

Man vergleiche dieses Ergebnis mit demjenigen, das man unmittelbar aus (6.117) und den Überlegungen am Ende von Kap. 5.6 erhält.

6.6 **(a)** Man betrachte eine kreisförmige, toroidale Spule mit dem Radius a und N Windungen, einem kleinen, gleichmäßigen Querschnitt der Fläche A (wobei Höhe und Breite der Querschnittsfläche klein gegenüber a seien). Im Toroid fließe ein Strom I, und in ihrem Mittelpunkt sei eine Ladung Q angebracht. Man berechne alle Komponenten des Feldimpulses dieses Systems und zeige, dass die Komponente in Richtung der Achse des Toroids durch

$$(\mathbf{P}_{\text{Feld}})_{\mathbf{x}} \approx \pm \frac{\mu_0 QINA}{4\pi a^2}$$

gegeben ist, wobei das Vorzeichen von der Stromrichtung in der Spule abhängt. Man nehme an, dass das elektrische Feld der Ladung ungehindert in den Bereich nichtverschwindenden, magnetischen Feldes eindringen kann, wie es der Fall wäre, wenn das Toroid aus N nichtleitenden Röhrchen bestünde, in denen sich ionisiertes Gas bewegt und den Stromfluss ausmacht. – Man überzeuge sich, dass die Lösung mit der Näherung aus Übg. 6.5(b) übereinstimmt.

(b) Für $Q = 10^{-6}$ C ($\approx 6 \times 10^{12}$ Elektronenladungen), $I = 1{,}0$ A, $N = 2000$, $A = 10^{-4}$ m^2 und $a = 0{,}1$ m bestimme man das elektrische Feld am Toroid (in Volt pro Meter), die magnetische Induktion (in Tesla) und den elektromagnetischen Impuls (in Newton-Sekunden). Das Ergebnis vergleiche man mit dem Impuls einer Ameise vom Gewicht 1 mg, die mit einer Geschwindigkeit von 0,01 m/s läuft.
(Zu beachten ist, dass sich das System aus Ladung und Toroid in Ruhe befindet. Der *Gesamt*impuls muss also verschwinden, und folglich muss es einen kompensierenden, „verborgenen" Impuls geben – vgl. Übg. 12.8.)

6.7 Ein System von Punktladungen q_i, die an den Stellen $\mathbf{x}_i(t)$ die Geschwindigkeiten $\mathbf{v}_i = d\mathbf{x}_i(t)/dt$ haben, entspricht einem mikroskopischen Strom

$$\mathbf{j}(\mathbf{x}, t) = \sum_j q_j \mathbf{v}_j \delta(\mathbf{x} - \mathbf{x}_j(t))$$

Genauso wie die Ladungsdichte lässt sich auch dieser Strom in einen Beitrag „freier" Elektronen (Leitungselektronen) und gebundener (molekularer) Elektronen aufspalten.
Entsprechend dem in Abschnitt 4 dieses Kapitels behandelten Mittelungsprozess und unter der Annahme, dass sich die Geschwindigkeiten *nichtrelativistisch* addieren, betrachte man den gemittelten Strom $\langle \mathbf{j}(\mathbf{x}, t) \rangle$.

(a) Man zeige, dass sich der gemittelte Strom bei Verwendung der Definitionen (6.92), (6.97) und (6.98) in der Gestalt von (6.96) schreiben lässt.
Hinweis: Man untersuche die Größen $d\mathbf{p}_n/dt$ und $dQ'^{(n)}_{\alpha\beta}/dt$ und beachte die Beziehung

$$\frac{df}{dt}(\mathbf{x} - \mathbf{x}_n(t)) = -\mathbf{v}_n \cdot \nabla f\,[\mathbf{x} - \mathbf{x}_n(t)]$$

(b) Man zeige, dass für ein als Ganzes bewegtes Medium, dessen innere Molekülgeschwindigkeiten vernachlässigt werden können (sodass $\mathbf{v}_n = \mathbf{v}$ für alle n ist), die Beziehung

$$\frac{1}{\mu_0}\mathbf{B} - \mathbf{H} = \mathbf{M} + (\mathbf{D} - \epsilon_0 \mathbf{E}) \times \mathbf{v}$$

gilt. Hiernach erzeugt also eine bewegte Polarisation $\mathbf{P}$ eine effektive Magnetisierungsdichte.

6.8 Eine dielektrische Kugel vom Radius a und der Dielektrizitätskonstanten ϵ befinde sich mit ihrem Mittelpunkt im Koordinatenursprung. In x-Richtung herrsche ein asymptotisch homogenes elektrisches Feld E_0, während die Kugel mit der Winkelgeschwindigkeit ω um die z-Achse rotiere. Man zeige, dass sie ein magnetisches Feld $\mathbf{H} = -\nabla\Phi_M$ mit

$$\Phi_M = \frac{3}{5}\left(\frac{\epsilon-\epsilon_0}{\epsilon+2\epsilon_0}\right)\epsilon_0 E_0 \omega \left(\frac{a}{r_>}\right)^5 \cdot xz$$

erzeugt, wobei $r_>$ der größere der beiden Radien r und a ist und vorausgesetzt wird, dass die Bewegung nichtrelativistisch verläuft.
Zur Lösung des vorliegenden Problems können die Ergebnisse von Kap. 4.4 für die dielektrische Kugel im äußeren Feld benutzt werden.

6.9 Man diskutiere die Erhaltung von Energie und Impuls eines aus Quellen und elektromagnetischen Feldern bestehenden makroskopischen Systems, das sich in einem homogenen und isotropen Medium der Dielektrizitätskonstanten ϵ und der Permeabilität μ befindet. Man zeige, dass die Energiedichte, der Poynting'sche Vektor, die Dichte des Feldimpulses und der Maxwell'sche Spannungstensor durch die folgenden Minkowski'schen Ausdrücke gegeben sind:

$$u = \frac{1}{2}(\epsilon E^2 + \mu H^2)$$
$$\mathbf{S} = \mathbf{E}\times\mathbf{H}$$
$$\mathbf{g} = \mu\epsilon\mathbf{E}\times\mathbf{H}$$
$$T_{ij} = [\epsilon E_i E_j + \mu H_i H_j - \tfrac{1}{2}\delta_{ij}(\epsilon E^2 + \mu H^2)]$$

Welche Modifikationen sind vorzunehmen, wenn ϵ und μ ortsabhängig sind?

6.10 Unter denselben Voraussetzungen wie in der voranstehenden Übung diskutiere man die Erhaltung des Drehimpulses. Man zeige, dass der entsprechende Erhaltungssatz in seiner differentiellen und integralen Form folgendermaßen lautet:

$$\frac{\partial}{\partial t}(\mathbf{L}_{\text{mech}} + \mathbf{L}_{\text{Feld}}) + \nabla\cdot\overleftrightarrow{\mathbf{M}} = 0$$

bzw.

$$\frac{d}{dt}\int_V (\mathbf{L}_{\text{mech}} + \mathbf{L}_{\text{Feld}})\, d^3x + \int_S \mathbf{n}\cdot\overleftrightarrow{\mathbf{M}}\, da = 0$$

wobei die Dichte des Felddrehimpulses durch

$$\mathbf{L}_{\text{Feld}} = \mathbf{x}\times\mathbf{g} = \mu\epsilon\,\mathbf{x}\times(\mathbf{E}\times\mathbf{H})$$

und der Drehimpulsstrom durch den Tensor

$$\overleftrightarrow{\mathbf{M}} = \overleftrightarrow{\mathbf{T}}\times\mathbf{x}$$

gegeben sind.

Bemerkung: Wir haben hier für M_{ij} und T_{ij} die Dyadenschreibweise benutzt. Die Bedeutung des Doppelpfeils erklärt sich inuitiv. So stellt z. B. $\mathbf{n}\cdot\overleftrightarrow{\mathbf{M}}$ einen Vektor dar, dessen j-te Komponente $\sum_i n_i M_{ij}$ ist. Analog hat der zweistufige Tensor $\overleftrightarrow{\mathbf{M}}$ die Komponenten $M_{il} = \sum_{jk}\epsilon_{jkl} T_{ij} x_k$. Diese Größe lässt sich auch als Tensor dritter Stufe schreiben, nämlich in der Form $M_{ijk} = T_{ij}x_k - T_{ik}x_j$. Dieser Tensor ist in den Indizes j und k antisymmetrisch und hat somit in j und k nur drei unabhängige Elemente. Bei Berücksichtigung des Index i hat M_{ijk} demnach neun Komponenten und lässt sich als Pseudotensor zweiter Stufe schreiben, wie wir es oben getan haben.

6.11 Eine ebene Welle falle auf einen flachen, ideal leitenden Absorberschirm ein.

(a) Mithilfe des Impulserhaltungssatzes zeige man, dass der auf den Schirm ausgeübte Druck (der sog. Strahlungsdruck) gleich der in der Welle enthaltenen Feldenergie pro Volumeneinheit ist.

(b) In Umgebung der Erde ist der von der Sonne herrührende elektromagnetische Energiestrom ungefähr gleich 1,4 kW/m^2 (dies ist der Wert der sog. Solarkonstanten). Man stelle sich ein interplanetarisches „Segelflugzeug“ vor, das ein Segel mit einer Masse von 1 g/m^2 hat und dessen sonstiges Gewicht zu vernachlässigen ist. Wie groß ist die maximale Beschleunigung, die dieses „Segelflugzeug“ vom Strahlungsdruck der Sonne erfahren würde? In welchem Verhältnis steht diese Beschleunigung zu derjenigen, die der (aus Korpuskularstrahlen bestehende) Sonnenwind verursachen würde?

6.12 Der Scheinleitwert $Y = G - iB$ (die sog. Admittanz) eines linearen, passiven Zweipols lässt sich mithilfe des in Abschnitt 9 dieses Kapitels diskutierten komplexen Poynting'schen Vektors über die Felder definieren.

(a) Durch Bildung des Konjugiertkomplexen von Gl. (6.134) leite man allgemeine Ausdrücke für den Wirkleitwert G (die sog. Konduktanz) und den Blindleitwert B (die sog. Suszeptanz) her, die mögliche Strahlungsverluste mitberücksichtigen.

(b) Man zeige, dass die zu (6.139) und (6.140) äquivalenten Ausdrücke für niedrige Frequenzen die Gestalt

$$G \simeq \frac{1}{|V_i|^2} \int_V \sigma \, |\mathbf{E}|^2 \, d^3x$$

$$B \simeq -\frac{4\omega}{|V_i|^2} \int_V (w_m - w_e) \, d^3x$$

haben.

6.13 Ein Plattenkondensator bestehe aus zwei dünnen, rechteckigen, ideal leitenden Platten mit den Seitenlängen a und b und dem gegenseitigen Abstand d, der gegenüber a und b klein sei. Der Strom werde gleichmäßig über die gegenüberliegenden Plattenränder der Länge b zu- bzw. abgeführt. Mit dem Eingangstrom und der Eingangsspannung an diesen Plattenrändern berechne man unter Zugrundelegung der in Abschnitt 10 dieses Kapitels erläuterten Feldbegriffe die Eingangsimpedanz bzw. -admittanz.

(a) Ferner berechne man das zwischen den Platten herrschende elektrische und magnetische Feld bis zur zweiten Potenz der Frequenz einschließlich, jedoch unter Vernachlässigung von Randeffekten.

(b) Man zeige, dass, wenn man den Blindwiderstand (6.140) (die sog. Reaktanz) hinreichend weit nach Potenzen der Frequenz entwickelt, man dasselbe Ergebnis erhält wie für einen Stromkreis, der aus einer Kapazität $C = \epsilon_0 ab/d$ mit einer in Reihe geschalteten Induktivität $L = \mu_0 ad/3b$ besteht.

6.14 Ein kreisförmiger Plattenkondensator mit ideal leitenden Platten vom Radius a und einem Plattenabstand $d \ll a$ werde über Axialleiter an eine Stromquelle angeschlossen, wie in der Abbildung schematisch dargestellt. Der im Draht fließende Strom sei $I(t) = I_0 \cos \omega t$.

(a) Man berechne das elektrische und magnetische Feld zwischen den Platten bis einschließlich zur zweiten Potenz in der Frequenz, jedoch unter Vernachlässigung von Randeffekten.

(b) Man berechne die Volumenintegrale von w_e und w_m, die in der Definition (6.140) des Blindwiderstandes X auftreten, und zwar bis zur zweiten Ordnung in ω. Ferner zeige man,

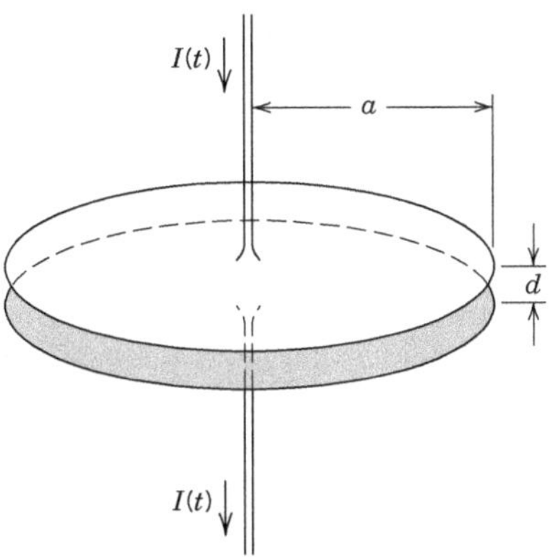

dass sich diese Energien folgendermaßen durch den über $I_i = -i\omega Q$ definierten Eingangsstrom I_i (Q stellt die auf den Platten befindliche *Gesamt*ladung dar) ausdrücken lassen:

$$\int w_e d^3x = \frac{1}{4\pi\epsilon_0}\frac{|I_i|^2 d}{\omega^2 a^2}, \quad \int w_m d^3x = \frac{\mu_0}{4\pi}\frac{|I_i|^2 d}{8}\left(1+\frac{\omega^2 a^2}{12c^2}\right)$$

(c) Man zeige, dass die äquivalente Reihenschaltung aus der Kapazität $C \simeq \pi\epsilon_0 a^2/d$ und der Induktivität $L \simeq \mu_0 d/8\pi$ besteht und dass die Resonanzfrequenz näherungsweise durch $\omega_{\text{res}} \simeq 2\sqrt{2}\, c/a$ gegeben ist. Man vergleiche dies mit der ersten Nullstelle von $J_0(x)$.

6.15 Fließt in einem Leiter oder Halbleiter unter Wirkung eines äußeren elektrischen Feldes ein Strom und wird senkrecht dazu ein magnetisches Feld angelegt, so entwickelt sich eine elektrische Feldkomponente, die sowohl zum äußeren elektrischen Feld (der Richtung des Stromes) wie zum magnetischen Feld senkrecht gerichtet ist. Dabei kommt es zu einer Spannungsdifferenz zwischen den seitlichen Begrenzungen des Leiters. Diese Erscheinung ist unter dem Namen „*Hall-Effekt*" bekannt.

(a) Unter Ausnutzung der bekannten Eigenschaften elektromagnetischer Felder bei Drehungen und räumlichen Spiegelungen sowie unter Verwendung einer Reihenentwicklung des elektrischen Feldes nach Potenzen der magnetischen Feldstärke zeige man, dass die bis zur zweiten Ordnung im magnetischen Feld richtige Verallgemeinerung des Ohm'schen Gesetzes für ein isotropes Medium die Gestalt

$$\mathbf{E} = \rho_0 \mathbf{J} + R(\mathbf{H}\times\mathbf{J}) + \beta_1 H^2 \mathbf{J} + \beta_2 (\mathbf{H}\cdot\mathbf{J})\,\mathbf{H}$$

hat, wobei ρ_0 der spezifische Widerstand bei Abwesenheit des Magnetfeldes und R der sog. Hall-Koeffizient ist.

(b) Inwieweit erfüllt der in (a) angegebene Ausdruck die Forderung nach Invarianz unter Zeitumkehr?

6.16 **(a)** Man berechne die auf einen Dirac'schen Monopol minimaler magnetischer Ladung wirkende Kraft (in N), wenn er sich in der Symmetrieebene eines magnetischen Dipols von der Stärke eines Kernmagnetons ($e\hbar/2m_p$) befindet und von der Dipolachse die Entfernung 0,5 Å hat.

(b) Man vergleiche die in (a) berechnete Kraft mit der elektrostatischen Kraft zwischen zwei gleich weit voneinander entfernten Ladungen, der Spin-Bahn-Kopplung und der Hyperfeinwechselwirkung. Was lässt sich zur Bindung magnetischer Monopole an Kerne mit nichtverschwindendem Dipolmoment sagen? Man gehe dabei von der Annahme aus, dass die Monopolmasse mindestens so groß wie die eines Protons ist. Vgl. hierzu D. Silvers, *Phys. Rev.* **D2**, 2048 (1970).

6.17 **(a)** Man zeige, dass sich die Lorentz-Kraft für ein Teilchen im Vakuum, das sowohl elektrische als auch magnetische Ladungen trägt, verallgemeinern lässt zu

$$\mathbf{F} = q_e \mathbf{E} + q_m \mathbf{B}/\mu_0 + q_e \mathbf{v} \times \mathbf{B} - q_m \mathbf{v} \times \mathbf{E}\epsilon_0$$

(b) Man zeige, dass dieser Ausdruck für die Kraft invariant ist gegenüber der durch (6.151) und (6.152) gegebenen Dualitätstransformation der Felder und der Ladungen.

(c) Man zeige, dass sich die Dirac'sche Quantisierungsbedingung (6.153) für zwei Teilchen mit elektrischen und magnetischen Ladungen, e_1, g_1 bzw. e_2, g_2, verallgemeinern lässt zu

$$\frac{e_1 g_2 - e_2 g_1}{\hbar} = 2\pi n$$

und dass diese Beziehung invariant ist gegenüber einer Dualitätstransformation der Ladungen.

6.18 Man betrachte den Dirac'schen Ausdruck für das Vektorpotential eines magnetischen Monopols mit der „Saite" L:

$$\mathbf{A}(\mathbf{x}) = \frac{g}{4\pi} \int_L \frac{d\mathbf{l}' \times (\mathbf{x} - \mathbf{x}')}{|\mathbf{x} - \mathbf{x}'|^3}$$

und nehme an, dass sich der Monopol im Koordinatenursprung befinde, die „Saite" dagegen auf der negativen z-Achse.

(a) Man berechne **A** explizit und zeige, dass es in Kugelkoordinaten die Komponenten

$$A_r = 0, \quad A_\theta = 0$$

und

$$A_\phi = \frac{g(1 - \cos\theta)}{4\pi r \sin\theta} = \left(\frac{g}{4\pi r}\right) \tan\left(\frac{\theta}{2}\right)$$

hat.

(b) Man weise nach, dass $\mathbf{B} = \nabla \times \mathbf{A}$ außer für $\theta = \pi$ das coulombartige Feld einer Punktladung ist.

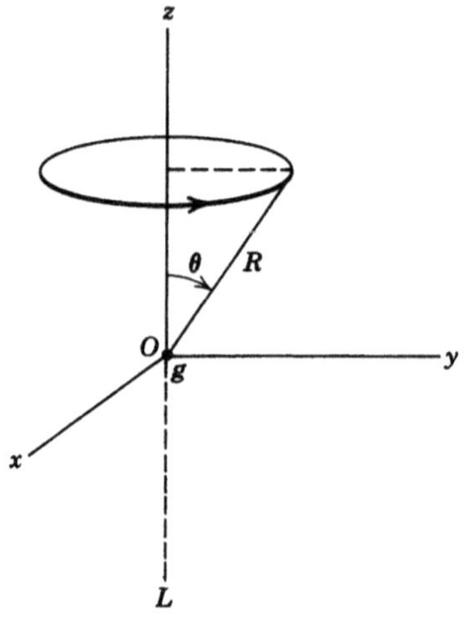

(c) Ausgehend von dem in (b) berechneten Feld **B** bestimme man den magnetischen Gesamtfluss, der durch die in der obigen Abbildung gezeigte, kreisförmige Schleife vom Radius $R \sin\theta$ hindurchtritt. Die Fälle $\theta < \pi/2$ und $\theta > \pi/2$ behandele man separat, doch berechne man stets den nach oben gerichteten Fluss.

(d) Aus dem über die Schleife erstreckten Linienintegral $\oint \mathbf{A} \cdot d\mathbf{l}$ berechne man den durch die Schleife tretenden magnetischen Gesamtfluss und ziehe einen Vergleich mit dem in (c) gewonnenen Ergebnis. Man zeige, dass die beiden Ergebnisse für $0 < \theta < \pi/2$ miteinander übereinstimmen, sich für $\pi/2 < \theta < \pi$ jedoch um eine *Konstante* voneinander unterscheiden. Die Differenz interpretiere man.

6.19 **(a)** Das in Übg. 6.18 angegebene Vektorpotential eines magnetischen Monopols unterwerfe man einer räumlichen Spiegelung und zeige, dass die ϕ-Komponente des transformierten Vektorpotentials gegeben sind durch

$$A'_\phi = -g\,\frac{(1+\cos\theta)}{4\pi r\,\sin\theta} = -\frac{g}{4\pi r}\cot\left(\frac{\theta}{2}\right)$$

während die anderen Komponenten verschwinden. Ferner weise man explizit nach, dass die Rotation des transformierten Potentials das magnetische Feld eines magnetischen Monopols ergibt, außer – unter bestimmten Bedingungen – für den Fall $\theta = 0$. (Man denke zum Beispiel an die Spiegelungseigenschaften der magnetischen Ladungen!)

(b) Man zeige, dass sich die Differenz $\delta\mathbf{A} = \mathbf{A}' - \mathbf{A}$ als Gradient einer skalaren Funktion ausdrücken lässt, was darauf hinweist, dass das ursprüngliche und das gespiegelte Potential durch eine Eichtransformation auseinander hervorgehen.

(c) Man interpretiere die Eichfunktion unter Bezugnahme auf Abb. 6.9.

Hinweis: Man wähle als Kontur C ein Rechteck, das in einer Ebene mit der z-Achse liegt und drei Seiten im Unendlichen hat.

6.20 Ein Beispiel für die Erhaltung der Kausalität und der endlichen Ausbreitungsgeschwindigkeit trotz Verwendung der Coulomb-Eichung liefert eine Dipolquelle, die zur Zeit $t = 0$ ein- und ausgeschaltet wird. Die entsprechenden effektiven Ladungs- und Stromdichten sind

$$\begin{aligned} \rho(\mathbf{x}, t) &= \delta(x)\,\delta(y)\,\delta'(z)\,\delta(t) \\ J_z(\mathbf{x}, t) &= -\delta(x)\,\delta(y)\,\delta(z)\,\delta'(t) \end{aligned}$$

wobei der Strich die Differentiation bezüglich des jeweiligen Arguments bezeichnet. Der beschriebene Dipol hat die Stärke Eins, und sein Moment zeigt in negative z-Richtung.

(a) Man zeige, dass sich für das momentane Coulomb-Potential (6.23) der explizite Ausdruck

$$\Phi(\mathbf{x}, t) = -\frac{1}{4\pi\epsilon_0}\,\delta(t)\,\frac{z}{r^3}$$

ergibt.

(b) Man zeige, dass der *transversale* Strom $\mathbf{J}_t$ durch

$$\mathbf{J}_t(\mathbf{x}, t) = -\delta'(t)\left[\tfrac{2}{3}\mathbf{e}_3\,\delta(\mathbf{x}) - \frac{\mathbf{e}_3}{4\pi r^3} + \frac{3}{4\pi r^3}\,\mathbf{n}(\mathbf{e}_3\cdot\mathbf{n})\right]$$

gegeben ist, wobei der Faktor 2/3 vor der Delta-Funktion auf die Bildung des Gradienten von z/r^3 zurückgeht [s. Gl. (4.20)].

(c) Man weise nach, dass die elektrischen und magnetischen Felder kausal sind und dass das elektrische Feld folgende Komponenten hat:

$$E_x(\mathbf{x}, t) = \frac{1}{4\pi\epsilon_0}\frac{c}{r}\left[-\delta''(r-ct) + \frac{3}{r}\delta'(r-ct) - \frac{3}{r^2}\delta(r-ct)\right]\sin\theta\cos\theta\cos\phi$$

$$E_y = E_x \sin\phi/\cos\phi$$

$$E_z(\mathbf{x}, t) = \frac{1}{4\pi\epsilon_0}\frac{c}{r}\left[\sin^2\theta\,\delta''(r-ct) + (3\cos^2\theta - 1)\cdot\left(\frac{\delta'(r-ct)}{r} - \frac{\delta(r-ct)}{r^2}\right)\right]$$

Hinweis: Während das in (b) angegebene Resultat die Struktur des transversalen Stromes unmittelbar erkennen lässt, kann man den weniger expliziten Ausdruck

$$\mathbf{J}_t(\mathbf{x}, t) = -\delta'(t)\left[\mathbf{e}_3\delta(\mathbf{x}) + \frac{1}{4\pi}\boldsymbol{\nabla}\frac{\partial}{\partial z}\left(\frac{1}{r}\right)\right]$$

dazu verwenden, um mithilfe von Gl. (6.47) die in (c) gesuchten Potentiale und Felder zu berechnen. Alternativ hierzu kann man auch die zeitlichen Fourier-Transformierten von $\mathbf{J}_t$ und $\mathbf{A}$, die Green'sche Funktion (6.40) und deren Entwicklung nach sphärischen Lösungen der Wellengleichung (s. Kap. 9) benutzen.

6.21 Ein starr ausgerichteter elektrischer Dipol mit dem Dipolmoment $\mathbf{p}$ befinde sich an der Stelle $\mathbf{r}_0(t)$ bezüglich des Ursprungs. Seine Geschwindigkeit $\mathbf{v} = d\mathbf{r}_0/dt$ sei nichtrelativistisch.

(a) Man zeige, dass sich die Ladung und Stromdichte des Dipols formal durch

$$\rho(\mathbf{x}, t) = -(\mathbf{p}\cdot\boldsymbol{\nabla})\,\delta[\mathbf{x} - \mathbf{r}_0(t)]; \quad \mathbf{J}(\mathbf{x}, t) = -\mathbf{v}(\mathbf{p}\cdot\boldsymbol{\nabla})\,\delta[\mathbf{r} - \mathbf{r}_0(t)]$$

ausdrücken lassen.

(b) Man weise nach, dass der sich außerhalb des Ursprungs bewegende Dipol neben dem elektrischen Dipolfeld auch ein magnetisches Dipolfeld und ein elektrisches Quadrupolfeld erzeugt. Die entsprechenden Momente sind:

$$\mathbf{m} = \tfrac{1}{2}\mathbf{p}\times\mathbf{v}$$

und

$$Q_{ij} = 3(x_{0i}p_j + x_{0j}p_i) - 2\mathbf{r}_0\cdot\mathbf{p}\delta_{ij}$$

(Natürlich gibt es noch höhere Momente.)

(c) Man zeige ferner, dass das quasistationäre elektrische Quadrupolfeld durch

$$\mathbf{E}(\mathbf{x}) = \frac{1}{4\pi\epsilon_0}\frac{1}{r^4}[15\mathbf{n}(\mathbf{n}\cdot\mathbf{r}_0)(\mathbf{n}\cdot\mathbf{p}) - 3\mathbf{r}_0(\mathbf{n}\cdot\mathbf{p}) - 3\mathbf{p}(\mathbf{n}\cdot\mathbf{r}_0) - 3\mathbf{n}(\mathbf{r}_0\cdot\mathbf{p})]$$

gegeben ist, wobei $\mathbf{n}$ einen Einheitsvektor in radialer Richtung bezeichnet.

6.22 **(a)** Für den außerhalb des Ursprungs sich langsam bewegenden elektrischen Dipol aus Übg. 6.21 zeige man, dass das quasistationäre Vektorpotential, das der mit der Dipolbewegung verbundene Strom hervorruft, gegeben ist durch

$$\mathbf{A}(\mathbf{x}, t) = \frac{\mu_0\mathbf{v}(\mathbf{n}\cdot\mathbf{p})}{4\pi r^2} = \frac{\mu_0}{4\pi}\left[\frac{1}{2}\frac{(\mathbf{p}\times\mathbf{v})\times\mathbf{x}}{r^3} + \frac{1}{2}\frac{[\mathbf{p}(\mathbf{x}\cdot\mathbf{v}) + \mathbf{v}(\mathbf{x}\cdot\mathbf{p})]}{r^3}\right]$$

wobei der erste Term in der zweiten Formel (der antisymmetrisch in $\mathbf{v}$ und $\mathbf{p}$ ist) das Vektorpotential des magnetischen Dipols aus Übg. 6.21 darstellt. Der Zusatzterm ist symmetrisch in $\mathbf{v}$ und $\mathbf{p}$.

(b) Man zeige, dass zu dem symmetrischen Anteil von **A** das magnetische Feld

$$\mathbf{B}_{\text{sym}} = \frac{3\mu_0}{8\pi r^3}\mathbf{n}\times[\mathbf{p}(\mathbf{v}\cdot\mathbf{n}) + \mathbf{v}(\mathbf{p}\cdot\mathbf{n})]$$

gehört.

(c) Man berechne die Rotation von $\mathbf{B}_{\text{sym}}$, um zu zeigen, dass $\mathbf{B}_{\text{sym}}$ das quasistationäre magnetische Feld darstellt, das mit dem elektrischen Quadrupolfeld aus Teil (c) von Übg. 6.21 einhergeht.

(d) Ferner zeige man, dass das gesamte magnetische Feld (das sich aus der ersten Formel für das Vektorpotential, also aus der Summe von $\mathbf{B}_{\text{sym}}$ und dem magnetischen *Dipolfeld* berechnet) gegeben ist durch

$$\mathbf{B} = \frac{\mu_0}{4\pi}\mathbf{v}\times\frac{[3\mathbf{n}(\mathbf{n}\cdot\mathbf{p}) - \mathbf{p}]}{r^3}$$

Wie ist dieses Ergebnis zu interpretieren?

6.23 Die Wellengleichungen (6.168) für die Hertz'schen Vektoren enthalten frei wählbare, durch die Funktionen **V** und ξ charakterisierte Quellenglieder. Man betrachte in diesem Zusammenhang die Eichtransformationen

$$\mathbf{\Pi}_e' = \mathbf{\Pi}_e + \mu_0\nabla\times\mathbf{G} - \nabla g; \quad \mathbf{\Pi}_m' = \mathbf{\Pi}_m - \mu\frac{\partial\mathbf{G}}{\partial t}$$

wobei **G** und g differenzierbare Funktionen von Raum und Zeit sind.

(a) Man zeige, dass, wenn **G** und g die Wellengleichungen

$$\left(\mu\epsilon\frac{\partial^2}{\partial t^2} - \nabla^2\right)\begin{Bmatrix}\mathbf{G}\\ g\end{Bmatrix} = \begin{Bmatrix}\frac{1}{\mu}(\mathbf{V} + \nabla\xi)\\ 0\end{Bmatrix}$$

erfüllen, die neuen Polarisationsvektoren $\mathbf{\Pi}_e'$ und $\mathbf{\Pi}_m'$ der Gl. (6.168) genügen, wobei aber **V** und ξ verschwinden.

(b) Man zeige, dass Eichtransformationen der Hertz'schen Vektoren zu Eichtransformationen von **A** und Φ äquivalent sind. Welche Gestalt hat die Eichfunktion Λ aus (6.19), ausgedrückt durch **G** und g?

6.24 Eine in der Umgebung des Ursprungs konzentrierte Stromverteilung $\mathbf{J}(\mathbf{x}, t)$ ändere sich langsam mit der Zeit.

(a) Unter Verwendung der Jefimenko'schen Formeln, (6.55) und (6.56), für die retardierten Felder bestimme man die quasistationären Felder in großer Entfernung von der Stromverteilung. Unter der Annahme, dass es keine elektrischen Multipolmomente gibt, und bei Berücksichtigung allein der magnetischen Dipolbeiträge zeige man, dass die magnetischen und elektrischen Felder an der Stelle $(\mathbf{x} = \hat{\mathbf{r}}r, t)$ in der ersten Näherung einer Entwicklung nach aufeinanderfolgenden Zeitableitungen durch

$$\mathbf{B} = \frac{\mu_0}{4\pi}\frac{1}{r^3}\left(1 + \frac{r}{c}\frac{\partial}{\partial t}\right)\{3[\mathbf{m}(t - r/c)\cdot\hat{\mathbf{r}}]\hat{\mathbf{r}} - \mathbf{m}(t - r/c)\}$$

$$\mathbf{E} = \frac{\mu_0}{4\pi}\frac{1}{r^2}\hat{\mathbf{r}}\times\frac{\partial\mathbf{m}(t - r/c)}{\partial t}$$

gegeben sind.

(b) Aufbau und Speisung eines unendlich langen, geraden Solenoids kreisförmigen Querschnitts vom Radius a, mit N Windungen pro Längeneinheit, seien so, dass der Strom $I(t)$ überall in Längsrichtung der Spule der gleiche ist und sich nur langsam mit der Zeit ändert. Man zeige, dass sich die Felder in großer Entfernung vom Solenoid näherungsweise wie folgt darstellen lassen:

$$\mathbf{B} = 0 + O(\partial^2 I/\partial t^2)\,\mathbf{e}_z$$

$$\mathbf{E} \approx -\frac{\mu_0}{2}\frac{Na^2}{\rho}\frac{\partial I(t-\rho/c)}{\partial t}\,\mathbf{e}_\phi$$

wobei ρ den senkrechten Abstand von der Spulenachse bezeichnet und vorausgesetzt wird, dass die Bedingung $\max(|dI/dt/I|) \ll c/\rho$ erfüllt ist. Im Gegensatz zum stationären Fall ruft ein langes Solenoid, durch das ein zeitlich sich ändernder Strom fließt, ein elektrisches Feld im Außenraum hervor. Man zeige, dass das Faraday'sche Induktionsgesetz gilt.

6.25 **(a)** Ausgehend von der Formel (6.114) für die Lorentz-Kraft, zeige man, dass sich die Kraft, die auf ein neutrales, ruhendes Atom wirkt, in Dipolnäherung ausdrücken lässt in der Form

$$\frac{d\mathbf{P}_{\text{Atom}}}{dt} = (\mathbf{d}\cdot\nabla)\,\mathbf{E} + \dot{\mathbf{d}}\times\mathbf{B}$$

wobei $\mathbf{d}$ das atomare Dipolmoment ist und $\mathbf{E}$ und $\mathbf{B}$ das elektrische bzw. magnetische Feld am Ort des Atoms bezeichnen.

(b) Man betrachte eine ebene Welle der Frequenz ω mit ortsunabhängiger Amplitude in einem nichtmagnetischen Dielektrikum geringer Dichte mit dem Brechungsindex $n(\omega)$ und zeige, dass die mechanische Impulsdichte $\mathbf{g}_{\text{mech}}$ mit der Impulsdichte der elektromagnetischen Welle, $\mathbf{g}_{\text{em}}$ [Gl. (6.118)], verknüpft ist durch

$$\frac{d\mathbf{g}_{\text{mech}}}{dt} = \frac{1}{2}(n^2-1)\frac{d\mathbf{g}_{\text{em}}}{dt}$$

(Zu Korrekturen für dichte Medien und Wellen mit ortsabhängiger Amplitude vgl. Peierls (*loc. cit.*)).

7 Ebene elektromagnetische Wellen und Wellenausbreitung

Gegenstand des vorliegenden Kapitels ist die Ausbreitung ebener Wellen in unbegrenzten oder einseitig begrenzten Medien. Zunächst behandeln wir die Grundeigenschaften ebener elektromagnetischer Wellen in nichtleitenden Medien – ihre Transversalität sowie ihre linearen und zirkularen Polarisationszustände. Danach leiten wir die wichtigen Fresnel'schen Formeln für die Reflexion und Brechung an einer ebenen Grenzfläche her und diskutieren einige ihrer Anwendungen. Es folgt ein Überblick über das Hochfrequenzverhalten der Dispersion in Dielektrika, Leitern und Plasmen. Die Vielfalt der Dispersionseigenschaften illustrieren wir anhand einer panoramaartigen Darstellung (Abb. 7.9) des Brechungs- und Absorptionskoeffizienten flüssigen Wassers, die sich über zwanzig Zehnerpotenzen der Frequenz erstreckt. Anschließend diskutieren wir – in vereinfachter Weise – die Ausbreitung elektromagnetischer Wellen in der Ionosphäre und auch die Ausbreitung magnetohydrodynamischer Wellen in einer leitenden Flüssigkeit. Die folgenden beiden Abschnitte sind den Begriffen der Phasen- und Gruppengeschwindigkeit und des Zerfließens eines Strahlungspulses bzw. Wellenpakets beim Durchgang durch ein dispersives Medium gewidmet. Danach beschäftigen wir uns in recht ausführlicher Weise mit dem wichtigen Problem der Kausalität und deren Konsequenzen für die Dispersionseigenschaften eines Mediums, einschließlich der Kramers-Kronig-Relationen und verschiedener, aus ihnen ableitbarer Summenregeln. Das Kapitel schließt mit der Behandlung des klassischen Problems der Signalübertragung in einem dispersiven Medium, das bereits 1914 das erste Mal von Sommerfeld und Brillouin diskutiert wurde, aber erst in neuerer Zeit experimentell untersucht wurde.

7.1 Ebene Wellen in nichtleitenden Medien

Eines der grundlegenden Merkmale der Maxwell'schen Gleichungen besteht darin, dass zu ihren Lösungen fortschreitende Wellen gehören, die einem Energietransport von einem Punkt zu einem anderen entsprechen. Die einfachsten und fundamentalsten elektromagnetischen Wellen sind transversale ebene Wellen. Wir wollen zunächst untersuchen, wie man solche Lösungen in einem einfachen nichtleitenden Medium mit räumlich konstanter Permeabilität und Suszeptibilität erhält. Bei Abwesenheit von Quellen lauten die Maxwell'schen Gleichungen in einem unbegrenzten Medium:

$$\nabla\cdot\mathbf{B}=0,\quad \nabla\times\mathbf{E}+\frac{\partial\mathbf{B}}{\partial t}=0$$
$$\nabla\cdot\mathbf{D}=0,\quad \nabla\times\mathbf{H}-\frac{\partial\mathbf{D}}{\partial t}=0 \tag{7.1}$$

Wir nehmen Lösungen mit harmonischer Zeitabhängigkeit $e^{-i\omega t}$ an, aus denen sich nach Fourier jede Lösung durch Überlagerung aufbauen lässt. Die Amplituden $\mathbf{E}(\omega,\mathbf{x})$ etc. genügen dann den Gleichungen

$$\nabla\cdot\mathbf{B}=0,\quad \nabla\times\mathbf{E}-i\omega\mathbf{B}=0$$
$$\nabla\cdot\mathbf{D}=0,\quad \nabla\times\mathbf{H}+i\omega\mathbf{D}=0$$

Für ein isotropes, lineares Medium gelten die Materialgleichungen $\mathbf{D}=\epsilon\mathbf{E}$ und $\mathbf{B}=\mu\mathbf{H}$, wobei ϵ und μ im Allgemeinfall komplexe Funktionen von ω sein können. Zunächst jedoch wollen wir sie als reell und positiv voraussetzen, sodass keine Verluste im Medium auftreten. Die beiden Rotationsgleichungen lauten dann:

$$\nabla\times\mathbf{E}-i\omega\mathbf{B}=0,\quad \nabla\times\mathbf{B}+i\omega\mu\epsilon\mathbf{E}=0 \tag{7.2}$$

Die beiden anderen Gleichungen, mit der verschwindenden Divergenz, sind von diesen Gleichungen nicht unabhängig, sondern folgen aus (7.2) durch Divergenzbildung. Wir verbinden die Gleichungen (7.2) – durch Bildung der Rotation – zu der *Helmholtz'schen Wellengleichung*

$$(\nabla^2+\mu\epsilon\omega^2)\begin{Bmatrix}\mathbf{E}\\ \mathbf{B}\end{Bmatrix}=0 \tag{7.3}$$

Als mögliche Lösung betrachten wir eine in x-Richtung fortschreitende ebene Welle $e^{ikx-i\omega t}$. Aus (7.3) folgt, dass die Wellenzahl k und die Frequenz ω durch die *Dispersionsbeziehung*

$$k=\sqrt{\mu\epsilon}\,\omega \tag{7.4}$$

miteinander verknüpft sind. Die *Phasengeschwindigkeit* der Welle ist

$$v=\frac{\omega}{k}=\frac{1}{\sqrt{\mu\epsilon}}=\frac{c}{n}$$

mit dem durch die *Maxwell-Beziehung*

$$n=\sqrt{\frac{\mu}{\mu_0}\frac{\epsilon}{\epsilon_0}} \tag{7.5}$$

gegebenen *Brechungsindex*, der im Allgemeinen eine Funktion der Frequenz ist. Die Grundlösung von Gl. (7.3) in einer Dimension lautet:

$$u(x,t)=ae^{ikx-i\omega t}+be^{-ikx-i\omega t} \tag{7.6}$$

Mit der aus (7.5) folgenden Beziehung $\omega=kv$ lässt sich hierfür auch schreiben:

$$u_k(x,t)=ae^{ik(x-vt)}+be^{-ik(x+vt)}$$

Wenn das Medium keine Dispersion aufweist (also $\mu\epsilon$ frequenzunabhängig ist), können wir mithilfe des Fourier'schen Überlagerungssatzes (2.44) und (2.45) eine allgemeine Lösung der Form

$$u(x,t) = f(x - vt) + g(x + vt) \tag{7.7}$$

konstruieren, wobei $f(z)$ und $g(z)$ beliebige Funktionen sind. Der Ausdruck auf der rechten Seite von Gl. (7.7) stellt zwei Wellen dar, die sich in positiver bzw. negativer x-Richtung mit der Phasengeschwindigkeit v ausbreiten.

Ist das Medium dispersiv, dann gilt die Grundlösung (7.6) nach wie vor. Soll aber eine Welle als beliebige Funktion von x und t konstruiert werden, so bringt die Dispersion Änderungen mit sich. Die Gl. (7.7) gilt dann nicht mehr; denn die Welle ändert mit der Ausbreitung ihre Form (vgl. hierzu die Abschnitte 7.8. 7.9 und 7.11).

Wir betrachten nun eine ebene elektromagnetische Welle der Frequenz ω mit dem Wellenvektor $\mathbf{k} = k\mathbf{n}$ und fordern, dass sie außer der Helmholtz'schen Wellengleichung (7.3) auch den Maxwell'schen Gleichungen genügt. Die Wellengleichung (7.3) stellt im Wesentlichen eine kinematische Bedingung dar, während die Maxwell'schen Gleichungen dynamische Einschränkungen beinhalten. Mit der Übereinkunft, dass die physikalischen elektrischen und magnetischen Felder durch die Realteile komplexer Größen wiedergegeben werden, machen wir für die ebenen Wellenfelder den Ansatz

$$\begin{aligned} \mathbf{E}(\mathbf{x},t) &= \mathcal{E} e^{ik\mathbf{n}\cdot\mathbf{x} - i\omega t} \\ \mathbf{B}(\mathbf{x},t) &= \mathcal{B} e^{ik\mathbf{n}\cdot\mathbf{x} - i\omega t} \end{aligned} \tag{7.8}$$

wobei $\mathcal{E}$ und $\mathcal{B}$ sowie $\mathbf{n}$ zeitlich und räumlich konstante Vektoren sind. Jede kartesische Komponente von $\mathbf{E}$ und $\mathbf{B}$ genügt der Wellengleichung (7.3), sofern die Gleichung

$$k^2 \mathbf{n}\cdot\mathbf{n} = \mu\epsilon\omega^2 \tag{7.9}$$

erfüllt ist. Um (7.4) zurückzugewinnen, muss also $\mathbf{n}$ ein Einheitsvektor sein, sodass $\mathbf{n}\cdot\mathbf{n} = 1$ ist. Nachdem wir der Wellengleichung Rechnung getragen haben, müssen wir jetzt noch, unter Berücksichtigung der Maxwell'schen Gleichungen (7.1), die Vektoreigenschaften von $\mathbf{E}$ und $\mathbf{B}$ festlegen. Die Divergenzgleichungen in (7.1) erfordern

$$\mathbf{n}\cdot\mathcal{E} = 0 \quad \text{und} \quad \mathbf{n}\cdot\mathcal{B} = 0 \tag{7.10}$$

Dies bedeutet, dass sowohl $\mathbf{E}$ wie auch $\mathbf{B}$ senkrecht zum Ausbreitungsvektor $\mathbf{n}$ gerichtet ist. Eine solche Welle heißt *transversale Welle*. Die Rotationsgleichungen liefern eine weitere Einschränkung, nämlich

$$\mathcal{B} = \sqrt{\mu\epsilon}\,\mathbf{n}\times\mathcal{E} \tag{7.11}$$

Der Faktor $\sqrt{\mu\epsilon}$ lässt sich in der Form $\sqrt{\mu\epsilon} = n/c$ schreiben, wobei n der durch Gl. (7.5) definierte Brechungsindex ist. Dies bedeutet, dass die Felder $c\mathbf{B}$ und $\mathbf{E}$, die die *gleiche Dimension* besitzen, für ebene elektromagnetische Wellen im leeren Raum auch die *gleichen Beträge* haben, sich aber in Materie um den Brechungsindex voneinander unterscheiden. In der Literatur für Ingenieure wird häufig – anstelle

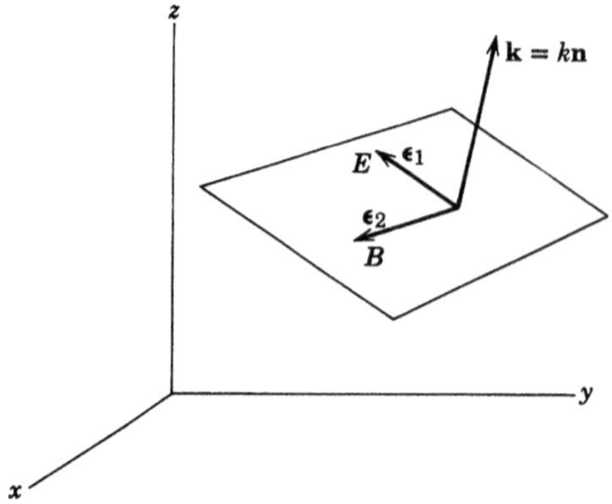

Abb. 7.1 Der Ausbreitungsvektor **k** und die beiden zu ihm orthogonalen Polarisationsvektoren $\boldsymbol{\epsilon}_1$ und $\boldsymbol{\epsilon}_2$.

von **B** – das magnetische Feld **H** in Parallele zu **E** gesetzt. Für **H** gilt analog zu (7.11):

$$\mathcal{H} = \mathbf{n} \times \mathcal{E}/Z \tag{7.11'}$$

wobei $Z = \sqrt{\mu/\epsilon}$ eine Impedanz darstellt. Für das Vakuum gilt $Z = Z_0 = \sqrt{\mu_0/\epsilon_0} \approx 376{,}7$ Ohm. Diesen Widerstandswert nennt man auch *Impedanz* oder *Wellenwiderstand des Vakuums*.

Für reelles **n** besagt Gl. (7.11), dass $\mathcal{E}$ und $\mathcal{B}$ die gleiche Phase haben. Es ist dann zweckmäßig, einen Satz reeller, zueinander orthogonaler Einheitsvektoren $(\boldsymbol{\epsilon}_1, \boldsymbol{\epsilon}_2, \mathbf{n})$ einzuführen, wie in Abb. 7.1 gezeigt. Ausgedrückt durch diese Einheitsvektoren schreiben sich die Feldstärken $\mathcal{E}$ und $\mathcal{B}$ in der Form

$$\mathcal{E} = \boldsymbol{\epsilon}_1 E_0, \quad \mathcal{B} = \boldsymbol{\epsilon}_2 \sqrt{\mu\epsilon}\, E_0 \tag{7.12}$$

oder

$$\mathcal{E} = \boldsymbol{\epsilon}_2 E_0', \quad \mathcal{B} = -\boldsymbol{\epsilon}_1 \sqrt{\mu\epsilon}\, E_0' \tag{7.12'}$$

wo E_0 und E_0' (u. U. komplexe) Konstanten sind. Die durch (7.8) mit (7.12) bzw. (7.12′) beschriebene Welle ist eine transversale Welle, die sich in Richtung von **n** ausbreitet. Sie entspricht einem Energiestrom, dessen zeitliches Mittel durch den Realteil des komplexen Poynting'schen Vektors

$$\mathbf{S} = \frac{1}{2}\mathbf{E} \times \mathbf{H}^*$$

gegeben ist. Im vorliegenden Fall ist dieser Energiestrom (d. h. die Energie, die in der Zeiteinheit durch die Flächeneinheit hindurchtritt) gleich

$$\mathbf{S} = \frac{1}{2}\sqrt{\frac{\epsilon}{\mu}}\,|E_0|^2\,\mathbf{n} \tag{7.13}$$

Das entsprechende zeitliche Mittel der Energiedichte ist

$$u = \frac{1}{4}\left(\epsilon \mathbf{E} \cdot \mathbf{E}^* + \frac{1}{\mu}\mathbf{B} \cdot \mathbf{B}^*\right)$$

und ergibt sich zu

$$u = \frac{\epsilon}{2} |E_0|^2 \tag{7.14}$$

Der Quotient aus dem Betrag von (7.13) und dem Ausdruck (7.14) zeigt, dass die Geschwindigkeit des Energiestroms durch $v = 1/\sqrt{\mu\epsilon}$ gegeben ist, wie man nach (7.5) auch erwartet.

Im Anschluss an Gl. (7.11) nahmen wir an, $\mathbf{n}$ sei ein reeller Einheitsvektor. Doch diese Annahme führt nicht auf die allgemeinste Lösung für eine ebene Welle. Ist $\mathbf{n}$ komplex, also $\mathbf{n} = \mathbf{n}_R + i\mathbf{n}_I$, dann wird aus der Exponentialfunktion in (7.8):

$$e^{ik\mathbf{n}\cdot\mathbf{x} - i\omega t} = e^{-k\mathbf{n}_I\cdot\mathbf{x}} e^{ik\mathbf{n}_R\cdot\mathbf{x} - i\omega t}$$

Die Welle nimmt also jetzt in bestimmten Richtungen exponentiell zu oder ab. Man nennt solche Wellen mit örtlich veränderlicher Amplitude *inhomogene ebene Wellen*. Physikalisch akzeptabel sind natürlich nur die *gedämpften ebenen Wellen*. Ihre Flächen konstanter Amplitude und Phase sind weiterhin Ebenen, die jedoch nicht mehr parallel zueinander sind. Die Beziehungen (7.10) und (7.11) gelten aber auch für diese Wellen. Die zu fordernde Gleichung $\mathbf{n}\cdot\mathbf{n} = 1$ zerfällt jetzt in Real- und Imaginärteil, nämlich[1]

$$n_R^2 - n_I^2 = 1 \qquad \mathbf{n}_R \cdot \mathbf{n}_I = 0 \tag{7.15}$$

Die zweite dieser Gleichungen zeigt, dass $\mathbf{n}_R$ und $\mathbf{n}_I$ zueinander orthogonal sind. Die Koordinatenachsen können so gewählt werden, dass $\mathbf{n}_R$ in x-Richtung und $\mathbf{n}_I$ in y-Richtung zeigt. Die erste der Gleichungen (7.15) ist erfüllt, wenn $\mathbf{n}$ die Gestalt

$$\mathbf{n} = \mathbf{e}_1 \cosh\theta + i\mathbf{e}_2 \sinh\theta \tag{7.16}$$

hat, wobei θ eine reelle Konstante ist, während $\mathbf{e}_1$ und $\mathbf{e}_2$ reelle Einheitsvektoren in x- bzw. y-Richtung sind (die nicht mit $\boldsymbol{\epsilon}_1$ und $\boldsymbol{\epsilon}_2$ zu verwechseln sind!). Der allgemeinste Vektor $\mathcal{E}$, der die Bedingung $\mathbf{n}\cdot\mathcal{E} = 0$ erfüllt, hat daher die Gestalt

$$\mathcal{E} = (i\mathbf{e}_1 \sinh\theta - \mathbf{e}_2 \cosh\theta) A + \mathbf{e}_3 A' \tag{7.17}$$

Dabei sind A und A' komplexe Konstanten, die – in Abhängigkeit vom gegebenen Problem – bestimmten Bedingungen unterworfen sind. Für $\theta \neq 0$ hat $\mathcal{E}$ im allgemeinen, ebenso wie $\mathbf{n}$, Komponenten sowohl in x- als auch in y-Richtung. Es ist leicht zu zeigen, dass man für $\theta = 0$ die Lösungen (7.12) bzw. (7.12′) zurückgewinnt.

Im späteren Verlauf dieses Kapitels, bei der Diskussion der Totalreflexion und der Brechung in leitenden Medien, werden wir einfachen Beispielen gedämpfter ebener Wellen begegnen; allerdings rührt die Dämpfung im Fall der Brechung nicht von einem komplexen Einheitsvektor $\mathbf{n}$ her, sondern von einer komplexen Wellenzahl. Gedämpfte ebene Wellen spielen eine fundamentale Rolle bei der Behandlung von Randwertproblemen mit Wellen und sind besonders wichtig bei der Lösung von Beugungsproblemen in zwei Dimensionen. Für eine ausführliche Darstellung dieses Problemkreises, erläutert anhand von Beispielen, empfehlen wir dem Leser das Buch von *Clemmow*.

---

[1] Man beachte, dass, wenn $\mathbf{n}$ komplex ist, der Betrag von $\mathbf{n}$ nicht gleich Eins zu sein braucht, also aus $\mathbf{n}\cdot\mathbf{n} = 1$ nicht $|\mathbf{n}|^2 = 1$ folgt.

7.2 Lineare und zirkulare Polarisation, die Stokes'schen Parameter

Bei der durch (7.8) und (7.12) beschriebenen ebenen Welle zeigt der elektrische Feldvektor stets in Richtung von $\boldsymbol{\epsilon}_1$. Von einer solchen Welle sagt man, sie sei linear polarisiert und habe den Polarisationsvektor $\boldsymbol{\epsilon}_1$. Die (7.12′) entsprechende Welle ist natürlich ebenfalls linear polarisiert und hat den Polarisationsvektor $\boldsymbol{\epsilon}_2$; sie ist aber von der ersten linear unabhängig. Die beiden Wellen

$$\begin{aligned}\mathbf{E}_1 &= \boldsymbol{\epsilon}_1 E_1 e^{i\mathbf{k}\cdot\mathbf{x}-i\omega t}\\ \mathbf{E}_2 &= \boldsymbol{\epsilon}_2 E_2 e^{i\mathbf{k}\cdot\mathbf{x}-i\omega t}\end{aligned} \tag{7.18}$$

mit

$$\mathbf{B}_j = \sqrt{\mu\epsilon}\,\frac{\mathbf{k}\times\mathbf{E}_j}{k}, \quad j = 1,2$$

können daher zu der allgemeinsten ebenen Welle

$$\mathbf{E}(\mathbf{x},t) = (\boldsymbol{\epsilon}_1 E_1 + \boldsymbol{\epsilon}_2 E_2)e^{i\mathbf{k}\cdot\mathbf{x}-i\omega t} \tag{7.19}$$

kombiniert werden, die sich in Richtung von $\mathbf{k} = k\mathbf{n}$ ausbreitet. Die Amplituden E_1 und E_2 können komplex sein, da zwischen Wellen verschiedener Polarisation eine Phasendifferenz bestehen kann.

Haben E_1 und E_2 *gleiche Phase*, dann stellt (7.19) eine *linear polarisierte Welle* dar, deren Polarisationsvektor mit $\boldsymbol{\epsilon}_1$ den Winkel $\theta = \arctan(E_2/E_1)$ bildet und den Betrag $E = \sqrt{E_1^2 + E_2^2}$ hat (vgl. Abb. 7.2).

Sind dagegen *die Phasen von E_1 und E_2 verschieden*, dann beschreibt (7.19) eine *elliptisch polarisierte Welle*. Um zu verstehen, was damit gemeint ist, betrachten wir den einfachsten Fall der *zirkularen Polarisation.* E_1 und E_2 haben dann den gleichen Betrag, doch ihre Phasen unterscheiden sich um 90°. Für (7.19) lässt sich dann

$$\mathbf{E}(\mathbf{x},t) = E_0(\boldsymbol{\epsilon}_1 \pm i\boldsymbol{\epsilon}_2)e^{i\mathbf{k}\cdot\mathbf{x}-i\omega t} \tag{7.20}$$

schreiben, wobei E_0 die gemeinsame reelle Amplitude darstellt. Wir denken uns die Koordinatenachsen so gewählt, dass sich die Welle in z-Richtung ausbreitet, während $\boldsymbol{\epsilon}_1$ und $\boldsymbol{\epsilon}_2$ die Richtung der x- bzw. y-Achse haben. Die Komponenten des physikalischen elektromagnetischen Feldes, beschrieben durch den Realteil von (7.20), sind

$$\begin{aligned}E_x(\mathbf{x},t) &= E_0\cos(kz-\omega t)\\ E_y(\mathbf{x},t) &= \mp E_0\sin(kz-\omega t)\end{aligned} \tag{7.21}$$

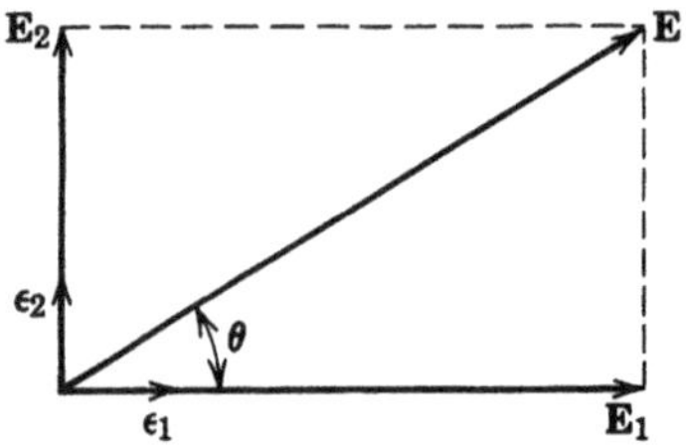

Abb. 7.2 Elektrisches Feld einer linear polarisierten Welle

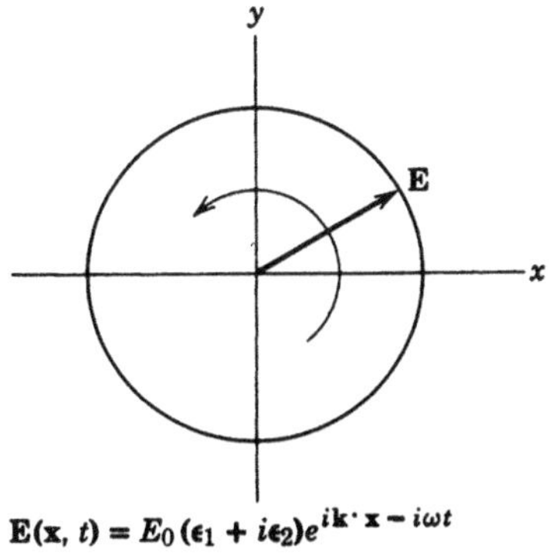

Abb. 7.3 Das elektrische Feld einer zirkular polarisierten Welle.

An einem *festen Raumpunkt* ist der elektrische Feldvektor dem Betrage nach konstant, dreht sich aber innerhalb eines Kreises mit der Frequenz ω (vgl. Abb. 7.3). Für das obere Vorzeichen, d. h. für $(\boldsymbol{\epsilon}_1 + i\boldsymbol{\epsilon}_2)$, verläuft die zeitliche Drehung entgegen dem Uhrzeigersinn, wenn der Beobachter in den ankommenden Lichtstrahl blickt. Diese Welle wird in der Optik *linkszirkular polarisiert* genannt. In der Terminologie der modernen Physik (genauer gesagt, der Elementarteilchenphysik) sagt man, eine solche Welle habe *positive Helizität*; denn die als Helizität definierte Projektion des Drehimpulses auf die Bewegungsrichtung (hier die z-Achse) ist bei einer solchen Welle positiv (vgl. Übg. 7.29). Für das untere Vorzeichen, d. h. für $(\boldsymbol{\epsilon}_1 - i\boldsymbol{\epsilon}_2)$, verläuft die zeitliche Drehung im Uhrzeigersinn, wenn der Blick des Beobachters wiederum auf die ankommende Welle gerichtet ist; die Welle ist – in der Sprechweise der Optik – *rechtszirkular polarisiert* oder – moderner ausgedrückt – sie hat *negative Helizität.*

Die beiden zirkular polarisierten Wellen (7.20) bilden einen gleichermaßen geeigneten Satz von Grundfeldern für die Beschreibung eines allgemeinen Polarisationszustandes. Wir führen die komplexen, orthogonalen Einheitsvektoren

$$\boldsymbol{\epsilon}_\pm = \frac{1}{\sqrt{2}}(\boldsymbol{\epsilon}_1 \pm i\boldsymbol{\epsilon}_2) \tag{7.22}$$

mit den Eigenschaften

$$\begin{aligned} \boldsymbol{\epsilon}_\pm^* \cdot \boldsymbol{\epsilon}_\mp &= 0 \\ \boldsymbol{\epsilon}_\pm^* \cdot \boldsymbol{\epsilon}_3 &= 0 \\ \boldsymbol{\epsilon}_\pm^* \cdot \boldsymbol{\epsilon}_\pm &= 1 \end{aligned} \tag{7.23}$$

ein. Eine allgemeine ebene Welle lässt sich dann, analog zu (7.19), in der Form

$$\mathbf{E}(\mathbf{x}, t) = (E_+\boldsymbol{\epsilon}_+ + E_-\boldsymbol{\epsilon}_-)e^{i\mathbf{k}\cdot\mathbf{x} - i\omega t} \tag{7.24}$$

darstellen, wobei E_+ und E_- komplexe Amplituden sind. Haben E_+ und E_- verschiedene Beträge, aber gleiche Phase, so stellt (7.24) eine elliptisch polarisierte Welle dar mit den Hauptachsen in Richtung von $\boldsymbol{\epsilon}_1$ bzw. $\boldsymbol{\epsilon}_2$. Das Verhältnis von großer zu kleiner Hauptachse ist $|(1 + r)/(1 - r)|$ mit $r = E_-/E_+$. Besteht zwischen den Amplituden eine Phasendifferenz, sodass $E_-/E_+ = re^{i\alpha}$ ist, dann bewegt sich, wie man leicht zeigen kann, die Spitze des Feldvektors **E** auf einer Ellipse, deren Achsen um $\alpha/2$ gedreht sind. Abbildung 7.4 zeigt den allgemeinen Fall der elliptischen Polari-

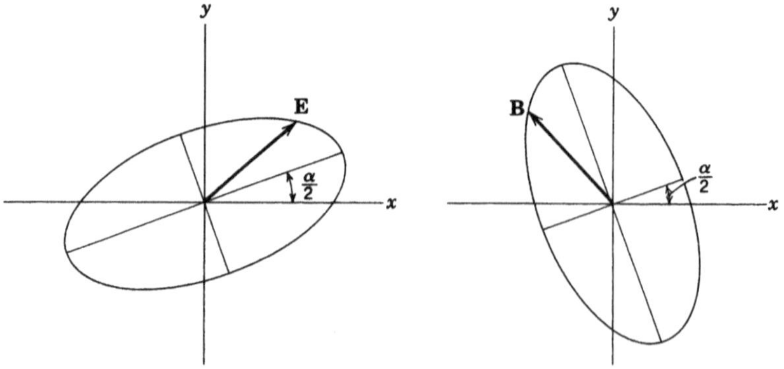

Abb. 7.4 Elektrisches und magnetisches Feld einer elliptisch polarisierten Welle.

sation mit den Ellipsen, die von **E** und **B** von einem gegebenen Punkt aus überstrichen werden. Für $r = \pm 1$ erhält man wieder eine linear polarisierte Welle.

Der Polarisationszustand einer ebenen elektromagnetischen Welle ist bekannt, wenn er sich durch (7.19) oder (7.24) mit bekannten Koeffizienten (E_1, E_2) bzw. (E_+, E_-) beschreiben lässt. In der Praxis tritt jedoch das entgegengesetzte Problem auf. Wenn man weiß, dass die Welle die Form (7.8) besitzt, dann stellt sich die Frage, wie man aus Beobachtungen an dem betreffenden Strahl auf die Einzelheiten seines Polarisationszustandes schließen kann. Ein nützliches Hilfsmittel hierfür sind die vier *Stokes'schen Parameter*, die 1852 von G. G. Stokes eingeführt wurden. Sie sind quadratisch in den Feldstärken und können allein aus Intensitätsmessungen bestimmt werden, und zwar in Verbindung mit einem Linearpolarisator und einem $\lambda/4$-Plättchen oder äquivalenten Analysatoren. Ihre experimentelle Bestimmung liefert eine vollständige Beschreibung des Polarisationszustandes.

Die Einführung der Stokes'schen Parameter basiert auf folgender Feststellung: Für eine Welle, die sich in z-Richtung ausbreitet, stellen von den vier Skalarprodukten

$$\boldsymbol{\epsilon}_1 \cdot \mathbf{E}, \quad \boldsymbol{\epsilon}_2 \cdot \mathbf{E}, \quad \boldsymbol{\epsilon}_+^* \cdot \mathbf{E}, \quad \boldsymbol{\epsilon}_-^* \cdot \mathbf{E} \tag{7.25}$$

die ersten beiden die Amplituden der Strahlung mit linearer Polarisation in x- bzw. y-Richtung dar, während die anderen beiden derjenigen mit positiver bzw. negativer Helizität entsprechen. Man beachte, dass für zirkulare Polarisation – entsprechend (7.23) – das *Konjugiertkomplexe* der entsprechenden Polarisationsvektoren zu nehmen ist. Die Betragsquadrate dieser Amplituden sind ein Maß für die Intensität der jeweiligen Polarisationsart. Die ebenfalls benötigte Information über die Phasen liefern die gemischten Produkte. Die Stokes'schen Parameter lassen sich über die Basisvektoren sowohl der linearen wie zirkularen Polarisation definieren, d. h. über jeweils eines der beiden Amplitudenpaare (7.25) sowie über die Beträge und relativen Phasen der einzelnen Komponenten. Wir definieren hierzu zunächst die skalaren Koeffizienten in (7.19) und (7.24) durch ihre Beträge und Phasen:

$$\begin{aligned} E_1 &= a_1 e^{i\delta_1}, \qquad E_2 = a_2 e^{i\delta_2} \\ E_+ &= a_+ e^{i\delta_+}, \qquad E_- = a_- e^{i\delta_-} \end{aligned} \tag{7.26}$$

Ausgedrückt durch die Basisvektoren $(\boldsymbol{\epsilon}_1, \boldsymbol{\epsilon}_2)$ der linearen Polarisation lauten dann die Stokes'schen Parameter:[2]

$$\begin{aligned}
s_0 &= |\boldsymbol{\epsilon}_1 \cdot \mathbf{E}|^2 + |\boldsymbol{\epsilon}_2 \cdot \mathbf{E}|^2 = a_1^2 + a_2^2 \\
s_1 &= |\boldsymbol{\epsilon}_1 \cdot \mathbf{E}|^2 - |\boldsymbol{\epsilon}_2 \cdot \mathbf{E}|^2 = a_1^2 - a_2^2 \\
s_2 &= 2\,\mathrm{Re}[(\boldsymbol{\epsilon}_1 \cdot \mathbf{E})^* (\boldsymbol{\epsilon}_2 \cdot \mathbf{E})] = 2a_1 a_2 \cos(\delta_2 - \delta_1) \\
s_3 &= 2\,\mathrm{Im}[(\boldsymbol{\epsilon}_1 \cdot \mathbf{E})^* (\boldsymbol{\epsilon}_2 \cdot \mathbf{E})] = 2a_1 a_2 \sin(\delta_2 - \delta_1)
\end{aligned} \tag{7.27}$$

Benutzt man dagegen die Basisvektoren $(\boldsymbol{\epsilon}_+, \boldsymbol{\epsilon}_-)$ der zirkularen Polarisation, so treten an die Stelle von (7.27) die Definitionen

$$\begin{aligned}
s_0 &= |\boldsymbol{\epsilon}_+^* \cdot \mathbf{E}|^2 + |\boldsymbol{\epsilon}_-^* \cdot \mathbf{E}|^2 = a_+^2 + a_-^2 \\
s_1 &= 2\,\mathrm{Re}[(\boldsymbol{\epsilon}_+^* \cdot \mathbf{E})^* (\boldsymbol{\epsilon}_-^* \cdot \mathbf{E})] = 2a_+ a_- \cos(\delta_- - \delta_+) \\
s_2 &= 2\,\mathrm{Im}[(\boldsymbol{\epsilon}_+^* \cdot \mathbf{E})^* (\boldsymbol{\epsilon}_-^* \cdot \mathbf{E})] = 2a_+ a_- \sin(\delta_- - \delta_+) \\
s_3 &= |\boldsymbol{\epsilon}_+^* \cdot \mathbf{E}|^2 - |\boldsymbol{\epsilon}_-^* \cdot \mathbf{E}|^2 = a_+^2 - a_-^2
\end{aligned} \tag{7.28}$$

Diese in den beiden verschiedenen Basen definierten Stokes'schen Parameter weisen eine interessante Rollenvertauschung auf. s_0 misst in beiden Fällen die Intensität der Welle. Dagegen beschreibt s_1 im ersten Fall das Überwiegen der linearen Polarisation in x-Richtung gegenüber der in y-Richtung, während s_2 und s_3 im ersten Fall die Information über die Phasen liefern. Diese Information ist im zweiten Fall in s_1 und s_2 enthalten, während s_3 die Differenz zwischen den Intensitäten der Strahlung mit positiver und negativer Helizität angibt. Die vier Stokes'schen Parameter sind nicht unabhängig voneinander, da sie nur von den drei Größen a_1, a_2 und $\delta_2 - \delta_1$ (bzw. a_+, a_- und $\delta_- - \delta_+$) abhängen. Sie genügen der Beziehung

$$s_0^2 = s_1^2 + s_2^2 + s_3^2 \tag{7.29}$$

Die Frage zu erörtern, wie man im Einzelnen vorzugehen hat, um die Stokes'schen Parameter zu messen, würde hier zu weit führen. Wir empfehlen dem Leser dazu das Buch von *Stone*, Abschn. 13.13. Auch das wichtige Problem der monochromatischen Strahlung können wir hier nur kurz streifen: Strahlungsbündel bestehen selbst dann, wenn sie für die jeweiligen Zwecke genügend monochromatisch sind, immer aus einer Überlagerung endlicher Wellenzüge. Sie enthalten somit, nach dem Fourier'schen Satz, ein ganzes Frequenzspektrum und sind nicht rein monochromatisch. Dies lässt sich dahingehend interpretieren, dass die Beträge und Phasen (a_i, δ_i) in (7.26) im Vergleich zur Frequenz ω geringfügig von der Zeit abhängen. Beobachtbar sind dann nur die über ein relativ langes Zeitintervall gemittelten Stokes'schen Parameter. Man schreibt z. B.:

$$s_2 = 2\langle a_1 a_2 \cos(\delta_2 - \delta_1)\rangle$$

wobei die spitzen Klammern die Mittelung über ein makroskopisches Zeitintervall bezeichnen. Eine der Konsequenzen dieser Mittelung besteht darin, dass die Sto-

---

[2] Die Bezeichnung der Stokes'schen Parameter ist leider nicht einheitlich. Stokes selbst benutzte für sie die Symbole (A, B, C, D); andere häufig benutzte Bezeichnungen sind (I, Q, U, V) und (I, M, C, S). Unsere Notation entspricht der von *Born* und *Wolf*.

kes'schen Parameter im Fall eines nur quasi-monochromatischen Lichtstrahls nicht der Gl. (7.29), sondern der Ungleichung

$$s_0^2 \geq s_1^2 + s_2^2 + s_3^2$$

genügen. Für natürliches, d.h. unpolarisiertes Licht ist selbst dann, wenn es hochgradig monochromatisch ist, $s_1 = s_2 = s_3 = 0$. Für eine weitergehende Diskussion quasi-monochromatischen Lichts und der partiellen Kohärenz empfehlen wir dem Leser das Buch von *Born* und *Wolf*, Kapitel 10.

Ein astrophysikalisches Anwendungsbeispiel für die Stokes'schen Parameter stellt die optische und radiofrequente Strahlung von Pulsaren (wie z. B. PSR B05311 + 21 im Krebsnebel) dar. Im optischen Bereich ist die Strahlung des Krebspulsars schwach linear polarisiert, während die bei $\omega \simeq 2{,}5 \times 10^9\,\mathrm{s}^{-1}$ emittierte Radiostrahlung eine sehr starke lineare Polarisation aufweist.[3] In keinem der beiden Frequenzbereiche hat man einen Hinweis auf zirkulare Polarisation gefunden. Informationen dieser Art stellen eine wichtige Hilfe für die Aufklärung des Strahlungsmechanismus dieser faszinierenden Objekte dar.

7.3 Reflexion und Brechung elektromagnetischer Wellen an der ebenen Trennfläche zweier Dielektrika

Die Reflexion und Brechung von Licht an der ebenen Trennfläche zweier Medien verschiedener Dielektrizitätskonstanten bzw. Brechungsindizes sind bekannte Erscheinungen. Ihre verschiedenen Aspekte unterteilen sich in zwei Klassen:

(1) Kinematische Eigenschaften:
   (a) Der Reflexionswinkel ist gleich dem Einfallswinkel.
   (b) Der Einfallswinkel (α) und der Brechungswinkel (α') genügen dem Snellius'schen Brechungsgesetz

$$\frac{\sin\alpha}{\sin\alpha'} = \frac{n'}{n}$$

   wobei n und n' die Brechungsindizes der beiden Medien sind.
(2) Dynamische Eigenschaften:
   (a) Die Intensität des reflektierten und gebrochenen Strahls.
   (b) Phasenänderung und Polarisation.

Die kinematischen Eigenschaften ergeben sich unmittelbar aus der Wellennatur des Lichtes und aus der Tatsache, dass bestimmte Grenzbedingungen erfüllt sein müssen. Sie sind unabhängig von der detaillierten Struktur der Welle bzw. der Grenzbedingungen. Dagegen hängen die dynamischen Eigenschaften gänzlich von der speziellen Natur der elektromagnetischen Felder und den von ihnen zu erfüllenden Grenzbedingungen ab.

[3] Siehe *The Crab Nebula and Related Supernova Remnants*, Hrsg. Kafatos, M.C. und R.B.C. Henry, New York: Cambridge University Press 1985.

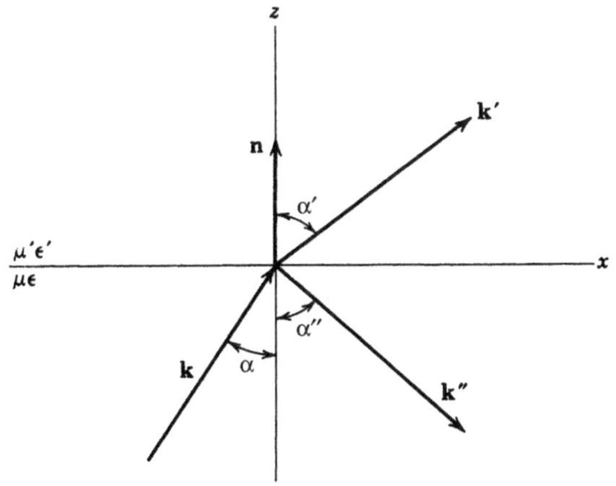

Abb. 7.5 Eine Welle mit dem Wellenvektor **k** fällt auf die ebene Trennfläche zweier Medien und gibt Anlass zu einer reflektierten und gebrochenen Welle mit den Wellenvektoren $\mathbf{k}''$ bzw. $\mathbf{k}'$.

Die Geometrie des Brechungsproblems ist in Abb. 7.5 dargestellt. Die beiden Medien oberhalb und unterhalb der Ebene $z = 0$ haben die Permeabilitäten und Dielektrizitätskonstanten μ und ϵ bzw. μ' und ϵ'. Die durch (7.4) und (7.5) als ck/ω definierten Brechungsindizes sind $n = \sqrt{\mu\epsilon/\mu_0\epsilon_0}$ und $n' = \sqrt{\mu'\epsilon'/\mu_0\epsilon_0}$.

Aus dem durch μ und ϵ charakterisierten Medium falle eine ebene Welle mit dem Wellenvektor **k** und der Frequenz ω ein. Die gebrochenen und reflektierten Wellen mögen die Wellenvektoren $\mathbf{k}'$ und $\mathbf{k}''$ haben, und **n** sei ein Normalenvektor, der vom Medium μ, ϵ ins Medium μ', ϵ' zeigt. Nach Gl. (7.18) lassen sich die drei verschiedenen Wellen folgendermaßen beschreiben:

Einfallende Welle:
$$\mathbf{E} = \mathbf{E}_0 e^{i\mathbf{k}\cdot\mathbf{x} - i\omega t}$$
$$\mathbf{B} = \sqrt{\mu\epsilon}\,\frac{\mathbf{k}\times\mathbf{E}}{k} \tag{7.30}$$

Gebrochene Welle:
$$\mathbf{E}' = \mathbf{E}_0' e^{i\mathbf{k}'\cdot\mathbf{x} - i\omega t}$$
$$\mathbf{B}' = \sqrt{\mu'\epsilon'}\,\frac{\mathbf{k}'\times\mathbf{E}'}{k'} \tag{7.31}$$

Reflektierte Welle:
$$\mathbf{E}'' = \mathbf{E}_0'' e^{i\mathbf{k}''\cdot\mathbf{x} - i\omega t}$$
$$\mathbf{B}'' = \sqrt{\mu\epsilon}\,\frac{\mathbf{k}''\times\mathbf{E}''}{k} \tag{7.32}$$

Die Wellenvektoren haben die Beträge

$$\begin{aligned} |\mathbf{k}| &= |\mathbf{k}''| = k = \omega\sqrt{\mu\epsilon} \\ |\mathbf{k}'| &= k' = \omega\sqrt{\mu'\epsilon'} \end{aligned} \tag{7.33}$$

Da die Grenzbedingungen bei $z = 0$ an allen Punkten der Ebene zu jedem Zeitpunkt erfüllt sein müssen, muss die räumliche (und zeitliche) Änderung sämtlicher Felder bei $z = 0$ jeweils die gleiche sein. Dies bedeutet, dass die Phasenfaktoren der drei Wellen, unabhängig von der Art der Grenzbedingungen, bei $z = 0$ miteinander übereinstimmen müssen, sodass

$$(\mathbf{k} \cdot \mathbf{x})_{z=0} = (\mathbf{k}' \cdot \mathbf{x})_{z=0} = (\mathbf{k}'' \cdot \mathbf{x})_{z=0} \tag{7.34}$$

Diese Gleichungskette enthält die kinematischen Aspekte der Reflexion und Brechung. Die drei Wellenvektoren müssen, wie man unmittelbar erkennt, in einer Ebene liegen. In der Notation von Abb. 7.5 muss ferner

$$k \sin\alpha = k' \sin\alpha' = k'' \sin\alpha'' \tag{7.35}$$

gelten. Da $k'' = k$ ist, gilt somit $\alpha = \alpha''$, d. h. der Einfallswinkel ist gleich dem Reflexionswinkel. Ferner folgt aus (7.35) das *Snellius'sche Brechungsgesetz*

$$\frac{\sin\alpha}{\sin\alpha'} = \frac{k'}{k} = \sqrt{\frac{\mu'\epsilon'}{\mu\epsilon}} = \frac{n'}{n} \tag{7.36}$$

Die dynamischen Eigenschaften ergeben sich aus der Bedingung, dass die Normalkomponenten von **D** und **B** sowie die Tangentialkomponenten von **E** und **H** an der Trennfläche der beiden Medien stetig sein müssen. Ausgedrückt durch die Felder (7.30)–(7.32) lauten die entsprechenden Grenzbedingungen bei $z = 0$:

$$\begin{aligned}
[\epsilon(\mathbf{E}_0 + \mathbf{E}_0'') - \epsilon'\mathbf{E}_0'] \cdot \mathbf{n} &= 0 \\
[\mathbf{k} \times \mathbf{E}_0 + \mathbf{k}'' \times \mathbf{E}_0'' - \mathbf{k}' \times \mathbf{E}_0'] \cdot \mathbf{n} &= 0 \\
(\mathbf{E}_0 + \mathbf{E}_0'' - \mathbf{E}_0') \times \mathbf{n} &= 0 \\
\left[\frac{1}{\mu}(\mathbf{k} \times \mathbf{E}_0 + \mathbf{k}'' \times \mathbf{E}_0'') - \frac{1}{\mu'}(\mathbf{k}' \times \mathbf{E}_0')\right] \times \mathbf{n} &= 0
\end{aligned} \tag{7.37}$$

Bei der Anwendung dieser Grenzbedingungen ist es zweckmäßig, zwei verschiedene Fälle zu betrachten – nämlich den einen, in dem die einfallende ebene Welle linear polarisiert ist und ihr Polarisationsvektor senkrecht auf der von **k** und **n** aufgespannten *Einfallsebene* steht, und den anderen Fall, in dem der Polarisationsvektor parallel zur Einfallsebene liegt. Den allgemeinen Fall beliebiger elliptischer Polarisation erhält man auch nach den Ausführungen des voranstehenden Abschnitts durch geeignete Linearkombination der beiden Resultate.

Wir untersuchen zunächst den in Abb. 7.6 (a) dargestellten Fall, in dem der elektrische Feldvektor in einer Ebene senkrecht zur Einfallsebene schwingt. Sämtliche elektrische Felder zeigen in diesem Fall in die Zeichenebene hinein. Die Orientierung der **B**-Felder ist so gewählt, dass sich ein positiver Energiestrom in Richtung der Wellenvektoren ergibt. Da die elektrischen Felder alle parallel zur Trennfläche der beiden Medien liegen, führt die erste der Grenzbedingungen (7.37) auf eine Identität. Die dritte und vierte dagegen liefern

$$\begin{aligned}
E_0 + E_0'' - E_0' &= 0 \\
\sqrt{\frac{\epsilon}{\mu}}\,(E_0 - E_0'')\cos\alpha - \sqrt{\frac{\epsilon'}{\mu'}}\,E_0'\cos\alpha' &= 0
\end{aligned} \tag{7.38}$$

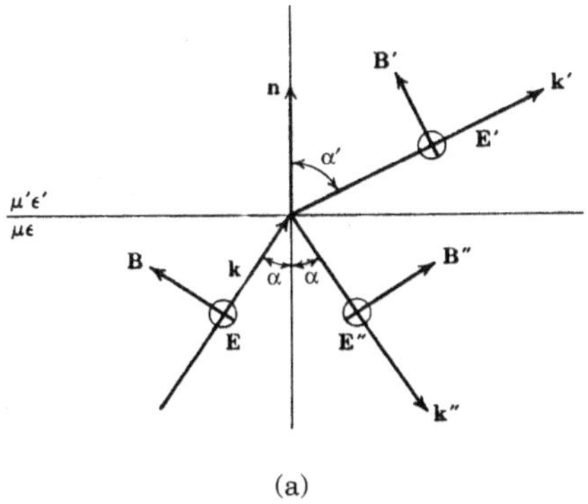

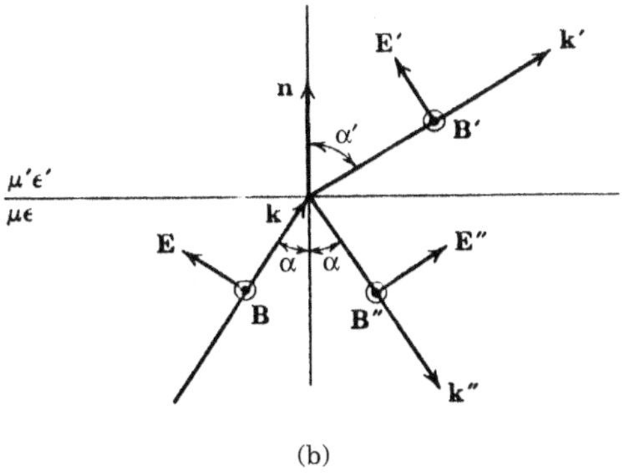

Abb. 7.6 Reflexion und Brechung eines Lichtstrahls, dessen elektrischer Feldvektor in einer Ebene senkrecht (a) bzw. parallel (b) zur Einfallsebene schwingt.

während die zweite in Verbindung mit dem Snellius'schen Brechungsgesetz wieder auf die dritte führt. Für die auf die Amplitude der einfallenden Welle bezogenen Amplituden der gebrochenen und reflektierten Welle ergeben sich aus (7.38) die bekannten *Fresnel'schen Formeln* für

zur Einfallsebene senkrechtes **E**:

$$\frac{E_0'}{E_0} = \frac{2n\cos\alpha}{n\cos\alpha + \frac{\mu}{\mu'}\sqrt{n'^2 - n^2\sin^2\alpha}}$$

$$\frac{E_0''}{E_0} = \frac{n\cos\alpha - \frac{\mu}{\mu'}\sqrt{n'^2 - n^2\sin^2\alpha}}{n\cos\alpha + \frac{\mu}{\mu'}\sqrt{n'^2 - n^2\sin^2\alpha}} \tag{7.39}$$

Die in diesen Gleichungen auftretende Wurzel ist gleich $n'\cos\alpha'$, doch haben wir das Snellius'sche Brechungsgesetz benutzt, um sie durch den Einfallswinkel auszudrücken. Im optischen Bereich darf man i. Allg. $\mu/\mu' = 1$ setzen. Die Gln. (7.39) werden in der Optik – ebenso wie die folgenden Gln. (7.41) und (7.42) – meist mit reellem n und n' benutzt, doch gelten sie auch für komplexe Brechungsindizes.

Liegt das elektrische Feld parallel zur Einfallsebene, ist also – wie man sagt – die Welle *in* der Einfallsebene polarisiert (vgl. Abb. 7.6(b)), dann beinhalten die Grenzbedingungen Aussagen über die Normalkomponente von **D** und die Tangentialkomponenten **E** und **H**, d. h. zum Tragen kommen die erste, dritte und vierte der Gln. (7.37). Die Stetigkeitsforderung an die Tangentialkomponenten von **E** und **H** führt auf

$$\cos\alpha(E_0 - E_0'') - \cos\alpha' E_0' = 0$$

$$\sqrt{\frac{\epsilon}{\mu}}(E_0 + E_0'') - \sqrt{\frac{\epsilon'}{\mu'}} E_0' = 0 \tag{7.40}$$

Die Stetigkeit der Normalkomponente von **D** führt bei Verwendung des Snellius'schen Brechungsgesetzes auf die zweite der Gln. (7.40) zurück. Die Fresnel'schen Formeln für die relativen Amplituden der gebrochenen und reflektierten Welle lauten also für

zur Einfallsebene paralleles **E**:

$$\frac{E_0'}{E_0} = \frac{2nn'\cos\alpha}{\frac{\mu}{\mu'}n'^2\cos\alpha + n\sqrt{n'^2 - n^2\sin^2\alpha}}$$

$$\frac{E_0''}{E_0} = \frac{\frac{\mu}{\mu'}n'^2\cos\alpha - n\sqrt{n'^2 - n^2\sin^2\alpha}}{\frac{\mu}{\mu'}n'^2\cos\alpha + n\sqrt{n'^2 - n^2\sin^2\alpha}} \tag{7.41}$$

Bei senkrechtem Einfall ($\alpha = 0$) reduzieren sich (7.39) bzw. (7.41) auf

$$\frac{E_0'}{E_0} = \frac{2}{\sqrt{\frac{\mu\epsilon'}{\mu'\epsilon}} + 1} \to \frac{2n}{n' + n}$$

$$\frac{E_0''}{E_0} = \frac{\sqrt{\frac{\mu\epsilon'}{\mu'\epsilon}} - 1}{\sqrt{\frac{\mu\epsilon'}{\mu'\epsilon}} + 1} \to \frac{n' - n}{n' + n} \tag{7.42}$$

wobei die Ausdrücke auf der rechten Seite jeweils für $\mu' = \mu$ gelten. Für die reflektierte Welle haben wir hierbei *das* Vorzeichen gewählt, das sich für einen *in* der Einfallsebene polarisierten Lichtstrahl ergibt.[4] Dies bedeutet, dass eine senkrecht einfallende Welle bei der Reflexion einen Phasensprung um 180° erleidet, wenn $n' > n$ ist.

7.4 Polarisation durch Reflexion; Totalreflexion; Goos-Hänchen-Effekt

Zwei dynamische Aspekte von Reflexion und Brechung sollten hier ausdrücklich erwähnt werden. Der erste besteht darin, dass es bei parallel zur Einfallsebene liegendem Polarisationsvektor einen bestimmten Einfallswinkel gibt. den sog. *Brewster- oder Polarisationswinkel*, bei dem Reflexion *nicht* auftritt. Setzt man der Ein-

[4] Bei Verwendung von (7.39) hätte sich das umgekehrte Vorzeichen ergeben, während die Ergebnisse für die Beträge der relativen Amplitude übereinstimmen, da ja der Begriff der Einfallsebene bei senkrechtem Einfall bedeutungslos ist (Anm. des Übersetzers).

fachheit halber $\mu' = \mu$, so stellt man fest, dass die Amplitude der reflektierten Welle in (7.41) verschwindet, wenn der Einfallswinkel gleich dem Brewster-Winkel

$$\alpha_B = \arctan\left(\frac{n'}{n}\right) \tag{7.43}$$

ist. An der Trennfläche Luft/Glas mit $(n'/n) = 1{,}5$ ergibt sich z. B. für den Brewster-Winkel: $\alpha_B \simeq 56°$. Fällt ein elliptisch polarisierter Lichtstrahl unter dem Brewster-Winkel auf die ebene Trennfläche zweier Medien, dann ist der reflektierte Strahl, sofern er überhaupt auftritt, *vollständig linear polarisiert*, und sein Polarisationsvektor steht *senkrecht* auf der Einfallsebene. Dieses Verhalten kann man sich zunutze machen, um linear polarisiertes Licht zu erzeugen, weshalb man den Brewster-Winkel auch *Polarisationswinkel* nennt. Effektiver ist es jedoch, sich bestimmte Anisotropieeigenschaften eines dielektrischen Mediums zunutze zu machen. Selbst wenn eine Welle unter einem anderen Winkel als dem Brewster-Winkel einfällt, ist die reflektierte Welle i. Allg. hauptsächlich senkrecht zur Einfallsebene polarisiert. Hierauf gründet sich die Verwendung gefärbter Gläser, die nur das Licht einer bestimmten Polarisationsrichtung hindurchlassen. Im Radiofrequenzbereich können Empfangsantennen so ausgerichtet werden, dass sie flächenreflektierte Wellen (und auch solche, die an der Ionosphäre reflektiert wurden) von direkt übertragenen Wellen aussondern können.

Das zweite Phänomen, von dem hier die Rede sein soll, ist die *Totalreflexion*, die beim Übergang eines Lichtstrahls von einem optisch dichteren zu einem optisch dünneren Medium auftritt, d. h. wenn $n > n'$ ist. Nach dem Snellius'schen Brechungsgesetz ist der Brechungswinkel für $n > n'$ größer als der Einfallswinkel: $\alpha' > \alpha$. Es ist also $\alpha' = \pi/2$, wenn α gleich dem Grenzwinkel

$$\alpha_0 = \arcsin\left(\frac{n'}{n}\right) \tag{7.44}$$

ist. Fällt eine Welle unter diesem Winkel ein, so bewegt sich die gebrochene Welle „streifend" entlang der Grenzfläche. Wird der Einfallswinkel größer, dann tritt überhaupt kein Licht mehr ein, und es kommt zur Totalreflexion.

Um die Frage zu beantworten, ob bei Einfallswinkeln $\alpha > \alpha_0$ noch ein Energiestrom durch die Grenzfläche hindurch stattfindet, stellen wir zunächst fest, dass für $\alpha > \alpha_0$ offenbar $\sin\alpha' > 1$ ist. Dies bedeutet, dass α' ein komplexer Winkel mit rein imaginärem Kosinus ist:

$$\cos\alpha' = i\sqrt{\left(\frac{\sin\alpha}{\sin\alpha_0}\right)^2 - 1} \tag{7.45}$$

Die Bedeutung dieser komplexen Größen wird klar, wenn man den Ausbreitungsfaktor der gebrochenen Welle betrachtet:

$$e^{i\mathbf{k}'\cdot\mathbf{x}} = e^{ik'(x\sin\alpha' + z\cos\alpha')} = e^{-k'[(\sin\alpha/\sin\alpha_0)^2 - 1]^{1/2}z}\, e^{ik'(\sin\alpha/\sin\alpha_0)x} \tag{7.46}$$

Dieser Ausdruck zeigt, dass sich die gebrochene Welle längs der Grenzfläche ausbreitet und in Richtung des optisch dünneren Mediums exponentiell abklingt. Die Dämpfung vollzieht sich, außer für $\alpha \simeq \alpha_0$, innerhalb eines Bereichs von nur wenigen Wellenlängen.

Obwohl in das optisch dünnere Medium elektrische Felder eintreten, stellt sich ein Energiestrom durch die Grenzfläche nicht ein. Dies erkennt man unmittelbar, wenn man das zeitliche Mittel der *Normal*komponente des Poynting'schen Vektors im optisch dünneren Medium berechnet. Es ist

$$\mathbf{S}\cdot\mathbf{n} = \frac{1}{2}\,\mathrm{Re}[\mathbf{n}\cdot(\mathbf{E}'\times\mathbf{H}'^{*})] \tag{7.47}$$

Mit $\mathbf{H}' = \dfrac{1}{\mu'\omega}(\mathbf{k}'\times\mathbf{E}')$ folgt hieraus:

$$\mathbf{S}\cdot\mathbf{n} = \frac{1}{2\omega\mu'}\,\mathrm{Re}[(\mathbf{n}\cdot\mathbf{k}')\,|\mathbf{E}_0'|^2]$$

Da nun aber $\mathbf{n}\cdot\mathbf{k}' = k'\cos\alpha'$ rein imaginär ist, folgt hieraus unmittelbar $\mathbf{S}\cdot\mathbf{n} = 0$.

Der rein imaginäre Ausdruck (7.45) für $\cos\alpha'$, multipliziert mit n', entspricht dem Wurzelausdruck in den Fresnel'schen Formeln (7.39) und (7.41). Setzt man ihn dort ein, so ergibt sich für den Betrag des Verhältnisses E_0''/E_0 der Wert Eins, wie physikalisch für den Fall der *Total*reflexion auch zu erwarten ist. Die reflektierte Welle erleidet jedoch einen Phasensprung, der für die beiden Arten von einfallenden Wellen verschieden ist und sowohl vom Einfallswinkel wie vom Verhältnis n/n' abhängt. Diese Phasensprünge kann man sich zunutze machen, um die eine Art von Polarisation in die andere zu überführen. Eines der Instrumente, die dies leisten, ist das sog. Fresnel'sche Parallelepiped. Bei ihm wird ein Lichtstrahl, der aus zwei Bündeln mit zur Einfallsebene paralleler bzw. senkrechter Polarisation besteht, durch zwei aufeinanderfolgende Totalreflexionen mit einem Phasensprung von jeweils 45° in zirkular polarisiertes Licht verwandelt (vgl. hierzu *Born*, S. 44 bzw. *Born* und *Wolf*, S. 50).

Die abklingende, in das Gebiet $z > 0$ eindringende Welle klingt in senkrechter Richtung exponentiell wie $e^{-z/\delta}$ ab, wobei $\delta^{-1} = k\sqrt{\sin^2\alpha - \sin^2\alpha_0}$ ist. In diesem Eindringen der Welle in das „verbotene" Gebiet liegt der physikalische Grund für den *Goos-Hänchen-Effekt*: Wenn ein Strahl mit begrenzter transversaler Ausdehnung total reflektiert wird, tritt der reflektierte Strahl im Vergleich zur geometrischen Reflexion seitlich verschoben aus der Grenzfläche heraus.[5] Stellt man sich vor, der

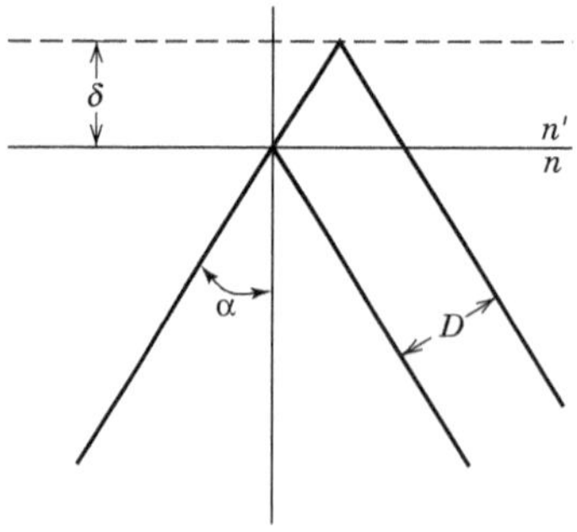

Abb. 7.7 Geometrische Interpretation des Goos-Hänchen-Effekts der seitlichen Verschiebung eines totalreflektierten Strahls aufgrund der Tatsache, dass die abklingende Welle in das Gebiet mit kleinerem Brechungsindex eindringt.

[5] Goos, F. und H. Hänchen, *Ann. Phys.* (*Leipzig*) (6) **1**, 333–346 (1947).
Eine ausführliche Erörterung, mit vielen Literaturangaben, erfährt der Effekt in einem vierteiligen Artikel von Lotsch, H. K. V., *Optik*, **32**, 116–137, 189–204, 299–319, 553–568 (1970).

Strahl würde – wie in Abb. 7.7 skizziert – von einer Ebene in der Entfernung δ hinter der Grenzfläche reflektiert, so müsste er mit einer transversalen Verschiebung um $D \approx 2\delta \sin\alpha$ die Grenzfläche verlassen. Eine sorgfältige Rechnung (vgl. Übg. 7.7) zeigt aber, dass dieses naive Ergebnis zu modifizieren ist; denn D hängt vom Polarisationszustand des einfallenden Strahls ab. In erster Näherung erhält man für die beiden linearen Polarisationszustände

$$D_\perp = \frac{\lambda}{\pi} \frac{\sin\alpha}{\sqrt{\sin^2\alpha - \sin^2\alpha_0}}; \quad D_\parallel = D_\perp \cdot \frac{\sin^2\alpha_0}{\sin^2\alpha - \cos^2\alpha \cdot \sin^2\alpha_0} \tag{7.48}$$

wobei λ die Wellenlänge im Medium mit dem größeren Brechungsindex ist.

Das Phänomen der Totalreflexion wird in der Praxis häufig benutzt, um Licht mit möglichst geringem Intensitätsverlust zu übertragen. Ein Beispiel hierfür sind die sog. Lichtleiter. Sie bestehen aus dünnen Stäben durchsichtigen Materials (Glasfaser), dessen Brechungsindex größer ist als der des umgebenden Mediums. Bei den in der Kern- und Teilchenphysik benutzten Szintillationszählern z. B. dienen sie zur Übertragung des (beim Einfall ionisierender Teilchen entstehenden) Szintillatorlichtes auf die Röhre eines Sekundärelektronenvervielfachers, der es in ein brauchbares elektrisches Signal verwandelt. Ist der Durchmesser des Lichtleiters gegenüber der Wellenlänge der untersuchten Strahlung groß, dann behalten die Überlegungen, die wir in diesem Abschnitt für den Fall einer ebenen Grenzfläche angestellt haben, näherungsweise Gültigkeit. In der Telekommunikationstechnik dient die Totalreflexion in optischen Fasern zur Übertragung modulierter Lichtsignale über weite Strecken. Nicht immer sind die transversalen Dimensionen vielschichtiger Fasern sehr viel größer als die Wellenlänge. In diesem Fall muss man der genauen Geometrie Rechnung tragen, und die Untersuchungen zu den möglichen Wellenformen in Hohlleitern, die wir In Kapitel 8 anstellen, bieten eine geeignetere Beschreibungsmöglichkeit.

7.5 Charakteristische Eigenschaften der Dispersion in Dielektrika, Leitern und Plasmen

In Abschnitt 1 dieses Kapitels sahen wir, dass sich ein beliebiger Wellenzug, beschrieben durch Gl. (7.7) ungestört ausbreitet, wenn keine Dispersion auftritt. Tatsächlich aber zeigen alle Medien eine gewisse Dispersion. Nur innerhalb eines schmalen Frequenzbereichs und im Vakuum kann die Ausbreitungsgeschwindigkeit als frequenzunabhängig angenommen werden. Natürlich bleiben alle voranstehenden Resultate, die sich auf eine einzelne Frequenzkomponente beziehen, auch bei vorhandener Dispersion gültig. Die Werte von ϵ und μ brauchen nur als diejenigen interpretiert zu werden, die zur jeweils betrachteten Frequenz gehören. Tritt jedoch eine Überlagerung verschiedener Frequenzbereiche auf, so verursacht die Frequenzabhängigkeit von ϵ und μ neue Effekte. Um einige von ihnen untersuchen zu können, müssen wir zumindest ein einfaches Modell der Dispersion entwickeln.

A. Oszillatormodell für die Dielektrizitätskonstante

Die physikalischen Vorgänge, die an der Dispersion beteiligt sind, werden fast alle erkennbar, wenn man das in Kap. 4.6 beschriebene klassische Modell der molekularen Polarisierbarkeit auf zeitveränderliche Felder überträgt. Der Einfachheit halber werden wir dabei den Unterschied zwischen dem äußeren und dem lokalen elektrischen Feld vernachlässigen. Das entsprechende *Oszillatormodell der Dielektrizitätskonstanten* wird daher nur auf Substanzen relativ niedriger Dichten anwendbar sein. (Dieser Mangel lässt sich jedoch, wenn nötig, durch Verwendung von Gl. (4.69) für die dichteabhängige Suszeptibilität beheben.) Für die Permeabilität nehmen wir den Wert Eins an. Die Bewegungsgleichung für ein Elektron der Ladung $-e$, das durch die harmonische Kraft (4.71) (mit zusätzlicher Dämpfung) gebunden ist und unter Wirkung eines äußeren elektrischen Feldes $\mathbf{E}(\mathbf{x}, t)$ steht, lautet:

$$m[\ddot{\mathbf{x}} + \gamma\dot{\mathbf{x}} + \omega_0^2\mathbf{x}] = -e\mathbf{E}(\mathbf{x}, t) \tag{7.49}$$

wobei γ eine phänomenologische Dämpfungskonstante ist. Magnetische Kraftwirkungen haben wir in Gl. (7.49) vernachlässigt. Als zusätzliche Näherung nehmen wir an, dass die Schwingungsamplitude des Elektrons so klein ist, dass das elektrische Feld am mittleren Ort des Elektrons ausgewertet werden kann. Besitzt das Feld die harmonische Zeitabhängigkeit $e^{-i\omega t}$ und ändern sich die atomaren Dipole mit der gleichen Frequenz, dann ergibt sich aus (7.49) für den von einem einzelnen Elektron herrührenden Beitrag zum Dipolmoment:

$$\mathbf{p} = -e\mathbf{x} = \frac{e^2}{m}(\omega_0^2 - \omega^2 - i\omega\gamma)^{-1}\mathbf{E} \tag{7.50}$$

In der Volumeneinheit mögen sich nun N Moleküle mit jeweils Z Elektronen befinden. Nimmt man dann an, dass diese an ein Molekül gebundenen Elektronen nicht alle die gleiche Bindungsfrequenz haben, sondern f_j Elektronen die Bindungsfrequenz ω_j und die Dämpfungskonstante γ_j, so folgt für die Dielektrizitätskonstante $\epsilon/\epsilon_0 = 1 + \chi_e$ die *Drude'sche Formel*

$$\frac{\epsilon(\omega)}{\epsilon_0} = 1 + \frac{Ne^2}{\epsilon_0 m}\sum_j f_j(\omega_j^2 - \omega^2 - i\omega\gamma_j)^{-1} \tag{7.51}$$

wobei die sog. *Oszillatorstärken* f_j dem *f-Summensatz*

$$\sum_j f_j = Z \tag{7.52}$$

genügen. Mit geeigneten quantenmechanischen Definitionen von f_j, γ_j und ω_j liefert (7.51) eine korrekte Beschreibung des atomaren Beitrags zur Dielektrizitätskonstanten.

B. Anomale Dispersion und Resonanzabsorption

Die Dämpfungskonstanten γ_j sind gegenüber den Bindungs- oder *Resonanzfrequenzen* ω_j im Allgemeinen klein. Dies bedeutet, dass $\epsilon(\omega)$ für die meisten Frequenzen näherungsweise reell ist. Der Faktor $(\omega_j^2 - \omega^2)^{-1}$ ist positiv für $\omega < \omega_j$ und negativ für $\omega > \omega_j$. Bei kleinen Frequenzen tragen daher unterhalb des kleinsten ω_j sämtliche

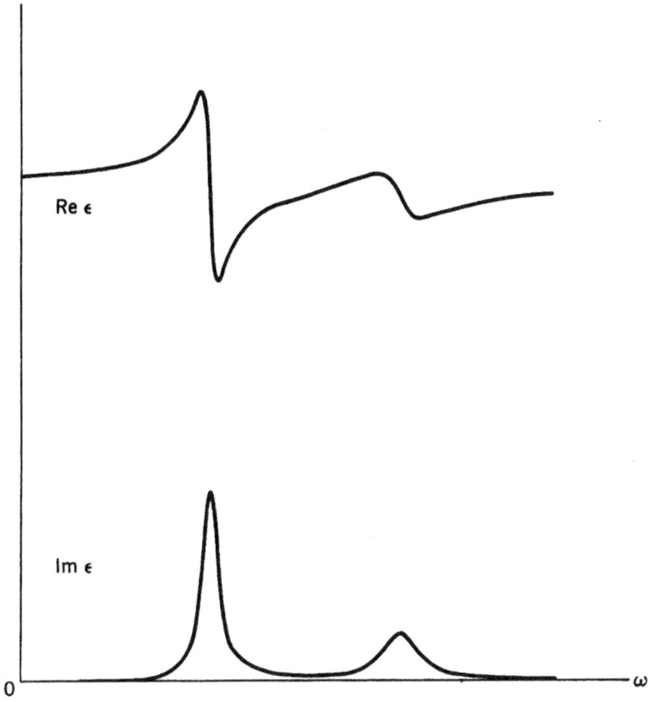

Abb. 7.8 Real- und Imaginärteil der Dielektrizitätskonstanten $\epsilon(\omega)/\epsilon_0$ in Umgebung zweier Resonanzfrequenzen. Das Gebiet anomaler Dispersion ist zugleich der Frequenzbereich, in dem Absorption auftritt.

Summanden in Gl. (7.51) mit positivem Vorzeichen bei, und $\epsilon(\omega)$ ist größer als Eins. Passiert man aufeinanderfolgende ω_j-Werte, so treten in der Summe immer mehr negative Terme auf, bis schließlich die ganze Summe negativ und $\epsilon(\omega)$ kleiner als Eins wird. In Umgebung eines jeden ω_j treten natürlich starke Schwankungen auf. Bei $\omega = \omega_j$ verschwindet in (7.51) der Realteil des Nenners, sodass der entsprechende Term nur einen großen Imaginärteil besitzt. Das allgemeine Verhalten des Real- und Imaginärteils von $\epsilon(\omega)$ in Umgebung zweier aufeinanderfolgender Resonanzfrequenzen zeigt Abb. 7.8. Von *normaler Dispersion* spricht man, wenn $\mathrm{Re}\,\epsilon(\omega)$ mit ω ansteigt, während man im umgekehrten Fall von *anomaler Dispersion* spricht. Normale Dispersion beobachtet man in allen Frequenzbereichen, außer in Umgebung der Resonanzfrequenz. Nur dort, wo anomale Dispersion auftritt, ist der Imaginärteil von ϵ groß. Da ein positiver Imaginärteil von ϵ einem Energieverlust der elektromagnetischen Welle zugunsten des Mediums entspricht, nennt man die Bereiche mit großem $\mathrm{Im}\,\epsilon$ auch Bereiche mit *Resonanzabsorption.*[6]

[6] Ist $\mathrm{Im}\,\epsilon < 0$, so gibt das Medium an die Welle Energie ab, und es kommt, wie beim Maser oder Laser, zu einer Verstärkung der Welle. Vgl. hierzu Borenstein, M. und W.E. Lamb, *Phys. Rev.* **A5**, 1298 (1972).

Die Dämpfung einer ebenen Welle beschreibt man am einfachsten durch eine komplexe Wellenzahl k. Ist

$$k = \beta + i\frac{\alpha}{2} \tag{7.53}$$

so nennt man α *Dämpfungskonstante* oder *Absorptionskoeffizient*. Die *Intensität* der Welle fällt wie $e^{-\alpha z}$ ab. Gleichung (7.54) liefert den Zusammenhang zwischen (α, β) und $(\mathrm{Re}\,\epsilon, \mathrm{Im}\,\epsilon)$:

$$\begin{aligned}\beta^2 - \frac{\alpha^2}{4} &= \frac{\omega^2}{c^2}\,\mathrm{Re}\,\epsilon/\epsilon_0 \\ \beta\alpha &= \frac{\omega^2}{c^2}\,\mathrm{Im}\,\epsilon/\epsilon_0\end{aligned} \tag{7.54}$$

Außer bei sehr starker Absorption oder negativem Realteil von ϵ ist $\alpha \ll \beta$. In diesem Fall kann man für die Dämpfungskonstante die Näherung

$$\alpha \simeq \frac{\mathrm{Im}\,\epsilon(\omega)}{\mathrm{Re}\,\epsilon(\omega)}\beta \tag{7.55}$$

machen, wobei $\beta = \sqrt{\mathrm{Re}(\epsilon/\epsilon_0)}\,\omega/c$ ist. Die Abnahme der Intensität, bezogen auf die durch 2π dividierte Wellenlänge, wird also durch das Verhältnis $\mathrm{Im}\,\epsilon/\mathrm{Re}\,\epsilon$ bestimmt.

C. Niederfrequenzverhalten, elektrische Leitfähigkeit

Das qualitative Verhalten eines Mediums im Limes $\omega \to 0$ hängt davon ab, ob die niedrigste Resonanzfrequenz gleich oder verschieden von Null ist. Bei Isolatoren ist sie ungleich Null, und die molekulare Polarisierbarkeit für $\omega = 0$ ist in diesem Fall durch (4.73) gegeben, in Übereinstimmung mit dem Grenzwert von (7.51) für $\omega = 0$. Die elementaren Eigenschaften von Dielektrika im statischen Limes diskutierten wir bereits in Kap. 4.6.

Kann ein bestimmter Bruchteil f_0 der zu einem Molekül gehörenden Elektronen als „frei" betrachtet werden, d.h. ist die Bindungsfrequenz ω_0 eines Teils dieser Elektronen gleich Null, so verhält sich die Dielektrizitätskonstante bei $\omega = 0$ singulär. Trennt man in $\epsilon(\omega)$ den Anteil der „freien" Elektronen ab, so geht (7.51) in

$$\epsilon(\omega) = \epsilon_b(\omega) + i\frac{Ne^2 f_0}{m\omega(\gamma_0 - i\omega)} \tag{7.56}$$

über, wenn $\epsilon_b(\omega)$ den Anteil der übrigen Elektronen darstellt. Das singuläre Verhalten lässt sich anhand der Maxwell-Ampère'schen Gleichung

$$\nabla \times \mathbf{H} = \mathbf{J} + \frac{\partial \mathbf{D}}{\partial t}$$

verstehen, wenn man annimmt, dass das Medium dem Ohm'schen Gesetz $\mathbf{J} = \sigma\mathbf{E}$ genügt und eine „normale", frequenzunabhängige Dielektrizitätskonstante ϵ_b besitzt. Bei harmonischer Zeitabhängigkeit der Felder nimmt dann die Maxwell-Ampère'sche Gleichung die Form

$$\nabla \times \mathbf{H} = -i\omega\left(\epsilon_b + i\frac{\sigma}{\omega}\right)\mathbf{E} \tag{7.57}$$

an. Interpretiert man den in Klammern stehenden Ausdruck auf der rechten Seite als *verallgemeinerte (frequenzabhängige) Dielektrizitätskonstante* $\epsilon(\omega)$, so führt ein Vergleich mit (7.56) auf folgenden Ausdruck für die Leitfähigkeit:

$$\sigma = \frac{f_0 N e^2}{m(\gamma_0 - i\omega)} \tag{7.58}$$

Dies ist im Wesentlichen das Ergebnis des Drude'schen Modells (1900) der elektrischen Leitfähigkeit. $f_0 N$ gibt die Zahl der freien Elektronen an, die sich in einer Volumeneinheit befinden. Die Dämpfungskonstante γ_0/f_0 lässt sich aus den gemessenen Werten der Leitfähigkeit bestimmen. Für Kupfer ist $N \simeq 8 \times 10^{28}$ Atome/m^3, und bei normalen Temperaturen und niedrigen Frequenzen hat die Leitfähigkeit den Wert $\sigma \simeq 5{,}9 \times 10^7\,(\Omega \cdot \mathrm{m})^{-1}$. Hieraus folgt: $\gamma_0/f_0 \simeq 4 \times 10^{13}\,\mathrm{s}^{-1}$. Dies bedeutet, dass, wenn man $f_0 \approx 1$ annimmt, die Leitfähigkeit von Metallen bis weit oberhalb des Mikrowellenbereichs ($\omega \simeq 10^{11}\,\mathrm{s}^{-1}$) im Wesentlichen reell ist (dass also der Strom mit dem Feld in Phase ist) und nicht von der Frequenz abhängt. Bei höheren Frequenzen (im Infraroten und darüber) ist die Leitfähigkeit komplex und ändert sich mit der Frequenz. Diese Änderung wird durch die einfache Gl. (7.58) qualitativ richtig beschrieben. In Wirklichkeit ist das Problem der elektrischen Leitfähigkeit ein quantenmechanisches Problem, in dem das Pauli-Prinzip eine wichtige Rolle spielt. Die freien Elektronen sind identisch mit den Valenzelektronen der einzelnen Atome des Festkörpers. Sie sind in ihm quasifrei und bewegen sich relativ ungehindert durch das Gitter hindurch (sofern ihre Energien in bestimmten Intervallen, sog. Bändern, liegen). Die Dämpfungseffekte haben ihre Ursache in Zusammenstößen hohen Impulsübertrags zwischen den Elektronen einerseits und den Gitterschwingungen, Gitterfehlstellen und Gitterverunreinigungen andererseits.[7]

Die obigen Überlegungen zeigen, dass die Unterscheidung zwischen Dielektrika und Leitern künstlich ist – zumindest für von Null verschiedenes ω. Enthält das Medium freie Elektronen, so ist es bei niedrigen Frequenzen ein Leiter, andernfalls (wenn also keine freien Elektronen vorhanden sind) ein Isolator.[8] Für von Null verschiedene Frequenzen erscheint der „Leitfähigkeits"-Beitrag zu dem durch (7.51) beschriebenen $\epsilon(\omega)$ lediglich als Resonanzamplitude. Die Dispersionseigenschaften eines Mediums können genauso gut durch eine komplexe Dielektrizitätskonstante beschrieben werden wie durch eine frequenzabhängige Leitfähigkeit *und* eine frequenzunabhängige Dielektrizitätskonstante.

---

[7] Siehe Chambers, R. G., *Electrons in Metals ans Semiconductors*, New York: Chapman & Hall 1990 oder Lehmann G. und P. Ziesche, *Electronic Properties of Metals*, New York: Elsevier 1990.

[8] In der Sprache der Quantentheorie des Festkörpers sagt man, der Leiter habe nur teilweise aufgefüllte Elektronenbänder, während die eines Isolators – unter Beachtung des Pauli-Prinzips – vollständig aufgefüllt sind. Ein „freies" Elektron muss in benachbarte Quantenzustände übergehen können, ohne dass dabei die Energieerhaltung verletzt wird. In einem nur teilweise aufgefüllten Band existieren solche Zustände, während sie in einem vollständig aufgefüllten Band nach Definition nicht mehr zur Verfügung stehen.

D. Hochfrequenzlimes, Plasmafrequenz

Für Frequenzen weit oberhalb der höchsten Resonanzfrequenz nimmt die Dielektrizitätskonstante (7.51) die einfache Form

$$\frac{\epsilon(\omega)}{\epsilon_0} \simeq 1 - \frac{\omega_p^2}{\omega^2} \tag{7.59}$$

an, wobei die sog. *Plasmafrequenz* ω_p durch

$$\omega_p^2 = \frac{NZe^2}{\epsilon_0 m} \tag{7.60}$$

gegeben ist und nur von der Gesamtzahl NZ der in der Volumeneinheit enthaltenen Elektronen abhängt. Die Wellenzahl wird im Hochfrequenzlimes durch

$$ck = \sqrt{\omega^2 - \omega_p^2} \tag{7.61}$$

bestimmt. Diese Gleichung schreibt man manchmal auch in der Form $\omega^2 = \omega_p^2 + c^2k^2$ und nennt sie „Dispersionsrelation" für $\omega = \omega(k)$. In dielektrischen Medien ist Gl. (7.59) nur für $\omega^2 \gg \omega_p^2$ gültig. Die Dielektrizitätskonstante ist dann etwas kleiner als Eins und steigt mit der Frequenz geringfügig an, entsprechend dem Hochfrequenzast der in Abb. 7.8 gezeigten (oberen) Kurve. Die Wellenzahl ist reell und ändert sich mit der Frequenz wie bei einer Welle in einem Wellenleiter mit der Grenzfrequenz ω_p (vgl. Abb. 8.4).

Unter bestimmten Voraussetzungen, wie z. B. in der Ionosphäre oder in einem im Labor hergestellten Elektronenplasma geringer Dichte, sind die Elektronen nahezu frei beweglich, sodass die Dämpfung vernachlässigt werden kann. Gleichung (7.59) ist dann innerhalb eines breiten Frequenzbereichs, einschließlich $\omega < \omega_p$, gültig. Für Frequenzen unterhalb der Plasmafrequenz ist die Wellenzahl (7.61) rein imaginär. Treffen solche Wellen auf ein Plasma, so werden sie reflektiert, und der ins Plasma eindringende Teil fällt von der Grenzfläche aus exponentiell ab. Bei $\omega = 0$ ergibt sich für den Absorptionskoeffizienten:

$$\alpha_{\text{Plasma}} \simeq \frac{2\omega_p}{c} \tag{7.62}$$

Bei im Labor hergestellten Plasmen liegen die Plasmadichten in der Größenordnung von 10^{18}–10^{22} Elektronen/m^3. Dies bedeutet $\omega_p \simeq 6 \times 10^{10} - 6 \times 10^{12}\,\text{s}^{-1}$, sodass die Extinktionskonstante α^{-1} für stationäre oder niederfrequente Felder in der Größenordnung von 2×10^{-3}–2×10^{-5} m liegen. Die Verdrängung von Feldern aus einem Plasma ist eine Erscheinung, die aus Experimenten zur kontrollierten Kernfusion wohlbekannt ist und beim Einschluss eines heißen Plasmas ausgenutzt wird.

Das Reflexionsvermögen von Metallen bei optischen und höheren Frequenzen hat im Wesentlichen die gleiche Ursache wie bei Plasmen geringer Dichte. Die Dielektrizitätskonstante eines Metalls wird durch (7.56) bestimmt. Bei hohen Frequenzen ($\omega \gg \gamma_0$) kann man dafür näherungsweise auch

$$\epsilon(\omega) \simeq \epsilon_b(\omega) - \frac{\omega_p^2}{\omega^2}\epsilon_0$$

schreiben, wobei $\omega_p^2 = ne^2/m^*\epsilon_0$ die Plasmafrequenz der Leitungselektronen ist. Hierbei hat m^* die Bedeutung einer effektiven Masse, die die Bindungseffekte zumindest teilweise berücksichtigt. Bei Frequenzen $\omega \ll \omega_p$ verhält sich ein Lichtstrahl beim Auftreffen auf ein Metall fast genauso, wie wenn er auf ein durch (7.59) beschriebenes Plasma auftrifft. Der Lichtstrahl dringt nur wenig in das Metall ein und wird fast gänzlich reflektiert. Wächst die Frequenz jedoch so stark an, dass $\epsilon(\omega) > 0$ wird, dann wird das Metall plötzlich lichtdurchlässig und sein Reflexionsvermögen ändert sich abrupt. Diese Änderung setzt i. Allg. im Ultravioletten ein. Man spricht daher von Ultraviolettdurchlässigkeit von Metallen. Die Bestimmung der kritischen Frequenz gibt Aufschluss über die Dichte bzw. die effektive Masse der Leitungselektronen.[9]

E. Brechungsindex und Absorptionskoeffizient flüssigen Wassers in Abhängigkeit von der Frequenz

Um zu zeigen, wie sich der Realteil des Brechungsindex und der Absorptionskoeffizient eines Mediums über einen großen Frequenzbereich mit der Frequenz ändern, wählen wir eine fast überall anzutreffende Substanz, nämlich Wasser. Wir wollen keine spezifischen Details diskutieren, sondern nur einen Überblick geben und verdeutlichen, wie stark der Brechungsindex bzw. Absorptionskoeffizient mit der Frequenz variiert. Diesem Ziel dient das doppeltlogarithmische Diagramm der Abb. 7.9, in dem die gemessenen Daten zur Frequenzabhängigkeit des Realteils des Brechungsindex, $n(\omega) = \mathrm{Re}\sqrt{\mu\epsilon/\mu_0\epsilon_0}$, von flüssigem Wasser bei Normalbedingungen und des zugehörigen Absorptionskoeffizienten, $\alpha(\omega) = 2\,\mathrm{Im}\sqrt{\mu\epsilon}\,\omega$, aufgetragen sind. Der Frequenzbereich erstreckt sich dabei jeweils über 20 Zehnerpotenzen, während der Absorptionskoeffizient über 11 Zehnerpotenzen variiert. Der obere Teil der Abbildung zeigt den zwar interessanten, aber wenig spektakulären Verlauf von $n(\omega)$. Bei sehr niedrigen Frequenzen ist $n(\omega) \simeq 9$. Dieser Wert geht auf die partielle Ausrichtung der permanenten Dipolmomente der Wassermoleküle zurück. Jenseits von 10^{10} Hz fällt die Kurve relativ sanft auf ihre Infrarotstruktur ab. Im sichtbaren Bereich, der durch die beiden gestrichelt gezeichneten, senkrechten Linien markiert ist, hat $n(\omega)$ den nahezu konstanten Wert 1,34. Im Ultravioletten ist die Struktur stärker. Für Frequenzen oberhalb von 6×10^{15} Hz ($h\nu \simeq 25$ eV) existieren keine Messdaten für den Realteil des Brechungsindex. Die asymptotische Annäherung an den Wert Eins, wie sie in der Abbildung gezeigt ist, basiert auf Gl. (7.59).

Weitaus dramatischer verhält sich der Absorptionskoeffizient α. Bei Frequenzen unterhalb von 10^8 Hz ist er äußerst klein. Die entsprechenden Daten machen jedoch keinen sehr verlässlichen Eindruck (es wurden zwei verschiedene Datensätze aufgetragen); Ursache hierfür sind wahrscheinlich Verunreinigungen der Proben. Bei Ansteigen der Frequenz auf 10^{11} Hz wächst der Absorptionskoeffizient rasch auf $\alpha \simeq 10^4\,\mathrm{m}^{-1}$ an, was einer Extinktionslänge von 100 μm entspricht. Dies ist die bekannte Mikrowellenabsorption in Wasser. Sie stellt einen großen Störfaktor bei der Radarortung von Flugkörpern in feuchter Luft dar und verhindert es, dass man durch Übergang zu höheren Frequenzen eine bessere Auflösung erhält.

---

[9] Diese und andere dielektrische Eigenschaften von Metallen im optischen und ultravioletten Bereich werden in Kap. 4 des Buches von Pines, D., *Elementary Excitations in Solids*, New York: W. A. Benjamin 1963 besprochen. Ganz allgemein s. auch Wooten, F., *Optical Properties of Solids*, New York: Academic Press 1972 und Palik, E. D. (Hrsg.), *Handbook of Optical Constants of Solids*, Boston: Academic Press 1991.

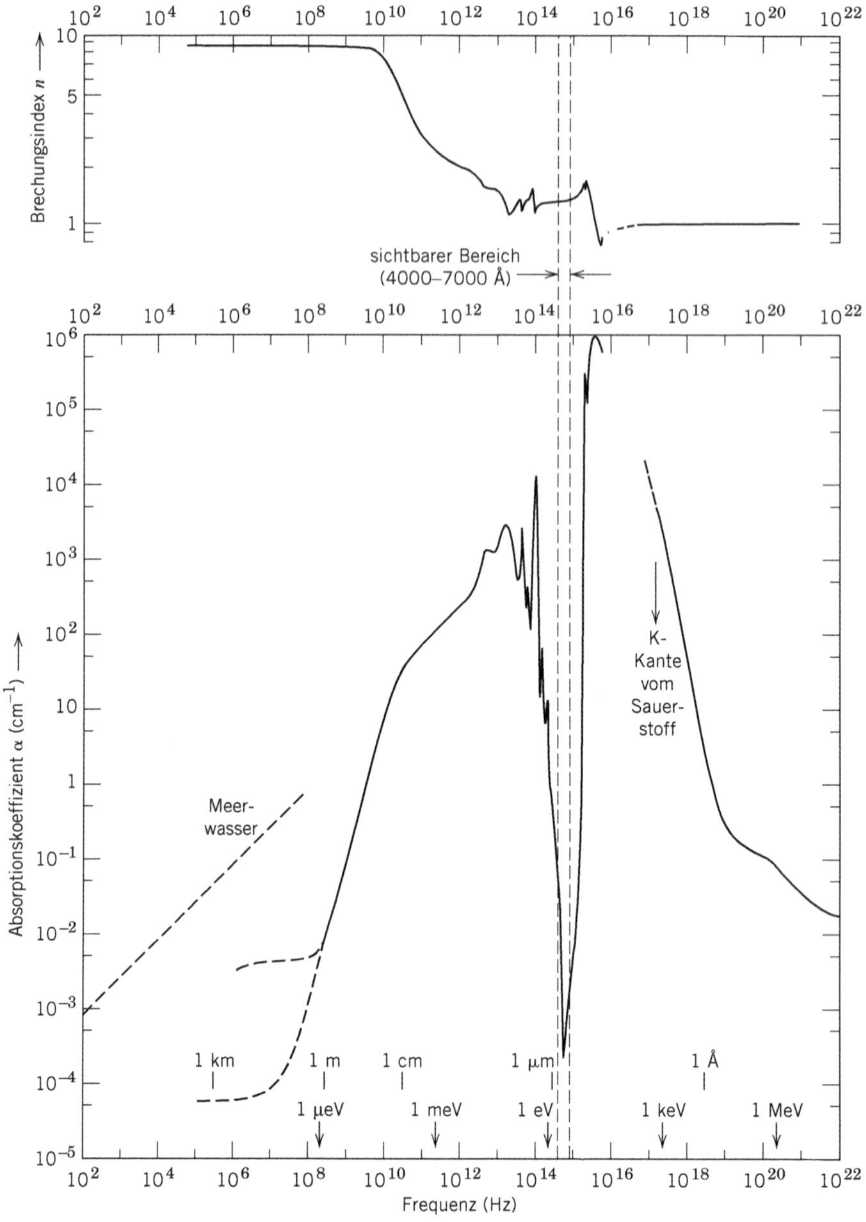

Abb. 7.9 Brechungsindex (oben) und Absorptionskoeffizient (unten) von flüssigem Wasser als Funktion der Frequenz. Auf der Abszisse sind auch die zugehörigen Energien (Pfeile) und Wellenlängen (vertikale Striche) eingetragen. Der sichtbare Bereich des Frequenzspektrums ist durch zwei gestrichelte vertikale Linien markiert. Den Verlauf des Absorptionskoeffizienten von Meerwasser zeigt die gestrichelte schräge Linie links. Man beachte, dass die Maßstäbe in beiden Richtungen logarithmisch sind.

Im Infrarotgebiet erreicht die Absorption Maximalwerte von ca. $10^6\,\mathrm{m}^{-1}$; Ursache hierfür sind die Absorptionsbänder, die mit den Vibrationen eines Moleküls bzw. dessen Schwingungen im Feld seiner Nachbarn verknüpft sind. Nach Erreichen seines Maximalwertes fällt der Absorptionskoeffizient innerhalb eines schmalen Frequenzbereichs zwischen 4×10^{14} Hz und 8×10^{14} Hz abrupt um $7\frac{1}{2}$ Zehnerpotenzen auf einen Wert von $\alpha < 3 \times 10^{-1}\,\mathrm{m}^{-1}$ ab. Anschließend steigt er in der Umgebung von 2×10^{15} Hz wieder um mehr als 8 Zehnerpotenzen an. Dieses Verhalten kennzeichnet in spektakulärer Weise das Absorptions*fenster*, in dem sich der *sichtbare Bereich* des elektromagnetischen Spektrums befindet. Die extrem hohe Lichtdurchlässigkeit von Wasser in diesem Frequenzbereich hat ihren Ursprung in der Energieniveaustruktur der Atome und Moleküle. Der Leser mag in diesem Zusammenhang darüber nachdenken, welche Bedeutung das besagte Absorptionsfenster für die biologische Entwicklung unseres in Wasser getauchten Planeten hat, warum das Auge von Mensch und Tier das Spektrum vom Roten bis zum Violetten sieht oder warum das Gras grün erscheint. Daß sich die Natur das Absorptionsfenster zunutze gemacht hat, dürfte sicher sein.

Im fernen Ultravioletten erreicht der Absorptionskoeffizient α einen Maximalwert von ca. $1{,}1 \times 10^8\,\mathrm{m}^{-1}$; er liegt bei $\nu \simeq 5 \times 10^{15}$ Hz (21 eV). Diese Frequenz entspricht exakt der Plasmonenenergie $\hbar\omega_p$, die ihrerseits kollektiven Anregungen sämtlicher Elektronen eines Moleküls entspricht. Die zugehörige Dämpfung wird größenordnungsgemäß durch (7.62) bestimmt. Für höhere Frequenzen bis hin zum photoelektrischen Effekt liegen keine Daten vor. Danach setzen Compton-Streuung und andere hochenergetische Prozesse ein. In diesem letzten Bereich ist die Absorption im Detail im Rahmen der Kernphysik untersucht worden. Ihr Verhalten wird hier im Wesentlichen durch die atomaren Eigenschaften und die Dichte bestimmt, nicht aber durch die Tatsache, dass es sich bei der untersuchten Substanz um Wasser handelt.

Für den Niederfrequenzbereich ist in Abb. 7.9 auch der Verlauf des Absorptionskoeffizienten von *Meerwasser* dargestellt. Die elektrische Leitfähigkeit von Meerwasser hat bei niedrigen Frequenzen den Wert $\sigma \simeq 4{,}4\,\Omega^{-1}\,\mathrm{m}^{-1}$. Nach (7.57) ergibt sich für den Absorptionskoeffizienten $\alpha(\omega)$ unterhalb von ungefähr 10^8 Hz: $\alpha \simeq (2\mu_0 \cdot \omega\sigma)^{1/2}$, d.h. der Absorptionskoeffizient ist proportional zu $\sqrt{\omega}$ und wird für kleine Frequenzen sehr klein. Die in Abb. 7.9 gezeigte Linie entspricht $\alpha(\mathrm{m}^{-1}) = 8{,}4 \times 10^{-3}\sqrt{\nu(\mathrm{Hz})}$. Bei 10^2 Hz ergibt sich für die Extinktionslänge von Meerwasser: $\alpha^{-1} \simeq 10$ Meter. Dies bedeutet, dass man 50 Meter unter der Wasseroberfläche, auf die ein Lichtstrahl fällt, noch ein Prozent von dessen Intensität antrifft. Besäße man eine große Flotte von U-Booten, die über die Ozeane verstreut sind, und wollte man ihnen von Land aus, während sie untergetaucht sind, Nachrichten übermitteln, so müsste man extrem niederfrequente Signale (sog. *ELF-Signale*) verwenden. Die bekannten Resonanzen, die in dem aus Erde und Ionosphäre bestehenden Hohlleiter zwischen 8 und einigen Hundert Hz auftreten (vgl. Kap. 8.9), machen diesen Frequenzbereich des Spektrums – ebenso wie die reduzierte Absorption selbst – besonders attraktiv. Bei Wellenlängen in der Größenordnung von 5×10^3 km benötigt man sehr große Antennen (die jedoch noch klein sind gegenüber einer Wellenlänge!).[10]

[10] Die Nachrichtenübertragung im extrem niederfrequenten Bereich (im Englischen „Extremely Low Frequency Communication“ oder kurz „ELF Communication“ genannt) wird im Detail behandelt in dem Konferenzbericht *ELF/VLF/LF Radio Propagation and Systems Aspects*, (AGARD-CP-529), Brüssel, 28. 9.–2. 10. 1992, AGARD, Neuilly sur Seine (Frankreich), 1993.

7.6 Vereinfachtes Modell zur Wellenausbreitung in der Ionosphäre und Magnetosphäre

Die Ausbreitung elektromagnetischer Wellen in der Ionosphäre lässt sich in nullter Näherung unter Verwendung der Dielektrizitätskonstanten (7.59) beschreiben, doch die Anwesenheit des Erdmagnetfeldes modifiziert das Verhalten der Wellen beträchtlich. Auch im Labor verwendete Plasmen stehen häufig unter Einfluss eines äußeren stationären Magnetfeldes. Um die Wirkung eines solchen Feldes zu illustrieren, betrachten wir das einfache Problem eines homogenen Elektronenplasmas geringer Dichte, das von einem starken, stationären homogenen Magnetfeld $\mathbf{B}_0$ durchsetzt wird und durch das sich transversale Wellen parallel zur Richtung von $\mathbf{B}_0$ ausbreiten. (Das allgemeine Problem beliebiger Ausbreitungsrichtung wird in Übg. 7.17 behandelt.) Ist die Amplitude der Elektronenbewegung klein und vernachlässigt man Streuungen, so erhält man als Näherung für die Bewegungsgleichung:

$$m\ddot{\mathbf{x}} - e\mathbf{B}_0 \times \dot{\mathbf{x}} = -e\mathbf{E}e^{-i\omega t} \tag{7.63}$$

Der Einfluss des **B**-Feldes der transversalen Welle wurde dabei gegenüber dem des stationären Magnetfeldes $\mathbf{B}_0$ vernachlässigt, und $-e$ stellt die Elektronenladung dar. Es ist zweckmäßig, die transversale Welle als zirkular polarisiert anzunehmen. Wir schreiben dementsprechend:

$$\mathbf{E} = (\boldsymbol{\epsilon}_1 \pm i\boldsymbol{\epsilon}_2)E \tag{7.64}$$

mit einem entsprechenden Ausdruck für **x**. Da $\mathbf{B}_0$ nach Voraussetzung senkrecht auf $\boldsymbol{\epsilon}_1$ und $\boldsymbol{\epsilon}_2$ steht, hat das Kreuzprodukt in (7.63) nur in Richtung von $\boldsymbol{\epsilon}_1$ und $\boldsymbol{\epsilon}_2$ nichtverschwindende Komponenten, und die Transversalkomponenten entkoppeln. Für den Radius einer stabilen (d.h. mit der Frequenz ω durchlaufenen) Kreisbahn eines Elektrons folgt aus (7.63):

$$\mathbf{x} = \frac{e}{m\omega(\omega \mp \omega_B)}\mathbf{E} \tag{7.65}$$

Dabei ist ω_B die sog. *Gyrofrequenz*, mit der das geladene Teilchen um die Richtung des Magnetfeldes $\mathbf{B}_0$ präzediert:

$$\omega_B = \frac{eB_0}{m} \tag{7.66}$$

Die Frequenzabhängigkeit des Ausdrucks (7.65) lässt sich verstehen, wenn man Gl. (7.63) auf ein Koordinatensystem transformiert, das mit der Frequenz ω_B um die Richtung von $\mathbf{B}_0$ präzediert. Das statische Magnetfeld tritt dann nicht mehr auf und die zeitliche Änderung des Impulses wird von einem rotierenden elektrischen Feld der effektiven Frequenz $(\omega \pm \omega_B)$ verursacht, wobei das Vorzeichen von ω_B von dem der zirkularen Polarisation abhängt.

Die Schwingungsamplitude (7.65) liefert für jedes Elektron ein Dipolmoment. Summiert man über alle NZ Elektronen in der Volumeneinheit, so erhält man als effektive Dielektrizitätskonstante

$$\epsilon_{\mp}/\epsilon_0 = 1 - \frac{\omega_p^2}{\omega(\omega \mp \omega_B)} \tag{7.67}$$

Dabei gilt das obere Vorzeichen für eine Welle mit positiver Helizität (bzw. linkshändiger Zirkularpolarisation), während sich das untere auf negative Helizität bezieht. Bewegt sich die Welle entgegen der Richtung des Magnetfeldes $\mathbf{B}_0$, dann kehren sich die Vorzeichen um. Gleichung (7.67) stellt die Erweiterung von Gl. (7.59) auf die Anwesenheit eines äußeren, stationären Magnetfeldes dar. Sie ist allerdings nicht von umfassender Allgemeinheit, da sie sich nur auf Wellen bezieht, die sich in Richtung der Feldlinien des stationären Magnetfeldes ausbreiten. Aber selbst in diesem einfachen Fall erkennt man das wesentliche Merkmal, das darin besteht, dass sich links- oder rechtshändig zirkular polarisierte Wellen verschieden ausbreiten: die Ionosphäre ist doppelbrechend. Für Ausbreitungsrichtungen, die von der des stationären Magnetfeldes $\mathbf{B}_0$ (bzw. der dazu entgegengesetzten Richtung) abweichen, wird die Dielektrizitätskonstante weiterhin durch (7.67) bestimmt, sofern man Terme der Größenordnung von ω_B^2 gegenüber ω^2 und $\omega\omega_B$ vernachlässigt. Die Gyrofrequenz (7.66) ist in diesem Fall allein auf die zur Ausbreitungsrichtung parallele Komponente von $\mathbf{B}_0$ zurückzuführen. Dies bedeutet, dass ω_B in (7.67) winkelabhängig ist – das Medium ist nicht nur doppelbrechend, sondern auch anisotrop (vgl. Übg. 7.17).

Die Maximaldichte freier Elektronen in der Ionosphäre bewegt sich i. Allg. zwischen 10^{10} und 10^{12} Elektronen/m^3. Dies entspricht einer Plasmafrequenz in der Größenordnung von $\omega_p \simeq 6 \times 10^6 - 6 \times 10^7\,\mathrm{s}^{-1}$. Nimmt man für das Erdmagnetfeld einen Wert von $30\,\mu\mathrm{T}$ als repräsentativ an, so ergibt sich für die Gyrofrequenz $\omega_B \simeq 6 \times 10^6\,\mathrm{s}^{-1}$. Abbildung 7.10 zeigt $\epsilon_\pm/\epsilon_0$ als Funktion der Frequenz für zwei

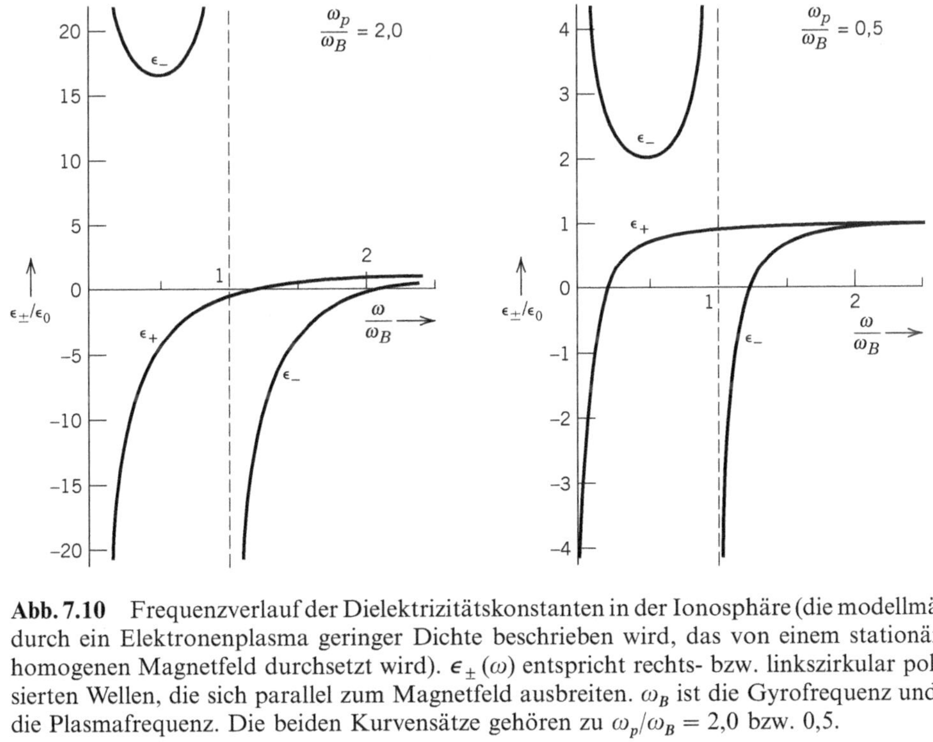

Abb. 7.10 Frequenzverlauf der Dielektrizitätskonstanten in der Ionosphäre (die modellmäßig durch ein Elektronenplasma geringer Dichte beschrieben wird, das von einem stationären, homogenen Magnetfeld durchsetzt wird). $\epsilon_\pm(\omega)$ entspricht rechts- bzw. linkszirkular polarisierten Wellen, die sich parallel zum Magnetfeld ausbreiten. ω_B ist die Gyrofrequenz und ω_p die Plasmafrequenz. Die beiden Kurvensätze gehören zu $\omega_p/\omega_B = 2{,}0$ bzw. 0,5.

Werte des Verhältnisses ω_p/ω_B. In beiden Beispielen existiert ein breites Frequenzintervall, in dem eine der Dielektrizitätskonstanten, ϵ_+ oder ϵ_-, positiv ist, während die andere negativ ist. Bei solchen Frequenzen kann sich einer der beiden zirkularen Polarisationszustände im Plasma nicht ausbreiten. Eine derart polarisierte Welle, die auf das Plasma einfällt, wird also total reflektiert. Fällt somit eine linear polarisierte Welle auf das Plasma ein, dann ist die reflektierte Welle elliptisch polarisiert, und ihre Hauptachsen sind gegenüber der Polarisationsrichtung der einfallenden Welle gedreht.

Das Verhalten von Radiowellen, die an der Ionosphäre reflektiert werden, lässt sich mithilfe dieses Modells erklären. Allerdings macht die Tatsache, dass die Ionosphäre aus verschiedenen Plasmaschichten besteht, deren Dichte und relative Lage zueinander mit der Höhe und Zeit variieren, das Problem wesentlich komplizierter, als es unser einfaches Modell vermuten lässt. Aufschluss über die Elektronendichte in verschiedenen Höhenlagen erhält man durch Untersuchung der Reflexion von Strahlungspulsen, die die Erde senkrecht in Richtung zur Ionosphäre verlassen. Die Zahl n_0 der in der Volumeneinheit enthaltenen freien Elektronen nimmt innerhalb einer Ionosphärenschicht mit der Höhe langsam zu, erreicht ein Maximum und fällt dann bei weiter ansteigender Höhe abrupt ab (vgl. Abb. 7.11). Ein Puls mit gegebener Frequenz ω_1 tritt wegen der langsamen Änderung von n_0 ohne Reflexion in die Schicht ein. Ist die Dichte n_0 jedoch hinreichend groß, so wird $\omega_p(h_1) \simeq \omega_1$. Die Dielektrizitätskonstante (7.67) verschwindet dann, und der Puls wird reflektiert. Die tatsächliche Dichte n_0, bei der Reflexion auftritt, wird durch die Wurzeln des Ausdrucks auf der rechten Seite von (7.67) bestimmt. Die dieser Dichte entsprechende Höhe h_1 lässt sich aus der Beobachtung des Zeitintervalls zwischen der Emission des Impulses und dem Empfang des reflektierten Signals ermitteln. Indem man die Frequenz ω_1 variiert und die Änderung des Zeitintervalls untersucht, kann man schließlich die Elektronendichte als Funktion der Höhe bestimmen. Ist die Frequenz ω_1 zu groß, so ist der Brechungsindex von Null verschieden und die Reflexion sehr schwach. Die Frequenz, oberhalb derer keine Reflexion mehr auftritt, bestimmt die maximale Elektronendichte innerhalb einer bestimmten Schicht. Eine etwas quantitativere Behandlung unter Verwendung der nach Wentzel, Kramers und Brillouin benannten WKB-Methode skizzieren wir in Übg. 7.14.

Das Niederfrequenzverhalten von $\epsilon_-(\omega)$ gibt Anlass zu einer eigenartigen Ausbreitungserscheinung in der Ionosphäre, den sog. *Pfeifwellen* (*whistlers* im Engli-

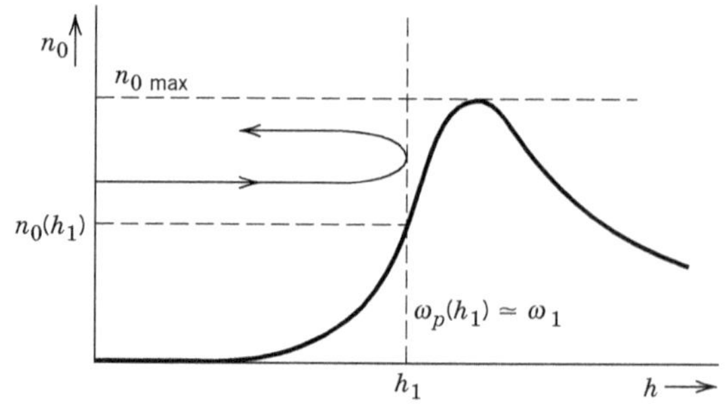

Abb. 7.11 Elektronendichte als Funktion der Höhe innerhalb einer Ionosphärenschicht (schematisch).

schen). Für sehr kleine ω ist $\epsilon_-/\epsilon_0 \simeq \omega_p^2/\omega\omega_B$, d.h. $\epsilon_-(\omega)$ wird für $\omega \to 0$ positiv unendlich. Die Wellen breiten sich noch aus, aber nach (7.5) mit der Wellenzahl

$$k_- \simeq \frac{\omega_p}{c}\sqrt{\frac{\omega}{\omega_B}}$$

Dies entspricht einem stark dispersiven Medium. In Abschnitt 8 dieses Kapitels werden wir zeigen, dass der Energietransport durch die Gruppengeschwindigkeit (7.86) bestimmt wird. Sie hat den Wert

$$v_g(\omega) \simeq 2v_p(\omega) \simeq 2c\frac{\sqrt{\omega_B\omega}}{\omega_p}.$$

Strahlungspulse verschiedener Frequenzen breiten sich hiernach mit verschiedener Geschwindigkeit aus: je kleiner die Frequenz ist, umso kleiner ist die Geschwindigkeit. Ein breites Strahlungsspektrum enthalten z. B. Gewitterentladungen, und ein Teil der entsprechenden Strahlung breitet sich mehr oder weniger entlang den Dipolfeldlinien des Erdmagnetfeldes aus, wie es näherungsweise durch (7.67) beschrieben wird. Die Wellen hoher Frequenz erreichen die Antipode schneller als diejenigen tiefer Frequenz. Dies gibt bei 10^5 Hz und darunter zu den erwähnten Pfeifwellen Anlass. Ihr Name rührt daher, dass das von einem Rundfunkempfänger aufgefangene Signal pfeiftonartig ist; es beginnt bei hohen Hörfrequenzen und fällt über den hörbaren Frequenzbereich schnell ab. Mit den oben angegebenen Näherungswerten für ω_p und ω_B und bei Entfernungen von ca. 10^4 km ergibt sich für die Aufeinanderfolge der Pfeifsignale ein zeitliches Intervall von einigen Sekunden. Weiteres zu dieser Erscheinung findet der Leser in der am Ende dieses Kapitels angegebenen Literatur und auch in den Übungen.

7.7 Magnetohydrodynamische Wellen

Im vorigen Abschnitt diskutierten wir, anhand der Dielektrizitätskonstanten, die Ausbreitung von Wellen in einem Plasma geringer Elektronendichte, und zwar unter dem Einfluss eines äußeren Magnetfeldes und bei Vernachlässigung von Stoßprozessen. In leitenden Flüssigkeiten oder dichten, ionisierten Gasen aber sind Stoßvorgänge so häufig, dass das Ohm'sche Gesetz über einen großen Frequenzbereich hinweg gilt. Unter dem Einfluss äußerer Felder bewegen sich die Elektronen und Ionen so, dass sie – abgesehen von einer hochfrequenten Zitterbewegung – nicht auseinanderlaufen und trotzdem ein Strom fließen kann. Elektrische Felder entstehen durch Ladungen sowie durch Ströme und zeitlich veränderliche Magnetfelder. Der Maxwell'sche Verschiebungsstrom kann bei niedrigen Frequenzen im Allgemeinen vernachlässigt werden. Man beschreibt die nichtrelativistische mechanische Bewegung durch eine einzige leitende Flüssigkeit mit den üblichen hydrodynamischen Variablen wie Dichte, Geschwindigkeit und Druck, und zwar unter Berücksichtigung von elektromagnetischen und Gravitationskräften. Das kombinierte Gleichungssystem beschreibt die sog. *Magnetohydrodynamik* (MHD).

Die elektromagnetischen Gleichungen sind die aus Kapitel 5.18, wobei das Ohm'sche Gesetz in (5.159) – entsprechend den Ausführungen in Kap. 5.15 – für eine bewegte Flüssigkeit zu verallgemeinern ist zu $\mathbf{J} = \sigma(\mathbf{E} + \mathbf{v} \times \mathbf{B})$. Die Verallgemeinerung der Diffusionsgleichung (5.160) – hier jedoch für die magnetische Induktion – lautet:

$$\frac{\partial \mathbf{B}}{\partial t} = \nabla \times (\mathbf{v} \times \mathbf{B}) + \frac{1}{\mu\sigma} \nabla^2 \mathbf{B} \tag{7.68}$$

wobei wir einfachheitshalber angenommen haben, dass die Leitfähigkeit und die Permeabilität ortsunabhängig sind, sowie – wie oben beschreiben – den Verschiebungsstrom vernachlässigt haben.

Betrachten wir nun den Idealfall einer kompressiblen, nichtviskosen, „ideal leitenden" Flüssigkeit in Abwesenheit von Gravitationskräften, aber in einem äußeren magnetischen Feld. Dabei ist mit „ideal leitend" gemeint, dass die Leitfähigkeit so groß ist, dass der zweite Term auf der rechten Seite von Gl. (7.68) vernachlässigt werden kann – die Diffusionszeit in (5.161) soll sehr groß sein im Vergleich zu den hier interessierenden Zeiten. Die hydrodynamischen Gleichungen sind dann:

$$\begin{aligned} &\frac{\partial \rho}{\partial t} + \nabla \cdot (\rho \mathbf{v}) = 0 \\ &\rho \frac{\partial \mathbf{v}}{\partial t} + \rho(\mathbf{v} \cdot \nabla)\mathbf{v} = -\nabla p - \frac{1}{\mu} \mathbf{B} \times (\nabla \times \mathbf{B}) \end{aligned} \tag{7.69}$$

Die erste Gleichung sorgt für die Erhaltung der Stoffmenge, die zweite dagegen ist die Newton'sche Bewegungsgleichung für ein Kontinum – die sog. *Euler'sche Gleichnung* – mit der mechanischen Kraftdichte des Drucks und der magnetischen Kraftdichte $\mathbf{J} \times \mathbf{B}$, wobei $\mathbf{J}$ durch $\nabla \times \mathbf{H}$ ersetzt wurde. Die magnetische Kraft lässt sich schreiben als

$$-\frac{1}{\mu} \mathbf{B} \times (\nabla \times \mathbf{B}) = -\nabla \left(\frac{1}{2\mu} \mathbf{B}^2 \right) + \frac{1}{2} (\mathbf{B} \cdot \nabla) \mathbf{B}$$

Der erste Term auf der rechten Seite stellt den Gradienten eines magnetischen Drucks dar, der zweite eine zusätzliche mechanische Spannung. Gleichung (7.69) muss noch durch eine Zustandsgleichung ergänzt werden.

Bei Abwesenheit magnetischer Felder beschreiben die mechanischen Gleichungen longitudinale Druck- bzw. Schallwellen geringer Amplitude, und zwar mit einer Geschwindigkeit s, deren Quadrat gleich der Ableitung des Drucks p nach der Dichte ρ bei konstanter Entropie ist. Aus dem Adiabatengesetz $p = K\rho^{\gamma}$, wobei γ das Verhältnis der spezifischen Wärmen ist, folgt: $s^2 = \gamma p_0/\rho_0$. Analog stellt man sich longitudinale MHD-Wellen in einer leitenden Flüssigkeit im äußeren Feld B_0 vor, mit einem Geschwindigkeitsquadrat von der Größenordnung des magnetischen Drucks, dividiert durch die Gleichgewichtsdichte:

$$v_{\text{MHD}} = O\sqrt{B_0^2/2\mu\rho_0}$$

Zur Beschreibung dieser Wellen kombinieren wir die Bewegungsgleichungen (7.68) und (7.69), vernachlässigen aber den Beitrag $\nabla^2 \mathbf{B}/\mu\sigma$ in (7.68) und betrachten sie für den ungestörten Fall einer homogenen, zeitunabhängigen magnetischen Induktion $\mathbf{B}_0$, und zwar innerhalb der gesamten stationären Flüssigkeit mit der Gleichgewichtsdichte ρ_0. Sodann betrachten wir kleine Abweichungen von den Gleichgewichtswerten:

$$\begin{aligned} \mathbf{B} &= \mathbf{B}_0 + \mathbf{B}_1(\mathbf{x}, t) \\ \rho &= \rho_0 + \rho_1(\mathbf{x}, t) \\ \mathbf{v} &= \mathbf{v}_1(\mathbf{x}, t) \end{aligned} \tag{7.70}$$

Linearisiert man jetzt die Gln. (7.69) und (7.68) bezüglich der kleinen Abweichungen, so gehen sie über in

$$\begin{aligned} \frac{\partial \rho_1}{\partial t} + \rho_0 \boldsymbol{\nabla} \cdot \mathbf{v}_1 &= 0 \\ \rho_0 \frac{\partial \mathbf{v}_1}{\partial t} + s^2 \boldsymbol{\nabla} \rho_1 + \frac{\mathbf{B}_0}{\mu} \times (\boldsymbol{\nabla} \times \mathbf{B}_1) &= 0 \\ \frac{\partial \mathbf{B}_1}{\partial t} - \boldsymbol{\nabla} \times (\mathbf{v}_1 \times \mathbf{B}_0) &= 0 \end{aligned} \tag{7.71}$$

wobei s^2 das Quadrat der Schallgeschwindigkeit ist. Diese Gleichungen können zu einer einzigen Gleichung für $\mathbf{v}_1$ miteinander kombiniert werden:

$$\frac{\partial^2 \mathbf{v}_1}{\partial t^2} - s^2 \boldsymbol{\nabla}(\boldsymbol{\nabla} \cdot \mathbf{v}_1) + \mathbf{v}_A \times \{\boldsymbol{\nabla} \times [\boldsymbol{\nabla} \times (\mathbf{v}_1 \times \mathbf{v}_A)]\} = 0 \tag{7.72}$$

Dabei ist $\mathbf{v}_A$ die vektorielle *Alfvén-Geschwindigkeit*

$$\mathbf{v}_A = \frac{\mathbf{B}_0}{\sqrt{\mu \rho_0}} \tag{7.73}$$

Die Wellengleichung (7.72) ist recht kompliziert, hat aber für Wellen, die sich parallel oder senkrecht zur Richtung des Magnetfeldes ausbreiten, einfache Lösungen.[11] Ist $\mathbf{v}_1(\mathbf{x}, t)$ eine ebene Welle mit dem Wellenzahlvektor $\mathbf{k}$ und der Frequenz ω:

$$\mathbf{v}_1(\mathbf{x}, t) = \mathbf{v}_1 e^{i\mathbf{k}\cdot\mathbf{x} - i\omega t} \tag{7.74}$$

so geht Gl. (7.72) über in

$$-\omega^2 \mathbf{v}_1 + (s^2 + v_A^2)(\mathbf{k} \cdot \mathbf{v}_1)\mathbf{k} + \mathbf{v}_A \cdot \mathbf{k}[(\mathbf{v}_A \cdot \mathbf{k})\mathbf{v}_1 - (\mathbf{v}_A \cdot \mathbf{v}_1)\mathbf{k} - (\mathbf{k} \cdot \mathbf{v}_1)\mathbf{v}_A] = 0 \tag{7.75}$$

Steht $\mathbf{k}$ *senkrecht auf* $\mathbf{v}_A$, dann verschwindet der letzte Term. Die Lösung für $\mathbf{v}_1$ ist in diesem Fall eine *longitudinale magnetoakustische Welle* mit der Phasengeschwindigkeit

$$u_{\text{long}} = \sqrt{s^2 + v_A^2} \tag{7.76}$$

Diese Welle breitet sich also mit einer Geschwindigkeit aus, die – bis auf Faktoren in der Größenordnung von Eins – von der Summe des hydrostatischen und magnetischen Drucks abhängt. Zeigt $\mathbf{k}$ *in die gleiche Richtung wie* $\mathbf{v}_A$, dann reduziert sich (7.75) auf

$$(k^2 v_A^2 - \omega^2)\mathbf{v}_1 + \left(\frac{s^2}{v_A^2} - 1\right) k^2 (\mathbf{v}_A \cdot \mathbf{v}_1)\mathbf{v}_A = 0 \tag{7.77}$$

---

[11] Die charakteristischen Größen für Wellen beliebiger Ausbreitungsrichtung sollen in Übg. 7.18 bestimmt werden.

Es sind jetzt zwei Arten von Wellenbewegung möglich. Neben einer normalen, longitudinalen Welle ($\mathbf{v}_1$ parallel zu $\mathbf{k}$ und $\mathbf{v}_A$), deren Phasengeschwindigkeit gleich der Schallgeschwindigkeit s ist, existiert noch eine *transversale* Welle ($\mathbf{v}_1 \cdot \mathbf{v}_A = 0$), und deren Phasengeschwindigkeit ist gleich der Alfvén-Geschwindigkeit v_A. Diese Alfvén-Welle ist eine rein magnetohydrodynamische Erscheinung, die nur vom Magnetfeld (der magnetischen Spannung) und der Dichte (der Trägheit des Mediums) abhängt.

Für Quecksilber beträgt die Alfvén-Geschwindigkeit bei Zimmertemperatur $7{,}67\,B_0$ (Tesla) m/s, während die Schallgeschwindigkeit den Wert $1{,}45 \times 10^3$ m/s hat. Bei allen im Labor erreichbaren Feldstärken ist die Alfvén-Geschwindigkeit sehr viel kleiner als die Schallgeschwindigkeit. Im astrophysikalischen Bereich kann jedoch die Alfvén-Geschwindigkeit sehr groß werden, da dort die Dichten sehr viel kleiner sind. In der Photosphäre der Sonne z. B. liegt die Dichte in der Größenordnung von 10^{-4} kg/m^3 ($\sim 6 \times 10^{22}$ Wasserstoffatome/m^3), sodass $v_A \simeq 10^5\,B(\mathrm{T})$ m/s ist. Das allgemeine magnetische Dipolfeld an der Oberfläche der Sonne hat die Größenordnung von 10^{-4} T, während im Bereich der Sonnenflecken die Feldstärken noch größer sind (bis zu 0,4 T). Im Vergleich dazu hat die Schallgeschwindigkeit sowohl in der Photosphäre wie in der Chromosphäre einen Wert von ca. 10^4 m/s.

Die Magnetfelder dieser verschiedenen Wellen ergeben sich aus der letzten der drei Gln. (7.71):

$$\mathbf{B}_1 = \begin{cases} \dfrac{k}{\omega} v_1 \mathbf{B}_0 & \text{für} \quad \mathbf{k} \perp \mathbf{B}_0 \\ 0 & \text{für longitudinales} \quad \mathbf{k} \parallel \mathbf{B}_0 \\ -\dfrac{k}{\omega} B_0 \mathbf{v}_1 & \text{für transversales} \quad \mathbf{k} \parallel \mathbf{B}_0 \end{cases} \tag{7.78}$$

Eine magnetoakustische Welle, die sich senkrecht zu $\mathbf{B}_0$ fortbewegt, verursacht Verdichtungen und Verdünnungen in den Kraftlinien, ohne deren Richtung zu ändern (vgl. Abb. 7.12(a)). Eine zu $\mathbf{B}_0$ parallele Alfvén-Welle erzeugt dagegen in den Kraftlinien Schwingungen in Querrichtung (vgl. Abb. 7.12(b)). In beiden Fällen sind die Kraftlinien in die Flüssigkeit „eingefroren" und bewegen sich mit ihr mit.

Wenn man Viskositätseffekte sowie die endliche, nicht-ideale Leitfähigkeit und den Verschiebungsstrom berücksichtigen will, erhöht sich die Komplexität. Einige Aspekte dieser erweiterten Fragestellung kommen in den Übungen zur Sprache.

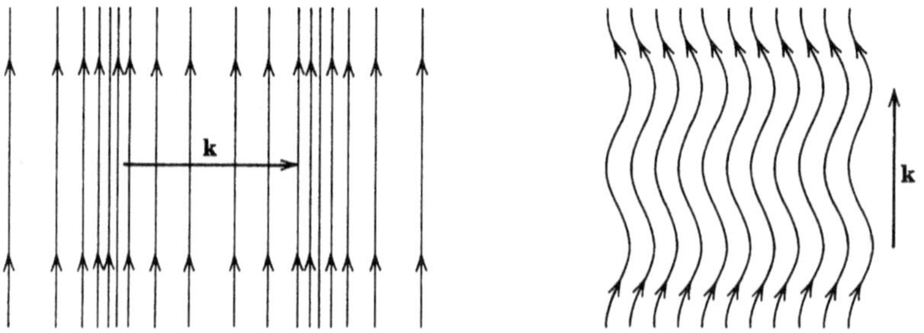

(a) (b)

Abb. 7.12 Magnetohydrodynamische Wellen

7.8 Überlagerung von Wellen in einer Dimension, Gruppengeschwindigkeit

In den voranstehenden Abschnitten haben wir Lösungen der Maxwell'schen Gleichungen in Form von ebenen Wellen aufgestellt und ihre Eigenschaften diskutiert. Dabei untersuchten wir allein monochromatische Wellen, d. h. solche mit definierter Frequenz und Wellenzahl. In der Praxis jedoch treten derartig idealisierte Lösungen nicht auf. Selbst bei äußerst monochromatischen Lichtquellen oder sehr gut abgestimmten Radioempfängern bzw. -sendern hat man es mit einem endlich ausgedehnten (wenn auch u. U. sehr schmalen) Frequenz- bzw. Wellenlängenband zu tun. Diese „Ausschmierung“ kann sowohl von der endlichen Dauer eines Pulses wie auch von einer der Quelle eigenen Frequenzbreite oder anderen Dingen herrühren. Da die Grundgleichungen der Elektrodynamik linear sind, ist es im Prinzip nicht schwer, Lösungen zu verschiedenen Frequenzen in geeigneter Weise zu überlagern. Im Allgemeinen treten jedoch verschiedene neue Gesichtspunkte auf:

1. Ist das Medium dispersiv (d. h. ist die Dielektrizitätskonstante eine Funktion der Frequenz der Felder), dann sind die Phasengeschwindigkeiten der einzelnen Frequenzkomponenten voneinander verschieden, d. h. die einzelnen Komponenten der Welle bewegen sich mit verschiedenen Geschwindigkeiten und tendieren dazu, ihre gegenseitigen Phasen zu ändern.
2. In einem dispersiven Medium kann sich die Geschwindigkeit des Energiestroms erheblich von der Phasengeschwindigkeit unterscheiden, und es kann sogar vorkommen, dass sie keine präzise Bedeutung hat.
3. In einem dissipativen (d. h. verlustbehafteten) Medium wird ein Strahlungspuls während seiner Ausbreitung gedämpft, und zwar mit oder ohne Verzerrung, je nachdem, ob die Verlusteffekte in empfindlicher Weise von der Frequenz abhängen oder nicht.

Die wesentlichen Züge dieser Dispersions- und Verlusterscheinungen sind im Begriff der Fourier-Reihe bzw. des Fourier-Integrals enthalten (vgl. Kap. 2.8). Der Einfachheit halber betrachten wir hier skalare Wellen in nur einer Dimension. Die skalaren Amplitude $u(x, t)$ kann man mit einer der Komponenten des elektromagnetischen Feldes identifizieren. Die Grundlösung der skalaren Wellengleichung wird durch (7.6) beschrieben, während (7.4) die Beziehung zwischen der Frequenz ω und der Wellenzahl k angibt. Bei einer linearen Superposition kann man entweder ω oder k als unabhängige Variable betrachten. Es ist am zweckmäßigsten, zunächst k als unabhängige Variable zu wählen. Um eine mögliche Dispersion nicht auszuschließen, betrachten wir ω als Funktion von k:

$$\omega = \omega(k) \tag{7.79}$$

Da die Dispersionseigenschaften nicht davon abhängen dürfen, ob die Welle nach links oder rechts läuft, muss ω eine gerade Funktion von k sein: $\omega(-k) = \omega(k)$. Für die meisten Wellenlängen ist ω eine langsam veränderliche Funktion von k. Wie wir jedoch in Abschnitt 5 dieses Kapitels gesehen haben, gibt es bestimmte Frequenzbereiche „anomaler Dispersion“, in denen sich ω über einen schmalen Wellenlängenbereich schnell ändert. Bei Zugrundelegung der allgemeinen Beziehung

(7.79) lassen sich die folgenden Überlegungen nicht nur auf elektromagnetische Wellen anwenden, sondern auch auf Schallwellen und de Broglie'sche Materiewellen etc. Zunächst wollen wir annehmen, k und $\omega(k)$ seien reell, um auf diese Weise Verlusteffekte auszuschließen.

Aus den Grundlösungen (7.6) lässt sich eine allgemeine Lösung der Form

$$u(x,t) = \frac{1}{\sqrt{2\pi}} \int_{-\infty}^{\infty} A(k)\, e^{ikx - i\omega(k)t}\, dk \tag{7.80}$$

aufbauen. Den Faktor $1/\sqrt{2\pi}$ haben wir dabei hinzugefügt, um Übereinstimmung mit den Fourier-Integralen (2.44) und (2.45) zu erzielen. Die Amplitude $A(k)$ beschreibt die Eigenschaften der linearen Überlagerung der verschiedenen Wellen. Sie berechnet sich als die Fourier-Transformierte der räumlichen Amplitude $u(x,t)$ zur Zeit $t = 0$:[12]

$$A(k) = \frac{1}{\sqrt{2\pi}} \int_{-\infty}^{\infty} u(x,0)\, e^{-ikx}\, dx \tag{7.81}$$

Stellt $u(x,0)$ für alle x eine harmonische Welle e^{ik_0x} dar, so ist aufgrund von (2.46) $A(k) = \sqrt{2\pi}\,\delta(k - k_0)$; dies entspricht, wie gefordert, einer monochromatischen Welle $u(x,t) = e^{ik_0x - i\omega(k_0)t}$. Stellt jedoch $u(x,0)$ einen *endlich* ausgedehnten Wellenzug der Breite Δx dar, wie in Abb. 7.13 gezeigt, dann ist die Amplitude $A(k)$ keine Delta-Funktion mehr, sondern eine Funktion mit einem scharf ausgeprägten Maximum und einer Breite in der Größenordnung von Δk; sie ist konzentriert um eine Wellenzahl k_0, die die in der modulierten Welle $u(x,0)$ am stärksten vertretene Wellenzahl darstellt. Sind Δx und Δk die Wurzeln der mittleren quadratischen Schwankungen von x bzw. k (definiert über die Intensitäten $|u(x,0)|^2$ bzw. $|A(k)|^2$),[13] dann lässt sich allgemein zeigen, dass

$$\Delta x\, \Delta k \geq \tfrac{1}{2} \tag{7.82}$$

ist. Für die meisten Pulse bzw. Wellenpakete, die nicht zu abrupt abfallen, nimmt das Produkt $\Delta x \cdot \Delta k$ die untere Schranke aus (7.82) an. Dies bedeutet, dass kurze Wellenzüge, die sich nur über wenige Wellenlängen erstrecken, ein sehr breites Spektrum von Wellenzahlen monochromatischer Wellen enthalten und dass, umgekehrt, lange sinusförmige Wellenzüge nahezu monochromatisch sind. Die Beziehung (7.82) gilt auch für die Zeit- und Frequenzunschärfen.

---

[12] Die folgenden Überlegungen lassen das Anfangswertproblem in gewisser Hinsicht außer acht. Für eine Differentialgleichung zweiter Ordnung muss nicht nur $u(x,0)$, sondern auch $\partial u(x,0)/\partial t$ spezifiziert werden. Diese Tatsache hat jedoch für das folgende keine Konsequenzen. Im nächsten Abschnitt werden wir die hier begangene Unterlassung wieder ausgleichen.

[13] Zum Beispiel ist $\Delta x = \sqrt{\overline{(x-\bar{x})^2}} = \sqrt{\overline{x^2} - \bar{x}^2}$ mit $\overline{x^n} = \int_{-\infty}^{\infty} |u(x,0)|^2 x^n dx$ $(n = 1, 2, 3, \ldots)$, wenn $\int_{-\infty}^{\infty} |u(x,0)|^2 dx = 1$ ist. Analoges gilt für das mit $A(k)$ zu bildende Δk (Anm. des Übersetzers).

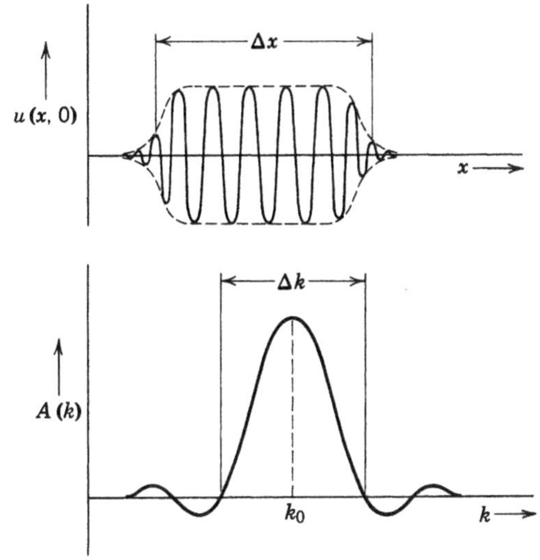

Abb. 7.13 Ein harmonischer Wellenzug endlicher Breite und sein Fourier-Spektrum bezüglich k.

Als nächstes erhebt sich die Frage nach dem zeitlichen Verhalten eines Pulses oder endlichen Wellenzuges. Der in Abb. 7.13 gezeigte Puls zur Zeit $t = 0$ beginnt sich mit fortschreitender Zeit zu bewegen. Seine verschiedenen Frequenz- bzw. Wellenzahlkomponenten bewegen sich mit verschiedenen Phasengeschwindigkeiten. Es besteht daher die Tendenz, dass die ursprüngliche Kohärenz verloren geht und sich der Puls in seiner Gestalt ändert. Zumindest ist jedoch zu erwarten, dass er sich mit einer Geschwindigkeit ausbreitet, die z. B. von der mittleren Phasengeschwindigkeit der einzelnen Wellenzahlkomponenten erheblich abweicht. Der allgemeine Fall eines stark dispersiven Mediums oder eines sehr scharfen Pulses mit einem großen Wellenzahlspektrum ist schwer zu behandeln. Die Ausbreitung einer Welle aber, die ein nicht zu breites Wellenzahlspektrum besitzt oder sich in einem Medium mit nur schwach frequenzabhängiger Wellenzahl bewegt, lässt sich näherungsweise wie folgt behandeln. Zur Zeit t sei diese Welle durch (7.80) gegeben. Ist das Maximum, das die Verteilung $A(k)$ um ein bestimmtes k_0 herum hat, nicht zu scharf, dann lässt sich die Frequenz ω um dieses k_0 entwickeln:

$$\omega(k) = \omega_0 + \left.\frac{d\omega}{dk}\right|_0 (k - k_0) + \cdots \tag{7.83}$$

und das Integral in (7.80) berechnen. Das Resultat lautet:

$$u(x,t) \simeq \frac{e^{i[k_0(d\omega/dk)|_0 - \omega_0]t}}{\sqrt{2\pi}} \int_{-\infty}^{\infty} A(k)\, e^{i[x-(d\omega/dk)|_0 t]k}\, dk \tag{7.84}$$

Aus der Beziehung (7.81) und ihrem Inversen folgt, dass das Integral in (7.84) gerade gleich $u(x',0)$ ist, wenn $x' = x - (d\omega/dk)|_0 t$ bedeutet:

$$u(x,t) \simeq u\left(x - t\left.\frac{d\omega}{dk}\right|_0, 0\right) e^{i[k_0(d\omega/dk)|_0 - \omega_0]t} \tag{7.85}$$

Dies zeigt, dass sich die Welle, abgesehen von einem Phasenfaktor, bei unveränderter Gestalt mit der sog. *Gruppengeschwindigkeit*

$$v_g = \left.\frac{d\omega}{dk}\right|_0 \tag{7.86}$$

fortbewegt. Da die Energiedichte mit der Intensität der Welle verknüpft ist, verläuft der Energietransport in dieser Näherung natürlich mit der Gruppengeschwindigkeit; denn genau mit dieser Geschwindigkeit bewegt sich ja die Welle fort.

Für elektromagnetische Wellen lautet die Beziehung zwischen ω und k:

$$\omega(k) = \frac{ck}{n(k)} \tag{7.87}$$

Dabei ist c die Lichtgeschwindigkeit im Vakuum und $n(k)$ der als Funktion von k ausgedrückte Brechungsindex. Die Phasengeschwindigkeit ist

$$v_p = \frac{\omega(k)}{k} = \frac{c}{n(k)} \tag{7.88}$$

Sie kann größer oder kleiner als c sein, je nachdem, ob $n(k)$ kleiner oder größer als Eins ist. Für die meisten optischen Wellenlängen ist $n(k)$ in nahezu sämtlichen Substanzen größer als Eins. Die Gruppengeschwindigkeit (7.86) ergibt sich mit (7.87) zu

$$v_g = \frac{c}{n(\omega) + \omega \; dn/d\omega} \tag{7.89}$$

Hierbei wird n nicht als Funktion von k, sondern als Funktion von ω aufgefasst. Bei normaler Dispersion ist $dn/d\omega > 0$ und auch $n > 1$; die Geschwindigkeit des Energietransports ist dann kleiner als die Phasengeschwindigkeit und auch kleiner als c. Im Bereich anomaler Dispersion jedoch kann, wie aus Abb. 7.8 hervorgeht, $dn/d\omega$ große negative Werte annehmen. Die Gruppengeschwindigkeit weicht dann beträchtlich von der Phasengeschwindigkeit ab und wird oft größer als c oder sogar negativ. Die Frequenzabhängigkeit von Gruppen- und Phasengeschwindigkeit im Bereich anomaler Dispersion und in dessen Umgebung zeigt Abb. 7.14. Es besteht aber kein Grund zu der Besorgnis, dass eines der Grundprinzipien der speziellen Relativitätstheorie verletzt sein könnte; denn die Gruppengeschwindigkeit stellt bei anomaler Dispersion im Allgemeinen keine brauchbare Größe dar. Ein großes $dn/d\omega$ entspricht – abgesehen von einer starken Absorption (vgl. Abb. 7.8) – einer schnellen Änderung von ω mit k. Folglich sind die in (7.83) und den nachfolgenden Gleichungen gemachten Annahmen nicht mehr gültig. Gewöhnlich wird ein Puls, dessen hauptsächliche Frequenzkomponenten in der Nähe einer starken Absorptionslinie liegen, auf seinem Weg absorbiert und verzerrt. Jedoch haben Garrett und McCumber[14] gezeigt, dass unter Umständen die Gruppengeschwindigkeit selbst bei anomaler Dispersion noch eine sinnvolle Größe sein kann. Andere Autoren[15] haben

---

[14] Garrett, C.G.B. und D.E. Cumber, *Phys. Rev. A* **1**, 305 (1970).

[15] Chu, S. und S. Wong, *Phys. Rev. Letters* **48**, 738 (1982); Katz, A. und R.R. Alfano, *Phys. Rev. Letters* **49**, 1292 (1982); Chu, S. und S. Wong, *ebd.*, 1293 (1982); Segard, B. und B. Macke, *Phys. Lett.* **109 A**, 213 (1985).

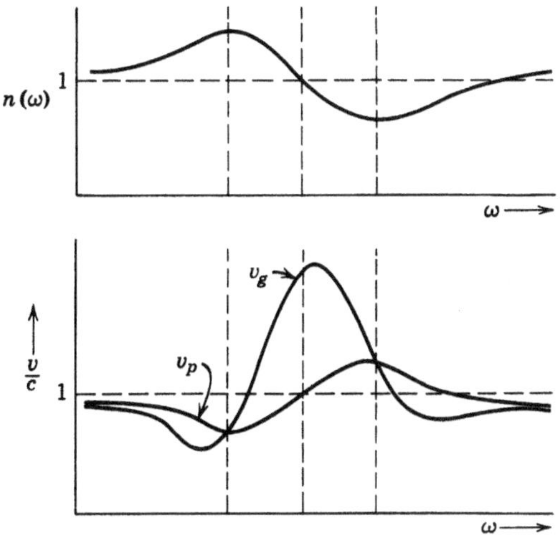

Abb. 7.14 Der Brechungsindex $n(\omega)$ als Funktion der Frequenz ω im Bereich anomaler Dispersion und in dessen Umgebung (oben); Phasen- und Gruppengeschwindigkeit, v_p und v_g, als Funktion von ω (unten).

daraufhin experimentell bestätigt, was Garrett und McCumber theoretisch gezeigt hatten – nämlich die Tatsache, dass, bei nicht zu dickem Absorber, ein Puls in Gaußform, dessen Zentralfrequenz nahe bei einer Absorptionslinie liegt und der im Vergleich zur Linienbreite eine schmale Verteilung aufweist (sodass er, verglichen mit $1/\gamma$, lange anhält), zwar erheblich absorbiert wird, aber seine Form mehr oder weniger beibehält und dass sich die Spitze der Verteilung mit der Gruppengeschwindigkeit (7.89) fortbewegt, selbst wenn diese Größe negativ ist. Physikalisch kommt es zu einer Verformung des Pulses – seine vordere Kante wird weniger abgeschwächt als die hintere Kante. Es kann passieren, dass die Spitze des stark abgeschwächten Pulses aus dem Absorber austritt, bevor die Spitze des einfallenden Pulses in ihn eintritt! (Das bedeutet negative Gruppengeschwindigkeit.) Da ein Puls in Form einer Gaußverteilung keine scharf definierte Vorderkante besitzt, kann von Kausalitätsverletzung nicht die Rede sein.

Einige der Experimente werden so beschrieben, als bewegten sich Photonen mit Überlichtgeschwindigkeit durch optische „Bandlücken", die in einem beschränkten Frequenzbereich fast den ganzen einlaufenden Fluss reflektieren. Es trifft zwar zu, dass der Zentralteil der sehr schmalen Gaußverteilung der Durchgangszeit im Vakuum leicht vorauseilt, aber kein Signal und keine Information breiten sich mit einer höheren Geschwindigkeit als c aus. In der Hauptsache lassen sich die Ergebnisse in der üblichen Weise klassisch erklären. Einige Aspekte werden in den Übungen 7.9–7.11 angesprochen. Eine Übersicht über die relevanten Experimente findet man in einem Artikel von Chiao und Steinberg.[16]

[16] Chiao, R. Y. und A. M. Steinberg, in *Progress in Optics*, Bd. 37, Hrsg. E. Wolf, Amsterdam: Elsevier 1997, S. 347–406.

7.9 Beispiel für das Zerfließen eines Wellenpakets beim Durchgang durch ein dispersives Medium

Um die im vorigen Abschnitt entwickelten Ideen zu erläutern und den Gültigkeitsbereich des Begriffs der Gruppengeschwindigkeit aufzuzeigen, betrachten wir ein spezielles Modell für die Abhängigkeit der Frequenz von der Wellenzahl, um auf dessen Grundlage die Ausbreitung eines Strahlungspulses bzw. Wellenpakets exakt zu berechnen. Bevor wir das Modell spezifizieren, müssen wir ausführlicher auf das Anfangswertproblem eingehen, als wir es bei Aufstellung der Gln. (7.80) und (7.81) getan haben. Wie dort bereits bemerkt, erfordert die genaue Festlegung eines Anfangswertproblems, dass neben $u(x,0)$ auch die Zeitableitung $\partial u(x,0)/\partial t$ spezifiziert wird. Die physikalische Wellenfunktion $u(x,t)$ erhält man durch Bildung des Realteils von (7.80):

$$u(x,t) = \frac{1}{2}\frac{1}{\sqrt{2\pi}}\int_{-\infty}^{\infty} A(k)e^{ikx-i\omega(k)t}\,dk + \text{c.c} \tag{7.90}$$

Die Amplitude $A(k)$ wird dann, wie man leicht zeigt, in folgender Weise durch die Anfangswerte bestimmt:

$$A(k) = \frac{1}{\sqrt{2\pi}}\int_{-\infty}^{\infty} e^{-ikx}\left[u(x,0) + \frac{i}{\omega(k)}\frac{\partial u}{\partial t}(x,0)\right]dx \tag{7.91}$$

Als Beispiel wählen wir ein Gauß'sches Wellenpaket, das zur Zeit $t = 0$ die Gestalt

$$u(x,0) = e^{-x^2/2L^2}\cos k_0 x \tag{7.92}$$

hat. Der Einfachheit halber machen wir die Annahme, dass

$$\frac{\partial u}{\partial t}(x,0) = 0 \tag{7.93}$$

ist. Dies bedeutet, dass die Welle zu Zeiten unmittelbar vor $t = 0$ aus zwei Pulsen bestand, die sich auf den Ursprung zubewegten, um sich zur Zeit $t = 0$ zu dem Wellenpaket (7.92) zu vereinen. Zu späteren Zeiten ist natürlich zu erwarten, dass jeder der beiden ursprünglichen Pulse auf der anderen Seite vom Ursprung wieder auftaucht. Es ist also zu vermuten, dass die Anfangsverteilung (7.92) in zwei identische Pakete aufspaltet, von denen sich das eine nach links und das andere nach rechts bewegt. Die Fourier-Amplitude $A(k)$ für das durch (7.92) und (7.93) beschriebene Wellenpaket ist:

$$\begin{aligned} A(k) &= \frac{1}{\sqrt{2\pi}}\int_{-\infty}^{\infty} e^{-ikx}e^{-x^2/2L^2}\cos k_0 x\,dx \\ &= \frac{L}{2}[e^{-(L^2/2)(k-k_0)^2} + e^{-(L^2/2)(k+k_0)^2}] \end{aligned} \tag{7.94}$$

Die Symmetriebeziehung $A(-k) = A(k)$ spiegelt das Auftreten zweier Pulse wider, die sich – wie wir unten zeigen werden – vom Ursprung aus fortbewegen.

Um die Gestalt der Welle zu späteren Zeiten berechnen zu können, müssen wir $\omega = \omega(k)$ festlegen. Als Modell, das eine genaue Berechnung erlaubt und die wesentlichen Dispersionserscheinungen deutlich macht, nehmen wir an, dass

$$\omega(k) = v\left(1 + \frac{a^2 k^2}{2}\right) \tag{7.95}$$

ist. Dabei bedeutet v eine konstante Frequenz, während a eine typische Wellenlänge darstellt, für die Dispersionseffekte wichtig werden. Gleichung (7.95) ist eine Näherung für das Dispersionsgesetz (7.61), das für ein Plasma geringer Dichte gilt. Da der durch (7.92) beschriebene Puls eine amplitudenmodulierte Welle mit der Wellenzahl $k = k_0$ ist, bedeuten die (wenn auch nicht ganz exakten) Feststellungen des vorigen Abschnitts, dass sich die beiden Pulse mit der Gruppengeschwindigkeit

$$v_g = \frac{d\omega}{dk}(k_0) = va^2 k_0 \tag{7.96}$$

fortbewegen und im Wesentlichen ihre Gestalt beibehalten, sofern die Pulsbreite nicht zu schmal ist.

Das exakte zeitliche Verhalten der Welle wird durch (7.90) mit dem durch (7.94) gegebene $A(k)$ bestimmt:

$$u(x,t) = \frac{L}{2\sqrt{2\pi}} \operatorname{Re} \int_{-\infty}^{\infty} [e^{-(L^2/2)(k-k_0)^2} + e^{-(L^2/2)(k+k_0)^2}] e^{ikx - ivt[1+(a^2k^2/2)]} dk \tag{7.97}$$

Die Integrale lassen sich bei geeigneter quadratischer Ergänzung berechnen. Das Ergebnis lautet:

$$u(x,t) = \tfrac{1}{2} \operatorname{Re} \left\{ \frac{\exp\left[-\dfrac{(x - va^2 k_0 t)^2}{2L^2\left(1 + \dfrac{ia^2 vt}{L^2}\right)} \right]}{\left(1 + \dfrac{ia^2 vt}{L^2}\right)^{1/2}} \exp\left[ik_0 x - iv\left(1 + \frac{a^2 k_0^2}{2}\right) t \right] + (k_0 \to -k_0) \right\} \tag{7.98}$$

Die rechte Seite dieser Gleichung beschreibt zwei Pulse, die sich in entgegengesetzte Richtungen bewegen. Die Maximalamplitude eines jeden Pulses bewegt sich mit der Gruppengeschwindigkeit (7.96), während die Einhüllende der modulierten Welle die Form einer Gauß'schen Glockenkurve beibehält. Die Breite dieser Glockenkurve ist jedoch nicht konstant, sondern nimmt mit der Zeit zu. Sie ist gegeben durch

$$L(t) = \left[L^2 + \left(\frac{a^2 vt}{L}\right)^2 \right]^{1/2} \tag{7.99}$$

Die Dispersion wirkt sich also (innerhalb eines bestimmten Zeitintervalls) umso stärker auf den Puls aus, je schmaler die Einhüllende ist. Das Kriterium dafür, dass sich die Gestalt der Einhüllenden nur wenig ändert, lautet $L \gg a$. Für große Zeiten wächst natürlich die Breite der Gauß'schen Kurve linear mit der Zeit an:

$$L(t) \to \frac{a^2 \nu t}{L} \tag{7.100}$$

Doch die Zeit, in der diese asymptotische Form erreicht wird, hängt von dem Verhältnis L/a ab. Ein Maß dafür, wie schnell sich der Puls verbreitert, erhält man aus dem Vergleich von $L(t)$ (7.99) mit der Strecke $v_g t = \nu a^2 k_0 t$. Abbildung 7.15 zeigt für zwei verschiedene Fälle die Lage der Maximalamplitude $v_g t$ und der Amplituden zu $v_g t \pm L(t)$. Die entsprechenden Kurven geben die Verbreiterung des Pulses als Funktion der Zeit an. Links ist der Puls im Vergleich zur Wellenlänge k_0^{-1} relativ breit, sodass er nur sehr langsam auseinanderfließt. Rechts dagegen ist der Puls zu Beginn so schmal, dass er sich sehr schnell verbreitert und nach kurzer Zeit kaum mehr einen Puls darstellt.

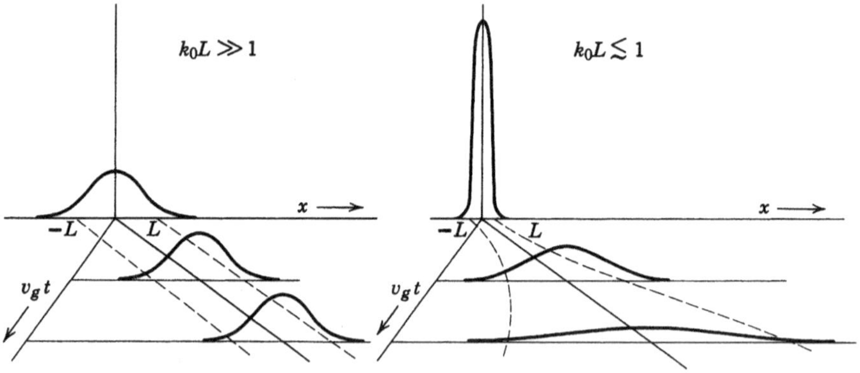

Abb. 7.15 Zerfließen eines Wellenpaketes während seiner Fortbewegung. Das breite Paket, das viele Wellenlängen enthält ($k_0 L \gg 1$), ändert sich in seiner Gestalt nur wenig, während sich das schmale Paket ($k_0 L \lesssim 1$) schnell verbreitert.

Obwohl die obigen Ergebnisse auf der speziellen Wahl (7.92) eines Anfangspulses und der Dispersionsbeziehung (7.95) beruhen, sind ihre Konsequenzen allgemeiner Natur. Im vorigen Abschnitt dieses Kapitels haben wir gesehen, dass die mittlere Geschwindigkeit eines Pulses gleich der Gruppengeschwindigkeit $v_g = d\omega/dk = \omega'$ ist. Die Verbreiterung des Pulses lässt sich dadurch erklären, dass ein Puls mit einer anfänglichen räumlichen Breite Δx_0 auch eine bestimmte Breite bezüglich der Wellenzahl haben muss, nämlich $\Delta k \sim (1/\Delta x_0)$. Dies wiederum bedeutet, dass die Gruppengeschwindigkeit für verschiedene k-Werte innerhalb des Pulses eine bestimmte Breite haben muss, die in der Größenordnung von

$$\Delta v_g \sim \omega'' \Delta k \sim \frac{\omega''}{\Delta x_0} \tag{7.101}$$

liegt, wobei $\omega'' = d^2\omega/dk^2$ ist. Zu einer bestimmten Zeit t ist dies gleichbedeutend mit einer räumlichen Verschmierung über eine Strecke in der Größenordnung von $\Delta v_g t$. Kombiniert man die räumlichen Unschärfen miteinander, indem man die Wurzel aus der Summe ihrer Quadrate bildet, so erhält man als Breite $\Delta x(t)$ zur Zeit t:

$$\Delta x(t) \simeq \sqrt{(\Delta x_0)^2 + \left(\frac{\omega'' t}{\Delta x_0}\right)^2} \tag{7.102}$$

Diese Gleichung stimmt mit (7.99) genau überein, wenn man $\Delta x_0 = L$ setzt. Sie enthält die allgemein gültige Aussage, dass sich ein schmaler Puls, wenn $\omega'' \neq 0$ ist, wegen seines breiten Wellenzahlspektrums schnell verbreitert und dass, umgekehrt, ein breiter Puls langsam zerfließt. All diese Vorstellungen lassen sich unmittelbar in die Quantenmechanik übertragen. Sie bilden die Grundlage des Heisenberg'schen Unschärfeprinzips. In der Wellenmechanik wird die Frequenz mit der durch das Planck'sche Wirkungsquantum h dividierten Energie identifiziert, während die Wellenzahl gleich dem durch h dividierten Impuls ist.

Das Problem der Ausbreitung von Wellenpaketen in einem sowohl dissipativen wie dispersiven Medium ist recht kompliziert. Einige Aspekte dieses Problems lassen sich rechnerisch erfassen, doch die entsprechenden mathematischen Ausdrücke erlauben keine unmittelbare physikalische Interpretation. Außer in besonderen Fällen werden Wellenpakete im Laufe ihrer Ausbreitung stark gedämpft und verzerrt. Dieses Problem wird, in Verbindung mit numerischen Beispielen, bei *Stratton*, S. 301–309 behandelt.

7.10 Kausale Verknüpfung zwischen **D** und **E**, Kramers-Kronig-Relationen

A. Nichtlokalität in der Zeit

Eine weitere Konsequenz der Frequenzabhängigkeit von $\epsilon(\omega)$ ist eine zeitlich nichtlokale Verknüpfung zwischen der dielektrischen Verschiebung $\mathbf{D}(\mathbf{x}, t)$ und dem elektrischen Feld $\mathbf{E}(\mathbf{x}, t)$. Sind die monochromatischen Komponenten zur Frequenz ω durch

$$\mathbf{D}(\mathbf{x}, \omega) = \epsilon(\omega)\mathbf{E}(\mathbf{x}, \omega) \tag{7.103}$$

miteinander verknüpft, so findet man die Zeitabhängigkeit durch eine Fourier-Überlagerung. Mit der Raumkoordinate als Parameter schreiben sich die Fourier-Integrale bezüglich der Zeit und der Frequenz in der Form

$$\mathbf{D}(\mathbf{x}, t) = \frac{1}{\sqrt{2\pi}} \int_{-\infty}^{\infty} \mathbf{D}(\mathbf{x}, \omega) e^{-i\omega t} d\omega$$

und

$$\mathbf{D}(\mathbf{x}, \omega) = \frac{1}{\sqrt{2\pi}} \int_{-\infty}^{\infty} \mathbf{D}(\mathbf{x}, t') e^{i\omega t'} dt' \tag{7.104}$$

Entsprechende Gleichungen gelten für **E**. Setzt man in der ersten der Gln. (7.104) für $\mathbf{D}(\mathbf{x},\omega)$ den Ausdruck (7.103) ein, so folgt:

$$\mathbf{D}(\mathbf{x},t) = \frac{1}{\sqrt{2\pi}} \int_{-\infty}^{\infty} \epsilon(\omega)\mathbf{E}(\mathbf{x},\omega)e^{-i\omega t}\,d\omega$$

Mit der Fourier-Darstellung von $\mathbf{E}(\mathbf{x},\omega)$ ergibt sich hieraus:

$$\mathbf{D}(\mathbf{x},t) = \frac{1}{2\pi} \int_{-\infty}^{\infty} \epsilon(\omega)e^{-i\omega t} \int_{-\infty}^{\infty} e^{i\omega t'}\mathbf{E}(\mathbf{x},t')\,dt'\,d\omega$$

Unter der Annahme, dass die Reihenfolge der Integration vertauscht werden darf, findet man schließlich:

$$\mathbf{D}(\mathbf{x},t) = \epsilon_0 \left\{ \mathbf{E}(\mathbf{x},t) + \int_{-\infty}^{\infty} G(\tau)\mathbf{E}(\mathbf{x},t-\tau)\,d\tau \right\} \tag{7.105}$$

wobei $G(\tau)$ die Fourier-Transformierte von $\chi_e = \epsilon(\omega)/\epsilon_0 - 1$ darstellt:

$$G(\tau) = \frac{1}{2\pi} \int_{-\infty}^{\infty} [\epsilon(\omega)/\epsilon_0 - 1]e^{-i\omega\tau}\,d\omega \tag{7.106}$$

Die Gln. (7.105) und (7.106) beschreiben einen nichtlokalen Zusammenhang zwischen **D** und **E**; denn zu einer Zeit t hängt **D** vom elektrischen Feld **E** zu anderen Zeiten als t ab.[17] Ist $\epsilon(\omega)$ für alle Werte von ω in Wirklichkeit unabhängig von ω, dann führt (7.106) auf $G(\tau) \sim \delta(\tau)$, sodass der momentane Zusammenhang zwischen **D** und **E** wiederhergestellt ist; hängt jedoch $\epsilon(\omega)$ tatsächlich von ω ab, so ist $G(\tau)$ für einen gewissen Bereich von τ-Werten eine Null verschiedene Funktion.

B. Einfaches Modell für $G(\tau)$, Einschränkungen

Um eine physikalische Bedeutung des durch (7.105) und (7.106) beschriebenen Zusammenhangs zu illustrieren, betrachten wir den Brechungsindex bzw. die Dielektrizitätskonstante (7.51) in einem Ein-Resonanz-Modell:

$$\epsilon(\omega)/\epsilon_0 - 1 = \omega_p^2(\omega_0^2 - \omega^2 - i\gamma\omega)^{-1} \tag{7.107}$$

Der Suszeptibilitätskern $G(\tau)$ ergibt sich in diesem Fall zu

$$G(\tau) = \frac{\omega_p^2}{2\pi} \int_{-\infty}^{\infty} \frac{e^{-i\omega\tau}}{\omega_0^2 - \omega^2 - i\gamma\omega}\,d\omega \tag{7.108}$$

---

[17] Die Gln. (7.103) und (7.105) sind ein Beispiel für den *Faltungssatz* für Fourier-Integrale. Die Aussage dieses Satzes ist folgende: Sind $A(t)$, $B(t)$, $C(t)$ und $a(\omega)$, $b(\omega)$, $c(\omega)$ zwei Sätze von Funktionen, die paarweise durch die Fourier'schen Umkehrformeln (7.104) miteinander verknüpft sind, und ist

$$c(\omega) = a(\omega)\,b(\omega)$$

so gilt bei geeigneten Integrabilitätsbedingungen:

$$C(t) = \frac{1}{\sqrt{2\pi}} \int_{-\infty}^{\infty} A(t')B(t-t')\,dt'$$

Das Integral lässt sich als komplexes Kurvenintegral auswerten. Der Integrand hat in der unteren ω-Halbebene Pole an den Stellen

$$\omega_{1,2} = -\frac{i\gamma}{2} \pm \nu_0, \quad \text{mit} \quad \nu_0^2 = \omega_0^2 - \frac{\gamma^2}{4} \tag{7.109}$$

Für $\tau < 0$ kann der Integrationsweg in der oberen Ebene geschlossen werden, ohne dass man den Wert des Integrals ändert. Da der Integrand innerhalb des geschlossenen Integrationsweges regulär ist, verschwindet das Integral. Für $\tau > 0$ ist der Integrationsweg in der unteren Halbebene zu schließen, und das Integral ist gleich dem $-2\pi i$-fachen der Summe der Residuen der beiden Pole. Man erhält daher für den Kern (7.108):

$$G(\tau) = \omega_p^2 e^{-\gamma\tau/2} \frac{\sin \nu_0 \tau}{\nu_0} \theta(\tau) \tag{7.110}$$

wobei $\theta(\tau)$ die Stufenfunktion ist [$\theta(\tau) = 0$ für $\tau < 0$; $\theta(\tau) = 1$ für $\tau > 0$]. Im Fall der Dielektrizitätskonstanten (7.51) ist der Kern $G(\tau)$ nichts anderes als eine Linearkombination von Ausdrücken der Art (7.110). $G(\tau)$ oszilliert mit einer für das Medium charakteristischen Frequenz und klingt mit der Zeit ab; die Dämpfungskonstante ist dabei die der oszillierenden Elektronen. Die nichtlokale zeitliche Verknüpfung zwischen **D** und **E** ist daher auf Zeiten in der Größenordnung von γ^{-1} beschränkt. Da γ die Bedeutung der Frequenzbreite der Spektrallinien hat und diese den typischen Wert von 10^{-7}–10^{-9} Hz besitzt, liegt die Abweichung von der Gleichzeitigkeit in der Größenordnung von 10^{-9}–10^{-7} s. Bei Frequenzen oberhalb des Mikrowellenbereichs tragen zu einer bestimmten Zeit t viele Schwingungsumläufe des elektrischen Feldes mit einem mit $G(\tau)$ gewichteten Mittel zur dielektrischen Verschiebung **D** bei.

Gleichung (7.105) ist nichtlokal in der Zeit, aber lokal im Ort. Diese Näherung ist gültig, solange sich die räumliche Änderung der angelegten Felder über Abstände vollzieht, die gegenüber den Abmessungen, die bei der Erzeugung der atomaren bzw. molekularen Polarisation eine Rolle spielen, groß sind. Bei gebundenen Ladungen liegen die zuletzt genannten Abmessungen in der Größenordnung der Ausdehnung der Atome oder darunter. Es ist daher zu erwarten, dass der Begriff einer nur von ω abhängenden Dielektrizitätskonstanten auf Frequenzen weit oberhalb des sichtbaren Bereichs anwendbar ist. Die Annahme, dass ϵ bzw. σ allein von ω abhängt, wird jedoch bei Leitern schon bei sehr viel niedrigeren Frequenzen ad absurdum geführt, da ja in Leitern freie Ladungen mit makroskopischen freien Weglängen auftreten. Bei einem guten Leiter wie Kupfer hat, wie wir oben gesehen haben, die Dämpfungskonstante (die einer Stoßfrequenz entspricht) bei Zimmertemperatur die Größenordnung von $\gamma_0 \sim 3 \times 10^{13}\,\mathrm{s}^{-1}$. Bei Temperaturen von flüssigem Helium kann die Dämpfungskonstante einen um 10^{-3} kleineren Wert als bei Zimmertemperatur haben. Nimmt man an, dass die Leitungselektronen in Metallen die Geschwindigkeit eines Bohr'schen Elektrons im Wasserstoffatom ($c/137$) haben, so ergibt sich für die freie Weglänge bei Temperaturen von flüssigem Helium: $L \sim c/(137\gamma_0) \sim 10^{-4}\,\mathrm{m}$. Andererseits kann die übliche Eindringtiefe δ(5.165) sehr viel kleiner sein und bei Mikrowellenfrequenzen die Größenordnung von 10^{-7} oder 10^{-8} m annehmen. In diesem Fall muss das Ohm'sche Gesetz durch eine nichtlokale

Beziehung ersetzt werden. Die Leitfähigkeit wird dann eine tensorielle Größe, die von der Wellenzahl **k** und der Frequenz ω abhängt. Die damit verbundenen Abweichungen vom Standardverhalten bezeichnet man zusammenfassend als *anomalen Skin-Effekt*. Sie können dazu benutzt werden, um die Fermi-Flächen in Metallen zu bestimmen.[18] Ähnliche nichtlokale Effekte treten in Supraleitern auf, deren elektromagnetische Eigenschaften durch eine Kohärenzlänge in der Größenordnung von 10^{-6} m bestimmt werden.[19] Nach dieser kurzen Erläuterung der Gültigkeitsgrenzen von Gl. (7.105) und der Gebiete, auf die sich diese Gleichung mit Erfolg verallgemeinern ließ, kehren wir zur Diskussion des physikalischen Gehalts von Gl. (7.105) zurück.

C. Kausalität und Analytizitätsbereich von $\epsilon(\omega)$

Das augenfälligste und zugleich grundlegendste Merkmal des Kerns (7.110) besteht darin, dass er für $\tau < 0$ verschwindet. Dies bedeutet, dass zu einer bestimmten Zeit t nur die Werte des elektrischen Feldes *vor* dieser Zeit für die dielektrische Verschiebung bestimmend sind. Dies entspricht natürlich auch unseren Vorstellungen von der kausalen Verknüpfung physikalischer Erscheinungen. Gl. (7.105) lässt sich also auch in der Form

$$\mathbf{D}(\mathbf{x}, t) = \epsilon_0 \left\{ \mathbf{E}(\mathbf{x}, t) + \int_0^\infty G(\tau) \mathbf{E}(\mathbf{x}, t-\tau)\, d\tau \right\} \tag{7.111}$$

schreiben. Tatsächlich ist diese Gleichung die allgemeinste räumlich lokale, lineare und kausale Beziehung, die sich für **D** und **E** in einem homogenen, isotropen Medium aufstellen lässt. Ihre Gültigkeit besteht unabhängig von jedem Modell für die Dielektrizitätskonstante $\epsilon(\omega)/\epsilon_0$. Letztere lässt sich aufgrund von (7.106) durch $G(\tau)$ ausdrücken:

$$\epsilon(\omega)/\epsilon_0 = 1 + \int_0^\infty G(\tau) e^{i\omega\tau} d\tau \tag{7.112}$$

Diese Beziehung hat verschiedene interessante Konsequenzen. Aus der Realität von **D** und **E** und somit, wegen (7.111), auch von $G(\tau)$ folgt in Verbindung mit (7.112) für komplexe ω:

$$\epsilon(-\omega)/\epsilon_0 = \epsilon^*(\omega^*)/\epsilon_0 \tag{7.113}$$

Betrachtet man Gl. (7.112) als Darstellung von $\epsilon(\omega)/\epsilon_0$ in der komplexen ω-Ebene, dann besagt die letzte Gleichung, dass $\epsilon(\omega)$ *eine in der oberen ω-Halbebene analytische Funktion* ist, sofern $G(\tau)$ für alle τ endlich ist. Auf der reellen Achse muss es physikalische Gründe geben, dass $G(\tau)$ für $\tau \to \infty$ verschwindet, damit $\epsilon(\omega)/\epsilon_0$ auch dort analytisch ist. Dies trifft für Dielektrika zu, nicht aber für Leiter. Für sie gilt: $G(\tau) \to \sigma/\epsilon_0$ für $\tau \to \infty$, und $\epsilon(\omega)/\epsilon_0$ hat bei $\omega = 0$ einen einfachen Pol ($\epsilon \to i\sigma/\omega$

---

[18] Siehe Pippard, A. B., in *Reports on Progress in Physics* **23**, 176 (1960) und der Artikel „The Dynamics of Conduction Electrons" vom gleichen Autor in *Low-Temperature Physics*, Les Houches 1961, Hrsg. C. de Witt, B. Dreyfus und P. G. de Gennes, New York: Gordon and Breach 1962. Der letzte Artikel ist beim gleichen Verlag auch als Buch erschienen.

[19] Siehe z. B. der Artikel „Superconductivity" von Tinkham, M., in dem voranstehend zitierten Buch *Low-Temperature Physics*.

für $\omega \to 0$). Eine unmittelbare Konsequenz der kausalen Beziehung (7.111) zwischen **D** und **E** ist also die, dass die Dielektrizitätskonstante $\epsilon(\omega)/\epsilon_0$ – abgesehen von einem möglichen Pol bei $\omega = 0$ – analytisch in ω ist, wenn $\operatorname{Im}\omega \geq 0$ ist. Diese Eigenschaften lassen sich natürlich für die in Abschnitt 7.5A und 7.5C behandelten Modelle direkt nachweisen. Das Verhalten von $\epsilon(\omega)/\epsilon_0 - 1$ für große ω kann mit dem von $G(\tau)$ für kleine Zeiten verknüpft werden. Durch partielle Integration in Gl. (7.112) G erhält man die asymptotische Reihe

$$\epsilon(\omega)/\epsilon_0 - 1 \simeq \frac{iG(0)}{\omega} - \frac{G'(0)}{\omega^2} + \cdots$$

Das Argument von G und seinen Ableitungen ist hierbei $\tau = 0^+$. Es wäre unphysikalisch, wenn $G(0^-) = 0$, aber $G(0^+) \neq 0$ wäre. Daher tritt der erste Summand in der obigen Reihe tatsächlich nicht auf, und $\epsilon(\omega)/\epsilon_0 - 1$ fällt bei hohen Frequenzen wie ω^{-2} ab, wie wir es auch in dem durch (7.59) beschriebenen Oszillatormodell fanden. Die angegebene asymptotische Reihe zeigt in der Tat, dass sich der Real- und Imaginärteil von $\epsilon(\omega)/\epsilon_0 - 1$ für große ω wie

$$\operatorname{Re}[\epsilon(\omega)/\epsilon_0 - 1] = O\left(\frac{1}{\omega^2}\right), \quad \operatorname{Im}\epsilon(\omega)/\epsilon_0 = O\left(\frac{1}{\omega^3}\right) \tag{7.114}$$

verhalten. Diese asymptotischen Ausdrücke hängen allein von der Existenz der Ableitungen von $G(\tau)$ in der Umgebung von $\tau = 0^+$ ab.

D. Kramers-Kronig-Relationen

Die Analytizität von $\epsilon(\omega)/\epsilon_0$ in der oberen ω-Halbebene gestattet die Anwendung der Cauchy'schen Integralformel, um den Real- und Imaginärteil von $\epsilon(\omega)/\epsilon_0$ längs der reellen Achse miteinander zu verknüpfen. Für jeden Punkt z innerhalb einer geschlossenen Kurve C in der oberen ω-Halbebene ist nach der Cauchy'schen Integralformel

$$\epsilon(z)/\epsilon_0 = 1 + \frac{1}{2\pi i}\oint_C \frac{[\epsilon(\omega')/\epsilon_0 - 1]}{\omega' - z}\,d\omega'$$

Die Kurve C bestehe aus der reellen ω-Achse und einem unendlich großen Halbkreis in der oberen Halbebene. Aus der soeben besprochenen asymptotischen Entwicklung oder den speziellen Ergebnissen aus Abschnitt 5 D dieses Kapitels ist zu entnehmen, dass $\epsilon/\epsilon_0 - 1$ im Unendlichen so schnell abfällt, dass das Integral über den großen Halbkreis keinen Beitrag liefert. Das Cauchy'sche Integral lässt sich daher auch in der Form

$$\epsilon(z)/\epsilon_0 = 1 + \frac{1}{2\pi i}\int_{-\infty}^{\infty} \frac{[\epsilon(\omega')/\epsilon_0 - 1]}{\omega' - z}\,d\omega' \tag{7.115}$$

schreiben, wobei z einen beliebigen Punkt in der oberen Halbebene darstellt und das Integral über die reelle Achse zu erstrecken ist. Für den Grenzfall, dass sich die komplexe Frequenz von oben her der reellen Achse nähert, schreiben wir in (7.115) $z = \omega + i\delta$ und erhalten

$$\epsilon(\omega)/\epsilon_0 = 1 + \frac{1}{2\pi i}\int_{-\infty}^{\infty} \frac{[\epsilon(\omega')/\epsilon_0 - 1]}{\omega' - \omega - i\delta}\,d\omega' \tag{7.116}$$

Für reelles ω erinnert der Imaginärteil $-i\delta$ im Nenner daran, dass der Punkt $\omega' = \omega$ von dem längs der reellen Achse verlaufenden Integrationsweg durch einen infinitesimalen Halbkreis *unterhalb* von ω auszusparen ist. Für den Nenner lässt sich formal

$$\frac{1}{\omega' - \omega - i\delta} = P\left(\frac{1}{\omega' - \omega}\right) + \pi i \delta(\omega' - \omega) \tag{7.117}$$

schreiben, wobei P den sog. *Hauptwert*[20] bezeichnet. Die Delta-Funktion greift den Beitrag von dem in positivem Drehsinn zu durchlaufenden Halbkreis um $\omega' = \omega$ heraus. Mithilfe von (7.117) und einer einfachen Umformung ergibt sich dann aus (7.116):

$$\epsilon(\omega)/\epsilon_0 = 1 + \frac{1}{\pi i} P \int_{-\infty}^{\infty} \frac{[\epsilon(\omega')/\epsilon_0 - 1]}{\omega' - \omega}\,d\omega' \tag{7.118}$$

Der Real- und Imaginärteil dieser Gleichung lauten:

$$\begin{aligned}
\mathrm{Re}\,\epsilon(\omega)/\epsilon_0 &= 1 + \frac{1}{\pi} P \int_{-\infty}^{\infty} \frac{\mathrm{Im}\,\epsilon(\omega')/\epsilon_0}{\omega' - \omega}\,d\omega' \\
\mathrm{Im}\,\epsilon(\omega)/\epsilon_0 &= -\frac{1}{\pi} P \int_{-\infty}^{\infty} \frac{[\mathrm{Re}\,\epsilon(\omega')/\epsilon_0 - 1]}{\omega' - \omega}\,d\omega'
\end{aligned} \tag{7.119}$$

Diese Beziehungen werden *Kramers-Kronig-Relationen* oder *Dispersionsrelationen* genannt. Sie wurden das erste Mal, unabhängig voneinander, von H. A. Kramers (1927) und R. L. Kronig (1926) hergeleitet. Die Symmetriebeziehung (7.113) zeigt, dass $\mathrm{Re}\,\epsilon(\omega)$ in ω gerade ist, während $\mathrm{Im}\,\epsilon(\omega)$ ungerade ist. Die Integrale in (7.119) lassen sich daher als Integrale über ausschließlich positive Frequenzen schreiben:

$$\begin{aligned}
\mathrm{Re}\,\epsilon(\omega)/\epsilon_0 &= 1 + \frac{2}{\pi} P \int_{0}^{\infty} \frac{\omega'\,\mathrm{Im}\,\epsilon(\omega')/\epsilon_0}{\omega'^2 - \omega^2}\,d\omega' \\
\mathrm{Im}\,\epsilon(\omega)/\epsilon_0 &= -\frac{2\omega}{\pi} P \int_{0}^{\infty} \frac{[\mathrm{Re}\,\epsilon(\omega')/\epsilon_0 - 1]}{\omega'^2 - \omega^2}\,d\omega'
\end{aligned} \tag{7.120}$$

Bei der Herleitung von (7.119) bzw. (7.120) wurde stillschweigend vorausgesetzt, dass $\epsilon(\omega)/\epsilon_0$ bei $\omega = 0$ regulär ist. Der einfache Pol, der im Fall von Leitern bei $\omega = 0$ auftritt, kann ohne großen zusätzlichen Aufwand mitberücksichtigt werden.

Die Kramers-Kronig-Relationen sind von sehr allgemeiner Gültigkeit, da sie aus kaum mehr als der Annahme folgen, dass die dielektrische Verschiebung und das

---

[20] Der (Cauchy'sche) Hauptwert (engl. *pricipal part*) einer Funktion $f(x)$, die bei x_0 eine Singularität besitzt, ist über das zugehörige *Hauptwertintegral* definiert:

$$\int_{-\infty}^{\infty} P(f(x))\,dx = P\int_{-\infty}^{\infty} f(x)\,dx = \lim_{\epsilon\to 0^+}\left[\int_{-\infty}^{x_0-\epsilon} f(x)\,dx - \int_{x_0+\epsilon}^{\infty} f(x)\,dx\right]$$

Wie die Dirac'sche Deltafunktion ist der Hauptwert einer singulären Funktion eine sog. *Distribution* und ist daher nur *unter dem Integral* zu verwenden (Anm. der Red).

elektrische Feld durch die kausale Beziehung (7.111) miteinander verknüpft sind. Die empirische Kenntnis von $\mathrm{Im}\,\epsilon(\omega)$ aus Absorptionsmessungen gestattet nach der ersten Gleichung in (7.120) die Berechnung von $\mathrm{Re}\,\epsilon(\omega)$. Der in Abb. 7.8 dargestellte Zusammenhang zwischen Absorption und anomaler Dispersion ist in den Kramers-Kronig-Relationen enthalten. Ein sehr schmales Absorptionsband oder eine Absorptionslinie bei $\omega = \omega_0$ kann näherungsweise berücksichtigt werden, indem man

$$\mathrm{Im}\,\epsilon(\omega') \simeq \frac{\pi K}{2\omega_0}\,\delta(\omega' - \omega_0) + \cdots$$

schreibt, wobei K eine Konstante ist und die Punkte die anderen (langsam veränderlichen) Beiträge zu $\mathrm{Im}\,\epsilon$ andeuten. Die erste der Gleichungen (7.120) liefert dann für den Verlauf von $\mathrm{Re}\,\epsilon(\omega)$ in *Umgebung* der Stelle $\omega = \omega_0$:

$$\mathrm{Re}\,\epsilon(\omega) \simeq \bar{\epsilon} + \frac{K}{\omega_0^2 - \omega^2} \tag{7.121}$$

Der Term $\bar{\epsilon}$ stellt den langsam veränderlichen Teil von $\mathrm{Re}\,\epsilon$ dar, der von den weiter entfernten Beiträgen zu $\mathrm{Im}\,\epsilon$ herrührt. Die Näherung (7.121) macht die schnelle Änderung von $\mathrm{Re}\,\epsilon(\omega)$ in Umgebung einer Absorptionslinie deutlich, die in Abb. 7.8 für eine Linie endlicher Breite dargestellt ist. Eine realistischere Beschreibung von $\mathrm{Im}\,\epsilon$ würde für $\mathrm{Re}\,\epsilon$ zu einem Ausdruck führen, der sich genauso verhält wie die in Abb. 7.8 gezeigte Kurve. Der Beweis hierfür soll in den Übungen erbracht werden.

Allgemeine Beziehungen der Art (7.119) bzw. (7.120), die die Dispersions- und Absorptionsaspekte eines Prozesses miteinander verknüpfen, sind in allen Bereichen der Physik von großem Wert. Ihr weiter Anwendungsbereich geht auf die äußerst wenigen, physikalisch wohlbegründeten Annahmen zurück, die zu ihrer Herleitung notwendig sind. Literaturhinweise für Anwendungen auf die Teilchen- und Festkörperphysik geben wir am Ende dieses Kapitels. Abschließend wollen wir noch zwei *Summenregeln* erwähnen, die sich aus (7.120) herleiten lassen. In Abschnitt 5 D zeigten wir anhand eines speziellen Modells, dass die Dielektrizitätskonstante bei hohen Frequenzen durch (7.59) beschrieben wird. Tatsächlich ist, wie wir in Abschnitt 10 C zeigten, die Form von (7.59) recht allgemein. Die Plasmafrequenz kann daher unter Verwendung von (7.59) durch

$$\omega_p^2 = \lim_{\omega\to\infty} \{\omega^2[1 - \epsilon(\omega)/\epsilon_0]\}$$

definiert werden. Entspricht das Abklingverhalten von $\mathrm{Im}\,\epsilon(\omega)$ der Gleichung (7.114), so führt die erste der Kramers-Kronig-Relationen auf eine *Summenregel für* ω_p^2:

$$\omega_p^2 = \frac{2}{\pi}\int_0^\infty \omega\,\mathrm{Im}\,\epsilon(\omega)/\epsilon_0\,d\omega \tag{7.122}$$

Diese Beziehung wird manchmal auch „Summenregel für die Oszillatorstärken“ genannt. Es lässt sich zeigen, dass sie äquivalent zu der Beziehung (7.52) für die Dielektrizitätskonstante (7.51) ist, doch ist sie offensichtlich allgemeinerer Natur.

Die zweite Summenregel betrifft das Integral über den Realteil von $\epsilon(\omega)$ und folgt aus der zweiten der beiden Relationen (7.120). Falls für alle $\omega' > N$ die Bezeichnung $[\mathrm{Re}\,\epsilon(\omega')/\epsilon_0 - 1] = -\omega_p^2/\omega'^2 + O(1/\omega'^4)$ gilt, so ist leicht zu zeigen, dass für $\omega > N$

$$\mathrm{Im}\,\epsilon(\omega)/\epsilon_0 = \frac{2}{\pi\omega}\left\{-\frac{\omega_p^2}{N} + \int_0^N [\mathrm{Re}\,\epsilon(\omega')/\epsilon_0 - 1]d\omega'\right\} + O\left(\frac{1}{\omega^3}\right)$$

ist. In Teil C dieses Abschnitts zeigten wir, dass – außer für Leiter und den unphysikalischen Fall, dass $G(0^+) \neq 0$ ist – $\mathrm{Im}\,\epsilon(\omega)$ bei großen Frequenzen wie ω^{-3} abfällt. Daher muss der Ausdruck in geschweiften Klammern verschwinden und die *zweite Summenregel*

$$\frac{1}{N}\int_0^N \mathrm{Re}\,\epsilon(\omega)/\epsilon_0\, d\omega = 1 + \frac{\omega_p^2}{N^2} \tag{7.123}$$

gelten. Sie besagt, dass der Mittelwert von $\mathrm{Re}\,\epsilon(\omega)/\epsilon_0$ über alle Frequenzen im Grenzfall $N \to \infty$ gleich Eins ist. Während die Summenregel (7.122) für die Plasmafrequenz auch im Fall von Leitern gilt, muss die zweite Summenregel (die man manchmal auch *Superkonvergenzrelation* nennt) in diesem Fall auf der rechten Seite um den Term $-\pi\sigma/2\epsilon_0 N$ erweitert werden (vgl. Übg. 7.23). Diese optischen Summenregeln und mehrere andere werden in einem Artikel von Altarelli u. a.[21] diskutiert.

7.11 Signalübertragung in einem dispersiven Medium

In den voranstehenden Abschnitten diskutierten wir verschiedene Dispersionserscheinungen, doch es bleibt die wichtige Frage, welche Gestalt ein anfänglich wohldefiniertes Signal nach Durchqueren einer langen Strecke innerhalb eines dispersiven Mediums annimmt. Wie entwickelt sich das Signal? Breitet es sich, wenn die Phasen- oder Gruppengeschwindigkeit wichtiger Frequenzkomponenten größer als die Vakuumlichtgeschwindigkeit ist, schneller aus, als es nach dem Kausalitätsprinzip und der speziellen Relativitätstheorie erlaubt ist? Kann das Signal, nachdem es einen weit entfernten Punkt erreicht hat, noch in eindeutiger Weise definiert werden? Diese Fragen sind 1914 eingehend von Sommerfeld und Brillouin in zwei Artikeln der *Annalen der Physik* untersucht worden.[22] Diese Originalartikel und weitere Folgearbeiten von Brillouin sind in englischer Übersetzung in dem Buch *Wave Propagation and Group Velocity* von Brillouin enthalten. Eine kürzere Darstellung enthält der Band *Optik* (Kap. III) von Sommerfeld. Die vollständige Diskussion des Problems ist langwierig und mathematisch kompliziert.[23] Wir behandeln hier nur die qualitativen Merkmale. Für weitere Details empfehlen wir dem Leser die angegebene Literatur oder die zweite Auflage dieses Buches, deren ausführliche Darstellung wir hier in Kurzform wiedergeben. Wir betrachten zunächst einen ebenen Wellenzug, der – aus dem Vakuum kommend – auf den Halbraum $x > 0$ einfällt. Letzterer sei von einem homogenen Medium des Brechungsindex $n(\omega)$ erfüllt. Nach den Fres-

---

[21] Altarelli, M., Dexter, D. L., Nussenzveig, H. M. und D. Y. Smith, *Phys. Rev.* **B6**, 4502 (1972).
[22] Sommerfeld, A., *Ann. Phys.* **44**, 177 (1914). Brillouin, L., *Ann. Phys.* **44**, 203 (1914).
[23] Erschöpfende Behandlung findet das Thema bei Oughstun, K. E. und G. C. Sherman, *Electromagnetic Pulse Propagation in Causal Dielectrics*, Berlin: Springer-Verlag 1994.

nel'schen Formeln (7.42) und nach Übg. 7.20 ist dann die Amplitude des elektrischen Feldes der Welle für $x > 0$ durch

$$u(x,t) = \int_{-\infty}^{\infty} \left[\frac{2}{1+n(\omega)}\right] A(\omega) e^{ik(\omega)x - i\omega t} d\omega \tag{7.124}$$

gegeben, wenn

$$A(\omega) = \frac{1}{2\pi} \int_{-\infty}^{\infty} u_i(0,t) e^{i\omega t} dt \tag{7.125}$$

die Fourier-Transformierte des reellen einfallenden elektrischen Feldes $u_i(x,t)$ an der Stelle $x = 0^-$ unmittelbar außerhalb des Mediums bedeutet. Die Wellenzahl

$$k(\omega) = \frac{\omega}{c} n(\omega) \tag{7.126}$$

ist i. Allg. komplex; ihr positiver Imaginärteil beschreibt die während der Ausbreitung der Welle stattfindende Energieabsorption. Viele Medien sind dermaßen lichtdurchlässig, dass die Wellenzahl in den meisten Fällen als reell angenommen werden kann. Eine gewisse Dämpfung tritt natürlich immer auf. (Es sei darauf hingewiesen, dass in (7.124) nicht die Wellenzahl, sondern die Frequenz als unabhängige Variable benutzt wird. Diese Abweichung von der in den Abschnitten 8 und 9 geübten Praxis drängt sich auf, weil hier die Betonung auf der *zeitlichen* Entwicklung der Welle an einem festen Raumpunkt liegt.) Wir nehmen an, dass die einfallende Welle eine wohldefinierte Front besitzt, die $x = 0$ nicht vor $t = 0$ erreicht. Dann ist $u(0,t) = 0$ für $t < 0$. Mit einigen mathematischen Zusatzannahmen, die physikalisch vernünftig sind, stellt diese Bedingung sicher, dass $A(\omega)$ in der oberen ω-Halbebene analytisch ist (ähnlich, wie die Bedingung (7.112) die Analytizität von $\epsilon(\omega)$ in der oberen ω-Halbebene garantierte). Im Allgemeinen wird $A(\omega)$ in der unteren ω-Halbebene Singularitäten aufweisen, die von der genauen Form von $u(x,t)$ abhängen. Wir nehmen an, dass $A(\omega)$ für $|\omega| \to \infty$ beschränkt ist.

Bei der detaillierten Beschreibung der Wellenausbreitung im Medium spielt dessen Brechungsindex $n(\omega)$ die entscheidende Rolle. Einige allgemeine Merkmale ergeben sich bereits aus den globalen Eigenschaften von $n(\omega)$. Genauso wie $\epsilon(\omega)$ ist auch $n(\omega)$ in der oberen ω-Halbebene analytisch. Darüber hinaus zeigt Gl. (7.59), dass $n(\omega) \to 1 - \omega_p^2/2\omega^2$ für $|\omega| \to \infty$. Mit einem einfachen Ein-Resonanz-Modell, das auf (7.51) basiert und dessen Resonanzfrequenz bei ω_0 liegt, und zwar bei einer Dämpfung γ, ergibt sich die in Abb. 7.16 gezeigte Singularitätenstruktur. Aus den Polen von $\epsilon(\omega)$ werden Verzweigungsschnitte von $n(\omega)$. Zu sehr viel komplizierteren Schnittstrukturen führen Mehr-Resonanz-Modell für ϵ, aber die Analytizität in der oberen Halbebene und das asymptotische Verhalten für große $|\omega|$ bleiben erhalten.

Der Beweis dafür, dass sich ein Signal nicht schneller als das Licht im Vakuum ausbreiten kann, und zwar unabhängig von den besonderen Eigenschaften des Mediums, lässt sich relativ leicht erbringen. Dazu berechnen wir die Amplitude in (7.124) formal als komplexes Kurvenintegral. Da $n(\omega) \to 1$ für $|\omega| \to \infty$, erfährt das Argument der Exponentialfunktion in (7.124) für große $|\omega|$ folgende Änderung:

$$i\phi(\omega) = i[k(\omega)x - \omega t] \to \frac{i\omega(x - ct)}{c}$$

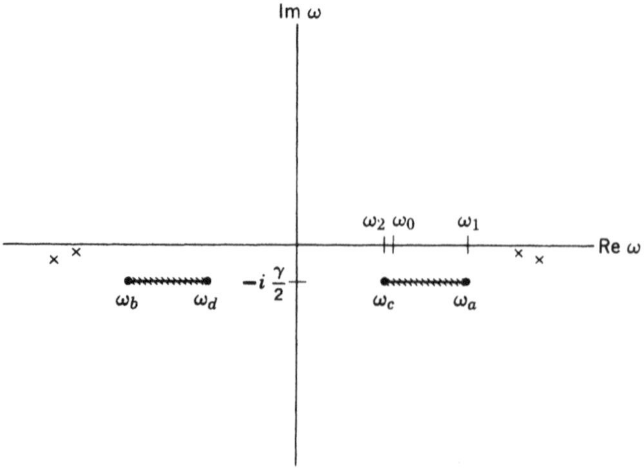

Abb. 7.16 Verzweigungsschnitte, die die Singularitäten des Brechungsindex $n(\omega)$ in dem durch (7.129) beschriebenen Ein-Resonanz-Modell definieren. Für lichtdurchlässige Medien liegen die Verzweigungsschnitte sehr viel näher an der reellen Achse, als hier gezeigt (aber immer noch unter ihr). In realistischeren Modellen für $n(\omega)$ treten kompliziertere Schnittstrukturen auf, doch liegen die Schnitte alle in der unteren Halbebene. Die Kreuze markieren die Lage möglicher Singularitäten von $A(\omega)$.

Der Integrationsweg kann für $x > ct$ in der oberen Halbebene geschlossen werden, für $x < ct$ dagegen in der unteren. Da $n(\omega)$ und $A(\omega)$ in der oberen ω-Halbebene analytisch sind, ist dort der Integrand auf der rechten Seite von (7.124) insgesamt analytisch, sodass das Integral nach dem Cauchy'schen Integralsatz verschwindet. Wir haben damit gezeigt, dass

$$u(x,t) = 0 \quad \text{für} \quad (x - ct) > 0 \tag{7.127}$$

sofern $A(\omega)$ und $n(\omega)$ für $\operatorname{Im}\omega > 0$ analytisch sind und $n(\omega) \to 1$ strebt für $|\omega| \to \infty$. Da das spezielle Modell für $n(\omega)$ dabei überhaupt nicht eingeht, ist damit allgemein bewiesen, dass sich kein Signal mit einer Geschwindigkeit ausbreiten kann, die größer als die Vakuumlichtgeschwindigkeit c ist – egal, um welches Medium es sich handelt.

Für $ct > x$ muss die Kontur in der unteren Halbebene um die Singularitäten herum geschlossen werden. Das Integral wird durch die zu verschiedenen Zeiten auftretenden Singularitäten bestimmt. Brillouin und Sommerfeld benutzten die *Sattelpunktsmethode*[24], um $\phi(\omega)$ (7.124) in verschiedenen Bereichen auszuwerten. Die wichtigsten Aspekte lassen sich mithilfe einer anderen, weniger strengen Methode skizzieren, die man *Methode der stationären Phase* nennt. Sie basiert auf der Vorstellung, dass die Phase $\phi(\omega)$ in einem Integral der Form (7.124) im Allgemeinen groß ist und sich schnell ändert. Schnelle Oszillationen von $e^{i\phi}$ im nahezu gesamten Integrationsbereich bedeuten, dass der Integrand im Mittel näherungsweise verschwindet. Zu Ausnahmen hiervon kommt es nur dann, wenn $\phi(\omega)$ „stationär“

[24] Diese ursprünglich von P. Debye entwickelte Methode wird in den Büchern von *Jeffreys* und *Jeffreys* (Abschnitt 17.04) und von *Born* und *Wolf* (Anhang III) diskutiert.

wird, d.h. wenn $\phi(\omega)$ Extrema aufweist. Die Näherung besteht dann darin, im Integranden $\phi(\omega)$ in den Punkten stationärer Phase durch eine Taylor-Entwicklung zu ersetzen und die einzelnen Beiträge zu summieren.

Wir bedienen uns hier der Methode der stationären Phase, um die qualitativen Aspekte der Signalausbreitung zu diskutieren, ohne explizit von den Integrationsformeln Gebrauch zu machen. Mit der Phase $\phi(\omega) = k(\omega)x - \omega t$ und dem durch (7.126) gegebenen $k(\omega)$ nimmt die Bedingung $\partial\phi/\partial\omega = 0$ für stationäre Phase folgende Form an:

$$c\frac{dk}{d\omega} = n(\omega) + \omega\frac{dn}{d\omega} = \frac{t}{t_0} \quad \text{für} \quad t > t_0 = x/c \tag{7.128}$$

Die frühesten Wellenanteile liegen dort, wo t/t_0 infinitesimal größer als Eins ist. Aus den globalen Eigenschaften von $n(\omega)$ folgt, dass ein Punkt stationärer Phase für $|\omega| \to \infty$ auftritt – also dort, wo $n \to 1$ strebt. Explizit bedeutet dies:

$$c\frac{dk}{d\omega} \approx 1 + \frac{\omega_p^2}{2\omega^2} = \frac{t}{t_0}, \quad \text{für} \quad t \gtrsim t_0$$

Es zeigt sich also, dass die Frequenz stationärer Phase, nämlich $\omega_s \approx \omega_p/\sqrt{2(t/t_0 - 1)}$, nur von t/t_0 und der Größe ω_p^2 abhängt, die eine globale Eigenschaft des Brechungsindex ist. Die Amplitude der ankommenden Welle, $A(\omega_s)$, darf als sehr klein vorausgesetzt werden. Der am frühesten eintreffende Signalanteil ist daher extrem schwach und sehr hochfrequent und zeigt keinerlei Ähnlichkeit mit der einfallenden Welle. Diesen Signalanteil nennt man *ersten oder Sommerfeld'schen Vorläufer*. Zu etwas späteren Zeiten klingt die Frequenz ω_s langsam ab, das Signal gewinnt an Amplitude und hat eine komplexe Struktur.

Erst wenn t/t_0 in (7.128) den Wert $n(0)$ erreicht, ändert sich die Amplitude entscheidend. Da nun $\omega = 0$ ein Punkt stationärer Phase ist, werden die hohen Schwingungsfrequenzen durch niedrigere ersetzt. Wichtiger aber ist der Fall, dass $d^2k(\omega)/d\omega^2 = 0$ ist bei $\omega = 0$. Unter diesen Umständen versagt die Näherungsmethode der stationären Phase, ihr Ergebnis divergiert. Man muss dann in der Taylor-Entwicklung von $\phi(\omega)$ um $\omega = \omega_s$ kubische Beiträge berücksichtigen. Die Amplitude lässt sich durch Airy'sche Integrale ausdrücken (die aus der Theorie des Regenbogens bekannt sind). Das Ergebnis ist eine Welle mit relativ großer Amplitude und langer Periode zu Zeiten $t \geq n(0)\,t_0$. Dieses Stadium der Entwicklung nennt man *zweiten oder Brillouin'schen Vorläufer*.

Zu noch späterer Zeit gibt es mehrere Punkte stationärer Phase. Die Welle hängt jetzt von der genaueren Form von $n(\omega)$ ab. Irgendwann kommt es so weit, dass $A(\omega)$ die beherrschende Rolle im Integral übernimmt. Dann ist der Hauptteil der Welle im Punkt x angekommen. Die Amplitude verhält sich zeitlich so, als wäre sie die anfängliche Welle mit entsprechender Phasengeschwindigkeit und Dämpfung.

Die Aufeinanderfolge in der Ankunft des sehr schwachen, hochfrequenten Sommerfeld'schen Vorläufers, des stärkeren, langsamer schwingenden Brillouin'schen Vorläufers und schließlich des Hauptsignals kann, wie auch die Signalform im einzelnen, sehr verschieden sein und hängt stark von den Besonderheiten von $n(\omega)$, $A(\omega)$ und vom Beobachtungsort x ab. Ein Lehrbuchbeispiel findet man bei *Oughstun und Sherman* (*op. cit.*, Abb. 9.10, S. 383).

Literaturhinweise

Das gesamte Gebiet der Optik als Teil der Elektrodynamik wird in ebenso umfassender wie beeindruckender Weise in dem Buch von
- Born bzw. Born und Wolf

behandelt. Die ersten Kapitel beschäftigen sich mit ebenen Wellen, der Polarisation sowie der Reflexion und Brechung. Die Stokes'schen Parameter werden dort ebenso behandelt wie in dem Buch von
- Stone.

Die Erscheinungen, die beim Einfall ebener Wellen auf die Trennfläche von Dielektrika und Leitern auftreten, werden sehr ausführlich bei
- Stratton, Kap. IX

diskutiert.

Eine andere gute Darstellung des Problems elektromagnetischer Wellen in isotropen wie anisotropen Medien findet man bei
- Landau und Lifschitz, *Elektrodynamik der Kontinua*, Kap. IX, X und XI.

Eine elementarere, jedoch klare und umfassende Behandlung ebener Wellen und ihrer speziellen Eigenschaften enthält das Buch von
- Adler, Chu und Fano, Kap. 7 und 8.

Die einzigartigen optischen Eigenschaften von Wasser (vgl. Abb. 7.9) und weitere Anwendungen der Kramers-Kronig-Relationen werden diskutiert von
- Williams, M.W. und E.T. Arakawa in dem Artikel „Optical and dielectrical properties of materials relevant for biological research“ im *Handbook on Synchrotron Radiation*, Band 4, Hrsg. S. Ebashi, M. Koch und E. Rubenstein, New York: North-Holland 1991, S. 95–145.

Siehe auch Band I (1972) von
- *Water: A Comprehensive Treatise*. 7 Bände, Hrsg. Franks und Felix. New York: Plenum Press 1972–82.

Über die Ausbreitung elektromagnetischer Wellen in der Ionosphäre existiert wegen ihrer großen praktischen Bedeutung eine umfangreiche Literatur. Die physikalischen und mathematischen Aspekte werden behandelt bei
- *Becker
- Budden
- *Unger, *Elektromagnetische Wellen*, Bd. II
- Wait.

Das spezielle Problem der sog. Pfeifwellen („whistlers“) wird ausführlich diskutiert bei
- Helliwell, R.A.: *Whistlers and Related Ionospheric Phenomena*. Stanford University Press 1965.

Auch in dem soeben zitierten Buch von Unger wird hierauf kurz eingegangen.

Das Thema „Magnetohydrodynamik und Plasmen“ ist Gegenstand einer sehr ausgedehnten Literatur. Wir zitieren hier nur zwei Artikel aus *The American Journal of Physics Resource Letters*:
- Bekefi, G. und S.C. Brown: Plasma Physics: Waves and radiation processes in plasma. *Am. J. Phys.* **34**, 1001 (1966)
- Grabbe, C.L.: Plasma waves and instabilities. *Am. J. Phys.* **52**, 970 (1984).

In diesen Artikeln findet der Leser wichtige Literatur für ein weitergehendes Studium dieser Thematik. Im Zusammenhang mit der Astrophysik wird die Magnetohydrodynamik behandelt bei

- Alfvén und Fälthammar
- Cowling
- Burlaga, L. F.: *Interplanetary Magnetohydrodynamics*. New York: Oxford University Press 1995.

Ein Überblick über die physikalischen Grundlagen der Wechselwirkung zwischen Licht und Materie findet man in einem halbpopulär-wissenschaftlichen Artikel von
- Weisskopf, V. F.: *Scientific American* **219**, 3, 60 (September 1968).

Die Ausbreitung von Wellen in dispersiven Medien wird ausführlich in dem Buch von
- Brillouin

behandelt.

Die Verzerrung und Dämpfung von Strahlungspulsen in verlustbehafteten Medien wird bei
- Stratton, S. 301–309

diskutiert.

Die Verallgemeinerung der Dispersion zur Nichtlokalität in Raum und Zeit, und zwar über die Dielektrizitäts-„Konstante" $\epsilon(\omega, \mathbf{k})$, spielt eine wichtige Rolle bei inelastischen elektromagnetischen Wechselwirkungen. Einige dieser Ideen werden in Übg. 7.26 vorgestellt. Die Verwendung von $\epsilon(\omega, \mathbf{k})$ wird erörtert bei
- Platzmann, P. M. und P. A. Wolff: *Waves and Interactions in Solid State Plasma*. New York: Academic Press 1972.
- Schnatterly, S. E.: *Inelastic electron scattering spectroscopy*. Solid State Physics, Bd. **34**, Hrsg. H. Ehrenreich, F. Seitz und D. Turnbull. New York: Academic Press 1979, S. 275–358.

Die Kramers-Kronig-Relation und ihre Verallgemeinerungen finden in vielen Gebieten der Physik Anwendung. Beispiele aus der Hochenergiephysik werden in folgenden Büchern diskutiert:
- Gasiorowicz, S., *Elementarteilchenphysik*, Mannheim: Bibliographisches Institut 1975
- Källen, G., *Elementarteilchenphysik*, 2. Aufl., Mannheim: Bibliographisches Institut 1974
- Screaton, G. R. (Hrsg.), *Dispersion Relations* (Scottish Universities' Summer School 1960), Edinburgh und London: Oliver und Boyd 1961.

Einige Anwendungen aus der Festkörperphysik sind Gegenstand eines Artikels von
- Stern, F.: *Solid State Physics*. Bd. 15, Hrsg. F. Seitz und D. Turnbull, New York: Academic Press 1963, S. 299–408.

Übungen

7.1 Für die beiden unten angegebenen Sätze Stokes'scher Parameter bestimme man die Amplitude des elektrischen Feldes bis auf einen Phasenfaktor, und zwar unter Verwendung der Basisvektoren sowohl linearer wie zirkularer Polarisation. Das Ergebnis stelle man in einer exakten graphischen Darstellung ähnlich der Abb. 7.4 dar, die die Länge und Orientierung der Achsen einer der beiden Ellipsen zeigt.

(a) $s_0 = 3, \quad s_1 = -1, \quad s_2 = 2, \quad s_3 = -2$

(b) $s_0 = 25, \quad s_1 = 0, \quad s_2 = 24, \quad s_3 = 7$

7.2 Eine ebene Welle falle auf die in der unteren Abbildung gezeigte Zwischenschicht. Die Brechungsindizes der drei nichtmagnetischen Medien seien n_1, n_2 und n_3. Die Dicke der Zwischenschicht sei d, während die anderen beiden Medien jeweils einen Halbraum ausfüllen.

(a) Man berechne die Reflexions- und Transmissionskoeffizienten (d. h. den reflektierten bzw. hindurchgelassenen Energiestrom, bezogen auf den einfallenden) und skizziere ihr Verhalten als Funktion der Frequenz für $n_1 = 1$, $n_2 = 2$, $n_3 = 3$; $n_1 = 3$, $n_2 = 2$, $n_3 = 1$ und $n_1 = 2$, $n_2 = 4$, $n_3 = 1$.

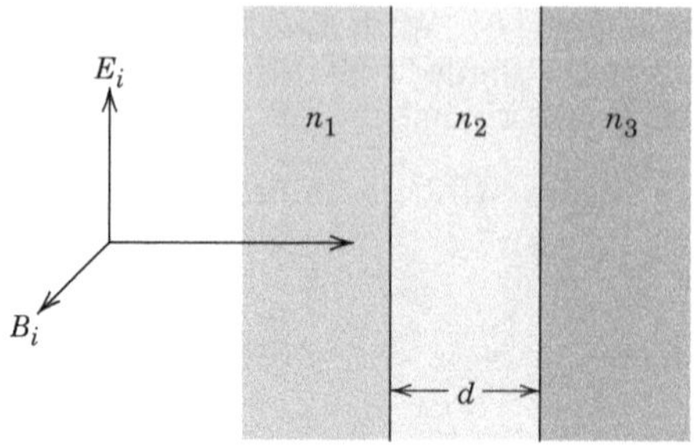

(b) Das Medium mit dem Brechungsindex n_1 sei Teil eines optischen Systems (etwa einer Linse), während das Medium mit dem Brechungsindex n_3 aus Luft bestehe ($n_3 = 1$). Die Oberfläche des ersten Mediums soll mit einer optischen Schicht (dem Medium n_2) versehen werden, sodass bei einer bestimmten Frequenz ω_0 keine reflektierte Welle auftritt. Welche Dicke d und welchen Brechungsindex n_2 muss diese Schicht haben?

7.3 Die zueinander parallelen, ebenen Oberflächen zweier Halbräume, die aus dem gleichen homogenen, isotropen, nichtmagnetischen und verlustfreien Dielektrikum mit dem Brechungsindex n bestehen, seien durch eine Luftschicht ($n = 1$) der Dicke d voneinander getrennt. Aus einem der beiden Halbräume kommend, falle eine elektromagnetische ebene Welle der Frequenz ω unter dem Einfallswinkel α auf die Trennschicht. Für die beiden Fälle, dass die genannte Welle entweder parallel oder senkrecht zur Einfallsebene linear polarisiert ist,

(a) berechne man das Verhältnis der reflektierten und der in den anderen Halbraum hindurchgelassenen Leistung zu der der einfallenden Welle;

(b) skizziere man für Einfallswinkel α, die größer als der Grenzwinkel für Totalreflexion sind, das Verhältnis der hindurchgelassenen zur einfallenden Leistung als Funktion der in Einheiten der Wellenlänge gemessenen Schichtdicke d.

7.4 Eine in der Einfallsebene linear polarisierte elektromagnetische Welle der Frequenz ω falle, aus dem Vakuum her kommend, senkrecht auf die ebene Oberfläche eines nichtmagnetischen Mediums der Leitfähigkeit σ und der Dielektrizitätskonstanten ϵ.

(a) Für beliebiges σ und ϵ berechne man das Verhältnis von Amplitude und Phase der reflektierten Welle zu der der einfallenden Welle.

(b) Man diskutiere die Grenzfälle eines sehr guten und sehr schlechten Leiters und zeige, dass der Reflexionskoeffizient für einen sehr guten Leiter näherungsweise durch

$$R \simeq 1 - 2\frac{\omega}{c}\delta$$

gegeben ist, wenn δ die Eindringtiefe bedeutet.

7.5 Eine in der Einfallsebene linear polarisierte elektromagnetische Welle $\mathbf{E} = \mathbf{E}_i e^{i\mathbf{k}\cdot\mathbf{x} - i\omega t}$ falle senkrecht auf eine ebene, homogene Schicht der Dicke D eines *sehr guten* Leiters ($\sigma \gg \omega\epsilon_0$). Unter der Annahme, dass sowohl in der leitenden Schicht wie in dem sie umgebenden Raum $\mu/\mu_0 = \epsilon/\epsilon_0 = 1$ gilt, diskutiere man den reflektierten und hindurchgelassenen Anteil der einfallenden Welle.

(a) Man zeige, dass die relativen Amplituden der reflektierten und hindurchgelassenen Welle bis zur ersten Ordnung in $(\epsilon_0\omega/\sigma)^{1/2}$ einschließlich durch

$$\frac{E_r}{E_i} = \frac{-(1-e^{-2\lambda})}{(1-e^{-2\lambda})+\gamma(1+e^{-2\lambda})}$$

$$\frac{E_t}{E_i} = \frac{2\gamma e^{-\lambda}}{(1-e^{-2\lambda})+\gamma(1+e^{-2\lambda})}$$

gegeben sind, wobei

$$\gamma = \sqrt{\frac{2\epsilon_0\omega}{\sigma}}\,(1-i) = \frac{\omega\delta}{c}\,(1-i)$$

$$\lambda = (1-i)D/\delta$$

ist und $\delta = \sqrt{2/\omega\mu\sigma}$ die Eindringtiefe bezeichnet.

(b) Man weise nach, dass sich für verschwindend kleine und unendlich große Werte von D die richtigen Grenzwerte ergeben.

(c) Man zeige, dass der Transmissionskoeffizient außer für sehr dünne Schichten den Wert

$$T = \frac{8(\mathrm{Re}\,\gamma)^2 e^{-2D/\delta}}{1-2e^{-2D/\delta}\cos(2D/\delta)+e^{-4D/\delta}}$$

hat. Für $\mathrm{Re}\,\gamma = 10^{-2}$ skizziere man $\log T$ als Funktion von D/δ. Ferner definiere man, was unter „sehr geringer" Dicke zu verstehen ist.

7.6 Eine ebene Welle der Frequenz ω falle, aus dem Vakuum kommend, auf die Oberfläche eines Halbraumes, der von einem Material mit *komplexem* Brechungsindex $n(\omega)[n^2(\omega) = \epsilon(\omega)/\epsilon_0]$ erfüllt ist.

(a) Man zeige, dass die auf die einfallende Leistung bezogene reflektierte und hindurchgelassene Leistung durch

$$R = \left|\frac{1-n(\omega)}{1+n(\omega)}\right|^2$$

bzw.

$$T = \frac{4\,\mathrm{Re}\,n(\omega)}{|1+n(\omega)|^2}$$

gegeben sind.

(b) Man berechne $\mathrm{Re}[i\omega(\mathbf{E}\cdot\mathbf{D}^* - \mathbf{B}\cdot\mathbf{H}^*)/2]$ als Funktion von (x,y,z) und zeige, dass diese auf die Volumeneinheit bezogene Änderungsrate der Energie gleich T ist.

(c) Für einen Leiter mit $n^2 = 1 + i(\sigma/\omega\epsilon_0)$ (σ reell) berechne man die in Teil (a) und (b) gefundenen Resultate im Grenzfall $\epsilon_0\omega \ll \sigma$. Die erhaltenen Grenzwerte drücke man soweit wie möglich durch δ aus. Ferner berechne man $\frac{1}{2}\mathrm{Re}(\mathbf{J}^*\cdot\mathbf{E})$ und vergleiche das Ergebnis mit dem aus Teil (b). Treten die beiden Ausdrücke im komplexen Poynting'schen Satz auf?

7.7 Ein Band eben polarisierter Strahlung der Wellenlänge λ werde an der ebenen Trennfläche zweier nichtpermeabler Medien unterschiedlicher Brechungsindizes n und n' (mit $n' < n$) total reflektiert. Wie in Abschnitt 7.4 gezeigt, ist das Verhältnis der reflektierten zur einfallenden Amplitude eine komplexe Zahl vom Betrag Eins: $E_0''/E_0 = \exp[i\phi(\alpha,\alpha_0)]$ für Einfallswinkel $\alpha > \alpha_0$, wobei $\sin\alpha_0 = n'/n$.

(a) Man zeige, dass ein „monochromatischer", bandförmiger Strahl in z-Richtung – und zwar mit der Amplitude $E(x)e^{(ikz-i\omega t)}$, wobei $E(x)$ in transversaler Richtung glatt und begrenzt (aber viele Wellenlängen breit) ist – in erster Näherung folgendermaßen durch ebene Wellen ausgedrückt werden kann:

$$\mathbf{E}(x,z,t) = \epsilon \int d\kappa\, A(\kappa) e^{i\kappa x + ikz - i\omega t}$$

wobei ϵ ein Polarisationsvektor ist und $A(\kappa)$ die Fourier-Transformierte von $E(x)$ bezeichnet, die nur in einem gegenüber k kleinen Intervall um $\kappa = 0$ wesentlich von Null verschieden ist. Der begrenzte Strahl setzt sich aus ebenen Wellen zusammen, die in einem kleinen Winkelbereich um den geometrisch-optischen Einfallswinkel liegen.

(b) Man zeige, dass das elektrische Feld des reflektierten Strahls für $\alpha > \alpha_0$ näherungsweise ausgedrückt werden kann in der Form

$$\mathbf{E}''(x,z,t) = \epsilon'' E(x'' - \delta x) \exp[i\mathbf{k}'' \cdot \mathbf{x} - i\omega t + i\phi(\alpha, \alpha_0)]$$

wobei ϵ'' ein Polarisationsvektor ist, während x'' die x-Koordinate senkrecht zum Wellenvektor $\mathbf{k}''$ des reflektierten Strahls bezeichnet und $\delta x = -(1/k)[d\phi(\alpha, \alpha_0)/d\alpha]$ ist.

(c) Unter Verwendung der Fresnel'schen Formeln aus Abschnitt 7.3 für die Phasen $\phi(\alpha, \alpha_0)$ der beiden ebenen Polarisationszustände zeige man, dass sich die seitliche Verschiebung der reflektierten Strahlen in Bezug auf den geometrisch-optischen Weg zu

$$D_\perp = \frac{\lambda}{\pi} \frac{\sin\alpha}{\sqrt{\sin^2\alpha - \sin^2\alpha_0}} \quad \text{und} \quad D_\parallel = D_\perp \cdot \frac{\sin^2\alpha_0}{\sin^2\alpha - \cos^2\alpha \cdot \sin^2\alpha_0}$$

ergibt. Diese Verschiebung ist (wie bereits in Abschnitt 7.4 ausgeführt) unter dem Namen *Goos-Hänchen-Effekt* (*op. cit.*) bekannt.

7.8 Eine monochromatische ebene Welle der Frequenz ω falle senkrecht auf einen Stapel von Schichten unterschiedlicher Dicken t_j mit reellen (verlustfreien) Brechungsindizes n_j. Im Stapelinneren hat die Welle sowohl vorwärts wie rückwärts laufende Komponenten. Die Änderung der Welle beim Durchgang durch eine Trennfläche und damit von einer Seite einer Schicht zur anderen lässt sich mithilfe von 2×2-Matrizen beschreiben. Wenn man das elektrische Feld in jeder Schicht in der Form

$$E = E_+ e^{ikx} + E_- e^{-ikx}$$

darstellt, nimmt die Matrixgleichung für den Übergang, nämlich $E' = TE$, explizit die Form

$$\begin{pmatrix} E'_+ \\ E'_- \end{pmatrix} = \begin{pmatrix} t_{11} & t_{12} \\ t_{21} & t_{22} \end{pmatrix} \begin{pmatrix} E_+ \\ E_- \end{pmatrix}$$

an.

(a) Man zeige, dass sich die Übergangsmatrix für den Durchgang durch eine Schicht mit dem Brechungsindex n_j und der Dicke t_j von einer Trennfläche zur anderen gegeben ist durch

$$T_{\text{Schicht}}(n_j, t_j) = \begin{pmatrix} e^{ik_j t_j} & 0 \\ 0 & e^{-ik_j t_j} \end{pmatrix} = I\cos(k_j t_j) + i\sigma_3 \sin(k_j t_j)$$

wobei $k_j = n_j\omega/c$ ist, während I die Einheitsmatrix und σ_k die Pauli'schen Spinmatrizen der Quantenmechanik bezeichnen. Ferner zeige man, dass das Inverse dieser Matrix gleich T^* ist, d.h. die Matrix ist *unitär*.

(b) Man zeige, dass die Übergangsmatrix für den Durchgang durch eine Trennfläche vom Gebiet $n_1 (x < x_0)$ zum Gebiet $n_2 (x > x_0)$ die Gestalt

$$T_{\text{Trennfl.}}(2,1) = \frac{1}{2}\begin{pmatrix} n+1 & -(n-1) \\ -(n-1) & n+1 \end{pmatrix} = I\frac{(n+1)}{2} - \sigma_1 \frac{(n-1)}{2}$$

hat, wobei $n = n_1/n_2$ ist.

(c) Ferner zeige man, dass für den gesamten Stapel von Schichten die einfallende, reflektierte und hindurchgehende (transmittierte) Welle über die Relation

$$E_{\text{trans}} = \frac{\det(T)}{t_{22}} E_{\text{ein}}, \quad E_{\text{refl}} = \frac{t_{21}}{t_{22}} E_{\text{ein}}$$

miteinander verknüpft sind, wobei die Größen t_{ij} die Elemente einer Matrix T bezeichnen, die das Produkt aller „Vorwärts"-Übergangsmatrizen ist – einschließlich derer, die den Übergang aus dem umgebenden Medium in die erste Schicht und den Austritt aus der letzten Schicht zurück ins Medium beschreiben.

7.9 Gegeben seien N aufeinanderliegende dünne Glasplatten des Brechungsindex n und der Dicke t_1, die durch Luftschichten (mit dem Brechungsindex $n_2 = 1$) der Dicke t_2 voneinander getrennt sind. Auf diese Platten falle eine monochromatische ebene Welle senkrecht ein. Bei passender Dicke kann schon eine bescheidene Anzahl von Platten in einem gegebenen Frequenzbereich nahezu Totalreflexion bewirken, und zwar selbst bei normalen Werten für n (z.B. $1{,}3 < n < 1{,}8$).

(a) Man zeige, dass die Übergangsmatrix für den gesamten Stapel gegeben ist durch

$$T_{\text{Stapel}} = T^N (I \cos\alpha_2 - i\sigma_3 \sin\alpha_2) \quad \text{mit} \quad \alpha_2 = \omega t_2/c$$

während sich die Übergangsmatrix für eine aus Glasplatte und Luftschicht bestehende Lage zu

$$\begin{aligned} T = (1/4n)\{&[(n+1)^2 \cos(\alpha_1 + \alpha_2) - (n-1)^2 \cos(\alpha_1 - \alpha_2)] I \\ &+ i\sigma_3 [(n+1)^2 \sin(\alpha_1 + \alpha_2) + (n-1)^2 \sin(\alpha_1 - \alpha_2)] \\ &+ 2\sigma_1 (n^2 - 1) \sin\alpha_1 \sin\alpha_2 \\ &- 2\sigma_2 (n^2 - 1) \sin\alpha_1 \cos\alpha_2\} \end{aligned}$$

berechnet, wobei $\alpha_1 = n\omega t_1/c$ ist (I ist hier wiederum die Einheitsmatrix und σ_i sind die Paulimatrizen).

(b) Für den Fall, dass die Glasplatten und die Luftschichten die optische Dicke einer Viertelwellenlänge der einfallenden Welle haben, zeige man, dass

$$T = -\exp(-\lambda\sigma_1)$$

wobei $\lambda = \ln(n)$ (in grober Näherung) die „Zerfallskonstante" der Amplitude pro Lage ist. Man zeige ferner, dass der Bruchteil hindurchtretender Intensität durch

$$\frac{|E_{\text{trans}}|^2}{|E_{\text{ein}}|^2} = \frac{1}{\cosh^2[N \ln(n)]} = \frac{4n^{2N}}{(n^{2N}+1)^2} \to 4\exp[-N \ln(n^2)]$$

gegeben ist, wobei die an letzter Stelle stehende asymptotische Form für $n^{2N} \gg 1$ gilt.

7.10 Eine optische Platte der Dicke L, mit der Vorderseite bei $x = 0$ und der Rückseite bei $x = L$, befinde sich in einem homogenen, nichtleitenden Medium des Brechungsindex $n(\omega)$. Auf ihre Vorderseite treffe eine monochromatische ebene Welle mit der Frequenz ω und der Amplitude $\psi_{\text{ein}}(\omega, x, t) = \exp[ik(\omega)x - i\omega t]$. Nach dem Durchgang hat die Welle die Amplitude $\psi_{\text{trans}}(\omega, x, t) = T(\omega)\exp[ik(\omega)(x-L) - i\omega t]$. Dabei ist die relative Amplitude dieser transmittierten Welle, nämlich $T(\omega) = \tau(\omega)\exp[i\phi(\omega)]$, eine komplexe Größe vom Betrag $\tau(\omega)$, mit der Phase $\phi(\omega)$.
Demgegenüber betrachte man eine andere auf die Platte einfallende ebene Welle $\psi_{\text{ein}}(x, t)$, die eine kohärente Überlagerung von Schwingungen ist, deren Frequenzen sich um $\omega = \omega_0$ gruppieren, wobei die Amplitude $A(\omega)$ nur in einem Intervall wesentlich von Null verschieden ist, das gegenüber dem Änderungsmaßstab von $\tau(\omega)$, $\phi(\omega)$ und $k(\omega)$ klein ist. Man zeige, dass sich die transmittierte Welle für $x > L$ näherungsweise darstellen lässt als

$$\psi_{\text{trans}}(x,t) \approx \tau(\omega_0)e^{i\beta}\psi_{\text{ein}}(x',t')$$

wobei β eine konstante Phase ist und $x' = x - L$, $t' = t - T$. Die Durchgangs- oder Gruppenlaufzeit (die in einem anderen Zusammenhang E. Wigner zugeschrieben wird) ist die Größe $T = [d\phi(\omega)/d\omega]_{\omega=\omega_0}$. Für den Fall, dass $cT < L$ ist, sprechen manche Autoren von einer Wellenausbreitung mit Überlichtgeschwindigkeit. Man kommentiere diese Ausdrucksweise.

7.11 Ein einfaches Beispiel für die in der vorstehenden Übung behandelte Durchgangszeit liefert ein verlustfreies, dielektrisches Plättchen der Dicke d mit dem Brechungsindex n, das sich im sonst leeren Raum befindet.

(a) Eine ebene Welle falle senkrecht auf das Plättchen. Man zeige, dass die Amplitude der transmittierten Welle gegeben ist durch

$$|\tau(\omega)| = \frac{4n}{\sqrt{[(n+1)^2 - (n-1)^2\cos(2z)]^2 + [(n-1)^2\sin(2z)]^2}}$$

während sich für die Phase

$$\phi(\omega) = z + \arctan\left[\frac{(n-1)^2\sin(2z)}{(n+1)^2 - (n-1)^2\cos(2z)}\right]$$

ergibt, wobei $z = n\omega d/c$ ist.

(b) Man vernachlässige die Dispersion und zeige, dass sich dann für $z \to 0$ und $z = \pi$ folgendes ergibt: $|\tau| = 1{,}0$ und $cT/d = (n^2+1)/2$, während man für $z = \pi/2$ ($\lambda/4$-Plättchen) die Resultate $|\tau| = 2n/(n^2+1)$ und $cT/d = 2n^2/(n^2+1)$ erhält. Ferner zeige man, dass die Größe cT/d, gemittelt über ganzzahlige Vielfache von $\lambda/4$, gegeben ist durch $\langle cT/d\rangle = n$. Liefert dieses Resultat eine Aussage über die zu erwartende Durchgangszeit eines langen Wellenzuges (mit $\Delta\omega/\omega \ll 1$) durch ein Fensterglas? Man erkläre den Sachverhalt

(c) Für die Brechungsindizes $n = 1{,}5$ und $n = 2{,}0$ berechne man numerisch den Betrag und die Phase der transmittierten Welle und auch die Durchgangszeit, und zwar in Einheiten von d/c. Die Resultate trage man als Funktion von z auf.

7.12 Die Zeitabhängigkeit elektrischer Felder in guten Leitern wird durch die frequenzabhängige Leitfähigkeit (7.58) beschrieben. Man untersuche die Ausbreitung longitudinaler elektrischer Felder in einem Leiter und benutze dabei das Ohm'sche Gesetz, die Kontinuitätsgleichung und die differentielle Form des Coulomb'schen Gesetzes.

(a) Man zeige, dass die zeitliche Fourier-Transformierte der Ladungsdichte die Gleichung

$$[\sigma(\omega) - i\omega\epsilon_0]\rho(\mathbf{x},\omega) = 0$$

erfüllt.

(b) Unter Verwendung der Darstellung $\sigma(\omega) = \sigma_0/(1 - i\omega\tau)$, in der $\sigma_0 = \epsilon_0\omega_p^2\tau$ und τ eine Abklingzeit ist, zeige man, dass in der Näherung $\omega_p\tau \gg 1$ jede elektrische Erregung zu Beginn mit der Plasmafrequenz ω_p oszilliert und ihre Amplitude mit der Dämpfungskonstanten $\lambda = 1/2\tau$ abnimmt. Man beachte, dass man bei Verwendung von $\sigma(\omega) \simeq \sigma(0) = \sigma_0$ in (a) keine Oszillation findet, sondern eine extrem schnelle Dämpfung mit der (falschen) Dämpfungskonstanten $\lambda_f = \sigma_0/\epsilon_0$. (W. M. Saslow und G. Wilkinson, *Am. J. Phys.* **39**, 1244 (1971)).

7.13 Die Ionosphäre lässt sich modellmäßig durch ein Medium mit der Dielektrizitätskonstanten (7.59) beschreiben. Ein solches Medium befinde sich in der Höhe h über dem als eben betrachteten Erdboden und erstrecke sich ins Unendliche. Die von der Erde ausgesandten Wellen seien entweder senkrecht zur Einfallsebene polarisiert (wie die von einer Horizontalantenne ausgehenden Wellen) oder aber parallel zu ihr (wie die von einer Vertikalantenne ausgehenden Wellen).

(a) Unter Verwendung der Fresnel'schen Formeln für die Reflexion und Brechung zeige man, dass es für $\omega > \omega_p$ einen Bereich von Einfallswinkeln gibt, in dem die Reflexion nicht total ist, während die Wellen bei größeren Einfallswinkeln total zur Erde zurückreflektiert werden.

(b) Ein Funkamateur, der am frühen Abend auf der 21m-Wellenlänge arbeitet, stellt fest, dass er nur Stationen empfangen kann, die mehr als 1000 km entfernt sind. Unter der Annahme, dass die Signale an der in 300 km Höhe befindlichen F-Schicht der Ionosphäre reflektiert werden, berechne man die Elektronendichte der F-Schicht. Das Resultat vergleiche man mit der bekannten maximalen bzw. minimalen Elektronendichte, nämlich $\sim 2 \times 10^{12}\,\mathrm{m}^{-3}$ am Tage und $\sim (2\text{–}4) \times 10^{11}\,\mathrm{m}^{-3}$ bei Nacht.

7.14 Als einfaches Modell für die Ausbreitung von Radiowellen in der Erdatmosphäre bzw. Ionosphäre betrachte man den flachen Erdboden in der Höhe $z = 0$, über dem sich ein inhomogenes Medium mit der Dielektrizitätskonstanten $\epsilon = \epsilon(z)$ $(z > 0)$ befindet. Bei Verwendung der Maxwell'schen Gleichung nehme man an, dass die Felder unabhängig von y sind und als eine mit $e^{i(kx - \omega t)}$ multiplizierte Funktion von z geschrieben werden können.

(a) Man zeige, dass die Wellengleichung, die die Ausbreitung im Gebiet $z > 0$ beschreibt, die Gestalt

$$\frac{d^2 F}{dz^2} + q^2(z) F = 0$$

hat. Darin ist bei *horizontaler Polarisation*

$$q^2(z) = \omega^2 \mu_0 \epsilon(z) - k^2$$

und $F = E_y$, während bei *vertikaler Polarisation*

$$q^2(z) = \omega^2 \mu_0 \epsilon(z) + \frac{1}{2\epsilon} \frac{d^2 \epsilon}{dz^2} - \frac{3}{4\epsilon^2}\left(\frac{d\epsilon}{dz}\right)^2 - k^2$$

und $F = \sqrt{\epsilon/\epsilon_0}\, E_z$ ist.

(b) Unter Verwendung der WKB-Näherung behandele man die Ausbreitung von Wellen, die senkrecht zur Ionosphäre ausgesandt werden $(k = 0)$. Dabei nehme man an, dass die Dielektrizitätskonstante durch (7.59) gegeben ist, und zwar mit einer Plasmafrequenz $\omega_p(z)$, die, wie in Abb. 7.11 gezeigt, durch die Elektronendichte bestimmt wird. Man zeige, dass die qualitativen Argumente aus Abschn. 7.6 weiterhin gelten und nur bei $\omega \sim \omega_{p,\max}$ Detailabweichungen auftreten.

(c) Unter Verwendung der in Teil (b) aus der WKB-Näherung erhaltenen Resultate und der Begriffe, die wir in Abschn. 7.8 im Zusammenhang mit der Ausbreitung eines Strahlungspulses erläuterten, definiere man eine effektive Höhe $h'(\omega)$ der Ionosphäre. Dazu bestimme man die Zeit T, in der ein Strahlungspuls der Grundfrequenz ω die Ionosphäre erreicht und durch Reflexion wieder zur Erde zurückgelangt $(h' \equiv cT/2)$. (Die WKB-Methode wird in den meisten Quantenmechanik-Lehrbüchern behandelt.)

7.15 Die teilweise ionisierte interstellare Materie (größtenteils Wasserstoff) verhält sich bei optischen Frequenzen wie ein Elektronenplasma in einem schwachen Magnetfeld. Aus der Beobachtung der breitbandigen Pulse von Pulsaren lassen sich in einigen Fällen Aussagen über die Mittelwerte der Eigenschaften interstellarer Materie gewinnen (z. B. über die mittlere Elektronendichte und die mittlere Stärke des Magnetfeldes). Hier gelten die in Abschnitt 7.6 gemachten Ausführungen zum Elektronenplasma im Magnetfeld.

(a) Unter Vernachlässigung des schwachen Magnetfeldes zeige man, dass sich das Produkt aus der Lichtgeschwindigkeit c und der Laufzeit eines von einem Pulsar in der Entfernung R emittierten Pulses der mittleren Frequenz ω zu

$$ct(\omega) \approx R + \frac{e^2}{2\epsilon_0 m_e \omega^2} \int n_e(z)\, dz$$

berechnet, wobei $n_e(z)$ die Elektronendichte entlang des Lichtweges ist und die Annahme gemacht wurde, dass $\max(\omega_p) \ll \omega$ gilt.

(b) Das Magnetfeld bewirkt eine Drehung der Polarisationsebene linear polarisierter Strahlung (*Faraday-Effekt*). Man zeige, dass das polarisierte Licht eines Pulsars um einen Winkel $\delta\theta(\omega)$ gedreht wird, der in niedrigster Ordnung des Magnetfeldes gegeben ist durch

$$\delta\theta(\omega) \approx -\frac{e^3}{2\epsilon_0 c m_e^2 \omega^2}\int n_e(z) B_{\parallel}(z)\,dz$$

wobei $B_{\parallel}(z)$ die zum Lichtweg parallele Komponente von $\mathbf{B}$ bezeichnet.

(c) Aus welchen Beobachtungen lassen sich die Mittelwerte $\langle n_e \rangle$ und $\langle B_{\parallel} \rangle$ gewinnen, wenn ein unabgängiger Messwert für den Abstand R des Pulsars zur Verfügung steht? Welche Annahmen – falls überhaupt notwendig – müsste man bezüglich der Polarisation machen?

7.16 Man untersuche die Ausbreitung ebener Wellen in einem nichtmagnetischen, homogenen, aber *anisotropen* Dielektrikum das durch einen dielektrischen Tensor ϵ_{ij} charaktrerisiert wird. Wählt man die Koordinatenachsen so, dass sie mit den Hauptachsen des Dielektrizitätstensors übereinstimmen, dann besteht zwischen den Komponenten der dielektrischen Verschiebung längs dieser Achsen und den entsprechenden Komponenten des elektrischen Feldes der Zusammenhang $D_i = \epsilon_i E_i (i = 1, 2, 3)$, wobei die sog. *Hauptdielektrizitätskonstanten* ϵ_i die Eigenwerte der Matrix ϵ_{ij} sind.

(a) Man zeige, dass in dem vorstehend beschriebenen Medium ebene Wellen mit der Frequenz ω und dem Wellenvektor $\mathbf{k}$ der Gleichung

$$\mathbf{k} \times (\mathbf{k} \times \mathbf{E}) + \mu_0 \omega^2 \mathbf{D} = 0$$

genügen müssen.

(b) Man zeige, dass es für einen gegebenen Wellenvektor $\mathbf{k} = k\mathbf{n}$ zwei verschiedene Ausbreitungstypen mit verschiedenen Phasengeschwindigkeiten $v = \omega/k$ gibt, die der *Fresnel'schen Gleichung*

$$\sum_{i=1}^{3} \frac{n_i^2}{v^2 - v_i^2} = 0$$

gehorchen, wobei die Größen $v_i = 1/\sqrt{\mu_0 \epsilon_i}$ *Hauptlichtgeschwindigkeiten* heißen und die n_i die Komponenten von $\mathbf{n}$ in Richtung der i-ten Hauptachse bezeichnen.

(c) Man zeige, dass $\mathbf{D}_a \cdot \mathbf{D}_b = 0$ gilt, wenn $\mathbf{D}_a$ und $\mathbf{D}_b$ die den beiden Ausbreitungstypen entsprechenden dielektrischen Verschiebungen sind.

7.17 Man betrachte, wie in Abschnitt 7.6 beschrieben, die Dispersion und Wellenausbreitung in einem Elektronenplasma bei Anwesenheit eines äußeren, homogenen Magnetfeldes $\mathbf{B}_0$.

(a) Man zeige, dass sich der durch $D_j = \sum_k \epsilon_{jk} E_k$ mit $\epsilon_{jk} = \epsilon_0(\delta_{jk} + \chi_{jk})$ definierte Suszeptibilitätstensor $\chi_{jk}(\omega)$ im Allgemeinen in der Form

$$\chi_{jk} = -\frac{\omega_p^2}{\omega^2(\omega^2 - \omega_B^2)}\left[\omega^2 \delta_{jk} - \omega_B^2 b_j b_k - i\omega\omega_B \sum_l \epsilon_{jkl} b_l\right]$$

schreiben lässt, wobei $\mathbf{b}$ ein Einheitsvektor in Richtung von $\mathbf{B}_0$ ist und ϵ_{jkl} das vollständig antisymmetrische Symbol bezeichnet.

(b) Von dem dielektrischen Tensor ϵ_{jk} bestimme man die Eigenwerte ϵ_j $(j = 1, 2, 3)$, und zwar entweder direkt durch Diagonalisierung oder über eine Argumentation in der Art und Weise von Abschnitt 7.6 mit den dort angegebenen Ergebnissen.

(c) Eine ebene Welle (mit der Frequenz ω und dem Wellenvektor $\mathbf{k} = k\mathbf{n}$) muss der Vektorgleichung aus Übg. 7.16(a) genügen. Man zeige, dass das elektrische Feld und die Wellenzahl bei Verwendung der Suszeptibilitäten χ_{jk} den folgenden drei homogenen Gleichungen genügt:

$$(1-\xi)E_j + \xi n_j(\mathbf{n}\cdot\mathbf{E}) + \sum_k \chi_{jk}E_k = 0, \quad j = 1,2,3$$

wobei $\xi = (ck/\omega)^2$ ist. Ferner weise man nach, dass sich die effektive Dielektrizitätskonstanten für die Ausbreitung der ebenen Welle positiver bzw. negativer Helizität zu

$$\epsilon_\pm/\epsilon_0 \approx 1 - \frac{\omega_p^2}{\omega^2} \mp \frac{\omega_p^2\omega_B \mathbf{b}\cdot\mathbf{n}}{\omega^3}$$

berechnen, wenn man in einer Entwicklung der χ_{jk} nach Potenzen von ω_B/ω nur Beiträge erster Ordnung berücksichtigt.

7.18 Magnetohydrodynamische Wellen können in einer kompressiblen, nichtviskosen, ideal leitenden Flüssigkeit auftreten, die unter Wirkung eines homogenen, statischen Magnetfeldes $\mathbf{B}_0$ steht. Erfolgt die Ausbreitung dieser Wellen weder parallel noch senkrecht zu $\mathbf{B}_0$, dann ist eine Unterscheidung zwischen rein longitudinalen (magnetoakustischen) und transversalen (Alfvén-)Wellen nicht mehr möglich. Der Winkel zwischen dem Ausbreitungsvektor $\mathbf{k}$ und dem Feld $\mathbf{B}_0$ sei θ.

(a) Man zeige, dass drei verschiedene Wellen mit den Phasengeschwindigkeiten

$$u_1^2 = (v_A\cos\theta)^2$$
$$u_{2,3}^2 = \tfrac{1}{2}(s^2+v_A^2) \pm \tfrac{1}{2}[(s^2+v_A^2)^2 - 4s^2v_A^2\cos^2\theta]^{1/2}$$

auftreten, wo s die Schallgeschwindigkeit in der Flüssigkeit und $v_A = (B_0^2/\mu\rho_0)^{1/2}$ die Alfvén-Geschwindigkeit ist.

(b) Man bestimme die Geschwindigkeitseigenvektoren für die drei verschiedenen Wellen und zeige, dass die erste (Alfvén-)Welle stets transversal ist, die anderen beiden dagegen weder longitudinal noch transversal sind.

(c) Man berechne die Phasengeschwindigkeiten und Eigenvektoren der gemischten Wellen in der Näherung $v_A \gg s$. Ferner zeige man, dass die einzig bedeutsame Geschwindigkeitskomponente der einen Welle in Richtung des Magnetfeldes liegt, während die entsprechende Geschwindigkeitskomponente der anderen Welle senkrecht zum Feld und in der von $\mathbf{k}$ und $\mathbf{B}_0$ aufgespannten Ebene liegt.

7.19 Ein nahezu monochromatisches ebenes Wellenpaket in einer Dimension habe zurzeit $t = 0$ die Gestalt $u(x,0) = f(x)e^{ik_0x}$, wobei $f(x)$ die Modulationseinhüllende ist. Für jede der unten angegebenen Formen von $f(x)$ berechne man das Wellenzahlspektrum $|A(k)|^2$, skizziere den Verlauf von $|u(x,0)|^2$ und $|A(k)|^2$, berechne explizit die über die Intensitäten $|u(x,0)|^2$ und $|A(k)|^2$ definierten Wurzeln Δx und Δk aus den mittleren quadratischen Schwankungen von x bzw. k und teste die Ungleichung (7.82) (unter Beachtung der zu dieser Ungleichung gemachten Fußnote).

(a) $f(x) = Ne^{-\alpha|x|/2}$

(b) $f(x) = Ne^{-\alpha^2x^2/4}$

(c) $f(x) = \begin{cases} N(1-\alpha|x|) & \text{für } \alpha|x| < 1 \\ 0 & \text{für } \alpha|x| > 1 \end{cases}$

(d) $f(x) = \begin{cases} N & \text{für } |x| < a \\ 0 & \text{für } |x| > a \end{cases}$

7.20 Ein nichtpermeables, homogenes und isotropes Dielektrikum wird durch einen Brechungsindex $n(\omega)$ charakterisiert, der i. Allg. komplex ist, um auch absorptive Prozesse zu beschreiben.

(a) Man zeige, dass sich für ein solches Dielektrikum die allgemeine Lösung für ebene Wellen in der Gestalt

$$u(x,t) = \frac{1}{\sqrt{2\pi}} \int_{-\infty}^{\infty} d\omega\, e^{-i\omega t} [A(\omega) e^{i(\omega/c)n(\omega)x} + B(\omega) e^{-i(\omega/c)n(\omega)x}]$$

schreiben lässt, wobei $u(x,t)$ für eine der Komponenten von $\mathbf{E}$ oder $\mathbf{B}$ steht.

(b) Man zeige, dass für reelles $u(x,t)$ die Beziehung $n(-\omega) = n^*(\omega)$ gilt.

(c) Man zeige, dass, wenn $u(0,t)$ und $\partial u(0,t)/\partial x$ die Randwerte von u bzw. der Ableitung von u an der Stelle $x = 0$ sind, die Koeffizienten $A(\omega)$ und $B(\omega)$ durch

$$\begin{Bmatrix} A(\omega) \\ B(\omega) \end{Bmatrix} = \frac{1}{2} \frac{1}{\sqrt{2\pi}} \int_{-\infty}^{\infty} dt\, e^{i\omega t} \left[u(0,t) \mp \frac{ic}{\omega n(\omega)} \frac{\partial u}{\partial x}(0,t) \right]$$

gegeben sind.

7.21 Man betrachte den folgenden, in der Zeit nichtlokalen Zusammenhang zwischen $\mathbf{D}$ und $\mathbf{E}$:

$$\mathbf{D}(\mathbf{x},t) = \epsilon_0 \left\{ \mathbf{E}(\mathbf{x},t) + \int d\tau\, G(\tau) \mathbf{E}(\mathbf{x}, t-\tau) \right\}$$

mit dem Kern $G(\tau)$, der dem durch

$$\epsilon(\omega)/\epsilon_0 = 1 + \omega_p^2 (\omega_0^2 - \omega^2 - i\gamma\omega)^{-1}$$

beschriebenen Ein-Resonanz-Modell entspricht.

(a) Durch Entwicklung des unter dem Integral stehenden elektrischen Feldes in eine Taylor-Reihe nach Potenzen von τ verwandele man den nichtlokalen Zusammenhang zwischen $\mathbf{D}$ und $\mathbf{E}$ in einen lokalen, in dem Zeitableitungen von $\mathbf{E}$ auftreten. Die Integrale über $G(\tau)$ berechne man explizit mindestens bis zur Ordnung von $\partial^2 \mathbf{E}/\partial t^2$.

(b) Man zeige, dass sich die in (a) erhaltene Reihe formal aus der Umwandlung der Frequenzdarstellung $\mathbf{D}(\mathbf{x},\omega) = \epsilon(\omega)\mathbf{E}(\mathbf{x},\omega)$ in eine Raum-Zeit-Beziehung

$$\mathbf{D}(\mathbf{x},t) = \epsilon\left(i\frac{\partial}{\partial t}\right) \mathbf{E}(\mathbf{x},t)$$

ergibt, wenn man in $\epsilon(\omega)$ für die Variable ω die Substitution $\omega \to i(\partial/\partial t)$ vornimmt.

7.22 Unter Verwendung der Kramers-Kronig-Relationen (7.120) berechne man den Realteil von $\epsilon(\omega)$, wenn der Imaginärteil von $\epsilon(\omega)$ für positives ω folgende Werte hat:

(a) $\operatorname{Im} \epsilon/\epsilon_0 = \lambda[\theta(\omega - \omega_1) - \theta(\omega - \omega_2)], \quad \omega_2 > \omega_1 > 0$

(b) $\operatorname{Im} \epsilon/\epsilon_0 = \dfrac{\lambda\gamma\omega}{(\omega_0^2 - \omega^2)^2 + \gamma^2\omega^2}$

Für beide Fälle skizziere man $\operatorname{Im} \epsilon(\omega)$ und das Ergebnis für $\operatorname{Re} \epsilon(\omega)$ als Funktion von ω und erläutere die Ähnlichkeiten und Unterschiede gegenüber den in Abb. 7.8 gezeigten Kurven. Die Stufenfunktion ist definiert durch $\theta(x) = 0$ für $x < 0$ und $\theta(x) = 1$ für $x > 0$.

7.23 Man diskutiere die Verallgemeinerung der Kramers-Kronig-Relationen (7.120) auf ein Medium mit einer frequenzunabhängigen Leitfähigkeit σ und zeige, dass die erste der beiden Gln. (7.120) ungeändert bleibt, während die zweite in

$$\operatorname{Im}\epsilon(\omega) = \frac{\sigma}{\omega} - \frac{2\omega}{\pi} P \int_0^\infty \frac{[\operatorname{Re}\epsilon(\omega') - \epsilon_0]}{\omega'^2 - \omega^2} d\omega'$$

übergeht.

Hinweis: Man betrachte $\epsilon(\omega) - i\sigma/\omega$ als analytische Funktion für $\operatorname{Im}\omega \geq 0$.

7.24 **(a)** Unter Verwendung der Relation (7.113) und der Analytizität von $\epsilon(\omega)/\epsilon_0$ für $\operatorname{Im}\omega \geq 0$ beweise man, dass $\epsilon(\omega)/\epsilon_0$ auf der positiven imaginären Achse reell ist und mit $\omega \to i\infty$ vom Ursprung aus monoton auf den Wert Eins abfällt, sofern für reelle, positive Frequenzen $\operatorname{Im}\epsilon \geq 0$ ist. Man nehme an, dass (7.114) für relle ω gilt.

(b) Unter der Annahme, dass $\operatorname{Im}\epsilon$ für reelle, endliche ω nur bei $\omega = 0$ verschwindet, zeige man, dass $\epsilon(\omega)$ in der oberen ω-Halbebene keine Nullstellen hat.

(c) Man gebe eine Kramers-Kronig-Relation für $\epsilon_0/\epsilon(\omega)$ an und leite eine zu (7.122) analoge Summenregel her, die jedoch ein Integral über $\operatorname{Im}[\epsilon_0/\epsilon(\omega)]$ enthält.

(d) Unter Zugrundelegung des durch (7.107) beschriebenen Ein-Resonanz-Modells für $\epsilon(\omega)$ bestimme man $\operatorname{Im}\epsilon(\omega)$ und $\operatorname{Im}[1/\epsilon(\omega)]$ und weise explizit nach, dass die Summenregel (7.122) und die in Teil (c) gefundene Summenregel erfüllt sind.

7.25 Gleichung (7.67) beschreibt das Quadrat des Brechungsindex von Wellen, die sich in einem Plasma längs der Feldlinien eines äußeren, homogenen Magnetfeldes fortpflanzen. Unter Verwendung dieser Gleichung als Modell für die Ausbreitung von Wellen in der Ionosphäre untersuche man die Übertragung eines Pfeifsignals („whistlers") (d. h. seinen Brillouin'schen Vorläufer und das sich anschließende Hauptsignal, wie wir es in Abschnitt 7.11 diskutierten).

(a) Man lege eine möglichst genaue Skizze von $c\,dk/d\omega$ [mit $k = \omega n(\omega)/c$] an, und zwar für Wellen positiver Helizität und unter der Annahme, dass $\omega_p/\omega_B \gtrsim 1$ ist. Man gebe das Intervall an, in dem $c\,dk/d\omega$ imaginär ist.

(b) Man zeige, dass das Minimum von $c\,dk/d\omega$ im Intervall $0 < \omega < \omega_B$ bei $\omega/\omega_B \simeq \frac{1}{4}$ liegt, sofern $\omega_p/\omega_B \geq 1$ ist. Für den Fall, dass ω in der Nähe von Null oder ω_B liegt, gebe man Näherungsausdrücke für $c\,dk/d\omega$ an.

(c) Unter Verwendung der Methode der stationären Phase und der allgemeinen Struktur der Lösung zu Übg. 7.20(a) zeige man, dass sich die Ankunft eines Pfeifsignals in einer mit der Zeit zu- und abnehmenden Frequenz manifestiert, wobei das Abnehmen der Frequenz den Pfeifsignalen ihren Namen gegeben hat.

(d) Man betrachte die Signalform des Brillouin'schen Vorläufers und zeige, dass er aus einem modulierten Wellenzug besteht, dessen Einhüllende nach Brillouin die Gestalt eines Airy'schen Integrals hat und dessen Oberschwingung bei $\omega_0 \simeq \omega_B/4$ liegt. Hieraus entwickelt sich dann ein Signal mit den beiden Frequenzen aus Teil (c).

7.26 Ein geladenes Teilchen der Ladung Ze bewege sich mit konstanter Geschwindigkeit $\mathbf{v}$ durch ein Medium, das durch eine Dielektrizäts-„Konstante" $\epsilon(\mathbf{q}, \omega)/\epsilon_0$ oder, äquivalent hierzu, durch eine Leitfähigkeit $\sigma(\mathbf{q}, \omega) = i\omega[\epsilon_0 - \epsilon(\mathbf{q}, \omega)]$ beschrieben wird. Der Energieverlust, den das Teilchen pro Zeiteinheit erfährt, soll durch $\epsilon(\mathbf{q}, \omega)$ ausgedrückt werden, und zwar in der Näherung, dass das elektrische Feld der negative Gradient eines Potentials ist und der Strom dem Ohm'schen Gesetz $\mathbf{J}(\mathbf{q}, \omega) = \sigma(\mathbf{q}, \omega)\mathbf{E}(\mathbf{q}, \omega)$ gehorcht.

(a) Man zeige, dass die Fourier-Transformierte der Ladungsdichte des Teilchens bei geeigneter Normierung durch

$$\rho(\mathbf{q}, \omega) = \frac{Ze}{(2\pi)^3}\,\delta(\omega - \mathbf{q}\cdot\mathbf{v})$$

gegeben ist,

(b) während sich die Fourier-Transformierte des skalaren Potentials zu

$$\phi(\mathbf{q}, \omega) = \frac{\rho(\mathbf{q}, \omega)}{q^2\,\epsilon(\mathbf{q}, \omega)}$$

ergibt.

(c) Ausgehend von der Beziehung $dW/dt = \int \mathbf{J}\cdot\mathbf{E}\,d^3x$ zeige man, dass sich der Energieverlust pro Zeiteinheit in der Form

$$-\frac{dW}{dt} = \frac{Z^2e^2}{4\pi^3}\int\frac{d^3q}{q^2}\int_0^\infty d\omega\,\omega\,\mathrm{Im}\left[\frac{1}{\epsilon(\mathbf{q}, \omega)}\right]\delta(\omega - \mathbf{q}\cdot\mathbf{v})$$

schreiben lässt.

(Hiernach ist also $\mathrm{Im}[\epsilon(\mathbf{q}, \omega)]^{-1}$ mit dem Energieverlust verknüpft, und diese Tatsache macht es möglich, über die Messung von Energieverlusten in dünnen Folien Aufschluss über die Dielektrizitäts-„Konstante“ $\epsilon(\mathbf{q}, \omega)$ zu erhalten.)

7.27 Der Drehimpuls einer Verteilung elektromagnetischer Felder im Vakuum ist

$$\mathbf{L} = \frac{1}{\mu_0 c^2}\int d^3x\,\mathbf{x}\times(\mathbf{E}\times\mathbf{B})$$

(a) Für Felder, die vor endlich langer Zeit in der Vergangenheit erzeugt wurden (und somit auf ein endliches Raumgebiet beschränkt sind), zeige man, dass sich der Drehimpuls in der Form

$$\mathbf{L} = \frac{1}{\mu_0 c^2}\int d^3x\left[\mathbf{E}\times\mathbf{A} + \sum_{j=1}^{3} E_j(\mathbf{x}\times\nabla)A_j\right]$$

schreiben lässt, wenn man das Magnetfeld zugunsten des Vektorpotentials **A** eliminiert. Der erste Term wird manchmal mit dem „Spin“ des Photons identifiziert, während der zweite wegen des Auftretens des Drehimpulsoperators $\mathbf{L}_{\mathrm{op}} = -i(\mathbf{x}\times\nabla)$ als „Bahn“-Drehimpuls des Photons bezeichnet wird.

(b) Man betrachte die folgende Entwicklung des Vektorpotentials nach ebenen Wellen in der Strahlungseichung:

$$\mathbf{A}(\mathbf{x}, t) = \sum_\lambda\int\frac{d^3k}{(2\pi)^2}\left[\boldsymbol{\epsilon}_\lambda(\mathbf{k})\,a_\lambda(\mathbf{k})\,e^{i\mathbf{k}\cdot\mathbf{x} - i\omega t} + \text{c.c.}\right]$$

Als Polarisationsvektoren $\boldsymbol{\epsilon}_\lambda(\mathbf{k})$ wählt man zweckmäßigerweise die Vektoren zu positiver und negativer Helizität, d. h. $\boldsymbol{\epsilon}_\pm = (1/\sqrt{2})(\boldsymbol{\epsilon}_1 \pm \boldsymbol{\epsilon}_2)$, wobei $\boldsymbol{\epsilon}_1$ und $\boldsymbol{\epsilon}_2$ reelle, zueinander orthogonale Einheitsvektoren in einer Ebene sind, deren positive Normale in die Richtung von **k** zeigt. Man zeige dann, dass sich der Spinanteil von **L** im zeitlichen Mittel zu

$$\mathbf{L}_{\mathrm{Spin}} = \frac{2}{\mu_0 c}\int\frac{d^3k}{(2\pi)^3}\,\mathbf{k}\left[|a_+(\mathbf{k})|^2 - |a_-(\mathbf{k})|^2\right]$$

ergibt. Lässt sich danach die Bezeichnung „Spin“-Drehimpuls rechtfertigen? Man berechne die Feldenergie unter Verwendung der Entwicklung von **A** nach ebenen Wellen und ziehe einen Vergleich.

7.28 Eine in z-Richtung fortschreitende, zirkular polarisierte ebene Welle sei in x- und y-Richtung von endlicher Ausdehnung. Unter der Annahme, dass sich die Amplitudenmodulation nur langsam ändert (der Wellenzug also mehrere Wellenlängen breit ist), zeige man, dass das elektrische und magnetische Feld näherungsweise durch

$$\mathbf{E}(x,z,t) \simeq \left[E_0(x,y)(\mathbf{e}_1 \pm i\mathbf{e}_2) + \frac{i}{k}\left(\frac{\partial E_0}{\partial x} \pm i\frac{\partial E_0}{\partial y}\right)\mathbf{e}_3 \right] e^{ikz-i\omega t}$$

$$\mathbf{B} \simeq \mp i\sqrt{\mu\epsilon}\,\mathbf{E}$$

beschrieben werden, wenn $\mathbf{e}_1$, $\mathbf{e}_2$ und $\mathbf{e}_3$ Einheitsvektoren in x-, y- bzw. z-Richtung sind.

7.29 Für die in der voranstehenden Übung betrachtete, zirkular polarisierte Welle berechne man das zeitliche Mittel der Drehimpulskomponente parallel zur Ausbreitungsrichtung. Man zeige, dass das Verhältnis dieser Drehimpulskomponente zur Energie der Welle im Vakuum durch

$$\frac{L_3}{U} = \pm\,\omega^{-1}$$

gegeben ist, und interpretierte dieses Ergebnis unter dem Aspekt der Emission von Lichtquanten (Photonen). Man zeige, dass die Transversalkomponenten des Drehimpulses im Fall einer endlich ausgedehnten, zylindersymmetrischen ebenen Welle verschwinden.

7.30 Ausgehend von den Formeln (7.8) und (7.11) für die Gesamtenergie einer beliebigen Überlagerung ebener elektromagnetischer Wellen im sonst leeren Raum, zeige man, dass die Gesamtzahl der Photonen (für jede ebene Welle mit dem Wellenvektor $\mathbf{k}$ und dem Polarisationsvektor $\boldsymbol{\epsilon}$ als ihre durch $\hbar ck$ dividierte Energie definiert) gegeben ist durch das Doppelintegral

$$N = \frac{\epsilon_0}{4\pi^2\hbar c}\int d^3x \int d^3x' \left[\frac{\mathbf{E}(\mathbf{x},t)\cdot\mathbf{E}(\mathbf{x}',t) + c^2\mathbf{B}(\mathbf{x},t)\cdot\mathbf{B}(\mathbf{x}',t)}{|\mathbf{x}-\mathbf{x}'|^2}\right]$$

8 Wellenleiter, Hohlraumresonatoren und optische Fasern

Im Mittelpunkt des äußerst wichtigen Anwendungsgebietes, das wir in diesem Kapitel behandeln wollen, stehen elektromagnetische Felder, die von metallischen Randflächen begrenzt werden. Bei hohen Frequenzen, d.h. bei Wellenlängen in der Größenordnung von mehreren Metern oder darunter, verwendet man zur Erzeugung und Übertragung elektromagnetischer Strahlung in der Praxis stets Metallkörper, deren Ausdehnung mit der Wellenlänge der jeweiligen Strahlung vergleichbar ist. Bei sehr viel höheren (infraroten) Frequenzen verwendet man in der Telekommunikationstechnik dielektrische Faseroptik. Wir untersuchen hier zunächst das Verhalten von Feldern in Umgebung eines Leiters und diskutieren ihr Eindringen in die Leiteroberfläche sowie die dabei auftretenden ohmschen Verluste. Anschließend behandeln wir – in recht allgemeiner Weise – das Problem der Wellenausbreitung in metallischen Hohlleitern und Hohlraumresonatoren und illustrieren es an einigen Beispielen. Die Dämpfung in Wellenleitern und den Gütefaktor von Hohlraumresonatoren betrachten wir unter zwei verschiedenen Gesichtswinkeln. Danach beschäftigen wir uns mit einem ungewöhnlichen Hohlraumresonator, dessen „Wände" von der Erdoberfläche und der Ionosphäre gebildet werden. Danach erörtern wir die mehr- und einmodige Ausbreitung von Wellen in optischen Fasern. Der sich anschließende Abschnitt ist der Eigenwellenentwicklung eines beliebigen Feldes in einem Wellenleiter und deren Anwendung auf die von einer lokalisierten Quelle erzeugten Felder gewidmet. Abschließend streifen wir noch kurz die Anwendung der Eigenwellenentwicklung im Zusammenhang mit dem Problem von Stoßstellen in Wellenleitern und dessen Lösung durch Variationsverfahren.

8.1 Felder an der Oberfläche und im Innern eines Leiters

In Kap. 5.18 führten wir die Begriffe „Skin-Tiefe" und „effektiver Flächenstrom" ein. Das in diesem Zusammenhang betrachtete Beispiel, nämlich die Trennfläche zwischen einem Leiter und dem Vakuum in einem räumlich konstanten, zeitlich aber variablen Magnetfeld, wollen wir jetzt – zumindest begrifflich – verallgemeinern, obwohl die Mathematik nahezu die gleiche ist.

Betrachten wir zunächst die Grenzfläche zwischen einem *idealen* Leiter und einem nichtleitenden Medium, deren Flächennormale $\mathbf{n}$ in das nichtleitende Medium zeigt. Ebenso wie im stationären Fall existiert auch hier innerhalb des Leiters kein elektrisches Feld. Die Ladungen in einem idealen Leiter werden als so beweglich angenommen, dass sie auf Änderungen der Felder – wie schnell sie auch verlaufen mögen – momentan reagieren und in jedem Augenblick die korrekte Flächenladungsdichte Σ (die wir hier mit dem Großbuchstaben Σ bezeichnen, um Verwechselungen mit der Leitfähigkeit σ zu vermeiden) erzeugen:

$$\mathbf{n} \cdot \mathbf{D} = \Sigma \tag{8.1}$$

sodass das elektrische Feld im idealen Leiter Null ist. Analog hierzu reagieren die Flächenladungen bei Anwesenheit eines zeitveränderlichen Magnetfeldes auf dessen Tangentialkomponente so, dass sie stets den korrekten Flächenstrom **K** erzeugen

$$\mathbf{n} \times \mathbf{H} = \mathbf{K} \tag{8.2}$$

und das Magnetfeld innerhalb eines idealen Leiters ebenfalls verschwindet. Die anderen beiden Grenzbedingungen betreffen die Normalkomponente von **B** und die Tangentialkomponente von **E**:

$$\begin{aligned} \mathbf{n} \cdot (\mathbf{B} - \mathbf{B}_\mathrm{L}) &= 0 \\ \mathbf{n} \times (\mathbf{E} - \mathbf{E}_\mathrm{L}) &= 0 \end{aligned} \tag{8.3}$$

wobei sich der Index L auf den Leiter bezieht. Aus diesen Grenzbedingungen folgt, dass unmittelbar außerhalb der Oberfläche eines idealen Leiters nur ein *normal* gerichtetes **E**-Feld und ein *tangential* gerichtetes **H**-Feld existieren kann, während die Felder innerhalb des idealen Leiters abrupt auf Null absinken. Dieses Verhalten der Felder ist schematisch in Abb. 8.1 dargestellt.

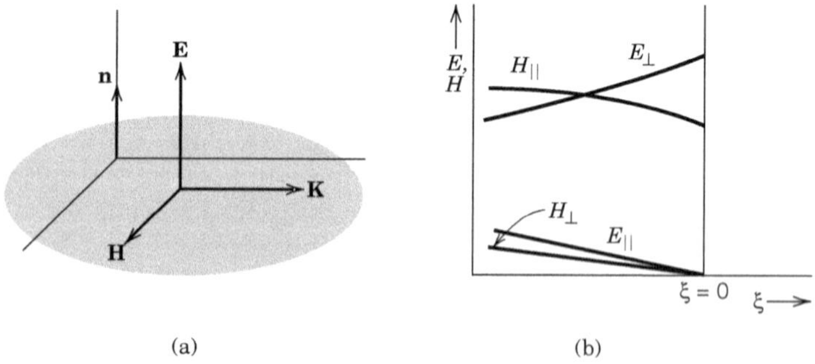

Abb. 8.1 Die elektromagnetischen Felder in Umgebung der Oberfläche eines idealen Leiters.

Bei einem guten, aber nicht idealen Leiter müssen sich die Felder in Umgebung seiner Oberfläche näherungsweise genauso verhalten wie bei einem idealen Leiter. Nach Kap. 7.7 werden die Felder innerhalb eines Leiters exponentiell gedämpft, und zwar über eine charakteristische Länge δ, die sog. *Eindringtiefe*. Bei guten Leitern macht δ im Fall mittlerer Frequenzen wenige Bruchteile eines Zentimeters aus. Daher sind die Grenzbedingungen (8.1) und (8.2) außerhalb des Bereichs einer dünnen Übergangsschicht an der Oberfläche näherungsweise erfüllt.

Bei der Untersuchung des besagten Übergangsbereiches muss man sehr sorgfältig vorgehen. Das Ohm'sche Gesetz $\mathbf{J} = \sigma\mathbf{E}$ beinhaltet, dass es bei endlicher Leitfähigkeit tatsächlich keinen Flächenstrom geben kann und somit Gl. (8.2) nicht zutrifft. Die Grenzbedingung für das magnetische Feld lautet vielmehr:

$$\mathbf{n} \times (\mathbf{H} - \mathbf{H}_L) = 0 \tag{8.4}$$

Um die durch endliche Leitfähigkeit bedingten Änderungen zu untersuchen, wenden wir ein schrittweises Näherungsverfahren an. Unsere erste Annahme ist die, dass unmittelbar außerhalb des Leiters ebenso wie bei einem idealen Leiter ein normal gerichtetes elektrisches Feld $\mathbf{E}_\perp$ und ein tangentiales Magnetfeld $\mathbf{H}_\parallel$ existieren. Die Werte dieser Felder seien aus den Lösungen eines entsprechenden Randwertproblems bekannt. Anschließend benutzen wir die Grenzbedingungen und die Maxwell'schen Gleichungen für das Gebiet innerhalb des Leiters, um die Felder in der Übergangsschicht und kleine Korrekturen zu den Feldern außerhalb des Leiters zu bestimmen. Bei der Lösung der Maxwell'schen Gleichung innerhalb des Leiters nutzen wir die Tatsache aus, dass die räumliche Änderung der Felder senkrecht zur Oberfläche sehr viel schneller verläuft als parallel zur Oberfläche. Die Ableitungen bezüglich der Koordinaten parallel zur Oberfläche können wir daher gegenüber der Ableitung in Richtung der Normalen ohne Bedenken vernachlässigen.

Existiert außerhalb der Leiteroberfläche ein tangentiales Magnetfeld $\mathbf{H}_\parallel$, so muss wegen der Grenzbedingung (8.4) dasselbe Feld $\mathbf{H}_\parallel$ auch innerhalb des Leiters herrschen. Vernachlässigt man den Verschiebungsstrom im Leiter, so nehmen sie Maxwell'schen Gleichungen für die Rotation der Felder bei harmonischer Zeitabhängigkeit $e^{-i\omega t}$ die Form

$$\begin{aligned} \mathbf{E}_L &\simeq \frac{1}{\sigma} \nabla \times \mathbf{H}_L \\ \mathbf{H}_L &= -\frac{i}{\mu_L \omega} \nabla \times \mathbf{E}_L \end{aligned} \tag{8.5}$$

an. Ist $\mathbf{n}$ die nach *außen* gerichtete Normale der Leiteroberfläche und ξ die Normalenkoordinate in Richtung des Leiter*inneren*, so lässt sich für den Gradienten näherungsweise

$$\nabla \simeq -\mathbf{n} \frac{\partial}{\partial \xi}$$

schreiben, wenn man die anderen, auf die Felder innerhalb des Leiters wirkenden Ableitungen vernachlässigt. Mit dieser Näherung geht (8.5) über in

$$\begin{aligned} \mathbf{E}_L &\simeq -\frac{1}{\sigma} \mathbf{n} \times \frac{\partial \mathbf{H}_L}{\partial \xi} \\ \mathbf{H}_L &\simeq \frac{i}{\mu_L \omega} \mathbf{n} \times \frac{\partial \mathbf{E}_L}{\partial \xi} \end{aligned} \tag{8.6}$$

Diese Gleichungen können miteinander kombiniert werden zu

$$\begin{aligned} \frac{\partial^2}{\partial \xi^2} (\mathbf{n} \times \mathbf{H}_L) + \frac{2i}{\delta^2} (\mathbf{n} \times \mathbf{H}_L) \simeq 0 \\ \mathbf{n} \cdot \mathbf{H}_L \simeq 0 \end{aligned} \tag{8.7}$$

wobei δ die in Kap. 7.7 definierte Eindringtiefe ist:

$$\delta = \left(\frac{2}{\mu_L \omega \sigma}\right)^{1/2} \tag{8.8}$$

Die zweite der beiden Gleichungen (8.7) zeigt, dass **H** innerhalb des Leiters – in Übereinstimmung mit den Grenzbedingungen – parallel zu dessen Oberfläche gerichtet ist. Die Lösung für $\mathbf{H}_L$ lautet:

$$\mathbf{H}_L = \mathbf{H}_{\parallel}\, e^{-\xi/\delta} e^{i\xi/\delta} \tag{8.9}$$

wenn $\mathbf{H}_{\parallel}$ das tangential gerichtete Magnetfeld außerhalb der Leiteroberfläche ist. Aus (8.6) ergibt sich als Näherungsausdruck für das elektrische Feld innerhalb des Leiters:

$$\mathbf{E}_L \simeq \sqrt{\frac{\mu_L \omega}{2\sigma}}\,(1-i)(\mathbf{n}\times\mathbf{H}_{\parallel})\, e^{-\xi/\delta} e^{i\xi/\delta} \tag{8.10}$$

Diese Lösungen für die im Leiter herrschenden Felder **H** und **E** haben die in Kap. 7.7 diskutierten Eigenschaften: (a) sie fallen in Richtung des Leiterinneren exponentiell ab, (b) sie sind phasenverschoben, und (c) das magnetische Feld ist sehr viel stärker als das elektrische. Ferner zeigen sie, dass die Felder im Innern eines guten Leiters parallel zu seiner Oberfläche verlaufen[1] und sich senkrecht zu ihr ausbreiten; ihre Beträge hängen nur von dem außerhalb der Leiteroberfläche herrschenden tangentialen Magnetfeld $\mathbf{H}_{\parallel}$ ab.

Aus der Grenzbedingung (8.3) für die Tangentialkomponente von **E** folgt, dass *unmittelbar außerhalb* der Leiteroberfläche ein kleines tangentiales elektrisches Feld herrscht, das durch den bei $\xi = 0$ ausgewerteten Ausdruck (8.10) bestimmt wird:

$$\mathbf{E}_{\parallel} \simeq \sqrt{\frac{\mu_L \omega}{2\sigma}}\,(1-i)(\mathbf{n}\times\mathbf{H}_{\parallel}) \tag{8.11}$$

In der hier benutzten Näherung besitzt die magnetische Induktion **B** unmittelbar außerhalb der Leiteroberfläche auch eine kleine Normalkomponente $\mathbf{B}_{\perp}$. Ihr Betrag ergibt sich aus dem Faraday'schen Induktionsgesetz und ist von der gleichen Größenordnung wie der von $\mathbf{E}_{\parallel}$. Die Amplituden der Felder innerhalb und außerhalb des Leiters sind schematisch in Abb. 8.2 dargestellt.

Die Tatsache, dass außerhalb der Leiteroberfläche neben einem normal gerichteten **E**-Feld und einem tangentialen **H**-Feld auch eine kleine Tangentialkomponente von **E** existiert, bedeutet, dass in den Leiter Energie strömt. Die von der Flächeneinheit absorbierte Leistung ist im zeitlichen Mittel gegeben durch

$$\frac{dP_{\text{Verl.}}}{da} = -\frac{1}{2}\,\mathrm{Re}[\mathbf{n}\cdot\mathbf{E}\times\mathbf{H}^*] = \frac{\mu_L \omega \delta}{4}\,|\mathbf{H}_{\parallel}|^2 \tag{8.12}$$

[1] Unter Verwendung der Stetigkeit der Tangentialkomponente von **H** und der Gleichung, die **E** und $\nabla\times\mathbf{H}$ auf beiden Seiten der Leiteroberfläche miteinander verknüpft, lässt sich zeigen, dass innerhalb des Leiters eine kleine Normalkomponente des elektrischen Feldes existiert, nämlich $\mathbf{E}_L\cdot\mathbf{n} \simeq (i\omega\epsilon/\sigma)E_{\perp}$. Doch dieser Ausdruck ist gegenüber (8.10) von nächster Ordnung in kleinen Größen. Man beachte in diesem Zusammenhang, daß wir von vornherein ein tangentiales Magnetfeld **H** angenommen haben. In Fällen, in denen die Näherung niedrigster Ordnung im Wesentlichen elektrostatisch ist, lässt sich die hier benutzte Methode nicht anwenden. Es müssen dann andere Näherungsverfahren benutzt werden. Siehe T. H. Boyer, *Phys. Rev.* **A9**, 68 (1974).

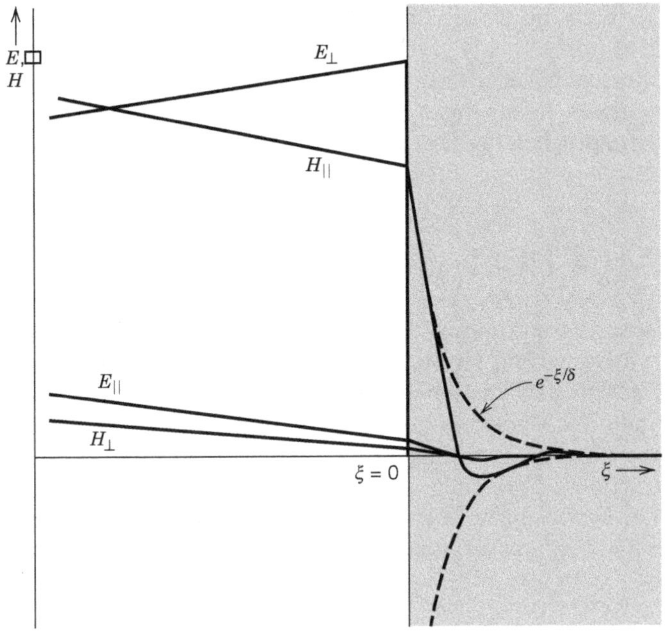

Abb. 8.2 Die elektromagnetischen Felder in Umgebung der Oberfläche eines guten, aber nicht idealen Leiters. Für $\xi > 0$ zeigt die gestrichelte Kurve die Einhüllende der gedämpften Schwingungen von $\mathbf{H}_\mathrm{L}$ (Gl. (8.9)).

Dieses Ergebnis lässt sich in einfacher Weise als ohmsche Verluste innerhalb des Leiters interpretieren. Nach dem Ohm'schen Gesetz existiert in der Nähe der Leiteroberfläche die Stromdichte

$$\mathbf{J} = \sigma \mathbf{E}_\mathrm{L} = \frac{1}{\delta}(1-i)(\mathbf{n} \times \mathbf{H}_{||}) e^{-\xi(1-i)/\delta} \tag{8.13}$$

Das zeitliche Mittel des ohmschen Energieverlustes beträgt nach Gl. (5.169) $\frac{1}{2}\mathbf{J} \cdot \mathbf{E}^* = (1/2\sigma)|\mathbf{J}|^2$ Integration von (5.169) über z führt unmittelbar zu (8.12).

Die Stromdichte $\mathbf{J}$ ist auf eine so dünne Schicht unmittelbar unterhalb der Leiteroberfläche beschränkt, dass sie einem effektiven Flächenstrom $\mathbf{K}_\mathrm{eff}$ entspricht:

$$\mathbf{K}_\mathrm{eff} = \int_0^\infty \mathbf{J}\, d\xi = \mathbf{n} \times \mathbf{H}_{||} \tag{8.14}$$

Der Vergleich mit (8.2) zeigt, dass sich ein guter Leiter tatsächlich wie ein idealer Leiter verhält, dessen idealisierter Flächenstrom durch einen äquivalenten Flächenstrom ersetzt ist, der über eine sehr dünne, aber endlich dicke Schicht an der Leiteroberfläche verteilt ist. Die Verlustleistung lässt sich durch diesen effektiven Flächenstrom ausdrücken:

$$\frac{dP_\mathrm{Verl.}}{da} = \frac{1}{2\sigma\delta}|\mathbf{K}_\mathrm{eff}|^2 \tag{8.15}$$

Hiernach spielt also $1/\sigma\delta$ die Rolle einer Oberflächenimpedanz des Leiters.[2] Gleichung (8.15) mit dem durch (8.14) gegebenen $\mathbf{K}_{\text{eff}}$ oder auch Gl. (8.12) wird es uns ermöglichen, die ohmschen Verluste für in der Praxis benutzte Hohlleiter, Doppelleitungen und Wellenleiter näherungsweise zu berechnen, sofern wir die Lösung für die Felder in dem entsprechenden idealen Leiter gefunden haben.

8.2 Zylindrische Hohl- und Wellenleiter

Von großer praktischer Bedeutung ist die Ausbreitung bzw. Anregung elektromagnetischer Wellen in metallischen Hohlzylindern, sog. *Hohleitern*. Ist das Innere des Zylinders durch Deckflächen an den beiden Enden nach außen abgeschirmt, so spricht man von einem *Hohlraumresonator*, andernfalls von einem *Wellenleiter*. Bei der Behandlung dieses Problems wollen wir annehmen, dass sämtliche Randflächen aus ideal leitendem Material bestehen. Die in der Praxis auftretenden Verluste können in angemessener Weise mithilfe der im vorigen Abschnitt beschriebenen Methoden berücksichtigt werden. Die Oberfläche S eines Zylinders beliebigen Quer-

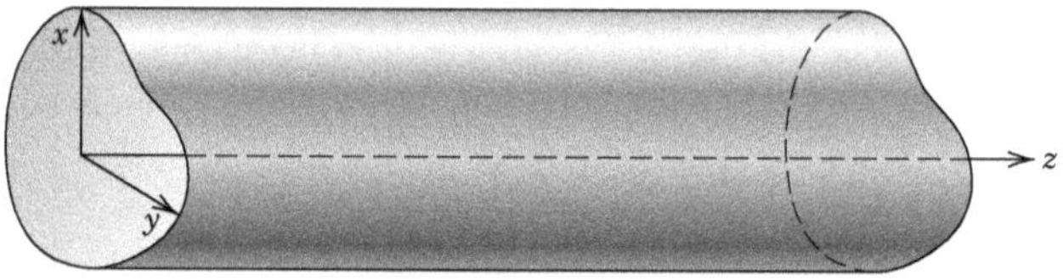

Abb. 8.3 Zylindrischer Wellenleiter beliebigen Querschnitts.

schnitts zeigt Abb. 8.3. Der Einfachheit halber nehmen wir an, dass sich die Fläche und die Kontur des Querschnitts längs der Zylinderachse nicht ändern. Die Maxwell'schen Gleichungen für die im Zylinder herrschenden Felder lauten bei harmonischer Zeitabhängigkeit $e^{-i\omega t}$:

$$\begin{aligned} \nabla \times \mathbf{E} &= i\omega \mathbf{B} \qquad & \nabla \cdot \mathbf{B} &= 0 \\ \nabla \times \mathbf{B} &= -i\mu\epsilon\omega \mathbf{E} \qquad & \nabla \cdot \mathbf{E} &= 0 \end{aligned} \tag{8.16}$$

Dabei wurde angenommen, dass der Zylinder ein homogenes, verlustfreies Medium der Dielektrizitätskonstanten ϵ und der Permeabilität μ enthält. Für **E** und **B** ergibt sich aus (8.16):

$$(\nabla^2 + \mu\epsilon\omega^2) \begin{Bmatrix} \mathbf{E} \\ \mathbf{B} \end{Bmatrix} = 0 \tag{8.17}$$

[2] Die Proportionalitätskonstante zwischen $\mathbf{E}_{\|}$ und $\mathbf{K}_{\text{eff}}$ bezeichnet man als *Oberflächenimpedanz* Z_s. Für einen guten Leiter liefert (8.11): $Z_s = (1 - i)/\sigma\delta$; doch der Anwendungsbereich des Begriffs der Oberflächenimpedanz ist offensichtlich größer.

Wegen der Zylindersymmetrie des Problems ist es zweckmäßig, die räumliche Änderung der Felder in z-Richtung abzuspalten und dem Ansatz

$$\left.\begin{matrix}\mathbf{E}(x,y,z,t)\\ \mathbf{B}(x,y,z,t)\end{matrix}\right\} = \left\{\begin{matrix}\mathbf{E}(x,y)e^{\pm ikz - i\omega t}\\ \mathbf{B}(x,y)e^{\pm ikz - i\omega t}\end{matrix}\right. \tag{8.18}$$

zu machen. Durch geeignete Linearkombinationen erhält man hieraus fortschreitende oder stehende Wellen in z-Richtung. Die Wellenzahl k ist zunächst noch ein unbekannter Parameter, der reell oder komplex sein kann. Bei der angenommenen z-Abhängigkeit der Felder reduziert sich die Wellengleichung auf die zweidimensionale Gleichung

$$[\nabla_t^2 + (\mu\epsilon\omega^2 - k^2)]\left\{\begin{matrix}\mathbf{E}\\ \mathbf{B}\end{matrix}\right\} = 0 \tag{8.19}$$

wo ∇_t^2 der transversale Anteil des Laplace'schen Operators ist:

$$\nabla_t^2 = \nabla^2 - \frac{\partial^2}{\partial z^2} \tag{8.20}$$

Es ist zweckmäßig, die Felder in ihre Komponenten parallel und senkrecht zur z-Achse zu zerlegen:

$$\mathbf{E} = \mathbf{E}_z + \mathbf{E}_t \tag{8.21}$$

mit

$$\begin{aligned}\mathbf{E}_z &= \mathbf{e}_z E_z\\ \mathbf{E}_t &= (\mathbf{e}_z \times \mathbf{E}) \times \mathbf{e}_z\end{aligned} \tag{8.22}$$

wobei $\mathbf{e}_z$ der Einheitsvektor in z-Richtung ist. Entsprechende Definitionen gelten für die magnetische Induktion $\mathbf{B}$. Die Maxwell'schen Gleichungen (8.16) lassen sich jetzt folgendermaßen durch die Transversal- und Parallelkomponenten ausdrücken:

$$\frac{\partial \mathbf{E}_t}{\partial z} + i\omega \mathbf{e}_z \times \mathbf{B}_t = \nabla_t E_z, \qquad \mathbf{e}_z \cdot (\nabla_t \times \mathbf{E}_t) = i\omega B_z \tag{8.23}$$

$$\frac{\partial \mathbf{B}_t}{\partial z} - i\mu\epsilon\omega \mathbf{e}_z \times \mathbf{E}_t = \nabla_t B_z, \qquad \mathbf{e}_z \cdot (\nabla_t \times \mathbf{B}_t) = -i\mu\epsilon\omega E_z \tag{8.24}$$

$$\nabla_t \cdot \mathbf{E}_t = -\frac{\partial E_z}{\partial z}, \qquad \nabla_t \cdot \mathbf{B}_t = -\frac{\partial B_z}{\partial z} \tag{8.25}$$

Aus den jeweils ersten Gleichungen in (8.23) und (8.24) geht hervor, dass mit E_z und B_z auch die Transversalkomponenten von $\mathbf{E}$ und $\mathbf{B}$ bekannt sind, sofern die z-Abhängigkeit durch (8.18) beschrieben wird. Wir nehmen an, dass die Ausbreitung in positiver z-Richtung erfolgt und dass von den Feldkomponenten E_z und B_z nicht beide gleichzeitig verschwinden. Die transversalen Felder lassen sich dann folgendermaßen schreiben:

$$\mathbf{E}_t = \frac{i}{(\mu\epsilon\omega^2 - k^2)}[k\nabla_t E_z - \omega \mathbf{e}_z \times \nabla_t B_z] \tag{8.26a}$$

$$\mathbf{B}_t = \frac{i}{(\mu\epsilon\omega^2 - k^2)}[k\nabla_t B_z + \mu\epsilon\omega \mathbf{e}_z \times \nabla_t E_z] \tag{8.26b}$$

Bei entgegengesetzter Ausbreitungsrichtung ändert sich das Vorzeichen von k. Bevor wir untersuchen, welche Feldkonfigurationen in einem Hohlzylinder existieren können, richten wir unser Augenmerk zunächst auf eine spezielle Lösung, die sog. *transversal-elektromagnetische Welle (TEM-Welle)*. Diese Lösung enthält nur Feldstärkekomponenten senkrecht zur Ausbreitungsrichtung. Aus der zweiten Gleichung in (8.23) und der ersten in (8.25) folgt, dass, wenn $E_z = 0$ und $B_z = 0$ ist, das transversale elektrische Feld $\mathbf{E}_t = \mathbf{E}_{\text{TEM}}$ den Gleichungen

$$\nabla_t \times \mathbf{E}_{\text{TEM}} = 0, \quad \nabla_t \cdot \mathbf{E}_{\text{TEM}} = 0$$

gehorcht. Dies bedeutet, dass $\mathbf{E}_{\text{TEM}}$ Lösung eines zweidimensionalen *elektrostatischen* Problems ist. Die drei wichtigen Konsequenzen sind folgende: Die Wellenzahl hat den Wert, der der Ausbreitung in einem unendlich ausgedehnten Medium entspricht, nämlich

$$k = k_0 = \omega \sqrt{\mu\epsilon} \tag{8.27}$$

wie aus (8.19) unmittelbar hervorgeht. Zweitens ist die magnetische Induktion, die aus (8.24) resultiert, durch

$$\mathbf{B}_{\text{TEM}} = \pm \sqrt{\mu\epsilon}\, \mathbf{e}_z \times \mathbf{E}_{\text{TEM}} \tag{8.28}$$

gegeben, wenn sich die Wellen wie $e^{\pm ikz}$ ausbreiten. Der Zusammenhang zwischen $\mathbf{B}_{\text{TEM}}$ und $\mathbf{E}_{\text{TEM}}$ ist also genau derselbe wie für eine ebene Welle in einem unendlich ausgedehnten Medium. Schließlich stellen wir fest, dass die TEM-Welle in einem einzelnen Hohlzylinder mit ideal leitenden Wänden nicht existieren kann. Die Berandung eines solchen Hohlzylinders bildet eine Äquipotentialfläche, sodass das elektrische Feld innerhalb des Zylinders verschwindet. Man benötigt zwei oder mehr zylindrische Flächen, um den TEM-Schwingungstyp aufrechtzuerhalten. Das bekannte Koaxialkabel oder die Doppelleitung mit zwei zueinander parallelen Drähten sind Anordnungen, für die die TEM-Welle Grundwelle ist (vgl. Übg. 8.1 und 8.2). Ein wichtiges Merkmal der TEM-Welle ist ferner, dass es für sie keine kritische Wellenlänge bzw. Frequenz gibt; denn die Wellenzahl (8.27) ist für alle Werte von ω reell. Dies ist bei den in Hohlzylindern ausbreitungsfähigen Schwingungstypen nicht der Fall (siehe weiter unten).

In Hohlzylindern (oder Doppelleitungen bei hohen Frequenzen) treten zwei Arten von Feldkonfigurationen auf. Ihre Struktur ergibt sich aus den Wellengleichungen (8.19), denen die Longitudinalkomponenten E_z und B_z genügen, und aus den von ihnen zu erfüllenden Randbedingungen. Unter der Voraussetzung, dass sich die Felder zeitlich ändern, sorgt die ideale Leitfähigkeit dafür, dass sowohl **E** (und **D**) als auch **B** (und **H**) innerhalb des Leiters verschwinden. (Für **B** ist die Skin-Tiefe verschwindend klein.) Da an der Trennfläche Flächenladungen und Ströme vorhanden sind, kann dort eine Normalkomponente von **D** und auch eine Tangentialkomponente von **H** existieren, während die Tangentialkomponente von **E** und die Normalkomponente von **B** an der Trennfläche stetig sein müssen. Daher lauten die Randbedingungen für einen Zylinder mit ideal leitenden Wänden:

$$\mathbf{n} \times \mathbf{E} = 0, \quad \mathbf{n} \cdot \mathbf{B} = 0$$

wenn **n** die Flächennormale von S ist. Die Randbedingung für E_z lautet natürlich:

$$E_z|_S = 0 \tag{8.29}$$

Aus der zu **n** parallelen Komponente der ersten Gleichung aus (8.24) ist zu entnehmen, dass die entsprechende Randbedingung für B_z durch

$$\left.\frac{\partial B_z}{\partial n}\right|_S = 0 \tag{8.30}$$

gegeben ist, wobei $\partial/\partial n$ die Ableitung in Richtung der Normalen bedeutet. Die zweidimensionalen Wellengleichungen (8.19) mit den Randbedingungen (8.29) und (8.30) definieren Eigenwertprobleme üblicher Art: Für eine gegebene Frequenz ω können nur bestimmte Werte der Wellenzahl k auftreten (wie es für Wellenleiter charakteristisch ist), oder – umgekehrt – für ein gegebenes k sind nur bestimmte ω-Werte erlaubt (wie im Fall von Hohlraumresonatoren). *Da die Randbedingungen für E_z und B_z verschieden sind, sind im Allgemeinen auch die Eigenwerte verschieden.* Die Feldkonfigurationen lassen sich daher auf natürliche Weise in zwei verschiedene Kategorien unterteilen, nämlich in

transversal-magnetische Wellen (TM-Wellen)

mit $B_z = 0$ überall und der Randbedingung $E_z|_S = 0$

sowie

transversal-elektrische Wellen (TE-Wellen)

mit $E_z = 0$ überall und der Randbedingung $\left.\frac{\partial B_z}{\partial n}\right|_S = 0$

Anstelle von TM- und TE-Wellen spricht man manchmal auch von „elektrischen Wellen" („E-Wellen") bzw. „magnetischen Wellen" („H-Wellen"), weil bei den TM-Wellen eine elektrische und bei den TE-Wellen eine magnetische Feldkomponente in axialer Richtung existiert. Die verschiedenen TM- und TE-Wellen bilden zusammen mit den TEM-Wellen (sofern letztere überhaupt auftreten können) einen vollständigen Satz von Feldern, mit dem sich eine beliebige elektromagnetische Feldkonfiguration in einem Hohlleiter beschreiben lässt.

8.3 Wellenleiter

Für die Ausbreitung von Wellen in einem Wellenleiter konstanten Querschnitts ergibt sich aus den Rotationsgleichungen (8.23) und (8.24), dass die transversalen magnetischen und elektrischen Felder sowohl der TM- wie der TE-Wellen durch die Beziehung

$$\mathbf{H}_t = \frac{\pm 1}{Z}\,\mathbf{e}_z \times \mathbf{E}_t \tag{8.31}$$

miteinander verknüpft sind. Dabei ist Z der sog. *Wellenwiderstand* (oder auch *Feldwellenwiderstand*), der durch

$$Z = \begin{cases} \dfrac{k}{\epsilon\omega} = \dfrac{k}{k_0}\sqrt{\dfrac{\mu}{\epsilon}} & \text{(TM)} \\[2ex] \dfrac{\mu\omega}{k} = \dfrac{k_0}{k}\sqrt{\dfrac{\mu}{\epsilon}} & \text{(TE)} \end{cases} \tag{8.32}$$

mit dem durch (8.27) bestimmten k_0 gegeben ist. Das positive (negative) Vorzeichen in (8.31) gilt dann, wenn sich die Welle gemäß $e^{ikz}(e^{-ikz})$ ausbreitet. Die transversalen Felder bestimmen sich aus den longitudinalen Feldern nach Gl. (8.26) wie folgt:

$$\text{TM-Wellen:} \quad \mathbf{E}_t = \pm \frac{ik}{\gamma^2} \boldsymbol{\nabla}_t \psi$$

$$\text{TE-Wellen:} \quad \mathbf{H}_t = \pm \frac{ik}{\gamma^2} \boldsymbol{\nabla}_t \psi \tag{8.33}$$

wobei $\psi e^{\pm ikz}$ im Fall von TM(TE)-Wellen für $E_z(H_z)$ steht[3] und γ^2 unten definiert ist. Die skalare Wellenfunktion ψ genügt der zweidimensionalen Wellengleichung (8.19):

$$(\nabla_t^2 + \gamma^2)\psi = 0 \tag{8.34}$$

mit

$$\gamma^2 = \mu\epsilon\omega^2 - k^2 \tag{8.35}$$

Die zugehörigen Randbedingungen lauten:

$$\psi|_S = 0 \quad \text{bzw.} \quad \left.\frac{\partial\psi}{\partial n}\right|_S = 0 \tag{8.36}$$

für TM- bzw. TE-Wellen.

Gleichung (8.34) stellt in Verbindung mit den Randbedingungen (8.36) ein Eigenwertproblem dar. Es ist leicht einzusehen, dass die Konstante γ^2 nicht negativ sein darf. Der Grund hierfür ist im Wesentlichen der, dass ψ oszillieren muss, um den Randbedingungen (8.36) auf gegenüberliegenden Seiten des Zylinders genügen zu können. Es gibt ein ganzes Spektrum von Eigenwerten γ_λ^2 mit den Lösungen ψ_λ, $\lambda = 1, 2, 3, \ldots$, die ein orthogonales Funktionensystem bilden. Man nennt sie *Schwingungs- oder Wellentypen* (oder auch *Moden*) des betreffenden Leiters. Bei gegebener Frequenz ω ist die Wellenzahl für jeden Wert von λ festgelegt, nämlich durch

$$k_\lambda^2 = \mu\epsilon\omega^2 - \gamma_\lambda^2 \tag{8.37}$$

Definiert man die *Grenzfrequenz*[4]

$$\omega_\lambda = \frac{\gamma_\lambda}{\sqrt{\mu\epsilon}} \tag{8.38}$$

so lässt sich die Wellenzahl k_λ auch in der Form

$$k_\lambda = \sqrt{\mu\epsilon}\sqrt{\omega^2 - \omega_\lambda^2} \tag{8.39}$$

---

[3] Anstelle von **E** und **B** benutzen wir hier **E** und **H** als Grundfelder, um bei Verwendung des Wellenwiderstandes (manchmal auch „Wellenimpedanz" genannt) zusätzliche μ-Faktoren zu vermeiden. (Wie die normale Impedanz enthält auch der Wellenwiderstand die Spannung und den Strom und somit **E** und **H**).

[4] Die *Grenzfrequenz* wird auch *kritische Frequenz*, *Abschneidefrequenz* oder *Cutoff-Frequenz* genannt (Anm. des Übersetzers).

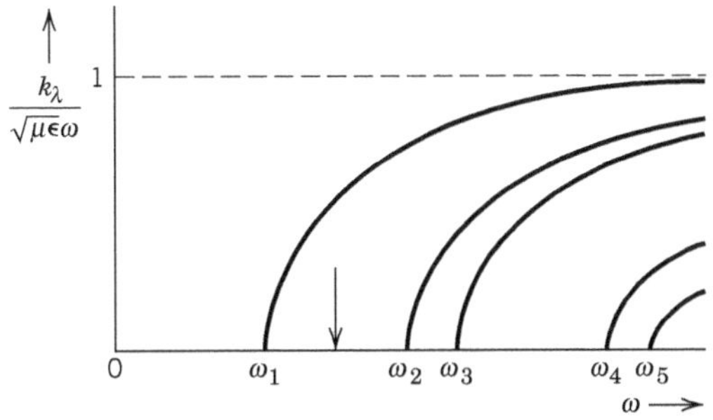

Abb. 8.4 Die Wellenzahl k_λ als Funktion der Frequenz ω für verschiedene Grenzfrequenzen ω_λ.

schreiben. Für $\omega > \omega_\lambda$ ist die Wellenzahl k_λ reell; Wellen dieses λ-Typs können sich im Leiter ausbreiten. Für Frequenzen unterhalb der Grenzfrequenz ist k_λ jedoch rein imaginär; entsprechende Wellen sind nicht ausbreitungsfähig, da ihre Felder aperiodisch gedämpft werden. Man bezeichnet sie manchmal als *Grenzwellen* oder *evaneszente Moden*. Das Verhalten der Wellenzahl als Funktion der Frequenz ist qualitativ in Abb. 8.4 dargestellt. Wie man sieht, kann sich bei einer vorgegebenen Frequenz nur eine endliche Zahl von Wellentypen ausbreiten. Oft ist es zweckmäßig, die Geometrie des Leiters so zu wählen, dass bei der Betriebsfrequenz nur der Schwingungstyp niedrigster Grenzfrequenz auftreten kann. Dies wird in der Abbildung durch den senkrechten Pfeil angedeutet.

Da die Wellenzahl k_λ stets kleiner als die entsprechende Vakuumgröße $\sqrt{\mu\epsilon}\,\omega/c$ ist, ist die Wellenlänge im Leiter stets größer als im Vakuum. Die Phasengeschwindigkeit v_p ist aber größer als im freien, unbegrenzten Raum:

$$v_p = \frac{\omega}{k_\lambda} = \frac{1}{\sqrt{\omega\epsilon}} \frac{1}{\sqrt{1-\left(\frac{\omega_\lambda}{\omega}\right)^2}} > \frac{1}{\sqrt{\mu\epsilon}} \tag{8.40}$$

Bei der Grenzfrequenz wird die Phasengeschwindigkeit unendlich groß.

8.4 Schwingungstypen in Rechteckwellenleitern

Um die allgemeinen Merkmale, die wir im vorigen Abschnitt diskutierten, an einem wichtigen Beispiel zu illustrieren, betrachten wir die Ausbreitung von TE-Wellen in einem Rechteckwellenleiter mit den inneren Abnessungen a und b (vgl. Abb. 8.5). Die Wellengleichung für $\psi = H_z$ lautet:

$$\left(\frac{\partial^2}{\partial x^2} + \frac{\partial^2}{\partial y^2} + \gamma^2\right)\psi = 0 \tag{8.41}$$

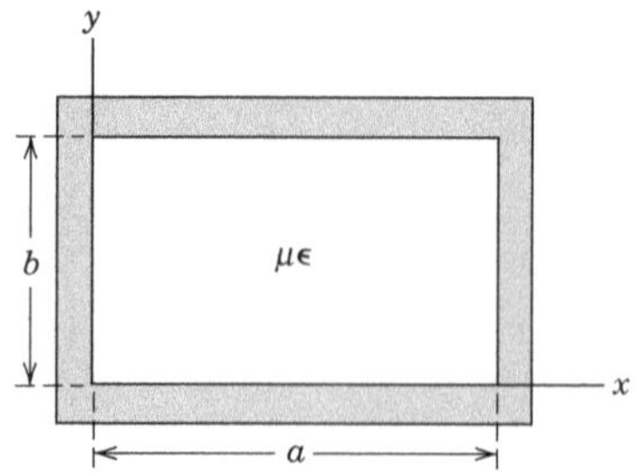

Abb. 8.5 Querschnitt eines Rechteckwellenleiters

und unterliegt bei $x = 0, a$ und $y = 0, b$ der Randbedingung $\partial\psi/\partial n = 0$. Die Lösung für ψ hat daher die Gestalt

$$\psi_{mn}(x, y) = H_0 \cos\left(\frac{m\pi x}{a}\right) \cos\left(\frac{n\pi y}{b}\right) \tag{8.42}$$

mit

$$\gamma_{mn}^2 = \pi^2 \left(\frac{m^2}{a^2} + \frac{n^2}{b^2}\right) \tag{8.43}$$

An die Stelle des *einen* Index λ, der zuvor die Schwingungstypen kennzeichnete, sind jetzt zwei positive ganze Zahlen m, n getreten. Will man Triviallösungen ausschließen, so dürfen m und n nicht gleichzeitig Null sein. Die Grenzfrequenz hat den Wert

$$\omega_{mn} = \frac{\pi}{\sqrt{\mu\epsilon}} \left(\frac{m^2}{a^2} + \frac{n^2}{b^2}\right)^{1/2} \tag{8.44}$$

Ist $a > b$, so tritt die niedrigste Grenzfrequenz, die sog. *Grundfrequenz*, bei $m = 1$, $n = 0$ auf:

$$\omega_{1,0} = \frac{\pi}{\sqrt{\omega\epsilon a}} \tag{8.45}$$

Dies entspricht einer halben freien Wellenlänge über die Breitseite des Leiterquerschnitts. Die Felder dieses Wellentyps, die man als $\text{TE}_{1,0}$-Felder bezeichnet, sind explizit gegeben durch

$$\begin{aligned} H_z &= H_0 \cos\left(\frac{\pi x}{a}\right) e^{ikz - i\omega t} \\ H_x &= -\frac{ika}{\pi} H_0 \sin\left(\frac{\pi x}{a}\right) e^{ikz - i\omega t} \\ E_y &= i\frac{\omega a \mu}{\pi} H_0 \sin\left(\frac{\pi x}{a}\right) e^{ikz - i\omega t} \end{aligned} \tag{8.46}$$

Dabei bestimmt sich $k = k_{1,0}$ aus (8.39) mit $\omega_\lambda = \omega_{1,0}$. Das Auftreten des Faktors i in H_x (und E_y) bedeutet, dass zwischen H_x (bzw. E_y) und H_z in Ausbreitungsrichtung eine räumliche bzw. zeitliche Phasendifferenz von 90° besteht. Die $TE_{1,0}$-Welle hat von den TE- und TM-Wellen die niedrigste Grenzfrequenz[5] und wird daher in den meisten praktischen Fällen benutzt. Wählt man z. B. $a = 2b$, so ergeben sich für die auf ω_{10} bezogenen Grenzfrequenzen ω_{mn} (zu den niedrigsten Indizes) folgende Werte:

m \ n	0	1	2	3
0		2,00	4,00	6,00
1	1,00	2,24	4,13	
2	2,00	2,84	4,48	
3	3,00	3,61	5,00	
4	4,00	4,48	5,66	
5	5,00	5,39		
6	6,00			

Zwischen der einfachen und doppelten (bzw. mit (a/b) multiplizierten) Grenzfrequenz gibt es einen stets kleineren Bereich, in dem sich allein die $TE_{1,0}$-Welle ausbreiten kann. Jenseits davon kommen sehr schnell andere Schwingungstypen ins Spiel. Das Feldlinienbild der $TE_{1,0}$-Welle und höherer Wellen wird in vielen Büchern gezeigt, z. B. im *American Institute of Physics Handbook*, Hrsg. D. E. Gray, 3. Aufl., New York: McGraw-Hill 1972, S. 5–54 oder in dem Buch von *Simonyi*.

8.5 Energiestrom und Energiedämpfung in Wellenleitern

In die allgemeine Behandlung eines zylindrischen Wellenleiters beliebigen Querschnitts, die wir in Abschnitt 3 vornahmen, lässt sich der Energiestrom entlang des Leiters einbeziehen und auch die durch die endliche Leitfähigkeit der Wandungen bedingte Dämpfung. Wir werden uns dabei auf den Fall beschränken, dass zum betrachteten Zeitpunkt nur ein einziger Schwingungstyp vorhanden ist, und werden entartete Schwingungstypen nur kurz erwähnen. Der Energiestrom wird durch den komplexen Poynting'schen Vektor

$$\mathbf{S} = \tfrac{1}{2}(\mathbf{E} \times \mathbf{H}^*) \tag{8.47}$$

[5] Dies ergibt sich unmittelbar aus der Tatsache, dass E_z für TM-Wellen folgende Gestalt hat:

$$E_z = E_0 \sin\left(\frac{m\pi x}{a}\right) \sin\left(\frac{n\pi y}{b}\right)$$

während γ^2 weiterhin durch (8.43) bestimmt wird. Der Schwingungstyp niedrigster Ordnung ist also der mit $m = n = 1$. Die zugehörige Grenzfrerquenz ist um den Faktor $\left(1 + \frac{a^2}{b^2}\right)^{1/2}$ größer als für die $TE_{1,0}$-Welle.

beschrieben, dessen Realteil das zeitliche Mittel des Energiestroms liefert. Für TM- und TE-Felder ergibt sich bei Verwendung von (8.31) und (8.33):

$$\mathbf{S} = \frac{\omega k}{2\gamma^4} \begin{Bmatrix} \epsilon \left[\mathbf{e}_z |\boldsymbol{\nabla}_t \psi|^2 + i \dfrac{\gamma^2}{k} \psi \boldsymbol{\nabla}_t \psi^* \right] \\ \mu \left[\mathbf{e}_z |\boldsymbol{\nabla}_t \psi|^2 - i \dfrac{\gamma^2}{k} \psi^* \boldsymbol{\nabla}_t \psi \right] \end{Bmatrix} \tag{8.48}$$

wobei die obere (untere) Zeile für TM(TE)-Wellen gilt. Da ψ im Allgemeinen reell ist[6], beschreibt die Transversalkomponente von **S** die Blindleistung und trägt zum zeitlichen Mittel des Energiestroms nicht bei. Die Axialkomponente von **S** dagegen liefert das zeitliche Mittel des Energiestroms in Richtung der Zylinderachse. Um den gesamten Leistungsstrom P zu berechnen, integrieren wir die Axialkomponente von **S** über die Querschnittfläche A:

$$P = \int_A \mathbf{S} \cdot \mathbf{e}_z \, da = \frac{\omega k}{2\gamma^4} \begin{Bmatrix} \epsilon \\ \mu \end{Bmatrix} \int_A (\boldsymbol{\nabla}_t \psi)^* \cdot (\boldsymbol{\nabla}_t \psi) \, da \tag{8.49}$$

Mithilfe der ersten Green'schen Identität (1.34), angewandt auf zwei Dimensionen, lässt sich für (8.49) auch

$$P = \frac{\omega k}{2\gamma^4} \begin{Bmatrix} \epsilon \\ \mu \end{Bmatrix} \left[\oint_C \psi^* \frac{\partial \psi}{\partial n} \, dl - \int_A \psi^* \nabla_t^2 \psi \, da \right] \tag{8.50}$$

schreiben, wobei das erste Integral entlang der Kontur C des Leiterquerschnitts zu nehmen ist. Dieses Integral verschwindet aufgrund der Randbedingungen (8.36) für beide Feldarten. Das zweite Integral dagegen lässt sich bei Verwendung der Wellengleichung (8.34) auf das Normierungsintegral von ψ zurückführen. Man erhält auf diese Weise für die übertragene Leistung

$$P = \frac{1}{2\sqrt{\mu\epsilon}} \left(\frac{\omega}{\omega_\lambda} \right)^2 \left(1 - \frac{\omega_\lambda^2}{\omega^2} \right)^{1/2} \begin{Bmatrix} \epsilon \\ \mu \end{Bmatrix} \int_A \psi^* \psi \, da \tag{8.51}$$

wobei die obere (untere) Zeile wieder für TM(TE)-Wellen gilt und wir die Frequenzabhängigkeit explizit gemacht haben.

Die Feldenergie pro Längeneinheit des Leiters lässt sich ohne Schwierigkeiten auf diesselbe Art und Weise berechnen wie der Leistungsstrom. Das Ergebnis lautet:

$$U = \frac{1}{2} \left(\frac{\omega}{\omega_\lambda} \right)^2 \begin{Bmatrix} \epsilon \\ \mu \end{Bmatrix} \int_A \psi^* \psi \, da \tag{8.52}$$

Ein Vergleich mit dem Leistungsstrom P zeigt, dass P und U (wie zu erwarten) zueinander proportional sind. Die Proportionalitätskonstante hat die Dimension einer Geschwindigkeit (der Geschwindigkeit des Energiestroms) und ist gleich der Gruppengeschwindigkeit:

---

[6] Man kann einen Wellenleiter so anregen, dass ψ für einen bestimmten Schwingungstyp oder eine Linearkombination verschiedener Schwingungstypen komplex wird. Im zeitlichen Mittel kann es dann zu einem transversalen Energiestrom kommen. Da es sich hierbei aber um einen zirkulierenden Strom handelt, stellt er nur gespeicherte Energie dar und ist für die Praxis kaum von Bedeutung.

$$\frac{P}{U} = \frac{k}{\omega} \frac{1}{\mu\epsilon} = \frac{1}{\sqrt{\mu\epsilon}} \sqrt{1 - \frac{\omega_\lambda^2}{\omega^2}} = v_g \tag{8.53}$$

Dies lässt sich unmittelbar nachweisen, indem man $v_g = d\omega/dk$ unter Verwendung von (8.39) berechnet und dabei annimmt, dass das den Leiter ausfüllende Dielektrikum nichtdispersiv ist. v_g ist, wie man sieht, stets kleiner als die Geschwindigkeit von Wellen in einem unendlich ausgedehnten Medium und sinkt bei der Grenzfrequenz auf Null ab. Das Produkt aus der Phasengeschwindigkeit (8.40) und der Gruppengeschwindigkeit ist konstant:

$$v_p v_g = \frac{1}{\mu\epsilon} \tag{8.54}$$

Dies folgt unmittelbar aus der Tatsache, dass $\omega\Delta\omega \sim k\Delta k$ ist.

Unsere bisherigen Überlegungen galten Wellenleitern mit ideal leitenden Wänden. Die Wellenzahl k_λ (die die Ausbreitung der Felder in Richtung der Leiterachse beschreibt) war entweder reell oder rein imaginär. Ist die Leitfähigkeit der Wände jedoch endlich, so treten ohmsche Verluste auf, und der Leistungsstrom entlang des Leiters wird gedämpft. Für Wände mit großer Leitfähigkeit hat die Wellenzahl einen kleinen zusätzlichen Real- und Imaginärteil:

$$k_\lambda \simeq k_\lambda^{(0)} + \alpha_\lambda + i\beta_\lambda \tag{8.55}$$

Dabei entspricht $k_\lambda^{(0)}$ ideal leitenden Wänden. Der Zusatz α_λ zum Realteil der Wellenzahl ist im Allgemeinen nicht von Bedeutung – außer in der Nähe der Grenzfrequenz, wo $k_\lambda^{(0)} \to 0$ strebt. Die Dämpfungskonstante β_λ lässt sich bestimmen, indem man entweder das Randwertproblem mit endlicher Leitfähigkeit und entsprechenden Randbedingungen löst oder die ohmschen Verluste berechnet und dabei die Methoden aus Abschnitt 1 dieses Kapitels und die Energieerhaltung benutzt. Wir werden zunächst den zuletzt genannten Weg einschlagen. Entsprechend der Dämpfung der sich in z-Richtung ausbreitenden Felder hat der Leistungsstrom die allgemeine Form

$$P(z) = P_0 e^{-2\beta_\lambda z} \tag{8.56}$$

Für die Dämpfungskonstante ergibt sich daher:

$$\beta_\lambda = -\frac{1}{2P} \frac{dP}{dz} \tag{8.57}$$

wobei $-dP/dz$ den ohmschen Leistungsverlust pro Längeneinheit des Leiters darstellt. Nach Abschnitt 1 dieses Kapitels wird dieser Leistungsverlust durch

$$-\frac{dP}{dz} = \frac{1}{2\sigma\delta} \oint_C |\mathbf{n} \times \mathbf{H}|^2 \, dl \tag{8.58}$$

beschrieben, wobei das Integral über die Kontur des Leiterquerschnitts zu erstrecken ist. Mit den durch (8.31) und (8.33) bestimmten Feldern ergibt sich, wie leicht zu zeigen ist, für einen gegebenen Schwingungstyp:

$$-\frac{dP}{dz} = \frac{1}{2\sigma\delta}\left(\frac{\omega}{\omega_\lambda}\right)^2 \oint_C \left\{ \begin{matrix} \dfrac{1}{\mu^2\omega_\lambda^2}\left|\dfrac{\partial\psi}{\partial n}\right|^2 \\ \dfrac{1}{\mu\epsilon\omega_\lambda^2}\left(1-\dfrac{\omega_\lambda^2}{\omega^2}\right)|\mathbf{n}\times\nabla_t\psi|^2 + \dfrac{\omega_\lambda^2}{\omega^2}|\psi|^2 \end{matrix} \right\} dl \quad (8.59)$$

wobei die obere (untere) Zeile, wie zuvor, für TM(TE)-Wellen gilt.

Da die transversalen Ableitungen von ψ gänzlich durch die Fläche und die Kontur des Leiterquerschnitts bestimmt werden, haben wir in (8.59) die Frequenzabhängigkeit des Leistungsverlustes explizit hingeschrieben. Tatsächlich lassen sich die Integrale in (8.59) auf einfache Art und Weise abschätzen, da für jeden Schwingungstyp die Wellengleichung

$$(\nabla_t^2 + \mu\epsilon\omega_\lambda^2)\psi = 0 \quad (8.60)$$

gilt. Dies bedeutet, dass die transversalen Ableitungen von ψ, in einem gewissen Mittel und mit Ausnahme von Sonderfällen, in der Größenordnung von $\sqrt{\mu\epsilon}\,\omega_\lambda$ liegen müssen:

$$\left\langle\left|\frac{\partial\psi}{\partial n}\right|^2\right\rangle \sim \langle|\mathbf{n}\times\nabla_t\psi|^2\rangle \sim \mu\epsilon\omega_\lambda^2\langle|\psi|^2\rangle \quad (8.61)$$

Daher lassen sich die Linienintegrale in (8.59) mit dem Normierungsintegral von ψ über die Querschnittsfläche des Leiters verknüpfen. So ist z. B.

$$\oint_C \frac{1}{\omega_\lambda^2}\left|\frac{\partial\psi}{\partial n}\right|^2 dl = \xi_\lambda\mu\epsilon\frac{C}{A}\int_A |\psi|^2\,da \quad (8.62)$$

wenn C den Umfang und A die Fläche des Leiterquerschnitts bedeuten, während ξ_λ eine dimensionslose Zahl in der Größenordnung von Eins ist. Wir sind jetzt imstande, ohne weitere Kenntnis der Form des Leiters die Größenordnung der Dämpfungskonstanten β_λ zu ermitteln und deren Frequenzabhängigkeit vollständig zu bestimmen. Mithilfe von (8.59) sowie (8.62) und (8.51) und bei Verwendung der durch Gl. (8.8) bestimmten Frequenzabhängigkeit der Eindringstiefe findet man:

$$\beta_\lambda = \sqrt{\frac{\epsilon}{\mu}}\,\frac{1}{\sigma\delta_\lambda}\left(\frac{C}{2A}\right)\frac{\left(\dfrac{\omega}{\omega_\lambda}\right)^{1/2}}{\left(1-\dfrac{\omega_\lambda^2}{\omega^2}\right)^{1/2}}\left[\xi_\lambda + \eta_\lambda\left(\frac{\omega_\lambda}{\omega}\right)^2\right] \quad (8.63)$$

Dabei ist σ die (als frequenzunabhängig angenommene) Leitfähigkeit und δ_λ die zur Grenzfrequenz gehörende Eindringtiefe, während η_λ, genauso wie ξ_λ, eine dimensionslose Zahl in der Größenordnung von Eins ist. Für TM-Wellen ist $\eta_\lambda = 0$.

Für einen Leiter gegebenen Querschnitts lassen sich die Parameter ξ_λ und η_λ in (8.63) einfach berechnen. Im Fall eines Rechteckwellenleiters ergibt sich für TE-Wellen mit $n = 0$: $\xi_{m,0} = a/(a+b)$ und $\eta_{m,0} = 2b/(a+b)$. Für übliche Relativabmessungen liegen diese Parameter erwartungsgemäß in der Größenordnung von Eins.

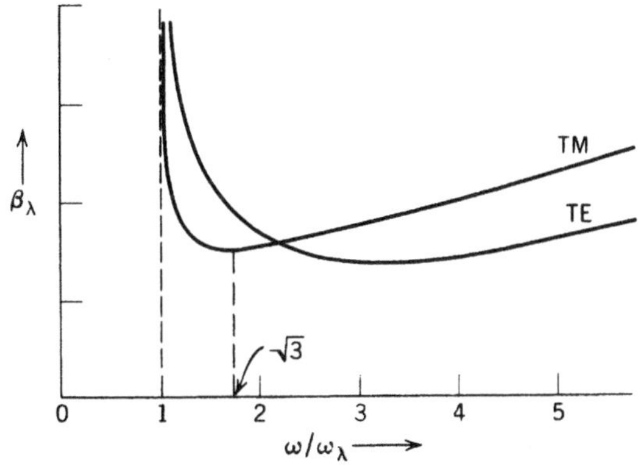

Abb. 8.6 Die Dämpfungskonstante β_λ als Funktion der Frequenz für typische TE- und TM-Wellen. Für TM-Wellen liegt das Minimum der Dämpfungskonstanten, unabhängig von der Form des Leiterquerschnitts, bei $\omega/\omega_\lambda = \sqrt{3}$.

Das allgemeine Verhalten von β_λ, als Funktion der Frequenz, ist in Abb. 8.6 dargestellt. Minimale Dämpfung tritt in einigem Abstand von der Grenzfrequenz auf. Für TE-Wellen hängen ξ_λ und η_λ von der Form des Leiterquerschnitts und von λ ab. Eine allgemeine Aussage über die exakte Frequenz, bei der die Dämpfung minimal wird, kann man daher nicht machen. Für TM-Wellen jedoch (mit $\eta_\lambda = 0$) liegt das Minimum stets bei $\omega_{\min} = \sqrt{3}\,\omega_\lambda$. Bei hohen Frequenzen steigt die Dämpfung wie $\omega^{1/2}$ an. Im Mikrowellenbereich liegen die Dämpfungskonstanten für Kupfer in der Größenordnung von $\beta_\lambda \sim 10^{-4}\,\omega_\lambda/c$, sodass die Felder nach 200–400 Metern auf den e-ten Teil ihres Anfangswertes abgeklungen sind.

Die Näherungen, die wir zur Herleitung von (8.63) gemacht haben, sind natürlich in der Umgebung der Grenzfrequenz nicht erlaubt. Dies geht bereits aus der Tatsache hervor, dass der unendlich große Wert, den β_λ nach (8.63) bei $\omega = \omega_\lambda$ annimmt, physikalisch nicht möglich ist.

8.6 Störung der Randbedingungen

Die Verwendung der Energieerhaltung zur Bestimmung der Dämpfungskonstanten β_λ verläuft direkt und hat – intuitiv gesehen – einen gewissen Reiz; doch sie liefert für die Grenzfrequenz physikalisch unsinnige Ergebnisse und macht auch über den Wert von α_λ, der Änderung des Realteils der Wellenzahl, keine Aussage. Beide Mängel werden behoben, wenn man eine Methode verwendet, die unter dem Namen *Störung der Randbedingungen* bekannt ist. Diese Methode ist, zumindest prizipiell, imstande, bestimmte Fragestellungen mit jeder nur gewünschten Genauigkeit zu beantworten; doch werden wir sie hier nur in niedrigster Ordnung anwenden. Sie gestattet auch die Behandlung entarteter Schwingungstypen, auf die wir am Ende dieses Abschnitts und in Übg. 8.13 kurz zu sprechen kommen. Auch die Auswirkung kleiner Querschnittsänderungen lässt sich mit dieser Methode erfassen. Vgl. hierzu Übg. 8.12.

Als konkretes Beispiel betrachten wir eine einzelne TM-Welle bei Abwesenheit entarteter oder fast entarteter (TE- oder TM-)Wellen. Im Falle einer isolierten TE-Welle verläuft die Schlussweise ähnlich. Um die Anzahl der oberen und unteren Indizes zu reduzieren, kennzeichnen wir die (ungestörte) Lösung für ideal leitende Wände durch einen unteren Index Null, während die (gestörte) Lösung für Wände mit endlicher Leitfähigkeit überhaupt keinen Index trägt. Somit wird also das ungestörte Problem durch ein longitudinales elektrisches Feld $E_z = \psi_0$ charakterisiert, das der Wellengleichung

$$(\nabla_t^2 + \gamma_0^2)\psi_0 = 0, \quad \psi_0|_S = 0 \tag{8.64}$$

mit reellem γ_0^2 genügt. Bei endlicher, aber großer Leitfähigkeit ist $E_z = \psi$ auf den Wänden nicht gleich Null, sondern durch (8.11) gegeben. In niedrigster Ordnung lässt sich der Ausdruck auf der rechten Seite von Gl. (8.11) durch die ungestörten Felder approximieren. Bei Verwendung der jeweils ersten Gleichung aus (8.23) und (8.33) lässt sich die gestörte Randbedingung für ψ in der Form

$$\psi|_S \simeq f\frac{\partial\psi_0}{\partial n}\bigg|_S \tag{8.65}$$

ausdrücken, wobei der kleine komplexe Parameter f durch

$$f = (1+i)\frac{\mu_L\delta}{2\mu}\left(\frac{\omega}{\omega_0}\right)^2 \tag{8.66}$$

gegeben ist.[7] Hierin bedeuten μ_L und μ die Permeabilitäten der der Leiterwände bzw. des Mediums innerhalb des Leiters, während δ die Eindringtiefe (8.8) und ω_0 die Grenzfrequenz der ungestörten Welle ist. Das gestörte Problem, das (8.64) entspricht, lautet also:

$$(\nabla_t^2 + \gamma^2)\psi = 0, \quad \psi\bigg|_S \simeq f\frac{\partial\psi_0}{\partial n}\bigg|_S \tag{8.67}$$

Ist nur der Eigenwert γ^2 gesucht, so kann man den Green'schen Satz (1.35) für zwei Dimensionen anwenden, nämlich

$$\int_A [\phi\nabla_t^2\psi - \psi\nabla_t^2\phi]\,da = \oint_C \left[\psi\frac{\partial\phi}{\partial n} - \phi\frac{\partial\psi}{\partial n}\right] dl$$

wobei die auf der rechten Seite auftretende Normale nach *innen* gerichtet ist, also in Übereinstimmung mit (8.11) und (8.65) von der Leiterwandung aus ins Leiterinnere zeigt. Setzt man jetzt $\psi = \psi$ und $\phi = \psi_0^*$, so führt der Green'sche Satz bei Verwendung von (8.64) und (8.67) auf

$$(\gamma_0^2 - \gamma^2)\int_A \psi_0^*\psi\,da = f\oint_C \left|\frac{\partial\phi_0}{\partial n}\right|^2 dl \tag{8.68}$$

[7] Allgemein lässt sich f durch die Oberflächenimpedanz Z_s ausdrücken, nämlich in der Form $f = (i\omega/\mu\omega_0^2)Z_s$.

Da der Parameter f nach Voraussetzung klein ist, kann man im Integral auf der linken Seite das Feld ψ im Allgemeinen durch seinen ungestörten Wert ψ_0 approximieren. Man erhält dann:

$$\gamma_0^2 - \gamma^2 = k^2 - k^{(0)2} \simeq f \frac{\oint_C \left|\frac{\partial \psi_0}{\partial n}\right|^2 dl}{\int_A |\psi_0|^2 da} \tag{8.69}$$

Aus den im vorigen Abschnitt hergeleiteten Formeln (8.51) und (8.59) ergibt sich für das Verhältnis der beiden Integrale auf der rechten Seite der letzten Gleichung

$$2k^{(0)}\beta_{\mathrm{TM}}^{(0)} = \frac{\mu_{\mathrm{L}}\delta}{2\mu}\left(\frac{\omega}{\omega_0}\right)^2 \frac{\oint_C \left|\frac{\partial \psi_0}{\partial n}\right|^2 dl}{\int_A |\psi_0|^2 da} \tag{8.70}$$

wobei $\beta^{(0)}$ durch (8.57) bzw. (8.63) gegeben ist. Dies bedeutet, dass man anstelle von (8.69) auch

$$k^2 \simeq k^{(0)2} + 2(1+i)k^{(0)}\beta^{(0)} \tag{8.71}$$

schreiben kann. Dieses Resultat gilt sowohl für TM- wie für TE-Wellen, wenn man für $\beta^{(0)}$ jeweils die entsprechenden Werte aus dem vorigen Abschnitt einsetzt. Für $k^{(0)} \gg \beta^{(0)}$ reduziert sich (8.71) auf den früheren Ausdruck (8.55) mit $\alpha = \beta$. An der Grenzfrequenz und unterhalb von ihr liefert jetzt (8.71) – im Gegensatz zu den Resultaten des vorhergehenden Abschnitts – vernünftige Ausdrücke, da die Kombination $k^{(0)}\beta^{(0)}$ in der Umgebung von $k^{(0)} = 0$ endlich ist. Der Übergang von einer sich ausbreitenden Mode zu einer evaneszenten Mode (Grenzwelle) ist natürlich unscharf, wenn die Leiterwände nur endliche Leitfähigkeit besitzen. Doch unmittelbar oberhalb und unterhalb der Grenzfrequenz ist die Dämpfung so stark, dass man bei Annahme einer scharfen Grenze keinen großen Fehler macht.

Die in diesem und im vorigen Abschnitt vorgenommene Untersuchung der Dämpfung beschränkte sich auf den Fall, dass zum betrachteten Zeitpunkt nur ein einziger Schwingungstyp vorhanden ist. Für nichtentartete Wellen mit nicht zu großen Verlusten ist diese Näherung angemessen. Tritt jedoch der Fall ein, dass die TM- und TE-Wellen entartet sind (wie beim Rechteckleiter, wenn $n \neq 0$ und $m \neq 0$ ist), dann kann jede Störung, so klein sie auch sei, eine ziemlich starke Mischung beider Wellentypen bewirken. Die bisher benutzten Methoden lassen sich in solchen Fällen nicht anwenden. Denn bei einer auftretenden Mischung steht auf der rechten Seite der gestörten Randbedingung (8.65) nicht nur die Normalenableitung von E_z, sondern auch noch ein Term mit der tangentialen Ableitung des ungestörten Feldes H_z. Natürlich gibt es auch eine entsprechende gestörte Randbedingung für H_z, die beide Longitudinalfelder enthält. Das skizzierte Problem ist eines von denen, die in der Störungstheorie für entartete Zustände auftreten und aus der Quantenmechanik wohlbekannt sind. Die gestörten Wellen sind orthogonale Linearkombinationen der ungestörten TM- und TE-Wellen. Für die Dämpfungskonstanten der beiden Schwingungstypen erhält man die charakteristischen Ausdrücke

$$\beta = \tfrac{1}{2}(\beta_{\mathrm{TM}} + \beta_{\mathrm{TE}}) \pm \tfrac{1}{2}\sqrt{(\beta_{\mathrm{TM}} - \beta_{\mathrm{TE}})^2 + 4|K|^2} \tag{8.72}$$

wobei β_{TM} und β_{TE} die oben gefundenen Werte haben und K einen Kopplungsparameter darstellt.

Dämpfungs- und Verzerrungseffekte für entartete Schwingungstypen lassen sich ebenfalls nach der Methode der Störung der Randbedingungen behandeln. Vgl. hierzu Übg. 8.13 und insbesondere das Buch von *Collin*.

8.7 Hohlraumresonatoren

Ein elektromagnetischer Hohlraumresonator kann zwar beliebige Gestalt haben, doch die wichtigste Klasse solcher Resonatoren besteht aus zylindrischen Hohlleitern, die durch Deckflächen an ihren beiden Enden nach außen abgeschlossen sind. Wir wollen annehmen, dass diese Deckflächen eben und senkrecht zur Achse des Zylinders sind. Wie üblich sei auch angenommen, dass die Wände des Resonators ideal leitend sind, während das Leiterinnere mit einem verlustfreien Dielektrikum der Permeabilität μ und der Dielektrizitätskonstanten ϵ gefüllt sei. Wegen der Reflexion an den Deckflächen entspricht die z-Abhängigkeit der Felder der von stehenden Wellen:

$$A \sin kz + B \cos kz$$

Befinden sich die ebenen Deckflächen bei $z = 0$ und $z = d$, so können dort die Randbedingungen nur dann erfüllt werden, wenn

$$k = p\frac{\pi}{d} \quad (p = 0, 1, 2, \ldots) \tag{8.73}$$

ist. Für TM-Wellen erfordert das Verschwinden von $\mathbf{E}_t$ bei $z = 0$ und $z = d$:

$$E_z = \psi(x, y) \cos\left(\frac{p\pi z}{d}\right) \quad (p = 0, 1, 2, \ldots) \tag{8.74}$$

Bei TE-Wellen dagegen impliziert das Verschwinden von H_z bei $z = 0$ und $z = d$:

$$H_z = \psi(x, y) \sin\left(\frac{p\pi z}{d}\right) \quad (p = 1, 2, 3, \ldots) \tag{8.75}$$

Aus (8.31) und (8.33) ergibt sich dann für die transversalen Felder von

TM-Wellen:

$$\begin{aligned} \mathbf{E}_t &= -\frac{p\pi}{d\gamma^2} \sin\left(\frac{p\pi z}{d}\right) \boldsymbol{\nabla}_t \psi \\ \mathbf{H}_t &= \frac{i\epsilon\omega}{\gamma^2} \cos\left(\frac{p\pi z}{d}\right) \mathbf{e}_z \times \boldsymbol{\nabla}_t \psi \end{aligned} \tag{8.76}$$

und von TE-Wellen:

$$\mathbf{E}_t = -\frac{i\omega\mu}{\gamma^2} \sin\left(\frac{p\pi z}{d}\right) \mathbf{e}_z \times \boldsymbol{\nabla}_t \psi$$

$$\mathbf{H}_t = \frac{p\pi}{d\gamma^2} \cos\left(\frac{p\pi z}{d}\right) \nabla_t \psi \tag{8.77}$$

Die Randbedingungen an den Enden des Hohlleiters sind jetzt explizit erfüllt. Es bleibt, wie zuvor, das Eigenwertproblem (8.34)–(8.36) zu lösen. Für die Konstante γ^2 ergibt sich jetzt unmittelbar:

$$\gamma^2 = \mu\epsilon\omega^2 - \left(\frac{p\pi}{d}\right)^2 \tag{8.78}$$

Für jeden Wert von p legt der Eigenwert γ_λ^2 eine Eigenfrequenz

$$\omega_{\lambda p}^2 = \frac{1}{\mu\epsilon}\left[\gamma_\lambda^2 + \left(\frac{p\pi}{d}\right)^2\right] \tag{8.79}$$

und die dieser Resonanzfrequenz entsprechenden Felder fest. Die Gesamtheit der ω_{mn} bildet einen diskreten Satz von Resonanzfrequenzen, die man graphisch bestimmen kann, indem man die axiale Wellenzahl k über der Frequenz aufträgt (vgl. Abb. 8.4) und $k = p\pi/d$ fordert. Es empfiehlt sich im Allgemeinen, die verschiedenen Abmessungen des Hohlleiters so zu wählen, dass die Betriebsresonanzfrequenz gut von den anderen Resonanzfrequenzen getrennt ist. Die Betriebsstabilität des Hohlleiters ist dann relativ groß und die Empfindlichkeit gegenüber Störeffekten, die durch Frequenzabweichungen, Belastungsänderung u. ä. verursacht werden, gering.

Ein in der Praxis häufig benutzter Hohlraumresonator besteht aus einem geraden Kreiszylinder, der u. U. einen Stempel enthält, mit dem man durch Veränderung der Höhe eine Abstimmung vornehmen kann. In Abb. 8.7 ist ein solcher Kreiszylinder mit dem inneren Radius R und der Höhe d dargestellt. Für eine TM-Welle hat die transversale Wellengleichung für das Feld $\psi = E_z$, das der Randbedingung $E_z = 0$ bei $\rho = R$ genügen muss, die Lösung

$$\psi(\rho, \phi) = E_0 J_m(\gamma_{mn}\rho) e^{\pm im\phi} \tag{8.80}$$

mit

$$\gamma_{mn} = \frac{x_{mn}}{R}$$

Darin bedeutet x_{mn} die n-te Wurzel der Gleichung $J_m(x) = 0$. Für die drei niedrigsten m-Werte gaben wir diese Wurzeln im Anschluss an Gl. (3.92) an. Die Zahlen m und

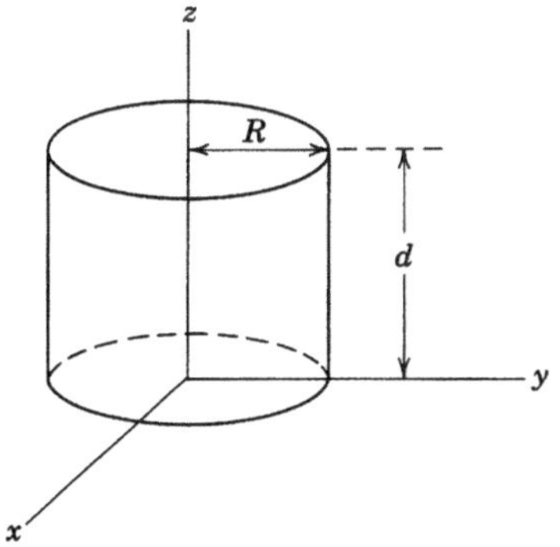

Abb. 8.7

n durchlaufen die Werte $m = 0, 1, 2, \ldots$ und $n = 1, 2, 3, \ldots$. Für die Resonanzfrequenz erhält man:

$$\omega_{mnp} = \frac{1}{\sqrt{\mu\epsilon}} \sqrt{\frac{x_{mn}^2}{R^2} + \frac{p^2\pi^2}{d^2}} \tag{8.81}$$

Die niedrigste TM-Welle hat $m = 0$, $n = 1$, $p = 0$ und wird als $\mathrm{TM}_{0,1,0}$-Welle bezeichnet. Ihre Resonanzfrequenz ist

$$\omega_{010} = \frac{2{,}405}{\sqrt{\mu\epsilon}\, R}$$

und die zugehörigen Felder lauten explizit:

$$E_z = E_0 J_0\left(\frac{2{,}405\rho}{R}\right) e^{-i\omega t}$$

$$H_\phi = -i\sqrt{\frac{\epsilon}{\mu}}\, E_0 J_1\left(\frac{2{,}405\rho}{R}\right) e^{-i\omega t} \tag{8.82}$$

Die Resonanzfrequenz für diesen Schwingungstyp ist unabhängig von d, sodass ein einfaches Abstimmen nicht möglich ist.

Für TE-Wellen ist die Grundlösung (8.80) weiterhin gültig, doch wegen der Randbedingung für H_z $\left(\text{nämlich } \left.\frac{\partial\psi}{\partial\rho}\right|_R = 0\right)$ ist jetzt

$$\gamma_{mn} = \frac{x'_{mn}}{R}$$

wobei x'_{mn} die n-te Wurzel der Gleichung $J'_m(x) = 0$ bedeutet. Diese Wurzeln seien hier für einige Werte von m und n auf drei Dezimalstellen genau angegeben:

n-te Wurzeln x'_{mn} der Gleichung $J'_m(x) = 0$

m \ n	1	2	3	...
0	3,832	7,016	10,173	...
1	1,841	5,331	8,536	...
2	3,054	6,706	9,970	...
3	4,201	8,015	11,336	...
⋮				

Die Resonanzfrequenzen ergeben sich zu

$$\omega_{mnp} = \frac{1}{\sqrt{\mu\epsilon}} \left(\frac{x'^2_{mn}}{R^2} + \frac{p^2\pi^2}{d^2}\right)^{1/2} \tag{8.83}$$

wobei $m = 0, 1, 2, \ldots$ und $n, p = 1, 2, 3, \ldots$ ist. Für die niedrigste TE-Welle ist $n = p = 1$; man bezeichnet sie daher als $\mathrm{TE}_{1,1,1}$-Welle. Die zugehörige Resonanzfrequenz ist

$$\omega_{111} = \frac{1{,}841}{\sqrt{\mu\epsilon}\, R}\left(1 + 2{,}912\,\frac{R^2}{d^2}\right)^{1/2} \tag{8.84}$$

während sich die Felder aus Gl. (8.77) mit

$$\psi = H_z = H_0 J_1\left(\frac{1{,}841\,\rho}{R}\right)\cos\phi \sin\left(\frac{\pi z}{d}\right) e^{-i\omega t} \tag{8.85}$$

herleiten. Für genügend großes d ($d > 2{,}03\,R$) ist die Resonanzfrequenz ω_{111} kleiner als die der niedrigsten TM-Welle. Die $\mathrm{TE}_{1,1,1}$-Welle ist dann die Grundschwingung des Hohlraumresonators. Da die Frequenz vom Verhältnis d/R abhängt, wird ein einfaches Abstimmen durch einen regulierbaren Abstand der Deckflächen möglich.

Näherungswerte für die niedrigsten Resonanzfrequenzen von Hohlraumresonatoren lassen sich mithilfe von Variationsmethoden berechnen. Eines der Variationsprinzipien, zusammen mit Beispielen, wird in den Übungen behandelt (Übgn. 8.9–8.11).

8.8 Leistungsverluste in einem Hohlraumresonator, Gütefaktor eines Hohlraumresonators

Im voranstehenden Abschnitt stellten wir fest, dass Hohlraumresonatoren diskrete Schwingungsfrequenzen besitzen und dass es zu jeder Resonanzfrequenz wohldefinierte Feldkonfigurationen gibt. Versucht man also, in einem Hohlraumresonator einen bestimmten Schwingungstyp anzuregen, so können sich die gewünschten Felder nur dann aufbauen, wenn die Anregungsfrequenz mit der gewählten Resonanzfrequenz genau übereinstimmt. In der Praxis jedoch zeigt das Anregungsspektrum keine δ-funktionsartige Singularität, sondern es existiert ein schmales Frequenzband um die Resonanzfrequenz, innerhalb dessen eine starke Anregung möglich ist. Die Hauptursache für diese „Verschmierung" der scharfen Schwingungsfrequenz ist der ohmsche Energieverlust in den Leiterwänden, der von dielektrischen Verlusten in der Hohlleiterfüllung begleitet sein kann. Ein Maß für das Ansprechvermögen eines Hohlraumresonators ist der sog. *Güte-* oder *Qualitätsfaktor* Q. Er ist definiert als das 2π-fache des Verhältnisses der im zeitlichen Mittel im Hohlraumresonator gespeicherten Energie zum Energieverlust pro Schwingungsperiode:

$$Q = \begin{cases} 2\pi \dfrac{\text{gespeicherte Energie}}{\text{Energieverlust pro Schwingungsperiode}} \\[2ex] \omega_0 \dfrac{\text{gespeicherte Energie}}{\text{Verlustleistung}} \end{cases} \tag{8.86}$$

wenn ω_0 die Resonanzfrequenz bei nichtvorhandenem Energieverlust bedeutet. Im zweiten Teil dieser Definitionsgleichung haben wir berücksichtigt, dass die negative zeitliche Änderungsrate der gespeicherten Energie U aufgrund der Energieerhaltung gleich der ohmschen Verlustleistung sein muss. Die Zeitabhängigkeit von U wird daher beschrieben durch die Gleichung

$$\frac{dU}{dt} = -\frac{\omega_0}{Q} U$$

mit der Lösung

$$U(t) = U_0 e^{-\omega_0 t/Q} \tag{8.87}$$

Ist also im Hohlraumresonator anfänglich die Energie U_0 gespeichert, so klingt sie mit einer zu Q umgekehrt proportionalen Abklingzeit exponentiell ab. Die durch (8.87) beschriebene Zeitabhängigkeit bedeutet, dass die Schwingungen der Felder im Hohlraumresonator gemäß

$$E(t) = E_0 e^{-\omega_0 t/2Q} e^{-i(\omega_0 + \Delta\omega)t} \tag{8.88}$$

gedämpft werden. Wir haben dabei neben der Dämpfung auch eine mögliche Verschiebung der Resonanzfrequenz berücksichtigt, die durch $\Delta\omega$ beschrieben wird. Eine solche gedämpfte Schwingung enthält nicht nur eine *einzige* Frequenz, sondern eine Überlagerung *vieler* Frequenzen um $\omega = \omega_0 + \Delta\omega$. Es ist daher

$$E(t) = \frac{1}{\sqrt{2\pi}} \int_{-\infty}^{\infty} E(\omega) e^{-i\omega t} d\omega$$

mit

$$E(\omega) = \frac{1}{\sqrt{2\pi}} \int_{0}^{\infty} E_0 e^{-\omega_0 t/2Q} e^{i(\omega - \omega_0 - \Delta\omega)t} dt \tag{8.89}$$

Das letzte Integral ist elementar auswertbar und ergibt für die Energieverteilung im Hohlraumresonator folgende Frequenzverteilung:

$$|E(\omega)|^2 \sim \frac{1}{(\omega - \omega_0 - \Delta\omega)^2 + (\omega_0/2Q)^2} \tag{8.90}$$

Sie hat die Gestalt einer Resonanzkurve (vgl. Abb. 8.8) und besitzt auf halber Höhe des Maximums die Breite $\Gamma = \omega_0/Q$ (die, weil sie sich auf den halben Wert des Maximums bezieht, auch „Halbwertsbreite“ genannt wird). Bei konstanter Eingangsspannung folgt die Schwingungsenergie im Hohlraumresonator in Umgebung einer bestimmten Resonanzfrequenz der durch (8.90) beschriebenen Resonanzkurve.

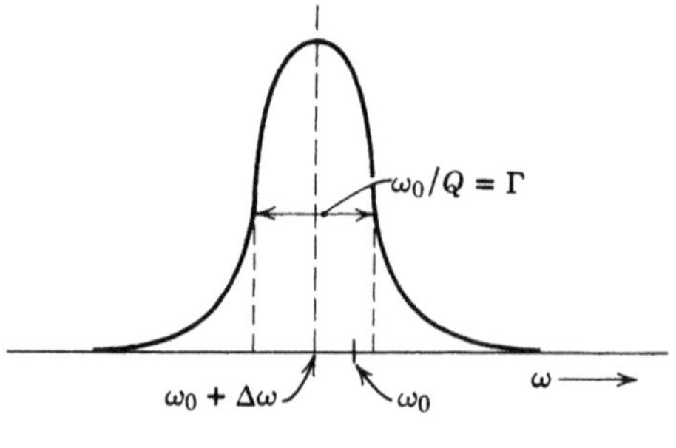

Abb. 8.8 Resonanzkurve. Die volle Breite Γ in Höhe der halben Maximalleistung ist gleich der ungestörten Frequenz ω_0, dividiert durch den Gütefaktor Q des Hohlraumresonators.

Das Frequenzintervall $\delta\omega$ zwischen den Punkten zu halber Anfangsleistung ist offenbar identisch mit der Breite Γ, und der Gütefaktor ist

$$Q = \frac{\omega_0}{\delta\omega} = \frac{\omega_0}{\Gamma} \tag{8.91}$$

Im Falle von Mikrowellenresonatoren machen die Gütefaktoren ein Vielfaches von 100 oder gar 1000 aus.

Zur Bestimmung des Gütefaktors eines Hohlraumresonators hat man nach Gl. (8.86) das zeitliche Mittel der in ihm gespeicherten Energie und die ohmsche Verlustleistung zu berechnen. Die dazu notwendigen Rechenschritte sind denen, die wir in Abschnitt 8.5 zur Berechnung der Dämpfung in Wellenleitern vornahmen, sehr ähnlich. Wir betrachten hier nur die in Abschnitt 8.7 behandelten zylindrischen Hohlraumresonatoren und nehmen an, dass entartete Wellen nicht auftreten. Die im Resonator gespeicherte Energie ist für einen bestimmten Schwingungstyp λ, p nach (8.74)–(8.77):

$$U = \frac{d}{4}\left\{\begin{matrix}\epsilon\\ \mu\end{matrix}\right\}\left[1 + \left(\frac{p\pi}{\gamma_\lambda d}\right)^2\right]\int_A |\psi|^2\, da \tag{8.92}$$

wobei sich das obere (untere) Symbol in der geschweiften Klammer auf TM(TE)-Wellen bezieht. Für TM-Wellen mit $p = 0$ muss das Ergebnis mit 2 multipliziert werden.

Die Verlustleistung lässt sich durch eine einfache Modifikation von (8.58) berechnen:

$$P_{\text{Verl.}} = \frac{1}{2\sigma\delta}\left[\oint_C dl\,|\mathbf{n}\times\mathbf{H}|_{\text{M}}^2 + 2\int_A da\,|\mathbf{n}\times\mathbf{H}|_{\text{D}}^2\right] \tag{8.93}$$

wobei die Indizes M und D für „Mantelfläche“ bzw. „Deckfläche“ stehen. Für TM-Wellen mit $p \neq 0$ ergibt sich hieraus:

$$P_{\text{Verl.}} = \frac{\epsilon}{\sigma\delta\mu}\left[1 + \left(\frac{p\pi}{\gamma_\lambda d}\right)^2\right]\left(1 + \xi_\lambda \frac{Cd}{4A}\right)\int_A |\psi|^2\, da \tag{8.94}$$

Die dimensionslose Zahl ξ_λ ist hierbei wieder die gleiche wie in (8.62), während C den Umfang und A die Querschnittsfläche des Resonators bedeuten. Für $p = 0$ muss ξ_λ durch $2\xi_\lambda$ ersetzt werden. Kombiniert man, entsprechend Gl. (8.86), den Ausdruck (8.92) mit (8.94) und benutzt dabei die Definition (8.8) für die Eindringtiefe δ, so findet man für den Gütefaktor des Hohlraumresonators:

$$Q = \frac{\mu}{\mu_{\text{L}}}\frac{d}{\delta}\frac{1}{2\left(1 + \xi_\lambda \dfrac{Cd}{4A}\right)} \tag{8.95}$$

wobei μ_{L} die Permeabilität der metallischen Resonatorwände ist. Für Schwingungstypen mit $p = 0$ muss die rechte Seite von (8.95) mit 2 multipliziert werden und ξ_λ durch $2\xi_\lambda$ ersetzt werden. Der Ausdruck für Q lässt sich physikalisch einfach interpretieren, wenn man ihn in der Form

$$Q = \frac{\mu}{\mu_{\text{L}}}\left(\frac{V}{S\delta}\right) \times (\text{geometrischer Faktor}) \tag{8.96}$$

schreibt, wobei V das Volumen und S die gesamte Oberfläche des Resonators ist. Hiernach ist also, wie man intuitiv auch erwartet, der Gütefaktor eines Hohlraumresonators im Wesentlichen (d. h. bis auf einen geometrischen Faktor) gleich dem von den Feldern eingenommenen Volumen, bezogen auf den Volumenanteil der Leiterwandung, in den die Felder wegen der endlichen Leitfähigkeit eindringen. Für die $TE_{1,1,1}$-Welle in einem geraden, kreiszylindrischen Hohlleiter liefert die Rechnung den geometrischen Faktor

$$\left(1+\frac{d}{R}\right)\frac{\left(1+0{,}343\,\frac{d^2}{R^2}\right)}{\left(1+0{,}209\,\frac{d}{R}+0{,}244\,\frac{d^3}{R^3}\right)} \tag{8.97}$$

dessen Wert von 1 (für $d/R = 0$) auf das Maximum 2,13 (bei $d/R = 1{,}91$) ansteigt, um anschließend, für $d/R \to \infty$, auf 1,42 abzufallen.

Der Ausdruck (8.96) gilt nicht nur für zylindrische Hohlraumresonatoren, sondern für Resonatoren beliebigen Querschnitts; der zugehörige geometrische Faktor liegt wieder in der Größenordnung von Eins.

Die Verwendung des Energieerhaltungsprinzips bei der Diskussion der in Hohlraumresonatoren auftretenden Verluste hat die gleichen Vor- und Nachteile wie im Fall von Wellenleitern. Die Gütefaktoren können zwar berechnet werden, aber mögliche Frequenzänderungen bleiben bei dieser Methode unberücksichtigt. Diese Mängel lassen sich auch hier beseitigen, wenn man zur Methode der Störung der Randbedingungen übergeht, die wir in Abschnitt 6 dieses Kapitels beschrieben haben. Tatsächlich ist die Analogie zu den Wellenleitern so eng, dass man die Antworten ohne explizite Berechnung finden kann. Das ungestörte Problem der Resonanzfrequenzen eines Hohlraumresonators mit ideal leitenden Wänden wird für TM-Wellen durch die Gleichungen (8.64) definiert und für TE-Wellen durch deren Äquivalent. Das gestörte Problem hingegen wird durch (8.67) bzw. die dazu äquivalenten Gleichungen festgelegt. Das Resultat, das man erhält, ist natürlich zu (8.69) analog. Die Differenz $(\gamma_0^2 - \gamma^2)$ ist proportional zu $(\omega_0^2 - \omega^2)$, wobei jetzt ω_0 und ω die ungestörte bzw. gestörte Resonanzfrequenz bedeuten. Das Analogon zu (8.69) lautet daher:

$$\omega_0^2 - \omega^2 \simeq (1+i)I \tag{8.98}$$

wenn I das Verhältnis der entsprechenden Integrale darstellt. Im Limes $I \to 0$ ist der Imaginärteil von ω gleich $-iI/2\omega_0$. Nach Gl. (8.88) ist dies mit $-i\omega_0/2Q$ zu identifizieren, sodass $I = \omega_0^2/Q$ ist. Gleichung (8.98) lässt sich damit in der Gestalt

$$\omega^2 \simeq \omega_0^2\left[1-\frac{(1+i)}{Q}\right] \tag{8.99}$$

schreiben, wobei Q der durch (8.92) und (8.93) bestimmte Gütefaktor (8.86) ist. Die Dämpfung ändert also den Real- und Imaginärteil von ω^2 in nahezu gleicher Weise. Bei großen Werten von Q ergibt sich für die Änderung der Resonanzfrequenz selbst:

$$\Delta\omega \simeq \operatorname{Im}\omega \simeq -\frac{\omega_0}{2Q}$$

D.h. die Resonanzfrequenz wird infolge ohmscher Verluste stets kleiner. Dass der Real- und Imaginärteil von ω^2 in nahezu gleicher Weise geändert werden, ist eine Folge der Randbedingung (8.11), die relativ guten Leitern entspricht. Für sehr verlustreiche Systeme oder Begrenzungsflächen mit verschiedenen Oberflächenimpedanzen kann sich das relative Verhältnis zwischen den besagten Änderungen gegenüber (8.99) verschieben.

Wir haben uns in diesem Abschnitt ebenso wie in Abschnitt 6 auf nichtentartete Wellen beschränkt. Die Verallgemeinerung auf entartete Schwingungstypen ist Gegenstand von Übg. 8.13.

8.9 Erde und Ionosphäre als Hohlraumresonator: Schumann-Resonanzen

Ein etwas ungewohntes Beispiel für einen Hohlraumresonator bildet die Kugelschale, die von der Erdoberfläche einerseits und der Ionosphäre andererseits begrenzt wird. Die niedrigsten Resonanzwellen dieses Systems haben natürlich sehr niedrige Frequenzen, da die Eigenwellenlängen in der Größenordnung des Erdradius liegen müssen. Erde und Ionosphäre sind hierbei als Leiter mit realistischen Leitfähigkeiten zu betrachten. Die Leitfähigkeit von Meerwasser z. B. beträgt ungefähr $0{,}1\,\Omega^{-1}\,\mathrm{m}^{-1}$, während für die der Ionosphäre $\sigma \sim 10^{-7}$–$10^{-4}\,\Omega^{-1}\,\mathrm{m}^{-1}$ gilt. Die „Wände" des hier betrachteten Hohlleiters, insbesondere die äußere, sind also weit davon entfernt, ideal leitend zu sein. Dennoch werden wir die physikalische Realität idealisieren und als Modell zwei ideal leitende konzentrische Kugeln mit den Radien a und $b = a + h$ betrachten, wobei a der Erdradius ist ($a \simeq 6400\,\mathrm{km}$) und h die Höhe der Ionosphäre über der Erdoberfläche ($h \sim 100\,\mathrm{km}$). Interessiert man sich nur für die niedrigsten Frequenzen, so genügt es, das Hauptaugenmerk auf TM-Wellen mit ihrem allein tangentialen Magnetfeld zu richten,[8] denn bei TM-Wellen, die durch ein radial gerichtetes elektrisches Feld ausgezeichnet sind, kann die Randbedingung eines bei $r = a$ und $r = b$ verschwindenden tangentialen elektrischen Feldes erfüllt werden, ohne dass die Felder in radialer Richtung beträchtlich variieren. TE-Wellen dagegen, deren elektrisches Feld tangential gerichtet ist, müssen sich in radialer Richtung zwischen $r = a$ und $r = b$ über ungefähr eine halbe Wellenlänge ändern. Die niedrigsten Frequenzen von TE-Wellen liegen daher in der Größenordnung von $\omega_{\mathrm{TE}} \sim \pi c/h$, während die von TM-Wellen bei $\omega_{\mathrm{TM}} \sim c/a$ liegen.

Das allgemeine Problem der Ausbreitung von Wellen in einem Volumen mit Kugelgeometrie ist so verwickelt, dass wir es bis auf das Kapitel 9 verschieben. An dieser Stelle betrachten wir lediglich TM-Wellen und nehmen an, dass die Felder unabhängig vom Azimutwinkel ϕ sind. Diese Annahme stellt in Wirklichkeit keine Einschränkung dar; denn vom Studium der Kugelflächenfunktionen her wissen wir, dass nicht m, sondern l die relevante Größe ist. Verschwindet die Radialkomponente von $\mathbf{B}$ und sind seine anderen Komponenten unabhängig von ϕ, dann erfordert

---

[8] Bei Systemen mit Kugelgeometrie weist die Bezeichnung TE (TM) darauf hin, dass die entsprechenden Wellen keine *radialen* elektrischen (magnetischen) Feldkomponenten enthalten.

das Verschwinden der Divergenz von **B**, dass allein B_ϕ von Null verschieden ist, sofern die Felder bei $\theta = 0$ endlich sind. Nach dem Faraday'schen Induktionsgesetz muss dann $E_\phi = 0$ sein. Die homogenen Maxwell'schen Gleichungen besagen also, dass TM-Wellen, wenn sie von ϕ unabhängig sind, nur die Felder E_r, E_θ und B_ϕ enthalten können. Die beiden Maxwell'schen Gleichungen, die die Rotation der Felder enthalten, können bei harmonischer Zeitabhängigkeit der Felder zu

$$\frac{\omega^2}{c^2}\mathbf{B} - \nabla\times[\nabla\times\mathbf{B}] = 0 \tag{8.100}$$

kombiniert werden, wenn die Permeabilität und Dielektrizitätskonstante des Mediums gleich Eins gesetzt werden dürfen. Die ϕ-Komponente von Gl. (8.100) lautet:

$$\frac{\omega^2}{c^2}(rB_\phi) + \frac{\partial^2}{\partial r^2}(rB_\phi) + \frac{1}{r^2}\frac{\partial}{\partial\theta}\left[\frac{1}{\sin\theta}\frac{\partial}{\partial\theta}(\sin\theta\, rB_\phi)\right] = 0 \tag{8.101}$$

Der Winkelanteil der linken Seite dieser Gleichung lässt sich folgendermaßen umformen:

$$\frac{\partial}{\partial\theta}\left[\frac{1}{\sin\theta}\frac{\partial}{\partial\theta}(\sin\theta\, rB_\phi)\right] = \frac{1}{\sin\theta}\frac{\partial}{\partial\theta}\left(\sin\theta\frac{\partial(rB_\phi)}{\partial\theta}\right) - \frac{rB_\phi}{\sin^2\theta}$$

Ein Vergleich mit (3.6) bzw. (3.9) zeigt somit, dass die θ-Abhängigkeit durch die zugeordneten Legendre-Polynome $P_l^m(\cos\theta)$ mit $m = \pm 1$ beschrieben wird. Es ist daher naheliegend, den Produktansatz

$$B_\phi(r,\theta) = \frac{u_l(r)}{r}P_l^1(\cos\theta) \tag{8.102}$$

zu machen. Setzt man diesen Ausdruck in Gl. (8.101) ein, so erhält man für $u_l(r)$ die Differentialgleichung

$$\frac{d^2u_l(r)}{dr^2} + \left[\frac{\omega^2}{c^2} - \frac{l(l+1)}{r^2}\right]u_l(r) = 0 \tag{8.103}$$

wobei $l = 1, 2, \ldots$ die Winkelabhängigkeit der Schwingungstypen definiert.

Die Eigenfrequenzen ergeben sich aus Gl. (8.103), wenn man sie den Randbedingungen für ideal leitende Wände bei $r = a$ und $r = b$ unterwirft. Die radialen und tangentialen elektrischen Felder sind:

$$E_r = \frac{ic^2}{\omega r\sin\theta}\frac{\partial}{\partial\theta}(\sin\theta B_\phi) = -\frac{ic^2}{\omega r}l(l+1)\frac{u_l(r)}{r}P_l(\cos\theta)$$
$$E_\theta = -\frac{ic^2}{\omega r}\frac{\partial}{\partial r}(rB_\phi) = -\frac{ic^2}{\omega r}\frac{\partial u_l(r)}{\partial r}P_l^1(\cos\theta)$$

Das Verschwinden von E_θ bei $r = a$ und $r = b$ bedeutet, dass $u_l(r)$ der Randbedingung

$$\frac{du_l(r)}{dr} = 0 \quad \text{für} \quad r = a \quad \text{und} \quad r = b \tag{8.104}$$

genügen muss. Die Lösungen von Gl. (8.103) sind mit r multiplizierte sphärische Bessel-Funktionen (vgl. Kap. 9.6). Die Randbedingung (8.104) führt auf transzendente Bestimmungsgleichungen für die Eigenfrequenzen. Ein Beispiel hierfür soll in den Übungen behandelt werden, während wir an dieser Stelle nur einen Grenzfall betrachten. Die Höhe h, in der sich die Ionosphäre über der Erde befindet, ist gegenüber dem Erdradius a so klein, dass $h/a \ll 1$. Daher kann der in (8.103) auftretende Term $l(l+1)/r^2$ durch seinen Wert bei $r = a$ approximiert werden. Die Lösungen von (8.103) sind dann $\sin(qr)$ und $\cos(qr)$, wobei q^2 durch den in Gl. (8.103) in eckigen Klammern stehenden Ausdruck an der Stelle $r = a$ gegeben ist. Wegen der Randbedingung (8.104) lautet die Lösung:

$$u_l(r) \simeq A\cos[q(r-a)]$$

mit $qh = n\pi$, $n = 0, 1, 2, \ldots$. Für $n = 1, 2, \ldots$ sind die Frequenzen offensichtlich größer als $\omega = n\pi c/h$ und liegen im Frequenzbereich der TE-Wellen. Nur für $n = 0$ treten niederfrequente Schwingungen auf. Die Bedingung $q = 0$ ist gleichbedeutend mit $u_l(r) = \text{const.}$ und

$$\omega_l \simeq \sqrt{l(l+1)}\,\frac{c}{a} \tag{8.105}$$

Das Gleichheitszeichen gilt dabei exakt im Limes $h/a \to 0$. Ein Vergleich mit der exakten Lösung zeigt, dass in der bis zur ersten Ordnung von h/a korrekten Lösung a durch $(a + \frac{1}{2}h)$ zu ersetzen ist. Für die Felder ergibt sich: $E_\theta = 0$, $r^2 E_r \sim P_l(\cos\theta)$, $rB_\phi \sim P_l^1(\cos\theta)$.

Die Frequenzen (8.105) sind die der sog. *Schumann-Resonanzen.*[9] Sie sind äußerst klein: mit $a = 6400$ km ergibt sich für die ersten fünf Resonanzen: $\omega_l/2\pi = 10{,}6$; 18,3; 25,8; 33,4; 40,9 Hz. Schumann-Resonanzen äußern sich durch scharfe Maxima im Rauschleistungsspektrum extrem niederfrequenter Schwingungen, die sich um die Erde herum ausbreiten – wie z. B. Blitzentladungen, die ein breites Frequenzspektrum enthalten und als Quellen radial gerichteter elektrischer Felder wirken. Bevorzugt breiten sich die Frequenzkomponenten in Umgebung der Schumann-Resonanzen aus, da sie Eigenwellen des von der Erde und der Ionosphäre gebildeten Hohlraumresonators sind. Die ersten genauen Beobachtungen der genannten Maxima wurden 1960 gemacht.[10] Doch gibt es einen Hinweis darauf, dass sie möglicherweise schon vor 1900 von Nikola Tesla beobachtet wurden.[11] Ein charakteristisches Rauschleistungsspektrum zeigt Abb. 8.9. Die Resonanzen sind klar erkennbar. Sie verschieben sich von Tag zu Tag ein wenig und ändern ihre Gestalt, doch die ersten sieben Maxima liegen bei den mittleren Frequenzen 8, 14, 20, 26, 32, 37 und 43 Hz. Diese Werte stimmen gut überein mit denjenigen, die der Ausdruck $5{,}8\sqrt{l(l+1)}$ Hz für die ersten sieben l-Werte liefert (der Faktor 5,8 ist das 0,78-fache (und nicht das 1-fache) von $c/2\pi a$ ($= 7{,}46$ Hz)). Dass die Übereinstimmung mit (8.105) nicht perfekt ist, kann kaum verwundern, da ja – wie bereits bemerkt – die

---

[9] Schumann, W. O., *Z. Naturforschung* **7a**, 149, 250 (1952).

[10] Balser, M. und C. A. Wagner, *Nature* **188**, 638 (1960).

[11] Im U.S.-Patentbrief Nr. 787,412 vom 18. April 1905 (abgedruckt in *Nikola Tesla*, Lectures and Patents and Articles, Nikola-Tesla-Museum, Belgrad, Jugoslawien (1956)) skizziert dieser bemerkenswerte Genius die Vorstellung der Erde als Resonanzkreis (von der Ionosphäre wusste er nichts), schätzt die niedrigste Resonanzfrequenz auf 6 Hz ab (dieser Wert liegt nahe bei 6,6 Hz für eine ideal leitende Kugel) und beschreibt die Erzeugung und den Nachweis dieser niederfrequenten Wellen. Für diese faszinierende historische Feststellung danke ich V. L. Fitch.

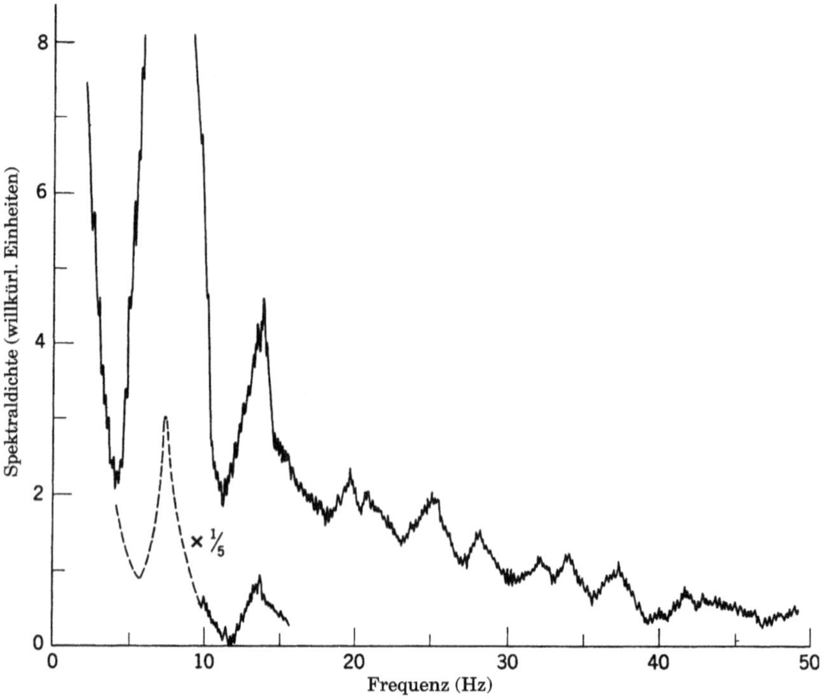

Abb. 8.9 Charakteristisches Rauschleistungsspektrum bei niedrigen Frequenzen (integriert über 30 Sekunden), beobachtet am 19. Juni 1965 in Lavangsdalen, Norwegen. Zu sehen sind die herausragenden Schumann-Resonanzen bei 8, 14, 20 und 26 Hz, weitere Maxima bei 32, 37 und 43 Hz sowie kleinere Strukturen [nach A. Egeland und T. R. Larsen, *Physica Norvegica* **2**, 85 (1967)].

Annahme ideal leitender Wände weit von der Realität entfernt ist. Für die Gütefaktoren der ersten Resonanzen liefert eine Abschätzung Werte zwischen 4 und 10; dies bedeutet, dass die Dämpfung äußerst stark ist. Der Dämpfungseffekt auf eine einzelne Resonanzfrequenz liegt in der richtigen Größenordnung, um den Unterschied zwischen den beobachteten Werten und (8.105) zu erklären, doch die einfache Frequenzverschiebung, wie sie durch (8.99) beschrieben wird, ist nur halb so groß wie die beobachtete. Die zu $\sqrt{l(l+1)}$ proportionale Änderung der Resonanzfrequenz ist jedoch offensichtlich.

Das einfache Modell eines Hohlraumresonators mit wohldefinierten, aber nicht verlustfreien Wänden vermag die Hauptmerkmale der Schumann-Resonanzen richtig zu beschreiben, wenn es auch in manchen Punkten quantitativ versagt. Etwas realistischere und detailliertere Modelle, zusammen mit der Diskussion entsprechender Messungen, kann man in einem Artikel von Galejs[12] und einer ebenfalls von

[12] Galejs, J., *J. Res. Nat. Bur. Standards* **69D**, 1043 (1965). Siehe auch Madden, T. und W. Thomson, *Rev. Geophys.* **3**, 211 (1965) und Chapman, F. W., Jones, D. L., Todd, J. D. W. und R. A. Challinor, *Radio Sci.* **1**, 1273 (1966).

Galejs verfassten Monographie nachlesen. Das Bild des Wellenleiters und Hohlraumresonators im Zusammenhang mit der Ausbreitung elektromagnetischer Wellen um die Erde wird in den Büchern von *Budden* und *Wait* diskutiert, die wir am Ende dieses Kapitels zitieren.

Zwei Bemerkungen seien der Kuriosität wegen noch hinzugefügt. Am 9. Juli 1962 fand in großer Höhe über den Johnston-Inseln im Pazifik eine Kernexplosion statt. Eine Folge dieses Tests waren weltweit zu beobachtende Änderungen in der Ionosphäre und den Strahlungsgürteln. In Frankreich und anderen Ländern beobachtete man unmittelbar nach der Explosion ein plötzliches Absinken der Schumann-Resonanzfrequenzen um 3–5%, doch diese Änderungen verschwanden wieder innerhalb von mehreren Stunden. Diesen Effekt dokumentiert die Abb. 17 in dem zitierten Artikel von Galejs.

Die zweite Bemerkung betrifft den Vorschlag[13], die Schumann-Resonanzen als „globales tropisches Thermometer" einzusetzen. Es ist zu erwarten, dass die mittlere magnetische Feldstärke der Grundresonanz stark von der Blitzhäufigkeit rund um die Erde abhängt (und diese ist, wie man aus Satellitenbeobachtungen weiß, besonders stark in den Tropen, also in Breiten bis zu ± 23 Grad). Die Blitzhäufigkeit wiederum hängt in einigen tropischen Gegenden spektakulär von der mittleren Temperatur ab. Die Gewitter-Temperatur-Relation liefert den physikalischen Grund für eine erstaunlich enge Korrelation zwischen Schumann-Resonanz-Feldstärke im Monatsmittel und der mittleren monatlichen Oberflächentemperatur, wie sie über 5,5 Jahre hinweg in Kongston, Rhode Island, beobachtet wurde. Alles deutet darauf hin, dass Schumann-Resonanzen als globales Thermometer dienen können.

8.10 Mehrmodige Ausbreitung in optischen Fasern

Optische Fasern bilden das zentrale Bauelement einer schnellen und leistungsfähigen Telekommunikation. Infrarotes oder sichtbares Licht wird, moduliert mit dem Signal, verlustarm durch dünne Quarzglasfasern übertragen. Da die Trägerfrequenz des Lichtstrahls sehr hoch ist, stehen große Bandbreiten für die Signale zur Verfügung. In den letzten 25 Jahren hat sich diese Technologie sehr schnell entwickelt; die technische Literatur ist sehr umfangreich und wächst ständig. Wir müssen uns hier auf die Erläuterung einiger Grundprinzipien beschränken. Den Lesern, die mehr über dieses Gebiet wissen möchten, empfehlen wir die am Ende des Kapitels angegebene Literatur.

Die Übertragung durch optische Fasern lässt sich näherungsweise in zwei Klassen aufteilen, die mehrmodige und die einmodige[14] Ausbreitung. Die „Leiterkerne" (d. h. die Bereiche, auf die sich der Energiefluss konzentriert) haben für mehrmodige

[13] Williams, E. R., *Science* **256**, 1184–1187 (1992).

[14] In der Theorie der Hohl- und Wellenleiter sowie der optischen Fasern (auch *Lichtwellenleiter* oder *Glasfaserwellenleiter* genannt) hat sich für eine bestimmte Schwingungsform (eine Eigenwelle) der Begriff „Mod(e)" mit dem Plural „Mode(n)" eingebürgert. Wenn möglich, vermeiden wir diesen sprachlich unschönen Begriff, indem wir ihn durch „Welle" ersetzen (Anm. des Übersetzers).

Übertragung typische Durchmesser in der Größenordnung von 1 μm, dagegen sind 5 μm typisch für einmodige Übertragung. Die Wellenlängen liegen in der Größenordnung von 50 μm. Zunächst betrachten wir die mehrmodige Übertragung, die sich in halbgeometrischer Eikonal- oder WKB-Näherung angemessen beschreiben lässt. Einmodige Übertragung behandelt man am besten in der Sprache von Wellenleitern. Sie sind Gegenstand des nächsten Abschnitts.

Faseroptische Kabel, mit Durchmessern in der Größenordnung von 2 cm, bestehen in Wirklichkeit aus Bündeln kleinerer Kabel mit jeweils sechs oder acht Fasern, geschützt durch Beläge und stoßdämpfende Schichten. Die eigentliche Faser besteht aus einem zylindrischen Kern mit dem Radius $a[2a = O(50\,\mu\text{m})]$ und einem Brechungsindex n_1, umgeben von einem Mantel mit dem äußeren Radius $b[2b = O(150\,\mu\text{m})]$ und dem Brechungsindex $n_0 < n_1$, wie in Abb. 8.10 skizziert. Da die Lichtwellenlänge in der Größenordnung von 1 μm liegt, kommen hier geometrisch-optische Vorstellungen zum Tragen. Die Grenzfläche zwischen Kern und Mantel kann lokal als eben betrachtet werden. Ein Strahl, der unter einem Winkel α auf das Innere der Mantelfläche auftrifft, bleibt im Kern und pflanzt sich dort fort, falls α größer ist als der für Totalreflexion kritische Winkel $\alpha_0 = \arcsin(n_0/n_1)$ [s. Gl. (7.44)]. Abb. 8.10(b) und 8.10(c) verdeutlichen diesen Vorgang.

Aus praktischen Gründen verwenden wir das Komplement des Einfallwinkels θ, d.h. den Winkel zwischen dem Strahl und der Achse. Strahlen mit $\theta < \theta_{\max} = \arccos(n_0/n_1)$ können sich ausbreiten. Zweckmäßig ist auch der Parameter

$$\Delta = \frac{n_1^2 - n_0^2}{2n_1^2} \approx 1 - \frac{n_0}{n_1} \tag{8.106}$$

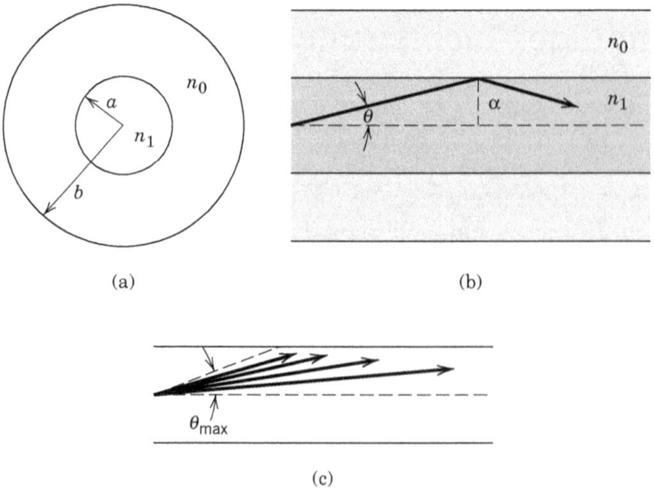

Abb. 8.10 Kern und Mantel einer optischen Faser. Der innere Zylinder hat den Brechungsindex n_1, während der Mantel den Brechungsindex $n_0 (n_1 > n_0)$ hat: (a) Die Faser im Querschnitt; (b) Longitudinaler Schnitt mit eingezeichnetem, total reflektiertem Strahl; (c) Longitudinaler Schnitt durch den Kern, der die Ausbreitung von zentralen Strahlen mit komplementären Einfallswinkeln $\theta < \theta_{\max}$ zeigt, wobei $\theta_{\max} = \arccos(n_0/n_1)$ der kritische Winkel für Totalreflexion ist.

Typisch sind Werte $\Delta \leqq 1\%$. Dann ist $\theta_{\max} \approx \sqrt{2\Delta} \leqq 0{,}14$ Radiant (8 Grad). Das System ist offensichtlich ein Wellenleiter mit Eigenwellen, die wir aber erst in Abschnitt 8.11 behandeln wollen. Die Zahl der Eigenwellen lässt sich mit einfachen Phasenraum-Argumenten abschätzen. Die transversale Wellenzahl $k_\perp \approx k\theta$ ist begrenzt, weil $\theta < \theta_{\max}$ begrenzt ist. Die zweidimensionale Phasenraum-Dichte dN ist gegeben durch

$$dN = \pi a^2 \frac{d^2k}{(2\pi)^2} \cdot 2$$

wobei der erste Faktor offensichtlich die zugehörige Fläche und der zweite das Wellenzahl-Volumenelement darstellen. Der Faktor 2 rührt von den beiden Polarisationszuständen her. Mit $d^2k = 2\pi k_\perp dk_\perp = 2\pi k^2 \theta d\theta$ ergibt sich:

$$N \approx a^2 k^2 \int_0^{\theta_{\max}} \theta \, d\theta \approx \tfrac{1}{2}(ka\sqrt{2\Delta})^2 = \tfrac{1}{2}V^2 \tag{8.107}$$

Dabei ist $V \equiv ka\sqrt{2\Delta}$ und wird in der Literatur *Faserparameter* genannt. Typische Werte sind $\lambda = 0{,}85\,\mu\text{m}$, $a = 25\,\mu\text{m}$, $n_1 \approx 1{,}4$ ($ka \approx 260$) und $\Delta = 0{,}005$. Somit ist $N \approx 335$. Dagegen gilt für einmodige Ausbreitung $a = O(2{,}7\,\mu\text{m})$ und $\Delta = O(0{,}0025)$. In diesem Fall ergibt sich $N = O(2)$, d.h. je eine Eigenwelle pro Polarisationszustand. Natürlich sind die Aussagen solcher Phasenraumabschätzungen nur qualitativer Art.

Die einfachste Faserkonfiguration besteht aus einem Kern mit einem einzigen Mantel, doch mehrschichtige Konfigurationen sind ebenfalls möglich. Das Snellius'sche Brechungsgesetz, angewandt auf aufeinanderfolgende Grenzflächen, zeigt, dass – wenn die Brechungsindizes von Schicht zu Schicht mit zunehmender Entfernung vom Zentrum abnehmen – ein Strahl, der die Achse unter einem bestimmten Winkel verlässt, sukzessiv zur Achse hin abgelenkt wird, bis er schließlich total reflektiert wird. Tatsächlich ergibt sich für eine beliebige Anzahl von Schichten außerhalb des Kerns der effektive kritische Winkel zu $\theta_{\max} = \arccos(n_{\text{außen}}/n_{\text{innen}})$, also genauso wie in dem einfachen Fall einer Faser mit zwei Brechungsindizes. Der Grenzfall vieler Schichten ist eine Gradientenfaser mit stufenlos von der Achse nach außen abnehmendem Brechungsindex. Bei solchen Gradientenfasern kommt es durch die für verschiedene Ausgangswinkel unterschiedlichen optischen Weglängen zu Verzerrungen. Diesem Problem wenden wir uns weiter unten zu.

Bei mehrmodiger Ausbreitung, besonders in Gradientenfasern, ist eine quasigeometrische Beschreibung, die sog. *Eikonal-Näherung*, angemessen. Wir nehmen an, dass die Ausbreitung in einem linearen, nichtleitenden, unmagnetischen Medium vonstatten geht, dessen Brechungsindex $n(\mathbf{x}) = \sqrt{\epsilon(\mathbf{x})/\epsilon_0}$ sich im Maßstab der lokalen Wellenlänge nur unmerklich ändert. Für Felder, die zeitlich wie $e^{-i\omega t}$ variieren, lassen sich die Maxwell'schen Gleichungen für $\mathbf{E}$ und $\mathbf{H}$ zu *Helmholtz'schen Wellengleichungen* kombinieren:

$$\begin{aligned}
\nabla^2\mathbf{E} + \mu_0\omega^2\epsilon(\mathbf{x})\mathbf{E} &= -\nabla\left(\frac{1}{\epsilon}\mathbf{E}\cdot\nabla\epsilon\right) \\
\nabla^2\mathbf{H} + \mu_0\omega^2\epsilon(\mathbf{x})\mathbf{H} &= i\omega(\nabla\epsilon)\times\mathbf{E}
\end{aligned} \tag{8.108}$$

Da sich $\epsilon(\mathbf{x})$ über eine Wellenlänge nur wenig ändern soll, können wir die vom Gradienten von ϵ abhängenden Beiträge als Störung nächsthöherer Ordnung betrachten. Die Komponenten von $\mathbf{E}$ und $\mathbf{H}$ genügen damit der Gleichung

$$\left[\nabla^2 + \frac{\omega^2}{c^2} n^2(\mathbf{x})\right]\psi = 0 \tag{8.109}$$

Lokal sind die Grundlösungen „ebene“ Wellen. Das heißt, lokal existiert eine Wellenzahl $|k(\mathbf{x})| = \omega n(\mathbf{x})/c$. Es ist naheliegend, für ψ den Ansatz

$$\psi = e^{i\omega S(\mathbf{x})/c} \tag{8.110}$$

zu machen, wobei die Funktion $S(\mathbf{x})$ *Eikonal* genannt wird. Geht man mit diesem Ansatz in die Gl. (8.109) ein, so ergibt sich für S die nichtlineare partielle Differentialgleichung

$$\frac{\omega^2}{c^2}[n^2(\mathbf{x}) - \nabla S \cdot \nabla S] + i\frac{\omega}{c}\nabla^2 S = 0$$

Aufgrund der Annahme, dass sich $n(\mathbf{x})$ über eine Wellenlänge nur geringfügig ändert (und daher auch S im gleichen Maßstab nur kleine Änderungen erfährt), vernachlässigen wir den letzten Term als Beitrag höherer Ordnung. Damit erhalten wir die so genannte *Eikonal-Näherung* der quasigeometrischen Optik:

$$\nabla S \cdot \nabla S = n^2(\mathbf{x}) \tag{8.111}$$

Um das Eikonal S interpretieren zu können und die Verbindung mit der geometrischen Strahlenoptik herzustellen, betrachten wir zunächst die Taylor-Entwicklung von $S(\mathbf{x})$ um einen Punkt $\mathbf{x}_0$

$$S(\mathbf{x}) \approx S(\mathbf{x}_0) + (\mathbf{x} - \mathbf{x}_0) \cdot \nabla S(\mathbf{x}_0) + \cdots$$

Die Wellenamplitude ψ ergibt sich damit zu

$$\psi(\mathbf{x}) \approx \exp[i\omega S(\mathbf{x}_0)/c]\exp\left[i(\mathbf{x} - \mathbf{x}_0) \cdot \frac{\omega \nabla S(\mathbf{x}_0)}{c}\right]$$

Die Form von ψ ist die einer ebenen Welle mit dem Wellenvektor

$$\mathbf{k}(\mathbf{x}_0) = \omega \nabla S(\mathbf{x}_0)/c = n(\mathbf{x}_0)\omega \hat{\mathbf{k}}(\mathbf{x}_0)/c$$

wobei $\hat{\mathbf{k}}(\mathbf{x}_0)$ ein Einheitsvektor in Richtung von $\nabla S(\mathbf{x}_0)$ ist. Allgemein definieren wir $\hat{\mathbf{k}}(\mathbf{x})$ durch

$$\nabla S = n(\mathbf{x})\hat{\mathbf{k}}(\mathbf{x}) \tag{8.112}$$

Die Amplitude $\psi(\mathbf{x})$ beschreibt eine Wellenfront, die lokal eben ist und in der durch $\hat{\mathbf{k}}(\mathbf{x})$ definierten Richtung fortschreitet. Wenn wir uns in kleinen Schritten in Richtung von $\hat{\mathbf{k}}$ fortbewegen, so stimmt der zurückgelegte Pfad mit dem geometrischen Strahl überein, der der Welle entspricht. Ein solcher Pfad ist in Abb. 8.11 (a) dargestellt. Die längs des Pfades zurückgelegte Strecke bezeichnen wir mit der Variablen s. Zu dem Inkrement $\Delta\mathbf{r}$ gehört ein Zuwachs Δs der Wegstrecke entlang des Pfades. Im Grenzfall verschwindender Zuwächse wird aus dem Verhältnis $\Delta\mathbf{r}/\Delta s$ die Ableitung $d\mathbf{r}/ds \equiv \hat{\mathbf{k}}$. Wir erhalten damit ein zu (8.112) äquivalentes Resultat, das den optischen Strahlenpfad $\mathbf{r}(s)$ beschreibt:

$$n(\mathbf{x})\frac{d\mathbf{r}}{ds} = \nabla S \tag{8.113}$$

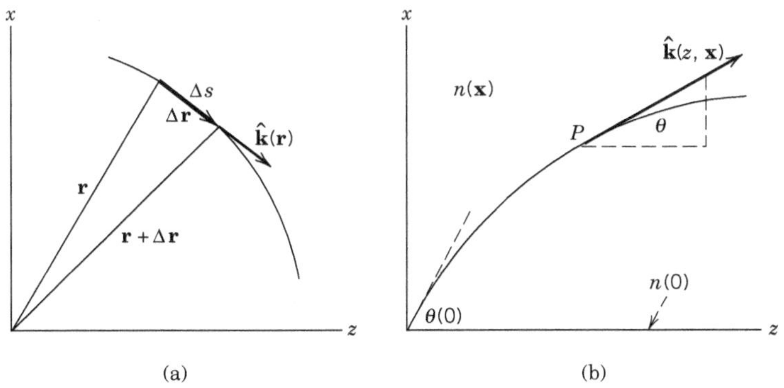

Abb. 8.11 (a) Pfad der Wellenfront, die definiert ist durch den Einheitsvektor $\hat{\mathbf{k}}$ in Richtung des Strahls. (b) Ausbreitung in z-Richtung bei stufenloser Änderung des Brechungsindex in x-Richtung.

Der auf der linken Seite stehende Ausdruck ändert sich mit dem Pfad s wie folgt:

$$\frac{d}{ds}\left[n(\mathbf{r})\frac{d\mathbf{r}}{ds}\right] = \nabla n(\mathbf{r}) \tag{8.114}$$

Da aber $d/ds = \hat{\mathbf{k}} \cdot \nabla$ ist, erhalten wir aus (8.112): $dS/ds = \hat{\mathbf{k}} \cdot \hat{\mathbf{k}} n(\mathbf{r}) = n(\mathbf{r})$. Damit ergibt sich eine Gleichung, die die Koordinate $\mathbf{r}(s)$ entlang des Strahls mit dem Gradienten des Brechungsindex verknüpft, eine *Verallgemeinerung des Snellius'schen Brechungsgesetzes*:

$$\frac{d}{ds}\left[n(\mathbf{x})\frac{d\mathbf{r}}{ds}\right] = \frac{d}{ds}\nabla S = \nabla\frac{dS}{ds}$$

Strahlen in einer optischen Faser kreisförmigen Querschnitts lassen sich in zwei Klassen unterteilen:

1. *Zentrale Strahlen*: Sie haben ihren Ursprung auf der Zylinderachse; ihnen entsprechen Wellenformen, deren azimutaler Index m verschwindet und deren Intensität bei $\rho = 0$ von Null verschieden ist.
2. *Nichtzentrale Strahlen*: Sie haben ihren Ursprung außerhalb der Zylinderachse und beschreiben eine Spirale im Raum; ihnen entsprechen Wellenformen mit nichtverschwindendem azimutalen Index m und verschwindender Intensität bei $\rho = 0$.

Der Einfachheit halber wenden wir (8.114) nur auf die Ausbreitung zentraler Strahlen in optischen Fasern an oder – was dazu äquivalent ist – auf Strahlen in einer „Platten-Geometrie". Die Strahlung breite sich in der (x, z)-Ebene, im Allgemeinen in z-Richtung, aus, und der Brechungsindex ändere sich stufenlos in x-Richtung, d.h. $n = n(x)$, wie in Abb. 8.11 (b) dargestellt. Ein Strahl verlasse den Ursprung, wie gezeigt, unter dem Winkel $\theta(0)$ bezüglich der z-Achse. Am Punkt P, der zum Strahlenpfad s gehört, bildet der Einheitsvektor $\hat{\mathbf{k}}$ mit der z-Achse den Winkel $\theta(x)$. Man beachte, dass wir $\theta(x)$ schreiben und nicht $\theta(x, z)$, da die x-Koordinate eines Strahlenpunktes P die z-Koordinate festlegt – bis auf die Möglichkeit mehrfacher z-Werte, falls der Strahl zurück zur z-Achse abgelenkt wird. Ausgedrückt durch

$\theta(x)$, ergibt sich für die Ableitungen in (8.114): $dx/ds = \sin\theta(x)$ und $dz/ds = \cos\theta(x)$. Damit hat die Vektorgleichung (8.114) die beiden Komponenten

$$\frac{d}{ds}[n(x)\sin\theta(x)] = \frac{dn(x)}{dx} \quad \text{und} \quad \frac{d}{ds}[n(x)\cos\theta(x)] = 0$$

Die zweite Gleichung besitzt ein erstes Integral, nämlich $n(x)\cos\theta(x) = n(0)\cos\theta(0)$. Falls $n(x)$ eine monoton abnehmende Funktion von $|x|$ ist, existiert für einen beliebigen Anfangswert $\theta(0)$ ein Maximum (und ein Minimum) des x-Wertes, den der Strahl annehmen kann, nämlich dort, wo $\cos\theta(x_{\max}) = 1$ ist. Bei $|x| = x_{\max}$ hat der Brechungsindex den Wert

$$\bar{n} \equiv n(x_{\max}) = n(0)\cos[\theta(0)] \tag{8.115}$$

Der Parameter $\bar{n}$ charakterisiert den gegebenen Strahl bzw. die durch $\theta(0)$ spezifizierte Trajektorie. Aus $n(x)$ können wir $x_{\max}$ und damit die laterale Ausdehnung eben dieser Trajektorie bestimmen.

Um den tatsächlichen Strahlenpfad $x(z)$ oder $z(x)$ zu ermitteln, müssen wir auf die Gleichung, die x bzw. z in Abhängigkeit von s ausdrückt, zurückgehen. Das erste Integral der z-Komponente von (8.114) ergibt, wie wir soeben gesehen haben, $n(dz/ds) = \bar{n}$. Das bedeutet, dass wir d/ds in der x-Komponente von (8.114) durch $d/ds = (\bar{n}/n)\,d/dz$ ersetzen können. Die Gleichung lautet dann:

$$\frac{\bar{n}}{n(x)}\frac{d}{dz}\left(\bar{n}\frac{dx}{dz}\right) = \frac{dn}{dx}$$

oder

$$\bar{n}^2\frac{d^2x}{dz^2} = \frac{1}{2}\frac{d}{dx}[n^2(x)] \tag{8.116}$$

Gleichung (8.116) hat die Struktur der Newton'schen Bewegungsgleichung für ein Teilchen der Masse m in einem Potential $V(x)$, wenn man die Substitutionen $t \to z$, $m \to \bar{n}^2$ und $V(x) \to -n^2(x)/2$ vornimmt. Genauso wie in der Mechanik benutzt man die „Geschwindigkeit" $x' = dx/dz$, um $d^2x/dz^2 = d(x'^2/2)/dx$ schreiben zu können, und erhält damit als erstes Integral (das dem Energieerhaltungsgesetz der Mechanik entspricht):

$$\bar{n}^2x'^2 = n^2(x) - \bar{n}^2 \tag{8.117}$$

Abb. 8.12 (a) Strahlen unter kritischen Winkeln $\theta_{\max}$ und $\theta_{\max}/2$ in einer einfachen Stufenfaser mit $\Delta = 0{,}01$ (gestrichelte Linien) und in einer Gradientenfaser von gleichem Radius a, gleichem kritischen Winkel und gleichem Brechungsindex im Zentrum, aber mit dem Gauß'schen Profil $n(x) = n_1 e^{-x^2/b^2}$ für $0 < x < a$, $(b \approx a/\sqrt{\Delta})$ und $n(x) = n_0$ für $x > a$. Man beachte die unterschiedlichen Maßstäbe. Die Einheiten wurden so gewählt, dass $a = \theta_{\max} \approx \sqrt{2}/10$ ist. (b) Differenz der optischen Weglänge (dividiert durch den axialen Brechungsindex) und der tatsächlichen Weglänge $[L_{\text{opt}}/n(0)Z - 1]$ in einer einfachen Stufenindexfaser mit $\Delta = 0{,}01$ und in einer Gradientenfaser mit Gauß'schem Profil aus (a), wobei $\theta_{\max} = \sqrt{2}/10$ ist. Bei der Gradientenfaser ist der Kompensationseffekt als Folge höherer Phasengeschwindigkeit bei größerem Achsabstand offenkundig. ▶

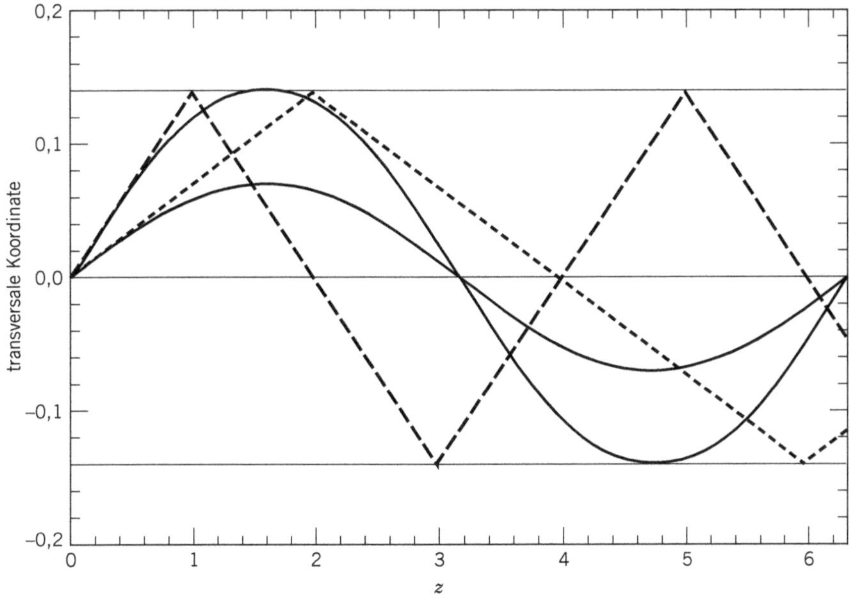
0,2
0,1
0,0
−0,1
−0,2
transversale Koordinate
0
1
2
3
4
5
6
z

(a)

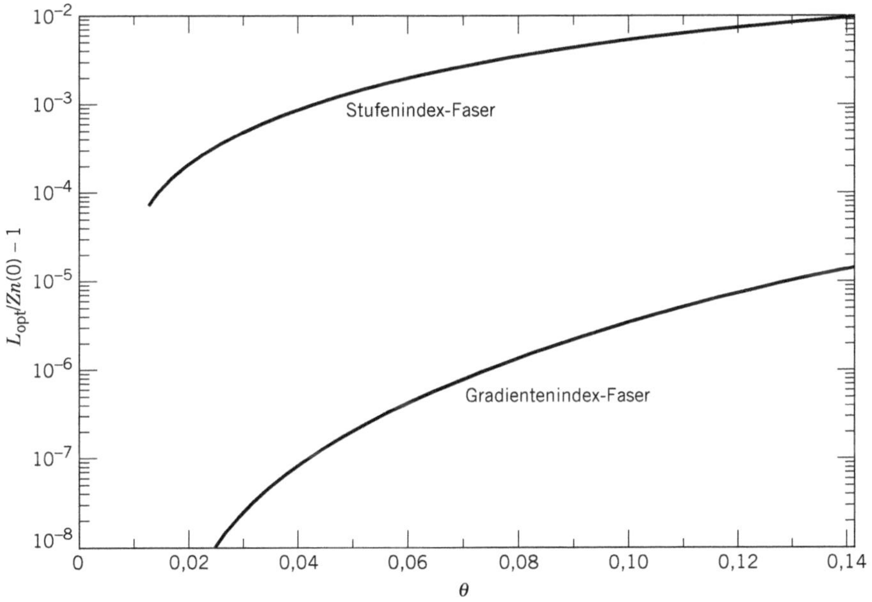
10^{-2}
10^{-3}
10^{-4}
10^{-5}
10^{-6}
10^{-7}
10^{-8}
$L_{opt}/Zn(0) - 1$
Stufenindex-Faser
Gradientenindex-Faser
0
0,02
0,04
0,06
0,08
0,10
0,12
0,14
θ

(b)

wobei die Integrationskonstante durch die Bedingung $x' = 0$ für $n(x) = \bar{n}$ festgelegt ist. Als Trajektorie $z(x)$ folgt aus diesem Integral:

$$z(x) = \bar{n} \int_0^x \frac{d\hat{x}}{\sqrt{n^2(\hat{x}) - \bar{n}^2}}$$

Dabei wurde angenommen, dass der Strahl den Ursprung unter dem Winkel $\theta(0)$ verlässt. Für $x \leq x_{max}$ stellt der Pfad, wie aus Abb. 8.12(a) hervorgeht, den Viertelzyklus einer Schwingung um die Linie $x = 0$ dar. Die halbe Periode des Strahlengangs (von einem Durchgang durch die z-Achse bis zum nächsten) ist gegeben durch

$$Z = 2\bar{n} \int_0^{x_{max}} \frac{dx}{\sqrt{n^2(x) - \bar{n}^2}} \tag{8.118}$$

Wenn wir die Laufzeit einer Welle in der optischen Faser bestimmen wollen, brauchen wir die physikalischen und optischen Weglängen, die der Strahl durchläuft. Diese Weglängen, von A nach B, sind gegeben durch

$$L_{phys.} = \int_A^B ds \quad \text{und} \quad L_{opt} = \int_A^B n(x)\,ds$$

bei Verwendung von

$$ds = (n/\bar{n})\,dz = (n/\bar{n})(dz/dx)\,dx = [n(x)/\sqrt{n^2(x) - \bar{n}^2}]\,dx$$

ergeben sich die physikalischen und optischen Weglängen für eine halbe Periode zu

$$L_{phys.} = 2\int_0^{x_{max}} \frac{n(x)\,dx}{\sqrt{n^2(x) - \bar{n}^2}} \quad \text{und} \quad L_{opt} = 2\int_0^{x_{max}} \frac{n^2(x)\,dx}{\sqrt{n^2(x) - \bar{n}^2}} \tag{8.119}$$

Die gesuchte Laufzeit eines Strahls bei gegebenem Startwinkel $\theta(0)$ erhalten wir hieraus, indem wir durch c dividieren. Für Faserlängen $z \gg Z$ ist diese Laufzeit, $T(z)$, gegeben durch

$$T(z) = \frac{L_{opt}}{Z}\frac{z}{c} \tag{8.120}$$

Verschiedene Strahlen, die durch unterschiedliche Werte von $\theta(0)$ bzw. $\bar{n}$ definiert sind, haben verschiedene Laufzeiten, d. h. wir haben es mit einer Art geometrischer Dispersion zu tun. (Man beachte, dass cZ/L_{opt} das Strahlenäquivalent der Gruppengeschwindigkeit in der Faser darstellt.) Jedes Signal, das mit einer gewissen Winkelstreuung entsandt wird, erleidet eine Verzerrung – es sei denn, $n(x)$ wurde so gewählt, dass die Laufzeit weitgehend unabhängig von $\bar{n}$ ist. Bei einem Gradientenprofil, das monoton mit $|x|$ fällt, haben Strahlen mit größeren Anfangswinkeln und damit größerem x_{max} längere physikalische Wege, aber sie durchlaufen die größeren Bögen auch mit höheren Geschwindigkeiten (Phasengeschwindigkeiten) $c/n(x)$. Der Vorgang tendiert von selbst zum Ausgleich der Laufzeiten. Man kann den Verlauf des Brechungsindex in der Tat so anpassen, dass alle Laufzeiten gleich werden (vgl. Übg. 8.14). Ein einfaches Beispiel dafür zeigt Abb. 8.12(b). Dort ist der Anstieg der durch $n(0)$ dividierten optischen Weglänge L_{opt} relativ zu Z als Funktion von θ für eine einfache Stufenindexfaser und für eine Gradientenindexfaser mit Gauß'schen Profil bei gleichen Werten von $n_1 = n(0)$ und $n_0(\Delta = 0{,}01)$ aufgetragen. Im Bereich $0 < \theta < \theta_{\max} \approx 0{,}1414$ zeigt die Gradientenindexfaser eine relative Streuung von weniger als 10^{-5}; für die einfache Stufenindexfaser streuen die Laufzeiten dagegen um 1 %.

Die geometrische Dispersion als Folge unterschiedlicher Startwinkel $\theta(0)$ hat ihr Gegenstück in intermodaler und intramodaler Dispersion, wenn man – wie im nächsten Abschnitt – die Ausbreitung durch diskrete Eigenwellen beschreibt (vgl. hierzu Übg. 8.16). Gewöhnlich kommt noch die Materialdispersion aufgrund der optischen Eigenschaften der Dielektrika hinzu. Diese Dispersion kann dadurch beschrieben werden, dass im Integranden zur Berechnung der optischen Weglänge L_{opt} in Gl. (8.119) einer der Faktoren von $n(x)$ durch $d[\omega n(\omega, x)]/d\omega$ ersetzt wird. In Quarzgläsern ist die Gruppengeschwindigkeit im unendlich ausgedehnten Medium in einem größeren Wellenlängenbereich um $\lambda \approx 1{,}3\,\mu\text{m}$ nahezu konstant.* Dadurch lassen sich in diesem Wellenlängenbereich sehr große Bandbreiten und sehr hohe Übertragungsraten erzielen. Die Absorption hat bei $\lambda \approx 1{,}55\,\mu\text{m}$ ein Minimum. Verluste liegen in der Größenordnung von 0,2 dB/km (vgl. hierzu auch Abschnitt 10.2 zur Rayleigh-Streuung).

8.11 Eigenwellen in dielektrischen Wellenleitern

Die Ausbreitung des Lichts in optischen Fasern durch den geometrischen Strahlengang zu beschreiben, ist angemessen, solange die Wellenlänge gegenüber der transversalen Ausdehnung des Leiters sehr klein ist. Wenn diese Größen aber miteinander vergleichbar werden, muss der Wellennatur der Felder Rechnung getragen werden. Wie in einem metallischen Wellenleiter, können sich gegebene Frequenzen nur in diskreten Eigenwellen ausbreiten, die sich durch einen eindeutigen transversalen Feldaufbau und durch feste axiale Wellenzahlen auszeichnen. Der gebundene Strahlengang ($\theta < \theta_{\max}$) in der geometrischen Beschreibung findet sein Pendant in „gebundenen" Eigenwellen (Moden), für die die Felder außerhalb des Kerns in radialer Richtung exponentiell abfallen. Ungebundene Strahlen ($\theta > \theta_{\max}$) entsprechen Strahlungszuständen mit oszillierenden Feldern außerhalb des Kerns. Es überrascht nicht, dass in der optischen Übertragung die einmodige Ausbreitung eine ebenso bedeutende Rolle spielt wie in der Mikrowellenübertragung durch metallische Leiter. Wir behandeln zunächst die Eigenwellen in einem ebenen Leiter und führen anschließend die Faser kreisförmigen Querschnitts ein.

* Die nahezu konstante Gruppengeschwindigkeit wird durch eine gegenseitige Kompensation der Dispersion der verwendeten Materialien (hier: Quarzglas) und der Dispersion aufgrund von Wellenleitung ermöglicht. Durch Modifikation der Wellenleiterstruktur kann die Wellenlänge (engl. Zero Dispersion Wavelength), bei der die Kompensation auftritt, in gewissen Grenzen beeinflusst werden. (siehe Paschotta, Encyclopedia of Laser Physics and Technology), (Anm. M. D.)

A. Eigenwellen in einem dielektrischen, planaren Wellenleiter[15]

Wir interessieren uns für die diskreten Eigenwellen in einer optischen Faser und betrachten zu diesem Zweck zunächst den einfachen Fall einer ebenen „Stufenindexfaser", d. h. eine dielektrische Platte der Dicke $2a$ in x-Richtung und unendlicher Ausdehnung in den beiden anderen Richtungen. Wir suchen Wellen, die sich in z-Richtung ausbreiten und nicht von y abhängen. Die Brechungsindizes seien n_1 und n_2 für das umgebende Medium (den Mantel). Die Oberflächen der Platte liegen, wie in Abb. 8.13 skizziert, bei $x = \pm a$. Geometrisch gesprochen, wird jeder Strahl total reflektiert, der mit der z-Achse einen Winkel $\theta < \theta_{\text{max}}$ bildet; das Licht bleibt konzentriert und breitet sich in z-Richtung aus, wie wir im vorigen Abschnitt gesehen haben. Diskrete Eigenwellen treten auf, wenn wir die Wellennatur des Lichts in Betracht ziehen. Doch anstatt – wie bei metallischen Leitern – das Randwertproblem zu lösen, bleiben wir hier bei der optischen Beschreibung (vgl. aber Übg. 8.15). Wir können uns den in Abb. 8.13 gezeigten Strahlengang als Normale zur Wellenfront einer ebenen Welle denken, die hin und her reflektiert wird. Alternativ hierzu kann man auch zwei ebene Wellen betrachten, die eine mit positiver x-Komponente der Wellenzahl, $k_x = k\sin\theta$, und die andere mit $k_x = -k sin\theta$. Wir erhalten eine stabile, transversale Feldkonfiguration und kohärente Ausbreitung in z-Richtung, wenn der Phasenzuwachs im Strahlengang vom Punkt A bis kurz über den Punkt B hinaus (mit zwei Reflexionen) ein ganzes Vielfaches von 2π ist, d. h. wenn

$$4ka\sin\theta + 2\phi = 2p\pi \tag{8.121}$$

Dabei ist p eine nichtnegative ganze Zahl und $k = n_1\omega/c$, während ϕ den Phasensprung bezeichnet, der nach den Fresnel'schen Formeln (7.39) und (7.42) mit der Totalreflexion verbunden ist. Die Phasen lassen sich leicht bestimmen zu

$$\begin{aligned} \phi_{\text{TE}} &= -2\arctan\sqrt{\frac{2\Delta}{\sin^2\theta} - 1} \\ \phi_{\text{TM}} &= -2\arctan\left(\frac{1}{1-2\Delta}\sqrt{\frac{2\Delta}{\sin^2\theta} - 1}\right) \end{aligned} \tag{8.122}$$

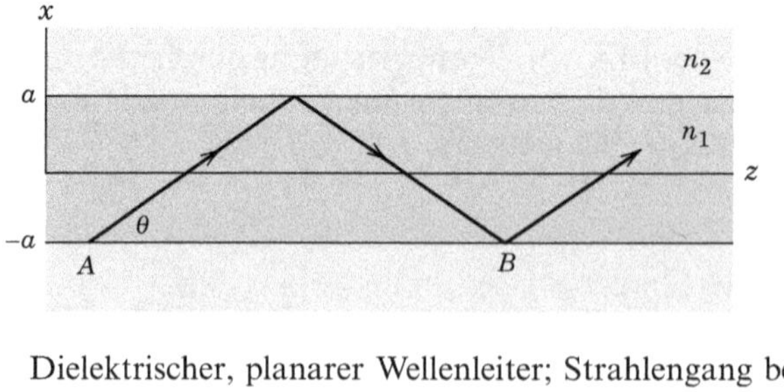

Abb. 8.13 Dielektrischer, planarer Wellenleiter; Strahlengang bei gegebenem Winkel θ.

[15] Dieses Problem wird auch ausführlich in dem Buch von G. A. Reider behandelt, das wir in den Literaturhinweisen am Ende des Kapitels als eines der wenigen deutschsprachigen Bücher zur Faseroptik zitieren (Anm. des Übersetzers).

mit der zu Beginn eingeführten Größe $\Delta = (n_1^2 - n_2^2)/2n_1^2$. Die Indizes TE und TM entsprechen im Wellenleiter-Sprachgebrauch den senkrecht bzw. parallel zur Einfallsebene gerichteten elektrischen Feldern, wie sie in den Fresnel'schen Gleichungen auftauchen. Wenn wir den Faserparameter (die Frequenzvariable) $V = ka\sqrt{2\Delta}$ und die transversale Variable $\xi = \sin\theta/\sqrt{2\Delta}$ einführen, lässt sich (8.121) schreiben als

$$\tan\left(V\xi - \frac{p\pi}{2}\right) = f\sqrt{\frac{1}{\xi^2} - 1} \tag{8.123}$$

wobei $f = 1$ für TE-Wellen ist und $f = 1/(1 - 2\Delta)$ für TM-Wellen.

In Abb. 8.14 sind die beiden Seiten von Gl. (8.123) für $V = 1$ und $V = 10$ aufgetragen. Für $V = 10$ gibt es sieben TE- und sieben TM-Wellen. Für kleiner werdende

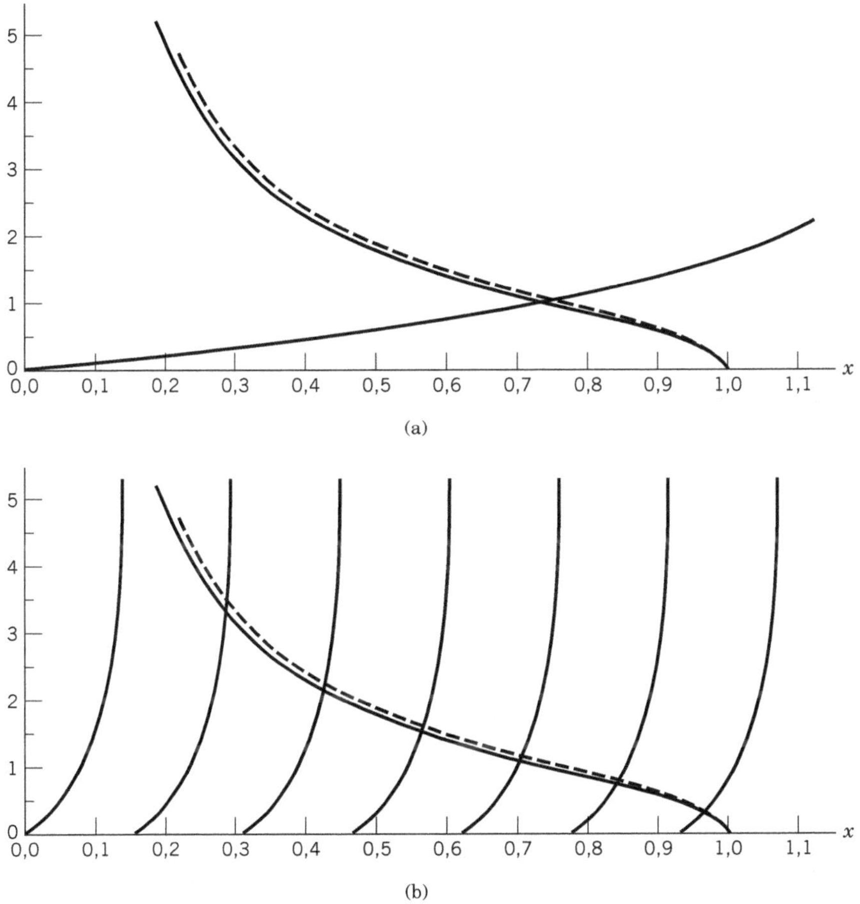

Abb. 8.14 Graphische Bestimmung der Eigenwerte eines dielektrischen, planaren Wellenleiters als Wurzeln der Gleichung $\tan(Vx - p\pi/2) = f\sqrt{1/x^2 - 1}$ mit $x = \sin\theta/\sqrt{2\Delta} \approx \theta/\theta_{max}$, $V = ka\sqrt{2\Delta}$ ($f = 1$ für TE-Wellen und $f \approx 1 + 2\Delta$ für TM-Wellen); für die gestrichelten Kurven gilt $f = 1{,}04$. (*a*) $V = 1$, $x \approx 0{,}739$ (TE), 0,747 (TM). (*b*) $V = 10$; es existieren sieben Wurzeln für TE- und TM-Wellen ($p = 0, \ldots, 6$).

Δ entarten die beiden Wellenzustände immer mehr und werden nahezu ununterscheidbar. Aus der linken Seite von Gl. (8.123) geht hervor, dass es insgesamt ungefähr $N \approx 4V/\pi$ Wellen geben sollte – eine Zahl, die sich auch aus der eindimensionalen Phasenraum-Abschätzung

$$N_{\mathrm{TE}} \approx N_{\mathrm{TM}} \approx 2a \int_{-k_{\max}}^{k_{\max}} \frac{dk_x}{2\pi} = \frac{2ka}{\pi} \int_0^{\sqrt{2\Delta}} d(\sin\theta) = \frac{2V}{\pi}$$

ergibt. Eine brauchbare Formel für die Wurzeln von Gl. (8.123) im Falle von TE-Wellen ist in Übg. 8.15 angegeben. In niedrigster Ordnung, für $V \gg 1$ und kleine p, gilt

$$\xi_p(\mathrm{TE}) \approx (p+1)\pi/2(V+1)$$

Die Wurzeln haben also bezüglich p gleichen Abstand voneinander, wie es das Phasenraum-Argument auch impliziert.

Unsere Erörterung kohärenter Phasen bezog sich nur auf das Innere der Platte, doch auch außerhalb existieren Felder. Ihr Einfluss kommt in den Phasen ϕ zum Ausdruck. Aus Gl. (7.46) folgt, dass die Felder außerhalb der Platte in x wie $e^{-\beta|x|}$ variieren, wobei

$$\beta = k\sqrt{2\Delta - \sin^2\theta} = \frac{V}{a}\sqrt{1-\xi^2} \tag{8.124}$$

Für festes V wird β mit wachsender Anzahl p der Wellen ($\xi \to 1$) immer kleiner, die Felder dehnen sich immer weiter in den Mantel hinein aus. Für Winkel $\theta > \theta_{\max}$ ($\xi > 1$) wird β imaginär, die transversalen Felder sind nicht mehr gebunden. Die Platte strahlt die Felder mehr ab, als dass sie sie leitet. Im Wellenleiter-Bereich breitet sich ein Teil der Energie im Kern (in der Platte) und ein Teil außerhalb aus (vgl. Übg. 8.15). Für $V = 1$ werden ca. zwei Drittel der Leistung in der TE_0-Welle im Kern transportiert. Wenn $V \gg 1$ ist, sind die niederen Wellen fast gänzlich gebunden. Nur für $p \approx p_{\max}$ bewegt sich ein beträchtlicher Teil der Leistung außerhalb des Kerns.

Man beachte, dass für sehr kleines Δ auch $\theta_{\max} \approx \sqrt{2\Delta}$ sehr klein ist. Für alle Wellenleiter-Moden ist die longitudinale Ausbreitungskonstante gegeben durch $k_z = k\cos\theta \approx k$, wie wir schon bei der geometrisch-optischen Erörterung gesehen haben. Für TM-Wellen mit einer longitudinalen Komponente des elektrischen Feldes E_z erhalten wir $|E_z/E_x| = \tan\theta \leq \theta_{\max} = \sqrt{2\Delta}$ für kleine Δ. Folglich haben die TM-Wellen in nullter Näherung in Δ transversale elektrische Felder und sind, zusammen mit den TE-Wellen, entartet. Eine Welle mit beliebiger Polarisationsrichtung in der (x, y)-Ebene lässt sich durch geeignete Überlagerung zweier solcher entarteter Wellen erzeugen. Man spricht von „LP-Wellen" (was an linearer Polarisation erinnern soll, obwohl auch zirkulare oder elliptische Polarisation vorliegen kann). LP-Wellen dienen der näherungsweisen Beschreibung anderer Geometrien als der ebenen, z. B. der kreisförmigen Geometrie. Voraussetzung dafür ist, dass $\Delta \ll 1$ ist. Am Ende dieses Abschnitts kommen wir darauf noch einmal zurück.

B. Eigenwellen in optischen Fasern kreisförmigen Querschnitts

Es existieren die verschiedensten optischen Fasern unterschiedlichen Querschnitts, von denen viele aber nur mit numerischen Methoden zu behandeln sind. Die Faser kreisförmigen Querschnitts, mit einem azimutal-symmetrischen Brechungsindex, stellt zwar einen der einfachsten Fälle dar, ist aber deutlich schwieriger zu behandeln als die eindimensionale Plattengeometrie des voranstehenden Abschnitts. Wir begnügen uns mit einer Einführung. Leser, die mehr wissen möchten, können die am Ende des Kapitels angegebene Literatur zu Rate ziehen.

Wir betrachten eine Faser gleichförmigen Querschnitts mit der Permeabilität Eins und einem Brechungsindex, der sich in Längsrichtung des Zylinders nicht ändert, wohl aber transversal variieren kann. Dabei beschränken wir uns zunächst *nicht* auf einen Kreiszylinder. Unter der Voraussetzung, dass die Ausbreitung der Felder gemäß $e^{ik_z z - i\omega t}$ erfolgt, kombinieren wir wieder die Maxwell'schen Gleichungen – genauso wie in Abschnitt 8.2 – zu Helmholtz'schen Wellengleichungen für **H** und **E**:

$$\begin{aligned} \nabla^2\mathbf{H} + \frac{n^2\omega^2}{c^2}\mathbf{H} &= i\omega\epsilon_0(\nabla n^2)\times\mathbf{E} \\ \nabla^2\mathbf{E} + \frac{n^2\omega^2}{c^2}\mathbf{E} &= -\nabla\left[\frac{1}{n^2}(\nabla n^2)\cdot\mathbf{E}\right] \end{aligned} \tag{8.125}$$

wobei $\epsilon = n^2\epsilon_0$ ist. Wie in Kap. 8.2 lassen sich die transversalen Komponenten von **E** und **H** durch die longitudinalen Felder E_z und H_z ausdrücken. Die Zusammenhänge lauten:

$$\mathbf{E}_t = \frac{i}{\gamma^2}\left[k_z\nabla_t E_z - \omega\mu_0\mathbf{e}_z\times\nabla_t H_z\right]$$

und

$$\mathbf{H}_t = \frac{i}{\gamma^2}\left[k_z\nabla_t H_z + \omega\epsilon_0 n^2\mathbf{e}_z\times\nabla_t E_z\right] \tag{8.126}$$

wobei $\gamma^2 = n^2\omega^2/c^2 - k_z^2$ die radiale Ausbreitungskonstante ist, wie bei metallischen Wellenleitern. Wir betrachten nun die z-Konstante von Gl. (8.125) und verwenden (8.126), um die transversalen Feldkomponenten zu eliminieren (unter der Annahme, dass $\partial n^2/\partial z = 0$ ist). Als Verallgemeinerungen der zweidimensionalen Wellengleichung (8.34) erhalten wir:

$$\nabla_t^2 H_z + \gamma^2 H_z - \left(\frac{\omega}{\gamma c}\right)^2(\nabla_t n^2)\cdot\nabla_t H_z = -\frac{\omega k_z\epsilon_0}{\gamma^2}\mathbf{e}_z\cdot\left[\nabla_t n^2\times\nabla_t E_z\right]$$

und

$$\nabla_t^2 E_z + \gamma^2 E_z - \left(\frac{k_z}{\gamma n}\right)^2(\nabla_t n^2)\cdot\nabla_t E_z = \frac{\omega k_z\mu_0}{\gamma^2 n^2}\mathbf{e}_z\cdot\left[\nabla_t n^2\times\nabla_t H_z\right] \tag{8.127}$$

Als erstes ist festzustellen, dass diese Gleichungen für E_z und H_z – im Gegensatz zu Gl. (8.34) für metallische Wellenleiter – jetzt gekoppelt sind. Im Allgemeinen treten daher TE- und TM-Wellen nicht voneinander getrennt auf. Wir beschränken uns im Folgenden auf einen Kern, der ein Kreiszylinder vom Radius a ist und einen azimutal-symmetrischen Brechungsindex $n(\rho)$ besitzt. Die Kreuzprodukte auf den rechten Seiten von (8.127) sind proportional zu $(\partial n^2/\partial\rho)(\partial/\rho\partial\phi)[E_z, H_z]$. Nur wenn sich die Felder azimutal *nicht* ändern, sind diese rechten Seiten gleich Null, d.h. nur dann treten TE- und TM-Wellen getrennt auf. Man könnte meinen, für eine Stufenindexfaser verschwinde der transversale Gradient von n^2, zumindest für $\rho < a$ und $\rho > a$; aber so einfach sind die Dinge nicht. Beim Übergang von $n = n_1$ im Innenraum zu $n = n_2$ im Außenraum tritt in der Tat ein transversaler Gradient auf, nämlich

$$\nabla_t n^2 = -2n_1^2 \Delta \delta(\rho - a)\,\mathbf{e}_\rho$$

Die Gleichungen sind, wie gesagt, gekoppelt – es sei denn, die Felder hängen nicht vom Azimut ab. Die Wellen, in denen sowohl E_z als auch H_z von Null verschieden sind, laufen unter der Bezeichnung „Hybrid-Moden", abgekürzt mit HE oder EH. In der Praxis löst man die Gleichungen, indem man Stetigkeit für die Normalkomponenten von **D** und **B** und für die Tangentialkomponenten von **E** und **H** bei $\rho = a$ fordert. Variablentrennung unter Verwendung von Zylinderkoordinaten und die Annahme, dass die azimutale Änderung gemäß $e^{im\phi}$ verläuft, führen zu den folgenden Lösungen für E_z und H_z:

$$\begin{Bmatrix} E_z \\ H_z \end{Bmatrix} = \begin{Bmatrix} A_e \\ A_h \end{Bmatrix} J_m(\gamma\rho)\,e^{im\phi}, \quad \rho < a$$

und

$$\begin{Bmatrix} E_z \\ H_z \end{Bmatrix} = \begin{Bmatrix} B_e \\ B_h \end{Bmatrix} K_m(\beta\rho)\,e^{im\phi}, \quad \rho > a \tag{8.128}$$

wobei der Exponentialfaktor, der die z- und t-Abhängigkeit beschreibt, nicht ausdrücklich hingeschrieben wurde. Ferner ist $\gamma^2 = n_1^2\omega^2/c^2 - k_z^2$ und $\beta^2 = k_z^2 - n_2^2\omega^2/c^2$. Passt man die angegebenen Felder den Randbedingungen für $\rho = a$ an, wobei die transversalen Komponenten aus (8.126) zu berechnen sind, so gelangt man zu einer Eigenwertgleichung für die verschiedenen Wellen (vgl. Übg. 8.17). Es zeigt sich, dass die TE- und TM-Wellen nichtverschwindende Grenz- oder „Abschneide"-Frequenzen haben, von denen die niedrigste bei $V = n_1\omega a\sqrt{2\Delta}/c = 2{,}405$ liegt, der ersten Nullstelle von $J_0(x)$. Im Gegensatz dazu hat die niedrigste HE-Welle (HE_{11}) keine Abschneidefrequenz. Für $0 < V < 2{,}405$ ist dies die einzige Welle, die sich in der Faser ausbreitet.

Die azimutalsymmetrischen TE- und TM-Wellen entsprechen den zentralen Strahlen; den nichtzentralen Strahlen entsprechen die HE- oder EH-Wellen, die azimutal, etwa mit $\sin(m\phi)$ oder $\cos(m\phi)$, variieren. Dass letztere longitudinale Komponenten von **E** und **H** besitzen, lässt sich physikalisch verstehen, wenn man die Totalreflexion eines solchen Strahls bei $\rho = a$ betrachtet. Da die Ebene, die ein solcher Strahl und die Normale zur Oberfläche miteinander bilden, die z-Achse nicht enthält, ist die Projektion des elektrischen Feldvektors auf die z-Achse nach der Reflexion eine andere als zuvor, und das gleiche gilt für den magnetischen Feldvektor. Aufeinanderfolgende Reflexionen vermischen also die TE- und die TM-Wellen, d.h. in den Eigenwellen verschwinden weder E_z noch H_z.

Es zeigt sich, dass die Felder in Fasern mit sehr kleinem Δ, die in der Literatur auch „schwach führende Wellenleiter" genannt werden, sehr kleine Longitudinalkomponenten haben und nahezu transversal sind. Man kann sie in Analogie zu ebenen Lichtwellen behandeln. Zum Beispiel weist die HE_{11}-Welle mit einer azimutalen $\cos\phi$-Abhängigkeit für E_z, angenähert linear polarisierte Felder auf, die sich wie $J_0(\gamma\rho)$ in radialer Richtung ändern. In der Näherung „schwacher Führung" trägt diese Welle die Bezeichnung LP_{01}.

Wir haben hier nur eine kurze Einführung in das Gebiet der optischen Wellenleiter geben können (mit einigen ergänzenden Aspekten in den Übungen). Die Literatur hierzu ist sehr ausgedehnt und in ständigem Wachsen begriffen. Interessierten Lesern mag der eine oder andere Titel aus der Literaturliste am Ende des Kapitels die Türen öffnen.

8.12 Eigenwellenentwicklung; die von einer lokalisierten Quelle im metallischen Hohlleiter erzeugten Felder

Die elektromagnetischen Felder in einem Hohlleiter bestimmten Querschnitts lassen sich bei gegebener Frequenz ω durch einen unendlichen Satz von *Eigenwellen* beschreiben, der aus TE- und TM-Wellen mit jeweils charakteristischen Grenzfrequenzen besteht. Für eine gegebene, endliche Frequenz kann sich nur eine endliche Anzahl von Schwingungstypen ausbreiten; alle anderen sind vom Typ der aperiodisch gedämpften Grenzwellen. In großer Entfernung von einer Quelle, einer Stoßstelle oder einer Blende innerhalb des Leiters, ist die Feldverteilung relativ einfach: nur die sich ausbreitenden Schwingungstypen (oft nur ein einziger) haben relativ große Amplituden. In Umgebung einer Quelle oder Stoßstelle muss jedoch eine Vielzahl von sich ausbreitenden und auch aperiodisch gedämpften Schwingungstypen überlagert werden, um die Felder korrekt zu beschreiben. Die Amplituden der Grenzwellen fallen nur in Umgebung der Quelle oder Stoßstelle ins Gewicht; ihre Wirkung klingt innerhalb einer Strecke, die durch den reziproken Imaginärteil der jeweiligen Wellenzahl bestimmt wird, auf den e-ten Teil ihres Anfangswertes ab. Die Lösung eines praktischen Hohlleiter-Problems mit einer Quelle, Stoßstelle oder Blende ist also in dem Maße genau, wie es möglich ist, die Felder in Umgebung der genannten Unstetigkeitsstellen nach sämtlichen im Hohlleiter auftretenden Eigenwellen zu entwickeln und die Amplituden derjenigen sich ausbreitenden Schwingungstypen zu bestimmen, die die Felder in großer Entfernung von den Unstetigkeitsstellen beschreiben.

A. Eigenwellen

Um die Eigenwellenentwicklung der Felder übersichtlicher zu gestalten, ist es zweckmäßig, die Bezeichnungsweise für die Felder eines gegebenen Schwingungstyps zu vereinfachen, TE- und TM-Wellen auf gleicher Stufe zu behandeln und eine geeignete Normierung einzuführen. Der Index, der einen bestimmten Schwingungstyp bezeichnet, sei jetzt λ oder μ. Die Folge $\lambda = 1, 2, 3, \ldots$ kennzeichnet dann z.B. die in einer bestimmten Reihenfolge, etwa nach aufsteigenden Grenzfrequenzen angeordneten Schwingungstypen. Der Index λ gibt auch an, ob die betrachtete Welle vom TE-

oder TM-Typ ist. Die Felder einer Welle zu gegebenem λ, die sich *in positive z-Richtung* fortbewegt, schreiben wir in der Form

$$\mathbf{E}_\lambda^{(+)}(x,y,z) = [\mathbf{E}_\lambda(x,y) + \mathbf{E}_{z\lambda}(x,y)]e^{ik_\lambda z}$$

$$\mathbf{H}_\lambda^{(+)}(x,y,z) = [\mathbf{H}_\lambda(x,y) + \mathbf{H}_{z\lambda}(x,y)]e^{ik_\lambda z} \tag{8.129}$$

Dabei sind $\mathbf{E}_\lambda$ und $\mathbf{H}_\lambda$ die durch (8.31) und (8.33) gegebenen transversalen Felder, während $\mathbf{E}_{z\lambda}$ und $\mathbf{H}_{z\lambda}$ die longitudinalen Felder darstellen. Die Wellenzahl k_λ wird durch (8.37) bestimmt und für Wellen in verlustfreien Leitern als positiv angenommen (und als rein imaginär für Grenzwellen: $k_\lambda = i\kappa_\lambda$). Natürlich sind die Felder in (8.129) noch mit einem Zeitabhängigkeitsfaktor $e^{-i\omega t}$ zu versehen. Für eine Welle, die *in negative z-Richtung* fortschreitet, haben die Felder folgende Gestalt:

$$\mathbf{E}_\lambda^{(-)} = [\mathbf{E}_\lambda - \mathbf{E}_{z\lambda}]e^{-ik_\lambda z}$$

$$\mathbf{H}_\lambda^{(-)} = [-\mathbf{H}_\lambda + \mathbf{H}_{z\lambda}]e^{-ik_\lambda z} \tag{8.130}$$

Die gegenüber (8.129) unterschiedliche Vorzeichenkombination ist auf die Forderung zurückzuführen, dass die Gleichungen $\nabla \cdot \mathbf{E} = \nabla \cdot \mathbf{H} = 0$ für jede Ausbreitungsrichtung erfüllt sein müssen und dass der Energiestrom in Ausbreitungsrichtung positiv sein muss. Der gemeinsame Phasenfaktor, um den sich die Felder (8.130) von den Feldern (8.129) unterscheiden, ist beliebig. Wir haben ihn so gewählt, dass das transversale elektrische Feld bei $z = 0$ für beide Ausbreitungsrichtungen das gleiche ist; dies entspricht der Phasenwahl für die Spannungswellen entlang einer (unter dem Namen *Lecher-Leitung* bekannten) Doppelleitung.

Zu einer zweckmäßigen Normierung der in (8.129) und (8.130) auftretenden Felder gelangt man, wenn man die *transversalen elektrischen Felder* $\mathbf{E}_\lambda(x,y)$ als *reell* annimmt und die Orthonormierungsbedingung

$$\int \mathbf{E}_\lambda \cdot \mathbf{E}_\mu \, da = \delta_{\lambda\mu} \tag{8.131}$$

fordert, wobei das Integral über die Querschnittsfläche des Leiters zu erstrecken ist. (Die Orthogonalität der verschiedenen Wellen wird hier als gegeben angenommen. Der Beweis für die Richtigkeit dieser Annahme soll ebenso wie die Berechnung der unten auftretenden Normierungsintegrale in den Übungen gebracht werden (vgl. Übg. 8.18).) Bei Berücksichtigung des Zusammenhangs (8.31) zwischen den transversalen elektrischen und magnetischen Feldern ergibt sich aus (8.131) unmittelbar die Orthogonalitätsbeziehung

$$\int \mathbf{H}_\lambda \cdot \mathbf{H}_\mu \, da = \frac{1}{Z_\lambda^2}\,\delta_{\lambda\mu} \tag{8.132}$$

während die von einer Welle im zeitlichen Mittel übertragene Leistung durch

$$\frac{1}{2}\int (\mathbf{E}_\lambda \times \mathbf{H}_\mu) \cdot \mathbf{e}_z \, da = \frac{1}{2Z_\lambda}\,\delta_{\lambda\mu} \tag{8.133}$$

bestimmt wird. Ferner lässt sich zeigen, dass die logitudinalen Komponenten bei Gültigkeit von (8.131) folgendermaßen normiert sind:

TM-Wellen:

$$\int E_{z\lambda} E_{z\mu} da = \frac{-\gamma_\lambda^2}{k_\lambda^2} \delta_{\lambda\mu}$$

TE-Wellen:

$$\int H_{z\lambda} H_{z\mu} da = \frac{-\gamma_\lambda^2}{k_\lambda^2 Z_\lambda^2} \delta_{\lambda\mu} \tag{8.134}$$

Als Beispiel für diese normierten Felder geben wir hier sowohl die transversalelektrischen Felder wie auch E_z bzw. H_z für TE- und TM-Wellen in einem Rechteckwellenleiter an. An die Stelle des einen Index λ treten in diesem Fall natürlich die Indizes (m, n). Die entsprechenden normierten Felder haben folgende Gestalt:

TM-Wellen:

$$\begin{aligned}
E_{xmn} &= \frac{2\pi m}{\gamma_{mn} a \sqrt{ab}} \cos\left(\frac{m\pi x}{a}\right) \sin\left(\frac{n\pi y}{b}\right) \\
E_{ymn} &= \frac{2\pi n}{\gamma_{mn} b \sqrt{ab}} \sin\left(\frac{m\pi x}{a}\right) \cos\left(\frac{n\pi y}{b}\right) \\
E_{zmn} &= \frac{-2i\gamma_{mn}}{k_\lambda \sqrt{ab}} \sin\left(\frac{m\pi x}{a}\right) \sin\left(\frac{n\pi y}{b}\right)
\end{aligned} \tag{8.135}$$

TE-Wellen:

$$\begin{aligned}
E_{xmn} &= \frac{-2\pi n}{\gamma_{mn} b \sqrt{ab}} \cos\left(\frac{m\pi x}{a}\right) \sin\left(\frac{n\pi y}{b}\right) \\
E_{ymn} &= \frac{2\pi m}{\gamma_{mn} a \sqrt{ab}} \sin\left(\frac{m\pi x}{a}\right) \cos\left(\frac{n\pi y}{b}\right) \\
H_{zmn} &= \frac{-2i\gamma_{mn}}{k_\lambda Z_\lambda \sqrt{ab}} \cos\left(\frac{m\pi x}{a}\right) \cos\left(\frac{n\pi y}{b}\right)
\end{aligned} \tag{8.136}$$

Dabei ist γ_{mn} durch (8.43) gegeben. Die transversalen magnetischen Feldkomponenten ergeben sich aus (8.31). Für TM-Wellen sind die niedrigsten Werte von m und n gleich Eins, während für TE-Wellen $m = 0$ *oder* $n = 0$ erlaubt ist. Trifft einer dieser beiden Fälle zu, so sind die Ausdrücke auf der rechten Seite von (8.136) jeweils mit einem zusätzlichen Normierungsfaktor $1/\sqrt{2}$ zu versehen.

B. Eigenwellenentwicklung beliebiger Felder

Ein beliebiges elektromagnetisches Feld mit harmonischer Zeitabhängigkeit $e^{-i\omega t}$ kann nach den Eigenfeldern (8.129) und (8.130) entwickelt werden.[16] Das Gesamt-

[16] Wir übergehen hier das mathematische Problem der *Vollständigkeit* des von den Eigenwellen gebildeten Funktionensystems; gleichzeitig begnügen wir uns mit der Feststellung, dass man *allgemeinere* Zeitabhängigkeiten durch Fourier-Überlagerung beschreiben kann.

feld setzt sich aus zwei Anteilen zusammen, die sich in je eine der beiden Richtungen bewegen. Beliebige Felder lassen sich daher in der Form

$$\mathbf{E} = \mathbf{E}^{(+)} + \mathbf{E}^{(-)}, \quad \mathbf{H} = \mathbf{H}^{(+)} + \mathbf{H}^{(-)} \tag{8.137}$$

mit

$$\mathbf{E}^{(\pm)} = \sum_{\lambda} A_{\lambda}^{(\pm)} \mathbf{E}_{\lambda}^{(\pm)}, \quad \mathbf{H}^{(\pm)} = \sum_{\lambda} A_{\lambda}^{(\pm)} \mathbf{H}_{\lambda}^{(\pm)} \tag{8.138}$$

schreiben. Die Entwicklungskoeffizienten $A_{\lambda}^{(+)}$ und $A_{\lambda}^{(-)}$ bestimmen die Felder an jedem Punkt innerhalb des Leiters. Sie lassen sich auf mannigfache Art und Weise aus den Rand- oder Quellenbedingungen ermitteln. Nützlich in diesem Zusammenhang ist folgender Satz:

- Durch Vorgabe der transversalen Komponenten von **E** und **H** in einer Ebene $z = \text{const.}$ werden die Felder an jedem Punkt innerhalb des Leiters eindeutig festgelegt.

Beweis: Ohne Beschränkung der Allgemeinheit wählen wir die Ebene $z = 0$. Aus (8.137) mit (8.138) sowie (8.129) und (8.130) ergibt sich dann für die transversalen Felder:

$$\begin{aligned} \mathbf{E}_t &= \sum_{\lambda'} (A_{\lambda'}^{(+)} + A_{\lambda'}^{(-)}) \mathbf{E}_{\lambda'} \\ \mathbf{H}_t &= \sum_{\lambda'} (A_{\lambda'}^{(+)} - A_{\lambda'}^{(-)}) \mathbf{H}_{\lambda'} \end{aligned} \tag{8.139}$$

Bildet man von beiden Seiten der ersten Gleichung das innere Produkt mit $\mathbf{E}_{\lambda}$ und integriert anschließend über die Querschnittsfläche des Leiters, so führt die Orthogonalitätsbeziehung (8.131) auf

$$A_{\lambda}^{(+)} + A_{\lambda}^{(-)} = \int \mathbf{E}_{\lambda} \cdot \mathbf{E}_t \, da$$

In ähnlicher Weise liefert die zweite Gleichung bei Verwendung von (8.132):

$$A_{\lambda}^{(+)} - A_{\lambda}^{(-)} = Z_{\lambda}^2 \int \mathbf{H}_{\lambda} \cdot \mathbf{H}_t \, da$$

Für die Koeffizienten $A_{\lambda}^{(\pm)}$ bedeutet dies:

$$A_{\lambda}^{(\pm)} = \frac{1}{2} \int [\mathbf{E}_{\lambda} \cdot \mathbf{E}_t \pm Z_{\lambda}^2 \mathbf{H}_{\lambda} \cdot \mathbf{H}_t] \, da \tag{8.140}$$

Sind also $\mathbf{E}_t$ und $\mathbf{H}_t$ bei $z = 0$ gegeben, dann sind damit auch die Koeffizienten in der Entwicklung (8.137) bzw. (8.138) festgelegt. Die Vollständigkeit der Eigenwellenentwicklung sorgt für die Eindeutigkeit der Darstellung für alle z.

C. Die von einer lokalisierten Quelle erzeugten Felder

Die Felder in einem Wellenleiter können, wie schematisch in Abb. 8.15 dargestellt, von einer lokalisierten Quelle herrühren. Die Zeitabhängigkeit der Stromdichte $\mathbf{J}(\mathbf{x}, t)$ werde durch $e^{-i\omega t}$ beschrieben. Da der Strom oszilliert, breiten sich die Felder sowohl nach rechts wie nach links aus. Außerhalb der Quelle, etwa auf der Fläche S_+ und rechts von ihr, treten nur Felder auf, die wie $e^{ik_{\lambda}z}$ variieren. Das elektrische Feld im rechten Außengebiet lässt sich daher schreiben in der Form

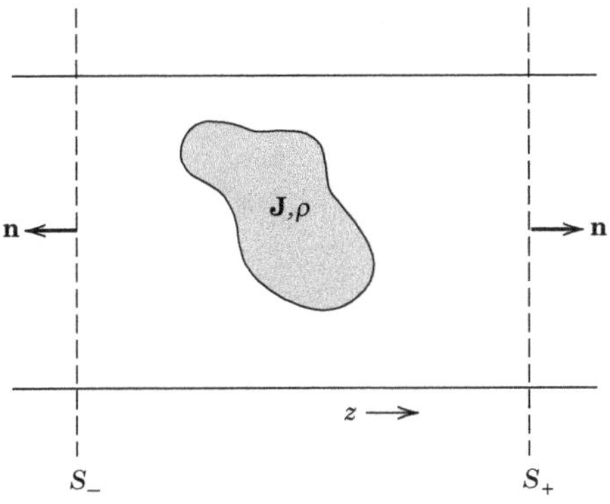

Abb. 8.15 Schematische Darstellung einer lokalisierten Quelle in einem Wellenleiter. Die Wände des Leiters definieren zusammen mit den ebenen Flächen S_+ und S_- das die Quelle enthaltende Volumen.

$$\mathbf{E} = \mathbf{E}^{(+)} = \sum_{\lambda'} A_{\lambda'}^{(+)} \mathbf{E}_{\lambda'}^{(+)} \tag{8.141}$$

mit einem entsprechenden Ausdruck für **H**. Im linken Außengebiet, d.h. auf der Fläche S_- und links von ihr, variieren die Felder wie $e^{-ik_\lambda z}$. Das elektrische Feld lässt sich daher darstellen in der Form

$$\mathbf{E} = \mathbf{E}^{(-)} = \sum_{\lambda'} A_{\lambda'}^{(-)} \mathbf{E}_{\lambda'}^{(-)} \tag{8.142}$$

und Analoges gilt natürlich wieder für **H**.

Um die Koeffizienten $A_\lambda^{(\pm)}$ durch **J** auszudrücken, betrachten wir eine bestimmte Form des Poynting'schen Satzes. Unser Ausgangspunkt ist die Identität

$$\nabla \cdot [\mathbf{E} \times \mathbf{H}_\lambda^{(\pm)} - \mathbf{E}_\lambda^{(\pm)} \times \mathbf{H}] = \mathbf{J} \cdot \mathbf{E}_\lambda^{(\pm)} \tag{8.143}$$

die sich aus den Maxwell'schen Gleichungen für $\mathbf{E}_\lambda^{(\pm)}$ und $\mathbf{H}_\lambda^{(\pm)}$ ohne Quellen und denen für **E** und **H** mit Quellen ergibt. Integriert man (8.143) über ein Volumen V, das von einer geschlossenen Fläche S berenzt wird, dann erhält man bei Verwendung des Gauß'schen Integralsatzes:

$$\oint_S [\mathbf{E} \times \mathbf{H}_\lambda^{(\pm)} - \mathbf{E}_\lambda^{(\pm)} \times \mathbf{H}] \cdot \mathbf{n}\, da = \int_V \mathbf{J} \cdot \mathbf{E}_\lambda^{(\pm)} d^3x \tag{8.144}$$

wenn **n** die nach außen gerichtete Flächennormale ist. Das Volumen V sei nun der von den inneren Wänden des Leiters und den beiden Flächen S_+ und S_- begrenzte Raum (vgl. Abb. 8.15). Ferner wollen wir annehmen, dass die Leiterwände ideal leitend sind und weder Quellen noch Öffnungen enthalten. Das Oberflächenintegral auf der linken Seite von (8.144), genommen über die Leiterwände, verschwindet dann, und es tragen nur die Integrale über S_+ und S_- bei. Wählt man in (8.144) das untere Vorzeichen und setzt in das entsprechende Integral über S_+ die Entwicklung (8.141) ein, so erhält man zunächst:

$$\int_{S_+} \ldots = \sum_{\lambda'} A_{\lambda'}^{(+)} \int_{S_+} \mathbf{e}_z \cdot [\mathbf{E}_{\lambda'}^{(+)} \times \mathbf{H}_\lambda^{(-)} - \mathbf{E}_\lambda^{(-)} \times \mathbf{H}_{\lambda'}^{(+)}]\, da$$

Mit den Feldern (8.129) und (8.130) sowie der Normierung (8.133) geht dies über in

$$\int_{S_+} \dots = -\frac{2}{Z_\lambda} A_\lambda^{(+)} \tag{8.145}$$

Für das entsprechende Oberflächenintegral über S_- ergibt sich der Ausdruck

$$\int_{S_-} \dots = -\sum_{\lambda'} A_{\lambda'}^{(-)} \int_{S_-} \mathbf{e}_z \cdot [\mathbf{E}_{\lambda'}^{(-)} \times \mathbf{H}_\lambda^{(-)} - \mathbf{E}_\lambda^{(-)} \times \mathbf{H}_{\lambda'}^{(-)}] da$$

der aber, wie man leicht nachweisen kann, verschwindet. Wählt man also in Gl. (8.144) das untere Vorzeichen, so liefert nur die Fläche S_+ einen Beitrag zur linken Seite. In ähnlicher Weise trägt im Fall des oberen Vorzeichens nur das Integral über S_- bei. Man erhält ein zu (8.145) vollkommen analoges Resultat, in dem S_+ und $A_\lambda^{(+)}$ durch S_- bzw. $A_\lambda^{(-)}$ ersetzt sind. Benutzt man für die linke Seite von Gl. (8.144) die Gl. (8.145), so ergibt sich für die Koeffizienten $A_\lambda^{(\pm)}$:

$$A_\lambda^{(\pm)} = -\frac{Z_\lambda}{2} \int_V \mathbf{J} \cdot \mathbf{E}_\lambda^{(\mp)} d^3x \tag{8.146}$$

mit dem gemäß (8.131) normierten Feld $\mathbf{E}_\lambda^{(\pm)}$. Man beachte, dass die Amplitude für die Ausbreitung in *positive* z-Richtung durch das Integral über das Skalarprodukt des Stromes mit dem sich in *negative* z-Richtung ausbreitenden Feld gegeben ist und umgekehrt.

Es ist nicht schwer, das Ergebnis (8.146) auf den Fall zu erweitern, dass sich in den Leiterwänden zwischen den ebenen Flächen S_+ und S_- Öffnungen befinden (die als Quellen oder Senken wirken). Ein Blick auf (8.144) zeigt, dass Gl. (8.146) dann durch

$$A_\lambda^{(\pm)} = \frac{Z_\lambda}{2} \int_{\text{Öffnungen}} [\mathbf{E} \times \mathbf{H}_\lambda^{(\mp)}] \cdot \mathbf{n}\, da - \frac{Z_\lambda}{2} \int_V \mathbf{J} \cdot \mathbf{E}_\lambda^{(\mp)} d^3x \tag{8.147}$$

zu ersetzen ist, wenn $\mathbf{E}$ das *exakte* tangentiale elektrische Feld in den Öffnungen ist und $\mathbf{n}$ nach *außen* gerichtet ist.

Die Anwendung von Gl. (8.146) auf die Erregung von Wellen in Wellenleitern soll Teil der Übungen sein. Im nächsten Kapitel (Kap. 9.5) untersuchen wir das Problem einer Quelle, deren Ausdehnung gegenüber der Wellenlänge der auftretenden Strahlung klein ist. Ferner werden wir dort eine Näherung für (8.146) herleiten, die auf der Kopplung der elektrischen und magnetischen Dipolmomente der Quelle an die elektrischen und magnetischen Felder der λ-ten Eigenwelle beruht. Die Kopplung von Wellenleitern durch kleine Öffnungen werden wir ebenfalls in Kap. 9.5 besprechen. Das Problem der Quellen und der Erregung von Schwingungen in Wellen- und Hohlleitern ist von großer Bedeutung für die Mikrowellentechnik. Die Literatur über dieses Gebiet ist äußerst umfangreich. Eines der besten neueren Bücher ist das von *Collin* (Kap. 5 und 7).

D. Stoßstellen in Wellenleitern

In Wellenleitern, die man in Mikrowellensystemen als Träger elektromagnetischer Energie oder als Übermittler von Phaseninformationen verwendet, treten häufig

Unstetigkeiten in Form von Stoßstellen, dielektrischen Streifen, Blenden oder Öffnungen in den Leiterwänden auf. Bei der Behandlung solcher Störungen spielt die Entwicklung der Felder nach Eigenwellen eine Hauptrolle. In der zweiten Auflage dieses Buches (in Kap. 8.12 und 8.13) haben wir die Auswirkung von transversalen, ebenen Hindernissen mit Variationsmethoden untersucht. Aus Platzgründen müssen diese Erörterungen hier entfallen. Wer Interesse hat, kann dies in der zweiten Auflage nachlesen oder die Literatur zu Rate ziehen, die wir anschließend und in den Literaturhinweisen am Ende dieses Kapitels angeben.

Theoretische und praktische Untersuchungen zu Hindernissen und Stoßstellen in Wellenleitern erhielten großen Auftrieb durch die Anstrengungen der Radarforschung im 2. Weltkrieg. Die amerikanischen Beiträge, aus der Zeit zwischen 1940 und 1945, sind in der bei McGraw-Hill Book Company, Inc., New York, erschienenen Reihe des Radiation Laboratory im Massachusetts Institute of Technology dokumentiert. Allgemeine Grundlagen der Mikrowellentechnik werden behandelt bei *Montgomery, Dicke und Purcell*, während die bereits genannten Lehrbücher von *Marcuvitz* und *Collin* ein wahres Kompendium von Ergebnissen zum Thema „Unstetigkeiten in Wellenleitern" enthalten.

Literaturhinweise

Wellenleiter und Hohlraumresonatoren werden in zahlreichen Lehrbüchern der Elektrotechnik behandelt, z. B. bei
- *Gundlach, Abschn. C
- Ramo, Whinnery und van Duzer, Kap. 7, 8, 10 und 11
- *Simonyi, Kap. 4, Abschn. E und F
- *Unger, Bd. I und Bd. II.

Ihrer Klarheit und physikalischen Einsicht wegen sollten in diesem Zusammenhang auch zwei Bücher von Schelkunoff zitiert werden, nämlich
- Schelkunoff, *Electromagnetic Fields*
- Schelkunoff, *Applied Mathematics for Engineers and Scientists.*

Von den Lehrbüchern der theoretischen Physik, in denen Wellenleiter, Doppelleitungen und Hohlleiter behandelt werden, seien folgende genannt:
- Panofsky und Phillips, Kap. 13
- Slater
- Smythe, Kap. XIII
- Sommerfeld, *Elektrodynamik*, Abschn. 22–25
- Stratton, Abschn. 9.18–9.22.

Eine sehr umfassende Darstellung geben
- Borgnis, F. E. und C. H. Papas: *Electromagnetic Waveguides and Resonators.* Handbuch der Physik, Bd. XVI, hrsg. von S. Flügge. Berlin: Springer Verlag 1958.
- *Borgnis, F. E. und C. H. Papas: *Randwertprobleme der Mikrowellenphysik.* Berlin: Springer Verlag 1955.

In dem zuletzt genannten Buch wird insbesondere auch der Begriff der dynamischen Green'schen Funktion erläutert.

Die Bücher von
- Collin
- Harrington
- Johnson
- Waldron

richten sich an Studenten der Elektrotechnik und Physik in Fortgeschrittenensemestern. Sie beschäftigen sich fast ausschließlich mit Wellen- und Hohlleitern und behandeln nicht nur die Standardtheorie, sondern auch zahlreiche Spezialgebiete wie das der Unstetigkeiten in Wellenleitern. Genannt sei in diesem Zusammenhang auch
– Collin, R. E.: *Foundations for Microwave Engineering*. New York: McGraw-Hill 1966.
Von diesem Buch existiert eine deutsche Übersetzung, nämlich
– Collin, R. E.: *Grundlagen der Mikrowellentechnik*. Berlin: Technik Verlag 1973.
Die Originalarbeiten über Variationsverfahren zur Behandlung von Unstetigkeiten sind zusammengestellt in dem Buch von
– Schwinger, J. und D. S. Saxon: *Discontinuities in Waveguides*, Notes on Lectures by Julian Schwinger. New York: Gordon and Breach 1968.

Einen Überblick über Variationsverfahren zur Bestimmung von Eigenfrequenzen etc. sowie zur Behandlung von Unstetigkeiten geben die Bücher von
– Cairo und Kahan
– Harrington, Kap. 7
– *Unger, Bd. II
– Van Bladel, Kap. 13
– Waldron, Kap. 8.

Ein wahres Kompendium für Formeln und numerische Daten im Zusammenhang mit Unstetigkeiten in Wellenleitern, deren Kopplung u. a. stellt das bereits zitierte Buch von
– Marcuvitz
dar.

Die mathematischen Hilfsmittel zur Behandlung dieser Randwertprobleme bringt das Buch von
– Morse und Fesbach, Kap. 13.
In diesem Buch (auf S. 1038ff.) wird auch die Methode der Störung der Randbedingungen besprochen.

Auskunft über spezielle Funktionen gibt das stets verlässliche Buch von
– Magnus, Oberhettinger und Soni.
Enzyklopädische Details zum Thema „spezielle Funktionen“ enthält das dreibändige Werk
– Bateman Manuscript Project, *Higher Transcendental Functions*.

Numerische Werte von speziellen Funktionen, zusammen mit den wichtigsten Formeln, findet man in
– Abramowitz und Stegun
– Jahnke, Emde und Lösch.

Zwei Bücher, die sich unter dem Aspekt von Wellenleitern und Eigenwellen mit der Ausbreitung elektromagnetischer Wellen um die Erde und in der Ionosphäre beschäftigen, sind die von
– K. G. Budden
– Wait.
Zu nennen ist in diesem Zusammenhang auch das Buch von
– Galejs.
Schumann-Resonanzen werden im Einzelnen beschrieben bei
– Bliokh, P. V., Nicholaenke, A. P. und Yo F. Filtipov: *Schumann Resonances in the Earth-Ionosphere Cavity*. Ins Engl. übers. von S. Chouet, hrsg. von D. L. Jones, IEE Electromagnetic Wave Series, Bd. 8. London: Peter Peregrinus 1980.

Zur Theorie und Praxis optischer Fasern in der Kommunikationstechnik existiert eine Fülle von Literatur. Unsere Darstellung in Kap. 8.10 und 8.11 stützt sich auf das umfassende Buch von
– Snyder, A. W. und J. D. Love: *Optical Waveguide Theory*. New York: Chapman & Hall 1983.

Bücher, in denen Wellenleiteraspekte – auch in praxisnahen Einzelheiten – zur Sprache kommen, sind die von

- *Reider, G. A.: *Photonik – Eine Einführung in die Grundlagen.* Wien, New York: Springer Verlag 1997.
- Senior, J. M.: *Optical Fiber Communications.* 2. Aufl. New York: Prentice Hall 1992.
- Vassallo, C.: *Optical Waveguide Concepts.* New York: Elsevier 1991.
- Paschotta, R.: Encyclopedia of Laser Physics and Technology. Berlin: Wiley-VCH 2008, auch frei zugänglich im Internet: http://www.rp-photonics.com/encyclopedia_de.html

Optische Wellenleitergeometrien sind oft nur mit numerischen Methoden zu erfassen. Nützlich in diesem Zusammenhang ist das Buch von

- Fernandez, F. A. und Y. Lu: *Microwave and Optical Waveguide Analysis by the Finite Element Method.* New York: Research Study Press & Wiley 1996.

Übungen

8.1 In der Näherung von Kap. 8.1 ist die Skin-Tiefe, verglichen mit den Krümmungsradien der Oberfläche oder – anders ausgedrückt – im Maßstab der räumlichen Feldänderungen unmittelbar außerhalb der Oberfläche, sehr klein. Man betrachte die elektrischen und magnetischen Felder im Oberflächenbereich eines sehr guten Leiters in dieser Näherung.

(a) Für eine einzelne Frequenzkomponente zeige man, dass das magnetische Feld **H** und die Stromdichte **J** so geartet sind, dass die über die Zeit gemittelte Kraft pro Einheit der Oberfläche **f**, die der Leitungsstrom verursacht, durch

$$\mathbf{f} = -\mathbf{n}\frac{\mu_L}{4}|\mathbf{H}_{\parallel}|^2$$

gegeben ist, wobei $\mathbf{H}_{\parallel}$ die maximale Parallelkomponente des magnetischen Feldes an der Oberfläche, μ_L die Permeabilität des Leiters und **n** die nach außen gerichtete Flächennormale bezeichnen.

(b) Gibt es eine *zusätzliche* Kraft pro Flächeneinheit, wenn sich die Permeabilität μ außerhalb des Leiters von μ_L unterscheidet? Was gilt für die elektrischen Kräfte?

(c) Man nehme an, die Felder an der Oberfläche seien eine Überlagerung zu verschiedenen Frequenzen (alle so hoch, dass die Näherungen noch Gültigkeit haben). Für diesen Fall zeige man, dass die Kraft im zeitlichen Mittel durch die gleiche Formel wie in Teil (a) beschrieben wird, wenn man $|\mathbf{H}_{\parallel}|^2$ durch $2\langle|\mathbf{H}_{\parallel}|^2\rangle$ ersetzt, wobei die spitzen Klammern $\langle\cdots\rangle$ das Zeitmittel bezeichnen.

8.2 Eine spezielle Doppelleitung ist das Koaxialkabel, das aus zwei konzentrischen metallischen Kreiszylindern besteht und in der unteren Abbildung im Querschnitt dargestellt ist. Die Leitfähigkeit der beiden Leiter sei σ und ihre Eindringtiefe δ. Der Raum zwischen Innen- und Außenleiter sei mit einem homogenen, verlustfreien Dielektrikum (μ, ϵ) gefüllt. Längs der Leitung pflanze sich eine TEM-Welle fort und es gelte das in Abschn. 8.1. Gesagte.

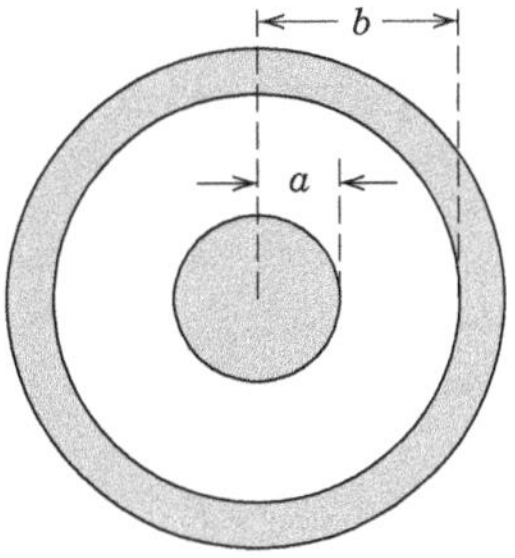

(a) Man zeige, dass der Leitungsstrom längs der Leitung im zeitlichen Mittel durch

$$P = \sqrt{\frac{\mu}{\epsilon}}\,\pi a^2 |H_0|^2 \ln\left(\frac{b}{a}\right)$$

gegeben ist, wenn H_0 der Maximalwert des azimutalen Magnetfeldes an der Oberfläche des Innenleiters ist.

(b) Man zeige, dass die entlang der Leitung übertragene Leistung gemäß

$$P(z) = P_0 e^{-2\gamma z}$$

gedämpft wird, wobei die Abklingkonstante γ gegeben ist durch

$$\gamma = \frac{1}{2\sigma\delta}\sqrt{\frac{\epsilon}{\mu}}\,\frac{\left(\frac{1}{a}+\frac{1}{b}\right)}{\ln\left(\frac{b}{a}\right)}$$

(c) Der Wellenwiderstand Z_0 des Koaxialkabels ist definiert als das Verhältnis der an einem beliebigen Punkt z zwischen den Zylindern herrschenden Spannung zu dem durch einen der beiden Leiter fließenden Strom. Man zeige, dass für das betrachtete Koaxialkabel

$$Z_0 = \frac{1}{2\pi}\sqrt{\frac{\mu}{\epsilon}}\ln\left(\frac{b}{a}\right)$$

ist.

(d) Man zeige, dass der Reihenwiderstand und die Reiheninduktivität pro Längeneinheit der Leitung durch

$$R = \frac{1}{2\pi\sigma\delta}\left(\frac{1}{a}+\frac{1}{b}\right)$$

$$L = \left\{\frac{\mu}{2\pi}\ln\left(\frac{b}{a}\right) + \frac{\mu_L\delta}{4\pi}\left(\frac{1}{a}+\frac{1}{b}\right)\right\}$$

gegeben sind, wenn μ_L die Permeabilität des Leiters bedeutet. Der Korrekturterm zur Induktivität spiegelt den Umstand wider, dass eine Welle bis zur Tiefe δ in einen Leiter eindringt.

8.3 **(a)** Eine Doppelleitung bestehe aus zwei identischen dünnen Metallstreifen (vgl. untere Abbildung). Unter der Annahme, dass $b \gg a$ ist, diskutiere man die Ausbreitung einer TEM-Welle längs dieser Doppelleitung und zeige in Analogie zu Übg. 8.2, dass

$$P = \frac{ab}{2}\sqrt{\frac{\mu}{\epsilon}}|H_0|^2 \qquad \gamma = \frac{1}{a\sigma\delta}\sqrt{\frac{\epsilon}{\mu}}$$

$$Z_0 = \sqrt{\frac{\mu}{\epsilon}}\left(\frac{a}{b}\right) \qquad R = \frac{2}{\sigma\delta b} \qquad L = \left(\frac{\mu a + \mu_L\delta}{b}\right)$$

ist, wobei die verschiedenen Symbole jeweils die gleiche Bedeutung haben wie in Übg. 8.2.

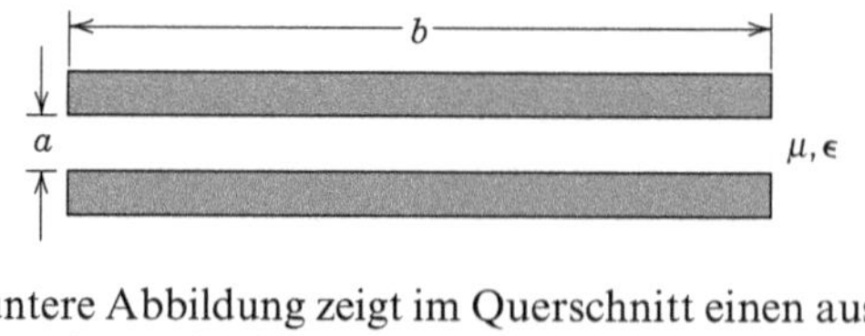

(b) Die untere Abbildung zeigt im Querschnitt einen aus drei Schichten bestehenden Streifen – mit einem oberen Streifen der Breite b, einem mittleren, dielektrischen Streifen der Dicke h und der Dielektrizitätskonstanten ϵ sowie einem Basisstreifen. Worin bestehen die Unterschiede im Vergleich zu Teil (a), wenn $b \gg h$ ist und, umgekehrt, wenn $b \ll h$ ist?

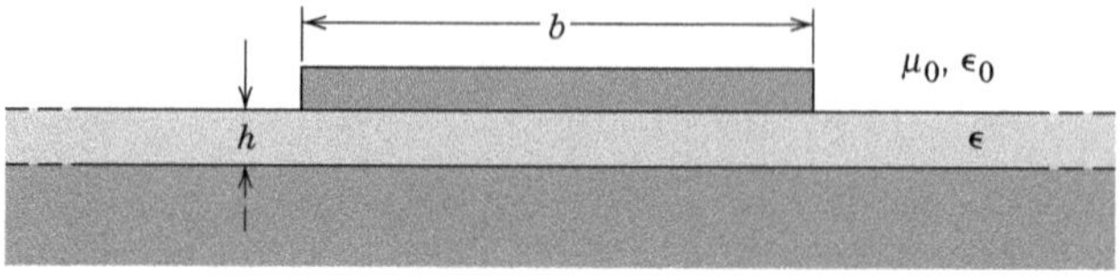

8.4 Transversal-elektrische und -magnetische Wellen mögen sich längs eines geraden, kreisförmigen Hohlzylinders mit dem inneren Radius R ausbreiten. Die Leitfähigkeit des Zylindermaterials sei σ.

(a) Man bestimme die Grenzfrequenzen der verschiedenen TE- und TM-Wellen. Unter der Annahme, dass die Zylinderwand ein idealer Leiter ist, drücke man diese Grenzfrequenzen (d. h. die Frequenzen der jeweiligen Grundwelle) durch den Zylinderradius aus und bestimme das Verhältnis der Grenzfrequenzen der vier nächst höheren Wellen zu der der Grundwelle.

b) Für die beiden niedrigsten, von einander verschiedenen Wellen berechne man die Dämpfungskonstanten des Wellenleiters als Funktion der Frequenz und stelle sie in Abhängigkeit von der Frequenz graphisch dar.

8.5 Der Querschnitt eines Wellenleiters habe die Gestalt eines rechtwinkligen Dreiecks mit den Seiten $a, a, \sqrt{2}\,a$, wie unten gezeigt. Für das Medium innerhalb des Leiters gelte $\mu_r = \epsilon_r = 1$.

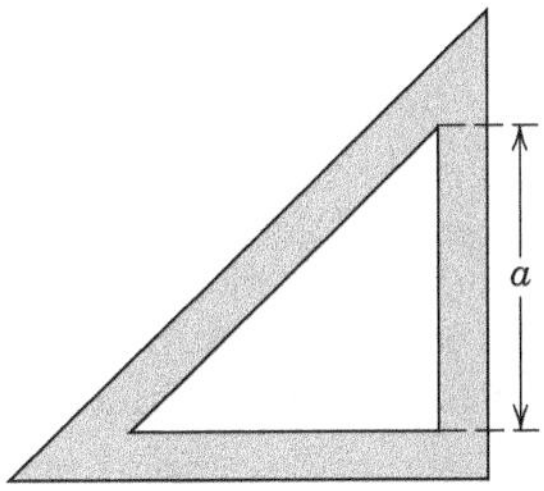

(a) Unter der Annahme ideal leitender Wände bestimme man die möglichen Arten ausbreitungsfähiger Wellen und deren Grenzfrequenz.

(b) Unter der Annahme sehr großer, aber endlicher Leitfähigkeit der Wände berechne man für die niedrigsten Wellen eines jeden Typs die Dämpfungskonstante. Das Ergebnis vergleiche man mit dem für einen Wellenleiter quadratischen Querschnitts mit den Seitenlängen a, wenn dessen Wände aus gleichem Material bestehen.

8.6 Ein Hohlraumresonator bestehe aus einem geraden, kreisförmigen Hohlzylinder aus Kupfer mit ebenen Deckflächen. Sein innerer Radius sei R und seine Länge L.

(a) Man bestimme die Resonanzfrequenzen des Hohlraumresonators für alle Wellentypen. Mit $(1/\sqrt{\mu\epsilon}\,R)$ als Frequenzeinheit trage man für $0 < R/L < 2$ die niedrigsten Resonanzfrequenzen eines jeden Wellentyps als Funktion von R/L auf. Ist die niedrigste Resonanzfrequenz einer bestimmten Welle unabhängig vom Wert von R/L?

(b) Welchen numerischen Wert hat der Gütefaktor Q der niedrigsten Resonanzwelle, wenn $R = 2\,\text{cm}$ und $L = 3\,\text{cm}$ ist und die Resonatorwände aus reinem Kupfer bestehen?

8.7 Ein Hohlraumresonator bestehe aus zwei konzentrischen, ideal leitenden Kugelschalen, von denen die kleinere den äußeren Radius a und die größere den inneren Radius b habe. Wie in Abschnitt 8.9 gezeigt, wird die radiale Abhängigkeit des azimutalen magnetischen Feldes durch die sphärischen Bessel-Funktionen $j_l(kr)$ und $n_l(kr)$ mit $k = \omega/c$ beschrieben.

(a) Man gebe für beliebiges l die transzendente Bestimmungsgleichung für die Eigenfrequenzen des Resonators an.

(b) Für $l = 1$ benutze man die explizite Gestalt der Bessel-Funktionen, um zu zeigen, dass die Eigenfrequenzen durch

$$\frac{\tan kh}{kh} = \frac{\left(k^2 + \dfrac{1}{ab}\right)}{k^2 + ab\left(k^2 - \dfrac{1}{a^2}\right)\left(k^2 - \dfrac{1}{b^2}\right)}$$

bestimmt werden, wobei $h = b - a$ ist.

(c) Für $h/a \ll 1$ weise man nach, dass das Ergebnis aus Teil (b) auf die in Abschnitt 9 dieses Kapitels gefundene Frequenz führt, und gebe die Korrektur erster Ordnung in h/a an. (Das in Teil (b) angegebene Resultat scheint das erste Mal von J. J. Thomson hergeleitet worden zu sein; veröffentlicht ist es in seinem Buch *Recent Researches in Electricity and Magnetism*, Oxford: Clarendon Press 1893, S. 373ff.)

8.8 Für die in Abschn. 8.9 behandelten Schumann-Resonanzen berechne man die Gütefaktoren Q unter der Annahme, dass die Erde und die Ionosphäre die Leitfähigkeiten σ_e bzw. σ_i mit entsprechenden Skin-Tiefen δ_e bzw. δ_i haben.

(a) Man zeige, dass der Q-Wert in niedrigster Ordnung von h/a durch $Q = Nh/(\delta_e + \delta_i)$ gegeben ist, und bestimme den numerischen Faktor N für alle l.

(b) Für die niedrigste Schumann-Resonanz werte man den Q-Wert numerisch aus und verwende dabei $\sigma_e = 0{,}1\,(\Omega\text{m})^{-1}$, $\sigma_i = 10^{-5}\,(\Omega\text{m})^{-1}$, $h = 10^2$ km.

(c) Für den in (b) benutzten Parameterbereich diskutiere man die Gültigkeit der in (a) gemachten Näherung.

8.9 Das Volumen V eines Hohlleiters sei mit einem homogenen, isotropen und linear reagierenden Medium (ϵ, μ) gefüllt und von einer ideal leitenden, geschlossenen Fläche S umgeben (die auch aus mehreren, voneinander getrennten Teilflächen bestehen kann). Innerhalb dieses Hohlleiters genügt ein harmonisches elektrisches Feld der vektoriellen Helmholtz-Gleichung

$$\nabla \times (\nabla \times \mathbf{E}) = k^2 \mathbf{E} \quad \text{mit} \quad k^2 = \omega^2 \mu \epsilon$$

Die Randbedingung lautet $\mathbf{n} \times \mathbf{E} = 0$ (und $\mathbf{n} \cdot \mathbf{B} = 0$) auf S.

(a) Man zeige, dass durch

$$k^2 = \frac{\displaystyle\int_V \mathbf{E}^* \cdot [\nabla \times (\nabla \times \mathbf{E})]\, d^3x}{\displaystyle\int_V \mathbf{E}^* \cdot \mathbf{E}\, d^3x}$$

ein Variationsprinzip für den Eigenwert k^2 definiert wird – und zwar insofern, als eine Änderung $\mathbf{E} \to \mathbf{E} + \delta\mathbf{E}$, wo sowohl $\mathbf{E}$ als auch $\delta\mathbf{E}$ die Randbedingungen erfüllen, erst in zweiter Ordnung zu Änderungen in k^2 führt.

(b) Man wende dieses Variationsprinzip auf die TM_{010}-Welle eines geraden, kreiszylindrischen Hohlleiters mit dem Radius R und der Länge d an. Als Versuchsfunktion verwende man das longitudinale elektrische Feld $E_z = E_0 \cos(\pi\rho/2R)$ (das keine Variationsparameter enthält) und zeige, dass sich damit der Eigenwert zu

$$kR = \frac{\pi}{2}\sqrt{\frac{\pi^2 + 4}{\pi^2 - 4}}$$

abschätzen lässt. Man vergleiche dieses Ergebnis numerisch mit dem bekannten exakten Wert, nämlich der Nullstelle x_{01} der Bessel-Funktion $J_0(x)$.

(c) Die Rechnung aus Teil (b) wiederhole man mit der Versuchsfunktion

$$E_z = E_0[1 + \alpha(\rho/R)^2 - (1 + \alpha)(\rho/R)^4]$$

wobei α ein Variationsparameter ist, und zeige, dass diese Versuchsfunktion zu dem folgenden Bestwert führt:

$$kR = \left[80 \cdot \left(\frac{17 - 2\sqrt{34}}{68 + \sqrt{34}}\right)\right]^{1/2}$$

Um wieviel besser ist dieses wirkliche *Variations*ergebnis als das aus Teil (b)?

8.10 Man wende das Variationsprinzip aus Übg. 8.9 auf das elektrische Feld **E** an und gebe eine Abschätzung für den Eigenwert k^2 an, der zur TE_{111}-Welle eines geraden, kreiszylindrischen Hohlleiters mit dem Radius R, der Länge d und ideal leitenden Wänden gehört. Als Versuchsfunktion verwende man

$$B_z = B_0(\rho/R)(1-\rho/2R)\cos\phi\sin(\pi z/d).$$

(Diese Funktion erfüllt die Randbedingungen $B_z = 0$ bei $z = 0$ und $z = d$ sowie $\partial B_z/\partial\rho = 0$ für $\rho = R$.)

(a) Zunächst zeige man, dass sich das Variationsprinzip auch ausdrücken lässt in der Form

$$k^2 = \frac{\int_V (\nabla\times\mathbf{E}^*)\cdot(\nabla\times\mathbf{E})\,d^3x}{\int_V \mathbf{E}^*\cdot\mathbf{E}\,d^3x}$$

(b) Man zeige, dass die (transversale) Komponenten des elektrischen (Versuchs-)Feldes die folgenden sind:

$$E_\rho = E_0(1-\rho/2R)\sin\phi\sin(\pi z/d); \qquad E_\phi = E_0(1-\rho/R)\cos\phi\sin(\pi z/d)$$

(c) Man berechne die Rotation von **E** und zeige, dass sich folgende Näherung für k^2 ergibt:

$$k^2 = \frac{18}{5R^2} + \frac{\pi^2}{d^2}$$

Man vergleiche dies mit dem exakten Ergebnis. Bei hinreichend kleinem d/R hat diese Welle einen größeren Eigenwert als die TM_{010}-Welle. Doch warum sollte die vorliegende Variationsnäherung überhaupt einen (einigermaßen) verlässlichen Wert liefern?

(d) Zum Zähler in der ursprünglichen Variationsformel aus Übg. 8.9 gibt es einen äquivalenten Integranden, nämlich $\mathbf{E}^*\cdot[\nabla(\nabla\cdot\mathbf{E}) - \nabla^2\mathbf{E}]$. Man diskutiere die Vorteile, die dieser Integrand, verglichen mit dem Quadrat der Rotation von **E** in Teil (a), für die vorliegende Problemstellung besitzt.

8.11 Mithilfe der Variationsmethode aus Übg. 8.9 bestimme man näherungsweise die Resonanzfrequenz der niedrigsten TM-Welle eines „Brotkasten"-Hohlleiters mit ideal leitenden Wänden, der Länge d in z-Richtung, dem Radius R der Viertelkreis-Vorderseite des „Brotkastens", während der Boden und die Rückwand durch die Flächensegmente ($y = 0$, $0 < x < R$) und ($x = 0, 0 < y < R$) gegeben sind. Man gehe aus von der Versuchsfunktion

$$E_z = E_0(\rho/R)^\nu(1-\rho/R)\sin 2\phi$$

für die einzig vorhandene Komponente des elektrischen Feldes. Mit dieser Funktion verschwindet die Tangentialkomponente von **E** auf den begrenzenden Flächen; der Exponent ν ist ein Variationsparameter. Man zeige, dass sich

$$k^2R^2 = \frac{(\nu+2)(2\nu+3)(\nu^2+\nu+4)}{\nu(2\nu+1)}$$

ergibt und bestimme das Minimum in Abhängigkeit von ν und damit den Bestwert von kR für die gegebene Versuchsfunktion. Man vergleiche dies mit dem exakten Ergebnis $kR = 5{,}13562$, der ersten Nullstelle der Bessel-Funktion $J_2(x)$.

8.12 Ein Wellenleiter mit verlustfreiem Dielektrikum im Innenraum und ideal leitenden Wänden weise eine Querschnittskontur C auf, die von einer Vergleichskontur C_0, längs derer die Felder bekannt sind, leicht abweicht. Die Differenz der Konturen werde durch eine Länge

$\delta(x,y)$ beschrieben, gemessen von C_0 bis C entlang der Normalen von C_0 an der Stelle (x,y). Die Ableitung $d\delta/ds$ sei von höherer Ordnung in kleinen Größen.

(a) Es seien (γ^2, ψ) und (γ_0^2, ψ_0) die (nicht entarteten) Eigenwertparameter und Lösungen für C bzw. C_0. Man zeige, dass in erster Ordnung in δ folgende Beziehung gilt:

$$\gamma^2 - \gamma_0^2 = -\frac{\oint_{C_0} \delta(x,y)\left[\left|\frac{\partial \psi_0}{\partial n}\right|^2 - \psi_0^* \frac{\partial^2 \psi_0}{\partial n^2}\right] dl}{\int_{S_0} |\psi_0|^2 \, dx\, dy}$$

wobei für TM(TE)-Wellen nur der erste (zweite) Term im Zähler auftritt. S_0 bezeichnet dabei die von C_0 berandete Querschnittsfläche.

Hinweis: Man gehe nach dem allgemein anwendbaren Verfahren vor, mit dem in Kap. 8.6 die Effekte einer endlichen Leitfähigkeit behandelt wurden.

(b) Man berechne den gestörten Wert von γ^2 für die niedrigsten TE- und TM-Wellen ($TE_{1,0}$ – bzw. $TM_{1,1}$-Welle) in einem Rechteckwellenleiter, wenn sich die Form des Querschnitts so ändert, wie in der folgenden Skizze gezeigt.

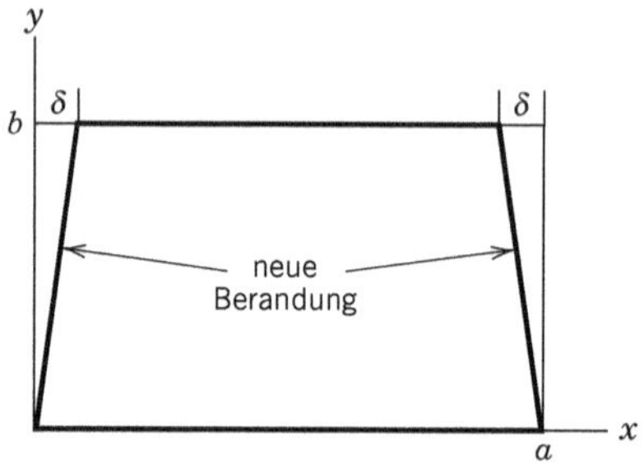

8.13 Wenn die Wellen in einem Hohlleiter unter ungestörten Bedingungen entartet sind, benötigt man eine Störungstheorie, die auf die Situation entarteter Zustände angepasst ist, wie dies aus der Quantenmechanik bekannt ist. Man betrachte etwa eine zweidimensionale (Wellenleiter-)Geometrie, bei der unter idealen Bedingungen (d. h. bei unendlicher Leitfähigkeit bzw. gegebener Form des Querschnitts) eine N-fache Entartung vorliegt und keine anderen, dazu benachbarten Wellentypen auftreten. Man hat es dann mit N linear unabhängigen Lösungen $\psi_0^{(i)}$ der transversalen Wellengleichung $(\nabla_t^2 + \gamma_0^2)\psi_0^{(i)} = 0$, $i = 1, 2, \ldots, N$ zu tun, die orthogonal zueinander sein müssen. Eine Störung hebt die Entartung im Allgemeinen auf. Es gibt dann einen Satz von gestörten Eigenwerten, γ_k^2, mit den zugehörigen Eigenwellen ψ_k, die sich (in erster Näherung) linear aus den N ungestörten Wellen kombinieren lassen: $\psi_k = \sum_i a_i \psi_0^{(i)}$.

(a) Man zeige, dass die Verallgemeinerung von Gl. (8.68) für endliche Leitfähigkeit und der Formel aus Übg. 8.12 für eine Verzerrung der Wellenleiterform in den folgenden Satz linearer Gleichungen besteht:

$$\sum_{i=1}^{N} [(\gamma^2 - \gamma_0^2) N_j \delta_{ji} + \Delta_{ji}] a_i = 0 \quad (j = 1, 2, \ldots, N)$$

wobei

$$N_j = \int_A |\psi_0^{(j)}|^2 \, da$$

gilt und ferner:

$$\Delta_{ji} = f \oint_C \frac{\partial \psi_0^{(j)*}}{\partial n} \frac{\partial \psi_0^{(i)}}{\partial n} dl$$

für endliche Leitfähigkeit sowie

$$\Delta_{ji} = \oint_C \delta(x,y) \left[\frac{\partial \psi_0^{(j)*}}{\partial n} \frac{\partial \psi_0^{(i)}}{\partial n} - \psi_0^{(j)*} \frac{\partial^2 \psi_0^{(i)}}{\partial n^2} \right] dl$$

für eine Verzerrung der Randkurve des Querschnitts.

(b) Der niedrigste Schwingungstyp für einen kreiszylindrischen Wellenleiter vom Radius R ist die zweifach entartete TE_{11}-Welle mit den Feldern

$$\psi^{(\pm)} = B_z = B_0 J_1(\gamma_0 \rho) \exp(\pm i\phi) \exp(ikz - i\omega t)$$

Der Eigenwertparametrer ist die erste Nullstelle von $dJ_1(x)/dx$: $\gamma_0 = 1{,}841/R$. Der kreiszylindrische Wellenleiter sei nun der ganzen Länge nach elliptisch verzerrt, mit der großen Halbachse $a = R + \Delta R$ und der kleinen Halbachse $b = R - \Delta R$. In erster Ordnung in $\Delta R/R$ ändern sich die Querschnittsflächen und ihr Umfang nicht. Man zeige, dass die Verzerrung die Entartung aufhebt und dass sich in erster Ordnung in $\Delta R/R$ folgendes ergibt:

$$\gamma_1^2 = \gamma_0^2(1 + \lambda \Delta R/R) \quad \text{und} \quad \gamma_2^2 = \gamma_0^2(1 - \lambda \Delta R/R)$$

Man bestimme den numerischen Wert von λ und die Eigenwellen als Linearkombinationen von $\psi^{(\pm)}$. Das Ergebnis für die Eigenwellen erkläre man physikalisch.

8.14 Gegeben sei eine optische Faser mit dem Gradientenindex $n(x) = n(0)/\cosh(ax)$ und Strahlen, die in der (x,y)-Ebene liegen. Die transversale Faserausdehnung (x) sei so groß, dass alle interessierenden Strahlen in ihr liegen, natürlich symmetrisch zu $x = 0$. Die Invariante ist $\bar{n} = n(x_{\max}) = n(0)\cos\theta(0)$.

(a) Man löse die Eikonal-Gleichungen für die transversale Koordinate $x(z)$ und zeige:

$$ax = \operatorname{arssinh}[\sinh(ax_{\max})\sin(az)]$$

wobei der Ursprung in z so gelegt wurde, dass dort für den Strahl $x = 0$ gilt. Man skizziere die Strahlen über eine halbe Periode, und zwar für die „Startwinkel" $\theta(0) = \pi/6$, $\pi/4$ und $\pi/3$.

(b) Man bestimme die Halbperiode Z des Strahls. Hängt diese von $\bar{n}$ ab?

(c) Man zeige, dass sich die optische Weglänge $L_{\text{opt}} = \int n(x)\,ds$ für eine halbe Periode zu $L_{\text{opt}} = n(0)Z$ ergibt. Man kommentiere die Effizienz dieses speziellen Gradientenindex.

Hinweis: Zur Berechnung von L_{opt} ist es zweckmäßig, die Variablentransformation $\sinh(ax) = \sinh(ax_{\max})\sin t$ vorzunehmen. Das resultierende Integral lässt sich durch eine Konturintegration lösen:

$$\int_0^{\pi/2} \frac{d\theta}{1 + a^2\sin^2\theta} = \frac{\pi}{2\sqrt{1+a^2}}$$

8.15 Man diskutiere die TE- und TM-Wellen in dem dielektrischen Platten-Wellenleiter aus Kap. 8.11 A als Randwertproblem.

(a) Man zeige, dass Gl. (8.123) sowohl für gerade als auch ungerade Wellen (die durch die Symmetrie der transversalen Felder bezüglich x definiert sind) zur bestimmenden Relation wird und dass gerades oder ungerades p mit einer geraden oder ungeraden Welle einhergeht.

(b) Man zeige, dass die Eigenwerte für ξ in den TE-Wellen näherungsweise durch

$$\xi \approx \frac{(p+1)\pi}{2(V+1)} \left[1 - \frac{(p+1)^2\pi^2}{24(V+1)^3} \right]$$

gegeben sind. Das Ergebnis ist, in niedrigster Ordnung, für $V \gg 1$ und kleine p sehr genau. Unter Verwendung des Newton'schen Iterationsverfahrens vergleiche man die Genauigkeit des vollständigen Ausdrucks mit der Lösung von Gl. (8.123) für $V = 1, 2, 3$.

(c) Man berechne den Leistungsfluss in z-Richtung (pro Längeneinheit in y-Richtung) innerhalb des Kerns ($|x| < a$) und im Mantel ($|x| > a$) für gerade TE-Wellen und zeige, dass die zugehörigen Bruchteile gegeben sind durch

$$F_{\text{Kern}} = \frac{1}{S}\left[1 + \frac{\sin(2V\xi)}{2V\xi}\right] \quad \text{und} \quad F_{\text{Mantel}} = \frac{1}{S}\left[\frac{\cos^2(V\xi)}{V\sqrt{1-\xi^2}}\right]$$

$$S = \left[1 + \frac{\sin(2V\xi)}{2V\xi}\right] + \left[\frac{\cos^2(V\xi)}{V\sqrt{1-\xi^2}}\right]$$

ξ ist die Wurzel von Gl. (8.123) für die p-te Welle. Wie lautet die entsprechende Formel für ungerade TE-Wellen?

8.16 In dem dielektrischen Platten-Wellenleiter der voranstehenden Übung ist die longitudinale Phasengeschwindigkeit $v_p = \omega/k_z = c/(n_1 \cos\theta_p)$. Es tritt intermodale Dispersion auf, weil die dielektrischen Medien Dispersion zeigen und die Gruppengeschwindigkeiten für unterschiedliche Moden grundverschieden sind.

(a) Mit der Näherung, dass die dielektrische Dispersion zu vernachlässigen ist, zeige man, dass sich die Gruppengeschwindigkeit $v_g = d\omega/dk_z$ in der TE_p-Welle zu

$$v_g = \frac{c\cos\theta_p}{n_1}\left[\frac{1+\beta_p a}{\cos^2\theta_p + \beta_p a}\right]$$

ergibt, wobei θ_p der Eigenwinkel der p-ten Welle ist (mit $\cos\theta_p = \sqrt{1 - 2\Delta\xi_p^2}$), während β_p durch Gl. (8.124) gegeben ist. Man interpretiere die Abweichung von der Beziehung $v_p v_g = c^2/n_1^2$ (wie sie für metallische Hohlleiter gilt; $\beta_p \to \infty$) als Goos-Hänchen-Effekt und strahlenähnliche Ausbreitung mit der einfachen Phasengeschwindigkeit c/n_1.

Hinweis: Man drücke die Eigenwertbeziehung (8.123) durch die unabhängige Variable ω und die abhängige Variable k_z aus und differenziere nach ω.

(b) Man schreibe ein Programm, das v_g als Funktion von V/V_t auswertet, wobei $V_t = p\pi/2$ die Grenzfrequenz-Variable der p-ten Welle ist, und stelle v_g/c für $n_1 = 1{,}5$, $n_2 = 1{,}0$ und $p = 0, 1, 2, \ldots, 6$ als Funktion von $V/V_t(p = 1)$ im Intervall $(0; 10)$ graphisch dar.

(c) Die Ergebnisse von Teil (b) setze man in Beziehung zur optischen Weglängendifferenz in der Faser mit einem stufenartigen Brechungsindex, vgl. Abb. 8.12 (b). Kann man aus den Resultaten für $v_g(p)$ bei festem V mit $n_1 = 1{,}01$ und $n_2 = 1{,}0$ eine graphische Darstellung gewinnen, die einen Vergleich mit den Ergebnissen des „klassischen" Strahlengangs ermöglicht?

8.17 Man betrachte die Ausbreitungsmoden in einem kreiszylindrischen optischen Wellenleiter vom Radius a mit einem Brechungsindex n_1 im Kern ($\rho < a$) und $n_2 < n_1$ im Mantel ($\rho > a$). Die Felder mögen variieren wie $e^{im\phi + ik_z z - i\omega t}$. In gebundenen Wellen sind die Felder im Kern (Mantel) proportional zu den gewöhnlichen (bzw. modifizierten) Bessel-Funktionen J_m (bzw. K_m) mit den entsprechenden m-Werten und den Argumenten wie in Gl. (8.128).

(a) Man zeige, dass sich im Falle $m \neq 0$ für den transversalen Parameter γ_{mn} (und β_{mn}) die Eigenwertbeziehung

$$\left(\frac{n_1^2}{\gamma}\frac{J_m'}{J_m} + \frac{n_2^2}{\beta}\frac{K_m'}{K_m}\right)\left(\frac{1}{\gamma}\frac{J_m'}{J_m} + \frac{1}{\beta}\frac{K_m'}{K_m}\right) = \frac{m^2}{a^2}\left(\frac{n_1^2}{\gamma^2} + \frac{n_2^2}{\beta^2}\right)\left(\frac{1}{\gamma^2} + \frac{1}{\beta^2}\right)$$

ergibt, wobei

$$\gamma^2 = n_1^2\omega^2/c^2 - k_z^2 \quad \text{und} \quad \beta^2 = k_z^2 - n_2^2\omega^2/c^2$$

ist und die Striche die Ableitungen nach dem jeweiligen Argument bedeuten. Das Argument von $J_m(K_m)$ ist $\gamma a(\beta a)$. Die Größen γ und β sind natürlich noch mit zwei Indizes zu versehen – dem azimutalen Index m und dem Index n, der sich auf die n-te Wurzel der Eigenwertgleichung bei festem m bezieht.

(b) Man bestimme die Lösungen der Eigenwertgleichungen für die Wellen zu $m = 0$ (TE und TM) und zeige, dass der niedrigsten „Abschneide"-Frequenz der Wert $V = 2{,}405$ entspricht, nämlich die erste Nullstelle von $J_0(x)$. Dabei ist die „Abschneide"-Frequenz diejenige Frequenz, unterhalb derer der Wellenleiter mehr abstrahlt als überträgt.

(c) Man zeige, dass die niedrigste HE-Welle (HE_{11}) keine Abschneidefrequenz aufweist und dass sich der Zerfallsparameter für $V \ll 1$ zu $\beta a \approx Ae^{-B/V^2}$ ergibt. Man bestimme A und B in Abhängigkeit von n_1 und n_2.

8.18 **(a)** Unter Verwendung des Green'schen Satzes in zwei Dimensionen zeige man, dass die durch das Randwertproblem (8.34) mit (8.36) definierten TM- und TE-Wellen in einem Wellenleiter zueinander orthogonal sind, d. h. dass für TM-Wellen die Orthogonalitätsrelation

$$\int_A E_{z\lambda} E_{z\mu} da = 0 \quad \text{für} \quad \lambda \neq \mu$$

und für TE-Wellen eine entsprechende Relation für H_z gilt.

(b) Man beweise, dass die Relationen (8.125)–(8.128) einen in sich konsistenten Satz von Normierungsbedingungen für die Felder bilden, und zwar auch für den Fall, dass λ zu einer TM-Welle und μ zu einer TE-Welle gehört.

8.19 In das Innere eines unendlich langen Rechteck-Wellenleiters, der in der unteren Abb. im Querschnitt dargestellt ist, rage bei $z = 0$ bis zur Höhe h der Innenleiter eines Koaxialkabels. Entlang des als Sonde fungierenden Innenleiters fließe ein in der Zeit sinusartig oszillierender Strom der Frequenz ω; seine räumliche Änderung werde näherungsweise durch $I(y) = I_0 \sin[(\omega/c)(h - y)]$ beschrieben. Die Dicke der Sonde sei zu vernachlässigen und die Betriebsfrequenz so, dass sich nur die TE_{10}-Welle ausbreiten kann.

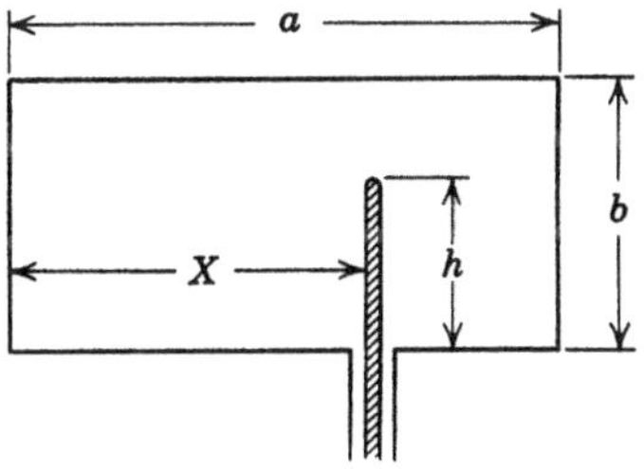

(a) Man berechne für alle (m, n) die Anregungsamplituden der TE- und TM-Wellen und zeige, wie die Amplituden bei fester Frequenz ω für $m, n \gg 1$ von m und n abhängen.

(b) Man zeige, dass die Leistung, die die allein ausbreitungsfähige Welle in positive z-Richtung abstrahlt, durch

$$P = \frac{\mu c^2 I_0^2}{\omega kab} \sin^2\left(\frac{\pi X}{a}\right) \sin^4\left(\frac{\omega h}{2c}\right)$$

gegeben ist und dass die in umgekehrter Richtung abgestrahlte Leistung den gleichen Betrag hat. k bedeutet hierbei die Wellenzahl der $TE_{1,0}$-Welle.

(c) Man untersuche, welche Änderungen auftreten, wenn der Leiter in einer der beiden z-Richtungen begrenzt ist und sich bei $z = L$ eine ideal leitende Deckfläche befindet. Für welche Werte von L ergibt sich bei einem konstanten Strom I_0 ein maximaler Leistungsstrom? Wie groß ist bei diesem Maximum der Strahlungswiderstand der Sonde (wenn er definiert ist als das Verhältnis des Leistungsstroms zum halben Quadrat des Stroms am Fußpunkt der Sonde)?

8.20 Ein unendlich langer Rechteck-Wellenleiter sei an einer seiner beiden Schmalseiten mit einem Koaxialkabel gekoppelt. Der Innenleiter dieses Kabels rage in den Wellenleiter hinein und bilde zusammen mit der Leiterwandung einen Halbkreis vom Radius R, dessen Mittelpunkt sich in der Höhe h über dem Boden des Wellenleiters befindet (vgl. Abb.). Die halbkreisförmige Schleife liege in der Ebene $z = 0$ und ihr Radius R sei so klein, dass man den in ihr fließenden Strom gleich einer Konstanten I_0 setzen kann.

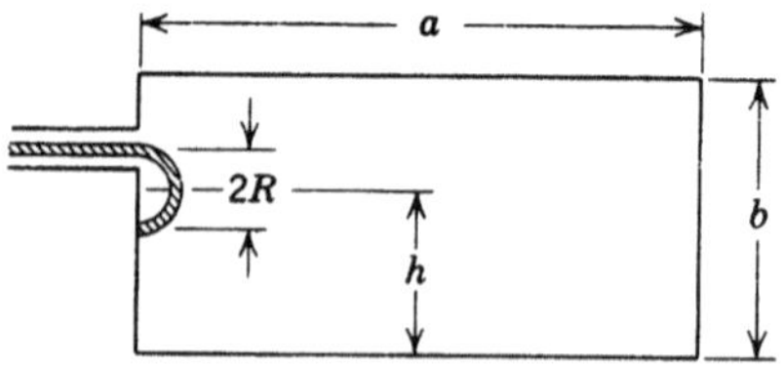

(a) Man beweise, dass, wenn der Strom in der halbkreisförmigen Schleife als konstant betrachtet werden kann, keine TM-Wellen angeregt werden, und gebe eine physikalische Erklärung dafür an.

(b) Man bestimme die Amplitude der niedrigsten TE-Welle im Wellenleiter und zeige, dass ihr Wert von der Höhe h unabhängig ist.

(c) Man zeige, dass die von der niedrigsten TE-Welle in beiden Richtungen abgestrahlte Leistung jeweils durch

$$P = \frac{I_0^2}{16} Z \frac{a}{b} \left(\frac{\pi R}{a} \right)^4$$

gegeben ist, wenn Z der Wellenwiderstand der $TE_{1,0}$-Welle ist. Dabei setze man $R \ll a, b$ voraus.

8.21 In einem metallischen Hohlleiter mit einer Verzerrung in Form eines lokalen Knicks oder einer Querschnittserweiterung können nichtausbreitungsfähige Feldkonfigurationen („gebundene Zustände") in der Umgebung dieser Verzerrung auftreten. Man betrachte etwa einen rechteckigen Wellenleiter, dessen Querschnittsänderung, wie in der unteren Abbildung gezeigt, auf eine Ebene beschränkt ist. Die Wellen niedrigster Ordnung, die sich in ihm ausbreiten kann, sei die TE_{10}-Welle mit dem senkrechten elektrischen Feld $E_\perp = \psi$. Zu beiden Seiten der Verzerrung sei der Wellenleiter gerade und habe die Breite a. Ohne Verzerrung ist $\psi = E_0 \sin(\pi y/a) \exp(\pm ikz)$, wobei $k^2 = (\omega/c)^2 - (\pi/a)^2$ ist. Die Verzerrung werde beschrieben durch die Krümmung $\kappa(s) = 1/R(s)$ und die Breite $w(s)$. Das lokale Flächenelement in der Ebene ist $dA = h(s,t)\,ds\,dt$, wobei s die Koordinate parallel zur Leiterwand und t die dazu senkrechte Koordinate bezeichnen (vgl. Abb.), während $h(s,t) = 1 - \kappa(s)t$ ist. In den Koordinaten s und t schreibt sich der Laplace'sche Operator wie folgt:

$$\nabla^2 \psi = \frac{1}{h} \frac{\partial}{\partial t} \left(h \frac{\partial \psi}{\partial t} \right) + \frac{1}{h} \frac{\partial}{\partial s} \left(\frac{1}{h} \frac{\partial \psi}{\partial s} \right)$$

Falls die Verzerrung klein ist und sich – im Maßstab der Breite a – nur langsam mit s ändert, kann man für die Lösung der zweidimensionalen Wellengleichung folgenden Ansatz machen:

$$\psi(s,t) = \frac{u(s)}{\sqrt{h(s,t)}} \cdot \sin\left[\frac{\pi t}{w(s)}\right]$$

(Der Faktor im Nenner entspricht dem für Bessel-Funktionen gewohnten Faktor $\rho^{-1/2}$, mit dem sich in Polarkoordinaten der radiale Anteil des Laplace'schen Operators in eine einfache partielle Ableitung zweiter Ordnung verwandelt (plus einem Term ohne Ableitungen).)

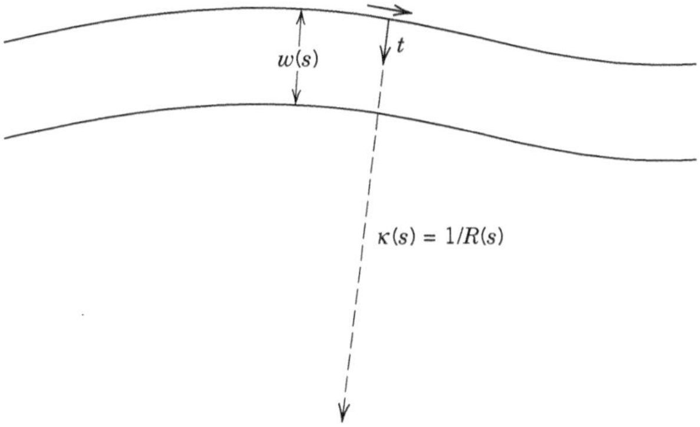

(a) Man zeige, dass durch Substitution des obigen Ansatzes in die zweidimensionale Wellengleichung $(\nabla^2 + \omega^2/c^2)\psi = 0$ die folgende Gleichung für $u(s)$ entsteht:

$$\frac{d^2u}{ds^2} + [k^2 - v(s)]u = 0 \quad \text{mit} \quad v(s) = \pi^2\left(\frac{1}{w^2(s)} - \frac{1}{a^2}\right) - \frac{1}{4}\kappa^2(s)$$

wenn man kleine Größen vernachlässigt. Man interpretiere $v(s)$ in Analogie zur eindimensionalen Schrödinger-Gleichung.

(b) Für eine Verzerrung um einen Winkel θ mit konstantem Krümmungsradius $R \gg a$ zeige man, dass für $\theta a/R \ll 1$ ein „gebundener Zustand" bei der Frequenz ω_0 mit

$$\omega_0^2 \approx \left(\frac{\pi c}{a}\right)^2\left[1 - \left(\frac{\theta a}{8\pi R}\right)^2\right]$$

auftritt.

Literatur: Goldstone, J. und R.L. Jaffe, *Phys. Rev. B* **45**, 14100 (1992); Carini, J.P., Londergan, J.T., Mullen, K. und D.P. Murdock, *Phys. Rev. B* **48**, 4503 (1993).

9 Strahlungssysteme, Multipolfelder und Strahlung

In Kapitel 7 und 8 untersuchten wir die Eigenschaften elektromagnetischer Wellen und deren Ausbreitung in unbegrenzten wie auch in begrenzten Raumgebieten. Die Erzeugung solcher Wellen erwähnten wir dabei nur am Rande. Diesem Problem nun ist das vorliegende Kapitel gewidmet, in dem wir die Emission von Strahlung durch lokalisierte Ladungs- und Stromverteilungen behandeln. Wir werden dabei zunächst sehr direkt vorgehen und auf die Entwicklung eines komplizierten Formalismus verzichten.

Die Diskussion beschränkt sich daher zu Beginn auf relativ einfache Strahlungssysteme, in denen die elektrische und magnetische Dipolstrahlung sowie die elektrische Quadrupolstrahlung die Hauptrolle spielen oder die Quellen so einfach strukturiert sind, dass sich ihre Strahlungsfelder unmittelbar berechnen lassen. Wir behandeln auch die einfache Multipolentwicklung einer Quelle in einem Wellenleiter und die effektiven Multipolmomente von Blenden. An diese „elementaren“ Erörterungen schließt sich die systematische Entwicklung nach Multipolfeldern beliebiger Ordnung (l, m) an, um daraus die genauen Formeln für die Multipolstrahlung von lokalisierten, harmonisch schwingenden Systemen herzuleiten. Auch bringen wir einige Vergleiche zwischen der elementaren und der systematischen Rechnung. Anwendungen auf Streuprobleme, zusammen mit der Beugung und dem optischen Theorem, behandeln wir in dem sich anschließenden Kapitel 10. Dagegen verschieben wir die Diskussion der relativistischen Liénard-Wiechert-Felder und die Strahlung schnell bewegter Ladungen auf die Kapitel 14 und 15.

9.1 Felder und Strahlung einer lokalisierten, oszillierenden Quelle

Für eine zeitveränderliche Ladungs- und Stromverteilung kann man eine Fourier-Zerlegung vornehmen und jede einzelne Fourier-Komponente getrennt betrachten. Es bedeutet daher keinen Verlust an Allgemeinheit, wenn man für die Potentiale, Felder und Quellen einer lokalisierten Ladungs- und Stromverteilung harmonische Zeitabhängigkeit annimmt und den Ansatz

$$\begin{aligned}\rho(\mathbf{x}, t) &= \rho(\mathbf{x})e^{-i\omega t}\\ \mathbf{J}(\mathbf{x}, t) &= \mathbf{J}(\mathbf{x})e^{-i\omega t}\end{aligned} \tag{9.1}$$

macht. Wie üblich ist von solchen Ausdrücken der Realteil zu bilden, um zu den physikalischen Größen zu gelangen.[1] Für die elektromagnetischen Potentiale und Felder nehmen wir die gleiche Zeitabhängigkeit an, und die Quellen seien umgeben vom Vakuum.

In Kapitel 6 zeigten wir, dass die Lösung für das Vektorpotential $\mathbf{A}(\mathbf{x}, t)$ in der Lorenz-Eichung die Form

$$\mathbf{A}(\mathbf{x}, t) = \frac{\mu_0}{4\pi} \int d^3x' \int dt' \frac{\mathbf{J}(\mathbf{x}', t')}{|\mathbf{x}-\mathbf{x}'|} \delta\left(t' + \frac{|\mathbf{x}-\mathbf{x}'|}{c} - t\right) \tag{9.2}$$

hat, wenn Randflächen nicht vorhanden sind. Die Dirac'sche Delta-Funktion sorgt dabei für das kausale Verhalten der Felder. Bei der vorausgesetzten harmonischen Zeitabhängigkeit (9.1) nimmt die Lösung für $\mathbf{A}$ die Gestalt

$$\mathbf{A}(\mathbf{x}) = \frac{\mu_0}{4\pi} \int \mathbf{J}(\mathbf{x}') \frac{e^{ik|\mathbf{x}-\mathbf{x}'|}}{|\mathbf{x}-\mathbf{x}'|} d^3x' \tag{9.3}$$

an, wobei $k = \omega/c$ die Wellenzahl ist und der harmonische Zeitabhängigkeitsfaktor nicht explizit aufgeführt wurde. Das magnetische Feld wird durch

$$\mathbf{H} = \frac{1}{\mu_0} \boldsymbol{\nabla} \times \mathbf{A} \tag{9.4}$$

bestimmt, während das elektrische Feld außerhalb von Quellen durch

$$\mathbf{E} = \frac{iZ_0}{k} \boldsymbol{\nabla} \times \mathbf{H} \tag{9.5}$$

gegeben ist, wobei $Z_0 = \sqrt{2\mu_0/\epsilon_0}$ der Wellenwiderstand des Vakuums ist.

Bei bekannter Stromverteilung $\mathbf{J}(\mathbf{x}')$ lassen sich die Felder, zumindest prinzipiell, aus dem Integral (9.3) berechnen. Ein Beispiel hierfür bringen wir in Abschnitt 4. Doch wollen wir zunächst einige allgemeine Eigenschaften aufzeigen, die die Felder immer dann besitzen, wenn die Stromverteilung auf ein Gebiet beschränkt ist, das gegenüber den auftretenden Wellenlängen klein ist. Bedeutet d größenordnungsmäßig die lineare Ausdehnung der Quelle und ist $\lambda = 2\pi c/\omega$ die Wellenlänge, so ist für $d \ll \lambda$ zwischen drei Raumgebieten zu unterscheiden. Diese sind:

die Nahzone:	$d \ll r \ll \lambda$
die Zwischenzone:	$d \ll r \simeq \lambda$
die Fern- oder Wellenzone:	$d \ll \lambda \ll r$

Es wird sich zeigen, dass die Felder in den verschiedenen Gebieten sehr unterschiedliche Eigenschaften haben. In der *Nahzone* haben sie den Charakter statischer Radialfelder und ändern sich über Entfernungen, die von den detaillierten Eigenschaften der Quelle abhängen. In der *Fern- oder Wellenzone* dagegen stehen die Felder senkrecht auf dem Radiusvektor und fallen wie r^{-1} ab – ein typisches Merkmal für Strahlungsfelder.

---

[1] Wegen einiger Feinheiten bezüglich des Faktors 2 vgl. Übg. 9.1. Dieser Faktor tritt auch in der Korrespondenz zwischen klassischen und quantenmechanischen Größen auf. So wird z. B. im Fall eines Ein-Elektronen-Atoms das klassische Dipolmoment $\mathbf{p}$ für einen Übergang vom Zustand i in den Zustand f durch $2e\langle f|\mathbf{r}|i\rangle$ ersetzt.

In der Nahzone, wo $r \ll \lambda$ bzw. $kr \ll 1$ ist, kann die Exponentialfunktion in (9.3) durch Eins ersetzt werden. Das Vektorpotential nimmt dann die Form an, die wir bereits aus Kapitel 5 (Gl. (5.32)) kennen. Entwickelt man den reziproken Abstand unter Verwendung von (3.70) in eine Reihe nach Kugelfunktionen, so folgt schließlich

$$\lim_{kr \to 0} \mathbf{A}(\mathbf{x}) = \frac{\mu_0}{4\pi} \sum_{l,m} \frac{4\pi}{2l+1} \frac{Y_{lm}(\theta, \phi)}{r^{l+1}} \int \mathbf{J}(\mathbf{x}') \, r'^l \, Y^*_{lm}(\theta', \phi') \, d^3x' \tag{9.6}$$

Dies zeigt, dass die *Nahfelder quasistationär* sind: sie oszillieren wie $e^{-i\omega t}$, sind aber im Übrigen statisch.

In der Fernzone ($kr \gg 1$) bewirkt die Exponentialfunktion ein starkes Oszillieren und ist für das Verhalten des Vektorpotentials bestimmend. In diesem Gebiet kann man sich auf die Näherung[2]

$$|\mathbf{x} - \mathbf{x}'| \simeq r - \mathbf{n} \cdot \mathbf{x}' \tag{9.7}$$

beschränken, wobei $\mathbf{n}$ ein Einheitsvektor in Richtung von $\mathbf{x}$ ist. Ist nur der in kr führende Term verlangt, so kann man ferner den reziproken Abstand in (9.3) durch r^{-1} ersetzen und erhält:

$$\lim_{kr \to \infty} \mathbf{A}(\mathbf{x}) = \frac{\mu_0}{4\pi} \frac{e^{ikr}}{r} \int \mathbf{J}(\mathbf{x}') e^{-ik\mathbf{n}\cdot\mathbf{x}'} \, d^3x' \tag{9.8}$$

Dies bedeutet, dass sich das Vektorpotential in der Fernzone wie eine auslaufende Kugelwelle mit einem winkelabhängigen Faktor verhält. Die nach (9.4) und (9.5) berechneten *Fernfelder* sind *transversal* und fallen wie r^{-1} ab. Sie entsprechen also *Strahlungsfeldern*. Sind die linearen Abmessungen der Quelle im Vergleich zur Wellenlänge klein, dann ist es sinnvoll, das Integral in (9.8) nach Potenzen von k zu entwickeln:

$$\lim_{kr \to \infty} \mathbf{A}(\mathbf{x}) = \frac{\mu_0}{4\pi} \frac{e^{ikr}}{r} \sum_n \frac{(-ik)^n}{n!} \int \mathbf{J}(\mathbf{x}') (\mathbf{n} \cdot \mathbf{x}')^n \, d^3x' \tag{9.9}$$

Der Betrag des n-ten Terms dieser Entwicklung wird bestimmt durch

$$\frac{1}{n!} \int \mathbf{J}(\mathbf{x}') (k\mathbf{n} \cdot \mathbf{x}')^n \, d^3x' \tag{9.10}$$

Da der Betrag von $\mathbf{x}'$ in der Größenordnung von d liegt und kd nach Voraussetzung kleiner als Eins ist, fallen die einzelnen Terme der Entwicklung (9.9) mit wachsendem n rasch ab. Die von der Quelle emittierte Strahlung rührt daher hauptsächlich von den ersten nichtverschwindenden Termen. Die allerersten von ihnen werden wir in den folgenden Abschnitten untersuchen.

In der *Zwischenzone* können die Näherungen, die zu (9.6) bzw. (9.8) führten, nicht gemacht werden; es müssen jetzt sämliche Potenzen von kr berücksichtigt werden. Ohne den gesamten mathematischen Formalismus der Vektormultipolfelder anzuführen, den wir erst in Kap. 9.6 besprechen, entnehmen wir ihm eine für unsere Zwecke sehr nützliche Aussage. Das Schlüsselergebnis des besagten Formalismus

---

[2] Tatsächlich gilt (9.7) für alle $r \gg d$, unabhängig vom Wert von kr. Daher ist diese Näherung auch für die Nahzone sinnvoll.

ist nämlich die exakte Entwicklung (9.98) der in (9.3) auftretenden Green'schen Funktion. Bei Verwendung dieser Entwicklung geht (9.3) für Punkte außerhalb der Quelle über in

$$\mathbf{A}(\mathbf{x}) = \mu_0 ik \sum_{l,m} h_l^{(1)}(kr)\, Y_{lm}(\theta, \phi) \int \mathbf{J}(\mathbf{x}')\, j_l(kr')\, Y_{lm}^*(\theta', \phi)\, d^3x' \tag{9.11}$$

Ist die lineare Ausdehnung der Quelle klein gegenüber der Wellenlänge, dann kann die Bessel-Funktion $j_l(kr')$ durch ihre asymptotische Darstellung (9.88) approximiert werden. Der resultierende Ausdruck für das Vektorpotential hat dann die Gestalt von (9.6), wobei die Substitution

$$\frac{1}{r^{l+1}} \to \frac{e^{ikr}}{r^{l+1}}[1 + a_1(ikr) + a_2(ikr)^2 + \cdots + a_l(ikr)^l] \tag{9.12}$$

vorzunehmen ist. Die numerischen Koeffizienten a_i rühren dabei von den sphärischen Hankel-Funktionen her. Die rechte Seite von (9.12) verdeutlicht den Übergang vom Ergebnis (9.6) für die Nahzone ($kr \ll 1$) zum Ergebnis (9.9) für die Fernzone ($kr \gg 1$).

Bevor wir die Strahlung eines elektrischen Dipols und anderer Systeme diskutieren, untersuchen wir zunächst die Frage elektrischer Monopolfelder für zeitveränderliche Quellen. Der zu (9.2) analoge Ausdruck für das skalare Potential lautet:

$$\Phi(\mathbf{x}, t) = \frac{1}{4\pi\epsilon_0} \int d^3x' \int dt' \frac{\rho(\mathbf{x}', t')}{|\mathbf{x} - \mathbf{x}'|}\, \delta\left(t' + \frac{|\mathbf{x} - \mathbf{x}'|}{c} - t\right)$$

Der elektrische Monopolbeitrag ergibt sich hieraus, wenn man unter dem Integral die Substitution $|\mathbf{x} - \mathbf{x}'| \to |\mathbf{x}| \equiv r$ vornimmt. Das Resultat lautet:

$$\Phi_{\text{Monopol}}(\mathbf{x}, t) = \frac{1}{4\pi\epsilon_0} \frac{q(t' = t - r/c)}{r}$$

wobei $q(t)$ die Gesamtladung der Quelle ist. Da die Ladung erhalten bleibt und es bei einer lokalisierten Quelle definitionsgemäß keinen Ladungsstrom in Richtung der Quelle oder von ihr weg gibt, ist die Gesamtladung q von der Zeit unabhängig. Daher ist der *elektrische Monopolanteil* des Potentials (und der Felder) einer lokalisierten Quelle notwendigerweise *statisch*. Dies bedeutet, dass der Monopolanteil von Feldern mit der harmonischen Zeitabhängigkeit $e^{-i\omega t}(\omega \neq 0)$ verschwindet.

Wir wenden uns jetzt den Multipolfeldern niedrigster Ordnung für $\omega \neq 0$ zu. Da sich diese Felder über (9.4) und (9.5) allein aus dem Vektorpotential berechnen lassen, werden wir im Folgenden auf das skalare Potential keinen Bezug nehmen.

9.2 Felder und Strahlung eines elektrischen Dipols

Berücksichtigt man in (9.9) nur den ersten Term, so reduziert sich das Vektorpotential auf

$$\mathbf{A}(\mathbf{x}) = \frac{\mu_0}{4\pi} \frac{e^{ikr}}{r} \int \mathbf{J}(\mathbf{x}')\, d^3x' \tag{9.13}$$

Ein Blick auf (9.11) und (9.12) zeigt, dass dieser Ausdruck der $l = 0$-Term der Reihe (9.11) ist und nicht nur in der Fernzone, sondern an allen Punkten außerhalb der Quelle gilt. Um das Integral auf vertrautere Form zu bringen, nehmen wir eine partielle Integration vor und schreiben:

$$\int \mathbf{J}\, d^3x' = -\int \mathbf{x}'(\boldsymbol{\nabla}' \cdot \mathbf{J})\, d^3x' = -i\omega \int \mathbf{x}' \rho(\mathbf{x}')\, d^3x' \tag{9.14}$$

wobei im letzten Integral die aus der Kontinuitätsgleichung folgende Beziehung

$$i\omega\rho = \boldsymbol{\nabla} \cdot \mathbf{J} \tag{9.15}$$

benutzt wurde. Das Vektorpotential ist also

$$\mathbf{A}(\mathbf{x}) = -\frac{i\mu_0\omega}{4\pi}\mathbf{p}\frac{e^{ikr}}{r} \tag{9.16}$$

mit dem aus der Elektrostatik (Gl. (4.8)) bekannten *elektrischen Dipolmoment*

$$\mathbf{p} = \int \mathbf{x}' \rho(\mathbf{x}')\, d^3x' \tag{9.17}$$

Die aus (9.4) und (9.5) resultierenden *elektrischen Dipolfelder* sind

$$\begin{aligned} \mathbf{H} &= \frac{ck^2}{4\pi}(\mathbf{n}\times\mathbf{p})\frac{e^{ikr}}{r}\left(1 - \frac{1}{ikr}\right) \\ \mathbf{E} &= \frac{1}{4\pi\epsilon_0}\left\{k^2(\mathbf{n}\times\mathbf{p})\times\mathbf{n}\frac{e^{ikr}}{r} + [3\mathbf{n}(\mathbf{n}\cdot\mathbf{p}) - \mathbf{p}]\left(\frac{1}{r^3} - \frac{ik}{r^2}\right)e^{ikr}\right\} \end{aligned} \tag{9.18}$$

Das magnetische Feld steht also, unabhängig vom Abstand, senkrecht auf dem Radiusvektor, während das elektrische Feld Komponenten nicht nur senkrecht sondern auch parallel zum Radiusvektor hat.

In der Fernzone nehmen die Felder die Form

$$\begin{aligned} \mathbf{H} &= \frac{ck^2}{4\pi}(\mathbf{n}\times\mathbf{p})\frac{e^{ikr}}{r} \\ \mathbf{E} &= Z_0\mathbf{H}\times\mathbf{n} \end{aligned} \tag{9.19}$$

an und zeigen das für Strahlungsfelder typische r^{-1}-Verhalten.

In der Nahzone dagegen ergeben sich für die Felder die Näherungsausdrücke

$$\begin{aligned} \mathbf{H} &= \frac{i\omega}{4\pi}(\mathbf{n}\times\mathbf{p})\frac{1}{r^2} \\ \mathbf{E} &= \frac{1}{4\pi\epsilon_0}[3\mathbf{n}(\mathbf{n}\cdot\mathbf{p}) - \mathbf{p}]\frac{1}{r^3} \end{aligned} \tag{9.20}$$

Das elektrische Feld ist, abgesehen von seinen zeitlichen Schwingungen, gerade gleich dem statischen elektrischen Dipolfeld (4.13). Das magnetische Feld, multipliziert mit Z_0, ist im Gebiet mit $kr \ll 1$ um einen Faktor (kr) kleiner als das elektrische Feld. Daher sind die Felder in der Nahzone vorwiegend elektrischer Natur. Die magnetische Induktion verschwindet natürlich im statischen Limes $k \to 0$. Die Nahzone erstreckt sich dann ins Unendliche.

Die in das Raumwinkelelement abgestrahlte Leistung des schwingenden Dipols mit dem Moment $\mathbf{p}$ ist im zeitlichen Mittel:

$$\frac{dP}{d\Omega} = \frac{1}{2}\,\mathrm{Re}[r^2\mathbf{n}\cdot(\mathbf{E}\times\mathbf{H}^*)] \tag{9.21}$$

Mit den durch (9.19) gegebenen Feldern $\mathbf{E}$ und $\mathbf{H}$ folgt hieraus:

$$\frac{dP}{d\Omega} = \frac{c^2 Z_0}{32\pi^2} k^4 |(\mathbf{n}\times\mathbf{p})\times\mathbf{n}|^2 \tag{9.22}$$

Die Polarisation der Strahlung wird durch den Vektor innerhalb der Betragsstriche bestimmt.[3] Haben die Komponenten von $\mathbf{p}$ alle die gleiche Phase, dann ergibt sich die für einen Dipol typische Winkelverteilung

$$\frac{dP}{d\Omega} = \frac{c^2 Z_0}{32\pi^2} k^4 |\mathbf{p}|^2 \sin^2\theta \tag{9.23}$$

wobei der Winkel θ bezüglich der Richtung von $\mathbf{p}$ gemessen wird. Die abgestrahlte Gesamtleistung ist von den relativen Phasen der Komponenten von $\mathbf{p}$ unabhängig und berechnet sich zu

$$P = \frac{c^2 Z_0 k^4}{12\pi} |\mathbf{p}|^2 \tag{9.24}$$

Als einfaches Beispiel für einen elektrischen Dipolstrahler betrachten wir eine Linearantenne mit symmetrischer Speisung. Sie erstrecke sich längs der z-Achse von $z = (d/2)$ bis $z = -(d/2)$, und ihre Länge sei gegenüber einer Wellenlänge vernachlässigbar klein. Die Speisung erfolge im Mittelpunkt der Antenne bei $z = 0$ (vgl. Abb. 9.1), und der Strom fließe in den beiden Antennenarmen vom Mittelpunkt aus jeweils zu den äußeren Enden. An der Einspeisungsstelle sei sein Wert gleich I_0, während er in Richtung der Enden näherungsweise linear auf Null abfalle:

$$I(z)e^{-i\omega t} = I_0\left(1 - \frac{2|z|}{d}\right)e^{-i\omega t} \tag{9.25}$$

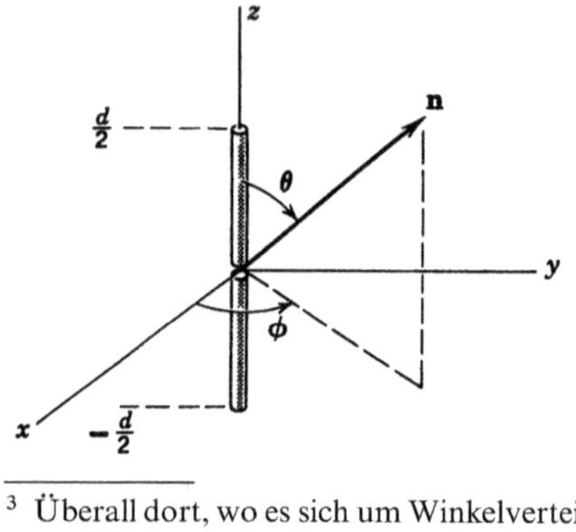

Abb. 9.1 Kurze Linearantenne mit symmetrischer Speisung.

[3] Überall dort, wo es sich um Winkelverteilungen von Strahlung handelt, geben wir die Polarisation explizit durch das Betragsquadrat eines zum elektrischen Feld proportionalen Vektors an. Die Winkelverteilung für einen bestimmten Polarisationszustand ergibt sich, indem man das Skalarprodukt dieses Vektors mit dem entsprechenden Polarisationsvektor bildet und dann erst das Betragsquadrat ausführt.

Nach der Kontinuitätsgleichung (9.15) hat die Linienladungsdichte ρ' (Ladung pro Längeneinheit) entlang beider Antennenarme den konstanten Wert

$$\rho'(z) = \pm \frac{2iI_0}{\omega d} \tag{9.26}$$

wobei das obere (untere) Vorzeichen positiven (negativen) z-Werten entspricht. Das Dipolmoment (9.17) ist parallel zur z-Achse gerichtet und hat den Betrag

$$p = \int_{-(d/2)}^{(d/2)} z\rho'(z)\,dz = \frac{iI_0 d}{2\omega} \tag{9.27}$$

Für die Winkelverteilung der abgestrahlten Leistung ergibt sich daraus:

$$\frac{dP}{d\Omega} = \frac{Z_0 I_0^2}{128\pi^2}(kd)^2 \sin^2\theta \tag{9.28}$$

während die Gesamtstrahlungsleistung

$$P = \frac{Z_0 I_0^2 (kd)^2}{48\pi} \tag{9.29}$$

ist. Bei festem Eingangsstrom wächst also die Strahlungsleistung – zumindest im langwelligen Bereich, wo $kd \ll 1$ ist – wie das Quadrat der Frequenz an.

Der in (9.29) auftretende Koeffizient von $I_0^2/2$ hat die Dimension eines Widerstandes. Dieser sog. *Strahlungswiderstand* (R_{str}) der Antenne entspricht dem zweiten Term auf der rechten Seite von Gl. (6.137) und ist gleich dem Gesamtwiderstand der Antenne, wenn ihre Leitfähigkeit ideal ist. Für die hier betrachtete, kurze Linearantenne mit symmetrischer Speisung ergibt sich $R_{\text{str}} \simeq 5(kd)^2$ Ohm. Im Prinzip lässt sich die Eingangsreaktanz (d.h. der Blindwiderstand) der Antenne mithilfe von Gl. (6.138) oder (6.140) aus Kap. 6.9 berechnen. Leider aber hängt das Ergebnis entscheidend von den starken Feldern in Nähe der Stromzuführungsstelle ab. Da es sich aber um einen *elektrischen* Dipol handelt und das elektrostatische Feld in unmittelbarer Umgebung der Antenne überwiegt, kann man mit Sicherheit sagen, dass der Blindwiderstand für kleine Werte von kd negativ und somit kapazitiv ist.

9.3 Magnetische Dipol- und elektrische Quadrupolfelder

Der nächst höhere Term in der Entwicklung (9.9) führt auf das Vektorpotential

$$\mathbf{A}(\mathbf{x}) = \frac{\mu_0}{4\pi}\frac{e^{ikr}}{r}\left(\frac{1}{r} - ik\right)\int \mathbf{J}(\mathbf{x}')(\mathbf{n}\cdot\mathbf{x}')\,d^3x' \tag{9.30}$$

wenn man die korrekten Terme aus (9.12) mitberücksichtigt, um so zu einem Ausdruck zu gelangen, der an allen Punkten außerhalb der Quelle gültig ist. Das angegebene Vektorpotential lässt sich als Summe zweier Terme schreiben, von denen der erste ein transversales magnetisches Induktionsfeld liefert, während der zweite ein transversales elektrisches Feld ergibt. Diese physikalisch verschiedenen Beiträge lassen sich aus (9.30) herauspräparieren, indem man den Integranden als Summe zweier Ausdrücke schreibt, die gegen die Vertauschung von $\mathbf{J}$ und $\mathbf{x}'$ symmetrisch bzw. antisymmetrisch sind:

$$(\mathbf{n}\cdot\mathbf{x}')\mathbf{J} = \tfrac{1}{2}[(\mathbf{n}\cdot\mathbf{x}')\mathbf{J} + (\mathbf{n}\cdot\mathbf{J})\mathbf{x}'] + \tfrac{1}{2}(\mathbf{x}'\times\mathbf{J})\times\mathbf{n} \tag{9.31}$$

Der zweite, antisymmetrische Term ist proportional zu der vom Strom $\mathbf{J}$ erzeugten Magnetisierung

$$\mathscr{M} = \tfrac{1}{2}(\mathbf{x}\times\mathbf{J}) \tag{9.32}$$

Der erste, symmetrische Term dagegen hängt, wie wir gleich zeigen werden, mit der Dichte des elektrischen Quadrupolmomentes zusammen.

Betrachten wir zunächst nur den Magnetisierungsanteil, so ergibt sich für das Vektorpotential:

$$\mathbf{A}(\mathbf{x}) = \frac{ik\mu_0}{4\pi}(\mathbf{n}\times\mathbf{m})\frac{e^{ikr}}{r}\left(1-\frac{1}{ikr}\right) \tag{9.33}$$

mit dem magnetischen Dipolmoment

$$\mathbf{m} = \int \mathscr{M} d^3x = \tfrac{1}{2}\int (\mathbf{x}\times\mathbf{J})\,d^3x \tag{9.34}$$

Die zugehörigen Felder resultieren aus der Feststellung, dass das Vektorpotential (9.33) proportional zum magnetischen Feld (9.18) eines elektrischen Dipols ist. D.h. das magnetische Feld der hier betrachteten magnetischen Dipolquelle ergibt sich aus dem mit $1/Z_0$ multiplizierten elektrischen Feld des elektrischen Dipols, wenn man $\mathbf{p}$ durch $\mathbf{m}/c$ ersetzt. Dies führt auf

$$\mathbf{H} = \frac{1}{4\pi}\left\{k^2(\mathbf{n}\times\mathbf{m})\times\mathbf{n}\frac{e^{ikr}}{r} + [3\mathbf{n}(\mathbf{n}\cdot\mathbf{m}) - \mathbf{m}]\left(\frac{1}{r^3}-\frac{ik}{r^2}\right)e^{ikr}\right\} \tag{9.35}$$

In ähnlicher Weise ist das elektrische Feld einer magnetischen Dipolquelle gleich dem Negativen des mit Z_0 multiplizierten magnetischen Feldes eines elektrischen Dipols mit der Substitution $\mathbf{p}\to\mathbf{m}/c$:

$$\mathbf{E} = -\frac{Z_0}{4\pi}k^2(\mathbf{n}\times\mathbf{m})\frac{e^{ikr}}{r}\left(1-\frac{1}{ikr}\right) \tag{9.36}$$

Die Feststellungen, die wir über das Verhalten der Felder eines elektrischen Dipols in der Nah- und Fernzone gemacht hatten, gelten auch hier, wenn man nur die Substitutionen $\mathbf{E}\to Z_0\mathbf{H}$, $Z_0\mathbf{H}\to -\mathbf{E}$, $\mathbf{p}\to\mathbf{m}/c$ vornimmt. In ähnlicher Weise erhält man für das Strahlungsdiagramm und die Gesamtstrahlungsleistung beider Dipolarten ein und dieselben Ergebnisse. Ein Unterschied tritt nur bei der Polarisation der Fernfelder auf. Bei einem elektrischen Dipol liegt der elektrische Feldvektor in der von $\mathbf{n}$ und $\mathbf{p}$ aufgespannten Ebene, während er im Fall eines magnetischen Dipols senkrecht auf der von $\mathbf{n}$ und $\mathbf{m}$ aufgespannten Ebene steht.

Das Integral über den symmetrischen Anteil der rechten Seite von Gl. (9.31) lässt sich mithilfe einer partiellen Integration und einiger Umformungen auf folgende Gestalt bringen:

$$\frac{1}{2}\int [(\mathbf{n}\cdot\mathbf{x}')\mathbf{J} + (\mathbf{n}\cdot\mathbf{J})\mathbf{x}']\, d^3x' = -\frac{i\omega}{2}\int \mathbf{x}'(\mathbf{n}\cdot\mathbf{x}')\,\rho(\mathbf{x}')\, d^3x' \tag{9.37}$$

Dabei benutzten wir wieder die Kontinuitätsgleichung (9.15), um $\nabla\cdot\mathbf{J}$ durch $i\omega\rho$ zu ersetzen. Da das zweite Integral auf der rechten Seite zweite Momente der Ladungsdichte enthält, entspricht dieser symmetrische Anteil einer elektrischen Quadrupolquelle. Das zugehörige Vektorpotential ist

$$\mathbf{A}(\mathbf{x}) = -\frac{\mu_0 ck^2}{8\pi}\frac{e^{ikr}}{r}\left(1-\frac{1}{ikr}\right)\int \mathbf{x}'(\mathbf{n}\cdot\mathbf{x}')\,\rho(\mathbf{x}')\, d^3x' \tag{9.38}$$

Die Felder in ihrer vollständigen Form anzugeben, ist relativ kompliziert. Wir begnügen uns damit, sie allein in der Fernzone zu betrachten. Es ist dann leicht zu zeigen, dass

$$\begin{aligned}\mathbf{H} &= ik\mathbf{n}\times\mathbf{A}/\mu_0\\ \mathbf{E} &= ikZ_0(\mathbf{n}\times\mathbf{A})\times\mathbf{n}/\mu_0\end{aligned} \tag{9.39}$$

Für das magnetische Feld folgt hieraus:

$$\mathbf{H} = -\frac{ick^3}{8\pi}\frac{e^{ikr}}{r}\int (\mathbf{n}\times\mathbf{x}')(\mathbf{n}\cdot\mathbf{x}')\rho(\mathbf{x}')\, d^3x' \tag{9.40}$$

Mit dem durch (4.9) definierten *Quadrupolmomententensor*

$$Q_{\alpha\beta} = \int (3x_\alpha x_\beta - r^2\delta_{\alpha\beta})\rho(\mathbf{x})\, d^3x \tag{9.41}$$

lässt sich für das Integral in (9.40) auch

$$\mathbf{n}\times\int \mathbf{x}'(\mathbf{n}\cdot\mathbf{x}')\rho(\mathbf{x}')\, d^3x' = \tfrac{1}{3}\mathbf{n}\times\mathbf{Q}(\mathbf{n}) \tag{9.42}$$

schreiben. Der Vektor $\mathbf{Q}(\mathbf{n})$ hat die Komponenten

$$Q_\alpha = \sum_\beta Q_{\alpha\beta} n_\beta \tag{9.43}$$

D.h. er hängt dem Betrag und der Richtung nach von der Beobachtungsrichtung und den elektrischen Eigenschaften der Quelle ab. Mit diesen Definitionen ergibt sich als Endresultat für die magnetische Induktion:

$$\mathbf{H} = -\frac{ick^3}{24\pi}\frac{e^{ikr}}{r}\mathbf{n}\times\mathbf{Q}(\mathbf{n}) \tag{9.44}$$

und das zeitliche Mittel der Strahlungsleistung pro Raumwinkelelement ist

$$\frac{dP}{d\Omega} = \frac{c^2 Z_0}{1152\pi^2} k^6\, |[\mathbf{n}\times\mathbf{Q}(\mathbf{n})]\times\mathbf{n}|^2 \tag{9.45}$$

Die Richtung des elektrischen Strahlungsfeldes wird wieder durch den Vektor innerhalb der Betragsstriche bestimmt.

Die Winkelverteilung der durch (9.45) beschriebenen Strahlungsleistung ist recht kompliziert. Dagegen lässt sich die Gesamtstrahlungsleistung ohne besondere Schwierigkeiten berechnen. Unter Verwendung der Definition von $\mathbf{Q}(\mathbf{n})$ schreiben wir zunächst:

$$\begin{aligned}|[\mathbf{n}\times\mathbf{Q}(\mathbf{n})]\times\mathbf{n}|^2 &= \mathbf{Q}(\mathbf{n})^*\cdot\mathbf{Q}(\mathbf{n}) - |\mathbf{n}\cdot\mathbf{Q}(\mathbf{n})|^2 \\ &= \sum_{\alpha,\beta,\gamma} Q^*_{\alpha\beta} Q_{\alpha\gamma} n_\beta n_\gamma - \sum_{\alpha,\beta,\gamma,\delta} Q^*_{\alpha\beta} Q_{\gamma\delta} n_\alpha n_\beta n_\gamma n_\delta \end{aligned} \tag{9.46}$$

Für die erforderlichen Winkelintegrale über die Produkte der kartesischen Komponenten von $\mathbf{n}$ findet man:

$$\begin{aligned}\int n_\beta n_\gamma \, d\Omega &= \frac{4\pi}{3}\delta_{\beta\gamma} \\ \int n_\alpha n_\beta n_\gamma n_\delta \, d\Omega &= \frac{4\pi}{15}(\delta_{\alpha\beta}\delta_{\gamma\delta} + \delta_{\alpha\gamma}\delta_{\beta\delta} + \delta_{\alpha\delta}\delta_{\beta\gamma})\end{aligned} \tag{9.47}$$

Daraus folgt:

$$\int |[\mathbf{n}\times\mathbf{Q}(\mathbf{n})]\times\mathbf{n}|^2 \, d\Omega = 4\pi\left\{\frac{1}{3}\sum_{\alpha,\beta}|Q_{\alpha\beta}|^2 - \frac{1}{15}\left[\sum_\alpha Q^*_{\alpha\alpha}\sum_\gamma Q_{\gamma\gamma} + 2\sum_{\alpha,\beta}|Q_{\alpha\beta}|^2\right]\right\} \tag{9.48}$$

Da $Q_{\alpha\beta}$ ein Tensor mit verschwindender Spur ist, verschwindet der erste Summand in der eckigen Klammer identisch. Als Endresultat für die Gesamtstrahlungsleistung einer Quadrupolquelle ergibt sich daher:

$$P = \frac{c^2 Z_0 k^6}{1440\pi}\sum_{\alpha,\beta}|Q_{\alpha\beta}|^2 \tag{9.49}$$

Die Strahlungsleistung variiert also bei vorgegebenen Quadrupolmomenten mit der sechsten Potenz der Frequenz, während die eines Dipols proportional zur vierten Potenz der Frequenz ist.

Ein einfaches Beispiel für eine strahlende Quadrupolquelle ist eine oszillierende, kugelförmige Ladungsverteilung. Die Nichtdiagonalelemente von $Q_{\alpha\beta}$ verschwinden für eine solche Ladungsverteilung, und für die Diagonalelemente lässt sich

$$Q_{33} = Q_0, \quad Q_{11} = Q_{22} = -\tfrac{1}{2}Q_0 \tag{9.50}$$

schreiben (vgl. Kap. 4.2). Daraus folgt für die Winkelverteilung der Strahlungsleistung:

$$\frac{dP}{d\Omega} = \frac{c^2 Z_0 k^6}{512\pi^2} Q_0^2 \sin^2\theta\cos^2\theta \tag{9.51}$$

Dieser Verteilung entspricht ein vierblättriges Strahlungsdiagramm, wie es in Abb. 9.2 dargestellt ist. Die Maxima liegen bei $\theta = \pi/4$ und $3\pi/4$. Die Gesamtstrahlungsleistung dieses Quadrupols ist

$$P = \frac{c^2 Z_0 k^6 Q_0^2}{960\pi} \tag{9.52}$$

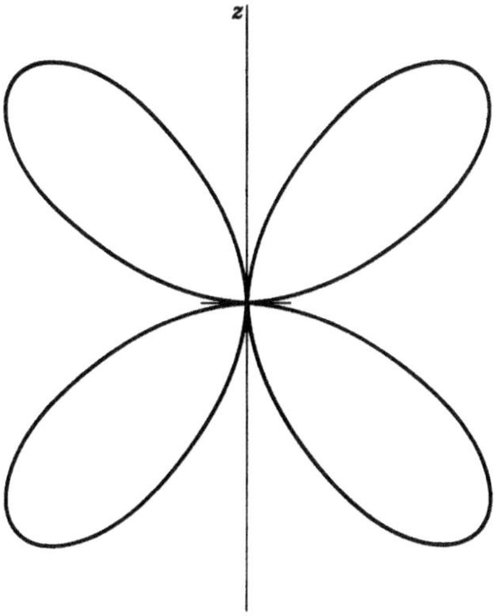

Abb. 9.2 Strahlungsdiagramm eines Quadrupols.

Der Aufwand, den man zur Berechnung höherer Terme der Entwicklung (9.9) treiben muss, um das Vektorpotential (9.8) genauer zu bestimmen, wird unüberwindlich groß, wenn man über die elektrischen Quadrupolterme hinausgehen will. Ein weiterer Nachteil der hier benutzten Methode ist der, dass physikalisch verschiedene Felder wie die des magnetischen Dipols und elektrischen Quadrupols aus den einzelnen Termen in (9.9) herauspräpariert werden müssen. Schließlich ist das Verfahren auch nur sinnvoll im Grenzfall großer Wellenlängen. Eine systematische Entwicklung der Multipolstrahlung, die diese Nachteile umgeht, wird mit Abschnitt 9.6 beginnen. Der zugehörige mathematische Formalismus ist recht kompliziert, aber dieser zu zahlende Preis lohnt sich. Denn er macht es möglich, sämtliche Multipolordnungen in der gleichen Art und Weise zu behandeln, und die Ergebnisse sind für alle Wellenlängen gültig. Die physikalisch verschiedenen elektrischen und magnetischen Multipole werden dabei von vornherein getrennt.

9.4 Linearantenne mit symmetrischer Speisung

A. Näherung für sinusförmigen Strom

Bei bestimmten Strahlungssystemen ist die Geometrie der Stromverteilung so einfach, dass sich das Integral (9.3) für das Vektorpotential ohne großen Aufwand in geschlossener Form berechnen lässt, sofern der Strom selbst bekannt ist. Als Beispiel für ein solches System betrachten wir eine dünne Linearantenne der Länge d, die über einen schmalen Spalt in der Mitte gespeist wird. Die Antenne liege, wie in Abb. 9.3 skizziert, auf der z-Achse, und die Stromzuführungsstelle befinde sich im Ursprung. Vernachlässigt man die durch Strahlungsemission verursachten Verluste, so kann man die zeitliche und räumliche Änderung des Stromes bei hinreichend kleinem Antennenquerschnitt als sinusartig mit einer Wellenzahl $k = \omega/c$ annehmen. Der Strom breite sich symmetrisch über die beiden Antennenarme aus und ver-

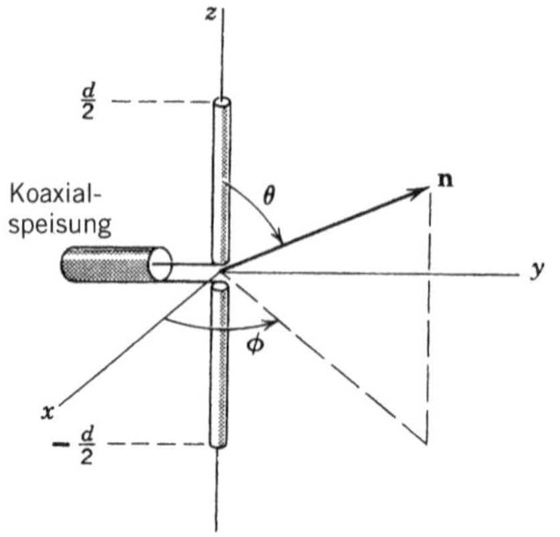

Abb. 9.3 Linearantenne mit symmetrischer Speisung.

schwinde an den äußeren Enden. Die auf den Bereich $|z| < (d/2)$ begrenzte Stromdichte lässt sich dann folgendermaßen ausdrücken:

$$\mathbf{J}(\mathbf{x}) = I\sin\left(\frac{kd}{2} - k\,|z|\right)\delta(x)\,\delta(y)\,\mathbf{e}_z \tag{9.53}$$

Die Delta-Funktionen schränken dabei den Stromfluss allein auf die z-Achse ein, und I bezeichnet den Maximalwert des Stromes, wenn $kd \geq \pi$ ist. An der Stelle der Stromzuführung hat $\mathbf{J}(\mathbf{x})$ den Betrag $I_0 = I\sin(kd/2)$.

Mit der Stromdichte (9.53) reduziert sich das Vektorpotential auf nur eine Komponente in z-Richtung, und diese hat nach Gl. (9.8) die Gestalt

$$\mathbf{A}(\mathbf{x}) = \mathbf{e}_z\,\frac{\mu_0}{4\pi}\frac{Ie^{ikr}}{r}\int_{-(d/2)}^{(d/2)} \sin\left(\frac{kd}{2} - k\,|z|\right) e^{-ikz\cos\theta}\,dz \tag{9.54}$$

Die Integration lässt sich unmittelbar ausführen und liefert

$$\mathbf{A}(\mathbf{x}) = \mathbf{e}_z\,\frac{\mu_0}{4\pi}\frac{2Ie^{ikr}}{kr}\left[\frac{\cos\left(\frac{kd}{2}\cos\theta\right) - \cos\left(\frac{kd}{2}\right)}{\sin^2\theta}\right] \tag{9.55}$$

Da das magnetische Feld in der Fernzone durch $\mathbf{H} = ik\mathbf{n}\times\mathbf{A}/\mu_0$ bestimmt wird, hat es den Betrag $|\mathbf{H}| = k\,\sin\theta\,|A_3|/\mu_0$. Damit ergibt sich für das zeitliche Mittel der in das Raumwinkelelement emittierten Strahlungsenergie:

$$\frac{dP}{d\Omega} = \frac{Z_0 I^2}{8\pi^2}\left|\frac{\cos\left(\frac{kd}{2}\cos\theta\right) - \cos\left(\frac{kd}{2}\right)}{\sin\theta}\right|^2 \tag{9.56}$$

Da der elektrische Feldvektor in die Richtung der zu $\mathbf{n}$ senkrechten Komponente von $\mathbf{A}$ zeigt, ist die Strahlung in der von der Antenne und dem Radiusvektor des Aufpunktes aufgespannten Ebene polarisiert.

Die Winkelverteilung (9.56) hängt vom Wert von kd ab. Für große Wellenlängen ($kd \ll 1$) reduziert sie sich, wie man sofort zeigt, auf das für einen Dipol gewonnene Ergebnis (9.28). Für die speziellen Werte $kd = \pi(2\pi)$, die einer halben (ganzen) Wellenlänge des entlang der Antenne oszillierenden Stromes entsprechen, sind die Winkelverteilungen

$$\frac{dP}{d\Omega} = \frac{Z_0 I^2}{8\pi^2} \begin{cases} \dfrac{\cos^2\left(\dfrac{\pi}{2}\cos\theta\right)}{\sin^2\theta}, & kd = \pi \\ \dfrac{4\cos^4\left(\dfrac{\pi}{2}\cos\theta\right)}{\sin^2\theta}, & kd = 2\pi \end{cases} \tag{9.57}$$

Die entsprechenden Strahlungsdiagramme sind in Abb. 9.7 auf S. 517 dargestellt, wo sie mit den Multipolentwicklungen verglichen werden. Wie man der dortigen Abbildung entnimmt, ist die Strahlungsverteilung einer $\gamma/2$-Antenne der eines einfachen Dipols sehr ähnlich; dagegen ist die Strahlung einer λ-Antenne auf ein sehr viel schmaleres Gebiet begrenzt.

Die Strahlungsverteilung einer λ-Antenne kann man sich erzeugt denken aus der kohärenten Überlagerung der Felder zweier übereinander angeordneter und gleichphasig angeregter $\lambda/2$-Antennen. An der Stelle $\theta = \pi/2$, wo sich die Amplituden algebraisch addieren, ist die Intensität viermal so groß wie die einer $\lambda/2$-Antenne. Außerhalb von $\theta = \pi/2$ interferieren die Amplituden und geben Anlass zu dem sehr viel schmaler verlaufenden Strahlungsdiagramm. Durch geeignete Anordnung mehrerer Grundantennen – wie etwa $\lambda/2$-Antennen mit geeignet gewählten Stromphasen – kann man durch kohärente Überlagerung ein beliebiges Strahlungsdiagramm erzeugen. Ausführlich werden solche Antennensysteme in der elektrotechnischen Literatur behandelt, die wir am Ende des Kapitels zitieren.

B. Die Antenne als Randwertproblem

Die Annahme, dass der Strom entlang einer Antenne sinusartig verläuft oder eine andere *bekannte* Form besitzt, ist nur für unendlich dünne Leiter gerechtfertigt. Die Behandlung einer endlich ausgedehnten Antenne mit gegebener Anregung stellt in Wirklichkeit ein kompliziertes Randwertproblem dar. Ohne den Versuch zu unternehmen, derartige Probleme zu lösen, wollen wir doch einige Betrachtungen anstellen, um das Randwertproblem einer geraden Antenne kreisförmigen Querschnitts vom Radius a und der Länge d zumindest zu fixieren; ein Beispiel für eine solche Antenne war die in Abb. 9.3 dargestellte Linearantenne mit symmetrischer Speisung. Wir nehmen an, die Antenne bestehe aus ideal leitendem Material und ihr Radius sei gegenüber der Wellenlänge λ und ihrer eigenen Länge d so klein, dass der Stromfluss auf ihrer Oberfläche nur eine longitudinale (z-)Komponente besitzt und die Felder azimutalsymmetrisch sind. Das Vektorpotential $\mathbf{A}$ hat dann nur eine z-Komponente. Bei harmonischer Zeitabhängigkeit ($e^{-i\omega t}$ mit $\omega = k/c$) und Verwendung der Lorenz-Eichung lassen sich das skalare Potential und das elektrische Feld folgendermaßen durch **A** ausdrücken:

$$\Phi(\mathbf{x}) = \frac{-ic}{k} \boldsymbol{\nabla} \cdot \mathbf{A}$$

$$\mathbf{E}(\mathbf{x}) = \frac{ic}{k}[\boldsymbol{\nabla}(\boldsymbol{\nabla} \cdot \mathbf{A}) + k^2 \mathbf{A}] \tag{9.58}$$

Mit $\mathbf{A} = \mathbf{e}_z A_z(\mathbf{x})$ ergibt sich für die z-Komponente des elektrischen Feldes:

$$E_z(\mathbf{x}) = \frac{ic}{k}\left(\frac{\partial^2}{\partial z^2} + k^2\right) A_z(\mathbf{x})$$

Auf der Oberfläche der ideal leitenden Antenne verschwindet jedoch die Tangentialkomponente von **E**. Wir stellen daher als wichtiges Merkmal fest, dass *das Vektorpotential* A_z *(und damit auch das skalare Potential) auf der Oberfläche der Antenne streng sinusförmig ist*:

$$\left(\frac{\partial^2}{\partial z^2} + k^2\right) A_z(\rho = a, z) = 0 \tag{9.59}$$

Im Gegensatz zu der sehr viel stärkeren Annahme, dass der Strom sinusartig verläuft, gilt diese Feststellung in Strenge.

Eine Integralgleichung für den Strom gewinnt man aus (9.3). Ist der Gesamtstrom in z-Richtung gleich $I(z)$, dann liefert (9.3) für das Vektorpotential A_z auf der Oberfläche der Antenne:

$$A_z(\rho = a, z) = \frac{\mu_0}{4\pi} \int_{z_0}^{z_0 + d} I(z') K(z - z') \, dz'$$

wobei

$$K(z - z') = \frac{1}{\pi} \int_0^{\pi} \frac{\exp\left[ik\sqrt{(z - z')^2 + 4a^2 \sin^2 \beta}\right]}{\sqrt{(z - z')^2 + 4a^2 \sin^2 \beta}} \, d\beta \tag{9.60}$$

das azimutale Mittel der Green'schen Funktion e^{ikR}/R ist. Die Bedingung (9.59) führt auf die Integro-Differentialgleichung

$$0 = \left(\frac{d^2}{dz^2} + k^2\right) \int_{z_0}^{z_0 + d} I(z') K(z - z') \, dz' \tag{9.61}$$

Diese Gleichung kann als Differentialgleichung für das Integral betrachtet werden. Natürlich kann man auch (9.59) lösen und die Lösung dem Integral gleichsetzen. Beide Methoden liefern als Resultat die Integralgleichung

$$a_1 \cos kz + a_2 \sin kz = \int_{z_0}^{z_0 + d} I(z') K(z - z') \, dz'$$

Die Konstanten a_1 und a_2 bestimmen sich aus der Art der Anregung und aus der Randbedingung, dass der Strom an den Enden der Antenne verschwindet.

Die Lösung der Integralgleichung ist nicht einfach. Ein Blick auf (9.60) zeigt, dass man in der Nähe von $z' \simeq z$ sehr sorgfältig vorgehen muss und dass dort der endliche Radius von Bedeutung ist. Man kann zeigen, dass der Strom für $a \to 0$

sinusförmig wird. Doch der Entwicklungsparameter für die Korrekturen ergibt sich als der Kehrwert von $\ln(d/a)$, sodass selbst für $d/a = 10^3$ noch Korrekturen in der Größenordnung von 10 bis 15 Prozent auftreten können. Hat die Stromwelle in der Nähe der Erregungsstelle einen Knoten, so können diese Korrekturen die Eingangsimpedanz der Antenne drastisch änderen. Verschiedene Näherungsmethoden zur Lösung von (9.61) werden in dem Buch von *Jones* beschrieben. Eine ausführliche Diskussion der von diesem Autor entwickelten Theorie und die numerischen Ergebnisse für den Strom sowie den Blind- und Wirkwiderstand einer Linearantenne mit symmetrischer Speisung findet man bei *Hallén*. Weitere Literaturhinweise findet der Leser am Ende dieses Kapitels.

9.5 Multipolentwicklung für eine kleine Quelle oder Öffnung im Wellenleiter

In einem Wellenleiter befinden sich meistens irgendwelche Quellen, sei es in Form einer Sonde, einer Schleife oder einer Öffnung. Sind die Abmessungen einer solchen Quelle klein gegenüber den Abständen, über die sich die Felder merklich verändern, dann kann diese Quelle durch ihre niedrigsten Multipolmomente approximiert werden; im Allgemeinen genügt dabei das elektrische und magnetische Dipolmoment. Verschiedene Quellen, deren niedrigste Multipolmomente übereinstimmen, erzeugen im Wellenleiter im Wesentlichen die gleichen Anregungen. Die elektrischen und magnetischen Dipolmomente können oft aus statischen Feldern berechnet werden und sogar geometrisch abgeschätzt werden. Selbst wenn die Quelle in Wirklichkeit nicht klein ist, macht die Multipolentwicklung deren Eigenschaften in qualitativer, oft sogar halbquantitativer Weise verständlich.

A. Stromquelle innerhalb eines Wellenleiters

In Kap. 8.12 zeigten wir, dass die Amplitude $A_\lambda^{(\pm)}$ einer angeregten Welle vom Typ λ proportional zum Integral

$$\int \mathbf{J} \cdot \mathbf{E}_\lambda^{(\mp)} \, d^3x$$

ist, das über die Gebiete zu erstrecken ist, in denen $\mathbf{J}$ von Null verschieden ist. Wenn sich die Felder $\mathbf{E}_\lambda^{(\mp)}$ im Bereich der Quelle nicht stark ändern, können sie in eine Taylor-Reihe um einen geeignet gewählten Ursprung entwickelt werden. Das Integral geht dann (wenn man die Indizes an $\mathbf{E}_\lambda^{(\mp)}$ fortlässt) über in

$$\int \mathbf{J} \cdot \mathbf{E} \, d^3x = \sum_{\alpha=1}^{3} \int J_\alpha(\mathbf{x}) \left[E_\alpha(0) + \sum_{\beta=1}^{3} x_\beta \frac{\partial E_\alpha}{\partial x_\beta}(0) + \cdots \right] d^3x \tag{9.62}$$

Für den ersten Term kann man aufgrund von (9.14) und (9.17) auch

$$\mathbf{E}(0) \cdot \int \mathbf{J}(\mathbf{x}) \, d^3x = -i\omega \mathbf{p} \cdot \mathbf{E}(0) \tag{9.63}$$

schreiben, wobei **p** das elektrische Dipolmoment der Quelle ist:

$$\mathbf{p} = \frac{i}{\omega} \int \mathbf{J}(\mathbf{x}) \, d^3x$$

Dieser Ausdruck lässt sich bei Wiederholung der in (9.14) vorgenommenen Schritte auf die vertraute Form (9.17) bringen, sofern das Oberflächenintegral über die Leiterwände Null ist. Voraussetzung dafür ist, dass der Ursprung bei der Multipolentwicklung so gewählt wurde, dass $J_\alpha x_\beta$ auf den Leiterwänden verschwindet. Diese Feststellung gilt in der Tat für alle Multipolmomente. Die Verwendung von Ausdrücken, die die elektrische und magnetische Ladungsdichte ρ bzw. ρ_M enthalten, erfordert, dass die Terme $(x_\alpha J_\beta \pm x_\beta J_\alpha)\, x_\gamma \cdots x_\nu$ auf den Leiterwänden verschwinden. Im Gegensatz dazu sind der oben hingeschriebene Ausdruck für das elektrische Dipolmoment und auch der Ausdruck (9.34) für das magnetische Dipolmoment in der angegebenen Form, unabhängig von der Wahl des Ursprungs, korrekt.

Der zweite Term auf der rechten Seite von Gl. (9.62) hat dieselbe Struktur wie der Ausdruck (9.30) und kann genauso behandelt werden. Das Produkt $J_\alpha x_\beta$ zerlegen wir wieder, entsprechend (9.31), in einen symmetrischen und antisymmetrischen Teil:

$$\sum_{\alpha,\beta} J_\alpha x_\beta \frac{\partial E_\alpha}{\partial x_\beta}(0) = \frac{1}{4} \sum_{\alpha,\beta} (J_\alpha x_\beta - J_\beta x_\alpha) \left[\frac{\partial E_\alpha}{\partial x_\beta}(0) - \frac{\partial E_\beta}{\partial x_\alpha}(0) \right] + \frac{1}{2} \sum_{\alpha,\beta} (J_\alpha x_\beta + J_\beta x_\alpha) \frac{\partial E_\alpha}{\partial x_\beta}(0) \tag{9.64}$$

Den ersten, antisymmetrischen Teil haben wir dabei so geschrieben, dass die Dichte des magnetischen Moments und die Rotation des elektrischen Feldes klar erkennbar werden. Benutzt man schließlich noch das Induktionsgesetz $\boldsymbol{\nabla} \times \mathbf{E} = i\omega \mathbf{B}$, so nimmt der antisymmetrische Beitrag zur rechten Seite von (9.62) folgende Gestalt an:

$$\int \left[\sum_{\alpha,\beta} J_\alpha x_\beta \frac{\partial E_\alpha}{\partial x_\beta}(0) \right]_{\text{antisym}} d^3x = i\omega \mathbf{m} \cdot \mathbf{B}(0) \tag{9.65}$$

wobei **m** das durch (9.34) gegebene magnetische Moment der Quelle ist. Die Gleichungen (9.63) und (9.65) beschreiben die führenden Multipolbeiträge zum Quellenintegral (9.62).

Die übrigen Terme der Entwicklung (9.62), einschließlich des symmetrischen Teils von (9.64), führen auf Multipole höherer Ordnung. Ebenso wie in Abschnitt 3 dieses Kapitels lässt sich zeigen, dass der soeben genannte symmetrische Teil von (9.64) das *spurlose elektrische Quadrupolmoment* (9.41) enthält. Um dies zu verdeutlichen, stellen wir zunächst fest, dass, wenn die Oberflächenintegrale verschwinden (vgl. oben!), die Beziehung

$$\int (J_\alpha x_\beta + J_\beta x_\alpha) \, d^3x = -i\omega \int x_\alpha x_\beta \rho(\mathbf{x}) \, d^3x$$

gilt. Die zweite Doppelsumme in (9.64), integriert über das Volumen der Stromverteilung, lässt sich daher in der Form

$$-\frac{i\omega}{2} \sum_{\alpha,\beta} \frac{\partial E_\alpha}{\partial x_\beta}(0) \int \rho(\mathbf{x}) x_\alpha x_\beta \, d^3x$$

schreiben. Der Wert dieser Summe bleibt wegen $\nabla \cdot \mathbf{E} = 0$ ungeändert, wenn man die Substitution $x_\alpha x_\beta \to (x_\alpha x_\beta - \frac{1}{3}r^2\delta_{\alpha\beta})$ vornimmt. Der symmetrische Anteil des zweiten Terms in (9.62) ist somit

$$\int \left[\sum_{\alpha,\beta} J_\alpha x_\beta \frac{\partial E_\alpha}{\partial x_\beta}(0) \right]_{\text{sym}} d^3x = -\frac{i\omega}{6} \sum_{\alpha,\beta} Q_{\alpha\beta} \frac{\partial E_\alpha}{\partial x_\beta}(0) \tag{9.66}$$

In ähnlicher Weise enthält der antisymmetrische Teil des nächst höheren (aber nicht aufgeführten) Terms in (9.62) die Momente $x_\beta x_\gamma$ und liefert den Beitrag

$$\int \left[\frac{1}{2} \sum_{\alpha,\beta,\gamma} J_\alpha x_\beta x_\gamma \frac{\partial^2 E_\alpha}{\partial x_\beta \partial x_\gamma}(0) \right]_{\substack{\text{antisym}\\ \text{in}\,(\alpha,\beta)}} d^3x = \frac{i\omega}{6} \sum_{\alpha,\beta} Q^M_{\alpha\beta} \frac{\partial B}{\partial x_\beta}(0) \tag{9.67}$$

Darin bedeutet $Q^M_{\alpha\beta}$ das analog zu (9.41) definierte *magnetische Quadrupolmoment* mit der an die Stelle von $\rho(\mathbf{x})$ tretenden Ladungsdichte

$$\rho^M(\mathbf{x}) = -\nabla \cdot \mathscr{M} = -\frac{1}{2} \nabla \cdot (\mathbf{x} \times \mathbf{J}) \tag{9.68}$$

Kombiniert man die verschiedenen Beiträge, so resultiert für die durch (8.146) gegebene Amplitude $A_\lambda^{(\pm)}$ die Multipolentwicklung

$$\begin{aligned} A_\lambda^{(\pm)} = i\frac{\omega Z_\lambda}{2} \Bigg\{ & \mathbf{p} \cdot \mathbf{E}_\lambda^{(\mp)}(0) - \mathbf{m} \cdot \mathbf{B}_\lambda^{(\mp)}(0) \\ & + \frac{1}{6} \sum_{\alpha,\beta} \left[Q_{\alpha\beta} \frac{\partial E_{\lambda\alpha}^{(\mp)}}{\partial x_\beta}(0) - Q^M_{\alpha\beta} \frac{\partial B_{\lambda\alpha}^{(\mp)}}{\partial x_\beta}(0) \right] + \cdots \Bigg\} \end{aligned} \tag{9.69}$$

Die Felder $E_\lambda^{(\pm)}$ sind dabei gemäß (8.131) normiert. Am nützlichsten ist die angegebene Entwicklung natürlich dann, wenn die Quelle so dimensioniert ist, dass die Reihe schnell konvergiert und durch ihre ersten Terme approximiert werden kann. Die erforderliche Lage und Orientierung der Sonden und Antennen, mit denen bestimmte Schwingungstypen vorzugsweise angeregt werden sollen, hängen von der Richtung des elektrischen und magnetischen Dipolmoments (oder höherer Momente) der Quelle und von der Richtung der Eigenfelder ab. So kann man z. B. TE-Wellen mit ihren axialen Magnetfeldern durch eine magnetische Dipolantenne erzeugen, deren Dipolmoment parallel zur Achse des Wellenleiters gerichtet ist. TM-Wellen können mit einer solchen Antenne nur über höhere Momente erzeugt werden.

B. Öffnungen in den Seitenwänden eines Wellenleiters

Öffnungen in den Seitenwänden eines Wellenleiters können als Energiequellen oder -senken betrachtet werden. Bei Anwesenheit solcher Öffnungen wird die Amplitude $A_\lambda^{(\pm)}$, wie wir in Kap. 8.12 feststellten, nicht durch (8.146), sondern durch (8.147) bestimmt. Ist nur eine einzige Öffnung vorhanden, dann ist die Amplitude einer angeregten Welle vom Typ λ bei verschwindender Stromdichte gegeben durch

$$A_\lambda^{(\pm)} = -\frac{Z_\lambda}{2} \int_{\text{Öffnung}} \mathbf{n} \cdot (\mathbf{E} \times \mathbf{H}_\lambda^{(\mp)})\, da \tag{9.70}$$

wobei $\mathbf{n}$ die nach *innen* gerichtete Flächennormale ist und die Integration über die Öffnung der Leiterwand zu erstrecken ist. Ist die Öffnung klein gegenüber der Wellenlänge bzw. einer anderen relevanten Längenskala der Felder, so kann das Feld $\mathbf{H}_\lambda^{(\mp)}$ – ebenso wie zuvor $\mathbf{E}_\lambda^{(\mp)}$ – in eine Taylor-Reihe entwickelt werden. Der niedrigste Term, mit dem über die Öffnung als konstant angenommenen $\mathbf{H}_\lambda^{(\mp)}$, führt auf eine magnetische Dipolkopplung. Die nächst höheren Terme, die die erste Ableitung des Feldes enthalten, geben Anlass zu elektrischen Dipol- und magnetischen Quadrupolkopplungen – genauso wie in (9.64)–(9.66), wobei jedoch die Rollen von elektrischer und magnetischer Wechselwirkung vertauscht sind. Die zu (9.69) analoge Entwicklung von (9.70) lautet:

$$A_\lambda^{(\pm)} = i\frac{\omega Z_\lambda}{4}\left[\mathbf{p}_{\text{eff}} \cdot \mathbf{E}_\lambda^{(\mp)}(0) - \mathbf{m}_{\text{eff}} \cdot \mathbf{B}_\lambda^{(\mp)}(0) + \cdots\right] \tag{9.71}$$

mit den effektiven elektrischen und magnetischen Dipolmomenten

$$\begin{aligned} \mathbf{p}_{\text{eff}} &= \epsilon\mathbf{n}\int(\mathbf{x}\cdot\mathbf{E}_{\text{tan}})\,da \\ \mathbf{m}_{\text{eff}} &= \frac{2}{i\mu\omega}\int(\mathbf{n}\times\mathbf{E}_{\text{tan}})\,da \end{aligned} \tag{9.72}$$

Die Integrale sind dabei jeweils über die Öffnung zu erstrecken, und $\mathbf{E}_{\text{tan}}$ stellt das exakte tangentiale elektrische Feld in der Öffnung dar. In (9.71) sind die am Mittelpunkt der Öffnung herrschenden Felder einzusetzen. Die effektiven Momente (9.72) beschreiben die elektrischen und magnetischen Dipole, die einer kleinen Öffnung in einem ideal leitenden, ebenen Schirm entsprechen, und die zugehörigen Felder ((9.18) und (9.35)–(9.36)) stellen die in dieser Öffnung herrschenden Strahlungsfelder dar (vgl. hierzu auch Übg. 9.15). Ein Vergleich zwischen (9.71) und (9.69) zeigt, dass die Dipolmomente (9.72) nur halb so große Amplituden erzeugen wie die Dipolmomente einer Quelle, die sich innerhalb eines Leiters befindet. Anschaulich lässt sich dies so interpretieren, dass die einer Öffnung entsprechenden Dipole zur einen Hälfte innerhalb, zur anderen Hälfte außerhalb des Wellenleiters liegen.

C. Effektive Dipolmomente von Öffnungen

Auf den ersten Blick erscheinen die effektiven Dipolmomente (9.72) in ihrer physikalischen Bedeutung etwas unklar. Doch sie sind, wie oben bereits bemerkt, wohldefiniert als die elektrischen und magnetischen Dipolanteile der nach Multipolen entwickelten Felder, die durch die Öffnung eines ideal leitenden, ebenen Schirms treten (vgl. Übg. 10.10). Für kleine Öffnungen können sie mit den Lösungen eines entsprechenden stationären bzw. quasistationären Randwertproblems verknüpft werden. Probleme dieser Art untersuchten wir bereits in Kap. 3.13 und 5.13, und die dort erhaltenen Ergebnisse wollen wir jetzt dem vorliegenden Problem anpassen.

Ist die Öffnung im Vergleich zu der Strecke, über die sich die Felder merklich ändern, sehr klein, dann kann das Randwertproblem durch ein anderes approximiert werden, in dem die von der Öffnung (im Vergleich zu ihrer Ausdehnung) weit entfernten Felder identisch mit jenen sind, die bei nicht vorhandener Öffnung existieren würden. Außer für große Öffnungen genügt es, die Öffnungsfläche als eben zu betrachten und davon auszugehen, dass sich die „asymptotischen" Felder gleichmäßig um die Öffnung herum ausbreiten. Für eine Öffnung in einer ideal leitenden Fläche ist dann das Randwertproblem definiert durch das *senkrecht* zur Fläche gerichtete elektrische Feld $\mathbf{E}_0$ und das *tangentiale* Magnetfeld $\mathbf{H}_0$, die bei nicht vorhandener Öffnung existieren würden. Diese Felder sind ihrerseits das Resultat eines bestimmten Randwertproblems – etwa der Ausbreitung einer ebenen Welle in einem Wellenleiter oder der Reflexion dieser Welle an einem Schirm. Wir betrachten sie hier jedoch als gegebene Größen. Ihre Zeitabhängigkeit kann man in niedrigster Ordnung vernachlässigen, wenn sich die effektiven elektrischen und magnetischen Dipolmomente tatsächlich aus $\mathbf{E}_0$ bzw. $\mathbf{H}_0$ berechnen lassen (vgl. hierzu jedoch Übg. 9.20).

Die genaue Form der Felder in Umgebung der Öffnung hängt von deren Gestalt ab. Einige qualitative Feststellungen kann man jedoch machen, indem man allein den Verlauf der Feldlinien untersucht. Außerhalb einer die Öffnung umschließenden Kugel können die Felder durch eine Multipolentwicklung dargestellt werden. Die führenden Terme sind Dipolterme. In Abb. 9.4 ist deren Verhalten qualitativ dargestellt. Die magnetische Feldlinie, die über die Öffnungsfläche hinausragt (links oben), hat das Aussehen der Feldlinie eines magnetischen Dipols, dessen Moment dem Feld $\mathbf{H}_0$ entgegengerichtet ist (angedeutet im unteren Teil der Abbildung durch die Richtung von $\mathbf{m}^{(+)}$). Das Magnetfeld unterhalb der Öffnungsfläche kann als das ungestörte Feld $\mathbf{H}_0$ betrachtet werden, dem ein entgegengesetzt gerichtetes Dipolfeld (gestrichelte Linie) mit einem Moment $\mathbf{m}^{(-)}$ parallel zu $\mathbf{H}_0$ überlagert ist. In ähnlicher Weise scheinen die elektrischen Feldlinien oberhalb der Öffnungsfläche von einem parallel zu $\mathbf{E}_0$ gerichteten Dipol mit dem Moment $\mathbf{p}^{(+)}$ herzurühren; das Feld unterhalb der Öffnungsfläche setzt sich dagegen aus dem ungestörten Feld $\mathbf{E}_0$ und dem Feld eines $\mathbf{E}_0$ entgegengerichteten Dipols $\mathbf{p}^{(-)}$ zusammen. Die Verwendung effektiver Dipolfelder ist natürlich nur in einiger Entfernung von der Öffnung sinnvoll. Innerhalb der Öffnung haben die Felder keine Ähnlichkeit mit Dipolfeldern. Dennoch ist die Dipolnäherung sehr nützlich, und für die Berechnung von Loch-

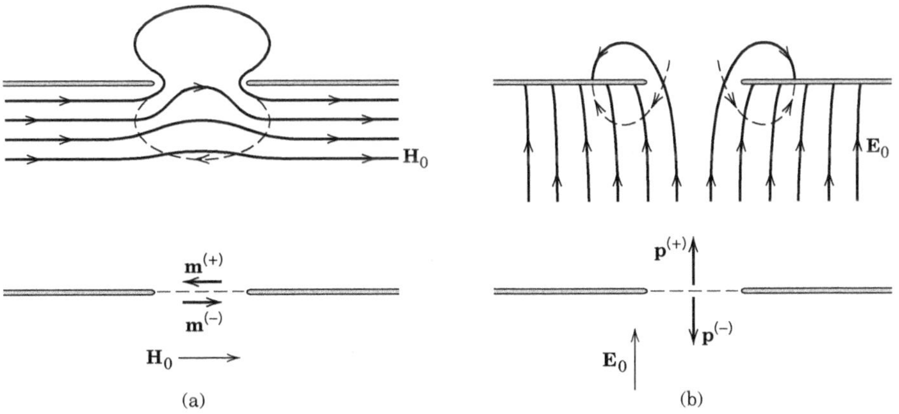

Abb. 9.4 Die durch eine kleine Öffnung in einem ideal leitenden, ebenen Schirm verursachte Verzerrung des tangentialen Magnetfeldes (links oben) und des zum Schirm senkrechten elektrischen Feldes (rechts oben). Die effektiven Dipolmomente, wie man sie vom Gebiet oberhalb bzw. unterhalb der Öffnungsfläche aus sieht, sind im unteren Teil der Abbildung dargestellt.

kopplungen durch kleine Öffnungen benötigt man allein die effektiven Dipolmomente.

Die voranstehende qualitative Diskussion weist einen schwerwiegenden Mangel auf. Zwar trifft es zu, dass das *elektrische* Dipolmoment stets parallel oder antiparallel zu $\mathbf{E}_0$ gerichtet ist und daher senkrecht auf der Öffnungsebene steht, aber das *magnetische* Dipolmoment braucht nicht unbedingt parallel oder antiparallel zu $\mathbf{H}_0$ gerichtet zu sein. Denn in der Tangentialebene sind zwei Richtungen möglich, und zur Bestimmung der Richtung von $\mathbf{m}_{\text{eff}}$ ist die Orientierung der Öffnung bezüglich des Feldes $\mathbf{H}_0$ maßgebend. Da die effektiven Momente proportional zur Feldstärke sind, ist es zweckmäßig, *elektrische* und *magnetische Polarisierbarkeiten* der Öffnung einzuführen. Wir definieren sie durch

$$\mathbf{p}_{\text{eff}} = \epsilon_0 \gamma^E \mathbf{E}_0$$

$$(\mathbf{m}_{\text{eff}})_\alpha = \sum_\beta \gamma^M_{\alpha\beta} (\mathbf{H}_0)_\beta \tag{9.73}$$

wo γ^E die skalare elektrische Polarisierbarkeit ist, während $\gamma^M_{\alpha\beta}$ den 2×2-komponentigen magnetischen Polarisierbarkeitstensor darstellt. Letzterer kann durch eine Hauptachsentransformation (entsprechend den Hauptachsen der Öffnung) diagonalisiert werden. Es stehen daher insgesamt drei Polarisierbarkeiten zur Verfügung (eine elektrische und zwei magnetische), durch die sich eine beliebige kleine Öffnung charakterisieren lässt. Wir erinnern daran, dass die Vorzeichen der γ's in (9.73) von der Seite abhängen, von der aus man die Öffnung betrachtet (vgl. Abb. 9.4). Existieren zu beiden Seiten des Schirmes Felder, dann ist (9.73) zu modifizieren. Herrscht z. B. unterhalb des Schirmes das Feld $\mathbf{E}_0$ und oberhalb von ihm ein ebenfalls vertikales elektrisches Feld $\mathbf{E}_1$, dann ist in (9.73) $\mathbf{E}_0$ durch $\mathbf{E}_0 - \mathbf{E}_1$ zu ersetzen. Andere Konfigurationen gewinnt man aus (9.73) durch lineare Superposition.

Die Polarisierbarkeiten γ^E und $\gamma^M_{\alpha\beta}$ haben die Dimension der dritten Potenz einer Länge. Ist d eine für die Ausdehnung der Öffnung charakteristische Länge, dann ist zu erwarten, dass die Polarisierbarkeiten in der Größenordnung von d^3 liegen. Der Ausdruck (9.72) für $\mathbf{p}_{\text{eff}}$ liefert in der Tat dieses Resultat; denn $\mathbf{E}_{\text{tan}}$ ist proportional zu $\mathbf{E}_0$, und das Oberflächenintegral liefert daher $\mathbf{E}_0$, multipliziert mit der dritten Potenz einer für die Ausdehnung der Öffnung charakteristischen Länge. Darüber hinaus entsprechen die Vektoreigenschaften des durch (9.72) gegebenen Momentes $\mathbf{p}_{\text{eff}}$ denen von (9.73). Dass jedoch auch das durch (9.72) bestimmte $\mathbf{m}_{\text{eff}}$ die richtige Form besitzt, ist weniger offensichtlich, wenngleich die Dimensionen auch die richtigen sind. Doch mithilfe einiger partieller Integrationen und der Maxwell'schen Gleichungen lässt sich das magnetische Moment (9.72) auf die Form

$$\mathbf{m}_{\text{eff}} = 2 \int \mathbf{x} (\mathbf{n} \cdot \mathbf{H}) \, da \tag{9.74}$$

bringen. Dabei stellt $\mathbf{n} \cdot \mathbf{H}$ die Normalkomponente des exakten Magnetfeldes $\mathbf{H}$ in der Öffnung dar, und die Integration ist über die Öffnungsfläche zu erstrecken. Der Zusammenhang (9.74) zwischen $\mathbf{H}_0$ und $\mathbf{m}_{\text{eff}}$ hat jetzt dieselbe Struktur wie die Beziehung (9.73). Für eine kreisförmige Öffnung vom Radius R können wir die effektiven Dipolmomente den statischen Lösungen aus Kap. 3.13 und 5.13 entnehmen. Die dort erhaltenen Ergebnissen lauteten:

$$\mathbf{p}_{\text{eff}} = -\frac{4\epsilon_0 R^3}{3}\mathbf{E}_0, \quad \mathbf{m}_{\text{eff}} = \frac{8R^3}{3}\mathbf{H}_0 \tag{9.75}$$

Die Vorzeichen entsprechen dabei dem Fall, dass die Öffnung von der Seite aus betrachtet wird, auf der die Felder **E** und **H** nicht verschwinden (vgl. hierzu auch Abb. 9.4). Die elektrischen und magnetischen Polarisierbarkeiten sind also

$$\gamma^E = -\frac{4R^3}{3}, \quad \gamma^M_{\alpha\beta} = \frac{8R^3}{3}\delta_{\alpha\beta} \tag{9.76}$$

Die Verwendung effektiver Dipolmomente zur Beschreibung der elektromagnetischen Eigenschaften von Öffnungen in Leiterflächen geht auf Lord Rayleigh[4] zurück. Die allgemeine Theorie wurde von H. J. Bethe[5] entwickelt und in ergiebiger Weise auf Wellenleiter und Beugungsprobleme angewandt. Von praktischer Bedeutung ist die Tatsache, dass die effektiven Dipolmomente beliebiger Öffnungen experimentell durch Messungen mit einem elektrolytischen Trog bestimmt werden können.[6] Beispiele für die Verwendung von Multipolentwicklungen, um sowohl die Erregung und Streuung elektromagnetischer Strahlung in Wellenleitern als auch die Beugung zu beschreiben, bringen wir in den Übungen am Ende dieses Kapitels. Weiteres Material zu diesem Problemkreis findet der Leser in den Literaturhinweisen.

9.6 Grundlösungen der skalaren Wellengleichung in Kugelkoordinaten

In den Kapiteln 3 und 4 entwickelten wir die Lösungen der Laplace'schen bzw. Poisson'schen Gleichung nach Kugelflächenfunktionen, um Potentialprobleme mit sphärischen Randbedingungen zu lösen oder die Felder von gegebenen Ladungsverteilungen nach Multipolen zu entwickeln. Um zu einer Strahlungsquelle die Multipole niedrigster Ordnung zu gewinnen, gingen wir bisher sehr direkt und wenig systematisch vor. Für die Diskussion höherer Multipole ist aber eine systematische Vorgehensweise unerlässlich. Wir wenden uns daher jetzt der Entwicklung von Vektorkugelfunktionen und deren Zusammenhang mit zeitveränderlichen Quellen zu.

Als Einführung in die Problematik der Vektorkugelfunktionen betrachten wir die skalare Wellengleichung. Für ein skalares Feld $\psi(\mathbf{x}, t)$, das der quellenfreien Wellengleichung

$$\nabla^2\psi - \frac{1}{c^2}\frac{\partial^2\psi}{\partial t^2} = 0 \tag{9.77}$$

---

[4] Lord Rayleigh, *Phil. Mag.* **XLIV**, 28, (1897), nachgedruckt in seinen *Scientific Papers*, Bd. IV, S. 305.

[5] Bethe, H. A., *Phys. Rev.* **66**, 163 (1944).

[6] Cohn, S. B., *Proc. IRE* **39**, 1416 (1951); **40**, 1069 (1952).

genügt, kann man bezüglich der Zeit eine Fourier-Zerlegung vornehmen:

$$\psi(\mathbf{x}, t) = \int_{-\infty}^{\infty} \psi(\mathbf{x}, \omega) e^{-i\omega t} d\omega \tag{9.78}$$

Jede Fourier-Komponente gehorcht dabei der *Helmholtz'schen Wellengleichung*

$$(\nabla^2 + k^2)\, \psi(\mathbf{x}, \omega) = 0 \tag{9.79}$$

mit $k^2 = \omega^2/c^2$. Für Probleme, die bezüglich eines bestimmten Koordinatenursprungs Symmetrien aufweisen, ist es vorteilhaft, die sphärischen Grundlösungen zu kennen. Die Darstellung des Laplace'schen Operators in Kugelkoordinaten hatten wir bereits in Kap. 3 (Gl. (3.1)) angegeben. Die Separation der Winkel- und Radialanteile der Wellenfunktion leistet die bekannte Entwicklung

$$\psi(\mathbf{x}, \omega) = \sum_{l,m} f_{lm}(r)\, Y_{lm}(\theta, \phi) \tag{9.80}$$

mit den durch (3.53) definierten Kugelflächenfunktionen Y_{lm}. Die radialen Funktionen $f_{lm}(r)$ genügen, unabhängig von m, der radialen Wellengleichung

$$\left[\frac{d^2}{dr^2} + \frac{2}{r}\frac{d}{dr} + k^2 - \frac{l(l+1)}{r^2}\right] f_l(r) = 0 \tag{9.81}$$

die mit der Substitution

$$f_l(r) = \frac{1}{r^{1/2}} u_l(r) \tag{9.82}$$

in

$$\left[\frac{d^2}{dr^2} + \frac{1}{r}\frac{d}{dr} + k^2 - \frac{(l+\frac{1}{2})^2}{r^2}\right] u_l(r) = 0 \tag{9.83}$$

übergeht. Diese Gleichung ist nichts anderes als die Bessel'sche Differentialgleichung (3.75) mit $\nu = l + \frac{1}{2}$. Die Lösungen für $f_{lm}(r)$ lauten daher:

$$f_{lm}(r) = \frac{A_{lm}}{r^{1/2}} J_{l+1/2}(kr) + \frac{B_{lm}}{r^{1/2}} N_{l+1/2}(kr) \tag{9.84}$$

Es ist üblich, die *sphärischen Bessel- und Hankel-Funktionen* einzuführen und diese mit $j_l(x)$, $n_l(x)$ und $h_l^{(1,2)}(x)$ bezeichneten Funktionen folgendermaßen zu definieren:

$$\begin{aligned} j_l(x) &= \left(\frac{\pi}{2x}\right)^{1/2} J_{l+1/2}(x) \\ n_l(x) &= \left(\frac{\pi}{2x}\right)^{1/2} N_{l+1/2}(x) \\ h_l^{(1,2)}(x) &= \left(\frac{\pi}{2x}\right)^{1/2} [J_{l+1/2}(x) \pm i N_{l+1/2}(x)] \end{aligned} \tag{9.85}$$

Für reelle x ist $h_l^{(2)}(x)$ das Konjugiertkomplexe von $h_l^{(1)}(x)$. Mithilfe der Reihenentwicklungen (3.82) und (3.83) lässt sich zeigen, dass

$$j_l(x) = (-x)^l \left(\frac{1}{x}\frac{d}{dx}\right)^l \left(\frac{\sin x}{x}\right)$$

und

$$n_l(x) = -(-x)^l \left(\frac{1}{x}\frac{d}{dx}\right)^l \left(\frac{\cos x}{x}\right) \tag{9.86}$$

ist.[7]

Für die vier niedrigsten Werte von l folgt hieraus explizit:

$$\begin{aligned}
j_0(x) &= \frac{\sin x}{x}, \quad n_0(x) = -\frac{\cos x}{x}, \quad h_0^{(1)}(x) = \frac{e^{ix}}{ix} \\
j_1(x) &= \frac{\sin x}{x^2} - \frac{\cos x}{x}, \quad n_1(x) = -\frac{\cos x}{x^2} - \frac{\sin x}{x} \\
h_l^{(1)}(x) &= -\frac{e^{ix}}{x}\left(1 + \frac{i}{x}\right) \\
j_2(x) &= \left(\frac{3}{x^3} - \frac{1}{x}\right)\sin x - \frac{3\cos x}{x^2}, \quad n_2(x) = -\left(\frac{3}{x^3} - \frac{1}{x}\right)\cos x - 3\frac{\sin x}{x^2} \\
h_2^{(1)}(x) &= \frac{ie^{ix}}{x}\left(1 + \frac{3i}{x} - \frac{3}{x^2}\right) \\
j_3(x) &= \left(\frac{15}{x^4} - \frac{6}{x^2}\right)\sin x - \left(\frac{15}{x^3} - \frac{1}{x}\right)\cos x \\
n_3(x) &= -\left(\frac{15}{x^4} - \frac{6}{x^2}\right)\cos x - \left(\frac{15}{x^3} - \frac{1}{x}\right)\sin x \\
h_3^{(1)}(x) &= \frac{e^{ix}}{x}\left(1 + \frac{6i}{x} - \frac{15}{x^2} - \frac{15i}{x^3}\right)
\end{aligned} \tag{9.87}$$

Bei Verwendung der Reihenentwicklungen (3.82) und (3.83) und der Definition (3.85) lässt sich weiterhin zeigen, dass für kleine Argumente $x \ll 1$ (l fest) folgende asymptotische Darstellungen gelten:

$$\begin{aligned}
j_l(x) &\to \frac{x^l}{(2l+1)!!}\left(1 - \frac{x^2}{2(2l+3)} + \cdots\right) \\
n_l(x) &\to -\frac{(2l-1)!!}{x^{l+1}}\left(1 - \frac{x^2}{2(1-2l)} + \cdots\right)
\end{aligned} \tag{9.88}$$

[7] In den Formeln (9.86) wird folgende Bezeichnung benutzt:

$$\left(\frac{1}{x}\frac{d}{dx}\right)^l f(x) = \frac{1}{x}\frac{d}{dx}\cdot\frac{1}{x}\frac{d}{dx}\cdots\frac{1}{x}\frac{d}{dx}f(x)$$

wobei die Anzahl der Differentiationen nach x, mit jeweils nachfolgender Division durch x, gleich l ist (Anm. des Übersetzers).

mit der *Doppelfakultät* $(2l+1)!! = (2l+1)(2l-1)(2l-3)\cdots(5)\cdot(3)\cdot(1)$. In ähnlicher Weise erhält man für große Argumente $x \gg l$ die asymptotischen Darstellungen

$$j_l(x) \to \frac{1}{x}\sin\left(x - \frac{l\pi}{2}\right)$$
$$n_l(x) \to -\frac{1}{x}\cos\left(x - \frac{l\pi}{2}\right)$$
$$h_l^{(1)}(x) \to (-i)^{l+1}\frac{e^{ix}}{x} \tag{9.89}$$

Die sphärischen Bessel-Funktionen genügen den Rekursionsformeln

$$\frac{2l+1}{x} z_l(x) = z_{l-1}(x) + z_{l+1}(x)$$
$$z_l'(x) = \frac{1}{2l+1}[l z_{l-1}(x) - (l+1) z_{l+1}(x)]$$
$$\frac{d}{dx}[x z_l(x)] = x z_{l-1}(x) - l z_l(x) \tag{9.90}$$

wobei $z_l(x)$ stellvertretend für eine der Funktionen $j_l(x)$, $n_l(x)$, $h_l^{(1)}(x)$ oder $h_l^{(2)}(x)$ steht. Für die Wronski-Determinanten der verschiedenen Funktionenpaare ergibt sich:

$$W(j_l, n_l) = \frac{1}{i} W(j_l, h_l^{(1)}) = -W(n_l, h_l^{(1)}) = \frac{1}{x^2} \tag{9.91}$$

Die allgemeine sphärische Lösung von Gl. (9.79) lässt sich in der Form

$$\psi(\mathbf{x}) = \sum_{l,m} [A_{lm}^{(1)} h_l^{(1)}(kr) + A_{lm}^{(2)} h_l^{(2)}(kr)]\, Y_{lm}(\theta, \phi) \tag{9.92}$$

schreiben, wobei die Koeffizienten $A_{lm}^{(1)}$ und $A_{lm}^{(2)}$ aus den Randbedingungen zu bestimmen sind.

Im Hinblick auf spätere Anwendungen geben wir hier für die Green'sche Funktion $G(\mathbf{x}, \mathbf{x}')$ auslaufender Wellen die Entwicklung nach sphärischen Lösungen der Wellengleichung an. Im freien, unbegrenzten Raum genügt G der Gleichung

$$(\nabla^2 + k^2) G(\mathbf{x}, \mathbf{x}') = -\delta(\mathbf{x} - \mathbf{x}') \tag{9.93}$$

und wie in Kap. 6 gezeigt wurde, lautet die Lösung:

$$G(\mathbf{x}, \mathbf{x}') = \frac{e^{ik|\mathbf{x}-\mathbf{x}'|}}{4\pi|\mathbf{x}-\mathbf{x}'|} \tag{9.94}$$

Die gesuchte Entwicklung von $G(\mathbf{x}, \mathbf{x}')$ ergibt sich in genau derselben Weise wie im Fall der Poisson'schen Gleichung (vgl. Kap. 3.9, insbesondere Gl. (3.117) und den anschließenden Text). Der Reihenansatz

$$G(\mathbf{x}, \mathbf{x}') = \sum_{l,m} g_l(r, r')\, Y_{lm}^*(\theta', \phi')\, Y_{lm}(\theta, \phi) \tag{9.95}$$

führt nach Substitution in Gl. (9.93) auf folgende Gleichung für $g_l(r, r')$:

$$\left[\frac{d^2}{dr^2} + \frac{2}{r}\frac{d}{dr} + k^2 - \frac{l(l+1)}{r^2}\right] g_l = -\frac{1}{r^2}\,\delta(r - r') \tag{9.96}$$

Die Lösung, die im Ursprung endlich ist und im Unendlichen eine auslaufende Welle darstellt, lautet:

$$g_l(r, r') = A j_l(kr_<)\, h_l^{(1)}(kr_>) \tag{9.97}$$

wobei $r_<$ ($r_>$) die kleinere (größere) der beiden Größen r und r' ist. Das korrekte Sprungverhalten in der Ableitung von g ist gesichert, wenn $A = ik$ ist. Somit hat die gesuchte Entwicklung der Green'schen Funktion die Gestalt

$$\frac{e^{ik|\mathbf{x}-\mathbf{x}'|}}{4\pi\,|\mathbf{x}-\mathbf{x}'|} = ik \sum_{l=0}^{\infty} j_l(kr_<)\, h_l^{(1)}(kr_>) \sum_{m=-l}^{l} Y_{lm}^*(\theta', \phi')\, Y_{lm}(\theta, \phi) \tag{9.98}$$

Bisher haben wir unser Augenmerk allein auf die zur skalaren Wellengleichung gehörenden Radialfunktionen gelenkt. Wir kehren jetzt noch einmal zu den Winkelfunktionen zurück, um einige Begriffe einzuführen, die für die Behandlung der Vektorwellengleichung nützlich sind. Die winkelabhängigen Grundlösungen sind die durch (3.53) definierten Kugelflächenfunktionen Y_{lm}, die der Gleichung

$$-\left[\frac{1}{\sin\theta}\frac{\partial}{\partial\theta}\left(\sin\theta\,\frac{\partial}{\partial\theta}\right) + \frac{1}{\sin^2\theta}\frac{\partial^2}{\partial\phi^2}\right] Y_{lm} = l(l+1)\, Y_{lm} \tag{9.99}$$

genügen. Wie aus der Quantenmechanik bekannt ist, lässt sich diese Gleichung in der Form

$$L^2 Y_{lm} = l(l+1)\, Y_{lm} \tag{9.100}$$

schreiben, wobei der Differentialoperator $L^2 = L_x^2 + L_y^2 + L_z^2$ das Quadrat des durch $\hbar$ dividierten Drehimpulsoperators

$$\mathbf{L} = \frac{1}{i}(\mathbf{r} \times \nabla) \tag{9.101}$$

ist.

Die kartesischen Komponenten von $\mathbf{L}$ kombiniert man zweckmäßigerweise zu den aus der Quantenmechanik bekannten *Leiteroperatoren*

$$\begin{aligned} L_+ &= L_x + iL_y = e^{i\phi}\left(\frac{\partial}{\partial\theta} + i\cot\theta\,\frac{\partial}{\partial\phi}\right) \\ L_- &= L_x - iL_y = e^{-i\phi}\left(-\frac{\partial}{\partial\theta} + i\cot\theta\,\frac{\partial}{\partial\phi}\right) \\ L_z &= -i\frac{\partial}{\partial\phi} \end{aligned} \tag{9.102}$$

Der Operator $\mathbf{L}$ wirkt also nur auf die Winkelvariablen und hängt nicht von r ab. Aus der Definition (9.101) folgt ferner die Operatorgleichung

$$\mathbf{r} \cdot \mathbf{L} = 0 \tag{9.103}$$

Mithilfe der expliziten Darstellung (9.102) zeigt man schließlich, dass L^2 gleich dem Operator auf der linken Seite von (9.99) ist.

Aus (9.102) und den Rekursionsformeln für die Y_{lm} ergeben sich folgende nützliche Beziehungen:

$$\begin{aligned} L_+ Y_{lm} &= \sqrt{(l-m)(l+m+1)}\, Y_{l,m+1} \\ L_- Y_{lm} &= \sqrt{(l+m)(l-m+1)}\, Y_{l,m-1} \\ L_z Y_{lm} &= m Y_{lm} \end{aligned} \tag{9.104}$$

Schließlich seien auch folgende Operatorgleichungen angegeben, die die Vertauschungseigenschaften von $\mathbf{L}$, L^2 und ∇^2 widerspiegeln:

$$\begin{aligned} L^2 \mathbf{L} &= \mathbf{L} L^2 \\ \mathbf{L} \times \mathbf{L} &= i\mathbf{L} \\ L_j \nabla^2 &= \nabla^2 L_j \end{aligned} \tag{9.105}$$

mit

$$\nabla^2 = \frac{1}{r}\frac{\partial^2}{\partial r^2}(r) - \frac{L^2}{r^2} \tag{9.106}$$

9.7 Multipolentwicklung elektromagnetischer Felder

Bei Annahme einer durch $e^{-i\omega t}$ beschriebenen Zeitabhängigkeit der Felder nehmen die Maxwell'schen Gleichungen in einem quellenfreien Gebiet des leeren Raums die Gestalt

$$\begin{aligned} \nabla \times \mathbf{E} &= ikZ_0 \mathbf{H}, \quad & \nabla \times \mathbf{H} &= -ik\mathbf{E}/Z_0 \\ \nabla \cdot \mathbf{E} &= 0 & \nabla \cdot \mathbf{H} &= 0 \end{aligned} \tag{9.107}$$

an, wobei $k = \omega/c$ ist. Eliminiert man durch Kombination der beiden Rotationsgleichungen das elektrische Feld $\mathbf{E}$, so erhält man für $\mathbf{H}$:

$$(\nabla^2 + k^2)\mathbf{H} = 0, \quad \nabla \cdot \mathbf{H} = 0$$

während $\mathbf{E}$ durch

$$\mathbf{E} = \frac{iZ_0}{k} \nabla \times \mathbf{H} \tag{9.108}$$

gegeben ist. Alternativ hierzu kann man auch $\mathbf{H}$ eliminieren und erhält dann für $\mathbf{E}$:

$$(\nabla^2 + k^2)\mathbf{E} = 0, \quad \nabla \cdot \mathbf{E} = 0$$

während sich $\mathbf{H}$ durch

$$\mathbf{H} = -\frac{i}{kZ_0} \nabla \times \mathbf{E} \tag{9.109}$$

bestimmt. Sowohl (9.108) als auch (9.109) stellen einen Satz von drei Gleichungen dar, die den Maxwell'schen Gleichungen (9.107) äquivalent sind.

Wir suchen die Multipollösungen für $\mathbf{E}$ und $\mathbf{H}$. Aus (9.108) und (9.109) ist ersichtlich, dass jede der drei *kartesischen* Komponenten von $\mathbf{E}$ und $\mathbf{H}$ der Helmholtz'schen Wellengleichung (9.79) genügt. Daher kann man für jede dieser Komponenten eine Entwicklung der allgemeinen Form (9.92) vornehmen. Es bleibt jedoch das Problem, die verschiedenen Komponenten so zu kombinieren, dass sie die Gleichungen $\nabla \cdot \mathbf{E} = 0$ und $\nabla \cdot \mathbf{H} = 0$ erfüllen und ein reines Multipolfeld der Ordnung (l, m) ergeben. Wir folgen hier einem anderen, etwas einfacheren Weg, der von Bouwkamp und Casimir[8] vorgeschlagen wurde. Dazu betrachten wir die skalare Größe $\mathbf{r} \cdot \mathbf{A}$, wobei $\mathbf{A}$ ein genügend oft differenzierbares Vektorfeld darstellt. Man weist dann unmittelbar nach, dass der Laplace'sche Operator, angewandt auf diesen Skalar, der Gleichung

$$\nabla^2(\mathbf{r} \cdot \mathbf{A}) = \mathbf{r} \cdot (\nabla^2 \mathbf{A}) + 2\nabla \cdot \mathbf{A} \tag{9.110}$$

genügt. Aufgrund von (9.108) und (9.109) erfüllen daher die Skalare $\mathbf{r} \cdot \mathbf{E}$ und $\mathbf{r} \cdot \mathbf{H}$ die Helmholtz'sche Wellengleichung:

$$(\nabla^2 + k^2)(\mathbf{r} \cdot \mathbf{E}) = 0, \quad (\nabla^2 + k^2)(\mathbf{r} \cdot \mathbf{H}) = 0 \tag{9.111}$$

Die Lösungen für $\mathbf{r} \cdot \mathbf{E}$ und $\mathbf{r} \cdot \mathbf{H}$ haben daher jeweils die Form von (9.92).

Wir *definieren* nun *ein magnetisches Multipolfeld der Ordnung* (l, m) durch die Bedingungen

$$\mathbf{r} \cdot \mathbf{H}_{lm}^{(M)} = \frac{l(l+1)}{k} g_l(kr) Y_{lm}(\theta, \phi), \quad \mathbf{r} \cdot \mathbf{E}_{lm}^{(M)} = 0 \tag{9.112}$$

mit

$$g_l(kr) = A_l^{(1)} h_j^{(1)}(kr) + A_l^{(2)} h_l^{(2)}(kr) \tag{9.113}$$

Der Faktor $l(l+1)/k$ wurde aus später ersichtlichen Zweckmäßigkeitsgründen eingeführt. Mithilfe der Rotationsgleichung aus (9.109) lässt sich $\mathbf{r} \cdot \mathbf{H}$ mit dem elektrischen Feld verknüpfen:

$$Z_0 k\, \mathbf{r} \cdot \mathbf{H} = \frac{1}{i} \mathbf{r} \cdot (\nabla \times \mathbf{E}) = \frac{1}{i} (\mathbf{r} \times \nabla) \cdot \mathbf{E} = \mathbf{L} \cdot \mathbf{E} \tag{9.114}$$

wobei $\mathbf{L}$ durch (9.101) gegeben ist. Aufgrund von (9.112) muss also das elektrische Feld des magnetischen Multipols neben $\mathbf{r} \cdot \mathbf{E}_{lm}^{(M)} = 0$ auch der Gleichung

$$\mathbf{L} \cdot \mathbf{E}_{lm}^{(M)}(r, \theta, \phi) = l(l+1) Z_0 g_l(kr) Y_{lm}(\theta, \phi) \tag{9.115}$$

genügen. Um das rein transversale elektrische Feld aus (9.115) zu bestimmen, bemerken wir zunächst, dass der Operator $\mathbf{L}$ nur auf die Winkelvariablen (θ, ϕ) wirkt. Dies bedeutet, dass die radiale Abhängigkeit von $\mathbf{E}_{lm}^{(M)}$ allein durch $g_l(kr)$ bestimmt wird. Ferner wirkt der auf Y_{lm} angewandte Operator $\mathbf{L}$ in der durch (9.104) beschriebenen Weise auf den Wert von m, lässt aber den von l ungeändert. Daher können die Komponenten von $\mathbf{E}_{lm}^{(M)}$ höchstens Linearkombinationen der Y_{lm} zu verschiedenen m-Werten, aber gleichem l sein, wobei der Wert von l gleich dem auf der rechten Seite von (9.115) sein muss. Aus (9.104) und der für ein beliebiges Vektorfeld $\mathbf{A}$ geltenden Identität[9]

[8] Siehe Bouwkamp, C.J. und H.B.G. Casimir, *Physica* **20**, 539 (1954). In dieser Arbeit wird der Zusammenhang zwischen verschiedenen, zueinander äquivalenten Lösungsmethoden des Problems der Multipolstrahlung diskutiert.

[9] Die obige Identität wurde in der deutschsprachigen Ausgabe hinzugefügt, um dem Leser die Argumentation verständlicher zu machen (Anm. des Übersetzers).

$$\mathbf{L}\cdot\mathbf{A} = \tfrac{1}{2}(L_+A_- + L_-A_+) + L_zA_z$$

mit $A_\pm = A_x \pm \mathrm{i}A_y$ ist außerdem ersichtlich, dass, wenn $\mathbf{L}\cdot\mathbf{E}_{lm}^{(M)}$ ein einziges Y_{lm} liefern soll, die Komponenten von $\mathbf{E}_{lm}^{(M)}$ so eingerichtet werden müssen, dass das Anwenden des Auf- und Absteigeoperators (L_+ bzw. L_-) den Wert von m nicht ändert. So muss z.B. in dem Term L_-E_+ die Größe E_+ proportional zu L_+Y_{lm} sein. Dies bedeutet, dass das elektrische Feld die Gestalt

$$\mathbf{E}_{lm}^{(M)} = Z_0 g_l(kr)\,\mathbf{L}Y_{lm}(\theta,\phi)$$

haben muss. Zusammen mit

$$\mathbf{H}_{lm}^{(M)} = -\frac{i}{kZ_0}\nabla\times\mathbf{E}_{lm}^{(M)} \tag{9.116}$$

werden hierdurch die elektromagnetischen Felder eines *magnetischen* Multipols der Ordnung (l, m) festgelegt. Da das elektrische Feld in (9.116) senkrecht zum Radiusvektor gerichtet ist, nennt man diese Multipolfelder manchmal auch *transversal-elektrisch* (und nicht magnetisch) und spricht dementsprechend von einem *TE-Multipol.* Die Felder eines *elektrischen oder transversal-magnetischen Multipols (TM-Multipols) der Ordnung (l, m)* werden in Analogie zu (9.112) durch folgende Bedingungen festgelegt:

$$\begin{aligned}\mathbf{r}\cdot\mathbf{E}_{lm}^{(E)} &= -Z_0\frac{l(l+1)}{k}f_l(kr)\,Y_{lm}(\theta,\phi)\\ \mathbf{r}\cdot\mathbf{H}_{lm}^{(E)} &= 0\end{aligned} \tag{9.117}$$

Für die elektrischen Multipolfelder ergibt sich daraus:

$$\begin{aligned}\mathbf{H}_{lm}^{(E)} &= f_l(kr)\,\mathbf{L}Y_{lm}(\theta,\phi)\\ \mathbf{E}_{lm}^{(E)} &= \frac{iZ_0}{k}\nabla\times\mathbf{H}_{lm}^{(E)}\end{aligned} \tag{9.118}$$

wobei die Funktion $f_l(kr)$ durch einen ähnlichen Ausdruck wie (9.113) gegeben ist.

Die Felder (9.116) und (9.117) sind die sphärischen Analoga zu den zylindrischen TE- und TM-Wellen aus Kapitel 8. Ebenso wie für diese Wellen lässt sich auch für die Multipolfelder (9.116) und (9.118) zeigen, dass sie in einem quellenfreien Gebiet jeweils einen vollständigen Satz von Vektorlösungen der Maxwell'schen Gleichungen bilden. Wir werden im Folgenden die Bezeichnungen „elektrische" bzw. „magnetische" (und nicht „TM"- bzw. „TE"-) Multipolfelder benutzen; denn die Quellen dieser Feldtypen sind, wie sich zeigen wird, die elektrische Ladungs- bzw. magnetische Momentdichte. Da die Vektorkugelfunktionen $\mathbf{L}Y_{lm}$ eine wichtige Rolle spielen, ist es zweckmäßig, die *normierten Vektorkugelfunktionen*[10]

$$\mathbf{X}_{lm}(\theta,\phi) = \frac{1}{\sqrt{l(l+1)}}\mathbf{L}Y_{lm}(\theta,\phi) \tag{9.119}$$

[10] Die Funktion $\mathbf{X}_{lm}$ ist so definiert, dass sie für $l = 0$ verschwindet. Kugelsymmetrische Lösungen der quellenfreien Maxwell'schen Gleichungen existieren nur im statischen Limes $k \to 0$. Vgl. Kap. 9.1.

einzuführen, die sich durch die Orthogonalitätseigenschaften

$$\int \mathbf{X}^*_{l'm'} \cdot \mathbf{X}_{lm}\, d\Omega = \delta_{ll'}\delta_{mm'} \tag{9.120}$$

und

$$\int \mathbf{X}^*_{l'm'} \cdot (\mathbf{r} \times \mathbf{X}_{lm})\, d\Omega = 0 \tag{9.121}$$

für alle l, l', m, m' auszeichnen.

Durch Kombination der beiden Feldtypen lässt sich die allgemeine Lösung der Maxwell'schen Gleichungen (9.107) in der Form

$$\begin{aligned} \mathbf{H} &= \sum_{l,m}\left[a_E(l,m) f_l(kr)\mathbf{X}_{lm} - \frac{i}{k} a_M(l,m)\nabla \times g_l(kr)\mathbf{X}_{lm}\right] \\ \mathbf{E} &= Z_0 \sum_{l,m}\left[\frac{i}{k} a_E(l,m)\nabla \times f_l(kr)\mathbf{X}_{lm} + a_M(l,m) g_l(kr)\mathbf{X}_{lm}\right] \end{aligned} \tag{9.122}$$

darstellen, wobei die Koeffizienten $a_E(l,m)$ und $a_M(l,m)$ die Beträge der elektrischen bzw. magnetischen (l,m)-Multipolfelder angeben. Die radialen Funktionen $f_l(kr)$ und $g_l(kr)$ sind von der Form (9.113), während die Koeffizienten $a_E(l,m)$ und $a_M(l,m)$ ebenso wie die Koeffizienten in (9.113) durch die Quellen und Randbedingungen festgelegt werden. Dies drückt sich in der Tatsache aus, dass die skalaren Größen $\mathbf{r}\cdot\mathbf{H}$ und $\mathbf{r}\cdot\mathbf{E}$ ausreichen, um die Unbekannten in (9.122) zu bestimmen; denn es ist

$$a_M(l,m) g_l(kr) = \frac{k}{\sqrt{l(l+1)}} \int Y^*_{lm}\mathbf{r}\cdot\mathbf{H}\, d\Omega$$

und

$$Z_0 a_E(l,m) f_l(kr) = -\frac{k}{\sqrt{l(l+1)}} \int Y^*_{lm}\mathbf{r}\cdot\mathbf{E}\, d\Omega \tag{9.123}$$

Die Kenntnis von $\mathbf{r}\cdot\mathbf{H}$ und $\mathbf{r}\cdot\mathbf{E}$ an zwei verschiedenen Punkten mit den Radien r_1 und r_2 innerhalb eines quellenfreien Gebietes gestattet daher die vollständige Festlegung der Felder sowie der Koeffizienten $h_l^{(1)}$ und $h_l^{(2)}$ in f_l und g_l. Die Verwendung der skalaren Größen $\mathbf{r}\cdot\mathbf{H}$ und $\mathbf{r}\cdot\mathbf{E}$ macht es relativ einfach, die Quellen ρ und $\mathbf{J}$ mit den Multipolkoeffizienten $a_E(l,m)$ und $a_M(l,m)$ zu verknüpfen (vgl. Kapitel 9.10).

9.8 Eigenschaften von Multipolfeldern; Energie und Drehimpuls der Multipolstrahlung

Bevor wir den Zusammenhang zwischen der allgemeinen Lösung (9.122) und einer lokalisierten Quellverteilung betrachten, untersuchen wir zunächst die Eigenschaften der individuellen Multipolfelder (9.116) und (9.118). In der Nahzone ($kr \ll 1$) ist die Radialfunktion $f_l(kr)$ proportional zur Funktion n_l mit der asymptotischen Darstellung (9.88), es sei denn, ihr Koeffizient verschwindet identisch. Außer in diesem letzten Fall wird das asymptotische Verhalten des magnetischen Feldes eines elektrischen (l, m)-Multipols durch

$$\mathbf{H}_{lm}^{(E)} \to -\frac{k}{l}\,\mathbf{L}\frac{Y_{lm}}{r^{l+1}} \tag{9.124}$$

bestimmt. Die dabei auftretende Proportionalitätskonstante wurde auch diesmal aus später ersichtlichen Zweckmäßigkeitsgründen hinzugefügt. Um das asymptotische Verhalten des elektrischen Feldes zu finden, müssen wir von dem Ausdruck auf der rechten Seite die Rotation bilden. Dabei ist es praktisch, von der Operatoridentität

$$i\boldsymbol{\nabla}\times\mathbf{L} = \mathbf{r}\nabla^2 - \boldsymbol{\nabla}\left(1 + r\frac{\partial}{\partial r}\right) \tag{9.125}$$

Gebrauch zu machen. Zunächst findet man für das elektrische Feld (9.118):

$$\mathbf{E}_{lm}^{(E)} \to \frac{-i}{l}Z_0\boldsymbol{\nabla}\times\mathbf{L}\left(\frac{Y_{lm}}{r^{l+1}}\right) \tag{9.126}$$

Wendet man hierauf jetzt die Identität (9.125) an, so verschwindet der erste Term, weil Y_{lm}/r^{l+1} eine Lösung der Laplace'schen Gleichung ist. Damit ergibt sich für das elektrische Feld in der Nähe eines elektrischen (l, m)-Multipols:

$$\mathbf{E}_{lm}^{(E)} \to -Z_0\boldsymbol{\nabla}\left(\frac{Y_{lm}}{r^{l+1}}\right) \tag{9.127}$$

Dies ist gerade das elektrostatische Multipolfeld aus Kap. 4.1. Das magnetische Feld $\mathbf{H}_{lm}^{(E)}$ (Gl. (9.124)) ist um den Faktor kr kleiner als $\mathbf{E}_{lm}^{(E)}/Z_0$. Daher ist in der Nahzone das magnetische Feld eines elektrischen Multipols stets sehr viel kleiner als dessen elektrisches Feld. Für die magnetischen Multipolfelder (9.116) sind natürlich die Rollen von **E** und **H** vertauscht, d.h.

$$\mathbf{E}^{(E)} \to -Z_0\mathbf{H}^{(M)}, \quad \mathbf{H}^{(E)} \to \mathbf{E}^{(M)}/Z_0 \tag{9.128}$$

In der Wellenzone ($kr \gg 1$) hängen die Multipolfelder von den gegebenen Randbedingungen ab. Als konkretes Beispiel betrachten wir auslaufende Wellen, die der Strahlung einer lokalisierten Quelle entsprechen. Die Radialfunktion $f_l(kr)$ ist in diesem Fall proportional zur sphärischen Hankel-Funktion $h_l^{(1)}(kr)$. Aus der asymptotischen Darstellung (9.89) erkennt man, dass sich das magnetische Feld eines elektrischen (l, m)-Multipols in der Wellenzone folgendermaßen verhält:

$$\mathbf{H}_{lm}^{(E)} \to (-i)^{l+1}\frac{e^{ikr}}{kr}\mathbf{L}Y_{lm} \tag{9.129}$$

Für das elektrische Feld lässt sich daher schreiben:

$$\mathbf{E}_{lm}^{(E)} = Z_0\frac{(-i)^l}{k^2}\left[\boldsymbol{\nabla}\left(\frac{e^{ikr}}{r}\right)\times\mathbf{L}Y_{lm} + \frac{e^{ikr}}{r}\boldsymbol{\nabla}\times\mathbf{L}Y_{lm}\right] \tag{9.130}$$

Da wir bereits die asymptotische Darstellung der sphärischen Hankel-Funktion benutzt haben, dürfen wir jetzt nur noch die erste Potenz von $1/r$ berücksichtigen. Mit dieser Einschränkung erhält man bei Verwendung der Identität (9.125):

$$\mathbf{E}_{lm}^{(E)} = -Z_0(-i)^{l+1}\frac{e^{ikr}}{kr}\left[\mathbf{n}\times\mathbf{L}Y_{lm} - \frac{1}{k}(\mathbf{r}\nabla^2 - \nabla)Y_{lm}\right] \tag{9.131}$$

wobei $\mathbf{n} = (\mathbf{r}/r)$ ein Einheitsvektor in radialer Richtung ist. Der zweite Term ist offensichtlich gleich $1/kr$, multipliziert mit einer dimensionslosen Winkelfunktion, und kann in der Grenze $kr \gg 1$ vernachlässigt werden. Damit ist das elektrische Feld in der Wellenzone gegeben durch

$$\mathbf{E}_{lm}^{(E)} = Z_0\mathbf{H}_{lm}^{(E)}\times\mathbf{n} \tag{9.132}$$

mit dem durch (9.129) bestimmten $\mathbf{H}_{lm}^{(E)}$. Diese Felder sind typische Strahlungsfelder: sie sind senkrecht zum Radiusvektor gerichtet und fallen ab wie r^{-1}. Für magnetische Multipole gilt die gleiche Relation, weil der Poynting'sche Vektor für beide Multipolarten radial nach außen gerichtet ist.

Die Multipolfelder einer strahlenden Quelle können dazu benutzt werden, um die abgestrahlte Energie und den mitgenommenen Drehimpuls zu berechnen. Als Beispiel betrachten wir eine lineare Superposition von elektrischen (l, m)-Multipolen mit verschiedenen m-Werten, aber jeweils gleichem l-Wert. Entsprechend (9.122) schreiben wir für die Felder:

$$\begin{aligned}\mathbf{H}_l &= \sum_m a_E(l,m)\mathbf{X}_{lm}h_l^{(1)}(kr)e^{-i\omega t}\\ \mathbf{E}_l &= \frac{i}{k}Z_0\nabla\times\mathbf{H}_l\end{aligned} \tag{9.133}$$

Für Felder mit harmonischer Zeitabhängigkeit ist die über die Zeit gemittelte Energie gegeben durch

$$u = \frac{\epsilon_0}{4}(\mathbf{E}\cdot\mathbf{E}^* + Z_0^2\mathbf{H}\cdot\mathbf{H}^*) \tag{9.134}$$

In der Wellenzone haben die beiden Summanden gleiche Beträge. Dementsprechend ist die Energie in einer Kugelschale mit dem inneren Radius r und dem äußeren Radius $r + dr$ (für $kr \gg 1$):

$$dU = \frac{\mu_0 dr}{2k^2}\sum_{m,m'} a_E^*(l,m')\,a_E(l,m)\int \mathbf{X}_{lm'}^*\cdot\mathbf{X}_{lm}\,d\Omega \tag{9.135}$$

wobei wir die asymptotische Darstellung (9.89) der sphärischen Hankel-Funktion benutzt haben. Aufgrund der Orthogonalitätsbeziehung (9.120) ergibt sich schließlich unabhängig vom Radius:

$$\frac{dU}{dr} = \frac{\mu_0}{2k^2}\sum_m |a_E(l,m)|^2 \tag{9.136}$$

Für eine allgemeine Überlagerung sowohl elektrischer wie magnetischer Multipole tritt an die Stelle der Summe über m eine Summe über l und m, und $|a_E|^2$ geht über in $|a_E|^2 + |a_M|^2$. Die Gesamtenergie innerhalb einer Kugelschale ist somit in der

Wellenzone nichts anderes als die *inkohärente Summe* der Energien der einzelnen Multipolfelder.

Das zeitliche Mittel der Drehimpulsdichte ist

$$\mathbf{m} = \frac{1}{2c^2}\,\mathrm{Re}[\mathbf{r}\times(\mathbf{E}\times\mathbf{H}^*)] \tag{9.137}$$

Wendet man auf das zweifache Kreuzprodukt den bekannten Entwicklungssatz an und setzt das elektrische Feld (9.133) ein, so erhält man für eine Überlagerung elektrischer Multipole:

$$\mathbf{m} = \frac{\mu_0}{2\omega}\,\mathrm{Re}[\mathbf{H}^*(\mathbf{L}\cdot\mathbf{H})] \tag{9.138}$$

Hiernach ergibt sich für den Drehimpuls in einer Kugelschale zwischen r und $r+dr$ in der Wellenzone:

$$d\mathbf{M} = \frac{\mu_0\,dr}{2\omega k^2}\,\mathrm{Re}\sum_{m,m'} a_E^*(l,m')\,a_E(l,m)\int(\mathbf{L}\cdot\mathbf{X}_{lm'})^*\,\mathbf{X}_{lm}\,d\Omega \tag{9.139}$$

Setzt man hier für $\mathbf{X}_{lm}$ die Formel (9.119) ein, so erhält man:

$$\frac{d\mathbf{M}}{dr} = \frac{\mu_0}{2\omega k^2}\,\mathrm{Re}\sum_{m,m'} a_E^*(l,m')\,a_E(l,m)\int Y_{lm'}^*\,\mathbf{L}\,Y_{lm}\,d\Omega \tag{9.140}$$

Bei Berücksichtigung der unter (9.104) angegebenen Eigenschaften von $\mathbf{L}Y_{lm}$ und aufgrund der Orthogonalität der Kugelflächenfunktionen ergeben sich hieraus folgende Ausdrücke für die kartesischen Komponenten von $d\mathbf{M}/dr$:

$$\frac{dM_x}{dr} = \frac{\mu_0}{4\omega k^2}\,\mathrm{Re}\sum_m\Big[\sqrt{(l-m)(l+m+1)}\,a_E^*(l,m+1) + \sqrt{(l+m)(l-m+1)}\,a_E^*(l,m-1)\Big]\,a_E(l,m) \tag{9.141}$$

$$\frac{dM_y}{dr} = \frac{\mu_0}{4\omega k^2}\,\mathrm{Im}\sum_m\Big[\sqrt{(l-m)(l+m+1)}\,a_E^*(l,m+1) - \sqrt{(l+m)(l-m+1)}\,a_E^*(l,m-1)\Big]\,a_E(l,m) \tag{9.142}$$

$$\frac{dM_z}{dr} = \frac{\mu_0}{2\omega k^2}\sum_m m\,|a_E(l,m)|^2 \tag{9.143}$$

Diese Gleichungen zeigen, dass für einen allgemeinen elektrischen Multipol l-ter Ordnung, der aus einer Überlagerung verschiedener m-Werte besteht, nur die z-Komponente des Drehimpulses von relativ einfacher Gestalt ist.

Für einen Multipol mit definiertem m-Wert verschwinden M_x und M_y. Für M_z hingegen besteht, wie ein Vergleich von (9.143) mit (9.136) zeigt, unabhängig von r die Beziehung

$$\frac{dM_z}{dr} = \frac{m}{\omega}\frac{dU}{dr} \tag{9.144}$$

Dieses Ergebnis verdeutlicht die quantenmechanische Interpretation, dass die Strahlung eines Multipols der Ordnung (l,m) pro Photon der Energie $\hbar\omega$ gerade $m\hbar$

Einheiten der z-Komponente des Drehimpulses „mitnimmt". Diese Interpretation gilt auch für Gl. (9.143), wenn es sich um die Überlagerung mehrerer m-Werte handelt: jeder Multipol mit definiertem m liefert einen *inkohärenten* Beitrag zur z-Komponente des Drehimpulses. Auf der anderen Seite sind jedoch die x- und y-Komponenten i. Allg. von Null verschieden, und Multipole mit benachbarten m-Werten liefern als Beitrag eine gewichtete kohärente Summe. Das durch (9.140) implizit und durch (9.141)–(9.143) explizit ausgedrückte Verhalten des Drehimpulses ist bekannt aus der Quantenmechanik eines Vektoroperators und seiner Darstellung durch die Basiszustände von J^2 und J_z.[11] Der Drehimpuls von Multipolfeldern liefert ein klassisches Beispiel hierfür: auch hier ist die z-Komponente diagonal in der (l, m)-Multipolbasis, während die x- und y-Komponenten es nicht sind.

Die charakteristischen Eigenschaften, die wir soeben beschrieben haben, sind allgemein gültig, obwohl unser Beispiel (9.133) etwas speziell war. Für eine Überlagerung sowohl elektrischer wie magnetischer Multipole zu verschiedenen (l, m)-Werten nimmt der Ausdruck (9.139) für den Drehimpuls die allgemeine Form

$$\frac{d\mathbf{M}}{dr} = \frac{\mu_0}{2\omega k^2} \operatorname{Re} \sum_{\substack{l,m\\ l',m'}} \left\{ [a_E^*(l', m')\, a_E(l, m) + a_M^*(l', m')\, a_M(l, m)] \int (\mathbf{L} \cdot \mathbf{X}_{l'm'})^* \mathbf{X}_{lm}\, d\Omega \right.$$
$$\left. + i^{l'-l} [a_E^*(l', m')\, a_M(l, m) - a_M^*(l', m')\, a_E(l, m)] \int (\mathbf{L} \cdot \mathbf{X}_{l'm'})^*\, \mathbf{n} \times \mathbf{X}_{lm}\, d\Omega \right\} \tag{9.145}$$

an. Der erste Term ist von der gleichen Gestalt wie der Ausdruck auf der rechten Seite von (9.139); er stellt die separaten Summen der elektrischen und magnetischen Multipole dar. Der zweite Term dagegen beschreibt eine Interferenz zwischen elektrischen und magnetischen Multipolen. Untersucht man die Struktur des Winkelintegrals, so zeigt sich, dass die Interferenz zwischen denjenigen elektrischen und magnetischen Multipolen stattfindet, deren l-Werte sich um Eins voneinander unterscheiden. Dies ist eine notwendige Folge der Paritätseigenschaften der Multipolfelder (s. unten!). Abgesehen von der Komplizierung durch Interferenz, sind aber die Eigenschaften von $d\mathbf{M}/dr$ die gleichen wie zuvor.

Die quantenmechanische Interpretation von Gl. (9.144) betraf die z-Komponente des von jedem Photon mitgenommenen Drehimpulses. In weiterer Analogie zur *Quantenmechanik* ist auch zu erwarten, dass das Verhältnis der Quadrate von Drehimpuls und Energie den Wert

$$\frac{M^{(q)2}}{U^2} = \frac{(M_x^2 + M_y^2 + M_z^2)_q}{U^2} = \frac{l(l+1)}{\omega^2} \tag{9.146}$$

besitzt. Aus (9.136) und (9.141)–(9.143) ergibt sich jedoch als *klassisches* Ergebnis für einen reinen (l, m)-Multipol

$$\frac{M^{(k)2}}{U^2} = \frac{|M_z|^2}{U^2} = \frac{m^2}{\omega^2} \tag{9.147}$$

[11] Siehe z. B. Condon, E. U. und G. H. Shortley, *The Theory of Atomic Spectra*, New York: Cambridge University Press 1953, S. 63.

Der Grund für diesen Unterschied liegt in der Quantennatur des elektromagnetischen Feldes. Ist die z-Komponente des Drehimpulses eines einzelnen Photons genau bekannt, so verlangt die Unschärferelation, dass die anderen Komponenten unscharf sind, und zwar so, dass die mittleren Quadratwerte Gl. (9.146) erfüllen. Andererseits können für ein Strahlungsfeld mit vielen Photonen (also im klassischen Limes) die mittleren Quadratwerte der Transversalkomponenten des Drehimpulses gegenüber dem seiner z-Komponenten vernachlässigbar klein gemacht werden. In diesem Fall trifft der klassische Limes (9.147) zu. Für ein (l, m)-Multipolfeld mit N Photonen gilt, wie sich zeigen lässt[12], die Beziehung

$$\frac{[M^{(q)}(N)]^2}{[U(N)]^2} = \frac{N^2 m^2 + Nl(l+1) - m^2}{N^2 \omega^2} \tag{9.148}$$

Hierin sind sowohl (9.146) wie auch (9.147) als Grenzfälle (für $N = 1$ bzw. $N \to \infty$) enthalten.

Die quantenmechanische Interpretation des von Multipolfeldern pro Photon abgestrahlten Drehimpulses bedingt auch die Auswahlregeln für Multipolübergänge zwischen verschiedenen Quantenzuständen. Ein Multipolübergang der Ordnung (l, m) verknüpft einen quantenmechanischen Anfangszustand, gekennzeichnet durch den Gesamtdrehimpuls J und dessen z-Komponente M, mit einem Endzustand, der durch die Quantenzahlen J' im Bereich $|J - l| \leq J' \leq J + l$ und $M' = M - m$ ausgezeichnet ist. D.h. zwischen zwei Zuständen (J, M) und (J', M') sind Multipolübergänge der Ordnung (l, m) möglich, sofern $|J - J'| \leq l \leq J + J'$ und $m = M - M'$ ist.

Um die quantenmechanische Kennzeichnung eines Multipolübergangs zu vervollständigen, muss man auch angeben, ob die Paritäten des Anfangs- und Endzustandes die gleichen sind oder nicht. Die Parität des Anfangszustandes ist gleich dem Produkt aus den Paritäten des Endzustandes und des Multipolfeldes. Um die Parität eines Multipolfeldes zu bestimmen, brauchen wir nur das Verhalten des magnetischen Feldes $\mathbf{H}_{lm}$ gegenüber der Paritätstransformation, d.h. der Spiegelung am Ursprung $(\mathbf{r} \to -\mathbf{r})$ zu untersuchen. Die Tatsache, dass $\mathbf{H}_{lm}$ die Parität eines Multipolfeldes festlegt, erkennt man u.a. daran, dass die Wechselwirkungsenergie zwischen einem geladenen Teilchen und dem elektromagnetischen Feld proportional zu $\mathbf{v} \cdot \mathbf{A}$ ist. Hat $\mathbf{H}_{lm}$ für einen Multipolübergang eine bestimmte Parität (gerade oder ungerade), so hat das zugehörige $\mathbf{A}_{lm}$ die entgegengesetzte Parität, da die Bildung der Rotation die Parität umkehrt. Da $\mathbf{v}$ ein polarer Vektor mit ungerader Parität ist, unterscheiden sich somit Zustände, die über den Wechselwirkungsoperator $\mathbf{v} \cdot \mathbf{A}$ miteinander verknüpft sind, in ihrer Parität durch die des magnetischen Feldes $\mathbf{H}_{lm}$.

Für elektrische Multipole ist das magnetische Feld durch (9.133) gegeben. Die Paritätsoperation $\mathbf{r} \to -\mathbf{r}$ ist in Kugelkoordinaten der Transformation $(r \to r, \theta \to \pi - \theta, \phi \to \phi + \pi)$ äquivalent. Da der Operator $\mathbf{L}$ unter Spiegelungen invariant ist, sind die Paritätseigenschaften von $\mathbf{H}_{lm}$ für elektrische Multipole durch die von

---

[12] Siehe Morette De Witt, C. und J.H.D. Jensen, *Z. Naturforsch.* **8a**, 267 (1953). Die Verfahrensweise dieser Autoren entspricht weitgehendst der unsrigen. An die Stelle unserer klassischen Multipolkoeffizienten $a_E(l, m)$ und $a_M(l, m)$ treten bei ihnen quantenmechanische Photon-Vernichtungsoperatoren (aus den konjugiertkomplexen Koeffizienten a_E^* und a_M^* werden hermitesch konjugierte Erzeugungsoperatoren).

$Y_{lm}(\theta, \phi)$ festgelegt. Aufgrund von (3.53) und (3.50) ist klar, dass die Parität von Y_{lm} gleich $(-1)^l$ ist. Daher ist *die Parität der Felder eines elektrischen Multipols der Ordnung* (l, m) *ebenfalls gleich* $(-1)^l$. Speziell hat das magnetische Feld $\mathbf{H}_{lm}$ die Parität $(-1)^l$, während das elektrische Feld $\mathbf{E}_{lm} = iZ_0\boldsymbol{\nabla}\times\mathbf{H}_{lm}/k$ die Parität $(-1)^{l+1}$ besitzt.

Für einen magnetischen Multipol der Ordnung (l, m) *ist die Parität* $(-1)^{l+1}$. Das elektrische Feld $\mathbf{E}_{lm}$ ist in diesem Fall von der gleichen Gestalt wie das Feld $\mathbf{H}_{lm}$ für elektrische Multipole. Daher sind die Paritäten der Felder eines magnetischen Multipols entgegengesetzt gleich den Paritäten der Felder eines elektrischen Multipols gleicher Ordnung.

Setzt man die bei Quantenübergängen auftretenden Paritäts- und Drehimpulsänderungen zueinander in Beziehung, so erkennt man, dass nur bestimmte Kombinationen von Multipolübergängen auftreten können. Sind z. B. die Anfangs- und Endzustände durch $J = \frac{1}{2}$ bzw. $J' = \frac{3}{2}$ charakterisiert, so sind die erlaubten Multipolordnungen $l = 1$ und $l = 2$. Sind die Paritäten der beiden Zustände die gleichen, so schränkt die Paritätserhaltung die möglichen Übergänge auf magnetische Dipol- und elektrische Quadrupolübergänge ein. Unterscheiden sich dagegen die Paritäten, so kann elektrische Dipol- und magnetische Quadrupolstrahlung emittiert bzw. absorbiert werden.

9.9 Winkelverteilung der Multipolstrahlung

Für eine allgemeine lokalisierte Quellverteilung werden die Felder in der Wellenzone durch folgende Überlagerung beschrieben:

$$\begin{aligned} \mathbf{H} &\to \frac{e^{ikr-i\omega t}}{kr}\sum_{l,m}(-i)^{l+1}[a_E(l,m)\mathbf{X}_{lm} + a_M(l,m)\mathbf{n}\times\mathbf{X}_{lm}] \\ \mathbf{E} &\to Z_0\mathbf{H}\times\mathbf{n} \end{aligned} \tag{9.149}$$

Auf den Zusammenhang zwischen den Koeffizienten $a_E(l, m)$ und $a_M(l, m)$ und den Eigenschaften der Quelle werden wir im nächsten Abschnitt eingehen. Das zeitliche Mittel der Strahlungsleistung pro Raumwinkelelement ist

$$\frac{dP}{d\Omega} = \frac{Z_0}{2k^2}\left|\sum_{l,m}(-i)^{l+1}[a_E(l,m)\mathbf{X}_{lm}\times\mathbf{n} + a_M(l,m)\mathbf{X}_{lm}]\right|^2 \tag{9.150}$$

Die Polarisation der Strahlung wird durch die Richtung der in der eckigen Klammer auftretenden Vektoren festgelegt. In diesem Zusammenhang sei daran erinnert, dass elektrische und magnetische Multipole gegebener Ordnung (l, m) die gleiche Winkelabhängigkeit aufweisen, dass aber ihre Polarisationen aufeinander senkrecht stehen. Daher kann die Multipolordnung durch Messung der Winkelverteilung der Strahlungsleistung bestimmt werden, während sich der Charakter der Strahlung (elektrischer oder magnetischer) nur durch eine Polarisationsmessung ermitteln lässt.

Für Multipolstrahlung definierter Ordnung (l, m) reduziert sich die Winkelverteilung (9.150) auf einen einzigen Term:

$$\frac{dP(l,m)}{d\Omega} = \frac{Z_0}{2k^2}|a(l,m)|^2\,|\mathbf{X}_{lm}|^2 \tag{9.151}$$

Setzt man hier für die $\mathbf{X}_{lm}$ die Definition (9.119) ein, so lässt sich die letzte Gleichung bei Verwendung der Eigenschaften (9.104) auf die explizite Form

$$\frac{dP(l,m)}{d\Omega} = \frac{Z_0 |a(l,m)|^2}{2k^2 l(l+1)} \left\{ \begin{array}{c} \frac{1}{2}(l-m)(l+m+1)|Y_{l,m+1}|^2 \\ +\frac{1}{2}(l+m)(l-m+1)|Y_{l,m-1}|^2 + m^2 |Y_{lm}|^2 \end{array} \right\} \tag{9.152}$$

bringen. Die sich hieraus ergebenden Winkelverteilungen für $l = 1$ und $l = 2$ sind in der folgenden Tabelle zusammengestellt.

Tabelle 9.1 Einige Winkelverteilungen $|\mathbf{X}_{lm}(\theta, \phi)|^2$

l	m		
	0	± 1	± 2
1 Dipol	$\frac{3}{8\pi}\sin^2\theta$	$\frac{3}{16\pi}(1+\cos^2\theta)$	
2 Quadrupol	$\frac{15}{8\pi}\sin^2\theta\cos^2\theta$	$\frac{5}{16\pi}(1-3\cos^2\theta+4\cos^4\theta)$	$\frac{5}{16\pi}(1-\cos^4\theta)$

Die Dipolverteilungen sind, wie man sieht, identisch mit denen eines parallel zur z-Achse ($m = 0$) schwingenden Dipols und zweier anderer Dipole, die mit einer Phasendifferenz von 90° parallel zur x- bzw. y-Achse schwingen ($m = \pm 1$). Die Winkelverteilungen der Dipol- und Quadrupolstrahlung sind in Form von Polardiagrammen in Abb. 9.5 dargestellt. Sie beschreiben die Winkelverteilung der $l = 1$- und $l = 2$-Multipolstrahlung, doch ist zu beachten, dass – wie aus Gl. (9.150) hervorgeht – eine allgemeine Multipolverteilung der Ordnung l aus einer kohärenten Überlagerung der $(2l + 1)$ Amplituden für die verschiedenen m-Werte besteht.

Mithilfe von (3.69) lässt sich zeigen, dass die Betragsquadrate der Vektorkugelfunktionen folgender Summenregel genügen:

$$\sum_{m=-l}^{l} |\mathbf{X}_{lm}(\theta, \phi)|^2 = \frac{2l+1}{4\pi} \tag{9.153}$$

Daher ist die Strahlungsverteilung einer Quelle, die aus einem Satz inkohärent überlagerter Multipole der Ordnung l mit von m unabhängigen Koeffizienten $a(l,m)$ besteht, isotrop. Diese Situation ist bei Strahlungsübergängen in Atomen oder Kernen vorherrschend, es sei denn, dass der Anfangszustand in bestimmter Weise präpariert worden ist.

Die von einem reinen Multipol der Ordnung (l,m) insgesamt abgestrahlte Energie berechnet sich aus dem über den gesamten Winkelbereich erstreckten Integral von (9.151). Da die $\mathbf{X}_{lm}$ auf Eins normiert sind, erhält man für diese Strahlungsleistung:

$$P(l,m) = \frac{Z_0}{2k^2} |a(l,m)|^2 \tag{9.154}$$

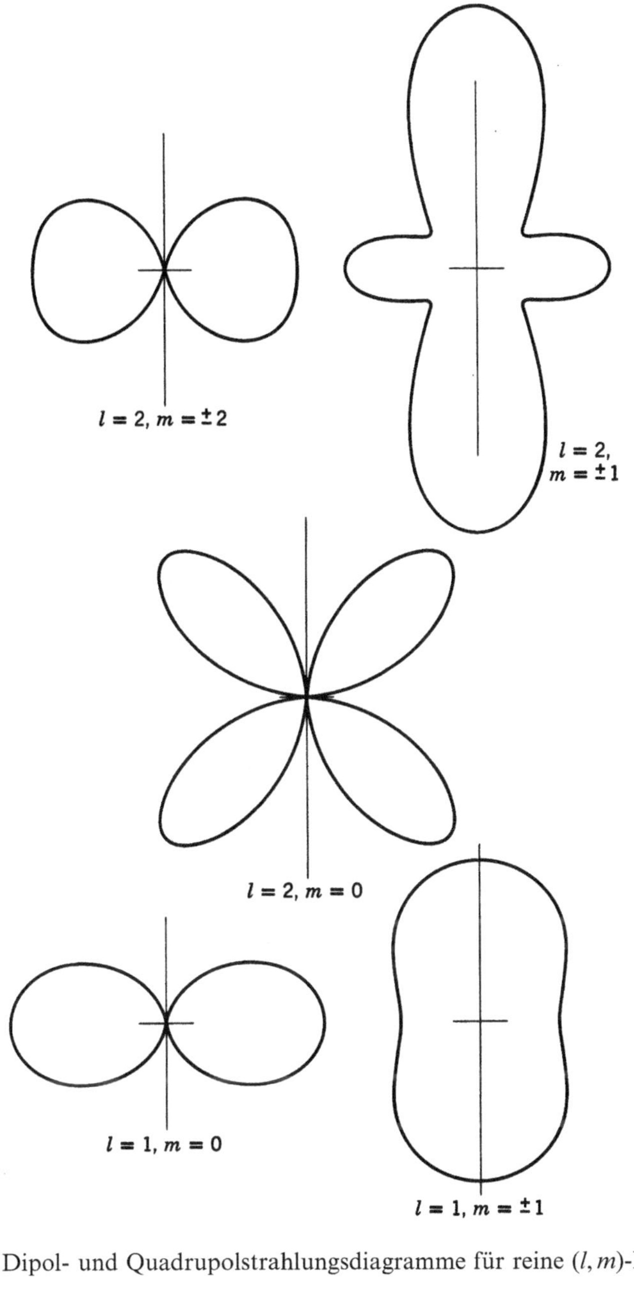

Abb. 9.5 Dipol- und Quadrupolstrahlungsdiagramme für reine (l, m)-Multipole.

Für eine allgemeine Quelle ist die Winkelverteilung durch die kohärente Überlagerung (9.150) gegeben. Da die Interferenzterme bei der Winkelintegration keine Beiträge liefern, ist die entsprechende Strahlungsleistung nichts anderes als die inkohärente Summe der einzelnen Multipolbeiträge:

$$P = \frac{Z_0}{2k^2} \sum_{l,m} [|a_E(l,m)|^2 + |a_M(l,m)|^2] \tag{9.155}$$

9.10 Quellen der Multipolstrahlung, Multipolmomente

Nachdem wir neben den allgemeinen Eigenschaften der Multipolfelder auch die Strahlungsdiagramme, die Strahlungsleistung und den mitgenommenen Drehimpuls diskutiert haben, wenden wir uns jetzt dem Zusammenhang zwischen den Feldern und den sie erzeugenden Quellen zu. Wir nehmen an, es existiere eine lokalisierte, nichtsinguläre Ladungs- und Stromverteilung $\rho(\mathbf{x}, t)$ bzw. $\mathbf{J}(\mathbf{x}, t)$ sowie eine innere Magnetisierung $\mathcal{M}(\mathbf{x}, t)$. Da man für jede zeitabhängige Größe eine Fourier-Zerlegung vornehmen kann, betrachten wir lediglich Quellen mit harmonischer Zeitabhängigkeit:

$$\rho(\mathbf{x})e^{-i\omega t}, \quad \mathbf{J}(\mathbf{x})e^{-i\omega t}, \quad \mathcal{M}(\mathbf{x})e^{-i\omega t} \tag{9.156}$$

wobei natürlich von solchen komplexen Größen stets der Realteil zu bilden ist. Allgemeinere Zeitabhängigkeiten lassen sich durch lineare Superposition beschreiben (vgl. Übg. 9.1). Die Maxwell'schen Gleichungen lauten, wenn wir aus Gründen der Vergleichbarkeit die Größe $\mathbf{H}' = \mathbf{B}/\mu_0$ benutzen, im vorliegenden Fall:

$$\begin{aligned} &\nabla \cdot \mathbf{H}' = 0 && \nabla \times \mathbf{E} - ikZ_0\mathbf{H}' = 0 \\ &\nabla \cdot \mathbf{E} = \rho/\epsilon_0, && \nabla \times \mathbf{H}' + ik\mathbf{E}/Z_0 = \mathbf{J} + \nabla \times \mathcal{M} \end{aligned} \tag{9.157}$$

und die Kontinuitätsgleichung schreibt sich in der Form

$$i\omega\rho = \nabla \cdot \mathbf{J} \tag{9.158}$$

Es ist praktisch, mit divergenzfreien Feldern zu arbeiten. Wir benutzen daher neben dem magnetischen Feld $\mathbf{H}'$ die Feldvariable

$$\mathbf{E}' = \mathbf{E} + \frac{i}{\omega\epsilon_0}\mathbf{J} \tag{9.159}$$

Außerhalb der Quellgebiete reduziert sich $\mathbf{E}'$ auf $\mathbf{E}$ und $\mathbf{H}'$ auf $\mathbf{H}$. Ausgedrückt durch $\mathbf{H}'$ und $\mathbf{E}'$ lauten die Maxwell'schen Gleichungen:

$$\begin{aligned} &\nabla \cdot \mathbf{H}' = 0, && \nabla \times \mathbf{E}' - ikZ_0\mathbf{H}' = \frac{i}{\omega\epsilon_0}\nabla \times \mathbf{J} \\ &\nabla \cdot \mathbf{E}' = 0, && \nabla \times \mathbf{H}' + ik\mathbf{E}'/Z_0 = \nabla \times \mathcal{M} \end{aligned} \tag{9.160}$$

Die Rotationsgleichungen können zu den inhomogenen Helmholtz'schen Wellengleichungen

$$(\nabla^2 + k^2)\mathbf{H}' = -\nabla \times (\mathbf{J} + \nabla \times \mathcal{M})$$

und

$$(\nabla^2 + k^2)\mathbf{E}' = -iZ_0 k \nabla \times \left(\mathcal{M} + \frac{1}{k^2} \nabla \times \mathbf{J} \right) \tag{9.161}$$

kombiniert werden. Diese Wellengleichungen – zusammen mit den Divergenzgleichungen $\nabla \cdot \mathbf{H}' = 0$ und $\nabla \cdot \mathbf{E}' = 0$ und den Rotationsgleichungen, die $\mathbf{E}'$ durch $\mathbf{H}'$ bzw. $\mathbf{H}'$ durch $\mathbf{E}'$ ausdrücken – sind die Gegenstücke zu (9.108) und (9.109) bei Anwesenheit von Quellen.

Da die Multipolkoeffizienten in (9.122) nach Gl. (9.123) durch die skalaren Größen $\mathbf{r} \cdot \mathbf{H}'$ und $\mathbf{r} \cdot \mathbf{E}'$ bestimmt werden, genügt es, Wellengleichungen für diese Größen zu betrachten und nicht für die Felder $\mathbf{H}'$ und $\mathbf{E}'$ selbst. Aus (9.110) und (9.161) ergeben sich bei Verwendung der für ein beliebiges Vektorfeld $\mathbf{A}$ geltenden Beziehung $\mathbf{r} \cdot (\nabla \times \mathbf{A}) = (\mathbf{r} \times \nabla) \cdot \mathbf{A} = i\mathbf{L} \cdot \mathbf{A}$ die inhomogenen Wellengleichungen

$$\begin{aligned} (\nabla^2 + k^2)\mathbf{r} \cdot \mathbf{H}' &= -i\mathbf{L} \cdot (\mathbf{J} + \nabla \times \mathcal{M}) \\ (\nabla^2 + k^2)\mathbf{r} \cdot \mathbf{E}' &= Z_0 k \mathbf{L} \cdot \left(\mathcal{M} + \frac{1}{k^2} \nabla \times \mathbf{J} \right) \end{aligned} \tag{9.162}$$

Die Lösungen dieser skalaren Wellengleichungen sind unmittelbar den Ausführungen von Kap. 6.4 zu entnehmen. Mit der Randbedingung auslaufender Wellen im Unendlichen erhält man:

$$\begin{aligned} \mathbf{r} \cdot \mathbf{H}'(\mathbf{x}) &= \frac{i}{4\pi} \int \frac{e^{ik|\mathbf{x}-\mathbf{x}'|}}{|\mathbf{x}-\mathbf{x}'|} \mathbf{L}' \cdot [\mathbf{J}(\mathbf{x}') + \nabla' \times \mathcal{M}(\mathbf{x}')] \, d^3x' \\ \mathbf{r} \cdot \mathbf{E}'(\mathbf{x}) &= -\frac{Z_0 k}{4\pi} \int \frac{e^{ik|\mathbf{x}-\mathbf{x}'|}}{|\mathbf{x}-\mathbf{x}'|} \mathbf{L}' \cdot \left[\mathcal{M}(\mathbf{x}') + \frac{1}{k^2} \nabla' \times \mathbf{J}(\mathbf{x}') \right] d^2x' \end{aligned} \tag{9.163}$$

Um die Multipolkoeffizienten aus (9.123) zu berechnen, stellen wir zunächst fest, dass der Koeffizient $A_l^{(2)}$ in (9.113) aufgrund der Forderung auslaufender Wellen im Unendlichen verschwinden muss. Für die Darstellung von $\mathbf{E}$ und $\mathbf{H}$ außerhalb der Quellen wählen wir daher in (9.122): $f_l(kr) = g_l(kr) = h_l^{(1)}(kr)$. Für die Green'sche Funktion in (9.163) benutzen wir die Darstellung (9.98) und nehmen an, der Punkt $\mathbf{x}$ liege außerhalb einer die Quellen vollständig umschließenden Kugel. In den Integralen (9.163) ist dann $r_< = r'$ und $r_> = r$. Das in (9.123) benötigte Projektionsintegral ist

$$\frac{1}{4\pi} \int d\Omega \, Y_{lm}^*(\theta, \phi) \frac{e^{ik|\mathbf{x}-\mathbf{x}'|}}{|\mathbf{x}-\mathbf{x}'|} = ik \, h_l^{(1)}(kr) \, j_l(kr') \, Y_{lm}^*(\theta', \phi') \tag{9.164}$$

Anhand dieses Projektionsintegrals erkennt man, dass die Multipolkoeffizienten $a_M(l, m)$ und $a_E(l, m)$ in folgender Weise durch die in (9.163) auftretenden Integranden bestimmt werden:

$$\begin{aligned} a_E(l, m) &= \frac{ik^3}{\sqrt{l(l+1)}} \int j_l(kr) \, Y_{lm}^* \mathbf{L} \cdot \left(\mathcal{M} + \frac{1}{k^2} \nabla \times \mathbf{J} \right) d^3x \\ a_M(l, m) &= \frac{-k^2}{\sqrt{l(l+1)}} \int j_l(kr) \, Y_{lm}^* \mathbf{L} \cdot (\mathbf{J} + \nabla \times \mathcal{M}) \, d^3x \end{aligned} \tag{9.165}$$

Diese Beziehungen drücken die Stärke der verschiedenen Multipolfelder außerhalb der Quelle durch Integrale über die Quelldichten $\mathbf{J}$ und $\mathcal{M}$ aus. Sie lassen sich auf eine zweckmäßigere Form bringen, wenn man die für ein stetig differenzierbares Vektorfeld $\mathbf{A}(\mathbf{x})$ gültigen Identitäten

$$\begin{aligned}\mathbf{L}\cdot\mathbf{A} &= i\nabla\cdot(\mathbf{r}\times\mathbf{A})\\ \mathbf{L}\cdot(\nabla\times\mathbf{A}) &= i\nabla^2(\mathbf{r}\cdot\mathbf{A}) - \frac{i}{r}\frac{\partial}{\partial r}(r^2\nabla\cdot\mathbf{A})\end{aligned} \tag{9.166}$$

benutzt, die aus der Definition (9.101) von $\mathbf{L}$ und anderen einfachen Vektoridentitäten folgen. Wendet man die erste der beiden Identitäten (9.166) auf $\mathbf{A} = \mathcal{M}$ an und die zweite auf $\mathbf{A} = \mathbf{J}$, so erhält man für $a_E(l,m)$ aus (9.165):

$$a_E(l,m) = -\frac{k^3}{\sqrt{l(l+1)}}\int j_l(kr)\,Y_{lm}^*\left[\nabla\cdot(\mathbf{r}\times\mathcal{M}) + \frac{1}{k^2}\nabla^2(\mathbf{r}\cdot\mathbf{J}) - \frac{ic}{k}\frac{1}{r}\frac{\partial}{\partial r}(r^2\rho)\right]d^3x$$

wobei wir (9.158) benutzt haben, um $\nabla\cdot\mathbf{J}$ durch ρ auszudrücken. Bei Anwendung des Green'schen Satzes auf den zweiten Term geht ∇^2 in $-k^2$ über, während eine partielle radiale Integration des dritten Terms die radiale Ableitung in eine sphärische Bessel-Funktion überführt. Als Ergebnis für den *elektrischen Multipolkoeffizienten* erhält man auf diese Weise:

$$a_E(l,m) = \frac{k^2}{i\sqrt{l(l+1)}}\int Y_{lm}^*\left\{\begin{matrix} c\rho\dfrac{\partial}{\partial r}[rj_l(kr)] + ik(\mathbf{r}\cdot\mathbf{J})\,j_l(kr)\\ -ik\nabla\cdot(\mathbf{r}\times\mathcal{M})\,j_l(kr)\end{matrix}\right\}d^3x \tag{9.167}$$

Analoge Umformungen der zweiten der beiden Gleichungen (9.165) führen auf den *magnetischen Multipolkoeffizienten*

$$a_M(l,m) = \frac{k^2}{i\sqrt{l(l+1)}}\int Y_{lm}^*\left\{\begin{matrix}\nabla\cdot(\mathbf{r}\times\mathbf{J})\,j_l(kr) + \nabla\cdot\mathcal{M}\dfrac{\partial}{\partial r}[rj_l(kr)]\\ -k^2(\mathbf{r}\cdot\mathcal{M})\,j_l(kr)\end{matrix}\right\}d^3x \tag{9.168}$$

Diese Ergebnisse sind exakt und gelten für beliebige Frequenzen und Ausdehnungen der Quelle.

In der Atom- und Kernphysik sind die Ausdehnungen der Quellen gegenüber der Wellenlänge sehr klein ($kr_{\max} \ll 1$). Die Multipolkoeffizienten lassen sich dann erheblich vereinfachen, da man die asymptotische Darstellung (9.88) der sphärischen Bessel-Funktion für kleine Argumente benutzen kann. Berücksichtigt man jeweils nur die niedrigsten Potenzen von kr, so ergibt sich für die elektrischen Multipolkoeffizienten näherungsweise:

$$a_E(l,m) \simeq \frac{ck^{l+2}}{i(2l+1)!!}\left(\frac{l+1}{l}\right)^{1/2}(Q_{lm} + Q'_{lm}) \tag{9.169}$$

mit den Multipolmomenten

$$Q_{lm} = \int r^l\,Y_{lm}^*\,\rho\,d^3x$$

und

$$Q'_{lm} = \frac{-ik}{(l+1)c}\int r^l\,Y_{lm}^*\,\nabla\cdot(\mathbf{r}\times\mathcal{M})\,d^3x \tag{9.170}$$

Das Moment Q_{lm} ist also von der gleichen Form wie das elektrostatische Multipolmoment q_{lm} (4.3). Das Moment Q'_{lm} ist ein von der Magnetisierung induziertes elektrisches Multipolmoment und i.Allg. mindestens um den Faktor kr kleiner als das normale Moment Q_{lm}. Für den magnetischen Multipolkoeffizienten $a_M(l,m)$ lautet der entsprechende Näherungsausdruck für große Wellenlängen:

$$a_M(l,m) \simeq \frac{ik^{l+2}}{(2l+1)!!}\left(\frac{l+1}{l}\right)^{1/2}(M_{lm}+M'_{lm}) \tag{9.171}$$

mit den magnetischen Multipolmomenten

$$M_{lm} = \frac{1}{l+1}\int r^l Y^*_{lm}\,\nabla\cdot(\mathbf{r}\times\mathbf{J})\,d^3x$$

und

$$M'_{lm} = -\int r^l Y^*_{lm}\,\nabla\cdot\mathcal{M}\,d^3x \tag{9.172}$$

Im Gegensatz zu den elektrischen Multipolmomenten Q_{lm} und Q'_{lm} sind die magnetischen Momente M_{lm} und M'_{lm} für ein System mit innerer Magnetisierung i.Allg. von gleicher Größenordnung.

Zusammenfassend können wir also feststellen: Im Grenzfall großer Wellenlängen sind die elektrischen Multipolfelder mit der elektrischen Ladungsdichte ρ verknüpft, während die magnetischen Multipolfelder durch die magnetischen Momentdichten $(\mathbf{r}\times\mathbf{J})/2$ und $\mathcal{M}$ bestimmt werden.

9.11 Multipolstrahlung in Atomen und Kernen

Eine umfassende Behandlung der Strahlungsvorgänge in Atomen und Kernen ist nur quantenmechanisch möglich, aber die qualitativen Aspekte lassen sich bereits aus unseren klassischen Formeln gewinnen, wenn man halbklassische Argumente hinzuzieht und Abschätzungen der Multipolmomente vornimmt. Zunächst stellen wir fest, dass die Übergangsrate Γ (d.h. die reziproke Lebensdauer) für die Emission eines Photons der Energie $\hbar\omega$ gleich der sekundlich abgestrahlten Energie, dividiert durch $\hbar\omega$, ist. Aus Gl. (9.154) für die Leistung und den Gln. (9.169) und (9.171) für die Amplituden a_E bzw. a_M im Grenzfall großer Wellenlängen ergibt sich die Übergangswahrscheinlichkeit für einen elektrischen Multipol (l,m) zu

$$\Gamma_E(l,m) = \frac{\omega Z_0 k^{2l}}{2\hbar[2l+1)!!]^2}\left(\frac{l+1}{l}\right)|Q_{lm}+Q'_{lm}|^2 \tag{9.173}$$

Für einen entsprechenden magnetischen Multipol ist die Substitution $Q_{lm}+Q'_{lm}\rightarrow (1/c)[M_{lm}+M'_{lm}]$ vorzunehmen.

In ihrer Größenordnung lassen sich die Multipolmomente folgendermaßen abschätzen: Angenommen, das betrachtete System habe eine effektive Ladung e, die effektive Masse der an der Strahlung beteiligten Konstituenten sei m und die effektive Abmessung sei R. Dann gilt für die effektive Magnetisierung $\mathcal{M} = O(e\hbar/mR^3)$, wobei

$e\hbar/m$ das effektive magnetische Moment der einzelnen Konstituenten ist. Daraus ergibt sich als einfache Abschätzung der Multipolkoeffizienten:

$$|Q_{lm}| = O(eR^l); \quad |Q'_{lm}| = O\left(\frac{\hbar\omega}{mc^2} eR^l\right)$$

und

$$\frac{1}{c}|M_{lm} + M'_{lm}| = O\left(\frac{e\hbar}{mc} R^{l-1}\right) \tag{9.174}$$

Aus diesen Abschätzungen der Größenordnungen lassen sich qualitative Eigenschaften von Strahlungsübergängen in Atomen und Kernen ableiten. In Atomen wie in Kernen sind die Übergangsenergien $\hbar\omega$ immer klein im Vergleich zur Ruhenergie mc^2 der Konstituenten. Allgemein ist daher zu erwarten, dass $|Q'_{lm}| \ll |Q_{lm}|$ ist. Elektrische Multipolübergänge der Ordnung l (bezeichnet mit El) werden von der Übergangsladungsdichte bestimmt, den Beitrag der „Magnetisierungsladung" kann man vernachlässigen. Dagegen sind die Beiträge von Bahnmagnetisierung und innerer Magnetisierung bei magnetischen Multipolübergängen (Ml) im Allgemeinen von vergleichbarer Größe.

In Atomen sind die Elektronen die strahlenden Konstituenten. Das System hat Abmessungen von der Größenordnung $R = O(a_0/Z_{\text{eff}})$, wobei a_0 der Bohr'sche Radius ist und Z_{eff} für Valenzelektronen in der Größenordnung von 1 liegt, für Röntgenübergänge der K- und L-Schalen aber in der Größenordnung von Z. Aus Gl. (9.174) ergibt sich das Größenverhältnis von magnetischen zu elektrischen Multipolmomenten der Ordnung l zu $|M|/c|Q| = O(\hbar/mcR) = O(Z_{\text{eff}}/137)$. Bei gleicher Übergangsenergie stehen die Übergangswahrscheinlichkeiten im Verhältnis

$$\frac{\Gamma_M(l)}{\Gamma_E(l)} = O\left(\frac{Z_{\text{eff}}^2}{137^2}\right) \tag{9.175}$$

Nur bei Röntgenübergängen in schweren Elementen konkurrieren magnetische Multipole stark mit elektrischen Multipolen der gleichen Ordnung. (Man beachte, dass Ml- und El-Übergänge gleicher Ordnung l entgegengesetzte Parität aufweisen.)

Von besonderem Interesse ist die relative Größe von Übergangswahrscheinlichkeiten für Multipole, die sich in der Ordnung um eine Einheit unterscheiden. Bei Vernachlässigung von Faktoren der Größenordnung Eins entnimmt man den Gln. (9.173) und (9.174):

$$\frac{\Gamma_{E,M}(l+1)}{\Gamma_{E,M}(l)} = O(k^2R^2) \tag{9.176}$$

Die Übergangsenergien in Atomen halten sich in der Größenordnung von $Z_{\text{eff}}^2\, mc^2/137^2$, während für ihre Ausdehnung $R = O(137\hbar/mcZ_{\text{eff}})$ gilt. Damit ergibt sich $kR = O(Z_{\text{eff}}/137)$, und das Größenverhältnis für aufeinanderfolgende El-Multipole ist somit von der gleichen Größenordnung wie (9.175). Wenn die Drehimpuls-Auswahlregeln verschiedene Multipole zulassen, überwiegt im Allgemeinen der niedrigste. Haben zum Beispiel Anfang- und Endzustand die Drehimpulsquantenzahlen $J = \frac{1}{2}$ und $J' = \frac{3}{2}$ und entgegengesetzte Parität, dann sind $E1$ und $M2$ die erlaubten Multipole. Der $E1$-Übergang überwiegt mit einem Faktor der Größenordnung $(Z_{\text{eff}}/137)^4$. Bei gleicher Parität der beiden Zustände sind $M1$ und $E2$ die erlaubten

Übergänge. Die beiden Multipole können jetzt vergleichbar werden, aber die Übergangswahrscheinlichkeiten sind sehr viel kleiner als bei entgegengesetzter Parität. In Atomen überwiegen die $E1$-Übergänge. Zustände höheren Drehimpulses zerfallen, wenn überhaupt möglich, über eine Kaskade von $E1$-Übergängen.

In Kernen ist die Situation eine andere. Auch hier gilt für aufeinanderfolgende Multipole gleichen Typs die Abschätzung (9.176), aber die Übergangsenergien variieren beträchtlich. Mit dem Kernradius $R = 1{,}4\,A^{1/3} \times 10^{-15}$ m als effektiver Abmessung des Systems erhalten wir $kR \leqq [\hbar\omega(\text{MeV})]\,A^{1/3}/140$. Die Energien variieren zwischen einigen keV und einigen MeV, entsprechend gilt also für schwere Kerne $kR \leqq 10^{-4} - 10^{-1}$. Es ist klar, dass aufeinanderfolgende Multipole gleichen Typs nicht in gleicher Weise wie bei den Atomen an Bedeutung verlieren. Nur bei niedrigen Energien nehmen die Übergangsraten mit der Multipolordnung sehr stark ab. Isomerische $M4$-Übergänge mit Energien der Größenordnung 100 keV können mittlere Lebensdauern von einigen Stunden aufweisen. Unsere Abschätzung ergibt bei Kernen für die Übergangraten von magnetischen und elektrischen Multipolen gleicher Ordnung sowie für elektrische Multipole der um 1 höheren Ordnung und magnetische Multipole die Verhältnisse

$$\frac{\Gamma_M(l)}{\Gamma_E(l)} = O(0{,}2\,A^{-2/3}); \quad \frac{\Gamma_E(l+1)}{\Gamma_M(l)} = O\left(\frac{(\hbar\omega[\text{MeV}])^2\,A^{4/3}}{4000}\right) \tag{9.177}$$

Hierbei wurde angenommen, dass die effektive Magnetisierung in grober Näherung gleich $3\,e\hbar/m_{\text{N}}R^3$ ist, mit einem g-Faktor 3 für die magnetischen Momente der Nukleonen.

Unsere Abschätzungen für die Übergangsraten versagen in Ausnahmefällen, bei speziellen Kernzuständen und Wechselwirkungen. Bei leichten Kernen bis hin zu solcher mittlerer Masse werden die $E1$-Übergänge infolge der Isospin-Symmetrie der Kerne stark unterdrückt, zumindest bei niedrigen Energien. $M1$-Übergänge sind sehr viel häufiger als $E1$-Übergänge und ebenso intensiv. Bei seltenen Erden und Transuranen sind $E2$-Übergänge 100-mal stärker, als unsere Abschätzung ergibt, weil bei diesen stark deformierten Kernen große statische und Übergangs-Quadrupolmomente vorliegen. Wenn Spin und Parität sie nicht verbieten, können die $E2$-Übergänge sehr viel stärker ausfallen als die $M1$-Übergänge.

Eine saubere quantenmechanische Behandlung der Multipolstrahlung bringen *Blatt und Weisskopf* in Kap. XII ihres Buches. Zu den Anwendungen auf Kernübergänge verweisen wir auf die bereits gebrachten Zitate und die allgemeinen Literaturhinweise am Ende dieses Kapitels.

9.12 Multipolstrahlung einer Linearantenne mit symmetrischer Speisung

Als Anwendungsbeispiel für die Multipolentwicklung einer Quelle, deren lineare Ausdehnung mit der Wellenlänge vergleichbar ist, betrachten wir die Strahlung einer dünnen Linearantenne mit symmetrischer Speisung (vgl. Abb. 9.6). Für den Fall einer sinusartigen Stromverteilung haben wir die exakte Lösung für die Felder bereits

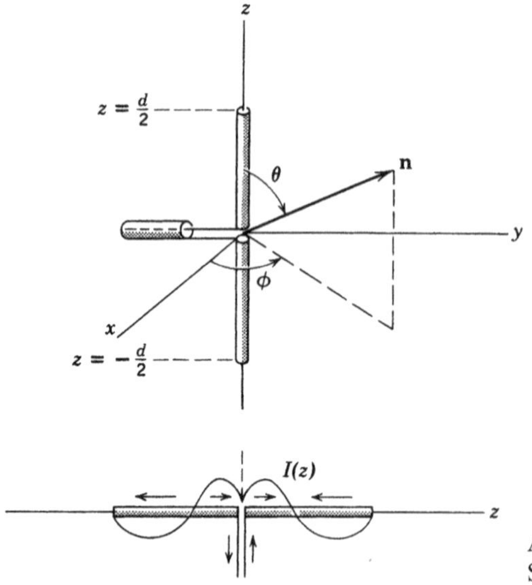

Abb. 9.6 Linearantenne mit symmetrischer Speisung.

in Abschnitt 9.4 A angegeben. Das dort gefundene Ergebnis wird uns als Vergleichsgrundlage dienen, um die Konvergenz der Multipolentwicklung zu überprüfen. Wir nehmen an, die Antenne erstrecke sich längs der z-Achse von $z = -d/2$ bis $z = d/2$ und sei in der Mitte durch eine kleine, zur Anregung dienenden Öffnung unterbrochen. Der Strom entlang der Antenne verschwindet an ihren beiden Enden und ist eine gerade Funktion von z. Wir wollen ihn zunächst nicht weiter spezifizieren und schreiben lediglich:

$$I(z, t) = I(|z|)e^{-i\omega t}, \quad I\left(\frac{d}{2}\right) = 0 \tag{9.178}$$

Da der Strom in radialer Richtung fließt, ist $\mathbf{r} \times \mathbf{J} = 0$. Außerdem verschwinden alle magnetischen Multipolkoeffizienten $a_M(l, m)$, weil eine innere Magnetisierung nicht vorhanden ist. Um die elektrischen Multipolkoeffizienten $a_E(l, m)$ Gl. (9.167) berechnen zu können, müssen wir die Ladungs- und Stromdichte kennen. Die Stromdichte $\mathbf{J}$ ist radial gerichtet und auf die z-Achse beschränkt. In Kugelkoordinaten lässt sich dies folgendermaßen ausdrücken:

$$\mathbf{J}(\mathbf{x}) = \frac{I(r)}{2\pi r^2}[\delta(\cos\theta - 1) - \delta(\cos\theta + 1)]\mathbf{e}_r \tag{9.179}$$

für $r < (d/2)$. Die Delta-Funktionen bewirken, dass der Stromfluss auf die z-Achse (in positive bzw. negative Richtung) beschränkt ist. Aus der Kontinuitätsgleichung (9.158) ergibt sich damit für die Ladungsdichte:

$$\rho(\mathbf{x}) = \frac{1}{i\omega}\frac{dI(r)}{dr}\left[\frac{\delta(\cos\theta - 1) - \delta(\cos\theta + 1)}{2\pi r^2}\right] \tag{9.180}$$

Setzt man die Ausdrücke für **J** und ρ in (9.167) ein, so folgt:

$$a_E(l,m) = \frac{k^2}{2\pi\sqrt{l(l+1)}} \int_0^{d/2} dr \left\{ krj_l(kr)I(r) - \frac{1}{k}\frac{dI}{dr}\frac{d}{dr}[rj_l(kr)] \right\}$$
$$\times \int d\Omega\, Y_{lm}^* [\delta(\cos\theta - 1) - \delta(\cos\theta + 1)] \tag{9.181}$$

Die Winkelintegration liefert:

$$\int d\Omega = 2\pi\delta_{m,0}[Y_{l0}(0) - Y_{l0}(\pi)]$$

d.h. es treten nur Multipole mit $m = 0$ auf, was aufgrund der Zylindersymmetrie der Antenne auch zu erwarten war. Die Legendre-Polynome sind für gerades (ungerades) l bezüglich $\theta = \pi/2$ gerade (ungerade). Die einzigen nichtverschwindenden Multipole haben daher ungerades l. Das Winkelintegral reduziert sich damit auf

$$\int d\Omega = \sqrt{4\pi(2l+1)}, \quad l \text{ ungerade}, \ m = 0$$

Nach einigen Umformungen geht daher (9.181) über in

$$a_E(l,0) = \frac{k}{2\pi}\left[\frac{4\pi(2l+1)}{l(l+1)}\right]^{1/2} \int_0^{d/2} \left\{ -\frac{d}{dr}\left[rj_l(kr)\frac{dI}{dr}\right] + rj_l(kr)\left(\frac{d^2I}{dr^2} + k^2I\right)\right\} dr \tag{9.182}$$

Um (9.182) auswerten zu können, müssen wir den längs der Antenne fließenden Strom $I(z)$ spezifizieren. Bei nichtauftretender Strahlung hätte die sinusartige, durch die Frequenz ω gekennzeichnete *zeitliche* Änderung von **J** bzw. I eine ebenfalls sinusartige *räumliche* Änderung mit der Wellenzahl $k = \omega/c$ zur Folge. Doch wie wir in Abschnitt 9.4B darlegten, modifiziert die Emission von Strahlung die Stromverteilung – es sei denn, die Antenne wäre unendlich dünn. Der tatsächliche Strom $I(z)$ lässt sich nur durch Lösen eines komplizierten Randwertproblems ermitteln. Da wir aber an dieser Stelle eine Multipolentwicklung mit der geschlossenen Lösung für eine *bekannte* Stromverteilung vergleichen wollen, machen wir über $I(z)$ die gleiche Annahme wie in Abschnitt 9.4A und schreiben:

$$I(z) = I\sin\left(\frac{kd}{2} - k|z|\right) \tag{9.183}$$

wobei I die Maximalamplitude des Stromes bedeutet und die Phase so gewählt wurde, dass der Strom an den Enden der Antenne verschwindet. Bei einem solchen sinusartigen Strom verschwindet der zweite Teil des Integranden in (9.182). Der erste Teil, ein vollständiges Differential, führt dann mit dem durch (9.183) gegebenen $I(z)$ unmittelbar auf

$$a_E(l,0) = \frac{I}{\pi d}\left[\frac{4\pi(2l+1)}{l(l+1)}\right]^{1/2}\left[\left(\frac{kd}{2}\right)^2 j_l\left(\frac{kd}{2}\right)\right], \quad l \text{ ungerade} \tag{9.184}$$

Da wir die Konvergenz der Multipolentwicklung für *den* Fall testen wollen, dass die lineare Ausdehnung der Quelle mit der Wellenlänge vergleichbar ist, betrachten

Tabelle 9.2 Multipolkoeffizienten der Linearantenne

kd	$a_E(1,0)$	$a_E(3,0)/a_E(1,0)$	$a_E(5,0)/a_E(1,0)$
π	$\sqrt{\frac{6}{\pi}}\frac{I}{d}$	$4{,}95\times 10^{-2}$	$1{,}02\times 10^{-3}$
2π	$\sqrt{6\pi}\frac{I}{d}$	$0{,}3242$	$2{,}39\times 10^{-2}$

wir die Spezialfälle einer Antenne ganzer ($kd = 2\pi$) und halber ($kd = \pi$) Wellenlänge, sog. λ- bzw. $\lambda/2$-Antennen. Für diese beiden Werte von kd sind in Tabelle 9.2 die Multipolkoeffizienten zu $l = 1$ angegeben und das jeweilige Verhältnis zu denen mit $l = 3$ und $l = 5$. Aus dieser Tabelle entnimmt man, dass (a) der Betrag der Koeffizienten mit wachsendem l rasch abnimmt und (b) die Koeffizienten mit höherem l umso wichtiger werden, je größer die Ausdehnung der Quelle ist. Doch darf man vermuten, dass es auch im Fall einer λ-Antenne genügt, allein die Winkelverteilungen zu $l = 1$ und $l = 3$ zu berücksichtigen; für die Gesamtstrahlungsleistung, die durch die Betragsquadrate der Koeffizienten bestimmt wird, trifft diese Vermutung mit noch größerer Wahrscheinlichkeit zu.

Berücksichtigt man in der Winkelverteilung dementsprechend nur den Dipol- und Oktupolterm, so ergibt sich für die Strahlungsleistung pro Raumwinkelelement (Gl. (9.150)):

$$\frac{dP}{d\Omega} = \frac{Z_0|a_E(1,0)|^2}{4k^2}\left|\mathbf{L}Y_{1,0} - \frac{a_E(3,0)}{\sqrt{6}\,a_E(1,0)}\mathbf{L}Y_{3,0}\right|^2 \tag{9.185}$$

Die verschiedenen, hierin auftretenden Absolutquadrate lauten explizit:

$$\begin{aligned} |\mathbf{L}Y_{1,0}|^2 &= \frac{3}{4\pi}\sin^2\theta \\ |\mathbf{L}Y_{3,0}|^2 &= \frac{63}{16\pi}\sin^2\theta(5\cos^2\theta-1)^2 \\ (\mathbf{L}Y_{1,0})^*\cdot(\mathbf{L}Y_{3,0}) &= \frac{3\sqrt{21}}{8\pi}\sin^2\theta(5\cos^2\theta-1) \end{aligned} \tag{9.186}$$

Setzt man dies in (9.185) ein, so folgt:

$$\frac{dP}{d\Omega} = \lambda\frac{3Z_0I^2}{\pi^3}\left(\frac{3}{8\pi}\sin^2\theta\right)\left|1-\sqrt{\frac{7}{8}}\frac{a_E(3,0)}{a_E(1,0)}(5\cos^2\theta-1)\right|^2 \tag{9.187}$$

wobei der Faktor λ gleich Eins ist für die Antenne halber Wellenlänge und gleich $(\pi^2/4)$ für die Antenne ganzer Wellenlänge. Der Koeffizient von $(5\cos^2\theta - 1)$ in (9.187) hat den Wert 0,0463 bzw. 0,3033 für die Antenne halber bzw. ganzer Wellenlänge.

Einen numerischen Vergleich zwischen der exakten Winkelverteilung und ihren Näherungen (9.57) und (9.187) zeigt Abb. 9.7. Die ausgezogenen Kurven entsprechen

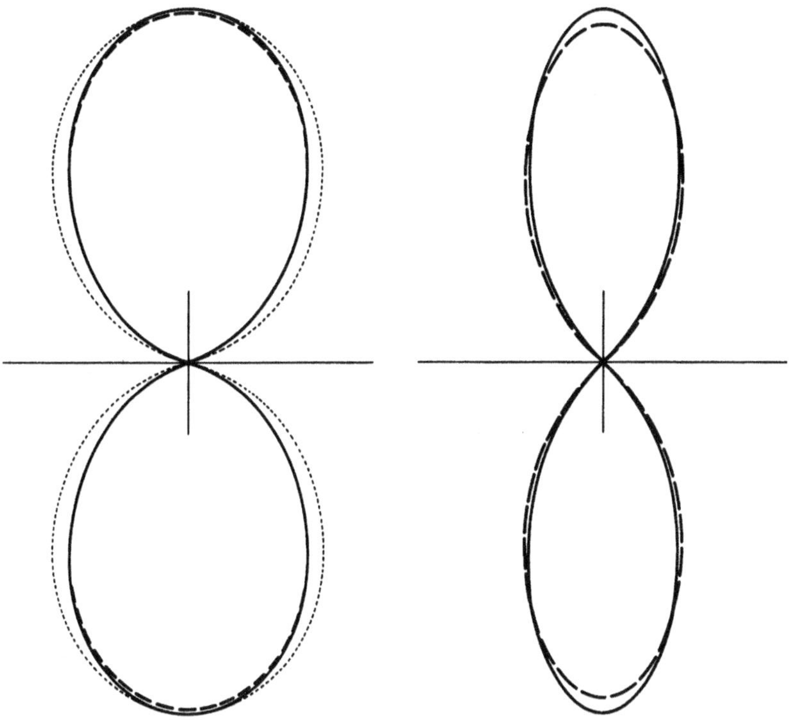

(a) $kd = \pi$ (b) $kd = 2\pi$

Abb. 9.7 Vergleich der exakten Strahlungsdiagramme (ausgezogene Kurven) einer $\lambda/2$-Antenne ($kd = \pi$) und λ-Antenne ($kd = 2\pi$) mit der Multipolentwicklung bei Berücksichtigung von nur zwei Termen (gestrichelte Kurven). Für die $\lambda/2$-Antenne ist auch das Strahlungsdiagramm in Dipolnäherung (punktierte Kurve) dargestellt. Die Übereinstimmung zwischen den exakten Ergebnissen und der Zwei-Term-Näherung ist ausgezeichnet, besonders für $kd = \pi$.

den exakten Ergebnissen, die gestrichelten den Näherungslösungen bei Berücksichtigung von nur zwei Multipoltermen. Für die $\lambda/2$-Antenne (Abb. 9.7(a)) ist auch die Dipolnäherung (bei Berücksichtigung allein des ersten Terms in (9.187)) dargestellt; ihr entspricht die punktierte Kurve. Die Zwei-Term-Näherung ist im Fall der $\lambda/2$-Antenne vom exakten Ergebnis kaum zu unterscheiden. Selbst die niedrigste Näherung ist hier noch sehr gut. Für die λ-Antenne (Abb. 9.7(b)) ist natürlich die Dipolnäherung ziemlich schlecht, während die Zwei-Term-Näherung recht gut ist: sie unterscheidet sich in Bereichen großer Strahlungsintensität um nur weniger als 5 Prozent vom exakten Ergebnis.

Die Gesamtstrahlungsleistung ergibt sich nach (9.155) zu

$$P = \frac{Z_0}{2k^2} \sum_{l \text{ ung.}} |a_E(l, 0)|^2 \tag{9.188}$$

Für die $\lambda/2$-Antenne zeigen die in Tabelle 9.2 angegebenen Koeffizienten, dass die Strahlungsleistung lediglich um den Faktor 1,00244 größer ist als der entsprechende

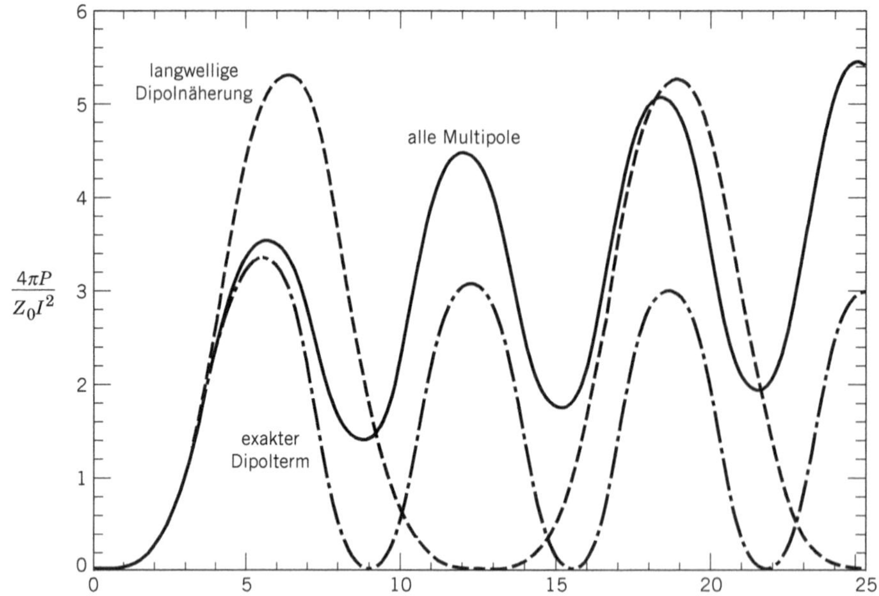

Abb. 9.8 Die Gesamtstrahlungsleistung einer symmetrisch gespeisten Linearantenne mit der sinusförmigen Stromverteilung (9.183) als Funktion von kd. Als Ordinate ist $4\pi P/Z_0 I^2$ aufgetragen, wobei I das Strommaximum in (9.183) bezeichnet. Die mit „langwellige Dipolnäherung" und „exakter Dipolterm" bezeichneten Kurven geben (9.170) bzw. (9.167) wieder. Die Kurve mit der Bezeichnung „alle Multipole" entspricht der Summe (9.188) (bis hin zu $E9$).

Dipolwert $(3Z_0 I^2/\pi^3)$. Im Fall der λ-Antenne ist die Leistung um den Faktor 1,10565 größer als der Dipolwert $(3Z_0 I^2/4\pi)$.

Abb. 9.8 zeigt die Gesamtleistung (9.188) der symmetrisch gespeisten Linearantenne als Funktion von kd und zum Vergleich auch die Werte für den Multipol niedrigster Ordnung, einmal exakt und einmal in der Näherung für große Wellenlängen. Für $kd \leqq 2\pi$ dominiert in der Leistung der $E1$-Multipol, für größere kd-Werte aber tragen die höheren Multipole mehr und mehr bei. Man beachte, dass die Näherung für große Wellenlängen deutlich vom exakten Dipolergebnis (und von der Gesamtleistungskurve) abweicht, wenn $kd > \pi$ ist. Die Differenz wird mit wachsendem kd immer größer und spiegelt erwartungsgemäß die Tatsache wieder, dass exakte Multipolrechnungen und die Näherungen für große Wellenlängen umso mehr differieren, je mehr sich die Wellenlängen den Dimensionen der Quellen nähern oder gar kleiner werden.

Literaturhinweise

Die einfache Theorie der Strahlung lokalisierter Quellen wird in allen modernen Lehrbüchern der Elektrodynamik behandelt. Eine ähnliche Darstellung, wie wir sie gegeben haben, findet man in den Büchern von
- Panofsky und Phillips, Kap. 13
- Smythe, Kap. 12
- Stratton, Kap. 8.

Mit Antennen und Antennensystemen beschäftigen sich sehr viel ausführlicher die folgenden, anwendungsorientierten Bücher:
- *Gundlach
- Jordan und Balmain
- Kraus
- Schelkunoff und Friis
- Silver
- *Simonyi
- *Unger
- *Zuhrt.

Antennen als Randwertprobleme werden unter zahlreichen Aspekten bei
- *Borgnis, F. E. und C. H. Papas: *Randwertprobleme der Mikrowellenphysik*. Berlin: Springer Verlag 1955.
- Hallén
- Jones
- Schelkunoff, Advanced Antenna Theory

behandelt.

Die Anregung von Wellenleitern durch lokalisierte Quellen und deren Beschreibung durch Multipolmomente werden bei
- Collin

diskutiert.

Die Originalliteratur zur Beschreibung kleiner Öffnungen in den Wänden eines Wellenleiters (insbesondere der Bethe'schen Lochkopplung) durch effektive Dipolmomente zitierten wir bereits in Abschnitt 5 dieses Kapitels. Die Grundlagen dieser Theorie und einige ihrer Anwendungen kann man nachlesen bei
- Collin
- Montgomery, Dicke und Purcell, S. 176ff. und S. 296ff.
- *Unger
- Van Bladel.

Die Theorie der Vektorkugelfunktionen und die Multipolentwicklung von Vektorfeldern werden ausführlich dargestellt bei
- Blatt und Weisskopf, Anhang B
- *Dawydow, Anhang 1
- *Eder, Kap. 11.8
- Morse und Feshbach, Abschn. 13.3.

Anwendungen auf die Multipolstrahlung in Kernen werden in folgenden Büchern behandelt:
- Blatt und Weisskopf, Kap. XII
- *Dawydow, Kap. 11
- Siegbahn, Kapitel XIII von S. A. Moszkowski und Kapitel XVI (II) von M. Goldhaber und A. W. Sunyar.

Übungen

9.1 Ein bekanntes Lehrbuchbeispiel für ein Strahlungssystem ist eine rotierende Anordnung von Ladungen, die sich in festem Abstand zueinander befinden (vgl. Übg. 9.2). Die Ladungsdichte ist in diesem Fall offenbar eine Funktion der Zeit, hat aber nicht die Gestalt von (9.1).

(a) Um die Multipolmomente einer solchen Ladungsverteilung zu berechnen, gibt es zwei Möglichkeiten: Entweder bestimmt man die tatsächliche Zeitabhängigkeit der Multipolmomente direkt aus $\rho(\mathbf{x}, t)$ und daraus – unter Beachtung von (9.1) – die Multipolmomente für eine gegebene Frequenz oder man nimmt eine Fourier-Zerlegung der zeitabhängigen Momente vor; dabei ist zu beachten, dass bei der Berechnung der $q_{lm}(t)$ Linearkombinationen mit reellen Werten zu bilden sind.

(b) Man betrachte eine zeitlich periodische Ladungsdichte $\rho(\mathbf{x}, t)$ mit der Periode $T = 2\pi/\omega_0$. Unter Verwendung einer Entwicklung in eine Fourier-*Reihe* zeige man, dass sich $\rho(\mathbf{x}, t)$ in der Form

$$\rho(\mathbf{x}, t) = \rho_0(\mathbf{x}) + \sum_{n=1}^{\infty} \mathrm{Re}[2\rho_n(\mathbf{x}) e^{-in\omega_0 t}]$$

mit

$$\rho_n(\mathbf{x}) = \frac{1}{T} \int_0^T \rho(\mathbf{x}, t) e^{in\omega_0 t}\, dt$$

darstellen lässt. Hieraus wird explizit deutlich, wie der Zusammenhang mit (9.1) herzustellen ist.

(c) Für eine einzelne Ladung q, die sich in der (x, y)-Ebene auf einem Kreis vom Radius R mit konstanter Winkelgeschwindigkeit ω_0 um den Ursprung bewegt, berechne man die Multipolmomente zu $l = 0$ und $l = 1$ unter Verwendung der beiden in (a) und (b) skizzierten Methoden. Die erhaltenen Ergebnisse vergleiche man miteinander. Bei der Methode (b) drücke man die Ladungsdichte $\rho_n(\mathbf{x})$ in Zylinderkoordinaten aus. Falls höhere Multipolmomente wie z. B. Quadrupolmomente auftreten, gebe man an, bei welchen Frequenzen.

9.2 Ein strahlender Quadrupol besteht aus einer Anordnung von vier Ladungen $\pm q$, die sich mit abwechselndem Vorzeichen an den Eckpunkten eines Quadrats (etwa der Seitenlänge a) befinden. Das Quadrat rotiere mit der Winkelgeschwindigkeit ω um eine Achse, die senkrecht durch den Mittelpunkt der von ihm aufgespannten Fläche verläuft. Für den Grenzfall großer Wellenlängen berechne man die Quadrupolmomente, die Fernfelder, die Winkelverteilung der Strahlung und die abgestrahlte Gesamtleistung.

9.3 Die beiden Hälften einer ideal leitenden, metallischen Kugelschale vom Radius R seien durch eine sehr dünne Isolierschicht voneinander getrennt. Zwischen den beiden Halbkugeln werde eine Wechselspannung angelegt, sodass die Potentiale gleich $\pm V \cos \omega t$ sind. Für den Grenzfall großer Wellenlängen berechne man die Fernfelder, die Winkelverteilung der Strahlungsleistung und die von der Kugel abgestrahlte Gesamtleistung.

9.4 Man wende die Methode von Übg. 9.1 (b) auf die Strom- und Magnetisierungsdichte eines Teilchens der Ladung q an, das sich in der (x, y)-Ebene auf einem Kreis um den Ursprung vom Radius R bewegt, und zwar mit konstanter Winkelgeschwindigkeit ω_0. Für die Bewegung gelte $\omega_0 R \ll c$.

(a) Man bestimme die Stromkomponenten $(J_x)_n$, $(J_y)_n$ und $(J_z)_n$ in Zylinderkoordinaten für alle n und auch die Komponenten der Bahn-„Magnetisierung“, $(\mathbf{x} \times \mathbf{J}_n)/2$, sowie deren Divergenz (die – genauso wie M_{lm} in Gl. (9.172) – die Rolle einer magnetischen Ladungsdichte für magnetische Multipole spielt).

(b) Welche magnetischen Multipole (l, m) treten im Grenzfall großer Wellenlängen auf und bei welchen Frequenzen? (Man beachte, dass die Multipolordnung l nicht notwendigerweise mit dem Index n der jeweiligen Harmonischen zusammenfällt.)

(c) Unter Verwendung der linearen Superposition verallgemeinere man die Rechnung auf die vier in Übg. 9.2 betrachteten Ladungen, die auf einem Kreis mit dem Radius $R = a/\sqrt{2}$ rotieren. Welche Fourier-Komponenten treten auf und welche Multipolmomente haben die jeweiligen Komponenten? Gibt es einen magnetischen Multipolbeitrag zur $E2$-Frequenz aus Übg. 9.2 und spielt er eine Rolle im Vergleich zur $E2$-Strahlung?

9.5 **(a)** Man zeige, dass – bei harmonischer Schwingung mit der Frequenz ω – das skalare Potential und das Vektorpotential des elektrischen Dipols in der Lorenz-Eichung und im Grenzfall großer Wellenlängen gegeben sind durch

$$\Phi(\mathbf{x}) = \frac{e^{ikr}}{4\pi\epsilon_0 r^2}\,\mathbf{n}\cdot\mathbf{p}(1-ikr)$$

$$\mathbf{A}(\mathbf{x}) = -i\frac{\mu_0\omega}{4\pi}\frac{e^{ikr}}{r}\mathbf{p} \quad (9.16)$$

wobei $k = \omega/c$ ist, während $\mathbf{n}$ einen Einheitsvektor in radialer Richtung und $\mathbf{p}$ das Dipolmoment bezeichnen. Die zeitliche Abhängigkeit wird natürlich durch einen zusätzlichen Faktor $e^{-i\omega t}$ beschrieben.

(b) Man berechne die elektrischen und magnetischen Felder *aus den Potentialen* und zeige, dass sie durch (9.18) gegeben sind.

9.6 **(a)** Ausgehend von der allgemeinen Formel (9.2) für das Vektorpotential $\mathbf{A}$ und dem entsprechenden Ausdruck für Φ, entwickle man sowohl $R = |\mathbf{x}-\mathbf{x}'|$ als auch $t' = t - R/c$ bis zur ersten Ordnung in $|\mathbf{x}'|/r$ und zeige auf diese Weise, dass die elektrischen Dipolpotentiale für beliebige Zeitabhängigkeit gegeben sind durch

$$\Phi(\mathbf{x},t) = \frac{1}{4\pi\epsilon_0}\left[\frac{1}{r^2}\mathbf{n}\cdot\mathbf{p}_{\text{ret}} + \frac{1}{cr}\mathbf{n}\cdot\frac{\partial\mathbf{p}_{\text{ret}}}{\partial t}\right]$$

$$\mathbf{A}(\mathbf{x},t) = \frac{\mu_0}{4\pi r}\frac{\partial\mathbf{p}_{\text{ret}}}{\partial t}$$

wobei $\mathbf{p}_{\text{ret}} = \mathbf{p}(t' = t - r/c)$ das Dipolmoment zur retardierten Zeit ist, gemessen vom Ursprung aus.

(b) Man berechne die elektrischen und magnetischen Felder direkt aus den angegebenen Potentialen und zeige:

$$\mathbf{B}(\mathbf{x},t) = \frac{\mu_0}{4\pi}\left[-\frac{1}{r^2}\mathbf{n}\times\frac{\partial\mathbf{p}_{\text{ret}}}{\partial t} - \frac{1}{cr}\mathbf{n}\times\frac{\partial^2\mathbf{p}_{\text{ret}}}{\partial t^2}\right]$$

$$\mathbf{E}(\mathbf{x},t) = \frac{1}{4\pi\epsilon_0}\left\{\left(1+\frac{r}{c}\frac{\partial}{\partial t}\right)\left[\frac{3\mathbf{n}(\mathbf{n}\cdot\mathbf{p}_{\text{ret}})-\mathbf{p}_{\text{ret}}}{r^3}\right] + \frac{1}{c^2 r}\mathbf{n}\times\left[\mathbf{n}\times\frac{\partial^2\mathbf{p}_{\text{ret}}}{\partial t^2}\right]\right\}$$

(c) Man zeige explizit, wie man zwischen diesen Ergebnissen und den harmonischen Feldern (9.18) über die Substitutionen $-i\omega \leftrightarrow \partial/\partial t$ und $\mathbf{p}e^{ikr-i\omega t} \leftrightarrow \mathbf{p}_{\text{ret}}(t')$ hin- und herwechseln kann.

9.7 **(a)** Durch Fourier-Überlagerung oder auf andere, äquivalente Weise zeige man, dass die momentane Strahlungsleistung pro Raumwinkelelement für einen realen elektrischen Dipol $\mathbf{p}(t)$ im Abstand r vom Dipol und in der Richtung $\mathbf{n}$ gegeben ist durch

$$\frac{dP(t)}{d\Omega} = \frac{Z_0}{16\pi^2 c^2}\left|\left[\mathbf{n}\times\frac{d^2\mathbf{p}}{dt'^2}(t')\right]\times\mathbf{n}\right|^2$$

wobei $t' = t - r/c$ die retardierte Zeit bedeutet und für einen magnetischen Dipol $\mathbf{m}(t)$ die Größe $(\mathbf{n}\times\ddot{\mathbf{p}})\times\mathbf{n}$ durch $(1/c)\ddot{\mathbf{m}}\times\mathbf{n}$ zu ersetzen ist.

(b) In ähnlicher Weise zeige man, dass die momentane, auf das Raumwinkelelement bezogene Strahlungsleistung für einen reellen, durch (9.41) gegebenen Quadrupoltensor $Q_{\alpha\beta}(t)$ mit der reellen Ladungsdichte $\rho(\mathbf{x}, t)$ durch

$$\frac{dP(t)}{d\Omega} = \frac{Z_0}{576\pi^2 c^4}\left|\left[\mathbf{n}\times\frac{d^3\mathbf{Q}(\mathbf{n})}{t'^3}(t')\right]\times\mathbf{n}\right|^2$$

gegeben ist, wobei $\mathbf{Q}(\mathbf{n})$ durch (9.43) definiert ist.

9.8 **(a)** Man weise nach, dass ein klassischer schwingender elektrischer Dipol $\mathbf{p}$, mit den durch (9.18) beschriebenen Feldern, pro Zeiteinheit den elektromagnetischen Drehimpuls

$$\frac{d\mathbf{L}}{dt} = \frac{k^3}{12\pi\epsilon_0}\,\mathrm{Im}\,[\mathbf{p}^*\times\mathbf{p}]$$

abstrahlt.

(b) In welchem Verhältnis stehen abgestrahlter Drehimpuls und abgestrahlte Energie zueinander? Man interpretiere das Ergebnis.

(c) Gegeben sei eine Ladung e, die in der (x, y)-Ebene auf einem Kreis vom Radius a mit der Winkelgeschwindigkeit ω um den Ursprung rotiert. Man zeige, dass nur eine z-Komponente des abgestrahlten Drehimpulses existiert, beschrieben durch $dL_z/dt = e^2k^3a^2/6\pi\epsilon_0$. Was ergibt sich, wenn die Ladung entlang der z-Achse oszilliert?

(d) Welche Resultate ergeben sich in Teil (a) und (b) für magnetische Dipolstrahlung?

Hinweis: Die elektromagnetische Drehimpulsdichte rührt nicht allein von den transversalen (in der Strahlungszone liegenden) Komponenten der Felder her.

9.9 **(a)** Man zeige für die elektrischen Dipolfelder beliebiger Zeitabhängigkeit aus Übg. 9.6, dass die gesamte, durch eine Kugelfläche mit großem Radius r zur Zeit t pro Sekunde abgestrahlte Energie (also die Gesamtstrahlungsleistung) und die entsprechende Drehimpulsänderung gegeben sind durch

$$P(t) = \frac{1}{6\pi\epsilon_0 c^3}\left(\frac{\partial^2\mathbf{p}_{\mathrm{ret}}}{\partial t^2}\right)^2$$

$$\frac{d\mathbf{L}_{em}}{dt} = \frac{1}{6\pi\epsilon_0 c^3}\left(\frac{\partial\mathbf{p}_{\mathrm{ret}}}{\partial t}\times\frac{\partial^2\mathbf{p}_{\mathrm{ret}}}{\partial t^2}\right)$$

wobei das Dipolmoment $\mathbf{p}$ zur retardierten Zeit $t' = t - r/c$ auszuwerten ist.

(b) Das Dipolmoment werde durch ein Teilchen der Masse m und der Ladung e erzeugt, das sich in einem festen Zentralpotential $V(r)$ nichtrelativistisch bewegt. Man zeige, dass sich die Strahlungsleistung und der abgestrahlte Drehimpuls sich ausdrücken lassen durch

$$P(t) = \frac{\tau}{m}\left(\frac{dV}{dr}\right)^2$$

$$\frac{d\mathbf{L}_{em}}{dt} = \frac{\tau}{m}\left(\frac{dV}{rdr}\right)\mathbf{L}$$

wobei $\tau = e^2/6\pi\epsilon_0 mc^3$ ($= 2e^2/3mc^3$ in Gauß'schen Einheiten) eine charakteristische Zeit ist und $\mathbf{L}$ den Drehimpuls des Teilchens bezeichnet. Im Übrigen sind die rechten Seiten der angegebenen Gleichungen zur retardierten Zeit auszuwerten. Man setze diese Ergebnisse in Beziehung zu denen aus der Abraham-Lorentz'schen Gleichung für die Strahlungsdämpfung (die in Kap. 16.2 behandelt wird).

(c) Bei dem Teilchen handele es sich um das Elektron in einem Wasserstoffatom. Man zeige, dass das Reziproke der Zeit, die durch das Verhältnis von abgestrahltem Drehimpuls zum Teilchendrehimpuls definiert ist, von der Größenordnung $\alpha^4 c/a_0$ ist, wobei $\alpha = e^2/4\pi\epsilon_0\hbar c \approx 1/137$ die Feinstrukturkonstante und a_0 den Bohr'schen Radius bezeichnen. Man vergleiche diese reziproke Zeit mit der tatsächlich beobachteten Strahlung des Wasserstoffatoms.

(d) Welcher Zusammenhang besteht zwischen den in Teil (a) und (b) angegebenen Ausdrücken und denen aus Übg. 9.8 für harmonische Zeitabhängigkeit?

9.10 Die Ladungs- und Stromdichte des Wasserstoffatoms beim Übergang vom $2p$-Zustand mit $m = 0$ in den $1s$-Grundzustand sind – in der Notation von Gl. (9.1) und bei Vernachlässigung des Spins – gegeben durch

$$\rho(r, \theta, \phi, t) = \frac{2e}{\sqrt{6}\, a_0^4} \cdot r e^{-3r/2a_0} Y_{00} Y_{10} e^{-i\omega_0 t}$$

$$\mathbf{J}(r, \theta, \phi, t) = -\frac{iv_0}{2}\left(\frac{\mathbf{e}_r}{2} + \frac{a_0}{z}\mathbf{e}_z\right)\rho(r, \theta, \phi, t)$$

wobei $a_0 = 4\pi\epsilon_0\hbar^2/me^2 = 0{,}529 \times 10^{-10}$ m der Bohr'sche Radius, $\omega_0 = 3e^2/32\pi\epsilon_0\hbar a_0$ die Frequenzdifferenz der beiden Zustände und $v_0 = e^2/4\pi\epsilon_0\hbar = \alpha c \approx c/137$ die Bohr'sche Bahngeschwindigkeit ist.

(a) Man zeige, dass die effektive (Bahn-)„Magnetisierung“ gegeben ist durch

$$\mathcal{M}(r, \theta, \phi, t) = -i\frac{\alpha c a_0}{4} \tan\theta (\mathbf{e}_x \sin\phi - \mathbf{e}_y \cos\phi) \cdot \rho(r, \theta, \phi, t)$$

Man berechne $\nabla \cdot \mathcal{M}$ und bestimme alle nicht verschwindenden Strahlungsmultipole in der Näherung für große Wellenlängen.

(b) Man berechne das zeitliche Mittel der Gesamtstrahlungsleistung in Dipolnäherung und drücke das Ergebnis in Einheiten von $(\hbar\omega_0) \cdot (\alpha^4 c/a_0)$ aus, wobei $\alpha = e^2/4\pi\epsilon_0\hbar c$ die Feinstrukturkonstante ist.

(c) Indem man die klassisch berechnete Leistung als die mit der Übergangswahrscheinlichkeit multiplizierte Photonenenergie $(\hbar\omega_0)$ interpretiere, berechne man numerisch die Übergangswahrscheinlichkeit in Einheiten von s^{-1}.

(d) Welches Ergebnis erhielte man für die Strahlungsleistung, wenn das Elektron im $2p$-Zustand nicht durch die oben benutzte halbklassische Ladungsdichte beschrieben würde, sondern durch eine *kreisförmige* Bohr'sche Bahn vom Radius $2a_0$, auf der sich das Elektron mit der Frequenz ω_0 bewegt? Man drücke das Ergebnis in denselben Einheiten wie in (b) aus und berechne das Verhältnis der beiden Leistungen numerisch.

9.11 Auf der z-Achse mögen sich drei Ladungen befinden: die eine, $+2q$, liege im Ursprung und die anderen beiden, jeweils $-q$, an den Stellen $z = \pm a \cos\omega t$. Man bestimme die niedrigsten, nichtverschwindenden Multipolmomente, die Winkelverteilung der Strahlung und die insgesamt abgestrahlte Leistung unter der Voraussetzung, dass $ka \ll 1$ ist.

9.12 Innerhalb einer nahezu kugelförmigen Fläche, definiert durch

$$R(\theta) = R_0[1 + \beta P_2(\cos\theta)]$$

befinde sich eine homogene räumliche Ladungsverteilung der Gesamtladung Q. Der kleine Parameter β variiere mit der Zeit harmonisch, und zwar mit der Frequenz ω. Dies entspricht

Oberflächenwellen auf einer Kugel. Allein unter Berücksichtigung der Terme niedrigster Ordnung in β und bei Verwendung der Näherung für große Wellenlängen berechne man die nichtverschwindenden Multipolmomente, die Winkelverteilung der Strahlung und die Gesamtstrahlungsleistung.

9.13 Die in Übg. 9.12 betrachtete homogene Ladungsdichte werde ersetzt durch eine homogene Dichte innerer Magnetisierung parallel zur z-Achse und mit dem magnetischen Gesamtmoment M. Mit den gleichen Näherungen wie in Übg. 9.12 berechne man die nichtverschwindenden Strahlungsmultipolmomente, die Winkelverteilung der Strahlung und ebenfalls die Gesamtstrahlungsleistung.

9.14 Eine Antenne bestehe aus einer kreisförmigen Drahtschleife vom Radius a, die sich in der (x, y)-Ebene mit ihrem Mittelpunkt im Ursprung befindet. Der im Draht fließende Strom sei

$$I = I_0 \cos \omega t = \mathrm{Re}\, I_0 e^{-i\omega t}$$

(a) Man bestimme **E** und **H** in der Wellenzone, und zwar ohne Näherungen hinsichtlich des Betrages von ka, und berechne die in ein Raumwinkelelement abgestrahlte Leistung.

(b) Welches ist das niedrigste, nichtverschwindende Multipolmoment ($Q_{l,m}$ oder $M_{l,m}$)? Man berechne dieses Moment in der Grenze $ka \ll 1$.

9.15 Zwei elektrische Dipole entgegengesetzt gerichteter Dipolmomente vom Betrag p, die den festen Abstand $2a$ voneinander haben und ein und dieselbe Ebene senkrecht durchdringen, rotieren mit konstanter Winkelgeschwindigkeit ω um eine zu den Dipolachsen parallele Achse, die sich in der Mitte zwischen den beiden Dipolen befindet (es sei $\omega a/c \ll 1$).

(a) Man bestimme die niedrigsten, nicht verschwindenden Multipolmomente.

(b) Man zeige, dass das magnetische Feld in der Strahlungszone, abgesehen von einem Phasenfaktor, gegeben ist durch

$$\mathbf{H} = \frac{cpa}{2\pi} k^3 [(\mathbf{e}_x + i\mathbf{e}_y) \cos\theta - \mathbf{e}_z \sin\theta\, e^{i\phi}] \cos\theta \frac{e^{ikr}}{r}$$

Hinweis: Man beachte Übg. 6.21!

(c) Man zeige, dass die Winkelverteilung der Strahlung proportional zu $(\cos^2\theta + \cos^4\theta)$ ist und dass man für die Gesamtstrahlungsleistung folgendes Resultat erhält:

$$P = \frac{4}{15\pi\epsilon_0} ck^6 p^2 a^2$$

9.16 Eine dünne Linearantenne werde von einem sinusförmigen Strom angeregt, der sich über die Länge d der Antenne mit einer vollen Wellenlänge ausbreitet (vgl. hierzu die Abb.).

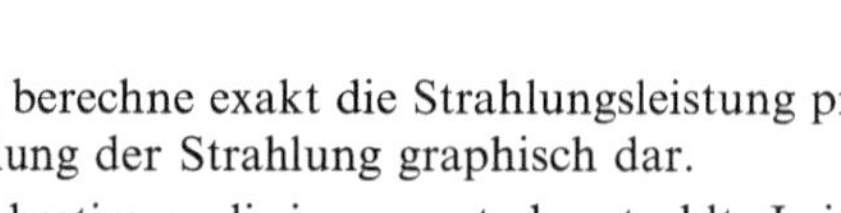

(a) Man berechne exakt die Strahlungsleistung pro Raumwinkelelement und stelle die Winkelverteilung der Strahlung graphisch dar.

(b) Man bestimme die insgesamt abgestrahlte Leistung und gebe einen numerischen Wert für den Strahlungswiderstand an.

9.17 Auf die in der voranstehenden Übg. betrachtete Linearantenne wende man die Methode der Multipolentwicklung im Grenzfall großer Wellenlängen an.

(a) Man berechne die Multipolmomente (das elektrische Dipol-, magnetische Dipol- und elektrische Quadrupolmoment).

(b) Man vergleiche die Winkelverteilung der Strahlung für den niedrigsten, nichtverschwindenden Multipol mit der exakten Verteilung aus Übg. 9.5.

(c) Man bestimme die insgesamt abgestrahlte Leistung für den niedrigsten Multipol und den entsprechenden Strahlungswiderstand. Tritt beim Vergleich mit 9.5(b) ein Paradox auf?

9.18 Der Blindwiderstand einer kurzen Linearantenne, deren Fernfelder durch die elektrischen Dipolfelder aus Abschn. 9.2 beschrieben werden, lässt sich qualitativ unter Zugrundelegung der idealisierten Dipolfelder (9.18) bestimmen.

(a) Man zeige, dass das Integral von $\epsilon_0|\mathbf{E}|^2 - \mu_0|\mathbf{H}|^2$ über den gesamten Winkelbereich bei festgehaltenem r durch

$$\int [\epsilon_0|\mathbf{E}|^2 - \mu_0|\mathbf{H}|^2]\,d\Omega = \frac{1}{2\pi\epsilon_0}\frac{|\mathbf{p}|^2}{r^6}$$

gegeben ist.

(b) Unter Verwendung der Formel (6.140) für den Blindwiderstand zeige man, dass der von den Fernfeldern herrührende Beitrag X_a in Abständen $r > a$ durch

$$X_a = -\frac{\omega\,|\mathbf{p}|^2}{6\pi\epsilon_0\,|I_i|^2\,a^3}$$

bestimmt wird, wenn I_i der Eingangsstrom ist.

(c) Für die in Abschn. 9.2 behandelte Linearantenne mit symmetrischer Speisung zeige man, dass $X_a \simeq -d^2/24\pi\epsilon_0\omega a^3$ ist, was einer effektiven Kapazität von $24\pi\epsilon_0 a^3/d^2$ entspricht. Mit $a = d/2$ stellt X_a nur einen kleinen Bruchteil des negativen Gesamtblindwiderstandes dar. Die Felder in Nähe der Antenne, die natürlich keinen Dipolcharakter haben, tragen sehr stark bei. Blindwiderstandsberechnungen für kurze Linearantennen findet man in dem Buch von *Schelkunoff und Friis*.

9.19 Die Anregung des in Übg. 8.19 beschriebenen Wellenleiters betrachte man unter dem Gesichtswinkel der Multipolmomente der Quelle.

(a) Für die als Sonde benutzte Linearantenne berechne man die Multipolmomente $\mathbf{p}$, $\mathbf{m}$, $Q_{\alpha\beta}$ und $Q^M_{\alpha\beta}$, die in Formel (9.69) auftreten.

(b) Man berechne die Amplituden der angeregten $TE_{1,0}$-Welle und bestimme den Leistungsstrom. Das Ergebnis der Multipolentwicklung vergleiche man mit dem in Übg. 8.19(b) angegebenen Resultat und diskutiere die Gründe für die Übereinstimmung bzw. Abweichung. Was lässt sich über den Vergleich mit anderen Schwingungstypen sagen?

9.20 **(a)** Man weise durch direkte Berechnung nach, dass die durch (3.186) bestimmte Tangentialkomponente des *stationären* elektrischen Feldes, das in der kreisförmigen Öffnung eines dünnen, ebenen Leiters herrscht, auf den Ausdruck (9.75) führt, wenn man (3.186) in die definierende Gleichung (9.75) für das elektrische Dipolmoment $\mathbf{p}_{\text{eff}}$ einsetzt.

(b) Unter Verwendung des stationären elektrischen Feldes aus (a) berechne man aus (9.72) den Wert von $i\mu\omega\mathbf{m}_{\text{eff}}$.

(c) Man verwende die Normalkomponente (5.132) des *stationären* Magnetfeldes für das analoge magnetische Randwertproblem, um über (9.74) das magnetische Dipolmoment $\mathbf{m}_{\text{eff}}$ zu berechnen, und vergleiche das Ergebnis mit (9.75).

(d) Man erläutere die Unterschiede zwischen den Ergebnissen aus (b) und (c) sowie die konsistente Anwendung der Definitionen (9.72). (Siehe Abschnitt 9 des Artikel „Diffraction Theory" von C. J. B. Bouwkamp in *Reports on Progress in Physics*, Bd. 17, Hrsg. A. C. Strickland, The Physical Society, London (1954).)

9.21 Die Felder, die eine transversale magnetische Welle in einem zylindrischen Wellenleiter vom Radius R darstellen, lauten:

$$E_z = J_m(\gamma r)\, e^{im\phi} e^{i\beta z - i\omega t}, \qquad H_z = 0$$

$$E_\phi = \frac{-m\beta}{\gamma^2}\frac{E_z}{r}, \qquad H_r = -\frac{k}{Z_0\beta}E_\phi$$

$$E_r = \frac{i\beta}{\gamma^2}\frac{\partial E_z}{\partial r}, \qquad H_\phi = \frac{k}{Z_0\beta}E_r$$

Dabei kennzeichnet der Index m die Winkelabhängigkeit, während β die Ausbreitungskonstante und $\gamma^2 = k^2 - \beta^2$ ($k = \omega/c$) ist, wobei γ durch $J_m(\gamma R) = 0$ charakterisiert ist. Man gebe das Verhältnis der z-Komponente des elektromagnetischen Drehimpulses zur Feldenergie an. Es empfiehlt sich dabei, einige partielle Integrationen vorzunehmen und die Differentialgleichung für E_z zu benutzen.

9.22 Ein kugelförmiger Hohlraum vom Radius a in einem leitenden Medium kann als elektromagnetischer Hohlraumresonator dienen.

(a) Unter der Annahme idealer Leitfähigkeit bestimme man für die TE- und TM-Wellen die transzendenten Bestimmungsgleichungen für die Eigenfrequenzen ω_{lm} des Hohlraumresonators.

(b) Man berechne die numerischen Werte der Wellenlänge λ_{lm} der vier niedrigsten TE- und TM-Wellen, und zwar in Einheiten des Radius a.

(c) Man berechne explizit die elektrischen und magnetischen Felder innerhalb des Hohlraumresonators für die niedrigste TE- und TM-Welle.

9.23 Die Wände des in Übg. 9.22 betrachteten, kugelförmigen Hohlraumresonators seien nichtpermeabel, aber von großer, wenn auch endlicher Leitfähigkeit. Unter der Voraussetzung, dass die Eindringtiefe δ gegenüber dem Radius a des Hohlraums klein ist, zeige man, dass der durch Gl. (8.86) definierte Gütefaktor Q des Hohlraumresonators gegeben ist durch

$$Q = \frac{a}{\delta} \qquad \text{für TE-Wellen}$$

bzw.

$$Q = \frac{a}{\delta}\left(1 - \frac{l(l+1)}{x_{lm}^2}\right) \qquad \text{für TM-Wellen}$$

wobei im Fall von TM-Wellen $x_{lm} = (a/c)\,\omega_{lm}$ ist.

9.24 Man diskutiere die Eigenwellen einer schwingenden, ideal leitenden Vollkugel vom Radius a im leeren Raum. (Dieses Problem wurde um 1880 von J. J. Thomson gelöst.)

(a) Man bestimme die charakteristischen Gleichungen für die Eigenfrequenzen der TE- und TM-Wellen und zeige, dass die Wurzeln für ω stets einen negativen Imaginärteil haben; dabei nehme man die harmonische Zeitabhängigkeit $e^{-i\omega t}$ an.

(b) Man berechne die Eigenfrequenzen der TE- und TM-Wellen zu $l = 1$ und $l = 2$ und tabelliere für jede Welle die Wellenlänge (ausgedrückt durch den Realteil der Frequenz) in Einheiten des Radius a sowie die Zerfallszeit (definiert als diejenige Zeit, nach der die *Energie* auf den e-ten Teil ihres Anfangswertes abgeklungen ist) in Einheiten der Einschwingzeit a/c.

10 Streuung und Beugung

Streuung und Beugung sind eng miteinander verbundene Phänomene, die in vielen Zweigen der Physik eine wichtige Rolle spielen. Die Art und Weise, sie zu beschreiben, hängt jeweils vom Verhältnis der Wellenlänge der Strahlung zur Ausdehnung des sog. *Targets* (d.h. des Streukörpers oder Beugungsobjektes) ab. Ist die Wellenlänge gegenüber den Abmessungen des Targets groß, so ist eine einfache Beschreibung durch induzierte Multipole niedrigster Ordnung angemessen. Sind aber Wellenlängen und Targetabmessungen vergleichbar, dann ist eine systematischere Analyse unter Verwendung von Multipolfeldern erforderlich. Bei Wellenlängen, die im Vergleich zu den Abmessungen des Targets sehr klein sind, lassen sich Abweichungen vom geometrisch-optischen Strahlengang mit halb-geometrischen Methoden erfassen. Wir beginnen hier mit einigen einfachen Beispielen zum langwelligen Grenzfall elektromagnetischer Streuung. Anschließend entwickeln wir die Störungstheorie der Streuung an einem Medium, dessen dielektrische Eigenschaften kleinen Änderungen unterliegen, und erörtern mit ihrer Hilfe die Rayleigh-Streuung, das Himmelsblau und die kritische Opaleszenz. Im weiteren Verlauf geben wir die systematische Entwicklung einer ebenen Welle nach Multipolfeldern an, um sie auf die Streuung an einer leitenden Kugel anzuwenden.

Im Anschluss daran wenden wir uns der Beugung zu, und zwar zunächst der skalaren Huygens-Kirchhoff'schen Theorie. Über die Verallgemeinerung zur Vektortheorie gelangen wir in natürlicher Weise zum Babinet'schen Prinzip komplementärer Blenden. Mit dem gewonnenen Formalismus behandeln wir dann die Beugung an einer kreisförmigen Öffnung, ausgehend von den in Kap. 9.5 eingeführten effektiven Multipolen im Grenzfall großer Wellenlängen. Abschließend kommen wir zur Streuung bei sehr kurzen Wellenlängen und runden das Kapitel mit dem wichtigen optischen Theorem ab.

10.1 Streuung bei großen Wellenlängen

A. Streuung an kleinen Objekten durch induzierte Dipole

Die Streuung elektromagnetischer Wellen an Systemen, deren Ausdehnung gegenüber der Wellenlänge der Strahlung groß ist, ist eine ebenso wichtige wie häufige Erscheinung. Zur Beschreibung geht man von der Vorstellung aus, dass die einfallenden (Strahlungs-)Felder elektrische und magnetische Multipole induzieren, die in fester Phasenbeziehung zur einfallenden Welle oszillieren und in andere Richtungen Energie abstrahlen als in die Einfallsrichtung. Die exakte Form der Winkelverteilung der abgestrahlten Energie ergibt sich durch *kohärente Überlagerung* der Multipolfelder, die von den einfallenden Feldern induziert werden, und hängt im Allgemeinen vom Polarisationszustand der einfallenden Welle ab. Ist die Wellenlänge der Strahlung gegenüber der Ausdehnung des Streukörpers groß, dann sind nur die niedrigsten Multipole, d.h. im Allgemeinen elektrische und magnetische Dipole von Bedeutung. Die induzierten Dipole können dann, ebenso wie im Fall der zuvor behandelten kleinen Öffnungen, aus den Lösungen stationärer bzw. quasistationärer Randwertprobleme berechnet werden.

Die Grundsituation besteht üblicherweise darin, dass eine ebene monochromatische Welle auf einen Streukörper fällt, für dessen Umgebung der Einfachheit halber $\mu_r = \epsilon_r = 1$ angenommen werde. Ist die Einfallsrichtung durch den Einheitsvektor $\mathbf{n}_0$ definiert und bezeichnet $\boldsymbol{\epsilon}_0$ den Polarisationsvektor der einfallenden Welle, dann sind die einfallenden Felder gegeben durch

$$\begin{aligned}\mathbf{E}_{\text{ein}} &= \boldsymbol{\epsilon}_0 E_0 e^{ik\mathbf{n}_0\cdot\mathbf{x}}\\ \mathbf{H}_{\text{ein}} &= \mathbf{n}_0 \times \mathbf{E}_{\text{ein}}/Z_0\end{aligned}\tag{10.1}$$

wobei $k = \omega/c$ ist und der Zeitabhängigkeitsfaktor $e^{-i\omega t}$ nicht mitgeschrieben wurde. Diese Felder induzieren im Streukörper Dipole mit den Momenten $\mathbf{p}$ bzw. $\mathbf{m}$, und diese Dipole wiederum strahlen in alle Richtungen Energie ab (vgl. die Abschnitte 2 und 3 von Kapitel 9). In großer Entfernung vom Streukörper findet man für die gestreuten (Strahlungs-)Felder bei Verwendung von (9.19) und (9.36):

$$\begin{aligned}\mathbf{E}_s &= \frac{1}{4\pi\epsilon_0} k^2 \frac{e^{ikr}}{r} [(\mathbf{n}\times\mathbf{p})\times\mathbf{n} - \mathbf{n}\times\mathbf{m}/c]\\ \mathbf{H}_s &= \mathbf{n}\times\mathbf{E}_s/Z_0\end{aligned}\tag{10.2}$$

Dabei ist $\mathbf{n}$ ein Einheitsvektor in Beobachtungsrichtung und r der Abstand vom Streukörper. Die in ein Raumwinkelelement in Richtung von $\mathbf{n}$ mit der Polarisation $\boldsymbol{\epsilon}$ abgestrahlte Leistung, bezogen auf den in Richtung von $\mathbf{n}_0$ mit der Polarisation $\boldsymbol{\epsilon}_0$ einfallenden Strom (Leistung pro Flächeneinheit) ist der sog. *differentielle Streuquerschnitt*.[1] Er hat die Dimension einer Fläche pro Raumwinkelelement und ist gegeben durch

$$\frac{d\sigma}{d\Omega}(\mathbf{n}, \boldsymbol{\epsilon}; \mathbf{n}_0, \boldsymbol{\epsilon}_0) = \frac{r^2 \dfrac{1}{2Z_0} |\boldsymbol{\epsilon}^* \cdot \mathbf{E}_s|^2}{\dfrac{1}{2Z_0} |\boldsymbol{\epsilon}_0^* \cdot \mathbf{E}_{\text{ein}}|^2}\tag{10.3}$$

Die Bildung des Konjugiertkomplexen des Polarisationsvektors ist dabei von entscheidender Bedeutung für die korrekte Behandlung der zirkularen Polarisation (vgl. Kap. 7.2). Setzt man in (10.3) die Felder (10.1) und (10.2) ein, so ergibt sich für den differentiellen Streuquerschnitt:

$$\frac{d\sigma}{d\Omega}(\mathbf{n}, \boldsymbol{\epsilon}; \mathbf{n}_0, \boldsymbol{\epsilon}_0) = \frac{k^4}{(4\pi\epsilon_0 E_0)^2} |\boldsymbol{\epsilon}^* \cdot \mathbf{p} + (\mathbf{n}\times\boldsymbol{\epsilon}^*)\cdot\mathbf{m}/c|^2\tag{10.4}$$

[1] In der ingenieurwissenschaftlichen Literatur wird die Größe $4\pi\,(d\sigma/d\Omega)$ zuweilen auch *bistatischer Wirkungsquerschnitt* genannt.

Die Abhängigkeit des Streuquerschnitts von $\mathbf{n}_0$ und $\boldsymbol{\epsilon}_0$ ist implizit in den Dipolmomenten $\mathbf{p}$ und $\mathbf{m}$ enthalten. Die Änderung des differentiellen (und totalen) Streuquerschnitts mit k^4 bzw. ω^4 ist ein nahezu universelles Charakteristikum der Streuung langwelliger Strahlung durch ein endlich ausgedehntes System. Die Beziehung (10.4), die diese Frequenzabhängigkeit beschreibt, nennt man *Rayleigh-Gesetz*. Nur wenn die statischen Dipolmomente verschwinden, zeigt der Streuquerschnitt nicht mehr die ω^4-Abhängigkeit; die Streuung erfolgt dann über Quadrupole oder höhere Multipole (bzw. frequenzabhängige Dipolmomente) und variiert wie ω^6 oder höhere Potenzen von ω. Manchmal bezeichnet man die Dipolstreuung auch als *Rayleigh-Streuung*, doch i. Allg. reserviert man diese Bezeichnung für die *inkohärente* Streuung an einem Ensemble dipolartiger Streukörper.

B. Streuung an einer kleinen dielektrischen Kugel

Als erstes, sehr einfaches Beispiel für die Dipolstreuung betrachten wir die Streuung an einer kleinen dielektrischen Kugel vom Radius a. Sie habe die Permeabilität $\mu_r = 1$, und ihre elektrischen Eigenschaften mögen durch eine homogene, isotrope Dielektrizitätskonstante $\epsilon_r(\omega)$ beschrieben werden. Nach Kap. 4.4, speziell Gl. (4.56), ist dann das elektrische Dipolmoment dieser Kugel:

$$\mathbf{p} = 4\pi\epsilon_0 \left(\frac{\epsilon_r - 1}{\epsilon_r + 2}\right) a^3 \mathbf{E}_{\text{ein}} \tag{10.5}$$

während ihr magnetisches Dipolmoment Null ist. Der differentielle Streuquerschnitt ergibt sich mit (10.5) zu

$$\frac{d\sigma}{d\Omega} = k^4 a^6 \left|\frac{\epsilon_r - 1}{\epsilon_r + 2}\right|^2 |\boldsymbol{\epsilon}^* \cdot \boldsymbol{\epsilon}_0|^2 \tag{10.6}$$

Die Polarisationsabhängigkeit dieses Ausdrucks ist typisch für rein elektrische Dipolstreuung. Die gestreute Strahlung ist linear polarisiert in der Ebene, die vom Polarisationsvektor $\boldsymbol{\epsilon}_0$ und dem Einheitsvektor $\mathbf{n}$ aufgespannt wird.

Im Allgemeinen ist die einfallende Strahlung unpolarisiert. Von Interesse ist dann die Winkelverteilung der gestreuten Strahlung mit definierter Polarisation. Für ein bestimmtes $\boldsymbol{\epsilon}$ ist dann der Streuquerschnitt über die Anfangspolarisation $\boldsymbol{\epsilon}_0$ zu mitteln. Ein möglicher Satz von Polarisationsvektoren ist in Abb. 10.1 dargestellt. Die Streuebene wird durch die Vektoren $\mathbf{n}_0$ und $\mathbf{n}$ definiert. In dieser Ebene liegen die Polarisationsvektoren $\boldsymbol{\epsilon}_0^{(1)}$ und $\boldsymbol{\epsilon}^{(1)}$, während $\boldsymbol{\epsilon}_0^{(2)} = \boldsymbol{\epsilon}^{(2)}$ senkrecht auf ihr stehen. Die über die Anfangspolarisationen gemittelten Streuquerschnitte, die den Polarisationszuständen $\boldsymbol{\epsilon}^{(1)}$ und $\boldsymbol{\epsilon}^{(2)}$ entsprechen, berechnen sich zu

$$\begin{aligned} \frac{d\sigma_{\parallel}}{d\Omega} &= \frac{k^4 a^6}{2}\left|\frac{\epsilon_r - 1}{\epsilon_r + 2}\right|^2 \cos^2\theta \\ \frac{d\sigma_{\perp}}{d\Omega} &= \frac{k^4 a^6}{2}\left|\frac{\epsilon_r - 1}{\epsilon_r + 2}\right|^2 \end{aligned} \tag{10.7}$$

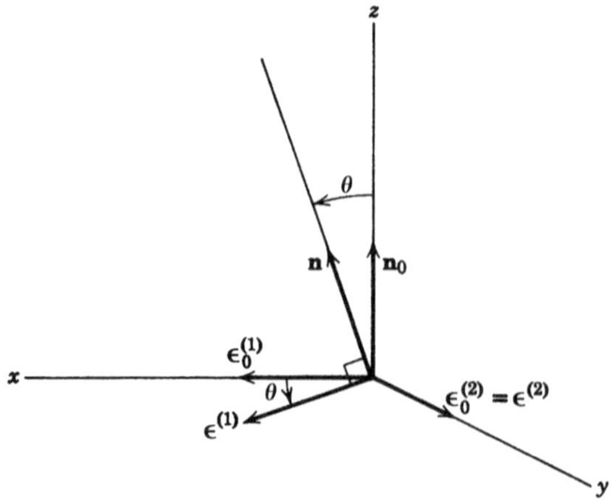

Abb. 10.1 Polarisations- und Ausbreitungsvektoren der einfallenden und gestreuten Strahlung.

Die Indizes $\|$ und $\perp$ bezeichnen dabei die Polarisationsrichtung parallel bzw. senkrecht zur Streuebene. Die *Polarisation* der gestreuten Strahlung ist definiert durch

$$\Pi(\theta) = \frac{\dfrac{d\sigma_\perp}{d\Omega} - \dfrac{d\sigma_\|}{d\Omega}}{\dfrac{d\sigma_\perp}{d\Omega} + \dfrac{d\sigma_\|}{d\Omega}} \tag{10.8}$$

Für die hier betrachtete (elektrische Dipol-)Streuung an einer kleinen dielektrischen Kugel findet man bei Verwendung von (10.7):

$$\Pi(\theta) = \frac{\sin^2\theta}{1+\cos^2\theta} \tag{10.9}$$

Der differentielle Streuquerschnitt, summiert über die Polarisationen der gestreuten Strahlung, ergibt sich zu

$$\frac{d\sigma}{d\Omega} = k^4 a^6 \left|\frac{\epsilon_r - 1}{\epsilon_r + 2}\right|^2 \tfrac{1}{2}(1+\cos^2\theta) \tag{10.10}$$

während man für den *totalen Streuquerschnitt*

$$\sigma = \int \frac{d\sigma}{d\Omega}\, d\Omega = \frac{8\pi}{3} k^4 a^6 \left|\frac{\epsilon_r - 1}{\epsilon_r + 2}\right|^2 \tag{10.11}$$

erhält. Der differentielle Streuquerschnitt (10.10) und die Polarisation (10.9) der gestreuten Strahlung sind in Abb. 10.2 als Funktion von $\cos\theta$ dargestellt. Die Polarisation erreicht ihr Maximum bei $\theta = \pi/2$. Bei diesem Winkel ist die gestreute Strahlung vollständig in einer Ebene senkrecht zur Streuebene linear polarisiert, während sie in einem relativ großen Winkelbereich um $\theta = \pi/2$ stark polarisiert ist. Illustriert findet man diese Polarisationseigenschaften in der blauen Himmels-

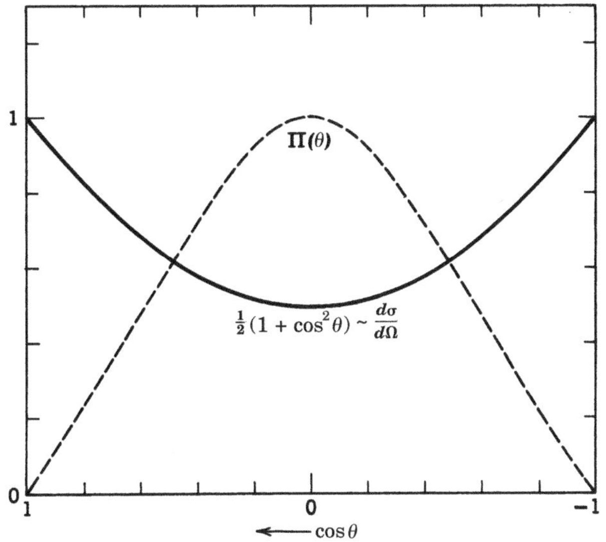

Abb. 10.2 Der differentielle Streuquerschnitt und die Polarisation ((10.10) bzw. (10.9)) der an einer kleinen dielektrischen Kugel gestreuten Strahlung (in Dipolnäherung).

farbe. Letztere war es auch, die Rayleigh als ersten dazu veranlasste, das hier behandelte Problem zu untersuchen. Die allgemeinen Eigenschaften des Himmelslichts lassen sich an einem sonnigen Tag mithilfe eines Linearpolarisators oder einer geeigneten Sonnenbrille überprüfen.

C. Streuung an einer kleinen, ideal leitenden Kugel

Ein anderes Beispiel, das zugleich auch interessante Aspekte zur Kohärenz verschiedener Multipole aufweist, stellt die Streuung an einer kleinen, ideal leitenden Kugel dar. Das elektrische Dipolmoment einer solchen Kugel (von Radius a) ist nach Kap. 2.5:

$$\mathbf{p} = 4\pi\epsilon_0 a^3 \mathbf{E}_{\text{ein}} \tag{10.12}$$

Die jetzt betrachtete Kugel besitzt auch ein magnetisches Dipolmoment. Da sie ideal leitend ist, muss die Randbedingung einer bei $r = a$ verschwindenden Normalkomponente des Magnetfeldes $\mathbf{B}$ erfüllt sein. Um das magnetische Moment der Kugel zu bestimmen, gibt es verschiedene Möglichkeiten. Man kann sich entweder der Analogie zur dielektrischen Kugel in einem ursprünglichen homogenen elektrischen Feld (Kap. 4.4) bedienen und in der entsprechenden Gleichung (nämlich Gl. (4.56)) $\epsilon = 0$ setzen oder aber das Ergebnis für eine magnetisch permeable Kugel (Kap. 5.11, Gl. (5.115)) heranziehen und zum Spezialfall $\mu = 0$ übergehen. Der Weg der direkten Berechnung steht natürlich ebenfalls offen. Das Resultat lautet:

$$\mathbf{m} = -2\pi a^3 \mathbf{H}_{\text{ein}} \tag{10.13}$$

Ist die einfallende Welle linear polarisiert, so stehen die beiden Dipolmomente senkrecht aufeinander und senkrecht zur Einfallsrichtung.

Für den differentiellen Streuquerschnitt (10.14) ergibt sich:

$$\frac{d\sigma}{d\Omega}(\mathbf{n}, \boldsymbol{\epsilon}; \mathbf{n}_0, \boldsymbol{\epsilon}_0) = k^4 a^6 |\boldsymbol{\epsilon}^* \cdot \boldsymbol{\epsilon}_0 - \tfrac{1}{2}(\mathbf{n} \times \boldsymbol{\epsilon}^*) \cdot (\mathbf{n}_0 \times \boldsymbol{\epsilon}_0)|^2 \tag{10.14}$$

Die Polarisationseigenschaften und die Winkelverteilung der gestreuten Strahlung sind komplizierter als im Fall der dielektrischen Kugel. Die zu (10.7) analogen Streuquerschnitte für die Strahlung mit zur Streuebene paralleler bzw. senkrechter Polarisation sind bei unpolarisiert einfallender Strahlung:

$$\begin{aligned} \frac{d\sigma_\parallel}{d\Omega} &= \frac{k^4 a^6}{2} |\cos\theta - \tfrac{1}{2}|^2 \\ \frac{d\sigma_\perp}{d\Omega} &= \frac{k^4 a^6}{2} |1 - \tfrac{1}{2}\cos\theta|^2 \end{aligned} \tag{10.15}$$

Der über die beiden Polarisationszustände der gestreuten Strahlung summierte Streuquerschnitt ergibt sich zu

$$\frac{d\sigma}{d\Omega} = k^4 a^6 [\tfrac{5}{8}(1 + \cos^2\theta) - \cos\theta] \tag{10.16}$$

während man für die Polarisation

$$\Pi(\theta) = \frac{3\sin^2\theta}{5(1 + \cos^2\theta) - 8\cos\theta} \tag{10.17}$$

erhält. Den Streuquerschnitt und die Polarisation, als Funktion von $\cos\theta$, zeigt Abb. 10.3. Der Streuquerschnitt hat ein *stark ausgeprägtes Maximum in Rückwärts-*

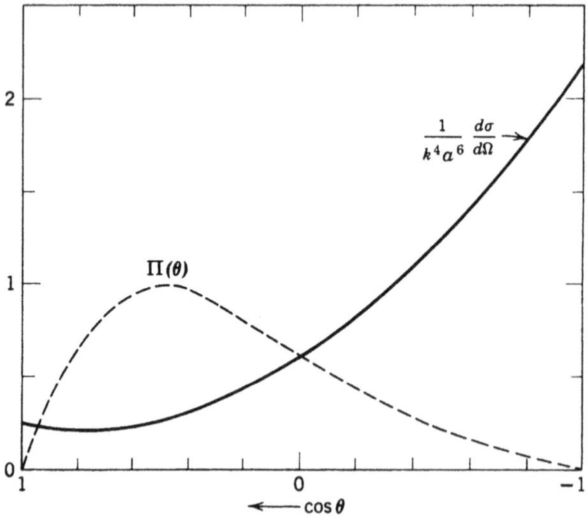

Abb. 10.3 Der differentielle Streuquerschnitt und die Polarisation ((10.16) bzw. (10.17)) der an einer kleinen, ideal leitenden Kugel gestreuten Strahlung (in elektrischer und magnetischer Dipolnäherung).

richtung, das durch die Interferenz der elektrischen und magnetischen Dipolterme verursacht wird. Die Polarisation erreicht ihr Maximum $\Pi = +1$ bei $\theta = 60°$ und ist über den gesamten Winkelbereich positiv. Die Polarisation verhält sich also ähnlich wie im Fall einer kleinen dielektrischen Kugel (vgl. Abb. 10.2), obwohl die Winkelverteilung sehr verschieden ist. Der totale Streuquerschnitt ist $\sigma = 10\pi k^4 a^6/3$ und liegt in derselben Größenordnung wie der für eine dielektrische Kugel (Gl. (10.11)), wenn $(\epsilon_r - 1)$ relativ groß ist.

Die Dipolstreuung mit ihrer ω^4-Abhängigkeit kann als niedrigste Näherung einer Entwicklung nach kd betrachtet werden, wenn d eine für die Ausdehnung des Streukörpers charakteristische Länge darstellt. Im Bereich $kd \sim 1$ müssen mehr als nur die niedrigsten Multipole berücksichtigt werden. Dort führt man die Untersuchung am besten mithilfe einer systematischen Entwicklung nach Vektorkugelfunktionen durch. Wir behandeln diese Entwicklung in Abschnitt 4 dieses Kapitels, in dem wir u. a. auch die Streuung an einer leitenden Kugel unter diesem Gesichtspunkt betrachten. Für $kd \gg 1$ kann man verschiedene Näherungsmethoden verwenden, die wir aber erst in Abschnitt 10 dieses Kapitels illustrieren. Dem Problem der Streuung von Licht an kugelförmigen Teilchen mit verschiedenen Werten von μ, ϵ und σ sind ganze Bücher gewidmet. Literaturhinweise zu diesem Thema findet der Leser am Ende des Kapitels.

D. Ensemble von Streukörpern

Besteht das Streusystem aus mehreren kleinen Streukörpern mit festem Relativabstand, dann erzeugt jeder einzelne Streukörper eine Amplitude der Form (10.2). Der Streuquerschnitt resultiert in diesem Fall aus der kohärenten Superposition der einzelnen Amplituden. Da jeder induzierte Dipol proportional zum einfallenden Feld an der Stelle $\mathbf{x}_j$ des j-ten Streukörpers ist, trägt sein Moment einen Phasenfaktor $e^{ik\mathbf{n}_0\cdot\mathbf{x}_j}$. Ist ferner der Aufpunkt vom gesamten Streusystem weit entfernt, dann ist der Phasenfaktor der Felder des j-ten Streukörpers aufgrund von (9.7) gleich $e^{-ik\mathbf{n}\cdot\mathbf{x}_j}$. Die Verallgemeinerung von (10.4) für ein solches System lautet demnach

$$\frac{d\sigma}{d\Omega} = \frac{k^4}{(4\pi\epsilon_0 E_0)^2}\left|\sum_j [\boldsymbol{\epsilon}^* \cdot \mathbf{p}_j + (\mathbf{n}\times\boldsymbol{\epsilon}^*)\cdot\mathbf{m}_j/c]\, e^{i\mathbf{q}\cdot\mathbf{x}_j}\right|^2 \tag{10.18}$$

wo $\mathbf{q} = k\mathbf{n}_0 - k\mathbf{n}$ die räumliche Änderung des Wellenvektors während der Streuung beschreibt.

Das Auftreten des Phasenfaktors $e^{i\mathbf{q}\cdot\mathbf{x}_j}$ in (10.18) bedeutet, dass die Streuung außer in Vorwärtsrichtung, wo $\mathbf{q} = 0$ ist, empfindlich von der genauen räumlichen Verteilung der Streukörper abhängt. Das allgemeine Verhalten lässt sich illustrieren, wenn alle Streukörper identisch sind. Der Streuquerschnitt ist dann das Produkt aus dem Streuquerschnitt für einen einzelnen Streukörper, multipliziert mit dem Strukturfaktor[2]

$$\mathscr{F}(\mathbf{q}) = \left|\sum_j e^{i\mathbf{q}\cdot\mathbf{x}_j}\right|^2 \tag{10.19}$$

---

[2] Durch Mehrfachstreuung verursachte Effekte lassen wir hierbei außer acht. Das heißt wir nehmen an, dass die mittlere freie Weglänge bei der Streuung gegenüber den Abmessungen des gesamten Streusystems groß ist.

für den sich offensichtlich auch

$$\mathscr{F}(\mathbf{q}) = \sum_j \sum_{j'} e^{i\mathbf{q}\cdot(\mathbf{x}_j - \mathbf{x}_{j'})}$$

schreiben lässt. Sind die Streukörper statistisch verteilt, dann kann man zeigen, dass die Beiträge der Terme mit $j \neq j'$ vernachlässigt werden können und nur die mit $j = j'$ von Bedeutung sind. Es ist dann $\mathscr{F}(\mathbf{q}) = N$ mit N als Gesamtzahl der Streukörper. Man spricht in diesem Fall von *inkohärenter Superposition* der einzelnen Streubeiträge. Ist dagegen die Zahl der Streukörper sehr groß und gleichmäßig im Raum verteilt, dann verschwindet der Strukturfaktor im Endeffekt an allen Punkten, außer in Vorwärtsrichtung. Daher tritt bei einer Anordnung vieler gleichmäßig verteilter Streukörper letzten Endes keine Streuung auf. Beispiele hierfür sind einzelne Kristalle aus durchsichtigem Material wie Steinsalz oder Quarz. Der tatsächlich auftretende, wenn auch geringe Streuanteil rührt von den thermischen Gitterbewegungen her oder von Verunreinigungen etc. Ein Beispiel hierfür, das auch die Einschränkung der obigen Bemerkung auf den langwelligen Bereich deutlich macht, liefert eine einfache kubische Anordnung von Streuzentren. Der entsprechende Strukturfaktor ist bekanntlich

$$\mathscr{F}(\mathbf{q}) = N^2 \left[\frac{\sin^2\left(\frac{N_1 q_1 a}{2}\right)}{N_1^2 \sin^2\left(\frac{q_1 a}{2}\right)} \cdot \frac{\sin^2\left(\frac{N_2 q_2 a}{2}\right)}{N_2^2 sin^2\left(\frac{q_2 a}{2}\right)} \cdot \frac{\sin^2\left(\frac{N_3 q_3 a}{2}\right)}{N_3^2 \sin^2\left(\frac{q_3 a}{2}\right)} \right] \tag{10.20}$$

wobei a die Gitterkonstante bedeutet, während N_1, N_2 und N_3 jeweils die Anzahl der Gitterpunkte längs der Kristallachsen bezeichnen. Die Gesamtzahl der Streuzentren ist $N = N_1 N_2 N_3$, und q_1, q_2 und q_3 sind die Komponenten von $\mathbf{q}$ entlang der Kristallachsen. Bei kurzen Wellenlängen ($ka > \pi$) hat $\mathscr{F}(\mathbf{q})$ Maxima, wenn die Bragg'sche Bedingung $q_i a = 0, 2\pi, 4\pi, \ldots$ erfüllt ist. Diese Situation tritt bekanntlich bei der Streuung von Röntgen-Strahlen auf. Bei großen Wellenlängen ist nur das Maximum bei $q_i a = 0$ von Bedeutung, da $(q_i a)_{\max} = 2ka \ll 1$ ist. In diesem Grenzfall ist $\mathscr{F}(\mathbf{q})$ das Produkt dreier Faktoren, die jeweils die Form $[(\sin x_i)/x_i]^2$ mit $x_i = N_i q_i a/2$ haben. Die Streuung ist daher auf das Gebiet $q_i \lesssim 2\pi/N_i a$ beschränkt. Dies entspricht Winkeln kleiner als λ/L, wenn λ die Wellenlänge ist und L eine für die Gesamtausdehnung des Streusystems charakteristische Länge.

10.2 Störungstheorie für Streuung; Rayleighs Erklärung der blauen Himmelsfarbe;[3] Streuung in Gasen und Flüssigkeiten; Dämpfung in optischen Fasern

A. Allgemeine Theorie

Ist das Medium, durch das eine elektromagnetische Welle hindurchtritt, in seinen Eigenschaften homogen, dann breitet sich die Welle ungestört und ohne Ablenkungen aus. Treten jedoch in den elektromagnetischen Eigenschaften des Mediums räumliche (oder zeitliche) Änderungen auf, dann wird die Welle gestreut und ein Teil der Energie vom ursprünglichen Weg abgelenkt. Sind die genannten Änderungen des Mediums klein, dann ist die Streuung nur geringfügig, und man kann störungstheoretische Verfahren benutzen. Man stellt sich dazu eine Vergleichssituation vor, in der das homogene, isotrope Medium die Dielektrizitätskonstante ϵ_0 und die Permeabilität μ_0 hat. Zunächst wollen wir ϵ_0 und μ_0 als frequenzunabhängig annehmen, obwohl klar ist, wie man sich von dieser Einschränkung bei Annahme harmonischer Zeitabhängigkeit befreien kann. Unter dem Einfluss einer Störung erfahre das Medium in seiner Reaktion auf angelegte Felder *kleine Änderungen*, sodass über einen gewissen Raumbereich $\mathbf{D} \neq \epsilon_0 \mathbf{E}$ und $\mathbf{B} \neq \mu_0 \mathbf{H}$ ist. Diese Abweichungen können sowohl räumlich wie zeitlich variieren. Unser Ausgangspunkt sind die Maxwell'schen Gleichungen bei Abwesenheit von Quellen, d.h.

$$\begin{aligned} \nabla \cdot \mathbf{B} &= 0, \quad \nabla \times \mathbf{E} = -\frac{\partial \mathbf{B}}{\partial t} \\ \nabla \cdot \mathbf{D} &= 0, \quad \nabla \times \mathbf{H} = \frac{\partial \mathbf{D}}{\partial t} \end{aligned} \tag{10.21}$$

Aus ihnen folgt eine Wellengleichung für $\mathbf{D}$, nämlich

$$\nabla^2 \mathbf{D} - \mu_0 \epsilon_0 \frac{\partial^2 \mathbf{D}}{\partial t^2} = -\nabla \times [\nabla \times (\mathbf{D} - \epsilon_0 \mathbf{E})] + \epsilon_0 \frac{\partial}{\partial t} \nabla \times (\mathbf{B} - \mu_0 \mathbf{H}) \tag{10.22}$$

Näherungen wurden in dieser Gleichung bisher nicht gemacht. Doch werden wir später die rechte Seite in einem bestimmten Sinn als kleine Größe behandeln.[4]

[3] Der Name Rayleighs steht mit der quantitativen Erklärung der blauen Himmelsfarbe zweifellos in engster Verbindung. Doch ist es von historischem Interesse, daran zu erinnern, dass das Grundphänomen bereits Leonardo da Vinci (um 1500) verstand. Dies zeigen besonders seine Experimente zu der vor dunklem Hintergrund beobachteten Streuung von Sonnenlicht im Rauch brennenden Holzes. Zitiert werden diese Experimente bei J.P. Richter, *The Literary Works of Leonardo da Vinci*, Bd. I (S. 237ff.), London: Phaidon 1970 (3. Aufl.) und auch in dem bei Dover erschienenen Nachdruck „*The Notebooks of Leonardo da Vinci*", Bd. 1 (S. 161ff.). Leonardos Experimente nahmen auffallend ähnliche Beobachtungen vorweg, die Tyndall 350 Jahre später machte (J. Tyndall, *Phil. Trans. Roy. Soc.* **160**, 333 (1870)).

[4] Bei Anwesenheit vorgegebener Quellen $\rho(\mathbf{x}, t)$ und $\mathbf{J}(\mathbf{x}, t)$ ist zur linken Seite von Gl. (10.22) der Term $-\left[\nabla\rho + \mu_0 \epsilon_0 \frac{\partial \mathbf{J}}{\partial t}\right]$ hinzuzufügen.

Ist der Ausdruck auf der rechten Seite von Gl. (10.22) bekannt, so hat die Gleichung die Form der Wellengleichung (6.32) mit der retardierten Lösung (6.47). Im Allgemeinen trifft dies natürlich nicht zu, und dann ist (6.47) nicht als Lösung, sondern als Integralgleichung anzusehen. Doch selbst eine solche Integralgleichung stellt einen fruchtbaren Ausgangspunkt für Näherungen dar. Es ist zweckmäßig, für die ungestörten Felder den Spezialfall harmonischer Zeitabhängigkeit zu betrachten und anzunehmen, dass die Abweichungen $(\mathbf{D} - \epsilon_0 \mathbf{E})$ und $(\mathbf{B} - \mu_0 \mathbf{H})$ die gleiche Zeitabhängigkeit aufweisen. Diese Annahme schränkt die Klasse der störungstheoretisch behandelbaren Probleme zwar ein, vereinfacht aber wesentlich die Diskussion. Nimmt man also die Zeitabhängigkeit $e^{-i\omega t}$ an, so geht (10.22) über in

$$(\nabla^2 + k^2)\mathbf{D} = -\nabla \times [\nabla \times (\mathbf{D} - \epsilon_0 \mathbf{E})] - i\epsilon_0 \omega \nabla \times (\mathbf{B} - \mu_0 \mathbf{H}) \tag{10.23}$$

wobei $k^2 = \mu_0 \epsilon_0 \omega^2$ ist und μ_0 und ϵ_0 nun auch von der Frequenz ω abhängen können. Die Lösung des ungestörten Problems, für das die rechte Seite von (10.23) Null ist, bezeichnen wir mit $\mathbf{D}^{(0)}(\mathbf{x})$. Eine formale Lösung erhält man aus (6.45), wenn man die rechte Seite von Gl. (10.23) als bekannt voraussetzt. Diese formale Lösung hat folgende Gestalt:

$$\mathbf{D} = \mathbf{D}^{(0)} + \frac{1}{4\pi} \int d^3x' \, \frac{e^{ik|\mathbf{x}-\mathbf{x}'|}}{|\mathbf{x}-\mathbf{x}'|} \begin{Bmatrix} \nabla' \times [\nabla' \times (\mathbf{D} - \epsilon_0 \mathbf{E})] \\ + i\epsilon_0 \omega \nabla' \times (\mathbf{B} - \mu_0 \mathbf{H}) \end{Bmatrix} \tag{10.24}$$

Handelt es sich um den physikalischen Fall einer Streuung, bei der der Integrand in (10.24) auf ein endliches Raumgebiet beschränkt ist und $\mathbf{D}^{(0)}$ eine einfallende Welle mit bestimmter Richtung beschreibt, dann lassen sich die vom Streuzentrum weit entfernten Felder in der Form

$$\mathbf{D} \to \mathbf{D}^{(0)} + \mathbf{A}_s \frac{e^{ikr}}{r} \tag{10.25}$$

schreiben, wobei die *Streuamplitude* $\mathbf{A}_s$ durch

$$\mathbf{A}_s = \frac{1}{4\pi} \int d^3x' \, e^{-ik\mathbf{n}\cdot\mathbf{x}'} \begin{Bmatrix} \nabla' \times [\nabla' \times (\mathbf{D} - \epsilon_0 \mathbf{E})] \\ + i\epsilon_0 \omega \nabla' \times (\mathbf{B} - \mu_0 \mathbf{H}) \end{Bmatrix} \tag{10.26}$$

gegeben ist. Die Schritte, die von (10.24) auf (10.26) führen, sind die gleichen wie beim Übergang von (9.3) auf (9.8) im Fall der Strahlungsfelder. Mithilfe einiger partieller Integrationen lässt sich die Streuamplitude schließlich auf die Form

$$\mathbf{A}_s = \frac{k^2}{4\pi} \int d^3x \, e^{-ik\mathbf{n}\cdot\mathbf{x}} \begin{Bmatrix} [\mathbf{n} \times (\mathbf{D} - \epsilon_0 \mathbf{E})] \times \mathbf{n} \\ - \dfrac{\epsilon_0 \omega}{k} \mathbf{n} \times (\mathbf{B} - \mu_0 \mathbf{H}) \end{Bmatrix} \tag{10.27}$$

bringen. Die Vektorstruktur des Integranden entspricht der des gestreuten Dipolfeldes (10.2). Die Polarisationsabhängigkeit der $(\mathbf{D} - \epsilon_0 \mathbf{E})$ und $(\mathbf{B} - \mu_0 \mathbf{H})$ enthaltenden Terme ist also die eines elektrischen bzw. magnetischen Dipols. Analog zu (10.4) ist der differentielle Streuquerschnitt

$$\frac{d\sigma}{d\Omega} = \frac{|\boldsymbol{\epsilon}^* \cdot \mathbf{A}_s|^2}{|\mathbf{D}^{(0)}|^2} \tag{10.28}$$

mit $\boldsymbol{\epsilon}$ als Polarisationsvektor der gestreuten Strahlung.

Die Gleichungen (10.24), (10.27) und (10.28) liefern eine formale Lösung des zu Beginn dieses Abschnitts gestellten Streuproblems. Die Streuamplitude $\mathbf{A}_s$ ist natürlich erst dann bekannt, wenn dies für die Felder zumindest näherungsweise zutrifft. Doch ausgehend von (10.24) lässt sich ein systematisches Verfahren sukzessiver Näherungen entwickeln, das der Born'schen Reihe für die quantenmechanische Streuung entspricht. Existiert für den Integranden in (10.24) eine Näherung erster Ordnung, dann liefert (10.24) eine erste, über $\mathbf{D}^{(0)}$ hinausgehende Näherung für $\mathbf{D}$. Diese kann für eine zweite Näherung des Integranden benutzt werden, um daraus die nächste Näherung für $\mathbf{D}$ zu bestimmen etc. Konvergenzfragen der Reihe und Ähnliches sind im quantenmechanischen Zusammenhang eingehend untersucht worden. Die Reihe ist natürlich nur dann von Vorteil, wenn sie bereits nach den ersten Iterationen schnell konvergiert.

B. Born'sche Näherung

Wir werden uns hier mit der Näherung niedrigster Ordnung für die Streuamplitude begnügen. In der Quantenmechanik nennt man sie *erste Born'sche Näherung* oder kurz *Born'sche Näherung*. In dem hier interessierenden Zusammenhang wurde sie bereits 1881 von Lord Rayleigh entwickelt. Wir beschränken uns im Folgenden auf das einfache Beispiel allein räumlicher Änderungen in der (linearen) Reaktion des Mediums. Das heißt wir nehmen an, dass $\mathbf{D}$ und $\mathbf{E}$ sowie $\mathbf{B}$ und $\mathbf{H}$ folgendermaßen miteinander verknüpft sind:

$$\begin{aligned} \mathbf{D}(\mathbf{x}) &= [\epsilon_0 + \delta\epsilon(\mathbf{x})]\mathbf{E}(\mathbf{x}) \\ \mathbf{B}(\mathbf{x}) &= [\mu_0 + \delta\mu(\mathbf{x})]\mathbf{H}(\mathbf{x}) \end{aligned} \tag{10.29}$$

Dabei ist vorausgesetzt, dass $\delta\epsilon(\mathbf{x})$ und $\delta\mu(\mathbf{x})$ dem Betrage nach klein gegenüber ϵ_0 bzw. μ_0 sind. Die in (10.24) und (10.27) auftretenden Differenzen sind proportional zu $\delta\epsilon$ bzw. $\delta\mu$. In niedrigster Ordnung können sie durch die ungestörten Felder approximiert werden:

$$\begin{aligned} \mathbf{D} - \epsilon_0\mathbf{E} &\simeq \frac{\delta\epsilon(\mathbf{x})}{\epsilon_0}\mathbf{D}^{(0)}(\mathbf{x}) \\ \mathbf{B} - \mu_0\mathbf{H} &\simeq \frac{\delta\mu(\mathbf{x})}{\mu_0}\mathbf{B}^{(0)}(\mathbf{x}) \end{aligned} \tag{10.30}$$

Die ungestörten Felder seien die einer ebenen Welle, die sich in Richtung von $\mathbf{n}_0$ ausbreiten. Es ist dann

$$\begin{aligned} \mathbf{D}^{(0)}(\mathbf{x}) &= \boldsymbol{\epsilon}_0 D_0 e^{ik\mathbf{n}_0\cdot\mathbf{x}} \\ \mathbf{B}^{(0)}(\mathbf{x}) &= \sqrt{\frac{\mu_0}{\epsilon_0}}\,\mathbf{n}_0 \times \mathbf{D}^{(0)}(\mathbf{x}) \end{aligned}$$

Das durch D_0 dividierte Skalarprodukt zwischen der Streuamplitude (10.27) und $\boldsymbol{\epsilon}^*$ ergibt sich damit zu

$$\frac{\boldsymbol{\epsilon}^* \cdot \mathbf{A}_s^{(1)}}{D_0} = \frac{k^2}{4\pi}\int d^3x\, e^{i\mathbf{q}\cdot\mathbf{x}} \left\{ \begin{array}{l} \boldsymbol{\epsilon}^* \cdot \boldsymbol{\epsilon}_0 \dfrac{\delta\epsilon(\mathbf{x})}{\epsilon_0} \\ (\mathbf{n} \times \boldsymbol{\epsilon}^*) \cdot (\mathbf{n}_0 \times \boldsymbol{\epsilon}_0) \dfrac{\delta\mu(\mathbf{x})}{\mu_0} \end{array} \right\} \tag{10.31}$$

wobei $\mathbf{q} = k(\mathbf{n}_0 - \mathbf{n})$ die Differenz zwischen den Wellenvektoren der ein- und auslaufenden Welle ist. Das Absolutquadrat von (10.31) liefert den differentiellen Streuquerschnitt (10.28).

Ist die Wellenlänge gegenüber der räumlichen Ausdehnung von $\delta\epsilon$ und $\delta\mu$ groß, dann kann die Exponentialfunktion in (10.31) gleich Eins gesetzt werden. Der Ausdruck für die Streuamplitude entspricht dann hinsichtlich der Frequenzabhängigkeit und Winkelverteilung der im vorigen Abschnitt betrachteten Dipolnäherung. Um eine Verbindung zu den früheren Ergebnissen herzustellen, wollen wir annehmen, der Streukörper sei eine im Vakuum befindliche, homogene dielektrische Kugel vom Radius a. Dann ist $\delta\epsilon$ innerhalb des Kugelvolumens konstant, während es außerhalb dieses Volumens verschwindet. Das Integral in (10.31) lässt sich für beliebiges $|\mathbf{q}|$ berechnen, und man erhält:

$$\frac{\boldsymbol{\epsilon}^* \cdot \mathbf{A}_s}{D_0} = k^2 \frac{\delta\epsilon}{\epsilon_0} (\boldsymbol{\epsilon}^* \cdot \boldsymbol{\epsilon}_0) \left[\frac{\sin qa - qa \cos qa}{q^3} \right]$$

Im Limes $q \to 0$ nimmt der in eckigen Klammern stehende Ausdruck den Wert $a^3/3$ an. Bei niedrigen Frequenzen bzw. in Vorwärtsrichtung bei allen Frequenzen lautet daher die Born'sche Näherung des differentiellen Streuquerschnitts für die Streuung an einer dielektrischen Kugel vom Radius a:

$$\lim_{q \to 0} \left(\frac{d\sigma}{d\Omega} \right)_{\text{Born}} = k^4 a^6 \left| \frac{\delta\epsilon}{3\epsilon_0} \right|^2 |\boldsymbol{\epsilon}^* \cdot \boldsymbol{\epsilon}_0|^2 \tag{10.32}$$

Ein Vergleich mit (10.6) zeigt, dass zwischen der Born'schen Näherung und dem Niederfrequenz-Limes des exakten Ergebnisses die erwartete Beziehung besteht.

C. Elementare Begründung der blauen Himmelsfarbe

In dem hier umrissenen Rahmen lässt sich auch die Streuung von Licht in Gasen behandeln. Sie wurde das erste Mal von Lord Rayleigh in seiner berühmten Arbeit über die blaue Himmelsfarbe und den Sonnenuntergang (die zur blauen Himmelsfarbe komplementäre Erscheinung der rot leuchtenden, untergehenden Sonne) untersucht.[5] Da die magnetischen Momente der meisten Gasmoleküle gegenüber ihren elektrischen Dipolmomenten vernachlässigt werden können, hat die Streuung rein elektrischen Dipolcharakter. Während wir im vorigen Abschnitt die Winkelverteilung und die Polarisation der individuellen Streukörper (vgl. Abb. 10.2) untersuchten, wollen wir unser Augenmerk jetzt allein auf den totalen Streuquerschnitt und die Dämpfung des einfallenden Strahls richten. Wir gehen dabei auf verschiedene Weise voran. Zunächst bringen wir eine elementare Begründung der blauen Himmelsfarbe, die für ein verdünntes, ideales Gas angemessen ist, in dem die Moleküle rein statistisch verteilt sind. Die zweite Begründung, die wir anschließend bringen, hat einen größeren Geltungsbereich und beruht auf Dichteschwankungen des Gases. Wir identifizieren jetzt ϵ_0 mit der Dielektrizitätskonstanten des Vakuums.

[5] Lord Rayleigh, *Phil. Mag.* **XLI**, 107, 274, (1871); *ebd.* **XLVII**, 375 (1899); Nachgedruckt in seinen *Scientific Papers*, Bd. 1, S. 87 und Bd. 2, S. 397. Diese Artikel zu lesen, ist äußerst lohnend; denn sie geben ein Beispiel für die Arbeitsweise eines meisterhaften Physikers.

Besitzt ein einzelnes Molekül, das sich am Ort $\mathbf{x}_j$ befindet, das Dipolmoment $\mathbf{p}_j = \epsilon_0 \gamma_{\text{mol}} \mathbf{E}(\mathbf{x}_j)$, dann lässt sich für die in (10.31) auftretende effektive Änderung der Dielektrizitätskonstanten

$$\delta\epsilon(\mathbf{x}) = \epsilon_0 \sum_j \gamma_{\text{mol}} \delta(\mathbf{x} - \mathbf{x}_j) \tag{10.33}$$

schreiben. Nach (10.31) und (10.28) ergibt sich damit für den differentiellen Streuquerschnitt:

$$\frac{d\sigma}{d\Omega} = \frac{k^4}{16\pi^2} |\gamma_{\text{mol}}|^2 |\boldsymbol{\epsilon}^* \cdot \boldsymbol{\epsilon}_0|^2 \mathscr{F}(\mathbf{q})$$

wobei $\mathscr{F}(\mathbf{q})$ den durch (10.19) bestimmten Strukturfaktor darstellt. Sind die Streuzentren statistisch verteilt, so reduziert sich dieser Faktor auf eine inkohärente Summe. Der Streuquerschnitt ist dann gleich dem Streuquerschnitt für ein einzelnes Molekül, multipliziert mit der Anzahl der Moleküle. Für ein verdünntes Gas ist die molekulare Polarisierbarkeit mit der Dielektrizitätskonstanten über $\epsilon_r \simeq 1 + N\gamma_{\text{mol}}$ verknüpft, wenn N die Zahl der Moleküle pro Volumeneinheit bedeutet. Der totale Streuquerschnitt *pro Gasmolekül* ist somit

$$\sigma \simeq \frac{k^4}{6\pi N^2} |\epsilon_r - 1|^2 \simeq \frac{2k^4}{3\pi N^2} |n - 1|^2 \tag{10.34}$$

Der letzte Ausdruck ergibt sich aus der Tatsache, dass der Brechungsindex nahe bei Eins liegt und somit $|n - 1| \ll 1$ ist. Der Streuquerschnitt (10.34) stellt die von einem Molekül gestreute Leistung dar, bezogen auf den einfallenden Energiestrom. Beim Passieren einer Gasschicht der Dicke dx ist der relative Verlust des Energiestroms gleich $N\sigma\,dx$. Dies bedeutet, dass die Intensität des einfallenden Strahls innerhalb der Gasschicht gemäß $I(x) = I_0 e^{-\alpha x}$ abnimmt. Dabei ist α der *Absorptions- oder Extinktionskoeffizient* (auch *Opazität* genannt) aus (7.53) und gegeben durch

$$\alpha = N\sigma \simeq \frac{2k^4}{3\pi N} |n - 1|^2 \tag{10.35}$$

Die Ergebnisse (10.34) und (10.35) beschreiben die sog. *Rayleigh-Streuung*, d.h. die inkohärente Streuung durch Gasmoleküle oder andere statistisch verteilte Dipolstreuer, die nach dem Rayleigh-Gesetz (10.4) jeweils einen zu k^4 proportionalen Streubeitrag liefern.

Rayleigh leitete die Formel (10.35) im Zusammenhang mit der Streuung von Licht durch die Atmosphäre her. Die k^4-Abhängigkeit bedeutet, dass im sichtbaren Spektrum das rote Licht am wenigsten gestreut wird, das violette dagegen am stärksten. In dem von seiner Einfallsrichtung abgelenkten Lichtstrahl sind also die hohen (blauen) Frequenzkomponenten stärker vertreten als im ursprünglichen, während der unabgelenkte, hindurchgelassene Strahl in seiner Frequenzverteilung immer röter wird und gleichzeitig in seiner Gesamtintensität abnimmt. Die blaue Himmelsfarbe und die Röte der untergehenden Sonne sind ebenso Konsequenzen der atmosphärischen Rayleigh-Streuung wie die Fahlheit des Sonnenlichts im Winter und die leicht erreichbare Sonnenbräune zur Mittagszeit. Der Brechungsindex von Luft bei Normalbedingungen hat im sichtbaren Bereich (4100–6500 Å) den Wert $(n - 1) \simeq 2{,}78 \times 10^{-4}$. Mit $N = 2{,}69 \times 10^{25}$ Moleküle/m^3 ergeben sich für den reziproken Absorptionskoeffizienten $\Lambda = \alpha^{-1}$ folgende typische Werte: $\Lambda = 30$, 77, 188 km für violettes (4100 Å), grünes (5200 Å) bzw. rotes (6500 Å) Licht. Unter Zugrundelegung eines Isothermenmodells für die Atmosphäre, in dem sich die Dichte exponentiell mit der Höhe über dem Erdboden ändert, kann man für jede Wellenlänge die Intensität an der Erdoberfläche, bezogen auf diejenigen am äußeren Rand der Atmosphäre, abschätzen. Für die im Zenit stehende und die auf- und untergehende Sonne erhält man folgende Werte:

Farbe	*Zenit*	*Sonnenauf- u. Sonnenuntergang*
Rot (6500 Å)	0,96	0,21
Grün (5200 Å)	0,90	0,024
Violett (4100 Å)	0,76	0,000065

Diese Zahlen machen die bei Sonnenauf- und Sonnenuntergang beobachtbare Verschiebung des Sonnenlichts zum Roten sehr deutlich.

Die tatsächliche Situation veranschaulicht Abb. 10.4. Die Kurve *A* zeigt das Leistungsspektrum der auf die Erde einfallenden Sonnenstrahlung als Funktion der Pho-

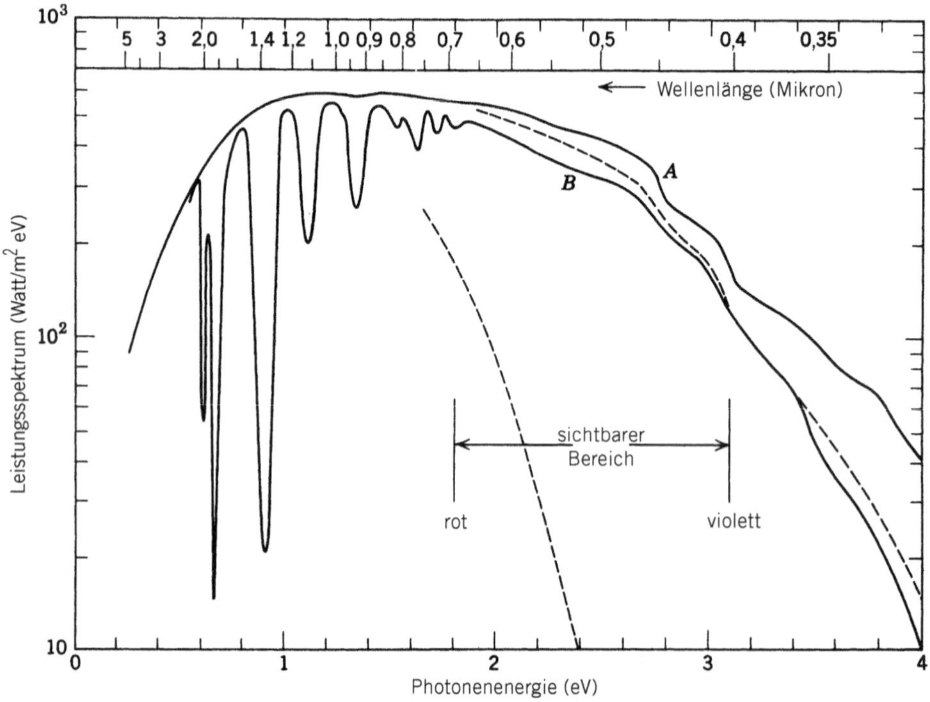

Abb. 10.4 Leistungsspektrum der Sonnenstrahlung (in Watt/m^2 eV) als Funktion der Photonenenergie (in eV). Kurve *A* zeigt das einfallende Spektrum oberhalb der Atmosphäre. Kurve *B* dagegen zeigt ein typisches Spektrum in Meereshöhe bei im Zenit stehender Sonne. Die Absorptionsbänder unterhalb von 2 eV rühren hauptsächlich vom Wasserdampf her und variieren sowohl räumlich wie zeitlich. Die gestrichelten Kurven zeigen das Spektrum in Meereshöhe bei im Zenit stehender Sonne und bei auf- und untergehender Sonne, das man erwarten würde, wenn die Dämpfung allein durch Rayleigh-Streuung in der trockenen und klaren Atmosphäre verursacht würde.

tonenenergie. Kurve *B* dagegen zeigt ein typisches Spektrum in Meereshöhe bei im Zenit stehender Sonne.[6] Die obere gestrichelte Kurve entspricht dem Ergebnis, das man nach Kurve *A* erwarten würde, wenn die Dämpfung allein durch Rayleigh-Streuung in der trockenen und klaren Atmosphäre verursacht und sich letztere exakt wie im Isothermenmodell verhalten würde. In Wirklichkeit ist die Dämpfung sehr viel stärker. Die Hauptursachen hierfür sind der vorhandene Wasserdampf mit seinen starken Absorptionsbändern im Infraroten, ferner die Ozonschicht, die das ultraviolette Licht absorbiert, sowie andere Molekülsorten und Staubpartikel. Die untere gestrichelte Kurve zeigt grob das Spektrum, wie man es in Meereshöhe bei Sonnenauf- und Sonnenuntergang erwarten würde. Astronauten, die die Erde umkreisen, erscheint die untergehende Sonne sogar noch röter, da sich die von den Sonnenstrahlen durch die Atmosphäre zurückgelegte Wegstrecke verdoppelt.

Über die Polarisation des gestreuten Himmelslichts liegen ebenfalls genaue Daten vor.[7] Genauso wie bei der Absorption weicht auch hier die Realität vom Idealfall einer trockenen und klaren Atmosphäre geringer Dichte etwas ab. Bei 90° ist die Polarisation eine Funktion der Wellenlänge, die bei 5500 Å ungefähr 75 Prozent ihres erwarteten Maximums erreicht. Dass letzteres nicht vollständig erreicht wird, dürfte zurückzuführen sein auf Mehrfachstreuung (6 %), auf eine Anisotropie in der Molekülverteilung (6 %) sowie auf Aerosole (8 %) und Bodenreflexionen (die besonders stark in Regionen mit grüner Vegetation ist und ca. 5 % ausmacht).

Die Formel (10.35) für den Extinktionskoeffizienten ist bemerkenswert, weil in ihr sowohl der mikroskopische Faktor N^{-1} als auch makroskopische Größen wie der Brechungsindex auftreten. Besäße die Materie keine atomare Struktur ($N \to \infty$), dann gäbe es nach dieser Formel keine Absorption. Umgekehrt kann die tatsächlich beobachtete Absorption zur Bestimmung von N herangezogen werden. Auf diesen Punkt wurde Rayleigh in seiner Privatkorrespondenz mit Maxwell aufmerksam gemacht. Nimmt man die Zusammensetzung der Atmosphäre als mehr oder weniger bekannt an, dann kann man die relative Intensität des von einem definierten Stern kommenden Lichtes als Funktion der Höhe dazu benutzen, um N zu bestimmen. Die Ergebnisse, die die auf dieser Methode beruhenden, ersten Abschätzungen lieferten, stimmen mit denen konventionellerer Verfahren gut überein.

D. Dichteschwankungen, kritische Opaleszenz

Eine alternative und allgemeinere Methode zur Untersuchung der Streuung und Absorption von Licht in Gasen und Flüssigkeiten besteht darin, die Schwankungen in der Dichte und somit im Berechnungsindex zu betrachten. Das Flüssigkeitsvolumen V stellt man sich in Zellen unterteilt vor, die in ihrer linearen Ausdehnung gegenüber der Wellenlänge zwar klein sind, aber sehr viele Moleküle enthalten. Jede Zelle habe ein Volumen v mit einer mittleren Molekülzahl $N_v = vN$. Die tatsächliche Molekülzahl schwankt um N_v, und zwar in einer Weise, die von den Eigenschaften des Gases oder der Flüssigkeit abhängt. Beträgt die Abweichung von der mittleren

---

[6] Die Daten in Abb. 10.4 entnahmen wir Forsythe, W. E., *Smithsonian Physical Tables*, 9. revidierte Aufl., Smithonian Institution, Washington, D.C. (1954), Tabelle 813 und 815 sowie Kondratyev, K. Ya., *Radiation in the Atmosphere*, New York: Academic Press 1969, Kap. 5.

[7] Gehrels, T., *J. Opt. Soc. Am.* **52**, 1164 (1962).

Molekülzahl in der j-ten Zelle ΔN_j, dann berechnet sich die Änderung der Dielektrizitätskonstanten in der j-ten Zelle zu

$$\delta\epsilon_j = \frac{\partial\epsilon}{\partial N} \cdot \frac{\Delta N_j}{v}$$

Aus der Clausius-Mossotti-Beziehung (4.70) folgt dann:

$$\delta\epsilon_j = \frac{(\epsilon_r - 1)(\epsilon_r + 2)}{3Nv} \Delta N_j \tag{10.36}$$

Mit diesem für die j-te Zelle geltenden Ausdruck für $\delta\epsilon$ geht das Integral (10.31) in eine Summe über die verschiedenen Zellen über:

$$\frac{\boldsymbol{\epsilon}^* \cdot \mathbf{A}_s^{(1)}}{D_0} = \boldsymbol{\epsilon}^* \cdot \boldsymbol{\epsilon}_0 \frac{k^2(\epsilon_r - 1)(\epsilon_r + 2)}{12\pi N\epsilon_r} \sum_j \Delta N_j e^{i\mathbf{q}\cdot\mathbf{x}_j} \tag{10.37}$$

Bei der Bildung des Betragsquadrates von (10.37) tritt ein Strukturfaktor ähnlich wie (10.19) auf. Nimmt man an, dass die Dichteschwankungen in verschiedenen Zellen nur über Strecken miteinander korreliert sind, die gegenüber der Wellenlänge klein sind (diese Korrelation wird indirekt über intermolekulare Kräfte verursacht), dann kann die Exponentialfunktion in (10.37) gleich Eins gesetzt werden. Für den Extinktionskoeffizienten ergibt sich dann:

$$\alpha = \frac{1}{V} \int \left| \frac{\boldsymbol{\epsilon}^* \cdot \mathbf{A}_s^{(1)}}{D_0} \right|^2 d\Omega$$

und damit

$$\alpha = \frac{(\omega/c)^4}{6\pi N} \left| \frac{(\epsilon_r - 1)(\epsilon_r + 2)}{3} \right|^2 \cdot \frac{\Delta N_V^2}{NV} \tag{10.38}$$

Dabei ist ΔN_V^2 die durch

$$\Delta N_V^2 = \sum_{jj'} \Delta N_j \Delta N_{j'}$$

definierte mittlere quadratische Schwankung der Molekülzahl im Volumen V. Die Summation erstreckt sich über alle in V enthaltenen Zellen. Nach der statistischen Mechanik[8] lässt sich die Größe ΔN_V^2 durch die *isotherme Kompressibilität* β_T des Mediums ausdrücken:

$$\frac{\Delta N_V^2}{NV} = NkT\beta_T, \quad \beta_T = -\frac{1}{V}\left(\frac{\partial V}{\partial P}\right)_T \tag{10.39}$$

Für den Extinktionskoeffizienten (10.38) bedeutet dies:

$$\alpha = \frac{1}{6\pi N}\left(\frac{\omega}{c}\right)^4 \left| \frac{(\epsilon_r - 1)(\epsilon_r + 2)}{3} \right|^2 \cdot NkT\beta_T \tag{10.40}$$

---

[8] Siehe z.B. Reif, F., *Physikalische Statistik und Physik der Wärme* (Kap. 7), Berlin: Walter de Gruyter 1976, oder Landau, L.D. und E.M. Lifschitz, *Statistische Physik* (Kap. XII), Berlin: Akademie-Verlag 1980.

Diese Formel, die das erste Mal von Einstein im Jahre 1910 hergeleitet wurde, heißt *Einstein-Smoluchowski-Formel.* Für ein verdünntes Gas mit $|\epsilon - 1| \ll 1$ und $NkT\beta_T = 1$ reduziert sie sich auf das Rayleigh'sche Resultat (10.35). Bei Annäherung an den kritischen Punkt wird β_T sehr groß (und unendlich am kritischen Punkt). Die Streuung und Absorption sind daher in diesem Gebiet sehr stark. Diese Erscheinung nennt man *kritische Opaleszenz*[9]. Die starke Streuung hängt, wie Smoluchowski (1904) das erste Mal feststellte, mit den großen Dichteschwankungen in der Nähe des kritischen Punktes zusammen. In unmittelbarer Umgebung dieses Punktes versagt unser Verfahren, da dann – nach Ornstein und Zernicke (1904) – die Korrelationslänge für die Dichteschwankungen größer als die Wellenlänge wird. Bei großen Korrelationslängen Λ muss der Phasenwinkel in (10.17) berücksichtigt werden. Im Betragsquadrat der Streuamplitude tritt dann eine Doppelsumme über $\Delta N_i \Delta N_j e^{i\mathbf{q}\cdot(\mathbf{x}_i - \mathbf{x}_j)}$ auf, die sich als Fourier-Transformierte der Dichte-Korrelationsfunktion ausdrücken lässt. Da jetzt – durch $\mathbf{q}$ – eine zusätzliche Winkelabhängigkeit ins Spiel kommt, hat die Winkelverteilung nicht mehr die einfache Dipolform. Beschreibt man die Dichte-Korrelationsfunktion durch eine Yukawa-Funktion $e^{-r/\Lambda}/r$, so nimmt der differentielle Extinktionskoeffizient für unpolarisierte einfallende Strahlung die Form

$$\frac{d\alpha(\theta)}{d\Omega} = \frac{3}{16\pi}(1 + \cos^2\theta)\,\alpha\left[\frac{1 + \Lambda^2 q^2/NkT\beta_T}{1 + \Lambda^2 q^2}\right] \tag{10.14}$$

an, wobei $q^2 = 2(\omega/c)^2(1 - \cos\theta)$ und α durch (10.40) gegeben ist. Für $\Lambda q \ll 1$ liefert die Integration über die normierte Winkelverteilung wieder (10.40), doch für $\Lambda \to \infty$ ergibt die Winkelintegration eine Dämpfung proportional zu (10.40), multipliziert mit $(c/\Lambda\omega)^2 \ln(\Lambda\omega/c)$. In großer Entfernung vom kritischen Punkt geht die ω^4-Abhängigkeit nahezu in eine ω^2-Abhängigkeit über, d. h. das gestreute Licht erscheint in der Nähe des kritischen Punktes „weißer“.

Man beachte, dass die obigen Formeln im kritischen Punkt divergieren und dort physikalisch unbrauchbar sind. Mit einer besseren Näherung würde sich eine große, aber doch endliche Dämpfung ergeben. Die Korrelationslänge Λ kann natürlich nicht größer werden als die Dimensionen des Flüssigkeitsbehälters.

Hinweise auf die ersten Arbeiten zu diesem Gebiet findet man in einem Buch von *Fabelinskii*, in dem ausführlich die Lichtstreuung im Zusammenhang mit kritischen Phänomenen und Phasenübergängen 2. Art behandelt wird. Zur Behandlung der radialen Dichte-Korrelationsfunktion verweisen wir auf *Rosenfeld* (Kapitel V, Abschnitt 6) oder auf *Landau* und *Lifschitz (op. cit.)*.

E. Dämpfung in optischen Fasern

Die maximale Entfernung zwischen den Relaisstationen für Lichtleiter-Übertragung wird durch die wegen der Rayleigh-Streuung unvermeidbare Dämpfung und durch die Absorption bei infraroten Wellenlängen begrenzt.

[9] Im Allgemeinen bezeichnet man als *Opaleszenz* das durch Streuung und z. T. auch Interferenz hervorgerufene *farbige* Schimmern von Gasen, Flüssigkeiten und Festkörpern. Beispiele sind neben der hier beschrieben kritischen Opaleszenz nichtidealer Gase und der Rayleigh-Streuung, auch blaue und grüne Farben von Vogelfedern, sowie das *namensgebende* Farbspiel des *Opals* (Anm. der Red.)

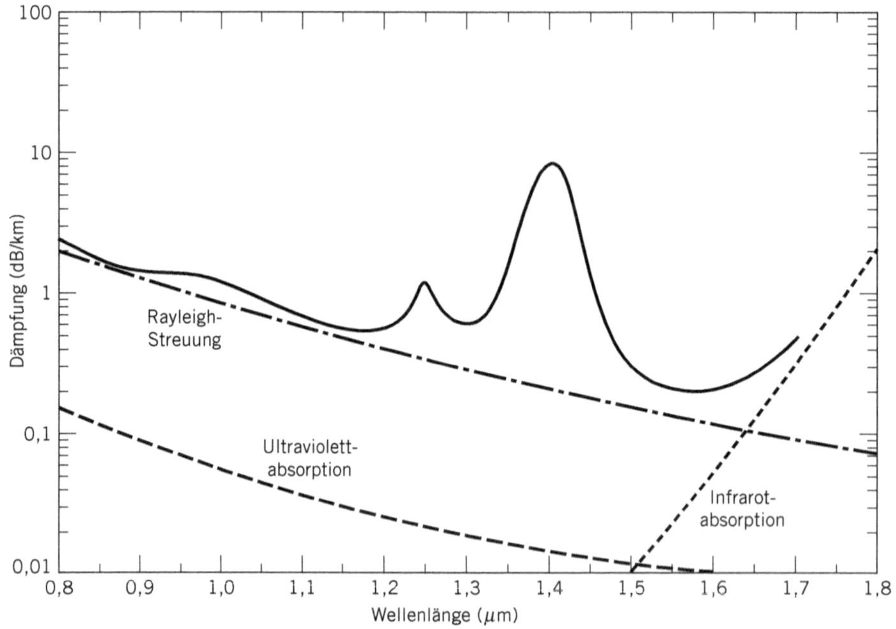

Abb. 10.5 Dämpfung als Funktion der Wellenlänge für eine typische einmodige, verlustarme optische Silikonfaser (schematisch). Die minimale Dämpfung wird bestimmt von der Rayleigh-Streuung, bis bei etwa 1,6 μm ein starker Anstieg durch Infrarotabsorption einsetzt. Die Maxima der beobachteten Dämpfung sind auf im Glas gelöstes Wasser (OH-Ionen) zurückzuführen.

Die isotherme Kompressibilität von Silikonglas ist gegeben durch $\beta_T \approx 7 \times 10^{-11}\,\mathrm{m}^2/\mathrm{N}$, und die in diesem Zusammenhang relevante Temperatur (die sog. fiktive Temperatur), bei der Fluktuationen einfrieren, liegt bei $T \approx 1400\,\mathrm{K}$. Der tatsächliche Wert des Faktors $(\epsilon_r - 1)(\epsilon_r + 2)/3 \approx 1{,}30$ der in (10.40) auftritt, ist etwas niedriger als 1,51 – der Wert, den man aus dem Brechungsindex $n = 1{,}45$ bei $\lambda = 1{,}0\,\mu\mathrm{m}$ erhalten würde. Damit ergibt sich $\alpha(\mathrm{km}^{-1}) \approx 0{,}2/[\lambda(\mu\mathrm{m})]^4$. Die Umwandlung in Dezibel pro Kilometer (mithilfe des Umrechnungsfaktor 4,343) führt auf $\alpha(\mathrm{dB/km}) \approx 0{,}85/[\lambda(\mu\mathrm{m})]^4$. Die entsprechende Kurve ist in Abb. 10.5 durch die strich-punktierte Linie wiedergegeben – einem typischen Verlauf für eine einmodige, verlustarme optische Faser. Unterhalb der Wellenlänge 1,5 μm wird die Dämpfung durch die Rayleigh-Streuung bestimmt. Hinzukommt die Absorption durch Verunreinigungen, etwa durch Hydroxyl-Ionen der sehr geringen Wassermengen, die im Glas gelöst sind. Oberhalb von 1,6 μm setzt starke Infrarotabsorption ein. Die minimale Dämpfung beträgt ca. 0,2 dB/km und liegt bei $\lambda \approx 1{,}55\,\mu$m. Im Minimum erreicht die mittlere freie Weglänge einen Wert von ungefähr 22 km.

10.3 Entwicklung einer räumlichen ebenen Welle nach sphärischen Lösungen der Wellengleichung

Für die Untersuchung der Streuung oder Absorption elektromagnetischer Strahlung an kugelförmigen Objekten oder – allgemeiner – an lokalisierten Systemen ist es nützlich zu wissen, wie die Entwicklung einer ebenen elektromagnetischen Welle nach sphärischen Lösungen der Wellengleichung lautet.

Für ein skalares Feld $\psi(\mathbf{x})$, das der Wellengleichung genügt, ergibt sich die genannte Entwicklung aus den Orthogonalitätseigenschaften der sphärischen Grundlösungen $j_l(kr)\, Y_{lm}(\theta, \phi)$. Alternativ hierzu kann man auch von der Entwicklung (9.98) der Green'schen Funktion $e^{ikR}/4\pi R$ nach sphärischen Lösungen der Wellengleichung ausgehen. Lässt man auf beiden Seiten von Gl. (9.98) $|\mathbf{x}'| \to \infty$ streben, dann kann man, wenn $\mathbf{n}$ ein Einheitsvektor in Richtung von $\mathbf{x}'$ ist, auf der linken Seite $|\mathbf{x} - \mathbf{x}'| \simeq r' - \mathbf{n} \cdot \mathbf{x}$ setzen. Auf der rechten Seite ist $r_> = r'$ und $r_< = r$. Ferner kann man für $h_l^{(1)}(kr')$ die asymptotische Darstellung (9.89) verwenden und erhält auf diese Weise:

$$\frac{e^{ikr'}}{4\pi r'}\, e^{-ik\mathbf{n}\cdot\mathbf{x}} = ik\, \frac{e^{ikr'}}{kr'} \sum_{l,m} (-i)^{l+1} j_l(kr)\, Y_{lm}^*(\theta', \phi')\, Y_{lm}(\theta, \phi) \tag{10.42}$$

Dividiert man diese Gleichung durch $e^{ikr'}/r'$, dann erhält man durch Übergang zum Konjugiertkomplexen folgende Entwicklung einer ebenen Welle:

$$e^{i\mathbf{k}\cdot\mathbf{x}} = 4\pi \sum_{l=1}^{\infty} i^l j_l(kr) \sum_{m=-l}^{l} Y_{lm}^*(\theta, \phi)\, Y_{lm}(\theta', \phi') \tag{10.43}$$

wobei $\mathbf{k}$ der Wellenvektor mit den sphärischen Koordinaten k, θ', ϕ' ist. Mithilfe des Additionstheorems (3.62) lässt sich (10.43) schließlich auf die kompaktere Form

$$e^{i\mathbf{k}\cdot\mathbf{x}} = \sum_{l=0}^{\infty} i^l (2l+1) j_l(kr) P_l(\cos\gamma) \tag{10.44}$$

bringen, wobei γ der Winkel zwischen $\mathbf{k}$ und $\mathbf{x}$ ist. Bei Verwendung der Beziehung (3.57) für das Legendre-Polynom $P_l \cos(\gamma)$ lässt sich hierfür auch

$$e^{i\mathbf{k}\cdot\mathbf{x}} = \sum_{l=0}^{\infty} i^l \sqrt{4\pi(2l+1)}\, j_l(kr)\, Y_{l,0}(\gamma) \tag{10.45}$$

schreiben.

Eine äquivalente Entwicklung wollen wir jetzt für eine zirkular polarisierte ebene Welle herleiten, die sich in Richtung der z-Achse fortbewegt, d. h. für

$$\begin{aligned} \mathbf{E}(\mathbf{x}) &= (\mathbf{e}_1 \pm i\mathbf{e}_2)\, e^{ikz} \\ c\mathbf{B}(\mathbf{x}) &= \mathbf{e}_3 \times \mathbf{E} = \mp i\mathbf{E} \end{aligned} \tag{10.46}$$

Da die ebene Welle im gesamten Raum endlich ist, enthält ihre Multipolentwicklung (9.122) nur die regulären Radialfunktionen $j_l(kr)$:

$$\begin{aligned} \mathbf{E}(\mathbf{x}) &= \sum_{l,m}\left[a_\pm(l,m)j_l(kr)\mathbf{X}_{lm} + \frac{i}{k}b_\pm(l,m)\nabla\times j_l(kr)\mathbf{X}_{lm}\right] \\ c\mathbf{B}(\mathbf{x}) &= \sum_{l,m}\left[\frac{-i}{k}a_\pm(l,m)\nabla\times j_l(kr)\mathbf{X}_{lm} + b_\pm(l,m)j_l(kr)\mathbf{X}_{lm}\right] \end{aligned} \tag{10.47}$$

Um die Koeffizienten $a_\pm(l,m)$ und $b_\pm(l,m)$ zu bestimmen, benutzen wir die Orthogonalitätseigenschaften der Vektorkugelfunktionen $\mathbf{X}_{lm}$. Wir geben hier, um später darauf zurückgreifen zu können, noch einmal die grundlegende Beziehung (9.120) und einige andere nützliche Beziehungen an:

$$\begin{aligned} &\int [f_l(r)\mathbf{X}_{l'm'}]^* \cdot [g_l(r)\mathbf{X}_{lm}]\,d\Omega = f_l^* g_l \delta_{ll'}\delta_{mm'} \\ &\int [f_l(r)\mathbf{X}_{l'm'}]^* \cdot [\nabla\times g_l(r)\mathbf{X}_{lm}]\,d\Omega = 0 \\ &\frac{1}{k^2}\int [\nabla\times f_l(r)\mathbf{X}_{l'm'}]^* \cdot [\nabla\times g_l(r)\mathbf{X}_{lm}]\,d\Omega \\ &= \delta_{ll'}\delta_{mm'}\left\{f_l^* g_l + \frac{1}{k^2r^2}\frac{\partial}{\partial r}\left[rf_l^*\frac{\partial}{\partial r}(rg_l)\right]\right\} \end{aligned} \tag{10.48}$$

Hierbei bedeuten $f_l(r)$ und $g_l(r)$ Linearkombinationen der sphärischen Bessel-Funktionen, die der Gl. (9.81) genügen. Die zweite und dritte Beziehung lassen sich mithilfe der Operatoridentität (9.125), der Gradientendarstellung

$$\nabla = \frac{\mathbf{r}}{r}\frac{\partial}{\partial r} - \frac{i}{r^2}\mathbf{r}\times\mathbf{L}$$

und der radialen Differentialgleichung (9.81) nachweisen.

Zur Bestimmung der Koeffizienten $a_\pm(l,m)$ und $b_\pm(l,m)$ bilden wir das Skalarprodukt beider Seiten von (10.47) mit $\mathbf{X}_{lm}^*$ und integrieren über die Winkel. Aus der ersten und zweiten der Orthogonalitätsrelationen (10.48) folgt dann:

$$a_\pm(l,m)j_l(kr) = \int \mathbf{X}_{lm}^* \cdot \mathbf{E}(\mathbf{x})\,d\Omega \tag{10.49}$$

und

$$b_\pm(l,m)j_l(kr) = c\int \mathbf{X}_{lm}^* \cdot \mathbf{B}(\mathbf{x})\,d\Omega \tag{10.50}$$

Mit dem Ausdruck (10.46) für das elektrische Feld geht (10.49) über in

$$a_\pm(l,m)j_l(kr) = \int \frac{(L_\pm Y_{lm})^*}{\sqrt{l(l+1)}}\,e^{ikz}\,d\Omega \tag{10.51}$$

wobei die Operatoren $L_\pm$ durch (9.102) definiert sind und ihre Wirkungsweise aus (9.104) hervorgeht. Wir erhalten daher:

$$a_\pm(l,m)j_l(kr) = \frac{\sqrt{(l\pm m)(l\mp m+1)}}{\sqrt{l(l+1)}}\int Y_{l,m\mp 1}^*\,e^{ikz}\,d\Omega \tag{10.52}$$

Setzt man hier die Entwicklung (10.45) für e^{ikz} ein, so führt die Orthogonalität der Y_{lm} schließlich auf

$$a_\pm(l,m) = i^l \sqrt{4\pi(2l+1)}\,\delta_{m,\pm 1} \tag{10.53}$$

Aus (10.50) und (10.46) folgt unmittelbar:

$$b_\pm(l,m) = \mp\, i a_\pm(l,m) \tag{10.54}$$

Demnach lautet die Multipolentwicklung der ebenen Welle (10.46):

$$\begin{aligned} \mathbf{E}(\mathbf{x}) &= \sum_{l=1}^{\infty} i^l \sqrt{4\pi(2l+1)} \left[j_l(kr)\mathbf{X}_{l,\pm 1} \pm \frac{1}{k} \nabla \times j_l(kr)\mathbf{X}_{l,\pm 1} \right] \\ c\mathbf{B}(\mathbf{x}) &= \sum_{l=1}^{\infty} i^l \sqrt{4\pi(2l+1)} \left[\frac{-i}{k} \nabla \times j_l(kr)\mathbf{X}_{l,\pm 1} \mp i j_l(kr)\mathbf{X}_{l,\pm 1} \right] \end{aligned} \tag{10.55}$$

Für eine solche zirkular polarisierte ebene Welle entsprechen offenbar die beiden m-Werte $m = \pm 1$ einer positiven bzw. negativen Einheit des auf die Ausbreitungsrichtung projizierten Photondrehimpulses. Dies ist bereits aus den Übungen 7.28 und 7.29 bekannt.

10.4 Streuung elektromagnetischer Wellen an einer Kugel

Eine ebene Welle elektromagnetischer Strahlung, die auf ein kugelförmiges Objekt fällt (vgl. Abb. 10.6), wird so gestreut, dass die Felder in großer Entfernung vom

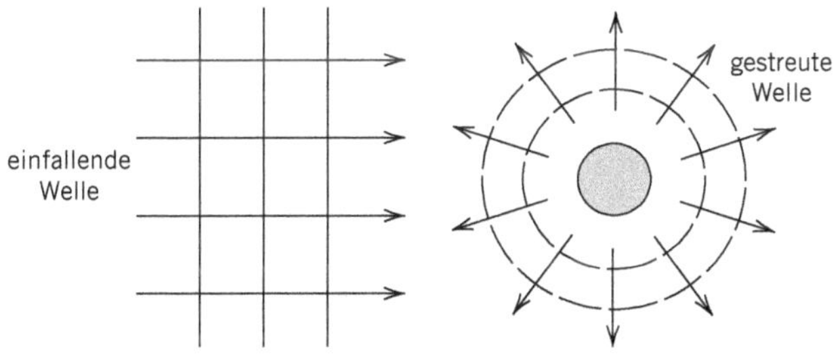

Abb. 10.6 Streuung von Strahlung an einem kugelförmigen Objekt.

Streuzentrum eine ebene Welle bilden, die von auslaufenden Kugelwellen überlagert wird. Am Streuzentrum kann sowohl Absorption wie reine Streuung auftreten. Der vom Streuzentrum ausgehende Energiestrom ist dann kleiner als der gesamte, auf das Streuzentrum einfallende Energiestrom, wobei die Differenz den absorbierten Anteil ausmacht. Wir werden zwar nur das einfache Beispiel der Streuung an einer ideal leitenden Kugel vom Radius a betrachten, formulieren aber zunächst das Problem allgemeiner.

Die Felder außerhalb der Kugel lassen sich als Überlagerung der einfallenden und gestreuten Welle schreiben:

$$\begin{aligned} \mathbf{E}(\mathbf{x}) &= \mathbf{E}_{\text{ein}} + \mathbf{E}_s \\ \mathbf{B}(\mathbf{x}) &= \mathbf{B}_{\text{ein}} + \mathbf{B}_s \end{aligned} \tag{10.56}$$

wobei $\mathbf{E}_{\text{ein}}$ und $\mathbf{B}_{\text{ein}}$ durch (10.55) gegeben sind. Da die gestreuten Felder im Unendlichen auslaufende Wellen sind, lauten ihre Entwicklungen:

$$\begin{aligned} \mathbf{E}_s &= \frac{1}{2}\sum_{l=1}^{\infty} i^l \sqrt{4\pi(2l+1)}\left[\alpha_\pm(l)\, h_l^{(1)}(kr)\mathbf{X}_{l,\pm 1} \pm \frac{\beta_\pm(l)}{k}\boldsymbol{\nabla}\times h_l^{(1)}(kr)\mathbf{X}_{l,\pm 1}\right] \\ c\mathbf{B}_s &= \frac{1}{2}\sum_{l=1}^{\infty} i^l \sqrt{4\pi(2l+1)}\left[\frac{-i\alpha_\pm(l)}{k}\boldsymbol{\nabla}\times h_l^{(1)}(kr)\mathbf{X}_{l,\pm 1} \mp i\beta_\pm(l)\, h_l^{(1)}(kr)\mathbf{X}_{l,\pm 1}\right] \end{aligned} \tag{10.57}$$

Die Koeffizienten $\alpha_\pm(l)$ und $\beta_\pm(l)$ bestimmen sich aus den Randbedingungen an der Oberfläche des Streuzentrums. A priori müsste man in den Gln. (10.57) sowohl über m wie über l summieren, doch bei der eingeschränkten Klasse von kugelsymmetrischen Problemen, die wir hier betrachten, treten nur die beiden m-Werte $m = \pm 1$ auf.

Die pro Sekunde insgesamt gestreute bzw. absorbierte Strahlungsenergie lässt sich formal durch die Koeffizienten $\alpha(l)$ und $\beta(l)$ ausdrücken, nämlich über die Streufelder und die Gesamtfelder, die auf der Oberfläche einer das Streuzentrum umgebenden Kugel vom Radius a herrschen. Die nach außen gerichtete Komponente des Poynting'schen Vektors der Streufelder ergibt, nach Integration über die Kugeloberfläche, die gestreute Energie, und die entsprechende Komponente der Gesamtfelder liefert die absorbierte Energie. Bei geeigneter Umformung der dreifachen Skalarprodukte lässt sich für die entsprechenden Strahlungsleistungen schreiben:

$$P_s = -\frac{a^2}{2\mu_0}\,\text{Re}\int \mathbf{E}_s\cdot(\mathbf{n}\times\mathbf{B}_s^*)\,d\Omega \tag{10.58}$$

und

$$P_{\text{abs}} = \frac{a^2}{2\mu_0}\,\text{Re}\int \mathbf{E}\cdot(\mathbf{n}\times\mathbf{B}^*)\,d\Omega \tag{10.59}$$

Hierin stellt $\mathbf{n}$ die radiale äußere Normale dar, während $\mathbf{E}_s$ und $\mathbf{B}_s$ durch (10.57) gegeben sind und $\mathbf{E}$ und $\mathbf{B}$ die Gesamtfelder darstellen, d.h. die Summe aus den ebenen Wellenfeldern (10.55) und den gestreuten Feldern (10.57). In die letzten beiden Gleichungen gehen nur die Transversalkomponenten der Felder ein. Dass der zu $\mathbf{X}_{lm}$ proportionale Anteil dieser Felder transversal ist, wissen wir bereits. Der andere in (10.55) bzw. (10.57) enthaltene Anteil hat die Struktur von

$$\boldsymbol{\nabla}\times f_l(r)\mathbf{X}_{lm} = \frac{i\mathbf{n}\sqrt{l(l+1)}}{r} f_l(r)\, Y_{lm} + \frac{1}{r}\frac{\partial}{\partial r}[r f_l(r)]\,\mathbf{n}\times\mathbf{X}_{lm} \tag{10.60}$$

wobei f_l für eine der sphärischen Bessel- bzw. Hankel-Funktionen steht, die der Gl. (9.81) genügen. Setzt man in (10.58) und (10.59) die Multipolentwicklungen der Felder ein, so erhält man eine Doppelsumme über l und l', in der verschiedene Skalarprodukte der Form $\mathbf{X}_{lm}^*\cdot\mathbf{X}_{l'm'}$, $\mathbf{X}_{lm}^*\cdot(\mathbf{n}\times\mathbf{X}_{l'm'})$ und $(\mathbf{n}\times\mathbf{X}_{lm}^*)\cdot(\mathbf{n}\times\mathbf{X}_{l'm'})$ auftreten. Bei der Winkelintegration reduziert sich die Doppelsumme aufgrund der Orthogonalitätsrelationen (10.48) auf eine einfache Summe. Jeder Term dieser Summe enthält Produkte von sphärischen Bessel-Funktionen und deren Ableitungen. Bei Verwendung der Wronski-Determinante (9.91) lassen sich sämtliche Bessel-Funktionen eliminieren. Man gelangt auf diese Weise schließlich zu folgenden Ausdrücken für den totalen Streu- und Absorptionsquerschnitt (d. h. für die gestreute bzw. absorbierte Strahlungsleistung, dividiert durch den einfallenden Strom, $1/\mu_0 c$):

$$\begin{aligned}\sigma_s &= \frac{\pi}{2k^2}\sum_l (2l+1)[|\alpha(l)|^2 + |\beta(l)|^2]\\ \sigma_{abs} &= \frac{\pi}{2k^2}\sum_l (2l+1)[2 - |\alpha(l)+1|^2 - |\beta(l)+1|^2]\end{aligned} \tag{10.61}$$

Die Summe von σ_s und σ_{abs} ergibt den totalen Wirkungsquerschnitt

$$\sigma_t = -\frac{\pi}{k^2}\sum_l (2l+1)\,\mathrm{Re}[\alpha(l)+\beta(l)] \tag{10.62}$$

Erwartungsgemäß haben diese Ausdrücke große Ähnlichkeit mit den entsprechenden Partialwellenentwicklungen der quantenmechanischen Streuung.[10]

Der differentielle Streuquerschnitt berechnet sich aus der Strahlungsenergie, die pro Sekunde in ein Raumwinkelelement $d\Omega$ gestreut wird, dividiert durch den einfallenden Fluss. Bei Verwendung des in Übg. 10(a) angegebenen Ergebnisses findet man für den differentiellen Streuquerschnitt der mit der Polarisation $(\boldsymbol{\epsilon}_1 \pm i\boldsymbol{\epsilon}_2)$ einfallenden Strahlung.

$$\frac{d\sigma_s}{d\Omega} = \frac{\pi}{2k^2}\left|\sum_l \sqrt{2l+1}\,[\alpha_\pm(l)\mathbf{X}_{l,\pm 1} \pm i\beta_\pm(l)\,\mathbf{n}\times\mathbf{X}_{l,\pm 1}]\right|^2 \tag{10.63}$$

Die gestreute Strahlung ist i. Allg. elliptisch polarisiert. Nur wenn für alle l die Beziehung $\alpha_\pm(l) = \beta_\pm(l)$ besteht, ist sie zirkular polarisiert. Dies bedeutet, dass, wenn die einfallende Strahlung linear polarisiert ist, ihr gestreuter Anteil elliptisch polarisiert ist; ist die einfallende Strahlung dagegen unpolarisiert, dann ist die Strahlung, je nach dem Beobachtungswinkel, partiell polarisiert. Beispiele hierfür, und zwar im Grenzfall großer Wellenlängen, diskutierten wir in Kapitel 10.1 (vgl. die Abbildungen 10.2 und 10.3).

Die Koeffizienten $\alpha_\pm(l)$ und $\beta_\pm(l)$ bestimmen sich aus den Randbedingungen, denen die Felder bei $r = a$ genügen müssen. Normalerweise würde dies bedeuten, dass man die Maxwell'schen Gleichungen innerhalb der Kugel mit geeigneten Anschlussbedingungen bei $r = a$ zu lösen hat. Ist jedoch das Streuzentrum eine Kugel vom Radius a, deren elektromagnetische Eigenschaften durch eine *Oberflächenimpedanz* Z_s beschrieben werden können (was möglich ist, wenn sich die Felder inner-

---

[10] Unsere Ergebnisse sind nicht von voller Allgemeingültigkeit. Hätten wir in (10.57) die Summation über m berücksichtigt, so enthielte der Streuquerschnitt σ_s eine Summe über l und m, und zwar über die Betragsquadrate von $\alpha(l,m)$ und $\beta(l,m)$. Der totale Wirkungsquerschnitt σ_t behielte zwar seine Form bei, jedoch – in Abhängigkeit vom Polarisationszustand der einfallenden Welle (10.46) – mit der Ersetzung $\alpha(l) \to \alpha(l, m = \pm 1)$ und $\beta(l) \to \beta(l, m = \pm 1)$. Der Absorptionsquerschnitt ergibt sich wieder aus der Differenz zwischen σ_t und σ_s.

halb der Kugel in radialer Richtung sehr schnell ändern), dann nehmen die Randbedingungen die folgende, relativ einfache Form an:

$$\mathbf{E}_{\tan} = Z_s \mathbf{n} \times \mathbf{B}/\mu_0 \tag{10.64}$$

wobei **E** und **B** die Felder unmittelbar außerhalb der Kugel darstellen. Aufgrund von (10.55), (10.57) und (10.60) ist nun

$$\mathbf{E}_{\tan} = \sum_l i^l \sqrt{4\pi(2l+1)} \left\{ \left[j_l + \frac{\alpha_\pm(l)}{2} h_l^{(1)} \right] \mathbf{X}_{l,\pm 1} \pm \frac{1}{x}\frac{\partial}{\partial x}\left[x\left(j_l + \frac{\beta_\pm(l)}{2} h_l^{(1)} \right)\right] \mathbf{n} \times \mathbf{X}_{l,\pm 1} \right\}$$

und

$$c\mathbf{n} \times \mathbf{B} = \sum_l i^l \sqrt{4\pi(2l+1)} \left\{ \frac{i}{x}\frac{\partial}{\partial x}\left[x\left(j_l + \frac{\alpha_\pm(l)}{2} h_l^{(1)} \right)\right] \mathbf{X}_{l,\pm 1} \mp i \left[j_l + \frac{\beta_\pm(l)}{2} h_l^{(1)} \right] \mathbf{n} \times \mathbf{X}_{l,\pm 1} \right\}$$

wobei $x = ka$ ist und alle sphärischen Bessel-Funktionen das Argument x haben. Die Randbedingung (10.64) erfordert, dass die in $\mathbf{E}_{\tan}$ und $\mathbf{n} \times \mathbf{B}$ auftretenden Koeffizienten vor $\mathbf{X}_{lm}$ und unabhängig davon vor $\mathbf{n} \times \mathbf{X}_{lm}$ für alle l jeweils zueinander proportional sind, d.h. dass

$$\begin{aligned} j_l + \frac{\alpha_\pm(l)}{2} h_l^{(1)} &= i\left(\frac{Z_s}{Z_0}\right)\frac{1}{x}\frac{d}{dx}\left[x\left(j_l + \frac{\alpha_\pm(l)}{2} h_l^{(1)} \right)\right] \\ j_l + \frac{\beta_\pm(l)}{2} h_l^{(1)} &= i\left(\frac{Z_0}{Z_s}\right)\frac{1}{x}\frac{d}{dx}\left[x\left(j_l + \frac{\beta_\pm(l)}{2} h_l^{(1)} \right)\right] \end{aligned} \tag{10.65}$$

Bei Verwendung von $2j_l = h_l^{(1)} + h_l^{(2)}$ erhält man für den Koeffizienten $\alpha_\pm(l)$:

$$\alpha_\pm(l) + 1 = -\left[\frac{h_l^{(2)} - i\left(\dfrac{Z_s}{Z_0}\right)\dfrac{1}{x}\dfrac{d}{dx}(xh_l^{(2)})}{h_l^{(1)} - i\left(\dfrac{Z_s}{Z_0}\right)\dfrac{1}{x}\dfrac{d}{dx}(xh_l^{(1)})} \right] \tag{10.66}$$

Für $\beta_\pm(l)$ gilt eine Gleichung derselben Form, in der jedoch Z_s/Z_0 durch sein Reziprokes ersetzt ist. Mit der durch die Oberflächenimpedanz ausgedrückten Randbedingung werden also die Koeffizienten für beide Zustände der zirkularen Polarisation einander gleich.

Bei vorgegebener Oberflächenimpedanz Z_s sind alle Multipolkoeffizienten festgelegt, und das Ergebnis der Streuung ist prinzipiell bekannt; es sind nur noch Zahlenwerte einzusetzen. Bevor wir einen bestimmten Grenzfall betrachten, seien noch zwei Bemerkungen gemacht. Die erste bezieht sich auf den Fall, dass Z_s rein imaginär ist (keine Absorption) oder dass $Z_s = 0$ oder $Z_s \to \infty$. In diesem Fall sind $[\alpha_\pm(l) + 1]$ und $[\beta_\pm(l) + 1]$ Zahlen vom Betrag Eins. Dies bedeutet, dass sich $\alpha_\pm(l)$ und $\beta_\pm(l)$ in der Form

$$\alpha_\pm(l) = (e^{2i\delta_l} - 1), \quad \beta_\pm(l) = (e^{2i\delta'_l} - 1) \tag{10.67}$$

darstellen lassen, wobei die Phasenwinkel δ_l und δ_l' als *Streuphasen* bezeichnet werden. Speziell für $Z_s = 0$ (ideal leitende Kugel) ergibt sich:

$$\tan\delta_l = j_l(ka)/n_l(ka)$$
$$\tan\delta_l' = \left[\frac{\dfrac{d}{dx}[xj_l(x)]}{\dfrac{d}{dx}[xn_l(x)]}\right]_{x=ka} \tag{10.68}$$

während für $Z_s \to \infty$ die Rollen von δ_l und δ_l' vertauscht sind.

Die zweite Bemerkung betrifft die Tatsache, dass sich Gl. (10.66) im Grenzfall besonders kleiner oder großer Frequenzen vereinfachen lässt. Für $ka \ll l$ kann man für die sphärischen Bessel-Funktionen die asymptotischen Darstellungen (9.88) verwenden. Im Grenzfall großer Wellenlängen erhält man daher:

$$\alpha_\pm(l) \simeq \frac{-2i(ka)^{2l+1}}{(2l+1)[(2l-1)!!]^2}\left[\frac{ka - i(l+1)Z_s/Z_0}{ka + ilZ_s/Z_0}\right] \tag{10.69}$$

und eine entsprechende Formel für $\beta_\pm(l)$, in der Z_s/Z_0 wiederum durch sein Reziprokes ersetzt ist. Für $ka \gg l$ führt die asymptotische Darstellung (9.89) auf

$$\alpha_\pm(l) \simeq \left(\frac{Z_s/Z_0 - 1}{Z_s/Z_0 + 1}\right)(-1)^{l+1}e^{-2ika} - 1 \tag{10.70}$$

und $\beta_\pm(l) = -\alpha_\pm(l)$, wobei wieder die soeben genannte Substitution vorzunehmen ist. Im Grenzfall großer Wellenlängen fallen die Koeffizienten $\alpha_\pm(l)$ und $\beta_\pm(l)$, unabhängig vom tatsächlichen Wert von Z_s, mit wachsendem l schnell auf einen kleinen Wert ab. Im Allgemeinen braucht man in jeder Multipolreihe nur den niedrigsten Term (zu $l = 1$) zu berücksichtigen. Im entgegengesetzten Grenzfall ($ka \gg 1$) liest man aus (10.70) ab, dass aufeinanderfolgende Koeffizienten für $l \ll ka$ von vergleichbarer Größenordnung sind, die Phasen aber stark flukturieren. In der Nähe von $l \sim l_{\max} = ka$ existiert ein Übergangsgebiet, und für $l \gg l_{\max}$ gilt (10.69). Die Verwendung einer Partialwellen- bzw. Multipolentwicklung für derart viele Terme ist nicht frei von Schwierigkeiten, da man in diesem Fall Digitalrechner benötigt oder auf Näherungsverfahren zurückgreifen muss, wie wir sie in Kap. 10.10 diskutierten.

Wir spezialisieren uns jetzt auf den Grenzfall großer Wellenlängen ($ka \ll 1$) für eine ideal leitende Kugel ($Z_s = 0$), während Beispiele etwas größeren Schwierigkeitsgrades in den Übungen behandelt werden sollen. In dem genannten Grenzfall sind in (10.63) nur die Terme mit $l = 1$ von Bedeutung. Aus (10.69) ist zu entnehmen, dass dann

$$\alpha_\pm(1) = \frac{-1}{2}\beta_\pm(1) \simeq -\frac{2i}{3}(ka)^3$$

ist; für den differentiellen Streuquerschnitt ergibt sich damit

$$\frac{d\sigma_s}{d\Omega} \simeq \frac{2\pi}{3}a^2(ka)^4|\mathbf{X}_{1,\pm 1} \mp 2i\mathbf{n}\times\mathbf{X}_{1,\pm 1}|^2 \tag{10.71}$$

Aus Tabelle 9.2 liest man für die verschiedenen Betragsquadrate folgende Werte ab:

$$|\mathbf{n}\times\mathbf{X}_{1,\pm 1}|^2 = |\mathbf{X}_{1,\pm 1}|^2 = \frac{3}{16\pi}(1+\cos^2\theta)$$

Für die gemischten Terme findet man:

$$[\pm i(\mathbf{n}\times\mathbf{X}_{1,\pm 1})^* \cdot \mathbf{X}_{1,\pm 1}] = \frac{-3}{8\pi}\cos\theta$$

Damit ergibt sich für den differentiellen Streuquerschnitt im Grenzfall großer Wellenlängen:

$$\frac{d\sigma}{d\Omega} \simeq a^2(ka)^4[\tfrac{5}{8}(1+\cos^2\theta)-\cos\theta] \tag{10.72}$$

Diese Gleichung stimmt überein mit der auf andere Weise hergeleiteten Gl. (10.16). Sie gilt für *beide* zirkularen Polarisationszustände des einfallenden Strahls, aber auch für einen unpolarisierten Strahl. Die Verallgemeinerung auf beliebige Polarisationszustände und andere Randflächen bleibt den Übungen am Ende des Kapitels vorbehalten.

Das allgemeine Problem der bei beliebigem ka stattfindenden Streuung elektromagnetischer Wellen an einer Kugel mit ebenfalls beliebigen elektromagnetischen Eigenschaften ist kompliziert. Es wurde das erste Mal von Mie und Debye in den Jahren 1908–1909 untersucht. Bis heute existieren über dieses Problem mehrere hundert Artikel. Details hierzu findet man in den Büchern von *Kerker* sowie *King* und *Wu* und *Bowman*, *Senior* und *Uslenghi*. Weitere Quellen findet der Leser unter den Literaturhinweisen am Ende des Kapitels. In dem Buch von *Bowman*, *Senior* und *Uslenghi* wird nicht nur die Streuung an einer Kugel, sondern auch an anderen regulären Körpern diskutiert.

Für andere Streuzentren als Kugeln, Zylinder usw. stehen wenig formale theoretische Hilfsmittel zur Verfügung. In solchen Fällen kann unter Umständen die Störungstheorie aus Abschnitt 10.2 weiterhelfen.

10.5 Skalare Beugungstheorie

Eng verknüpft mit der Streuung ist die Beugung (Diffraktion). Doch trotz dieses logischen Zusammenhanges weisen die Behandlungsmethoden in verschiedene Richtungen. Denn die Beugung wird den Abweichungen von der geometrischen Optik zugeschrieben, die auf die endliche Wellenlänge des Lichtes zurückgehen. In der Beugungstheorie hat man es daher traditionsgemäß mit Öffnungen und Hindernissen (speziell Schirmen) zu tun, deren Ausdehnung gegenüber der Wellenlänge des Lichtes groß ist. In niedrigster Ordnung wird die Wechselwirkung elektromagnetischer Wellen durch Strahlen dargestellt, weshalb man von „Strahlenoptik“ oder „geometrischer Optik“ spricht. Die nächste Näherung berücksichtigt die Beugung, die die Wellen an der äußeren Begrenzung von Hindernissen oder beim Passieren von Öffnungen erfahren. Diese Beugung ist verknüpft mit einer anschließenden Verbreiterung der Wellen. Durch Fourier-Transformation lässt sich zeigen, dass die Ablenkungswinkel auf einen Bereich $\theta \lesssim \lambda/d$ beschränkt ist, wenn λ die Wellenlänge und d die lineare Ausdehnung der Öffnung bzw. des Hindernisses bezeichnen. Die Ergebnisse der verschiedenen Näherungsverfahren, die wir im Folgenden besprechen, sind am besten, wenn $\lambda/d \ll 1$ ist; schlecht dagegen sind die Resultate für $\lambda \sim d$ oder $\lambda > d$.

Die ersten Untersuchungen von Beugungserscheinungen sind mit den Namen von Huygens, Young und Fresnel verknüpft. Kirchhoff aber war es, der (1882) den ersten systematischen Versuch unternahm, die Fresnel'sche Theorie der Beugung aus Grundprinzipien herzuleiten. Trotz ihrer mathematischen Inkonsistenzen und ihrer physikalischen Mängel liefert die Kirchhoff'sche Theorie im optischen Bereich erstaunlich gute Ergebnisse und ist zur Grundlage fast sämtlicher bisheriger Arbeiten über Beugungserscheinungen geworden. Wir werden zunächst das Kirchhoff'sche Integral herleiten und die für seine Anwendbarkeit notwendigen Näherungen angeben. Danach skizzieren wir die mathematischen Schwierigkeiten der Kirchhoff'schen Theorie und beschreiben anschließend die auf Rayleigh und Sommerfeld zurückgehenden Modifikationen, die die mathematischen Inkonsistenzen beseitigen.

Die geometrischen Verhältnisse bei Beugungserscheinungen sind i. Allg. durch zwei Raumgebiete I und II gekennzeichnet, die durch eine Grenzfläche S_1 voneinander getrennt sind (vgl. Abb. 10.7). Die Fläche S_2 wird i. Allg. als im „Unendlichen" liegend angenommen, d. h. weit entfernt vom jeweils interessierenden Gebiet. Im Gebiet I befinden sich Quellen und diese erzeugen Felder, welche sich nach außen hin fortpflanzen. Die Fläche S_1 setze sich aus „undurchlässigen" Teilen (die entsprechenden Randbedingungen werden unten besprochen) und aus Öffnungen zusammen. Sie steht in Wechselwirkung mit den im Gebiet I erzeugten Feldern, d. h. ein Teil der Energie wird an ihr reflektiert und ein anderer Teil von ihr absorbiert. Ein weiterer Teil der Felder, durch ihre Wechselwirkung mit S_1 modifiziert, tritt durch die Fläche in das Gebiet II. Die Winkelverteilung der in dieses Gebiet gelangenden Felder nennt man *Beugungsdiagramm*. Es sind diese Felder, die wir durch die der Quellen und deren Wechselwirkung mit den Schirmflächen und den Öffnungen von S_1 ausdrücken wollen (genauer gesagt: wir wollen die gebeugten Felder

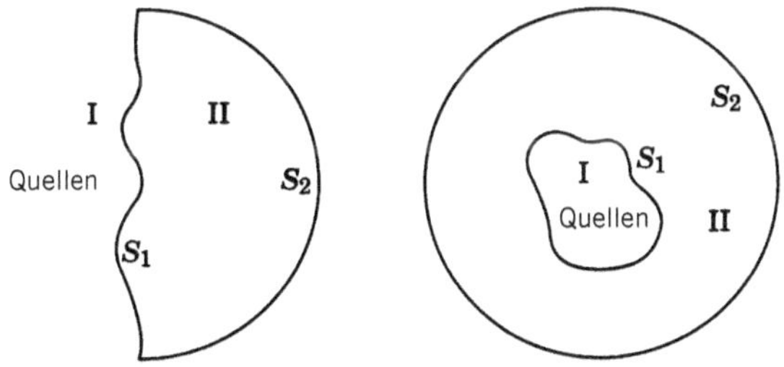

Abb. 10.7 Die bei der Beugung möglichen geometrischen Verhältnisse. Das Gebiet I enthält die Strahlungsquellen. Das Gebiet II ist das Beugungsgebiet, in dem die Felder der Ausstrahlungsbedingung genügen. Die Figur rechts veranschaulicht auch die geometrischen Verhältnisse bei der Streuung, wenn die aktive Quelle im Gebiet I durch einen Streukörper endlicher Ausdehnung ersetzt wird und S_1 nicht einen materiellen Schirm mit Öffnungen darstellt, sondern eine mathematisch beliebige, den Streukörper umschließende Fläche.

durch die Felder auf S_1 ausdrücken). Natürlich treffen die oben skizzierten geometrischen Verhältnisse und die Beschreibungsweise der Felder auch auf die Streuung zu, wenn man die Quelle im Gebiet I durch einen Streukörper ersetzt (bzw. den realen Streukörper als eine von der einfallenden Welle angeregte Quelle interpretiert).

Ausgangspunkt der Kirchhoff'schen Theorie ist der Green'sche Satz (1.35). Mit ihm wird ein skalares Feld (d. h. jeweils eine Komponente von **E** oder **B**) innerhalb eines geschlossenen Volumens V durch die Werte ausgedrückt, die es selbst und seine Normalenableitung auf der Randfläche S des Volumens annehmen. Das skalare Feld sei $\psi(\mathbf{x}, t)$, und seine Zeitabhängigkeit werde durch den harmonischen Faktor $e^{-i\omega t}$ beschrieben. Innerhalb von V genüge ψ der skalaren Helmholtz'schen Wellengleichung

$$(\nabla^2 + k^2)\psi(\mathbf{x}) = 0 \tag{10.73}$$

Die dieser Wellengleichung entsprechende Green'sche Funktion $G(\mathbf{x}, \mathbf{x}')$ ist definiert durch

$$(\nabla^2 + k^2)G(\mathbf{x}, \mathbf{x}') = -\delta(\mathbf{x} - \mathbf{x}') \tag{10.74}$$

Wendet man jetzt den Green'schen Satz (1.35) an, so erhält man mit der Identifikation $\phi = G$, $\psi = \psi$ bei Ausnutzung von (10.73) und (10.74):

$$\psi(\mathbf{x}) = \oint_S [\psi(\mathbf{x}')\mathbf{n}' \cdot \nabla' G(\mathbf{x}, \mathbf{x}') - G(\mathbf{x}, \mathbf{x}')\mathbf{n}' \cdot \nabla' \psi(\mathbf{x}')]\, da' \tag{10.75}$$

wobei $\mathbf{n}'$ die *innere* Normale von S ist. Gleichung (10.75) gilt für Punkte $\mathbf{x}$ innerhalb von V; liegt $\mathbf{x}$ außerhalb von V, so verschwindet die linke Seite.

Das Kirchhoff'sche Beugungsintegral ergibt sich aus (10.75), wenn man für G die für den freien, unbegrenzten Raum definierte Green'sche Funktion auslaufender Kugelwellen einsetzt, d. h.

$$G(\mathbf{x}, \mathbf{x}') = \frac{e^{ikR}}{4\pi R} \tag{10.76}$$

mit $\mathbf{R} = \mathbf{x} - \mathbf{x}'$. Gleichung (10.75) geht dann über in

$$\psi(\mathbf{x}) = -\frac{1}{4\pi}\oint_S \frac{e^{ikR}}{R}\mathbf{n}' \cdot \left[\nabla' \psi + ik\left(1 + \frac{i}{kR}\right)\frac{\mathbf{R}}{R}\psi\right] da' \tag{10.77}$$

Der Ausdruck auf der rechten Seite dieser Gleichung stimmt mit dem Kirchhoff'schen Integral fast überein. Um die Mathematik den Beugungserscheinungen anzupassen, identifizieren wir V mit dem Volumen des in Abb. 10.7 dargestellten Gebietes II und die Fläche S mit $S_1 + S_2$. Das Integral über S wird damit in zwei Integrale aufgespalten, nämlich eines über den Schirm und seine Öffnungen (S_1) und ein zweites über eine Fläche im „Unendlichen" (S_2). Da die Felder im Gebiet II nach Voraussetzung durch die Fläche S_1 getreten sind, haben sie in der Nähe von S_2 den Charakter auslaufender Wellen. Die durch $\psi(\mathbf{x})$ beschriebenen Felder genügen somit der *Ausstrahlungsbedingung*

$$\psi \to f(\theta, \phi)\frac{e^{ikr}}{r}, \quad \frac{1}{\psi}\frac{\partial \psi}{\partial r} \to \left(ik - \frac{1}{r}\right) \tag{10.78}$$

Erfüllt ψ auf S_2 diese Bedingung, so ist leicht zu zeigen, dass der von S_2 herrührende Beitrag zum Integral (10.77) mindestens wie das Reziproke des Radius der Halb- bzw. Vollkugel verschwindet, wenn der Radius selbst gegen Unendlich geht. Übrig bleibt allein das Integral über S_1. Das resultierende *Kirchhoff'sche Integral* lautet:

$$\psi(\mathbf{x}) = -\frac{1}{4\pi}\int_{S_1} \frac{e^{ikR}}{R}\mathbf{n}' \cdot \left[\nabla'\psi + ik\left(1 + \frac{i}{kR}\right)\frac{\mathbf{R}}{R}\psi\right] da' \tag{10.79}$$

wobei die Integration nur über die Fläche des Beugungsschirms zu erstrecken ist.

Um (10.79) anwenden zu können, muss man die Werte von ψ und $\partial\psi/\partial n$ auf der Fläche S_1 kennen. Diese Werte aber sind i. Allg. nicht bekannt, es sei denn, das Problem wäre auf andere Art und Weise gelöst worden. Bei der Kirchhoff'schen Methode macht man zur näherungsweisen Berechnung der gebeugten Welle eine Approximation für die Werte von ψ und $\partial\psi/\partial n$ auf S_1. Im Einzelnen besteht die *Kirchhoff'sche Näherung* in folgenden Annahmen:

1. ψ und $\partial\psi/\partial n$ verschwinden überall auf S_1, außer in den Öffnungen.
2. Die Werte, die ψ und $\partial\psi/\partial n$ in den Öffnungen annehmen, sind die gleichen wie die der einfallenden Welle bei Abwesenheit eines Schirms oder anderer Hindernisse.

Sämtliche Standardberechnungen von Beugungserscheinungen der klassischen Optik beruhen auf der Kirchhoff'schen Näherung. Es ist klar, dass dieses „Rezept" nur begrenzt anwendbar ist. Tatsächlich enthalten die Kirchhoff'schen Annahmen eine schwerwiegende mathematische Inkonsistenz. Denn sowohl für die Helmholtz'sche Wellengleichung (10.73) wie für die Laplace'sche Gleichung kann man zeigen, dass, wenn ψ und $\partial\psi/\partial n$ auf einer beliebigen, endlichen Fläche verschwinden, überall $\psi = 0$ gelten muss. Die mathematisch korrekte Konsequenz der ersten Kirchhoff'schen Annahme wäre also die, dass die gebeugte Welle überall verschwindet. Dies aber steht im Widerspruch zur zweiten Annahme. Außerdem liefert (10.79) auf S_1 nicht die für ψ und $\partial\psi/\partial n$ angenommenen Werte.

Die mathematischen Inkonsistenzen der Kirchhoff'schen Näherung lassen sich beseitigen, wenn man in (10.73) eine geeignete Green'sche Funktion wählt. Genauso wie in Kap. 1.10 kann man eine Green'sche Funktion konstruieren, die Dirichlet'schen oder Neumann'schen Randbedingungen entspricht. Ist ψ auf der Fläche S_1 genau oder näherungsweise bekannt, dann benötigt man eine dem Dirichlet'schen Problem entsprechende Green'sche Funktion $G_D(\mathbf{x}, \mathbf{x}')$, die der Bedingung

$$G_D(\mathbf{x}, \mathbf{x}') = 0 \quad \text{für Punkte } \mathbf{x}' \text{ auf } S \tag{10.80}$$

genügt. Das zu (10.79) äquivalente, *verallgemeinerte Kirchhoff'sche Integral* lautet dann:

$$\psi(\mathbf{x}) = \int_{S_1} \psi(\mathbf{x}')\frac{\partial G_D}{\partial n'}(\mathbf{x}, \mathbf{x}')\, da' \tag{10.81}$$

Die Annahme, dass ψ auf der Fläche S_1, mit Ausnahme ihrer Öffnungen, verschwindet und in den Öffnungen die Werte der einfallenden Welle hat, stellt jetzt eine *konsistene* Näherung dar. Kennt man auf S_1 nicht die Werte von ψ, sondern von $\partial\psi/\partial n$, so verwendet man eine Green'sche Funktion $G_N(\mathbf{x}, \mathbf{x}')$ vom Neumann'schen Typ mit

$$\frac{\partial G_N}{\partial n'}(\mathbf{x}, \mathbf{x}') = 0 \quad \text{für Punkte } \mathbf{x}' \text{ auf } S \tag{10.82}$$

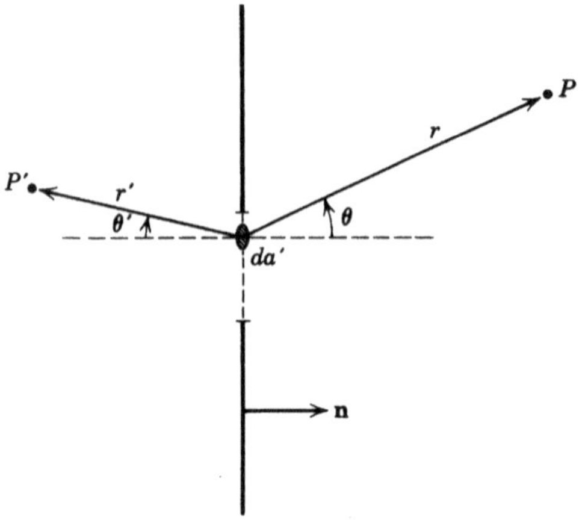

Abb. 10.8 Beugung der von einer punktförmigen Lichtquelle bei P' ausgehenden Welle an der Öffnung eines ebenen Schirms. Der Punkt P stellt den Aufpunkt dar. Die Abstände zwischen dem in der Öffnung liegenden Flächenelement da' und den Punkten P und P' sind r bzw. r'. θ und θ' bezeichnen die Winkel zwischen $\mathbf{r}$ und $\mathbf{n}$ bzw. $\mathbf{r}'$ und $-\mathbf{n}$.

Das entsprechende verallgemeinerte Kirchhoff'sche Integral bei Neumann'scher Randbedingung lautet:

$$\psi(\mathbf{x}) = -\int_{S_1} \frac{\partial \psi}{\partial n'}(\mathbf{x}') G_N(\mathbf{x}, \mathbf{x}')\, da' \tag{10.83}$$

Auch in diesem Fall lässt sich ein konsistentes Näherungsverfahren formulieren.

Für den wichtigen Spezialfall, dass die Fläche S_1 ein unendlich ausgedehnter *ebener Schirm bei* $z = 0$ ist (vgl. Abb. 10.8), kann man die beiden Green'schen Funktionen vom Dirichlet'schen bzw. Neumann'schen Typ mithilfe der Spiegelungsmethode bestimmen, und man erhält:

$$G_{D,N}(\mathbf{x}, \mathbf{x}') = \frac{1}{4\pi}\left(\frac{e^{ikR}}{R} \mp \frac{e^{ikR'}}{R'}\right) \tag{10.84}$$

mit $\mathbf{R} = \mathbf{x} - \mathbf{x}'$ und $\mathbf{R}' = \mathbf{x} - \mathbf{x}''$. Dabei ist $\mathbf{x}''$ das Spiegelbild von $\mathbf{x}'$, und die beiden Abstände R und R' drücken sich explizit wie folgt aus:

$$R = [(x - x')^2 + (y - y')^2 + (z - z')^2]^{1/2}$$
$$R' = [(x - x')^2 + (y - y')^2 + (z + z')^2]^{1/2}$$

Das verallgemeinerte Kirchhoff'sche Integral (10.81) (mit auf S_1 näherungsweise bekanntem ψ) lautet in diesem Fall:

$$\psi(\mathbf{x}) = \frac{k}{2\pi i}\int_{S_1} \frac{e^{ikR}}{R}\left(1 + \frac{i}{kR}\right)\frac{\mathbf{n}' \cdot \mathbf{R}}{R}\psi(\mathbf{x}')\, da' \tag{10.85}$$

Einen analogen Ausdruck findet man für das Kirchhoff'sche Integral (10.83). Beide Resultate verdanken wir dem auf diesem Gebiet allgegenwärtigen Rayleigh.[11]

[11] Gleichung (10.85) benutzte auch Sommerfeld in seinen ersten Abhandlungen über Beugungsprobleme. Siehe Sommerfeld, *Optik*, Kap. V.

Vergleicht man (10.85) mit (10.79), so stellt man fest, dass (10.85) aus (10.79) resultiert, wenn man den ersten Term in der eckigen Klammer ignoriert und den zweiten mit 2 multipliziert. Das für einen ebenen Schirm geltende Resultat (10.83) erhält man dagegen aus (10.79), wenn man den ersten Term mit 2 multipliziert und den zweiten ignoriert. Es mag daher der Eindruck entstehen, dass sich die drei Näherungsformeln für die gebeugten Felder beträchtlich voneinander unterscheiden und zu sehr verschiedenen Ergebnissen führen. Tatsächlich aber liefern sie in dem Bereich, in dem sie überhaupt gültig sind, sehr ähnliche Ergebnisse. Dies wird deutlich, wenn man das obige Beugungsproblem auf eine *punktförmige Lichtquelle* an der Stelle P' auf der einen Seite und den Aufpunkt P auf der anderen Seite des Schirms spezialisiert (vgl. Abb. 10.8). Die Amplitude der Punktquelle werde als kugelsymmetrisch angenommen und sei gleich e^{ikr}/r. Die Punkte P und P' seien beide um ein Vielfaches der Wellenlänge vom Schirm entfernt. Macht man in (10.79) die Kirchhoff'sche Näherung und benutzt äquivalente Annahmen in Gl. (10.85) und ihrem Neumann'schen Gegenstück, dann haben die gestreuten Felder in allen drei Näherungen die Gestalt

$$\psi(P) = \frac{k}{2\pi i}\int_{\text{Öffnungen}} \frac{e^{ikr}}{r}\frac{e^{ikr'}}{r'}\,\mathcal{O}(\theta,\theta')\,da' \tag{10.86}$$

Allein der *Neigungsfaktor* $\mathcal{O}(\theta,\theta')$ (mit den in Abb. 10.8 gezeigten Winkeln θ und θ') ist für die drei verschiedenen Fälle jeweils ein anderer:

$$\mathcal{O}(\theta,\theta') = \begin{cases} \cos\theta & (\psi \text{ näherungsweise bekannt auf } S_1) \\ \cos\theta' & \left(\dfrac{\partial\psi}{\partial n} \text{ näherungweise bekannt auf } S_1\right) \\ \frac{1}{2}(\cos\theta + \cos\theta') & (\text{Kirchhoff'sche Näherung}) \end{cases}$$

bei Öffnungen, deren Ausdehnung gegenüber der Wellenlänge groß ist, ist die Intensität der gebeugten Felder auf einen schmalen Winkelbereich konzentriert und wird fast ausschließlich durch die Interferenzen zwischen den beiden Exponentialfaktoren in (10.86) bestimmt. Sind der Quellpunkt P' und der Aufpunkt P um ein Vielfaches der Ausdehnung der Öffnung vom Schirm entfernt, dann kann der Neigungsfaktor in (10.86) als Konstante behandelt werden. Die Amplituden der gebeugten Felder (bezogen auf die Amplitude des einfallenden Feldes) sind dann jeweils die gleichen. Bei senkrechtem Einfall sind die Neigungsfaktoren in dem Gebiet, in dem die Intensität der gebeugten Felder relativ groß ist, alle ungefähr gleich Eins. In diesem Fall sind sogar die Absolutbeträge der Amplituden gleich.

Die voranstehende Diskussion erklärt bis zu einem gewissen Grad, warum die mathematisch inkonsistente Kirchhoff'sche Theorie überhaupt zu Erfolgen führt. Die Verwendung einer Green'schen Funktion vom Dirichlet'schen oder Neumann'schen Typ macht die logische Struktur der Theorie zwar durchsichtiger, stellt aber für die Praxis nur eine geringe Verbesserung dar, solange man den physikalischen Gegebenheiten nicht besser Rechnung trägt. Ein entscheidender Mangel der bisher besprochenen Theorie ist ihr skalarer Charakter; denn schließlich haben elektromagnetische Felder ja Vektorcharakter. Diese Tatsache muss jedes realistische Verfahren berücksichtigen, und zwar auch dann, wenn es sich nur um ein Näherungsverfahren handelt. Im folgenden Abschnitt werden wir den Versuch unternehmen, ein Vektoräquivalent sowohl des ursprünglichen als auch des verallgemeinerten Kirchhoff'schen Integrals herzuleiten.

10.6 Vektoräquivalente des Kirchhoff'schen Integrals

Die Kirchhoff'sche Integralformel (10.79) ist eine *exakte* formale Beziehung, die das gestreute bzw. gebeugte skalare Feld $\psi(\mathbf{x})$ im Gebiet II der Abb. 10.7 durch ein Integral von ψ und $\partial\psi/\partial n$ über die endliche Fläche S_1 ausdrückt. Wir wollen jetzt entsprechende Vektorrelationen herleiten, die **E** und **B** durch Oberflächenintegrale ausdrücken. Solche Relationen eignen sich nicht nur als Grundlage der vektoriellen Kirchhoff'schen Näherung für die Beugung (Abschn. 10.7) und Streuung (Abschn. 10.10), sondern sind auch nützlich für formale Entwicklungen wie beim Beweis des optischen Theorems (Abschn. 10.11).

Um ein Kirchhoff'sches Integral für das elektrische Feld herzuleiten, denken wir uns Gl. (10.75) für jede kartesische Komponente von **E** hingeschrieben. Das entsprechende Vektoräquivalent lautet dann:

$$\mathbf{E}(\mathbf{x}) = \oint_S [\mathbf{E}(\mathbf{n}' \cdot \nabla' G) - G(\mathbf{n}' \cdot \nabla')\mathbf{E}]\, da' \tag{10.87}$$

sofern sich der Punkt $\mathbf{x}$ innerhalb des von der Fläche S begrenzten Volumens V befindet. $\mathbf{n}'$ bedeutet hierbei – ebenso wie in (10.75) – die *innere* Normale von S. Gegebenenfalls werden wir G mit der Green'schen Funktion (10.76) identifizieren, doch zunächst sei G irgendeine Lösung von (10.74). Da wir einige Sätze aus der Vektoranalysis benutzen wollen, die für nichtsinguläre Funktionen gelten, während G bei $\mathbf{x}' = \mathbf{x}$ singulär ist, müssen wir sorgfältig vorgehen. Wir stellen uns die Fläche S aus zwei Teilen zusammengesetzt vor – aus einer äußeren Fläche S' und einer infinitesimal kleinen, inneren Fläche S'', die den Punkt $\mathbf{x}' = \mathbf{x}$ umgibt. Die linke Seite von (10.87) ist dann aufgrund des Green'schen Satzes gleich Null. Die Auswertung des Integrals über die innere Fläche S'' um den Punkt $\mathbf{x}' = \mathbf{x}$ liefert natürlich im Grenzfall, dass S'' auf Null zusammenschrumpft, als Ergebnis $-\mathbf{E}(\mathbf{x})$. Das heißt in diesem Grenzfall kommt man auf das Ergebnis (10.87) wieder zurück, aber durch Ausschluss des Punktes $\mathbf{x}' = \mathbf{x}$ aus dem Volumen V vermeidet man mathematische Schwierigkeiten. Mit dieser Übereinkunft bezüglich der Fläche S schreiben wir (10.87) in der Form

$$0 = \oint_S [2\mathbf{E}(\mathbf{n}' \cdot \nabla' G) - \mathbf{n}' \cdot \nabla'(G\mathbf{E})]\, da'$$

Der zweite Term auf der rechten Seite dieser Gleichung lässt sich mithilfe des Gauß'schen Integralsatzes in ein Volumenintegral verwandeln, und dies führt auf

$$0 = \oint_S 2\mathbf{E}(\mathbf{n}' \cdot \nabla' G)\, da' + \int_V \nabla'^2 (G\mathbf{E})\, d^3x'$$

Benutzt man die für ein beliebiges Vektorfeld $\mathbf{A}$ geltende Beziehung $\nabla^2\mathbf{A} = \nabla(\nabla\cdot\mathbf{A}) - \nabla\times(\nabla\times\mathbf{A})$ und die aus der Vektoranalysis bekannten Sätze

$$\int_V \nabla\phi\, d^3x = \oint_S \mathbf{n}\phi\, da$$
$$\int_V \nabla\times\mathbf{A}\, d^3x = \oint_S (\mathbf{n}\times\mathbf{A})\, da \tag{10.88}$$

für skalare und vektorielle Funktionen ϕ bzw. $\mathbf{A}$ (mit $\mathbf{n}$ als *äußerer* Normale), so lässt sich das Volumenintegral wieder in ein Oberflächenintegral verwandeln, und man erhält:

$$0 = \oint_S [2\mathbf{E}(\mathbf{n}'\cdot\nabla'G) - \mathbf{n}'(\nabla'\cdot(G\mathbf{E})) + \mathbf{n}'\times(\nabla'\times(G\mathbf{E}))]\,da'$$

Bei Ausführung der Differentiation von $G\mathbf{E}$ und Verwendung der Maxwell'schen Gleichungen $\nabla'\cdot\mathbf{E} = 0$ und $\nabla'\times\mathbf{E} = i\omega\mathbf{B}$ folgt hieraus:

$$0 = \oint_S [i\omega(\mathbf{n}'\times\mathbf{B})G + 2\mathbf{E}(\mathbf{n}'\cdot\nabla'G) - \mathbf{n}'(\mathbf{E}\cdot\nabla'G) + \mathbf{n}'\times(\nabla'G\times\mathbf{E})]\,da'$$

Entwickelt man schließlich das dreifache Kreuzprodukt, so ergibt sich als Endresultat

$$\mathbf{E}(\mathbf{x}) = \oint_S [i\omega(\mathbf{n}'\times\mathbf{B})G + (\mathbf{n}'\times\mathbf{E})\times\nabla'G + (\mathbf{n}'\cdot\mathbf{E})\nabla'G]\,da' \tag{10.89}$$

wobei das von der Fläche S begrenzte Volumen V jetzt den Punkt $\mathbf{x}' = \mathbf{x}$ *enthält*. Einen analogen Ausdruck für $\mathbf{B}$ gewinnt man hieraus mithilfe der Substitutionen $\mathbf{E} \to c\mathbf{B}$ und $c\mathbf{B} \to -\mathbf{E}$.

Gleichung (10.89) ist das Vektoräquivalent der skalaren Beziehung (10.75). Um das Analogon des Kirchhoff'schen Integrals (10.79) zu erhalten, betrachten wir die Geometrie von Abb. 10.7. Die Fläche S bestehe aus der endlichen Fläche S_1, die die Quellen bzw. den Streukörper umgibt, und der Fläche S_2, die im „Unendlichen“ liege. Ohne Beschränkung der Allgemeinheit dürfen wir für S_2 die Fläche einer Kugel mit dem Radius $r_0 \to \infty$ wählen. Das Integral in (10.89) kann dann als Summe zweier Integrale geschrieben werden – eines über S_1 und eines über S_2. Auf der Fläche S_2 ist die Green'sche Funktion (10.76) für hinreichend großes r_0 durch

$$G \to \frac{e^{ikr'}}{4\pi r'}\, e^{ik\mathbf{n}'\cdot\mathbf{x}}$$

gegeben, ihr Gradient dagegen durch

$$\nabla'G \to -ik\mathbf{n}'G$$

Der von S_2 herrührende Beitrag zu (10.89) ist dann

$$\oint_{S_2} \ldots = ik\oint_{S_2} [c(\mathbf{n}'\times\mathbf{B}) - (\mathbf{n}'\times\mathbf{E})\times\mathbf{n}' - \mathbf{n}'(\mathbf{n}'\cdot\mathbf{E})]\,G\,da'$$

oder

$$\oint_{S_2} \ldots = ik\oint_{S_2} [c(\mathbf{n}'\times\mathbf{B}) - \mathbf{E}]\,G\,da'$$

Die Felder im Gebiet II sind Beugungs- bzw. Streufelder und genügen daher in der Nähe von S_2 der Bedingung auslaufender Wellen. Speziell wissen wir, dass **E** und **B** transversale, aufeinander senkrecht stehende Felder sind. Daher gilt auf S_2: $\mathbf{E} = c\mathbf{n}' \times \mathbf{B} + O(1/r_0^2)$, und hieraus folgt:

$$\oint_{S_1} \to O\left(\frac{1}{r_0}\right)$$

Das heißt der Beitrag des Integrals über S_2 verschwindet im Limes $r_0 \to \infty$. Bei der in Abb. 10.7 gezeigten Geometrie, mit der im „Unendlichen" liegenden Fläche S_2, genügt also das elektrische Feld im Gebiet II der *vektoriellen Kirchhoff'schen Integralformel*

$$\mathbf{E}(\mathbf{x}) = \oint_{S_2} [i\omega(\mathbf{n}' \times \mathbf{B})G + (\mathbf{n}' \times \mathbf{E}) \times \boldsymbol{\nabla}' G + (\mathbf{n}' \cdot \mathbf{E})\boldsymbol{\nabla}' G]\, da' \qquad (10.90)$$

wobei G durch (10.76) gegeben ist und sich das Integral nur über die endliche Fläche S_1 erstreckt.

Es ist nützlich, (10.90) auf den Fall der Streuung zu spezialisieren und einen formalen Ausdruck für die Streuamplitude in Form eines über S_1 erstreckten Integrals der Streufelder herzuleiten. Die entsprechenden geometrischen Verhältnisse sind in Abb. 10.9 dargestellt. Die Felder auf den beiden Seiten von Gl. (10.90) mögen die Streufelder $(\mathbf{E}_s, \mathbf{B}_s)$ bedeuten, d. h. die Gesamtfelder $(\mathbf{E}, \mathbf{B})$, vermindert um die einfallenden Felder $(\mathbf{E}_i, \mathbf{B}_i)$. Ist der Aufpunkt P vom Streuzentrum weit entfernt, dann darf man für die Green'sche Funktion und das elektrische Streufeld jeweils deren asymptotische Form benutzen, nämlich

$$G(\mathbf{x}, \mathbf{x}') \to \frac{1}{4\pi} \frac{e^{ikr}}{r} e^{-i\mathbf{k}\cdot\mathbf{x}'}$$

$$\mathbf{E}_s(\mathbf{x}) \to \frac{e^{ikr}}{r} \mathbf{F}(\mathbf{k}, \mathbf{k}_0)$$

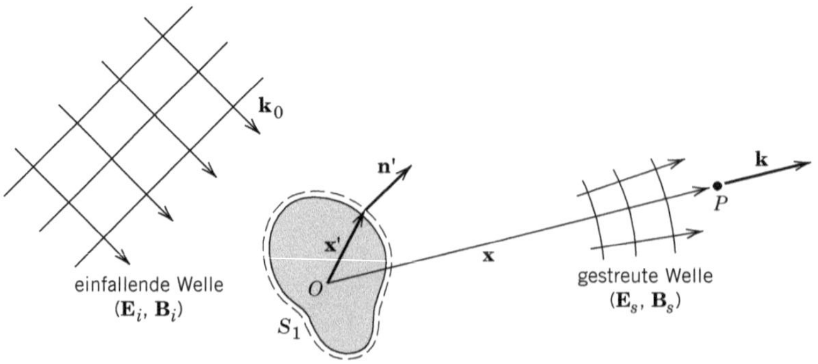

Abb. 10.9 Geometrische Verhältnisse bei der Streuung. Eine einfallende ebene Welle mit dem Wellenvektor $\mathbf{k}_0$ und den Feldern $(\mathbf{E}_i, \mathbf{B}_i)$ wird an einem Hindernis, dem Streukörper, gestreut und gibt Anlass zu den gestreuten Feldern $(\mathbf{E}_s, \mathbf{B}_s)$, die sich in großen Entfernungen kugelförmig ausbreiten. Die Fläche S_1 umschließt vollständig den Streukörper.

Dabei ist $\mathbf{k}$ der Wellenvektor in Beobachtungsrichtung, $\mathbf{k}_0$ der Wellenvektor der einfallenden Welle und $\mathbf{F}(\mathbf{k},\mathbf{k}_0)$ die (nicht normierte) vektorielle Streuamplitude. In der betrachteten Grenze ist $\nabla' G = -i\mathbf{k}G$, und daher lässt sich (10.90) als *Integralbeziehung für die Streuamplitude* $\mathbf{F}(\mathbf{k},\mathbf{k}_0)$ schreiben:

$$\mathbf{F}(\mathbf{k},\mathbf{k}_0) = \frac{i}{4\pi}\oint_{S_1} e^{-i\mathbf{k}\cdot\mathbf{x}'}[\omega(\mathbf{n}'\times\mathbf{B}_s) + \mathbf{k}\times(\mathbf{n}'\times\mathbf{E}_s) - \mathbf{k}(\mathbf{n}'\cdot\mathbf{E}_s)]\,da' \quad (10.91)$$

Bemerkenswert ist dabei die explizite Abhängigkeit der Amplitude $\mathbf{F}(\mathbf{k},\mathbf{k}_0)$ vom Wellenvektor $\mathbf{k}$ der auslaufenden Welle. Die Abhängigkeit von der durch $\mathbf{k}_0$ bestimmten Einfallsrichtung ist implizit in den gestreuten Feldern enthalten. Da wir wissen, dass $\mathbf{k}\cdot\mathbf{F} = 0$ ist, muss in (10.91) die zu $\mathbf{k}$ parallele Komponente des ersten Integrals zusammen mit dem dritten Integral Null ergeben. Es ist daher zweckmäßig, den Integranden in (10.91) in Komponenten parallel und senkrecht zu $\mathbf{k}$ zu zerlegen, um damit die Transversalität von $\mathbf{F}$ zu verdeutlichen:

$$\mathbf{F}(\mathbf{k},\mathbf{k}_0) = \frac{1}{4\pi i}\mathbf{k}\times\oint_{S_1} e^{-i\mathbf{k}\cdot\mathbf{x}'}\left[\frac{c\mathbf{k}\times(\mathbf{n}'\times\mathbf{B}_s)}{k} - \mathbf{n}'\times\mathbf{E}_s\right]da' \quad (10.92)$$

Alternativ hierzu kann man nach der Amplitude der gestreuten Strahlung mit dem Wellenvektor $\mathbf{k}$ und der Polarisation $\boldsymbol{\epsilon}$ fragen. Sie ist gegeben durch

$$\boldsymbol{\epsilon}^*\cdot\mathbf{F}(\mathbf{k},\mathbf{k}_0) = \frac{i}{4\pi}\oint_{S_1} e^{-i\mathbf{k}\cdot\mathbf{x}'}[\omega\boldsymbol{\epsilon}^*\cdot(\mathbf{n}'\times\mathbf{B}_s) + \boldsymbol{\epsilon}^*\cdot(\mathbf{k}\times(\mathbf{n}'\times\mathbf{E}_s))]\,da' \quad (10.93)$$

Die verschiedenen äquivalenten Ausdrücke (10.91)–(10.93) stellen einen wertvollen Ausgangspunkt für die Behandlung der Streuung kurzwelliger Strahlung (Abschn. 10.10) und die Herleitung des optischen Theorems (Abschn. 10.11) dar.

10.7 Vektorielle Beugungstheorie

Das vektorielle Kirchhoff'sche Integral (10.90) kann als Grundlage einer näherungsweisen Beschreibung von Beugungserscheinungen dienen, und zwar in genau derselben Weise, wie wir es im Anschluss an Gl. (10.79) für die skalare Theorie beschrieben haben. Die Inkonsistenzen der skalaren Kirchhoff'schen Näherung bleiben dabei leider bestehen.

Für den Spezialfall eines dünnwandigen, ideal leitenden ebenen Schirms mit Öffnungen kann man jedoch Vektorbeziehungen herleiten, die dem verallgemeinerten Kirchhoff'schen Integral (10.81) bzw. (10.85) sehr verwandt sind. In ihnen sind die Randbedingungen tatsächlich erfüllt, und sie erlauben ein konsistentes Näherungsverfahren. Der Schirm liege in der Ebene $z = 0$, während sich die Quellen im Gebiet $z < 0$ befinden und die gebeugten Felder im Gebiet $z > 0$ beobachtet werden. Es ist zweckmäßig, die Felder gemäß

$$\mathbf{E} = \mathbf{E}^{(0)} + \mathbf{E}', \quad \mathbf{B} = \mathbf{B}^{(0)} + \mathbf{B}' \quad (10.94)$$

in zwei Anteile zu zerlegen, wobei $\mathbf{E}^{(0)}$ und $\mathbf{B}^{(0)}$ die von den Quellen bei Abwesenheit des Schirms oder eines anderen Hindernisses (im Gebiet $z < 0$ oder $z > 0$) erzeugten

Felder sind, während $\mathbf{E}'$ und $\mathbf{B}'$ die durch die Anwesenheit des ebenen Schirms verursachten Felder sind. Für $z > 0$ sind also $\mathbf{E}'$ und $\mathbf{B}'$ die gebeugten Felder, für $z < 0$ dagegen die reflektierten. Wir werden $\mathbf{E}'$ und $\mathbf{B}'$ „Streufelder" nennen, wenn wir sowohl den Bereich $z < 0$ wie auch den Bereich $z > 0$ betrachten. Von den Streufeldern darf man annehmen, dass sie ihren Ursprung in dem Flächenstrom und der Flächenladung haben, die zur Erfüllung der Randbedingungen notwendigerweise auf dem Schirm erzeugt werden. Bestimmte Symmetrieeigenschaften der gestreuten Felder bezüglich der Spiegelung an der Ebene $z = 0$ folgen aus der Tatsache, dass der Flächenstrom und die Ladungsdichten auf die Ebene $z = 0$ begrenzt sind. Die Felder $\mathbf{E}'$ und $\mathbf{B}'$ lassen sich aus einem Vektorpotential $\mathbf{A}'$ und einem skalaren Potential Φ' konstruieren. Da der Flächenstrom keine z-Komponente hat, ist $A'_z = 0$. Ferner müssen A'_x, A'_y und Φ' in z natürlich gerade sein. Der Zusammenhang zwischen den Feldern und den Potentialen zeigt, dass die gestreuten Felder folgende Symmetrieeigenschaften besitzen:

$$\begin{aligned} &E'_x, E'_y, B'_z \quad \text{sind gerade in } z \\ &E'_z, B'_x, B'_y \quad \text{sind ungerade in } z \end{aligned} \tag{10.95}$$

Die in z ungeraden Felder müssen nicht unbedingt in der ganzen Ebene $z = 0$ verschwinden. Denn dort, wo eine leitende Fläche existiert, impliziert $E'_z \neq 0$ eine Flächenladungsdichte, die auf beiden Seiten der Fläche gleich groß ist. In ähnlicher Weise bedeutet eine nichtverschwindende Tangentialkomponente von $\mathbf{B}$ eine Flächenstromdichte, die auf beiden Seiten des Schirms den gleichen Betrag und die gleiche Richtung hat. Nur in der Öffnung müssen E'_z sowie B'_z und B'_y aus Stetigkeitsgründen verschwinden. Dies bedeutet, dass die Normalkomponente von $\mathbf{E}$ und die Tangentialkomponenten von $\mathbf{B}$ in den Öffnungen eines ideal leitenden ebenen Schirms die gleichen sind wie bei Abwesenheit des Schirms.

Das verallgemeinerte Kirchhoff'sche Integral (10.83) für Neumann'sche Randbedingungen kann auf die Komponenten des Vektorpotentials $\mathbf{A}'$ angewandt werden. Die Normalableitungen auf der rechten Seite der entsprechenden Gleichung können durch die Komponenten von $\mathbf{B}'$ ausgedrückt werden. Vektoriell geschrieben lautet das Ergebnis:

$$\mathbf{A}'(\mathbf{x}) = \frac{1}{2\pi} \int_{\text{Schirm}} (\mathbf{n} \times \mathbf{B}') \frac{e^{ikR}}{R} \, da' \tag{10.96}$$

Nach den voranstehenden Bemerkungen über den Flächenstrom und die Tangentialkomponenten von $\mathbf{B}'$ hätte man diese Gleichung natürlich sofort hinschreiben können. Das gestreute Magnetfeld erhält man aus ihr durch Bildung der Rotation:

$$\mathbf{B}'(\mathbf{x}) = \frac{1}{2\pi} \boldsymbol{\nabla} \times \int_{\text{Schirm}} (\mathbf{n} \times \mathbf{B}') \frac{e^{ikR}}{R} \, da' \tag{10.97}$$

Der Integrand in (10.96) und (10.97) kann entweder auf der einen oder der anderen Seite des Schirms ausgewertet werden, und $\mathbf{n}$ bedeutet in beiden Gleichungen jeweils die entsprechende Flächennormale. Um Unklarheiten zu vermeiden, legen wir hier fest, dass $\mathbf{n}$ in positive z-Richtung zeigt und der Integrand bei $z = 0^+$ auszuwerten ist. Die Integration erstreckt sich über den metallischen Teil des Schirms; denn in den Öffnungen ist $\mathbf{B}'_{\text{tan}} = 0$. Das elektrische Feld $\mathbf{E}'$ kann aus $\mathbf{E}' = (i/\omega\mu\epsilon)\boldsymbol{\nabla} \times \mathbf{B}'$ bestimmt werden.

Gleichung (10.97) eignet sich für ein konsistentes Näherungsverfahren zur Bestimmung der gebeugten bzw. gestreuten Felder. Die besten Ergebnisse liefert es, wenn das beugende Hindernis aus einem endlich ausgedehnten, flachen Segment bei $z = 0$, etwa einer kreisförmigen Scheibe, oder aus mehreren solcher Segmente besteht. Für den Flächenstrom auf dem beugenden System kann man dann eine Näherung machen, indem man im Integranden z. B. das einfallende Feld $\mathbf{B}^{(0)}$ benutzt. Wir haben es dann mit einer Vektorversion des im vorigen Abschnitt behandelten, verallgemeinerten Kirchhoff'schen Integrals zu tun.

Wir wollen jetzt noch einen zu (10.97) analogen Ausdruck für das elektrische Feld konstruieren. Aufgrund der Symmetrie der quellenfreien Maxwell'schen Gleichungen bezüglich **E** und **B** ist klar, dass sich das elektrische Feld $\mathbf{E}'$ in Analogie zu (10.97) durch

$$\mathbf{E}'(\mathbf{x}) = \pm \frac{1}{2\pi} \nabla \times \int_{S_1} (\mathbf{n} \times \mathbf{E}') \frac{e^{ikR}}{R} da' \tag{10.98}$$

ausdrücken lässt, wenn das Feld $\mathbf{E}'$ auf der gesamten Fläche S_1 bei $z = 0^+$ als bekannt vorausgesetzt werden kann. Das obere (untere) Vorzeichen gilt für $z > 0$ ($z < 0$). Man kann zeigen, dass (10.98) die Maxwell'schen Gleichungen erfüllt und bei $z = 0$ konsistente Randwerte liefert. Die Tatsache, dass in Gl. (10.98) – im Gegensatz zu der für $\mathbf{B}'$ geltenden Gleichung (10.97) – verschiedene Vorzeichen für $z > 0$ bzw. $z < 0$ auftreten, ist auf die gegenüber $\mathbf{B}'$ entgegengesetzten Symmetrieeigenschaften von $\mathbf{E}'$ zurückzuführen (vgl. (10.95)).

Bei der praktischen Anwendung von (10.98) tritt eine Schwierigkeit auf. Die Integration verläuft über die *gesamte* in der Ebene $z = 0$ liegende Fläche S_1. Doch können wir das Verschwinden der Tangentialkomponenten des elektrischen Feldes auf den metallischen Flächen des Schirms nicht ausnutzen, da es nicht $\mathbf{E}'$, sondern das elektrische *Gesamtfeld* **E** ist, dessen Tangentialkomponenten verschwinden. Die Schwierigkeit lässt sich aber unter Verwendung des linearen Superpositionsprinzips beheben. Um das elektrische Gesamtfeld zu erhalten, addieren wir $\mathbf{E}^{(0)}$ zum Integranden in (10.98) und subtrahieren das entsprechende Integral. Damit ergibt sich für das elektrische Beugungsfeld

$$\mathbf{E}'(\mathbf{x}) = \pm \frac{1}{2\pi} \nabla \times \int_{S_1} (\mathbf{n} \times \mathbf{E}) \frac{e^{ikR}}{R} da' - \mathbf{E}^{(1)}(\mathbf{x}) \tag{10.99}$$

wobei

$$\mathbf{E}^{(1)}(\mathbf{x}) = \pm \frac{1}{2\pi} \nabla \times \int_{S_1} (\mathbf{n} \times \mathbf{E}^{(0)}) \frac{e^{ikR}}{R} da' \tag{10.100}$$

Der Integrand in (10.99) ist jetzt, wie gewünscht, nur in den Öffnungen des Schirms von Null verschieden. Doch welche Bedeutung hat das zusätzliche elektrische Feld $\mathbf{E}^{(1)}$? Genauso wie (10.98) das zusätzliche Beugungsfeld für $z > 0$ liefert, stellt (10.100) das „Quellen"-Feld im Gebiet $z > 0$ dar. Da jedoch $\mathbf{E}^{(1)}$ als Integral über die Fläche bei $z = 0$ definiert ist, sind die Symmetrieeigenschaften (10.95) garantiert. Kurzes Nachdenken führt zu der Folgerung, dass die Summe $\mathbf{E}^{(0)} + \mathbf{E}^{(1)}$ für $z < 0$ das Quellenfeld in Gegenwart einer ideal leitenden Ebene (ohne Öffnungen) bei $z = 0$ wiedergibt: $\mathbf{E}^{(1)}$ (und sein Partnerfeld $\mathbf{B}^{(1)}$) sind die *reflektierten* Felder!

Bringt man in Gl. (10.99) $\mathbf{E}^{(1)}$ auf die linke Seite, so wird deutlich, dass das elektrische Gesamtfeld für $z > 0$, jetzt also das Beugungsfeld, gegeben ist durch

$$\mathbf{E}''(\mathbf{x}) = \frac{1}{2\pi} \nabla \times \int_{\text{Öffnungen}} (\mathbf{n} \times \mathbf{E}) \frac{e^{ikR}}{R} \, da' \tag{10.101}$$

wobei ausschließlich über die Öffnungen im Schirm zu integrieren ist und $\mathbf{E}$ das tangentiale elektrische Gesamtfeld in den Öffnungen beschreibt. Im beleuchteten Gebiet ($z < 0$) gilt für das elektrische Gesamtfeld:

$$\mathbf{E}(\mathbf{x}) = \mathbf{E}^{(0)}(\mathbf{x}) + \mathbf{E}^{(1)}(\mathbf{x}) - \mathbf{E}''(\mathbf{x}) \tag{10.102}$$

wobei in beiden Gebieten $\mathbf{E}''(\mathbf{x})$ durch (10.101) gegeben ist. Diese Form der Lösung, ausgedrückt durch das elektrische Tangentialfeld in den Öffnungen eines ideal leitenden, ebenen Schirms, geht auf Smythe zurück.[12] Sie kann als Grundlage eines Näherungsverfahrens dienen, in dem die Näherungslösungen für das Beugungsfeld $\mathbf{E}''$ den geforderten Randbedingungen bei $z = 0$ und im Unendlichen genügen. In einem späteren Abschnitt sowie in den Übungen werden wir einige Beispiele hierzu betrachten.

10.8 Das Babinet'sche Prinzip komplementärer Blenden

Bevor wir auf Beispiele für Beugungserscheinungen eingehen, wollen wir eine wichtige Beziehung aufstellen, die den Inhalt des sog. *Babinet'schen Prinzips* ausmacht. Dieses Prinzip verknüpft die Beugungsfelder einer Blende mit denen der *komplementären Blende*. Wir besprechen es zunächst im Rahmen der skalaren Kirchhoff'schen Näherung. Die Blende liege in der Fläche S, die den Raum – im Sinne von Abschnitt 8 – in zwei Gebiete I und II unterteilt. Mit Ausnahme bestimmter Öffnungen fülle sie ganz S aus. Die komplementäre Blende ist dann diejenige, die man durch Vertauschen der Schirmfläche und der Öffnungen der ursprünglichen Blende erhält. Bezeichnet man die Schirmfläche der letzteren mit S_a und die der komplementären Blende mit S_b, so ist offenbar $S_a + S_b = S$ (vgl. Abb. 10.10).

Befinden sich innerhalb von S (im Gebiet I) bestimmte Quellen, die zu einem Feld $\psi(\mathbf{x})$ Anlass geben, dann wird dieses Feld im Gebiet II bei Abwesenheit sowohl des einen wie des anderen Schirms durch die Kirchhoff'sche Formel (10.79) bestimmt, wobei das Oberflächenintegral über ganz S zu erstrecken ist. Bei Anwesenheit des Schirms S_a ergibt sich das Feld $\psi_a(\mathbf{x})$ im Gebiet II ebenfalls aus der Kirchhoff'schen Formel (10.79); doch ist jetzt nur über die Fläche S_b, d.h. über die Öffnungen innerhalb von S_a zu interpretieren. In ähnlicher Weise berechnet sich das Feld $\psi_b(\mathbf{x})$ für die komplementäre Blende S_b aus einem Oberflächenintegral über S_a. Zwischen den gebeugten Feldern ψ_a und ψ_b besteht also die Beziehung

$$\psi_a + \psi_b = \psi \tag{10.103}$$

[12] Smythe, W. R., *Phys. Rev.* **72**, 1066 (1974). Siehe auch *Smythe*, Abschn. 12.18.

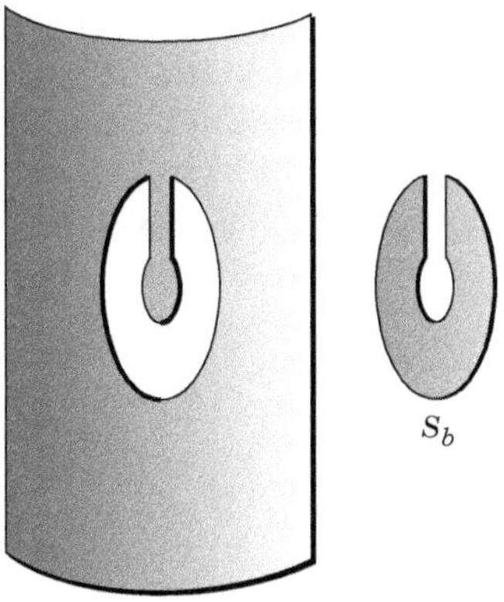

Abb. 10.10 Ein Beugungsschirm S_a und der zu ihm komplementäre Schirm S_b

Diese Gleichung drückt das *Babinet'sche Prinzip* aus, wie es meist in der Optik formuliert wird. Stellt ψ z. B. eine einfallende ebene Welle dar, dann besagt das Babinet'sche Prinzip, dass die Beugungsbilder außerhalb der Einfallsrichtung (d. h. außerhalb des Zentralbildes) für die ursprüngliche und komplementäre Blende die gleichen sind.

Das Resultat (10.103) ergibt sich auch aus dem verallgemeinerten Kirchhoff'schen Integral (10.81) bzw. (10.83), wenn die Amplitude bzw. ihre Normalableitung (im Sinne der Kirchhoff'schen Näherung) in den Öffnungen gleich der der einfallenden Welle gesetzt wird und außerhalb von ihr gleich Null. All diese Formulierungen des Babinet'schen Prinzips sind in zweierlei Hinsicht unbefriedigend: es handelt sich jeweils um Aussagen über skalare Felder, und sie beruhen auf der Kirchhoff'schen Näherung.

Eine strenge Formulierung des Babinet'schen Prinzips lässt sich für einen unendlich dünnen, ideal leitenden, ebenen Schirm und sein Komplement tatsächlich angeben. Sie ergibt sich aus den beiden im vorigen Abschnitt diskutierten, alternativen Formulierungen des entsprechenden Beugungsproblems. Das ursprüngliche und das zu ihm komplementäre Problem werden durch die Felder der Quellen und die Schirme definiert, d. h. durch

$$\begin{aligned}&\mathbf{E}^{(0)} \quad \text{und} \quad \mathbf{B}^{(0)} \quad \text{für den ursprünglichen Schirm } S_a\\&\mathbf{E}_k^{(0)} = c\mathbf{B}^{(0)} \quad \text{und} \quad \mathbf{B}_k^{(0)} = -\mathbf{E}^{(0)}/c \quad \text{für den komplementären Schirm } S_b\end{aligned} \tag{10.104}$$

Das komplementäre Problem ist durch einen Schirm gekennzeichnet, der das Komplement des ursprünglichen ist, und durch Felder mit entgegengesetzten Polarisationseigenschaften. Im Fall des ursprünglichen Schirms S_a ist das elektrische Feld für $z > 0$ nach Gl. (10.101) durch

$$\mathbf{E}(\mathbf{x}) = \frac{1}{2\pi}\nabla \times \int_{S_b} (\mathbf{n}\times\mathbf{E})\frac{e^{ikR}}{R}\,da' \tag{10.105}$$

gegeben. Für den komplementären Schirm S_b benutzen wir nicht (10.101), sondern (10.97), um das komplementäre gestreute Magnetfeld $\mathbf{B}_k'$ für $z > 0$ in der Form

$$\mathbf{B}_k'(\mathbf{x}) = \frac{1}{2\pi}\nabla \times \int_{S_b} (\mathbf{n}\times\mathbf{B}_k')\frac{e^{ikR}}{R}\,da' \tag{10.106}$$

auszudrücken. Sowohl in (10.105) wie in (10.106) verläuft die Integration wegen der an **E** bzw. $\mathbf{B}'_k$ gestellten Randbedingungen über die Fläche S_b. Mathematisch haben die beiden Gleichungen (10.105) und (10.106) die gleiche Struktur. Aus der Linearität der Maxwell'schen Gleichungen und aus der Beziehung zwischen den ursprünglichen und komplementären Quellfeldern folgt, dass das elektrische Gesamtfeld im Gebiet $z > 0$ für den Schirm S_a numerisch gleich dem gestreuten Magnetfeld für den komplementären Schirm S_b ist, d.h.

$$\mathbf{E}(\mathbf{x}) = c\mathbf{B}'_k(\mathbf{x})$$

Die anderen Felder sind durch

$$\mathbf{B}(\mathbf{x}) = -\mathbf{E}'_k(\mathbf{x})/c$$

miteinander verknüpft; das Minuszeichen ergibt sich aus der Forderung, dass sich nicht nur die Quellfelder, sondern auch die gestreuten Felder im Unendlichen wie auslaufende Wellen verhalten müssen. Benutzt man jetzt (10.94) für das komplementäre Problem, um die Gesamtfelder im Gebiet $z > 0$ miteinander zu verknüpfen, so besagt das *Babinet'sche Prinzip für einen unendlich dünnen, ideal leitenden, ebenen Schirm* und dessen Komplement, dass die ursprünglichen Felder (**E**, **B**) und die komplementären Felder ($\mathbf{E}_k, \mathbf{B}_k$) für $z > 0$ durch die Beziehungen

$$\begin{aligned} \mathbf{E} - c\mathbf{B}_k &= \mathbf{E}^{(0)} \\ \mathbf{B} + \mathbf{E}_k/c &= \mathbf{B}^{(0)} \end{aligned} \tag{10.107}$$

miteinander verknüpft sind, wenn das komplementäre Problem durch (10.104) definiert ist. Diese Beziehungen sind die vektoriellen Analoga zu (10.103); sie gelten für das idealisierte Problem eines ideal leitenden Schirms nicht nur näherungsweise, sondern exakt. In der Praxis (d.h. bei zwar großer, aber endlicher Leitfähigkeit und bei nicht vollkommen ebenen Schirmen, deren Krümmungsradius gegenüber der Ausdehnung der Öffnung jedoch groß ist etc.) darf man erwarten, dass das vektorielle Babinet'sche Prinzip zumindest näherungsweise gilt. Es besagt, dass die Intensitäten der gebeugten Strahlen außerhalb der Richtung der einfallenden Felder für einen Schirm und sein Komplement die gleichen sind. Die Polarisation erfährt eine Drehung, doch befindet sich dies im Einklang mit der geänderten Polarisation der komplementären Quellfelder (10.104).

Die strenge vektorielle Formulierung des Babinet'schen Prinzips ist sehr nützlich für die Lösung von Mikrowellenproblemen. Als Beispiel hierfür betrachte man einen unendlich ausgedehnten, ebenen Schirm vernachlässigbar geringer Dicke, in den ein schmaler Schlitz eingelassen ist. Auf ihn falle elektromagnetische Strahlung, deren magnetische Induktion parallel zum Schlitz ausgerichtet ist, während ihr elektrisches

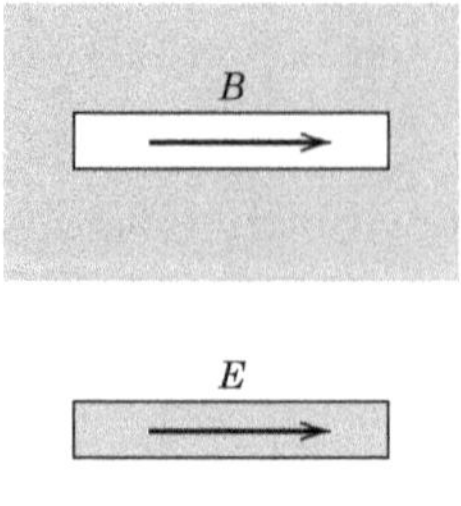

Abb. 10.11 Nach dem Babinet'schen Prinzip äquivalente Beugungssysteme.

Feld senkrecht auf ihm steht (vgl. Abb. 10.11). Das von dem Schlitz erzeugte Beugungsbild ist dann das gleiche, das eine dünne Linearantenne mit einem elektrischen Erregungsfeld in Richtung ihrer Achse erzeugt (vgl. Abschn. 9.2 und 9.4). Die Polarisation der Strahlung in dem einen System ist der im anderen System entgegengerichtet. Diese Tatsache ermöglicht es, in Wellenleitern bestimmte Antennenanordnungen zu erzeugen, indem man in den Leiterwänden Schlitze anbringt.[13]

10.9 Beugung an einer kreisförmigen Öffnung, Anmerkungen zu kleinen Öffnungen

Beugungsprobleme sind nach Erscheinen der Kirchhoff'schen Originalarbeit ausgiebig untersucht worden, und zwar sowohl in der Optik, in der die auf Gl. (10.79) beruhende skalare Theorie i. Allg. ausreicht, als auch im Zusammenhang mit der Erzeugung und Übertragung von Mikrowellen, wo genauere Lösungsmethoden erforderlich sind. Es existieren spezielle Abhandlungen, die dem Problem der Beugung und Streuung gewidmet sind, und daher begnügen wir uns hier mit einigen Beispielen, um die Anwendung der skalaren und vektoriellen Beziehungen (10.79) und (10.85) bzw. (10.101) zu illustrieren und die Genauigkeit der verschiedenen Näherungsverfahren miteinander zu vergleichen.

Historisch gesehen unterteilte man die Beugungserscheinungen, je nach der zugrundeliegenden Geometrie, in Fresnel'sche und Fraunhofer'sche Beugungserscheinungen. Es sind drei Längen, die für diese Klassifizierung entscheidend sind: die lineare Ausdehnung d des beugenden Systems, der Abstand r zwischen dem beugenden System und dem Aufpunkt und die Wellenlänge λ der Strahlung. Zu einem typischen Beugungsbild kommt es nur für $r \gg d$. In Ausdrücken wie (10.86) oder (10.101) können dann langsam veränderliche Faktoren als konstante Größen betrachtet werden. Nur der im Exponenten von e^{ikR} enthaltene Term kr muss sorgfältig behandelt werden. Ist $r \gg d$, so kann man die Entwicklung

$$kR = kr - k\,\mathbf{n}\cdot\mathbf{x}' + \frac{k}{2r}[r'^2 - (\mathbf{n}\cdot\mathbf{x}')^2] + \cdots$$

vornehmen, wobei $\mathbf{n} = \mathbf{x}/r$ ein Einheitsvektor in Beobachtungsrichtung ist. Die verschiedenen, aufeinanderfolgenden Terme dieser Entwicklung sind von der Ordnung $(kr), (kd), (kd)(d/r), \ldots$. Von *Fraunhofer-Beugung* spricht man, wenn der dritte Term und alle höheren Terme sehr viel kleiner als Eins sind. Ist die Ausdehnung des beugenden Objektes klein, so ist diese Bedingung stets erfüllt, da dann $kd \ll 1$ ist und wir außerdem $d/r \ll 1$ vorausgesetzt haben. Ist dagegen die Ausdehnung des beugenden Objektes vergleichbar mit der Wellenlänge, so kann kd^2/r in der Größenordnung von Eins oder darüber liegen, und zwar selbst dann, wenn $d/r \ll 1$ ist. In diesem Fall spricht man von *Fresnel-Beugung*. In der Praxis hat man es meist mit dem einfacheren Grenzfall der Fraunhofer-Beugung zu tun. Diese liegt immer dann vor, wenn der Aufpunkt vom beugenden System genügend weit entfernt ist. Allein

---

[13] Siehe z. B. *Silver*, Kapitel 9.

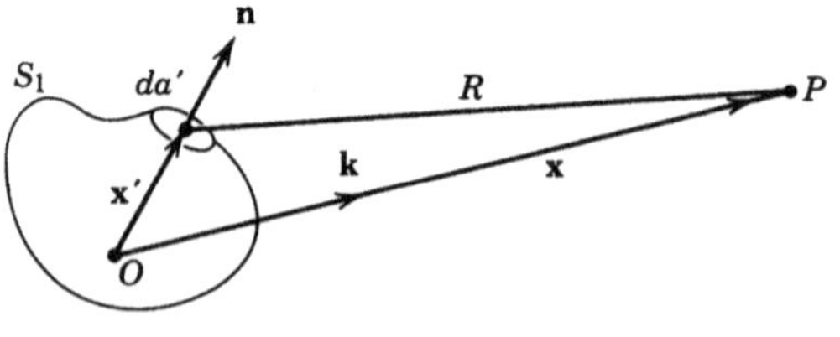

Abb. 10.12

mit ihm wollen wir uns hier beschäftigen, während in Übg. 10.11 auch ein Beispiel für Fresnel'sche Beugungserscheinungen behandelt werden soll.

Ist der Aufpunkt vom Beugungssystem weit entfernt, dann lässt sich die Entwicklung (9.7) mit $R = |\mathbf{x} - \mathbf{x}'|$ verwenden. Berücksichtigt man nur die Terme niedrigster Ordnung in $1/kr$, dann geht das skalare Kirchhoff'sche Integral (10.79) in

$$\psi(\mathbf{x}) = -\frac{e^{ikr}}{4\pi r}\int_{S_1} e^{-i\mathbf{k}\cdot\mathbf{x}'}[\mathbf{n}\cdot\nabla'\psi(\mathbf{x}') + i\mathbf{k}\cdot\mathbf{n}\psi(\mathbf{x}')]\,da' \tag{10.108}$$

über, wobei $\mathbf{x}'$ die Koordinate des Flächenelementes da' ist und r die Länge des vom Ursprung O zum Aufpunkt P zeigenden Ortsvektors $\mathbf{x}$ bedeutet; $\mathbf{k} = k(\mathbf{x}/r)$ ist der Wellenvektor in Beobachtungsrichtung (vgl. Abb. 10.12). Für eine ebene Fläche reduziert sich der Vektorausdruck (10.101) in dem hier betrachteten Grenzfall auf

$$\mathbf{E}(\mathbf{x}) = \frac{ie^{ikr}}{2\pi r}\mathbf{k}\times\int_{S_1}\mathbf{n}\times\mathbf{E}(\mathbf{x}')e^{-i\mathbf{k}\cdot\mathbf{x}'}\,da' \tag{10.109}$$

Als Beispiel betrachten wir die Beugung einer ebenen Welle, die unter einem Winkel α auf einen dünnen, ideal leitenden Schirm mit einer kreisförmigen Öffnung vom Radius a einfällt und in der Einfallsebene polarisiert ist. Ein geeignetes Koordinatensystem zeigt Abb. 10.13. Der Schirm liegt in der (x, y)-Ebene, und der Mittelpunkt seiner Öffnung fällt mit dem Koordinatenursprung zusammen. Die Welle trifft, von unten her kommend, auf den Schirm, sodass das Beugungsgebiet im Bereich $z > 0$ liegt. Ist die Einfallsebene identisch mit der (x, z)-Ebene, so hat das elektrische Feld der einfallenden Welle in kartesischen Koordinaten die Gestalt

$$\mathbf{E}_i = E_0(\mathbf{e}_1\cos\alpha - \mathbf{e}_3\sin\alpha)e^{ik(z\cos\alpha + x\sin\alpha)} \tag{10.110}$$

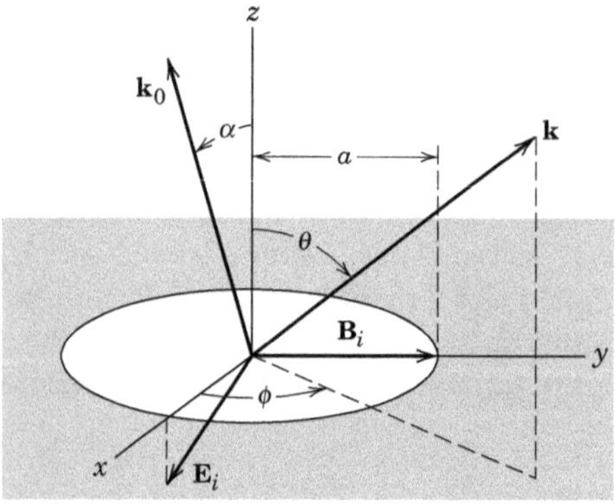

Abb. 10.13 Zur Beugung an einer kreisförmigen Öffnung vom Radius a.

Um aus (10.108) bzw. (10.109) das Feld der gebeugten Welle zu berechnen, machen wir die übliche Annahme, dass das exakte Feld im Oberflächenintegral durch das der einfallenden Welle ersetzt werden kann. Zur Auswertung der Vektorbeziehung (10.109) benutzen wir, dass

$$(\mathbf{n} \times \mathbf{E}_i)_{z=0} = E_0 \mathbf{e}_2 \cos\alpha \, e^{ik\sin\alpha x'} \tag{10.111}$$

ist. Für die Integration über die Öffnungsfläche führt man am besten Polarkoordinaten (ρ, β) ein und erhält dann:

$$\mathbf{E}(\mathbf{x}) = \frac{ie^{ikr} E_0 \cos\alpha}{2\pi r} (\mathbf{k} \times \mathbf{e}_2) \int_0^a \rho \, d\rho \int_0^{2\pi} d\beta e^{ik\rho[\sin\alpha\cos\beta - \sin\theta\cos(\phi-\beta)]} \tag{10.112}$$

wobei θ und ϕ die Polarwinkel von $\mathbf{k}$ sind. Definiert man jetzt die Winkelfunktion

$$\xi = (\sin^2\theta + \sin^2\alpha - 2\sin\theta\sin\alpha\cos\phi)^{1/2}$$

so lässt sich das Winkelintegral in der Form

$$\frac{1}{2\pi} \int_0^{2\pi} d\beta' \, e^{-ik\rho\xi\cos\beta'} = J_0(k\rho\xi)$$

schreiben. Die Radialintegration in (10.112) kann jetzt direkt ausgeführt werden. Das resultierende elektrische Feld in der vektoriellen Näherung nach Smythe-Kirchhoff ist

$$\mathbf{E}(\mathbf{x}) = \frac{ie^{ikr}}{r} a^2 E_0 \cos\alpha (\mathbf{k} \times \mathbf{e}_2) \frac{J_1(ka\xi)}{ka\xi} \tag{10.113}$$

Für das zeitliche Mittel der in ein Raumwinkelelement emittierten Leistung der gebeugten Welle ergibt sich daraus:

$$\frac{dP}{d\Omega} = P_i \cos\alpha \frac{(ka)^2}{4\pi} (\cos^2\theta + \cos^2\phi\sin^2\theta) \left| \frac{2J_1(ka\xi)}{ka\xi} \right|^2 \tag{10.114}$$

wobei

$$P_i = \left(\frac{E_0^2}{2Z_0} \right) \pi a^2 \cos\alpha \tag{10.115}$$

die Gesamtleistung *bei senkrechtem Einfall* ($\alpha = 0$) ist. Ist die Ausdehnung der Öffnung im Vergleich zur Wellenlänge groß ($ka \gg 1$) dann hat der Faktor $[2J_1(ka\xi)/ka\xi]^2$ bei $\xi = 0$ ein scharfes Maximum vom Betrag Eins und fällt von $\xi = 0$ aus innerhalb des Intervalls $\Delta\xi \sim (1/ka)$ schnell auf Null ab (mit kleinen Nebenmaxima). Dies bedeutet, dass der Hauptanteil der Welle wie in der geometrischen Optik ungestört durch die Öffnung hindurchtritt und die Beugungseffekte nur schwach sind.[14] Für $ka \sim 1$ ändert sich die Bessel-Funktion mit dem Winkel relativ

---

[14] Um dies explizit zu sehen, entwickelt man ξ um die der geometrischen Optik entsprechende Richtung $\theta = \alpha$, $\phi = 0$:

$$\xi \simeq \sqrt{(\theta - \alpha)^2 \cos^2\alpha + \phi^2 \sin^2\alpha}$$

Für $ka \gg 1$ ist natürlich auch $ka\xi \gg 1$, sobald θ stark von α bzw. ϕ stark von Null abweicht oder beides der Fall ist.

langsam, und in diesem Fall unterscheidet sich die Winkelverteilung der hindurchtretenden Welle beträchtlich von der einfallenden Welle. Ist schließlich $ka \ll 1$, so wird die Winkelverteilung gänzlich von dem Faktor $(\mathbf{k} \times \mathbf{e}_2)$ in (10.113) beherrscht. Doch für diesen Grenzfall trifft die Annahme, dass das Feld in der Öffnung gleich dem ungestörten ist, nicht mehr zu.

Die Gesamtleistung der hindurchtretenden Strahlung erhält man durch Integration von (10.114) über den Winkelbereich hinter der Blendenöffnung. Das Verhältnis dieser Leistung zu der der einfallenden Strahlung ist der sog. *Transmissionsfaktor T*. Er ergibt sich zu

$$T = \frac{\cos\alpha}{\pi} \int_0^{2\pi} d\phi \int_0^{\pi/2} (\cos^2\theta + \cos^2\phi \sin^2\theta) \left| \frac{J_1(ka\xi)}{\xi} \right|^2 \sin\theta \, d\theta \qquad (10.116)$$

In den beiden Extremfällen $ka \gg 1$ und $ka \ll 1$ reduziert sich dieser Ausdruck auf

$$T \to \begin{cases} 1 & ka \gg 1 \\ \frac{1}{3}(ka)^2 \cos\alpha & ka \ll 1 \end{cases}$$

Das Resultat für den Grenzfall großer Wellenlängen ($ka \ll 1$) ist aufgrund der hier gemachten Näherungen zweifelhaft, doch weist es zumindest darauf hin, dass der Transmissionsfaktor bei kleinen Öffnungen ebenfalls sehr klein ist. Bei senkrechtem Einfall ($\alpha = 0$) ergibt sich für T:

$$T = \int_0^{\pi/2} J_1^2(ka\sin\theta) \left(\frac{2}{\sin\theta} - \sin\theta \right) d\theta$$

Mithilfe der Integralbeziehungen

$$\begin{aligned} \int_0^{\pi/2} J_n^2(z\sin\theta) \frac{d\theta}{\sin\theta} &= \int_0^{2z} \frac{J_{2n}(t)}{t} dt \\ \int_0^{\pi/2} J_n^2(z\sin\theta) \sin\theta \, d\theta &= \frac{1}{2z} \int_0^{2z} J_{2n}(t) \, dt \end{aligned} \qquad (10.117)$$

und der Rekursionsformeln (3.87) und (3.88) lässt sich T schließlich auf die alternative Formen

$$T = \begin{cases} 1 - \dfrac{1}{ka} \displaystyle\sum_{m=0}^{\infty} J_{2m+1}(2ka) \\ 1 - \dfrac{1}{2ka} \displaystyle\int_0^{2ka} J_0(t) \, dt \end{cases}$$

bringen. Der Transmissionsfaktor nimmt also bei senkrechtem Einfall mehr oder weniger monoton, schwach oszillierend, mit wachsendem ka zu. Für $ka \gg 1$ gewinnt man aus der zweiten Form den asymptotischen Ausdruck

$$T \simeq 1 - \frac{1}{2ka} - \frac{1}{\sqrt{\pi}(ka)^{3/2}} \sin\left(2ka - \frac{\pi}{4}\right) + \cdots \qquad (10.118)$$

An ihm erkennt man die schwachen Oszillationen explizit. Die angegebenen Näherungsausdrücke für den Transmissionsfaktor beschreiben zwar sein allgemeines Verhalten als Funktion von ka, sind aber nicht sehr genau. Für die hier betrachtete kreisförmige Öffnung existieren sowohl exakte Berechnungen wie auch genauere Näherungen. Sie werden in dem Buch von *King* und *Wu* (Abb. 41, S. 126) miteinander verglichen. Der korrekte asymptotische Ausdruck enthält nicht den in (10.118) auftretenden Term $1/2ka$, und der Koeffizient von $(ka)^{-3/2}$ ist doppelt so groß.

Wir wollen jetzt die Ergebnisse der *vektoriellen* Näherung nach Smythe-Kirchhoff mit der üblichen, auf (10.79) basierenden skalaren Theorie vergleichen. Für eine schräg einfallende Welle erhebt sich sofort die Frage, welche physikalische Größe mit der skalaren Funktion $\psi(\mathbf{x})$ zu identifizieren ist. Am sinnvollsten dürfte es sein, dafür den Betrag des elektrischen oder magnetischen Feldes zu wählen. Die Intensität ist dann aus Konsistenzgründen als proportional zum Absolutquadrat von (10.79) anzusetzen. Identifiziert man jedoch ψ mit einer *Komponente* von $\mathbf{E}$ oder $\mathbf{B}$, dann steht man vor der Entscheidung, bei der Berechnung der Leistung der gebeugten Strahlung die Radialkomponenten der entsprechenden Felder mitzuberücksichtigen oder zu ignorieren. Wählt man für ψ den Betrag von $\mathbf{E}$, dann ergibt sich aus (10.108) unmittelbar

$$\psi(\mathbf{x}) = -ik\frac{e^{ikr}}{r}a^2 E_0\left(\frac{\cos\alpha + \cos\theta}{2}\right)\frac{J_1(ka\xi)}{ka\xi}$$

als skalares Äquivalent zu (10.113). Die auf das Raumwinkelelement bezogene Strahlungsleistung ist dann in der *skalaren* Kirchhoff'schen Näherung

$$\frac{dP}{d\Omega} \simeq P_i\frac{(ka)^2}{4\pi}\cos\alpha\left(\frac{\cos\alpha + \cos\theta}{2\cos\alpha}\right)^2\left|\frac{2J_1(ka\xi)}{ka\xi}\right|^2 \tag{10.119}$$

mit der durch (10.115) gegebenen Gesamtleistung P_i bei senkrechtem Einfall. Benutzt man die alternative skalare Formel (10.85), dann tritt an die Stelle des Neigungsfaktors $(\cos\alpha + \cos\theta)/2$ in (10.119) der Faktor $\cos\theta$.

Vergleicht man das Resultat (10.114) der vektoriellen Näherung mit (10.119), so stellt man Ähnlichkeiten und Unterschiede fest. Beide Formeln enthalten den typischen Beugungsfaktor $[J_1(ka\xi)/ka\xi]^2$ und weisen die gleiche Abhängigkeit von der Wellenzahl auf. Das Resultat der skalaren Näherung ist unabhängig vom Azimutwinkel ϕ (wenn man von der in ξ enthaltenen ϕ-Abhängigkeit einmal absieht), während dies für das vektorielle Analogon nicht zutrifft. Die azimutale Änderung rührt von den Polarisationseigenschaften des Feldes her und darf in der skalaren Näherung nicht auftreten. Bei senkrechtem Einfall ($\alpha = 0$) und für $ka \gg 1$ spielt die Abhängigkeit von der Polarisation keine Rolle. Die Beugung ist dann auf sehr kleine Winkel in Vorwärtsrichtung beschränkt. Alle skalaren und vektoriellen Näherungen reduzieren sich in diesem Fall auf

$$\frac{dP}{d\Omega} \simeq P_i\frac{(ka)^2}{\pi}\left|\frac{J_1(ka\sin\theta)}{ka\sin\theta}\right|^2 \tag{10.120}$$

Ein Vergleich zwischen den Ergebnissen der skalaren und vektoriellen Näherung bei einem Einfallswinkel von 45° und einer Öffnung vom Durchmesser einer Wellenlänge ($ka = \pi$) zeigt Abb. 10.14. Dargestellt ist die Winkelverteilung in der Einfallsebene (in der der elektrische Feldvektor der einfallenden Welle liegt) und einer zu ihr senkrechten Ebene. Die ausgezogene (gestrichelte) Kurve entspricht in beiden Fällen der vektoriellen (skalaren) Näherung. Der Unterschied der beiden Näherun-

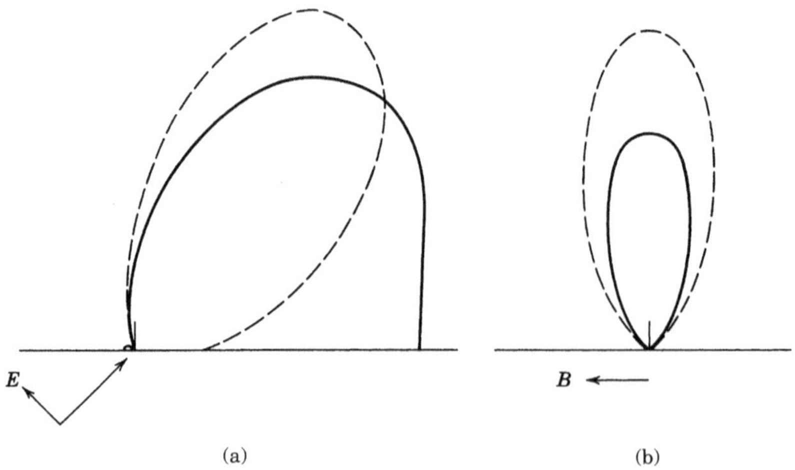

Abb. 10.14 Fraunhofer'sches Beugungsdiagramm für eine kreisförmige Öffnung in einem ideal leitenden, ebenen Schirm vernachlässigbar geringer Dicke. Der Durchmesser der Öffnung beträgt eine Wellenlänge. Die ebene Welle fällt unter einem Winkel von 45° auf den Schirm ein. Die ausgezogenen Kurven entsprechen der vektoriellen Näherung nach Smythe-Kirchhoff, während die gestrichelten das Ergebnis der skalaren Näherung wiedergeben. (a) Intensitätsverteilung in der Einfallsebene (E-Ebene). (b) Intensitätsverteilung (vergrößert um den Faktor 2,5) senkrecht zur Einfallsebene (B-Ebene).

gen für $ka = \pi$ ist beträchtlich. Es besteht Grund zu der Annahme, dass sich das Ergebnis der vektoriellen Näherung nach Smythe-Kirchhoff in der Nähe des exakten Ergebnisses befindet, obwohl diese Näherung für $ka \lesssim 1$ versagt. Die Ergebnisse, die die vektorielle Näherung und exakte Berechnungen für eine rechteckige Öffnung liefern, stimmen überraschend gut miteinander überein, und zwar bis hin zu $ka \sim 1$.[15]

Die Beugung an Öffnungen oder Hindernissen, deren lineare Ausdehnung gegenüber einer Wellenlänge klein ist, erfordert andere Näherungsmethoden als die soeben beschriebenen. Die exakte Formel (10.101) für einen ebenen Schirm kann dabei als Ausgangspunkt verwendet werden. Entwickelt man die Strahlungsfelder in (10.101) nach Multipolen (wie in Kapitel 9.2 und 9.3), so kann man die effektiven Multipolmomente (9.72) und (9.74) als Integrale über das exakte elektrische Feld in der Öffnung interpretieren. Die Bestimmung dieser effektiven Momente soll in Übg. 9.15 vorgenommen werden. Sind die Dipolmomente der Öffnung erst einmal bekannt, dann können die Beugungseffekte allein unter Zugrundelegung der in Kapitel 9.2

[15] Die exakten Berechnungen von Morse, P.M. und P.J. Rubenstein, *Phys. Rev.*, **54**, 895 (1938) werden von Stratton, J.A. und L.J. Chu, *Phys. Rev.*, **56**, 99 (1939) anhand verschiedener graphischer Darstellungen mit den Ergebnissen der vektoriellen Näherung nach Smythe-Kirchhoff verglichen. Der aufmerksame Leser wird über die Diskrepanz stolpern, die zwischen den Daten von Smythe (*loc. cit.*) und denen von Stratton und Chu besteht. Die beiden Berechnungen führen zum gleichen Resultat, obwohl sie dem Aussehen nach und in den Einzelheiten der Herleitung verschieden sind; Smythe benutzt sowohl ein Linienintegral über die Berandung der Öffnung als auch ein Integral über die Öffnungsfläche.

und 9.3 behandelten Dipolfelder berechnet werden. Das Beispiel einer kreisförmigen Öffnung mit den effektiven Momenten (9.75) soll in den Übungen untersucht werden. Die zugrundeliegende physikalische Idee ist dabei die gleiche wie in Kap. 9.5C und soll hier nicht wiederholt werden.

10.10 Streuung im Grenzfall kurzer Wellenlängen

Die Streuung im Grenzfall großer Wellenlängen haben wir in Abschnitt 1 und 2 dieses Kapitels behandelt. Der entgegengesetzte Grenzfall, der der Kirchhoff'schen Beugung ähnelt, liegt bei der Streuung an Hindernissen vor, die im Vergleich zur Wellenlänge groß sind. Genauso wie für die Beugung an einem Schirm liefert auch hier die klassische Strahlenoptik die nullte Näherung. Der Wellencharakter der Felder führt zu Korrekturen, doch ist die Streuung auf einen nur schmalen Winkelbereich um die Bahnen der geometrischen Optik begrenzt. Auf ein ebenes Hindernis vernachlässigbar geringer Dicke können die Methoden aus Abschnitt 7 dieses Kapitels angewandt werden, eventuell in Verbindung mit dem Babinet'schen Prinzip. Für andere Hindernisse benutzen wir zur Berechnung der Streuung den Integralausdruck (10.93), der die Streuamplitude durch die Streufelder $\mathbf{E}_s$ und $\mathbf{B}_s$ auf einer Fläche S_1 unmittelbar außerhalb des Streukörpers ausdrückt.

Ist über die korrekten Felder $\mathbf{E}_s$ und $\mathbf{B}_s$ nichts bekannt, so müssen Näherungen gemacht werden. Für den Fall, dass die Wellenlänge gegenüber der linearen Ausdehnung des Hindernisses klein ist, kann die Fläche in einen „beleuchteten" Bereich und einen „Schatten"-Bereich unterteilt werden.[16] Die Grenze zwischen diesen Bereichen ist nur im Grenzfall der geometrischen Optik scharf. Der Übergangsbereich hat, wie sich zeigen lässt, eine Breite von ungefähr $(2/kR)^{1/3}R$, wenn R einen typischen Krümmungsradius der Fläche bedeutet. Da R in der Größenordnung der Ausdehnung des Hindernisses liegt, hat man es im kurzwelligen Grenzfall näherungsweise mit den Bedingungen der geometrischen Optik zu tun. Im „Schatten"-Bereich müssen die Streufelder auf der Fläche nahezu die entgegengesetzt gleichen Werte wie die einfallenden Felder haben. Dies gilt unabhängig von der Natur des Streukörpers, sofern letzterer „undurchsichtig" ist. Im „beleuchteten" Bereich dagegen hängen die Streufelder auf der Fläche von den Eigenschaften des Hindernisses ab. Ist die Wellenlänge gegenüber dem minimalen Krümmungsradius klein, dann kann man die Fläche lokal als eben betrachten und die Fresnel'schen Gleichungen aus Kap. 7.3 anwenden. Gegebenenfalls werden wir uns auf ein ideal leitendes Hindernis spezialisieren. Für ein solches Hindernis müssen nach Gl. (10.95) die Tangentialkomponenten von $\mathbf{E}_s$ und die Normalkomponente von $\mathbf{B}_s$ die entgegengesetzt gleichen Werte besitzen wie die entsprechenden Komponenten der einfallenden Felder, während die Tangentialkomponenten von $\mathbf{B}_s$ und die Normalkomponente von $\mathbf{E}_s$ näherungsweise die gleichen Werte besitzen wie die entsprechenden Komponenten der einfallenden Felder.

---

[16] Die Streuung einer *skalaren* Welle an einer Kugel wird in ähnlicher Weise in dem Buch von *Morse* und *Feshbach*, S. 1551–1555 behandelt.

Wegen der allgemeinen Bedeutung des vom „Schatten“-Gebiet herrührenden Beitrags betrachten wir ihn getrennt von dem des „beleuchteten“ Gebiets und schreiben

$$\boldsymbol{\epsilon}^* \cdot \mathbf{F} = \boldsymbol{\epsilon}^* \cdot \mathbf{F}_- + \boldsymbol{\epsilon}^* \cdot \mathbf{F}_+ \tag{10.121}$$

wobei der Index $-$ $(+)$ das „Schatten“-Gebiet („beleuchtete“ Gebiet) bezeichnet. Ist die einfallende Welle eine ebene Welle mit dem Wellenvektor $\mathbf{k}_0$ und dem Polarisationsvektor $\boldsymbol{\epsilon}_0$, sodass

$$\begin{aligned} \mathbf{E}_i &= E_0 \boldsymbol{\epsilon}_0 e^{i\mathbf{k}_0 \cdot \mathbf{x}} \\ \mathbf{B}_i &= \mathbf{k}_0 \times \mathbf{E}_i / kc \end{aligned} \tag{10.122}$$

dann gilt nach (10.93) für das „Schatten“-Gebiet aufgrund von $\mathbf{E}_s \simeq -\mathbf{E}_i$ und $\mathbf{B}_s \simeq -\mathbf{B}_i$:

$$\boldsymbol{\epsilon}^* \cdot \mathbf{F}_- = \frac{E_0}{4\pi i} \int_- \boldsymbol{\epsilon}^* \cdot [\mathbf{n}' \times (\mathbf{k}_0 \times \boldsymbol{\epsilon}_0) + \mathbf{k} \times (\mathbf{n}' \times \boldsymbol{\epsilon}_0)] e^{i(\mathbf{k}_0 - \mathbf{k}) \cdot \mathbf{x}'} da' \tag{10.123}$$

Die Integration ist dabei nur über den im „Schatten“-Gebiet liegenden Teil von S_1 zu erstrecken. Nach Umformung der Vektorprodukte lässt sich für (10.123) auch

$$\boldsymbol{\epsilon}^* \cdot \mathbf{F}_- = \frac{E_0}{4\pi i} \int_- \boldsymbol{\epsilon}^* \cdot [(\mathbf{k} + \mathbf{k}_0) \times (\mathbf{n}' \times \boldsymbol{\epsilon}_0) + (\mathbf{n}' \cdot \boldsymbol{\epsilon}_0) \mathbf{k}_0] e^{i(\mathbf{k}_0 - \mathbf{k}) \cdot \mathbf{x}'} da' \tag{10.124}$$

schreiben. Im Grenzfall kurzer Wellenlängen sind die Beträge von $\mathbf{k}_0 \cdot \mathbf{x}'$ und $\mathbf{k} \cdot \mathbf{x}'$ sehr viel größer als Eins. Der Exponentialfaktor in (10.124) oszilliert dann sehr stark und hat zur Folge, dass der Integrand außer in Vorwärtsrichtung, wo $\mathbf{k} \simeq \mathbf{k}_0$ ist, einen sehr kleinen Mittelwert hat. In der Vorwärtsregion, d.h. für Winkel $\theta \lesssim 1/kR$ ist der zweite Term in der eckigen Klammer gegenüber dem ersten zu vernachlässigen, da $(\boldsymbol{\epsilon}^* \cdot \mathbf{k}_0)/k$ in der Größenordnung von $\sin\theta \ll 1$ liegt (man beachte, dass $\boldsymbol{\epsilon}^* \cdot \mathbf{k} \equiv 0$ und $\mathbf{k}_0 \simeq \mathbf{k}$ ist). Näherungsweise kann man daher für (10.124) auch

$$\boldsymbol{\epsilon}^* \cdot \mathbf{F}_- \simeq \frac{iE_0}{2\pi} \boldsymbol{\epsilon}^* \cdot \boldsymbol{\epsilon}_0 \int_- e^{i(\mathbf{k}_0 - \mathbf{k}) \cdot \mathbf{x}'} (\mathbf{k}_0 \cdot \mathbf{n}') da'$$

schreiben. Das Integral über die Schattenseite des Hindernisses hat – in dieser Näherung – die bemerkenswerte Eigenschaft, nur von der auf die Ebene senkrecht zur Einfallsrichtung projizierten Fläche abzuhängen, nicht aber von der detaillierten Gestalt des Hindernisses. Dies erkennt man unmittelbar anhand der Tatsache, dass $(\mathbf{k}_0 \cdot \mathbf{n}') da' = k\, dx'\, dy' = k\, d^2 x_\perp$ gerade das k-fache des projizierten Flächenelementes darstellt und dass $(\mathbf{k}_0 - \mathbf{k}) \cdot \mathbf{x}' = k(1 - \cos\theta) z' - \mathbf{k}_\perp \cdot \mathbf{x}_\perp \simeq -\mathbf{k}_\perp \cdot \mathbf{x}_\perp$ ist. $\mathbf{k}_0$ haben wir dabei in die Richtung der z-Achse gelegt, ferner die in der Ebene senkrecht zu $\mathbf{k}_0$ liegenden Vektoren $\mathbf{x}_\perp = x' \mathbf{e}_1 + y' \mathbf{e}_2$ und $\mathbf{k}_\perp = k_x \mathbf{e}_1 + k_y \mathbf{e}_2$ eingeführt und eine Näherung für kleine Winkel gemacht. Das Endresultat für den vom „Schatten“-Gebiet herrührenden Beitrag zur Streuung lautet somit im Fall von $kR \gg 1$ und $\theta \ll 1$:

$$\boldsymbol{\epsilon}^* \cdot \mathbf{F}_- \simeq \frac{ik}{2\pi} E_0 (\boldsymbol{\epsilon}^* \cdot \boldsymbol{\epsilon}_0) \int_- e^{-i\mathbf{k}_\perp \cdot \mathbf{x}_\perp} d^2 x_\perp \tag{10.125}$$

In dieser Grenze liefern also sämtliche Streukörper, die eine gleich große projizierte Fläche besitzen, zur Schattenstreuung den gleichen Beitrag. Die Polarisierungseigenschaften der gestreuten Strahlung werden von dem Faktor $\boldsymbol{\epsilon}^* \cdot \boldsymbol{\epsilon}_0$ bestimmt. Da die Streuung bei kleinen Winkeln stattfindet, ist der überwiegende Anteil in der gleichen Weise polarisiert wie die einfallende Welle. In der Sprache der Quantenmechanik sagt man, die Schattenstreuung enthält *keine Spin-Flip-Amplitude*.

Als Beispiel betrachten wir einen Streukörper, dessen projizierte Fläche eine Kreisscheibe vom Radius a ist. Es ist dann

$$\int_{-} e^{-i\mathbf{k}_\perp \cdot \mathbf{x}_\perp}\, d^2 x_\perp = 2\pi a^2 \frac{J_1(ka\sin\theta)}{ka\sin\theta} \tag{10.126}$$

und die Amplitude der Schattenstreuung ergibt sich zu

$$\boldsymbol{\epsilon}^* \cdot \mathbf{F}_- \simeq ika^2 E_0 (\boldsymbol{\epsilon}^* \cdot \boldsymbol{\epsilon}_0) \frac{J_1(ka\sin\theta)}{(ka\sin\theta)} \tag{10.127}$$

Der von der „beleuchteten“ Seite des Streukörpers herrührende Beitrag zur Streuung kann nur berechnet werden, wenn die Gestalt des Streukörpers und die Eigenschaften seiner Oberfläche spezifiziert sind. Zur Illustration nehmen wir an, dass die Oberfläche auf der „beleuchteten“ Seite ideal leitend ist. Um dann (10.93) anwenden zu können, müssen wir die Tangentialkomponenten von $\mathbf{E}_s$ und $\mathbf{B}_s$ auf S_1 kennen. Wie zu Beginn dieses Abschnitts bemerkt, haben diese Komponenten näherungsweise die entgegengesetzt gleichen Werte wie die entsprechenden Komponenten der einfallenden Welle. Die Beiträge von der „beleuchteten“ Seite sind somit

$$\boldsymbol{\epsilon}^* \cdot \mathbf{F}_+ = \frac{E_0}{4\pi i} \int_{+} \boldsymbol{\epsilon}^* \cdot [-\mathbf{n}' \times (\mathbf{k}_0 \times \boldsymbol{\epsilon}_0) + \mathbf{k} \times (\mathbf{n}' \times \boldsymbol{\epsilon}_0)] e^{i(\mathbf{k}_0 - \mathbf{k})\cdot \mathbf{x}'} da' \tag{10.128}$$

Ein Vergleich mit dem analogen Ausdruck (10.123) für den Schattenbeitrag zeigt, dass im ersten Term des Integranden ein Vorzeichenunterschied besteht. Dieser Unterschied ist von entscheidender Bedeutung, da er zu einer sehr verschiedenen Winkelabhängigkeit der beiden Amplituden führt. Das Gegenstück zu (10.124) lautet:

$$\boldsymbol{\epsilon}^* \cdot \mathbf{F}_+ = \frac{E_0}{4\pi i} \int_{+} \boldsymbol{\epsilon}^* \cdot [(\mathbf{k} - \mathbf{k}_0) \times (\mathbf{n}' \times \boldsymbol{\epsilon}_0) - (\mathbf{n}' \cdot \boldsymbol{\epsilon}_0)\mathbf{k}_0] e^{i(\mathbf{k}_0 - \mathbf{k})\cdot \mathbf{x}'} da' \tag{10.129}$$

Für $k \gg 1$ oszilliert der Exponentialfaktor auch hier sehr stark. Doch in Vorwärtsrichtung, wo man den Hauptbeitrag zum Integral erwarten würde, strebt der andere Faktor im Integranden gegen Null. Dies ist auf die Tatsache zurückzuführen, dass der erste Term in der eckigen Klammer die Differenz $(\mathbf{k} - \mathbf{k}_0)$ enthält und nicht, wie in der Schattenamplitude (10.124), die Summe $(\mathbf{k} + \mathbf{k}_0)$. Die „beleuchtete“ Seite des Streukörpers liefert also bei kleinen Winkeln nur einen geringen Beitrag zur Streuung. Im Grenzfall der geometrischen Optik ist dies völlig einsichtig, da ja die „beleuchtete“ Seite die reflektierten Wellen enthalten muss und die Reflexion in Vorwärtsrichtung am schwächsten ist.

Um die Rechnung weiterführen zu können, müssen wir die *Gestalt* des Streukörpers auf der „beleuchteten“ Seite spezifizieren und seine elektromagnetischen Eigenschaften festlegen. Wir nehmen an, die Oberfläche sei die einer Kugel vom Radius a. Da die Streuung nicht auf die Vorwärtsrichtung konzentriert ist, müssen wir beliebige Streuwinkel betrachten. Der Integrand in (10.129) ist eine relativ langsam veränderliche Vektorfunktion der Winkel, die mit einer stark oszillierenden Exponentialfunktion multipliziert wird. Wie in Kap. 7.11 besprochen, rührt der Hauptbeitrag eines solchen Integrals von *dem* Teil des Integrationsgebietes her, in dem die Phase der Exponentialfunktion stationär ist. Sind (θ, ϕ) die Winkelkoordinaten von $\mathbf{k}$ und (α, β) die von $\mathbf{n}'$ relativ zu $\mathbf{k}_0$, dann ist der Phasenfaktor

$$f(\alpha, \beta) = (\mathbf{k}_0 - \mathbf{k}) \cdot \mathbf{x}' = ka[(1 - \cos\theta)\cos\alpha - \sin\theta \sin\alpha \cos(\beta - \phi)]$$

Die zum Punkt stationärer Phase gehörenden Winkel α_0 und β_0 sind, wie sich leicht zeigen lässt:

$$\alpha_0 = \frac{\pi}{2} + \frac{\theta}{2}$$

$$\beta_0 = \phi$$

Diese Winkel sind offenbar gerade jene, die sich in der geometrischen Optik für die Reflexion an der Kugel ergeben. An diesem Punkt zeigt der Einheitsvektor $\mathbf{n}'$ in die Richtung von $(\mathbf{k} - \mathbf{k}_0)$. Entwickelt man den Phasenfaktor um $\alpha = \alpha_0$, $\beta = \beta_0$, so folgt:

$$f(\alpha, \beta) = -2ka \sin\frac{\theta}{2}\left[1 - \tfrac{1}{2}\left(x^2 + \cos^2\frac{\theta}{2} y^2\right) + \cdots\right] \tag{10.130}$$

wobei $x = \alpha - \alpha_0$ und $y = \beta - \beta_0$ ist. Das Integral (10.129) lässt sich näherungsweise berechnen, wenn man den Ausdruck in eckigen Klammern an der Stelle $\alpha = \alpha_0$, $\beta = \beta_0$ auswertet. Man erhält dann:

$$\boldsymbol{\epsilon}^* \cdot \mathbf{F}_+ \simeq \frac{ka^2 E_0}{4\pi i} \sin\theta \, e^{-2ika\sin(\theta/2)} \boldsymbol{\epsilon}^* \cdot \boldsymbol{\epsilon}_r \int dx \, e^{i[ka\sin(\theta/2)]x^2} \int dy \, e^{i[ka\sin(\theta/2)\cos^2(\theta/2)]y^2} \tag{10.131}$$

Dabei ist $\boldsymbol{\epsilon}_r$ ein durch

$$\boldsymbol{\epsilon}_r = -\boldsymbol{\epsilon}_0 + 2(\mathbf{n}_r \cdot \boldsymbol{\epsilon}_0)\mathbf{n}_r$$

definierter Polarisationsvektor, während $\mathbf{n}_r$ einen Einheitsvektor in Richtung von $(\mathbf{k} - \mathbf{k}_0)$ darstellt. Der Vektor $\boldsymbol{\epsilon}_r$ ist gerade der für Reflexion zu erwartende Polarisationsvektor: er besitzt eine zur Oberfläche senkrechte Komponente, die gleich der entsprechenden Komponente von $\boldsymbol{\epsilon}_0$ ist, und eine Komponente parallel zur Oberfläche, die das entgegengesetzte Vorzeichen der entsprechenden Komponente von $\boldsymbol{\epsilon}_0$ besitzt (vgl. Abb. 10.15). Die x- und y-Integrale in (10.131) können mithilfe von $\int_{-\infty}^{\infty} e^{i\alpha x^2} dx = \sqrt{\pi i/\alpha}$ näherungsweise berechnet werden, sofern $2ka\sin(\theta/2) \gg 1$ ist. Dies führt auf

$$\boldsymbol{\epsilon}^* \cdot \mathbf{F}_+ \simeq E_0 \frac{a}{2} e^{-2ika\sin(\theta/2)} \boldsymbol{\epsilon}^* \cdot \boldsymbol{\epsilon}_r \tag{10.132}$$

Für großes $2ka\sin\theta/2$ hat also der reflektierte Anteil bei vorgegebenem Winkel konstanten Betrag, doch seine Phase ändert sich sehr schnell; sie verschwindet mit $\theta \to 0$ wie θ^2.

Ein Vergleich zwischen der reflektierten Amplitude (10.132) und der Schattenamplitude (10.127) zeigt, dass der Schattenbeitrag im unmittelbaren Bereich um die Vorwärtsrichtung die reflektierte Amplitude betragsmäßig um einen Faktor $ka \gg 1$ überwiegt. Bei Winkeln dagegen, für die $ka\sin\theta \gg 1$ ist, liegt das Betragsverhältnis

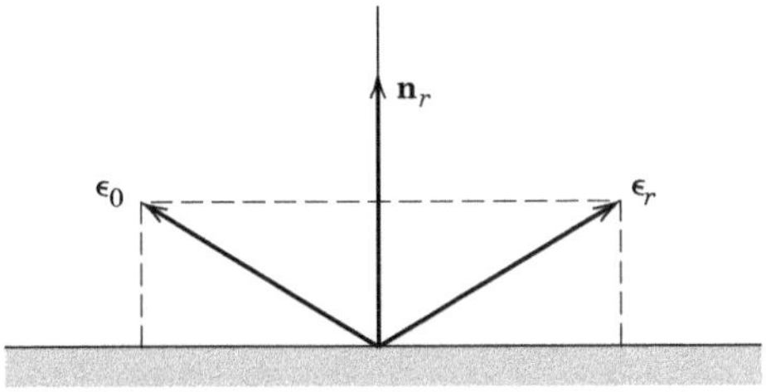

Abb. 10.15 Die Polarisationsvektoren der reflektierten und einfallenden Welle in ihrer Lage zueinander. $\mathbf{n}_r$ ist die Flächennormale an dem Punkt, bei dem nach der geometrischen Optik Reflexion auftritt. Der Übersichtlichkeit wegen sind die Vektoren $\mathbf{k}_0$ und $\mathbf{k}$ nicht eingezeichnet. Sie stehen senkrecht auf $\boldsymbol{\epsilon}_0$ bzw. $\boldsymbol{\epsilon}_r$ und sind so orientiert, dass ihre Differenz parallel zu $\mathbf{n}_r$ liegt.

in der Größenordnung von $1/(ka\sin^3\theta)^{1/2}$. Der über die ein- und auslaufenden Polarisationszustände summierte bzw. gemittelte Streuquerschnitt (10.3) berechnet sich für die beiden genannten Winkelbereich zu

$$\frac{d\sigma}{d\Omega} \simeq \begin{cases} a^2(ka)^2 \left| \dfrac{J_1(ka\sin\theta)}{ka\sin\theta} \right|^2, & \theta \lesssim \dfrac{10}{ka} \\ \dfrac{a^2}{4}, & \theta \gg \dfrac{1}{ka} \end{cases} \tag{10.133}$$

Der Streuung in Vorwärtsrichtung entspricht ein typisches Beugungsdiagramm mit einem Hauptmaximum und kleineren Nebenmaxima, während sie bei größeren Winkeln isotrop verläuft. Bei mittleren Winkeln kommt es zu einer gewissen Interferenz zwischen den beiden Amplituden (10.127) und (10.132), sodass der Streuquerschnitt von der Summe der beiden Terme aus (10.133) abweicht. Tatsächlich ist diese Interferenz für $ka \gg 1$ in der hier gemachten Näherung sehr klein. Stärker ist sie in der exakten Lösung (vgl. Abb. 10.16), wo die unterhalb von Eins liegenden Minima auf eine destruktive Interferenz hindeutet.[17]

Den totalen Streuquerschnitt erhält man durch Integration über alle Winkel. Bei Vernachlässigung der Interferenzterme liefert (10.133) sowohl für das Maximum wie für den isotropen Anteil der Schattenstreuung einen Beitrag von jeweils πa^2. Der totale Streuquerschnitt ergibt sich damit zu $2\pi a^2$. Die eine Hälfte davon geht auf direkte Reflexionen an der projizierten Fläche zurück und entspricht dem geometrischen Streuquerschnitt. Die andere Hälfte hingegen rührt von der Diffraktionsstreuung her, die mit der Bildung eines hinter dem Streukörper liegenden Schattens stets einhergeht. Vom Diffraktionsanteil des totalen Streuquerschnitts kann man zeigen, dass er im Grenzfall kurzer Wellenlängen unabhängig von der detaillierten Gestalt des Streukörpers ist (vgl. Übg. 10.16). In ähnlicher Weise ist der Reflexions- oder Absorptionsanteil für jeden undurchsichtigen Streukörper gleich seiner proji-

[17] Ist die einfallende Welle linear polarisiert, dann hängt die Stärke der Interferenz von der Richtung des einfallenden Polarisationsvektors bezüglich der von $\mathbf{k}$ und $\mathbf{k}_0$ aufgespannten Ebene ab. Für in dieser Ebene liegendes $\boldsymbol{\epsilon}_0$ ist die Interferenz sehr viel größer, als wenn $\boldsymbol{\epsilon}_0$ senkrecht auf ihr steht. Für verschiedene Werte von ka findet man in den Büchern von *King* und *Wu* (Anhang) oder *Bowman*, *Senior* und *Uslenghi* (S. 402–405) verschiedene graphische Darstellungen.

zierten Fläche, obwohl man die „beleuchtete“ Seite des Streukörpers nicht in Streu- und Absorptionsbereiche unterteilen kann, ohne die speziellen Oberflächeneigenschaften zu kennen.

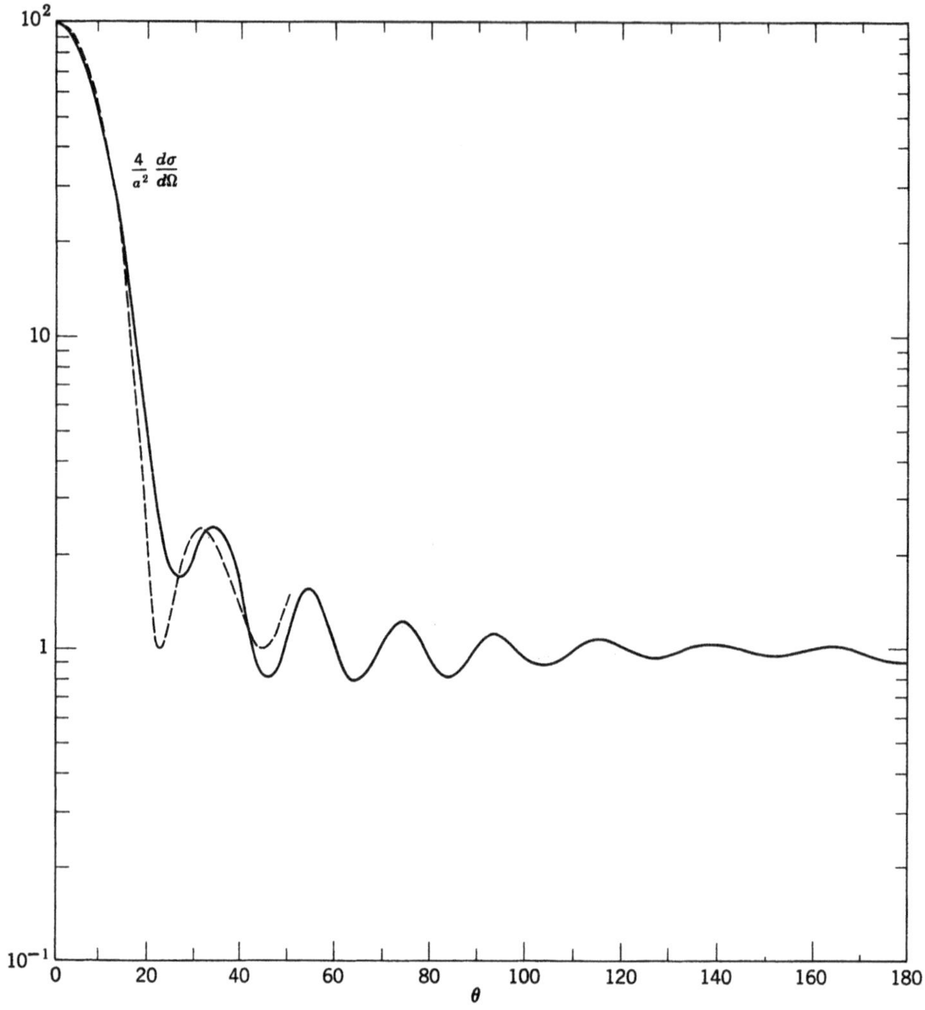

Abb. 10.16 Halblogarithmische Darstellung des Streuquerschnitts für die Streuung an einer ideal leitenden Kugel als Funktion des Streuwinkels; die einfallende Welle ist dabei unpolarisiert, und es ist $ka = 10$. Die ausgezogene Kurve entspricht dem exakten Ergebnis (*King* und *Wu*), die gestrichelte hingegen der Näherung, die auf der Summe der Amplituden (10.127) und (10.132) basiert.

10.11 Optisches Theorem und Verwandtes

Eine fundamentale Beziehung, die man *optisches Theorem* nennt, verknüpft den totalen Streuquerschnitt mit dem Imaginärteil der Vorwärtsstreuamplitude. Sie folgt aus sehr allgemeinen Betrachtungen zur Energie- und Stromerhaltung. Ihr Gegenstück in der quantenmechanischen Streutheorie basiert auf der Erhaltung der Wahrscheinlichkeit.

Zur Herleitung des genannten Theorems betrachten wir die in Abb. 10.9 gezeigte Geometrie eines Streuvorgangs. Eine ebene Welle mit dem Wellenvektor $\mathbf{k}_0$ und den Feldern $(\mathbf{E}_i, \mathbf{B}_i)$ falle im Vakuum auf einen Streukörper endlicher Ausdehnung, der sich innerhalb der Fläche S_1 befindet. Die Streufelder $(\mathbf{E}_s, \mathbf{B}_s)$ pflanzen sich vom Streukörper aus fort und werden in großer Entfernung von ihm in Richtung von $\mathbf{k}$ beobachtet. Die Gesamtfelder sind an allen Punkten definiert durch

$$\mathbf{E} = \mathbf{E}_i + \mathbf{E}_s, \quad \mathbf{B} = \mathbf{B}_i + \mathbf{B}_s$$

Der Streukörper ist i. Allg. dissipativ und absorbiert von der einfallenden Welle Energie. Die absorbierte Leistung erhält man, indem man die nach innen gerichtete Komponente des Poynting'schen Vektors der *Gesamtfelder* über die Fläche S_1 integriert:

$$P_{\text{abs}} = -\frac{1}{2\mu_0}\oint_{S_1} \text{Re}(\mathbf{E}\times\mathbf{B}^*)\cdot\mathbf{n}'\,da' \tag{10.134}$$

Die Leistung der *Streufelder* berechnet man normalerweise, indem man für den Poynting'schen Vektor der Streufelder die asymptotische Form benutzt, die er dort annimmt, wo die Felder transversal sind und wie $1/r$ abfallen. Da sich aber zwischen S_1 und dem Unendlichen keine Quellen befinden, gewinnt man die Leistung der Streufelder auch dadurch, dass man die nach außen gerichtete Komponente des Poynting'schen Vektors der Streufelder über S_1 integriert:

$$P_s = \frac{1}{2\mu_0}\oint_{S_1} \text{Re}(\mathbf{E}_s\times\mathbf{B}_s^*)\cdot\mathbf{n}'\,da' \tag{10.135}$$

Die von der einfallenden Welle durch Streuung und Absorption abgegebene *Gesamtleistung* P gewinnt man aus der Summation von (10.134) und (10.135). Nach einigen Substitutionen und Umformungen führt dies auf

$$P = -\frac{1}{2\mu_0}\oint_{S_1} \text{Re}[\mathbf{E}_s\times\mathbf{B}_i^* + \mathbf{E}_i^*\times\mathbf{B}_s]\cdot\mathbf{n}'\,da'$$

Benutzt man für die einfallende Welle die Ausdrücke

$$\begin{aligned} \mathbf{E}_i &= E_0\boldsymbol{\epsilon}_0 e^{i\mathbf{k}_0\cdot\mathbf{x}} \\ c\mathbf{B}_i &= \frac{1}{k}\mathbf{k}_0\times\mathbf{E}_i \end{aligned} \tag{10.136}$$

so ergibt sich für die Gesamtleistung:

$$P = \frac{1}{2\mu_0}\text{Re}\left\{E_0^*\oint_{S_1} e^{-i\mathbf{k}_0\cdot\mathbf{x}'}\left[\boldsymbol{\epsilon}_0^*\cdot(\mathbf{n}'\times\mathbf{B}_s) + \boldsymbol{\epsilon}_0^*\cdot\frac{\mathbf{k}_0\times(\mathbf{n}'\times\mathbf{E}_s)}{kc}\right]da'\right\}$$

Ein Vergleich mit der Formel (10.93) für die Streuimplitude zeigt, dass die Gesamtleistung mit der *Vorwärtsstreuamplitude* ($\mathbf{k} = \mathbf{k}_0, \boldsymbol{\epsilon} = \boldsymbol{\epsilon}_0$) durch

$$P = \frac{2\pi}{kZ_0} \operatorname{Im}[E_0^* \boldsymbol{\epsilon}_0^* \cdot \mathbf{F}(\mathbf{k} = \mathbf{k}_0)] \tag{10.137}$$

verknüpft ist. Dieses Resultat ist im Grunde bereits das optische Theorem. Normalerweise schreibt man es jedoch in einer Form, die unabhängig vom Betrag des einfallenden Stromes ist. Man benutzt dabei den *totalen Streuquerschnitt* σ_t (in der Optik manchmal auch „Extinktionsquerschnitt" genannt), der definiert ist als das Verhältnis der Gesamtleistung P zur Leistung des pro Flächeneinheit einfallenden Stroms $|E_0|^2/2Z_0$. In ähnlicher Weise definiert man die *normierte Streuamplitude* $\mathbf{f}$ bezüglich der Amplitude der (am Ursprung) einfallenden Welle durch

$$\mathbf{f}(\mathbf{k}, \mathbf{k}_0) = \frac{\mathbf{F}(\mathbf{k}, \mathbf{k}_0)}{E_0} \tag{10.138}$$

Ausgedrückt durch σ_t und $\mathbf{f}$ lautet dann das *optische Theorem*:

$$\sigma_t = \frac{4\pi}{k} \operatorname{Im}[\boldsymbol{\epsilon}_0^* \cdot \mathbf{f}(\mathbf{k} = \mathbf{k}_0)] \tag{10.139}$$

Die hier benutzte Schreibweise entspricht der in der Quantenmechanik. Für Teilchen mit Spin ist die Vorwärtsstreuimplitude diejenige, in der keines der Teilchen seinen Spinzustand ändert. Für elektromagnetische Strahlung (Photonen) drückt sich dies durch das Auftreten der Amplitude $\boldsymbol{\epsilon}_0^* \cdot \mathbf{f}$ aus, die die gestreute Strahlung mit der gleichen End- wie Anfangspolarisation beschreibt.

Das optische Theorem stellt eine Beziehung her zwischen verschiedenen Aspekten der Streuung und Absorption elektromagnetischer Strahlung an einem einzelnen Streukörper. Die Vorwärtsstreuamplitude für einen einzelnen Streukörper lässt sich auch mit den makroskopischen elektromagnetischen Eigenschaften verknüpfen, d.h. mit der Dielektrizitätskonstanten eines aus einer Vielzahl von Streukörpern bestehenden Mediums. Wir begnügen uns hier mit einer kurzen, elementaren Diskussion und verweisen den Leser, der an einer detaillierteren und strengeren Behandlung interessiert ist, auf die unten angegebene Literatur.[18] Wir betrachten eine durch (10.136) beschriebene, ebene Welle, die aus dem Gebiet $z < 0$ her kommend senkrecht auf eine dünne Schicht einfällt, die aus homogenem Material mit N Streuzentren pro Volumeneinheit besteht (vgl. Abb. 10.17). Jedes dieser Streuzentren, auf das die einfallende Welle stößt, gibt Anlass zu einer gestreuten Welle. Die kohärente Summe aus der einfallenden Welle und sämtlichen gestreuten Wellen liefert eine modifizierte Welle hinter der Schicht. Vergleicht man diese modifizierte Welle am Aufpunkt O mit einer Welle, die durch eine Schicht der makroskopischen Dielektrizitätskonstanten $\epsilon(\omega)$ hindurchgetreten ist, so gelangt man zu einer Beziehung zwischen ϵ und der Streuamplitude $\mathbf{f}$.

[18] Ein lesenswerter Übersichtsartikel ist der von Lax, M.A., *Reviews of Modern Physics* **23**, 287 (1951). Vgl. auch das Buch Goldberger, M.L. und K.M. Watson, *Collision Theory*, New York: Wiley 1964, Kap. 11, besonders die Seiten 766–775.

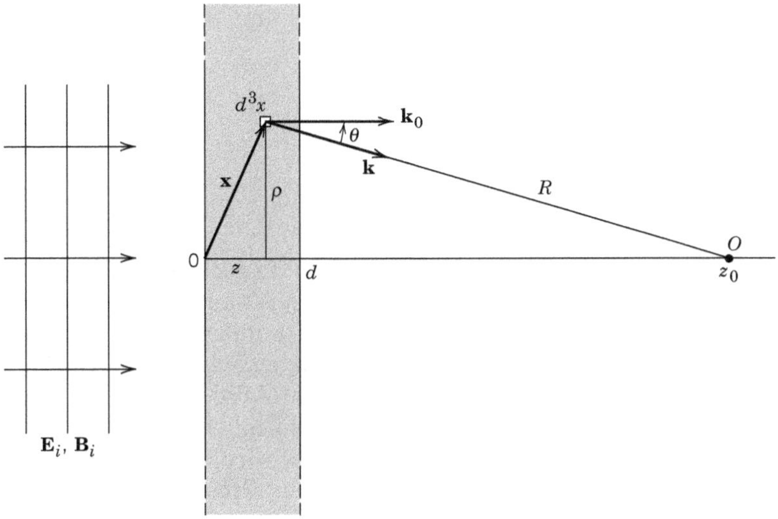

Abb. 10.17 Ebene Welle, die senkrecht auf eine dielektrische Schicht der Dicke d einfällt. Die Streuzentren in der Schicht geben Anlass zu gestreuten Wellen, die sich mit der einfallenden Welle kohärent zu einer modifizierten Welle am Aufpunkt O hinter der Schicht addieren.

Die Dicke und die Dichte der Schicht seien so klein, dass man innerhalb der Schicht nur Einfachstreuungen zu berücksichtigen braucht und somit das effektive Erregungsfeld für jeden Streukörper identisch mit dem einfallenden Feld ist. In dieser Näherung hat das elektrische Streufeld, erzeugt durch Nd^3x Streukörper in einem infinitesimalen Volumenelement d^3x um einen innerhalb der Schicht gelegenen Punkt $\mathbf{x}(\rho, \phi, z)$, am Aufpunkt O mit den Zylinderkoordinaten $(0, 0, z_0)$ den Wert

$$d\mathbf{E}_s = \frac{e^{ikR}}{R} \mathbf{f}(k, \theta, \phi) E_0 e^{i\mathbf{k}_0 \cdot \mathbf{x}} N d^3x$$

Dabei haben wir die Streuamplitude als Funktion der Streuwinkel θ [$= \arcsin(\rho/R)$] und ϕ geschrieben und angenommen, dass der Aufpunkt um ein Vielfaches der Wellenlänge von der Schicht entfernt ist. Der Abstand des betrachteten Volumenelements vom Aufpunkt O ist $R = [\rho^2 + (z_0 - z)^2]^{1/2}$. Der Phasenfaktor der einfallenden Welle trägt der Tatsache Rechnung, dass sich die Streukörper in einer gewissen Entfernung $\mathbf{x}$ vom Koordinatenursprung befinden. Das gestreute Gesamtfeld erhält man durch Integration über das Volumen der Schicht:

$$\mathbf{E}_s = NE_0 \int_0^{2\pi} d\phi \int_0^d dz\, e^{ikz} \int_0^\infty \rho\, d\rho \frac{e^{ikR}}{R} \mathbf{f}(k, \theta, \phi) \tag{10.140}$$

Aufgrund von $\rho d\rho = R dR$ lässt sich hierfür auch

$$\mathbf{E}_s = NE_0 \int_0^{2\pi} d\phi \int_0^d dz\, e^{ikz} \int_{|z_0 - z|}^\infty dR\, e^{ikR} \mathbf{f}(k, \theta, \phi) \tag{10.141}$$

schreiben, wobei $\cos\theta = (z_0 - z)/R$ ist. Betrachtet man jetzt $e^{ikR}dR$ als Differential, so führt eine partielle Integration auf

$$\int_{|z_0-z|}^{\infty} dR\, e^{ikR}\mathbf{f}(k,\theta,\phi) = \frac{1}{ik}e^{ikR}\mathbf{f}(k,\theta,\phi)\Big|_{R=|z_0-z|}^{\infty} + \frac{1}{ik}\int_{|z_0-z|}^{\infty} dR\left(\frac{z_0-z}{R^2}\right)e^{ikR}\frac{d}{d(\cos\theta)}\mathbf{f}(k,\theta,\phi)$$

Unter der Voraussetzung, dass die Ableitung von **f** (nach $\cos\theta$) überall endlich ist, hat das Integral auf der rechten Seite die Größenordnung von $1/(k|z_0 - z|)$ multipliziert mit dem ursprünglichen Integral (auf der linken Seite). Da wir aber voraussetzten, dass der Aufpunkt von der betrachteten Schicht um ein Vielfaches der Wellenlänge entfernt ist, können wir den zweiten Ausdruck auf der rechten Seite vernachlässigen. Im Limes $R \to \infty$ kann man schließlich auch den Beitrag des oszillierenden Terms vernachlässigen (was plausibel wird, wenn man annimmt, dass die Zahl N der in der Volumeneinheit enthaltenen Streuzentren für große ρ gegen Null geht). Es folgt dann:

$$\int_{|z_0-z|}^{\infty} dR\, e^{ikR}\mathbf{f}(k,\theta,\phi) = \frac{i}{k}e^{ik|z_0-z|}\mathbf{f}(k,0)$$

Das gestreute Feld am Aufpunkt O ergibt sich damit zu

$$\mathbf{E}_s = \frac{2\pi i}{k}NE_0\,\mathbf{f}(k,0)\int_0^d dz\, e^{ik[z+|z_0-z|]}$$

Da nach Voraussetzung $z_0 > z$ ist, folgt als Endresultat:

$$\mathbf{E}_s = \frac{2\pi i}{k}NE_0\,\mathbf{f}(k,0)\,e^{ikz_0}d \tag{10.142}$$

Das elektrische *Gesamtfeld* am Aufpunkt O ist somit bis zur ersten Ordnung in d:

$$\mathbf{E} = E_0 e^{ikz_0}\left[\boldsymbol{\epsilon}_0 + \frac{2\pi i N d}{k}\mathbf{f}(k,0)\right] \tag{10.143}$$

Speziell hat eine Welle, deren Polarisationszustand der gleiche ist wie der der einfallenden Welle, am Aufpunkt die Amplitude

$$\boldsymbol{\epsilon}_0^* \cdot \mathbf{E} = E_0 e^{ikz_0}\left[1 + \frac{2\pi i N d}{k}\boldsymbol{\epsilon}_0^* \cdot \mathbf{f}(k,0)\right] \tag{10.144}$$

Betrachten wir nun die obige Schicht makroskopisch. Ihre elektromagnetischen Eigenschaften seien gekennzeichnet durch eine Dielektrizitätskonstante $\epsilon(\omega)$, die zugleich auch die Ausbreitung einer Welle der Frequenz $\omega = ck$ und der Polarisation $\boldsymbol{\epsilon}_0$ bestimmt. Nach Kap. 7.7 ist dann die Amplitude der durch die Schicht getretenen Welle bei $z = z_0$ durch

$$\boldsymbol{\epsilon}_0^* \cdot \mathbf{E}\ \text{(makroskopisch)} = E_0 e^{ikz_0}\left[1 + ik(\epsilon/\epsilon_0 - 1)\frac{d}{2}\right] \tag{10.145}$$

gegeben. Diese Formel ist nur bis zur ersten Ordnung in d korrekt, aber unabhängig davon, wie klein oder wie groß $|\epsilon - 1|$ ist. Ein Vergleich zwischen (10.145) und (10.144) zeigt, dass zwischen der Dielektrizitätskonstanten und der Vorwärtsstreuamplitude folgender Zusammenhang besteht:

$$\epsilon(\omega)/\epsilon_0 = 1 + \frac{4\pi N}{k^2} \boldsymbol{\epsilon}_0^* \cdot \mathbf{f}(k, 0) \tag{10.146}$$

An dieser Stelle sollten einige klärende Bemerkungen nicht fehlen. Es ist klar, dass unsere Herleitung nur andeutenden Charakter hat, da wir mehrere vereinfachende Annahmen gemacht haben; auch die Berechtigung einer makroskopischen Beschreibungsweise wurde eher vorausgesetzt als bewiesen. Sorgfältige Überlegungen zeigen, dass die Streuamplitude in (10.146) nicht als Funktion der freien Wellenzahl k, sondern der dem Medium entsprechenden Wellenzahl k' geschrieben werden sollte. Ferner zeigt eine genaue Berechnung, dass der zweite Term auf der rechten Seite von (10.146) mit einem Faktor zu multiplizieren ist, der ein Maß für das effektive Erregungsfeld am Ort eines Streukörpers im Vergleich zum kohärenten Gesamtfeld innerhalb des Mediums ist. Für diese und andere Details sei der Leser auf die oben angegebene Literatur hingewiesen. Natürlich ist Gl. (10.146) auch nur dann eine vernünftige Näherung, wenn die Dichte des Mediums nicht zu groß und die Korrelation zwischen benachbarten Streukörpern relativ schwach ist.

Es lohnt sich, ein Anwendungsbeispiel für die Gl. (10.146) zu bringen, um zu zeigen, wie sich mit ihr unter Verwendung des einfachen Oszillatormodells aus Kapitel 7 die Dielektrizitätskonstante beschreiben lässt. Das Dipolmoment eines einzelnen Atoms wird durch Gl. (7.50) bestimmt, summiert über die verschiedenen Oszillatoren:

$$\mathbf{p} = \frac{e^2}{m} \sum_j f_j (\omega_j^2 - \omega^2 - i\omega\gamma_j)^{-1} E_0 \boldsymbol{\epsilon}_0$$

Nach Gl. (10.2) ergibt sich damit folgender Ausdruck für die atomare Streuamplitude:

$$\mathbf{f}(\mathbf{k}) = \frac{1}{4\pi\epsilon_0} \frac{e^2}{m} \sum_j f_j (\omega_j^2 - \omega^2 - i\omega\gamma_j)^{-1} (\mathbf{k} \times \boldsymbol{\epsilon}_0) \times \mathbf{k}$$

Das Skalarprodukt von $\boldsymbol{\epsilon}_0^*$ mit der Vorwärtsstreuamplitude ist dann

$$\boldsymbol{\epsilon}_0^* \cdot \mathbf{f}(\mathbf{k} = \mathbf{k}_0) = \frac{e^2 k^2}{4\pi\epsilon_0 m} \sum_j f_j (\omega_j^2 - \omega^2 - i\omega\gamma_j)^{-1}$$

Setzt man dies in (10.146) ein, so findet man in Übereinstimmung mit (7.51) für die Dielektrizitätskonstante:

$$\epsilon(\omega)/\epsilon_0 = 1 + \frac{Ne^2}{\epsilon_0 m} \sum_j f_j (\omega_j^2 - \omega^2 - i\omega\gamma_j)^{-1} \tag{10.147}$$

Um einen Zusammenhang zwischen dem Ergebnis (10.146) und dem optischen Theorem (10.139) herzustellen, braucht man sich nur daran zu erinnern, dass die Dämpfungskonstante α mit dem totalen Streuquerschnitt, bezogen auf einen einzelnen Streukörper, über die Beziehung $\alpha = N\sigma_t$ verknüpft ist, während der Imaginärteil der dem Medium entsprechenden Wellenzahl k' mit α über $\alpha = 2\,\mathrm{Im}(k')$

zusammenhängt. Aus Gl. (10.146) und den Beziehungen (7.54) zwischen dem Real- und Imaginärteil von k' einerseits und $\epsilon(\omega)$ andererseits folgt daher:

$$\alpha = N\sigma_t = \frac{4\pi N}{\mathrm{Re}(k')}\,\mathrm{Im}[\boldsymbol{\epsilon}_0^* \cdot \mathbf{f}(\mathrm{Re}(k'), 0)] \tag{10.148}$$

Wir haben dabei (10.146) korrigiert, indem wir **f** – der obigen Bemerkung folgend – als Funktion von k' geschrieben haben. Gleichung (10.148) weist darauf hin, dass man für die Streuung an einem einzelnen, in ein Medium eingebetteten Streukörper das optische Theorem und andere Beziehungen zurückgewinnt, sofern man die „Kinematik" korrekt durch die Wellenzahl k' beschreibt. Vor der gleichen Situation steht man im Fall der Streuung von Elektronen in einem Festkörper; denn dort benutzt man, um die Ausbreitung im Gitter zu beschreiben, die effektive Masse und andere Näherungen.

Als abschließende Bemerkung zum optischen Theorem weisen wir auf das Problem der Näherungen für **f** hin. Das optische Theorem gilt, wie oben bereits festgestellt, exakt. Benutzt man für **f** eine Näherung, so gelangt man unter Umständen zu einem offensichtlich falschen Ergebnis für den totalen Streuquerschnitt. So findet man z. B. bei Verwendung von (10.2) und (10.5), dass die Amplitude für die Streuung an einer dielektrischen Kugel vom Radius a im Grenzfall großer Wellenlängen durch

$$\mathbf{f} = \left(\frac{\epsilon_r - 1}{\epsilon_r + 2}\right) a^3 (\mathbf{k} \times \boldsymbol{\epsilon}_0) \times \mathbf{k}$$

gegeben ist. Für die Vorwärtsstreuamplitude folgt hieraus:

$$\boldsymbol{\epsilon}_0^* \cdot \mathbf{f}(\mathbf{k} = \mathbf{k}_0) = k^2 a^3 \left(\frac{\epsilon_r - 1}{\epsilon_r + 2}\right) \tag{10.149}$$

Im Falle eines verlustfreien Dielektrikums ist der Ausdruck auf der rechten Seite reell, und das optische Theorem liefert dann $\sigma_t = 0$. Andererseits wissen wir, dass der totale Wirkungsquerschnitt in diesem Fall gleich dem Streuquerschnitt (10.11) ist:

$$\sigma_s = \frac{8\pi}{3} k^4 a^6 \left|\frac{\epsilon_r - 1}{\epsilon_r + 2}\right|^2 \tag{10.150}$$

Auch für ein verlustbehaftetes Dielektrikum ($\mathrm{Im}\,\epsilon \neq 0$) liefert das optische Theorem (10.139) einen totalen Wirkungsquerschnitt, nämlich

$$\sigma_t = \frac{12\pi k a^3\,\mathrm{Im}\,\epsilon_r}{|\epsilon_r + 2|^2} \tag{10.151}$$

während der Streuquerschnitt weiterhin durch (10.150) gegeben ist. Diese scheinbaren Widersprüche zeigen, dass verschiedene Näherungsgrade notwendig sind, um Konsistenz zwischen den beiden Seiten der das optische Theorem ausdrückenden Gleichung zu erhalten. Im Grenzfall großer Wellenlängen muss man die Vorwärtsstreuamplitude bis zu höheren Potenzen in ω berechnen, um über das optische Theorem die Beiträge des Streuquerschnitts zum totalen Wirkungsquerschnitt zu erhalten. Für exakt oder nahezu verlustfreie Streukörper ist es daher am einfachsten, den totalen Wirkungsquerschnitt direkt durch Integration des differentiellen Streuquerschnitts über die Winkel zu berechnen. Für verlustbehaftete Streukörper hingegen liefert das optische Theorem ein Ergebnis, das eine vom Streuquerschnitt verschiedene Abhängigkeit von ω (meist niedrigerer Potenz) und anderen Parametern aufweist. Dieser Beitrag ist natürlich der *Absorptionsquerschnitt* in niedrigster Ordnung von ω. Er kann zwar aus (10.134) berechnet werden, aber das optische Theorem stellt einen eleganteren und bequemeren Weg dar. Beispiele hierfür bringen wir in den Übungen. Eine analoge Situation liegt bei der quantenmechanischen Streuung an einem reellen Potential vor. Die erste Born'sche Näherung führt in diesem Fall auf eine reelle Streuamplitude. Die zweite dagegen hat in Vorwärtsrichtung einen Imaginärteil und liefert über das optische Theorem einen totalen Wirkungsquerschnitt, der mit dem integrierten Streuquerschnitt der ersten Born'schen Näherung übereinstimmt.

Literaturhinweise

Streuung und Beugung werden in vielen Lehrbüchern der Optik behandelt. Literaturhinweise zur kritischen Opaleszenz gaben wir bereits in Abschnitt 2 dieses Kapitels an. Verluste in optischen Fasern und die dabei auftretende Rayleigh-Streuung werden erörtert bei
- Senior, J.M.: *Optical Fiber Communications.* Kap. 3. New York: Prentice Hall 1992.
- Murata, H.: *Handbook of Optical Fibers and Cables.* New York: Marcel Dekker 1988.

Auf das Problem der Streuung von Strahlung an einer ideal leitenden Kugel wird in folgenden Büchern kurz eingegangen:
- *Eder, Kap. 12.3
- Morse und Feshbach, S. 1882–1886
- Panofsky und Phillips, Abschn. 12.9

Sehr viel ausführlicher, und zwar für beliebige Dielektrizitätskonstanten und Leitfähigkeitseigenschaften der Kugel, wird dieses Problem (das sogenannte *Mie'sche Problem*) diskutiert in den Büchern von
- Born, §70 bzw. Born und Wolf, Abschn. 13.5
- Stratton, Abschn. 9.25.

Spezielle Monographien über die Streuung elektromagnetischer Wellen an kugelförmigen und anderen Objekten sind die von
- Bowman, Senior und Uslenghi
- Van de Hulst, H.C.: *Light Scattering by Small Particles.* New York: Wiley 1957.
- Kerker
- King und Wu.

Das Buch von Kerker enthält eine schöne historische Einleitung, zusammen mit Zitaten von Leonardo da Vinci und von Maxwell in einem Brief an Rayleigh. Siehe auch
- Van Bladel.

Sehr umfangreich ist die Literatur zum Problem der Beugung. Eine umfassende Darstellung der skalaren und vektoriellen Kirchhoff'schen Theorie, zusammen mit vielen Beispielen und hervorragenden Abbildungen, findet man bei
- Born, Kap. IV, V und VI (bzw. Born und Wolf, Kap. VIII, IX und XI).

Der Übersichtsartikel von
- Bouwkamp, C.J.: *Diffraction Theory.* Reports on Progress in Physics, hrsg. von A.C. Stickland, Bd. XVII, S. 35–100. London: The Physical Society 1954.

enthält ein umfangreiches Literaturverzeichnis und behandelt eine Reihe schwieriger Probleme. Elementarere Darstellungen der skalaren Theorie enthalten die Bücher von

- Slater und Frank, Kap. XIII und XIV
- Sommerfeld, *Optik*
- Stone, Kap. 8, 9 und 10.

Sommerfeld diskutiert auch die (auf ihn zurückgehende) strenge Lösung des Problems der Beugung an einer Kante, das zu den wenigen exakt lösbaren Problemen der Beugungstheorie gehört (und natürlich auch bei Born behandelt wird). Eine Behandlung dieses Problems im Rahmen der modernen Mathematischen Physik findet man bei

- *Thirring, W. E.: *Lehrbuch der Mathematischen Physik*, Bd. 2: *Klassische Feldtheorie*, Kap. 3, Wien: Springer-Verlag 1978.

Die Begriffe der Beugungstheorie werden in zunehmendem Maße auch im Zusammenhang mit technischen Anwendungen der Optik benutzt, so z. B. in der Abbe'schen Theorie der Auflösung optischer Instrumente oder im Zusammenhang mit dem Phasenkontrastmikroskop. Eine Einführung in dieses Gebiet, vom technischen Standpunkt aus, gibt

- Goodman, J. W.: *Introduction of Fourier Optics*. New York: McGraw-Hill 1968.

Auch Born und Wolf sowie Stone diskutieren einige Aspekte solcher Anwendungen.

Die in der Beugungstheorie benutzten mathematischen Verfahren werden behandelt bei

- Baker und Copson
- Jones, Kap. 8 und 9
- Morse und Feshbach, Kap. 11
- Rubinowicz, A.: *Die Beugungswelle in der Kirchhoff'schen Theorie der Beugung*. 2. Aufl. Warschau-Berlin: PWN – Springer 1966.
- Weinstein, L. A.: *Theory of Diffraction and the Factorization Method*. Boulder Colorado: Golem Press 1969.

Dass die Übergangszone zwischen dem „beleuchteten" Bereich und dem „Schatten"-Bereich bei kurzwelliger Streuung bzw. Beugung in der Größenordnung von $R/(kR)^{1/3}$ liegt, wird in dem Buch von

- Fock, V. A.: *Electromagnetic Diffraction and Propagation Problems*. Oxford: Pergamon 1965

bewiesen.

Vollkommen ausgespart haben wir in diesem Kapitel Variationsverfahren zur Behandlung von Beugungs- und Streuproblemen. Diese Lücke wird geschlossen durch die Bücher bzw. Artikel von

- *Borgnis und Papas, *op. cit.*
- Bouwkamp, *op. cit.*
- Cairo und Kahan
- Harrington, Kap. 7
- Levine, H. und J. Schwinger, *Comm. Pure and Appl. Math.* **3**, 355 (1950)
- Morse und Feshbach, Abschn. 11.4
- *Unger, Bd. II.

Übungen

10.1 **(a)** Man zeige, dass der Wirkungsquerschnitt für die Streuung an einer ideal leitenden Kugel vom Radius a, bei beliebiger Polarisation der einfallenden Strahlung und summiert über alle auslaufenden Polarisationszustände, im Grenzfall großer Wellenlängen gegeben ist durch

$$\frac{d\sigma}{d\Omega}(\boldsymbol{\epsilon}_0, \mathbf{n}_0, \mathbf{n}) = k^4 a^6 \left[\frac{5}{4} - |\boldsymbol{\epsilon}_0 \cdot \mathbf{n}|^2 - \frac{1}{4}|\mathbf{n} \cdot (\mathbf{n}_0 \times \boldsymbol{\epsilon}_0)|^2 - \mathbf{n}_0 \cdot \mathbf{n}\right]$$

wobei $\mathbf{n}_0$ und $\mathbf{n}$ die Richtungen der einfallenden bzw. gestreuten Strahlung bezeichnen, während $\boldsymbol{\epsilon}_0$ der (unter Umständen komplexe) Polarisationsvektor der einfallenden Strahlung ist (mit $\boldsymbol{\epsilon}_0^* \cdot \boldsymbol{\epsilon}_0 = 1$; $\mathbf{n}_0 \cdot \boldsymbol{\epsilon}_0 = 0$).

(b) Man zeige, dass der Wirkungsquerschnitt für linear polarisierte einfallende Strahlung die Form

$$\frac{d\sigma}{d\Omega}(\boldsymbol{\epsilon}_0, \mathbf{n}_0, \mathbf{n}) = k^4 a^6 \left[\frac{5}{8}(1+\cos^2\theta) - \cos\theta - \frac{3}{8}\sin^2\theta\cos 2\phi\right]$$

annimmt, wobei $\mathbf{n} \cdot \mathbf{n}_0 = \cos\theta$ ist und der Azimutwinkel ϕ von der Richtung der linearen Polarisation aus gemessen wird.

(c) Wie groß ist der Bruchteil gestreuter Strahlungsintensität $\theta = \pi/2$, $\phi = 0$ und $\theta = \pi/2$, $\phi = \pi/2$? Man erkläre das Ergebnis physikalisch unter Verwendung induzierter Multipole und ihrer Strahlungsdiagramme.

10.2 Elliptisch polarisierte elektromagnetische Strahlung wird – in der Notation von Abschn. 7.2 – durch den Polarisationsvektor

$$\boldsymbol{\epsilon} = \frac{1}{\sqrt{1+r^2}}(\boldsymbol{\epsilon}_+ + re^{i\alpha}\boldsymbol{\epsilon}_-)$$

beschrieben. Solche Strahlung werde an einer ideal leitenden Kugel vom Radius a gestreut. Um diesen Vorgang zu beschreiben, verallgemeinere man zunächst die Amplitude im Wirkungsquerschnitt (10.71), die nur für $r = 0$ oder $r = \infty$ zutreffend ist, und berechne den Wirkungsquerschnitt für die Streuung im Grenzfall großer Wellenlängen. Man zeige, dass das Resultat folgendermaßen lautet:

$$\frac{d\sigma}{d\Omega} = k^4 a^6 \left[\frac{5}{8}(1+\cos^2\theta) - \cos\theta - \frac{3}{4}\left(\frac{r}{1+r^2}\right)\sin^2\theta\cos(2\phi - \alpha)\right]$$

Das Ergebnis vergleiche man mit dem aus Übg. 10.1.

10.3 Man untersuche die Streuung von Strahlung der Frequenz ω an einer homogenen Vollkugel vom Radius R und der Leitfähigkeit σ. Die Wellenlänge λ sei sehr viel größer als R, und die Leitfähigkeit der Kugel sei so groß, dass die Eindringtiefe δ bei dieser Wellenlänge bzw. Frequenz klein gegenüber R ist. Die auf die Kugel fallende Strahlung sei unpolarisiert.

(a) Unter Verwendung eines skalaren magnetischen Potentials bestimme man das magnetische Feld in der Umgebung der Kugel, und zwar unter der Annahme, dass die Kugel ein idealer Leiter sei. (Zu beachten ist dabei, dass $\omega \neq 0$ ist!)

(b) Man berechne den Absorptionsquerschnitt der Kugel, d. h. das Verhältnis der von der Kugel insgesamt absorbierten Leistung zu jener, die pro Flächeneinheit auf die Kugel auftrifft. Man zeige, dass dieses Verhältnis wie $(\omega)^{1/2}$ variiert, sofern die Leitfähigkeit nicht von der Frequenz abhängt.

10.4 Eine unpolarisierte ebene Welle der Frequenz $\omega = ck$ werde an einer *geringfügig* verlustbehafteten, homogenen und isotropen dielektrischen Kugel gestreut, deren Radius R sehr viel kleiner sei als eine Wellenlänge der einfallenden Strahlung. Das Material der Kugel werde durch eine reelle Dielektrizitätskonstante ϵ und eine reelle Leitfähigkeit σ beschrieben. Diese Materialkonstanten mögen solche Werte besitzen, dass die Eindringtiefe δ gegenüber dem Radius R sehr *groß* ist.

(a) Man berechne den differentiellen und totalen *Streuquerschnitt*

(b) Man zeige, dass der *Absorptionsquerschnitt* durch

$$\sigma_{\text{abs}} = 12\pi R^2 \frac{(RZ_0\sigma)}{(\epsilon_r + 2)^2 + (Z_0\sigma/k)^2}$$

gegeben ist.

(c) Aus Teil (a) bestimme man die Vorwärtsstreuamplitude und benutze das optische Theorem, um den totalen Wirkungsquerschnitt zu berechnen. Man vergleiche das Ergebnis mit der Summe des Streu- und Absorptionsquerschnitts aus (a) bzw. (b) und gebe eine Erläuterung.

10.5 Die in der voranstehenden Übung betrachtete Streuung an einer dielektrischen Kugel wurde als rein elektrische Dipolstreuung behandelt. Dies ist nur so lange angemessen, wie die reelle Dielektrizitätskonstante ϵ nicht sehr groß ist. Tritt dieser Fall ein, so kann ein magnetischer Dipolbeitrag, wenn auch von höherer Ordnung in kR, bedeutsam werden.

(a) Man zeige, dass die Änderung des magnetischen Flusses der einfallenden Welle einen azimutalen Stromfluss in der Kugel induziert und das magnetische Dipolmoment

$$\mathbf{m} = \frac{i4\pi\sigma Z_0}{k\mu_0}(kR)^2 \frac{R^3}{30}\mathbf{B}_{\text{ein}}$$

erzeugt.

(b) Man zeige, dass die Anwendung des optischen Theorems auf die kohärente Summe der elektrischen und magnetischen Dipolbeiträge auf den totalen Wirkungsquerschnitt

$$\sigma_t = 12\pi R^2 (RZ_0\sigma)\left[\frac{1}{(\epsilon_r + 2)^2 + (Z_0\sigma/k)^2} + \frac{1}{90}(kR)^2\right]$$

führt. (Vgl. Landau und Lifschitz, *Elektrodynamik der Kontinua*, Kap. IX.)

10.6 **(a)** Man zeige, dass die durch (10.138) definierte, *normierte* Streuamplitude für die gestreute Welle (10.57) durch

$$\mathbf{f} = \frac{1}{ik}\sqrt{\frac{\pi}{2}}\sum_l \sqrt{2l+1}\,[\alpha_\pm(l)\mathbf{X}_{l\pm1} \pm i\beta_\pm(l)\mathbf{n}\times\mathbf{X}_{l\pm1}]$$

gegeben ist, wenn die Polarisationsvektoren der einfallenden Welle $(\boldsymbol{\epsilon}_1 \pm i\boldsymbol{\epsilon}_2)/\sqrt{2}$ ist.

(b) Unter Verwendung des obigen Ausdrucks für $\mathbf{f}$ leite man aus dem optischen Theorem (10.139) einen Ausdruck für den totalen Wirkungsquerschnitt σ_t her.

10.7 Man diskutiere die Streuung einer ebenen Welle elektromagnetischer Strahlung an einer nichtmagnetischen, dielektrischen Kugel vom Radius a und der Dielektrizitätskonstanten ϵ_r.

(a) Man berechne die Felder innerhalb der Kugel, schließe sie an die einfallende und gestreute Welle außerhalb der Kugel an und bestimme daraus die Multipolkoeffizienten der gestreuten Welle. Man definiere geeignete Streuphasen für das Problem.

(b) Man betrachte den Grenzfall großer Wellenlängen ($ka \ll 1$) und bestimme explizit den differentiellen und totalen Streuquerschnitt. Die erhaltenen Ergebnisse vergleiche man mit denen aus Kap. 10.1 B.

(c) In der Grenze $\epsilon_r \to \infty$ vergleiche man die Ergebnisse ferner mit denen für eine leitende Kugel.

10.8 Man betrachte die Streuung einer ebenen Welle an einer nichtmagnetischen Kugel vom Radius a und sehr guter, aber nicht idealer Leitfähigkeit unter der Annahme, dass $ka \ll 1$ und die Eindringtiefe $\delta < a$ ist.

(a) Unter Verwendung der Ausführungen von Kap. 8.1 zeige man:

$$\frac{Z_s}{Z_0} = \frac{k\delta}{2}(1-i)$$

(b) Im Grenzfall großer Wellenlängen zeige man, dass die in (10.65) auftretenden Koeffizienten $\alpha_\pm(l)$ und $\beta_\pm(l)$ für $l = 1$ durch

$$\alpha_\pm(1) \simeq -\frac{2i}{3}(ka)^3 \left[\frac{\left(1-\frac{\delta}{a}\right) - i\frac{\delta}{a}}{\left(1+\frac{\delta}{2a}\right) + i\frac{\delta}{2a}}\right]$$

$$\beta_\pm(1) \simeq \frac{4i}{3}(ka)^3$$

gegeben sind.

(c) Man gebe explizit den differentiellen Streuquerschnitt an, und zwar bis zur *ersten* Ordnung in δ/a und bis zur niedrigsten Ordnung in ka.

(d) Mithilfe von (10.61) berechne man den Absorptionsquerschnitt und zeige, dass er bis zur ersten Ordnung in δ durch $\sigma_{\text{abs}} \simeq 3\pi(k\delta)a^2$ gegeben ist. Welchen Wert nimmt er für $\delta = a$ an?

10.9 Bei der Streuung von Licht in einem Gas, das sich in unmittelbarer Nähe des kritischen Punktes befindet, ist das beobachtete Streulicht „weißer", d. h. sein Spektrum ist wieder stark zum Blauen hin ausgeprägt, als wenn das Gas vom kritischen Punkt weit entfernt ist. Man zeige, dass sich dies dadurch erklären lässt, dass sich die Dichteschwankungen in Nähe des kritischen Punktes über so große Volumina erstrecken, dass das Rayleigh'sche k^4-Gesetz nicht mehr anwendbar ist. Insbesondere untersuche man die niedrigste Näherung für die Streuung an einer homogenen dielektrischen Kugel vom Radius a, deren Dielektrizitätskonstante ϵ sich nur wenig von Eins unterscheidet.

(a) Man zeige, dass der differentielle Streuquerschnitt für $ka \gg 1$ in Vorwärtsrichtung ein stark ausgeprägtes Maximum hat und dass der totale Streuquerschnitt näherungsweise durch

$$\sigma \simeq \frac{\pi}{2}(ka)^2 |\epsilon_r - 1|^2 a^2$$

gegeben ist, also nicht zu k^4, sondern zu k^2 proportional ist.

(b) Man zeige, dass der totale Streuquerschnitt für beliebiges ka in niedrigster Ordnung von $(\epsilon_r - 1)$ durch den mit der Funktion

$$F(z) = 1 + 5z^{-2} - \tfrac{7}{2}z^{-4}(1-\cos 2z) - z^3 \sin 2z - 4(z^{-2} - z^{-4}) \int_0^{2z} \frac{1-\cos t}{t}\,dt$$

mit $z = 2ka$ multiplizierten Ausdruck aus (a) gegeben ist. (Auch dieses Ergebnis geht auf Lord Rayleigh (1914) zurück.)

10.10 Öffnungen in einem ideal leitenden, ebenen Schirm können als Sitz effektiver Quellen betrachtet werden, die Strahlung emittieren (nämlich die Felder der gebeugten Wellen). Eine gegenüber der Wellenlänge kleine Öffnung wirkt im Wesentlichen als Quelle von Dipolstrahlung; die Beiträge höherer Multipole sind vernachlässigbar gering.

(a) Ausgehend von (10.101) zeige man, dass das elektrische und magnetische Dipolmoment in folgender Weise durch ein Integral der Tangentialkomponente des elektrischen Feldes in der Öffnung ausgedrückt werden kann:

$$\mathbf{p} = \epsilon \mathbf{n} \int (\mathbf{x} \cdot \mathbf{E}_{\tan}) da$$

$$\mathbf{m} = \frac{2}{i\omega\mu} \int (\mathbf{n} \times \mathbf{E}_{\tan}) da \tag{9.72}$$

wobei $\mathbf{E}_{\tan}$ das *exakte* elektrische Tangentialfeld in der Öffnung bedeutet und $\mathbf{n}$ die in das interessierende Gebiet zeigende Normale der ebenen Schirmfläche ist. Die Integrationen erstrecken sich jeweils über die Öffnungsflächen.

(b) Man zeige, dass sich der Ausdruck für das magnetische Moment auf die Form

$$\mathbf{m} = \frac{2}{\mu} \int \mathbf{x} (\mathbf{n} \cdot \mathbf{B}) da \tag{9.74}$$

bringen lässt. Hierbei ist Vorsicht geboten gegenüber möglichen Beiträgen von der Berandung der Öffnung; denn manche Komponenten der Felder können dort singulär werden, wenn der Schirm unendlich dünn wird.

10.11 Ein ideal leitender, ebener Schirm liege in der (x, y)-Halbebene mit $x < 0$. Eine ebene Welle der Intensität I_0 und der Wellenzahl k falle entlang der z-Achse aus dem Gebiet $z < 0$ kommend auf die (x, y)-Ebene. Man diskutiere die Felder der gebeugten Welle in einer zur (x, y)-Ebene parallelen, durch $z = Z > 0$ definierten Ebene. Die Koordinaten des Aufpunktes seien $(X, 0, Z)$.

(a) Man zeige, dass die Felder der gebeugten Welle in der üblichen skalaren Kirchhoff'schen Näherung und im Grenzfall $Z \gg X$, $\sqrt{kZ} \gg 1$ durch

$$\psi(X, 0, Z, t) \simeq I_0^{1/2} e^{ikZ - i\omega t} \left(\frac{1+i}{2i} \right) \sqrt{\frac{2}{\pi}} \int_{-\xi}^{\infty} e^{it^2} dt$$

beschrieben werden, wenn $\xi = (k/2Z)^{1/2} X$ ist.

(b) Man zeige, dass sich die Intensität in der Form

$$I = |\psi|^2 = \frac{I_0}{2} [(C(\xi) + \tfrac{1}{2})^2 + (S(\xi) + \tfrac{1}{2})^2]$$

schreiben lässt, wobei $C(\xi)$ und $S(\xi)$ sog. *Fresnel'sche Integrale* sind. Man bestimme das asymptotische Verhalten von I für große positive ξ (auf der „beleuchteten" Seite) und große negative ξ (auf der „Schatten"-Seite). Welchen Wert nimmt I bei $X = 0$ an? Man stelle I graphisch als Funktion von X bei festem Z dar.

(c) man verwende die vektorielle Formel (10.101), um einen zum Ergebnis aus Teil (a) äquivalenten Ausdruck herzuleiten, und vergleiche beide Resultate miteinander.

10.12 Eine linear polarisierte, ebene Welle mit der Amplitude E_0 und der Wellenzahl k falle auf eine kreisförmige Öffnung vom Radius a, die sich in einem ideal leitenden, ebenen Schirm befindet. Ihr Wellenvektor bilde mit der Normalen der Schirmfläche einen Winkel α, und ihr Polarisationsvektor stehe senkrecht auf der Einfallsebene.

(a) Unter der Annahme, dass das elektrische Tangentialfeld in der Öffnung gleich dem ungestörten, einfallenden Feld ist, berechne man mithilfe der vektoriellen Smythe-Kirchhoff'schen Formel (10.101) die Felder der gebeugten Welle und die auf das Raumwinkelelement bezogene Strahlungsleistung der Öffnung.

(b) Man vergleiche das in Teil (a) erhaltene Ergebnis mit dem der üblichen skalaren Kirchhoff'schen Näherung und dem Ergebnis, das wir in Abschnitt 9 dieses Kapitels für den Fall einer in der Einfallsebene polarisierten Welle erhalten hatten.

10.13 Ebenso wie in Abschnitt 9 dieses Kapitels diskutiere man die Beugung einer ebenen Welle an einer kreisförmigen Öffnung vom Radius a, jedoch unter Verwendung der vektoriellen Kirchhoff'schen Näherung, die auf der Formel (10.90) beruht, nicht aber auf der Smythe'schen Formel (10.101).

(a) Man zeige, dass sich das elektrische Feld der gebeugten Welle in dieser Näherung von Gl. (10.112) dadurch unterscheidet, dass an die Stelle von $\cos\alpha$ der Faktor $(\cos\theta + \cos\alpha)/2$ tritt und dass ferner ein zusätzlicher Term auftritt, der proportional zu $(\mathbf{k} \times \mathbf{e}_3)$ ist. Man ziehe einen Vergleich mit dem Neigungsfaktor $\mathcal{O}$ der skalaren Theorie.

(b) Man berechne das Verhältnis der Leistung der aus der vektoriellen Kirchhoff'schen Näherung gewonnenen Streufelder zu der durch (10.114) gegebenen Leistung, und zwar für die in Abb. 10.14 gezeigten Bedingungen. Man skizziere die beiden Winkelverteilungen.

10.14 Ein in der (x, y)-Ebene liegender, unendlich ausgedehnter, ideal leitender Schirm vernachlässigbar geringer Dicke enthalte eine rechteckige Öffnung mit den Eckpunkten bei $x = \pm\,(a/2), y = \pm\,(b/2)\,(b \geq a)$. Auf diesen Schirm falle eine ebene Welle, deren Polarisationsvektor mit den Längsseiten der Öffnung den Winkel β bilde.

(a) Unter der Annahme, dass das elektrische Tangentialfeld in der Öffnung gleich dem ungestörten, einfallenden Feld ist, berechne man mithilfe der vektoriellen Smythe-Kirchhoff'schen Formel (10.109) die Felder der gebeugten Welle und deren Leistung pro Raumwinkelelement.

(b) Die entsprechenden Berechnungen führe man in der Kirchhoff'schen Näherung durch.

(c) Für $b = a, \beta = 45°$ und $ka = 4\pi$ berechne man sowohl in der vektoriellen wie in der skalaren Näherung die auf das Raumwinkelelement bezogene Strahlungsleistung der gebeugten Welle als Funktion des Winkels θ für $\phi = 0$. Die beiden Ergebnisse vergleiche man anhand einer graphischen Darstellung.

10.15 Die Achse einer zylindrischen Koaxialleitung mit dem inneren Radius a und dem äußeren Radius b falle mit der negativen z-Achse zusammen. Sowohl der Innen- wie der Außenleiter enden bei $z = 0$; der Außenleiter ist mit einem vernachlässigbar dünnen „Flansch" aus Kupfer verbunden, der die ganze (x, y)-Ebene erfüllt (mit Ausnahme eines Ringes um den Ursprung mit dem inneren Radius a und dem äußeren Radius b). In der Koaxialleitung werde bei einer Frequenz ω die TEM-Grundwelle angeregt, und der Maximalwert der Spannung zwischen den Zylindern sei V. Unter Verwendung der Smythe-Kirchhoff'schen Näherung diskutiere man die abgestrahlten Felder, die Winkelverteilung der Strahlung und die Gesamtstrahlungsleistung.

10.16 **(a)** Anhand von (10.125) zeige man, dass sich das Integral des differentiellen Streuquerschnitts für die Schattenstreuung nach Summation über die auslaufenden Polarisationen im Grenzfall kurzer Wellenlängen in der Form

$$\sigma_- = \int d^2x_\perp \int d^2x'_\perp \cdot \frac{1}{4\pi^2} \int e^{i(\mathbf{x}_\perp - \mathbf{x}'_\perp)\cdot\mathbf{k}_\perp}\, d^2k_\perp$$

darstellen lässt, d. h. dass σ_- gleich der projizierten Fläche des Streukörpers ist, unabhängig von dessen detaillierter Gestalt.

(b) Man wende das optische Theorem auf die „Schatten"-Amplitude (10.125) an, um den totalen Streuquerschnitt zu berechnen, und zwar unter der Annahme, dass in Vorwärtsrichtung der Beitrag der „beleuchteten" Seite des Streukörpers vernachlässigbar gering ist.

10.17 **(a)** Unter Verwendung der in Abschnitt 1 dieses Kapitels berechneten Näherungsausdrücke für die Amplituden zeige man, dass für eine linear polarisierte ebene Welle der Wellenzahl k, die auf eine ideal leitende Kugel vom Radius a fällt, der differentielle Streuquerschnitt in der E-Ebene ($\boldsymbol{\epsilon}_0, \mathbf{k}_0$ und $\mathbf{k}$ in einer Ebene) im Grenzfall großer ka durch

$$\frac{d\sigma}{d\Omega}(E\text{-Ebene}) = \frac{a^2}{4}\left[4\cot^2\theta\, J_1^2(ka\sin\theta) + 1 - 4\cot\theta\, J_1(ka\sin\theta)\sin\left(2ka\sin\frac{\theta}{2}\right)\right]$$

gegeben ist, während der Streuquerschnitt in der H-Ebene ($\boldsymbol{\epsilon}_0$ senkrecht zu $\mathbf{k}_0$ und $\mathbf{k}$) die Form

$$\frac{d\sigma}{d\Omega}(H\text{-Ebene}) = \frac{a^2}{4}\left[4\operatorname{cosec}^2\theta\, J_1^2(ka\sin\theta) + 1 + 4\operatorname{cosec}\theta\, J_1(ka\sin\theta)\sin\left(2ka\sin\frac{\theta}{2}\right)\right]$$

besitzt. (Die gestrichelte Kurve in Abb. 10.16 entspricht dem Mittelwert aus diesen beiden Ausdrücken.)

b) Man ziehe einen Vergleich mit den exakten Berechnungen von *King* und *Wu* (Anhang) oder *Bowman, Senior* und *Uslenghi* (S. 402–405). Stimmen die *qualitativen* Aspekte der in Teil (a) beschriebenen Interferenz zwischen der gebeugten und reflektierten Welle mit dem exakten Ergebnis überein? Wie steht es mit der quantitativen Übereinstimmung?

10.18 Man diskutiere die Beugung an einer kleinen, kreisförmigen Öffnung vom Radius a in einem ideal leitenden, ebenen Schirm vernachlässigbar geringer Dicke, wenn $ka \ll 1$ ist.

(a) Sind die einfallenden Felder in Nähe des Schirms durch das normal gerichtete elektrische Feld $\mathbf{E}_0 e^{-i\omega t}$ und das tangential gerichtete Magnetfeld $\mathbf{B}_0 e^{-i\omega t}$ gegeben, so zeige man, dass das elektrische Feld der gegebenen Welle in der Fraunhofer-Zone durch

$$\mathbf{E} = \frac{e^{ikr - i\omega t}}{3\pi r} k^2 a^3 \left[2c\frac{\mathbf{k}}{k} \times \mathbf{B}_0 + \frac{\mathbf{k}}{k} \times \left(\mathbf{E}_0 \times \frac{\mathbf{k}}{k}\right)\right]$$

bestimmt wird, wenn $\mathbf{k}$ in die Beobachtungsrichtung zeigt.

(b) Man berechne die Winkelverteilung der gebeugten Felder und zeige, dass die Gesamtleistung der durch die Öffnung hindurchtretenden Strahlung durch

$$P = \frac{2}{27\pi Z_0} k^4 a^6 (4c^2 B_0^2 + E_0^2)$$

gegeben ist.

10.19 Man spezialisiere das Problem aus Übg. 10.18 auf die Beugung einer ebenen Welle an einer kleinen, kreisförmigen Öffnung. Der Wellenvektor der einfallenden Welle bilde dabei mit der Normalen der Schirmfläche den Winkel α, während ihr Polarisationsvektor entweder in der Einfallsebene liege oder senkrecht auf ihr stehe.

(a) Man berechne für die beiden genannten Polarisationszustände die Winkelverteilung der gebeugten Strahlung und vergleiche sie mit den Ergebnissen der vektoriellen Smythe-Kirchhoff'schen Näherung aus Abschnitt 9 dieses Kapitels und aus Übg. 10.12, und zwar für den Grenzfall $ka \ll 1$.

(b) Für die Abb. 10.14 zugrundeliegenden Bedingungen (jedoch für $ka \ll 1$) berechne man die Intensität der gebeugten Strahlung in der Einfallsebene und vergleiche die verschiedenen Werte mit denen der ausgezogenen Kurve in Abb. 10.14 (um die Werte bei verschiedenen Winkeln aus Abb. 10.14 abzulesen, bediene man sich eines Winkelmessers und eines Lineals).

(c) Man zeige, dass die (durch (10.116) definierten) Transmissionsfaktoren für die beiden verschiedenen Polarisationszustände

$$T_{\parallel} = \frac{64}{27\pi^2}(ka)^4\left(\frac{4+\sin^2\alpha}{4\cos\alpha}\right)$$

$$T_\perp = \frac{64}{27\pi^2}(ka)^4 \cos\alpha$$

sind. Man beachte, dass diese um einen Faktor $(ka)^2$ kleiner sind als jene, die sich für denselben Grenzfall aus der vektoriellen Smythe-Kirchhoff'schen Näherung ergeben.

10.20 Transparente Fasern werden als Streukörper in eine klare Flüssigkeit gebracht, wobei jede Faser einen geraden Kreiszylinder mit dem Querschnittsradius a und der Höhe bzw. Länge L bildet, und zwar aus homogenen dielektrischem Material, dessen Dielektrizitätskonstante von der des umgebenden Mediums um einen kleinen Bruchteil $\delta\epsilon/\epsilon$ abweicht.

(a) Man zeige, dass – in erster Ordnung in $\delta\epsilon/\epsilon$ – der Wirkungsquerschnitt pro Streukörper für unpolarisierte Strahlung der Wellenlänge k gegeben ist durch

$$\frac{d\sigma}{d\Omega} = \left|\frac{\delta\epsilon}{\epsilon}\right|^2 \frac{k^4 a^4 L^2}{32}(1+\cos^2\theta)\left|\frac{2J_1(q_\perp a)}{q_\perp a}\cdot\frac{\sin(q_\parallel L/2)}{q_\parallel L/2}\right|^2$$

wobei $J_1(z)$ die Bessel-Funktion der Ordnung 1 ist und $q_\parallel$ ($q_\perp$) die Komponente des Wellenzahlübertrags parallel (senkrecht) zur Zylinderachse.

(b) Man zeige für den Grenzfall eines sehr dünnen Zylinders ($ka \ll 1$), dass der über alle Ausrichtungen des Zylinders gemittelte Wirkungsquerschnitt (was einer Vielzahl zufällig ausgerichteter Fasern entspricht) durch

$$\left\langle\frac{d\sigma}{d\Omega}\right\rangle = \left|\frac{\delta\epsilon}{\epsilon}\right|^2 \frac{k^4 a^4 L^2}{32}(1+\cos^2\theta)\left[\frac{2}{qL}\,\mathrm{Si}(qL) - \left(\frac{\sin(qL/2)}{qL/2}\right)^2\right]$$

gegeben ist, wobei $\mathrm{Si}(x) = \int_0^x [(\sin x)/x]\,dx$ der Integral-Sinus ist (vgl. *Abramowitz* und *Stegun*, S. 231) und $q^2 = 2k^2(1-\cos\theta)$.

(c) Man stelle den in eckigen Klammern stehenden Ausdruck aus Teil (b) graphisch als Funktion von q^2L^2 dar, und zwar für das Intervall (0; 100), und überzeuge sich davon, dass der Wirkungsquerschnitt für $kL \ll 1$ den erwarteten Verlauf hat. Ferner zeige man, dass sich der totale Wirkungsquerschnitt für $kL \gg 1$ (aber $ka \ll 1$) näherungsweise zu

$$\sigma_s \approx \frac{11\pi^2}{60}\left|\frac{\delta\epsilon}{\epsilon}\right|^2 k^3 a^4 L\left\{1 + O\left[\frac{1}{kL}, \frac{\ln(kL)}{kL}\right]\right\}$$

ergibt. Man kommentiere die Frequenzabhängigkeit.

11 Spezielle Relativitätstheorie

Von Kapitel 11 an benutzen wir für alle elektromagnetischen Größen Gauß'sche (CGS-)Einheiten und nicht, wie bisher, SI-Einheiten. Denn in Gauß'schen Einheiten tritt der Faktor c in ganz natürlicher Weise explizit auf, was sie für relativistische Phänomene geeigneter erscheinen lässt als SI-Einheiten. Auf einem anderen Blatt steht die „Rationalisierung" des Gauß'schen Einheitensystems (d. h. die Unterdrückung von 4π-Faktoren in den Maxwell'schen Gleichungen). Manche Fachleute, besonders Quantenfeldtheoretiker, bevorzugen die entsprechenden Heaviside-Lorentz'schen Einheiten – siehe Anhang.

Die spezielle Relativitätstheorie ist seit den Tagen, da sie Einstein im Jahre 1905 veröffentlichte, genauso ein Grundpfeiler der Physik geworden wie die Newton'schen Gesetze der Mechanik, die Maxwell'schen Gleichungen der Elektrodynamik oder die Schrödinger-Gleichung der Quantenmechanik. Täglich wird sie angewandt – sei es bei der exakten Untersuchung atomarer Phänomene, in der Kernphysik oder, und hier vor allem, in der Hochenergiephysik.

Die Ursprünge der speziellen Relativitätstheorie gehen auf den Elektromagnetismus zurück. Man kann sogar sagen, dass uns die Entwicklung der Maxwell'schen Gleichungen mit ihrer Vereinigung von Elektrizität, Magnetismus und Optik zur speziellen Relativitätstheorie geradezu zwang. Besonders Lorentz war es, der von 1890 an mit seinen Untersuchungen zur Elektrodynamik den Grundstein legte. Poincaré lieferte wichtige Beiträge, aber es fiel Einstein zu, die entscheidende Verallgemeinerung auf alle physikalischen Phänomene über die Elektrodynamik hinaus zu machen und die weitreichenden Konsequenzen des von ihm aufgestellten Postulats der Konstanz der Lichtgeschwindigkeit zu unterstreichen. Von der speziellen Relativitätstheorie glaubt man heute, dass sie – abgesehen von Gravitationsphänomenen in großen Dimensionen – auf alle Arten von Wechselwirkungen anwendbar ist. Sie dient in der modernen Physik als Prüfstein für mögliche Formen von Wechselwirkungen zwischen Elementarteilchen. Nur Theorien, die mit der speziellen Relativitätstheorie verträglich sind, brauchen in Betracht gezogen zu werden. Dies schränkt die Möglichkeiten oft erheblich ein.

Die experimentellen Grundlagen und die historische Entwicklung der speziellen Relativitätstheorie sowie viele ihrer elementaren Konsequenzen werden in zahlreichen Büchern und Artikeln behandelt. Einige von ihnen zitieren wir am Ende dieses Kapitels. Im Übrigen begnügen wir uns mit einer summarischen Darstellung der Hauptgesichtspunkte und diskutieren einige Beispiele für neuere und endgültige Bestätigungen durch das Experiment. Danach besprechen wir – ebenfalls zusammenfassend – die wichtigsten kinematischen Folgerungen. Zu ihnen gehören neben Koordinatentransformationen und dem Begriff der Eigenzeit die Zeitdilatation, die relativistische Doppler-Verschiebung und die Addition von Geschwindigkeiten. Den relativistischen Ausdruck für Energie und Impuls eines Teilchens leiten wir aus allgemeinen Prinzipien her, ohne Bezugnahme auf die Lorentz-Kraft. Anschließend behandeln wir die Lorentz-Gruppe und ihre mathematische Beschreibung, einschließlich einer bestimmten Darstellung durch 4×4-Matrizen. Der darauf folgende Abschnitt ist dem wichtigen Phänomen der Thomas-Präzession gewidmet. Es schließen sich einige Abschnitte an, in denen wir sowohl die experimentellen Grundlagen für die Invarianz der elektrischen Ladung als auch die Kovarianz der Elektrodynamik und die Transformationseigenschaften der elektrischen und magnetischen Felder darlegen. Das Kapitel schließt mit der Behandlung der relativistischen Bewegungsgleichung des Spins und einigen Bemerkungen über Notation und Konventionen in der relativistischen Kinematik.

11.1 Die Situation vor 1900, die beiden Einstein'schen Postulate

In den letzten vier Jahrzenten des 19. Jahrhunderts wurden Elektromagnetismus und Optik zu einer Einheit zusammengefasst und in triumphaler Weise durch die auf den Maxwell'schen Gleichungen beruhende Wellentheorie erklärt. Da frühere Experiment, die sich mit Wellenphänomenen beschäftigt hatten, immer ein *Medium* einbezogen hatten, in dem sich die Wellen ausbreiten können, war es naheliegend zu vermuten, dass es auch für die Ausbreitung des Lichtes eines Mediums bedarf. Angesichts der über das Licht bereits bekannten Fakten musste man annehmen, dass dieses Medium, der sog. *Äther*, den ganzen Raum erfüllt, von sehr geringer Dichte ist und mit der Materie kaum wechselwirkt. Es sollte allein als Träger für die Ausbreitung elektromagnetischer Wellen existieren.

Die Hypothese eines Äthers stellte die elektromagnetischen Phänomene abseits von der übrigen Physik. Schon lange Zeit wusste man, dass die Gesetze der Mechanik in verschiedenen, zueinander gleichförmig bewegten Koordinatensystemen die gleiche Form besitzen. Man spricht in diesem Zusammenhang von der Invarianz der Gesetze der Mechanik unter Galilei-Transformationen. Um den Unterschied zwischen der klassischen Mechanik und der Elektrodynamik herauszustellen, wollen wir für beide die Frage der Galilei-Invarianz explizit untersuchen. Die Raum-Zeit-Koordinaten (x, y, z, t) und (x', y', z', t') zweier Bezugssysteme K und K', die sich mit der konstanten Geschwindigkeit $\mathbf{v}$ relativ zueinander bewegen, sind nach dem Galilei'schen Relativitätsprinzip durch die Beziehungen

$$\begin{aligned} \mathbf{x}' &= \mathbf{x} - \mathbf{v}t \\ t' &= t \end{aligned} \tag{11.1}$$

miteinander verknüpft, sofern man Raum- und Zeitursprung geeignet wählt und eine mögliche Rotation der beiden Systeme gegeneinander zunächst ausschließt. Als Beispiel für ein mechanisches System betrachten wir eine Anordnung von Teilchen, die über Zwei-Körper-Zentralpotentiale miteinander wechselwirken. Die Bewegungsgleichung des i-ten Teilchens lautet im Bezugssystem K':

$$m_i \frac{d\mathbf{v}'_i}{dt'} = -\nabla'_i \sum_j V_{ij}(|\mathbf{x}'_i - \mathbf{x}'_j|) \tag{11.2}$$

Aus dem Zusammenhang (11.1) zwischen den Koordinaten in K und K' ergibt sich sofort, dass $\mathbf{v}'_i = \mathbf{v}_i - \mathbf{v}$, $\nabla'_i = \nabla_i$, $d\mathbf{v}_i/dt' = d\mathbf{v}_i/dt$ und $\mathbf{x}'_i - \mathbf{x}'_j = \mathbf{x}_i - \mathbf{x}_j$ ist. Daher lässt sich Gl. (11.2) umschreiben auf

$$m_i \frac{d\mathbf{v}_i}{dt} = -\nabla_i \sum_j V_{ij}(|\mathbf{x}_i - \mathbf{x}_j|) \tag{11.3}$$

d. h. auf die Form der Newton'schen Bewegungsgleichung im Bezugssystem K.

Die *Erhaltung* der *Form* der Gleichungen der klassischen Mechanik unter der Transformation (11.1) steht im Gegensatz zur *Änderung* der *Form* der Gleichungen, die Wellenphänomene beschreiben. Angenommen, ein Feld $\psi(\mathbf{x}', t')$ genüge im Bezugssystem K' der Wellengleichung

$$\left(\sum_i \frac{\partial^2}{\partial x_i'^2} - \frac{1}{c^2}\frac{\partial^2}{\partial t'^2}\right)\psi = 0 \tag{11.4}$$

Bei Verwendung von (11.1) geht dann diese Gleichung, ausgedrückt durch die Koordinaten des Bezugssystems K, über in

$$\left(\nabla^2 - \frac{1}{c^2}\frac{\partial^2}{\partial t^2} - \frac{2}{c^2}\mathbf{v}\cdot\nabla\frac{\partial}{\partial t} - \frac{1}{c^2}(\mathbf{v}\cdot\nabla)^2\,\psi = 0\right. \tag{11.5}$$

Das heißt, die Form der Wellengleichung ist unter Galilei-Transformationen *nicht* invariant. Außerdem ist es durch keine kinematische Transformation von ψ möglich, die Gleichung (11.5) wieder auf die Form von (11.4) zu bringen.[1] Für Schallwellen ist die fehlende Invarianz der Wellengleichung unmittelbar einsichtig. Der Wind überträgt unsere Stimme, und Schallwellen bestehen aus Verdichtungen und Verdünnungen der Luft oder anderer Medien. Das ausgezeichnete Bezugssystem K', in dem (11.4) gilt, ist offenbar jenes System, in dem sich das übertragene Medium in Ruhe befindet.

Genauso stellte es sich auch für den Elektromagnetismus dar. Der wesentliche Unterschied jedoch ist folgender: Schallwellen und ähnliche Wellenphänomene sind Konsequenzen der Galilei'schen klassischen Mechanik. Die Existenz ausgezeichneter Bezugssysteme, in denen die Phänomene durch einfache Gleichungen beschrieben werden, lässt sich gut verstehen aufgrund der Gesamtbewegung des Ausbreitungsmediums. Für elektromagnetische Störungen hingegen schien das Medium rein *ätherisch* zu sein – ohne sich zu manifestieren oder einen anderen Zweck zu zeigen, als die Ausbreitung zu ermöglichen.

---

[1] Der Leser sei an dieser Stelle an den Unterschied zwischen der Wellengleichung und der Schrödinger-Gleichung in Bezug auf Galilei-Transformationen erinnert. Lautet die Schrödinger-Gleichung in K'

$$-\frac{\hbar^2}{2m}\nabla'^2\psi' + V\psi' = i\hbar\frac{\partial\psi'}{\partial t'}$$

so hat sie in K die gleiche Form für die Wellenfunktion ψ, wenn das Potential V galileiinvariant ist und der Zusammenhang $\psi = \psi' e^{im\mathbf{v}\cdot\mathbf{x}/\hbar - i(mv^2/2\hbar)t}$ besteht. Die Schrödinger-Gleichung *ist* also invariant unter Galilei-Transformationen.

Als Einstein hierüber nachzudenken begann, existierten verschiedene Erklärungsmöglichkeiten:

1. Die Maxwell'schen Gleichungen waren nicht korrekt. Die richtige Theorie des Elektromagnetismus musste invariant unter Galilei-Transformationen sein.
2. Das Galilei'sche Relativitätsprinzip ließ sich nur auf die klassische Mechanik anwenden, während es für den Elektromagnetismus ein ausgezeichnetes Bezugssystem geben musste – jenes System, in dem sich der lichttragende Äther in Ruhe befindet.
3. Es musste sowohl für die klassische Mechanik wie für den Elektromagnetismus ein Relativitätsprinzip geben, das aber nicht das Galilei'sche sein konnte. Die Gesetze der Mechanik bedurften daher einer Modifikation.

Die erste Möglichkeit war schwer aufrechtzuerhalten. Die erstaunlichen Erfolge, die Hertz, Lorentz und andere mit den Maxwell'schen Gleichungen erzielt hatten, machten einen ernsthaften Fehler der Gleichungen des Elektromagnetismus zweifelhaft. Die zweite Alternative wurde zur damaligen Zeit von den meisten Physikern akzeptiert. Die Bemühungen, eine Bewegung der Erde und der auf ihr ruhenden Laboratorien relativ zum Ruhsystem des Äthers zu beobachten, wie etwa im Michelson-Morley-Experiment, schlugen fehl. Aber zumindest für dieses wichtige Experiment konnte das Nullresultat durch die Hypothese der FitzGerald-Lorentz-Kontraktion (1892) erklärt werden. Nach ihr nämlich sollten Körper, die sich mit der Geschwindigkeit $\mathbf{v}$ durch den Äther bewegen, in Richtung dieser Bewegung entsprechend der Formel

$$L(v) = L_0 \sqrt{1 - \frac{v^2}{c^2}} \tag{11.6}$$

kontrahiert werden. Diese recht ungewöhnliche Hypothese hatte, nach damaliger Auffassung, mit dem Elektromagnetismus nichts mehr zu tun, da sie sich auf makroskopische Materie bezieht. Doch zeigte Lorentz später, dass ihr Ursprung tatsächlich in der Elektrodynamik liegt. Er und Poincaré zeigten, dass die Maxwell'schen Gleichungen forminvariant unter Transformationen sind, die wir heute als Lorentz-Transformationen bezeichnen (s. Abschn. 11.9), und dass die Kontraktion (11.6) auch auf bewegte Ladungsdichten etc. in der Elektrodynamik anwendbar ist. Die Vorstellung, dass die Materie elektromagnetischer Natur sei (die Entdeckung des Elektrons unterstützte diese Hypothese), macht es plausibel anzunehmen, dass Gl. (11.6) für makroskopische Anhäufungen von Elektronen und Atomen gilt. Lorentz bewahrte auf diese Weise die Ätherhypothese vor Widersprüchen mit dem Michelson-Morley-Experiment.

Andere Experimente führten mit der Vorstellung eines Äthers zu Schwierigkeiten. Die berühmten Experimente Fizeaus (1851, 1853) und andere, ähnliche Experimente, die später (1886) Michelson und Morley zur Geschwindigkeit des Lichtes in bewegten Flüssigkeiten durchführten, konnten nur verstanden werden, wenn man annahm, dass der Äther von der Flüssigkeit teilweise mitgeführt wird und dass das Ausmaß dieser Mitführung vom Brechungsindex des Mediums abhängig ist!

Für Einstein war die Erklärung der Fizeau'schen Beobachtungen unplausibel, und offenbar war es dieser Umstand, der ihn mehr als alles andere davon überzeugte, dass die Ätherhypothese nicht akzeptabel war. Er wählte daher die dritte der oben genannten Alternativen und suchte nach Relativitätsprinzipien, die die klassische Mechanik, die Elektrodynamik und letzten Endes alle physikalischen Phänomene beherrschen müssten. Es sind zwei Postulate, auf denen die spezielle Relativitätstheorie Einsteins basiert:

1. Das Postulat der Relativität
Die physikalischen Gesetze und die Ergebnisse aller Experimente, die in einem bestimmten Bezugssystem ausgeführt werden, sind unabhängig vor der Translationsbewegung des Systems als Ganzes. Genauer gesagt: es existiert ein (dreifach) unendlicher Satz von äquivalenten euklidischen Bezugssystemen, die sich mit konstanter Geschwindigkeit geradlinig zueinander bewegen und in denen alle physikalischen Vorgänge in identischer Weise ablaufen.

Man bezeichnet diese äquivalenten Koordinatensysteme kurz als *Inertialsysteme*. Das Postulat der Relativität, hier mehr oder weniger in der Poincaré'schen Formulierung, steht in Einklang mit allen Erfahrungen aus der Mechanik, in der nur die Relativbewegung der Körper zueinander eine Rolle spielt. Schon seit den Tagen von Kopernikus, wenn nicht schon vorher, stellt es eine ausdrückliche Hypothese der Mechanik dar. Es ist auch konsistent mit dem Michelson-Morley-Experiment und macht das Problem, eine Bewegung relativ zum Äther festzustellen, bedeutungslos.

2. Das Postulat der Konstanz der Lichtgeschwindigkeit
Die Geschwindigkeit des Lichts ist unabhängig von der seiner Quelle.

Dieses Postulat, das zu der Zeit, als Einstein es aufstellte, noch nicht überprüft worden war (und dessen Richtigkeit erst in den letzten Jahren endgültig bestätigt wurde – vgl. Abschn. 11.2.B) klingt sehr einfach. Doch zwingt es zu einem so radikalen Umdenken über unsere Vorstellungen von Raum und Zeit, dass man sich ihm, über viele Jahre hinweg, widersetzte.

Da die spezielle Relativitätstheorie allgemein und nicht nur für Licht gilt, empfiehlt sich eine möglichst allgemeine Formulierung des zweiten Postulats:

2′. Das Postulat einer universellen Grenzgeschwindigkeit
In jedem Inertialsystem existiert für physikalische Größen eine universelle, endliche Grenzgeschwindigkeit C.

Experimentell besteht Übereinstimmung zwischen der Grenzgeschwindigkeit C und der Vakuum-Lichtgeschwindigkeit c. Auch das Postulat 2′ liefert (zusammen mit Postulat 1) die Lorentz-Transformation der Koordinaten (vgl. Übg. 11.1). Wir werden in Abschnitt 3 jedoch nur die traditionelle Herleitung aus dem Postulat 1 und 2 vorstellen, aber die allgemeine Struktur der Lorentz-Transformation ergibt sich, wie Mermin[2] betont hat, mit einigen plausiblen Zusatzannahmen allein aus dem 1. Postulat, ohne Bezugnahme auf die Lichtgeschwindigkeit, nur mit einem experimentellen Parameter, der die Lorentz-Transformation von der Galilei-Transformation unterscheidet (vgl. Übg. 11.2).

[2] Mermin, N. D., Relativity without light, *Am. J. Phys.* **52**, 119–124 (1984).

Die Geschichte der speziellen Relativitätstheorie und ihrer schrittweisen experimentellen Begründung wird ausgiebig in der Literatur behandelt. Einige Nachschlagewerke geben wir am Ende dieses Kapitels an. Besonders hervorzuheben ist der Artikel „Resource Letter on Relativity" im *American Journal of Physics*, Bd. 30, S. 462 (1962). Er enthält Hinweise auf Bücher und Zeitschriftenartikel zur Geschichte und experimentellen Bestätigung der speziellen Relativitätstheorie wie auch zu Laborversuchen zu sämtlichen ihrer Aspekte.

Am Rande sei bemerkt, dass die Einstein'schen Postulate eine Modifikation der Gesetze der Mechanik erforderlich machen, wenn es sich um Bewegungen mit hohen Geschwindigkeiten handelt. Es gab damals keinen Hinweis darauf, dass das Galilei'sche Relativitätsprinzip in der Mechanik fehlschlagen könnte. Der Grund hierfür ist letzten Endes darin zu suchen, dass man relativistische Teilchen und deren Dynamik bis zur Entdeckung der Beta-Strahlen um 1900 nicht kannte. Poincaré vermutete in der Lichtgeschwindigkeit eine obere Grenze für die Geschwindigkeit materieller Teilchen, während Einstein beim Entwurf der speziellen Relativitätstheorie von dem Wunsch geleitet wurde, alle physikalischen Erscheinungen auf gleiche Art und Weise zu behandeln – nicht aber von der Notwendigkeit, die klassische Mechanik neueren Erkenntnissen anzupassen. Die Konsequenzen der speziellen Relativitätstheorie für mechanische Begriffe wie Impuls und Energie behandeln wir in Abschnitt 5 dieses Kapitels.

11.2 Einige neuere Experimente

Obwohl wir uns auf die Vorkenntnisse des Lesers und die Existenz vieler Bücher über spezielle Relativitätstheorie berufen, um die Behandlung von Standardthemen zu übergehen, wollen wir doch zwei nennenswerte Experimente näher erläutern. Das eine von ihnen betrifft das erste Postulat, nämlich die Suche nach einer „Ätherdrift" (als Beweis für die Bewegung des Laborsystems relativ zum Äther), während sich das andere auf das zweite Postulat bezieht.

A. Ätherdrift

Das Nullresultat des Michelson-Morley-Experiments (1887) zeigte, dass sich die Erde durch den angenommenen Äther mit einer Geschwindigkeit bewegt, die kleiner ist als ein Drittel ihrer Bahngeschwindigkeit von ca. 3×10^4 m/s. Das Experiment wurde mehrmals mit verschiedenen Abänderungen wiederholt, ohne dass je eine Bewegung relativ zum Äther hätte nachgewiesen werden können. Eine zusammenfassende Darstellung aller bisherigen Nachweisversuche gibt ein Artikel von Shankland et al., *Rev. Mod. Phys.* **27**, 167 (1955).

Wie bereits bemerkt, kann man diese Nullresultate erklären, ohne das Konzept eines Äthers zu verlassen – nämlich durch die Kontraktionshypothese von FitzGerald und Lorentz. Mößbauers Entdeckung der „rückstoßfreien" Emission bzw. Absorption von Gamma-Strahlen (der Mößbauer-Effekt) gestattet einen Frequenzvergleich von überraschender Präzision und eröffnet die Möglichkeit eines sehr genauen Ätherdriftexperiments, das auf der Doppler-Verschiebung beruht. Beim Mößbauer-

Effekt wird der bei der Emission bzw. Absorption eines Gamma-Strahls auftretende Rückstoßimpuls vom Festkörper als Ganzes aufgenommen, nicht aber vom emittierenden bzw. absorbierenden Kern. Dies bedeutet, dass die Rückstoß*energie* vollkommen vernachlässigt werden kann. Ein Gamma-Strahl wird also mit der Gesamtenergie E_0 des Kernübergangs emittiert und nicht mit der verminderten Energie $E \simeq E_0 - E_0^2/2Mc^2$, wo M die Masse des Rückstoßkerns ist. Darüber hinaus treten bei solchen rückstoßfreien Übergängen keine thermischen Doppler-Verschiebungen auf. Die Gamma-Linie nähert sich somit ihrer natürlichen Linienbreite ohne Frequenzverbreiterung oder -verschiebung. Benutzt man einen Absorber, der aus dem gleichen Material wie der Emitter besteht, so kann man Resonanzabsorptionserscheinungen am Kern untersuchen oder diese dazu verwenden, um extrem kleine Frequenzänderungen zu messen.

Um das Prinzip eines auf dem Mößbauer-Effekt beruhenden Ätherdriftexperimentes zu verstehen, müssen wir uns an die klassischen Ergebnisse der Doppler-Verschiebung erinnern. Die Phase einer ebenen Welle ist eine invariante Größe, d.h. sie hat in allen Koordinatensystemen den gleichen Wert. Der Grund hierfür ist der, dass die verstrichene Phase einer Welle proportional zur Zahl der Wellenhügel ist, die einen Beobachter passiert haben. Diese *Zahl* aber muss unabhängig vom Koordinatensystem sein. Breitet sich eine elektromagnetische Welle im Vakuum aus, so ist ihre Phase, gemessen in den beiden über die Galilei-Transformation (11.1) zusammenhängenden Inertialsystemen K und K', gegeben durch

$$\phi = \omega\left(t - \frac{\mathbf{n}\cdot\mathbf{x}}{c}\right) = \omega'\left(t' - \frac{\mathbf{n}'\cdot\mathbf{x}'}{c'}\right) \tag{11.7}$$

Drückt man t und $\mathbf{x}$ gemäß (11.1) durch t' und $\mathbf{x}'$ aus, so folgt hieraus:

$$\omega\left[t'\left(1 - \frac{\mathbf{n}\cdot\mathbf{v}}{c}\right) - \frac{\mathbf{n}\cdot\mathbf{x}'}{c}\right] = \omega'\left(t' - \frac{\mathbf{n}'\cdot\mathbf{x}'}{c'}\right)$$

Da diese Gleichheit für alle t' und $\mathbf{x}'$ gelten muss, müssen die Koeffizienten von t' und $\mathbf{x}'$ jeweils gleich sein. Es ist daher

$$\begin{aligned} \mathbf{n} &= \mathbf{n}' \\ \omega' &= \omega\left(1 - \frac{\mathbf{n}\cdot\mathbf{v}}{c}\right) \\ c' &= c - \mathbf{n}\cdot\mathbf{v} \end{aligned} \tag{11.8}$$

Dies sind die aus dem Galilei'schen Relativitätsprinzip folgenden Formeln für die klassische Doppler-Verschiebung.

Die Wellennormale $\mathbf{n}$ ist nach Gl. (11.8) eine Invariante, d.h. sie hat in allen Inertialsystemen den gleichen Wert. Die Richtung des Energiestromes ändert sich jedoch von System zu System. Um dies einzusehen, betrachte man etwa die in Abb. 11.1 gezeichneten Segmente einer ebenen Welle. Diese Segmente kann man als schematische Darstellung von Wellenpaketen ansehen. Zur Zeit $t = t' = 0$ befindet sich der Mittelpunkt jeweils eines der beiden Segmente sowohl in K wie in K' im Punkte **A**. Ist das Inertialsystem K das ausgezeichnete System (in dem sich der Äther in Ruhe befindet), dann bewegt sich das Wellenpaket in Richtung von $\mathbf{n}$ und erreicht nach einer Zeiteinheit im System K den Punkt B. Der Abstand AB ist gleich c. Im System

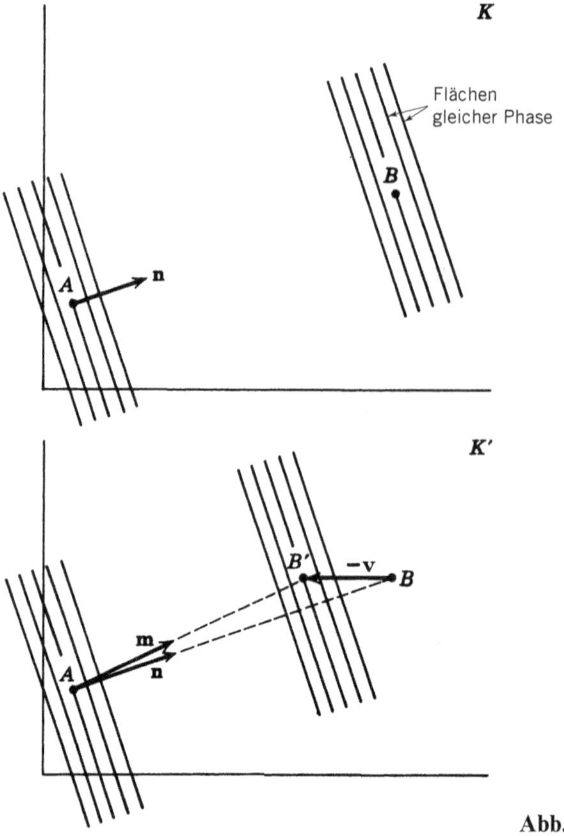

Abb. 11.1

K' dagegen erreicht das Zentrum des Wellenpakets nach einer Zeiteinheit den Punkt B'. Dieser ist, wie im unteren Teil von Abb. 11.1 angedeutet, wegen der Galilei-Transformation (11.1) gegenüber B um die Strecke $-\mathbf{v}$ verschoben. Daher wird im System K' die Bewegungsrichtung des Wellenpaketes bzw. die des Energiestroms nicht durch den Normalenvektor $\mathbf{n}$ bestimmt, sondern durch den in Abb. 11.1 gezeigten Einheitsvektor

$$\mathbf{m} = \frac{c\mathbf{n} - \mathbf{v}}{|c\mathbf{n} - \mathbf{v}|} \tag{11.9}$$

Da bei den Experimenten die Lichtausbreitung im Laborsystem maßgebend ist, ist es zweckmäßig, die Doppler-Formeln (11.8) nicht durch $\mathbf{n}$ auszudrücken, sondern durch den Vektor $\mathbf{m}$, der dem Laborsystem entspricht. Es genügt, $\mathbf{n}$ als Funktion von $\mathbf{m}$ bis zur ersten Ordnung von v/c zu kennen. Aus Gl. (11.9) folgt:

$$\mathbf{n} \simeq \left(1 - \frac{\mathbf{m} \cdot \mathbf{v}_0}{c}\right)\mathbf{m} + \frac{\mathbf{v}_0}{c} \tag{11.10}$$

wobei $\mathbf{v}_0$ die Geschwindigkeit des Laborsystems gegenüber dem Ruhsystem des Äthers ist.

Betrachten wir nun eine ebene Welle, deren Frequenz im Ruhsystem des Äthers gleich ω ist, im Laborsystem dagegen ω_0! Im Inertialsystem K_1, das sich gegenüber dem Ruhsystem des Äthers mit der Geschwindigkeit $\mathbf{v}_1 = \mathbf{u}_1 + \mathbf{v}_0$ bewegt, wenn $\mathbf{u}_1$ die Geschwindigkeit von K_1 relativ zum Laborsystem ist, habe die Frequenz der betrachteten Welle den Wert ω_1. Aus (11.8) ergibt sich dann für die beobachteten Frequenzen:

$$\omega_1 = \omega\left(1 - \frac{\mathbf{n}\cdot\mathbf{v}_1}{c}\right)$$

$$\omega_0 = \omega\left(1 - \frac{\mathbf{n}\cdot\mathbf{v}_0}{c}\right)$$

Drückt man ω_1 durch die Laborfrequenz ω_0 aus und eliminiert mithilfe von (11.10) die Wellennormale $\mathbf{n}$, so folgt bis zur Ordnung v^2/c^2 einschließlich:

$$\omega_1 \simeq \omega_0\left[1 - \frac{\mathbf{u}_1}{c}\cdot\left(\mathbf{m} + \frac{\mathbf{v}_0}{c}\right)\right] \tag{11.11}$$

Diese Gleichung bildet die Grundlage des auf dem Mößbauer-Effekt beruhenden Ätherdriftexperiments. Sie ist eine Konsequenz der im Ruhsystem des Äthers geltenden Wellengleichung und des Galilei'schen Relativitätsprinzips. Da sie $\mathbf{v}_0$ enthält, sagt sie offenbar eine Ätherdrift voraus. Betrachten wir nun zwei Mößbauer-Systeme – einen Emitter und Absorber, die sich im Laborsystem mit den Geschwindigkeiten $\mathbf{u}_1$ und $\mathbf{u}_2$ bewegen. Aus (11.11) ergibt sich dann für die Frequenzänderung zwischen Emitter und Absorber:

$$\frac{\omega_1 - \omega_2}{\omega_0} = \frac{1}{c}(\mathbf{u}_2 - \mathbf{u}_1)\cdot\left(\mathbf{m} + \frac{\mathbf{v}_0}{c}\right)$$

Befinden sich Emitter und Absorber an den gegenüberliegenden Enden eines Stabes, der die Länge $2R$ hat und mit der Winkelgeschwindigkeit Ω um seinen Mittelpunkt rotiert (vgl. Abb. 11.2), dann ist $(\mathbf{u}_2 - \mathbf{u}_1)\cdot\mathbf{m} = 0$, und die relative Frequenzänderung zwischen Emitter und Absorber ergibt sich zu

$$\frac{\omega_1 - \omega_2}{\omega_0} = \frac{2\Omega R}{c^2}\sin\Omega t\,|(\mathbf{v}_0)_\perp| \tag{11.12}$$

wenn $(\mathbf{v}_0)_\perp$ die Komponente von $\mathbf{v}_0$ senkrecht zur Drehachse bezeichnet.

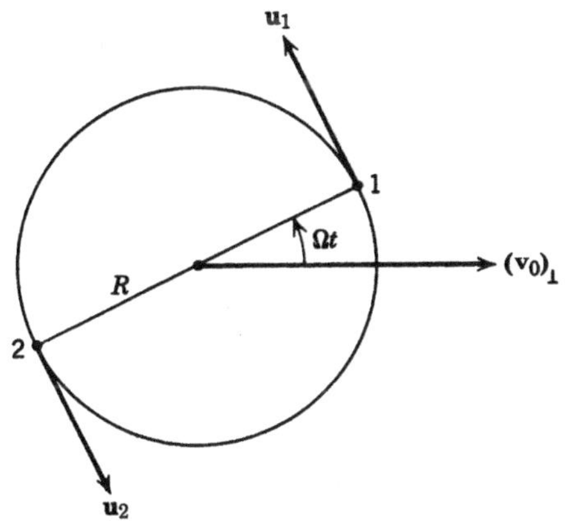

Abb. 11.2

Ein Resonanzabsorptionsexperiment dieser Art wurde 1963 in Birmingham[3] durchgeführt. Die zugrundeliegende Mößbauer-Linie war die des 14,4 keV-Übergangs im Eisenisotop ^{57}Fe, das aus dem β^+-Zerfall von ^{57}Co entsteht. Das Isotop ^{57}Fe ist stabil und tritt mit einer natürlichen Häufigkeit von 2,2 Prozent auf; der Absorber bestand aus Eisen, das zu 52 Prozent mit ^{57}Fe angereichert war. Die Kobaltquelle war in ^{56}Fe eingebettet. Die Emitter- und Absorberfolien befanden sich, wie in Abb. 11.2 angedeutet, im Abstand $R \simeq 4$ cm voneinander. Die beobachtete Frequenzbreite der Mößbauer-Linie betrug $\Delta\omega/\omega \simeq 2 \times 10^{-12}$. Im Labor ruhende Zähler, die in der Ebene von Quelle und Absorber symmetrisch zum Mittelpunkt des in Abb. 11.2 gezeichneten Kreises angeordnet waren, registrierten die vom Absorber hindurchgelassene γ-Strahlung. Messdaten wurden alle vier Stunden aufgenommen, und zwar abwechselnd bei den Frequenzen $\Omega_1 = 1257\,\mathrm{s}^{-1}$ und $\Omega_2 = 7728\,\mathrm{s}^{-1}$, um so eine auf die Erddrehung zurückgehende tägliche Änderung feststellen zu können. Bei $\Omega \sim 6000\,\mathrm{s}^{-1}$ und $R = 4$ cm würde eine Ätherdriftgeschwindigkeit von 200 m/s nach Gleichung (11.12) eine totale Frequenzänderung in der Größenordnung der Breite der Mößbauer-Linie hervorrufen. Innerhalb einer Messgenauigkeit von 1 bis 2 Prozent zeigten jedoch die Daten keine tägliche Änderung in der Absorption. Hieraus schließen die Autoren, dass die in der Ebene senkrecht zur Drehachse der Erde liegende Komponente von $\mathbf{v}_0$ den Betrag $|(\mathbf{v}_0)_\perp| = 1{,}6 \pm 2{,}8$ m/s hat. Dies kommt einem Nullresultat gleich. Eine verbesserte Version dieses Experiments lieferte 1970 als obere Grenze den Wert 5 cm/s (s. *Isaak, op. cit.*).

Ein ähnliches Experiment wurde 1958 unter Verwendung eines Ammoniak-Masers durchgeführt.[4] Die Ammoniakmoleküle haben beim Eintritt in den Maser-Resonator eine wohldefinierte Richtung und Geschwindigkeit. Nach Gl. (11.11) kommt es daher zu einer Frequenzverschiebung. Vergleicht man die Frequenzen von zwei Masern, deren Ammoniakmoleküle sich in entgegengesetzte Richtungen bewegen, dann sollte eine Schwebungsfrequenz festzustellen sein. Dreht man die Maser um 180°, so sollte sich diese Schwebungsfrequenz um $\Delta\omega/\omega_0 = 4\,|\mathbf{u}_{\mathrm{Mol}} \cdot \mathbf{v}_0|/c^2$ ändern. Das Nullresultat dieses Experiments lieferte für die oben genannte Komponente der Ätherdriftgeschwindigkeit eine obere Grenze von 30 m/s.

Diese beiden Doppler-Experimente ergeben für die beobachtbare Geschwindigkeit der Ätherdrift obere Schranken, die 6000 bzw. 1000-mal kleiner sind als die Bahngeschwindigkeit der Erde, und machen es wenig plausibel, dass eine Bewegung relativ zu irgendeinem „absoluten“ Bezugssystem jemals gemessen werden kann.

B. Geschwindigkeit des von einer bewegten Quelle emittierten Lichts

Das zweite Einstein'sche Postulat, nach dem die Lichtgeschwindigkeit unabhängig von der Bewegung der Quelle ist, macht den Begriff der Zeit als einer universellen Variablen, die von den Raumkoordinaten unabhängig ist, zunichte. Da dies eine

---

3 Champeney, D.C., Isaak, G.R. und A.M. Khan, *Phys. Letters* **7**, 241 (1963). Siehe auch Isaak, G.R., *Phys. Bull.* **21**, 255 (1970).

4 Cedarholm, C.J., Bland, G.F., Havens, B.L. und C.H. Townes, *Phys. Rev. Letters* **1**, 342 (1958). Siehe auch Jaseja, T.S., Javan, A., Murray, J. und C.H. Townes, *Phys. Rev.* **133**, A1221 (1964).

revolutionäre und schwer annehmbare Idee war, hat es viele Versuche gegeben, Theorien zu entwickeln, die alle beobachteten Fakten ohne diese Annahme erklären sollten. Am bemerkenswertesten und von größter Reichweite war in diesem Zusammenhang die Ritz'sche Modifikation der Elektrodynamik (1908–1911). Ritz behielt die homogenen Maxwell'schen Gleichungen bei, änderte aber die die Quellen enthaltenden Gleichungen derart ab, dass die Lichtgeschwindigkeit nur dann gleich c war, wenn sie relativ zur Quelle gemessen wurde. Die Ritz'sche Theorie steht in Einklang mit der Beobachtung der Aberration des Fixsternhimmels, den Fizeau'schen Experimenten und dem ursprünglichen Michelson-Morley-Experiment. Doch ist es üblich, die mit extraterrestrischen Lichtquellen (dem Sonnen- oder Sternenlicht) und dem Licht von Doppelsternen durchgeführten Experimente als Beweis für die Richtigkeit des zweiten Einstein'schen Postulats und als Widerlegung der Ritz'schen Theorie zu zitieren. Indes dürften die meisten früheren Beweise des zweiten Einstein'schen Postulats untauglich sein, da die Strahlung vor ihrer Messung mit der von ihr durchquerten Materie wechselwirkt.[5]

Es gibt jedoch einige Experimente aus neuester Zeit, die von der Fox'schen Kritik nicht berührt werden. Das schlüssigste von ihnen wurde 1964 bei CERN (Genf) ausgeführt.[6]

Die Messungen galten der Geschwindigkeit von 6 GeV-Photonen, die beim Zerfall hochenergetischer neutraler Pionen entstehen, und zwar über Flugzeitmessungen über Strecken bis zu 80 Metern. Die Pionen wurden durch den Beschuss eines Beryllium-Targets mit 19,2 GeV-Protonen erzeugt und hatten eine Geschwindigkeit von $0{,}99975c$ (die man über die Messung der Geschwindigkeit geladener Pionen ermittelte, die beim Beschuss von Beryllium ebenfalls entstehen). Für die Zeitmessung benutzte man dabei die Hochfrequenzstruktur des Strahls. Innerhalb der experimentellen Fehlergrenzen ergab sich, dass die Geschwindigkeit der von den extrem schnell bewegten Quellen (den Pionen) emittierten Photonen gleich c war. Schreibt man die beobachtete Geschwindigkeit in der Form $c' = c + kv$, wo v die Geschwindigkeit der Quelle ist, dann lieferte das Experiment $k = (0 \pm 1{,}3) \times 10^{-4}$. Die einfache Formel, die wir oben für X angegeben haben, liefert für die 6 GeV-Photonen: $X = 5 \times 10^3$ m. Doch ist nicht vollkommen klar, ob sich diese Formel auf so energiereiche Photonen anwenden lässt. Immerhin dürfte X weit mehr als 100 Meter ausmachen.

Das CERN-Experiment bestätigt in schlüssiger Weise, und zwar im Rahmen von Laboruntersuchungen, die Richtigkeit des Postulats (2) der speziellen Relativitätstheorie. Andere Experimente mit geladenen Teilchen und Neutrinos[7] haben, unabhängig voneinander, auch die Gültigkeit von Postulat (2') bestätigt. Vgl. hierzu auch Abschnitt 11.5.

---

[5] Siehe die kritischen Artikel von Fox, J.G., *Am. J. Phys.* **30**, 297 (1962), *Am. J. Phys.* **33**, 1 (1965), *J. Opt. Soc.* **57**, 967 (1967). Der zweite dieser Artikel enthält eine ausführliche Diskussion der Ritz'schen Emissionstheorie und eine Kritik verschiedener gegen sie gerichteter Argumente. Vgl. auch Alvager, T., Nilsson, A. und J. Kjellman, *Arkiv f. Fys.* **26**, 209 (1963).

[6] Alvager, T., Bailey, J.M., Farley, F.J.M., Kjellman, J. und I. Wallin, *Phys. Lett.* **12**, 260 (1964) und *Arkiv f. Fys.* **31**, 145 (1965).

[7] Kalbfleisch, G.R., Baggett, N., Fowler, E.C. und J. Alspector, *Phys. Rev. Lett.* **43**, 1361 (1979).

C. Frequenzabhängigkeit der Vakuum-Lichtgeschwindigkeit

Die Lichtgeschwindigkeit ist aus Messungen bei Infrarotfrequenzen mit einer Genauigkeit von 10^{-9} bekannt (siehe S. 3), während die Messungen bei höheren Frequenzen weniger genau sind. Es stellt sich daher die Frage, ob es irgendeinen Hinweis auf eine Frequenzabhängigkeit der Geschwindigkeit elektromagnetischer Wellen im Vakuum gibt. Eine solche Veränderlichkeit könnte man z. B. einer Photonmasse zuschreiben. Die Gruppengeschwindigkeit wäre in diesem Fall:

$$c(\omega) = c\sqrt{1 - \frac{\omega_0^2}{\omega^2}} \tag{11.13}$$

wobei $\hbar\omega_0$ die Ruhenergie des Photons ist. Wie bereits in der Einführung erläutert, setzt allein die Existenz von Eigenwellen in dem von der Erdoberfläche und der Ionosphäre begrenzten Hohlraumresonator eine obere Schranke von $\omega_0 < 10c/R$, wo R der Erdradius ist. Im gesamten Bereich oberhalb von Radiofrequenzen ($\omega \sim 10^8\,\mathrm{s}^{-1}$) bis hin zu $\omega \to \infty$ ist daher die aus einer Photonmasse resultierende relative Änderung der Ausbreitungsgeschwindigkeit kleiner als $\Delta c/c \simeq 10^{-10}$.

Eine andere Quelle für eine Frequenzabhängigkeit der Lichtgeschwindigkeit könnte eine Vakuumdispersion sein – ein Begriff, der außerhalb der speziellen Relativitätstheorie liegt, aber in Modellen mit gequantelter Raum-Zeit auftritt. Die Entdeckung von Pulsaren macht es möglich, diese Idee mit großer Genauigkeit zu überprüfen. Pulsarbeobachtungen überdecken einen Frequenzbereich von mindestens 13 Zehnerpotenzen, und jedes Beobachtungsgerät hat ein bestimmtes „Fenster“ im Frequenzspektrum. Die sehr kleine Dauer des von einem Pulsar emittierten Pulses gestattet eine einfache Abschätzung der oberen Schranke für die relative Änderung der Lichtgeschwindigkeit bei zwei verschiedenen Frequenzen ω_1 ud ω_2, die im Frequenzfenster eines jeden Gerätes liegen. Man erhält:

$$\left|\frac{c(\omega_1) - c(\omega_2)}{c}\right| \leq \frac{c\,\Delta t}{D}$$

Dabei ist Δt die Pulsdauer, und D bezeichnet den Abstand zwischen Quelle und Beobachter. Für den Krebs-Pulsar PSR B0531+21 ist $\Delta t \simeq 3 \times 10^{-3}\,\mathrm{s}$ und $D \simeq 6 \times 10^3$ Lichtjahre, sodass sich $(c\Delta t/D) \simeq 1.7 \times 10^{-14}$ ergibt. Verschiedene, sich überlappende Beobachtungen in einem Bereich, der – beginnend bei 4×10^8 Hz – das optische Spektrum überstreicht und sich bis zu Photonenenergien von 1 MeV erstreckt, deuten aufgrund dieser einfachen Abschätzung auf eine Konstanz der Lichtgeschwindigkeit mit einer Genauigkeit von $\Delta c/c < 10^{-14}$ hin.[8] Für höhere Energien wurde in einem neueren Experiment am Linearbeschleuniger in Stanford[9] die Geschwindigkeit von 7 GeV-Photonen mit der des sichtbaren Lichts verglichen, und man fand $\Delta c/c < 10^{-5}$. Bis hin zu sehr hohen Energien gibt es also keinen Hinweis auf eine Vakuumdispersion. Die Lichtgeschwindigkeit ist eine universelle Konstante, unabhängig von der Frequenz.

[8] Rawls, J.M. *Phys. Rev.* **D5**, 487 (1972).
[9] Brown, B.C. et al., *Phys. Rev. Letters* **30**, 763 (1973).

11.3 Lorentz-Transformationen und die wichtigsten Folgerungen für die relativistische Kinematik

Die Konstanz der Lichtgeschwindigkeit, d. h. ihre Unabhängigkeit von der Bewegung der Quelle gibt Anlass zu Beziehungen zwischen den Raum- und Zeitkoordinaten verschiedener Inertialsysteme, die man als *Lorentz-Transformationen* bezeichnet. Diese Beziehungen werden wir in Abschnitt 7 dieses Kapitels auf formale Art und Weise herleiten, während wir an dieser Stelle nur eine summarische Darstellung der elementaren Herleitung und ihrer wichtigsten Konsequenzen bringen. Details, die man in vielen Lehrbüchern über spezielle Relativitätstheorie nachlesen kann, übergehen wir dabei. Der Leser, dem unsere Erinnerung an bekannte Dinge nicht genügt, kann die am Ende des Kapitels zitierten Bücher zu Rate ziehen.

A. Spezielle Lorentz-Tranformation der Koordinaten

Wir betrachten zwei Intertialsysteme K und K', die sich relativ zueinander mit der Geschwindigkeit $\mathbf{v}$ bewegen. Die Zeit- und Raumkoordinaten eines Punktes in K und K' sind (t, x, y, z) bzw. (t', x', y', z'). Die Koordinatenachsen der beiden Systeme seien parallel zueinander und so orientiert, dass sich das System K', von K aus gesehen, in positive z-Richtung mit der Geschwindigkeit v bewegt. Der Einfachheit halber wollen wir annehmen, dass die Koordinatenursprünge von K und K' zur Zeit $t = t' = 0$ zusammenfallen. Wenn eine im Ursprung von K ruhende Lichtquelle (die sich also, von K' aus gesehen, mit der Geschwindigkeit v in negative z-Richtung bewegt) zur Zeit $t = t' = 0$ plötzlich aufflammt und wieder erlischt, so beobachtet man sowohl in K wie in K' Strahlung, die sich nach dem zweiten Einstein'schen Postulat in beiden Systemen vom Koordinatenursprung aus mit der Geschwindigkeit c kugelförmig ausbreitet. Im System K erreicht die Wellenfront einen Punkt (x, y, z) zu einer Zeit t, die sich aus der Gleichung

$$c^2t^2 - (x^2 + y^2 + z^2) = 0 \tag{11.14}$$

bestimmt. Ähnlich wird die Wellenfront im System K' durch

$$c^2t'^2 - (x'^2 + y'^2 + z'^2) = 0 \tag{11.14'}$$

beschrieben.

Nimmt man an, dass das Raum-Zeit-Kontinuum homogen und isotrop ist, wie es das erste Einstein'sche Postulat impliziert, dann ist der Zusammenhang zwischen beiden Koordinatensätzen linear. Die quadratischen Formen (11.14) und (11.14′) sind dann über die Gleichung

$$c^2t'^2 - (x'^2 + y'^2 + z'^2) = \lambda^2[c^2t^2 - (x^2 + y^2 + z^2)] \tag{11.15}$$

miteinander verknüpft, wobei $\lambda = \lambda(v)$ eine mögliche Skalenänderung zwischen den Systemen beschreibt. Betrachtet man die inverse Transformation von K' nach K, so ist bei der hier getroffenen Wahl der Achsenorientierung leicht zu zeigen, dass

$\lambda(v) = 1$ für alle v ist und die Zeit- und Raumkoordinaten in K' mit denen in K über die *spezielle Lorentz-Transformation*

$$\begin{aligned} x'_0 &= \gamma(x_0 - \beta x_1) \\ x'_1 &= \gamma(x_1 - \beta x_0) \\ x'_2 &= x_2 \\ x'_3 &= x_3 \end{aligned} \tag{11.16}$$

zusammenhängen, wobei wir die suggestive Notation $x_0 = ct, x_1 = z, x_2 = x, x_3 = y$ und die Symbole

$$\begin{aligned} \boldsymbol{\beta} &= \frac{\mathbf{v}}{c}, \quad \beta = |\boldsymbol{\beta}| \\ \gamma &= (1 - \beta^2)^{-1/2} \end{aligned} \tag{11.17}$$

eingeführt haben. Die inverse Lorentz-Transformation lautet:

$$\begin{aligned} x_0 &= \gamma(x'_0 + \beta x'_1) \\ x_1 &= \gamma(x'_1 + \beta x'_0) \\ x_2 &= x'_2 \\ x_3 &= x'_3 \end{aligned} \tag{11.18}$$

Sie folgt auf rechnerischem Wege direkt aus (11.16), doch erhält man sie aufgrund des ersten Einstein'schen Postulats aus (11.16) auch durch Vertauschen der gestrichenen und ungestrichenen Variablen und Umkehren des Vorzeichens von β. Nach (11.16) bzw. (11.18) bleiben die zur Richtung der Relativbewegung senkrechten Koordinaten ungeändert, während die zu ihr parallele Koordinate *und die Zeit* transformiert werden. Dieses Ergebnis steht im Gegensatz zur Galilei-Transformation (11.1).

Die Gleichungen (11.16) und (11.17) beschreiben den Spezialfall einer Lorentz-Transformation von einem Koordinatensystem auf ein anderes, das sich mit der zur x_1-Achse parallelen Geschwindigkeit $\mathbf{v}$ bewegt. Bleiben die Achsen von K und K' zueinander parallel, hat aber die Geschwindigkeit $\mathbf{v}$, mit der sich das System K' relativ zu K bewegt, gegenüber K eine beliebige Richtung, dann lautet die Verallgemeinerung von (11.16):

$$\begin{aligned} x'_0 &= \gamma(x_0 - \boldsymbol{\beta} \cdot \mathbf{x}) \\ \mathbf{x}' &= \mathbf{x} + \frac{(\gamma - 1)}{\beta^2}(\boldsymbol{\beta} \cdot \mathbf{x})\,\boldsymbol{\beta} - \gamma \boldsymbol{\beta} x_0 \end{aligned} \tag{11.19}$$

Die erste dieser beiden Gleichungen folgt in fast trivialer Weise aus der ersten der Gln. (11.16). Die zweite dagegen erscheint zwar kompliziert, beschreibt aber – in Übereinstimmung mit (11.16) – lediglich das Sortieren nach Komponenten von $\mathbf{x}$ und $\mathbf{x}'$ parallel bzw. senkrecht zu $\mathbf{v}$.

Der in (11.17) angegebene Zusammenhang zwischen β und γ und deren Wertebereiche ($0 \leq \beta \leq 1$ bzw. $1 \leq \gamma \leq \infty$) erlauben die alternative Parametrisierung

$$\beta = \tanh \zeta$$

und damit

$$\begin{aligned} \gamma &= \cosh \zeta \\ \gamma\beta &= \sinh \zeta \end{aligned} \tag{11.20}$$

wobei ζ als *Boost-Parameter* oder *Rapidität* bezeichnet wird. Drückt man die ersten beiden Gleichungen von (11.16) durch ζ aus, so gehen diese über in

$$\begin{aligned} x'_0 &= x_0 \cosh\zeta - x_1 \sinh\zeta \\ x'_1 &= -x_0 \sinh\zeta + x_1 \cosh\zeta \end{aligned} \tag{11.21}$$

Die Struktur dieser Gleichungen erinnert an eine Koordinatendrehung, wobei jedoch an die Stelle von Winkelfunktionen Hyperbelfunktionen getreten sind, die letzten Endes auf das negative relative Vorzeichen zwischen den räumlichen und zeitlichen Ausdrücken in Gl. (11.14) zurückzuführen sind (vgl. hierzu Abschn. 7 und besonders Gl. (11.95)).

B. Vierervektoren

Die Lorentz-Transformation (11.16) bzw. ihre allgemeinere Form (11.19) beschreibt die Transformation der Koordinaten eines Punktes von einem Inertialsystem in ein anderes. Ebenso wie im Fall dreidimensionaler Drehungen drückt sich das grundlegende Transformationsgesetz durch die Koordinaten eines Punktes aus. Im Dreidimensionalen nennt man $\mathbf{x}$ einen Vektor und bezeichnet x_1, x_2, x_3 als Komponenten dieses Vektors. Denselben Namen gibt man einem System von drei physikalischen Größen, die sich unter Drehungen wie die Komponenten von $\mathbf{x}$ transformieren. Es liegt daher die Vermutung nahe, dass es zahlreiche physikalische Größen gibt, die sich unter Lorentz-Transformationen in der gleichen Art und Weise transformieren wie die Zeit- und Raumkoordinaten eines Punktes. In Analogie zu der dreikomponentigen Größe $\mathbf{x}$ spricht man von *Vierervektoren*. Der Vierervektor der Koordinaten ist (x_0, x_1, x_2, x_3), und die Komponenten eines beliebigen Vierervektors bezeichnen wir mit (A_0, A_1, A_2, A_3)[10], wobei A_1, A_2, A_3 die Komponenten eines dreidimensionalen Vektors $\mathbf{A}$ sind. Das zu (11.16) äquivalente Lorentz-Transformationsgesetz für einen beliebigen Vierervektor lautet:

$$\begin{aligned} A'_0 &= \gamma(A_0 - \boldsymbol{\beta}\cdot\mathbf{A}) \\ A'_{\parallel} &= \gamma(A_{\parallel} - \beta A_0) \\ \mathbf{A}'_{\perp} &= \mathbf{A}_{\perp} \end{aligned} \tag{11.22}$$

wobei die Symbole $\parallel$ und $\perp$ die Richtung bezüglich der Geschwindigkeit $\mathbf{v} = c\boldsymbol{\beta}$ angeben. Die Äquivalenz verschiedener Inertialsysteme, wie sie über das erste bzw. zweite Einstein'sche Postulat in Gleichung (11.15) verkörpert wird, hat für einen beliebigen Vierervektor ihr Gegenstück in der Invarianzbeziehung

$$A_0'^2 - |\mathbf{A}'|^2 = A_0^2 - |\mathbf{A}|^2 \tag{11.23}$$

wobei sich die Komponenten $(A'_0, \mathbf{A}')$ und $(A_0, \mathbf{A})$ auf beliebige Inertialsysteme beziehen. Für zwei Vierervektoren (A_0, A_1, A_2, A_3) und (B_0, B_1, B_2, B_3) ist das „Skalarprodukt" eine Invariante, d.h. es gilt

$$A'_0 B'_0 - \mathbf{A}'\cdot\mathbf{B}' = A_0 B_0 - \mathbf{A}\cdot\mathbf{B} \tag{11.24}$$

[10] Da wir die algebraische Behandlung der Lorentz-Gruppe auf Abschnitt 7 dieses Kapitels verschieben, benutzen wir hier für diesen Vierervektor kein neues Symbol. In der angegebenen Form stellen die obigen Komponenten die eines kontravarianten Vierervektors A^α dar.

Diese Feststellung lässt sich leicht verifizieren, indem man entweder den Ausdruck auf der linken Seite dieser Gleichung explizit berechnet und dabei für die gestrichenen Größen (11.22) verwendet oder aber Gl. (11.23) für die Summe zweier Vierervektoren benutzt. Gleichung (11.24) ist das für Lorentz-Transformationen geltende Analogon zur Invarianz des Skalarproduktes $\mathbf{A} \cdot \mathbf{B}$ unter dreidimensionalen Drehungen.

C. Lichtkegel, Eigenzeit und Zeitdilatation

Sehr nützlich im Rahmen der speziellen Relativitätstheorie sind die Begriffe des Lichtkegels sowie der „raumartigen“ bzw. „zeitartigen“ Trennung zwischen zwei Ereignissen. Wir erläutern sie anhand von Abb. 11.3, in der die Zeitachse (genau genommen, die ct-Achse) die vertikale Achse ist und die Raumachsen senkrecht zu ihr liegen. Der Einfachheit halber beschränken wir uns hier auf nur eine Raumdimension. Zur Zeit $t = 0$ befinde sich ein physikalisches System, etwa ein Teilchen, im Ursprung. Da die Lichtgeschwindigkeit für alle Geschwindigkeiten eine obere Schranke darstellt, kann die Raum-Zeit-Welt durch einen Kegel in drei Bereiche unterteilt werden. Er trägt den Namen *Lichtkegel*, und sein Mantel wird beschrieben durch die Gleichung $x^2 + y^2 + z^2 = c^2t^2$. Lichtsignale, die zur Zeit $t = 0$ vom Ursprung aus emittiert werden, bewegen sich entlang der in der Abbildung gezeigten 45°-Linien. Jedes materielle System aber hat eine Geschwindigkeit, die kleiner als c ist. Es bewegt sich daher mit fortschreitender Zeit auf einer Bahn, seiner sog. *Weltlinie*, die innerhalb des oberen Halbkegels liegt – etwa längs der Kurve OB. Da die Bahn des Systems für Zeiten $t > 0$ innerhalb des *oberen Halbkegels* liegt, bezeichnet man diesen Bereich als *Zukunftskegel*. In ähnlicher Weise nennt man den *unteren Halbkegel Vergangenheitskegel*. Das System kann den Ursprung O über einen Weg, etwa AO, erreicht haben, der innerhalb des unteren Halbkegels liegt. Das schraffierte Gebiet außerhalb des Lichtkegels entspricht der *Gegenwart*. Ein System, das sich im Ursprung befindet, kann niemals einen Punkt in diesem Gebiet erreichen oder von ihm herkommen.

Die Unterteilung der Raum-Zeit-Welt in Gebiete der Vergangenheit und Zukunft (innerhalb des Lichtskegels) sowie der Gegenwart (außerhalb des Lichtkegels) kann

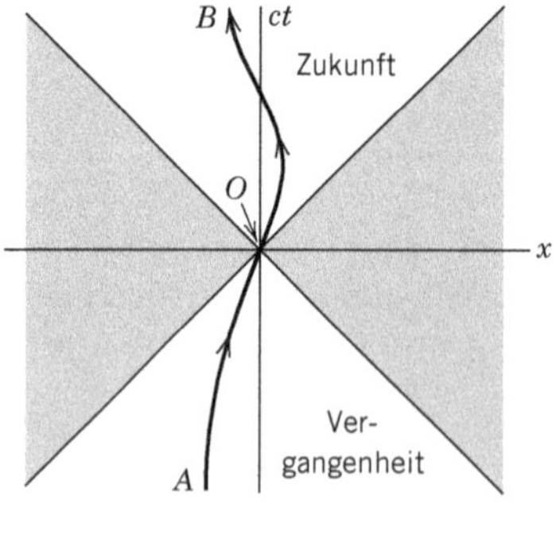

Abb. 11.3 Weltlinie eines physikalischen Systems und der Lichtkegel. Das unschraffierte Innere des Kegels entspricht der Vergangenheit bzw. Zukunft, während der schraffierte Bereich außerhalb des Kegels der Gegenwart entspricht. Einen Punkt innerhalb (außerhalb) des Lichtkegels bezeichnet man als zeitartig (raumartig) vom Ursprung getrennt.

man noch deutlicher machen, indem man den invarianten Abstand s_{12} zwischen zwei *Ereignissen* $P_1(t_1, \mathbf{x}_1)$ und $P_2(t_2, \mathbf{x}_2)$ in der Raum-Zeit-Welt betrachtet (wir kehren zeitweilig zu den Symbolen t und $\mathbf{x}$ zurück, um nicht zu viele Indizes verwenden zu müssen). Das Quadrat des invarianten Abstands ist

$$s_{12}^2 = c^2(t_1 - t_2)^2 - |\mathbf{x}_1 - \mathbf{x}_2|^2 \tag{11.25}$$

Für zwei beliebige Ereignisse P_1 und P_2 gibt es drei Möglichkeiten: (1) $s_{12}^2 > 0$, (2) $s_{12}^2 < 0$ und (3) $s_{12}^2 = 0$. Ist $s_{12}^2 > 0$, dann bezeichnet man die beiden Ereignisse als voneinander *zeitartig getrennt*. Es ist stets möglich, eine Lorentz-Transformation[11] auf ein anderes Koordinatensystem K' zu finden, sodass $\mathbf{x}_1' = \mathbf{x}_2'$ ist und somit

$$s_{12}^2 = c^2(t_1' - t_2')^2 > 0$$

Im System K' finden die beiden Ereignisse zwar am selben Raumpunkt statt, sind aber zeitlich voneinander getrennt. Nach Abb. 11.3 kann einer der Punkte im Ursprung liegen, während der andere in der Vergangenheit oder Zukunft liegt. Ist $s_{12}^2 < 0$, so bezeichnet man die Ereignisse als voneinander *raumartig getrennt*. In diesem Fall kann man ein Inertialsystem K'' finden, in dem $t_1'' = t_2''$. Es ist dann

$$s_{12}^2 = -|\mathbf{x}_1'' - \mathbf{x}_2''|^2 < 0$$

In K'' finden die beiden Ereignisse an verschiedenen Raumpunkten zur gleichen Zeit statt. In der Sprache von Abb. 11.3 bedeutet dies, dass einer der beiden Ereignispunkte im Ursprung liegt, während der andere im Gebiet der Gegenwart liegt. Im Falle von $s_{12}^2 = 0$ sind die Ereignispunkte *lichtartig* voneinander *getrennt*. Sie liegen dann beide auf dem Lichtkegel und können nur durch Lichtsignale miteinander verbunden werden.

Die Feststellung, dass ein Abstand raum-, zeit- oder lichtartig ist, gilt unabhängig vom jeweiligen Koordinatensystem. Zwei Ereignisse, die in *einem* Koordinatensystem z. B. raumartig getrennt sind, sind dies in anderen Systemen ebenfalls. Eine kausale Verknüpfung zwischen zwei solchen Ereignissen ist also nicht möglich. Da sich physikalische Wechselwirkungen höchstens mit Lichtgeschwindigkeit ausbreiten können, lassen sich nur zeit- oder lichtartig getrennte Ereignisse kausal miteinander verknüpfen. Ein im Ursprung von Abb. 11.3 stattfindendes Ereignis kann nur über solche Ereignisse kausal beeinflusst werden, die im Gebiet des Vergangenheitskegels stattfinden.

Ein anderer nützlicher Begriff ist der der *Eigenzeit*. Um ihn zu erläutern, betrachten wir ein System, beispielsweise wieder ein Teilchen, das sich mit einer momentanen Geschwindigkeit $\mathbf{u}(t)$ relativ zu einem Inertialsystem K bewegt. Innerhalb eines Zeitintervalls ändert sich seine Lage um $d\mathbf{x} = \mathbf{u}\,dt$. Nach Gl. (11.25) ist dann das Quadrat des zugehörigen invarianten Linienelements ds durch

$$ds^2 = c^2\,dt^2 - |d\mathbf{x}|^2 = c^2\,dt^2(1 - \beta^2)$$

gegeben, wobei $\beta = u/c$ ist. Im Koordinatensystem K', in dem sich das Teilchen momentan in Ruhe befindet, wird der raum-zeitliche Zuwachs durch $dt' \equiv d\tau$, $d\mathbf{x}' = 0$ bestimmt. Das invariante Linienelement ist daher $ds = c\,d\tau$. Das Zeitinter-

[11] Mithilfe der Gln. (11.16) kann man zeigen, dass eine Lorentz-Transformation mit $\beta < 1$ existiert, sofern $s_{12}^2 > 0$ ist. Explizit ergibt sich: $\boldsymbol{\beta} = (\mathbf{x}_1 - \mathbf{x}_2)/c(t_1 - t_2)$.

vall $d\tau$ im momentanen Ruhsystem des Teilchens ist somit eine *lorentzinvariante Größe* und hat die Gestalt

$$d\tau = dt\sqrt{1-\beta^2(t)} = \frac{dt}{\gamma(t)} \tag{11.26}$$

Die Zeit τ wird *Eigenzeit* des Teilchens bzw. Systems genannt und ist diejenige Zeit, die in dessen Ruhsystem beobachtet wird. Ein Eigenzeitintervall $\tau_2 - \tau_1$ wird nach Gl. (11.26) im System K als das Zeitintervall

$$t_2 - t_1 = \int_{\tau_1}^{\tau_2} \frac{d\tau}{\sqrt{1-\beta^2(\tau)}} = \int_{\tau_1}^{\tau_2} \gamma(\tau)\,d\tau \tag{11.27}$$

wahrgenommen.

Gleichung (11.27) bzw. (11.26) beschreibt die als *Zeitdilatation* bekannte Erscheinung. Eine bewegte Uhr läuft nach ihr langsamer als eine ruhende. Die im Ruhsystem der Uhr beobachteten Zeitintervalle erscheinen im System K um einen Faktor $\gamma > 1$ größer. Dieses paradox anmutende Ergebnis wird täglich in Hochenergielaboratorien bestätigt; in ihnen nämlich werden instabile Teilchen bekannter Lebensdauer τ_0 vor ihrem Zerfall über Strecken befördert, die um ein Vielfaches größer sind als die obere Schranke $c\tau_0$ der nach der Galilei'schen Relativität möglichen Zerfallsstrecke. Am Fermi National Accelerator Laboratory werden z. B. geladene Pionen mit Energien von 200 GeV erzeugt und über eine Strecke von 300 Metern transportiert, wobei weniger als 3 Prozent dieser Pionen durch Zerfall verloren gehen. Bei einer Lebensdauer von $\tau_0 = 2{,}56 \times 10^{-8}$ s ergibt sich für die „Galilei'sche" Zerfallsstrecke: $c\tau_0 = 7{,}7$ Meter. Ohne die Zeitdilatation würde also nur ein winziger Bruchteil, nämlich der $e^{-300/7{,}7} \simeq 10^{-17}$-te Teil dieser Pionen überleben. Doch bei einer Pionenenergie von 200 GeV ist $\gamma \simeq 1400$, und die mittlere Weglänge der Pionen beträgt in Wirklichkeit $\gamma c\tau_0 \simeq 11$ km!

Zu einem sorgfältigen Test der Zeitdilatation unter kontrollierten Laborbedingungen führt die Untersuchung des Zerfalls von Mü-Mesonen, die sich in einem Magnetfeld mit nahezu konstanter Umlaufgeschwindigkeit bewegen. Ein solcher Test, zusammen mit einem anderen Experiment, bestätigt die Formel (11.27) vollauf. (Vgl. hierzu den am Ende von Abschnitt 11 dieses Kapitels zitierten Artikel von Bailey et al.)

Ein gänzlich anderes und in seiner Art amüsantes Experiment zur Zeitdilatation wurde mit makroskopischen Uhren vom Typ amtlicher Normaluhren ausgeführt.[12] Die Uhren wurden relativ zur Erde bewegt – und zwar in Verkehrsflugzeugen, wobei die relativ kleine Geschwindigkeit der Flugzeuge durch die hohe Präzision der Cäsium-Uhren kompensiert wurde (und der erwartete Effekt messbar gemacht wurde). Die vier benutzten Uhren umkreisten zweimal die Erde, nämlich einmal in östlicher und einmal in westlicher Richtung. Während der Flüge wurden Position und Bodengeschwindigkeit der Flugzeuge aufgezeichnet, sodass das Integral in (11.27) berechnet werden konnte. Vor und nach den Flügen wurden die Uhren mit identischen Uhren verglichen, die im Marineobservatorium in Washington aufbewahrt waren. Bei Berücksichtigung der Erddrehung und des allgemein-relativisti-

[12] Hafele, J.C. und R.E. Keating, *Science* **177**, 166, 168 (1972).

schen Effekts der „Rotverschiebung“ im Gravitationsfeld betrugen die beobachteten und berechneten Zeitdifferenzen, ausgedrückt in *Nanosekunden*, -59 ± 10 bzw. -40 ± 23 für den Ostflug sowie 273 ± 7 bzw. 275 ± 21 für den Westflug. Der speziell-relativistische Effekt ist von gleicher Größenordnung wie der allgemein-relativistische. Die Übereinstimmung zwischen Beobachtung und Theorie bestätigt, dass Menschen, die mit dem Flugzeug ständig in östliche Richtung fliegen, etwas langsamer älter werden als jene, die zu Hause bleiben.

D. Relativistische Doppler-Verschiebung

Wie bereits in Abschnitt 2.A bemerkt, ist die Phase einer Welle eine invariante Größe, da sie mit dem bloßen Zählen der in einem Wellenzug auftretenden Wellenhügel identifiziert werden kann und dieser Prozess in allen Inertialsystemen zum gleichen Ergebnis führen muss. In Abschn. 2.A benutzten wir die Galilei-Transformation, um die durch (11.8) beschriebene nichtrelativistische Doppler-Verschiebung herzuleiten. Wir gehen nunmehr von der Lorentz-Transformation (11.16) aus, um zu einer entsprechenden Formel für die *relativistische Doppler-Verschiebung* zu gelangen. Dazu betrachten wir eine ebene Welle, die im Inertialsystem K die Frequenz ω und den Wellenvektor $\mathbf{k}$ hat. Im bewegten System K' wird diese Welle im Allgemeinen eine andere Frequenz ω' und einen anderen Wellenvektor $\mathbf{k}'$ besitzen als in K. Die Phase der Welle ist jedoch wieder eine Invariante, sodass

$$\phi = \omega t - \mathbf{k} \cdot \mathbf{x} = \omega' t' - \mathbf{k}' \cdot \mathbf{x}' \tag{11.28}$$

(Beiläufig sei bemerkt, dass die ebene Welle in K mit der Phase ϕ aufgrund der Linearität der Gln. (11.16) auch in K' eine ebene Welle bleibt.) Bei Verwendung der Gln. (11.16) und derselben Argumente, die von (11.7) auf (11.8) führten, findet man, dass die Frequenz $\omega' = ck'_0$ und der Wellenvektor $\mathbf{k}'$ folgendermaßen durch $\omega = ck_0$ und $\mathbf{k}$ ausgedrückt werden können:

$$\begin{aligned} k'_0 &= \gamma(k_0 - \boldsymbol{\beta} \cdot \mathbf{k}) \\ k'_{\parallel} &= \gamma(k_{\parallel} - \beta k_0) \\ \mathbf{k}'_{\perp} &= \mathbf{k}_{\perp} \end{aligned} \tag{11.29}$$

Die Lorentz-Transformation $(k_0, \mathbf{k})$ hat genau dieselbe Struktur wie die von $(x_0, \mathbf{x})$, d. h. *die Frequenz und der Wellenvektor einer ebenen Welle bilden einen Vierervektor*. Die durch (11.28) ausgedrückte Invarianz der Phase ist gleichbedeutend mit der Invarianz des „Skalarproduktes“ zweier Vierervektoren (s. Gl. (11.24)). Diese Korrespondenz stellt in der Tat einen alternativen Weg dar, um von Gl. (11.28) zum Transformationsgesetz (11.29) zu gelangen.

Für Lichtwellen ist $|\mathbf{k}| = k_0$ und $|\mathbf{k}'| = k'_0$. Daher lässt sich das Resultat (11.29) in Gestalt der bekannteren Formeln für die Doppler-Verschiebung ausdrücken, nämlich

$$\begin{aligned} \omega' &= \gamma\omega(1 - \beta \cos\theta) \\ \tan\theta' &= \frac{\sin\theta}{\gamma(\cos\theta - \beta)} \end{aligned} \tag{11.30}$$

wobei θ und θ' die Winkel sind, die $\mathbf{k}$ und $\mathbf{k}'$ jeweils mit der Geschwindigkeit $\mathbf{v}$ einschließen. Die Umkehrung dieser Gleichungen erhält man durch Vertauschen der gestrichenen mit den ungestrichenen Größen und Umkehrung des Vorzeichens von β.

Die zweite der beiden Gln. (11.30) ist die sog. *Aberrationsgleichung*, die die Richtungsänderung der Lichtwelle in gegeneinander bewegten Inertialsystemen zum Ausdruck bringt. Dagegen beschreibt die erste Gleichung die übliche Doppler-Verschiebung, modifiziert um einen Faktor γ. Das Auftreten dieses Faktors zeigt, dass es relativistisch eine *transversale* Doppler-Verschiebung gibt, und zwar selbst für $\theta = \pi/2$. Diese transversale Doppler-Verschiebung wurde an bewegten Atomen (Atomstrahlen) spektroskopisch beobachtet (von Ives und Stilwell im Jahre 1938) und auch in einem Resonanzabsorptionsexperiment à la Mößbauer, bei dem die γ-Quelle auf der Achse eines rotierenden Zylinders und der Absorber auf dessen Mantel montiert waren.[13]

11.4 Addition von Geschwindigkeiten, Vierergeschwindigkeit

Mithilfe der Lorentz-Transformation (11.16) bzw. (11.18), die die Koordinaten von zueinander gleichförmig bewegten Inertialsystemen ineinander überführt, kann man das Additionsgesetz für Geschwindigkeiten herleiten. Angenommen, ein Punkt P bewege sich im System K' mit der Geschwindigkeit $\mathbf{u}'$, die in diesem System die sphärischen Koordinaten (u', θ', ϕ') habe (vgl. Abb. 11.4). Das System K' bewege sich gegenüber dem Inertialsystem K mit der Geschwindigkeit $\mathbf{v} = c\boldsymbol{\beta}$ in positive

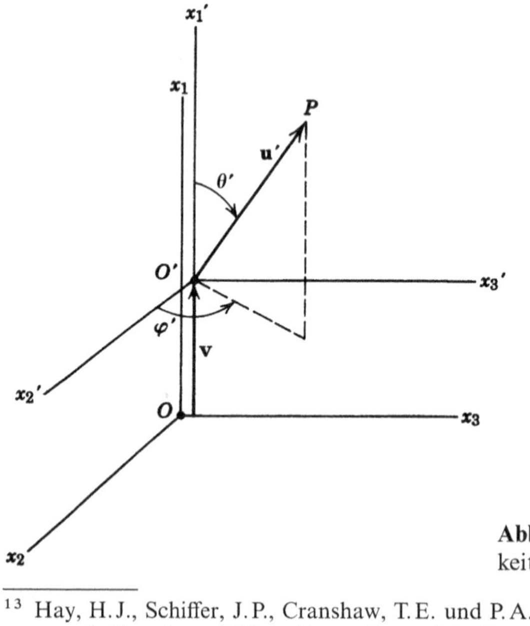

Abb. 11.4 Zur Addition von Geschwindigkeiten

[13] Hay, H. J., Schiffer, J. P., Cranshaw, T. E. und P. A. Egelstaff, *Phys. Rev. Letters* **4**, 165 (1960); s. auch Cranshaw, T. E. in *Proceedings of the International School of Physics*, Varenna. Course XX, 1961, New York: Academic Press 1962, S. 208.

x_1-Richtung. Gesucht sind die Komponenten der Geschwindigkeit $\mathbf{u}$, die der Punkt P für einen Beobachter im System K hat. Nach Gl. (11.18) gilt für die Differentiale dx_0, dx_1, dx_2, dx_3:

$$\begin{aligned} dx_0 &= \gamma_v(dx'_0 + \beta\, dx'_1) \\ dx_1 &= \gamma_v(dx'_1 + \beta\, dx'_0) \\ dx_2 &= dx'_2 \\ dx_3 &= dx'_3 \end{aligned}$$

Wir haben hierbei γ mit einem Index versehen, um γ_v später von $\gamma_u = (1 - u^2/c^2)^{-1/2}$ und $\gamma_{u'} = (1 - u'^2/c^2)^{-1/2}$ unterscheiden zu können. Die Geschwindigkeitskomponenten in beiden Systemen sind $u'_i = c\, dx'_i/dx'_0$ und $u_i = c\, dx_i/dx_0$. Dies bedeutet, dass sie sich folgendermaßen transformieren:

$$u_\parallel = \frac{u'_\parallel + v}{1 + \dfrac{\mathbf{v} \cdot \mathbf{u}'}{c^2}}$$

$$\mathbf{u}_\perp = \frac{\mathbf{u}'_\perp}{\gamma_v\left(1 + \dfrac{\mathbf{v} \cdot \mathbf{u}'}{c^2}\right)} \tag{11.31}$$

Die Größen $u_\parallel$ und $\mathbf{u}_\perp$ bezeichnen dabei die Komponenten von $\mathbf{u}$ parallel bzw. senkrecht zu $\mathbf{v}$. Der Betrag von $\mathbf{u}$ und seine Polarwinkel θ, ϕ im System K sind leicht zu berechnen. Da $u_2/u'_2 = u_3/u'_3$ ist, sind die Azimutwinkel in den beiden Systemen die gleichen. Ferner ist

$$\tan\theta = \frac{u' \sin\theta'}{\gamma_v(u' \cos\theta' + v)}$$

und

$$u = \frac{\sqrt{u'^2 + v^2 + 2u'v\cos\theta' - \left(\dfrac{u'v\sin\theta'}{c}\right)^2}}{1 + \dfrac{u'v}{c^2}\cos\theta'} \tag{11.32}$$

Die Umkehrformeln, die $\mathbf{u}'$ durch $\mathbf{u}$ ausdrücken, gewinnt man aus (11.31) und (11.32) wie üblich durch Vertauschen der gestrichenen und ungestrichenen Größen und durch Umkehr des Vorzeichens von v.

Für Geschwindigkeiten u' und v, die gegenüber c klein sind, reduziert sich das Additionsgesetz (11.31) auf das Galilei'sche Resultat $\mathbf{u} = \mathbf{u}' + \mathbf{v}$. Ist jedoch eine der beiden Geschwindigkeiten mit c vergleichbar, dann treten Modifikationen auf. Es ist unmöglich, durch Addition zweier Geschwindigkeiten eine Geschwindigkeit u zu erhalten, die größer als c ist – selbst dann nicht, wenn jede von ihnen nahe bei c liegt. Für den einfachen Fall, dass die Geschwindigkeiten in die gleiche Richtung zeigen, nimmt (11.31) die Gestalt

$$u = \frac{u' + v}{1 + \dfrac{vu'}{c^2}} \tag{11.33}$$

an. Diesen Spezialfall von (11.31) bezeichnet man als *Additionstheorem der Geschwindigkeiten*. Ist $u' = c$, dann folgt aus ihm auch $u = c$. Dies ist ein explizites Beispiel für das zweite Einstein'sche Postulat. Der Leser mag anhand der zweiten der beiden Gln. (11.32) bestätigen, dass aus $u' = c$ auch im Falle nichtparalleler Geschwindigkeiten $u = c$ folgt.

Die Formeln für die Addition von Geschwindigkeiten befinden sich in Einklang mit experimentellen Tests wie den Fizeau'schen Experimenten zur Lichtgeschwindigkeit in bewegten Flüssigkeiten und der Aberration des Fixsternlichts.

Aus der Struktur von (11.31) ist ersichtlich, dass das Transformationsgesetz für Geschwindigkeiten ein anderes ist als das entsprechende Gesetz (11.22) für Vierervektoren, für das (11.16) und (11.29) Beispiele sind. Es gibt jedoch einen Vierervektor, der eng mit der gewöhnlichen Geschwindigkeit zusammenhängt. Um diesen zu konstruieren, schreiben wir (11.31) um. Aus der zweiten der beiden Gln. (11.32) folgt, dass sich der Faktor $(1 + \mathbf{v} \cdot \mathbf{u}'/c^2)$ auch durch

$$\gamma_u = \gamma_v \gamma_{u'} \left(1 + \frac{\mathbf{v} \cdot \mathbf{u}'}{c^2}\right) \tag{11.34}$$

ausdrücken lässt, wobei γ_v, γ_u und $\gamma_{u'}$ die durch (11.17) definierten Größen für die Geschwindigkeiten $\mathbf{v}$, $\mathbf{u}$ bzw. $\mathbf{u}'$ sind. Setzt man (11.34) in (11.31) ein, so gehen diese Gleichungen über in

$$\begin{aligned} \gamma_u u_{\parallel} &= \gamma_v(\gamma_{u'} u'_{\parallel} + v\gamma_{u'}) \\ \gamma_u \mathbf{u}_{\perp} &= \gamma_{u'} \mathbf{u}'_{\perp} \end{aligned} \tag{11.35}$$

Der Vergleich von (11.34) und (11.35) mit dem Reziproken von (11.22) lässt vermuten, dass sich *die vier Größen* $(\gamma_u c, \gamma_u \mathbf{u})$ in der gleichen Weise transformieren wie $(x_0, \mathbf{x})$ und somit unter Lorentz-Transformationen einen Vierervektor bilden. Diese vier Größen nennt man die *Zeit- und Raumkomponenten der Vierergeschwindigkeit* $(U_0, \mathbf{U})$.

Einen anderen Zugang zur Vierergeschwindigkeit gewinnt man über die Eigenzeit τ. Die gewöhnliche Geschwindigkeit $\mathbf{u}$ ist als die Zeitableitung der Koordinate $\mathbf{x}(t)$ definiert. Das Additionsgesetz (11.31) für Geschwindigkeiten unterscheidet sich vom Transformationsgesetz eines Vierervektors, weil die Zeit unter Lorentz-Transformationen nicht invariant ist. Wir haben jedoch gesehen, dass die Eigenzeit τ es *ist*. Dementsprechend lässt sich ein Vierervektor der „Geschwindigkeit" bilden, indem man den Vierervektor $(x_0, \mathbf{x})$ nicht nach t, sondern nach τ ableitet. Bei Verwendung von (11.26) führt dies auf

$$\begin{aligned} U_0 &\equiv \frac{dx_0}{d\tau} = \frac{dx_0}{dt}\frac{dt}{d\tau} = \gamma_u c \\ \mathbf{U} &\equiv \frac{d\mathbf{x}}{d\tau} = \frac{d\mathbf{x}}{dt}\frac{dt}{d\tau} = \gamma_u \mathbf{u} \end{aligned} \tag{11.36}$$

Im nächsten Abschnitt werden wir zeigen, dass die Komponeten der Vierergeschwindigkeit eines Teilchens proportional zu seiner Gesamtenergie und seinem Impuls sind.

11.5 Relativistischer Impuls und relativistische Energie eines Teilchens

Wir wenden uns nun der relativistischen Verallgemeinerung des Impulses und der kinetischen Energie eines Teilchens zu. Für geladene Teilchen lässt sie sich, wie Lorentz bereits vor 1900 zeigte, aus der Gleichung für die Lorentz-Kraft und den Transformationsgleichungen des elektromagnetischen Feldes gewinnen. Doch ist es nützlich, eine allgemeinere Herleitung zu bringen, die allein auf den Erhaltungssätzen von Energie und Impuls und auf der Kinematik von Lorentz-Transformationen beruht. Dieser Zugang macht auch die Allgemeingültigkeit der herzuleitenden Beziehungen deutlich – unabhängig von elektromagnetischen Wechselwirkungen des jeweils betrachteten Teilchens.

Für ein Teilchen, dessen Geschwindigkeit im Vergleich zu der des Lichtes klein ist, sind Impuls und Energie bekanntlich durch

$$\begin{aligned} \mathbf{p} &= m\mathbf{u} \\ E &= E(0) + \tfrac{1}{2}mu^2 \end{aligned} \tag{11.37}$$

gegeben, wobei m die Masse des Teilchens, $\mathbf{u}$ seine Geschwindigkeit und $E(0)$ eine Konstante ist, die mit der Ruhenergie des Teilchens identifiziert werden kann. Bei nichtrelativistischen Untersuchungen können Ruhenergien ignoriert werden, da sie auf beiden Seiten der Erhaltungsgleichung als additive Konstanten auftreten. In der speziellen Relativitätstheorie dagegen kann die Ruhenergie nicht ignoriert werden. Wir werden im Folgenden sehen, dass es die *Gesamt*energie (die Summe aus Ruhenergie und kinetischer Energie) eines Teilchens ist, die die entscheidende Rolle spielt.

Wir suchen für den Impuls und die Energie eines Teilchens Ausdrücke, die mit den Lorentz-Transformationsgesetzen (11.31) für die Geschwindigkeit verträglich sind und sich bei nichtrelativistischer Bewegung auf (11.37) reduzieren. Die einzig möglichen Verallgemeinerungen, die sich in Einklang mit dem ersten Einstein'schen Postulat befinden, lauten:

$$\begin{aligned} \mathbf{p} &= \mathcal{M}(u)\mathbf{u} \\ E &= \mathcal{E}(u) \end{aligned} \tag{11.38}$$

wobei $\mathcal{M}(u)$ und $\mathcal{E}(u)$ Funktionen des Betrages der Geschwindigkeit $\mathbf{u}$ sind. Ein Vergleich mit (11.37) zeigt, dass im Grenzfall $u \to 0$

$$\begin{aligned} \mathcal{M}(0) &= m \\ \frac{\partial \mathcal{E}}{\partial u^2}(0) &= \frac{m}{2} \end{aligned} \tag{11.39}$$

gelten muss. Wir setzen vernünftigerweise voraus, dass $\mathcal{M}(u)$ und $\mathcal{E}(u)$ monotone, genügend oft differnzierbare Funktionen ihrer Argumente sind.

Um die Gestalt von $\mathcal{M}(u)$ und $\mathcal{E}(u)$ zu bestimmen, betrachten wir die elastische Streuung zweier *identischer* Teilchen und fordern entsprechend dem ersten Einstein'schen Postulat, dass Energie und Impuls in allen äquivalenten Inertialsystemen erhalten bleiben. Speziell betrachten wir die Streuung in zwei Koordinatensystemen

K und K', die über eine Lorentz-Transformation parallel zur z-Achse miteinander zusammenhängen. Ein gewisser Aufwand an Rechnung ist unvermeidlich. Um ihn auf einem Minimum zu halten, gibt es zwei Möglichkeiten. Die eine besteht darin, die Geschwindigkeiten und Flugrichtungen der Teilchen so geschickt zu wählen, dass die Rechnung schnell und auf elegante Weise zu einem durchsichtigen Resultat führt. Die andere Möglichkeit ist die, einen unkomplizierten kinematischen Fall herauszugreifen und im übrigen geschickt vorzugehen. Der größeren Transparenz wegen wählen wir den zweiten Weg.

Das Inertialsystem K' sei das Schwerpunktsystem, in dem die beiden identischen Teilchen die Anfangsgeschwindigkeiten $\mathbf{u}'_a = \mathbf{v}$ und $\mathbf{u}'_b = -\mathbf{v}$ parallel zur z-Achse haben. Die Endgeschwindigkeiten nach dem Zusammenstoß seien $\mathbf{u}'_c = \mathbf{v}'$ und $\mathbf{u}'_d = \mathbf{v}''$

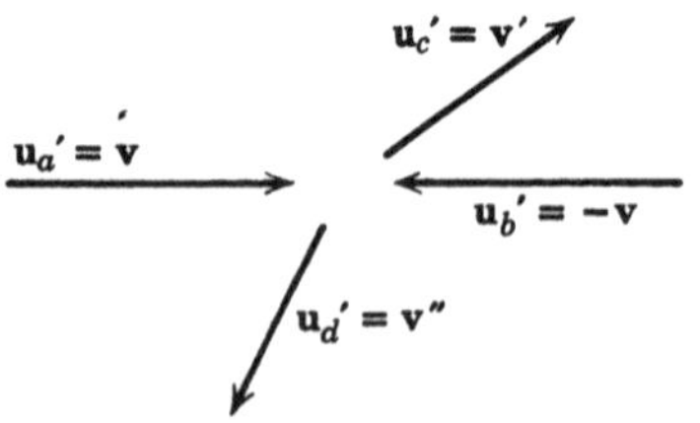

Abb. 11.5 Die Vektoren der Anfangs- und Endgeschwindigkeiten beim Stoß zweier identischer Teilchen im System K'.

(vgl. Abb. 11.5). Die Erhaltungsgleichungen für Impuls und Energie schreiben sich im System K' wie folgt:

$$\begin{aligned} \mathbf{p}'_a + \mathbf{p}'_b &= \mathbf{p}'_c + \mathbf{p}'_d \\ E'_a + E'_b &= E'_c + E'_d \end{aligned}$$

oder bei Verwendung von (11.38):

$$\begin{aligned} \mathcal{M}(v)\mathbf{v} - \mathcal{M}(v)\mathbf{v} &= \mathcal{M}(v')\mathbf{v}' + \mathcal{M}(v'')\mathbf{v}'' \\ \mathcal{E}(v) + \mathcal{E}(v) &= \mathcal{E}(v') + \mathcal{E}(v'') \end{aligned} \tag{11.40}$$

Da die Teilchen identisch sind, muss $\mathcal{E}(v') = \mathcal{E}(v'')$ sein, sodass wegen der vorausgesetzten Monotonie von $\mathcal{E}(v)$ auch $v' = v''$ ist. Die zweite der beiden Gln. (11.40) erfordert dann $v' = v'' = v$, während die erste $\mathbf{v}'' = -\mathbf{v}'$ verlangt. Alle vier Geschwindigkeiten haben also den gleichen Betrag, wobei die Endgeschwindigkeiten – ebenso wie die Anfangsgeschwindigkeiten – entgegengesetzte Richtungen haben. Diesen einleuchtenden Sachverhalt veranschaulicht das rechts gezeichnete Diagramm von Abb. 11.6, in dem der Streuwinkel in K' mit θ' bezeichnet ist.

Wir betrachten nun den Stoß zweier Teilchen in einem Inertialsystem K, das sich gegenüber K' mit der Geschwindigkeit $-\mathbf{v}$ in z-Richtung bewegt. Anhand der Transformationsgleichungen (11.31) erkennt man, dass sich das Teilchen b im System K in Ruhe befindet, während das Teilchen a entlang der z-Achse mit der Geschwindigkeit

$$\mathbf{u}_a = \frac{2\mathbf{v}}{1 + \dfrac{v^2}{c^2}} = \frac{2c\boldsymbol{\beta}}{1+\beta^2} \tag{11.41}$$

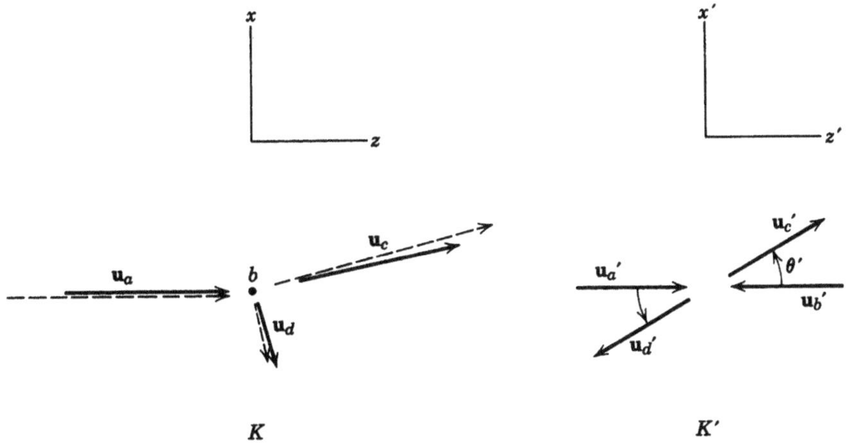

Abb. 11.6 Die Vektoren der Anfangs- und Endgeschwindigkeiten beim Stoß zweier identischer Teilchen in den Systemen K und K'. Die Längen der dick gezeichneten Pfeile mit den von ihnen eingeschlossenen Winkeln stellen die Geschwindigkeiten dar und entsprechen $\theta' = 30^\circ$ und $\beta^2 = \frac{1}{3}$. Die gestrichelten Pfeile sind das Ergebnis einer Galilei-Transformation von K' nach K.

einläuft, wenn $\boldsymbol{\beta} = \mathbf{v}/c$ ist. Die Komponenten der Endgeschwindigkeiten $\mathbf{u}_c$ und $\mathbf{u}_d$ in K ergeben sich in ähnlicher Weise zu

$$(\mathbf{u}_c)_x = \frac{c\beta \sin\theta'}{\gamma(1+\beta^2\cos\theta')}, \qquad (\mathbf{u}_c)_z = \frac{c\beta(1+\cos\theta')}{1+\beta^2\cos\theta'}$$

$$(\mathbf{u}_d)_x = -\frac{c\beta \sin\theta'}{\gamma(1-\beta^2\cos\theta')}, \qquad (\mathbf{u}_d)_z = \frac{c\beta(1-\cos\theta')}{1-\beta^2\cos\theta'} \tag{11.42}$$

mit $\gamma = (1-\beta^2)^{-1/2}$.

Die Erhaltung von Impuls und Energie drückt sich im Inertialsystem K durch folgende beiden Gleichungen aus:

$$\begin{aligned} \mathscr{M}(u_a)\mathbf{u}_a + \mathscr{M}(u_b)\mathbf{u}_b &= \mathscr{M}(u_c)\mathbf{u}_c + \mathscr{M}(u_d)\mathbf{u}_d \\ \mathscr{E}(u_a) + \mathscr{E}(u_b) &= \mathscr{E}(u_c) + \mathscr{E}(u_d) \end{aligned} \tag{11.43}$$

Aus (11.41) und (11.42) bzw. aus dem linken Diagramm von Abb. 11.6 ist ersichtlich, dass, während das Teilchen b vor dem Stoß ruht, die anderen drei Geschwindigkeiten im Allgemeinen voneinander verschieden sind. Es erscheint daher unklar, wie $\mathscr{M}(u)$ und $\mathscr{E}(u)$ aus (11.43) zu ermitteln sein sollen. Wir können jedoch den Grenzfall eines „streifenden" Stoßes betrachten, bei dem θ' sehr klein ist. Im System K ist dann $\mathbf{u}_d$ eine nichtrelativistische Geschwindigkeit, und $\mathbf{u}_c$ unterscheidet sich nur wenig von $\mathbf{u}_a$. Wir können daher eine Taylor-Entwicklung um $\theta' = 0$ vornehmen, um daraus Gleichungen sowohl für $\mathscr{M}(u)$ und $\mathscr{E}(u)$ als auch für deren erste Ableitungen zu gewinnen. Die x-Komponente der Impulserhaltungsgleichung von (11.43) lautet explizit:

$$0 = \mathscr{M}(u_c)\frac{c\beta\sin\theta'}{\gamma(1+\beta^2\cos\theta')} - \mathscr{M}(u_d)\frac{c\beta\sin\theta'}{\gamma(1-\beta^2\cos\theta')}.$$

Hieraus folgt unmittelbar:

$$\mathscr{M}(u_c) = \left(\frac{1+\beta^2\cos\theta'}{1-\beta^2\cos\theta'}\right)\mathscr{M}(u_d)$$

Diese Beziehung gilt für alle θ' und insbesondere für $\theta' = 0$. Ein Blick auf (11.42) zeigt, dass in diesem Grenzfall $\mathbf{u}_c = \mathbf{u}_a$ und $\mathbf{u}_d = 0$ ist. Wir erhalten somit:

$$\mathscr{M}(u_a) = \left(\frac{1+\beta^2}{1-\beta^2}\right)\mathscr{M}(0) \tag{11.44}$$

Mithilfe von (11.41) weist man nun leicht nach, dass

$$\frac{1+\beta^2}{1-\beta^2} = \frac{1}{\sqrt{1-\frac{u_a^2}{c^2}}} \equiv \gamma_a \tag{11.45}$$

ist, und da nach (11.39) $\mathscr{M}(0) = m$ ist, folgt weiter:

$$\mathscr{M}(u_a) = \gamma_a m$$

Das heißt der Impuls eines Teilchens der Masse m und der Geschwindigkeit $\mathbf{u}$ ist durch

$$\mathbf{p} = \gamma m\mathbf{u} = \frac{m\mathbf{u}}{\sqrt{1-\frac{u^2}{c^2}}} \tag{11.46}$$

gegeben.

Die Bestimmung der funktionalen Abhängigkeit von $\mathscr{E}(u)$ erfordert mehr als die einfache Auswertung der Energieerhaltungsgleichung für $\theta' = 0$. Wir müssen diese Gleichung für kleine, aber endliche θ' untersuchen. Aus (11.43) ergibt sich:

$$\mathscr{E}(u_a) + \mathscr{E}(0) = \mathscr{E}(u_c) + \mathscr{E}(u_d) \tag{11.47}$$

wobei u_c und u_d Funktionen von θ' sind. Gl. (11.42) oder (11.32) führt bis zur Ordnung von θ'^2 einschließlich auf

$$u_c^2 = u_a^2 - \frac{\eta}{\gamma_a^3} + O(\eta^2)$$
$$u_d^2 = \eta + O(\eta^2)$$

Dabei ist γ_a durch (11.45) gegeben, und $\eta = c^2\beta^2\theta'^2/(1-\beta^2)$ stellt einen Entwicklungsparameter dar. Wir entwickeln nun beide Seiten von (11.47) in eine Taylor-Reihe und setzen anschließend die Koeffizienten ein und derselben η-Potenzen gleich. Das Ergebnis der Reihenentwicklung lautet zunächst:

$$\mathscr{E}(u_a) + \mathscr{E}(0) = \mathscr{E}(u_a) + \eta\cdot\left(\frac{d\mathscr{E}(u_c)}{du_c^2}\cdot\frac{\partial u_c^2}{\partial\eta}\right)_{\eta=0} + \cdots \mathscr{E}(0) + \eta\cdot\left(\frac{d\mathscr{E}(u_d)}{du_d^2}\cdot\frac{\partial u_d^2}{\partial\eta}\right)_{\eta=0} + \cdots$$

Die Terme nullter Ordnung ergeben eine Identität, während diejenigen erster Ordnung auf

$$0 = -\frac{1}{\gamma_a^3}\frac{d\mathscr{E}(u_a)}{du_a^2} + \left(\frac{d\mathscr{E}(u_d)}{du_d^2}\right)_{u_d=0}$$

führen. Mit dem aus (11.39) bekannten, nichtrelativistischen Wert des zweiten Terms ergibt sich hieraus:

$$\frac{d\mathscr{E}(u_a)}{du_a^2} = \frac{m}{2}\gamma_a^3 = \frac{m}{2\left(1-\frac{u_a^2}{c^2}\right)^{3/2}}$$

Die Integration dieser Gleichung liefert schließlich

$$\mathscr{E}(u) = \frac{mc^2}{\sqrt{1-\frac{u^2}{c^2}}} + [\mathscr{E}(0) - mc^2] \tag{11.48}$$

als Ausdruck für die Energie eines Teilchens der Masse m und der Geschwindigkeit $\mathbf{u}$. Die Integrationskonstante ist dabei willkürlich. Am Rande sei bemerkt, dass die Bedingung der Energieerhaltung bei einem elastischen Stoß allein durch die kinetischen Energien ausgedrückt werden kann. Die unbestimmte Konstante in (11.48) darf daher nicht vernachlässigt werden und ist nicht, wie der Leser vermuten mag, das Resultat der Taylor-Entwicklung. Man beachte ferner, dass die *kinetische* Energie $T(u_a)$ in eindeutiger Weise durch

$$T(u) \equiv \mathscr{E}(u) - \mathscr{E}(0) = mc^2\left[\frac{1}{\sqrt{1-\frac{u^2}{c^2}}} - 1\right] \tag{11.49}$$

bestimmt wird.

Die Gleichungen (11.46) und (11.48) sind die notwendigen Verallgemeinerungen für Impuls und Energie eines Teilchens, die mit den Erhaltungssätzen und den Postulaten der speziellen Relativitätstheorie konsistent sind. Die einzige noch offene Frage ist die nach dem Wert der Ruhenergie $\mathscr{E}(0)$. Um sie zu beantworten, können wir uns entweder direkt auf das Experiment berufen oder sie im theoretischen Rahmen behandeln. Zunächst das Experiment: Zwar lässt sich $\mathscr{E}(0)$ nicht aus der elastischen Streuung bestimmen, doch kann man auf seinen Wert aus inelastischen Prozessen schließen, bei denen eines der Teilchen entweder in *ein* anderes Teilchen oder in *mehrere* andere Teilchen mit unter Umständen verschiedenen Massen übergeht. Besonders aufschlussreich sind hierfür Zerfallsprozesse. Betrachten wir z. B. den Zerfall eines neutralen K-Mesons in zwei Photonen: $K^0 \to \gamma\gamma$. Im Ruhsystem des K-Mesons erfordert die Energieerhaltung, dass die Summe der Energien der beiden Photonen gleich $\mathscr{E}_K(0)$ ist. Für einen anderen Zerfall des neutralen K-Mesons, nämlich den in zwei Pionen, muss die kinetische Energie eines jeden der beiden Pionen im Ruhsystem des K-Mesons gleich

$$T_\pi = \tfrac{1}{2}\mathscr{E}_{\mathrm{K}}(0) - \mathscr{E}_\pi(0)$$

sein. Die Messung der kinetischen Energie (11.49) des Pions und die Kenntnis von $\mathscr{E}_K(0)$ ermöglichen die Bestimmung von $\mathscr{E}_\pi(0)$. In diesem speziellen Beispiel und auch in allen anderen Fällen findet man, dass die Ruhenergie eines Teilchens (oder eines komplizierteren Systems) der Masse m durch die berühmte *Einstein'sche Energie-Masse-Relation*

$$\mathscr{E}(0) = mc^2 \tag{11.50}$$

gegeben ist. Der in eckigen Klammern stehende Ausdruck auf der rechten Seite von (11.48) verschwindet also. Damit ergibt sich die Gesamtenergie eines Teilchens der Masse m und der Geschwindigkeit $\mathbf{u}$ zu

$$E = \gamma mc^2 = \frac{mc^2}{\sqrt{1 - \frac{u^2}{c^2}}} \tag{11.51}$$

Die andere Methode, um zu den Resultaten (11.50) und (11.51) zu gelangen, ist theoretischer Art. Obwohl wir die Ausdrücke (11.46) und (11.48) für den Impuls bzw. die Energie eines Teilchens dadurch fanden, dass wir die Prinzipien der speziellen Relativitätstheorie auf die Energie- und Impulserhaltung anwandten, ist es noch offen, wie sich E und $\mathbf{p}$ unter Lorentz-Transformationen verhalten. Die Erhaltungsgleichungen bilden einen Satz von vier Gleichungen, die in allen Inertialsystemen gelten müssen. Die Impulserhaltung wird durch drei Gleichungen beschrieben, die die Komponenten von räumlichen Vektoren miteinander verknüpfen.

Im Rahmen der speziellen Relativitätstheorie liegt der Versuch nahe, die *vier* Erhaltungsgleichungen mit Relationen zwischen den Komponenten von Vierervektoren zu identifizieren. In diesem Zusammenhang stellen wir fest, dass der Impuls (11.46) proportional zu den räumlichen Komponenten des durch (11.36) definierten Vierervektors $(U_0, \mathbf{U})$ ist, d.h. dass $\mathbf{p} = m\mathbf{U}$ ist. Die Zeitkomponente dieses Vierervektors ist $p_0 = mU_0 = m\gamma_u c$. Der Vergleich mit (11.48) zeigt, dass sich die Energie eines Teilchens von cp_0 um eine additive Konstante $(\mathscr{E}(0) - mc^2)$ unterscheidet. Dies bedeutet, dass die vier Gleichungen, die die Erhaltung von Energie und Impuls beschreiben, für einen beliebigen Stoßprozess in der Form

$$\begin{aligned} \sum_{\substack{a\\ \text{ein}}} (p_0)_a - \sum_{\substack{b\\ \text{aus}}} (p_0)_b &= \Delta_0 \\ \sum_{\substack{a\\ \text{ein}}} \mathbf{p}_a - \sum_{\substack{b\\ \text{aus}}} \mathbf{p}_b &= \mathbf{\Delta} \end{aligned} \tag{11.52}$$

geschrieben werden können, wobei $(\Delta_0, \mathbf{\Delta})$ ein Vierervektor mit $\mathbf{\Delta} = 0$ und

$$c\Delta_0 = \sum_{\substack{b\\ \text{aus}}} [\mathscr{E}_b(0) - m_b c^2] - \sum_{\substack{a\\ \text{ein}}} [\mathscr{E}_a(0) - m_a c^2]$$

ist. Nach dem ersten Einstein'schen Postulat muss (11.52) in allen äquivalenten Inertialsystemen erfüllt sein. Ist jedoch in jedem dieser Systeme $\mathbf{\Delta} \equiv 0$, so muss, wie man anhand von (11.22) erkennt, $\Delta_0 \equiv 0$ sein; der Vierervektor $(\Delta_0, \mathbf{\Delta})$ ist also der Nullvektor. Sind Art und Anzahl der Teilchen, die im Anfangszustand eines Prozesses auftreten, von denen im Endzustand verschieden, so kann die Bedingung $\Delta_0 = 0$ nur dann erfüllt werden, wenn (11.50) für jedes Teilchen einzeln gilt. Das heißt Gl. (11.51) liefert den korrekten Ausdruck für die Gesamtenergie.

Die Geschwindigkeit eines Teilchens kann natürlich aufgrund von (11.46) und (11.51) durch seinen Impuls und seine Energie ausgedrückt werden:

$$\mathbf{u} = \frac{c^2\mathbf{p}}{E} \tag{11.53}$$

Das Quadrat der invarianten „Länge“ des Energie-Impuls-Vierervektors ($p_0 = E/c, \mathbf{p}$) ist

$$p_0^2 - \mathbf{p} \cdot \mathbf{p} = (mc)^2 \tag{11.54}$$

Wir stellen also fest, dass die invariante Größe, die den Impuls und die Energie eines Teilchens charakterisiert, dessen Masse m ist, die manchmal auch „Ruhmasse“ genannt wird.[14] Gleichung (11.54) und die Erhaltungsgleichungen stellen ein leistungsfähiges und elegantes Instrument dar, um die relativistische Kinematik bei Stoß- und Zerfallsprozessen zu behandeln (vgl. hierzu auch die Übungen am Ende des Kapitels). Wichtig in diesem Zusammenhang ist die Tatsache, dass sich Energie E nach Gl. (11.54) durch den Betrag des Impulses ausdrücken lässt:

$$E = \sqrt{c^2 p^2 + m^2 c^4} \tag{11.55}$$

Die Beziehungen (11.46), (11.51) und (11.53) für den Impuls, die Energie und die Geschwindigkeit eines Teilches sind so allgemein bekannt, dass es überflüssig erscheinen mag, über experimentelle Tests zu sprechen. Dennoch halten wir es für lohnend, einige Laborversuche in diesem Zusammenhang zu nennen. Einer von ihnen betrifft die Beziehung (11.49) zwischen der kinetischen Energie und der Geschwindigkeit eines Teilchens.[15] Bei diesem Versuch beschleunigte man Elektronen in einem Van de Graaf-Generator bei bekannter Spannung auf Energien zwischen 0,5 und 15 MeV (die man am Strahlauffänger kalorimetrisch nachwies) und bestimmte die Geschwindigkeit dieser Elektronen, indem man mit Impulsen arbeitete (in Zeitintervallen von $\Delta t = 3 \times 10^{-9}$ s), die einen Flugweg von 8,4 Metern passierten. Mit ansteigender Energie fiel deren Durchgangszeit auf einen Grenzwert von $2{,}8 \times 10^{-8}$ s ab, und dies stimmt mit (11.49) gut überein. Eine Bestätigung von c als Grenzgeschwindigkeit materieller Teilchen lieferte das am Ende von Abschnitt 2 zitierte Stanford-Experiment, bei dem man 11 GeV-Elektronen ($\gamma \simeq 2 \times 10^7$) benutzte. Die relative Abweichung der Elektronengeschwindigkeit von c betrug dabei weniger als 5×10^{-6}. Der Zusammenhang (11.55) zwischen Energie und Impuls lässt sich mit einem einfachen Experiment überprüfen. Man verwendet dazu ein β-Spektrometer, in dem die Bahn der emittierten Elektronen im Magnetfeld einen Krümmungsradius von ca. 10 cm hat, und benutzt für die Messung der Energie dieser Elektronen einen Natriumjodid-Kristall.[16]

Die kinematischen Eigenschaften (Geschwindigkeit, Impuls und Energie), die ein Teilchen in einem beliebigen Inertialsystem hat, werden bestimmt durch seine Masse und durch die Angabe seiner Geschwindigkeit $\mathbf{u}$ oder seines Impulses $\mathbf{p}$ in dem betrachteten System. Eine Lorentz-Transformation (11.22) von ($p_0, \mathbf{p}$) liefert das Ergebnis in jedem anderen System. Es ist manchmal praktisch, die beiden Komponenten von $\mathbf{p}$ senkrecht zur z-Achse und die Rapidität ζ (11.20) als kinematische Variable zu benutzen. Angenommen, ein Teilchen habe im System K den Impuls $\mathbf{p}$ mit einer Transversalkomponente $\mathbf{p}_\perp$ und einer z-Komponente $p_\parallel$. Dann existiert

---

[14] Manche Autoren definieren die Masse eines Teilchens durch E/c^2 und bezeichnen diese mit m oder $m(u)$, während sie für die Ruhmasse das Symbol m_0 reservieren. Wir dagegen benutzen das Wort „Masse“ stets für die lorentzinvariante Größe, die in (11.54) erscheint.

[15] Bertozzi, W., *Am. J. Phys.* **32**, 551 (1964).

[16] Parker, S., *Am. J. Phys.* **40**, 241 (1972).

genau *eine* Lorentz-Transformation in z-Richtung auf ein System K', in dem die z-Komponente des Teilchenimpulses verschwindet. In K' hat das Teilchen den Impuls und die Energie

$$\mathbf{p}' = \mathbf{p}_\perp, \quad \frac{E'}{c} = \Omega = \sqrt{p_\perp^2 + m^2 c^2} \tag{11.56}$$

Der Rapiditätsparameter, der zur Lorentz-Transformation von K nach K' gehört, sei gleich ζ. Dann ergibt sich aus der Umkehrung von (11.21) für die Impulskomponenten und die Energie des Teilchens im ursprünglichen System K:

$$\mathbf{p}_\perp, \quad p_\parallel = \Omega \sinh\zeta, \quad \frac{E}{c} = \Omega \cosh\zeta \tag{11.57}$$

wobei $\Omega = \sqrt{p_\perp^2 + m^2 c^2}$ ist. Die Größe Ω/c wird manchmal „transversale Masse" genannt (weil sie von $\mathbf{p}_\perp$ abhängt) und manchmal auch „longitudinale Masse" (weil sie in einer longitudinalen Lorentz-Transformation auftritt). Befindet sich das Teilchen in K' in Ruhe, d.h. ist $\mathbf{p}_\perp = 0$, dann nehmen die Ausdrücke (11.57) die zu (11.46) und (11.51) alternative Form

$$p = mc \sinh\zeta, \quad E = mc^2 \cosh\zeta \tag{11.58}$$

an.

Die Größen $\mathbf{p}_\perp^{(i)}$ und $\zeta^{(i)}$ eignen sich u.a. deswegen als kinematische Variable, weil eine Lorentz-Transformation in z-Richtung die Rapiditäten lediglich um einen konstanten Betrag verschiebt, sodass $\zeta^{(i)}$ in $\zeta^{(i)}-Z$ übergeht, wenn Z der Rapiditätsparameter der Transformation ist. Bei Benutzung dieser Variablen unterscheidet sich der im Laborsystem gesehene Stoßprozess von dem entsprechenden Prozess im Schwerpunktsystem nur um eine triviale Verschiebung des Nullpunkts der Rapidität.

11.6 Mathematische Eigenschaften des Raum-Zeit-Kontinuums in der speziellen Relativitätstheorie

Die Art und Weise, wie wir in den voranstehenden Abschnitten die Kinematik der speziellen Relativitätstheorie behandelten, war recht elementar. Wir wenden uns nun einer eleganteren und tiefgründigeren Darstellungsweise zu, die die Theorie zugleich vereinfacht und erhellt. Aus der klassischen Mechanik und der Quantentheorie wissen wir, dass sich dreidimensionale Drehungen im Rahmen der Gruppe von Koordinatentransformationen diskutieren lassen, die die Norm des Vektors $\mathbf{x}$ invariant lassen. Die analoge Rolle in der speziellen Relativitätstheorie spielen die Lorentz-Transformationen der Viererkoordinate $(x_0, \mathbf{x})$, unter denen das „Längenquadrat"

$$s^2 = x_0^2 - x_1^2 - x_2^2 - x_3^2 \tag{11.59}$$

invariant bleibt. Unter dem Gesichtswinkel dieser Gruppe von Transformationen wollen wir jetzt die relativistische Kinematik betrachten. Man nennt diese Gruppe *homogene Lorentz-Gruppe*. Sie enthält sowohl die räumlichen Drehungen als auch die in Abschnitt 3 besprochenen speziellen Lorentz-Transformationen. Die Transformationsgruppe, die

$$s^2(x, y) = (x_0 - y_0)^2 - (x_1 - y_1)^2 - (x_2 - y_2)^2 - (x_3 - y_3)^2$$

invariant lässt, ist die sog. *inhomogene Lorentz-Gruppe* oder *Poincaré-Gruppe*. Sie umfasst neben den räumlichen und zeitlichen Translationen und Spiegelungen auch die Transformationen der homogenen Lorentz-Gruppe. Wir werden uns hier auf die homogenen Transformationen beschränken und dementsprechend das Wort „homogen" nicht hinzufügen, wenn wir uns auf die Lorentz-Gruppe beziehen.

Nach dem ersten Einstein'schen Postulat müssen die mathematischen Gleichungen, die Naturgesetze beschreiben, *kovariant*, d.h. forminvariant unter Transformationen der Lorentz-Gruppe sein. Sie müssen daher durch Lorentz-Skalare, Vierervektoren oder Vierertensoren etc. ausgedrückt werden, die durch ihre Eigenschaften unter Transformationen der Lorentz-Gruppe definiert sind – ähnlich wie Tensoren einer bestimmten Stufe unter dreidimensionalen Drehungen. Dies veranlasst uns, kurz auf die mathematische Struktur des Raum-Zeit-Kontinuums einzugehen, dessen Norm durch (11.59) definiert ist.

Zunächst stellen wir kurz die Elemente der Tensoranalysis in einem nichteuklidischen Vektorraum zusammen. Das Raum-Zeit-Kontinuum ist als ein vierdimensionaler Raum mit den Koordinaten x^0, x^1, x^2, x^3 definiert. Wir nehmen an, dass es eine wohldefinierte Transformation gibt, die entsprechend der Regel

$$x'^\alpha = x'^\alpha(x^0, x^1, x^2, x^3) \quad (\alpha = 0, 1, 2, 3) \tag{11.60}$$

auf neue Koordinaten x'^0, x'^1, x'^2, x'^3 führt. Die Art des Transformationsgesetzes soll erst später festgelegt werden.

Tensoren k-ter Stufe, die an einem bestimmten Raum-Zeit-Punkt x wirken, werden durch ihr Verhalten unter der Transformation $x \to x'$ definiert. Ein *Skalar* (Tensor nullter Stufe) ist eine einkomponentige Größe, deren Wert sich bei der genannten Transformation nicht ändert. Ein solcher Lorentz-Skalar ist offenbar der Abstand s^2 (11.59). Für Tensoren erster Stufe, sog. *Vektoren*, müssen zwei Arten unterschieden werden. Die erste Klasse bilden die sog. *kontravarianten Vektoren* A^α mit den vier Komponenten A^0, A^1, A^2, A^3, die sich nach

$$A'^\alpha = \frac{\partial x'^\alpha}{\partial x^\beta} A^\beta \tag{11.61}$$

transformieren. Die Ableitung ist dabei aus Gl. (11.60) zu berechnen, und über doppelt auftretende Indizes ist entsprechend der *Einstein'schen Summationskonvention* von 0 bis 3 zu summieren. Explizit lautet daher Gl. (11.61):

$$A'^\alpha = \frac{\partial x'^\alpha}{\partial x^0} A^0 + \frac{\partial x'^\alpha}{\partial x^1} A^1 + \frac{\partial x'^\alpha}{\partial x^2} A^2 + \frac{\partial x'^\alpha}{\partial x^3} A^3$$

Ein *kovarianter Vektor* B_α wird definiert durch die Transformationsgleichung

$$B'_\alpha = \frac{\partial x^\beta}{\partial x'^\alpha} B_\beta \tag{11.62}$$

oder, explizit, durch

$$B'_\alpha = \frac{\partial x^0}{\partial x'^\alpha} B_0 + \frac{\partial x^1}{\partial x'^\alpha} B_1 + \frac{\partial x^2}{\partial x'^\alpha} B_2 + \frac{\partial x^3}{\partial x'^\alpha} B_3$$

Die partielle Ableitung in (11.62) ist jetzt aus der zu (11.60) inversen Gleichung zu berechnen, die die x^β als Funktion von x'^0, x'^1, x'^2, x'^3 ausdrückt.

Wichtig ist folgende Merkregel: Entsprechend der Tatsache, dass in den Transformationsgleichungen die Ableitung $\partial x'^\alpha / \partial x^\beta$ bzw. deren Inverses auftritt, haben kontravariante Vektoren obere Indizes, kovariante dagegen untere Indizes. Anhand von (11.61) lässt sich zeigen, dass, wenn das Transformationsgesetz (11.60) linear ist, die Koordinaten x^0, x^1, x^2, x^3 die Komponenten eines kontravarianten Vektors bilden.

Ein kontravarianter Tensor zweiter Stufe, $F^{\alpha\beta}$, besteht aus 16 Größen, die sich nach

$$F'^{\alpha\beta} = \frac{\partial x'^\alpha}{\partial x^\gamma} \frac{\partial x'^\beta}{\partial x^\delta} F^{\gamma\delta} \tag{11.63}$$

transformieren. Dagegen transformiert sich ein kovarianter Tensor, $G_{\alpha\beta}$, nach

$$G'_{\alpha\beta} = \frac{\partial x^\gamma}{\partial x'^\alpha} \frac{\partial x^\delta}{\partial x'^\beta} G_{\gamma\delta} \tag{11.64}$$

während sich ein gemischter Tensor zweiter Stufe, H^α_β, entsprechend

$$H'^\alpha_\beta = \frac{\partial x'^\alpha}{\partial x^\gamma} \frac{\partial x^\delta}{\partial x'^\beta} H^\gamma_\delta \tag{11.65}$$

transformiert. Die Verallgemeinerung auf kontravariante, kovariante oder gemischte Tensoren beliebiger Stufe ist aus diesen Beispielen unmittelbar abzulesen.

Das innere Produkt oder Skalarprodukt zweier Vektoren ist als das Produkt der Komponenten eines kovarianten und kontravarianten Vektors definiert:

$$B \cdot A \equiv B_\alpha A^\alpha \tag{11.66}$$

Aufgrund dieser Definition ist das Skalarprodukt eine Invariante bzw. ein Skalar unter der Transformation (11.60). Um dies zu beweisen, braucht man nur das Skalarprodukt $B' \cdot A'$ zu betrachten und (11.61) und (11.62) anzuwenden:

$$B' \cdot A' = \frac{\partial x^\beta}{\partial x'^\alpha} \frac{\partial x'^\alpha}{\partial x^\gamma} B_\beta A^\gamma = \frac{\partial x^\beta}{\partial x^\gamma} B_\beta A^\gamma = \delta^\beta_\gamma B_\beta A^\gamma = B \cdot A$$

Allgemein bezeichnet man die zu (11.66) analoge Summation über ein beliebiges Indexpaar zweier Tensoren als *inneres Produkt*, wobei jeweils ein Index kontra-, der andere kovariant sein muss. Diese Operation wird auch als *Kontraktion* (oder *Verjüngung*) bezeichnet, wobei dieser Begriff auch für sog. *Spurbildung*, d. h. für die Summation über ein entsprechendes Indexpaar eines einzigen Tensors, benutzt wird.

Die obigen Ergebnisse bzw. Definitionen gelten allgemein. Die spezifische Geometrie des speziell-relativistischen Raum-Zeit-Kontinuums ist durch das invariante Längenquadrat s^2 (11.59) definiert. Das infinitesimale Längenquadrat $(ds)^2$, das die Norm des hier zu betrachtenden Raumes definiert, ist

$$(ds)^2 = (dx^0)^2 - (dx^1)^2 - (dx^2)^2 - (dx^3)^2 \qquad (11.67)$$

Wir haben hierbei, entsprechend (11.60), für die Koordinaten nur obere Indizes benutzt. Die durch (11.67) gegebene *Norm* oder *Metrik* ist ein Spezialfall des allgemein differentiellen Linienelements

$$(ds)^2 = g_{\alpha\beta}\, dx^\alpha dx^\beta \qquad (11.68)$$

mit dem *metrischen Tensor* $g_{\alpha\beta} = g_{\beta\alpha}$. Für das flache Raum-Zeit-Kontinuum der speziellen Relativitätstheorie (im Gegensatz zum gekrümmten Raum-Zeit-Kontinuum der allgemeinen Relativitätstheorie) ist der metrische Tensor diagonal und konstant. Seine von Null verschiedenen Diagonalelemente sind

$$g_{00} = 1, \quad g_{11} = g_{22} = g_{33} = -1 \qquad (11.69)$$

Der kontravariante metrische Tensor $g^{\alpha\beta}$ ist definiert als die Inverse zu $g_{\alpha\beta}$. Im flachen Raum-Zeit-Kontinuum sind beide Tensoren gleich:

$$g^{\alpha\beta} = g_{\alpha\beta} \qquad (11.70)$$

Man beachte, dass die Kontraktion des kontra- und kovarianten metrischen Tensors per Definition das vierdimensionale Kronecker-Symbol (den *Einheitstensor*) ergibt:

$$g_{\alpha\gamma} g^{\gamma\beta} = \delta_\alpha^\beta \qquad (11.71)$$

mit $\delta_\alpha^\beta = 0$ für $\alpha \neq \beta$ und $\delta_\alpha^\beta = 1$ für $\alpha = \beta$.

Der Vergleich des Linienelements $(ds)^2$ (11.68) mit dem Skalarprodukt (11.66) lässt vermuten, dass man den kovarianten Koordinatenvektor x_α aus dem kontravarianten Vektor x^β durch Kontraktion mit $g_{\alpha\beta}$ gewinnt, d.h. dass

$$x_\alpha = g_{\alpha\beta} x^\beta \qquad (11.72)$$

bzw.

$$x^\alpha = g^{\alpha\beta} x_\beta \qquad (11.73)$$

ist. Tatsächlich ist die Kontraktion mit $g_{\alpha\beta}$ oder $g^{\alpha\beta}$ das Verfahren, mit dem man aus dem kontravarianten Index eines beliebigen Tensors einen kovarianten Index macht und umgekehrt. Es ist also

$$F_{\cdot\cdot}^{\cdot\cdot\alpha\cdot\cdot} = g^{\alpha\beta} F_{\cdot\cdot\beta}^{\cdot\cdot}$$

und

$$G_{\cdot\cdot\cdot\alpha\cdot}^{\cdot\cdot\cdot} = g_{\alpha\beta} G_{\cdot\cdot\cdot\cdot}^{\cdot\cdot\cdot\beta} \qquad (11.74)$$

Aus (11.69) folgt, dass, wenn ein kontravarianter Vierervektor die Komponenten A^0, A^1, A^2, A^3 hat, sein kovariantes Gegenstück die Komponenten $A_0 = A^0$, $A_1 = -A^1$, $A_2 = -A^2$, $A_3 = -A^3$ besitzt. Wir drücken dies kurz durch die Gleichungen

$$A^\alpha = (A^0, \mathbf{A}), \quad A_\alpha = (A^0, -\mathbf{A}) \qquad (11.75)$$

aus, in denen der räumliche Vektor $\mathbf{A}$ die Komponenten A^1, A^2, A^3 besitzt. Für das Skalarprodukt (11.66) zweier Vierervektoren ergibt sich in Übereinstimmung mit (11.24):

$$B \cdot A \equiv B_\alpha A^\alpha = B^0 A^0 - \mathbf{B} \cdot \mathbf{A}$$

Betrachten wir nun die Operatoren der partiellen Ableitung nach x^α und x_α. Die Transformationseigenschaften dieser Operatoren weist man unmittelbar mithilfe der Kettenregel nach. So gilt z. B.:

$$\frac{\partial}{\partial x'^\alpha} = \frac{\partial x^\beta}{\partial x'^\alpha}\frac{\partial}{\partial x^\beta}$$

Der Vergleich mit (11.62) zeigt, dass sich *der Operator der Differentiation nach einer kontravarianten Komponente* des Koordinatenvektors *wie die Komponente eines kovarianten Vektors* transformiert. Aus (11.72) folgt ferner, dass die Differentiation nach einer kovarianten Komponente einen kontravarianten Vektoroperator ergibt. Wir schreiben dementsprechend:

$$\partial^\alpha \equiv \frac{\partial}{\partial x_\alpha} = \left(\frac{\partial}{\partial x^0}, -\mathbf{\nabla}\right)$$

$$\partial_\alpha \equiv \frac{\partial}{\partial x^\alpha} = \left(\frac{\partial}{\partial x^0}, \mathbf{\nabla}\right) \tag{11.76}$$

Die Viererdivergenz eines Vierervektors A ist die Invariante

$$\partial^\alpha A_\alpha = \partial_\alpha A^\alpha = \frac{\partial A^0}{\partial x^0} + \mathbf{\nabla}\cdot\mathbf{A} \tag{11.77}$$

Der Form nach kennen wir diese Gleichung bereits aus der Kontinuitätsgleichung für die Ladungs- und Stromdichte sowie aus der Lorentz-Bedingung für das Skalar- und Vektorpotential etc. Diese Beispiele sind ein erster Hinweis auf die Art und Weise, wie es zur Kovarianz eines physikalischen Gesetzes kommt, wenn sich die in der betreffenden Gleichung auftretenden Größen unter Lorentz-Transformationen geeignet transformieren.

Der vierdimensionale Laplace'sche Operator ist als die invariante Kontraktion

$$\Box \equiv \partial_\alpha\partial^\alpha = \frac{\partial^2}{\partial x^{0\,2}} - \nabla^2 \tag{11.78}$$

definiert. Dies ist natürlich nichts anderes als der Operator der Wellengleichung im Vakuum.

11.7 Matrixdarstellungen der Lorentz-Transformationen, infinitesimale Erzeugende

Wir wenden uns nun der Untersuchung der Lorentz-Transformationen zu. Um die einzelnen Rechenschritte durchsichtiger und weniger abstrakt zu gestalten, empfiehlt es sich, eine Matrixdarstellung mit den Komponenten eines kontravarianten Spaltenvektors zu verwenden. Die Koordinaten x^0, x^1, x^2, x^3 definieren einen Vektor, der durch

$$x = \begin{pmatrix} x^0 \\ x^1 \\ x^2 \\ x^3 \end{pmatrix} \tag{11.79}$$

dargestellt wird. *Kanonische Skalarprodukte* von Vierervektoren (a, b) sind in Matrixschreibweise in der üblichen Weise durch die Summe der Produkte der Elemente von a und b definiert oder – äquivalent hierzu – durch das Matrizenprodukt des Transponierten von a mit b:

$$(a, b) \equiv \tilde{a}b \tag{11.80}$$

Der metrische Tensor $g_{\alpha\beta}$ wird durch die 4×4-Matrix

$$g = \begin{pmatrix} 1 & 0 & 0 & 0 \\ 0 & -1 & 0 & 0 \\ 0 & 0 & -1 & 0 \\ 0 & 0 & 0 & -1 \end{pmatrix} \tag{11.81}$$

dargestellt mit $g^2 = I$, wobei I die 4×4-Einheitsmatrix ist. Der kovariante Koordinatenvektor ist

$$gx = \begin{pmatrix} x^0 \\ -x^1 \\ -x^2 \\ -x^3 \end{pmatrix} \tag{11.82}$$

Man gewinnt ihn also durch Matrizenmultiplikation von x (11.79) mit g (11.81). Das Skalarprodukt (11.66) zweier Vierervektoren schreibt sich in der hier benutzten Notation folgendermaßen:

$$a \cdot b = (a, gb) = (ga, b) = \tilde{a}gb \tag{11.83}$$

Entsprechend Abschnitt 3, in dem wir die speziellen Lorentz-Transformationen behandelten, suchen wir eine Gruppe linearer Koordinatentransformationen:

$$x' = Ax \tag{11.84}$$

wobei A eine quadratische 4×4-Matrix ist, die die Norm (x, gx) invariant lässt:

$$\tilde{x}' gx' = \tilde{x}gx \tag{11.85}$$

Setzt man hier auf der linken Seite (11.84) ein, so erhält man zunächst:

$$\tilde{x}\tilde{A}gAx = \tilde{x}gx$$

Da dies für alle Vektoren x gelten muss, muss A der Bedingung

$$\tilde{A}gA = g \tag{11.86}$$

genügen.

Einige Eigenschaften der Transformationsmatrix A lassen sich unmittelbar aus (11.86) ableiten. Die erste von ihnen betrifft die Determinante von A. Bildet man von beiden Seiten der Gl. (11.86) die Determinante, so erhält man:

$$\det(\tilde{A}gA) = \det g (\det A)^2 = \det g$$

Da $\det g = -1 \neq 0$ ist, folgt hieraus:

$$\det A = \pm 1$$

Es gibt zunächst zwei Klassen von Transformationen: die *eigentlichen Lorentz-Transformationen*, die stetig mit der Identität zusammenhängen und daher notwendig die

Bedingung $\det A = +1$ erfüllen; ferner die *uneigentlichen Lorentz-Transformationen*, für die die Bedingung $\det A = -1$ zwar hinreichend, aber nicht notwendig ist. Die Tatsache, dass die beiden Klassen durch $\det A = \pm 1$ nicht eindeutig voneinander unterschieden werden können, ist eine Konsequenz der indefiniten Metrik des Raum-Zeit-Kontinuums. Illustriert wird dieser Sachverhalt durch die beiden uneigentlichen Transformationen $A = g$ (räumliche Spiegelung) mit $\det A = -1$ und $A = -I$ (Spiegelung in Raum *und* Zeit) mit $\det A = +1$.[17]

Die zweite Eigenschaft von A betrifft die Zahl der Parameter, die zur vollständigen Charakterisierung einer Lorentz-Transformation erforderlich sind. Da A und g 4×4-Matrizen sind, stellt (11.86) 16 Gleichungen für die $4^2 = 16$ Elemente von A dar. Diese sind jedoch wegen der Symmetrie von g nicht alle unabhängig voneinander. Es gibt insgesamt nur $16 - (1 + 2 + 3) = 10$ linear unabhängige Gleichungen für die 16 Elemente von A. Dies bedeutet, dass es *sechs freie Parameter* gibt, d.h. die Lorentz-Gruppe ist eine sechsparametrige Gruppe. Geeignet für diese sechs Parameter sind (a) die drei Parameter, die die relative Orientierung der Koordinatenachsen spezifizieren (z.B. die Euler'schen Winkel), und (b) die drei Parameter, die die Relativgeschwindigkeit der beiden Inertialsysteme kennzeichnen (z.B. die Komponenten von $\boldsymbol{\beta}$). Beiläufig sei bemerkt, dass es zu jeder eigentlichen Lorentz-Transformation, die durch ein sechsparametriges A dargestellt wird, eine uneigentliche Transformation gibt, dargestellt durch $-A$. Im Folgenden betrachten wir jedoch nur noch eigentliche Lorentz-Transformationen.

Explizit kann man A folgendermaßen konstruieren: Wir machen den Ansatz

$$A = e^L \tag{11.87}$$

wo L eine 4×4-Matrix ist. Die Determinante von A ist[18]

$$\det A = \det(e^L) = e^{\mathrm{Tr}\, L}$$

Ist L eine reelle Matrix, so ist $\det A = -1$ ausgeschlossen. Für spurloses L ($\mathrm{Tr}\, L = 0$) ist ferner $\det A = +1$. D.h. L ist für eigentliche Lorentz-Transformationen eine reelle, spurlose 4×4-Matrix. Um die allgemeine Form von L zu bestimmen, schreiben wir für Gl. (11.86) zunächst

$$g\tilde{A}g = A^{-1} \tag{11.88}$$

Aus der Definition (11.87) und der Beziehung $g^2 = I$ folgt:

$$\tilde{A} = e^{\tilde{L}}, \quad g\tilde{A}g = e^{g\tilde{L}g}, \quad A^{-1} = e^{-L}$$

Daher ist (11.88) äquivalent zu

$$g\tilde{L}g = -L$$

[17] Die Lorentz-Gruppe besteht also aus insgesamt *vier* Komponenten, die stetig zusammenhängen: neben den eigentlichen Lorentz-Transformationen (mit dem Element I), die drei uneigentlichen Typen, die *räumliche* (wie das Element g), *zeitliche* (wie das Element $-g$) oder *raumzeitliche* Spiegelungen (wie das Element $-I$) beinhalten (Anm. der Red.)

[18] Zum Beweis ist zunächst zu beachten, dass der Wert einer Determinante bzw. die Spur einer Matrix bei einer Ähnlichkeitstransformation ungeändert bleibt. Wendet man eine solche Transformation auf L an, um sie auf Diagonalform zu bringen, dann wird auch die Matrix A diagonal, und ihre nichtverschwindenden Elemente sind e-Funktionen der entsprechenden Elemente von L. Das angegebene Resultat folgt dann unmittelbar.

bzw.

$$\widetilde{gL} = -gL \tag{11.89}$$

Die Matrix gL ist somit antisymmetrisch, und bei Beachtung der Eigenschaften von g (Gl. (11.81)) ergibt sich daraus für die allgemeine Gestalt von L:

$$L = \left(\begin{array}{c|ccc} 0 & L_{01} & L_{02} & L_{03} \\ \hline L_{01} & 0 & L_{12} & L_{13} \\ L_{02} & -L_{12} & 0 & L_{23} \\ L_{03} & -L_{13} & -L_{23} & 0 \end{array}\right) \tag{11.90}$$

Die gestrichelten Linien sollen dabei die antisymmetrische, räumliche 3×3-Matrix, die den bekannten räumlichen *Drehungen* in einem festen Inertialsystem entspricht, vom symmetrischen Raum-Zeit-Anteil abheben, der eigentlichen Lorentz-Transformationen oder *Boosts* entspricht.

Die Matrix (11.90) mit ihren sechs Parametern stellt (über (11.87)) eine explizite Konstruktion der Transformationsmatrix A dar. Es ist jedoch üblich, jedem der sechs Parameter von L eine Fundamentalmatrix zuzuordnen, definiert durch

$$S_1 = \left(\begin{array}{c|ccc} 0 & 0 & 0 & 0 \\ \hline 0 & 0 & 0 & 0 \\ 0 & 0 & 0 & -1 \\ 0 & 0 & 1 & 0 \end{array}\right), \quad S_2 = \left(\begin{array}{c|ccc} 0 & 0 & 0 & 0 \\ \hline 0 & 0 & 0 & 1 \\ 0 & 0 & 0 & 0 \\ 0 & -1 & 0 & 0 \end{array}\right), \quad S_3 = \left(\begin{array}{c|ccc} 0 & 0 & 0 & 0 \\ \hline 0 & 0 & -1 & 0 \\ 0 & 1 & 0 & 0 \\ 0 & 0 & 0 & 0 \end{array}\right)$$

$$K_1 = \left(\begin{array}{c|ccc} 0 & 1 & 0 & 0 \\ \hline 1 & & & \\ 0 & & 0 & \\ 0 & & & \end{array}\right), \quad K_2 = \left(\begin{array}{c|ccc} 0 & 0 & 1 & 0 \\ \hline 0 & & & \\ 1 & & 0 & \\ 0 & & & \end{array}\right), \quad K_3 = \left(\begin{array}{c|ccc} 0 & 0 & 0 & 1 \\ \hline 0 & & & \\ 0 & & 0 & \\ 1 & & & \end{array}\right) \tag{11.91}$$

Die Matrizen S_i erzeugen offenbar räumliche Drehungen, die Matrizen K_i dagegen Boosts. Im Hinblick auf spätere Anwendungen sei bemerkt, dass die Quadrate dieser sechs Matrizen alle diagonal sind und folgende Gestalt haben:

$$S_1^2 = \begin{pmatrix} 0 & & & 0 \\ & 0 & & \\ & & -1 & \\ 0 & & & -1 \end{pmatrix}, \quad S_2^2 = \begin{pmatrix} 0 & & & 0 \\ & -1 & & \\ & & 0 & \\ 0 & & & -1 \end{pmatrix}, \quad S_3^2 = \begin{pmatrix} 0 & & & 0 \\ & -1 & & \\ & & -1 & \\ 0 & & & 0 \end{pmatrix}$$

$$K_1^2 = \begin{pmatrix} 1 & & & 0 \\ & 1 & & \\ & & 0 & \\ 0 & & & 0 \end{pmatrix}, \quad K_2^2 = \begin{pmatrix} 1 & & & 0 \\ & 0 & & \\ & & 1 & \\ 0 & & & 0 \end{pmatrix}, \quad K_3^2 = \begin{pmatrix} 1 & & & 0 \\ & 0 & & \\ & & 0 & \\ 0 & & & 1 \end{pmatrix} \tag{11.92}$$

Ferner lässt sich zeigen, dass $(\boldsymbol{\epsilon} \cdot \mathbf{S})^3 = \boldsymbol{\epsilon} \cdot \mathbf{S}$ und $(\boldsymbol{\epsilon}' \cdot \mathbf{K})^3 = \boldsymbol{\epsilon}' \cdot \mathbf{K}$ ist, wobei $\boldsymbol{\epsilon}$ und $\boldsymbol{\epsilon}'$ beliebige dreidimensionale, reelle Einheitsvektoren sind. Jede Potenz einer der obigen Matrizen kann daher als Vielfaches der entsprechenden Matrix selbst oder ihres Quadrats ausgedrückt werden.

Das allgemeine Resultat (11.90) für L und damit für A lässt sich jetzt alternativ in der Form

$$L = -\boldsymbol{\omega} \cdot \mathbf{S} - \boldsymbol{\zeta} \cdot \mathbf{K}$$

und

$$A = e^{-\boldsymbol{\omega} \cdot \mathbf{S} - \boldsymbol{\zeta} \cdot \mathbf{K}} \tag{11.93}$$

schreiben, wobei $\boldsymbol{\omega}$ und $\boldsymbol{\zeta}$ konstante räumliche Vektoren sind. Die jeweils drei Komponenten von $\boldsymbol{\omega}$ und $\boldsymbol{\zeta}$ entsprechen den sechs Parametern der Transformation. Um den Zusammenhang mit den vorangegangenen Ergebnissen wie (11.16) und (11.21) herzustellen, betrachten wir zunächst den einfachen Fall, dass $\boldsymbol{\omega} = 0$ und $\boldsymbol{\zeta} = \zeta \mathbf{e}_1$ ist. Es ist dann $L = -\zeta K_1$, und bei Verwendung von (11.92) und $K_1^3 = K_1$ findet man:

$$A = e^L = (I - K_1^2) - K_1 \sinh\zeta + K_1^2 \cosh\zeta \tag{11.94}$$

Explizit bedeutet dies:

$$A = \begin{pmatrix} \cosh\zeta & -\sin\zeta & 0 & 0 \\ -\sinh\zeta & \cosh\zeta & 0 & 0 \\ 0 & 0 & 1 & 0 \\ 0 & 0 & 0 & 1 \end{pmatrix} \tag{11.95}$$

Diese Matrix entspricht genau der Transformation (11.21).[19] Ist $\zeta = 0$ und $\boldsymbol{\omega} = \omega \mathbf{e}_3$, so findet man für die Transformationsmatrix in ähnlicher Weise:

$$A = \begin{pmatrix} 1 & 0 & 0 & 0 \\ 0 & \cos\omega & \sin\omega & 0 \\ 0 & -\sin\omega & \cos\omega & 0 \\ 0 & 0 & 0 & 1 \end{pmatrix} \tag{11.96}$$

Dies entspricht einer Drehung der Koordinatenachsen im Uhrzeigersinn um die 3-Achse.

Für einen reinen (drehungsfreien) Boost in beliebiger Richtung ist

$$A = e^{-\boldsymbol{\zeta} \cdot \mathbf{K}}$$

wobei sich der Boost-Vektor $\boldsymbol{\zeta}$ folgendermaßen durch die Relativgeschwindigkeit $\boldsymbol{\beta}$ ausdrücken lässt:

$$\boldsymbol{\zeta} = \hat{\boldsymbol{\beta}} \operatorname{artanh}\beta$$

wenn $\hat{\boldsymbol{\beta}}$ ein Einheitsvektor in Richtung von $\boldsymbol{\beta}$ ist. Der reine Boost hat demnach die Gestalt

$$A_{\text{boost}}(\boldsymbol{\beta}) = e^{-\hat{\boldsymbol{\beta}} \cdot \mathbf{K} \operatorname{artanh}\beta} \tag{11.97}$$

[19] Wir erinnern noch einmal daran, dass in den Abschnitten 3–5 dieses Kapitels kein Unterschied zwischen oberen und unteren Indizes gemacht wurde. Alle dort auftretenden Vektorkomponenten sind, in Übereinstimmung mit (11.75), als kontravariante Komponenten zu interpretieren.

Wir überlassen es dem Leser nachzuweisen, dass diese Transformationsmatrix folgende explizite Gestalt hat:

$$A_{\text{boost}}(\boldsymbol{\beta}) = \begin{pmatrix} \gamma & -\gamma\beta_1 & -\gamma\beta_2 & -\gamma\beta_3 \\ -\gamma\beta_1 & 1+\dfrac{(\gamma-1)\beta_1^2}{\beta^2} & \dfrac{(\gamma-1)\beta_1\beta_2}{\beta^2} & \dfrac{(\gamma-1)\beta_1\beta_3}{\beta^2} \\ -\gamma\beta_2 & \dfrac{(\gamma-1)\beta_1\beta_2}{\beta^2} & 1+\dfrac{(\gamma-1)\beta_2^2}{\beta^2} & \dfrac{(\gamma-1)\beta_2\beta_3}{\beta^2} \\ -\gamma\beta_3 & \dfrac{(\gamma-1)\beta_1\beta_3}{\beta^2} & \dfrac{(\gamma-1)\beta_2\beta_3}{\beta^2} & 1+\dfrac{(\gamma-1)\beta_3^2}{\beta^2} \end{pmatrix} \tag{11.98}$$

Die Gleichung $x' = A_{\text{boost}}(\boldsymbol{\beta})x$ ist die Matrixschreibweise für die vier Gleichungen (11.19). Die sechs Matrizen (11.91) sind eine Darstellung der *infinitesimalen Erzeugenden* (der sog. *Lie-Algebra*) der Lorentz-Gruppe. Sie genügen, wie sich leicht zeigen lässt, folgenden Vertauschungsrelationen:

$$[S_i, S_j] = \epsilon_{ijk}S_k, \quad [S_i, K_j] = \epsilon_{ijk}K_k, \quad [K_i, K_j] = -\epsilon_{ijk}S_k \tag{11.99}$$

wobei wir die Kommutatorschreibweise $[A, B] \equiv AB - BA$ benutzt haben. Die erste Relation entspricht den Vertauschungsrelationen für den Drehimpuls, während die zweite lediglich zeigt, dass sich K unter Drehungen wie ein Vektor transformiert. Die dritte macht deutlich, dass Boosts im Allgemeinen nicht kommutieren.[20] Die Vertauschungsrelationen (11.99), mit dem charakteristischen Minuszeichen in der letzten von ihnen, legen die algebraische Struktur der Lorentz-Gruppe nicht vollständig fest. Neben der Lorentz-Gruppe, die der Matrix-Gruppe $O(3, 1)$ entspricht, hat auch die Gruppe $SL(2, \mathbf{C})$ komplexer 2×2 Matrizen diese Vertauschungsrelationen. (Diese Tatsache erlangt Wichtigkeit in der quantentheoretischen Beschreibung relativistischer Teilchen mit halbzahligem Spin (Anm. der Red.)).

11.8 Thomas-Präzession

Die Beschreibung der Lorentz-Transformationen durch nichtkommutierende Matrizen zeigt, dass das Ergebnis aufeinanderfolgender Lorentz-Transformationen i. Allg. von der Reihenfolge abhängt, in der sie ausgeführt werden. Die Vertauschungsrelationen (11.99) besagen, dass zwei aufeinanderfolgende Lorentz-Transformationen äquivalent sind zu einer einzigen Lorentz-Transformation mit einer anschließenden räumlichen Drehung. Ein Beispiel für die kinematischen Konsequenzen der Nichtvertauschbarkeit von Lorentz-Transformationen ist die *Thomas-Präzession.*[21] Bevor wir auf deren Zusammenhang mit Lorentz-Transformationen näher eingehen, wollen wir zunächst ihren physikalischen Hintergrund kurz erläutern.

---

[20] Insbesondere zeigt die dritte Relation, dass die Hintereinanderausführung von Boosts i. Allg. kein reiner Boost ist, sondern räumliche Drehungen beinhaltet, d.h. die Boosts bilden, wie wir nachfolgend explizit sehen werden, *keine Untergruppe* (Anm. der Red.).

[21] Thomas, L.T., *Phil. Mag.* **3**, 1 (1927).

Im Jahre 1926 führten Uhlenbeck und Goudsmit den Begriff des Elektronenspins ein und zeigten, dass, wenn das Elektron den g-Faktor 2 hat, der anomale Zeeman-Effekt und die Existenz von Multiplettaufspaltungen erklärt werden könnten. Doch trat insofern eine Schwierigkeit auf, als die beobachteten Feinstrukturaufspaltungen nur halb so groß waren wie die nach der Theorie erwarteten Werte. Setzte man den g-Faktor gleich Eins, so ergaben sich die korrekten Feinstrukturaufspaltungen, doch der Zeeman-Effekt war der normale. Eine vollständige Erklärung des Spins, zusammen mit dem korrekten g-Faktor und der richtigen Feinstrukturwechselwirkung, lieferte erst die relativistische Elektronentheorie von Dirac. Doch unter Verwendung eines empirischen Eigendrehimpulses und eines g-Faktors vom Wert 2 konnte Thomas bereits 1927 zeigen, dass der Ursprung der Diskrepanz in einem relativistischen kinematischen Effekt liegt, der bei korrekter Behandlung sowohl den anomalen Zeeman-Effekt wie die richtige Feinstrukturaufspaltung lieferte. Die *Thomas-Präzession*, wie man diesen Effekt nennt, gibt auch eine qualitative Erklärung für die Spin-Bahn-Wechselwirkung in Atomkernen und zeigt, warum die Dubletts in Kernen in „umgekehrter" Reihenfolge erscheinen, d.h. warum von zwei Zuständen zu gleichem l und n derjenige mit dem größeren Gesamtdrehimpuls die kleinere Energie besitzt.

Die Hypothese von Uhlenbeck und Goudsmit war die, dass ein Elektron einen Eigendrehimpuls, den Spin $\mathbf{s}$, hat (der längs einer beliebig wählbaren Achse die gequantelten Werte $\pm\hbar/2$ annehmen kann) und ein magnetisches Moment $\boldsymbol{\mu}$, das mit $\mathbf{s}$ über

$$\boldsymbol{\mu} = \frac{ge}{2mc}\mathbf{s} \tag{11.100}$$

verknüpft ist, wobei der g-Faktor den Wert $g = 2$ hat. Bewegt sich ein Elektron mit der Geschwindigkeit $\mathbf{v}$ in äußeren Feldern $\mathbf{E}$ und $\mathbf{B}$, dann genügt dessen Eigendrehimpuls im körperfesten Ruhsystem der Bewegungsgleichung

$$\left(\frac{d\mathbf{s}}{dt}\right)_{\text{Körper}} = \boldsymbol{\mu}\times\mathbf{B}' \tag{11.101}$$

wenn $\mathbf{B}'$ die magnetische Induktion im genannten System ist. In Abschnitt 10 werden wir zeigen, dass in einem Koordinatensystem, das sich mit dem Elektron mitbewegt, die magnetische Induktion durch

$$\mathbf{B}' \simeq \left(\mathbf{B} - \frac{\mathbf{v}}{c}\times\mathbf{E}\right) \tag{11.102}$$

gegeben ist, wobei wir Terme der Ordnung v^2/c^2 vernachlässigt haben. Gleichung (11.101) geht damit über in

$$\left(\frac{d\mathbf{s}}{dt}\right)_{\text{Körper}} = \boldsymbol{\mu}\times\left(\mathbf{B} - \frac{\mathbf{v}}{c}\times\mathbf{E}\right) \tag{11.103}$$

Diese letzte Gleichung entspricht einer Wechselwirkungsenergie des Elektronenspins, nämlich

$$U' = -\boldsymbol{\mu}\cdot\left(\mathbf{B} - \frac{\mathbf{v}}{c}\times\mathbf{E}\right) \tag{11.104}$$

In einem Atom ist die elektrische Kraft $e\mathbf{E}$ näherungsweise gleich dem negativen Gradienten eines kugelsymmetrischen, mittleren Potentials $V(r)$. Für Ein-Elektronen-Atome gilt dies natürlich exakt. Es ist also

$$e\mathbf{E} = -\frac{\mathbf{r}}{r}\frac{dV}{dr} \tag{11.105}$$

Die Energie der Spinwechselwirkung lässt sich damit in der Form

$$U' = -\frac{ge}{2mc}\mathbf{s}\cdot\mathbf{B} + \frac{g}{2m^2c^2}(\mathbf{s}\cdot\mathbf{L})\frac{1}{r}\frac{dV}{dr} \tag{11.106}$$

schreiben, wo $\mathbf{L} = m(\mathbf{r}\times\mathbf{v})$ der Bahndrehimpuls des Elektrons ist. Diese Wechselwirkungsenergie beschreibt den anomalen Zeeman-Effekt in korrekter Weise, enthält aber eine Spin-Bahn-Wechselwirkung, die zweimal zu groß ist.

Der Fehler in (11.106) lässt sich auf die Unkorrektheit von (11.101) als Bewegungsgleichung für den Elektronenspin zurückführen. Die linke Seite von (11.101) stellt die zeitliche Änderung des Spins im Ruhsystem des Elektrons dar. Rotiert jedoch das Koordinatensystem, dann wird, wie Thomas das erste Mal ausführte, die gesamte zeitliche Änderung des Spins oder, allgemeiner, eines jeden Vektors $\mathbf{G}$ durch die bekannte Gleichung[22]

$$\left(\frac{d\mathbf{G}}{dt}\right)_{\text{Raum}} = \left(\frac{d\mathbf{G}}{dt}\right)_{\text{Körper}} + \boldsymbol{\omega}_T\times\mathbf{G} \tag{11.107}$$

beschrieben, wobei $\boldsymbol{\omega}_T$ die von Thomas berechnete Winkelgeschwindigkeit der Drehung ist. Angewandt auf den Elektronenspin, liefert (11.107) die Bewegungsgleichung

$$\left(\frac{d\mathbf{s}}{dt}\right)_{\text{Raum}} = \mathbf{s}\times\left(\frac{ge\mathbf{B}'}{2mc} - \boldsymbol{\omega}_T\right) \tag{11.108}$$

Die entsprechende Wechselwirkungsenergie ist

$$U = U' + \mathbf{s}\cdot\boldsymbol{\omega}_T \tag{11.109}$$

wobei U' die elektromagnetische Spinwechselwirkung (11.104) bzw. (11.106) ist.

Der Ursprung der Thomas'schen Präzessionsbewegung ist die Beschleunigung, die das Elektron bei seiner Bewegung unter dem Einfluss äußerer Kräfte erfährt. Betrachten wir etwa ein Elektron, das sich gegenüber einem Inertialsystem (dem Laborsystem) mit der Geschwindigkeit $\mathbf{v}(t)$ bewegt. Das Ruhsystem des Elektrons ist als mitbewegte Folge von Inertialsystemen definiert, deren Ursprung sich zu einem bestimmten Zeitpunkt jeweils mit der Geschwindigkeit des Elektrons bewegt. Die Geschwindigkeit, mit der sich dieses Ruhsystem gegenüber dem Laborsystem bewegt, sei zu der im Labor gemessenen Zeit t gleich $\mathbf{v}(t) = c\boldsymbol{\beta}$ und zu einer späteren, ebenfalls im Labor gemessenen Zeit $t+\delta t$ gleich $\mathbf{v}(t+\delta t) = c(\boldsymbol{\beta}+\delta\boldsymbol{\beta})$. Der Zusammenhang zwischen den Koordinaten im Ruhsystem des Elektrons zur Zeit t und denen im Laborsystem wird beschrieben durch

$$x' = A_{\text{boost}}(\boldsymbol{\beta})x \tag{11.110}$$

[22] Siehe z. B. *Goldstein*, Kap. 5.

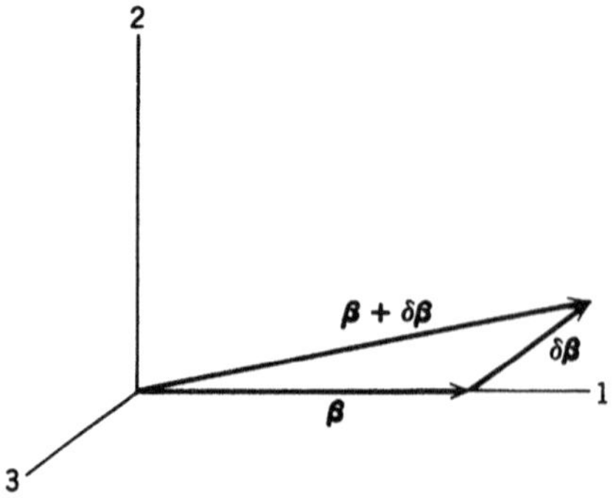

Abb. 11.7

Zur Zeit $t + \delta t$ lautet der entsprechende Zusammenhang:

$$x'' = A_{\text{boost}}(\boldsymbol{\beta} + \delta\boldsymbol{\beta})x \tag{11.111}$$

Es ist wichtig zu bemerken, dass diese Koordinatentransformationen vom Laborsystem auf das Ruhsystem des Elektrons durch drehungsfreie Lorentz-Boosts definiert sind. Wir interessieren uns für das Verhalten der Ruhsystem-Koordinaten als Funktion der Zeit. D.h. wir suchen den Zusammenhang zwischen zwei Koordinatensätzen des Ruhsystems, nämlich zwischen x' zur Zeit t und x'' zur Zeit $t + \delta t$. Er ist gegeben durch

$$x'' = A_T x'$$

mit

$$A_T = A_{\text{boost}}(\boldsymbol{\beta} + \delta\boldsymbol{\beta})A_{\text{boost}}^{-1}(\boldsymbol{\beta}) = A_{\text{boost}}(\boldsymbol{\beta} + \delta\boldsymbol{\beta})A_{\text{boost}}(-\boldsymbol{\beta}) \tag{11.112}$$

Eine zur Berechnung von A_T geeignete Wahl der Achsen im Laborsystem zeigt Abb. 11.7. Der Geschwindigkeitsvektor $\boldsymbol{\beta}$ zur Zeit t hat die Richtung der 1-Achse, und der Vektor der Geschwindigkeitsänderung, $\delta\boldsymbol{\beta}$, liegt in der (1, 2)-Ebene. Aus (11.98) folgt dann:

$$A_{\text{boost}}(-\boldsymbol{\beta}) = \begin{pmatrix} \gamma & \gamma\beta & 0 & 0 \\ \gamma\beta & \gamma & 0 & 0 \\ 0 & 0 & 1 & 0 \\ 0 & 0 & 0 & 1 \end{pmatrix} \tag{11.113}$$

Berücksichtigt man nur Terme erster Ordnung in $\delta\boldsymbol{\beta}$, so ergibt sich aus (11.98) in ähnlicher Weise:

$$A_{\text{boost}}(\boldsymbol{\beta} + \delta\boldsymbol{\beta}) = \begin{pmatrix} \gamma + \gamma^3\beta\,\delta\beta_1 & -(\gamma\beta + \gamma^3\,\delta\beta_1) & -\gamma\,\delta\beta_2 & 0 \\ -(\gamma\beta + \gamma^3\,\delta\beta_1) & \gamma + \gamma^3\beta\,\delta\beta_1 & \left(\dfrac{\gamma - 1}{\beta}\right)\delta\beta_2 & 0 \\ -\gamma\,\delta\beta_2 & \left(\dfrac{\gamma - 1}{\beta}\right)\delta\beta_2 & 1 & 0 \\ 0 & 0 & 0 & 1 \end{pmatrix} \tag{11.114}$$

Eine einfache Matrizenmultiplikation führt dann gemäß Gl. (11.112) auf

$$A_T = \begin{pmatrix} 1 & -\gamma^2\,\delta\beta_1 & -\gamma\,\delta\beta_2 & 0 \\ -\gamma^2\,\delta\beta_1 & 1 & \left(\frac{\gamma-1}{\beta}\right)\delta\beta_2 & 0 \\ -\gamma\,\delta\beta_2 & -\left(\frac{\gamma-1}{\beta}\right)\delta\beta_2 & 1 & 0 \\ 0 & 0 & 0 & 1 \end{pmatrix} \tag{11.115}$$

Diese Matrix stellt eine infinitesimale Lorentz-Transformation dar, die sich in folgender Weise durch die Matrizen S und K ausdrücken lässt:

$$A_T = I - \left(\frac{\gamma-1}{\beta^2}\right)(\boldsymbol{\beta}\times\delta\boldsymbol{\beta})\cdot\mathbf{S} - (\gamma^2\,\delta\boldsymbol{\beta}_{\parallel} + \gamma\,\delta\boldsymbol{\beta}_{\perp})\cdot\mathbf{K} \tag{11.116}$$

Dabei sind $\delta\boldsymbol{\beta}_{\parallel}$ und $\delta\boldsymbol{\beta}_{\perp}$ die Komponenten von $\delta\boldsymbol{\beta}$ parallel bzw. senkrecht zu $\boldsymbol{\beta}$. In erster Ordnung von $\delta\boldsymbol{\beta}$ ist (11.116) äquivalent zu

$$A_T = A_{\text{boost}}(\Delta\boldsymbol{\beta})\,R(\Delta\boldsymbol{\Omega}) = R(\Delta\boldsymbol{\Omega})A_{\text{boost}}(\delta\boldsymbol{\beta}) \tag{11.117}$$

Dabei sind

$$A_{\text{boost}}(\Delta\boldsymbol{\beta}) = I - \Delta\boldsymbol{\beta}\cdot\mathbf{K}$$

und

$$R(\Delta\boldsymbol{\Omega}) = I - \Delta\boldsymbol{\Omega}\cdot\mathbf{S}$$

kommutierende, infinitesimale Boosts bzw. Drehungen mit der Geschwindigkeit

$$\Delta\boldsymbol{\beta} = \gamma^2\,\delta\boldsymbol{\beta}_{\parallel} + \gamma\,\delta\boldsymbol{\beta}_{\perp}$$

und dem Drehwinkel

$$\Delta\boldsymbol{\Omega} = \left(\frac{\gamma-1}{\beta^2}\right)\boldsymbol{\beta}\times\delta\boldsymbol{\beta} = \frac{\gamma^2}{\gamma+1}\,\boldsymbol{\beta}\times\delta\boldsymbol{\beta}$$

Der drehungsfreie Lorentz-Boost (11.111), angewandt auf ein System mit der Geschwindigkeit $c(\boldsymbol{\beta}+\delta\boldsymbol{\beta})$, ist also äquivalent zu dem Boost (11.110), der auf ein mit der Geschwindigkeit $c\boldsymbol{\beta}$ bewegtes System angewandt wird und von einer infinitesimalen Lorentz-Transformation begleitet wird, wobei sich letztere aus einem Boost mit der Geschwindigkeit $c\,\Delta\boldsymbol{\beta}$ *und* einer Drehung um den Winkel $\Delta\boldsymbol{\Omega}$ zusammensetzt.

Wenn wir die bewegten Systeme als aufeinanderfolgende Ruhsysteme des Elektrons interpretieren, so denken wir dabei nur an Boosts, nicht aber an Drehungen. Von nichtrelativistischen Bewegungsgleichungen wie (11.101) darf man erwarten, dass sie dann gelten, wenn die zeitliche Entwicklung des Ruhsystems durch infinitesimale Boosts *ohne* zusätzliche Drehungen beschrieben wird. Wir betrachten daher die Koordinaten des Ruhsystems zur Zeit $t+\delta t$. Sie gehen aus denen zur Zeit t durch den Boost $A_{\text{boost}}(\Delta\boldsymbol{\beta})$ hervor, nicht aber durch A_T. Bezeichnen wir diese Koordinaten mit x''', so gilt

$$x''' = A_{\text{boost}}(\Delta\boldsymbol{\beta})\,x'$$

Mithilfe von (11.117), (11.112) und (11.110) lässt sich x''' durch die Koordinaten des Laborsystems ausdrücken:

$$x''' = R(-\mathbf{\Delta\Omega})\, A_{\text{boost}}(\boldsymbol{\beta} + \delta\boldsymbol{\beta})\, x \tag{11.118}$$

Das durch x''' definierte Ruhsystem ist gegen die Achsen des „geboosteten" Laborsystems, d.h. gegen x'' um den Winkel $-\mathbf{\Delta\Omega}$ gedreht. Ändert sich ein Vektor $\mathbf{G}$ im Ruhsystem innerhalb des Eigenzeitintervalls $d\tau$ um $d\mathbf{G}/d\tau$, so bewirkt die Präzession des Ruhsystems gegenüber dem Laborsystem, dass die zeitliche Änderung von $\mathbf{G}$ im Laborsystem durch (11.107) beschrieben wird, wobei die Frequenz durch

$$\boldsymbol{\omega}_T = -\lim_{\delta t \to 0} \frac{\mathbf{\Delta\Omega}}{\delta t} = \frac{\gamma^2}{\gamma + 1} \frac{\mathbf{a} \times \mathbf{v}}{c^2} \tag{11.119}$$

gegeben ist. Dabei bezeichnet $\mathbf{a}$ die Beschleunigung im Laborsystem, und in (11.107) ist zu beachten, dass $(d\mathbf{G}/dt)_{\text{Körper}} = \gamma^{-1}(d\mathbf{G}/d\tau)_{\text{Körper}}$ gilt.

Die Thomas-Präzession ist also ein rein kinematischer Effekt. Existiert – aus welchen Gründen auch immer – eine Beschleunigungskomponente senkrecht zu $\mathbf{v}$, so stellt sich eben diese Präzession ein, und sie ist unabhängig von anderen Erscheinungen wie der Präzession des magnetischen Moments in einem Magnetfeld.

Handelt es sich um Hüllenelektronen, so wird die Beschleunigung durch das abgeschirmte Coulomb-Feld des Atomkerns verursacht. Für die Winkelgeschwindigkeit der Thomas-Präzession ergibt sich daher:

$$\boldsymbol{\omega}_T \simeq \frac{-1}{2c^2} \frac{\mathbf{r} \times \mathbf{v}}{m} \frac{1}{r} \frac{dV}{dr} = \frac{-1}{2m^2c^2} \mathbf{L} \frac{1}{r} \frac{dV}{dr} \tag{11.120}$$

Setzt man dies in (11.109) ein, so resultiert bei Berücksichtigung von (11.106) als Gesamtenergie der Spin-Wechselwirkung:

$$U = -\frac{ge}{2mc} \mathbf{s} \cdot \mathbf{B} + \frac{(g-1)}{2m^2c^2} \mathbf{s} \cdot \mathbf{L} \frac{1}{r} \frac{dV}{dr} \tag{11.121}$$

Mit $g = 2$ bedeutet dies gegenüber (11.106) eine Reduzierung der Spin-Bahn-Wechselwirkung um den sog. *Thomas-Faktor* $\frac{1}{2}$, wie es die korrekte Dirac-Theorie auch verlangt.

In Atomkernen erfahren die Nukleonen infolge der Kernkräfte starke Beschleunigungen. Die elektromagnetischen Kräfte sind im Vergleich dazu relativ schwach. Näherungsweise kann man davon ausgehen, dass sich die Nukleonen jeweils in einem kurzreichweitigen, kugelsymmetrischen, anziehenden Potential $V_N(r)$ bewegen. Jedes Nukleon erfährt dann zusätzlich eine Spin-Bahn-Wechselwirkung, die durch (11.109) beschrieben wird, wobei jedoch der elektromagnetische Anteil U' vernachlässigt werden kann. Es ist also

$$U_N \simeq \mathbf{s} \cdot \boldsymbol{\omega}_T \tag{11.122}$$

mit der durch $V_N(r)$ bestimmten Winkelgeschwindigkeit $\boldsymbol{\omega}_T$. Sie berechnet sich aus Gl. (11.120), wenn man dort V durch V_N ersetzt. Damit ergibt sich für die Spin-Bahn-Wechselwirkung eines Kerns näherungsweise

$$U_N \simeq -\frac{1}{2M^2c^2} \mathbf{s} \cdot \mathbf{L} \frac{1}{r} \frac{dV_N}{dr} \tag{11.123}$$

Beim Vergleich von (11.123) mit der für Hüllenelektronen gültigen Formel (11.121) stellt man fest, dass die Vorzeichen der Spin-Bahn-Energien entgegengesetzt sind, da ja sowohl V wie V_N anziehend sind (wenngleich auch V_N sehr viel stärker ist als V). Wie wir oben bereits bemerkten, hat dies zur Folge, dass die Einteilchen-Niveaus in Kernen „invertierte“ Dubletts bilden. Mit einem geeigneten Ausdruck für V_N liefert (11.123) eine gute qualitative Beschreibung der beobachteten Spin-Bahn-Aufspaltungen in Kernen.[23]

Auf das Phänomen der Thomas-Präzession gehen wir, von einem fundamentaleren Standpunkt aus, noch einmal in Abschnitt 11 dieses Kapitels ein, in dem wir die sog. BMT-Gleichung besprechen.

11.9 Invarianz der elektrischen Ladung, Kovarianz der Elektrodynamik

Bereits vor der Formulierung der speziellen Relativitätstheorie zeigten Lorentz und Poincaré, dass die Gleichungen der Elektrodynamik unter Lorentz-Transformationen forminvariant sind. Diese Forminvarianz oder auch *Kovarianz*, wie sie z. B. die Maxwell-Lorentz'sche Gleichung für die Kraft auf ein geladenes Teilchen aufweist, bedeutet, dass die verschiedenen Größen, die in dieser Gleichung auftreten, nämlich ρ, **J**, **E** und **B**, unter Lorentz-Transformationen ein wohldefiniertes Verhalten haben. Dementsprechend verhalten sich auch die einzelnen Terme dieser Gleichung unter Lorentz-Transformationen in konsistenter Weise.

Betrachten wir z. B. die Gleichung für die auf ein Teilchen der Ladung q wirkende Lorentz-Kraft:

$$\frac{d\mathbf{p}}{dt} = q\left(\mathbf{E} + \frac{\mathbf{v}}{c}\times\mathbf{B}\right) \tag{11.124}$$

Wir wissen bereits, dass sich $\mathbf{p}$ wie der Raumanteil des vierdimensionalen Energie-Impuls-Vektors

$$p^\alpha = (p_0, \mathbf{p}) = m(U_0, \mathbf{U})$$

transformiert, wobei $p_0 = E/c$ ist und U^α die Vierergeschwindigkeit (11.36) bedeutet. Geht man bei der Differentiation in (11.124) von der Zeit t zur Eigenzeit τ (Gl. 11.26) über, so folgt:

$$\frac{d\mathbf{p}}{d\tau} = \frac{q}{c}(U_0\mathbf{E} + \mathbf{U}\times\mathbf{B}) \tag{11.125}$$

Der Ausdruck auf der linken Seite ist der Raumanteil eines Vierervektors. Die Gleichung für die zugehörige Zeitkomponente beschreibt die zeitliche Änderung der Energie des Teilchens (s. Gl. (6.110)):

$$\frac{dp_0}{d\tau} = \frac{q}{c}\mathbf{U}\cdot\mathbf{E} \tag{11.126}$$

[23] Siehe z. B. Bohr, A. und B. R. Mottelson, *Nuclear Structure*, Bd. 1, Abschn. 2.4c, New York: W. A. Benjamin 1969.

Sollen die Gleichungen für die Kraft und die Energieänderung lorentz-kovariant sein, so müssen die Ausdrücke auf der rechten Seite dieser Gleichungen die Komponenten eines Vierervektors sein. Sie enthalten Produkte dreier Faktoren – der Ladung q, der Vierergeschwindigkeit und des elektromagnetischen Feldes. Sind die Transformationseigenschaften von zwei dieser Faktoren bekannt, so ergeben sich aus der geforderten Lorentz-Kovarianz automatisch die Transformationseigenschaften des dritten Faktors.

Die elektrische Ladung ist nach bisherigem Kenntnisstand eine absolute Erhaltungsgröße. Ferner sind die Ladungen von Elementarteilchen (und somit eines jeden geladenen Systems) ihrem Betrag nach ganzzahlige Vielfache der Ladung des Protons. Nach der veröffentlichten Literatur[24] ist es experimentell erwiesen, dass die relative Differenz zwischen dem Betrag der Elektronenladung und dem der Protonenladung kleiner als 10^{-19} ist; unveröffentlichte Ergebnisse von King[25] drücken diese Grenze sogar noch um fast zwei Größenordnungen herunter. Die Ergebnisse dieser Experimente gestatten es, von der *Invarianz der elektrischen Ladung* unter Lorentz-Transformationen zu sprechen oder, konkreter gesagt, die Unabhängigkeit der beobachteten Ladung eines Teilchens von dessen Geschwindigkeit zu behaupten. Beim Experiment von King suchte man nach einer Restladung, die in einem Behälter hätte bleiben können, aus dem Wasserstoff oder Helium ausströmte. Es wurde jedoch nichts beobachtet, und sowohl für H_2 wie für He ermittelte man als obere Grenze für eine verbliebene Ladung pro Molekül $10^{-19}e$. Da sich die Elektronen in He fast zweimal so schnell bewegen wie in H_2, kann die Ladung des Elektrons nur unwesentlich von dessen Geschwindigkeit abhängen – zumindest jedenfalls dann, wenn die Geschwindigkeit bei $(0{,}01-0{,}02)\,c$ liegt. Im Experiment von Fraser, Carlson und Hughes versuchte man, mithilfe von Atomstrahlen elektrostatische Ablenkungen von Strahlen „neutraler" Cäsium- und Kaliumatome zu beobachten. Auch hier jedoch stellte sich kein Effekt ein, und die obere Grenze für die relative Differenz zwischen der Elektronen- und Protonenladung betrug weniger als $3{,}5 \times 10^{-19}$. Cäsium und Kalium haben die Ordnungszahlen $Z = 55$ bzw. $Z = 19$. Dementsprechend bewegen sich die Elektronen in der K-Schale des Cäsium-Atoms mit Geschwindigkeiten in der Größenordnung von mindestens $0{,}4c$. Die mit einer Genauigkeit von 10^{-18}–10^{-19} beobachtete Neutralität des Cäsium-Atoms ist ein starker Beweis für die Invarianz der Elektronenladung.[26]

Die *experimentell* beobachtete Invarianz der elektrischen Ladung und die Forderung nach Lorentz-Kovarianz der Gleichungen (11.125) und (11.126) bestimmen die Lorentz-Transformationseigenschaften des elektromagnetischen Feldes. So ist

---

[24] King, J.G., *Phys. Rev. Letters* **5**, 562 (1960); Fraser, L.J., Carlson, E.R. und V.W. Hughes, *Bull. Am. Phys. Soc.* **13**, 636 (1968).

[25] Die Schranken für die gemessene Ladung des H_2-, He- und SF_6-Moleküls sind in Einheiten der Elektronenladung: $(1{,}8 \pm 5{,}4,\ -0{,}7 \pm 4{,}7$ bzw. $0 \pm 4{,}3) \times 10^{-21}$. Private Mitteilung von J.G. King (1975).

[26] Allein die Elektronen zu erwähnen, könnte Anlass zu Missverständnissen geben. Protonen und Neutronen bewegen sich im Kern mit Geschwindigkeiten in der Größenordnung von $(0{,}2-0{,}3)\,c$. Daher stellen die von King erhaltenen Ergebnisse mit Helium einen Test der Ladungsinvarianz bei beachtlichen Geschwindigkeiten dar. Begnügt man sich beim Invarianztest mit einer relativen Genauigkeit von 10^{-10} bei $v/c \sim 10^{-3}$, so ist die elektrische Neutralität, die man bei erhitzter oder gekühlter Materie beobachtet hat, natürlich ausreichend.

z. B. die Forderung, dass der Ausdruck $\mathbf{U} \cdot \mathbf{E}$ in (11.126) die Zeitkomponente eines Vierervektors ist, gleichbedeutend damit, dass die Komponenten von $\mathbf{E}$ die Raum-Zeit-Anteile eines Tensors $F^{\alpha\beta}$ zweiter Stufe sein müssen, sodass $\mathbf{E} \cdot \mathbf{U} = F^{0\beta} U_\beta$ ist. Obwohl man auf diesem Wege die explizite Gestalt des *Feldstärketensors* $F^{\alpha\beta}$ finden kann, gehen wir jetzt dazu über, die Maxwell'schen Gleichungen selbst zu untersuchen.

Der Einfachheit halber betrachten wir die mikroskopischen Maxwell'schen Gleichungen – ohne **D** und **H**. Unseren Ausgangspunkt bildet die Kontinuitätsgleichung für die Ladungsdichte $\rho(\mathbf{x}, t)$ und die Stromdichte $\mathbf{J}(\mathbf{x}, t)$:

$$\frac{\partial \rho}{\partial t} + \boldsymbol{\nabla} \cdot \mathbf{J} = 0 \qquad (11.127)$$

Nach den Ausführungen am Ende von Abschnitt 6 und speziell wegen Gl. (11.77) ist natürlich zu fordern, dass ρ und $\mathbf{J}$ zusammen einen Vierervektor J^α bilden, sodass

$$J^\alpha = (c\rho, \mathbf{J}) \qquad (11.128)$$

Die Kontinuitätsgleichung nimmt dann die kovariante Form

$$\partial_\alpha J^\alpha = 0 \qquad (11.129)$$

an, wobei der kovariante Differentialoperator ∂_α durch (11.76) gegeben ist. Dass J^α tatsächlich ein Vierervektor ist, folgt aus der Invarianz der elektrischen Ladung: Dazu betrachte man eine große Anzahl ruhender[27] Elementarladungen in einem kleinen Volumenelement d^3x im System K, die insgesamt die Ladung δq ausmachen. Schreibt man dieser Ladung die Ladungsdichte ρ zu, dann ist die Gesamtladung $\delta q = \rho\, d^3x$ in dem kleinen Volumenelement eine experimentelle Invariante. Das heißt es gilt $\rho'\, d^3x' = \rho\, d^3x$. Das *vier*dimensionale Volumenelement $d^4x = dx^0\, d^3x$ ist nun aber eine Lorentz-Invariante:

$$d^4x' = \frac{\partial(x'^0, x'^1, x'^2, x'^3)}{\partial(x^0, x^1, x^2, x^3)}\, d^4x = \det A\, d^4x = d^4x$$

Daher besagt die Gleichung $\rho'\, d^3x' = \rho\, d^3x$, dass sich $c\rho$ wie x^0 transformieren muss, also in Übereinstimmung mit (11.128) die Zeitkomponente eines Vierervektors ist.

In der Lorenz-Eichung lauten die Wellengleichungen für das Vektorpotential **A** und das skalare Potential Φ:

$$\begin{aligned} \frac{1}{c^2}\frac{\partial^2 \mathbf{A}}{\partial t^2} - \nabla^2 \mathbf{A} &= \frac{4\pi}{c}\mathbf{J} \\ \frac{1}{c^2}\frac{\partial^2 \Phi}{\partial t^2} - \nabla^2 \Phi &= 4\pi\rho \end{aligned} \qquad (11.130)$$

mit der Lorenz-Bedingung

$$\frac{1}{c}\frac{\partial \Phi}{\partial t} + \boldsymbol{\nabla} \cdot \mathbf{A} = 0 \qquad (11.131)$$

---

[27] Wenn es in K sowohl einen Leitungsstrom **J** als auch eine Ladungsdichte ρ gibt, ist die Gesamtladung in d^3x keine Invariante. Siehe *Møller*, Abschnitt 7.5. (Allerdings geht Møller von Anfang an davon aus, dass $c\rho$ und **J** einen Vierervektor bilden.)

Der Differentialoperator in (11.130) ist identisch mit dem invarianten vierdimensionalen Laplace'schen Operator (11.78), während die auf der rechten Seite der beiden Gleichungen die Komponenten eines Vierervektors sind. Die geforderte Lorentz-Kovarianz verlangt daher, dass die Potentiale Φ und $\mathbf{A}$ einen Vierervektor bilden:

$$A^\alpha = (\Phi, \mathbf{A}) \tag{11.132}$$

Die Wellengleichungen und die Lorenz-Bedingung nehmen dann die manifest kovariante Form

$$\Box A^\alpha = \frac{4\pi}{c} J^\alpha$$

und

$$\partial_\alpha A^\alpha = 0 \tag{11.133}$$

an.

Die Felder $\mathbf{E}$ und $\mathbf{B}$ drücken sich folgendermaßen durch die Potentiale aus:

$$\begin{aligned} \mathbf{E} &= -\frac{1}{c}\frac{\partial \mathbf{A}}{\partial t} - \nabla\Phi \\ \mathbf{B} &= \nabla \times \mathbf{A} \end{aligned} \tag{11.134}$$

Die x-Komponenten von $\mathbf{E}$ und $\mathbf{B}$ lauten z. B. explizit:

$$\begin{aligned} E_x &= -\frac{1}{c}\frac{\partial A_x}{\partial t} - \frac{\partial \Phi}{\partial x} = -(\partial^0 A^1 - \partial^1 A^0) \\ B_x &= \frac{\partial A_z}{\partial y} - \frac{\partial A_y}{\partial z} = -(\partial^2 A^3 - \partial^3 A^2) \end{aligned} \tag{11.135}$$

Die Gültigkeit des jeweils zweiten Gleichheitszeichens liest man aus (11.132) und $\partial^\alpha = (\partial/\partial x_0, -\nabla)$ ab. Die Gleichungen (11.135) besagen offenbar, dass die elektrischen und magnetischen Felder, die insgesamt sechs Komponenten haben, die Elemente eines *antisymmetrischen Feldstärketensors* $F_{\alpha\beta}$ bilden:

$$F^{\alpha\beta} = \partial^\alpha A^\beta - \partial^\beta A^\alpha \tag{11.136}$$

Die diesem Tensor entsprechende Matrix hat folgende explizite Gestalt:

$$F^{\alpha\beta} = \begin{pmatrix} 0 & -E_x & -E_y & -E_z \\ E_x & 0 & -B_z & B_y \\ E_y & B_z & 0 & -B_x \\ E_z & -B_y & B_x & 0 \end{pmatrix} \tag{11.137}$$

Für spätere Zwecke geben wir hier auch den Feldstärketensor mit kovarianten Indizes an:

$$F_{\alpha\beta} = g_{\alpha\gamma} F^{\gamma\delta} g_{\delta\beta} = \begin{pmatrix} 0 & E_x & E_y & E_z \\ -E_x & 0 & -B_z & B_y \\ -E_y & B_z & 0 & -B_x \\ -E_z & -B_y & B_x & 0 \end{pmatrix} \tag{11.138}$$

Die Elemente von $F_{\alpha\beta}$ ergeben sich aus denen von $F^{\alpha\beta}$ durch die Substitution $\mathbf{E} \to -\mathbf{E}$. Eine andere nützliche Größe ist der *duale Feldstärketensor* $\mathscr{F}^{\alpha\beta}$. Zunächst definieren wir den vollständig antisymmetrischen Tensor vierter Stufe $\epsilon^{\alpha\beta\gamma\delta}$:

$$\epsilon^{\alpha\beta\gamma\delta} = \begin{cases} +1 & \text{für } \alpha = 0,\ \beta = 1,\ \gamma = 2,\ \delta = 3 \\ & \text{und jede gerade Permutation} \\ -1 & \text{für jede ungerade Permutation} \\ 0 & \text{für zwei gleiche Indizes} \end{cases} \tag{11.139}$$

Man beachte, dass alle nichtverschwindenden Elemente einen Zeitindex und drei (verschiedene) Raumindizes haben und dass $\epsilon_{\alpha\beta\gamma\delta} = -\epsilon^{\alpha\beta\gamma\delta}$ ist. Der Tensor $\epsilon^{\alpha\beta\gamma\delta}$ ist unter räumlichen Spiegelungen ein *Pseudotensor*. Dies erkennt man, wenn man ihn mit vier verschiedenen Vierervektoren kontrahiert und untersucht, wie sich die resultierende, drehinvariante Größe unter räumlichen Spiegelungen verhält. Der duale Feldstärketensor ist definiert durch

$$\mathscr{F}^{\alpha\beta} = \tfrac{1}{2}\,\epsilon^{\alpha\beta\gamma\delta}F_{\gamma\delta} = \begin{pmatrix} 0 & -B_x & -B_y & -B_z \\ B_x & 0 & E_z & -E_y \\ B_y & -E_z & 0 & E_x \\ B_z & E_y & -E_x & 0 \end{pmatrix} \tag{11.140}$$

Die Elemente von $\mathscr{F}^{\alpha\beta}$ gewinnt man aus denen von $F^{\alpha\beta}$, indem man in (11.137) die Substitutionen $\mathbf{E} \to \mathbf{B}$ und $\mathbf{B} \to -\mathbf{E}$ vornimmt. Dies ist ein Spezialfall der dualen Transformation (6.151). Um den Beweis für die Kovarianz der Elektrodynamik zu vervollständigen, müssen wir die Maxwell'schen Gleichungen selbst in explizit kovarianter Form aufschreiben. Die inhomogenen Gleichungen sind

$$\nabla \cdot \mathbf{E} = 4\pi\rho, \quad \nabla \times \mathbf{B} - \frac{1}{c}\frac{\partial \mathbf{E}}{\partial t} = \frac{4\pi}{c}\mathbf{J}$$

Bei Verwendung von $F^{\alpha\beta}$ und J^{α} nehmen sie die kovariante Form

$$\partial_{\alpha}F^{\alpha\beta} = \frac{4\pi}{c}J^{\beta} \tag{11.141}$$

an. Die homogenen Maxwell'schen Gleichungen

$$\nabla \cdot \mathbf{B} = 0, \quad \nabla \times \mathbf{E} + \frac{1}{c}\frac{\partial \mathbf{B}}{\partial t} = 0$$

lassen sich in ähnlicher Weise durch den dualen Feldstärketensor ausdrücken:

$$\partial_{\alpha}\mathscr{F}^{\alpha\beta} = 0 \tag{11.142}$$

Benutzt man nicht $\mathscr{F}^{\alpha\beta}$, sondern $F^{\alpha\beta}$, so sind die homogenen Gleichungen äquivalent zu den vier Gleichungen

$$\partial_{\alpha}F_{\beta\gamma} + \partial_{\beta}F_{\gamma\alpha} + \partial_{\gamma}F_{\alpha\beta} = 0 \tag{11.143}$$

wobei die Indizes α, β, γ die Werte von jeweils drei der ganzen Zahlen 0, 1, 2, 3 annehmen können. (Diese Gleichung folgt *direkt* aus (11.136), d.h. aus der Existenz der Potentiale und wird in diesem Zusammenhang auch *Jacobi-Identität* genannt – s.a. Abschn. 12.7.)

Mit den Definitionen (11.128), (11.132) und (11.136) für J^α, A^α bzw. $F^{\alpha\beta}$ sowie den Wellengleichungen (11.134) bzw. den Maxwell'schen Gleichungen (11.141) und (11.142) ist die Kovarianz der Gleichungen des Elektromagnetismus erwiesen. Der Vollständigkeit halber geben wir noch die Gleichungen (11.125) und (11.126) für die Lorentz-Kraft bzw. die zeitliche Änderung der Energie in ihrer manifest kovarianten Form an:

$$\frac{dp^\alpha}{d\tau} = m\frac{dU^\alpha}{d\tau} = \frac{q}{c}F^{\alpha\beta}U_\beta \tag{11.144}$$

Die kovariante Formulierung der Erhaltungssätze für ein System aus geladenen Teilchen und elektromagnetischen Feldern sowie die kovariante Lösung für die Felder einer bewegten Ladung verschieben wir auf das Kapitel 12, in dem wir die Elektrodynamik unter Verwendung einer Lagrange-Funktion diskutieren. Im Fall der makroskopischen Maxwell'schen Gleichungen hat man zwischen den Feldstärketensoren $F^{\alpha\beta} = (\mathbf{E}, \mathbf{B})$ und $G^{\alpha\beta} = (\mathbf{D}, \mathbf{H})$ zu unterscheiden. $F^{\alpha\beta}$ ist dabei durch (11.137) festgelegt und $G^{\alpha\beta}$ gewinnt man aus (11.137) durch die Substitution $\mathbf{E} \to \mathbf{D}$ und $\mathbf{B} \to \mathbf{H}$. Die kovariante Form der Maxwell'schen Gleichungen lautet dann:

$$\partial_\alpha G^{\alpha\beta} = \frac{4\pi}{c}J^\beta, \quad \partial_\alpha \mathscr{F}^{\alpha\beta} = 0 \tag{11.145}$$

Mit den Feldern $(\mathbf{E}, \mathbf{B})$ und $(\mathbf{D}, \mathbf{H})$, die sich wie die Elemente eines antisymmetrischen Tensors zweiter Stufe transformieren, bilden natürlich auch die Polarisation $\mathbf{P}$ und die negative Magnetisierung $-\mathbf{M}$ einen antisymmetrischen Tensor zweiter Stufe. Diese Größen, die als makroskopische Mittel der atomaren Eigenschaften eines Mediums in dessen *Ruhsystem* definiert sind, legen die Elektrodynamik makroskopischer, bewegter Materie fest. Sie bilden die Grundlage der speziell-relativistischen Elektrodynamik, wie sie von Minkowski und anderen entwickelt wurde. Dem Leser, der sich für dieses wichtige und umfassende Gebiet interessiert, empfehlen wird die am Ende des Kapitels zitierte Literatur.

11.10 Transformation der elektromagnetischen Felder

Da die Felder $\mathbf{E}$ und $\mathbf{B}$ die Elemente eines Tensors $F^{\alpha\beta}$ sind, lassen sich ihre Werte in einem Inertialsystem K' durch ihre Werte in einem anderen Inertialsystem K gemäß

$$F'^{\alpha\beta} = \frac{\partial x'^\alpha}{\partial x^\gamma}\frac{\partial x'^\beta}{\partial x^\delta}F^{\gamma\delta} \tag{11.146}$$

ausdrücken. In der in Abschnitt 7 benutzten Matrixschreibweise lässt sich dies auch in der Form

$$F' = AF\tilde{A} \tag{11.147}$$

ausdrücken, wobei F und F' die 4×4-Matrizen (11.137) bedeuten und A die Lorentz-Transformationsmatrix (11.93) ist. Für die spezielle Lorentz-Transformation (11.95), die einem Boost in x_1-Richtung mit der Geschwindigkeit $c\beta$ entspricht, lauten die Transformationsgleichungen explizit:

$$\begin{aligned} E_1' &= E_1 & B_1' &= B_1 \\ E_2' &= \gamma(E_2 - \beta B_3) & B_2' &= \gamma(B_2 + \beta E_3) \\ E_3' &= \gamma(E_3 + \beta B_2) & B_3' &= \gamma(B_3 - \beta E_2) \end{aligned} \tag{11.148}$$

Hier und im Folgenden bezeichnen die unteren Indizes 1, 2, 3 gewöhnliche kartesische Raumkomponenten und stellen keine kovarianten Indizes dar. Die Umkehrung von (11.148) findet man wie üblich durch Vertauschen der gestrichenen mit den ungestrichenen Größen und durch die Substitution $\beta \to -\beta$. Für eine allgemeine Lorentz-Transformation von einem System K auf ein anderes System K', das sich gegenüber K mit der Geschwindigkeit $\mathbf{v}$ bewegt, schreiben sich die Transformationsgleichungen der Felder in der Form

$$\begin{aligned} \mathbf{E}' &= \gamma(\mathbf{E} + \boldsymbol{\beta}\times\mathbf{B}) - \frac{\gamma^2}{\gamma+1}\boldsymbol{\beta}(\boldsymbol{\beta}\cdot\mathbf{E}) \\ \mathbf{B}' &= \gamma(\mathbf{B} - \boldsymbol{\beta}\times\mathbf{E}) - \frac{\gamma^2}{\gamma+1}\boldsymbol{\beta}(\boldsymbol{\beta}\cdot\mathbf{B}) \end{aligned} \tag{11.149}$$

Sie sind die Analoga der Koordinatentransformation (11.19) und zeigen, dass **E** und **B** nicht unabhängig voneinander existieren. Ein Feld, das in einem System rein elektrisch oder rein magnetisch ist, erscheint im anderen System als eine Mischung von elektrischen und magnetischen Feldern. Natürlich gibt es gewisse Einschränkungen (vgl. Übg. 11.14). So kann z. B. ein Feld, das in einem System rein elektrostatisch ist, in einem anderen nicht in ein rein magnetostatisches Feld übergehen. Doch die Felder sind eng miteinander verknüpft, und man sollte eigentlich nicht von **E** und **B** getrennt sprechen, sondern vielmehr vom elektromagnetischen Feld $F^{\alpha\beta}$.

Wenn in einem bestimmten System K' kein magnetisches Feld existiert – wie etwa dann, wenn in K' eine oder mehrere Punktladungen ruhen –, zeigt die Umkehrung von Gl. (11.149), dass das magnetische Feld **B** und das elektrische Feld **E** im System K durch die einfache Beziehung

$$\mathbf{B} = \boldsymbol{\beta}\times\mathbf{E} \tag{11.150}$$

miteinander verknüpft sind. Dabei ist zu beachten, dass **E** nicht das elektrostatische Feld in K' ist, sondern das von K' nach K transformierte Feld.

Als wichtiges und besonders erhellendes Beispiel für die Transformation des elektromagnetischen Feldes betrachten wir die Felder, die ein Beobachter im System K sieht, wenn sich eine Punktladung q geradlinig mit der Geschwindigkeit $\mathbf{v}$ an ihm vorbeibewegt. Im System K' befinde sich die Ladung in Ruhe. Die Transformation der Felder wird dann durch das Inverse von (11.148) bzw. (11.149) beschrieben. Wir nehmen an, die Ladung bewege sich in positive x_1-Richtung, und ihr kleinster Abstand vom Beobachter sei b. Eine geeignete Wahl der Koordinatenachsen zeigt Abb. 11.8. Der Beobachter befinde sich am Punkt P. Zur Zeit $t = t' = 0$ fallen die Ursprünge der beiden Koordinatensysteme zusammen, und die Ladung q hat dann ihren kleinsten Abstand vom Beobachter. Im System K' sind die Koordinaten des Aufpunktes P, an dem die Felder auszuwerten sind, $x_1' = -vt'$, $x_2' = b$ und $x_3' = 0$; der Abstand zwischen P und q ist $r' = \sqrt{b^2 + (vt')^2}$. Wir müssen r' durch die Ko-

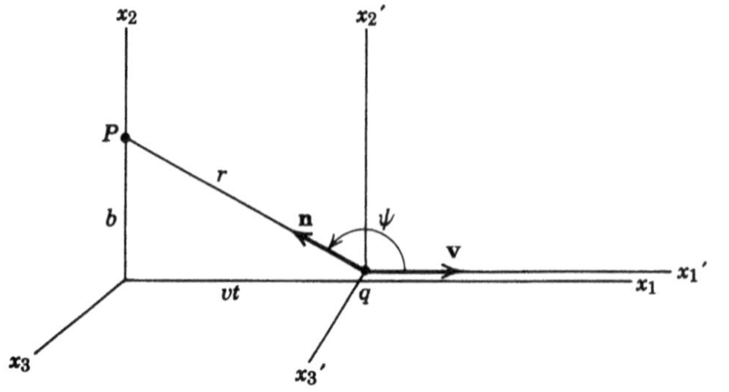

Abb. 11.8 Ein Teilchen der Ladung q, das sich mit der konstanten Geschwindigkeit $\mathbf{v}$ bewegt und den Aufpunkt P im Abstand b passiert.

ordinaten in K ausdrücken. Die einzige zu transformierende Koordinate ist die Zeit $t' = \gamma[t - (v/c^2)x_1] = \gamma t$, wobei das letzte Gleichheitszeichen deswegen gilt, weil für den Punkt P im System K $x_1 = 0$ ist. Im Ruhsystem der Ladung, d.h. in K', sind die elektrischen und magnetischen Felder im Aufpunkt durch

$$\begin{aligned} E_1' &= -\frac{qvt'}{r'^3}, \quad E_2' = \frac{qb}{r'^3}, \quad E_3' = 0 \\ B_1' &= 0, \qquad\quad B_2' = 0, \qquad B_3' = 0 \end{aligned}$$

gegeben. Die nichtverschwindenden Feldkomponenten, ausgedrückt durch die Koordinaten von K, sind

$$E_1' = -\frac{q\gamma vt}{(b^2 + \gamma^2 v^2 t^2)^{3/2}}, \quad E_2' = \frac{qb}{(b^2 + \gamma^2 v^2 t^2)^{3/2}} \tag{11.151}$$

Mit der Umkehrung von (11.148) ergibt sich schließlich für die transformierten Felder im System K:

$$\begin{aligned} E_1 &= E_1' = -\frac{q\gamma vt}{(b^2 + \gamma^2 v^2 t^2)^{3/2}} \\ E_2 &= \gamma E_2' = \frac{\gamma qb}{(b^2 + \gamma^2 v^2 t^2)^{3/2}} \\ B_3 &= \gamma\beta E_2' = \beta E_2 \end{aligned} \tag{11.152}$$

Die übrigen Komponenten verschwinden.

Die Felder (11.152) zeigen ein interessantes Verhalten, wenn sich die Geschwindigkeit der Ladung der Lichtgeschwindigkeit nähert. Zunächst ist festzustellen, dass in x_3-Richtung eine magnetische Induktion existiert. Ihr Wert nähert sich dem des transversalen elektrischen Feldes E_2, wenn $\beta \to 1$ strebt. Selbst bei nichtrelativistischen Geschwindigkeiten, für die $\gamma \simeq 1$ ist, ist diese magnetische Induktion äquivalent zu

$$\mathbf{B} \simeq \frac{q}{c}\frac{\mathbf{v} \times \mathbf{r}}{r^3}$$

Dies ist aber nichts anderes als der Biot-Savart'sche Ausdruck für das magnetische Feld einer bewegten Ladung. Ferner stellt man fest, dass das Maximum des transversalen elektrischen Feldes $E_2(t=0)$ bei hohen Geschwindigkeiten ($\gamma \gg 1$) den mit γ multiplizierten, nichtrelativistischen Wert annimmt. In der gleichen Grenze jedoch nimmt das Zeitintervall, innerhalb dessen man am Punkt P starke Felder beobachtet, ab. Ein Maß für dieses Zeitintervall ist natürlich

$$\Delta t \simeq \frac{b}{\gamma v} \tag{11.153}$$

Die Maxima der Felder steigen mit γ linear an, während ihre Wirkungsdauer mit dem Reziproken von γ abnimmt. Das Zeitintegral der mit v multiplizierten Felder ist unabhängig von der Geschwindigkeit. Dieses Verhalten des transversalen elektrischen und magnetischen Feldes sowie des longitudinalen elektrischen Feldes veranschaulicht Abb. 11.9 (a). Für $\beta \to 1$ sieht der Beobachter im Punkt P nahezu gleich starke transversale und zueinander senkrechte elektrische und magnetische Felder. Sie sind von den Feldern eines eben polarisierten Strahlungspulses, der sich in x_1-Richtung ausbreitet, nicht zu unterscheiden. Das zusätzliche longitudinale elektrische Feld ändert sich schnell von positiven zu negativen Werten, und sein Zeitintegral ist Null. Reagiert das Anzeigegerät des Beobachters mit merklicher Trägheit, dann nimmt es das longitudinale Feld überhaupt nicht wahr. In der Praxis beobachtet man daher nur die transversalen Felder. Diese Äquivalenz zwischen den Feldern eines relativistischen geladenen Teilchens und denen eines elektromagnetischen Strahlungspulses werden wir uns in Kap. 15 im Zusammenhang mit der Methode virtueller Quanten zunutze machen. In Übung 11.18 werden die Felder für $\beta = 1$ explizit angegeben.

In den Gleichungen (11.152) und in Teil (a) der Abb. 11.9 liegt die Betonung auf der zeitlichen Entwicklung der Felder an einem fest gewählten Aufpunkt. Alternativ hierzu kann man das Verhalten der Felder auch durch ihre räumliche Änderung gegenüber der momentanen Lage des geladenen Teilchens im Laborsystem beschreiben. Nach Gl. (11.152) ist $E_1/E_2 = -vt/b$. Daher hat das elektrische Feld, wie ein Blick auf Abb. 11.8 zeigt, ebenso wie im Fall eines statischen Coulomb-Feldes die Richtung des vom momentanen Ort der Ladung zum Aufpunkt P zeigenden Radiusvektors (dessen zugehörigen Einheitsvektor wir mit $\mathbf{n}$ bezeichnet haben). Drückt man in (11.152) die Nenner durch den Abstand r zwischen dem Aufpunkt und dem momentanen Ort der Ladung und durch den in Abb. 11.8 gezeigten Winkel $\psi = \arccos(\mathbf{n} \cdot \hat{\mathbf{v}})$ aus, so erhält man das elektrische Feld als Funktion der momentanen Lagekoordinaten der Ladung:

$$\mathbf{E} = \frac{q\mathbf{r}}{r^3\gamma^2(1-\beta^2\sin^2\psi)^{3/2}} \tag{11.154}$$

Die magnetische Induktion ist durch (11.150) gegeben. Das elektrische Feld (11.154) ist radial gerichtet, doch die Feldlinien sind nur für $\beta = 0$ isotrop verteilt. In Bewegungsrichtung ($\psi = 0, \pi$) ist die Feldstärke gegenüber der im isotropen Fall um einen Faktor γ^{-2} kleiner, während sie in transversaler Richtung ($\psi = \pi/2$) um einen Faktor γ größer ist. Das entsprechende Feldliniendiagramm ist in Abb. 11.9 (b) dargestellt. Man kann es als räumliche Momentaufnahme interpretieren, die dem in

Teil (a) der Abbildung skizzierten zeitlichen Verhalten entspricht. Die Komprimierung der Feldlinien in transversaler Richtung schließlich kann man als Folge der FitzGerald-Lorentz'schen Längenkonstraktion betrachten.

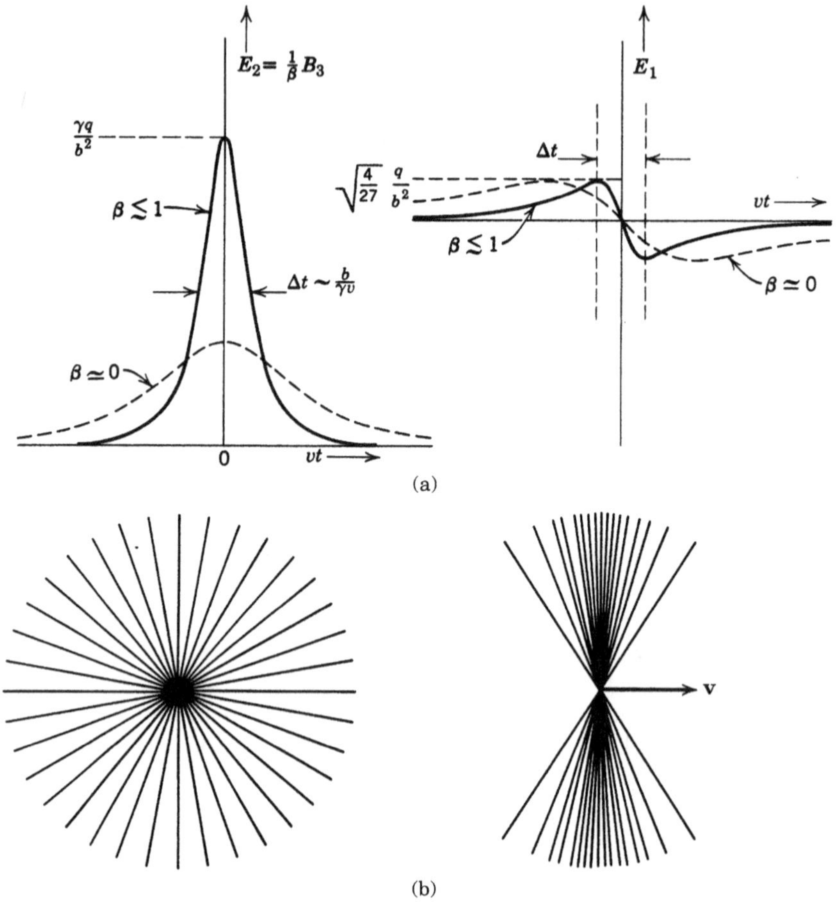

Abb. 11.9 Felder eines gleichförmig bewegten, geladenen Teilchens. (a) Die Felder am Aufpunkt P aus Abb. 11.8 als Funktion der Zeit. (b) Die elektrischen Feldlinien eines ruhenden und bewegten Teilchens ($\gamma = 3$).

11.11 Relativistische Bewegungsgleichung für den Spin in homogenen oder langsam veränderlichen äußeren Feldern

Die Effekte, die die Bewegung eines Teilchens auf die Präzession seines Spins hat, diskutierten wir bereits in Abschnitt 8, in dem wir die Thomas-Präzession behandelten. An dieser Stelle nun benutzen wir die Lorentz-Kovarianz, um die soeben genannten Effekte auf eine andere, elegantere Art und Weise zu berechnen und die als BMT-Gleichung bekannte Bewegungsgleichung für den Spin herzuleiten.[28] Mit dem magnetischen Moment (11.100) lautet die Bewegungsgleichung (11.101) für den im Ruhsystem des Teilchens betrachteten Spin **s**:

$$\frac{d\mathbf{s}}{dt'} = \frac{ge}{2mc}\mathbf{s}\times\mathbf{B}' \tag{11.155}$$

Die gestrichenen Größen sind dabei, ebenso wie **s** selbst, im Ruhsystem des Teilchens definiert. Gleichung (11.155) gilt für ein Teilchen der Masse m, der Ladung e, des Spins **s** und eines magnetischen Dipolmoments mit dem Landé-Faktor g. Sie ist eine klassische Gleichung, hat aber dieselbe Gestalt wie die Heisenberg'sche Bewegungsgleichung für den Spinoperator oder, äquivalent hierzu, wie die Bewegungsgleichung für den Polarisationsvektor des Systems.

A. Kovariante Bewegungsgleichung

Um zur relativistischen Verallgemeinerung von (11.155) zu gelangen, hat man zunächst den im Ruhsystem des Teilchens definierten, räumlichen Spin-Vektor **s** zu verallgemeinern. Dafür gibt es zwei Möglichkeiten. Die eine besteht darin, von der Tatsache Gebrauch zu machen, dass **P** und $-\mathbf{M}$ nach den Ausführungen von Abschnitt 9 dieses Kapitels die Elemente eines antisymmetrischen Tensors zweiter Stufe bilden und daher $\boldsymbol{\mu}$ bzw. **s** zu einem Tensor zweiter Stufe, $S^{\alpha\beta}$, verallgemeinert werden können. Einfacher ist es, einen axialen *Vierervektor* S^α so zu definieren, dass er nur drei unabhängige Komponenten besitzt und sich im Ruhsystem des Teilchens auf den Spin **s** reduziert.[29] Bezeichnet S^α die Komponenten des Spin-Vektors im Inertialsystem K, so ist dessen Zeitkomponente im Ruhsystem K' nach Gl. (11.22):

$$S'^0 = \gamma(S^0 - \boldsymbol{\beta}\cdot\mathbf{S}) = \frac{1}{c}\,U_\alpha S^\alpha$$

mit U^α als Vierergeschwindigkeit des Teilchens. Das Verschwinden der Zeitkomponente im Ruhsystem kann man also durch die kovariante Nebenbedingung

$$U_\alpha S^\alpha = 0 \tag{11.156}$$

[28] Benannt nach Bargmann, V., Michel, L. und V. L. Telegdi, *Phys. Rev. Letters* **2**, 435 (1959). Tatsächlich ist die Gleichung früheren Ursprungs; Thomas veröffentlichte eine äquivalente Gleichung bereits 1927 (*op. cit.*); ähnliche Gleichungen wurden zur gleichen Zeit von Frenkel diskutiert, während Kramers die BMT-Gleichung mit $g = 2$ in den dreißiger Jahren betrachtete.

[29] Der Spin-Vierervektor S^α ist insofern das Duale des Tensors $S^{\alpha\beta}$, als $S^\alpha = (1/2c)\,\epsilon^{\alpha\beta\gamma\delta}U_\beta S_{\gamma\delta}$ ist, wenn U^α die Vierergeschwindigkeit des Teilchens bezeichnet.

erzwingen. In einem Inertialsystem, in dem die Teilchengeschwindigkeit gleich $c\boldsymbol{\beta}$ ist, stellt somit die Zeitkomponente des Spins keine unabhängige Größe dar, sondern ist durch

$$S_0 = \boldsymbol{\beta} \cdot \mathbf{S} \tag{11.157}$$

festgelegt. Es ist nützlich, den Zusammenhang zwischen S^α und dem im Ruhsystem definierten Spin $\mathbf{s}$ explizit aufzuzeigen. Mithilfe von (11.19) bzw. (11.22) sowie (11.157) erhält man zunächst

$$\mathbf{s} = \mathbf{S} - \frac{\gamma}{\gamma+1}(\boldsymbol{\beta} \cdot \mathbf{S})\boldsymbol{\beta} \tag{11.158}$$

und die Umkehrung hiervon liefert:

$$\begin{aligned} \mathbf{S} &= \mathbf{s} + \frac{\gamma^2}{\gamma+1}(\boldsymbol{\beta} \cdot \mathbf{s})\boldsymbol{\beta} \\ S_0 &= \gamma\boldsymbol{\beta} \cdot \mathbf{s} \end{aligned} \tag{11.159}$$

Der im Ruhsystem definierte, räumliche Spin-Vektor $\mathbf{s}$ bestimmt demnach die Komponenten des Spin-Vierervektors S^α in jedem anderen Inertialsystem.

Die natürliche Verallgemeinerung der linken Seite von (11.155) ist $dS^\alpha/d\tau$, wobei τ die Eigenzeit des Teilchens ist. Die rechte Seite muss dann durch einen Vierervektor ausdrückbar sein. Wir nehmen an, die Gleichung sei linear im Spin S^α und in den äußeren Feldern $F^{\alpha\beta}$. Sie kann auch die Vierergeschwindigkeit U^α und ihre Ableitung $dU^\alpha/d\tau$ enthalten, wobei letztere nach Gl. (11.144) jedoch linear in $F^{\alpha\beta}$ selbst ist. Höhere Zeitableitungen wollen wir ausschließen, und natürlich muss sich die Gleichung im Ruhsystem auf (11.155) reduzieren. Aus den Bausteinen S^α, $F^{\alpha\beta}$, U^α, $dU^\alpha/d\tau$ lassen sich bei Berücksichtigung der Linearität in S^α und $F^{\alpha\beta}$ die Vierervektoren

$$F^{\alpha\beta}S_\beta, \quad (S_\lambda F^{\lambda\mu}U_\mu)U^\alpha, \quad \left(S_\beta \frac{dU^\beta}{d\tau}\right)U^\alpha$$

konstruieren. Andere mögliche Ausdrücke wie $F^{\alpha\beta}U_\beta(S_\lambda U^\lambda)$, $(U_\lambda F^{\lambda\mu}U_\mu)S^\alpha$ oder $(S_\lambda F^{\lambda\mu}U_\mu)dU^\alpha/d\tau$ etc. verschwinden, sind höherer Ordnung in $F^{\alpha\beta}$ oder reduzieren sich auf Vielfache der obigen drei Ausdrücke. Die Bewegungsgleichung muss daher die Gestalt

$$\frac{dS^\alpha}{d\tau} = A_1 F^{\alpha\beta}S_\beta + \frac{A_2}{c^2}(S_\lambda F^{\lambda\mu}U_\mu)U^\alpha + \frac{A_3}{c^2}\left(S_\beta \frac{dU^\beta}{d\tau}\right)U^\alpha \tag{11.160}$$

haben, wobei A_1, A_2 und A_3 Konstanten sind. Die Nebenbedingung (11.156) muss zu allen Zeiten erfüllt sein. Dies erfordert:

$$\frac{d}{d\tau}(U_\alpha S^\alpha) = S^\alpha \frac{dU_\alpha}{d\tau} + U_\alpha \frac{dS^\alpha}{d\tau} = 0$$

und somit

$$(A_1 - A_2)U_\alpha F^{\alpha\beta}S_\beta + (1 + A_3)S_\beta \frac{dU^\beta}{d\tau} = 0 \tag{11.161}$$

Sind nichtelektromagnetische Kräfte oder Feldgradienten zumindest prinzipiell erlaubt, dann muss $A_1 = A_2$ und $A_3 = -1$ sein. Die Einschränkung auf das Ruhsystem und ein Vergleich mit (11.155) liefern $A_1 = ge/2mc$. Damit geht (11.160) über in

$$\frac{dS^\alpha}{d\tau} = \frac{ge}{2mc}\left[F^{\alpha\beta}S_\beta + \frac{1}{c^2}U^\alpha(S_\lambda F^{\lambda\mu}U_\mu)\right] - \frac{1}{c^2}U^\alpha\left(S_\lambda\frac{dU^\lambda}{d\tau}\right) \tag{11.162}$$

Sind die elektromagnetischen Felder räumlich homogen oder können Gradientenkräfte wie $\nabla(\boldsymbol{\mu}\cdot\mathbf{B})$ (s. Gl. (5.69)) vernachlässigt werden, so wird die translatorische Bewegung des Teilchens, wenn es keinen anderen merklichen Kräften unterliegt, durch (11.144) beschrieben, d.h. durch

$$\frac{dU^\alpha}{d\tau} = \frac{e}{mc}F^{\alpha\beta}U_\beta \tag{11.163}$$

Die Beziehung (11.162) geht dann über in die *BMT-Gleichung*

$$\frac{dS^\alpha}{d\tau} = \frac{e}{mc}\left[\frac{g}{2}F^{\alpha\beta}S_\beta + \frac{1}{c^2}\left(\frac{g}{2}-1\right)U^\alpha(S_\lambda F^{\lambda\mu}U_\mu)\right] \tag{11.164}$$

B. Zusammenhang mit der Thomas-Präzession

Die kovariante Gleichung (11.162) bzw. ihr Spezialfall (11.164) beschreibt auch die Thomas-Präzession des Spins. Sie ist enthalten im letzten Term von (11.162). Er wurde, wie wir uns erinnern, durch die Forderung (11.156) festgelegt, dass S_α und U_α zueinander orthogonal sind. Um die Thomas-Präzession erkennbar werden zu lassen, betrachten wir die Bewegungsgleichung für den im Ruhsystem definierten Spin $\mathbf{s}$. Bei Verwendung von

$$S_\lambda\frac{dU^\lambda}{d\tau} = -\gamma\mathbf{S}\cdot\frac{d\mathbf{v}}{d\tau} \tag{11.165}$$

und Gl. (11.158) findet man zunächst:

$$\frac{d\mathbf{S}}{d\tau} = \mathbf{F} + \gamma^2\boldsymbol{\beta}\left(\mathbf{S}\cdot\frac{d\boldsymbol{\beta}}{d\tau}\right)$$

und

$$\frac{dS_0}{d\tau} = F_0 + \gamma^2\left(\mathbf{S}\cdot\frac{d\boldsymbol{\beta}}{d\tau}\right)$$

wobei $(F_0, \mathbf{F})$ für die Raum-Zeit-Komponenten des mit $ge/2mc$ multiplizierten Ausdrucks in (11.162) steht. Die letzten beiden Gleichungen können nach einigen Vereinfachungen zu

$$\frac{d\mathbf{s}}{d\tau} = \mathbf{F} - \frac{\gamma\boldsymbol{\beta}}{\gamma+1}F_0 + \frac{\gamma^2}{\gamma+1}\left[\mathbf{s}\times\left(\boldsymbol{\beta}\times\frac{d\boldsymbol{\beta}}{d\tau}\right)\right] \tag{11.166}$$

zusammengefasst werden. Da $(F_0, \mathbf{F})$ einen Vierervektor darstellt und $F_0 = \boldsymbol{\beta}\cdot\mathbf{F}$ ist, können die ersten beiden Terme auf der rechten Seite der letzten Gleichung mit dem im Ruhsystem ausgewerteten Drehmoment $\mathbf{F}'$ identifiziert werden. Dividiert man beide Seiten von (11.166) durch γ und benutzt die Definition (11.119) für die Frequenz der Thomas-Präzession, so folgt schließlich:

$$\frac{d\mathbf{s}}{dt} = \frac{1}{\gamma}\mathbf{F}' + \boldsymbol{\omega}_T \times \mathbf{s} \tag{11.167}$$

Da $\mathbf{F}'$ durch die rechte Seite von (11.155) bestimmt wird, ist die letzte Gleichung identisch mit (11.107) aus Abschnitt 11.8.

Bewegt sich das Teilchen in elektromagnetischen Feldern, für die (11.163) gilt, dann ist

$$\frac{d\boldsymbol{\beta}}{dt} = \frac{e}{\gamma mc}\left[\mathbf{E} + \boldsymbol{\beta} \times \mathbf{B} - \boldsymbol{\beta}(\boldsymbol{\beta} \cdot \mathbf{E})\right] \tag{11.168}$$

Aus den Transformationsgleichungen (11.149) für $\mathbf{B}$ ergibt sich ferner:

$$\frac{1}{\gamma}\mathbf{F}' = \frac{ge}{2mc}\mathbf{s} \times \left[\mathbf{B} - \frac{\gamma}{\gamma+1}(\boldsymbol{\beta} \cdot \mathbf{B})\boldsymbol{\beta} - \boldsymbol{\beta} \times \mathbf{E}\right] \tag{11.169}$$

Setzt man diese Ausdrücke in (11.167) ein, so folgt:

$$\frac{d\mathbf{s}}{dt} = \frac{e}{mc}\mathbf{s} \times \left[\left(\frac{g}{2} - 1 + \frac{1}{\gamma}\right)\mathbf{B} - \left(\frac{g}{2} - 1\right)\frac{\gamma}{\gamma+1}(\boldsymbol{\beta} \cdot \mathbf{B})\boldsymbol{\beta} - \left(\frac{g}{2} - \frac{\gamma}{\gamma+1}\right)\boldsymbol{\beta} \times \mathbf{E}\right] \tag{11.170}$$

Diese Bewegungsgleichung für den Spin-Vektor hat aber dieselbe Gestalt wie die *Thomas-Gleichung* (Gl. (4.121) in der in Abschnitt 11.8 zitierten Arbeit von Thomas aus dem Jahre 1927).

C. Zeitliche Änderung der longitudinalen Polarisation

Als Beispiel für die Anwendung von Gl. (11.170) betrachten wir die zeitliche Änderung der Spinkomponente parallel zur Geschwindigkeit. Diese ist identisch mit der longitudinalen Polarisation bzw. der Helizität des Teilchens. Ist $\hat{\boldsymbol{\beta}}$ ein Einheitsvektor in Richtung von $\boldsymbol{\beta}$, dann ist die longitudinale Polarisation gleich $\hat{\boldsymbol{\beta}} \cdot \mathbf{s}$. Sie ändert sich mit der Zeit, weil sowohl $\mathbf{s}$ wie auch $\boldsymbol{\beta}$ von der Zeit abhängen. Explizit gilt:

$$\frac{d}{dt}(\hat{\boldsymbol{\beta}} \cdot \mathbf{s}) = \hat{\boldsymbol{\beta}} \cdot \frac{d\mathbf{s}}{dt} + \frac{1}{\beta}[\mathbf{s} - (\hat{\boldsymbol{\beta}} \cdot \mathbf{s})\hat{\boldsymbol{\beta}}] \cdot \frac{d\boldsymbol{\beta}}{dt}$$

Bei Verwendung von (11.168) und (11.170) lässt sich hierfür nach einigen Umformungen auch

$$\frac{d}{dt}(\hat{\boldsymbol{\beta}} \cdot \mathbf{s}) = -\frac{e}{mc}\mathbf{s}_\perp \cdot \left[\left(\frac{g}{2} - 1\right)\hat{\boldsymbol{\beta}} \times \mathbf{B} + \left(\frac{g\beta}{2} - \frac{1}{\beta}\right)\mathbf{E}\right] \tag{11.171}$$

schreiben, wenn $\mathbf{s}_\perp$ die Komponente von $\mathbf{s}$ senkrecht zur Geschwindigkeit ist.

Gleichung (11.171) erklärt eine auffallende Eigenschaft, die ein Teilchen mit dem Landé-Faktor $g = 2$ hat. In einem rein magnetischen Feld präzediert der Spin so, dass die longitudinale Polarisation – unabhängig von der Bewegungsart des Teilchens – konstant bleibt. Ist die Geschwindigkeit des Teilchens relativistisch ($\beta \to 1$), dann ändert sich die longitudinale Polarisation selbst bei Anwesenheit eines elektrischen Feldes nur sehr langsam, nämlich proportional zu der mit γ^{-2} multiplizierten elektrischen Feldkomponente senkrecht zu $\mathbf{v}$.

Die g-Faktoren vom Elektron und Müon unterscheiden sich von ihrem Dirac'schen Wert 2 durch Strahlungskorrekturen, die in der Größenordnung von $\alpha/\pi = 0{,}00232$ liegen. Da $g - 2$ so klein ist, ändert sich die longitudinale Polarisation eines Elektronen- oder Müonenstrahls in einem Magnetfeld nur sehr langsam. Dieser Umstand erlaubt sehr genaue Messungen der Größe $a \equiv (g-2)/2$, die man als *anomalesmagnetisches Moment* bezeichnet. Die Werte von a liefern einen genauen Test für die Gültigkeit der Quantenelektrodynamik. Bei Müonen, die zu Anfang vollständig longitudinal polarisiert waren, bestimmt man die Änderung der Polarisation aus der charakteristischen, asymmetrischen Winkelverteilung der Zerfallselektronen relativ zur Polarisationsrichtung der Müonen. Bei Elektronen, die beim Beta-Zerfall entstehen, hat die longitudinale Polarisation zu Beginn den Wert $\pm\beta$. Ihre zeitliche Änderung wird aus der Änderung der Asymmetrie bei der Mott-Streuung (e^-) bestimmt oder aus der Winkelverteilung der Photonen, die das (in einem starken Magnetfeld erzeugte) Positronium bei der Paarvernichtung abstrahlt (e^+). Die äußerst hohe Genauigkeit, die man bei diesen Messungen erreicht, zeigt sich in den folgenden neuesten Daten:[30]

$$\begin{aligned} a(e^-) &= 1\,159\,652\,188{,}4\,(4{,}3) \times 10^{-12} \\ a(e^+) &= 1\,159\,652\,187{,}9\,(4{,}3) \times 10^{-12} \\ a(\mu^\pm) &= 1\,165\,924\,(9) \times 10^{-9} \end{aligned}$$

Diese Messergebnisse stimmen gut überein mit den Vorhersagen der Quantenelektrodynamik, die in dem unten zitierten Übersichtsartikel von Kinoshita ausführlich behandelt werden.

Weiteres zur Spin-Präzession bringen wir in den Übungen zu Kapitel 12.

11.12 Anmerkung zu Notation und Einheiten in der relativistischen Kinematik

Hat man es mit Lorentz-Transformationen und relativistischer Kinematik zu tun, so ist es besonders wichtig, konsistente und einfache Bezeichnungen und Einheiten zu verwenden. In den Formeln der speziellen Relativitätstheorie treten, wie wir gesehen haben, verschiedene Potenzen der Lichtgeschwindigkeit c auf. Sie machen zwar die Formeln etwas schwerfällig, erleichtern es aber, nichtrelativistische Grenzfälle zu extrahieren (indem man zur Grenze $c \to \infty$ übergeht). Betreibt man jedoch relativistische Kinematik, so ist es üblich, alle c-Faktoren durch eine geeignete Wahl von Einheiten zu unterdrücken: Impulse, Energien und Massen werden in Ener-

[30] e^-, e^+: Van Dyck, Schwinberg und Dehmelt, *Phys. Rev. Lett.* **59**, 26 (1987); $\mu^\pm$: Bailey, J. et al., *Nucl. Phys. B* **150**, 1 (1979). Vgl. auch den Übersichtsartikel von Kinoshita, T. (Hrsg.), *Quantum Electrodynamics*, Singapur: World Scientific 1990.

gieeinheiten gemessen, während Geschwindigkeiten in Einheiten der Lichtgeschwindigkeit gemessen werden. In der Teilchenkinematik stehen die Symbole

$$\left.\begin{matrix} p \\ E \\ m \\ v \end{matrix}\right\} \text{ für } \left\{\begin{matrix} cp \\ E \\ mc^2 \\ \frac{v}{c} \end{matrix}\right.$$

Der Zusammenhang zwischen Impuls und Gesamtenergie schreibt sich dann in der Form $E^2 = p^2 + m^2$, die Geschwindigkeit eines Teilchens ist $\mathbf{v} = \mathbf{p}/E$ usw. Geeignete Energieeinheiten sind das eV (Elektronenvolt), das MeV (Megaelektronenvolt = 10^6 eV) und das GeV (Gigaelektronenvolt = 10^9 eV). Ein Elektronenvolt ist diejenige Energie, die ein Teilchen mit der Elektronenladung e gewinnt, wenn es eine Potentialdifferenz von einem Volt durchläuft (1 eV = $1{,}602 \times 10^{-12}$ erg = $1{,}602 \times 10^{-19}$ Joule).

Zusätzlich zur Eliminierung der c-Potenzen ist es üblich, ein Skalarprodukt zwischen Vierervektoren durch einen Punkt zwischen den kursiv gedruckten Symbolen zu kennzeichnen, Skalarprodukte zwischen räumlichen Vektoren dagegen durch einen Punkt zwischen den fett gedruckten Symbolen. Man schreibt also:

$$a \cdot b \equiv a_\alpha b^\alpha = a_0 b_0 - \mathbf{a} \cdot \mathbf{b}$$

Vierervektoren werden mit oder ohne Indizes geschrieben. Die Erhaltung von Energie und Impuls drückt sich also z. B. durch

$$P = p + q \quad \text{oder} \quad P^\alpha = p^\alpha + q^\alpha$$

aus.

Literaturhinweise

Die Literatur allein über die Relativitätstheorie ist äußerst umfangreich. Die vielleicht klarste, wenn auch sehr komprimierte Darstellung der speziellen und allgemeinen Relativitätstheorie stellt der berühmte Enzyklopädie-Artikel von
- Pauli

aus dem Jahre 1921 dar (der 1956 überarbeitet wurde). Ein anderes Standardwerk ist das von
- Møller.

Zu den älteren Lehrbüchern über spezielle Relativitätstheorie, die für Studenten der Fortgeschrittenensemester geeignet sind, gehören die von
- Aharoni
- Bergmann, Kapitel I–IX.

Neuere Lehrbücher sind die von
- Anderson, Kapitel 6 und 7
- Barut, Kapitel 1 und 2
- Schwartz
- Tonnelat, Teil II.

Die Mathematik (Gruppentheorie und Tensoranalysis) des Raum-Zeit-Kontinuums wird unter physikalischem Gesichtspunkt in den Büchern von
- Anderson, Kapitel 1–5

- Bergmann, Kapitel V
- Schwartz, Kapitel 5

abgehandelt.

Den Hauch der ursprünglichen theoretischen Entwicklung spürt man in einer von Sommerfeld besorgten Artikelsammlung mit Arbeiten von
- Einstein, Lorentz, Minkowski und Weyl

sowie in der von
- Kilmister

zusammengestellten Sammlung von Nachdrucken. Genannt seien in diesem Zusammenhang auch zwei Bücher von
- *Einstein
- *Weyl.

Eine sehr individuelle Behandlung der speziellen Relativitätstheorie mit vielen Referenzen und klärenden Kommentaren findet man in den beiden Büchern von
- Arzeliès.

Die wichtigsten Experimente werden kurz behandelt von
- Møller
- Condon und Odishaw, Teil 6, Kapitel 8 von E.L. Hill.

Die Elektrodynamik bewegter Medien, die wir hier lediglich erwähnt haben, diskutieren
- Cullwick
- Møller
- Pauli
- Penfield und Haus.

In dem Buch von Cullwick werden viele praktische Fälle behandelt. Im Zusammenhang mit Kapitel 5 dieses Buches ist das Vorwort zur zweiten Auflage besonders zu beachten.

Nützliches zur relativistischen Kinematik, die wir hier in die Übungen verbannt haben, findet man in den Büchern von
- Baldin, Gol'danskii und Rozenthal
- Hagedorn
- Sard, Kapitel 4.

Ein Problem, das wir ebenfalls kaum besprochen haben, ist das Erscheinungsbild schnell bewegter Körper. Dieser faszinierende Problemkreis zeigt, wie vorsichtig man mit Begriffen wie der FitzGerald-Lorentz'schen Kontraktion umgehen muss. Einschlägige Artikel zu dieser Thematik stammen u.a. von
- Penrose, R.: *Proc. Camb. Phil. Soc.* **55**, 137 (1959)
- Terell, J.: *Phys. Rev.* **116**, 1041 (1959)
- Weisskopf, V.F.: *Phys. Today* **13**, No.9, 24 (1960)
- Boas, M.L.: *Am. J. Phys.* **29**, 283 (1961)
- Scott, G.D. und H.J. van Driel: *Am. J. Phys.* **38**, 071 (1970).

Für Leser, die eine elementarere und weniger schnell vorangehende Einführung in die spezielle Relativitätstheorie wünschen, gibt es eine Menge leicht verständlicher Lehrbücher. Zu ihnen gehören die von
- Bohm
- Feynman, Bd.1, Kapitel 15, 16 und 17
- French
- *Melcher
- Mermin
- Rindler

- Sard
- Smith
- Taylor und Wheeler.

Das Buch von Melcher gibt eine elementare Einführung in die spezielle (und auch allgemeine) Relativitätstheorie und zeichnet sich besonders durch die Besprechung neuerer Experimente aus; ferner enthält es eine umfangreiche Sammlung von Aufgaben, zusammen mit ihren Lösungen. Besonders zu empfehlen ist das Buch von Sard. Es bewegt sich auf mittlerem Niveau und behandelt ausführlich die Thomas-Präzession und die Spin-Bewegung. Die BMT-Gleichung wird auch in dem bereits zitierten Buch von Hagedorn ausführlich besprochen.

Weitere Literaturhinweise zu speziellen Problemen findet man im AAPT Resource Letter on Special Relativity SRT-1. *Am. J. Phys.* **30**, 462 (1962).

Übungen

11.1 Von zwei äquivalenten Inertialsystemen K und K' bewege sich K' – von K aus gesehen – in positiver x-Richtung mit der Geschwindigkeit v. Die räumlichen Koordinatenachsen in K und K' sollen parallel zueinander verlaufen und die beiden Nullpunkte zu den Zeiten $t = t' = 0$ zusammenfallen.

(a) Man zeige, dass aufgrund der raum-zeitlichen Isotropie und Homogenität und wegen der Äquivalenz der Inertialsysteme (1. Postulat der Relativität) die allgemeinste Transformation zwischen den Raum-Zeit-Koordinaten (x, y, z, t) und $(x',' y', z', t')$ durch die lineare Transformation

$$x' = f(v^2)x - vf(v^2)t; \quad t' = g(v^2)t - vh(v^2)x; \quad y' = y; \quad z' = z$$

mit der Umkehrung

$$x = f(v^2)x' + vf(v^2)t'; \quad t = g(v^2)t' + vh(v^2)x'; \quad y = y'; \quad z = z'$$

gegeben ist, wobei f, g und h Funktionen von v^2 sind. Die x'- und x-Gleichungen sind in ihrer Struktur durch die Definition der Relativbewegung der beiden Inertialsysteme bestimmt, und in den Vorzeichen der Umkehrung spiegelt sich der Rollentausch der beiden Systeme wider.

(b) Man zeige, dass die ursprüngliche Transformation und ihre Umkehrung nur dann miteinander verträglich sind, wenn

$$f = g \quad \text{und} \quad f^2 - v^2 fh = 1$$

(c) Eine physikalische Größe bewege sich in K' mit der Geschwindigkeit u' parallel zur x'-Achse. Man zeige, dass in K die zur x-Achse parallele Geschwindigkeit u gegeben ist durch

$$u = \frac{u' + v}{1 + vu'(h/f)}$$

Unter Verwendung des Postulats 2′ (einer universellen Grenzgeschwindigkeit C) zeige man ferner, dass $h = f/C^2$ gelten muss und dass die Lorentz-Transformation das Ergebnis ist. Die universelle Grenzgeschwindigkeit C ist eine experimentell zu bestimmende Größe.

11.2 Man betrachte drei Inertialsysteme und ihre Koordinaten $K(x, t)$, $K'(x', t')$ und $K''(x'', t'')$. Das System K' bewege sich in x-Richtung mit der Geschwindigkeit v_1 relativ zu K; ferner bewege sich K'' relativ zu K' mit der Geschwindigkeit v_2 und relativ zu K mit der Geschwindigkeit v_3. Unter Ausnutzung der Gruppeneigenschaften der Transformationen aus Übg. 11.1 (mit den in Teil (a) und (b) angegebenen Ergebnissen), angewandt auf die Hintereinanderausführung $(x'', t'') \to (x', t') \to (x, t)$ und die direkte Transformation $(x'', t'') \to (x, t)$, zeige man, dass $|h(v^2)/f(v^2)|$ eine universelle Konstante mit der Dimension eines reziproken Geschwindigkeitsquadrates ist.

Auf diese Weise erhält man die Lorentz-Transformation ohne jeden Bezug zum Elektromagnetismus oder zum 2. Postulat der Relativität. Allerdings muss das Experiment zeigen, dass $h/f > 0$ ist.

Literatur: Terletzkii, Y. P., *Paradoxes in the Theory of Relativity*, New York: Plenum Press 1968, S. 17–25.

11.3 Man zeige explizit, dass zwei aufeinanderfolgende Lorentz-Transformationen in der gleichen Richtung einer einzigen Lorentz-Transformation mit der Geschwindigkeit

$$v = \frac{v_1 + v_2}{1 + (v_1 v_2/c^2)}$$

äquivalent sind. Dies ist eine andere Methode, um das Additionstheorem für zueinander parallele Geschwindigkeiten herzuleiten.

11.4 Eine mögliche Art von Uhr ist schematisch in der unteren Abbildung dargestellt. Sie besteht aus einem Blitzgerät F und einer Photozelle P, die so voneinander abgeschirmt sind, dass jede nur den Spiegel M „sieht“, der – im Abstand d von ihnen – fest montiert ist. Die Elektronik in dem schraffiert gezeichneten Kasten funktioniert so, dass, wenn die Photozelle auf einen vom Spiegel reflektierten Lichtblitz reagiert, das Blitzgerät mit einer zu vernachlässigenden Zeitverschiebung getriggert wird und einen kurzen Lichtblitz in Richtung des Spiegels emittiert. Die Uhr „tickt“ also, wenn sie in Ruhe ist, alle $2d/c$ Sekunden.

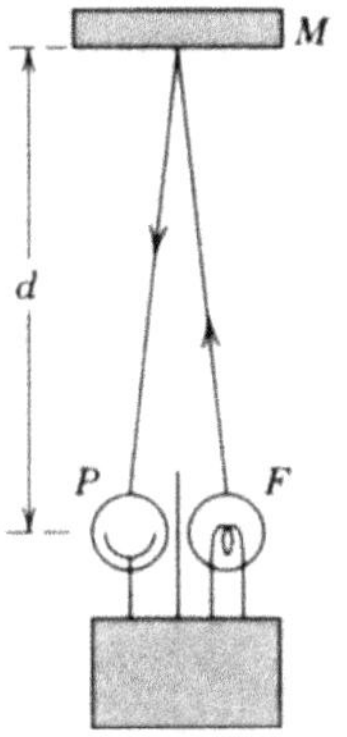

(a) Angenommen, die Uhr bewege sich gegenüber einem Beobachter gleichförmig mit der Geschwindigkeit v, und zwar senkrecht zur Verbindungslinie zwischen PF und M. Unter Verwendung des zweiten Einstein'schen Postulats zeige man auf geometrischem und rechnerischem Wege explizit, dass der Beobachter die relativistische Zeitdilatation wahrnimmt, wenn sich die Uhr auf ihn zubewegt.

(b) Angenommen, die Uhr bewege sich mit einer Geschwindigkeit v parallel zur Verbindungslinie zwischen PF und M. Dann zeige man, dass die Uhr für den Beobachter auch in diesem Fall langsamer „tickt“, und zwar um den gleichen Zeitdilatationsfaktor.

11.5 Ein Koordinatensystem K' bewege sich mit der Geschwindigkeit $\mathbf{v}$ relativ zu einem anderen System K. In K' habe ein Teilchen die Geschwindigkeit $\mathbf{u}'$ und erfahre die Beschleunigung $\mathbf{a}'$. Man bestimme das Lorentz-Transformationsgesetz für die Beschleunigungen und zeige, dass im System K die Komponenten der Beschleunigung parallel bzw. senkrecht zu $\mathbf{v}$ durch

$$a_{\parallel} = \frac{\left(1-\frac{v^2}{c^2}\right)^{3/2}}{\left(1+\frac{\mathbf{v}\cdot\mathbf{u}'}{c^2}\right)^3} a'_{\parallel} \quad \text{und} \quad \mathbf{a}_{\perp} = \frac{\left(1-\frac{v^2}{c^2}\right)}{\left(1+\frac{\mathbf{v}\cdot\mathbf{u}'}{c^2}\right)^3}\left(\mathbf{a}'_{\perp} + \frac{\mathbf{v}}{c^2}\times(\mathbf{a}'\times\mathbf{u}')\right)$$

gegeben sind.

11.6 Angenommen, ein Raumschiff verlasse die Erde im Jahre 2025. An Bord befinde sich einer von zwei 2005 geborenen Zwillingen, während der andere auf der Erde zurückbleibt. Das Raumschiff sei so konstruiert, dass in seinem eigenen Ruhsystem eine Beschleunigung vom Betrag g wirksam wird (sodass sich die Besatzung wie auf der Erde fühlt). Es werde fünf Jahre lang (nach seiner eigenen Uhr) in geradliniger Bahn beschleunigt, verlangsame sich wieder in gleichem Maße innerhalb eines Zeitraums von ebenfalls fünf Jahren, kehre dann wieder um, werde erneut fünf Jahre lang beschleunigt, um sich danach nochmals fünf Jahre lang zu verlangsamen und wieder auf der Erde zu landen. Der von der Raumfahrt heimgekehrte Zwilling sei dann 40 Jahre alt.

(a) Wie alt ist sein auf der Erde zurückgebliebener Zwillingsbruder?

(b) Wie weit entfernte sich das Raumschiff von der Erde?

11.7 Im Bezugssystem K treten zwei nahezu gleich gute Läufer im Abstand d voneinander an die auf der y-Achse liegende Startlinie und warten auf das Signal zu einem Lauf parallel zur x-Achse. Die beiden Starter, die jeweils neben den Läufern stehen, feuern ihre Startpistole mit einem kleinen Zeitunterschied ab, sodass der bessere der beiden Läufer benachteiligt wird. Im System K betrage der Zeitunterschied T.

(a) Für welchen Bereich von Zeitunterschieden gibt es ein Bezugssystem K', in dem es zu keiner Benachteiligung kommt, und für welche Skala von Zeitunterschieden gibt es ein System K', in dem eine tatsächliche (und nicht nur eine scheinbare) Benachteiligung auftritt?

(b) Man bestimme explizit die Lorentz-Transformation auf das System K', die den beiden in (a) beschriebenen Möglichkeiten entspricht, indem man die Geschwindigkeit von K' gegenüber K und die raum-zeitliche Position der beiden Läufer in K' berechne.

11.8 **(a)** Unter Verwendung des Additionstheorems der Geschwindigkeiten und der Invarianz der Phase einer ebenen Welle diskutiere man die Fizeau'schen Experimente zur Ausbreitungsgeschwindigkeit des Lichtes in bewegten Flüssigkeiten. Man zeige, dass, wenn sich die Flüssigkeit mit der Geschwindigkeit v parallel oder antiparallel zur Bahn des Lichtes bewegt, die im Laborsystem beobachtete Lichtgeschwindigkeit bis zur ersten Ordnung in v durch die *Fresnel'sche Formel*

$$u = \frac{c}{n(\omega)} \pm v\left(1 - \frac{1}{n^2} + \frac{\omega}{n}\frac{dn(\omega)}{d\omega}\right)$$

gegeben ist. Dabei ist ω die Frequenz des Lichts im Laborsystem (innerhalb und außerhalb der Flüssigkeit), während $n(\omega)$ der Brechungsindex der Flüssigkeit ist. Hierbei wird angenommen, dass das Licht gegenüber der bewegten Flüssigkeit die Geschwindigkeit $u' = c/n(\omega')$ hat.

(b) Anhand eines Artikels von W. M. Macek, J. R. Schneider und R. M. Salomon, *J. Appl. Phys.* **35**, 2556 (1964) diskutiere man den Status der Fizeau'schen Experimente.

11.9 Eine infinitesimale Lorentz-Transformation und ihr Inverses lassen sich durch

$$x'^{\alpha} = (g^{\alpha\beta} + \epsilon^{\alpha\beta})x_{\beta} \quad \text{bzw.} \quad x^{\alpha} = (g^{\alpha\beta} + \epsilon'^{\alpha\beta})x'_{\beta}$$

beschreiben, wobei $\epsilon^{\alpha\beta}$ und $\epsilon'^{\alpha\beta}$ infinitesimale Größen sind.

(a) Man zeige, dass aus der Definition der inversen Transformation die Beziehung $\epsilon'^{\alpha\beta} = -\epsilon^{\alpha\beta}$ folgt.

(b) Man zeige, dass aus der Normerhaltung $\epsilon^{\alpha\beta} = -\epsilon^{\beta\alpha}$ folgt.

(c) Man drücke die Transformationsgleichungen durch kontravariante Komponenten x^{β} bzw. x'^{β} aus, um zu zeigen, dass $\epsilon^{\alpha}{}_{\beta}$ äquivalent zu der Matrix L (Gl. (11.93)) ist.

11.10 **(a)** Man zeige, dass die Boost-Matrizen **K** und die Drehmatrizen **S** den Gleichungen

$$(\boldsymbol{\epsilon} \cdot \mathbf{S})^3 = -\boldsymbol{\epsilon} \cdot \mathbf{S}$$
$$(\boldsymbol{\epsilon}' \cdot \mathbf{K})^3 = \boldsymbol{\epsilon}' \cdot \mathbf{K}$$

genügen, wenn $\boldsymbol{\epsilon}$ und $\boldsymbol{\epsilon}'$ beliebige räumliche Einheitsvektoren sind.

(b) Unter Verwendung von (a) zeige man, dass

$$\exp(-\zeta\hat{\boldsymbol{\beta}} \cdot \mathbf{K}) = I - \hat{\boldsymbol{\beta}} \cdot \mathbf{K} \sinh\zeta + (\hat{\boldsymbol{\beta}} \cdot \mathbf{K})^2 [\cosh\zeta - 1]$$

ist.

11.11 Zwei Lorentz-Transformationen mögen sich um einen infinitesimalen Betrag voneinander unterscheiden. In der Notation von Abschnitt 7 dieses Kapitels werden sie durch $A_1 = e^L$ bzw. $A_2 = e^{L+\delta L}$ dargestellt. Ohne explizite Matrixdarstellungen zu benutzen, zeige man, dass sich die Lorentz-Transformation $A = A_2 A_1^{-1}$ *bis zur ersten Ordnung in* δL in der Form

$$A = I + \delta L + \frac{1}{2!}[L, \delta L] + \frac{1}{3!}[L, [L, \delta L]] + \frac{1}{4!}[L, [L, [L, \delta L]]] + \cdots$$

darstellen lässt.

Hinweis: Die ersten Terme lassen sich direkt berechnen, für die übrigen betrachte man die Taylor-Entwicklung des Operators $A(\lambda) = e^{\lambda(L+\delta L)}e^{-\lambda L}$ nach Potenzen von λ und setze anschließend $\lambda = 1$. Das Ergebnis ist völlig unabhängig von den speziellen Eigenschaften der Lorentz-Gruppe und gilt daher für beliebige Matrix-Gruppen.

11.12 Man verwende das in der voranstehenden Übung angegebene Ergebnis, um die im Zusammenhang mit der Thomas-Präzession erhaltene Formel (11.116) auf rein algebraischem Wege herzuleiten.

(a) Unter Verwendung von

$$L = -\frac{\boldsymbol{\beta} \cdot \mathbf{K}(\operatorname{artanh}\beta)}{\beta}$$

$$L + \delta L = -\frac{(\boldsymbol{\beta} + \delta\boldsymbol{\beta}_{\parallel} + \delta\boldsymbol{\beta}_{\perp}) \cdot \mathbf{K}(\operatorname{artanh}\beta')}{\beta'}$$

wo $\beta' = \sqrt{(\boldsymbol{\beta} + \delta\boldsymbol{\beta}_{\parallel})^2 + (\delta\boldsymbol{\beta}_{\perp})^2}$ ist, zeige man:

$$\delta L = -\gamma^2\,\delta\boldsymbol{\beta}_{\parallel} \cdot \mathbf{K} - \frac{\delta\boldsymbol{\beta}_{\perp} \cdot \mathbf{K}(\operatorname{artanh}\beta)}{\beta}$$

(b) Mithilfe der Vertauschungsrelationen für **K** und **S** weise man folgende Beziehungen nach:

$$C_1 = [L, \delta L] = -\left(\frac{\operatorname{artanh}\beta}{\beta}\right)^2 (\boldsymbol{\beta} \times \delta\boldsymbol{\beta}_\perp) \cdot \mathbf{S}$$
$$C_2 = [L, C_1] = (\operatorname{artanh}\beta)^2\, \delta L_\perp$$
$$C_3 = [L, C_2] = (\operatorname{artanh}\beta)^2\, C_1$$
$$C_4 = [L, C_3] = (\operatorname{artanh}\beta)^4\, \delta L_\perp$$

wenn $\delta L_\perp$ den $\delta\boldsymbol{\beta}_\perp$ enthaltenden Term in δL bezeichnet.

(c) Man summiere die Reihenentwicklung für $A_T = A_2 A_1^{-1}$, um die bis zur ersten Ordnung in $\delta\boldsymbol{\beta}$ korrekte Gleichung

$$A_T = 1 - (\gamma^2 \delta\boldsymbol{\beta}_\parallel + \gamma\delta\boldsymbol{\beta}_\perp) \cdot \mathbf{K} - \frac{\gamma^2}{\gamma+1} (\boldsymbol{\beta} \times \delta\boldsymbol{\beta}_\perp) \cdot \mathbf{S}$$

nachzuweisen. (Siehe D. Shelupsky, *Am. J. Phys.* **35**, 650 (1967).)

11.13 Ein unendlich langer, gerader Draht von vernachlässigbar geringem Querschnitt befinde sich im Inertialsystem K' in Ruhe und trage eine homogene Linienladungsdichte q_0. Das System K' (und der Draht) bewege sich gegenüber dem Laborsystem K mit der Geschwindigkeit **v** parallel zur Achse des Drahtes.

(a) Man gebe die durch Zylinderkoordinaten ausgedrückten elektrischen und magnetischen Felder im Ruhsystem des Drahtes an. Unter Verwendung der Lorentz-Transformationseigenschaften der Felder bestimme man die Komponenten der elektrischen und magnetischen Felder im Laborsystem.

(b) Wie lauten die Ladungs- und Stromdichten des Drahtes in seinem Ruhsystem und im Laborsystem?

(c) Aus den Ladungs- und Stromdichten im Laborsystem berechne man direkt die entsprechenden elektrischen und magnetischen Felder und vergleiche das Ergebnis mit (a).

11.14 **(a)** Man drücke die Lorentz-Skalare $F^{\alpha\beta}F_{\alpha\beta}$, $\mathscr{F}^{\alpha\beta}F_{\alpha\beta}$ und $\mathscr{F}^{\alpha\beta}\mathscr{F}_{\alpha\beta}$ durch **E** und **B** aus. Gibt es noch andere Invarianten, die in den Feldstärken **E** und **B** quadratisch sind?

(b) Kann ein elektromagnetisches Feld, das in einem Inertialsystem als rein elektrisch erscheint, in einem anderen als rein magnetisch erscheinen? Welche Kriterien müssen **E** und **B** erfüllen, damit es ein Inertialsystem gibt, in dem das elektrische Feld nicht mehr auftritt?

(c) Für makroskopische Medien bilden **E** und **B** den Feldstärketensor $F^{\alpha\beta}$, **D** und **H** dagegen den Tensor $G^{\alpha\beta}$. Welche weiteren kovarianten Größen lassen sich bilden und wie lauten sie explizit, wenn man sie durch die räumlichen Feldvektoren ausdrückt?

11.15 In einem Bezugssystem herrsche ein statisches, homogenes elektrisches Feld E_0 parallel zur x-Achse sowie ein statisches, homogenes Induktionsfeld $B_0 = 2E_0$, das in der x-y-Ebene liegt und mit der x-Achse den Winkel θ bildet. Man bestimme die Relativgeschwindigkeit eines Bezugssystems, in dem die elektrischen und magnetischen Felder zueinander parallel sind. Wie lauten die Felder in diesem System für $\theta \ll 1$ und $\theta \to (\pi/2)$?

11.16 Im Ruhsystem eines leitenden Mediums genügt die Stromdichte dem Ohm'schen Gesetz $\mathbf{J}' = \sigma\mathbf{E}'$, wo σ die Leitfähigkeit ist und die Striche die Größen im Ruhsystem bezeichnen.

(a) Unter Berücksichtigung der Tatsache, dass neben einem Leitungsstrom auch ein Konvektionsstrom auftreten kann, zeige man, dass die kovariante Verallgemeinerung des Ohm'schen Gesetzes folgendermaßen lautet:

$$J^\alpha - \frac{1}{c^2}(U_\beta J^\beta)\,U^\alpha = \frac{\sigma}{c} F^{\alpha\beta} U_\beta$$

wenn U^α die Vierergeschwindigkeit des Mediums ist.

(b) Man zeige, dass, wenn $\mathbf{v} = c\boldsymbol{\beta}$ die Geschwindigkeit des Mediums gegenüber einem bestimmten Inertialsystem ist, der räumliche Stromvektor in diesem System durch

$$\mathbf{J} = \gamma\sigma[\mathbf{E} + \boldsymbol{\beta}\times\mathbf{B} - \boldsymbol{\beta}(\boldsymbol{\beta}\cdot\mathbf{E})] + \rho\mathbf{v}$$

gegeben ist, wenn ρ die Ladungsdichte in dem System ist.

(c) Wie lauten die Ladungsdichte und der Ausdruck für $\mathbf{J}$, wenn das Medium im Ruhsystem ungeladen ist ($\rho' = 0$)? Die gesuchte Gleichung für $\mathbf{J}$ liefert die relativistische Verallgemeinerung von $\mathbf{J} = \sigma(\mathbf{E} + \mathbf{v} \times \mathbf{B})$ (s. S. 370 oben).

11.17 Die elektrischen und magnetischen Felder (11.152) einer gleichförmig bewegten Ladung lassen sich aus dem Coulomb'schen Gesetz für eine ruhende Punktladung herleiten und aus der Tatsache, dass der Feldstärketensor $F^{\alpha\beta}$ ein antisymmetrischer Tensor zweiter Stufe ist; die *explizite* Gestalt der Lorentz-Transformation geht dabei überhaupt nicht ein. Die zugrundeliegende Idee ist folgende: Die einzig relevanten Variablen einer gleichförmig bewegten Ladung sind ihre Vierergeschwindigkeit U^α und die Relativkoordinate $X^\alpha = x_p^\alpha$, wo x_p^α und x_q^α die Koordinaten des Aufpunkts und der Ladung sind. Der einzige antisymmetrische Tensor, der sich aus diesen Variablen bilden lässt, ist $(X^\alpha U^\beta - X^\beta U^\alpha)$. Daher muss der elektromagnetische Feldstärketensor $F^{\alpha\beta}$ bis auf einen multiplikativen Faktor, der von den möglichen Skalarprodukten $X_\alpha X^\alpha$, $X_\alpha U^\alpha$ und $U_\alpha U^\alpha$ abhängen kann, mit diesem Tensor identisch sind.

(a) Liegt die in Abb. 11.8 gezeigte Geometrie vor, so lassen sich die Koordinaten von P und q zu einer in K gemessenen Zeit t in der Gestalt $x_p^\alpha = (ct, \mathbf{b})$ bzw. $x_q^\alpha = (ct, \mathbf{v}t)$ schreiben, wobei $\mathbf{b}\cdot\mathbf{v} = 0$ ist. Ausgehend von dem im Ruhsystem der Ladung geltenden Ausdruck für $F^{\alpha\beta}$ zeige man, dass

$$F^{\alpha\beta} = \frac{q}{c}\frac{(X^\alpha U^\beta - X^\beta U^\alpha)}{\left[\frac{1}{c^2}(U_\alpha X^\alpha)^2 - X_\alpha X^\alpha\right]^{3/2}}$$

Ferner weise man nach, dass diese Gleichung auf die im Inertialsystem K herrschenden Felder (11.152) führt.

(b) Unter Verwendung der Koordinaten $x_p'^\alpha = (ct', \mathbf{b} - \mathbf{v}t')$ und $x_q'^\alpha = (ct', 0)$, die zu einer Zeit t' im Ruhsystem der Ladung gemessen werden, wiederhole man die Rechnung und zeige, dass

$$F^{\alpha\beta} = \frac{q}{c}\frac{(Y^\alpha U^\beta - Y^\beta U^\alpha)}{(-Y_\alpha Y^\alpha)^{3/2}}$$

ist, wenn $Y'^\alpha = x_p'^\alpha - x_q'^\alpha$ bedeutet. Sodann zeige man, dass die Felder mit den in Teil (a) berechneten übereinstimmen. Zur Herleitung von (11.152) ist die Zeit t des Aufpunktes P in K als Zeitparameter zu benutzen!

(c) Schließlich betrachte man die Koordinate $x_p^\alpha = (ct, \mathbf{b})$ und die „zeit-retardierte" Koordinate $x_q^\alpha = [ct - R, \boldsymbol{\beta}(ct - R)]$, wo R der zur retardierten Zeit gemessene Abstand zwischen P und q ist, und definiere die Relativkoordinate $Z^\alpha = [R, \mathbf{b} - \boldsymbol{\beta}(ct - R)]$. Man zeige dann, dass sich die Felder folgendermaßen durch Z^α und U^α ausdrücken lassen:

$$F^{\alpha\beta} = \frac{q}{c}\frac{(Z^\alpha U^\beta - Z^\beta U^\alpha)}{\left(\frac{1}{c}U_\alpha Z^\alpha\right)^3}$$

11.18 Die elektrischen und magnetischen Felder (11.152) eines Teilchens der Ladung q, das sich gradlinig mit der Geschwindigkeit $v = \beta c$ bewegt, verdichten sich – wie in Abb. 11.9 gezeigt – in der Grenze $\beta \to 1$ immer mehr. Man wähle jetzt die Achsen so, dass sich die Ladung entlang der z-Achse in positiver Richtung bewegt und den Ursprung zur Zeit $t = 0$ passiert. Der Beobachtungspunkt habe die räumlichen Koordinaten (x, y, z) und $\mathbf{r}_\perp$ sei als der transversale Vektor mit den Komponenten x und y definiert. Die Felder und Quellen sollen nun im Grenzfall $\beta = 1$ betrachtet werden.

(a) Zunächst zeige man, dass sich die Felder schreiben lassen in der Form

$$\mathbf{E} = 2q\frac{\mathbf{r}_\perp}{r_\perp^2}\delta(ct - z); \quad \mathbf{B} = 2q\frac{\hat{\mathbf{v}} \times \mathbf{r}_\perp}{r_\perp^2}\delta(ct - z)$$

wobei $\hat{\mathbf{v}}$ ein Einheitsvektor in Richtung der Geschwindigkeit des Teilchens ist.

(b) Durch Einsetzen in die Maxwell'schen Gleichungen weise man nach, dass die angegebenen Felder verträglich sind mit einer Vierer-Stromdichte als Quelle, nämlich

$$J^\alpha = qcv^\alpha \delta^{(2)}(\mathbf{r}_\perp)\delta(ct - z)$$

mit den Vierervektor $v^\alpha = (1, \hat{\mathbf{v}})$.

(c) Man zeige, dass sich die in Teil (a) angegebenen Felder aus dem Viererpotential

$$A^0 = A^z = -2q\delta(ct - z)\ln(\lambda r_\perp); \quad \mathbf{A}_\perp = 0$$

oder

$$A^0 = 0 = A^z; \quad \mathbf{A}_\perp = -2q\Theta(ct - z)\,\nabla_\perp \ln(\lambda r_\perp)$$

ableiten lassen, wobei λ ein unwesentlicher Skalenfaktor für den Logarithmus ist und Θ die Stufenfunktion bezeichnet.

Ferner zeige man, dass sich die beiden Potentiale durch eine Eichtransformation ineinander überführen lassen, und bestimme die Eichfunktion χ.

Literatur: Jackiw, R., Kabat, D. und M. Ortiz, *Phys. Lett. B* **277**, 148 (1992).

11.19 Ein Teilchen der Masse M, das den Viererimpuls P hat, zerfalle in zwei Teilchen mit den Massen m_1 bzw. m_2.

(a) Man benutze die Erhaltung von Energie und Impuls in der Form $p_2 = P - p_1$ und die Invarianz der Skalarprodukte von Vierervektoren, um zu zeigen, dass die Gesamtenergie des ersten Teilchens im Ruhsystem des zerfallenden Teilchens durch

$$E_1 = \frac{M^2 + m_1^2 - m_2^2}{2M}$$

gegeben ist und dass man hieraus die Energie E_2 durch Vertauschen von m_1 mit m_2 erhält.

(b) Man zeige, dass die kinetische Energie T_i des i-ten Teilchens im gleichen System den Wert

$$T_i = \Delta M\left(1 - \frac{m_i}{M} - \frac{\Delta M}{2M}\right)$$

hat, wenn $\Delta M = M - m_1 - m_2$ den Massenüberschuss des Prozesses bedeutet.

(c) Das geladene Pi-Meson ($M = 139{,}6$ MeV) zerfällt in ein Müon ($m_1 = 105{,}7$ MeV) und ein Neutrino ($m_2 = 0$). Man berechne die kinetischen Energien des Müons und Neutrinos im Ruhsystem des Pi-Mesons. Die eindeutige kinetische Energie des Müons ist das Kennzeichen dieses Zweiteilchenzerfalls. Sie spielte eine wichtige Rolle bei der von Powell und Mitarbeitern im Jahre 1947 gemachten Entdeckung des Pi-Mesons mithilfe von Kernemulsionsplatten.

11.20 Das Lambda-Teilchen (Λ) ist ein neutrales Baryon der Masse $M = 1115$ MeV und zerfällt nach einer Lebensdauer von $\tau = 2{,}9 \times 10^{-10}$ s in ein Nukleon der Masse $m_1 \simeq 939$ MeV und ein Pi-Meson der Masse $m_2 \simeq 140$ MeV. Es wurde das erste Mal in einer Nebelkammer über den Zerfall $\Lambda \to p + \pi^-$ beobachtet. Die Spuren der geladenen Zerfallsteilchen entspringen einem einzigen Punkt und haben das Aussehen eines auf den Kopf gestellten V's, d.h. eines Λ's. Die Identität und der Impuls der Teilchen können aus ihrer Reichweite bzw. dem Krümmungsradius ihrer Bahn im Magnetfeld der Kammer ermittelt werden.

(a) Unter Verwendung der Energie-Impuls-Erhaltung und der Invarianz der Skalarprodukte von Vierervektoren zeige man, dass sich die Masse des zerfallenden Teilchens nach Messung des Öffnungswinkels θ zwischen den beiden Spuren aus der Formel

$$M^2 = m_1^2 + m_2^2 + 2E_1E_2 - 2p_1p_2 \cos\theta$$

ergibt, wo p_1 und p_2 die Beträge der *räumlichen* Impulse der Zerfallsteilchen bedeuten.

(b) Ein Lambda-Teilchen der Gesamtenergie 10 GeV werde bei einem Stossprozess in der oberen Platte einer Nebelkammer erzeugt. Wie groß wird im Mittel seine Flugweite innerhalb der Kammer sein, bevor es zerfällt? In welchem Intervall wird sich der Öffnungswinkel für ein Lambda-Teilchen mit der Energie 10 GeV bewegen, wenn der Zerfall im Ruhsystem des Lambda-Teilchens mehr oder weniger isotrop verläuft?

11.21 Ein ruhendes System der Masse M zerfalle in eine Anzahl mehrerer (nicht unbedingt massiver) Teilchen, deren Gesamtmasse um den Betrag ΔM kleiner ist als M.

(a) Man zeige, dass die maximale kinetische Energie des i-ten Teilchens (der Masse m_i) durch

$$(T_i)_{\max} = \Delta M \left(1 - \frac{m_i}{M} - \frac{\Delta M}{2M}\right)$$

gegeben ist.

(b) Für die Prozesse

$$\begin{aligned} \mu &\to e + \nu + \bar{\nu} \\ K^+ &\to \pi^+ + \pi^- + \pi^+ \\ K^\pm &\to e^\pm + \pi^0 + \nu \\ K^\pm &\to \mu^\pm + \pi^0 + \nu \\ p + \bar{p} &\to 2\pi^+ + 2\pi^- + \pi^0 \\ p + \bar{p} &\to K^+ + K^- + 3\pi^0 \end{aligned}$$

bestimme man die maximalen kinetischen Energien eines jeden neu entstehenden Teilchens (in Einheiten von MeV und Bruchteilen von ΔM).

11.22 Aus der Tatsache, dass das Universum von einem anscheinend homogenen „See" schwarzer Strahlung von ungefähr 3 K erfüllt ist, kann man auf die obere Grenze der Energie von Photonen schließen, die nach ihrer Entstehung enorme Strecken zurückgelegt haben. Photon-Photon-Streuungen können die Erzeugung eines geladenen Teilchens und seines Antiteilchens zur Folge haben (sog. Paarerzeugung), wenn im Schwerpunktsystem der beiden Photonen genügend Energie zur Verfügung steht. Die unterste Schwelle und auch der größte Streuquerschnitt tritt bei einem Elektron-Positron-Paar auf.

(a) Unter der Annahme, dass die 3 K-Photonen eine typische Energie von $E = 2{,}5 \times 10^{-4}$ eV haben, berechne man die Mindestenergie, die ein anderes Photon haben muss, um beim Zusammenstoß mit einem der zuvor genannten Photonen ein Elektron-Positron-Paar erzeugen zu können. Für Photonen, deren Energie größer als dieser Schwellenwert ist, wächst der Streuquerschnitt auf ein Maximum in der Größenordnung von $(e^2/mc^2)^2$ an und nimmt bei höheren Energien schnell wieder ab. Dieser Wechselwirkungsmechanismus könnte erklären, warum solche Photonen bei ihrem Flug über kosmische Strecken verschwinden.

(b) Es gibt gewisse Hinweise auf einen diffusen Röntgen-Strahlungshintergrund, der aus Photonen mit Energien von einigen hundert eV oder mehr besteht. Jenseits von 1 keV fällt das Spektrum wie E^{-n} mit $n \simeq 1{,}5$ ab. Man wiederhole die Berechnung der Schwellenenergie unter der Annahme, dass die Energie eines Photons in dem oben genannten „See" 500 eV beträgt.

11.23 Bei einem Stossprozess treffe ein Teilchen der Masse m_2 mit dem Impuls $\mathbf{p}_{\text{LAB}}$ und der Gesamtenergie E_{LAB} auf ein im Laborsystem ruhendes Teilchen der Masse m_1. Die beiden Anfangsteilchen gehen dabei in zwei andere Teilchen der Masse m_3 bzw. m_4 über. Die Konfiguration der Impulsvektoren im Laborsystem und im Schwerpunktsystem ist in der folgenden Abbildung dargestellt.

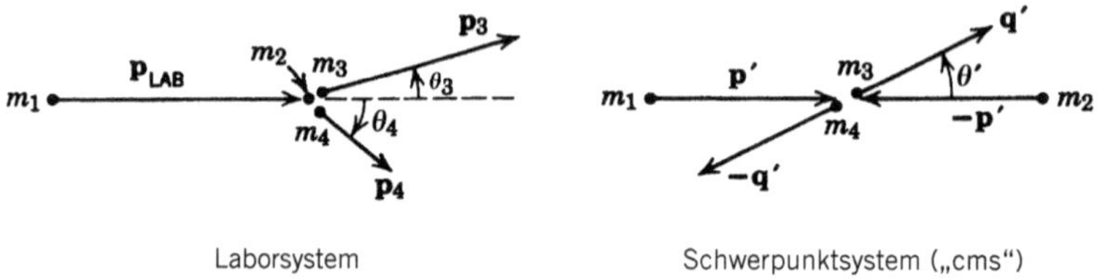

(a) Unter Verwendung invarianter Skalarprodukte zeige man, dass das Quadrat der Gesamtenergie W im Schwerpunktsystem durch

$$W^2 = m_1^2 + m_2^2 + 2m_2 E_{\text{LAB}}$$

gegeben ist, während der räumliche Impuls $\mathbf{p}'$ durch

$$\mathbf{p}' = \frac{m_2 \mathbf{p}_{\text{LAB}}}{W}$$

bestimmt wird.

(b) Man zeige, dass die Parameter $\boldsymbol{\beta}_{\text{cms}}$ und γ_{cms}, die die Lorentz-Transformation vom Laborsystem auf das Schwerpunktsystem beschreiben, durch

$$\boldsymbol{\beta}_{\text{cms}} = \frac{\mathbf{p}_{\text{LAB}}}{m_2 + E_{\text{LAB}}}, \quad \gamma_{\text{cms}} = \frac{m_2 + E_{\text{LAB}}}{W}$$

gegeben sind.

(c) Man weise nach, dass sich die in (a) und (b) angegebenen Gleichungen im nichtreletivistischen Grenzfall auf die bekannten Beziehungen

$$W \simeq m_1 + m_2 + \left(\frac{m_2}{m_1 + m_2}\right)\frac{p_{\text{LAB}}^2}{2m_1}$$

$$\mathbf{p}' \simeq \left(\frac{m_2}{m_1 + m_2}\right)\mathbf{p}_{\text{LAB}}, \quad \boldsymbol{\beta}_{\text{cms}} \simeq \frac{\mathbf{p}_{\text{LAB}}}{m_1 + m_2}$$

reduzieren.

11.24 Für einen gegebenen Stossprozess ist die Schwellenenergie T_s als diejenige kinetische Energie definiert, die ein auf ein ruhendes Target auftreffendes Teilchen mindestens haben muss, damit die Schwerpunktenergie W gleich der Summe der Ruhenergien der auslaufendes Teilchen wird. Diese Energien berechne man für folgende Prozesse und drücke die Ergebnisse sowohl in MeV oder GeV als auch in Einheiten der Ruhenergie des einfallenden Teilchens aus (sofern es massiv ist).

(a) Photoproduktion eines Pions:

$$\gamma p \to \pi^0 p \quad (m_p = 938{,}5\ \text{MeV}, \quad m_\pi^0 = 135{,}0\ \text{MeV})$$

(b) Nukleon-Antinukleon-Paarerzeugung bei der Nukleon-Nukleon-Streuung: $pp \to ppp\bar{p}$.

(c) Nukleon-Antinukleon-Paarerzeugung bei der Elektron-Elektron-Streuung: $e^-e^- \to e^-e^-p\bar{p}$ und $e^+e^- \to p\bar{p}\,(m_e = 0{,}511\ \text{MeV})$.

11.25 Im gekreuzten Speicherring (Intersecting Storage Ring) bei CERN oder in Anlagen mit mehreren e^+e^--Speicherringen werden Teilchenstrahlen, die in entgegengesetzte Richtungen rotieren, gespeichert und prallen in einer oder auch mehreren Wechselwirkungszonen mehr oder weniger zentral aufeinander. Die Teilchen in den beiden Strahlen mögen die Massen m_1 bzw. m_2 haben, und ihre Impulse seien p_1 bzw. p_2. Der Winkel, unter dem sich die Teilchenstrahlen treffen, sei θ.

(a) Man zeige, dass das Quadrat der Gesamtenergie im Schwerpunktsystem bis zur Ordnung von $(m/p)^2$ einschließlich durch

$$W^2 = 4p_1p_2\cos^2\frac{\theta}{2} + (p_1 + p_2)\left(\frac{m_1^2}{p_1} + \frac{m_2^2}{p_2}\right)$$

gegeben ist.

(b) Man verifiziere, dass das inertiale Schwerpunktsystem im Laborsystem die Geschwindigkeit

$$\beta_{\text{cms}} = \frac{(p_1 + p_2)\sin\theta/2}{(E_1 + E_2)\sin\alpha}$$

hat, wobei

$$\tan\alpha = \left(\frac{p_1 + p_2}{p_1 - p_2}\right)\tan\frac{\theta}{2}$$

ist und die Lage des Winkels α aus der folgenden Abbildung hervorgeht.

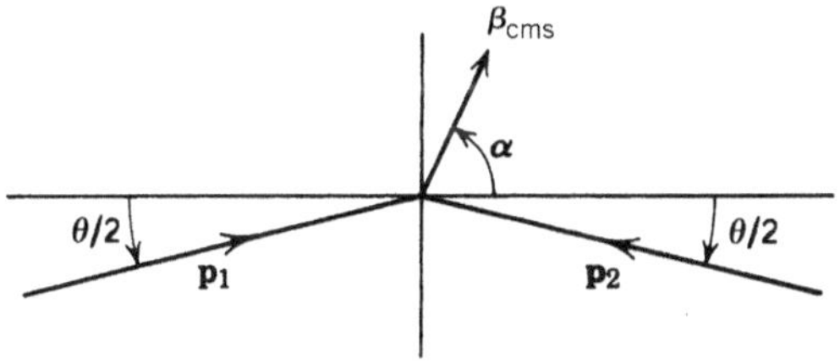

(c) Man beweise, dass die in (b) angegebenen Resultate mit denen aus Teil (b) der Übg. 11.20 übereinstimmen.

(d) Falls der Schnittwinkel $\theta = 20°$ ist und die Impulse die Beträge $p_1 = p_2 = 100\ \text{GeV}/c$ haben, stellt dann das Laborsystem eine gute Annäherung an das Schwerpunktsystem dar? Man betrachte z. B. die Pion-Produktion bei der inelastischen Proton-Proton-Streuung und untersuche die Erzeugung zweier Pionen mit kollinearen, entgegengesetzt gleichen Impulsen vom Betrag $10\ \text{GeV}/c$ im Schwerpunktsystem.

11.26 Bei einem elastischen Streuprozess überträgt das einfallende Teilchen Energie auf das ruhende Target. Der Energieverlust ΔE des einfallenden Teilchens macht sich in der kinetischen Rückstoßenergie des Targets bemerkbar. In der Notation von Übg. 11.23 ist $m_3 = m_1$ und $m_4 = m_2$, während $\Delta E = T_4 = E_4 - m_4$ ist.

(a) Man zeige, dass sich ΔE auf drei verschiedene Weisen ausdrücken lässt, nämlich in der Form

$$\Delta E = \frac{m_2}{W^2}\, p_{\text{LAB}}^2 (1-\cos\theta'), \quad \Delta E = \frac{2m_2 p_{\text{LAB}}^2 \cos^2\theta_4}{W^2 + p_{\text{LAB}}^2 \sin^2\theta_4} \quad \text{oder} \quad \Delta E = \frac{Q^2}{2m_2}$$

wobei $Q^2 = -(p_1 - p_3)^2 = (\mathbf{p}_1 - \mathbf{p}_3)^2 - (E_1 - E_3)^2$ das Quadrat des lorentzinvarianten Impulsübertrages ist.

(b) Man zeige, dass außer im Fall von Elektronen der maximale Energieverlust für geladene Teilchen, die auf ruhende Elektronen ($m_1 \gg m_2$) auftreffen, näherungsweise durch

$$\Delta E_{\max} \simeq 2\gamma^2\beta^2 m_e$$

gegeben ist, wobei γ und β die üblichen Lorentz-Transformationsparameter des einfallenden Teilchens sind und $\gamma \ll (m_1/m_e)$ ist. Man gebe diesem Resultat eine einfache Interpretation, indem man die relevante Streuung im Ruhsystem des einfallenden Teilchens betrachte und dann zurück ins Laborsystem transformiere.

(c) Man zeige, dass sich der maximale Energieübertrag bei der Elektron-Elektron-Streuung zu

$$\Delta E_{\max}^{(e)} = (\gamma - 1)\, m_e$$

ergibt.

11.27 **(a)** In einem Bezugssystem K' gebe es eine Ladungsdichte ρ'. Die Gesamtladung sei Null, aber es existiere ein Dipolmoment $\mathbf{p}$. Eine Stromdichte sei in K' nicht vorhanden. Das System K' bewege sich mit der Geschwindigkeit $\mathbf{v} = \boldsymbol{\beta} c$ in einem anderen Bezugssystem K. Man bestimme in K die Ladungs- und Stromdichte, ρ bzw. $\mathbf{J}$, und zeige, dass in erster Ordnung in β ein magnetisches Moment $\mathbf{m} = (\mathbf{p} \times \boldsymbol{\beta})/2$ zu beobachten ist. Welches elektrische Dipolmoment erhält man in K bei gleicher Ordnung in β?

(b) Anstelle der im System K' gegebenen Ladungsdichte bei Abwesenheit einer Stromdichte betrachte man nun den umgekehrten Fall, dass in K' zwar keine Ladungsdichte, aber eine Stromdichte $\mathbf{J}'$ mit dem magnetischen Dipolmoment $\mathbf{m}$ vorhanden sei. Man bestimme die Ladungs- und Stromdichte in K und zeige, dass – in erster Ordnung in β – neben dem magnetischen Dipolmoment auch ein elektrisches Dipolmoment $\mathbf{p} = \boldsymbol{\beta} \times \mathbf{m}$ zu beobachten ist.

11.28 Die in den Übungen 6.21 und 6.22 gestellten Probleme können auch unter dem Gesichtswinkel der Lorentz-Transformation betrachtet werden. Ein momentan im Ursprung des Bezugssystems K' ruhender elektrischer Dipol hat die Potentiale $\Phi' = \mathbf{p} \cdot \mathbf{r}'/r'^3$ und $\mathbf{A}' = 0$ (also nur ein elektrisches Feld). Das System K bewege sich nun gleichförmig mit der Geschwindigkeit $\mathbf{v} = \boldsymbol{\beta} c$ im System K.

(a) Man zeige, dass – in erster Ordnung in β – die Potentiale in K gegeben sind durch

$$\Phi = \frac{\mathbf{p} \cdot \mathbf{R}}{R^3}, \quad \mathbf{A} = \boldsymbol{\beta}\,\frac{\mathbf{p} \cdot \mathbf{R}}{R^3}$$

wobei $\mathbf{R} = \mathbf{x} - \mathbf{x}_0(t)$ mit $\mathbf{v} = d\mathbf{x}_0/dt$ zur Zeit t ist.

(b) Man weise explizit nach, dass die Potentiale in K der Lorentz-Bedingung genügen.

(c) Man zeige ferner, dass – in erster Ordnung in β – das elektrische Feld $\mathbf{E}$ in K, von einem festen Ursprung aus gesehen, gerade das Feld eines (in $\mathbf{x}_0$ zentrierten) elektrischen Dipols ist bzw. ein Dipolfeld zuzüglich höherer, zeitabhängiger Multipole und dass das magnetische Feld gegeben ist durch $\mathbf{B} = \boldsymbol{\beta} \times \mathbf{E}$. Wo aber ist das effektive Dipolmoment aus Übg. 6.21 bzw. 11.27 (a) geblieben?

11.29 Man betrachte nun anstelle des elektrischen Dipolpotentials aus Übg. 11.28 ein punktartiges magnetisches Moment $\mathbf{m}$ im bewegten Bezugssystem K', mit den Potentialen $\Phi' = 0$, $\mathbf{A}' = \mathbf{m} \times \mathbf{r}'/r'^3$ (also nur ein magnetisches Feld).

(a) Man zeige, dass – in erster Ordnung in β – die Potentiale in K durch

$$\Phi = \frac{(\boldsymbol{\beta}\times\mathbf{m})\cdot\mathbf{R}}{R^3}, \quad \mathbf{A} = \frac{(\mathbf{m}\times\mathbf{R})}{R^3}$$

gegeben sind, und beachte, dass das skalare Potential das gleiche ist wie das statische Potential des elektrischen Dipolmoments aus Übg. 11.27(b). (Aber dies gibt nur den rotationsfreien Anteil des elektrischen Feldes wieder.)

(b) Man berechne aus den in Teil (a) angegebenen Potentialen die elektrischen und magnetischen Felder in K und zeige, dass sich das elektrische Feld alternativ ausdrücken lässt durch

$$\mathbf{E} = \mathbf{E}_{\text{Dipol}}(\mathbf{p}_{\text{eff}} = \boldsymbol{\beta}\times\mathbf{m}) - \mathbf{m}\times\frac{[3\mathbf{n}(\mathbf{n}\cdot\boldsymbol{\beta}) - \boldsymbol{\beta}]}{R^3}$$

$$\mathbf{E} = \mathbf{E}_{\text{Dipol}}\left(\mathbf{p}_{\text{eff}} = \frac{\boldsymbol{\beta}}{2}\times\mathbf{m}\right) + \frac{3}{2}\mathbf{n}\times\frac{[\mathbf{m}(\mathbf{n}\cdot\boldsymbol{\beta}) + \boldsymbol{\beta}(\mathbf{n}\cdot\mathbf{m})]}{R^3}$$

$$\mathbf{E} = \mathbf{B}\times\boldsymbol{\beta}$$

wobei $\mathbf{B}$ das magnetische Dipolfeld bezeichnet. Die verschiedenen Darstellungen interpretiere man unter dem Gesichtswinkel von Übg. 6.22.

11.30 Ein isotropes, lineares Medium, das (im Ruhsystem K') durch die Materialgleichungen $\mathbf{D}' = \epsilon\mathbf{E}'$ und $\mu\mathbf{H}' = \mathbf{B}'$ gekennzeichnet ist, befinde sich im Inertialsystem K in gleichförmiger Translationsbewegung mit der Geschwindigkeit $\mathbf{v}$. Unter Ausnutzung der Tatsache, dass sich $G_{\mu\nu} = (\mathbf{D}, \mathbf{H})$ und $F_{\mu\nu} = (\mathbf{E}, \mathbf{B})$ unter Lorentz-Transformationen wie Vierertensoren vom Rang 2 verhalten, zeige man, dass die makroskopischen Felder $\mathbf{D}$ und $\mathbf{H}$ in folgender Weise durch $\mathbf{E}$ und $\mathbf{B}$ ausgedrückt werden können:

$$\mathbf{D} = \epsilon\mathbf{E} + \gamma^2\left(\epsilon - \frac{1}{\mu}\right)[\beta^2\mathbf{E}_\perp + \boldsymbol{\beta}\times\mathbf{B}]$$

$$\mathbf{H} = \frac{1}{\mu}\mathbf{B} + \gamma^2\left(\epsilon - \frac{1}{\mu}\right)[-\beta^2\mathbf{B}_\perp + \boldsymbol{\beta}\times\mathbf{E}]$$

wobei $\mathbf{E}_\perp$ und $\mathbf{B}_\perp$ nur Komponenten senkrecht zu $\mathbf{v}$ haben.

11.31 Gegeben sei ein gerader Hohlzylinder kreisförmigen Querschnitts mit dem inneren Radius a und dem äußeren Radius b. Seine Wandung bestehe aus magnetisch isolierendem Material (mit der relativen Dielektrizitätskonstanten ϵ und der relativen Permeabilität μ). Dieser Zylinder werde in einem homogenen axialen Magnetfeld B_0 in Rotation um seine Achse versetzt, und zwar mit der Winkelgeschwindigkeit ω. Die durch ein radiales inneres elektrisches Feld verursachte Spannungsdifferenz zwischen innerer und äußerer Mantelfläche wurde 1913 von den Gebrüdern Wilson gemessen. Zur Bestimmung dieser Spannungsdifferenz nehme man an, dass lokal die in Übg. 11.30 angegebenen Beziehungen gelten, dass die Geschwindigkeit durch $\mathbf{v} = \omega\rho\mathbf{e}_\phi$ gegeben ist und dass es nur Feldkomponenten E_ρ und B_z gibt, die beide unabhängig von z und ϕ sind. Man löse die Gleichungen $\nabla\cdot\mathbf{D} = 0$ und $\nabla\times\mathbf{H} = 0$ innerhalb des Zylinders und zeige, dass sich die inneren Felder zu

$$E_\rho = -\frac{\mu\omega\rho B_0}{c(1-\omega^2\rho^2/c^2)}\left(1 - \frac{1}{\mu\epsilon}\right); \quad B_z = \mu B_0\left[\frac{1-\omega^2\rho^2/c^2\mu\epsilon}{1-\omega^2\rho^2/c^2}\right]$$

berechnen, woraus sich für nichtrelativistische Bewegung ($\omega b/c \ll 1$) die Spannungsdifferenz

$$V = \frac{1}{2}\frac{\mu\omega}{c}B_0(b^2 - a^2)\left(1 - \frac{1}{\mu\epsilon}\right)$$

ergibt. Dieses Experiment stellte eine der ersten Bestätigungen der speziellen Relativitätstheorie und der Minkowskischen Elektrodynamik bewegter Medien dar. Wer wissen möchte, wie die Gebrüder Wilson einen magnetischen Isolator hergestellt haben, schaue in die Originalarbeit.

Literatur: Wilson, M. und H.A. Wilson, *Proc. Roy. Soc. London* **A89**, 99–106 (1013).

12 Dynamik relativistischer Teilchen und elektromagnetischer Felder

Im voranstehenden Kapitel entwickelten wir die Kinematik der speziellen Relativitätstheorie. Wir wenden uns nunmehr der Dynamik zu. Der erste Teil dieses Kapitels wird der Dynamik geladener Teilchen gewidmet sein, die sich in äußeren elektromagnetischen Feldern bewegen. Die Herleitung der Bewegungsgleichungen aus dem Lagrange-Formalismus bringen wir hauptsächlich deswegen, weil wir den Begriff einer lorentzinvarianten Wirkungsfunktion einführen wollen, aus der sich kovariante dynamische Gleichungen ableiten lassen. Den Übergang zu einer Hamilton-Funktion, zusammen mit den Definitionen des kanonischen Impulses, besprechen wir anschließend. Es folgen mehrere Abschnitte, in denen wir uns mit der Bewegung eines geladenen Teilchens in elektrischen und magnetischen Feldern beschäftigen. Zunächst betrachten wir kurz die Bewegung in einem statischen Magnetfeld und danach das entsprechende Problem für eine Kombination aus elektrischen und magnetischen Feldern. Im Anschluss daran diskutieren wir die Driftbewegung von geladenen Teilchen in inhomogenen Magnetfeldern und die adiabatische Invarianz des von der Teilchenbahn eingeschlossenen magnetischen Flusses. Schließlich behandeln wir auch das Problem einer relativistischen Lagrange-Funktion für ein System wechselwirkender geladener Teilchen. Dabei wird sich zeigen, dass man Retardierungseffekte bis zur Ordnung v^2/c^2 eliminieren und eine Lagrange-Funktion (die sog. Darwin'sche Lagrange-Funktion) konstruieren kann, die allein von den momentanen Lagekoordinaten und Geschwindigkeiten der Teilchen abhängt.

In den letzten fünf Abschnitten des Kapitels liegt die Betonung auf den Feldern. Zunächst werden wir die Maxwell'schen Gleichungen aus einer geeigneten Lagrange-Dichte herleiten. Sodann geben wir eine modifizierte Lagrange-Dichte an, die ein massives „Photon" beschreibt, behandeln die Konsequenzen, die ein solches Photon für Resonanzkreise, Doppelleitungen und Hohlraumresonatoren haben könnte und erläutern auch, wie sich ein massives „Photon" in der Supraleitung manifestiert. Eine kovariante Verallgemeinerung der Hamilton-Funktion der Felder sowie die Erhaltungssätze für Energie, Impuls und Drehimpuls von quellenfreien Feldern, die mit geladenen Teilchen wechselwirken, besprechen wir anschließend. Der letzte Abschnitt des Kapitels ist den invarianten Green'schen Funktionen gewidmet, die die Grundlage für die Lösung der vierdimensionalen Wellengleichung mit einer gegebenen Stromdichte als Quelle bilden.

12.1 Lagrange- und Hamilton-Funktion eines relativistischen geladenen Teilchens im äußeren elektromagnetischen Feld

Die Bewegungsgleichungen für ein Teilchen der Ladung e in *äußeren* Feldern $\mathbf{E}$ und $\mathbf{B}$, nämlich

$$\frac{d\mathbf{p}}{dt} = e\left[\mathbf{E} + \frac{\mathbf{u}}{c} \times \mathbf{B}\right] \tag{12.1}$$

$$\frac{dE}{dt} = e\mathbf{u} \cdot \mathbf{E} \tag{12.2}$$

lassen sich in der kovarianten Form (11.144) schreiben:

$$\frac{dU^\alpha}{d\tau} = \frac{e}{mc} F^{\alpha\beta} U_\beta \tag{12.3}$$

Dabei ist m die Masse des Teilchens, τ seine Eigenzeit und $U^\alpha = (\gamma c, \gamma \mathbf{u}) = p^\alpha/m$ seine Vierergeschwindigkeit.

Obwohl die Bewegungsgleichungen (12.1) und (12.2) ausreichen, um die Bewegung eines geladenen Teilchens in äußeren elektromagnetischen Feldern zu beschreiben (unter Vernachlässigung der Strahlungsemission), ist es nützlich, die Dynamik eines geladenen Teilchens unter dem Gesichtswinkel der Lagrange'schen bzw. Hamilton'schen Mechanik zu betrachten. Der Lagrange-Formalismus der Mechanik beruht auf dem Hamilton'schen Prinzip der kleinsten Wirkung. In der nichtrelativistischen Mechanik wird ein System durch generalisierte Koordinaten $q_i(t)$ und Geschwindigkeiten $\dot{q}_i(t)$ beschrieben. Die Lagrange-Funktion L ist eine von q_i und $\dot{q}_i$ abhängige Funktion, die unter Umständen auch explizit von der Zeit abhängen kann. Die Wirkung A ist als das Zeitintegral von L längs einer zugelassenen Bahn des Systems definiert und ist damit ein *Funktional* der Bahn $q_i(t)$. Das *Prinzip der kleinsten Wirkung* besagt, dass die Bewegung eines mechanischen Systems so vor sich geht, dass die Wirkung

$$A = \int_{t_1}^{t_2} L[q_i(t), \dot{q}_i(t), t]\, dt \tag{12.4}$$

beim Übergang von einer Konfiguration a zur Zeit t_1 zu einer anderen Konfiguration b zur Zeit t_2 ein Extremum annimmt. Betrachtet man kleine Variationen der Koordinaten und damit auch der Geschwindigkeiten gegenüber der tatsächlichen Bahn und fordert $\delta A = 0$, so erhält man (s. *Goldstein*, Kap. 2) die Euler-Lagrange'schen Bewegungsgleichungen

$$\frac{d}{dt}\left(\frac{\partial L}{\partial \dot{q}_i}\right) - \frac{\partial L}{\partial q_i} = 0 \tag{12.5}$$

Wir wollen den Formalismus auf ein relativistisch bewegtes Teilchen ausdehnen, und zwar in einer Weise, die mit der speziellen Relativitätstheorie konsistent ist und für geladene Teilchen in äußeren Feldern auf (12.1) und (12.2) oder (12.3) führt.

Um dort hinzugelangen, gibt es verschiedene Methoden. Die elementarste und bekannteste von ihnen ist diejenige, bei der man mit gewöhnlichen Koordinaten und Geschwindigkeiten und der üblichen Zeit weiterarbeitet und vom nichtrelativistischen Fall aus direkt verallgemeinert. Eleganter ist das manifest kovariante Verfahren. Doch bevor wir dies erläutern, bringen wir zunächst die elementare Herleitung.

A. Elementare Herleitung einer relativistischen Lagrange-Funktion

Um zu einer relativistischen Lagrange-Funktion für ein geladenes Teilchen in äußeren Feldern zu gelangen, untersuchen wir zunächst die Lorentz-Transformationseigenschaften der Lagrange-Funktion. Nach dem ersten Einstein'schen Postulat muss das Wirkungsintegral lorentzinvariant sein, da die Bewegungsgleichungen aus der Extremalbedingung $\delta A = 0$ hervorgehen. Führt man in (12.4) über $dt = \gamma\, d\tau$ die Eigenzeit des Teilchens ein, so geht das Wirkungsintegral über in

$$A = \int_{\tau_1}^{\tau_2} \gamma L \, d\tau \tag{12.6}$$

Da die Eigenzeit eine Invariate ist, folgt aus der geforderten Invarianz von A, dass auch γL *eine Lorentz-Invariante* sein muss. Die Lagrange-Funktion eines freien Teilchens kann von dessen Geschwindigkeit und Masse abhängen, nicht aber von seiner Ortskoordinate. Die einzige lorentzinvariante Größe, die sich aus der Geschwindigkeit bilden lässt, ist $U_\alpha U^\alpha = c^2$. Folglich muss die Lagrange-Funktion eines freien Teilchens proportional zu $\gamma^{-1} = \sqrt{1-\beta^2}$ sein. Es ist leicht zu zeigen, dass

$$L_{\text{frei}} = -mc^2 \sqrt{1 - \frac{u^2}{c^2}} \tag{12.7}$$

das richtige Vielfache von γ^{-1} ist, das über (12.5) auf die Bewegungsgleichung eines freien Teilchens führt, nämlich

$$\frac{d}{dt}(\gamma m \mathbf{u}) = 0 \tag{12.8}$$

Die Wirkung (12.6) ist proportional zum Eigenzeitintegral längs der Bahn zwischen dem Anfangs- und Endpunkt zur Zeit τ_1 bzw. τ_2. Dieses Integral ist lorentzinvariant, hängt aber von der gewählten Bahn ab. Um dies rechnerisch zu sehen, betrachten wir ein Bezugssystem, in dem sich das Teilchen anfänglich in Ruhe befindet. Aufgrund der Definition (11.26) der Eigenzeit ist dann klar, dass, wenn das Teilchen in dem genannten System in Ruhe bleibt, das Integral über die Eigenzeit größer ist, als wenn es sich mit einer bestimmten Geschwindigkeit längs einer Bahn bewegt. Dies bedeutet, dass eine gerade Weltlinie, die den Anfangspunkt der Bahn mit ihrem Endpunkt verbindet, zu einem Maximum des Eigenzeitintegrals führt bzw. – mit dem negativen Vorzeichen in (12.7) – zu einem Minimum des Wirkungsintegrals. Diese Bewegung konstanter Geschwindigkeit ist natürlich die Lösung der Bewegungsgleichung eines freien Teilchens.

Die an γL gestellte Forderung der Lorentz-Invarianz gestattet es, die Lagrange-Funktion eines relativistischen geladenen Teilchens in äußeren elektromagnetischen

Feldern zu bestimmen. Voraussetzung dafür ist allerdings, dass man etwas über die Lagrange-Funktion (bzw. Bewegungsgleichung) eines nichtrelativistischen Teilchens in statischen Feldern weiß. Ein geladenes Teilchen, das sich langsam bewegt, wird hauptsächlich durch das elektrische Feld beeinflusst. Mit dem skalaren Potential Φ, aus dem sich das elektrische Feld herleitet, ergibt sich die potentielle Energie der Wechselwirkung zu $V = e\Phi$. Da die nichtrelativistische Lagrange-Funktion gleich $T - V$ ist, muss sich daher Wechselwirkungsanteil L_{int} der gesuchten relativistischen Lagrange-Funktion im nichtrelativistischen Grenzfall auf

$$L_{\text{int}} \to L_{\text{int}}^{NR} = -e\Phi \tag{12.9}$$

reduzieren. Unser Problem besteht also darin, einen lorentzinvarianten Ausdruck für γL_{int} zu finden, der sich für nichtrelativistische Geschwindigkeiten auf (12.9) reduziert. Da Φ die Zeitkomponente des Viererpotentials A^α ist, darf man vermuten, dass γL_{int} in dem Skalarprodukt von A^α mit einem Vierervektor enthalten ist. Die einzigen Vierervektoren, die außer A^α selbst noch zur Verfügung stehen, sind der Impuls- und Ortsvektor des Teilchens. Da γL_{int} sowohl translations- wie lorentzinvariant sein muss, kann es die Koordinaten nicht explizit enthalten. Daher kommt als Lagrange-Funktion der Wechselwirkung nur

$$L_{\text{int}} = -\frac{e}{\gamma c} U_\alpha A^\alpha \tag{12.10}$$

bzw.

$$L_{\text{int}} = -e\Phi + \frac{e}{c}\mathbf{u}\cdot\mathbf{A} \tag{12.11}$$

in Frage.[1] Die Kombination von (12.7) und (12.11) liefert als vollständige relativistische Lagrange-Funktion eines geladenen Teilchens

$$L = -mc^2\sqrt{1 - \frac{u^2}{c^2}} + \frac{e}{c}\mathbf{u}\cdot\mathbf{A} - e\Phi \tag{12.12}$$

Den Nachweis, dass (12.12) tatsächlich auf die Gleichung der Lorentz-Kraft führt, überlassen wir dem Leser als Übung. Zu benutzen sind dabei die konvektive Ableitung $d/dt = (\partial/\partial t) + \mathbf{u}\cdot\boldsymbol{\nabla}$ und die Standarddefinitionen der Felder.

Den zur Ortskoordinate $\mathbf{x}$ kanonisch konjugierten Impuls $\mathbf{P}$ erhält man aus der Definition

$$P_i \equiv \frac{\partial L}{\partial u_i} = \gamma m u_i + \frac{e}{c} A_i \tag{12.13}$$

Aus ihr folgt:

$$\mathbf{P} = \mathbf{p} + \frac{e}{c}\mathbf{A} \tag{12.14}$$

[1] Ohne sich auf den nichtrelativistischen Grenzfall zu berufen, gelangt man zu dieser Form von L_{int} durch die Forderung, dass γL_{int} eine Lorentz-Invariante ist, die (1) in der Ladung des Teilchens und (2) in den elektromagnetischen Potentialen linear ist, (3) translationsinvariant ist und (4) Zeitableitungen der Teilchenkoordinaten höchstens erster Ordnung enthält. Dem Leser sei empfohlen, die Möglichkeit einer Wechselwirkungs-Lagrange-Funktion zu untersuchen, die nicht in den Potentialen A^α, sondern den Feldstärken $F^{\alpha\beta}$ linear ist, im Übrigen aber alle anderen der genannten Bedingungen erfüllt.

wobei $\mathbf{p} = \gamma m\mathbf{u}$ den normalen kinetischen Impuls bezeichnet. Die Hamilton-Funktion H hängt von der Koordinate $\mathbf{x}$ und dem zu ihr konjugierten Impuls $\mathbf{P}$ ab und ist eine Konstante der Bewegung, wenn die Lagrange-Funktion nicht explizit von der Zeit abhängt. Sie ist folgendermaßen über die Lagrange-Funktion definiert:

$$H = \mathbf{P} \cdot \mathbf{u} - L \tag{12.15}$$

Die Geschwindigkeit $\mathbf{u}$ muss hier zugunsten von $\mathbf{P}$ und $\mathbf{x}$ eliminiert werden. Nach (12.13) und (12.14) ist

$$\mathbf{u} = \frac{c\mathbf{P} - e\mathbf{A}}{\sqrt{\left(\mathbf{P} - \frac{e\mathbf{A}}{c}\right)^2 + m^2c^2}} \tag{12.16}$$

Setzt man dies in die Gl. (12.15) und die Lagrange-Funktion (12.12) ein, so erhält man schließlich für die Hamilton-Funktion:

$$H = \sqrt{(c\mathbf{P} - e\mathbf{A})^2 + m^2c^4} + e\Phi \tag{12.17}$$

Den Nachweis zu erbringen, dass die Hamilton'schen Bewegungsgleichungen zu der Gleichung für die Lorentz-Kraft kombiniert werden können, überlassen wir wieder dem Leser. Die Hamilton-Funktion (12.17) ist identisch mit der Gesamtenergie W des Teilchens. Sie unterscheidet sich von der Energie eines freien Teilchen durch die zusätzliche potentielle Energie $e\Phi$ und durch die Substitution $\mathbf{p} \to [\mathbf{P} - (e/c)\mathbf{A}]$. Diese beiden Modifikationen stellen tatsächlich nur die Änderung eines einzigen Vierervektors dar. Dies erkennt man unmittelbar, wenn man in (12.17) den Term $e\Phi$ auf die andere Seite der Gleichung bringt und anschließend beide Seiten quadriert. Man erhält dann:

$$(W - e\Phi)^2 - (c\mathbf{P} - e\mathbf{A})^2 = (mc^2)^2 \tag{12.18}$$

Der Ausdruck auf der linken Seite dieser Gleichung ist nicht anderes als das Normquadrat eines Vierervektors:

$$p_\alpha p^\alpha = (mc)^2 \tag{12.19}$$

mit

$$p^\alpha \equiv \left(\frac{E}{c}, \mathbf{p}\right) = \left(\frac{1}{c}(W - e\Phi), \mathbf{P} - \frac{e}{c}\mathbf{A}\right) \tag{12.20}$$

Die Gesamtenergie W/c spielt also die Rolle der Zeitkomponente eines kanonisch konjugierten Viererimpulses P^α, dessen Raumanteil $\mathbf{P}$ durch (12.14) gegeben ist. Eine manifest kovariante Behandlung, wie wir sie im Folgenden bringen und auch in Übg. 12.1 diskutiert wird, führt automatisch auf diesen Viererimpuls.

Am Rande sei darauf hingewiesen, dass die Bewegungsgleichungen (12.1) und (12.2) offenbar invariant unter einer Eichtransformation der Potentiale sind. Für die Lagrange-Funktion (12.10) dagegen trifft dies nicht zu, da sie die Potentiale explizit enthält. Man kann aber zeigen, dass die bei einer Eichtransformation auftretende Änderung von L (eine totale Zeitableitung) das Wirkungsintegral und damit die Bewegungsgleichungen nicht ändert (vgl. hierzu Übg. 12.2).

B. Streng kovariante Herleitung einer relativistischen Lagrange-Funktion

Im Rahmen einer streng kovarianten Beschreibung müssen die üblichen Variablen **x** und **u** durch die Vierervektoren x^α und U^α ersetzt werden. Die Lagrange-Funktion (12.7) eines freien Teilchens lässt sich durch U^α in der Form

$$L_{\text{frei}} = -\frac{mc}{\gamma}\sqrt{U_\alpha U^\alpha} \tag{12.21}$$

ausdrücken. Das Wirkungsintegral (12.5) lautet damit:

$$A = -mc\int_{\tau_1}^{\tau_2}\sqrt{U_\alpha U^\alpha}\,d\tau \tag{12.22}$$

Man könnte meinen, dass dieser manifest kovariante Ausdruck einen geeigneten Ausgangspunkt für eine Variationsrechnung darstellt, die auf die Bewegungsgleichung $dU^\alpha/d\tau = 0$ führt. Doch außer dieser Bewegungsgleichung ist noch die Nebenbedingung

$$U_\alpha U^\alpha = c^2 \tag{12.23}$$

zu erfüllen, die äquivalent ist zu der Gleichung

$$U_\alpha \frac{dU^\alpha}{d\tau} = 0 \tag{12.24}$$

Dies lässt sich mithilfe der Methode der Lagrange'schen Multiplikatoren erreichen, doch werden wir hier ein anderes, äquivalentes Verfahren benutzen. Der Integrand in (12.22) ist

$$\sqrt{U_\alpha U^\alpha}\,d\tau = \sqrt{\frac{dx_\alpha}{d\tau}\frac{dx^\alpha}{d\tau}}\,d\tau = \sqrt{g^{\alpha\beta}\,dx_\alpha\,dx_\beta}$$

d.h. identisch mit dem infinitesimalen Linienelement im vierdimensionalen Raum. Es ist daher naheliegend, das Wirkungsintegral (12.22) durch

$$A = -mc\int_{s_1}^{s_2}\sqrt{g^{\alpha\beta}\frac{dx_\alpha}{ds}\frac{dx_\beta}{ds}}\,ds \tag{12.25}$$

zu ersetzten, wobei $x^\alpha(s)$ die Raum-Zeit-Koordinate des Teilchens ist und s einen Parameter darstellt, der eine monoton wachsende Funktion von τ ist, im Übrigen aber beliebig. Das Wirkungsintegral ist ein Integral längs der Weltlinie des Teilchens, und das Prinzip der kleinsten Wirkung besagt, dass die tatsächliche Bahn eine Extremale ist, nämlich die geodätische Linie.[2] Die Lagrange'schen Variablen sind jetzt x^α und die „Geschwindigkeit" dx^α/ds, wobei jedoch s als beliebig anzusehen ist. Erst nach Ausführung der Variation nehmen wir die Identifikation

$$\sqrt{g^{\alpha\beta}\frac{dx_\alpha}{ds}\frac{dx_\beta}{ds}}\,ds = c\,d\tau \tag{12.26}$$

[2] Siehe z.B. *Rohrlich*, S. 277–278.

vor, um damit die Nebenbedingung (12.23) zu erfüllen. Die Variation von (12.25) führt auf die Euler-Lagrange'schen Gleichungen

$$mc\frac{d}{ds}\left[\frac{dx^\alpha/ds}{\left(\frac{dx_\beta}{ds}\frac{dx^\beta}{ds}\right)^{1/2}}\right]=0 \tag{12.27}$$

bzw.

$$m\frac{d^2x^\alpha}{d\tau^2}=0 \tag{12.28}$$

wie man es für die Bewegung eines freien Teilchens erwartet.

Für ein geladenes Teilchen im äußeren Feld legt die Gestalt der Lagrange-Funktion (12.11) die Vermutung nahe, dass der manifest kovariante Ausdruck für das Wirkungsintegral durch

$$A=-\int_{s_1}^{s_2}\left[mc\sqrt{g^{\alpha\beta}\frac{dx_\alpha}{ds}\frac{dx_\beta}{ds}}+\frac{e}{c}\frac{dx_\alpha}{ds}A^\alpha(x)\right]ds \tag{12.29}$$

gegeben ist. Das Hamilton'sche Prinzip liefert die Euler-Lagrange'schen Gleichungen

$$\frac{d}{ds}\left[\frac{\partial\tilde{L}}{\partial\left(\frac{dx_\alpha}{ds}\right)}\right]-\partial^\alpha\tilde{L}=0 \tag{12.30}$$

mit der Lagrange-Funktion

$$\tilde{L}=-\left[mc\sqrt{g^{\alpha\beta}\frac{dx_\alpha}{ds}\frac{dx_\beta}{ds}}+\frac{e}{c}\frac{dx_\alpha}{ds}A^\alpha(x)\right] \tag{12.31}$$

Nach Division durch den Wurzelausdruck und bei Verwendung von (12.26) nimmt Gl. (12.30) die folgende explizite Gestalt an:

$$m\frac{d^2x^\alpha}{d\tau^2}+\frac{e}{c}\frac{dA^\alpha(x)}{d\tau}-\frac{e}{c}\frac{dx_\beta}{d\tau}\partial^\alpha A^\beta(x)=0$$

Aufgrund von $dA^\alpha/d\tau=(dx_\beta/d\tau)\,\partial^\beta A^\alpha$ kann man hierfür auch

$$m\frac{d^2x^\alpha}{d\tau^2}=\frac{e}{c}(\partial^\alpha A^\beta-\partial^\beta A^\alpha)\frac{dx_\beta}{d\tau} \tag{12.32}$$

schreiben. Dies ist nichts anderes als die kovariante Bewegungsgleichung (12.3) in anderer Schreibweise.

Der Übergang zum kanonisch konjugierten Impuls und zu einer Hamilton-Funktion ist zwar einfach, bereitet aber Interpretationsschwierigkeiten. Der kanonisch konjugierte Viererimpuls ist definiert durch

$$P^\alpha=-\frac{\partial\tilde{L}}{\partial\left(\frac{dx_\alpha}{ds}\right)}=mU^\alpha+\frac{e}{c}A^\alpha \tag{12.33}$$

Das Minuszeichen wurde dabei eingeführt, damit (12.33) mit (12.14) übereinstimmt; sein Ursprung ist in den Eigenschaften des Lorentz'schen Raum-Zeit-Kontinuums zu suchen. Eine Hamilton-Funktion lässt sich durch

$$\tilde{H} = P_\alpha U^\alpha + \tilde{L} \tag{12.34}$$

definieren. Eliminiert man hier unter Verwendung von (12.33) die Vierergeschwindigkeit U^α, so erhält man den Ausdruck

$$\tilde{H} = \frac{1}{m}\left(P_\alpha - \frac{eA_\alpha}{c}\right)\left(P^\alpha - \frac{eA^\alpha}{c}\right) - c\sqrt{\left(P_\alpha - \frac{e}{c}A_\alpha\right)\left(P^\alpha - \frac{e}{c}A^\alpha\right)} \tag{12.35}$$

Die Hamilton'schen Gleichungen lauten:

$$\frac{dx^\alpha}{d\tau} = \frac{\partial \tilde{H}}{\partial P_\alpha} = \frac{1}{m}\left(P^\alpha - \frac{e}{c}A^\alpha\right)$$

und

$$\frac{dP^\alpha}{d\tau} = -\frac{\partial \tilde{H}}{\partial x_\alpha} = \frac{e}{mc}\left(P_\beta - \frac{eA_\beta}{c}\right)\partial^\alpha A^\beta \tag{12.36}$$

wobei wir *nach* der Differentiation die Nebenbedingung

$$\left(P_\alpha - \frac{e}{c}A_\alpha\right)\left(P^\alpha - \frac{e}{c}A^\alpha\right) = m^2c^2$$

benutzt haben. Die beiden Gleichungen (12.36) sind, wie sich unmittelbar zeigen lässt, äquivalent zu den Euler-Lagrange'schen Gleichungen (12.32).

Während die obige Hamilton-Funktion formal zufriedenstellend ist, gibt es doch Anlass zu verschiedenen Fragen. Die erste betrifft die Tatsache, dass sie definitionsgemäß ein Lorentz-Skalar ist, aber keine energieartige Größe. Ferner zeigt man mithilfe von (12.23) und (12.33), dass $\tilde{H} \equiv 0$ ist. Die hier gebrachte Hamilton'sche Formulierung unterscheidet sich offensichtlich beträchtlich von der üblichen nichtrelativistischen Version. Für eine Diskussion der Hamilton-Funktion (12.35) und ihrer Alternativen empfehlen wir dem Leser das Buch von *Barut*, S. 68ff.

12.2 Bewegung im homogenen statischen Magnetfeld

Als erstes wichtiges Beispiel für die Dynamik geladener Teilchen in elektromagnetischen Feldern betrachten wir die Bewegung in einem homogenen statischen Magnetfeld **B**. Nach (12.1) und (12.2) lauten die Bewegungsgleichungen:

$$\frac{d\mathbf{p}}{dt} = \frac{e}{c}\mathbf{v} \times \mathbf{B}, \quad \frac{dE}{dt} = 0 \tag{12.37}$$

wobei wir die Geschwindigkeit des Teilchens hier mit $\mathbf{v}$ bezeichnet haben. Da sich die Energie mit der Zeit nicht ändert, ist der Betrag der Geschwindigkeit und damit auch γ konstant. Die erste Gleichung lässt sich daher in der Form

$$\frac{d\mathbf{v}}{dt} = \mathbf{v} \times \boldsymbol{\omega}_B \tag{12.38}$$

schreiben, wobei

$$\boldsymbol{\omega}_B = \frac{e\mathbf{B}}{\gamma mc} = \frac{ec\mathbf{B}}{E} \tag{12.39}$$

die als *Gyrofrequenz* bekannte Präzessionsfrequenz ist. Gleichung (12.38) beschreibt eine Kreisbewegung senkrecht zu $\mathbf{B}$ und eine gleichförmige Translation parallel zu $\mathbf{B}$. Es ist leicht zu zeigen, dass die Lösung für $\mathbf{v}$ folgendermaßen lautet:

$$\mathbf{v}(t) = v_{\parallel}\boldsymbol{\epsilon}_3 + \omega_B a(\boldsymbol{\epsilon}_1 - i\boldsymbol{\epsilon}_2)e^{-i\omega_B t} \tag{12.40}$$

Dabei ist $\boldsymbol{\epsilon}_3$ ein Einheitsvektor parallel zum Feld, während $\boldsymbol{\epsilon}_1$ und $\boldsymbol{\epsilon}_2$ die zu ihm senkrechten Einheitsvektoren sind; $v_{\parallel}$ bezeichnet die Geschwindigkeitskomponente parallel zum Feld, und a ist der *Gyrationsradius*. Konventionsgemäß benutzt man als Lösung den Realteil von (12.40). Der entsprechende Ausdruck stellt dann (für positive e) eine *Drehung entgegen dem Uhrzeigersinn* dar, wenn man in die Richtung von $\mathbf{B}$ schaut. Eine weitere Integration liefert die räumliche Verschiebung des Teilchens, nämlich

$$\mathbf{x}(t) = \mathbf{X}_0 + v_{\parallel}t\boldsymbol{\epsilon}_3 + ia(\boldsymbol{\epsilon}_1 - i\boldsymbol{\epsilon}_2)e^{-i\omega_B t} \tag{12.41}$$

Die Bahn des Teilchens stellt eine Schraubenlinie vom Radius a mit dem Anstiegswinkel $\alpha = \arctan(v_{\parallel}/\omega_B a)$ dar. Der Wert des Gyrationsradius a hängt vom Betrag der magnetischen Induktion $\mathbf{B}$ und des Transversalimpulses $\mathbf{p}_{\perp}$ des Teilchens ab. Aus (12.39) und (12.40) liest man unmittelbar ab, dass

$$cp_{\perp} = eBa$$

ist. Diese Formel eignet sich zur Bestimmung von Teilchenimpulsen. Aus dem Krümmungsradius der Bahn eines geladenen Teilchens, das sich in einem Magnetfeld bekannter Stärke bewegt, lässt sich dessen Impuls bestimmen. Für Teilchen mit einer Ladung vom Betrag der des Elektrons ergibt sich:

$$p_{\perp}(\text{MeV}/c) = 3{,}00 \times 10^{-4}\,Ba(\text{Gauß} \cdot \text{cm}) = 300\,Ba(\text{Tesla} \cdot \text{m}) \tag{12.42}$$

12.3 Bewegung in miteinander kombinierten, homogenen, statischen elektrischen und magnetischen Feldern

Wir untersuchen jetzt die Bewegung eines geladenen Teilchens, das sich in miteinander kombinierten elektrischen und magnetischen Feldern $\mathbf{E}$ bzw. $\mathbf{B}$ bewegt, die beide homogen und statisch sind, im Allgemeinen aber nicht zueinander parallel. Als wichtigen Spezialfall behandeln wir zunächst *zueinander senkrechte Felder*. Die Bewegungsgleichung (12.2) zeigt, dass die Teilchenenergie in diesem Fall keine zeitliche Konstante ist. (Diese Aussage gilt nur für den kinetischen Anteil E der Energie. Die Gesamtenergie W – vgl. Gl. (12.18) – ist weiterhin konstant.) Eine so einfache Gleichung für die Geschwindigkeit wie im Fall eines statischen Magnetfeldes lässt sich daher nicht aufstellen. Eine geeignete Lorentz-Transformation vereinfacht jedoch die Bewegungsgleichungen. Um dies einzusehen, betrachten wir eine Lorentz-Transformation auf ein Koordinatensystem K', das sich gegenüber dem ursprünglichen mit der Geschwindigkeit $\mathbf{u}$ bewegt. Die Gleichung für die auf das Teilchen im System K' ausgeübte Lorentz-Kraft lautet:

$$\frac{d\mathbf{p}'}{dt'} = e\left(\mathbf{E}' + \frac{\mathbf{v}' \times \mathbf{B}'}{c}\right)$$

wobei die Striche an den verschiedenen Variablen darauf hinweisen, dass wir uns im System K' befinden. Die Felder $\mathbf{E}'$ und $\mathbf{B}'$ werden durch die Gleichungen (11.149) bestimmt, wenn man in ihnen $\mathbf{v}$ durch $\mathbf{u}$ ersetzt. Zunächst sei $|\mathbf{E}| < |\mathbf{B}|$. Wählt man dann $\mathbf{u}$ senkrecht zu den orthogonalen Vektoren $\mathbf{E}$ und $\mathbf{B}$, und zwar so, dass

$$\mathbf{u} = c\,\frac{\mathbf{E} \times \mathbf{B}}{B^2} \tag{12.43}$$

ist, dann ergibt sich für die Felder in K':

$$\begin{aligned} \mathbf{E}'_{\parallel} &= 0, \quad \mathbf{E}'_{\perp} = \gamma\left(\mathbf{E} + \frac{\mathbf{u}}{c} \times \mathbf{B}\right) = 0 \\ \mathbf{B}'_{\parallel} &= 0, \quad \mathbf{B}'_{\perp} = \frac{1}{\gamma}\mathbf{B} = \left(\frac{B^2 - E^2}{B^2}\right)^{1/2} \mathbf{B} \end{aligned} \tag{12.44}$$

wobei die Symbole $\parallel$ und $\perp$ auf die Richtung bezüglich $\mathbf{u}$ hinweisen. Im System K' ist das einzig wirksam werdende Feld ein statisches Magnetfeld $\mathbf{B}'$, das in die gleiche Richtung zeigt wie $\mathbf{B}$, aber um den Faktor γ^{-1} schwächer ist als $\mathbf{B}$. Die Bewegung in K' verläuft also genauso wie im zuvor behandelten Fall, nämlich auf einer Spirale um die Feldlinien. Vom ursprünglichen Koordinatensystem aus gesehen wird diese Gyration von einer gleichförmigen „Drift" mit der Geschwindigkeit $\mathbf{u}$ begleitet, die senkrecht auf $\mathbf{E}$ und $\mathbf{B}$ steht und durch (12.43) gegeben ist. Diese Drift wird manchmal auch *$E \times B$-Drift* genannt. Qualitativ lässt sie sich verstehen, wenn man daran denkt, dass ein Teilchen, dessen Bewegung mit einer Gyration um $\mathbf{B}$ einsetzt, durch das elektrische Feld beschleunigt wird, dadurch an Energie gewinnt und sich somit über ungefähr die Hälfte seines Umlaufzyklus längs einer Bahn mit kleinerem Krümmungsradius bewegt. Auf der anderen Hälfte verlangsamt sich das Teilchen infolge des elektrischen Feldes, verliert an Energie und bewegt sich auf einer stärker gekrümmten Bahn. Die Kombination der verschieden gekrümmten Bahnen läuft auf eine Translation senkrecht zu $\mathbf{E}$ und $\mathbf{B}$ hinaus (vgl. Abb. 12.1). Die Richtung der Driftbewegung ist dabei unabhängig vom Vorzeichen der Ladung des Teilchens.

Die Driftgeschwindigkeit $\mathbf{u}$ (Gl. (12.43)) hat nur dann physikalische Bedeutung, wenn sie kleiner als die Lichtgeschwindigkeit ist, d.h. wenn $|\mathbf{E}| < |\mathbf{B}|$ ist. Für $|\mathbf{E}| > |\mathbf{B}|$ ist das elektrische Feld so stark, dass das Teilchen ständig in Richtung von $\mathbf{E}$ beschleunigt wird und seine mittlere Energie mit der Zeit weiter zunimmt. Um dies einzusehen, betrachten wir eine Lorentz-Transformation vom ursprüngli-

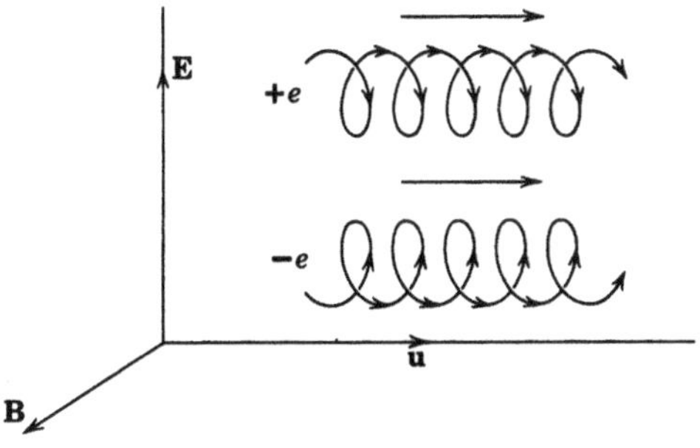

Abb. 12.1 $\mathbf{E}\times\mathbf{B}$-Drift geladener Teilchen in gekreuzten Feldern

chen System auf ein anderes System K'', das sich gegenüber dem ersten mit der Geschwindigkeit

$$\mathbf{u}' = c\,\frac{\mathbf{E}\times\mathbf{B}}{E^2} \tag{12.45}$$

bewegt. In diesem System sind die elektrischen und magnetischen Felder

$$\begin{aligned} \mathbf{E}''_{\parallel} &= 0, \quad \mathbf{E}''_{\perp} = \frac{1}{\gamma'}\,\mathbf{E} = \left(\frac{E^2 - B^2}{E^2}\right)^{1/12} \mathbf{E} \\ \mathbf{B}''_{\parallel} &= 0, \quad \mathbf{B}''_{\perp} = \gamma'\left(\mathbf{B} - \frac{\mathbf{u}'\times\mathbf{E}}{c}\right) = 0 \end{aligned} \tag{12.46}$$

Im System K'' wirkt also auf das Teilchen ein rein elektrisches Feld, und dies hat zur Folge, dass sich das Teilchen auf einer Hyperbelbahn mit ständig wachsender Geschwindigkeit bewegt (vgl. Übg. 12.3).

Die Tatsache, dass sich ein Teilchen durch gekreuzte **E**- und **B**-Felder mit der gleichförmigen Geschwindigkeit $u = cE/B$ hindurchbewegen kann, eröffnet die Möglichkeit, geladene Teilchen nach ihrer Geschwindigkeit zu sortieren. Trifft ein Strahl von Teilchen verschiedener Geschwindigkeiten auf ein Gebiet, in dem gekreuzte, homogene elektrische magnetische Felder herrschen, dann setzen nur diejenigen Teilchen ihre Bahn unabgelenkt fort, deren Geschwindigkeit gleich cE/B ist. Geeignete Ein- und Ausgangsöffnungen lassen dann nur ein schmales Geschwindigkeitsband um cE/B hindurch. Die Breite dieses Bandes bzw. die Auflösung hängt dabei von der Geometrie, den gewünschten Geschwindigkeiten und den Feldstärken ab. In Verbindung mit Impulsselektoren, wie z. B. Ablenkmagneten, können diese $E\times B$-Geschwindigkeitsselektoren einen sehr reinen und monoenergetischen Strahl von Teilchen mit definierter Masse von einem anderen Strahl trennen, der sich aus Teilchen mit anderen Massen und Impulsen zusammensetzt. Große Anlagen dieser Art werden i. Allg. dazu benutzt, um aus einem großen Teilchenstrahl, der in Hochenergiebeschleunigern erzeugt wurde, einen bestimmten Teil für Experimente zu extrahieren.

Hat das elektrische Feld **E** eine Komponente parallel zu **B**, so lässt sich das Verhalten des Teilchens nicht mehr so einfach beschreiben wie oben. Das Skalarprodukt $\mathbf{E}\cdot\mathbf{B}$ ist, ebenso wie $(B^2 - E^2)$, eine lorentzinvariante Größe (vgl. Übg. 11.14). Für aufeinander senkrecht stehende Felder (d. h. für $\mathbf{E}\cdot\mathbf{B} = 0$) konnten wir ein Lorentz-System finden, in dem entweder $\mathbf{E} = 0$ oder $\mathbf{B} = 0$ ist, je nachdem, ob $|\mathbf{B}| > |\mathbf{E}|$

oder $|\mathbf{E}| > |\mathbf{B}|$ ist. In solchen Koordinatensystemen war die Bewegung relativ einfach. Ist jedoch $\mathbf{E} \cdot \mathbf{B} \neq 0$, so existiert in sämtlichen Lorentz-Systemen neben einem elektrischen Feld auch ein magnetisches Feld, wobei der Winkel zwischen den Feldern in Abhängigkeit von seinem Wert im ursprünglichen System spitz oder stumpf bleibt. Es ist dann also die Bewegung in miteinander kombinierten Feldern zu betrachten. Sind die Felder statisch und homogen, so ist es leicht, für die Bewegung eine Lösung in kartesischen Komponenten zu finden. Dieser Fall soll in Übg. 12.6 untersucht werden.

12.4 Teilchendrift in inhomogenen statischen Magnetfeldern

Für die astrophysikalische und thermonukleare Anwendungen ist es von entscheidender Bedeutung, das Verhalten von Teilchen in räumlich veränderlichen Magnetfeldern zu kennen. Oft ist die Änderung der Felder so gering, dass eine störungstheoretisch gewonnene Lösung eine gute Näherung darstellt. Eine solche Lösung wurde das erste Mal von Alfvén angegeben. „Gering" bedeutet dabei im Allgemeinen, dass die Strecke, über die sich der Betrag oder die Richtung von $\mathbf{B}$ merklich ändern, groß gegenüber dem Gyrationsradius a des Teilchens ist. In niedrigster Näherung stellt dann die Bewegung eine Spirale um die Feldlinien dar, wobei die Gyrationsfrequenz durch den lokalen Wert des Magnetfeldes bestimmt wird. In der nächsten Näherung treten kleine Bahnänderungen auf, die als Driftbewegung des Führungszentrums beschrieben werden können.

Als erstes Beispiel für die räumliche Änderung eines Magnetfeldes betrachten wir einen zu $\mathbf{B}$ senkrechten Gradienten. Am interessierenden Punkt zeige dieser Gradient in Richtung eines Einheitsvektors $\mathbf{n}$ mit $\mathbf{n} \cdot \mathbf{B} = 0$. In erster Ordnung lässt sich dann für die Gyrationsfrequenz folgendes schreiben:

$$\omega_B(\mathbf{x}) = \frac{e}{\gamma mc}\mathbf{B}(\mathbf{x}) \simeq \omega_0 \left[1 + \frac{1}{B_0}\left(\frac{\partial B}{\partial \xi}\right)_0 \mathbf{n} \cdot \mathbf{x} \right] \tag{12.47}$$

Dabei ist ξ die Koordinate in Richtung von $\mathbf{n}$, und entwickelt wurde um den Koordinatenursprung, wo $\omega_B = \omega_0$ ist. Da sich die Richtung von $\mathbf{B}$ zeitlich nicht ändert, bleibt die zu $\mathbf{B}$ parallele Bewegung eine gleichförmige Translation. Modifikationen treten daher nur in transversaler Richtung auf. Um diese zu berechnen, schreiben wir $\mathbf{v}_\perp = \mathbf{v}_0 + \mathbf{v}_1$, wo $\mathbf{v}_0$ die Transversalgeschwindigkeit bei homogenem Feld ist und $\mathbf{v}_1$ einen kleinen Korrekturterm darstellt. Eine Bestimmungsgleichung für $\mathbf{v}_1$ erhält man durch Einsetzen von (12.47) in die Bewegungsgleichung

$$\frac{d\mathbf{v}_\perp}{dt} = \mathbf{v}_\perp \times \omega_B(\mathbf{x}) \tag{12.48}$$

Berücksichtigt man nur die Terme niedrigster Ordnung, so folgt:

$$\frac{d\mathbf{v}_1}{dt} \simeq \left[\mathbf{v}_1 + \mathbf{v}_0(\mathbf{n} \cdot \mathbf{x}_0)\frac{1}{B_0}\left(\frac{\partial B}{\partial \xi}\right)_0 \right] \times \omega_0 \tag{12.49}$$

Aus (12.40) und (12.41) ist leicht zu erkennen, dass die Transversalgeschwindigkeit $\mathbf{v}_0$ und die Koordinate $\mathbf{x}_0$ im Falle eines homogenen Feldes durch die Gleichungen

$$\begin{aligned} \mathbf{v}_0 &= -\boldsymbol{\omega}_0 \times (\mathbf{x}_0 - \mathbf{X}) \\ (\mathbf{x}_0 - \mathbf{X}) &= \frac{1}{\omega_0^2}(\boldsymbol{\omega}_0 \times \mathbf{v}_0) \end{aligned} \tag{12.50}$$

miteinander verknüpft sind, wobei $\mathbf{X}$ die Koordinate des Gyrationszentrums der ungestörten Kreisbewegung ist (hier $\mathbf{X} = 0$). Eliminiert man nun in (12.49) die Größe $(\boldsymbol{\omega}_0 \times \mathbf{v}_0)$ zugunsten von $\mathbf{x}_0$, so ergibt sich

$$\frac{d\mathbf{v}_1}{dt} \simeq \left[\mathbf{v}_1 - \frac{1}{B_0}\left(\frac{\partial B}{\partial \xi}\right)_0 \boldsymbol{\omega}_0 \times \mathbf{x}_0(\mathbf{n} \cdot \mathbf{x}_0)\right] \times \boldsymbol{\omega}_0 \tag{12.51}$$

Dies zeigt, dass $\mathbf{v}_1$, abgesehen von einem oszillierenden Anteil, einen nichtverschwindenden Mittelwert hat, nämlich

$$\mathbf{v}_G \equiv \langle \mathbf{v}_1 \rangle = \frac{1}{B_0}\left(\frac{\partial B}{\partial \xi}\right)_0 \boldsymbol{\omega}_0 \times \langle (\mathbf{x}_0)_\perp (\mathbf{n} \cdot \mathbf{x}_0) \rangle \tag{12.52}$$

Um den Mittelwert von $(\mathbf{x}_0)_\perp(\mathbf{n} \cdot \mathbf{x}_0)$ zu bestimmen, braucht man nur zu beachten, dass die kartesischen Komponenten von $(\mathbf{x}_0)_\perp$ sinusartig oszillieren, und zwar mit der Maximalamplitude a und einer Phasendifferenz von 90°. Daher liefert nur die Komponente von $(\mathbf{x}_0)_\perp$ parallel zu $\mathbf{n}$ einen Beitrag zum Mittelwert, und es ist

$$\langle (\mathbf{x}_0)_\perp (\mathbf{n} \cdot \mathbf{x}_0) \rangle = \frac{a^2}{2}\mathbf{n} \tag{12.53}$$

Die Geschwindigkeit der *Gradientendrift* ist also gegeben durch

$$\mathbf{v}_G = \frac{a^2}{2}\frac{1}{B_0}\left(\frac{\partial B}{\partial \xi}\right)_0 (\boldsymbol{\omega}_0 \times \mathbf{n}) \tag{12.54}$$

In hierzu alternativer und koordinatenunabhängiger Form lässt sich hierfür auch

$$\frac{\mathbf{v}_G}{\omega_B a} = \frac{a}{2B^2}(\mathbf{B} \times \boldsymbol{\nabla}_\perp B) \tag{12.55}$$

schreiben. Diese Gleichung zeigt, dass die Driftgeschwindigkeit gegenüber der Umlaufgeschwindigkeit $\omega_B a$ klein ist, sofern $|\boldsymbol{\nabla} B/B| \ll 1$ ist. Das Teilchen führt eine schnelle Spiralbewegung aus, während sich das Driftzentrum langsam senkrecht zu $\mathbf{B}$ und $\boldsymbol{\nabla} B$ bewegt. Die Richtung der Drift wird für positiv geladene Teilchen durch (12.55) bestimmt, während sich die Richtung der Driftgeschwindigkeit für negativ geladene Teilchen umkehrt; der Vorzeichenwechsel rührt von der Definition von ω_B her. Um die Gradientendrift qualitativ zu verstehen, braucht man nur zu bedenken, dass sich der Gyrationsradius ändert, wenn sich das Teilchen auf Gebiete zubewegt, in denen die Feldstärke größer als ihr Mittelwert ist, bzw. sich aus Gebieten entfernt, in denen die Feldstärke kleiner als ihr Mittelwert ist. Abbildung 12.2 veranschaulicht dieses Verhalten für beide Vorzeichen der Ladung.

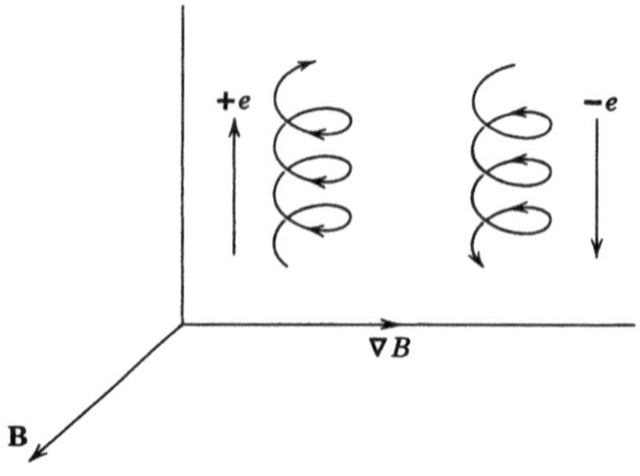

Abb. 12.2 Driftbewegung geladener Teilchen in einem Magnetfeld mit senkrechtem Gradienten.

Als weiteres Beispiel für ein räumlich veränderliches Feld, das eine Driftbewegung des Führungszentrums des Teilchens verursacht, betrachten wir ein Feld mit gekrümmten Kraftlinien, etwa das zweidimensionale Feld, das in Abb. 12.3 skizziert ist. Dieses Feld ist lokal unabhängig von z. Auf der linken Seite der Abbildung ist ein homogenes Magnetfeld $\mathbf{B}_0$ parallel zur x-Achse dargestellt. In ihm bewegt sich ein Teilchen spiralförmig um die Feldlinien, und zwar mit dem Gyrationsradius a und der Winkelgeschwindigkeit $\omega_B a$, während es gleichzeitig eine Translationsbewegung mit der gleichförmigen Geschwindigkeit $v_\parallel$ parallel zu den Feldlinien ausübt. Diese zusammengesetzte Bewegung wollen wir als nullte Näherung für die Bewegung eines Teilchens betrachten, das sich in dem im rechten Teil der Abb. 12.3 gezeigten Feld bewegt; die Kraftlinien dieses Feldes weisen eine Krümmung mit dem lokalen Krümmungsradius R auf, der groß gegenüber a ist.

In erster Ordnung lässt sich die Bewegung in diesem Feld folgendermaßen verstehen. Das Teilchen ist bestrebt, sich um eine Feldlinie spiralförmig zu bewegen, doch die Feldlinie biegt zur Seite hin ab. Hinsichtlich des Führungszentrums ist dies äquivalent zu einer Zentrifugalbeschleunigung vom Betrag $v_\parallel^2/R$. Sie kann als von einem effektiven elektrischen Feld

$$\mathbf{E}_{\text{eff}} = \frac{\gamma m}{e}\frac{\mathbf{R}}{R^2}v_\parallel^2 \tag{12.56}$$

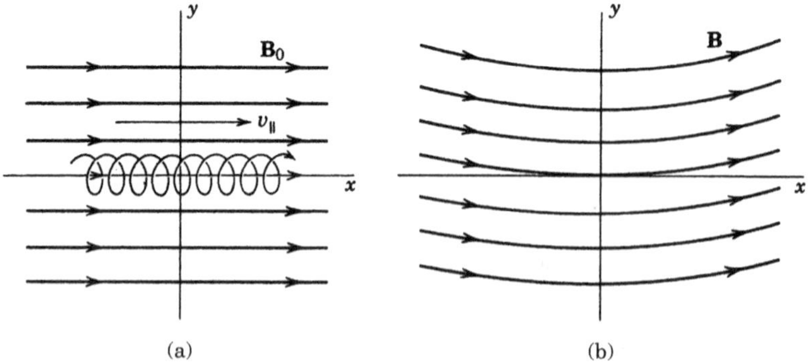

Abb. 12.3 (a) Spiralförmige Bewegung eines Teilchens um die Feldlinien eines homogenen statischen Magnetfeldes. (b) Gekrümmte magnetische Feldlinien, die eine Driftbewegung senkrecht zur (x, y)-Ebene verursachen.

herrührend betrachtet werden, das zum Magnetfeld $\mathbf{B}_0$ hinzutritt. Aus (12.43) ist dann abzulesen, dass das mit dem effektiven elektrischen Feld kombinierte Magnetfeld eine *Krümmungsdrift* der Geschwindigkeit

$$\mathbf{v}_C \simeq c\frac{\gamma m}{e}v_\parallel^2\frac{\mathbf{R}\times\mathbf{B}_0}{R^2B_0^2} \tag{12.57}$$

hervorruft. Mit der Definition $\omega_B = eB_0/\gamma mc$ lässt sich für diese Geschwindigkeit auch

$$\mathbf{v}_C = \frac{v_\parallel^2}{\omega_B R}\left(\frac{\mathbf{R}\times\mathbf{B}_0}{RB_0}\right) \tag{12.58}$$

schreiben. Die Richtung der Driftbewegung wird also bestimmt durch das Vektorprodukt $\mathbf{R}\times\mathbf{B}_0$, in dem $\mathbf{R}$ der Radiusvektor ist, der vom effektiven Krümmungsmittelpunkt zum Ort der Ladung zeigt. Das Vorzeichen in (12.58) entspricht positiv geladenen Teilchen und ist unabhängig vom Vorzeichen von $v_\parallel$. Der Vorzeichenwechsel für negativ geladene Teilchen rührt wieder von ω_B her.

Ein direkterer, wenn auch wenig inspirierender Weg zur Herleitung von (12.58) besteht darin, dass man die Gleichung für die Lorentz-Kraft löst. Verwendet man entsprechend Abb. 12.4(b) Zylinderkoordinaten (ρ, ϕ, z) mit dem Ursprung im Krümmungsmittelpunkt, so hat die magnetische Induktion nur eine ϕ-Komponente, nämlich $B_\phi = B_0$. Die vektorielle Gleichung für die Lorentz-Kraft zerfällt damit in die drei skalaren Gleichungen

$$\begin{aligned}\ddot{\rho} - \rho\dot{\phi}^2 &= -\omega_B\frac{R}{\rho}\dot{z}\\ \rho\ddot{\phi} + 2\dot{\rho}\dot{\phi} &= 0\\ \ddot{z} &= \omega_B\frac{R}{\rho}\dot{\rho}\end{aligned} \tag{12.59}$$

Die zweite dieser drei Gleichungen hat ein erstes Integral, nämlich $\rho^2\dot{\phi} = Rv_\parallel = \text{const}$. Aber auch die dritte Gleichung besitzt ein erstes Ingeral, nämlich $\dot{z} = \omega_B \operatorname{in}(\rho/R) + v_0$, wobei v_0 eine Integrationskonstante ist. Ist nun die Trajektorie nullter Ordnung eine Schraubenlinie mit einem gegenüber R kleinen Radius, so kann man den Ansatz $\rho = R + x$ machen und $(\rho/R)^n$ sowie $\ln(\rho/R)$ nach Potenzen von x/R entwickeln. Dann gilt näherungsweise $\dot{z} \approx \omega_B x + v_0$, und damit lässt sich die radiale Bewegungsgleichung nähern durch

$$\ddot{x} + \left(\omega_B^2 + 3\frac{v_\parallel^2}{R^2}\right)x \approx \frac{v_\parallel^2}{R} - \omega_B v_0$$

Diese Gleichung beschreibt eine einfache harmonische Schwingung in x um den verschobenen Gleichgewichtspunkt

$$\langle x\rangle \approx \frac{v_\parallel^2}{\omega_B^2 R} - \frac{v_0}{\omega_B}$$

wobei wir angenommen haben, dass v_0 und $v_\parallel \ll \omega_B R$ sind. Der Mittelwert von $\dot{z}$ ist dann

$$\langle \dot{z} \rangle \approx v_0 + \omega_B \langle x \rangle \approx \frac{v_\parallel^2}{\omega_B R} \tag{12.60}$$

Diese Gleichung beschreibt nichts anderes als die durch (12.58) gegebene Geschwindigkeit der Krümmungsdrift.

Für Raumgebiete, in denen keine Ströme fließen, können die Geschwindigkeiten der Gradienten- und Krümmungsdrift, $\mathbf{v}_G$ bzw. $\mathbf{v}_C$ (Gl. (12.55) bzw. (12.58)), zu einem einfachen Ausdruck miteinander kombiniert werden. Dies folgt aus der Tatsache, dass die Gleichung $\boldsymbol{\nabla} \times \mathbf{B} = 0$ im Fall eines zweidimensionalen Feldes, wie es in Abb. 12.3(b) dargestellt ist, die Beziehung

$$\frac{\boldsymbol{\nabla}_\perp B}{B} = -\frac{\mathbf{R}}{R^2}$$

impliziert. Für ein zweidimensionales Feld gibt dann die Summe von $\mathbf{v}_G$ und $\mathbf{v}_C$ offensichtlich die Geschwindigkeit der Gesamtdrift an, und diese ist

$$\mathbf{v}_D = \frac{1}{\omega_B R}\left(v_\parallel^2 + \tfrac{1}{2} v_\perp^2\right)\left(\frac{\mathbf{R} \times \mathbf{B}}{RB}\right) \tag{12.61}$$

wobei $v_\perp = \omega_B a$ die transversale Gyrationsgeschwindigkeit ist. Für einfach geladene, nichtrelativistische Teilchen im thermodynamischen Gleichgewicht erhält man bei Beachtung von $m(v_\parallel^2 + \frac{1}{2} v_\perp^2) = 2kT$ folgenden numerischen Wert für die Driftgeschwindigkeit:

$$v_D(\text{cm/s}) = \frac{172\, T(\text{K})}{R(\text{m})\, B(\text{Gauß})} \tag{12.62}$$

Die durch Gl. (12.61) beschriebenen Teilchendriften sind bei manchen Kernfusionsanlagen, die heiße Plasmen enthalten, sehr störend. Eine solche Anlage kann z. B. aus einem Toroid bestehen, in dem ein starkes Axialfeld herrscht, welches von den stromdurchflossenen Spulenwindungen um den Torus geliefert wird. Mit den typischen Parametern $R = 1$ Meter, $B = 10^3$ Gauß und einer Plasmafrequenz von 1 eV ($T \simeq 10^4$ K) ergibt sich für die Driftgeschwindigkeit der sich in dem Plasma bewegenden Teilchen der Wert $v_D \sim 1{,}7 \times 10^3$ cm/s. Dies bedeutet, dass die Teilchen innerhalb eines Bruchteils einer Sekunde auf die Wände des Torus hindriften. Für noch heißere Plasmen ist der Driftanteil entsprechend größer. Eine Möglichkeit, diese Drift erster Ordnung zu verhindern, besteht darin, den Torus zu einer Acht zu verbiegen. Da die Teilchen die geschlossene Bahn vor dem Abdriften im Allgemeinen mehrmals durchlaufen, „spüren“ sie letzten Endes weder eine Krümmung noch einen Gradienten des Feldes. Folglich erfahren sie, zumindest bis zur ersten Ordnung von $1/R$, auch keine Drift. Diese Methode, die auf räumliche Änderungen des Magnetfeldes zurückgehenden Driften zu eliminieren, benutzt man in Kernfusionsanlagen, die nach Art der sog. Stellarator-Anlage gebaut sind. Den Einschluss des Plasmas versucht man dabei durch ein starkes axiales Magnetfeld zu erreichen.

12.5 Adiabatische Invarianz des von der Teilchenbahn eingeschlossenen magnetischen Flusses

Die Teilchenbewegungen, die wir in den letzten drei Abschnitten untersuchten, verliefen jeweils senkrecht zu den magnetischen Kraftlinien. Sie wurden entweder durch eine Kombination von elektrischen und magnetischen Feldern verursacht oder durch Magnetfelder, die einen Gradienten oder eine Krümmung in den Kraftlinien aufwiesen. Ihre gemeinsame Ursache sind die Eigentümlichkeiten des magnetischen Anteils der Lorentz-Kraft. Um den allgemeinen Überblick über die Bewegung von Teilchen in Magnetfeldern zu vervollständigen, müssen wir auch Bewegungen parallel zu den Feldlinien betrachten. Ein im Zusammenhang mit langsam veränderlichen Feldern nützlicher Begriff ist der der adiabatischen Invarianz. In der Himmelsmechanik und auch der frühen Quantentheorie erwies sich dieser Begriff als äußerst hilfreich bei der Behandlung von Störungen bzw. bei der Entscheidung über die Frage, welche Größen zu quantisieren seien. Unsere Diskussion wird sich eng an das himmelsmechanische Problem anlehnen, da wir uns für das Verhalten von Teilchen in langsam veränderlichen Feldern interessieren, die als kleine Abweichungen von dem einfachen homogenen statischen Magnetfeld aus Abschnitt 2 betrachtet werden können.

Den Begriff der adiabatischen Invarianz führt man über die Wirkungsintegrale eines mechanischen Systems ein. Sind q_i und p_i die generalisierten, zueinander kanonisch konjugierten Koordinaten bzw. Impulse, so wird das Wirkungsintegral J_i für jede periodische Koordinate durch

$$J_i = \oint p_i \, dq_i \tag{12.63}$$

definiert. Die Integration verläuft dabei über eine vollständige Periode der Koordinaten q_i. Für ein mechanisches System mit vorgegebenen Anfangsbedingungen sind die Wirkungsintegrale J_i Konstanten. Werden nun die Eigenschaften des Systems auf irgendeine Weise (etwa durch Änderung der Federkonstanten oder der Masse eines Teilchens) geändert, so erhebt sich die Frage, wie sich dabei die Wirkungsintegrale ändern. Sie sind, wie sich zeigen lässt,[3] Invarianten der Bewegung, sofern sich die Änderung im Vergleich zur relevanten Umlaufperiode langsam vollzieht und sie mit den Umlaufperioden nicht verknüpft sind (in diesem Fall spricht man von einer *adiabatischen Änderung*). Wenn sich also ein mechanisches System in einem bestimmten Bewegungszustand befindet und eine adiabatische Änderung seiner Eigenschaften vorgenommen wird, sodass erst nach relativ langer Zeit ein anderes mechanisches System vorliegt, dann wird die Bewegung dieses anderen Systems schließlich so vor sich gehen, dass die Wirkungsintegrale die gleichen Werte wie zu Anfang haben. Diese Tatsache bedeutet natürlich für die Untersuchung von Effekten, die durch eine kleine Änderung bestimmter Eigenschaften hervorgerufen werden, eine große Hilfe.

[3] Siehe z. B. Born, M., *The Mechanics of the Atom*, London: Bell 1927 oder Percival, I. und D. Richards, *Introduction to Dynamics*, Cambridge: Cambridge University Press 1982, Abschnitt 9.4.

Für ein geladenes Teilchen in einem homogenen statischen Magnetfeld **B** ist die transversale Bewegung periodisch. Das zugehörige Wirkungsintegral ist

$$J = \oint \mathbf{P}_\perp \cdot d\mathbf{l} \tag{12.64}$$

wobei $\mathbf{P}_\perp$ die Transversalkomponente des kanonischen Impulses (12.11) und $d\mathbf{l}$ ein gerichtetes Linienelement entlang der Kreisbahn des Teilchens ist. Nach Gl. (12.11) ergibt sich hieraus:

$$J = \oint \gamma m \mathbf{v}_\perp \cdot d\mathbf{l} + \frac{e}{c} \oint \mathbf{A} \cdot d\mathbf{l} \tag{12.65}$$

Da $\mathbf{v}_\perp$ die gleiche Richtung wie $d\mathbf{l}$ hat, folgt weiter:

$$J = \oint \gamma m \omega_B a^2 \, d\theta + \frac{e}{c} \oint \mathbf{A} \cdot d\mathbf{l} \tag{12.66}$$

Wendet man auf das zweite Integral den Stokes'schen Satz an und führt im ersten Integral die Integration über θ aus, so erhält man schließlich:

$$J = 2\pi \gamma m \omega_B a^2 + \frac{e}{c} \int_S \mathbf{B} \cdot \mathbf{n} \, da \tag{12.67}$$

Da das Linienelement $d\mathbf{l}$ in Gl. (12.64) bezüglich **B** in positive Drehrichtung zeigt, hat der Einheitsvektor **n** die entgegengesetzt gleiche Richtung wie **B**. Der Betrag des Integrals über die Kreisbahn ist also vom ersten Term zu subtrahieren. Bei Verwendung von $\omega_B = eB/\gamma mc$ führt dies auf

$$J = \gamma m \omega_B \pi a^2 = \frac{e}{c} (B \pi a^2) \tag{12.68}$$

Die Größe $B\pi a^2$ ist der magnetische Fluss durch die Bahn des Teilchens.

Bewegt sich das Teilchen durch Gebiete, in denen sich die magnetische Feldstärke sowohl räumlich wie zeitlich wenig ändert, dann bedeutet die adiabatische Invarianz von J, dass der von der Teilchenbahn eingeschlossene magnetische Fluss konstant bleibt. Bei wachsendem B wird der Radius a gerade um so viel kleiner, dass sich der Wert von $B\pi a^2$ nicht ändert. Diese Konstanz des von der Teilchenbahn eingeschlossenen magnetischen Flusses kann auf verschiedene Art und Weise formuliert werden – entweder über den Radius der Teilchenbahn, den transversalen Teilchenimpuls oder über das magnetische Moment des Teilchens. Die entsprechenden Formulierungen lauten explizit:

$$\left.\begin{array}{l} Ba^2 \\ p_\perp^2/B \\ \gamma\mu \end{array}\right\} \quad \text{sind adiabatische Invarianten} \tag{12.69}$$

wobei $\mu = (e\omega_B a^2/2c)$ das magnetische Moment der von der Teilchenbahn gebildeten Stromschleife ist. Sind nur statische Magnetfelder vorhanden, so ist die Teilchengeschwindigkeit konstant, und seine Gesamtenergie ändert sich nicht. In diesem Fall ist das magnetische Moment selbst eine adiabatische Invariante. In zeitveränderlichen Feldern oder statischen elektrischen Feldern dagegen ist μ nur im nichtrelativistischen Grenzfall eine adiabatische Invariante.

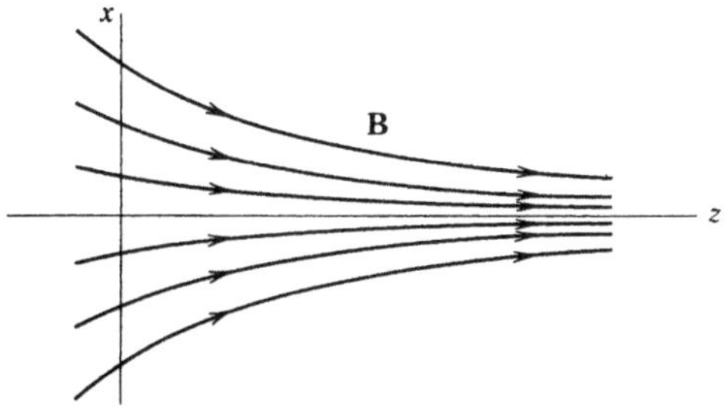

Abb. 12.4

Als Beispiel betrachten wir den einfachen Fall eines statischen Magnetfeldes **B**, das hauptsächlich in z-Richtung wirkt, aber in dieser Richtung einen kleinen positiven Gradienten besitzt. Die entsprechende Konfiguration der Feldlinien zeigt Abb. 12.4. Zur z-Komponente des Feldes tritt noch eine kleine Radialkomponente hinzu, die von der Krümmung der Feldlinien herrührt. Der Einfachheit halber wollen wir die Feldverteilung als zylindersymmetrisch voraussetzen. Ein Teilchen bewege sich um die z-Achse längs einer Spirale mit kleinem Radius, und zwar mit einer Geschwindigkeit, die bei $z = 0$, wo die Feldstärke B_0 herrsche, eine Transversalkomponente $\mathbf{v}_{\perp 0}$ und eine zu **B** parallele Komponente $v_{\parallel 0}$ habe. Da die Geschwindigkeit des Teilchens konstant ist, gilt an jedem Punkt der z-Achse:

$$v_\parallel^2 + v_\perp^2 = v_0^2 \tag{12.70}$$

wobei $v_0^2 = v_{\perp 0}^2 + v_{\parallel 0}^2$ das Quadrat der Geschwindigkeit bei $z = 0$ ist. Nimmt man an, dass der eingeschlossene magnetische Fluss eine Konstante der Bewegung ist, dann kann man aufgrund von (12.69)

$$\frac{v_\perp^2}{B} = \frac{v_{\perp 0}^2}{B_0} \tag{12.71}$$

schreiben, wenn B das axiale magnetische Feld ist. Für die Parallelkomponente der Geschwindigkeit gilt dann an jedem Punkt der z-Achse

$$v_\parallel^2 = v_0^2 - v_{\perp 0}^2 \frac{B(z)}{B_0} \tag{12.72}$$

Die letzte Gleichung, die die Teilchengeschwindigkeit in z-Richtung bestimmt, ist äquivalent zum ersten Integral der Newton'schen Bewegungsgleichung für ein Teilchen in dem eindimensionalen Potential[4]

$$V(z) = \tfrac{1}{2} m \frac{v_{\perp 0}^2}{B_0} B(z)$$

Wächst $B(z)$ genügend stark an, so kann die rechte Seite von Gl. (12.72) für ein bestimmtes $z = z_0$ unter Umständen verschwinden. Dies bedeutet, dass sich das Teilchen in immer dichter aufeinanderfolgenden Spiralen um die Feldlinien bewegt und

[4] Man beachte jedoch, dass unsere Diskussion vollkommen relativistisch ist. Die Analogie zur eindimensionalen, nichtrelativistischen Mechanik ist nur formaler Natur.

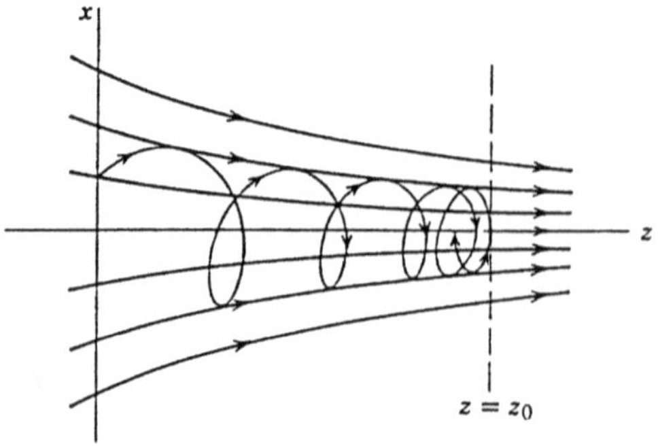

Abb. 12.5 Reflexion eines geladenen Teilchens an einem Gebiet großer magnetischer Feldstärke.

immer mehr Translationsenergie in Rotationsenergie verwandelt wird, bis schließlich die Axialgeschwindigkeit des Teilchens verschwindet. Danach führt es, unter Beibehaltung seines Drehsinns, nur noch eine reine Drehbewegung aus und kehrt schließlich in Richtung der negativen z-Achse um. Das Teilchen wird also, wie schematisch in Abb. 12.5 gezeigt, vom Magnetfeld reflektiert.

Gleichung (12.72) ist eine Konsequenz der Annahme, dass $\rho_\perp^2/B$ eine adiabatische Invariante ist. Um zu zeigen, dass diese Invarianz zumindest in erster Ordnung direkt aus der Gleichung für die Lorentz-Kraft folgt, betrachten wir eine explizite Lösung der Bewegungsgleichung. Ist $B(z)$ die magnetische Induktion längs der Achse, so existiert in Nähe der Achse eine Radialkomponente, die sich über die Divergenzgleichung zu

$$B_\rho(\rho, z) \simeq -\tfrac{1}{2}\rho \frac{\partial B(z)}{\partial z} \tag{12.73}$$

berechnet, wenn ρ der von der Achse aus gemessene Radius ist. Bezeichnet man die Winkelgeschwindigkeit um die z-Achse mit $\dot{\phi}$, so lautet die z-Komponente der Bewegungsgleichung:

$$\ddot{z} = \frac{e}{\gamma mc}(-\rho\dot{\phi}B_\rho) \simeq \frac{e}{2\gamma mc}\rho^2\dot{\phi}\frac{\partial B(z)}{\partial z} \tag{12.74}$$

Bei Verwendung von $\rho^2\dot{\phi} \simeq -(a^2\omega_B)_0 = -(v_{\perp 0}^2/\omega_{B0})$ kann man hierfür bis zur ersten Ordnung in kleinen Änderungen von $B(z)$ auch

$$\ddot{z} \simeq -\frac{v_{\perp 0}^2}{2B_0}\frac{\partial B(z)}{\partial z} \tag{12.75}$$

schreiben, und das erste Integral dieser Gleichung ist durch (12.72) gegeben. Das heißt bis zur ersten Ordnung in kleinen Änderungen des Magnetfeldes ergibt sich die Konstanz des von der Teilchenbahn eingeschlossenen Flusses tatsächlich aus den Bewegungsgleichungen.

Die beschriebene Invarianz stellt ein großes Hilfsmittel für die Untersuchung der Bewegung von Teilchen in räumlich veränderlichen Magnetfeldern dar. Das einfache Beispiel, das wir oben behandelt haben, macht das Prinzip des *magnetischen Spiegels* deutlich: geladene Teilchen werden an starken Magnetfeldern reflektiert. Diese Spie-

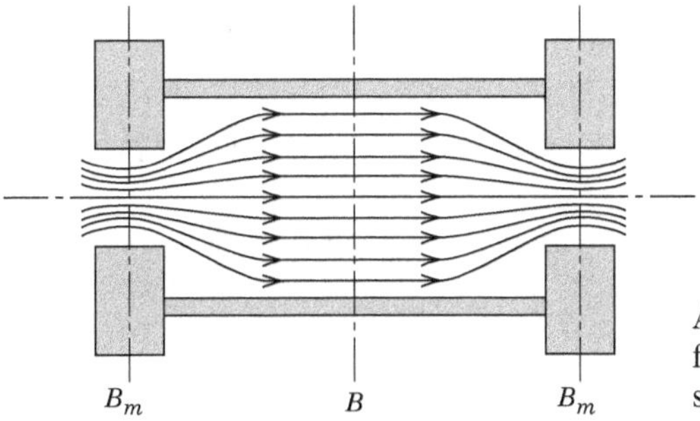

Abb. 12.6 Schematische Darstellung einer für den Einschluss eines heißen Plasmas bestimmten „magnetischen Flasche".

geleigenschaft bildete die Grundlage einer von Fermi entwickelten Theorie, die erklären sollte, warum die Teilchen der kosmischen Strahlung im interstellaren Raum bei Zusammenstößen mit sich bewegenden magnetischen Wolken auf sehr hohe Energien beschleunigt werden. Das Spiegelprinzip kann auch dazu benutzt werden, um ein für die Erzeugung thermonuklearer Energie bestimmtes Plasma einzuschließen. Eine *Magnetfalle*, auch *magnetische Flasche* genannt, lässt sich aus einem Axialfeld herstellen, das von stromdurchflossenen Spulenwicklungen erzeugt wird und an den äußeren Enden von zusätzlichen, sehr viel stärkeren Feldern überlagert wird. Den ungefähren Feldlinienverlauf in einer solchen Flasche zeigt Abb. 12.6. Teilchen, die im Zentralbereich des Feldes erzeugt werden oder in diesen Bereich injiziert werden, bewegen sich spiralförmig entlang der Achse, werden aber an den magnetischen Spiegeln an den beiden Enden reflektiert. Ist der Quotient aus dem am Spiegel herrschenden Maximalfeld B_m und dem Feld B des Zentralbereichs sehr groß, dann können nur solche Teilchen durch die Enden entweichen, deren Geschwindigkeitskomponente parallel zur Achse sehr groß ist. Aus (12.72) ist ersichtlich, dass das Kriterium für das Nichtentweichenkönnen

$$\left|\frac{v_{\parallel 0}}{v_{\perp 0}}\right| < \left(\frac{B_m}{B} - 1\right)^{1/2} \tag{12.76}$$

lautet. Werden die Teilchen in die Anlage injiziert, so ist diese Forderung leicht zu erfüllen. Das Entweichen der Teilchen hängt dann davon ab, wie stark sie von restlichen Gasatomen gestreut werden etc., sodass ihre Geschwindigkeitskomponenten die Bedingung (12.76) verletzen.

Dieses Prinzip lässt sich auch auf die terrestrischen und stellaren Felder anwenden. Die Bewegung geladener Teilchen in den magnetischen Dipolfeldern der Sonne oder der Erde lässt sich auf der Grundlage der hier besprochenen adiabatischen Invarianz und der in Abschnitt 4 betrachteten Driftgeschwindigkeit verstehen. Einige Aspekte dieses Gebietes werden in den Übungen 12.9 und 12.10 behandelt, in denen es um die vom Magnetfeld der Erde eingefangenen Teilchen (in den Van Allen-Gürteln) geht.

12.6 Niedrigste relativistische Korrekturen zur Lagrange-Funktion wechselwirkender geladener Teilchen: die Darwin'sche Lagrange-Funktion

In Abschnitt 1 dieses Kapitels diskutierten wir in allgemeiner Form den Lagrange-Formalismus für ein relativistisches Teilchen in äußeren elektromagnetischen Feldern, die durch das Vektor- und Skalarpotential $\mathbf{A}$ bzw. Φ beschrieben werden. Die zugehörige Lagrange-Funktion war durch (12.11) gegeben. Versucht man, die gegenseitige Wechselwirkung zwischen zwei oder mehreren geladenen Teilchen mithilfe des konventionellen Lagrange-Formalismus zu beschreiben, so stellt man fest, dass dies nur bei nichtrelativistischen Geschwindigkeiten möglich ist. Die Lagrange-Funktion hängt voraussetzungsgemäß von den momentanen Geschwindigkeiten und Koordinaten sämtlicher Teilchen ab. Berücksichtigt man die endliche Ausbreitungsgeschwindigkeit elektromagnetischer Felder, so ist dies nicht mehr möglich, da die am Ort eines Teilchens herrschenden Potentiale der anderen Teilchen von deren Bewegungszustand zu „retardierten" Zeiten abhängen. Nur wenn man Retardierungseffekte vernachlässigen kann, ist eine Lagrange'sche Beschreibungsweise durch momentane Koordinaten und Geschwindigkeiten möglich. Angesichts dieser Tatsache könnte man meinen, dass eine Lagrange-Funktion nur für den statischen Grenzfall, d.h. in nullter Ordnung von v/c, konstruiert werden kann. Wir werden jedoch zeigen, dass sich relativistische Korrekturen niedrigster Ordnung berücksichtigen lassen. Das heißt man kann eine Lagrange-Funktion angeben, die bis zur Ordnung von $(v/c)^2$ korrekt ist.

Es genügt, zwei wechselwirkende Teilchen mit den Ladungen q_1 und q_2, den Massen m_1 und m_2 sowie den Koordinaten $\mathbf{x}_1$ und $\mathbf{x}_2$ zu betrachten. Die Abstandskoordinate zwischen ihnen sei $\mathbf{r} = \mathbf{x}_1 - \mathbf{x}_2$. Im statischen Grenzfall ist dann die Lagrange-Funktion der Wechselwirkung gerade gleich dem Negativen der elektrostatischen potentiellen Energie:

$$L_{\text{int}}^{\text{NR}} = -\frac{q_1 q_2}{r} \tag{12.77}$$

Fasst man das erste Teilchen ins Auge, so lässt sich dieser Ausdruck als das Negative des Produktes von q_1 mit dem am Ort des ersten Teilchens herrschenden Potential Φ_{12} des zweiten interpretieren. Der angegebene Ausdruck hat die gleiche Gestalt wie (12.9). Will man über den statischen Grenzfall hinausgehen, so hat man nach (12.11) – zumindest näherungsweise – sowohl Φ_{12} wie auch $\mathbf{A}_{12}$ zu bestimmen. Im Allgemeinen sind nicht nur an Φ_{12}, sondern auch an $\mathbf{A}_{12}$ relativistische Korrekturen anzubringen. In der *Coulomb-Eichung* jedoch wird das skalare Potential in allen Ordnungen von v/c korrekt durch das momentane Coulomb-Potential wiedergegeben. Arbeitet man also in dieser Eichung, so ist der skalare Anteil Φ_{12} bereits bekannt, und nur das Vektorpotential $\mathbf{A}_{12}$ muss noch untersucht werden.

Sind nur niedrigste relativistische Korrekturen gesucht, so braucht man Retardierungseffekte bei der Berechnung von $\mathbf{A}_{12}$ nicht zu berücksichtigen, da das Vektorpotential in der Lagrange-Funktion (12.11) in der Kombination $q_1(\mathbf{v}_1/c) \cdot \mathbf{A}_{12}$

auftritt und $\mathbf{A}_{12}$ selbst von der Größenordnung v_2/c ist. Wir können daher von dem elektrostatischen Ausdruck

$$\mathbf{A}_{12} \simeq \frac{1}{c} \int \frac{\mathbf{J}_t(\mathbf{x}')\, d^3x'}{|\mathbf{x}_1 - \mathbf{x}'|} \tag{12.78}$$

ausgehen, wobei $\mathbf{J}_t$ der Transversalanteil des vom zweiten Teilchen herrührenden Stromes ist (vgl. Kap. 6.3). Mithilfe der Gleichungen (6.24)–(6.28) lässt sich zeigen, dass dieser Transversalanteil durch

$$\mathbf{J}_t(\mathbf{x}') = q_2 \mathbf{v}_2\, \delta(\mathbf{x}' - \mathbf{x}_2) - \frac{q_2}{4\pi} \nabla' \left[\frac{\mathbf{v}_2 \cdot (\mathbf{x}' - \mathbf{x}_2)}{|\mathbf{x}' - \mathbf{x}_2|^3} \right] \tag{12.79}$$

gegeben ist. Setzt man dies in (12.78) ein, so kann man den ersten Term direkt integrieren, und man erhält

$$\mathbf{A}_{12} \simeq \frac{q_2 \mathbf{v}_2}{cr} - \frac{q_2}{4\pi c} \int \frac{1}{|\mathbf{x}' - \mathbf{x}_1|} \nabla' \left[\frac{\mathbf{v}_2 \cdot (\mathbf{x}' - \mathbf{x}_2)}{|\mathbf{x}' - \mathbf{x}_2|^3} \right] d^3x'$$

Durch Übergang zu der Variablen $\mathbf{y} = \mathbf{x}' - \mathbf{x}_2$ und anschließende partielle Integration gelangt man zu

$$\mathbf{A}_{12} \simeq \frac{q_2 \mathbf{v}_2}{cr} - \frac{q_2}{4\pi c} \nabla_r \int \frac{\mathbf{v}_2 \cdot \mathbf{y}}{y^3} \frac{1}{|\mathbf{y} - \mathbf{r}|} d^3y$$

Das Integral lässt sich direkt auswerten und liefert:

$$\mathbf{A}_{12} \simeq \frac{q_2}{c} \left[\frac{\mathbf{v}_2}{r} - \tfrac{1}{2} \nabla_r \left(\frac{\mathbf{v}_2 \cdot \mathbf{r}}{r} \right) \right]$$

Die Differentiation führt schließlich auf

$$\mathbf{A}_{12} \simeq \frac{q_2}{2cr} \left[\mathbf{v}_2 + \frac{\mathbf{r}(\mathbf{v}_2 \cdot \mathbf{r})}{r^2} \right] \tag{12.80}$$

Mit dem Ausdruck (12.80) für das am Ort des ersten Teilchens herrschende Vektorpotential des zweiten Teilchens ergibt sich für die gesuchte Lagrange-Funktion der Wechselwirkung zweier geladener Teilchen:

$$L_{\text{int}} = \frac{q_1 q_2}{r} \left\{ -1 + \frac{1}{2c^2} \left[\mathbf{v}_1 \cdot \mathbf{v}_2 + \frac{(\mathbf{v}_1 \cdot \mathbf{r})(\mathbf{v}_2 \cdot \mathbf{r})}{r^2} \right] \right\} \tag{12.81}$$

Dieser Wechselwirkungsausdruck wurde das erste Mal von Darwin im Jahre 1920 angegeben. Er spielt eine wichtige Rolle bei der quantenmechanischen Diskussion relativistischer Korrekturen von Zwei-Elektronen-Atomen. In diesem quantenmechanischen Problem werden die Geschwindigkeitsvektoren durch ihre entsprechenden quantenmechanischen Operatoren ersetzt (d.h. durch die Dirac'schen α-Matrizen). Die resultierende Wechselwirkung ist als Breit'sche Wechselwirkung (1930) bekannt.[5]

[5] Siehe Bethe, H.A. und E.E. Salpeter, *Quantum Mechanics of One- and Two-Electron Atoms*, Berlin, New York: Springer-Verlag 1957, S. 170 ff.

Für ein System mehrerer wechselwirkender geladener Teilchen findet man die vollständige und bis zur Ordnung von $1/c^2$ korrekte Darwin'sche Lagrange-Funktion durch Entwicklung der freien Lagrange-Funktion (12.7) für jedes Teilchen und Aufsummation sämtlicher Wechselwirkungsterme der Form (12.81). Das Resultat lautet:

$$\begin{aligned} L_{\text{Darwin}} &= \frac{1}{2}\sum_i m_i v_i^2 + \frac{1}{8c^2}\sum_i m_i v_i^4 - \frac{1}{2}\sum_{ij}{}' \frac{q_i q_j}{r_{ij}} \\ &\quad + \frac{1}{4c^2}\sum_{ij}{}' \frac{q_i q_j}{r_{ij}}[\mathbf{v}_i \cdot \mathbf{v}_j + (\mathbf{v}_i \cdot \hat{\mathbf{r}}_{ij})(\mathbf{v}_j \cdot \hat{\mathbf{r}}_{ij})] \end{aligned} \tag{12.82}$$

wobei $r_{ij} = |\mathbf{x}_i - \mathbf{x}_j|$ und $\hat{\mathbf{r}}_{ij}$ ein Einheitsvektor in Richtung von $\mathbf{x}_i - \mathbf{x}_j$ ist, während der Strich an der Doppelsumme besagt, dass die (Selbstenergie-)Terme mit $i = j$ auszulassen sind. Obwohl die Darwin'sche Lagrange-Funktion ihre berühmteste Anwendung im quantenmechanischen Zusammenhang der Breit'schen Wechselwirkung fand, wird sie auch im rein klassischen Bereich angewandt. Auf zwei Beispiele weisen wir in der am Ende des Kapitels zitierten Literatur hin. Vgl. hierzu auch die Übungen.

12.7 Lagrange-Dichte des elektromagnetischen Feldes

Gegenstand von Abschnitt 1 dieses Kapitels war die Lagrange'sche Formulierung der Bewegungsgleichungen eines geladenen Teilchens im äußeren elektromagnetischen Feld. Wir wenden uns nun der analogen Beschreibung des elektromagnetischen Feldes zu, das mit gegebenen äußeren Ladungs- und Stromquellen wechselwirkt. Die Lagrange'sche Beschreibungsweise kontinuierlicher Felder ist der von diskreten Punktteilchen sehr ähnlich.[6] Der endliche Satz von Koordinaten $q_i(t)$ und Geschwindigkeiten $\dot{q}_i(t)$ nur $i = 1, 2, \ldots, m$ wird ersetzt durch unendlich viele Freiheitsgrade. Jeder Raum-Zeit-Punkt x^α entspricht einer endlichen Zahl von Werten des diskreten Index i. Die generalisierte Koordinate q_i wird ersetzt durch ein kontinuierliches Feld $\phi_k(x)$ mit einem diskreten Index $k = 1, 2, \ldots, m$ und einem kontinuierlichen Index x^α. An die Stelle der generalisierten Geschwindigkeit $\dot{q}_i$ tritt der Vierergradient $\partial^\beta \phi_k$. Die Euler-Lagrange'schen Gleichungen ergeben sich aus der Stationarität des Wirkungsintegrals gegenüber Variationen $\delta\phi_k$ und $\delta(\partial^\beta \phi_k)$. Es liegt also folgende Korrespondenz vor:

$$\begin{aligned} i &\to x^\alpha, k \\ q_i &\to \phi_k(x) \\ \dot{q}_i &\to \partial^\alpha \phi_k(x) \\ L = \sum_l L_l(q_i, \dot{q}_i) &\to \int \mathscr{L}(\phi_k, \partial^\alpha \phi_k)\, d^3x \\ \frac{d}{dt}\left(\frac{\partial L}{\partial \dot{q}_i}\right) = \frac{\partial L}{\partial q_i} &\to \partial^\beta \frac{\partial \mathscr{L}}{\partial(\partial^\beta \phi_k)} = \frac{\partial \mathscr{L}}{\partial \phi_k} \end{aligned} \tag{12.83}$$

[6] Für weitere Einzelheiten, die über unseren kurzen Abriss hinausgehen, empfehlen wir dem Leser die Bücher von *Goldstein*, Kapitel 11, oder andere Bücher, die wir am Schluss des Kapitels zitieren.

Dabei ist $\mathscr{L}$ eine Lagrange-*Dichte*, die zu einem definierten Raum-Zeit-Punkt gehört und einem einzelnen Term einer diskreten Teilchen-Lagrange-Funktion wie (12.82) entspricht. Für das elektromagnetische Feld sind A^α und $\partial^\beta A^\alpha$ die „Koordinaten" bzw. „Geschwindigkeiten".

Das Wirkungsintegral nimmt die Gestalt

$$A = \iint \mathscr{L} d^3x\, dt = \frac{1}{c}\int \mathscr{L} d^4x \tag{12.84}$$

an. Die Lorentz-Invarianz dieses Integrals bleibt erhalten, wenn *die Lagrange-Dichte $\mathscr{L}$ ein Lorentz-Skalar* ist (da das vierdimensionale Volumenelement selbst eine Invariante ist). In Analogie zum diskreten Fall darf man erwarten, dass die Lagrange-Dichte des freien Feldes in den Geschwindigkeiten, d. h. in $\partial^\beta A^\alpha$ bzw. $F^{\alpha\beta}$, quadratisch ist. Die einzigen lorentzinvarianten quadratischen Formen, die sich aus ihnen bilden lassen, sind $F_{\alpha\beta}F^{\alpha\beta}$ und $F_{\alpha\beta}\mathscr{F}^{\alpha\beta}$ (vgl. Übg. 11.14). Letztere verhält sich unter eigentlichen Lorentz-Transformationen wie ein Skalar, jedoch wie ein Pseudoskalar unter Spiegelungen. Fordert man die Invarianz von $\mathscr{L}$ sowohl unter Spiegelungen wie unter eigentlichen Lorentz-Transformationen, so muss $\mathscr{L}_{\text{frei}}$ ein Vielfaches von $F_{\alpha\beta}F^{\alpha\beta}$ sein. Der Wechselwirkungsanteil von $\mathscr{L}$ enthält die Quellendichten, die durch die Viererstromdichte $J^\alpha(x)$ beschrieben werden. Aus der Gestalt der Lagrange-Funktion (12.10), die die Wechselwirkung eines geladenen Teilchens mit äußeren Feldern beschreibt, schließt man, dass $\mathscr{L}_{\text{int}}$ eines Vielfaches von $J_\alpha A^\alpha$ ist. Als Lagrange-Dichte des elektromagnetischen Feldes postulieren wir daher:

$$\mathscr{L} = -\frac{1}{16\pi}F_{\alpha\beta}F^{\alpha\beta} - \frac{1}{c}J_\alpha A^\alpha \tag{12.85}$$

Den Koeffizienten und das Vorzeichen des Wechselwirkungsterms haben wir dabei so gewählt, dass Übereinstimmung mit (12.10) herrscht; dagegen werden der Zahlfaktor und das Vorzeichen des freien Anteils durch die Definition der Feldstärken und die Maxwell'schen Gleichungen festgelegt.

Um die in (12.83) angegebenen Euler-Lagrange'schen Gleichungen verwenden zu können, setzen wir in die Lagrange-Dichte die Definition der Feldstärken ein und schreiben:

$$\mathscr{L} = -\frac{1}{16\pi}g_{\lambda\mu}g_{\nu\sigma}(\partial^\mu A^\sigma - \partial^\sigma A^\mu)(\partial^\lambda A^\nu - \partial^\nu A^\lambda) - \frac{1}{c}J_\alpha A^\alpha \tag{12.86}$$

Bei der Berechnung von $\partial\mathscr{L}/\partial(\partial^\beta A^\alpha)$ ist darauf zu achten, dass alle Terme berücksichtigt werden. Insgesamt treten vier verschiedene Terme auf:

$$\frac{\partial\mathscr{L}}{\partial(\partial^\beta A^\alpha)} = -\frac{1}{16\pi}g_{\lambda\mu}g_{\nu\sigma}\left\{\delta^\mu_\beta\delta^\sigma_\alpha F^{\lambda\nu} - \delta^\sigma_\beta\delta^\mu_\alpha F^{\lambda\nu} + \delta^\lambda_\beta\delta^\nu_\alpha F^{\mu\sigma} - \delta^\nu_\beta\delta^\lambda_\alpha F^{\mu\sigma}\right\}$$

Wegen der Symmetrie von $g_{\alpha\beta}$ und der Antisymmetrie von $F^{\alpha\beta}$ sind jedoch alle vier Terme gleich, sodass sich der Ableitungsterm auf

$$\frac{\partial\mathscr{L}}{\partial(\partial^\beta A^\alpha)} = -\frac{1}{4\pi}F_{\beta\alpha} = \frac{1}{4\pi}F_{\alpha\beta} \tag{12.87}$$

reduziert. Für den anderen Teil der Euler-Lagrange'schen Gleichungen ergibt sich:

$$\frac{\partial \mathscr{L}}{\partial A^\alpha} = -\frac{1}{c} J_\alpha \tag{12.88}$$

Damit lauten die Bewegungsgleichungen des elektromagnetischen Feldes:

$$\frac{1}{4\pi} \partial^\beta F_{\beta\alpha} = \frac{1}{c} J_\alpha \tag{12.89}$$

In ihnen erkennt man eine kovariante Form der inhomogenen Maxwell'schen Gleichungen (11.141) wieder.

Die Lagrange-Dichte (12.85) liefert zwar die inhomogenen Maxwell'schen Gleichungen, nicht aber die homogenen. Der Grund hierfür ist darin zu suchen, dass der Feldstärketensor $F^{\alpha\beta}$ so über das Viererpotential A^λ definiert wurde, dass die homogenen Gleichungen automatisch erfüllt sind (siehe Kap. 6.2). Um dies in der hier benutzten Viererschreibweise deutlich zu machen, betrachten wir die linke Seite der homogenen Gln. (11.142):

$$\begin{aligned} \partial_\alpha \mathscr{F}^{\alpha\beta} &= \tfrac{1}{2} \partial_\alpha \epsilon^{\alpha\beta\lambda\mu} F_{\lambda\mu} \\ &= \partial_\alpha \epsilon^{\alpha\beta\lambda\mu} \partial_\lambda A_\mu \\ &= \epsilon^{\alpha\beta\lambda\mu} \partial_\alpha \partial_\lambda A_\mu \end{aligned}$$

Der Differentialoperator $\partial_\alpha \partial_\lambda$ ist nun aber symmetrisch in α und λ (vorausgesetzt, dass A_μ zweimal stetig differenzierbar ist), während $\epsilon^{\alpha\beta\lambda\mu}$ in α und λ antisymmetrisch ist. Die Kontraktion mit α und λ verschwindet daher, sodass die homogenen Maxwell'schen Gleichungen automatisch erfüllt sind.

Die Erhaltung der Stromdichte folgt aus (12.89), wenn man von beiden Seiten dieser Gleichung die Viererdivergenz bildet:

$$\frac{1}{4\pi} \partial^\alpha \partial^\beta F_{\beta\alpha} = \frac{1}{c} \partial^\alpha J_\alpha$$

Der Differentialoperator auf der linken Seite ist symmetrisch in α und β, während $F_{\beta\alpha}$ antisymmetrisch ist. Daher verschwindet wieder die Kontraktion, und es folgt:

$$\partial^\alpha J_\alpha = 0 \tag{12.90}$$

12.8 Die Proca'sche Lagrange-Dichte, Effekte einer Photonmasse

Die herkömmlichen Maxwell'schen Gleichungen basieren auf der Hypothese, dass die Photonmasse Null ist. Wie bereits in der Einleitung diskutiert, stellt sich natürlich die Frage nach der Evidenz der Masselosigkeit des Photons bzw. nach der Gültigkeit des Coulomb'schen Kraftgesetzes vom reziproken Abstandsquadrat. Mit anderen Worten, welche Konsequenzen würde eine nichtverschwindende Photonmasse nach sich ziehen? Diese Frage lässt sich systematisch mithilfe des Lagrange'schen Formalismus untersuchen. Wir modifizieren dazu die Lagrange-Dichte (12.85) und fügen zu ihr einen Masseterm hinzu. Die resultierende Lagrange-Dichte ist unter dem Namen *Proca'sche Lagrange-Dichte* bekannt, da sie das erste Mal von Proca (1930) aufgestellt wurde. Sie hat die Gestalt

$$\mathcal{L}_{\text{Proca}} = -\frac{1}{16\pi} F_{\alpha\beta} F^{\alpha\beta} + \frac{\mu^2}{8\pi} A_\alpha A^\alpha - \frac{1}{c} J_\alpha A^\alpha \tag{12.91}$$

Der Parameter μ hat die Dimension einer inversen Länge und ist gleich der reziproken Compton-Wellenlänge des Photons ($\mu = m_\gamma c/\hbar$). An die Stelle von (12.89) treten jetzt die Proca'schen Bewegungsgleichungen

$$\partial^\beta F_{\beta\alpha} + \mu^2 A_\alpha = \frac{4\pi}{c} J_\alpha \tag{12.92}$$

mit denselben homogenen Gleichungen, $\partial_\alpha \mathcal{F}^{\alpha\beta} = 0$, wie in der Maxwell'schen Theorie. In den Proca'schen Gleichungen treten neben den Feldern auch die Potentiale auf. Im Gegensatz zu den Maxwell'schen Gleichungen erhalten aber jetzt die Potentiale durch den Masseterm reale physikalische (d.h. beobachtbare) Bedeutung. In der Lorenz-Eichung (11.133), die jetzt aus der Stromerhaltung *zwingend folgt*, lässt sich für (12.92) auch

$$\Box A_\alpha + \mu^2 A_\alpha = \frac{4\pi}{c} J_\alpha \tag{12.93}$$

schreiben. Im statischen Grenzfall geht diese Gleichung über in

$$\nabla^2 A_\alpha - \mu^2 A_\alpha = -\frac{4\pi}{c} J_\alpha$$

Ist die Quelle eine im Ursprung ruhende Punktladung q, dann verschwindet nur die Zeitkomponente $A_0 = \Phi$ nicht. Die Lösung der zugehörigen Gleichung hat die Gestalt eines kugelsymmetrischen Yukawa-Potentials:

$$\Phi(x) = q \frac{e^{-\mu r}}{r} \tag{12.94}$$

Dieser Ausdruck macht die Konsequenzen einer Photonmasse in charakteristischer Weise deutlich. Das Potential und die Felder fallen jetzt exponentiell ab, und zwar auf den e-ten Teil ihres Anfangswertes nach Durchlaufen der Strecke μ^{-1}. Wie in der Einführung und auch in Übg. 12.15 besprochen, ändert der Exponentialfaktor den Charakter des Magnetfeldes der Erde so stark, dass man aus geometrischen Daten auf eine schlüssige obere Schranke für die Photonmasse schließen kann. Es wurde auch vorgeschlagen,[7] diese Schranke mit relativ einfachen Laborexperimenten unter Verwendung von LC-Kreisen sogar noch zu verbessern, doch die Idee enthielt einen Trugschluss. Der Subtilität wegen wollen wir auf dieses Problem hier kurz eingehen.[8]

---

[7] Franken, P.A. und G.W. Ampulski, *Phys. Rev. Letters* **26**, 115 (1971).

[8] Kurz nachdem dieser Vorschlag gemacht wurde, erschienen mehrere, auf der Proca-Gleichung beruhende Untersuchungen. Genannt seien hier folgende: Goldhaber, A.S. und M.M. Nieto, *Phys. Rev. Letters* **26**, 1390 (1971); Park, D. und E.R. Williams, *Phys. Rev. Letters* **26**, 1393 (1971); Kroll, N.M., *Phys. Rev. Letters* **26**, 1395 (1971); Boulware, D.G., *Phys. Rev. Letters* **27**, 55 (1971); Kroll, N.M., *Phys. Rev. Letters* **27**, 340 (1971).

Ausgangspunkt der Argumentation ist Gl. (12.93) bei Abwesenheit äußerer Quellen. Setzt man sinusartiges Raum- und Zeitverhalten voraus, so müssen Frequenz und Wellenzahl der Gleichung

$$\omega^2 = c^2k^2 + \mu^2c^2 \tag{12.95}$$

genügen. Dies ist der bekannte Ausdruck für das Quadrat der (durch $\hbar$ dividierten) Energie eines Teilchens mit dem Impuls $\hbar k$ und der Masse $\mu\hbar/c$. Betrachten wir nun ein Resonatorsystem – sei es einen Hohlleiter oder einen Schwingkreis. Angenommen, die Resonanzfrequenz sei für $\mu = 0$ gleich ω_0, für $\omega \neq 0$ dagegen ω. Die Struktur von (12.95) legt es dann nahe,

$$\omega^2 = \omega_0^2 + \mu^2c^2 \tag{12.96}$$

zu schreiben. Die relative Differenz zwischen ω und ω_0 ist natürlich für eine gegebene Photonmasse umso größer, je kleiner die Frequenz ist. Dies legt ein Experiment mit üblichen (d.h. relativ klein dimensionierten) LC-Kreisen nahe. Die Methode besteht dann darin, die Resonanzfrequenzen einer Reihe von Schwingkreisen zu messen, deren ω_0^2-Werte in bekanntem Verhältnis zueinander stehen. Stehen jedoch die beobachteten Resonanzfrequenzen nicht im selben Verhältnis zueinander, so ist dies ein Beweis dafür, dass in (12.96) $\mu \neq 0$ ist. Franken und Ampulski verglichen zwei Schwingkreise miteinander, von denen der eine bestimmte Induktivität L und Kapazität C besaß und somit die Resonanzfrequenz $\omega_0^2 = (LC)^{-1}$, während der andere die gleiche Induktivität, aber zwei parallel geschaltete Kapazitäten C hatte. Die Quadrate der beobachteten Frequenzen verhielten sich nach Berücksichtigung von Widerstandskorrekturen innerhalb der Fehlergrenzen wie 2 : 1. Daraus schlossen sie auf eine bestimmte obere Schranke für die Photonmasse, und wiesen gleichzeitig darauf hin, dass eine Verbesserung der Genauigkeit um mehrere Größenordnungen prinzipiell möglich sei, sofern nur die Idee selbst richtig sei.

Doch wo liegt der Fehler? Zunächst ist festzustellen, dass normale Schwingkreise mit *konzentrierten* Schaltelementen bereits ihrer Definition nach nicht dazu geeignet sind, auch nur irgendeine obere Schranke für die Photonmasse festzulegen.[9] Ein Schwingkreis mit kapazitivem Widerstand wird durch einen Block mit zwei Ausgängen beschrieben, wobei der Strom I an dem einen Ausgang mit der zwischen den Ausgängen herrschenden Spannung V durch die Beziehung $I = CdV/dt$ verknüpft ist. In ähnlicher Weise lässt sich ein Schwingkreis mit induktivem Widerstand ebenfalls durch einen Block mit zwei Ausgängen darstellen, der durch die Gleichung $V = -LdI/dt$ beschrieben wird. Kombiniert man die beiden Kreise zu einem Reihenschwingkreis, so sind die Ströme und Spannungen notwendigerweise die gleichen, und das kombinierte System wird beschrieben durch $V + LCd^2V/dt^2 = 0$. Die Resonanzfrequenz eines LC-Kreises ist $\omega_0 = (LC)^{-1/2}$.

Es ist natürlich richtig, dass ein gegebenes System leitender Flächen oder eine gegebene Drahtspule verschiedene Kapazitäts- bzw. Induktivitätseigenschaften haben – je nachdem, ob $\mu = 0$ ist oder nicht. Sämtliche Potentiale bzw. Felder ändern sich um den in (12.94) auftretenden Exponentialfaktor. Es erhebt sich aber die Frage,

---

[9] Ich danke E.M. Purcell für die wichtige Bemerkung, dass genau dieser Punkt bei der Diskussion des Franken-Ampulski-Vorschlags fast stets unerwähnt bleibt oder in seiner Bedeutung zumindest abgeschwächt wird.

ob man eine ernst zu nehmende obere Schranke für μ auf dem Experimentiertisch finden kann, d. h. bei einem Versuch mit Schaltelementen relativ kleiner Ausdehnung. Bei einem Kugelkondensator z. B., der aus einer Vollkugel vom Radius a und einer sie umgebenden Kugelschale vom inneren Radius b besteht (wobei letztere auf dem Potential Null gehalten wird), vergrößert sich die Kapazität für $\mu \neq 0$ um einen Betrag von $\mu^2 a^2 b/3$, falls $\mu b \ll 1$ ist. An die Stelle der relativen Differenz

$$\frac{\Delta\omega}{\omega_0} \simeq \frac{\mu^2 c^2}{2\omega_0^2} \tag{12.97}$$

die aus (12.96) mit $\omega_0^2 = (LC)^{-1}$ folgt, tritt dann als tatsächlicher Effekt der endlichen Photonmasse:

$$\frac{\Delta\omega}{\omega_0} = O(\mu^2 d^2) \tag{12.98}$$

wobei d die für den Schwingkreis charakteristische Länge und ω_0 die angegebene Resonanzfrequenz für $\mu = 0$ ist. Ein auf dem Experimentiertisch ausgeführter Versuch ist hiernach im Prinzip zwar möglich, aber in der Praxis sehr unempfindlich gegenüber einer möglichen Photonmasse.

Obwohl die Abschätzung (12.98) bereits alles besagt, ist es interessant zu untersuchen, welchen Effekt eine endliche Photonmasse auf Doppelleitungen, Wellenleiter und Hohlraumresonatoren hat. Für Doppelleitung ist dieser Effekt der gleiche wie für normale Schwingkreise. Nach Kap. 8 sind ja die TEM-Wellen einer Doppelleitung für $\mu = 0$ entartete Schwingungstypen, deren Phasengeschwindigkeit gleich der Lichtgeschwindigkeit ist. Die Situation ändert sich auch dann nicht, wenn $\mu \neq 0$ ist. Der einzige Unterschied besteht darin, dass die *transversalen* Felder nicht mehr durch die Laplace-Gleichung, sondern durch $(\nabla_t^2 - \mu^2)\psi = 0$ beschrieben werden. Die auf die Längeneinheit bezogene Kapazität und Induktivität der Doppelleitung werden um Bruchteile von $\mu^2 d^2$ geändert und durch sonst nichts. (Das in Übg. 5.29 angegebene Ergebnis bleibt weiterhin gültig.)

Für TE- und TM-Wellen in einem Wellenleiter ist die Situation komplizierter. Die Randbedingungen, denen die Felder und Potentiale gehorchen, müssen sorgfältig untersucht werden. Die Analyse von Kroll (*op. cit.*) zeigt, dass die Ausbreitung der TM-Wellen durch die naive Gleichung (12.96) beschrieben wird, während sich die TE-Wellen im Allgemeinen anders ausbreiten. Da die Grenzfrequenz eines Wellenleiters durch seine Querschnittsfläche bestimmt wird, fällt die im Allgemeinen falsche Abschätzung (12.97) mit der korrekten Abschätzung (12.98) zusammen.

Für Hohlraumresonatoren ist eine strenge Lösung kompliziert, doch im Fall einer kleinen Photonmasse kann man einige einfache Abschätzungen vornehmen. Für einen Rechteckwellenleiter z. B. gilt Gl. (12.96) in guter Näherung für alle Wellen mit von Null verschiedenen l-, m- und n-Werten, doch verliert diese Gleichung ihre Gültigkeit, wenn eine dieser Zahlen Null ist. Der Grund hierfür ist der, dass sich die Felder in den Richtungen, die verschwindendem l, m oder n entsprechen, wie statische Felder verhalten und sich dann die oben gebrachten Argumente anwenden lassen. Von besonderem Interesse sind die Niederfrequenzwellen (Schumann-Resonanzen) in dem von der Erdoberfläche und der Ionosphäre gebildeten Hohlraumresonator, den wir in Kap. 8.9 untersuchten. Diese Wellen besitzen ein radiales elektrisches Feld und stellen, wenn R den Erdradius und h die Höhe der Ionosphäre über der Erdoberfläche bezeichnet, *in nullter Ordnung von* h/R TEM-Wellen dar, wie sie in einem Hohlleiter mit parallelen Wänden auftreten. Ihre Ausbreitungs- und damit auch Resonanzfrequenzen bleiben daher im Fall $\mu = 0$ ungeändert. *In erster Ordnung von* h/R gibt es jedoch eine massenabhängige Änderung der Resonanzfrequenz. Das Ergebnis (vgl. den zweiten, oben zitierten Artikel von Kroll) besteht darin, dass die rechte Seite von (12.97) für die niedrigste Schumann-Welle um einen multiplikativen Faktor $g \simeq 0{,}44\, h/R$ geändert wird. Mit $h \simeq 70$ km wird $g \simeq 5 \times 10^{-3}$. Dies bedeutet, dass die Resonanzfrequenz $\omega_0 \simeq 50\,\mathrm{s}^{-1}$ für die Festlegung einer oberen Schranke der Photonmasse um einen Faktor $(1/g)^{1/2} \simeq 14$ weniger empfindlich ist, als man nach naiven Überlegungen erwarten würde.

12.9 Effektive „Photon"-Masse in der Supraleitung; London'sche Eindringtiefe

Das Gegenstück zur Proca'schen Elektrodynamik stellt die London'sche Theorie des elektromagnetischen Verhaltens von Supraleitern dar, die zur Erklärung des *Meissner-Effektes* formuliert wurde. Unter diesem Effekt (1933) versteht man die Verdrängung eines Magnetfeldes aus dem Innern eines supraleitenden Stoffes beim Übergang aus dem Normalzustand ($T > T_c$) in den supraleitenden Zustand ($T < T_c$). Wenn das Feld erst nach dem Übergang eingeschaltet wird, dringt es nicht in die Probe ein oder – genauer gesagt – es dringt nur bis zu einer sehr geringen Tiefe ein. Die Tiefe λ_L (typisch sind einige zehn Nanometer) ist die sog. *London'sche Eindringtiefe*. Statt ein idealer Leiter zu sein, ist ein Supraleiter ideal diamagnetisch. Dies ist die Folge einer effektiven „Photon"-Masse der Felder in einem Supraleiter, und darauf wollen wir hier kurz eingehen.

Wir beginnen mit einfachen phänomenologischen Erörterungen und nehmen an, der Stromfluss innerhalb des Supraleiters sei durch die nichtrelativistische Bewegung von Ladungsträgern der Ladung Q, der effektiven Masse m_Q und der Dichte n_Q gegeben. Bei mittleren lokalen Geschwindigkeiten $\mathbf{v}$ dieser Ladungsträger ist die Stromdichte

$$\mathbf{J} = Qn_Q\mathbf{v}$$

Bei Anwesenheit von elektromagnetischen Feldern lässt sich der Strom nach Gl. (12.14) ausdrücken durch den kanonischen Impuls $\mathbf{P} = m_Q\mathbf{v} + Q\,\mathbf{A}/c$:

$$\mathbf{J} = \frac{Q}{m_Q} n_Q \mathbf{P} - \frac{Q^2}{m_Q c} n_Q \mathbf{A}$$

Der supraleitende Zustand ist ein kohärenter Zustand der Ladungsträger mit verschwindendem kanonischen Impuls ($\mathbf{P} = 0$ war in der London'schen Theorie eine Annahme, die aber heute quantenmechanisch wohlbegründet ist – vgl. *Kittel*, Kap. 12). Daher ist die effektive Stromdichte in einem Supraleiter gegeben durch

$$\mathbf{J} = -\frac{Q^2}{m_Q c} n_Q \mathbf{A} \tag{12.99}$$

Setzt man diese Stromdichte in die Lorenz-geeichte Wellengleichung (6.16) für **A** ein (jetzt aber in Gauß’schen Einheiten), so ergibt sich die Proca’sche Form (12.93) der Wellengleichung, jedoch ohne Quellterm:

$$\nabla^2 \mathbf{A} - \partial_0^2 \mathbf{A} - \mu^2 \mathbf{A} = 0$$

wobei $\mu^2 = 4\pi Q^2 n_Q / m_Q c^2$ ist. Aus (12.99) folgt als Randbedingung, dass die Normalkomponente von **A** an der Trennfläche zwischen normalem und supraleitendem Medium, durch die kein Strom fließt, verschwinden muss. Im statischen Grenzfall und bei ebener Geometrie ist die mit (12.94) verwandte Lösung der London’schen Gleichung von der Art $\mathbf{A} \sim e^{\pm \mu x}$. Daraus folgt für die London’sche Eindringtiefe: $\lambda_\mathrm{L} = \mu^{-1}$ oder

$$\lambda_\mathrm{L} = \sqrt{\frac{m_Q c^2}{4\pi Q^2 n_Q}} \tag{12.100}$$

Die effektive „Photon“-Masse ist $(m_\gamma)_\mathrm{eff} = \hbar/\lambda_\mathrm{L} c$. Da die Ladungsträger sicher etwas mit den Elektronen des Materials zu tun haben, ist es sinnvoll, die Ladung Q in Einheiten von e und die Masse m_Q in Einheiten der Elektronenmasse m_e auszudrücken. Ferner schreiben wir die Dichte der Ladungsträger in Einheiten der dritten Potenz des reziproken Bohr’schen Radius. Damit ergibt sich für die Ruhenergie des „Photons“:

$$(m_\gamma)_\mathrm{eff}\, c^2 = \left[\left| \frac{Q}{e} \right| \sqrt{\frac{4\pi n_Q a_0^3}{m_Q/m_\mathrm{e}}} \right] \cdot \frac{e^2}{a_0}$$

Die dimensionslose Größe in der eckigen Klammer ist gewöhnlicherweise von der Größenordnung Eins, d. h. die Ruhenergie des „Photons“ liegt in der Größenordnung der Rydberg-Energie, d. h. bei wenigen Elektronenvolt.

Experimentell und theoretisch ist bekannt, dass es sich bei den Ladungsträgern in Supraleitern niedriger Temperaturen um Elektronenpaare handelt, die durch Gitterphononen in einer Wechselwirkung zweiter Ordnung lose gebunden sind. Damit gilt $Q = 2e$, $m_Q = 2m_\mathrm{e}$ und $n_Q = n_\mathrm{eff}/2$, wobei n_eff die effektive Zahl der am Stromfluss beteiligten Elektronen ist. Nützlich in diesem Zusammenhang ist auch die Formel $\mu^2 = 8\pi r_0 n_Q$ mit dem klassischen Elektronenradius $r_0 = 2{,}818 \times 10^{-15}$ m. Mit $n_Q = O(10^{22}\,\mathrm{cm}^{-3})$ folgt dann:

$$\lambda_\mathrm{L} = \mu^{-1} = O(4 \times 10^{-6}\,\mathrm{cm})$$

Aus der quantenmechanischen BCS-Theorie[10] ergibt sich, dass bei der Temperatur Null $n_Q = n_\mathrm{eff}/2 = 2E_\mathrm{F} N(0)/3$ ist, wobei E_F die Fermi-Energie des Valenzbandes bezeichnet und $N(0)$ die Zustandsdichte (Zahl der Zustände mit gleichem Elektronenspin-Zustand pro Energieeinheit) in der Fermi-Fläche ist. Im freien, entarteten Fermi-Gas ist n_eff gleich der gesamten Elektronendichte, aber im Supraleiter ändert sich die Zustandsdichte durch die Wechselwirkungen und die resultierende Energielücke. Wenn man etwa die halbe Gesamtzahl der Valenzelektronen pro Volumeneinheit für n_Q in (12.100) einsetzt, erhält man eine grobe Abschätzung für λ_L. Am Rande sei bemerkt, dass man bei Hochtemperatur-Supraleitern (Kupferoxid) Ein-

[10] Bardeen, J., Cooper, I. N. und J. R. Schrieffer, *Phys. Rev.* **108**, 1175 (1957).

dringtiefen beobachtet, die um eine Größenordnung kleiner sind als bei konventionellen Supraleitern.

Die Eindringtiefe λ_L und besonders ihre Temperaturabhängigkeit lassen sich messen, wenn man die supraleitende Probe in einen Resonanzkreis bringt und die Verschiebung der Resonanzfrequenz mit der Temperatur beobachtet. Wenn λ_L klein ist im Vergleich zur Wellenlänge λ der Resonanzfrequenz und zur Probendimension, führt eine einfache Rechnung (vgl. Übg. 12.20) nach dem Muster von Kap. 8 zu der Flächenimpedanz

$$Z_s \approx -i\frac{8\pi^2}{c}\frac{\lambda_L}{\lambda} \text{ (Gauß'sche Einheiten)} \quad \text{bzw.} \quad Z_s \approx -i\frac{2\pi\lambda_L}{\lambda}Z_0 \text{ (SI-Einheiten)}$$

Mit unserer Übereinkunft der Zeitabhängigkeit ($e^{-i\omega t}$) ergibt sich eine induktive Impedanz, die einer Induktivität pro Flächeneinheit von $L = \mu_0 \lambda_L$ (in SI-Einheiten) entspricht.

In unserem kurzen Abriss der einfachen London'schen Theorie haben wir ausschließlich den Meissner-Effekt (und auch den nur zum Teil) behandelt. Die magnetischen und thermodynamischen Eigenschaften von Supraleitern, die physikalischen Größen des kohärenten Zustandes (die Kohärenzlänge ξ) und viele andere Charakteristika lassen sich nur mikroskopisch, d.h. quantenmechanisch erfassen. Leser, die mehr über die Supraleitung wissen wollen, verweisen wir auf die Bücher von *Ashcroft und Mermin* oder *Kittel* und auf die zahlreichen Literaturangaben in ihnen. In Übg. 12.21 wird ein alternativer, vielleicht mehr physikalischer Weg zu den London'schen Gleichungen betrachtet (der im Übrigen ebenfalls auf F. London zurückgeht).

12.10 Kanonischer und symmetrischer Energie-Impuls-Tensor, Erhaltungssätze

A. Verallgemeinerung der Hamilton-Funktion: Kanonischer Energie-Impuls-Tensor

In der Teilchenmechanik geschieht der Übergang zum Hamilton-Formalismus und Energieerhaltungssatz dadurch, dass man zunächst die kanonischen Impulsvariablen

$$p_i = \frac{\partial L}{\partial \dot{q}_i}$$

definiert und danach die Hamilton-Funktion durch die *Legendre-Transformation*

$$H = \sum_i p_i \dot{q}_i - L \tag{12.101}$$

einführt. Es lässt sich dann zeigen, dass $dH/dt = 0$ ist, sofern $\partial L/\partial t = 0$ ist (die Lagrange-Funktion also nicht explizit von der Zeit abhängt). Hat man es mit Feldern zu tun, so darf man vermuten, dass sie durch eine Hamilton-Dichte $\mathscr{H}$ beschrieben werden, deren räumliches Volumenintegral die Hamilton-Funktion liefert. Die Lorentz-Transformationseigenschaften von $\mathscr{H}$ macht man sich folgendermaßen klar:

Da die Energie eines Teilchens die Zeitkomponente eines Vierervektors ist, sollte sich die Hamilton-Funktion H genauso transformieren. Da nun $H = \int \mathscr{H}\, d^3x$ ist und das invariante vierdimensionale Volumenelement durch $d^4x = d^3x\,dx_0$ gegeben ist, muss sich die Hamilton-Dichte $\mathscr{H}$ wie die Zeit-Zeit-Komponente eines Tensors zweiter Stufe transformieren. Ist die Lagrange-Dichte bestimmter Felder eine Funktion der Feldvariablen $\phi_k(x)$ und $\partial^\alpha \phi_k(x)$ mit $k = 1, 2, \ldots, m$, dann definiert man die Hamilton-Dichte in Analogie zu (12.101) durch

$$\mathscr{H} = \sum_k \frac{\partial \mathscr{L}}{\partial \left(\dfrac{\partial \phi_k}{\partial t} \right)} \frac{\partial \phi_k}{\partial t} - \mathscr{L} \tag{12.102}$$

Der erste Faktor in der Summe ist der zu $\phi_k(x)$ kanonisch konjugierte Feldimpuls, während $\partial \phi_k / \partial t$ der Geschwindigkeit $\dot{q}_i$ entspricht. Die Lorentz-Transformationseigenschaften von $\mathscr{H}$, die wir uns soeben überlegt haben, lassen vermuten, dass *die kovariante Verallgemeinerung der Hamilton-Dichte durch den kanonischen Energie-Impuls-Tensor*

$$T^{\alpha\beta} = \sum_k \frac{\partial \mathscr{L}}{\partial (\partial_\alpha \phi_k)} \partial^\beta \phi_k - g^{\alpha\beta} \mathscr{L} \tag{12.103}$$

gegeben ist.

Für das freie elektromagnetische Feld ist

$$\mathscr{L}_{em} = -\frac{1}{16\pi} F_{\mu\nu} F^{\mu\nu}$$

und daraus ergibt sich für den kanonischen Energie-Impuls-Tensor:

$$T^{\alpha\beta} = \frac{\partial \mathscr{L}_{em}}{\partial (\partial_\alpha A^\lambda)} \partial^\beta A^\lambda - g^{\alpha\beta} \mathscr{L}_{em}$$

wobei über doppelt auftretende Indizes λ zu summieren ist. Benutzt man jetzt (12.87) (und beachtet dabei die Stellung der Indizes), so folgt hieraus:

$$T^{\alpha\beta} = -\frac{1}{4\pi} g^{\alpha\mu} F_{\mu\lambda} \partial^\beta A^\lambda - g^{\alpha\beta} \mathscr{L}_{em} \tag{12.104}$$

Um die Bedeutung dieses Tensors aufzuzeigen, seien hier einige seiner Komponenten explizit angegeben. Mit $\mathscr{L} = (\mathbf{E}^2 - \mathbf{B}^2)/8\pi$ und (11.138) findet man:

$$\begin{aligned}
T^{00} &= \frac{1}{8\pi} (\mathbf{E}^2 + \mathbf{B}^2) + \frac{1}{4\pi} \boldsymbol{\nabla} \cdot (\Phi \mathbf{E}) \\
T^{0i} &= \frac{1}{4\pi} (\mathbf{E} \times \mathbf{B})_i + \frac{1}{4\pi} \boldsymbol{\nabla} \cdot (A_i \mathbf{E}) \\
T^{i0} &= \frac{1}{4\pi} (\mathbf{E} \times \mathbf{B})_i + \frac{1}{4\pi} \left[(\boldsymbol{\nabla} \times \Phi \mathbf{B})_i - \frac{\partial}{\partial x_0} (\Phi E_i) \right]
\end{aligned} \tag{12.105}$$

Die an jeweils zweiter Stelle stehenden Terme ergeben sich bei Verwendung der freien Feldgleichungen $\nabla \cdot \mathbf{E} = 0$ und $\nabla \times \mathbf{B} - \partial \mathbf{E}/\partial x_0 = 0$. Sind die Felder auf ein endliches Raumgebiet beschränkt, dann kann man die zu einer festen Zeit in einem bestimmten Inertialsystem über den gesamten dreidimensionalen Raum integrierten Komponenten T^{00} und T^{0i} als Gesamtenergie bzw. als mit c multiplizierten Gesamtimpuls des elektromagnetischen Feldes interpretieren. Wir schreiben daher:

$$\begin{aligned}\int T^{00}\, d^3x &= \frac{1}{8\pi}\int (\mathbf{E}^2 + \mathbf{B}^2)\, d^3x = E_{\text{Feld}} \\ \int T^{0i}\, d^3x &= \frac{1}{4\pi}\int (\mathbf{E}\times\mathbf{B})_i\, d^3x = cP^i_{\text{Feld}}\end{aligned} \tag{12.106}$$

Diese Ausdrücke für die Gesamtenergie und die Impulskomponenten des elektromagnetischen Feldes (hier in Gauß'schen Einheiten) kennen wir bereits aus Kap. 6.7. Es sei jedoch bemerkt, dass sich die Komponenten T^{00} und T^{0i} selbst von den üblichen Definitionen der Energie- und Impulsdichte durch zusätzliche Divergenzterme unterscheiden. Bei der Integration über den gesamten Raum liefern diese Terme aber keinen Beitrag, da sie in Integrale über eine Fläche verwandelt werden können, die sich ins Unendliche erstreckt; dort aber verschwinden alle Felder und Potentiale nach Voraussetzung identisch.

Die Verknüpfung der Zeit-Zeit- und Raum-Zeit-Komponente von $T^{\alpha\beta}$ mit der Energie- bzw. Impulsdichte des elektromagnetischen Feldes legt die Vermutung nahe, dass es eine kovariante Verallgemeinerung des Poynting'schen Satzes, also des differentiellen Erhaltungssatzes (6.108) gibt. Diese Verallgemeinerung lautet:

$$\partial_\alpha T^{\alpha\beta} = 0 \tag{12.107}$$

Um die Gültigkeit dieser Gleichung zu zeigen, gehen wir auf den allgemeinen Tensor (12.102) und die Euler-Lagrange'schen Gleichungen (12.83) zurück. Danach ist

$$\begin{aligned}\partial_\alpha T^{\alpha\beta} &= \sum_k \partial_\alpha\left[\frac{\partial\mathscr{L}}{\partial(\partial_\alpha\phi_k)}\partial^\beta\phi_k\right] - \partial^\beta\mathscr{L} \\ &= \sum_k\left[\partial_\alpha\frac{\partial\mathscr{L}}{\partial(\partial_\alpha\phi_k)}\cdot\partial^\beta\phi_k + \frac{\partial\mathscr{L}}{\partial(\partial_\alpha\phi_k)}\partial_\alpha\partial^\beta\beta\phi_k\right] - \partial^\beta\mathscr{L}\end{aligned}$$

Der erste Term des in eckigen Klammern stehenden Ausdrucks lässt sich mithilfe der Bewegungsgleichungen (12.83) umformen, sodass

$$\partial_\alpha T^{\alpha\beta} = \sum_k\left[\frac{\partial\mathscr{L}}{\partial\phi_k}\partial^\beta\phi_k + \frac{\partial\mathscr{L}}{\partial(\partial_\alpha\phi_k)}\partial^\beta(\partial_\alpha\phi_k)\right] - \partial^\beta\mathscr{L}$$

Da $\mathscr{L} = \mathscr{L}(\phi_k, \partial^\alpha\phi_k)$ ist, stellt die Summe über k (nach der Kettenregel) die Ableitung von $\mathscr{L}$ nach x^β dar. D.h. es ist

$$\partial_\alpha T^{\alpha\beta} = \partial^\beta\mathscr{L}(\phi_k, \partial^\alpha\phi_k) - \partial^\beta\mathscr{L} = 0$$

Aus dem Erhaltungssatz bzw. der Kontinuitätsgleichung (12.107) folgt nach räumlicher Integration zu einer festen Zeit die Erhaltung von Gesamtenergie und Gesamtimpuls. Zunächst findet man:

$$0 = \int \partial_\alpha T^{\alpha\beta}\, d^3x = \partial_0 \int T^{0\beta}\, d^3x + \int \partial_i T^{i\beta}\, d^3x$$

Sind sind Felder auf ein endliches Raumgebiet beschränkt, so liefert das zweite Integral (über eine Divergenz) keinen Beitrag. Die Identifikationen (12.106) führen dann auf

$$\frac{d}{dt} E_{\text{Feld}} = 0, \quad \frac{d}{dt} \mathbf{P}_{\text{Feld}} = 0 \tag{12.108}$$

Bei dieser Herleitung des Energie- und Impulssatzes und bei der Definition (12.106) haben wir die Kovarianz nicht bewiesen. Die Ergebnisse gelten für einen Beobachter, der in dem System, in dem die Felder spezifiziert sind, ruht. Die Frage der Transformation von einem System in ein anderes haben wir überhaupt nicht gestellt. Wenn ein kovarianter, differentieller Erhaltungssatz wie $\partial_\alpha T^{\alpha\beta} = 0$ gilt, so darf man allerdings erwarten, dass sich auch ein entsprechender integraler Erhaltungssatz formulieren lässt. Die Integrale in (12.106) erwecken nicht den Eindruck, als transformierten sie sich wie die Komponenten eines Vierervektors. Für quellenfreie Felder ist dies jedoch tatsächlich der Fall (vgl. Übg. 12.18 und das Buch von *Rohrlich*, Anhang A 1 – 5), während dies im Allgemeinen nicht zutrifft. Um zu vermeiden, dass Energie und Impuls des elektromagnetischen Feldes für jedes Inertialsystem getrennt definiert werden müssen und der übliche Zusammenhang zwischen den Systemen dabei nicht erkennbar wird, muss man kovariante Integralausdrücke für die Energie und den Impuls des elektromagnetischen Feldes explizit konstruieren. Die Integrale in (12.106) stellen nur Spezialfälle dieser Ausdrücke dar, die in einem einzigen Bezugssystem gelten. Auf diesen Punkt kommen wir noch einmal in Kap. 16 zurück, in dem wir das klassische Problem der elektromagnetischen Selbstenergie behandeln. (In explizit kovarianter Weise werden die integralen Erhaltungssätze bei *Rohrlich*, Abschn. 4–9, diskutiert.)

B. Symmetrischer Energie-Impuls-Tensor

Der kanonische Energie-Impuls-Tensor $T^{\alpha\beta}$ reichte für die bisherigen Zwecke zwar aus, hat aber einige Mängel. Wir haben bereits gesehen, dass sich T^{00} und T^{0i} von den üblichen Ausdrücken für die Energie- bzw. Impulsdichte unterscheiden. Ein anderer Nachteil ist seine fehlende Symmetrie, wie es z. B. an T^{0i} und T^{i0} in (12.105) sichtbar wird. Die Frage nach der Symmetrie stellt sich in dem Moment, in dem man den Drehimpuls des Feldes

$$\mathbf{L}_{\text{Feld}} = \frac{1}{4\pi c} \int \mathbf{x} \times (\mathbf{E} \times \mathbf{B})\, d^3x$$

betrachtet. Die kovariante Verallgemeinerung der Drehimpulsdichte, ausgedrückt durch einen Tensor dritter Stufe, lautet:

$$M^{\alpha\beta\gamma} = T^{\alpha\beta} x^\gamma - T^{\alpha\gamma} x^\beta \tag{12.109}$$

Ebenso wie Gl. (12.107) die Erhaltungssätze (12.108) impliziert, folgt aus

$$\partial_\alpha M^{\alpha\beta\gamma} = 0 \tag{12.110}$$

die Erhaltung des Gesamtdrehimpulses des Feldes. Die Ausführung der Divergenzoperation in (12.110) liefert:

$$0 = (\partial_\alpha T^{\alpha\beta}) x^\gamma + T^{\gamma\beta} - (\partial_\alpha T^{\alpha\gamma}) x^\beta - T^{\beta\gamma}$$

Der erste und dritte Term verschwinden hier aufgrund von (12.107), d. h. die Erhaltung des Drehimpulses erfordert die Symmetrie von $T^{\alpha\beta}$. Ein weiterer kritischer Punkt des kanonischen Energie-Impuls-Tensors (12.104) ist der, dass er die Potentiale explizit enthält und daher nicht eichinvariant ist. Schließlich sei auch erwähnt, dass die Spur T^α_α des Energie-Impuls-Tensors $T^{\alpha\beta}$ nicht verschwindet, wie es für ein masseloses Photon der Fall sein muss.[11]

Es gibt ein allgemeines Verfahren, um aus dem kanonischen Energie-Impuls-Tensor $T^{\alpha\beta}$ einen symmetrischen Energie-Impuls-Tensor $\Theta^{\alpha\beta}$ zu konstruieren, der im Fall des elektromagnetischen Feldes zugleich auch eichinvariant und spurlos ist (vgl. hierzu die Literaturhinweise am Ende des Kapitels). Im vorliegenden Fall, in dem es um die Symmetrisierung des durch (12.104) gegebenen Energie-Impuls-Tensors $T^{\alpha\beta}$ geht, werden wir jedoch direkt verfahren. Zunächst nehmen wir die Substitution $\partial^\beta A^\lambda = -F^{\lambda\beta} + \partial^\lambda A^\beta$ vor und erhalten dann:

$$T^{\alpha\beta} = \frac{1}{4\pi}\left[g^{\alpha\mu} F_{\mu\lambda} F^{\lambda\beta} + \frac{1}{4} g^{\alpha\beta} F_{\mu\nu} F^{\mu\nu} \right] - \frac{1}{4\pi} g^{\alpha\mu} F_{\mu\lambda} \partial^\lambda A^\beta \tag{12.111}$$

Die beiden in eckigen Klammern stehenden Ausdrücke sind symmetrisch in α und β und eichinvariant. Für den letzten Term lässt sich bei Verwendung der quellenfreien Maxwell'schen Gleichungen folgendes schreiben:

$$\begin{aligned} T_D^{\alpha\beta} &\equiv -\frac{1}{4\pi} g^{\alpha\mu} F_{\mu\lambda} \partial^\lambda A^\beta = \frac{1}{4\pi} F^{\lambda\alpha} \partial_\lambda A^\beta \\ &= \frac{1}{4\pi} (F^{\lambda\alpha} \partial_\lambda A^\beta + A^\beta \partial_\lambda F^{\lambda\alpha}) = \frac{1}{4\pi} \partial_\lambda (F^{\lambda\alpha} A^\beta) \end{aligned} \tag{12.112}$$

Der Tensor $T_D^{\alpha\beta}$ hat die leicht zu beweisenden Eigenschaften

(i) $\partial_\alpha T_D^{\alpha\beta} = 0$

und

(ii) $\int T_D^{0\beta}\, d^3x = 0$

Somit gilt der differentielle Erhaltungssatz (12.107) auch für die Differenz $T^{\alpha\beta} - T_D^{\alpha\beta}$, wenn er für $T^{\alpha\beta}$ gilt. Schließlich kann man auch in den Integralbeziehungen (12.106) den Tensor $T^{\alpha\beta}$ durch die genannte Tensordifferenz ersetzen. Wir haben also die

[11] Diese Forderung hängt mit der Invarianz der im Anschluss an (12.103) angegebenen Lagrange-Dichte unter konformen Transformationen zusammen. Vgl. hierzu das unter den Literaturhinweisen zitierte Buch von *Schwinger* (Anm. des Übersetzers).

Freiheit, einen *symmetrischen Energie-Impuls-Tensor* $\Theta^{\alpha\beta}$ zu definieren, nämlich durch

$$\Theta^{\alpha\beta} = T^{\alpha\beta} - T_D^{\alpha\beta}$$

bzw.

$$\Theta^{\alpha\beta} = \frac{1}{4\pi}\left(g^{\alpha\mu}F_{\mu\lambda}F^{\lambda\beta} + \frac{1}{4}g^{\alpha\beta}F_{\mu\lambda}F^{\mu\lambda}\right) \tag{12.113}$$

Explizit berechnen sich die einzelnen Komponenten zu

$$\Theta^{00} = \frac{1}{8\pi}(E^2 + B^2)$$

$$\Theta^{0i} = \frac{1}{4\pi}(\mathbf{E} \times \mathbf{B})_i$$

$$\Theta^{ij} = \frac{-1}{4\pi}\left[E_i E_j + B_i B_j - \frac{1}{2}\delta_{ij}(E^2 + B^2)\right] \tag{12.114}$$

Die Indizes i und j beziehen sich hier, wie üblich, auf die räumlichen Komponenten. Der Tensor $\Theta^{\alpha\beta}$ lässt sich schematisch in der Matrixform

$$\Theta^{\alpha\beta} = \left(\begin{array}{c:c} u & c\mathbf{g} \\ \hdashline c\mathbf{g} & -T_{ij}^{(M)} \end{array}\right) \tag{12.115}$$

schreiben. Die Zeit-Zeit- und die Zeit-Raum-Komponenten haben wir dabei durch die aus (6.106) und (6.118) bekannte Energie- bzw. Impulsdichte ausgedrückt (jetzt allerdings in Gauß'schen Einheiten). Die rein räumlichen Komponenten sind gerade das Negative der Komponenten des Maxwell'schen Spannungstensors (6.120); letzteren haben wir hier mit $T_{ij}^{(M)}$ bezeichnet, um eine Verwechselung mit dem kanonischen Tensor $T^{\alpha\beta}$ zu vermeiden. Die kovarianten und gemischten Komponenten des Energie-Impuls-Tensors sind:

$$\Theta_{\alpha\beta} = \left(\begin{array}{c:c} u & -c\mathbf{g} \\ \hdashline -c\mathbf{g} & -T_{ij}^{(M)} \end{array}\right) \qquad \Theta^{\alpha}{}_{\beta} = \left(\begin{array}{c:c} u & -c\mathbf{g} \\ \hdashline c\mathbf{g} & -T_{ij}^{(M)} \end{array}\right) \qquad \Theta_{\alpha}{}^{\beta} = \left(\begin{array}{c:c} u & c\mathbf{g} \\ \hdashline -c\mathbf{g} & -T_{ij}^{(M)} \end{array}\right)$$

Der differentielle Erhaltungssatz

$$\partial_\alpha \Theta^{\alpha\beta} = 0 \tag{12.116}$$

enthält für freie Felder den Poynting'schen Satz und die Impulserhaltung. Für $\beta = 0$ gilt z. B.:

$$0 = \partial_\alpha \Theta^{\alpha 0} = \frac{1}{c}\left(\frac{\partial u}{\partial t} + \boldsymbol{\nabla} \cdot \mathbf{S}\right)$$

mit dem Poynting'schen Vektor $\mathbf{S} = c^2\mathbf{g}$. Die letzte Gleichung ist identisch mit (6.108) für den quellenfreien Fall. In ähnlicher Weise erhält man für $\beta = i$ die Beziehung

$$0 = \partial_\alpha \Theta^{\alpha i} = \frac{\partial g_i}{\partial t} - \sum_{j=0}^{3} \frac{\partial}{\partial x_j} T_{ij}^{(M)}$$

die Gl. (6.121) ohne äußere Quellen entspricht. Die Erhaltung des Felddrehimpulses, ausgedrückt durch den Tensor

$$M^{\alpha\beta\gamma} = \Theta^{\alpha\beta} x^\gamma - \Theta^{\alpha\gamma} x^\beta \tag{12.117}$$

wird, wie bereits oben besprochen, durch (12.116) und die Symmetrie von $\Theta^{\alpha\beta}$ garantiert. Natürlich gibt es neben der Energie, dem Impuls und dem Drehimpuls noch weitere erhaltene Größen. Der Tensor $M^{0\beta\gamma}$ hat außer den rein räumlichen Komponenten, die den Drehimpuls bilden, noch drei Raum-Zeit-Komponenten. Sie sind ein notwendiger Zusatz zur kovarianten Verallgemeinerung des Drehimpulses. Ihre Erhaltung stellt den *Schwerpunktsatz* dar (vgl. Übg. 12.19).

C. Erhaltungssätze für das mit geladenen Teilchen wechselwirkende elektromagnetische Feld

Bei Anwesenheit äußerer Quellen ist die Lagrange-Dichte, aus der sich die Maxwell'schen Gleichungen herleiten, durch (12.85) gegeben. Der symmetrische Energie-Impuls-Tensor des elektromagnetischen Feldes behält zwar seine Form (12.113) bei, doch die Kopplung an den Quellstrom bewirkt, dass seine Divergenz nicht verschwindet. Die Berechnung dieser Divergenz ist einfach:

$$\begin{aligned}\partial_\alpha \Theta^{\alpha\beta} &= \frac{1}{4\pi}\left[\partial_\mu (F_{\mu\lambda} F^{\lambda\beta}) + \frac{1}{4}\partial^\beta (F_{\mu\lambda} F^{\mu\lambda})\right] \\ &= \frac{1}{4\pi}\left[(\partial^\mu F_{\mu\lambda}) F^{\lambda\beta} + F_{\mu\lambda}\partial^\mu F^{\lambda\beta} + \frac{1}{2} F_{\mu\lambda}\partial^\beta F^{\mu\lambda}\right]\end{aligned}$$

Der erste Term in der letzten Zeile lässt sich mithilfe der inhomogenen Maxwell'schen Gleichungen (12.89) umformen. Bringt man ihn anschließend auf die linke Seite, so folgt:

$$\partial_\alpha \Theta^{\alpha\beta} + \frac{1}{c} F^{\beta\lambda} J_\lambda = \frac{1}{8\pi} F_{\mu\lambda}(\partial^\mu F^{\lambda\beta} + \underline{\partial^\mu F^{\lambda\beta} + \partial^\beta F^{\mu\lambda}})$$

Der Grund für die eigenartige Gruppierung der verschiedenen Terme ist der, dass die unterstrichene Summe aufgrund der Identität $\partial^\mu F^{\lambda\beta} + \partial^\beta F^{\mu\lambda} + \partial^\lambda F^{\beta\mu} = 0$ durch $-\partial^\lambda F^{\beta\mu} = +\partial^\lambda F^{\mu\beta}$ ersetzt werden kann, sodass

$$\partial_\alpha \Theta^{\alpha\beta} + \frac{1}{c} F^{\beta\lambda} J_\lambda = \frac{1}{8\pi} F_{\mu\lambda}(\partial^\mu F^{\lambda\beta} + \partial^\lambda F^{\mu\beta})$$

Die rechte Seite dieser Gleichung ist nun aber die Kontraktion zwischen einem (in μ und λ) symmetrischen und antisymmetrischen Ausdruck und verschwindet daher. Somit ergibt sich für die Divergenz des Energie-Impuls-Tensors:

$$\partial_\alpha \Theta^{\alpha\beta} = \frac{-1}{c} F^{\beta\lambda} J_\lambda \tag{12.118}$$

Die Zeit- und Raum-Komponenten dieser Gleichung lauten:

$$\frac{1}{c}\left(\frac{\partial u}{\partial t} + \nabla \cdot \mathbf{S}\right) = -\frac{1}{c}\mathbf{J} \cdot \mathbf{E} \tag{12.119}$$

und

$$\frac{\partial g_i}{\partial t} - \sum_{j=1}^{3} \frac{\partial}{\partial x_j} T_{ij}^{(M)} = -\left[\rho E_i + \frac{1}{c}(\mathbf{J} \times \mathbf{B})_i\right] \tag{12.120}$$

Sie sind nichts anderes als die in Kap. 6 besprochenen Energie- und Impulsbilanzgleichungen für das mit den Quellen $J^\alpha = (c\rho, \mathbf{J})$ wechselwirkende elektromagnetische Feld. Der Vierervektor auf der rechten Seite von Gl. (12.118), nämlich

$$f^\beta \equiv \frac{1}{c} F^{\beta\lambda} J_\lambda = \left(\frac{1}{c}\mathbf{J} \cdot \mathbf{E}, \rho\mathbf{E} + \frac{1}{c}\mathbf{J} \times \mathbf{B}\right) \tag{12.121}$$

ist der *Vektor der Lorentz'schen Kraftdichte*. Setzt sich die Quelle aus mehreren geladenen Teilchen zusammen, so liefert das Volumenintegral von f^β bei Verwendung der Gleichung (12.1) für die Lorentz-Kraft die zeitliche Änderung der Energie bzw. des Impulses sämtlicher Teilchen:

$$\int f^\beta \, d^3x = \frac{dP^\beta_{\text{Teilchen}}}{dt}$$

Mit der am Ende von Abschnitt 12.10 A gemachten Einschränkung hinsichtlich der Kovarianz liefert das zu einer festen Zeit genommene räumliche Integral der linken Seite von (12.118) die zeitliche Änderung der Gesamtenergie bzw. des Gesamtimpulses des Feldes. Der Viererimpuls des aus Teilchen und Feldern zusammengesetzten Systems ist somit eine Erhaltungsgröße:

$$\int d^3x(\partial_\alpha \Theta^{\alpha\beta} + f^\beta) = \frac{d}{dt}(P^\beta_{\text{Feld}} + P^\beta_{\text{Teilchen}}) = 0 \tag{12.122}$$

In der voranstehenden Diskussion haben wir unser Hauptaugenmerk auf das elektromagnetische Feld gerichtet und die geladenen Teilchen nur als Quellen der Viererstromdichte erwähnt. Eine vollständige Behandlung des aus Teilchen und Feldern bestehenden Systems enthält natürlich eine Lagrange-Dichte, die sich aus insgesamt drei Anteilen zusammensetzt – den beiden Lagrange-Dichten des freien Feldes und der freien Teilchen sowie einer Lagrange-Dichte der Wechselwirkung, in der die Freiheitsgrade sowohl des elektromagnetischen Feldes wie der Teilchen auftreten. Die Variation des Wirkungsintegrals bezüglich der Teilchenkoordinaten liefert, wie in Abschnitt 1, die Gleichung für die Lorentz-Kraft, während die Variation nach den Feld-„Koordinaten", entsprechend Abschnitt 7, auf die Maxwell'schen Gleichungen führt. Will man auch die durch die Selbstenergie und Strahlungsrückwirkung bedingten Effekte berücksichtigen, so ist die Diskussion nicht mehr ganz so einfach. Literaturhinweise hierzu findet der Leser am Ende dieses Kapitels.

Erwähnt seien hier auch die *Fernwirkungstheorien*, die mit den Namen Schwarzschild, Tetrode und Fokker verknüpft sind. Das Hauptgewicht liegt in diesen Theorien auf den geladenen Teilchen, und postuliert wird ein invariantes Wirkungsprinzip mit einem Wechselwirkungsterm, der Integrale über die Weltlinien aller Teilchen enthält. Die Idee eines elektromagnetischen Feldes und die Maxwell'schen Gleichungen sind dabei von sekundärer Bedeutung. Diese Beschreibungsweise ist Grundlage der Wheeler-Feynman'schen Absorbertheorie der Strahlung.[12]

12.11 Lösung der Wellengleichung in kovarianter Form, invariante Green'sche Funktionen

Die elektromagnetischen Felder $F^{\alpha\beta}$, die von einer äußeren Quelle $J^\alpha(x)$ herrühren, genügen den inhomogenen Maxwell'schen Gleichungen

$$\partial_\alpha F^{\alpha\beta} = \frac{4\pi}{c} J^\beta$$

Drückt man die Felder durch die Potentiale aus, so gehen diese Gleichungen über in

$$\Box A^\beta - \partial^\beta(\partial_\alpha A^\alpha) = \frac{4\pi}{c} J^\beta$$

In der Lorenz-Eichung $\partial_\alpha A^\alpha = 0$ sind daher die Potentiale Lösungen der vierdimensionalen Wellengleichung

$$\Box A^\beta = \frac{4\pi}{c} J^\beta(x) \tag{12.123}$$

Die Lösung von (12.123) findet man durch Aufsuchen einer Green'schen Funktion $D(x, x')$, die der Gleichung

$$\Box_x D(x, x') = \delta^{(4)}(x - x') \tag{12.124}$$

genügt, wobei $\delta^{(4)}(x - x') = \delta(x_0 - x'_0)\,\delta(\mathbf{x} - \mathbf{x}')$ die vierdimensionale Delta-Funktion ist. Sind Randflächen nicht vorhanden, so kann die Green'sche Funktion nur von der Vektordifferenz $z^\alpha = x^\alpha - x'^\alpha$ abhängen. D.h. es ist $D(x, x') = D(x - x') = D(z)$ und (12.124) ist gleichbedeutend mit

$$\Box_z D(z) = \delta^{(4)}(z)$$

Wir nehmen eine Fourier-Transformation vom Ortsraum in den Raum des Wellenvektors vor. Die Fourier-Transformierte der Green'schen Funktion, $\tilde{D}(k)$, ist definiert durch

$$D(z) = \frac{1}{(2\pi)^4} \int d^4k\, \tilde{D}(k) e^{-ik\cdot z} \tag{12.125}$$

mit $k \cdot z = k_0 z_0 - \mathbf{k} \cdot \mathbf{z}$. Mit der Darstellung der Delta-Funktion

$$\delta^{(4)}(z) = \frac{1}{(2\pi)^4} \int d^4k\, e^{-ik\cdot z} \tag{12.126}$$

[12] Wheeler, J.A. und R.P. Feynman, *Rev. Mod. Phys.* **21**, 425 (1949).

ergibt sich für die Green'sche Funktion im k-Raum:

$$\tilde{D}(k) = -\frac{1}{k \cdot k} \tag{12.127}$$

Für $D(z)$ folgt daher:

$$D(z) = \frac{-1}{(2\pi)^4} \int d^4k \, \frac{e^{-ik \cdot z}}{k \cdot k} \tag{12.128}$$

Da der Integrand in (12.128) singulär ist, ist der Ausdruck in der angegebenen Form mehrdeutig und hat nur dann definierte Bedeutung, wenn man Aussagen über die Behandlung der Singularitäten macht. Zunächst führen wir die Integration über dk_0 aus und schreiben:

$$D(z) = -\frac{1}{(2\pi)^4} \int d^3k \, e^{i\mathbf{k} \cdot \mathbf{z}} \int_{-\infty}^{\infty} dk_0 \, \frac{e^{-ik_0 z_0}}{k_0^2 - \kappa^2} \tag{12.129}$$

wobei wir die Notation $\kappa = |\mathbf{k}|$ eingeführt haben. Das Integral über k_0 erhält Bedeutung, wenn man k_0 als komplexe Variable betrachtet und das Integral als Kurvenintegral in der k_0-Ebene behandelt. Der Integrand hat zwei einfache Pole bei $k_0 = \pm\kappa$ (vgl. Abb. 12.7). In Abhängigkeit von der Lage des Integrationsweges bezüglich der Pole gelangt man zu Green'schen Funktionen mit jeweils verschiedenem Verhalten. Die zunächst offenen Integrationswege können, je nach dem Vorzeichen von z_0, über einen im Unendlichen verlaufenden Halbkreis in der oberen oder unteren Halbebene geschlossen werden. Für $z_0 > 0$ wächst die Exponentialfunktion $e^{-ik_0 z_0}$ in der oberen Halbebene unbeschränkt an. Um den Residuensatz anwenden zu können, muss dann die Kontur in der unteren Halbebene geschlossen werden. Das Umgekehrte gilt im Fall von $z_0 < 0$.

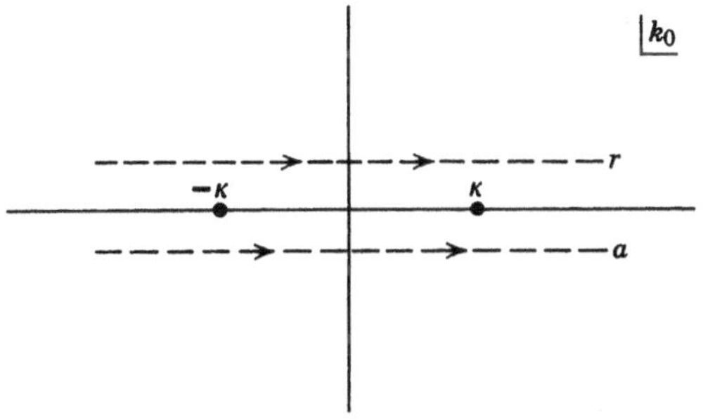

Abb. 12.7

Betrachten wir zunächst die in der obigen Abbildung mit r bezeichnete Kontur. Für $z_0 < 0$ verschwindet das resultierende Integral, da die Kontur in der oberen Halbebene geschlossen wird und sich innerhalb von ihr keine Singularitäten befinden. Für $z_0 > 0$ dagegen ergibt sich für das Integral über k_0:

$$\oint_r dk_0 \, \frac{e^{-ik_0 z_0}}{k_0^2 - \kappa^2} = -2\pi i \, \mathrm{Res}\left(\frac{e^{-ik_0 z_0}}{k_0^2 - \kappa^2}\right) = -\frac{2\pi}{\kappa} \sin(\kappa z_0)$$

Für die Green'sche Funktion (12.129) bedeutet dies:

$$D_r(z) = \frac{\theta(z_0)}{(2\pi)^3} \int d^3k\, e^{i\mathbf{k}\cdot\mathbf{z}} \frac{\sin(\kappa z_0)}{\kappa}$$

Die Winkelintegration im **k**-Raum liefert:

$$D_r(z) = \frac{\theta(z_0)}{2\pi^2 R} \int_0^\infty d\kappa \sin(\kappa R) \sin(\kappa z_0) \tag{12.130}$$

wobei $R = |\mathbf{z}| = |\mathbf{x} - \mathbf{x}'|$ den räumlichen Abstand zwischen x^α und x'^α bezeichnet. Nimmt man einige trigonometrische Umformungen und eine Variablentransformation vor, so lässt sich für (12.130) auch

$$D_r(z) = \frac{\theta(z_0)}{8\pi^2 R} \int_{-\infty}^\infty d\kappa [e^{i(z_0 - R)\kappa} - e^{i(z_0 + R)\kappa}]$$

schreiben. Die verbleibenden Integrale sind nichts anderes als Dirac'sche Delta-Funktionen. Da jedoch $z_0 > 0$ und $R > 0$ ist, ist das zweite Integral stets gleich Null. Die der Kontur r entsprechende Green'sche Funktion ist daher

$$D_r(x - x') = \frac{\theta(x_0 - x'_0)}{4\pi R} \delta(x_0 - x'_0 - R) \tag{12.131}$$

wobei wir wieder die ursprünglichen Variablen x und x' eingeführt haben. Diese Green'sche Funktion heißt *retardierte oder kausale Green'sche Funktion*, da die zum Quellpunkt gehörende Zeit x'_0 stets vor der Beobachtungszeit x_0 liegt. Der Ausdruck (12.131) bzw. seine Fourier-Transformierte bezüglich x_0, nämlich $(4\pi R)^{-1}\, e^{i\omega R/c}$, stellt die aus Kap. 6 bekannte Green'sche Funktion für auslaufende Wellen dar.

Wählt man die in Abb. 12.7 mit a bezeichnete Kontur, so führt eine analoge Rechnung auf die *avancierte Green'sche Funktion*

$$D_a(x - x') = \frac{\theta[-(x_0 - x'_0)]}{4\pi R} \delta(x_0 - x'_0 + R) \tag{12.132}$$

Die beiden Green'schen Funktionen lassen sich mithilfe der Identität

$$\begin{aligned}\delta[(x - x')^2] &= \delta[(x_0 - x'_0)^2 - |\mathbf{x} - \mathbf{x}'|^2] \\ &= \delta[(x_0 - x'_0 - R)(x_0 - x'_0 + R)] \\ &= \frac{1}{2R}[\delta(x_0 - x'_0 - R) + \delta(x_0 - x'_0 + R)]\end{aligned}$$

(vgl. hierzu die Formel im Anschluss an Gl. (5) auf S. 32) auf kovariante Form bringen. Da die Theta-Funktionen jeweils eine der beiden Delta-Funktionen aussondern, folgt:

$$\begin{aligned}D_r(x - x') &= \frac{1}{2\pi}\theta(x_0 - x'_0)\,\delta[(x - x')^2] \\ D_a(x - x') &= \frac{1}{2\pi}\theta(x'_0 - x_0)\,\delta[(x - x')^2]\end{aligned} \tag{12.133}$$

Die Theta-Funktionen sind, obwohl sie von den Koordinaten in nichtinvarianter Form abzuhängen scheinen, bei Einschränkung durch die Delta-Funktionen tatsächlich invariant unter eigentlichen Lorentz-Transformationen. Daher liefert Gl. (12.133) explizit invariante Ausdrücke für die Green'schen Funktionen. Wegen der Theta- und Delta-Funktion ist die retardierte (avancierte) Green'sche Funktion nur auf dem Rückwärtskegel (Vorwärtskegel) von Null verschieden.

Die Lösung der Wellengleichung (12.123) lässt sich jetzt folgendermaßen durch die Green'schen Funktionen ausdrücken:

$$A^\alpha(x) = A^\alpha_{\text{in}}(x) + \frac{4\pi}{c}\int d^4x'\, D_r(x-x')J^\alpha(x') \tag{12.134}$$

oder

$$A^\alpha(x) = A^\alpha_{\text{out}}(x) + \frac{4\pi}{c}\int d^4x'\, D_a(x-x')J^\alpha(x') \tag{12.135}$$

wobei A^α_{in} und A^α_{out} Lösungen der homogenen Wellengleichung sind. In (12.134) wird die retardierte Green'sche Funktion benutzt. In der Grenze $x_0 \to -\infty$ verschwindet daher das Integral über die Quellen, sofern sie in Raum und Zeit lokalisiert sind. Das freie Potential $A^\alpha_{\text{in}}(x)$ lässt sich somit als „einfallendes" oder „einlaufendes" Potential interpretieren, das durch sein Verhalten für $x_0 \to -\infty$ festgelegt ist. In ähnlicher Weise stellt in Gl. (12.135), in der die avancierte Green'sche Funktion benutzt wird, die homogene Lösung $A^\alpha_{\text{out}}(x)$ das für $x_0 \to +\infty$ asymptotisch „auslaufende" Potential dar. Die Differenz zwischen ein- und auslaufenden Feldern definiert die *Strahlungsfelder*. Ihr Viererpotential ist

$$A^\alpha_{\text{str}}(x) = A^\alpha_{\text{out}} - A^\alpha_{\text{in}} = \frac{4\pi}{c}\int d^4x'\, D(x-x')J^\alpha(x') \tag{12.136}$$

wobei

$$D(z) = D_r(z) - D_a(z) \tag{12.137}$$

die Differenz zwischen der retardierten und avancierten Green'schen Funktion ist.

Die Felder eines geladenen Teilchens, das sich auf einer vorgeschriebenen Bahn bewegt, werden uns in Kapitel 14 interessieren. Handelt es sich bei dem Teilchen um eine Punktladung e, deren Koordinate im Inertialsystem K gleich $\mathbf{r}(t)$ ist, so ist dessen Ladungs- bzw. Stromdichte in diesem System:

$$\begin{aligned} \rho(\mathbf{x}, t) &= e\,\delta[\mathbf{x} - \mathbf{r}(t)] \\ \mathbf{J}(\mathbf{x}, t) &= e\cdot\mathbf{v}(t)\,\delta[\mathbf{x} - \mathbf{r}(t)] \end{aligned} \tag{12.138}$$

wenn $\mathbf{v}(t) = d\mathbf{r}(t)/dt$ die Teilchengeschwindigkeit im System K bedeutet. Ladungs- und Stromdichte lassen sich in manifest kovarianter Weise durch einen Viererstrom ausdrücken, wenn man die Viererkoordinate der Ladung, $r^\alpha(\tau)$, als Funktion ihrer Eigenzeit einführt und unter Verwendung einer geeigneten Delta-Funktion über die Eigenzeit integriert. Der entsprechende Viererstrom hat die Gestalt

$$J^\alpha(x) = ec\int d\tau\, U^\alpha(\tau)\,\delta^{(4)}[x - r(\tau)] \tag{12.139}$$

mit U^α als Vierergeschwindigkeit der Ladung. Im Inertialsystem K ist $r^\alpha = [ct, \mathbf{r}(t)]$ und $U^\alpha = (\gamma c, \gamma\mathbf{v})$. Wie man unter Verwendung von (12.139) aus Gl. (12.134) die Potentiale und Felder einer bewegten Ladung gewinnt, zeigen wir in Kap. 14.1.

Literaturhinweise

Der Lagrange- bzw. Hamilton-Formalismus für ein relativistisches geladenes Teilchen wird in jedem Mechanik-Lehrbuch für Fortgeschrittene behandelt und auch in den meisten Lehrbüchern der Elektrodynamik. Genannt seien u. a.:
- Barut, Kap. II
- Corben und Stehle, Kap. 16
- Goldstein, Kap. 6
- Landau und Lifschitz, *Klassische Feldtheorie*, Kap. II und III.

Die Bewegung geladener Teilchen in äußeren elektromagnetischen Feldern, besonders in homogenen Magnetfeldern, spielt in der Geophysik, der Solarphysik und der themonuklearen Forschung eine immer größere Rolle. Das klassische Buch, das diese Probleme behandelt, ist das von
- Alfvén und Fälthammar.

Die in diesem Zusammenhang wichtigsten Ergebnisse findet man auch bei
- Chandrasekhar, Kap. 2 und 3
- Clemmow und Dougherty, Kap. 4
- Linhart, Kap. 1
- Spitzer, Kap. 1.

Das Buch von
- Rossi und Olbert

behandelt die Bewegung geladener Teilchen im Erd- und Sonnenfeld. Die adiabatischen Invarianten werden ausführlich besprochen bei
- Northrop.

Ein anderes wichtiges Anwendungsgebiet der Dynamik relativistischer geladener Teilchen sind Hochenergiebeschleuniger. Eine Einführung in die physikalischen Probleme dieses Gebietes bringen
- Corben und Stehle, Kap. 17.

Die praktischen Aspekte von Beschleunigern wie auch die ihnen zugrundeliegende Physik sind Gegenstand der Bücher von
- *Daniel
- Livingston und Blewett
- Persico, Ferrari und Segrè.

Die Darwin'sche Lagrange-Funktion (12.82) wurde von
- Kaufman, A.N. und P.S. Rostler, *Physics of Fluids* **14**, 446 (1971)

als nützliches Hilfsmittel zur Beschreibung niederenergetischer Plasmaschwingungen herangezogen. Auch wurde sie in einem interessanten Artikel von
- Coleman, S. und J.H. Van Vleck, *Phys. Rev.* **171**, 1370 (1968)

dazu benutzt, um ein Paradoxon im Zusammenhang mit der Impulserhaltung und dem dritten Newton'schen Axiom zu lösen.

Das Thema „verborgener Impuls", das Coleman und Van Vleck ansprechen, ist in einer Reihe allgemein verständlicher Arbeiten behandelt worden. Eine der ersten, besonders wertvollen Arbeiten ist die von
- Furry, W.H., *Am. J. Phys.* **37**, 621 (1969).

Neuere Arbeiten stammen von
- Vaidman, L., *Am. J. Phys.* **58**, 978 (1990)
- Hnizdo, V., *Am. J. Phys.* **65**, 55 (1997)
- Hnizdo, V., *Am. J. Phys.* **65**, 92 (1997).

Die Lagrange-Theorie von Feldern wird u. a. behandelt bei
- Barut, Kap. III
- Corben und Stehle, Kap. 15
- Goldstein, Kap. 11
- Low
- Schwartz, Kap. 6
- Soper.

Das allgemeine Verfahren zur Konstruktion eines symmetrischen, eichinvarianten Energie-Impuls-Tensors $\Theta^{\alpha\beta}$ aus dem kanonischen Energie-Impuls-Tensor $T^{\alpha\beta}$ wird beschrieben bei
- Landau und Lifschitz, *Klassische Feldtheorie*, §§ 32, 33 und 94.

Sehr ausführlich wird auf dieses Problem in einem Buch von
- *Schwinger

eingegangen, in dem besonders auch die Konforminvarianz der Lagrange-Dichte des elektromagnetischen Feldes diskutiert wird.

Die Wechselwirkung geladener Teilchen mit elektromagnetischen Feldern und die zugehörigen Erhaltungssätze werden besprochen bei
- Barut, Kap. IV und V
- Landau und Lifschitz, *Klassische Feldtheorie*, Kap. IV
- Schwartz, Kap. 7

und besonders ausführlich in dem Buch von
- Rohrlich.

In dem zuletzt genannten Buch werden auch die Selbstenergie und die Strahlungsrückwirkungen sowie die Fragen im Zusammenhang mit Energie, Impuls und Masse des elektromagnetischen Feldes ausführlich behandelt. Vgl. hierzu auch den Artikel von
- Rohrlich, F., *Am. J. Phys.* **38**, 1310 (1970).

Die invarianten Green'schen Funktionen der Wellengleichung werden in fast jedem Buch über Quantenfeldtheorie hergeleitet. Eines dieser Bücher, das zu Beginn eine kurze kovariante Darstellung der klassischen Elektrodynamik bringt, ist das von
- Thirring, Abschn. I.2 und Anhang II.

Zwei Übersichtsartikel über die Photonmasse, die wir bereits in der Einführung zitierten, sind die von
- Goldhaber, A. S. und M. M. Nieto, *Rev. Mod. Phys.* **43**, 277 (1971)
- Kobzarev, I. Yu. und L. B. Okun, *Uspekhi Fiz. Nauk.* **95**, 131 (1968) (engl. Übers. *Sov. Phys. Uspekhi* **11**, 338 (1968)).

Übungen

12.1 **(a)** Man zeige, dass die lorentzinvariante Lagrange-Funktion (im Sinne von Abschn. 12.1B)

$$L = -\frac{mU_\alpha U^\alpha}{2} - \frac{q}{c} U_\alpha A^\alpha$$

die korrekten relativistischen Bewegungsgleichungen für ein Teilchen der Masse m und der Ladung q liefert, das mit einem durch das Vektorprotential $A^\alpha(x)$ beschriebenen äußeren Feld wechselwirkt.

(b) Man gebe die Definition der kanonischen Impulse an und schreibe die effektive Hamilton-Funktion sowohl in kovarianter wie in raum-zeitlicher Form auf. Welchen Wert hat die (lorentz-invariante) effektive Hamilton-Funktion?

12.2 **(a)** Ausgehend vom Hamilton'schen Prinzip zeige man, dass verschiedene Lagrange-Funktionen, die sich nur durch eine totale Zeitableitung einer von den Koordinaten abhängenden Funktion unterscheiden, insofern zueinander äquivalent sind, als sie zu denselben Euler-Lagrange'schen Bewegungsgleichungen führen.

(b) Man zeige explizit, dass, wenn man die in der Lagrange-Funktion (12.9) eines geladenen Teilchens auftretenden Potentiale einer Eichtransformation $A^\alpha \to A^\alpha + \partial^\alpha \Lambda$ unterwirft, lediglich eine andere, äquivalente Lagrange-Funktion erzeugt wird.

12.3 Ein Teilchen der Masse m und der Ladung e bewege sich in einem homogenen statischen elektrischen Feld $\mathbf{E}_0$.

(a) Man bestimme die Geschwindigkeit und die Ortskoordinate des Teilchens als explizite Funktion der Zeit, wenn die Teilchengeschwindigkeit zu Anfang senkrecht zum elektrischen Feld gerichtet war und den Wert $\mathbf{v}_0$ hatte.

(b) Man eliminiere die Zeit, um den räumlichen Verlauf der Teilchenbahn zu ermitteln, und diskutiere die Gestalt der Bahn für kurze und lange Zeiten (nach geeigneter Definition „kurzer" bzw. „langer" Zeiten).

12.4 Es soll ein $E \times B$-Geschwindigkeitsselektor unter Verwendung homogener und statischer elektrischer bzw. magnetischer Felder gebaut werden, die aufeinander senkrecht stehen und sich über eine Länge L erstrecken. Die Breite der Ein- und Ausgangsschlitze sei Δx. Man diskutiere das Geschwindigkeitsintervall Δu um den Mittelwert $u = cE/B$, innerhalb dessen die Teilchen durch die Apparatur hindurchgelassen werden, als Funktion der Masse sowie des Impulses bzw. der Energie der einfallenden Teilchen, der Feldstärken, der Länge des Selektors und anderer relevanter Größen. Randeffekte vernachlässige man dabei. Als praktische Daten verwende man: $L \sim$ einige Meter, $E_{\text{max}} \sim 3 \times 10^4$ Volt/cm, $\Delta x \sim 10^{-1}$ bis 10^{-2} cm und $u \sim 0{,}5$ bis $0{,}995c$. (Es ist instruktiv, die Bewegungsgleichung nicht nur im Laborsystem zu betrachten, sondern auch in einem System, das sich mit der Geschwindigkeit u in Richtung des Teilchenstrahls bewegt.)

Literatur: Coombes, A. et al., *Phys. Rev.* **112**, 1303 (1958); Eberhard, P., Good, M.L. und H.K. Ticho, *Rev. Sci. Inst.* **31**, 1054 (1960).

12.5 Ein Teilchen der Masse m und der Ladung e bewege sich im Laborsystem in gekreuzten, sowohl statischen wie homogenen elektrischen und magnetischen Feldern. $\mathbf{E}$ sei parallel zur x-Achse und $\mathbf{B}$ parallel zur y-Achse.

(a) Für $|\mathbf{E}| < |\mathbf{B}|$ nehme man die in Abschnitt 4 dieses Kapitels beschriebene Lorentz-Transformation vor, um eine explizite Parametergleichung für die Teilchenbahn zu erhalten.

(b) Man wiederhole die Rechnung von (a) für $|\mathbf{E}| > |\mathbf{B}|$.

12.6 Die sowohl statischen wie homogenen elektrischen und magnetischen Felder $\mathbf{E}$ und $\mathbf{B}$ mögen einen Winkel θ miteinander bilden.

(a) Durch geeignete Wahl der Achsen löse man die für ein Teilchen der Ladung e und der Masse m geltende Bewegungsgleichung in kartesischen Koordinaten.

(b) Für zueinander parallele Felder $\mathbf{E}$ und $\mathbf{B}$ zeige man, dass sich die Parameterlösung bei geeigneter Wahl der Integrationskonstanten etc. in der Form

$$x = AR\sin\phi\,, \quad y = AR\cos\phi\,, \quad z = \frac{R}{\rho}\sqrt{1+A^2}\cosh(\rho\phi)$$

$$ct = \frac{R}{\rho}\sqrt{1+A^2}\sinh(\rho\phi)$$

schreiben lässt. Dabei ist $R = (mc^2/eB)$ und $\rho = (E/B)$, während A eine willkürliche Konstante bezeichnet und ϕ der Bahnparameter (die mit c/R multiplizierte Eigenzeit) ist.

12.7 In dem durch die Ebenen $x = 0$ und $x = a$ begrenzten Gebiet herrsche ein homogenes magnetisches Induktionsfeld B in negativer z-Richtung, während das Gebiet für $x < 0$ und $x > a$ feldfrei sei.

(a) Man bestimme den elektromagnetischen Gesamtimpuls **G** nach Größe und Richtung, wenn sich an der Stelle (x_0, y_0, z_0) zusätzlich eine Punktladung q befindet. Zu betrachten sind die Fälle, dass die Ladung entweder auf der einen oder anderen Seite vom Feldgebiet lokalisiert ist oder sich in ihm befindet. Man nehme an, das punktladungsartige Teilchen befinde sich im Ruhezustand oder in nichtrelativistischer Bewegung.

(b) Das Teilchen treffe vom Gebiet $x < 0$ her mit dem nichtrelativistischen Impuls p senkrecht auf das Feldgebiet und es gelte $p > qBa/c$. Man bestimme die Impulskomponenten des Teilchens nach seinem Eintritt in das feldfreie Gebiet $x > a$. Die Komponenten der Summe aus mechanischem Teilchenimpuls und elektromagnetischem Impuls im Anfangs- und im Endzustand sind miteinander zu vergleichen. Warum bleiben die einen Komponenten erhalten, die anderen aber nicht?

(c) Das Teilchen bewege sich bei festem z nur innerhalb des Feldgebietes und es gelte $p < qBa/2c$. Für diesen Fall diskutiere man die Erhaltung oder Nichterhaltung der Komponenten der Summe aus mechanischem und elektromagnetischem Impuls, während sich das Teilchen auf seiner Bahn bewegt. Das Ergebnis kommentiere man.

12.8 In den Übungen 6.5 und 6.6 (a) wurde für das System einer lokalisierten Strom-Ladungsverteilung, bzw. eines ruhenden, stromführenden Toroids ein nichtverschwindender Impuls der elektromagnetischen Felder festgestellt. Dieses Paradoxon zählt zu den Fällen, in denen der „verborgene Impuls“ eine Rolle spielt. Da der Feldimpuls proportional zu $1/c^2$ ist, darf man vermuten, dass relativistische Effekte beteiligt sind.

(a) Die Ladungsträger im Toroid (oder einem anderen stromführenden System) mögen die Masse m und die Ladung e haben. Der individuelle mechanische Impuls sei $\mathbf{p} = \gamma m\mathbf{v}$ und die Stromdichte sei $\mathbf{J} = en\mathbf{v}$, wobei n die Anzahldichte der Ladungsträger und γ den relativistischen Lorentz-Faktor bedeuten. Unter Ausnutzung der Energieerhaltung für jeden Ladungsträger zeige man, dass in der „statischen“ Feldsituation aus Übg. 6.5 der mechanische Gesamtimpuls der Ladungsträger gegeben ist durch

$$\mathbf{P}_{\text{mech}} = \int d^3x\, \gamma nm\mathbf{v} = -\frac{1}{c^2}\int d^3x\, \Phi\mathbf{J}$$

und damit gleich dem Negativen des Feldimpulses aus Übg. 6.5 (a) ist.

(b) Die Querschnittsfläche des in Übg. 6.6 betrachteten Toroids sei ein Rechteck der Breite w und der Höhe h – beide klein gegenüber dem Radius a. Die Spule bestehe aus Röhren gleichförmigen Querschnitts A_w. Man zeige, dass sich aus der elektrostatischen Potentialdifferenz zwischen den inneren und vertikalen Segmenten jeder Röhre genau die Änderung in γmc^2 ergibt, die im Ergebnis zu einem vertikalen mechanischen Impuls führt, der dem Resultat aus Übg. 6.6 (a) – bei entsprechender Berücksichtigung der verschiedenen Einheiten – entgegengesetzt gleich ist.

Literatur: Vaidman (*op. cit.*).

12.9 Das Magnetfeld der Erde ist näherungsweise das eines magnetischen Dipols mit dem magnetischen Moment $M = 8{,}1 \times 10^{25}$ Gauß·cm^3. Man untersuche die Bewegung, die energiereiche Elektronen in der Nähe der Erde (d. h. in den sog. *Van-Allen-Gürteln*) unter Wirkung dieses Dipolfeldes ausführen. (Man beachte, dass **M** in südliche Richtung zeigt.)

(a) Man zeige, dass sich eine magnetische Kraftlinie durch die Gleichung $r = r_0 \sin^2\theta$ beschreiben lässt, wobei θ der übliche (zu einem Breitenkreis gehörende) Polarwinkel ist, der von der Achse des Dipols aus gemessen wird. Ferner bestimme man den Betrag von B entlang einer beliebigen Kraftlinie in Abhängigkeit von θ.

(b) Ein positiv geladenes Teilchen umkreist eine in der Äquatorebene liegende Kraftlinie vom mittleren Radius R, und zwar mit einem Gyrationsradius a ($a \ll R$). Man zeige, dass sich die azimutale Lage des Teilchens näherungsweise linear mit der Zeit ändert, nämlich gemäß

$$\phi(t) = \phi_0 - \frac{3}{2}\left(\frac{a}{R}\right)^2 \omega_B(t - t_0)$$

wenn ω_B die Gyrationsfrequenz beim Radius R ist.

(c) Das Teilchen habe außer der in (b) beschriebenen Komponente der Kreisbewegung noch eine kleine Geschwindigkeitskomponente in Richtung der Kraftlinien. Man zeige, dass es dann kleine Schwingungen in θ um $\theta = \pi/2$ ausführt, und zwar mit der Frequenz $\Omega = (3/\sqrt{2})(a/R)\omega_B$. Man bestimme die auf einen Umlaufzyklus in Breitenrichtung bezogene Änderung in Längenrichtung.

(d) Für ein Elektron der kinetischen Energie 10 MeV bestimme man bei einem mittleren Radius $R = 3 \times 10^9$ cm sowohl ω_B wie a, um daraus die Zeit zu ermitteln, die das Elektron benötigt, um einmal um die Erde herumzudriften und einen Schwingungszyklus in Breitenrichtung auszuführen. Die gleichen Größen berechne man für ein 10 keV-Elektron bei gleich bleibendem Radius.

12.10 Ein geladenes Teilchen befinde sich momentan in der Äquatorebene des (als Dipolfeld angenommenen) Erdmagnetfeldes im Abstand R vom Mittelpunkt der Erde. Sein momentaner Geschwindigkeitsvektor bilde mit der Äquatorebene den Winkel α ($v_{\parallel}/v_{\perp} = \tan\alpha$). Unter der Annahme, dass sich das Teilchen spiralförmig um die Kraftlinien mit einem Gyrationsradius $a \ll R$ bewegt und der von der Bahn eingeschlossene magnetische Fluss eine Konstante der Bewegung ist, gebe man eine Gleichung für die maximale magnetische Breite λ an, die das Teilchen in Abhängigkeit vom Winkel α erreicht. Man stelle λ graphisch als Funktion von α dar (nicht nur skizzenhaft!) und gebe als Kurvenparameter diejenigen Werte von α an, für die ein Teilchen, das in der Äquatorebene den Abstand R vom Erdmittelpunkt hat, die Erde (mit dem Radius R_0) trifft, und zwar für R/R_0 = 1,2; 1,5; 2,0; 2,5; 3; 4; 5.

12.11 Man untersuche die Präzession des Spins eines anfänglich longitudinal polarisierten Müons, das eine Kreisbewegung in einer zu einem homogenen Magnetfeld **B** senkrechten Ebene ausführt.

(a) Man zeige, dass die Differenz Ω zwischen der Frequenz der Spinpräzession und der der Gyration unabhängig von der Energie des Müons durch

$$\Omega = \frac{eBa}{m_\mu c}$$

gegeben ist, wobei $a = (g - 2)/2$ das anomale magnetische Moment ist. (Man stelle die Bewegungsgleichungen für die drei zueinander senkrechten Spinkomponenten in Richtung der Teilchengeschwindigkeit, des vom Mittelpunkt der Kreisbahn ausgehenden Radiusvektors des Teilchens bzw. des Magnetfeldes auf.)

(b) Im Müon-Speicherring von CERN (den wir bereits in Kap. 11.1(c) erwähnten) ist der Bahnradius R = 2,5 Meter und $B = 17 \times 10^3$ Gauß. Wie groß sind der Impuls des Müons und der Zeitdilatationsfaktor γ? Wieviel Präzessionsperioden der Dauer $T = 2\pi/\Omega$ treten innerhalb der im Laborsystem beobachteten mittleren Lebensdauer des Müons auf? (m_μ = 105,66 MeV, $\tau_0 = 2{,}2 \times 10^{-6}$ s, $a \simeq \alpha/2\pi$).

(c) Man drücke die Frequenzdifferenz Ω in Einheiten der Kreisfrequenz des Müons aus und berechne, wieviele Präzessionsperioden ein 300 MeV-Müon, ein 300 MeV-Elektron und ein 5 GeV-Elektron während eines Umlaufes erfahren. (Der Wert 5 GeV ist typisch für den e^+e^--Speicherring der Cornell-Universität.)

12.12 In Kap. 11.11 leiteten wir die sog. BMT-Gleichung her, die die Bewegung des Spins eines Teilchens der Ladung e und eines magnetischen Moments mit beliebigem g-Faktor beschreibt.

(a) Man weise nach, dass Gl. (11.171) die korrekte Gleichung für die Zeitableitung der Longitudinalkomponente des Spinvektors $\mathbf{s}$ im Ruhsystem ist.

(b) Es sei $\hat{\mathbf{n}}$ ein zu $\hat{\boldsymbol{\beta}}$ senkrechter Einheitsvektor, der in der von $\hat{\boldsymbol{\beta}}$ und $\mathbf{s}$ aufgespannten Ebene liegt ($\hat{\mathbf{n}}$ ist im Allgemeinen zeitabhängig), und θ der Winkel zwischen $\hat{\boldsymbol{\beta}}$ und $\mathbf{s}$. Man zeige dann, dass sich die zeitliche Änderung von θ zu

$$\frac{d\theta}{dt} = \frac{e}{mc}\left[\left(\frac{g}{2} - 1\right)\hat{\mathbf{n}} \cdot (\hat{\boldsymbol{\beta}} \times \mathbf{B}) + \left(\frac{g\beta}{2} - \frac{1}{\beta}\right)\hat{\mathbf{n}} \cdot \mathbf{E}\right]$$

ergibt, wenn $\mathbf{E}$ und $\mathbf{B}$ die Felder im Laborsystem sind und $c\boldsymbol{\beta} = c\beta\hat{\boldsymbol{\beta}}$ die momentane Geschwindigkeit des Teilchens im Laborsystem bezeichnet.

(c) Für ein Teilchen, das sich unabgelenkt durch einen $\mathbf{E} \times \mathbf{B}$-Geschwindigkeitsselektor bewegt, und für $(\hat{\mathbf{n}} \times \hat{\boldsymbol{\beta}}) \cdot \mathbf{B} = B$ drücke man $d\theta/dt$ durch die Gyrationsfrequenz $eB/\gamma mc$ aus.

(d) Man zeige, dass sich $d\theta/d\tau$ bei Verwendung der Vierervektoren $L^\alpha = (\gamma\beta,\ \gamma\hat{\boldsymbol{\beta}})$ und $N^\alpha = (0, \hat{\mathbf{n}})$ in der quasikovarianten Form

$$\frac{d\theta}{d\tau} = \frac{e}{mc}\left[\frac{g}{2}L_\alpha - \frac{1}{v}U_\alpha\right]F^{\alpha\beta}N_\beta$$

schreiben lässt, wenn U^α die Vierergeschwindigkeit des Teilchens ist.

12.13 **(a)** Man spezialisiere die Darwin'sche Lagrange-Funktion (12.82) auf die Wechselwirkung zweier Teilchen (m_1, q_1) und (m_2, q_2) und führe die Relativkoordinaten $\mathbf{r} = \mathbf{x}_1 - \mathbf{x}_2$ und $\mathbf{v} = \mathbf{v}_1 - \mathbf{v}_2$ sowie die Schwerpunktskoordinaten ein. Man schreibe dann die Lagrange-Funktion in *dem* Bezugssystem auf, in dem die Geschwindigkeit des Schwerpunktes verschwindet, und werte die einzelnen Komponenten des kanonischen Impulses $p_x = \partial L/\partial v_x$ etc. aus.

(b) Man zeige, dass die Hamilton-Funktion in erster Ordnung von $1/c^2$ durch

$$H = \frac{p^2}{2}\left(\frac{1}{m_1} + \frac{1}{m_2}\right) + \frac{q_1 q_2}{r} - \frac{p^4}{8c^2}\left(\frac{1}{m_1^3} + \frac{1}{m_2^3}\right) + \frac{q_1 q_2}{2m_1 m_2 c^2}\left(\frac{p^2 + (\mathbf{p} \cdot \hat{\mathbf{r}})^2}{r}\right)$$

gegeben ist. Man vergleiche diesen Ausdruck mit den verschiedenen Termen, die in dem in Abschn. 12.7 zitierten Buch von Bethe und Salpeter auf S. 193, Gl. (42.1) auftreten, und diskutiere die Übereinstimmungen und Abweichungen.

12.14 Eine alternative Lagrange-Dichte des elektromagnetischen Feldes ist

$$\mathscr{L} = -\frac{1}{8\pi}\partial_\alpha A_\beta \partial^\alpha A^\beta - \frac{1}{c}J_\alpha A^\alpha$$

(a) Man leite die Euler-Lagrange'schen Bewegungsgleichungen her. Stimmen sie mit den Maxwell'schen Gleichungen überein? Unter welchen Voraussetzungen?

(b) Man zeige, unter welchen Bedingungen sich die angegebene Lagrange-Dichte von (12.85) um eine Viererdivergenz unterscheidet. Hat der zusätzliche Divergenzterm Einfluss auf die Wirkungsfunktion bzw. auf die Bewegungsgleichungen?

12.15 Man betrachte die Proca-Gleichung für eine lokalisierte stationäre Stromverteilung, die nur ein statisches magnetisches Moment besitzt. Dieses Modell kann man benutzen, um die beobachtbaren Effekte einer endlichen Photonmasse auf das Magnetfeld der Erde zu untersuchen. Zu beachten ist dabei, dass sich die Stromdichte, wenn $\mathcal{M}(\mathbf{x})$ die Magnetisierung ist, in der Form $\mathbf{J} = c(\nabla \times \mathcal{M})$ schreiben lässt.

(a) Es sei $\mathcal{M} = \mathbf{m} f(\mathbf{x})$, wobei $\mathbf{m}$ ein fester Vektor und $f(\mathbf{x})$ eine auf ein endliches Gebiet beschränkte skalare Funktion ist. Man zeige, dass dann das Vektorpotential die Gestalt

$$\mathbf{A}(\mathbf{x}) = -\mathbf{m} \times \nabla \int f(\mathbf{x}') \frac{e^{-\mu|\mathbf{x}-\mathbf{x}'|}}{|\mathbf{x}-\mathbf{x}'|} d^3x'$$

hat.

(b) Befindet sich der als punktartig angenommene magnetische Dipol im Ursprung $[f(\mathbf{x}) = \delta(\mathbf{x})]$, dann ist sein magnetisches Feld außerhalb des Ursprungs gegeben durch

$$\mathbf{B}(\mathbf{x}) = [3\hat{\mathbf{r}}(\hat{\mathbf{r}} \cdot \mathbf{m}) - \mathbf{m}] \left(1 + \mu r + \frac{\mu^2 r^2}{3}\right) \frac{e^{-\mu r}}{r^3} - \tfrac{2}{3}\mu^2 \mathbf{m} \frac{e^{-\mu r}}{r}$$

(c) Das in (b) angegebene Resultat zeigt, dass das Erdmagnetfeld für $\mu \neq 0$ bei festem $r = R$ (d. h. auf der Erdoberfläche) als magnetische Dipolverteilung mit einem zusätzlichen konstanten (scheinbar äußeren) Magnetfeld mit zu $\mathbf{m}$ entgegengesetzt gleicher Richtung erscheint. Beobachtungen mit Satelliten und auf der Erdoberfläche führen zu dem Schluss, dass dieses „äußere" Feld kleiner als das mit 4×10^{-3} multiplizierte Dipolfeld am magnetischen Äquator ist. Unter Verwendung dieses Messergebnisses gebe man eine Abschätzung für die obere Schranke von μ in Einheiten des reziproken Erdradius und in Gramm an.
Diese Methode zur Abschätzung von μ geht zurück auf Schrödinger, E., *Proc. Roy. Irish Acad.* **A49**, 135 (1943). Siehe auch Goldhaber, A.S. und M.M. Nieto, *Phys. Rev. Letters* **21**, 567 (1968).

12.16 **(a)** Ausgehend von der Proca'schen Lagrange-Dichte (12.91) für ein massives Teilchen, zeige man – ähnlich wie bei elektromagnetischen Feldern –, dass der symmetrische Energie-Impuls-Tensor für massive Proca-Felder gegeben ist durch

$$\Theta^{\alpha\beta} = \frac{1}{4\pi}\left[g^{\alpha\gamma}F_{\gamma\lambda}F^{\lambda\beta} + \frac{1}{4}g^{\alpha\beta}F_{\lambda\nu}F^{\lambda\nu} + \mu^2\left(A^\alpha A^\beta - \frac{1}{2}g^{\alpha\beta}A_\lambda A^\lambda\right)\right]$$

(b) Man zeige, dass – bei einer Wechselwirkung mit einer äußeren Quelle J^β wie in (12.91) – die differentiellen Erhaltungssätze für diese Felder die gleiche Form haben wie für elektromagnetische Felder, nämlich

$$\partial_\alpha \Theta^{\alpha\beta} = \frac{J_\lambda F^{\lambda\beta}}{c}$$

(c) Man zeige explizit, dass sich die Zeit-Zeit- und die Raum-Zeit-Komponenten von $\Theta^{\alpha\beta}$ folgendermaßen ausdrücken lassen:

$$\Theta^{00} = \frac{1}{8\pi}[E^2 + B^2 + \mu^2(A^0A^0 + \mathbf{A} \cdot \mathbf{A})]$$

$$\Theta^{i0} = \frac{1}{4\pi}[(\mathbf{E} \times \mathbf{B})_i + \mu^2 A^i A^0]$$

12.17 Zu untersuchen ist die „Thomson“-Streuung massiver Proca-Wellen (d.h. von Photonen nichtverschwindender Masse) an einem freien Elektron.[13]

(a) Zunächst zeige man, dass für eine einfallende ebene Welle $\mathbf{A} = \boldsymbol{\epsilon}_0 \cos(kz - \omega t)$ mit dem Polarisationsvektor $\boldsymbol{\epsilon}_0$ vom Betrag Eins, der entweder longitudinale (l) oder transversale (t) Felder beschreibt, die zeitlich gemittelten Energieflüsse (wie sie in Θ^{30} zum Ausdruck kommen) durch die Größen $F_t = \omega k/8\pi$ und $F_l = (\mu/\omega)^2 F_t$ wiedergegeben werden. Ferner zeige man, dass für beliebige Polarisation das Verhältnis der zeitlichen Mittel von Energiefluss und Energiedichte gegeben ist durch

$$\frac{\langle\Theta^{30}\rangle}{\langle\Theta^{00}\rangle} = \beta = \frac{k}{\omega} = \sqrt{1 - \frac{\mu^2}{\omega^2}}$$

wie es für Teilchen der Masse μ auch zu erwarten ist.

(b) Man zeige, dass für die Anfangspolarisation $\boldsymbol{\epsilon}_0$ und die Endpolarisation $\boldsymbol{\epsilon}$ der „Thomson'sche“ differentielle Wirkungsquerschnitt gegeben ist durch

$$\frac{d\sigma}{d\Omega}(\boldsymbol{\epsilon}, \boldsymbol{\epsilon}_0) = r_0^2 E_0 |\boldsymbol{\epsilon}^* \cdot \boldsymbol{\epsilon}_0|^2 \frac{F_{\text{out}}}{F_{\text{in}}}$$

wobei r_0 den klassischen Elektronenradius bezeichnet und E_0 ein Faktor ist, der den Wirkungsgrad für die Anregung des Elektrons durch das einfallende Proca'sche Feld beschreibt. Der letzte Faktor, ein Quotient, beschreibt das Verhältnis von auslaufendem zu einfallendem Energiefluss. Welchen Wert hat E_0?

(c) Man zeige, dass sich der Wirkungsquerschnitt für eine unpolarisierte einfallende *Transversal*welle zu

$$\left(\frac{d\sigma}{d\Omega}\right)_t = \frac{r_0^2}{2}\left[(1 + \cos^2\theta) + \left(\frac{\mu}{\omega}\right)^2 \sin^2\theta\right]$$

berechnet, wobei der erste Term, $(1 + \cos^2\theta)$, der vertrauten Transversal-Transversal-Streuung (s. Gl. (14.125)) und der zweite der Streuung aus dem transversalen in den longitudinalen Zustand entspricht.

(d) Man zeige, dass für eine *longitudinal* polarisierte einfallende Welle der über alle Polarisationen im Endzustand summierte Wirkungsquerschnitt gegeben ist durch

$$\left(\frac{d\sigma}{d\Omega}\right)_l = \left(\frac{\mu}{\omega}\right)^2 r_0^2\left[\sin^2\theta + \left(\frac{\mu}{\omega}\right)^2 \cos^2\theta\right]$$

wobei der erste Term die Longitudinal-Transversal-Streuung beschreibt und der zweite die Streuung der longitudinalen in die longitudinalen Zustände.

Man beachte, dass die longitudinalen Felder für $\mu/\omega \to 0$ entkoppeln und sich dann wieder der übliche Thomson'sche Wirkungsquerschnitt ergibt.

12.18 Mithilfe des vierdimensionalen Gauß'schen Satzes oder auf andere Art und Weise zeige man, dass sich die räumlichen Volumenintegrale von Θ^{00} und Θ^{0i} ebenso wie die Ausdrücke (12.106) für ein quellenfreies und auf ein endliches Gebiet beschränktes elektromagnetisches Feld wie die Komponenten eines konstanten Vierervektors transformieren.

[13] Die klassische Thomson-Streuung elektromagnetischer Strahlung an einem freien Elektron wird in Abschnitt 14.8 behandelt (Anm. des Übersetzers).

12.19 In einem endlichen Raumgebiet mögen quellenfreie elektromagnetische Felder herrschen. Man untersuche die verschiedenen Erhaltungssätze, die in der über den gesamten Raum integrierten Gleichung $\partial_\alpha M^{\alpha\beta\gamma} = 0$ enthalten sind, wobei $M^{\alpha\beta\gamma}$ durch (12.117) definiert ist.

(a) Man zeige, dass sich für räumliche Indizes β und γ die Erhaltung des Gesamtdrehimpulses des Feldes ergibt.

(b) Man zeige, dass für $\beta = 0$ der Erhaltungssatz

$$\frac{d\mathbf{X}}{dt} = \frac{c^2 \mathbf{P}_{em}}{E_{em}}$$

resultiert, wenn $\mathbf{X}$ die Koordinate des Schwerpunktes der elektromagnetischen Felder bezeichnet. Sie ist definiert durch

$$\mathbf{X} \int u \, d^3x = \int \mathbf{x} u \, d^3x$$

wobei u die elektromagnetische Energiedichte ist, während E_{em} und $\mathbf{P}_{em}$ die Gesamtenergie bzw. den Gesamtimpuls der Felder darstellen.

12.20 Ein homogener Supraleiter mit der London'schen Eindringtiefe λ_L fülle den Halbraum $x > 0$ aus. Das Vektorpotential in Gl. (12.99) sei tangential und für $x < 0$ gegeben durch

$$A_y = (a e^{ikx} + b e^{-ikx}) e^{-i\omega t}$$

Man bestimme das Vektorpotential im Innern des Supraleiters sowie die elektrischen und magnetischen Felder an seiner Oberfläche. Ferner berechne man die Flächenimpedanz Z_s (die, in Gauß'schen Einheiten, gegeben ist durch $4\pi/c$, multipliziert mit dem Verhältnis von tangentialem elektrischen zu tangentialem magnetischen Feld). Man zeige, dass sich das Ergebnis für Z_s bei geeigneter Grenzwertbildung auf das Resultat in Abschnitt 12.9 reduziert.

12.21 Ein Zwei-Flüssigkeiten-Modell der Elektrodynamik von Supraleitern beinhaltet zwei Arten von Elektronen – normale und supraleitende, mit entsprechenden Anzahldichten, Ladungen, Massen und Stoßdämpfungskonstanten n_j, e_j, m_j bzw. γ_j ($j = \mathrm{N, S}$). Die elektrische Leitfähigkeit setzt sich, entsprechend der Drude'schen Formel (7.58), aus zwei Beiträgen zusammen, wobei die Substitutionen $f_0 N \to n_j$, $e \to e_j$, $m \to m_j$, $\gamma_0 \to \gamma_j$ vorzunehmen sind. Die normalen und supraleitenden Elektronen unterscheiden sich voneinander durch $\gamma_\mathrm{N} \neq 0$ und $\gamma_S = 0$.

(a) Man zeige, dass die Leitfähigkeit des Supraleiters bei sehr niedrigen Frequenzen einen großen Imaginärteil hat (induktiv wird), mit einem kleinen Ohm'schen Beitrag, der von den normalen Elektronen herrührt.

(b) Man zeige, dass die Maxwell'schen Gleichungen, mit dem Ohm'schen Gesetz und der Leitfähigkeit aus Teil (a), die statische London'sche Gleichung für das elektrische Feld im Grenzfall $\omega \to 0$ mit der Eindringtiefe (12.100) ergeben, wenn man als Ladungsträger ausschließlich die supraleitende Komponente der Flüssigkeit betrachtet.

13 Stoßprozesse zwischen geladenen Teilchen; Energieverlust und Streuung; Tscherenkow- und Übergangsstrahlung

Im vorliegenden Kapitel beschäftigen wir uns mit Stoßprozessen zwischen schnell bewegten geladenen Teilchen. Unser besonderes Augenmerk gilt dabei dem Energieaustausch zwischen den Stoßpartnern und der ihn begleitenden Ablenkung aus der Einfallsrichtung. In diesem Zusammenhang behandeln wir auch die Tscherenkow- und Übergangsstrahlung – also zwei Phänomene, die beim Durchgang gleichförmig bewegter geladener Teilchen durch Materie auftreten.

Ein geladenes Teilchen, das mit großer Geschwindigkeit auf Materie auftrifft, geht Stoßprozesse mit den Elektronen und Kernen der Atome ein. Ist das Teilchen schwerer als ein Elektron (wie z. B. das Mü- oder Pi-Meson, das K-Meson oder Proton etc.), so haben die Stöße mit den Elektronen und Kernen verschiedene Konsequenzen. Die leichten Elektronen können einen beachtlichen Anteil der Energie vom einfallenden Teilchen aufnehmen, ohne bedeutende Ablenkungen hervorzurufen, während die Kerne sehr wenig Energie absorbieren, aber wegen ihrer größeren Ladung das einfallende Teilchen stärker streuen. Das einfallende Teilchen verliert also fast ausschießlich durch Streuung an Elektronen Energie. Die Ablenkung des Teilchens aus seiner Einfallsrichtung hingegen resultiert im Wesentlichen aus elastischen Stößen mit Atomkernen. Die Streuung ist auf einen recht schmalen Winkelbereich beschränkt, sodass sich ein schweres Teilchen mehr oder weniger geradlinig weiterbewegt, während es ständig an Energie verliert und schließlich zum Stillstand kommt. Elektronen, die mit Hüllenelektronen zusammenstoßen, verlieren nicht nur Energie, sondern werden auch gestreut. Ihre Bahn ist daher sehr viel weniger geradlinig. Nach Durchlaufen einer kurzen Strecke tendieren Elektronen eher dazu, sich im Material zu verteilen, als sich geradlinig weiterzubewegen.

Das Problem des Energieverlustes und der Streuung ist für viele Gebiete der Physik von großer Bedeutung und wird in verschiedenen Büchern behandelt – teilweise anhand numerischer Tabellen und graphischer Darstellungen (vgl. hierzu die Literaturhinweise am Ende des Kapitels). Wir werden uns daher besonders auf die zugrundeliegenden physikalischen Vorstellungen konzentrieren und weniger auf genaue numerische Formeln. Tatsächlich muss man, um genaue Resultate zu gewinnen, zur Quantenmechanik übergehen. Doch alle wesentlichen Merkmale sind klassischen oder halbklassischen Ursprungs, und die Größenordnung der Quanteneffekte lässt sich, wie wir im Folgenden sehen werden, leicht aus dem Unschärfeprinzip herleiten.

Zunächst betrachten wir das einfache Problem des Energieübertrags eines sehr schweren Teilchens auf ein freies Elektron. Danach untersuchen wir den Einfluss der Bindungskraft auf ein Elektron und leiten die klassische Bohr'sche Formel für den Energieverlust her. Anschließend beschreiben wir quantenmechanisch bedingte Modifikationen sowie den Einfluss, den die Polarisation des Mediums auf den Streuvorgang hat. Es folgt ein Abriss über das damit eng verbundene Phänomen der Tscherenkow-Strahlung in durchsichtigen Medien. Danach wenden wir uns der elastischen Streuung geladener Teilchen an Kernen und der Mehrfachstreuung zu. Schließlich behandeln wir die Übergangsstrahlung, die beim Durchgang eines geladenen Teilchens durch die Trennfläche zweier Medien mit unterschiedlichen optischen Eigenschaften auftritt.

13.1 Energieübertrag bei Coulomb-Stößen zwischen einem schweren Teilchen und einem ruhenden, freien Elektron; Energieverlust bei harten Stößen

Ein schnelles Teilchen der Ladung ze und der Masse M (mit der Energie $E = \gamma Mc^2$ und dem Impuls $P = \gamma\beta Mc$) stoße mit dem Elektron eines Atoms zusammen. Das Elektron hat die Ladung $-e$ und die Masse m. Bei hochenergetischen Stößen kann man von der Bindung des Elektrons an das Atom absehen, d. h. das Elektron kann als frei und im Laborsystem ruhend angesehen werden. Außer für Elektronen und Positronen gilt für alle einfallenden Teilchen, dass $M \gg m$ ist. Daher betrachtet man den Stoßvorgang am besten als elastische Coulomb-Streuung im Ruhsystem des einfallenden Teilchens. Dieser Vorgang wird beschrieben durch die bekannte *Rutherford'sche Streuformel*

$$\frac{d\sigma}{d\Omega} = \left(\frac{ze^2}{2pv}\right)^2 \frac{1}{\sin^4(\theta/2)} \tag{13.1}$$

wobei $p = \gamma\beta mc$ und $v = \beta c$ den Impuls bzw. die Geschwindigkeit des Elektrons im Ruhsystem des schweren Teilchens bezeichnen (exakt aber nur im Grenzfall $M/m \to \infty$). Wenn man den Streuwinkel durch das Quadrat des Vierer-Impulsübertrages $Q^2 = -(p-p')^2$ ausdrückt, lässt sich der Wirkungsquerschnitt in lorentzinvarianter Form schreiben. Da bei elastischer Streuung $Q^2 = 4p^2\sin^2(\theta/2)$ gilt, ergibt sich:

$$\frac{d\sigma}{dQ^2} = 4\pi\left(\frac{ze^2}{\beta c Q^2}\right)^2 \tag{13.2}$$

wobei sich βc, die Relativgeschwindigkeit im Ruhsystem eines jeden Teilchens, aus der Beziehung $\beta^2 = 1 - (Mmc^2/P \cdot p)^2$ berechnet.

Der Wirkungsquerschnitt für einen gegebenen Energieverlust T des einfallenden Teilchens, d. h. für eine bestimmte, dem anfänglich ruhenden Elektron übertragene kinetische Energie, ist proportional zu (13.2). Berechnet man die Invariante Q^2 im Ruhsystem des Elektrons, so zeigt sich, dass $Q^2 = 2mT$ ist. Dies eingesetzt in (13.2), führt auf

$$\frac{d\sigma}{dT} = \frac{2\pi z^2 e^4}{mc^2\beta^2 T^2} \tag{13.3}$$

Diese Gleichung liefert den Wirkungsquerschnitt, bezogen auf ein Intervall des Energieverlustes T des schweren Teilchens bei der Coulomb-Streuung an einem ruhenden freien Elektron. Die Formel gilt in dem durch

$$T_{\min} < T < T_{\max}$$

beschriebenen Energieintervall, wobei $T_{\min}$ durch die vernachlässigte Bindungsenergie festgelegt wird (d. h. durch $T_{\min} \gtrsim \hbar\langle\omega\rangle$, wenn $\hbar\langle\omega\rangle$ eine mittlere effektive Bindungsenergie im Atom ist). Dagegen wird $T_{\max}$ allein durch die Kinematik bestimmt. Wir können $T_{\max}$ berechnen, indem wir davon Gebrauch machen, dass der höchstmögliche Energieübertrag im Ruhsystem des einfallenden Teilchens dann auftritt, wenn das Elektron seine Richtung umkehrt. Nach einem solchen Stoß hat das Elektron die Energie $E' = \gamma mc^2$ und den Impuls $p' = \gamma\beta mc$ in Richtung der Geschwindigkeit des einfallenden Teilchens im Laborsystem. Eine Boost-Transformation ins Laborsystem ergibt:

$$T_{\max} = E - mc^2 = \gamma(E' + \beta cp') - mc^2 = 2\gamma^2\beta^2 mc^2 \tag{13.4}$$

Am Rande sei bemerkt, dass (13.4) nicht mehr korrekt ist, wenn das einfallende Teilchen eine zu hohe Energie hat. In der genauen Formel für $T_{\max}$ erscheint im Nenner ein Faktor

$$D = 1 + 2mE/M^2c^2 + m^2/M^2 .$$

Für Müonen (mit $M/m \approx 207$) muss dieser Faktor berücksichtigt werden, wenn die Energie bei 44 GeV oder darüber liegt. Für Protonen liegt die Grenze bei ungefähr 340 GeV. Wenn die Massen gleich sind, gilt $T_{\max} = (\gamma - 1)mc^2$.

Bei Berücksichtigung des Elektronenspins ergibt sich für den Streuquerschnitt (13.3) eine quantenmechanische Korrektur, nämlich ein Faktor $1 - \beta^2 \sin^2(\theta/2) = (1 - \beta^2 T/T_{\max})$:

$$\left(\frac{d\sigma}{dT}\right)_{qm} = \frac{2\pi z^2 e^4}{mc^2\beta^2 T^2}\left(1 - \beta^2 \frac{T}{T_{\max}}\right) \tag{13.5}$$

Ein schweres Teilchen erfährt beim Durchgang durch Materie mit N Atomen pro Volumeneinheit (wobei jedes Atom Z Elektronen hat) pro Längeneinheit einen durch Stöße verursachten Energieverlust, der sich durch folgendes Integral ausdrücken lässt:

$$\begin{aligned}\frac{dE}{dx}(T > \varepsilon) &= NZ\int_\varepsilon^{T_{\max}} T\frac{d\sigma}{dT}dT \\ &= 2\pi NZ\frac{z^2e^4}{mc^2\beta^2}\left[\ln\left(\frac{2\gamma^2\beta^2mc^2}{\varepsilon}\right) - \beta^2\right]\end{aligned} \tag{13.6}$$

In (13.6) wurde angenommen, dass $\varepsilon \ll T_{\max}$ ist, und für den Streuquerschnitt wurde der korrekte Ausdruck (13.5) benutzt. Der kleine Zusatzterm $-\beta^2$ in der eckigen Klammer ist der relativistische Spin-Beitrag. Gleichung (13.6) beschreibt den Energieverlust bei Stößen mit kleinem Stoßparameter und gilt, da die Bindungsenergie vernachlässigt wurde, nur dann, wenn $\varepsilon \gg \hbar\langle\omega\rangle$ ist.

Physikalisch in einem etwas anderen Licht erscheint der Energieverlust in einer alternativen klassischen bzw. halbklassischen Darstellung. Im Ruhsystem des schweren Teilchens nähert sich das Elektron mit einem bestimmten Stoßparameter b. Zwischen b und dem Streuwinkel θ besteht ein eindeutiger Zusammenhang (vgl. Übg. 13.1). Der Energieübertrag lässt sich schreiben als

$$T(b) = \frac{2z^2e^4}{mv^2} \cdot \frac{1}{b^2 + b_{\text{min}}^{(c)2}}$$

mit $b_{\text{min}}^{(c)} = ze^2/pv$: Für $b \gg b_{\text{min}}^{(c)}$ ändert sich der Energieübertrag mit b^{-2}, und dies bedeutet, dass der Stoßparameter kleiner sein muss als das Maximum

$$b_{\text{max}}^{(c)}(\varepsilon) \approx \left(\frac{2z^2e^4}{mv^2\varepsilon}\right)^{1/2}$$

wenn der Energieübertrag größer als ε ist. Das schwere Teilchen „sieht" beim Durchgang durch Materie Elektronen mit allen möglichen Stoßparametern, jeweils gewichtet mit der Fläche $2\pi b\,db$ eines schmalen Kreisrings. Damit ergibt sich für den auf die Längeneinheit bezogenen klassischen Energieverlust für Stöße mit einem Energieübertrag größer als ε:

$$\frac{dE}{dx}(T > \varepsilon) = 2\pi NZ \int_0^{b_{\text{max}}^{(c)}(\varepsilon)} T(b)b\,db = 2\pi NZ \frac{z^2e^4}{mc^2\beta^2} \ln\left[\left(\frac{b_{\text{max}}^{(c)}(\varepsilon)}{b_{\text{min}}^{(c)}}\right)^2\right] \tag{13.7}$$

Setzt man hier b_{max} und b_{min} ein, so erhält man unmittelbar (13.6) – abgesehen von der relativistischen Spin-Korrektur. Wir gelangen also klassisch und quantenmechanisch zum selben Resultat (für ein spinloses Teilchen). Der Grund dafür ist darin zu suchen, dass in beiden Fällen die Rutherford'sche Streuformel gilt.

Will man den totalen Energieverlust pro Längeneinheit klassisch bestimmen, so muss man sich klarmachen, wie sich die atomare Bindung auswirkt. Sie lässt sich durch die mittlere Umlauffrequenz $\langle\omega\rangle$ oder durch ihr Reziprokes, die mittlere Umlaufperiode, charakterisieren. Das einfallende schwere Teilchen erzeugt in einem Zeitintervall $\Delta t \approx b/\gamma v$ (siehe (11.153)) beträchtliche zeitabhängige elektromagnetische Felder am Ort des Atoms. Ist die charakteristische Zeit Δt lang im Vergleich zur Umlaufperiode, so reagiert das Atom adiabatisch, d.h. es dehnt sich während der Wechselwirkung langsam aus, geht aber anschließend wieder in den Normalzustand zurück, ohne nennenswerten Energieübertrag. Ist aber das Zeitintervall Δt im Vergleich zur charakterischen Umlaufzeit sehr kurz, so lässt sich das Elektron als nahezu frei betrachten. Die Grenze liegt bei $\langle\omega\rangle\Delta t \approx 1$, und damit lässt sich ein maximaler Stoßparameter angeben, nämlich

$$b_{\text{max}}^{(c)} \approx \frac{\gamma v}{\langle\omega\rangle} \tag{13.8}$$

über den hinaus ein nennenswerter Energieübertrag nicht möglich ist. In den Übungen 13.2 und 13.3 wird diese Abschneidegrenze für den Fall einer harmonisch gebundenen Ladung illustriert.

Benutzt man in Gl. (13.7) anstelle von $b_{\text{max}}^{(c)}(\varepsilon)$ den Ausdruck (13.8), so ergibt sich der klassische totale Energieverlust, bezogen auf die Längeneinheit, näherungsweise zu

$$\left(\frac{dE}{dx}\right)_{\text{klassisch}} = 2\pi NZ \frac{z^2e^4}{mc^2\beta^2} \ln(B_c^2) \tag{13.9}$$

wobei

$$B_c = \lambda \frac{\gamma^2\beta^3mc^2}{ze^2\langle\omega\rangle} = \lambda \frac{\gamma^2\beta^3mc^2}{\eta\hbar\langle\omega\rangle} \tag{13.10}$$

In der letzten Gleichung haben wir eine numerische Konstante λ eingeführt, die von der Größenordnung Eins ist und ein Maß für die Unsicherheit in $b_{\max}^{(c)}$ darstellt. Der Parameter $\eta = ze^2/\hbar v$ ist ein Charakteristikum quantenmechanischer Coulomb-Streuung: im streng quantenmechanischen Grenzfall gilt $\eta \ll 1$, während im klassischen Grenzfall $\eta \gg 1$ ist.

Gleichung (13.9), zusammen mit (13.10), enthält alles Wesentliche der klassischen Energieverlust-Formel, die 1915 von Niels Bohr angegeben wurde. Falls viele verschiedene Elektronenfrequenzen vorliegen, ist $\langle\omega\rangle$ das geometrische Mittel aller Frequenzen ω_j, gewichtet mit den Oszillatorstärken f_j:

$$Z \ln\langle\omega\rangle = \sum_j f_j \ln \omega_j \tag{13.11}$$

Gleichung (13.10) gilt für $\eta > 1$ (relativ langsame Alpha-Teilchen, schwere Kerne) und überbewertet den Energieverlust, wenn $\eta < 1$ ist (Müonen, Protonen und sogar schnelle Alpha-Teilchen). Weiter unten werden wir sehen, dass – wenn $\eta < 1$ ist – in Gl. (13.10) in Wahrheit $\eta = 1$ zu setzen ist.

13.2 Energieverlust bei weichen Stößen; Gesamtenergieverlust

Wenn der bei Stößen auftretende Energieverlust kleiner als ε oder kleiner als die Bindungsenergie der Elektronen ist, dann lässt sich dieser Energieverlust nur quantenmechanisch einwandfrei beschreiben, auch wenn sich das Ergebnis im Nachhinein halbklassisch „erklären“ lässt. Das zuerst von Hans Bethe (1930) erhaltene Resultat lautet:

$$\frac{dE}{dx}(T < \varepsilon) = 2\pi NZ \frac{z^2 e^4}{mc^2 \beta^2} \{\ln [B_q^2(\varepsilon)] - \beta^2\} \tag{13.12}$$

wobei

$$B_q(\varepsilon) = \frac{\gamma v (2m\varepsilon)^{1/2}}{\hbar\langle\omega\rangle} \tag{13.13}$$

ist. Die effektive Anregungsenergie $\hbar\langle\omega\rangle$ ist durch (13.11) gegeben, jetzt aber mit den korrekten quantenmechanischen Oszillatorstärken und Frequenzdifferenzen des Atoms, einschließlich der Beiträge des Kontinuums. Für die obere Grenze ε des Energieübertrags wird angenommen, dass sie oberhalb einer nennenswerten Oszillatorstärke liegt. Diese Annahme entspricht der in Abschnitt 13.1 gewählten Untergrenze für ε, um das Elektron als im Wesentlichen frei betrachten zu können.

Der Gesamtenergieverlust pro Längeneinheit ist die Summe aus (13.6) und (13.12):

$$\frac{dE}{dx} = 4\pi NZ \frac{z^2 e^4}{mc^2 \beta^2} \{\ln (B_q) - \beta^2\} \tag{13.14}$$

mit

$$B_q = \frac{2\gamma^2 \beta^2 mc^2}{\hbar\langle\omega\rangle} \tag{13.15}$$

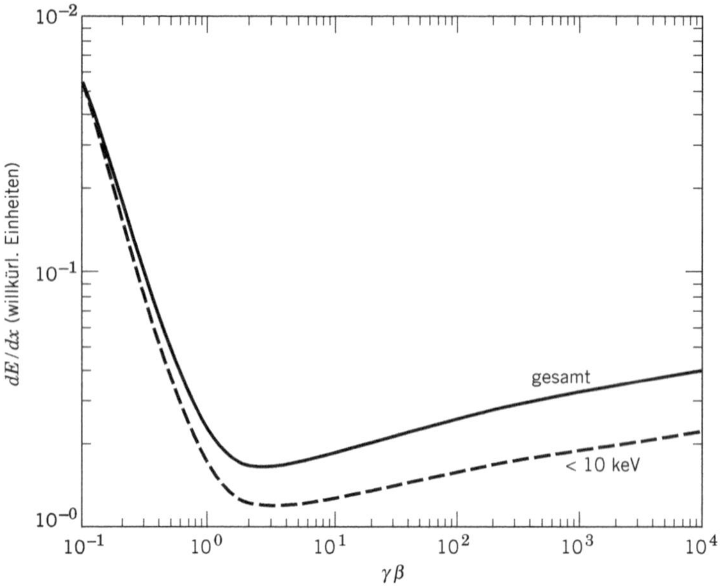

Abb. 13.1 Energieverlust als Funktion der Größe $\gamma\beta$ (also der durch c dividierten Geschwindigkeit) des einfallenden schweren Teilchens. Die ausgezogene Kurve stellt den Gesamtenergieverlust (13.14) für $\hbar\langle\omega\rangle = 160$ eV (Aluminium) dar. Die gestrichelte Kurve zeigt den Energieverlust (13.12) bei weichen Stößen für $\varepsilon = 10$ keV. Der Ordinatenmaßstab entspricht den in (13.12) und (13.14) in geschweiften Klammern stehenden Größen, multipliziert mit 0,15.

Das allgemeine Verhalten des klassischen und auch quantenmechanischen Energieverlustes zeigt Abb. 13.1. Die Verlustwerte hängen nur von der Geschwindigkeit des einfallenden schweren Teilchens, von der Masse und Ladung des Elektrons sowie von der mittleren Anregungsenergie $\hbar\langle\omega\rangle$ ab. Bei niedrigen Energien ($\gamma\beta < 1$) liegt im Wesentlichen eine $1/\beta^2$-Abhängigkeit vor, während bei hohen Energien eine langsame Änderung proportional zu $\ln(\gamma)$ zu beobachten ist. Das Minimum von dE/dx liegt bei $\gamma\beta \approx 3$. Der Koeffizient in (13.12) und (13.14) hat den numerischen Wert $0{,}150\, z^2(2Z/A)\rho$ MeV/cm, wobei Z die Kernladungszahl, A das Atomgewicht und ρ (g/cm^3) die Dichte des Materials bezeichnen. Wegen $2Z/A \approx 1$ ist der Energieverlust, in Einheiten von MeV · (cm^2/g), für ein einfach geladenes Teilchen in Aluminium etwa so groß wie in Abb. 13.1 gezeigt. Im Minimum beträgt er für Aluminium ungefähr 1,7 MeV · (cm^2/g) und für Blei 1,2 MeV · (cm^2/g). Bei hohen Energien sind an den Kurven in Abb. 13.1 Korrekturen vorzunehmen. Durch den masseabhängigen Nenner D in T_{max} wird der Energieverlust bei schweren Teilchen ein teilchenspezifischer und infolge des Dichteeffektes, den wir in Abschnitt 13.3 erörtern, wird die Energieabhängigkeit auch eine Funktion des Materials.

Der in Abb. 13.1 dargestellte Energieverlust für Energien unterhalb von 10 keV entspricht den Messwerten, die man aus Spuren in photographischen Emulsionen gewinnt. Elektronen mit Energien oberhalb von ca. 10 keV haben eine genügend große Reichweite, um aus den Silberbromidkörnern auszutreten. Die Schwärzungsdichte entlang einer Spur entspricht daher dem eingeschränkten Energieverlust. Man beachte, dass dieser Energieverlust für große $\gamma\beta$ langsamer ansteigt als der entsprechende Gesamtenergieverlust, und zwar eher proportional zu $\ln(\gamma)$ als zu $\ln(\gamma^2)$. eine halbklassische Erklärung dafür geben wir weiter unten.

Der Vergleich von B_q mit dem klassischen B_c ergibt für beide das Verhältnis $\eta = ze^2/\hbar v$. Um dies zu verstehen, greifen wir zu halbklassischen Argumenten. B_c ist das Verhältnis von $b^{(c)}_{\text{max}}$ in (13.8) zu $b^{(c)}_{\text{min}} = ze^2/\gamma m v^2$. Die Unschärferelation fordert für $\eta < 1$ ein anderes b_{min}. Im Ruhsystem des schweren Teilchens hat das Elektron den Impuls $p = \gamma m v$. Wenn wir es durch ein transversal begrenztes Wellenpaket beschreiben (um den Stoßparameter so genau wie möglich festzulegen), muss für die transversale Impulsstreuung Δp um Null herum die Ungleichung $\Delta p \ll p$ gelten, weil sonst die longitudinale Richtung nicht definiert wäre. Die obere Grenze von Δp wirkt sich als Unbestimmtheit Δb des Stoßparameters aus, d.h. es gilt $\Delta b \gg \hbar/p$ oder – anders ausgedrückt – die effektive quantenmechanische Untergrenze ist

$$b^{(q)}_{\text{min}} = \frac{\hbar}{\gamma m v} \tag{13.16}$$

Natürlich muss zur Berechnung des Energieverlustes, also bei der Integration über die Stoßparameter von den beiden minimalen Stoßparametern der größere gewählt werden. Es gilt $b^{(c)}_{\text{min}}/b^{(q)}_{\text{min}} = \eta$. Für $\eta > 1$ ist die klassische Untergrenze zu verwenden; für $\eta < 1$ ist Gl. (13.16) maßgebend und Gl. (13.15) liefert den korrekten Ausdruck für B.

Der Wert von $B_q(\varepsilon)$ in (13.12) lässt sich auch mithilfe des Stoßparameters verstehen. Die weichen Stöße, die zu (13.12) beitragen, entsprechen halbklassisch den Wechselwirkungen aus größerer Entfernung (größere Stoßparameter). Bei solchen Stößen ist der Impulsübertrag δp auf das Elektron mit dem Energieübertrag T durch $\delta p = (2mT)^{1/2}$ verknüpft. Andererseits weist das Wellenpaket des Elektrons eine Streuung Δp der transversalen Impulswerte auf. Wenn der Stoß einen Energieübertrag kleiner als ε liefern soll, muss $\Delta p < \delta p_{\text{max}} = (2m\varepsilon)^{1/2}$ sein und folglich $\Delta b > \hbar/(2m\varepsilon)^{1/2}$. Daher gilt für den effektiven minimalen Stoßparameter für weiche Stöße mit einem Energieverlust kleiner als ε:

$$b^{(q)}_{\text{min}}(\varepsilon) \approx \frac{\hbar}{(2m\varepsilon)^{1/2}} \tag{13.17}$$

Für derartige Stöße, bei denen der Stoßparameter zwischen (13.17) und $b_{\text{max}} = \gamma v/\langle\omega\rangle$ liegt, erhalten wir in Übereinstimmung mit dem Ergebnis von Bethe:

$$B_q(\varepsilon) \approx \frac{\gamma v (2m\varepsilon)^{1/2}}{\hbar\langle\omega\rangle}$$

Die halbklassische Diskussion der minimalen und maximalen Stoßparameter macht deutlich, warum sich der totale und der (auf Energien unterhalb von 10 keV) eingeschränkte Energieverlust in ihrem logarithmischen Anstieg unterscheiden. Bei hohen Energien ist $dE/dx \propto \ln(B) \approx \ln(b_{\text{max}}/b_{\text{min}})$ die dominierende Energieabhängigkeit. Für den Gesamtenergieverlust ist der maximale Stoßparameter proportional zu γ, während der quantenmechanische minimale Stoßparameter (13.16) umgekehrt proportional zu γ ist. Das Verhältnis von beiden ändert sich also mit γ^2. Für den auf Energieüberträge kleiner als ε eingeschränkten Energieverlust ist der maximale Stoßparameter (13.17) unabhängig von γ, was zu $B_q(\varepsilon) \propto \gamma$ führt.

Bei aller Attraktivität, die eine halbklassische Erklärung physikalischer Sachverhalte mithilfe des Stoßparameters besitzen mag, ist sie doch mit einer begrifflichen Schwierigkeit verbunden, die man nicht übersehen sollte. Klassisch betrachtet, steht der Energieübertrag T bei jedem Stoß in direkter Beziehung zum Stoßparameter b.

Ist $b \gg b_{\text{min}}^{(c)}$, so gilt $T(b) \approx 2z^2 e^4/mv^2 b^2$ (vgl. Übg. 13.1). Mit wachsendem b fällt der Energieübertrag schnell ab, bis er für $b = b_{\text{max}} \approx \gamma v/\langle\omega\rangle$ den Wert

$$T(b_{\text{max}}) \approx \frac{z^2}{\gamma^2}\left(\frac{v_0}{v}\right)^4 \left(\frac{\hbar\langle\omega\rangle}{I_{\text{H}}}\right) \hbar\langle\omega\rangle \tag{13.18}$$

erreicht. Hierbei ist $v_0 = c/137$ die Bahngeschwindigkeit des Elektrons im Grundzustand des Wasserstoffatoms und $I_{\text{H}} = 13{,}6\,\text{eV}$ das Ionisationspotential. Da empirisch $\hbar\langle\omega\rangle \leq ZI_{\text{H}}$ gilt, ist folglich der klassische Energieübertrag (13.8) für ein schnelles Teilchen ($v \gg v_0$) sehr viel kleiner als das Ionisationspotential und sogar kleiner als die kleinstmögliche Anregungsenergie des Atoms.

Nun wissen wir aber, dass Energie in diskreten Quantensprüngen auf das Atom übertragen wird. Ein kleiner Energiebetrag – wie der in (13.18) – kann nicht einfach vom Atom absorbiert werden. Man könnte sagen, dass die klassische Formel für $T(b)$ nur dann benutzt werden sollte, wenn sein Wert im Vergleich zu einer typischen Anregungsenergie des Atoms groß ist. Aber dann käme man zu einer anderen Obergrenze für den Stoßparameter als $b_{\text{max}} \approx \gamma v/\langle\omega\rangle$ und damit zu falschen Ergebnissen. Könnte aber b_{max} nicht vielleicht doch falsch sein? Denn diese Größe entstand ja aus einer Betrachtung der Zeitabhängigkeit elektrischer und magnetischer Felder (11.152), und zwar ohne Berücksichtigung der Rückwirkung auf das System. Die Antwort aber lautet „nein“, weil zeitabhängige Störungen von Quantensystemen nur dann zu signifikanter Anregung führen, wenn nennenswerte Fourier-Komponenten für Frequenzen vorliegen, die vergleichbar sind mit der kleinsten, durch $\hbar$ dividierten Energiedifferenz. Dies war ja die „adiabatische“ Voraussetzung, die erst zu b_{max} führte. Die Lösung des Verwirrspiels liegt woanders. Die klassischen Formeln müssen statistisch interpretiert werden.

Das klassische Konzept der Übertragung eines kleinen Energiebetrags bei jedem Stoß ist quantenmechanisch nicht haltbar. Vielmehr kommt ein kleiner Energieübertrag, *im Mittel* über viele Stöße, dadurch zustande, dass nur ein sehr kleiner Teil dieser Stöße mit nennenswertem Energieübertrag vor sich geht. Nur im statistischen Sinn lassen sich quantenmechanisch-diskrete Energieübertragungsprozesse und der klassische Mechanismus eines Kontinuums möglicher Energieüberträge miteinander vereinbaren. Die numerische Übereinstimmung der Mittelwerte (und nicht individueller Überträge) ergibt sich aus den quantenmechanischen Definitionen der Oszillatorstärken f_j und der Resonanzfrequenzen ω_j in $\langle\omega\rangle$. Wenn die halbklassische Beschreibung einen Sinn haben soll, muss sie (a) die Vorgänge statistisch interpretieren und (b) geeignete minimale Stoßparameter über die Unschärferelation definieren.

Bisher haben wir den Energieverlust eines schweren Teilchens der Masse $M \gg m$ diskutiert. Für Elektronen ($M = m$) bedürfen die Formeln für den Energieverlust bei harten Stößen einer kinematischen Korrektur. Der maximale Energieverlust ist $T_{\text{max}} = (\gamma - 1)mc^2$. Aus dem Argument des Logarithmus in (13.6) wird $(\gamma - 1)mc^2/\varepsilon$. Die Bethe'sche Formel (13.12) für weiche Stöße bleibt unverändert. Im Ausdruck für den Gesamtenergieverlust aber muss B_q aus Gl. (13.15) ersetzt werden durch

$$B_q(\text{Elektronen}) = \frac{\sqrt{2}\,\gamma\beta\sqrt{\gamma - 1}\,mc^2}{\hbar\langle\omega\rangle} \approx \frac{\sqrt{2}\,\gamma^{3/2}\,mc^2}{\hbar\langle\omega\rangle} \tag{13.19}$$

wobei der zuletzt angegebene Ausdruck bei relativistischen Energien gilt. Zusätzlich zu den kinematischen Änderungen treten Spin- und Austauscheffekte auf, aber der Verlauf wird hauptsächlich durch das Argument des Logarithmus bestimmt. Die übrigen Effekte tragen nur additive Konstanten bei.

Die Formeln für dE/dx geben den *gemittelten* Energieverlust pro Längeneinheit an, den ein Teilchen infolge von Stößen beim Durchgang durch Materie erfährt. Da die Zahl der Stöße pro Längeneinheit zwar groß, aber endlich und das Spektrum möglicher Energieüberträge bei individuellen Stoßvorgängen breit ist, muss mit Fluktuationen um den Mittelwert gerechnet werden. Diese Fluktuationen wirken sich als Streuung in Energie und Reichweite aus, wenn ein Teilchen eine bestimmte Schichtdicke durchquert. Ist die Anzahl der Stöße hinreichend groß, aber der mittlere Energieverlust nicht *zu* groß, dann zeigt ein Strahl anfänglich monoenergetischer Teilchen der Energie E_0 nach dem Durchgang eine Gauß-Verteilung der Energien um den Mittelwert $\bar{E}$. Die Poisson'sche Statistik für die Stoßzahl zu gegebenem Energieübertrag T liefert (siehe *Bohr*, Abschnitt 2.3 oder *Rossi*, Abschnitt 2.7) eine mittlere quadratische Abweichung der Energie bezüglich des Mittelwertes, die gegeben ist durch

$$\Omega^2 = 2\pi N Z z^2 e^4 (\gamma^2 + 1) d \tag{13.20}$$

wobei d die durchquerte Schichtdicke bezeichnet. Dieses Ergebnis gilt für den Fall, dass $\Omega \ll \bar{E}$ *und* $\Omega \ll (E_0 - \bar{E})$ ist, und auch dann, wenn $\Omega \gg T_{\max} \approx 2\gamma^2\beta^2 mc^2$ erfüllt ist. Die zuletzt angegebene Bedingung gilt nicht mehr für ultrarelativistische Teilchen. Die Energieverteilung ist dann nicht vom Gauß-Typ, sondern folgt einer Landau'schen Kurve. Für weitere Einzelheiten verweisen wir den interessierten Leser auf die Literaturangaben am Ende des Kapitels.

13.3 Einfluss der Dichte auf den Energieverlust beim Stoß

Für Teilchen mit nicht *zu* hoher Geschwindigkeit wird der beobachtete Energieverlust in korrekter Weise durch (13.14) (bzw. (13.9)) beschrieben, unabhängig von der Art des Teilchens und des Mediums. Dagegen ist der beobachtete Energieverlust für ultrarelativistische Teilchen kleiner, als man nach (13.14) erwarten würde, und zwar besonders dann, wenn es sich um ein dichtes Medium handelt. Im Hinblick auf die graphische Darstellung 13.1 von dE/dx bedeutet dies, dass der beobachtete Energieverlust jenseits des Minimums mit einer Steigung zunimmt, die ungefähr nur halb so groß ist wie die der theoretischen Kurve. Dies ist gleichbedeutend damit, dass im Argument des Logarithmus in (13.14) nur eine einfache Potenz von γ auftritt. In photographischen Emulsionen steigt der aus der Korndichte gemessene Energieverlust jenseits des Minimums kaum an und bewegt sich auf einem Plateau, das sich bis zu den höchsten, uns bekannten Energien erstreckt. Dies entspricht wieder einer Reduzierung des Energieverlustes um eine Potenz von γ, diesmal jedoch in $B_q(\varepsilon)$ (Gl. (13.13)).

Die beschriebene Reduzierung des Energieverlustes, die als Dichteeffekt bekannt ist, wurde das erste Mal theoretisch von Fermi (1940) untersucht. Im Laufe der bisherigen Diskussion haben wir stillschweigend eine Annahme gemacht, die in dichten Substanzen nicht erfüllt ist. Wir gingen nämlich davon aus, dass es legitim sei, die Wirkung der Felder des einfallenden Teilchens auf ein einzelnes Hüllenelektron zu einer bestimmten Zeit zu berechnen und dann die den Stoßparametern $b_{\text{min}} < b < b_{\text{max}}$ entsprechenden Energieüberträge auf sämtliche Elektronen in allen Atomen inkohärent zu summieren. Nun ist aber b_{max} gegenüber der linearen Ausdehnung der Atome sehr groß, und zwar besonders für große γ. Wenn also b mit b_{max} vergleichbar wird, so sind es in dichten Medien viele Atome, die zwischen der Bahn des einfallenden Teilchens und dem jeweils betrachteten Atom liegen. Diese Atome, die ihrerseits unter dem Einfluss der Felder des einfallenden Teilchens stehen, erzeugen am Ort des betreffenden Atoms Störfelder und modifizieren dadurch dessen Reaktion auf die Felder des einfallenden Teilchens. Mit anderen Worten: in dichten Medien ändert die elektrische Polarisation des Materials die Teilchenfelder von ihren Vakuumwerten auf solche Werte, die für makroskopische Felder in einem Dielektrikum charakteristisch sind. Diese auf die Polarisation zurückgehende Modifikation der Felder muss bei der Berechnung des bei einem Stoß mit großem Stoßparameter erfolgenden Energieübertrages berücksichtigt werden. Ist der Stoßparameter dagegen klein, so wechselwirkt das einfallende Teilchen zu einem bestimmten Zeitpunkt nur mit einem Atom. In diesem Fall kann man bei der Berechnung des Energieübertrags von einem freien Teilchen ausgehen und Polarisationseffekte ignorieren. Der kritische Stoßparameter, durch den sich Streuungen bzw. Stöße mit kleinem Stoßparameter von solchen mit großem Stoßparameter unterscheiden, liegt in der Größenordnung der linearen Ausdehnung eines Atoms. Da die Stoßparameter im Argument eines Logarithmus auftreten, kann man sich mit einer näherungsweisen Bestimmung des kritischen Wertes von b begnügen.

Wir werden den Energieverlust für große Stoßparameter ($b \geq a$) unter der Annahme bestimmen, dass sich die Felder innerhalb des Mediums in der Kontinuumsnäherung einer makroskopischen Dielektrizitätskonstanten $\epsilon(\omega)$ berechnen lassen. Hat a die Größenordnung der linearen Ausdehnung eines Atoms, so ist diese Näherung für den kleinsten der hierbei auftretenden Stoßparameter zwar schlecht, aber für die Mehrzahl der betrachteten Stöße gut.

Das elektrische Feld, das das einfallende und mit konstanter Geschwindigkeit bewegte, schnelle Teilchen innerhalb des Mediums erzeugt, lässt sich am einfachsten durch Fourier-Transformation bestimmen. Nimmt man für die Potentiale $A_\mu(x)$ und die Quelldichten $J_\mu(x)$ nach der allgemeinen Regel

$$F(\mathbf{x}, t) = \frac{1}{(2\pi)^2} \int d^3k \int d\omega \, F(\mathbf{k}, \omega) e^{i\mathbf{k}\cdot\mathbf{x} - i\omega t} \tag{13.21}$$

eine Fourier-Transformation vor, so lauten die transformierten Wellengleichungen:

$$\begin{aligned} \left[k^2 - \frac{\omega^2}{c^2}\epsilon(\omega)\right]\Phi(\mathbf{k}, \omega) &= \frac{4\pi}{\epsilon(\omega)}\rho(\mathbf{k}, \omega) \\ \left[k^2 - \frac{\omega^2}{c^2}\epsilon(\omega)\right]\mathbf{A}(\mathbf{k}, \omega) &= \frac{4\pi}{c}\mathbf{J}(\mathbf{k}, \omega) \end{aligned} \tag{13.22}$$

Das Auftreten der Dielektrizitätskonstanten $\epsilon(\omega)$ entspricht dem der dielektrischen Verschiebung **D** in den Maxwell'schen Gleichungen. Für die Fourier-Transformierten von

$$\rho(\mathbf{x}, t) = ze\,\delta(\mathbf{x} - \mathbf{v}t)$$

und

$$\mathbf{J}(\mathbf{x}, t) = \mathbf{v}\rho(\mathbf{x}, t) \tag{13.23}$$

findet man:

$$\rho(\mathbf{k}, \omega) = \frac{ze}{2\pi}\,\delta(\omega - \mathbf{k}\cdot\mathbf{v})$$

$$\mathbf{J}(\mathbf{k}, \omega) = \mathbf{v}\rho(\mathbf{k}, \omega) \tag{13.24}$$

Aus (13.22) ergibt sich damit für die Fourier-Transformierten der Potentiale:

$$\Phi(\mathbf{k}, \omega) = \frac{2ze}{\epsilon(\omega)}\frac{\delta(\omega - \mathbf{k}\cdot\mathbf{v})}{k^2 - \dfrac{\omega^2}{c^2}\epsilon(\omega)}$$

und

$$\mathbf{A}(\mathbf{k}, \omega) = \epsilon(\omega)\frac{\mathbf{v}}{c}\,\Phi(\mathbf{k}, \omega) \tag{13.25}$$

Für die Fourier-Transformierten der über die Potentiale definierten elektromagnetischen Felder bedeutet dies:

$$\mathbf{E}(\mathbf{k}, \omega) = i\left[\frac{\omega\epsilon(\omega)}{c}\frac{\mathbf{v}}{c} - \mathbf{k}\right]\Phi(\mathbf{k}, \omega)$$

$$\mathbf{B}(\mathbf{k}, \omega) = i\epsilon(\omega)\mathbf{k}\times\frac{\mathbf{v}}{c}\Phi(\mathbf{k}, \omega) \tag{13.26}$$

Der zum Stoßparameter b gehörende Energieübertrag an ein Elektron im Atom berechnet sich aus

$$\Delta E = -e\int_{-\infty}^{\infty}\mathbf{v}\cdot\mathbf{E}\,dt = 2e\,\mathrm{Re}\int_0^{\infty} i\omega\mathbf{x}(\omega)\cdot\mathbf{E}^*(\omega)\,d\omega \tag{13.27}$$

wobei $\mathbf{x}(\omega)$ die zeitliche Fourier-Transformierte der Elektronenkoordinate ist, während $\mathbf{E}(\omega)$ die entsprechende Transformierte der elektromagnetischen Felder bezeichnet, die im senkrechten Abstand b von der Bahn des parallel zur x-Achse einfallenden Teilchens herrschen. Das benötigte elektrische Feld ist

$$\mathbf{E}(\omega) = \frac{1}{(2\pi)^{3/2}}\int d^3k\,\mathbf{E}(\mathbf{k}, \omega)e^{ibk_2} \tag{13.28}$$

wobei der Aufpunkt die Koordinaten $(0, b, 0)$ hat. Um die Berechnung von $\mathbf{E}(\omega)$ zu illustrieren, betrachten wir $E_1(\omega)$, d.h. die Komponente von $\mathbf{E}$ parallel zu $\mathbf{v}$. Setzt man in (13.28) die Ausdrücke (13.25) und (13.26) ein, so erhält man zunächst

$$E_1(\omega) = \frac{2ize}{\epsilon(\omega)(2\pi)^{3/2}} \int d^3k\, e^{ibk_2} \left[\frac{\omega\epsilon(\omega)v}{c^2} - k_1\right] \frac{\delta(\omega - vk_1)}{k^2 - \dfrac{\omega^2}{c^2}\epsilon(\omega)} \tag{13.29}$$

Das Integral über dk_1 lässt sich unmittelbar berechnen und liefert

$$E_1(\omega) = -\frac{2ize\omega}{(2\pi)^{3/2}v^2}\left[\frac{1}{\epsilon(\omega)} - \beta^2\right] \int_{-\infty}^{\infty} dk_2\, e^{ibk_2} \int_{-\infty}^{\infty} \frac{dk_3}{k_2^2 + k_3^2 + \lambda^2}$$

mit

$$\lambda^2 = \frac{\omega^2}{v^2} - \frac{\omega^2}{c^2}\epsilon(\omega) = \frac{\omega^2}{v^2}[1 - \beta^2\epsilon(\omega)] \tag{13.30}$$

Das Integral über dk_3 hat den Wert $\pi/(\lambda^2 + k_2^2)^{1/2}$, sodass

$$E_1(\omega) = -\frac{ize\omega}{\sqrt{2\pi}\,v^2}\left[\frac{1}{\epsilon(\omega)} - \beta^2\right] \int_{-\infty}^{\infty} \frac{e^{ibk_2}}{(\lambda^2 + k_2^2)^{1/2}}\, dk_2 \tag{13.31}$$

Das verbleibende Integral stellt eine modifizierte Bessel-Funktion dar[1], und folglich lautet das Resultat:

$$E_1(\omega) = -\frac{ize\omega}{v^2}\left(\frac{2}{\pi}\right)^{1/2}\left[\frac{1}{\epsilon(\omega)} - \beta^2\right] K_0(\lambda b) \tag{13.32}$$

wobei die Wurzel von (13.30) so gewählt wurde, dass λ im vierten Quadranten liegt. In ähnlicher Weise erhält man für die anderen Felder:

$$E_2(\omega) = \frac{ze}{v}\left(\frac{2}{\pi}\right)^{1/2} \frac{\lambda}{\epsilon(\omega)} K_1(\lambda b)$$

$$B_3(\omega) = \epsilon(\omega)\beta E_2(\omega) \tag{13.33}$$

In der Grenze $\epsilon(\omega) \to 1$ reduzieren sich also die Felder (13.32) und (13.33) auf die in Übg. 13.3 angegebenen Resultate.

Zur Berechnung der bei einem Stoß mit dem Stoßparameter b auf das Atom übertragenen Energie benutzen wir eine Verallgemeinerung von (13.27), nämlich

$$\Delta E(b) = 2e\sum_j f_j \operatorname{Re} \int_0^{\infty} i\omega \mathbf{x}_j(\omega) \cdot \mathbf{E}^*(\omega)\, d\omega$$

wobei $\mathbf{x}_j(\omega)$ die Amplitude eines Hüllenelektrons vom Typ j ist. Anstatt für $\mathbf{x}_j(\omega)$ Gl. (7.50) zu benutzen, drücken wir die Summe der Dipolmomente durch die molekulare Polarisierbarkeit bzw. durch die Dielektrizitätskonstante aus:

$$-e\sum_j f_j \mathbf{x}_j(\omega) = \frac{1}{4\pi N}[\epsilon(\omega) - 1]\mathbf{E}(\omega)$$

---

[1] Vgl. hierzu zum Beispiel *Abramowitz und Stegun* (S. 376, Formel 9.6.25); *Magnus, Oberhettinger und Soni* (Kap. XI) oder Bateman Manuscript Project, *Table of Integral Transforms*, Bd. I (Kap. I–III).

wobei N die Zahl der Atome pro Volumeneinheit ist. Für den Energieübertrag lässt sich damit

$$\Delta E(b) = \frac{1}{2\pi N} \operatorname{Re} \int_0^\infty - i\omega \epsilon(\omega) |\mathbf{E}(\omega)|^2 \, d\omega \tag{13.34}$$

schreiben.

Der bei einem Stoßparameter $b \geq a$ auftretende Energieverlust pro Wegeinheit ist offenbar

$$\left(\frac{dE}{dx}\right)_{b>a} = 2\pi N \int_a^\infty \Delta E(b) b \, db \tag{13.35}$$

Setzt man in (13.34) bzw. (13.35) die Felder (13.32) und (13.33) ein, so findet man nach einiger Rechnung den auf Fermi zurückgehenden Ausdruck

$$\left(\frac{dE}{dx}\right)_{b>a} = \frac{2}{\pi} \frac{(ze)^2}{v^2} \operatorname{Re} \int_0^\infty i\omega \lambda^* a K_1(\lambda^* a) K_0(\lambda a) \left(\frac{1}{\epsilon(\omega)} - \beta^2\right) d\omega \tag{13.36}$$

mit dem durch (13.30) bestimmten λ. Dieses Ergebnis lässt sich auch auf elegantere Art und Weise herleiten, indem man den elektromagnetischen Energiefluss durch einen Zylinder vom Radius a um die Bahn des einfallenden Teilchens berechnet. Aufgrund der Energieerhaltung ist dieser gleich dem Energieverlust des einfallenden Teilchens pro Zeiteinheit. Dies bedeutet:

$$\left(\frac{dE}{dx}\right)_{b>a} = \frac{1}{v} \frac{dE}{dt} = -\frac{c}{4\pi v} \int_{-\infty}^\infty 2\pi a B_3 E_1 \, dx$$

Das zu einer bestimmten Zeit genommene Integral über dx ist äquivalent zu dem über alle Zeiten erstreckten Integral an einem bestimmten Punkt des Zylinders. Bei Verwendung von $dx = v\,dt$ findet man:

$$\left(\frac{dE}{dx}\right)_{b>a} = -\frac{ca}{2} \int_{-\infty}^\infty B_3(t) E_1(t) \, dt$$

Der Ausdruck auf der rechten Seite kann nach dem üblichen Verfahren in ein Integral über die Frequenzen verwandelt werden:

$$\left(\frac{dE}{dx}\right)_{b>a} = -ca \operatorname{Re} \int_0^\infty B_3^*(\omega) E_1(\omega) \, d\omega \tag{13.37}$$

Mit den Feldern (13.32) und (13.33) führt dies auf das Fermische Ergebnis (13.36).

Der Fermische Ausdruck (13.36) hat wenig Ähnlichkeit mit unseren bisherigen Ergebnissen für den Energieverlust. Sind jedoch Polarisationseffekte zu vernachlässigen, so liefert er das gleiche Resultat wie zuvor. Für nichtrelativistische Teilchen z. B. ($\beta \ll 1$) ergibt sich aus (13.30) offensichtlich $\lambda \simeq \omega/v$, und zwar unabhängig von $\epsilon(\omega)$. In diesem Fall sind die modifizierten Bessel-Funktionen in (13.36) reell. Nur der Imaginärteil von $1/\epsilon(\omega)$ trägt zum Integral bei. Bei Vernachlässigung der in Kap. 4.5 besprochenen Polarisationskorrektur zum inneren Feld eines Atoms lässt sich für die Dielektrizitätskonstante

$$\epsilon(\omega) \simeq 1 + \frac{4\pi N e^2}{m} \sum_j \frac{f_j}{\omega_j^2 - \omega^2 - i\omega\Gamma_j} \tag{13.38}$$

schreiben, wobei wir den Ausdruck (7.50) für das Dipolmoment benutzt haben. Unter der Annahme, dass der zweite Term klein ist, kann der Imaginärteil von $1/\epsilon(\omega)$ leicht berechnet werden und in (13.36) eingesetzt werden. Die Integration über ω kann dann – bei Annahme einer scharfen Resonanz – durchgeführt werden. Bei Verwendung der Bessel-Funktionen im Grenzfall kleiner Argumente erhält man die nichtrelativistische Form von Gl. (13.9) mit $B_c = v/a\langle\omega\rangle$. Vernachlässigt man schließlich in Gl. (13.30) den Unterschied zwischen λ und $\omega/\gamma v$, so ergibt sich das klassische Resultat (13.9) mit $B_c = \gamma v/a\langle\omega\rangle$.

Der Dichteeffekt besteht offenbar im Auftreten komplexer Argumente der modifizierten Bessel-Funktionen, bedingt durch die Berücksichtigung von $\epsilon(\omega)$ in Gl. (13.30). Da aber $\epsilon(\omega)$ in (13.30) mit β^2 multipliziert wird, ist klar, dass dieser Dichteeffekt tatsächlich nur bei hohen Energien von Bedeutung ist. Die detaillierte Berechnung für sämtliche Energien unter Verwendung eines Ausdrucks für $\epsilon(\omega)$ von der Art (13.38) ist recht kompliziert und nicht besonders informativ. Wir begnügen uns daher damit, allein den ultrarelativistischen Grenzfall ($\beta \simeq 1$) zu betrachten. Da die wichtigsten Frequenzen im Integral über $d\omega$ optische Frequenzen sind und der Radius a die Größenordnung der linearen Ausdehnung eines Atoms hat, ist $|\lambda a| \sim (\omega a/c) \ll 1$. Daher kann man für die Bessel-Funktionen ihre asymptotische Darstellung (3.103) für kleine Argumente verwenden. Der Fermi'sche Ausdruck (13.36) geht dann im hochrelativistischen Grenzfall über in

$$\left(\frac{dE}{dx}\right)_{b>a} \simeq \frac{2}{\pi}\frac{(ze)^2}{c^2} \operatorname{Re} \int_0^\infty i\omega \left(\frac{1}{\epsilon(\omega)} - 1\right)\left\{\ln\left(\frac{1{,}123\, c}{\omega a} - \frac{1}{2}\ln[1-\epsilon(\omega)]\right\} d\omega \quad (13.39)$$

Es sei darauf hingewiesen, dass das Argument des zweiten Logarithmus tatsächlich $[1 - \beta^2 \epsilon(\omega)]$ lautet. In der Grenze $\epsilon = 1$ liefert dieser Term dann zusammen mit dem ersten Logarithmus einen Faktor γ, und dies entspricht dem alten Resultat (13.39). Unter der Voraussetzung, dass $\epsilon(\omega) \neq 1$ ist, lässt sich anstelle des tatsächlichen Arguments auch $[1 - \epsilon(\omega)]$ schreiben. Hierdurch wird, in Übereinstimmung mit dem Experiment, das Argument des Logarithmus um eine Potenz von γ reduziert.

Das Integral in (13.39) mit dem durch (13.38) gegebenen $\epsilon(\omega)$ lässt sich am einfachsten mithilfe des Cauchy'schen Integralsatzes lösen, indem man das Integral über die positive reelle ω-Achse in ein Integral über die positive imaginäre ω-Achse verwandelt, vermindert um ein Integral längs eines im Unendlichen verlaufenden Viertelkreises. Das Integral längs der imaginären Achse liefert keinen Beitrag. Unter der Voraussetzung, dass das in (13.38) auftretende Γ_j konstant ist, lässt sich das Ergebnis der Integration über den Viertelkreis in der einfachen Form

$$\left(\frac{dE}{dx}\right)_{b>a} = \frac{(ze)^2 \omega_p^2}{c^2} \ln\left(\frac{1{,}123\, c}{a\omega_p}\right) \quad (13.40)$$

schreiben, wobei ω_p die durch

$$\omega_p^2 = \frac{4\pi N Z e^2}{m} \quad (13.41)$$

bestimmte Elektron-Plasmafrequenz ist. Der entsprechende relativistische Ausdruck ohne Berücksichtigung des Dichteeffektes lautet

$$\left(\frac{dE}{dx}\right)_{b>a} \simeq \frac{(ze)^2\,\omega_p^2}{c^2}\ln\left(\frac{1{,}123\,\gamma c}{a\langle\omega\rangle}\right) \tag{13.42}$$

Die Berücksichtigung der Dichte bringt also insofern eine Vereinfachung mit sich, als der asymptotische Energieverlust nicht mehr von der detaillierten atomaren Struktur, d.h. von $\langle\omega\rangle$ (Gl. (13.11)), abhängt, sondern über ω_p allein von der Zahl der Elektronen pro Volumeneinheit. Zwei Substanzen sehr verschiedener atomarer Struktur verursachen also für ultrarelativistische Teilchen denselben Energieverlust, sofern nur ihre Elektronendichten die gleichen sind.

Da der nach der Bethe'schen Formel (13.14) berechnete Energieverlust in zahlreichen Büchern graphisch dargestellt ist, sei an dieser Stelle die durch die Dichte bedingte Abnahme des Energieverlustes angegeben. Sie bestimmt sich aus der Differenz zwischen (13.40) und (13.42):

$$\lim_{\beta\to 1}\Delta\left(\frac{dE}{dx}\right) = -\frac{(ze)^2\,\omega_p^2}{c^2}\ln\left(\frac{\gamma\omega_p}{\langle\omega\rangle}\right) \tag{13.43}$$

Für photographische Emulsionen wird der relevante Energieverlust durch (13.12) und (13.13) mit $\varepsilon \simeq 10$ keV bestimmt. Bei Berücksichtigung der Dichtekorrektur nimmt er einen konstanten Wert an:

$$\frac{dE(\varepsilon)}{dx} \to \frac{(ze)^2\,\omega_p^2}{2c^2}\ln\left(\frac{2mc^2\,\varepsilon}{\hbar^2\,\omega_p^2}\right) \tag{13.44}$$

Im Fall von Silberbromid ist $\hbar\omega_p \simeq 48$ eV. Für einfach geladene Teilchen hat dann (13.44), nach Division durch die Dichte, den ungefähren Wert 1,02 MeV-cm^2/g. Er befindet sich in guter Übereinstimmung mit dem Experiment und entspricht einem Ansteigen über den Minimalwert von weniger als 10 Prozent. Abbildung 13.2 zeigt den Gesamtenergieverlust mit und ohne Dichtekorrektur sowie denjenigen, der sich in einer typischen Substanz bei Energieüberträgen unterhalb von ca. 10 keV, aber bei Berücksichtigung des Dichteeffektes ergibt. Die gestrichelte Kurve stellt den Gesamtenergieverlust ohne Dichtekorrektur dar.

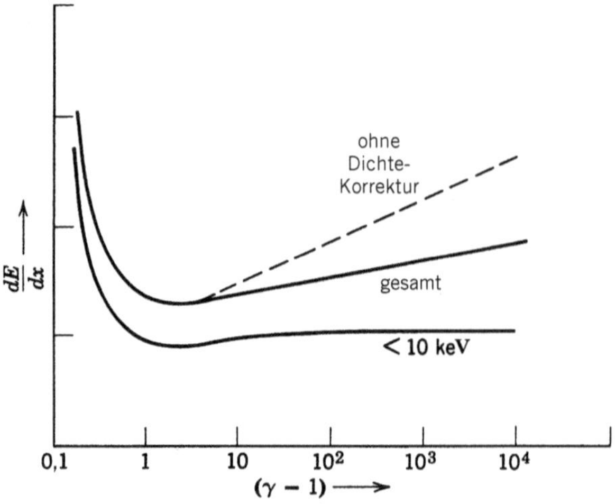

Abb. 13.2 Energieverlust als Funktion der kinetischen Energie bei Berücksichtigung des Dichteeffektes. Die gestrichelte Kurve stellt den Gesamtenergieverlust ohne Dichtekorrektur dar, wähend die beiden ausgezogenen Kurven dem Ergebnis bei Berücksichtigung dieser Korrektur entsprechen. Die obere von ihnen stellt den Gesamtenergieverlust dar und die untere denjenigen, der durch Energieüberträge von weniger als 10 keV verursacht wird.

13.4 Tscherenkow-Strahlung

Der Einfluss, den die Dichte auf den Energieverlust hat, hängt eng zusammen mit der kohärenten Reaktion eines Mediums beim Durchgang eines Tscherenkow-Strahlung emittierenden relativistischen Teilchens. Beide stellen in Wirklichkeit ein und dasselbe Phänomen dar, wenn auch in verschiedenen Grenzsituationen. Der Ausdruck (13.36) bzw. (13.37) beschreibt die Energie, die ein bewegtes Teilchen an Raumgebiete abgibt, die von seiner Bahn um mehr als die Strecke $b = a$ entfernt sind. Um zu untersuchen, wie sich die Energie innerhalb des Mediums verteilt, muss man a variabel werden lassen. In (13.39) hatten wir a mit der linearen Ausdehnung eines Atoms gleichgesetzt und angenommen, dass $|\lambda a| \ll 1$ ist. Wir wollen nunmehr den entgegengesetzten Grenzfall betrachten. Ist $|\lambda a| \gg 1$, so kann man für die modifizierten Bessel-Funktionen ihre asymptotischen Darstellungen (3.104) für große Argumente benutzen. Für die Felder (13.32) und (13.33) ergibt sich dann:

$$
\begin{aligned}
E_1(\omega, b) &\to i\frac{ze\omega}{c^2}\left[1 - \frac{1}{\beta^2\,\epsilon(\omega)}\right]\frac{e^{-\lambda b}}{\sqrt{\lambda b}} \\
E_2(\omega, b) &\to \frac{ze}{v\epsilon(\omega)}\sqrt{\frac{\lambda}{b}}\,e^{-\lambda b} \\
B_3(\omega, b) &\to \beta\epsilon(\omega)E_2(\omega, b)
\end{aligned}
\tag{13.45}
$$

Für den Integranden in (13.37) bedeutet dies:

$$(-caB_3^* E_1) \rightarrow \frac{z^2 e^2}{c^2}\left(-i\sqrt{\frac{\lambda^*}{\lambda}}\right)\omega\left[1 - \frac{1}{\beta^2 \epsilon(\omega)}\right] e^{-(\lambda+\lambda^*)a} \tag{13.46}$$

Der Realteil dieses Ausdrucks, integriert über die Frequenzen, ist gleich der Energie, die das Teilchen an von seiner Bahn weit entfernte Gebiete abgibt. Hat λ einen positiven Realteil, wie es im Allgemeinen zutrifft, so fällt der Ausdruck auf der rechten Seite von (13.46) wegen des Exponentialfaktors für große Entfernungen schnell ab. Die gesamte Energie wird dann an die unmittelbare Umgebung der Teilchenbahn abgegeben. Nur wenn λ *rein imaginär* ist, tritt dies nicht ein. Der Exponentialfaktor ist dann gleich Eins und der gesamte Ausdruck unabhängig von a; *ein Teil der Energie verschwindet* im Unendlichen *als Strahlung*. Nach Gl. (13.30) kann λ rein imaginär werden, wenn $\epsilon(\omega)$ im Wesentlichen reell ist (also praktisch keine Absorption auftritt) und wenn $\beta^2 \epsilon(\omega) > 1$ ist. Tatsächlich ist eine schwache Absorption erlaubt, doch aus Gründen der Einfachheit wollen wir im Folgenden annehmen, dass $\epsilon(\omega)$ reell sei. Die Bedingung $\beta^2 \epsilon(\omega) > 1$ lässt sich dann in der transparenteren Form

$$v > \frac{c}{\sqrt{\epsilon(\omega)}} \tag{13.47}$$

schreiben. Sie besagt offenbar folgendes: *Damit ein Teilchen Tscherenkow-Strahlung der Frequenz ω emittieren kann, muss seine Geschwindigkeit größer sein als die Phasengeschwindigkeit der elektromagnetischen Felder der gleichen Frequenz.*

Betrachtet man die Phase von λ, während $\beta^2 \epsilon$ von einem unter Eins liegenden Wert auf über Eins ansteigt, und nimmt man an, dass $\epsilon(\omega)$ für $\omega > 0$ einen infinitesimalen positiven Imaginärteil hat, so sieht man, dass

$$\lambda = -i|\lambda| \quad \text{für} \quad \beta^2 \epsilon > 1$$

ist. Dies bedeutet, dass $(\lambda^*/\lambda)^{1/2} = i$ ist und dass der Ausdruck auf der rechten Seite von (13.46) reell und unabhängig von a ist. Gleichung (13.37) beschreibt dann die Energie, die längs der Teilchenbahn als Tscherenkow-Strahlung pro Wegeinheit abgestrahlt wird:

$$\left(\frac{dE}{dx}\right)_{\text{str}} = \frac{(ze)^2}{c^2} \int_{\epsilon(\omega) > (1/\beta^2)} \omega \left(1 - \frac{1}{\beta^2 \epsilon(\omega)}\right) d\omega \tag{13.48}$$

Der Integrand liefert offenbar das differentielle Frequenzspektrum. Dieses Resultat geht zurück auf Frank und Tamm, die es 1937 als theoretische Erklärung der von

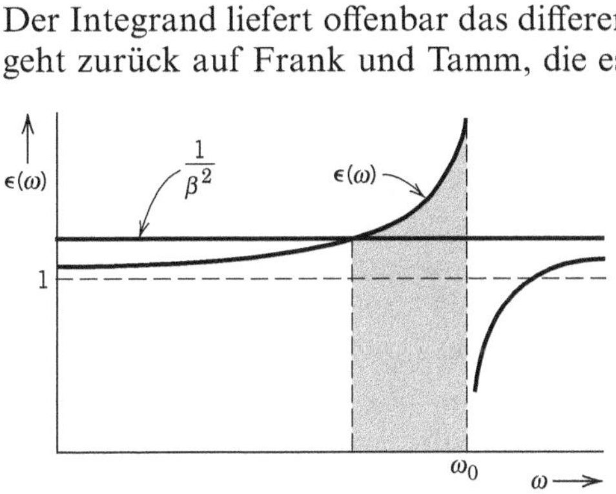

Abb. 13.3 Frequenzband der Tscherenkow-Strahlung. Die Strahlung wird nur in dem schraffierten Bereich emittiert, in dem $\epsilon(\omega) > \beta^{-2}$ ist.

Tscherenkow 1934 beobachteten Strahlung veröffentlichten. Die Strahlung wird natürlich nicht gleichmäßig über alle Frequenzen emittiert. Vielmehr tendiert sie dazu, in Bändern emittiert zu werden, die etwas unterhalb des Bereichs der anomalen Dispersion liegen – nämlich dort, wo $\epsilon(\omega) > \beta^{-2}$ ist (vgl. Abb. 13.3). Falls $\beta \simeq 1$ ist, können natürlich die Frequenzbereiche, in denen $\epsilon(\omega) > \beta^{-2}$ ist, relativ breit sein.

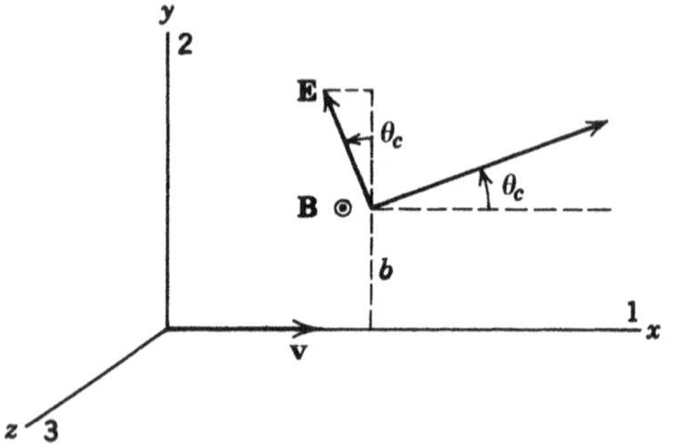

Abb. 13.4

Ein anderes charakteristisches Merkmal der Tscherenkow-Strahlung ist ihr *Emissionswinkel.* In großen Entfernungen von der Teilchenbahn werden die Felder zu transversalen Strahlungsfeldern, deren Ausbreitungsrichtung durch **E** × **B** bestimmt wird. Wie aus Abb. 13.4 hervorgeht, erfüllt der bezüglich der Teilchengeschwindigkeit gemessene Winkel θ_C, unter dem die Tscherenkow-Strahlung emittiert wird, die Beziehung

$$\tan\theta_C = -\frac{E_1}{E_2} \tag{13.49}$$

Aus den Strahlungsfeldern (13.45) ergibt sich andererseits:

$$\cos\theta_C = \frac{1}{\beta\sqrt{\epsilon(\omega)}} \tag{13.50}$$

Das Kriterium $\beta^2\epsilon > 1$ ist also gleichbedeutend mit der Forderung, dass θ_C ein physikalischer Winkel mit einem Kosinus kleiner als Eins sein muss. Der Abb. 13.4 entnimmt man auch, dass die Tscherenkow-Strahlung in der von der Beobachtungsrichtung und der Teilchenbahn aufgespannten Ebene vollständig polarisiert ist.

Der Emissionswinkel θ_C kann qualitativ durch die Wellenfront einer *Stoßwelle* interpretiert werden ähnlich dem Knall, der von einem mit Überschallgeschwindigkeit fliegenden Flugzeug erzeugt wird. In Abb. 13.5 sind zwei Sätze aufeinanderfolgender Kugelwellen dargestellt, die von aufeinanderfolgenden Positionen eines mit der konstanten Geschwindigkeit v bewegten Teilchens ausgehen und sich ihrerseits mit der Geschwindigkeit $c/\sqrt{\epsilon}$ ausbreiten. Links ist v kleiner als $c/\sqrt{\epsilon}$, rechts dagegen größer. Für $v > c/\sqrt{\epsilon}$ interferieren die Wellenflächen und bilden die Front einer *Stoßwelle* oder bleiben hinter dem Teilchen zurück; der Winkel, den die genannte Wellenfront mit der Richtung der Teilchengeschwindigkeit bildet, ist – wie man sofort

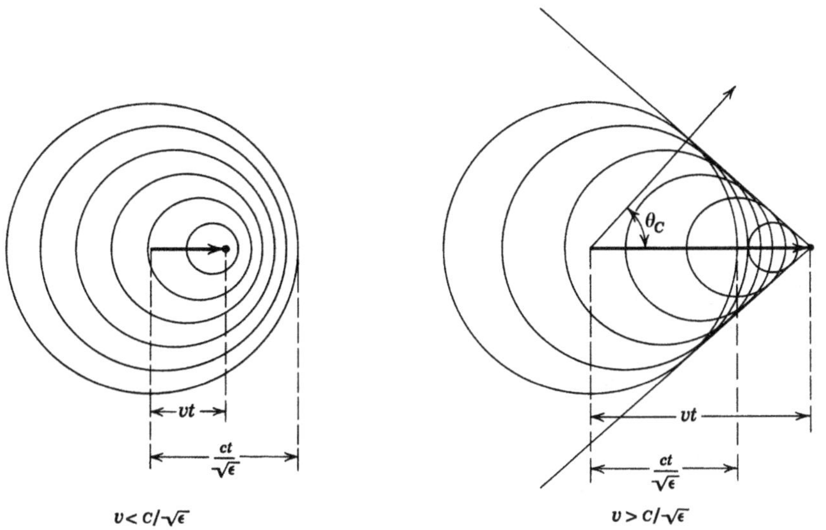

Abb. 13.5 Zur Ausbreitung der Tscherenkow-Strahlung. Die gezeigten Kugelwellen werden von den Feldern eines Teilchens gebildet, das sich in einem Medium mit einer Geschwindigkeit bewegt, die entweder kleiner oder größer als die Phasengeschwindigkeit des Lichtes in diesem Medium ist. Für $v > c/\sqrt{\epsilon}$ entsteht eine elektromagnetische „Stoßwelle“, die sich in der durch den Tscherenkow-Winkel θ_c bestimmten Richtung bewegt.

erkennt – der Komplementwinkel zu θ_C. Ein ruhender Beobachter sieht eine Wellenfront, die sich in Richtung von θ_C fortbewegt.

Die Tscherenkow-Strahlung, deren qualitatives Verhalten Abb. 13.5 veranschaulicht, kann man quantitativ behandeln, indem man die Potentiale $\Phi(\mathbf{x}, t)$ und $\mathbf{A}(\mathbf{x}, t)$ untersucht, die sich aus (13.25) unter Verwendung von (13.21) und (13.22) ergeben. Das Vektorpotential z. B. hat die Gestalt

$$\mathbf{A}(\mathbf{x}, t) = \frac{2ze}{(2\pi)^2}\boldsymbol{\beta}\int d^3k\,\frac{e^{ik_1(x-vt)}e^{i\mathbf{k}_\perp\cdot\boldsymbol{\rho}}}{k_1^2(1-\beta^2\epsilon)+k_\perp^2}$$

wobei $\epsilon = \epsilon(k_1 v)$ ist, während $\boldsymbol{\rho}$ und $\mathbf{k}_\perp$ die Transversalkomponenten des Radius- bzw. Wellenvektors sind. Mit der zwar unrealistischen, aber handlichen Näherung, dass ϵ konstant ist, lässt sich das Integral in geschlossener Form berechnen. Im Tscherenkow-Bereich ($\beta^2\epsilon > 1$) hat der Nenner längs des Integrationsweges Pole. Wählt man die Kontur für die k_1-Integration so, dass das Potential für Punkte, die *vor* dem Teilchen liegen ($x - vt > 0$), verschwindet, so findet man für das Vektorpotential innerhalb des Tscherenkow-Kegels:

$$\mathbf{A}(\mathbf{x}, t) = \boldsymbol{\beta}\frac{2ze}{\sqrt{(x-vt)^2-(\beta^2\epsilon-1)\rho^2}} \tag{13.51}$$

während es außerhalb des Kegels verschwindet. Man beachte, dass $\mathbf{A}$ entlang der Front der Stoßwelle singulär ist, wie es durch die in Abb. 13.5 dargestellten Wellenflächen auch suggeriert wird. Der Ausdruck (13.51) kann nur als richtungsweisend gelten, denn tatsächlich variiert ja die Dielektrizitätskonstante mit $\omega = k_1 v$. Diese funktionale Abhängigkeit würde die mathematische Singularität in (13.51) beseitigen.

Die Eigenschaften der Tscherenkow-Strahlung können benutzt werden, um Geschwindigkeiten schneller Teilchen zu messen. Wenn Teilchen mit gegebener Geschwindigkeit ein Medium bekannter Dielektrizitätskonstante ϵ durchqueren, wird die Tscherenkow-Strahlung unter dem Winkel (13.50) emittiert. Die Messung dieses Winkels ermöglicht es daher, die Geschwindigkeit des Teilchens zu bestimmen. Da die Dielektrizitätskonstante eines Mediums i. Allg. mit der Frequenz variiert, wird Tscherenkow-Strahlung verschiedener Frequenzen unter verschiedenen Winkeln emittiert. Um ein schmales Frequenzintervall zu selektieren und so die Geschwindigkeitsmessung zu verbessern, kann man schmale Bandfilter benutzen. Für sehr schnelle Teilchen ($\beta \lesssim 1$) benutzt man ein gasförmiges Medium, sodass sich die Dielektrizitätskonstante nur wenig von Eins unterscheidet und die Größe ($\epsilon - 1$) durch Veränderung des Gasdrucks über weite Bereiche variabel ist. Tscherenkow-Zähler werden häufig in der Hochenergiephysik benutzt, und zwar entweder zur Geschwindigkeitsmessung, zur Massenbestimmung in Verbindung mit einer Impulsanalyse oder als Diskriminatoren gegenüber unerwünschten langsamen Teilchen.

13.5 Elastische Streuung schneller Teilchen an Atomen

In Abschnitt 13.1 untersuchten wir die Streuung eines schweren Teilchens an Elektronen, und zwar im Ruhsystem des einfallenden Teilchens, um den Energieübertrag auf die Elektronen zu berechnen. Wir wenden uns nun der elastischen Streuung zu, die ein schnelles Teilchen – egal, ob leicht oder schwer – beim Durchgang durch Materie, d.h. bei Stoßvorgängen mit Atomen erfährt. Geladene Teilchen werden am zeitlich gemittelten Potential des Atomkerns und der Elektronenhülle elastisch gestreut. Das Potential ist in etwa ein Coulomb-Potential, wird aber bei großen Abständen durch die Elektronen abgeschirmt und verändert sich bei kleinen Abständen durch die endliche Ausdehnung des Kerns.

Für ein reines Coulomb-Potential wird der Streuquerschnitt bekanntlich durch die Rutherford'sche Streuformel (13.1) beschrieben, an der jedoch bei großen Winkeln spinabhängige Korrekturen anzubringen sind (s. Gl. (13.5)). Bei kleinen Winkeln aber werden alle Teilchen, unabhängig vom Spin, nach der Rutherford'schen Kleinwinkel-Formel

$$\frac{d\sigma}{d\Omega} \approx \left(\frac{2zZe^2}{pv}\right)^2 \cdot \frac{1}{\theta^4} \tag{13.52}$$

gestreut. Selbst bei $\theta = \pi/2$ weicht das Ergebnis, das man mit dieser Näherung erhält, weniger als 30 % von dem exakten Ergebnis ab. Diese Genauigkeit ist für den Zusammenhang, der uns hier interessiert, ausreichend.

Das singuläre Verhalten des Ausdrucks (13.52) für $\theta \to 0$ ist eine Konsequenz aus der unendlichen Reichweite des Coulomb-Potentials. Aufgrund der Abschirmung durch die Elektronen ist aber der differentielle Wirkungsquerschnitt bei $\theta = 0$ endlich. Mit einem scharfen Abschneiden der Coulomb-Kraft bei $r = a$ ergibt eine einfache klassische Stoßparameter-Betrachtung (vgl. Übg. 13.1 (b)) den folgenden Wirkungsquerschnitt für kleine Winkel:

$$\frac{d\sigma}{d\Omega} \approx \left(\frac{2zZe^2}{pv}\right)^2 \cdot \frac{1}{(\theta^2 + \theta_{\min}^2)^2} \tag{13.53}$$

wobei $\theta_{\min}$ der klassische Abschneidewinkel

$$\theta_{\min}^{(c)} = \frac{2zZe^2}{pva} \tag{13.54}$$

ist. Eine bessere Beschreibung des abgeschirmten Coulomb-Potentials liefert $V(r) = (zZe^2/r)e^{-r/a}$ mit $a \approx 1{,}4\, a_0 Z^{-1/3}$ (ein grob angepasstes Thomas-Fermi-Potential). Mit einem solchen Potential ergibt die klassische Rechnung einen Wirkungsquerschnitt für kleine Winkel, der für $\theta \to 0$ langsamer als θ^{-4} ansteigt, aber für $\theta = 0$ immer noch divergiert. Erst die Quantenmechanik, sei es die Born'sche Näherung oder das WKB-Eikonal, führt zu einem für kleine Winkel gültigen Wirkungsquerschnitt der Form (13.53), jetzt aber mit dem quantenmechanischen Abschneidewinkel

$$\theta_{\min}^{(q)} = \frac{\hbar}{pa} \approx \frac{Z^{1/3}}{192} \cdot \frac{mc}{p} \tag{13.55}$$

wobei p der Impuls des einfallenden Teilchens ist ($p = \gamma M v$) und m die Elektronenmasse. Am Rande sei bemerkt, dass das Verhältnis von klassischem zu quantenmechanischem Abschneidewinkel $\eta = zZe^2/\hbar v$ übereinstimmt mit dem Verhältnis der minimalen Stoßparameter (vgl. hierzu den Text im Anschluss an Gl. (13.16)). Außer bei Substanzen mit sehr hohem Z gilt für schnelle Teilchen stets $\eta < 1$. Für $\theta_{\min}$ sollte man immer den quantenmechanischen Ausdruck (13.55) verwenden.

Bei vergleichsweise großen Winkeln (die aber immer noch klein sind) weicht der Wirkungsquerschnitt wegen der endlichen Kernausdehnung von (13.53) ab. Im Falle von geladenen Leptonen (e, μ, τ) handelt es sich um einen rein elektromagnetischen Effekt, bei Hadronen aber (π, K, p, α, etc.) kommt auch die starke Wechselwirkung ins Spiel. Der Wirkungsquerschnitt fällt bei etwas größeren Winkeln immer kleiner aus als (13.53). Wir untersuchen hier nur den elektromagnetischen Fall. Die Ladungsverteilung des Atomkerns lässt sich grob als eine Ladungsdichte innerhalb einer Kugel vom Radius R beschreiben, die außerhalb der Kugel ziemlich abrupt auf Null abfällt. Das elektrostatische Potential verläuft parabolisch im Innern der Kugel und hat bei $r = 0$ einen endlichen Wert:

$$V(r) = \begin{cases} \dfrac{3zZe^2}{2R}\left(1 - \dfrac{r^2}{3R^2}\right) & \text{für} \quad r < R \\[2ex] \dfrac{zZe^2}{r} & \text{für} \quad r > R \end{cases} \tag{13.56}$$

Mit einem solchen Potential divergiert der klassische Streuquerschnitt bei einem Maximalwert, der ungefähr der klassischen Formel (13.54) entspricht (mit der Ersetzung $a \to R$). Dies ist eine Folge davon, dass der Streuwinkel $\theta(b) = \Delta p(b)/p$ für

$b = 0$ verschwindet, um bei einem etwas kleineren Wert als $b = R$ auf ein Maximum anzusteigen und für größere b wieder abzufallen. Im Maximum verschwindet die Ableitung $d\theta/db$ und ergibt so einen unendlich großen differentiellen Wirkungsquerschnitt. Hinter diesem eigenartigen klassischen Verhalten verbirgt sich etwas, was nur quantenmechanisch zu erklären ist. Aufgrund der Wellennatur des einfallenden Teilchens ähnelt die Streuung am Kern der in Kap. 10 erörterten Streuung elektromagnetischer Wellen an ortsgebundenen Streuzentren. Bei kleinen Wellenlängen haben wir es mit der auf einen engen Winkelbereich $\Delta\theta \approx 1/kR$ (mit $k = p/\hbar$) beschränkten Diffraktionsstreuung zu tun. Je nach Radialabhängigkeit der lokalen Wechselwirkung kann der Streuquerschnitt wellig verlaufen, also sekundäre Minima und Maxima aufweisen, aber mit zunehmendem Winkel fällt er schnell unter die Coulomb-Werte ab. Mit anderen Worten: die störungstheoretische Streuamplitude ist das Produkt der Coulomb-Amplitude einer Punktladung mit einem Formfaktor $F(Q^2)$, der die räumliche Fourier-Transformierte der Ladungsverteilung darstellt. Dieser Formfaktor ist definitionsgemäß gleich Eins für $Q^2 = 0$, wird aber schnell kleiner für $(QR) > 1$. Unter welchem Gesichtswinkel man die Dinge auch sehen mag, die endliche Ausdehnung des Kerns führt zu einer effektiven Obergrenze des Streuwinkels, nämlich

$$\theta_{\max} \approx \frac{\hbar}{pR} \approx \frac{274}{A^{1/3}} \cdot \frac{mc}{p} \tag{13.57}$$

wobei der zuletzt angegebene Ausdruck auf dem Näherungswert $R = 1{,}4\, A^{1/3} \times 10^{-15}$ m beruht. Es sei bemerkt, dass für alle physikalischen Werte von Z und A die Ungleichung $\theta_{\max} \gg \theta_{\min}$ gilt. Ist der Impuls des einfallenden Teilchens so klein, dass $\theta_{\max} \geq 1$ ist, dann hat die Ausdehnung des Kerns keinen merklichen Einfluss. Für ein Aluminium-Target ist $\theta_{\max} = 1$, wenn $p \approx 50$ MeV/c ist; dieser Impuls entspricht für Elektronen, Müonen und Protonen kinetischen Energien von ca. 50 MeV, 12 MeV bzw. 1,3 MeV. Nur bei Energien, die über diesen Werten liegen, ist der Effekt der Kernausdehnung von Bedeutung. Bei dem angegebenen Impulswert von ca. 50 MeV/c ist $\theta_{\min} \approx 10^{-4}$.

Das allgemeine Verhalten des Streuquerschnitts zeigt Abb. 13.6. Die gestrichelte Kurve entspricht der Rutherford'schen Näherung (13.52) für kleine Winkel, während die ausgezogene Kurve das qualitative Verhalten des Streuquerschnitts bei Berücksichtigung der Abschirmung und der endlichen Ausdehnung des Kerns zeigt. Den totalen Wirkungsquerschnitt erhält man aus (13.53) durch Integration über alle Raumwinkel:

$$\sigma = \int \frac{d\sigma}{d\Omega} \sin\theta\, d\theta\, d\phi \approx 2\pi \left(\frac{2zZe^2}{pv}\right)^2 \cdot \int_0^\infty \frac{\theta\, d\theta}{(\theta^2 + \theta_{\min}^2)^2} \tag{13.58}$$

Dies liefert:

$$\sigma \approx \pi \left(\frac{2zZe^2}{pv}\right)^2 \cdot \theta_{\min}^{-2} = \pi a^2 \left(\frac{2zZe^2}{\hbar v}\right)^2 \tag{13.59}$$

Der letzte Ausdruck ergibt sich bei Verwendung des durch (13.55) bestimmten $\theta_{\min}^{(q)}$. Aus ihm wird deutlich, dass der totale Wirkungsquerschnitt bei hohen Geschwindigkeiten sehr viel kleiner werden kann als sein klassischer, geometrischer Wert πa^2.

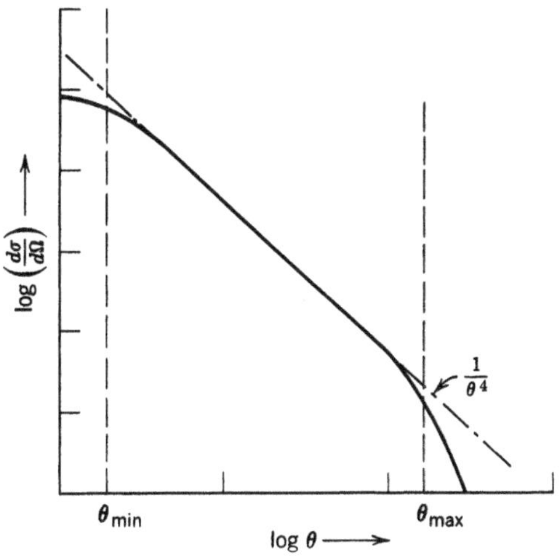

Abb. 13.6 Atomstreuung bei Berücksichtigung der Effekte, die bei kleinen Winkeln von der Abschirmung durch die Hüllenelektronen verursacht werden, bei großen Winkeln dagegen von der endlichen Ausdehnung des Kerns.

13.6 Mittlerer quadratischer Streuwinkel und Winkelverteilung bei Mehrfachstreuung

Die Rutherford-Streuung ist selbst für das Coulomb-Feld einer Punktladung auf sehr kleine Winkel beschränkt, und für schnelle Teilchen ist θ_{max} sehr viel kleiner als Eins. Daher ist die Wahrscheinlichkeit für Kleinwinkelstreuungen sehr groß. Ein Teilchen wird beim Durchqueren eines Materiestücks endlicher Dicke mehrmals um kleine Winkel abgelenkt und verlässt das Materiestück i. Allg. unter einem kleinen Ablenkungswinkel, der das Resultat einer kumulativen, statistischen Überlagerung einer großen Zahl von Einzelablenkungen ist. Verlässt das Teilchen das Materiestück unter einem großen Ablenkungswinkel, so darf man erwarten, dass dies das Resultat einer Einfachstreuung ist, da große Ablenkungswinkel nur sehr selten auftreten. Dieser Umstand gestattet es, den gesamten Winkelbereich in zwei Gebiete zu unterteilen – in ein Gebiet relativ großer Ablenkungswinkel, dem Einfachstreuungen entsprechen, und ein anderes Gebiet sehr kleiner Winkel, dem Mehrfachstreuungen entsprechen. Die vollständige Winkelverteilung lässt sich näherungsweise berechnen, indem man die beiden Gebiete getrennt betrachtet. Das Zwischengebiet muss einen glatten Übergang von kleinen zu großen Winkeln erlauben.

Die bestimmende Größe für die Mehrfachstreuung, die aus einer großen Anzahl aufeinanderfolgender, um die Einfallsrichtung symmetrisch verteilter Ablenkungen um kleine Winkel besteht, ist der mittlere quadratische Streuwinkel für eine Einzelstreuung. Er ist definiert durch

$$\langle\theta^2\rangle = \frac{\displaystyle\int \theta^2 \frac{d\sigma}{d\Omega}\, d\Omega}{\displaystyle\int \frac{d\sigma}{d\Omega}\, d\Omega} \tag{13.60}$$

Mit den im vorigen Abschnitt gemachten Näherungen ergibt sich:

$$\langle\theta^2\rangle = 2\theta_{\min}^2 \ln\left(\frac{\theta_{\max}}{\theta_{\min}}\right) \tag{13.61}$$

Benutzt man für $\theta_{\min}$ den quantenmechanischen Wert (13.55) und gleichzeitig den Ausdruck (13.57) für $\theta_{\max}$, dann folgt aus (13.61) mit $A \simeq 2Z$ das numerische Resultat:

$$\langle\theta^2\rangle \simeq 4\theta_{\min}^2 \ln(204 Z^{-1/3}) \tag{13.62}$$

Spielt die räumliche Ausdehnung des Kerns (die i. Allg. für Elektronen und eventuell andere niederenergetische Teilchen von Interesse ist) keine Rolle, dann kann man $\theta_{\max}$ in (13.61) gleich Eins setzen. Das Argument des Logarithmus in (13.62) wird dann $\left(\frac{192}{Z^{1/3}}\frac{p}{mc}\right)^{1/2}$ anstelle von $(204 Z^{-1/3})$.

Oft ist es zweckmäßig, einen projizierten Streuwinkel θ' zu benutzen, wobei die Projektion bezüglich einer geeigneten Ebene vorzunehmen ist – etwa der Ebene einer

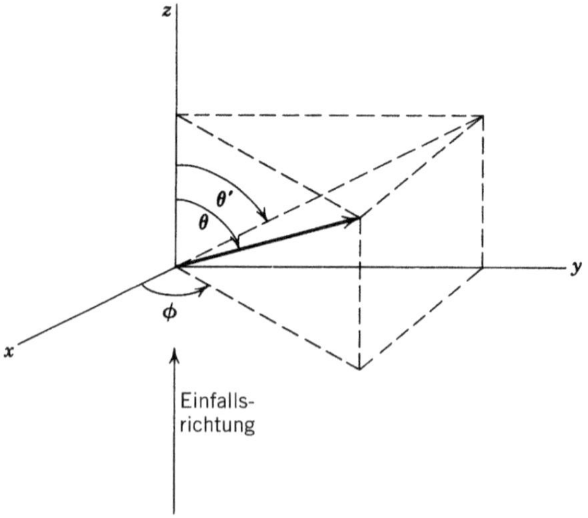

Abb. 13.7

photographischen Emulsion oder einer Blasenkammer (vgl. Abb. 13.7). Für kleine Winkel gilt, wie man leicht zeigt:

$$\langle\theta'^2\rangle = \tfrac{1}{2}\langle\theta^2\rangle \tag{13.63}$$

Bei jedem Einzelstoß genügen die Winkelablenkungen der Rutherford'schen Streuformel (13.52) mit geeigneten Grenzwinkeln $\theta_{\min}$ und $\theta_{\max}$ (deren Mittelwerte verschwinden, wenn man sie auf die Vorwärtsrichtung bezieht bzw. ihre Projektionen betrachtet); der zugehörige mittlere quadratische Streuwinkel $\langle\theta^2\rangle$ wird jeweils durch (13.61) bestimmt. Da aufeinanderfolgende Streuungen unabhängige Prozesse sind, kann man auf sie den zentralen Grenzwertsatz der Statistik anwenden, um zu zeigen, dass die Winkelverteilung für eine große Zahl n solcher Streuungen näherungsweise einer Gauß-Verteilung um die Vorwärtsrichtung mit dem mittleren quadratischen Streuwinkel $\langle\Theta^2\rangle = n\langle\theta^2\rangle$ entspricht. Die Zahl der Stöße, die das Teilchen beim Durchqueren eines Materiestücks der Dicke d mit N Atomen pro Volumeneinheit erleidet, ist

$$n = N\sigma t \simeq \pi N \left(\frac{2zZe^2}{pv}\right)^2 \frac{t}{\theta_{\min}^2} \tag{13.64}$$

Für den mittleren quadratischen Streuwinkel der soeben erwähnten Gauß-Verteilung bedeutet dies:

$$\langle\Theta^2\rangle \simeq 2\pi N \left(\frac{2zZe^2}{pv}\right)^2 \ln\left(\frac{\theta_{\max}}{\theta_{\min}}\right) t \tag{13.65}$$

oder bei Verwendung von (13.62) für $\langle\theta^2\rangle$:

$$\langle\Theta^2\rangle \simeq 4\pi N \left(\frac{2zZe^2}{pv}\right)^2 \ln\,(204\,Z^{-1/3})\, t \tag{13.66}$$

Der mittlere quadratische Streuwinkel wächst also linear mit der Dicke d an. Für nicht zu große Werte von d, bei denen das Teilchen nur wenig Energie verliert, hat die Gauß-Verteilung jedoch weiterhin ein Maximum bei sehr kleinen Vorwärtswinkeln.

Die projizierten Streuwinkel für Mehrfachstreuung folgen der Verteilung

$$P_M(\theta')\, d\theta' = \frac{1}{\sqrt{\pi\langle\Theta^2\rangle}} \exp\left(-\frac{\theta'^2}{\langle\Theta^2\rangle}\right) d\theta' \tag{13.67}$$

wobei sowohl positive wie negative Werte von θ' betrachtet werden. Die Rutherford'sche Formel (13.52) für die Streuung bei kleinen Winkeln kann durch den projizierten Winkel ausgedrückt werden und lautet dann:

$$\frac{d\sigma}{d\theta'} = \frac{\pi}{2}\left(\frac{2zZe^2}{pv}\right)^2 \frac{1}{\theta'^3} \tag{13.68}$$

Für den projizierten Winkel einer Einfachstreuung liefert dies die Verteilung

$$P_S(\theta')\, d\theta' = Nt\frac{d\sigma}{d\theta'}\, d\theta' = \frac{\pi}{2} Nt \left(\frac{2zZe^2}{pv}\right)^2 \frac{d\theta'}{\theta'^3} \tag{13.69}$$

Diese Winkelverteilung einer Einfachstreuung ist nur für solche Winkel gültig, die groß gegenüber $\langle\Theta^2\rangle^{1/2}$ sind, und trägt zu der Gauß-Verteilung (13.67) eine zusätzliche Flanke bei.

Bei Verwendung des relativen projizierten Winkels

$$\alpha = \frac{\theta'}{\langle\Theta^2\rangle^{1/2}} \tag{13.70}$$

schreiben sich die Winkelverteilungen für die Mehrfach- und Einfachstreuung in der Form

$$\begin{aligned} P_M(\alpha)\, d\alpha &= \frac{1}{\sqrt{\pi}} e^{-\alpha^2}\, d\alpha \\ P_S(\alpha)\, d\alpha &= \frac{1}{8\ln(204\,Z^{-1/3})} \frac{d\alpha}{\alpha^3} \end{aligned} \tag{13.71}$$

wobei wir für $\langle\Theta^2\rangle$ Gl. (13.66) benutzt haben. Diese durch den relativen Streuwinkel ausgedrückten Verteilungen hängen also, wie man sieht, nicht von der Dicke des Materials ab, sondern nur von Z. Aber auch diese Z-Abhängigkeit ist nicht stark ausgeprägt. Der Faktor $8\ln(204Z^{-1/3})$ hat für $Z = 13$ (Aluminium) den Wert 36 und für $Z = 82$ (Blei) den Wert 31. Abbildung 13.8 zeigt den Verlauf der Winkelverteilungen als Funktion von α. Der Übergang von der Mehrfach- zur Einfachstreuung tritt bei $\alpha \simeq 2{,}5$ auf. An dieser Stelle ist die Gauß-Verteilung auf 1/600 ihres Maximalwertes abgeklungen. Die Winkelverteilung der Einfachstreuung liefert also nur eine sehr kleine Flanke zur Kurve der Mehrfachstreuung.

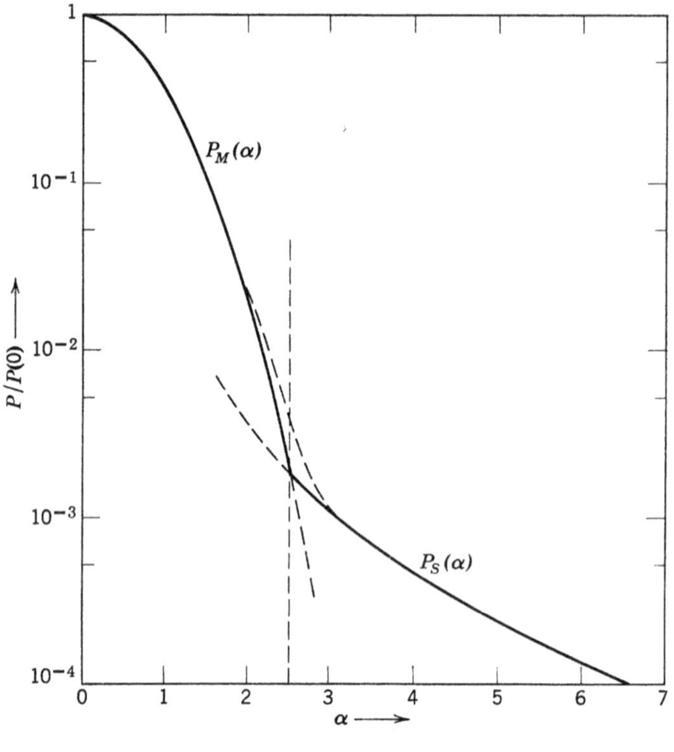

Abb. 13.8 Verteilung des projizierten Streuwinkels für Mehrfach- und Einfachstreuung. Der glatte Übergang von der Mehrfachstreuung mit kleinen Winkeln (die näherungsweise durch eine Gauß-Verteilung beschrieben werden) zur Einfachstreuung mit großen Winkeln (deren Verteilung proportional zu α^{-3} ist) wird durch die gestrichelte Kurve (bei $\alpha \sim 2$–3) beschrieben.

Abweichungen von dem in Abb. 13.8 gezeigten Verhalten werden durch zwei Dinge verursacht. Zunächst ist festzustellen, dass die Gauß-Verteilung der Grenzfall der Winkelverteilung für große n ist. Dies bedeutet, dass, wenn die Dicke d nur relativ klein und damit – nach Gl. (13.64) – n nicht sehr groß ist (d. h. $n \lesssim 200$), die Winkelverteilung schon bei kleineren Winkeln als $\alpha \simeq 2{,}5$ der der Einfachstreuung folgt und ihr Maximum bei $\alpha = 0$ etwas stärker ausgeprägt ist, als es einer Gauß-Verteilung entspricht.[2] Ist andererseits die Dicke d hinreichend groß, so wird der mittlere quadratische Winkel $\langle\Theta^2\rangle$ mit dem Winkel θ_{max} (Gl. (13.57)) vergleichbar, der die Breite der Winkelverteilung der Einfachstreuung begrenzt. Für stärkere Dicken erstreckt sich die Kurve der Mehrfachstreuung in die Winkelbereiche der Einfachstreuung, sodass eine der Einfachstreuung entsprechende Flanke nicht auftritt (vgl. Übg. 13.8).

13.7 Übergangsstrahlung

Eine im Vakuum geradlinig, gleichförmig bewegte Ladung emittiert keine Strahlung. In Kap. 13.4 zeigten wir jedoch, dass ein mit konstanter Geschwindigkeit bewegtes geladenes Teilchen Strahlung emittieren kann, wenn es sich in einem Medium mit einer Geschwindigkeit bewegt, die größer ist als die Phasengeschwindigkeit des Lichtes in diesem Medium. Diese Strahlung, mit ihrem charakteristischen Emissionswinkel $\theta_C = \arccos\,(\beta\,\epsilon^{1/2})^{-1}$, ist die Tscherenkow-Strahlung. Es gibt noch eine andere Art von Strahlung, die sog. *Übergangsstrahlung*, die immer dann auftritt, wenn ein geladenes Teilchen plötzlich von einem Medium in ein anderes übertritt. Auf sie wiesen das erste Mal Frank und Ginsburg im Jahre 1946 hin. In großer Entfernung von der Trennfläche wird das Teilchen im ersten Medium von Feldern begleitet, die für seine Bewegung und das Medium charakteristisch sind. Später, wenn es sich tief im Innern des zweiten Mediums befindet, entsprechen seine Felder wieder seiner Bewegung und dem zweiten Medium. Selbst wenn die Bewegung überall gleichförmig verläuft, werden sich die Felder zu Beginn und am Ende voneinander unterscheiden, sofern die beiden Medien verschiedene elektromagnetische Eigenschaften haben. Denn es ist offenkundig, dass sich die Felder umordnen müssen, während sich das Teilchen der Trennfläche nähert und diese durchquert. Bei diesem Umordnungsprozess werden Teile der Felder als Übergangsstrahlung „abgeschüttelt".

Grundlegende Eigenschaften der Übergangsstrahlung kann man ohne detaillierte Berechnungen verstehen.[3] Wir betrachten dazu ein relativistisches Teilchen der Ladung ze und der Geschwindigkeit $v = \beta c$, das aus dem Vakuum ($z < 0$) entlang der z-Achse senkrecht auf einen Halbraum ($z > 0$) auftrifft, der mit einem Medium des Brechungsindex $n(\omega)$ erfüllt ist (vgl. Abb. 13.9). Die Felder des bewegten geladenen Teilchens induzieren im Medium eine zeitabhängige Polarisation $\mathbf{P}(\mathbf{x}', t)$, die mit Strahlung verbunden ist. Die von verschiedenen Raumpunkten emittierten Strahlungsfelder kombinieren sich in Umgebung der Teilchenbahn kohärent, und zwar bis zu einer gewissen Tiefe innerhalb des Mediums. Dies gibt Anlass zur Übergangsstrahlung mit einer charakteristischen Winkelverteilung und Intensität.

Die Winkelverteilung der Übergangsstrahlung ergibt sich unmittelbar aus der Forderung, dass sich die von verschiedenen Punkten herrührende Strahlung kohärent überlagern muss, um zu merklichen Intensitäten zu führen. Die Erregungsfelder

[2] Zur numerischen Auswertung für sehr dünne Proben (z. B. Gasschichten) siehe Sigmund, P. und K. B. Winterbon, *Nucl. Instrum. Methods* **119**, 541–557 (1974).

[3] Die Notwendigkeit einer qualitativen Diskussion wurde mir durch zahlreiche Fragen seitens vieler Kollegen klar, und insbesondere anlässlich eines Seminars von V. F. Weisskopf, in dessen Verlauf er dieses Problem in ähnlicher Weise besprach.

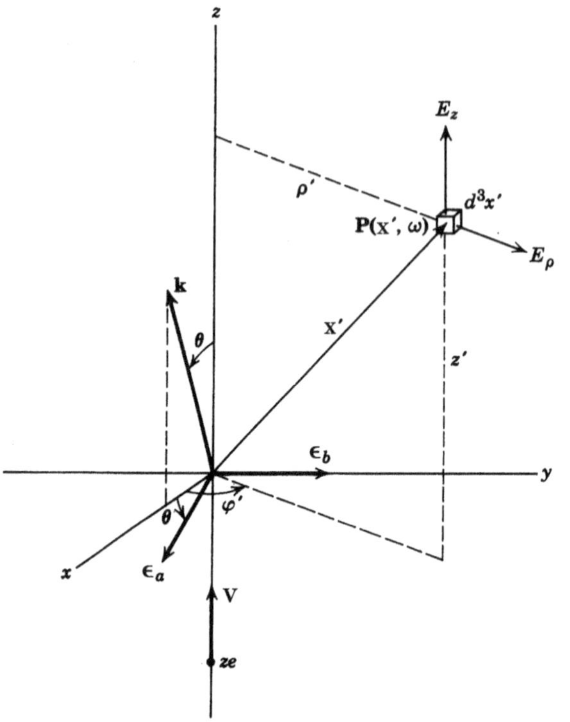

Abb. 13.9 Ein geladenes Teilchen der Ladung ze und der Geschwindigkeit $\mathbf{v}$ trifft entlang der z-Achse auf den Halbraum $z > 0$, der von einem homogenen dielektrischen Medium erfüllt ist. Die Übergangsstrahlung, beschrieben durch den Wellenvektor $\mathbf{k}$ und die Polarisationsvektoren $\boldsymbol{\epsilon}_a$ und $\boldsymbol{\epsilon}_b$, wird unter einem Winkel θ bezüglich der Bewegungsrichtung des Teilchens beobachtet.

des einfallenden Teilchens sind durch (11.152) gegeben. Die Tatsache, dass diese Felder an jedem Raumpunkt $\mathbf{x}' = (z', \rho', \phi')$ jeweils von negativen Potenzen von $[\rho'^2 + \gamma^2(z' - vt)^2]$ abhängen hat zwei Konsequenzen: Eine Fourier-Komponente der Frequenz ω bewegt sich in z-Richtung mit der Geschwindigkeit $\mathbf{v}$ fort, sodass ihre Amplitude porportional zu $e^{i\omega z'/v}$ ist, und ferner ist der Betrag dieser Fourier-Komponente in zur Bahn radialer Richtung nur bis auf Abstände der Größenordnung von $\rho'_{\max} \simeq \gamma v/\omega$ bedeutsam. Andererseits erzeugt die zeitabhängige Polarisation an der Stelle $\mathbf{x}'$ eine Welle, die in der Wellenzone die Gestalt

$$A = \frac{e^{ikr}}{r} \exp[-ik(z' \cos\theta + \rho' \sin\theta \cos\phi')]$$

besitzt. Hierbei ist A proportional zum Erregungsfeld des einfallenden Teilchens, und k ist gegeben durch $k = n(\omega)\omega/c$; ferner nehmen wir an, dass die Strahlung in dem *vor* dem Teilchen liegenden Bereich der (x, z)-Ebene beobachtet wird. Zu einer merklichen kohärenten Superposition der von verschiedenen Raumpunkten innerhalb des Mediums emittierten Strahlung kommt es dann, wenn sich die Phase des

Produktes aus dem Erregungsfeld des Teilchens und der erzeugten Welle über das betrachtete Gebiet nur wenig ändert. Der relevante Phasenfaktor ist

$$\exp\left(i\frac{\omega}{v}z'\right)\exp\left[-i\frac{\omega}{c}n(\omega)\cos\theta\, z'\right]\exp\left[-i\frac{\omega}{c}n(\omega)\rho'\sin\theta\cos\phi'\right]$$
$$=\exp\left\{i\frac{\omega}{c}\left[\frac{1}{\beta}-n(\omega)\cos\theta\right]z'\right\}\exp\left[-i\frac{\omega}{c}n(\omega)\rho'\sin\theta\cos\phi'\right]$$

In radialer Richtung bleibt die Kohärenz nur dann aufrechterhalten, wenn die ρ' enthaltende Phase im Intervall $0 < \rho' \lesssim \rho'_{\max}$, in dem das Erregungsfeld groß ist, gleich oder kleiner als Eins ist. Die Strahlung ist also nur dann von Bedeutung, wenn

$$\frac{\omega}{c}n(\omega)\frac{\gamma v}{\omega}\sin\theta \lesssim 1$$

bzw.

$$n(\omega)\gamma\theta \lesssim 1 \tag{13.72}$$

für $\gamma \gg 1$ ist. Die Winkelverteilung ist daher, wie bei allen relativistischen Strahlungsprozessen, auf den Vorwärtskegel $\gamma\theta \lesssim 1$ beschränkt.

Der von z' abhängende Amplitudenfaktor ist

$$\exp\left\{i\frac{\omega}{c}\left[\frac{1}{\beta}-n(\omega)\cos\theta\right]z'\right\}$$

Die Tiefe $d(\omega)$, bis zu der die Kohärenz erhalten bleibt, wird somit durch die Forderung

$$\frac{\omega}{c}\left[\frac{1}{\beta}-n(\omega)\cos\theta\right]d(\omega) \simeq 1$$

festgelegt. Für Frequenzen oberhalb des optischen Bereichs, wo Tscherenkow-Strahlung nicht auftritt, machen wir die Näherung $n(\omega) \simeq 1-(\omega_p^2/2\omega^2)$ und setzen ferner $\beta^{-1} \simeq 1 + 1/2\gamma^2$ für ein relativistisches Teilchen sowie $\cos\theta \simeq 1$. Wir erhalten dann:

$$d(v) \simeq \frac{2\gamma c/\omega_p}{v+v^{-1}} \tag{13.73}$$

wobei wir die dimensionslose Frequenzvariable

$$v = \frac{\omega}{\gamma\omega_p} \tag{13.74}$$

eingeführt haben. Den Maximalwert, den $d(v)$ als Funktion von v annehmen kann, nämlich

$$D = d(1) = \frac{\gamma c}{\omega_p} \tag{13.75}$$

definieren wir als *Formationslänge*. Für Substanzen, deren Dichte in der Größenordnung von Eins liegt, ist die Plasmafrequenz $\omega_p \simeq 3\times 10^{16}\,\mathrm{s}^{-1}$, was einer Energie von $\hbar\omega_p \simeq 20$ eV entspricht. Mithin ist $c/\omega_p \simeq 10^{-6}$ cm, und sogar für $\gamma \gtrsim 10^3$ macht die Formationslänge D nur einige zehn Mikron aus. In Luft bei Normalbedingungen ist sie wegen der reduzierten Dichte um einen Faktor 30 größer.

Für das Kohärenzvolumen um die Teilchenbahn und die Oberfläche, von der aus Übergangsstrahlung der Frequenz ω emittiert wird, gilt offenbar:

$$V(\omega) \sim \pi\rho_{\max}^2(\omega)\,d(\omega) \sim 2\pi\gamma\left(\frac{c}{\omega_p}\right)^3 \frac{1}{v(1+v^2)}$$

Dieses Volumen nimmt für $v > 1$ sehr rasch ab. Man darf daher erwarten, dass sich das Frequenzspektrum der Übergangsstrahlung bei Abwesenheit kompensierender Faktoren bis zu $v \simeq 1$ erstreckt, aber nicht wesentlich weiter.

Wir haben jetzt einen gewissen Einblick in den Mechanismus und die wichtigsten Eigenschaften der Übergangsstrahlung gewonnen. Sie ist auf kleine Winkel in Vorwärtsrichtung ($\gamma\theta \lesssim 1$) beschränkt und wird durch kohärente Strahlung der zeitveränderlichen Polarisation innerhalb eines kleinen Volumens um die Teilchenbahn erzeugt, und zwar bis zu Tiefen ins Medium, die maximal die Ausdehnung der Formationslänge D haben. Ihr Spektrum erstreckt sich bis zu Frequenzen in der Größenordnung von $\omega \sim \gamma\omega_p$. Man könnte diese qualitativen Argumente fortführen und die insgesamt abgestrahlte Energie abschätzen. Doch dies bekäme den Anschein von Virtuosität, die sich letzten Endes aus späterer Einsicht erklärt. Wir ziehen es daher vor, uns jetzt einer wirklichen Berechnung der Übergangsstrahlung zuzuwenden.

Die exakte Ausführung dieser Berechnung ist schwierig. Einige Referenzen hierzu geben wir am Ende des Kapitels an. Wir begnügen uns hier mit einer näherungsweisen Berechnung, die für die meisten Anwendungen ausreicht und physikalisch durchsichtig ist. Sie basiert auf der Beobachtung, dass der Brechungsindex oberhalb des optischen Resonanzbereichs nahe bei Eins liegt. Die Felder des einfallenden Teilchens verhalten sich bei solchen Frequenzen in einem Medium nicht sehr viel anders als im Vakuum. Dies bedeutet, dass die Fourier-Komponente der induzierten Polarisation $\mathbf{P}(\mathbf{x}', \omega)$ näherungsweise durch

$$\mathbf{P}(\mathbf{x}', \omega) \simeq \left[\frac{\epsilon(\omega) - 1}{4\pi}\right]\mathbf{E}_i(\mathbf{x}', \omega) \tag{13.76}$$

bestimmt wird, wobei E_i die Fourier-Transformierte des elektrischen Feldes des einfallenden Teilchens im *Vakuum* ist. Die *Ausbreitung* der von der Polarisation abgestrahlten Welle muss dagegen exakt beschrieben werden, und zwar durch die dem Medium entsprechende Wellenzahl $k = \omega n(\omega)/c$. Dies ist notwendig, da Phasendifferenzen eine wichtige Rolle spielen, wie wir bereits bei der qualitativen Untersuchung gesehen haben.

Das von der Polarisation $\mathbf{P}(\mathbf{x}', \omega)\,d^3x'$ herrührende Dipolstrahlungsfeld im Volumen d^3x' um den Punkt $\mathbf{x}'$ ist nach (9.18):

$$d\mathbf{E}_{\text{str}} = \frac{e^{ikR}}{R}(\mathbf{k}\times\mathbf{P})\times\mathbf{k}\,d^3x'$$

wobei $\mathbf{k}$ der Wellenvektor in Beobachtungsrichtung und $R \simeq r - \hat{\mathbf{k}}\cdot\mathbf{x}'$ ist. Setzt man hier den Ausdruck (13.76) ein und integriert über den Halbraum $z' > 0$, so erhält man für das insgesamt abgestrahlte Feld der Frequenz ω:

$$\mathbf{E}_{\text{str}} = \frac{e^{ikr}}{r}\left[\frac{\epsilon(\omega)-1}{4\pi}\right]k^2\int_{z'>0}(\hat{\mathbf{k}}\times\mathbf{E}_i)\times\hat{\mathbf{k}}e^{-i\mathbf{k}\cdot\mathbf{x}'}\,d^3x'$$

Mit der Näherung

$$\epsilon(\omega) \simeq 1 - \frac{\omega_p^2}{\omega^2} \tag{13.77}$$

wird hieraus für $\omega \gg \omega_p$:

$$\mathbf{E}_{\text{str}} \simeq \frac{e^{ikr}}{r}\left(\frac{-\omega_p^2}{4\pi c^2}\right)\int_{z'>0}(\hat{\mathbf{k}} \times \mathbf{E}_i) \times \hat{\mathbf{k}} e^{-i\mathbf{k}\cdot\mathbf{x}'}\, d^3x' \tag{13.78}$$

Weiter unten (anhand der Gln. (14.52) und (14.60)) werden wir sehen, dass dies für die Energie, die in das Raumwinkelelement und Frequenzintervall abgestrahlt wird, folgendes bedeutet:

$$\frac{d^2I}{d\omega\, d\Omega} = \frac{c}{32\pi^3}\left(\frac{\omega_p}{c}\right)^4 \left|\int_{z>0}[\hat{\mathbf{k}} \times \mathbf{E}_i(\mathbf{x}, \omega)] \times \hat{\mathbf{k}} e^{-i\mathbf{k}\cdot\mathbf{x}}\, d^3x\right|^2 \tag{13.79}$$

Die Erregungsfelder $\mathbf{E}_i$ sind hierbei die Fourier-Tansformierten der Felder aus Kap. 11.10. Bei unserer Näherung ist es nicht notwendig, die mittleren Felder aus den Abschnitten 13.3 und 13.4 zu benutzen. In der Notation von Abb. 13.9 sind die einfallenden Felder gegeben durch

$$\begin{aligned} E_\rho(\mathbf{x}, \omega) &= \sqrt{\frac{2}{\pi}}\frac{ze\omega}{\gamma v^2} e^{i\omega z/v} K_1\left(\frac{\omega\rho}{\gamma v}\right) \\ E_z(\mathbf{x}, \omega) &= -i\sqrt{\frac{2}{\pi}}\frac{ze\omega}{\gamma^2 v^2} e^{i\omega z/v} K_0\left(\frac{\omega\rho}{\gamma v}\right) \end{aligned} \tag{13.80}$$

(vgl. hierzu die Übgn. 13.2 und 13.3). Das Integral in (13.79) lässt sich jetzt folgendermaßen berechnen: Zunächst nutzen wir die Tatsache aus, dass sich die z-Abhängigkeit von $\mathbf{E}_i$ allein in dem Faktor $e^{i\omega z/v}$ ausdrückt, und schreiben:

$$\begin{aligned} \mathbf{F} &\equiv \int_{z>0}[\hat{\mathbf{k}} \times \mathbf{E}_i(\mathbf{x}, \omega)] \times \hat{\mathbf{k}} e^{-i\mathbf{k}\cdot\mathbf{x}}\, d^3x \\ &= \int dx \int dy [\hat{\mathbf{k}} \times \mathbf{E}_i]_{z=0} \times \hat{\mathbf{k}}\, e^{-ikx\sin\theta} \int_0^\infty dz\, \exp\left[i\left(\frac{\omega}{v} - k\cos\theta\right)z\right] \\ &= \frac{i\left\{1 - \exp\left[i\left(\frac{\omega}{v} - k\cos\theta\right)Z\right]\right\}}{\frac{\omega}{v} - k\cos\theta} \int dx \int dy [\hat{\mathbf{k}} \times \mathbf{E}_i]_{z=0} \times \hat{\mathbf{k}}\, e^{-ikx\sin\theta} \end{aligned}$$

Die mit Z bezeichnete obere Grenze der z-Integration haben wir dabei aus formalen Gründen eingeführt, um zu zeigen, dass sich die Beiträge von verschiedenen z-Werten konstruktiv addieren und eine Verstärkung der Amplitude bis hin zu $Z \gtrsim D$ bewirken. Über die Tiefe D hinaus verhindert die schnell oszillierende Phase ein weiteres Anwachsen der Amplitude. Für in ihrer Wirkung halbraumartige Medien (d. h. Schichten mit einer Dicke, die groß gegenüber D ist) lassen wir die mit Z oszillierende

Exponentialfunktion aus physikalischen Gründen[4] fallen und erhalten für eine *einzelne* Grenzfläche:

$$\mathbf{F} = \frac{i}{\left(\dfrac{\omega}{v} - k\cos\theta\right)} \iint dx\, dy\, [\hat{\mathbf{k}} \times \mathbf{E}_i]_{z=0} \times \hat{\mathbf{k}}\, e^{-ikx\sin\theta}$$

Das bezüglich $\hat{\mathbf{k}}$ transversale elektrische Feld lässt sich durch die Komponenten E_ρ und E_z sowie die in Abb. 13.9 gezeigten Polarisationsvektoren $\boldsymbol{\epsilon}_a$ und $\boldsymbol{\epsilon}_b$ ausdrücken:

$$[\hat{\mathbf{k}} \times \mathbf{E}_i] \times \hat{\mathbf{k}} = (E_\rho \cos\theta \cos\phi - E_z \sin\theta)\boldsymbol{\epsilon}_a + E_\rho \sin\phi \boldsymbol{\epsilon}_b$$

wobei θ der Polarwinkel von $\hat{\mathbf{k}}$ ist und der Strich am Azimutwinkel fallengelassen wurde. Die zu $\boldsymbol{\epsilon}_b$ parallele Komponente liefert bei der Integration keinen Beitrag, da der Integrand ungerade in y ist. Zusammen mit (13.80) folgt dann:

$$\mathbf{F} = \frac{i\boldsymbol{\epsilon}_a}{\left(\dfrac{\omega}{v} - k\cos\theta\right)} \iint dx\, e^{-ikx\sin\theta} \left[\cos\theta \frac{x}{\sqrt{x^2+y^2}} E_\rho - \sin\theta\, E_z\right]_{z=0}$$

$$= \frac{i\boldsymbol{\epsilon}_a}{\left(\dfrac{\omega}{v} - k\cos\theta\right)} \sqrt{\frac{2}{\pi}} \frac{ze\omega}{\gamma v^2} \iint dx\, dy\, e^{-ikx\sin\theta}$$

$$\times \left[\cos\theta \frac{x}{\sqrt{x^2+y^2}} K_1\left(\frac{\omega}{\gamma v}\sqrt{x^2+y^2}\right) + i\frac{\sin\theta}{\gamma} K_0\left(\frac{\omega}{\gamma v}\sqrt{x^2+y^2}\right)\right]$$

Bei Verwendung von

$$\frac{x}{\sqrt{x^2+y^2}} K_1\left(\frac{\omega}{\gamma v}\sqrt{x^2+y^2}\right) = -\frac{\gamma v}{\omega}\frac{\partial}{\partial x} K_0\left(\frac{\omega}{\gamma v}\sqrt{x^2+y^2}\right)$$

lässt sich der erste Term durch eine partielle Integration in x umformen, und man erhält:

$$\mathbf{F} = \boldsymbol{\epsilon}_a \sqrt{\frac{2}{\pi}} \frac{ze\sin\theta\left(k\cos\theta - \dfrac{\omega}{v\gamma^2}\right)}{v\left(\dfrac{\omega}{v} - k\cos\theta\right)} \iint dx\, dy\, e^{-ikx\sin\theta} K_0\left(\frac{\omega}{\gamma v}\sqrt{x^2+y^2}\right)$$

Benutzt man für das verbleibende Integral die Beziehung

$$\int_0^\infty K_0(\beta\sqrt{z^2+t^2})\cos(\alpha z)\, dz = \frac{\pi}{2\sqrt{\alpha^2+\beta^2}} \exp(-|t|\sqrt{\alpha^2+\beta^2}) \qquad (13.81)$$

---

[4] Bei Folien, deren Dicke gegenüber D nicht zu vernachlässigen ist, oder im Fall einer aus mehreren Folien bestehenden Schicht muss man die Abhängigkeit von der Dicke sorgfältiger behandeln. Vgl. hierzu die Übgn. 13.13 und 13.14.

so erhält man als Endresultat für **F**:

$$\mathbf{F} = \boldsymbol{\epsilon}_a \frac{2\sqrt{2\pi}\, ze \sin\theta \left(k\cos\theta - \dfrac{\omega}{v\gamma^2}\right)}{v\left(\dfrac{\omega}{v} - k\cos\theta\right)\left(\dfrac{\omega^2}{\gamma^2 v^2} + k^2\sin^2\theta\right)} \tag{13.82}$$

In hochrelativistischer Näherung ($\gamma \gg 1$) geht dies bei kleinen Winkeln ($\theta \ll 1$) und hohen Frequenzen ($\omega \gg \omega_p$) über in

$$\mathbf{F} \simeq \boldsymbol{\epsilon}_a 4\sqrt{2\pi}\,\frac{ze}{c}\left(\frac{c}{\omega_p}\right)^2 \frac{\gamma}{\nu^2}\,\frac{\sqrt{\eta}}{\left(1 + \dfrac{1}{\nu^2} + \eta\right)(1+\eta)} \tag{13.83}$$

wobei ν die dimensionslose Variable (13.74) und $\eta = (\gamma\theta)^2$ eine entsprechende Winkelvariable ist. Mit $d\Omega = d\phi\, d(\cos\theta) \simeq d\phi\, d\eta/2\gamma^2$ folgt schließlich für die Energieverteilung in ν und η:

$$\begin{aligned}\frac{d^2 I}{d\nu\, d\eta} &= \frac{\pi}{\gamma^2}\cdot \gamma\omega_p \cdot \frac{d^2 I}{d\omega\, d\Omega} \\ &\simeq \frac{z^2 e^2 \gamma\omega_p}{\pi c}\cdot\left[\frac{\eta}{\nu^4\left(1 + \dfrac{1}{\nu^2} + \eta\right)^2 (1+\eta)^2}\right]\end{aligned} \tag{13.84}$$

In Abb. 13.10 ist diese Winkelverteilung für verschiedene, festgehaltene ν-Werte dargestellt. Bei niedrigen Frequenzen hat das Spektrum ein Maximum bei $\eta \simeq 1$ und fällt dann relativ langsam wie η^{-1} auf den Wert $\eta = \nu^{-2}$ ab. Danach nimmt es wie η^{-3} ab. Für $\nu \gtrsim 1$ hat das Spektrum ein Maximum bei $\eta \gtrsim \frac{1}{3}$ und fällt für $\eta \gg 1$ wie η^{-3} ab. Für $\eta = 0$ reduziert sich der Nenner in (13.84) auf $(1 + \nu^2)^2$, sodass die Intensität für $\nu \gg 1$ bei allen Winkeln vernachlässigbar klein ist (vgl. hierzu das oben angegebene Kohärenzvolumen $V(\omega)$).
Das über die Winkelvariable η integrierte Energiespektrum ist

$$\frac{dI}{d\nu} = \frac{z^2 e^2 \gamma\omega_p}{\pi c}\left[(1 + 2\nu^2)\ln\left(1 + \frac{1}{\nu^2}\right) - 2\right] \tag{13.85}$$

Seine asymptotischen Werte für große bzw. kleine ν sind:

$$\frac{dI}{d\nu} \simeq \frac{z^2 e^2 \gamma\omega_p}{\pi c}\begin{cases} 2\ln(1/e\nu), & \nu \ll 1 \\ \dfrac{1}{6\nu^4}, & \nu \gg 1 \end{cases} \tag{13.86}$$

Das Energiespektrum ist in Abb. 13.11 in einem doppeltlogarithmischen Diagramm dargestellt. Bei niedrigen Frequenzen, für die unsere Näherung auf keinen Fall zutrifft, divergiert es logarithmisch, doch sein Integral ist endlich. Die bei der Übergangsstrahlung pro Grenzfläche emittierte Gesamtenergie ist

$$I = \int_0^\infty \frac{dI}{d\nu}\, d\nu = \frac{z^2 e^2 \gamma\omega_p}{3c} = \frac{z^2}{3(137)}\gamma\hbar\omega_p \tag{13.87}$$

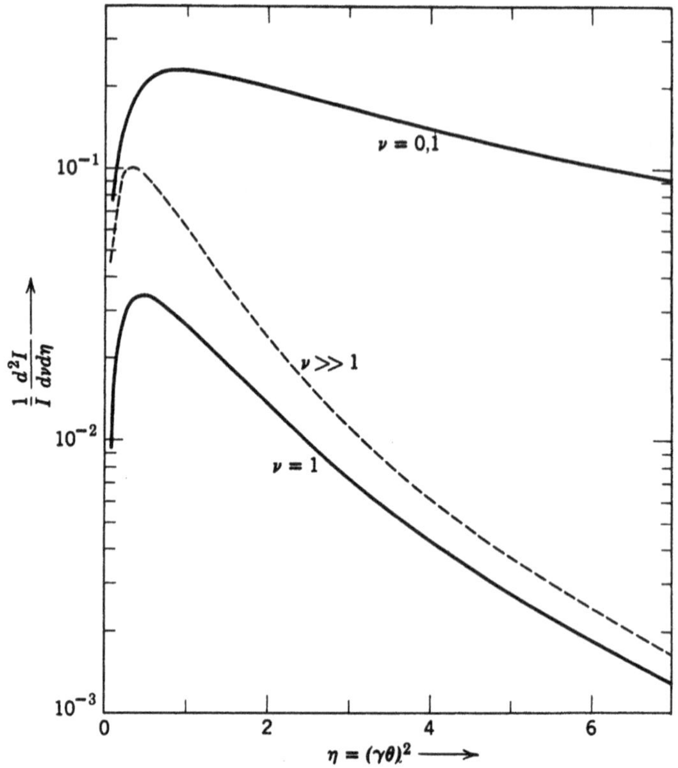

Abb. 13.10 Winkelverteilung der Übergangsstrahlung für $\nu = 0{,}1$; $\nu = 1$ und $\nu \gg 1$. Die ausgezogenen Kurven stellen die normierten Winkelverteilungen dar, d. h. das Verhältnis von (13.84) zu (13.87). Die gestrichelte Kurve entspricht dem ν^4-fachen dieses Verhältnisses im Limes $\nu \to \infty$.

Aus Abb. 13.11 ist zu ersehen, dass ungefähr die Hälfte der Energie im Bereich $0{,}1 \le \nu \le 1$ emittiert wird. Quantenmechanisch ausgedrückt bedeutet dies, dass ein beträchtlicher Teil der Energie in Form energiereicher Photonen abgestrahlt wird. Ist z. B. $\gamma = 10^3$ und $\hbar\omega_p = 20$ eV, so befinden sich diese Lichtquanten im weichen Röntgen-Bereich zwischen 2 und 20 keV.

Das Auftreten des Faktors γ in (13.87) lässt die Übergangsstrahlung als geeignet erscheinen für die Identifikation von Teilchen oder sogar zur Messung ihrer Energie, und zwar besonders im Hochenergiebereich, wo keine anderen Mittel zur Verfügung stehen. Der numerische Faktor $1/(3 \times 137)$ bedeutet, dass die Wahrscheinlichkeit für die Emission energiereicher Photonen bei einem einzigen Grenzflächendurchgang sehr gering ist. Man muss daher eine Schicht mehrerer Folien benutzen, die durch Zwischenräume voneinander getrennt sind. Die Folien können relativ dünn sein, ihre Dicke braucht nur groß im Vergleich zur Formationslänge D (Gl. (13.75)) zu sein. Ein Teilchen, das eine einzelne Folie durchquert, emittiert dann bei der Übergangsstrahlung *zweimal* die Intensität (13.87) (vgl. Übg. 13.13). Eine Folienschicht

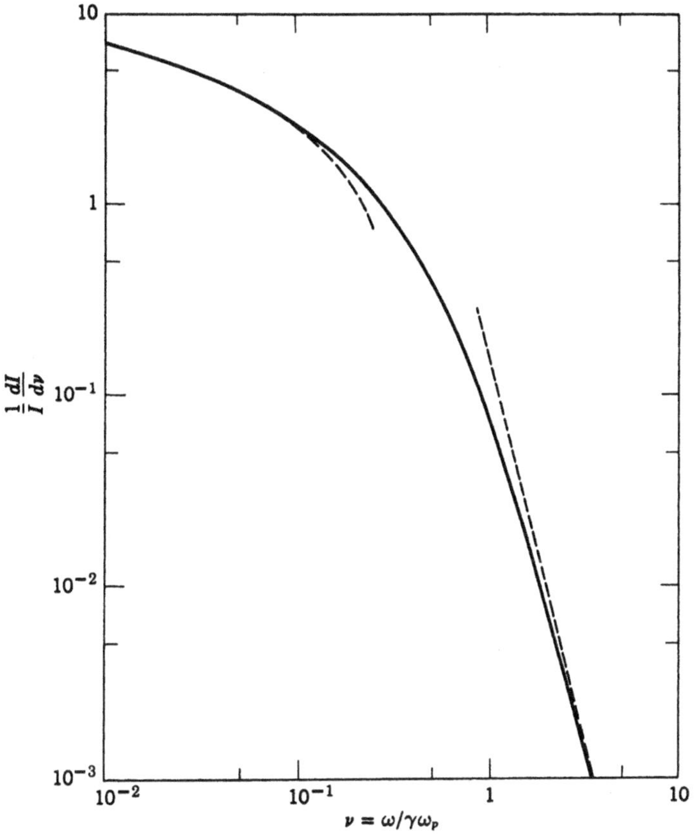

Abb. 13.11 Die normierte Frequenzverteilung $(1/I)(dI/d\nu)$ der Übergangsstrahlung als Funktion von $\nu = \omega/\gamma\omega_p$. Die gestrichelten Kurven entsprechen den Näherungsausdrücken (13.86).

besteht i. Allg. aus 200 Mylar-Folien der Dicke 20 μm, der Zwischenraum zwischen diesen Folien beträgt 150 bis 300 μm.[5] Die kohärente Superposition der von verschiedenen Grenzflächen (zwei pro Folie) herrührenden Felder bewirkt eine Modulation der Frequenz- und Winkelverteilung (vgl. Übg. 13.14).

[5] Praktische Beispiele findet man bei Pieharz, H., *Nucl. Instrum. Methods A* **367**, 220 (1995), Brückner, W. et al., *Nucl. Instrum. Methods A* **378**, 451 (1996) und Ruzicka, J., Krupa, L. und V. A. Fadejev, *Nucl. Instrum. Methods A* **384**, 387 (1997).

Literaturhinweise

Das Problem des Durchgangs von Teilchen durch Materie beschäftigte Niels Bohr unentwegt. Eine schöne Darstellung dieses Problems, mit besonderer Betonung des Wechselspiels zwischen klassischen und quantenmechanischen Effekten, findet man in einem umfassenden Übersichtsartikel von Niels Bohr aus dem Jahre 1948:
– Bohr.

Numerische Tabellen und graphische Darstellungen von Energieverlustdaten sowie die wichtigsten Formeln dazu enthalten die Bücher von
– Rossi, Kap. 2
– Segrè, der Artikel von H. A. Bethe und J. Ashkin.
Siehe auch
– Fano, U., *Ann. Rev. Nucl. Sci.* **13**, 1 (1963).
Rossi behandelt, ähnlich wie wir, den Energieverlust und die Streuung auf halbklassische Art und Weise. Er untersucht auch die Frage von Schwankungen im Energieverlust einschließlich der Landau-Symon-Theorie.

Der Einfluss der Dichte auf den Energieverlust ultrarelativistischer Teilchen in verschiedenen Substanzen wird anhand zahlreicher graphischer Darstellungen diskutiert von
– Sternheimer, R. M.: *Methods of Experimental Physik*. Vol. 5A, *Nuclear Physics*. Part A. Hrsg. von L. C. L. Yuan und C. S. Wu. New York: Academic Press 1961, S. 4–55.

Die Tscherenkow-Strahlung wird in vielen Büchern behandelt. Ihre Anwendung auf Teilchendetektoren wird in dem soeben genannten Buch von Yuan und Wu beschrieben und auch bei
– Ritson, D. M. (Hrsg.): *Techniques in High Energy Physics*. New York: Interscience 1961.

Die Übergangsstrahlung wird in folgenden Übersichtsartikeln behandelt, die zugleich auch umfangreiche Bibliographien enthalten:
– Frank, I. M.: *Usp. Fiz. Nauk.* **87**, 189 (1965) (engl. Übers. *Sov. Phys. Uspekhi* **8**, 729 (1966)).
– Bass, F. G. und V. M. Yakovenko: *Usp. Fiz. Nauk.* **86** (1965) (engl. Übers. *Sov. Phys. Uspekhi* **8**, 420 (1965)).
Die Berechnung der Übergangsstrahlung beim Durchgang energiereicher Teilchen durch den interstellaren Staub, und zwar in derselben Näherung, die wir in Abschnitt 7 dieses Kapitels benutzten, findet man in einem Artikel von
– Durand, L.: *Astrophys. J.* **182**, 417 (1973).

Sowohl die Tscherenkow- als auch die Übergangsstrahlung werden in einem Übersichtsartikel, mit vielen historischen Anmerkungen, behandelt von
– Ginsburg, V. L.: *Usp. Fiz. Nauk* **166**, 1033 (1996) (engl. Übers. *Phys. Usp.* **39**, 973 (1996)).
Was jedoch gegenwärtige Anwendungen der Tscherenkow- und Übergangsstrahlung angeht, so empfehlen wir dem Leser Zeitschriften wie *Nuclear Instruments and Methods A*. Band 367 dieser Zeitschrift (1995), mit Beiträgen eines Kongresses, enthält die Beschreibung einer Reihe von Teilchendetektoren, die unter anderem auf den oben beschriebenen Prinzipien beruhen.

Übungen

13.1 Wenn man die in Abschn. 13.1 diskutierte Coulomb-Streuung eines leichten Teilchens (Elektrons) klassisch behandelt, besteht zwischen dem Streuwinkel θ und dem Stoßparameter b des einfallenden Teilchens der Zusammenhang

$$b = \frac{ze^2}{pv} \cot\frac{\theta}{2}$$

wobei $p = \gamma m v$ ist, und für den differentiellen Wirkungsquerschnitt gilt

$$\frac{d\sigma}{d\Omega} = \frac{b}{\sin\theta}\left|\frac{db}{d\theta}\right|$$

(a) Das Quadrat des invarianten Impulsübertrages drücke man durch den Stoßparameter aus und zeige, dass der Energieübertrag $T(b)$ gegeben ist durch

$$T(b) = \frac{2z^2e^4}{mv^2}\cdot\frac{1}{b^2 + b_{\min}^{(c)2}}$$

mit $b_{\min}^{(c)} = ze^2/pv$ und $T(0) = T_{\max} = 2\gamma^2\beta^2 mc^2$.

(b) Man berechne den kleinen transversalen Impuls Δp, den das (nahezu ruhende) Teilchen vom elektrischen Feld (11.52) des schweren Teilchens der Ladung $q = ze$ erhält, wenn es auf einer (nahezu) geraden Bahn mit großem Stoßparameter b und mit der Geschwindigkeit v einfällt. Ferner bestimme man den Energieübertrag $T \approx (\Delta p)^2/2\,m$ als Funktion von b und ziehe einen Vergleich mit dem exakten klassischen Ergebnis. Die Unterschiede sind zu erläutern.

13.2 Auf ein geladenes Teilchen der Ladung e und der Masse m, das harmonisch mit der Frequenz ω_0 und einer kleinen Dämpfung Γ um den Ursprung schwingt, mögen über eine endliche Zeitspanne die zeitabhängigen elektromagnetischen Felder $\mathbf{E}(\mathbf{x}, t)$ und $\mathbf{B}(\mathbf{x}, t)$ wirken. Die Felder sollen von einem einfallenden geladenen Teilchen oder einer anderen äußeren Quelle herrühren. Die Ladung reagiere auf die Felder mit nichtrelativistischer Bewegung, und zwar mit einer Amplitude, die klein ist im Vergleich zur räumlichen Änderung der Felder (Dipolnäherung). Man zeige, dass die an den Oszillator übertragene Energie im Grenzfall sehr kleiner Dämpfung gegeben ist durch

$$\Delta E = \frac{\pi e^2}{m}\,|\mathbf{E}(\omega_0)|^2$$

wobei $\mathbf{E}(\omega)$ die symmetrische Fourier-Transformierte von $\mathbf{E}(0, t)$ ist:

$$\mathbf{E}(0, t) = \frac{1}{\sqrt{2\pi}}\int_{-\infty}^{\infty}\mathbf{E}(\omega)e^{-i\omega t}\,d\omega; \quad \mathbf{E}(\omega) = \frac{1}{\sqrt{2\pi}}\int_{-\infty}^{\infty}\mathbf{E}(0, t)e^{-i\omega t}\,dt$$

13.3 Die äußeren Felder des in Übg. 13.2 gestellten Problems seien durch eine Ladung ze verursacht, die in gerader Bahn mit dem Stoßparameter b und der Geschwindigkeit v am Ursprung vorbeifliegt. Die zugehörigen Felder sind durch (11.152) gegeben.

(a) Man bestimme die Fourier-Transformierten der senkrechten und parallelen Komponenten des elektrischen Feldes im Ursprung und zeige, dass

$$E_\perp(\omega) = \frac{ze}{bv}\left(\frac{2}{\pi}\right)^{1/2}\xi K_1(\xi); \quad E_\parallel(\omega) = -i\frac{ze}{\gamma bv}\left(\frac{2}{\pi}\right)^{1/2}\xi K_0(\xi)$$

wobei $\xi = \omega b/\gamma v$ ist und $K_\nu(\xi)$ die modifizierte Bessel-Funktion zweiter Art der Ordnung ν bezeichnet (zu den auftretenden Fourier-Transformierten vgl. man die Literaturhinweise in der Fußnote von Abschn. 13.3).

(b) Unter Verwendung der in Übg. 13.2 angegebenen Formeln berechne man den Energieübertrag ΔE auf eine harmonisch gebundene Ladung. Aus den asymptotischen Darstellungen der modifizierten Bessel-Funktionen für kleine bzw. große Argumente schließe man, dass der berechnete Energieübertrag in Einklang steht mit dem zugehörigen Grenzwert von $T(b)$ aus Übg. 13.1 und auch mit den in Abschnitt 13.1 gemachten Ausführungen zum adiabatischen Verhalten für $b \gg \gamma v/\omega_0$.

13.4 **(a)** Unter Verwendung von $\hbar\langle\omega\rangle = 12\,Z\,\text{eV}$ in der quantenmechanischen Formel für den Energieverlust berechne man die Energieverlustrate (in MeV/cm) in Luft bei Normalbedingungen sowie in Aluminium, Kupfer und Blei für ein Proton und ein Müon bei den kinetischen Energien 10, 100 und 1000 MeV.

(b) Man drücke die für den Energieverlust gewonnenen Ergebnisse in Einheiten von MeV-cm^2/g aus und vergleiche die für die verschiedenen Materialien erhaltenen Werte miteinander. Man gebe eine Erklärung dafür, dass sich die in MeV-cm^2/g berechneten Energieverluste jeweils nur um einen Faktor von ungefähr 2 voneinander unterscheiden, während die in MeV/cm ausgedrückten Werte sehr differieren.

13.5 Man betrachte den Energieverlust, den ein schnelles, aber nichtrelativistisches Teilchen der Ladung ze während eines Stoßes mit kleinem Stoßparameter beim Durchgang durch ein Elektronenplasma erleidet. Dabei nehme man an, dass zwischen den Elektronen und dem einfallenden Teilchen das abgeschirmte Coulomb-Potential $V(r) = ze^2 \exp(-k_\mathrm{D} r)/r$ wirksam wird, wobei k_D der Debye'sche Abschirmparameter ist.

(a) Man zeige, dass der Energieübertrag bei einem Stoß mit dem Stoßparameter b näherungsweise durch

$$\Delta E(b) \simeq \frac{2(ze^2)^2}{mv^2} k_\mathrm{D}^2 K_1^2(k_\mathrm{D} b)$$

gegeben ist. Dabei bedeuten m die Elektronenmasse und v die Geschwindigkeit des einfallenden Teilchens.

(b) Man bestimme den Energieverlust pro Wegeinheit für Stöße mit Stoßparametern größer als b_min. Unter der Annahme $k_\mathrm{D} b_\mathrm{min} \ll 1$ zeige man, dass

$$\left(\frac{dE}{dx}\right)_{k_\mathrm{D} b<1} \simeq \frac{(ze)^2}{v^2}\omega_p^2 \ln\left(\frac{1}{1{,}47\, k_\mathrm{D} b_\mathrm{min}}\right)$$

wobei b_min von den klassischen und quantenmechanischen minimalen Stoßparametern (vgl. Übg. 13.1 (a) bzw. Gl. (13.16)) den größeren bezeichnet.

13.6 Mit der Fermi'schen Methode zur Behandlung von Dichteeffekten lässt sich der Energieverlust im Plasma bei Stößen mit großem Stoßparameter bestimmen. Dazu betrachte man den nichtrelativistischen Grenzfall von (13.36) mit der durch (7.59) gegebenen relativen Dielektrizitätskonstanten eines Plasmas, aber mit einer zusätzlichen Dämpfung:

$$\epsilon(\omega) = 1 - \frac{\omega_p^2}{\omega^2 + i\omega\Gamma}$$

Ferner nehme man an, dass die Argumente der Bessel-Funktionen klein seien (was einer Geschwindigkeit des einfallenden Teilchens entspricht, die im Vergleich zu den thermischen Geschwindigkeiten im Plasma groß ist).

(a) Man zeige, dass sich für den Energieverlust (13.36) im Falle $k_\mathrm{D} b > 1$ das Resultat

$$\left(\frac{dE}{dx}\right)_{k_\mathrm{D} b>1} \approx \frac{2z^2e^2}{\pi v^2}\int_0^\infty \mathrm{Re}\left(\frac{i\omega}{\epsilon(\omega)}\right) \ln\left(\frac{1{,}123\, k_\mathrm{D} v}{\omega}\right) d\omega$$

ergibt.

(b) Unter der Annahme, dass die Breite Γ in dem für $\epsilon(\omega)$ angegebenen Ausdruck die Bedingung $\Gamma \ll \omega_p$ erfüllt, weise man nach, dass die Formel aus Teil (a) zu dem Ergebnis

$$\left(\frac{dE}{dx}\right)_{k_\mathrm{D} b>1} \approx \frac{z^2e^2}{v^2}\omega_p^2 \ln\left(\frac{1{,}123\, k_\mathrm{D} v}{\omega_p}\right)$$

führt. Dieses Resultat kombiniere man mit dem aus Übg. 13.5 für Stöße bei kleinem Stoßparameter und bestimme so den totalen Energieverlust eines nichtrelativistischen Teilchens im Plasma, nämlich

$$\left(\frac{dE}{dx}\right) \approx \frac{z^2 e^2}{v^2} \omega_p^2 \ln\left(\frac{\Lambda v}{\omega_p b_{\min}}\right)$$

wobei Λ eine Zahl in der Größenordnung von Eins ist. Das Auftreten von ω_p im Logarithmus lässt vermuten, dass der Energieverlust in Einheiten von $\hbar\omega_p$ quantisiert ist. Tatsächlich zeigen Elektronen, die dünne Metallfolien durchqueren, dieses diskrete Verhalten des Energieverlustes, und damit lassen sich effektive Plasmafrequenzen in Metallen bestimmen. (Siehe Raether, H., *Springer Tracts in Modern Physics*, Bd. 38, Hrsg. G. Höhler, Berlin: Springer-Verlag 1965, S. 84–157.)

13.7 Mit denselben Näherungen, die wir bei der Behandlung der Mehrfachstreuung machten, zeige man, dass die *projizierte* transversale Ablenkung y (s. Abb. 13.7) eines einfallenden Teilchens näherungsweise durch die Gauß-Verteilung

$$P(y)\,dy = A \exp\left[\frac{-y^2}{2\langle y^2\rangle}\right] dy$$

mit der mittleren quadratischen Ablenkung $\langle y^2\rangle = (x^2/6)\langle\Theta^2\rangle$ beschrieben wird. Dabei ist x die Dicke des durchquerten Materials und $\langle\Theta^2\rangle$ der mittlere quadratische Streuwinkel.

13.8 Berücksichtigt man in der der „Einfachstreuung" entsprechenden Flanke der Winkelverteilung der Mehrfachstreuung die endliche Ausdehnung des Kerns, so existiert eine kritische Dicke x_c, über die hinaus die Flanke der Einfachstreuung nicht auftritt.

(a) Man gebe eine sinnvolle Definition für x_c an und berechne den Wert von x_c (in cm) für Aluminium und Blei. Dabei nehme man an, dass die Geschwindigkeit des einfallenden Teilchens relativistisch ist.

(b) Für die berechneten Werte der kritischen Dicke bestimme man die Zahl der auftretenden Stöße und stelle fest, ob die Näherung einer Gauß-Verteilung zutrifft.

13.9 Unter der Annahme, dass der Brechungsindex von Plexiglas für Frequenzen des sichtbaren Spektrums den Wert 1,50 hat, berechne man den Emissionswinkel der sichtbaren Tscherenkow-Strahlung für Elektronen und Protonen als Funktion ihrer in MeV gemessenen kinetischen Energie. Man bestimme, wieviele Quanten mit Wellenlängen zwischen 4000 und 6000 Å pro Wegeinheit in Plexiglas von einem 1 MeV-Elektron, einem 500 MeV-Proton und einem 5 GeV-Proton emittiert werden.

13.10 Ein Teilchen der Ladung ze bewege sich längs der z-Achse mit konstanter Geschwindigkeit v und passiere den Punkt $z = 0$ zur Zeit $t = 0$. Das Medium, durch das sich das Teilchen bewegt, habe die Dielektrizitätskonstante $\epsilon(\omega)$.

(a) Unter Verwendung des durch Gl. (13.25) gegebenen Potentials $\Phi(\mathbf{k}, \omega)$ zeige man, dass sich das Potential zur Frequenz ω folgendermaßen als Funktion der räumlichen Koordinate $\mathbf{x}$ ausdrücken lässt:

$$\Phi(\omega, \mathbf{x}) = \frac{ze}{v\epsilon(\omega)} \sqrt{\frac{2}{\pi}}\, K_0\left(\frac{|\omega|\rho}{v}\sqrt{1-\beta^2\epsilon(\omega)}\right) e^{i\omega z/v}$$

wenn z und $\rho = \sqrt{x^2+y^2}$ die Zylinderkoordinaten des Aufpunktes sind.

(b) Unter der Annahme, dass ϵ unabhängig von der Frequenz und $\beta^2\epsilon < 1$ ist, berechne man die Fourier-Transformierte $\Theta(\mathbf{x}, t)$ des in Teil (a) angegebenen Potentials. Ferner berechne man die elektrischen und magnetischen Felder und vergleiche sie mit den Vakuumfeldern (11.152). Auch zeige man, dass der für das Vakuum gültige Faktor γ durch $\Gamma = (1 - \beta^2 \epsilon)^{-1/2}$ ersetzt wird.

(c) Man wiederhole die Berechnungen aus Teil (a) und Teil (b) für $\beta^2 \epsilon > 1$ und zeige, dass sich in diesem Fall für $\omega \gtrless 0$

$$\Phi(\omega, \mathbf{x}) = \frac{ze}{v\epsilon(\omega)} \sqrt{\frac{\pi}{2}}\, e^{i\omega z/v} \left[-N_0\left(\frac{|\omega|\rho}{v}\sqrt{\beta^2 \epsilon(\omega) - 1}\right) \pm iJ_0\left(\frac{|\omega|\rho}{v}\sqrt{\beta^2 \epsilon(\omega) - 1}\right)\right]$$

ergibt. Man berechne wiederum die Fourier-Transformierte $\Phi(\mathbf{x}, t)$ und vergleiche die erhaltenen Ergebnisse mit denen, die wir in Abschnitt 4 dieses Kapitels für $\mathbf{A}(\mathbf{x}, t)$ erhielten.

13.11 Ein magnetischer Monopol mit der magnetischen Ladung g erfährt beim Durchgang durch Materie infolge von Stößen mit Elektronen ebenso einen Energieverlust wie ein Teilchen der elektrischen Ladung ze.

(a) Unter Verwendung derselben Näherungen wie in Abschnitt 1 dieses Kapitels zeige man, dass der Energieverlust pro Wegeinheit näherungsweise durch (13.14) gegeben ist, jedoch mit der Ersetzung $ze \to \beta g$, sodass

$$\left(\frac{dE}{dx}\right)_{\substack{\text{magnet.}\\ \text{Monopol}}} \simeq 4\pi NZ \frac{g^2 e^2}{mc^2} \ln\left(\frac{2\gamma^2 mv^2}{\hbar\langle\omega\rangle}\right)$$

(b) Unter Zugrundelegung der Dirac'schen Quantisierungsbedingung (6.153), die die magnetische Ladung bestimmt, gebe man an, welchen z-Wert ein normal geladenes Teilchen haben muss, um bei relativistischen Geschwindigkeiten den gleichen Energieverlust zu erleiden wie ein magnetischer Monopol. Man skizziere für einen solchen Monopol entsprechend Abb. 13.1 den Verlauf der dE/dx-Kurve und erläutere die Unterschiede.

13.12 Ein relativistisches Teilchen der Ladung ze bewege sich längs der z-Achse mit konstanter Geschwindigkeit βc. Der Halbraum $z \leq 0$ sei von einem homogenen, isotropen dielektrischen Medium der Plasmafrequenz ω_1 erfüllt, der Raum $z < 0$ dagegen von einem ähnlichen Medium der Plasmafrequenz ω_2. Unter Verwendung der in Kap. 13.7 gemachten Näherungen diskutiere man die Übergangsstrahlung, die das Teilchen beim Durchqueren der Trennfläche emittiert.

(a) Man zeige, dass die Strahlungsintensität pro Frequenzintervall und Raumwinkelelement näherungsweise durch

$$\frac{d^2 I}{d\omega\, d\Omega} \simeq \frac{z^2 e^2 \theta^2}{\pi^2 c} \left| \frac{1}{\dfrac{1}{\gamma^2} + \dfrac{\omega_1^2}{\omega^2} + \theta^2} - \frac{1}{\dfrac{1}{\gamma^2} + \dfrac{\omega_2^2}{\omega^2} + \theta^2} \right|^2$$

gegeben ist, wobei θ der relativ zum Geschwindigkeitsvektor des Teilchens gemessene Emissionswinkel und $\gamma = (1 - \beta^2)^{-1/2}$ ist.

(b) Man zeige, dass die insgesamt abgestrahlte Energie den Wert

$$I \simeq \frac{z^2 e^2}{3c} \cdot \frac{(\omega_1 - \omega_2)^2}{(\omega_1 + \omega_2)} \cdot \gamma$$

hat.

13.13 Man betrachte die Übergangsstrahlung, die ein relativistisches Teilchen beim Durchqueren einer dielektrischen Folie der Dicke a senkrecht zu seiner Bewegungsrichtung emittiert. Unter der Annahme, dass $|[n(\omega) - 1]/[n(\omega) + 1]|$ sehr klein ist, sodass man Reflexionen vernachlässigen kann, zeige man, dass das differentielle Winkel- und Frequenzspektrum übereinstimmt mit dem Ergebnis (13.84) für eine einzelne Trennfläche, multipliziert mit dem Faktor

$$\mathscr{F} = 4\sin^2\Theta \quad \text{mit} \quad \Theta = \nu\left(1 + \frac{1}{\nu^2} + \eta\right)\frac{a}{4D}$$

wobei $D = \gamma c/\omega_p$ die Formationslänge, $\nu = \omega/\gamma\omega_p$ und $\eta = (\gamma\theta)^2$ ist. Für $a \gg D$ ist der Faktor $\mathscr{F}$ eine sowohl im Winkel wie in der Frequenz stark oszillierende Größe und ihr Mittelwert ist $\langle\mathscr{F}\rangle = 2$. Für derartige Folien ist die mittlere Intensitätsverteilung gerade doppelt so groß wie im Fall einer einzelnen Trennfläche. Die Frequenzverteilung für verschiedene Werte von $\Gamma = 2D/a$ zeigt die Abb. 1 eines Artikels von Yodh, G. B., Artru, X. und R. Ramaty in *Astrophys. J.* **181**, 725 (1973).

13.14 Man betrachte die Übergangsstrahlung eines relativistischen Teilchens, das eine homogene Schicht aus N dielektrischen Folien senkrecht durchquert. Jede dieser Folien habe die Dicke a und sei von der nächstfolgenden jeweils durch eine Luftschicht (d. h. im Effekt eine Vakuumschicht) der Dicke b getrennt. Es werde vorausgesetzt, dass Mehrfachreflexionen innerhalb der gesamten Schicht vernachlässigt werden können, was gleichbedeutend ist mit

$$\left|\frac{n(\omega) - 1}{n(\omega) + 1}\right| \simeq \frac{\omega_p^2}{4\omega^2} \ll \frac{1}{N}$$

(a) Man zeige, dass, wenn die Dielektrizitätskonstante des Mediums in z-Richtung wie $\epsilon(\omega, z) = 1 - (\omega_p^2/\omega^2)\rho(z)$ variiert, das differentielle Spektrum der Übergangsstrahlung näherungsweise durch das mit

$$\mathscr{F} = \left|\mu \int dz\, \rho(z) e^{i\omega z/v} \exp\left(-i\cos\theta \int^z k(z')\, dz'\right)\right|^2$$

multiplizierte Ergebnis (13.84) für eine einzelne Grenzfläche gegeben ist, wobei nach Konvention $\rho(0) = 1$ zu setzen ist und ferner $k(z) = (\omega/c)\sqrt{\epsilon(\omega, z)}$ und $\mu = \omega/v - k(0)\cos\theta$ ist.

(b) Man zeige, dass für eine Schicht aus N Folien

$$\mathscr{F} = 4\sin^2\Theta \frac{\sin^2[N(\Theta + \Psi)]}{\sin^2[\Theta + \Psi]}$$

ist, wobei Θ wie in Übg. 13.13 definiert und $\Psi = \nu(1 + \eta)(b/4D)$ ist. Vgl. hierzu G.M. Garibyan, *Zh. Eksp. Teor. Fiz.* **60**, 39 (1970) (engl. Übers. *Sov. Phys. JETP* **33**, 23 (1971)).

Die praktische Theorie der Übergangsstrahlung bei Mehrschicht-Detektoren wird ausführlich behandelt in einem Artikel von X. Artru, G.B. Yodh und G. Mennessier, *Phys. Rev. D* **12**, 1289 (1975).

13.15 **(a)** Ausgehend von dem Energiespektrum (13.85), bestimme man die Anzahl N_γ von Quanten der Übergangsstahlung mit Frequenzen größer als ω_p, die beim Durchgang eines geladenen Teilchens durch die Trennfläche zweier Medien emittiert werden, und zeige, dass man für $\gamma \gg 1$ das Ergebnis

$$N_\gamma = \frac{z^2 e^2}{\pi\hbar c}\left[(\ln\gamma - 1)^2 + \frac{\pi^2}{12}\right]$$

erhält, wobei Terme der Ordnung $1/\gamma^2$ vernachlässigt wurden.

(b) Unter Verwendung der in Teil (a) angegebenen Photonenzahl bestimme man die mittlere Energie der Photonen (in keV) für $\gamma = 10^3, 10^4, 10^5$, wenn $\hbar\omega_p = 20$ eV ist.

13.16 Ein hochrelativistisches Teilchen der Masse m, mit einem magnetischen Moment μ parallel zur Bewegungsrichtung, emittiert Übergangsstrahlung, wenn es – aus dem Vakuum kommend – im rechten Winkel die ebene Oberfläche eines Dielektrikums durchquert, das durch eine Plasmafrequenz ω_p charakterisiert sei. Das magnetische Moment μ ist definiert im Ruhsystem des Teilchens. (Es könnte sich um ein Neutron handeln oder – möglicherweise interessanter – um ein Neutrino sehr kleiner Masse.)

(a) Man zeige, dass die Intensität der Übergangsstrahlung durch (13.79) gegeben ist, sofern das elektrische Feld des einfallenden Teilchens $\mathbf{E}_i$ gleich der mit $(\beta\mu/\gamma ze)$ multiplizierten partiellen Ableitung von E_p aus (13.80) in z-Richtung ist. Man beachte, dass das elektrische Feld zwar in azimutale Richtung weist, dies aber nur für die Polarisation der Strahlung, nicht jedoch für ihre Intensität von Bedeutung ist.

(b) Man zeige, dass in dem doppelten Grenzfall $\gamma \gg 1$ und $\omega \gg \omega_p$ die Intensitätsverteilungen in Abhängigkeit von Winkel und Frequenz durch (13.84) und (13.85) gegeben sind, und zwar jeweils bis auf einen multiplikativen Faktor $(\mu\omega/ze\gamma c)^2$.

(c) Man drücke μ in Einheiten des Bohr'schen Magnetons $\mu_\mathrm{B} = e\hbar/2m_\mathrm{e}c$ und die Plasmafrequenz in atomaren Einheiten ($\hbar\omega_0 = e^2/a_0 = 27{,}2\,\mathrm{eV}$) aus und zeige, dass die Frequenzverteilungen der Übergangsstrahlung des magnetischen Moments und des Elektrons bei gleicher Geschwindigkeit zueinander im Verhältnis

$$\frac{dI_\mu(\nu)}{dI_\mathrm{e}(\nu)} = \frac{\alpha^4}{4}\left(\frac{\mu}{\mu_\mathrm{B}}\right)^2\left(\frac{\hbar\omega_p}{\hbar\omega_0}\right)^2 \cdot \nu^2$$

stehen, wobei $\alpha = 1/137$ die Feinstrukturkonstante ist und $\nu = \omega/\gamma\omega_p$ die dimensionslose Frequenzvariable.

(d) Man berechne die Gesamtenergie der Übergangsstrahlung unter Bezugnahme auf die Energieerhaltung, d. h. für $\nu \leqq \nu_\mathrm{max} = mc^2/\hbar\omega_p$. (Im Quantenbereich mit $\nu_\mathrm{max} < 1$ kann es sich nur um eine grobe Abschätzung der Energie handeln, da unsere Herleitung ganz und gar klassisch ist.) Ferner zeige man, dass sich das Verhältnis der Gesamtenergien für das magnetische Moment und ein Elektron mit gleicher Geschwindigkeit schreiben lässt als

$$\frac{I_\mu}{I_\mathrm{e}} \simeq \frac{\alpha^4}{20}\left(\frac{\mu}{\mu_\mathrm{B}}\right)^2\left(\frac{\hbar\omega_p}{\hbar\omega_0}\right)^2 \cdot G(\nu_\mathrm{max})$$

wobei $G \approx 1$ ist für $\nu_\mathrm{max} \gg 1$ und $G \approx (10\,\nu_\mathrm{max}^3/\pi) \cdot [\ln(1/\nu_\mathrm{max}) - 2/3]$ für $\nu_\mathrm{max} \ll 1$. Wie ändert sich – bei fester Teilchenenergie und festem magnetischen Moment – die tatsächlich abgestrahlte Energie mit der Teilchenmasse, wenn diese sehr klein ist?

Hinweis: Die bei *Gradsteyn* und *Ryzhik* (in Abschn. 2.7) angegebenen Integrale können hier hilfreich sein, obwohl eine partielle Integration auch weiterführt.

14 Strahlung bewegter Ladungen

Beschleunigte Ladungen emittieren bekanntlich elektromagnetische Strahlung. In Kapitel 9 diskutierten wir Beispiele für die Strahlung makroskopischer, zeitveränderlicher Ladungs- und Stromverteilungen, die letzten Endes aus bewegten Einzelladungen bestehen. Es gibt jedoch Strahlungsphänomene, bei denen die Quelle aus einer einzigen bewegten Punktladung oder aus mehreren solcher Ladungen besteht. Für Probleme dieser Art ist es zweckmäßig, einen Formalismus zu entwickeln, in dem die Intensität und Polarisation der Strahlung unmittelbar mit der Bahnbewegung des Teilchens verknüpft werden. Von besonderem Interesse sind die emittierte Gesamtstrahlung sowie die Winkelverteilung und das Frequenzspektrum der Strahlung. Bei nichtrelativistischen Teilchenbewegungen wird die Strahlung durch die bekannte Larmor'sche Formel beschrieben (vgl. Abschn. 2 dieses Kapitels). Bewegen sich jedoch die Teilchen relativistisch, so treten verschiedene ungewöhnliche und interessante Effekte auf, und sie sind es, mit denen wir uns hier hauptsächlich beschäftigen wollen. Zunächst leiten wir verschiedene allgemeine Formeln her und wenden diese dann auf Ladungen an, die eine vorgeschriebene Bewegung ausführen, und zwar speziell in äußeren Kraftfeldern.

Die Ablenkung ultrarelativistischer Elektronen durch Magnetfelder – sei es in Beschleunigern, in Plasmen oder astrophysikalischen Bereichen – führt in beträchtlichem Ausmaß zur Emission so genannter Synchrotronstrahlung. Die Grundlagen dieser Strahlung behandeln wir in den Abschnitten 14.5 und 14.6. Mit ihrem breiten Frequenzspektrum, das oft bis zu mehreren Millionen der Grundfrequenz der Teilchenbewegung reicht, findet die Synchrotronstrahlung viele Anwendungen in der Festkörperphysik und Biologie, wenn es darum geht, intensive Röntgenstrahlung zu erzeugen. Diese Anwendungsmöglichkeiten waren der Anlass zur Entwicklung geeigneter „Lichtquellen" und spezieller magnetischer Zusatzgeräte, so genannter Wiggler und Undulatoren. In Abschnitt 14.7 erörtern wir die Physik dieser Magnetfeldanordnungen zur Herstellung von „Linienspektren" (in der Praxis Intensitätskonzentrationen in schmalen Frequenzbereichen) mit hoher Intensität und variabler Photonenenergie.

14.1 Liénard-Wiechert'sche Potentiale und die Felder einer Punktladung

In Kap. 12.11 zeigten wir, dass das Viererpotential eines bewegten geladenen Teilchens durch

$$A^{\alpha}(x) = \frac{4\pi}{c} \int d^4x' \, D_r(x - x') \, J^{\alpha}(x') \tag{14.1}$$

gegeben ist, wobei $D_r(x - x')$ die retardierte Green'sche Funktion (12.133) und

$$J^\alpha(x') = ec \int d\tau V^\alpha(\tau)\, \delta^{(4)}[x' - r(\tau)] \tag{14.2}$$

der Viererstrom der Ladung ist, während $V^\alpha(\tau)$ und $r^\alpha(\tau)$ deren Vierergeschwindigkeit bzw. Ortskoordinate bezeichnen. Die Substitution der Green'schen Funktion und des Stromes in (14.1) führt nach Integration über d^4x' auf

$$A^\alpha(x) = 2e \int d\tau V^\alpha(\tau)\, \theta[x_0 - r_0(\tau)]\, \delta\{[x - r(\tau)]^2\} \tag{14.3}$$

Das verbleibende Integral über die Eigenzeit der Ladung liefert nur bei $\tau = \tau_0$ einen Beitrag, wobei τ_0 durch die Lichtkegelbedingung

$$[x - r(\tau_0)]^2 = 0 \tag{14.4}$$

und die Retardierungsforderung $x_0 > r_0(\tau_0)$ definiert ist. Die Bedeutung dieser Bedingungen geht aus dem Diagramm in Abb. 14.1 hervor. Die Green'sche Funktion

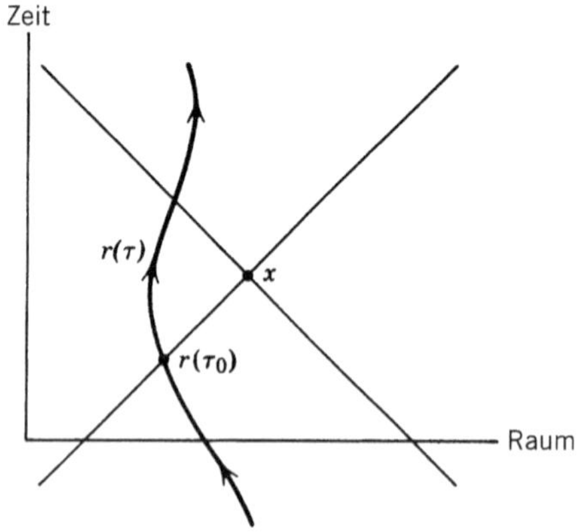

Abb. 14.1

ist nur im Rückwärtslichtkegel des Aufpunktes von Null verschieden. Die durch $r(\tau)$ beschriebene Weltlinie des Teilchens durchsetzt den Lichtkegel nur in zwei Punkten – in dem einen vor, in dem anderen nach der Zeit x_0. Der erste von ihnen, $r^\alpha(\tau_0)$, ist der einzige Teil der Bahn, der zu den Feldern bei x^α beiträgt. Um (14.3) auszuwerten, benutzen wir die auf S. 32 angegebene Formel

$$\delta[f(x)] = \sum_i \frac{\delta(x - x_i)}{\left|\left(\frac{df}{dx}\right)_{x = x_i}\right|}$$

wobei die Punkte $x = x_i$ die einfachen Nullstellen von $f(x)$ bezeichnen. Mit der zur Zeit $\tau = \tau_0$ genommenen Beziehung

$$\frac{d}{d\tau}[x - r(\tau)]^2 = -2[x - r(\tau)]_\beta V^\beta(\tau) \tag{14.5}$$

ergibt sich dann für das Viererpotential:

$$A^{\alpha}(x) = \left.\frac{eV^{\alpha}(\tau)}{V \cdot [x - r(\tau)]}\right|_{\tau=\tau_0} \tag{14.6}$$

mit dem durch (14.4) und die Retardierungsbedingung definierten τ_0.

Die Potentiale (14.6) sind die sog. *Liénard-Wiechert'schen Potentiale*. Man gibt sie meist in nichtkovarianter Form an, die dem Leser wahrscheinlich vertrauter sein wird. Die Lichtkegelbedingung (14.14) ist gleichbedeutend mit $x_0 - r_0(\tau_0) = |\mathbf{x} - \mathbf{r}(\tau_0)| \equiv R$, und daher ist

$$\begin{aligned} V \cdot (x - r) &= V_0[x_0 - r_0(\tau_0)] - \mathbf{V} \cdot [\mathbf{x} - \mathbf{r}(\tau_0)] \\ &= \gamma c R - \gamma \mathbf{v} \cdot \mathbf{n} R \\ &= \gamma c R(1 - \boldsymbol{\beta} \cdot \mathbf{n}) \end{aligned} \tag{14.7}$$

wobei $\mathbf{n}$ ein Einheitsvektor in Richtung von $\mathbf{x} - \mathbf{r}(\tau)$ und $\boldsymbol{\beta} = \mathbf{v}(\tau)/c$ ist. Somit lassen sich die Potentiale (14.6) auch in der Form

$$\Phi(\mathbf{x}, t) = \left[\frac{e}{(1 - \boldsymbol{\beta} \cdot \mathbf{n})R}\right]_{\text{ret}}, \quad \mathbf{A}(\mathbf{x}, t) = \left[\frac{e\boldsymbol{\beta}}{(1 - \boldsymbol{\beta} \cdot \mathbf{n})R}\right]_{\text{ret}} \tag{14.8}$$

schreiben. Der Index „ret" an den eckigen Klammern weist darauf hin, dass die in ihnen stehenden Größen zur retardierten Zeit $r_0(\tau_0) = x_0 - R$ zu nehmen sind. Für nichtrelativistische Bewegungen reduzieren sich die Potentiale (14.8) offensichtlich auf die bereits bekannten Ergebnisse.

Die elektromagnetischen Felder $F^{\alpha\beta}(x)$ lassen sich direkt aus (14.6) bzw. (14.8) berechnen, doch ist es vorteilhafter, zum Integral (14.3) zurückzukehren. Bei der Berechnung von $F^{\alpha\beta}$ wirkt die Differentiation bezüglich der Aufpunktskoordinate x auf die Theta- und die Delta-Funktion. Die Differentiation der Theta-Funktion liefert $\delta[x_0 - r_0(\tau)]$ und reduziert die Delta-Funktion auf $\delta(-R^2)$. Diese Differentiation liefert also nur bei $R = 0$ einen Beitrag. Schließt man den Punkt $R = 0$ aus, so ist

$$\partial^{\alpha} A^{\beta} = 2e \int d\tau\, V^{\beta}(\tau)\, \theta[x_0 - r_0(\tau)]\, \partial^{\alpha} \delta\{[x - r(\tau)]^2\} \tag{14.9}$$

Für die partielle Ableitung unter dem Integral lässt sich

$$\partial^{\alpha}\delta[f] = \partial^{\alpha} f \cdot \frac{d}{df}\delta[f] = \partial^{\alpha} f \cdot \frac{d\tau}{df} \cdot \frac{d}{d\tau}\delta[f]$$

schreiben, wobei f für $[x - r(\tau)]^2$ steht. Es ist also

$$\partial^{\alpha}\delta[f] = \frac{(x - r)^{\alpha}}{V \cdot (x - r)} \frac{d}{d\tau}\delta[f]$$

Setzt man dies in (14.9) ein und integriert einmal partiell, so erhält man:

$$\partial^{\alpha} A^{\beta} = 2e \int d\tau \frac{d}{d\tau}\left[\frac{(x - r)^{\alpha} V^{\beta}}{V \cdot (x - r)}\right] \theta[x_0 - r_0(\tau)]\, \delta\{[x - r(\tau)]^2\} \tag{14.10}$$

Die Differentiation der Theta-Funktion liefert, wie soeben erwähnt, bei der partiellen Integration keinen Beitrag. Gleichung (14.10) hat dieselbe Gestalt wie Gl. (14.3) – an die Stelle von $V^\alpha(\tau)$ ist lediglich der Ableitungsterm getreten. Das Ergebnis für den Feldstärketensor kann man daher unmittelbar aus (14.6) ablesen. Es lautet:

$$F^{\alpha\beta} = \frac{e}{V\cdot(x-r)}\frac{d}{d\tau}\left[\frac{(x-r)^\alpha V^\beta - (x-r)^\beta V^\alpha}{V\cdot(x-r)}\right] \tag{14.11}$$

wobei r^α und V^α Funktionen von τ sind. Nach der Differentiation ist der ganze Ausdruck zur retardierten Eigenzeit τ_0 auszuwerten.

Der Ausdruck (14.11) für den Feldstärketensor $F^{\alpha\beta}$ ist zwar manifest kovariant, aber nicht besonders explizit. Manchmal ist es nützlich zu wissen, wie sich die Felder **E** und **B** als Funktionen der Geschwindigkeit und der Beschleunigung der Ladung ausdrücken. Einige der Beziehungen, die man bei Ausführung der Differentiation in (14.11) benötigt, sind:

$$\begin{aligned}(x-r)^\alpha &= (R, R\mathbf{n}), \quad V^\alpha = (\gamma c, \gamma c\boldsymbol{\beta})\\ \frac{dV^\alpha}{d\tau} &= [c\gamma^4\boldsymbol{\beta}\cdot\dot{\boldsymbol{\beta}}, c\gamma^2\dot{\boldsymbol{\beta}} + c\gamma^3\boldsymbol{\beta}(\boldsymbol{\beta}\cdot\dot{\boldsymbol{\beta}})]\\ \frac{d}{d\tau}[V\cdot(x-r)] &= -c^2 + (x-r)_\alpha\frac{dV^\alpha}{d\tau}\end{aligned} \tag{14.12}$$

wobei $\dot{\boldsymbol{\beta}} = d\boldsymbol{\beta}/dt$ die gewöhnliche, durch c dividierte Beschleunigung ist. Mithilfe dieser Beziehungen und der Gl. (14.7) lassen sich die Felder (14.11) in der folgenden, zwar wenig eleganten, aber überschaubaren Form darstellen:

$$\mathbf{B} = [\mathbf{n}\times\mathbf{E}]_{\text{ret}} \tag{14.13}$$

$$\mathbf{E}(\mathbf{x}, t) = e\left[\frac{\mathbf{n}-\boldsymbol{\beta}}{\gamma^2(1-\boldsymbol{\beta}\cdot\mathbf{n})^3R^2}\right]_{\text{ret}} + \frac{e}{c}\left[\frac{\mathbf{n}\times\{(\mathbf{n}-\boldsymbol{\beta})\times\dot{\boldsymbol{\beta}}\}}{(1-\boldsymbol{\beta}\cdot\mathbf{n})^3R}\right]_{\text{ret}} \tag{14.14}$$

Diese Felder zerfallen in natürlicher Weise in „Geschwindigkeitsfelder“, die unabhängig von der Beschleunigung sind, und in „Beschleunigungsfelder“, die in $\dot{\boldsymbol{\beta}}$ linear sind. Die Geschwindigkeitsfelder sind im Wesentlichen statische Felder, die wie R^{-2} abfallen, während die Beschleunigungsfelder typische Strahlungsfelder sind: sowohl ihre elektrischen wie magnetischen Anteile sind senkrecht zum Radiusvektor gerichtet und variieren wie R^{-1}.

Im Spezialfall eines gleichförmig bewegten Teilchens verschwindet in (14.14) der zweite Summand. Der erste dagegen, das Geschwindigkeitsfeld, muss mit jenem Feld übereinstimmen, das wir in Kap. 11.10 aus einer Lorentz-Transformation des statischen Coulomb-Feldes erhielten. Um zu zeigen, dass dies tatsächlich der Fall ist, kann man z. B. die Tatsache ausnutzen, dass der durch (14.11) gegebene Feldstärketensor $F^{\alpha\beta}$ für konstantes V^α in

$$F^{\alpha\beta} = \frac{ec^2}{[V\cdot(x-r)]^3}\cdot[(x-r)^\alpha V^\beta - (x-r)^\beta V^\alpha] \tag{14.15}$$

übergeht. Dies stimmt mit dem kovarianten Ausdruck aus Übg. 11.17 (c) überein. Es lohnt sich jedoch, die Ortskoordinaten der Ladung von ihrer (in Kap. 11.10 benutzten) momentanen Lage auf die hier benutzte retardierte Lage zu transformieren, um auf diese Weise explizit zu zeigen, dass die verschieden aussehenden Ausdrücke (11.152) und (14.14) in Wirklichkeit miteinander übereinstimmen. Die beiden Po-

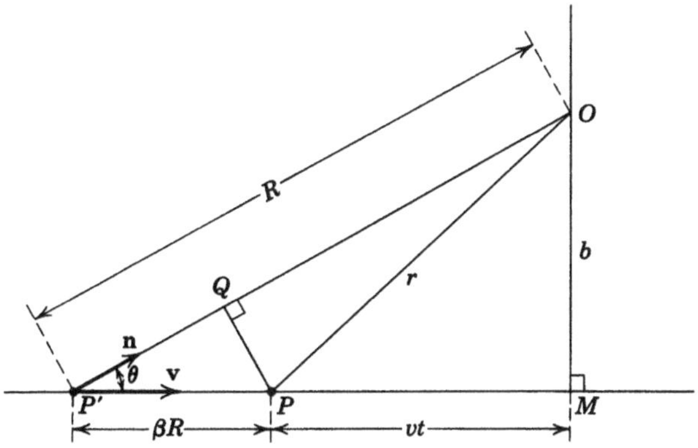

Abb. 14.2 Momentane und retardierte Lage einer gleichförmig bewegten Ladung.

sitionen der Ladung sind in Abb. 14.2 durch die beiden Punkte P und P' angedeutet, während O der Aufpunkt ist. Die Strecke $P'Q$ hat den Betrag $\beta R \cos\theta = \boldsymbol{\beta} \cdot \mathbf{n} R$, sodass OQ gleich $(1 - \boldsymbol{\beta} \cdot \mathbf{n}) R$ ist. Aus den Dreiecken OPQ und $PP'Q$ liest man ferner ab: $[(1 - \boldsymbol{\beta} \cdot \mathbf{n}) R]^2 = r^2 - (PQ)^2 = r^2 - \beta^2 R^2 \sin^2\theta$. Aus dem Dreieck OMP' ergibt sich schließlich $R \sin\theta = b$ und damit:

$$[(1 - \boldsymbol{\beta} \cdot \mathbf{n}) R]^2 = b^2 + v^2 t^2 - \beta^2 b^2 = \frac{1}{\gamma^2} (b^2 + \gamma^2 v^2 t^2) \tag{14.16}$$

Die transversale Komponente E_2 aus (11.152), nämlich

$$E_2 = \frac{e\gamma b}{(b^2 + \gamma^2 v^2 t^2)^{3/2}} \tag{14.17a}$$

kann demnach wie folgt auf die retardierte Lage umgeschrieben werden:

$$E_2 = e \left[\frac{b}{\gamma^2 (1 - \boldsymbol{\beta} \cdot \mathbf{n})^3 R^3} \right]_{\text{ret}} \tag{14.17b}$$

Dies ist nichts anderes als die Transversalkomponente des Geschwindigkeitsfeldes aus (14.14). Die anderen Komponenten von $\mathbf{E}$ bzw. $\mathbf{B}$ ergeben sich auf ähnliche Art und Weise.

14.2 Strahlungsleistung einer beschleunigten Ladung: die Larmor'sche Formel und ihre relativistische Verallgemeinerung

Wird eine Ladung beschleunigt, aber von einem Bezugssystem aus beobachtet, in dem die Geschwindigkeit dieser Ladung gegenüber der Lichtgeschwindigkeit klein ist, dann reduziert sich das Beschleunigungsfeld aus (14.14) in diesem System auf

$$\mathbf{E}_a = \frac{e}{c} \left[\frac{\mathbf{n} \times (\mathbf{n} \times \dot{\boldsymbol{\beta}})}{R} \right]_{\text{ret}} \tag{14.18}$$

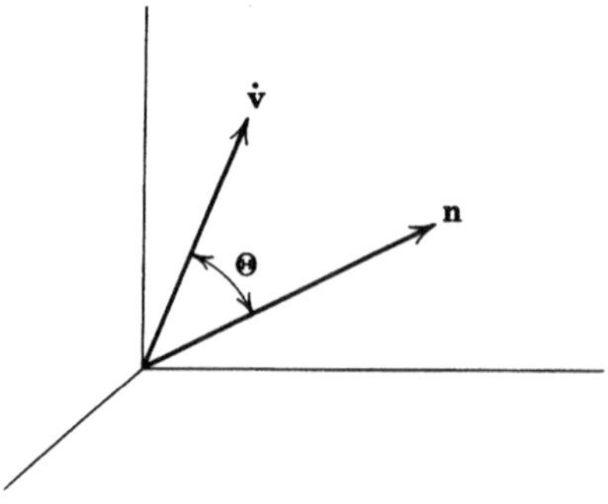

Abb. 14.3

Der momentane Energiestrom wird durch den Poynting'schen Vektor

$$\mathbf{S} = \frac{c}{4\pi}\mathbf{E}\times\mathbf{B} = \frac{c}{4\pi}|\mathbf{E}_a|^2\mathbf{n} \tag{14.19}$$

beschrieben. Dies bedeutet, dass in ein Raumwinkelelement pro Sekunde die Strahlungsenergie

$$\frac{dP}{d\Omega} = \frac{c}{4\pi}|R\mathbf{E}_a|^2 = \frac{e^2}{4\pi c}|\mathbf{n}\times(\mathbf{n}\times\dot{\boldsymbol{\beta}})|^2 \tag{14.20}$$

emittiert wird.[1] Ist Θ der Winkel zwischen $\dot{\mathbf{v}}$ und $\mathbf{n}$, wie in Abb. 14.3 gezeigt, dann lässt sich für die angegebene Strahlungsleistung auch

$$\frac{dP}{d\Omega} = \frac{e^2}{4\pi c^3}|\dot{\mathbf{v}}|^2\sin^2\Theta \tag{14.21}$$

schreiben. Dieser Ausdruck zeigt die typische und wohlbekannte $\sin^2\Theta$-Abhängigkeit. Aufgrund von (14.18) ist die Strahlung in der von $\dot{\mathbf{v}}$ und $\mathbf{n}$ aufgespannten Ebene polarisiert. Die momentane Gesamtstrahlungsleistung ergibt sich aus (14.21) durch Integration über alle Winkel und berechnet sich zu

$$P = \frac{2}{3}\frac{e^2}{c^3}|\dot{\mathbf{v}}|^2 \tag{14.22}$$

Dies ist die bekannte *Larmor'sche Formel* für die von einer nichtrelativistisch beschleunigten Ladung pro Sekunde insgesamt emittierte Strahlungsenergie.

Gleichung (14.22) lässt sich durch Kovarianzüberlegungen zu einem für beliebige Geschwindigkeiten gültigen Ergebnis verallgemeinern. Da sich die elektromagnetische Strahlungsenergie unter Lorentz-Transformationen wie die Zeitkomponente eines Vierervektors verhält (vgl. Übg. 12.18), kann man zeigen (vgl. *Rohrlich*, S. 109 ff.), dass die Leistung P eine lorentzinvariante Größe ist. Gelingt es daher,

[1] In den Formeln für die Winkelverteilung von Strahlung geben wir, wie bereits in Kap. 9 gesagt, stets die Polarisation explizit an, indem wir das Betragsquadrat eines Vektors hinschreiben, der proportional zum elektrischen Feld ist. Ist die Winkelverteilung für eine bestimmte Polarisation gesucht, so erhält man diese dadurch, dass man zunächst das Skalarprodukt zwischen dem Feldvektor und dem entsprechenden Polarisationvektor bildet und anschließend quadriert.

eine Lorentz-Invariante zu finden, die sich für $\beta \ll 1$ auf den Larmor'schen Ausdruck (14.22) reduziert, so hat man die gesuchte Verallgemeinerung gefunden. Natürlich gibt es viele Lorentz-Invarianten, die sich für $\beta \to 0$ auf den gewünschten Ausdruck reduzieren. Doch aufgrund von (14.14) ist klar, dass das allgemeine Ergebnis nur von $\boldsymbol{\beta}$ und $\dot{\boldsymbol{\beta}}$ abhängen darf. Mit dieser Einschränkung bezüglich der maximal erlaubten Ordnung von Zeitableitungen wird das Ergebnis eindeutig. Um die gesuchte Verallgemeinerung zu finden, schreiben wir die Larmor'sche Formel zunächst in der suggestiven Form

$$P = \frac{2}{3}\frac{e^2}{m^2c^3}\left(\frac{d\mathbf{p}}{dt}\cdot\frac{d\mathbf{p}}{dt}\right) \tag{14.23}$$

wobei m die Masse des geladenen Teilchens und $\mathbf{p}$ sein Impuls ist. Die lorentzinvariante Verallgemeinerung der letzten Gleichung lautet:

$$P = -\frac{2}{3}\frac{e^2}{m^2c^3}\left(\frac{dp_\mu}{d\tau}\frac{dp^\mu}{d\tau}\right) \tag{14.24}$$

mit $d\tau = dt/\gamma$ als Eigenzeitelement und p^μ als Viererimpuls[2] des geladenen Teilchens. Um zu zeigen, dass sich (14.24) in der Grenze $\beta \to 0$ tatsächlich auf (14.23) reduziert, brauchen wir nur das vierdimensionale Skalarprodukt auszuwerten:

$$-\frac{dp_\mu}{d\tau}\frac{dp^\mu}{d\tau} = \left(\frac{d\mathbf{p}}{d\tau}\right)^2 - \frac{1}{c^2}\left(\frac{dE}{d\tau}\right)^2 = \left(\frac{d\mathbf{p}}{d\tau}\right)^2 - \left(\beta\frac{d|\mathbf{p}|}{d\tau}\right)^2 \tag{14.25}$$

Hieraus folgt sofort die Behauptung. Drückt man (14.24) unter Verwendung von $E = \gamma mc^2$ und $\mathbf{p} = \gamma m\mathbf{v}$ durch die Geschwindigkeit und Beschleunigung aus, so gelangt man zu dem von Liénard (1898) gefundenen Ergebnis

$$P = \frac{2}{3}\frac{e^2}{c}\gamma^6[(\dot{\boldsymbol{\beta}})^2 - (\boldsymbol{\beta}\times\dot{\boldsymbol{\beta}})^2] \tag{14.26}$$

Ein Gebiet, in dem man diesen relativistischen Ausdruck für die Strahlungsleistung ständig anwendet, sind Teilchenbeschleuniger. Die in der Praxis maximal erreichbaren Energien werden manchmal durch Strahlungsverluste begrenzt. Für eine gegebene äußere Kraft (d.h. eine gegebene zeitliche Änderung des Impulses) hängt die Strahlungsleistung (14.24) vom reziproken Quadrat der Masse des beschleunigten Teilchens ab. Daher sind diese Strahlungseffekte für Elektronen am größten.

In einem Linearbeschleuniger ist die Bewegung eindimensional. Mit (14.25) ergibt sich in diesem Fall für die Strahlungsleistung:

$$P = \frac{2}{3}\frac{e^2}{m^2c^3}\left(\frac{dp}{dt}\right)^2 \tag{14.27}$$

[2] Dass (14.24) eindeutig ist, folgt daraus, dass man lorentzinvariante Größen aus der Bildung von Skalarprodukten von Vierervektoren oder Tensoren höheren Ranges gewinnt. Die verfügbaren Vierervektoren sind p^μ und $dp^\mu/d\tau$. Die einzige Invariante, die sich aus diesen Vektoren bilden lässt und für $\beta \to 0$ in den Larmor'schen Ausdruck übergeht, ist (14.24). Es lässt sich zeigen, dass die Kontraktion von Tensoren höheren Ranges wie etwa $p^\mu(dp^\nu/d\tau)$ entweder verschwindet oder Ausdrücke liefert, die proportional zu (14.24) oder m^2 sind.

Da die zeitliche Änderung des Impulses gleich der räumlichen Änderung der Teilchenenergie ist, kann man anstelle von (14.27) auch

$$P = \frac{2}{3}\frac{e^2}{m^2c^3}\left(\frac{dE}{dx}\right)^2 \tag{14.28}$$

schreiben. Dies zeigt, dass die Strahlungsleistung für lineare Bewegungen nur von den äußeren Kräften abhängt, die die räumliche Änderung der Teilchenenergie bestimmen, nicht aber von der tatsächlichen Energie bzw. dem tatsächlichen Impuls des Teilchens. Das Verhältnis der Strahlungsleistung zur Leistung der äußeren Quellen ergibt sich zu

$$\frac{P}{(dE/dt)} = \frac{2}{3}\frac{e^2}{m^2c^3}\frac{1}{v}\frac{dE}{dx} \to \frac{2}{3}\frac{(e^2/mc^2)}{mc^2}\frac{dE}{dx} \tag{14.29}$$

wobei der letzte Ausdruck für relativistische Teilchen ($\beta \to 1$) gilt. Gleichung (14.29) macht deutlich, dass der Strahlungsverlust in einem Linearbeschleuniger für Elektronen unbedeutend ist, solange der Energiezuwachs auf einer Strecke von $e^2/m_e c^2 = 2{,}82 \times 10^{-13}$ cm nicht in der Größenordnung von $m_e c^2 = 0{,}511$ MeV liegt, also nicht ca. 2×10^{14} MeV/m übersteigt! Im Allgemeinen macht der Energiezuwachs weniger als 10 MeV/m aus. Daher sind Strahlungsverluste in Linearbeschleunigern vollständig zu vernachlässigen, und zwar sowohl für Elektronen wie für schwerere Teilchen.

Die Verhältnisse ändern sich drastisch in Kreisbeschleunigern wie dem Synchrotron oder Betatron. In solchen Beschleunigern ändert der Impuls $\mathbf{p}$ mit dem umlaufenden Teilchen schnell seine Richtung, während die Energieänderung pro Umlauf klein ist. Dies bedeutet, dass

$$\left|\frac{d\mathbf{p}}{d\tau}\right| = \gamma\omega\,|\mathbf{p}| \gg \frac{1}{c}\frac{dE}{d\tau} \tag{14.30}$$

ist. Für die Strahlungsleistung lässt sich dann näherungsweise

$$P = \frac{2}{3}\frac{e^2}{m^2c^3}\gamma^2\omega^2\,|\mathbf{p}|^2 = \frac{2}{3}\frac{e^2c}{\rho^2}\beta^4\gamma^4 \tag{14.31}$$

schreiben, wobei wir $\omega = (c\beta/\rho)$ benutzt haben, wenn ρ der Bahnradius ist. Dieses Ergebnis wurde das erste Mal von Liénard im Jahre 1898 hergeleitet. Der strahlungsbedingte Energieverlust pro Umlauf ist also

$$\delta E = \frac{2\pi\rho}{c\beta}P = \frac{4\pi}{3}\frac{e^2}{\rho}\beta^3\gamma^4 \tag{14.32}$$

wobei der Faktor $1/\rho$ nichts anderes ist als das durch 2π dividierte Linienintegral von $[1/\rho(s)]^2$ entlang des Kreises mit dem Radius ρ. Für hochenergetische Elektronen (mit $\beta \simeq 1$) ergibt sich der numerische Wert

$$\delta E(\text{MeV}) = 8{,}85 \times 10^{-2}\frac{[E(\text{GeV})]^4}{\rho(\text{Meter})} \tag{14.33}$$

Im ersten Elektronensynchrotron war $\rho \simeq 1$ Meter, und die maximal erreichbare Energie betrug $E_{\max} \simeq 0{,}3$ GeV, d. h. es war $\delta E_{\max} \simeq 1$ keV pro Umlauf. Dies war zwar kleiner als der Energiezuwachs von einigen Kilovolt pro Umlauf, aber ihm gegenüber nicht zu vernachlässigen. Bei höheren Energien ist es äußerst wichtig, sich auf verfügbare Radiofrequenzleistungen zu beschränken, um der Strahlungsverluste Herr zu werden. Im 10 GeV-Elektronensynchrotron in Cornell z. B. ist der Bahnradius $\rho \sim 100$ Meter, das maximale magnetische Feld ca. 3,3 kG, und die Radiofrequenzspannung pro Umlauf beträgt 10,5 MV bei 10 GeV. Nach (14.33) bedeutet dies pro Umlauf einen Energieverlust von 8,85 MeV. Die gleichen allgemeinen Überlegungen gelten für Elektron-Positron-Speicherringe, bei denen eine Radiofrequenzleistung notwendig ist, um die Teilchenstrahlen bei ihrem Umlauf auf konstanter Energie zu halten. Beim LEP (Large Electron Positron)-Speicherring in Genf, der Elektronenstrahlen bis zu 60 GeV liefert, beträgt der bei dieser Energie auftretende Energieverlust pro Elektron und Umlauf ca. 300 MeV.

Die Strahlungsleistung in kreisförmigen Elektronenbeschleunigern lässt sich numerisch folgendermaßen ausdrücken:

$$P(\text{Watt}) = 10^6\,\delta E(\text{MeV})\,J(\text{Ampere}) \tag{14.34}$$

wobei J der Strom des umlaufenden Teilchenstrahls ist. Diese Gleichung lässt sich anwenden, wenn die von den umlaufenden Elektronen emittierte Strahlung inkohärent ist. In den größten Elektronensynchrotrons beträgt die Strahlungsleistung pro Mikroampere des Strahls bis zu einigen 10 Watt. Wo die Hochenergiephysiker nichts als einen Energieverlust sehen, zeigt die Strahlung ihre einzigartigen Eigenschaften, die sie zu einem hervorragenden Untersuchungsinstrument für andere Forschungen machen. Wir erörtern diese Eigenschaften in Abschnitt 6 dieses Kapitels und die näheren Einzelheiten geeigneter „Lichtquellen“ in dem sich anschließenden Abschnitt.

14.3 Winkelverteilung der Strahlung einer beschleunigten Ladung

Für eine nichtrelativistisch beschleunigte Ladung weist die Winkelverteilung der Strahlung nach Gl. (14.21) ein einfaches $\sin^2\Theta$-Verhalten auf, wenn Θ der bezüglich der Beschleunigungsrichtung gemessene Winkel ist. Für relativistische Bewegungen hängen die Beschleunigungsfelder sowohl von der Geschwindigkeit wie von der Beschleunigung ab. Daher ist die Struktur der Winkelverteilung komplizierter. Die Radialkomponente des Poynting'schen Vektors berechnet sich nach (14.14) zu

$$[\mathbf{S}\cdot\mathbf{n}]_{\text{ret}} = \frac{e^2}{4\pi c}\left\{\frac{1}{R^2}\left|\frac{\mathbf{n}\times[(\mathbf{n}-\boldsymbol{\beta})\times\dot{\boldsymbol{\beta}}]}{(1-\boldsymbol{\beta}\cdot\mathbf{n})^3}\right|^2\right\}_{\text{ret}} \tag{14.35}$$

In dieser Formel kommen offenbar zwei relativistische Effekte zum Ausdruck. Der eine besteht in der spezifischen räumlichen Verknüpfung zwischen $\boldsymbol{\beta}$ und $\dot{\boldsymbol{\beta}}$, die für die Winkelverteilung im Einzelnen bestimmend ist. Der andere ist ein allgemeiner relativistischer Effekt, der von der Transformation vom Ruhsystem ins Beobachtersystem herrührt und sich im Auftreten negativer Potenzen von $(1-\boldsymbol{\beta}\cdot\mathbf{n})$ manifestiert. Letztere sind es, die für ultrarelativistischen Teilchen die gesamte Winkelverteilung beherrschen.

Der Ausdruck $[\mathbf{S}\cdot\mathbf{n}]_{\text{ret}}$ stellt die von einer Ladung zur Zeit $t' = t - R(t')/c$ abgestrahlte Energie pro Zeit- und Flächeneinheit dar, gemessen an einem Beobachtungspunkt zur Zeit t. Die Energie, die während einer endlichen Beschleunigungsperiode, etwa zwischen $t' = T_1$ und $t' = T_2$, abgestrahlt wird, berechnet sich aus

$$E = \int_{t=T_1+[R(T_1)/c]}^{t=T_2+[R(T_2)/c]} [\mathbf{S}\cdot\mathbf{n}]_{\text{ret}}\, dt = \int_{t'=T_1}^{t'=T_2} (\mathbf{S}\cdot\mathbf{n})\frac{dt}{dt'}\, dt' \tag{14.36}$$

Die in diesem Zusammenhang bedeutsame Größe ist also $(\mathbf{S}\cdot\mathbf{n})(dt/dt')$, d.h. die auf die Flächeneinheit bezogene Strahlungsleistung zu der im Ruhsystem der Ladung gemessenen Zeit. Wir definieren daher die auf das Raumwinkelelement bezogene Strahlungsleistung durch

$$\frac{dP(t')}{d\Omega} = R^2(\mathbf{S}\cdot\mathbf{n})\frac{dt}{dt'} = R^2\,\mathbf{S}\cdot\mathbf{n}(1-\boldsymbol{\beta}\cdot\mathbf{n}) \tag{14.37}$$

Wir denken uns nun die Ladung für nur so kurze Zeit beschleunigt, dass $\boldsymbol{\beta}$ und $\dot{\boldsymbol{\beta}}$ sowohl der Richtung wie dem Betrage nach im Wesentlichen konstant bleiben, und messen die Strahlung in so großer Entfernung von der Ladung, dass die Änderung von $\mathbf{n}$ und R während des Beschleunigungsintervalls vernachlässigbar gering ist. Dann ist (14.37) offensichtlich proportional zur Winkelverteilung der abgestrahlten Energie. Mit dem Ausdruck (14.35) für den Poynting'schen Vektor ergibt sich daher für die Winkelverteilung:

$$\frac{dP(t')}{d\Omega} = \frac{e^2}{4\pi c}\frac{|\mathbf{n}\times\{(\mathbf{n}-\boldsymbol{\beta})\times\dot{\boldsymbol{\beta}}\}|^2}{(1-\mathbf{n}\cdot\boldsymbol{\beta})^5} \tag{14.38}$$

Das einfachste Beispiel für die Anwendung von (14.38) ist die lineare Bewegung, bei der $\boldsymbol{\beta}$ und $\dot{\boldsymbol{\beta}}$ zueinander parallel sind. Ist θ der von der gemeinsamen Richtung von $\boldsymbol{\beta}$ und $\dot{\boldsymbol{\beta}}$ aus gemessene Beobachtungswinkel, dann reduziert sich (14.38) auf

$$\frac{dP(t')}{d\Omega} = \frac{e^2\dot{v}^2}{4\pi c^3}\frac{\sin^2\theta}{(1-\beta\cos\theta)^5} \tag{14.39}$$

Für $\beta \ll 1$ stimmt dies mit der Larmor'schen Formel (14.21) überein. Mit $\beta \to 1$ neigt sich jedoch die Winkelverteilung immer mehr in Vorwärtsrichtung und nimmt dem Betrage nach zu. Dieses Verhalten ist schematisch in Abb. 14.4 dargestellt. Der Winkel $\theta_{\max}$, für den die Intensität ihr Maximum erreicht, ist

$$\theta_{\max} = \arccos\left[\frac{1}{3\beta}\left(\sqrt{1+15\beta^2}-1\right)\right] \to \frac{1}{2\gamma} \tag{14.40}$$

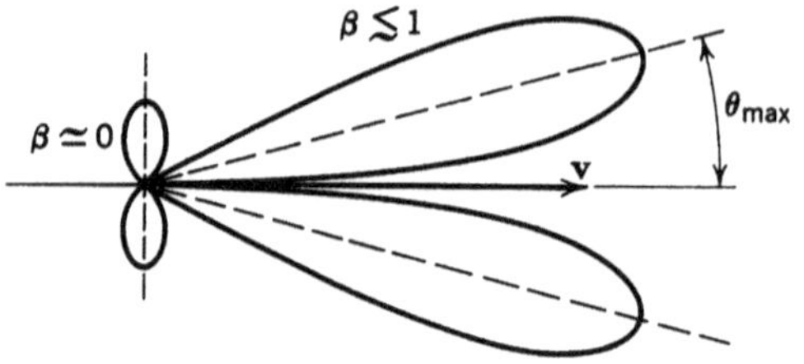

Abb. 14.4 Strahlungsdiagramm für eine in Bewegungsrichtung beschleunigte Ladung. Die beiden Diagramme sind nicht maßstabsgerecht: Das relativistische ($\gamma \sim 2$ entsprechende) Diagramm wurde – bei festgehaltener Beschleunigung – um einen Faktor $\sim 10^2$ verkleinert.

wobei der letzte Ausdruck den Grenzwert für $\beta \to 1$ darstellt. In dieser Grenze ist die Intensität proportional zu γ^8. Selbst für $\beta = 0{,}5$, was Elektronen der kinetischen Energie von ca. 80 keV entspricht, ist $\theta_{\text{max}} = 38{,}2°$. Für relativistische Teilchen ist θ_{max} sehr klein und liegt in der Größenordnung des Verhältnisses der Ruhenergie des Teilchens zu dessen Gesamtenergie. Die Winkelverteilung ist also auf einen in Bewegungsrichtung liegenden Kegel mit sehr kleinem Öffnungswinkel beschränkt. Für derart kleine Winkel kann man für (14.39) näherungsweise auch

$$\frac{dP(t')}{d\Omega} \simeq \frac{8}{\pi}\frac{e^2\dot{v}^2}{c^3}\gamma^8\frac{(\gamma\theta)^2}{(1+\gamma^2\theta^2)^5} \tag{14.41}$$

schreiben. Die natürliche Winkeleinheit ist offenbar γ^{-1}. Die in dieser Einheit gemessene Winkelverteilung zeigt Abb. 14.5. Die Maxima liegen bei $\gamma\theta = \pm\frac{1}{2}$, während

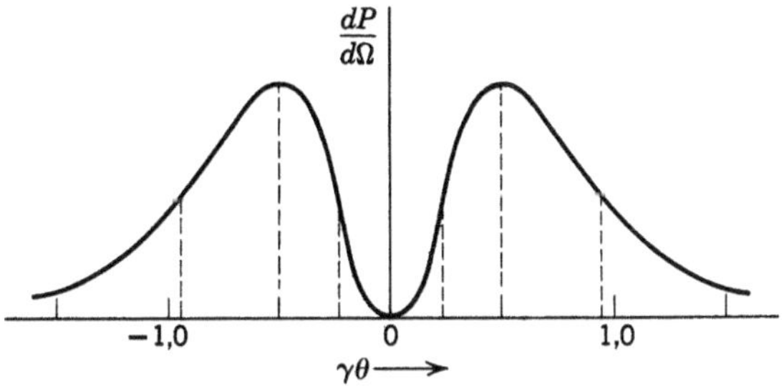

Abb. 14.5 Winkelverteilung der Strahlung eines relativistischen Teilchens.

die Punkte halber Maximalintensität bei $\gamma\theta = \pm 0{,}23$ und $\gamma\theta = \pm 0{,}91$ liegen. Die Wurzel des mittleren quadratischen Emissionswinkels ist

$$\langle\theta^2\rangle^{1/2} = \frac{1}{\gamma} = \frac{mc^2}{E} \tag{14.42}$$

Dies ist typisch für relativistische Strahlungsdiagramme und unabhängig davon, wie $\boldsymbol{\beta}$ und $\dot{\boldsymbol{\beta}}$ räumlich zueinander liegen. Die Gesamtstrahlungsleistung erhält man aus (14.39) durch Integration über alle Winkel. In Übereinstimmung mit (14.26) und (14.27) ergibt sich:

$$P(t') = \frac{2}{3}\frac{e^2}{c^3}\dot{v}^2\gamma^6 \tag{14.43}$$

Als weiteres Beispiel betrachten wir die Strahlung einer Ladung in momentaner Kreisbewegung mit zur Geschwindigkeit $\boldsymbol{\beta}$ senkrechter Beschleunigung $\dot{\boldsymbol{\beta}}$. Wir wählen das Koordinatensystem so, dass $\boldsymbol{\beta}$ momentan in z-Richtung zeigt und $\dot{\boldsymbol{\beta}}$ in x-Richtung. Mit den üblichen Polarwinkeln θ und ϕ, die die Beobachtungsrichtung definieren (vgl. Abb. 14.6), reduziert sich die allgemeine Formel (14.38) auf

$$\frac{dP(t')}{d\Omega} = \frac{e^2}{4\pi c^3}\frac{|\dot{\mathbf{v}}|^2}{(1-\beta\cos\theta)^3}\left[1 - \frac{\sin^2\theta\cos^2\phi}{\gamma^2(1-\beta\cos\theta)^2}\right] \tag{14.44}$$

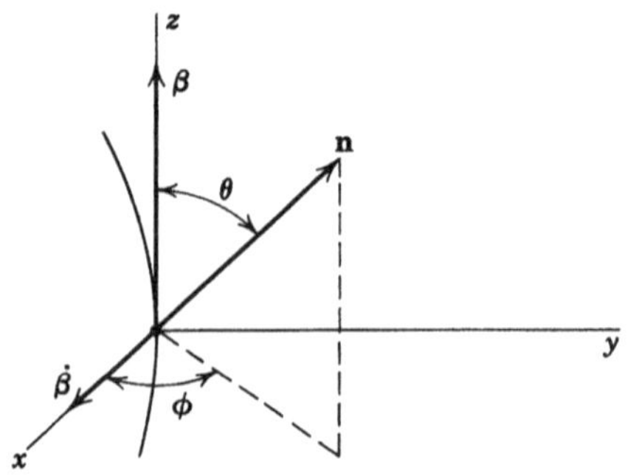

Abb. 14.6

Diese Winkelverteilung unterscheidet sich zwar im Einzelnen vom Fall der linearen Beschleunigung, hat aber das gleiche, typisch relativistische Maximum in Vorwärtsrichtung. Im relativistischen Grenzfall ($\gamma \gg 1$) gilt näherungsweise:

$$\frac{dP(t')}{d\Omega} \simeq \frac{2}{\pi}\frac{e^2}{c^3}\gamma^6 \frac{|\dot{\mathbf{v}}|^2}{(1+\gamma^2\theta^2)^3}\left[1 - \frac{4\gamma^2\theta^2\cos^2\phi}{(1+\gamma^2\theta^2)^2}\right] \tag{14.45}$$

Die Wurzel des mittleren quadratischen Emissionswinkels ist ebenso wie im Fall der eindimensionalen Bewegung durch (14.42) gegeben. Die Gesamtstrahlungsleistung ergibt sich aus (14.44) bzw. (14.26) wieder aus der Integration über alle Winkel:

$$P(t') = \frac{2}{3}\frac{e^2\,|\dot{\mathbf{v}}|^2}{c^3}\gamma^4 \tag{14.46}$$

Es ist instruktiv, die Strahlungsleistung bei zur Geschwindigkeit paralleler Beschleunigung (Gl. (14.43) bzw. (14.27)) mit derjenigen zu vergleichen, die sich bei zur Geschwindigkeit senkrechter Beschleunigung (Gl. (14.46)) gleichen Betrages ergibt. Für eine Kreisbewegung ist die zeitliche Änderung des Impulses (d. h. die angelegte Kraft) gleich $\gamma m\dot{\mathbf{v}}$. Daher lässt sich (14.46) in der Form

$$P_{\text{Kreis}}(t')\ \frac{2}{3}\frac{e^2}{m^2c^3}\gamma^2\left(\frac{d\mathbf{p}}{dt}\right)^2 \tag{14.47}$$

schreiben. Vergleicht man dies mit dem entsprechenden Resultat (14.27) für die geradlinige Bewegung, so stellt man fest, dass die Strahlungsleistung für einen gegebenen Betrag der äußeren Kraft bei transversaler Beschleunigung um einen Faktor γ^2 größer ist als bei paralleler Beschleunigung.

14.4 Die Strahlung einer ultrarelativistisch bewegten Ladung

Für ein geladenes Teilchen in beliebiger, ultrarelativistischer Bewegung kann man sich die momentan emittierte Strahlung als kohärente Überlagerung der Beiträge vorstellen, die von den Komponenten der Beschleunigung parallel und senkrecht zur Geschwindigkeit herrühren. Wir haben jedoch soeben gesehen, dass die Strahlung bei zur Geschwindigkeit paralleler Beschleunigung gegenüber der bei senkrechter Beschleunigung gleichen Betrages (bis zur Ordnung $1/\gamma^2$) zu vernachlässigen ist. Daher brauchen wir die Parallelkomponente der Beschleunigung nicht zu berücksichtigen und können die Strahlungsintensität durch die der Transversalkomponente entsprechende Intensität approximieren. Dies bedeutet, dass die von einem geladenen Teilchen in beliebiger, ultrarelativistischer Bewegung emittierte Strahlung näherungsweise die gleiche ist wie die von einem Teilchen, das sich momentan auf dem Bogen einer Kreisbahn bewegt. Der Krümmungsradius ρ einer solchen Bahn ist:

$$\rho = \frac{v^2}{\dot{v}_\perp} \simeq \frac{c^2}{\dot{v}_\perp} \tag{14.48}$$

wobei $\dot{v}_\perp$ die Komponente der Beschleunigung senkrecht zur Geschwindigkeit ist. Die Form der Winkelverteilung der Strahlung wird durch (14.44) bzw. (14.45) bestimmt. Sie entspricht einem Kegel mit kleinem Öffnungswinkel oder einem Scheinwerferstrahl in Richtung des momentanen Geschwindigkeitsvektors der Ladung.

Die Tatsache, dass die Strahlung auf einen schmalen Winkelbereich beschränkt ist, hat für einen Beobachter, der mit einem frequenzempfindlichen Detektor ausgerüstet ist, wichtige Konsequenzen. Die Strahlung ist nur wahrnehmbar, wenn die Teilchengeschwindigkeit in Richtung des Beobachters zeigt. Im Falle eines beliebig bewegten Teilchens nimmt er, wie in Abb. 14.7 skizziert, einen Strahlungspuls sehr kurzer Dauer wahr (bzw. eine Aufeinanderfolge solcher Pulse, wenn das Teilchen eine periodische Bewegung ausführt). Da die Breite des Winkelbereiches, in dem die Strahlung liegt, von der Größenordnung γ^{-1} ist, durchquert das Teilchen, vom Beobachter aus gesehen, nur eine Strecke in der Größenordnung von

$$d = \frac{\rho}{\gamma}$$

sodass der Beobachter das Teilchen nur innerhalb des Zeitintervalls

$$\Delta t = \frac{\rho}{\gamma v}$$

„sehen" kann. Um den Gedankengang zu vereinfachen, vernachlässigen wir die Krümmung, die die Teilchenbahn während dieser Zeit hat, und nehmen an, dass das Teilchen einen scharfen Rechteckpuls emittiert.

In der Zeit Δt legt die Frontseite des Pulses den Weg

$$D = c\,\Delta t = \frac{\rho}{\gamma\beta}$$

zurück. Da sich das Teilchen mit der Geschwindigkeit v in der gleichen Richtung weiterbewegt und in der Zeit Δt die Strecke d zurücklegt, ist die Rückseite des sich fortbewegenden Strahlungspulses gegenüber der Frontseite um nur

$$L = D - d = \left(\frac{1}{\beta} - 1\right)\frac{\rho}{\gamma} \simeq \frac{\rho}{2\gamma^3} \tag{14.49}$$

versetzt. Die Pulsbreite ist daher gleich L und die zugehörige Pulsdauer gleich L/c. Nach allgemein gültigen Überlegungen zur Fourier-Zerlegung eines endlichen Wel-

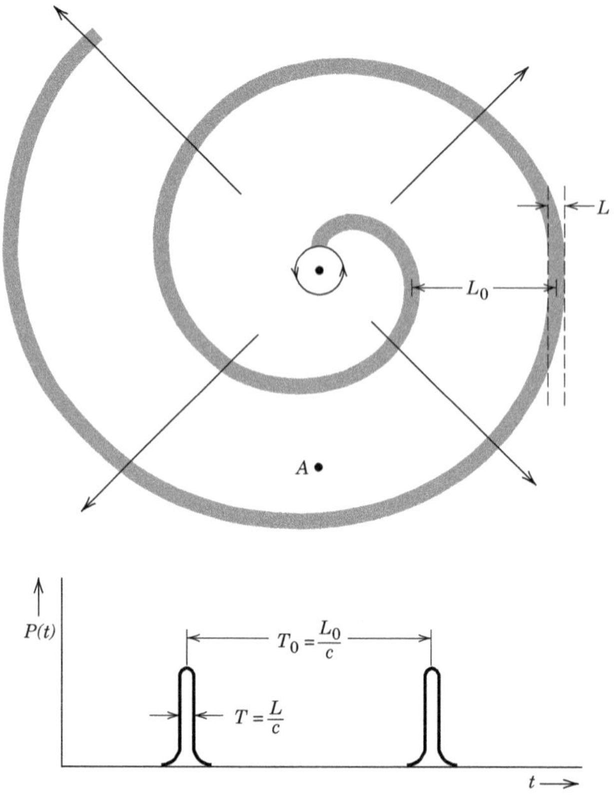

Abb. 14.7 Das spiralförmige Strahlungsdiagramm eines relativistischen Teilchens in periodischer Bewegung (oben). Ein Beobachter am Punkt A nimmt dieses Strahlungsdiagramm in Form von kurzen Strahlungspulsen der Dauer $T = L/c$ wahr, die in gleichmäßigen Intervallen $T_0 = L_0/c$ auftreten (unten). Die Pulsbreite L ist durch (14.49) gegeben, während die Dauer des Zeitintervalls durch $T_0 = 2\pi\rho/v \simeq 2\pi\rho/c$ bestimmt wird. Sehr schöne Diagramme der Feldlinien strahlender Teilchen findet man bei R.Y. Tsien, *Am. J. Phys.* **40**, 46 (1972).

lenzuges bedeutet dies, dass das Spektrum der Strahlung beachtliche Frequenzkomponenten bis hin zu einer kritischen Frequenz

$$\omega_c \sim \frac{c}{L} \sim \left(\frac{c}{\rho}\right)\gamma^3 \tag{14.50}$$

enthält. Für Kreisbewegungen ist c/ρ identisch mit der Umlauffrequenz ω_0, und auch für beliebige Bewegungen spielt c/ρ die Rolle einer Grundfrequenz. Gleichung (14.50) zeigt, dass ein relativistisches Teilchen ein breites Frequenzspektrum emittiert, und zwar bis zu der mit γ^3 multiplizierten Grundfrequenz. In einem 200 MeV-Synchrotron ist $\gamma_{\max} \simeq 400$ und $\omega_0 \simeq 3 \times 10^8\ \mathrm{s}^{-1}$. Das emittierte Frequenzspektrum erstreckt sich bis zu einer Frequenz von $\sim 2 \times 10^{16}\ \mathrm{s}^{-1}$ bzw. einer Wellenlänge von 1000 Å, obwohl die Grundfrequenz im 100 MHz-Bereich liegt. Für den 10 GeV-Beschleuniger in Cornell ist $\gamma_{\max} \simeq 2 \times 10^4$ und $\omega_0 \simeq 3 \times 10^6\ \mathrm{s}^{-1}$. Dies ist gleichbedeutend mit $\omega_c \simeq 2{,}4 \times 10^{19}\,\mathrm{s}^{-1}$, was einer 16 keV-Röntgen-Strahlung entspricht. Im Abschnitt 6 dieses Kapitels werden wir ausführlich die Winkelverteilung der verschiedenen Frequenzkomponenten besprechen und auch die insgesamt abgestrahlte Energie als Funktion der Frequenz. Der darauf folgende Abschnitt wird den magnetischen Zusatzgeräten gewidmet sein, mit denen sich das Spektrum modifizieren lässt.

14.5 Frequenz- und Winkelverteilung der Strahlungsenergie beschleunigter Ladungen

Die qualitativen Argumente des vorigen Abschnitts zeigen, dass die Strahlungsenergie bei relativistischen Bewegungen über einen weiten Frequenzbereich gestreut ist. Die Breite des Frequenzspektrums haben wir unter Berufung auf die Eigenschaften von Fourier-Integralen abgeschätzt. Unsere Argumente lassen sich mithilfe des Parseval'schen Satzes über Fourier-Integrale präzisieren und zu einer quantitativen Aussage erweitern.

Die allgemeine Formel für die auf das Raumwinkelelement bezogene Strahlungsleistung lautet:

$$\frac{dP(t)}{d\Omega} = |\mathbf{A}(t)|^2 \tag{14.51}$$

Dabei ist

$$\mathbf{A}(t) = \left(\frac{c}{4\pi}\right)^{1/2} [R\mathbf{E}]_{\text{ret}} \tag{14.52}$$

mit dem durch (14.14) gegebenen elektrischen Feld $\mathbf{E}$. In (14.51) wird die momentane Leistung durch die vom Beobachter gemessene Zeit ausgedrückt (im Gegensatz zur Definition in Abschn. 3), da wir ein vom Beobachter wahrgenommenes Frequenzspektrum betrachten wollen. Genauer gesagt, denken wir an eine Beschleunigung, die während eines endlichen Zeitintervalls auftritt oder zumindest für große positive und negative Zeiten abfällt, sodass die abgestrahlte Gesamtenergie endlich ist. Ferner möge der Aufpunkt genügend weit von der Ladung entfernt sein, sodass das von der beschleunigten Ladung eingenommene Raumgebiet über dem Aufpunkt einen kleinen Raumwinkel aufspannt.

Die in das Raumwinkelelement abgestrahlte Gesamtenergie wird durch das Zeitintegral von (14.51) bestimmt:

$$\frac{dW}{d\Omega} = \int_{-\infty}^{\infty} |\mathbf{A}(t)|^2\, dt \tag{14.53}$$

Der Ausdruck auf der rechten Seite kann mittels Fourier-Transformation auch durch ein Integral über ein Frequenzspektrum ausgedrückt werden. Wir führen dazu die Fourier-Transformierte $\mathbf{A}(\omega)$ von $\mathbf{A}(t)$ ein:

$$\mathbf{A}(\omega) = \frac{1}{\sqrt{2\pi}} \int_{-\infty}^{\infty} \mathbf{A}(t)\, e^{i\omega t}\, dt \tag{14.54}$$

mit der Inversen

$$\mathbf{A}(t) = \frac{1}{\sqrt{2\pi}} \int_{-\infty}^{\infty} \mathbf{A}(\omega)\, e^{-i\omega t}\, d\omega \tag{14.55}$$

Gleichung (14.53) lässt sich damit in der Form

$$\frac{dW}{d\Omega} = \frac{1}{2\pi} \int_{-\infty}^{\infty} dt \int_{-\infty}^{\infty} d\omega \int_{-\infty}^{\infty} d\omega'\, \mathbf{A}^*(\omega') \cdot \mathbf{A}(\omega)\, e^{i(\omega' - \omega)t} \tag{14.56}$$

schreiben. Vertauscht man hier die Reihenfolge der Integrationen, so sieht man, dass das Zeitintegral nichts anderes als die Fourier-Darstellung der Delta-Funktion $\delta(\omega' - \omega)$ ist. Damit ergibt sich für die Strahlungsenergie pro Raumwinkelelement:

$$\frac{dW}{d\Omega} = \int_{-\infty}^{\infty} |\mathbf{A}(\omega)|^2\, d\omega \tag{14.57}$$

Die Gleichheit der Ausdrücke auf der rechten Seite von (14.57) und (14.53) bildet zusammen mit geeigneten Einschränkungen an die Funktion $\mathbf{A}(t)$ den Inhalt eines Spezialfalls des Parseval'schen Satzes, der auch als *Satz von Plancherel* bekannt ist. Es ist üblich, nur über positive Frequenzen zu integrieren, da das Vorzeichen der Frequenz keine physikalische Bedeutung hat. Die Beziehung

$$\frac{dW}{d\Omega} = \int_{0}^{\infty} \frac{d^2 I(\omega, \mathbf{n})}{d\omega\, d\Omega}\, d\omega \tag{14.58}$$

definiert dann eine Größe, die die in das Raumwinkelelement und Frequenzintervall abgestrahlte Energie beschreibt:

$$\frac{d^2 I}{d\omega\, d\Omega} = |\mathbf{A}(\omega)|^2 + |\mathbf{A}(-\omega)|^2 \tag{14.59}$$

Ist $\mathbf{A}(t)$ reell, so folgt aus (14.55) unmittelbar $\mathbf{A}(-\omega) = \mathbf{A}^*(\omega)$ und damit:

$$\frac{d^2 I}{d\omega\, d\Omega} = 2\, |\mathbf{A}(\omega)|^2 \tag{14.60}$$

Dieses Ergebnis verknüpft die Strahlungsleistung als Funktion der Zeit in quantitativer Weise mit der Frequenzverteilung der abgestrahlten Energie.

Unter Verwendung des Ausdrucks (14.14) für das elektrische Feld einer beschleunigten Ladung lässt sich die Strahlungsenergie pro Raumwinkelelement und Frequenzintervall durch ein Integral über die Bahn des Teilchens ausdrücken. Wir müssen dazu zunächst die Fourier-Transformierte (14.54) des durch (14.52) gegebenen $\mathbf{A}(t)$ berechnen. Mit (14.14) findet man:

$$\mathbf{A}(\omega) = \left(\frac{e^2}{8\pi^2 c}\right)^{1/2} \int_{-\infty}^{\infty} e^{i\omega t} \left[\frac{\mathbf{n} \times [(\mathbf{n} - \boldsymbol{\beta}) \times \dot{\boldsymbol{\beta}}]}{(1 - \boldsymbol{\beta} \cdot \mathbf{n})^3}\right]_{\text{ret}} dt \tag{14.61}$$

wobei der Index „ret" wieder darauf hinweist, dass die in eckigen Klammern stehende Größe zur Zeit $t' + R(t')/c = t$ zu nehmen ist. Geht man von der Integrationsvariablen t zu der Variablen t' über, so führt (14.61) auf

$$\mathbf{A}(\omega) = \left(\frac{e^2}{8\pi^2 c}\right)^{1/2} \int_{-\infty}^{\infty} e^{i\omega[t' + R(t')/c]} \frac{\mathbf{n} \times [(\mathbf{n} - \boldsymbol{\beta}) \times \dot{\boldsymbol{\beta}}]}{(1 - \boldsymbol{\beta} \cdot \mathbf{n})^2}\, dt' \tag{14.62}$$

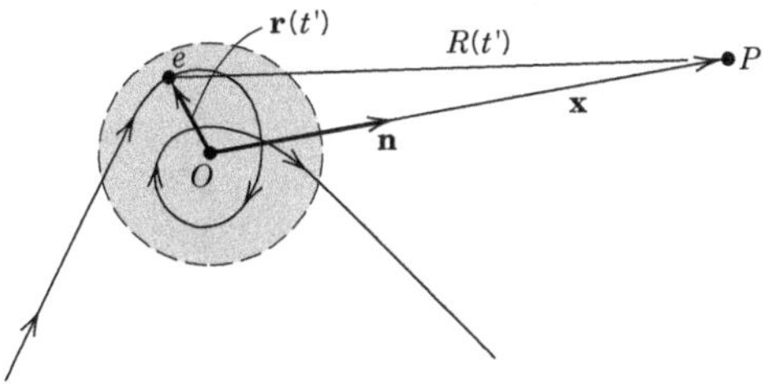

Abb. 14.8

Da der Aufpunkt von dem Raumgebiet, in dem das Teilchen beschleunigt wird, weit entfernt ist, ändert sich der Einheitsvektor **n** mit der Zeit praktisch überhaupt nicht. Ferner kann man für den Abstand $R(t')$ näherungsweise

$$R(t') \simeq x - \mathbf{n} \cdot \mathbf{r}(t') \tag{14.63}$$

schreiben, wenn x den Abstand des Aufpunktes P von einem bestimmten Ursprung O aus bezeichnet und $\mathbf{r}(t')$ die Lage des Teilchens bezüglich dieses Ursprungs beschreibt (vgl. Abb. 14.8). Abgesehen von einem Phasenfaktor wird dann aus (14.62):

$$\mathbf{A}(\omega) = \left(\frac{e^2}{8\pi^2 c}\right)^{1/2} \int_{-\infty}^{\infty} e^{i\omega[t - \mathbf{n}\cdot\mathbf{r}(t)/c]} \frac{\mathbf{n} \times [(\mathbf{n} - \boldsymbol{\beta}) \times \dot{\boldsymbol{\beta}}]}{(1 - \boldsymbol{\beta} \cdot \mathbf{n})^2} \, dt \tag{14.64}$$

Die Striche an der Integrationsvariablen haben wir hier der Kürze halber fortgelassen. Nach (14.60) ergibt sich mit diesem $\mathbf{A}(\omega)$ für die Strahlungsenergie pro Raumwinkelelement und Frequenzintervall:

$$\frac{d^2 I}{d\omega \, d\Omega} = \frac{e^2}{4\pi^2 c} \left| \int_{-\infty}^{\infty} \frac{\mathbf{n} \times [(\mathbf{n} - \boldsymbol{\beta}) \times \dot{\boldsymbol{\beta}}]}{(1 - \boldsymbol{\beta} \cdot \mathbf{n})^2} \, e^{i\omega[t - \mathbf{n}\cdot\mathbf{r}(t)/c]} \, dt \right|^2 \tag{14.65}$$

Für eine gegebene Bewegung ist $\mathbf{r}(t)$ bekannt, während $\boldsymbol{\beta}(t)$ und $\dot{\boldsymbol{\beta}}(t)$ berechnet werden können; das Integral lässt sich dann auswerten als Funktion der Frequenz ω und der Richtung von **n**. Handelt es sich um die Beschleunigung von mehr als einem Teilchen, so tritt in (14.65) an die Stelle einer einzigen Amplitude eine kohärente Summe von Amplituden $\mathbf{A}_j(\omega)$ (vgl. die Übgn. 14.23, 15.1 und 15.4–15.8).

Der Ausdruck auf der rechten Seite von (14.65) hat den Vorteil, explizit deutlich zu machen, dass sich die Integration letzten Endes nur über solche Zeiten erstreckt, für die die Beschleunigung von Null verschieden ist. Doch mithilfe einer partiellen Integration in (14.64) lässt sich ein Ausdruck herleiten, der für manche Zwecke einfacher zu handhaben ist. Es ist nicht schwer zu zeigen, dass der Integrand in (14.64), abgesehen von der Exponentialfunktion, ein totales Differential ist:

$$\frac{\mathbf{n} \times [(\mathbf{n} - \boldsymbol{\beta}) \times \dot{\boldsymbol{\beta}}]}{(1 - \boldsymbol{\beta} \cdot \mathbf{n})^2} = \frac{d}{dt}\left[\frac{\mathbf{n} \times (\mathbf{n} \times \boldsymbol{\beta})}{1 - \boldsymbol{\beta} \cdot \mathbf{n}}\right] \tag{14.66}$$

Eine partielle Integration führt daher auf

$$\frac{d^2 I}{d\omega \, d\Omega} = \frac{e^2 \omega^2}{4\pi^2 c} \left| \int_{-\infty}^{\infty} \mathbf{n} \times (\mathbf{n} \times \boldsymbol{\beta}) \, e^{i\omega[t - \mathbf{n}\cdot\mathbf{r}(t)/c]} \, dt \right|^2 \tag{14.67}$$

Der Leser mag sich zu Recht zu fragen, ob die letzte Gleichung in der angegebenen Form unter allen Umständen richtig ist. Angenommen, die Beschleunigung sei nur in dem Intervall $T_1 \leq t \leq T_2$ von Null verschieden. Warum erstreckt sich dann in (14.67) die Integration über alle Zeiten? Die genaue Antwort hierauf ist folgende: Durch Addition und gleichzeitige Substraktion der Integrale über die Zeiten konstanter Geschwindigkeit lässt sich zeigen, dass (14.67) tatsächlich aus (14.65) folgt, sofern man Mehrdeutigkeiten bei $t = \pm\infty$ dadurch beseitigt, dass man zum Integranden einen Konvergenzfaktor $e^{-\epsilon|t|}$ hinzufügt und nach Auswertung des Integrals zur Grenze $\epsilon \to 0$ übergeht. Bei der klassischen Beschreibung von Prozessen wie dem Beta-Zerfall (d.h. der diesen Zerfall begleitenden elektromagnetischen Strahlung), wo man es mit dem nahezu momentanen Ein- bzw. Aussetzen der Bewegung von Ladungen zu tun hat, muss man besonders sorgfältig vorgehen und die Geschwindigkeit eines jeden Teilchens als physikalisch sinnvolle Funktion der Zeit spezifizieren.

Es sei noch einmal darauf hingewiesen, dass in (14.67) und (14.65) die Polarisation der emittierten Strahlung durch die Richtung des vektoriellen Integranden festgelegt wird. Um die Intensität der mit einer bestimmten Polarisation emittierten Strahlung zu erhalten, hat man vor Ausführung des Betragsquadrates zunächst das Skalarprodukt zwischen dem entsprechenden Polarisationsvektor und dem Vektorintegral zu bilden.

Für mehrere beschleunigte Ladungen e_j ist die Substitution

$$e\boldsymbol{\beta} e^{-i(\omega/c)\mathbf{n}\cdot\mathbf{r}(t)} \to \sum_{j=1}^{N} e_j \boldsymbol{\beta}_j e^{-i(\omega/c)\mathbf{n}\cdot\mathbf{r}_j(t)} \tag{14.68}$$

vorzunehmen. Im Grenzfall einer kontinuierlichen Verteilung bewegter Ladungen geht die Summe über j in ein Integral über die Stromdichte $\mathbf{J}(\mathbf{x}, t)$ über:

$$e\boldsymbol{\beta} e^{-i(\omega/c)\mathbf{n}\cdot\mathbf{r}(t)} \to \frac{1}{c}\int d^3x\, \mathbf{J}(\mathbf{x}, t)\, e^{-i(\omega/c)\mathbf{n}\cdot\mathbf{x}} \tag{14.69}$$

Für die Intensitätsverteilung erhält man dann:

$$\frac{d^2I}{d\omega\, d\Omega} = \frac{\omega^2}{4\pi^2 c^3}\left|\int dt \int d^3x\, \mathbf{n}\times[\mathbf{n}\times\mathbf{J}(\mathbf{x}, t)]\, e^{i\omega[t-(\mathbf{n}\cdot\mathbf{x})/c]}\right|^2 \tag{14.70}$$

Dieses Ergebnis lässt sich auch direkt aus der Lösung der inhomogenen Wellengleichung für das Vektorpotential herleiten.

14.6 Frequenzspektrum der Strahlung einer relativistisch bewegten Ladung in momentaner Kreisbewegung

Nach Abschnitt 4 dieses Kapitels ist die Strahlung, die ein Teilchen in beliebiger, ultrarelativistischer Bewegung emittiert, äquivalent zu der Strahlung, die ein Teilchen emittiert, das sich momentan mit konstanter Geschwindigkeit auf einer Kreisbahn bewegt. Die Strahlung wird innerhalb eines schmalen Kegels in Richtung des Ge-

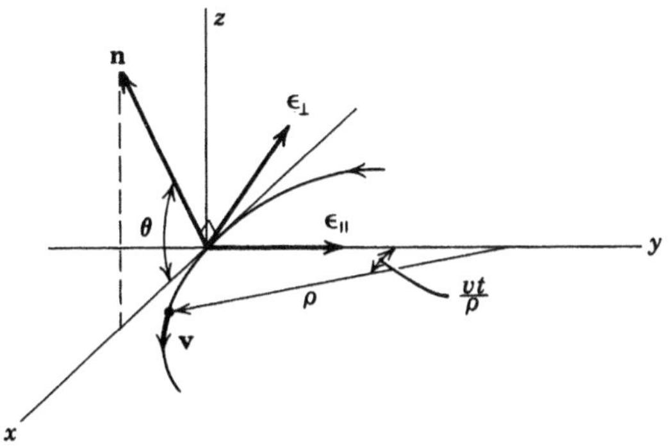

Abb. 14.9

schwindigkeitsvektors emittiert und vom Beobachter als kurz andauernder Strahlungspuls wahrgenommen, der wie ein Scheinwerferstrahl über den Beobachtungspunkt hinwegstreicht.

Um die Frequenz- und Winkelverteilung der Strahlungsenergie zu berechnen, ist zunächst das Integral in (14.67) auszuwerten. Wegen der kurzen Pulsdauer braucht man dabei die Geschwindigkeit $\boldsymbol{\beta}$ und die Lagekoordinate $\mathbf{r}(t)$ nur über einen kleinen Bogen der Teilchenbahn zu kennen, dessen Tangente in die Richtung des Aufpunktes zeigt. Abb. 14.9 zeigt ein entsprechendes Koordinatensystem. Das Segment der Teilchenbahn liegt in der (x, y)-Ebene, und sein momentaner Krümmungsradius ist ρ. Da über die Bahn integriert wird, kann man den Einheitsvektor $\mathbf{n}$ ohne Beschränkung der Allgemeinheit so wählen, dass er in der (x, z)-Ebene liegt und mit der x-Achse den (Polar-)Winkel θ bildet. Merkliche Strahlung tritt nur für kleine Winkel θ auf. Den Zeitursprung wählen wir so, dass sich das Teilchen zur Zeit $t = 0$ im Koordinatenursprung befindet.

Der Vektoranteil des Integranden in (14.67) lässt sich in der Form

$$\mathbf{n} \times (\mathbf{n} \times \boldsymbol{\beta}) = \beta \left[-\boldsymbol{\epsilon}_\parallel \sin\left(\frac{vt}{\rho}\right) + \boldsymbol{\epsilon}_\perp \cos\left(\frac{vt}{\rho}\right) \sin\theta \right] \tag{14.71}$$

darstellen, wobei $\boldsymbol{\epsilon}_\parallel = \mathbf{e}_2$ ein Einheitsvektor in y-Richtung ist und einer Polarisation in der Bahnebene entspricht; der Vektor $\boldsymbol{\epsilon}_\perp = \mathbf{n} \times \mathbf{e}_2$ stellt den dazu orthogonalen Polarisationsvektor dar und entspricht (für kleine θ) näherungsweise einer Polarisation senkrecht zur Bahnebene. Das Argument der Exponentialfunktion ist

$$\omega \left(t - \frac{\mathbf{n} \cdot \mathbf{r}(t)}{c} \right) = \omega \left[t - \frac{\rho}{c} \sin\left(\frac{vt}{\rho}\right) \cos\theta \right] \tag{14.72}$$

Da wir uns für kleine θ und relative kurze Zeiten um $t = 0$ interessieren, können wir die trigonometrischen Funktionen entwickeln und erhalten näherungsweise:

$$\omega \left(t - \frac{\mathbf{n} \cdot \mathbf{r}(t)}{c} \right) \simeq \frac{\omega}{2} \left[\left(\frac{1}{\gamma^2} + \theta^2 \right) t + \frac{c^2}{3\rho^2} t^3 \right] \tag{14.73}$$

wobei β – wenn immer möglich – gleich Eins gesetzt wurde. Benutzt man für t den Näherungswert $\rho/c\gamma$ und für θ die Abschätzung (14.42), so erkennt man, dass die in (14.73) vernachlässigten Terme um einen Faktor γ^{-2} kleiner sind als diejenigen, die wir hier allein berücksichtigt haben.

Macht man in (14.71) die gleichen Näherungen wie in (14.73), so erhält man nach Gl. (14.67) für die Verteilung der abgestrahlten Energie:

$$\frac{d^2I}{d\omega\, d\Omega} = \frac{e^2\omega^2}{4\pi^2 c}\left| -\boldsymbol{\epsilon}_{\parallel} A_{\parallel}(\omega) + \boldsymbol{\epsilon}_{\perp} A_{\perp}(\omega)\right|^2 \tag{14.74}$$

mit den Amplituden[3]

$$\begin{aligned} A_{\parallel}(\omega) &\simeq \frac{c}{\rho}\int_{-\infty}^{\infty} t \exp\left\{ i\frac{\omega}{2}\left[\left(\frac{1}{\gamma^2}+\theta^2\right)t + \frac{c^2t^3}{3\rho^2}\right]\right\} dt \\ A_{\perp}(\omega) &\simeq \theta \int_{-\infty}^{\infty} \exp\left\{ i\frac{\omega}{2}\left[\left(\frac{1}{\gamma^2}+\theta^2\right)t + \frac{c^2t^3}{3\rho^2}\right]\right\} dt \end{aligned} \tag{14.75}$$

Bei Übergang zu der Integrationsvariablen $x = \left[ct/\rho\left(\frac{1}{\gamma^2}+\theta^2\right)^{1/2}\right]$ und Einführung des Parameters

$$\xi = \frac{\omega\rho}{3c}\left(\frac{1}{\gamma^2}+\theta^2\right)^{3/2} \tag{14.76}$$

lassen sich die Amplituden $A_{\parallel}(\omega)$ und $A_{\perp}(\omega)$ auf folgende Form bringen:

$$\begin{aligned} A_{\parallel}(\omega) &= \frac{\rho}{c}\left(\frac{1}{\gamma^2}+\theta^2\right)\int_{-\infty}^{\infty} x \exp\left[i\tfrac{3}{2}\xi\left(x+\tfrac{1}{3}x^3\right)\right] dx \\ A_{\perp}(\omega) &= \frac{\rho}{c}\theta\left(\frac{1}{\gamma^2}+\theta^2\right)^{1/2}\int_{-\infty}^{\infty} \exp\left[i\tfrac{3}{2}\xi\left(x+\tfrac{1}{3}x^3\right)\right] dx \end{aligned} \tag{14.77}$$

Die hier auftretenden Integrale sind die sog. *Airy'schen Integrale*, die sich auch durch modifizierte Bessel-Funktionen ausdrücken lassen:

$$\begin{aligned} \int_0^{\infty} x \sin\left[\tfrac{3}{2}\xi\left(x+\tfrac{1}{3}x^3\right)\right] dx &= \frac{1}{\sqrt{3}} K_{2/3}(\xi) \\ \int_0^{\infty} \cos\left[\tfrac{3}{2}\xi\left(x+\tfrac{1}{3}x^3\right)\right] dx &= \frac{1}{\sqrt{3}} K_{1/3}(\xi) \end{aligned} \tag{14.78}$$

Für die in ein Raumwinkelelement und Frequenzintervall abgestrahlte Energie ergibt sich damit:

$$\frac{d^2I}{d\omega\, d\Omega} = \frac{e^2}{3\pi^2 c}\left(\frac{\omega\rho}{c}\right)^2\left(\frac{1}{\gamma^2}+\theta^2\right)^2\left[K_{2/3}^2(\xi) + \frac{\theta^2}{(1/\gamma^2)+\theta^2}K_{1/3}^2(\xi)\right] \tag{14.79}$$

---

[3] Die Tatsache, dass die Integrationsgrenzen in (14.75) $t = \pm\infty$ sind, scheint den Näherungen, die wir beim Übergang von (14.72) zu (14.73) gemacht haben, zu widersprechen. Hierbei ist jedoch zu beachten, dass die Phasen des Integranden in (14.75) für die meisten Frequenzen sehr schnell oszillieren und damit die Integranden bereits für Zeiten, die sehr viel kleiner sind, als es zur Gültigkeit von (14.73) notwendig ist, praktisch zu Null machen. Daher dürfen wir, ohne einen Fehler zu begehen, die untere und obere Integrationsgrenze als unendlich annehmen. Nur für Frequenzen in der Größenordnung von $\omega \sim (c/\rho) \sim \omega_0$ ist diese Näherung falsch. Doch in Abschnitt 4 dieses Kapitels haben wir gesehen, dass das Frequenzspektrum für relativistische Teilchen praktisch durchweg sehr viel höhere Frequenzen enthält.

Der erste Term in der eckigen Klammer entspricht einer in der Bahnebene polarisierten Strahlung, während der zweite die zur Bahnebene senkrecht polarisierte Strahlung beschreibt.

Dieses etwas komplexe Resultat wollen wir jetzt genauer untersuchen. Zunächst integrieren wir über sämtliche Frequenzen und erhalten auf diese Weise für die Winkelverteilung der abgestrahlten Energie:

$$\frac{dI}{d\Omega} = \int_0^\infty \frac{d^2 I}{d\omega\, d\Omega} d\omega = \frac{7}{16}\frac{e^2}{\rho}\frac{1}{(1/\gamma^2+\theta^2)^{5/2}}\left[1+\frac{5}{7}\frac{\theta^2}{(1/\gamma^2)+\theta^2}\right] \tag{14.80}$$

Dieser Ausdruck zeigt das charakteristische Verhalten, das wir bereits aus Abschnitt 3 dieses Kapitels kennen. Gleichung (14.80) erhält man natürlich auch, indem man eine etwas verallgemeinerte Version der Formel (14.44) für die Strahlungsleistung eines Teilchens in momentaner Kreisbewegung über alle Zeiten integriert. Der erste Term auf der rechten Seite der letzten Gleichung entspricht ebenso wie in Gl. (14.79) der parallel zur Bahnebene polarisierten Strahlung und der zweite derjenigen mit zur Bahnebene senkrechter Polarisation. Integriert man über alle Winkel, so erkennt man, dass die Intensität der Strahlung mit zur Bahnebene paralleler Polarisation siebenmal so groß ist wie die Strahlung, die senkrecht zur Bahnebene polarisiert ist. Die Strahlung eines relativistisch bewegten Teilchens ist also hauptsächlich parallel zur Bahnebene polarisiert.

Aus den in (3.103) und (3.104) aufgeführten Eigenschaften der modifizierten Bessel-Funktionen geht hervor, dass die Strahlungsintensität für $\xi \gg 1$ vernachlässigbar gering ist. Nach (14.76) tritt dieser Fall bei großen Winkeln ein; je größer die Frequenz ist, umso kleiner ist der kritische Winkel, über den hinaus die Strahlung zu vernachlässigen ist. Dies bedeutet, dass die Strahlung weitgehendst auf die Bahnebene beschränkt ist, und dies umso mehr, je größer die Frequenz gegenüber c/ρ ist. Bei *zu* großem ω wird jedoch ξ für *alle* Winkel groß, und die bei dieser Frequenz insgesamt abgestrahlte Energie ist dann zu vernachlässigen. Die kritische Frequenz ω_c, von der an die Strahlung bei jedem Winkel zu vernachlässigen ist, kann man durch $\xi = 1/2$ für $\theta = 0$ definieren. Dies bedeutet[4]:

$$\omega_c = \frac{3}{2}\gamma^3\left(\frac{c}{\rho}\right) = \frac{3}{2}\left(\frac{E}{mc^2}\right)^3\frac{c}{\rho} \tag{14.81}$$

Diese kritische Frequenz stimmt mit der qualitativen Abschätzung (14.50) aus Abschnitt 4 überein. Ist die Bahn des geladenen Teilchens exakt kreisförmig, dann ist c/ρ identisch mit der Kreisfrequenz ω_0. In diesem Fall kann man eine kritische Kreisfrequenz $\omega_c = n_c\omega_0$ mit

$$n_c = \frac{3}{2}\left(\frac{E}{mc^2}\right)^3 \tag{14.82}$$

definieren.

[4] Die obige Definition von ω_c unterscheidet sich von der in früheren Auflagen. Die jetzige wurde ursprünglich von Schwinger (1949) benutzt und ist inzwischen allgemein gebräuchlich.

Da die Strahlung für $\gamma \gg 1$ hauptsächlich in der Bahnebene emittiert wird, ist es instruktiv, die Winkelverteilung (14.79) für $\theta = 0$ auszuwerten. Für Frequenzen weit unterhalb der kritischen Frequenz ($\omega \ll \omega_c$) findet man:

$$\left.\frac{d^2I}{d\omega\, d\Omega}\right|_{\theta=0} \simeq \frac{e^2}{c}\left[\frac{\Gamma(\frac{2}{3})}{\pi}\right]^2 \left(\frac{3}{4}\right)^{1/3} \left(\frac{\omega\rho}{c}\right)^{2/3} \tag{14.83}$$

Im entgegengesetzten Grenzfall ($\omega \gg \omega_c$) ergibt sich:

$$\left.\frac{d^2I}{d\omega\, d\Omega}\right|_{\theta=0} \simeq \frac{3}{4\pi}\frac{e^2}{c}\gamma^2 \frac{\omega}{\omega_c} e^{-\omega/\omega_c} \tag{14.84}$$

Diese Grenzfälle zeigen, dass das Spektrum bei $\theta = 0$ weit unterhalb der kritischen Frequenz ungefähr wie $\omega^{2/3}$ anwächst, ein Maximum in der Nähe von ω_c erreicht und jenseits dieser Frequenz auf Null abfällt.

Die Winkelverteilung zu vorgegebener Frequenz kann man abschätzen, indem man den Winkel θ_c bestimmt, für den $\xi(\theta_c) \simeq \xi(0) + 1$ ist. Im Niederfrequenzbereich ($\omega \ll \omega_c$) ist $\xi(0)$ sehr klein, sodass $\xi(\theta_c) \simeq 1$ ist. Nach (14.76) ist daher

$$\theta_c \simeq \left(\frac{3c}{\omega\rho}\right)^{1/3} = \frac{1}{\gamma}\left(\frac{2\omega_c}{\omega}\right)^{1/3} \tag{14.85}$$

Die Niederfrequenzkomponenten werden also unter sehr viel größeren Winkeln emittiert als die im Mittel emittierte Strahlung, für die $\langle\theta^2\rangle^{1/2} \sim \gamma^{-1}$ ist. Im Grenzfall hoher Frequenzen $\omega \gg \omega_c$ hingegen ist $\xi(0)$ sehr viel größer als Eins. Die Intensität fällt dann mit zunehmendem Winkel ab, und zwar näherungsweise wie

$$\frac{d^2I}{d\omega\, d\Omega} \simeq \left.\frac{d^2I}{d\omega\, d\Omega}\right|_{\theta=0} \cdot e^{-3\omega\gamma^2\theta^2/2\omega_c} \tag{14.86}$$

Der kritische Winkel, bei dem die Intensität auf den e-ten Teil ihres Wertes bei $\theta = 0$ abgenommen hat, ist demnach:

$$\theta_c \simeq \frac{1}{\gamma}\left(\frac{2\omega_c}{3\omega}\right)^{1/2} \tag{14.87}$$

Dies bedeutet, dass die Hochfrequenzkomponenten auf einen sehr viel kleineren Winkelbereich beschränkt sind als die meisten anderen Komponenten. Abbildung 14.10 zeigt das qualitative Verhalten der Winkelverteilung für Frequenzen, die entweder sehr viel größer bzw. kleiner als ω_c sind oder aber mit ω_c vergleichbar sind. Wir haben hierbei wieder die natürliche Winkeleinheit γ^{-1} benutzt.

Die Frequenzverteilung der Strahlung, die das Teilchen in seinem Vorbeiflug insgesamt emittiert, erhält man aus (14.79) durch Integration über alle Winkel:

$$\frac{dI}{d\omega} = 2\pi \int_{-\pi/2}^{\pi/2} \frac{d^2I}{d\omega\, d\Omega} \cos\theta\, d\theta \simeq 2\pi \int_{-\infty}^{\infty} \frac{d^2I}{d\omega\, d\Omega}\, d\theta \tag{14.88}$$

(man beachte, dass θ der Polarwinkel ist!). Für den Niederfrequenzbereich benutzen wir zur Abschätzung des Integrals die Winkelverteilung (14.83) bei $\theta = 0$ und den durch (14.85) definierten kritischen Winkel θ_c. Wir erhalten dann:

$$\frac{dI}{d\omega} \sim 2\pi\theta_c \left.\frac{d^2I}{d\omega\, d\Omega}\right|_{\theta=0} \sim \frac{e^2}{c}\left(\frac{\omega\rho}{c}\right)^{1/3} \tag{14.89}$$

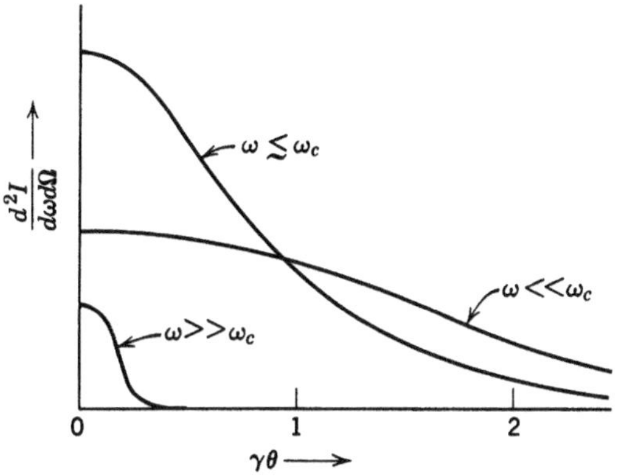

Abb. 14.10 Differentielles Frequenzspektrum als Funktion des Emissionswinkels. Für Frequenzen, die mit der kritischen Frequenz ω_c vergleichbar sind, ist der Strahlung auf Winkel der Größenordnung γ^{-1} beschränkt. Für sehr viel kleinere (größere) Frequenzen ist der Winkelbereich sehr viel breiter (schmaler).

Das Spektrum steigt also für $\omega \ll \omega_c$ wie $\omega^{1/3}$ an. Dies führt bei Frequenzen unterhalb von ω_c auf ein sehr flaches, aber breites Spektrum. Im Grenzfall hoher Frequenzen ($\omega \gg \omega_c$) liefert die Winkelintegration von (14.86) als Näherung:

$$\frac{dI}{d\omega} \simeq \sqrt{3\pi/2}\,\frac{e^2}{c}\,\gamma\left(\frac{\omega}{\omega_c}\right)^{1/2} e^{-\omega/\omega_c} \tag{14.90}$$

Die Winkelintegration des korrekten Ausdrucks (14.79) führt auf[5]

$$\frac{dI}{d\omega} = \sqrt{3}\,\frac{e^2}{c}\,\gamma\frac{\omega}{\omega_c}\int_{\omega/\omega_c}^{\infty} K_{5/3}(x)\,dx \tag{14.91}$$

Im Grenzfall $\omega \ll \omega_c$ reduziert sich dies auf (14.89) mit dem zusätzlichen Zahlfaktor 3,25. Für $\omega \gg \omega_c$ dagegen kommt man auf (14.90) wieder zurück. Das Verhalten von $dI/d\omega$ als Funktion der Frequenz zeigt Abb. 14.11. Die Maximalintensität liegt in der Größenordnung von $e^2\gamma/c$, während die insgesamt abgestrahlte Energie die Größenordnung von $e^2\gamma\omega_c/c = 3e^2\gamma^4/\rho$ besitzt. Dies stimmt gut mit dem Wert $4\pi e^2\gamma^4/3\rho$ überein, den man nach (14.32) für den Strahlungsverlust erhält, den ein auf einer Kreisbahn beschleunigtes Teilchen pro Umlauf erfährt.

Die durch (14.79) und (14.91) beschriebene Strahlung heißt *Synchrotronstrahlung*, da sie das erste Mal (1948) in Elektronensynchrotrons beobachtet wurde. Die theoretischen Ergebnisse sind jedoch sehr viel älter: Für Kreisbewegungen wurden sie bereits 1912 von *Schott* hergeleitet; doch die entsprechenden Ausdrücke gehen in ihrer vorliegenden handlichen Form auf Schwinger (*op. cit.*) zurück. Für periodische

[5] Dieses Ergebnis und die Winkelverteilung (14.79) fand Schwinger auf etwas andere Art und Weise (vgl. J. Schwinger, *Phys. Rev.* **75**, 1912 (1949)). Später zeigte er, dass quantenmechanische Korrekturen der klassischen Ergebnisse in erster Ordnung gleichbedeutend sind mit der Substitution $\omega \to \omega(1 + \hbar\omega/E)$ in $\omega^{-1} d^2I/d\omega\, d\Omega$ bzw. $\omega^{-1} dI/d\omega$ (*Proc. Nat. Acad. Sci.* **40**, 132 (1954)) und daher vernachlässigt werden können, wenn $\hbar\omega_c \ll E$ bzw. $\gamma \ll (\rho mc/\hbar)^{1/2}$ ist.

Kreisbewegungen ist das Spektrum tatsächlich diskret und setzt sich aus Frequenzen zusammen, die ganzzahlige Vielfache der Grundfrequenz $\omega_0 = c/\rho$ sind. Da das geladene Teilchen pro Sekunde $c/2\pi\rho$ Umläufe macht, ist es zweckmäßig, nicht die auf das Frequenzintervall bezogene Strahlungsenergie pro Umlauf zu betrachten, sondern die Winkelverteilung der Strahlungsleistung, die in das n-te Vielfache von ω_0 emittiert wird. Um die Leistung pro Umlauf zu erhalten, haben wir $dI/d\omega$ (14.91) bzw. $d^2I/d\omega\, d\Omega$ (14.79) lediglich mit der Umlauffrequenz $c/2\pi\rho$ zu multiplizieren, um die Energie in Leistung zu verwandeln. Durch zusätzliche Multiplikation mit $\omega_0 = c/\rho$ wird schließlich das normale Frequenzintervall in ein Frequenzintervall pro Oberschwingung überführt. Dies liefert:

$$\frac{dP_n}{d\Omega} = \frac{1}{2\pi}\left(\frac{c}{\rho}\right)^2 \frac{d^2I}{d\omega\, d\Omega}\bigg|_{\omega = n\omega_0}$$
$$P_n = \frac{1}{2\pi}\left(\frac{c}{\rho}\right)^2 \frac{dI}{d\omega}\bigg|_{\omega = n\omega_0} \tag{14.92}$$

Diese Ergebnisse sind bei verschiedenen Synchrotronenergien mit dem Experiment verglichen worden.[6] Die Winkel-, Polarisations- und Frequenzverteilungen befinden sich alle in guter Übereinstimmung mit der Theorie. Wegen der in Abb. 14.11 gezeigten, breiten Frequenzverteilung, die neben dem sichtbaren und ultravioletten Bereich auch den Röntgenbereich überdeckt, eignet sich die Synchrotronstrahlung als Untersuchungsinstrument in kondensierter Materie, aber auch in der Biologie. Wir beschäftigen uns im nächsten Abschnitt mit Synchrotron-Lichtquellen und einigen Zusatzeinrichtungen, mit denen sich für bestimmte Zwecke ein maßgeschneidertes Spektrum herstellen lässt.

Synchrotronstrahlung hat man im astronomischen Bereich im Zusammenhang mit den Sonnenflecken, dem Krebsnebel und den Teilchen emittierenden Strahlungsgürteln des Jupiter beobachtet. Beim Krebsnebel erstreckt sich das Frequenzspektrum von Radiofrequenzen bis hin zum Ultravioletten und zeigt eine sehr starke Polarisation. Aus genauen Beobachtungen kann man schließen, dass Elektronen mit Energien bis zu 10^{13} eV, die sich unter Einfluss eines Magnetfeldes von ca. 10^{-4} Gauß auf einer kreis- bzw. schraubenförmigen Bahn bewegen (vgl. Übg. 14.26), Synchrotronstrahlung emittieren. Die vom Jupiter bei $\sim 10^3$ MHz emittierte Radiostrahlung stammt von energiereichen Elektronen, die sich in Van Allen-Gürteln um den Jupiter bewegen. Die Entfernung dieser Van Allen-Gürtel von der Jupiteroberfläche macht einige Jupiterradien bis hin zu 30–100 Jupiterradien (R_J) aus. Die Daten der Raumsonde *Pioneer 11*, die am 3. Dezember 1973 den Jupiter in einem Abstand von nur 1,6 R_J passierte, sind noch heute (2006) unübertroffen und zeigten näherungsweise ein magnetisches Dipolfeld mit einem Dipolmoment von $4{,}2R_J^3$ Gauß. Man beobachtete beachtliche Ströme von eingefangenen Elektronen mit Energien über 3 MeV; ein geringer Bruchteil dieser Elektronen besaß sogar Energien über 50 MeV. Nimmt man für das Magnetfeld und die Energie die charakteristischen Werte 1 Gauß bzw. 5 MeV an, so zeigen die Gleichungen (12.42) und (14.81), dass

[6] Elder, F.R., Langmuir, R.V. und H.C. Pollock, *Phys. Rev.*, **74**, 52 (1948); Tomboulain, D.H. und P.L. Hartman, *Phys. Rev.* **102**, 1423 (1956); Bathow, G., Freytag, E. und R. Haensel, *J. Appl. Phys.* **37**, 3449 (1966).

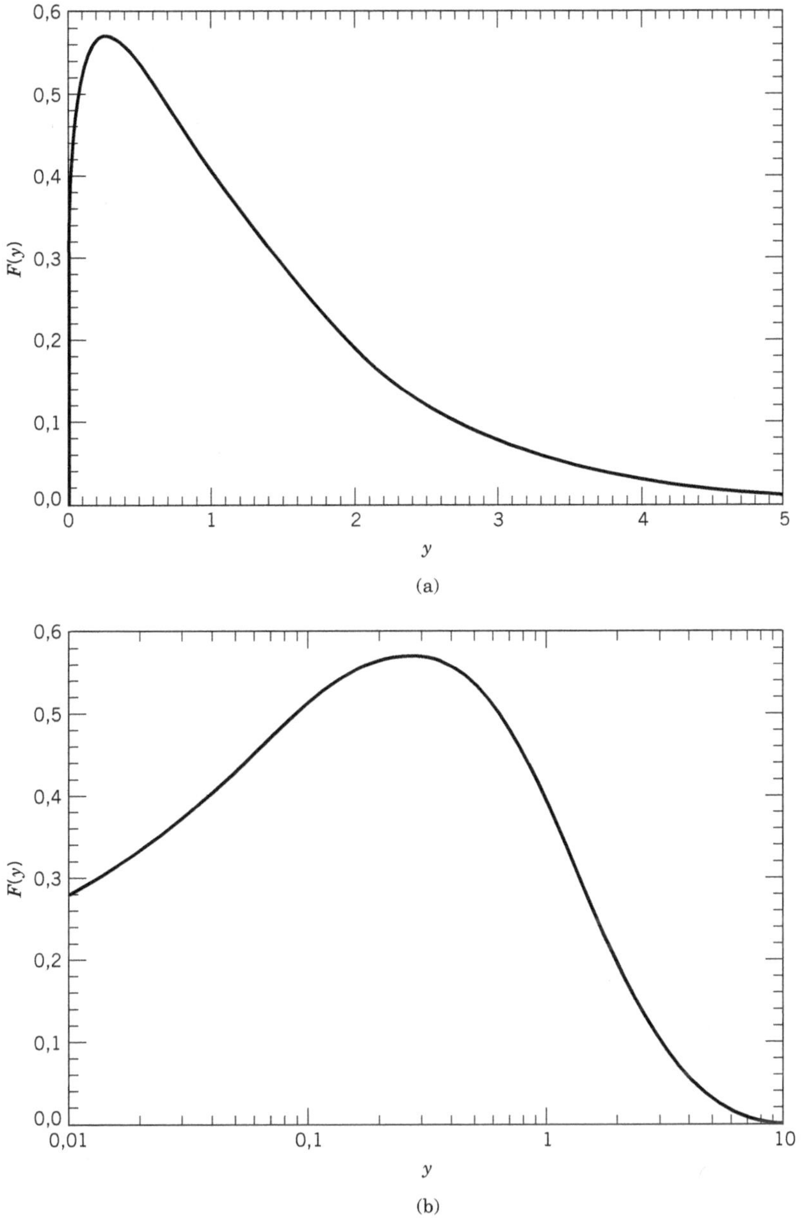

Abb. 14.11 Normiertes Spektrum der Synchrotronstrahlung

$$(1/I)(dI/dy) = (9\sqrt{3}/8\pi)y \int_y^\infty K_{5/3}(x)\,dx,$$

wobei $y = \omega/\omega_c$ und $I = 4\pi e^2 \gamma^4/3\rho$: (a) Lineare Abszissenskala und (b) logarithmische Abszissenskala.

der Spiralradius in der Größenordnung von 100–200 Metern liegt, sodass $\omega_0 \sim 2 \times 10^6 \, s^{-1}$ ist, und dass bis etwa 10^3 Oberschwingungen in der Strahlung deutlich nachweisbar sind.

Wir haben hier die Synchrotronstrahlung rein klassisch behandelt. Man kann aber auch, wenn es wünschenswert erscheint, zur Sprache der Photonen übergehen. Die Photonenzahl pro Frequenzintervall erhält man, indem man die Intensitätsverteilung (14.91) (oder (14.79)) durch $\hbar\omega$ dividiert. Die Frequenzverteilung der Photonen ergibt sich dann zu

$$\frac{dN}{dy} = \frac{I}{\hbar\omega_c} \cdot \frac{9\sqrt{3}}{8\pi} \int_y^\infty K_{5/3}(x)\, dx \tag{14.93}$$

wobei $y = \omega/\omega_c$ ist und $I = 4\pi e^2 \gamma^4 / 3\rho$ die pro Umlauf abgestrahlte Gesamtenergie. Durch Integration über die Frequenz ergibt sich die mittlere Anzahl der pro Umlauf und Teilchen abgestrahlten Photonen:

$$N = \frac{5\pi}{\sqrt{3}} \gamma\alpha \tag{14.94}$$

wobei α die Feinstrukturkonstante ist. Die mittlere Photonenenergie, I/N, ist

$$\langle \hbar\omega \rangle = \frac{8}{15\sqrt{3}} \hbar\omega_c \tag{14.95}$$

Da ω_c proportional zu γ^3 ist und im GeV-Bereich $\gamma = O(10^4)$ gilt, entstehen – wie bereits bemerkt – bei Grundwellenlängen $2\pi\rho$ von einigen hundert Metern Synchrotronphotonen mit Wellenlängen bis hinunter zu 10^{-10} Metern (bzw. 1 Ångström) und weniger, was Röntgen-Strahlen im keV-Bereich entspricht.

14.7 Undulatoren und Wiggler zur Erzeugung von Synchrotronstrahlung

Das breite Photonenspektrum, das Elektronen bei der Ablenkung durch die Magnetfelder in Synchrotron-Speicherringen abstrahlen, bietet sich als nützliches Untersuchungsinstrument an. Anfänglich wurde diese Strahlungsquelle von Biologen und Festkörperphysikern eher „parasitär“ benutzt. Mit gekrümmten Kristallen und anderen Hilfsmitteln wurden aus dem Kontinuum bestimmte Frequenzen herausgefiltert. Die zunehmende Verwendung und die Erfordernis intensiver Quellen mit hoher Frequenzkonzentration der Strahlung führten zur Entwicklung von magnetischen Zusatzgeräten im Synchrotronring, so genannten *Undulatoren* und *Wigglern*[7]. Die Magnetfelder dieser Geräte ändern die Bewegung der Elektronen so, dass eine Konzentration der Strahlung entsteht und das Spektrum einem monochromatischen oder Mehrfach-Linienspektrum erheblich näher kommt. Die

[7] Die Begriffe „Undulator“ und „Wiggler“ leiten sich von dem lateinischen Substantiv „undula“ („kleine Welle“) bzw. dem englischen Verb „to wiggle“ („sich schlängeln, sich schlängelnd hin- und herbewegen“) ab (Anm. des Übersetzers).

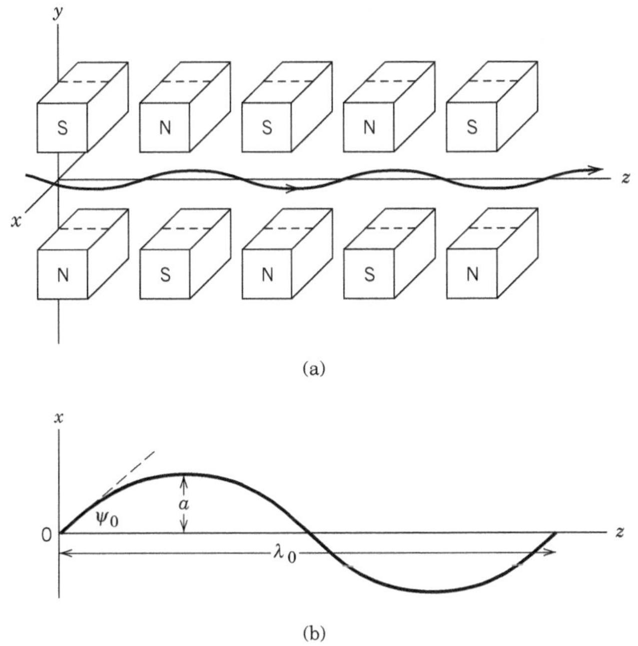

Abb. 14.12 (a) Schematische Darstellung der Ablenkmagnete eines Undulators oder Wigglers. Die Polaritäten alternieren. (b) Skizze der näherungsweise sinusförmigen Bewegung des Elektrons in der (x, z)-Ebene. Die Periode der Magnetanordnung ist mit λ_0 bezeichnet, die maximale transversale Amplitude mit a und die maximale Winkelabweichung von der Vorwärtsrichtung mit ψ_0.

grundlegende Formel bleibt (14.67), aber wir werden zusätzlich Invarianzargumente und Lorentz-Transformationen benutzen, um die Ergebnisse physikalisch verständlicher zu machen.

Grundgedanke der Undulatoren und Wiggler ist der, dass man ein geladenes Teilchen – im Allgemeinen ein Elektron und zumeist ein relativistisch bewegtes ($\gamma \gg 1$) – mit zeitlich veränderlichen Magnetfeldern veranlassen kann, zusätzlich zur generellen Geradeausbewegung eine dazu senkrechte Bewegung auszuführen. Die äußeren Magnetfelder induzieren kleine Transversalschwingungen, und aufgrund der damit verbundenen Beschleunigungen entsteht Strahlung. In Abb. 14.12(a) ist eine typische Anordnung skizziert; sie besteht aus einer Reihe von Magneten mit vertikaler Feldrichtung und alternierender Polarität, aufgestellt entlang der Teilchenbahn. Das Teilchen bewegt sich in der horizontalen (x, z)-Ebene.

A. Qualitative Eigenschaften

Sind die Magnete mit der Periode λ_0 angeordnet – wir nennen diese im Folgenden auch kurz „Magnetperiode“ –, dann wird die Teilchenbahn näherungsweise sinusförmig mit der gleichen Periode in transversaler Richtung verlaufen, wie in Abb. 14.12(b) skizziert. Das heißt es gilt $x \approx a \sin(2\pi z/\lambda_0)$, wobei die maximale

Amplitude a von der Feldstärke des Undulators bzw. Wigglers abhängt und natürlich von der Teilchenenergie. Die maximale Winkelabweichung von der Vorwärtsrichtung, ψ_0, ist proportional zu a. Sie ist ein wichtiger Parameter, durch den sich Undulatoren und Wiggler voneinander unterscheiden. Es gilt

$$\psi_0 = \left(\frac{dx}{dz}\right)_{z=0} = \frac{2\pi a}{\lambda_0} = k_0 a,$$

wobei

$$k_0 = 2\pi/\lambda_0 \tag{14.96}$$

die Grundwellenzahl des Systems ist. (In Wirklichkeit braucht das Teilchen die Zeit $T = \lambda_0/\beta c$, um eine Periode der Magnetanordnung zu durchlaufen, d. h. die tatsächliche Wellenzahl der Strahlung ist βk_0. Doch für $\gamma \gg 1$ ist der Unterschied zu vernachlässigen.)

Für $\gamma \gg 1$ fällt die Strahlung des geladenen Teilchens in einen engen Winkelbereich der Breite $\Delta\theta = O(1/\gamma)$ um die Bahnrichtung. Da sich das Teilchen auf der in Abb. 14.12 (b) skizzierten oszillierenden Bahn bewegt, flackert der Strahl um die Vorwärtsrichtung hin und her wie ein Suchschweinwerfer, und in Abhängigkeit davon, ob ψ_0 größer oder kleiner als $\Delta\theta$ ist, entstehen qualitativ unterschiedliche Strahlungsspektren.

(a) Wiggler ($\psi_0 \gg \Delta\theta$)

Für $\psi_0 \gg \Delta\theta$ sieht ein Beobachter das Aufleuchten des „Suchscheinwerfers" mit einer Wiederholungsrate, die durch die Beziehung $\nu_0 = \omega_0/2\pi = ck_0/2\pi$ bestimmt wird. Da sich λ_0 in der Größenordnung einiger Zentimeter bewegt, ist folglich $\nu_0 = O(10\,\text{GHz})$. Der Vorgang ist ähnlich wie in einem normalen Synchrotron mit seinen Teilchenpaketen, die im Abstand von wenigen Zentimetern aufeinanderfolgen. Das Spektrum erstreckt sich bis hin zu Frequenzen, die gleich der mit γ^3 multiplizierten Grundfrequenz $\Omega = c/R$ sind, wenn R der effektive Krümmungsradius der Bahn ist. Im Allgemeinen interessiert der Minimalwert von R. Er tritt bei maximaler Amplitude der transversalen Bewegung auf und ist gegeben durch

$$R = \frac{1}{k_0^2 a} = \frac{\lambda_0}{2\pi\psi_0} \tag{14.97}$$

Das Strahlungsspektrum des Wigglers ist glatt und wenig ausgeprägt – ähnlich dem in Abb. 14.11 gezeigten Spektrum der Synchrotronstrahlung. Die Grundfrequenz ist $\Omega = 2\pi c\psi_0/\lambda_0$ und die kritische Frequenz gleich dem γ^3-fachen dieses Wertes. Wenn die Magnetanordnung des Wigglers N Perioden hat, fällt die Strahlung N-mal intensiver aus als bei einem einzigen Durchgang eines Teilchens durch den Synchrotronring.

Es ist zweckmäßig, den skalierten Winkel

$$K = \gamma\psi_0$$

als Parameter einzuführen. Für einen Wiggler ist $K \gg 1$. Ausgedrückt durch diesen Parameter, ergibt sich für seine kritische Frequenz:

$$\omega_c = O\left(\gamma^2 K \frac{2\pi c}{\lambda_0}\right) \tag{14.98}$$

Benutzer von Synchrotronlichtquellen sprechen aber eher von Wellenlängen als von Frequenzen. Die kritische Wellenlänge ist

$$\lambda_c = O\left(\frac{\lambda_0}{\gamma^2 K}\right) \tag{14.99}$$

(b) Undulatoren ($\psi_0 \ll \Delta\theta$ oder $K \ll 1$)

Wenn $\psi_0 \ll \Delta\theta$ ist, bewegt sich der Suchlichtstrahl kaum merklich im Vergleich zu seiner eigenen Winkelbreite. Das heißt, dass ein Beobachter eine nahezu *kohärente Überlagerung* der Beiträge aller Oszillationen der Trajektorie feststellen kann. Bei vollkommener Kohärenz und einer unendlich großen Anzahl von Magnetperioden (und infinitesimalen Auflösungsvermögen des Detektors) wäre die Strahlung monochromatisch. Bei endlichem N aber liegt eine Frequenzbreite $\Delta\omega/\omega = O(1/N)$ vor. Auch durch die endliche Winkelakzeptanz entsteht, infolge der Doppler-Verschiebung, eine endliche Breite. Dennoch bleibt das Spektrum eines Undulators sehr scharf um ein Maximum konzentriert (in Wirklichkeit entsteht eine ganze Reihe von Maxima, aber mit einem „Grund"-Maximum, das am intensivsten ist).

Die Frequenz der „Linie" eines Undulators lässt sich abschätzen, wenn man das Teilchen in seinem Ruhsystem betrachtet. Infolge der FitzGerald-Lorentz-Kontraktion rast die Magnetfeldstruktur im Ruhsystem des Teilchens mit einer räumlichen Periode λ_0/γ an dem Teilchen vorbei. Die Frequenz einfacher Dipolstrahlung in diesem System ist daher $\omega' \approx \gamma(2\pi c/\lambda_0)$. Im Laborsystem führt die relativistische Doppler-Verschiebung zunächst zu

$$\omega' = \gamma\omega(1 - \beta\cos\theta) \approx \omega(1 + \gamma^2\theta^2)/2\gamma$$

und folglich hat die Spektrallinie beim Winkel θ die Frequenz

$$\omega \approx \frac{2\gamma^2}{1 + \gamma^2\theta^2}\left(\frac{2\pi c}{\lambda_0}\right) \tag{14.100}$$

Man beachte, dass diese Frequenz bei kleinen Winkeln ($\gamma\theta \ll 1$) die gleiche γ-Abhängigkeit aufweist wie die kritische Wiggler-Frequenz (14.98) bei festem K.

B. Details der Kinematik und Teilchendynamik

Wir wollen das Teilchen in seinem mittleren Ruhsystem betrachten, in dem es sowohl transversale als auch longitudinale Schwingungen ausführt. Seine anfänglichen Lorentz-Parameter, γ und β, bleiben unverändert, da das Magnetfeld keine Arbeit an dem Teilchen verrichtet. Infolge der transversalen Bewegung sind jedoch die mittlere Geschwindigkeit des Teilchens in z-Richtung, $\breve{\beta}c$, und das zugehörige $\bar{\gamma}$ geringer als die anfänglichen Werte. Das mittlere Ruhsystem bewegt sich mit der Geschwindigkeit $\breve{\beta}c$ relativ zum Laborsystem.

Eine Möglichkeit, $\breve{\beta}$ und $\bar{\gamma}$ zu bestimmen, besteht darin, die in Abb. 14.12(b) skizzierte Bahn zu betrachten und deren Länge für einen Zyklus zu berechnen: Es gilt

$$s = \int_0^{\lambda_0} \sqrt{1 + (dx/dz)^2}\, dz \approx \int_0^{\lambda_0} [1 + \tfrac{1}{2}(dx/dz)^2 + \cdots]\, dz \tag{14.101}$$

und damit

$$s \approx \lambda_0(1 + \tfrac{1}{4}\psi_0^2) \tag{14.102}$$

Hierbei wurde $\psi_0 \ll 1$ angenommen, und im Folgenden setzen wir voraus, dass $\gamma \gg 1$ ist. Da sich das Teilchen mit der Geschwindigkeit βc bewegt, folgt:

$$\breve{\beta} = \frac{\beta}{1 + \psi_0^2/4} \approx \beta(1 - \tfrac{1}{4}\psi_0^2) \tag{14.103}$$

Obwohl $\beta \approx 1$ und $\psi_0 \ll 1$ ist und damit $\breve{\beta} \approx 1$, liefert die Differenz zwischen $\breve{\beta}$ und β einen endlichen (und keineswegs infinitesimal kleinen) Unterschied zwischen $\bar{\gamma}$ und γ:

$$\begin{aligned} \frac{1}{\bar{\gamma}^2} &= 1 - \breve{\beta}^2 \approx 1 - \beta^2(1 - \tfrac{1}{2}\psi_0^2) \\ &\approx \gamma^{-2} + \tfrac{1}{2}\psi_0^2 = \gamma^{-2}(1 + \tfrac{1}{2}K^2) \end{aligned}$$

Damit erhalten wir

$$\bar{\gamma} \approx \frac{\gamma}{\sqrt{1 + \frac{1}{2}K^2}} \tag{14.104}$$

Da $K \gg 1$ sein kann, selbst wenn $\psi_0 \ll 1$ ist, kann der Unterschied zwischen $\bar{\gamma}$ und γ zumindest für Wiggler beträchtlich sein.

Wir haben eine sinusförmige transversale Bewegung angenommen. Wie aber hängt diese Annahme mit der Struktur des von den Magneten aufgebauten Feldes zusammen, das die Bewegung verursacht? Bei konstantem β und γ lässt sich die x-Komponenten der Gleichung für die Lorentz-Kraft in der Form $\ddot{x} = -e\beta_z B_y/\gamma m$ schreiben, wobei $\beta_y B_z$ als vernachlässigbar angenommen wurde. Mit der Näherung $z = ct$ und $\beta_z = 1$ ergibt sich:

$$B_y(z) = -\frac{\gamma mc^2}{e}\frac{d^2x}{dz^2} = \frac{\gamma mc^2}{e}k_0^2 a \sin k_0 z \tag{14.105}$$

Das erforderliche Magnetfeld ist also $B_y = B_0 \sin k_0 z$ mit $B_0 = \gamma mc^2 k_0^2 a/e$. Da $K = \gamma k_0 a$ ist, lässt sich der wichtige Parameter K durch das gegebene Magnetfeld und seine Periode ausdrücken:

$$K = \frac{eB_0}{k_0 mc^2} = \frac{eB_0\lambda_0}{2\pi mc^2} \tag{14.106}$$

Das Magnetfeld ist zwar periodisch, aber in Wirklichkeit nicht sinusförmig. Wir können jedoch für B_y eine Fourier-Zerlegung nach Vielfachen von k_0 vornehmen. Jede Komponente trägt zur Bewegung bei, aber die Grundkomponente wird dabei überwiegen, sodass wir nur diese beibehalten.

Die longitudinalen Schwingungen erhalten wir, zumindest näherungsweise, aus der Konstanz von β. Wir gehen aus von der Beziehung $\beta_z^2 = \beta^2 - \beta_x^2$. Da $|\beta_x| \ll \beta$ ist, können wir folgende Näherung machen:

$$\beta_z \approx \beta - \frac{\beta_x^2}{2\beta} \approx \beta - \frac{\beta_x^2}{2}$$

Nun gilt aber $x = a \sin k_0 z \approx a \sin(k_0 ct)$, und daher ist $\beta_x \approx k_0 a \cos(k_0 ct)$. Damit ergibt sich für die Komponente von $\boldsymbol{\beta}$ in z-Richtung:

$$\begin{aligned}\beta_z(t) &\approx \beta - \tfrac{1}{2}k_0^2 a^2 \cos^2(k_0 ct)\\ &= \beta - \tfrac{1}{4}k_0^2 a^2 [1 + \cos(2k_0 ct)]\\ &= \breve{\beta} - \frac{K^2}{4\gamma^2}\cos(2k_0 ct)\end{aligned}$$

Durch Integration von $c\beta_z(t)$ über t erhalten wir für die longitudinale bzw. transversale Bewegung:

$$z(t) = \breve{\beta}ct - \frac{\lambda_0 K^2}{16\pi\gamma^2}\sin(2k_0 ct) \quad \text{und} \quad x(t) = \frac{\lambda_0 K}{2\pi\gamma}\sin(k_0 ct) \tag{14.107}$$

C. Die Teilchenbewegung im mittleren Ruhsystem

Es ist informativ, die Teilchenbewegung im System K' zu untersuchen, das sich mit der Geschwindigkeit $\breve{\beta}$ in positiver z-Richtung bewegt. Die entsprechenden Gleichungen der Lorentz-Transformation lauten:

$$x' = x, \quad z' = \bar{\gamma}(z - \breve{\beta}ct), \quad ct' = \bar{\gamma}(ct - \breve{\beta}z)$$

Wenn wir $z(t)$ aus (14.107) in die letzte dieser drei Gleichungen einsetzen, erhalten wir

$$ct' = \bar{\gamma}\left[ct(1 - \breve{\beta}^2) + \frac{\breve{\beta}K^2}{8k_0\gamma^2}\sin 2\theta\right]$$

mit dem Winkel $\theta = k_0 ct$. Bei Vernachlässigung des letzten Terms ergibt sich als erste Näherung: $t = \bar{\gamma}t'$. Indem wir dies in die Gleichung für θ einsetzen, erhalten wir eine bessere Näherung, nämlich

$$t = \bar{\gamma}t' - \frac{1}{4k_0 c}\left(\frac{K^2}{2 + K^2}\right)\sin(2\bar{\gamma}k_0 ct')$$

und damit

$$\theta = \bar{\gamma}k_0 ct' - \frac{1}{4}\left(\frac{K^2}{2 + K^2}\right)\sin(2\bar{\gamma}k_0 ct') \tag{14.108}$$

Meistens ist der erste Ausdruck angebracht, aber zur Berechnung von Zeitableitungen in bewegten System benötigt man auch den zweiten Ausdruck, etwa bei der Ableitung von $\theta(t')$.

Die Koordinaten des Teilchens im bewegten System sind

$$\begin{aligned}x'(t') &= \frac{K}{\gamma k_0}\sin\theta(t') = a \sin\theta(t')\\ z'(t') &= -\frac{\bar{\gamma}K^2}{8\gamma^2 k_0}\sin 2\theta(t') = -\frac{Ka}{8\sqrt{1 + K^2/2}}\sin 2\theta(t')\end{aligned}$$

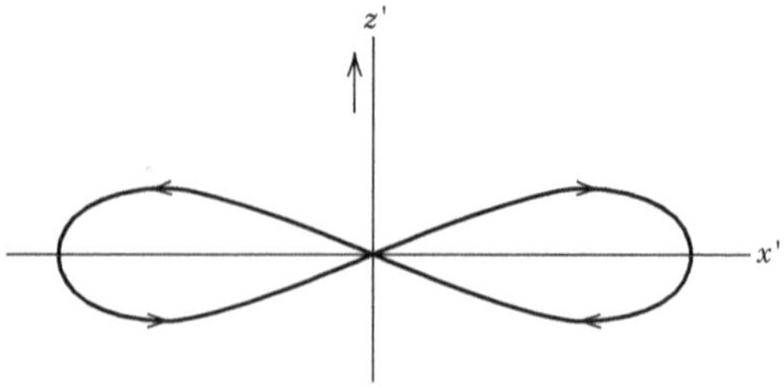

Abb. 14.13 Teilchenbahn im bewegten (mittleren Ruh-)System für $K \gg 1$. Der Pfeil gibt die Bewegungsrichtung im Laborsystem an.

Dies ist die Parameterdarstellung einer Kurve in der (x', z')-Ebene, die die Form einer liegenden Acht hat. Die Elimination des Kurvenparameters θ führt auf die Bahngleichung

$$z' = \mp 2(z')_{\text{max}} \cdot \frac{x'}{a}\sqrt{1 - \frac{x'^2}{a^2}} \quad \text{mit} \quad (z')_{\text{max}} = \frac{Ka}{8\sqrt{1 + K^2/2}}$$

Abbildung 14.13 zeigt die Teilchenbahn für $K \gg 1$. Für $K = 1$ ist die z'-Amplitude 0,576-mal so klein wie gezeigt. Für $K \ll 1$ dagegen sind die z'-Schwingungen zu vernachlässigen, d. h. es ergibt sich eine einfache harmonische Schwingung in transversaler Richtung.

Eine wichtige Eigenschaft der Bewegung im bewegten System ist die Maximalgeschwindigkeit des Teilchens. Eine einfache Rechnung liefert für das Quadrat der Teilchengeschwindigkeit im bewegten System:

$$\beta'^2 = \left[\frac{2K^2}{2 + K^2}\cos^2\theta + \frac{K^4}{4(2 + K^2)^2}\cos^2 2\theta\right]\left[1 - \frac{K^2}{2(2 + K^2)}\cos 2\theta\right]^2 \tag{14.109}$$

wobei wir jetzt $\theta(t') = \bar{\gamma}k_0 ct'$ setzen dürfen. Der zweite Faktor rührt von $d\theta(t')/dt'$ her. Interessant sind die beiden Grenzfälle von K. Für $K \ll 1$ liefert der führende Term:

$$\beta' \approx K\cos\theta, \quad K \ll 1 \tag{14.110a}$$

Das heißt bei *nichtrelativistischer* Bewegung liegt eine einfache harmonische Schwingung vor. Das ist der Grenzfall des Undulators. Im entgegengesetzten, hochrelativistischen Grenzfall $K \to \infty$ ergeben die führenden Terme:

$$\beta' \approx 1 - (\cos^2\theta - \tfrac{1}{2})^2, \quad K \to \infty \tag{14.110b}$$

In diesem Grenzfall (eines starken Wigglers) variiert die Teilchengeschwindigkeit während der ausgeprägt relativistischen Bewegung zwischen $3c/4$ und c. Den Übungen 14.12, 14.14 und 14.15 ist zu entnehmen, dass die Strahlung im *bewegten* System aus vielen Oberschwingungen der Grundfrequenz besteht und dass die Winkelverteilung von der eines einfachen Dipols weit entfernt ist. Die Strahlung eines derart ausgeprägten Wigglers wird im Laborsystem besser beschrieben durch die Beiträge von aufeinanderfolgenden Bahnsegmenten, die mit ihren Tangenten auf den Beobachter zeigen.

D. Das Strahlungsspektrum eines Undulators

Für $K \ll 1$ ist die Bewegung im mittleren Ruhsystem sehr einfach. Das Teilchen bewegt sich nichtrelativistisch und führt eine harmonische Schwingung längs der x-Achse aus. Es entsendet monochromatische Dipolstrahlung, und die Winkelverteilung der entsprechenden Strahlungsleistung ist

$$\frac{dP'}{d\Omega'} = \frac{e^2 c}{8\pi} k'^4 a^2 \sin^2 \Theta$$

wobei $k' = \bar{\gamma} k_0$ die Wellenzahl im bewegten System bezeichnet. Die Koordinaten zeigt die Abb. 14.14. Der in der letzten Gleichung auftretende Faktor $k'^2 \sin^2 \Theta$ lässt sich schreiben in der Form

$$k'^2 \sin^2 \Theta = k'^2 - k'^2 \cos^2 \Theta = k_z'^2 + k_y'^2 .$$

Mit $K = \gamma k_0 a \approx \bar{\gamma} k_0 a$ für $K \ll 1$ wird daher aus der obigen Winkelverteilung der Strahlung:

$$\frac{dP'}{d\Omega'} = \frac{e^2 c}{8\pi} K^2 (k_z'^2 + k_y'^2) \tag{14.111}$$

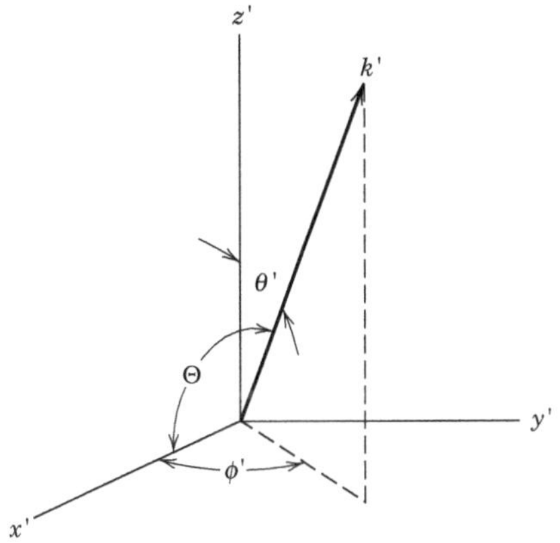

Abb. 14.14 Strahlungsrichtung und Winkel im mittleren Ruhsystem. Das Teilchen bewegt sich in der (x', z')-Ebene.

Um das Winkel- und Frequenzspektrum (in Wirklichkeit das eine *oder* das andere) zu bestimmen, nutzen wir gewisse Invarianzeigenschaften aus. Da die Phasenraumdichte d^3k/ω eine Lorentz-Invariante ist, betrachten wir zweckmäßigerweise nicht $dP'/d\Omega'$, sondern $\omega' d^3P'/d^3k'$. Wenn wir die Deltafunktion $\delta(k' - \bar{\gamma} k_0)$ einsetzen, um sicherzustellen, dass die Strahlung im bewegten System monochromatisch ist, erhalten wir:

$$d^3 P' = \left[\frac{e^2 c^2 K^2}{8\pi} (k_z'^2 + k_y'^2) \frac{\delta(k' - \bar{\gamma} k_0)}{\bar{\gamma} k_0} \right] \frac{d^3 k'}{\omega'} \tag{14.112}$$

mit $d^3k' = k'^2 \, dk' \, d\Omega'$. Diesen Ausdruck untersuchen wir nun näher. Multiplizieren wir mit dem Zeitintervall $\Delta t'$, in dem gerade eine Periode der Magnetfeldanordnung im mitbewegten System an dem Teilchen vorbeizieht (also mit $\Delta t' = \lambda_0/\gamma\beta c \approx \gamma_0/\bar{\gamma}c$), so erhalten wir die pro Periode in das invariante Phasenraumelement emittierte Energie. Dividieren wir zusätzlich durch $\hbar\omega' = \hbar c k'$ so gewinnen wir die differentielle *Anzahl* der Photonen, d^3N', die pro Magnetfeldperiode im Phasenraumelement d^3k'/ω' erscheinen. Diese Zahl aber ist eine invariante Größe. Die Relation zwischen differentiellem Strahlungsspektrum im Laborsystem und dem Spektrum im bewegten System lautet daher

$$\frac{d^3P}{(d^3k/\omega)} = \frac{\Delta t'}{\Delta t} \cdot \frac{\omega}{\omega'} \cdot \frac{d^3P'}{(d^3k'/\omega')}$$

Mit $\Delta t'/\Delta t = 1/\bar{\gamma}$ und $d^3k/\omega = k\, dk\, d\Omega/c$ erhalten wir weiter:

$$\frac{d^3P}{dk\, d\Omega} = \frac{e^2cK^2}{8\pi\bar{\gamma}^3} \cdot \frac{k^2}{k_0^2} \cdot (k_z'^2 + k_y'^2) \cdot \delta(k' - \bar{\gamma}k_0) \tag{14.113}$$

Es bleibt nur noch übrig, die gestrichenen Größen durch die Variablen im Laborsystem auszudrücken. Die anzuwendenden Lorentz-Transformationen sind

$$\begin{aligned} k_y' &= k_y = k \sin\theta \sin\phi, \quad \phi' = \phi \\ k_z' &= \bar{\gamma}k(\cos\theta - \breve{\beta}) \\ k' &= \bar{\gamma}k(1 - \breve{\beta}\cos\theta) \end{aligned}$$

Indem wir von der Einschränkung durch die Deltafunktion Gebrauch machen, erhalten wir schließlich:

$$k = \frac{k_0}{1 - \breve{\beta}\cos\theta}$$

Mit den entsprechenden Näherungen für $\bar{\gamma} \gg 1$ (nämlich $\theta \ll 1$, $\breve{\beta} \approx 1 - 1/2\bar{\gamma}^2$ etc.) kann jetzt Gl. (14.113) in der folgenden Form geschrieben werden:

$$\frac{d^3P}{d\eta\, dk\, d\phi} = \frac{e^2c\bar{\gamma}^2K^2k_0^2}{2\pi}\left[\frac{(1-\eta)^2 + 4\eta\sin^2\phi}{(1+\eta)^4}\right]\delta[k(1+\eta) - 2\bar{\gamma}^2k_0] \tag{14.114}$$

wobei $\eta = (\bar{\gamma}\theta)^2$ die natürliche Winkelvariable ist, die $\cos\theta$ ersetzt. Man beachte, dass die Frequenz- und Winkelverteilung aufgrund der Deltafunktion nicht unabhängig voneinander sind.

(a) Winkelverteilung

Durch Integration über das Frequenzspektrum dk ergibt sich für die Winkelverteilung der Leistung zunächst

$$\frac{d^2P}{d\eta\, d\phi} = \frac{e^2c\bar{\gamma}^2K^2k_0^2}{2\pi}\left[\frac{(1-\eta)^2 + 4\eta\sin^2\phi}{(1+\eta)^5}\right] \tag{14.115}$$

Eine weitere Integration über den Azimutwinkel führt zu dem polaren Winkelspektrum

$$\frac{dP}{d\eta} = 3P\left[\frac{1+\eta^2}{(1+\eta)^5}\right] \tag{14.116}$$

wobei

$$P = \frac{e^2 c\bar{\gamma}^2 K^2 k_0^2}{3} \tag{14.117}$$

die Gesamtstrahlungsleistung ist. Wie leicht nachzuweisen, ergibt sich für den zeitlichen Mittelwert von η: $\langle\eta\rangle = 1$.

(b) Frequenzverteilung

Die Verteilung der in einen Winkelbereich $\eta_1 < \eta < \eta_2$ emittierten Frequenzen erhalten wir durch Integration von (14.114) über $d\phi\, d\eta$. Das Ergebnis lautet:

$$\frac{dP}{d\nu} = 3P[\nu(1-2\nu+2\nu^2)] \quad \text{für } \nu_{\min} < \nu < \nu_{\max} \tag{14.118}$$

mit $\nu = k/2\bar{\gamma}^2 k_0$ und

$$\nu_{\min} = 1/(1+\eta_2),\ \nu_{\max} = 1/(1+\eta_1)$$

Das vollständige, normierte Frequenzspektrum ist in Abb. 14.15 (a) aufgetragen. Der steile Anstieg zwischen den gestrichelten Linien entspricht dem Winkelbereich $0 < \eta < 1/9$ (d. h. $\theta < 1/3\bar{\gamma}$). Man beachte, dass dieses Spektrum nur für ideale, d. h. stets sinusförmige Bewegung des Teilchens gilt. Für eine endliche Anzahl N von Magnetperioden ist die Schwingungsdauer endlich, und der Wellenzug erfährt eine relative Frequenzverbreiterung in der Größenordnung von $1/N$. Bei großen N ist diese Verbreiterung im allgemeinen klein gegenüber derjenigen, die durch die endliche Winkelakzeptanz bedingt ist.

Bei kleinem, aber nicht vernachlässigbarem K sind Oberwellen vorhanden. Man kann sie interpretieren als die Auswirkung höherer Multipole der in Abb. 14.13 dargestellten „Achterbewegung". Die erste Oberwelle, d. h. die *zweite Harmonische*, erklärt sich als kohärente Überlagerung der Felder eines Dipols in z-Richtung [$z' \sim \sin 2\theta(t')$] und eines Quadrupols, den die x'-Bewegung verursacht (vgl. Übg. 14.27). Das resultierende Frequenzspektrum ist in Abb. 14.15 (b) für $K = 0{,}5$ dargestellt. Höhere Oberwellen sind von geringerer Intensität, zumindest für $K < 1$.

(c) Energie der ausgestrahlten Photonen und ihre Anzahl pro Magnetperiode

Die Strahlungsleistung ist durch (14.117) gegeben, und die Maximalenergie der Photonen der Grundschwingung ist $\hbar\omega_{\max} = 2\bar{\gamma}^2 k_0 \hbar c$ (bei $\eta = 0$). Im Verlauf einer Magnetperiode wird die Energie $\Delta E = P\Delta t$ abgestrahlt, wobei $\Delta t = \lambda_0/c$ ist. Damit lässt sich die Anzahl N_γ der Photonen, die pro Periode des Magnetfeldes entstehen, abschätzen zu $N_\gamma \gtrsim P\Delta t/\hbar\omega_{\max} = O(\alpha K^2)$, wobei α die Feinstrukturkonstante ist. Der durch $\hbar\omega$ dividierte Ausdruck (14.118) führt auf

$$N_\gamma = \frac{2\pi}{3}\alpha K^2 \tag{14.119}$$

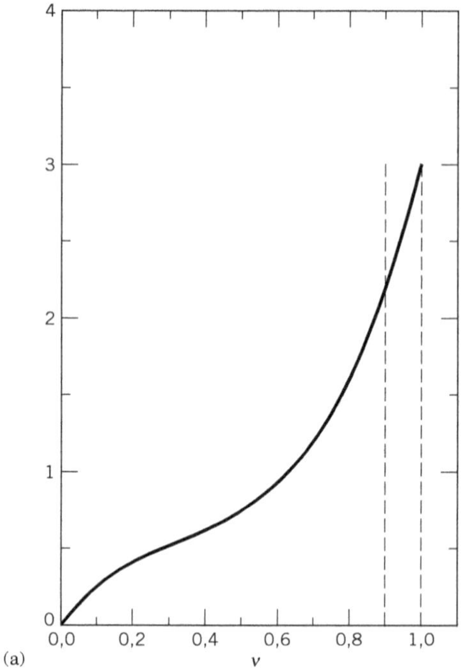

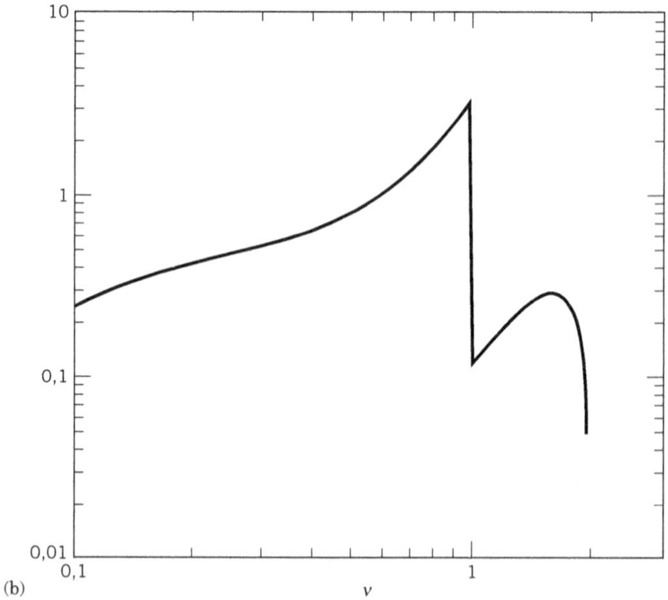

Abb. 14.15 (a) Normiertes Frequenzspektrum für $K \ll 1$ und sinusförmige Bewegung. Die gestrichelten Linien markieren das sichtbare Frequenzspektrum für Winkel $0 < \gamma\theta < \frac{1}{3}$. (b) Doppelt logarithmische Darstellung der Intensität von Grundwelle und erster Oberwelle für $K = 0{,}5$ bei sinusförmigem Magnetfeld. In Wirklichkeit hängt die Form des Spektrums von der detaillierten Undulatorstruktur ab.

E. Typische Anlagen und Spektren mit Zahlenwerten

In praktischen (d.h. in der Beschleunigertechnik gängigen) Einheiten sind die Parameter K und $\hbar\omega_{\max}$ für Elektronen gegeben durch

$$K = \frac{eB_0}{k_0 mc^2} = \frac{eB_0\lambda_0}{2\pi mc^2} = 93{,}4\, B_0(\mathrm{T})\, \lambda_0(\mathrm{m})$$

und

$$\hbar\omega_{\max}(\mathrm{eV}) = \frac{9{,}496\,[E(\mathrm{GeV})]^2}{(1 + K^2/2)\lambda_0(\mathrm{m})}$$

Typische Undulatoren haben $B_0 = O(0{,}5\,\mathrm{T})$, $\lambda_0 = O(4\,\mathrm{cm})$, $E = O(1-7\,\mathrm{GeV})$. Somit ist $K = O(2)$ und $\hbar\omega_{\max} = O(80\,\mathrm{eV}-4\,\mathrm{keV})$. Bei Wigglern ist $B_0 = O(1\,\mathrm{T})$ und $\lambda_0 = O(20\,\mathrm{cm})$. Daraus ergibt sich $K = O(20)$.

Synchrotronlichtquellen setzt man in vielen Forschungslaboratorien rund um die Welt ein. Einige typische, moderne Anlagen (aus dem Jahr 1998) sind folgende:

- Advanced Light Source (ALS), Lawrence Berkeley Radiation Laboratory, $E = 1{,}5$ GeV
- National Synchrotron Light Source (NSLS), Brookhaven National Laboratory, $E = 0{,}75;\ 2{,}5$ GeV
- European Synchrotron Radiation Facility (ESRF), Grenoble, Frankreich, $E = 6$ GeV
- Tristan Light Source, KEK National Laboratory, Tsukuba, Japan, $E = 6{,}5$ GeV
- Advanced Photon Source (APS), Argonne National Laboratory, $E = 7$ GeV

Niederenergetische Anlagen liefern Photonen von einigen 10 eV bis zu einigen keV; die hochenergetischen Anlagen erreichen 10–75 keV und bei reduziertem Fluss auch noch höhere Werte. Abbildung 14.16 zeigt einige repräsentative Spektren moderner Lichtquellen. An den Spektralhelligkeiten erkennt man die Möglichkeiten, die relativ niederenergetische Ringbeschleuniger bieten – wie z.B. beim ALS oder beim höherenergetischen APS. Für Undulatoren gibt die Darstellung die Hüllkurven der schmalen „Linien" wieder. Die Helligkeit oder Leuchtkraft definiert man als die Zahl der Photonen pro Sekunde, pro Milliradiant in vertikaler und horizontaler Richtung und pro 0,1 % Bandbreite der Photonenenergie, dividiert durch die mit 2π multiplizierte effektive Quellfläche in Quadratmillimetern. Meistens legt man mehr Wert auf größere Leuchtkraft als auf größeren Fluss.

F. Weitere Anmerkungen

Insgesamt gäbe es zu Synchrotronlichtquellen, Strahlanordnung, Transport der Photonen zum Experiment etc. noch viele Details zu nennen. Wir beschränken uns hier auf einige Anmerkungen:

1. Die Grundfrequenz eines Undulators, $\omega_{\max}$, lässt sich abstimmen, indem man den Spalt im Magneten verändert. Mit B_0 (s. Gl.(14.106)) ändert sich so auch der Undulatorparameter K.
2. Der einfache Undulator mit Strahlschwingungen in der horizontalen Ebene liefert linear polarisiertes Licht. Zirkulare Polarisation erhält man mit einem Helix-Undulator, der die transversale Trajektorie zu einer Ellipse werden lässt. Alternativ

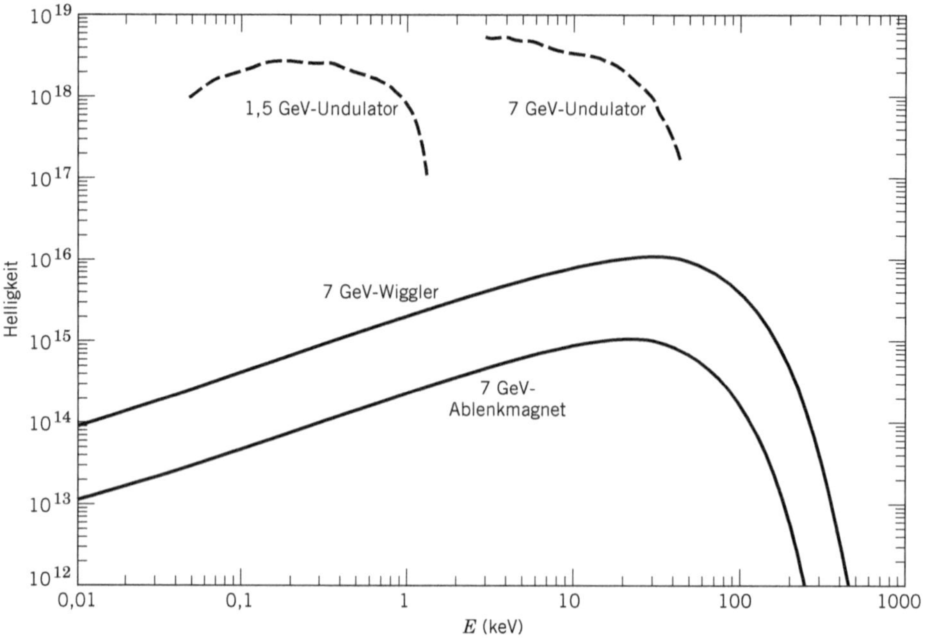

Abb. 14.16 Typische Photonenspektren moderner Synchrotronlichtquellen. Die Spektren von Ablenkungsmagneten und Wigglern verlaufen, für $\theta = 0$, kontinuierlich und nahezu proportional zu (14.79). Die Undulatorkurven stellen die Hüllkurven einer ganzen Reihe scharfer Maxima bei Vielfachen der Grundfrequenz dar. Zur Definition der Helligkeit siehe Text.

hierzu kann man auch zwei Undulatoren mit verstellbarem lungitudinalem Abstand voneinander einsetzen. Durch kohärente Überlagerung der Strahlung sämtlicher Magnetperioden lässt sich damit jeder Polarisationszustand herstellen.

3. Eng verwandt mit Wigglern und Undulatoren sind Elektronenstrahllaser. Man kann sich einen Undulator auch vorstellen als spontan in Vorwärtsrichtung emittierende Strahlungsquelle der Frequenz ω_{max}. Eine zusätzliche, sich mitbewegende elektromagnetische Welle von ungefähr gleicher Frequenz führt zu weiteren Wechselwirkungen und zu stimulierter Emission und Verstärkung der Welle.

Mehr zu den Geräten und ihren Anwendungen in der Forschung findet der Leser in der am Ende des Kapitels angegebenen Literatur.

14.8 Thomson-Streuung

Fällt eine ebene Welle monochromatischer elektromagnetischer Strahlung auf ein freies Teilchen der Ladung e und der Masse m, so wird das Teilchen beschleunigt und emittiert infolgedessen Strahlung. Diese Strahlung wird zwar in Richtungen emittiert, die sich von der der einfallenden Welle unterscheiden, hat aber für nichtrelativistische Bewegungen des Teilchens die gleiche Frequenz wie die einfallende

Strahlung. Der gesamte Prozess kann daher als Streuung der einfallenden Strahlung betrachtet werden.

Nach Gl. (14.20) ist die momentane Strahlungsleistung eines nichtrelativistisch bewegten Teilchens der Ladung e gegeben durch

$$\frac{dP}{d\Omega} = \frac{e^2}{4\pi c^3} |\boldsymbol{\epsilon}^* \cdot \dot{\mathbf{v}}|^2 \tag{14.120}$$

wenn $\boldsymbol{\epsilon}$ der Polarisationsvektor der emittierten Strahlung ist. Die Beschleunigung des Teilchens wird durch die einfallende ebene Welle verursacht. Bezeichnet man den Ausbreitungs- und Polarisationsvektor dieser Welle mit $\mathbf{k}_0$ bzw. $\boldsymbol{\epsilon}_0$, so lässt sich für das zugehörige elektrische Feld

$$\mathbf{E}(\mathbf{x}, t) = \boldsymbol{\epsilon}_0 E_0 e^{i\mathbf{k}_0 \cdot \mathbf{x} - i\omega t}$$

schreiben. Aus der nichtrelativistischen Bewegungsgleichung folgt dann für die Beschleunigung:

$$\dot{\mathbf{v}}(t) = \boldsymbol{\epsilon}_0 \frac{e}{m} E_0 e^{i\mathbf{k}_0 \cdot \mathbf{x} - i\omega t} \tag{14.121}$$

Bewegt sich die Ladung während einer Schwingungsperiode nur um ein kleines Bruchstück der Wellenlänge weiter, so ist das zeitlich Mittel von $|\dot{\mathbf{v}}|^2$ gleich $\frac{1}{2}\mathrm{Re}(\dot{\mathbf{v}} \cdot \dot{\mathbf{v}}^*)$. Die mittlere Strahlungsleistung pro Raumwinkelelement lässt sich dann ausdrücken in der Form

$$\left\langle \frac{dP}{d\Omega} \right\rangle = \frac{c}{8\pi} |E_0|^2 \left(\frac{e^2}{mc^2} \right)^2 |\boldsymbol{\epsilon}^* \cdot \boldsymbol{\epsilon}_0|^2 \tag{14.122}$$

Da der vorliegende Prozess am einfachsten als Streuung beschrieben werden kann, ist es zweckmäßig, einen Streuquerschnitt einzuführen, den wir wie in Kapitel 10 folgendermaßen definierten:

$$\frac{d\sigma}{d\Omega} = \frac{\text{Pro Zeiteinheit in das Raumwinkelelement abgestrahlte Energie}}{\text{Einfallender Energiestrom}} \tag{14.123}$$

Der einfallende Energiestrom ist nichts anderes als das zeitliche Mittel des Poynting'schen Vektors der ebenen Welle, also gleich $c\,|E_0|^2/8\pi$. Zusammen mit (14.122) ergibt sich damit für den differentiellen Streuquerschnitt:

$$\frac{d\sigma}{d\Omega} = \left(\frac{e^2}{mc^2} \right)^2 |\boldsymbol{\epsilon}^* \cdot \boldsymbol{\epsilon}_0|^2 \tag{14.124}$$

Die Geometrie der Streuung und die Lage der Polarisationsvektoren der auslaufenden Welle veranschaulicht Abb. 14.17. Der Polarisationsvektor $\boldsymbol{\epsilon}_1$ liegt in der von $\mathbf{n}$ und $\mathbf{k}_0$ aufgespannten Ebene, während $\boldsymbol{\epsilon}_2$ senkrecht auf ihr steht. Ausgedrückt durch die Einheitsvektoren in Richtung der Koordinatenachsen haben $\boldsymbol{\epsilon}_1$ und $\boldsymbol{\epsilon}_2$ die Gestalt

$$\begin{aligned} \boldsymbol{\epsilon}_1 &= \cos\theta(\mathbf{e}_x \cos\phi + \mathbf{e}_y \sin\phi) - \mathbf{e}_z \sin\theta \\ \boldsymbol{\epsilon}_2 &= -\mathbf{e}_x \sin\phi + \mathbf{e}_y \cos\phi \end{aligned}$$

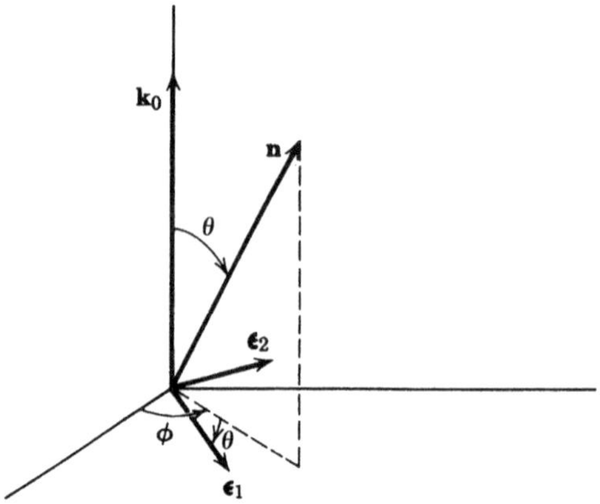

Abb. 14.17

Für eine in Richtung der x-Achse linear polarisierte Welle ist die über die möglichen Endpolarisationen summierte Winkelverteilung gleich $(\cos^2\theta\cos^2\phi+\sin^2\phi)$; ist dagegen die einfallende Welle in y-Richtung polarisiert, so ergibt sich für die entsprechende Winkelverteilung $(\cos^2\theta\sin^2\phi+\cos^2\phi)$. Für unpolarisiert einfallende Strahlung ist daher der Streuquerschnitt:

$$\frac{d\sigma}{d\Omega}=\left(\frac{e^2}{mc^2}\right)^2\cdot\tfrac{1}{2}(1+\cos^2\theta) \qquad (14.125)$$

Dies ist die bekannte *Thomson'sche Formel* für die Streuung von Strahlung an einer freien Ladung. Sie lässt sich anwenden auf die Streuung von Röntgen-Strahlen an Elektronen oder von γ-Strahlen an Protonen. Den Verlauf der Winkelverteilung (14.125) zeigt die ausgezogene Kurve in Abb. 14.18. Der totale Streuquerschnitt, der sog. *Thomson-Streuquerschnitt*, ergibt sich zu

$$\sigma_T=\frac{8\pi}{3}\left(\frac{e^2}{mc^2}\right)^2 \qquad (14.126)$$

Er hat für Elektronen den Wert $0{,}665\times10^{-24}\,\mathrm{cm}^2$. Die Längeneinheit $e^2/m_e c^2=2{,}82\times10^{-13}\,\mathrm{cm}$ heißt *klassischer Elektronenradius*; denn eine klassische Ladungsverteilung von der Gesamtladung des Elektrons muss einen Radius dieser Größenordnung haben, wenn ihre elektrostatische Selbstenergie gleich der Ruhenergie des Elektrons sein soll.

Die klassische Thomson'sche Formel ist nur für kleine Frequenzen gültig, bei denen der Impuls des einfallenden Photons vernachlässigt werden kann. Wird der Impuls des Photons $\hbar\omega/c$ vergleichbar mit mc oder sogar größer, so treten Modifikationen auf. Diese kann man als quantenmechanische Effekte auffassen, da der Begriff des Photons als masseloses Teilchen mit Energie und Impuls gewiss quantenmechanischer Natur ist; doch dies vorausgesetzt, kann man sagen, dass die meisten Modifikationen kinematischer Art sind. Die wichtigste ist die, die experimentell von Compton festgestellt wurde. Die Energie oder der Impuls des gestreuten Photons sind kleiner als die des einfallenden, da das geladene Teilchen bei der Streuung einen Rückstoß erleidet. Wendet man die relativistische Zwei-Körper-Kinematik auf den

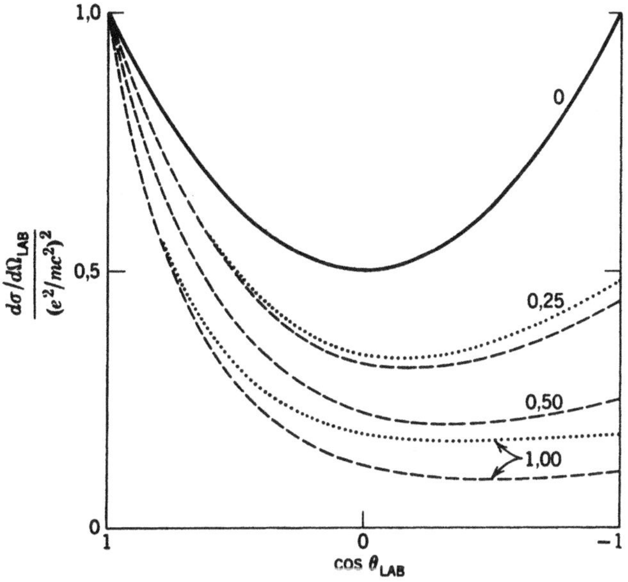

Abb. 14.18 Differentieller Wirkungsquerschnitt für die Streuung unpolarisierter Strahlung an einem im Laborsystem ruhenden, geladenen Punktteilchen. Die ausgezogene Kurve stellt das Thomson'sche Ergebnis dar. Die gestrichelten Kurven dagegen entsprechen den quantenmechanischen Ergebnissen für ein spinloses Teilchen, wobei die Zahlen die Werte von $\hbar\omega/mc^2$ angeben. Für $\hbar\omega/mc^2 = 0{,}25$ und 1,0 zeigen die punktierten Kurven die Ergebnisse für punktartige Spin $\frac{1}{2}$-Teilchen (Elektronen).

Prozess an, so zeigt sich, dass das Verhältnis von auslaufender zu einlaufender Wellenzahl des Photons gegeben ist durch die Compton'sche Formel

$$\frac{k'}{k} = \frac{1}{1 + \frac{\hbar\omega}{mc^2}(1 - \cos\theta)}$$

wobei θ der Streuwinkel im Laborsystem (dem Ruhsystem des Targets) ist. Die quantenmechanische Berechnung der Streuung von Photonen an einem *spinlosen*, punktartigen Teilchen der Ladung e und der Masse m ergibt für den Streuquerschnitt im Vergleich zu dem klassischen Ausdruck (14.124):

$$\frac{d\sigma}{d\Omega} = \left(\frac{e^2}{mc^2}\right)^2 \left(\frac{k'}{k}\right)^2 |\boldsymbol{\epsilon}^* \cdot \boldsymbol{\epsilon}_0|^2 \tag{14.127}$$

In der Strahlungseichung hat das quantenmechanische Matrixelement denselben Betrag wie die klassische Amplitude. Der Faktor $(k'/k)^2$ ist ein reiner Phasenraumfaktor. Sein Auftreten bringt es mit sich, dass der differentielle Streuquerschnitt (14.127) gegenüber dem Thomson'schen Ergebnis (14.125) bei großen Winkeln kleiner wird, wie die gestrichelten Kurven in Abb. 14.18 zeigen. Die dort ebenfalls eingetragenen, punktiert gezeichneten Kurven entsprechen dem quantenmechanischen

Ergebnis für die Photon-Elektron-Streuung, d. h. für die Photon-Streuung an einem punktartigen Spin$\frac{1}{2}$-Teilchen, wie es durch die Dirac-Gleichung beschrieben wird. Die Kurven ähneln i. Allg. denen für spinlose Teilchen, doch sind die Streuquerschnitte wegen des magnetischen Moments des Elektrons bei großen Winkeln etwas größer.[8] Das Integral von (14.127) über die Winkel ist zwar elementar berechenbar, aber kompliziert. Wir geben daher nur die Ergebnisse für die beiden Grenzfälle $\hbar\omega \ll mc^2$ und $\hbar\omega \gg mc^2$ an:

$$\frac{\sigma}{\sigma_T} = \begin{cases} 1 - 2\dfrac{\hbar\omega}{mc^2} + \cdots, & \hbar\omega \ll mc^2 \\ \dfrac{3}{4}\dfrac{mc^2}{\hbar\omega}, & \hbar\omega \gg mc^2 \end{cases} \tag{14.128}$$

Für die Streuung an Elektronen erhält man im Grenzfall kleiner Frequenzen das gleiche Ergebnis; für hohe Frequenzen tritt ein zusätzlicher multiplikativer Faktor $[\frac{1}{4} + \frac{1}{2}\ln(2\hbar\omega/mc^2)]$ auf.

Für Protonen zeigen sich die Abweichungen von der Thomson-Formel bei Photonenenergien oberhalb von 100 MeV. Dieser Wert liegt weit unterhalb der kritischen Energie $\hbar\omega \sim m_p c^2 \sim 1$ GeV, die man in Analogie zum Compton-Effekt an Elektronen erwarten würde. Der Grund hierfür ist der, dass das Proton kein punktartiges Teilchen ist wie das Elektron, das nur elektromagnetisch wechselwirkt, sondern ein komplexes Gebilde mit einer – durch die Wechselwirkung mit Pi-Mesonen bedingten – verschmierten Ladungsverteilung mit einem Radius in der Größenordnung von $0{,}8 \times 10^{-13}$ cm. Die Photonenenergie, oberhalb derer es (in Form eines starken Anstiegens des Streuquerschnitts) zu Abweichungen von der Thomson-Formel kommt, liegen in der Größenordnung der Ruhenergie des Pi-Mesons (140 MeV).

Literaturhinweise

Die Strahlung beschleunigter Ladungen wird in allen Lehrbüchern der Elektrodynamik zumindest kurz gestreift, wenn auch die Akzente sehr verschieden gesetzt werden. Die relativistischen Aspekte werden mehr oder weniger ausführlich behandelt bei
- Iwanenko und Sokolow, Abschn. 39–43
- Landau und Lifschitz, *Klassische Feldtheorie*, Kap. VIII und IX
- Panofsky und Phillips, Kap. 18 und 19
- Sommerfeld, *Elektrodynamik*, Abschn. 29 und 30.

Umfangreiche Berechnungen zur Strahlung relativistischer Teilchen – und zwar unter Vorwegnahme vieler Resultate, die in der Zeit zwischen 1940 und 1950 erneut hergeleitet wurden – befinden sich in einer interessanten Monographie von
- Schott.

[8] In dem (14.127) entsprechenden Wirkungsquerschnitt für die Streuung an Elektronen steht an der Stelle von $|\boldsymbol{\epsilon}^* \cdot \boldsymbol{\epsilon}_0|^2$ der Ausdruck

$$|\boldsymbol{\epsilon}^* \cdot \boldsymbol{\epsilon}_0|^2 + \frac{(k-k')^2}{4kk'}[1 + (\boldsymbol{\epsilon}^* \times \boldsymbol{\epsilon}) \cdot (\boldsymbol{\epsilon}_0 \times \boldsymbol{\epsilon}_0^*)]$$

Die zu (14.127) analoge Formel ist bekannt unter dem Namen *Klein-Nishina-Formel* für Compton-Streuung.

Die Synchrotronstrahlung findet vielerlei Anwendung – sei es in der Astrophysik, Plasmaphysik, Festkörperphysik, Werkstoffkunde oder auch Biologie. Synchrotrons und Elektron-Speicher-Ringe werden im Detail besprochen in dem klassischen Artikel von

- Sands, M.: *The physics of electron storage rings*. Proceedings of the International School of Physics Enrico Fermi, Course No 46, Hrsg. von B. Touschek. New York: Academic Press 1971, S. 257–411.

Astrophysikalische Anwendungen behandelt im Einzelnen

- Pacholczyk, A. G.: *Radio Astrophysics*. San Francisco: Freeman 1970; *Radio Galaxies*. Oxford: Pergamon Press 1977.

Anwendungen in der Plasmaphysik werden diskutiert bei

- Bekefi.

Die klassische Literaturangabe zu Wigglern und Undulatoren ist

- Motz, H.: *J. Appl. Phys.* **22**, 527 (1951).

Produktion und Charakteristika der Synchrotronstrahlung, angefangen bei Ablenkmagneten, Undulatoren und Wigglern bis hin zu vielfältigen Anwendungen, werden ausführlich dargestellt in dem fünfbändigen

- *Handbook on Synchrotron Radiation*. Hrsg. E. E. Koch et al., Bde. 1A, 1B, 2, 3, 4. Amsterdam: North-Holland 1983–1991.

In Band IA, Kap. 2, behandeln S. Krinsky, M. L. Perlman und R. E. Watson die gesamte Theorie und den Vergleich mit dem Experiment.

Eine 1972 unveröffentlicht gebliebene Abhandlung zu Undulatoren und Wigglern von E. M. Purcell, an die sich unser Abschnitt 14.7 anlehnt, erschien in

- *Proceedings, Wiggler Workshop*, SSRP Report 70/05. Hrsg. H. Winick und T. Knight, Stanford Linear Accelerator Center (1977), S. IV–18.

Die Streuung von Strahlung an geladenen Teilchen wird sehr klar behandelt bei

- Landau und Lifschitz, *Klassische Feldtheorie*, Kap. IX und *Elektrodynamik der Kontinua*, Kap. XIV und XV.

Übungen

14.1 Durch explizite Berechnung weise man nach, dass die Liénard-Wiechert'schen Ausdrücke für die Felder **E** und **B** eines gleichförmig bewegten Teilchens in ihren *sämtlichen* Komponenten mit jenen übereinstimmen, die wir im Text aus einer Lorentz-Transformation gewannen. Dabei wende man die gleiche allgemeine Methode an wie am Ende von Abschnitt 1 dieses Kapitels.

14.2 Ein Teilchen der Ladung e bewege sich nichtrelativistisch und nahezu gleichförmig. Innerhalb eines kleinen Zeitintervalls um $t = t_0$ lässt sich der Ortsvektor des Teilchens in eine Taylor-Reihe nach Potenzen von $(t - t_0)$ mit festen Vektorkoeffizienten entwickeln.

(a) Man zeige, dass in einem Inertialsystem, in dem das Teilchen zu einem bestimmten Zeitpunkt ruht, aber eine kleine Beschleunigung **a** erfährt, das elektrische Liénard-Wiechert-Feld, bis zur Ordnung $1/c^2$ einschließlich, zu diesem Zeitpunkt gegeben ist durch

$$\mathbf{E} = \mathbf{E}_v + \mathbf{E}_a$$

mit dem Geschwindigkeitsfeld

$$\mathbf{E}_v = e\frac{\hat{\mathbf{r}}}{r^2} + \frac{e}{2c^2 r}[\mathbf{a} - 3\hat{\mathbf{r}}(\hat{\mathbf{r}} \cdot \mathbf{a})]$$

und dem Beschleunigungsfeld

$$\mathbf{E}_a = -\frac{e}{c^2 r}[\mathbf{a} - \hat{\mathbf{r}}(\hat{\mathbf{r}} \cdot \mathbf{a})]$$

sodass das elektrische Gesamtfeld, bis zu dieser Ordnung, gegeben ist durch

$$\mathbf{E} = e\frac{\hat{\mathbf{r}}}{r^2} - \frac{e}{2c^2 r}[\mathbf{a} + \hat{\mathbf{r}}(\hat{\mathbf{r}} \cdot \mathbf{a})]$$

Dabei zeigt der Einheitsvektor $\hat{\mathbf{r}}$ vom Ursprung zum Beobachtungspunkt und r bezeichnet den Betrag der Entfernung vom Ursprung. Man kommentiere die r-Abhängigkeit des Geschwindigkeits- bzw. Beschleunigungsfeldes. In welchem Bereich ist die Entwicklung gültig?

(b) Wie lautet das Ergebnis für die momentane magnetische Induktion **B** in der gleichen Näherung? Auch hier kommentiere man das Ergebnis.

(c) Man zeige, dass der $1/c^2$-Beitrag zum elektrischen Feld die Divergenz Null hat und dass die Rotation des elektrischen Feldes gegeben ist durch

$$\nabla \times \mathbf{E} = e(\hat{\mathbf{r}} \times \mathbf{a})/c^2 r^2.$$

Man bestimme die magnetische Induktion **B** zu einer Zeit nahe bei $t = 0$ mithilfe des Faraday'schen Induktionsgesetzes und vergleiche das Ergebnis mit der bekannten, elementaren Formel.

14.3 Die Heaviside-Feynman'sche Formel für das elektrische Feld eines Teilchens der Ladung e bei beliebiger Bewegung – s. Kap. 6.5 – stellt eine Alternative zur Liénard-Wiechert'schen Formel (14.14) dar. Sie lautet (vgl. Gl. (6.60)):

$$\mathbf{E} = e\left[\frac{\mathbf{n}}{R^2}\right]_{\text{ret}} + e\left[\frac{R}{c}\right]_{\text{ret}} \frac{d}{dt}\left[\frac{\mathbf{n}}{R^2}\right]_{\text{ret}} + e\frac{d^2}{c^2\,dt^2}[\mathbf{n}]_{\text{ret}}$$

wobei die Zeitableitungen bezüglich der Zeit am Beobachtungspunkt zu nehmen sind. Das magnetische Feld ist durch (14.13) (und entsprechend (6.61)) gegeben.

Unter Verwendung der retardierten Zeit $t' = t - R(t')/c$ und der daraus folgenden Beziehung

$$\frac{dt}{dt'} = 1 - \boldsymbol{\beta}(t') \cdot \mathbf{n}(t')$$

zeige man, dass die obige Formel bei Ausführung der Zeitableitungen auf (14.14) hinausläuft.

14.4 Unter Verwendung der Liénard-Wiechert'schen Felder diskutiere man die über die Zeit gemittelte Winkelverteilung der Strahlungsleistung eines nichtrelativistischen Teilchens der Ladung e, das sich

(a) längs der z-Achse gemäß $z(t) = a \cos \omega_0 t$ bewegt,

(b) auf einem Kreis mit dem Radius R in der (x, y)-Ebene mit konstanter Frequenz ω_0 bewegt.

Man skizziere die jeweilige Winkelverteilung der Strahlung und bestimme die pro Sekunde insgesamt abgestrahlte Energie (d. h. die Gesamtstrahlungsleistung).

14.5 Ein *nichtrelativistisches* Teilchen der Ladung ze, der Masse m und der kinetischen Energie E stoße *zentral* auf ein ruhendes Zentralkraftfeld endlicher Reichweite. Die Wechselwirkung sei abstoßend und werde beschrieben durch ein Potential $V(r)$, das bei kurzen Abständen größer als E werde.

(a) Man zeige, dass die insgesamt abgestrahlte Energie gegeben ist durch

$$\Delta W = \frac{4}{3}\frac{z^2 e^2}{m^2 c^3}\sqrt{\frac{m}{2}} \int_{r_{\min}}^{\infty} \left|\frac{dV}{dr}\right|^2 \frac{dr}{\sqrt{V(r_{\min}) - V(r)}}$$

wobei $r_{\min}$ der minimale Abstand des Teilchens vom Kraftzentrum ist.

(b) Ist das Wechselwirkungspotential ein Coulomb'sches Potential $V(r) = zZe^2/r$, so zeige man, dass sich die insgesamt abgestrahlte Energie zu

$$\Delta W = \frac{8}{45} \frac{zmv_0^5}{Zc^3}$$

berechnet, wobei v_0 die Geschwindigkeit des Teilchens in unendlich großer Entfernung vom Kraftzentrum ist.

14.6 **(a)** Man verallgemeinere die Bedingungen des in Übg. 14.5 betrachteten Stoßprozesses auf von Null verschiedenen Drehimpuls (Stoßparameter) und zeige, dass die abgestrahlte Gesamtenergie gegeben ist durch

$$\Delta W = \frac{4z^2e^2}{3m^2c^3} \left(\frac{m}{2} \right)^{1/2} \int_{r_{\min}}^{\infty} \left(\frac{dV}{dr} \right)^2 \left(E - V(r) - \frac{L^2}{2mr^2} \right)^{-1/2} dr$$

wobei $r_{\min}$ der minimale Abstand des Teilchens vom Kraftzentrum ist (die Wurzel aus $E - V - L^2/2mr^2$) ist und ferner $L = mbv_0$ mit dem Stoßparameter b und der Einfallsgeschwindigkeit v_0 ($E = mv_0^2/2$).

(b) Speziell betrachte man ein abstoßendes Coulomb-Potential $V(r) = zZe^2/r$ und zeige, dass sich ΔW in Abhängigkeit vom Stoßparameter schreiben lässt als

$$\Delta W = \frac{2zmv_0^5}{Zc^3} \left[-t^{-4} + t^{-5} \left(1 + \frac{t^2}{3} \right) \arctan t \right]$$

wobei $t = bmv_0^2/zZe^2$ das Verhältnis des doppelten Stoßparameters zum minimalen Abstand $r_{\min}$ bei einem Zentralstoß ist.

Man zeige, dass sich im Grenzfall $t \to 0$ wieder die Lösung aus Übg. 14.5(b) ergibt, während für $t \gg 1$ das Näherungsergebnis aus Übg. 14.7(a) resultiert.

(c) Man verwende die Beziehung zwischen dem Streuwinkel θ und $t (= \cot \theta/2)$, um zu zeigen, dass sich ΔW ausdrücken lässt in der Form

$$\Delta W = \frac{2zmv_0^5}{Zc^3} \tan^3 \frac{\theta}{2} \left[\frac{1}{6} (\pi - \theta) \left(1 + 3 \tan^2 \frac{\theta}{2} \right) - \tan \frac{\theta}{2} \right]$$

(d) Welche Änderungen ergeben sich für ein *anziehendes* Coulomb-Potential?

14.7 Ein nichtrelativistisches Teilchen der Ladung ze, der Masse m und der Anfangsgeschwindigkeit v_0 falle auf eine ortsfeste Ladung Ze, und zwar mit einem Stoßparameter b, der so groß ist, dass die Ablenkung des Teilchens beim Stoß sehr gering ist.

(a) Man berechne unter Verwendung der Larmor'schen Leistungsformel und des zweiten Newton'schen Gesetzes die abgestrahlte Gesamtenergie, wobei – nach Berechnung der Beschleunigung – von der Annahme auszugehen ist, dass das Teilchen eine gerade Trajektorie bei konstanter Geschwindigkeit besitzt. Das Ergebnis lautet:

$$\Delta W = \frac{\pi z^4 Z^2 e^6}{3m^2c^3v_0} \frac{1}{b^3}$$

(b) Die in Teil (a) angegebene Näherungsformel versagt bei hinreichend kleinem Stoßparameter. Bei einem abstoßenden Potential ist, für den Stoßparameter Null, der minimale Abstand vom Kraftzentrum gegeben durch die Länge $r_c = 2zZe^2/mv_0^2$, die ein Maß für b ist. Die Näherung ist gültig für $b \gg r_c$. Das Ergebnis, das man erhält, wenn man in Teil (a) b durch r_c ersetzt, ist mit der Lösung aus Übg. 14.5 für einen zentralen Stoß zu vergleichen.

(c) Ein Strahlungswirkungsquerschnitt χ (mit der Dimension Energie mal Fläche) lässt sich klassisch definieren, indem man $\Delta W(b)$ mit $2\pi b\, db$ multipliziert und über alle Stoßparameter integriert. Da der Ausdruck bei kleinen b divergiert, kann die Integration nur bis zu einem $b = b_{\text{min}}$ ausgeführt werden. Näherungsweise ist das quantenmechanische Ergebnis zu erwarten, wenn man – wie in Kap. 13 – das Unschärfeprinzip benutzt, um den minimalen Stoßparameter abzuschätzen. Man berechne einen solchen Wirkungsquerschnitt mit der Formel aus Teil (a) und vergleiche das Ergebnis mit der Bethe-Heitler'schen Formel, d. h. dem Ausdruck (15.30), dividiert durch N.

14.8 Ein sich schnell bewegendes Teilchen der Ladung ze und der Masse m fliege mit nahezu konstanter Geschwindigeit v in einer annähernd geradlinigen Bahn und mit dem Stoßparameter b an einer Punktladung Ze vorbei. Man zeige, dass die dabei insgesamt abgestrahlte Energie gegeben ist durch

$$\Delta W = \frac{\pi z^4 Z^2 e^6}{4m^2c^4\beta}\left(\gamma^2 + \frac{1}{3}\right)\frac{1}{b^3}$$

Dies ist die relativistische Verallgemeinerung des Ergebnisses aus Übg. 14.7.

14.9 Ein Teilchen der Masse m und der Ladung q bewege sich in einer Ebene senkrecht zu einem homogenen statischen Magnetfeld B.

(a) Man berechne die gesamte, pro Zeiteinheit abgestrahlte Energie und drücke sie durch die bereits definierten Konstanten sowie das Verhältnis γ der Gesamtenergie des Teilchens zu seiner Ruhenergie aus.

(b) Hat das Teilchen zur Zeit $t = 0$ die Gesamtenergie $E_0 = \gamma_0 mc^2$, so zeige man, dass es zu einer Zeit

$$t \simeq \frac{3m^3c^5}{2q^4B^2}\left(\frac{1}{\gamma} - \frac{1}{\gamma_0}\right)$$

die Energie $E = \gamma mc^2 < E_0$ besitzt, wenn $\gamma \gg 1$ ist.

(c) Wenn die Bewegung des Teilchens zu Anfang nichtrelativistisch ist und es zur Zeit $t = 0$ die kinetische Energie T_0 hat, welchen Betrag hat dann seine kinetische Energie zu einer späteren Zeit t?

(d) Wenn das Teilchen vom magnetischen Dipolfeld der Erde „eingefangen" ist und es längs seiner Kraftlinie hin und her spiralt, emittiert es dann in der Nähe des Äquators oder seiner Umkehrpunkte mehr Strahlung? Man begründe die Antwort und versuche, sie quantitativ zu formulieren.

14.10 Ein Teilchen der Ladung e bewege sich für $t < 0$ mit der konstanten Geschwindigkeit $\boldsymbol{\beta}c$. In dem kurzen Teilintervall $0 < t < \Delta t$ behalte es seine Richtung bei, während sich seine Geschwindigkeit linear mit der Zeit auf Null verringere. Für $t > \Delta t$ ruhe das Teilchen.

(a) Man zeige, dass die abgestrahlte Energie pro Raumwinkelelement gegeben ist durch

$$\frac{dE}{d\Omega} = \frac{e^2\beta^2}{16\pi c\,\Delta t}\frac{(2-\beta\cos\theta)[1+(1-\beta\cos\theta)^2]\sin^2\theta}{(1-\beta\cos\theta)^4}$$

mit θ als Polarwinkel bezüglich der Anfangsgeschwindigkeit.

(b) Man zeige, dass sich die Winkelverteilung im Grenzfall $\gamma \gg 1$ ausdrücken lässt durch

$$\frac{dE}{d\xi} \simeq \frac{e^2\beta^2\gamma^4}{c\,\Delta t}\frac{\xi}{(1+\xi)^4}$$

wobei $\xi = (\gamma\theta)^2$ ist. Ferner weise man nach, dass $\langle\theta^2\rangle^{1/2} \approx \sqrt{2}/\gamma$ ist und dass der Ausdruck für die insgesamt abgestrahlte Energie, in der gleichen Grenze, mit dem Ergebnis aus (14.43) in Einklang steht.

14.11 Ein Teilchen der Ladung ze und der Masse m bewege sich in den äußeren elektrischen und magnetischen Feldern **E** bzw. **B**.

(a) Man zeige, dass sich die klassische relativistische Formel für die momentan abgestrahlte Energie pro Zeiteinheit schreiben lässt als

$$P = \frac{2}{3}\frac{z^4 e^4}{m^2 c^3}\gamma^2 [(\mathbf{E} + \boldsymbol{\beta}\times\mathbf{B})^2 - (\boldsymbol{\beta}\cdot\mathbf{E})^2]$$

wobei **E** und **B** am Ort des Teilchens auszuwerten sind und γ den momentanen Lorentz-Faktor des Teilchens bezeichnet.

(b) Man zeige ferner, dass sich der Ausdruck aus Teil (a) in der explizit lorentzinvarianten Form

$$P = \frac{2z^4 r_0^2}{3m^2 c}\cdot F^{\mu\nu} p_\nu p^\lambda F_{\lambda\mu}$$

schreiben lässt, wobei $r_0 = e^2/mc^2$ der klassische Radius eines geladenen Teilchens ist.

14.12 Wie in Übg. 14.4(a) führe eine Ladung e längs der z-Achse eine harmonische Bewegung aus, beschrieben durch $z(t') = a\cos(\omega_0 t')$.

(a) Man zeige, dass die momentane Strahlungsleistung pro Raumwinkelelement durch

$$\frac{dP(t')}{d\Omega} = \frac{e^2 c\beta^4}{4\pi a^2}\frac{\sin^2\theta\cos^2(\omega_0 t')}{(1+\beta\cos\theta\sin\omega_0 t')^5}$$

gegeben ist, wenn $\beta = a\omega_0/c$.

(b) Man zeige, dass die Strahlungsleistung pro Raumwinkelelement im zeitlichen Mittel durch

$$\frac{dP}{d\Omega} = \frac{e^2 c\beta^4}{32\pi a^2}\left[\frac{4+\beta^2\cos^2\theta}{(1-\beta^2\cos^2\theta)^{7/2}}\right]\sin^2\theta$$

bestimmt wird.

(c) Man skizziere grob die Winkelverteilung für nichtrelativistische und relativistische Bewegungen.

14.13 Unter Verwendung der Poisson'schen Summationsformel (siehe z. B. *Lighthill*, Abschn. 5.4) oder auf andere Art und Weise zeige man explizit, dass, wenn sich die Bewegung eines strahlenden Teilchens mit der Periode T wiederholt, aus dem kontinuierlichen Frequenzspektrum ein diskretes wird mit Frequenzen, die ganzzahlige Vielfache der Grundfrequenz $\omega_0 = 2\pi/T$ sind. Man zeige, dass sich die im zeitlichen Mittel in ein Raumwinkelelement emittierte Strahlungsenergie pro m-tes Vielfaches der Grundfrequenz in der allgemeinen Form

$$\frac{dP_m}{d\Omega} = \frac{e^2\omega_0^4 m^2}{(2\pi c)^3}\left|\int_0^{2\pi/\omega_0}\mathbf{v}(t)\times\mathbf{n}\exp\left[im\omega_0\left(t-\frac{\mathbf{n}\cdot\mathbf{x}(t)}{c}\right)\right]dt\right|^2$$

schreiben lässt.

14.14 **(a)** Man zeige, dass für die in Übg. 14.12 diskutierte harmonische Bewegung einer Ladung die mittlere Strahlungsleistung pro Raumwinkelelement und m-tes Vielfaches der Grundfrequenz gegeben ist durch

$$\frac{dP_m}{d\Omega} = \frac{e^2 c\beta^2}{2\pi a^2} m^2 \tan^2\theta \, J_m^2(m\beta\cos\theta)$$

(b) Man zeige, dass die Gesamtstrahlungsleistung im relativistischen Grenzfall nur von der Grundfrequenz abhängt und den Wert

$$P \simeq \frac{2}{3}\frac{e^2}{c^3}\omega_0^4 \overline{a^2}$$

hat, wenn $\overline{a^2}$ die mittlere quadratische Schwingungsamplitude ist.

14.15 Ein Teilchen der Ladung e bewege sich in der (x, y)-Ebene auf einer Kreisbahn vom Radius R mit konstanter Winkelgeschwindigkeit ω_0.

(a) Man zeige, dass der exakte Ausdruck für die Winkelverteilung der Strahlungsleistung pro m-tes Vielfaches von ω_0 folgendermaßen lautet:

$$\frac{dP_m}{d\Omega} = \frac{e^2\omega_0^4 R^2}{2\pi c^3} m^2 \left\{\left[\frac{dJ_m(m\beta\sin\theta)}{d(m\beta\sin\theta)}\right]^2 + \frac{\cot^2\theta}{\beta^2} J_m^2(m\beta\sin\theta)\right\}$$

wobei $\beta = \omega_0 R/c$ ist und $J_m(x)$ die Bessel-Funktion m-ter Ordnung bezeichnet.

(b) Unter der Annahme nichtrelativistischer Bewegung leite man einen Näherungsausdruck für $dP_m/d\Omega$ her und zeige, dass man in dieser Näherung die Ergebnisse aus Übg. 14.4 (b) erhält.

(c) Man gehe von ultrarelativistischer Bewegung aus und leite die Ergebnisse her, die wir im Text für ein relativistisches in momentaner Kreisbewegung erhielten. (Als mathematische Hilfe empfehlen wir das Buch von *Watson*, S. 79 und 249.)

14.16 Unter Ausnutzung der Tatsache, dass die Anzahl der Quanten pro invariantem Phasenraumelement d^3k/k_0, also der Ausdruck $k_0 d^3N/d^3k$, eine lorentzinvariante Größe ist, zeige man, dass die auf das Frequenzintervall und Raumwinkelelement entfallende Strahlungsenergie (14.79) in invarianter und koordinatenfreier Form geschrieben werden kann:

$$\hbar\omega\frac{d^3N}{d^3k} = \frac{4e^2}{3\pi^2 m^2}\left[\frac{(p\cdot k)^2}{[d^2(p\cdot k)/d\tau^2]^2}\left(\frac{d(\epsilon_1\cdot p)}{d\tau}\right)^2 K_{2/3}^2(\xi) + \frac{(p\cdot k)(\epsilon_2\cdot p)^2}{2[d^2(p\cdot k)/d\tau^2]} K_{1/3}^2(\xi)\right]$$

Dabei ist $d\tau$ das Eigenzeit-Intervall des Teilchens der Masse m, p^μ sein Viererimpuls und k^μ der Viererwellenvektor der Strahlung, während $\epsilon_1 = (0, \boldsymbol{\epsilon}_1)$ und $\epsilon_2 = (0, \boldsymbol{\epsilon}_2)$ Viererpolarisationsvektoren sind, wobei $\boldsymbol{\epsilon}_1$ parallel zur Beschleunigung und $\boldsymbol{\epsilon}_2$ in Richtung von $\boldsymbol{\epsilon}_1 \times \mathbf{k}$ zeigt – s. auch Fußnote auf S. 819. Das Argument der auftretenden Bessel-Funktionen ist

$$\xi = \frac{2\sqrt{2}}{3m}\cdot\frac{(p\cdot k)^{3/2}}{(|d^2(p\cdot k)/d\tau^2|)^{1/2}}$$

Mit dieser Formel gelangt man auf anderem Weg zu den Ergebnissen von Übg. 14.17.

Hinweis: Zur Lösung des Problems ist es zweckmäßig, die Entwicklung von $\mathbf{k}\cdot\mathbf{r}(t)$ um $t = 0$ durch die Geschwindigkeit, Beschleunigung etc. auszudrücken und mit Gl. (14.72) zu vergleichen. Man findet dann zum Beispiel, dass nicht nur

$\omega c^2/\rho^2 = -\mathbf{k}\cdot d^2\mathbf{v}(0)/dt^2$

gilt, sondern wegen der Energieerhaltung auch

$$\rho^2 = \frac{\omega E^3}{m^2 c^4 \, |d^2(p \cdot k)/d\tau^2|}$$

14.17 Ein Teilchen der Ladung e und der Masse m bewege sich mit relativistischer Geschwindigkeit auf einer Schraubenlinie in einem homogenen Magnetfeld **B**. Der Neigungswinkel der Schraubenlinie sei α ($\alpha = 0$ entspricht einer Kreisbewegung).

(a) Unter Verwendung ähnlicher Argumente wie in Kap. 14.4 zeige man, dass ein Beobachter in großer Entfernung von der Schraubenbahn Strahlung der Grundfrequenz

$$\omega_0 = \frac{\omega_B}{\cos^2 \alpha}$$

wahrnimmt und dass sich das Spektrum dieser Strahlung bis zu Frequenzen in der Größenordnung von

$$\omega_c = \frac{3}{2} \gamma^3 \omega_B \cos \alpha$$

erstreckt, wenn $\omega_B = eB/\gamma mc$ ist. (Man gebe acht bei der Bestimmung des Krümmungsradius ρ der Schraubenlinie!)

(b) Mithilfe von Teil (a) und der Ergebnisse aus Kap. 14.6 zeige man, dass die Frequenzverteilung der Strahlungs*leistung* pro Raumwinkelelement gegeben ist durch

$$\frac{d^2 P}{d\omega \, d\Omega} \simeq \frac{3e^2\gamma^2}{8\pi^3 c} \frac{\omega_B}{\cos^2 \alpha} \left(\frac{\omega}{\omega_c}\right)^2 (1 + \gamma^2 \psi^2)^2 \left[K_{2/3}^2(\xi) + \frac{\gamma^2 \psi^2}{1 + \gamma^2 \psi^2} K_{1/3}^2(\xi) \right]$$

wobei ω_B und ω_c wie oben definiert sind, $\xi = (\omega/3\omega_c)(1 + \gamma^2\psi^2)^{3/2}$ ist und ψ wie in Abb. 14.9 den relativ zur Teilchengeschwindigkeit gemessenen Beobachtungswinkel darstellt.

14.18 **(a)** Durch Vergleich von (14.91) mit (14.79) zeige man, dass das Frequenzspektrum der vom Beobachter empfangenen Leistung aus Übg. 14.17 gegeben ist durch

$$\frac{dP}{d\omega} = \left(\frac{\sqrt{3} e^2 \gamma \omega_B}{2\pi c \cos \alpha}\right) G\left(\frac{\omega}{\omega_c}\right)$$

wobei $G(x) = x \int_x^\infty K_{5/3}(t) dt$ ist und die übrigen Symbole die gleiche Bedeutung wie in Übg. 14.17 haben.

Der angegebene Ausdruck zeigt, dass die *Form* des Leistungsspektrums in Einheiten von ω/ω_c durch die Spiralbewegung nicht geändert wird.

(b) Man zeige, dass die Integration über die Frequenzen die Leistung

$$P = \frac{2e^2 \omega_B^2 \gamma^4}{3c}$$

ergibt. Aus dem Vergleich mit (14.31) geht hervor, dass die vom Beobachter empfangene Leistung unabhängig vom Steigungswinkel der Schraubenlinie ist.

Hinweis: Man beachte, dass bei der Integration über die Raumwinkel in Teil (a) $\psi = 0$ dem Winkel $\theta = \pi/2 - \alpha$ entspricht.

14.19 Man betrachte das Winkel- und Frequenzspektrum der Strahlung eines magnetischen Moments, das sich nichtrelativistisch bewegt, und verwende im Folgenden Gl. (14.70) sowie die Tatsache, dass eine Magnetisierungsdichte $\mathcal{M}$ eine effektive Stromdichte $\mathbf{J}_{\text{eff}} = c\boldsymbol{\nabla}\times\mathcal{M}$ erzeugt.

(a) Man zeige, dass ein magnetisches Moment $\boldsymbol{\mu}$ mit der Magnetisierungsdichte $\mathcal{M} = \boldsymbol{\mu}(t)\,\delta[\mathbf{x} - \mathbf{r}(t)]$ bei nichtrelativistischer Bewegung die Strahlungsintensität (Energie pro Raumwinkelelement und Frequenzintervall)

$$\frac{d^2 I_{\text{magn.}}}{d\omega\, d\Omega} = \frac{\omega^4}{4\pi^2 c^3}\left|\int dt\, \mathbf{n}\times\boldsymbol{\mu}(t)\, e^{i\omega[t - \mathbf{n}\cdot\mathbf{r}(t)/c]}\right|^2$$

hat.

(b) Das magnetische Moment befinde sich im Ursprung und werde durch ein äußeres Drehmoment in eine Kreiselbewegung versetzt – und zwar so, dass im Zeitintervall zwischen $t = -T/2$ und $t = T/2$ (mit $\omega_0 T/2\pi \gg 1$) die Komponenten des magnetischen Moments gegeben sind durch $\mu_x = \mu_0 \sin\omega_0 t$ und $\mu_z = \mu_0 \cos\omega_0 t$. Man zeige, dass sich die Frequenzverteilung der Strahlung in starkem Maße auf ein Maximum bei $\omega = \omega_0$ konzentriert, dass die Winkelverteilung proportional zu $(1 + \sin^2\theta \sin^2\phi)$ ist und dass für $T \to \infty$ die mittlere Gesamtstrahlungsleistung

$$\langle P \rangle = \frac{2\omega_0^4}{3c^3}\,\mu_0^2$$

resultiert. Man vergleiche das Ergebnis mit der Leistung, die sich nach der Methode von Abschnitt 9.3 ergibt.

14.20 Man wende Teil (a) aus Übg. 14.19 auf die Strahlung eines magnetischen Moments an, das sich im Ursprung befindet, aber in seiner Richtung hin- und herpendelt, also mal von unten nach oben und mal von oben nach unten zeigt. Seine Komponenten seien

$$\mu_z = \mu_0 \tanh(\nu t), \quad \mu_x = \mu_0 \frac{1}{\cosh(\nu t)}, \quad \mu_y = 0$$

wobei ν^{-1} die charakteristische Umklapp-Periode ist.

(a) Man bestimme die Winkelverteilung der Strahlung und zeige, dass die Intensität pro Frequenzintervall gegeben ist durch

$$\frac{dI_{\text{magn}}}{dx} = \frac{4}{3}\left(\frac{\nu}{c}\right)^3 \mu_0^2 \left\{16(x/\pi)^4 \left(\frac{1}{\sinh^2 x} + \frac{1}{\cosh^2 x}\right)\right\}$$

wobei $x = \pi\omega/2\nu$ eine dimensionslose Frequenzvariable ist und die Größe in geschweiften Klammern die normierte Frequenzverteilung der Schwingung darstellt. Man stelle die Frequenzverteilung graphisch dar und bestimme den Mittelwert in Einheiten von x.

(b) Man verwende die Methode aus Übg. 9.7, um die momentane Leistung und die insgesamt abgestrahlte Energie zu berechnen. Das Ergebnis vergleiche man mit der Lösung aus Teil (a).

14.21 Nach dem Bohr'schen Korrespondenzprinzip ist die klassische Strahlungsleistung für die Grundfrequenz im Limes großer Quantenzahlen gleich dem Produkt aus der Quantenenergie $\hbar\omega_0$ und der reziproken mittleren Lebensdauer für den Überganz zwischen den Hauptquantenzahlen n und $(n-1)$.

(a) Unter Verwendung nichtrelativistischer Näherungen zeige man, dass für ein wasserstoffähnliches Atom die Wahrscheinlichkeit (reziproke mittlere Lebensdauer) für den Übergang von einem Bahnzustand mit der Hauptquantenzahl n zu einem solchen mit der Hauptquantenzahl $(n-1)$ klassisch gegeben ist durch

$$\frac{1}{\tau} = \frac{2}{3}\frac{e^2}{\hbar c}\left(\frac{Ze^2}{\hbar c}\right)^4 \frac{mc^2}{\hbar}\frac{1}{n^5}$$

(b) Für Wasserstoff vergleiche man den klassischen Wert aus (a) mit den korrekten quantenmechanischen Ergebnissen für die Übergänge $2p \to 1s$ ($1{,}6 \times 10^{-9}$ s), $4f \to 3d$ ($7{,}3 \times 10^{-8}$ s), $6h \to 5g$ ($6{,}1 \times 10^{-7}$ s).

14.22 Periodische Bewegungen von Ladungen geben Anlass zu einem diskreten Frequenzspektrum, dessen Frequenzen aus ganzzahligen Vielfachen der Grundfrequenz der Bewegung besteht. Zu merklicher Strahlung solcher Frequenzen kann es durch relativistische Effekte (vgl. Übg. 14.14 und 14.15) kommen, obwohl die Komponenten der Geschwindigkeit rein *sinusartig* sind; sie kann aber auch dann auftreten, wenn die Geschwindigkeitskomponenten zwar periodisch, aber nicht sinusartig sind. Ein Beispiel für diese letzte Art von Bewegung ist die eines nichtrelativistischen Elektrons, das sich im Wasserstoffatom auf einer Ellipsenbahn bewegt.
Diese Bahn lässt sich beschreiben durch die Parametergleichungen

$$x = a(\cos u - \epsilon)$$
$$y = a\sqrt{1-\epsilon^2}\,\sin u$$

mit

$$\omega_0 t = u - \epsilon \sin u$$

wobei a die große Halbachse, ϵ die Exzentrizität, ω_0 die Bahnfrequenz und u ein Winkel ist, der mit dem Polarwinkel θ des Teilchens über $\tan(u/2) = \sqrt{(1-\epsilon)/(1+\epsilon)}\,\tan(\theta/2)$ zusammenhängt. Ausgedrückt durch die Bindungsenergie B und den Bahndrehimpuls L lauten die verschiedenen Konstanten:

$$a = \frac{e^2}{2B}, \quad \epsilon = \sqrt{1 - \frac{2BL^2}{me^4}}, \quad \omega_0^2 = \frac{8B^3}{me^4}$$

(a) Man zeige, dass die Strahlungsleistung für das k-te Vielfache von ω_0 durch

$$P_k = \frac{4e^2}{3c^3}(k\omega_0)^4 a^2 \left\{\frac{1}{k^2}\left[(J_k'(k\epsilon))^2 + \left(\frac{1-\epsilon^2}{\epsilon^2}\right) J_k^2(k\epsilon)\right]\right\}$$

bestimmt wird, wenn $J_k(x)$ die Bessel-Funktion k-ter Ordnung bezeichnet.

(b) Man weise nach, dass das allgemeine Ergebnis aus (a) im Fall von Kreisbahnen mit dem aus Teil (a) von Übg. 14.21 übereinstimmt.

14.23 Anstelle einer einzelnen Ladung e, die sich – wie in Übg. 14.15 – mit konstanter Geschwindigkeit ω_0 auf einer Kreisbahn vom Radius R bewegt, betrachte man einen Satz N solcher Ladungen, die sich bei festem Relativabstand längs desselben Kreises bewegen.

(a) Man zeige, dass die Strahlungsleistung für das m-te Vielfache von ω_0 durch

$$\frac{dP_m(N)}{d\Omega} = \frac{dP_m(1)}{d\Omega} F_m(N)$$

gegeben ist, wobei $dP_m(1)/d\Omega$ das Ergebnis aus Teil von Übg. 14.15 darstellt und

$$F_m(N) = \left|\sum_{j=1}^{N} q_j e^{im\theta_j}\right|^2$$

ist mit θ_j als Lagewinkel der j-ten Ladung zur Zeit $t = t_0$.

(b) Man zeige, dass, wenn die Ladungen gleichmäßig über den Kreis verteilt sind, die Energie nur in ganzzahligen Vielfachen von $N\omega_0$ abgestrahlt wird, dass aber die Energie N^2-mal so groß ist wie die einer einzelnen Ladung. Man gebe hierfür eine qualitative Erklärung.

(c) Ohne detaillierte Rechnungen zeige man, dass die N-Abhängigkeit der Gesamtstrahlungsleistung bei nichtrelativistischen Bewegungen von β^{2N} beherrscht wird, sodass im Grenzfall $N \to \infty$ überhaupt keine Strahlung emittiert wird.

(d) Unter Heranziehung ähnlicher Argumente wie in Teil (c) zeige man, dass die Strahlungsleistung für relativistische Teilchen im Wesentlichen wie $\exp(-2N/3\gamma^3)$ mit N variiert, falls $N \gg \gamma^3$ ist, sodass im Grenzfall $N \to \infty$ wiederum keine Strahlung emittiert wird.

(e) Welche Relevanz haben die Ergebnisse (c) und (d) für die Strahlungseigenschaften einer von einem konstanten Strom durchflossenen Schleife?

14.24 Als Idealisierung eines stationären Kreisstroms betrachte man ein System von N identischen Ladungen q, die sich mit konstanter *Geschwindigkeit* v (jedoch unter dem Einfluss von Beschleunigungskräften) auf einer beliebigen geschlossenen Bahn bewegen. Aufeinanderfolgende Ladungen seien durch ein konstantes kleines Intervall Δ voneinander getrennt.

Ausgehend von den Liénard-Wiechert'schen Feldern eines jeden Teilchens und ohne zusätzliche Annahmen über das Verhältnis der Geschwindigkeit v zur Lichtgeschwindigkeit zeige man, dass das System im Limes $N \to \infty$, $q \to 0$ und $\Delta \to 0$ bei konstant gehaltenem Nq und q/Δ keine Strahlung emittiert und dass die elektrischen und magnetischen Felder die üblichen statischen Werte annehmen.

(Man beachte, dass im Fall eines wirklichen Stromes die stationären positiven Ionen im Leiter ein elektrisches Feld erzeugen, das das von den bewegten Ladungen herrührende Feld auslöscht.)

14.25 **(a)** Im Rahmen der in Kap. 14.6 gemachten Näherungen zeige man, dass für ein relativistisches Teilchen, das sich auf einer Bahn mit dem momentanen Krümmungsradius ρ bewegt, das Frequenzspektrum der in ein Raumwinkelelement emittierten Strahlung mit positiver bzw. negativer Helizität gegeben ist durch

$$\frac{d^2 I_\pm}{d\omega\, d\Omega} = \frac{e^2}{6\pi^2 c}\left(\frac{\omega\rho}{c}\right)^2 \left(\frac{1}{\gamma^2} + \theta^2\right)^2 \left| K_{2/3}(\xi) \pm \frac{\theta}{\left(\frac{1}{\gamma^2} + \theta^2\right)^{1/2}} K_{1/3}(\xi) \right|^2$$

(b) Anhand der Formeln aus Kap. 14.6 und des in Teil (a) angegebenen Ergebnisses diskutiere man die Polaristion der emittierten Gesamtstrahlung als Funktion von Frequenz und Winkel. Insbesondere bestimme man den Polarisationszustand (1) bei hohen Frequenzen $\omega > \omega_c$ für alle Winkel, (2) bei mittleren und niedrigen Frequenzen $\omega < \omega_c$ für alle Winkel und (3) bei mittleren und niedrigen Frequenzen für sehr kleine Winkel.

(c) Zum experimentellen Vergleich ziehe man einen Artikel von P. Joos, *Phys. Rev. Letters*, **4**, 558 (1960) heran.

14.26 Die vom Krebsnebel emittierte Synchrotronstrahlung wird durch Elektronen verursacht, die sich mit Energien bis zu 10^{13} eV in einem Magnetfeld der Größenordnung von 10^{-4} Gauß bewegen.

(a) Für $E = 10^{13}$ eV und $B = 3 \times 10^{-4}$ Gauß berechne man den Bahnradius ρ, die Grundfrequenz $\omega_0 = c/\rho$ und die kritische Frequenz ω_c. Welchen Wert hat die Energie $\hbar\omega_c$, ausgedrückt in keV?

(b) Man zeige, dass sich das Leistungsspektrum der Synchrotronstrahlung eines relativistischen Elektrons der Energie E, das sich in einem konstanten Magnetfeld bewegt, in der Form

$$P(E, \omega) = \text{const}\left(\frac{\omega}{E^2}\right)^{1/3} f\left(\frac{\omega}{\omega_c}\right)$$

schreiben lässt. Dabei ist $f(x)$ eine Abschneidefunktion, die bei $x = 0$ den Wert Eins hat und für $x \gg 1$ schnell abfällt (wie etwa die in Übg. 14.14 auftretende Funktion $f \simeq \exp(-2\omega/3\omega_c)$), und $\omega_c = (eB/mc)(E/mc^2)^2 \cos\theta$, wobei θ der Neigungswinkel der Schraubenlinie ist (vgl. Übg. 14.9 (a)).

(c) Unter der Annahme, dass das Energiespektrum der Elektronen durch $N(E)\, dE \sim E^{-n}\, dE$ bestimmt wird, zeige man, dass die Synchrotronstrahlung das Leistungsspektrum

$$\langle P(\omega)\rangle\, d\omega \sim \omega^{-\alpha}\, d\omega$$

besitzt, wobei $\alpha = (n-1)/2$ ist.

(d) Beobachtungen des Radiofrequenzspektrums und des optischen Kontinuumsspektrums des Krebsnebels zeigen, dass die Konstante α im Frequenzintervall zwischen $\omega \sim 10^8\ \text{s}^{-1}$ und $\omega \sim 6 \times 10^{15}\ \text{s}^{-1}$ den Wert $\alpha \simeq 0{,}35$ hat. Bei Frequenzen oberhalb von $10^{18}\ \text{s}^{-1}$ fällt das Strahlungsspektrum steil ab, und es ist $\alpha \gtrsim 1{,}5$. Für das Energiespektrum der Elektronen bestimme man den Index n und eine obere Grenzfrequenz. Ist diese Grenzfrequenz mit den in Teil (a) angegebenen Zahlen konsistent?

(e) Die Halbwertszeit eines Teilchens, das Synchrotronstrahlung emittiert, ist als diejenige Zeit definiert, in der es die Hälfte seiner Anfangsenergie verloren hat. Aus dem Ergebnis von Übg. 14.9 (b) leite man für die (in Jahren ausgedrückte) Halbwertszeit eines Elektrons eine Formel her, wenn B und E in Milligauß bzw. GeV gemessen werden. Wie drückt sich die Halbwertszeit durch die in Teil (a) angegebenen Zahlen aus und wie verhält sich der entsprechende Wert zu der bekannten Halbwertszeit des Krebsnebels? Müssen die energiereichen Elektronen kontinuierlich wieder aufgefüllt werden? Wenn ja, aus welcher Quelle?

14.27 Man betrachte die Strahlung bei der doppelten Grundfrequenz im mittleren Ruhsystem eines Elektrons im Sinus-Undulator der Abschnitte 14.7C und 14.7D. Es handelt sich um die kohärente Überlagerung der E1-Strahlung aus der $z'(t')$-Bewegung und der E2-Strahlung aus der $x'(t')$-Bewegung.

(a) Unter Verwendung des Verfahrens (und der Notation) aus Kap. 9 zeige man, dass die magnetische Induktion in der Strahlungszone mit genügender Genauigkeit durch

$$\mathbf{B} = \frac{-iek'^2 a}{8} \frac{K}{\sqrt{1+K^2/2}}\, \mathbf{n} \times [\mathbf{e}_z - 4\mathbf{e}_x(\mathbf{n} \cdot \mathbf{e}_x)]$$

gegeben ist, wobei $k' = 2\bar{\gamma} k_0$ ist, während $\mathbf{n}$ den Einheitsvektor in Richtung von $\mathbf{k}'$ bezeichnet. Im Übrigen ist der für $\mathbf{B}$ angegebene Ausdruck noch mit einem Faktor $\exp[ik'(r' - ct')]/r'$ zu versehen.

(b) Man weise nach, dass sich die über die Zeit gemittelte und über die Endpolarisationen summierte Strahlungsleistung im mittleren Ruhsystem schreiben lässt als

$$\frac{dP'}{d\Omega'} = \frac{e^2 c}{8\pi} \frac{K^2}{(1+K^2/2)} \frac{a^2}{64} \cdot S'$$

mit

$$S' = k_x'^4 + k_y'^4 + 18 k_x'^2 k_y'^2 + 17 k_x'^2 k_z'^2 + k_y'^2 k_z'^2 + 8 k' k_x'^2 k_z'$$

(c) Unter Verwendung der Invarianzargumente, die im Text von Gl. (14.11) zu Gl. (14.118) führten, zeige man, dass das Frequenzspektrum der ersten Oberschwingung (d. h. der zweiten Harmonischen) im Laborsystem gegeben ist durch

$$\frac{dP_2}{d\nu} = \frac{3}{16} P_1 \frac{K^2}{(1+K^2/2)^2} \cdot \nu^2 (10 - 21\nu + 20\nu^2 - 6\nu^3)$$

wobei $\nu = k/2\bar{\gamma}^2 k_0$ ist und P_1 die Leistung (14.117) bei der Grundfrequenz. Im Winkelbereich $\eta_1 < \eta < \eta_2$ sind die Minimal- und Maximalwerte von ν

$$\nu_{\text{min}} = 2(1+\eta_2) \quad \text{und} \quad \nu_{\text{max}} = 2/(1+\eta_1).$$

Wie groß ist die zur ersten Oberschwingung gehörende Gesamtstrahlungsleistung?

15 Bremsstrahlung, Methode der virtuellen Quanten, Strahlung beim Beta-Zerfall

In Kapitel 14 diskutierten wir die Strahlung beschleunigter Ladungen in allgemeiner Form. Gegenstand der Berechnungen waren die Winkel- und Frequenzverteilung, und die gewonnenen Resultate erläuterten wir anhand der Strahlung sowohl relativistischer wie nichtrelativistischer geladener Teilchen in äußeren Feldern. Das vorliegende Kapitel ist der Emission von Strahlung geladener Teilchen in Atomen und Kernen gewidmet.

Wie in Kapitel 13 ausführlich dargelegt, werden Teilchen beim Durchqueren von Materie gestreut und erleiden beim Zusammenstoß mit anderen Teilchen einen Energieverlust. Bei diesen Stößen werden sie beschleunigt und emittieren infolgedessen elektromagnetische Strahlung. Die bei atomaren Stoßprozessen emittierte Strahlung nennt man gewöhnlich *Bremsstrahlung*, da man sie das erste Mal an hochenergetischen Elektronen beobachtete, die in einem dicken Metalltarget abgebremst wurden. Für nichtrelativistische Teilchen ist der strahlungsbedingte Energieverlust gegenüber dem durch Stöße verursachten Energieverlust zu vernachlässigen, doch für ultrarelativistische Teilchen kann der Energieverlust durch Strahlung dominierend werden.

Wir beschäftigen uns zunächst mit dem Strahlungsspektrum bei sehr niedrigen Frequenzen, für das sich ein Ausdruck herleiten lässt, der sowohl quantenmechanisch wie klassisch richtig ist. Anschließend werden wir die Winkelverteilung, Polarisation und integrierte Strahlungsintensität bei allgemeinen Stoßprozessen berechnen. Danach befassen wir uns mit dem speziellen Problem der Bremsstrahlung bei Coulomb'scher Wechselwirkung. Hierbei werden wir, wenn es zweckmäßig erscheint, quantenmechamische Modifikationen einbeziehen, indem wir die Kinematik (durch Mitberücksichtigung von Energie und Impuls des Photons) korrekt behandeln. Auf diese Weise werden alle wichtigen Quanteneffekte berücksichtigt, und manchmal stimmen die erhaltenen Resultate mit den exakten quantenmechanischen Ausdrücken sogar überein. Relativistische Effekte, die hierbei zu bedeutsamen Änderungen führen können, werden ebenfalls ausführlich besprochen.

Die Erzeugung oder Vernichtung geladener Teilchen sind andere Prozesse, bei denen Strahlung emittiert wird. Sie sind jedoch rein quantenmechanischen Ursprungs. Jeder Versuch, die Grundphänomene klassisch zu beschreiben, muss daher scheitern. Da aber die genannten Prozesse nun einmal auftreten, ist es legitim, nach dem Spektrum und der Intensität der sie begleitenden elektromagnetischen Strahlung zu fragen. Zu diesem Zweck kann man z. B. die plötzliche Erzeugung eines schnellen Elektrons, wie sie beim Beta-Zerfall auftritt, als starke Beschleunigung eines anfänglich ruhenden Teilchens betrachten, die dieses Teilchen innerhalb eines kurzen Zeitintervalls auf eine bestimmte Endgeschwindigkeit bringt, oder – alternativ hierzu – als plötzliches Einschalten der Ladung des bewegten Teilchens innerhalb desselben kurzen Zeitintervalls. In diesem Rahmen werden wir in Abschnitt 6 und 7 den Beta-Zerfall eines Atomkerns und den Kerneinfang eines Hüllenelektrons diskutieren.

Bei einigen Strahlungsprozessen wie bei der Bremsstrahlung braucht man, um die wichtigsten quantenmechanischen Effekte zu berücksichtigen, nur die Erhaltung von Energie und Impuls genau zu beachten, wenn es um die Bestimmung des maximalen und minimalen effektiven Impulsübertrages geht. Bei anderen Prozessen dagegen, wie dem Beta-Zerfall, sind Quanteneffekte gravierender. Dort treten Phasenraumänderungen auf, die sich klassisch nicht begründen lassen, und es wird Strahlung emittiert, deren Herkunft unklar erscheint und nicht in einfacher Weise mit der Beschleunigung einer Ladung zusammenhängt. Allgemein gesprochen, sind unsere Ergebnisse auf den Bereich „weicher“ Photonen beschränkt, d.h. solcher Photonen, deren Energie im Vergleich zur verfügbaren Gesamtenergie klein ist. Am oberen Rand des Frequenzspektrums darf man daher von unseren halbklassischen Resultaten nur qualitative Gültigkeit erwarten.

15.1 Strahlung bei Stößen

Bei einem Stoß erfährt ein geladenes Teilchen eine Beschleunigung und emittiert Strahlung. Ist sein Stoßpartner ebenfalls ein geladenes Teilchen, dann emittieren beide Teilchen Strahlung, und die Strahlungsfelder müssen kohärent überlagert werden. Da die Amplitude der Strahlungsfelder von der mit der Ladung multiplizierten Beschleunigung abhängt, sendet das leichtere Teilchen unter der Voraussetzung, dass sich die Ladungen nicht zu sehr voneinander unterscheiden, mehr Strahlung aus als das schwerere. Oft ist die Masse des einen Stoßpartners sehr viel größer als die des anderen. Zur Berechnung der Strahlungsemission genügt es dann, den Stoß als Wechselwirkung des leichteren der beiden Teilchen mit einem ruhenden Kraftfeld zu behandeln. Nur diesen Fall werden wir hier betrachten, während schwierigere Probleme in den Übungen behandelt werden sollen.

A. Grenzfall niedriger Frequenzen

Aus den Gln. (14.65) und (14.66) ergibt sich für die Intensität der von einem Teilchen der Ladung ze während eines Stoßprozesses emittierten Strahlung:

$$\frac{d^2 I}{d\omega\, d\Omega} = \frac{z^2 e^2}{4\pi^2 c} \left| \int \frac{d}{dt} \left[\frac{\mathbf{n} \times (\mathbf{n} \times \boldsymbol{\beta})}{1 - \mathbf{n} \cdot \boldsymbol{\beta}} \right] e^{i\omega[t - \mathbf{n}\cdot\mathbf{r}(t)/c]}\, dt \right|^2 \tag{15.1}$$

Die Dauer des Stoßes, während der das Teilchen merklich beschleunigt wird, sei gleich τ, und die Teilchengeschwindigkeit ändere sich während des Stoßes von einem Anfangswert $c\boldsymbol{\beta}$ auf einen Endwert $c\boldsymbol{\beta}'$. Bei mittleren Frequenzen hängt das Strahlungsspektrum vom detaillierten Verlauf des Stoßprozesses ab, während es bei niedrigen Frequenzen allein von der Anfangs- und Endgeschwindigkeit abhängt. Im Limes $\omega \to 0$ ist der Exponentialfaktor in (15.1) gleich Eins. Der Integrand ist dann ein totales Differential, und das Spektrum der mit der Polarisation $\boldsymbol{\epsilon}$ emittierten Strahlung hat die Form

$$\lim_{\omega \to 0} \frac{d^2 I}{d\omega\, d\Omega} = \frac{z^2 e^2}{4\pi^2 c} \left| \boldsymbol{\epsilon}^* \cdot \left(\frac{\boldsymbol{\beta}'}{1 - \mathbf{n} \cdot \boldsymbol{\beta}'} - \frac{\boldsymbol{\beta}}{1 - \mathbf{n} \cdot \boldsymbol{\beta}} \right) \right|^2 \tag{15.2}$$

Dieses Ergebnis gilt allgemein – sowohl klassisch wie quantenmechanisch. Um den Zusammenhang mit dem quantenmechanischen Ausdruck herzustellen, verwandeln wir (15.2) zunächst in ein Photonenspektrum. Die Energie eines Photons der Frequenz ω ist $\hbar\omega$. Dividiert man also (15.2) durch $\hbar^2\omega$, so erhält man das Zahlspektrum der in das Energieintervall und Raumwinkelelement emittierten „*weichen*“ *Photonen* ($\hbar\omega \to 0$) mit der Polarisation $\boldsymbol{\epsilon}$:

$$\lim_{\hbar\omega \to 0} \frac{d^2 N}{d(\hbar\omega)\, d\Omega_\gamma} = \frac{z^2 \alpha}{4\pi^2 \hbar\omega} \left| \boldsymbol{\epsilon}^* \cdot \left(\frac{\boldsymbol{\beta}'}{1 - \mathbf{n} \cdot \boldsymbol{\beta}'} - \frac{\boldsymbol{\beta}}{1 - \mathbf{n} \cdot \boldsymbol{\beta}} \right) \right|^2 \tag{15.3}$$

wobei $\alpha = e^2/\hbar c \simeq 1/137$ die Feinstrukturkonstante mit der Protonenladung e ist. Der Index γ am Raumwinkelelement soll daran erinnern, dass es sich um ein Raumwinkelelement handelt, in das Photonen gestrahlt werden. Das Spektrum (15.3) ist folgendermaßen zu interpretieren: Nehmen wir an, der Stoß werde durch ein äußeres Potential oder eine andere Wechselwirkung verursacht. Der Wirkungsquerschnitt für den mit der Geschwindigkeitsänderung $c\boldsymbol{\beta} \to c\boldsymbol{\beta}'$ verbundenen Stoß werde mit $d\sigma/d\Omega_{\mathrm{T}}$ bezeichnet, wobei der Index T für „Teilchen“ steht. Der auf das Energie- und Raumwinkelelement bezogene Wirkungsquerschnitt für die Streuung und Erzeugung eines weichen Photons der Energie $\hbar\omega$ ist dann:

$$\frac{d^3\sigma}{d\Omega_{\mathrm{T}}\, d(\hbar\omega)\, d\Omega_\gamma} = \left[\lim_{\hbar\omega \to 0} \frac{d^2 N}{d(\hbar\omega)\, d\Omega_\gamma} \right] \cdot \frac{d\sigma}{d\Omega_{\mathrm{T}}} \tag{15.4}$$

Den Ausdruck (15.3) kann man auf relativistisch kovariante Form bringen, indem man die vierdimensionalen Energie-Impuls-Vektoren des Photons und des Teilchens einführt, nämlich $k^\mu = (\hbar/c)(\omega, \omega\mathbf{n})$ und $p^\mu = Mc(\gamma, \gamma\boldsymbol{\beta})$. Benutzt man ferner das lorentzinvariante Phasenraumelement d^3k/k_0 und definiert den manifest invarianten Ausdruck[1]

$$\frac{d^3 N}{(d^3k/k_0)} \equiv \frac{c^2}{\hbar\omega} \frac{d^2 N}{d(\hbar\omega)\, d\Omega_\gamma} = \frac{c^2}{\hbar(\hbar\omega)^2} \frac{d^2 I}{d\omega\, d\Omega_\gamma} \tag{15.5}$$

so geht damit Gl. (15.3) über in

$$\lim_{\hbar\omega \to 0} \frac{d^3 N}{(d^3k/k_0)} = \frac{z^2\alpha}{4\pi^2} \left| \frac{\epsilon^* \cdot p'}{k \cdot p'} - \frac{\epsilon^* \cdot p}{k \cdot p} \right|^2 \tag{15.6}$$

wobei die verschiedenen Produkte Skalarprodukte zwischen Vierervektoren sind (mit der Strahlungseichung $\epsilon^\mu = (0, \boldsymbol{\epsilon})$)[2]. Dass Gl. (15.6) aus einer quantenmechanischen Berechnung resultiert, lässt sich mithilfe der in Abb. 15.1 gezeigten Diagramme plau-

---

[1] Die durch ω^2 dividierte Größe $d^2I/d\omega\, d\Omega$ stellt nicht nur im Grenzfall $\omega \to 0$ eine Lorentz-Invariante dar. Von dieser Tatsache werden wir in Abschnitt 2D dieses Kapitels Gebrauch machen.

[2] Die *Viererpolarisation* ϵ^μ einer ebenen Welle ist i. Allg. parallel zum *Vierpotential* A^μ. Die Eichfreiheit des Potentials schlägt sich dann in der Addition eines Vielfachen des Viererwellenvektors k^μ zur Polarisation nieder. Daher *kann* dieser Vierervektor in einem beliebigen Inertialsystem aus dem räumlichen Vektoren wie oben gebildet werden, was der *Coulomb*- oder *Strahlungs*-Eichung entspricht. Man sieht leicht, dass Gl. (15.6) eich- und damit lorentzinvariant ist (Anm. der Red.).

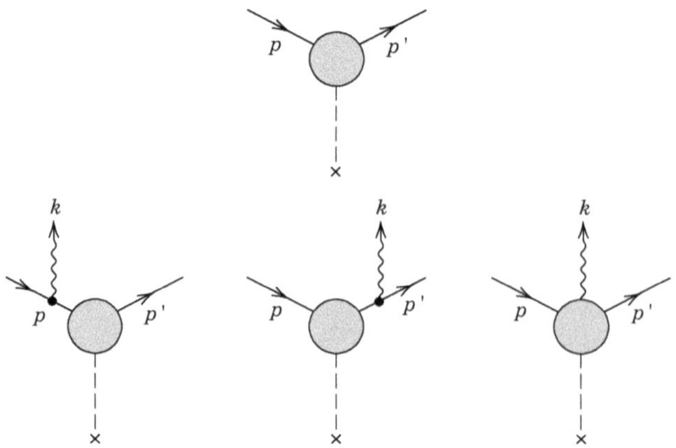

Abb. 15.1 Diagramme, die die quantenmechanische Streuung eines Teilchens ohne Photonemission (oben) und mit Photonemission (unten) beschreiben.

sibel machen. Das obere dieser Diagramme stellt den Streuprozess ohne Strahlungsemission dar, während die unteren die Streuung eines Teilchens zusammen mit der Emission eines Photons beschreiben. Ihre einzelnen Beiträge addieren sich kohärent. In den ersten beiden der unteren Diagramme wird das Photon von äußeren Linien emittiert, d.h. vor bzw. nach der Streuung. Sie enthalten jeweils einen Teilchenpropagator zwischen dem Streuvertex und dem Photonvertex; er hat die Gestalt

$$\frac{1}{(p \pm k)^2 - M^2} = \frac{1}{\pm 2p \cdot k}$$

Im Limes $\omega \to 0$ lassen diese Propagatoren die Beiträge der entsprechenden Diagramme singulär werden und liefern in (15.3) den Faktor $(\hbar\omega)^{-1}$. Im letzten der unteren drei Diagramme wird das Photon vom Inneren des Streuvertex emittiert. Sein Beitrag für $\omega \to 0$ ist endlich und kann daher gegenüber den ersten beiden vernachlässigt werden. Für den Grenzfall, dass Energie und Impuls des Photons in der Kinematik vernachlässigt werden können, führt die explizite Berechnung tatsächlich auf (15.4) mit (15.6). Die Emission weicher Photonen rührt stets nur von äußeren Linien her und wird durch das klassische Ergebnis richtig beschrieben.

B. Die Polarisation und das über die Winkel integrierte Spektrum

Einige Grenzfälle von (15.2) sind besonders interessant. Bewegt sich das Teilchen vor und nach dem Stoß *nichtrelativistisch*, dann können die Nenner der in runden Klammern stehenden Ausdrücke gleich Eins gesetzt werden. Die Strahlungsintensität ergibt sich dann zu

$$\lim_{\omega \to 0} \frac{d^2 I_{\mathrm{NR}}}{d\omega\, d\Omega} = \frac{z^2 e^2}{4\pi^2 c} |\boldsymbol{\epsilon}^* \cdot \Delta\boldsymbol{\beta}|^2 \tag{15.7}$$

wobei $\Delta\boldsymbol{\beta} = \boldsymbol{\beta}' - \boldsymbol{\beta}$ die durch den Stoß verursachte Geschwindigkeitsänderung ist. Dieser Ausdruck entspricht einer Dipolstrahlung. Er führt nach Summation über die möglichen Polarisationsrichtungen und Integration über die Winkel auf folgende Frequenzverteilung der bei einem nichtrelativistischen Stoß abgestrahlten Gesamtenenergie:

$$\lim_{\omega\to 0}\frac{dI_{\rm NR}}{d\omega}=\frac{2z^2e^2}{3\pi c}\,|\Delta\boldsymbol{\beta}|^2 \tag{15.8}$$

Für relativistische Bewegungen, bei denen die Geschwindigkeitsänderung $\Delta\boldsymbol{\beta}$ klein ist, kann (15.2) in niedrigster Ordnung von $\Delta\boldsymbol{\beta}$ durch

$$\lim_{\omega\to 0}\frac{d^2I}{d\omega\,d\Omega}=\frac{z^2e^2}{4\pi^2 c}\left|\boldsymbol{\epsilon}^*\cdot\left(\frac{\Delta\boldsymbol{\beta}+\mathbf{n}\times(\boldsymbol{\beta}\times\Delta\boldsymbol{\beta})}{(1-\mathbf{n}\cdot\boldsymbol{\beta})^2}\right)\right|^2 \tag{15.9}$$

approximiert werden, wobei $c\boldsymbol{\beta}$ die Anfangsgeschwindigkeit (bzw. die mittlere Geschwindigkeit) ist.

Wir wollen nun untersuchen, wie die Winkelverteilung der mit definierter Polarisation emittierten Strahlung explizit aussieht. Bei Streu- bzw. Stoßproblemen kennt man i. Allg. die Richtung des einfallenden Teilchens und der emittierten Strahlung, während die Richtung des abgelenkten Teilchens und somit die von $\Delta\boldsymbol{\beta}$ unbekannt sind. Es ist daher natürlich, den Polarisationszustand der Strahlung bezüglich jener Ebene zu kennzeichnen, die von der Richtung des einfallenden Strahls und der der emittierten Strahlung aufgespannt wird.

Der Einfachheit halber betrachten wir nur Ablenkungen um kleine Winkel, sodass $\Delta\boldsymbol{\beta}$ näherungsweise senkrecht auf der Einfallsebene steht. Die Lage der verschiedenen Vektoren zueinander zeigt Abb. 15.2. Ohne Beschränkung der Allgemeinheit liege

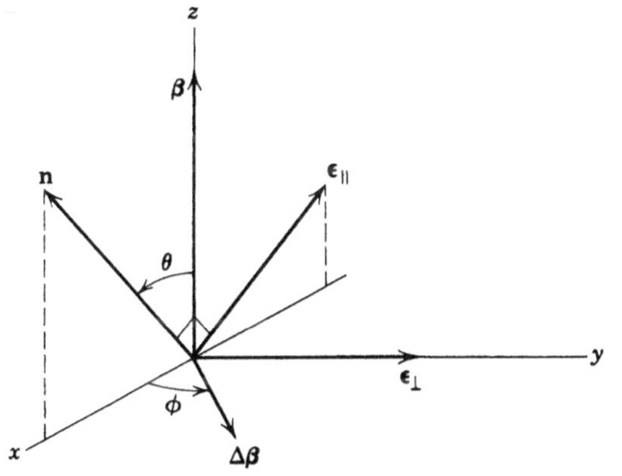

Abb. 15.2

der zum Aufpunkt zeigende Einheitsvektor **n** in der (x,z)-Ebene und bilde mit dem einfallenden Stahl den Winkel θ. Der Vektor der Geschwindigkeitsänderung, $\Delta\boldsymbol{\beta}$, liegt in der (x,y)-Ebene und bildet mit der x-Achse den Winkel ϕ. Da die Richtung des gestreuten Teilchens nicht beobachtet wird, werden wir über ϕ mitteln. Die Einheitsvektoren $\boldsymbol{\epsilon}_\parallel$ und $\boldsymbol{\epsilon}_\perp$ sind die Polarisationsvektoren, die auf **n** senkrecht stehen und in der von $\boldsymbol{\beta}$ und **n** aufgespannten Ebene liegen, bzw. auf $\boldsymbol{\beta}$ senkrecht stehen.

In Übg. 15.6 soll gezeigt werden, dass Gl. (15.9) im Grenzfall niedriger Frequenzen die folgenden (über ϕ gemittelten) Ausdrücke für die beiden linearen Polarisationszustände liefert:

$$\lim_{\omega\to 0}\frac{d^2 I_\parallel}{d\omega\, d\Omega} = \frac{z^2e^2}{8\pi^2 c}|\Delta\boldsymbol{\beta}|^2\frac{(\beta-\cos\theta)^2}{(1-\beta\cos\theta)^4}$$
$$\lim_{\omega\to 0}\frac{d^2 I_\perp}{d\omega\, d\Omega} = \frac{z^2e^2}{8\pi^2 c}|\Delta\boldsymbol{\beta}|^2\frac{1}{(1-\beta\cos\theta)^2} \tag{15.10}$$

Diese Winkelverteilungen gelten für alle Arten von Kleinwinkelstreuungen. Die durch

$$P(\theta) = \frac{d^2I_\perp - d^2I_\parallel}{d^2I_\perp + d^2I_\parallel}$$

definierte *Polarisation* verschwindet für $\theta = 0$, hat ihren Maximalwert $+1$ bei $\cos\theta = \beta$ und fällt für größere Winkel monoton ab. Für $\gamma \gg 1$ hat sie die Form $P(\theta) \simeq 2\gamma^2\theta^2/(1+\gamma^4\theta^4)$. Dieses qualitative Verhalten wird vom Experiment bestätigt, jedoch treten für $\omega \to 0$ selbst bei $\omega/\omega_{\text{max}} = 0{,}1$ erhebliche Abweichungen auf.[3]

Die Summe der beiden Ausdrücke (15.10) liefert die Winkelverteilung der bei beliebiger Kleinwinkelstreuung (bei der $\Delta\boldsymbol{\beta}$ dem Betrag nach klein ist und mit der Einfallsrichtung einen Winkel von 90° bildet) emittierten weichen Strahlung. Bei relativistischen Bewegungen zeigt die Winkelverteilung in der schon vertrauten Weise ein stark ausgeprägtes Maximum in Vorwärtsrichtung bei einem mittleren Emissionswinkel in der Größenordnung von $\gamma^{-1} = Mc^2/E$. Explizit erhält man für $\gamma \gg 1$:

$$\lim_{\omega\to 0}\frac{d^2 I}{d\omega\, d\Omega} \simeq \frac{z^2e^2\gamma^4|\Delta\boldsymbol{\beta}|^2}{\pi^2 c}\frac{(1+\gamma^4\theta^4)}{(1+\gamma^2\theta^2)^4} \tag{15.11}$$

Die Frequenzverteilung der Gesamtintensität für beliebige Geschwindigkeiten ergibt sich aus (15.10) durch elementare Integration zu

$$\lim_{\omega\to 0}\frac{dI}{d\omega} = \frac{2}{3\pi}\frac{z^2e^2}{c}\gamma^2|\Delta\boldsymbol{\beta}|^2$$

Für nichtrelativistische Geschwindigkeiten reduziert sich dies auf (15.8). Da der Teilchenimpuls durch $\mathbf{p} = \gamma Mc\boldsymbol{\beta}$ gegeben ist, lässt sich dieses Ergebnis auch in der Form

$$\lim_{\omega\to 0}\frac{dI}{d\omega} = \frac{2}{3\pi}\frac{z^2e^2}{M^2c^3}Q^2 \tag{15.12}$$

schreiben, wobei $Q = |\mathbf{p}' - \mathbf{p}|$ der Betrag des bei der Streuung übertragenen Impulses ist. Die Gln. (15.10) und (15.12) sind sowohl relativistisch wie nichtrelativistisch gültig, sofern die Geschwindigkeitsänderung nicht zu groß ist. Das entsprechende Kriterium lautet für relativistische Bewegungen:

$$|\Delta\boldsymbol{\beta}| < \frac{2}{\gamma} \quad \text{oder} \quad Q < 2Mc \tag{15.13}$$

[3] Daten zur Elektron-Bremsstrahlung findet man in einem Artikel von Lichtenberg, W., Przybylski, A. und M. Scheer, *Phys. Rev. A* **11**, 480 (1975).

Dies ergibt sich unmittelbar aus (15.2). Ist der durch $|\Delta\boldsymbol{\beta}|/\beta$ gegebene Winkel zwischen den beiden Geschwindigkeiten $\boldsymbol{\beta}$ und $\boldsymbol{\beta}'$ größer als $2/\gamma$, dann tritt zwischen den beiden Termen in (15.2) keine Interferenz auf. Wird die Strahlung außerdem in eine Richtung $\mathbf{n}$ emittiert, sodass einer der beiden Terme groß ist, dann ist der andere automatisch vernachlässigbar klein. Das Diagramm der Winkelverteilung hat in diesem Fall die Form zweier Scheinwerferstrahlen, von denen der eine um $\boldsymbol{\beta}$, der andere um $\boldsymbol{\beta}'$ konzentriert ist; die Intensitäten sind dabei jeweils durch das Betragsquadrat des einen der beiden Terme gegeben. Das Frequenzspektrum der Gesamtintensität ergibt sich dann näherungsweise zu

$$\lim_{\substack{\omega\to 0\\ Q>2Mc}} \frac{dI}{d\omega} \simeq \frac{4z^2e^2}{\pi c} \ln(Q/Mc) \tag{15.14}$$

Für $Q > 2Mc$ ist also die Intensität, mit der weiche Photonen emittiert werden, unabhängig von Q^2 – im Gegensatz zu dem mit Q^2 linearen Anstieg des für kleinere Impulsüberträge gültigen Ausdrucks (15.12). Für nichtrelativistische Bewegungen sind die Impulsüberträge stets kleiner als die durch (15.13) charakterisierte Grenze. Daher ist die Intensität in diesem Fall für alle Impulsüberträge durch (15.12) gegeben.

C. Qualitatives Verhalten bei mittleren Frequenzen

Wir haben uns bisher auf die Frage konzentriert, welche Gestalt der Ausdruck (15.1) im Grenzfall sehr niedriger Frequenzen annimmt. Wir wollen uns nunmehr mit dem qualitativen Verhalten des Spektrums bei mittleren Frequenzen beschäftigen. In diesem Bereich wird das Verhalten von (15.1) durch den Phasenfaktor bestimmt. Zu merklicher Strahlung kommt es nur dann, wenn sich die Phase während des Streuprozesses kaum ändert. Schreibt man den Ortsvektor des Teilchens, $\mathbf{r}(t)$, in der Form

$$\mathbf{r}(t) = \mathbf{r}(0) + \int_0^t c\,\boldsymbol{\beta}(t')\,dt'$$

so nimmt die Phase im Integranden von (15.2), abgesehen von einer Konstanten, die Gestalt

$$\Phi(t) = \omega\left(t - \mathbf{n}\cdot\int_0^t \boldsymbol{\beta}(t')\,dt'\right)$$

an. Der Stoß bzw. die Streuung vollziehe sich nun innerhalb eines gewissen Zeitintervalls τ, während die Geschwindigkeit $\boldsymbol{\beta}$ in dieser Zeit von ihrem Anfangswert aus in nicht zu abrupter Weise auf ihren Endwert abfalle. Das Kriterium für das Auftreten merklicher Strahlung lautet dann:

$$\omega\tau(1 - \mathbf{n}\cdot\langle\boldsymbol{\beta}\rangle) < 1 \tag{15.15}$$

wobei $\langle\boldsymbol{\beta}\rangle = \frac{1}{\tau}\int_0^\tau \boldsymbol{\beta}(t)\,dt$ die über die Stoßdauer gemittelte Geschwindigkeit $\boldsymbol{\beta}$ ist. Für nichtrelativistische Stöße reduziert sich das genannte Kriterium auf

$$\omega\tau < 1$$

Bei niedrigen Frequenzen ist die Strahlungsintensität durch (15.7) gegeben, doch für $\omega\tau > 1$ macht der oszillierende Phasenfaktor das Integral sehr viel kleiner als im Fall von $\omega = 0$. Die Intensität fällt daher für $\omega > 1/\tau$ sehr schnell auf Null ab. Für relativistische Bewegungen ist die Situation komplizierter. Ist $|\Delta\boldsymbol{\beta}|$ klein, aber $\gamma \gg 1$, so kann man anstelle des Kriteriums (15.15) näherungsweise

$$\frac{\omega\tau}{2\gamma^2}(1+\gamma^2\theta^2) < 1 \tag{15.16}$$

schreiben. In diesem Fall ist also die Strahlungsintensität vom Winkel abhängig. Für $\omega < 1$ dagegen tritt bei sämtlichen Winkeln merkliche Strahlung auf. Liegt $\omega\tau$ jedoch im Bereich $1 < \omega\tau < \gamma^2$, so kommt es nur bis zu Winkeln in der Größenordnung von θ_{max} zu merklicher Strahlung, wobei $\theta^2_{max} = 1/\omega\tau$ ist. Für $\omega\tau > \gamma^2$ ist die Bedingung (15.16) nicht bei allen Winkeln erfüllt. Folglich wird das Strahlungsspektrum bei relativistischen Stößen näherungsweise durch (15.11) und (15.12) bestimmt, sofern $\omega\tau \ll \gamma^2$ ist. Jedoch treten Modifikationen in der Winkelverteilung auf, sobald sich $\omega\tau$ dem Wert von γ^2 nähert, und die Intensität nimmt für $\omega \gtrsim \gamma^2/\tau$ bei allen Winkeln schnell ab.

15.2 Bremsstrahlung bei Coulomb'scher Wechselwirkung

Der bekannteste Fall, in dem ein Kontinuum von Strahlung emittiert wird, ist der Zusammenstoß eines schnellen Teilchens mit einem Atom. Wegen seiner größeren Ladung trägt der Kern mehr zur Ablenkung des einfallenden Teilchens bei als die Elektronen. Wir ignorieren daher zunächst den Einfluss der Elektronen und betrachten nur die Strahlung, die ein Teilchen der Ladung ze, der Masse M und der Anfangsgeschwindigkeit $c\boldsymbol{\beta}$ während der Wechselwirkung mit dem Coulomb-Feld einer ruhenden Punktladung Ze emittiert.

Die elastische Streuung eines geladenen Teilchens an einem statischen Coulomb-Feld wird beschrieben durch die Rutherford'sche Streuformel (13.1):

$$\frac{d\sigma_s}{d\Omega'} = \left(\frac{2zZe^2}{pv}\right)^2 \cdot \frac{1}{(2\sin\theta'/2)^4} \tag{15.17}$$

wobei θ' der Streuwinkel ist. Dieser Ausdruck für den differentiellen Wirkungsquerschnitt gilt in nichtrelativistischer Näherung für alle Winkel. Für die relativistische Streuung eines Teilchens ist er jedoch nur dann korrekt, wenn man sich auf kleine Streuwinkel beschränkt. Es ist zweckmäßig, den Ausdruck (15.17) durch den Impulsübertrag Q auszudrücken. Für elastische Streuung ist

$$Q^2 = 4p^2\sin^2(\theta'/2) = 2p^2(1-\cos\theta') \tag{15.18}$$

Mit $d\Omega' = d\phi'\, d\cos\theta' = -\,Q\, d\phi'\, dQ/p^2$ liefert dann die Integration von (15.17) über den Azimutwinkel ϕ':

$$\frac{d\sigma_s}{dQ} = 8\pi\left(\frac{zZe^2}{\beta c}\right)^2 \cdot \frac{1}{Q^3} \tag{15.19}$$

Bei einer Coulomb-Wechselwirkung mit dem Impulsübertrag Q wird das einfallende Teilchen beschleunigt und emittiert Strahlung. Aus dem vorhergehenden Abschnitt wissen wir, dass die Winkelverteilung dieser Strahlung, zumindest für kleine Ablenkungen, durch (15.10) gegeben ist, während die Gesamtintensität durch (15.12) bestimmt wird. Da wir die Winkelverteilung bereits besprochen haben, konzentrieren wir uns jetzt auf das über die Winkel integrierte Frequenzspektrum. In Analogie zu (15.4) definieren wir den *differentiellen Strahlungsstreuquerschnitt* durch

$$\frac{d^2\chi}{d\omega\, dQ} = \frac{dI(\omega,\, Q)}{d\omega} \cdot \frac{d\sigma_s}{dQ}(Q) \tag{15.20}$$

wobei $dI(\omega, Q)/d\omega$ diejenige Energie ist, die bei einem Stoß mit dem Impulsübertrag Q in ein Frequenzintervall emittiert wird. Der differentielle Strahlungsstreuquerschnitt hat die Dimension (Fläche × Energie/Frequenz × Impuls). Den Streuquerschnitt für die Emission eines Photons der Energie $\hbar\omega$ erhält man aus (15.20), indem man durch $\hbar^2\omega$ dividiert.

Das Strahlungsspektrum bei niedrigen Frequenzen wird, wenn Q nicht zu groß ist, durch (15.12) bestimmt. Die Substitution von (15.12) und (15.19) in (15.20) führt dann auf

$$\frac{d^2\chi}{d\omega\, dQ} = \frac{16}{3}\frac{Z^2e^2}{c}\left(\frac{z^2e^2}{Mc^2}\right)^2 \frac{1}{\beta^2} \cdot \frac{1}{Q} \tag{15.21}$$

Dieses Resultat gilt für genügend kleine Frequenzen und Impulsüberträge, sodass die Kriterien des vorhergehenden Abschnitts erfüllt sind. Der über die möglichen Impulsüberträge integrierte Strahlungsstreuquerschnitt ist

$$\frac{d\chi}{d\omega} \simeq \frac{16}{3}\frac{Z^2e^2}{c}\left(\frac{z^2e^2}{Mc^2}\right)^2 \cdot \frac{1}{\beta^2}\int_{Q_{\min}}^{Q_{\max}} \frac{dQ}{Q}$$

oder

$$\frac{d\chi}{d\omega} \simeq \frac{16}{3}\frac{Z^2e^2}{c}\left(\frac{z^2e^2}{Mc^2}\right)^2 \cdot \frac{1}{\beta^2}\ln\left(\frac{Q_{\max}}{Q_{\min}}\right) \tag{15.22}$$

Bei der Integration über die Impulsüberträge haben wir die Einschränkung des Gültigkeitsbereiches von Gl. (15.21) dadurch berücksichtigt, dass wir ein maximales und minimales Q eingeführt haben. Gl. (15.21) ist eine Näherung für den Streuquerschnitt, die unabhängig von der Frequenz ist, aber nur in einem beschränkten Q-Bereich gilt. Außerhalb dieses Bereichs ist der Streuquerschnitt kleiner als der durch (15.21) gegebene Näherungswert, da dann in (15.20) entweder der eine oder der andere der beiden Faktoren sehr viel kleiner als (15.12) bzw. (15.19) (oder sogar gleich Null) ist. Dies hat eine Beschränkung des tatsächlichen Q-Bereichs zur Folge und führt zu (15.22). Die Bestimmung von $Q_{\min}$ und $Q_{\max}$ in Abhängigkeit von den physikalischen Gegebenheiten ist unsere nächste Aufgabe.

A. Klassische Bremsstrahlung

Bei der Diskussion des Energieverlustes in Kapitel 13 sahen wir, dass die klassische Betrachtungsweise erlaubt ist, solange

$$\eta = \frac{zZe^2}{\hbar v} > 1$$

ist. Für Teilchen mit nicht zu großer Ladung bedeutet dies, dass $\beta \ll 1$ sein muss. In diesem nichtrelativistischen Grenzfall wird der effektive maximale Impulsübertrag nicht durch die Ungültigkeit von (15.12) eingeschränkt, sondern allein durch die Kinematik. Aus (15.18) folgt:

$$Q_{\text{max}} = 2p = 2Mv \tag{15.23}$$

Die untere Grenze von Q wird klassisch durch den Zusammenhang zwischen der Frequenz und der Stoßdauer bestimmt, der erfüllt sein muss, wenn es zu merklicher Strahlung kommen soll. Nach Kap. 11.10 und 13.1 ist

$$\frac{1}{\tau} \simeq \frac{v}{b}, \quad Q = \frac{2zZe^2}{bv}$$

sodass sich die Bedingung $\omega < 1/\tau$ folgendermaßen durch Q ausdrücken lässt:

$$Q > Q_{\text{min}}^{(c)} = \frac{2zZe^2\omega}{v^2} \tag{15.24}$$

Der *klassische* Strahlungsstreuquerschnitt ist daher:

$$\frac{d\chi_c}{d\omega} \simeq \frac{16}{3}\frac{Z^2e^2}{c}\left(\frac{z^2e^2}{Mc^2}\right)^2 \cdot \frac{1}{\beta^2} \cdot \ln\left(\frac{\lambda Mv^3}{zZe^2\omega}\right) \tag{15.25}$$

wobei λ eine Zahl in der Größenordnung von Eins ist; sie berücksichtigt unsere Unkenntnis über die Art und Weise, wie die Intensität bei $\omega\tau = 1$ auf Null abfällt.

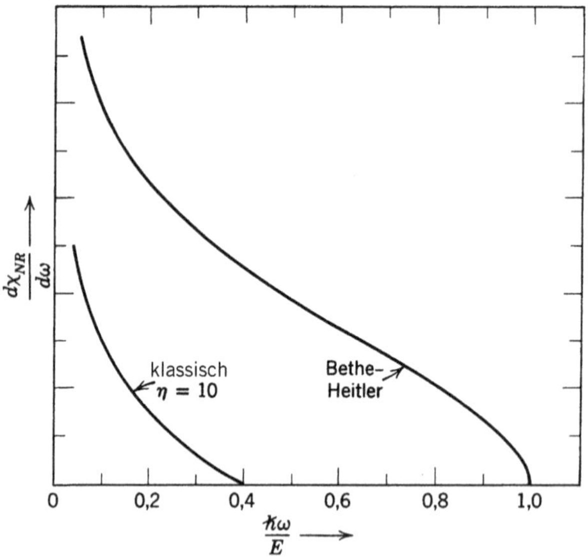

Abb. 15.3 Strahlungsstreuquerschnitt für nichtrelativistische Coulomb-Wechselwirkungen in Abhängigkeit von der Frequenz, gemessen in Einheiten der Maximalfrequenz $E/\hbar$. Das klassische Spektrum ist auf sehr niedrige Frequenzen beschränkt. Die mit „Bethe-Heitler“ bezeichnete Kurve stellt das quantenmechanische Ergebnis der Born'schen Näherung dar, d. h. (15.29) mit $\lambda' = 1$.

Dieser Streuquerschnitt ergibt nur dann einen Sinn, wenn das Argument des Logarithmus größer als Eins ist. D. h. für das Frequenzspektrum gibt es eine obere Schranke $\omega_{\max}^{(c)}$. Ausgedrückt durch die Energie eines Photons ist sie gegeben durch

$$\hbar\omega_{\max}^{(c)} = \frac{2\lambda}{\eta}\left(\frac{Mv^2}{2}\right) \tag{15.26}$$

Da η in diesem klassischen Bereich sehr viel größer als Eins ist, ist folglich die emittierte Strahlung auf weiche Photonen beschränkt, deren Energien im Vergleich zur kinetischen Energie des einfallenden Teilchens sehr klein sind. Für $\eta = 10$ ist in Abb. 15.3 das klassische Spektrum dargestellt, und zwar mit $\lambda = 2$ (dieser letzte Wert ist so gewählt, dass der klassische und quantenmechanische Streuquerschnitt für $\eta = 1$ und $\omega = 0$ übereinstimmen).

B. Nichtrelativistische Bremsstrahlung

Im zuvor betrachteten klassischen Limes ließen wir Energie und Impuls des Photons außer acht. Diese Vernachlässigung konnten wir im nachhinein dadurch rechtfertigen, dass das Spektrum – nach Gl. (15.26) – auf Photonen sehr kleiner Energie beschränkt ist. Für schnelle, wenn auch immer noch nichtrelativistische Teilchen mit $\eta < 1$ muss man jedoch der Erhaltung von Energie und Impuls Rechnung tragen, indem man das Photon in der Kinematik mitberücksichtigt. Für die Streuung an einem ruhenden (bzw. sehr massiven) Kraftzentrum lauten die entsprechenden Bedingungen:

$$\begin{aligned} E &= E' + \hbar\omega \\ Q^2 &= (\mathbf{p} - \mathbf{p}' - \mathbf{k})^2 \simeq (\mathbf{p} - \mathbf{p}')^2 \end{aligned} \tag{15.27}$$

Dabei sind $E = p^2/2M$ und $E' = p'^2/2M$ die *kinetische* Energie des Teilchens vor bzw. nach der Streuung, während $\hbar\omega$ und $\mathbf{k} = \hbar\omega\mathbf{n}/c$ die Energie bzw. den Impuls des Photons darstellen und Q, wie zuvor, den auf das Streuzentrum übertragenen Impuls bezeichnet. Der Leser mag sich davon überzeugen, dass die Vernachlässigung des Photonimpulses $\mathbf{k}$ im zweiten Ausdruck für Q^2 unabhängig von den Richtungen der Impulse gerechtfertigt ist, sofern die Teilchen nichtrelativistisch sind.

Der für die Strahlung entscheidende maximale Impulsübertrag wird wieder durch die Kinematik bestimmt. In ähnlicher Weise wird auch das minimale Q durch die Kinematik und nicht durch die Dauer des Stoßes festgelegt.[4] Aus der zweiten der beiden Gln. (15.27) ergibt sich bei Verwendung der Energieerhaltung:

$$\frac{Q_{\max}}{Q_{\min}} = \frac{p + p'}{p - p'} = \frac{(\sqrt{E} + \sqrt{E - \hbar\omega})^2}{\hbar\omega} \tag{15.28}$$

[4] Für weiche Photonen kann $Q_{\min} = p - p'$ durch $Q_{\min} \simeq 2\hbar\omega/v$ approximiert werden, während die klassische Formel (15.24) $Q_{\min}^{(c)} = 2\eta\hbar\omega/v$ liefert. Mit $\eta < 1$ ist das quantenmechanische $Q_{\min}$ größer als das klassische und ist daher für die untere Grenze von Q maßgebend. Für energiereichere Photonen ist $(p - p')$ sogar noch größer. Bei relativistischen Stoßprozessen hat $Q_{\min}^{(c)}$ den mit γ^{-3} multiplizierten nichtrelativistischen Wert und ist somit sehr viel kleiner als das quantenmechanische Minimum (15.33).

Für den Strahlungsstreuquerschnitt (15.22) bedeutet dies:

$$\frac{d\chi_{NR}}{d\omega} \simeq \frac{16}{3}\frac{Z^2 e^2}{c}\left(\frac{z^2 e^2}{Mc^2}\right)^2 \cdot \frac{1}{\beta^2} \cdot \ln\left[\frac{\lambda'(\sqrt{E}+\sqrt{E-\hbar\omega})^2}{\hbar\omega}\right] \tag{15.29}$$

mit einer Zahl λ', die wieder in der Größenordnung von Eins liegt. Tatsächlich stimmt die letzte Gleichung für $\lambda' = 1$ exakt mit dem quantenmechanischen Resultat der Born'schen Näherung überein, die das erste Mal (1934) von Bethe und Heitler berechnet wurde. Den Verlauf des Strahlungsstreuquerschnitts in Abhängigkeit von der Frequenz zeigt Abb. 15.3.

Die Tatsache, dass wir über halbklassische Argumente, die die Quantenaspekte nur in der Kinematik berücksichtigten, den aus der Born'schen Näherung gewonnenen quantenmechanischen Ausdruck für den Streuquerschnitt erhielten, lässt sich verstehen, wenn man auf die Überlegungen des vorigen Abschnitts, insbesondere auf Abb. 15.1, zurückgreift. Der Streuvertex, der in Abb. 15.1 als Blase dargestellt ist, um anzudeuten, dass sich an der betreffenden Stelle komplizierte Vorgänge abspielen, reduziert sich in der Born'schen Näherung auf einen ebenso punktartigen Vertex wie die Photon-Teilchen-Vertizes. Das dritte der unteren Diagramme tritt in dieser Näherung nicht auf. Strahlung geht allein von den äußeren Linien aus, und die Amplitude ist durch (15.6) gegeben; die exakte Kinematik führt zusammen mit den Phasenraumfaktoren auf (15.29).

Der Strahlungsstreuquerschnitt $d\chi/d\omega$ hängt von den Eigenschaften der an dem Stoßprozess bzw. der Streuung beteiligten Teilchen ab, und zwar über den Faktor $Z^2 z^4/M^2$. Dies zeigt, dass die Emission von Strahlung am stärksten für Elektronen in Materialien mit großem Atomgewicht ist. Durchquert ein Teilchen eine 1 cm dicke Materialschicht, in der sich pro Volumeneinheit N ruhende Ladungen Ze (die Atomkerne) befinden, so ist sein strahlungsbedingter Energieverlust insgesamt:

$$\frac{dE_{\text{str}}}{dx} = N\int_0^{\omega_{\max}} \frac{d\chi(\omega)}{d\omega}\,d\omega$$

Benutzt man hier für $d\chi/d\omega$ die Gl. (15.29) und geht zu der Integrationsvariablen $x = (\hbar\omega/E)$ über, so folgt:

$$\frac{dE_{\text{str}}}{dx} = \frac{16}{3}NZ\left(\frac{Ze^2}{\hbar c}\right)\frac{z^4 e^4}{Mc^2}\int_0^1 \ln\left(\frac{1+\sqrt{1-x}}{\sqrt{x}}\right)dx \tag{15.30}$$

Das dimensionslose Integral hat den Wert Eins. Zum Vergleich geben wir das Verhältnis des strahlungsbedingten Energieverlustes zu dem durch Stöße verursachten Energieverlust (13.14) an:

$$\frac{dE_{\text{str}}}{dE_{\text{stoß}}} \simeq \frac{4}{3\pi}z^2\frac{Z}{137}\frac{m}{M}\left(\frac{v}{c}\right)^2\frac{1}{\ln B_q} \tag{15.31}$$

Für nichtrelativistische Teilchen ($v \ll c$) ist der Energieverlust durch Strahlung gegenüber dem durch Stöße vollkommen zu vernachlässigen. Die Feinstrukturkonstante ($e^2/\hbar c = 1/137$) tritt in charakteristischer Weise immer dann auf, wenn zu dem Grundprozess (hier die Ablenkung des Teilchens im Coulomb-Feld des Atomkerns) die Emission von Strahlung hinzutritt. Der Faktor m/M erscheint deswegen, weil der strahlungsbedingte Energieverlust durch die Beschleunigung des Teilchens verursacht wird, während der durch Stöße verursachte Energieverlust auf die Beschleunigung eines Elektrons zurückgeht.

C. Relativistische Bremsstrahlung

Für relativistische Teilchen müssen die aus der Energieerhaltung gewonnenen Schranken für Q modifiziert werden. Die Änderungen sind zweierlei Art. Die erste ist die, dass der maximale Impulsübertrag nicht mehr durch die Kinematik bestimmt wird. In Abschnitt 1 dieses Kapitels zeigten wir bereits, dass Gl. (15.12) nur für $Q < 2Mc$ richtig ist. Für größere Werte von Q ist die Strahlungsintensität unabhängig von Q und wird durch (15.14) bestimmt. Wegen des Q^{-3}-Verhaltens von (15.19) bedeutet dies, dass $Q_{\max}$ in (15.22) den Wert

$$Q_{\max} \simeq 2Mc \tag{15.32}$$

hat. Die zweite Modifikation betrifft den *Impuls* des Photons, der bei der Bestimmung des minimalen Impulsübertrages aus (15.27) nicht mehr vernachlässigt werden darf. Seinen Minimalwert nimmt Q natürlich dann an, wenn alle drei Impulse zueinander parallel sind, d.h.

$$Q_{\min} = p - p' - k$$

Ist die Bewegung des Teilchens sowohl zu Beginn wie am Ende des Streu- bzw. Stoßvorgangs relativistisch (obwohl das Photon einen beachtlichen Teil der Energie mitnehmen kann), dann darf man die Näherungen $cp \simeq E - M^2c^4/2E$ und $cp' \simeq E' - M^2c^4/2E$ machen, wobei jetzt E und E' die Gesamtenergien bedeuten. Hieraus folgt:

$$Q_{\min} \simeq \frac{M^2c^3\hbar\omega}{2EE'} \tag{15.33}$$

Mit (15.32) und (15.33) ergibt sich dann für den Strahlungsstreuquerschnitt:

$$\frac{d\chi_R}{d\omega} \simeq \frac{16}{3}\frac{Z^2e^2}{c}\left(\frac{z^2e^2}{Mc^2}\right)^2 \ln\left(\frac{\lambda'' EE'}{Mc^2\hbar\omega}\right) \tag{15.34}$$

wobei λ'' wieder in der Größenordnung von Eins liegt. Dieses Ergebnis stimmt mit dem überein, das man quantenmechanisch im relativistischen Limes erhält, wenn die Photonenergie die Bedingung $\hbar\omega \ll E$ erfüllt. Im Grenzfall $E, E' \gg Mc^2$ lautet die quantenmechanische Formel:

$$\left(\frac{d\chi_R}{d\omega}\right)_{\text{Born}} \simeq \frac{16}{3}\frac{Z^2e^2}{c}\left(\frac{z^2e^2}{Mc^2}\right)^2 \left(1 - \frac{\hbar\omega}{E} + \frac{3\hbar^2\omega^2}{4E^2}\right)\left[\ln\left(\frac{2EE'}{Mc^2\hbar\omega}\right) - \frac{1}{2}\right] \tag{15.35}$$

Am Rande sei bemerkt, dass die kleine Geschwindigkeitsänderung $\Delta\boldsymbol{\beta}$ bei einem relativistischen Stoß aufgrund von $Q_{\max} \simeq 2Mc$ stets in der zur Einfallsrichtung senkrechten Ebene liegt. Die Winkelverteilung ist daher durch (15.11) gegeben. Der zweifach differentielle Strahlungsstreuquerschnitt, bezogen auf das Frequenz- und Raumwinkelelement, ist dann für $\hbar\omega \ll E$:

$$\frac{d^2\chi_R}{d\omega\, d\Omega_\gamma} \simeq \left[\frac{3}{2\pi}\gamma^2 \frac{(1+\gamma^4\theta^4)}{(1+\gamma^2\theta^2)^4}\right] \cdot \frac{d\chi_R}{d\omega} \tag{15.36}$$

wobei θ der Winkel ist, unter dem das Photon emittiert wird, und $d\chi_R/d\omega$ durch (15.34) gegeben ist. Die Tatsache, dass $Q_{\max}/p$ klein ist, rechtfertigt die Verwendung der Rutherford'schen Streuformel (15.19) ohne quantenmechanische Korrekturen für den Spin.

D. Herleitung der Formeln für die relativistische Bremsstrahlung aus einer Lorentz-Transformation

Es ist instruktiv, die Berechnung der relativistischen Bremsstrahlung unter einem etwas anderen Aspekt vorzunehmen. Wir betrachten dazu den Stoßprozess nicht vom Laborsystem aus, in dem das Kraftzentrum ruht, sondern vom Ruhsystem K' des einlaufenden Teilchens aus. Wie sich die Strahlungsemission in den beiden Systemen darstellt, ist schematisch in Abb. 15.4 gezeigt. Die Ablenkung um einen kleinen Winkel im Laborsystem entspricht einer nichtrelativistischen Bewegung im System K'. Die Strahlungsintensität in K' ist daher durch die Summe der beiden Terme (15.10) mit $\beta = 0$ gegeben:

$$\frac{d^2 I'}{d\omega'\, d\Omega'} = \frac{z^2 e^2}{8\pi^2 c} |\Delta\boldsymbol{\beta}'|^2 \,(1 + \cos^2\theta')$$

Die Striche weisen darauf hin, dass wir uns im System K' befinden. Die Geschwindigkeitsänderung lässt sich bei nichtrelativistischen Bewegungen in der Form $\Delta\boldsymbol{\beta}' = \Delta\mathbf{p}'/Mc$ schreiben, wobei $\Delta\mathbf{p}'$ die Impulsänderung in K' bezeichnet. Bei kleinen Ablenkungen im Laborsystem steht $\Delta\mathbf{p}'$ senkrecht auf der Bewegungsrichtung und hat damit im Laborsystem den gleichen Betrag wie in K'. Er ist gegeben durch den Impulsübertrag Q. Das Spektrum der abgestrahlten Energie lässt daher in der Form

$$\frac{d^2 I'}{d\omega'\, d\Omega'} = \frac{z^2 e^2}{8\pi^2 c} \left(\frac{Q}{Mc}\right)^2 (1 + \cos^2\theta')$$

schreiben. Der dreifach differentielle Strahlungsstreuquerschnitt, bezogen auf das Frequenz-, Raumwinkel- und Impulsübertragselement, ist in Analogie zu (15.20):

$$\frac{d^3\chi'}{d\omega'\, d\Omega'\, dQ} = \frac{z^2 e^2}{8\pi^2 c} \left(\frac{Q}{Mc}\right)^2 \cdot \frac{d\sigma_s}{dQ} \cdot (1 + \cos^2\theta') \tag{15.37}$$

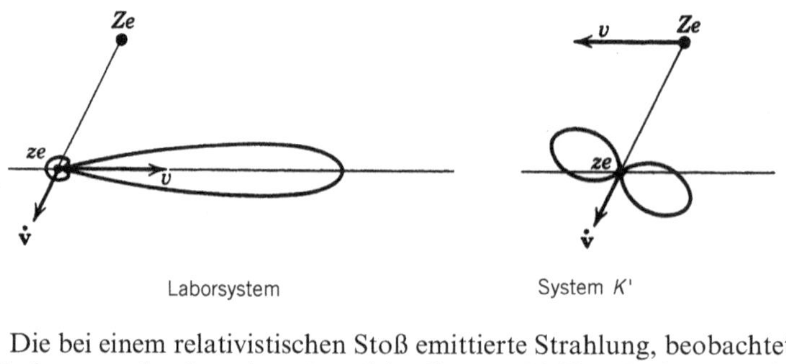

Abb. 15.4 Die bei einem relativistischen Stoß emittierte Strahlung, beobachtet im Laborsystem (dem Ruhsystem des Atomkerns) und im System K' (dem Ruhsystem des einfallenden Teilchens).

Dies ist der Streuquerschnitt in K'. Die Größen $d\sigma_s/dQ$ und Q^2 tragen hierbei keine Striche, da sie offensichtlich invariant unter Lorentz-Transformationen sind, sofern $\mathbf{Q}$ transversal ist.[5]

Nach Gl. (15.37) erscheint die Strahlungsemission im System K' als einfache Dipolstrahlung. Um den Streuquerschnitt im Laborsystem zu erhalten, müssen wir eine Lorentz-Transformation vornehmen. In Abschnitt 1 dieses Kapitels wiesen wir bereits darauf hin, dass der Ausdruck (15.5) eine lorentzinvariante Größe ist. Aus der soeben gemachten Feststellung ergibt sich daher, dass die Gleichung, die die differentiellen Streuquerschnitte in den beiden Systemen miteinander verknüpft die Gestalt

$$\frac{1}{\omega^2}\frac{d^3\chi}{d\omega\, d\Omega\, dQ} = \frac{1}{\omega'^2}\frac{d^3\chi'}{d\omega'\, d\Omega'\, dQ} \tag{15.38}$$

hat. Daraus ergibt sich für den differentiellen Streuquerschnitt im Laborsystem:

$$\frac{d^3\chi}{d\omega\, d\Omega\, dQ} = \frac{2}{3\pi}\cdot\frac{z^2e^2}{c}\left(\frac{Q}{Mc}\right)^2\cdot\frac{d\sigma_s}{dQ}\cdot\left[\frac{3}{16\pi}\left(\frac{\omega}{\omega'}\right)^2(1+\cos^2\theta')\right] \tag{15.39}$$

Die gestrichenen Größen in der eckigen Klammer müssen natürlich durch die ungestrichenen im Laborsystem ausgedrückt werden. Die dazu benötigten Formeln für die relativistische Doppler-Verschiebung lauten:

$$\omega = \gamma\omega'(1+\beta\cos\theta')$$

und

$$\omega' = \gamma\omega(1-\beta\cos\theta)$$

Die Kombination dieser beiden Gleichungen liefert:

$$\frac{\omega}{\omega'} = \frac{1}{\gamma(1-\beta\cos\theta)} \simeq \frac{2\gamma}{1+\gamma^2\theta^2}$$

und

$$\cos\theta' = \frac{\cos\theta-\beta}{1-\beta\cos\theta} \simeq \frac{1-\gamma^2\theta^2}{1+\gamma^2\theta^2} \tag{15.40}$$

Die Näherungen auf der rechten Seite gelten für kleine Winkel um die Einfallsrichtung im Laborsystem. Mit ihnen geht der in eckigen Klammern stehende Ausdruck in (15.39) über in

$$\left[\frac{3}{16\pi}\left(\frac{\omega}{\omega'}\right)^2(1+\cos^2\theta')\right] \simeq \left[\frac{3\gamma^2}{2\pi}\frac{(1+\gamma^4\theta^4)}{(1+\gamma^2\theta^2)^4}\right]$$

[5] Tatsächlich könnten wir auch den vierdimensionalen Impulsübertrag benutzen, dessen Quadrat durch $Q^2 = -(p_1-p_2)^2 = (\mathbf{p}_1-\mathbf{p}_2)^2-(E_1-E_2)^2/c^2$ gegeben ist. Bei der elastischen Streuung durch ein massives Kraftzentrum ist $E_1 = E_2$, während der Energiedifferenzterm bei kleinen Ablenkungswinkeln und hohen Energien selbst bei inelastischen Streuungen bzw. Stößen vernachlässigt werden kann.

Dies stimmt mit dem Vorfaktor auf der rechten Seite von Gl. (15.36) genau überein. (Verwendet man die exakten Ausdrücke aus Gl. (15.40), so erhält man die Summe der beiden Terme (15.10).) Mit dem Rutherford'schen Streuquerschnitt (15.19) oder anderen geeigneten Ausdrücken für den Streuquerschnitt $d\sigma_s/dQ$ erhält man die bereits bekannten Ergebnisse für die relativistische Bremsstrahlung wieder zurück.

Die Formeln für die Doppler-Verschiebung machen einen wichtigen Punkt deutlich: Photonen der Energie $\hbar\omega'$ im System K', die in ihm unter mehr oder weniger beliebigem Winkel emittiert werden, erscheinen im Laborsystem innerhalb des Vorwärtskegels und mit Energien in der Größenordnung von $\hbar\omega \sim \gamma\hbar\omega'$. D.h. energiereiche Photonen, deren Laborenergien im Bereich $Mc^2 \ll \hbar\omega \ll \gamma Mc^2$ liegen, entsprechen im Ruhsystem des einfallenden Teilchens weichen Photonen mit $\hbar\omega' \ll Mc^2$.

15.3 Abschirmeffekte; relativistischer Energieverlust durch Strahlung

Den Einfluss der Hüllenelektronen ließen wir bei der Behandlung der Bremsstrahlung bisher außeracht. Ihren direkten Beitrag zur Beschleunigung des einfallenden Teilchens darf man ohne weiteres ignorieren, da er, auf ein Atom bezogen, von der Größenordnung des mit Z^{-1} multiplizierten Kernbeitrags ist. Doch die Elektronen haben einen indirekten Effekt, der durch die von ihnen verursachte Abschirmung zustande kommt. Die potentielle Energie im Feld des Atoms kann näherungsweise durch das Yukawa-Potential $V(r) = (zZe^2/r)\exp(-r/a)$ mit $a \simeq 1{,}4\,a_0 Z^{-1/3}$ ausgedrückt werden. An die Stelle von (15.17) tritt der Streuquerschnitt (13.53) mit dem durch (13.55) bestimmten $\theta_{\min}$. In der Sprache des Impulsübertrages ist dies gleichbedeutend damit, dass (15.19) ersetzt wird durch

$$\frac{d\sigma_s}{dQ} = 8\pi\left(\frac{zZe^2}{\beta c}\right)^2 \cdot \frac{Q}{(Q^2+Q_s^2)^2} \tag{15.41}$$

wobei

$$Q_s = p\theta_{\min}^{(q)} = \frac{\hbar}{a} \simeq \frac{Z^{1/3}}{192}mc \tag{15.42}$$

der dem Abschirmradius a entsprechende Impulsübertrag ist. Man beachte, dass m die Masse des Elektrons ist.

Die Berechnung der Bremsstrahlung erfolgt wie zu Beginn von Abschnitt 2 dieses Kapitels, jedoch ist in (15.22) die Substitution

$$\int_{Q_{\min}}^{Q_{\max}} \frac{dQ}{Q} \rightarrow \int_{Q_{\min}}^{Q_{\max}} \frac{Q^3\,dQ}{(Q^2+Q_s^2)^2}$$

vorzunehmen. Nimmt man an, dass $Q_{\max}$ sowohl gegenüber $Q_{\min}$ wie gegenüber Q_s sehr groß ist, dann läuft dies für den Logarithmus in (15.22) auf die Substitution

$$\ln\left(\frac{Q_{\max}}{Q_{\min}}\right) \rightarrow \ln\left(\frac{Q_{\max}}{\sqrt{Q_{\min}^2+Q_s^2}}\right) - \frac{Q_s^2}{2(Q_{\min}^2+Q_s^2)} \tag{15.43}$$

hinaus. Für $Q_{\min} \gg Q_s$ ist also der Effekt der Abschirmung unbedeutend, und die Ergebnisse des vorigen Abschnitts bleiben ungeändert. Für $Q_{\min} \lesssim Q_s$ kommt es jedoch zu erheblichen Modifikationen.

Aus (15.23), (15.28) und (15.32) liest man ab, dass in jedem Fall

$$Q_{\max} \simeq 2Mv \tag{15.44}$$

ist, während sich für $Q_{\min}$ aus (15.28) und (15.33) die Werte

$$\begin{aligned} Q_{\min}^{(NR)} &= p - p' \simeq \frac{2\hbar\omega}{v} \\ Q_{\min}^{(NR)} &= \frac{\hbar\omega}{2\gamma\gamma' c} \simeq \frac{\hbar\omega}{2\gamma^2 c} \end{aligned} \tag{15.45}$$

ergeben. Die Näherungen auf der rechten Seite gelten für weiche Photonen. (Man beachte, dass – abgesehen von einem für die Logarithmusfunktion wichtigen Faktor 2 – für $Q_{\min}$ im Fall weicher Photonen die universelle Formel $Q_{\min} \simeq \hbar\omega/\gamma^2 v$ gilt.) Da für weiche Photonen beide $Q_{\min}$-Werte proportional zu ω sind, ist klar, dass *stets eine Frequenz* existiert, *unterhalb derer Abschirmeffekte eine wichtige Rolle spielen*. Mit dem durch (15.42) gegebenen Q_s, ergibt sich für das Verhältnis von $Q_{\min}$ zu Q_s im Fall nichtrelativistischer Bremsstrahlung:

$$\frac{Q_{\min}^{(NR)}}{Q_s} \simeq \frac{384}{Z^{1/3}} \cdot \frac{\hbar\omega}{mvc} = \frac{192 M\beta}{mZ^{1/3}} \cdot \frac{\hbar\omega}{(\hbar\omega)_{\max}}$$

mit $(\hbar\omega)_{\max} = Mv^2/2$. Außer bei extrem niedrigen Geschwindigkeiten macht die Frequenz, bei der $Q_{\min}^{(NR)} \lesssim Q_s$ ist, einen kleinen Bruchteil der maximalen Frequenz aus. So ist z. B. bei 100 keV-Elektronen, die auf ein Goldtarget ($Z = 79$) geschossen werden, die Abschirmung nur für $\omega/\omega_{\max} < 0{,}04$ von Bedeutung. Für Teilchen, die schwerer als Elektronen sind, hat der Faktor M/m zur Folge, dass die Abschirmung bei nichtrelativistischer Bremsstrahlung vernachlässigbar gering wird.

Bei relativistischer Bremsstrahlung dagegen können Abschirmeffekte bedeutsam werden. Das Verhältnis von $Q_{\min}$ zu Q_s ist in diesem Fall:

$$\frac{Q_{\min}^{(R)}}{Q_s} \simeq \frac{96\hbar\omega}{\gamma\gamma' mc^2 Z^{1/3}} = \frac{96M}{\gamma' m Z^{1/3}} \cdot \frac{\hbar\omega}{(\hbar\omega)_{\max}}$$

mit $(\hbar\omega)_{\max} = \gamma Mc^2$. Das Auftreten des Faktors γ' im Nenner bringt es mit sich, dass $Q_{\min}^{(R)}$ bei hinreichend hohen Energien kleiner als Q_s werden kann, und zwar praktisch über den ganzen Frequenzbereich (man beachte, dass $\gamma' = (1-x)\gamma$ ist, wenn $x = \omega/\omega_{\max}$ bedeutet). Man spricht dann von *vollständiger Abschirmung*. Damit dieser Fall eintritt, muss die Energie E des einfallenden Teilchens der Bedingung $E \gg E_s$ genügen, wobei die kritische Energie E_s durch

$$E_s = \left(\frac{192M}{mZ^{1/3}}\right) Mc^2 \tag{15.46}$$

definiert ist. Für Energien, die im Vergleich zu E_s groß sind, kann $Q_{\min}$ in (15.43) gegenüber Q_s vernachlässigt werden, und zwar bei allen Frequenzen, abgesehen von der Spitze des Spektrums. Der Strahlungsstreuquerschnitt im Grenzfall vollständiger Abschirmung ist dann konstant und hat den Wert

$$\frac{d\chi}{d\omega} \simeq \frac{16}{3} \frac{Z^2 e^2}{c} \left(\frac{z^2 e^2}{Mc^2}\right)^2 \ln\left(\frac{233\, M}{mZ^{1/3}}\right) \tag{15.47}$$

Der Zahlfaktor im Logarithmus unterliegt natürlich einer gewissen Unbestimmtheit. Bethe und Heitler erhielten ein Ergebnis, in dem im Argument des Logarithmus anstelle von 233 der Faktor 183 steht, während der Logarithmus selbst mit dem aus Gl. (15.35) bekannten Polynom $(1 - \hbar\omega/E + 3\hbar^2\omega^2/4E^2)$ multipliziert wird.

Für Elektronen in Aluminium ($Z = 13$) ist $E_s \simeq 42$ MeV, während sich für Blei ($Z = 82$) der Wert 23 MeV ergibt. Die entsprechenden Werte für Müonen sind 2×10^6 MeV und 10^6 MeV. Wegen des Faktors M/m ist die Abschirmung nur für Elektronen von Bedeutung. Ist $E > E_s$, so hat der Strahlungsstreuquerschnitt für alle Frequenzen den konstanten Wert (15.47). Er ist in Abb. 15.5 zusammen mit dem entsprechenden Bethe-Heitler'schen Resultat dargestellt. Das exakte quantenmechanische Ergebnis von Bethe und Heitler enthält das oben erwähnte, langsam veränderliche Polynom, das von Eins bei $\omega = 0$ auf 0,75 bei $\omega = \omega_{\text{max}}$ abfällt. Für Elektronen, die aus der kosmischen Strahlung oder aus Hochenergiebeschleunigern stammen, weist das Bremsstrahlungsspektrum auf den Grenzfall vollständiger Abschirmung hin. Das Photonenspektrum zeigt das typische $(\hbar\omega)^{-1}$-Verhalten.

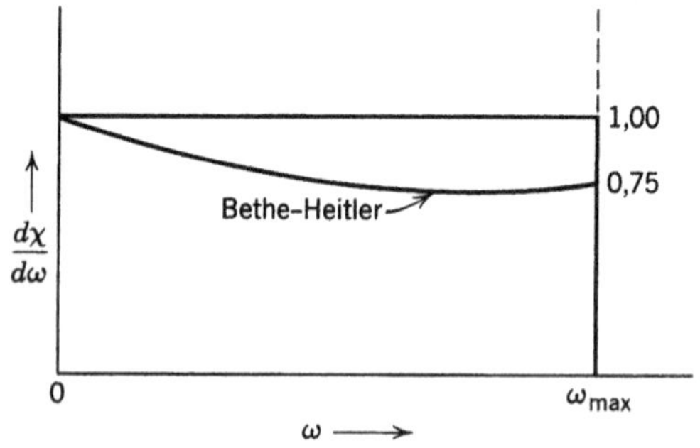

Abb. 15.5 Strahlungsstreuquerschnitt im Grenzfall vollständiger Abschirmung. Der konstante Wert entspricht dem klassischen Ergebnis. Die durch „Bethe-Heitler" gekennzeichnete Kurve stellt die quantenmechanische Born'sche Näherung dar.

Den strahlungsbedingten Energieverlust im nichtrelativistischen Grenzfall betrachteten wir bereits in Abschn. 2 (b) dieses Kapitels. Er ist, wie wir dort feststellten, gegenüber dem durch Streuung verursachten Energieverlust vernachlässigbar klein. Für ultrarelativistische Teilchen, insbesondere für Elektronen, trifft dies jedoch nicht mehr zu. In der Grenze $\gamma \gg 1$ ist der strahlungsbedingte Energieverlust näherungsweise durch

$$\frac{dE_{\text{str}}}{dx} \simeq \frac{16}{3} N \frac{Z^2 e^2}{c} \left(\frac{z^2 e^2}{Mc^2}\right)^2 \int_0^{\gamma Mc^2/\hbar} \ln\left(\frac{Q_{\text{max}}}{\sqrt{Q_{\text{min}}^2 + Q_s^2}}\right) d\omega$$

gegeben. Bei vernachlässigbar geringer Abschirmung ergibt sich hieraus:

$$\frac{dE_{\text{str}}}{dx} \simeq \frac{16}{3} N \frac{Z^2 e^2}{\hbar c} \left(\frac{z^2 e^2}{Mc^2}\right)^2 \ln(\lambda\gamma)\gamma M c^2$$

Im Falle höherer Energien, bei denen es zu vollständiger Abschirmung kommt, wird dieser Ausdruck modifiziert zu

$$\frac{dE_{\text{str}}}{dx} \simeq \left[\frac{16}{3} N \frac{Z^2 e^2}{\hbar c} \left(\frac{z^2 e^2}{Mc^2}\right)^2 \ln\left(\frac{233\,M}{Z^{1/3} m}\right)\right]\gamma M c^2 \tag{15.48}$$

D. h. der Energieverlust durch Strahlung kann proportional zur Teilchenenergie werden.[6]

Für das Verhältnis des Energieverlusts durch Strahlung zu dem durch Stöße erhält man jetzt:

$$\frac{dE_{\text{str}}}{dE_{\text{stoß}}} \simeq \frac{4}{3\pi}\left(\frac{Zz^2}{137}\right)\frac{m}{M}\frac{\ln\left(\frac{233\,M}{Z^{1/3} m}\right)}{\ln B_q}\gamma$$

Der Wert von γ, für den dieses Verhältnis gleich Eins wird, hängt vom einfallenden Teilchen und von Z ab. Für Elektronen ergibt sich $\gamma \sim 200$ in Luft und $\gamma \sim 20$ in Blei. Bei höheren Energien ist der Energieverlust durch Strahlung größer als der durch Streuung und wird für ultrarelativistische Teilchen dominierend.

Bei Energien, für die der strahlungsbedingte Energieverlust dominierend ist, gilt das für den Grenzfall vollständiger Abschirmung gewonnene Ergebnis (15.48). Es ist dann zweckmäßig, eine Längeneinheit X_0, die sog. *Strahlungslänge*, einzuführen, nach deren Durchqueren die Energie des Teilchens infolge Strahlung auf den e-ten Teil ihres Anfangswertes abgesunken ist. Wegen der Energieerhaltung können wir dann Gl. (15.48) auch in der Form

$$\frac{dE}{dx} = -\frac{E}{X_0}$$

schreiben. Die Lösung dieser Gleichung lautet:

$$E(x) = E_0 e^{-x/X_0}$$

mit der Strahlungslänge

$$X_0 = \left[4N \frac{Z(Z+1)e^2}{\hbar c}\left(\frac{z^2 e^2}{Mc^2}\right)^2 \ln\left(\frac{233\,M}{Z^{1/3} m}\right)\right]^{-1} \tag{15.49}$$

Für Elektronen seien hier einige typische Werte von X_0 angegeben: 37 g/cm² (310 m) in Luft bei Normalbedingungen, 24 g/cm² (8,9 cm) in Aluminium und 5,8 g/cm² (0,51 cm) in Blei. Untersucht man den Durchgang von kosmischen Strahlen oder hochenergetischen, beschleunigten Teilchen durch Materie, so stellt die Strahlungslänge eine äußerst praktische Einheit dar; denn sie bestimmt nicht nur den strah-

[6] Mit der in Abb. 15.5 dargestellten Energieabhängigkeit nach Bethe und Heitler wird aus dem Koeffizienten 16/3 eine 4; zählt man die Elektronen des Atoms mit, so tritt an die Stelle von Z^2 der Faktor $Z(Z+1)$.

lungsbedingten Energieverlust, sondern auch die Erzeugung von Elektron-Positron-Paaren durch abgestrahlte Photonen und somit die gesamte Entwicklung des elektronischen Kaskadenschauers.

15.4 Weizsäcker-Williams-Methode der virtuellen Quanten

Die Emission von Bremsstrahlung und andere Prozesse, bei denen die elektromagnetische Wechselwirkung relativistischer Teilchen eine Rolle spielt, kann man unter einem Gesichtswinkel betrachten, der für die Einsicht in die Physik dieser Prozesse äußerst nützlich ist. Gemeint ist hiermit die sog. *Methode der virtuellen Quanten*. Sie nutzt die Ähnlichkeit zwischen den Feldern einer schnell bewegten Ladung und denen eines Strahlungspulses (vgl. Kap. 11.10) aus und korreliert die Effekte, die bei der Streuung relativistischer geladener Teilchen an einem bestimmten System auftreten, mit denjenigen Effekten, die durch die Wechselwirkung von Strahlung (virtuellen Quanten) mit demselben System verursacht werden. Diese Methode wurde unabhängig voneinander im Jahre 1934 von C.F. von Weizsäcker und E.J. Williams entwickelt. Zehn Jahre zuvor hatte bereits Enrico Fermi im Wesentlichen die gleiche Idee benutzt, um den Energieverlust durch Ionisation mit der Absorption von Röntgen-Strahlen durch Atome zu verknüpfen (vgl. Übg. 15.12).

Bei jedem Streu- bzw. Stoßprozess definiert man ein „einfallendes Teilchen“ und ein „Target“. Die Störfelder des einfallenden Teilchens werden bei der Methode der virtuellen Quanten durch einen äquivalenten Strahlungspuls beschrieben, der in ein Frequenzspektrum virtueller Quanten zerlegt wird. Anschließend wird die Wirkung dieser Quanten auf das Targetsystem (entweder Streuung oder Absorption) berechnet. Auf diese Weise wird die Wechselwirkung des geladenen Teilchens mit der entsprechenden Photonwechselwirkung korreliert. In der folgenden Tabelle sind einige typische, einander äquivalente Prozesse aufgeführt, wobei jeweils das einfallende Teilchen und das Target spezifiziert sind. Nach dieser Tabelle stimmt das „Target“ nicht immer mit dem Target im Laborsystem überein. Bei der Bremsstrahlung ist es der leichtere der beiden Stoßpartner, der die Rolle des „Targets“ übernimmt, da dessen Strahlungsleistung beim Stoß größer ist. Handelt es sich um die Bremsstrahlung bei der Elektron-Elektron-Streuung, so ist aus Symmetriegründen die Summe der beiden Beiträge zu nehmen, wobei jeweils eines der beiden Elektronen als „Target“ fungiert, das sich in einem bestimmten System zu Anfang in Ruhe befindet.

Die wichtigste Annahme, die man bei der Methode der virtuellen Quanten macht, ist die, dass sich die Effekte der verschiedenen Frequenzkomponenten äquivalenter Strahlung inkohärent addieren. Diese Annahme ist richtig, solange die Störfelder klein sind, sie ist auch konsistent mit der in Abschn. 15.2 D gemachten Annahme, dass die Bewegung des Teilchens im System K' während des gesamten Streu- bzw. Stoßprozesse nichtrelativistisch ist.

Bei der Diskussion der Weizsäcker-Williams-Methode argumentiert man zweckmäßigerweise nicht in der Sprache des Impulsübertrages, sondern des Stoßparameters, um auf diese Weise die in den voranstehenden Kapiteln gewonnenen Ergebnisse

Tab. 15.1 Korrespondenz zwischen Wechselwirkungen geladener Teilchen und Photonenwechselwirkungen

Teilchenprozess	Einfallendes Teilchen	Target	Strahlungsprozess	$b_{\min}$
Bremsstrahlung bei der Elektron-Kern-Streuung	Kern	Elektron (leichteres Teilchen der Masse M)	Streuung virtueller Photonen des Kern-Coulombfeldes am Elektron (dem leichteren Teilchen)	$\hbar/2Mv$
Stoßionisation des Atoms (bei großem Stoßparameter)	Z. B. Elektron oder α-Teilchen	Atom	Photoauslösung von Hüllenelektronen durch virtuelle Quanten	a
Elektrospaltung des Kerns	Elektron (Masse m)	Kern	Kernphotoeffekt durch virtuelle Quanten	der größere der Werte $\hbar/\gamma mv$ und R
Pion-Erzeugung bei der Elektron-Kern-Streuung	Elektron (Masse m)	Kern	Photoerzeugung von Pionen durch Wechselwirkung virtueller Quanten mit dem Kern	der größere der Werte $\hbar/\gamma mv$ und R

für die Fourier-Transformierten der Felder anwenden zu können. Der Zusammenhang zwischen beiden Sprechweisen wird durch die Unschärferelation

$$b \sim \frac{\hbar}{Q}$$

hergestellt. Im Fall der Bremsstrahlung erhält man mit dem durch (15.44) gegebenen $Q_{\max}$ für den bei der Strahlungserzeugung ausschlaggebenden minimalen Stoßparameter:

$$b_{\min} \simeq \frac{\hbar}{Q_{\max}} \simeq \frac{\hbar}{2Mv} \tag{15.50}$$

wie in der obigen Tabelle angegeben. Die maximalen Stoßparameter, die den $Q_{\min}$-Werten (15.45) entsprechen, brauchten dort nicht aufgeführt zu werden, da das Spektrum virtueller Quanten die zu $Q_{\min}$ äquivalente Grenzfrequenz automatisch einschließt.

Für ein einfallendes Teilchen der Ladung q und der Geschwindigkeit $v \simeq c$, das ein Targetsystem S mit einem Stoßparameter b passiert, lässt sich das Spektrum äquivalenter Strahlung aus den in Kap. 11.10 hergeleiteten Feldern

$$\begin{aligned} E_2(t) &= q\frac{\gamma b}{(b^2+\gamma^2v^2t^2)^{3/2}} \\ B_3(t) &= \beta E_2(t) \\ E_1(t) &= -q\frac{\gamma vt}{(b^2+\gamma^2v^2t^2)^{3/2}} \end{aligned}$$

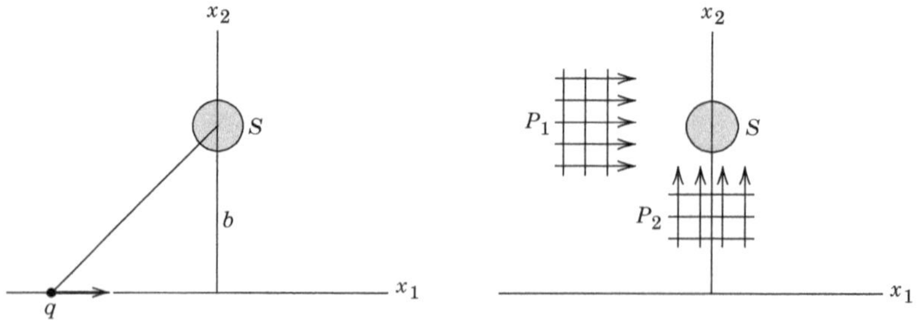

Abb. 15.6 Relativistisches geladenes Teilchen, das ein Targetsystem S passiert, und die zu ihm äquivalenten Strahlungspulse.

bestimmen. Für $\beta \simeq 1$ sind die Felder $E_2(t)$ und $B_3(t)$ äquivalent zu einem in der Einfallsebene polarisierten Strahlungspuls P_1, der in x_1-Richtung auf S einfällt (vgl. Abb. 15.6). Ein Magnetfeld, das zusammen mit $E_1(t)$ einen Strahlungspuls P_2 in x_2-Richtung bildet, wie er in Abb. 15.6 dargestellt ist, existiert nicht. Bewegen sich jedoch die geladenen Teilchen im Targetsystem S nichtrelativistisch, dann darf man – ohne das physikalische Problem wesentlich zu ändern – das zur Erzeugung des Strahlungspulses P_2 notwendige Magnetfeld hinzufügen, da die Teilchen in S nur auf elektrische Kräfte reagieren. Selbst dann, wenn sie in S durch magnetische Kräfte beeinflusst werden, ist das zur Ergänzung von $E_1(t)$ zu einem Strahlungspuls P_2 hinzugefügte Magnetfeld kaum von Bedeutung; denn wie sich zeigen wird, spielt der Strahlungspuls P_2 ohnehin nur eine untergeordnete Rolle.

Nach den Ausführungen in Kap. 14.5 und speziell den Gln. (14.51), (14.52) und (14.60) ergibt sich für das Frequenzspektrum $dI_1(\omega, b)/d\omega$ des Strahlungspulses P_1:

$$\frac{dI_1}{d\omega}(\omega, b) = \frac{c}{2\pi}|E_2(\omega)|^2 \tag{15.51a}$$

wobei $E_2(\omega)$ die durch (14.52) bestimmte Fourier-Transformierte von $E_2(t)$ ist. In ähnlicher Weise hat der Strahlungspuls P_2 das Frequenzspektrum

$$\frac{dI_2}{d\omega}(\omega, b) = \frac{c}{2\pi}|E_1(\omega)|^2 \tag{15.51b}$$

Die benötigten Fourier-Integrale wurden bereits in Kap. 13 berechnet (s. Gl. (13.80)). Danach ergibt sich für die beiden Frequenzspektren:

$$\left.\begin{matrix} \dfrac{dI_1(\omega, b)}{d\omega} \\[2ex] \dfrac{dI_2(\omega, b)}{d\omega} \end{matrix}\right\} = \frac{1}{\pi^2}\frac{q^2}{c}\left(\frac{c}{v}\right)^2\frac{1}{b^2}\left\{\begin{matrix} \left(\dfrac{\omega b}{\gamma v}\right)^2 K_1^2\left(\dfrac{\omega b}{\gamma v}\right) \\[2ex] \dfrac{1}{\gamma^2}\left(\dfrac{\omega b}{\gamma v}\right)^2 K_0^2\left(\dfrac{\omega b}{\gamma v}\right) \end{matrix}\right. \tag{15.52}$$

Die Intensität des Strahlungspulses P_2 enthält also den Faktor γ^{-2} und ist daher für ultrarelativistische Teilchen ohne Bedeutung. Die Form dieser Spektren ist qualitativ in Abb. 15.7 dargestellt. Sie ist leicht zu verstehen, wenn man sich daran erinnert, dass die Felder des Strahlungspulses P_1 bezüglich der Zeit eine Glocken-

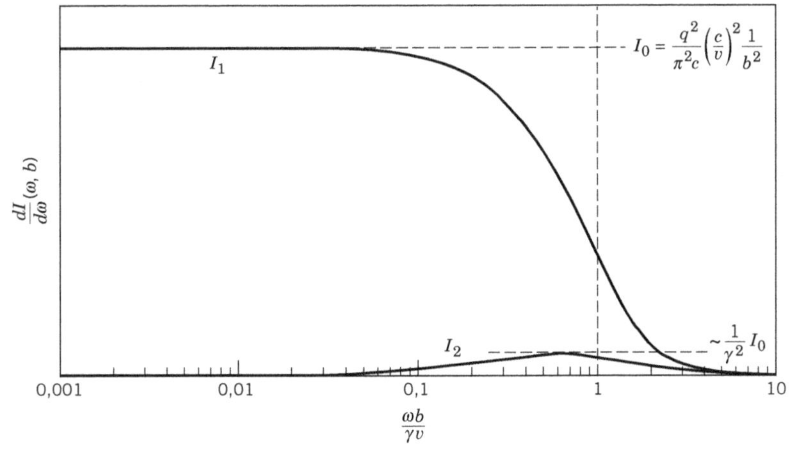

Abb. 15.7 Frequenzspektrum der beiden äquivalenten Strahlungspulse

kurve der Breite $\Delta t \sim b/\gamma v$ bilden. Das Frequenzspektrum enthält daher alle Frequenzen bis zu einem Maximum in der Größenordnung von $\omega_{\max} \sim 1/\Delta t$. Die Felder des Strahlungspulses P_2 hingegen erstrecken sich über nahezu eine Periode einer Sinuswelle der Frequenz $\omega \sim \gamma v/b$. Ihr Spektrum enthält somit nur einen schmalen Frequenzbereich, der sich um $\gamma v/b$ konzentriert.

Um die in den äquivalenten Strahlungsfeldern enthaltene Energie pro Frequenzintervall zu bestimmen, müssen wir die Frequenzspektren (15.52) über die möglichen Stoßparameter integrieren. Hierzu ist zunächst, wie stets bei solchen Problemen, der minimale Stoßparameter $b_{\min}$ festzulegen. Die Methode der virtuellen Quanten ist nur dann sinnvoll, wenn $b_{\min}$ so gewählt werden kann, dass die Wirkung der Felder des einfallenden Teilchens für oberhalb von $b_{\min}$ so gewählt werden kann, dass die Wirkung der Felder des einfallenden Teilchens für oberhalb von $b_{\min}$ liegende Stoßparameter exakt durch die eines äquivalenten Strahlungspulses beschrieben werden kann, während die Wirkung der Teilchenfelder bei kleinen Stoßparametern vernachlässigt oder auf andere Art und Weise berücksichtigt werden kann. Die Frage, wie der richtige Wert von $b_{\min}$ im Allgemeinen zu wählen ist ((15.50) gilt nur für Bremsstrahlung!), lassen wir zunächst beiseite und schreiben für das über die möglichen Stoßparameter integrierte Frequenzspektrum:

$$\frac{dI}{d\omega}(\omega) = 2\pi \int_{b_{\min}}^{\infty} \left[\frac{dI_1}{d\omega}(\omega, b) + \frac{dI_2}{d\omega}(\omega, b)\right] b\, db \tag{15.53}$$

wobei wir die einzelnen Beiträge der Strahlungspulse P_1 und P_2 miteinander kombiniert haben. Damit ergibt sich:

$$\frac{dI}{d\omega}(\omega) = \frac{2}{\pi}\frac{q^2}{c}\left(\frac{c}{v}\right)^2 \left\{x K_0(x) K_1(x) - \frac{v^2}{2c^2} x^2 [K_1^2(x) - K_0^2(x)]\right\} \tag{15.54}$$

mit

$$x = \frac{\omega b_{\min}}{\gamma v} \tag{15.55}$$

Für niedrige Frequenzen ($\omega \ll \gamma v/b_{\min}$) reduziert sich dies auf

$$\frac{dI}{d\omega}(\omega) \simeq \frac{2}{\pi}\frac{q^2}{c}\left(\frac{c}{v}\right)^2\left[\ln\left(\frac{1{,}123\gamma v}{\omega b_{\min}}\right) - \frac{v^2}{2c^2}\right] \tag{15.56}$$

während das Spektrum für hohe Frequenzen ($\omega \gg \gamma v/b_{\min}$) exponentiell abfällt

$$\frac{dI}{d\omega}(\omega) \simeq \frac{q^2}{c}\left(\frac{c}{v}\right)^2\left(1 - \frac{v^2}{2c^2}\right)\exp\left(-\frac{2\omega b_{\min}}{\gamma v}\right) \tag{15.57}$$

Abbildung 15.8 zeigt eine graphische Darstellung sowohl des exakten Spektrums (15.54) wie auch des für kleine Frequenzen gültigen Näherungsausdrucks (15.56), und zwar für Geschwindigkeiten $v \simeq c$. Wie man sieht, enthält das Spektrum hauptsächlich kleine Frequenzen; die sich anschließende Flanke erstreckt sich bis zu Frequenzen in der Größenordnung von $2\gamma v/b_{\min}$.

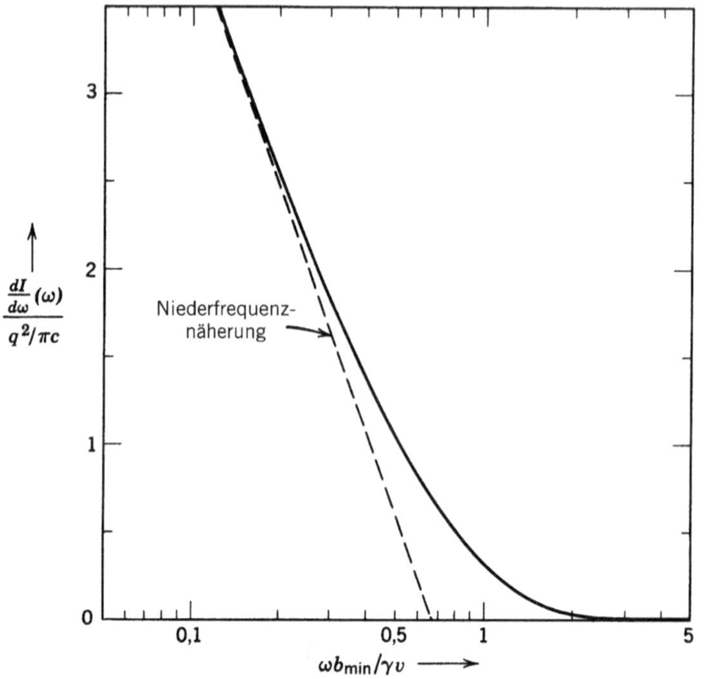

Abb. 15.8 Frequenzspektrum virtueller Quanten für ein relativistisches Teilchen; die auf das Frequenzintervall bezogene Energie $dI(\omega)/d\omega$ ist in Einheiten von $q^2/\pi c$ aufgetragen, die Frequenz dagegen in Einheiten von $\gamma v/b_{\min}$. Die Zahl der virtuellen Quanten pro Energieintervall erhält man, indem man durch $\hbar^2\omega$ dividiert.

Das Zahlspektrum virtueller Quanten, $N(\hbar\omega)$, ergibt sich aus der Beziehung

$$\frac{dI}{d\omega}(\omega)\, d\omega = \hbar\omega N(\hbar\omega)\, d(\hbar\omega)$$

Im Grenzfall niedriger Frequenzen folgt hieraus:

$$N(\hbar\omega) \simeq \frac{2}{\pi}\left(\frac{q^2}{\hbar c}\right)\left(\frac{c}{v}\right)^2 \frac{1}{\hbar\omega}\left[\ln\left(\frac{1{,}123\gamma v}{\omega b_{\min}}\right) - \frac{v^2}{2c^2}\right] \tag{15.58}$$

Wir müssen jetzt noch kurz auf die Wahl des minimalen Stoßparameters $b_{\min}$ eingehen. Im Fall der Bremsstrahlung ist, wie bereits erwähnt, $b_{\min} = \hbar/2Mv$, wenn m die Masse des leichteren Teilchens bedeutet. Für die Stoßionisation von Atomen ist $b_{\min} \simeq a$, wobei a den Atomradius bezeichnet; ist der Stoßparameter kleiner, dann wird die Stoßionisation als Streuprozess zwischen einem freien Elektron und dem einfallenden Teilchen behandelt. Bei der Elektrospaltung eines Atomkerns und der Mesonenerzeugung bei der Elektron-Kern-Streuung wird der effektive minimale Stoßparameter durch die Wellennatur desjenigen Teilchens bestimmt, dessen Felder die virtuellen Quanten liefern. In diesen Fällen ist $b_{\min} = \hbar/\gamma Mv$ oder $b_{\min} = R$ (Kernradius) – je nachdem, welcher dieser beiden Abstände der größere ist. Diese $b_{\min}$-Werte sind in der Tabelle am Anfang dieses Abschnitts angegeben.

In der quantenmechanischen Version[7] der Weizsäcker-Williams-Methode virtueller Quanten für ultrarelativistische Elektronen (also für Teilchen mit $\beta \to 1$ und dem Spin $\frac{1}{2}$) wird in Gl. (15.58) der in eckigen Klammern stehende Ausdruck ersetzt durch

$$L = \left(\frac{E^2 + E'^2}{2E^2}\right)\ln\left(\frac{2EE'}{mc^2\hbar\omega}\right) - \frac{(E+E')^2}{4E^2}\ln\left(\frac{E+E'}{\hbar\omega}\right) - \frac{E'}{2E} \tag{15.59}$$

wobei E und $E' = E - \hbar\omega$ die Anfangs- bzw. Endenergie des Elektrons bezeichnen. Im Grenzfall $\hbar\omega \ll E$ reduziert sich dies auf

$$L \approx (1 - \hbar\omega/E)\ln(E/mc^2) - \frac{1}{2} + O\left[\frac{(\hbar\omega)^2}{E^2}, \frac{(\hbar\omega)^2}{E^2}\ln\left(\frac{E^2}{mc^2\hbar\omega}\right)\right]$$

Dies ist mit (15.58) verträglich, wenn $b_{\min} \approx c/\omega = \lambda\!\!\!^{-}$ ist, also gleich der durch 2π dividierten Wellenlänge des virtuellen Photons. Die quantenmechanische Version wird besonders bei so genannten Zweiphotonen-Prozessen bei der Elektron-Positron-Streuung angewandt.[8]

15.5 Bremsstrahlung als Streuung virtueller Quanten

Die Emission von Bremsstrahlung beim Stoß zwischen einem einfallenden relativistischen Teilchen der Ladung ze und der Masse M und einem Atomkern der Ladung Ze kann als im Coulomb-Feld des Kerns stattfindende Streuung virtueller Quanten am einfallenden Teilchen betrachtet werden, beobachtet in dessen Ruhystem K'. Das Spektrum der virtuellen Quanten, $dI(\omega')/d\omega'$, wird durch (15.54) bestimmt, wobei $q = Ze$ zu setzen ist. Der minimale Stoßparameter ist $\hbar/2Mv$, sodass sich das Spektrum bis zur Frequenz $\omega' \sim \gamma Mc^2/\hbar$ erstreckt.

[7] Dalitz, R.H. und D.R. Yennie, *Phys. Rev.* **105**, 1598 (1957).
[8] Terazawa, H., *Rev. Mod. Phys.* **45**, 615 (1973).

Die virtuellen Quanten werden am einfallenden Teilchen (dem „Targetsystem“ in K') gestreut, und der zugehörige Streuquerschnitt wird bei kleinen Frequenzen durch die Thomson'sche Formel (14.103) beschrieben. Im System K' ist daher der differentielle Strahlungsstreuquerschnitt für Frequenzen, die gegenüber $Mc^2/\hbar$ klein sind, näherungsweise:

$$\frac{d\chi'}{d\omega'\,d\Omega'} \simeq \left(\frac{z^2e^2}{Mc^2}\right)^2 \cdot \tfrac{1}{2}(1+\cos^2\theta') \cdot \frac{dI'}{d\omega'}$$

Da sich das Spektrum virtueller Quanten bis zur Frequenz $\gamma Mc^2/\hbar$ erstreckt, kann man für $dI'(\omega')/d\omega'$ im Bereich $\omega' \ll Mc^2/\hbar$ den Näherungsausdruck (15.56) benutzen. Für den Strahlungsstreuquerschnitt in K' ergibt sich damit:

$$\frac{d\chi'}{d\omega'\,d\Omega'} \simeq \frac{1}{\pi}\frac{Z^2e^2}{c}\left(\frac{z^2e^2}{Mc^2}\right)^2 (1+\cos^2\theta') \cdot \ln\left(\frac{\lambda\gamma Mc^2}{\hbar\omega'}\right) \tag{15.60}$$

Der Streuquerschnitt im Laborsystem folgt hieraus in ähnlicher Weise wie in Abschnitt 2.D. Bei Verwendung von (15.38) und der Doppler-Formel (15.40) findet man:

$$\frac{d\chi}{d\omega\,d\Omega} \simeq \frac{16}{3}\frac{Z^2e^2}{c}\left(\frac{z^2e^2}{Mc^2}\right)^2 \ln\left(\frac{2\lambda\gamma^2Mc^2}{\hbar\omega(1+\gamma^2\theta^2)}\right) \cdot \left[\frac{3\gamma^2(1+\gamma^4\theta^4)}{2\pi(1+\gamma^2\theta^2)^4}\right] \tag{15.61}$$

Dieser Ausdruck stimmt im Wesentlichen mit dem Streuquerschnitt (15.36) überein. Integriert man über die Emissionswinkel, so gelangt man schließlich zu einem Ausdruck, der identisch ist mit dem für weiche Photonen gültigen Grenzwert (15.34).

Die Gln. (15.60) und (15.61) basieren auf dem Thomson'schen Streuquerschnitt und sind daher im Ruhsystem K' auf Frequenzen $\omega' < Mc^2/\hbar$ beschränkt. Wie in Abschnitt 2.D bereits festgestellt, gehen solche weichen Photonen im Laborsystem in energiereiche Photonen über. Doch das Spektrum virtueller Quanten enthält Frequenzen bis hin zu $\omega' \simeq \gamma Mc^2/\hbar$. Für solche Frequenzen wird die Streuung der Strahlung nicht durch die Thomson'sche Formel beschrieben, sondern durch den Ausdruck (14.127) oder durch die Klein-Nishina-Formel – je nachdem, ob die Targetteilchen spinlos sind oder den Spin $\frac{1}{2}$ haben. Die Winkelverteilung der Streuung solcher Photonen hat, wie aus Abb. 14.18 hervorgeht, nicht mehr die Dipolform (15.60). Wichtiger jedoch ist die Tatsache, dass der totale Streuquerschnitt nach Gl. (14.128) bei Frequenzen oberhalb von $Mc^2/\hbar$ schnell abfällt. Dementsprechend sind die Bremsstrahlungsquanten im System K' auf den Frequenzbereich $0 < \omega' \lesssim Mc^2/\hbar$ beschränkt, obwohl sich das Spektrum der virtuellen Quanten im Coulomb-Feld des Kerns bis zu sehr viel höheren Frequenzen erstreckt. Die Beschränktheit des Spektrums in K' ist aus physikalischen Gründen notwendig, und zwar aufgrund der Energieerhaltung, da das Frequenzspektrum im Laborsystem, in dem $\omega \simeq \gamma\omega'$ ist, auf den Bereich $0 < \omega < (\gamma Mc^2/\hbar)$ eingegrenzt ist. Eine strenge Behandlung, bei der man die *Klein-Nishina-Formel* (vgl. Fußnote S. 804) benutzt, liefert für die Bremsstrahlung einen Streuquerschnitt, der mit dem Bethe-Heitler'schen Ergebnis vollkommen übereinstimmt (v. Weizsäcker, 1934).

Die Abschirmeffekte auf das Bremsstrahlungsspektrum lassen sich ebenfalls im Rahmen der Weizsäcker-Williams-Methode behandeln. Für ein abgeschirmtes Coulomb-Potential wird der Ausdruck (15.56) modifiziert. Das Argument des Logarithmus geht, wie in Abschnitt 3 diskutiert, in eine Konstante über.

Weitere Anwendungen der Methode der virtuellen Quanten, wie z. B. auf die Stoßionisation von Atomen und die Elektrospaltung von Atomkernen, sollen in den Übungen behandelt werden.

15.6 Strahlung beim Beta-Zerfall

Beim Beta-Zerfall geht ein instabiler Kern mit der Kernladungszahl Z unter Emission eines Elektrons oder Positrons ($\mp e$) sowie eines Neutrinos spontan in eine anderen Kern mit der Kernladungszahl $Z \pm 1$ über. Symbolisch beschreibt man diesen Prozess durch

$$Z \to (Z \pm 1) + e^{\mp} + \nu \tag{15.62}$$

Die beim Zerfall freiwerdende Energie verteilt sich fast vollständig auf das Elektron bzw. Positron und das Neutrino, während die auf den Rückstoßkern übertragene Energie wegen dessen großer Masse vernachlässigbar gering ist. Selbst ohne zu wissen, wie und aus welchen Gründen es zum Beta-Zerfall kommt, darf man erwarten, dass dieser Prozess aufgrund der plötzlichen Erzeugung eines schnell bewegten, geladenen Teilchens von der Emission elektromagnetischer Strahlung begleitet wird. Wie bereits in der Einleitung zu diesem Kapitel bemerkt, kann man sich entweder vorstellen, dass sich das Elektron (bzw. Positron) zu Anfang in Ruhe befindet und während eines kurzen Zeitintervalls durch eine starke Beschleunigung auf seine Endgeschwindigkeit gebracht wird, oder davon ausgehen, dass die Ladung des Elektrons innerhalb desselben kurzen Zeitintervalls eingeschaltet wird. Der schwere Kern dagegen wird nur geringfügig beschleunigt und trägt daher zur Strahlung nicht bei.

Um diese Strahlung zu berechnen, nehmen wir an, zum Zeitpunkt $t = 0$ werde im Ursprung ein Elektron mit der konstanten Geschwindigkeit $\mathbf{v} = c\boldsymbol{\beta}$ erzeugt. Nach (15.1) bzw. (15.2) ist dann die Intensitätsverteilung der Strahlung durch

$$\frac{dI}{d\omega\, d\Omega} = \frac{e^2}{4\pi^2 c}\left|\frac{\boldsymbol{\epsilon}^* \cdot \boldsymbol{\beta}}{1 - \mathbf{n} \cdot \boldsymbol{\beta}}\right|^2 \tag{15.63}$$

gegeben. Dieser Ausdruck stellt den Niederfrequenzlimes des Energiespektrums dar. Bei Frequenzen, die die Bedingung (15.15) verletzen, wird die Intensität kleiner als der (15.63) entsprechende Wert. Obwohl es schwer ist, genaue Aussagen über den Wert des in (15.15) auftretenden Mittelwertes $\langle\boldsymbol{\beta}\rangle$ zu machen, sollte doch $\langle\boldsymbol{\beta}\rangle$ nicht

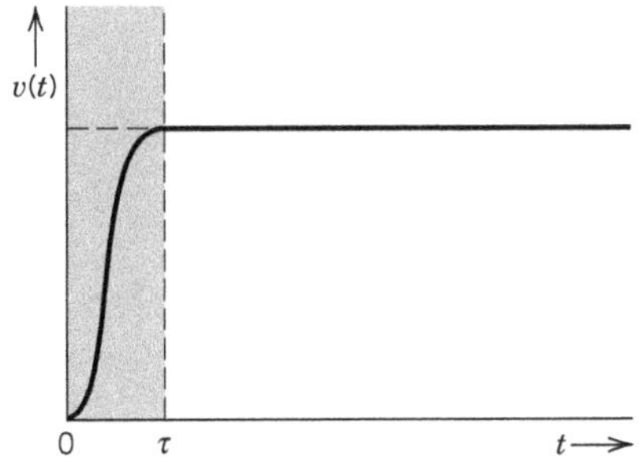

Abb. 15.9

größer als $\frac{1}{2}$ sein, wenn man sich die zeitliche Entwicklung der Geschwindigkeit so vorstellt, wie in Abb. 15.9 skizziert. In diesem Fall ist das Kriterium (15.15) äquivalent zu der Bedingung $\omega\tau < 1$. Die Formationszeit τ lässt sich mithilfe des Unschärfeprinzips zu

$$\tau \sim \frac{\hbar}{\Delta E} \sim \frac{\hbar}{E} \tag{15.64}$$

abschätzen, da während des Beta-Zerfalls plötzlich ein Elektron der Gesamtenergie E erzeugt wird. Dieser Näherungswert von τ bedeutet, dass die Frequenzen, bei denen merkliche Strahlung auftritt, auf den Bereich $\omega < E/\hbar$ beschränkt sind. Dies ist nichts anderes als die vom Energieerhaltungsprinzip geforderte obere Schranke. Nach Gl. (15.63) ist die Strahlung in derjenigen Ebene linear polarisiert, die vom Geschwindigkeitsvektor des Elektrons und der Beobachtungsrichtung aufgespannt wird. Die differentielle Intensitätsverteilung schreibt sich in Kugelkoordinaten in der Form

$$\frac{d^2 I}{d\omega\, d\Omega} = \frac{e^2}{4\pi^2 c}\beta^2 \frac{\sin^2\theta}{(1-\beta\cos\theta)^2} \tag{15.65}$$

Für die über die Winkel integrierte Gesamtintensität pro Frequenzintervall ergibt sich hieraus:

$$\frac{dI}{d\omega}(\omega) = \frac{e^2}{\pi c}\left[\frac{1}{\beta}\ln\left(\frac{1+\beta}{1-\beta}\right) - 2\right] \tag{15.66}$$

Ist $\beta \ll 1$, so reduziert sich die letzte Gleichung auf $dI/d\omega \simeq 2e^2\beta^2/3\pi c$, d.h. für niederenergetische Beta-Teilchen ist die Strahlungsintensität vernachlässigbar gering.

Die Intensitätsverteilung (15.66) ist ein typisches Bremsstrahlungsspektrum; die zugehörige Photonenzahl pro Energieintervall ist

$$N(\hbar\omega) = \frac{e^2}{\pi\hbar c}\left(\frac{1}{\hbar\omega}\right)\left[\frac{1}{\beta}\ln\left(\frac{1+\beta}{1-\beta}\right) - 2\right] \tag{15.67}$$

Man spricht in diesem Fall manchmal auch von *innerer Bremsstrahlung*, um sie von jener Bremsstrahlung zu unterscheiden, die von den gleichen β-Teilchen beim Durchgang durch Materie emittiert wird.

Die insgesamt abgestrahlte Energie ist näherungsweise

$$E_{\text{str}} = \int_0^{\omega_{\max}} \frac{dI}{d\omega}(\omega)\, d\omega \simeq \frac{e^2}{\pi\hbar c}\left[\frac{1}{\beta}\ln\left(\frac{1+\beta}{1-\beta}\right) - 2\right] E \tag{15.68}$$

Für sehr schnelle β-Teilchen ist das Verhältnis von Strahlungs- zu Teilchenenergie durch

$$\frac{E_{\text{str}}}{E} \simeq \frac{2}{\pi}\frac{e^2}{\hbar c}\left[\ln\left(\frac{2E}{mc^2}\right) - 1\right] \tag{15.69}$$

gegeben. Hieraus wird deutlich, dass die Strahlungsenergie beim Beta-Zerfall einen sehr kleinen Bruchteil der dabei freiwerdenden Gesamtenergie ausmacht, und zwar selbst bei hochenergetischen Beta-Prozessen ($E_{max} \sim 30\,mc^2$). Dennoch kann man die Strahlung beobachten, und sie liefert dem Kernphysiker nützliche Informationen.

Tatsächlich verteilt sich die beim Beta-Zerfall freiwerdende Energie auf das Elektron und das Neutrino, sodass das Elektron ein ganzes Spektrum von Energien bis hin zu einer bestimmten Maximalenergie aufweist. Das Strahlungsspektrum (15.66) muss dann über die Energieverteilung der β-Teilchen gemittelt werden. Darüberhinaus führt die quantenmechanische Behandlung am oberen Ende des Photonenspektrums zu Modifikationen, die wichtige Details für einen quantitativen Vergleich mit dem Experiment darstellen. Unsere klassischen Berechnungen zeigen zumindest die Ursprünge der Strahlung auf und erlauben es, sie halbquantitativ zu beschreiben.

15.7 Strahlung beim Kerneinfang eines Hüllenelektrons, Verschwinden von Ladung und magnetischem Moment

Beim Beta-Zerfall ist es die plötzliche Erzeugung eines schnellen Elektrons, die Anlass zu Strahlung gibt; beim Kerneinfang ist es dagegen das plötzliche Verschwinden eines Elektrons, das Ursache der Strahlung ist. Man versteht unter dem Kerneinfang denjenigen Prozess, bei dem ein Elektron, das um einen instabilen Kern der Kernladungszahl Z kreist, vom Kern eingefangen wird und diesen in einen andern mit der Kernladungszahl $Z-1$ verwandelt, wobei gleichzeitig ein Neutrino emittiert wird, das den Energieüberschuss „wegträgt". Symbolisch bescheibt man diesen Prozess durch

$$Z + e^- \to (Z-1) + \nu \tag{15.70}$$

Da ein kaum beobachtbares Neutrino die Zerfallsenergie wegträgt, wenn keine Strahlung auftritt, ist das Spektrum der beim Einfang eines Hüllenelektrons emittierten Photonen von großer Bedeutung für die Information der freigewordenen Energie.

Als vereinfachtes Modell betrachten wir ein Elektron, das sich mit konstanter Winkelgeschwindigkeit ω_0 auf einer Kreisbahn vom Radius a um einen Kern bewegt. Die Bahn des Elektrons liege, wie in Abb. 15.10 angedeutet, in der (x, y)-Ebene mit dem Ursprung als Sitz des Kerns.

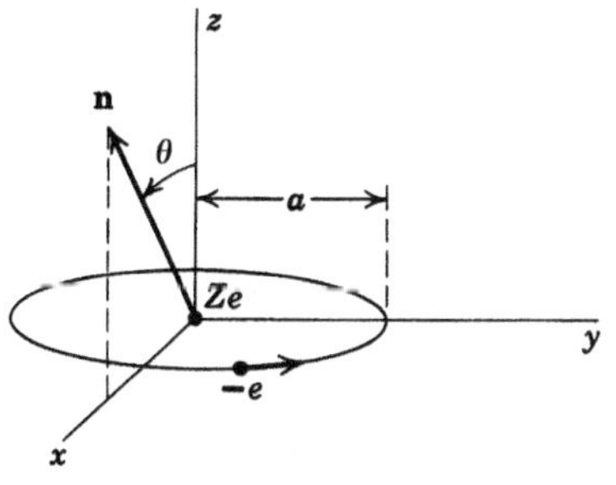

Abb. 15.10

Die Beobachtungsrichtung sei durch den Vektor **n** definiert, der mit der z-Achse den Winkel θ bildet und in der (x, z)-Ebene liegt. Die Geschwindigkeit des Elektrons ist

$$\mathbf{v}(t) = -\mathbf{e}_1 \omega_0 a \sin(\omega_0 t + \alpha) + \mathbf{e}_2 \omega_0 a \cos(\omega_0 t + \alpha) \tag{15.71}$$

wobei α ein willkürlicher Phasenwinkel ist. Verschwindet das Elektron zur Zeit $t = 0$, so ist das Frequenzspektrum der emittierten Strahlung nach Gl. (14.67) näherungsweise:[9]

$$\frac{d^2 I}{d\omega\, d\Omega} = \frac{e^2 \omega^2}{4\pi^2 c^3} \left| \int_{-\infty}^{0} \mathbf{n} \times [\mathbf{n} \times \mathbf{v}(t)] e^{i\omega t}\, dt \right|^2 \tag{15.72}$$

Dabei haben wir angenommen, dass $(\omega a/c) \ll 1$ ist (Dipolnäherung), und den Retardierungsfaktor gleich Eins gesetzt. Das Integral in (15.72) lässt sich in der Form

$$\int_{-\infty}^{0} \cdots dt = -\omega_0 a (\boldsymbol{\epsilon}_\perp I_1 + \boldsymbol{\epsilon}_\parallel \cos\theta I_2) \tag{15.73}$$

schreiben, wobei

$$\begin{aligned} I_1 &= \int_{-\infty}^{0} \cos(\omega_0 t + \alpha) e^{i\omega t}\, dt \\ I_2 &= \int_{-\infty}^{0} \sin(\omega_0 t + \alpha) e^{i\omega t}\, dt \end{aligned} \tag{15.74}$$

ist und $\boldsymbol{\epsilon}_\perp$ und $\boldsymbol{\epsilon}_\parallel$ Polarisationsvektoren senkrecht bzw. parallel zu der von **n** und der z-Achse aufgespannten Ebene darstellen. Die Integrale können elementar berechnet werden und führen auf die Intensitätsverteilung

$$\begin{aligned} \frac{d^2 I}{d\omega\, d\Omega} = \frac{e^2 \omega^2}{4\pi^2 c^3} \frac{\omega_0^2 a^2}{(\omega^2 - \omega_0^2)^2} &[(\omega^2 \cos^2\alpha + \omega_0^2 \sin^2\alpha) \\ &+ \cos^2\theta (\omega^2 \sin^2\alpha + \omega_0^2 \cos^2\alpha)] \end{aligned} \tag{15.75}$$

Da das Elektron von jedem Bahnpunkt aus eingefangen werden kann, mitteln wir über den Phasenwinkel α. Die Intensitätsverteilung geht dann über in

$$\frac{d^2 I}{d\omega\, d\Omega} = \frac{e^2}{4\pi^2 c} \left(\frac{\omega_0 a}{c}\right)^2 \frac{\omega^2 (\omega^2 + \omega_0^2)}{(\omega^2 - \omega_0^2)^2} \cdot \frac{1}{2} (1 + \cos^2\theta) \tag{15.76}$$

Die pro Frequenzintervall abgestrahlte Gesamtenergie ergibt sich damit zu

$$\frac{dI(\omega)}{d\omega} = \frac{2}{3\pi} \frac{e^2}{c} \left(\frac{\omega_0 a}{c}\right)^2 \left[\frac{\omega^2 (\omega_0^2 + \omega^2)}{(\omega^2 - \omega_0^2)^2}\right] \tag{15.77}$$

während die Zahl der Photonen pro Energieintervall durch

$$N(\hbar\omega) = \frac{2}{3\pi} \left(\frac{e^2}{\hbar c}\right) \left(\frac{\omega_0 a}{c}\right)^2 \left[\frac{\omega^2 (\omega_0^2 + \omega^2)}{(\omega^2 - \omega_0^2)^2}\right] \frac{1}{\hbar\omega} \tag{15.78}$$

---

[9] Um dem in Anschluss an (14.67) gemachten Hinweis Rechnung zu tragen, sollte die Geschwindigkeit (15.71) mit einem Faktor der Art $(1 - e^{t/\tau})\,\theta(-t)$ multipliziert werden, um die Geschwindigkeit innerhalb eines kurzen Zeitintervalls τ in der Nähe von $t = 0$ stetig auf Null absinken zu lassen. Der Leser mag sich davon überzeugen, dass man im Limes $\omega_0 \tau \ll 1$ und $\omega\tau \ll 1$ die weiter unten angegebenen Resultate erhält.

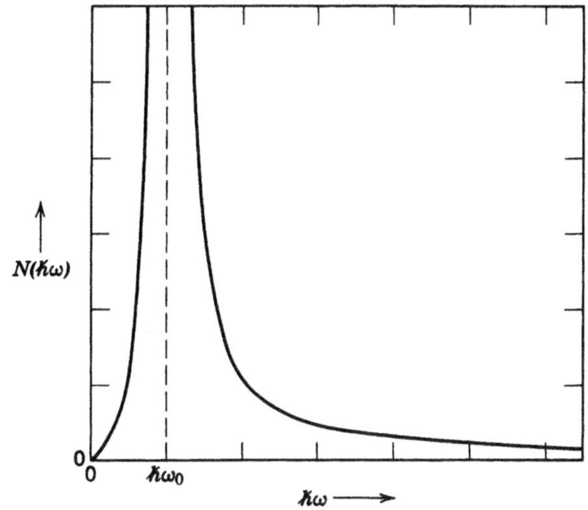

Abb. 15.11 Das beim Kerneinfang eines Hüllenelektrons infolge des Verschwindens der Elektronenladung emittierte Photonenspektrum.

bestimmt wird. Für $\omega \gg \omega_0$ nähert sich der in eckigen Klammern stehende Ausdruck dem Wert Eins, und man erhält ein typisches Bremsspektrum. Für $\omega \simeq \omega_0$ ist die Intensität sehr groß (bzw. unendlich in unserer Näherung). Den Verlauf des Photonenspektrums zeigt Abb. 15.11. Die Singularität bei $\omega = \omega_0$ mag alarmierend erscheinen, ist aber in Wirklichkeit natürlich und musste sogar erwartet werden. Bliebe das Elektron ständig auf seiner Kreisbahn, so bestünde das Spektrum aus einer scharfen Linie bei $\omega = \omega_0$. Das plötzliche Abbrechen der periodischen Bewegung verursacht eine Verbreiterung des Spektrums um die Eigenfrequenz ω_0.

Quantenmechanisch gesprochen, tritt die hier behandelte Strahlung dann auf, wenn ein $l = 1$-Elektron (hauptsächlich aus der $2p$-Schale) durch einen virtuellen Strahlungsübergang in den $l = 0$-Zustand übergeht, aus dem es vom Kern absorbiert werden kann. Die Frequenz ω_0 muss daher mit der des charakteristischen Röntgen-Übergangs $2p \to 1s$ (der Übergangsenergie $\hbar\omega_0 \simeq 3Z^2e^2/8a_0$) identifiziert werden. In ähnlicher Weise folgt aus dem Bahnradius ein Übergangsdipolmoment. Mit der Näherung $a \simeq a_0/Z$, wo a_0 der Bohr'sche Radius ist, geht dann das Photonenspektrum (15.78) über in

$$N(\hbar\omega) = \frac{3}{32\pi} Z^2 \left(\frac{e^2}{\hbar c}\right)^3 \frac{1}{\hbar\omega} \left[\frac{\omega^2(\omega^2 + \omega_0^2)}{(\omega^2 - \omega_0^2)^2}\right] \qquad (15.79)$$

Die wesentlichen Merkmale dieses Spektrums sind das stark ausgeprägte Maximum in Umgebung der Röntgen-Frequenz und die Z^2-Abhängigkeit.

Bisher betrachteten wir die Strahlung, die den Kerneinfang wegen des Verschwindens der Elektronenladung begleitet. Ein Elektron besitzt nun aber nicht nur eine Ladung, sondern auch ein magnetisches Moment. Das Verschwinden dieses magnetischen Momentes gibt ebenfalls Anlass zur Emission von Strahlung, jedoch mit einem Spektrum ganz verschiedener Art. Die Winkel- und Frequenzverteilung der

Strahlungsintensität eines punktförmigen magnetischen Moments in nichtrelativistischer Bewegung wird in Übg. 14.19(a) angegeben. Das magnetische Moment des Elektrons kann bis zu seinem Verschwinden zur Zeit $t = 0$ als räumlich konstanter Vektor behandelt werden. In Dipolnäherung und mit $\beta \ll 1$ ergibt sich dann für die zugehörige Intensitätsverteilung:

$$\frac{d^2I}{d\omega\, d\Omega} = \frac{\omega^2}{4\pi^2 c^3}\left|\int_{-\infty}^{0} \mathbf{n}\times\boldsymbol{\mu}\, e^{i\omega t}\, dt\right|^2 \tag{15.80}$$

und damit

$$\frac{d^2I}{d\omega\, d\Omega} = \frac{\omega^2}{4\pi^2 c^3}\mu^2 \sin^2\Theta \tag{15.81}$$

wobei Θ der Winkel zwischen $\boldsymbol{\mu}$ und dem in Beobachtungsrichtung liegenden Vektor $\mathbf{n}$ ist.

In halbklassischem Sinn kann man sagen, das magnetische Moment des Elektrons habe den Betrag $\mu = \sqrt{3}(e\hbar/2mc)$, wobei man es jedoch nur über seine Projektion $\mu_z = \pm(e\hbar/2mc)$ auf eine beliebige Achse beobachtet. Das Moment kann man sich als einen um diese Achse unter dem Winkel $\alpha = \arctan\sqrt{2}$ präzedierenden Vektor vorstellen, sodass im Mittel nur seine Komponente längs der Präzessionsachse übrigbleibt. Es ist leicht zu zeigen, dass bei der Mittelung über diese Präzession der in (15.81) auftretende Faktor $\sin^2\Theta$ in seinen Mittelwert $\frac{2}{3}$ übergeht, und zwar unabhängig von der Beobachtungsrichtung. Die obige Winkel- und Frequenzverteilung geht damit über in

$$\frac{d^2I}{d\omega\, d\Omega} = \frac{e^2}{8\pi^2 c}\left(\frac{\hbar\omega}{mc^2}\right)^2 \tag{15.82}$$

Die pro Frequenzintervall abgestrahlte Gesamtenergie ist demnach:

$$\frac{dI}{d\omega} = \frac{e^2}{2\pi c}\left(\frac{\hbar\omega}{mc^2}\right)^2 \tag{15.83}$$

während das entsprechende Photonenspektrum durch

$$N(\hbar\omega) = \frac{e^2}{2\pi\hbar c}\frac{\hbar\omega}{(mc^2)^2} \tag{15.84}$$

bestimmt wird.

Diese Spektren unterscheiden sich in ihrer Frequenzabhängigkeit wesentlich von einem Bremsspektrum. Sie wachsen mit der Frequenz – anscheinend unbegrenzt – an. Doch sind wir im voraus gewarnt, dass unsere klassischen Resultate nur im Grenzfall kleiner Frequenzen gültig sind. Es ist plausibel anzunehmen, dass man ähnlich wie im vorigen Abschnitt, in dem wir die Strahlung beim Beta-Zerfall behandelten, auch hier über das Unschärfeprinzip argumentieren kann und dass zumindest die Energieerhaltung gewährleistet ist. Tatsächlich treten *deswegen* Modifikationen auf, weil beim Kerneinfang stets ein Neutrino emittiert wird. Es lässt sich zeigen, dass die Wahrscheinlichkeit für die Emission eines Neutrinos vom Quadrat seiner Energie E_ν abhängt. Wird kein Photon emittiert, dann ist die Neutrinoenergie gleich der gesamten Zerfallsenergie: $E_\nu = E_0$. Wird jedoch das Neutrino von einem Photon der Energie

$\hbar\omega$ begleitet, dann reduziert sich seine Energie auf $E'_\nu = E_\nu - \hbar\omega$. Die Wahrscheinlichkeit für die Emission eines Neutrinos wird um den Faktor

$$\left(\frac{E'_\nu}{E_\nu}\right)^2 = \left(1 - \frac{\hbar\omega}{E_0}\right)^2 \tag{15.85}$$

reduziert. Mit diesem Faktor müssen unsere klassischen Resultate (15.83) und (15.84) multipliziert werden, um die Kinematik der Neutrinoemission zu berücksichtigen. Das modifizierte klassische Photonenspektrum ist dann:

$$N(\hbar\omega) = \frac{e^2}{2\pi\hbar c}\frac{\hbar\omega}{(mc^2)^2}\left(1 - \frac{\hbar\omega}{E_0}\right)^2 \tag{15.86}$$

Dies stimmt im Wesentlichen mit dem korrekten quantenmechanischen Ergebnis überein. Einen Vergleich zwischen der korrigierten Verteilung (15.86) und der klassischen Verteilung (15.84) zeigt Abb. 15.12. Die Wahrscheinlichkeit für die Neutrinoemission spielt bei der Herleitung des richtigen Photonenspektrums offenbar die entscheidende Rolle. Für übliche Bremsspektren sind Korrekturfaktoren weniger wichtig, da der Hauptteil der Strahlung bei Energien emittiert wird, die sehr viel kleiner als der maximal erlaubte Wert sind.

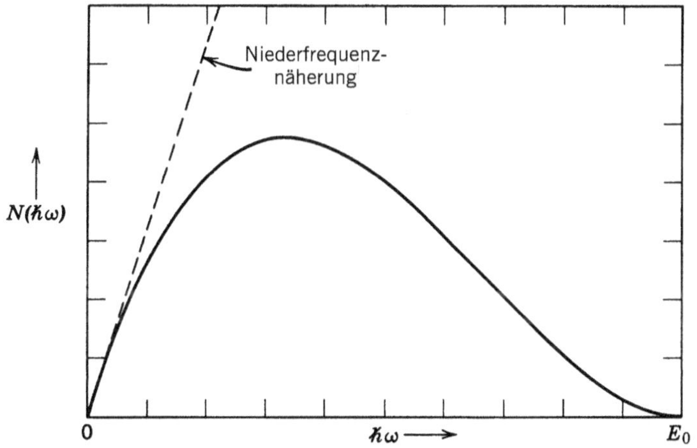

Abb. 15.12 Spektrum der Photonen, die beim Kerneinfang eines Hüllenelektrons infolge des Verschwindens des magnetischen Moments des Elektrons emittiert werden.

Die beim Kerneinfang eines Hüllenelektrons emittierte Gesamtstrahlung setzt sich aus den beiden Beiträgen zusammen, die vom Verschwinden sowohl der elektrischen Ladung wie des magnetischen Moments des Elektrons herrühren. Aus dem jeweils verschiedenen Verhalten der beiden Ausdrücke (15.79) und (15.86) wird deutlich, dass das obere Ende des Spektrums vom Beitrag des magnetischen Moments dominiert wird, sofern die freiwerdende Energie nicht sehr klein ist. Das untere Ende des Spektrums wird dagegen vom Beitrag der elektrischen Ladung dominiert, und zwar besonders für große Z. Abbildung 15.13 zeigt ein typisches kombiniertes Spekt-

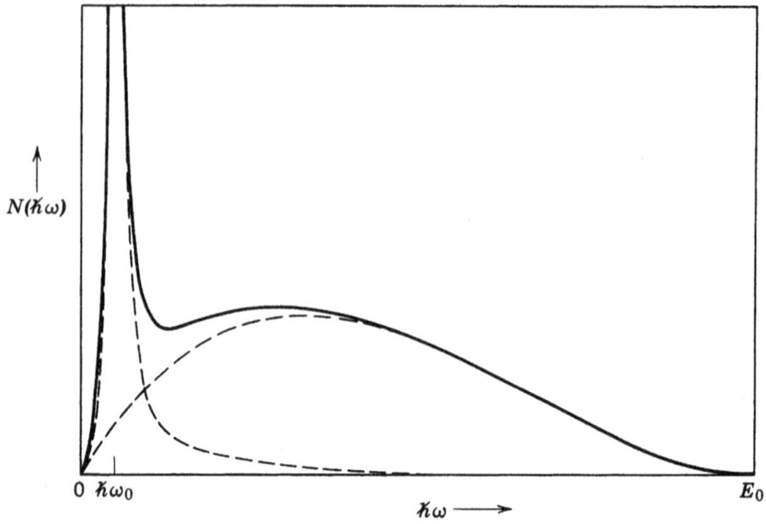

Abb. 15.13 Typisches Photonenspektrum der beim Kerneinfang eines Hüllenelektrons emittierten Strahlung; die freiwerdende Energie ist E_0. Die gestrichelten Kurven stellen die Einzelbeiträge aus dem Verschwinden der Ladung und dem des magnetischen Moments des Elektrons dar.

rum für $Z \sim 20-30$. Beobachtungen an einer Reihe von Kernen bestätigen die allgemeinen Eigenschaften der Spektren und ermöglichen die Bestimmung der freiwerdenden Energie E_0.

Literaturhinweise

Die klassische Bremsstrahlung wird kurz behandelt bei
- Landau und Lifschitz, *Klassiche Feldtheorie*, Kap. IX, § 69
- Panofsky und Phillips, Abschn. 20.3 und 20.6.

Eine halbklassische Diskussion, die der unsrigen analog, aber sehr viel kürzer ist und im Übrigen durchweg den Stoßparameter benutzt, enthält das Buch von
- Rossi, Abschn. 2.12.

Exakt kann die Bremsstrahlung nur rein quantenmechanisch behandelt werden. Ein Standardnachschlagewerk ist das von
- Heitler.

Für die Methode der virtuellen Quanten (die Weizsäcker-Williams-Methode) gibt es nur einen relevanten Literaturhinweis, nämlich den klassischen Artikel von
- Williams.

Kurze Abhandlungen hierüber findet man auch bei
- Heitler, Anh. 6
- Panofsky und Phillips, Abschn. 18.5.

Die quantenmechanische Version der Methode virtueller Quanten wird im Einzelnen beschrieben bei
- Terazawa (*op. cit.*).

Die Arbeit von Fermi, die zehn Jahre vor der Entwicklung der Weizsäcker-Williams-Methode erschien, ist zu finden unter

- Fermi, E.: *Zeit. Physik* **29**, 315 (1924).

Dass sich die Fermi'sche Methode auf die Berechnung des Energieverlustes beschränkt, wurde durch Übergang zur quantenmechanischen Beschreibungsweise von

- Williams, E.J.: *Proc. Roy. Soc.* **A139**, 163 (1933)

klargelegt.

Zu den quantenmechanischen Abhandlungen über die Strahlung beim Beta-Zerfall, in denen auch Vergleiche mit dem Experiment angestellt werden, gehören die von

- Chang, C.S.W. und D.L. Falkoff: *Phys. Rev.*, **76**, 365 (1949)
- Martin, P.C. und R.J. Glauber: *Phys. Rev.*, **109**, 1307 (1958)
- Siegbahn, Kap. XX (III), der Artikel von C.S. Wu.

Ein wichtiges Gebiet, das wir bisher nicht erwähnten, ist die Erzeugung kohärenter Bremsstrahlung durch hochenergetische Elektronen, die in Kristallen abgebremst werden. Unter geeigneten Bedingungen können dabei mehr oder weniger monochromatische, stark polarisierte Photonenstrahlen erzeugt werden. Einen Überblick über Theorie und Experiment gibt

- Diambrini Palazzi, G.: *Rev. Mod. Phys.* **40**, 611 (1968).

Übungen

15.1 Wenn man Stoßvorgänge untersucht, bei denen Strahlung eine wichtige Rolle spielt, ist es zweckmäßig, die Strahlungsamplitude, wie z. B. in (14.65), explizit durch ein Integral auszudrücken, in dem die Teilchenbeschleunigungen auftreten. Im nichtrelativistischen Grenzfall bewegen sich die Teilchen während des Beschleunigungsvorganges nicht sehr schnell und nicht sehr weit. Es genügt dann, die Geschwindigkeits- und Retardierungseffekte in niedrigster Ordnung zu berücksichtigen, um eine gute Näherung zu erhalten.

(a) Bei dem (mit e multiplizierten) Integral in (14.65) handelt es sich, abgesehen von einem unwesentlichen Phasenfaktor, um die mit cR multiplizierte Fourier-Transformierte des elektrischen Liénard-Wiechert'schen Feldes im Abstand R. Man zeige, dass man den Strom folgendermaßen nach negativen Potenzen von c entwickeln kann (unter Verwendung von $\beta = v/c$ und $k = \omega/c$):

$$\mathbf{J} = e \int dt\, e^{i\omega t}(\dot{\boldsymbol{\beta}}_\perp + \beta_\parallel \dot{\boldsymbol{\beta}}_\perp + \dot{\beta}_\parallel \boldsymbol{\beta}_\perp - ikr_\parallel \dot{\boldsymbol{\beta}}_\perp + \cdots)$$

oder

$$\mathbf{J} = e \int dt\, e^{i\omega t}\left(\dot{\boldsymbol{\beta}}_\perp + \frac{d}{dt}(\beta_\parallel \boldsymbol{\beta}_\perp) - ikr_\parallel \dot{\boldsymbol{\beta}}_\perp + \cdots\right)$$

wobei $\beta_\parallel = \boldsymbol{\beta} \cdot \mathbf{n}$, $r_\parallel = \mathbf{r} \cdot \mathbf{n}$ und $\boldsymbol{\beta}_\perp = (\mathbf{n} \times \boldsymbol{\beta}) \times \mathbf{n}$ ist. Dabei wurden Beiträge der Ordnung $1/c^3$ und höher vernachlässigt.

(b) Man weise nach, dass das erste Glied der in Teil (a) angegebenen Entwicklung der elektrischen Dipolnäherung entspricht, während die weiteren die Beiträge des magnetischen Dipol- und elektrischen Quadrupolmoments darstellen. (Zur Integration bedarf es, wie schon im Anschluss an (14.67) erörtert, einiger partieller Integrationen, und zwar unter Verwendung eines Konvergenzfaktors $e^{-\epsilon|t|}$, um den auftretenden Integralen Sinn zu geben.) Man zeige, dass sich die Entwicklung aus Teil (a) für eine Gruppe von Ladungen verallgemeinern lässt zu

$$\mathbf{J} = \frac{1}{c} \int dt\, e^{i\omega t}\left(\frac{d^2\mathbf{p}_\perp(t)}{dt^2} + \frac{d^2\mathbf{m}(t)}{dt^2} \times \mathbf{n} + \frac{1}{6c}\frac{d^3\mathbf{Q}_\perp(\mathbf{n})}{dt^3}(t) + \cdots\right)$$

und dass sich die Strahlungsintensität pro Raumwinkelelement und Frequenzintervall schreiben lässt als

$$\frac{d^2I}{d\omega\, d\Omega} = \frac{1}{4\pi^2 c^3}\left|\int dt\, e^{i\omega t}\left(\frac{d^2\mathbf{p}_\perp(t)}{dt^2} + \frac{d^2\mathbf{m}(t)}{dt^2}\times\mathbf{n} + \frac{1}{6c}\frac{d^3\mathbf{Q}_\perp(\mathbf{n})}{dt^3}(t) + \cdots\right)\right|^2$$

wobei

$$\mathbf{p} = \sum_j q_j \mathbf{r}_j, \quad \mathbf{m} = \sum_j q_j \frac{\mathbf{r}_j \times \boldsymbol{\beta}_j}{2}, \quad Q_{\alpha\beta} = \sum_j q_j (3x_{j\alpha}x_{j\beta} - r_j^2\,\delta_{\alpha\beta})$$

Der Vektor $\mathbf{Q}(\mathbf{n})$ hat die Komponenten $Q_\alpha = \Sigma_\beta Q_{\alpha\beta} n_\beta$. Welcher Zusammenhang besteht zur Untersuchung der Multipolstrahlung in den Abschnitten 9.2 und 9.3 sowie Übg. 9.7?

15.2 Ein nichtrelativistisches Teilchen der Ladung e und der Masse m treffe auf eine ruhende, glatte, harte Kugel vom Radius R. Unter der Annahme, dass der Stoß elastisch ist, zeige man, dass der klassiche differentielle Wirkungsquerschnitt für die in ein Raumwinkelelement und Energieintervall emittierten Photonen in Dipolnäherung (bei Vernachlässigung von Retardierungseffekten) durch

$$\frac{d^2\sigma}{d\Omega\, d(\hbar\omega)} = \frac{R^2}{12\pi}\frac{e^2}{\hbar c}\left(\frac{v}{c}\right)^2\frac{1}{\hbar\omega}(2 + 3\sin^2\theta)$$

gegeben ist, wenn θ den Winkel bezüglich der Einfallsrichtung darstellt. Man stelle die Winkelverteilung graphisch dar und integriere über die Winkel, um den totalen Wirkungsquerschnitt für die Bremsstrahlung zu gewinnen. Welcher Faktor (welche Faktoren) ist (sind) für die obere Grenze des Frequenzspektrums bestimmend?

15.3 Man behandele das voranstehend erläuterte Problem relativistisch, und zwar unter Verwendung von (15.2) und der Annahme, dass die Dauer des elastischen Stoßes vernachlässigbar kurz ist. Man zeige, dass sich der Wirkungsquerschnitt in diesem Fall zu

$$\frac{d^2\sigma}{d\Omega\, d(\hbar\omega)} = \frac{R^2}{4\pi}\frac{e^2}{\hbar c}\frac{\beta^2}{\hbar\omega}\left[\frac{\sin^2\theta}{(1-\beta\cos\theta)^2} + \frac{1}{\beta^3}\ln\left(\frac{1+\beta}{1-\beta}\right) - \frac{2}{\beta^2}\right]$$

berechnet.

15.4 Ein System von Teilchen mit den Ladungen q_j und den Ortsvektoren $\mathbf{r}_j(t)$ werde infolge einer Wechselwirkung während eines kurzen Zeitintervalls $-\tau/2 < t < \tau/2$ beschleunigt, wobei die Anfangsgeschwindigkeit eines jeden Teilchens, $c\boldsymbol{\beta}_j$, in $c\boldsymbol{\beta}'_j$ übergehe.

(a) Man zeige, dass die Intensität der Strahlung, die mit der Polarisation $\boldsymbol{\epsilon}$ in ein Raumwinkelelement und Frequenzintervall emittiert wird, für $\omega\tau \ll 1$ durch

$$\frac{d^2I}{d\omega\, d\Omega} = \frac{1}{4\pi^2 c}|\boldsymbol{\epsilon}^*\cdot\mathbf{E}|^2$$

mit dem elektrischen Feld

$$\mathbf{E} = \sum_j e_j\left(\frac{\boldsymbol{\beta}'_j}{1-\mathbf{n}\cdot\boldsymbol{\beta}'_j} - \frac{\boldsymbol{\beta}_j}{1-\mathbf{n}\cdot\boldsymbol{\beta}_j}\right)e^{-i\omega\mathbf{n}\cdot\mathbf{r}_j\langle 0\rangle/c}$$

gegeben ist.

(b) Ein ω^0-Meson der Masse 784 MeV zerfällt in die Teilchenpaare $\pi^+\pi^-$ und e^+e^- mit den Verzweigungsverhältnissen $1{,}3\times10^{-2}$ bzw. 8×10^{-5}. Man zeige, dass das Frequenzspektrum der abgestrahlten Energie für beide Zerfallsarten bei kleinen Frequenzen durch

$$\frac{dI}{d\omega} = \frac{e^2}{\pi c}\left[\left(\frac{1+\beta^2}{\beta}\right)\ln\left(\frac{1+\beta}{1-\beta}\right) - 2\right] \simeq \frac{4e^2}{\pi c}\left[\ln\left(\frac{M_\omega}{m}\right) - \frac{1}{2}\right]$$

bestimmt wird, wenn M_ω die Masse des ω^0-Mesons und m die der Zerfallsprodukte ist. Man berechne für jeden Zerfall näherungsweise die abgestrahlte *Gesamtenergie*, und zwar durch Integration des Spektrums bis zur kinematisch maximal erlaubten Frequenz. Welchen Bruchteil der Ruhenergie des ω^0-Mesons macht diese für beide Zerfälle aus?

15.5 Ein Prozess, der mit dem in Übg. 15.3 (b) beschriebenen eng zusammenhängt, ist die Elektron-Positron-Vernichtung, die in hochenergetischen Speicherringexperimenten zur Erzeugung von Hadronen benutzt wird und wegen des Verschwindens von Ladungen und magnetischen Momenten ebenfalls von Strahlung begleitet wird. Ist $d\sigma_0$ der differentielle Streuquerschnitt für den Prozess $e^+e^- \to$ Hadronen *ohne* Emission von Photonen, so berechne man den Streuquerschnitt für den gleichen Prozess, bei dem jedoch *weiche* Photonen ($\hbar\omega \to 0$) in das Energieintervall $d(\hbar\omega)$ um $\hbar\omega$ emittiert werden. Man vergleiche die erhaltenen Ergebnisse mit den quantenmechanischen Ausdrücken

$$\frac{d^2\sigma}{d\Omega\, d(\hbar\omega)} = \frac{\alpha}{\pi^2}\frac{d\sigma_0(s')}{\hbar\omega}\sqrt{\frac{s'^2-4m^2s'}{s^2-4m^2s'}}\cdot\frac{\left[\beta^2\sin^2\theta+\dfrac{\hbar^2\omega^2}{s'+2m^2}(1-\beta^4\cos^4\theta)\right]}{(1-\beta^2\cos^2\theta)^2}$$

$$\frac{d\sigma}{d(\hbar\omega)} = \frac{4\alpha}{\pi}\frac{d\sigma_0(s')}{\hbar\omega}\sqrt{\frac{s'^2-4m^2s'}{s^2-4m^2s'}}\left\{\frac{1}{2}\left[\frac{1+\beta^2}{2\beta}\ln\left(\frac{1+\beta}{1-\beta}\right)-1\right]+\frac{\hbar^2\omega^2}{s'+2m^2}\left[\frac{1}{\beta}\ln\left(\frac{1+\beta}{1-\beta}\right)-1\right]\right\}$$

wobei $s=(p_1+p_2)^2$, $s'=(p_1+p_2-k)^2$ und $\beta = v/c$ die durch c dividierte Elektronengeschwindigkeit im Schwerpunktsystem ist. Man vernachlässige dabei die Strahlungsemission durch die Hadronen, die alle als sehr viel schwerer angenommen werden dürfen als die Elektronen.

Die zu ω^2 proportionalen Terme in den oben angegebenen Ausdrücken können dem Verschwinden der magnetischen Momente zugeschrieben werden. Die entsprechenden Beiträge sollten in die halbklassischen Beiträge ebenfalls einbezogen werden.

15.6 Auf die Strahlung weicher Photonen, die emittiert werden, wenn die Geschwindigkeitsänderung $\boldsymbol{\Delta\beta}$ klein ist, lässt sich Gl. (15.9) anwenden (mit geeigneten Polarisationsvektoren, die in Abb. 15.2 dargestellt sind).

(a) Man zeige, dass die Beziehungen

$$\boldsymbol{\epsilon}_\parallel\cdot[\boldsymbol{\Delta\beta}+\mathbf{n}\times(\boldsymbol{\beta}\times\boldsymbol{\Delta\beta})] = |\boldsymbol{\Delta\beta}|(\beta-\cos\theta)\cos\phi$$
$$\boldsymbol{\epsilon}_\perp\cdot[\boldsymbol{\Delta\beta}+\mathbf{n}\times(\boldsymbol{\beta}\times\boldsymbol{\Delta\beta})] = |\boldsymbol{\Delta\beta}|(1-\beta\cos\theta)\sin\phi$$

gelten, die zu (15.10) führen, wenn man über ϕ mittelt.

(b) Man weise nach, dass sich im Grenzfall $\gamma \gg 1$ und $\theta \ll 1$

$$\lim_{\omega\to 0}\frac{d^2I}{d\omega\, d\Omega} \approx \frac{z^2e^2\gamma^4|\boldsymbol{\Delta\beta}|^2}{2\pi^2c}\cdot\left[\frac{(\gamma^2\theta^2-1)^2}{(1+\gamma^2\theta^2)^4}+\frac{1}{(1+\gamma^2\theta^2)^2}\right]$$

ergibt, wobei der erste bzw. zweite Term in der eckigen Klammer der parallelen bzw. senkrechten Polarisation entspricht. Diese Formel führt unmittelbar zu (15.11).

(c) Man zeige, dass das Resultat aus Teil (b) zu der Formel für $P(\theta)$ führt, die im Anschluss an Gl. (15.10) angegeben wurde.

(d) Man zeige, dass das Winkelintegral von (15.11) oder auch der in Teil (b) angegebene Ausdruck sich schreiben lassen als

$$\lim_{\omega\to 0}\frac{dI}{d\omega} \approx \frac{z^2e^2\gamma^2|\boldsymbol{\Delta\beta}|^2}{\pi c}\cdot\int_1^\infty\frac{dy}{y^4}(2-2y+y^2) = \frac{2}{3}\frac{z^2e^2\gamma^2|\boldsymbol{\Delta\beta}|^2}{\pi c}$$

15.7 Man betrachte die Strahlung bei der Kernspaltung, wenn plötzlich zwei Ladungs- und Massenfragmente, $(Z_1 e, A_1 m)$ und $(Z_2 e, A_2 m)$, entstehen, die – im Schwerpunktsystem – in entgegengesetzte Richtungen mit der kinetischen Gesamtenergie E davonfliegen. Die Kerne behandele man als Punktladungen und ihre Bewegung nach der sehr kurzen Beschleunigungsphase als nichtrelativistisch. Im Übrigen sind Beiträge bis zur zweiten Ordnung in $1/c$ zu berücksichtigen (wie in Übg. 15.1). Der Einfachheit halber nehme man an, dass sich die beiden Fragmente für $t > 0$ mit konstanter Geschwindigkeit in entgegengesetzte Richtungen vom Ursprung entfernen. Die relative Geschwindigkeit sei $c\beta$.

(a) Mit einer geeigneten Verallgemeinerung des Problems aus Übg. 15.1 (a) zeige man, dass die Strahlungsintensität pro Raumwinkelelement und Photonen-Energieintervall im Schwerpunktsystem gegeben ist durch

$$\frac{d^2 I}{d(\hbar\omega)\, d\Omega} = \frac{\alpha\beta^2 \sin^2\theta}{4\pi^2} |p + q\beta\cos\theta|^2$$

wobei θ der Winkel zwischen der Rückstoßachse und der Beobachtungsrichtung ist und ferner:

$$\alpha = \frac{e^2}{\hbar c}; \quad p = \frac{Z_1 A_2 - Z_2 A_1}{A_1 + A_2}; \quad q = \frac{Z_1 A_2^2 + Z_2 A_1^2}{(A_1 + A_2)^2}$$

Des weiteren zeige man, dass die pro Photonenenergieintervall abgestrahlte Energie sich berechnet zu

$$\frac{dI}{d(\hbar\omega)} = \frac{2\alpha\beta^2}{3\pi}\left(p^2 + \frac{\beta^2 q^2}{5}\right)$$

wobei der erste Term die elektrische Dipol- und der zweite Term die Quadrupolstrahlung darstellt.

(b) Als konkretes Beispiel betrachte man die asymmetrische Kernspaltung von ^{235}U durch thermische Neutronen. In diesem Fall ist $Z_1 = 36$, $A_1 = 95$ (Krypton) und $Z_2 = 56$, $A_2 = 138$ (Barium) (es werden bei der Spaltung 3 Neutronen emittiert) und ferner ist $E = 170$ MeV und $mc^2 = 931{,}5$ MeV. Welche Werte haben p^2 und q^2? Um den Energieerhaltungssatz in grober Weise zu berücksichtigen, bestimme man die Gesamtenergie (in MeV), die bei dieser „inneren Bremsstrahlung" emittiert wird, durch die Ersetzung $\beta^2 \to \beta^2(1 - \hbar\omega/E)$. In welchem Verhältnis zueinander stehen die Strahlungsenergien für Dipol- und für Quadrupolstrahlung? Im tatsächlichen Strahlungsprozess werden etwa 7 MeV elektromagnetischer Energie innerhalb von 10^{-8} s freigesetzt. Wie gut stimmt die gemachte Näherung mit diesem Wert überein? Falls sie wesentlich geringer oder größer ausfällt, gebe man eine Erklärung.

15.8 Zwei identische Punktteilchen der Ladung q und der Masse m wechselwirken miteinander über ein kurzreichweitiges, abstoßendes Potential, das einer harten Kugel vom Radius R entspricht. Unter Berücksichtigung allein dieses Potentials, d. h. bei Vernachlässigung der elektromagnetischen Wechselwirkung zwischen den beiden Teilchen bestimme man bis zur ersten, nichtverschwindenden Ordnung den Strahlungsstreuquerschnitt im Schwerpunktsystem für einen Stoß zwischen den beiden identischen Teilchen. Man zeige, dass der differentielle Wirkungsquerschnitt für die in ein Raumwinkelelement und Energieintervall emittierten Photonen gegeben ist durch

$$\frac{d^2\sigma}{d(\hbar\omega)\, d\Omega} = \left(\frac{q^2}{\hbar c}\right) \cdot \frac{\beta^2 R^2}{48\pi} \cdot \frac{1}{\hbar\omega}\left[\beta^2\left(\frac{2}{5} + 3\sin^2\theta\cos^2\theta\right) + \left(\frac{\omega R}{c}\right)^2\left(1 - \frac{3}{8}\sin^4\theta\right)\right]$$

wobei θ bezüglich der Einfallsrichtung gemessen wird und $c\beta$ die Relativgeschwindigkeit ist. Durch Integration über die Emissionswinkel zeige man ferner, dass der totale Strahlungswirkungsquerschnitt pro Energieintervall eines Photons gegeben ist durch

$$\frac{d\sigma}{d(\hbar\omega)} = \left(\frac{q^2}{\hbar c}\right) \cdot \frac{\beta^2 R^2}{15} \cdot \frac{1}{\hbar\omega}\left[\beta^2 + \left(\frac{\omega R}{c}\right)^2\right]$$

Man vergleiche diese Ergebnisse mit dem aus Übg. 15.2, und zwar hinsichtlich der Frequenzabhängigkeit und der Beiträge der einzelnen Terme.

15.9 Ein Teilchen der Ladung ze, der Masse m und der nichtrelativistischen Geschwindigkeit v wird in einem abgeschirmten Coulomb-Feld $V(r) = Zze^2 e^{-\alpha r}/r$ abgelenkt und emittiert infolgedessen Strahlung. Man diskutiere diese Strahlung in der Näherung, dass sich das Teilchen nach Passieren des Kraftzentrums nahezu geradlinig weiterbewegt.

(a) Man zeige, dass, wenn b der Stoßparameter ist, die in ein Frequenzintervall abgestrahlte Energie für $\omega \ll v/b$ durch

$$\frac{dI}{d\omega}(\omega, b) = \frac{8}{3\pi} \cdot \frac{Z^2e^2}{c} \left(\frac{z^2e^2}{mc^2}\right)^2 \left(\frac{c}{v}\right)^2 \alpha^2 K_1^2(\alpha b)$$

gegeben ist, während sie für $\omega \gg v/b$ vernachlässigbar klein ist.

(b) Man zeige, dass sich für den Strahlungsstreuquerschnitt

$$\frac{d\chi(\omega)}{d\omega} \simeq -\frac{16}{3} \frac{Z^2e^2}{c} \left(\frac{z^2e^2}{mc^2}\right)^2 \left(\frac{c}{v}\right)^2 \left\{\frac{x^2}{2}\left[K_0^2(x) - K_1^2(x) + \frac{2K_0(x)K_1(x)}{x}\right]\right\}_{x_1}^{x_2}$$

ergibt, wobei $x_1 = \alpha b_{\min}$ und $x_2 = \alpha b_{\max}$ ist.

(c) Unter Verwendung von $b_{\min} = \hbar/mv$, $b_{\max} = v/\omega$ und $\alpha^{-1} = 1{,}4 a_0 Z^{-1/3}$ bestimme man den Strahlungsstreuquerschnitt in den beiden Grenzfällen $x_2 \ll 1$ und $x_2 \gg 1$. Die Ergebnisse vergleiche man mit den im Text behandelten Grenzfällen für vorhandene bzw. nicht vorhandene Abschirmung.

15.10 Ein Teilchen der Ladung ze, der Masse m und der Geschwindigkeit v wird von einem ruhenden, abstoßenden Coulomb-Potential $V(r) = Zze^2/r$ längs einer Hyperbelbahn abgelenkt. In nichtrelativistischer Dipolnäherung (aber ohne weitere Näherungen) zeige man, dass

(a) wenn das Teilchen mit dem Stoßparameter b einfällt, die von ihm in ein Frequenzintervall abgestrahlte Energie durch

$$\frac{d}{d\omega} I(\omega, b) = \frac{8}{3\pi} \frac{(zea\omega)^2}{c^3} e^{-(\pi\omega/\omega_0)} \left\{\left[K'_{i\omega/\omega_0}\left(\frac{\omega\epsilon}{\omega_0}\right)\right]^2 + \frac{\epsilon^2 - 1}{\epsilon^2}\left[K_{i\omega/\omega_0}\left(\frac{\omega\epsilon}{\omega_0}\right)\right]^2\right\}$$

bestimmt wird;

(b) sich für den Strahlungsstreuquerschnitt folgendes ergibt:

$$\frac{d}{d\omega}\chi(\omega) = \frac{16}{3} \frac{(zeav)^2}{c^3} e^{-(\pi\omega/\omega_0)} \frac{\omega}{\omega_0} K_{i\omega/\omega_0}\left(\frac{\omega}{\omega_0}\right)\left[-K'_{i\omega/\omega_0}\left(\frac{\omega}{\omega_0}\right)\right]$$

(c) Man weise nach, dass sich der Strahlungsstreuquerschnitt für $\omega \ll \omega_0$ auf denjenigen reduziert, den wir im Text für die Bremsstrahlung bei entsprechenden Frequenzen hergeleitet hatten. Wie lautet die asymptotische Form für $\omega \gg \omega_0$?

(d) Welche Modifikationen treten bei anziehender Coulomb-Wechselwirkung auf?

Hinweis: Die Hyperbelbahn lässt sich beschreiben durch

$$x = a(\epsilon + \cosh\xi), \quad y = -b \sinh\xi, \quad \omega_0 t = (\xi + \epsilon \sinh\xi)$$

mit

$$a = Zze^2/mv^2, \; \epsilon = \sqrt{1 + (b/a)^2} \quad \text{und} \quad \omega_0 = v/a.$$

15.11 Unter Verwendung der Methode der virtuellen Quanten diskutiere man den Zusammenhang zwischen dem Streuquerschnitt für die Photospaltung eines Kerns (Kernphotoeffekt) und dem für die Elektrospaltung eines Kerns.

(a) Man zeige, dass sich für Elektronen der Energie $E = \gamma mc^2 \gg mc^2$ als Streuquerschnitt der Elektrospaltung näherungsweise

$$\sigma_{\text{el}}(E) \simeq \frac{2}{\pi}\frac{e^2}{\hbar c}\int_{\omega_T}^{E/\hbar} \sigma_{\text{photo}}(\omega) \ln\left(\frac{k\gamma^2 mc^2}{\hbar\omega}\right)\frac{d\omega}{\omega}$$

ergibt, wobei $\hbar\omega_T$ die Schwellenenergie für den Prozess darstellt.

(b) Unter der Annahme, dass $\sigma_{\text{photo}}(\omega)$ die Resonanzstruktur

$$\sigma_{\text{photo}}(\omega) \simeq \frac{A}{2\pi}\frac{e^2}{Mc}\frac{\Gamma}{(\omega-\omega_0)^2 + (\Gamma/2)^2}$$

besitzt und die Breite Γ gegenüber $(\omega - \omega_T)$ klein ist, skizziere man das Verhalten von $\sigma_{\text{el}}(E)$ als Funktion von E und zeige, dass für $E \gg \hbar\omega_0$:

$$\sigma_{\text{el}}(E) \simeq \frac{2}{\pi}\left(\frac{e^2}{\hbar c}\right)\frac{Ae^2}{Mc}\frac{1}{\omega_0}\ln\left(\frac{kE^2}{mc^2\hbar\omega_0}\right)$$

(c) Im Grenzfall einer sehr schmalen Resonanz lässt sich der Wirkungsquerschnitt für den Kernphotoeffekt in der Form $\sigma_{\text{photo}}(\omega) = (Ae^2/Mc)\,\delta(\omega - \omega_0)$ schreiben. Das Ergebnis aus Teil (b) stellt danach den Wirkungsquerschnitt für die Elektrospaltung für $E > \hbar\omega_0$ dar. In gleicher Näherung ist der entsprechende Wirkungsquerschnitt für induzierte Bremsstrahlung durch den Ausdruck auf der rechten Seite von (15.47) gegeben, multipliziert mit $(Ae^2/Mc\hbar\omega_0)$, wobei Z die Ordnungszahl des strahlenden Kerns ist. E. Wolynec et al. haben (in *Phys. Rev. C* **11**, 1083 (1975)) die Elektronen-induzierten und Bremsstrahl-induzierten Wirkungsquerschnitte für eine Reihe von Kernen miteinander verglichen. Man berechne die bei E. Wolynec et al. definierte Größe F als Funktion von E (bei einer riesigen Dipol-Resonanz-Energie $\hbar\omega_0 \approx 20$ MeV) und vergleiche die Werte und die Energieabhängigkeit (am oberen Ende des Spektrums) mit den Angaben in der Abb. 1–5 bei Wolynec et al.. Der Vergleich bei $E \approx \hbar\omega_0$ kann wegen der Breite der Dipolresonanz nur qualitativer Art sein. (Die Größe F ist das Verhältnis des Bremsstrahl-induzierten Wirkungsquerschnitts in Einheiten von $Z^2 r_0^2$ zum Wirkungsquerschnitt für die Elektrospaltung.)

15.12 Ein schnelles Teilchen der Ladung ze, der Masse M und der Geschwindigkeit v treffe auf ein wasserstoffähnliches Atom mit einem äußeren Elektron der Ladung $-e$ und der Masse m, das an einen Kern der Ladung Ze gebunden ist. Die Art der Stöße kann man in zwei Klassen unterteilen: in solche, bei denen das Teilchen das Atom durchdringt (Stöße mit kleinem Stoßparameter $b < d$), und andere, bei denen das Teilchen am Atom vorbeifliegt (bei denen also $b > d$ ist). Für den Atom-„Radius“ d kann man dabei a_0/Z ansetzen. Bei der ersten Art von Stößen kann die Wechselwirkung zwischen dem einfallenden Teilchen und dem Elektron als Zwei-Körper-Problem behandelt werden und der Energieübertrag aus dem Rutherford'schen Streuquerschnitt berechnet werden. Bei der zweiten Art von Stößen hingegen kann man die Anregung und die Ionisation des Atoms als Resultat eines photoelektrischen Effektes betrachten, der von den virtuellen Quanten der einfallenden Teilchenfelder ausgelöst wird.

Der Einfachheit halber nehme man an, dass der photoelektrische Streuquerschnitt für Photonenenergien Q, die oberhalb des Ionisationspotentials I liegen, gegeben ist durch

$$\sigma_\gamma(Q) = \frac{8\pi^2}{137}\left(\frac{a_0}{Z}\right)^2\left(\frac{I}{Q}\right)^3$$

(Dieser Ausdruck gehorcht dem empirischen $Z^4\lambda^3$-Gesetz für Röntgenabsorption; der numerische Faktor ist dabei so angepasst, dass die Dipolsummenregel $\int \sigma_\gamma(Q)\,dQ = 2\pi^2 e^2\hbar/mc$ erfüllt ist.)

(a) Man berechne die differentiellen Wirkungsquerschnitte $d\sigma/dQ$ für Energieüberträge Q bei kleinem und großem Stoßparameter (und drücke sie soweit wie möglich als Funktion von Q/I aus, und zwar in Einheiten von $2\pi z^2 e^4/mv^2 I^2$). Für $Q/I > 1$ stelle man die beiden Verteilungen graphisch dar, und zwar für nichtrelativistische Geschwindigkeiten des einfallenden Teilchens und für $\frac{1}{2}\,mv^2 = 10^3\,I$.

(b) Man zeige, dass die durch den integrierten Wirkungsquerschnitt bestimmte Zahl der Stöße mit großem Stoßparameter sehr viel größer ist als die der Stöße mit kleinem Stoßparameter, dass aber die pro Stoß übertragene Energie sehr viel kleiner ist. Ferner zeige man, dass sich der Energieverlust zu fast gleichen Anteilen auf die beiden Stoßarten verteilt, und dass das Ergebnis für den gesamten Energieverlust im Wesentlichen mit dem Bethe'schen Resultat (13.14) übereinstimmt.

15.13 Ein ruhendes Pi-Meson zerfällt in ein Müon und ein Neutrino. Die kinetische Energie, die dabei insgesamt zur Verfügung steht, ist $(m_\pi - m_\mu)c^2 = 34$ MeV. Das Müon hat eine kinetische Energie von 4.1 MeV. Man bestimme die Zahl der Photonen, die aufgrund der plötzlichen Erzeugung des bewegten Müons in ein Energieintervall emittiert werden. Unter der Annahme, dass diese Photonen senkrecht zur Bewegungsrichtung des Müons emittiert werden (tatsächlich handelt es sich um eine $\sin^2\theta$-Verteilung), zeige man, dass die maximale Photonenenergie 17 MeV beträgt. Ferner bestimme man, wieviele Photonen mit Energien, die größer als ein Zehntel der Maximalenergie sind, emittiert werden und vergleiche das Ergebnis mit dem beobachteten Bruchteil der von Strahlung begleiteten Pion-Müon-Zerfälle. (Fry, W. F., *Phys. Rev.*, **86**, 418 (1952); Primakoff, H., *Phys. Rev.*, **84**, 1255 (1951).)

15.14 Bei der sog. inneren Konversion geht ein Atomkern unter Emission eines Hüllenelektrons von einem angeregten Zustand in einen tiefer gelegenen Zustand über. Die kinetische Energie des Elektrons ist dabei gleich der Übergangsenergie, vermindert um seine Bindungsenergie. Für eine Konversionslinie von 1 MeV bestimme man die Zahl der Photonen, die aufgrund der plötzlichen Emission des Elektrons in ein Energieintervall abgestrahlt werden. Wie groß ist der Bruchteil von Elektronen, deren Energie um 99 % kleiner ist als die Gesamtenergie? Ist diese Niederenergieflanke bei der inneren Konversion beobachtbar?

15.15 Eine der Zerfallsarten des K^+-Mesons ist der Drei-Pionen-Zerfall $K^+ \to \pi^+\pi^+\pi^-$. Die dabei freiwerdende Energie beträgt 75 MeV, also so wenig, dass die Pionen in großer Näherung nichtrelativistisch behandelt werden können.

(a) Man zeige, dass das differentielle Strahlungsspektrum bei kleinen Frequenzen im Ruhsystem des K-Mesons näherungsweise durch

$$\frac{d^2I}{d\omega\, d\Omega} \simeq \frac{2e^2}{\pi^2 c} \cdot \frac{T_-}{m_\pi c^2} \cdot \sin^2\theta$$

gegeben ist, wobei T_- die kinetische Energie des negativ geladenen Pions ist und θ der Emissionswinkel des Photons, gemessen bezüglich der Impulsrichtung des genannten Pions.

(b) Man schätze das auf den strahlungslosen Drei-Pionen-Zerfall bezogene Verzweigungsverhältnis für die Emission eines Photons ab, dessen Energie größer als ein bestimmtes Δ ist. Welcher numerischer Wert ergibt sich für $\Delta = 1$ MeV und 10 MeV? (Der experimentelle Wert für $\Delta = 11$ MeV beträgt ungefähr 2×10^{-3}.)

15.16 Eine andere Zerfallsart des geladenen K-Mesons ($M_K = 493{,}7$ MeV) ist der Zerfall $K^+ \to \pi^+\pi^0$ ($M_{\pi^+} = 139{,}6$ MeV, $M_{\pi^0} = 135{,}0$ MeV). Aufgrund der Emission des positiven Pions kommt es zu innerer Bremsstrahlung. Untersucht wurde dieser Strahlungszerfall von Edwards et al., *Phys. Rev.* **D5**, 2720 (1972).

(a) Man berechne die klassische Winkel- und Frequenzverteilung weicher Photonen und vergleiche das Ergebnis mit den Daten, die in Abb. 6 des genannten Artikels von Edwards et al. angegeben sind. Schließlich berechne man die klassische Verteilung auch für den Wert $\beta = 0{,}71$, der einer kinetischen Energie des geladenen Pions von 58 MeV entspricht, und ziehe einen Vergleich.

(b) Man schätze die Zahl der Strahlungszerfälle für kinetische Energien des geladenen Pions im Intervall 58 MeV $\leq T_\pi \leq$ 90 MeV ab, und zwar als Bruchteil *sämtlicher* K^+-Zerfälle (der $\pi^+\pi^0$-Zerfall macht 21 % sämtlicher Zerfälle aus). Die Kinemantik, einschließlich der des Photons, kann hierbei entweder korrekt behandelt werden oder aber näherungsweise, indem man von der Idealisierung ausgeht, dass das neutrale Pion stets den gleichen Impuls hat und die Impulse des Photons und des geladenen Pions zueinander parallel sind (vgl. Teil (a) zur Rechtfertigung dieser Annahme). Diese Idealisierung gestattet es, die Schranken der kinetischen Energie des geladenen Pions mit denen des Photons in direkter Weise miteinander zu korrelieren. Den erhaltenen Näherungswert vergleiche man mit dem experimentellen Wert für das Verzweigungsverhältnis des $\pi^+\pi^0\gamma$-Zerfalls (im beschränkten Energiebereich des π^+-Mesons), nämlich $(2{,}75 \pm 0{,}15) \times 10^{-4}$.

16 Strahlungsdämpfung, klassische Modelle geladener Teilchen

16.1 Einführende Betrachtungen

In den vorangegangenen Kapiteln hatten wir die Probleme der Elektrodynamik in zwei Klassen unterteilt: In der einen waren die Ladungs- und Stromquellen bekannt, und berechnet wurden die resultierenden elektromagnetischen Felder; in der anderen dagegen kannte man die äußeren Felder, und gefragt war nach dem Bewegungsablauf von geladenen Teilchen oder Strömen in diesen Feldern. Beispiele für den ersten Problemkreis sind die Berechnung der elektromagnetischen Felder in Wellen- oder Hohlleitern sowie die Bestimmung der Strahlung gegebener Multipolquellen. Zum zweiten Problemkreis gehört die Beschreibung des Bewegungsablaufs von Ladungen in elektrischen und magnetischen Feldern sowie der Phänomene, die mit Energieverlusten verknüpft sind. In manchen Fällen, wie etwa bei der Bremsstrahlung, treten die beiden Problemtypen in kombinierter Weise auf. Doch in solchen Fällen geht man schrittweise vor: zunächst wird bei Vernachlässigung der Strahlungsemission die Bewegung des Teilchens in einem äußeren Feld bestimmt und anschließend – aus der Teilchentrajektorie als gegebener Quellverteilung – die Strahlung berechnet.

Dass diese Methode, an Probleme der Elektrodynamik heranzugehen, nur näherungsweise richtig sein kann, ist offensichtlich; denn die Bewegung eines geladenen Teilchens in einem äußeren Kraftfeld ist ja bei jeder Beschleunigung von Strahlungsemission begleitet. Die emittierte Strahlung nimmt Energie, Impuls und Drehimpuls mit und beeinflusst dadurch die sich anschließende Teilchenbewegung. Dementsprechend wird die Bewegung von Strahlungsquellen teilweise durch die Art der Strahlungsemission bestimmt. Eine korrekte Behandlung muss daher die Rückwirkung der Strahlung auf die Bewegung der Quellen mit einschließen.

Es erhebt sich die Frage, warum wir diesem Umstand nicht schon eher Rechnung getragen haben und worauf es zurückzuführen ist, dass viele Ergebnisse, die auf einer offensichtlich unkorrekten Berechnungsweise basieren, mit dem Experiment so gut übereinstimmen. Die Antwort auf die erste Frage ist teilweise in der zweiten enthalten. Denn tatsächlich *gibt* es in der Elektrodynamik viele Probleme, die man – ohne einen großen Fehler zu begehen – in eine der beiden oben beschriebenen Kategorien einordnen kann. Es ist daher sinnvoll, diese Probleme ohne die zusätzliche und unnötige Komplizierung durch Mitberücksichtigung von Strahlungseffekten zu diskutieren. Vervollständigt wird die Antwort auf die erste Frage durch die Feststellung, dass es eine gänzlich zufriedenstellende Behandlung der strahlungsbedingten Rückwirkungseffekte nicht gibt. Die mit diesem Problem zusammenhängenden Schwierigkeiten berühren einen der fundamentalen Aspekte der Physik, nämlich die Natur eines Elementarteilchens. Zwar lassen sich Teillösungen angeben, die auf einen begrenzten Bereich anwendbar sind, aber das eigentliche Problem bleibt ungelöst.

In der Quantenmechanik erschien die Lage zunächst noch schwieriger, aber in den fünfziger Jahren führte das Renormierungsprogramm der Quantenfeldtheorie zu einer widerspruchsfreien, auf Beobachtungsgrößen wie Masse und statische Ladung fußenden Theorie der Elektrodynamik – der Quantenelektrodynamik oder, kurz, QED, d. h. der Theorie der Wechselwirkungen von Elektronen und Positronen mit elektromagnetischen Feldern. Die QED ist eine Theorie schwacher Kopplung (mit der Kopplungskonstanten $\alpha \approx 1/137$) und hat sich als bemerkenswert erfolgreich erwiesen. Sie gibt – in Störungsrechnungen immer höherer Ordnung – kleinste Strahlungskorrekturen, wie sie in Präzisionsmessungen an Atomen (z. B. im Zusammenhang mit der Lamb-Verschiebung oder anomalen magnetischen Momenten) beobachtet werden, mit erstaunlicher Genauigkeit wieder. Die Erfolge der QED konnten schließlich im Rahmen des sog. Standardmodells, von dem zu Beginn des Kapitels „Einführung und Überblick" bereits die Rede war, auf die schwache und starke Wechselwirkung ausgedehnt werden. Leider lässt sich die starke Wechselwirkung mithilfe einer Störungstheorie nicht wirklich genau beschreiben.

In diesem Kapitel werden wir uns nur mit einigen klassischen Aspekten der Strahlungsrückwirkung beschäftigen.

Dass sich viele Probleme unter Vernachlässigung strahlungsbedingter Rückwirkungseffekte behandeln lassen, ist offensichtlich darauf zurückzuführen, dass diese Effekte vernachlässigbar klein sind. Um zu sehen, wann dies der Fall ist, und die Parameterbereiche abschätzen zu können, innerhalb derer zwar Strahlungseffekte auftreten, diese aber ohne Bedeutung sind, benötigen wir ein einfaches Kriterium. Eines solcher Kriterien ergibt sich aus Energiebetrachtungen. Erfährt ein Teilchen der Ladung e durch ein äußeres Kraftfeld während einer Periode T eine charakteristische Beschleunigung vom Betrag a, so hat die abgestrahlte Energie nach der Larmor'schen Formel (14.22) die Größenordnung von

$$E_{\mathrm{str}} \sim \frac{2e^2a^2T}{3c^3} \tag{16.1}$$

Ist dieser strahlungsbedingte Energieverlust gegenüber der relevanten Energie E_0 des Problems zu vernachlässigen, so darf man erwarten, dass Strahlungseffekte dann ebenfalls unbedeutend sind. Ist dagegen $E_{\mathrm{str}} \gtrsim E_0$, so sind diese Effekte beträchtlich. Das Kriterium für die Vernachlässigbarkeit von Strahlungseffekten lässt sich also durch die Bedingung

$$E_{\mathrm{str}} \ll E_0 \tag{16.2}$$

ausdrücken.

Die Spezifizierung der Energie E_0 erfordert einige Sorgfalt. Wir werden zwischen zwei augenscheinlich verschiedenen Situationen unterscheiden – der einen, in der sich das Teilchen zu Anfang in Ruhe befindet und nur innerhalb eines endlichen Zeitintervalls T einer äußeren Kraft unterliegt, und der anderen, in der das Teilchen kontinuierlich beschleunigt wird, z. B. während einer quasistationären Bewegung mit der Eigenfrequenz ω_0. Im Fall des anfänglich ruhenden Teilchens hat offenbar die kinetische Energie, die das Teilchen nach einer Beschleunigungsperiode hat, die Bedeutung einer charakteristischen Energie, d. h. es ist

$$E_0 \sim m(aT)^2$$

Das Kriterium (16.2) für die Vernachlässigbarkeit von Strahlungseffekten nimmt dann die Form

$$\frac{2}{3}\frac{e^2a^2T}{c^3} \ll ma^2T^2$$

bzw.

$$T \gg \frac{2}{3}\frac{e^2}{mc^3}$$

an. Die hierdurch charakterisierte Zeit

$$\tau = \frac{2}{3}\frac{e^2}{mc^3} \tag{16.3}$$

definieren wir als *Zeitkonstante*. Für Zeiten T, die gegenüber τ groß sind, sind also Strahlungseffekte unbedeutend. Nur wenn die äußere Kraft sehr plötzlich einsetzt und über eine so kurze Zeitdauer wirkt, dass $T \sim \tau$ wird, modifizieren Strahlungseffekte die Bewegung in merklicher Weise. Für Elektronen ist die Zeitkonstante τ am größten und hat den Wert $\tau = 6{,}26 \times 10^{-24}$ s. Größenordnungsmäßig ist dies diejenige Zeit, die das Licht zum Durchlaufen von 10^{-15} m benötigt. Nur bei Erscheinungen, in die derart kurze Abstände bzw. Zeiten eingehen, ist zu erwarten, dass Strahlungseffekte eine *entscheidende* Rolle spielen.

Verläuft die Bewegung des Teilchens quasiperiodisch mit der Eigenfrequenz ω_0 und der typischen Amplitude d, so kann die mechanische Bewegungsenergie mit E_0 identifiziert werden und hat die Größenordnung von

$$E_0 \sim m\omega_0^2 d^2$$

Die charakteristischen Beschleunigungen sind $a \sim \omega_0^2 d$, während das zugehörige Zeitintervall durch $T \sim (1/\omega_0)$ bestimmt wird. Das Kriterium (16.2) bedeutet dann, dass

$$\frac{2e^2\omega_0^4 d^2}{3c^3\omega_0} \ll m\omega_0^2 d^2$$

bzw.

$$\omega_0\tau \ll 1 \tag{16.4}$$

sein muss, wobei τ durch (16.3) gegeben ist. Da ω_0^{-1} die Dauer der mechanischen Bewegung beschreibt, ist wiederum ersichtlich, dass Strahlungseffekte unbedeutend sind, solange das relevante mechanische Zeitintervall gegenüber der Zeitkonstanten τ groß ist.

Die beiden soeben betrachteten Beispiele zeigen, dass strahlungsbedingte Rückwirkungseffekte auf die Bewegung eines geladenen Teilchens dann von Bedeutung sind, wenn die äußeren Kräfte so geartet sind, dass sich die Bewegung über Zeiten (Abstände) in der Größenordnung von τ ($c\tau$) merklich ändert. Dies ist ein allgemeines Kriterium im Rahmen der klassischen Elektrodynamik. Bei weniger stark veränderlichen Bewegungen sind die Rückwirkungseffekte so klein, dass man ihren Einfluss auf Bewegungen über kurze Abstände vernachlässigen kann. Ihre kumulativen Effekte über größere Abstände lassen sich, wie wir sogleich sehen werden, näherungsweise berücksichtigen.

16.2 Berechnung der Strahlungsdämpfung aus dem Energieerhaltungsprinzip

Es erhebt sich jetzt die Frage, wie die strahlungsbedingten Rückwirkungskräfte in die Bewegungsgleichungen eines geladenen Teilchens einzubeziehen sind. Wir beginnen mit einem einfachen Plausibilitätsargument, das auf der Erhaltung der Energie eines nichtrelativistischen Teilchens beruht. Eine tiefgründigere Herleitung und die Einbeziehung relativistischer Effekte verschieben wir auf spätere Abschnitte.

Sieht man von der Strahlungsemission ab, so bewegt sich ein geladenes Teilchen der Masse m und der Ladung e unter dem Einfluss einer äußeren Kraft $\mathbf{F}_{\text{ext}}$ nach der Newton'schen Bewegungsgleichung

$$m\dot{\mathbf{v}} = \mathbf{F}_{\text{ext}} \tag{16.5}$$

Da das Teilchen beschleunigt wird, emittiert es Strahlung, und die entsprechende Strahlungsleistung pro Sekunde ist nach der Larmor'schen Formel (14.22):

$$P(t) = \frac{2}{3}\frac{e^2}{c^3}(\dot{\mathbf{v}})^2 \tag{16.6}$$

Um diesen durch Strahlung verursachten Energieverlust und dessen Einfluss auf die Bewegung des Teilchens zu berücksichtigen, modifizieren wir die Newton'sche Gleichung (16.5), indem wir auf der rechten Seite eine *strahlungsbedingte Rückwirkungskraft* $\mathbf{F}_{\text{str}}$ hinzufügen:

$$m\dot{\mathbf{v}} = \mathbf{F}_{\text{ext}} + \mathbf{F}_{\text{str}} \tag{16.7}$$

Zwar ist $\mathbf{F}_{\text{str}}$ bis jetzt noch unbestimmt, doch kann man einige Forderungen nennen, denen diese Kraft genügen muss: $\mathbf{F}_{\text{str}}$ muss

(1) verschwinden, wenn $\dot{\mathbf{v}} = 0$ ist, da dann keine Strahlung auftritt;
(2) proportional zu e^2 sein, da einerseits die Strahlungsleistung proportional zu e^2 ist und andererseits das Vorzeichen der Ladung in die Strahlungseffekte nicht eingehen darf;
(3) die Zeitkonstante τ (Gl. (16.3)) enthalten, da diese offensichtlich der einzige signifikante zugängliche Parameter ist.

Wir legen die Gestalt von $\mathbf{F}_{\text{str}}$ durch die Forderung fest, dass die von dieser Kraft im Zeitintervall $t_1 < t < t_2$ am Teilchen geleistete Arbeit gleich dem Negativen der in dieser Zeit abgestrahlten Energie sein muss. Das Energieerhaltungsprinzip ist dann zumindest während des Zeitintervalls (t_1, t_2) erfüllt. In Verbindung mit der Larmor'schen Formel (16.6) ist die genannte Forderung gleichbedeutend mit

$$\int_{t_1}^{t_2} \mathbf{F}_{\text{str}} \cdot \mathbf{v}\, dt = -\int_{t_1}^{t_2} \frac{2}{3}\frac{e^2}{c^3}\dot{\mathbf{v}} \cdot \dot{\mathbf{v}}\, dt$$

Das Integral auf der rechten Seite lässt sich partiell integrieren und führt auf

$$\int_{t_1}^{t_2} \mathbf{F}_{\text{str}} \cdot \mathbf{v}\, dt = \frac{2}{3}\frac{e^2}{c^3}\int_{t_1}^{t_2} \ddot{\mathbf{v}} \cdot \mathbf{v}\, dt - \frac{2}{3}\frac{e^2}{c^3}(\dot{\mathbf{v}} \cdot \mathbf{v})\Big|_{t_1}^{t_2}$$

Ist die Bewegung periodisch oder zumindest so geartet, dass das innere Produkt $(\dot{\mathbf{v}} \cdot \mathbf{v})$ an den Randpunkten des betrachteten Zeitintervalls verschwindet, so gilt offenbar:

$$\int_{t_1}^{t_2} \left(\mathbf{F}_{\text{str}} - \frac{2}{3}\frac{e^2}{c^3}\ddot{\mathbf{v}} \right) \cdot \mathbf{v}\, dt = 0$$

In diesem Fall darf man für die Rückwirkungskraft die Identifikation

$$\mathbf{F}_{\text{str}} = \frac{2}{3}\frac{e^2}{c^3}\ddot{\mathbf{v}} = m\tau\ddot{\mathbf{v}} \tag{16.8}$$

vornehmen. Die modifizierte Bewegungsgleichung lautet damit:

$$m(\dot{\mathbf{v}} - \tau\ddot{\mathbf{v}}) = \mathbf{F}_{\text{ext}} \tag{16.9}$$

Gleichung (16.9) wird manchmal *Abraham-Lorentz'sche Bewegungsgleichung* genannt. Man kann sie als Gleichung betrachten, die die Rückwirkungseffekte der Strahlungsemission in einem bestimmten zeitlichen Mittel approximativ berücksichtigt. Ihr kritischer Punkt ist der, dass es sich bei ihr um eine Differentialgleichung zweiter und nicht erster Ordnung in der Zeit (für die *Geschwindigkeit*!) handelt und daher mit den wohlbekannten Forderungen einer dynamischen Bewegungsgleichung kollidiert. Diese Schwierigkeit zeigt sich unmittelbar im Auftreten von Lösungen, die mit der Zeit exponentiell anwachsen. Verschwindet die äußere Kraft, so sind die beiden möglichen Lösungen von (16.9) offensichtlich durch

$$\dot{\mathbf{v}}(t) = \begin{cases} 0 \\ \mathbf{a}e^{t/\tau} \end{cases}$$

gegeben, wenn **a** die Beschleunigung zur Zeit $t = 0$ bedeutet. Natürlich ist nur die erste Lösung sinnvoll. Daß die zweite nicht akzeptabel ist, zeigt sich auch daran, dass zum Zeitpunkt t_1 oder t_2 $(\dot{\mathbf{v}} \cdot \mathbf{v}) \neq 0$ ist. Es ist klar, dass sich die modifizierte Bewegungsgleichung (16.9) nur dann anwenden lässt, wenn der Rückwirkungsterm lediglich eine kleine Korrektur darstellt. Die Strahlungsrückwirkung kann dann als Störung behandelt werden, die im Bewegungszustand des Teilchens langsame oder nur kleine Änderungen hervorruft.

Eine Alternative zu (16.9) ergibt sich, wenn man die rechte Seite der Bewegungsgleichung nullter Ordnung, $m\dot{\mathbf{v}} = \mathbf{F}_{\text{ext}}$, in geeigneter Weise abändert, um die Strahlungsrückwirkung zu berechnen. Die resultierende Gleichung, nämlich

$$m\dot{\mathbf{v}} = \mathbf{F}_{\text{ext}} + \tau\frac{d\mathbf{F}_{\text{ext}}}{dt} = \mathbf{F}_{\text{ext}} + \tau\left[\frac{\partial \mathbf{F}_{\text{ext}}}{\partial t} + (\mathbf{v} \cdot \nabla)\,\mathbf{F}_{\text{ext}}\right] \tag{16.10}$$

stellt eine sinnvolle Bewegungsgleichung dar, die keine anwachsenden oder kausalitätsverletzenden Lösungen aufweist. Sie bietet im klassischen Bereich, bei kleinen Strahlungseffekten, eine vernünftige Alternative zur Abraham-Lorentz'schen Gleichung. Doch es gibt noch einen anderen Weg, um zum gleichen Ergebnis zu gelangen (vgl. hierzu Ford, G.W. und R.F. O'Connell, *Phys. Lett. A*, **157**, 217 (1991)). Darüber hinaus ist festzustellen, dass sich die Gln. (16.9) und (16.10) relativistisch verallgemeinern lassen (vgl. hierzu die Übgn. 16.7 und 16.9).

Um zu zeigen, wie sich Gl. (16.9) zur Berechnung kleiner Strahlungseffekte verwenden lässt, betrachten wir ein Teilchen, das sich in einem anziehenden, konservativen Zentralkraftfeld bewegt. Bei Abwesenheit von Strahlungsrückwirkungen sind Energie und Drehimpuls des Teilchens erhalten und bestimmen den Ablauf seiner Bewegung. Die Emission von Strahlung bewirkt eine Änderung dieser Größen. Unter der Voraussetzung, dass die Beschleunigungen nicht zu stark sind, ändern sich Energie und Drehimpuls nur innerhalb eines Zeitintervalls, das gegenüber der charakteristischen Bewegungsperiode groß ist. Die momentane Bewegung ist dann im Wesentlichen die gleiche wie bei Abwesenheit von Strahlungsrückwirkungen. Die über längere Zeiten eintretenden Änderungen lassen sich durch Mittelung über die ungestörte Teilchenbahn beschreiben.

Wird das konservative Zentralkraftfeld durch ein Potential $V(r)$ beschrieben, so ergibt sich für die Beschleunigung bei Vernachlässigung von Strahlungsrückwirkungen:

$$\dot{\mathbf{v}} = \frac{-1}{m}\left(\frac{dV}{dr}\right)\frac{\mathbf{r}}{r} \tag{16.11}$$

Wegen der Energieerhaltung ist die zeitliche Änderung der Gesamtenergie des Teilchens gleich dem Negativen der Larmor'schen Strahlungsleistung:

$$\frac{dE}{dt} = -\frac{2}{3}\frac{e^2}{c^3}(\dot{\mathbf{v}})^2 = -\frac{2e^2}{3m^2c^3}\left(\frac{dV}{dr}\right)^2$$

Bei Berücksichtigung der Definition von τ (Gl. (16.3)) kann man hierfür auch

$$\frac{dE}{dt} = -\frac{\tau}{m}\left(\frac{dV}{dr}\right)^2 \tag{16.12}$$

schreiben. Da sich die Energie pro Bahnperiode nach Voraussetzung nur wenig ändert, darf man den Ausdruck auf der rechten Seite durch seinen zeitlichen Mittelwert der Newton'schen, d. h. ungestörten Bahn ersetzen, und man erhält:

$$\left\langle\frac{dE}{dt}\right\rangle \simeq -\frac{\tau}{m}\left\langle\left(\frac{dV}{dr}\right)^2\right\rangle \tag{16.13}$$

Die pro Bahnperiode auftretende Drehimpulsänderung ergibt sich aus der vektoriellen Multiplikation von Gl. (16.9) mit dem Radiusvektor $\mathbf{r}$. Bei Verwendung des Drehimpulses $\mathbf{L} = m\mathbf{r}\times\mathbf{v}$ folgt:

$$\frac{d\mathbf{L}}{dt} = \mathbf{r}\times\mathbf{F}_{\text{ext}} + \tau\mathbf{r}\times\frac{d\mathbf{F}_{\text{ext}}}{dt} = \tau\mathbf{r}\times(\mathbf{v}\cdot\nabla)\,\mathbf{F}_{\text{ext}} \tag{16.14}$$

wobei sich die zweite Form daraus ergibt, dass die äußere Kraft eine zeitunabhängige Zentralkraft ist. Bei Berücksichtigung von (16.11) erhalten wir für die rechte Seite von (16.14):

$$\tau\mathbf{t}\times(\mathbf{v}\cdot\nabla)\mathbf{F}_{\text{ext}} = \tau\mathbf{r}\times\left(-\frac{1}{r}\,\frac{dV}{dr}\right)\mathbf{v}_\perp = -\frac{\tau}{m}\,\frac{1}{r}\,\frac{dV}{dr}\mathbf{L} \tag{16.15}$$

Mittelt man dieses Drehmoment über die langsam veränderliche Bahn, so lässt sich die Änderung des Drehimpulses pro Umlauf in der Form

$$\left\langle \frac{d\mathbf{L}}{dt} \right\rangle \simeq -\frac{\tau}{m} \left\langle \frac{1}{r}\frac{dV}{dr} \right\rangle \mathbf{L} \tag{16.16}$$

schreiben. Man beachte, dass diese zeitliche Änderung des *Teilchen*-Drehimpulses exakt gleich dem Negativen der Drehimpulsrate ist, die bei elektrischer Dipolstrahlung abgestrahlt wird (vgl. hierzu Übg. 9.9).

Die Gleichungen (16.13) und (16.16) legen fest, wie sich die Teilchenbahn infolge der Strahlungsrückwirkung zeitlich ändert. Obwohl das detaillierte Verhalten von dem speziellen Kraftgesetz abhängt, sind einige qualitative Aussagen doch möglich. Ist ω_0 die Eigenfrequenz der Bewegung, dann lässt sich für den Mittelwert in Gl. (16.16) folgende Näherung machen:

$$\frac{\tau}{m} \left\langle \frac{1}{r}\frac{dV}{dr} \right\rangle \sim \frac{\tau}{m} m\omega_0^2 = \omega_0^2 \tau$$

wobei wir einige dimensionslose Faktoren in der Größenordnung von Eins vernachlässigt haben. Die Zeit, innerhalb derer sich der Drehimpuls ändert, liegt also in der Größenordnung von $1/(\omega_0\tau)\omega_0$. Diese Zeit ist, sofern $\omega_0\tau \ll 1$ ist, gegenüber der Bahnperiode $2\pi/\omega_0$ sehr groß. Entsprechend kann man im Fall der Energiegleichungen argumentieren.

Die Gleichungen, die wir hier zur Mitberücksichtigung von Strahlungseffekten hergeleitet haben, lassen sich auf praktische Probleme anwenden wie z. B. die Berechnung der Dämpfungszeit, innerhalb derer ein Müon oder Pion von seiner durch große Quantenzahlen charakterisierten Bahn um den Kern auf Bahnen sehr niedriger Quantenzahlen herabfällt. Die Quantenzahlen sind dabei über den größten Teil des Zeitintervalls genügend groß, um mithilfe der klassischen Beschreibung durch eine kontinuierliche Bewegung eine angemessene Näherung zu erhalten. Beispiele dieser Art sollen in den Übungen diskutiert werden.

16.3 Berechnung der Selbstkraft nach Abraham und Lorentz

Die Methode, nach der wir im vorigen Abschnitt die strahlungsbedingte Rückwirkungskraft berechnet haben, ist zwar plausibel, aber bestimmt nicht streng oder gar grundlegend. Das Problem besteht darin, die von den Eigenfeldern geladener Teilchen verursachte Rückwirkung auf sie selbst in zufriedenstellender Weise zu berechnen. Jede systematische Untersuchung dieses Problems muss daher die Ladungsstruktur und die Eigenfelder des Teilchens berücksichtigen. Den ersten Versuch in dieser Richtung unternahmen Abraham (1903) und Lorentz (1904), indem sie ein rein elektromagnetisches Modell eines geladenen Teilchens entwarfen. Die folgende Darstellung lehnt sich an das Buch *Theory of Electrons* (S. 252) von Lorentz an.

Wir betrachten ein einzelnes geladenes Teilchen der Gesamtladung e mit einer im Ruhsystem des Teilchens scharf lokalisierten Ladungsdichte $\rho(\mathbf{x})$. Die äußeren elektromagnetischen Felder, denen das Teilchen ausgesetzt ist, seien $\mathbf{E}_{\text{ext}}(\mathbf{x}, t)$ und $\mathbf{B}_{\text{ext}}(\mathbf{x}, t)$. Wie wir in Kap. 6.7 und 12.10 sahen, ist die zeitliche Änderung des um den elektromagnetischen Impuls vermehrten mechanischen Impulses innerhalb eines gegebenen Volumens gleich Null, sofern ein Impulsstrom in das Volumen hinein oder aus ihm heraus nicht stattfindet. Nach Abraham und Lorentz ist der scheinbar mechanische Impuls eines geladenen Teilchens gänzlich elektromagnetischen Ursprungs. Wir nehmen hier eine etwas konservative Haltung ein und gehen davon aus, dass der Teilchenimpuls partiell mechanischer Natur ist, aber einen elektromagnetischen Beitrag aufweist. Bezeichnet $\mathbf{G}$ den Impuls des elektromagnetischen Feldes, so kann man die Impulsbilanz des Systems als

$$\left(\frac{d\mathbf{p}}{dt}\right)_{\text{mech}} + \frac{d\mathbf{G}}{dt} = 0$$

schreiben. Bei Verwendung der durch (12.121) gegebenen Dichte der Lorentz-Kraft lässt sich hierfür auch

$$\left(\frac{d\mathbf{p}}{dt}\right)_{\text{mech}} = \int \left(\rho\mathbf{E} + \frac{1}{c}\,\mathbf{J}\times\mathbf{B}\right) d^3x \tag{16.17}$$

schreiben. In dieser Gleichung bezeichnen $\mathbf{E}$ und $\mathbf{B}$ die *Gesamtfelder*, und die Integration erstreckt sich über das Volumen des Teilchens.

Um Gl. (16.17) auf die Form der Newton'schen Bewegungsgleichung

$$\frac{d\mathbf{p}}{dt} \equiv \left(\frac{d\mathbf{p}}{dt}\right)_{\text{mech}} + \left(\frac{d\mathbf{p}}{dt}\right)_{\text{em}} = \mathbf{F}_{\text{ext}} \tag{16.18}$$

zu bringen, zerlegen wir die Gesamtfelder in die äußeren Felder und die Eigenfelder $\mathbf{E}_s$ und $\mathbf{B}_s$ (wobei der Index s für *selbst* steht), die von der Ladungsdichte ρ und der Stromdichte $\mathbf{J}$ des Teilchens selbst herrühren:

$$\mathbf{E} = \mathbf{E}_{\text{ext}} + \mathbf{E}_s$$
$$\mathbf{B} = \mathbf{B}_{\text{ext}} + \mathbf{B}_s$$

Gleichung (16.17) lässt sich damit in Form einer Newton'schen Bewegungsgleichung schreiben, wobei die äußere Kraft durch

$$\mathbf{F}_{\text{ext}} = \int \left(\rho\mathbf{E}_{\text{ext}} + \frac{1}{c}\,\mathbf{J}\times\mathbf{B}_{\text{ext}}\right) d^3x \tag{16.19}$$

und die zeitliche Änderung des Teilchenimpulses durch

$$\left(\frac{d\mathbf{p}}{dt}\right)_{\text{em}} = -\int \left(\rho\mathbf{E}_s + \frac{1}{c}\,\mathbf{J}\times\mathbf{B}_s\right) d^3x \tag{16.20}$$

gegeben sind. Falls sich die äußeren Felder über die Ausdehnung des Teilchens nur wenig ändern, geht die äußere Kraft (16.19) in die übliche Lorentz-Kraft über, die auf ein Teilchen der Ladung e und der Geschwindigkeit $\mathbf{v}$ wirkt.

Um die Selbstkraft, d.h. das Integral auf der rechten Seite von (16.20) berechnen zu können, ist ein Modell für das geladene Teilchen erforderlich. Der Einfachheit halber machen wir folgende Annahmen:

(a) das Teilchen befinde sich momentan in Ruhe;
(b) die Ladungsverteilung sei starr und kugelsymmetrisch.

Die folgenden Ergebnisse beschränken sich dann notwendigerweise auf nichtrelativistische Bewegungen und sind nicht lorentzkovariant. Doch werden wir diese Mängel später beseitigen.

Für ein Teilchen, das sich momentan in Ruhe befindet, geht (16.20) über in

$$\left(\frac{d\mathbf{p}}{dt}\right)_{\text{em}} = -\int \rho(\mathbf{x}, t)\mathbf{E}_s(x, t)\, d^3x \tag{16.21}$$

Das Eigenfeld $\mathbf{E}_s$ lässt sich durch die Potentiale $\mathbf{A}$ und Φ ausdrücken, sodass

$$\left(\frac{d\mathbf{p}}{dt}\right)_{\text{em}} = \int \rho(\mathbf{x}, t)\left[\nabla\Phi(\mathbf{x}, t) + \frac{1}{c}\frac{\partial\mathbf{A}}{\partial t}(\mathbf{x}, t)\right] d^3x \tag{16.22}$$

Die Potentiale sind die Komponenten des Vierervektors $A^\alpha = (\Phi, \mathbf{A})$:

$$A^\alpha(\mathbf{x}, t) = \frac{1}{c}\int \frac{[J^\alpha(\mathbf{x}', t')]_{\text{ret}}}{R}\, d^3x' \tag{16.23}$$

mit $J^\alpha = (c\rho, \mathbf{J})$ und $\mathbf{R} = \mathbf{x} - \mathbf{x}'$.

In Gl.(16.23) muss der Viererstrom zur retardierten Zeit t' genommen werden. Diese Zeit unterscheidet sich von der Zeit t um eine Dauer, die in der Größenordnung von $\Delta t \sim (a/c)$ liegt, wobei a die räumliche Ausdehnung des Teilchens beschreibt. Für eine scharf lokalisierte Ladungsverteilung ist dieses Zeitintervall äußerst kurz, und man darf annehmen, dass sich die Bewegung des Teilchens während einer so kurzen Zeit nur wenig ändert. Es ist daher angemessen, in (16.23) eine Taylor-Entwicklung um den Zeitpunkt $t' = t$ vorzunehmen. Deutet man – wie üblich – die Auswertung zur Zeit $t' = t - (R/c)$ durch das Zeichen $[\ ]_{\text{ret}}$ an, so hat jede zur retardierten Zeit genommene Größe die Entwicklung

$$[\cdots]_{\text{ret}} = \sum_{n=0}^{\infty} \frac{(-1)^n}{n!}\left(\frac{R}{c}\right)^n \frac{\partial^n}{\partial t^n}[\cdots]_{t'=t} \tag{16.24}$$

Wendet man diese Entwicklung auf den retardierten Viererstrom in (16.23) an, so geht die Gl.(16.22) über in

$$\left(\frac{d\mathbf{p}}{dt}\right)_{\text{em}} = \sum_{n=0}^{\infty} \frac{(-1)^n}{n!\, c^n}\int d^3x \int d^3x'\, \rho(\mathbf{x}, t)\frac{\partial^n}{\partial t^n}\left[\rho(\mathbf{x}', t)\,\nabla R^{n-1} + \frac{R^{n-1}}{c^2}\frac{\partial\mathbf{J}(\mathbf{x}', t)}{\partial t}\right]$$

Betrachten wir zunächst den Anteil des Skalarpotentials (d.h. des ersten Terms in der eckigen Klammer) für $n = 0$ und $n = 1$. Für $n = 0$ ist er proportional zu

$$\int d^3x \int d^3x'\, \rho(\mathbf{x}, t)\,\rho(\mathbf{x}', t)\,\nabla\left(\frac{1}{R}\right)$$

Dies ist nichts anderes als die elektrostatische Selbstkraft, die jedoch für kugelsymmetrische Ladungsverteilungen verschwindet. Für $n = 1$ liefert das Skalarpotential keinen Beitrag, da es mit ∇R^{n-1} multipliziert wird. Der erste nichtverschwindende Beitrag ist der zu $n = 2$. Wir ändern daher die Summationsindizes und schreiben:

$$\left(\frac{d\mathbf{p}}{dt}\right)_{\text{em}} = \sum_{n=0}^{\infty} \frac{(-1)^n}{n!\, c^{n+2}} \int d^3x \int d^3x'\, \rho(\mathbf{x}, t)\, R^{n-1} \frac{\partial^{n+1}}{\partial t^{n+1}} \{\cdots\}$$

mit

$$\{\cdots\} = \mathbf{J}(\mathbf{x}'\, t) + \frac{\partial \rho}{\partial t}(\mathbf{x}', t) \frac{\nabla R^{n+1}}{(n+1)(n+2)R^{n-1}} \tag{16.25}$$

Mit Hilfe der Kontinuitätsgleichung für die Ladungs- und Stromdichte lässt sich für den in geschweiften Klammern stehenden Ausdruck in (16.25) auch

$$\{\cdots\} = \mathbf{J}(\mathbf{x}', t) - \frac{\mathbf{R}}{n+2} \nabla' \cdot \mathbf{J}(\mathbf{x}', t)$$

schreiben. In dem Integral über d^3x' kann der zweite Term partiell integriert werden, sodass

$$-\int d^3x'\, R^{n-1} \frac{\mathbf{R}}{n+2} \nabla' \cdot \mathbf{J} = +\frac{1}{n+2} \int d^3x' (\mathbf{J} \cdot \nabla') R^{n-1} \mathbf{R}$$
$$= -\frac{1}{n+2} \int d^3x'\, R^{n-1} \left(\mathbf{J} + (n-1) \frac{\mathbf{J} \cdot \mathbf{R}}{R^2} \mathbf{R}\right)$$

Hiernach ist also der Klammerausdruck in (16.25) gleichbedeutend mit

$$\{\cdots\} = \left(\frac{n+1}{n+2}\right) \mathbf{J}(\mathbf{x}', t) - \left(\frac{n-1}{n+2}\right) \frac{\mathbf{J} \cdot \mathbf{R}}{R^2} \mathbf{R} \tag{16.26}$$

Für eine starre Ladungsverteilung ist

$$\mathbf{J}(\mathbf{x}', t) = \rho(\mathbf{x}', t)\, \mathbf{v}(t)$$

Bei kugelsymmetrischer Ladungsverteilung ist allein die Richtung von $\mathbf{v}(t)$ relevant. Daher spielen in Gl. (16.26) bei der Integration über d^3x und d^3x' nur die Komponenten in Richtung von $\mathbf{v}(t)$ eine Rolle, sodass die genannte Gleichung äquivalent zu

$$\{\cdots\} = \rho(\mathbf{x}', t)\, \mathbf{v}(t) \left[\frac{n+1}{n+2} - \frac{n-1}{n+2} \left(\frac{\mathbf{R} \cdot \mathbf{v}}{Rv}\right)^2\right]$$

ist. Ferner sind alle Richtungen von $\mathbf{R}$ gleichwahrscheinlich, sodass man den zweiten Term durch seinen Mittelwert $\frac{1}{3}$ ersetzen darf. Damit nimmt der Klammerausdruck in (16.25) die einfache Form

$$\{\cdots\} = \tfrac{2}{3} \rho(\mathbf{x}', t)\, \mathbf{v}(t) \tag{16.27}$$

an. Setzt man dies in (16.25) ein, so erhält man bei Vernachlässigung der in den zeitlichen Ableitungen von $\mathbf{v}$ nichtlinearen Terme (die für $n \geq 4$ auftreten) folgendes Resultat für die Selbstkraft:

$$\left(\frac{d\mathbf{p}}{dt}\right)_{\text{em}} = \sum_{n=0}^{\infty} \frac{(-1)^n}{c^{n+2}} \frac{2}{3n!} \frac{\partial^{n+1}\mathbf{v}}{\partial t^{n+1}} \int d^3x' \int d^3x\, \rho(\mathbf{x}')\, R^{n-1} \rho(\mathbf{x}) \tag{16.28}$$

Für die folgenden Überlegungen ist es zweckmäßig, die zeitlichen Fourier-Transformierten der äußeren Kraft, der Geschwindigkeit und der Selbstkraft einzuführen.[1] Die Fourier-Transformierte der Geschwindigkeit $\mathbf{v}(\omega)$ ist definiert durch

$$\mathbf{v}(t) = \frac{1}{\sqrt{2\pi}} \int \mathbf{v}(\omega) e^{-i\omega t} d\omega$$

zusammen mit der zugehörigen Umkehrung. Entsprechendes gilt für die anderen Größen. Mit $(d\mathbf{p}/dt)_{\text{mech}} = m_0 (d\mathbf{v}/dt)$ ergibt sich für die Fourier-Transformierte der Bewegungsgleichung (16.18):

$$-i\omega M(\omega)\mathbf{v}(\omega) = \mathbf{F}_{\text{ext}}(\omega) \tag{16.29}$$

wobei die „effektive Masse“

$$M(\omega) = m_0 + \frac{2}{3c^2} \sum_{n=0}^{\infty} \frac{(i\omega)^n}{n!\, c^n} \int d^3x \int d^3x'\, \rho(\mathbf{x}) R^{n-1} \rho(\mathbf{x}')$$

eingeführt wurde. Es lässt sich zeigen, dass die Summe über n die Green'sche Funktion auslaufender Wellen, $e^{i\omega R/c}/R$, ergibt. Damit nimmt $M(\omega)$ die folgende Gestalt an:

$$M(\omega) = m_0 + \frac{2}{3c^2} \int d^3x \int d^3x'\, \rho(\mathbf{x}) \frac{e^{i\omega R/c}}{R} \rho(\mathbf{x}') \tag{16.30}$$

Der kugelsymmetrische Mittelwert von $e^{i\omega R/c}/R$ ist

$$\left\langle \frac{e^{i\omega R/c}}{R} \right\rangle = i\frac{\omega}{c} j_0\left(\frac{\omega r_<}{c}\right) h_0^{(1)}\left(\frac{\omega r_>}{c}\right)$$

Für einige spezielle kugelsymmetrische Ladungsverteilungen lassen sich die räumlichen Integrale in (16.30) ausführen und $M(\omega)$ explizit in geschlossener Form angeben (vgl. Übg. 16.4).

Alternativ hierzu können wir auch die Fourier-Transformierte der Ladungsdichte (den Formfaktor) einführen und erhalten dann einen anderen Ausdruck für $M(\omega)$, eine „Spektraldarstellung“, wie man sie aus der Quantenmechanik kennt. Wir definieren den Formfaktor $f(\mathbf{k})$ durch die dreidimensionale Transformierte

$$\rho(\mathbf{x}) = \frac{e}{(2\pi)^3} \int d^3k\, f(\mathbf{k})\, e^{i\mathbf{k}\cdot\mathbf{x}} \tag{16.31}$$

wobei e die Gesamtladung darstellt. Speziell für eine Punktladung gilt $f(\mathbf{k}) = 1$. Durch einfache Substitution und Integration geht jetzt Gl. (16.30) über in

$$M(\omega) = m_0 + \frac{e^2}{3\pi^2 c^2} \int d^3k \frac{|f(\mathbf{k})|^2}{k^2 - (\omega/c)^2} \tag{16.32}$$

wobei ω einen kleinen positiven Imaginärteil aufweist.

[1] Wir gehen hier ähnlich vor wie bei der quantenmechanischen Behandlung der Strahlungsrückwirkung im Grenzfall des Korrespondenzprinzips. Zur nichtrelativistischen Theorie siehe: Moinz, E. J. und D. E. Sharp, *Phys. Rev. D* **10**, 1133–1136 (1974); zur voll-relativistischen Quantentheorie des Elektrons und Positrons (der QED) siehe: Low, F. E., *Ann. Phys.* (N. Y), **265**, No. 2

Die Gleichungen (16.29) und (16.32) stellen eine nahezu vollständige Lösung für das Problem der klassischen, nichtrelativistischen Bewegung eines endlich ausgedehnten geladenen Teilchens dar, die Strahlungsrückwirkung inbegriffen. (Die Lösung ist nur „nahezu" vollständig, weil wir nichtlineare Beiträge, d. h. höhere Potenzen in der Geschwindigkeit vernachlässigt und darüber hinaus Kugelsymmetrie vorausgesetzt haben.) Im Grenzfall $\omega \to 0$ reduziert sich (16.32) auf $M(0) = m$, die physikalische Masse des Teilchens, inklusive der Beiträge der Eigenfelder:

$$m = m_0 + \frac{e^2}{3\pi^2 c^2} \int d^3k \, \frac{|f(\mathbf{k})|^2}{k^2} \tag{16.33}$$

Als Funktion von m lässt sich die effektive Masse $M(\omega)$ in der folgenden Form schreiben:

$$M(\omega) = m + \frac{e^2 \omega^2}{3\pi^2 c^4} \int d^3k \, \frac{|f(\mathbf{k})|^2}{k^2 [k^2 - (\omega/c)^2]} \tag{16.34}$$

Der gewonnenen Lösung für die Bewegung eines nicht-punktartigen geladenen Teilchens, unter Mitberücksichtigung der Strahlungsrückwirkung, seien noch einige Anmerkungen hinzugefügt:

1. Wenn der Beitrag des Eigenfeldes zur Masse in (16.33) ohne den Formfaktor für große k linear divergiert, so spiegelt sich darin die Tatsache wider, dass die Eigenfelder eine elektrostatische Energie der Größenordnung e^2/a aufweisen, wobei a ein Längenparameter ist, der die Ausdehnung des Teilchens bestimmt.
2. Das frequenzabhängige Integral in (16.34) konvergiert um einen Faktor k^2 schneller als das Integral in (16.33). Selbst dann, wenn $f(\mathbf{k}) = 1$ ist (Punktladung), konvergiert es für große k.
3. Für eine Punktladung lässt sich das Integral in (16.34) mithilfe einer Konturintegration ausführen, und man erhält:

$$[M(\omega)]_{\text{Punktl.}} = m(1 + i\omega\tau) \tag{16.35}$$

Setzt man dieses Ergebnis in Gl. (16.29) ein und nimmt man anschließend die inverse Fourier-Transformation vor, so gelangt man zu der Abraham-Lorentz'schen Gleichung (16.9) wieder zurück. Die in der oberen ω-Halbebene gelegene Nullstelle des Ausdrucks (16.35), nämlich $\omega = i/\tau$, deutet auf zeitlich anwachsende Lösungen dieser Gleichung hin.
4. Bei einem hinreichend konvergenten Formfaktor sind die Integrale in (16.33) und (16.34) endlich. Sie haben – wenn überhaupt – nur in der unteren ω-Halbebene Nullstellen (vgl. Übg. 16.4). Die Teilchenreaktion auf äußere Kräfte verläuft kausal und ohne Besonderheiten, wie etwa die zeitlich anwachsenden Lösungen. Die Ausdehnung des Teilchens muss mindestens von der Größenordnung $c\tau$ sein, was in etwa dem klassischen Elektronenradius $r_0 = e^2/mc^2$ entspricht.
5. Die nichtrelativistische Näherung bringt zwar begriffliche Schwierigkeiten mit sich – der Selbstkraft-Beitrag in (16.33) steht zur elektrostatischen Selbstenergie in Wirklichkeit im Verhältnis $4/3c^2$ statt $1/c^2$ –, aber diese Schwierigkeiten lassen sich bei genauerer Betrachtung beheben. (Fermi[2] hat schon früh den relativistischen Fall behandelt; in Abschnitt 16.5 werden wir uns mit der kovarianten Be-

[2] Fermi, E., *Z. Phys.* **24**, 340 (1922) oder *Atti. Accad. Nazl. Linei Rend.* **31**, 184, 306 (1922).

schreibung der elektromagnetischen Anteile von Selbstenergie und -impuls befassen.)

6. Die quantenmechanische Behandlung der Wechselwirkung eines nichtrelativistischen, endlich ausgedehnten geladenen Teilchens mit elektromagnetischen Feldern führt im Wesentlichen ebenfalls zu den Gleichungen (16.29) und (16.32) für die Erwartungswerte des entsprechenden Operators (s. Moniz und Sharp, *op. cit.*). Die Compton-Wellenlänge des Teilchens, $\hbar/mc \approx 137r_0$, spielt formal die Rolle des Längenparameters a. Der Beitrag des Eigenfeldes zur Masse ist dann klein (oder Null, je nach Grenzwertbildung), das Teilchen bewegt sich kausal, es gibt keine Vorausbeschleunigung oder zeitlich anwachsende Lösungen. Moniz und Sharp betrachten die Gl. (16.10) als vernünftigste Form einer klassischen Bewegungsgleichung, die die Strahlungsrückwirkung berücksichtigt. Sie ist näherungsweise gültig, solange die Rückwirkungseffekte klein sind.

16.4 Relativistische Kovarianz; Stabilität und Poincaré'sche Spannungen

Bisher behandelten wir das Abraham-Lorentz-Modell für ein klassisches geladenes Teilchen nichtrelativistisch, mussten uns dann aber dafür verteidigen, dass es bei elektrostatischer Betrachtung einerseits und bei (dynamischen) Betrachtungen der Lorentz-Kraft andererseits zu dem Paradoxon verschiedener „Massen" kam – also so dem unrühmlichen 4/3-Problem, auf das Thomson (1881) das erste Mal aufmerksam machte. Die Wurzel des Problems liegt in der nichtverschwindenden Viererdivergenz des elektromagnetischen Energie-Impuls-Tensors (12.113). Anders als bei quellenfreien Feldern, hat der Energie-Impuls-Tensor $\Theta^{\alpha\beta}$ bei Anwesenheit eines geladenen Teilchens, unabhängig vom Modell, die Divergenz (12.118):

$$\partial_\alpha \Theta^{\alpha\beta} = -F^{\beta\lambda} J_\lambda / c = -f^\beta \tag{16.36}$$

wobei f^α die Lorentz-Kraftdichte (12.121) bezeichnet. Wie in Übg. 12.18 festgestellt, transformieren sich die räumlichen Integrale von $\Theta^{\alpha 0}$ nur dann wie die Komponenten eines Vierervektors, wenn die Viererdivergenz des Tensors verschwindet. Also lassen sich die üblichen Raumintegrale der Energie- bzw. Impulsdichte bei fester Zeit, nämlich

$$u = \frac{1}{8\pi}(\mathbf{E}^2 + \mathbf{B}^2), \quad \mathbf{g} = \frac{1}{4\pi c}(\mathbf{E} \times \mathbf{B}) \tag{16.37}$$

zwar verwenden, um die Energie- und Impulserhaltung in einem gegebenen Inertialsystem zu diskutieren, aber sie transformieren sich nur dann als Komponenten eines Vierervektors, wenn die Felder quellenfrei sind.

Ein entscheidender Mangel der rein elektromagnetischen klassischen Modelle ist, wie Poincaré[3] 1905–1906 feststellte, die fehlende Stabilität. Es bedarf anderer als

[3] Poincaré, H., *Comptes Rendue* **140**, 1504 (1905); *Rendiconti del Circolo Matematico di Palermo* **21**, 129 (1906). Der zweite Artikel findet sich in englischer Übersetzung und in heutiger Notation bei Schwartz, H.M., *Am. J. Phys.* **39**, 1287 (1971), **40**, 862, 1282 (1972).

rein elektromagnetischer Kräfte, um die elektrische Ladung zusammenzuhalten. Poincaré schlug vor, einen weiteren Tensor $P^{\alpha\beta}$ einzuführen, der sich mit dem elektromagnetischen Tensor $\Theta^{\alpha\beta}$ zu einem Gesamt-Energie-Impuls-Tensor $S^{\alpha\beta}$ addiert und stabilisierenden Kräften Rechnung trägt:

$$S^{\alpha\beta} = \Theta^{\alpha\beta} + P^{\alpha\beta}$$

Der Gesamt-Viererimpuls des Teilchens wird dann definiert durch

$$cP^{\alpha} = \int S^{\alpha 0}\, d^3x \tag{16.38}$$

wobei das Integral zu einem festen Zeitpunkt über den gesamten dreidimensionalen Raum zu erstrecken ist. Die rechte Seite der letzten Gleichung transformiert sich wie ein Vierervektor, sofern die Bedingung

$$\partial_{\alpha} S^{\alpha\beta} = 0 \tag{16.39}$$

erfüllt ist, die aber äquivalent ist zu

$$\int S^{(0)ij}\, d^3x^{(0)} = 0 \tag{16.40}$$

mit $i, j = 1, 2, 3$, wobei der obere Index (0) das Ruhsystem ($\mathbf{P} = 0$) bezeichnet. Die Bedingung (16.40) besagt nichts anderes, als dass die Summe aller Selbstenergien und Eigenimpulse (im dreidimensionalen Sinn) verschwinden muss, und dies ist die Bedingung mechanischer Stabilität.

Die Poincaré'sche Lösung sorgt also in der Tat für Stabilität und garantiert wegen der Allgemeingültigkeit des Relativitätspostulats auch die richtigen Lorentz-Transformationseigenschaften des nunmehr stabilen geladenen Teilchens. Man könnte einwenden, dass die Poincaré'schen Kräfte nicht a priori bekannt sind – im Gegensatz zu dem Tensor $\Theta^{\alpha\beta}$, der für gegebene Felder durchaus bekannt ist. Wenn wir jedoch makroskopische geladene Körper betrachten, etwa eine dielektrische Kugel mit einer Oberflächenladung, so wissen wir, dass es aufgrund von Polarisation und quantenmechanischen Austauschwechselwirkungen „nicht-elektromagnetische" Kräfte gibt (wenngleich sie – bei grundsätzlicher Betrachtung – letzten Endes *auch* elektromagnetischer Natur sind), die die Ladung binden und dem ganzen System Stabilität verleihen. Es erscheint also nicht unvernünftig, Poincaré'sche Kräfte in unsere klassischen Modelle für geladene Teilchen aufzunehmen – zumindest aber daran zu denken, dass Vorsicht geboten ist, wenn man die rein elektromagnetischen Seiten solcher Modelle betrachtet.

Von Interesse ist hier die Feststellung, dass wir im Gluonfeld, bei stark wechselwirkenden Elementarteilchen, tatsächlich Poincaré'sche Kräfte vor uns haben. Betrachten wir zum Beispiel das Proton. Seine drei Quarks werden vom Gluonfeld in einer stabilen Gesamtheit endlich ausgedehnter, nicht-punktartiger Ladungsverteilung zusammengehalten. Abgesehen von der inneren Struktur und Stabilität der Quarks selbst, ergibt der elektromagnetische Spannungstensor $\Theta^{\alpha\beta}$ nur zusammen mit einem Poincaré'schen Tensor, $\Theta_g^{\alpha\beta}$, des Gluonfeldes einen divergenzfreien Gesamt-Spannungstensor. Der Hauptanteil an der Masse des Protons stammt natürlich aus der starken Wechselwirkung und nicht aus dem elektromagnetischen Beitrag zur Selbstenergie – Neutron und Proton haben die gleiche innere starke Wechselwirkung, aber nicht die gleiche elektromagnetische: ihre Massen unterscheiden sich nur um 0,14 % voneinander (und zwar in umgekehrter Richtung, als man es erwarten würde).

Im nächsten Abschnitt werden wir uns mit kovarianten Definitionen der Gesamtenergie und des Gesamtimpulses elektromagnetischer Felder, auch in Gegenwart von Quellen, beschäftigen. Bei allen Vorteilen, die diese Definitionen haben, wenn es um rein elektromagnetische Aspekte geht, darf man aber im Allgemeinen die nichtelektromagnetischen Kräfte nicht außerachtlassen.

16.5 Kovariante Definition von Energie und Impuls des elektromagnetischen Feldes

In dem Buch von *Rohrlich* wird gezeigt, dass sich kovariante Definitionen der elektromagnetischen Gesamtenergie und des Impulses eines Feldsystems selbst dann angeben lassen, wenn der elektromagnetische Spannungstensor $\Theta^{\alpha\beta}$ nicht divergenzfrei ist. Die Ausdrücke

$$E'_e = \frac{1}{8\pi}\int (\mathbf{E}'^2 + \mathbf{B}'^2)\, d^3x'$$

$$\mathbf{P}'_e = \frac{1}{4\pi c}\int \mathbf{E}' \times \mathbf{B}'\, d^3x' \tag{16.41}$$

kann man als Größen betrachten, die die Energie und den Impuls zu einer festen Zeit t' in einem bestimmten Inertialsystem K' definieren. Die Integranden in (16.41) sind Elemente des zweistufigen Tensors $\Theta^{\alpha\beta}$. Offensichtlich muss einer der beiden Tensorindizes mit einem Vierervektor kontrahiert werden, und dieser Vierervektor muss sich im Inertialsystem K' auf d^3x' reduzieren. Wir definieren den zeitartigen Vierervektor

$$d\sigma^\beta = n^\beta\, d^3\sigma$$

mit $d^3\sigma$ als invariantes Element einer dreidimensionalen „Fläche" auf einer raumartigen Hyperebene in vier Dimensionen. Die Normale zu dieser Hyperebene, n^β, hat in K' die Komponenten $(1, 0, 0, 0)$. Das invariante Element $d^3\sigma$ ist offensichtlich $d^3\sigma = n_\beta\, d\sigma^\beta = d^3x'$. Bewegt sich das Inertialsystem K' gegenüber einem anderen Inertialsystem K mit der Geschwindigkeit $c\boldsymbol{\beta}$, so hat der Vierervektor n^β in K die Gestalt

$$n^\beta = (\gamma, \gamma\boldsymbol{\beta}) \tag{16.42}$$

Die allgemeine Definition des elektromagnetischen Impulsvierervektors in einem beliebigen System lautet daher:

$$cP_e^\alpha = \int \Theta^{\alpha\beta}\, d\sigma_\beta = \int \Theta^{\alpha\beta} n_\beta\, d^3\sigma \tag{16.43}$$

In K' hat n_β nur eine Zeitkomponente. Mit $d^3\sigma = d^3x'$ reduziert sich somit (16.43) auf (16.41). Im System K jedoch ist $n_\beta = (\gamma, -\gamma\boldsymbol{\beta})$, und die kovarianten Raum- und Zeitkomponenten sind durch

$$\begin{aligned} cP_e^0 &= \gamma \int (u - \mathbf{v}\cdot\mathbf{g})\, d^3\sigma \\ cP_e^i &= \gamma \int (cg^i + T_{ij}^{(M)}\beta^j)\, d^3\sigma \end{aligned} \tag{16.44}$$

gegeben, wobei $T_{ij}^{(M)}$ den räumlichen Anteil des Maxwell'schen Energie-Impuls-Tensors (6.120) darstellt. Im Bedarfsfall kann man unter Verwendung von $d^3\sigma = d^3x'$ (Integration bei fester Zeit t) das invariante Volumenelement $d^3x' = \gamma\, d^3x$ durch das Volumenelement d^3x im System K ersetzen.

Die Definitionen (16.43) bzw. (16.44) des elektromagnetischen Viererimpulses stellen eine kovariante Definition dar, die von den naiven Ausdrücken (16.41) in einem bestimmten System K' ausgeht. Eine andere Wahl für das System K' führt natürlich zu einem anderen Vierervektor, aber dies braucht nicht als Alarmzeichen gewertet zu werden.[4] Es gibt eine natürliche Wahl für das System K', wenn die elektromagnetische Masse der Felder nicht verschwindet – nämlich das Ruhsystem, in dem

$$\frac{1}{4\pi c}\int \mathbf{E}^{(0)}\times\mathbf{B}^{(0)}\, d^3x^{(0)} = 0$$

gilt. Wir bezeichnen dieses System, in dem der elektromagnetische Gesamtimpuls $\mathbf{P}_e'$ verschwindet, mit $K^{(0)}$ und fügen an Größen in diesem System den oberen Index (0) an, um zu verdeutlichen, dass es sich um eine spezielle Wahl für das System K' handelt. Nach Gl. (16.41) ist die elektromagnetische Ruhenergie dann

$$E_e^{(0)} = m_e c^2 = \frac{1}{8\pi}\int [\mathbf{E}^{(0)2} + \mathbf{B}^{(0)2}]\, d^3x^{(0)} \tag{16.45}$$

Im System K sind elektromagnetische Energie und elektromagnetischer Impuls durch (16.44) gegeben, wobei jetzt $\mathbf{v}$ die Geschwindigkeit des Ruhsystems $K^{(0)}$ in K bedeutet.

Für elektromagnetische Konfigurationen, deren Ladungen in einem bestimmten System in Ruhe sind (das geladene Teilchen im Abraham-Lorentz-Modell ist ein Beispiel hierfür), lassen sich die allgemeinen Formeln auf eine sehr viel durchsichtigere Form bringen. Das System, in dem sich alle Ladungen in Ruhe befinden, ist natürlich das System $K^{(0)}$, da in ihm alle Vorgänge elektrostatischer Natur sind und das Magnetfeld an jedem Raumpunkt verschwindet. Für solche elektrostatischen Konfigurationen ist das Magnetfeld, wie sich anhand von (11.150) beweisen lässt, im System K exakt durch

$$\mathbf{B} = \boldsymbol{\beta}\times\mathbf{E}$$

[4] Eine mögliche Wahl für K' ist das Laborsystem, in dem sich der Beobachter in Ruhe befindet. Die Diskussion der Erhaltungssätze in Kapitel 6 kann in dieser Weise interpretiert werden.

gegeben. Der Integrand in der ersten Gleichung von (16.44) ergibt sich damit zu

$$\begin{aligned}(u - \mathbf{v} \cdot \mathbf{g}) &= \frac{1}{8\pi}(\mathbf{E}^2 + \mathbf{B}^2) - \frac{1}{4\pi}\boldsymbol{\beta} \cdot (\mathbf{E} \times \mathbf{B}) \\ &= \frac{1}{8\pi}(\mathbf{E}^2 + \mathbf{B}^2) - \frac{1}{4\pi}(\boldsymbol{\beta} \times \mathbf{E}) \cdot \mathbf{B} \\ &= \frac{1}{8\pi}(\mathbf{E}^2 - \mathbf{B}^2)\end{aligned}$$

und ist folglich eine Lorentz-Invariante. Die Energie im System K ist somit

$$cP_e^0 = \gamma \int \frac{(\mathbf{E}^2 - \mathbf{B}^2)}{8\pi} d^3\sigma = \gamma^2 \int \frac{(\mathbf{E}^2 - \mathbf{B}^2)}{8\pi} d^3x \tag{16.46}$$

In ähnlicher Weise wird aus der zweiten der beiden Gln. (16.44):

$$c\mathbf{P}_e = \gamma\boldsymbol{\beta} \int \frac{(\mathbf{E}^2 - \mathbf{B}^2)}{8\pi} d^3\sigma = \gamma^2\boldsymbol{\beta} \int \frac{(\mathbf{E}^2 - \mathbf{B}^2)}{8\pi} d^3x \tag{16.47}$$

Da der Integrand $(\mathbf{E}^2 - \mathbf{B}^2)$ eine Invariante ist, stellt $P_e^\alpha = (\gamma m_e c, \gamma m_e \mathbf{v})$ einen Vierervektor dar; die elektromagnetische Masse ist dabei – in Übereinstimmung mit (16.45) durch

$$m_e = \frac{1}{8\pi c^2} \int (\mathbf{E}^2 - \mathbf{B}^2)\, d^3\sigma = \frac{1}{8\pi c^2} \int \mathbf{E}^{(0)2} d^3x^{(0)} \tag{16.48}$$

gegeben.

Gleichung (16.46) benutzte Butler[5], um das Trouton-Noble-Experiment zu diskutieren – einen Test der speziellen Relativitätstheorie, bei dem es um das Drehmoment auf einen freihängenden, geladenen Kondensator geht, der sich gegenüber dem Äther bewegt. In dem Buch von *Pauli* (Abschnitt 44) wird das Trouton-Noble'sche Paradoxon sehr klar und im Sinne früherer Abhandlungen von Lorentz (1904) und Laue (1911) dargestellt. Teukolsky[6] hat in einer Arbeit, in der zu Beginn der in Übg. 12.18 genannte Satz bewiesen wird, die Erklärung des Trouton-Noble-Experiments revidiert. Er unterstreicht, dass man nichtelektromagnetische Kräfte zur Stabilisierung braucht, um das Paradoxon aufzulösen, dass es aber eine Frage der Wahl ist, ob man elektromagnetische und nichtelektromagnetische Kräfte explizit kovariant ausbalanciert oder nicht. Wichtig ist nur, dass der Gesamtkräftetensor $S^{\alpha\beta}$ divergenzfrei ist.

---

[5] Butler, J.W., *Am. J. Phys.* **36**, 936 (1968).

[6] Teukolsky, S.A., *Am. J. Phys.* **64**, 1104 (1996).

16.6 Das kovariante, stabile geladene Teilchen

A. Das Modell

Ein lehrreiches Beispiel für die Überlegungen aus Abschnitt 16.4 und 16.5 ist das Modell des klassischen, stabilen, spinlosen geladenen Teilchens, das 1983 von Schwinger[7] konstruiert wurde. Die Betrachtungen, die Schwinger zu den Poincaré'schen Spannungen und ihrer Notwendigkeit für die Stabilität eines Teilchens anstellte, liefern zugleich den Prototyp für die Diskussion makroskopischer, geladener mechanischer Systeme. Das Modell läuft auf eine moderne Verallgemeinerung der ca. 80 Jahre zurückliegenden Poincaré'schen Arbeit hinaus (nämlich die mittlere der von Schwartz (*op. cit.*) übersetzten Arbeiten Poincarés). Im Ruhsystem K' des Teilchens ist das Viererpotential definiert durch

$$\Phi' = ef(r^2), \quad \mathbf{A}' = 0$$

wobei $f(r^2)$ eine beliebige, differenzierbare Funktion ist, für die aber $f(r^2) \to 1/r$ gelten muss, damit e als die Gesamtladung des Teilchens definiert ist. Wir betrachten nun ein Laborsystem K, in dem sich das Teilchen mit der Geschwindigkeit $\mathbf{v}$ bewegt, und die zugehörige (durch c dividierte) Vierergeschwindigkeit $v^\alpha = (\gamma, \gamma\boldsymbol{\beta}) = U^\alpha/c$ (s. Gl. (11.36)) mit $v^\alpha v_\alpha = 1$. Ferner führen wir eine Viererkoordinate ξ^α senkrecht zu v^α ein, und zwar durch

$$\xi^\alpha = x^\alpha - (v^\beta x_\beta)v^\alpha, \quad v \cdot \xi \equiv v^\beta \xi_\beta = 0 \tag{16.49}$$

Sodann definieren wir eine invariante Koordinate z durch die Gleichung

$$z \equiv -\xi^2 = -\xi \cdot \xi = -x \cdot x + (v \cdot x)^2 \tag{16.50}$$

Im Ruhsystem K' gilt $\xi^0 = 0$, $\xi = \mathbf{x}$ und aus z wird $z = r^2$.

Die kovariante Verallgemeinerung der im Ruhsystem definierten Potentiale lautet:

$$A^\alpha = ev^\alpha f(z) \tag{16.51}$$

Um zu den Feldern zu gelangen, benötigen wir

$$\partial^\mu(z) = \partial^\mu(-\xi \cdot \xi) = -2\xi^\mu$$

Damit ergibt sich: $\partial^\alpha A^\beta = -2e\xi^\alpha v^\beta f'$, wobei $f' = df(z)/dz$ ist. (Am Rande sei bemerkt, dass sich bei Summation über $\alpha = \beta$ die Lorenz-Bedingung für die Potentiale ergibt, weil $\xi \cdot v = 0$ ist.) Der Feldstärketensor ist

$$F^{\alpha\beta} = -2e(\xi^\alpha v^\beta - \xi^\beta v^\alpha)f' \tag{16.52}$$

und aus den Maxwell'schen Gleichungen folgt die Stromdichte

$$J^\beta = \frac{c}{4\pi}\partial_\alpha F^{\alpha\beta} = -\frac{ec}{2\pi}[3f' + 2zf'']v^\beta \tag{16.53}$$

---

[7] Schwinger, J., *Found. Phys.* **13**, 373 (1983).

B. Der elektromagnetische und Poincaré'sche Spannungstensor; Willkür in der Definition

Der symmetrische Spannungs- bzw. Energie-Impuls-Tensor (12.113) in dem oben beschriebenen Modell ergibt sich zu

$$\Theta^{\alpha\beta} = \frac{e^2}{\pi}(f')^2[-\xi^\alpha\xi^\beta + zv^\alpha v^\beta - \frac{z}{2}g^{\alpha\beta}] \tag{16.54}$$

und seine Divergenz (16.36) ist

$$\partial_\alpha\Theta^{\alpha\beta} = -\frac{1}{c}F^{\beta\lambda}J_\lambda = -\frac{e^2}{\pi}\xi^\beta[f'(3f' + 2zf'')] \tag{16.55}$$

Die Lorentz'sche Kraftdichte (das Negative der rechten Seite von Gl. (16.55)) muss durch stabilisierende Poincaré'sche Spannungen ausgeglichen werden. Mit Bezug auf die Ableitungsbeziehung $\partial^\alpha G(z) = -2\xi^\alpha G'$ führte Schwinger eine Funktion $t(z)$ mit der Ableitung

$$t'(z) \equiv \frac{dt(z)}{dz} = -\frac{e^2}{2\pi}[3(f')^2 + 2zf'f''] \tag{16.56}$$

ein und definierte den Poincaré'schen Spannungstensor durch

$$P^{\alpha\beta} = g^{\alpha\beta}\,t(z) \tag{16.57}$$

mit der Divergenz $\partial_\alpha P^{\alpha\beta} = \partial_\alpha g^{\alpha\beta}\,t(z) = -2\xi^\beta t'$. Dies aber ist exakt das Negative der rechten Seite von Gl. (16.55)! Damit erhalten wir

$$\partial_\alpha(\Theta^{\alpha\beta} + P^{\alpha\beta}) = 0$$

Der Gesamt-Spannungstensor $S^{\alpha\beta} = \Theta^{\alpha\beta} + P^{\alpha\beta}$ ist also divergenzfrei, und die räumlichen Integrale von $S^{\alpha 0}$ transformieren sich wie die Komponenten eines Vierervektors. Das Modell ist kovariant und stabil.

Bevor wir in der Diskussion fortfahren, sei noch auf eine gewisse Willkür in der Definition der Poincaré'schen Spannungen bzw. Kräfte hingewiesen. Die Größe $P^{\alpha\beta}$ ist nämlich nur bis auf einen additiven, nicht-elektromagnetischen Spannungstensor definiert, dessen Divergenz verschwindet. Da $v \cdot \xi = 0$ ist, folgt $\partial_\alpha[v^\alpha v^\beta s(z)] = 0$. Dies bedeutet, dass man zu $P^{\alpha\beta}$ den Ausdruck $\Delta P^{\alpha\beta} = v^\alpha v^\beta s(z)$ mit beliebigem $s(z)$ addieren darf, ohne dass die Stabilität oder Kovarianz des Modells beeinträchtigt wird. Wir machen uns dies zunutze, indem wir Energie und Impuls des Teilchens um einen additiven Term verändern:

$$P^{\alpha\beta} \to \Pi^{\alpha\beta} = (g^{\alpha\beta} + hv^\alpha v^\beta)\,t(z) \tag{16.58}$$

wobei h eine Konstante ist. Weiter unten kommen wir darauf noch einmal zurück. Schwinger untersuchte die beiden Fälle $h = 0$ und $h = -1$. Für die Komponenten $S^{\alpha 0}$ des Spannungstensors ergibt sich jetzt explizit:

$$S^{00} = \Theta^{00} + (1 + h\gamma^2)\,t$$
$$S^{i0} = \Theta^{i0} + h\gamma^2\beta^i t$$

Damit ist gezeigt, dass, wenn $h = 0$ ist, in allen Bezugssystemen die Beziehungen $S^{00} = (\Theta^{00} + t)$ und $S^{i0} = \Theta^{i0}$ gelten. Für $h = -1$ ergibt sich $S^{00} = \Theta^{00}$ im Ruhsystem des Teilchens. Schwingers ursprüngliche Wahl für die Poincaré'schen Spannungen (16.57) ist in gewisser Weise die einfachste und natürlichste, die unmittelbar mit der elektromagnetischen Feldkonfiguration verbunden ist. Man beachte, dass die zu $v^\alpha v^\beta$ proportionalen Terme zwar zur Energie im Ruhsystem beitragen, aber nicht zu den stabilisierenden Kräften (den räumlichen Anteilen von $\Pi^{\alpha\beta}$). Poincaré behandelte eine kugelförmige Flächenladung mit einem willkürlichen Druck im Inneren der Kugel – dem Äquivalent zu dem oben eingeführten, beliebigen $s(z)$.

C. Die Poincaré'sche Funktion $t(z)$ und die Beiträge zur Masse

Ausgehend von der Differentialgleichung erster Ordnung (16.56) und der physikalischen Forderung, dass $t(z)$ im Unendlichen verschwinden sollte, führt eine partielle Integration zu

$$t(z) = \frac{e^2}{\pi}\int_z^\infty (f')^2\,dz' - \frac{e^2}{2\pi}z(f')^2 \tag{16.59}$$

Für spezielle Potentialfunktionen $f(z)$ lässt sich $t(z)$ durch Integration einfach bestimmen. Wir überlassen es dem Leser zu zeigen, dass sich für eine kugelförmige Flächenladung vom Radius a und für eine homogen geladene Kugel vom gleichen Radius folgendes Resultat ergibt:

$$t(z) = \frac{e^2}{8\pi a^4}\left\{\begin{matrix}\Theta(a^2 - z)\\ 3\Theta(a^2 - z)(1 - z/a^2)\end{matrix}\right\} \text{ für eine } \left\{\begin{matrix}\text{kugelförmige Flächenladung}\\ \text{homogen geladene Kugel}\end{matrix}\right\}$$

Die kugelförmige Flächenladung liefert eine beeindruckende Bestätigung für die stabilisierende Wirkung der Poincaré'schen Spannungen. Sie existieren nur innerhalb der Kugel. Da dort keine Felder vorhanden sind, besteht die elektromagnetische Spannung nur außerhalb der Kugel. Sie erzeugt im Ruhsystem bei $r = a^+$ eine nach außen gerichtete, destabilisierende Kraft pro Flächeneinheit vom Betrag $e^2/8\pi a^4$. Bei $r = a^-$ sorgt die Poincaré'sche Spannung für eine nach innen gerichtete Kraft, und im Endeffekt haben sich die Kräfte auf die Flächenladung gegenseitig auf. Ein allgemeines Kriterium für die Kräftefreiheit ergibt sich aus der Forderung nach Stetigkeit des mit dem Normalenvektor kontrahierten Gesamt-Spannungstensors.

Der elektromagnetische Beitrag zur Masse des Teilchens ergibt sich entweder direkt aus (16.48) oder aus dem Integral von Θ^{00} bzw. $J^0 A^0/2c$ im Ruhsystem. Im ersten Fall benötigen wir $E^{(0)2} = 4e^2 \cdot z(f')^2$ und erhalten dann:

$$m_e c^2 = e^2 \int_0^\infty z^{3/2}(f')^2\,dz \tag{16.60}$$

Der Beitrag der Poincaré'schen Spannungen zur Ruhemasse des Teilchens ist

$$m_p c^2 = (1+h)\int t(z)\,d^3x'$$

Die Integration über die Winkel, Substitution von (16.59) für $t(z)$ und eine partielle Integration ergibt:

$$m_p c^2 = \tfrac{1}{3}(1+h)m_e c^2 \tag{16.61}$$

Die Gesamtmasse ist daher

$$M = m_e + m_p = \tfrac{1}{3}(4 + h)m_e \tag{16.62}$$

Man beachte, dass sich für $h = 0$ die „dynamische" Masse $4m_e/3$ ergibt, während wir für $h = -1$ das Resultat $M = m_e$ erhalten, also den elektrostatischen Wert. Für $h \gg 1$ jedoch ist die Masse größtenteils nicht-elektromagnetischen Ursprungs. Weder der Faktor 4/3 noch der Faktor 1 sagen etwas aus über die Kovarianz des Energie-Impuls-Tensors des Teilchens. Diese Eigenschaft wird, wie wir sogleich zeigen werden, durch die Divergenzfreiheit von $S^{\alpha\beta}$ garantiert.

D. Beweis der Kovarianz des Teilchen-Energie-Impuls-Tensors

Wenn man die Raumintegrale von Θ^{00}, Θ^{i0} und Π^{00}, Π^{i0} zu einer festen Zeit x^0 im Laborsystem ausführt und deren Summen bildet, wird deutlich, wie elektromagnetische Poincaré'sche Spannungen zusammen die richtigen Lorentz-Transformationseigenschaften garantieren. Wir beginnen mit Θ^{00}:

$$\Theta^{00} = -\frac{e^2}{\pi}\left[-(\xi^0)^2 + \gamma^2 z - \frac{1}{2}z\right](f')^2$$

Da von Θ^{00} das Raumintegral zu einer gegebenen Zeit im System K gebildet werden muss, müssen auch $(\xi^0)^2$ und z explizit im System K vorliegen. Wir legen die dritte Koordinatenachse parallel zu $\boldsymbol{\beta}$ und erhalten aus der Definition (16.49) und aus der Beziehung $v \cdot \xi = 0$ dann $\xi^0 = \beta\xi^3$ und $\xi^3 = \gamma^2(x^3 - \beta x^0)$. Mit $(\xi^1)^2 + (\xi^2)^2 = (x^1)^2 + (x^2)^2 \equiv \rho^2$ ergibt sich schließlich:

$$z = \rho^2 + \gamma^2(x^3 - \beta x^0)^2$$

Wenn wir des weiteren die dritte Koordinate in K' durch $x_3' = \gamma(x^3 - \beta x^0)$ definieren, können wir für das Volumenelement d^3x schreiben: $d^3x = d^3x'/\gamma$. Alles zusammengenommen, liefert für den elektromagnetischen Anteil der Energie:

$$E_e = \frac{e^2}{\gamma\pi}\int d^3x'[f'(r'^2)]^2[(\gamma\beta\rho)^2 + \tfrac{1}{2}r'^2]$$

Bei Mittelung über die Winkel tritt an die Stelle der eckigen Klammer der Faktor $[(\frac{2}{3})\gamma^2\beta^2 + \frac{1}{2}]r'^2$. Mit der Definition von m_e durch Gl. (16.60) erhalten wir

$$E_e = \left(\frac{4}{3}\gamma - \frac{1}{3\gamma}\right)m_e c^2 \tag{16.63}$$

Die entsprechende Berechnung des Integrals von Θ^{30} ergibt für den elektromagnetischen Impuls:

$$cP_e = \int \Theta^{30}\, d^3x = \frac{4}{3}\gamma\beta m_e c^2 \tag{16.64}$$

Die elektromagnetischen Beiträge allein haben offensichtlich nicht die korrekten Transformationseigenschaften.

Die nicht-elektromagnetischen Beiträge zu Energie und Impuls sind

$$\begin{aligned} E_p &= \int \Pi^{00}\, d^3x = (1+h\gamma^2)\int t(z)\frac{d^3x'}{\gamma} = \frac{1}{3}\left(\frac{1}{\gamma}+\gamma h\right) m_e c^2 \\ cP_p &= \int \Pi^{30}\, d^3x = h\gamma^2\beta \int t(z)\frac{d^3x'}{\gamma} = \frac{1}{3} h\gamma\beta m_e c^2 \end{aligned} \tag{16.65}$$

Auch diese beiden Poincaré'schen Beiträge haben, für sich allein genommen, nicht die richtigen Transformationseigenschaften. Der Gesamt-Spannungstensor jedoch, d.h. die Summe der Einzelbeiträge, liefert die relativistisch korrekten Ausdrücke für Energie und Impuls:

$$E = \gamma M c^2, \quad cP = \gamma\beta M c^2 \quad \text{mit} \quad M = \tfrac{1}{3}(4+h)m_e \tag{16.66}$$

Die Ruhemasse ist also wieder die gleiche wie oben. Schwinger hatte, wie bereits erwähnt, $h = 0$ und $h = -1$ gewählt und damit gezeigt, dass entweder die „elektrostatische“ oder die „dynamische“ Masse als Masse des Teilchens anzusehen ist, wenn die Ladung durch Poincaré'sche Spannungen stabilisiert wird. Andere Werte von h sind möglich, und man kann, wie wir bereits feststellten, beliebige Beiträge zur Masse einführen, ohne die Kovarianz des Modells zu stören.

Wir haben zwar bewiesen, dass Energie und Impuls einen Vierervektor bilden, wenn wir Gesamtenergie und Impuls in konventioneller Weise durch Raumintegrale zu fester Zeit x^0 im Laborsystem K definieren. Es lohnt sich aber zu untersuchen, wie sich die Dinge ändern, wenn wir von den Definitionen in Abschnitt 16.5 ausgehen, die kovariante Ausdrücke für die Einzelbeiträge liefern. Nach (16.43), (16.54) und (16.58) lauten die entsprechenden Formeln:

$$cP_e^\alpha = \int \Theta^{\alpha\beta} v_\beta\, d^3\sigma = \frac{e^2}{2\pi} v^\alpha \int z(f')^2\, d^3\sigma \tag{16.67}$$

$$cP_p^\alpha = \int \Pi^{\alpha\beta} v_\beta\, d^3\sigma = (1+h)v^\alpha \int t(z)\, d^3\sigma \tag{16.68}$$

Da die Integranden und die Integrale Lorentz-Invarianten sind, können wir die Integration im Ruhsystem ausführen. Aus Gl. (16.60) und den sich anschließenden Folgerungen erkennt man, dass

$$cP_e^\alpha = (m_e c^2) v^\alpha \quad \text{und} \quad cP_p^\alpha = \tfrac{1}{3}(1+h)(m_e c^2) v^\alpha$$

bereits von der Konstruktion her jeweils Vierervektoren sind und dass ihre Summe (16.66) ergibt. Die Herleitung mithilfe der manifest kovarianten Viererimpulse (16.43) zeichnet sich durch Einfachheit und Eleganz aus. Die Ergebnisse sind natürlich in beiden Fällen die gleichen.

Im Poincaré-Schwinger'schen Modell für stabile geladene Teilchen geht es um die Lorentz-Transformationseigenschaften von Energie und Impuls, nicht aber um die Frage der Strahlungsrückwirkung. Dieses Problem wurde von Yaghjian[8] – im Zusammenhang mit den Poincaré-Spannungen und der Stabilität – für eine kugelförmige Ladungsfläche eingehend untersucht. Vgl. hierzu auch Rohrlich.[9]

---

8 Yaghjian, A. D., *Relativistic Dynamics of a Charged Sphere*, Lecture Notes in Physics 11, New York: Springer-Verlag 1992.

9 Rohrlich, F., *Am. J. Phys.* **65**, 1051–1057 (1997).

16.7 Linienbreite und Niveauverschiebung eines strahlenden Oszillators

Die Strahlungsrückwirkung ist von großer Bedeutung für das detaillierte Verhalten atomarer Systeme. Obwohl man für deren vollständige Untersuchung den hochentwickelten Formalismus der Quantenelektrodynamik heranziehen muss, werden ihre qualitativen Merkmale auch bei einer klassischen Behandlung sichtbar. Als typisches Beispiel betrachten wir ein geladenes Teilchen, das durch eine in x-Richtung wirkende Rückstellkraft mit der „Federkonstanten" $k = m\omega_0^2$ gebunden ist. Bei nichtvorhandener Strahlungsdämpfung schwingt das Teilchen bei konstanter Amplitude mit der Eigenfrequenz ω_0. Berücksichtigt man jedoch die strahlungsbedingten Rückwirkungseffekte, so nimmt die Schwingungsamplitude allmählich ab, da kinetische Energie in Strahlungsenergie verwandelt wird. Dies ist das klassische Analogon der spontanen Emission, bei der ein Atom durch Emission eines Photons von einem angeregten Zustand in einem energieärmeren Zustand übergeht.

Ist das geladene Teilchen um $x(t)$ aus seiner Gleichgewichtslage verschoben und wirkt auf dieses Teilchen die äußere Kraft $\mathbf{F}_{\text{ext}} = -m\omega_0^2 x$, so geht Gl. (16.10) über in

$$m\ddot{x} = -m\omega_0^2 x - m\omega_0^2 \tau \dot{x} \tag{16.69}$$

Wegen des zu erwartenden Abklingens der Amplitude machen wir für $x(t)$ den Ansatz

$$x(t) = x_0 e^{-\alpha t} \tag{16.70}$$

wobei α einen positiven Realteil haben sollte und der Imaginärteil nahe bei ω_0 liegen sollte, wenn die Strahlungsdämpfung gering ist. Dieser Ansatz führt zu der folgenden quadratischen Gleichung für α:

$$\alpha^2 - \tau\omega_0^2 \alpha + \omega_0^2 = 0$$

mit den Wurzeln

$$\alpha = \tfrac{1}{2}\omega_0^2\tau \pm i\omega_0 \sqrt{1-(\omega_0\tau/2)^2} \approx \tfrac{1}{2}\omega_0^2\tau \pm i(\omega_0 - \tfrac{1}{8}\omega_0^3\tau^2)$$

wobei der letzte Ausdruck durch Entwicklung der zweiten Wurzel bis zur Ordnung τ^2 entstanden ist. Den Realteil von α bezeichnen wir mit $\Gamma/2$, wobei Γ *Zerfallskonstante* genannt wird, während die Abweichung $\Delta\omega$ von ω_0 im Imaginärteil die sog. *Niveauverschiebung* ist[10]:

$$\Gamma = \omega_0^2\tau, \quad \Delta\omega \approx -\tfrac{1}{8}\omega_0^3\tau^2 \tag{16.71 a}$$

Der aufmerksame Leser wird sich fragen, mit welcher Berechtigung wir Ausdrücke der Ordnung τ^2 in einer Gleichung beibehalten, die doch eigentlich nur eine Nähe-

---

[10] Die Zerfallskonstante Γ kann man unter verschiedenen Gesichtswinkeln betrachten. Einerseits führt nämlich die Larmor'sche Formel (16.6) in Verbindung mit der Energieerhaltung unmittelbar zu einer Beziehung zwischen der mittleren Strahlungsleistung $\check{P}(t)$ und der Gesamtenergie des Oszillators, $E(t)$. Andererseits kann man fragen, welche Werte der Anfangsenergie und der Amplitude x_0 des Oszillators zu $\Gamma = \check{P}/\hbar\omega_0$ führen, also zur Abstrahlung eines Photons der Energie $\hbar\omega_0$. Die Ergebnisse lassen sich dann vergleichen mit denen eines quantenmechanischen Oszillators im n-ten Quantenzustand.

rung für kleine τ darstellt (vgl. Übg. 16.10(b)). Tatsächlich erhält man eine in α kubische Gleichung, wenn man anstelle von (16.10) die Abraham-Lorentz'sche Gleichung (16.9) benutzt. Sie liefert bis zur Ordnung τ^2 das gleiche Γ, aber eine andere Niveauverschiebung, nämlich

$$[\Delta\omega]_{A\text{-}L} \approx -\tfrac{5}{8}\omega_0^3\tau^2 \qquad (16.71\,\mathrm{b})$$

Die wichtige Einsicht ist die, dass die klassische Niveauverschiebung $\Delta\omega$ von einer um 1 höheren Ordnung in $\omega_0\tau$ ist als die Zerfallskonstante Γ.

Die Energie des Oszillators fällt wegen der Strahlungsdämpfung exponentiell wie $e^{-\Gamma t}$ ab. Dies bedeutet, dass die emittierte Strahlung als Wellenzug mit einer effektiven Breite in der Größenordnung von c/Γ erscheint. Ein derart endlich breiter Strahlungspuls ist nicht exakt monochromatisch, sondern besitzt ein Frequenzspektrum, das ein Intervall in der Größenordnung von Γ überdeckt. Die genaue Form des Frequenzspektrums wird bestimmt durch das Quadrat der Fourier-Transformierten des elektrischen Feldes bzw. der damit verbundenen Beschleunigung. Bei Vernachlässigung des Einschwingvorgangs (der Dauer τ) ist daher die Amplitude des Spektrums proportional zu

$$E(\omega) \propto \int_0^\infty e^{-\alpha t} e^{i\omega t}\, dt = \frac{1}{\alpha - i\omega}$$

Die auf ein infinitesimales Frequenzintervall entfallende Strahlungsenergie ist somit:

$$\frac{dI(\omega)}{d\omega} = I_0 \frac{\Gamma}{2\pi} \frac{1}{(\omega - \omega_0 - \Delta\omega)^2 + (\Gamma/2)^2} \qquad (16.72)$$

wobei I_0 die insgesamt abgestrahlte Energie bedeutet. Die Spektralverteilung (16.72) hat die Form einer *Resonanzkurve*. Die Breite dieser Verteilung auf halber Höhe der Maximalintensität heißt *natürliche Linienbreite* oder *Halbwertsbreite* und ist gleich Γ. Eine solche Spektralverteilung zeigt Abb. 16.1. Infolge der Strahlungsdämpfung ist die Spektrallinie bezüglich der Frequenz nicht nur *verbreitert*, sondern auch *verschoben*.

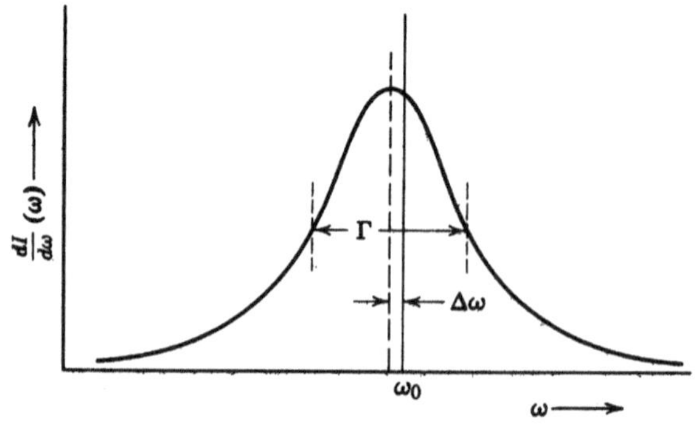

Abb. 16.1 Verbreiterung und Verschiebung einer Spektrallinie durch Strahlungsdämpfung. Die Resonanzkurve hat die Breite Γ und ist gegenüber ω_0 um $\Delta\omega$ verschoben.

Die durch die Wellenlänge ausgedrückte natürliche Linienbreite eines oszillierenden Elektrons ist eine universelle Konstante und hat den Wert

$$\Delta\lambda = 2\pi \frac{c}{\omega_0^2} \Gamma = 2\pi c \tau = 1{,}2 \times 10^{-4}\,\text{Å}$$

In der Quantenmechanik variieren die natürlichen Linienbreiten. Um eine Beziehung zu ihrem klassischen Wert herzustellen, schreibt man die quantenmechanischen Linienbreiten manchmal in der Form

$$\Gamma_q = f_{ij} \Gamma$$

wobei die Größen f_{ij} die sog. *Oszillatorstärken* für den Übergang $(i \to j)$ darstellen. Sie variieren beträchtlich; manchmal, für starke Einelektronenübergänge, sind sie nahezu gleich Eins und manchmal sehr viel kleiner. Für optische Übergänge gilt $\lambda \sim 4 - 8 \times 10^3$ Å und damit $\Delta\lambda/\lambda \lesssim 3{,}5 - 1{,}5 \times 10^{-8}$ und $\omega_0 \tau = O(10^{-8})$.

Die klassische Niveauverschiebung $\Delta\omega$ ist um einen Faktor $\omega_0 \tau \ll 1$ kleiner als die Linienbreite Γ. Die Quantenmechanik liefert – in Übereinstimmung mit dem Experiment – ein anderes Ergebnis. Der Grund hierfür ist der, dass es in der Quantenmechanik einen anderen Mechanismus für die Niveauverschiebung gibt, obwohl das elektromagnetische Feld weiterhin die entscheidende Rolle spielt. Selbst bei Abwesenheit von Photonen liefert das quantisierte Strahlungsfeld nichtverschwindende Erwartungswerte für die *quadratischen* elektromagnetischen Feldstärken (Vakuumfluktuationen). Diese fluktuierenden Felder (zusammen mit den Vakuumfluktuationen des Elektron-Positron-Feldes) wirken auf das geladene Teilchen und rufen dadurch eine Energieverschiebung hervor. Die quantenmechanische Energieverschiebung für einen Oszillator liegt in der Größenordnung von

$$\frac{\Delta\omega_q}{\omega_0} \sim \omega_0 \tau \log\left(\frac{mc^2}{\hbar\omega_0}\right)$$

während die klassische, durch Strahlungsemission hervorgerufene Verschiebung die Größenordnung von

$$\frac{|\Delta\omega_c|}{\omega_0} \sim (\omega_0 \tau)^2$$

besitzt. Die quantenmechanische Niveauverschiebung ist also vergleichbar mit der Linienbreite oder größer als diese. Die strahlungsbedingte kleine Verschiebung der Energieniveaus von Atomen wurde das erste Mal von Lamb[11] im Jahre 1947 beobachtet und wird ihm zu Ehren *Lamb'sche Verschiebung* (oder auch kurz *Lamb-Shift*) genannt.

---

[11] Lamb, W. E. und R. C. Retherford, *Phys. Rev.* **72**, 241 (1947).

16.8 Streuung und Absorption von Strahlung durch einen Oszillator

Die Streuung von Strahlung an freien geladenen Teilchen diskutierten wir in Abschnitt 14.8. Wir wollen nunmehr die Streuung und Absorption durch gebundene Ladungen untersuchen – insbesondere die Streuung von Strahlung der Frequenz ω durch ein einzelnes nichtrelativistisches Teilchen der Masse m und der Ladung e, das durch eine kugelsymmetrische lineare rücktreibende Kraft $m\omega_0^2\mathbf{x}$ gebunden ist. Die Gesamtkraft, die auf das Teilchen wirkt, ist (wenn wir, wegen der Annahme nichtrelativistischer Bewegung, den Beitrag des magnetischen Feldes vernachlässigen) gegeben durch

$$\mathbf{F} = -m\omega_0^2\mathbf{x} + e\boldsymbol{\epsilon}E_0 e^{i\mathbf{k}\cdot\mathbf{x}-i\omega t}$$

wobei E_0 den Betrag und $\boldsymbol{\epsilon}$ den Polarisationsvektor des einfallenden elektrischen Feldes bezeichnen. Weiteren dissipativen Prozessen, die quantenmechanisch anderen Zerfallsarten als der Rückemission von Photonen entsprechen, tragen wir durch einen Dämpfungsterm $m\Gamma'\mathbf{v}$ in der Bewegungsgleichung Rechnung. Mit diesem Zusatz führt Gl. (16.10) in elektrischer Dipolnäherung zu der Bewegungsgleichung

$$\ddot{\mathbf{x}} + (\Gamma + \Gamma')\dot{\mathbf{x}} + \omega_0^2\mathbf{x} = \frac{eE_0}{m}\boldsymbol{\epsilon}(1 - i\omega\tau)e^{-i\omega t} \tag{16.73}$$

Dabei haben wir den $(\mathbf{v}\cdot\boldsymbol{\nabla})$-Beitrag des einfallenden Feldes vernachlässigt, weil er zu Korrekturen der Größenordnung von v/c führt. Die stationäre Lösung lautet

$$\mathbf{x} = \frac{eE_0}{m}\boldsymbol{\epsilon}\frac{(1 - i\omega\tau)e^{-i\omega t}}{\omega_0^2 - \omega^2 - i\omega\Gamma_t} \tag{16.74}$$

wobei $\Gamma_t = \Gamma + \Gamma'$ die *Gesamtbreite* der Resonanz ist.

Aufgrund der beschleunigten Bewegung entstehen Strahlungsfelder, die durch (14.18) gegeben sind:

$$\mathbf{E}_{\text{str}} = \frac{e}{c^2}\frac{1}{r}[\mathbf{n}\times(\mathbf{n}\times\ddot{\mathbf{x}})]_{\text{ret}}$$

Die Amplitude der gestreuten Strahlung mit der Polarisation $\boldsymbol{\epsilon}'$ ist

$$f = \frac{r}{E_0}(e^{ikr-i\omega t}\boldsymbol{\epsilon}')^*\cdot\mathbf{E}_{\text{str}}$$

oder

$$f = \frac{e^2}{mc^2}\frac{\omega^2(1 - i\omega\tau)}{\omega_0^2 - \omega^2 - i\omega\Gamma_t}\boldsymbol{\epsilon}'^*\cdot\boldsymbol{\epsilon} \tag{16.75}$$

Der zugehörige differentielle Wirkungsquerschnitt für die Streuung ist das Betragsquadrat von f:

$$\frac{d\sigma}{d\Omega} = \left(\frac{e^2}{mc^2}\right)^2\left[\frac{\omega^4}{(\omega_0^2 - \omega^2)^2 + \omega^2\Gamma_t^2}\right]|\boldsymbol{\epsilon}'^*\cdot\boldsymbol{\epsilon}|^2 \tag{16.76}$$

Dabei blieb der Faktor $(1+\omega^2\tau^2) \approx 1$ im Zähler unberücksichtigt, weil der Wirkungsquerschnitt bereits proportional zu $(c\tau)^2$ ist. Der totale Wirkungsquerschnitt lässt sich in der Form

$$\sigma_{\text{streu}} = 6\pi\lambda\!\!\!^{-}{}_0^2 \left[\frac{\omega^4\Gamma^2/\omega_0^2}{(\omega_0^2-\omega^2)^2+\omega^2\Gamma_t^2}\right] \tag{16.77}$$

schreiben, wobei $\lambda\!\!\!^{-} = c/\omega_0$ die durch 2π dividierte Wellenlänge der Resonanz ist und $\Gamma = \omega_0^2\tau$ die zu der Strahlung gehörende Resonanzbreite.

Der Wirkungsquerschnitt zeigt eine Resonanz bei $\omega = \omega_0$ mit dem Maximalwert $\sigma_{\text{streu}}^{\max} = 6\pi\lambda\!\!\!^{-}{}_0^2(\Gamma/\Gamma_t)^2$. Bei sehr niedrigen Frequenzen verläuft er proportional zu ω^4, d.h. wir beobachten die Rayleigh-Streuung, die in Kapitel 10 diskutiert wurde. Bei sehr hohen Frequenzen $(\omega \gg \omega_0)$ nähert sich der Streuquerschnitt dem Thomson'schen Wert für ein freies Teilchen. Abbildung 16.2 zeigt den Verlauf im gesamten klassischen Frequenzbereich.

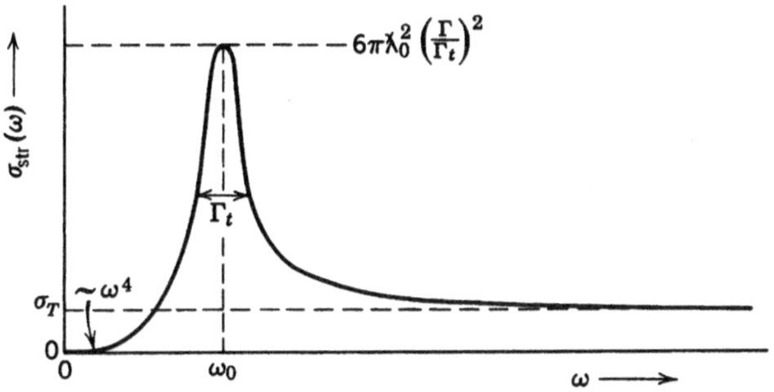

Abb. 16.2 Totaler Streuquerschnitt für die Streuung von Strahlung an einem Oszillator als Funktion der Frequenz. σ_T bezeichnet den Thomson'schen Streuquerschnitt für die Streuung an einem freien Teilchen.

Die scharfe Resonanzstreuung bei $\omega = \omega_0$ bezeichnet man als *Resonanzfluoreszenz*. Quantenmechanisch entspricht dies der Absorption durch ein Atom, ein Molekül oder einen Kern beim Übergang vom Grundzustand in einen angeregten Zustand, dem unter Rückemission der Strahlung in andere Richtungen der Übergang zurück in den Grundzustand folgt. Der Faktor $6\pi\lambda\!\!\!^{-}{}_0^2$ im Maximum des Streuquerschnitts wird in der Quantenmechanik durch einen statistischen Faktor ersetzt:

$$6\pi\lambda\!\!\!^{-}{}_0^2 \to 4\pi\lambda\!\!\!^{-}{}_0^2\,\frac{2J_{ex}+1}{2(2J_g+1)}$$

Dabei bedeuten J_g und J_{ex} die Drehimpulse des Grundzustandes und des angeregten („excited") Zustandes, während $4\pi\lambda\!\!\!^{-}{}_0^2$ die maximal erlaubte Streuung für einen einzelnen Quantenzustand beschreibt. Die verbleibenden Faktoren rühren von der Summation über alle magnetischen Endzustände und der Mitteilung über die Anfangszustände her; der Faktor 2 im Nenner stellt das statistische Gewicht der Anfangspolarisationen dar. Das klassische Ergebnis entspricht $J_g = 0$ und $J_{ex} = 1$.

Den totalen Wirkungsquerschnitt für Streuung und Absorption erhalten wir mithilfe des optischen Theorems (10.139) aus der Streuamplitude (16.75), einschließlich des in (16.76) nicht berücksichtigten Faktors $(1 - i\omega\tau)$. Es ergibt sich:

$$\sigma_t = \frac{4\pi}{k}\,\mathrm{Im}[f(\boldsymbol{\epsilon}' = \boldsymbol{\epsilon}, \mathbf{k}' = \mathbf{k})] = 6\pi\lambda\!\!\!^{-}{}_0^2 \left[\frac{\omega^2\Gamma(\Gamma' + \omega^2\Gamma/\omega_0^2)}{(\omega_0^2 - \omega^2)^2 + \omega^2\Gamma_t^2}\right] \tag{16.78}$$

Die Struktur der Zähler, die die Ausdrücke (16.77) und (16.78) für die totalen Wirkungsquerschnitte aufweisen, lässt sich sehr einfach interpretieren. In (16.78) entspricht der eine Faktor Γ der absorbierten einfallenden Strahlung. Er wird multipliziert mit der Summe der Breiten aller möglichen Endzustände – für elastische Streuung und absorptive Prozesse –, weil es sich um den totalen Wirkungsquerschnitt handelt. Im elastischen Streuquerschnitt erscheinen zwei Γ-Faktoren, einer für den Anfangs- und einer für den Endzustand. Man beachte, dass sich sowohl der elastische Streuquerschnitt als auch der totale Wirkungsquerschnitt bei hohen Energien dem Thomson'schen Wert nähern, während der inelastische oder Absorptionsquerschnitt nur die Resonanzform zeigt und bei hohen Energien wie $1/\omega^2$ verschwindet, sofern Γ' energieunabhängig ist.

Ähnlich wie in Abschnitt 7.5, als wir die atomaren Beiträge zur Polarisation und Dielektrizitätskonstanten diskutierten, können wir auch hier das Ein-Oszillator-Modell zu einem etwas realistischeren ergänzen, indem wir mehrere Oszillatoren in Betracht ziehen, jeden mit seiner Resonanzfrequenz ω_j, seiner Strahlungsbreite $\Gamma_j = f_j\omega_j^2\tau$ und seiner Absorptionsbreite Γ_j'. Dann hat zum Beispiel der totale Wirkungsquerschnitt die Form

$$\sigma_{\text{total}} = 6\pi\sum_j \lambda\!\!\!^{-}{}_j^2 \left[\frac{\omega^2\Gamma_j(\Gamma_j' + \omega^2\Gamma_j^2/\omega_0^2)}{(\omega_j^2 - \omega^2)^2 + \omega^2\Gamma_{j,t}^2}\right]$$

Mit den entsprechenden Definitionen für f_j, Γ_j und ω_j erhält man nahezu die exakte quantenmechanische Formel. Es fehlen nur die Interferenzbeiträge von überlappenden Resonanzen. Die quantenmechanische Streuamplitude ist die kohärente Superposition der Beiträge aller Zwischenzustände, die nach den Auswahlregeln erlaubt sind. Im Allgemeinen sind die Zustände relativ scharf und ihre Abstände groß gegenüber den Breiten. Dann kann man die Interferenzbeiträge vernachlässigen. In besonderen Fällen jedoch muss man sie berücksichtigen.

Literaturhinweise

Die Versuche, klassische Modelle für geladene Teilchen zu entwickeln, und damit zusammenhängende Fragen werden in ihrem geschichtlichen Zusammenhang in ebenso interessanter wie ausführlicher Weise bei
- Whittaker

behandelt.

Die Ideen von Abraham, Lorentz, Poincaré u. a. werden diskutiert bei
- *Becker u. Sauter, Bd. I, § 65 und 91
- *Born, § 86
- Lorentz, Abschn. 26–37, 179–184 sowie Anmerkung 18.

Eine klare, wenn auch kurze Behandlung der Selbstenergie und Strahlungsrückwirkung findet man bei
- Becker u. Sauter, Bd. I, § 65 und Bd. II, § 4 und 5
- Landau und Lifschitz, *Klassische Feldtheorie*, § 75
- Panofsky und Phillips, Kap. 20 und 21
- Sommerfeld, *Elektrodynamik*, Abschn. 36.

Ein relativistisches Modell eines klassischen, punktförmigen Elektrons wurde das erste entwickelt von
- Dirac, P. A. M.: *Proc. Roy Soc.* **A 167**, 148 (1938).

Die Lorentz-Dirac-Theorie wird behandelt in den Büchern von
- Barut
- Rohrlich.

In diesen Büchern werden auch andere Aspekte der relativistischen, klassischen Feldtheorie ausführlich dargelegt.

Die „klassische Elektronentheorie aus moderner Sicht" wird kurz und bündig in einem Artikel von
- Coleman, S.: *Electromagnetism: Paths to Research.* Hrsg. von D. M. Teplitz, New York: Plenum Press 1982, S. 183–210.

Eine gute Übersicht über alle Aspekte klassischer Elektronenmodelle findet man bei
- Pearle, P.: *Electromagnetism: Paths to Research.* Hrsg. von D. M. Teplitz. New York: Plenum Press 1982, S. 211–295.

Die Strahlungsrückwirkung für eine kugelförmige Ladungsfläche wird am ausführlichsten und in allen Einzelheiten dargestellt in einem Artikel von
- Yaghjian (*op. cit.*).

Übungen

16.1 Ein nichtrelativistisches Teilchen der Ladung e und der Masse m sei durch eine lineare, isotrope Rückstellkraft mit der „Federkonstanten" $m\omega_0^2$ gebunden.
Unter Verwendung von Gl. (16.13) und (16.16) zeige man, dass sowohl die Energie als auch der Drehimpuls dieses Teilchens exponentiell wie $e^{-\Gamma t}$ abnehmen, wobei $\Gamma = \omega_0^2 \tau$ ist. Quantenmechanisch zerfällt die mittlere Anregungsenergie eines Oszillators in genau derselben Weise, weil die Gesamtwahrscheinlichkeit für Strahlungsübergänge eines Zustandes mit den Quantenzahlen n_0, l_0 gegeben ist durch $\Gamma(n_0, l_0) = n_0 \Gamma$. Dagegen nähert sich der Drehimpulszerfall nur für $l_0 \gg 1$ der klassischen Gesetzmäßigkeit.

16.2 Ein nichtrelativistisches Elektron der Ladung $-e$ und der Masse m, das an ein anziehendes Coulomb-Potential $-Ze^2/r$ gebunden ist, bewegt sich bei nichtvorhandener Strahlungsdämpfung auf einer Kreisbahn.

(a) Man zeige, dass die für die Energie bzw. den Drehimpuls gefundenen Gleichungen (16.13) und (16.16) auf folgenden langsam veränderlichen Bahnradius führen:

$$r^3(t) = r_0^3 - 9Z(c\tau)^3 \frac{t}{\tau}$$

wenn r_0 den Wert von $r(t)$ zur Zeit $t = 0$ bezeichnet.

(b) Für die Kreisbahnen in einem Bohr'schen Atom sind die Bahnradien und die Hauptquantenzahlen n durch $r = n^2 a_0/Z$ miteinander verknüpft. Ist die Wahrscheinlichkeit für Übergänge der Art $n \to (n-1)$ durch $-dn/dt$ definiert, so zeige man, dass das in (a) gefundene Ergebnis mit dem aus Übg. 14.21 übereinstimmt.

(c) Aus (a) berechne man den numerischen Wert für die Zeiten, innerhalb derer ein Müon der Masse $m = 207\,m_e$ von seiner Kreisbahn mit der Hauptquantenzahl $n_1 = 10$ auf eine andere mit $n_2 = 4$ bzw. $n_2 = 1$ herabfällt. Die entsprechenden Werte liefern auch vernünftige Abschätzungen für die Zeit, innerhalb derer das Müon nach Einfang durch ein isoliertes Atom auf seine tiefste Bahn herabfällt.

16.3 Ein Elektron, das sich in einem anziehenden Coulomb-Feld $(-Ze^2/r)$ mit der Bindungsenergie ϵ und dem Drehimpuls L bewegt, beschreibt die Ellipse

$$\frac{1}{r} = \frac{Ze^2m}{L^2}\left[1 + \sqrt{1 - \frac{2\epsilon L^2}{Z^2e^4m}}\cos(\theta - \theta_0)\right]$$

Die Exzentrizität ξ dieser Ellipse ist gleich dem Wurzelausdruck vor der cos-Funktion.

(a) Durch geeignete zeitliche Mittelung über die Bahn zeige man, dass die Änderung von Energie und Drehimpuls pro Umlauf durch

$$\frac{d\epsilon}{dt} = \frac{2^{3/2}}{3}\frac{Z^3e^8m^{1/2}}{c^3}\frac{\epsilon^{3/2}}{L^5}\left(3 - \frac{2\epsilon L^2}{Z^2e^4m}\right)$$

$$\frac{dL}{dt} = -\frac{2^{5/2}}{3}\frac{Ze^4}{m^{1/2}c^3}\frac{\epsilon^{3/2}}{L^2}$$

gegeben ist.

(b) Sind ϵ_0 und L_0 die Anfangswerte von ϵ bzw. L, so zeige man, dass

$$\epsilon(L) = \frac{Z^2e^4m}{2L^2}\left[1 - \left(\frac{L}{L_0}\right)^3\right] + \frac{\epsilon_0}{L_0}L$$

Man berechne die Exzentrizität der Ellipse und zeige, dass sie von ihrem Anfangswert gemäß $(L/L_0)^{3/2}$ abnimmt und somit die Ellipsenbahn mit der Zeit immer kreisförmiger wird.

(c) Man vergleiche die hier gefundenen Ergebnisse mit dem Spezialfall der in Übg. 16.2 betrachteten Kreisbahn.

Hinweis: Bei der zeitlichen Mittelung verwende man das 2. Kepler'sche Gesetz von der Konstanz der Flächengeschwindigkeit ($dt = mr^2\,d\theta/L$), um die Zeitintegrale in Winkelintegrale zu verwandeln.

16.4 Im klassischen Modell des Elektrons geht man von der Oberfläche einer Kugel mit dem Radius a aus, die die Gesamtladung e trägt.

(a) Unter Verwendung der Gl. (16.30) für die „effektive Masse" $M(\omega)$ und des über alle Winkel gemittelten Wertes von $e^{i\omega R/c}/R$ zeige man, dass

$$M(\omega) = m + \frac{2}{3}\frac{e^2}{ac^2}\cdot\left(\frac{e^{i\xi} - 1 - i\xi}{i\xi}\right)$$

wobei $\xi = 2\omega a/c$ ist, während $m = m_0 + 2e^2/3ac^2$ die physikalische Masse des Elektrons bezeichnet.

(b) Man entwickle $M(\omega)$ nach Potenzen der Frequenz bzw. der Größe ξ und zeige, dass $M(\omega)$, in niedrigster, nichttrivialer Ordnung, in der oberen ω-Halbebene eine Nullstelle bei $\omega\tau = i$ hat, wobei $\tau = 2e^2/3mc^3$ ist. Welche physikalische Bedeutung hat eine solche Nullstelle?

(c) Ausgehend von dem exakten Ergebnis aus Teil (a) zeige man, dass die Nullstellen von $\omega M(\omega)$ – wenn es sie überhaupt gibt – durch die beiden Größen bestimmt werden, die proportional zum Real- bzw. Imaginärteil von $i\omega M(\omega)$ sind, d. h. durch die Gleichungen

$$\begin{aligned} e^{-y}\cos x - 1 + y(1 - a/c\tau) &= 0 \\ e^{-y}\sin x - x(1 - a/c\tau) &= 0 \end{aligned}$$

wobei $x = \operatorname{Re}\xi$ und $y = \operatorname{Im}\xi$ ist. Man gebe die Bedingung für den Radius a an, unter der $\omega M(\omega)$ keine Nullstellen in der oberen ω-Halbebene aufweist, und drücke diese Bedingung auch durch die mechanische Masse m_0 aus, und zwar bei fester physikalischer Masse. Was lässt sich zu möglichen Nullstellen und/oder Singularitäten in der unteren ω-Halbebene sagen?

16.5 Das in Übg. 16.4 betrachtete Teilchen befinde sich anfänglich in Ruhe, und zwar in einem homogenen, aber zeitlich veränderlichen elektrischen Feld $E(t) = E_0\Theta(t)$.

(a) Man zeige, dass die Geschwindigkeit des Teilchens in Feldrichtung durch das Integral

$$v(t) = -\frac{eE_0 a}{\pi c}\int_{-\infty}^{\infty} d\xi \,\frac{e^{-iT\xi}}{\xi^2 M(\xi)}$$

gegeben ist, wobei $T = ct/2a$ ist.

(b) Unter Bezugnahme auf die in Teil (c) von Übg. 16.4 festgestellten analytischen Eigenschaften von $M(\xi)$ zeige man, dass $v(t) = 0$ ist für $t \leq 0$ (keine Vorausbeschleunigung).

16.6 Ein Teilchen der „nackten" Masse m_0 und der Ladung e werde beschrieben durch die Ladungsdichte $\rho(\mathbf{x}) = e e^{-r/a}/4\pi a^2 r$.

(a) Man zeige, dass sich der Ladungsformfaktor zu $f(\mathbf{k}) = (1 + k^2 a^2)^{-1}$ berechnet.

(b) Ferner zeige man, dass sich für die Masse (16.33) folgendes Resultat ergibt:

$$m = m_0 + \frac{mc\tau}{2a}$$

(c) Man weise nach, dass die Nullstellen von $M(\omega)$, Gl. (16.34), in der komplexen ω-Ebene gegeben sind durch

$$\omega\tau = -i(c\tau/a)[1 \pm (1 - 2a/c\tau)^{-1/2}]$$

(d) Man untersuche die Trajektorien der Wurzeln in der komplexen ω-Ebene für $m_0 > 0$ und $m_0 < 0$ und bestimme die Form der Wurzeln für die Grenzfälle $a/c\tau \ll 1$ und $a/c\tau \gg 1$. Das Ergebnis diskutiere man.

16.7 In der 1938 von Dirac entwickelten Theorie eines klassischen, punktförmigen Elektrons lautet die Bewegungsgleichung

$$\frac{dp_\mu}{d\tau} = F_\mu^{\text{ext}} + F_\mu^{\text{str}}$$

Dabei ist p_μ der Viererimpuls des Teilchens, τ seine Eigenzeit und F_μ^{str} die kovariante Verallgemeinerung der strahlungsbedingten Rückwirkungskraft (16.8).
Aus der Forderung, dass jede Kraft der Gleichung $F_\mu p^\mu = 0$ genügen muss, leite man her, dass

$$F_\mu^{\text{str}} = \frac{2e^2}{3mc^3}\left[\frac{d^2 p_\mu}{d\tau^2} + \frac{p_\mu}{m^2c^2}\left(\frac{dp_\nu}{d\tau}\frac{dp^\nu}{d\tau}\right)\right]$$

sein muss.

16.8 **(a)** Man zeige, dass die Bewegungsgleichung aus Übg. 16.7 bei relativistischen Bewegungen in einer Dimension in der Form

$$\dot{p} - \frac{2e^2}{3mc^3}\left(\ddot{p} - \frac{p\dot{p}^2}{p^2 + m^2c^2}\right) = \sqrt{1 + \frac{p^2}{m^2c^2}}\,f(\tau)$$

geschrieben werden kann. Dabei ist p der Impuls in Bewegungsrichtung und $f(\tau)$ die Newton'sche Kraft als Funktion der Eigenzeit, während ein Punkt jeweils die Ableitung nach der Eigenzeit bezeichnet.

(b) Man zeige, dass sich die relativistische Gleichung mit der Substitution $p = mc \sinh y$ auf die Abraham-Lorentz-Gleichung (16.9) in y und τ reduziert. Ferner gebe man die allgemeine Lösung für $p(\tau)$ an, wenn

$$p(\tau) = p_0 \quad \text{zur Zeit} \quad \tau = 0$$

ist.

16.9 **(a)** Man zeige, dass sich die Kraft der Strahlungsrückwirkung in der Lorentz-Dirac'schen Gleichung aus Übg. 16.7 auch in der Form

$$F_\mu^{\text{str}} = \frac{2e^2}{3mc^3}\left[\left(g_{\mu\nu} - \frac{p_\mu p_\nu}{m^2c^2}\right)\frac{d^2p^\nu}{d\tau^2}\right]$$

ausdrücken lässt.

(b) Die relativistische Verallgemeinerung von Gl. (16.10) ergibt sich, wenn man in dem Ausdruck für F_μ^{str} die Größe $d^2p^\nu/d\tau^2$ durch $g^{\nu\mu}dF_\lambda^{\text{ext}}/d\tau$ ersetzt. Man zeige, dass der räumliche Anteil der verallgemeinerten Gleichung durch

$$\frac{d\mathbf{p}}{dt} = \mathbf{F} + \tau\left[\gamma\frac{d\mathbf{F}}{dt} - \frac{\gamma^3}{c^2}\frac{d\mathbf{v}}{dt} \times (\mathbf{v} \times \mathbf{F})\right]$$

gegeben ist, wobei $\mathbf{F}$ den räumlichen Anteil von $\mathbf{F}_{\text{ext}}^\mu/\gamma$ bezeichnet. Für ein geladenes Teilchen in einem äußeren elektromagnetischen Feld ist $\mathbf{F}$ nichts anderes als die Lorentz-Kraft.

Literatur: Ford, G.W. und R.F. O'Connell, *Phys. Lett. A* **174**, 182 (1993).

16.10 Die Abraham-Lorentz'sche Bewegungsgleichung (16.9) lässt sich durch eine Integro-Differentialgleichung ersetzen, wenn man die äußere Kraft als Funktion der Zeit betrachtet.

(a) Man zeige, dass ein erstes Integral von Gl. (16.9), das keine Lösungen zulässt, die mit der Zeit exponentiell anwachsen, folgendermaßen lautet:

$$m\dot{\mathbf{v}}(t) = \int_0^\infty e^{-s}\mathbf{F}(t + \tau s)\,ds$$

(b) Man zeige, dass die Taylor-Entwicklung der Kraft nach Potenzen der Größe τ (die natürlich als klein vorauszusetzen ist) zu folgender Gleichung führt:

$$m\dot{\mathbf{v}}(t) = \sum_{n=0}^{\infty} \tau^n \frac{d^n\mathbf{F}(t)}{dt^n}$$

Die Näherungsgleichung (16.10) enthält die ersten beiden Terme der unendlichen Reihe.

(c) Für eine eindimensionale Kraft in Form einer Stufenfunktion, also für $F(t) = F_0\Theta(t)$, löse man die für die Beschleunigung bzw. Geschwindigkeit geltende Integro-Differentialgleichung aus Teil (a) für $t < 0$ und $t > 0$, wenn sich das Teilchen für $t = -\infty$ in Ruhe befindet. Man stelle ma/F_0 und $mv/F_0\tau$ als Funktion von t/τ dar und vergleiche das Ergebnis mit der Lösung, die man aus Gl. (16.10) gewinnt.

16.11 Ein nichtrelativistisches Teilchen der Ladung e und der Masse m werde durch ein konstantes elektrisches Feld über einen Spalt der Breite d hinweg beschleunigt. Mathematisch idealisiert bedeutet dies, dass das Teilchen, während seine Koordinaten im Intervall $(0, d)$ liegen, der äußeren Kraft $m\alpha$ unterworfen ist. Ohne Strahlungsdämpfung wird das Teilchen, wenn es die Anfangsgeschwindigkeit v_0 hat, über eine Zeit $T = (-v_0/\alpha) + \sqrt{(v_0^2/\alpha^2) + (2d/\alpha)}$ gleichförmig beschleunigt und hat bei $x = d$ schließlich die Geschwindigkeit $v_1 = \sqrt{v_0^2 + 2\alpha d}$. Die Strahlungsdämpfung ändert die Bewegung des Teilchens so, dass es eine Zeit T' benötigt, um den Spalt zu durchqueren, und danach die Geschwindigkeit v_1' hat.

(a) Man löse die Integrodifferentialgleichung der Bewegung unter Berücksichtigung der Dämpfung und unter der Annahme, dass T und T' groß gegenüber τ sind. Für die Bewegung mit und ohne Dämpfung stelle man die Geschwindigkeit in Abhängigkeit von der Zeit graphisch dar.

(b) Man zeige, dass in niedrigster Ordnung von τ

$$T' = T - \tau\left(1 - \frac{v_0}{v_1}\right)$$

und

$$v_1' = v_1 - \frac{\alpha^2 \tau}{v_1} T$$

ist.

(c) Man verifiziere, dass die Summe aus der Strahlungsleistung und der Änderung der kinetischen Energie des Teilchens gleich der vom angelegten Feld geleisteten Arbeit ist.

16.12 Im klassischen Modell zur Beschreibung der Stoßverbreiterung von Spektrallinien nimmt man an, dass das freie Ausschwingen eines Oszillators nach einer Zeit T durch einen Stoß unterbrochen wird, sodass die Kohärenz des Wellenzuges verloren geht.

(a) Ausgehend von dem in Kap. 16.7 betrachteten Oszillator und unter der Annahme, dass die Wahrscheinlichkeit für das Auftreten eines Stoßes im Zeitintervall zwischen T und $T + dT$ gleich $\nu e^{-\nu t}\, dT$ ist, wenn ν die mittlere Stoßfrequenz ist, zeige man, dass die mittlere Spektralverteilung durch

$$\frac{dI(\omega)}{d\omega} = \frac{I_0}{2\pi} \frac{\Gamma + 2\nu}{(\omega - \omega_0)^2 + \left(\frac{\Gamma}{2} + \nu\right)^2}$$

gegeben ist, sodass die Linienbreite $\Gamma + 2\nu$ ist.

(b) Für das Natrium-Dublett bei 5893 Å hat die Oszillatorstärke den Wert $f = 0{,}975$, sodass die natürliche Linienbreite im Wesentlichen gleich dem klassischen Wert ist, nämlich $\Delta\lambda = 1{,}2 \times 10^{-4}$ Å. Man gebe eine Abschätzung für die Doppler-Breite an, und zwar unter der Annahme, dass sich die Natrium-Atome bei einer Temperatur von 500 K im thermischen Gleichgewicht befinden, und vergleiche diese mit der natürlichen Linienbreite. Ausgehend von einem Stoßquerschnitt von $10^{-16}\,\text{cm}^2$ bestimme man die durch Stoßdämpfung verursachte Breite für das Natrium-Dublett als Funktion des im Natriumdampf herrschenden Druckes. Für welchen Druck ist die Stoßbreite gleich der natürlichen Linienbreite? Wie groß ist dann die Doppler-Breite?

16.13 Ein einzelnes schwingendes Teilchen, auf das ein äußeres elektrisches Feld $\mathbf{E}_0 e^{-i\omega t}$ wirkt, hat das Dipolmoment

$$\mathbf{p} = \alpha(\omega)\, \mathbf{E}_0 e^{-i\omega t}$$

(a) Man zeige, dass sich der totale Wirkungsquerschnitt in Dipolnäherung in der Form

$$\sigma_t(\omega) = \frac{2\pi}{c}[-i\omega\alpha(\omega) + \text{c.c.}]$$

schreiben lässt.

(b) Allein unter Berücksichtigung der Tatsache, dass alle Eigenschwingungen einer Dämpfung unterliegen und sich die Polarisierbarkeit $\alpha(\omega)$ bei hohen Frequenzen ihrem Wert $-e^2/m\omega^2$ für freie Teilchen nähern muss, zeige man, dass der Wirkungsquerschnitt der Dipolsummenregel

$$\int_0^\infty \sigma_t(\omega)\, d\omega = \frac{2\pi^2 e^2}{mc}$$

genügt. (Vgl. hierzu die Diskussion der Kramers-Kronig-Relationen in Kap. 7.)

Anhang: Einheiten und Dimensionen

Das Problem der Einheiten und Dimensionen in der Elektrizität und im Magnetismus hat viele Physiker und Ingenieure lange Zeit beschäftigt. Diese Tatsache befindet sich in krassem Gegensatz zu der fast weltweiten Übereinkunft über die Grundeinheiten von Länge (Zentimeter oder Meter), Masse (Gamm oder Kilogramm) und Zeit (Sekunde, d. h. der 86 400ste Teil des mittleren Sonnentages). Der Grund hierfür ist wahrscheinlich darin zu suchen, dass die mechanischen Einheiten zu einer Zeit definiert wurden, als die Idee „absoluter" Standardeinheiten noch ein neues Konzept war, und diese Einheiten der Berufs- und Handelswelt von den seinerzeitigen Größen der Wissenschaft (wie Borda, Laplace u. a.) einfach aufgedrängt wurden. Als sich jedoch das Problem elektromagnetischer Einheiten stellte, gab es bereits viele Experten auf diesem Gebiet (und heute noch mehr). Ziel dieses Anhangs ist es, das Problem so unpolemisch und klar wie möglich darzustellen, ohne uns in Details zu verlieren.

1 Einheiten und Dimensionen, Grundeinheiten und abgeleitete Einheiten

Die Willkür, mit der man über die Zahl der Grund- oder Basiseinheiten und die durch sie ausgedrückten Dimensionen einer physikalischen Größe verfügen kann, ist von Abraham, Planck, Bridgman[1], Birge[2] u. a. mehrfach betont worden. Dem Leser, der sich für das Problem physikalischer Einheiten interessiert, empfehlen wir die ausgezeichnete Artikelserie von Birge.

Die wünschenswerten Eigenschaften eines innerhalb eines bestimmten Gebietes benutzten Einheitensystems sind Zweckmäßigkeit und Klarheit. Theoretische Physiker z. B., die sich mit relativistischer Quantenfeldtheorie und der Theorie der Elementarteilchen beschäftigen, wählen die universellen Konstanten aus Zweckmäßigkeitsgründen so, daß das durch 2π dividierte Planck'sche Wirkungsquantum $\hbar$ und die Vakuumlichtgeschwindigkeit c *dimensionslos* sind und den *Betrag Eins* haben. Das resultierende Einheitensystem, das sog. natürliche Einheitensystem, hat nur eine Grundgröße, für die man üblicherweise die in cm gemessene Länge wählt. Alle anderen Größen, seien es Zeit, Kraft oder Energie etc., werden dann durch diese Grundgröße bzw. die ihr zugeordnete Grundeinheit ausgedrückt, und ihre Dimensionen sind Potenzen der Dimension dieser Grundgröße. Es gibt nichts Einfacheres

[1] Bridgman, P. W., *Dimensional Analysis*, Yale University Press (1931).
[2] Birge, R. T., *Am. Phys. Teacher* (heute *Am. J. Phys.*), **2**, 41 (1934); **3**, 102, 171 (1935).

oder weniger Fundamentales als ein System, das das Meter, das Kilogramm und die Sekunde als Grundeinheiten enthält. Es handelt sich dabei allein um eine Frage der Zweckmäßigkeit.[3]

Ein Wort sollte hier über den Zusammenhang zwischen den als unabhängig betrachteten Grundgrößen und den aus ihnen abgeleiteten Größen gesagt werden, die dem Betrag und der Dimension nach theoretisch und experimentell durch die Grundgrößen definiert werden. Aus Gründen der Tradition behandelte man Masse (m), Länge (l) und Zeit (t) als Grundgrößen. Für elektrische Größen jedoch gab es keine zwingende Tradition. Betrachten wir etwa die Einheit der Stromstärke. Das *internationale Ampere* (das lange Zeit als praktische Stromstärkeeinheit galt) ist definiert durch die Silbermenge, die sich durch Elektrolyse einer wässrigen Silbernitratlösung pro Zeiteinheit an der Anode eines (bis zur Neudefinition des Ampere als Normal benutzten) Silbervoltameters niederschlägt. Die entsprechende Stromstärkeeinheit betrachtet man zu Recht als von den Einheiten der Masse, Länge und Zeit unabhängige Grundeinheit, da man die als Einheit dienende Strommenge in einem als reproduzierbar angenommenen Elektrolyseexperiment findet.

Die heute international anerkannte Stromstärkeeinheit ist dagegen das *absolute Ampere*. Es ist definiert als „derjenige konstante Strom, der beim Durchgang durch zwei im Abstand von 1 m angeordneten, parallelen und geradlinigen Drähten unendlicher Länge und vernachlässigbar geringen Durchmessers eine Kraft von $2 \cdot 10^{-7}$ Newton pro Meter zwischen den Drähten erzeugt.“ Dies bedeutet, dass das „absolute“ Ampere eine abgeleitete Einheit ist, weil es über die durch Gl. (A.4) (siehe unten!) beschriebene mechanische Kraft zwischen zwei Drähten definiert ist.[4] Das „absolute“ Ampere ist nach dieser Definition genau ein Zehntel der absoluten elektromagnetischen Stromstärkeeinheit.

Seit 1948 beruht das international vereinbarte System elektromagnetischer Einheiten auf dem Meter, dem Kilogramm, der Sekunde und auf abgeleiteten Einheiten wie dem oben definierten absoluten Ampere und anderen Einheiten für den Widerstand, die Spannung etc. Dies scheint ein wünschenswerter Zustand zu sein. Zumindest vermeidet man so die Schwierigkeiten, die entstanden, als man 1894 durch einen Konferenzbeschluss (der auf Empfehlungen einer internationalen Kommission von Ingenieuren und Wissenschaftlern beruhte) unabhängige Grundeinheiten für Strom, Spannung und Widerstand über drei voneinander unabhängige Experimente (Silbervoltameter, galvanisches Normalelement nach Clark, festgelegte Quecksilbersäule) definierte.[5] Bald danach wurde das Ohm'sche Gesetz aufgrund systematischer

[3] Nimmt man in der Quantenfeldtheorie eine Dimensionsanalyse vor, so haben dort Potenzen der Kopplungskonstanten die Bedeutung weiterer Grundeinheiten.

[4] Die in Gl. (A.4) auftretende Proportionalitätskonstante k_2 hat daher im SI-System den Wert $k_2 = 10^{-7}$. Die *Dimensionen* des „absoluten“ Ampere hängen im Gegensatz zu seinem Zahlwert von den Dimensionen von k_2 ab. Im konventionellen SI-System elektromagnetischer Einheiten wählt man den elektrischen Strom (I) willkürlich als *vierte* Grundgröße. Folglich hat die Ladung die Dimension It, während k_2 die Dimension $mlI^{-2}t^{-2}$ hat. Wird k_2 dimensionslos gewählt, dann hat der Strom die Dimension $m^{1/2}l^{1/2}t^{-1}$. Die Frage, ob eine vierte Grundgröße eingeführt werden soll bzw. ob elektromagnetische Größen Dimensionen haben sollen, die durch (mitunter nichtganzzahlige) Potenzen der Dimensionen der drei mechanischen Grundgrößen gegeben sind, ist eine rein subjektive Angelegenheit und nicht von prinzipieller Bedeutung.

[5] Siehe z. B. Laws, F. A., *Electrical Measurements*, New York: McGraw-Hill 1917, S. 705–706.

Fehler, die außerhalb der angegebenen Genauigkeit lagen, ungültig – und zwar durch Konferenzbeschluss!

Im *Système International d'Unités* (SI) ist die Masseneinheit seit 1889 durch ein Platin-Iridium-*Standardkilogramm* definiert, das in Sèvres bei Paris aufbewahrt wird.[6] 1967 hat man die SI-*Sekunde* festgelegt als „die Zeitdauer von 9 192 631 770 Perioden der Strahlung, die dem Übergang zwischen den beiden Hyperfeinzuständen des Grundzustandes vom Cäsium-133-Atom entspricht". Die „Internationale Konferenz über Maße und Gewichte" hat sich 1987 auf eine Definition des *Meters* geeinigt, die auf der Lichtgeschwindigkeit beruht: ein Meter ist „die Distanz, die das Licht im Vakuum in 1/299 792 458 Sekunden durchläuft". Daher ist die Lichtgeschwindigkeit heute keine experimentelle Größe mehr, sondern es gilt exakt, der Definition des Meters gemäß, $c = 299\,792\,458$ m/s. Für Elektrizität und Magnetismus führt das Système International, wie bereits erwähnt, die zusätzliche Einheit des absoluten Amperes ein. Praktisch jedoch definieren die metrologischen Laboratorien das Ampere weltweit durch Einheiten für die elektromotorische Kraft, das Volt, und den Widerstand, das Ohm, wie man sie beim Josephson-Effekt ($2e/h$) und beim quantenmechanischen Hall-Effekt (h/e^2) misst.[7]

2 Elektromagnetische Einheiten und Gleichungen

Bei der folgenden Diskussion der Einheiten und Dimensionen elektromagnetischer Größen gehen wir von der traditionellen Wahl der Länge (l), Masse (m) und Zeit (t) als unabhängige Grundgrößen aus. Ferner benutzen wir die allgemein akzeptierte Definition des Stromes als zeitliche Änderung der Ladung ($I = dq/dt$). Dies bedeutet, dass das Verhältnis von Ladung zu Strom die Dimension der Zeit hat.[8] Die Kontinuitätsgleichung für die Ladungs- und Stromdichte nimmt dann die Form

$$\nabla \cdot \mathbf{J} + \frac{\partial \rho}{\partial t} = 0 \tag{A.1}$$

an. Des besseren Verständnisses wegen wollen wir zunächst nur elektromagnetische Erscheinungen in dem allein von Ladungen und Strömen erfüllten Raum betrachten.

---

[6] Zur Zeit der Bearbeitung dieser Auflage (2013) findet eine intensive Diskussion über eine Neudefinition des SI-Kilogramms statt, die das Kilogramm durch *Fundamentalkonstanten* ausdrücken soll. Die Notwendigkeit einer Neudefinition ist vor allem deswegen erheblich, da das Urkilogramm einen *unerklärten Massenverlust* erleidet, der bereits in einer Größenordnung von 50 μg liegt (Anm. der Red.).

[7] Zur allgemeinen Erörterung der elektrischen und magnetischen SI-Einheiten und der Bedeutung von Quantenphänomenen für die Eichung siehe z. B. B. W. Petley in *Metrology at the Frontier of Physics and Technology*, Hrsg. L. Corvini und T. J. Quinn, Proceedings of the International School of Physics „Enrico Fermi", Kurs CV, 27. Juni – 7. Juli 1989, Amsterdam: North Holland 1992, S. 33–61.

[8] Vom Standpunkt der speziellen Relativitätstheorie aus gesehen wäre es natürlicher, dem Strom die Dimension der durch die Länge dividierten Ladung zu geben. Dann hätten die Stromdichte **J** und die Ladungsdichte ρ die gleichen Dimensionen und würden einen „natürlichen" Vierervektor bilden. Diese Wahl wird in einem modifizierten Gauß'schen System getroffen (s. Fußnote zu Tab. A.4).

Das physikalische Grundgesetz, das die Elektrostatik beherrscht, ist das Coulomb'sche Gesetz für die Kraft zwischen zwei Punktladungen q und q', die den Abstand r voneinander haben. Formelmäßig ausgedrückt lautet es:

$$F_1 = k_1 \frac{qq'}{r^2} \tag{A.2}$$

Die Konstante k_1 ist hierbei eine Proportionalitätskonstante. Ihr Betrag und ihre Dimension werden *entweder* durch die Gleichung selbst bestimmt, wenn man zuvor die Ladungseinheit dem Betrag und der Dimension nach in unabhängiger Weise festgelegt hat, *oder* aber willkürlich gewählt, um die Einheit der Ladung zu definieren. Innerhalb des vorliegenden Rahmens wissen wir lediglich, daß das Produkt $k_1 qq'$ die Dimension $ml^3 t^{-2}$ hat.

Das elektrische Feld **E** ist eine abgeleitete Größe, die gewöhnlich als Kraft pro Ladungseinheit definiert wird. Allgemeiner wäre es, das elektrische Feld als zwar numerisch proportional zur Kraft pro Ladungseinheit zu definieren, aber mit einer Proportionalitätskonstanten, die eine universelle Konstante ist und solche Dimensionen hat, dass sich das elektrische Feld dimensionsmäßig von der Kraft pro Ladungseinheit unterscheidet. Doch diese zusätzliche Freiheit in der Definition von **E** bringt keinen Gewinn, da **E** die erste der abgeleiteten Feldgrößen ist, die zu definieren ist. Erst dann, wenn es um die Definition anderer Feldgrößen geht, kann es sich als zweckmäßig herausstellen, dimensionsbehaftete Proportionalitätskonstanten einzuführen, um die Dimensionen und Beträge dieser Felder gegenüber dem elektrischen Feld in geeigneter Weise anzupassen. Daher kann das elektrische Feld einer Punktladung q – ohne Verlust an Allgemeinheit – über Gl. (A.2) als Kraft pro Ladungseinheit definiert werden:

$$E = k_1 \frac{q}{r^2} \tag{A.3}$$

Allen Einheitensystemen, die dem Autor des vorliegenden Buches bekannt sind, liegt diese Definition des elektrischen Feldes zugrunde.

Für Erscheinungen im stationären Magnetfeld bilden die Ampère'schen Beobachtungen die Grundlage für die quantitative Beschreibung der Wechselwirkung stromführender Systeme und die Definition der magnetischen Induktion. Nach Ampère ist die Kraft pro Längeneinheit zwischen zwei unendlich langen, parallelen, im Abstand d voneinander befindlichen Drähten, durch die die Ströme I und I' fließen, gegeben durch

$$\frac{dF_2}{dl} = 2k_2 \frac{II'}{d} \tag{A.4}$$

Die Konstante k_2 ist hierbei eine Proportionalitätskonstante, die mit der Konstanten k_1 in Gl. (A.2) zusammenhängt. Der dimensionslose Faktor 2 wurde eingeführt, um die spätere Festlegung von k_2 zu vereinfachen. Die durch Gl. (A.1) implizierte Wahl der Dimensionen von Strom und Ladung legt auch die Dimension von k_2 relativ zu k_1 fest. Aus Gl. (A.2) und (A.4) folgt unmittelbar, daß das Verhältnis k_1/k_2 die Dimension des Quadrats einer Geschwindigkeit ($l^2 t^{-2}$) hat. Vergleicht man die Beträge der beiden mechanischen Kräfte (A.2) und (A.4) für bekannte Ladungen und Ströme miteinander, so ergibt sich daraus auch der Betrag des Verhältnisses k_1/k_2 für den freien Raum. Der Zahlwert dieses Verhältnisses ist (nahezu) gleich dem des Quadrats der Vakuumlichtgeschwindigkeit. Wir können daher schreiben:

$$\frac{k_1}{k_2} = c^2 \tag{A.5}$$

wobei c dem Betrag und der Dimension nach für die Lichtgeschwindigkeit steht. Die magnetische Induktion **B** leitet sich aus dem Ampère'schen Kraftgesetz als numerisch proportional zur Kraft pro Stromeinheit her, wobei die Proportionalitätskonstante α geeignet gewählte Dimensionen haben kann. So ist z. B. für einen langen, geradlinigen Draht, der vom Strom I durchflossen wird, die magnetische Induktion **B** im Abstand d von der Drahtachse dem Betrag (und der Dimension) nach gegeben durch

$$B = 2k_2\alpha\frac{I}{d} \tag{A.6}$$

Die Dimension des Betragsverhältnisses von elektrischem zu magnetischem Feld kann aus den Gleichungen (A.1), (A.3), (A.5) und (A.6) ermittelt werden. Das Ergebnis ist, daß E/B die Dimension $l/t\alpha$ hat.

Die dritte und letzte Relation, die die elektromagnetischen Einheiten und Dimensionen festlegt, ist das Faraday'sche Induktionsgesetz, das elektrische und magnetische Erscheinungen miteinander verknüpft. Die Beobachtung, dass die in einem Leiter induzierte Spannung proportional zur zeitlichen Änderung des magnetischen Flusses durch den Leiter ist, lässt sich differentiell bekanntlich durch die Gleichung

$$\nabla\times\mathbf{E} + k_3\frac{\partial\mathbf{B}}{\partial t} = 0 \tag{A.7}$$

ausdrücken, wobei k_3 wiederum eine Proportionalitätskonstante ist. Da die Dimension von **E** relativ zu **B** festgelegt ist, lässt sich die von k_3 in einfacher Weise durch die der vorher definierten Größen ausdrücken, indem man fordert, dass die beiden Terme in Gl. (A.7) dieselbe Dimension besitzen. Man findet dann, dass k_3 die Dimension von α^{-1} hat. Tatsächlich ist k_3 sogar *gleich* α^{-1}. Dies folgt aus der in Kap. 5.15 besprochenen Galilei-Invarianz. Der einfachste Weg jedoch, um diese Gleichheit zu zeigen, besteht darin, den vollständigen Satz der Maxwell'schen Gleichungen durch die bisher definierten Felder auszudrücken:

$$\begin{aligned}
&\nabla\cdot\mathbf{E} = 4\pi k_1\rho, \quad \nabla\times\mathbf{B} = 4\pi k_2\alpha\mathbf{J} + \frac{k_2\alpha}{k_1}\frac{\partial\mathbf{E}}{\partial t}\\
&\nabla\times\mathbf{E} + k_3\frac{\partial\mathbf{B}}{\partial t} = 0, \quad \nabla\cdot\mathbf{B} = 0
\end{aligned} \tag{A.8}$$

Für quellenfreie Gebiete können die beiden Rotationsgleichungen zu der Wellengleichung

$$\nabla^2\mathbf{B} - k_3\frac{k_2\alpha}{k_1}\frac{\partial^2\mathbf{B}}{\partial t^2} = 0 \tag{A.9}$$

kombiniert werden. Die Ausbreitungsgeschwindigkeit der durch diese Gleichung beschriebenen Wellen ist mit der hier auftretenden Kombination von Konstanten verknüpft. Da die Ausbreitungsgeschwindigkeit bekanntlich gleich der Lichtgeschwindigkeit ist, können wir

$$\frac{k_1}{k_3 k_2 \alpha} = c^2 \tag{A.10}$$

schreiben. Die Kombination von (A.5) mit (A.10) führt dann auf

$$k_3 = \frac{1}{\alpha} \tag{A.11}$$

d.h. auf die betrags- und dimensionsmäßige Gleichheit von k_3 und α^{-1}.

3 Verschiedene Systeme elektromagnetischer Einheiten

Die verschiedenen Systeme elektromagnetischer Einheiten unterscheiden sich voneinander in der Wahl der Beträge und Dimensionen der verschiedenen Konstanten, die in den obigen Gleichungen auftraten. Aufgrund der Beziehungen (A.5) und (A.11) kann man nur zwei von diesen Konstanten (z. B. k_1 und k_3) willkürlich wählen

Tabelle A.1 Beträge und Dimensionen elektromagnetischer Konstanten in verschiedenen Einheitensystemen

Die Dimensionen stehen jeweils (in Groteskbuchstaben) hinter den Zahlwerten. Das Symbol c steht für die Vakuumlichtgeschwindigkeit ($c \simeq 2{,}998 \times 10^{10}$ cm/s $\simeq 2{,}998 \times 10^{8}$ m/s). In den ersten vier Systemen werden für die Grundgrößen Länge (l), Masse (m) und Zeit (t) die Einheiten Zentimeter (cm), Gramm (g) und Sekunde (s) benutzt. Im SI-System benutzt man neben den entsprechenden Grundeinheiten Meter (m), Kilogramm (kg) und Sekunde (s) noch eine vierte Grundeinheit, nämlich das Ampere (A) als Einheit für die Stromstärke (I).

Einheitensystem	k_1	k_2	α	k_3
Elektrostatische Einheiten (esE)	1	$c^{-2}(t^2 l^{-2})$	1	1
Elektromagnetische Einheiten (emE)	$c^2 (l^2 t^{-2})$	1	1	1
Gauß'sches (CGS)-System	1	$c^{-2}(t^2 l^{-2})$	$c(lt^{-1})$	$c^{-1}(tl^{-1})$
Heaviside-Lorentz'sches System	$\frac{1}{4\pi}$	$\frac{1}{4\pi c^2}(t^2 l^{-2})$	$c(lt^{-1})$	$c^{-1}(tl^{-1})$
SI-System	$\frac{1}{4\pi\varepsilon_0} = 10^{-7} c^2$ $(ml^3 t^{-4} I^{-2})$	$\frac{\mu_0}{4\pi} \equiv 10^{-7}$ $(mlt^{-2} I^{-2})$	1	1

(und muss es auch). Es ist jedoch zweckmäßig, alle vier Konstanten (k_1, k_2, α, k_3) für die meist gebrauchten Einheitensysteme zu tabellieren, wie es in Tabelle A.1 geschehen ist. Aus ihr ist abzulesen, daß das elektromagnetische Einheitensystem (emE) dem SI-System (das man früher „rationalisiertes MKSA-System" nannte), abgesehen von Dimensionen, sehr ähnlich ist. Unterschiede, die sich in verschiedenen Zehnerpotenzen ausdrücken, treten nur in ihren mechanischen und elektromagnetischen Einheiten auf. Das Gauß'sche und Heaviside-Lorentz'sche System unterscheiden sich dagegen nur um 4π-Faktoren. Die Konstante k_3 ist nur im Gauß'schen (und Heaviside-Lorentz'schen) System dimensionsbehaftet. Aus (A.7) ist ersichtlich, daß, wenn k_3 die Dimension einer reziproken Geschwindigkeit hat, **E** und **B** die gleichen Dimensionen besitzen. Aus $k_3 = c^{-1}$ folgt in Verbindung mit (A.7) ferner, daß **E** und **B** für elektromagnetische Wellen im Vakuum auch die gleichen Beträge haben.

In SI-Einheiten lautet die Gl. (A.10): $1/(\mu_0\epsilon_0) = c^2$. Da c als neunstellige (dimensionsbehaftete) Zahl definiert ist und k_2, ebenfalls per definitionem, durch $k_2 \equiv \mu_0/4\pi = 10^{-7}$ H/m gegeben ist, gilt für das 10^7-fache der im Coulomb'schen Gesetz (A.2) auftretenden Konstanten k_1:

$$\frac{10^7}{4\pi\epsilon_0} = c^2 = 89\,875\,517\,873\,681\,764$$

Dies ist eine exakte (dimensionsbehaftete) 17-stellige Zahl (ungefähr gleich $8{,}9876 \times 10^{16}$). Die Anomalie in den SI-Einheiten, daß ein fundamentaler Proportionalitätsfaktor, ϵ_0, mit einem experimentellen Fehler behaftet ist, verschwindet, wenn das Meter durch die Sekunde mittels einer fehlerfrei festgelegten Lichtgeschwindigkeit definiert wird. Man beachte, daß die rechte Seite in der obigen Gleichung zwar das Quadrat der Lichtgeschwindigkeit darstellt, dass aber die *Dimension von* ϵ_0 (anders als der Betrag) keineswegs Sekunden zum Quadrat pro Quadratmeter ausmacht, weil der numerische Faktor auf der linken Seite die Dimension von $1/\mu_0$ hat. In Tabelle A.1 sind die Dimensionen von $1/\epsilon_0$ und μ_0 angegeben. Man ist übereingekommen, für ϵ_0 die Dimension Farad pro Meter einzuführen und für μ_0 Henry pro Meter. Mit der dimensionslosen Konstanten $k_3 = 1$ haben **E** und c**B** in SI-Einheiten dieselbe Dimension, und bei einer ebenen Welle im Vakuum sind sie auch dem Betrag nach gleich.

Bisher haben wir nur die Einheiten und Dimensionen der elektromagnetischen Felder im Vakuum diskutiert; es traten daher allein die beiden Grundfelder **E** und **B** in Erscheinung. Es bleibt die Aufgabe, die makroskopischen Felder **D** und **H** zu definieren. Werden die gemittelten elektromagnetischen Eigenschaften eines Materials durch eine makroskopische Polarisation **P** und eine Magnetisierung **M** beschrieben, so lautet die allgemeine Form der Definitionen von **D** und **H**:

$$\mathbf{D} = \epsilon_0\mathbf{E} + \lambda\mathbf{P}, \quad \mathbf{H} = \frac{1}{\mu_0}\mathbf{B} - \lambda'\mathbf{M} \tag{A.12}$$

wobei ϵ_0, μ_0, λ, λ' Proportionalitätskonstanten sind. Da es keinen Vorteil bedeutet, den Feldern **D** und **P** bzw. **H** und **M** verschiedene Dimensionen zu geben, wählt man für λ und λ' reine Zahlen ($\lambda = \lambda' = 1$ in den sog. rationalisierten Systemen, $\lambda = \lambda' = 4\pi$ in den nichtrationalisierten Systemen). Es bleibt jedoch die Möglichkeit,

Tabelle A.2 Die in verschiedenen Einheitensystemen benutzten Definitionen von ϵ_0, μ_0, **D** und **H** mit den zugehörigen makroskopischen Maxwell'schen Gleichungen und der Lorentz-Kraft

Die Dimensionen der einzelnen Größen sind, wenn notwendig, in Klammern angegeben. Das Symbol c steht für die Vakuumlichtgeschwindigkeit (lt^{-1}).

Einheiten-system	ϵ_0	μ_0	**D, H**	Makroskopische Maxwell'sche Gleichungen				Lorentz-Kraft pro Einheits-ladung
Elektrostatische Einheiten (esE)	1	c^{-2} $(t^2 l^{-2})$	$\mathbf{D} = \mathbf{E} + 4\pi\mathbf{P}$ $\mathbf{H} = c^2\mathbf{B} - 4\pi\mathbf{M}$	$\nabla \cdot \mathbf{D} = 4\pi\rho$	$\nabla \times \mathbf{H} = 4\pi\mathbf{J} + \frac{\partial \mathbf{D}}{\partial t}$	$\nabla \times \mathbf{E} + \frac{\partial \mathbf{B}}{\partial t} = 0$	$\nabla \cdot \mathbf{B} = 0$	$\mathbf{E} + \mathbf{v} \times \mathbf{B}$
Elektromagne-tische Einheiten (emE)	c^{-2} $(t^2 l^{-2})$	1	$\mathbf{D} = \frac{1}{c^2}\mathbf{E} + 4\pi\mathbf{P}$ $\mathbf{H} = \mathbf{B} - 4\pi\mathbf{M}$	$\nabla \cdot \mathbf{D} = 4\pi\rho$	$\nabla \times \mathbf{H} = 4\pi\mathbf{J} + \frac{\partial \mathbf{D}}{\partial t}$	$\nabla \times \mathbf{E} + \frac{\partial \mathbf{B}}{\partial t} = 0$	$\nabla \cdot \mathbf{B} = 0$	$\mathbf{E} + \mathbf{v} \times \mathbf{B}$
Gauß'sche CGS-Einheiten	1	1	$\mathbf{D} = \mathbf{E} + 4\pi\mathbf{P}$ $\mathbf{H} = \mathbf{B} - 4\pi\mathbf{M}$	$\nabla \cdot \mathbf{D} = 4\pi\rho$	$\nabla \times \mathbf{H} = \frac{4\pi}{c}\mathbf{J} + \frac{1}{c}\frac{\partial \mathbf{D}}{\partial t}$	$\nabla \times \mathbf{E} + \frac{1}{c}\frac{\partial \mathbf{B}}{\partial t} = 0$	$\nabla \cdot \mathbf{B} = 0$	$\mathbf{E} + \frac{\mathbf{v}}{c} \times \mathbf{B}$
Heaviside-Lorentz'sche Einheiten	1	1	$\mathbf{D} = \mathbf{E} + \mathbf{P}$ $\mathbf{H} = \mathbf{B} - \mathbf{M}$	$\nabla \cdot \mathbf{D} = \rho$	$\nabla \times \mathbf{H} = \frac{1}{c}\left(\mathbf{J} + \frac{\partial \mathbf{D}}{\partial t}\right)$	$\nabla \times \mathbf{E} + \frac{1}{c}\frac{\partial \mathbf{B}}{\partial t} = 0$	$\nabla \cdot \mathbf{B} = 0$	$\mathbf{E} + \frac{\mathbf{v}}{c} \times \mathbf{B}$
SI-Einheiten	$\frac{10^7}{4\pi c^2}$ $(I^2 t^4 m^{-1} l^{-3})$	$4\pi \times 10^{-7}$ $(mlI^{-2}t^{-2})$	$\mathbf{D} = \epsilon_0\mathbf{E} + \mathbf{P}$ $\mathbf{H} = \frac{1}{\mu_0}\mathbf{B} - \mathbf{M}$	$\nabla \cdot \mathbf{D} = \rho$	$\nabla \times \mathbf{H} = \mathbf{J} + \frac{\partial \mathbf{D}}{\partial t}$	$\nabla \times \mathbf{E} + \frac{\partial \mathbf{B}}{\partial t} = 0$	$\nabla \cdot \mathbf{B} = 0$	$\mathbf{E} + \mathbf{v} \times \mathbf{B}$

für **D** und **P** andere Dimensionen zu wählen als für **E** und ebenso auch **H** und **M** andere Dimensionen zu geben als **B**. Diese Wahl wird nach Gesichtspunkten der Zweckmäßigkeit und Einfachheit getroffen – im Allgemeinen so, dass die makroskopischen Maxwell'schen Gleichungen eine einfache und übersichtliche Gestalt haben. Bevor wir die in den verschiedenen Systemen getroffene Wahl in einer Tabelle angeben, sei darauf hingewiesen, dass sich die Verknüpfungsgleichungen für linear reagierende, isotrope Medien stets in der Form

$$\mathbf{D} = \epsilon \mathbf{E}, \quad \mathbf{B} = \mu \mathbf{H} \tag{A.13}$$

schreiben lassen. Dementsprechend stellen die Konstanten ϵ_0 und μ_0 in Gl. (A.12) die Vakuumwerte von ϵ bzw. μ dar. Die *relative Dielektrizitätskonstante* einer Substanz ist definiert als das dimensionslose Verhältnis ϵ/ϵ_0, während die *relative Permeabilität* (auch „Permeabilitätskonstante" genannt) durch μ/μ_0 definiert ist.[9]

In Tabelle A.2 sind die verschiedenen Werte von ϵ_0 und μ_0 aufgeführt, ferner die Definitionsgleichungen von **D** und **H** sowie die verschiedenen Formen der makroskopischen Maxwell'schen Gleichungen und die Ausdrücke für die Lorentz-Kraft in den fünf gebräuchlichen Einheitensystemen aus Tabelle A.1. In jedem dieser Systeme hat die Kontinuitätsgleichung für die Ladung und den Strom die Gestalt von Gl. (A.1), wie sich unmittelbar anhand des jeweils ersten Paares der in der Tabelle angegebenen Maxwell'schen Gleichungen nachweisen lässt.[10] In ähnlicher Weise hat auch das Ohm'sche Gesetz in allen Systemen die Form $\mathbf{J} = \sigma \mathbf{E}$, wobei σ jeweils die Leitfähigkeit bedeutet.

4 Zusammenhang zwischen Gleichungen und Beträgen in SI-Einheiten und Gauß'schen Einheiten

Die bis heute am meisten benutzten Systeme elektromagnetischer Einheiten sind das SI-System und das Gauß'sche System. Ersteres eignet sich besonders für praktische, in der Technik vorkommende Anwendungen, während sich das Gauß'sche Einheitensystem mehr für mikroskopische Probleme eignet, in die die Elektrodynamik einzelner geladener Teilchen eingeht. In den ersten beiden Auflagen dieses Buches benutzten wir durchweg Gauß'sche Einheiten – abgesehen von Kapitel 8, in dem der Leser, der SI-Einheiten wünschte, die Faktoren in eckigen Klammern nur wegzulassen brauchte. Seit der dritten Auflage werden bis einschließlich Kapitel 10 nur SI-Einheiten benutzt. Dagegen haben wir für die relativistische Elektrodynamik im späteren Teil des Buches die Gauß'schen Einheiten beibehalten, weil sie in diesem Zusammenhang passender sind. An die jeweils benutzten Einheiten er-

[9] Die Proportionalitätskonstanten ϵ_0 und μ_0 nennt man in der deutschen Literatur auch *absolute Dielektrizitätskonstante* bzw. *absolute Permeabilität* und mitunter auch *Influenz- bzw. Induktionskonstante* (Anm. des Übersetzers).

[10] Manche Autoren benutzen ein modifiziertes Gauß'sches Einheitensystem, in dem der Strom durch $I = (1/c)(dq/dt)$ definiert ist. Die Stromdichte **J** muss dann in der Tabelle durch $c\mathbf{J}$ ersetzt werden, und die Kontinuitätsgleichung hat die Form $\nabla \cdot \mathbf{J} + (1/c)(\partial\rho/\partial t) = 0$. Vgl. hierzu auch die Fußnote zu Tabelle A.4.

innern die auf jeder linken Buchseite stehenden Kolumnentitel (Kopfzeilen), an die die Buchstaben „SI“ bzw. „G“ angehängt wurden. Manche mögen sich daran stoßen, dass hier zwei unterschiedliche Einheitensysteme benutzt werden, aber Physiker müssen nun einmal mit vielen Sprachen vertraut sein – z. B. werden bei der Beschreibung elektromagnetischer Wechselwirkungen in der Quantenmechanik nur selten SI-Einheiten benutzt, sondern eher atomare oder Hartree'sche Einheiten, und für andere Gebiete gilt Ähnliches.

Die Tabelle A.3 und A.4 sollen eine Hilfestellung leisten bei der Umrechnung von einem System ins andere. Tabelle A.3 stellt ein Umrechnungsschema für Symbole und Gleichungen dar, das dem Leser die Umrechnung einer beliebigen Gleichung

Tabelle A.3 Umrechnungstabelle für Symbole und Formeln

Die Symbole für Masse, Länge, Zeit und Kraft sowie andere nicht spezifisch elektromagnetische Größen bleiben ungeändert. Um eine im SI-Einheitensystem geschriebene Gleichung in die entsprechende Gleichung im Gauß'schen System umzurechnen, sind auf beiden Seiten der Gleichung die relevanten Symbole, die in der Tabelle in der Spalte „SI-System“ stehen, durch die entsprechenden, links aufgelisteten Gauß'schen Symbole zu ersetzen. Die Umwandlung in umgekehrte Richtung ist ebenfalls möglich. Übrigbleibende Potenzen von $\mu_0 \epsilon_0$ sollten zugunsten der Lichtgeschwindigkeit eliminiert werden (unter Verwendung von $c^2 \mu_0 \epsilon_0 = 1$). Da die Symbole für Länge und Zeit ungeändert bleiben, sind die Größen, die sich dimensionsmäßig nur durch Potenzen der Länge und/oder der Zeit voneinander unterscheiden, möglichst blockweise gruppiert worden.

Größe	Gauß'sches System	SI-System
Lichtgeschwindigkeit im Vakuum	c	$(\mu_0 \epsilon_0)^{-1/2}$
Elektrisches Feld (Potential, Spannung)	$\mathbf{E}(\Phi, V)/\sqrt{4\pi\epsilon_0}$	$\mathbf{E}(\Phi, V)$
Dielektrische Verschiebung	$\sqrt{\epsilon_0/4\pi}\,\mathbf{D}$	$\mathbf{D}$
Ladungsdichte (Ladung, Stromdichte, Stromstärke, Polarisation)	$\sqrt{4\pi\epsilon_0}\,\rho(q, \mathbf{J}, I, \mathbf{P})$	$\rho(q, \mathbf{J}, I, \mathbf{P})$
Magnetische Induktion	$\sqrt{\mu_0/4\pi}\,\mathbf{B}$	$\mathbf{B}$
Magnetisches Feld	$\mathbf{H}/\sqrt{4\pi\mu_0}$	$\mathbf{H}$
Magnetisierung	$\sqrt{4\pi/\mu_0}\,\mathbf{M}$	$\mathbf{M}$
Leitfähigkeit	$4\pi\epsilon_0\sigma$	σ
Dielektrizitätskonstante	$\epsilon_0\epsilon$	ϵ
Magnetische Permeabilität	$\mu_0\mu$	μ
Widerstand (Impedanz)	$R(Z)/4\pi\epsilon_0$	$R(Z)$
Induktivität	$L/4\pi\epsilon_0$	L
Kapazität	$4\pi\epsilon_0 C$	C

Lichtgeschwindigkeit im Vakuum: $c = 2{,}997\,924\,58 \times 10^8$ m/s
Influenzkonstante: $\epsilon_0 = 8{,}864\,187\,8 \ldots \times 10^{-12}$ F/m
Induktionskonstante: $\mu_0 = 1{,}256\,637\,0 \ldots \times 10^{-6}$ H/m

Wellenwiderstand des Vakuums: $\sqrt{\dfrac{\mu_0}{\epsilon_0}} = 376{,}730\,3 \ldots \Omega$

Tabelle A.4 Umrechnungstabelle für die Beträge physikalischer Größen

Mithilfe der folgenden Tabelle lässt sich der gegebene Betrag einer physikalischen Größe, ausgedrückt in SI- oder Gauß'schen CGS-Einheiten, jeweils ins andere System umrechnen. Die Angaben in einer bestimmten Zeile stellen den gleichen Betrag der links angegebenen Größe dar, jedoch in den beiden verschiedenen Einheitensystemen. Ist große Genauigkeit erfordert, so sind – entsprechend dem genauen numerischen Wert der Lichtgeschwindigkeit – alle durch 3 teilbaren Faktoren (auch wenn sie in einem Nenner auftreten) durch Vielfache von 2,997 924 58 zu ersetzen. So ist z. B. in der Zeile für die dielektrische Verschiebung **D** mit der Angabe $12\pi \times 10^5$ tatsächlich $2{,}99792458 \times 4\pi \times 10^5$ gemeint und die „9" steht in Wirklichkeit für $10^{-16}\,c^2 = 8{,}98755\ldots$. In den Fällen, in denen man sich auf einen bestimmten Namen geeinigt hat oder ihn i. Allg. benutzt, ist dieser Name angegeben und in Klammern das für ihn verwendete Kurzzeichen hinzugefügt.

Physikalische Größe	Symbol	SI-Einheiten	Gauß'sche CGS-Einheiten	
Länge	l	1 Meter (m)	10^2	Zentimeter (cm)
Masse	m	1 Kilogramm (kg)	10^3	Gramm (g)
Zeit	t	1 Sekunde (s)	1	Sekunde (s)
Frequenz	ν	1 Hertz (Hz)	1	Hertz (Hz)
Kraft		1 Newton (N)	10^5	dyn
Arbeit, Energie	W, U	1 Joule (J)	10^7	erg
Leistung	P	1 Watt (W)	10^7	erg s^{-1}
Ladung	q	1 Coulomb = 1 Amperesekunde (C = A s)	3×10^9	esE
Ladungsdichte	ρ	1 Coulomb/Meter^3 ($C\ m^{-3}$)	3×10^3	esE cm^{-3}
Stromstärke	I	1 Ampere (A)	3×10^9	esE s^{-1}
Stromdichte	**J**	1 Ampere/Meter^2 ($A\ m^{-2}$)	3×10^5	esE $s^{-1}\ cm^{-2}$
Elektr. Feldstärke	**E**	1 Volt/Meter ($V\ m^{-1}$)	$\frac{1}{3} \times 10^{-4}$	statvolt cm^{-1} = dyn esE
Elektr. Potential, Elektr. Spannung	Φ, V	1 Volt (V)	$\frac{1}{300}$	statvolt = erg esE
Polarisation	**P**	1 Coulomb/Meter^2 ($C\ m^{-2}$)	3×10^5	statvolt cm^{-1}
Diel. Verschiebung	**D**	1 Coulomb/Meter^2 ($C\ m^{-2}$)	$12\pi \times 10^5$	statvolt cm^{-1}
Leitfähigkeit	σ	1 Siemens/Meter ($S\ m^{-1} = \Omega^{-1} m^{-1}$)	9×10^9	s^{-1}
Widerstand	R	1 Ohm (Ω)	$\frac{1}{9} \times 10^{-11}$	s cm^{-1}
Kapazität	C	1 Farad ($F = A\ s^{-1} V^{-1}$)	9×10^{11}	cm
Magnetischer Fluss	Φ_m	1 Weber (Wb)	10^8	Maxwell (Mx)
Magnetische Induktion	**B**	1 Tesla ($T = Wb\ m^{-2}$)	10^4	Gauß (G)
Magnet. Feldstärke	**H**	1 Ampere/Meter ($A\ m^{-1}$)	$4\pi \times 10^{-3}$	Oersted (Oe)
Magnetisierung	**M**	1 Ampere/Meter ($A\ m^{-1}$)	10^{-3}	Gauß (G)
Induktivität[11]	L	1 Henry (H)	$\frac{1}{9} \times 10^{-11}$	

[11] s. Seite 904.

vom Gauß'schen System ins SI-System und umgekehrt ermöglicht. Es gibt einfachere Schemata, die nur die Umrechnung in jeweils eine Richtung erlauben, und andere allgemeine Schemata sind ebenfalls möglich. Indem man alle mechanischen Größen ungeändert lässt, gestatten die in Tabelle A.3 angegebenen Regeln die mühelose Umrechnung von Größen, die beim Zusammenspiel von mechanischen und elektrischen Kräften auftreten (wie etwa die Feinstrukturkonstante $e^2/\hbar c$ oder die Plasmafrequenz $\omega_p^2 = 4\pi ne^2/m$). Tabelle A.4 dient zur Umrechnung von Einheiten und soll dem Leser die Möglichkeit geben, den Betrag einer physikalischen Größe in SI- oder Gauß'schen Einheiten auszudrücken.

[11] Fußnote zu Tab. A.4 auf S. 903: Hinsichtlich der Einheit der Induktivität im Gauß'schen System besteht eine weit verbreitete Verwirrung, weshalb wir die entsprechende Einheit auch nicht angegeben haben. Der Grund für diese Verwirrung ist darin zu suchen, dass manche Autoren ein modifiziertes Gauß'sches System benutzen, in dem der Strom in elektromagnetischen Einheiten gemessen wird, sodass der Zusammenhang zwischen Ladung und Strom $I_m = (1/c)(dq/dt)$ lautet. Da die Induktivität über die induzierte Spannung $V = L(dI/dt)$ oder die Energie $U = \frac{1}{2}LI^2$ definiert wird, bedeutet die von uns in Abschnitt 2 getroffene Wahl für die Dimension des Stromes, dass unsere in Gauß'schen Einheiten gemessene Induktivität nicht nur den gleichen Zahlenwert, sondern auch die gleiche Dimension wie im elektrostatischen Einheitensystem (nämlich $t^2 l^{-1}$) hat. Der Strom I_m in elektromagnetischen Einheiten hängt mit dem Strom I in den von uns benutzten Gauß'schen Einheiten über die Beziehung $I_m = (1/c)I$ zusammen. Aus der Definition der Induktivität über die Energie ist zu ersehen, dass die elektromagnetische Induktivität L_m mit der Induktivität L in Gauß'schen Einheiten über $L_m = c^2 L$ verknüpft ist. L_m hat daher die Dimension einer Länge. Das modifizierte Gauß'sche Einheitensystem benutzt i. Allg. elektromagnetische Einheiten sowohl für die Induktivität wie für den Strom. Die Beziehung für die induzierte Spannung lautet dann: $V = (L_m/c)(dI_m/dt)$. Der numerische Zusammenhang zwischen den verschiedenen Einheiten für die Induktivität lautet:

$$\begin{aligned} 1\ \text{Henry} &= \tfrac{1}{9} \times 10^{-11}\ \text{Gauß'sche (elektrostatische) Einheiten} \\ &= 10^9\ \text{elektromagnetische Einheiten.} \end{aligned}$$

Bibliographie[1]

Abramowitz, M. und I. A. Stegun (Hrsg.): *Handbook of Mathematical Functions*, U.S. National Bureau of Standards, 1964; New York: Dover, 1965.
Adler, R. B., Chu, L. J. und R. M. Fano: *Electromagnetic Energy, Transmission and Radiation*. New York: Wiley 1960.
Aharoni, J.: *The Special Theory of Relativity*, 2. Aufl. Oxford: University Press 1965.
Alfvén, H. und C.-G. Fälthammar: *Cosmical Electrodynamics*. 2. Aufl. Oxford: University Press 1963.
Anderson, J. L.: *Principles of Relativity*. New York: Academic Press 1967.
Arfken, G.: *Mathematical Methods for Physicists*. 4. Aufl. New York: Academic Press 1995.
Argence, E. und T. Kahan: *Theory of Waveguides and Cavity Resonators*. London: Blackie 1967.
Arzeliès, H.: *Relativistic Kinematics*. Oxford: Pergamon 1966.
–: *Relativistic Point Dynamics*. Oxford: Pergamon 1972.
Ashcroft, N. W. und N. D. Mermin: *Solid State Physics*. New York: Holt, Rinehart und Winston 1976.

Baker, B. B. und E. T. Copson: *Mathematical Theory of Huygens' Principle*. 2. Aufl. Oxford: University Press 1950.
Baldin, A. M., Gol'danskii, V. I. und I. L. Rozenthal: *Kinematics of Nuclear Reactions*. New York: Pergamon 1961.
Barut, A. O.: *Electrodynamics and Classical Theory of Fields and Particles*. New York: Macmillan 1964; New York: Dover 1980 (Nachdruck).
Bateman Manuscript Project: *Higher Transcendental Functions*. 3 Bde., hrsg. von A. Erdélyi. New York: McGraw-Hill 1953.
–: *Tables of Integral Transforms*. 2 Bde., hrsg. von A. Erdélyi. New York: McGraw-Hill 1954.
Bates, L. F.: *Modern Magnetism*. 4. Aufl. Cambridge: University Press 1961.
Beam, W. R.: *Electronics of Solids*. New York: McGraw-Hill 1965.
*Becker, K.-D.: *Ausbreitung elektromagnetischer Wellen*. Berlin, Heidelberg, New York: Springer-Verlag 1974.
Becker, R. und F. Sauter: *Theorie der Elektrizität*. Bd. I, II und III, verschied. Aufl. Stuttgart: Teubner 1973/1970/1969.
Bekefi, G.: *Radiation Processes in Plasma*. New York: Wiley 1966.
Bergmann, P. G.: *Introduction to the Theory of Relativity*. Englewood Cliffs, N. J.: Prentice-Hall 1942; New York: Dover 1976 (Nachdruck).
Bieberbach, L.: *Einführung in die konforme Abbildung*. Berlin: Walter de Gruyter 1956.
Binns, K. J., Lawrenson, P. J. und C. W. Trowbridge: *The Analytic and Numerical Solution of Elektric and Magnetic Fields*. New York: Wiley 1992.
Blatt, J. M. und V. F. Weisskopf: *Theoretische Kernphysik*. Leipzig: Teubner 1959.
Bohm, D.: *The Special Theory of Relativity*. New York: Benjamin 1965.

[1] In der Bibliographie sind die Bücher derjenigen Autoren aufgelistet, die im Text nur mit ihren Namen genannt wurden. Die vom Übersetzer hinzugefügten deutschsprachigen Titel sind mit einem Stern (*) gekennzeichnet (Anm. des Übersetzers).

Bohr, N.: *„Penetration of Atomic Particles through Matter"* in Kgl. Danske Videnskab. Selskab. Mat.-fys. Medd., **XVIII**, Nr. 8 (1948).
*Born, M.: *Optik*. 3. Aufl. Berlin, Heidelberg, New York: Springer-Verlag 1972.
Born, M. und E. Wolf: *Principles of Optics*. 4. Aufl. New York: Pergamon 1970.
Böttcher, C. J. F.: *Theory of Electric Polarization*. New York: Elsevier 1952.
Bowman, J. J., Senior, T. B. A. und P. L. E. Uslenghi: *Electromagnetic and Acoustic Scattering by Simple Shapes*. Amsterdam: North-Holland 1969.
Brillouin, L.: *Wave Propagation and Group Velocity*. New York: Academic Press 1960.
Budden, K. G.: *The Propagation of Radio Waves*. New York: Cambridge University Press 1985 und 1988 (korrigiert).
Byerly, W. E.: *Fourier Series and Spherical Harmonics*. Boston: Ginn 1893; New York: Dover 1959 (Nachdruck).

Cairo, L. und T. Kahan: *Variational Techniques in Electrodynamics*. London: Blackie 1965.
Chandrasekhar, S.: *Plasma Physics*. Chicago: University Press 1960.
Churchill, R. V.: *Fourier Series and Boundary Value Problems*. 5. Aufl. New York: McGraw-Hill 1993. 1963.
Clemmow, P. C.: *The Plane Wave Spectrum Representation of Electromagnetic Fields*. Oxford: Pergamon 1966; wiederaufgelegt in der IEEE/OUP-Reihe 1996.
Clemmow, P. C. und J. P. Dougherty: *Electrodynamics of Particles and Plasmas*. Reading, Mass.: Addison-Wesley 1969 und 1990 (Nachdruck).
Collin, R. E.: *Field Theory of Guided Waves*. New York: McGraw-Hill 1960.
Condon, E. U. und H. Odishaw (Hrsg.): *Handbook of Physics*. 2. Aufl. New York: McGraw-Hill 1967.
*Constantinescu, F.: *Distributionen und ihre Anwendungen in der Physik*. Stuttgart: Teubner 1974.
Corben, H. C. und P. Stehle: *Classical Mechanics*. 2. Aufl. New York: Wiley 1960 und 1974 (Nachdruck).
Courant, R. und D. Hilbert: *Methoden der mathematischen Physik*. Bd. I u. II. 2. Aufl. Berlin, Heidelberg, New York: Springer-Verlag 1968.
Cowling, T. G.: *Magnetohydrodynamics*. 2. Aufl. New York: Interscience 1976.
Craik, D. J.: *Magnetism: Principles and Applications*. New York: Wiley 1995.
Cullwick, E. G.: *Electromagnetism and Relativity*. 2. Aufl. London: Longmans 1959.

*Daniel, H.: *Beschleuniger*. Stuttgart: Teubner 1974 (Teubner Studienbücher. Physik).
*Dawydow, A. S.: *Theorie des Atomkerns*. Berlin: Deutscher Verlag der Wissenschaften 1963.
Debye, P.: *Polar Molecules*. New York: Dover 1945.
Dennery, P. und A. Krzywicki: *Mathematics for Physicists*. New York: Harper and Row 1967.
Durand, E.: *Electrostatique et magnétostatique*. Paris: Masson 1953.

*Eder, G.: *Elektrodynamik*. Mannheim: Bibliographisches Institut 1967.
*Einstein, A.: *Grundzüge der Relativitätstheorie*. 4. Aufl., zugleich 6., erw. Aufl. der *„Vier Vorlesungen über Relativitätstheorie"*. Braunschweig: Vieweg 1965.
Einstein, A., Lorentz, H. A. und H. Minkowski: *Das Relativitätsprinzip*. Eine Sammlung von Abhandlungen mit einem Beitrag von H. Weyl und Anmerkungen von A. Sommerfeld. 7. Aufl. (Nachdruck der 5. Aufl. von 1923.) Stuttgart: Teubner 1974.

Fabelinskii, I. L.: *Molecular Scattering of Light*. New York: Plenum 1968.
Fano, R. M., Chu, L. J. und R. B. Adler: *Electromagnetic Fields, Energy, and Forces*. New York: Wiley 1960.
Feynman, R. P., Leighton, R. B. und M. Sands: *The Feynman Lectures*. Vorlesungen über Physik. Reading, Mass.: Addison-Wesley und München, Wien: Oldenbourg 1974 (Bilingua).

*Flügge, S.: *Prinzipien der Elektrodynamik und Relativitätstheorie*. Handbuch der Physik, Bd. IV. Berlin, Heidelberg: Springer-Verlag 1962.

French, A.P.: *Die spezielle Relativitätstheorie*. Braunschweig: Vieweg 1971.

Friedman, B.: *Principles and Techniques of Applied Mathematics*. New York: Wiley 1956; New York: Dover 1990 (Nachdruck).

Fröhlich, H.: *Theory of Dielectrics*. Oxford University Press 1949.

Galejs, J.: *Terrestrial Propagation of Long Electromagnetic Waves*. Oxford: Pergamon 1972.

Gibbs, W.J.: *Conformal Transformations in Electrical Engineering*. London: Chapman and Hall 1958.

Goldstein, H.: *Klassische Mechanik*. 5., unveränd. Aufl. Wiesbaden: Akademische Verlagsgesellschaft 1978.

Gradsteyn, I.S. und I.M. Ryzhik: *Summen-, Produkt- und Integraltafeln*. 2., ber. Aufl. Berlin: Deutscher Verlag der Wissenschaften 1963.

de Groot, S.R.: *The Maxwell Equations*. (Studies in Statistical Mechanics, Bd. IV.) Amsterdam: North-Holland 1969.

de Groot, S.R. und L.G. Suttorp: *Foundations of Electrodynamics*. Amsterdam: North-Holland 1972.

*Gundlach, F.W.: *Grundlagen der Höchstfrequenztechnik*. Berlin, Göttingen, Heidelberg: Springer-Verlag 1950.

Hadamard, J.: *Lectures on Cauchy's Problem*. Yale Univ. Press 1923; New York: Dover 1952 (Nachdruck).

Hagedorn, R.: *Relativistic Kinematics*. New York: Benjamin 1963.

Hallén, E.: *Electromagnetic Theory*. London: Chapman-Hall 1962.

Harrington, R.F.: *Time-Harmonic Electromagnetic Fields*. New York: McGraw-Hill 1973.

Haus, H.A. und J.R. Melcher: *Electromagnetic Fields and Energy*. Englewood Cliffs, NJ: Prentice-Hall 1989.

Heitler, W.: *Quantum Theory of Radiation*. 3. Aufl. Oxford: University Press 1954.

Hildebrand, F.B.: *Advanced Calculus for Applications*. 2. Aufl. Englewood Cliffs, N.J.: Prentice-Hall 1976.

Ida, N. und J.P.A. Bastos: *Electromagnetics and Calculation of Fields*. Berlin, Heidelberg, New York: Springer-Verlag 1992.

Iwanenko, D. und A. Sokolow: *Klassische Feldtheorie*. Berlin: Akademie-Verlag 1953.

Jahnke, E., Emde, F. und F. Lösch: *Tafeln höherer Funktionen*. 7., durchges. und erw. Aufl. Stuttgart: Teubner 1966.

Jeans, J.H.: *Mathematical Theory of Electricity and Magnetism*. 5. Aufl., Cambridge: University Press 1948 und 1958 (Nachdruck).

Jeffreys, H. und B.S. Jeffreys: *Methods of Mathematical Physics*. 3. Aufl. Cambridge: University Press 1956 und 1972 (Nachdruck).

Jefimenko, O.D.: *Electricity and Magnetism*. New York: Appleton-Century Crofts, 1966; Star City, WV: Electret Scientific, 1989 (2. Aufl.).

Johnson, C.C.: *Field and Wave Electrodynamics*. New York: McGraw-Hill 1965.

Jones, D.S.: *The Theory of Electromagnetism*. Oxford: Pergamon 1964.

Jordan, E.C. und K.G. Balmain: *Electromagnetic Waves and Radiating Systems*. 2. Aufl. Englewood Cliffs, N.J.: Prentice-Hall 1968.

Kellogg, O.D.: *Foundations of Potential Theory*. Nachdruck der 1. Aufl. von 1929. Berlin, Heidelberg, New York: Springer-Verlag 1967.

Kelvin, Lord (Sir W. Thomson): *Reprints of Papers on Electrostatics and Magnetism*. 2. Aufl. London: Macmillan 1884.
Kerker, M.: *The Scattering of Light and other Electromagnetic Radiation*. New York: Academic 1969.
Kilmister, C.W.: *Special Theory of Relativity*. (Selected Readings in Physics.) Oxford: Pergamon 1970.
King, R.W.P. und T.T. Wu: *Scattering and Diffraction of Waves*. Harvard University Press 1959.
Kittel, C.: *Einführung in die Festkörperphysik*. 4., verb. Aufl. München, Wien: Oldenbourg 1976.
Kraus, J.D.: *Antennas*. 2. Aufl. New York: McGraw-Hill 1988.
*Küpfmüller, K.: *Einführung in die theoretische Elektrotechnik*. Berlin, Heidelberg, New York: Springer-Verlag, 1989.

Landau, L.D. und E.M. Lifschitz: *Elektrodynamik der Kontinua*. 3. Aufl. (Lehrbuch der theoretischen Physik. Bd. 8) Berlin: Akademie-Verlag 1974.
–: *Klassische Feldtheorie*. 6. Aufl. (Lehrbuch der theoretischen Physik. Bd. 2). Berlin: Akademie-Verlag 1973.
*Lehner, G.: *Elektromagnetische Feldtheorie für Ingenieure und Physiker*. 3. Auflage. Berlin, Heidelberg, New York: Springer-Verlag 1998.
Lighthill, M.J.: *Einführung in die Theorie der Fourier-Analysis und der verallgemeinerten Funktionen*. Mannheim, Wien, Zürich: Bibliographisches Institut 1966.
Linhart, J.G.: *Plasma Physics*. 2. Aufl. Amsterdam: North Holland 1961.
Livingston, M.S. und J.P. Blewett: *Particle Accelerators*. New York: McGraw-Hill 1962.
Lorentz, H. A.: *Theory of Electrons*. New York: Dover 1952 (Nachdruck der 2. Aufl. von 1915).
Low, E.E.: Classical Field Theory: *Electromagnetism and Gravitation*. New York: Wiley 1977.

Magnus, W., Oberhettinger, F. und R.P. Soni: *Formulas and Theorems for the Special Functions of Mathematical Physics*. 3. Aufl. Berlin, Heidelberg, New York: Springer-Verlag 1966.
Marcuvitz, N.: *Waveguide Handbook*. (MIT Radiation Laboratory Series, Bd. 10.) New York: McGraw-Hill 1951.
Mason, M. und W. Weaver: *The Electromagnetic Field*. University of Chicago Press 1929; New York: Dover 1952 (Nachdruck).
Maxwell, J.C.: *Treatise on Electricity and Magnetism*. 2 Bde. New York: Dover 1954 (Nachdruck der 3. Aufl. aus dem Jahr 1891).
*Meetz, K. und W.L. Engl.: *Elektromagnetische Felder*. Berlin, Heidelberg, New York: Springer-Verlag 1979.
*Melcher, H.: *Relativitätstheorie in elementarer Darstellung, mit Aufgaben und Lösungen*. 4., neubearb. Aufl. Berlin: Deutscher Verlag der Wissenschaften 1974.
Mermin, N.D.: *Space and Time in Special Relativity*. New York: McGraw-Hill, 1968; Prospects Heights, IL: Waveland Press 1989.
Møller, C.: *Relativitätstheorie*. Mannheim, Wien, Zürich: Bibliographisches Institut 1976.
Montgomery, C.G., Dicke, R.H. und E.M. Purcell: *Principles of Microwave Circuits*. (MIT Radiation Laboratory Series, Bd. 8.) New York: McGraw-Hill 1948; New York: Dover 1965 (Nachdruck).
Morse, P.M. und H. Feshbach: *Methods of Theoretical Physics*. 2 Bde. New York: McGraw-Hill 1953.

Northrop, T.G.: *The Adiabatic Motion of Charged Particles*. New York: Interscience-Wiley 1963.

Panofsky, W.K.H. und M. Phillips: *Classical Electricity and Magnetism.* 2. Aufl. Reading, Mass.: Addison-Wesley 1962.

Pauli, W.: *Relativitätstheorie.* (Nachdruck eines Artikels in der „Enzyklopädie der mathematischen Wissenschaften", Bd. V aus dem Jahre 1921.) Turin: Boringhieri 1963.

Penfield, P. und H. A. Haus: *Electrodynamics of Moving Media.* Cambridge, Mass.: MIT Press 1967.

Persico, E., Ferrari, E. und S. E. Segrè: *Principles of Particle Accelerators.* New York: Benjamin 1968.

Pólya, G. und G. Szegö: *Isoperimetric Inequalities in Mathematical Physics.* (Annals of Mathematics Series No. 27.) Princeton: University Press 1951.

Press, W.H., Flannery, B.P., Teukolsky, S.A. und W.T. Vetterling: *Numerical Recipes, The Art of Scientific Computing.* Cambridge: Cambridge University Press 1986.

Ramo, S., Whinnery, J.R. und T. Van Duzer: *Fields and Waves in Communication Electronics.* 3. Aufl. New York: Wiley 1994.

Rindler, W.: *Essential Relativity: Special, General, and Cosmological.* 2. rev. Aufl. New York: Springer-Verlag 1979.

Robinson, F.N.H.: *Macroscopic Electromagnetism.* Oxford: Pergamon Press 1973.

Rohrlich, F.: *Classical Charged Particles.* Reading, Mass.: Addison-Wesley 1995 und 1990.

Rosenfeld, L.: *Theory of Electrons.* Amsterdam: North-Holland 1951.

Rossi, B.: *High-Energy Particles.* Englewood Cliffs, NJ: Prentice-Hall 1952.

Rossi, B. und S. Olbert: *Introduction to the Physics of Space.* New York: McGraw-Hill 1970.

Rothe, R., Ollendorff, F. und K. Polhausen: *Funktionentheorie und ihre Anwendung in der Technik.* Berlin: Springer-Verlag 1931.

Sadiku, M.N.O.: *Numerical Techniques in Electromagnetics.* Boca Raton, FL: CRC Press, 1992.

Sard, R.D.: *Relativistic Mechanics.* New York: Benjamin 1970.

Schelkunoff, S.A.: *Advanced Antenna Theory.* New York: Wiley 1952.

–: *Applied Mathematics for Engineers and Scientists.* 2. Aufl. New York: Van Nostrand 1965.

–: *Electromagnetic Fields.* New York: Blaisdell 1963.

Schelkunoff, S.A. und H.T. Friis: *Antennas, Theory and Practice.* New York: Wiley 1952.

Schott, G.A.: *Electromagnetic Radiation.* Cambridge: University Press 1912.

*Schwab, A.J.: *Begriffswelt der Feldtheorie.* 5. Auflage. Berlin, Heidelberg, New York: Springer-Verlag, 1998.

Schwartz, H.M.: *Introduction to Special Relativity.* New York: McGraw-Hill 1968.

*Schwartz, L.: *Mathematische Methoden der Physik.* 2 Bände. Mannheim, Wien, Zürich: Bibliogr. Institut, 1974.

*Schwarz, H.R.: *Methode der finiten Elemente.* 3. Auflage. Stuttgart: B.G. Teubner, 1993.

*Schwinger, J.: *Particles, Sources and Fields.* Reading, Mass.: Addison-Wesley 1970.

Segrè, E. (Hrsg.): *Experimental Nuclear Physics.* Bd. 1. New York: Wiley 1953.

Siegbahn, K. (Hrsg.): *Beta- and Gamma-Ray Spectroscopy.* Amsterdam: North-Holland und New York: Interscience 1955.

Silver, S. (Hrsg.): *Microwave Antenna Theory and Design.* (MIT Radiation Laboratoy Series, Bd. 12.) New York: McGraw-Hill 1949.

*Simonyi, K.: *Theoretische Elektrotechnik.* 10., überarb. Aufl.. Leipzig, Berlin, Heidelberg: Johann Ambrosius Barth, Edition Deutscher Verl. der Wiss. 1993.

Slater, J.C.: *Microwave Electronics.* New York: McGraw-Hill 1950.

Slater, J.C. und N.H. Frank: *Electromagnetism.* New York: McGraw-Hill 1947.

Smith, J.H.: *Introduction to Special Relativity.* New York: Benjamin 1965.

*Smirnow, W. I.: *Lehrgang der höheren Mathematik.* Teil I–V (in 6 Bänden). Berlin: Deutscher Verlag der Wissenschaften 1967.

Smythe, W.R.: *Static and Dynamic Electricity.* 3. Aufl. New York: McGraw-Hill 1969 und 1989 (Nachdruck).

*Sneddon, I. N.: *Spezielle Funktionen der mathematischen Physik.* Mannheim: Bibliographisches Institut 1963.

Sommerfeld, A.: *Elektrodynamik.* (Vorlesungen über theoretische Physik, Bd. III.) Leipzig: Geest & Portig 1967; ferner Thun, Frankfurt/M.: Harri Deutsch 1977 (Nachdruck der 4., durchges. Aufl.).

–: *Optik.* (Vorlesungen über theoretische Physik, Bd. IV.) Leipzig: Geest & Portig 1964; ferner Thun, Frankfurt/M.: Harri Deutsch 1978 (Nachdruck der 3., durchges. Aufl.).

–: *Partielle Differentialgleichungen der Physik.* (Vorlesungen über theoretische Physik, Bd. VI.) Leipzig: Geest & Portig 1966; ferner Thun, Frankfurt/M.: Harri Deutsch 1978 (Nachdruck der 6., durchges. Aufl.).

Soper, D. E.: *Classical Field Theory.* New York: Wiley 1976.

Spitzer, L.: *Physics of Fully Ionized Gases.* 2. Aufl. New York: Interscience 1962.

Stone, J. M.: *Radiation and Optics.* New York: McGraw-Hill 1963.

Strang, G.: *Introduction to Applied Mathematics.* Wellesley, MA: Wellesley-Cambridge 1986.

Stratton, J. A.: *Electromagnetic Theory.* New York: McGraw-Hill 1941.

Taylor, E. F. und J. A. Wheeler: *Spacetime Physics.* 2. Aufl. San Francisco: Freeman 1992.

Thirring, W. E.: *Einführung in die Quantenelektrodynamik.* Wien: Deuticke 1955.

Thomson, J. J.: *Recent Researches in Electricity and Magnetism.* Oxford: Clarendon Press 1893.

Titchmarch, E. C.: *Introduction to the Theory of Fourier Integrals.* 3. Aufl. Oxford: University Press 1986.

Tonnelat, M.-A.: *The Principles of Electromagnetic Theory and of Relativity.* Dordrecht (Holland): Reidel 1966.

Tranter, C. J.: *Integral Transforms in Mathematical Physics.* 3. Aufl. London: Methuen 1966.

*Tychonoff, A. N. und A. A. Samarski: *Differentialgleichungen der mathematischen Physik.* Berlin: Deutscher Verlag der Wissenschaften 1959.

*Unger, H.-G.: *Elektromagnetische Wellen.* Bd. I und II. Braunschweig; Vieweg 1967.

Van Bladel, J.: *Electromagnetic Fields.* New York: McGraw-Hill 1964 und 1985 (Nachdruck).

Van Vleck, J. H.: *Theory of Electric and Magnetic Susceptibilities.* Oxford: University Press 1932.

Wait, J. R.: *Electromagnetic Waves in Stratified Media.* Oxford: Pergamon 1962; wiederaufgelegt in der IEEE/OUP-Reihe 1996.

Waldron, R. A.: *Theory of Guided Electromagnetic Waves.* London: Van Nostrand-Reinhold 1970.

Watson, G. N.: *Theory of Bessel Functions.* 2. Aufl. Cambridge: University Press 1952 and 1995 (Nachdruck).

Wert, C. A. und R. M. Thomson: *Physics of Solids.* 2. Aufl. New York: McGraw-Hill 1970.

*Weyl, H.: *Raum, Zeit, Materie.* 6. Aufl. Berlin, Heidelberg, New York: Springer-Verlag 1970.

Whittaker, E. T.: *A History of the Theories of Aether and Electricity.* 2 Bde. London: Nelson. Bd. 1: The Classical Theories (1910, rev. u. erw. 1951). Bd. 2: The Modern Theories 1900–1926 (1953). New York: Harper 1960 (Nachdruck); New York: Dover 1989 (Nachdruck).

Whittaker, E. T. und G. N. Watson: *A Course in Modern Analysis.* 4. Aufl. Cambridge: University Press 1950.

Williams, E. J.: *„Correlation of Certain Collision Problems with Radiation Theory“* in Kgl. Danske Videnskab. Selskab. Mat.-fys. Medd., XIII, Nr. 4 (1935).
Wooten, F.: *Optical Properties of Solids*. New York: Academic 1972.

Zhou, P.-B.: *Numerical Analysis of Electromagnetic Fields*. Berlin, Heidelberg, New York: Springer-Verlag 1993.
Ziman, J. M.: *Principles of the Theory of Solids*. 2. Auflage. Cambridge: Cambridge University Press 1972.
*Zuhrt, H.: *Elektromagnetische Strahlungsfelder*. Berlin, Göttingen, Heidelberg: Springer-Verlag 1953.

Literaturhinweise zu den Übungen[2]

Batygin, W. W. und I. E. Toptygin: *Aufgaben zur Elektrodynamik*. Berlin: Verlag der Wissenschaften 1965.
Edminister, J. A.: *Elektromagnetismus – Theorie und Anwendung*. (Schaum's Outline) Hamburg: McGraw-Hill Book Company 1984.
Flügge, S.: *Rechenmethoden der Elektrodynamik*. Berlin, Heidelberg: Springer-Verlag 1986.

[2] Die obigen Literaturhinweise wurden der deutschen Übersetzung des amerikanischen Originals hinzugefügt (Anm. des Übersetzers).

Sachregister

Häufig benutzte Formeln der Vektoranalysis

$$\mathbf{a}\cdot(\mathbf{b}\times\mathbf{c}) = \mathbf{b}\cdot(\mathbf{c}\times\mathbf{a}) = \mathbf{c}\cdot(\mathbf{a}\times\mathbf{b})$$
$$\mathbf{a}\times(\mathbf{b}\times\mathbf{c}) = (\mathbf{a}\cdot\mathbf{c})\mathbf{b} - (\mathbf{a}\cdot\mathbf{b})\mathbf{c}$$
$$(\mathbf{a}\times\mathbf{b})\cdot(\mathbf{c}\times\mathbf{d}) = (\mathbf{a}\cdot\mathbf{c})(\mathbf{b}\cdot\mathbf{d}) - (\mathbf{a}\cdot\mathbf{d})(\mathbf{b}\cdot\mathbf{c})$$
$$\boldsymbol{\nabla}\times\boldsymbol{\nabla}\psi = 0$$
$$\boldsymbol{\nabla}\cdot(\boldsymbol{\nabla}\times\mathbf{a}) = 0$$
$$\boldsymbol{\nabla}\times(\boldsymbol{\nabla}\times\mathbf{a}) = \boldsymbol{\nabla}(\boldsymbol{\nabla}\cdot\mathbf{a}) - \nabla^2\mathbf{a}$$
$$\boldsymbol{\nabla}\cdot(\psi\mathbf{a}) = \mathbf{a}\cdot\boldsymbol{\nabla}\psi + \psi\boldsymbol{\nabla}\cdot\mathbf{a}$$
$$\boldsymbol{\nabla}\times(\psi\mathbf{a}) = \boldsymbol{\nabla}\psi\times\mathbf{a} + \psi\boldsymbol{\nabla}\times\mathbf{a}$$
$$\boldsymbol{\nabla}(\mathbf{a}\cdot\mathbf{b}) = (\mathbf{a}\cdot\boldsymbol{\nabla})\mathbf{b} + (\mathbf{b}\cdot\boldsymbol{\nabla})\mathbf{a} + \mathbf{a}\times(\boldsymbol{\nabla}\times\mathbf{b}) + \mathbf{b}\times(\boldsymbol{\nabla}\times\mathbf{a})$$
$$\boldsymbol{\nabla}\cdot(\mathbf{a}\times\mathbf{b}) = \mathbf{b}\cdot(\boldsymbol{\nabla}\times\mathbf{a}) - \mathbf{a}\cdot(\boldsymbol{\nabla}\times\mathbf{b})$$
$$\boldsymbol{\nabla}\times(\mathbf{a}\times\mathbf{b}) = \mathbf{a}(\boldsymbol{\nabla}\cdot\mathbf{b}) - \mathbf{b}(\boldsymbol{\nabla}\cdot\mathbf{a}) + (\mathbf{b}\cdot\boldsymbol{\nabla})\mathbf{a} - (\mathbf{a}\cdot\boldsymbol{\nabla})\mathbf{b}$$

Es sei $\mathbf{x}$ der Ortsvektor eines Punktes in einem kartesischen Koordinatensystem. Sein Betrag sei $r = |\mathbf{x}|$ und $\mathbf{n} = \mathbf{x}/r$ bezeichne den Einheitsvektor in Richtung von $\mathbf{x}$. Ferner sei $f(r)$ eine differenzierbare Funktion von r. Dann gilt:

$$\boldsymbol{\nabla}\cdot\mathbf{x} = 3$$
$$\boldsymbol{\nabla}\times\mathbf{x} = 0$$
$$\boldsymbol{\nabla}\cdot[\mathbf{n}f(r)] = \frac{2}{r}f + \frac{\partial f}{\partial r}$$
$$\boldsymbol{\nabla}\times[\mathbf{n}f(r)] = 0$$
$$(\mathbf{a}\cdot\boldsymbol{\nabla})\mathbf{n}f(r) = \frac{f(r)}{r}[\mathbf{a} - \mathbf{n}(\mathbf{a}\cdot\mathbf{n})] + \mathbf{n}(\mathbf{a}\cdot\mathbf{n})\frac{\partial f}{\partial r}$$
$$\boldsymbol{\nabla}(\mathbf{x}\cdot\mathbf{a}) = \mathbf{a} + \mathbf{x}(\boldsymbol{\nabla}\cdot\mathbf{a}) + i(\mathbf{L}\times\mathbf{a})$$

wobei

$$\mathbf{L} = \frac{1}{i}(\mathbf{x}\times\boldsymbol{\nabla})$$

den Drehimpulsoperator darstellt.

Sätze aus der Vektoranalysis

Im Folgenden bedeuten ϕ, ψ und $\mathbf{A}$ stetig differenzierbare skalare bzw. vektorielle Funktionen. V ist ein dreidimensionales Volumen mit dem Volumenelement d^3x, S eine zweidimensionale geschlossene Fläche, die V begrenzt, und da ist ein Flächenelement von S. $\mathbf{n}$ bezeichnet die von da ausgehende äußere Flächennormale.

$$\int_V \nabla \cdot \mathbf{A}\, d^3x = \int_S \mathbf{A} \cdot \mathbf{n}\, da \qquad \text{(Gauß'scher Satz)}$$

$$\int_V \nabla \psi\, d^3x = \int_S \psi \mathbf{n}\, da$$

$$\int_V \nabla \times \mathbf{A}\, d^3x = \int_S \mathbf{n} \times \mathbf{A}\, da$$

$$\int_V (\phi \nabla^2 \psi + \nabla \phi \cdot \nabla \psi)\, d^3x = \int_S \phi \mathbf{n} \cdot \nabla \psi\, da \qquad \text{(Erste Green'sche Identität)}$$

$$\int_V (\phi \nabla^2 \psi - \psi \nabla^2 \phi)\, d^3x = \int_S (\phi \nabla \psi - \psi \nabla \phi) \cdot \mathbf{n}\, da \qquad \text{(Green'scher Satz)}$$

Im Folgenden bedeutet S eine offene Fläche mit der Berandung C und dem Linienelement $d\mathbf{l}$. Die Richtung der mit $\mathbf{n}$ bezeichneten Flächennormalen von S ist, in Abhängigkeit von der Orientierung von C, durch die Rechte-Hand-Regel festgelegt.

$$\int_S (\nabla \times \mathbf{A}) \cdot \mathbf{n}\, da = \oint_C \mathbf{A} \cdot d\mathbf{l} \qquad \text{(Stokes'scher Satz)}$$

$$\int_S \mathbf{n} \times \nabla \psi\, da = \oint_C \psi\, d\mathbf{l}$$

Seitenhinweise zu speziellen Funktionen

Darstellung von Vektoroperationen in verschiedenen Koordinatensystemen

Bedeuten $\mathbf{e}_1$, $\mathbf{e}_2$, $\mathbf{e}_3$ orthogonale Einheitsvektoren in den unten spezifizierten Koordinatensystemen und A_1, A_2, A_3 die entsprechenden Komponenten eines Vektors $\mathbf{A}$, dann gilt:

Kartesische Koordinaten
$(x_1, x_2, x_3 = x, y, z)$

$$\nabla \psi = \mathbf{e}_1 \frac{\partial \psi}{\partial x_1} + \mathbf{e}_2 \frac{\partial \psi}{\partial x_2} + \mathbf{e}_3 \frac{\partial \psi}{\partial x_3}$$

$$\nabla \cdot \mathbf{A} = \frac{\partial A_1}{\partial x_1} + \frac{\partial A_2}{\partial x_2} + \frac{\partial A_3}{\partial x_3}$$

$$\nabla \times \mathbf{A} = \mathbf{e}_1 \left(\frac{\partial A_3}{\partial x_2} - \frac{\partial A_2}{\partial x_3} \right) + \mathbf{e}_2 \left(\frac{\partial A_1}{\partial x_3} - \frac{\partial A_3}{\partial x_1} \right) + \mathbf{e}_3 \left(\frac{\partial A_2}{\partial x_1} - \frac{\partial A_1}{\partial x_2} \right)$$

$$\nabla^2 \psi = \frac{\partial^2 \psi}{\partial x_1^2} + \frac{\partial^2 \psi}{\partial x_2^2} + \frac{\partial^2 \psi}{\partial x_3^2}$$

Zylinderkoordinaten
(ρ, ∂, z)

$$\nabla \psi = \mathbf{e}_1 \frac{\partial \psi}{\partial \rho} + \mathbf{e}_2 \frac{1}{\rho} \frac{\partial \psi}{\partial \psi} + \mathbf{e}_3 \frac{\partial \psi}{\partial z}$$

$$\nabla \cdot \mathbf{A} = \frac{1}{\rho} \frac{\partial}{\partial \rho} (\rho A_1) + \frac{1}{\rho} \frac{\partial A_2}{\partial \phi} + \frac{\partial A_3}{\partial z}$$

$$\nabla \times \mathbf{A} = \mathbf{e}_1 \left(\frac{1}{\rho} \frac{\partial A_3}{\partial \phi} - \frac{\partial A_2}{\partial z} \right) + \mathbf{e}_2 \left(\frac{\partial A_1}{\partial z} - \frac{\partial A_3}{\partial \rho} \right) + \mathbf{e}_3 \frac{1}{\rho} \left(\frac{\partial}{\partial \rho} (\rho A_2) - \frac{\partial A_1}{\partial \phi} \right)$$

$$\nabla^2 \psi = \frac{1}{\rho} \frac{\partial}{\partial \rho} \left(\rho \frac{\partial \psi}{\partial \rho} \right) + \frac{1}{\rho^2} \frac{\partial^2 \psi}{\partial \phi^2} + \frac{\partial^2 \psi}{\partial z^2}$$

Kugelkoordinaten
(r, θ, ϕ)

$$\nabla \psi = \mathbf{e}_1 \frac{\partial \psi}{\partial r} + \mathbf{e}_2 \frac{1}{r} \frac{\partial \psi}{\partial \theta} + \mathbf{e}_3 \frac{1}{r \sin\theta} \frac{\partial \psi}{\partial \phi}$$

$$\nabla \cdot \mathbf{A} = \frac{1}{r^2} \frac{\partial}{\partial r} (r^2 A_1) + \frac{1}{r \sin\theta} \frac{\partial}{\partial \theta} (\sin\theta A_2) + \frac{1}{r \sin\theta} \frac{\partial A_3}{\partial \phi}$$

$$\nabla \times \mathbf{A} = \mathbf{e}_1 \frac{1}{r \sin\theta} \left[\frac{\partial}{\partial \theta} (\sin\theta A_3) - \frac{\partial A_2}{\partial \phi} \right]$$

$$+ \mathbf{e}_2 \left[\frac{1}{r \sin\theta} \frac{\partial A_1}{\partial \phi} - \frac{1}{r} \frac{\partial}{\partial r} (r A_3) \right] + \mathbf{e}_3 \frac{1}{r} \left[\frac{\partial}{\partial r} (r A_2) - \frac{\partial A_1}{\partial \theta} \right]$$

$$\nabla^2 \psi = \frac{1}{r^2} \frac{\partial}{\partial r} \left(r^2 \frac{\partial \psi}{\partial r} \right) + \frac{1}{r^2 \sin\theta} \frac{\partial}{\partial \theta} \left(\sin\theta \frac{\partial \psi}{\partial \theta} \right) + \frac{1}{r^2 \sin^2\theta} \frac{\partial^2 \psi}{\partial \phi^2}$$

$$\left(\text{Man beachte die Identität } \frac{1}{r^2} \frac{\partial}{\partial r} \left(r^2 \frac{\partial \psi}{\partial r} \right) \equiv \frac{1}{r} \frac{\partial^2}{\partial r^2} (r \psi) \right)$$

www.ingramcontent.com/pod-product-compliance
Lightning Source LLC
LaVergne TN
LVHW080620200825
819041LV00003B/91

* 9 7 8 3 1 1 0 3 3 4 4 6 3 *